죽기 전에 꼭 가봐야 할 국내 여행

1001

죽기 전에 꼭 가봐야 할 국내 여행 **1001**

1판 1쇄 | 2010년 1월 15일
5판 1쇄 | 2020년 8월 3일

펴낸이 | 이상만
펴낸곳 | 마로니에북스
지은이 | 최정규, 박성원, 정민용, 박정현
기획·진행 | 북케어(www.bookcare.net)
등록 | 2003년 4월 14일 제2003-71호
주소 | (03086) 서울특별시 종로구 동숭길 113
전화 | 02-741-9191(대)
편집부 | 02-744-9191
팩스 | 02-3673-0260
홈페이지 | www.maroniebooks.com

* 책값은 뒤표지에 있습니다.

ISBN 978-89-6053-387-5
      978-89-91449-83-1(set)

죽기 전에 꼭 가봐야 할 국내 여행

1001

최정규 · 박성원 · 정민용 · 박정현 지음

마로니에북스

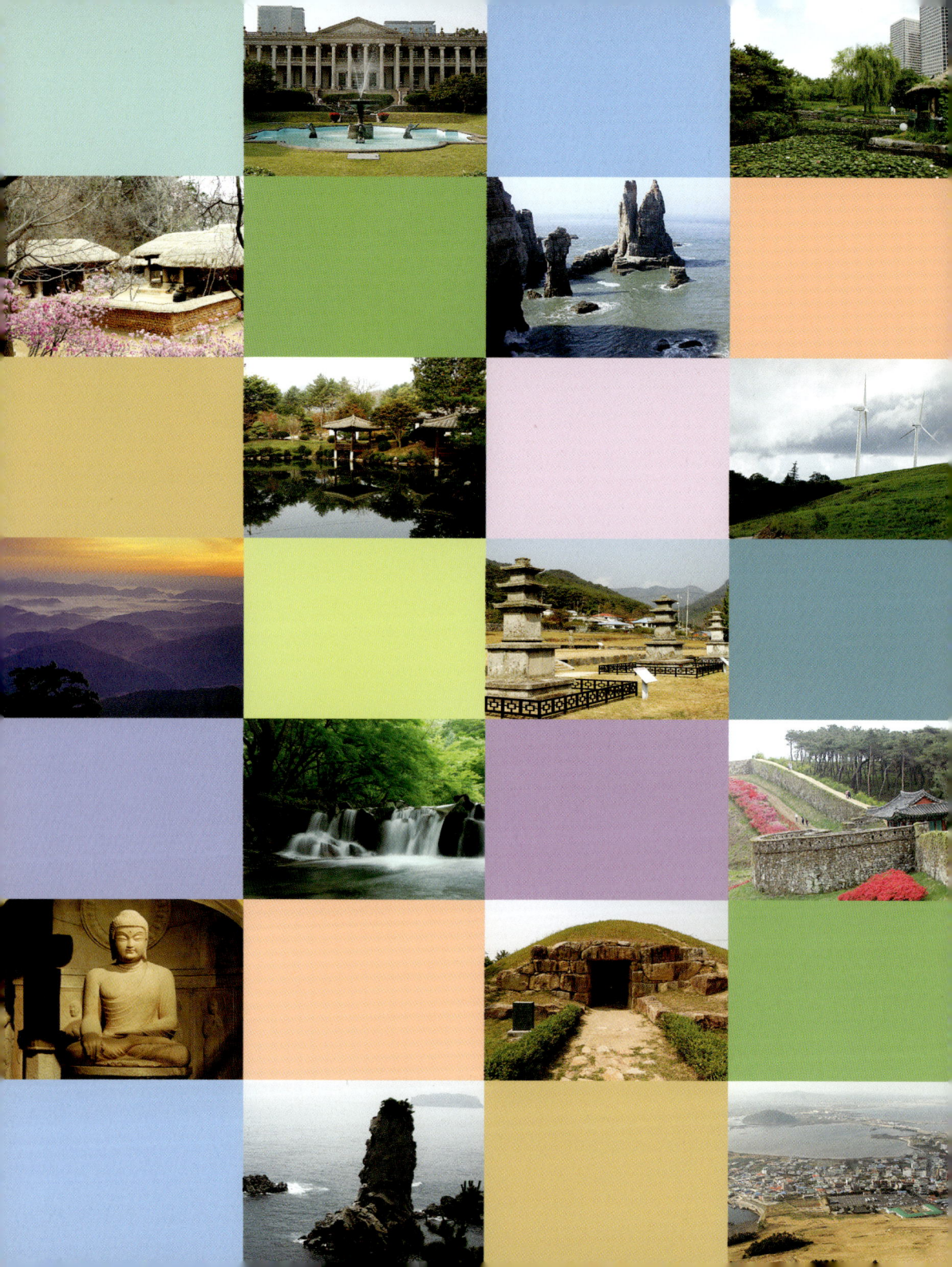

"여행은 더 나은 일상을 위한 최상의 선택입니다."

여행은 일상으로부터 벗어나 다른 세계를 엿보고 거기에 어울려보는 즐거움을 찾는 일입니다. 하지만 일상으로부터의 일탈이 좋다고 마냥 거기에 머물러 있을 수는 없습니다. 그건 저희들처럼 여행과 관련된 일들을 직업 삼는 사람들마저도 예외가 아닙니다. '아주 짧게 한정된 시간'이라는 여행의 특성이 더욱 여행을 여행답게 만드는 게 아닐까요? 그렇지 않다면 그것은 여행이 아니라 '또 다른 일상'이 될지도 모릅니다. 영양소를 골고루 섭취해야 신체가 건강하듯 우리네 정신적 에너지도 일상과 일탈을 잘 조화시켜야 충만해지는 것 같습니다. 일상의 무게에 압박 당해 흐트러지고 망가지지 않으려면 일탈을 잘 활용해야 할 것 같습니다.

이 책은 전국의 여행지를 정리하고 그 정보와 의미를 담아 더욱 알찬 여행을 준비하기 위한 목적으로 제작된 일종의 '여행사전'입니다. 그런데, 여행지에 대한 글을 쓰면서 끊임없는 고민이 있었습니다. 그것은 여행에 대한 취향이나 감상은 극히 개인적인 것이라는 점입니다. 결국 각 여행지의 감상을 적는 마지막 문장은 여행자, 바로 여러분들이 써야 가장 정확할 것이라는 생각을 해봅니다. 저희들의 역할은 객관적인 정보를 제공하는 것일 뿐. 그러나 전국 1001곳의 여행지 목록을 선정하는 작업에는 저희 저자들의 개개인적 관심과 취향이 개입되었음을 밝혀둡니다. 그 과정에서 빠졌다가 다시 선정되고 거듭되는 토론을 거쳐 다시 제외되고 추가된 목록들이 많음은 물론입니다. 작은 땅덩이 같지만 이 책에 포함되지 않은 수많은 여행지들이 있으며, 언젠가는 그곳 역시 다른 저작을 통해 소개할 기회가 있기를 희망합니다. 더불어, 한 꼭지도 담지 못한 북녘의 수많은 아름다운 장소들을 모두 포함하는 책이 하루빨리 나오기를 바래봅니다.

모쪼록 독자 여러분들의 '더 나은 일상을 위한 최상의 일탈'을 만드는 데에 이 책이 조금이나마 도움이 되면 좋겠습니다.

저자 4명이 독자들에게 고마움을 전하며, 또한 서로에게 고마움을 전하며

위치
- 검색이 용이하도록 구주소와 신주소를 모두 표기
- 섬이나 산 등 정확한 신주소가 없는 경우 구주소로만 표기
- 해당 여행지가 여러 지역에 걸쳐 있는 경우 관리사무소가 위치한 주소 또는 '~일대' 로 표기
- 두 장소의 위치를 함께 넣을 시, 장소별로 '구주소(신주소)' 로 표기

운영시간
- 1월 1일, 추석, 설날 당일 휴무 기재는 생략
- 관람시간을 기재하였으며, 매표 마감시간은 방문지에 따라 30분~1시간 정도 빠를 수 있음
- 동절기 11~2월, 하절기 3~10월을 기준으로 기재하였으나 방문지에 따라 차이가 있을 수 있음

입장료
- '있음' 과 '없음'으로 구분
- '없음'으로 표기된 경우에도 해당 방문지 내 개별 전시관의 경우 별도의 입장료가 있을 수 있음

주차
- 자체 무료 주차장 또는 인근 유료 주차장이 있을 경우 '가능' 으로 표기
- 인근에 주차가 어려울 경우 '불가능' 으로 기재

분류
- 총 14개로 나눠서 분류(강, 유원지/거리, 시장/공원/바다, 섬/박물관/불교유적/산, 계곡, 동굴/숲, 자연휴양림/역사, 문화유적/온천, 휴양/전시, 체험시설/전통, 체험마을/종교시설/축제, 공연)
- 두 장소 이상 또는 복합적 성격의 방문지일 경우 제목에서 먼저 나오는 장소를 기준으로 분류

출처
- 출처가 필요한 사진의 경우 사진 밑에 'Photo by OOO' 으로 표기

● 이 책에 수록된 장소의 모든 정보는 해당 관리처의 정보 업데이트로 인해 변경될 수 있습니다. 최신의 정확한 정보를 위해 출발 전에 각 여행지의 해당 홈페이지나 전화를 이용하여 확인해 주시기 바랍니다.

11

12

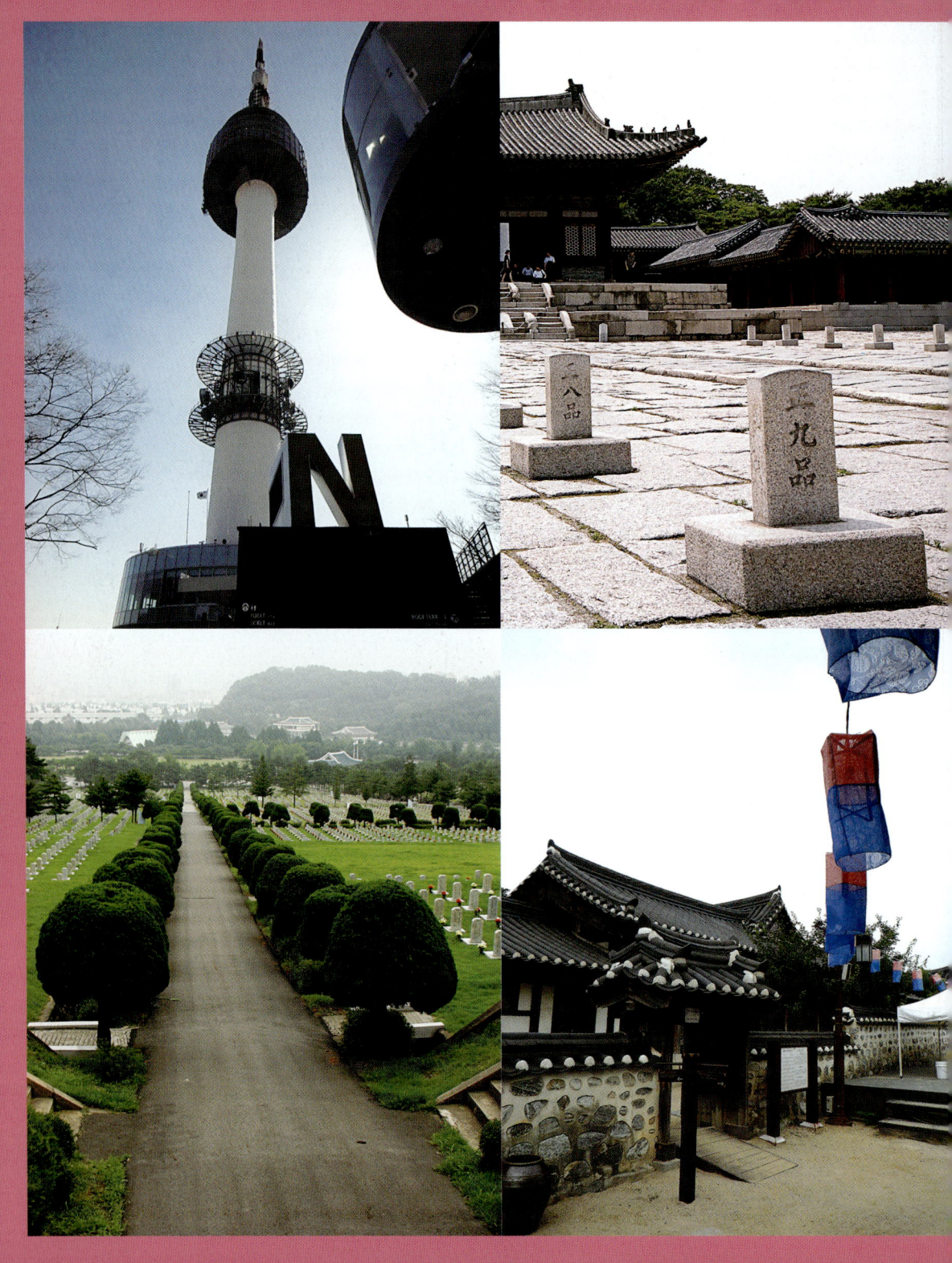

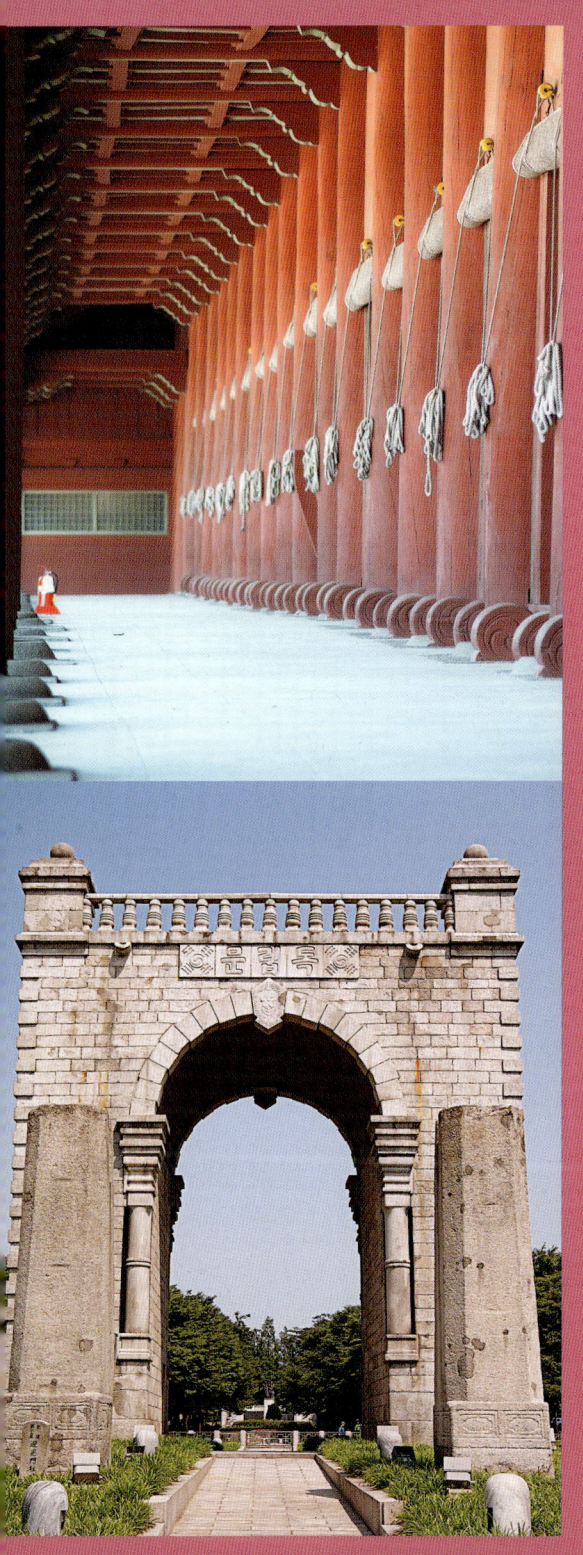

Part 1

• 서울권 •

서울특별시
종로구 · 중구 · 용산구 · 성동구 · 광진구
동대문구 · 성북구 · 도봉구 · 노원구 · 서대문구
마포구 · 영등포구 · 동작구 · 관악구 · 서초구
강남구 · 송파구 · 강동구

🏛 행정구역 정보

행정구역	주소	대표번호	홈페이지
서울특별시	서울특별시 중구 세종대로 110	02-120	http://www.seoul.go.kr

🏢 버스터미널 · 공항

행정구역	버스터미널 1	전화번호	버스터미널 2	전화번호
서울특별시	서울고속터미널	02-1688-4700	서울남부터미널	02-1688-0540

행정구역	공항	전화번호
서울특별시	김포국제공항	02-1661-2626

🚍 찾아가는 길

행정구역	찾아가는 길
서울특별시	1번 경부고속도로 양재 I.C, 서초 I.C, 반포 I.C, 잠원 I.C, 한남 I.C - 서울 100번 서울외곽순환고속도로 토평 I.C - 강변북로 - 서울 100번 서울외곽순환고속도로 강일 I.C - 올림픽대로 - 서울 100번 서울외곽순환고속도로 자유로 J.C - 자유로 - 서울 120번 경인고속도로 신월 I.C - 서울 15번 서해안고속도로 금천 I.C - 서부간선도로 - 서울

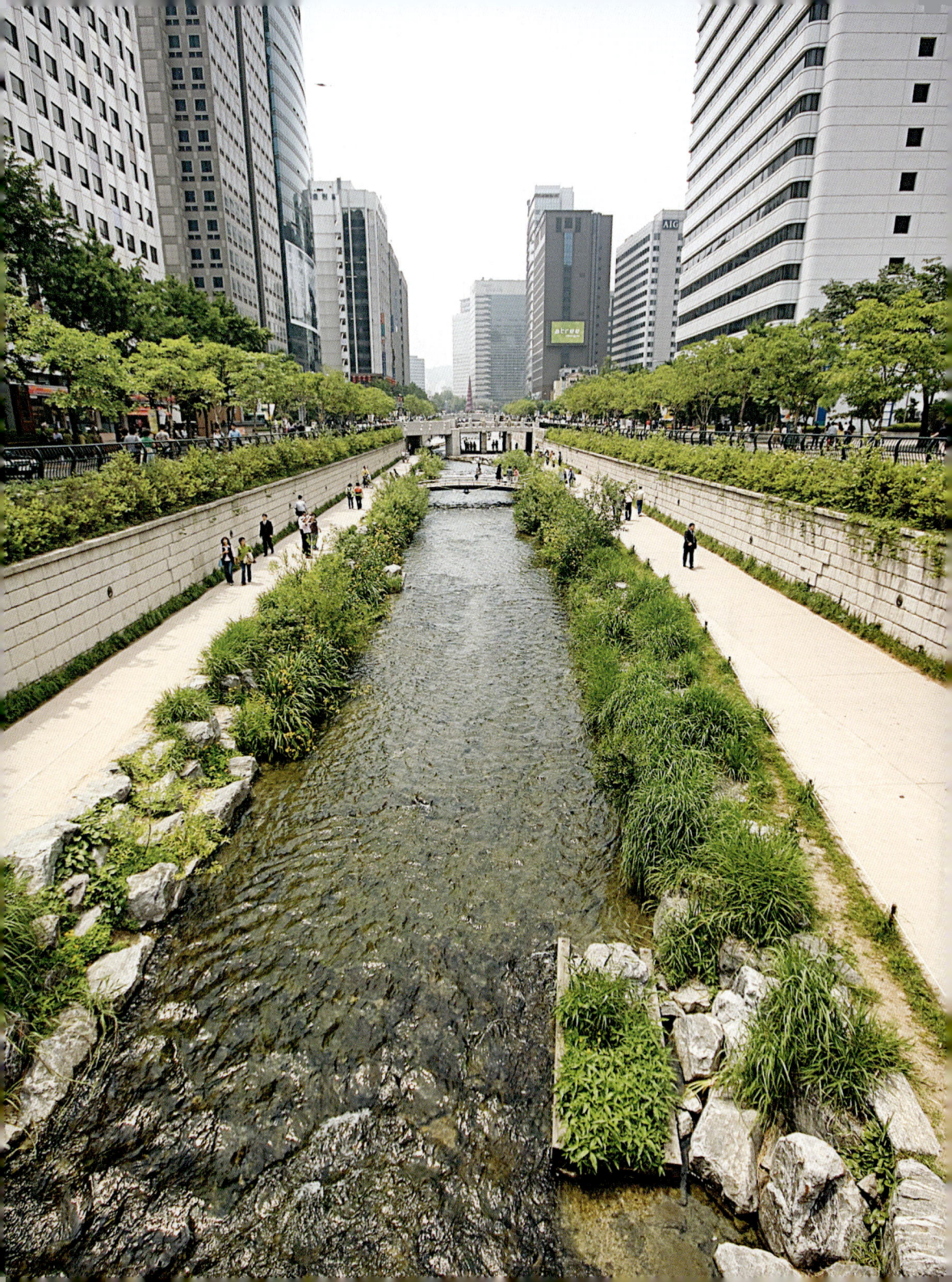

경복궁

조선 왕조의 법궁, 조선의 중심지

| 위치 | 서울특별시 종로구 세종로 1-1
서울특별시 종로구 사직로 161
| 운영시간 | 11~2월 09:00~17:00, 3~5월/9~10월 09:00~
18:00, 6~8월 09:00~18:30, 매주 화요일 휴궁

▶ MINI DATA
| 입장료 | 있음   주차 | 가능   분류 | 역사, 문화유적

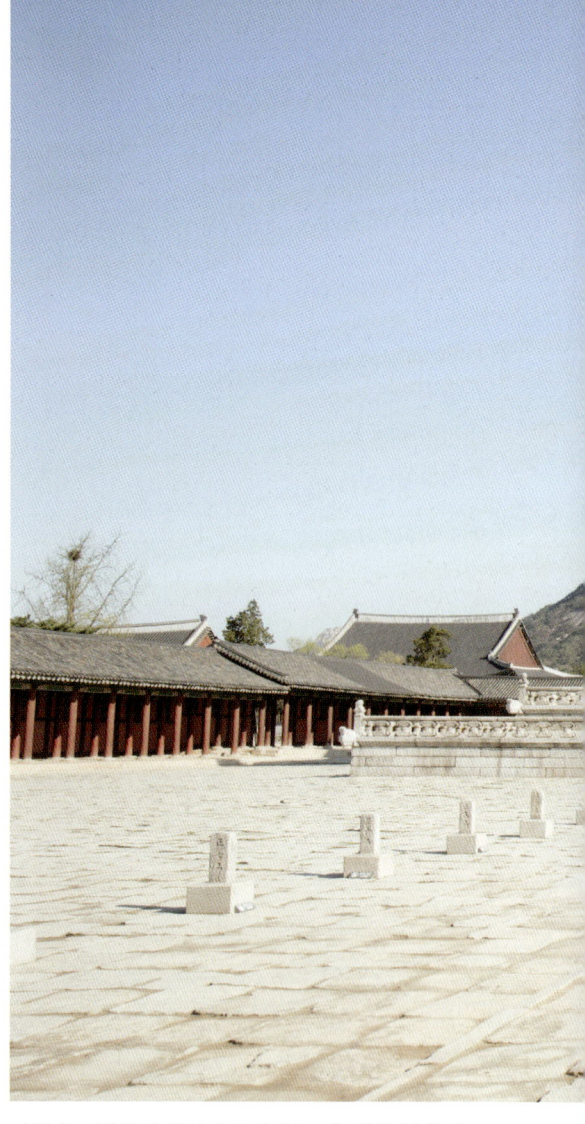

조선시대에 만들어진 다섯 개의 궁궐 중 첫 번째로 만들어진 곳으로, 조선 왕조의 법궁이다. 한양을 도읍으로 정한 후 종묘, 성곽과 사대문, 궁궐 등을 짓기 시작하는데 1394년 공사를 시작해 이듬해인 1395년에 경복궁을 완성한다. '큰 복을 누리라'는 뜻을 가진 '경복(景福)'이라는 이름은 정도전이 지은 것이다. 왕자의 난 등이 일어나면서 다시 개경으로 천도하는 등 조선 초기 혼란한 정치 상황 속에서 경복궁은 궁궐로서 그 역할을 제대로 못하다가 세종 때에 이르러 정치 상황이 안정되고 비로소 이곳이 조선 왕조의 중심지로 역할을 하게 된다. 경복궁은 임진왜란 때 불이 나 무너지게 되는데 조선 말 고종 때 흥선대원군의 지휘 아래 새로 지어진다. 경복궁 중건을 통해 조선 왕실의 위엄을 높이고자 하였지만 얼마 되지 않아 건천궁에서 명성황후가 시해되는 사건이 일어난다. 신변의 위협을 느낀 고종이 이곳을 떠나 러시아공사관으로 가게 되니, 단청의 색이 채 마르기도 전에 또 다시 빈집이 되어버리는 비운을 겪는다. 일제 때 중앙청이라 불렸던 조선총독부 건물을 경복궁 내에 만듦으로써 조선 왕조의 상징을 훼손하고 조선의 자존심을 무너뜨렸으며, 정문인 광화문 또한 해체해 지금의 건춘문 자리 근처로 옮겨버렸다. 광화문은 이후 1968년 복원되는데 당시 남아 있던 중앙청 자리를 기준으로 해서 세우다 보니 원래 경복궁 건물들이 이루고 있는 선상에서 벗어나 삐뚤게 놓이게 되었다. 제자리를 찾아주기 위하여 복원공사를 마치고 광복 65년을 맞은 2010년에 일반인에게 공개

되었다. 경복궁의 중심인 근정전은 2층 월대 위에 장엄하게 서 있는 건물로 임금의 권위를 상징하는 건물이자 공식 행사나 조회 등에 사용한 건물이다. 근정전 월대 난간에는 주작, 백호, 현무, 청룡이 각 방위에 따라 새겨져 건물을 지키고 있다. 근정전 뒤로는 임금의 사무실이라 할 수 있는 사정전과 침실인 강녕전, 왕비가 거처하였던 교태전이 이어진다. 근정전을 바라보고

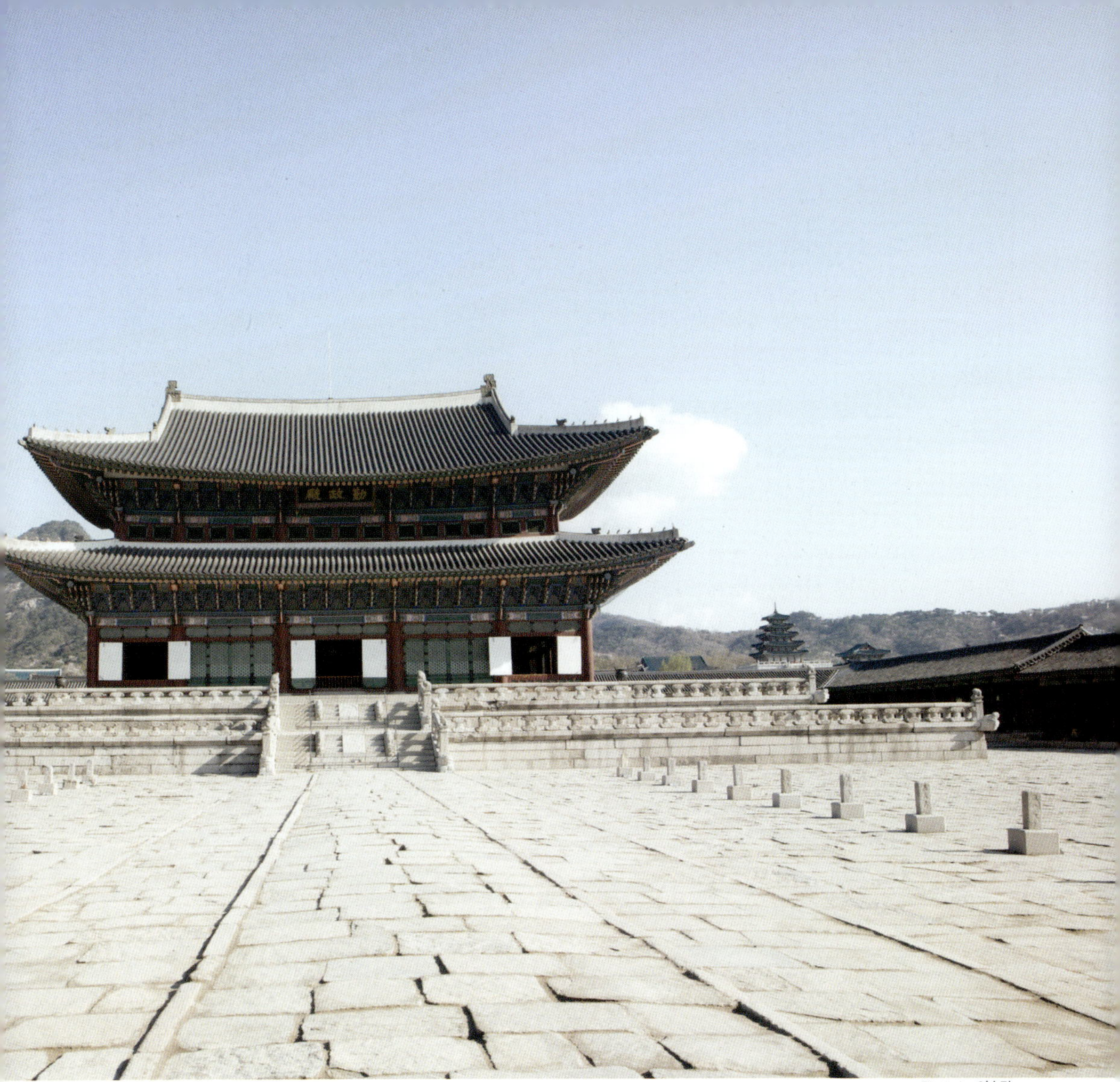

왼편으로 나가면 연회의 장으로 사용되었던 경회루가
보인다. 인공 연못 위로 지어진 2층 누각 건물로, 남아
있는 목조 건축물 중 크기로도 또 아름답기로도 손에
꼽히는 건물이다. 경복궁에서 빠뜨리지 말고 보아야
할 것이 교태전 아미산과 자경전 십장생 굴뚝으로, 굴
뚝 원래의 기능적인 역할에 더하여 여성이 거주하는
공간으로 미학적인 요소도 함께 고려한 작품이다.

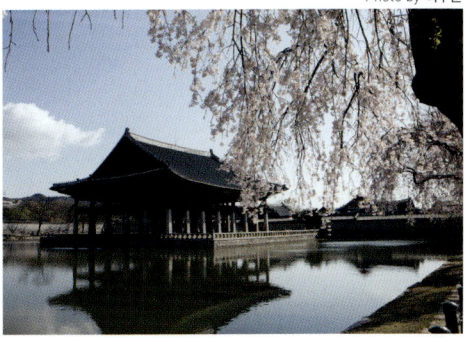

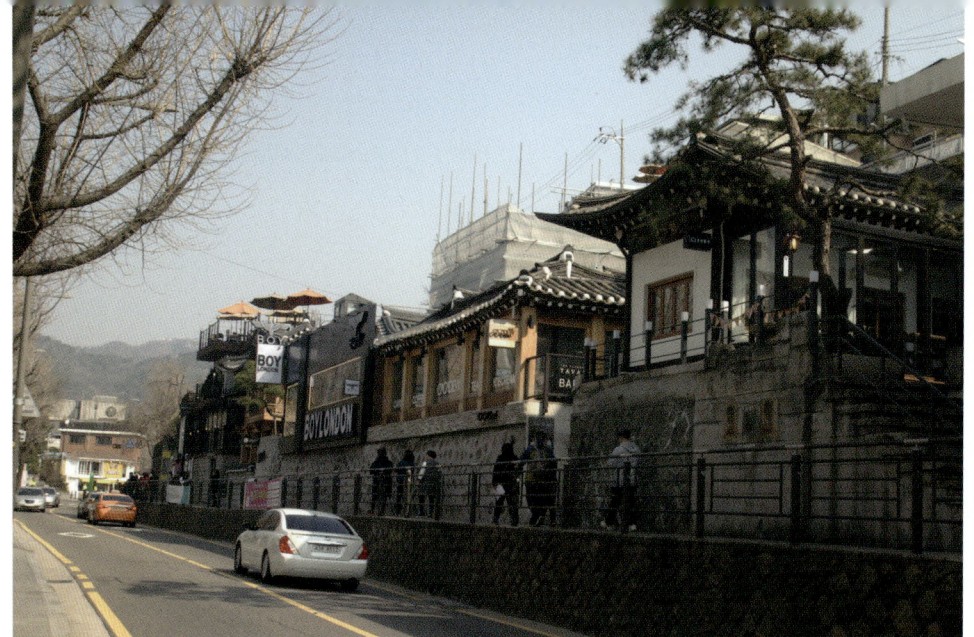

삼청동 거리

시간이 만나는 곳

| 위치 | 서울특별시 종로구 삼청동
| 운영시간 | 종일, 연중무휴

▶ MINI DATA
| 입장료 | 없음　　주차 | 가능　　분류 | 거리, 시장

산과 물과 사람이 맑아 '삼청(三淸)'이라 불리는 거리는 경복궁 북동 방면의 삼청동, 팔판동, 안국동, 소격동, 화동, 사간동, 송현동을 아우르는 곳이다. 북악산으로 연결되는 한적한 도로를 따라 예술가들의 공방이 자리하던 이곳은 화랑과 갤러리 숍, 특색 있는 음식점이 들어서면서 서울을 대표하는 문화의 거리가 되었다. 크고 작은 10여 곳의 화랑들이 모인 소격동 '미술관의 거리'를 지나 개성 있는 멋과 맛을 자랑하는 음식점과 찻집, 액세서리 숍이 어우러지는 볼거리, 먹거리, 즐길거리 가득한 '삼락(三樂)'의 거리가 이어진다. 삼청동 거리는 옛 추억을 기억하는 사람도 새로움을 즐기는 젊은이도 자연스럽게 어우른다. 갤러리와 함께 거리의 볼거리를 더욱 풍부하게 만드는 것은 여느 곳에서 보기 힘든 특색 있는 박물관들이

다. 티베트박물관, 장신구박물관, 실크로드박물관, 북촌생활사박물관, 부엉이박물관, 장난감박물관 등 10여 곳의 박물관은 삼청동을 문화의 거리로 꾸미는 보석 같은 장소들이다. 옛 경기고등학교 터에 자리한 정독도서관은 봄날의 벚꽃, 가을날의 단풍나무가 아름다운 정원을 가지고 있으며 조선시대 국왕의 영정과 왕실의 족보를 관리하던 종친부 건물도 함께 있다. 1940년, 도시공원 1호로 지정된 삼청공원은 우거진 숲과 맑은 계곡이 편안한 휴식을 제공한다. 공원 뒤편의 옛 서울 성곽 탐방로는 북악(백악)산 능선을 이어가는 8km의 등산로이다. 숙정문, 창의문의 문화유적과 서울의 전경을 한눈에 담는 멋진 경관을 자랑한다.

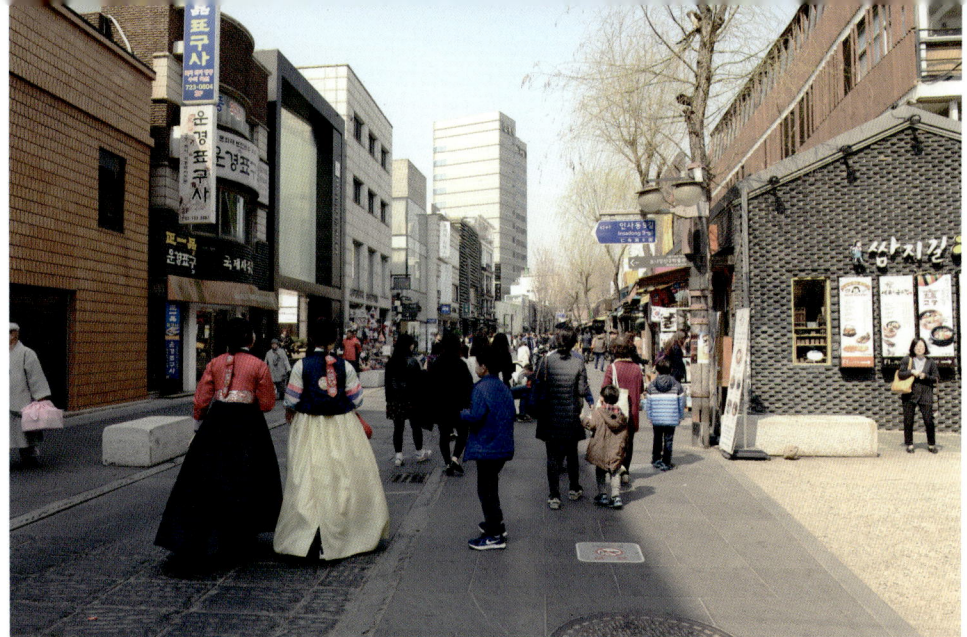

인사동
전통과 현대의 조화

| 위치 | 서울특별시 종로구 인사동
| 운영시간 | 종일, 연중무휴

▶ MINI DATA
| 입장료 | 없음   주차 | 가능   분류 | 거리, 시장

서울 지하철 3호선 안국역에서 종로 2가로 이어지는 길. 서울 시내 한복판에 자리 잡은 전통과 현대가 어우러져 살아 숨 쉬는 복합 문화공간으로 한국을 방문하는 외국인들이 가장 먼저 찾는다는 곳이 바로 인사동이다. 북촌과 종로 사이에 위치해 있어 조선시대 중인들의 거주지였던 거리는 해방 이후 붓과 한지 등 문방용품을 취급하는 거리로 명맥을 이어가다 80년대 이후 국내 미술 활동의 중심지로 역할을 한다. 약 700여 미터 남짓한 거리는 한옥의 기와를 깔아 놓은 듯 품위 있는 보도를 걸으며 문화를 감상할 수 있는 서울의 대표 거리로 단장되어 있다. 저마다의 특색을 갖춘 공예품점과 고미술품점 등이 늘어서 있고 크고 작은 갤러리에 들어서면 개성 있는 예술가들의 작품을 만날 수 있다. 주말에는 차 없는 거리로 바뀌며, 독특한 아이템으로 시선을 끄는 노점들이 먹거리와 볼거리를 제공하며, 조선시대 순찰 활동을 재현한 순라길 재현 행사 등 각종 문화행사가 펼쳐져 어른과 어린이 모두를 즐겁게 해준다. 거리의 중심에 자리한 쌈지길은 신선한 감각이 돋보이는 생활 미술품 상점들이 모여 있는 새로운 감각의 공간으로 젊은이들에게 특히 사랑 받는 공간이다. 가지가 뻗어나가듯 사이마다 자리하는 골목길에는 오랜 손맛을 자랑하는 식당들과 찻집들이 숨어 있어 미식가들이 즐겨 찾는다. 안국역 위쪽으로 삼청동과 북촌 한옥마을이 연결되어 있고 종로 2가 방향에서 남산 쪽으로 몇 걸음만 옮기면 청계천이 있다. 또한 인근 낙원동의 악기상가는 국내 최대 규모로 다양한 종류의 악기들을 구경하는 재미가 쏠쏠하다.

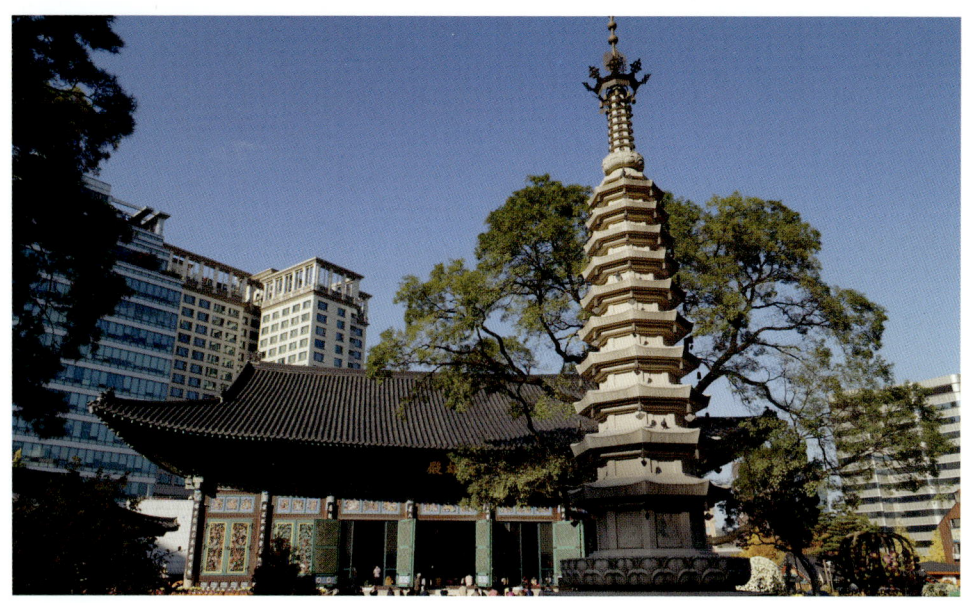

조계사

한국 불교의 본산

위치 | 서울특별시 종로구 견지동 46-1
　　　서울특별시 종로구 우정국로55
운영시간 | 종일, 연중무휴

▶ MINI DATA
| 입장료 | 없음　　주차 | 가능　　분류 | 불교유적

우리나라 불교의 최대 종파인 조계종의 대표 사찰이다. 1910년 한용운 등이 주축이 되어 세운 '각황사'가 1938년 대대적인 중수를 거쳐 '태고사'로 불리었고 1954년 일제의 잔재를 제거하는 불교정화운동을 통해 현재의 이름으로 자리 잡았다. '조계(曹溪)'라는 명칭은 중국 선불교의 6대 조사로 꼽히며 수행의 지표로 추앙받는 혜능대사가 머물렀던 조계산에서 가져왔다. 중심 건물인 대웅전은 태고사 중건 당시 전북 정읍의 사찰 건물을 그대로 가져온 것으로 커다란 기둥이 고풍스러운 화려함을 자랑한다. 앞마당에 위치한 칠층석탑에는 부처님의 진신사리가 봉안되어 있고 500년 수령의 백송과 400년의 회화나무가 대웅전 건물을 호위하듯 감싸고 있다. 2006년 대대적인 보수공사를 통해 일제강점기 건축의 잔재를 털어내고 일주문 등 사찰의 위용을 제대로 갖추었으며 사찰을 찾는 수많은 신도들과 잔잔한 불경소리, 은은한 향내음으로 서울 도심 거리에 부처님의 자비를 알린다. 조계종 총 본산 건물 주변으로 사찰음식점과 찻집, 불교용품을 판매하는 상점들이 어우러져 불교의 거리를 만든다. 함께 있는 불교중앙박물관은 전국 사찰에서 보관하기 어려운 불교문화재가 관리, 전시되는 곳으로 진귀한 한국 불교미술의 보물들을 만날 수 있다.

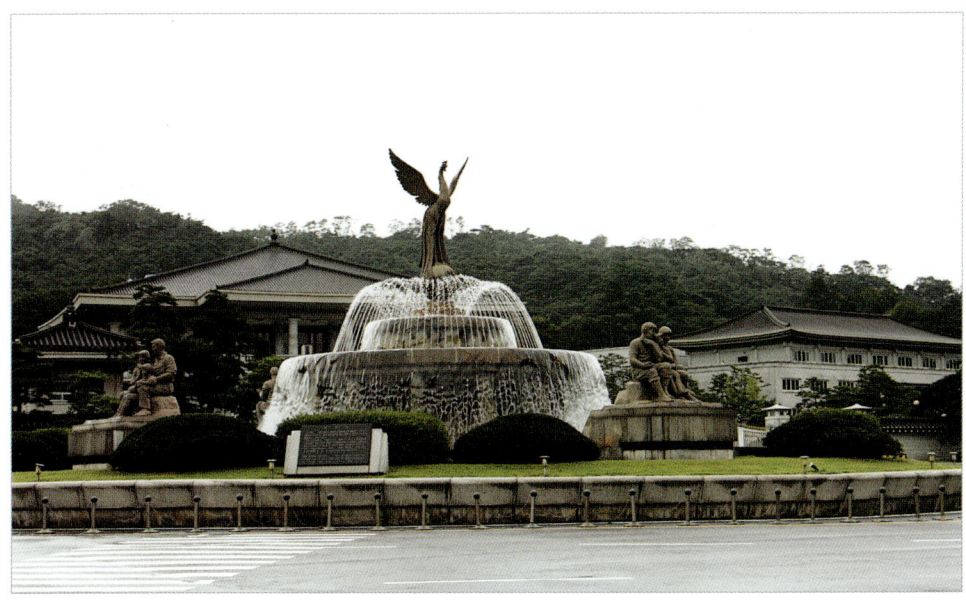

청와대
대한민국 대통령 관저

| 위치 | 서울특별시 종로구 세종로 1
　　　서울특별시 종로구 청와대로 1
운영시간 | 예약 후 관람

▶ MINI DATA
| 입장료 | 없음　　주차 | 불가능　　분류 | 역사, 문화유적

푸른 기와지붕 집이라는 뜻의 청와대는 대한민국 대통령이 거주하는 공간이자 집무공간으로 우리나라에서 가장 유명한 집이다. 청와대는 군사정권 시절 서슬 퍼런 권력의 상징으로 인식되었지만, 지금은 그런 분위기가 많이 순화되었을 뿐만 아니라 예전에는 개방되지 않았던 청와대를 이제는 누구나 간단한 절차를 거쳐 관람할 수 있게 되었다. 청와대는 인왕산 자락 아래 자리하고 있는데, 경복궁의 뒤쪽 북문인 신무문 밖, 북원이라는 후원이 있던 곳이다. 일제 때 경복궁에 조선총독부가 세워지고 지금의 청와대 자리에 총독 관저가 만들어 지면서 이곳이 조선의 법궁인 경복궁을 대신해 새로운 권력의 중심지가 되었다. 해방되자마자 청와대는 일본인 총독을 대신해 미군정

장관을 새로운 주인으로 맞았다가, 대만민국 정부가 수립된 이후에야 우리 대통령의 관저와 집무공간으로 사용되게 된다. 그 당시는 이곳을 경무대라 불렀으나 1960년 4 · 19혁명 후 청와대라는 이름으로 개칭하였다. 청와대 관람은 사전예약제로 운영이 되는데 단체뿐만 아니라 개인 및 가족단위의 관람도 가능하다. 기자들이 근무하며 청와대와 나라 소식을 전하는 춘추관을 시작으로 청와대의 정원인 녹지원을 비롯해 경무대, 구본관 터 및 1991년 새로 신축된 지금의 본관 등을 도보로 돌아보게 된다. 손님을 맞이하는 건물인 영빈관 앞에서 사진 촬영이 가능하며, 조선시대 때 왕을 낳은 후궁들의 위패를 모시고 있는 칠궁도 함께 관람할 수 있다.

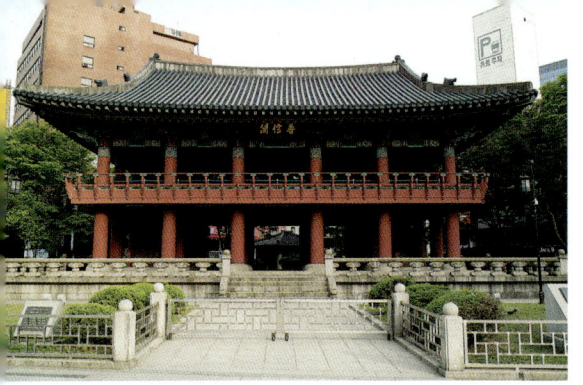

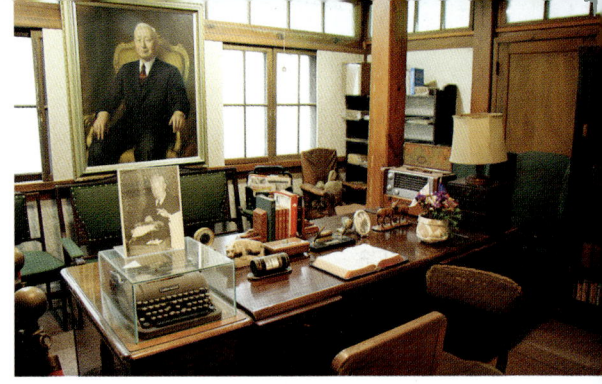

보신각
한양의 중심

| 위치 | 서울특별시 종로구 관철동 45-3
　　　　서울특별시 종로구 종로 54
| 운영시간 | 종일, 연중무휴

▶ MINI DATA
| 입장료 | 없음　　주차 | 가능　　분류 | 역사, 문화유적

옛 한양 운종가 동편의 종을 보호했던 누각이다. 조선 태조 4년(1395년)에 만들어진 건물은 임진왜란과 한국전쟁으로 사라진 후 현대에 새롭게 개축되어 옛 모습은 남아 있지 않다. 1468년 만들어진 보신각 종은 제작시기를 명확히 확인할 수 있는 귀중한 범종으로 보물 제2호로 지정되어 있다. 파루(오전 4시)에 28번, 인정(오후 10시)에 33번 울리며 도성 4대문의 여닫는 시각을 알리던 종은 그 수명이 다하여 국립중앙박물관에 보관하고 있다. 지금의 종은 1986년 제작된 '서울대종'으로 매년 새해 첫날이면 20t의 육중한 몸을 울려 한 해의 시작을 알린다. 1392년 조선 태조 이성계가 뜻을 세운 한양은 음양오행에 바탕을 둔 철저한 계획도시였다. 유교사상을 국가경영의 기본이념으로 채택한 조선은 '인(仁) 의(義) 예(禮) 지(智) 신(信)'의 '오행'을 가장 중요한 덕목으로 여겼고 그 중 '믿음(信)'을 중심으로 여겼다. 도성의 4대문에 한 글자씩 포함된 네 가지 덕목들과 함께 한양 중심, 보신(普信)의 전각에서 울려 퍼지는 종소리로 국가통치의 이념을 되새긴 것이다.

이화장
돌아오지 않는 주인을 기다린다

| 위치 | 서울특별시 종로구 이화동 1 우남이승만박사기념관
　　　　서울특별시 종로구 이화장1길 32
| 운영시간 | 예약 관람 09:00~17:00(12:00~13:00 입장불가)

▶ MINI DATA
| 입장료 | 없음　　주차 | 가능　　분류 | 역사, 문화유적

이화장은 대한민국 초대 대통령인 이승만이 머물렀던 사저이다. 해방 후 미국에 거주하고 있던 이승만이 서울로 돌아와 지인들의 도움으로 마련한 집이 바로 이화장이다. 1947년부터 지금의 청와대인 경무장으로 들어가기 전까지 잠시 살았던 곳으로 이승만 박사의 유품 등을 전시하고 있다. 이화장은 역사적인 성명들을 발표한 자리로 의미를 가지는데, 1947년 11월 남한만의 단독 총선거를 주장하는 성명을 발표하기도 했고, 초대 대통령으로 선출된 뒤 내각의 조각명단을 발표한 자리이기도 하다. 우익 세력 정치의 중심지로, 김구가 머물고 있던 경교장과 경쟁하던 곳이다. 경무장으로 간 이승만은 여러 번의 개헌을 시도하며 권력을 연장하다 1960년 4·19혁명으로 대통령직에서 물러난 후 원래 살던 이 집으로 돌아오지 못하고 도망가듯 떠나 미국 하와이로 망명했다. 일제 때인 1920년대 지어진 건물로 조선 후기에서 근대로 넘어오는 가옥의 변화를 연구하는 중요한 자료이기도 하다. 홍수로 인해 관람할 수 없게 되었으나 언제 개방될지 불분명하다.

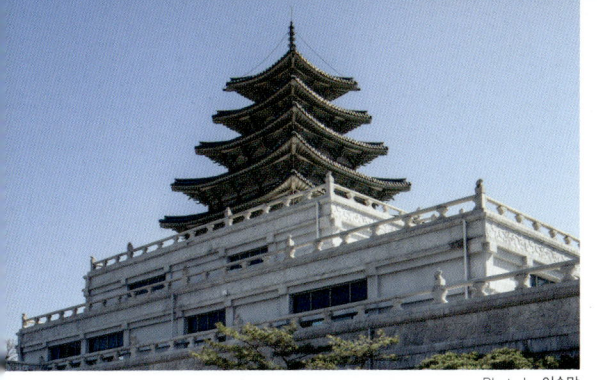
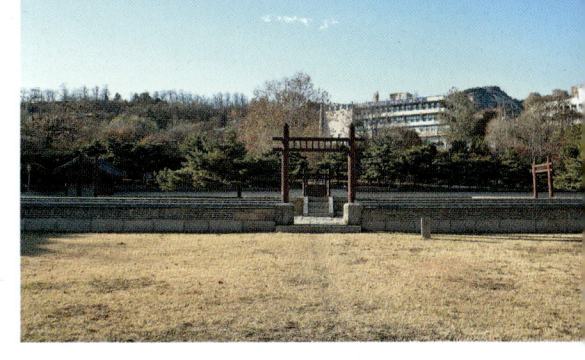

Photo by 이수만

국립민속박물관
우리 민속 문화를 한자리에

| 위치 | 서울특별시 종로구 세종로 1-1
서울특별시 종로구 삼청로 37
| 운영시간 | 11~2월 09:00~17:00, 3~5월/9~10월 09:00~
18:00, 6~8월 09:00~18:30, 매주 화요일 휴관

▶ MINI DATA
| 입장료 | 없음　주차 | 가능(경복궁 주차장)　분류 | 박물관

경복궁 경내에 위치한 국립민속박물관은 우리 민족의 생활사와 관련된 민속자료 4,000여 점을 3개의 상설 전시 공간과 야외 전시 공간으로 나누어 전시하고 있다. 제1전시실인 '한민족 생활사' 관에서는 구석기시대부터 청동기시대에 이르기까지의 선조들의 생활 모습과 삼국시대부터 남북국시대까지 우리 민족이 어떠한 과정을 통해 활동 영역을 넓혀 왔는지 알아볼 수 있고, 고려시대부터 조선시대에 이르기까지 우리 민족 문화가 발달되어 온 과정과 근·현대의 변화된 생활상을 살펴볼 수 있다. 제2전시실인 '생업 공예, 의식주' 관에서는 농업과 어업, 수렵과 관련된 전시물과 민속자료들을 관람할 수 있으며, 제3전시실인 '한국인의 일생' 관에는 우리 민족의 일상생활 모습이 일목요연하게 정리되어 있다. 또한 연자방아, 디딜방아, 대장간, 물레방아 등이 전시된 야외 공간은 경복궁과 함께 민속박물관을 돌아보며 지친 다리를 쉴 수 있는 작은 쉼터가 되어준다.

사직단
풍년을 기원하며 지내는 제사

| 위치 | 서울특별시 종로구 사직동 1-28
서울특별시 종로구 사직로 89
| 운영시간 | 종일, 연중무휴

▶ MINI DATA
| 입장료 | 없음　주차 | 가능　분류 | 역사, 문화유적

'좌묘우사(左廟右祠)'라 하여 정궁을 기준으로 왼편에 종묘를, 오른쪽에 사직단을 놓는 게 주례의 예법이라 한다. 그 원칙에 의하여 만들어진 사직단은 경복궁의 서편인 인왕산 자락에 자리 잡고 있다. 종묘는 지금껏 그 모습이 잘 보존되었고 종로 가운데 위치하여 사람들에게 널리 알려져 있으나 사직단의 경우 위치가 어디인지 또 어떤 역할을 하던 곳인지 잘 모르는 이가 많다. 죽은 왕들을 위해 제사를 지내던 곳이 종묘라면 산 사람들을 위해 토지의 신과 곡식의 신에게 제사를 올리던 곳이 바로 사직단이다. 농업을 기반으로 하는 사회에서 농사의 풍년만큼 중요한 것이 없었을 터, 왕이 친히 하늘에 올리는 제사를 주관하며 한 해 농사 풍년을 기원하던 곳이다. 사직에는 단이 2개 있는데 동쪽의 단은 토지의 신께 제사를 올리는 사단이고, 서쪽의 단은 곡식의 신이 주인이 되는 직단이다. 일제 때 조선총독부가 이 일대를 철거하면서 공원을 만들었으며, 사직의 기능을 상실한 채 지금껏 사직단이 아닌 사직공원으로 불리고 있다.

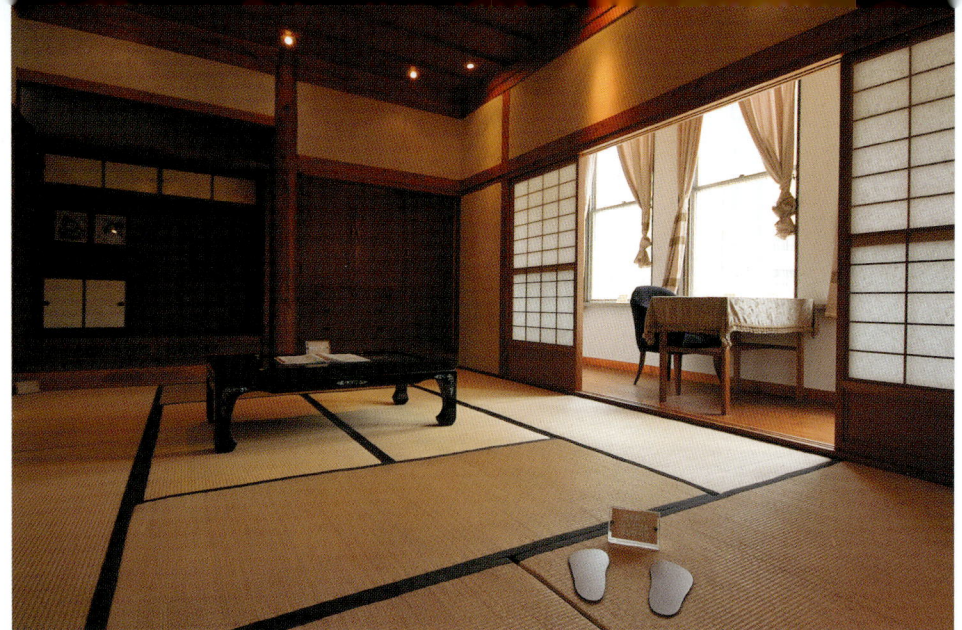

경교장

현대사의 아픈 상처가 새겨져 있는 곳

위치 | 서울특별시 종로구 평동 108-1 강북삼성병원
　　　서울특별시 종로구 새문안로 29
운영시간 | 09:00~18:00, 매주 일요일/국경일 휴관

▶ MINI DATA
| 입장료 | 없음　　주차 | 가능　　분류 | 역사, 문화유적

경교장은 임시정부의 주석을 지낸 독립운동가인 백범 김구가 중국에서 돌아와 머물렀던 집이다. 원래 이 건물은 일제 때 광산을 통해 돈을 많이 벌었던 최창학이 지은 집으로, 설계에서부터 시공까지 최고의 인력과 자재를 사용하여 경성에서도 호화스럽기로 이름난 곳이었다. 해방 후 진주하게 된 미군정은 어떠한 정치세력도 정통성을 가진 대한민국 정부로 인정하지 않았는데, 일제 때 내내 대한민국의 정통성을 가진 합법정부임을 자임했던 임시정부의 입장과는 배치되는 상황이었다. 임시정부 요인들은 개인 자격으로 국내에 들어오게 되고, 덕수궁 등 의미 있는 장소에 임시정부의 거처를 마련하고자 하였으나 미국의 반대로 실패하게 된다. 그 때문에 경교장이 임시정부의 주요 요인들이 모이는 중요한 정치공간의 역할을 하게 된다. 경교장과 관련해서는 모스크바삼상회의의 결과에 따른 한반도 신탁통치 반대 성명 발표, 미소공동위원회의 결렬 이후 남북 분단 위기에서 평양으로 회담을 떠나기 전에 베란다에 서서 민족의 하나됨을 강조했던 연설 등이 역사에 기억되지만, 어떤 사건들보다 더욱 오래 이야기되는 것은 바로 안두희에 의하여 김구가 암살된 현장으로서의 경교장이다. 건물 내부로 들어서면 백범이 머물렀던 작은 방을 볼 수 있다. 안두희가 김구에게 총을 겨눈 자리가 바닥에 표시되어 있으며, 총알에 맞아 깨진 유리가 보존되어 있다. 2013년 3월 2일 재개관 되었다.

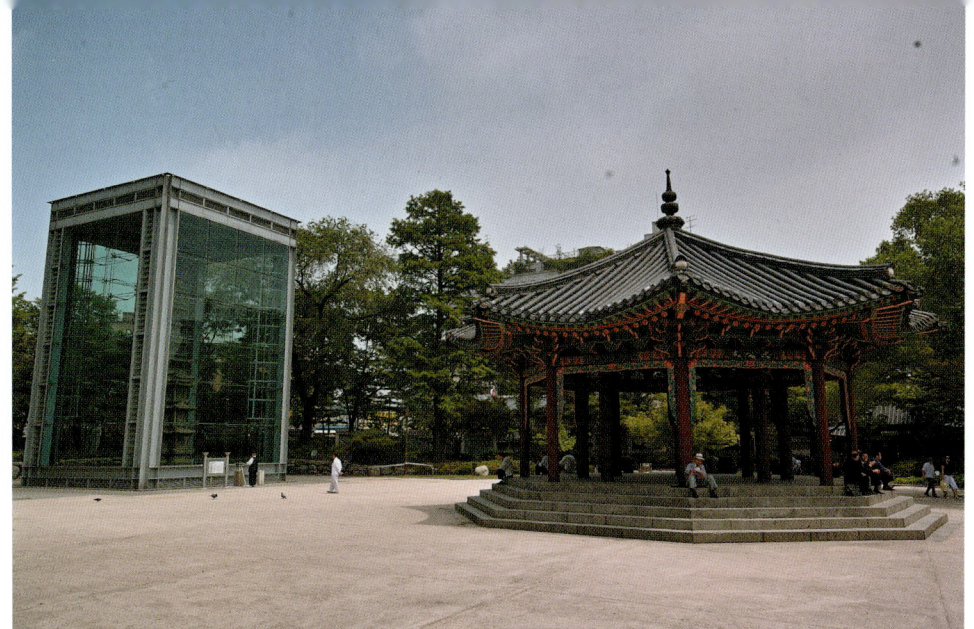

탑골공원
우리나라 최초의 도심 공원

| 위치 | 서울특별시 종로구 종로 2가 38-1
　　　 서울특별시 종로구 종로 99
운영시간 | 09:00~18:00, 연중무휴

▶ MINI DATA
| 입장료 | 없음　　주차 | 불가능　　분류 | 역사, 문화유적

사적 제354호로 지정되어 있는 탑골공원은 우리나라 최초의 도심 내 공원으로 1919년 3·1운동이 일어났던 곳이다. 고려시대 흥복사가 있던 자리에 1465년(세조 11년)에 원각사라는 절이 세워졌으나 연산군 때 폐사되었고 고종 34년에 영국인 브라운의 설계에 의해 공원으로 조성되었다. 1920년 '파고다공원'이라는 이름으로 개원하였으나 1992년 옛 지명을 따 탑골공원으로 개칭하였다. 3·1운동 당시 시민들과 학생들이 이곳에 모여 만세를 외쳤으며 학생 대표가 독립선언문을 낭독했던 팔각정이 남아 있다. 공원 내에 있는 국보 제2호인 원각사지십층석탑은 층층이 아름다운 기와집을 모각하여 기둥, 난간, 공포, 지붕의 기와골까지 섬세하게 조각하였으며 옥신에는 부처상과 보살상, 구름, 용, 사자, 모란, 연꽃 등이 아름답게 새겨져 있는데 조선시대 석탑으로는 유례를 찾아볼 수 없는 우수한 조각솜씨를 보여준다. 원각사의 창건에 대해 기록되어 있는 보물 제3호인 원각사비, 해시계인 앙부일구와 받침대 등의 문화재와 3·1운동 기념탑, 3·1운동을 기록한 부조, 의암 손병희 선생의 동상과 한용운 시비 등을 둘러볼 수 있다. 도심에 위치해 있어 시민들에게 좋은 휴식처가 되어주고 있다. 비둘기들이 많이 모이고 나이 지긋하신 분들이 즐겨 찾아 한때 '비둘기 공원', '노인 공원'이라 불리며 젊은이들 사이에서 등한시되었으나 다양한 문화재를 가진 살아 있는 공원이라는 인식이 확산되면서 인근 청계천과 인사동을 연계한 나들이 코스로 인정받고 있다.

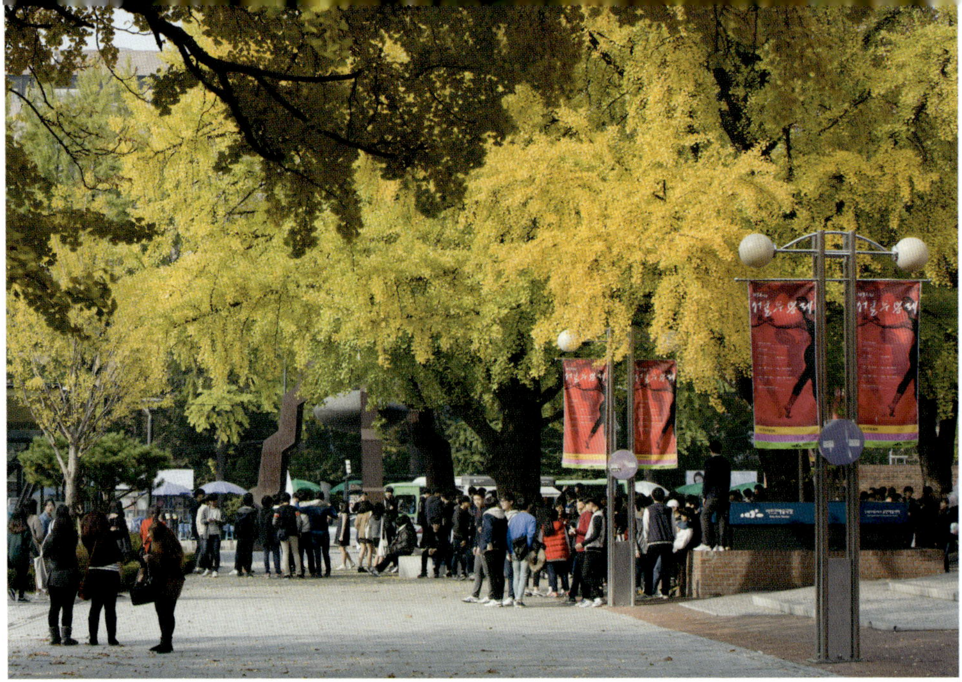

Photo by 이수만

대학로 세대를 초월하는 문화 공간

| 위치 | 서울특별시 종로구 혜화동
| 운영시간 | 종일, 연중무휴

▶ MINI DATA
| 입장료 | 없음   주차 | 가능   분류 | 거리, 시장

서울시 종로구 이화동 사거리에서부터 혜화동 로터리까지 이어지는 약 1.5km의 거리로 젊음과 문화, 자유를 만끽할 수 있는 거리다. 1975년 서울대학교가 관악 캠퍼스로 이전하면서 마로니에공원이 조성되고 크고 작은 공연장과 문화 단체들이 들어서 문화와 예술의 거리로 자리 잡았다. 공원 가운데에 아름드리 마로니에 나무가 서 있어 이름 붙은 마로니에 공원에서는 거리 화가를 비롯해 저마다의 끼를 발산하려는 예술가와 음악인들이 공연을 펼치고 야외 공연장에서도 다양한 내용의 행사들이 열린다. 공원의 중심부에는 문예회관 대극장과 바탕골소극장, 샘터파랑새극장, 학전, 코미디아트홀 등 우리나라에서 연극 공연장이 가장 많이 밀집되어 있다.

➔ 타셴, 대학로에서 가장 눈에 띄는 아트북 카페

젊은이의 메카 대학로의 문화를 읽을 수 있는 카페 '타셴'에 가보자. 신선한 수제버거와 갓 걸러낸 커피, 제철 과일 음료를 즐길 수 있다. 독일 아트북 전문 출판사인 타셴 도서가 다양하게 구비되어 있어 자유롭게 볼 수 있다.
영업시간 | 오전 11:30 부터 **문의** | 02-3673-4115

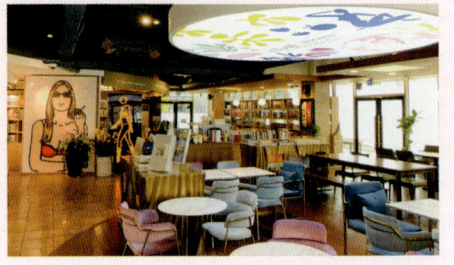

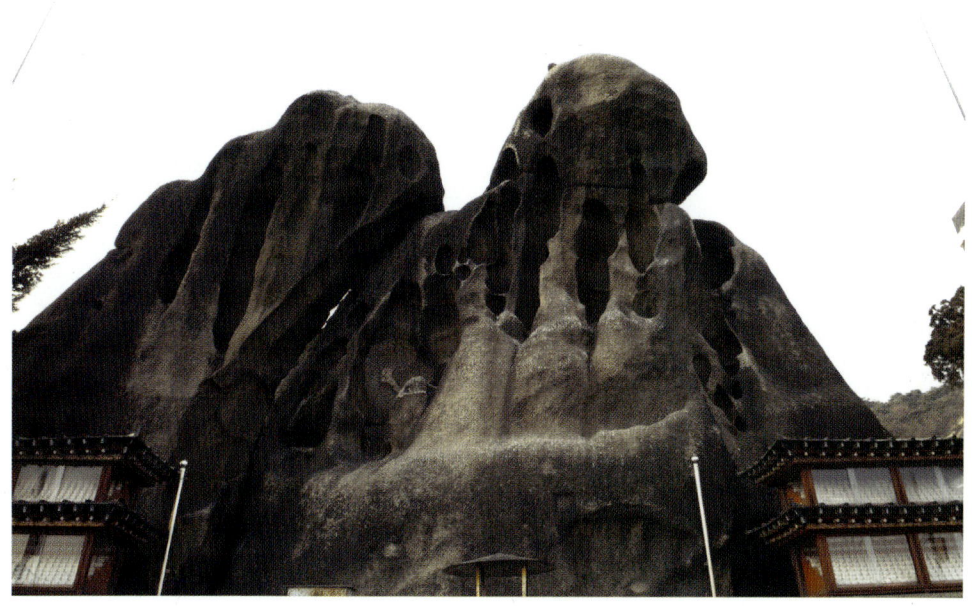

인왕산 선바위와 국사당 유교와 불교의 다툼 이야기

위치 | 국사당 서울특별시 종로구 무악동 산2-12
     (통일로 18가길 20)
    석불각 서울특별시 종로구 무악동 산3-4
운영시간 | 종일, 연중무휴

▶ MINI DATA
| 입장료 | 없음   주차 | 불가능   분류 | 역사, 문화유적

인왕산은 남쪽의 목멱산, 북쪽의 백악산, 동쪽의 낙타산과 함께 한양의 서쪽을 두르고 있는 내사산 중 한 곳이다. 산이 깊어 호랑이가 산다고 해서 혼자서는 고개를 넘지 말라고 할 정도로 험한 곳이었다. 인왕산 서쪽 자락에 툭 튀어나와 멀리서도 한눈에 들어오는 커다란 바위가 선바위로 스님이 장삼을 입고 서 있는 모양이라 해서 그 이름이 붙여졌다. 조선을 개국하면서 선바위를 도성의 경계 내에 포함시킬 것인가 아니면 밖에 둘 것인가를 두고 논쟁이 벌어지는데 안에 두자 주장한 사람은 무학이었고, 밖에 두자 주장한 사람은 정도전이었다. 불교와 유교가 기세를 두고 벌인 싸움으로 이성계가 정도전의 의견을 따르면서 선바위는 성 밖으로 밀려나게 된다. 선바위가 움직일 리가 없으니 정확하게 표현하면 선바위 안쪽으로 성곽이 만들어졌다고 하는 것이 맞겠다. 아래에 함께 있는 국사당은 원래 지금의 남산 팔각정 부근에 있었으나 일제가 남산에 신궁을 지으면서 신궁보다 높은 곳에 사당이 있을 수 없다 하여 인왕산 자락인 이곳으로 이전시켰다. 사당 안에는 무속신앙으로 여러 신을 모시고 있으며, 특히 무학대사를 모시고 있다 하여 국사당이라 불린다. 지하철 3호선 독립문역에서 출발하여 선바위를 찾아 인왕산으로 오르는 길과, 사직공원 뒤로 정상에 오르는 방법 등이 있다. 능선을 따라 오르며 서울 시내를 가까이에서 내려다보는 풍경이 멋지다.

종묘

엄숙함이 지배하는 곳

위치 | 서울특별시 종로구 훈정동 1-2
　　　　서울특별시 종로구 종로 157
운영시간 | 11~1월 09:00~17:30, 2~5월/9~10월 09:00~
　　　　18:00, 6~8월 09:00~18:30, 매주 화요일 휴관

▶ MINI DATA

입장료 | 있음　　주차 | 가능　　분류 | 역사, 문화유적

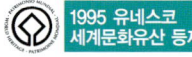

1995 유네스코
세계문화유산 등재

조선 왕실의 사당으로 조선의 역대 왕과 왕비의 신위를 봉안하고 제사를 지내던 곳이다. 태조 이성계가 한양을 도읍지로 정한 후 처음으로 명하여 지은 건물이 종묘로 궁궐보다 앞선 1395년에 완성된다. 처음에는 태종의 4대조인 목조, 익조, 도조, 환조를 모시는 건물로 그리 크지 않은 규모였으나 시간이 지날수록 이곳에 모셔야 할 왕이 늘어나면서 증축을 하게 된다. 태종 때 별묘의 형식으로 영녕전을 짓고 150년이 지난 명종 때 대대적인 확장 공사를 거친다. 얼마 지나지 않아 임진왜란이 일어나 종묘는 불타게 되고 광해군 때 다시 짓는다. 이후 영조, 헌종 때 다시 증축

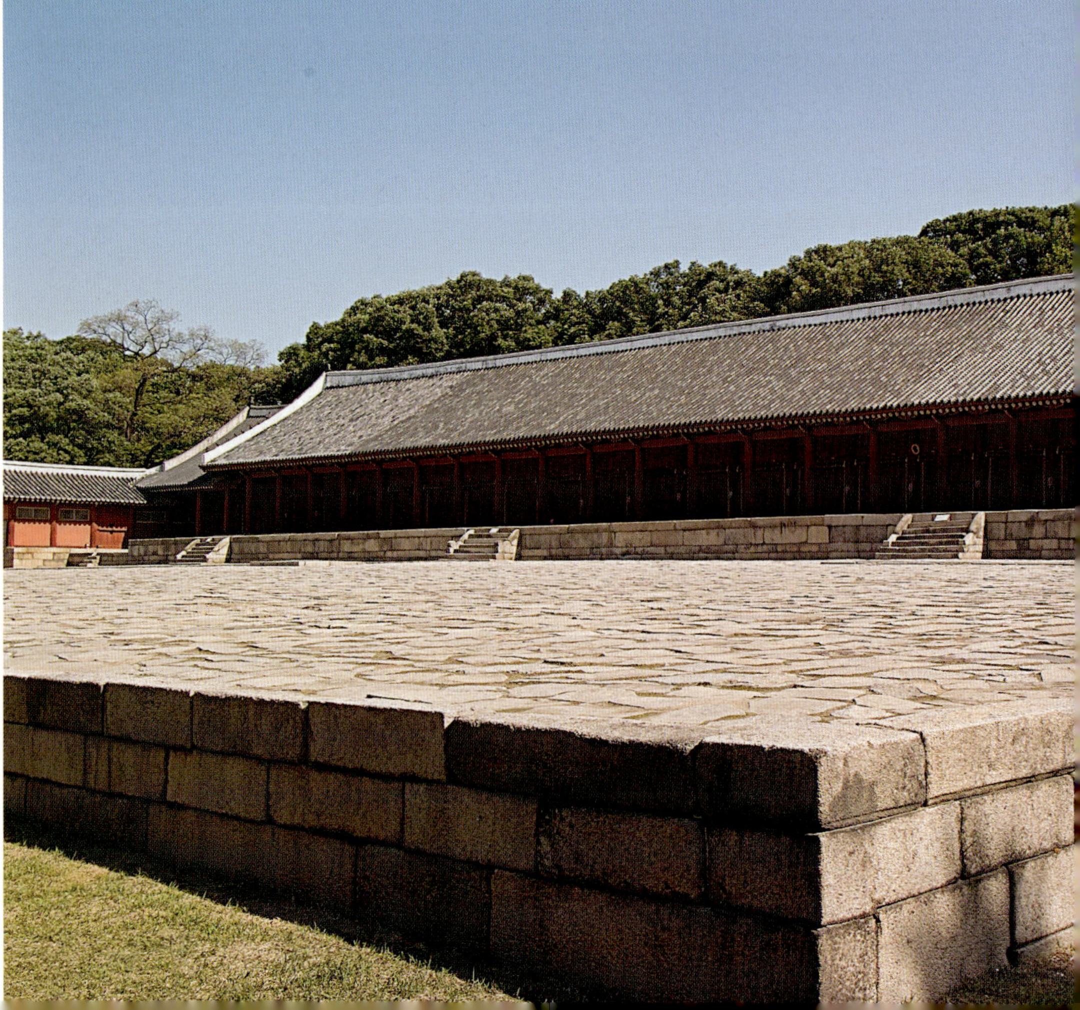

을 거치며 지금의 모습을 갖추게 되는데 그 흔적을 정전 월대에서 찾아볼 수 있다. 입구의 하마비를 시작으로 정문인 창엽문으로 들어가면, 3줄로 나누어진 신도가 나오는데 가운데 길은 신이 다니는 길이라 하여 신성시하였으나 지금 그 길을 구분해서 걷는 사람은 없다. 오른쪽으로 들어서면 망묘루와 공민왕 신당, 향대청이 있으며 임금이 머물면서 제사를 준비했던 어숙실과 제사에 쓰일 각종 음식을 준비했던 전사청이 있어 둘러볼 수 있다. 정전은 우리나라 목조건축물 중 가장 긴 건물로 맞배지붕을 올려 장엄한 분위기를 자아낸다. 총 35칸의 규모에 19개의 방이 있는데 그 안에 49위의 신주를 모시고 있다. 종묘제례 때 외에는 문이 닫혀 있어 들여다 볼 수 없으나 홍보관에서 그 모습을 전시하고 있어 구조를 살펴볼 수 있다. 영녕전은 정전보다는 작은 규모이지만 같은 형태로 만들어져 있다. 정전 앞에는 악공청이 있는데 이곳에서 종묘와 종묘제례에 관한 짧은 비디오를 상영하니 잠시 앉아 쉬면서 보고 가는 것도 좋겠다. 종묘는 유네스코 세계문화유산으로 지정되어 있으며, 종묘제례는 매년 5월 첫째 주 일요일에 열린다.

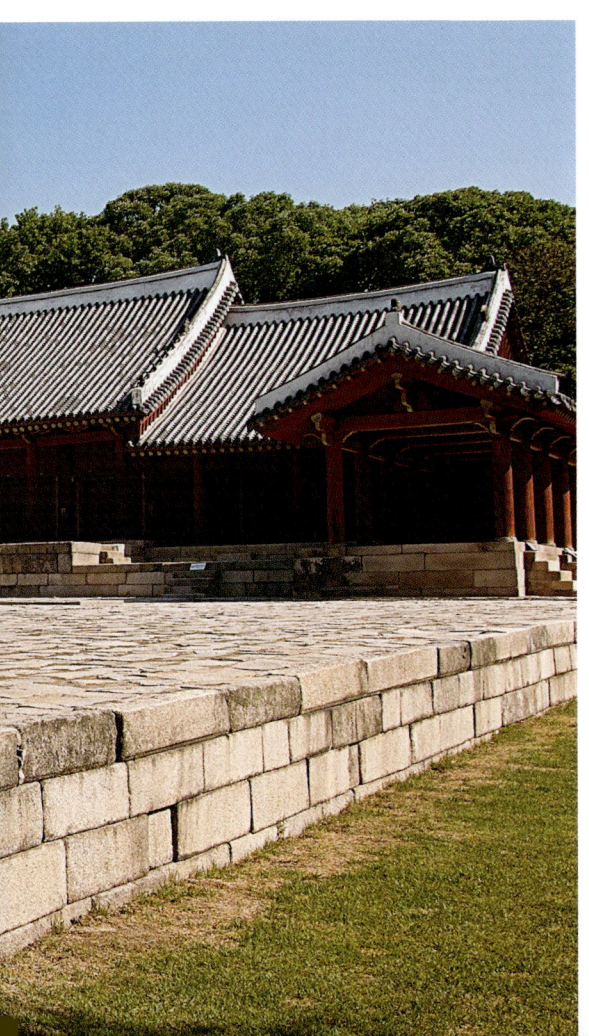

→ 종묘 돋보기

종묘를 더욱 잘 둘러보기 위한 방법을 소개한다. 입구로 들어서면 오른편에는 향대청 건물이 나오는데 교육홍보관으로 쓰이고 있다. 30분 단위로 제한적으로 관람할 수 있는데 금·토·일요일에는 해설을 들을 수 있다. 평소 문이 닫혀 볼 수 없는 정전 내부를 재현해 놓고 있으며, 종묘제례 때 쓰이는 제기도 전시하고 있다.

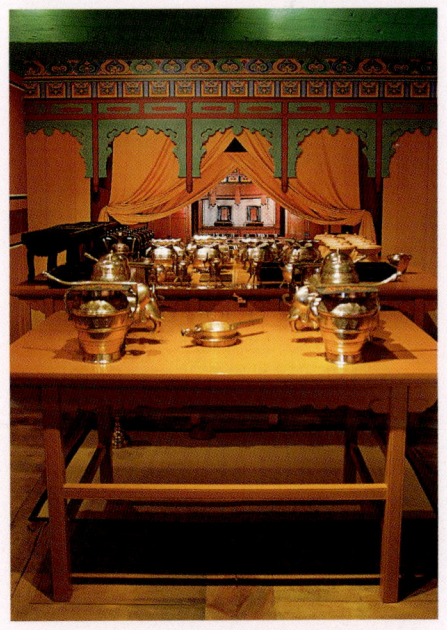

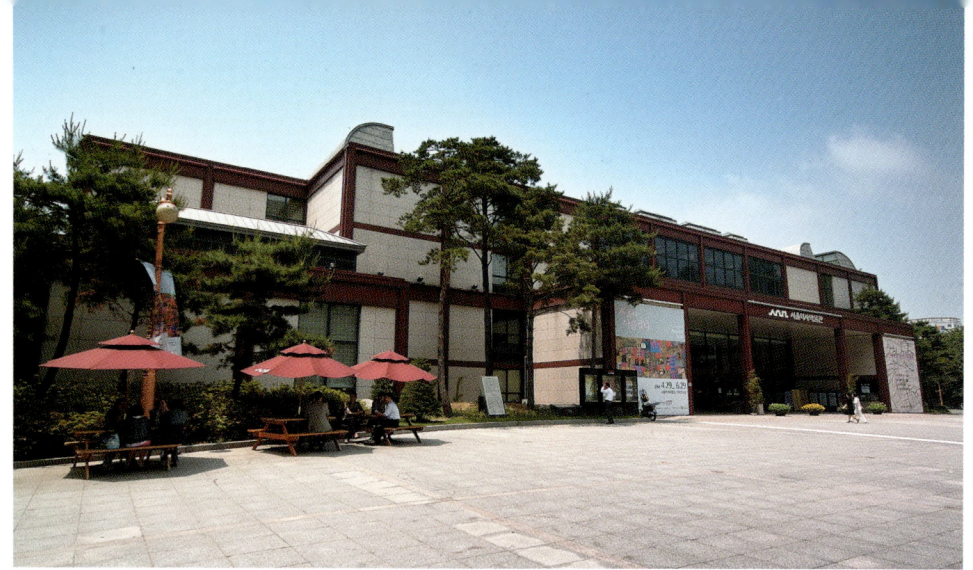

서울역사박물관 서울의 역사와 문화가 한자리에

| 위치 | 서울특별시 종로구 신문로 2가 2-1
　　　　서울특별시 종로구 새문안로 55
운영시간 | 09:00~20:00, 주말/공휴일 동절기 09:00~
　　　　18:00 하절기 09:00~ 19:00, 매주 월요일 휴관

▶ MINI DATA
| 입장료 | 있음　　주차 | 가능　　분류 | 박물관

서울의 옛 모습에서 세계적 대도시로 부상한 현재의 모습까지, 서울의 시작에서부터 현재까지가 궁금하다면 이곳을 방문해 보자. 서울은 600년 동안 조선의 수도였던 곳으로, 오랜 역사를 가진 수도의 박물관답게 다른 어느 도시 박물관보다 다양한 전시물과 내용을 자랑하며 조선시대 서울 사람들의 생활과 문화를 중심으로 전시를 하고 있다. 전시관 입구로 들어서 입체 지도로 만들어진 한양의 모습을 살피는 것으로 관람을 시작한다. 서울 사람들이 입었던 옷, 사용했던 물건들이 차례로 전시되며, 전시 중간쯤에는 서울 사람의 하루 일상에 관한 애니메이션이 상영되는데 아이들이 좋아할 뿐 아니라 그 내용이 충실해 어른들이 보아도 도움이 되니 처음부터 끝까지 보도록 하자. 통로를 지나 반대쪽 전시관으로 넘어가면 서울의 중심 시설이었던 궁궐에 관한 이야기가 펼쳐진다. 한양 내 궁궐들의 배치와 그 구조 등이 영상물로 상영

되며, 임금이 입었던 옷을 비롯하여 국새 등의 유물이 전시되어 있다. 내용도 충실하지만 전시기법 또한 첨단 기술을 잘 활용한 곳으로 전시물 곳곳에 설치되어 있는 터치스크린을 통해 보다 심도 있게 내용을 살펴볼 수 있다. 특히 터치뮤지엄이라하여 다듬이, 문고리 등 우리 전통 생활 도구에 손을 가져가면 자동 인식되어 위에 걸린 화면을 통해 그것이 실제 어떻게 사용되는 것인지 보여주는 시설이 마련되어 있다. 전시관 위층으로는 정보의 다리가 있는데 올라가는 계단을 찾지 못해 놓치고 지나는 경우가 많은 곳이다. 컴퓨터 프로그램을 통해 게임 등을 하면서 전시물들을 다시 한 번 이해할 수 있도록 도와주는 공간이다.

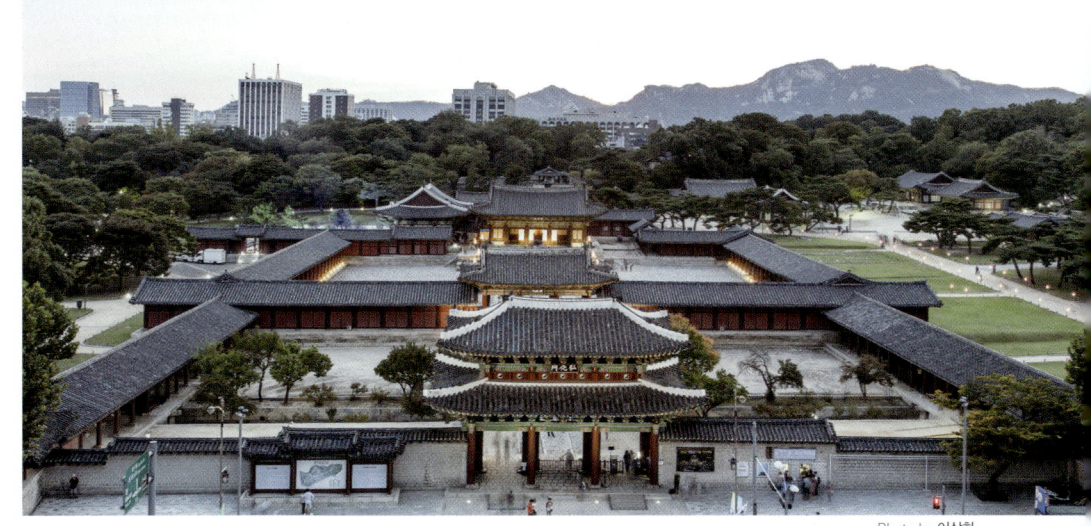

창경궁 단아함의 궁궐

위치 | 서울특별시 와룡동 2-1
　　서울특별시 종로구 창경궁로 185
운영시간 | 11~1월 09:00~17:30, 2~5월/9~10월 09:00~
　　18:00, 6~8월 09:00~18:30, 매주 화요일 휴궁

▶ MINI DATA
| 입장료 | 있음　　주차 | 가능　　분류 | 역사, 문화유적

이곳이 일본 국화인 벚꽃과 동물들의 울음소리 가득한 동물원이었다면 믿기 힘들 것 같다. 일제강점기, 폐위된 순종 황제를 위로한다는 명목으로 창경궁에는 동·식물원이 들어섰으며 이후 '창경원'으로 불리게 되었다. 봄날의 벚꽃놀이는 해방 이후에도 서울의 유명한 구경거리였다. 1983년 동·식물원을 폐지하고 비록 완전하지는 못하지만 옛 전각들을 복원하여 제모습을 찾고 있다. 창경궁은 1418년 세종이 상왕(上王)이 된 태종을 모시기 위하여 지은 곳이다. 수강궁이라 불리던 궁궐은 이후로도 왕후 등 왕실의 어른들이 머무르는 곳으로서, 유교 중심 국가인 조선의 '효' 사상을 상징하는 장소가 된다. 창덕궁과의 독립성을 강조하기 위하여 궁궐 중 유일하게 동향으로 지어진 창경궁은 정문인 홍화문을 시작으로 옥천교를 지나 명정문과 명정전으로 이어진다. 명정전은 궁궐의 중심건물인 법전으로 다른 궁궐에 비하여 그 규모가

작은 단층 건물이지만 1616년에 지어져 궁궐의 정전 중에서 현존하는 건물 중 가장 오랜 역사를 가진 곳이다. 창경궁의 또 다른 특징은 궁궐의 생활 장소인 내전 공간이 매우 발달되어 있다는 점이다. 경춘전, 환경전, 통명전, 양화당 등의 전각들은 주로 왕후들이 기거하였던 곳으로 창경궁의 주된 역할을 담당하였다. 특히 경춘전에서 태어난 정조는 어머니인 혜경궁홍씨가 평생토록 거처하였던 창경궁을 소중히 여기어 비운의 죽음을 당한 아버지, 사도세자를 모시는 경모궁을 현재의 서울대학병원 자리에 짓고 마주 볼 수 있게 하여 어머니를 위로하였다. 창경궁의 가장 뒤쪽으로 위치한 춘당지는 국왕이 직접 농사를 짓는 시범을 보였던 장소인 권농장이 있었던 곳으로 일제 때 커다란 연못을 만들고 이곳에서 순종 황제가 뱃놀이를 즐기도록 하였다는 비운의 장소이다.

창덕궁

왕족들의 아름다운 정원

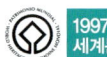
1997 유네스코
세계문화유산 등재

| 위치 | 서울특별시 종로구 와룡동 2-71
　　　 서울특별시 종로구 율곡로 99
| 운영시간 | 11~1월 09:00~17:30, 2~5월/9~10월 09:00~
　　　　　18:00, 6~8월 09:00~18:30, 매주 월요일 휴궁

▶ MINI DATA
| 입장료 | 있음　　주차 | 가능　　분류 | 역사, 문화유적

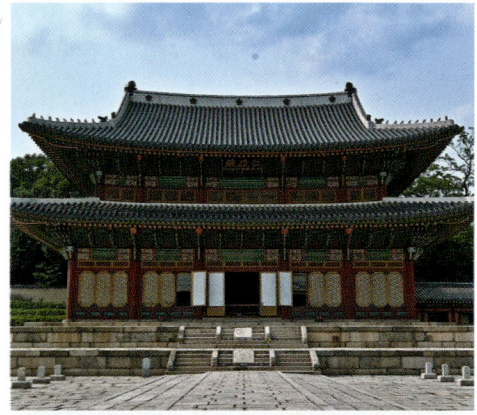

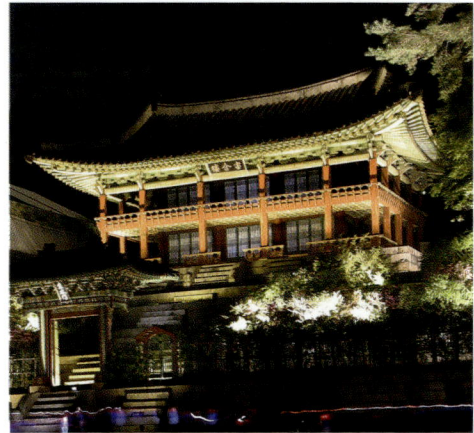

Photo by Republic of Korea

1405년(태종 5년)에 경복궁의 이궁으로 지어졌지만 경복궁의 소실로 조선 후기 많은 국왕들이 실제 기거했던 곳이다. 1592년 임진왜란으로 경복궁과 함께 소실되었다가 1610년에 다시 지어졌지만 1917년까지 크고 작은 화재로 여러 차례 복구 공사가 거듭되었다. 많은 재앙이 있었음에도 불구하고 비교적 그 원형이 잘 보존되어 유네스코 세계문화유산으로 지정되어 있다. 창덕궁의 정문인 돈화문은 광해군 원년(1609년)에 다시 지은 것으로 남아 있는 궁궐 정문으로는 가장 오래된 것이다. 국보 제225호인 인정전은 왕의 즉위식과 신하들의 하례, 사신들의 접견 등이 이루어진 공간으로 인정전 앞에는 문무관 신하들이 위치에 따라 도열했던 품계석이 세워져 있다. 왕의 침실이 딸려 있는 보물 815호 희정당은 어전 회의실로 1920년 경복궁의 강녕전을 옮겨와 지은 것이다. 그 밖에도 왕과 왕비의 침전으로 쓰였던 대조전과 경훈각, 왕이 국사를 논의하던 선정전 등을 볼 수 있다. 계단과 꽃담, 창살무늬가 빼어난 낙선재는 낙선재와 석복헌, 수강재를 합쳐서 부르는 것으로 1847년 헌종의 후궁 김씨의 처소로 지어졌는데 조선의 마지막 황후인 윤황후와 마지막 공주인 덕혜옹주, 이방자 여사 등이 이 곳에서 머물렀다. '비원'으로 알려진 금원은 아름다운 정자와 연못, 조경이 어우러진 창덕궁의 후원이다. 부용지는 연못에 하늘을 상징하는 둥근 섬을 만들고 그 끝에 '십(十)' 자 형태의 부용정을 세워놓았

는데 그 조형미가 빼어나 우리 전통 정원의 아름다움을 잘 보여준다. 연꽃의 아름다움을 극찬하여 만든 애련지와 애련정도 빼놓을 수 없는 곳이다. 금원에서 가장 오래된 건물인 영화당은 왕족의 휴식 공간으로 영조의 어필 현판이 걸려 있고 사대부의 집을 모방하여 지은 연경당과 선향재 등도 볼 수 있다. 일직선상으로 배치된 경복궁과 달리 산골짜기를 따라 자연스럽게 배치되어 자연과 건물이 조화를 이루는 궁궐 건축으로 많은 국내외 관광객들이 찾고 있다. 정해진 시간에 입장해서 정해진 코스에 따라 안내인의 설명을 들으며 약 1시간 20분간 관람한다.

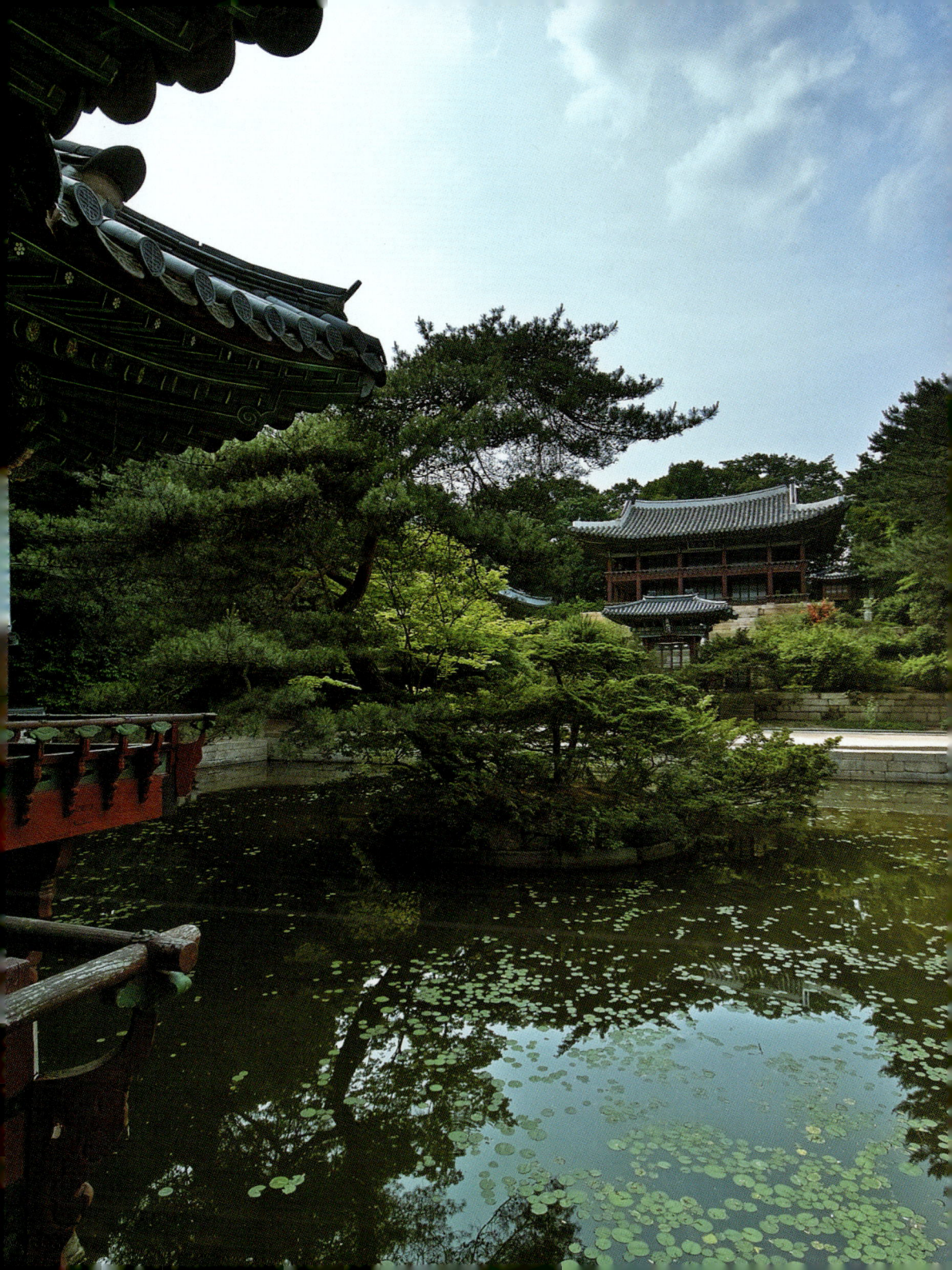

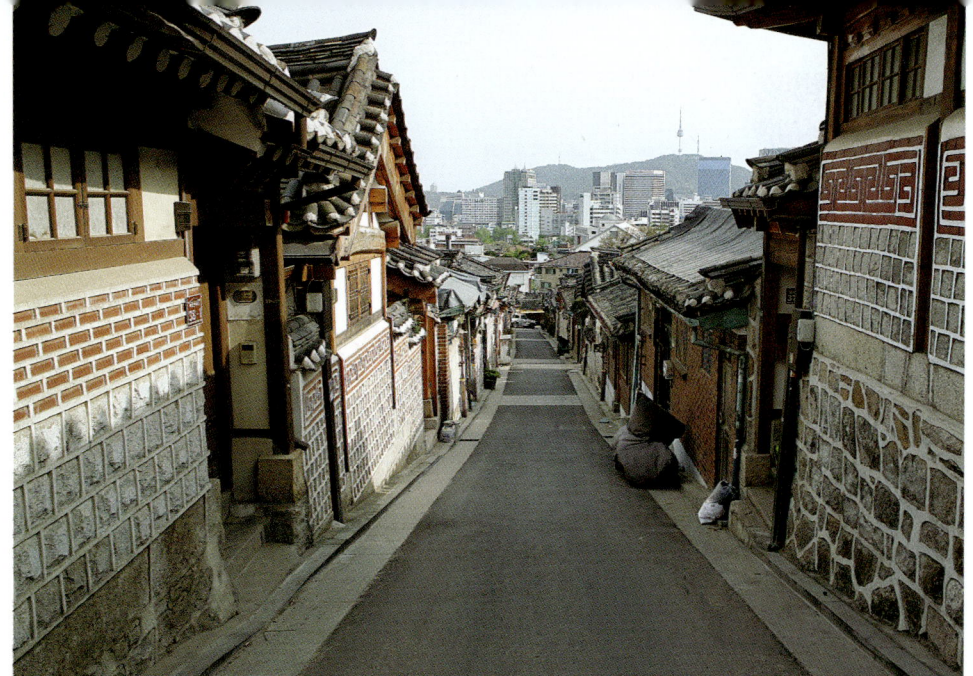

북촌 한옥마을

옛집 사이사이 골목길 따라 걷는 여행

| 위치 | 서울특별시 종로구 계동 105 일대
| 운영시간 | 종일, 연중무휴

▶ MINI DATA
| 입장료 | 없음   주차 | 가능   분류 | 전통, 체험마을

북촌 한옥마을은 서울의 대표적인 한옥마을로, 창덕궁과 경복궁 사이에 위치하여 조선시대 고위관리나 왕족들이 살았던 한양의 고급주거지이다. 옛날 으리으리했던 집들을 기대하고 간다면 실망할 수도 있겠다. 일제 때 이 지역의 땅들이 분할되면서 큰 집들이 작게 나뉘게 되는데, 그 과정에서 실제 주거를 목적으로 새로 집들을 지으면서 서로서로 지붕을 맞대는, 작지만 생활하기에 효율적인 집들이 만들어졌다. 이 지역을 새로 개발하자는 의견이 있었으나 한옥마을로 문화재적 가치를 인정해 보존해야 된다는 의견이 우세하여 이곳을 보호하고 있으며, 우리 옛 동네의 분위기를 체험할 수 있는 곳으로 꾸며나가고 있다. 골목골목 이어지는 길을 따라 걸으며 동네 구경을 하

다 보면 곳곳에 있는 다양한 주제의 공방과 박물관 등을 찾을 수 있다. 안국역 3번 출구로 나와 현대사옥 사이 골목길로 들어가면 북촌문화센터가 있다. 북촌 지도를 비롯해 다양한 정보를 얻을 수 있다. 삼청동길, 가회동길, 계동길, 원서동길 등으로 나누어져 있으며 한옥길의 정취로는 가회동 31번지가 유명하다. 계동길 주변으로는 한옥체험관들이 몇 곳 있다. 북촌 내 윤보선가, 중앙고등학교 등이 사적으로 지정되어 있으며 가회동박물관, 동림매듭박물관, 실크로드박물관 등이 둘러볼 만하다.

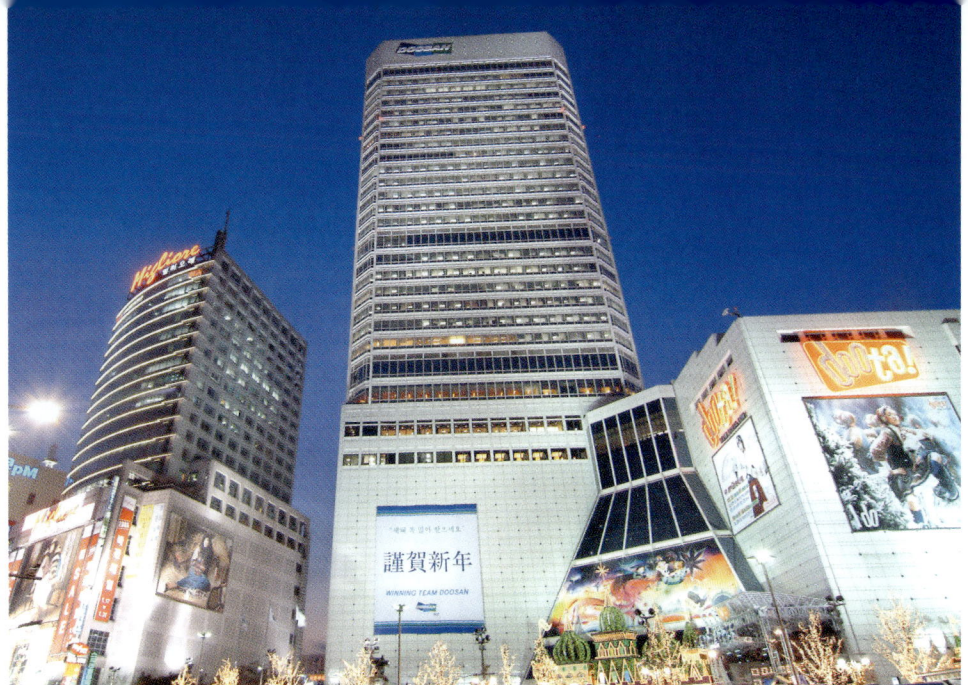

동대문시장
대한민국 쇼핑의 메카

| 위치 | 서울특별시 종로구, 중구 일대
| 운영시간 | 종일, 연중무휴

▶ MINI DATA
| 입장료 | 없음   주차 | 가능   분류 | 거리, 시장

쇼핑 명소로 유명한 동대문시장은 패션의 최첨단 기지로서 역할을 하고 있으며 우리나라를 방문하는 외국인 관광객들이 꼭 들르는 관광 명소이기도 하다. 원래 동대문시장은 미곡상, 어물상, 청과물상 등이 주를 이루어 1905년에 90여 개의 점포로 시작된 광장시장이 그 출발이 되었다. 6·25전쟁으로 완전히 파괴되었다가 전쟁 이후 주로 월남 피난민의 생활 터전이 되었으며 생활 필수품과 군용물자, 외래품이 거래되면서 다시 시장으로서 활기를 띠기 시작했다. 광장시장을 시작으로 창신동 문구거리까지 약 1.3km에 걸쳐 청계천로 좌우로 형성된 시장 전체를 동대문시장이라 부르는데 건물 약 30여 동에 3만 여개의 점포가 있다. 평화시장, 동대문종합시장, 신평화시장 등이 전통적인 도매 상권을 형성하고 있는데 역사와 전통을 자랑하는 식당들도 이곳 구석 구석에 숨어 있다. 옛 동대문운동장 쪽의 아트플라자, 디자이너클럽, 우노꼬레 등은 현대적인 상권을 형성한 곳으로 이른 저녁부터 새벽까지 전국 각지에서 올라온 도·소매 의류 상인들로 불야성을 이룬다. 밀리오레, 두타 등의 대형 쇼핑몰은 10대와 20대 등 젊은 층에게 사랑받는 쇼핑 공간으로 쇼핑몰마다 야외공연장을 마련하여 가수초청공연, 비보이쇼, 댄스경연 등 다양한 이벤트를 열고 있으며 외국인들의 야간 투어 코스로도 이름난 곳이다. 그 시대를 사는 사람들의 정서를 엿볼 수 있는 시장은 여행자에게 늘 신선한 자극이 되고 삶의 활기를 느낄 수 있는 공간이 되어준다.

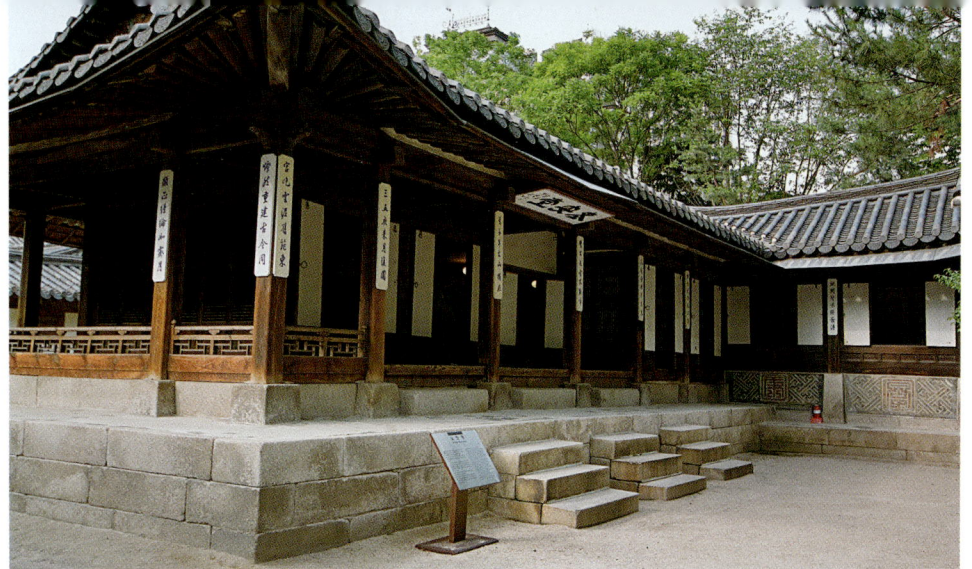

운현궁 궁궐보다 더 큰 권세를 누렸던 집

위치 | 서울특별시 종로구 운니동 114-10
　　　서울특별시 종로구 삼일대로 464
운영시간 | 11~3월 09:00~18:00, 4~10월 09:00~19:00,
　　　매주 월요일 휴궁

▶ MINI DATA
| 입장료 | 있음　　주차 | 불가능　　분류 | 역사, 문화유적

궁궐은 아니었으나 궁궐보다 더 큰 위세를 누렸던 집
이다. 흥선대원군의 사저로 고종이 출생하고 자란 곳
이기도 하다. 고종은 후사가 없던 철종의 뒤를 이어
조선의 26대 왕이 되는데 그때 나이가 12세였다. 어
린 고종을 대신해 흥선대원군이 조선을 다스리게 되
니 이 집의 위세는 하늘을 찌를 만했다고 한다. 고종
이 즉위하면서 '궁'이라는 이름을 받은 이곳은 점점
그 규모를 늘려가는데 담장의 둘레만도 수리에 달했
다고 하며, 고종이 머물던 창덕궁과의 왕래를 쉬이
하기 위해 운현궁과 이어지는 흥선대원군의 전용문
을 만들었다고 하니 그 규모와 위세를 짐작할 수 있
겠다. 입구로 들어서면 이 집을 지키던 사람들이 머
물던 수직사가 오른편에 있고 그곳을 지나면 노안당
이다. 노안당은 사랑채로, 대원군이 머물렀던 곳이
다. 지금껏 잘 보존되어 있어 조선 후기 양반가의 모
습을 볼 수 있다. 노안당 편액은 추사 김정희의 글자

를 집자해서 만들었다 하며, 처마를 이중으로 두르고
있는 보첨도 이 건물의 볼거리이다. 옆으로 이어지는
노락당은 운현궁의 중심이라 할 수 있는데 고종이 명
성황후 민씨와 가례를 올린 곳이 바로 여기다. 안으
로 더 들어가면 안채로 쓰였던 이로당이 있는데, 대
원군의 부인인 민씨가 살림을 하던 곳이다. 밖에서
보면 사방이 개방되어 있는 듯 보이나 계단을 올라
안을 들여다보면 그렇지 않음을 알게 된다. 가운데
중정이라는 'ㅁ'자 형의 작은 마당이 마루로 둘러싸
여 있는데 안채가 가지는 성격에 따른 폐쇄적인 특성
을 반영하는 구조라 할 수 있겠다. 이로당을 나서면
앞으로 작은 기념관이 있어 흥선대원군이 주장했던
쇄국정책을 알리는 척화비와 고종과 명성황후의 가
례 등을 모형으로 볼 수 있다.

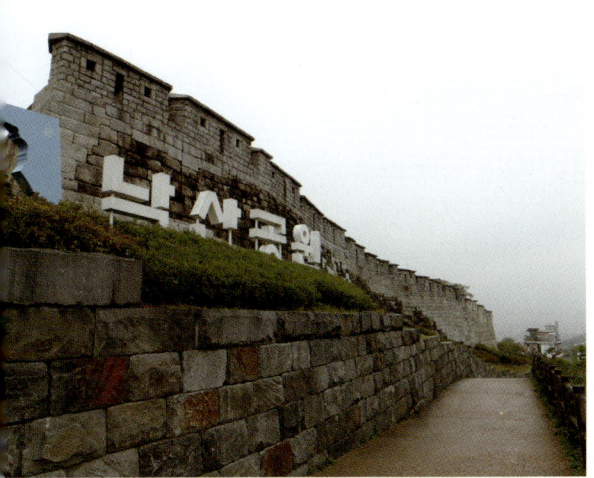

Photo by Republic of Korea

Photo by thiti/shutterstock

낙산공원 북악의 좌청룡에 올라 서울을 조망하자

위치 | 서울특별시 종로구 동숭동 산2-10
　　　서울특별시 종로구 낙산길 41
운영시간 | 종일, 연중무휴

▶ MINI DATA
| 입장료 | 없음　　주차 | 가능　　분류 | 공원

낙산은 풍수지리적으로 북악산의 좌청룡에 해당한다고 알려져 있으며 전체가 화강암으로 이루어져 있다. 산 모양이 낙타를 닮았다 해서 붙여진 이름이며 낙타산으로도 불린다. 산 북쪽의 홍화문(弘化門)은 없어졌고 남쪽의 흥인지문(興仁之門)이 남아 있다. 산의 중턱까지 아파트가 들어서 있었으나 서울시의 녹지 확충 계획에 의해 낙산공원으로 탈바꿈했다. 152km²의 면적에 낙산의 이모저모를 볼 수 있는 낙산전시관과 옛 모습대로 복원한 성곽을 따라 역사탐방로가 이어져 있고 산책로와 체육시설이 잘 갖추어져 있다. 서울 시내가 한눈에 들어오는 시원한 전망과 오밀조밀한 낙산 아래 동네 풍경을 카메라에 담으려는 사람들에게는 촬영 명소로도 알려져 있으며 영화나 드라마의 촬영장으로도 애용되고 있다.

명동성당 우리나라 최초의 고딕양식 건축물

위치 | 서울특별시 중구 명동2가 1-1
　　　서울특별시 중구 명동길 74
운영시간 | 화~금 09:00~20:30, 토 09:00~20:00,
　　　　　일 09:00~21:00, 매주 월요일 휴무

▶ MINI DATA
| 입장료 | 없음　　주차 | 가능　　분류 | 종교시설

한국 가톨릭교회의 시발지이자 민주화의 상징적인 장소이다. 프랑스인 고스트 신부가 설계하여 1898년에 완공된 우리나라 최초의 고딕양식 건축물로 사적 제258호로 지정되어 있다. 길이 69m, 폭 28m에 동판으로 되어 있는 지붕의 높이가 23m, 종탑의 높이가 45m에 이른다. 내부에 들어서면 거룩함과 경건함 그리고 신비로움마저 깃들어 있는 듯하다. 지하 성당에는 1900년 병인박해와 1926년 기해교난, 병오교난의 가톨릭 순교자 유해 79위가 모셔져 있다. 1970년대와 1980년대 군사 정권 시기를 지나며 민주화 투쟁의 중심에 있었고 1987년 민주화운동도 명동성당을 중심으로 타오르는 불길처럼 번져나갔다. 가톨릭 신자가 아니라도 노을이 질 무렵 성당 뒤편의 성소에서 도시의 번잡함을 잠시나마 잊어보기를 권한다. 60년 역사를 자랑하는 건물인 꼬스트홀에서는 음악을 사랑하는 이들을 위한 음악공연이 펼쳐진다.

청계천

도심을 가로지르는 쉼터

| 위치 | 서울특별시 중구 태평로 1가~성동구 신답철교 일대
| 운영시간 | 종일, 연중무휴

▶ MINI DATA
| 입장료 | 없음　　주차 | 불가능　　분류 | 거리, 시장

서울 도심 한복판 종로구와 중구를 가로지르는 10.84km의 하천으로 조선시대에는 개천(開川)이라 부르다가 일제시대 지명 정리 사업으로 청계천(靑溪川)으로 부르게 되었다. 여름철 장마 때 외에는 수량이 많지 않은 건천이지만 홍수가 나면 하천이 넘쳐 집들이 떠내려가고 익사사고가 빈번하였으며 생활오수와 빈민촌 형성으로 조선 개국 이래로 늘 골칫거리였다. 1958년부터 1977년까지 복개공사를 해서 하천 위로 도로를 만들고 그 위로 광교에서부터 마장동에 이르는 총 길이 5.6km에 이르는 고가도로를 건설했다. 2003년부터 시작된 청계천복원사업으로 고가

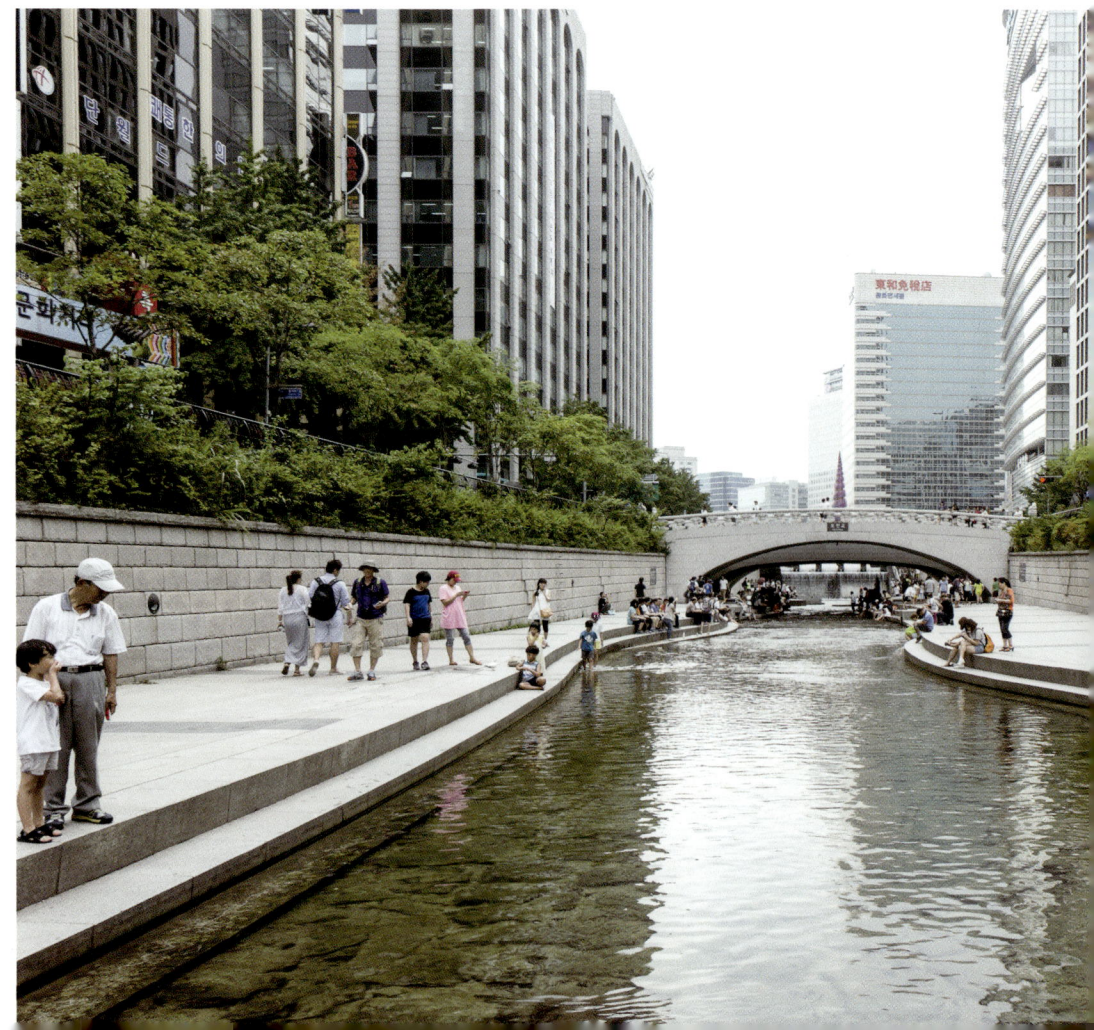

도로가 헐리고 2005년 다시 청계천이 흐르게 되었다. 광교에 위치한 청계광장에서 시작해 정릉천이 합류되는 고산자교까지 약 5.8km에 이르는 구간 내에는 꼭 둘러봐야 할 '청계팔경'이 있다. 제1경은 분수대와 야외 공연장이 있는 청계광장으로 청계천 산책로의 시작점이 되고 제2경은 광통교(줄여서 광교라 부른다)로 태조 이성계의 비(妃), 신덕왕후의 묘지석을 거꾸로 쌓아 만든 다리다. 정조의 화성 행궁 모습을 그린 단원 김홍도의 그림을 도자벽화로 재현한 정조 반차도가 제3경, 패션분수와 벽화작품을 볼 수 있는 패션광장이 제4경, 옛날 아낙네들이 빨래하던 자리를 꾸

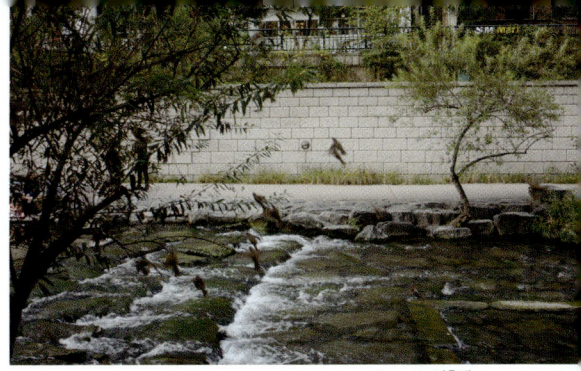

Photo by 이휴재

며 놓은 청계천 빨래터가 제5경이다. 서울 시민 2만 명이 직접 쓰고 그린 타일로 꾸며 놓은 소망의 벽이 제6경, 철거된 청계고가도로의 교각 세 개를 기념으로 남겨 놓은 존치교각과 터널 분수가 제7경이다. 청계천 복원 구간 제일 끝의 버들습지가 제8경으로 수생식물을 심어 놓은 자연생태 공간이다. 답답하고 오염된 도심 한복판에서 자연을 느낄 수 있는 매력적인 곳으로 서울을 여행하는 사람이라면 꼭 들러야 할 명소다.

Photo by 김순식

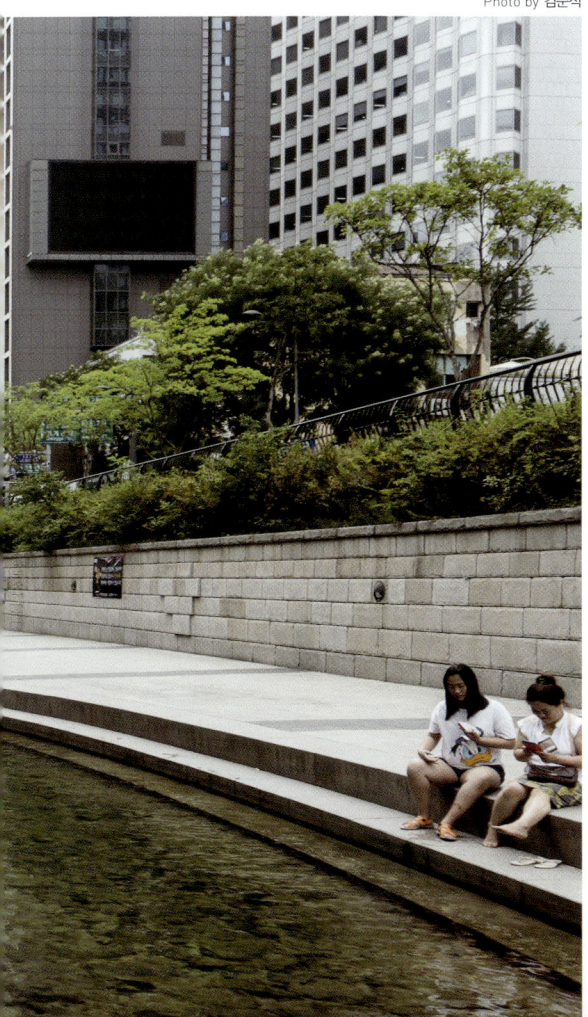

→ 청계천문화관

청계천 물길의 끝자락 고산자교와 무학교 사이에 자리하는 청계천문화관은 청계천의 과거와 현재를 살펴볼 수 있는 전시관이다. 전면을 유리로 감싸는 건물의 모습은 청계천 물길을 형상화하여 또 다른 볼거리가 되며 복개공사 이전 청계천을 삶의 터전으로 살아가던 서울시민들의 가옥들이 재현되어 있다. 복원공사의 과정과 서울을 대표하는 녹지로 거듭나는 청계천의 모습을 학습 자료로 전시하고 있다. 화상합성이라는 특수 기술을 통해 청계천의 아름다운 경관을 배경 삼아 기념사진을 찍을 수 있는 크로마키 촬영장이 흥미롭다.
문의 | 02-2286-3410

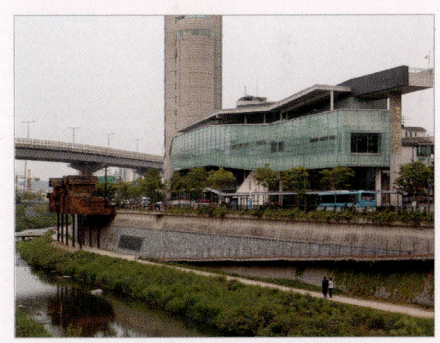

덕수궁

경운궁이라 불러다오

| 위치 | 서울특별시 중구 정동 5-1
서울특별시 중구 세종대로 99
| 운영시간 | 09:00~21:00, 매주 월요일 휴궁

▶ MINI DATA
| 입장료 | 있음   주차 | 불가능   분류 | 역사, 문화유적

덕수궁은 임진왜란 때 피난을 갔던 선조가 한양으로 돌아와 불타버린 경복궁을 대신해 왕족의 사가였던 이곳을 행궁으로 삼으면서 궁궐의 역할을 하게 된다. 선조가 이곳에서 머물다 승하하였으며 이어 다음 왕인 광해군이 즉위한 곳이기도 하다. 광해군은 이곳을 나가 창덕궁으로 들어가게 되는데 그때부터 경운궁이라 불렀다고 한다. 광해군의 계모인 인목대비가 유폐되기도 했으며 반정을 일으켜 왕위에 오른 인조가 즉위한 곳이기도 하니 경운궁은 조선 중기 파란만장한 역사의 현장이라 하겠다. 200년 동안 비어 있다가 고종 때부터 다시 궁궐의 역할을 하게 된다. 1895년

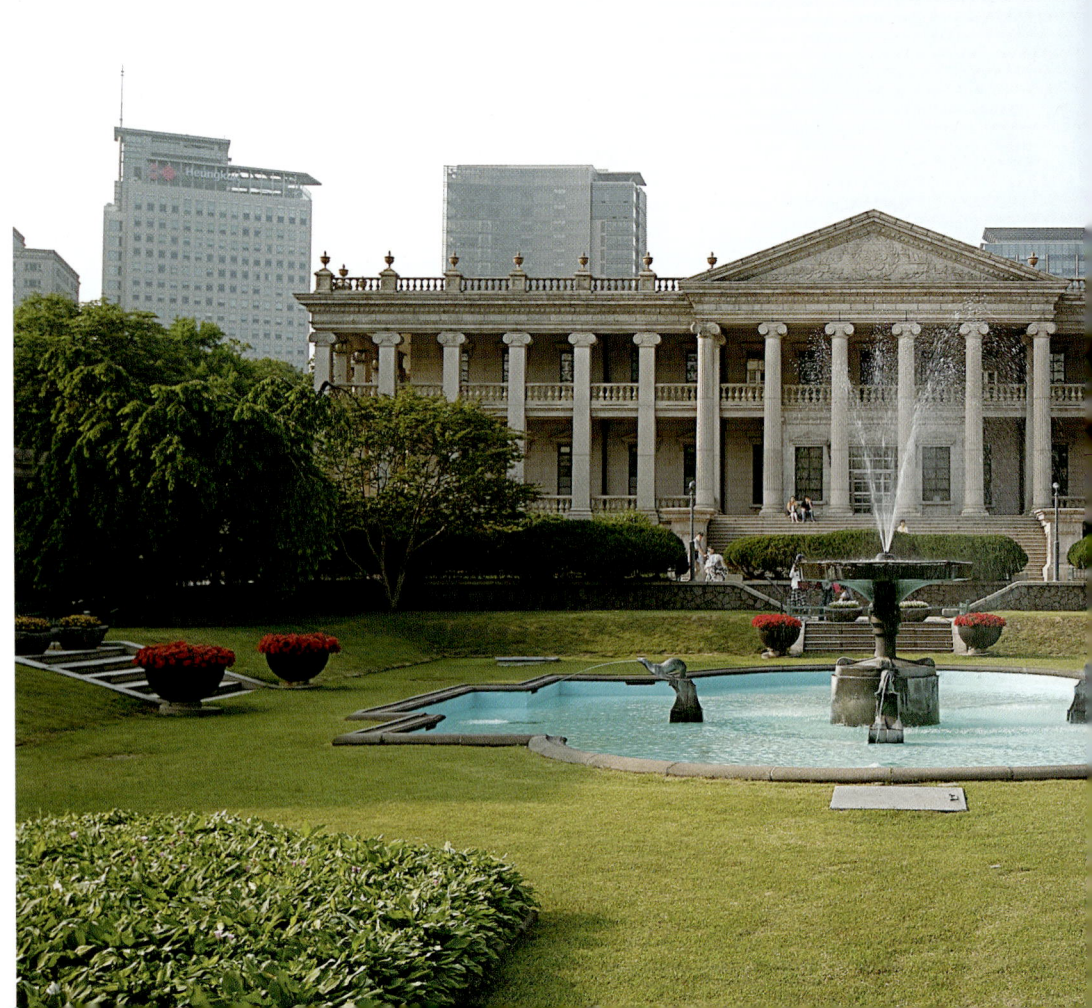

명성황후가 시해당하는 을미사변이 일어나자 고종은 당시 머물던 경복궁을 떠나 러시아공사관으로 피신하였다가 다시 환궁을 하게 되는데 경복궁으로 가지 않고 경운궁으로 왔다. 새로 만든 경복궁을 놓아두고 이곳으로 왔던 이유는 당시 이곳 주변이 서구 열강의 공사관이 있던 자리라 위급한 경우 안전하게 피신하기 쉬웠기 때문으로, 한 나라의 왕으로서 다른 나라에 안전을 의탁해야 하는 처지가 당시 조선의 상황을 말해준다고 하겠다. 1897년 고종은 국호를 대한, 연호를 광무라 칭하며 황제국임을 선포한다. 하지만 러일전쟁 등에서 승리한 일본은 점점 조선을 압박하게

되고 결국 만국평화회의에 밀사를 파견했다는 이유로 고종을 퇴위시키고 순종을 왕으로 등극시킨다. 그러면서 궁궐의 이름을 '경운(慶運)'에서 '덕을 누리며 오래 살라'는 의미인 '덕수(德壽)'로 바꾸었으니, 조선왕조의 운명과 함께 이곳의 이름이 바뀌게 된 셈이다. '덕수'라는 이름 그대로 오래는 살았을지언정 편하지 못한 삶을 살았던 고종은 1919년 1월 함녕전에서 숨을 거둔다. 경운궁 정문에는 원래 '대안문'이라는 편액이 걸려 있었으나 불난 경운궁을 다시 지으면서 '대한문'으로 이름을 바꾸었다고 하며, 원래 2층 건물이었던 정전인 중화전도 다시 지으면서 1층으로 만들어져 다른 궁궐들에 비해 초라하게 느껴진다. 하지만, 우리 근대사의 파란만장했던 역사의 장으로, 불과 100년 전에 이곳에서 일어났던 일들을 생각한다면 덕수궁에서 느끼는 의미는 다른 궁궐에서보다 더 크게 와 닿는다.

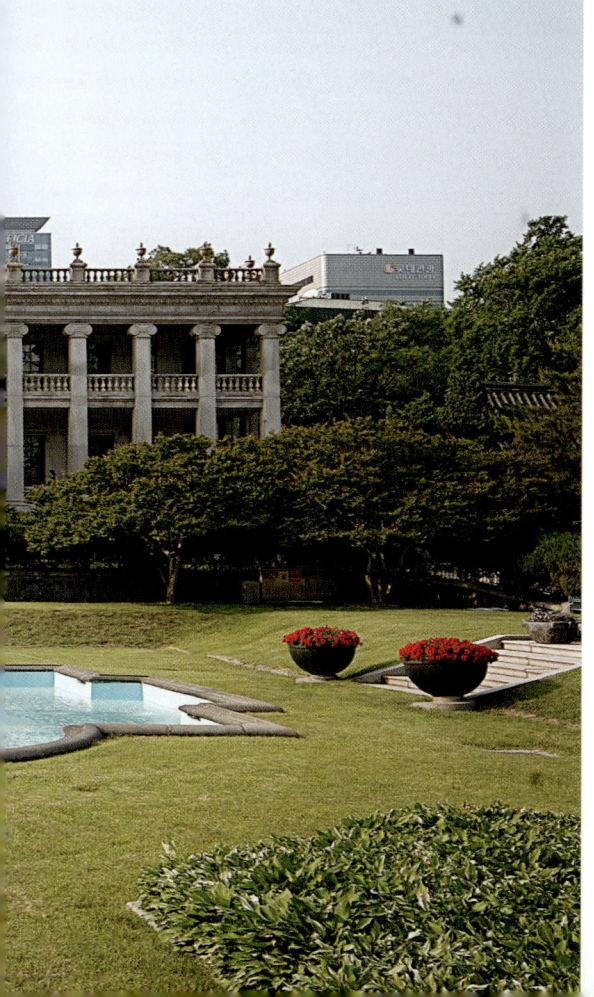

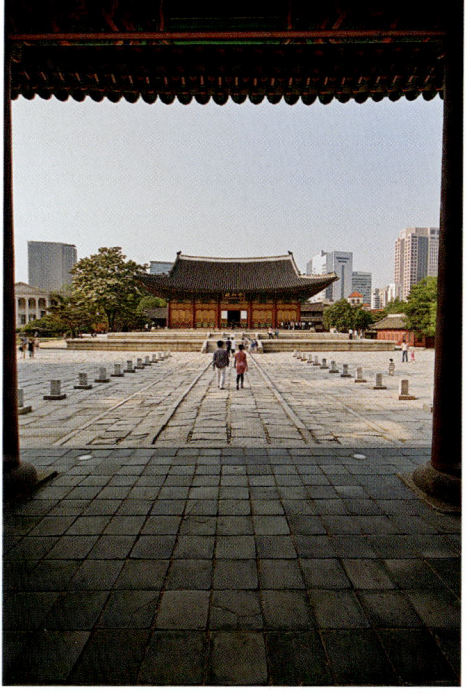

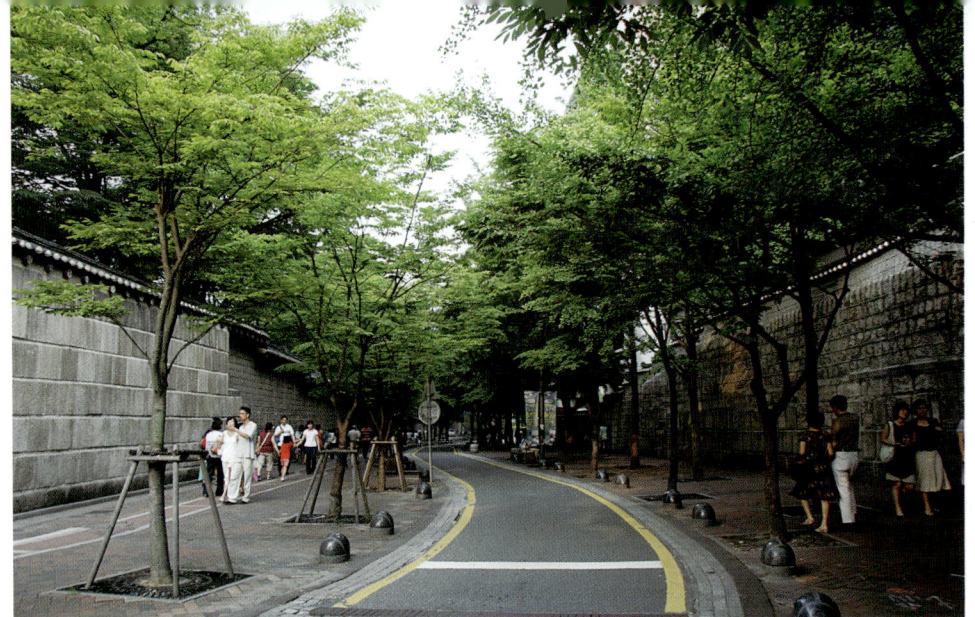

정동길 백 년의 시간여행

| 위치 | 서울특별시 중구 정동 11-8
　　　　서울특별시 중구 정동길 37
| 운영시간 | 종일, 연중무휴

▶ MINI DATA
| 입장료 | 없음　　주차 | 가능　　분류 | 거리, 시장

덕수궁 대한문에서 신문로까지 이어지는 1km의 길은 구한말 한양의 모습이 남아 있는 곳이다. 조선 태조 이성계의 계비, 신덕왕후의 정릉(貞陵)이 자리하여 '정동' 이란 이름이 붙었다. 19세기 후반 개화기를 맞아 서구열강의 공사관이 당시의 대표적 무역항이었던 마포와 궁궐에서 가까운 이곳에 들어서면서 서구식 교육기관과 종교건물이 집중되는 근대문물의 중심지가 되었다. 서울의 대표적인 데이트 코스인 덕수궁 돌담길을 따라 울창한 가로수를 지나면 1897년 최초의 개신교 건물인 정동교회가 정동길 탐방의 시작을 알리고 왼편 작은 언덕을 따라 올라가면 옛 대법원 건물을 새롭게 단장한 서울시립미술관이 문화의 거리를 상징하며 서 있다. 이화여고는 유관순 의사 등 수많은 인물을 배출한 우리나라 여성 교육의 상징이다. 옛 정문인 사주문과 우물 터, 이화박물관

등이 100년이 넘는 학교의 역사를 보여준다. 한국 전통예술의 상설공연장인 정동극장 인근에 위치한 2층 벽돌건물은 덕수궁의 연회 행사 공간이었던 중명전(重明殿)이다. 최초의 서양식 궁중 건물로 일제가 대한제국의 외교권을 박탈한 을사조약을 맺은 건물이다. 우리나라를 대표하는 문화 아이콘 중 하나로 자리 잡은 난타 전용극장 뒤편으로 위치하는 하얀색의 작은 첨탑 건물은 1890년 건립된 러시아공사관의 일부분으로 고종이 외세의 위협에 약 1년 동안 피신하였던 아관파천의 장소이다. 이 길은 신문로 건너 강북삼성병원 구내에 위치한 백범 김구의 해방 직후 집무실이자 시해장소인 경교장으로 이어진다. 문화 공연장과 놓치기 아쉬운 맛집들이 나들이의 즐거움을 더하는 서울 최고의 산책길 중 하나로, 매년 10월 열리는 정동문화축제는 대표적인 거리축제이다.

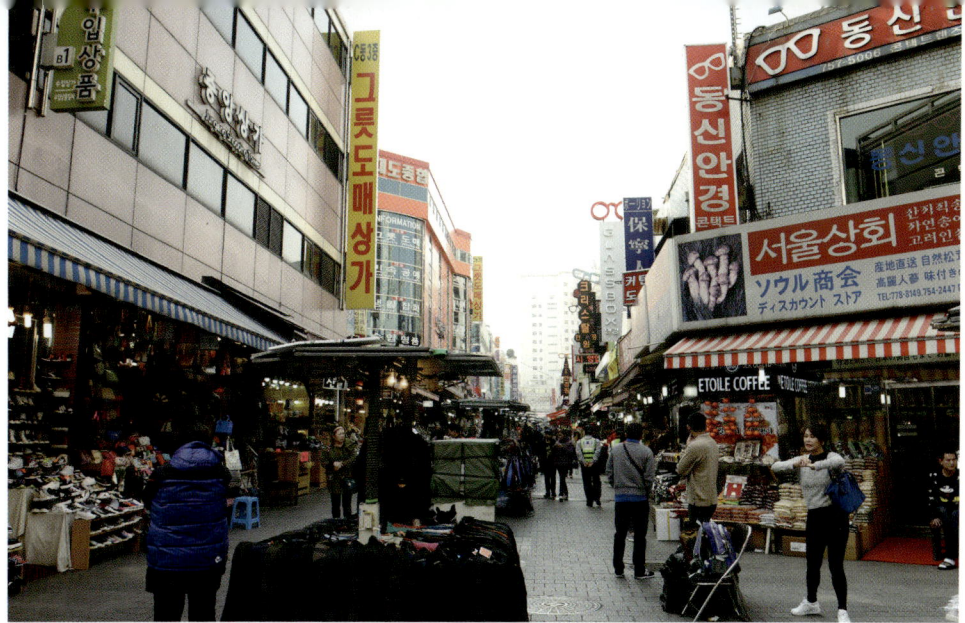

남대문시장   365일, 24시간 열리는 국내 대표시장

위치 | 서울특별시 중구 남창동 49-1
       서울특별시 중구 남대문시장 4길 21
운영시간 | 06:00~23:00

▶ MINI DATA
| 입장료 | 없음   주차 | 가능   분류 | 거리, 시장

동대문시장과 함께 서울의 대표적인 종합시장이다. 없는 물건을 찾는 것이 더 쉽다는 말이 있을 정도로 다양한 종류의 물건들이 판매되는 시장으로 65km²의 넓이에 1만여 개의 상점이 들어서 있다. 낮에는 소매시장으로 밤에는 도매시장으로, 하루 종일 오가는 사람들로 분주하다. 시장 자리는 한양의 정문인 숭례문 옆이라 오가는 수많은 사람들과 물자로 인하여 시장이 만들어지기에 좋은 입지조건이다. 그 덕에 조선 초부터 이곳에 시장이 형성되었는데 처음에는 조정이 감독하는 시전의 형태로 운영되다 자연스럽게 좌판들이 늘어서면서 대규모 시장으로 발전되었다. 하지만 좌판들이 합법적으로 상품을 판매할 권리를 얻게 된 것은 조선 후기에 이르러서인데, 정조 때 시전 상인들이 난전을 감독할 수 있는 권한인 금난전권을 철폐하면서부터이다. 그 이후로 동대문 이현과 함께 남대문 칠패시장은 종로 시전을 대신해 전국적으로 명성을 떨치는 시장이 된다. 일제 때는 일본인 소유의 중앙물산주식회사에서 남대문시장을 경영하였으나, 지금은 남대문상인회조합이 만들어져 조합을 중심으로 시장이 운영되고 있다. 지하철 4호선 회현역 일대로 각각의 상가는 특성화된 물건들을 판매하고 있다. 액세서리상가, 의류상가, 잡화상가 등이 있으며 수입 물품을 파는 상가가 특히 유명하다. 오래된 시장이라 골목골목 맛집으로 소문난 곳들이 많은데, 양은냄비에 달그락거리며 조려내는 갈치조림은 남대문시장의 이름난 먹거리이다.

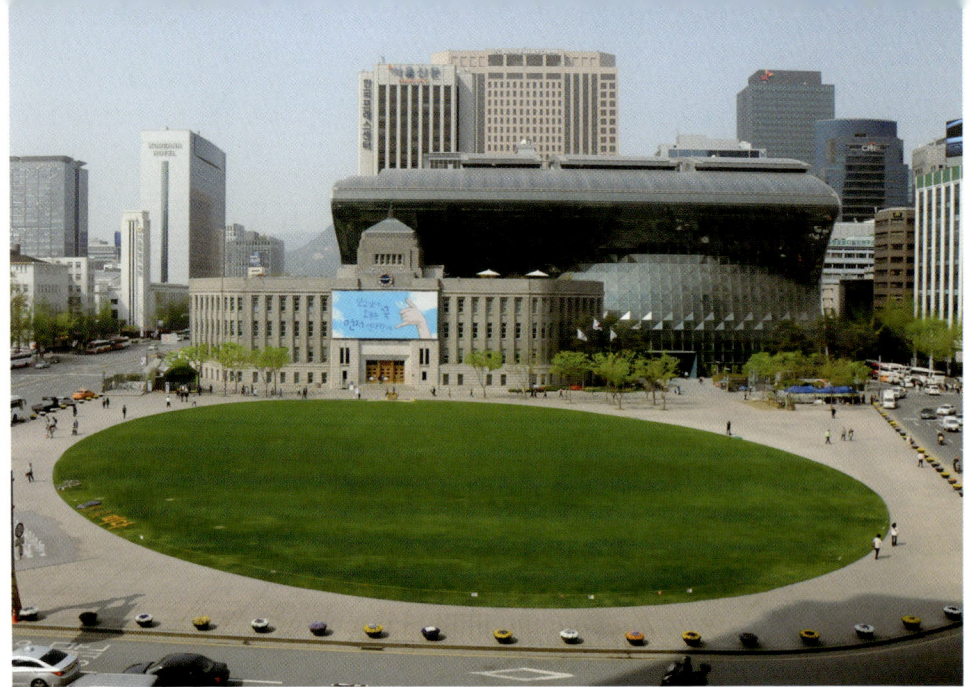

서울광장 일 년 내내 축제가 펼쳐지는 신나는 광장

| 위치 | 서울특별시 중구 태평로1가 31 서울시청
서울특별시 중구 세종대로 110
| 운영시간 | 종일, 연중무휴

▶ MINI DATA
| 입장료 | 없음　　주차 | 불가능　　분류 | 공원

사계절 내내 축제가 끊이지 않는 광장, 서울광장이다. 차들로 가득했던 도로를 공원으로 만든 것으로 서울 도심 한복판에 자리한 넓은 잔디마당이다. 서울 시청 앞 광장은 우리 근·현대사의 고비 고비마다 많은 시민들이 모여 보다 나은 세상을 꿈꾸며 함께 행동을 해 왔던 역사적인 장소로 우리들에게 기억된다. 2002년 한·일 월드컵 당시 길거리 응원의 메카로 광장을 붉게 물들이며 흥겹게 어울렸던 기억이 아직 생생하다. 총 면적 13,207㎡의 서울광장의 절반 이상은 타원형으로 모양 짓고 있는 잔디광장이다. 점심때면 식사를 마치고 산책을 나온 주변 직장인들로, 저녁이면 일을 마치고 시내에 나왔다 잠시 쉬어 가는 사람들이 광장의 여유로운 분위기를 만들고 또 즐긴다. 서울광장은 연중 다양한 행사가 열려 흥거운 축제의 분위기인데 신나는 공연에서부터 여러 종류의 기념행사까지 그 내용이 다양하다. 서울광장 한 쪽에 분수대가 설치되어 있어 여름이면 그 사이를 오가며 즐거워하는 아이들의 웃음소리가 넘치고, 겨울에는 광장 한 쪽에 스케이트장이 설치되어 도심 한가운데서 화려한 조명을 받으며 스케이트를 타는 특별한 체험을 할 수 있다. 광장을 바라보고 있는 서울 시청 본관은 일제 때 지어진 건물로 보존과 철거의 논쟁을 거쳐 현재 공사 중이다. 외벽은 그대로 보존하면서 뒤로 새로운 건물을 지어 서울시민들이 이용할 수 있는 복합문화공간으로 사용할 예정이라고 한다.

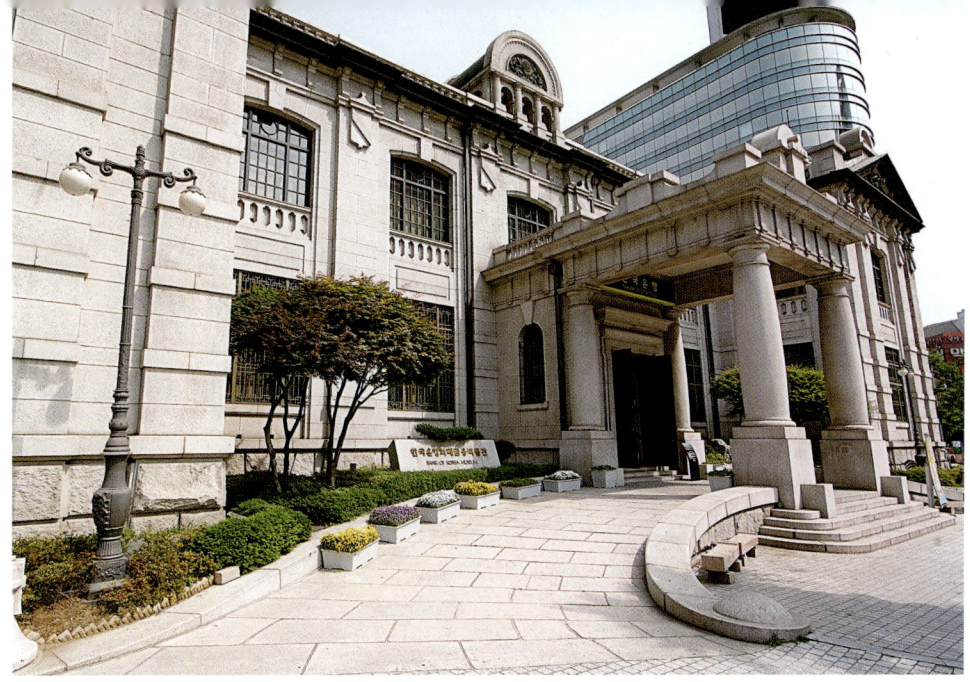

한국은행 화폐금융박물관 경제를 공부합시다

| 위치 | 서울특별시 중구 남대문로 3가 110
　　서울특별시 중구 남대문로 39
운영시간 | 10:00～17:00, 매주 월요일/12월 29일～1월 2일
　　휴관

▶ MINI DATA
| 입장료 | 없음　　주차 | 불가능　　분류 | 박물관

한국은행은 화폐를 만들고 물가를 관리하는 역할을 하는 우리나라의 중앙은행이다. 이곳을 찾아가는 이유는 2가지로, 하나는 근대 건축물 답사요, 하나는 화폐금융박물관을 돌아보기 위해서이다. 거친 현대사를 겪으면서 내부가 불에 타기도 하였고, 한국전쟁 때 일부가 파괴되기도 하였으나 지금은 옛 모습에 거의 가깝게 복원해놓은 상태이다. 일본은 조선을 침략하면서 외교권을 탈취한 다음 경제권을 장악하고자 했는데, 그 핵심역할을 했던 곳이 은행이다. 1905년 일본 제일은행 경성지점으로 문을 열었으며 이후 1911년 조선은행으로 이름을 바꾸고 조선을 통치하던 조선총독부의 재정을 관리하는 기관으로 수탈의 핵심기지가 되었다. 유럽풍의 건물로 도쿄역사를 설계했던 당시 일본의 유명 건축가에 의해 지어졌다. 해방 후에 한국은행 건물로 사용되다가 1980년대에 신관을 건립하면서 이곳을 화폐금융박물관으로 꾸몄다. 입구에 들어서면 만나는 화폐광장에는 우리나라 고대의 화폐들을 비롯해 세계 여러 나라의 옛날 화폐들이 전시되어 있으며, 화폐가 만들어지고 유통되는 과정, 화폐가 경제생활에 미치는 영향, 중앙은행이 하는 일 등이 1층에 차례로 전시되어 있다. 2층에는 세계 170여 개국에서 사용하고 있는 화폐가 전시되어 눈길을 끌며, 한쪽으로 화폐와 관련한 다양한 체험을 해볼 수 있는 공간이 마련되어 있어 아이들에게 인기가 높다.

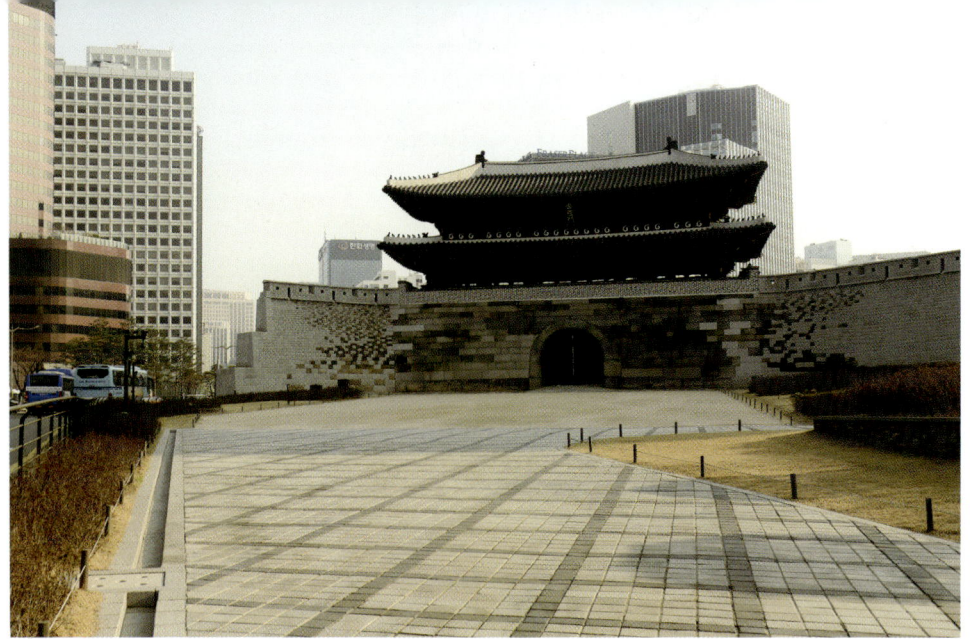

숭례문   되찾은 한양 도성의 남쪽 정문

│ 위치 │ 서울특별시 중구 남대문로4가 29
　　　　 서울특별시 중구 세종대로 40
│ 운영시간 │ 12~2월 09:00~17:30, 3~5월/9~11월 09:00~
　　　　　　 18:00, 6~8월 09:00~18:30, 매주 월요일 휴무

▶ MINI DATA
│ 입장료 │ 없음　　주차 │ 불가능　　분류 │ 역사, 문화유적

서울의 정문, 국보 1호 숭례문이다. 한양 도성의 남쪽 문이자 정문의 역할을 했던 문으로, 한양 성곽과 함께 1396년에 만들어졌다. 조선에서 가장 큰 문으로써 서울 사람들에게는 자부심의 대상이었으며, 지방 사람들에게는 한번 보고 가면 큰 자랑거리가 되는 문이었다. 만들어지고 나서 몇 번을 고치게 되는데, 특히 세종 때 기록에 표현된 대로 '신작(新作)', 즉 새로 지어지는 것과 마찬가지인 대규모의 중수(重修)를 거치게 된다. 숭례문이 위치한 자리가 낮아 정문으로서 품위가 없을뿐더러 남쪽 목멱산과 서쪽 인왕산을 연결하는 이곳의 지대를 높여 경복궁이 아늑한 지세 안에 있게 하자는 풍수지리상의 이유에서이다. 숭례문은 임진왜란이라는 큰 난리에도 온전하게 보존되어 오다 일제 강점기에 이르러 문의 양 끝으로 이어져

있던 성곽이 허물어지고 그 옆으로 전차와 차들이 다니게 되면서 600년 조선 왕조의 정문 역할을 마감하게 된다. 이후 100여 년 동안 달리는 차들과 높은 빌딩에 둘러싸여 외딴 섬처럼 외롭게 서 있던 숭례문은 2005년 주변 차로를 정리하고 공원을 꾸미는 공사를 통하여 가까이에서 볼 수 있게 되었다. 하지만 그것도 잠시, 2008년 2월 화재로 말미암아 다시 숭례문을 잃어버렸다. 임진왜란도, 한국전쟁의 난리도 무사히 겪은 이 문이 한순간에 재로 변하게 된 것이다. 이후 2012년 12월 14일 복원 작업의 일부가 공개되었고, 2013년 4월 29일 완공되어, 2013년 5월 4일 복원 완료를 기념하는 완공식을 거쳐 현재의 모습을 하고 있다.

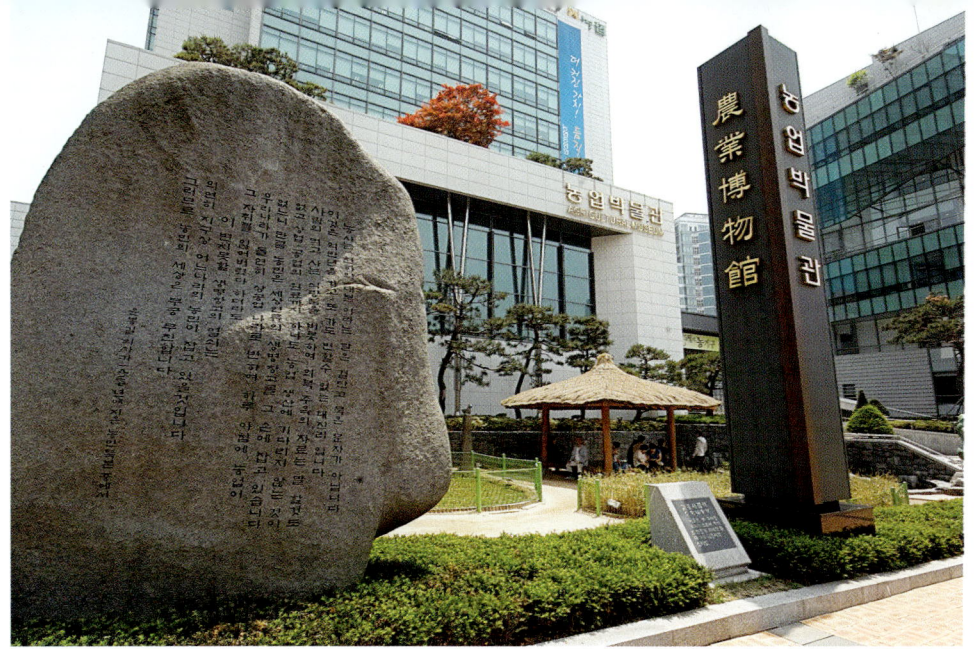

농업박물관 우리 문화의 기반인 농업을 이해하자

위치 | 서울특별시 중구 충정로1가 75-1
　　　서울특별시 중구 새문안로 16
운영시간 | 동절기 09:30~17:30, 하절기 09:30~18:00,
　　　매주 월요일 휴관

▶ MINI DATA
| 입장료 | 없음　　주차 | 불가능　　분류 | 박물관

농협에서 운영하는 전문 박물관으로 우리 민족을 지탱시키는 뿌리이자 우리 문화의 기반으로, 농업의 역사를 밝히고 농업의 의미와 앞으로의 미래를 전망하는 곳이다. 농업이 시작된 것은 신석기시대로 사람들이 한곳에 모여 정착생활을 하게 되는 계기가 된다. 이후 청동기와 철기시대를 거치면서 도구가 발전하고, 농업 생산력이 비약적으로 향상되면서 잉여 생산물이 생기게 된다. 그것을 나누는 과정에서 계급이 만들어지고, 국가가 형성되니 농업은 식량 생산의 의미를 넘어 사회경제적 변화의 중요한 동인이라 하겠다. 박물관 1층에는 신석기시대 농업의 시작부터 조선을 지나 근현대 농업까지 농업 기술의 변화와 발전상에 관한 일반적인 내용을 전시하고 있다. 2층 농업생활관은 도시에서 태어나고 자란 아이들에게는

생소할 수 있는 곳이다. 아파트에서 개인의 사생활을 보장받으며 자라는 지금 아이들에게는 문을 열고 함께하는 공동체 문화가 자연스러운 것이었던 옛날의 농촌은 낯선 공간이다. 이곳을 방문하면 서구 문화와 대비되는 우리 전통 문화의 특징인 공동체 문화를 이해할 수 있도록 도와준다. 구체적으로 두레를 예를 들어 함께 일을 해야 하는 이유를 설명하고, 또 함께 함으로써 얻는 유익, 함께 일을 하면서 불렀던 노동요와 놀이 등 우리 옛 문화를 알려준다. 전통농가가 복원되어 있어 가족들의 주거 공간이자 일터였던 우리 옛집을 볼 수 있다. 논밭의 사계 코너에 만들어진 모형은 실제인 듯 정교하고 스피커를 통해 흘러나오는 개구리 소리는 진짜 논에 와 있는 듯한 착각을 불러일으킨다.

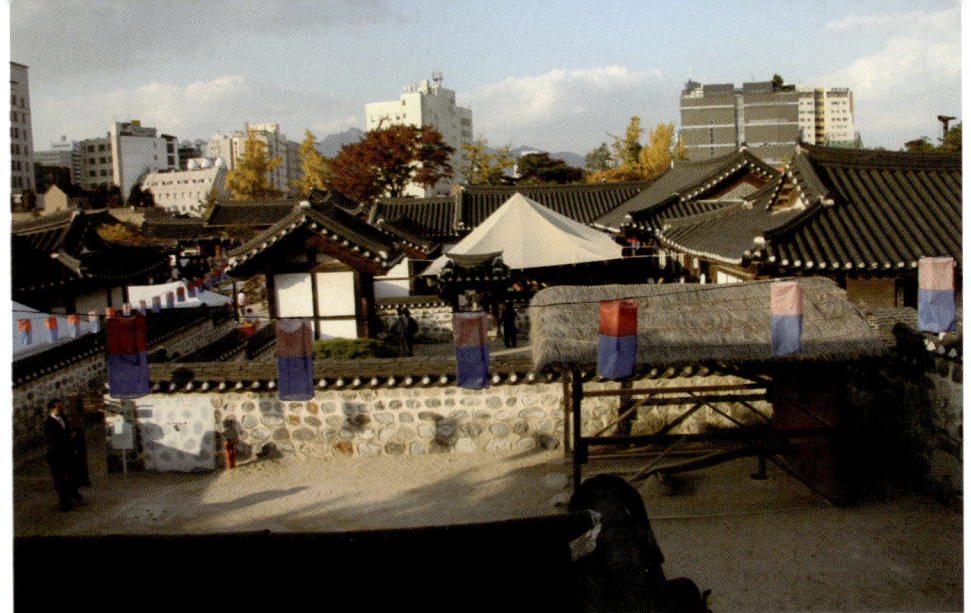

남산골 한옥마을
전통 가옥에서 만나는 우리 문화

위치 | 서울특별시 중구 필동2가 84-1
　　　서울특별시 중구 퇴계로34길 28
운영시간 | 11~3월 09:00~20:00, 4~10월 09:00~21:00,
　　　　　매주 화요일 휴관

▶ MINI DATA
| 입장료 | 없음　　주차 | 가능　　분류 | 전시, 체험시설

서울 시내 전경이 한눈에 내려다보이는 남산 자락 옛 수도방위사령부 부지에 서울 곳곳에 흩어져 있던 전통 가옥 5채를 복원해놓았다. 전통 가옥 5채는 순정효황후 윤씨 친가와 해풍부원군 윤택영대 재실, 부마도위 박영효 가옥, 오위장 김춘영 가옥, 도편수 이승엽 가옥으로 이 중 심하게 낡아 이전이 불가능한 윤택영대 재실을 제외하고는 건물 하나하나를 뜯어낸 후 그대로 옮겨 와 복원한 것으로 조선시대 전통 가옥의 면모를 그대로 느낄 수 있다. 또한 남산의 산세를 잘 살린 아름다운 정원에 연못과 소나무가 어우러져 한옥의 아름다움을 더욱 빛나게 하며 가옥 안에는 당시의 생활상을 엿볼 수 있도록 각 가옥에 걸맞게 다양한 가구와 생활용품들을 배치해놓아 한옥의 예스러운 멋을 느끼게 해준다. 전통 가옥 내에서는 예절배우기 등의 체험 프로그램과 문화학교, 전통 문화 강좌 등이 열리고 전통 찻집도 운영된다. 전통 공예관에는 무형문화재로 지정된 장인들의 작품이 전시되어 있다. 설, 추석 명절과 정월대보름, 단오날 등에는 잊혀져가는 세시풍속을 직접 체험할 수 있는 다양한 프로그램들이 진행되어 외국인뿐 아니라 내국인에게도 인기 높은 탐방 명소다. 한옥마을 중앙에는 타임캡슐 광장이 있다. 서울 정도 600주년을 기념해 만든 것으로 지난 2004년 서울과 서울시민의 생활상을 엿볼 수 있는 600개의 품목을 선정해 캡슐에 담아 보관 중이며 서울이 도읍으로 정해진지 1천 년이 되는 2394년에 개봉할 예정이다.

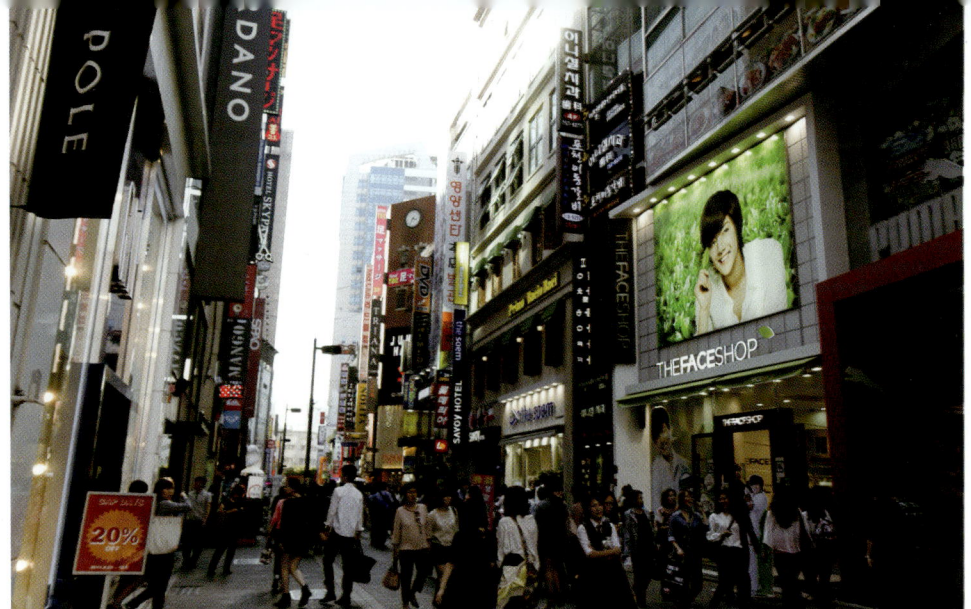

명동

서울을 상징하는 번화가

| 위치 | 서울특별시 중구 명동 1~2가 일대
| 운영시간 | 종일, 연중무휴

▶ MINI DATA

| 입장료 | 없음 　 주차 | 가능 　 분류 | 거리, 시장

전국의 멋쟁이가 모여든다는 유행 1번지 명동은 최신 건물과 상점들이 들어선 강남 거리에 최고의 자리를 물려주었다. 하지만 오랜 시간 이어온 세월의 볼거리와 세대를 이어가는 맛집들은 여전하다. 명동이라는 이름은 조선 시대 한양 행정구역의 하나인 '명례방'에서 유래되었다. 일제강점기, 충무로가 상업지구로 개발되자 명동 또한 금융과 유통의 중심지로 발전하였으며 한국전쟁 이후 금융기관 본사 건물과 현대식 쇼핑센터가 들어서면서 유행의 1번지로 주목받았다. 강남 개발로 옛 명성은 퇴색하였지만, 명동성당을 중심으로 멋과 맛을 따라 거리를 찾는 사람들의 인파는 여전하다. 명동칼국수 등 거리를 상징하는 음식점들은 여전하고 영화 「닥터 지바고」의 감미로운 주제가를 기억하는 중·장년층에게 추억을 전했던 '중앙극장'은 멀티플렉스 극장으로 새롭게 단장되었으나 2010년 결국 폐쇄되었다. 1975년 개관한 가장 오래된 역사를 가진 사설 연극공연장인 '창고극장'은 연극인들의 고향으로 사랑받고 있다. 통기타와 음악다방으로 거리에 낭만을 채웠던 명동의 옛 모습은 추억으로 남았지만 음악 애호가들의 사랑방이 되었던 전문 오디오 매장들과 음악 전문 서점, 회현지하상가의 낡은 LP판 상점들이 명동의 옛 낭만을 회상하게 한다. 지금 명동은 서울을 찾는 요우커(遊客, 중국인관광객)들에게 '점령당했다'는 관용어를 쓸 정도로 필수 여행 코스가 되었다.

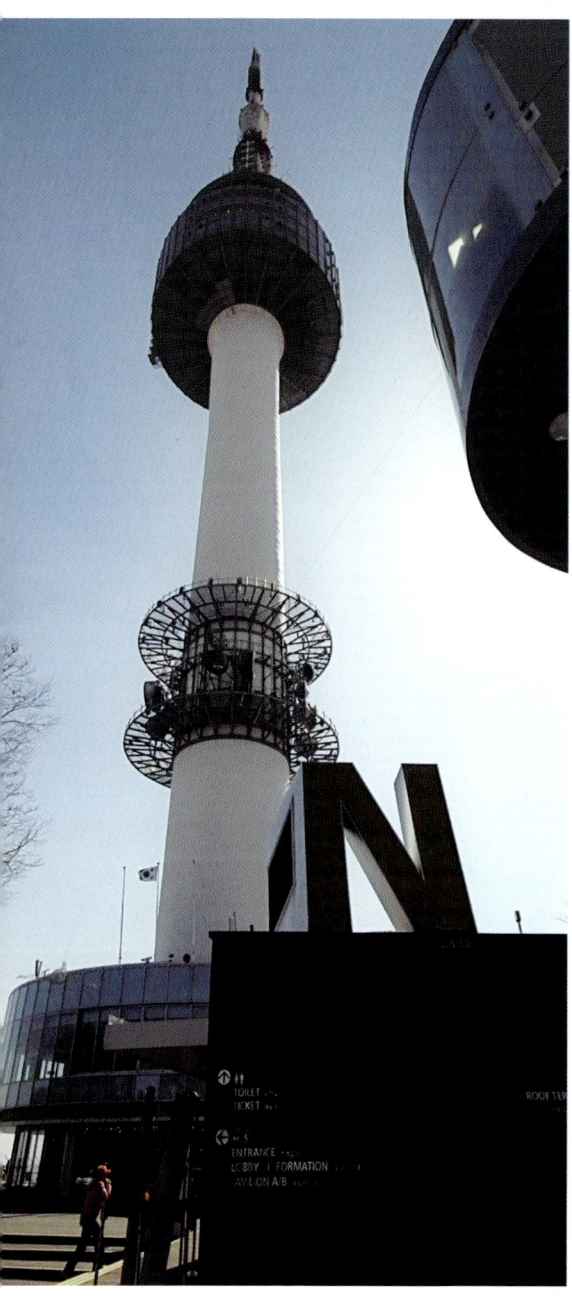

남산과 N서울타워

도심을 숨 쉬게 하는 서울의 상징

위치 | 서울특별시 용산구 용산동2가 산1-3
　　　서울특별시 용산구 남산공원길 105
운영시간 | 타워 10:00~23:00, 연중무휴
　　　　　전망대 10:00~23:00, 토요일 10:00~24:00, 연중무휴

▶ MINI DATA

입장료 | 있음　　주차 | 불가능　　분류 | 공원

남산은 수도 서울을 상징하는 시내 중심에 위치한 산
이다. 해발 265m로 높지는 않지만 정상에 있는 서울
타워의 높이가 더해져 남산이 주는 느낌은 당당하다.
조선시대 북악산과 인왕산, 낙산 그리고 이 남산이
외부의 공격으로부터 서울을 지키는 성벽의 역할을
했으며 이 산들을 잇는 약 18km의 성곽이 있었다.
남산 정상에는 다섯 개의 봉수대가 있어 각 지방에
서 올라오는 소식을 중앙으로 전달하는 역할을 담당
하기도 했다. 또한 1397년에 세워진 국사당은 남산
의 옛 이름인 목멱산을 지키는 목멱대왕에게 제사를
올리던 곳이었으나 일제 때 남산에 신궁이 생기면서
헐려 지금은 표자석만이 남아 있다. 현재는 도심 한
가운데서 도시가 내뿜는 공해를 정화시키는 산소통
의 역할을 톡톡히 하고 있으며 서울시민들에게는 휴
식의 공간이 되어주고 있다. 특히 해 질 무렵 남산에
올라 하나둘 조명을 밝힌 빌딩 숲을 내려다보거나
남쪽으로 노을에 물들어가는 한강의 풍경을 바라보
기를 권한다. 높이 236.7m의 N서울타워는 1969년
방송 송신탑으로 만들어졌다가 1980년부터 전망대
가 꾸며져 일반인들에게 개방되었다. 원기둥 형태로
만들어진 전체 5층의 타워룸은 2층과 3층의 전망대
와 5층의 회전식 레스토랑으로 꾸며져 있는데 특히
타워 2층의 '하늘 화장실'과 48분을 주기로 360° 회
전하며 서울 시내 전체를 조망할 수 있는 타워 5층의
회전식 레스토랑은 서울타워의 자랑이다.

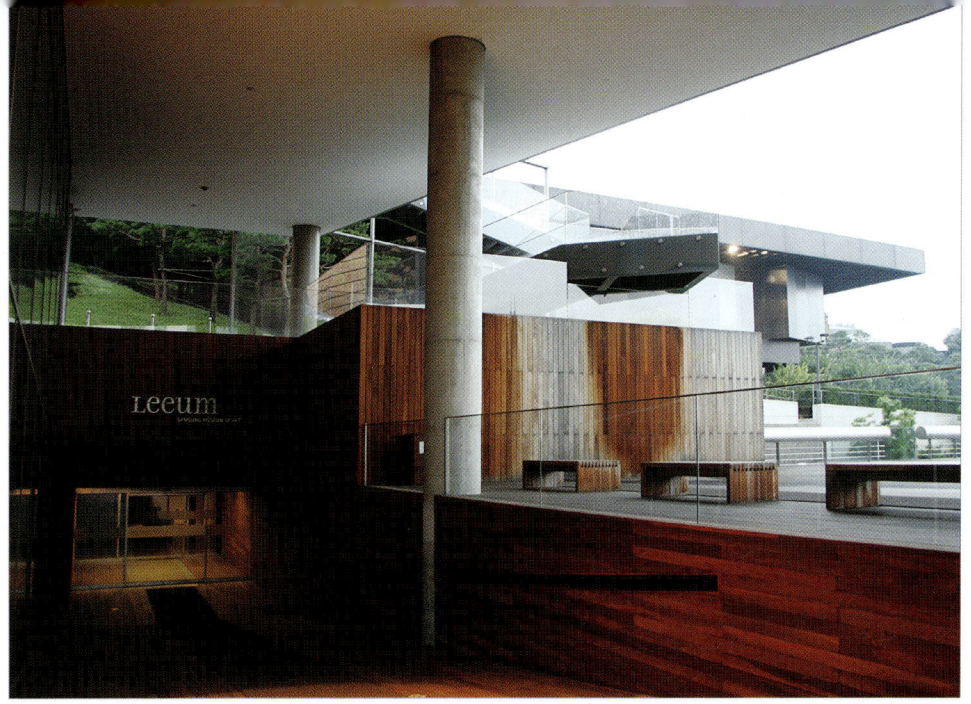

삼성미술관 리움 세계적인 미술 작품을 만날 수 있는 곳

| 위치 | 서울특별시 용산구 한남동 747-18
서울특별시 용산구 이태원55길 60-16
운영시간 | 10:30∼18:00, 매주 월요일 휴관

▶ MINI DATA
| 입장료 | 있음   주차 | 가능   분류 | 박물관

삼성문화재단이 운영하는 미술관이다. '리움'이라는 이름은 설립자의 성인 '이(Lee)'와 미술관(museum)의 영문 표기 어미인 'um'을 합성한 것이다. 우리나라의 고미술품을 전시한 뮤지엄1과 국내외의 현대 미술품을 전시한 뮤지엄2, 그리고 삼성 아동 교육 문화센터로 이루어진 미술관은 세계적인 건축가인 마리오 보타, 장 누벨, 렘 쿨하스 3인의 건축 작품으로, 하나의 대지 위에 조화를 이루고 있는 세 개의 또 다른 작품이라 할 수 있다. 고미술품을 전시한 뮤지엄1은 금속공예, 불교미술, 도자기, 고서화로 구분해 전시하고 있는데 국보 제118호인 금동미륵반가상, 국보 제138호인 가야금관, 보물 557호인 태환이식, 776호 금제환두대도 등 다수의 국보와 보물을 감상할 수 있다. 뮤지엄2에는 전통 한국화를 계승, 발전시킨 한국화가들과 한국인의 보편적 정서를 표현한 서양화가, 세계적으로 알려진 화가와 젊은 작가들의 작품이 전시되어 있다. 외국 미술품은 전후 추상 미술 작가의 작품에서부터 오늘날 세계 미술을 주도하고 있는 작가들의 최근 작품까지 전시되어 있다. 국보급 예술품들과 국내외 유명 작가들의 작품을 감상할 수 있는 도심 속 문화공간으로 사랑받고 있으며 남산 자락에 자리 잡고 있어 자연을 느끼며 예술 작품을 감상할 수 있어 좋다. 전시 작품의 수준 또한 공공 미술관에 뒤지지 않을 만큼 훌륭한데 관람료가 비싼 것이 약간 아쉽다. 예매하면 30% 할인된 가격에 입장할 수 있으니 미리 준비하자.

국립중앙박물관

대한민국 보물창고

| 위치 | 서울특별시 용산구 용산동6가 168-6
  서울특별시 용산구 서빙고로 137
| 운영시간 | 09:00~18:00, 수/토요일 09:00~21:00,
  일/공휴일 09:00~19:00, 매주 월요일 휴관

▶ MINI DATA
| 입장료 | 있음　　주차 | 가능　　분류 | 박물관

우리 역사의 소중한 유물들이 멋지고 새로운 보금자리를 찾았다. 2005년 10월 개관한 국립중앙박물관은 30만㎡의 방대한 공간에 15만여 점의 유물을 보관, 전시하는 세계적 규모의 박물관이다. 용산의 옛 주한 미군부대 자리에 위치한 이곳은 자연과 인공의 조화를 소중히 여긴 선조들의 지혜를 이어받아 호수와 정원이 어우러지게 설계를 하였으며 남산과 한강이 둘러싸는 배산임수(背山臨水)의 장소에 자리 잡았다. 지하 1층 지상 6층의 박물관 건물은 2개의 건물이 하나로 연결된 듯 이어지는 외관에 전시 공간과 유물의 보관 공간, 연구 공간과 각종 부대시설이 모여 있다.

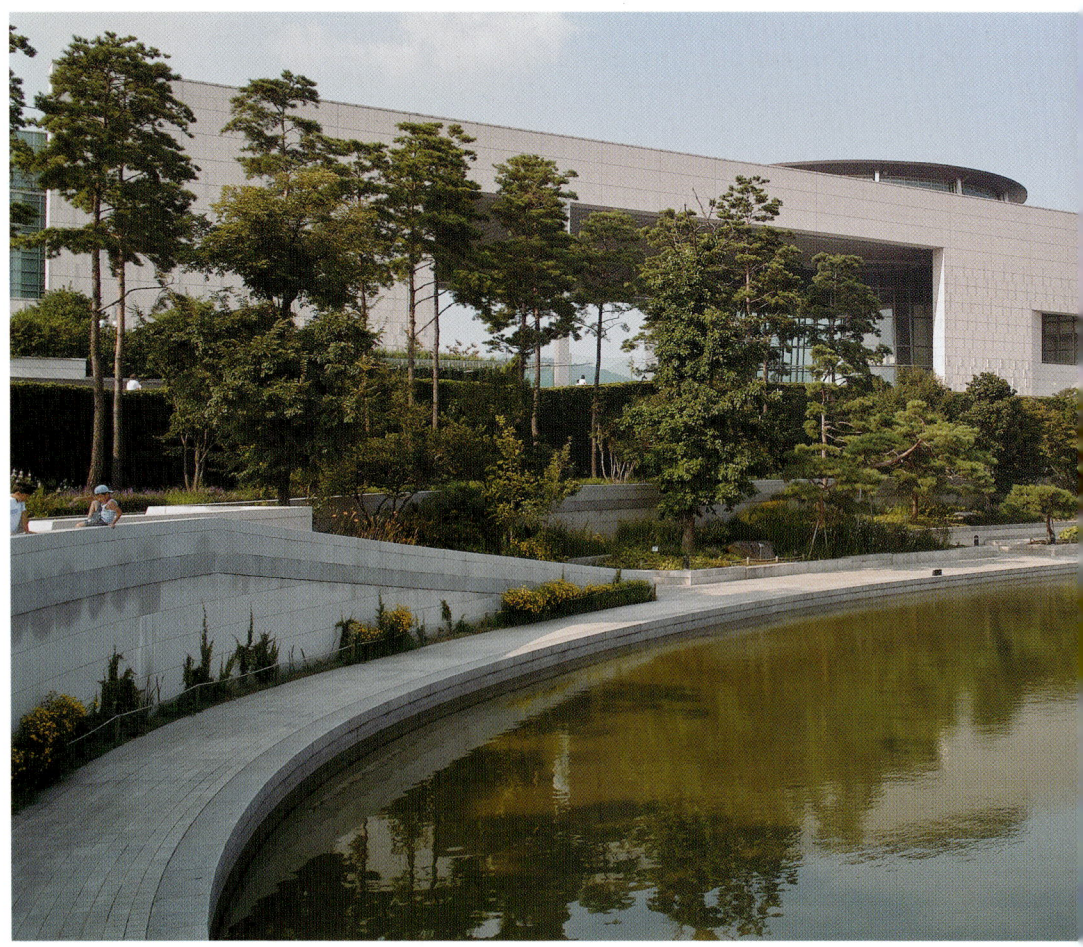

건물 내부로 들어서면 경천사 십층석탑과 고달사 쌍사자 석등이 자리 잡은 중앙 통로인 '역사의 길'을 중심으로 3개 층 좌우의 고고관, 역사관, 미술관1, 미술관2, 기증관, 아시아관의 6개 구역으로 나뉘어 5,000여 점의 유물이 전시되고 있다. 전체 유물을 꼼꼼히 살핀다면 약 일주일의 시간이 걸린다는 방대한 규모이니 박물관이 선정한 '중요 유물 100선' 등의 코스 선택을 하거나 시간을 가지고 나누어 관람하는 요령이 필요하다. 전시관 단위로 운영되는 해설사의 안내 시간을 이용하거나 자동 안내기를 사용하는 것도 좋은 방법이다. 유물의 전시는 기존의 나열식 방법에서 벗어나 각 유물의 가치를 돋보이게 하는 첨단의 조명과 특수효과 등이 사용되어 더욱 흥미롭다. 또한 그동안 보기 힘들었던 수많은 외국 유물들을 상설전시해 아시아의 중심 박물관으로서 위상을 높여가고 있다. 상설전시관과 더불어 기획전시관, 어린이전시관, 야외전시관들이 볼거리를 더하며 전문 공연장과 도서관까지 자리하는 종합 문화 공간이다. 박물관 곳곳에 자리하는 식당 공간도 특색을 지닌 먹거리를 준비하고 있다. 홈페이지 등을 통하여 사전에 정보를 준비한다면 더욱 알찬 시간여행을 떠날 수 있다.

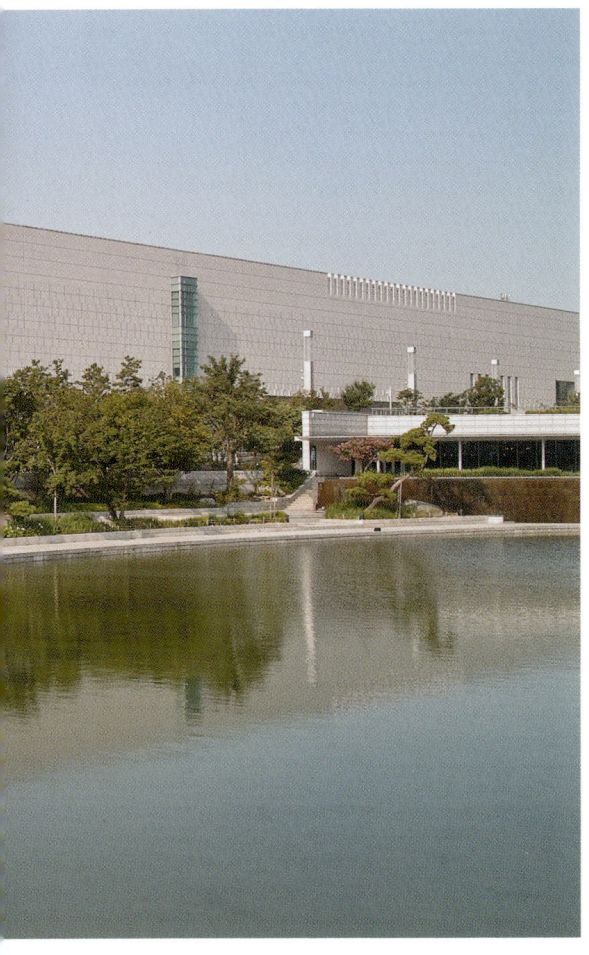

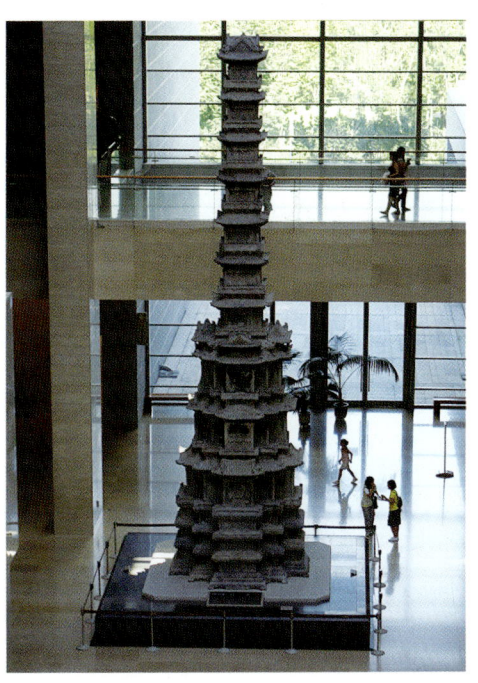

→ 용산가족공원

국립중앙박물관과 연결되어 있다. 옛 미군사령부 골프장 공간을 활용한 이곳은 잘 정돈된 잔디밭과 연못이 어우러지는 아름다운 경관을 자랑한다. 산책로를 따라 한적한 여유를 즐기거나 박물관 관람과 함께하는 가족 피크닉 장소로 이용하기에 좋다.

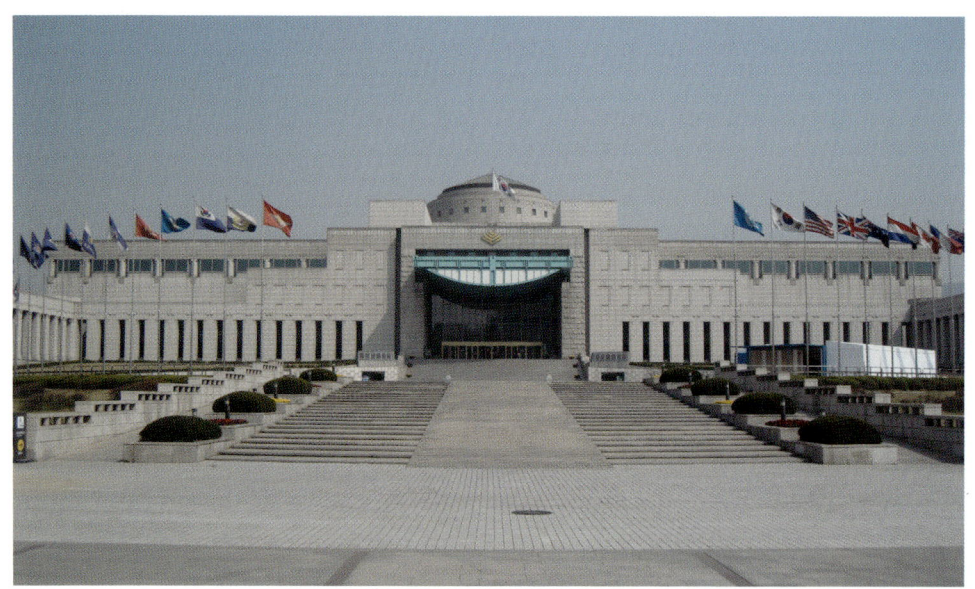

전쟁기념관 평화를 기원하는 공원

| 위치 | 서울특별시 용산구 용산동1가 8
　　　 서울특별시 용산구 이태원로 29
| 운영시간 | 09:00~18:00, 수요일 09:00~20:00,
　　　　　 매주 월요일 휴관

▶ MINI DATA
| 입장료 | 있음　　주차 | 가능　　분류 | 박물관

전쟁의 아픈 상처를 추모하고 평화를 기원하는 전시관이다. 약 82.6km²의 대지 위에 1994년 완공된 기념관은 9,000여 점의 전쟁 관련 기념물을 전시하고 있는 대규모 공간이다. 정문 좌우로 광개토대왕비의 실물 모형과 국군장교와 인민군 병사가 포용하는 모습의 형제의 상이 자리 잡고 있으며 선사시대 청동검과 생명의 나무가 어우러지는 모습의 상징탑이 중앙으로 우뚝 서 있다. 형제의 상은 한국전쟁 당시, 서로에게 총부리를 겨눈 적으로 만난 실제 형제의 이야기를 담고 있는 조형물이다. 평화의 광장을 지나 이어지는 건물은 6개의 전시구역으로 나뉘는 실내 전시장이다. 물과 빛이 어우러지는 호국추모실은 창군 이후 전사한 17만 명의 이름을 담은 장부를 보관하는 엄숙한 공간이다. 선사시대부터 대한제국까지 이 땅에서 사용된 수많은 무기들을 전시하고 있는 전쟁역사실을 시작으로 6·25전쟁실, 해외파병실, 국군발전실 등에서 한국전쟁을 시작으로 세계로 파견되어 활약하고 있는 국군과 발전하는 군사 장비들을 살펴볼 수 있다. 6·25전쟁실 내부에 위치한 전장체험실은 총소리 등 소음과 진한 화약 냄새를 체험하는 장소로 전투의 공포와 긴장감을 간접적으로 체험하게 한다. 대형장비실을 지나 연결된 야외전시장에는 육·해·공군의 과거와 현재의 주요 장비 실물을 전시하는 곳으로 장비들을 직접 체험하며 관람할 수 있다. 주말 오후와 기념일에 펼쳐지는 절도 넘치는 국군의장대의 사열과 군악대의 연주 등은 한나절 가족 나들이를 흥겹게 한다.

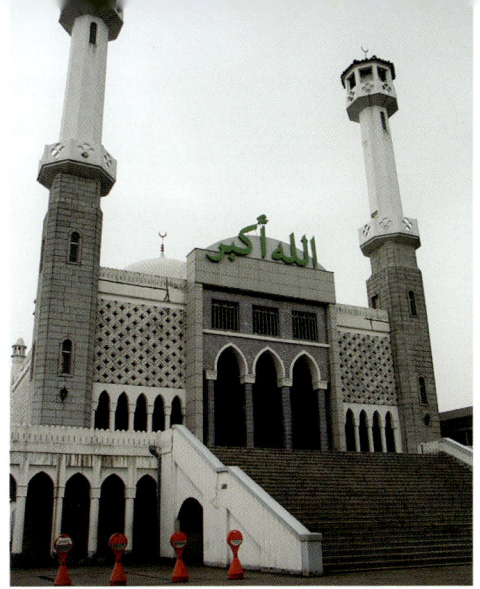

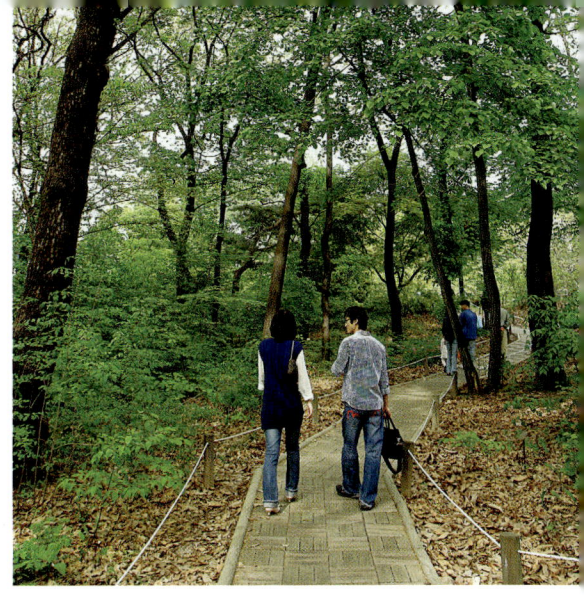

이슬람사원

우리나라 최초의 이슬람사원

| 위치 | 서울특별시 용산구 한남동 732-21
　　　서울특별시 용산구 우사단로10길 39
| 운영시간 | 종일, 연중무휴

▶ MINI DATA
| 입장료 | 없음　　주차 | 가능　　분류 | 종교시설

국내 최초이자 최대의 이슬람사원이다. 이슬람교 한국 선교의 총 본산인 이곳은 1970년 한국 정부로부터 부지를 지원받고 세계 이슬람 국가들의 지원금으로 지어진 건축물이다. 1920년대 투르크계 무슬림들이 국내로 망명해 정착하기 시작한 것이 한국 이슬람의 시초라고 할 수 있는데 최근 이슬람 국가의 이주 노동자가 급증하면서 이곳을 찾는 무슬림도 계속해서 증가하고 있다. 뿐만 아니라 이국적인 분위기의 사원을 카메라에 담으려는 내국인들도 많아서 가벼운 마음으로 찾아가도 좋다. 국내에는 모두 9개의 이슬람사원과 60여 개의 임시 예배소가 있으며 이태원의 서울 중앙성원에서는 '술탄 마드라사'라는 이름의 무슬림 학교도 운영하고 있다.

홍릉수목원

도심 속에서 즐기는 숲 속 나들이

| 위치 | 서울특별시 동대문구 청량리동 207
　　　서울특별시 동대문구 회기로 57
| 운영시간 | 10:00~16:00, 하절기 10:00~17:00

▶ MINI DATA
| 입장료 | 없음　　주차 | 불가능　　분류 | 숲, 자연휴양림

홍릉수목원은 명성황후의 능인 홍릉이 있던 자리에 세워진 국내 최초의 수목원이다. 명성황후는 처음 이곳에 묻혔다가, 1919년 고종황제가 죽으면서 남양주로 이장을 하게 되고, 지금은 표지석만이 그 자리를 알리고 있다. 홍릉수목원은 일제 때인 1922년에 임업시험장이 세워지면서 만들어진 수목원으로 도시 내에 위치하고 있는 흔하지 않은 수목원이다. 일요일에만 무료로 일반인들에게 개방하는데 도시 외곽으로 나가지 않고 도시 안에서 여유로운 주말 한나절을 즐길 수 있다. 보유하고 있는 수종만 1,200여 종에 이르며 개체 수는 20만에 이른다고 하니 규모는 그리 크지 않지만 다양한 종류의 나무와 풀, 꽃들을 만날 수 있다. 또 산림의 혜택과 이용에 관하여 정보를 제공해주는 산림과학관이 있어 관람도 가능하다.

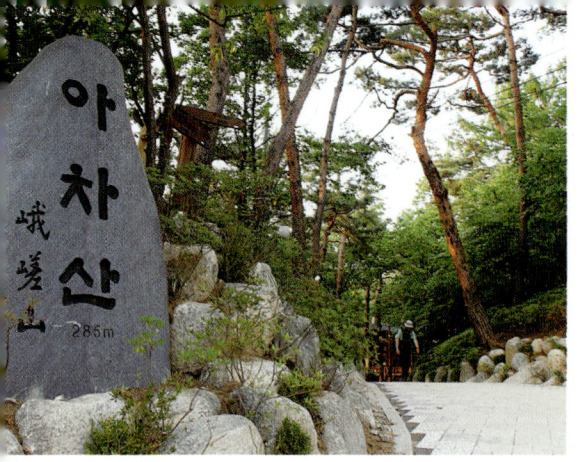
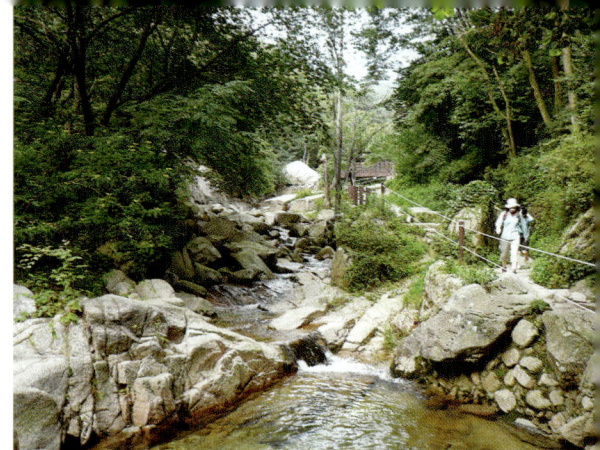

아차산 한강을 조망하는 산

위치 | 서울특별시 광진구 광장동 370 일대
운영시간 | 종일, 연중무휴

▶ MINI DATA
입장료 | 없음　　주차 | 가능　　분류 | 산, 계곡, 동굴

해발 약 300m로 서울시와 경기도 구리시에 걸쳐 있는 야트막한 산이다. 이 산은 이름과 관련해 재미있는 이야기가 전해진다. 조선 시대에 점을 잘 보기로 유명했던 홍계관이라는 사람이 있었는데 명종이 그의 소문을 듣고 불러다가 궤짝에 있는 쥐의 숫자를 맞혀 보라 했고, 숫자를 맞히지 못하자 사형을 명했다. 잠시 후 쥐의 배를 갈라보니 새끼가 있어 '아차' 하고 사형 중지를 명령했으나 홍계관은 이미 죽은 뒤였다. 그 후 사형집행이 행해진 위쪽 산을 '아차산'이라 불렀다는 것이다. 삼국시대부터 군사적 요충지였던 까닭에 백제 초기부터 고구려의 남진에 대비해 축조된 아차산성이 있다. 완만한 등산로를 오르면 서울 시내와 성남의 남한산까지 조망할 수 있고 한강이 한눈에 들어오는 풍광을 즐길 수 있어 서울, 경기 지역 시민들의 가벼운 산행 코스로 사랑받고 있다. 옛날 광진 나루에서 배를 타고 한강을 건너며 바라보는 아차산의 풍경이 한 폭의 그림과 같아 시인 묵객들이 즐겨 찾았다고도 한다.

북한산국립공원 도심에서 만나는 자연의 정기

위치 | 서울특별시 성북구 정릉동 산1-1
　　　서울특별시 성북구 보국문로 262
운영시간 | 종일, 연중무휴

▶ MINI DATA
입장료 | 없음　　주차 | 가능　　분류 | 산, 계곡, 동굴

북한산의 백운대와 인수봉, 노적봉과 만경대 그리고 도봉산의 선인봉과 만장봉, 오봉 등 20여 개의 봉우리가 이어져 있어 그 면적만 79.916km²에 이른다. 원래 백운대와 인수봉, 만경대 세 봉우리를 합쳐 삼각산이라 했으나 숙종 때 북한산성을 축조하면서 북한산이라 부르게 되었다. 거대한 화강암 봉우리들 사이로 아름다운 계곡이 흐르고 1만 300여 종의 동식물이 서식하고 있는 자연의 보고이다. 이 때문에 등산객의 발길이 끊이지 않아 공원 곳곳이 몸살을 앓고 있어 자연휴식년제 구간을 지정, 운영하고 있으니 반드시 확인하고 출발해야 한다. 북한산성과 진흥왕 순수비를 비롯해 수많은 역사 유적지와 100개가 넘는 사찰, 암자들이 있어 다양한 볼거리를 제공하며 북한산의 자연과 문화를 잘 이해할 수 있도록 각종 탐방 프로그램을 운영하고 있다. 가장 높은 봉우리인 백운대(836.5m)에 오르면 맑은 날에는 북한의 개성과 한강이 감싸고 도는 서울 시내 전경, 서쪽의 강화도, 영종도까지 눈에 들어온다.

이화벽화마을 사시사철 꽃 피운 벽

| 위치 | 서울특별시 종로구 이화동 일대
운영시간 | 종일, 연중무휴

▶ MINI DATA
| 입장료 | 없음   주차 | 가능   분류 | 거리, 시장

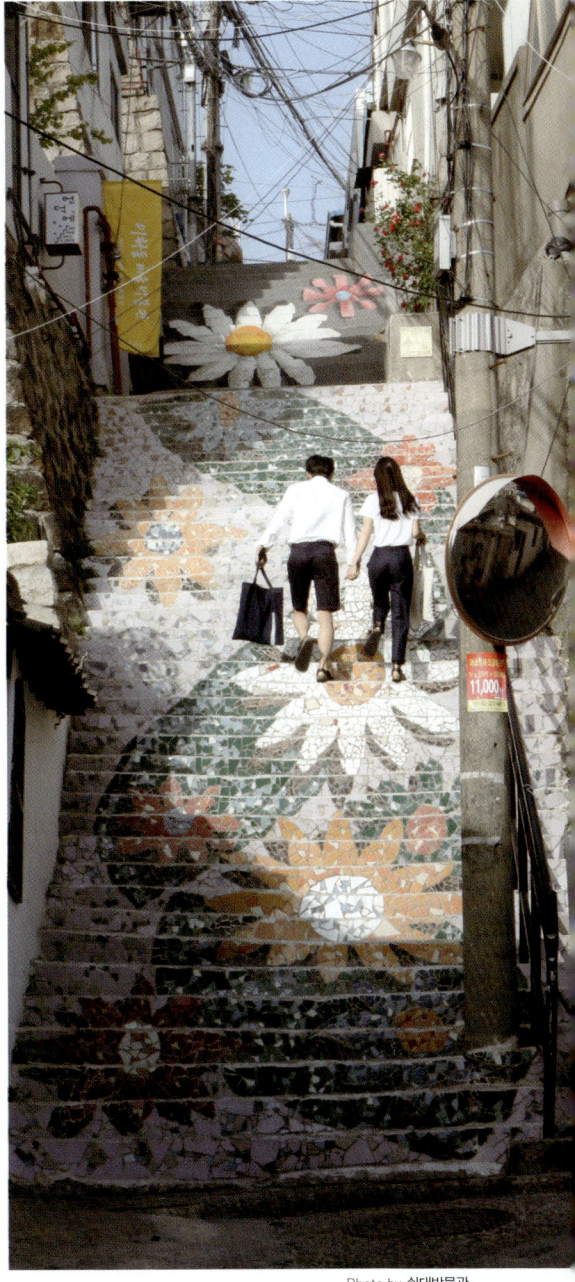

이화벽화마을은 낙산 아래 혜화역과 동대문역 사이의 낙산공원 밑에 위치한다. 일제강점기에 지어진 적산(敵産) 가옥 수백 채가 남아 있는데, 각종 TV프로그램에 나오면서 이곳을 찾는 사람은 늘어났다. 그러나 아직까지 위치를 헤매는 사람들이 많다. 혜화역 2번 출구에서 이화동 주민센터 방면으로 쭉 가면 이화슈퍼가 보인다. 이곳에서 낙산공원 쪽으로 올라가다 보면 자연스레 이화벽화마을을 만나게 된다. 적산가옥이 가득했던 이곳이 아름다운 벽화마을로 거듭난 계기는 2006년 공공미술추진위원회에서 'Art in City 2006'이라는 이름으로 소외된 지역의 시각적 환경을 개선하고자 진행한 낙산프로젝트이다. 70여 명의 시각미술 작가가 동네 곳곳에 그림을 그리고 조형물을 설치한 것으로, 단순히 시각적 환경 개선만 추구한 것이 아니라 동네 역사와 주민의 기억을 수집하고 정리해 작품으로 만든 것이라 더욱 뜻깊다. 이화벽화마을 주변에는 북악산 한양도성, 낙산공원, 북촌한옥마을이 인접하여 다른 관광지를 둘러보기 좋다. 데이트 코스로 벽화마을을 구경하고 대학로에서 공연을 보는 것도 인기 있다. 사람들에게 인기 있는 관광명소지만 급격히 늘어난 관광객들의 시끄러운 소음과 쌓이는 쓰레기 때문에 지역 주민들의 원성이 높아졌으니 관광을 할 때는 이곳이 일반 주거지역이라는 것을 명심하자.

Photo by 쇳대박물관

한강시민공원

서울의 젖줄, 서울시민의 희망 가꿈터

위치 | 서울특별시 강서구, 강동구, 영등포구, 마포구, 용산구,
서초구, 광진구, 송파구 일대
운영시간 | 종일, 연중무휴

▶ MINI DATA
입장료 | 없음   주차 | 가능   분류 | 공원

한강은 낙동강에 이어 우리나라에서 2번째로 긴 강이며 한반도의 중심이자 수도 서울의 상징이다. 총 연장 7,256km에 이르는 물줄기 중에서 서울을 관통하는 41.5km 구간은 한강시민공원으로 조성되어 있다. 삼국시대부터 그 중요성을 인정받은 한강은 조선의 건국 이후 한양을 기름지게 만드는 젖줄 같은 곳이었다. 11개의 나루터로 전국의 물류와 사람들이 왕래하며 교역의 중심이 되었고 한강철교를 시작으로 일제강점기 대규모 다리가 연결되어 강남과 강북을 잇는 새로운 통로가 만들어졌다. 매년 여름이면 홍수로 범람하던 한강은 1980년대 홍수 방제시설의 건설과 함께 강

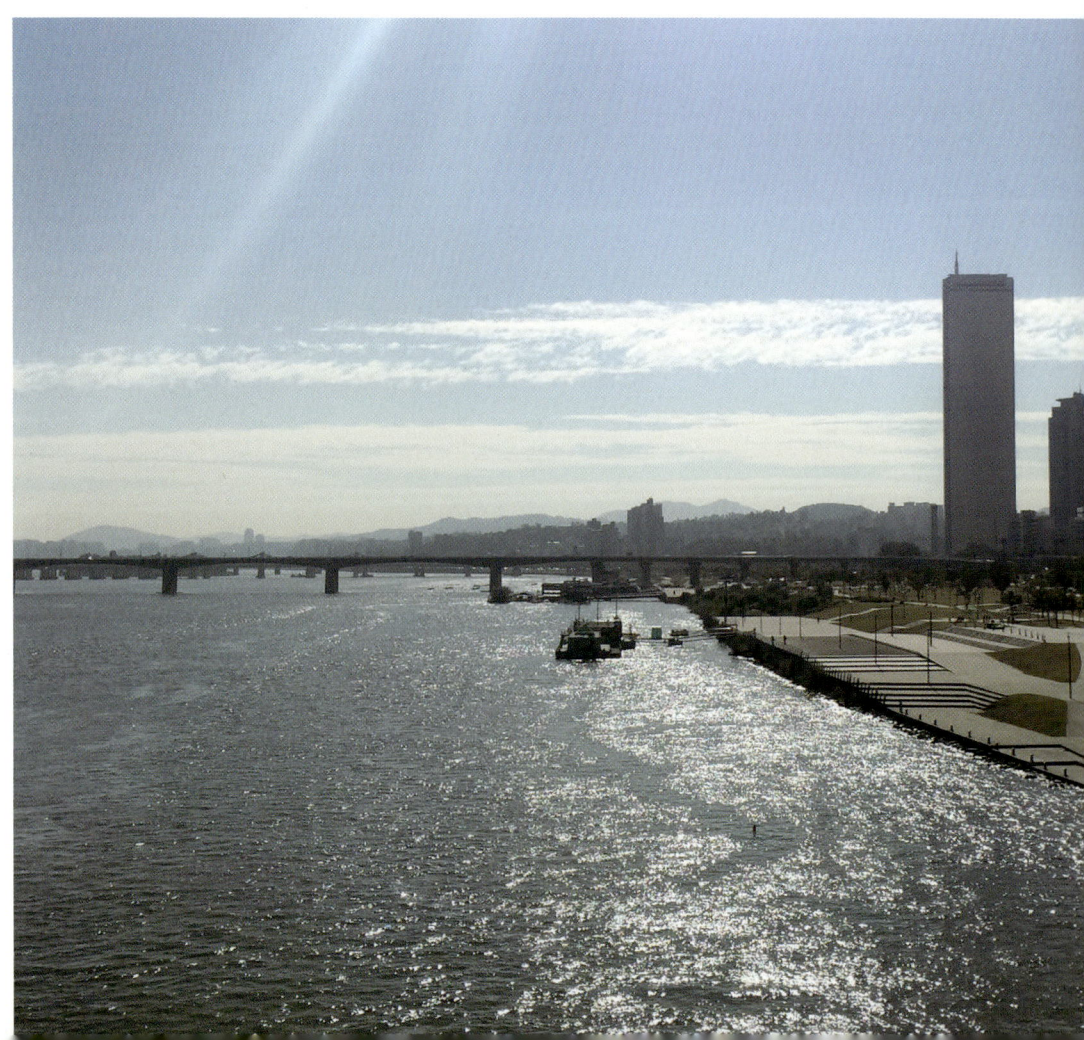

동구 하일동에서 강서구 개화동까지 총 12개의 구간에 체육시설, 체험학습시설, 낚시터, 자전거 도로, 선착장 등을 갖춘 체육공원으로 새롭게 태어났다. 양화대교 남단과 보행자 전용다리로 연결된 선유도공원은 국내 최초의 생태공원으로 조성돼 114km²의 부지 위에 수질 정화원, 수생 식물원, 환경 물놀이터를 비롯해 한강 역사 전시관, 시간의 정원 등으로 꾸며져 자연생태체험의 공간이 되고 있으며, 성산대교 북단의 난지 지구는 야외 캠핑장이 있어 도심 속에서 캠핑을 하는 독특한 체험을 할 수 있다. 주변에 하늘공원, 난지공원 등의 공원과 선착장, 수상 스키장 등이 있어

여가와 레저를 즐기려는 시민들에게 사랑받고 있다. 또한 잠실과 양화를 오가는 유람선도 한강의 명물로 시원스런 한강 물줄기를 따라 주변의 명소들을 조망할 수 있는데 여의도, 잠실, 양화, 난지, 서울숲, 잠두봉 선착장이 있으며 각 선착장을 출발했다가 되돌아오는 순환 코스와 여의도와 잠실을 오가는 편도 코스가 있다. 봄에는 여의도 윤중로를 하얗게 뒤덮는 여의도벚꽃축제가, 가을에는 63빌딩 주변 한강을 오색찬란하게 물들이는 세계불꽃축제가 한강시민공원을 더욱 풍성하게 채워준다. 한강을 가르며 강남과 강북을 연결하는 23개의 한강 다리는 저마다의 특색을 지니는 조명으로 서울의 밤을 더욱 아름답게 만드는 명물이다. 야외 공연장과 녹지대, 자전거도로 등 더욱 편리한 공원으로 더욱 알차게 단장되고 있다.

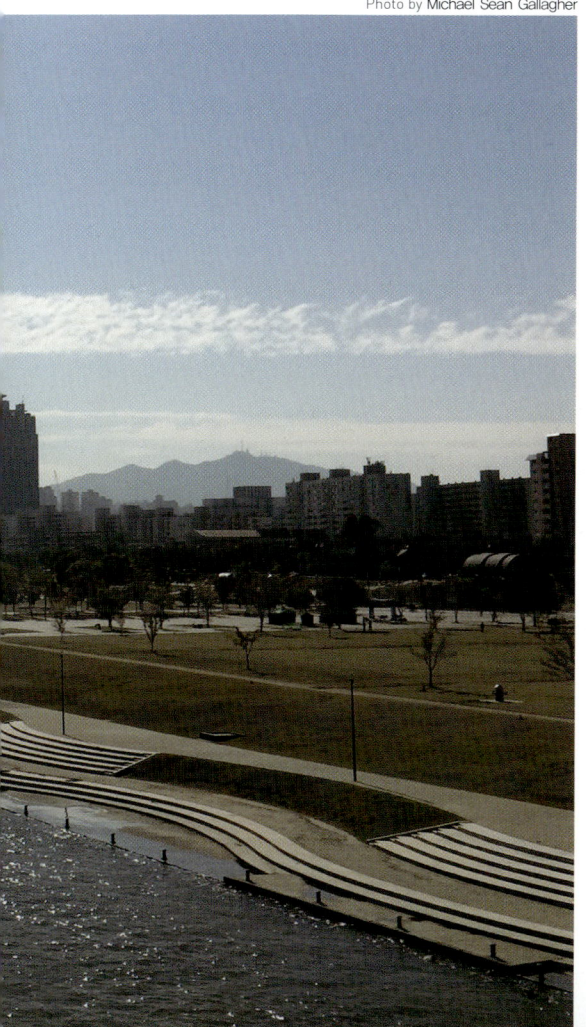

Photo by Michael Sean Gallagher

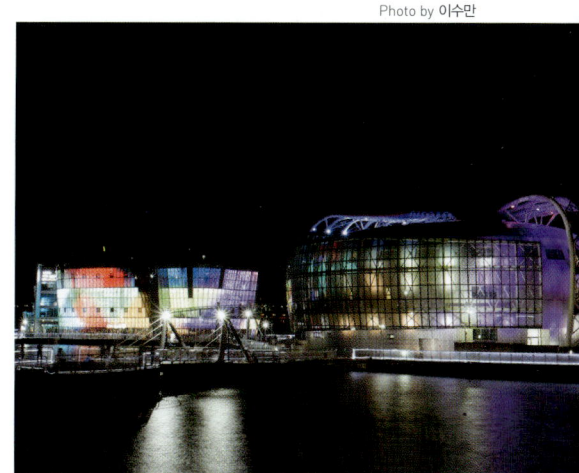

Photo by 이수만

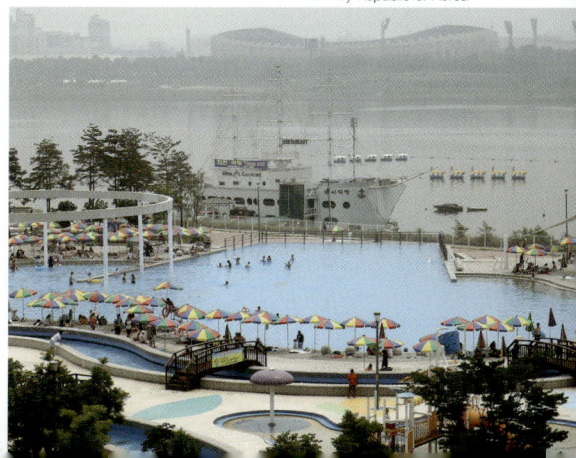

Photo by Republic of Korea

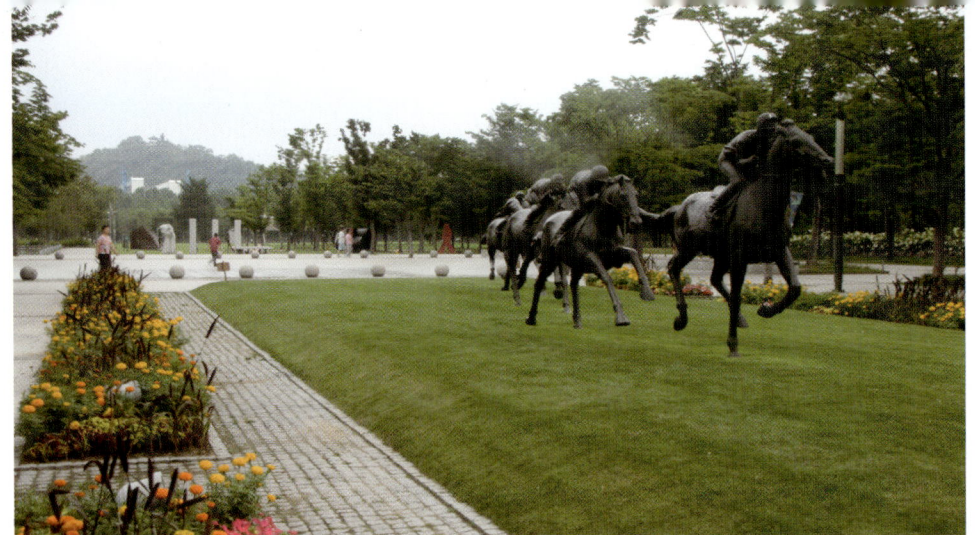

서울숲 서울의 센트럴파크

위치 | 서울특별시 성동구 성수동1가 685
　　　서울특별시 성동구 광나루로 76
운영시간 | 공원 종일, 연중무휴 생태숲 동절기 08:00~19:00,
　　　　하절기 07:00~20:00, 연중무휴
　　　　전시관 10:00~18:00, 매주 월요일 휴관

▶ MINI DATA
| 입장료 | 없음　주차 | 가능　분류 | 공원

뉴욕에 센트럴파크가 있다면, 서울에는 서울숲이 있다. 서울숲이 자리하고 있는 뚝섬은 원래 유원지가 있던 곳으로 옛날 시외로 피서를 나가지 못하는 시민들이 와서 놀던 곳이며, 서울에서 처음으로 만들어진 상수도 수원지인 뚝도정수장이 있던 곳이다. 서울숲은 뚝섬을 재개발하면서 만들어진 시민의 숲으로 약 116ha의 거대한 공간을 숲으로 꾸미고 그 안에 여러 개의 테마를 가진 공원을 만들었으니, 그동안 부족했던 서울 도심지 내의 녹지공간이 조금이나마 늘어나게 되었다. 한강을 마주하고 있어 여러 가지 방법으로 접근이 가능한데 한강변을 따라 이어지는 산책로나 자전거길을 통해 갈 수 있으며, 청계천과도 이어져 있다. 대중교통인 2호선 뚝섬역을 이용하는 방법이 가장 일반적이다. 서울숲광장, 뚝섬문화예술공원, 자연체험학습장, 뚝섬생태숲 등 각 지구별로 특성 있게 나뉘어져 있다. 산책하다가 반갑게 만나게 되는

고라니와 꽃사슴은 아이들에게 최고 인기이다. 여러 가지 체험프로그램을 운영하고 있는데 토요일 오전에 열리는 주말가족생태나들이는 온 가족이 함께 즐길 수 있어 참여하는 사람이 많다.

→ 뚝섬 나눔장터, 아름다운 벼룩시장

봄부터 가을까지 매주 토요일이면 서울숲과 이웃해 있는 뚝섬유원지에서 벼룩시장이 열린다. 아름다운 재단에서 주관하는 시장으로 인터넷 또는 현장접수를 통하여 '장돌뱅이'로 등록을 하면 누구나 집에서 사용하지 않는 물건을 가지고 나와 판매할 수 있다. 안 쓰는 물건 한 개가 입장료를 대신한다. 판매 후 수익금의 일부를 기부하는데, 이렇게 모인 기부금은 매번 정해진 나눔 테마에 사용한다. 나눔의 아름다움과 재활용을 통한 환경의 가치를 생각하게 하는 시장이다. 특히 어린이들이 직접 자신들의 물건을 가져다 판매하는 어린이장터가 인기다.
문의 | 1899-1017

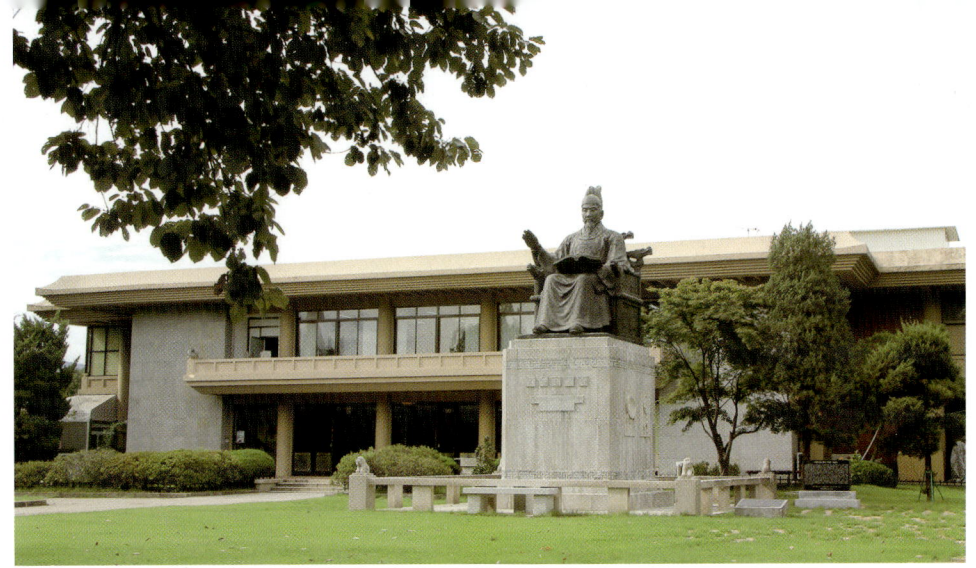

세종대왕기념관 우리민족 최고의 성군, 세종대왕을 만나러 가다

위치 | 서울특별시 동대문구 청량리동 산1-157
　　　서울특별시 동대문구 회기로 56
운영시간 | 동절기 09:00~17:30, 하절기 09:00~18:00,
　　　　　매주 월요일 휴관

▶ MINI DATA
| 입장료 | 있음　　주차 | 가능　　분류 | 박물관

우리 국민이 잘 알고 있고 또 가장 존경하는 인물 중 한 분으로 꼽는 세종대왕을 기념하는 전시관이다. 세종대왕기념사업회에서 운영하는 곳으로 세종대왕의 일대기를 비롯해 그가 남긴 업적들에 관하여 전시하고 있다. 세종대왕의 초상화인 어진을 보는 것으로 관람을 시작하는데 그림을 통하여 세종대왕의 일대기를 살펴볼 수 있어 아이들도 쉽게 이해할 수 있다. 다음으로 볼 수 있는 것은 세종대왕의 가장 큰 업적으로 꼽히는 한글 관련 기록들이다. 훈민정음을 비롯해 용비어천가, 향약집성방, 월인천강지곡 등 중·고등학교 때 한 번쯤은 들어보았을 그런 책들이 실물로 전시되어 눈길을 끈다. 세종대왕을 생각하면 빠뜨릴 수 없는 것이 바로 과학 진흥과 관련한 업적이다. 관노 출신으로 알려진 장영실을 등용하여 측우기, 자격루 등을 만들게 한 이야기는 특히 유명한데, 장영실의 신분을 두고 신하들이 그를 등용하는 것에 반대했음에도 불구하고 그것을 물리치고 그를 가까이 둔 세종에게서 신분제를 극복한 실용주의 정신을 읽을 수 있다. 측우기, 혼천의, 간의, 자격루 등 천체를 관측하는 기구가 이 시기에 집중해서 연구, 발명되는데 농경을 나라의 근간으로 삼고 있는 당시 생활상을 반영한 결과라 하겠다. 특히 중국에 의지해왔던 천문관측기술을 우리 기술로 만들어 내고자 했던 노력은 자주의 염원이자 우리 땅을 보다 풍요롭게 만들기 위한 목적이었던 것이다. 그 밖에도 세종 때 박연에 의해 체계적으로 정리되는 우리 음악에 관한 전시물들도 있으니 함께 둘러보자.

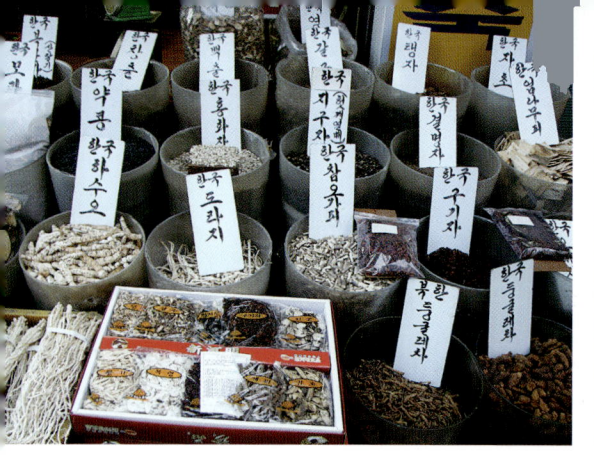

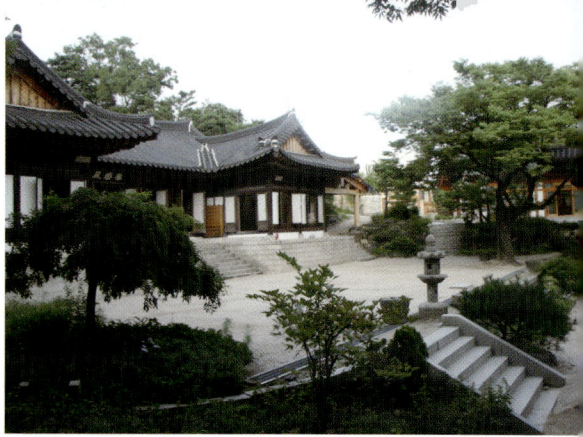

서울 약령시장
한약 냄새 가득한 거리

| 위치 | 서울특별시 동대문구 제기동 965-1
서울특별시 동대문구 약령중앙로8길 10
| 운영시간 | 09:00~19:00, 매주 일요일/공휴일 휴무

▶ MINI DATA
| 입장료 | 없음   주차 | 가능   분류 | 거리, 시장

길상사
바쁜 걸음 쉬어가게 하는 사찰

| 위치 | 서울특별시 성북구 성북동 321-3
서울특별시 성북구 선잠로5길 68
| 운영시간 | 종일, 연중무휴

▶ MINI DATA
| 입장료 | 없음   주차 | 가능   분류 | 불교유적

서울 동대문구의 제기동과 용두동 일대에 걸쳐 있는 한약재료 전문 시장이다. 1960년대 말 청량리역이 가까워 전국의 한약재와 한약상들이 모여들면서 자연스럽게 형성되었다. 조선시대 가난하고 병든 백성들을 치료하고 구제하던 기관이었던 '보제원'이 제기동에 있었고 지금도 약재 상가를 비롯해 한의원과 한약국 등 1,000여 곳이 성업 중이다. 전국 한약재 물동량의 약 70%가 이곳을 거쳐가는 만큼 품질 좋고 저렴한 한약재를 구입하려는 알뜰 주부들의 발길이 끊이지 않고 있다. 서울 약령시 협회에서는 역사와 전통을 자랑하는 약령시장을 특구화하기 위해 시장 전체를 새로 정비하고 매년 서울약령시축제를 개최하고 있으며 약령시가 위치한 동대문구에서는 2006년에 한의약박물관을 열어 한의약 관련 고서 등 유물 420점과 한약재 350점을 전시하고 있으며 보제원의 모형과 한방 체험실, 휴게실 등을 갖추고 있어 쇼핑객이나 관광객에게 쉴 공간이 되어준다.

도심 안에 이렇게 청정한 공간이 있을까! 감탄사가 절로 나오는 사찰이다. 삼청각, 청운각과 함께 우리나라 3대 요정으로 꼽혔던 대원각의 주인이 법정 스님의 무소유 철학에 감화를 받아 조계종 송광사의 말사로 시주하면서 아름다운 사찰로 거듭나게 되었다. 1997년에 세워졌으니 역사는 짧지만 사찰체험, 불도체험, 수련회 등의 다양한 프로그램을 진행하면서 일반 대중들을 불교와 가깝게 이어주는 역할을 하고 있으며, '침묵의 집'에서는 참선과 명상 체험을 할 수 있도록 꾸며 놓았다. 또한 매달 1회씩 '맑고 향기롭게'라는 제목으로 선 수련회를 여는데 일반인들도 8시간 이상 참선을 하며 산사 체험을 할 수 있는 프로그램이다. 불교 신자가 아니라도 맑은 자연 속에 고요하게 자리한 경내를 걸으면 마음까지 맑아지는 것을 느낄 수 있으니 꼭 한 번 들러보자.

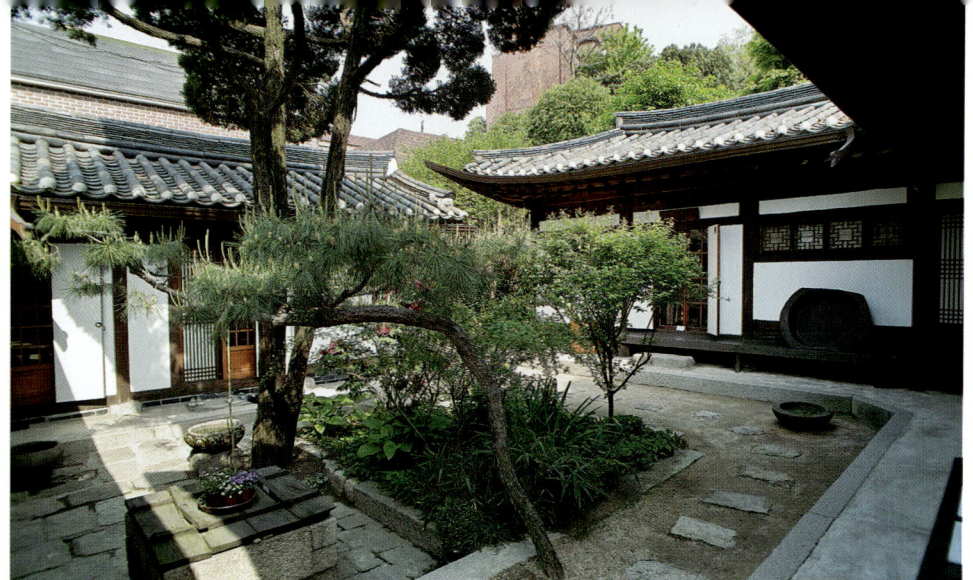

최순우 옛집 시민의 힘으로 만드는 문화재

| 위치 | 서울특별시 성북구 성북동 126-20
　　　　서울특별시 성북구 성북로15길 9
| 운영시간 | 4~11월 10:00~18:00, 매주 월/일요일 휴관

▶ MINI DATA
| 입장료 | 없음　　주차 | 불가능　　분류 | 역사, 문화유적

전 국립박물관장이자 미술사학자로 한국 미술사에 큰 자취를 남긴 혜곡 최순우(1916~1984) 선생의 옛집이다. 2002년 주변이 재개발되면서 사라질 위기에 처하자, 시민 기금으로 보존의 가치가 있는 땅이나 문화재를 구입하는 '내셔널트러스트' 운동을 통하여 지켜낸 소중한 공간이다. 조선시대 말기 가옥인 이곳은 화려함보다는 담백한 아름다움으로 부드러운 한국의 미를 제대로 느낄 수 있는 곳이다. 자연과 함께 어우러지는 공간은 구석구석 혜곡 선생의 정성이 담겨 있다. 뒤뜰에 덩그러니 자리 잡은 항아리는 달을 담는 달항아리이다. 재치와 여유가 느껴지는 아름다움이 있다. 안채 공간에 마련된 작은 전시관은 선생의 원고와 사진 등을 전시한 곳으로 전통의 자연미를 따뜻한 마음으로 노래한 선생의 대표적 저서인 『무량수전 배흘림기둥에 기대서서』가 완성된 장소이기도 하다.

→ 간송미술관, 숨겨진 최고의 미술관

주로 5월과 10월, 봄·가을에 한 번씩 특별전이 열릴 때 한시적으로 개방한다. 간송미술관은 간송 전형필 선생이 일제 때 우리 문화재가 일본으로 반출되는 것을 안타깝게 여겨 평생의 사업으로 우리의 소중한 문화재를 수집한 것을 모은 곳이다. 소장하고 있는 유물 목록은 사실로는 국내 최고라 꼽을 만하다. 훈민정음의 원본을 비롯해, 고려청자를 소개할 때면 빠지지 않는 청자상감운학매병, 고려시대 만들어진 금동삼존불감 등 국보급 문화재만도 10여 점이 넘는다. 매번 주제를 바꿔가며 열리는 특별전은 전시 내용과 전시물에 관한 한 최고의 기획이라고 해도 손색없을 훌륭한 전시회이다.
문의 | 02-762-0442

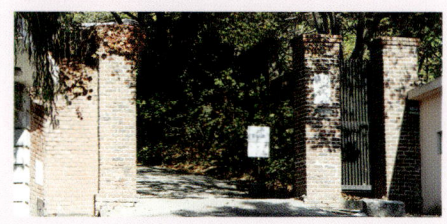

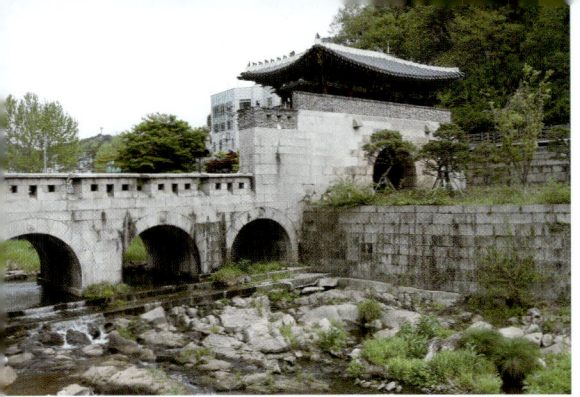
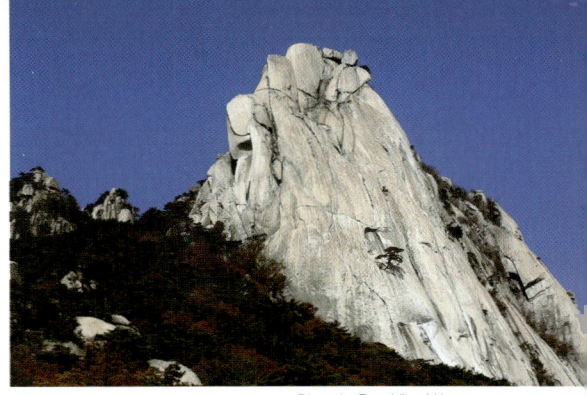

Photo by Republic of Korea · Photo by Republic of Korea

북악산 서울 한양도성
성곽을 따라가며 서울을 만난다

| 위치 | 서울특별시 성북구, 종로구 일대
| 운영시간 | 동절기 10:00~17:00, 하절기 09:00~18:00,
　　　　　 매주 월요일 휴관

▶ MINI DATA
| 입장료 | 없음　　주차 | 가능　　분류 | 역사, 문화유적

도봉산
암봉을 즐기며 오르는 산

| 위치 | 서울특별시 도봉구 도봉동, 경기도 의정부시, 양주시 일대
| 운영시간 | 종일, 연중무휴

▶ MINI DATA
| 입장료 | 있음　　주차 | 가능　　분류 | 산, 계곡, 동굴

경복궁의 북쪽에 솟아 있는 북악산은 해발 342m로 높지는 않으나 화강암으로 이루어진 서울의 진산으로 꼽힌다. 옛 서울의 성곽들이 북악산을 기점으로 축조되었고 산 능선을 따라 성벽이 원형에 가깝게 보존되어 있는데 1968년 무장공비 침투 사건으로 일반인의 접근이 금지되었다가 2006년부터 서울 한양도성 탐방로로 꾸며져 일반에 공개되었다. 산의 남쪽이 청와대와 이어져 있어 곳곳에 군부대가 있고 신분증을 가지고 탐방 신고서를 작성해야 입장할 수 있는데 창의문 쪽보다는 경사가 완만한 숙정문 쪽이 이용되고 있다. 조선시대부터 심긴 노송들이 곳곳에 남아 있어 풍취를 더하는 아름다운 성곽을 따라 정상인 백악마루에 오르면 인왕산의 전경이 코앞에 드러나고 서울 시내를 한눈에 조망할 수 있다. 인왕산과 연계해서 산행 코스로도 사랑받고 있으며 오전 10시와 오후 2시, 2번에 걸쳐 해설사로부터 서울 한양도성의 역사에 대해 듣는 의미 있는 시간도 가질 수 있다.

북한산과 함께 국립공원으로 포함되어 있는 도봉산은 최고봉인 자운봉(739.5m)을 중심으로 만장봉, 선인봉, 주봉, 오봉, 우이암 등 산 전체가 암봉으로 이루어진 아름다운 산이다. 각각의 암봉들이 아기자기한 등반로로 연결되어 있어 기암 절경을 감상하며 산행을 하는 풍취를 즐길 수 있고, 특히 선인봉은 암벽등반 코스로 유명하다. 문사동 계곡, 망월사 계곡, 보문사 계곡 등 3대 계곡이 등산로로 연결되어 있으며 우이령을 지나 북한산까지 등반이 가능하다. 신라 선덕여왕 때 창건된 망월사, 조선시대 태조가 백일기도를 드리고 창건한 천축사, 신라시대 의상대사가 창건한 회룡사 등의 명찰을 비롯해 60여 개의 사찰이 산 곳곳에 자리 잡고 있다. 서울과 경기 지역에서 접근이 용이하고 대중교통도 편리해 수도권 시민들의 하루 산행 코스로 인기다. 녹색 경관이 드문 도심에 자연의 정기를 불어넣어주는 역할을 톡톡히 하고 있는 명산이다.

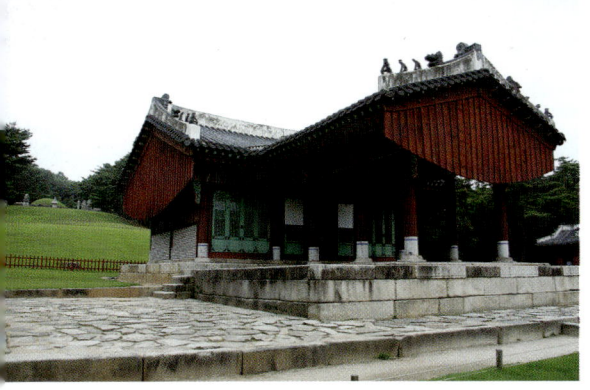

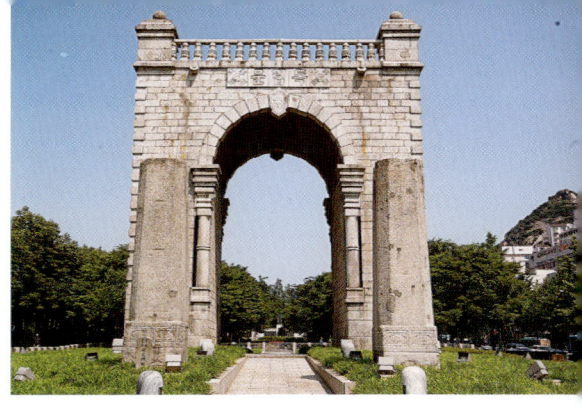

태릉
역사 산책의 숲

| 위치 | 서울특별시 노원구 공릉동 산223-19
　　　서울특별시 노원구 화랑로 681 태강릉
| 운영시간 | 11~1월 09:00~17:30, 2~5월/9~10월 09:00~
　　　18:00, 6~8월 09:00~18:30, 매주 월요일 휴관

▶ MINI DATA
| 입장료 | 있음　　주차 | 가능　　분류 | 역사, 문화유적

서울의 대표적인 걷고 싶은 거리인 화랑로를 걸어보
자. 사계절 아름다운 가로수의 모습은 옛 모습을 간
직한 화랑대역과 어우러져 보기 드문 옛 향기를 풍긴
다. 가로수 길의 주인공은 태릉이다. 조선 11대 중종
의 제2계비인 문정왕후 윤씨의 능이다. 문정왕후 윤
씨는 어린 아들 명종을 대신해 수렴청정하며 양대 사
화와 불교부흥에 앞장선 역사적 인물이다. 중종과 함
께 자리를 마련하였던 문정왕후의 능은 주변으로 물
이 차 마땅치 않자 이곳으로 옮겨졌다. 왕비의 봉분
하나로 조성된 능에는 오랜 시간 잘 가꾸어진 깊은
소나무의 숲이 있다. 옆으로 들어선 태릉사격장과 공
원 때문에 제 모습이 훼손되었지만 사격장이 조만간
정리되고 새롭게 왕릉박물관이 들어서면 조선 왕릉
을 상징하는 명소로 자리할 듯하다. 흔히 태강릉으로
함께 불리는 명종과 인순왕후의 능인 강릉이 인근에
있으나 비공개로 남아 있다.

독립문
새로움을 기다리는 곳

| 위치 | 서울특별시 서대문구 현저동 941
　　　서울특별시 서대문구 통일로 251 독립공원 후문 앞
| 운영시간 | 종일, 연중무휴

▶ MINI DATA
| 입장료 | 없음　　주차 | 가능　　분류 | 역사, 문화유적

조선시대 한양을 찾아오는 청나라의 사신을 영접하
던 장소인 영은문과 모화관을 허물고 1898년 독립협
회가 건립하였다. 국민모금행사를 통해 모인 기금으
로 만들어진 15m 높이의 문은 파리 개선문을 본뜬
모습이다. 서재필과 이승만 등이 주축이 되어 만들어
진 독립협회는 모화관 자리에 독립관을 짓고 사무실
로 사용하며 우리나라 최초의 백가쟁명식 대중토론
회인 만민공동회를 개최하는 등 백성이 주체가 되는
근대사상을 도입하는 역할을 하였다. 조국의 근대화
와 청국으로부터의 독립을 중심사상으로 삼아 활동
하였다. 이완용 등 친일적인 인물을 참여시키는 등 폐
해 또한 적지 않았으나 계급을 초월한 대중의 참여를
이끌어낸 독립협회의 활동은 우리나라 근대화의 상징
적인 모습이다. 독립문과 독립관은 고가도로의 건설
로 원래 자리에서 70m 북쪽의 현 위치로 1979년 이
전하였으며 인근의 서대문형무소와 함께 독립공원
구역에 포함되어 있다. 독립문 앞 2개의 돌기둥은 영
은문을 받치고 있던 주춧돌이다.

서대문형무소

대한독립을 기원하다

위치 | 서울특별시 서대문구 현저동 101
　　　 서울특별시 서대문구 통일로 251 서대문형무소
운영시간 | 동절기 09:30~17:00, 하절기 09:30~18:00,
　　　 매주 월요일 휴관

▶ MINI DATA
| 입장료 | 있음　주차 | 가능　분류 | 역사, 문화유적

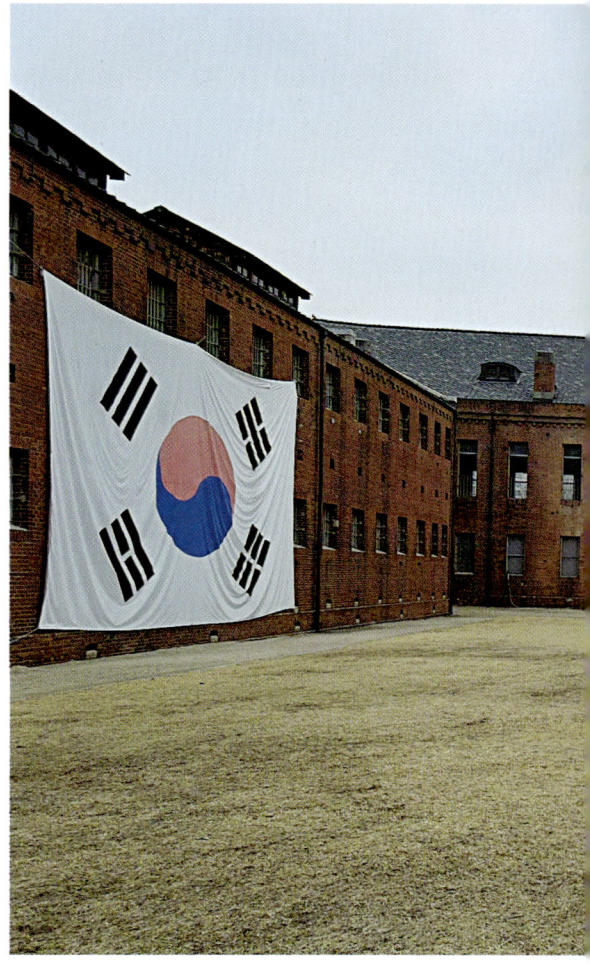

을사조약 이후 국권 침탈을 시작하면서 일제가 만든 시설로, 1908년 경성감옥으로 만들어 1912년 서대문형무소로 이름을 바꾸었다. 정해진 법과 규율을 어기면 그 벌로 감옥에 들어가게 되지만, 일제 때 정한 법과 규율은 그들이 조선을 다스리기 위한 만든 것으로, 독립을 위해 법을 어기며 저항했던 조선사람들을 수용할 큰 교도소가 필요했던 것이다. 1987년 의왕으로 이전하기까지 사용되었으며 안으로 들어서면 일제 때 지어진 옥사와 작업장, 전시관 등을 둘러볼 수 있다. 형무소의 담장과 문은 영화나 드라마에 자주 등장한다. 철문을 통해 형무소로 들어서면 입구에 역사전시관으로 사용되고 있는 보안과 청사를 관람하게 된다. 1층에는 서대문형무소와 관련된 자료를 모으고 있는 도서관과 기획전시실이 있다. 2층에서는 서대문형무소가 어떻게 만들어졌는지, 당시의 모습은 어떠했는지와 일제 때 전국 형무소의 현황 등에 관한 모형과 기록을 볼 수 있다. 옥중 생활실이 이어지는데 옥에서 고문을 할 때 사용했던 도구를 비롯해 벽관이라 불리는 형벌 방을 재현해놓고 있어 체험해볼 수 있다. 이곳을 관람하고 나서는 지하로 내려간다. 지하는 고문이 이루어지던 곳으로 지금은 모형으로 재현하고 있지만, 수십 년 전 까지만 해도 이곳에서 실제 고문이 이루어졌을 거라 생각하니 무서운 마음 한편으로 우리 역사의 아픔이 전해진다. 보안과 청사를 관람한 후에는 옥사와 공작사를 돌아본다. 옥

사 내 문이 열린 감옥에 직접 들어가 볼 수 있으며, 공작사 내부에는 고문체험, 재판체험, 사형체험 등을 해볼 수 있는 시설이 갖추어져 있다. 나병 환자들만 모아 가두었다는 나병사가 언덕에 있으며, 이곳을 지나면 형무소에서 유명을 달리한 독립 운동가들을 기념하는 추모비가 있는데 김구 등의 익숙한 이름들이 눈에 보인다. 잠시 목례를 올리며 순국선열을 추모하는 시간을 가지도록 하자. 다음으로 사형장인데 실제 옛 모습 그대로 보존되어 있다. 사형장 내부로 들어가볼 수 있는데 이곳에서 실제 사형이 집행되었다 하

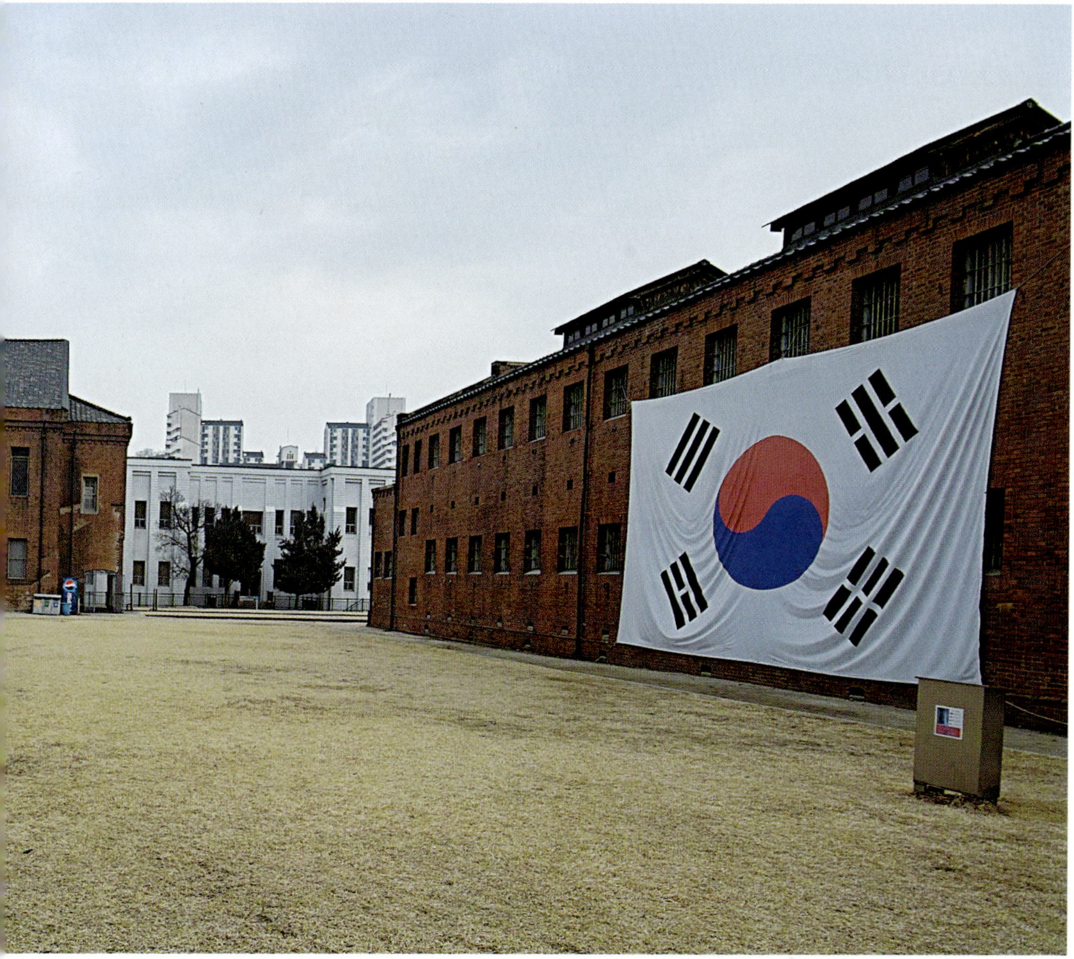

니 으스스한 기분이다. 사형장을 나가면 바로 옆으로
는 몰래 시체를 산에 내다 버리던 시구문이 있으며,
입구 옆으로 최근 발굴을 통하여 찾은 여자 감옥을
볼 수 있는데 이곳 지하 독방에 유관순을 가두었다고
한다.

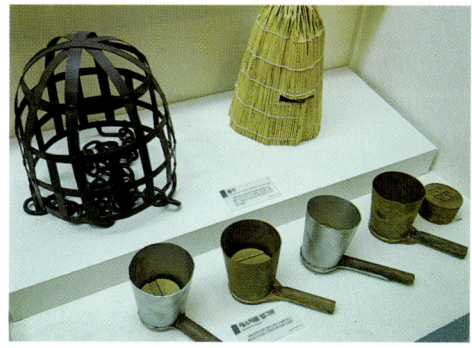

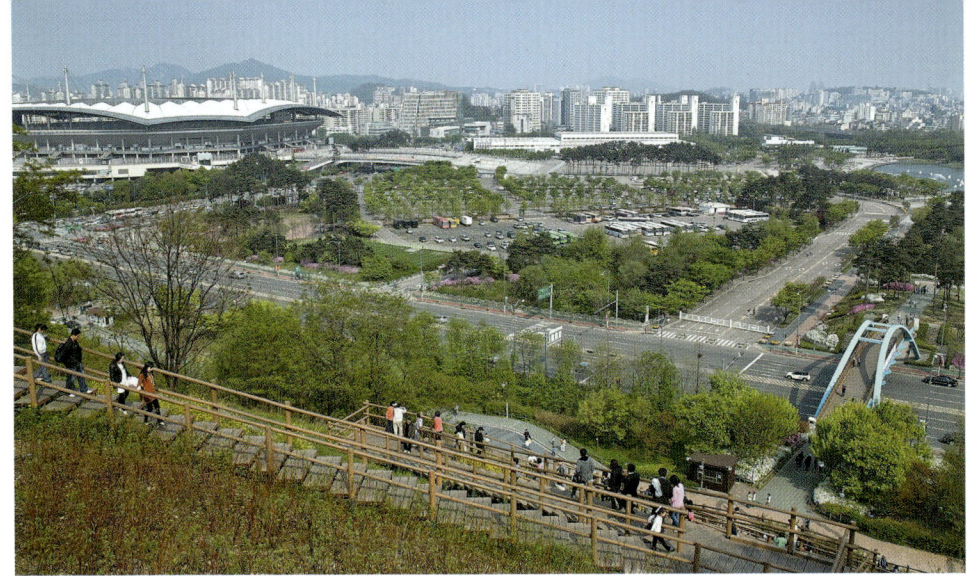

월드컵공원 넓은 공원, 다양한 볼거리, 골라 가는 재미가 있는 곳

위치 | 서울특별시 마포구 상암동 481-6
　　　서울특별시 마포구 하늘공원로 108-1
운영시간 | 연중무휴, 하늘/노을공원 일몰 2시간 후 폐장

▶ MINI DATA
입장료 | 없음　　주차 | 가능　　분류 | 공원

2002년 한일월드컵의 주경기장인 월드컵경기장을 만들면서 함께 조성한 곳으로, 평화공원을 비롯해, 하늘공원, 노을공원, 난지천공원, 난지한강공원까지 5개의 구역으로 구성되어 있다. 평화공원은 월드컵경기장과 이어지는 공원으로 21세기에 들어서 처음으로 열렸던 월드컵을 기념하며 세계인의 화합과 한반도의 통일을 기원하며 만든 공원이다. 연못 주변으로 산책로가 꾸며져 있으며 인라인이나 스케이트보드 등을 즐기는 사람들이 많다. 이곳 공원 중에서 가장 높이 위치해 있는 하늘공원은 그 자체로 훌륭한 생태학습의 장이다. 이 자리는 원래 쓰레기 매립장이 있던 자리로 그 위를 메워 만든 공원인데 지금은 이 땅에서 생명이 자라나며 새로운 미래를 만들고 있다. 넓게 펼쳐진 초지 사이를 걸으며 주변 일대를 내려다보는 멋진 풍경에 발걸음이 신 난다. 이곳으로 올라가는 지그재그 형태의 대각선 계단이 유명하며, 늦가

을 은빛 꽃을 피우는 억새밭이 아름답다. 노을공원은 이름 그대로 아름다운 노을로 유명한 곳이다. 난지천공원은 공원 위쪽에 위치하고 있는데 난지천을 따라 만들어진 평지 공원으로 산책로, 잔디광장, 놀이터 등 가족 단위의 이용객이 편안하게 놀다 갈 수 있는 시설이 마련되어 있다. 월드컵경기장 안에는 극장을 비롯해 대형마트와 쇼핑센터가 입주해 있어 공원에 들렀다 영화도 한 편 보고 쇼핑도 할 수 있어 일석삼조의 나들이를 즐길 수 있다. 또 경기나 행사가 없는 날에는 월드컵경기장 견학이 가능하다. 2002년 한·일월드컵을 기념하는 전시관이 있다.

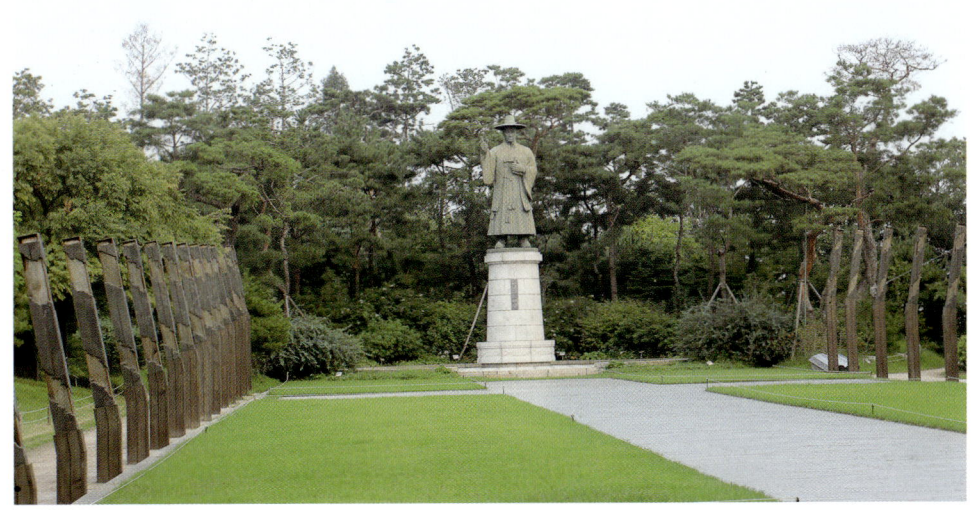

절두산 순교성지와 양화진 외국인 선교사 묘원 믿음의 성지

위치 | 성지 서울특별시 마포구 합정동 96-1(토정로 6)
　　　 묘원 서울특별시 마포구 합정동 11(양화진길 46)
운영시간 | 성지 09:30~17:00, 매주 월요일 휴관,
　　　　　 묘원 10:00~17:00, 매주 일요일 휴관

▶ MINI DATA
| 입장료 | 없음　　주차 | 가능　　분류 | 역사, 문화유적

절두산 순교성지는 구교의 성지로, 양화진 외국인 선교사 묘원은 신교의 성지로 한강변을 따라 이웃하고 있다. 조선시대에 절두산과 양화진 일대, 양화나루터는 조세곡물을 실은 수송선이 드나들던 곳으로 한강나루, 삼전도나루와 더불어 조선의 3대 나루 중 하나로 중요한 역할을 담당하던 곳이다. 한강변을 곁에 두고 있는 낮은 언덕인 절두산의 원래 이름은 누에가 머리를 치켜들고 있는 모습을 닮았다 해서 잠두봉으로, 1866년 병인양요 때 대원군이 1만여 명의 천주교도들을 잡아다 처형하면서 이후 절두산이라 불리게 되었다. 천주교회는 1967년 이 자리에 순교성지를 조성해 그리스도의 박애정신과 목숨을 걸고 지킨 천주교도들의 신앙심을 기리고 있다. 기념관에는 천주교 회사와 관련한 다양한 유물이 전시되어 있으며, 기념성당 지하에는 순교자 28위의 유해를 모시고 있어 외국인 관광객의 발길도 끊이지 않는다. 야외에는 우리나라 최초의 사제인 김대건 신부의 동상과 절두산에서 처형된 첫 순교자 가족이었던 이의송과 그의 처 김엣분, 아들 봉익을 형상화한 기념상, 순교자 기념탑 등이 전시되어 있다. 양화진 외국인 선교사 묘원은 1890년 7월 제중원의 의사로 일했던 J.W.헤론이 최초로 묻히면서 조성되었다. 조선 후기와 일제 때 들어와 복음의 빛을 전하려 했던 외국인 선교사와 그의 가족들이 안장되어 있는 곳으로, 베델, 헐버트, 아펜젤러, 언더우드 등의 묘를 찾을 수 있다. 그들의 이름을 기리는 것은 작은 비석 하나가 전부이지만, 비석 글귀에는 이방인이었지만 조선 사람 이상으로 조선과 조선 민족을 사랑했던 그들의 마음이 담겨 있다. 양화진 홀은 이곳의 유래와 더불어 기독교 전래 과정과 노력을 알려주는 전시관으로 선교사들이 왜 조선을 찾았는지, 조선에서 어떠한 활동을 하였는지에 대한 질문에 답을 찾을 수 있게 도움을 준다.

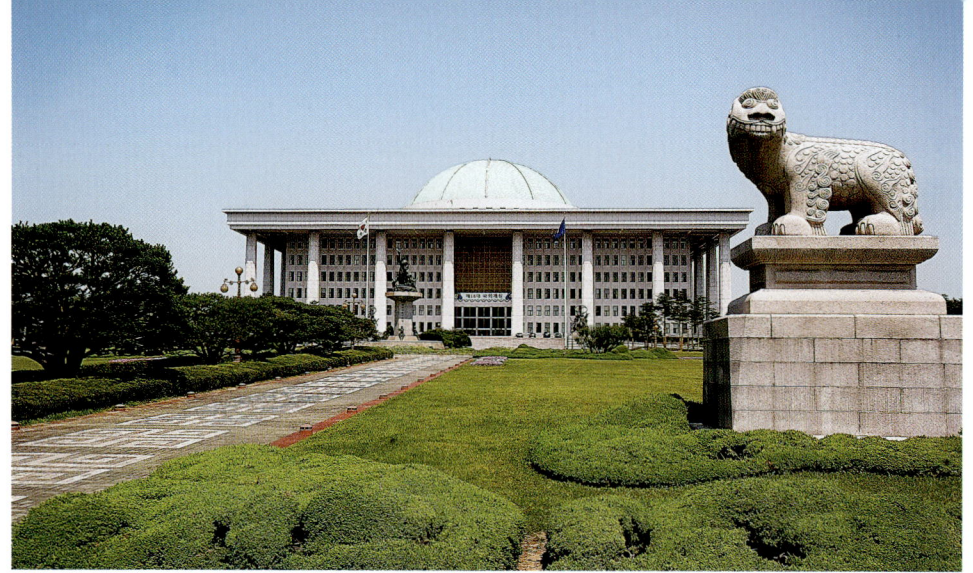

국회의사당과 헌정기념관 대한민국의 법이 만들어지는 곳

위치 | 서울특별시 영등포구 여의도동 1
　　　 서울특별시 영등포구 의사당대로 1
운영시간 | 09:00~18:00, 토요일 09:00~17:00,
　　　　　 매주 일요일/국회개원기념일(5월 31일) 휴관

▶ MINI DATA
| 입장료 | 없음　　　 주차 | 가능　　　 분류 | 전시, 체험시설

국민을 대표하는 입법기관, 국회이다. 법을 만들고 정부의 예산을 승인하며 정부의 활동을 감시·감독하는 역할을 하는 곳으로 각 지역구에서 선출된 대표와 비례대표를 합쳐 약 300여 명의 국회의원과 보좌진, 국회사무처 직원들이 일하는 곳이다. 우리가 국회라고 알고 있는 둥그런 지붕을 가진 커다란 건물은 국회의사당 건물로 본회의가 열리는 등 주요한 결정이 이루어지는 곳이다. 해방 후에 중앙청 한 층을 국회로 사용하기도 했으며 극장이었던 부민관을 국회로 사용하기도 하다 1975년 이곳 여의도에 건물을 새로 지어 옮겨 왔다. 국회의사당 외에도 의원회관을 비롯하여 국회도서관과 헌정기념관 등이 있으며 일반에게 개방하고 있다. 예약을 통해 국회 관람이 가능한데 회기가 열리는 경우를 제외하고는 국회의사당 본회의장을 비롯한 국회의 주요 시설을 직원의 설명을 들으며 관람할 수 있다. 헌정기념관은 대한민국 헌법이 만들어지고 수정된 과정과 내용을 전시하고 있는 기념관으로 근대국가의 근간이라 할 수 있는 헌법체계에 대하여 배울 수 있다. 특히 우리나라의 경우 제헌헌법이 만들어진 이래 9차례의 개헌이 이루어지는데 대부분이 권력 연장 등의 정치적인 목적을 위해 이루어진 것이라 현대사를 헌법의 변화과정과 연계해 살펴보는 것도 현대사를 이해하는 하나의 방법이라 하겠다.

→ 한강 여의도 벚꽃축제

매년 4월 초가 되면 여의도 일대 왕벚나무 가지 끝마다 하얀 벚꽃이 만개한다. 여의도 전체가 벚꽃의 하얀색으로 물들지만, 국회를 뒤로 돌아가는 여의도 서쪽순환로는 여의도 벚꽃길 중 최고로 손꼽힌다. 사람 많아 붐빈다면 국회 안으로 들어가 보자. 조금 더 여유롭게 벚꽃을 즐길 수 있다.
문의 | 02-2670-3114(영등포구청)

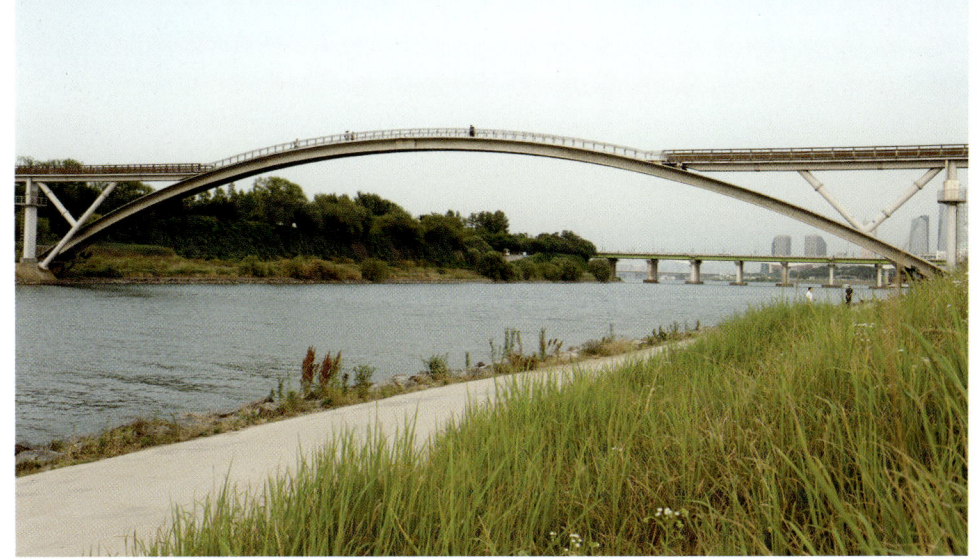

선유도공원

시멘트 사이로 피어나는 꽃

위치 | 서울특별시 영등포구 양화동 95
　　　 서울특별시 영등포구 선유로 343
운영시간 | 06:00~24:00, 연중무휴

▶ MINI DATA
| 입장료 | 없음　　주차 | 가능　　분류 | 공원

과거 선유정수장 건물을 자연과 공유할 수 있도록 최소한으로 개조한 후 문을 연 우리나라 최초의 환경재생 생태공원이다. 선유봉이라는 작은 언덕이 있어 신선들이 유람하며 즐겼다는 한강 위의 작은 섬 선유도는 이제 색다른 서울의 명물로 자리매김하였다. 한강시민공원 양화지구에서 10분 정도 산책로를 따라 걸으면 선유도를 만날 수 있다. 가장 먼저 맞이하는 조형물은 700m 길이의 무지개다리인 선유교이다. 나무로만 만들어진 보행전용 다리로 프랑스와의 공동건설로 만들어져 한강둔치와 공원을 잇는다. 11ha의 공원 내부는 크게 산책로와 정원 공간으로 나뉜다. 선유도 둘레를 따라가는 산책로는 제법 굵은 가로수가 그늘을 만드는 호젓한 길이다. 한강을 한강 안에서 바라보는 이색적인 장소라 할 수 있다. 서울의 야경을 볼 수 있는 저녁 시간이면 더욱 아름답다. 정원 공간은 한강역사관을 중심으로 시간의 정원과 수생식물원이 자리 잡은 선유도공원의 중심 지역이다. 옛 정수장 구조물의 콘크리트 기둥을 따라 자라나는 넝쿨식물이 녹색의 기둥을 만드는 역사관은 송수 펌프 건물을 이용하여 한강의 생태와 문화유적, 한강관리의 역사를 찾아보는 곳이고, 침전지 건물의 외벽을 살린 시간의 정원은 거친 인공의 외벽을 따라 마음껏 자라는 식물들의 모습이 아름다워 누구나 사진에 담고 싶은 마음을 갖게 만든다. 수변 식물들이 자라나는 수생식물원 등 선유도공원의 자연을 조금 더 자세히 알고 싶다면 주말에 진행하는 안내프로그램을 이용하자.

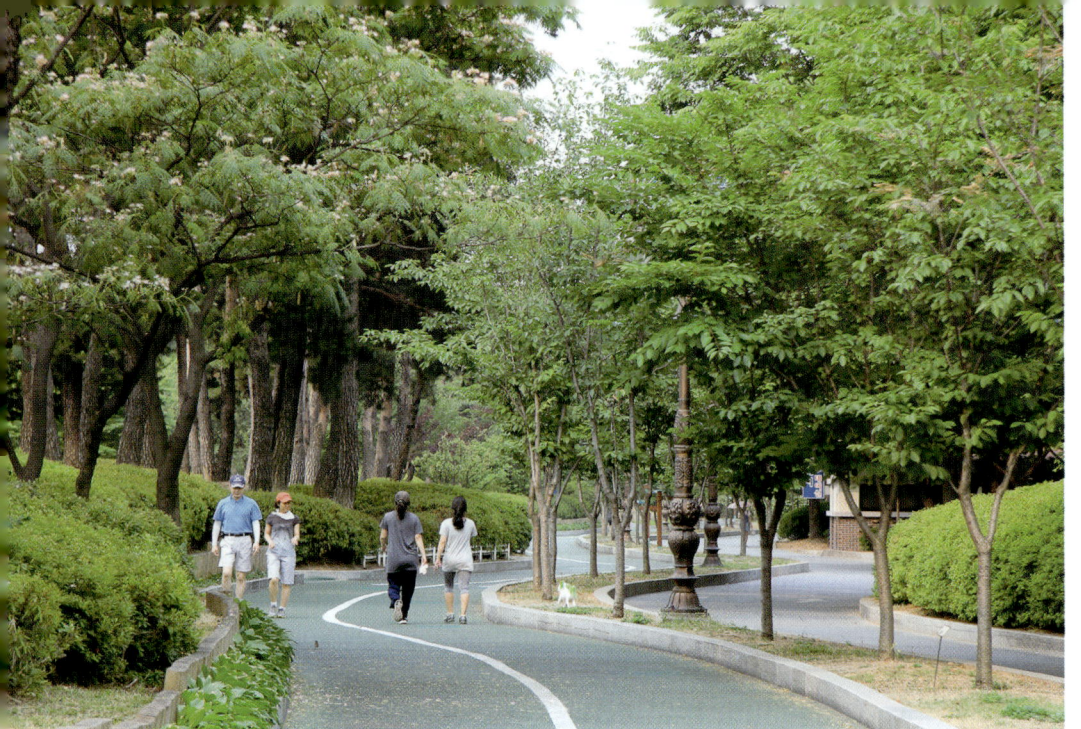

여의도공원 광장에서 공원으로

위치 | 서울특별시 영등포구 여의도동 8
　　　서울특별시 영등포구 여의동로 330
운영시간 | 종일, 연중무휴

▶ MINI DATA
| 입장료 | 없음　　주차 | 가능　　분류 | 공원

여의도광장은 처음 만들어진 후 공항으로 잠시 사용되기도 했고 대규모의 집회가 있을 때 많은 사람들이 모였던 곳으로 주말에는 자전거나 스케이트를 타는 사람들로 붐볐던 곳이었다. 국회를 세우면서 여의도를 개발하게 되는데 이곳 광장도 1972년부터 시작된 개발계획에 따라 만들어졌다. 처음에는 '혁명'이라 불리던 5·16을 기념해 '5·16광장'이라 이름 붙였던 적이 있으니 지나간 역사의 한 부분이다. 90년대 들어 대규모의 광장보다는 시민들이 보다 편안히 휴식을 취할 수 있는 공원이 필요하다는 여론에 따라 이곳을 공원으로 조성하여 1999년에 개장하였다. 기다란 게양대에 걸린 커다란 태극기를 공원의 중앙으로 사방 어디서든지 볼 수 있다. 이를 중앙에 두고 좌우로 다람쥐 등 야생동물의 보금자리인 자연생태 숲과 생태연못, 우리나라에서 자라는 나무들로만 가꾸어 놓은 한국 전통의 숲과 그 안 연못인 지당을 볼 수 있고 자전거, 인라인 등 운동을 즐기는 사람들로 붐비는 야외무대, 여유로움이 돋보이는 잔디마당 등 각 구역별로 아기자기하게 꾸며져 있다. 공원 외곽을 따라 이어지는 산책로와 곳곳에 만들어진 맨발 지압로도 많은 사람들이 오간다. 공원 옆으로 늘어서 있는 커다란 빌딩을 바라보면 여기가 도심지 한가운데구나 생각하게 되지만, 그래도 넓은 공원 안에 여유로움이 가득해 마음까지 편안해진다.

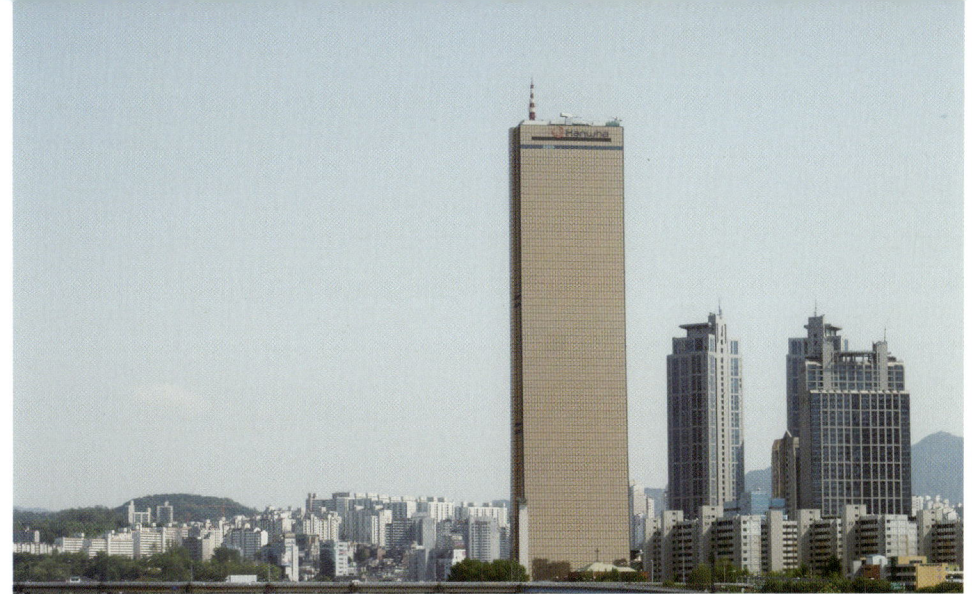

Photo by **hangidan**

63스퀘어 서울 최고의 전망대

| 위치 | 서울특별시 영등포구 여의도동 60
　　　서울특별시 영등포구 63로 50
운영시간 | 10:00~22:00, 전시교체기간 휴무

▶ MINI DATA
| 입장료 | 있음　　주차 | 가능　　분류 | 전시, 체험시설

지하 3층, 지상 60층을 합쳐 63층에 이르는 건물로 우리나라에서 3번째로 높은, 서울에서 손꼽히는 관광명소이다. 전망대와 수족관, 아이맥스 영화관을 비롯해 다양한 종류의 레스토랑이 있어 관광객들로 붐빈다. '63 씨월드'에는 다양한 해양생물을 키우고 있는 80개의 수족관과 파충류 전시관, 이벤트 전시관이 있으며 '63 아이맥스 영화관'은 국제 규격을 갖춘 국내 최초의 아이맥스 영화관으로 실감 나는 3차원 영화를 감상할 수 있다. 특히 '63 전망대'는 63빌딩 최고의 명소로 60층, 해발 264m 높이를 자랑한다. 한강과 서울 시내 전역이 한눈에 들어오고 관악산과 남산 북한산을 조망하며 노을과 함께 물들어 가는 서해 바다를 감상할 수 있다. 초고속 전망 엘리베이터를 타는 것도 독특한 경험이다.

→ KBS, 방송의 역사

KBS는 한국방송공사(Korean Broadcasting System) 영문 약자 표기이다. 1976년 남산에서 여의도로 이전한 방송국은 1988년 서울올림픽의 주관방송을 진행하며 프레스센터, 전문 공연장인 KBS 홀 등이 세워져 현재의 거대한 모습을 갖추었다. 본관 건물의 계단을 따라 자리하는 견학홀은 방송의 역사와 여러 방송장비들을 살펴보고 라디오 방송 등 스튜디오의 모습도 엿볼 수 있는 방송 체험 홍보관이다. 방송국의 앵커가 되어보는 앵커코너와 입체영상을 감상하는 입체체험관 등의 시설이 방문하는 어린이들의 호기심을 일으킨다.
문의 | 02-781-2224(견학홀)
홈페이지 | http://www.kbs.co.kr

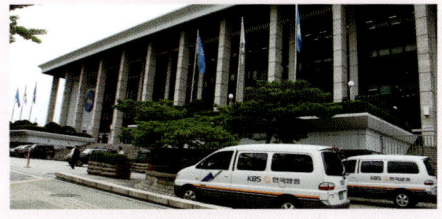

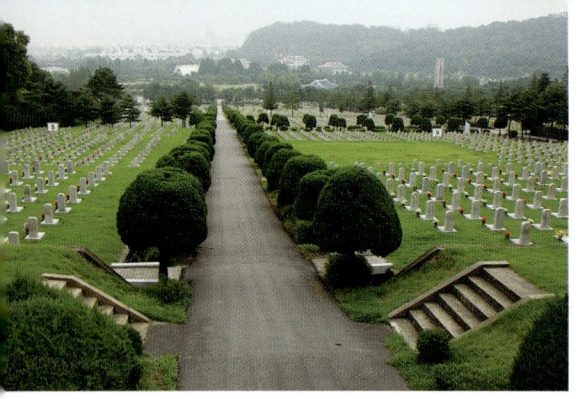
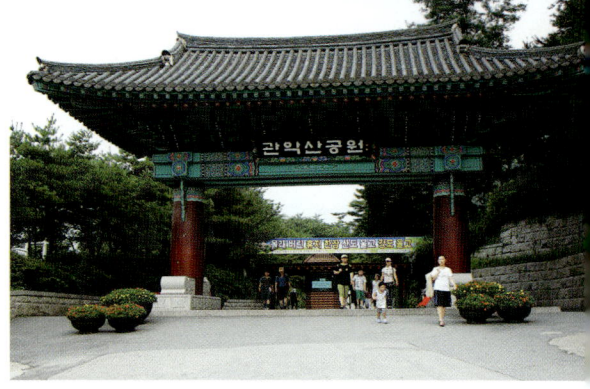

국립서울현충원

나라를 위해 목숨을 바친 영혼이 잠든 곳

| 위치 | 서울특별시 동작구 동작동 산 41-2
　　　서울특별시 동작구 현충로 210
운영시간 | 06:00~18:00, 11~2월 토요일 휴관

▶ MINI DATA
| 입장료 | 없음　　주차 | 가능　　분류 | 역사, 문화유적

나라를 위해 목숨을 바친 애국 지사와 국가 유공자 등 호국영혼들을 모신 국립묘지이다. 원래는 6·25전쟁으로 목숨을 잃은 군인들을 모신 국군 묘지로 1955년에 만들어졌다. 1965년 국립묘지로 승격되었다가 1996년 국립현충원으로 이름이 바뀌었다. 뒤로는 관악산 줄기가, 앞으로는 시원스레 한강 물줄기가 흘러가는 곳에 자리 잡은 국립현충원 안에는 5만 4,000여 위의 묘가 있으며 10만 4,000의 순국영령들의 위패가 위패 봉안관에, 7,000여 무명용사는 납골당에 모셔져 있다. 경내는 현충탑, 현충문, 충성 분수대, 현충관, 유품 전시관, 공원 등으로 꾸며져 있고 매년 6월 6일 현충일에 기념식이 열린다. 묘지이기는 하지만 공원처럼 잘 꾸며져 있어 산책하기에 좋으며 애국심을 고취시키기 위해 견학을 오는 학생 단체들도 자주 볼 수 있다. 봄이면 벚꽃 명소로 인근 주민들이 많이 찾는 장소이기도 하다.

관악산

깊은 산으로 이어가는 길

| 위치 | 서울특별시 관악구, 경기도 안양시, 과천시 일대
운영시간 | 종일, 연중무휴

▶ MINI DATA
| 입장료 | 없음　　주차 | 가능　　분류 | 산, 계곡, 동굴

서울시와 경기도 과천시, 안양시에 걸쳐 이어지는 관악산은 해발 629m로 높지는 않으나 바위가 많고 산세가 험해 예로부터 개성의 송악산, 파주의 감악산, 포천의 운악산, 가평의 화악산과 함께 경기 5악(五岳)이라 불렸다. 산 이름에 '악(岳)'자가 들어가면 산세가 험한 곳으로 볼 수 있다. 대중교통으로도 접근이 용이해 휴일이면 많은 등산객들로 붐비는데 서울의 신림동에서 오르는 코스가 일반적이고 그보다 경사가 완만한 편인 사당동 코스도 많이 찾는다. 1시간 반 정도의 산행을 하면 관악산의 최고봉인 연주봉을 만날 수 있는데 연주봉에 자리 잡은 연주암은 태조 이성계가 서울을 도읍으로 정하며 서울의 화기를 잡기 위해 바로 아래의 원각사와 함께 지은 것으로 알려져 있다. 산의 규모는 크지 않으나 곳곳에 서 있는 암봉들을 감상하며 산행을 즐기고 정상에 오르면 서울시내와 경기 남부 지역을 시원하게 조망할 수 있어 하루 산행 코스로 좋다.

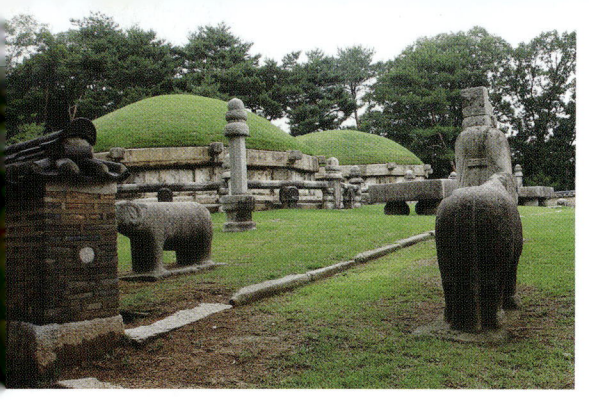

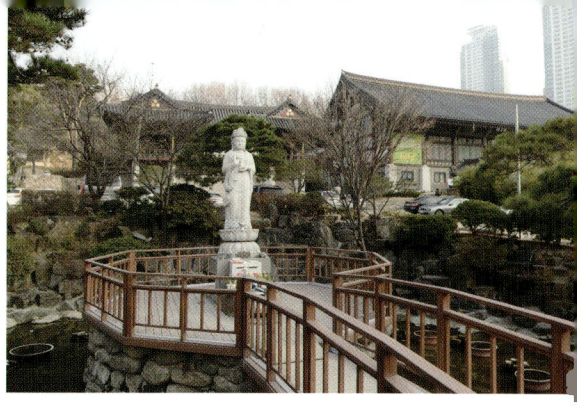

헌인릉

헌릉과 인릉을 함께 둘러보자

| 위치 | 서울특별시 서초구 내곡동 산13-1
　 　 서울특별시 서초구 헌인릉길 36-10
| 운영시간 | 11~1월 09:00~17:30, 2~5월/9~10월 09:00~
　 　 18:00, 6~8월 09:00~18:30, 매주 월요일 휴관

▶ MINI DATA

| 입장료 | 있음　 주차 | 가능　 분류 | 역사, 문화유적

헌인릉은 조선 제3대 임금인 태종과 왕비 원경왕후의 능인 헌릉과 제23대 순조와 왕비 순원왕후 능을 합쳐 이름 붙인 곳이다. 서울시에서 생태경관보전지역으로 지정한 우거진 숲 속의 잘 꾸며진 산책로를 따라 대모산 자락을 오르면 인릉을 먼저 만나고 그 다음 헌릉을 만나게 된다. 인릉은 순조와 순원왕후의 합장묘로 능을 지키고 있는 무인석과 문인석의 조각이 섬세하고 아름다우며 재실도 관람할 수 있다. 태종이 살아 생전에 가뭄이 심하여 '죽어서라도 비를 내리도록 하겠다'는 말을 했다고 전해지는데 그래서인지 헌릉에는 아름다운 오리나무 숲에 둘러싸인 습지가 있다. 400년 이상의 시간차를 두고 조성된 왕릉이라 조선 초기와 후기의 왕릉 양식을 한 곳에서 비교해 볼 수 있으며 매주 토요일마다 왕릉지킴이의 친절한 안내를 받으며 돌아볼 수 있어 역사기행을 겸한 나들이 코스로 인기다. 음력 설에는 전통 민속놀이마당이 열리며 전주 이씨 대동 종약원에서 해마다 제례를 올리는데 이때 일반인의 관람도 허용된다.

봉은사

도심 속의 천 년 고찰

| 위치 | 서울특별시 강남구 삼성동 73
　 　 서울특별시 강남구 봉은사로 531
| 운영시간 | 종일, 연중무휴

▶ MINI DATA

| 입장료 | 없음　 주차 | 가능　 분류 | 불교유적

신라 원성왕 10년(794년)에 연희국사가 창건한 사찰로 원래 이름은 견성사(見性寺)로 선릉 자리에 있던 것을 조선 명종 때 현재의 자리로 옮겨 오고부터 봉은사로 불렸다. 도심 한가운데 자리한 사찰이지만 대웅전을 비롯해 법왕루, 천왕문, 일주문 등을 제대로 갖추고 있는 고찰이며 특히 서울시 유형문화재 제64호로 지정된 선불당은 조선 중기 이후 승려가 되기 위해 치러졌던 시험인 승과가 시행되던 곳으로, 서산대사와 사명대사도 이곳에서 배출되었다. 추사 김정희가 쓴 현판으로도 유명한 판전에는 화엄경, 금강경 등 불교 경판 3,479판이 보관되어 있으며 대웅전의 석가모니불좌상, 천왕문의 사천왕상 등 여러 유형문화재와 위패, 범종, 산신도, 독성도 등의 문화재를 보유하고 있다. 1박 2일간의 템플스테이를 체험할 수도 있어 우리나라를 찾은 외국 여행객들의 발길이 잦으며 도심 속 휴식 공간으로 지친 마음을 쉬어가기에 좋다.

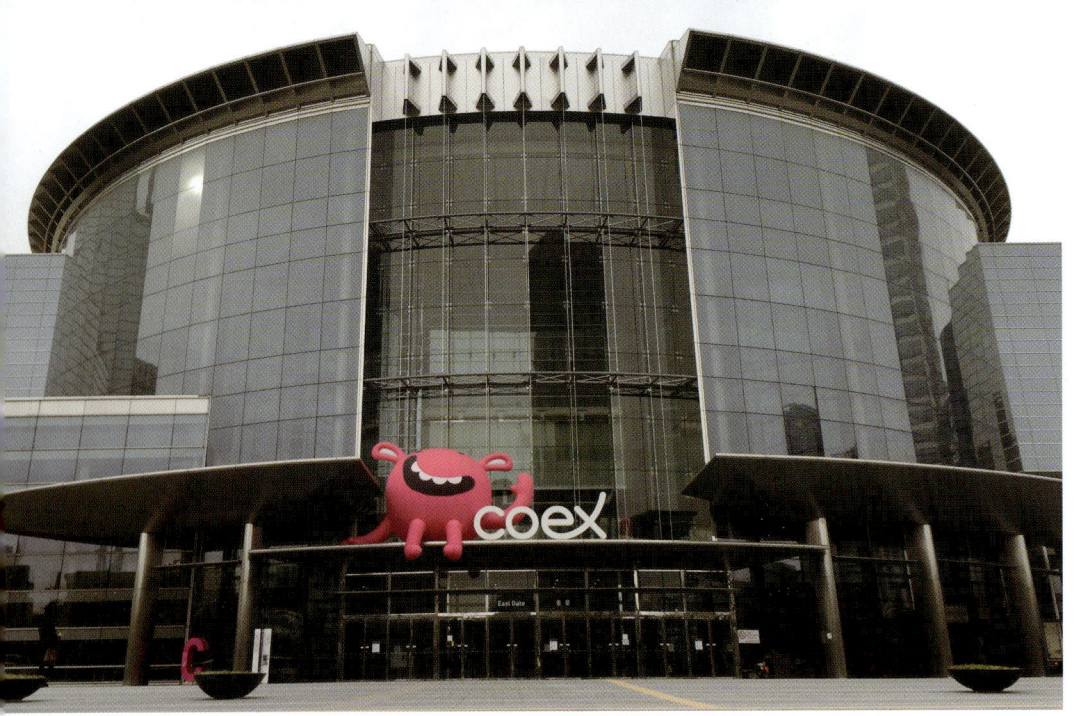

코엑스몰 문화와 예술, 비즈니스가 공존하는 열린 문화광장

위치 | 서울특별시 강남구 삼성동 159
　　　서울특별시 강남구 영동대로 513
운영시간 | 10:30~22:00, 연중무휴(일부 매장 제외)

▶ MINI DATA
입장료 | 없음　　주차 | 가능　　분류 | 거리, 시장

전체면적 119km²(3만 6,000평)의 거대한 지하세상인 코엑스몰(COEX, Convention & Exhibition Mall), 서울을 대표하는 명소 중 하나다. 잠실주경기장의 15배에 달하는 공간에 크고 작은 260여 개의 다양한 점포가 들어선 코엑스몰은 2000년 건립된 아시아 최대의 지하공간이다. 음식점에서부터 영화관, 은행, 병원, 서점 등 모든 생활의 요소들이 쾌적한 환경을 따라 위치하는 새로운 개념의 공간구성이다. 구성의 특징은 물의 흐름을 기본 개념으로 하는 단순함에 있다. 지하철 삼성역에서 북쪽 출구에 이르는 축을 중심으로 산마루, 수풀, 계곡 등 총 8곳의 구역으로 나뉘는 내부는 각각의 특색을 가지며 자연스럽게 어우러진

다. 총 16개의 개봉관을 가진 멀티플렉스 극장인 메가박스는 최신 시설의 실내와 음향시설로 아시아 최대 관객을 자랑하는 극장이다. 대규모 수족관인 아쿠아리움은 500여 종 4만여 바다생물이 살아가는 물의 세상이다. 움직이는 터널을 지나며 16km² 규모의 초대형 수족관에서 살고 있는 상어 등의 물고기를 관람할 수 있다. 이외에도 대형 서점과 음반 매장, 아트숍 등 다양한 쇼핑공간이 자리하고 있다. 수많은 볼거리와 쇼핑 공간 사이로 쉼터처럼 자리 잡는 맛집들은 가벼운 스낵에서 고급 음식까지 다양함과 깔끔한 맛으로 지하세계 여행을 더욱 즐겁게 한다.

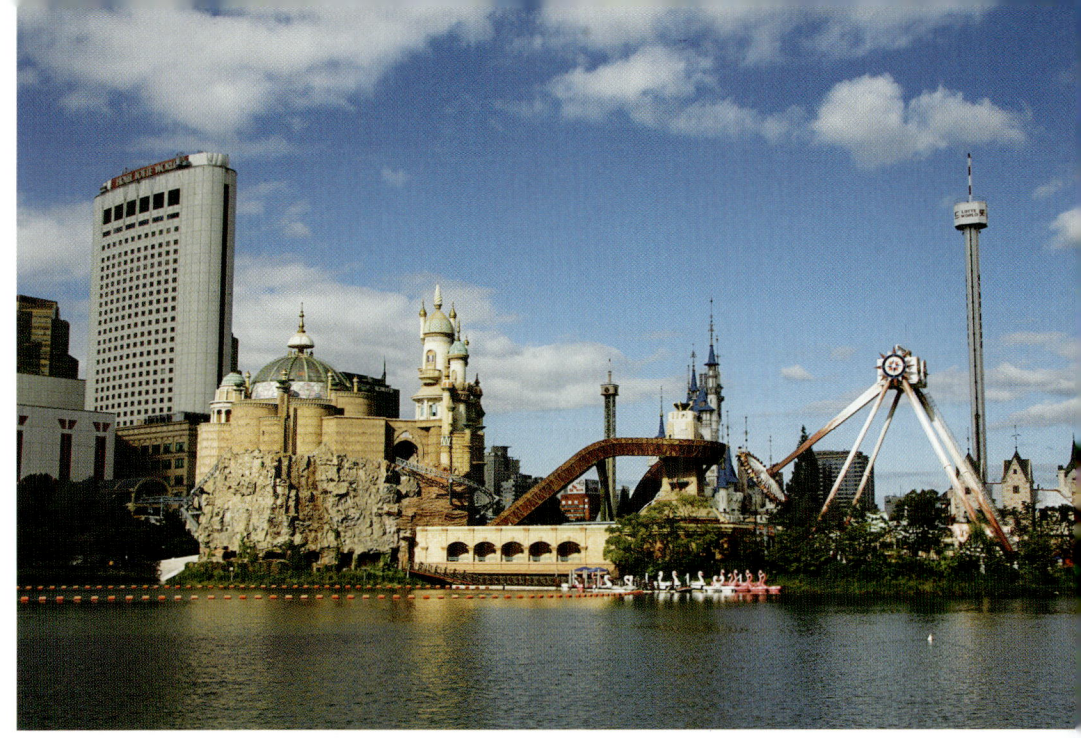

롯데월드 365일 신나는 놀이 공간

| 위치 | 서울특별시 송파구 잠실동 40-1
    서울특별시 송파구 올림픽로 240
| 운영시간 | 09:30~23:00, 연중무휴

▶ MINI DATA
| 입장료 | 있음   주차 | 가능   분류 | 공원

실내 놀이공원인 롯데월드 어드벤처와 야외 테마 놀이공원인 매직 아일랜드, 민속박물관, 수영장, 실내 아이스링크 및 호텔, 백화점으로 이루어진 복합 공간으로 1989년 문을 열었다. 롯데월드 어드벤처는 최첨단의 놀이 시설과 볼거리 풍성한 퍼레이드와 공연, 레이저쇼 등을 즐길 수 있는 실내 테마파크다. 총 4개 층으로 구성되어 있는데 '스페인 해적선', '신밧드의 모험', '후룸라이드', '후렌치 레볼루션' 등의 탑승 놀이기구와 '다이나믹 시어터', '마술극장', '4D 입체영화관' 등의 관람시설이 있으며, 시기별로 주제를 달리해 가면 무도회, 리우 삼바 카니발, 해피 할로윈, 크리스마스 축제 등의 퍼레이드와 귀여운 캐릭터들의 거리공연, 뮤지컬쇼, 록 밴드 공연 등이 펼쳐진다. 연결되어 있는 야외 놀이공원인 매직 아일랜드는 석촌호수를 끼고 있어 시원한 전망과 함께 놀이시설을 즐길 수 있는데 '자이로 드롭', '번지 드롭', '혜성특급', '고공 파도타기' 등 스릴 넘치는 놀이기구로 구성되어 있다. 민속 박물관은 남녀노소 누구나 우리 민족의 역사와 전통 문화를 모형을 통해 알아보는 공간이고, 실내 아이스링크에서는 1년 365일 스케이트를 탈 수 있어 여름철 독특한 피서지로 각광 받고 있다. 호텔롯데 잠실점과 연결되어 있어 외국인들도 즐겨 찾으며 야간에도 문을 열어 젊은이들의 데이트 장소로도 인기다.

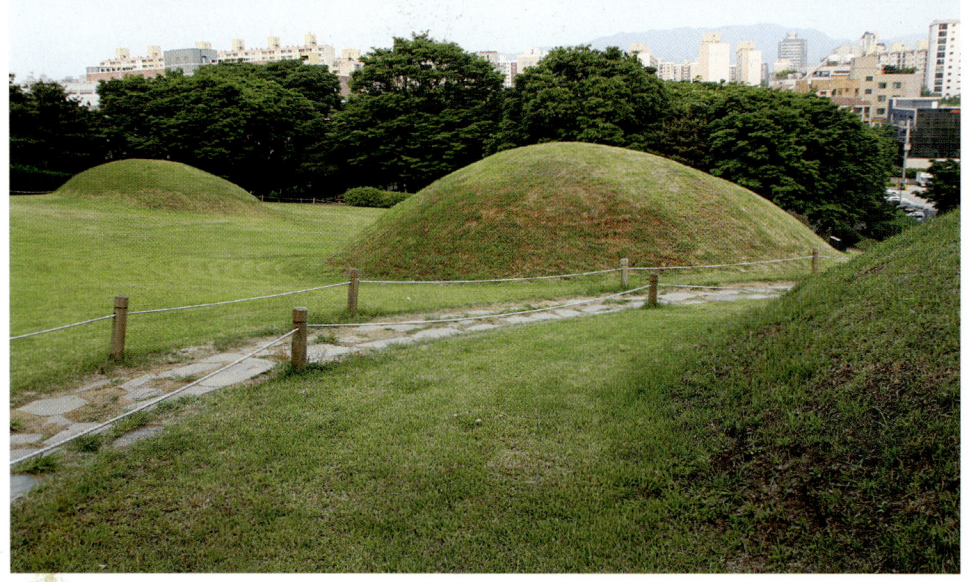

방이동 백제고분군 서울에서 만나는 백제의 흔적 1

| 위치 | 서울특별시 송파구 방이동 125
　　　　서울특별시 송파구 오금로 219
| 운영시간 | 종일, 연중무휴

▶ MINI DATA
| 입장료 | 없음　　주차 | 가능　　분류 | 역사, 문화유적

1971년 처음 조사를 시작해 1979년 사적 제270호로 지정된 방이동 백제고분군은 도굴로 인해 부장품이 남아 있지 않고 아치형의 고분 형태와 구조만 남아 있으나 주변 지역이 백제 초기의 도읍이 있던 자리이고 인근 몽촌토성과 풍납토성이 백제의 유적인 점으로 미루어 백제의 왕이나 상류층의 무덤일 것으로 추정된다. 농사를 짓는 마을 야산에 드문드문 남아 있어 '말무덤'이라 불리기도 했던 고분군 지역은 민간인의 것으로 추정되는 무덤 30여 기가 섞여 있었으며 석검의 파편, 백제시대의 토기 등도 발견되어 이 일대가 오래 전부터 선조들의 삶의 터전이었음을 알 수 있다. 총 8기로 이루어진 고분군 중 제1호분은 지름 2.3m, 높이 1.1m의 횡혈식 석실분으로 내부가 'ㄱ'자 형으로 이루어져 있으며 제6호분은 지름 10.6m, 높이 2.1m로 가운데 부분에 남북 방향의 장벽을 쌓아 쌍실로 이루어진 것이 독특하며 신라 후기

시대의 것으로 추정되는 소형 고배가 출토되기도 해 방이동고분군을 신라시대의 것이라 추정하기도 한다. 인근 석촌동고분군의 모습은 사각형의 돌무덤인데 비해 방이동고분군은 야트막한 언덕에 자리 잡은 둥그런 흙무덤으로 온화한 느낌을 받을 수 있으며 고분공원으로 조성되어 있어 가벼운 산책과 함께 고분군을 둘러볼 수 있다.

→ 삼전도비

방이동 백제고분군과 함께 삼전도비를 찾아보는 것도 좋겠다. 사적 제101호로 지정된 삼전도비는 인조 17년(1639년) 병자호란 때 청에 패배해 굴욕적인 강화협정을 맺고, 청 태조의 요구에 따라 그의 공덕을 적은 비석이다. 높이 3.95m, 폭 1.4m로 제목은 '대청황제공덕비(大淸皇帝功德碑)'로 되어 있다. 비석 앞면의 왼쪽에는 몽골 글자, 오른쪽에는 만주 글자, 뒷면에는 한자로 쓰여 있다.

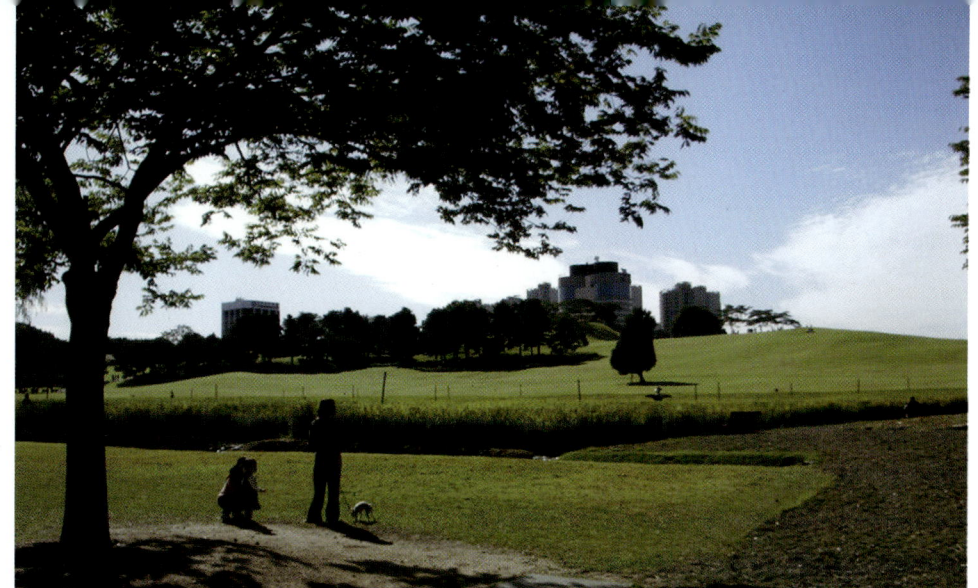

Photo by InSappoWeTrust

몽촌토성 서울에서 만나는 백제의 흔적 2

| 위치 | 서울특별시 송파구 방이동 88
　　　서울특별시 송파구 올림픽로 424
| 운영시간 | 06:00~22:00, 연중무휴

▶ MINI DATA
| 입장료 | 없음　　주차 | 가능　　분류 | 역사, 문화유적

올림픽공원 내에 위치한 몽촌토성은 약 2.7km 길이로 백제가 국가를 형성하는 시기인 3~4세기 사이에 축조한 것으로 추정하며 남한산성에서 뻗어 내린 구릉지의 지형을 이용해 외성과 내성의 이중구조로 축조한 독특한 성이다. 광주의 풍납리토성, 서울의 삼성동 토성과 연결된 위례성의 주성으로 추정되며 사적 제297호로 지정되어 있다. 진흙을 쌓아 성벽을 만들고 북쪽으로 목책을 세웠으며 그 외곽에 해자를 둘렀다. 해자는 성의 밖으로 물길을 내어 적의 공격으로부터 방어하는 역할을 해주는 것으로 현재는 연못으로 꾸며져 있어 평화롭고 아름다운 모습이다. 성을 따라 약 2.4km의 산책로가 꾸며져 있어 낮은 구릉들이 만들어내는 아름다운 선과 초록의 자연을 카메라에 담으려는 사람들이 즐겨 찾는 명소이기도 하다. 몽촌역사관은 한강 유역 일대에서 발굴된 백제 문화의 대표 유물들과 유적을 살펴볼 수 있는 곳이다. 한

성백제 시대의 움집 자리와 고분 모형, 몽촌토성에서 발굴된 각종 유물들이 전시되어 있으며 공주와 부여에서 출토된 각종 장신구, 일본에 있는 백제 유물들을 모형으로나마 감상할 수 있다. 백제 수혈지는 움집을 형상화한 건물 외관부터 재미있게 만들어져 있고 내부로 들어가면 복원해 놓은 주거지와 움집 터를 볼 수 있다. 서울 시민들에게 휴식 공간이 되어주는 올림픽공원과 더불어 백제의 역사와 문화를 한눈에 접할 수 있는 역사 나들이 코스로 추천한다.

→ 풍납토성

몽촌토성과 연결되어 있는 풍납토성은 역시 백제 초기에 축조된, 남북으로 긴 토성으로 길이가 약 4km에 이르지만 1925년의 대홍수와 현대에 들어와 주택 건축 등으로 인해 유실되고 약 2.7km 구간만이 남아 있다. 최근까지도 활발한 발굴이 이루어지고 있으며 많은 양의 유물이 출토되고 있다.

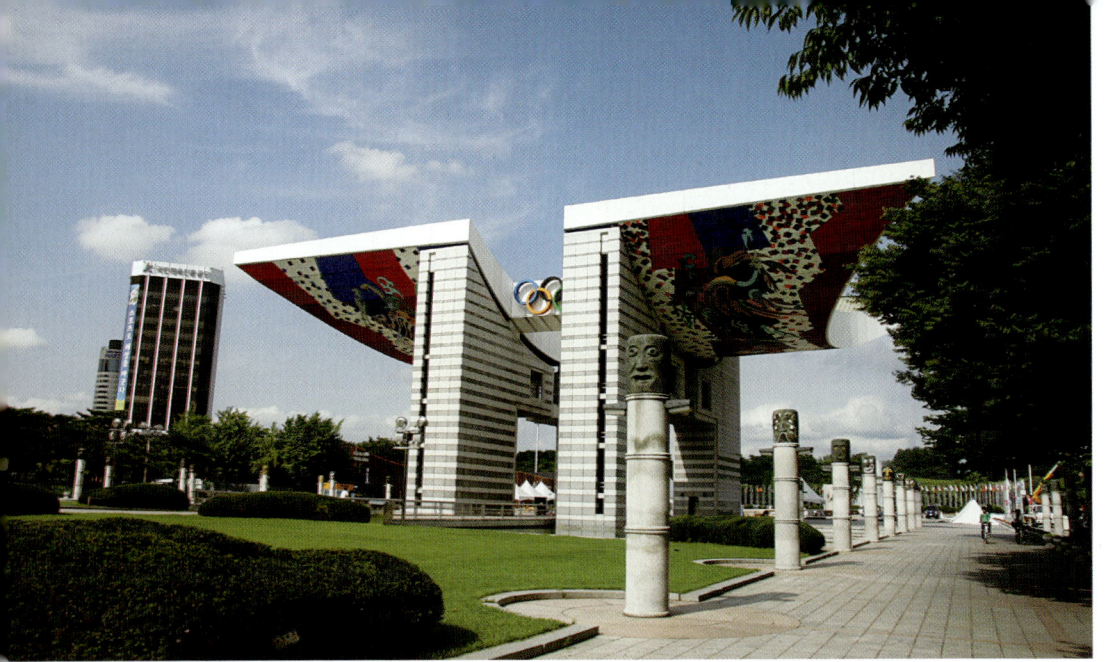

올림픽공원 세계의 평화를 기원하며

위치 | 서울특별시 송파구 방이동 88
　　　서울특별시 송파구 올림픽로 424
운영시간 | 05:00~22:00, 연중무휴

▶ MINI DATA
| 입장료 | 없음　주차 | 가능　분류 | 공원

몽촌토성의 발굴과 올림픽 보조경기장의 건설로 세워진 시민공원으로 역사 유적을 함께 돌아볼 수 있는 공원이다. 전통 한옥의 날렵한 처마선을 연상시키는 평화의 문을 지나 마주하는 호수는 몽촌토성 주변의 해자를 응용한 물의 정원으로 30m로 솟아오르는 음악분수와 올림픽을 기념하는 깃발로 치장하여 아름다운 사진을 남기는 경관으로 유명하다. 대형 야외 설치미술이 각기 나름의 개성을 가지고 자리한다. 전체 204개의 작품들은 세계 5대 규모의 야외조각공원을 구성하는 세계적 예술가들의 작품이다. 황토빛 세련된 모습을 자랑하는 소마미술관은 현대미술 작품 전시와 일반인의 미술교육을 진행하는 시민미술관이다. 잔디와 자생식물의 자연스러운 어울림으로 생태공원으로 거듭났고 공원 주변 산책로 길은 하루의 피로를 풀어주는 쉼터가 되고 있다. 경륜장, 체조경기장 등의 공원 내 실내체육관 시설을 지나 몽촌토성 역사관과 토성의 언덕을 한 바퀴 돌아가면 88올림픽의 추억을 간직하는 올림픽기념관이 있다. 세계 화합의 가장 큰 축제인 올림픽의 정신을 기념하고 그 유물들을 전시하는 기념관은 손기정 선수가 베를린올림픽에서 받은 그리스 전사의 투구에서부터 최근 올림픽의 상세한 기록까지 둘러볼 만한 자료들이 많다. 방대한 규모의 올림픽공원을 둘러보기 힘들다면 정문에서 출발하는 순환열차를 이용하는 것도 좋다.

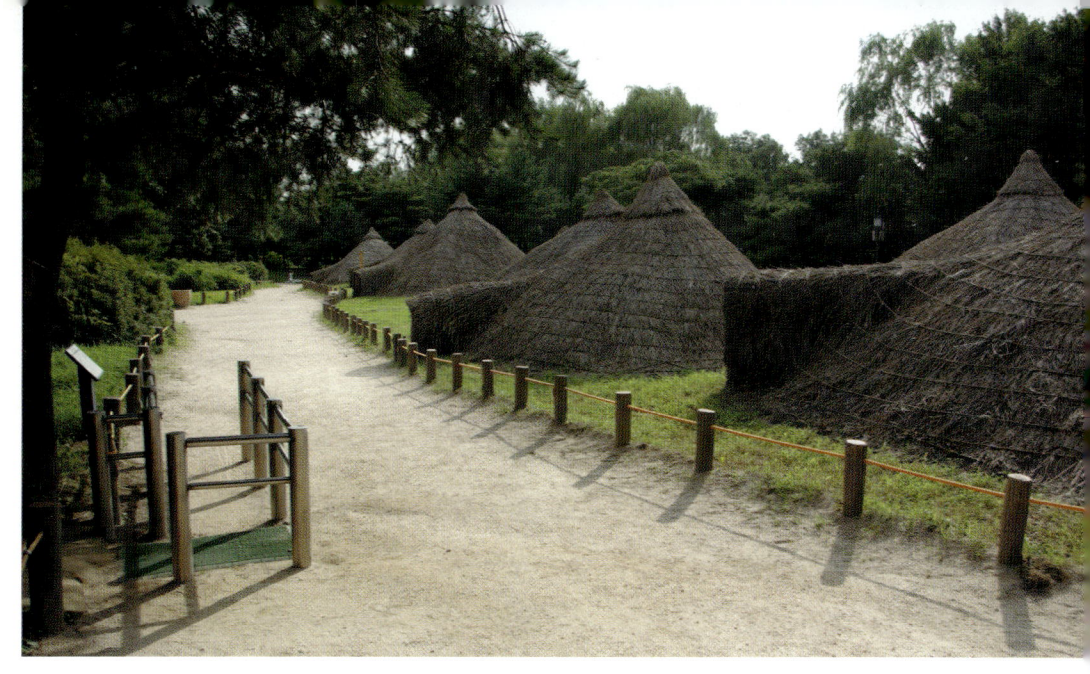

암사동 선사주거지 신석기시대 사람들은 어떻게 살았을까?

| **위치** | 서울특별시 강동구 암사동 139-2
서울특별시 강동구 올림픽로 875
| **운영시간** | 09:30~18:00, 매주 월요일 휴관

▶ MINI DATA
| **입장료** | 있음 　**주차** | 가능 　**분류** | 역사, 문화유적

'옛날 사람들은 어떤 집에서, 무엇을 먹으며, 어떻게 살았을까?' 궁금하다면 암사동 선사유적지로 가보자. 우리나라의 신석기시대를 대표하는 유적으로 수천 년 전 강가에 정착해 살았던 신석기인들의 삶을 살펴볼 수 있다. 기원전 5,000년을 전후한 유적지로, 신석기시대의 집 자리인 움집이 발굴되었고 신석기시대 표지유물인 빗살무늬토기가 대량으로 발견된 곳이다. 수천 년 전 신석기인들의 생활 터인 숲 안으로 들어서면 신석기시대의 집인 움집을 볼 수 있는데, 실제 발굴된 움집 터 위에다 지은 집이라 규모나 모양에서 실제라 생각해도 될 만큼 잘 복원해 놓았다. 체험움집이 있어 안으로 들어가볼 수 있는데 옷을 입고 있는 4명의 가족이 가운데 화덕에 불을 피우고 있으며 한쪽에는 빗살무늬토기에 곡식을 담아놓고, 위로

는 고기를 잡을 때 쓰는 그물을 걸어둔 풍경을 볼 수 있다. 특히 빗살무늬토기 아래가 왜 뾰족한지 궁금하다면 움집 안에서 그 사용법을 살펴보도록 하자. 신석기시대 전반에 관한 내용을 비롯해 이곳에서 발굴된 집 자리 터 모형을 만들어 보여주는 전시관이 있다. 얼마 전까지만 해도 전시내용이 조금 어려운 감이 있었으나 최근 전시내용을 쉽고 친근한 디자인으로 바꾸어 아이들뿐만 아니라 역사에 부담을 가지고 있는 어른들도 쉽게 이해할 수 있게 해놓았다. 주말에는 야외에서 미니 움집 만들기 체험을 진행하는데, 전문가의 도움을 받아 만들며 움집의 구조를 이해할 수 있어 교육적으로 도움이 된다.

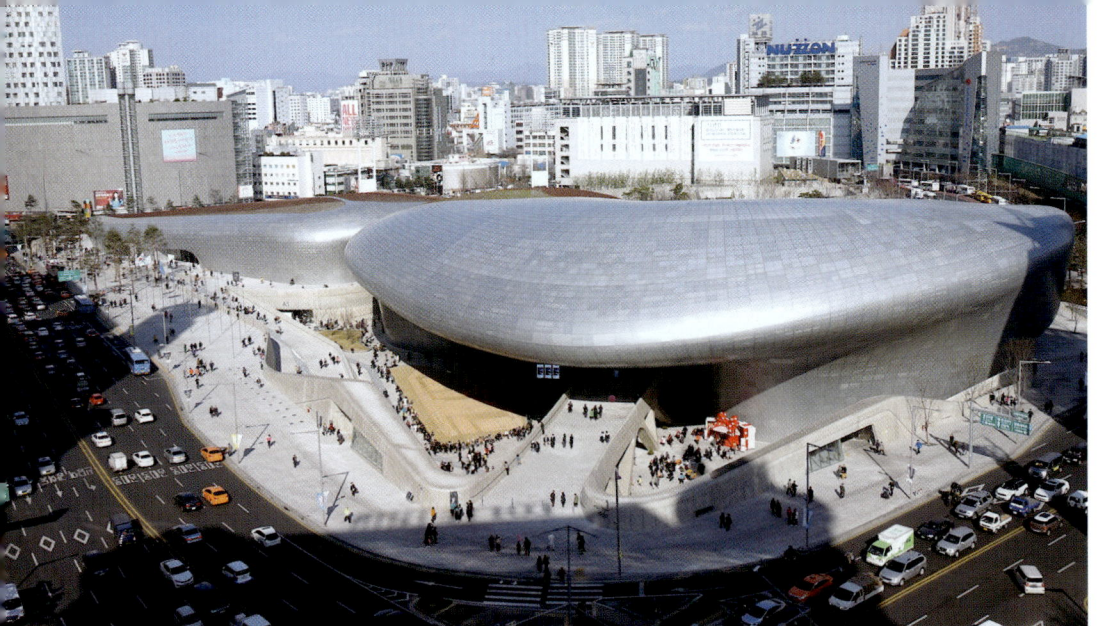

동대문디자인플라자 비대칭과 비정형의 디자인 공간

| 위치 | 서울특별시 중구 을지로7가 2-1
서울특별시 중구 을지로 281
| 운영시간 | 10:00~19:00(수/금요일 21시까지),
매주 월요일 휴무

▶ MINI DATA
| 입장료 | 있음   주차 | 가능   분류 | 전시, 체험시설

동대문디자인플라자(이하 DDP)는 동대문운동장 공원화와 지하공간 개발에 따른 상업 문화활동 추진, 디자인 산업 지원시설 건립 등 복합 문화공간을 목적으로 만들어진 건물이다. 주변은 두타, 밀리오레, APM 등의 대규모 패션상가와 약 35,000개의 점포, 10만 명의 디자인 관련 종사자가 밀집한 곳으로 서울 디자인·패션 산업의 명소이기도 하다. DDP는 세계적인 건축가 자하 하디드가 설계하였으며, 새벽부터 밤까지 쉴 새 없이 변화하고 움직이는 동대문의 역동성에 주목하여 서로 다투지 않고 물이 흘러가듯 이어진 3차원 비정형 건축물을 탄생시켰다. 내부는 일반적인 건물처럼 벽과 천장이 나눠지지 않고 지붕이 벽이 되기도 하고 벽이 지붕이 되기도 하는 유기적인 공간이다. 주요 공간으로 런칭쇼, 패션쇼, 시사회 등

을 하는 '알림1관', 세계 트렌드를 조명하고 한국의 디자인과 문화를 전시하는 '디자인 전시관'과 박물관, 도서관, 백화점을 융합하여 삶을 즐겁게 살리는 '살림터(Design Shop)' 등이 있고, 도시와 디자인이 하나로 어우러지는 '어울림광장'과 서울의 살아 있는 역사를 만날 수 있는 '동대문역사문화공원'이 외부에 있다. DDP를 더욱 다양하게 즐기고 싶다면 'DDP자유투어'를 해보자. 단체투어와 셀프투어를 선택할 수 있으며 소요시간은 평균 1시간 30분 정도이다. 도슨트는 화, 목요일에 하루 4차례, 수, 금요일에 하루 5차례 진행되며 주말과 공휴일에는 진행하지 않으니 참고하자.

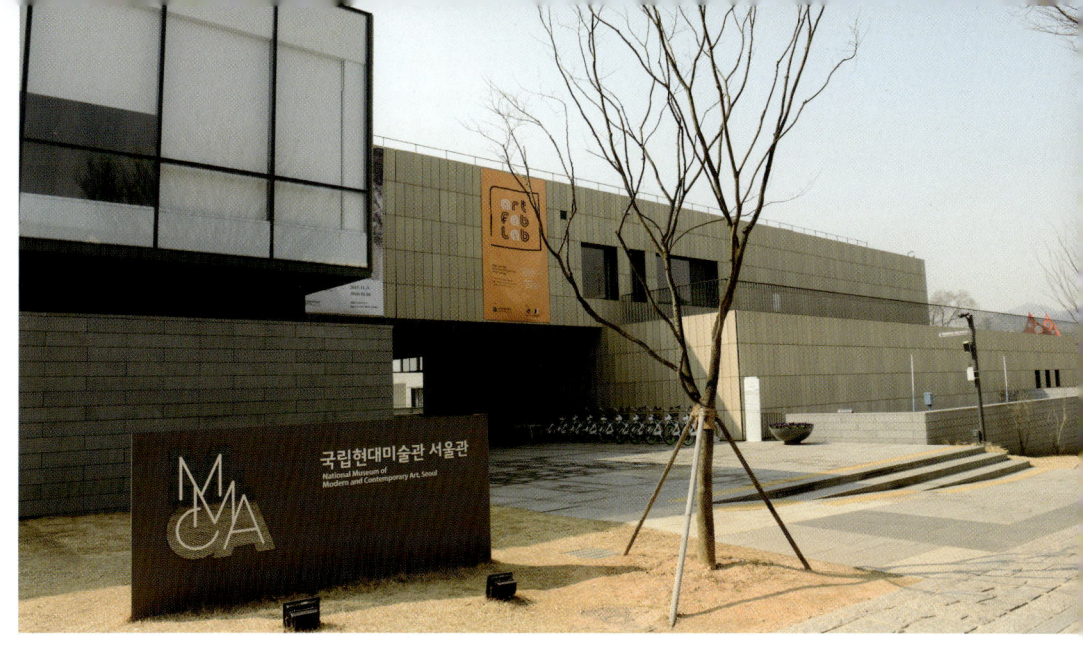

국립현대미술관(서울관) 현대미술을 가까운 곳에서 즐겨보자

| 위치 | 서울특별시 종로구 소격동 165
서울특별시 종로구 삼청로 30
| 운영시간 | 10:00~18:00(수/토요일 21시까지),
매주 월요일 휴무

▶ MINI DATA
| 입장료 | 있음　　주차 | 가능　　분류 | 박물관

2013년 개관한 국립현대미술관 서울관은 소격동, 삼청동, 북촌과의 도시사회학적인 맥락의 연계와 경복궁, 종친부 등 주변 문화재와의 어울림을 고려하여 설계되었다. 이곳은 건물 구조에 한국 전통 가옥의 '마당' 개념을 도입하여 공간의 내·외부를 유기적으로 연결한 도심 속 열린 공간으로 군부독재의 상징이었던 국군기무사령부 본관을 미술관의 일부로 활용하여 보존한 점도 인상적이다. 길이와 높이가 33미터인 '서울박스'와 가로 세로 24미터인 '전시마당'은 서울관의 핵심 공간인데 초대형 작품들의 전시를 고려하여 설계된 것이다. 독특하게 지하에 조성된 제2전시실~제7전시실에서는 동시대 가장 주목 받고 있는 미술품이 가득하며, 다원예술, 전시, 퍼포먼스, 교육 등 다채로운 문화예술 행사를 진행하는 '멀티프로젝트 홀'과 예술영화, 실험영화, 국제영화제 등 다양한 프로그램을 진행하는 'MMCA 필름앤비디오' 등이 있다. 1층에는 예술과 디자인을 현대인의 삶에 녹이고자 조성된 '갤러리 아트존'이 있고 지하에는 전시나 공연을 위한 공간 이외에도 카페, 푸드코트, 티하우스 오설록 등의 편의시설을 보유하고 있다.

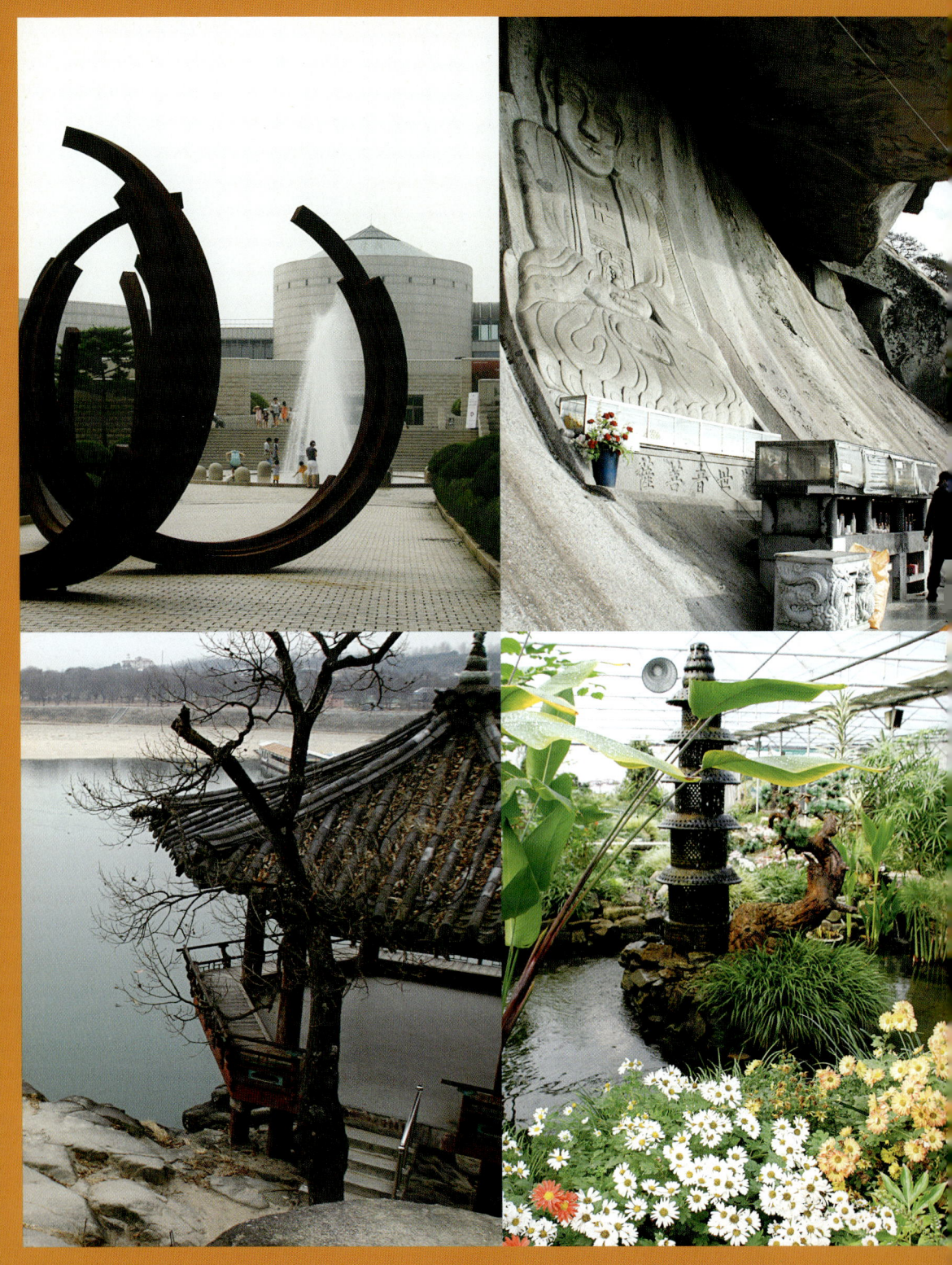

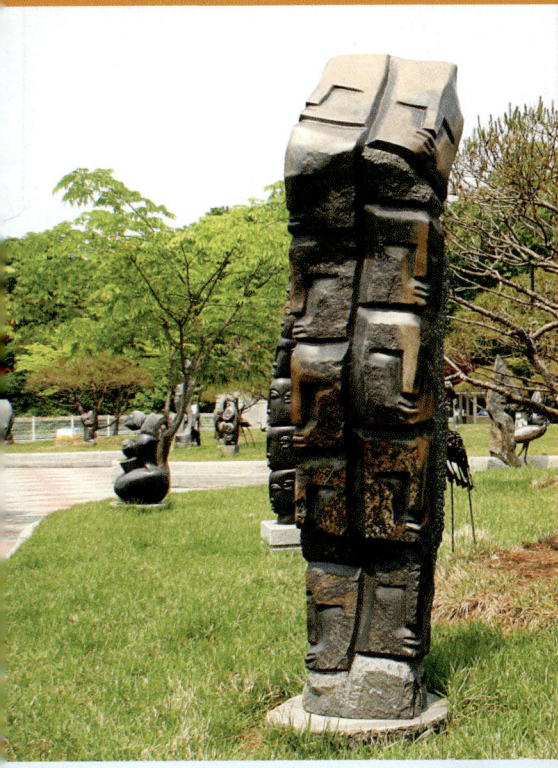

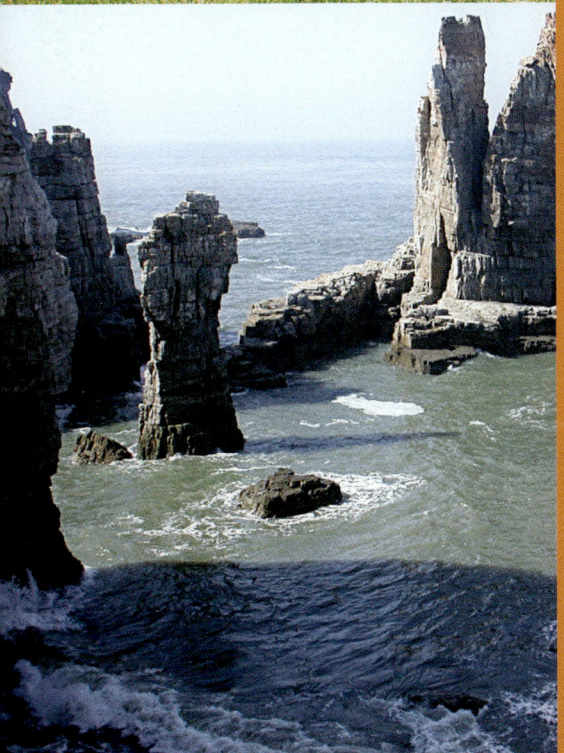

Part 2

• 경기권 •

경기도
수원시 · 성남시 · 안양시 · 부천시 · 동두천시 · 안산시 · 고양시 ·
과천시 · 구리시 · 남양주시 · 오산시 · 시흥시 · 의왕시 · 하남시 ·
용인시 · 파주시 · 이천시 · 안성시 · 김포시 · 화성시 · 광주시 ·
양주시 · 포천시 · 여주시 · 의정부시 · 광명시 · 평택시
가평군 · 양평군 · 연천군

인천광역시
중구 · 남동구 · 강화군 · 옹진군

🏛 행정구역 정보

행정구역	주소	대표번호	홈페이지
경기도	경기도 수원시 팔달구 효원로 1	031-120	http://www.gg.go.kr
수원시	경기도 수원시 팔달구 효원로 241	1899-3300	http://www.suwon.go.kr
성남시	경기도 성남시 중원구 성남대로 997	1577-3100	http://www.seongnam.go.kr
의정부시	경기도 의정부시 시민로 1	031-828-2114	http://www.ui4u.net
안양시	경기도 안양시 동안구 시민대로 235	031-8045-2114	http://www.anyang.go.kr
부천시	경기도 부천시 원미구 길주로 210	032-320-3000	http://www.bucheon.go.kr
광명시	경기도 광명시 시청로 20	1688-3399	http://www.gm.go.kr
평택시	경기도 평택시 경기대로 245	031-8024-5000	http://www.pyeongtaek.go.kr
동두천시	경기도 동두천시 방죽로 23	031-860-2114	http://www.ddc21.net
안산시	경기도 안산시 단원구 화랑로 387	1666-1234	http://www.iansan.net
고양시	경기도 고양시 덕양구 고양시청로 10	031-909-9000	http://www.goyang.go.kr
과천시	경기도 과천시 관문로 69	02-502-5001~5006	http://www.gccity.go.kr
구리시	경기도 구리시 아차산로 439	031-557-1010	http://www.guri.go.kr
남양주시	경기도 남양주시 경춘로 1037	031-592-4900	http://www.nyj.go.kr
오산시	경기도 오산시 성호대로 141	031-8036-8036	http://www.osan.go.kr
시흥시	경기도 시흥시 시청로 20	031-310-2114	http://www.siheung.go.kr
군포시	경기도 군포시 청백리길 6	031-392-3000	http://www.gunpo.go.kr
의왕시	경기도 의왕시 시청로 11	031-345-2114	http://www.uw21.net
하남시	경기도 하남시 대청로 10	031-790-6114	http://www.hanam.go.kr
용인시	경기도 용인시 처인구 중부대로 1199	1577-1122	http://www.yongin.go.kr
파주시	경기도 파주시 시청로 50	031-940-4114	http://www.paju.go.kr
이천시	경기도 이천시 부악로 40	031-644-2000	http://www.icheon.go.kr
안성시	경기도 안성시 시청길 25	031-678-2114	http://www.anseong.go.kr
김포시	경기도 김포시 사우중로 1	031-980-2114	http://www.gimpo.go.kr
화성시	경기도 화성시 남양읍 시청로 159	031-1577-4200	http://www.hscity.go.kr
광주시	경기도 광주시 행정타운로 50	031-760-2000	http://www.gjcity.go.kr
양주시	경기도 양주시 부흥로 1533	031-8082-4114	http://www.yangju.go.kr
포천시	경기도 포천시 중앙로 87	031-538-2114	http://www.pcs21.net
여주시	경기도 여주시 세종로 1	031-883-2114	http://www.yj21.net
연천군	경기도 연천군 연천읍 연천로 220	031-839-2114	http://www.iyc21.net
가평군	경기도 가평군 가평읍 석봉로 181	031-580-2114	http://www.gp.go.kr
양평군	경기도 양평군 양평읍 군청앞길 2	031-773-5101	http://www.yp21.net
인천광역시	인천광역시 남동구 정각로 29	032-120	http://www.incheon.go.kr

🚌 버스터미널

행정구역	버스터미널 1	전화번호	버스터미널 2	전화번호
수원시	수원버스터미널	1688-5455	서수원버스터미널	1688-8507
성남시	성남시외버스터미널	1644-2689	성남종합버스터미널	1644-2689
의정부시	의정부시외버스터미널	1688-0314	의정부영업소(명진여객)	031-851-1419
안양시	안양시외버스터미널	1688-0658		
부천시	부천시외터미널	032-719-2158		
평택시	평택시외버스터미널	1688-0538	평택고속버스터미널	1688-0538
안산시	안산종합버스터미널	1666-1837	강화여객자동차터미널	032-933-2533

🚌 버스터미널

행정구역	버스터미널 1	전화번호	버스터미널 2	전화번호
고양시	고양종합터미널	1688-2113	화정터미널	1577-9884
오산시	오산시외버스터미널	1688-0689		
용인시	용인공용버스터미널	031-339-3181		
파주시	문산시외버스터미널	031-952-2657		
이천시	이천종합터미널	031-635-5831	장호원시외버스터미널	031-641-2688
안성시	안성종합버스터미널	1688-1845		
포천시	포천시외버스터미널	1688-5068		
여주군	여주종합터미널	1688-6512	태평시외버스터미널	031-882-6202
가평군	가평시외터미널	031-582-2308	현리시외버스터미널	033-461-5364
양평군	양평시외버스터미널	031-772-2341	용문시외터미널	031-773-3100
인천광역시	인천종합터미널	032-430-7114		

🚢 여객선터미널 · 공항

행정구역	여객선터미널	전화번호	공항	전화번호
인천광역시	인천항 연안여객터미널	032-880-3400	인천국제공항	1577-2600

🚌 찾아가는 길

행정구역	찾아가는 길
수원시	1번 경부고속도로 수원 I.C - 42번 국도 - 수원 50번 영동고속도로 동수원 I.C - 43번 국도 - 수원 50번 영동고속도로 북수원 I.C - 1번 국도 - 수원
성남시	100번 서울외곽순환고속도로 성남 I.C - 3번 국도 - 성남 1번 경부고속도로 판교 I.C - 성남(분당구)
의정부시	100번 서울외곽순환고속도로 의정부 I.C - 3번 국도 - 의정부
안양시	100번 서울외곽순환고속도로 평촌 I.C - 1번 국도 - 안양 50번 영동고속도로 북수원 I.C - 1번 국도 - 안양 15번 서해안고속도로 목감 I.C - 안양 110번 제2경인고속도로 석수 I.C - 안양
부천시	100번 서울외곽순환고속도로 송내 I.C, 중동 I.C, 계양 I.C - 부천 120번 경인고속도로 부천 I.C - 부천
광명시	110번 제2경인고속도로 - 광명 I.C - 광명
평택시	1번 경부고속도로 안성 I.C - 38번 국도 - 평택 40번 평택-충주고속도로 송탄 I.C - 1번 국도 - 평택 15번 서해안고속도로 서평택 I.C - 38번 국도 - 평택
동두천시	100번 서울외곽순환고속도로 의정부 I.C - 3번 국도 - 양주 - 동두천
안산시	50번 영동고속도로 안산 I.C - 42번 국도 - 안산
고양시	100번 서울외곽순환고속도로 일산 I.C, 원당 I.C - 39번 국도 - 고양 100번 서울외곽순환고속도로 벽제 I.C - 1번 국도 - 고양 130번 인천국제공항고속도로 북로 I.C - 고양
과천시	1번 경부고속도로 양재 I.C - 과천-우면산간 연결도로 - 47번 국도 - 과천 / 서울 - 47번 국도 - 과천
구리시	100번 서울외곽순환고속도로 구리 I.C - 43번 국도, 46번 국도 - 구리

🚌 찾아가는 길

행정구역	찾아가는 길
남양주시	100번 서울외곽순환고속도로 남양주 I.C – 46번 국도 – 남양주
오산시	1번 경부고속도로 오산 I.C – 1번 국도 – 오산
시흥시	110번 제2경인고속도로 신천 I.C – 39번 국도 – 시흥 50번 영동고속도로 서안산 I.C – 39번 국도 – 시흥 50번 영동고속도로 월곶 I.C – 시흥
군포시	50번 영동고속도로 군포 I.C – 47번 국도 – 군포
의왕시	50번 영동고속도로 북수원 I.C, 부곡 I.C – 1번 국도 – 의왕 100번 서울외곽순환고속도로 학의 J.C – 과천 봉담간 고속화도로 – 의왕
하남시	35번 중부고속도로 하남 I.C – 43번 국도 – 하남
용인시	50번 영동고속도로 용인 I.C – 45번 국도 – 용인 50번 영동고속도로 양지 I.C – 17번 국도 – 용인
파주시	100번 서울외곽순환고속도로 벽제 I.C – 1번 국도 – 파주
이천시	50번 영동고속도로 이천 I.C – 3번 국도 – 이천 35번 중부고속도로 서이천 I.C – 3번 국도 – 이천
안성시	1번 경부고속도로 안성 I.C – 38번 국도 – 안성 40번 평택–충주고속도로 서안성 I.C – 45번 국도 – 안성 35번 중부고속도로 일죽 I.C – 38번 국도 – 안성
김포시	100번 서울외곽순환고속도로 김포 I.C – 48번 국도 – 김포
화성시	15번 서해안고속도로 비봉 I.C – 39번 국도, 77번 국도 – 화성 15번 서해안고속도로 발안 I.C – 82번 국도, 43번 국도 – 화성
광주시	35번 중부고속도로 광주 I.C – 43번 국도, 45번 국도 – 광주 35번 중부고속도로 곤지암 I.C – 3번 국도 – 광주
양주시	100번 서울외곽순환고속도로 의정부 I.C – 3번 국도 – 의정부시 – 양주
포천시	100번 서울외곽순환고속도로 퇴계원 I.C – 47번 국도 – 포천 100번 서울외곽순환고속도로 의정부 I.C – 43번 국도 – 포천
여주군	50번 영동고속도로 여주 I.C – 37번 국도 – 여주
연천군	100번 서울외곽순환고속도로 의정부 I.C – 3번 국도 – 양주시 – 동두천시 – 연천
가평군	100번 서울외곽순환고속도로 남양주 I.C, 퇴계원 I.C – 46번 국도 – 남양주시 – 가평
양평군	35번 중부고속도로 하남 I.C – 362번 지방도 – 6번 국도 – 양평
인천광역시	120번 경인고속도로 서인천 I.C, 가좌 I.C, 도화 I.C – 인천 110번 제2경인고속도로 남동 I.C, 문학 I.C – 인천

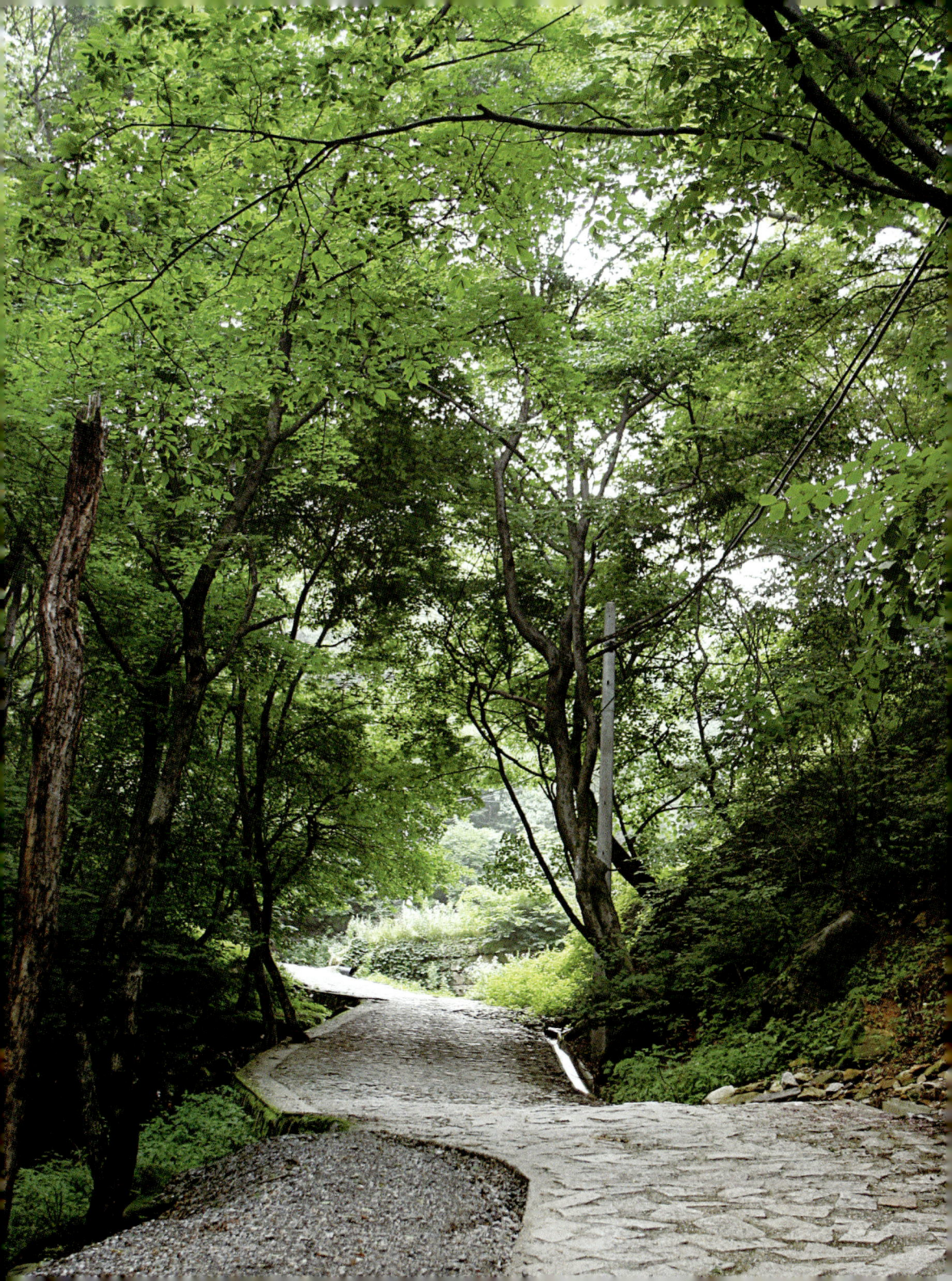

화성

마음이 담긴 건축

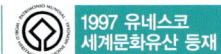

1997 유네스코
세계문화유산 등재

| **위치** | 경기도 수원시 팔달구 일대
| **운영시간** | 동절기 09:00~17:00, 하절기 09:00~18:00,
7~9월 야간개장 18:00~21:00

▶ MINI DATA
| **입장료** | 있음   **주차** | 가능   **분류** | 역사, 문화유적

조선 후기의 르네상스 시대로 불리는 정조 대에 지어진 수원 화성은 안정된 사회적 바탕 위에 새로운 기술을 도입하였던 강력한 왕권의 모습을 상징한다. 당쟁 속에서 억울한 죽임을 당하였던 아버지 사도세자의 능을 기존의 양주 배봉산에서 조선 최고의 명당으로 일컬어지던 수원의 화산으로 이전하며 기존 읍락을 팔달산 아래로 수용하는 성을 쌓는다. 영의정을 공사의 총책임자로 삼는 등 당시 조선의 모든 총력을 모아 만들었던 성은 벽돌과 석재가 어우러져 만들어진 동양 성곽 최고의 걸작이다. 팔봉산의 편안한 능선을 따라 자연스럽게 만들어진 성곽은 실학자 정약

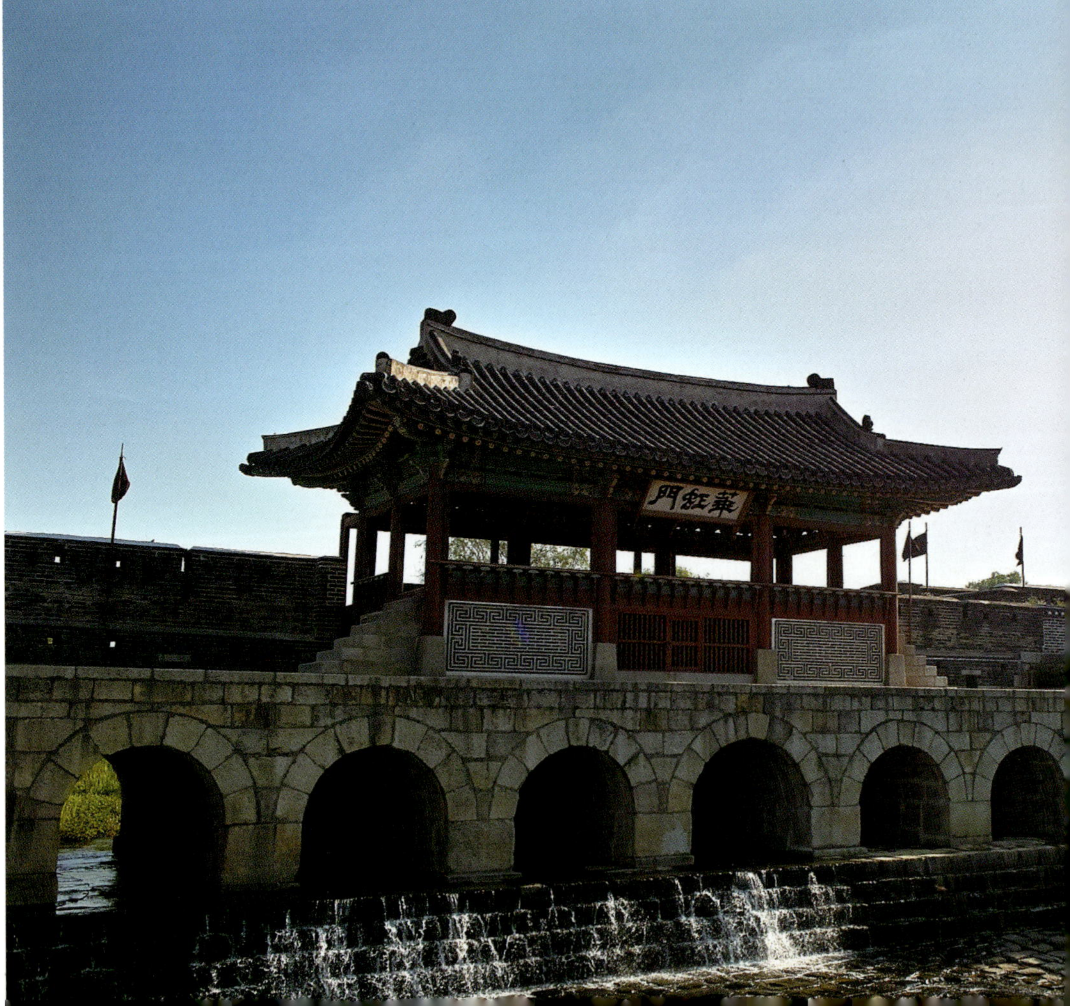

용이 고안한 거중기 등 첨단 장비로 더욱 높고 단단한 형태로 만들어져 당시의 무기와 전술로는 어떠한 외적도 방어가 가능한 철옹성이었다. 가로 놓인 수원천을 중심으로 6km를 이어가는 성곽은 옹성을 두른 장안문과 팔달문을 중심으로 화서문과 창룡문이 자리하며 작은 문들과 전투시설인 각루와 포루, 공심돈과 치성 등이 더욱 견고하고 실용적인 성곽을 이루고 있다. 수원 화성은 견고함뿐 아니라 자연과 어울리는 아름다움 또한 고려해 설계되었는데 화홍문 동쪽 높은 벼랑 위에 세워진 방화수류정은 정자 아래의 연못인 용연지와 더불어 성곽을 대표하는 경관을 자랑한

다. 1794년 시작된 2년의 건설 기간 동안 설계의 모습은 물론, 벽돌의 개수에서 담당 기술자와 이름까지 치밀하게 「화성성역의궤」에 기록하였다. 이러한 꼼꼼함으로 1979년 복원공사를 통하여 완벽한 옛 모습을 재현할 수 있었고 유네스코 지정 세계문화유산으로도 등록되었다. 아버지의 묘소를 가까이하며 화성이라는 새로운 도시로 수도 이전까지 고려하였던 정조의 구상은 그의 갑작스러운 죽음으로 실패하였지만, 효 사상의 실천과 새로운 신진 정치세력 발현의 구상으로 조선 후기 사회에 활력을 불어넣는 신선한 힘이 되었다.

➜ 화성 행궁, 정조의 꿈을 담은 곳

행궁은 원래 전쟁을 피하거나 지방행차에 잠시 쉬어가는 국왕의 임시 숙소를 말한다. 하지만 화성의 행궁은 620칸에 이르는 또 하나의 궁궐이었다. 세자에게 왕위를 물려주고 이곳에 자리 잡아 새로운 정치세력을 양성하려 하였던 정조의 구상은 실현되지 못하였다. 일제강점기 파괴되었던 행궁은 7년 동안의 공사를 거쳐 2002년 복원되었다. 현재는 관람이 가능하여 주말에 무예 24기, 장용영 수위식, 토요상설공연 등을 비롯해 다양한 전통문화 관련 체험을 즐길 수 있다.

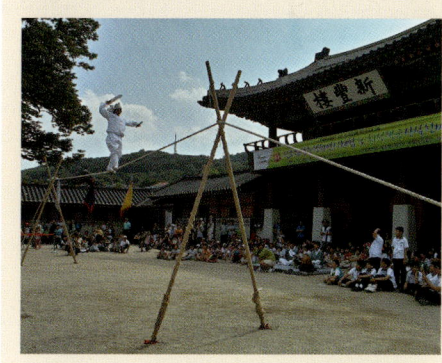

안양 예술공원

포도밭이 예술로 진화한다

위치 | 경기도 안양시 만안구 석수동 산21
　　　경기도 안양시 만안구 예술공원로131번길 인근
운영시간 | 종일, 연중무휴

▶ MINI DATA
| 입장료 | 없음　　주차 | 가능　　분류 | 공원

관악산 삼성천계곡을 따라 흐르는 물과 숲은 안양 포도의 주산지였다. 단맛으로 유명한 안양 포도는 점차 사라지고 계곡을 따라 등산을 즐기는 사람과 음식점들로 북적이던 계곡은 안양유원지로 오랜 시간 기억되었다. 자연을 훼손하는 시설들을 걷어내고 주변 환경을 정비하여 새롭게 탄생한 안양예술공원은 자연과 어울리는 예술작품들로 가득한 특별한 장소가 된다. 2005년부터 시작된 '안양공공예술프로젝트'는 안양을 예술과 문화의 도시로 새롭게 꾸미는 안양시청의 국제행사로, 안양예술공원은 그 첫 행사로 꾸며진 곳이다. 국내외 52명 유명 작가들의 설치예술작품

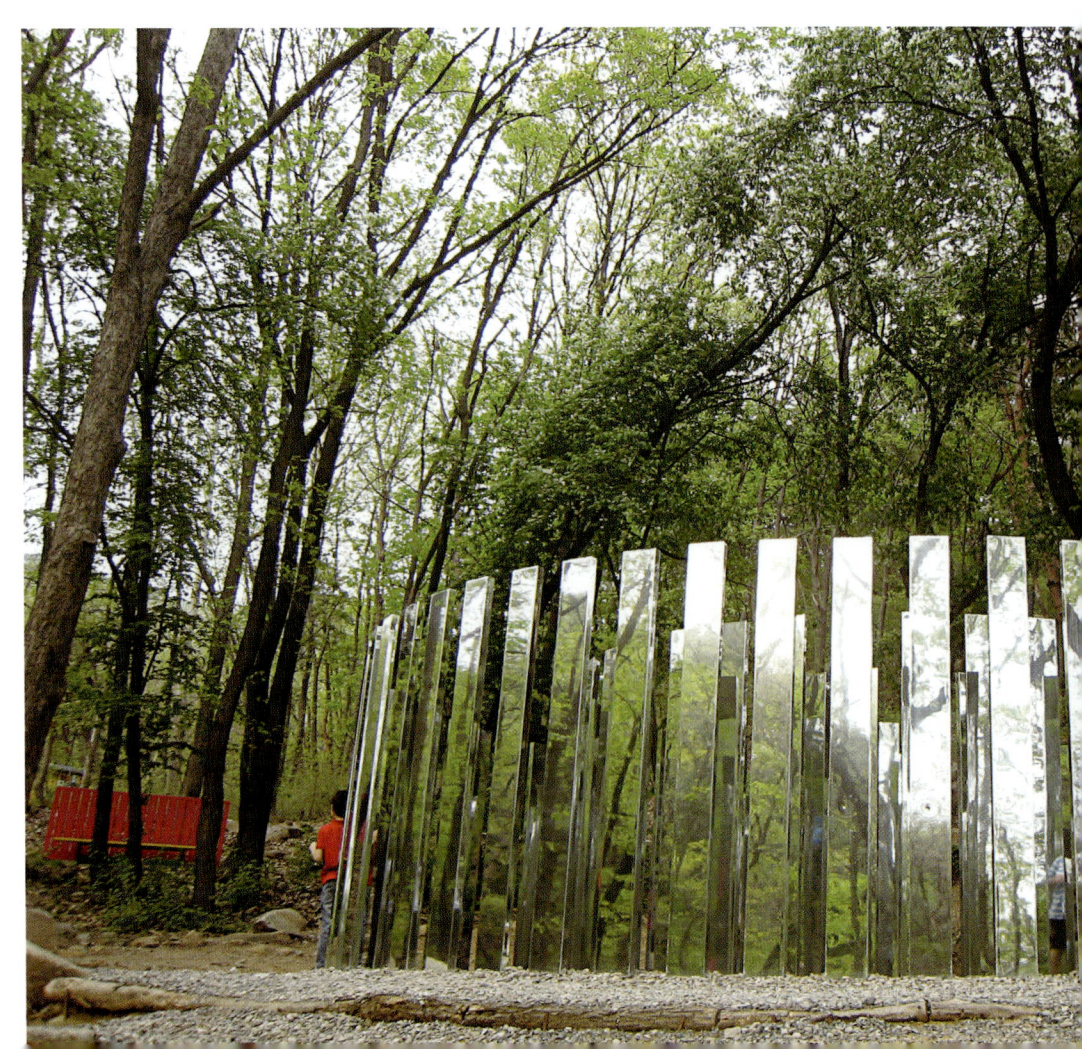

이 계곡과 산 곳곳에 설치되어 있으며 상류에 만들어진 소형 댐에서 공급하는 맑은 물을 따라 산책을 즐기듯 산을 오르며 자연과 작품을 관찰하는 이곳은 이색적인 야외전시장이다. 환경, 순례, 놀이, 정원 등 주제별로 정리된 공원은 음료박스를 이용한 벤치, 상상 속의 동물, 투명전망대 등 기발한 아이디어로 창작된 재미있는 작품들이 사람들의 시선을 잡는다. 단순히 관찰하는 작품이 아니라 직접 만져보고 작품 내부에 들어가보기도 함으로써 조금 더 쉽게 사람들을 예술에 다가가게 만든다. 산의 등고선을 형상화한 계단을 올라 관악산 자락에 들어선 예술공원 일대를 한

눈에 볼 수 있는 전망대는 예술공원 탐방 중 꼭 들러 볼 만한 곳이다.

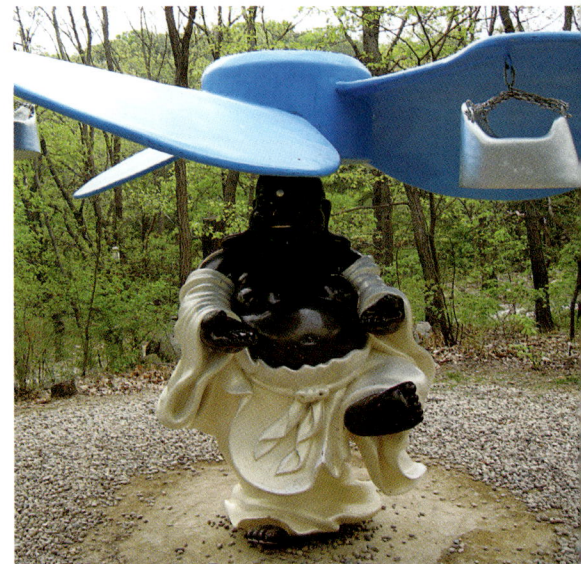

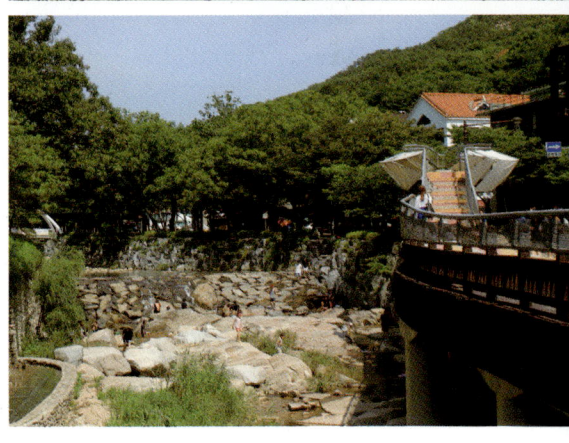

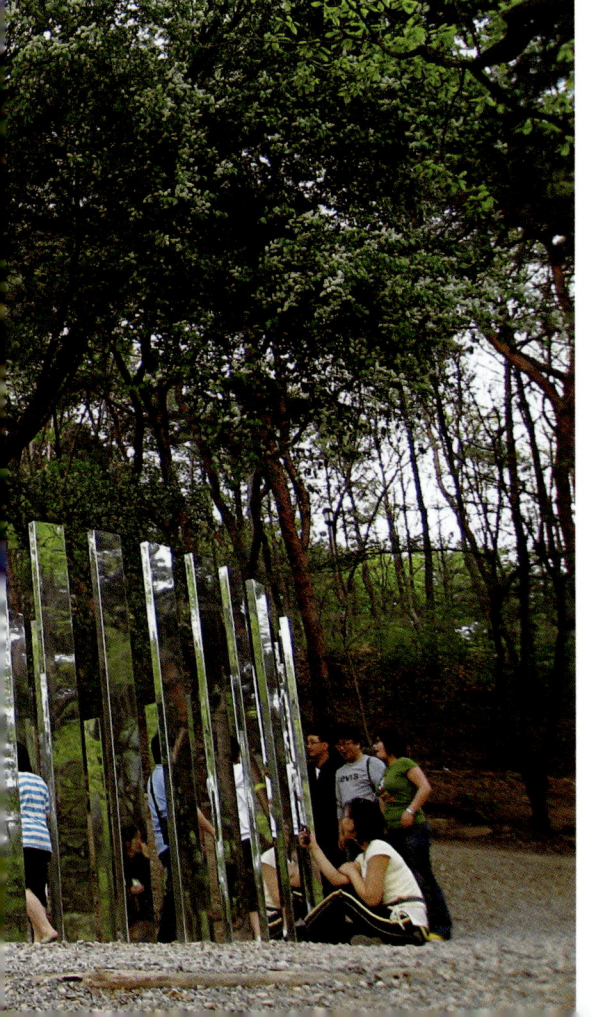

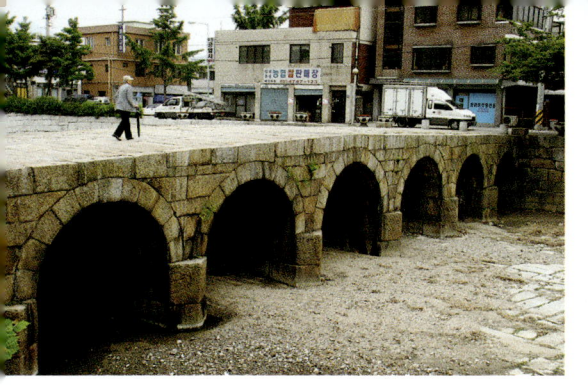
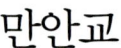
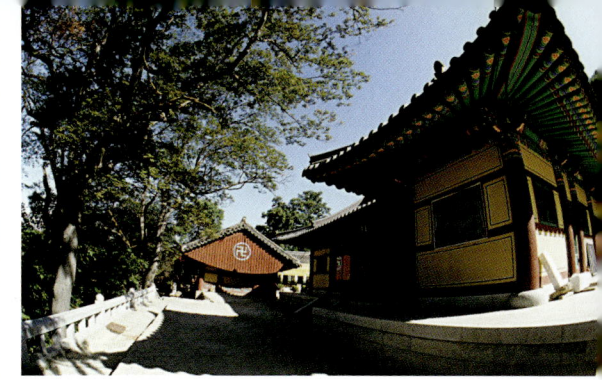

Photo by 안양시청

만안교
만백성을 사랑한 정조의 뜻

| 위치 | 경기도 안양시 만안구 석수동 679
  경기도 안양시 만안로 만안소공원 인근
| 운영시간 | 종일, 연중무휴

▶ MINI DATA

| 입장료 | 없음   주차 | 불가능   분류 | 역사, 문화유적

삼막사
민간신앙의 터전

| 위치 | 경기도 안양시 만안구 석수동 241-54
  경기도 안양시 만안구 삼막로 478
| 운영시간 | 종일, 연중무휴

▶ MINI DATA

| 입장료 | 없음   주차 | 가능   분류 | 불교유적

조선 22대 임금인 정조가 억울한 죽음을 당한 생부 장헌세자(사도세자)의 능으로 참배하러 갈 때 뒤따르는 행렬이 편히 안양천을 건너도록 하기 위해 만든 다리다. 만백성이 만 년 동안 편히 건너라는 뜻으로 정조가 직접 '만안교(萬安橋)'라 이름 지었다. 조선시대의 다리들은 외세의 침략에 대비하기 위해 만든 징검다리나 외나무다리, 섶다리 등이 대부분이고 왕의 행차시에만 배들을 모아 엮어 만든 배다리를 놓고 행렬이 지나간 후 바로 허물어버렸다고 한다. 아버지의 능을 자주 참배했던 정조는 이를 안타깝게 여겨 단단한 화강암으로 다리를 축조하게 한 것이다. 길이 31.2m에 폭 7m로 홍수에 대비해 물의 압력을 최소화할 수 있도록 무지개 모양의 홍예교로 만들었으며 다리 바닥에까지 돌을 깔아 튼튼함을 더했다. 현재 다리의 위치는 도로 확장 공사 때문에 남쪽으로 200여 미터 내려온 것이며 다리 초입에는 만안교의 공사 내역을 기록해 놓은 만안교비도 원형 그대로 보존되어 있다.

삼막산은 관악산의 남쪽 봉우리를 이룬다. 관악산의 한 영역인 이곳은 원효, 의상, 윤필선사가 수행하며 도를 깨달았다는 신성함으로 독립적인 산의 이름을 얻었다. 이후로도 수많은 고승과 선사들이 삼막산을 찾아 깨달음을 얻는 수행을 이어갔다고 하니 그 기운이 영험한 장소로 전국적인 이름을 얻었다. 삼막사는 산의 중턱에 자리한 작은 사찰이다. 절의 규모는 크지 않으나 전설을 담은 유적들을 많이 담은 곳으로 유명하다. 거북 형상의 돌부적을 시작으로 산을 올라가면 자연암벽으로 감실을 만들고 삼존불을 새겨 넣은 마애불이 나타난다. 조성 연대까지 새겨진 조선 후기의 마애불로 불교미술사 연구의 중요한 자료가 된다. 서해 바다가 눈앞에 펼쳐지는 마애불 앞모습은 삼막산의 최고 경관이다. 정상 부근의 남근, 여근상은 얼굴을 붉힐 정도로 사실적인 자연암반으로 삼막산에 남겨진 민간신앙의 흔적 중 하나다.

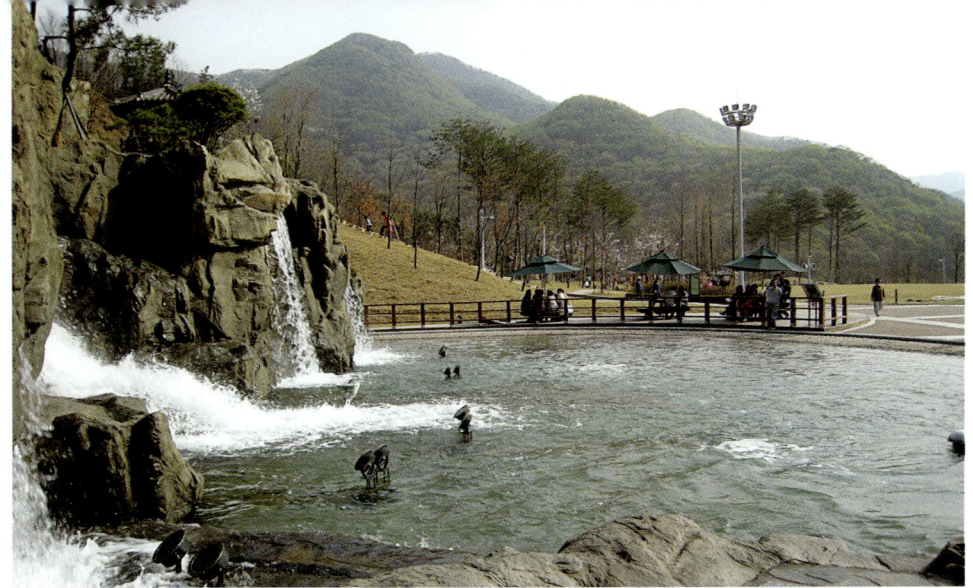

병목안시민공원 인공으로 꾸며진 자연

| 위치 | 경기도 안양시 만안구 안양9동 산81-1
경기도 안양시 만안구 병목안로 215
운영시간 | 종일, 연중무휴

▶ MINI DATA
| 입장료 | 없음   주차 | 가능   분류 | 공원

수리산 자락에 자리 잡은 모양새가 호리병의 내부처럼 생겼다는 병목안시민공원은 안양의 새로운 명물이다. 석재채석장과 음식점들이 어지럽던 계곡은 그야말로 '환골탈태'하였다. 안양역 부근까지 이어지는 철로를 따라 작은 석재 운반 열차가 다니던 옛 시절을 기억하는 사람이라면 계곡이 이렇게 넓은 터를 가지고 있었는지 눈을 의심하게 된다. 공원 한쪽으로 전시된 석재 운반 객차만이 과거의 모습을 알려주고 있다. 일제강점기부터 1980년대까지 철로 레일용 자갈을 채취하는 장소였던 이곳은 2006년 새롭게 단장되었다. 채석으로 인한 산의 절개면의 낙석을 방지하고 시민공원으로 조성하기 위해 대규모 인공폭포로 단장하였다. 높이 65m, 폭 95m의 인공폭포는 칼로 자른 듯 깎아지른 절벽을 따라 쏟아지는 물줄기가 대단한 모습으로 느껴지는 장관이다. 국내 최대의 넓이를 자랑하지만 크기의 대단함보다는 인공폭포 중 가장 자연스럽게 만들어진 작품으로 여겨진다. 신비의 동굴을 탐방하듯 폭포 뒤편으로 작은 통로를 따라 쏟아지는 물줄기 사이를 걸어가는 재미는 어른들에게도 즐거움을 준다. 폭포를 중심으로 조성된 공원에는 다양한 운동기구와 자연학습장, 잔디광장 등이 함께 있어 한나절의 가족 나들이 장소로도 훌륭하다. 사계절공원의 야생화단지는 봄날이면 갖가지 우리 꽃으로 화사한 장관을 이루고 폭포 사이를 지나는 느낌의 화장실 또한 숨은 볼거리이다.

→ **수리산삼림욕장**

병목안시민공원에서 이어지는 수리산삼림욕장은 안양과 안산, 군포를 잇는 수리산계곡을 따라 자연의 삼림욕을 하는 장소다. 5.6km의 삼림욕장은 맨발코스와 1, 2, 3전망대를 지나 태을봉 정상에서 바라보는 서울 남부와 인천지역의 경관이 좋다. 3전망대를 지나 나타나는 흔들다리는 삼림욕장의 숨은 재밋거리다.

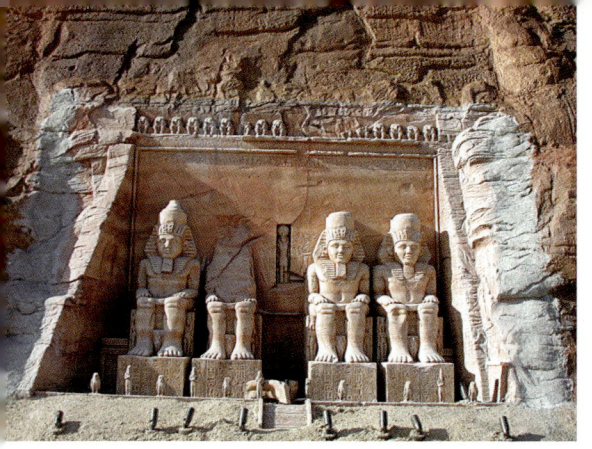
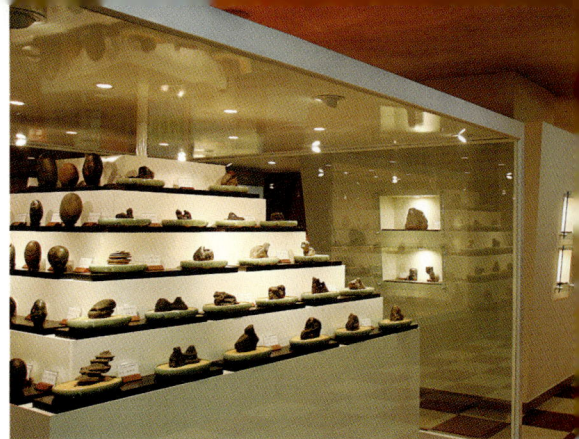

아인스월드

국내 최고의 건축물 미니어처 테마공원

| 위치 | 경기도 부천시 원미구 상동 529-2
　　　 경기도 부천시 원미구 도약로 1
| 운영시간 | 동절기 10:00~17:00, 하절기 10:00~18:00,
　　　 연중무휴

▶ MINI DATA
| 입장료 | 있음　　주차 | 가능　　분류 | 전시, 체험시설

건축물 미니어처 테마공원이다. 세계 각국의 유명 건축물들을 1/25 크기로 축소하여 만들었는데 마치 실물인 듯 정교한 모양새가 감탄을 자아낸다. 영국의 타워브리지·빅벤·스톤헨지, 프랑스의 에펠탑과 루브르박물관·개선문, 미국의 백악관과 자유의 여신상 등이 있으며, 우리나라의 건축물인 불국사와 경복궁, 황룡사 구층목탑 등 화면에서 보았을 세계의 이름난 건축물들을 한자리에서 볼 수 있다. 미국 유니버설스튜디오를 만든 할리우드의 유명 제작사가 만들었다고 하는데 작품 하나당 실제 집 한 채 정도의 제작비가 소요되었다 한다. 건축물만 재현해 놓은 것이 아니라 그것이 위치하고 있는 주변 환경 등 여러 가지 요소들도 함께 고려해 놓아 사실감을 더한다. 이탈리아 피사의 사탑의 경우 기울어짐이 반복되는 설치라든지, 우리나라의 거북선에서 대포가 발사되는 장면 등 건축물을 더욱 실감나게 재현하기 위한 특수효과가 인상적이다. 주말에는 야간개장을 한다.

부천 수석박물관

수석을 보고 배울 수 있는 곳

| 위치 | 경기도 부천시 원미구 춘의동 8 종합운동장
　　　 경기도 부천시 원미구 소사로 482
| 운영시간 | 09:00~18:00, 매주 월요일/공휴일 다음날 휴관

▶ MINI DATA
| 입장료 | 있음　　주차 | 가능　　분류 | 박물관

자연에서 발견하는 아름다움, 수석을 접할 수 있는 곳으로 수석수집가인 정철한 선생이 30년 동안 모아온 수석을 전시하고 있는 박물관이다. 수석이라는 주제가 그리 일반적이지 않지만 부천 수석박물관은 수석에 관한 가장 기본적인 내용을 잘 설명하고, 실제 수석으로 그 내용을 보여주고 있는 곳이니 부담 없이 들러 관람해보도록 하자. '질, 형, 색, 고태미'라는 수석의 조건들에 관하여 자세한 설명을 들을 수 있는데 그 아래에는 그 내용에 맞는 수석을 배치하여 수석을 자연스럽게 감상할 수 있게 도와준다. 또 수석의 또 다른 요소로서 수석의 연출과 관련한 내용들, 수석을 탐사하고 감상하는 방법 등에 관한 자세한 설명은 물론 실제 수석을 볼 수 있다. 수석에 문외한이라도 이곳을 천천히 관람한다면 수석을 보는 기본적인 시각을 갖게 될 것이다. 주말에는 체험프로그램으로 돌에 그림을 그려보는 돌그림 그리기, 돌에 난을 붙여 보는 석부작 만들기 등을 진행한다.

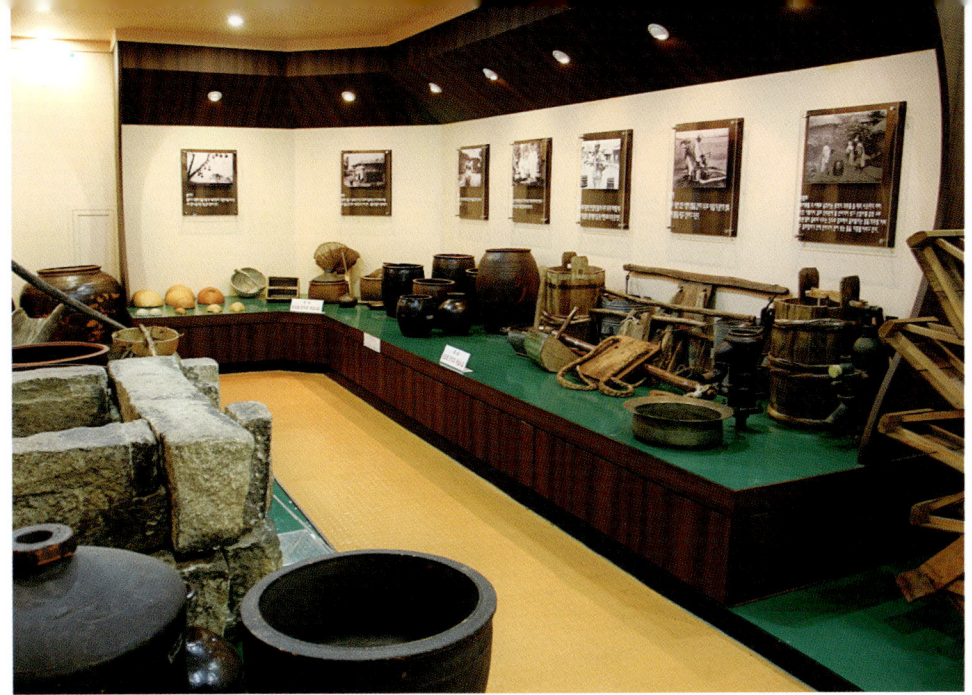

부천 물박물관 물의 소중함을 체험하는 곳

위치 | 경기도 부천시 오정구 작동 60-8
　　　경기도 부천시 오정구 길주로 691
운영시간 | 10:00~17:00, 매주 월요일 휴관

▶ MINI DATA
| 입장료 | 없음　　주차 | 가능　　분류 | 박물관

부천 물박물관은 부천시의 상수도를 공급하는 까치울 정수장에 위치하고 있다. 무엇을 아끼지 않고 사용할 때 '물 쓰듯 한다'라고 표현하는데, 지금까지 우리 생활에서 물이 부족한 경우를 겪지 않았기 때문일 것이다. 하지만 우리나라 기후는 여름철 집중호우와 가을과 겨울의 건기가 반복되면서 겨울철에 사용할 물이 부족해, 제한 공급하는 곳들이 종종 생기고 있으니 앞으로 안심할 일은 아닌 것 같다. 부천 물박물관은 물의 탄생과 소멸, 우리 조상들의 물이용 방법, 미래의 물의 가치와 이용 등 소중한 물의 가치를 알 수 있게 도와준다. 현미경으로 물 안의 미생물 관찰하기, 물의 무게를 이용한 물체중계와 의자, 물피아노 등 몇 가지의 체험시설이 마련되어 있어 아이들이 좋아한다. 야외로 나오면 정수장을 견학할 수 있는데 물이 어떤 과정을 거쳐 집 안의 수도꼭지까지 전달되는지 전시관 안에서 꼼꼼히 보고 나온다면 보다 효과적이다. 이곳은 팔당상수원에서 물을 가져오는데 원수로 가져온 물에 약품을 넣어 물의 입자를 크게 만들어 가라앉히는 응집지, 응집 덩어리가 가라앉는 침전지, 침전지를 통과한 물이 여과되는 여과지, 정수된 물을 가정으로 보내기 전에 잠시 저장하는 정수지 등 각 시설들을 직접 볼 수 있다. 또한 봄에서 가을까지 넓은 잔디광장이 개방되어 관람을 마친 후에 신나게 뛰어놀 수 있으니 공 하나쯤 준비해 가면 좋겠다.

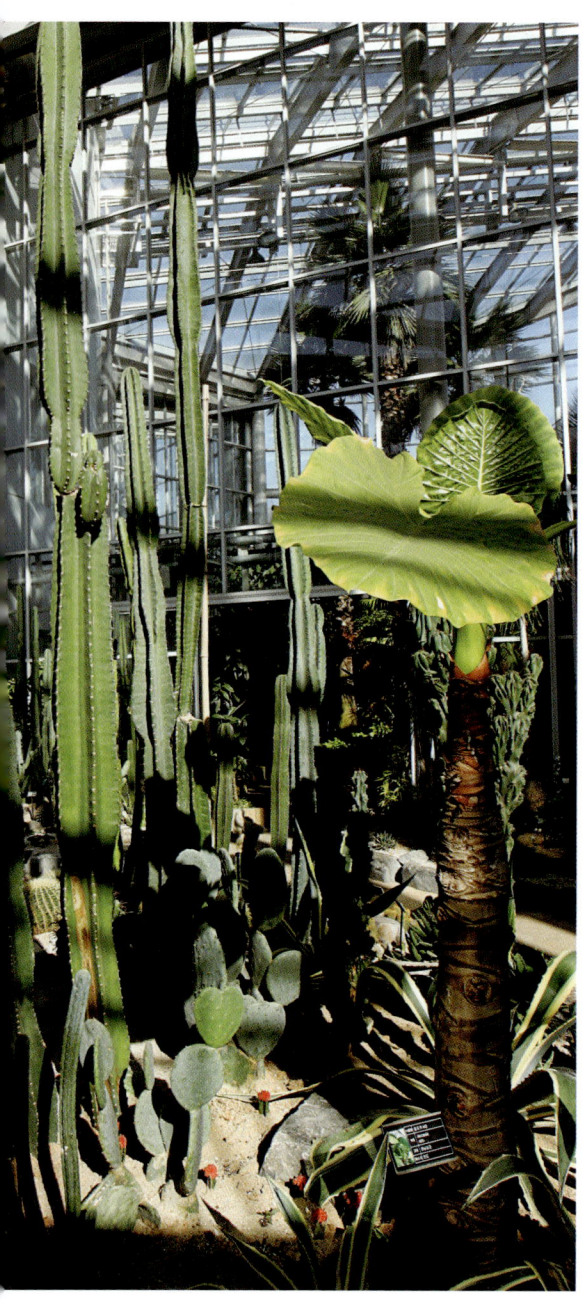

부천 자연생태박물관과
식물원 새로 지어진 도심 속 식물원

| 위치 | 경기도 부천시 원미구 춘의동 381
경기도 부천시 원미구 길주로 660
| 운영시간 | 동절기 09:30~17:30, 하절기 09:30~18:00,
매주 월요일 휴관

▶ MINI DATA
| 입장료 | 있음   주차 | 가능   분류 | 박물관

수도권에서 쉽게 다녀올 수 있는 식물원과 자연생태
박물관이다. 자연생태박물관은 3가지 주제로 꾸며져
있는데, 나비와 다양한 곤충을 전시하고 있는 1전시
관, 민물고기와 식물 표본이 전시되어 있는 2전시관,
공룡에 관한 다양한 내용과 화석이 전시되어 있는 3
전시관으로 구성되어 있다. 아이들이 좋아하는 주제
인 공룡을 만날 수 있다는 것과, 터치풀 등의 체험시
설이 있으니 둘러보기에 좋다. 주말 오후에는 살아
있는 누에를 전시하고, 또 누에에서 실을 뽑는 체험
을 진행하니 더욱 좋다. 부천식물원은 부채처럼 펼쳐
진 건물 모양이 멋진 곳으로 1층은 5개의 식물관으로
구성되어 있으며 2층에는 식물체험관이 있다. 310여
종 1만여 본을 갖추고 있으며 수생식물관, 아열대식
물관, 다육식물관 등에는 우리나라에서 쉽게 볼 수
없는 식물들을 많이 기르고 있다. 다육식물관은 사막
의 풍경을 재현해놓고 있으며, 아열대식물관에서는
우거진 야자수가 만드는 열대의 이국적인 풍경을 볼
수 있다. 여러 전시관 중에서도 재미있는 식물관은
움직이는 식물, 식충식물 등 이름 그대로 재미있는
식물들을 모아 전시하고 있어 관람객들에게 인기이
다. 2층 식물체험관에서는 식물과 관련한 다양한 내
용을 게임과 놀이의 형식으로 알려주고 있다.

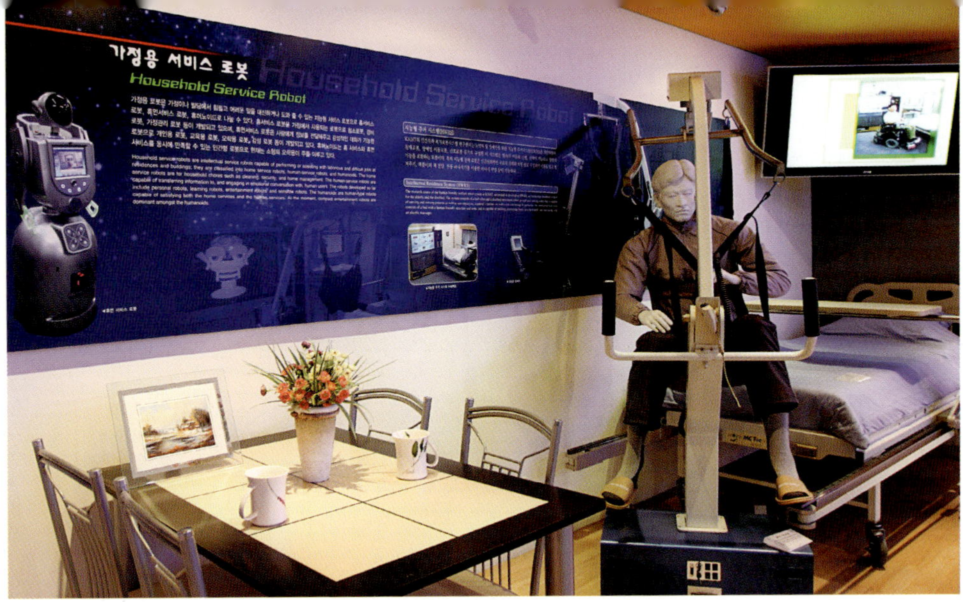

로보파크 미래의 친구, 로봇을 만나요

위치 | 경기도 부천시 원미구 약대동 193 부천테크노파크4단지
경기도 부천시 원미구 평천로 665, 401동
운영시간 | 10:00~17:00, 매주 월요일 휴관

▶ MINI DATA
입장료 | 있음 **주차** | 가능 **분류** | 전시, 체험시설

아파트형 공장 건물에 자리하는 전시관이 특이하다. 로봇을 연구하고 제작하는 시설이 있는 건물 내부에 로봇박물관을 만들었다고 하니 알고 보면 고개가 끄덕여진다. 로봇청소기 등 지금 우리 생활 곳곳에서 로봇기술이 응용되는데, 로보파크는 미래의 우리 생활을 더욱 편리하게 만들어줄 로봇에 관하여 전시하고, 로봇을 움직여볼 수 있는 체험을 할 수 있는 곳이다. 로봇에 대한 정의와 3대 원칙을 알아보는 것으로 관람을 시작한다. 인간의 작업이나 활동을 자동적으로 할 수 있게 만든 기계장치를 로봇이라 하며, SF소설로 유명한 작가인 아이작 아시모프가 그의 소설 『로봇』에서 로봇의 3대 원칙을 정의하고 있는데 그중 가장 중요한 첫 번째 원칙은 '인간에게 해를 끼쳐서는 안 된다'는 것이라 한다. 로보파크에서 전시하고 있는 로봇의 종류는 다양하다. 두 발로 걷는 로보사피엔, 화가로봇 픽토, 산업용 로봇인 6축다관절 로봇팔 등이 있다. 그중에서도 가장 인기 있는 로봇은 바로 춤추는 로봇인 로봇노바로 16개의 관절로 이루어져 꽤 다양한 동작이 가능해 음악에 맞춰 움직이는 모양새가 제법 사람같다. 축구로봇, 격투로봇 등 로봇을 직접 작동해볼 수 있다. 축구로봇을 가지고 3대3 경기를 하는데 공을 가지고 상대편 골대에 누가 많이 넣는지 시합을 한다. 격투로봇은 축구로봇보다 관절수가 많고 움직일 수 있는 방향이 다양해 조작방법이 복잡한 편이라 마음먹은 대로 움직이기 어렵지만 그래도 한 발 한 발 걸어가게 조정하면서 로봇이 작동되는 구조를 배울 수 있다. 매 시간 전시설명이 이루어지니 먼저 설명을 들으며 관람을 한 후 관심 있는 로봇을 다시 찾아보고 작동해보도록 하자.

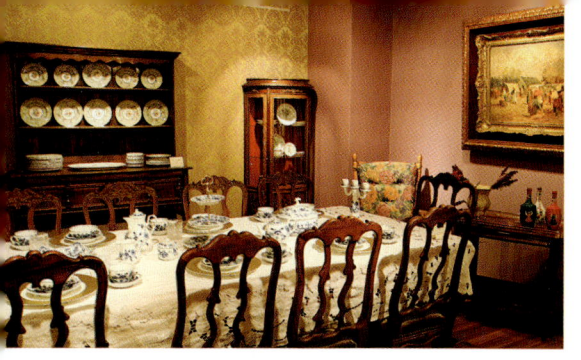

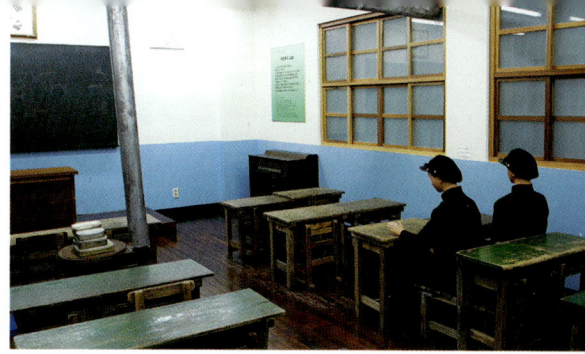

유럽자기박물관

유럽자기의 화려한 문양을 감상하자

| 위치 | 경기도 부천시 원미구 춘의동 8 종합운동장
　　　　경기도 부천시 원미구 소사로 482
| 운영시간 | 09:00~18:00, 매주 월요일/공휴일 다음날 휴관

▶ MINI DATA
| 입장료 | 있음　　주차 | 가능　　분류 | 박물관

부천 교육박물관

엄마, 아빠 어릴 적 이야기

| 위치 | 경기도 부천시 원미구 춘의동 8 종합운동장
　　　　경기도 부천시 원미구 소사로 482
| 운영시간 | 09:00~18:00, 매주 월요일/공휴일 다음날 휴관

▶ MINI DATA
| 입장료 | 있음　　주차 | 가능　　분류 | 박물관

동양의 자기와는 또 다른 화려한 문양이 특징적인 전통 유럽자기를 관람할 수 있는 박물관이다. 유럽에서는 동양의 자기를 연구하고 실험을 통해 그들만의 독창적인 자기기술을 발전시키는데, 18세기에 독일 마이센지역에서 최초로 자기 생산에 성공한다. 당시 폴란드의 왕 아우구스트는 제작기술이 외부로 유출되지 못하도록 도공인 뵈트거를 성에 가두어 놓았다고 하니 당시 유럽 사회에서 자기가 가진 가치를 짐작할 수 있겠다. 이렇게 만들어진 마이센의 유명한 작품들부터 프랑스의 세브르, 영국의 로열덜튼, 덴마크의 로열코펜하겐 등 유럽의 유명한 자기공방에서 생산된 수준 높은 작품들을 유럽자기박물관 한곳에 모아 전시하고 있다. 동양의 자기가 단순한 아름다움에 실용적인 목적으로 만들어지고 사용되었다면, 유럽자기는 하나의 예술 작품이자 조각품으로 만들어졌으니 그동안 익숙하게 보아왔던 우리 자기들과 비교하면서 보면 재미있겠다. 전시관의 규모는 작으나 전시된 자기 중에는 세계적으로 몇 개 되지 않는 귀한 자기들도 있어 눈길을 끌며, 한쪽에 마련된 유럽자기의 기원과 명가들을 소개하는 영상물도 볼 만하다.

엄마·아빠가 어릴 때 어떤 교과서로, 어떻게 생긴 교실에서 공부했는지 자녀들에게 보여주고 싶다면 이곳을 찾아보자. 조선시대 서당에서부터 최근 7차 교육과정까지 다양한 교육 자료들과 그동안 변화해 왔던 교육환경을 전시하고 있는 박물관으로 옛날 학교 다닐 때를 떠올리게 한다. 교과서들이 많이 전시되어 있는데 어떤 책으로 공부했는지 찾아보고 옛 교과서에 부천이 어떻게 묘사되어 있는지 그 내용을 읽어 보자. 소위 불량식품이라 불렸던 학교 앞 문방구에서 팔던 것들이 전시되어 있는데 쫀드기, 아폴로 등 이름만 들어도 그때를 생각나게 하는 것들이다. 시대별로 공부방이 재현되어 있으며, 서당의 모습도 만들어져 있다. 특히 인상 깊은 곳은 70년대를 배경으로 만들어진 교실인데, 책걸상이며 교실 중간의 난로, 교복을 입었던 모습 등 옛 모습 그대로 꾸며놓았다. 전시판에 해설이 잘되어 있지만, 엄마·아빠가 들려주는 옛이야기가 아이들에게 더욱 생생하게 기억될 것이다.

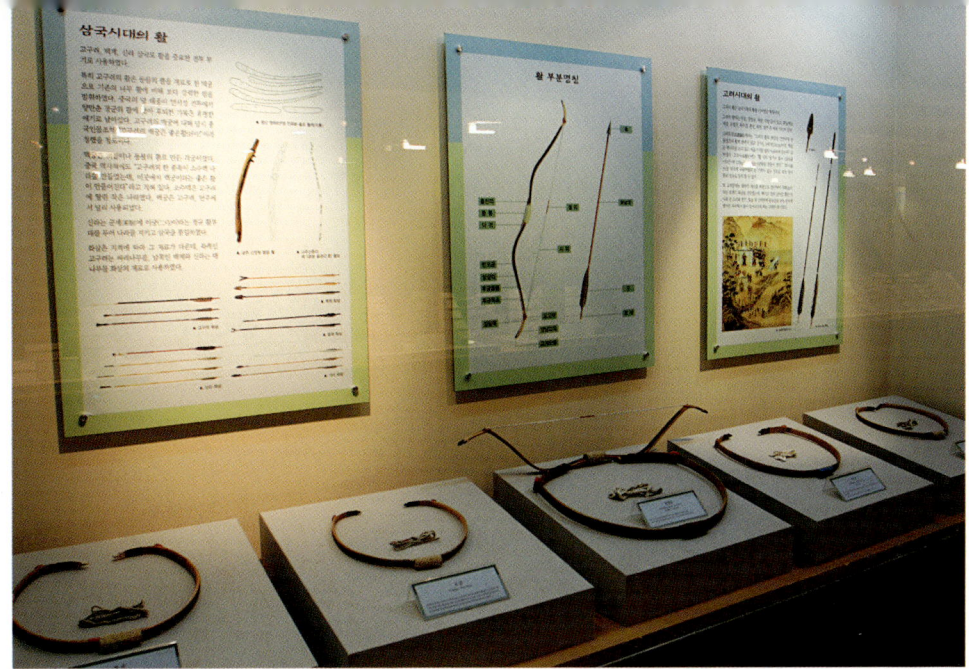

부천 활박물관과 궁도장 <small>우리 전통 활에 대하여 배우고 쏘아 본다</small>

위치 | 경기도 부천시 원미구 춘의동 8 종합운동장
　　　경기도 부천시 원미구 소사로 482
운영시간 | 09:00~18:00, 매주 월요일/공휴일 다음날 휴관

▶ **MINI DATA**
| **입장료** | 있음　　**주차** | 가능　　**분류** | 박물관

활 잘 쏘기로 유명한 우리나라지만, 지금 국제대회에서 사용되는 활은 서양 활인 양궁으로 우리 전통 활을 찾는 사람과 즐기는 사람이 점차 줄어들고 있다고 한다. 부천 활박물관은 우리 활의 전통을 계승하고, 우리 활의 우수성을 알리기 위하여 만든 전시관이다. 활을 만드는 장인을 궁시장이라 하는데, 무형문화재로 지정된 궁시장 김장환 선생이 세운 곳으로 국궁을 비롯하여 시대별로 대표적인 활과 화살, 또 무기들을 전시하고 있어 우리의 옛것을 알아 가는 재미가 있는 곳이다. 우리의 전통 활 중에서도 각궁이 주로 전시되어 있는데, 각궁은 소의 뿔을 재료로 만든 활로 그 모양에 따라 부린활, 얹은활로 표현한다. 굽었다 펴졌다 하면서 부러지지 않고 모양이 만들어지는 것은 그만큼 탄성이 좋기 때문이라고 하며 이는 곧 활의

실제 사거리로 이어진다고 한다. 우리 전통 화살의 종류가 생각보다 많음에 놀라는데 전쟁 때 공격용으로 쓰였던 활뿐만 아니라 앞을 뭉툭하게 만들어놓은 연습용 활, 신호를 주고받을 때 사용했던 활 등 다양한 활을 볼 수 있다. 토요일에는 활 만들기 체험을 진행하는데, 전수자의 지도를 받아 꽤 근사한 활을 만들 수 있다. 이곳 박물관 바로 위에는 부천시에서 생활체육 시설 중 하나로 운영하는 궁도장이 있어 박물관과 짝을 이룬다. 활박물관을 관람하고 궁도장 (032-320-3491)에 올라가면 직접 활을 쏘아볼 수 있다. 활에 대한 기본 교육을 받은 후 활을 쏘아보자. 자기의 체형과 힘에 맞는 활을 고른 후 사대에 올라 활시위를 당겨보게 된다. 초등학교 고학년 이상 가능하다.

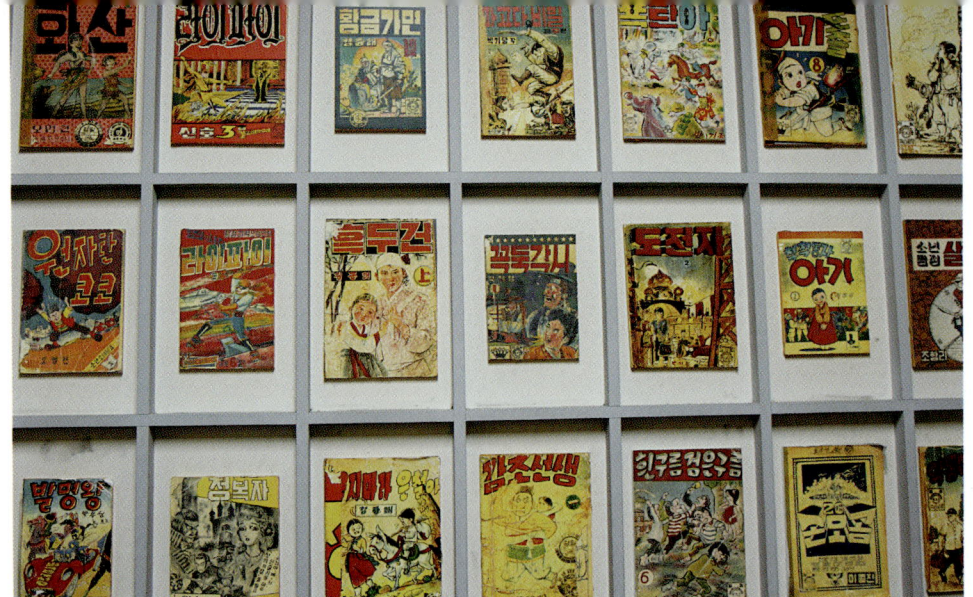

한국 만화박물관 남녀노소 누구나 좋아하는 만화세상

| 위치 | 경기도 부천시 원미구 상동 529-2
        경기도 부천시 원미구 길주로 1
| 운영시간 | 10:00~18:00, 매주 월요일 휴관

▶ MINI DATA
| 입장료 | 있음   주차 | 가능   분류 | 박물관

아이부터 어른까지 누구나 좋아하고 즐길 수 있는 만화세상, 부천 만화박물관이다. 이곳은 우리 만화를 수집·연구하는 학술적인 목적과 함께 전시를 통하여 우리 만화의 문화·예술적 가치를 알리고 대중화를 위하여 만든 만화 전문 박물관이다. 만화라는 주제가 아이들이 찾으면 좋을 것 같지만, 실제 전시 내용을 보면 어른들의 눈높이와 경험에 맞춰진 것들이라 어른들이 보면 좋을 곳이다. 만화의 역사와 우리 만화의 연대기를 살피면서 박물관의 관람을 시작하는데, 일제강점기 때 시대 상황을 그렸던 민족만화가 우리 만화의 시작이라는 설명을 보면서 일본 만화 중심의 지금 우리 만화 산업에 대하여 한 번 생각해 보게 된다. 만화의 제작과정에 대한 영상물이 이어지며, 한국 만화 초창기 주요 작가의 만화와 대표작을 선정하여 전시하고 있다. 마지막에는 70년대의 만화

가게가 재현되어 있어 어렸을 때 손가락에 침 묻혀가며 보았던 그때를 생각나게 한다. 전시관 중간에 주요 소장품 코너도 눈에 띄는데 시사만화 『고바우영감』으로 유명한 김성환 화백의 만화도구를 비롯해 『둘리』로 잘 알려진 김수정 화백의 그림과 도구 등이 전시되어 있다. 만화열람실에서는 박물관이 소장하고 있는 옛날 귀한 만화들이 복제되어 있어 직접 책장에서 꺼내어볼 수 있다. 전시관 입구에 카툰티처가 있어 설명을 부탁하면 된다. 재미있는 이야기를 하나 덧붙이면 이곳 박물관에서는 옛날 만화 원화를 수집하고 있는데, 고물상을 했던 분들이 주 소장자라고 하며 귀한 만화들을 다수 소장하고 있다고 한다. 옛날 엿 하나에 바꿔 먹었던 만화책 한 권이 지금 이곳 박물관에 와 있는지도 모르겠다.

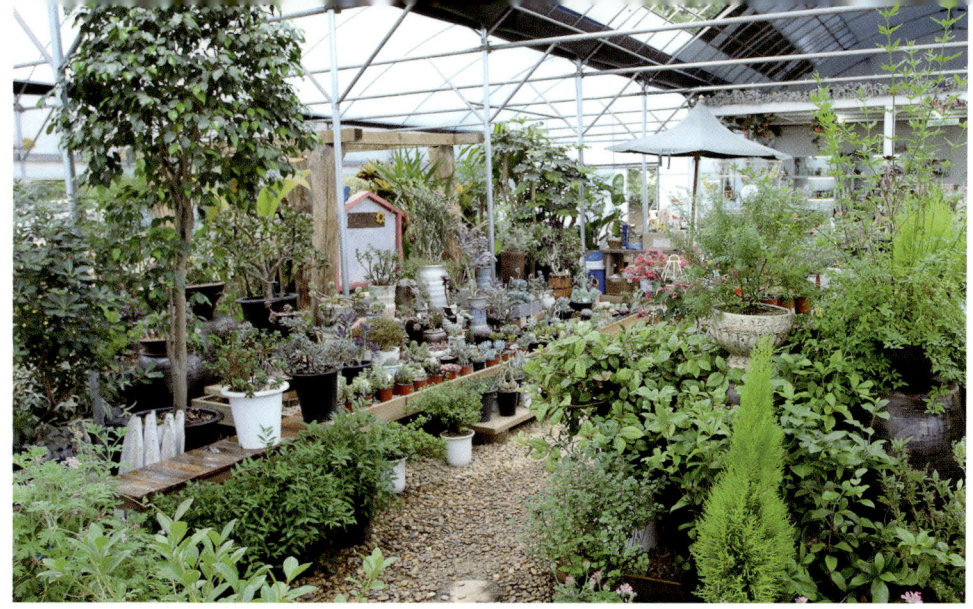

원당 허브랜드 <small>허브 향 가득 휴식 공간</small>

| 위치 | 경기도 고양시 덕양구 원당동 198-85
　　　경기도 고양시 덕양구 서삼릉길 227
| 운영시간 | 동절기 09:00~19:00, 하절기 09:00~19:30,
　　　연중무휴

▶ MINI DATA
| 입장료 | 무료　　주차 | 가능　　분류 | 숲, 자연휴양림

경기도 내 최대 규모 허브농장을 자랑하는 원당 허브랜드는 다양한 종류의 허브를 한 자리에서 만나볼 수 있는 공간이다. 허브농장, 허브 가게, 허브 카페, 놀이동산 등 허브를 이용한 종합 관광농원으로 일반인들이 쉽게 알 수 있는 허브 라벤더와 로즈메리부터 이름도 특이한 희귀 허브에 이르기까지 3,000여 평의 넓은 부지에는 80여 종이 넘는 허브를 만날 수 있게 꾸며놓았다. 다양한 종류의 허브를 직접 만져보고 눈으로 확인하며 휴식을 느끼기에 좋은 장소다. 자신을 뽐내는 색색의 꽃과 작은 연못, 사진을 찍기에 좋은 작은 정원도 있다. 허브랜드를 산책하다 보면 다양한 꽃과 허브 향기를 가득 맡을 수 있다. 머리를 맑게 해주고 다양한 음식이나 생활용품으로 활용되는 허브는 다양한 용도로 활용된다. 원당 허브랜드에서는 허브를 이용한 초 만들기 체험을 즐길 수도 있고, 허브카페에서 허브차를 마시며 휴식과 안정을 느낄 수도 있다. 각종 허브 용품을 판매하는 아로마숍에서는 비누, 향초, 보디 용품, 허브 쿠키, 허브 베게 등을 만나볼 수도 있다. 몸과 마음의 휴식이 필요하다면 허브농장을 체험하고 허브 용품을 즐겨보자. 몇 걸음을 걸으면 새로운 허브향이 나고 희귀한 허브 화분을 만나볼 수 있는 곳, 원당 허브랜드는 힐링과 웰빙을 느끼기에는 최적의 나들이 장소라고 할 수 있다.

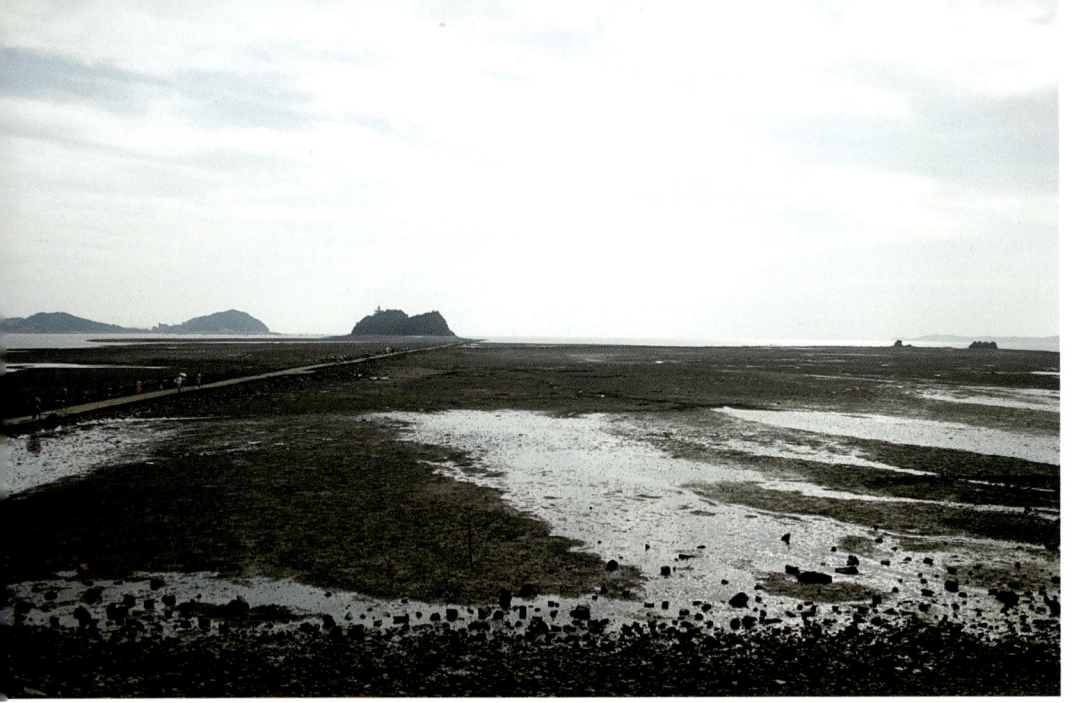

대부도   섬에서 섬으로 연결된 세 개의 섬

| 위치 | 경기도 안산시 단원구 대부북동 1985 일대
경기도 안산시 단원구 대부황금로 1531 일대
| 운영시간 | 종일, 연중무휴

▶ MINI DATA
| 입장료 | 없음   주차 | 가능   분류 | 바다, 섬

대부도는 총 연장 1만 2,676m에 이르는 시화방조제로 연결되어 섬이 아닌 육지가 되어버렸지만 섬이 가진 멋과 낭만은 그대로 간직하고 있다. 곳곳에 드러나는 너른 갯벌에서 갯벌 체험을 즐길 수 있고 해질 녘 풍경이 아름다우며 해안을 따라 늘어선 바지락칼국수, 조개구이집들도 유명해 수도권 시민들의 하루 나들이 코스로 사랑받고 있다. 대부도에서 선재대교를 건너면 선재도로 들어가고 다시 선재도에서 영흥대교를 건너면 영흥도로 들어가게 되니 선재도와 영흥도는, 섬 아닌 섬이다. 대부도에서 연결되는 또 다른 섬 아닌 섬들로 색다른 드라이브를 즐기려는 차량들이 많이 찾고 있다. 선재도에서는 바닷길이 열려 주변의 작은 무인도로 들어갈 수 있는데 선

재대교 아래 주차장으로 가면 곧바로 목섬까지 걸어서 들어가 볼 수 있으며 드무리와 측도 역시 걸어서 들어갈 수 있어 연인들의 데이트 장소로 그만이다. 영흥도는 다리가 놓이기 전까지는 인천항에서 뱃길로 1시간을 달려야 할 만큼 외떨어져 있던 섬이었다. 영흥대교를 건너자마자 보이는 진두선착장은 횟집과 식당이 모여 있는 곳으로 포구의 모습을 그대로 간직하고 있다. 이 선착장에서 10리 정도 떨어진 곳에 있는 십리포해수욕장은 서어나무 군락지가 있어 여름철 피서객들에게 시원한 그늘이 되어주고 있으며 울창한 송림으로 유명한 장경리해변은 낙조가 아름답기로 손꼽히니 하루에 3개의 섬을 둘러볼 수 있는 멋진 나들이 코스라 할 수 있다.

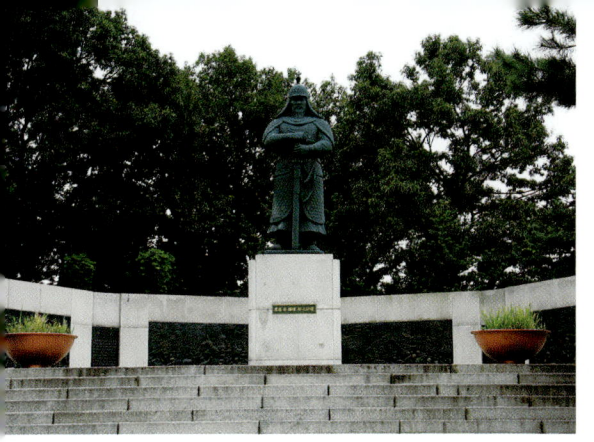

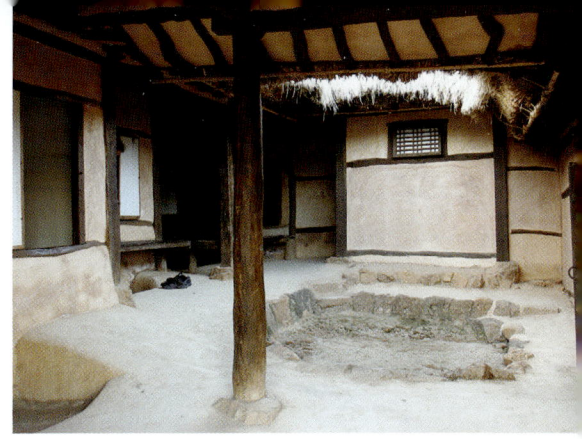

행주산성
호국의 언덕

| 위치 | 경기도 고양시 덕양구 행주외동 116
　　　 경기도 고양시 덕양구 행주로 15번길 89
| 운영시간 | 동절기 09:00~17:00, 하절기 09:00~18:00,
　　　　　 매주 월요일 휴관

▶ MINI DATA
| 입장료 | 있음　 주차 | 가능　 분류 | 역사, 문화유적

한강의 호젓한 아름다움을 바라보는 경관이 멋진 행주산성은 한산도대첩, 진주전투와 함께 임진왜란의 3대 대첩으로 불리는 행주대첩 역사의 현장이다. 권율 장군을 중심으로 3만 명의 왜군을 맞아 9일간의 격렬한 전투를 승리로 이끈 힘은 군인은 물론 긴 치마를 짧게 잘라 돌을 나르며 항전한 부녀자들을 비롯한 백성들의 용기와 호국의 정신이었다. 풍수지리적으로 옛 한양을 바깥으로 감싸는 외사산(外四山)의 서쪽을 담당하는 덕양산의 능선에 축조된 행주산성은 삼국시대부터 토성이 자리하였다. 지금도 산허리에 목책의 흔적이 남아 있고 당시의 토기 조각이 출토되었다. 1970년, 대대적인 정화공사를 통하여 성역화된 산성은 권율 장군의 사당인 충장사와 행주대첩비가 자리한다. 무엇보다 서해로 흘러가는 한강의 장관을 감상하기에 좋다. 기념비에서 바라다보이는 모습은 1km의 여유로운 산책로와 함께 행주산성의 명물로 손꼽힌다.

밤가시초가
일산의 옛 집을 찾아서

| 위치 | 경기도 고양시 일산동구 전발산동 1313
　　　 경기도 고양시 일산동구 햇살로105번길 36-7
| 운영시간 | 11~3월 10:00~16:30, 4~10월 10:00~17:30

▶ MINI DATA
| 입장료 | 없음　 주차 | 가능　 분류 | 역사, 문화유적

일산 신도시 중심으로 이 지역을 대표하는 옛집이 남아 있다. 밤가시초가로 정발산 주택 단지 가장자리에 자리하고 있는데 개발 과정 중 온전히 보존된 옛집으로 소중한 가치를 지닌다. 평일에 유치원에서부터 중·고등학생까지 견학 오는 사람이 많다고 하니 도시 한가운데 남아 있는 옛집 한 채가 교육적인 역할을 충분히 하고 있는 셈이다. 밤나무로 지었다 하여 밤가시초가라 이름이 붙었는데, 옛날 정발산에 밤나무가 많았다고 한다. 가까운 곳에서 구하기 쉬운 재료를 이용했던 우리 조상들이니 밤나무로 집을 짓는 것이 당연하였다. 주춧돌이나 기둥이 다듬어진 거친 품새를 보면 이 집은 서민 농가임을 알 수 있으며 약 150년 전에 만들어진 것으로 추정하니 조선 후기 이 지역 농가의 전형이라고 볼 수 있다. 초가 앞으로 민속전시관이 있다. 다른 곳의 민속전시관들과 특별히 다르지 않지만 안방, 부엌, 마루, 건넌방 등의 내부가 옛 물건들로 제법 알차게 채워져 있으니 함께 둘러보자.

서삼릉
조선 왕실의 유적

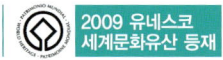

2009 유네스코
세계문화유산 등재

| 위치 | 경기도 고양시 덕양구 원당동 97-1
| | 경기도 고양시 덕양구 서삼릉길 233-126
| 운영시간 | 11~1월 06:30~17:30, 2~5월/9~10월 06:00~
| | 18:00, 6~8월 06:00~18:30, 매주 월요일 휴관

▶ MINI DATA

| 입장료 | 있음   주차 | 가능   분류 | 역사, 문화유적

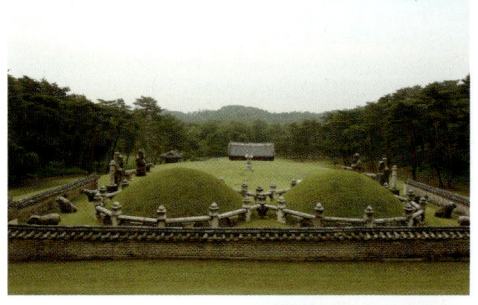

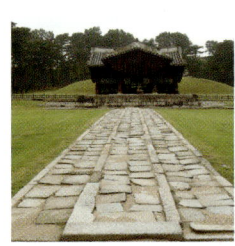

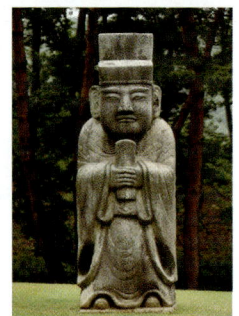

고양시는 구리시 다음으로 왕릉이 많이 모여 있는 지역으로 서삼릉은 인근 서오릉과 함께 조선시대를 대표하는 무덤이다. 임금과 왕비의 무덤을 '능'이라 하는데, 서삼릉에는 조선 제11대 임금인 중종의 계비인 장경왕후의 능인 희릉과 제12대 왕인 인종과 그의 비인 인성왕후의 무덤인 효릉, 제25대 왕인 철종과 그의 비인 철인왕후의 예릉이 모여 있다. 그 중 효릉은 일반에게 개방되지 않았고 희릉과 예릉을 둘러볼 수 있다. 세자 또는 세자비의 무덤을 '원'이라 하는데 이곳에는 의령원과 효창원이 함께 있어 옛이야기를 더욱 풍성하게 한다. 입구를 지나 길을 따라 천천히 걸어 들어가면 왼쪽으로 굽어지는 길이 나오고, 그 길의 끝에 예릉이 있다. 예릉은 강화도령으로 잘 알려진 철종과 그의 비의 무덤이다. 철종 다음으로 왕이 된 고종의 경우 대한제국을 선포하며 황제의 자리에 올랐으니, 조선 왕조의 무덤 양식을 따른 마지막 묘가 이곳 예릉이라 하겠다. 예릉 팔각장명등의 조각이 섬세하고 아름답다고 하나 위로 올라가 직접 눈으로 확인할 수 없어 아쉽다. 예릉을 내려오면 길은 희릉으로 이어지는데, 희릉이 이곳으로 오게 된 사연이 애처롭다. 장경왕후는 인종을 낳자마자 세상을 떠나는데 그때 나이가 25세이다. 지금 서초구에 있는 헌릉 옆에 무덤이 만들어졌으나 장경왕후의 딸이 이조판서 김안로의 아들과 혼인하게 되고, 김안로는 자신이 정치적 위기에 처하자 중종을 다시 제 편으로 만들어볼 요량으로 희릉의 위치가 좋지 않다는 주장을 펴 지금

이곳으로 옮겨오게 만든다. 게다가 이장된 희릉 옆에는 중종의 무덤인 정릉이 나란히 있었으나 둘째 부인인 문정왕후가 이를 질투한 나머지 지금의 삼성동 선릉 옆으로 정릉을 옮겨 버렸으니 죽어서도 질투를 받아 홀로 외롭게 있게 되었다. 문정왕후는 중종과 함께 있기 위하여 욕심을 부렸건만 죽어서 정릉 근처에도 가지 못하였으니 역사의 아이러니이다. 희릉과 예릉을 보고 나오는 길에 의령원과 효창원도 함께 둘러보자. 의령원은 영조의 아들 사도세자, 장조의 첫째 아들의 무덤이며 효창원은 정조의 첫째 아들의 무덤이다. 두 무덤 다 원래 이곳에 있던 것이 아니라 각각 아현동과 청파동에서 있던 것을 옮겨왔는데 정조가 그의 아버지와 함께 화성 융·건릉에 묻힌 것과 같이 삼촌과 조카가 후대에 함께 이곳에 모이게 되었으니 아비와 아들로 이어지는 인연이 이곳에서도 이어지고 있다. 이곳은 여기 다른 능들과 달리 위로 올라 가까이에서 살펴볼 수 있다.

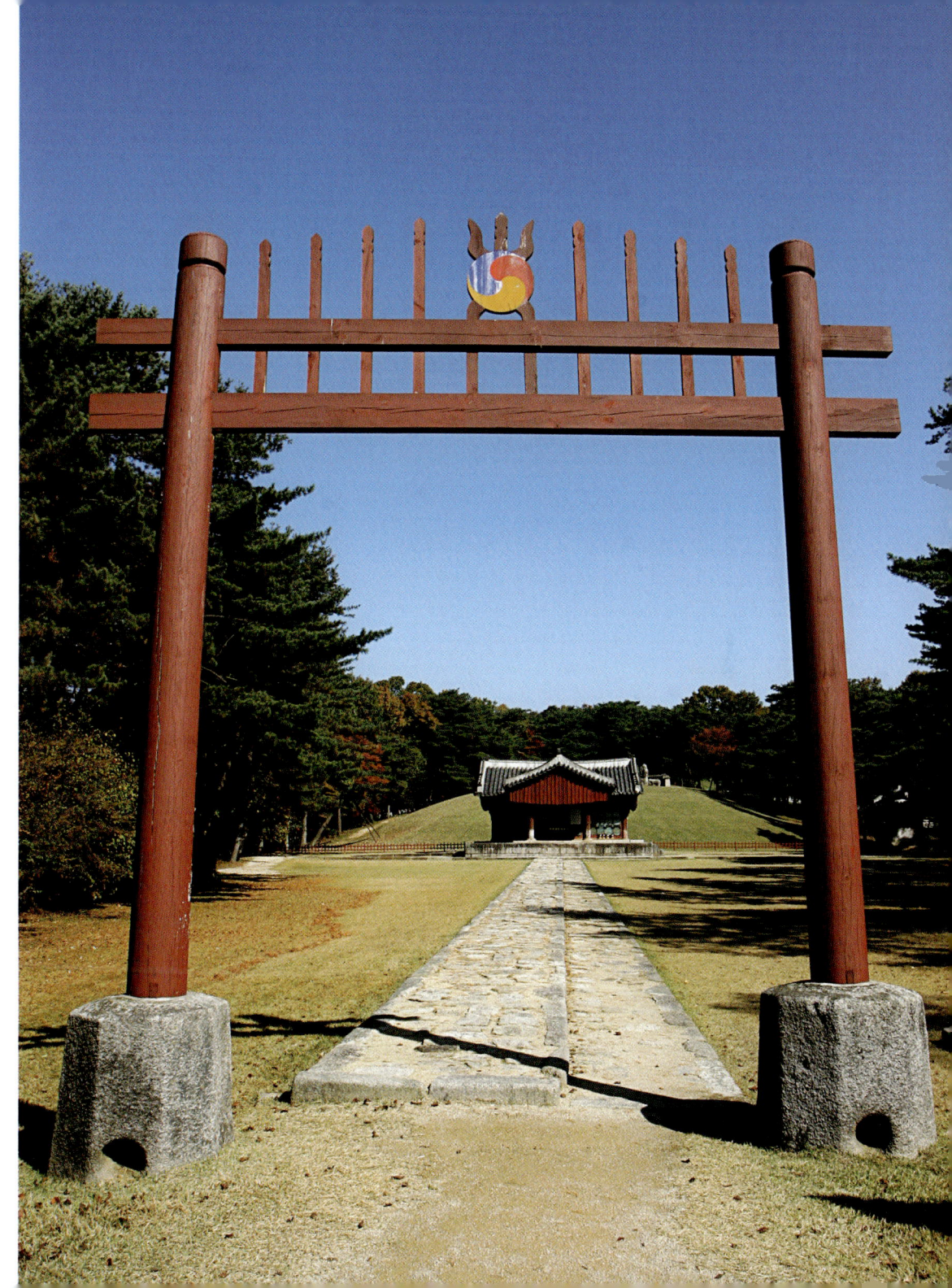

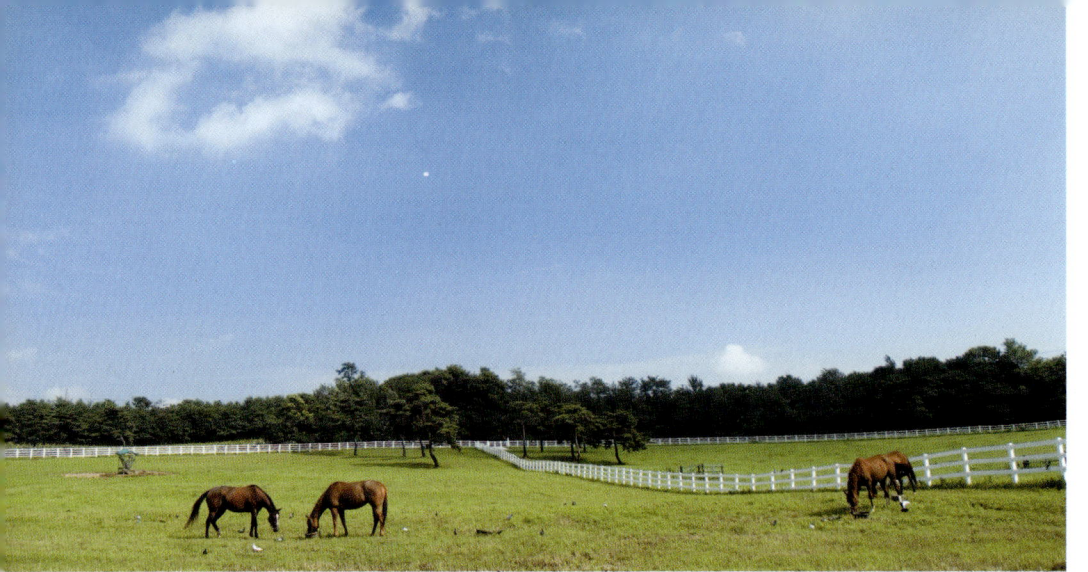

원당 종마목장 푸른 잔디의 공원

위치 | 경기도 고양시 덕양구 원당동 201-79
　　　경기도 고양시 덕양구 서삼릉길 233-112
운영시간 | 동절기 09:00~16:30, 하절기 09:00~17:00,
　　　매주 월/화요일 휴관

▶ MINI DATA
입장료 | 없음　　**주차** | 불가능　　**분류** | 공원

원당 종마목장은 88서울올림픽 당시 마상 장애물 경기장이었던 곳으로, 한국마사회에서 운영하는 우수한 종마의 육종과 보호를 위한 시설이다. 36ha의 드넓은 대지 위에 초록빛 잔디와 하얀 울타리가 어우러지는 경관은 서울 근교에서 보기 드문 이국적인 모습을 자랑한다. 관광을 목적으로 하는 시설이 아니므로 특별한 프로그램이나 위락 시설이 준비된 것은 없지만 4km에 이르는 산책로를 따라 한적한 나들이를 즐기기에도 좋고, 말과 자연이 어우러지는 멋진 경관을 사진기에 담는 시간을 보내기에도 좋다. 이곳은 도심의 혼잡함에서 해방되는 자유로움을 느끼기에도 좋다. 인기 높은 드라마나 광고 촬영지로 수차례 이용되면서 대중에게 널리 알려지게 되었다. 개방지역이 제한된 곳도 있으나 말이 방복되어 있어 멋진 풍경을 즐기기에는 충분하다. 간단한 도시락과 돗자리를 준비한 가족 나들이 장소로 더없이 좋은 곳이

다. 봄에는 산책로를 따라 피어나는 화사한 벚꽃을 감상할 수도 있다. 겨울철에는 눈 덮인 호젓함도 좋다. 서삼릉과 함께하는 진입로의 가로수길도 쉽게 지나치기에는 아름다운 풍경의 환상적 드라이브 코스다. 화장실 및 벤치 등 쉴 공간이 많지 않다는 사실을 숙지하고 가는 편이 좋을 것이다. 원당 종마목장은 그 자체가 관광을 목적으로 설립된 것이 아니고 기수후보생 및 마필 관계자가 교육 받는 업무공간이기 때문에 이를 미리 알아둘 필요가 있으며, 애완동물 동반이 불가하다.

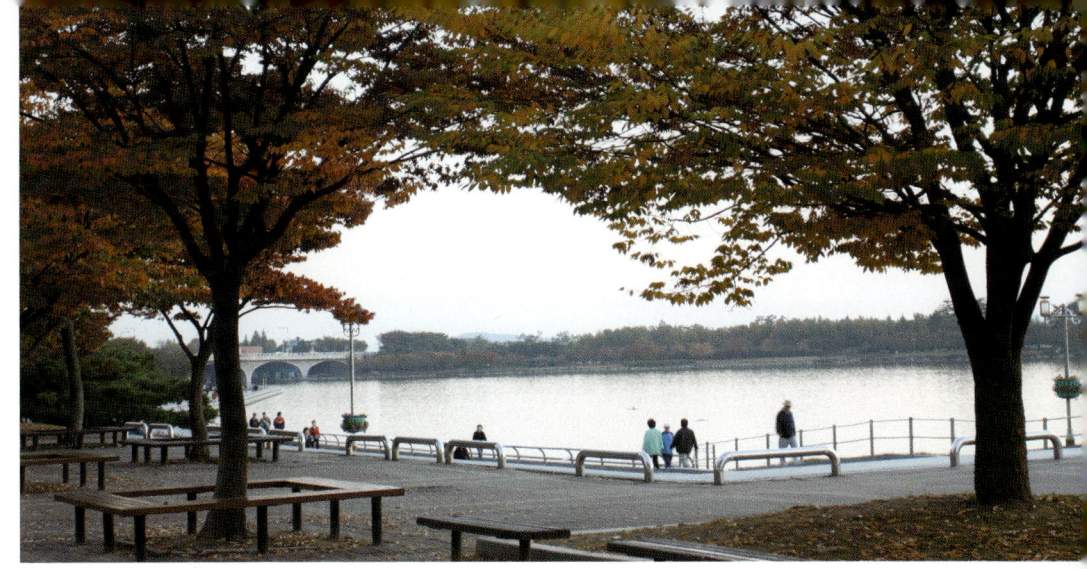

일산 호수공원 물과 꽃의 정원

위치 | 경기도 고양시 일산동구 장항동 906
경기도 고양시 일산동구 호수로 595
운영시간 | 11~3월 06:00~20:00, 4~10월 05:00~22:00,
연중무휴

▶ MINI DATA
입장료 | 없음   주차 | 가능   분류 | 공원

호수공원은 '꽃과 호수의 도시' 라는 고양시의 상징이다. 99ha 넓이의 동양 최대 인공 호수는 단순한 물의 공원이 아니다. 인공으로 만들어진 자연을 사람들의 끊임없는 노력으로 더욱 아름답고 깨끗하게 만들어가는 새로운 환경의 진행형 실험장이다. 일산 신도시의 개발과 함께 근린공원으로 1995년 개장한 공원은 5km의 산책로와 자전거 전용도로가 감싸는 시민들의 체육공원이고 주말이면 각종 공연과 행사가 이어지는 문화의 공간이다. 세계 각국의 정원을 재현해놓은 주제정원과 조각공원은 사람들이 가꾸어가는 예술의 장소가 되고 3년마다 개최되는 세계꽃박람회와 매년 개최되는 고양꽃전시회는 이곳을 세계적인 꽃의 고향으로 만들었다. 해 질 무렵 호수의 낙조와 아름다운 조명으로 꾸며지는 밤의 공원은 연인들의 데이트 코스로 인기 높다. 호수 공원 북쪽의 노래하는 분수대(031-924-5822)는 주말의 밤을 장식하는 물과 빛의 음악 공연장이다. 단순히 높낮이를 달리하는 물의 움직임이 아니라 선택한 음악의 고저장단을 물의 세기와 흐름으로 분석하는 복잡한 컴퓨터 작업을 통해 500여 가지의 미세하고 다양한 물의 변화를 표현하는 예술의 세계이다. 호수공원의 즐거움은 정발산 방면의 문화의 광장으로 이어진다. 초대형 쇼핑몰인 라페스타(031-920-9600)와 웨스턴돔(031-931-5114) 등의 위락시설이 좌우를 채우는 광장은 정발산 기슭에 자리 잡은 고양시 문화예술의 중심이 되는 아람누리(1577-7766) 공연장으로 연결된다. 종합공연 무대인 아람극장과 전용음악공연장인 바람피리음악당, 미술관과 도서관이 함께하는 이곳은 문화를 즐기는 시민들의 발걸음이 끊이지 않는 곳이다.

중남미문화원

중남미로 떠나는 여행

위치 | 경기도 고양시 덕양구 고양동 301
경기도 고양시 덕양구 대양로285번길 33-15
운영시간 | 11~3월 10:00~17:00, 4~10월 10:00~18:00,
연중무휴

▶ MINI DATA
입장료 | 있음　주차 | 가능　분류 | 박물관

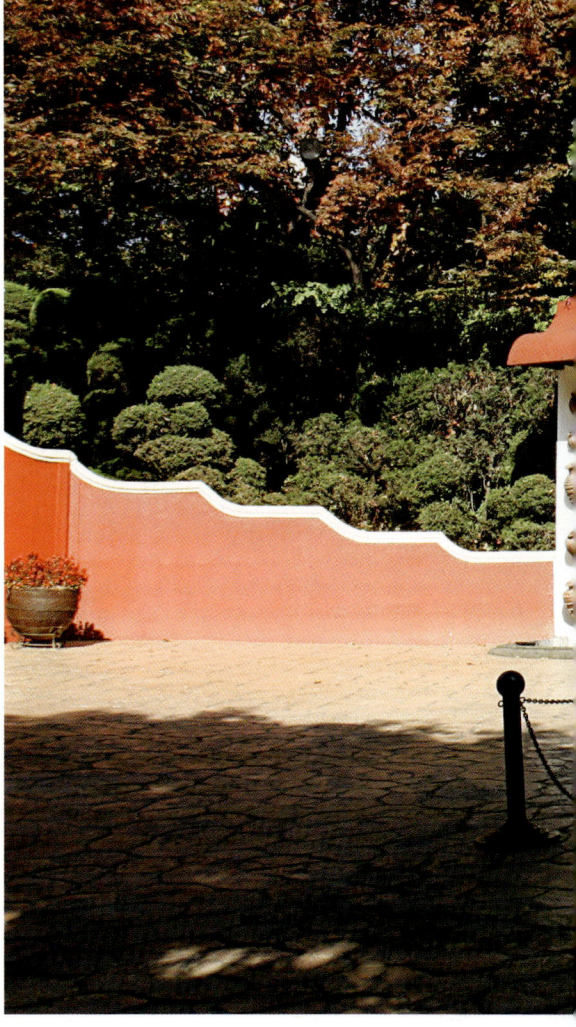

이국적인 풍경이 멋진 중남미문화원이다. 중남미의
문화나 예술은 평소 자주 접해보지 못한 터라 낯선 중
남미 어느 나라에 와 있는 듯한 느낌이다. 붉은색 벽
돌로 쌓아 단단해 보이는 외관이 인상적인 박물관과
미술관, 여유로움이 넘쳐나는 야외 조각공원 등으로
이루어져 있다. 박물관은 중남미 고대의 마야문명에
서부터 현재까지의 다양한 유물을 전시하고 있다. 중
남미 지역은 아메리카 대륙의 남쪽, 멕시코와 카리브
해 연안, 중미의 여러 나라들을 말하는데 마야, 아즈
텍, 잉카문명 등이 이 지역에서 발생한 고대 문명이
다. 1492년 콜럼버스가 아메리카 대륙을 발견하고
이후 서구 문명이 들어오기 전까지 맥을 이어나가던
인디오 문화는 이후 서구 문명과 혼재되면서 독특한
특성을 보이는데, 박물관에서 그 내면을 들여다본다.
몇 개의 전시 공간 중 특히 가면의 방이 인상적이다.
괴기스럽고도 독특한 가면들의 모양에 처음에는 놀
라게 되지만 다시 살펴보면 그 안에 담긴 그들의 정
신 세계를 엿볼 수 있다. 인디오의 전통에 새로 들어
온 종교인 가톨릭이 융화되는 모습이 가면에 담긴 다
양한 문양과 장식 속에 담겨 있다. 박물관 바로 맞은
편의 미술관은 중남미에서 현재 활동하고 있는 대표
작가들의 작품들을 수집해서 전시하고 있는 곳이며,
이곳 1층에 있는 아트숍 또한 현지에서 가져온 수공
예품 등을 전시, 판매하고 있어 볼거리이다. 박물관
과 미술관의 내부 전시물들이 중남미의 문화를 보여

준다면, 야외 조각공원은 중남미의 분위기를 전해준
다. 종교를 주제로 한 작품이 대부분으로 가면에서
본 것과 마찬가지로 그들의 전통 문화가 작품 안에
녹아 있다. 제3세계의 조각 작품을 감상하는 재미도
쏠쏠하지만 곳곳에 놓여 있는 브론즈 의자에 앉아 잠
시 여유를 즐기는 것이야말로 이 박물관을 관람하는
백미이다. 나무 그늘 아래의 의자에 앉아 잠시 쉬다
보면 정말 중남미 어느 곳으로 여행을 온 듯 착각을
하게 된다.

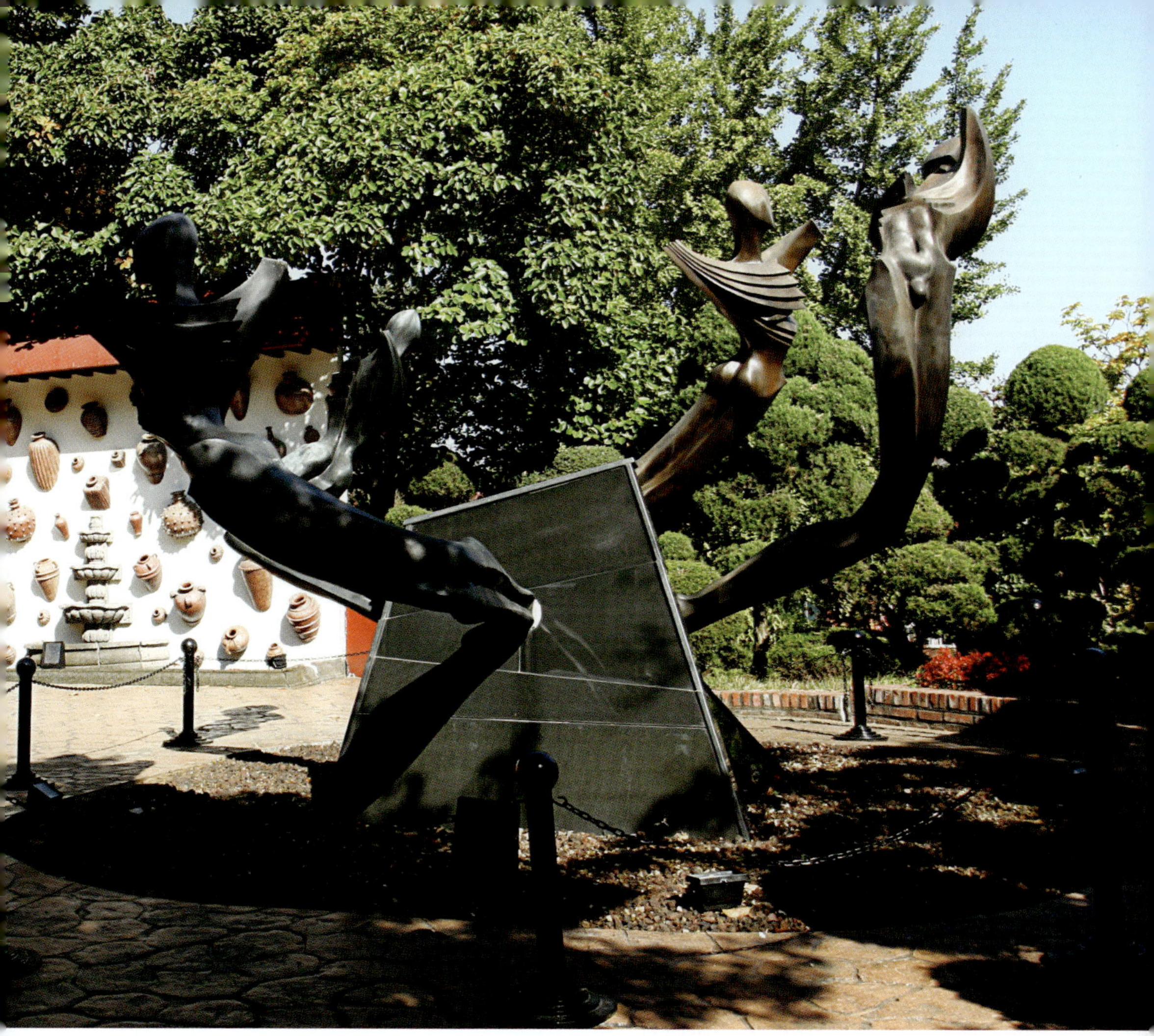

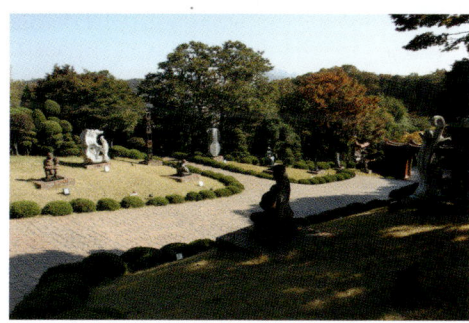

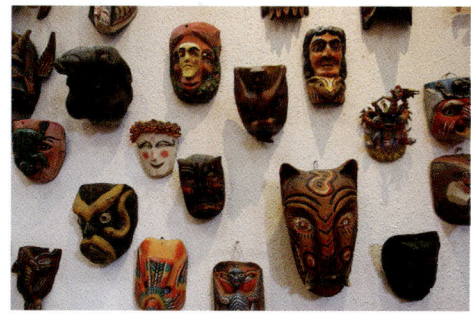

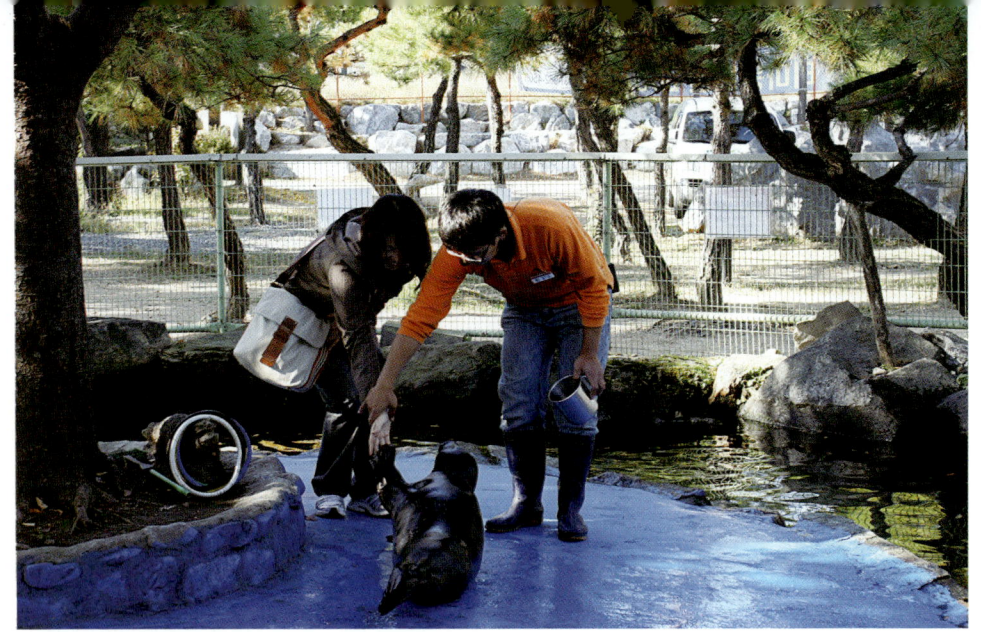

테마동물원 ZooZoo 동물과 친구가 되는 곳

| 위치 | 경기도 고양시 덕양구 관산동 290
　　　경기도 고양시 덕양구 원당로458번길 7-42
| 운영시간 | 11~2월 10:00~20:00, 3~6월/8~10월 10:00~
　　　21:00, 7~8월 10:00~22:00, 연중무휴

▶ MINI DATA
| 입장료 | 있음　　주차 | 가능　　분류 | 전시, 체험시설

주주파크는 관람객과 동물이 어우러지는 공간이다. 동물원의 동물들이 우리 안에 갇혀 있지 않고 자유롭게 다니는 풍경이 낯선데, 다니다 보면 어디선가 갑자기 새가 돼지가 지나가기도 하고, 토끼가 깡총거리며 뒤따르는 풍경이 정말 이곳이 동물원인가 하는 생각을 들게 한다. 체험형 동물원으로 다른 곳보다 훨씬 가깝게 동물들을 만날 수 있게 만들어놓았다. 사람과 동물 사이의 창살을 걷어내 더욱 친밀하게 정서적으로 교감을 할 수 있다. 이곳에서 가장 인기 있는 곳은 파충류관으로 커다란 뱀을 목에 목도리 감듯 감아볼 수 있으니 용기가 있다면 도전해보자. 미끈한 피부와 차가운 그 느낌이 오래 기억에 남는다. 또 조류관이 인기 있는데 바로 사랑새에게 모이주기 체험을 할 수 있기 때문이다. 사육사에게서 모이를 한 움큼 받아서 손을 펼치면 노란색 예쁜 작은 사랑새들이 손바닥 위로 날아와 앉아 모이를 쪼아대는데 처음에는 그 느낌이 어색해 손을 움츠리다가도 잠시 지나면 익숙해지고, 작은 새가 모이를 쪼아 먹는 모습이 귀여워 다시 한 번 모이를 얻어 사랑새를 불러모으게 된다. 그 밖에도 원숭이에게 과일 주는 체험 등이 이곳에는 일상적으로 이루어진다. 시간대별로 다양한 공연과 체험이 펼쳐지니 입장하면서 미리 시간을 확인하자.

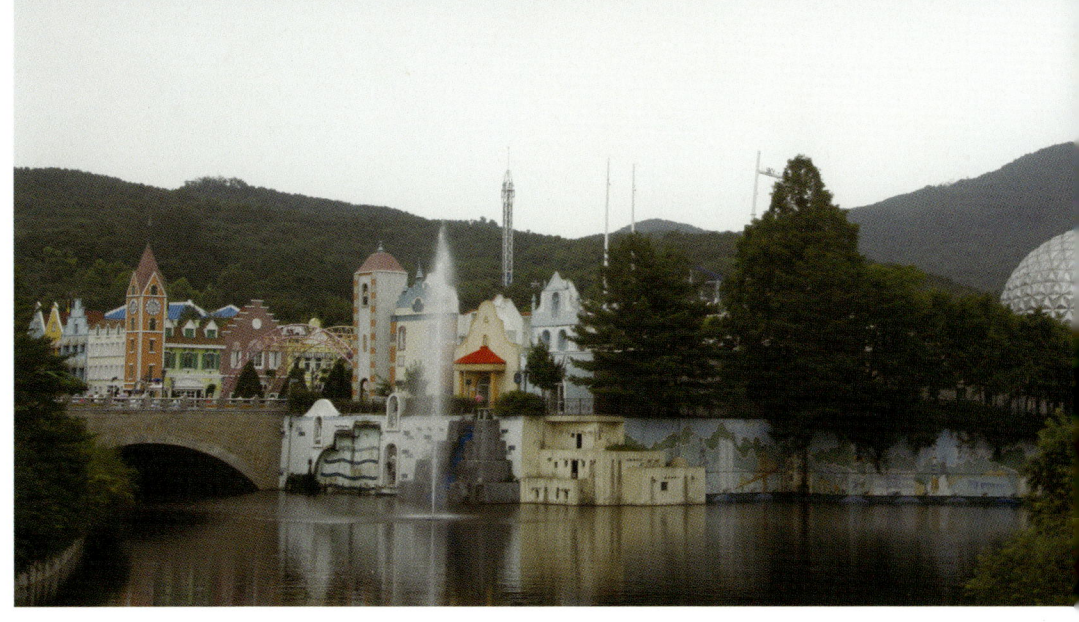

서울대공원 대표적인 종합공원

위치 | 경기도 과천시 막계동 159-1
　　　경기도 과천시 대공원광장로 102
운영시간 | 시설별 이용시간 상이(홈페이지 참조)

▶ MINI DATA
입장료 | 있음　주차 | 가능　분류 | 공원

서울대공원은 국내 최대 규모의 동물원과 온실식물원, 삼림욕장과 자연캠핑장을 갖춘 종합공원으로 총 면적 646ha에 충분한 녹지공간을 갖추고 있어 하루 나들이 코스로 그만이다. 세계지도 모양으로 배치된 아프리카관, 유라시아관, 남북미관, 호주관 등 75개의 사육사에서 총 360여 종 3,000마리가 넘는 동물들이 사육되고 있고, 동물원 안에 자리 잡은 온실식물원에는 총 1,100여 종 3만 7000여 본의 열대·아열대식물이 2.8km² 넓이의 열대·아열대관, 선인장 및 다육식물관, 난·양치류관 등에 나뉘어 전시되어 있다. 동물원 곳곳에 쉼터가 잘 마련되어 있으며 동물원 끝 쪽으로는 청계산에서 내려 온 계곡물이 흐르고 있어 산책하는 기분으로 동물원을 돌아볼 수 있다. 서울대공원을 감싸고 있는 청계산 자락을 따라 조성된 삼림욕장은 울창한 숲을 걸으며 초록의 자연을 그대로 느낄 수 있는 곳으로, 총 6.3km 길이에 4개의 구역으로 나뉘어져 있는데 코스에 따라 50분에서 2시간 정도 삼림욕을 즐길 수 있으며 자연캠핑장은 청계산의 맑은 계곡을 즐기며 취사와 야영을 할 수 있는 공간으로 텐트와 매트, 침낭 등도 대여해주니 하룻밤 묵어 보는 것도 좋은 추억이 되겠다. 어린이동물원은 어린이들이 좋아하는 토끼와 삽살개, 나귀, 일본원숭이, 사슴 등을 가까이서 접할 수 있도록 꾸며져 있어 인기를 얻고 있으며 매일 공연되는 돌고래쇼도 서울대공원의 큰 볼거리다. 공원 안에 국립현대미술관과 놀이공원인 서울랜드가 자리 잡고 있어 볼거리에 더해 놀거리까지 풍부한 나들이를 즐길 수 있다.

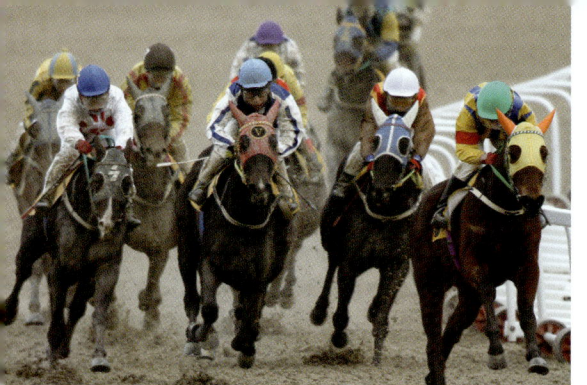

렛츠런파크

즐거운 가족 공원

| **위치** | 경기도 과천시 주암동 685
경기도 과천시 경마공원대로 107
| **운영시간** | 시설별 이용시간 상이(홈페이지 참조),
매주 월/화요일 휴무

▶ **MINI DATA**
| **입장료** | 무료(경마일 유료)   **주차** | 가능   **분류** | 공원

도박으로 여겨지던 경마에 관한 사람들의 인식은 점차 건전한 놀이문화로 바뀌어가고 있다. 한적한 평일 오후를 이용하여 과천의 서울경마공원을 찾아보자. 경주는 주말에만 열리지만 116ha의 너른 공간은 깔끔하게 단장된 놀이공원을 찾은 느낌을 준다. 푸른 잔디의 운동장은 경기와 단체행사에 참여한 사람들의 모습으로 가득하고 각종 편의시설은 혼잡한 유명 공원시설 못지않게 정돈되어 있다. 주말이면 경기가 열리는 대형 트랙을 따라 이어지는 산책로는 호젓한 이야기를 나누기에 좋고 인라인, 자전거 등 운동을 즐기기에도 부족함이 없다. 장미를 심은 정원은 이곳을 더욱 화사하게 만드는 공간이며 마구와 한국마사회의 역사를 정리한 박물관과 승마 체험장 등은 아이들에게 인기 있는 곳이다. 주말에 공원을 찾는다면 가벼운 마음으로 경마를 즐겨보자. 100원부터 시작되는 마권 한 장을 구입하여 경마의 긴장감을 느껴보는 것도 좋다. 가족과 함께 경주마들의 박력 넘치는 질주를 보는 것만으로도 기분이 상쾌하다.

국립현대미술관(과천관)

친절한 설명과 함께 보는 현대 미술

| **위치** | 경기도 과천시 막계동 산58-4
경기도 과천시 광명로 313
| **운영시간** | 동절기 10:00~17:00, 하절기 10:00~18:00,
매주 토요일 10:00~21:00, 매주 월요일 휴무

▶ **MINI DATA**
| **입장료** | 있음   **주차** | 가능   **분류** | 박물관

과천 서울대공원 안에 자리한 국립현대미술관은 총 4,000여 점의 미술 작품을 전시, 소장하고 있다. 한국의 성곽과 봉화대의 전통 양식을 모티브로 해서 화강암으로 만든 외관이 아름답고 내부는 중앙의 램프코어를 이용해 나선형으로 올라가며 각 층의 전시실을 둘러볼 수 있게 만들어진 독특한 구조다. 특히 램프코어 가운데에는 고 백남준의 비디오아트 작품인 '다다익선'이 설치되어 있어 이동과 작품 감상을 동시에 하는 즐거움을 느낄 수 있다. 현대 미술의 흐름을 대표하는 국내외 유명 작품을 전시해 놓은 1층의 원형 전시관을 둘러본 후 제3전시실부터 제5전시실까지 전문 요원의 상세한 작품 설명을 들으며 관람할 수 있고 2층과 3층의 회랑을 지나면서도 다양한 미술 작품을 감상할 수 있다. 청계산 자락의 아름다운 풍광을 마주하고 자리 잡고 있어 굳이 미술관에 들어가지 않더라도 야외 벤치에 앉아 차 한잔 마시고 야외에 전시된 조각 작품을 감상하며 카메라 셔터를 누르는 것만으로도 충분히 만족을 얻을 수 있는 곳이다.

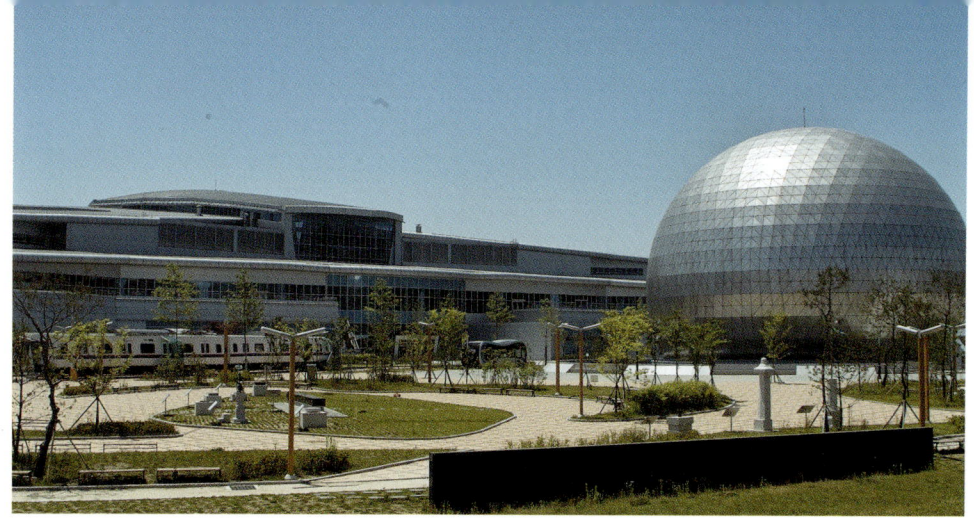

국립과천과학관 오감으로 과학을 체험하는 곳

| 위치 | 경기도 과천시 과천동 758
경기도 과천시 상하벌로 110
| 운영시간 | 과학관 09:30~17:30, 천체관측 14:00~21:00,
방학/주말 13:30~21:30, 매주 월요일 휴관

▶ MINI DATA
| 입장료 | 있음   주차 | 가능   분류 | 박물관

우리나라를 대표할 과학전시관인 국립과천과학관이 개관하였다. 은빛으로 반짝이는 유선형 날개를 가진 멋진 미래형 비행기의 모습으로 세워진 과학관은 규모와 모양에서부터 보는 이들의 시선을 사로잡는다. 전시관은 크게 실내전시관과 야외전시관으로 나누어져 있다. 실내전시관인 본관동 1, 2층은 기초과학관, 어린이탐구체험관, 전통과학관, 자연사관, 첨단기술관 등 9개의 전시관으로 구성되어 있으며, 3층은 과학기술사료관과 실험실이 마련되어 학습과 체험의 기회를 제공하고 있다. 야외전시장 또한 다양한 주제로 전시물들이 갖추어져 있는데 25m 지름의 돔 스크린이 설치된 천체투영관과 대형천체망원경으로 실제 우주를 관찰할 수 있게 하는 천체관측소가 가장 눈에 띄는 시설이다. 살아있는 곤충 표본 등을 볼 수 있는 곤충생태관이 생태공원과 함께 한 편에 자리하고 있으며, 그 밖에도 교통시설물, 지질광장, 공룡광장, 항공·우주 등으로 지어진 전시물들을 야외전시장에서 관람할 수 있다. 눈으로만 보는 것이 아닌, 직접 만지고 작동해보면서 생활 속 과학 원리를 체험해 볼 수 있는 전시물들이 잘 갖추어진 것이 새로 생긴 국립과천과학관의 특징이자 자랑이다. 작동체험형 전시물의 비중이 전체 절반을 넘는데, 기초과학관의 경우 70%, 어린이탐구체험관의 경우 90% 이상을 차지한다. 이러한 전시물들은 아동과 청소년들이 호기심을 가지고 먼저 다가 설 수 있게 하며, 논리적 사고뿐만 아니라 오감으로 과학을 체험하고 이해할 수 있게 도움을 준다. 전시관의 규모와 전시물의 양이 방대하기 때문에 하루에 모두 돌아보기보다는 관심 있는 주제를 정해 해당 전시관을 관람하는 계획을 세우는 것이 좋다. 관람에 도움을 주는 학습지 형태의 자료를 입구에서 판매하며, 천문시설 등 일부 시설은 사전예약 또는 현장예약으로 운영이 되니 홈페이지를 참고하자.

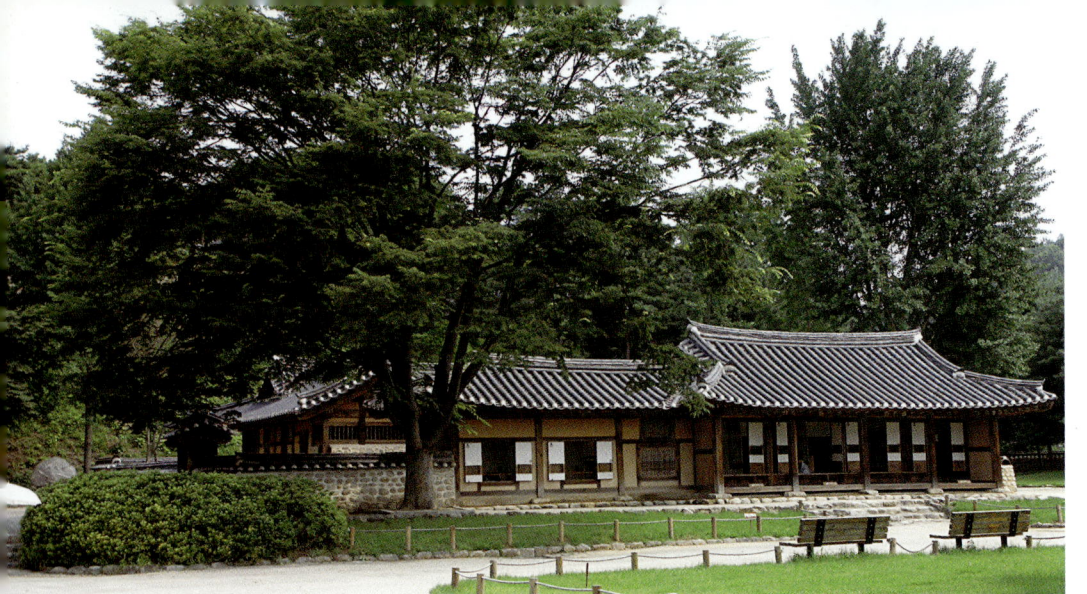

정약용 생가와 묘소 긴 유배 후 돌아와 머문 고향집

| 위치 | 경기도 남양주시 조안면 능내리 94
  경기도 남양주시 조안면 다산로747번길 11
| 운영시간 | 09:00~18:00

▶ MINI DATA
| 입장료 | 없음   주차 | 가능   분류 | 역사, 문화유적

북한강과 남한강이 합쳐져 하나를 이루고 있는 마현
마을은 다산 정약용이 태어난 곳이자, 전라도 강진에
서 18년의 긴 유배생활을 마치고 돌아와 머물던 곳
이다. 정약용은 조선 후기의 대학자로 정조의 총애를
받았던 관료였으나, 당파 싸움과 천주교 박해에 의하
여 그의 젊은 시절 대부분은 한양에서 수백리 떨어진
남도 땅, 강진에서 보내게 된다. 18년 유배 생활 동
안 그곳에서 학문을 꽃피우는데, 다산초당에서 주변
과 교류하며 쌓은 학문적 업적은 우리 역사에 기록될
일이다. 시대를 개혁하고 보다 나은 세상을 향한 꿈
을 담았던 그는 긴 유배 생활을 마치고 태어나고 자
랐던 이곳으로 돌아와 여생을 보내다 생을 마감하였
다. 지금 이곳에는 그가 살았던 집인 여유당, 다산기
념관과 문학관, 다산의 무덤이 함께 있다. 1970년대
홍수로 떠내려간 것을 복원한 집이라 옛 맛이 덜해
관람하면서 아쉬운 마음이지만 고향으로 돌아와 안

식을 얻은 곳임을 기억하면서 둘러본다. 다산기념관
에는 다산의 친필 서한과 그의 대표적인 저서인 「목
민심서」, 「경세유표」 등의 사본이 전시되어 있으며
수원성을 쌓을 때 그가 발명했던 거중기와 녹로가 모
형으로 만들어져 있다. 다산문학관은 다산의 생애와
그의 저술들에 관한 설명을 하고 있는 곳으로 실학을
집대성한 학자로서 500여 권의 저서를 남긴 그의 학
문적 업적을 이해할 수 있는 공간이다. 다산문학관을
둘러본 후 마지막으로 다산의 무덤에 올라보자. 작은
봉분의 무덤이 위대한 학자의 무덤이라 부르기에 초
라한 듯하지만 한강의 도도한 흐름을 바라보며 역사
속의 큰 인물 앞에서 고개를 숙여본다.

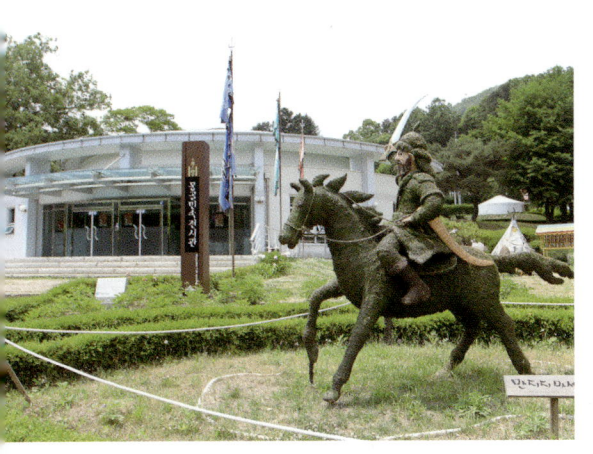
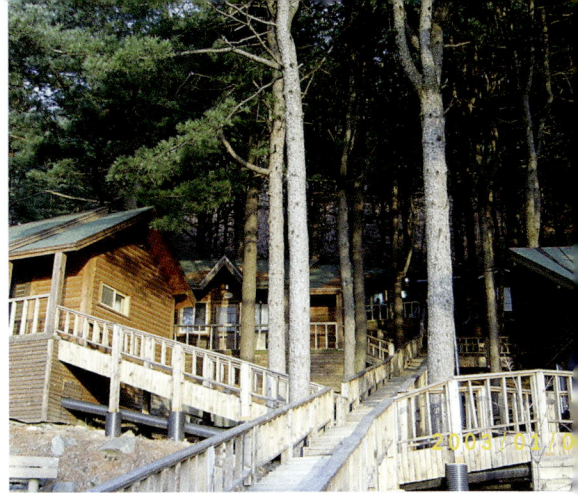

몽골문화촌
최고 수준의 몽골 전통 공연을 즐긴다

| 위치 | 경기도 남양주시 수동면 내방리 250
경기도 남양주시 수동면 비룡로 1635
| 운영시간 | 09:00~18:00, 매주 월요일 휴관

▶ MINI DATA

| 입장료 | 있음   주차 | 가능   분류 | 전시, 체험시설

축령산 자연휴양림
산책하기 좋은 곳

| 위치 | 경기도 남양주시 수동면 외방리 281
경기도 남양주시 수동면 축령산로 299
| 운영시간 | 휴양림 종일, 숙박 14:00~익일12:00, 연중무휴

▶ MINI DATA

| 입장료 | 있음   주차 | 가능   분류 | 숲, 자연휴양림

몽골의 울란바토르시(市)와 협력 관계를 맺고 있는 남양주시가 2000년 조성한 몽골문화 전시 체험관으로 몽골의 전통 가옥인 게르를 가까이서 볼 수 있는 것이 가장 큰 매력이다.

　몽골의 문화 전반에 대해 알아볼 수 있는 몽골문화전시관은 가장 큰 규모의 게르로 몽골에서 직접 가져온 의류와 장신구, 악기, 생활용품 200여 점을 전시해놓았고 숙박체험을 할 수 있도록 꾸며진 게르는 실제 몽골인이 사는 공간과 똑같이 구성되어 있어 하룻밤 묵어가고 싶다는 생각이 들게 된다. 몽골의 민속무용과 나담축제를 관람할 수 있는 공연장에서는 몽골 민속예술공연단의 공연이 펼쳐지고 몽골의 전통적인 교통 수단인 조랑말 사육장에서 승마 체험도 가능하다. 울란바토르시에는 남양주문화관이 건립되어 문화적으로 유사점이 많은 몽골과 한국간의 우호 증진을 위해 애쓰고 있다.

서울에서 가장 가까운 거리에 위치한 자연휴양림이다. 서리산(832m)과 축령산(886m) 사이의 계곡을 따라 자리 잡은 휴양림은 숲 속의 집이라 불리는 통나무 숙박시설에서 자연을 침낭 삼아 하룻밤 묵어도 좋고, 휴양림 산책로를 따라 즐기는 삼림욕이 도시의 공해에 찌든 몸과 마음을 깨끗하게 한다.

　축령산을 상징하는 잣나무 숲과 서리산 정상 주변의 철쭉의 아름다움은 강원도 깊은 오지를 찾은 듯한 느낌을 가지게 한다. 휴양림을 가로지르는 수동계곡의 물줄기는 뜨거운 여름의 더위를 식히는 물놀이 장소로 더없이 좋다. 숲 속의 집에서 편안한 휴식을 취하고 서리산(7km, 2시간 30분 소요)과 축령산(6km, 2시간 소요) 등산을 즐겨보자. 청정 자연을 느끼는 행복한 산행길이다. 숲 해설가와 함께하는 숲 체험 프로그램은 꽃과 나무의 아름다움을 공부하는 일정으로 알려져 있다.

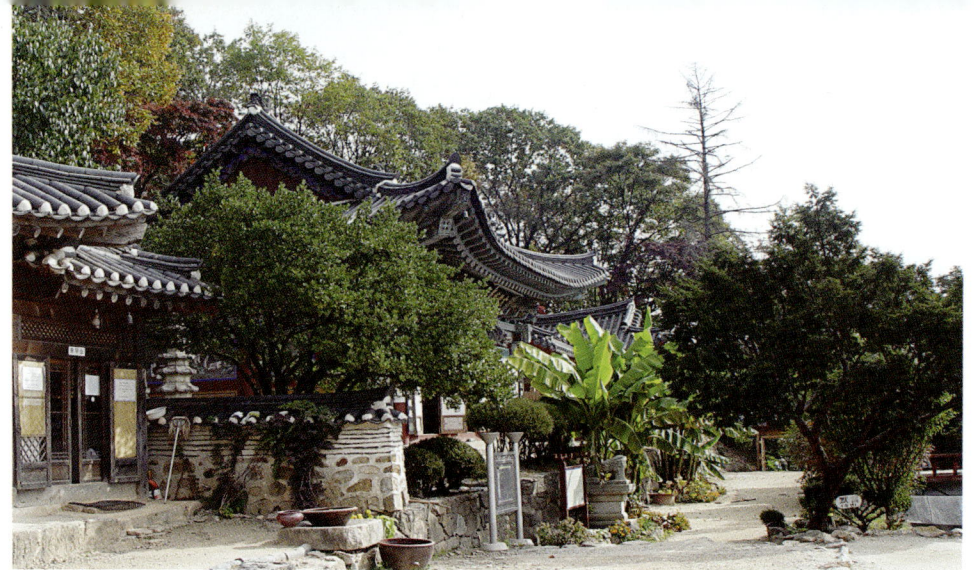

수종사 동방 경관의 일번지

| 위치 | 경기도 남양주시 조안면 송촌리 1060
경기도 남양주시 조안면 북한강로433번길 186
운영시간 | 종일, 연중무휴

▶ MINI DATA
| 입장료 | 없음　　주차 | 가능　　분류 | 불교유적

남한강과 북한강이 만나는 모습은 수종사 앞마당에서 가장 멋진 모습으로 감상할 수 있다. 조선 전기를 대표하는 학자인 서거정이 남긴 수종사를 칭송하는 시조가 아니어도 사람의 마음을 빼앗는 아찔한 아름다움이 있음을 사찰을 찾는 누구라도 느낄 수 있다. 조선 초기에 세워진 사찰은 국왕이 사랑한 장소였다. 피부병을 고치기 위하여 금강산을 다녀오던 세조가 바위굴에서 떨어지는 청명한 종소리의 약수를 발견하고 '수종(水鍾)'이라 이름 지었다는 이곳의 전설은 세조가 심었다고 전해지는 은행나무 두 그루에 담겨 당당하고 넉넉한 모습으로 사실감 있게 다가온다. 남한강과 합류하는 북한강의 끝자락으로 위치하는 운길산(610m) 중턱에 자리 잡은 사찰은 두물머리의 경관을 눈앞에 담아내는 경관과 한 시간가량 이어지는 짙은 숲의 산행길로 아름답다. 산을 지키는 작은 찻집이 자리하는 일주문을 지나 단정한 사찰 입구에 다다르면 아무리 가물어도 마르지 않는다는 약수가 산행에 지친 방문객의 목을 적시고 대웅보전을 중심으로 선불장과 약사전, 응진전 등이 어울리는 경내에는 일명 '수종사 다보탑'으로 불리는 팔각오층석탑과 태종의 부인으로 출가한 정의옹주의 부도가 자리한다. 멋진 경관과 함께 수종사를 유명하게 만드는 곳이 '삼정헌'이라 불리는 경내 다실로 통유리로 시원하게 한강을 조망하며 맛 좋은 약수로 끓여내는 녹차의 맛은 감동적이다. 녹차의 가격은 무료로 자유롭게 담는 시주함에 마음을 담아 시주하듯 넣는 것이 좋겠다. 수종사로 오르는 길은 일주문 입구까지 가파른 포장길이 연결되지만 경사가 매우 급하고 폭이 좁아 위험하다. 운길산 입구에 주차하고 가벼운 산행을 즐기는 것이 편하다. 최근 개통된 지하철을 타고 팔당역에서 내려 예봉산과 운길산을 잇는 등산길을 따라 산행하는 것도 매력 있는 코스다.

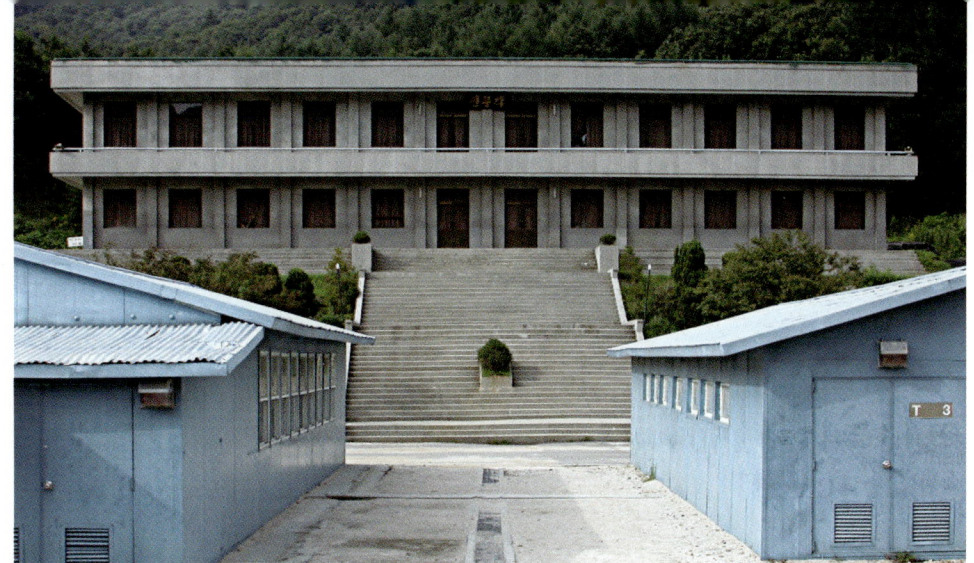

남양주 종합촬영소 한국 영화 제작의 메카

| 위치 | 경기도 남양주시 조안면 삼봉리 192
　　　경기도 남양주시 조안면 북한강로855번길 138
| 운영시간 | 동절기 10:00~17:00, 하절기 10:00~18:00,
　　　　매주 월요일 휴관

▶ MINI DATA
| 입장료 | 있음　　주차 | 가능　　분류 | 전시, 체험시설

한국 영화 제작의 메카로 촬영에서부터 후반 작업까지 영화 제작에 필요한 모든 시설과 장비를 갖추고 있는 대규모 종합촬영소다. 99km² 규모의 야외 세트와 규모별로 6개의 실내 촬영스튜디오와 녹음실, 현상실 등을 갖추고 있으며 최첨단의 디지털 시각효과팀까지 있다. 각종 영화와 드라마, 광고 등 거의 매일 촬영이 이루어지고 있어 여행객을 즐겁게 한다. 2000년부터 일반인들에게 공개되었는데 영화 「공동경비구역 JSA」 등을 촬영한 판문점 세트는 TV로 보던 판문점을 실제로 보는 듯하며, 전통 건물인 운당은 서울 종로구 운니동에 있던 것을 옮겨 복원한 것으로 본채, 안채, 사랑채, 행랑채, 별당, 문간채 등의 건축물과 우물, 장독대, 굴뚝, 사주문, 일각문을 갖춘 조선 후기 서울, 경기 지방의 정통 사대부 가옥이다. 운당과 민속마을 세트에서는 영화 「취화선」이 촬영되었다. 영화 「원더풀데이즈」의 제작 과정을 고스란히 보존한 미니어처

체험관, 영상문화관, 영상원리 체험관, 미니어처 체험 전시관, 법정 세트, 의상실, 소품실 등이 있는 영상지원관에서 다양한 관람 체험 시설을 이용하면서 영화 속의 주인공이 된 듯한 즐거움을 맛볼 수 있다. 5개의 스튜디오는 촬영시설이기 때문에 개인 관람을 할 수 없다. 그러나 영상관에 있는 시네극장에서는 매월 한 편씩 주말마다 무료로 영화를 상영하고 있어 관람객들을 즐겁게 한다.

> ### → 왈츠와 닥터만, 커피는 음악을 타고
> 북한강의 푸른 경관을 배경으로 발갛게 익은 원두의 빛깔을 가진 예쁜 건물이 자리한다. 이색적인 커피박물관과 레스토랑이 함께하는 왈츠와 닥터만은 커피를 공부하고 최고의 맛을 음미할 수 있는 특별한 공간이다. 커피의 역사와 자료, 우리나라에서 유일하게 자란다는 커피 묘목 온실까지 단순한 기호식품에서 정성이 담긴 음식 문화로 수준을 높이는 커피 한잔을 즐겨보자.
> **문의** | 031-576-0020

동구릉
조선의 역사가 담긴 곳

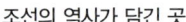 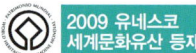

2009 유네스코 세계문화유산 등재

위치 | 경기도 구리시 안창동 66
　　　경기도 구리시 동구릉로 197
운영시간 | 11~1월 06:30~17:30, 2~5월/9~10월 06:00~
　　　　18:00, 6~8월 06:00~18:30, 매주 월요일 휴관

▶ MINI DATA
입장료 | 있음　　주차 | 가능　　분류 | 역사, 문화유적

조선의 국왕과 왕비 등 왕실의 무덤은 '궁궐에서 백리를 넘어서지 않게 한다'는 왕실의 규범집 「국조오례의」의 규정에 따라 모두 현재의 서울 외곽 지역과 경기도 일대에 자리하고 있다(단, 폐왕되어 유배지에서 죽임을 당한 단종의 능인 장릉만이 강원도 영월에 자리한다). 서울의 북동 쪽에 위치한 동구릉은 이름 그대로 아홉 개의 왕릉이 모여 있는 최대 규모의 조선시대 왕릉 집단 군락이다. 검악산 자락의 명당에 위치하는 이곳은 조선의 1대 왕인 태조의 능인 건원릉을 시작으로 5대 문종과 현덕왕후의 현릉, 14대 선조와 의인왕후·인목왕후의 목릉, 16대 인조의 계비 장

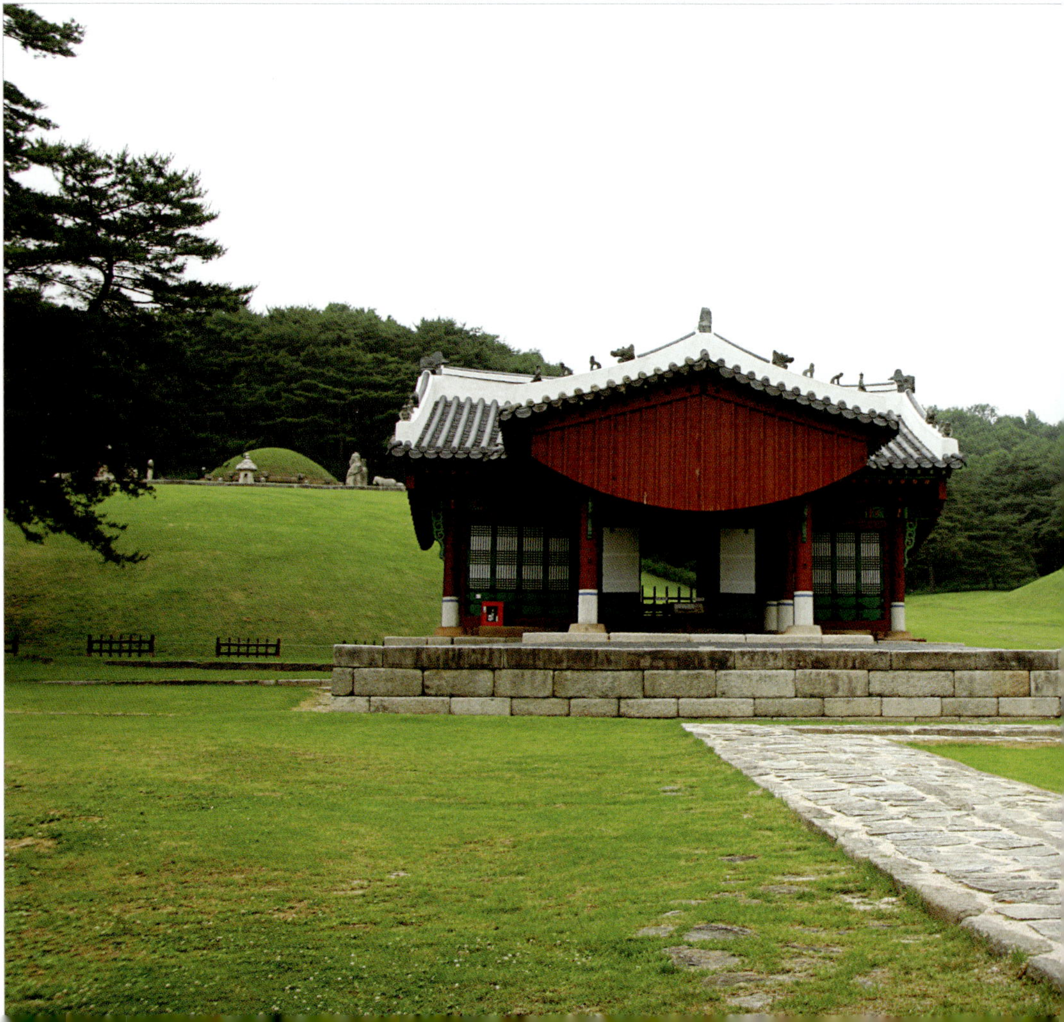

렬왕후의 휘릉, 18대 현종과 명성왕후의 숭릉, 20대 경종의 비 단의왕후의 혜릉, 21대 영조와 정순왕후의 원릉, 23대 순조의 세자인 추존왕 익종과 신정왕후의 수릉, 24대 헌종과 효현왕후 · 효정왕후의 경릉까지 이어진다. 동구릉의 이름도 모셔지는 능의 개수에 따라 동오릉, 동칠릉으로 바뀌어오다 철종 대 익종의 수릉을 마지막으로 모시며 현재의 이름으로 지어졌다. 고려 공민왕의 능인 현정릉을 참고로 해서 만들어진 건원릉에서 「국조오례의」를 통한 조선 전통의 왕실 예법을 확립한 이후의 현릉을 거쳐 전쟁의 막대한 피해가 능의 모습에도 영향이 반영된 목릉까지 조

선 왕릉의 변천사를 한곳에서 비교할 수 있는 소중한 장소다. 전체 165ha로 가장 넓은 왕릉 영역이 되는 이곳은 여느 곳보다 깊고 푸른 숲과 감악산에서 내려오는 개울물이 어우러지는 경관 또한 빼어나 이곳을 찾는 사람들에게 멋진 휴식의 장소를 제공한다.

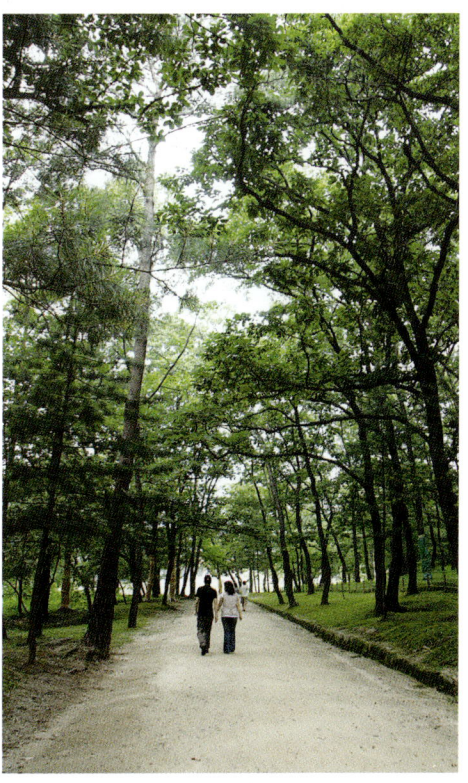

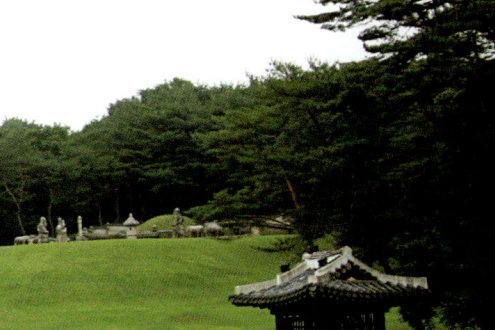

➜ 왕릉의 풍수지리

모든 왕릉이 영혼의 영역으로 여기는 정자각 뒤편 봉분지역을 통제하고 있기에 석물과 곡장 등 능의 자세한 구성을 살펴보기는 어렵다. 하지만 간단한 지식을 가지고 주변을 살펴본다면 더욱 의미 있는 왕릉 탐방이 된다. 왕릉의 위치는 당대에 가능한 최고의 명당을 선택한다. 배산임수(背山臨水)로 표현되는 풍수의 기본 요소를 살펴보고 싶다면 왕릉 주변을 살펴보는 것이 가장 좋은 교과서가 된다. 병풍 역할을 하는 주산을 뒤로하고 좌우로 청룡과 백호의 능선을 두며 앞으로는 완만하게 흐르는 물을 둔다. 왕릉의 정문 역할을 하는 홍살문 주변으로 곧게 자라는 소나무 군락은 왕릉을 호위하는 수많은 신하와 장수들을 의미한다.

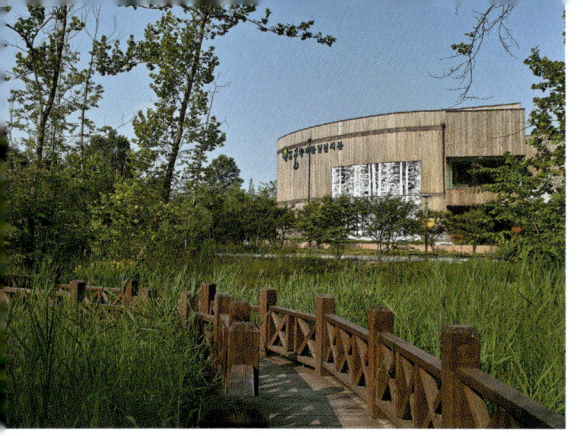

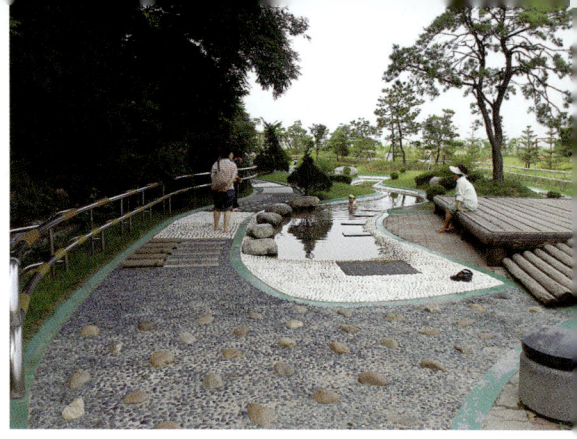

경기도립 물향기수목원
물과 나무의 조화

위치 | 경기도 오산시 수청동 332-4
　　　경기도 오산시 청학로 211
운영시간 | 11~2월 09:00~17:00, 3~5월/9~10월 09:00~
　　　18:00, 6~8월 09:00~19:00, 매주 월요일 휴무

▶ MINI DATA
입장료 | 있음　　주차 | 가능　　분류 | 숲, 자연휴양림

오산시 수청동 경기도 임업시험장 내에 조성된 수목원이다. '물과 나무와 인간의 만남'이라는 주제로 33ha 규모의 부지 위에 16개의 테마원과 부대시설을 갖추어 조성된 작지 않은 규모의 수목원이다. 식물의 특성에 따라 주제별로 나누어진 공간에 1,600여 종의 우리나라 자생식물들이 자라고 있으며 그 안에 다양한 곤충들과 양서류, 다람쥐, 청설모들이 뛰놀고 있다. 나무 데크를 따라 걸어가면서 습지의 모습을 관찰할 수 있는 습지 생태 식물원, 다양한 종류의 수생 식물들이 자라고 있는 수생 식물원을 비롯해 각종 나무들이 자라고 있는 단풍나무원, 한국 소나무원, 향토 예술의 나무원 등이 있고 각종 식물을 다듬어 다양한 동물 모양을 만들어 놓은 토피어리관과 나무로 꾸며진 미로원은 특히 이곳을 찾은 아이들에게 인기 만점이다. 만들어진 지 얼마 되지 않아 울창하진 않으나 수도권에서 가까운 거리에 위치해 있어 녹색 허파와 같은 역할을 하고 있다.

옥구도 도시자연공원
최고의 도심 공원

위치 | 경기도 시흥시 정왕동 876-20
　　　경기도 시흥시 오이도로 58
운영시간 | 종일, 연중무휴

▶ MINI DATA
입장료 | 없음　　주차 | 가능　　분류 | 공원

산업 도시로 이름 높은 시흥을 깨끗하게 정화하는 공기청정기 같은 공원이다. 서해안 해안 초소가 배치되어 최근까지 민간인들의 출입이 통제되었던 옥구도 지역은 시흥 신도시 개발과 함께 매립되어 육지가 되었다. 매립되었던 16.5ha의 옥구도 지역을 인공의 손길로 다듬어 2000년 개장했다. 자연적인 모습 그대로의 아름다움에 편리함을 갖춘 멋진 도시공원이다. 수목원과 민속생활도구 전시관 등이 자리하는 고향동산과 통나무 교실을 갖추고 하루 2회 계절별, 주제별 자연현장학습을 실시하는 숲 속 교실, 습지의 연꽃과 야생화를 관찰하는 산책로로 나뉘는 공원은 산 정상에 올라 바라보는 인천 앞바다와 시화방조제의 경관과 함께 푸른 자연의 아름다움으로 가득하다. 눈 내리는 겨울날이면 백색으로 단장되는 공원의 모습 또한 특별하다.

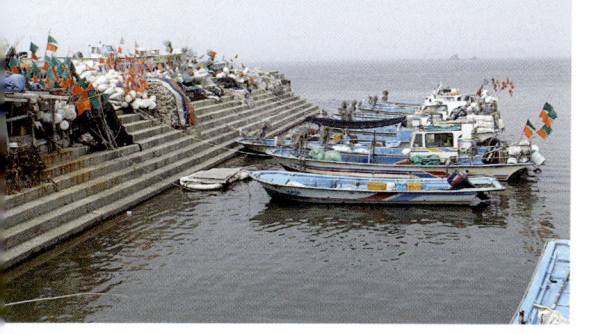
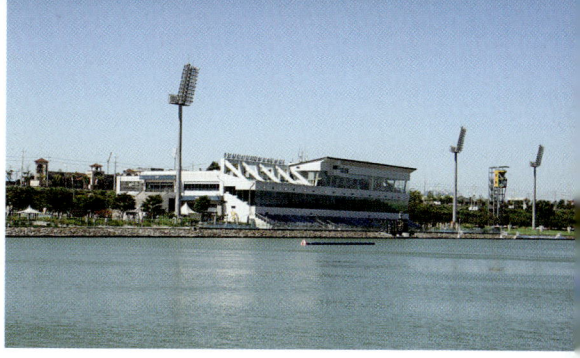

오이도

서해를 담는 경관

| 위치 | 경기도 시흥시 정왕동 오이도
　　　　경기도 시흥시 뒷방울길 80 일대
| 운영시간 | 종일, 연중무휴

▶ MINI DATA
| 입장료 | 없음 　주차 | 가능 　분류 | 바다, 섬

'까마귀의 귀' 라는 재미있는 의미를 지닌 이곳은 육지와 연결된 섬 아닌 섬이다. 일제 강점기인 1922년 군수용 소금의 채취를 위하여 제방으로 육지와 연결된 이후 서해안의 이색적인 관광지로 자리 잡았다. 오이도와 대부도를 연결하는 12.7km 동양 최대 길이의 시화방조제 건설 이후 갯벌의 오염으로 사람들의 발길이 멀어졌으나 정화 공사를 마친 시화호와 방조제가 예전의 청정함을 되찾으면서 맛과 경관을 즐기는 명소로 다시 태어났다. 2003년 개장한 대규모 종합어시장을 중심으로 하는 오이도의 먹거리는 서해 바다의 넓은 갯벌에서 채취한 조개구이와 바지락이 듬뿍 담긴 칼국수가 유명하다. 시화방조제 전망대와 기념관으로 연결되는 방조제 위의 도로는 막힘 없이 직선으로 연결되는 환상의 드라이브 코스로 바다 위를 달리는 듯 멋진 경관을 감상할 수 있으며 인라인 스케이트나 자전거를 이용할 수 있는 전용도로가 나란히 조성되어 있다. 선착장 인근의 갯벌체험과 바다를 물들이는 서해의 붉은 낙조는 오이도의 추억을 만드는 멋진 경관이다.

미사리 조정경기장

수면 위를 달려보자

| 위치 | 경기도 하남시 미사동 3-1
　　　　경기도 하남시 미사대로 505
| 운영시간 | 동절기 08:00~18:00, 하절기 평일 07:00~
　　　　　18:00, 주말/공휴일 07:00~19:00, 연중무휴

▶ MINI DATA
| 입장료 | 있음 　주차 | 가능 　분류 | 공원

88서울올림픽을 개최하며 만들어진 조정경기장은 거침없는 경관이 특별하고 대단하다. 2.2km가 넘는 길이와 140m의 폭을 가진 굴곡 없는 직선의 인공호수는 바라보는 사람의 마음을 시원하게 만든다. 카누라는 작은 배를 저어 가는 조정 경기를 진행하는 물 위의 운동장은 조금씩 새롭게 단장되어 너른 주변으로 울창하게 우거진 숲을 사람들의 휴식공간으로 제공한다. 크고 작은 운동장과 휴게시설이 체육활동에 좋고 호수 주변을 두르는 트랙을 따라 조깅을 즐기거나 자전거, 인라인 스케이트를 즐기는 사람들이 많다. 잔디공원에서 열리는 다양한 야외전시와 공연은 이곳을 흥미롭게 만들고 매주 수·목요일 고속으로 질주하는 모터보트의 시원한 모습을 볼 수 있는 경정 경기는 미사리 조정경기장의 특별한 볼거리이다. 경기장 주변 도로를 따라 모여 있는 멋진 카페와 레스토랑은 통기타 생음악으로 추억 속 노래들을 즐길 수 있는 곳이다. 연인과, 가족과 함께하는 나들이 장소로 더없이 좋은 코스가 된다.

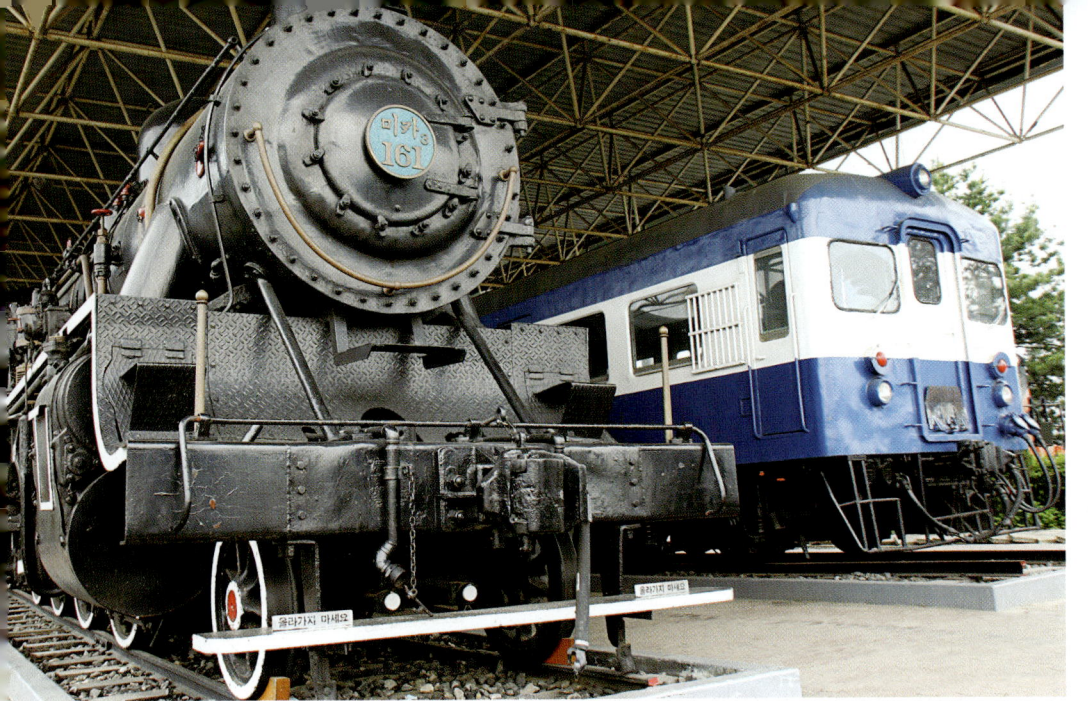

철도박물관 칙칙폭폭~ 우리나라 철도에 대하여 알아보자

| 위치 | 경기도 의왕시 월암동 374-1
　　　경기도 의왕시 철도박물관로 142
| 운영시간 | 동절기 09:00~17:00, 하절기 09:00~18:00,
　　　매주 월요일/공휴일 다음날 휴관

▶ MINI DATA
| 입장료 | 있음　　주차 | 가능　　분류 | 박물관

철도박물관은 우리나라 철도의 역사와 함께 기차의 원리와 시설 등의 내용을 전시해 놓은 박물관이다. 야외에 설치된 기차들과 넓은 마당의 여유로운 분위기는 전철 타고 찾아 가는 한나절 나들이로 좋은 곳이다. 100년이 넘는 우리나라 철도 역사에서 1899년에 노량진과 인천 사이를 오가는 깃이 최초의 열차운행이었으며 2004년 KTX가 개통되면서 서울과 부산을 두 시간대에 주파하며 철도의 새로운 역사를 열었다. 철도박물관은 철도의 역사를 알려주는 철도역사실, 철도의 역사와 함께 점차 발달해온 기차를 보여주는 철도차량실, 기차 못지 않게 철도 운행에 중요한 시설인 철로와 전기시설, 신호기 등의 동작원리와

작동을 이해시켜 주는 전기·신호통신실 등으로 이루어져 있다. 기관사 자리에 앉아 철도를 운행해볼 수 있으며, 버튼을 누르면 차단기가 '딩동' 소리를 내며 내려오는 등의 체험을 할 수 있다. 실내전시장보다 야외전시장의 전시물들이 흥미롭다. 증기기관차와 수인선 협궤열차, 옛날 통일호와 무궁화호의 객차에서 비둘기호까지 지금은 추억이 되어버린 여러 기차들이 전시되어 있다. 오래된 기차들이지만 보존 상태가 좋은 편이라 드라마나 영화에서 옛 기차가 배경으로 나오는 장면이 필요할 때 이곳에서 자주 촬영한다고 한다.

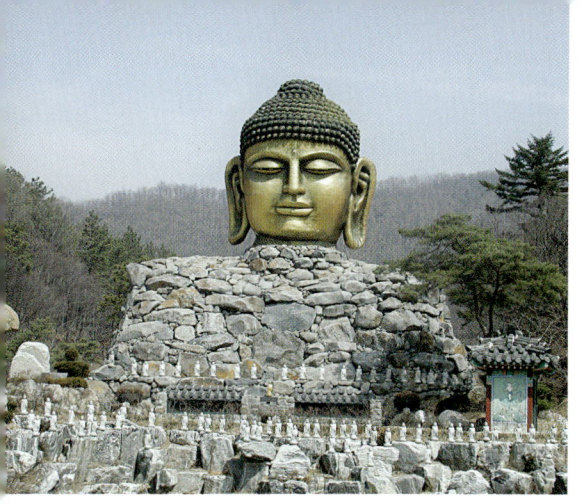
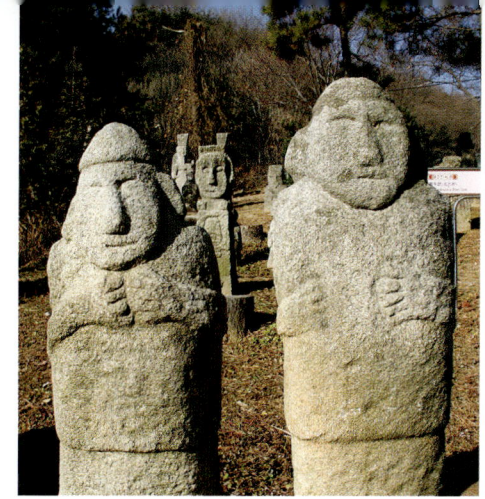

와우정사
세계 최대 크기의 와불을 모신 곳

| 위치 | 경기도 용인시 처인구 해곡동 224-1
경기도 용인시 처인구 해곡로 25-15
| 운영시간 | 종일, 연중무휴

▶ MINI DATA
| 입장료 | 없음　주차 | 가능　분류 | 불교유적

대한 불교 열반종의 총 본산으로 1970년 실향민인 해월 삼장법사가 민족 화합의 염원을 담아 세운 사찰이다. 누워 있는 부처상인 와불(臥佛)과 철로 만든 불두(佛頭)로 유명하다. 영국 기네스북에 세계 최대 크기로 기록되어 있는 와불은 인도네시아에서 들여온 향나무를 깎아 만든 것으로 길이가 12m, 높이가 3m에 이른다. 절 입구에 돌로 불단을 쌓고 그 위에 모셔 놓은 높이 8m의 불두는 차차 시주가 모이면 전체를 완성시킬 예정이다. 세계 각국의 크고 작은 불상들을 전시해 놓은 세계만불전, 백두산과 히말라야, 불교성지 등에서 가져온 돌과 세계적인 고승들, 불교 신자들이 가져온 돌을 쌓아 만든 통일의 탑도 흥미롭다. 여느 사찰과는 달리 마치 공원처럼 꾸며진 와우정사는 일반인들에게도 많은 볼거리를 제공해주는 곳이다.

세중박물관
돌이 들려주는 이야기

| 위치 | 경기도 용인시 처인구 양지면 양지리 산7-2
경기도 용인시 처인구 양지면 양대로 155
| 운영시간 | 동절기 09:00~17:00, 하절기 09:00~18:00,
연중무휴

▶ MINI DATA
| 입장료 | 있음　주차 | 가능　분류 | 박물관

우리 조상들의 숨결을 느낄 수 있는 돌 조각품을 전시한 박물관이다. 2000년 개관한 개인 박물관이지만 18km²의 부지 위에 총 14개의 전시관을 갖추고 10,000여 점에 이르는 다양한 석물(石物)들을 전시하고 있다. 전통 문화의 우수성과 자연의 숨결을 함께 느낄 수 있는 박물관은 솟대를 비롯해 다양한 장승들이 서 있는 장승관, 사람의 다양한 표정을 돌로 표현한 벅수관, 사대부의 묘를 복원해 놓은 사대부묘관과 문인석과 무인석, 동자석을 전시한 석인관, 지방관, 동자관을 비롯해 민속신앙과 관련된 유물을 전시한 민속관, 불상, 석탑, 부도 등의 불교 유물을 전시한 불교관 등으로 구성되어 있다. 14개에 이르는 전시관을 둘러보면 우리 선조들의 삶의 애환이 서린 돌 조각에서 민족적 자긍심을 느낄 수 있어 자녀들과 함께 문화탐방을 원하는 여행객들에게 인기 높은 여행지다.

한택식물원

야생식물의 천국

위치 | 경기도 용인시 처인구 백암면 옥산리 365
경기도 용인시 처인구 백암면 한택로 2
운영시간 | 09:00~일몰, 연중무휴

▶ **MINI DATA**
입장료 | 있음 주차 | 가능 분류 | 숲, 자연휴양림

1979년 이택주 원장이 개인의 힘으로 개원한 한택식물원은 용인시 백암면 옥산리 66ha의 드넓은 비봉산 자락을 아름다운 식물들의 천국으로 만들어놓은 곳이다. 멸종 위기의 희귀 식물에서부터 여느 곳에서나 흔하게 볼 수 있는 들꽃까지 9,000여 종의 식물들이 살아가는 국내 최대의 식물원이다. 사설 식물원으로는 유일하게 희귀 멸종 위기 식물의 보전 지역으로 지정받았다. 단순하게 많은 식물들이 살아가는 모습뿐 아니라 주제를 가진 분류와 시설로 더욱 깔끔한 모습이다. 매표소 옆 가든센터에서는 이곳의 사계를 담은 영상물을 상영하고 있으니 식물원을 돌아보기

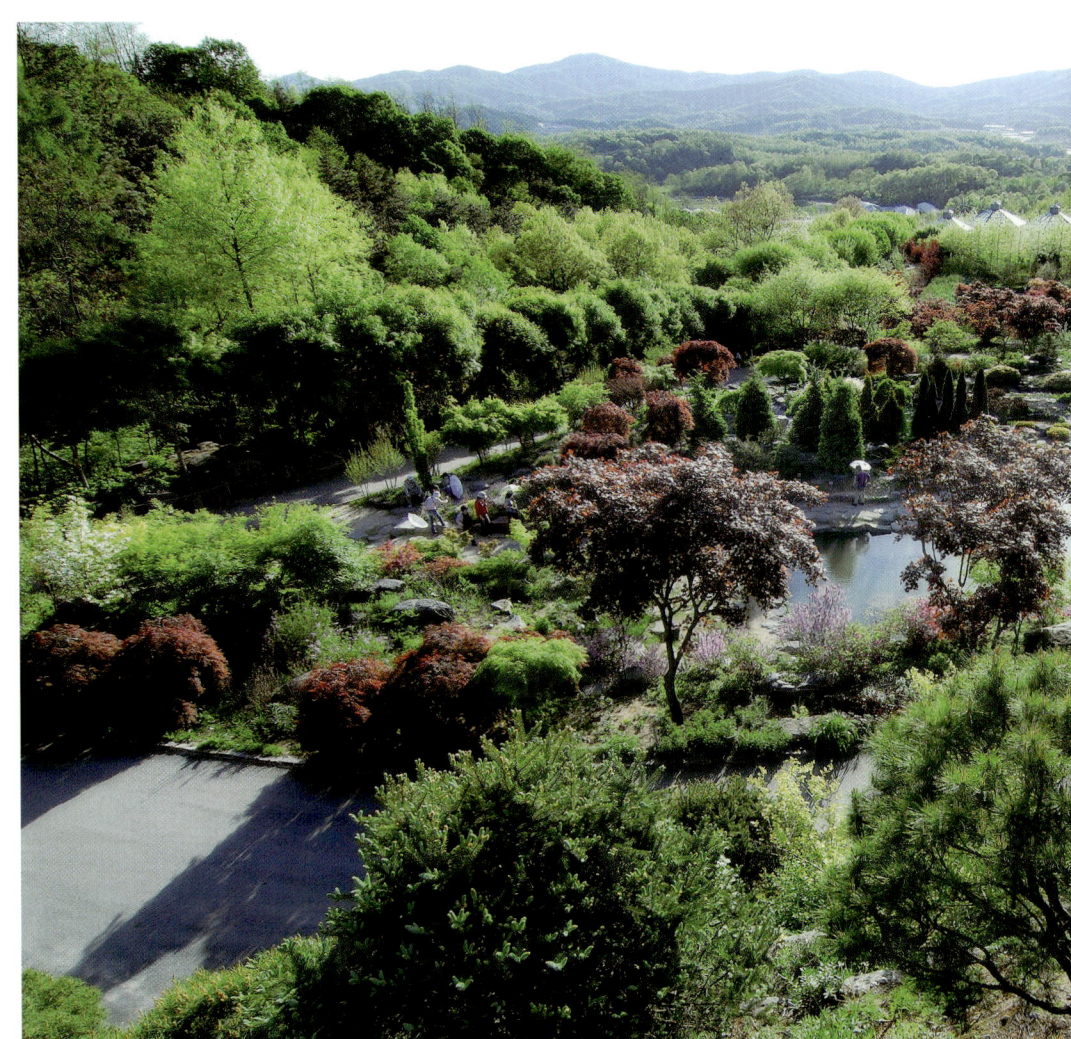

전 지나치지 말고 관람하고 가자. 가든센터에서 나와 이정표를 따라가면 계곡 길을 따라 꾸며진 자연생태원을 만나게 되는데 이곳은 한택식물원의 핵심으로 1,000여 종의 자생식물이 그 특성에 맞게 심겨 있어 봄이면 법정보호군락인 깽깽이 군락, 금낭화 군락, 매미꽃 군락을, 여름이면 산수국 군락과 맥문동 군락을 만날 수 있다. 계곡을 한 바퀴 돌아나오면서 고산식물원, 수생식물원, 약용식물원 등을 둘러보게 되는데 특히 우리나라에서 유일하게, 『어린왕자』에 나오는 바오밥나무를 만날 수 있는 호주관과 아름드리 산수유 나무길을 지나 10여 종의 억새와 개미취,

Photo by 한택식물원

마타리 등 가을산의 축소판으로 꾸며진 억새원은 놓치지 말아야 할 명소다. 사진촬영은 할 수 있지만 식물들을 손상시킬 수 있는 삼각대는 가지고 들어갈 수 없다.

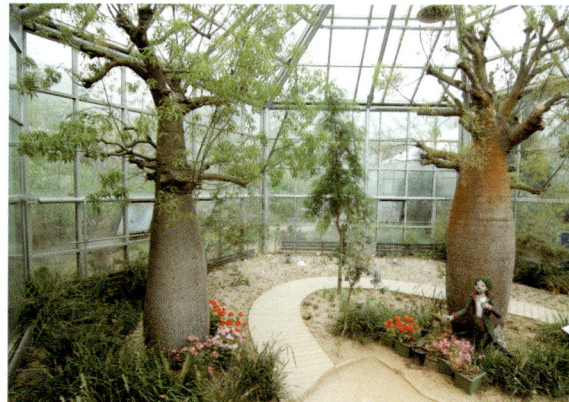

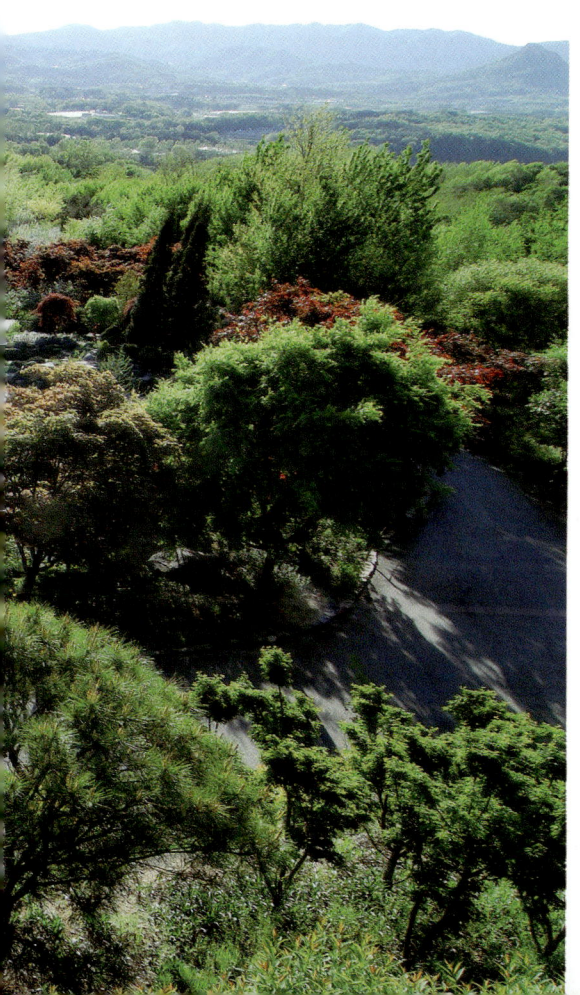

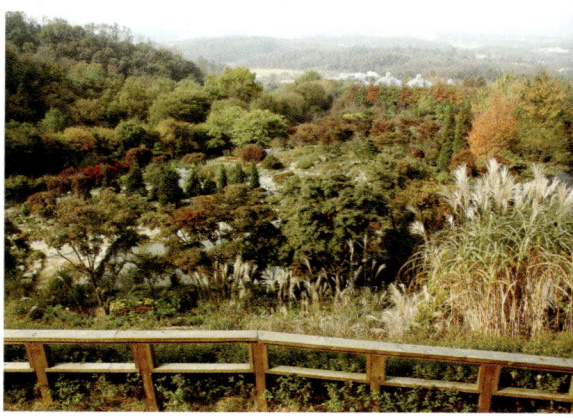

→ **백암 순대, 순대의 지존**

속초 아바이마을, 천안 병천 등 유명 순대 요리 고장이 있지만 용인시 백암면 순대를 빼놓으면 아쉽다. 백암5일장으로 시작된 순대의 맛은 경기도 최대 돼지 사육지역인 이 지방의 신선한 재료로 더욱 맛이 좋다. 돼지 창자에 숙주 등 신선한 야채와 두부를 단단히 채워 만들어내는 전통음식으로 담백하고 시원한 국밥 맛이 그만이다. 옛맛 그대로의 깍두기 한 조각을 얹은 맛은 상상만으로 군침이 돈다. 중심가에 네다섯 곳의 유명식당이 있다.
문의 | 031-332-4608(제일식당)

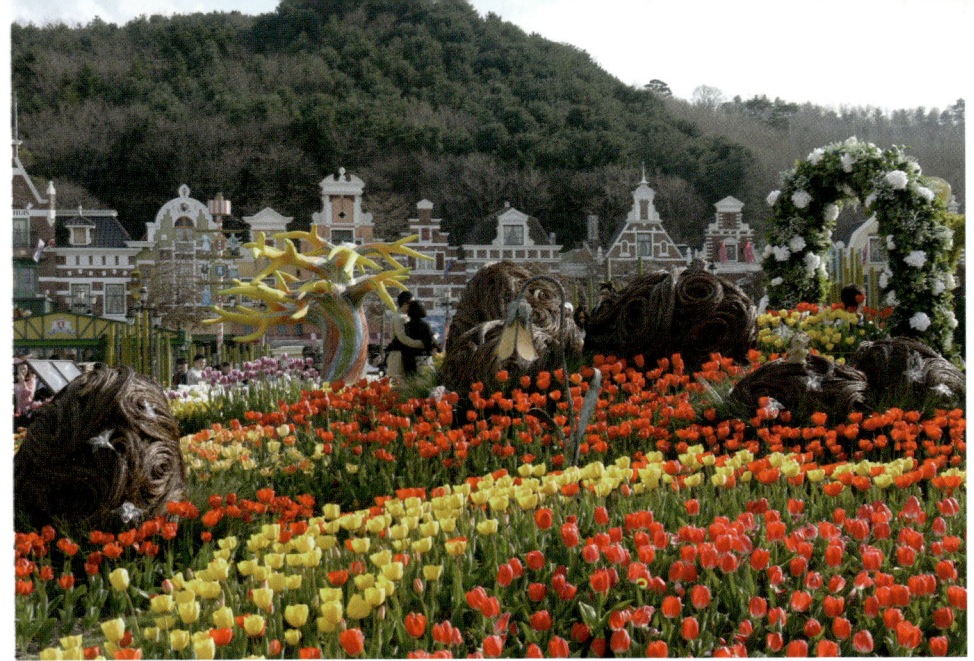

에버랜드 365일 신나는 가족 놀이공원

위치 | 경기도 용인시 처인구 포곡읍 전대리 310
경기도 용인시 처인구 포곡읍 곡현로 76
운영시간 | 09:30~22:00(현장상황에 따라 변동 가능)

▶ MINI DATA
| 입장료 | 있음   주차 | 가능   분류 | 공원

1년 내내 신나는 축제가 펼쳐지는 가족 놀이공원이다. 서울 시내와 근교에 있는 놀이공원에는 어드벤처형으로 스릴감 있는 놀이 시설이 많은 반면 에버랜드는 아이가 있는 가족이 함께 이용할 수 있는 시설물과 볼거리가 많은 것이 특징이다. 주변으로 국내 최대의 실내 풀인 캐리비안베이, 레이싱파크 스피드웨이, 유명 미술 작품과 우리의 소중한 문화유산을 전시하는 아름다운 집인 호암미술관과 자동차에 관한 모든 것을 알려 주는 교통박물관 등이 있어 다양한 체험과 문화를 즐길 수 있다. 에버랜드는 신 나고 짜릿한 놀이기구들이 모여 있는 아메리칸 어드벤처, 아이들과 어른들이 함께 이용할 수 있는 이솝 빌리지, 놀이공원의 상징인 회전목마와 대관람차가 있는 매직랜드, 장미원, 포시즌스 가든과 1년 내내 꽃이 피고 지는 아름다운 정원을 가꾸고 있는 유러피안 어드벤처, 사파리월드로 여행을 떠나는 주토피아 등의 구역으로 나누어져 있다. 워낙 다양한 놀이기구와 휴게시설 등이 있어 하루에 모두 돌아볼 수 없을 정도다. 가기 전에 홈페이지 등을 참고하여 미리 계획을 세우도록 하자. 또 숙소를 운영하는데 통나무집인 홈브리지와 유스호스텔이 있으니 놀이공원에서 1박을 계획해도 되겠다.

➔ 우든코스터 T-익스프레스, 최고의 스릴감

최고의 스릴감을 느낄 수 있는 롤러코스터인 T-익스프레스. 레일과 차량을 제외한 구조물이 나무로 만들어진 우든코스터로 56m 고공에서 77°의 각도로 시속 100km로 낙하할 때 느끼는 짜릿한 기분은 국내 최고라 할 만하다. 1.6km에 달하는 국내 최장 길이로 웅장한 구조이지만 나무로 만들어져 느낌이 독특하다.

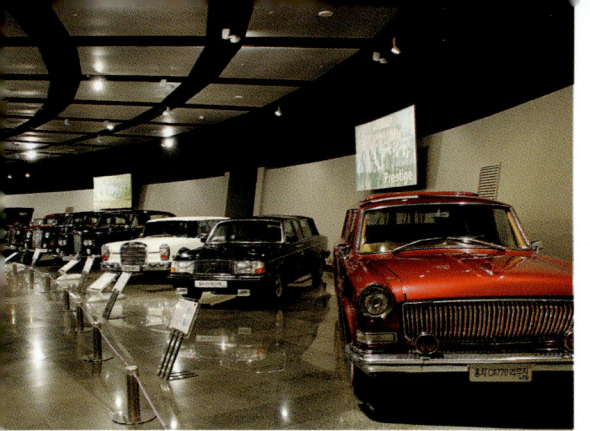
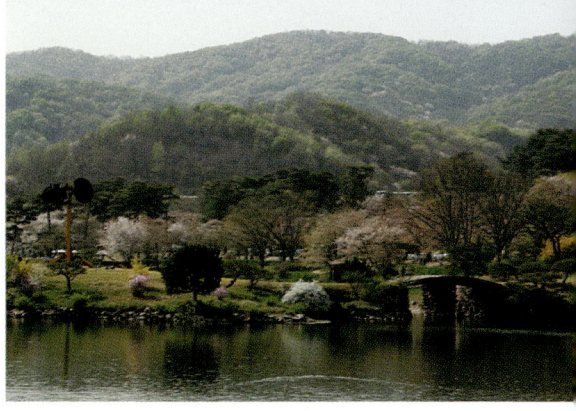

삼성화재 교통박물관

자동차의 천국

| 위치 | 경기도 용인시 처인구 포곡읍 유운리 432
경기도 용인이 처인구 포곡읍 에버랜드로376번길 171
| 운영시간 | 동절기 10:00~17:00, 주말/공휴일 10:00~
18:00, 하절기 10:00~18:00, 매주 월요일 휴관

▶ MINI DATA

| 입장료 | 있음　주차 | 가능　분류 | 박물관

19세기의 마차에 이어 20세기 새롭게 등장한 자동차는 단순한 교통수단이 아니다. 문화와 산업의 혁명에 가까운 변화를 상징한다. 1950년대 미군 군용 트럭의 부속과 철판을 뜯어 만든 시발택시로 시작한 우리나라의 자동차 산업은 경제의 고도성장을 이끄는 상징 산업으로 엄청난 속도의 발전을 거듭하였다.

　에버랜드 뒤편의 한적한 공간에 자리 잡은 박물관은 세계 역사 속의 명차들과 스포츠카 등의 특수 고급 차량, 시발택시와 포니로 상징되는 한국의 클래식 차량까지 다양한 자동차들이 전시되고 있다. 자동차 마니아들을 감동시킬 만한 1, 2층의 전시장과 엔진 등 차량구조를 자세하게 살필 수 있는 체험 공간, 어린이에게 자동차의 원리와 의미를 가르쳐주는 자동차나라 등 전시장은 자동차에 의한, 자동차를 위한 공간이다.

호암미술관

예술이 되는 정원

| 위치 | 경기도 용인시 처인구 포곡읍 가실리 산12-8
경기도 용인시 처인구 포곡읍 에버랜드로562번길 38
| 운영시간 | 10:00~18:00, 매주 월요일 휴관

▶ MINI DATA

| 입장료 | 있음　주차 | 가능　분류 | 박물관

평생을 공들여 수집한 작품들을 이렇게 아름다운 공간에 전시할 수 있다면 재산의 유무를 막론하고 세상에 무엇인가를 남기는 기쁨으로 행복할 것 같다. 우리나라 최초의 사립미술관으로 1982년에 문을 연 호암미술관은 삼성그룹의 창업자인 호암 이병철 선생이 수집한 1,200여 점의 유물을 전시하는 공간이다. 도자기와 공예품 중심의 소장품은 모두 보물급 이상의 가치를 인정받는 최고의 작품들이다. 미술관의 아름다움은 단순한 전시물에 국한되지 않는다. 호수와 벚꽃나무가 이어지는 가로수를 따라 진입하는 길은 우리나라 전통정원의 깊은 아름다움을 느끼게 하는 희원으로 연결된다. 연못과 뜰이 어우러지는 정원은 화려한 빛깔의 공작새가 자유롭게 거니는 환상적인 장소이다. 정원을 둘러보는 것만으로도 마음의 휴식을 느낄 수 있는 공간이다. 전시관에서 운영하는 교육 프로그램과 전시안내를 이용하는 것은 미술품을 더욱 즐겁게 바라보는 방법이 될 것이다.

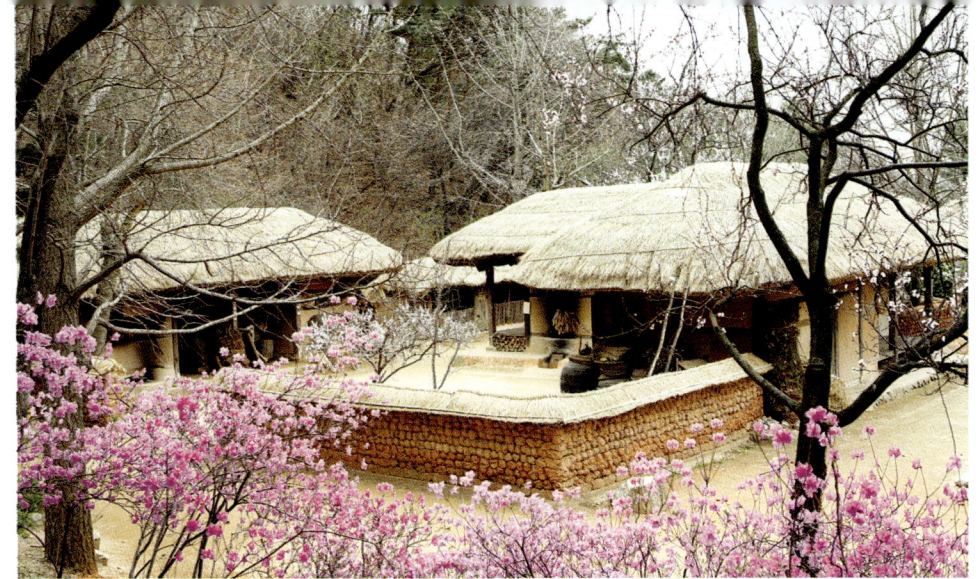

한국민속촌 우리나라의 민속이 한자리에

| 위치 | 경기도 용인시 기흥구 보라동 35
　　　　 경기도 용인시 기흥구 민속촌로 90
| 운영시간 | 11~1월 09:30~17:30, 2~4월/10월 09:30~
　　　　 18:00, 5~9월 09:30~18:30(주말 30분 연장)

▶ MINI DATA

| 입장료 | 있음　　주차 | 가능　　분류 | 전시, 체험시설

조선시대 후기의 생활상을 그대로 재현해놓은 한국 고유의 민속 전시관으로 1974년에 개장했다. 약 99ha의 대지 위에 기와집과 초가집이 어우러진 모습은 타임머신을 타고 과거로 날아간 듯하다. 한국민속촌의 가장 큰 자랑은 270여 동에 이르는 전통 가옥으로 지방별로 특색을 갖춘 민가에 당시의 생활 모습을 그대로 옮겨놓은 것이다. 지방별로 남부, 중부, 북부, 섬 지방에 이르기까지 각 지역의 특징을 잘 보여주는 서민 가옥과 양반 가옥을 복원해놓았으며 옛 지방 행정기관이었던 관아를 비롯하여 교육기관이었던 서원과 서당, 의료기관이었던 한약방, 토속종교 건축물인 사찰과 서낭당, 점술집 등도 볼 수 있다. 다양하게 꾸며진 저잣거리도 볼거리이다. 전통 가옥과 풍속이 한곳에 모여 있는 한국민속촌에서는 각종 드라마와 영화의 촬영이 이루어지고 있는데 사극 영상관에는 한국민속촌에서 촬영되었던 각종 영화와 드라마를

정리해놓았으며 용상 체험, 효과음 체험, 폐가 체험, 옥사 체험 등 다양한 체험거리를 마련해 놓았다. 이 밖에도 우리나라 고유의 세시풍속과 관혼상제, 민속놀이, 농사법과 음식문화에 대해 알 수 있는 전통 민속관과 각 대륙과 나라별로 고유한 문화를 접할 수 있도록 전세계에서 수집한 3,000여 점의 유물들을 전시해놓은 세계민속관, 박물관, 미술관 등도 둘러볼 수 있다. 도심에서는 접하기 힘든 야생화들이 자라고 있는 야생화 정원과 다양한 전시물들도 볼 수 있으며 줄타기, 마상무예, 농악 등이 펼쳐지는 공연 마당이 함께 있어 나이 지긋한 어르신들은 정감 어린 옛 향수에 빠져들고 어린이들은 우리 선조들의 생활상과 지혜를 간접 경험하는 학습장이 되어 준다. 눈썰매장, 놀이동산, 도깨비집 등 다양한 놀이시설도 갖추고 있다.

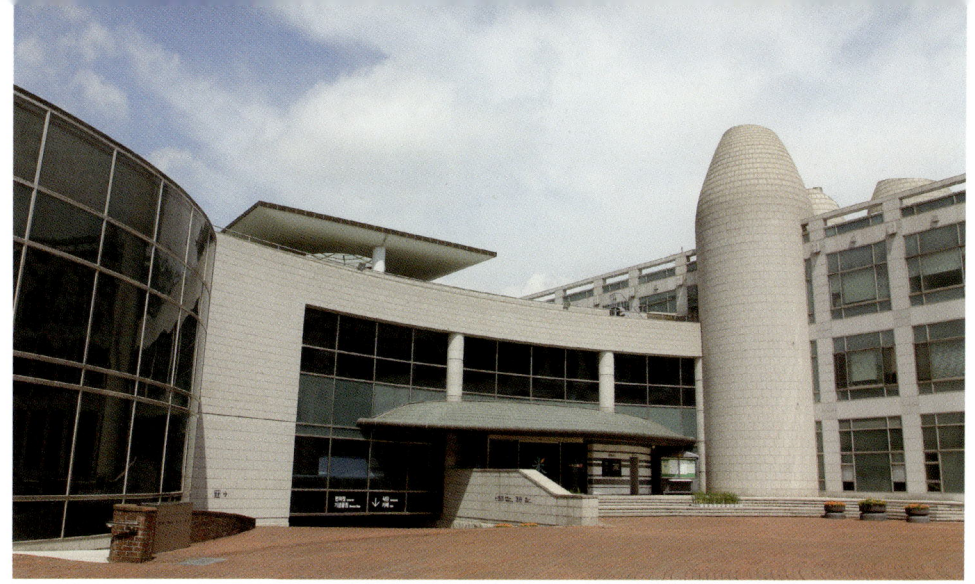

경기도박물관 경기도를 대표하는 도립 박물관

위치 | 경기도 용인시 기흥구 상갈동 85
　　　경기도 용인시 기흥구 상갈로 6
운영시간 | 10:00~18:00, 7~8월 10:00~19:00,
　　　　 매주 월요일 휴관

▶ MINI DATA
| 입장료 | 없음　주차 | 가능　분류 | 박물관

경기도박물관은 시각적인 효과를 동원한 이색적인 전시로 사람들에게 강렬한 느낌을 주고 무엇보다 직접 체험하고 경험함으로써 전시물의 의미를 직접 느끼는 체험활동의 교육효과가 있다. 수원 화성을 현대화시킨 모습의 경기도박물관은 국토의 중심지, 서울을 감싸는 달걀의 흰자 같은 경기도를 제대로 살피고 공부할 수 있는 공간이다. 자연사실, 고고미술실, 문헌자료실, 민속생활실, 서화실, 기증유물실 등 6개의 상설전시관과 기획전시실, 야외전시실은 최신 전시기법과 다양한 체험공간을 통하여 방문객들에게 경기도의 여러 모습을 보여준다. 대동여지도에서 경기도 지역을 확대한 형상의 입구를 지나 선사시대부터 시작되는 전시공간은 경기도를 상징하는 수원 화성이 중심으로 자리한다. 거중기 등 당시의 건축 도구를 직접 다루어보고 화성 건축에 관련된 각종 기록을 살펴보면서 화성의 가치와 의미를 알아본다. 경

기도를 감싸는 한강의 모습을 실제 흐르는 물과 함께 관찰하는 시설 또한 눈길을 끈다. 목판인쇄실은 선조들의 기록문화를 접해보는 공간으로 아이들에게 인기가 높다. 경기도박물관은 단순한 유물의 전시와 보관의 장소로 한정되지 않는다. 다양한 문화가 있고 수많은 사람들이 살아가는 경기도 문화행사의 중심지이자 함께하는 사랑방이 된다. 건물 주변으로 넓게 자리하는 공간은 공원으로도 손색없다.

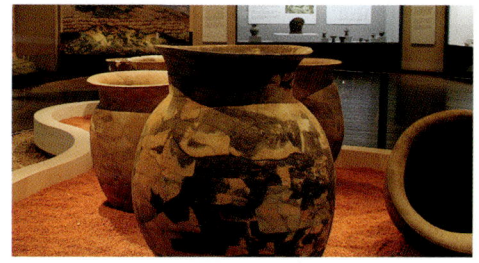

헤이리 문화예술마을

예술인 마을로의 초대

| 위치 | 경기도 파주시 탄현면 법흥리 일대
| 운영시간 | 10:00~18:00, 매주 월요일/갤러리 전시기간 휴관
　　　　　(카페 및 레스토랑 일부 개점)

▶ MINI DATA
| 입장료 | 없음　　주차 | 가능　　분류 | 전시, 체험시설

예술인들의 창작과 작품 전시, 문화체험 공간이 어우러진 헤이리 문화예술마을은 문학인, 미술인, 영화인과 건축가, 음악가 등 370여 명이 회원으로 참여해 현재까지도 만들어가는 과정 중에 있고, 이미 지어진 건축물과 공사가 진행 중인 건물들이 또 다른 시각적 즐거움을 주고 있다. '헤이리' 라는 이름은 파주 지역에 전래되는 전통 농요 '헤이리 소리' 에서 따온 것이다. 헤이리를 돌아보는 포인트는 무엇보다 독특한 개성을 뽐내며 자리 잡은 건축물에 있다. 페인트를 사용하지 않고 지상 3층 이상 올리지 않는다는 규정하에 낮고 복잡한 구릉지 위에 자리 잡은 다양한 형태

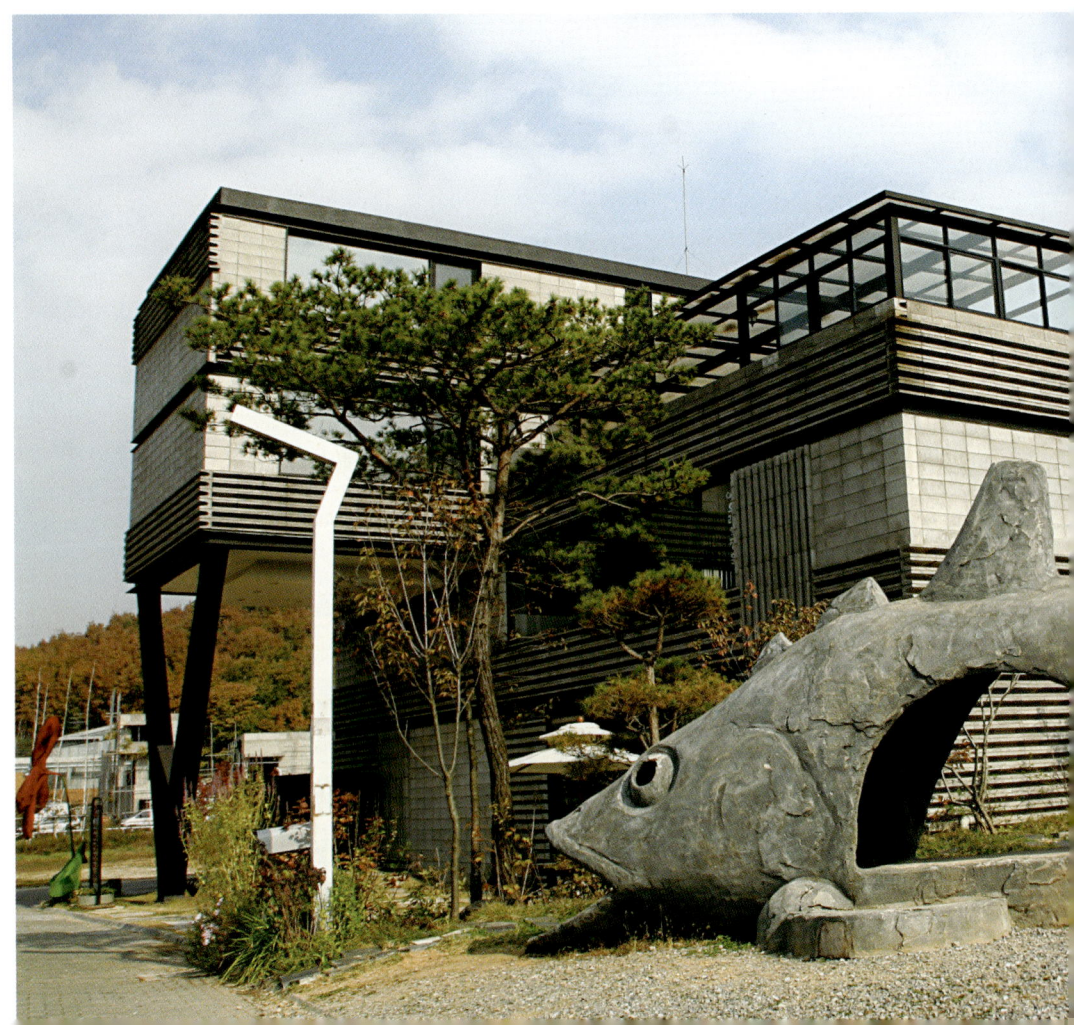

의 건축물들은 국내외 대표 건축가들의 작품이고 중간중간 서 있는 설치품 역시 자연과의 조화를 고려한 예술 작품들이다. 주로 서점과 갤러리 등으로 운영되지만 작가의 개인 주거 공간도 있으니 돌아볼 때 주의가 필요하다. 문화마을 입구의 커뮤니티 하우스에서 안내 정보를 받은 후 돌아보는 것이 좋겠다. 커뮤니티 하우스에서는 자전거를 대여해주고 있으니 50ha에 이르는 헤이리 마을을 자전거 하이킹으로 돌아보는 것도 독특한 경험이 될 수 있겠다. 낮은 언덕을 따라 자유롭게 들어선 멋진 건축물뿐 아니라 갤러리들의 기획 전시회를 비롯해 헤이리 페스티벌, 서울 실내악 페스티벌 등 다양한 축제들과 문화 예술 공연이 열리는 볼거리 많은 예술마을이다.

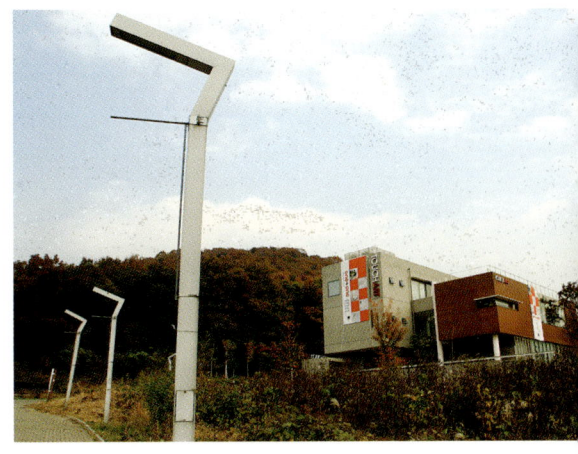

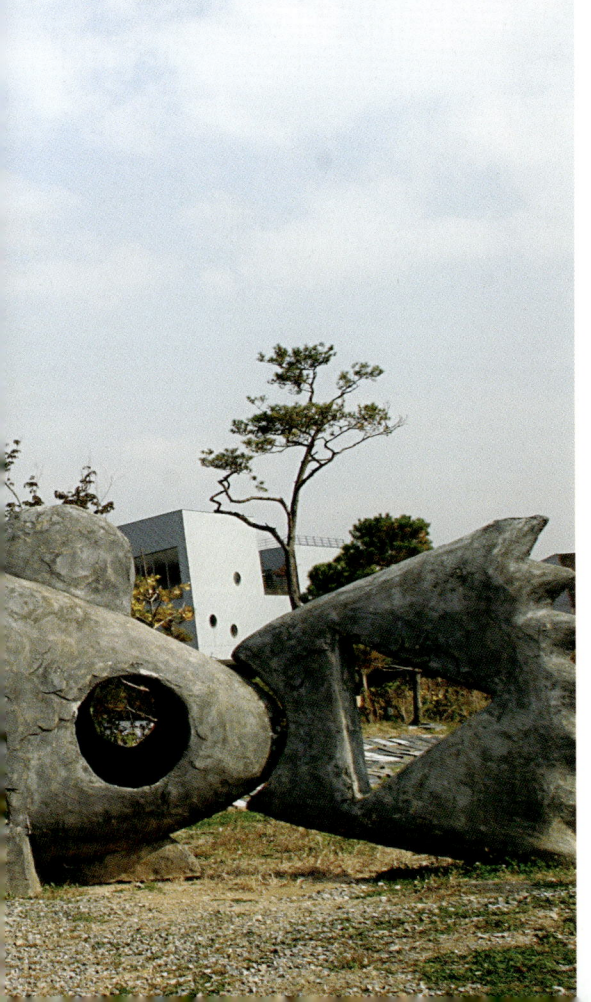

 파주프리미엄 아울렛

국내 최대 규모의 프리미엄 아울렛이며, 롯데가 파주에 자리를 잡은 곳이다. 전체적으로 붉은 벽돌을 건물 외형에 장식해서 유럽풍의 고급스러운 외관에 근접하려고 했고, 인근에 있는 심학산이 만들어내는 아름다운 자연환경과 주변 음식점들이 주는 휴식공간이 덤으로 주어지는 곳이다. 특히 출판단지, 헤이리 예술마을, 오두산 통일전망대 등 주변 관광지와 연계하여 파주 관광의 즐거움까지 한 번에 누리기 좋은 위치다. 건물은 크게 A블록과 B블록으로 나뉘며 이 두 건물을 연결하는 다리가 있어서 사진 촬영 포인트가 되고 있다. 파주출판도시에서 어린이책잔치가 열리는 5월의 주말이 가장 붐비는 시기라고 보면 된다.

문의 | 031-960-2500
운영시간 | 10:30~21:00
대중교통 | 합정역(1번 출구)에서 2200번 → 롯데 프리미엄 아울렛 파주점(30분 소요)

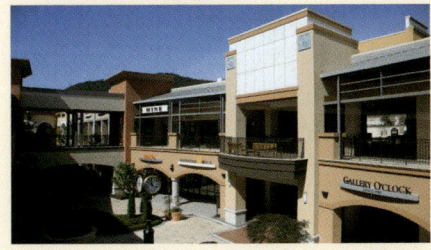

Photo by Jinho Jung

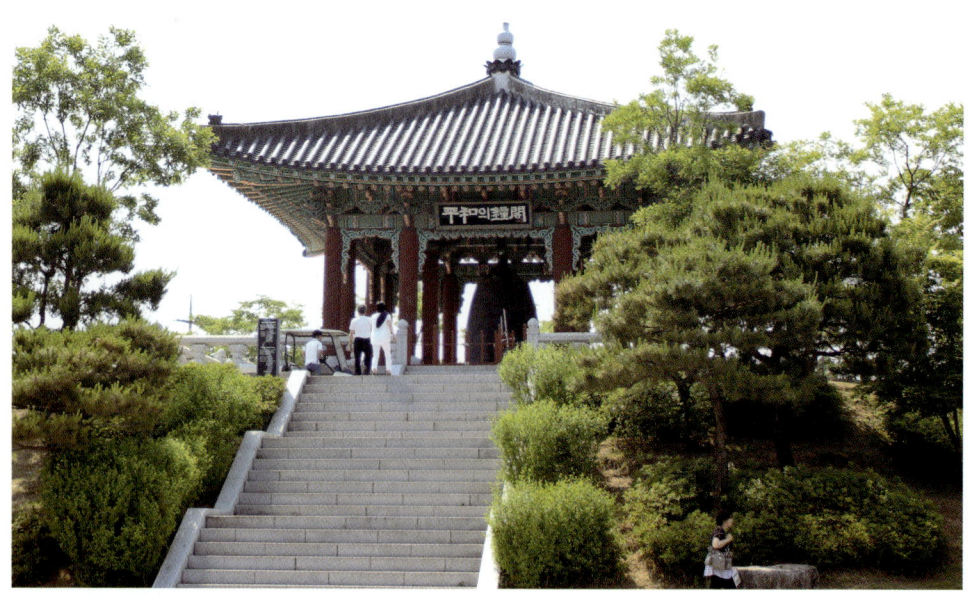

임진각 평화누리 통일을 염원하는 공간

위치 | 경기도 파주시 문산읍 마정리 1175-1
　　　경기도 파주시 문산읍 임진각로 148-40
운영시간 | 09:00~20:00(시설별 상이), 연중무휴

▶ MINI DATA
| 입장료 | 없음　　주차 | 가능　　분류 | 공원

군사분계선에서 7km 남쪽에 위치해 임진강을 사이에 두고 북한 땅이 손에 닿을 듯 가까운 임진각 평화누리는 6 · 25전쟁의 비극이 그대로 남아 있는 곳이다. 북한에서 내려온 실향민들을 위해 1972년에 세워진 임진각은 경기평화센터로 운영되고 있는데 북한의 생활 모습을 알려주는 자료들을 전시하고 비디오도 상영하며 3층의 전망대에서는 망원경을 통해 북한땅을 좀 더 가까이 조망할 수 있다. 임진각 뒤편의 망배단은 설, 추석 등 명절이면 고향을 그리워하는 실향민들이 차례를 지내는 곳으로 유명하다. 한반도 모양의 통일연못과 경의선을 달리던 열차가 '달리고 싶은 철마'라는 이름의 카페와 함께 서 있고 미군참전비, 임진강지구 전적비, 버마 아웅산 순국외교사절 위령탑 등도 볼 수 있다. 특히 1953년 한국전쟁 포로 1만

2,377명이 자유를 찾아 걸어서 귀환했던 자유의 다리를 직접 건너보는 체험도 할 수 있다. 평화누리공원은 이런 임진각관광지 내에 있는 평화를 주제로 한 복합문화공간이다. 2005 세계평화축전을 계기로 임진각관광지 내의 광활한 잔디 언덕에 조성한 복합문화공간으로 분단과 냉전의 상징이었던 임진각을 화해와 상생, 평화와 통일의 상징으로 전환시키기 위해 조성되었다. 평화누리 진입로를 따라 걷다 보면 통일기원 돌무지, 생명촛불 파빌리온, 캔들숍이 나타난다. '음악의 언덕'이라 부르는 드넓은 잔디밭에 자리 잡고 있는 대형 야외공연장에서는 각종 기획공연과 대관공연이 열리고, 5월~11월에 상설 운영되는 전통 민속놀이마당인 두루나눔전통놀이체험장과 3,000개의 바람개비가 돌아가는 '바람의 언덕'이 인상적이다.

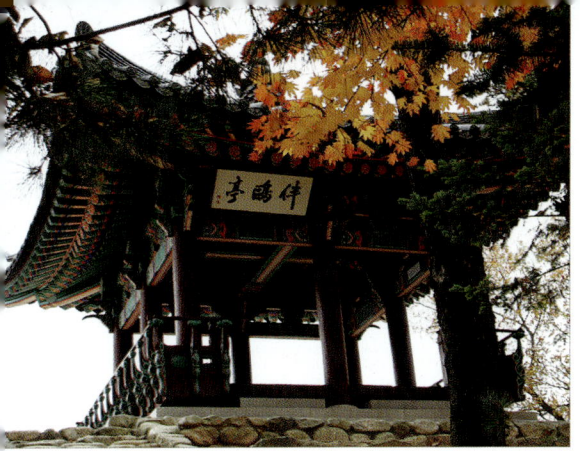

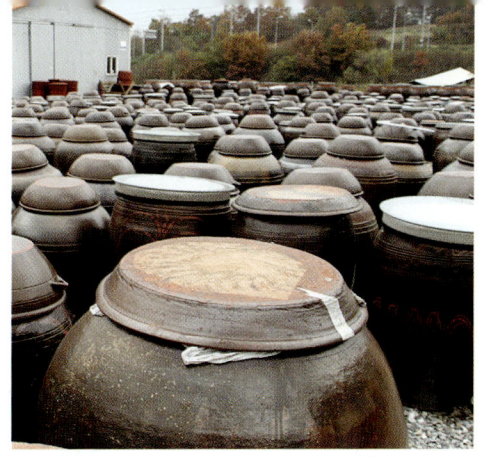

반구정
반구정에 올라 청백리 황희 정승을 기린다

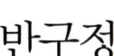

| 위치 | 경기도 파주시 문산읍 사목리 189-1
| | 경기도 파주시 문산읍 반구정로85번길 3
| 운영시간 | 동절기 09:00~17:00, 하절기 09:00~18:00,
| | 매주 월요일 휴관

▶ MINI DATA

| 입장료 | 있음   주차 | 가능   분류 | 역사, 문화유적

갈매기를 벗 삼아 즐기는 곳이라는 뜻의 반구정은 세종을 도와 새로운 나라 조선의 기틀을 마련하였던 황희 정승이 관직에서 물러난 후 여생을 보냈던 곳이다. 태조의 부탁을 받은 두문동의 고려 신하들이 왕은 미워도 백성은 도탄에 빠지게 할 수 없다 하여 추천한 인물이 있었으니, 그가 바로 황희다. 태종 때 도승지의 자리에 올라 가까운 거리에서 왕을 보필하는 등 신임이 두터웠으나 이후 왕세자 폐출문제로 양녕대군을 물리치는 것을 반대하여 귀양을 가게 된다. 세종은 왕이 된 후 양녕대군을 옹호했던 황희를 등용하고 그의 도움으로 조선 최고의 치세라 손꼽히는 시대를 열게 된다. 정자인 반구정을 비롯해 황희 묘, 기념관과 황희의 영정을 모시고 제사를 지내는 사당인 방촌영당이 함께 있다. 한국전쟁 때 불이 난 것을 1960년대에 다시 지어 건물의 예스러움은 덜하지만, 자리는 그대로인지라 반구정에 올라 바라보는 풍경은 예나 지금이나 여전하다.

장단콩마을과 장단콩전시관
파주의 특산품, 장단콩의 모든 것

| 위치 | 마을 경기도 파주시 군내면 백연리 1475(통일촌길 64)
| | 전시관 경기도 파주시 문산읍 마정리 1360-44
| | (임진각로 148-73)
| 운영시간 | 전시관 동절기 09:00~17:30, 하절기 09:00~
| | 18:00, 연중무휴

▶ MINI DATA

| 입장료 | 있음   주차 | 가능   분류 | 전통, 체험마을

임진각 관광지 주차장 한쪽에 장단콩전시관이 있다. 규모는 작지만 콩을 주제로 한 전시내용은 알차다. 청동기시대에서부터 지금까지 우리나라에서 콩이 어떻게 재배되고 이용되었는지 그 역사적 기록은 물론, 파주 장단콩의 유래, 품종의 특성과 함께 콩을 재배하고 추수하는 데 필요한 여러 가지 농기구도 함께 전시하고 있다. 한편 장단콩마을에서는 농촌체험마을로 콩잎 따기, 두부 만들기, 전통장 담그기 등 콩과 관련한 다양한 체험을 진행한다. 단체 체험객 중심으로 체험이 이루어져 가족 단위의 체험은 어려운 경우가 있으나, 주말의 경우 체험이 가능하고 마을에서 운영하는 식당이 있어 체험과 관계없이 일반 관광객을 대상으로 음식을 차려준다. 메뉴는 비지, 된장, 청국장이 함께 나오는 콩정식과 즉석에서 만든 두부에 푸짐한 수육이 함께 나오는 두부보쌈이 있다. 민통선 내에 마을이 있어 출입을 하기 위해서는 미리 연락해야 한다.

자운서원

율곡 이이를 기념하는 곳

| 위치 | 경기도 파주시 법원읍 동문리 17-4
경기도 파주시 법원읍 자운서원로 204
| 운영시간 | 동절기 09:00~17:00, 하절기 09:00~18:00,
매주 월요일 휴관

▶ MINI DATA
| 입장료 | 있음   주차 | 가능   분류 | 역사, 문화유적

율곡 이이를 이야기할 때면 빠지지 않는 사람이 바로 어머니인 신사임당이다. 율곡은 신사임당의 친정이 있는 강릉에서 태어났지만 본가는 파주에 있었다. 여섯 살이 되던 해에 파주 율곡리인 본가에 들어오고 열세 살에 진사 초시에 합격을 하니 율곡이 뛰어나기 때문이기도 하겠지만 어머니의 교육의 덕이 크다 하겠다. 자운서원에는 율곡기념관이 있는데, 전시된 유물 중 많은 부분이 신사임당과 관련한 유물이니 둘러보면서 한 아이의 어머니이자 시인으로, 또 화가로 재능 있는 삶을 살았던 그녀의 모습을 살펴보자. 율곡과 관련해서는 2가지 이야기가 널리 알려져

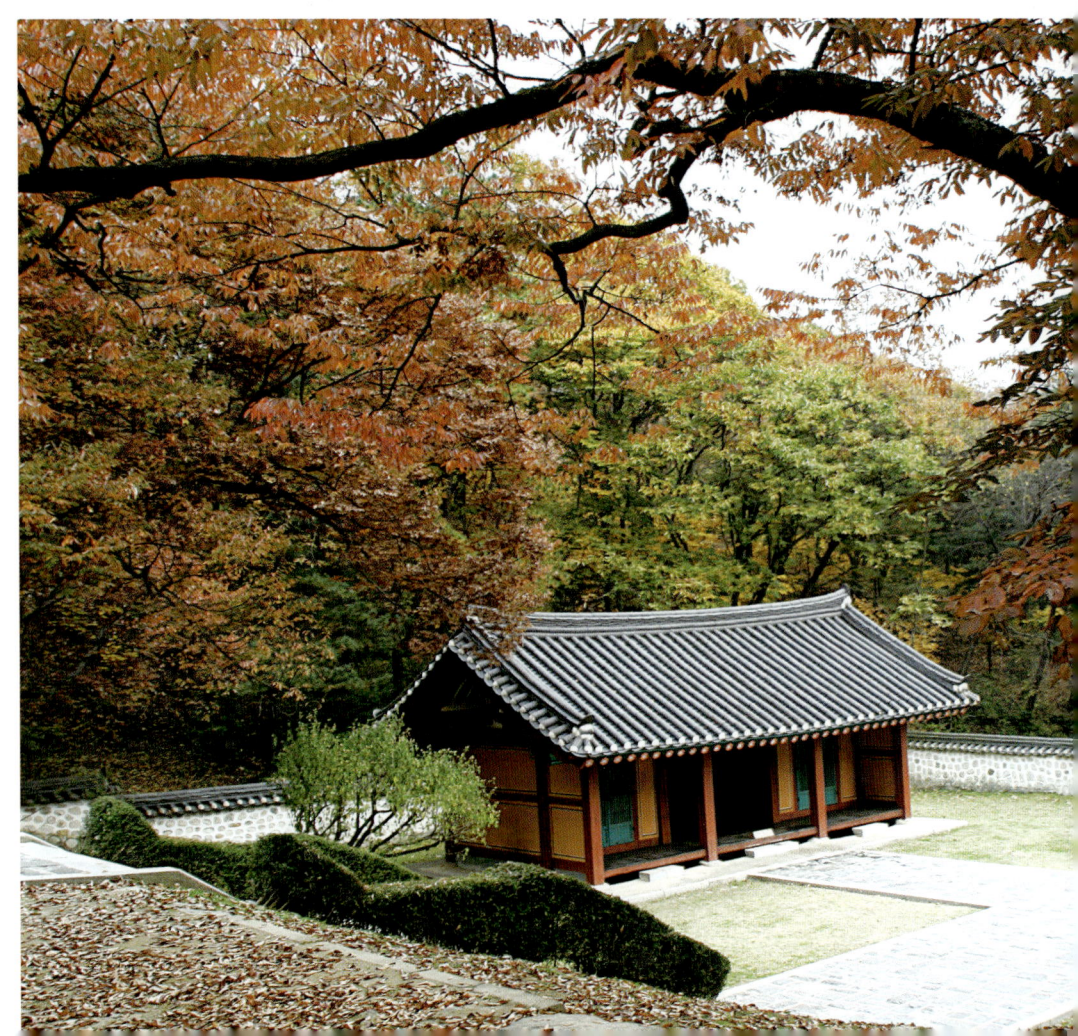

있는데 그중 하나가 바로 '십만양병설'이다. 각 도에 1만, 도성에 2만의 군사를 길러 앞으로의 변란을 대비하여야 한다고 주장하는데 이러한 그의 주장은 배척되었고, 임진왜란이 일어난 것은 그가 죽은 지 몇 년 지나지 않아서이다. 또 다른 이야기는 퇴계 이황과의 학문적 교류로, 나이 차가 30이 넘음에도 불구하고 서로를 존경하며 학문적 교류를 한 두 사람의 태도뿐만 아니라 '이기이원론'을 주장했던 이황과 '이기일원론'을 주장했던 이이 사이의 논쟁은 조선 성리학의 기틀을 마련했다는 점에서 대단히 중요한 사건으로 꼽힌다. 자운서원은 율곡 사후에 지어진 곳

으로 그의 본가가 있었던 지역에 지어진 서원이다. 효종 때 '자운'이라는 사액을 받아 조선 내내 이 지역 교육을 담당했으나 고종 때 대원군에 의해 서원철폐령이 내려지며 문을 닫게 된다. 1970년대 정화사업에 의하여 다시 지어져 지금은 깔끔한 분위기의 공원으로 꾸며져 있다. 서원으로 들어서면 왼쪽 언덕으로 숙종 때 명필 김수증이 썼다는 자운서원 묘정비가 있고, 안으로 더 들어가면 율곡기념관과 자운서원이 나온다. 이곳이 아름다운 때는 가을로, 특히 노란 은행잎이 쌓인 11월 초면 그 아름다움이 절정에 달하는데 때를 맞춰 방문해 늦가을의 정취를 즐겨보자. 어린 시절 자연을 벗 삼아 시간을 보냈으며 벼슬에서 물러난 후에는 제자들과 시와 학문을 논했다고 전해지는 화석정이 인근에 있으니 함께 돌아보도록 하자.

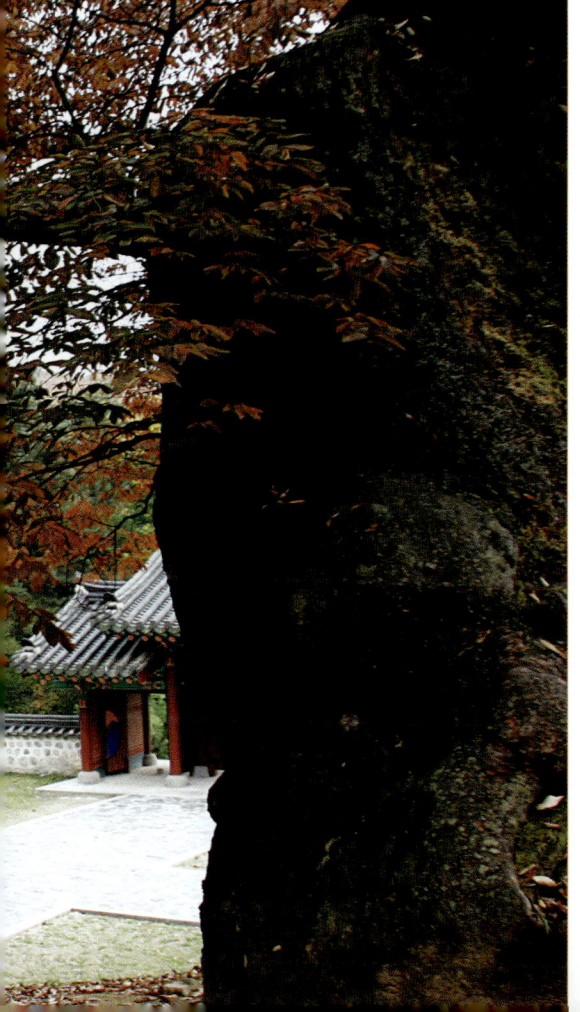

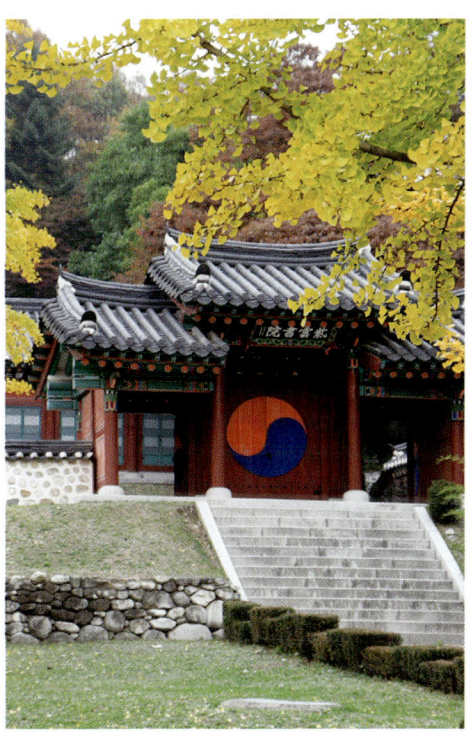

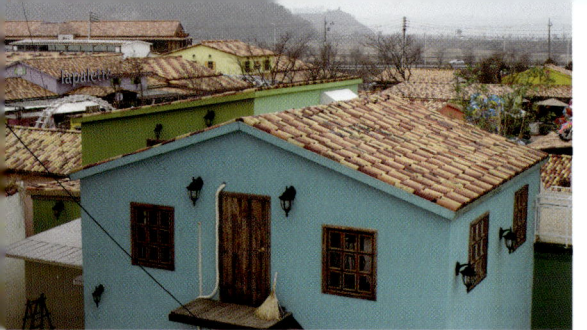

Photo by DeokJung Kim

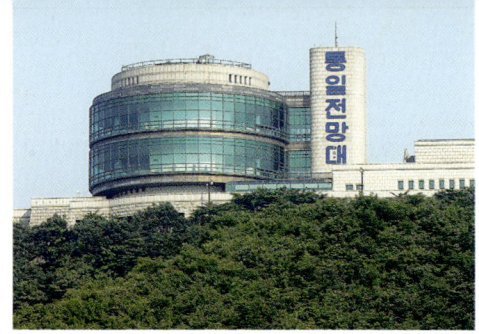

Photo by 파주시청

파주 프로방스

한국 속의 작은 프랑스

| 위치 | 경기도 파주시 탄현면 성동리 82-1
　　　 경기도 파주시 탄현면 새오리로 77
| 운영시간 | 11:00~23:00(공휴일은 22:00까지), 연중무휴

▶ **MINI DATA**

| 입장료 | 없음　주차 | 가능　분류 | 전시, 체험시설

비행기를 타고 유럽으로 가지 않아도 프랑스의 정취를 고스란히 느낄 수 있는 곳이다. 한가한 주말에 찾아가기 좋은 곳에 위치해 있다. '프로방스'는 프랑스의 남동부의 옛 지명으로 유럽의 낭만과 열정이 살아 있는 곳으로, 이곳에는 실제로 프랑스에 와 있는 착각이 들 만큼 낭만적인 즐거움이 기다리고 있다. 프로방스 마을에는 부담스러운 색채의 건물도, 꽃도, 물건들도 없다. 모두 영원히 눈에 담아두고 싶은 아름다운 파스텔 톤 색채의 향연이 펼쳐진다. 저녁이 되면 빛 축제를 한다. 어둠이 몰려오면서 하나둘 조명등이 켜진다. 프로방스 마을의 또 다른 매력은 아기자기한 공방들이다. 프랑스의 꽃집, 프랑스의 가게들을 연상시키는 공방을 구경하는 재미가 크다. 아기자기함 속에 빠져 프로방스 마을을 걷다 보면 서서히 목이 마를 것이다. 마을에 어울리는 개성 있는 카페들도 많이 있으니 잠시 쉬었다 가자. 프로방스 마을엔 먹을 것도 많다. 그 중 류재는 베이커리는 빵이 맛있기로 소문나 있다. 1층은 빵을 팔고, 2층은 카페를 운영하고 있다.

오두산 통일전망대

통일 교육 체험장

| 위치 | 경기도 파주시 탄현면 성동리 659
　　　 경기도 파주시 탄현면 필승로 369
| 운영시간 | 동절기 09:00~16:30, 하절기 09:00~17:00,
　　　　　 매주 월요일 휴관

▶ **MINI DATA**

| 입장료 | 있음　주차 | 가능　분류 | 전시, 체험시설

1992년에 개관한 이래로 1,000만 명이 넘게 다녀간 통일교육 체험장이다. 오두산은 서울의 한강과 임진강이 합류되는 지점에 위치한 해발 118m의 야트막한 산이지만 삼국사기에 나오는 오두산 성터가 아직 남아 있을 정도로 과거부터 군사적으로 중요한 요충지로 인식되던 곳이다. 통일전망대에서는 망원경을 통해 황해북도 개풍군 관산반도에서 생활하는 주민들의 모습이 보일 정도로 북한 땅이 가깝고 전시관에는 북한 주민들의 생활상을 알아볼 수 있는 각종 자료들이 잘 전시되어 있다. 1층의 로비에는 다양한 기획전시가 열리고 북한전시실에서는 북한 주민의 생활상과 북한의 산하를 살펴보고 북한 관련 정보도 검색할 수 있도록 꾸며놓았다. 특히 우리나라 초등학교에 해당되는 북한의 소학교 교실과 북한 중산층의 안방을 재현해놓은 북한 생활 체험실은 관람객들의 관심을 끄는 공간이다. 2층에는 북한 관련 영상물을 상영하고 있으며 옥상에는 고성능 망원경과 입체경을 통해 북한 지역뿐 아니라 서해 바다를 조망하며 철새들을 관찰할 수 있고, 임진강변을 따라 펼쳐지는 낙조 또한 아름답기로 유명하다.

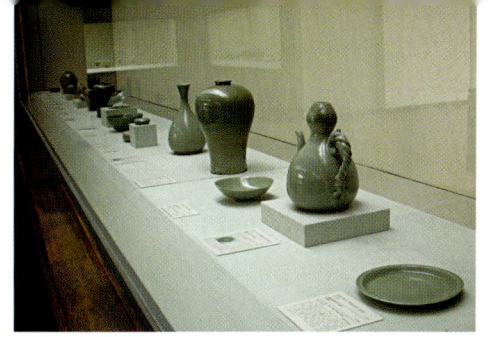
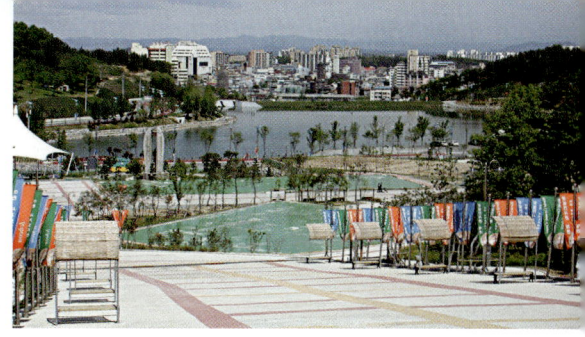

해강 도자미술관

도예가의 혼을 담는 곳

| 위치 | 경기도 이천시 신둔면 수광리 330-1
경기도 이천시 신둔면 경충대로3150번길 44
| 운영시간 | 09:30~17:30, 매주 월요일 휴관

▶ MINI DATA

| 입장료 | 있음　주차 | 가능　분류 | 박물관

설봉공원

이천의 대표 쉼터

| 위치 | 경기도 이천시 관고동 354-3
경기도 이천시 경충대로2709번길 104
| 운영시간 | 종일, 연중무휴(시설별 상이)

▶ MINI DATA

| 입장료 | 없음　주차 | 가능　분류 | 공원

이천은 도자기의 땅이다. 이천시 사음동 사기막골에는 무려 300개의 도자 가마가 자리하였다고 한다. 질 좋은 흙과 맑은 물로 만드는 불의 예술은 삼국시대부터 시작되었다. 이천 지역의 도자기는 왕실에 공급하는 도자기를 굽는 가마를 경기도 광주에 설치하면서 쇠퇴하였다. 많은 고급 기술자들을 광주로 차출하였기 때문이다. 일반 가정에서 사용하는 옹기 등을 주로 제작하던 이천 도자기의 모습은 1950년대 고려청자의 맑은 빛을 재현하기 위해 평생을 바친 해강 유근형 선생을 중심으로 다시 한 번 옛 영광을 재현하였다. 1990년 건립된 해강 도자미술관은 우리 전통 도자기의 혼을 느끼는 소중한 전시관이다. 1층에 전시된 해강 선생의 작품들은 고운 빛으로 아름다운 우리 고유의 청자들이다. 2층 전시실의 옛 유물들과 비교하여도 그 깊이가 대단하다. 야외에 마련된 가마에서는 종종 체험객을 위하여 가마에 불을 넣는다. 생생한 불꽃의 아름다움을 느낄 수 있다.

이천시 동쪽의 설봉산과 99km²의 면적을 자랑하는 설봉호가 어우러진 설봉공원은 경기 남부의 평야지대인 이천의 대표적 공원 시설이다. 호수 주변을 두르는 산책로를 따라 운동과 산책을 즐기는 사람들이 많은 공원은 이천세계도자엑스포의 중심지로 더욱 알려졌다. 이천시립박물관과 미술관, 세계도자센터가 함께 들어서 있는 공원에는 세계 38개국 유명 작가의 조각작품이 세워져 더욱 풍성해졌다. 매년 5월 개최하는 도자기축제 때는 야간조명시설까지 갖추어진다 하니 설봉공원의 볼거리가 더욱 풍성해지는 느낌이다. 설봉호수의 산책길도 즐기고 이어지는 설봉산 등반도 한나절의 가족 나들이에 알맞은 곳이다. 기암괴석과 약수터, 설봉산성과 영월암 등 둘러보기에 좋은 유적들도 다양하다. 이천을 한눈에 굽어볼 수 있는 설봉산 영월암에 올라 너른 경관을 감상해 보자.

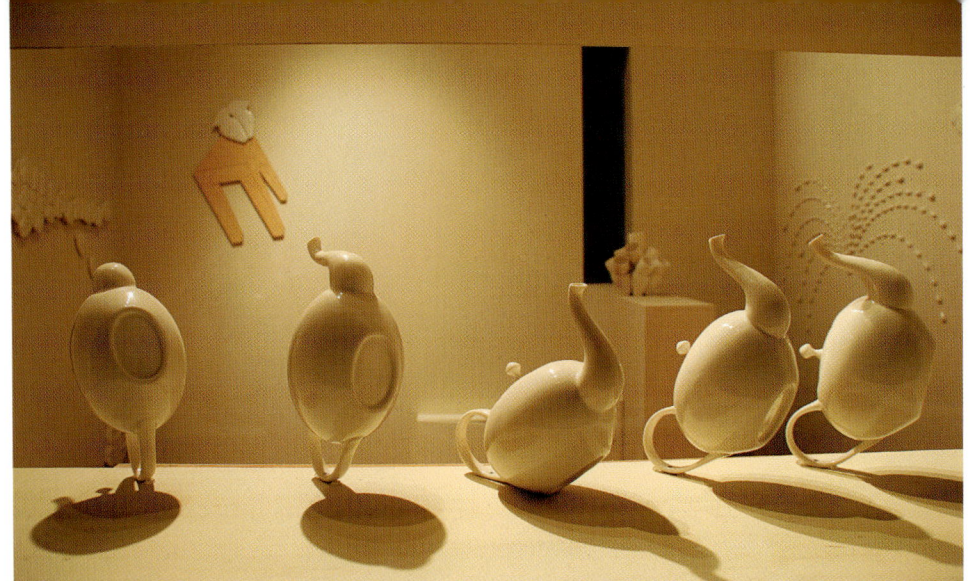

세계도자센터   세계 도자기 본부

위치 | 경기도 이천시 신둔면 관고동 435-4
    경기도 이천시 신둔면 경충대로2697번길 231
운영시간 | 09:30~18:00, 매주 월요일 휴무

▶ MINI DATA
| 입장료 | 무료(행사기간 중 유료)   주차 | 가능   분류 | 박물관

도자 공예는 흙과 불의 예술이다. 설봉공원 내에 자리하는 세계도자센터를 찾아보자. 세계 각지에서 출품된 자연의 재료를 이용한 예술품들을 보면 두 눈이 번쩍 뜨인다. 다양한 도자 예술의 모습이 놀랍다. 2001년부터 매년 개최되는 세계도자비엔날레에 출품한 세계 최고 수준의 작품들은 크기와 색상, 모양에서 상상 이상으로 다양하다. 유럽의 왕실에서 사용되던 장식품에서 현대 미술작가들의 초현실주의적 예술품까지 도자에 대해 새로운 시각을 갖게 한다. 도자 예술의 정점으로 인정받는 우리 고유의 도자 예술품도 빠지지 않는다. 실내 전시뿐만 아니라 마당에도 특별한 전시물들이 있는데, 도자를 붙여 만든 귀여운 캐릭터동산은 아이들에게 인기이며, 바람 소리를 담아내는 도자작품인 〈2007 소리나무〉가 눈과 귀를 즐겁게 한다. 아래로 토야교육관에서는 아이들의 눈높이에 맞춰 흙에서 도자기가 만들어지기까지의 과정을 감각적으로 체험하게 하며, 흙놀이공원에서는 손과 발에 흙을 묻히면서 자연 그대로의 놀이도구인 흙을 가지고 즐겁게 놀 수 있다.

→ 이천쌀밥

이천에서 광주로 가는 큰길가에는 이천쌀밥이라 간판을 단 밥집들이 많은데 품질 좋은 이천 쌀로 갓 지어 차려낸 밥에다 여러 반찬들로 한 상 푸짐하게 차려주는 곳들이다. 그중, 청목(031-634-5414)과 동강(031-631-8833)이 추천할 만하다.

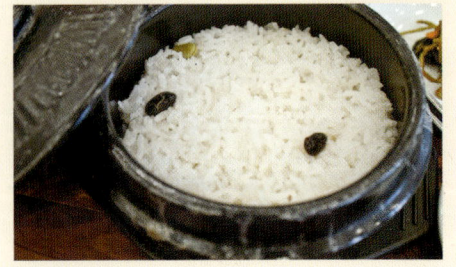

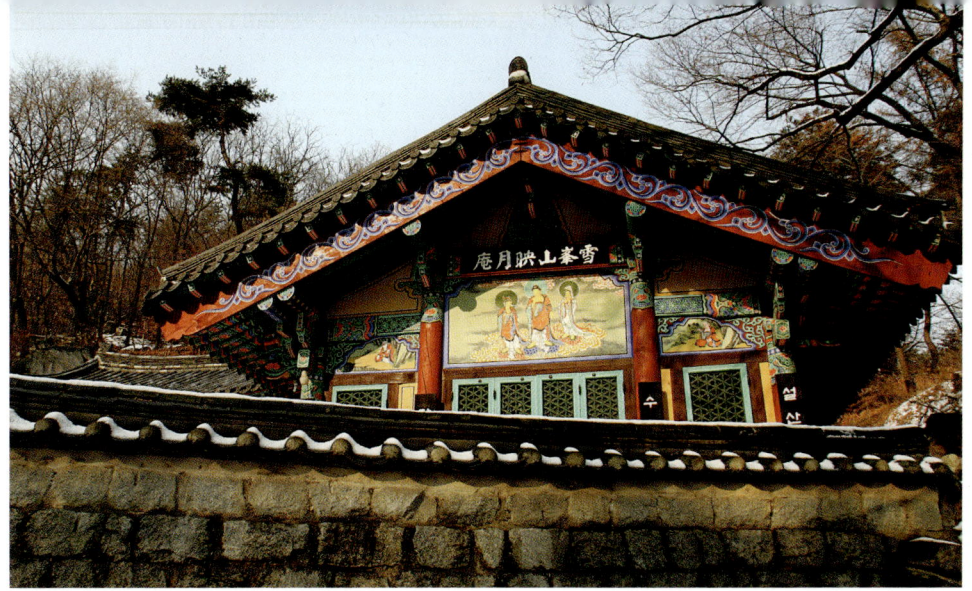

영월암 이천을 바라보는 세월이 묻어나다

위치 | 경기도 이천시 관고동 438
　　　경기도 이천시 경충대로 2709번길 388
운영시간 | 종일, 연중무휴

▶ MINI DATA
입장료 | 없음　　주차 | 가능　　분류 | 불교유적

이천 세계도자센터 주위를 두르고 있는 설봉산 한쪽으로 길을 따라 올라가면 이천 시내를 한눈에 굽어보는 풍경이 멋진 영월암에 오를 수 있다. 평일에는 영월암 입구까지 차를 타고 오를 수 있지만, 주말에는 아래 주차장에 차를 세워두고 올라야 하는데 길이 그리 멀지 않으니 가벼운 트래킹 삼아 다녀올 만하다. 영월암은 작은 암자이지만 신라 때 의상대사가 창건했다고 전해지는 오랜 절이다. 절에 오르면 입구에서 커다란 은행나무가 방문객을 맞이한다. 높이가 40m에 둘레만도 5m에 이르는 큰 나무로 수령이 600년 넘은 노거수이다. 영월암의 건물들은 산의 지세를 그대로 이용해 세워져 산자락에 안긴 건물의 모습이 인위적이지 않은 편안한 느낌이다. 영월암에는 보물로 지정된 문화재가 있는데 오른쪽으로 난 길을 오르면 만날 수 있는 마애불이 그것이다. 고려시대 만들어진 것으로 커다란 바위에다 마애불입상을 새겨놓았다.

다른 곳에서 볼 수 있는 마애불들과는 얼굴 생김새가 다른데 조사 또는 나한의 얼굴을 본떠서 만들었다고 하며 둥근 얼굴의 인상이 푸근하다. 바위에 낀 이끼가 햇볕을 받아 녹색 빛을 내는데 마치 장삼을 걸친 듯한 모양이다.

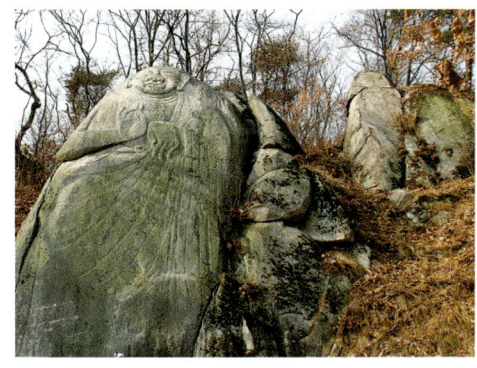

테르메덴온천

푸른 숲 속에서 즐기는 온천욕

위치 | 경기도 이천시 모가면 신갈리 360
　　　경기도 이천시 모가면 사실로 984
운영시간 | 09:00~20:00(시즌별 상이), 연중무휴

▶ MINI DATA

| 입장료 | 있음　　주차 | 가능　　분류 | 온천, 휴양

'테르메덴'이라는 이름은 '온천'이라는 뜻의 이태리어인 'THRME'와 '낙원'의 의미를 가진 'EDEN'을 합성한 말로 '온천의 낙원'이라는 뜻이다. 독일식 온천이란 울창한 숲 속에 자리한 온천으로 다양한 시설을 갖춘 종합 휴양시설을 말하는데, 독일식 온천리조트를 표방하는 테르메덴 또한 주변으로 울창한 숲을 가지고 있다. 이 숲은 온천이 발견되고 지금의 모습으로 개발되기 전까지 휴양림이자 목장으로 쓰였던 곳이다. 테르메덴의 야외 온천에 몸을 담그고 주변을 바라보면 푸른 나무가 병풍처럼 둘러져 있어 몸과 더불어 눈도 편안해지며, 맑은 공기가 더하여지니 몸속

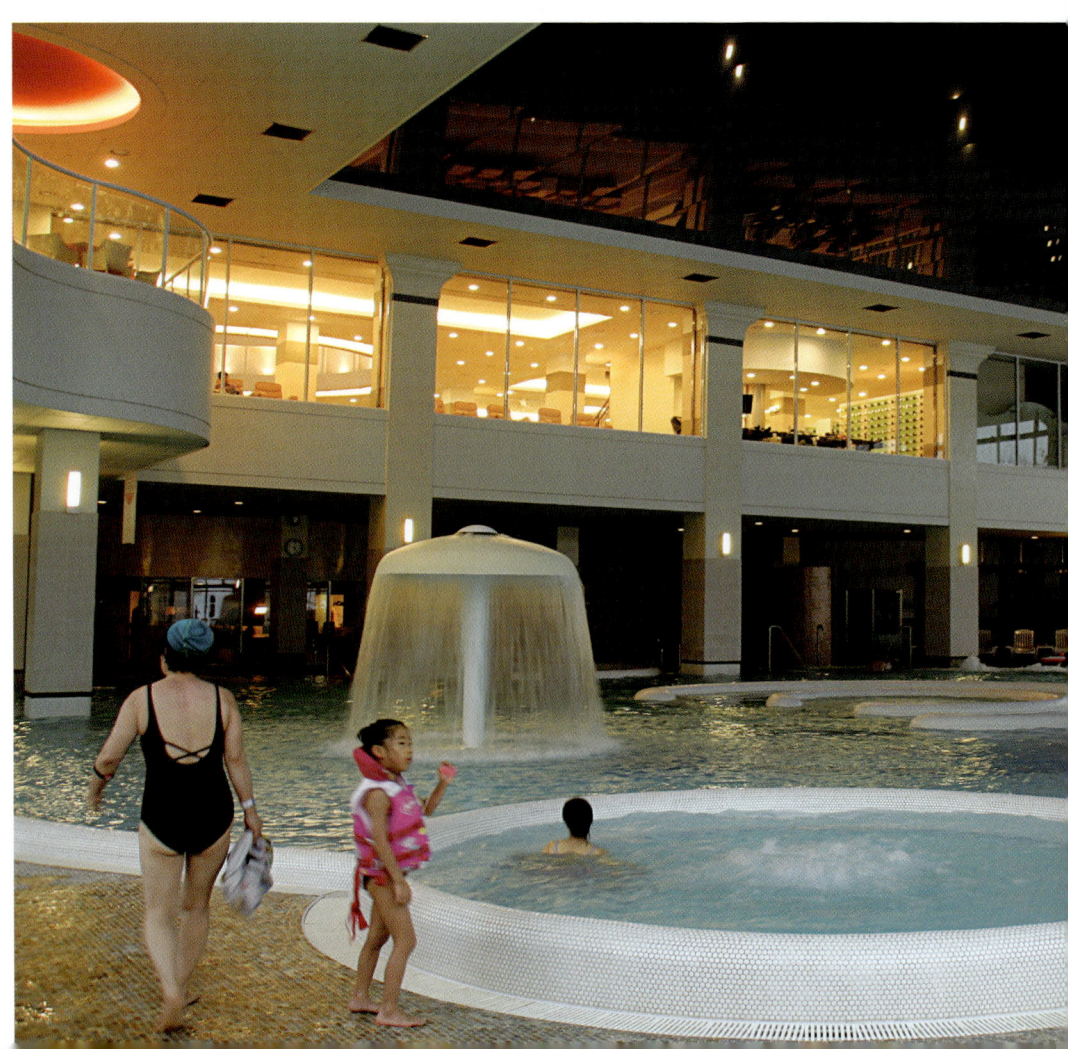

까지 깨끗해지는 느낌이다. 테르메덴은 대욕장과 실내 바데풀, 실외 온천풀로 이루어져 있다. 대욕장에는 노천탕이 함께 있어 테르메덴의 자랑이라 할 수 있는 맑은 공기를 온몸으로 들이킬 수 있다. 지름이 30m에 이르는 커다란 실내 바데풀에는 다양한 물 치료 시설이 설치되어 있다. 물 치료 시설은 물의 압력을 이용하여 근육을 이완시키고 운동의 효과를 가져다주는데, 피로회복, 비만관리, 피부미용 등 목적에 따라 효과를 볼 수 있다. 실외 온천풀은 따뜻한 온천수가 흐르는 곳으로 사계절 이용 가능하며 가을부터 초봄까지 날씨가 쌀쌀할 때 찾으면 눈앞에서 물안개

피어오르는 모습을 볼 수 있다. 아이들이 좋아하는 슬라이드탕과 동굴탕이 있으며, 꼭대기에서 전망을 내려다보면서 몸을 담글 수 있는 연인탕은 젊은이들에게 인기이다. 테르메덴은 닥터피시를 국내에 처음 도입한 곳으로 잘 알려져 있다. 닥터피시탕의 효과와 관리에 대하여 여러 가지 문제점들이 많이 지적되었지만, 이곳은 처음 도입한 곳답게 터키 닥터피시 원래의 어종인 가라루파를 들여와서 운영하고 있으니 믿고 이용할 수 있다.

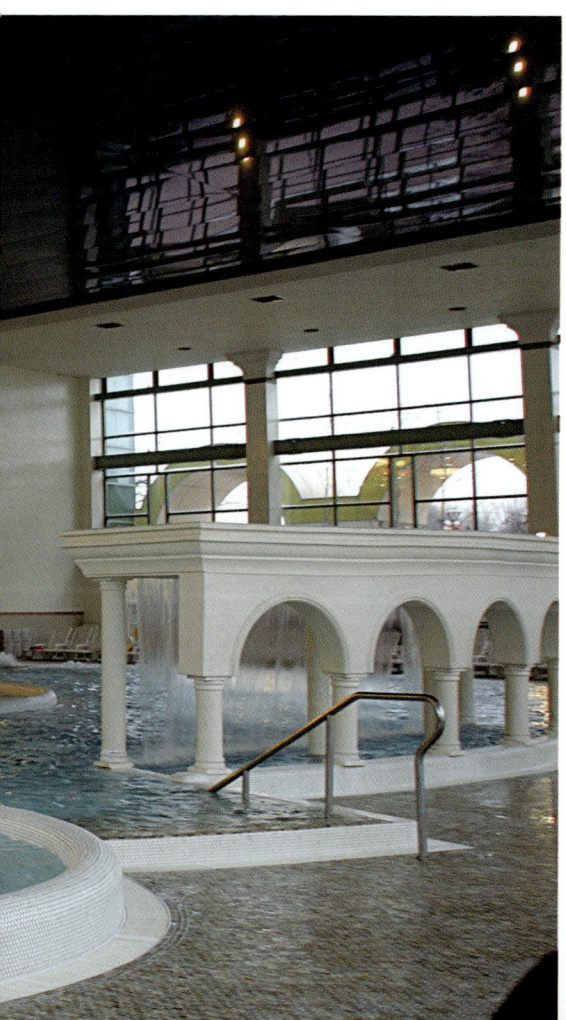

➔ 부래미마을, 체험이 있는 농촌 나들이

이천에 위치한 체험마을로 주말 가족체험이 가능한 곳이다. 마을이 하나의 체험장이라 해도 될 만큼 아기자기한 모습으로 가꾸어져 있으며, 체험 전후로 마을 산책을 하는 재미도 있다. 봄철 딸기 따기, 여름철 포도 따기, 가을철 고구마 캐기 등의 수확 체험이 가능하며, 짚을 꼬아 만드는 달걀 바구니 만들기 체험도 인기다. 최근 숙박 및 세미나가 가능한 체험관을 지어 마을에서 1박 2일도 가능하게 되었다.

문의 | 031-643-0817
홈페이지 | http://buraemi.invil.org)

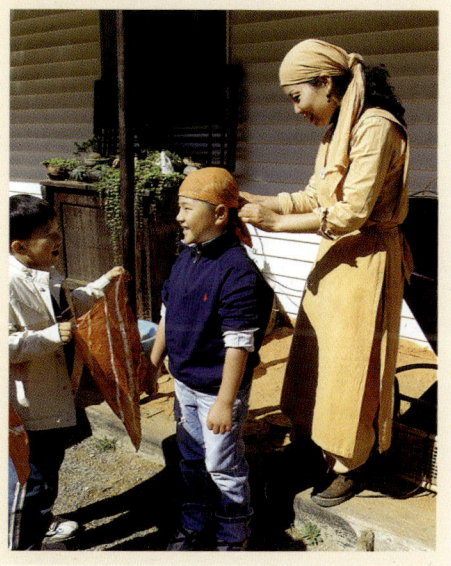

산수유마을

노오란 산수유 꽃, 빠알간 산수유 열매

| 위치 | 경기도 이천시 백사면 도립리 785
| | 경기도 이천시 백사면 원적로 775번길 17
| 운영시간 | 종일, 연중무휴

▶ MINI DATA

| 입장료 | 없음   주차 | 가능   분류 | 전통, 체험마을

이천시 백사면 도립리 일대는 이른 봄이면 1만여 그루의 산수유가 노란색 꽃을 틔우는데 그 장관을 보기 위해 전국에서 많은 사람들이 찾는다. 3월 말에서 4월 초순에 산수유가 만개하는데 4월 첫째 주 주말에 산수유축제가 개최된다. 산수유로 유명한 곳이 전국에 3곳으로 이천의 도립리를 비롯하여, 전남 구례의 산동마을, 경기도 양평의 개군 내리마을이다. 그중에서 수도권에 위치해서 사람들이 가장 많이 찾는 곳이 바로 이천의 산수유마을이다. 도립리뿐만 아니라 인근의 경사리, 송말리 등지의 산수유를 합하면 모두 1만 7,000여 그루에 이르는 보기 드문 거대한 군락을 이

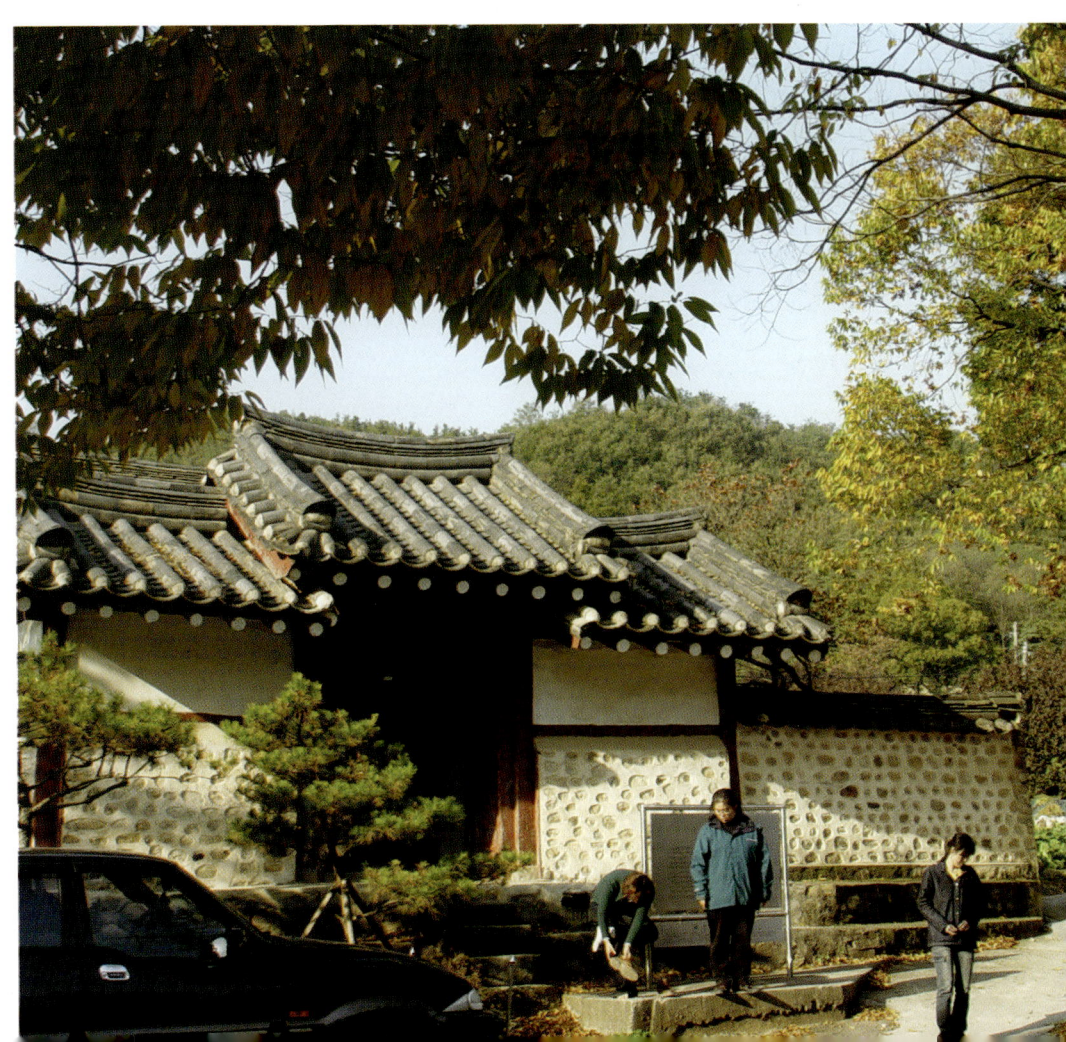

루고 있다. 산수유의 수령 또한 200년으로 오랜 역사를 가지고 있는데, 그 유래를 도립리의 육괴정이 전하고 있다. 조선 중종 때 기묘사화가 일어나면서 조광조는 유배를 가게 되고 사림파가 숙청을 받게 된다. 이에 조광조를 따르던 많은 사람들이 낙향을 하는데, 그 중에서 남당 엄용순을 비롯한 몇몇의 선비들이 모여서 이곳에다 정자를 짓고 나무를 심으면서 세월을 보냈다고 한다. 바로 그때 만든 정자가 육괴정이며 그때 심었던 나무가 산수유로 지금의 모습을 이루게 된 시작이었다. 여름이 지나고 가을이 되면 붉은색 산수유 열매가 가지 끝에 아롱아롱 열리는데, 이

때도 장관이다. 봄철 축제 기간 중 많은 사람들로 부대꼈다면 가을철 빠알간 산수유 열매 열릴 때 이곳을 방문하는 것도 또 따른 즐거움이다. 10월부터 산수유 열매가 열리는데 60여 일 정도 잘 익어 수확하기 전인 11월 말까지 돌아볼 수 있으니 여유로운 분위기 속에서 만추의 정취를 즐길 수 있다.

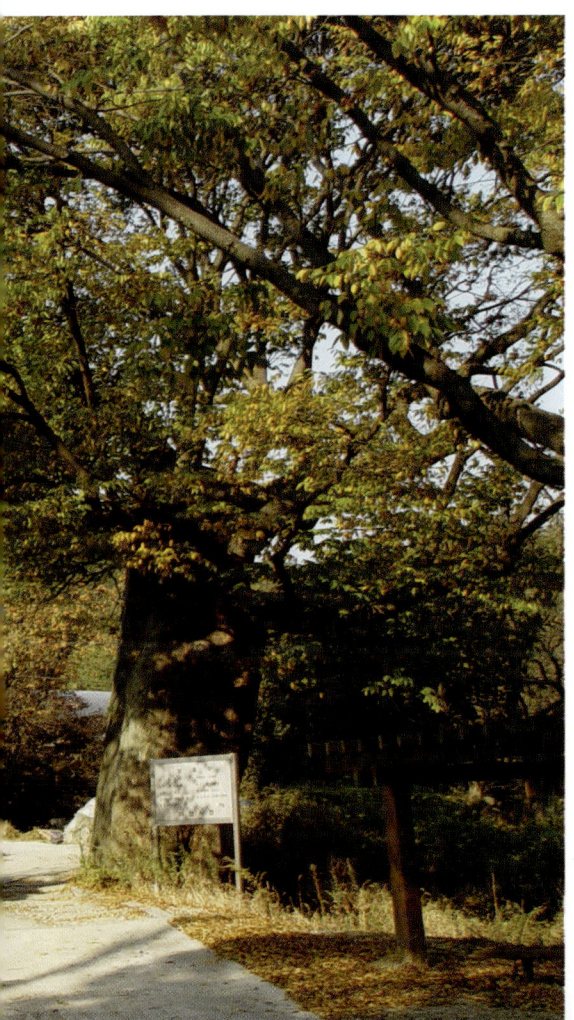

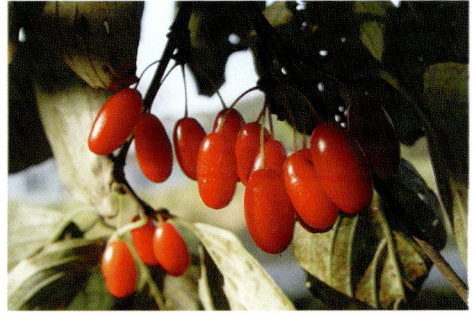

➡ 반룡송과 백송, 천연기념물을 만나다

산수유마을 인근에는 천연기념물로 지정된 나무가 두 그루 있다. 우리나라에서 몇 개 발견되지 않았다는 백사면 신대리의 백송이 하나이고, 용이 꿈틀대는 모양을 하고 있는 반룡송이 또 하나이다. 산수유마을 가까이 있으니 함께 들러보자.
문의 | 031-632-4001(백사면사무소)

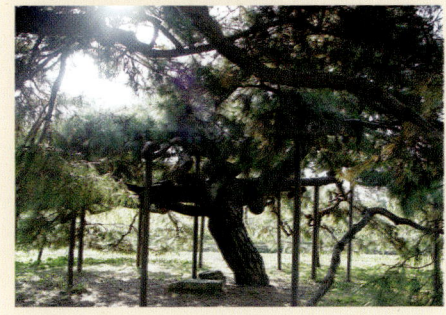

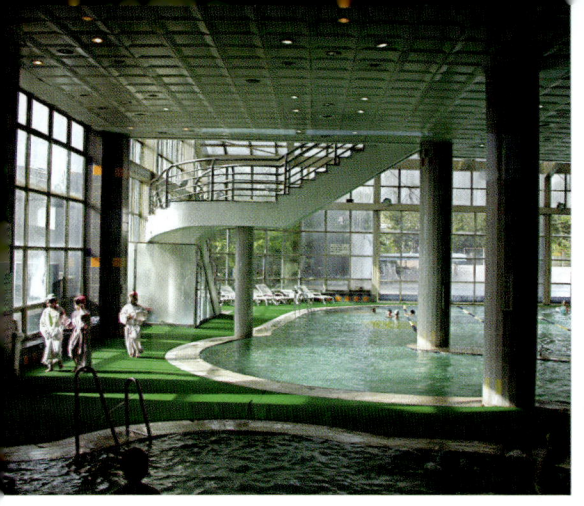
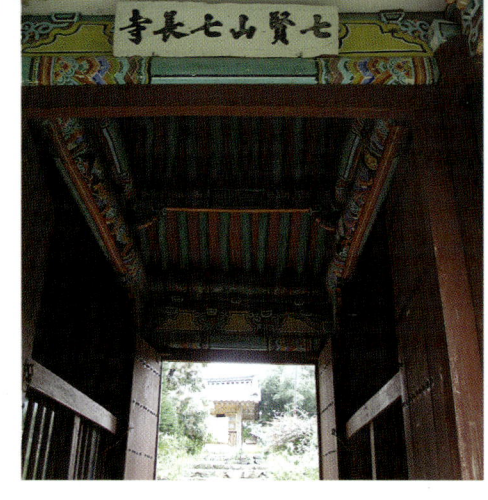

호텔미란다 스파플러스

온 가족이 함께하는 이천의 온천

| 위치 | 경기도 이천시 안흥동 408-1
　　　　경기도 이천시 중리천로 115번길 45
| 운영시간 | 07:00~21:00(시설/계절별 상이), 연중무휴

▶ MINI DATA
| 입장료 | 있음　　주차 | 가능　　분류 | 온천, 휴양

이천은 옛날부터 온천으로 이름난 지역이다. 조선의
임금들이 피부병 등의 치료 목적으로 즐겨 찾던 곳
중 한 곳이다. 스파플러스 자리는 조선 세종대왕 때
부터 온천배미로 알려진 이천온천 원탕 중 하나다.
온천탕뿐만 아니라 온 가족이 함께 즐길 수 있는 다
양한 시설을 갖추고 있어 주말이면 가족 단위로 많이
찾는다. 온천탕이 포함된 건강존과 워터파크 구역으
로 나누어져 있다. 건강존에는 넓은 대온천장과 자수
정방, 한증막 등의 시설과 함께 황토방에서 소나무를
직접 때는 전통불가마가 있어 충분한 시간을 보내며
피로를 회복하는 데 도움을 준다. 스파플러스는 실내
수영장을 중심으로 유수풀, 파도풀, 슬라이드풀 등 물
놀이를 할 수 있게 꾸며놓아 어른뿐만 아니라 아이들
도 좋아한다. 원래 있던 가족탕을 새로 꾸며 웰빙하우
스를 만들었는데, 대형월풀욕조를 설치해놓아 한 가
족이 이용하기에 부족하지 않다.

칠장사

다양한 설화를 간직한 사찰

| 위치 | 경기도 안성시 죽산면 칠장리 764
　　　　경기도 안성시 죽산면 칠장로 399-18
| 운영시간 | 종일, 연중무휴

▶ MINI DATA
| 입장료 | 없음　　주차 | 가능　　분류 | 불교유적

선덕여왕 5년(636년)에 자장율사에 의해 창건된 것으
로 전해지는 유서 깊은 사찰로 규모는 크지 않으나
경기도 내 사찰 중 가장 많은 유물을 가지고 있고 전
해지는 설화도 다양하다. 신라 협안왕의 서자인 궁예
가 13세 때까지 머물며 활쏘기를 연습하던 활터가 남
아 있으며 벽초 홍명희의 소설 『임꺽정』에 나오는 일
곱 도적과 갓바치 스님 이야기의 배경이 되는 절이기
도 하다. 또한 어사 박문수가 칠장사 나한전에서 기
도를 드리고 난 후 장원급제를 했다고 해서 과거를
준비하는 선비들이 이곳에 와 공부를 했고 지금도 수
험생 학부모들의 발길이 잦다. 문화재로는 일주문 가
는 길에 위치한 철당간과 혜소국사비, 오불회 괘불,
인목대비 친필 족자 등이 있다.
칠장사가 위치해 있는 칠장산은 높이 492m로 아담
하고 작은 산이지만 울창한 숲과 가을 단풍이 아름다
워 수도권 당일 나들이 코스로 추천한다.

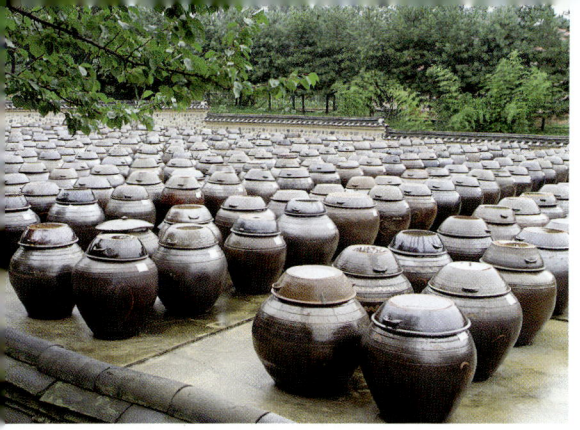

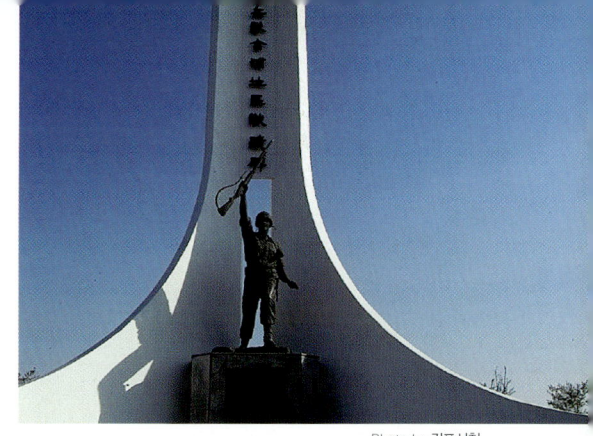

서일농원

항아리만 바라봐도 배부른 곳

| 위치 | 경기도 안성시 일죽면 화봉리 389-3
경기도 안성시 일죽면 금일로 332-17
| 운영시간 | 09:30~18:00, 연중무휴

▶ MINI DATA

| 입장료 | 없음 　주차 | 가능 　분류 | 전통, 체험마을

애기봉전망대

애기의 슬픈 사랑

| 위치 | 경기도 김포시 하성면 가금리 산59-13
경기도 김포시 하성면 평화공원로 139
| 운영시간 | 동절기 09:00~17:00, 하절기 09:00~18:00,
연중무휴

▶ MINI DATA

| 입장료 | 없음 　주차 | 가능 　분류 | 전시, 체험시설

전통 장류에 관심이 많던 서분례 씨가 1983년부터 조성한 장을 주제로 한 우리나라 최대의 농원이다. 2,000여 개가 넘는 장독이 줄지어 서 있는 모습이 장관으로 장맛을 보려는 사람보다 잘 가꿔진 농원을 둘러보기 위해 찾는 사람들이 더 많을 정도다. 수련으로 덮인 연못과 과수원을 지나 노송들이 멋진 산책로를 따라가면 햇빛을 받아 반짝반짝 윤이 나는 항아리들을 만난다. 정자가 세워진 언덕으로 오르면 2,000여 개의 항아리들이 도열해 있는 장독대가 한눈에 들어오고 뒤편으로는 장의 재료가 되는 콩과 고추밭이 넓게 펼쳐져 있다.

농원에서 운영하는 식당인 '솔리'에서는 직접 담근 장으로 만든 된장찌개와 청국장 손두부를 맛볼 수 있는데 20여 가지의 밑반찬은 나물과 장아찌가 주를 이루어 담백하고 개운한 맛이 일품이다. 저렴한 가격은 아니지만 최고 품질의 된장과 청국장, 고추장을 구입할 수 있다.

병자호란 당시 평양감사와 기생 애기(愛妓)의 슬픈 일화가 어린 곳이라 해서 애기봉이라 이름 붙은 155m의 산이다. 한양으로 함께 피난을 오던 평양감사와 애기는 이곳에서 적군에게 붙잡히는데 애기는 풀려났으나 평양감사는 북쪽으로 끌려갔다. 매일 산꼭대기에 올라 평양감사를 기다리던 애기는 병들어 죽었고 사랑하는 이가 끌려간 북녘 하늘을 바라볼 수 있도록 세워서 묻어달라는 유언을 남긴다. 이 전설을 들은 고 박정희 대통령이 친필 휘호로 '애기봉'이라 쓴 비석을 세워주었다. 사랑하는 이를 기다리는 애기의 심정과 고향을 그리는 실향민들의 아픔이 함께 서려 있는 이곳에는 전망대가 있어 북녘 땅을 조망할 수 있고 망배단도 마련되어 있다. 한강과 임진강이 만나 서해로 흘러가는 지점에 있어 해 질 녘 풍경이 아름답고 크리스마스에는 대형 트리가 세워져 많은 이가 찾는다. 군 주둔 지역이라 출입 통제소에서 신고서를 작성해야 하므로 주민등록증을 반드시 가져가야 한다.

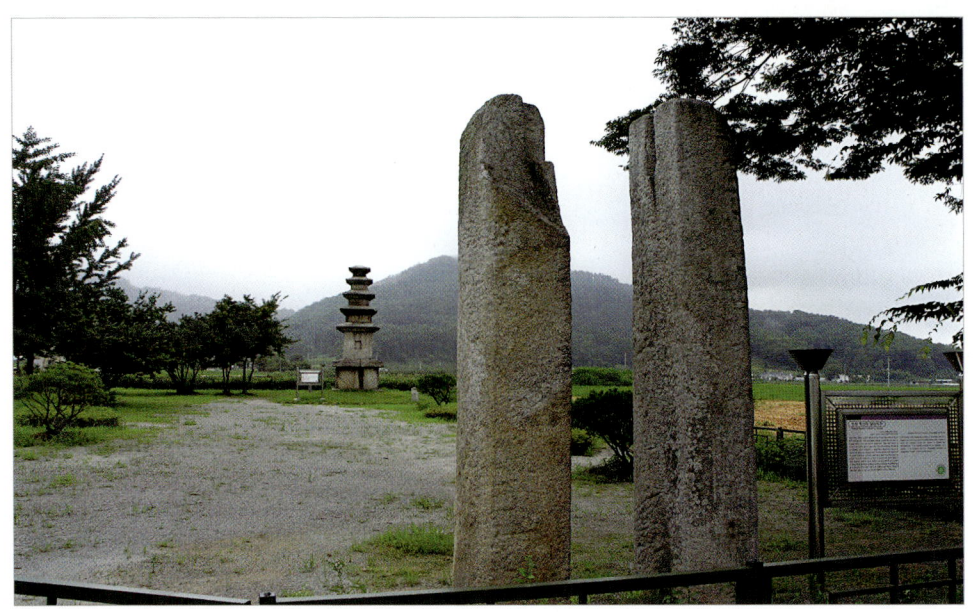

봉업사지 당간지주와 죽산리 석불입상 안성의 오랜 흔적을 찾아

위치 | 당간지주 경기도 안성시 죽산면 죽산리 728
　　　석불입상 경기도 안성시 죽산면 죽산리 2
운영시간 | 종일, 연중무휴

▶ MINI DATA
| 입장료 | 없음　　주차 | 가능　　분류 | 불교유적

봉업사가 지금까지 남아 있었다면 그 규모와 역사에서 안성에서 제일가는 절이었을 것이다. 태평미륵 인근에 위치하고 있는 절터로, '봉업(奉業)'이란 이름에서 보듯이 나라와 관련한 중요한 사찰로 역할을 하였음을 짐작할 수 있다. 그 기록이 조선 때의 책인「신증동국여지승람」에 고려 태조의 진영을 봉안하는 절로 공민왕이 다녀갔다는 기록이 남아 있다. 고려 왕조와 밀접한 관련을 맺고 있던 절로 그 크기와 규모가 제법 컸을 것이다. 지금은 이끼 푸르게 낀 당간지주가 입구에 서서 이곳이 절터였음을 알려준다. 고려 때 만들어진 것으로 경기도 유형문화재로 지정되어 있다. 당간지주 사이로 보이는 오층석탑 또한 고려 중기 때의 탑으로 크기가 8m에 이르며, 각 층의 비례가 잘 갖추어진 이 부근에서 가장 크고 멋있는 탑이

다. 봉업사지에서 주변을 둘러보면 삼층석탑이 멀리 보이는데 삼층의 구조로 보아 신라계 석탑의 형식을 계승하여 만든 고려 초기의 탑으로 추정하고 있으나 확실하지 않다. 산기슭으로 조금 더 오르면 석불입상을 찾을 수 있다. 둥근 연화대좌 위에 서 있는 불상은 얼굴이 약간 큰 듯한 느낌이지만, 우리 민족의 신체 비례가 그러함을 생각하면서 고개를 끄덕여본다. 얼굴은 무표정하고 무뚝뚝하여 그리 예쁘다고 할 수 없으나 불상에 새겨진 옷의 섬세함이 불상을 정성들여 만들었음을 알게 한다. 원래 죽주산성 아래에 쓰러져 있던 것을 이곳으로 옮겨와 다시 세웠다 하니 누가 어떤 연유에서 이 불상을 만들었는지는 알 수 없으며 만들어진 모양새에서 고려시대의 것이라 추정하고 있을 뿐이다.

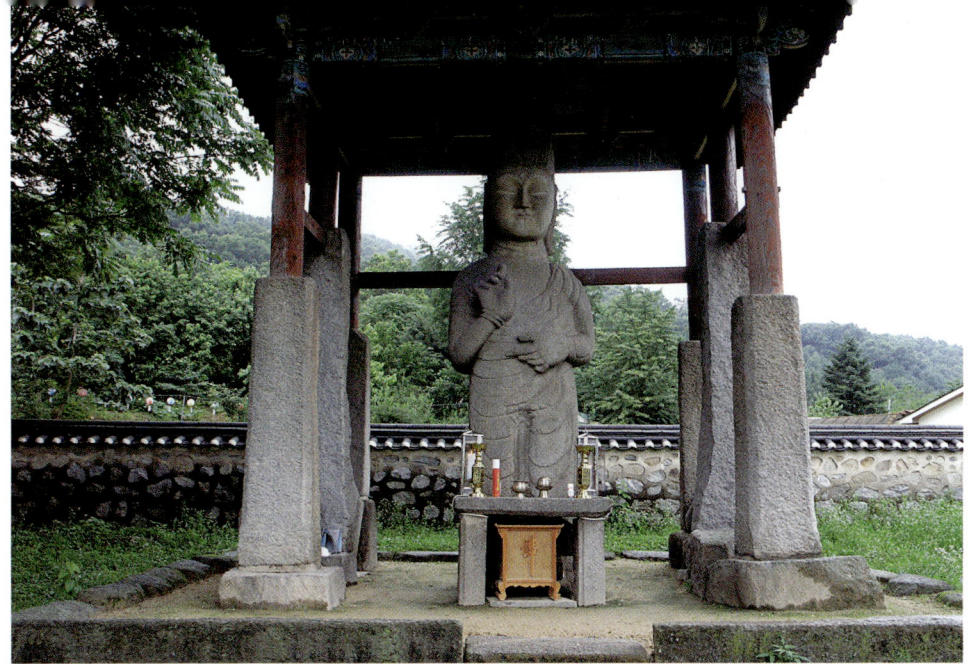

매산리 석불입상 미륵 동네 안성에서 만나는 미륵불

위치 | 경기도 안성시 죽산면 매산리 366
　　　경기도 안성시 죽산면 미륵당길 32-2
운영시간 | 종일, 연중무휴

▶ MINI DATA
입장료 | 없음　　주차 | 가능　　분류 | 불교유적

정식 명칭은 매산리 석불입상이나 이곳 사람들은 '태평미륵'으로 부른다. 미륵불은 석가모니불이 열반한 후 56억 7,000만 년 후에 인간 세상에 나타나 세상을 교화하기로 예정되어 있는 부처이다. 도솔천에 머물며 인간계로 내려가기 전 잠시 생각에 잠긴 모양을 형상화하고 있는 '미륵반가사유상'이 대표적인 미륵불이다. 미륵불은 새로운 세상을 갈망하는 민중들에게 희망으로 나라가 혼란하거나 살기 어려울 때마다 곳곳에 거친 솜씨로 만들어져 경배의 대상이 되었다. 안성은 사통팔달 교통의 요지로 예로부터 물자가 풍부하고 살기 좋은 동네로 이름난 곳이었지만, 편안한 현실 속에 혼란이 오면서 더 큰 충격이 되어서인지 미륵불이 많이 세워졌다. 그중 4m나 되는 큰 키를 자랑하는 매산리의 태평미륵은 미륵 동네 안성에서도

가장 잘 알려진 미륵불로 지금도 많은 사람들이 찾아와서 기도하는 기도처이다. 두 발은 땅에 묻혀 있고 머리에는 커다란 관을 쓴 모습으로 오른손과 왼손은 각각 시무외인과 여원인을 취하고 있다. 그 뜻은 '두려워하지 말라(시무외인), 내가 너의 소원을 들어 주겠다(여원인)'로 해석할 수 있다. 고려 초기에 만들어진 불상으로 지금도 그 앞에는 향이 타오르니 민중이 꿈꾸는 세상은 언제쯤 오려는지 잠시 생각에 잠겨본다.

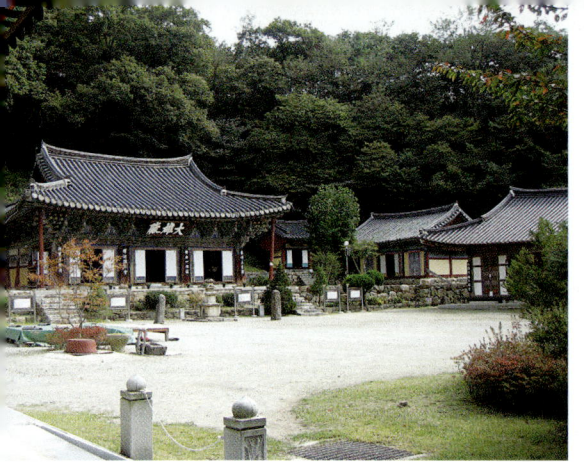
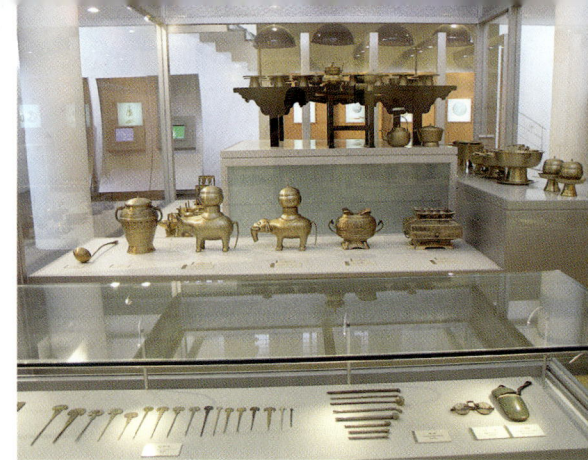

Photo by 안성시청

청룡사
남사당패의 겨울 휴식처

| 위치 | 경기도 안성시 서운면 청룡리 28
      경기도 안성시 서운면 청룡길 140
| 운영시간 | 종일, 연중무휴

▶ MINI DATA
| 입장료 | 없음   주차 | 가능   분류 | 불교유적

청룡사는 1900년대부터 등장한 남사당패가 전국을 떠돌다 돌아와 겨울 동안 긴 휴식을 취했던 사찰로 유명하다. 1265년 대장암이라는 이름으로 창건되었다가 1364년 나옹화상이 이곳에 청룡이 내려오는 모습을 보고 청룡사라 이름을 새로 짓고 크게 중창했다고 전해진다. 고려시대 사찰 건축의 원형을 잘 보여주는 대웅전은 보물 제824호로 지정되어 있는데 나무를 다듬지 않고 그 결을 살려 세운 기둥이 오히려 위엄 있어 보이며 그 앞으로는 청룡사를 창건한 명본국사가 세운 삼층석탑이 잘 보존되어 있다. 대웅전 안에는 조선 현종 15년(1674년)에 만든 5t 무게의 청동 종이 있고, 조선시대 효종 9년(1658년)에 승려 화가인 명옥 등이 그린 영산회괘불탱과 숙종 18년(1692년)에 제작된 청룡사 감로탱이 있어 각각 보물로 지정되어 있다. 그 밖에도 청룡사 사적비와 금동관음보살좌상 등의 유적도 볼 수 있다. 절의 규모는 크지 않으나 귀중한 문화 유적을 간직한 고찰로 꼽을 만하다.

안성맞춤박물관
'안성맞춤' 이란 말의 유래를 알아보자

| 위치 | 경기도 안성시 대덕면 내리 산57-2
      경기도 안성시 대덕면 서동대로 4726-15
| 운영시간 | 09:00~18:00, 매주 월요일 휴관

▶ MINI DATA
| 입장료 | 없음   주차 | 가능   분류 | 박물관

어떤 상황이나 물건이 필요에 잘 맞게 형성되거나 만들어지는 경우를 '안성맞춤' 이라 표현하는데, 이 말에 등장하는 안성은 지명으로 이곳 안성을 의미한다. 안성은 교통의 요지로 경상도·충청도·전라도 등지에서 올라온 물산들이 한양으로 가기 위한 길목이라 시장에는 없는 물건이 없고, 여러 지역의 문화가 어우러져 남사당놀이 같은 지역 특유의 문화를 만들어낸 곳이다. 그중에서도 안성 지역 특산품으로 이름난 것이 바로 유기이다. 안성에다 유기를 주문하면 마음에 딱 들게 모양을 만들어주는데 이를 '모춤 또는 맞춤' 이라 불렀다 한다. 이 말이 바로 안성맞춤이란 말의 유래이다. 안성맞춤박물관은 안성 유기의 역사를 중심으로 실제 유기를 전시하고 있으며, 유기를 제작하는 방법 등을 모형을 통하여 보여준다. 또한 민중 문화의 전통이 강한 안성의 역사를 시대별로 정리하고 있다.

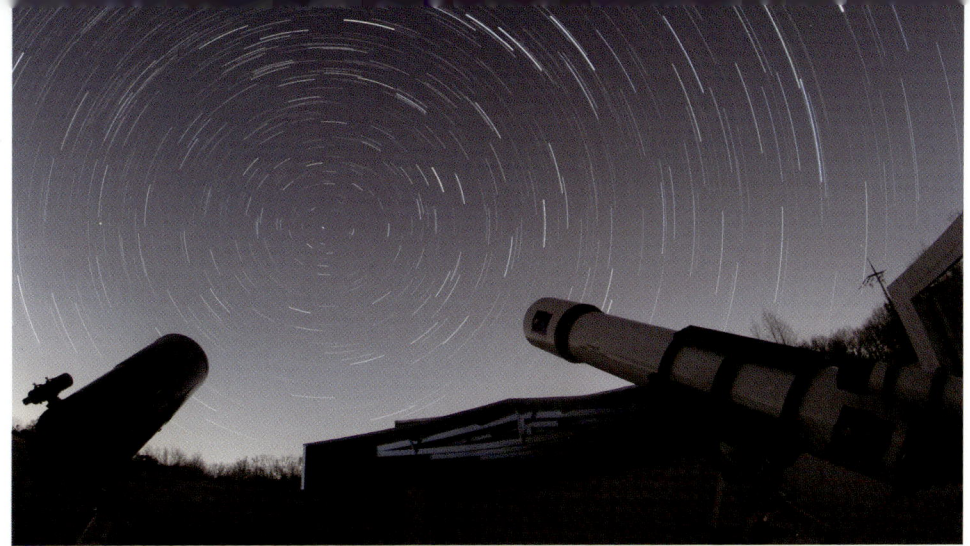

안성천문대 국내 최초 사설천문대

| 위치 | 경기도 안성시 미양면 천문대길 60
| 운영시간 | 10:00~22:00(예약제 운영), 일요일 휴무

▶ MINI DATA

| 입장료 | 없음   주차 | 가능   분류 | 전시, 체험시설

1996년 10월에 개관한 안성천문대는 국내 최초의 사설천문대다. 천문과 우주에 관한 수많은 연구와 교육 노하우를 바탕으로 학생과 일반인들에게 좀 더 쉽고 재미있게 다가가기 위해 노력하고 있다.

안성천문대의 가장 큰 장점은 일반인들이 즐길 수 있는 천문 교육 프로그램이 다양하다는 점이다. 초, 중, 고등학생 및 일반 성인들을 대상으로 한 천체 관측과 체험 교육 프로그램을 운영하고 있으며, 그 외 일반 천문동호회와 대학 천문동아리를 지원하고, 지역 주민과 학생들을 위한 공개 관측회를 열기도 한다. 주말에는 가족을 대상으로 한 프로그램과 방학을 맞이한 학생들을 위한 천문과학 캠프 등의 활동도 활발히 펼치고 있다. 특히 주말 가족 및 일반 프로그램은 나이와 직업에 국한하지 않고 아이부터 어른까지 모두가 들을 수 있는 수준의 유익한 교육이다. 실제 관측할 수 있는 망원경을 직접 만져보고 수업하는 천문대가 국내에서는 그리 많지 않은데, 이곳에서는 참가자들에게 직접 망원경을 다루는 방법을 가르쳐준다.

관측소에는 원형돔과 슬라이딩돔, 그리고 안시관측용 망원경과 실습용 망원경 등이 있다. 먼저 원형돔은 360도 회전하는 5미터의 관측돔으로, 이곳에는 MEADE LX200 400mm(16인치) 슈미트카세그레인 반사굴절망원경이 설치되어 있어 행성, 달, 별, 은하, 성운, 성단 등을 관측할 수 있다. 또한 슬라이딩돔에는 굴절망원경과 반사망원경 등 다양한 망원경이 있어서 태양, 홍염, 행성, 은하, 성운, 성단을 관측할 수 있다. 아이패드와 연동해 관측자가 직접 별을 찾아 관측할 수 있다.

그 외 중, 고등학생 천체관측 대회 및 안시관측에 적합한 돕소니언 망원경, 저학년과 가족들이 쉽게 사용할 수 있는 실습용 망원경이 다수 마련되어 있다. 이곳에 오면 다양한 체험 활동과 교육 프로그램을 통해 누구나 우주의 신비를 경험하고 아름다운 별을 마음껏 감상할 수 있다.

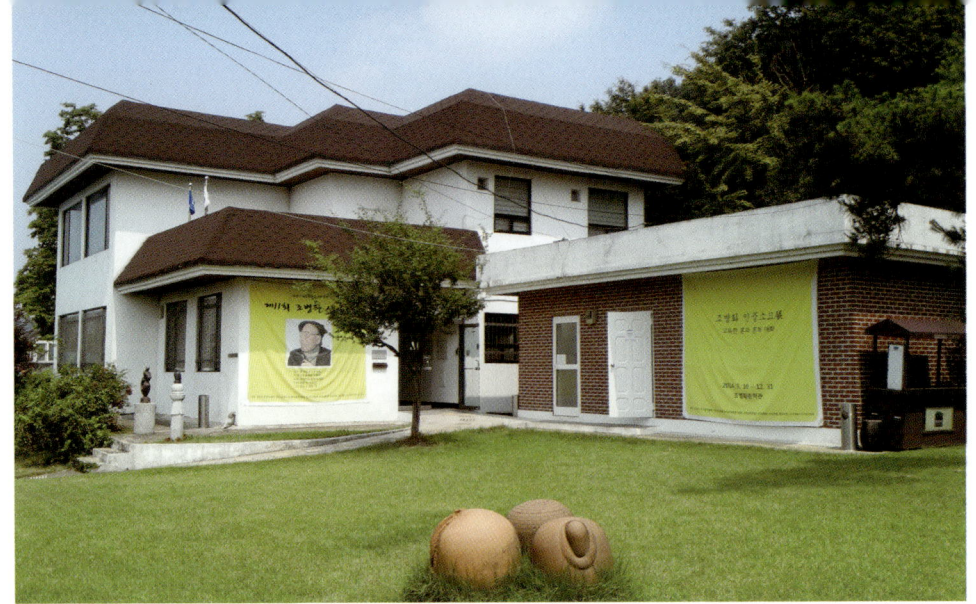

조병화문학관 개구리 소리 그윽한 시인의 흔적

| 위치 | 경기도 안성시 양성면 난실리 337
경기도 안성시 양성면 난실길 14-1
| 운영시간 | 11~3월 10:30~16:00, 4~10월 10:30~17:00,
매주 월요일/공휴일 휴관

▶ MINI DATA
| 입장료 | 있음　　주차 | 가능　　분류 | 전시, 체험시설

난실리 편운동산 내에 자리 잡은 조병화문학관은 편운 조병화(1921-2003)의 문학을 기리기 위해 설립되었다. 이곳은 시인의 유품 및 창작저작물, 그림을 상설 전시하는 문학 기념관으로, 1993년 시인이 대지를 제공하고 국고의 지원을 받아 문화 사랑방으로 지어진 연건평 85평 규모의 2층 건물이며 8평의 부속 건물을 두고 있다. 1층에 전시실 3실, 2층에 세미나실을 갖추고 있다. 제1전시실에는 기획전시물과 그가 남긴 53권의 창작시집, 수필집, 화집 등 160여 권의 서적과 조 시인의 개인소장품들이 전시되어 있다. 제2전시실에서는 럭비 관련 유물과 학창시절 성적표, 그가 위안 삼아 그렸던 그림을 비롯하여 화려했던 그의 생애를 엿볼 수 있는 대한민국 금관문화훈장 등 상패와 기념패, 명예박사 학위증이 있다. 제3전시실에는 조 시인을 추모하는 문인들의 시화와 방명록이 전시되어 있다. 이곳에는 문학관 외에도 넓은 잔디밭을 중심으로 1963년 시인이 어머니 묘소 옆에 세운 묘막 편운재, 교직 은퇴 후 시인이 집필하거나 휴식을 취하던 시골집 청와헌과 시인의 묘소가 자리 잡고 있다. 청와헌은 조병화 시인이 인하대학교 대학원장으로 정년퇴임(1986년)을 하고 기공하여 이듬해 완공해서 입주한 시골집으로, 당시 '개구리 소리를 듣는다.' 하여 청와헌(聽蛙軒)이라 이름이 붙었다고 한다. 관람객들은 시집, 엽서 등을 살 수 있고 문학관과 편운동산 관람 기록도 남길 수 있다. 매년 안성시와 조병화문학관 주최로 조병화 문학제가 열리고, 2006부터는 편운문학상을 제정하여 시상하고 있으며, '편운 시 백일장'과 함께 관내 초등학생을 대상으로 하는 '꿈나무 시 낭송회'를 개최한다.

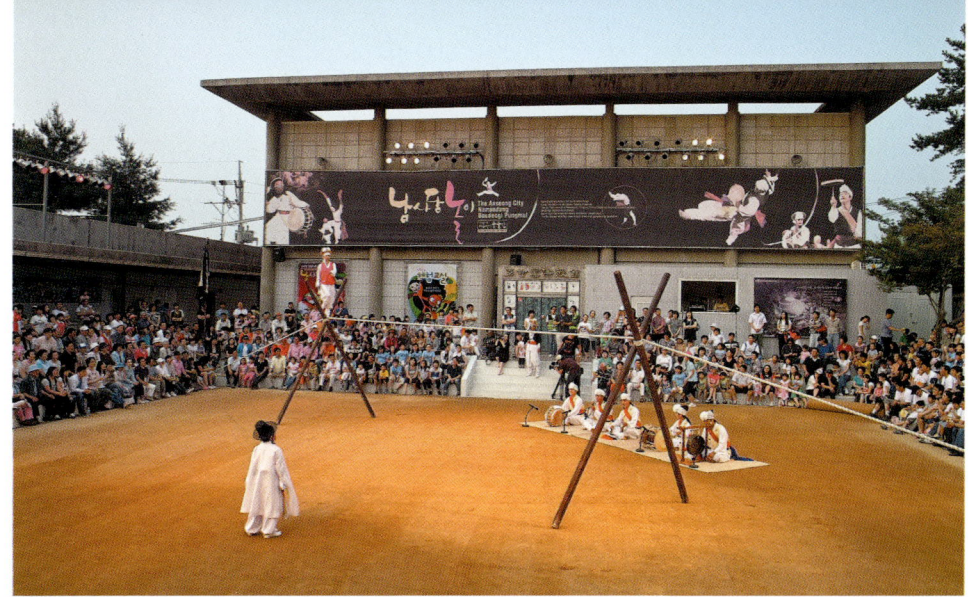

남사당 전수관 들썩이는 어깨춤

| 위치 | 경기도 안성시 보개면 복평리 34-3
경기도 안성시 보개면 남사당로 196-31
운영시간 | 3~11월 토요일 16:00~18:00, 일요일 14:00~
16:00, 주 2회 공연

▶ MINI DATA
| 입장료 | 없음   주차 | 가능   분류 | 전시, 체험시설

줄놀이, 재주넘기에서부터 농악 공연을 대표하는 풍
물놀이까지 쉼 없이 이어지는 흥겨움은 어깨를 들썩
이는 즐거움을 준다. 흥겨운 백성들의 놀이문화인 남
사당놀이는 중요무형문화재로 지정되어 그 가치를
인정받았다. 최초의 남장 여성 꼭두쇠로 알려진 바우
덕이의 고장인 안성은 전수관을 중심으로 남사당놀
이의 전통을 계승하는 곳이다. 남사당전수관 마당에
서 매주 토요일 열리는 상설공연은 많은 사람들을 부
른다. 약 2시간에 걸쳐 진행되는 공연은 첨단 장비를
자랑하는 여느 무대보다 생생한 즐거움으로 가득하
다. 가족과 함께 시원한 저녁 바람을 느끼며 우리 전
통의 흥겨움을 제대로 즐겨보는 시간이다. 인근의 아
트센터 '마노'는 거꾸로 지어진 집으로 유명한 예술
인들의 마을이다. 전시관을 관람할 수 있으며, 공방
이 있어 간단한 체험도 가능하다.

→ 너리굴문화마을

편안한 고을이라는 안성의 모습을 한눈에 담는 비봉산 자락에
아늑한 공간이 있다. '넓은 골짜기'라는 뜻을 가지는 너리굴문
화마을은 작은 사슴목장으로 시작하여 문화와 예술을 자연에
담는 터전이 되었다. 단체 숙소 건물까지도 작은 멋을 담는 예
술작품이 되는 이곳은 너리굴미술관을 시작으로 금속, 도자기
등의 예술 공방이 곳곳마다 자리한다. 비봉산 등산과 어우러지
는 편안한 휴식처이다. 문의 | 031-675-2171

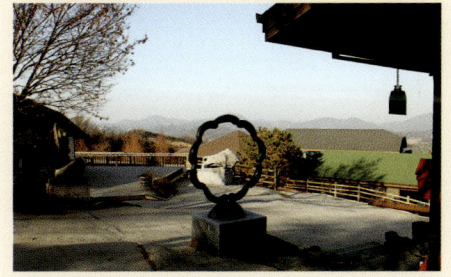

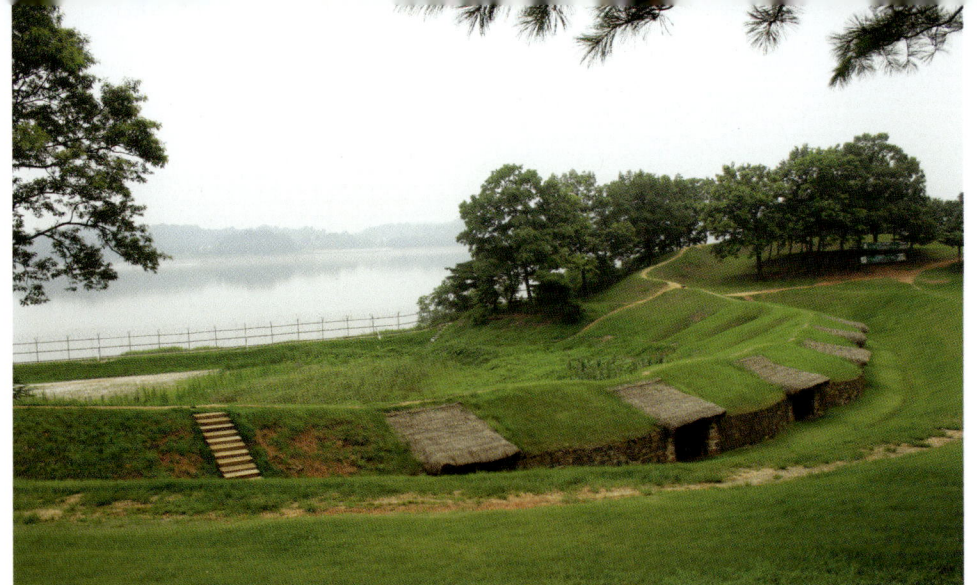

덕포진   <small>손돌의 전설을 담은 땅</small>

위치 | 경기도 김포시 대곶면 신안리 산105
    경기도 김포시 대곶면 덕포진로103번길 인근 덕포진
운영시간 | 09:30~18:30, 연중무휴

▶ MINI DATA

입장료 | 없음   주차 | 가능   분류 | 역사, 문화유적

한강과 연결되는 강화해협은 조선시대 외세침입의 마지막 방어선이었다. 촘촘하게 늘어선 진, 보, 돈대는 김포와 강화 해안선을 따라 위치한다. 조선시대 군사 방어시설의 제 모습을 관찰하고 싶다면 덕포진을 찾아보자. 강화해협 중에서도 가장 좁은 폭을 사이에 두고 김포의 용두돈대와 마주하는 이곳은 진지를 따라 이어지는 1.5km의 산책로가 마치 과거의 시간으로 돌아가는 듯한 느낌을 받게 한다. 소용돌이치는 물살을 앞으로 두고 있는 진지는 구한말, 프랑스와 미국의 서양 군함을 맞아 병인양요(1866년)와 신미양요(1871년)의 격렬한 전투를 치룬 역사의 현장이다. 불과 700여 년 전, 수많은 병사의 목숨을 앗아간 아픔의 장소라고 하기에는 너무도 평화로운 모습이지만 당시 지휘소였던 파수장터를 중심으로 수많은 유물들이 출토되어 당시의 상황을 후세에 알려주고 있다. 돌아가듯 굽이도는 강화해협의 물살은 '손돌목'이라 불린다. 원나라의 공격으로 강화도로 임시 수도를 정한 고려의 국왕 고종이 손돌이라는 뱃사공의 나룻배를 타고 바다를 건너려 하다 거꾸로 흘러가는 배의 방향을 보고 적의 첩자로 오인하여 그를 참수하였다. 손돌은 마지막 순간 흐르는 물살에 바가지를 띄워 이것을 따라가라 유언하였고 흐르는 물살을 따라 거꾸로 향하던 바가지는 강화도의 해안으로 안전하게 나룻배를 인도하였다. 손돌의 억울한 죽음은 덕포진의 끝자락에 자리 잡은 작은 비석으로 전해진다. 지금까지도 손돌의 생일인 음력 10월 20일 무렵 불어오는 매서운 강화해협의 바람은 억울한 죽음을 당한 손돌의 영혼이 실린 '손돌바람'이라 불린다. 덕포진의 호젓한 산책은 인근 대명항과 포구를 함께하기에 좋다. 서해 바다의 먹거리로 가득한 포구는 못생긴 고기로 유명한 '삼식이' 회 맛을 보는 곳으로 유명하다.

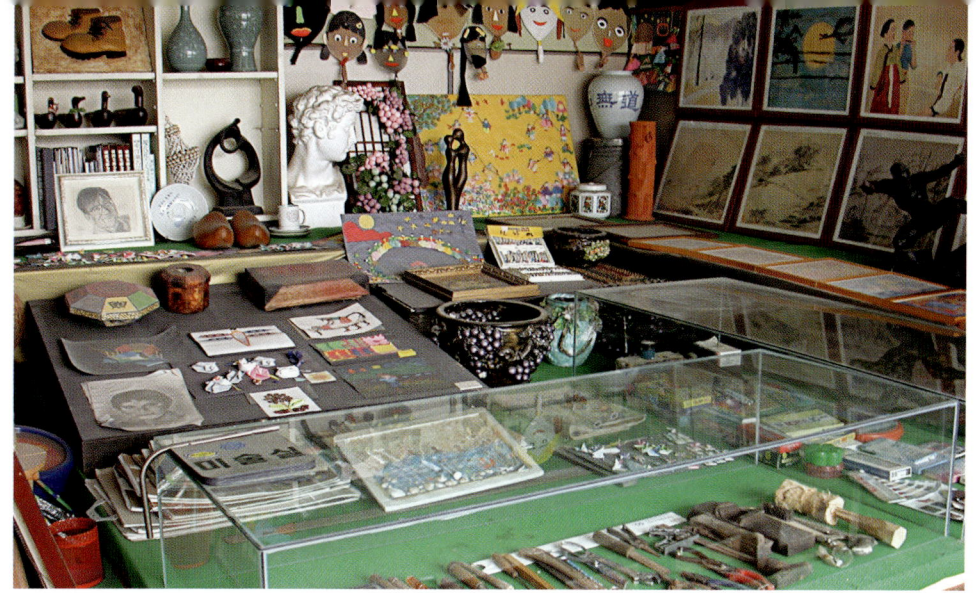

덕포진 교육박물관 옛날을 추억하는 감동 넘치는 수업 시간

위치 | 경기도 김포시 대곶면 신안리 232-1
　　　경기도 김포시 대곶면 덕포진로103번길 90
운영시간 | 10:00~18:00, 연중무휴

▶ MINI DATA
입장료 | 있음　　주차 | 가능　　분류 | 박물관

강화로 넘어가기 전 김포 덕포진 앞에 작은 박물관이 하나 있다. 덕포진 교육박물관으로 초등학교 교사로 재직하다 시력을 잃은 부인을 위하여, 함께 교사로 재직했던 남편이 학교에서 쓰던 여러 가지 옛 물건들을 모아 새로 작은 학교를 만들었다. 교과서며, 학용품들, 그때 입었던 옷, 과학실에서 쓰던 여러 실험 도구 등 옛날 학교 다닐 때 사용했던 물건들을 오랫만에 볼 수 있어 반갑다. 관람객들이 모이면 선생님이 입구의 종을 '땡땡땡' 치는데 이것은 수업을 알리는 종소리이다. 가운데 나무 장작으로 불을 때던 난로가 있고 짝과 함께 줄을 그어 놓고 썼던 녹색의 작은 책상, 삐걱거리는 나무 의자 등 옛날 모습 그대로 만들어놓은 교실에서 수업을 시작한다. 아이부터 어른까지 자리에 앉으면 모두들 그 앞에서는 학생이 된다. 이인숙 선생님의 풍금소리에 맞춰 신 나게 동요를 부르며 이어 남편인 김동선 선생님에게서 강화도의 역사와 이곳 덕

포진에 관한 이야기, 옛날 학교 다닐 때 있었던 일들에 대하여 이야기를 듣는데 짧은 수업시간이지만 옛날 학창시절로 돌아간 것 같은 정겨움 가득한 시간이다. 교실 팻말에 쓰인 3학년 2반은 이인숙 선생님이 마지막으로 맡았던 반이라 하며, 학생증 등을 전시해 놓은 곳에서는 두 분 선생님의 젊은 시절 사진이 붙어 있는 공무원증을 볼 수 있다. 아이들에게는 엄마, 아빠 옛 이야기를 들려줄 수 있는 공간으로, 어른들에게는 옛날을 추억하는 곳으로 감동이 있다. 개별적으로는 수업이 어려우니 단체가 방문하는 시간을 미리 문의하거나 수업을 받을 수 있는 시간을 확인하고 찾아가도록 하자.

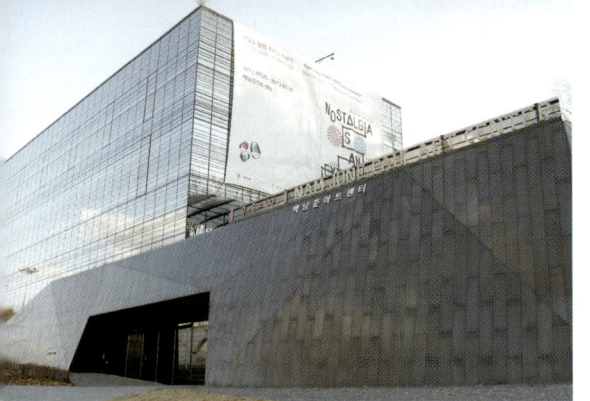

백남준 아트센터

비디오 아트의 선구자를 말하다

| 위치 | 경기도 용인시 기흥구 상갈동 146
경기도 용인시 기흥구 백남준로 10
| 운영시간 | 10:00~18:00, 7~8월 10:00~19:00,
매주 월요일 휴관

▶ MINI DATA
| 입장료 | 있음   주차 | 가능   분류 | 전시, 체험시설

비디오 아트의 창시자이자 비디오 아트를 통해 전 세계를 놀라게 한 백남준. 그는 미술 역사상 처음으로 텔레비전 13대를 사용한 작품을 전시하고, 피아노를 부수고 넥타이를 자르는 충격적인 퍼포먼스를 선보이며 주목받았다. 전시관에 들어가면 가장 먼저 백남준의 대표작 중 하나인 「TV정원」이 보인다. 정원에 놓인 텔레비전에서 비디오와 음악이 흘러나오는 작품으로 열대 숲의 생명력과 비디오라는 판타지가 만나 생명력을 노래한 작품으로 알려져 있다. 작품을 감상하는 것 외에도 아트센터는 이곳저곳 둘러보는 재미가 있다. 특히 획기적인 디자인을 소개한 위트 있는 상품들을 판매하는 아트숍과 건반 모양의 차양으로 꾸며진 카페테리아가 눈길을 끈다. 아트센터 작품에 대한 해설을 해주는 정기 도슨트 투어 또한 이루어지고 있다. 또한 이곳 아트센터에서는 각종 세미나와 교육활동을 실시하고 있다. 미디어아트, 북클럽, 교육체험, 도슨트 등 다양한 분야의 수강생을 모집하니 관심 있다면 홈페이지를 참고하자.

수도국산 달동네박물관

달동네를 완벽하게 재현하다

| 위치 | 인천광역시 동구 송현동 163
인천광역시 동구 솔빛로 51
| 운영시간 | 09:00~18:00, 매주 월요일 휴무

▶ MINI DATA
| 입장료 | 있음   주차 | 가능   분류 | 박물관

박물관이 자리한 수도국산 송현동은 인천에서 유명한 달동네로, 아파트가 들어서는 등 깔끔하게 정비가 되면서 옛날 모습을 기억할 수 있게 박물관으로 만들어 놓았다. 한국전쟁이 발발하면서 남으로 피난 갔던 사람들이 잠시나마 거주할 곳을 찾다 산비탈에 집을 지어 모여 살게 된 것이 달동네의 시초이며, 본격적으로 달동네가 형성되기 시작한 것은 1960년대 이후로 산업화가 시작되면서이다. 동네 초입으로 들어서면 보이는 구멍가게, 연탄가게, 이발소, 복덕방 등은 생활하는 데 꼭 필요했던 가게들이자 동네 주민들의 이야기가 모이는 정겨웠던 공간이다. 상하수도 시설이 제대로 들어올 수 없어 아침이면 화장실 문 앞으로 긴 줄을 섰다는 이야기를 통해 아이들에게 당시의 상황을 설명하고 있다. 옛날 집이 만들어져 있어 작은 방안을 들여다볼 수도 있다. 골목 곳곳에 붙어 있는 반공 포스터들이 당시 시대 상황에 사실감을 더하며 옛 교복 입어보기, 물지게 지기 등 체험거리도 마련되어 있다.

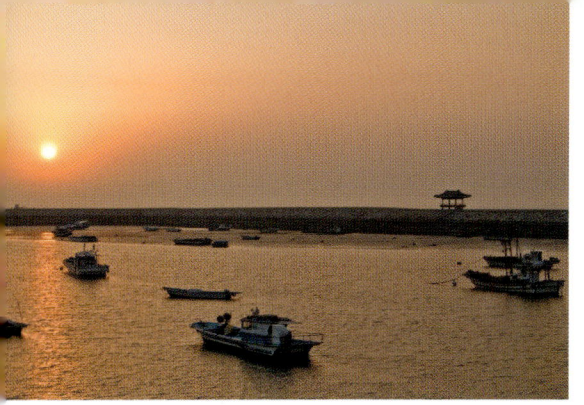

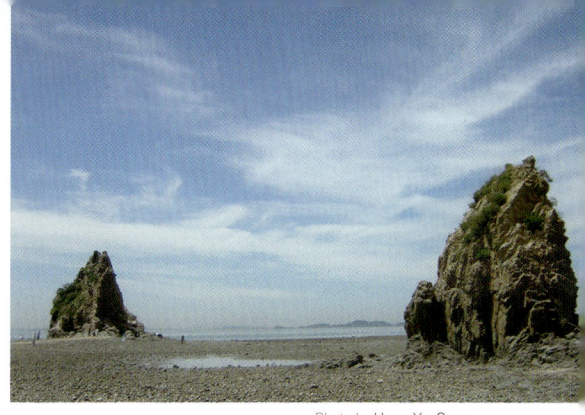

Photo by Hong YunSeon

궁평리
울창한 송림과 넓은 백사장이 있는 곳

| 위치 | 경기도 화성시 서신면 궁평리
| 운영시간 | 종일, 연중무휴

▶ MINI DATA
| 입장료 | 없음　　주차 | 가능　　분류 | 바다, 섬

제부도
열린 바닷길을 따라 들어가는 섬

| 위치 | 경기도 화성시 서신면 제부리
| 운영시간 | 종일, 연중무휴

▶ MINI DATA
| 입장료 | 없음　　주차 | 가능　　분류 | 바다, 섬

고려 초부터 궁(宮, 국가)에서 관리하는 땅이 많아 '궁들' 이라 불리기도 했던 궁평리는 조수간만의 차가 심하고 갯벌이 넓어 바지락, 맛, 굴 등 해산물이 풍부하고 조업량도 많은 천혜의 자연조건을 갖춘 어촌 마을이다. 아담하게 조성된 공원에는 배구장, 족구장, ATV 체험장 등 체육시설과 간이 놀이 시설이 잘 갖추어져 있고 규모가 큰 수산물센터가 자리 잡고 있어 다양한 해산물을 구입할 수 있으며 조개구이와 바지락 칼국수, 굴밥 등을 맛볼 수 있는 간이식당들도 성업 중이라 단체나 가족 단위 여행객들이 즐겨 찾는다. 궁평해수욕장은 울창한 송림과 2km에 이르는 모래사장으로 수도권 인근에서는 보기 드물게 한 폭의 그림을 연상시키는 바닷가 풍경을 보여주며 갯벌 체험 장소로도 인기가 높다. 화성팔경의 하나로 꼽히는 낙조를 감상하기 원하는 사람에게는 궁평항 선착장을 추천하는데 밀물 때 발까지 밀려드는 파도와 함께 코앞으로 떨어지는 일몰을 감상할 수 있다.

하루에 2번, '모세의 기적' 이라 일컬어지는 바닷길이 열려 육지와 연결되는 섬이다. 약 2km에 이르는 바닷길은 지금은 포장이 되어 자동차로도 갈 수 있지만 1980년대 초까지만 해도 어른 허벅지까지 차는 뻘을 가르며 걸어다녀야 했다고 한다. 그래서 어린아이는 업고 노인들은 부축해서 오간다는 뜻의 '제약부경(濟弱扶傾)' 의 두 글자를 따와 제부도라 불린다. 너비 약 6m에 이르는 포장도로를 따라 섬으로 들어가면 섬을 가로질러 가는 길과 해안도로로 돌아가는 길이 나뉜다. 조개껍질이 섞인 모래사장이 2.5km에 이르는 서쪽 해안에는 매의 형상을 닮았다 해서 이름 붙인 매바위가 있고 조개구이와 바지락 칼국수, 회 등을 파는 식당과 숙박업소들이 성업 중이다. ATV 체험장과 놀이기구는 젊은이들에게 인기가 많고 인근 상점에서는 갯벌 체험을 할 수 있도록 각종 도구들을 대여해주거나 판매하고 있는데 바닷길이 열렸다 다시 막히는 6시간 동안 충분히 즐길 수 있어 경기권 당일 여행지로 안성맞춤이다.

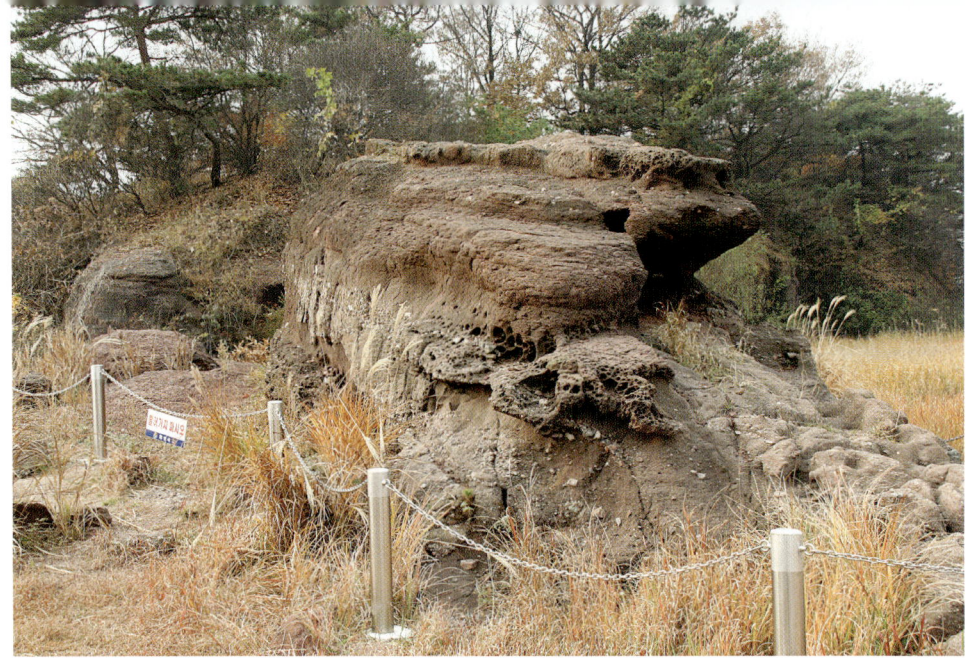

송산 공룡알화석지 공룡알이 온전히 보존되어 있다

| 위치 | 경기도 화성시 송산면 고정리 산5번지 일원
경기도 화성시 공룡로 659
| 운영시간 | 09:00~17:00, 매주 월요일 휴관

▶ MINI DATA
| 입장료 | 없음   주차 | 가능   분류 | 역사, 문화유적

1억 년 전 이 땅에 살았던 공룡의 흔적을 찾아보자. 남해안 바닷가와 경북 의성을 중심으로 해서 우리나라 곳곳에서 공룡의 흔적이 발견되지만 대부분이 공룡 발자국 화석인 반면, 이곳 화성 송산리 공룡화석지는 공룡알이 화석의 상태로 온전히 보존되어 눈길을 끈다. 시화호를 만들면서 주변 습지를 조사하던 중 공룡알 화석을 발견하였고, 지금은 이 일대를 천연기념물로 지정해놓았다. 6~7개의 둥지에서 100여 개가 넘는 공룡알 화석이 발견되었으며 습지 식물 화석 등도 함께 발견되어 공룡이 살았을 당시 이곳의 생태계를 연구하는 데 큰 단서가 된다고 한다. 송산 면사무소를 지나 표지판을 한참 따라 들어가면 입구가 나오는데 비포장도로를 잠시 더 달려야 한다. 관리소가 있으니 앞에다 차를 주차하고 안내를 받으면 된다. 시화호가 만들어지기 전에는 바닷물이 드나들던 곳이라 지금도 바다와 민물이 만나는 생태를 이루고 있으며 가을이면 갈대숲이 주변으로 멋지게 펼쳐진다. 안으로 들어가면 층층이 갈라진 해식바위가 보이고 그 아래에 공룡알 화석이 있다. 다른 곳의 공룡화석들이 눈을 크게 뜨고 찾아야 볼 수 있는 반면에 이곳에는 커다란 공룡알이 잘 드러나 있어 한눈에 쉽게 찾을 수 있다. 공룡알을 자세히 들여다보면 표면에 작은 구멍 흔적이 보이는데 알 속의 새끼공룡이 숨을 쉬던 숨구멍이라고 한다. 100여 개 중 입구의 몇 개만 관찰할 수 있어 아쉽지만 그래도 공룡 화석을 제대로 볼 수 있어 그것으로도 찾아가는 수고를 할 만하다.

162

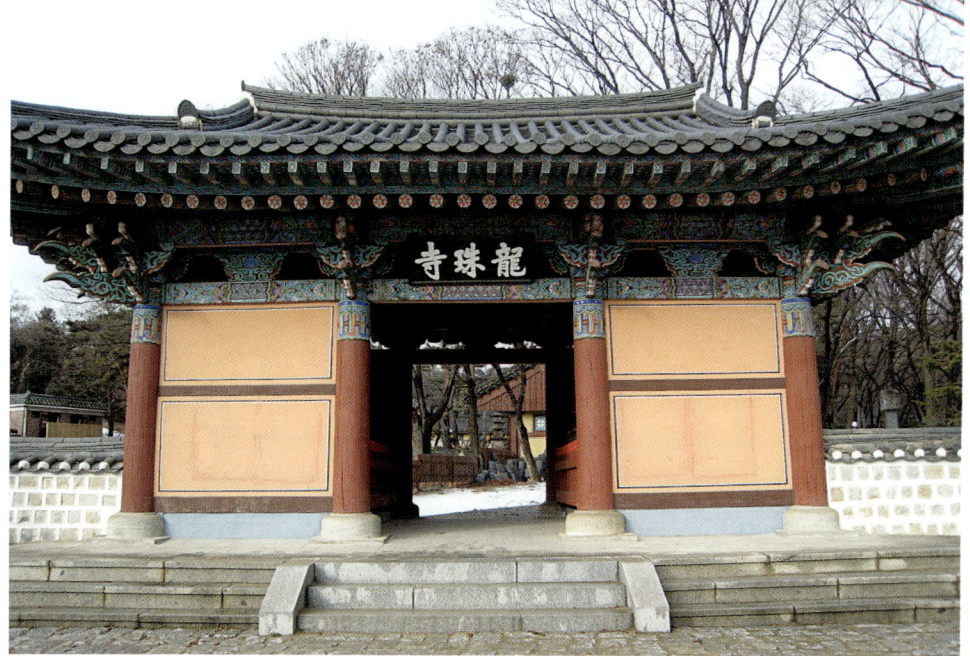

용주사 효심으로 만든 절

| 위치 | 경기도 화성시 송산동 188
경기도 화성시 용주로 136
| 운영시간 | 종일, 연중무휴

▶ MINI DATA
| 입장료 | 있음　　주차 | 가능　　분류 | 역사, 문화유적

융·건릉과 함께 둘러보아야 할 곳이다. 용주사는 신라시대에 지어진 고찰이나, 정조가 아버지 사도세자의 무덤을 새로 만들면서 이곳을 원찰로 삼아 다시 크게 지었다. 아버지에 대한 효심을 담아 만든 절로, 총애하던 화원인 단원 김홍도를 이곳에 보내어 용주사를 중창하는 일을 담당하게 하였다. 용주사에 남아 있는 김홍도의 손길 중 하나가 부모님 은혜의 높고 깊음을 설법하고 있는 「부모은중경」이라는 불교경전을 그림으로 그린 부모은중경판이다. 이 그림을 그리기 전에 김홍도는 정조의 명으로 일주일간 기도를 해야 했다고 하니 정조의 효심을 읽을 수 있는 대목이다. 이 같은 내용은 절 안의 효행박물관에서 볼 수 있다. 대웅보전의 후불탱화 또한 김홍도의 작품으로 알려져 있는데 최초로 서양화의 음영기법을 이용하여

그린 탱화이다. 용주사에는 국보로 지정된 고려 범종이 유명한데, 몸통에 삼존상이 새겨져 있으며 위로는 용 모양의 음통이 만들어져 있어 우리의 종임을 분명히 하고 있다. 절의 일반적 구조는 일주문이 있고 대웅전 앞으로 석탑이 놓여 있는 구조인 데 반하여 용주사는 보통의 절과 다른 특이한 구조를 가지고 있다. 절 입구에 천왕문이 아닌 삼문각이 만들어져 있고 그 옆으로 행랑과 유사한 건물이 지어져 있으며, 대웅전 앞마당에는 돌을 깔아 길을 만들어놓은 것이 이색적이다. 절의 모습이 아닌 궁궐 또는 관아의 모습으로, 정조의 행차 때문에 이러한 구조로 지어졌을 것이다.

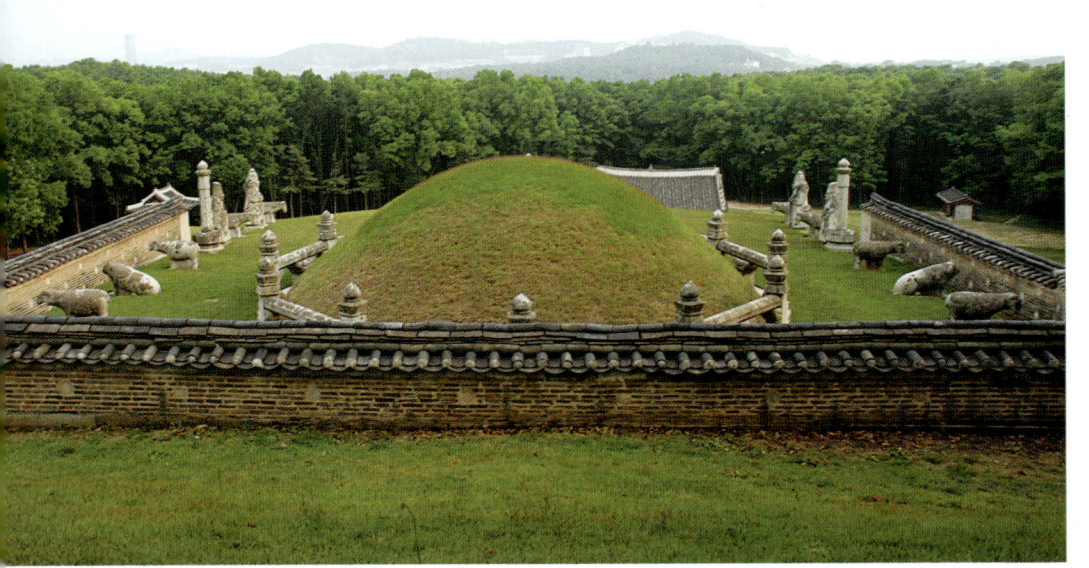

융·건릉 아버지 사도세자와 아들 정조의 무덤

| 위치 | 경기도 화성시 안녕동 187-1
경기도 화성시 효행로481번길 21
| 운영시간 | 11~1월 09:00~17:30, 2~5월/9~10월 09:00~
18:00, 6~8월 09:00~18:30, 매주 월요일 휴관

▶ MINI DATA
| 입장료 | 있음　　주차 | 가능　　분류 | 역사, 문화유적

융릉과 건릉, 두 무덤이 함께 있다. 하나는 10세 때 아버지의 죽음을 목격한 아들의 무덤이고, 하나는 아버지로부터 죽임을 당한 아들의 무덤이다. 노론 세력의 지지를 받으며 왕으로 등극한 영조는 그들에게서 자유로울 수 없었으며, 그것에 대하여 비판적인 시각을 가지고 있던 사도세자는 노론 세력이 보기에 눈엣가시였다. 노론세력이 영조와 사도세자를 이간질하고 사도세자는 그의 아버지인 영조의 명에 의하여 뒤주에 갇혀 죽게 되는데 극단적인 당쟁의 결과라 하겠다. 정조는 즉위 이후 당쟁을 없애기 위해 탕평책을 펼치며 신진세력을 등용하는 한편 화성 건축을 통해 왕권의 강력함을 보여주려 했다. 또 아버지의 죽음에 대해 억울한 마음을 가지고 있었기에 즉위 초부터 사도세자의 복권에 힘써 지금의 동대문 밖 배봉산에 있던 사도세자의 무덤을 이곳으로 이장하면서 사도세

자를 '장조'라 추존하고 능호를 융릉이라 지어 왕의 무덤으로 격식을 갖추게 한다. 소원하는 바가 이루어진 정조는 화성과 함께 이곳을 자주 찾는데 그 기록이 화성능행도 등에 기록되어 있다. 융릉은 정조의 아버지에 대한 효심이 가득 묻어 있는 무덤으로 화려한 문양의 병풍석에서 그 마음을 읽을 수 있다. 추존된 왕의 무덤에는 병풍석을 두르지 않는 것이 당시의 예법이나 억울하게 죽음을 당한 아버지의 원혼을 이렇게나마 달래려고 했던 것이다. 언덕을 사이에 두고 있는 건릉은 정조와 그의 부인인 효의왕후가 합장된 무덤으로 아버지의 무덤과 달리 봉분에 병풍석은 두르지 않았지만 앞의 장명등에 새겨진 문양이 융릉의 것과 같은데 한 장인이 두 무덤을 만든 것으로 추정된다. 융릉과 건릉을 잇는 길은 수도권에서 손꼽히는 산책로이다.

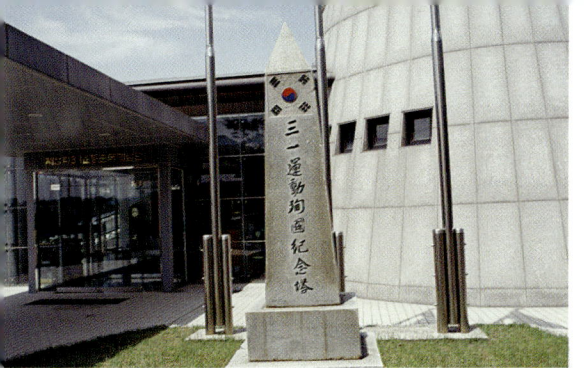
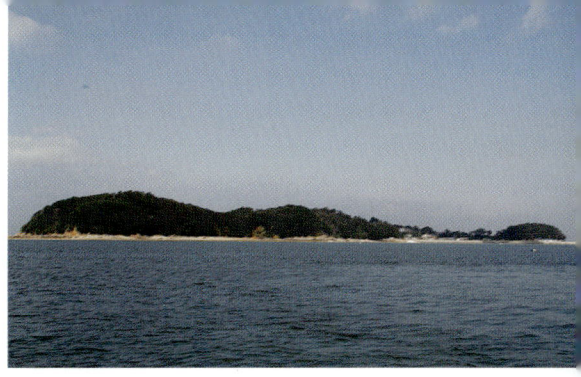

Photo by 화성시청

제암리 3 · 1운동
순국기념관 3·1 운동의 기억

위치 | 경기도 화성시 향남읍 제암리 392-2
　　　경기도 화성시 향남읍 제암길 50
운영시간 | 09:00~18:00, 매주 월요일 휴관

▶ MINI DATA
| 입장료 | 없음　　주차 | 가능　　분류 | 역사, 문화유적

국화도
들국화 흐드러지는 섬

위치 | 경기도 화성시 우정읍 국화리
운영시간 | 종일, 연중무휴

▶ MINI DATA
| 입장료 | 있음(도선료)　　주차 | 불가능　　분류 | 바다, 섬

민족 독립의 열망을 한데 모아 분출한 1919년 3·1운동은 처음에는 평화적 시위의 형태였지만 일제가 총과 칼로 탄압을 시작하면서 그에 맞서 대항한다. 화성 제암리 사건은 3·1운동 이후 일어난 만세운동 가운데 일제에 의해 가장 잔인하게 탄압받은 사건으로 기록되고 있다. 서울에서 시작된 3·1운동은 지방으로 확산되면서 주로 사람들이 많이 모이는 장날에 펼쳐지는데, 수원·화성 지역도 마찬가지였다. 특히 이곳은 기독교인과 천도교인들을 중심으로 만세운동이 조직되어 1919년 3월 30일 발안 장날을 이용해 만세운동을 벌이고 주재소를 습격하게 된다. 일본군은 이를 빌미 삼아 제암리로 가서 마을 남자들을 교회로 집결시켜 가두어 무차별로 총을 쏘아 살해하고 교회와 민가에 불을 지르는데, 이것이 바로 제암리사건이다. 일제의 만행을 고발하고 우리 민족의 독립에 대한 열망을 기억하기 위하여 사건이 일어난 제암리교회 자리에 기념관을 지었다. 사진과 증언을 통해 제암리사건을 생생하게 기록하고 있으며 당시 경기 지역과 전국의 만세운동에 대해 자세히 설명하고 있다.

국화도는 행정구역상 경기도 화성시에 속하는 곳이지만 화성시에서 가는 뱃길은 1시간이나 걸려 충남 당진의 장고항에서 약 20분 정도 배를 타고 들어가는 방법을 택한다. 꽃이 늦게 피고 늦게 진다고 해서 늦을 '만(晚)' 자를 써 만화도라 불렸으나 일제강점기 때 국화가 많이 피는 섬이라 해서 국화도라 바꿔 부르게 되었다고 하는데 실제로 섬 전체에 들국화가 지천으로 핀다. 차는 들어갈 수 없고 걸어서 1시간이면 전체를 돌아볼 수 있을 만큼 작은 섬으로 조선시대에는 유배지이기도 했다. 국화도와 이어진 토끼섬은 썰물때 바위와 백사장이 드러나며 걸어서 갈 수 있는데 조개와 고동 등이 많아 조개 줍기 체험을 할 수 있고 선착장 반대편으로는 펜션을 비롯한 숙박지와 간단한 편의시설을 갖춘 해수욕장이 있어 여름철 피서지로 인기가 많다. 여름 피서철만 피한다면 한적한 섬 여행을 제대로 즐길 수 있는 섬으로 추천한다.

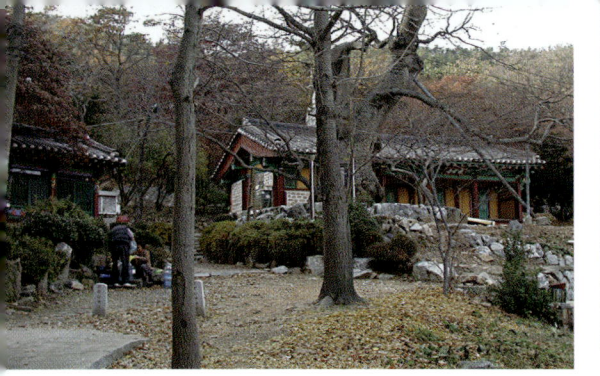

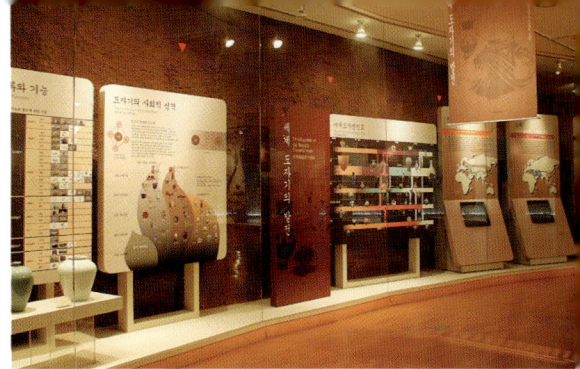

용궁사
용왕을 부르는 사찰

| 위치 | 인천광역시 중구 운남동 667
인천광역시 중구 운남로 199-1
| 운영시간 | 종일, 연중무휴

▶ MINI DATA
| 입장료 | 없음　주차 | 가능　분류 | 불교유적

한적하고 작은 사찰은 인천공항이 개장된 이후 영종도 주변의 관광지들이 주목받으며 알려지기 시작하였다. 문화재로 많은 가치가 있는 사찰은 아니지만 공항시설과 함께 번잡함이 넘쳐나는 영종도의 조용한 자리에 위치하는 소박한 아름다움이 좋고 맑은 샘물의 맛이 좋은 곳이다. 신라시대 원효대사가 세웠다고 전해지며 흥선대원군이 고종 즉위 전 10년 동안 사찰에 머물렀던 인연으로 1854년 용궁사라는 친필 현판을 하사하여 지금의 이름을 갖추었다. 관음전과 용황각 등의 건물과 최근에 만들어진 11m 높이의 미륵불이 자리하고 있다. 입구 주변을 호위하듯 서 있는 1,300년 수령의 두 그루 느티나무가 사찰과 주변 마을을 보호하는 당산나무의 역할을 한다. 10여 분 산길을 오르는 사찰 진입로는 초록이 우거진 호젓하고 아름다운 산책로이다. 인천공항이나 영종도를 찾아가는 길에 잠시 들려 한적한 오솔길을 걷는 여유를 누려보자.

경기도자박물관
우리 도자의 아름다움

| 위치 | 경기도 광주시 곤지암읍 삼리 72-1
경기도 광주시 곤지암읍 경충대로 727
| 운영시간 | 09:00~18:00, 매주 월요일 휴관

▶ MINI DATA
| 입장료 | 없음　주차 | 가능　분류 | 박물관

경기도 광주는 조선시대 관요가 설치되어 운영되었던 조선 최고의 도자기 공방이 있던 동네이다. 그 전통을 이어받아 지금도 여러 공방들에서 좋은 작품들을 만드는데, 광주 도자기 문화의 중심에 경기도자박물관이 있다. 홀수 해에 열리는 세계도자엑스포의 주 행사장으로 쓰이기도 하는 이곳은 평소 상설전시를 통해 우리 도자기의 아름다움을 알리고 있다. 특히 이천이나 여주의 도자기박물관들이 현대적이고 실험적인 도자 작품을 전시하고 있다면 이곳은 조선백자와 분청사기를 주제로 전시하고 있으며, 우리 도자의 역사와 종류에 관하여 자세하게 설명하고 있다. 제1전시관에서는 분청사기에서 백자로 이어지는 조선 500년 도자의 흐름과 아름다움을 수준 높은 유물을 통하여 살펴볼 수 있다. 제2전시관에서는 일제 때를 거치면서 잊혀졌던 우리 도자를 복원하려는 노력을 보여주고 있는데 지난 100여 년간 우리 전통도자의 맥을 이어왔던 장인들의 작품과 앞으로 우리 도자 문화를 이끌어 갈 신진 작가들의 작품을 선정하여 전시하고 있어 조선시대 이후 우리 도자 역사의 맥을 짚어볼 수 있다.

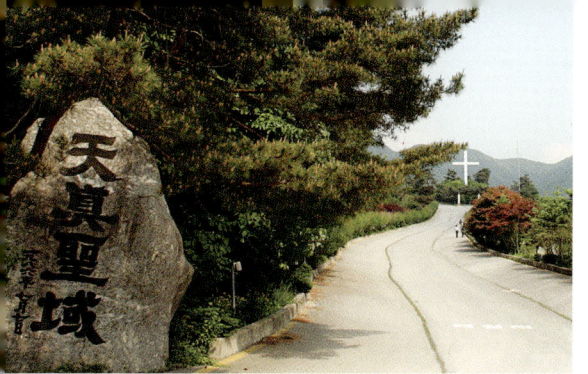
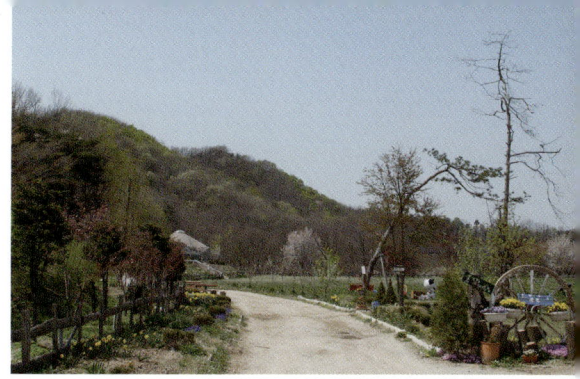

Photo by 은아목장

천진암
한국 천주교의 시원

| 위치 | 경기도 광주시 퇴촌면 우산리 500
       경기도 광주시 퇴촌면 천진암로 1203
| 운영시간 | 순례 10:00~17:00, 미사 평일 12:00,
       주일 07:00/12:00, 연중무휴

▶ MINI DATA

| 입장료 | 있음   주차 | 가능   분류 | 종교시설

외국 선교사들의 전도가 주가 되었던 세계 천주교 역사에서 유일하게 자생적인 태생을 보이는 곳이 우리나라이다. 1779년 남인 계열의 젊은 학자들이 경기도 여주 금사리의 주어사라는 작은 암자에 모여 유교 경전을 함께 공부하는 모임을 가지던 중 이벽이 북경에서 가지고 온 「천주실의」 등의 교리서를 독학하면서 학문을 뛰어넘는 신앙으로 발전시켰다. 이어서 이곳 천진암에 모여 교리를 강학하며 이벽, 권일신, 권철신, 정약종, 이승훈 등이 교리를 따르는 종교인의 삶을 시작함으로써 한국 천주교가 시작되었다. 1801년 신유박해로 그들을 도왔던 승려들까지 참수형을 당하며 철저하게 파괴되었던 천진암은 1962년 그 터가 발견되어서 천주교의 성지로 새롭게 단장되었다. 앵자봉 산길 중턱으로 오르면 나타나는 거대한 십자가를 시작으로 천주교 창립 200주년 기념비, 수도원과 신학연구소 등이 들어서 있는 땅은 한국 천주교회창립 선조 5위 묘가 자리한다. 99km²의 광활한 부지 위에 100년 동안 지어진다는 계획 아래 조금씩 새롭게 단장되고 있다.

은아목장
아이들과 함께하는 즐거운 목장체험

| 위치 | 경기도 여주시 가남읍 금당리 5-2
       경기도 여주시 가남읍 금당5길 139
| 운영시간 | 목장 09:00~18:00, 체험 10:30~15:30,
       매주 월요일 휴무

▶ MINI DATA

| 입장료 | 없음(체험비 있음) 주차 | 가능 분류 | 숲, 자연휴양림

지난 15년 동안 낙농업 위주로 경영했던 목장을 유가공 낙농관광형 목장으로 재탄생시킨 공간이 바로 은아목장이다. 낙농체험은 하루 1회, 오전 10시 30분에 진행된다는 점을 기억하자. 낙농체험이 10시 30분에서 12시까지, 이에 피자 만들기 체험, 치즈 체험, 소시지 만들기 체험 등 옵션을 더하면 보통 오후 2시 30분까지 진행된다. 여기서 직접 만든 피자는 목장에서 만든 유제품과 함께 먹을 수 있다. 도시에서는 보기 힘든 운송수단인 트랙터를 타고 넓은 목장길을 따라 시골의 풍경을 볼 수 있는 '트랙터 타기'는 계절별로 변하는 시골의 들판, 나무, 야생화 등을 보고 느낄 수 있으며, 덜컹거리는 트랙터의 움직임이 아이들에게 유쾌함을 선사할 것이다. 대표적인 낙농체험은 '엄마젖소 젖 짜기'로 매일 30ℓ, 우리가 흔히 마시는 20㎖ 우유팩 125개의 우유를 생산하는 젖소의 젖을 직접 짜볼 수 있다. 이 밖에도 생풀이나 건초와 같은 여물을 주는 체험과 송아지에게 우유를 주는 프로그램, 말에게 당근 주기, 우유를 이용한 아이스크림 만들기 등 다양한 체험도 함께 진행되고 있다.

남한산성도립공원

한양을 지켰던 군사요지

| 위치 | 경기도 광주시, 성남시, 하남시 일대
| 운영시간 | 종일, 연중무휴

▶ MINI DATA
| 입장료 | 없음 　 주차 | 가능 　 분류 | 산, 계곡, 동굴

2014 유네스코
세계문화유산 등재

서울 외곽의 동쪽을 지키는 요새로 길이 9.05km, 높이 7.3m의 산성이다. 남한산성이 둘러싸고 있는 남한산은 정상부가 평균 해발 고도 300~400m로 분지 형태이고 아래로는 사방이 경사면을 이루는 천혜의 자연 조건을 갖춘 군사요지였다. 2,000여 년 전 백제의 시조인 온조왕 때 쌓은 토성이었으나 신라 문무왕 때 '주장성'으로 쌓기 시작해 여러 번 개축을 거듭하였다. 남한산성이 지금의 형태를 갖춘 것은 조선 인조 때로 병자호란 당시 도성을 장악한 청나라를 상대로 45일간 항전했던 장소이기도 하다. 자연석을 이용해 큰 돌은 아래쪽, 작은 돌을 위쪽으로 쌓는 형식으

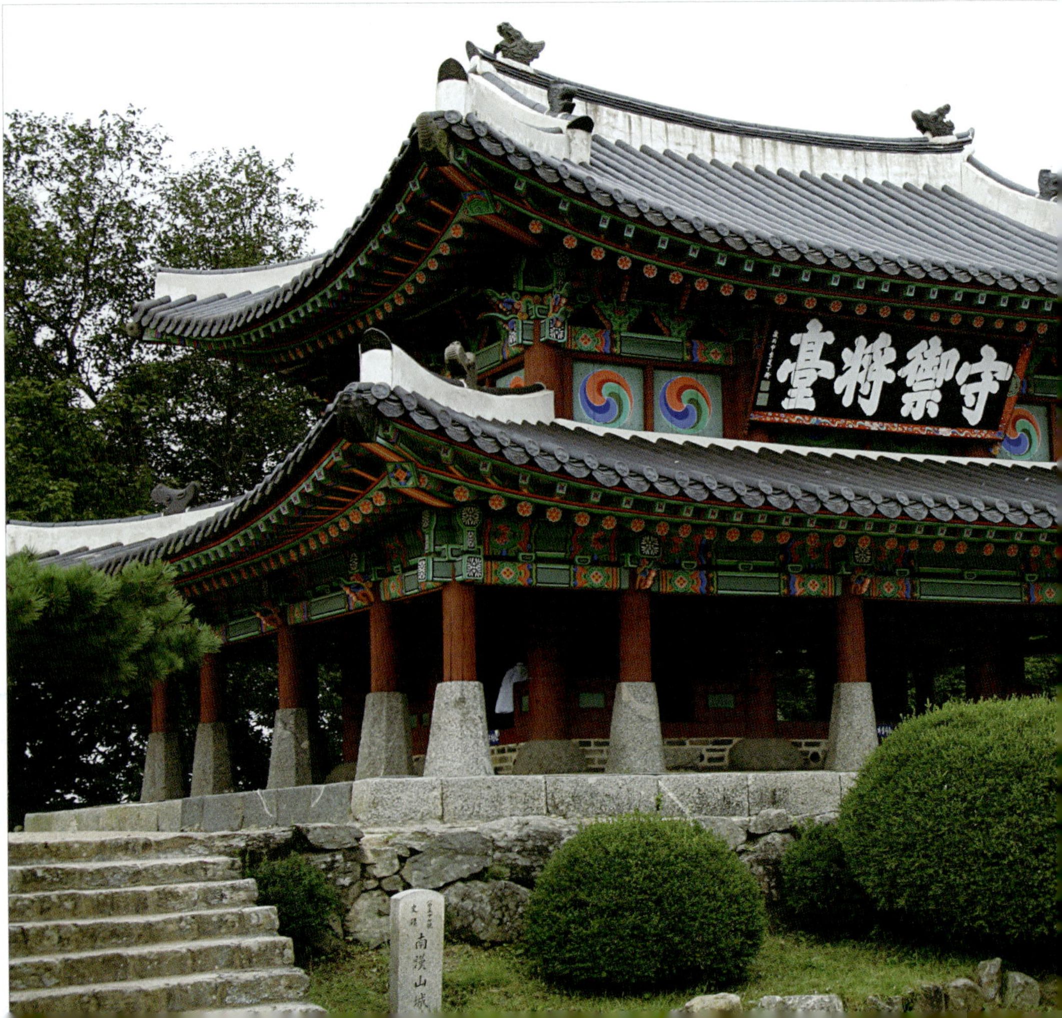

로 축성했으며 동서남북에 각각 4개의 문, 문루와 장대, 8개의 암문을 내었고 성 안에는 수어청을 비롯한 관아와 제법 큰 규모의 행궁이 있었지만 현재 남아 있는 것은 동문과 남문, 서장대, 현절사, 문무관 등 얼마 되지 않는다. 성 안의 마을인 '산성리'는 우리나라의 산성 취락 구조를 잘 보여주는 곳으로 알려져 있지만 현재는 그 흔적을 찾아보기 힘들고, 대신 닭요리를 전문으로 하는 식당들이 타운을 형성해 영업을 하고 있다. 경기도에서 도립공원으로 지정해 관리하고 있어 편의 시설이 잘 갖추어져 있고 토속음식을 전문으로 하는 식당들과 분위기 있는 카페들이 즐비

하다. 산성을 따라 북문과 서문을 지나 수어장대에 올라 보고 '영춘정'과 남문을 지나 내려오는 코스가 일반적이다. 가파른 길이 없어 수월하게 오를 수 있고 수어장대에서 잠시 쉬며 성남시를 굽어보는 맛도 일품이다. 등산로가 잘 닦여 있고 울창한 숲과 기암이 어우러진 계곡이 수려해 사시사철 등산객과 관광객들이 즐겨 찾는 수도권 여행지로 특히 북문에서 남문으로 이어지는 도로는 봄철 벚꽃 길, 가을철 단풍길로 멋진 드라이브 코스가 된다. 남한산성의 역사를 잘 설명해주는 남한산성 역사관이 있어 여행객들의 이해를 돕고 있다.

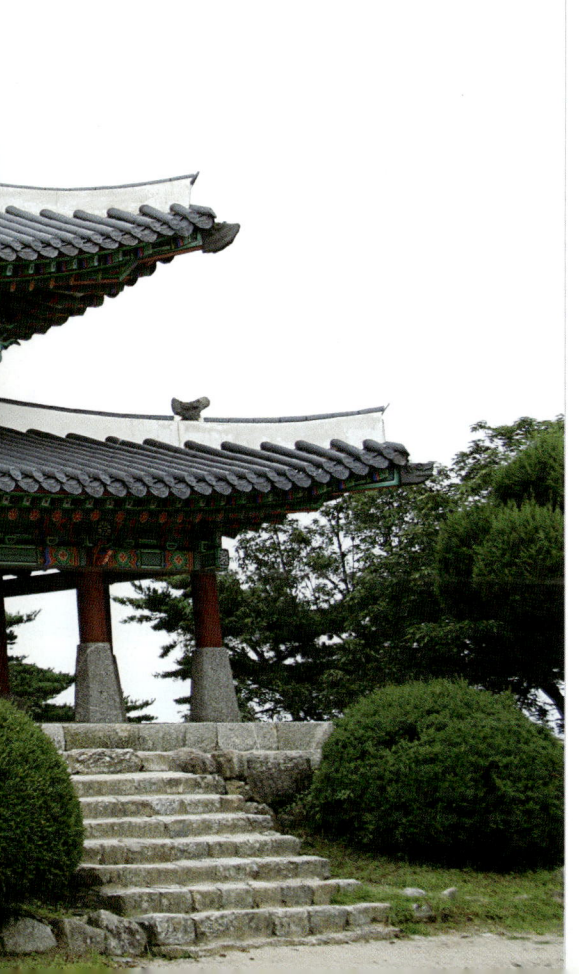

→ 한용운 기념관

호국의 성지 남한산성에는 만해 한용운의 정신을 기리는 특별한 전시관이 자리한다. 평생을 만해의 사상과 문학의 연구에 매진한 개인이 세운 사설 전시관으로 아담한 건물 내부로 수많은 자료들이 전시되어 있다. 『님의 침묵』 초간본을 비롯하여 만해와 관련한 자료들을 작은 기념관에서 만해사상의 깊은 뜻을 잠시나마 느껴보자.

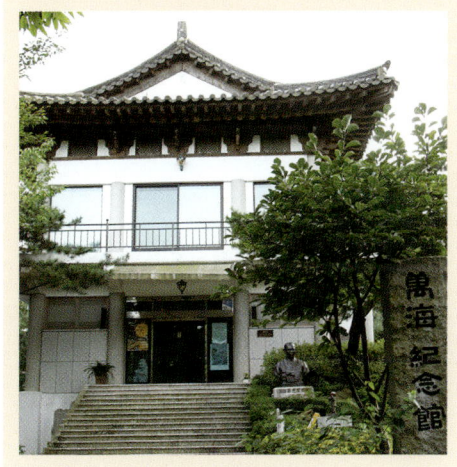

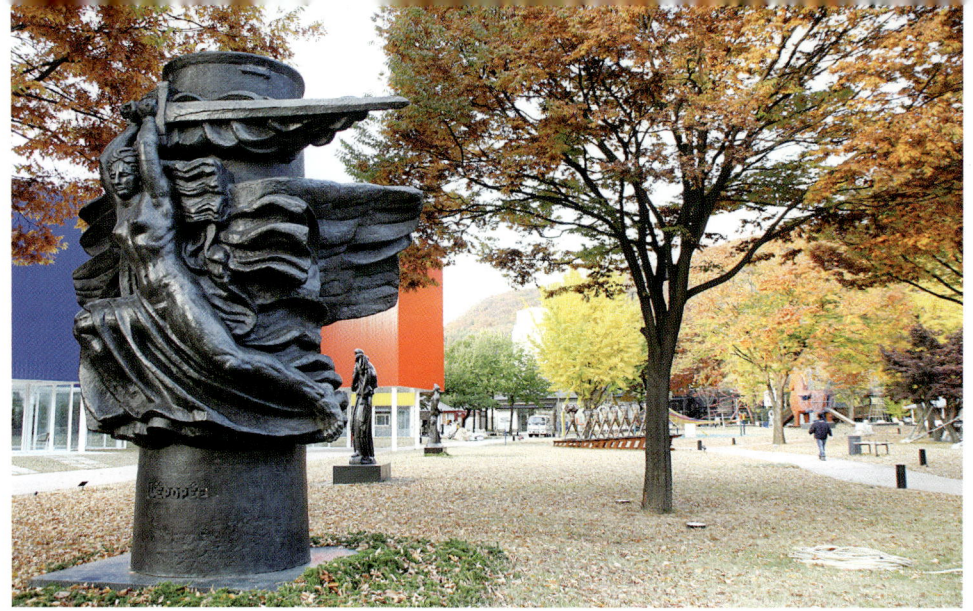

장흥아트파크 예술이 놀이가 되는 곳

위치 | 경기도 양주시 장흥면 일영리 6-7
　　　경기도 양주시 장흥면 권율로 117
운영시간 | 평일 10:00~18:00, 주말 10:00~19:00(동절기
　　　18:00), 매주 월요일 휴관

▶ MINI DATA
입장료 | 있음　　주차 | 가능　　분류 | 전시, 체험시설

상설 전시되는 미술관에는 백남준, 리히텐슈타인, 앤디 워홀 등 국내외 유명작가의 작품이 전시되는데 이름은 한 번쯤 들어 보았을 작가들의 작품들이라 반갑다. 조각공원은 사이사이 놓인 작품을 감상하며 산책을 하기 좋은 곳으로 규모가 9.9km²에 이른다. 외국 유명 작가의 작품들만이 아니라 우리나라 작가들의 작품도 함께 전시되어 있다. 장흥아트파크는 어린이들의 예술놀이터로, 생활 속에서 예술을 접함으로써 어릴 때부터 예술적 감성을 기르며, 예술에 대한 친밀도를 높이는 역할을 담당하고 있다. 목수 김씨, 김진송 작가의 나무로 만들어진 놀이터는 아이들이 나무의 질감을 느껴보며 목마, 의자, 그네 등 다양한 동물 모양의 놀이기구 들이 있어 조각이 놀잇감이 되어주는 공간이다. B'bob 그물 놀이터는 외국 작가로 섬유 미술가인 토시코 맥아담이 만들었는데 그물 위에서 기고 걷고 뛰며 아이들이 가진 에너지와 창의성을 발휘할 수 있도록 만들어놓은 작품이다. 같은 작가가 만든 작품이자 놀이기구로 에어포켓 또한 인기인데, 이 놀이기구의 핵심은 자신의 움직임이 옆의 친구에게 영향을 준다는 것을 인식하는 것이다. 컴퓨터 게임 등 개인 놀이에만 익숙해져버린 아이들이지만, 이곳에서 잠시만 시간을 보내면 어느새 친구를 만들어 함께하는 모습을 볼 수 있다. 예술과 놀이가 하나 된 이런 시설들도 이곳의 자랑이지만, 무엇보다 이곳의 핵심은 소프트웨어로서 예술 체험프로그램이다. 분기별로, 또 방학 때마다 늘 새로운 프로그램이 만들어지며, 어린이 체험관에서 체험을 진행하는데 예술을 통하여 자신을 표현하는 법을 배우니 아이들에게 신선한 자극이 된다.

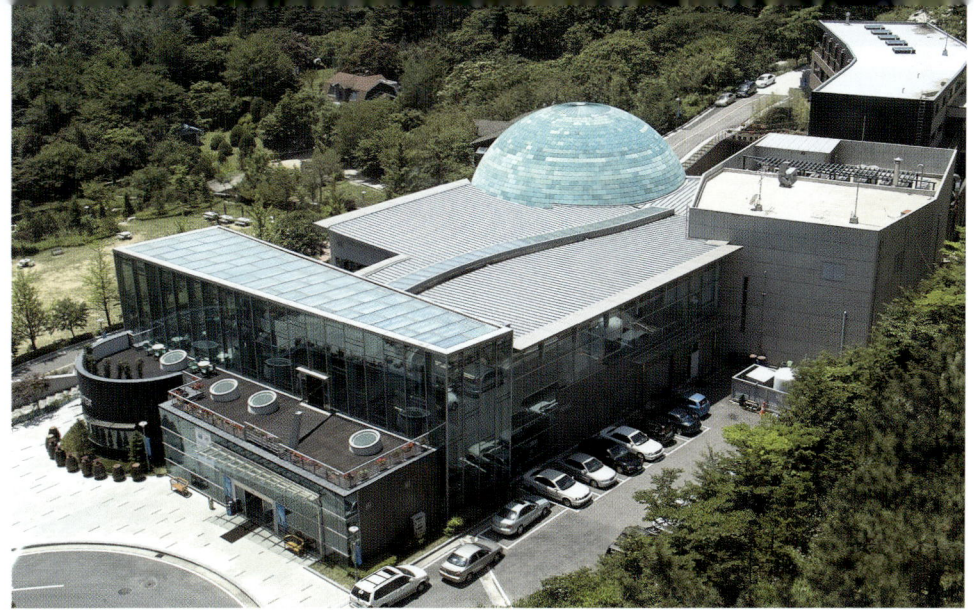

송암 스타스밸리 국내 최고 시설의 천문대

| 위치 | 경기도 양주시 장흥면 석현리 410-1
    경기도 양주시 장흥면 권율로 185번길 103
| 운영시간 | 4~12월 11:00~21:00, 토요일 11:00~21:30,
    매주 월요일 휴무

▶ MINI DATA
| 입장료 | 있음   주차 | 가능   분류 | 전시, 체험시설

관측시설로만 본다면 이곳보다 더 큰 구경을 가진 망원경이 있는 천문대가 여럿 있지만, 이곳은 다른 천문대에 비하여 접근하기가 용이하고 가족 단위의 이용객이 이용하기에 좋은 편의시설이 잘 갖추어져 있다는 점에서 최고의 천문대라 할 만하다. 송암천문대가 자랑하는 것이 바로 알비레오 알파호와 베타호로 불리는 케이블카이다. 아래에서부터 관측시설이 있는 계명산 정상까지 케이블카를 타고 이동하는데 그 길이와 보는 재미가 서울 남산의 케이블카와는 비교가 되지 않을 정도다. 송암천문대 표지판을 지나 안으로 들어서면 스페이스센터와 숙소, 식당 등 여러 시설들이 넓은 공간에 펼쳐진다. 스페이스센터는 지상기지의 역할을 하는 곳으로 반구에 천체를 투영시켜 보는 플라네타리움과 챌린저재단과의 협력을 통해 만든 챌린저러닝센터가 있다. 플라네타리움을 체험하는데 디지털로 만들어지는 밤하늘 별자리를 보며 설명을 듣는다. 챌린저러닝센터는 아시아 최초의 시설로 우주선을 타고 출발해 주어진 미션을 수행하는 프로그램이다. 우주 탐사에 필요한 과학적 원리를 직접 실험하고 그 결과를 입력하면서 단계별로 풀어나가는데, 초등학교 고학년 이상 가능하며 한 가족이 팀을 만들어 체험할 수 있다. 알비레오 알파호를 타고 천문대로 올라간다. 케이블카가 주는 재미에 흠뻑 빠질 때쯤 정상에 도착한다. 케이블카에서 내리면 간단한 교육을 받은 후 위로 올라가 주 관측실의 망원경을 통하여 하늘의 빛나는 별들을 관측하게 된다. 주관측실에서의 짧은 관측시간이 아쉬웠다면 옆으로 보조망원경이 마련되어 있어 충분한 시간 동안 밤하늘을 들여다볼 수 있다.

회암사지

거대한 절터에 남은 옛 이야기

위치 | 경기도 양주시 회암동 21
　　　 경기도 양주시 회암사길 96
운영시간 | 해설 10:00~17:00, 동절기 탄력운영,
　　　　　 매주 월요일 휴무

▶ MINI DATA

입장료 | 없음　주차 | 가능　분류 | 불교유적

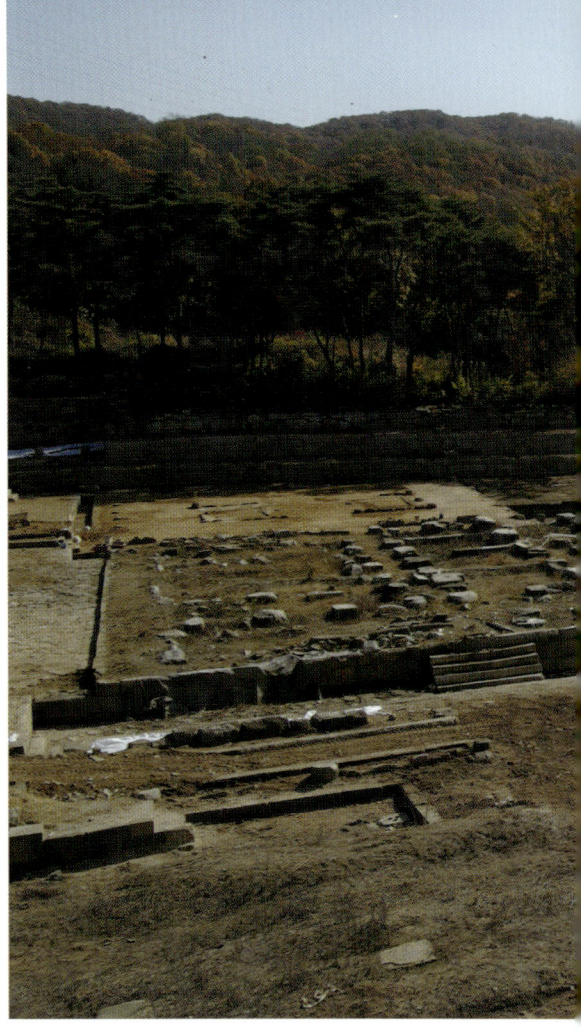

고려 말 학자인 목은 이색은 회암사를 보고 '아름답고 장엄하기가 동방에서 최고'라는 찬사를 보냈으니 절의 규모와 아름다움은 지금 상상하는 것 이상이었을 것이다. 기록에 따르면 260여 칸의 규모로 한창때는 3,000여 명의 승려가 머물렀다고 하니 당대 최고의 절이었을 곳이다. 이전부터 이 자리에 절이 있었다고 전해지지만 본격적으로 절이 만들어진 것은 고려 말

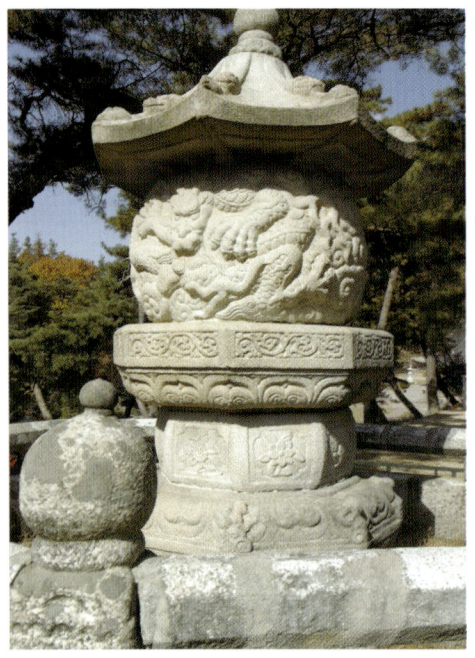

지공대사 때로 알려져 있다. 지공에 이어 제자인 나옹 화상이 이 절을 맡으면서 이곳에 많은 사람이 모였고 나옹에 이어 조선을 건국한 태조를 도운 무학대사가 머무르며 회암사는 최고의 전성기를 맞게 된다. 태조가 아들인 태종에게 왕의 자리를 물려주고 찾은 곳이 회암사일 만큼 조선 왕실과 깊은 관계를 맺고 있었지만 유교가 점차 기반을 잡아가면서 불교와 유교는 갈등 관계에 놓이게 되며, 왕실의 보호 아래 있던 이곳이 갈등의 중심지가 된다. 중종 비 문정왕후는 당시

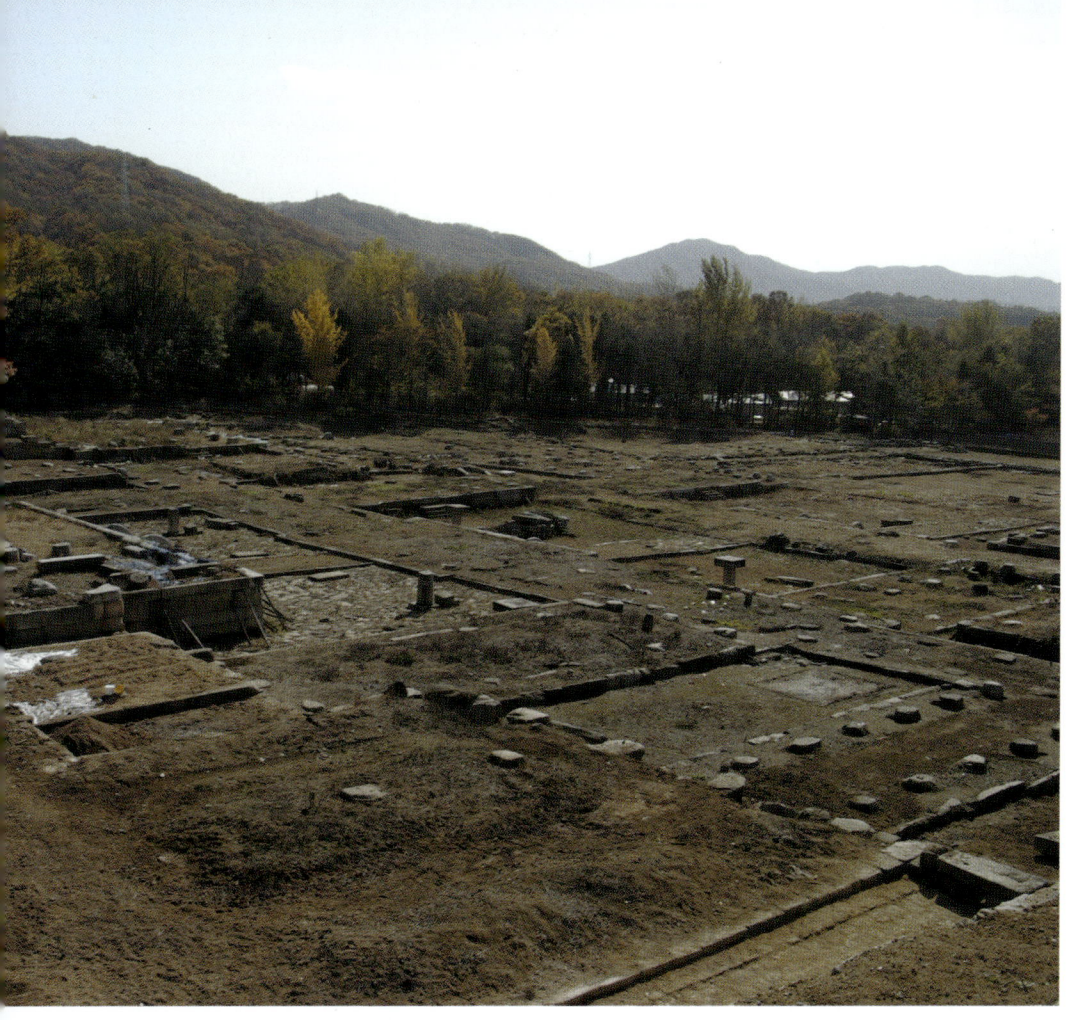

이곳의 주지였던 보우를 지원하며 절을 도왔는데, 문정왕후가 죽자마자 보우는 유배당하고 이후 절은 폐사의 길을 걷게 된다. 아래의 전시관을 관람하고 옆으로 난 길을 따라 언덕 중턱으로 오르면 전망대에서 이곳을 한눈에 조망할 수 있다. 전망대 앞에는 문화유산해설사가 상주하고 있으니 안내를 청하면 이곳의 유래와 발굴 현황에 관하여 이야기를 들을 수 있다. 여기까지만 보고 내려간다면 보물을 놓치고 가는 셈이다. 위로 조금만 더 올라가면 조선 전기 최고의 부도

로 손꼽히는 무학대사의 부도를 볼 수 있다. 팔각원당형의 부도로 팔각의 지붕돌을 얹고 아래 몸돌에 조각을 새겨놓았는데 구름 사이로 승천하는 용의 형상이 당장이라도 눈앞에 튀어나올 기세이다. 태조 이성계가 이 부도를 만들 때 관여했다고 하니 당시 최고의 장인이 만든 최고의 작품인 것이다. 무학대사 부도 아래로 나옹선사와 지공화상의 부도와 부도비가 있으나 무학대사 부도에 비교되어 그 빼어난 조형미가 시선을 받지 못해 안타깝다.

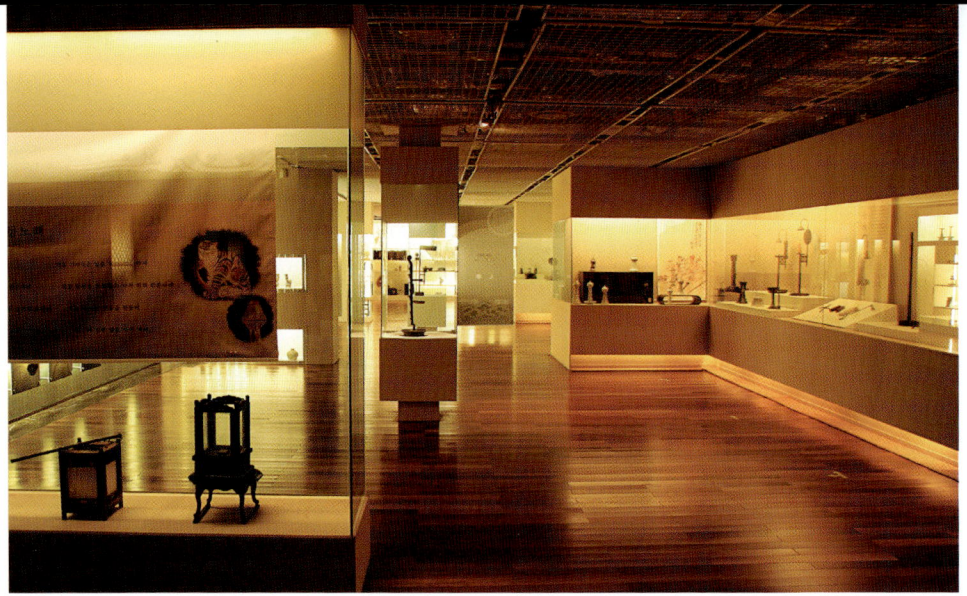

필룩스조명박물관 우리 생활 속 조명의 역할을 체험해보자

위치 | 경기도 양주시 광적면 석우리 624-8
　　　경기도 양주시 광적면 광적로 235-48
운영시간 | 10:00~17:00, 창립기념일 휴관

▶ MINI DATA
| 입장료 | 있음　주차 | 가능　　분류 | 박물관

'빛'을 주제로 하는 전문박물관이다. 조명회사에서 운영하는데 전시 내용과 구성이 유명 박물관 못지않음에도 아직 일반 관람객이 적은 편이다. 우리나라 전통 조명기구에서부터 에디슨의 백열전구 발명 이후 서양 조명기구들까지 다양한 조명기구들이 전시되어 있다. 지금은 한밤도 낮처럼 환히 밝힐 수 있지만, 전기와 등이 없던 옛날에는 밤을 밝히는 것이 쉽지 않았을 것이다. 그때 어떻게 어둠을 밝혔을지 호기심을 가지고 우리 조상들이 사용한 다양한 방법과 기구들을 알아본다. 4개의 작은 방으로 이루어진 조명 아트관에는 빛을 이용해 만든 작품을 전시하고 있다. 무엇보다 눈길을 끄는 곳은 지하에 마련된 감성 조명체험관으로 우리 일상 속에서 조명의 효과를 체험할 수 있다. 빛의 밝기와 색 등을 조정해보는데, 예를 들어 미술관에서 조명의 변화에 따라 작품의 느낌이 달라지는 것을 직접 느껴보는 것 등이다. 또 가정에서 사용되는 조명 중 식탁 조명과 관련한 것으로 '다이어트 조명'이라 이름 붙은 기구가 있는데, 빛에 따라 같은 음식이 맛있게도 또 맛없게도 보이는 것을 체험해본다. 학교 조명과 관련한 시설도 갖추어져 있는데 과목에 따라, 수업시간과 휴식시간에 따라 조명이 변화하면서 집중력을 향상시키기도 하고 긴장을 이완시키기도 하는 효과를 눈으로 확인할 수 있다.

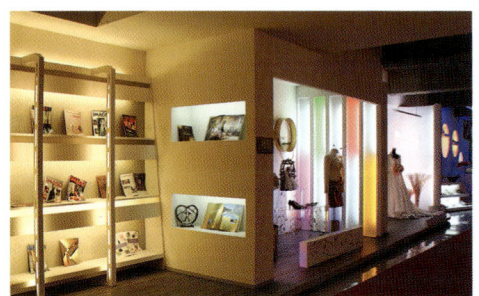

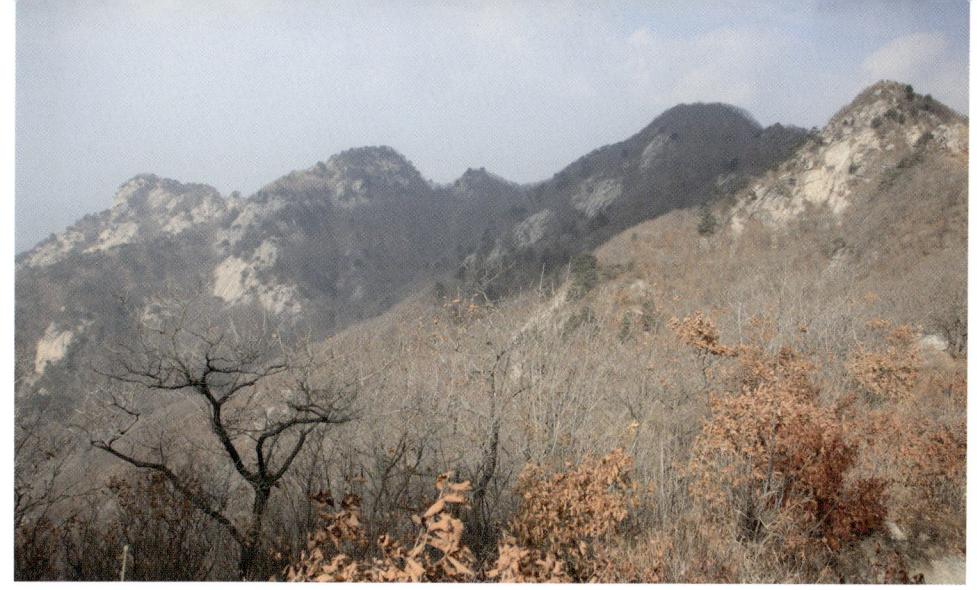

Photo by 박정병

명성산 눈물이 고이는 호수

| 위치 | 경기도 포천시, 강원도 철원군 일대
| 운영시간 | 종일, 연중무휴

▶ MINI DATA
| 입장료 | 있음   주차 | 가능   분류 | 산, 계곡, 동굴

'울음소리'라는 산의 이름은 아름다움이 눈물짓게 만드는 것인지, 눈물이 산을 아름답게 하는 것인지 모르겠다. 나라를 잃은 신라 마의태자와 태봉국 궁예의 슬픔은 눈물로 모여 산정호수의 잔잔한 물결을 만들었을까. 포천과 철원을 잇는 명성산은 한강 이북의 남과 북을 가르는 군사적, 지리적 요충지이다. 한반도의 중심이 되는 이곳은 삼국시대부터 한국전쟁에 이르기까지 치열한 전쟁의 장소가 되었다. 명성산을 대표하는 억새밭 또한 울창하였던 숲이 한국전쟁의 포화 속에 사라지면서 만들어진 장소다. 산정호수 주차장 인근 식당가에서 시작되는 등산로는 동쪽의 완만한 산행과 남쪽의 칼날 같은 암석의 능선이 어우러지는 명성산 정상(922m)까지의 6시간 코스가 가장 길다. 아이들을 동반하는 가족 산행이라면 삼각봉에서 자인사로 이어지는 3시간 코스가 가장 적당하다. 늦가을까지 이어지는 억새밭의 장관은 수도권 인근의 가장 아름다운 산행길 중 하나로 정상에서 조망하는 휴전선 이북의 오성산과 대성산의 경관이 아름답고 등산로 입구에서 이어지는 비선폭포, 등룡폭포 등이 여름날의 산행을 시원하게 한다. 일제강점기에 조성된 인공호수인 산정호수는 명성산 자락의 천연 암벽을 이어가는 물의 궁전이다. 김일성의 별장이 있었던 장소로도 유명하다. 군사시설이 철수한 70년대 이후 관광지로 단장된 이곳은 훼손되지 않은 청정자연을 간직하고 있다. 유원지 입구에서 호수 끝자락 선착장까지 이어지는 3km의 산책로는 산과 호수를 담는 길이다. 얼어붙은 호수 위에서 스케이트를 즐기는 모습은 겨울 호수의 색다른 매력이다. 매년 가을 개최되는 명성산억새축제는 오래된 지역축제 중 하나로 수많은 사람들이 모여 깊어가는 가을을 함께한다.

산사원

술 공장에 만들어진 술 박물관

위치 | 경기도 포천시 화현면 화현리 512번지
　　　　경기도 포천시 화현면 화동로432번길 25
운영시간 | 08:30~17:30

▶ MINI DATA
| 입장료 | 있음　주차 | 가능　분류 | 박물관

배상면주가가 운영하는 전통 술 박물관이다. 1층에는 우리 전통 술을 주제로 누룩틀, 소주고리 등의 도구들과 술과 관련된 다양한 기록들을 전시해 옛날 우리 조상들이 직접 빚어 만들던 가양주의 전통을 알리고 있다. 한쪽에 있는 와이너리에서 술을 만드는데 박물관 안으로 들어가면 맡게 되는 향긋한 향기의 원천이다. 술독인 겹오가리에 누룩을 넣어 술을 익히고, 이렇게 익은 술은 곱게 거른 후 증류해서 약 60℃의 술로 만든다. 술독에 담아 밀봉한 후 아래층 숙성고에 보관한다. 개별 맞춤으로 술을 만들어 비용은 많이 들지만 이곳에서 10년, 20년 보관한 술은 그 가치

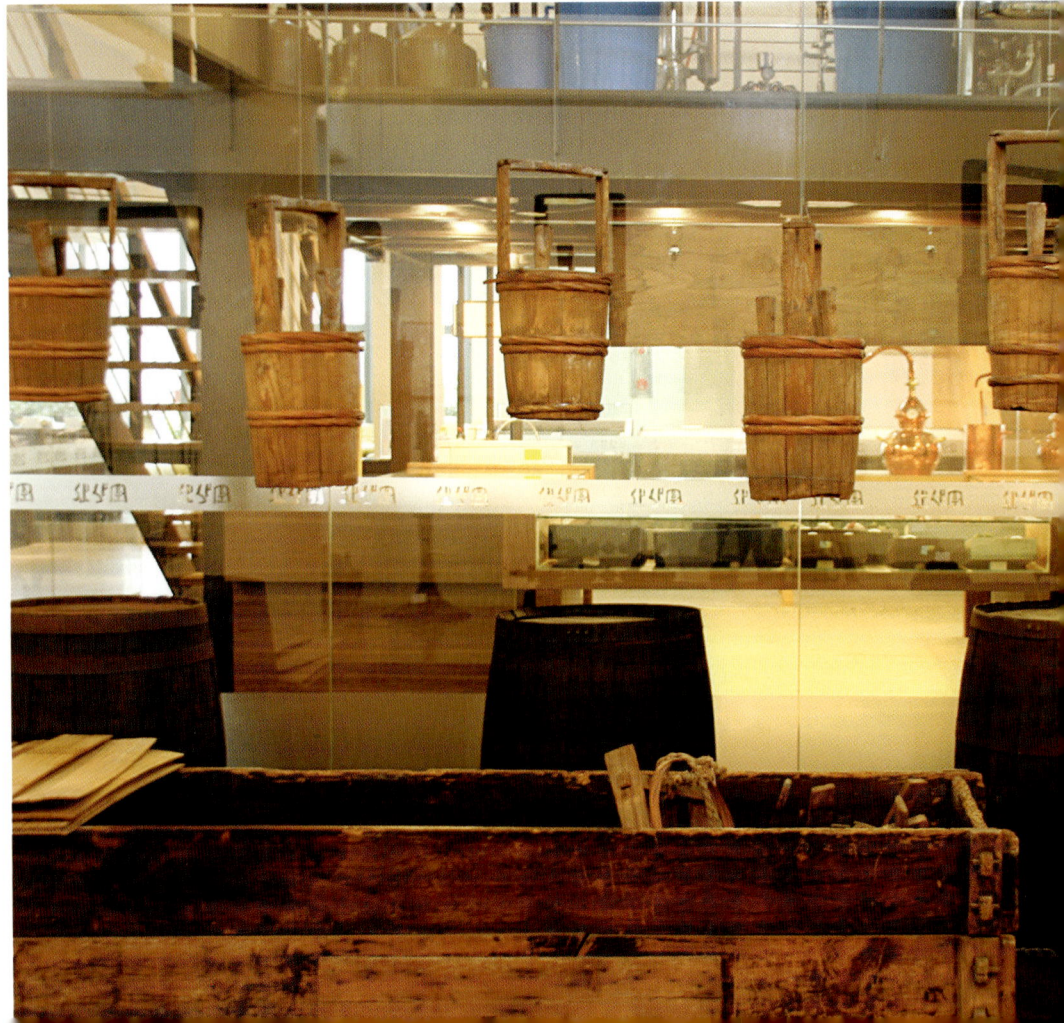

를 충분히 한다고 하니 기념할 일이 있거나 술을 즐기는 이들에게 인기라고 한다. 1층에는 가양주교실을 운영하는 체험장이 있어 열 세트 이상 제작할 경우 술빚기체험이 가능하다고 하니 가족 단위 체험으로는 어렵지만 단체의 경우 체험 가능하다. 한 가족이라도 미리 예약을 하고 방문하면 전시 설명을 해준다. 아래층에는 술 시음장이 있어 배상면주가에서 만드는 다양한 술을 시음할 수 있다. 시판하는 술의 경우 오랜 보관을 위해 가열처리를 거치는데, 시음장의 술은 공장에서 갓 만들어진 술로 가열처리를 거치지 않은 생주이기 때문에 훨씬 깊고 진하면서도 끝맛

이 깔끔하다. 한 잔 한 잔 마시다 보면 취할 수 있으니 시음만 하도록 하고 생맥주 담듯 병에 부어서 담아주는 생주를 사 가면 되겠다. 아이들이 자기도 마시겠다고 보채면 술로 만든 과자로 달래보자. 술을 만들면서 생기는 여러 부산물들로 약과, 술빵, 술지게미, 박이 등을 만들어 놓았는데 그 맛이 일품이다. 이것도 많이 먹으면 취할 수 있으니 주의하자.

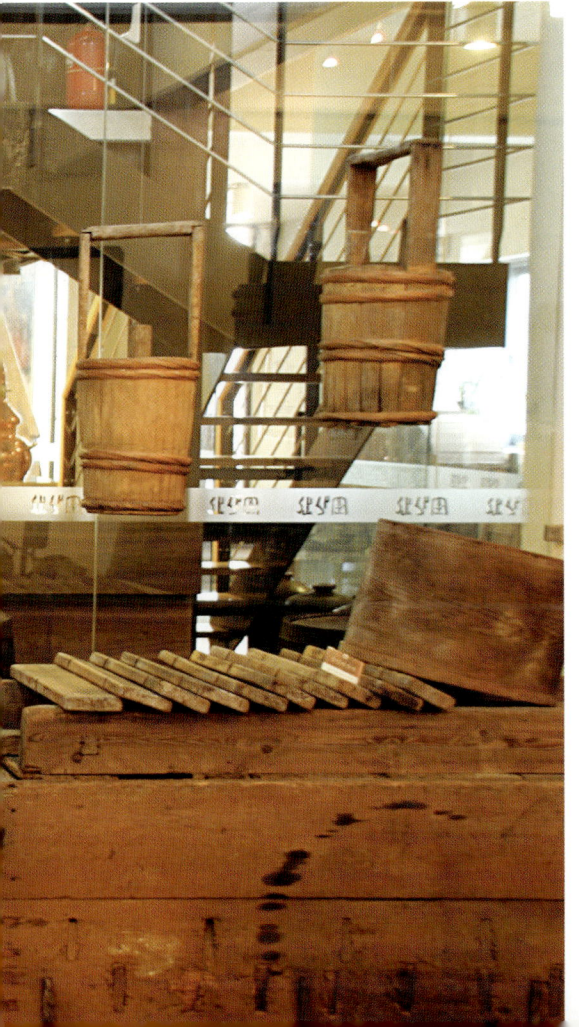

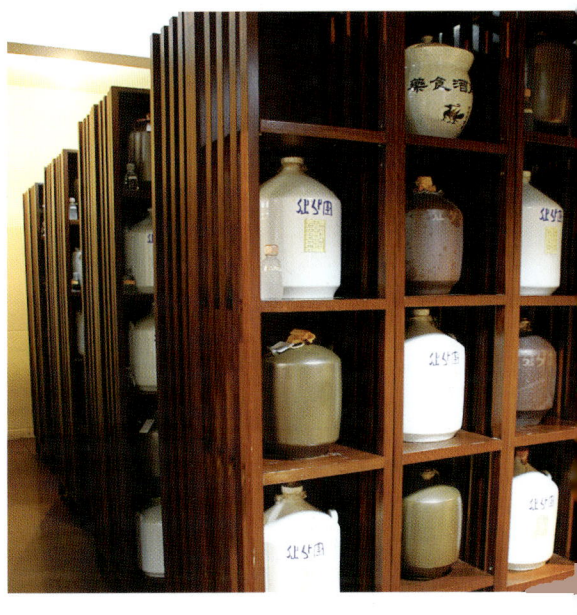

→ 이동갈비, 포천의 대표 먹거리

명성산 인근 이동면 장암리 마을길은 시작에서 끝까지 '갈비집'으로 이어진다. 30여 년 전 등산객들에게 알려지기 시작한 이동갈비는 푸짐한 양과 비교적 저렴한 가격, 무엇보다 질 좋은 갈비를 간장과 물엿으로 알맞은 양념을 하여 참나무장작에 구워내는 맛으로 유명하다. 시원한 동치미 국물과 함께하는 갈비 맛은 산행을 마친 여행객들에겐 꿀맛이다. 옆 동네인 일동의 막걸리를 곁들이면 금상첨화다.

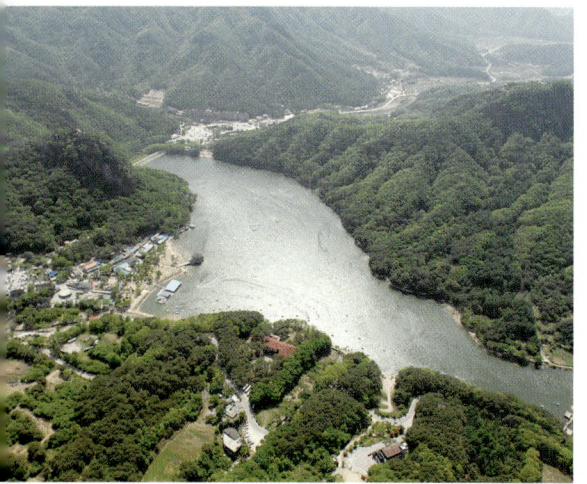
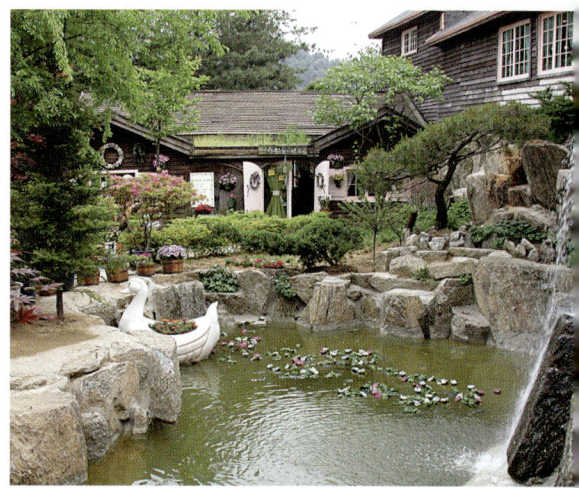

산정호수 거울 같은 호수를 따라 산책을

위치 | 경기도 포천시 영북면 산정리 191-1
경기도 포천시 영북면 산정호수로411번길 89
운영시간 | 종일, 연중무휴

▶ MINI DATA

| 입장료 | 없음   주차 | 가능   분류 | 산, 계곡, 동굴

병풍과 같이 푸근한 명성산과 망봉산, 망무봉을 끼고 있는 그림 같은 호수. 산속의 우물과 같이 맑은 호수라 해서 '산정(山井)호수'로 불린다. 일제 시대에 농업용 저수지로 만들어졌으나 호수 주변의 경관이 아름다워 관광지로 인기를 얻고 있다. 호수 주위를 도는 5km의 산책로는 연인들에게 인기 있는 데이트 코스로 하늘을 담고 있는 호수 위에 산 그림자까지 겹쳐지면 그 풍경이 환상적이다. 봄이면 꽃길이 되고 가을이면 단풍 길로 변하는 산책로는 특히 물안개가 피어오르는 이른 아침이나 가로등이 불을 밝히기 시작하는 일몰 전후가 멋지고, 겨울날 꽁꽁 언 호수의 풍경도 일품이다. 즐길거리도 많아 호수 위에서는 보트놀이를 즐길 수 있고 겨울철이면 스케이트와 눈썰매를 즐길 수도 있다. 버섯과 도토리 등 웰빙 재료를 이용해 음식을 내는 식당들이 주변에 많이 있다.

허브아일랜드 향기로 목욕하는 곳

위치 | 경기도 포천시 신북면 삼정리 517-2
경기도 포천시 신북면 청신로947번길 35
운영시간 | 10:00~22:00, 토요일 10:00~23:00,
연중무휴

▶ MINI DATA

| 입장료 | 있음   주차 | 가능   분류 | 숲, 자연휴양림

허브를 이용한 모든 즐거움과 효능을 경험할 수 있는 공간이다. 이곳은 무엇보다 아기자기한 재미와 동화 속에서 나온 듯한 경관으로 찾는 사람의 마음을 사로잡는다. 33km²의 너른 공간을 가득 채우는 허브 사이를 걷는 것만으로도 향기에 흠뻑 젖을 수 있다. 작은 인공 계곡이 아름다운 허브온실에서 몸과 마음을 편하게 만들고 허브를 이용한 돈가스와 비빔밥, 허브갈비 등의 먹거리를 즐긴다면 더욱 건강해지는 기분이 들 것이다. 허브로 만든 다양한 차가 준비되는 카페와 허브빵집에서 빵을 맛보고 허브숍과 공방을 둘러보면 한나절의 시간이 짧다. 아쉬움이 남는다면 허브 향기 가득한 펜션에서의 하룻밤도 좋을 것이다. 특별한 허브체험으로 몸과 마음을 차분하게 할 수 있다.

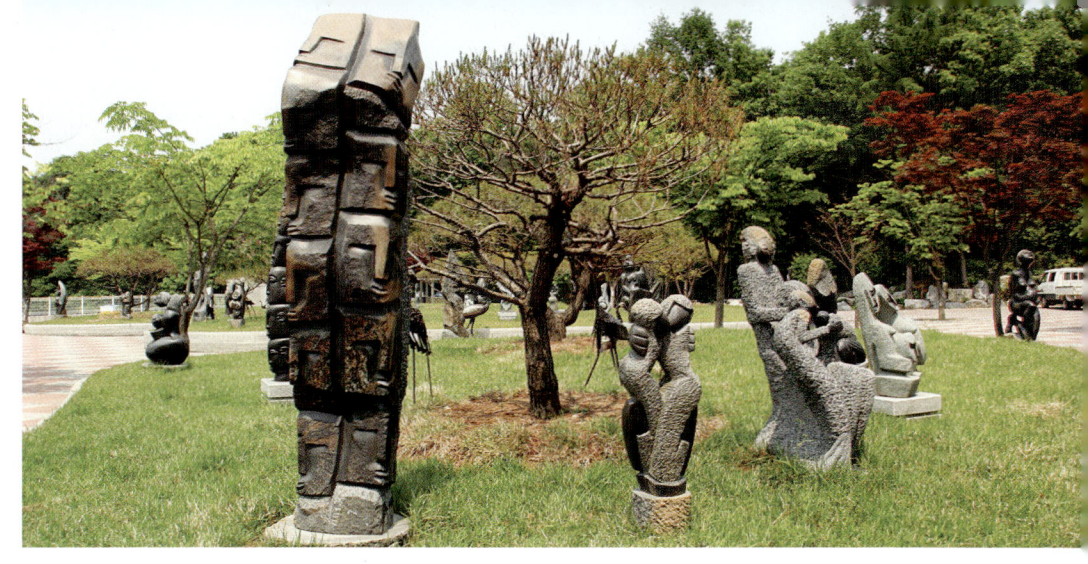

더파크 아프리카뮤지엄 새로운 문화의 만남

위치 | 경기도 포천시 소흘읍 무림리 42
　　　경기도 포천시 소흘읍 광릉수목원로 967
운영시간 | 12~2월 10:00~17:30, 3~11월 09:30~18:00,
　　　　 매주 월요일 휴관

▶ MINI DATA
| 입장료 | 있음　　주차 | 가능　　분류 | 박물관

문화원을 찾는 일은 값비싼 여행 경비를 지출하지 않고 즐길 수 있는 문화탐방이다. 전시물을 꼼꼼히 관람하고 관련 자료를 정리해보는 것만으로도 일반인의 상식을 훨씬 뛰어넘는 절반의 전문가가 될 수 있다. 아프리카의 모습을 소개하는 이곳은 희귀하고 소중한 장소다. 더구나 아프리카와 아무런 관련이 없었던 개인의 힘으로 수집한 전시물의 방대함이 더욱 놀라운 곳이다. 2006년 개관한 전시관의 내부와 외부는 8억 명이 넘는 인구와 54개의 나라에서 살아가는 1,000여 개가 넘는 부족의 다양하고 흥미 넘치는 아프리카의 문화를 전한다. 열대 밀림과 가난, 기아로 인식해왔던 아프리카를 다시 생각해본다. 작은 문양 하나에도 상징성을 부여하는 이들의 문화는 인류의 시작과 함께하는 가장 오래된 것들이고, 누구라도 느낄 수 있는 대중성으로 언어와 기호에 막혀버린 서구의 문화를 포용하는 듯하다. 하루 3번 열리는 소수민족의 공연은 몸짓만 흉내 내는 어설픈 공연이 아니다. 공연 전문가들이 준비하고 프로 무용수들이 연출하는 화려한 몸짓과 음악의 향연이다. 추가 비용을 감수하더라도 놓치지 말자.

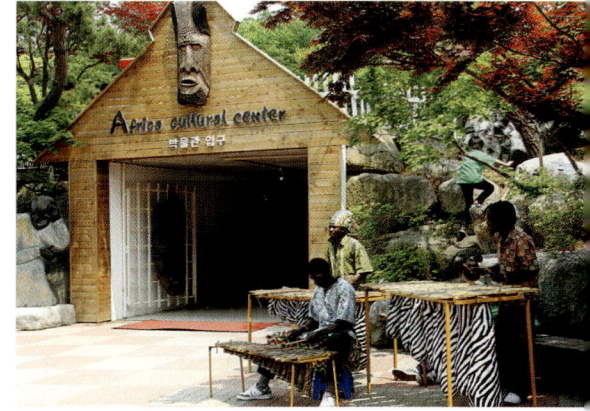

국립수목원

500년을 자라온 숲

| 위치 | 경기도 포천시 소흘읍 직동리 산50-18
경기도 포천시 소흘읍 광릉수목원로 415
| 운영시간 | 11~3월 09:00~17:00, 4~10월 09:00~18:00
(사전예약), 매주 월/일요일 휴관

▶ MINI DATA
| 입장료 | 있음   주차 | 가능   분류 | 숲, 자연휴양림

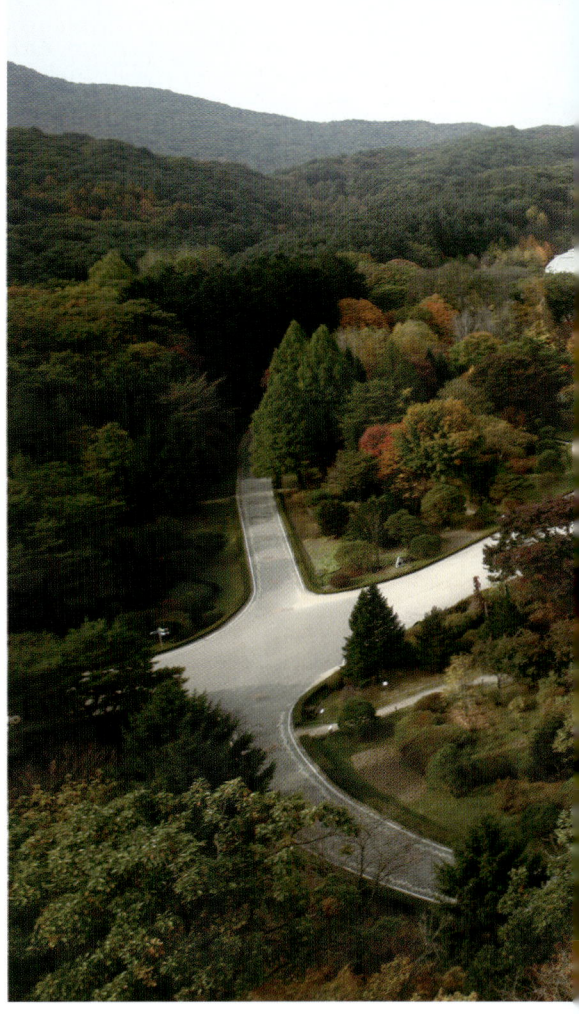

광릉은 조선의 7대 임금인 세조의 무덤이다. 자신의 조카인 단종을 폐위시키고 아우인 안평대군의 목숨마저 빼앗은 왕은 생전 친히 이곳을 둘러보고 자신의 묘역으로 정하였다. 풀 한 포기 뽑는 것조차 금지시켰던 세조의 어명은 무려 500년을 이어져 일제강점기, 한국전쟁 등 수많은 역사의 참화 속에서도 지켜져 놀라울 정도로 온전한 자연의 모습 그대로 보존되었다. 광릉과 국립수목원은 세계적으로도 희귀한 거대한 크기의 원시 자연 공간이다. 광릉수목원은 1,100ha의 드넓은 공간에 조성된 모두 15개 구역의 전문수목원과 산림동물원, 산림박물관과 전용표본관으로 구성되어 있다. 2,800여 종의 식물이 자라고 있는 전문수목원은 침엽수원, 활엽수원, 관엽수원, 외

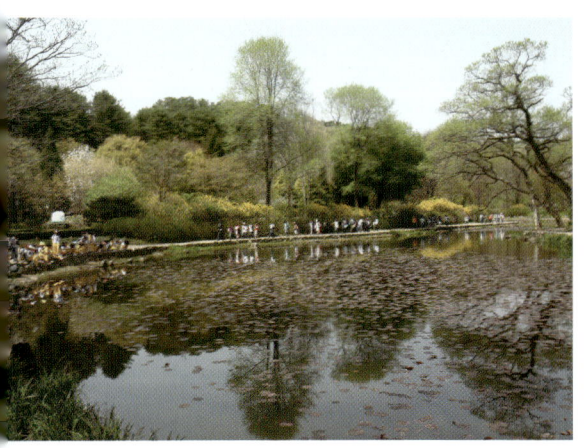

국식물원 등 종류별로 나뉘는 수목원의 중심 공간이다. 멸종위기동물의 유전자를 보호하고 연구하는 기능의 동물원에는 세계적 희귀동물인 백두산 호랑이 3마리를 비롯하여 늑대와 천연 반달곰, 독수리 등의 귀한 동물들이 최적의 자연환경 속에서 살아가고 있다. 산림자원과 임업생산물을 전시하는 산림박물관과 전용 표본을 보존하는 산림생물표본관도 자리한다. 화요일에서 토요일까지만 개방되는 수목원의 모든 공간은 사전 예약을 통해서만 둘러볼 수 있으며 특히 동

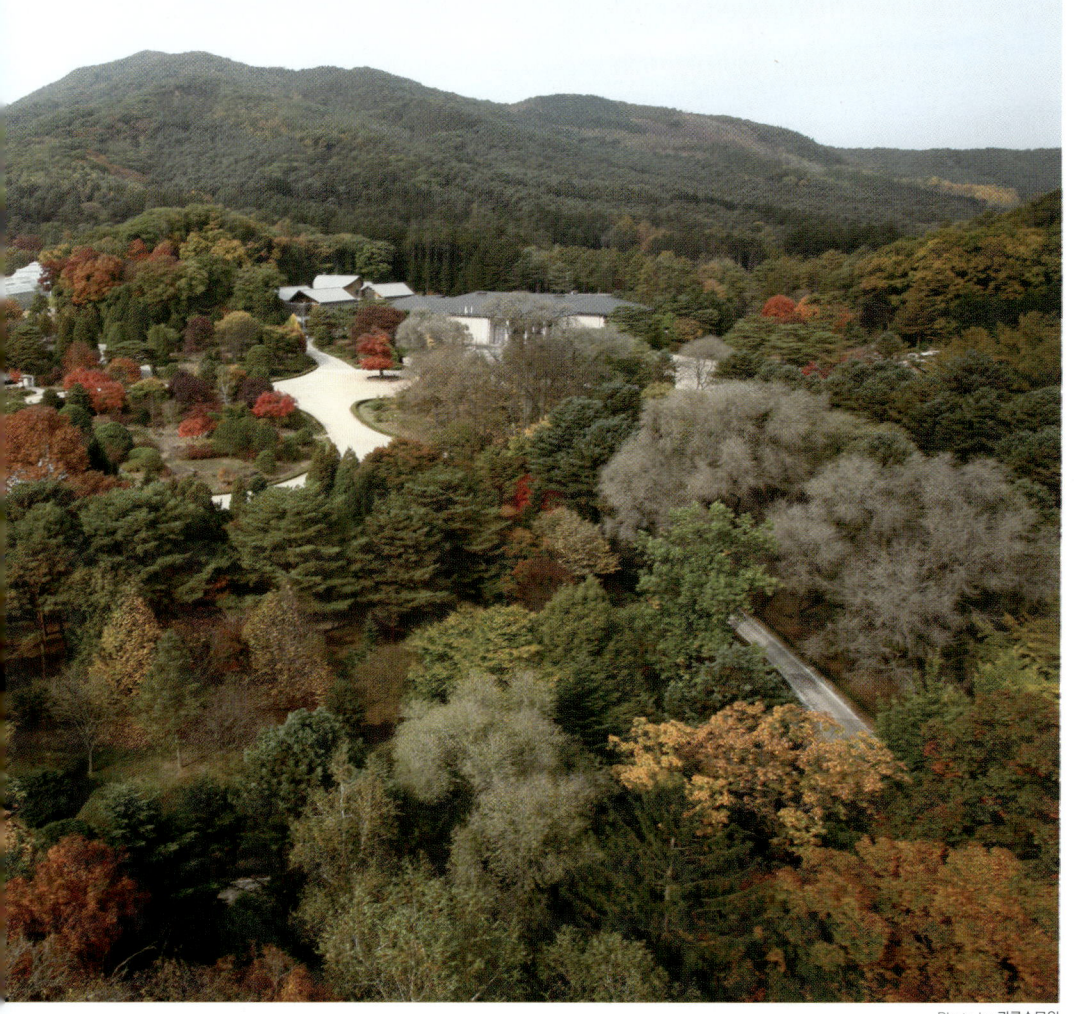

물원은 안내인의 동행으로 하루 2회(10시 30분, 14시 30분) 관찰할 수 있으니 시간을 잘 맞춰 찾는 것이 좋겠다. 엄격하게 제한되는 수목원 관람이 조금은 불편함을 느낄 수 있겠지만 어쩌면 우리 세대가 후대에 물려줄 수 있는 마지막 원시자연림의 공간이 될 수 있는 이곳은 즐긴다는 생각보다 함께 살핀다는 생각이 더욱 필요할 것이다. 아쉬움은 수목원 주변의 아름드리 침엽수 사이로 이어가는 환상적인 드라이브 코스로 달래보자.

봉선사, 광릉을 지키는 사찰

서울과 경기도 왕릉 주변의 사찰에는 유난히 '봉(奉)' 자로 시작하는 사찰이 많다. 유교이념의 정치사상과 달리 왕실은 전통적으로 불교에 심취하였고 극락왕생을 바라며 사찰을 왕릉 주변에 두었다. 운악산 자락에 자리하는 봉선사는 20세기 초 불교 대중화운동에 주력한 운허스님이 대웅전에 남긴 유일의 한글 현판인 '큰법당'이 눈길을 끄는 곳이다. 사촌 동생이었던 춘원 이광수를 기리는 작은 비석도 자리한다.

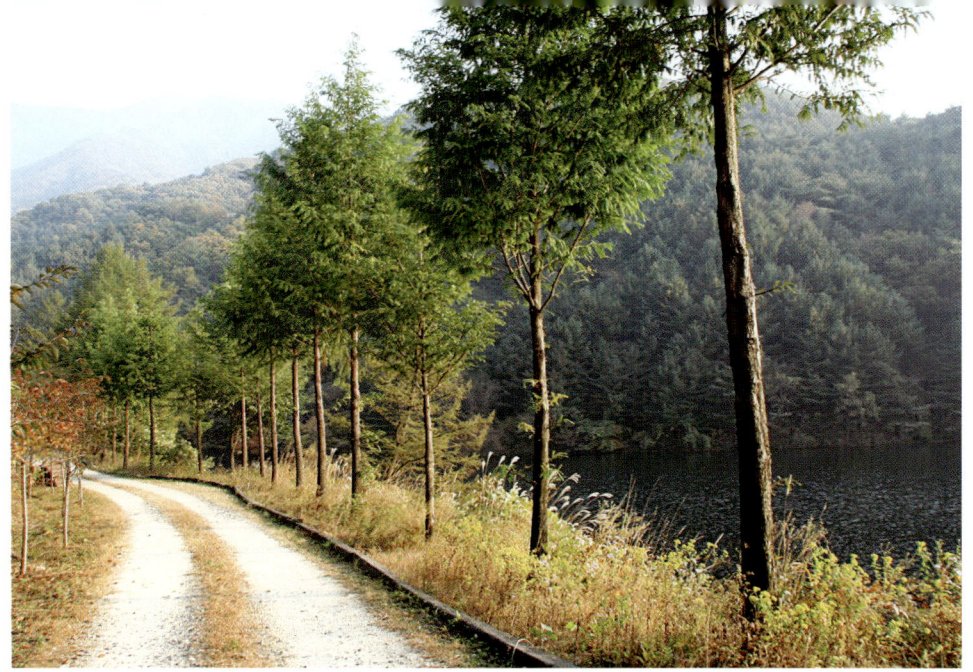

국망봉 자연휴양림 자연 그대로의 순수함을 찾아서

위치 | 경기도 포천시 이동면 장암리 2-2
　　　경기도 포천시 이동면 늠바위길 207-28
운영시간 | 08:00~18:00, 연중무휴

▶ MINI DATA
| 입장료 | 있음　주차 | 가능　분류 | 숲, 자연휴양림

국망봉 자연휴양림은 자연 그대로의 숨결이 살아 있다. 경기도의 축령산휴양림, 유명산휴양림 등 이름난 휴양림에 비하여 이곳은 그리 알려지지 않아 찾는 사람이 많지 않다. 휴양림은 설립과 관리 주체에 따라 국립 또는 지자체로 나눌 수 있으며, 몇 곳 되지 않지만 사유림으로 산림청의 지원을 받아 휴양림으로 지정된 숲이 있다. 국망봉 자연휴양림이 바로 사설휴양림이다. 포천 지역에서 가장 높고 산세가 험한 국망봉(1,176m) 기슭에 자리하고 있다. 입구 아래쪽에 주차를 하고 잠시 언덕을 오르는데, 숨이 가빠질 때쯤 눈앞에 멋진 경치가 펼쳐진다. 깊은 산중에 있을 것 같지 않은 넓은 호수가 햇살을 받아 반짝이고 있다. 장암저수지 옆으로 난 길을 따라 걸으며 본격적인 휴양림 탐방을 시작한다. 잣나무와 소나무 등 상록수들

뿐만 아니라 낙엽송 등의 활엽수 63만여 주가 자라고 있으며, 작지만 자연 그대로의 모습이 아름다운 야생화원도 있다. 또 휴양림을 가로지르는 계곡은 1급수로 물고기들이 살기 어려울 정도로 깨끗하다. 숙박도 가능한데 숙박동이 몇 채 없을 뿐더러 각 동이 서로 멀리 떨어져 주변의 방해를 받지 않아 꿈꾸어오던 숲속 오두막에서의 하룻밤을 보낼 수 있다. 단, 화장실과 세면시설은 다른 곳들에 비해 불편한 편이다. 캠핑장도 운영하는데 개인은 이용이 어렵고 단체의 경우 이용 가능하다.

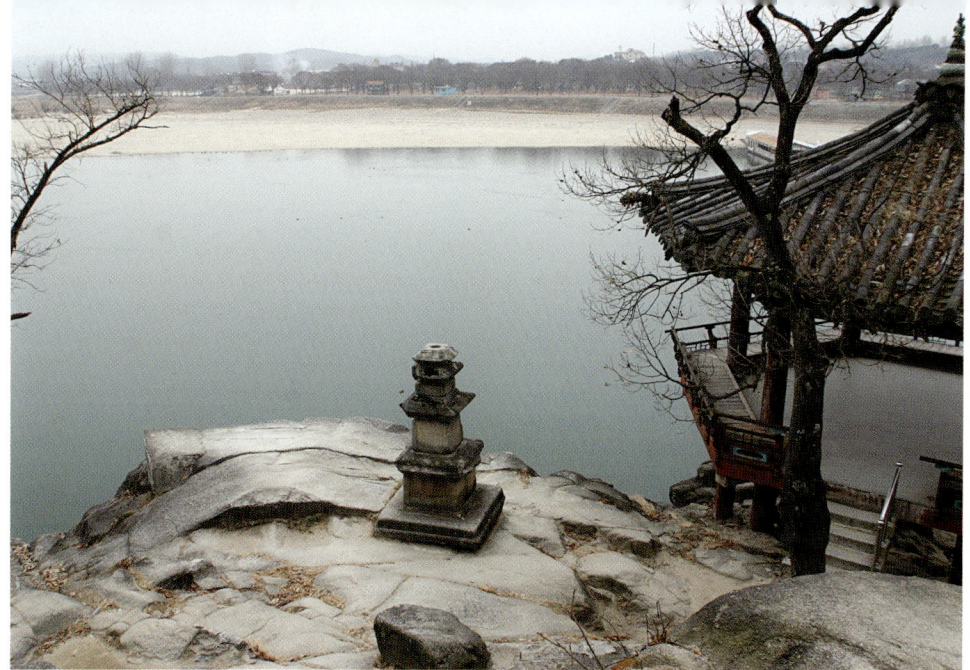

신륵사 남한강변을 지키는 천 년 고찰

| 위치 | 경기도 여주시 천송동 282
| | 경기도 여주시 신륵사길 73
| 운영시간 | 종일, 연중무휴

▶ MINI DATA
| 입장료 | 있음   주차 | 가능   분류 | 불교유적

아름다운 남한강변 봉미산 자락에 자리 잡은 신륵사는 신라 진평왕 때 원효대사가 창건했다고 전해지며 고려 시대의 고승 나옹 선사가 입적한 곳으로도 유명하다. 조선시대 예종 1년(1469년)에 세종대왕의 무덤을 영릉으로 이장할 때 왕실의 무덤을 지키는 원찰로 지정되어 크게 번창하였다. 화려한 극락전과 고려 말 불교계의 거목이었던 지공, 나옹, 무학 세 스님의 영정을 모셔 놓은 조사당과 명부전 등의 건물을 비롯해 보물 제180호로 태조 이성계가 세운 조사당과 대장각기비, 보물 제225호인 다층석탑과 보물 제226호인 다층전탑, 목은 이색이 석등 비문을 쓴 보물 제231호인 보제존자 석등 등의 여러 유물들을 간직하고 있다. 신륵사를 돋보이게 하는 것은 나옹선사의 당호를 딴 정자, 강월헌에서 바라보는 남한강변의 풍경이다.

나옹선사가 입적한 후 화장터의 석탑 옆에 지은 것으로 국내 사찰로는 드물게 강변에 위치해 멀리서 신륵사 쪽을 바라보았을 때 유유히 흐르는 강물과 함께 바라보는 풍경이 한 폭의 동양화와 같이 아름답다. 신륵사를 '벽절'이라고도 불리게 한 벽돌로 쌓은 다층전탑이 묵묵히 내려다보고 있는 남한강엔 조선시대 4대 나루터 중 하나인 조포나루에서 운항하던 배를 그대로 재현해 만든 황포돛배가 떠 있어 옛 풍경을 보여준다. 그 옆으로 김소월의 시 「엄마야 누나야」를 연상시킬 만큼 고운 모래사장이 있는데 신륵사로 들어가는 입구의 '금은지구'는 아름드리 느티나무와 잔디로 꾸며져 아름다운 강변의 풍경을 여유롭게 감상할 수 있다.

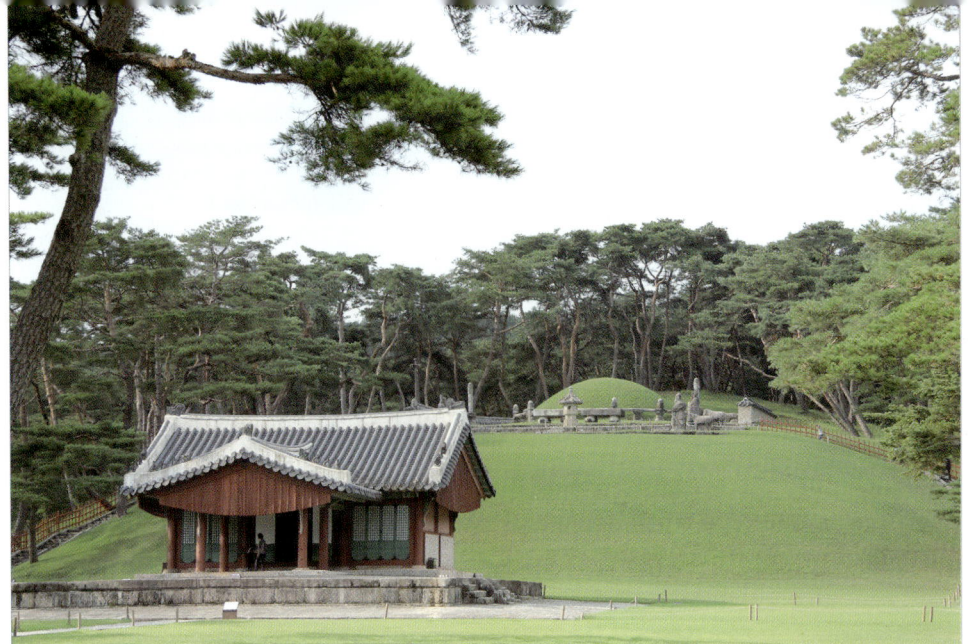

영녕릉 대왕이 잠든 곳

| 위치 | 경기도 여주시 능서면 번도리 888-1 일대
        경기도 여주시 능서면 영릉로 269-50 일대
| 운영시간 | 11~1월 09:00~17:30, 2~5월/9~10월 09:00~
        18:00, 6~8월 09:00~18:30, 매주 월요일 휴무

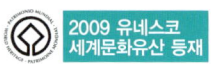

▶ MINI DATA
| 입장료 | 있음   주차 | 가능   분류 | 역사, 문화유적

조선의 4대 임금인 세종과 소현왕후 심씨의 무덤인 영릉(英陵)과 17대 효종과 인선왕후 장씨의 무덤인 영릉(寧陵)이 좌우로 자리한다. 우연히도 두 능의 한글 이름이 같아 흔히 '영릉'으로 함께 불리고 세종대왕의 후광에 효종임금의 능은 가려지곤 한다. 41세의 젊은 나이로 승하하여 북벌이라는 큰 꿈은 이루지 못하였지만 대동법의 실시와 화폐 단위의 개혁으로 양란으로, 피폐해진 조선을 바로잡는 기틀을 마련하였던 효종의 업적 또한 작지 않으니 이곳을 찾는다면 함께 둘러보는 것이 좋겠다. 한글의 창제와 학문의 발전, 과학과 음악의 발달과 국방의 강화 등 찬란한 세종대왕의 업적은 조선 건국 이래 태종까지 이어지던 문물의 정비와 국가 체제의 확립이 완성 단계에 이르렀음을 의미한다. 화려하게 피어난 국가적 자신

감과 제도의 완성은 능의 모습에도 반영되어 영릉은 왕실 능제의 전형을 가장 잘 보여주는 모습으로 지어졌다. 국가의례를 규정하는 지침서로 만들어진 「국조오례의」의 제도에 따른 능은 후대의 왕릉예법의 기준이 되었다. 능의 아래쪽은 세종대왕의 동상을 중심으로 업적을 기념하는 '세종전'이 자리한다. 기념관 앞뜰에는 교과서 속 단어로만 익숙한 왕실의 과학기구들이 원형의 모습으로 복원되어 있다. 천문도인 천상열차분야지도, 물시계와 자격루, 세계 유일의 오목해시계인 앙부일구, 세계 최초의 강우량 측정기인 측우기와 수표, 조선 후기의 자명종식 천문시계인 혼천의 일부분 등은 당시 과학기술의 발전을 확인할 수 있는 자료가 된다.

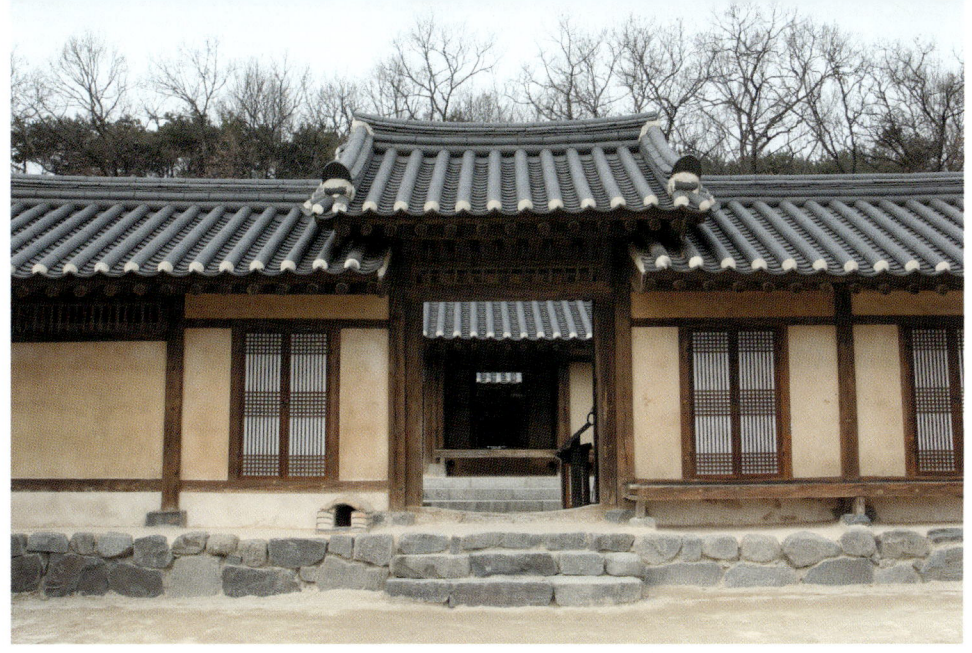

명성황후 생가 조선의 국모가 탄생한 곳

| 위치 | 경기도 여주시 능현동 250-3
　　　경기도 여주시 명성로 71
| 운영시간 | 동절기 09:00~17:00, 하절기 09:00~18:00,
　　　매주 월요일 휴무

▶ MINI DATA
| 입장료 | 있음　　주차 | 가능　　분류 | 역사, 문화유적

혼란스러운 조선 말기, 시아버지인 흥선대원군과의 치열한 권력다툼으로, 때로는 무너지는 왕실의 권위를 바로잡으려는 외교술로, 그리고 궁궐을 습격한 일본인들에 의해 비극적인 죽음을 맞이한 최후의 모습으로 무너지는 국가의 아픔을 상징하는 명성황후 민비의 탄생지이다. 역사 속 주인공의 탄생지로는 너무 단출한 모습이다. 외척의 왕권개입을 무엇보다 경계하였던 흥선대원군은 보잘 것 없는 가세를 지닌 민씨를 고종의 왕비로 선택하였다. 안채만이 남아 있던 이곳은 행랑채와 사랑채 등이 복원되었고 생가 앞으로 자리하는 기념관은 명성황후의 친필과 시해장면을 담은 영상물 등이 전시되어 있다. 생가 옆 고종의 친필로 '명성황후탄강구리'라고 새겨진 비석이 서 있다. 비운의 죽음을 맞이한 아내를 기리는 마음은 국왕도 여느 지아비와 같아 일본과 친일파 대신들의 반대를 무릅쓰고 황후로 추존하여 자신의 능인 홍릉에 합장하였다. 명성황후에 관한 평가는 다양하다. 조선국의 멸망에 결정적인 역할을 담당하는 부정적인 모습과 서구의 근대문물을 적극적으로 도입하고 열강세력의 균형을 위한 외교적 수완을 발휘하는 모습까지, 관점에 따라 차이를 보이지만 불행한 역사의 주인공으로 살아간 한 여인의 모습은 누구에게나 추모의 마음을 가지게 한다.

고달사지 옛 절터에 남은 위대한 유물

위치 | 경기도 여주시 북내면 상교리 411-1
경기도 여주시 북내면 고달사로 271-15 인근
운영시간 | 종일, 연중무휴

▶ MINI DATA
입장료 | 없음   주차 | 가능   분류 | 불교유적

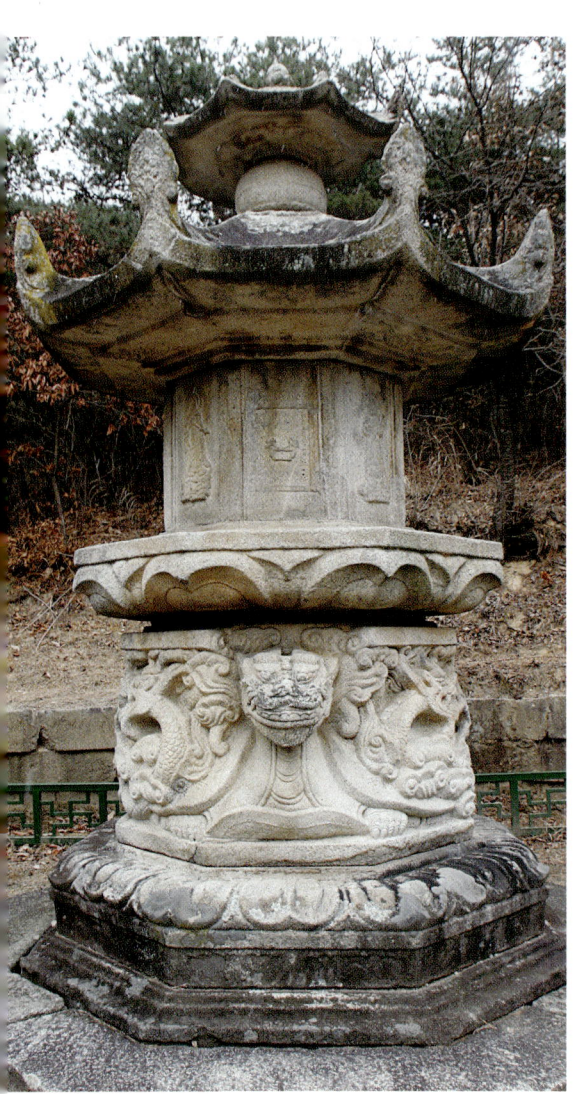

고달사는 신라 말 새롭게 세력을 얻은 구산선문 중 하나인 봉림산파의 중심 사찰이었다. 고려 초 선풍을 날리며 번성했으나 지금은 몇 개의 흔적만이 이 자리에 큰 절이 있었음을 알려주고 있다. 고려 태종에서 광종 때까지 원종국사가 이 절에 머물며 절을 부흥시켰다는 기록 외에는 찾을 수 없어 사방 30리가 절터였고 머물던 스님이 수백 명이었다는 이곳이 언제 어떤 이유로 폐사되었는지 이유를 알 수 없다.

논과 밭으로 변해버린 절터 안으로 들어가면 석불대좌가 보이는데 우리나라에서 가장 큰 석불대좌로 그 생김새가 아주 든든하다. 조금 더 들어가면 원종대사부도비의 받침인 귀부와 이수가 남아 있는데 새겨진 조각 모양이 아주 힘차다. 육각의 거북 등껍질을 비롯해 부릅뜬 눈과 날카로운 발톱 등 찬찬히 들여다보면 정교하고 사실적인 조각에 절로 감탄이 나온다.

언덕으로 난 길을 따라 오르면 팔각원당형의 부도를 찾을 수 있는데 부도의 주인은 원종대사부도이다. 원형이 잘 보존되어 있는 고려 초의 부도라 의미가 있는 유물이다. 원종대사부도 옆으로 난 계단을 따라 오르면 국보로 지정된 문화재인 고달사지부도를 만날 수 있다. 지붕에서 몸돌, 아래 받침까지 모두 팔각형인 전형적인 팔각원당형의 부도로 크기 3.4m로 부도 중에서도 그 크기가 손에 꼽힌다. 지대석의 연꽃 문양 위로 중대석 가운데 거북의 머리를 새기고 주변으로 구름 속을 헤집으며 승천하는 4마리의 용을 조각해놓았다. 시선을 위로 들면 몸돌에 새겨진 비천상의 섬세한 모습이 아래쪽의 역동적인 모습과 대비를 이룬다.

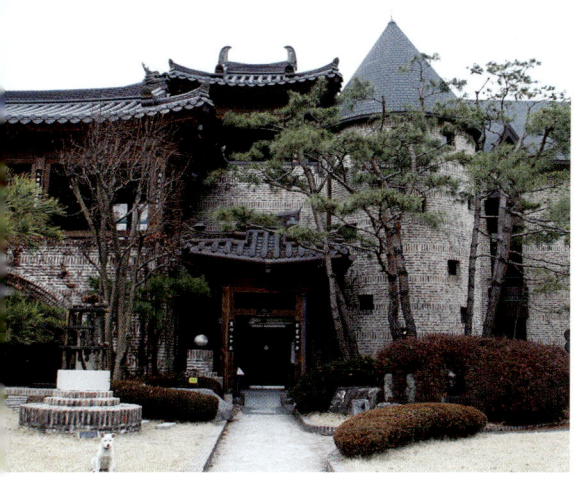

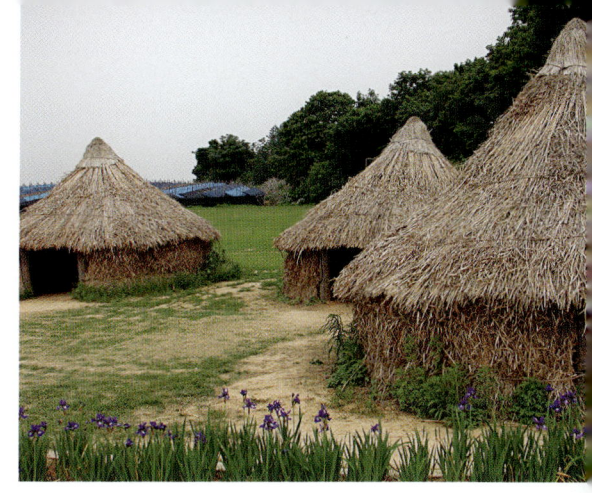

목아박물관

장인의 정원

| 위치 | 경기도 여주시 강천면 이호리 499-2
경기도 여주시 강천면 강문로 270-8
| 운영시간 | 12~2월 09:00~17:00, 3~11월 09:00~18:00,
연중무휴

▶ MINI DATA

| 입장료 | 있음   주차 | 가능   분류 | 박물관

우리나라 최고의 목각 공예가로 불리는 목아 박찬수 선생의 사설 박물관이다. 살아 있는 생명감이 느껴지는 작품세계는 불교의 정신을 담아 더욱 아름다운 모습이다. 지하 1층, 지상 3층으로 구성된 벽돌 건물의 전시관은 반가사유상, 나한상, 명부전 등 사찰에서 볼 수 있는 불교 작품들이 작가의 새로운 해석을 통하여 때로는 화려하게 때로는 단순하게 표현되고, 무질서한 듯 전시되어 있는 작품들은 새로운 조화를 바라며 불가의 극락세상을 표현하고 있다. 작은 불전을 구성하는 전시관은 자연스럽게 포교당의 역할을 한다. 목각 공예의 과정을 상세하게 관찰할 수 있는 전시관에서부터 목각 공예 체험장까지 종교와 상관없이 누구라도 자연스럽게 작품을 즐길 수 있다. 층 사이를 연결하는 계단을 따라 이어지듯 벽면을 장식하는 고사리 손 아이들의 작품에서 또 다른 장인을 기다리는 작가의 마음을 느낄 수 있다.

전곡리 선사유적지

세계 고고학 역사를 바꾼 땅

| 위치 | 경기도 연천군 전곡읍 전곡리 515
경기도 연천군 전곡읍 양연로 1510
| 운영시간 | 동절기 09:00~17:00, 하절기 09:00~18:00,
매주 월요일 휴무

▶ MINI DATA

| 입장료 | 있음   주차 | 가능   분류 | 역사, 문화유적

아는 만큼 보인다. 세계 고고학의 역사를 바꾼 발견은 작은 돌조각에 관심을 가진 한 젊은이의 눈에서 시작되었다. 1978년 한탄강변을 거닐던 주한미군 병사가 우연히 발견한 4점의 석기는 한반도 구석기 시대를 20만 년 이상 끌어올렸으며 아프리카와 유럽 중심의 뗀석기와 아시아의 찍개석기로 선사문화의 흐름을 나누었던 '모비우스 학설'을 완전히 뒤집는 세계 고고학의 일대 사건이었다. 2001년까지 23년 동안 11차에 걸쳐 이루어진 발굴로 모두 4,600여 점의 어마어마한 양의 유물을 거두었으며 세계적인 구석기 문화의 발굴로 평가받는다. 전 세계의 모든 고고학 교과서에는 '전곡리'라는 지명이 빠지지 않고 실려 있다. 한탄강변의 선사유적지에는 선사유적관과 토층전시관, 주먹도끼와 화살촉을 직접 만들어보는 체험마을 등의 시설이 선사시대 조형물과 함께 자리 잡고 있다.

운악산과 현등사

경기 오악의 중심

위치 | 운악산 경기도 가평군 포천시 일대
        현등사 경기도 가평군 하면 하판리 산 163(현등사길 34)
운영시간 | 종일, 연중무휴

▶ MINI DATA
| 입장료 | 없음   주차 | 가능   분류 | 산, 계곡, 동굴

송악, 감악, 북악, 관악산과 함께 경기 오악의 하나 인 운악산(935m)은 가평과 포천 지역을 아우르는 경 기 북부의 명산이다. 기암절벽과 폭포, 원시의 울창 함을 보여주는 숲은 북한강 상류로 이어지는 조종천 을 앞으로 두어 더욱 아름답다. 운악산은 금강산을 거쳐온 백두대간을 한반도 내륙으로 잇는 연결점이 되는 곳으로 풍수적으로도 가치가 높다. 크고 작은 바위고개를 조심스레 오르며 이어지는 산행은 북한 강과 경기 북부를 한눈에 넣는 장관을 보여준다. 명 지산, 국망봉, 청계산 등의 산과 북동쪽으로 경계하 고 북서쪽 평지는 포천시 일동면과 관모봉으로 연결

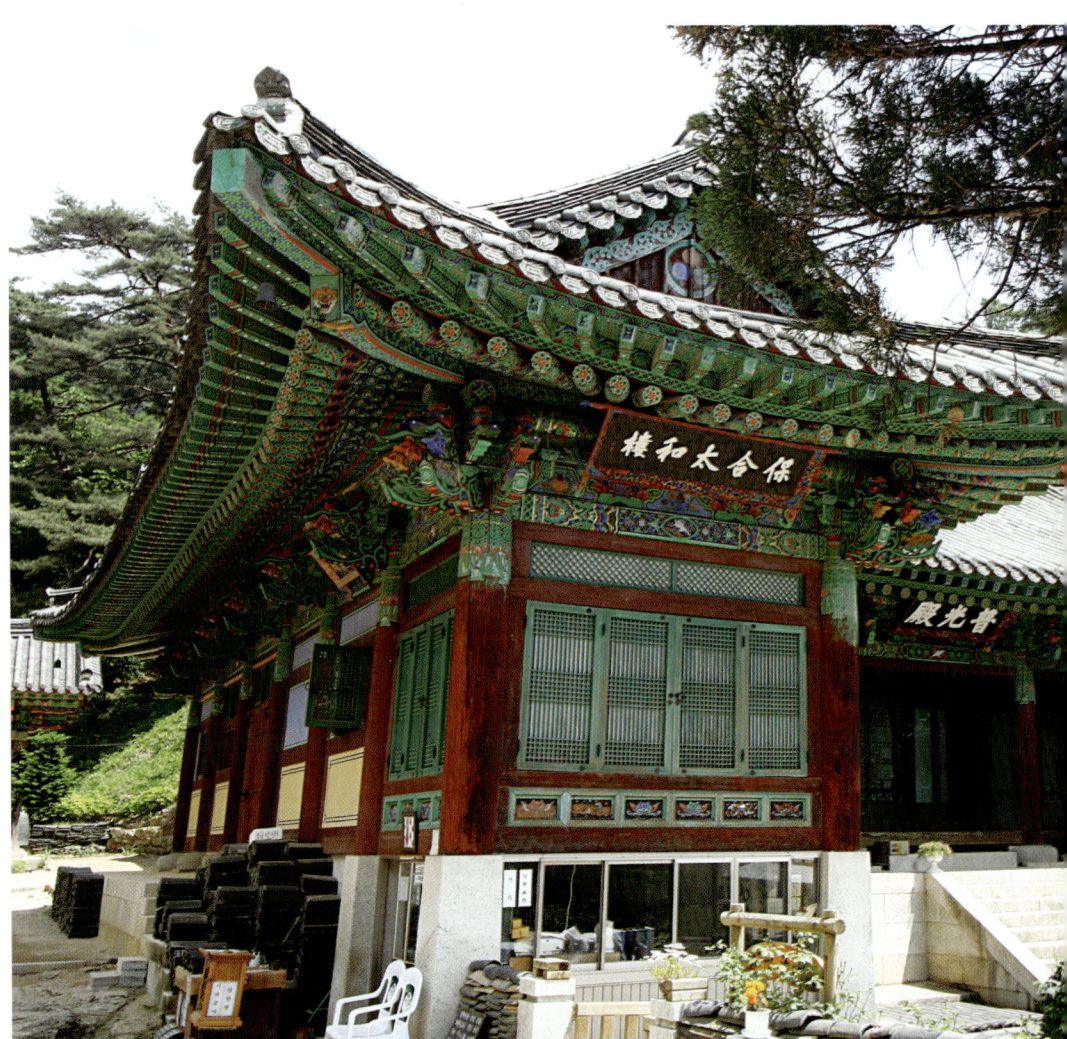

된다. 운악산 정상의 만경대(3.4km 지점)에서 철교로 이어지는 위태로운 암반 길은 미륵바위, 병풍바위, 능선바위의 절경으로 이곳이 명산임을 느끼게 하는 장소다. 눈썹바위에서 만경대를 거쳐 절골, 현등사로 이어지는 7km, 4시간의 산행길을 선택하는 것이 좋다. 눈썹바위에서 시작되는 기암괴석의 경관을 감상하기 편하고 하산 길에 현등사에서 맛보는 약수는 산행의 피로를 풀어준다. 현등사는 불교를 전하기 위해 신라를 찾은 인도 스님을 위하여 지었다는 고찰이다. 고려시대의 선승 보조국사 지눌이 깊은 산의 어둠속에서 빛나는 석등의 불빛을 보고 지금의 현등사로 이름 지었다 전해진다. 신라시대부터 천 년 동안 번창하였던 사찰의 모습은 찾기 힘들지만 굵은 바위로 단단하게 쌓은 축대 위 전각과 석탑은 고색창연한 아름다움을 갖추고 있다. 보조국사가 지진을 막기 위해 땅의 혈맥을 눌렀다는 지진탑은 사람들에게 사찰의 옛 영화를 이야기한다. 사찰의 뒤편 등산로 입구에는 현등사를 지금의 모습으로 중창한 조선 초 함허대사의 부도와 석등이 옛 모습 그대로 자리 잡고 있다. 요사채 역할을 하는 관음전 기둥에 걸려 있는 목탁으로 매년 초파일이면 산새가 날아온다고 하는데 신기한 일이다.

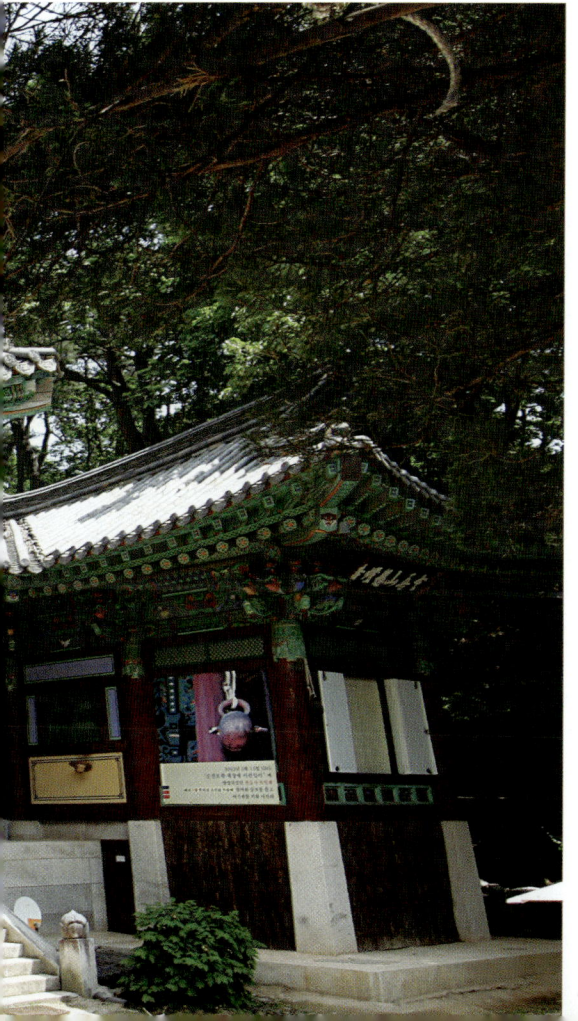

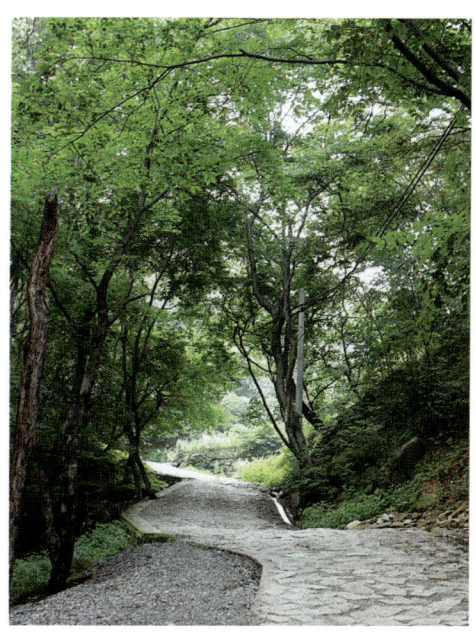

→ 원조할머니 손두부집, 운악산의 맛집

시어머니에서 며느리로 이어가는 손맛은 운악산을 찾는 등산객에게 한결같은 자연의 맛을 느끼게 한다. 우리 콩의 고소함이 담뿍 담겨 있는 두부 요리는 이곳의 대표 음식. 새우젓으로 간을 맞추는 두부전골은 잔 맛 없는 담백함으로 더욱 시원하다. 향기로운 산나물 밑반찬은 입맛을 돋운다.
문의 | 031-585-1219

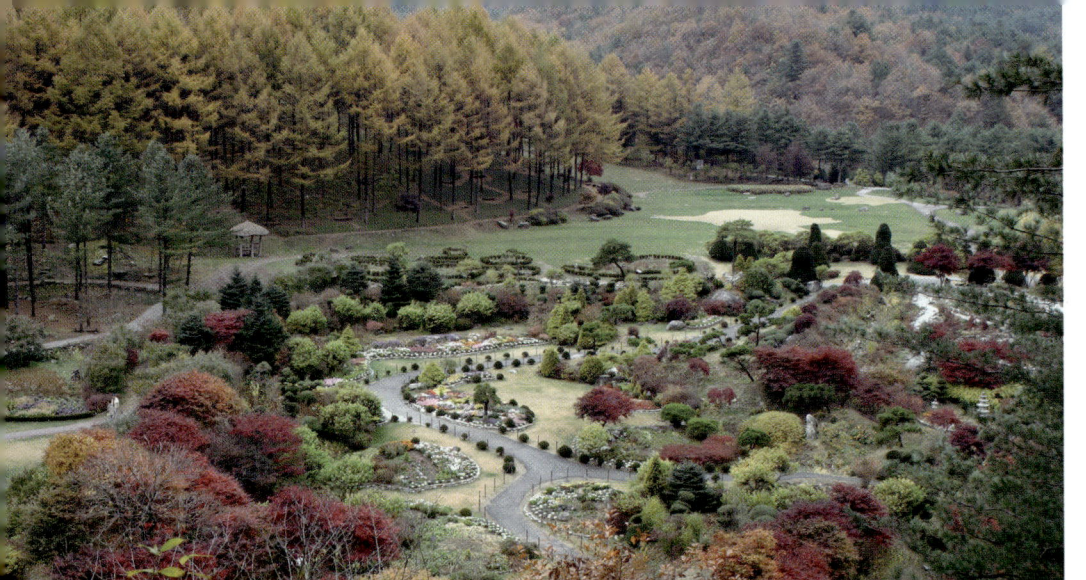

아침고요수목원 이름보다 더 아름다운 수목원

| 위치 | 경기도 가평군 상면 행현리 614-3
　　　　경기도 가평군 상면 수목원로 435
| 운영시간 | 08:30~일몰, 연중무휴

▶ MINI DATA
| 입장료 | 있음　　주차 | 가능　　분류 | 숲, 자연휴양림

축령산 자락에 위치한 아름다운 정원, 아침고요원예수목원이다. 대학 원예학과 교수가 꾸민 곳으로 단순히 여러 종류의 나무와 꽃을 가져다 심어놓은 것이 아니라 원예미학적인 관점에서 주제를 가지고 정원을 꾸며놓았다. 입구의 고향집정원에서부터, 수목원을 한눈에 내려다볼 수 있는 하경전망대가 있는 하경정원까지 13개의 주제로 정원이 꾸며져 있다. 시골집 주변에서 흔히 볼 수 있는 소나무, 조팝나무 등을 심어놓은 고향집정원, 수목원을 향기롭게 하는 허브정원, 버드나무 가지 바람에 하늘거리는 능수정원, 무궁과, 철쭉, 진달래 분홍빛 예쁜 색을 뽐내는 무궁화동산, 여러해살이풀들로 채워져 다음해를 기약하게 하는 약속의 정원 등 13개 정원 하나하나에 의미가 담겨 있다. 전망이 아름다운 하경전망대는 수목원 가장 안쪽에 있지만 빠뜨리지 말고 찾아가 보아야 할 곳이며, 초가삼간에서부터 부잣집 한옥까지 우리 전통의 집을 짓고 주변을 우리 나무와 풀로 꾸며 놓은 한국정원은 이곳 수목원이 자랑하는 곳이다. 한국정원에서 하늘정원까지 이어지는 푸른 숲길인 아침고요산책길은 조용한 분위기 속에서 삼림욕을 즐기려는 사람들에게 인기이며, 수목원을 가로지르는 에덴계곡에 만들어진 돌탑들도 이곳을 방문한 사람들이 하나씩 쌓아올려 만든 것으로 수많은 돌탑이 장관을 이룬다.

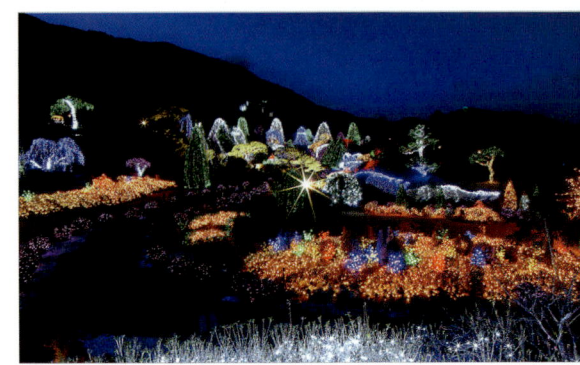

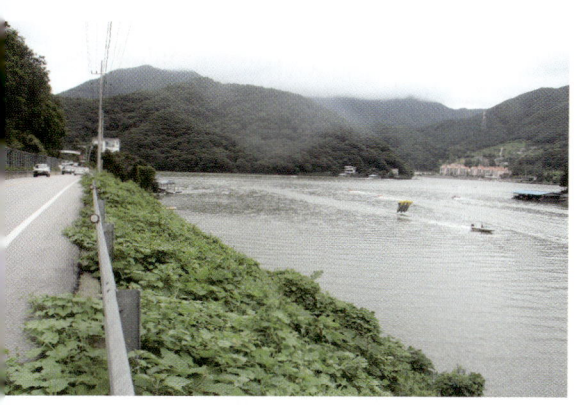

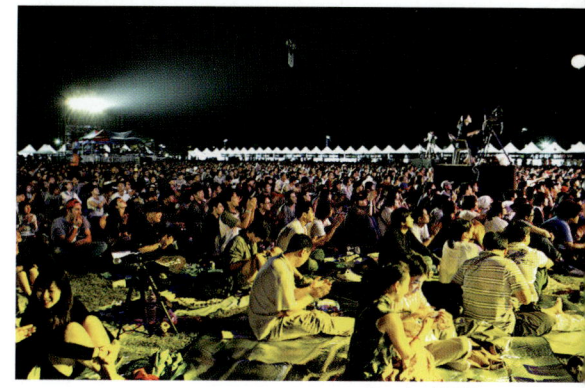

Photo by 가평군청

청평호반 드라이브
숨어 있는 북한강을 따라

| 위치 | 경기도 가평군 청평면 호반로
| 운영시간 | 종일, 연중무휴

▶ MINI DATA
| 입장료 | 없음   주차 | 가능   분류 | 강, 유원지

청평댐으로 인하여 만들어진 청평호는 오래전부터 드라이브 코스로 사랑받아온 곳이다. 청평댐을 오른 편에 두고 짙푸른 물결을 감상하는 363번 지방도 청평호반 길은 언제 찾아도 낭만과 서정을 선사한다. 건너편 설악면의 풍경이 청평호반에 드리워지고 각종 수상레포츠 기구들이 호반의 물살을 가르는 모습은 보는 것만으로도 시원하고 여유롭다. 잠시 차를 세우고 청평호를 감상할 수 있는 전망대도 마련되어 있다. 다시 북한강을 거슬러 복장삼거리를 향해 차를 달리면 언덕을 오르내리며 아름다운 펜션과 카페들을 만날 수 있고 복장삼거리에서 금대리를 향해 홀린 듯 물길을 따라가면 남이섬에 도착할 수 있는데 드라이브가 목적이라면 왔던 길을 거슬러 와 호명리로 올라서는 것도 멋진 코스가 된다. 아름드리 나무들이 서 있고 아기자기하게 굽어지는 도로를 따라 산을 오르면 차 한잔 마시며 쉬어 갈 수 있는 예쁜 카페도 만나게 된다. 고개를 넘으면 가평과 연결되는 46번 국도로 연결된다.

자라섬 국제재즈페스티벌
재즈와 자유의 축제

| 위치 | 경기도 가평군 자라섬 일대
| 운영시간 | 매년 가을(홈페이지 참조)

▶ MINI DATA
| 입장료 | 있음   주차 | 가능   분류 | 축제, 공연

2004년 미국, 일본, 스웨덴, 노르웨이 등 12개국의 30여 개 팀이 참가한 것을 시작으로 해마다 초가을 가평의 자라섬에서 열리는 국제재즈페스티벌. 일명 JJ페스티벌이라고도 불리는 이 축제는 10만 명이 넘는 내외국인이 찾는 풍요로운 음악 잔치이다. 북한강에 떠 있는 자라섬은 잘 알려지지 않아 강변의 낭만을 즐기려는 사람들만이 찾던 곳이었으나 국제재즈페스티벌이 열리면서 수변 산책로가 조성되고 체육시설과 자연수목휴양림이 만들어지는 등 가꾸어지기 시작했다. 자라섬 국제재즈페스티벌은 재즈 음악의 진수를 보여주는 세계적인 뮤지션들을 직접 만날 수 있고 그들이 들려주는 선율에 몸을 맡기고 함께 교감하는 감동적인 축제로 가평군 주민들의 참여도 매우 높아 외지에서 찾아 온 재즈 마니아들에게 넉넉한 인심과 친절을 전해준다.

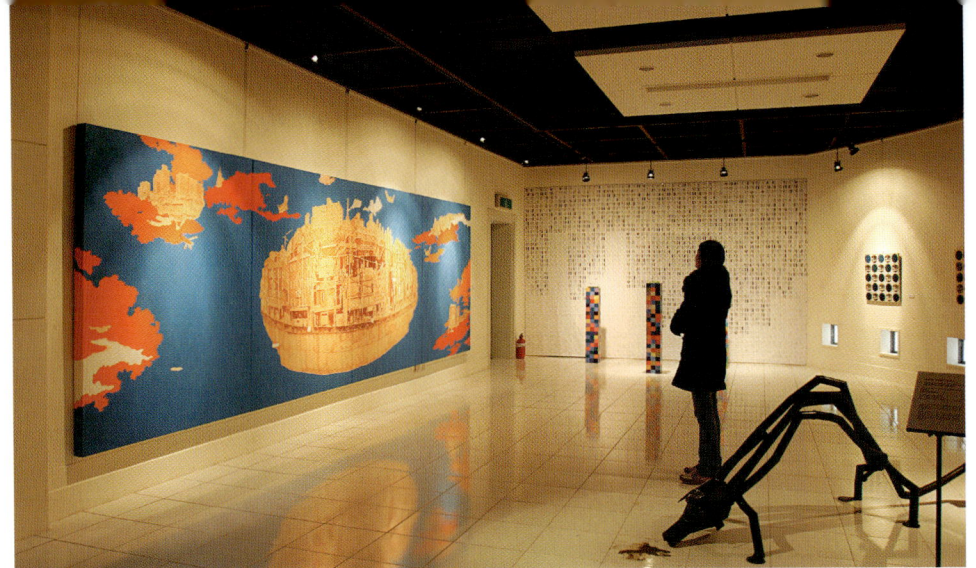

가일미술관 청평호반에서 즐기는 예술 세계

| 위치 | 경기도 가평군 청평면 삼회리 609-6
경기도 가평군 청평면 북한강로 1549
| 운영시간 | 동절기 10:00~18:00, 하절기 10:00~19:00,
매주 월요일 휴관

▶ MINI DATA
| 입장료 | 있음   주차 | 가능   분류 | 박물관

예술품은 전시된 장소와 주변 분위기에 따라 느낌이 달라진다. 청정하고 한가로운 청평 호반을 바라보며 만나는 미술품들은 자연의 경관을 더욱 아름답게 만드는 기분이다. 현대미술을 중심으로 상설 전시하는 가일미술관은 1991년 처음 미술관을 구상하여 설계부터 시공까지 총 10여 년의 세월동안 정성들여 지은 건물이다. 예술가를 꿈꾸었던 건축가가 20년 동안 모은 미술품을 혼자 감상하기보다 더 많은 사람들과 공유하고자 하는 뜻에서 세운 미술관으로 호반의 경관을 바라보는 전시관에 작품을 전시하여 많은 사람들과 공유하는 더욱 의미 있는 장소다. 가일 미술관 건물은 건축가의 정성이 가득 담겨 있어 그 자체로도 놓치기 아쉬운 작품이 되었고 내부는 누구라도 즐길 수 있는 포근한 공간이 있다. 상설전시실을 꾸미는 현대 미술품은 전문 큐레이터의 설명을 함께 들을 수 있어 더욱 즐겁고 의미 있는 시간이 될 것이다. 매달

펼쳐지는 문화공연은 저녁 물안개를 따라 흐르는 아름다운 선율이 펼쳐지니 놓치지 말기를 바란다.

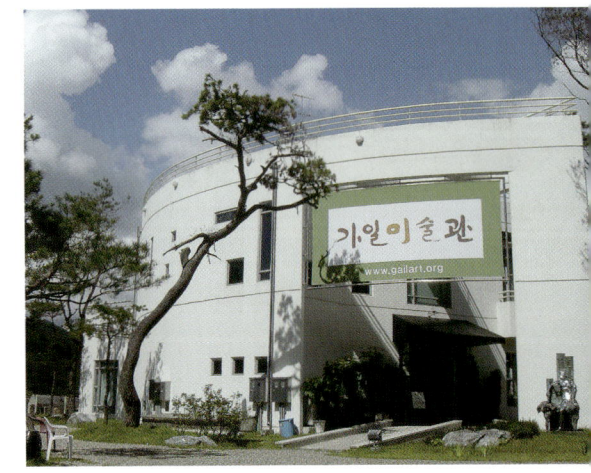

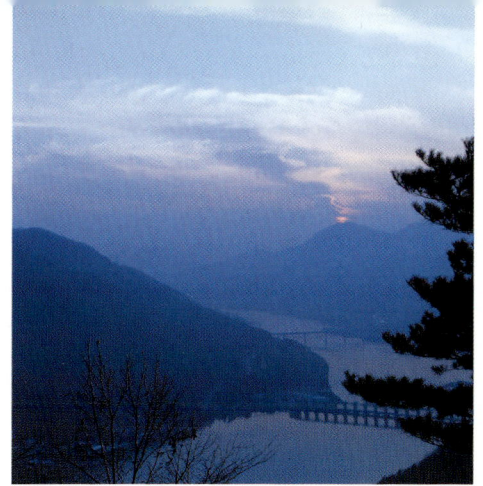

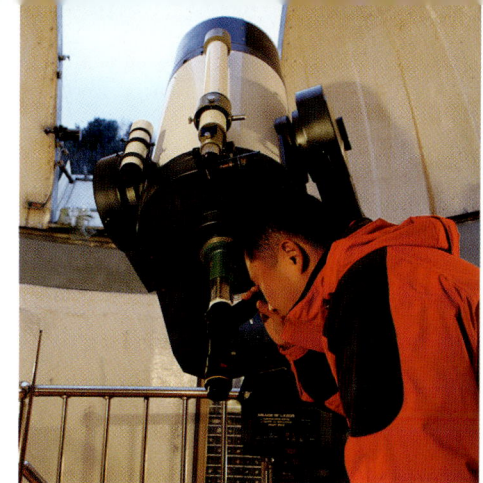

호명산
호반의 아름다움을 담는 곳

| 위치 | 경기도 가평군 청평면 호명리 산91-1 일대
| 운영시간 | 종일, 연중무휴

▶ MINI DATA
| 입장료 | 없음　주차 | 가능　분류 | 산, 계곡, 동굴

코스모피아 천문대
별과 함께하는 청정 자연

| 위치 | 경기도 가평군 하면 상판리 86
　　　　경기도 가평군 하면 명지산로 558-226
| 운영시간 | 체험 15:00~익일11:00(예약 후 방문)

▶ MINI DATA
| 입장료 | 있음　주차 | 가능　분류 | 전시, 체험시설

호명산 정상에서 한눈으로 담는 북한강의 모습은 처음 호명산을 가본 사람들에게 새로운 느낌의 감흥을 준다. 호명산은 해발 623m의 높이로 북한강을 사이에 두고 청평 시내와 마주 보듯 자리하는 산이다.

　소나무가 우거진 40여 분이 걸리는 등산로에서 걷다가 뒤돌아보면 한강 주변 경관과 등산로의 풍경이 어우러지는 모습이 대단하다. 너른 헬기장이 있는 정상에 서면 용문산, 축령산, 대금산 등의 봉우리가 형제처럼 어우러지고 거대한 물웅덩이인 청평댐의 웅장함이 더욱 강하게 느껴진다. 양수발전을 위해 만들어진 호명저수지를 따라가는 산행 길은 호명계곡으로 연결되어 호랑이의 울음소리가 들렸다는 산의 전설을 떠올리게 한다.

　북한강과 홍천강의 경관을 바라보는 환상의 드라이브 코스는 복장리에서 시작되어 호명산을 두르고 상천리로 나오는 20km의 멋진 길이다.

밤하늘의 별을 보고 별자리 이야기를 들으며 꿈을 꾸는 여행은 누구에게나 상상만으로도 즐거운 시간이다. 하지만 우리나라에서는 천문대에서 별을 관찰하기보다는 시설을 둘러보는 여행이 더 많고, 일반인들이 별자리를 관찰하고 공부할 수 있는 시민 천문대도 턱없이 적다. 조종천의 최상류 명지산 남쪽 기슭에 자리 잡은 코스모피아 천문대는 천문 교육장으로써 최적의 위치를 고려한 천문대로 가까운 행성에서 성단과 은하까지 밤하늘을 뒤지며 나의 별을 찾아가는 흥미진진함이 있는 곳이다. 늦은 밤까지 이어지는 별자리 관찰과 해설 프로그램은 누구에게나 재미있고 멋진 밤의 추억을 만들어줄 것이다. 1박 2일의 프로그램은 삼림욕도 즐기고 조종천 계곡 따라 서식하는 반딧불이를 관찰하는 시간도 된다 .오랜 시간 동안 준비된 이곳의 프로그램은 짜임새 있고 자연을 즐기는 여유가 있어 더욱 좋다.

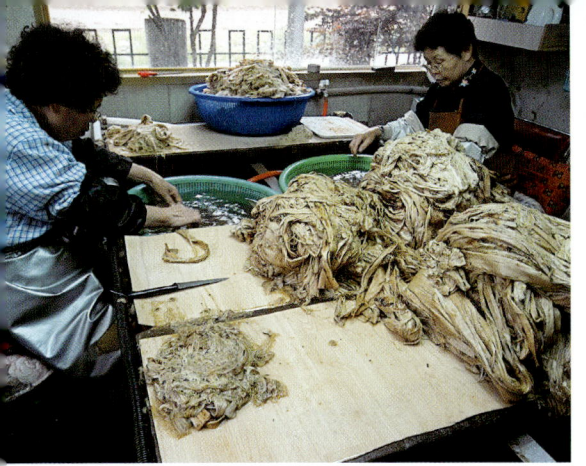
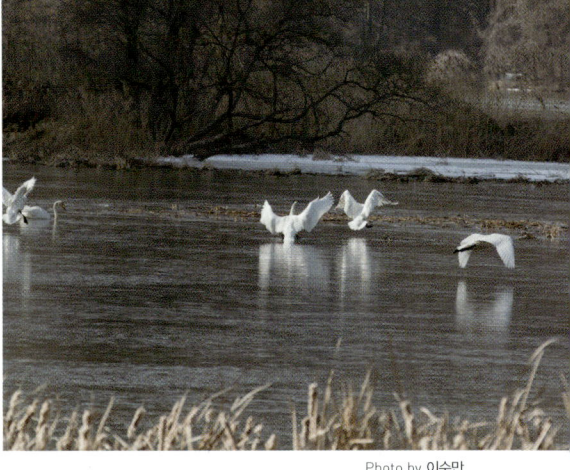

Photo by 이수만

장지방
전통 종이 제작 공방

위치 | 경기도 가평군 청평면 상천리 1671-1
　　　경기도 가평군 청평면 작은매골길 70
운영시간 | 문의 후 방문

▶ MINI DATA
| 입장료 | 없음　　주차 | 가능　　분류 | 전시, 체험시설

장지방은 우리 전통 종이를 생산하는 곳으로 한지의 우수성을 보존하고 실용화하려는 노력을 기울이고 있는 공방이다. 수작업으로 여러 과정을 거쳐 만드는 한지라 대량생산되는 종이들에 밀려 점차 만드는 곳이 없어지고 있는데, 장지방에서 경기도 무형문화재로 지정된 장용훈 옹과 아들들이 그 맥을 잇고 있다. 장지방에서 만들어진 종이는 공예, 그림, 벽지 등 여러 용도로 사용되고 판매되는데, 최근 들어 친환경적인 재료로 한지가 주목을 받으면서 수요가 늘어나고 있다고 한다. 평일에 작업이 이루어지는데 시간을 맞추어 방문한다면 틀 위에서 종이를 뜨는 등 작업장의 모습을 볼 수 있다. 단체의 경우 한지를 직접 만들어 보고 만들어진 종이로 책을 엮어보고, 부채를 만드는 등의 체험이 가능하다. 작은 전시관이 있어 여러 종류의 한지들뿐 아니라 다양한 한지 공예작품들을 만날 수 있다.

경안천 습지생태공원
습지가 생태공원으로 탈바꿈한

위치 | 경기도 광주시 퇴촌면 정지리 456-4
　　　경기도 광주시 퇴촌면 산수로 1159
운영시간 | 동절기 07:00~18:00, 하절기 05:00~20:00,
　　　　　연중무휴

▶ MINI DATA
| 입장료 | 없음　　주차 | 가능　　분류 | 공원

경안습지는 경기도 광주시 퇴촌면의 남한강 지류에 소재해 있다. 강이 아닌 천이라 부르지만 두물머리와 가깝고 남한강과 접해 있다시피 하여 강이나 다름없이 넓은 곳이기도 하다. 광주시에서는 이곳을 잘 살펴볼 수 있게 습지를 가로질러 관람로를 꾸며 놓아 산책을 하며 동식물을 관찰할 수 있다. 모든 생물의 삶의 원초인 습지에는 다양한 수생식물군과 각종 조류, 곤충들의 좋은 서식처가 되어 찾는 이들이 많은 좋은 자연학습장이 되었다. 봄이면 버드나무의 연두색 새싹이 피어나는 모습이 아름답고 여름이면 잘 가꾸어진 연꽃과 수련이 화려하며 여름 철새가 다양하고 가을이면 흐드러지게 피어난 갈꽃과 억새꽃이 장관을 이룬다. 겨울이면 대형 철새인 고니와 기러기떼가 수 백 마리씩 날아들어 먹이를 찾고 앙상한 버드나무의 좋은 수형도 장관을 이룬다.

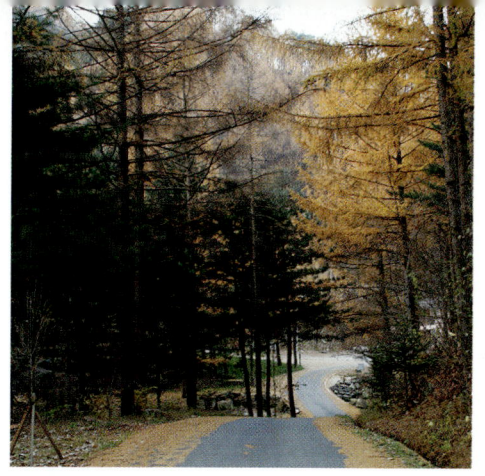
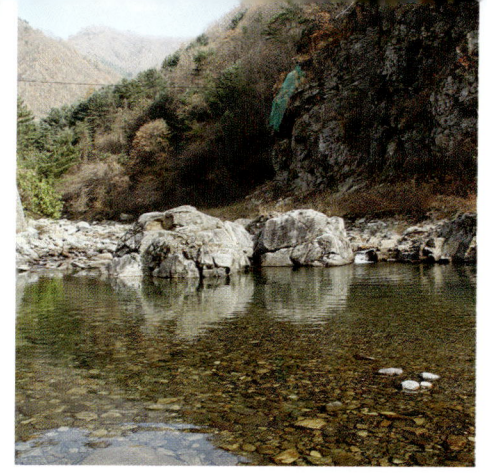

유명산 자연휴양림
자연학습의 쉼터

| 위치 | 경기도 가평군 설악면 가일리 산35
경기도 가평군 설악면 유명산길 79-53
| 운영시간 | 09:00~18:00, 매주 화요일 휴무(성수기 제외)

▶ MINI DATA
| 입장료 | 있음　주차 | 가능　분류 | 숲, 자연휴양림

용추계곡
가평계곡의 왕자님

| 위치 | 경기도 가평군 가평읍 승안리
| 운영시간 | 종일, 연중무휴

▶ MINI DATA
| 입장료 | 없음　주차 | 가능　분류 | 산, 계곡, 동굴

수도권에 위치하고 있지만 강원도의 깊은 산속으로 찾아온 듯 깊은 계곡의 모습으로 유명산 자연휴양림은 유명하다. 유명산과 중미산, 어비산으로 둘러싸인 계곡은 한나절 가량의 짧은 등산 코스로도 좋다. 휴양림 중간 지점의 옹달샘에서 시작되는 등산로는 유명산 북릉을 따라 정상으로 오르고 동릉을 거쳐 유명계곡으로 내려오게 된다. 3시간 정도의 산행은 남한강의 전경을 시원스럽게 바라보는 시간이 된다. 숲속의 집과 오토 캠핑장, 야영장 등 자연 속 숙박시설도 좋지만 유명산 자연휴양림을 더욱 즐겁게 만드는 장소는 79.3km²의 규모 대단위 자생식물원이다. 난대식물원, 향료식물원, 습지식물원과 우리꽃길도 잘 가꾸어져 있지만 자연학습 장소로 최적인 자연학습원은 여느 수목원이 부럽지 않은 시설이다. 설악동 방면으로 연결되는 휴양림 주변의 드라이브 코스는 휴양림을 찾는 사람들에게 선물이 된다.

수도권의 휴양지로 인기 높은 가평 지역은 수많은 계곡으로 인기있다. 크고 낮은 산들이 만들어낸 무수한 계곡들은 유명한 장소가 되었고 휴가철마다 수많은 사람들의 방문으로 숙소와 음식점 등 많은 숫자의 편의 시설이 자리 잡아 자연 그대로의 느낌을 잃어간다. 용추계곡은 그 깊이만큼 아직도 자연의 모습을 간직한 비경으로 수도권 계곡의 으뜸으로 손꼽힌다. 1,000m가 넘는 연인산의 깊은 품으로 들어가는 계곡은 9마리의 용이 몸을 흔들며 하늘로 승천한다는 전설을 담는다. '용추구곡'으로도 불리는 계곡은 시원한 물줄기를 자랑하는 용추폭포에서 기암괴석의 무송암과 농원계까지 인공의 훼손 없는 비경을 자랑한다. 찾아오는 사람들로 번잡한 여름철보다 풍부한 수량과 짙은 가을단풍으로 붉게 물드는 가을날의 계곡을 찾아보자. 원시의 깊은 모습을 제대로 느낄 수 있다.

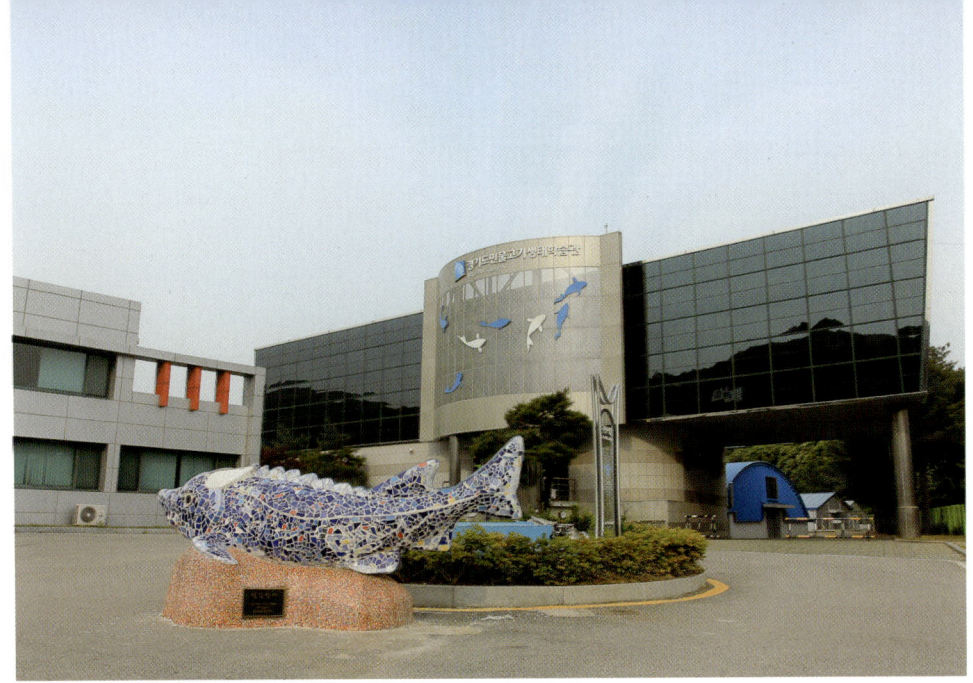

민물고기 생태학습관 물고기 연구소

| 위치 | 경기도 양평군 용문면 광탄리 235-1
　　　　경기도 양평군 용문면 상광길 23-2
| 운영시간 | 10:00~17:00, 6~9월 10:00~18:00,
　　　　매주 월요일 휴관

▶ MINI DATA
| 입장료 | 없음　　주차 | 가능　　분류 | 전시, 체험시설

수많은 하천과 계곡마다 살아가던 친근한 이름의 토종 물고기들은 언제부터인가 사라졌다. 용문산 아래 광탄리 계곡 인근에 자리하는 민물고기연구소가 희망 있는 미래를 제시한다. 토종어류의 연구와 양식기술을 교육하고 수질관리와 치어를 방류하여 자연을 살리는 이곳에는 일반인들의 관심을 모으는 생태학습관이 준비되어 있다. 2003년 개관한 최신 시설의 전시관에는 쉬리, 각시붕어, 어름치 등 우리의 물고기들이 천장을 덮는 대형 수족관을 헤엄치며 사람들을 맞는다. 65종 3,500여 마리의 물고기를 하나씩 감상하며 우리 자연의 토종 생물들을 관찰해보자. 러시아에서 들여온 철갑상어는 2억 5,000만 년의 화석물고기로 유명한 물고기다. 성체가 되면 3m가 넘는 대형 물고기로 최고급 요리의 재료로 유명한 캐비어를 생산하는 어종이다. 물고기 가득한 1층 전시관에서 연결되는 2층 전시실은 첨단 전자 장비를 이용한 체험 공간으로 아이들에게 인기 있다. 야외 생태연못을 따라 조성된 꽃밭은 양평계곡을 가득 채웠을 토종야생화를 모아놓은 공원이다. 인공 양식을 진행하는 대형 수족관 옆으로는 작은 공간을 만들어 다리를 걷고 물로 뛰어들어 민물고기를 직접 손으로 느껴보는 일명 터치 풀은 사람들에게 가장 인기 있는 곳이다.

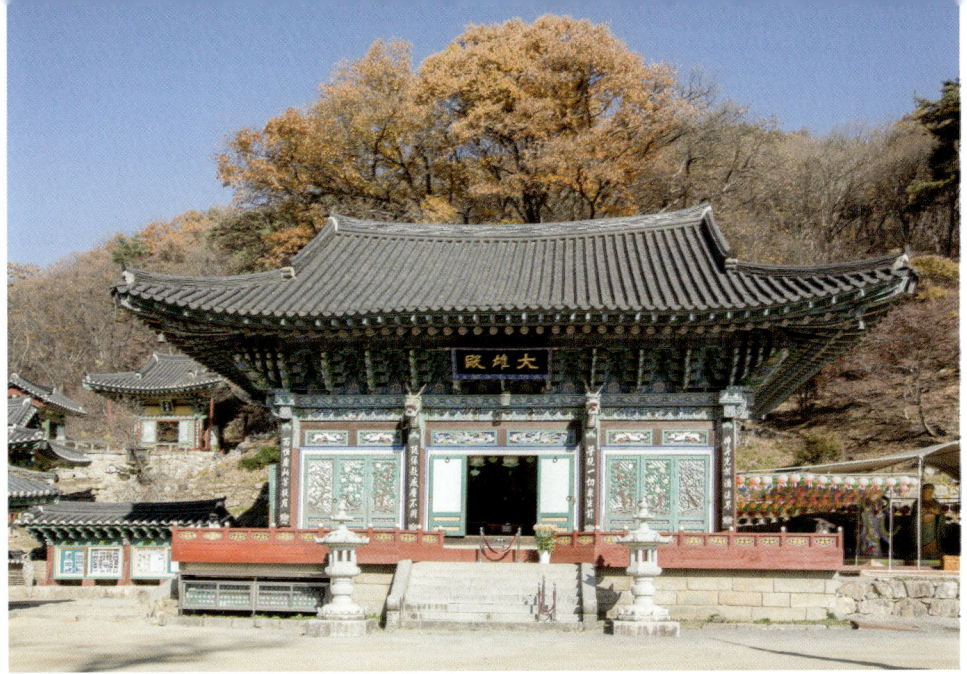

용문사 천 년 세월 동안 은행나무가 지키는 사찰

위치 | 경기도 양평군 용문면 신점리 618
경기도 양평군 용문산로 782
운영시간 | 종일, 연중무휴

▶ MINI DATA
| 입장료 | 있음　주차 | 가능　분류 | 불교유적

용문사는 신라 신덕왕 2년(913년)에 대경대사가 창건한 것으로 전해지는 유서 깊은 사찰로 천연기념물 제30호인 동양에서 제일 큰 은행나무로 더욱 유명하다. 1,100년으로 추정되는 나무의 나이도 놀랍지만 높이 62m, 둘레 14m에 가지가 퍼져나간 폭만 해도 사방 15m에 이르러 영험함마저 느껴진다. 이 은행나무는 신라 경순왕의 아들인 마의태자가 금강산으로 들어가며 심은 것이라고도 하고, 의상대사가 지팡이를 꽂아 자라난 것이라고도 전해지는데 많은 전쟁과 화재 속에서도 화를 면해 오늘에 이르고 있다. 용문사에서는 소실된 사천왕문을 다시 만들지 않고 이 은행나무를 천왕목으로 삼고 있으며, 나라에 큰일이 있을 때마다 소리를 내어 미리 알리는 영험함이 있다 하여

조선 세종 때에는 정삼품보다 높은 벼슬인 당상직첩을 하사했다고 한다. 신라와 고려시대를 거치면서 중수를 거듭하다 세종 29년(1447년)에 소헌왕후 심씨를 위한 전을 다시 지으며 대대적인 중건이 이루어졌고 세조 3년(1457년)에 왕명에 의해 중수되었다. 순종 원년(1907년)에 의병의 근거지로 사용되자 일본군이 불태우기도 했던 아픈 역사도 가지고 있다. 현재는 대웅전과 지장전, 관음전을 비롯해 부도전과 정지국사비, 정지국사부도전 등을 갖추고 있다. 용문사 위쪽으로는 아름다운 계곡이 이어지는데 용의 뿔을 닮은 용각바위와 100명이 한꺼번에 앉을 수 있는 마당바위 등이 있어 해발 1,064m의 용문산 오르는 길을 즐겁게 해준다.

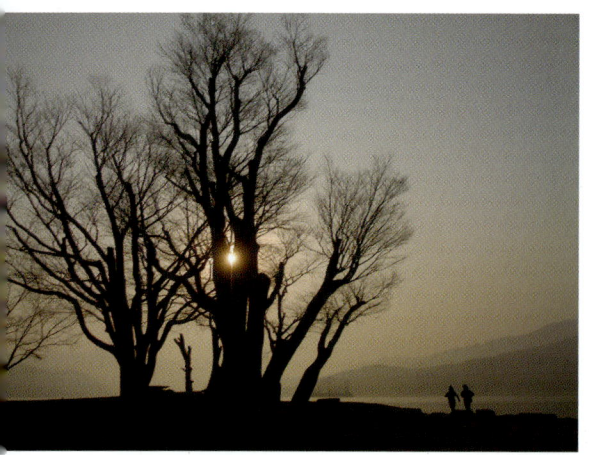

Photo by 고태환

두물머리

북한강과 남한강이 만나 하나가 되는 곳

| 위치 | 경기도 양평군 양서면 양수리
| 운영시간 | 종일, 연중무휴

▶ MINI DATA

| 입장료 | 없음   주차 | 가능   분류 | 강, 유원지

남한강과 북한강의 두 물줄기가 합처지는 곳이라 해서 두물머리라 불리며 '양수리'라는 지명도 여기서 나온 것이다. TV드라마나 영화 속에 자주 등장하는 두물머리는 400년 수령을 자랑하는 느티나무와 황포 돛배로 그 경치가 더욱 아름다우며, 특히 일교차가 심한 봄, 가을 새벽 물안개가 피어오를 때는 운치가 더한다. 드라마나 CF의 한 장면을 떠올리고 이곳을 찾는 이들이라면 평범한 강가 풍경에 실망할 수도 있지만, 느티나무 주변에 놓인 벤치에 앉아 유유히 흘러가는 강물을 바라보는 것만으로도 일상을 떠난 여유로움을 느낄 수 있다. 이른 아침 시간을 놓쳤다면 해 질 녘 땅거미 내리는 두물머리의 풍경도 마음에 담을 만하며 눈 내린 겨울에는 또 다른 모습의 느티나무를 만날 수 있다. 물가를 따라 늘어선 수양버들과 신양수대교의 모습도 카메라에 담을 만하다.

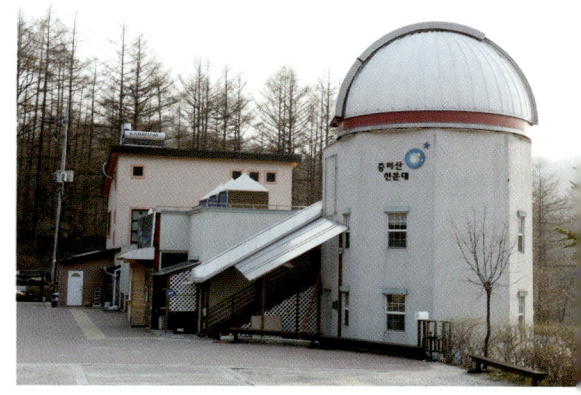

중미산천문대

자유를 관찰하는 곳

| 위치 | 경기도 양평군 옥천면 신복리 117-1
| 경기도 양평군 옥천면 중미산로 1268
| 운영시간 | 예약 후 방문

▶ MINI DATA

| 입장료 | 있음   주차 | 가능   분류 | 전시, 체험시설

서울에서는 느낄 수 없는 청정한 휴양림의 밤하늘에 떠 있는 별을 보며 푸른 자연을 함께 느끼고 싶다면 중미산천문대를 탐방해보자. 딱딱한 강의나 식상한 과제를 위한 관찰이 아니라, 함께 탐방하는 사람들과 캠핑을 나온 것처럼 이야기를 나누며 노련한 전문 강사들이 진행하는 프로그램을 즐길 수 있다. 또한 이곳에서는 평상에 누워 밤하늘을 바라보는 낭만도 느낄 수 있을 것이다. 중미산 천문대는 국내 최고 수준인 8인치 천체망원경을 통해 별을 볼 수 있고, 중미산 자연탐방은 수도권 최고의 청정지역에서 진행되는 생태환경 프로그램으로써 낮 시간을 빛내줄 것이다. 단체로 진행되는 프로그램이 아쉽다면 주말에 개별로 참여할 수 있다. 이곳은 중국에서 한류 열풍을 일으킨 드라마 〈별에서 온 그대〉 촬영지로 다시 유명세를 타고 있는 곳이니 드라마 속에 나온 장소를 찾아보는 것도 재미있을 것이다.

바탕골예술관
다양한 미술체험과 공연이 있는 곳

| 위치 | 경기도 양평군 강하면 운심리 368-2
| | 경기도 양평군 강하면 강남로 50
| 운영시간 | 화~토요일 11:00~16:00

▶ MINI DATA
| 입장료 | 있음 주차 | 가능 분류 | 전시, 체험시설

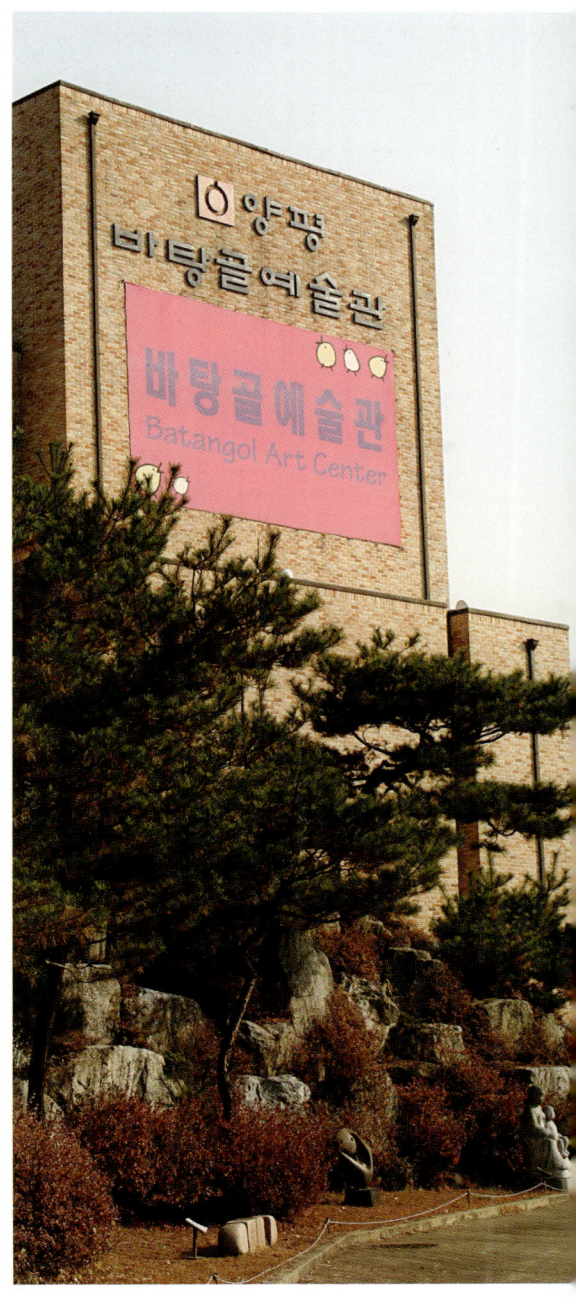

바탕골은 근본이 되는 마을이란 뜻으로 예술과 문화를 사랑하는 사람들의 영원한 마음의 고향을 의미한다. 양평 바탕골미술관은 온 가족이 함께 즐길 수 있는 체험과 공연이 있는 종합예술공간으로 미술관에서는 매번 주제를 바꾸어 전시회가 열리며, 전시와 연계한 체험프로그램도 운영한다. 음악, 무용, 연극까지 다양한 레퍼토리로 펼쳐지는 공연은 주로 토요일 오후에 열리며, 바탕골 입장 시 무료로 관람할 수 있다.

바탕골이 즐거운 이유는 다양한 체험 프로그램이 있는 공방 때문이다. 주로 미술과 관련한 만들기 체험으로 공연 또는 식사 등을 함께 엮은 다양한 프로그램들이 수시로 업데이트 되니 잘 살펴보고 이용하면 되겠다. 도자기 공방에서는 물레로 성형을 해보고 컵이나 그릇 등의 작은 도자기를 만드는데, 만든 작품은 소성 후 택배로 보내준다. 미술공방에서 판화를 만든 후 티셔츠에 프린트 하는 체험은 가족이 모두 함께 할 수 있는 체험으로 인기이다.

프리패스티켓을 이용하면 도자체험 1가지와 미술체험 2가지 등 총 3가지의 체험을 할인된 가격으로 이용할 수 있다. 가족이라면 각자 좋아하는 체험을 하나씩 선택해 하면 되겠다. 1000원 숍으로 운영되는 전망 좋은 찻집은 바탕골의 휴식공간이다. 한쪽에 마련된 차는 직접 타 먹고, 옆에 마련된 통에다 가격을 지불하고 작은 냉장고 안에서 먹음직스러운 쿠키와 머핀을 꺼내 먹으면 된다. 숙소도 함께 운영하는데 유럽풍의 전원주택이다. 회원은 할인 가격으로 이용할 수 있다.

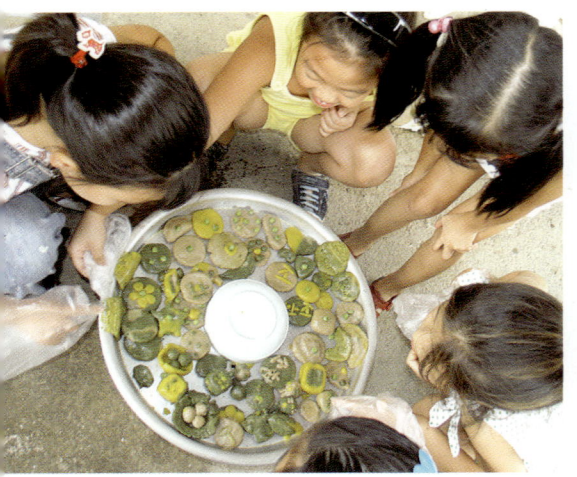
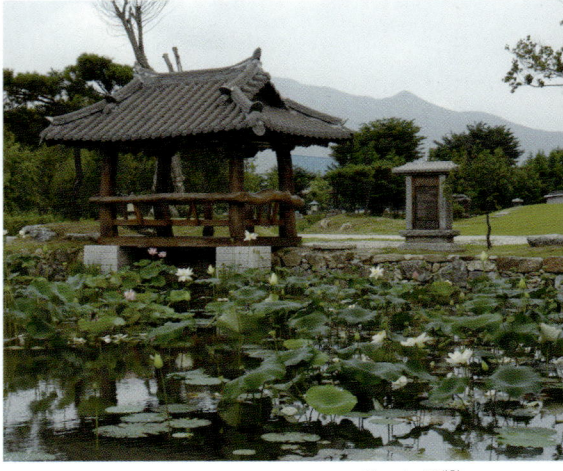

Photo by 고태환

보릿고개마을 슬로푸드의 매력

| 위치 | 경기도 양평군 용문면 연수리 151-2
      경기도 양평군 용문면 연안길 23
| 운영시간 | 문의 후 방문

▶ MINI DATA
| 입장료 | 없음   주차 | 가능   분류 | 전통, 체험마을

가을 수확으로 비축하였던 양식도 떨어지고 영양가 낮은 거친 음식으로 간신히 배를 불려 굶주림을 달랬던 보릿고개는 이제 어른들에게도 아득한 이야기가 되어가지만, 옛날 허기만을 면하기 위해 마련하였던 음식들이 몸의 균형을 바로잡는 웰빙 식품으로 다시 찾아왔다. 보릿고개 마을은 몸과 마음을 다스리려는 사람들이 찾는 체험마을로 유명한 곳이다. 경관 좋은 용문산 자락, 과실수 가득한 마을은 체험에 참가하는 사람들에게 인스턴트 음식을 거부하고 마을에서 지내는 잠시 동안이나마 자연의 먹거리를 즐기기를 권한다. 친환경 야채로 맛을 내는 꽁보리밥, 쑥과 찹쌀로 빚는 쑥개떡과 보리개떡의 심심한 맛이 선선한 경관과 어울려 색다르게 느껴진다. 계절별로 다양한 체험 프로그램을 진행하니 마을에 문의해보자.

세미원 아름다운 물의 정원

| 위치 | 경기도 양평군 양서면 용담리 428-8
      경기도 양평군 양서면 양수로 93
| 운영시간 | 12~2월 09:00~17:00, 3~11월 09:00~18:00,
매주 월요일 휴관(6~8월 무휴)

▶ MINI DATA
| 입장료 | 있음   주차 | 가능   분류 | 강, 유원지

양평에서 가장 이름난 곳인 두물머리 바로 맞은편이 세미원으로, 만들어진 배경이 흥미롭다. 이곳은 상수원 보호구역으로 강가로 철조망이 둘러져 있었고, 상류에서 떠내려 온 부유물들로 가득한 쓰레기장이나 다름 없는 곳이었다. 불모지와도 같은 이곳에 주민들과 환경단체의 작은 노력이 시작되었는데 먼저 쓰레기를 수거하고 그곳에다 수질 정화능력이 뛰어난 연을 가져다 심었다. 이러한 이야기가 알려지면서 이곳을 묶고 있던 규제를 정비하고 경기도가 지원을 해서 아름다운 물의 정원, 세미원이 탄생하였다. 세미원이란 이름은 '장자'에서 따온 말로 '물을 보면서 마음을 씻고, 꽃을 보면서 마음을 아름답게 하라'는 뜻이다. 생태관광지로 이제는 제법 입소문이 나서 찾는 사람이 늘어나고 있는데, 매일 입장인원을 제한하며 예약제로 운영을 하니 방문 전 예약은 필수이다.

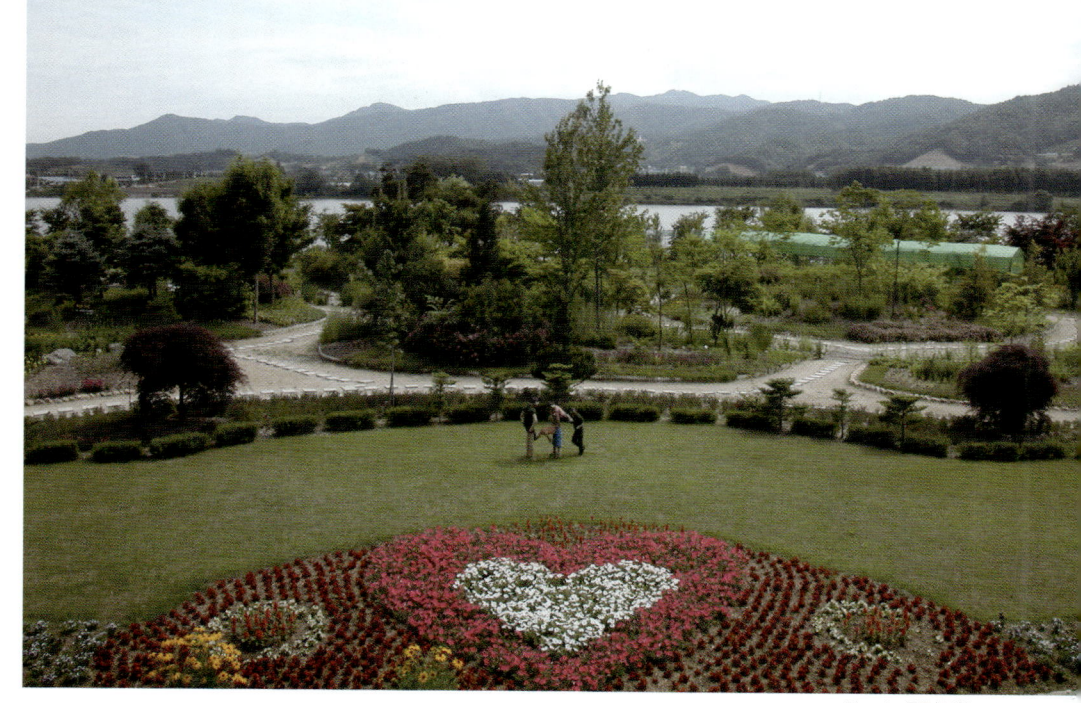

양평 들꽃수목원 강변을 따라 가는 멋진 산책로

| 위치 | 경기도 양평군 양평읍 오빈리 210-37
　　　 경기도 양평군 양평읍 수목원길 16
| 운영시간 | 11~3월 09:30~17:00, 4~10월 09:00~18:00,
　　　　 연중무휴

▶ MINI DATA
| 입장료 | 있음　　주차 | 가능　　분류 | 강, 유원지

양평 들꽃수목원은 한강변을 따라 길게 만들어진 강변수목원이다. 수목원의 여유로운 분위기는 커다란 도시락 통에 먹을거리 가득 담아 피크닉 오고픈 생각을 들게 한다. 수목원 내 자연생태박물관에서는 1급수에서만 산다는 금강모치 등의 어류와 다양한 곤충 표본 등이 전시되어 있다. 허브정원, 야생화 전시원은 아름다운 색과 향기로운 향으로 수목원을 아름답게 꾸미며, 열대의 이국적인 풍경을 잠시나마 경험할 수 있게 하는 열대온실도 갖추어져 있다. 이곳이 무엇보다 좋은 이유는 강변을 따라가는 아름다운 산책로가 있기 때문이다. 남한강변을 따라 이어지는 산책로가 이어진다. 곳곳에 놓인 의자들에 앉아 햇빛 받아 반짝이는 남한강의 아름다움을 감상해보자. 제법 긴 길이지만 도시에서 밟기 힘든 흙길이라 편안하게 걸을 수 있다. 길 끝에는 특별한 볼거리이자 체험이 기다리고 있는데, 바로 떠드렁섬이다. 한강변에 만들어진 작은 무인도로 산책로 끝에 다리를 놓아 섬으로 오갈 수 있게 해 놓았다. 들어가면서 섬의 뒤편으로 보이는 성당 십자가가 자연스레 배경이 되며, 의자 몇 개 놓여 있는 것이 편의시설의 전부이지만 섬이라는 공간은 어릴 적 읽었던 모험 소설의 주인공이 된 듯한 기분을 불러일으킨다. 떠드렁섬의 반대편인 오른쪽 끝에는 돗자리를 펴고 준비해온 음식을 차려 피크닉을 즐길 수 있는 넓은 잔디광장이 있다.

차이나타운

또 하나의 중국, 전철 타고 떠나는 세계여행

위치 | 인천광역시 중구 선린동, 북성동 일대
운영시간 | 종일, 연중무휴

▶ MINI DATA
입장료 | 없음　주차 | 가능　분류 | 거리, 시장

전철을 타고 작은 중국, 인천 차이나타운으로 여행을 떠나보자. 조선 말 개항 이후 제물포 지역이 청나라의 치외법권 지역으로 설정되면서 차이나타운이 형성되었다. 120년 넘는 역사 동안 화교 고유의 문화와 풍습을 간직하고 있는 곳으로, 붉은색으로 치장된 골목골목을 들어설 때마다 중국의 어느 곳을 여행하는 듯한 기분이다. 차이나타운에는 오랜 역사를 간직하고 있는 건물들이 여럿 있는데, 그중에서 먼저 찾게 되는 곳은 자장면의 발상지라 알려진 '공화춘'이다. 인천역 앞 제1패루를 지나 삼거리에서 오른쪽으로 가면 찾을 수 있다. 공화춘은 1905년에 개업했다고 전해지며, 이곳에서 부두 노동자들을 대상으로 중국 고유의 양념인 춘장을 볶고 삶은 면 위에다 올려 만든 음식이 자장면의 효시라 한다. 지금은 노란 글씨로 쓰여진 공화춘 간판만이 남아 있다. 공화춘을 나와 안으로 더 들어가면, 옛날 청국 영사관으로 사용했던 화교 중산학교가 있다. 1902년에 초등과정으로 시작해 100년이 넘는 역사를 가지고 있는 학교이다. 차이나타운이 알려지면서 찾는 사람이 많아지자 중산학교 담장에 새로운 볼거리를 만들었는데, 바로 삼국지 벽화이다. 삼국지의 처음부터 끝까지, 도원결의와 적벽대전 등 우리가 잘 아는 내용을 그림으로 풀어 놓은 벽화로 담장을 따라 읽다 보면 자연스레 삼국지의 줄거리를 머릿속에 그리게 된다. 제2패루를 지나 오르면 좌우로 나뉘는 계단이 있고, 그 가운데는 중국이 칭송하는 성인인 공자상이 세워져 있다. 계단 왼편은 청나라의 조계지로, 오른편은 일본의 조계

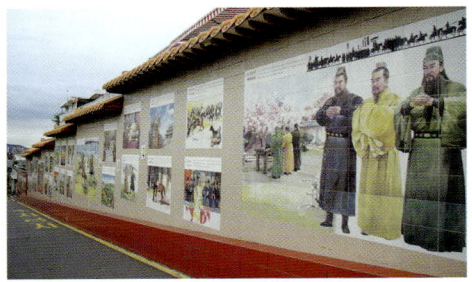

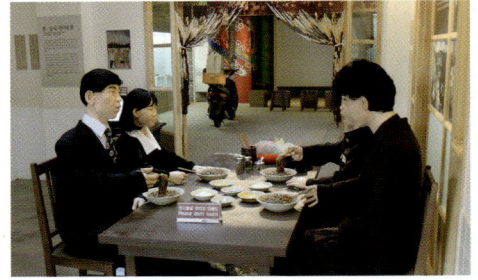

지로 구역을 나누는 기준이 되는 계단이다. 오른편인 중구청 쪽으로 발걸음을 옮기면 일본풍의 건물들이 늘어서 있으며, 중구청 건물도 옛날 일본영사관으로 사용되었던 건물이다. 일본 제18은행은 현재 인천개항장 근대건축전시관으로 사용되고 있는데 옛 건물 모형과 사진을 통하여 100년 전 차이나타운과 제물포항 일대로 시간여행을 하게 한다. 또 이곳에서 얼마 떨어지지 않은 제2패루 옆에 있는 한중문화관은 중국 역사와 문화와 관련한 다양한 전시물들이 있으며, 중국옷 입어보기, 차 마시기 등의 체험이 가능하다.

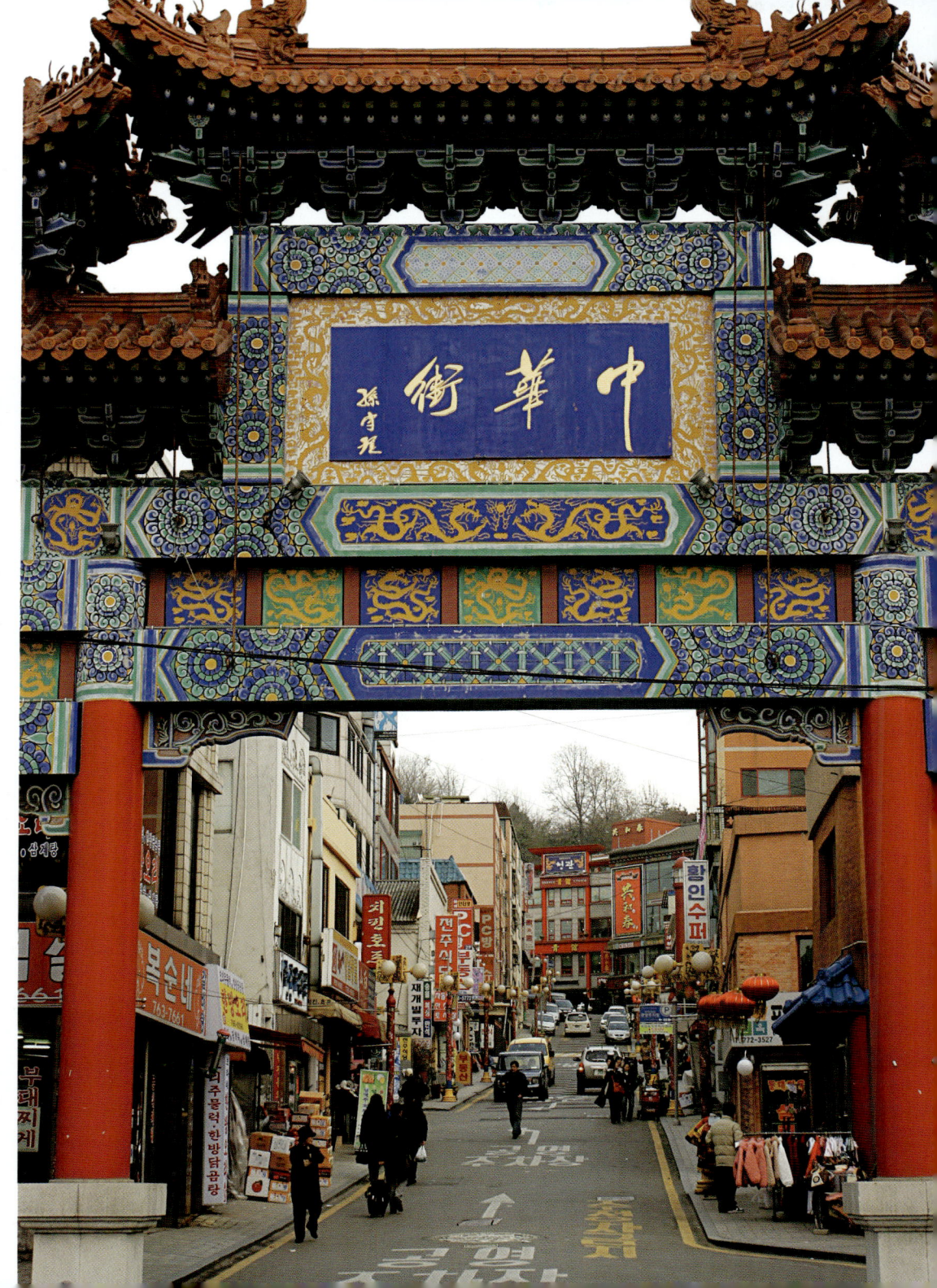

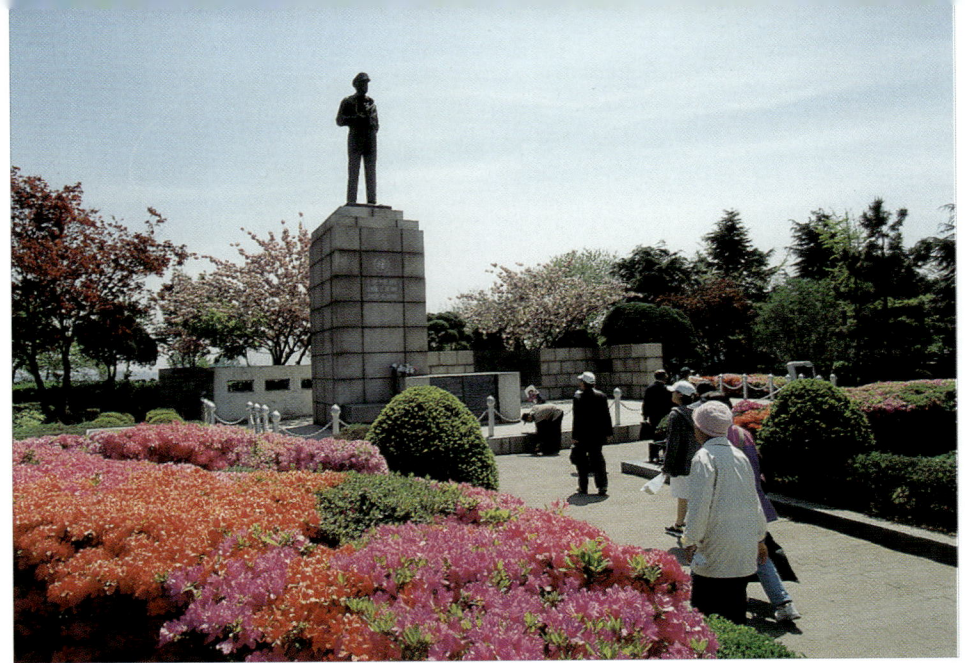

자유공원 진정한 자유를 기원하며

위치 | 인천광역시 중구 송학동1가 11
　　　인천광역시 중구 자유공원남로 25
운영시간 | 종일, 연중무휴

▶ MINI DATA
| 입장료 | 없음　주차 | 가능　분류 | 공원

인천 차이나타운 뒤편 응봉산 일대에 자리 잡은 우리나라 최초의 근대식 공원이다. 구한말 개항의 물결 속에 당시 인천의 제물포항은 외국 열강의 자본과 사람이 조선으로 들어오는 통로가 되었고 이곳에 거주하는 외국인을 위한 만국공원이 1888년 세워졌다. 서울 최초의 근대공원인 탑골공원보다 9년 앞서 세워진 근대공원이었다. 인천항과 바다를 한눈에 담는 좋은 경관을 바라보는 외국인 주재원들의 별장이 세워지는 등 이국의 공간이 되었던 공원은 일제 강점기를 맞아 일본 신사가 들어선 '동공원'의 반대 방향이란 의미의 '서공원'으로 이름을 바꾸었고, 1957년, 한국전쟁 당시 맥아더 장군의 인천상륙작전을 기념하는 동상을 건립하면서 자유공원으로 다시 이름을 바꾸며 오랫동안 인천을 대표하는 장소가 되었다. 도심

속 공원임에도 울창한 숲과 산책로가 있으며, 정상의 팔각정에서 바라보이는 경관은 인천항과 월미도가 눈앞으로 펼쳐지는 아름다움을 자랑한다. 맥아더 장군 동상과 한미수교 100주년 기념탑 등 혼란스러운 근대 한국 역사의 아픔을 간직한 장소이기도 하다. 자유공원 주변으로는 개화기 인천지역의 모습을 상징하는 옛 건물들이 복원되어 대표적인 한국근대사의 명소로 자리 잡을 예정이다.

> ### ➔ 자유공원축제, 봄날의 아름다움
> 봄 햇살이 따사로운 계절에 자유공원을 찾아보자. 대표적인 벚꽃 축제로 유명한 여의도에 뒤지지 않는 자유공원의 벚꽃축제가 사람들의 마음을 사로잡는다. 공원 전체를 하얗게 뒤덮는 벚꽃의 향연은 풍성하고 아름답다. 절정의 개화기에 열리는 자유공원축제는 새로운 이름으로 거듭나는 이곳의 상징으로 자리 잡았다.

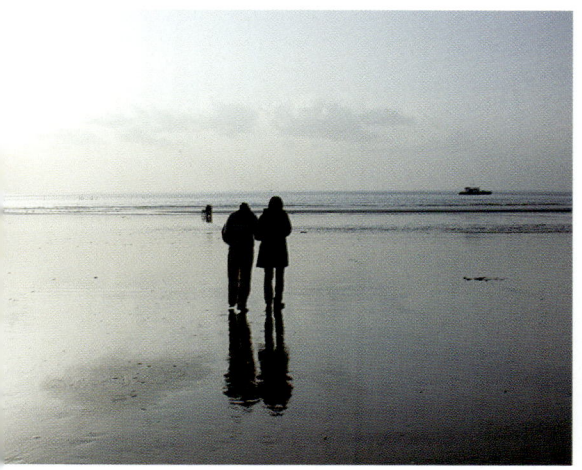
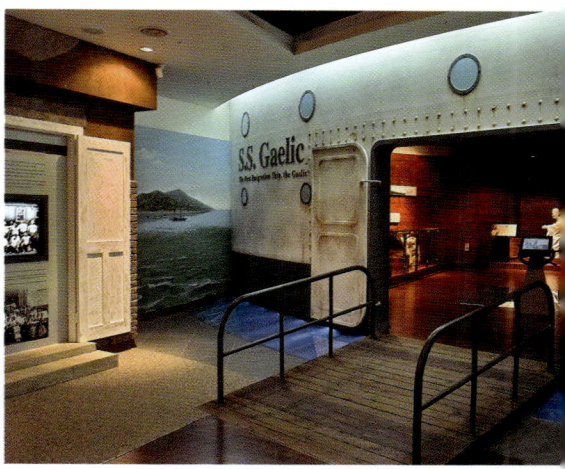

을왕리해수욕장

노을이 아름다운 해수욕장

| 위치 | 인천광역시 중구 을왕동 717-12
　　　　인천광역시 중구 을왕로 52
| 운영시간 | 종일, 연중무휴

▶ MINI DATA

| 입장료 | 없음　주차 | 가능　분류 | 바다, 섬

인천국제공항으로 가는 영종대교로 연결되어 있어 섬 아닌 섬, 영종도에 있는 해수욕장이다. 수도권에서 가까워 바다를 즐기려는 사람들로 늘 붐빈다. 백사장 길이가 700여 미터에 이르고 썰물 때는 백사장의 폭이 200여 미터나 드러나는데 갯벌이 아닌 단단한 모래밭이고 조개껍데기와 자갈이 많다. 국민 관광지로 지정되어 있어 편의시설이 잘 만들어져 있으며 식당과 숙박시설도 많고 학생 야영장과 수련장이 있어 해수욕뿐 아니라 각종 스포츠를 즐길 수도 있다. 해수욕장 뒤편의 송림이 울창하고 바다와 기암괴석이 어우러진 경관이 아름다우며 특히 일몰 때의 풍경은 한 편의 그림을 연상시킬 정도로 강렬하다. 매년 8월에 바다수영, 해변 씨름대회, 풍어제 등 즐길거리 풍성한 해양축제가 열린다.

한국이민사박물관

우리 근대사의 또 다른 단면을 살펴보다

| 위치 | 인천광역시 중구 북성동1가 102-2
　　　　인천광역시 중구 월미로 329
| 운영시간 | 09:00~18:00, 매주 월요일/공휴일 다음날 휴무

▶ MINI DATA

| 입장료 | 없음　주차 | 가능　분류 | 박물관

우리 근대사의 또 다른 단면을 살펴볼 수 있는 박물관인 한국이민사박물관이 인천 월미도에 문을 열었다. 최초의 공식 이민은 지금으로부터 100여 년 전인 1902년에 개항장인 인천, 제물포에서 일본의 나가사키를 거쳐 100여 명이 하와이로 출발한 것으로 박물관 입구에 기념비를 만들어 그 사실을 새겨놓았다. 박물관에는 이민의 발자취와 관련한 다양한 전시물이 갖춰져 있는데, 당시 하와이 이민자들을 모집했던 광고를 비롯해 64회에 걸쳐 이루어진 7천여 명의 하와이 이민자 명단 등의 자료가 전시되어 있다. 또한 최초의 이민자들이 타고 갔던 선박인 갤릭호를 모형으로 만들어 놓았으며, 하와이 사탕수수농장에서 사용하였던 물통과 도시락, 신분확인용으로 걸고 다녔던 번호표 등이 전시되어 당시 이민자들의 고달픈 삶을 보여준다.

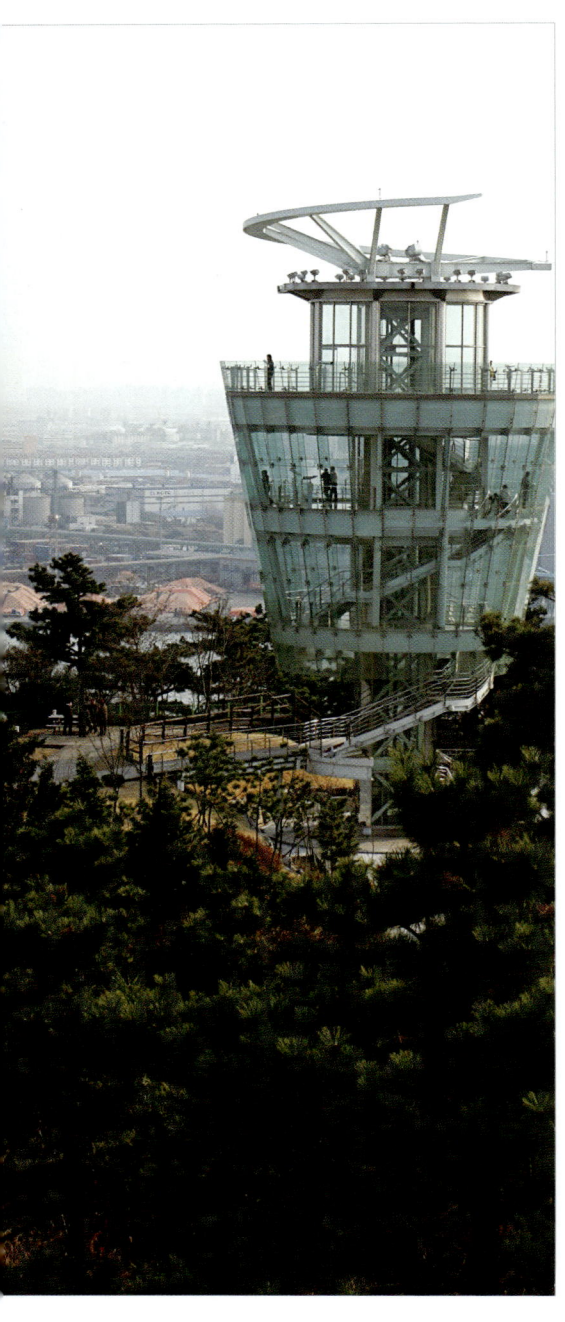

월미도
인천이 사랑하는 곳

| 위치 | 인천광역시 중구 북성동1가
| 운영시간 | 종일, 연중무휴

▶ MINI DATA
| 입장료 | 없음　주차 | 가능　분류 | 공원

조선시대 한양 방어의 중요 군사 요충지였던 월미도
는 1906년 육지와 연결되면서 섬 아닌 섬이 되어 개
화기 멋쟁이들이 찾는 경기 지역 최고의 명소가 되었
다. 일제 강점기 인천으로 들어오는 관문이 되었던
이곳은 한국전쟁 당시 인천상륙작전의 거점이 된 이
후 군사지역으로 남아 있었다. 1989년 문화의 거리로
조성되면서 다시 인천을 대표하는 관광의 중심지로
자리매김하였다. 주말에는 다채로운 공연행사 등 볼
거리가 많고 노천화랑 등 문화의 공간이 되기도 한
다. 월미도를 시작으로 영종도와 작약도로 이어지는
주변의 섬들을 둘러보는 관광유람선은 선상 공연과
식사를 함께하는 인천 앞바다의 대표적 관광코스다.
월미산은 해발 108m의 낮은 산이지만 반세기 동안
군 작전 지역으로 일반인의 출입이 통제되면서 자연의
숲과 너구리, 부엉이 등 야생동물의 천국이 된 소중한
지역이다. 2001년 산책로를 만들어 '월미공원'으로
새롭게 탄생하였다. 푸른 숲과 바다의 경관이 어우러
지는 30여 분의 산행 길에 다다르는 곳은 월미산 전
망대로 25m 높이의 철골 구조와 유리로 단장된 이곳
은 인천항과 바다를 한눈에 담는 멋진 경관뿐 아니라
형형색색의 특수 조명으로 늦은 밤까지 그 아름다움
을 자랑한다. 월미공원의 한국전통공원 재현장은 창
덕궁 부용지와 애련지 등 궁궐정원, 소쇄원 등의 별
서정원과 민가 정원이 원형의 모습으로 재현되어 우
리 전통 건축의 아름다움을 비교, 관찰할 수 있는 장
소이다.

소래포구
사라진 협궤 열차의 추억

| 위치 | 인천광역시 남동구 논현동 111-200
인천광역시 남동구 포구로 2-6 인근
| 운영시간 | 08:00~21:00, 주말/공휴일 07:00~ 22:00

▶ MINI DATA

| 입장료 | 없음　주차 | 가능　분류 | 거리, 시장

일제시대 염전이 있었고 거기서 나오는 소금을 실어 나르기 위해 수원과 인천을 오가는 협궤열차가 지나던 곳이다. 1937년에 개통되어 1995년 12월 31일 폐선될 때까지 수원과 인천을 오가는 서민들의 애환과 연인들의 추억을 담았던 수인선 협궤열차는 사라졌지만 소래포구의 철길은 옛 모습을 그대로 간직하고 있으며 바닷길을 건너는 다리로 이용되고 있다. 다리를 건너면 어시장으로 연결되는데 새우와 젓갈, 꽃게로 유명하며 노천횟집 100여 곳이 성업 중이다. 횟감을 떠서 포구로 다시 나가 선착장에 돗자리를 깔고 앉아 먹을 수도 있다. 또한 멸치젓, 꼴뚜기젓, 밴댕이젓, 게젓 등 젓갈 백화점이라 불릴 정도로 각종 젓갈이 풍성하다. 1960년대 실향민들이 어선 10여 척으로 근해에 나가 새우잡이를 하면서 만들어진 포구는 썰물 때는 갯벌 위에 올라 있는 어선들이 독특한 풍경을 만들어 내며 이 어선들은 밀물 때가 되면 다시 바다로 나가 그날 잡은 싱싱한 생선들을 어시장으로 실어 나른다. 매월 음력 보름 3일 전부터 3일 후, 그믐 3일 전부터 3일 후에 찾으면 좀 더 풍성한 어시장 나들이가 된다. 김장철이면 젓갈을 구입하려는 사람들로 걸음 옮기기도 힘들 정도가 되며, 해 질 녘 풍경이 아름답기로도 유명하다. 과거 염전이 있던 자리에는 해양생태공원이 조성되어 있는데 염전 창고를 개조해 만든 생태전시관과 염전학습장, 갯벌체험장 등이 즐거운 체험거리를 제공하고 있다. 최근 바다 건너의 시흥과 다리로 연결되어 한층 교통이 편해져 휴일 전날이면 더욱 불야성을 이룬다.

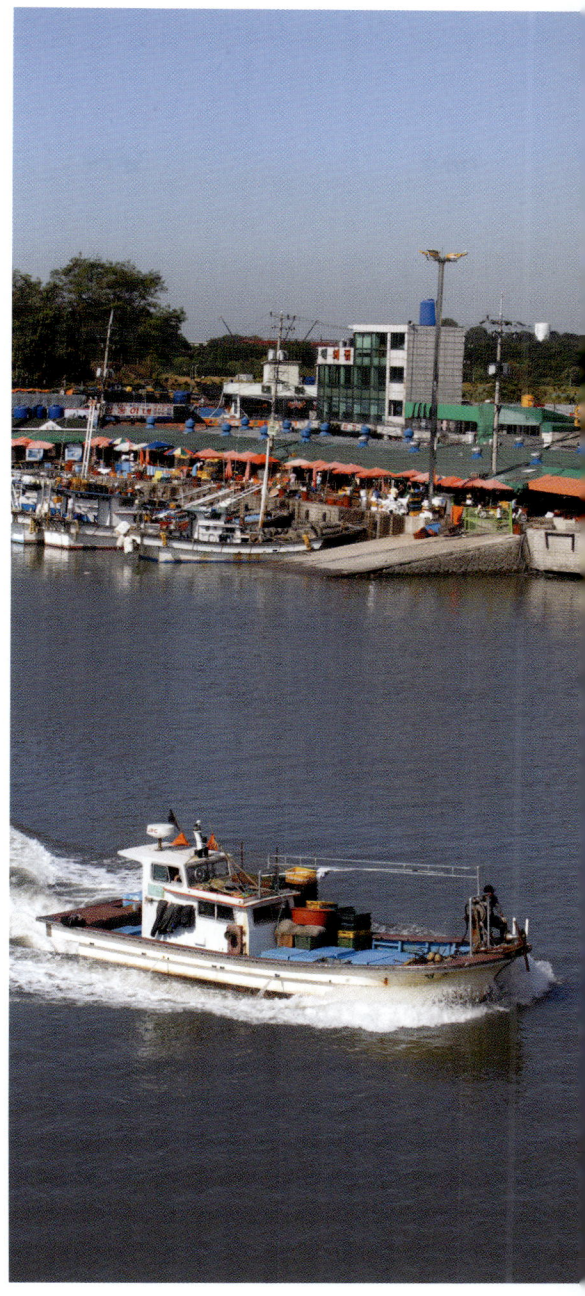

전등사

나녀상에 얽힌 재미있는 이야기

| 위치 | 인천광역시 강화군 길상면 온수리 635
| | 인천광역시 강화군 길상면 전등사로 37-41
| 운영시간 | 종일, 연중무휴

▶ MINI DATA
| 입장료 | 있음　　주차 | 가능　　분류 | 박물관

전등사는 고구려 소수림왕 때 신라로 불교를 전파하러 가던 아도화상이 잠시 머무르며 지은 절로 옛날 이름은 진종사라고 한다. 전등사라는 지금의 이름은 고려 말 충렬왕 비인 정화궁주가 이곳에 옥등을 시주한 것 때문에 붙여졌다고 「신증동국여지승람」에 기록되어 있다. 광해군 때 절에 화재가 나 건물 대부분이 전소되어 새로 건물을 짓게 되었는데, 이와 관련한 재미있는 이야기가 전해진다. 대웅전 공사를 맡았던 도편수가 절 아래 주막 주모와 사랑에 빠져 번 돈을 모두 가져다 주었는데 공사를 마칠 무렵 주모가 도망을 갔

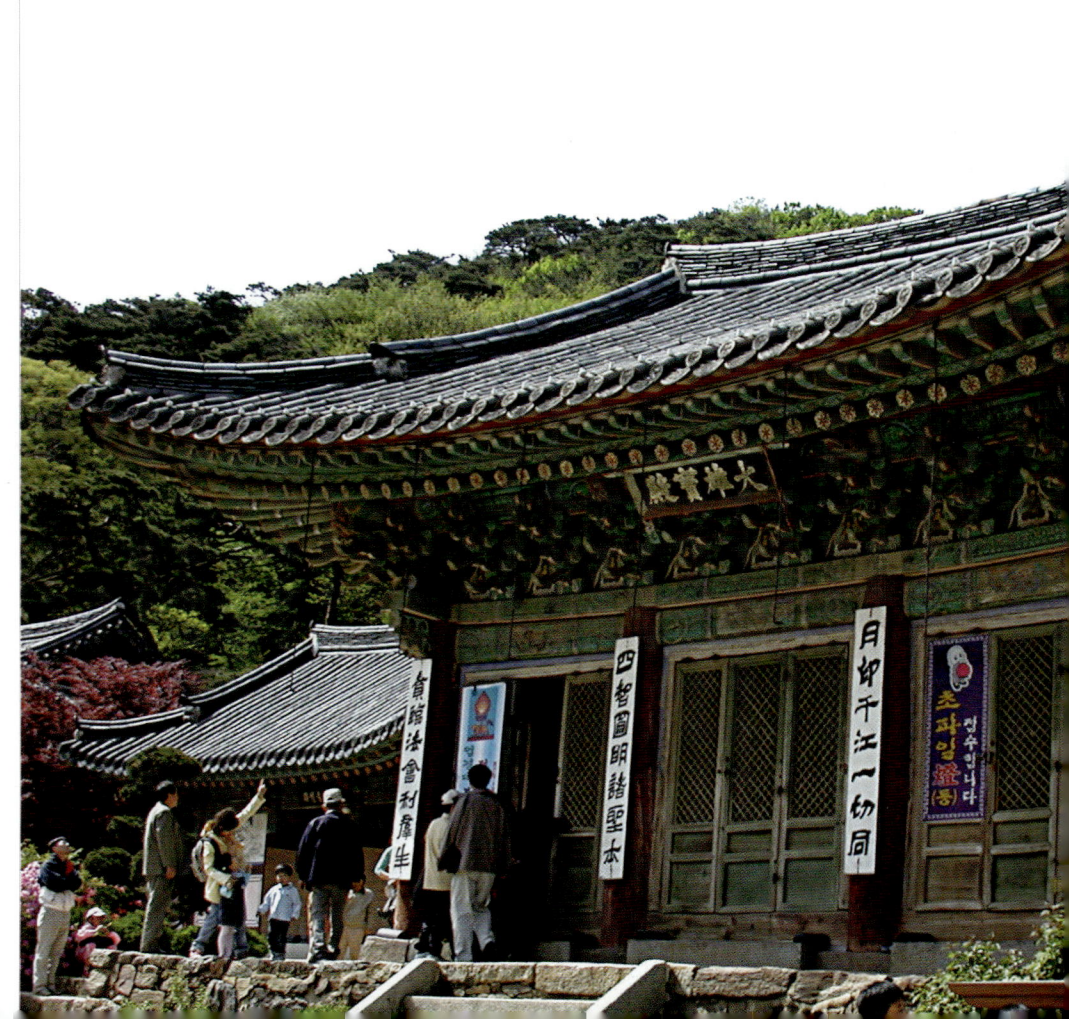

고, 이에 도편수는 평생 부처의 말씀을 들으며 죄를 뉘우치기를 바라며 대웅전 처마 네 귀퉁이에 주모의 형상으로 나녀상(裸女像)을 새겨 놓았다는 이야기이다. 전등사를 돌아가며 주변으로는 성이 쌓여 있는데, 단군의 세 아들이 쌓았다는 삼랑성, 정족산성이다. 삼랑성 동문으로 들어가면 병인양요 때 프랑스군을 이곳으로 유인해 물리쳤던 것을 기념하는 승전비를 찾을 수 있다. 조금 더 오르면 절의 입구로, 서해 바다의 드나듬을 볼 수 있는 곳이라 하여 이름 붙은 대조루가 나오며 그 아래를 지나 오르면 나녀상이 있는 대웅전이다. 절 한쪽으로 전등사 범종이 있는데 우리나라의 전통 종이 아닌 송나라 때 만들어진 중국 종으로 용두에 음통이 없는 것이 우리 종과 구별된다. 선조 때 마니산에 사고를 설치해서 실록을 비롯한 왕실의 중요한 서책을 보관하다, 헌종 때 전등사가 자리한 삼랑성 안에 사고를 만들어 그 책들을 옮겼다. 병인양요 때 외규장각의 의궤 등 많은 서책이 프랑스군에게 약탈되었으나, 이곳에 보관되던 조선왕조실록은 다행히 피해를 입지 않았다. 전등사 뒤로 조금만 오르면 복원해놓은 정족산사고를 볼 수 있다.

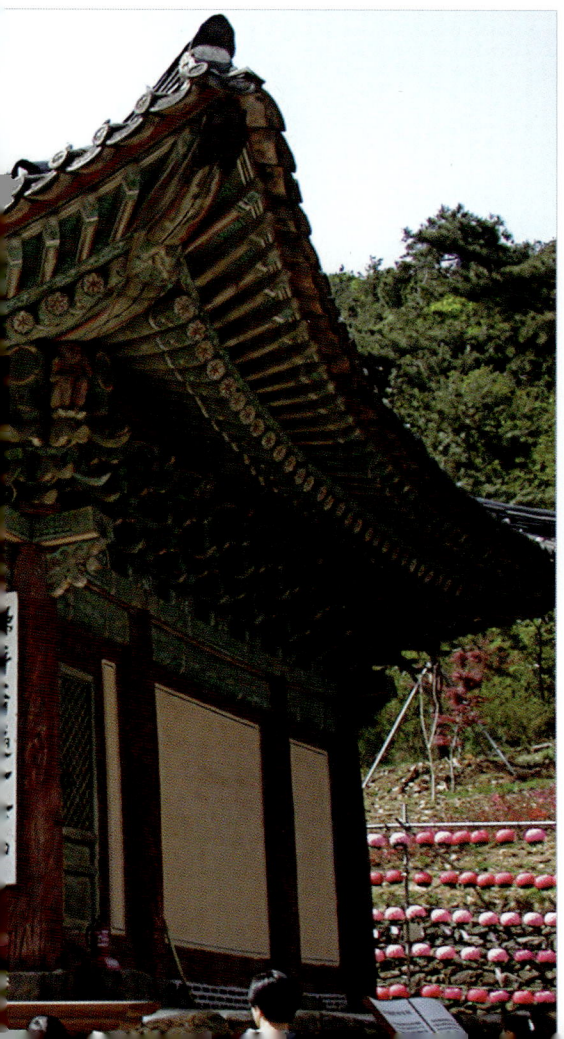

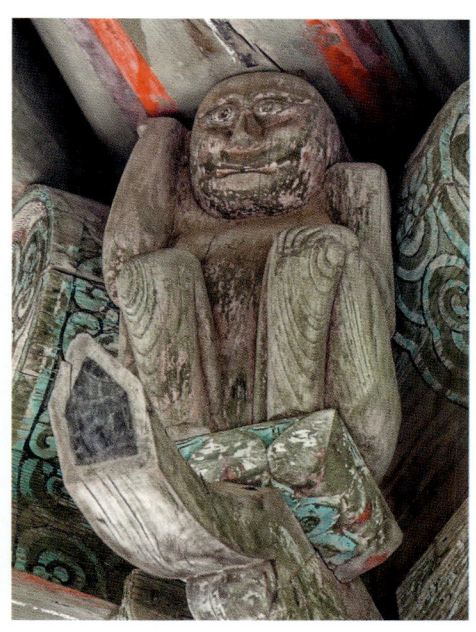

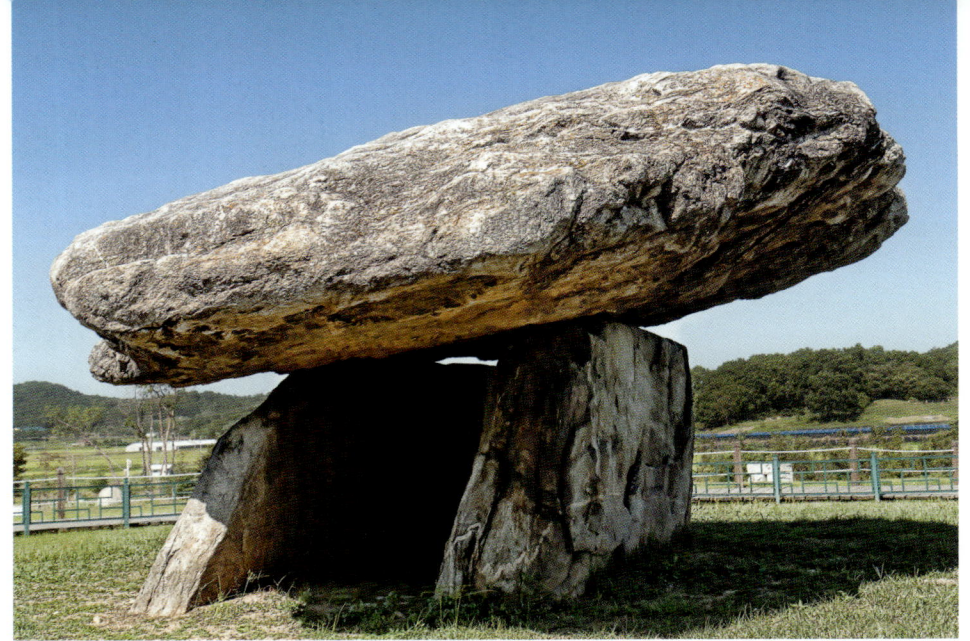

강화 고인돌유적지 탁자식 고인돌의 대표

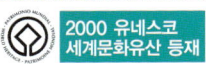
2000 유네스코 세계문화유산 등재

| 위치 | 인천광역시 강화군 하점면, 내가면, 양사면 일대
| 운영시간 | 종일, 연중무휴

▶ MINI DATA
| 입장료 | 없음　주차 | 가능　분류 | 역사, 문화유적

청동기시대의 대표적인 무덤 형식으로 상고사와 고대사 연구에 좋은 자료가 되어주는 강화 부근리 고인돌은 교과서나 자료에 나오는 고인돌 사진으로 많이 쓰이며 유네스코 세계문화유산으로 등재되어 있다. 우리나라의 고인돌 유적은 전남 화순과 전북 고창 그리고 강화도에 집중되어 있는데 강화도에서는 탁자식 고인돌을 볼 수 있다. 탁자식이란 지하에 돌방을 만들지 않고 노상에 주검을 안치한 뒤 사면을 판석으로 가리고 그 위에 덮개돌을 얹은 것을 말한다. 우리나라 탁자식 고인돌 가운데 가장 규모가 큰 부근리 고인돌은 거대하고 웅장한 탁자식 고인돌의 형태를 뚜렷하게 보여주고 있다. 높이가 2.45m인 고임돌 두 개를 남북 방향으로 나란히 놓여져 있고, 그 위에 6.4m, 너비 5.23m, 두께 1.12m, 무게가 무려 50t이나 되는 덮개돌이 얹혀 있다. 고인돌은 커다란 자연

석이나 가공한 돌을 이용하여 만든 '거석문화'로 불리는 선사 유적 가운데 하나로, 거석을 통해 숭배의 대상물이나 무덤으로 이용한 문화를 말한다. 우리나라의 고인돌, 이집트의 피라미드, 영국의 스톤헨지와 이스터 섬의 모아이 등이 거석문화의 증거이다. 강화 고인돌 유적 일대는 터를 깔끔하게 정리하고 청동기시대의 주거형태인 움집과 고인들을 함께 볼 수 있도록 공원을 조성해 놓았다. 공원 안에는 고인돌의 제작 기법, 선사시대의 다양한 무덤형태 등에 대해 알 수 있는 공간, 부근리 지석묘와 선사시대의 주거지 모형 등을 전시해 놓았으며 바로 옆에는 어린이들이 선사시대를 상상할 수 있도록 공룡 모형도 함께 만들어 놓았다.

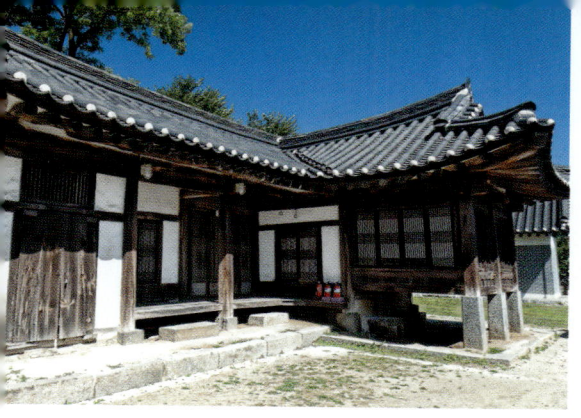

용흥궁

용이 왕이 되기 전까지 머문 공간

위치 | 인천광역시 강화군 강화읍 관청리 441
　　　인천광역시 강화군 강화읍 동문안길21번길 16-1
운영시간 | 09:00~18:00, 연중무휴

▶ MINI DATA

입장료 | 없음　　주차 | 가능　　분류 | 역사, 문화유적

조선 후기 철종(1831~1863)이 왕위에 오르기 전 19세까지 살았던 집으로, 1995년 3월 1일 인천광역시 유형문화재 제20호로 지정되었다. 조선시대 때, 왕의 장자가 왕세자가 되는 것 같이 정상적인 방법이 아닌, 다른 방법 혹은 사정으로 인해 임금으로 추대된 사람이 왕위에 오르기 전에 살던 집을 잠저(潛邸)라고 한다. 용흥궁은 강화도령으로 불렸던 조선의 25대 왕, 철종이 강화도에 은거하며 살았던 집을 후일 그가 왕위에 오르고 난 이후에 보수·단장하여 그 이름을 궁이라고 고쳐 부른 이름이다. 대개 잠저는 왕위에 오른 뒤에 다시 짓는다. 용흥궁도 원래는 보잘것없는 초가였으나, 1853년 철종이 보위에 오른 지 4년 만에 강화 유수 정기세가 지금과 같은 집을 지었고 용흥궁이라 부르게 되었다. 좁은 고샅 안에 대문을 세우고 행랑채를 둔 이 궁은 창덕궁의 연경당, 낙선재와 같은 살림집의 유형으로 만들어졌다. 용흥궁의 위치는 강화경찰서 왼쪽 담 옆길을 따라 70m 정도 서쪽으로 들어가면 오른쪽에 보이는 기와집이다.

갑곶돈대

강화의 치열한 역사 산책

위치 | 인천광역시 강화군 강화읍 갑곶리 1040
　　　인천광역시 강화군 강화읍 해안동로1366번길 18 인근
운영시간 | 11~2월 09:00~17:00, 3~5월/9~10월 09:00~
　　　　　18:00, 6~8월 08:30~18:30, 연중무휴

▶ MINI DATA

입장료 | 있음　　주차 | 가능　　분류 | 역사, 문화유적

강화대교를 건너자마자 처음 만나는 돈대가 바로 갑곶돈대다. 돈대란 해안가나 접경 지역에 돌이나 흙으로 쌓은 소규모 관측·방어시설이다. 경사면을 다듬어 평탄하게 한 뒤 성벽을 만들어 총구를 설치했고 봉수시설을 갖추고 있다. '갑곶'이란 이름은 병자호란 때 청나라 군사가 거센 물살 때문에 강을 건너지 못함을 안타까워하며 "우리 군사들의 갑옷을 한데 꿰어 다리를 만들면 강을 건널 수 있으련만." 하고 탄식한 데서 생겨났다고 한다. 이처럼 갑곶돈대는 강화해협을 지키는 주요 요새로써 한강수비의 중요한 거점이었지만, 병인양요 때는 프랑스 군을 막지 못해 강화성을 점령당했고, 일본군도 강화도조약을 체결하기 위해 상륙하였다. 지금은 전쟁과는 거리가 먼, 바다나 주변 풍경을 바라보며 산책하기 좋은 곳이지만, 가끔은 역사를 떠올리며 돈대의 성벽을 따라 걸어보자.

보문사 서해 낙조 일번지

위치 | 인천광역시 강화군 삼산면 매음리 629
　　　인천광역시 강화군 삼산면 삼산남로828번길 44
운영시간 | 09:00~18:00, 연중무휴

▶ MINI DATA
입장료 | 있음　　주차 | 가능　　분류 | 불교유적

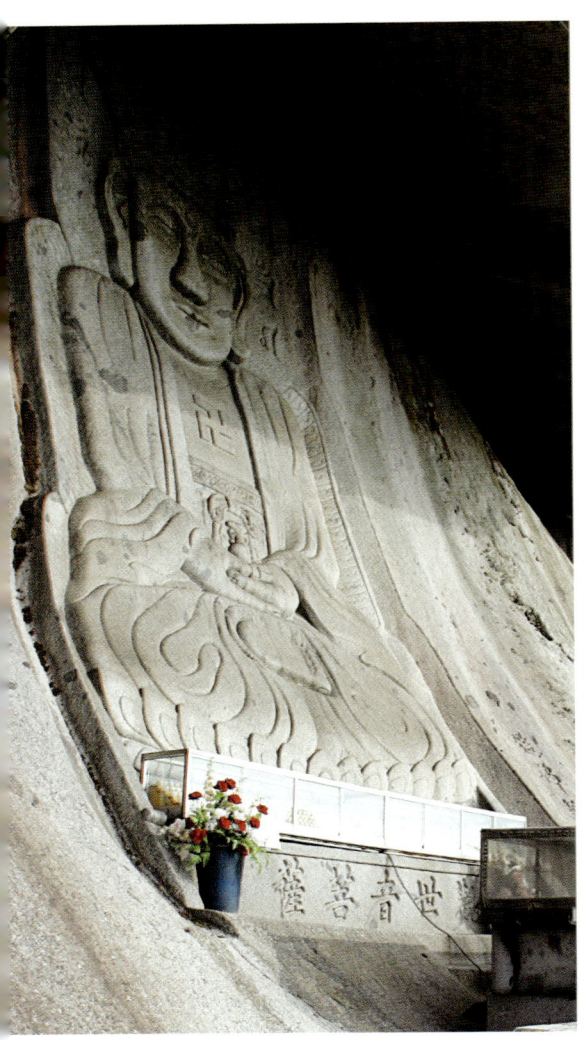

강화도 서쪽 외포리 선착장에서 여객선으로 건너는 석모도에 위치하는 사찰이다. 양양 낙산사, 금산 보리암과 함께 우리나라 3대 기도도량으로 알려져 있다. 신라 선덕여왕 때 창건되었다는 사찰은 극락보전을 중심으로 관음전과 산신각, 범종각과 법고루 등이 어우러진다. 사찰 앞마당으로 커다랗게 자리하는 석실은 23명의 나한을 모시는 석굴 사원이다. 신라시대 꿈속에서 산신령의 계시를 받은 어부의 투망에 걸려 올라왔다는 나한상은 30cm 크기의 작고 아담한 모습이 친근하게 느껴진다. 나한상의 석재는 인근 지역에서 나오는 화강암이 아닌 인도 지방의 특이한 석재로 알려져 그 신비함을 더한다. 천 명의 사람이 동시에 앉아 설법을 들었다는 너른 바위 마당인 천인대와 여느 크기의 두 배는 족히 됨직한 맷돌과 돌절구가 과거 번창하였던 사찰의 모습을 느끼게 한다. 극락보전과 관음전 사이의 계단을 따라 낙가산(235m)을 10여 분 오르는 곳에 위치한 마애관음보살상은 낙가산 천연의 거대한 눈썹바위를 지붕 삼고 서해를 바라보며 자리하는 불상이다. 1929년에 암각된 것으로 사적으로의 가치는 높지 않지만 넉넉한 웃음을 간직하는 부처님이 석양의 붉은 노을에 비추어 더욱 아름답다. 눈썹바위에서 바라보는 서해의 아름다움은 잔잔한 모습으로 바라보는 사람의 마음까지 편안하게 한다. 석모도의 가장 높은 봉우리인 해명산(327m)과 상봉산(316m)은 낙가산과 등산로로 이어진다. 멋진 경관을 즐기려는 등산객들의 발길이 끊이지 않는 곳이다.

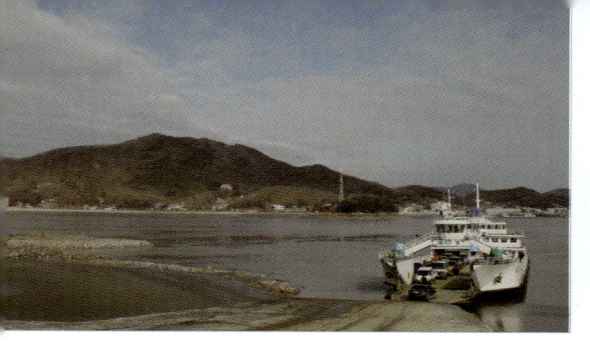
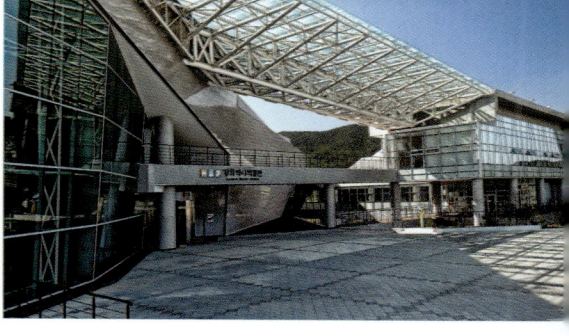

석모도

온몸을 물들이는 석양을 찾아서

| 위치 | 인천광역시 강화군 삼산면 석모리 산154-2
  인천광역시 강화군 삼산면 삼산서로 39-75
| 운영시간 | 동절기 09:00~17:00, 하절기 09:00~18:00,
  연중무휴

▶ MINI DATA

| 입장료 | 없음　　주차 | 가능　　분류 | 바다, 섬

강화도 외포리에서 다시 배를 타고 들어가는 석모도는 짧은 시간에 섬 여행을 즐기는 묘미를 맛볼 수 있는 곳이다. 외포리항에서 불과 1.5km 떨어져 있어 배를 타는 시간은 짧지만 석모도로 들어가는 동안 여행객들이 던져주는 새우깡을 먹기 위해 날아드는 갈매기들과 함께 바닷길을 달리는 즐거움을 느낄 수 있다. 다시 외포항으로 나올 때는 아름다운 일몰이 전해주는 서해의 풍경을 감상할 수도 있는 멋진 섬이다. 섬 중앙의 낙가산에 자리 잡은 보문사는 석모도가 품은 보석 같은 사찰로 보문사 뒤편의 계단을 따라 올라가면 만날 수 있는 눈썹바위 아래 마애관음보살상이 유명하다. 마애관음보살상이 있는 낙가산에 오르면 은빛으로 반짝이는 바다와 우리나라에서 얼마 남지 않은 천일염전인 삼량염전을 조망할 수 있다. 삼량염전의 끝자락에 위치한 석모도 유일의 해수욕장인 민머루해수욕장은 폭 50m, 길이 1km로 이곳에서 바라보는 노을이 아름답기로 유명하며, 바닷물이 빠지면 드러나는 수십 만 평의 갯벌에서 갯벌체험을 즐길 수도 있다. 한편, 석모도는 영화 「시월애」의 촬영장소로 쓰여 한층 유명세를 더했다.

강화역사박물관

선사시대부터 근현대사까지

| 위치 | 인천광역시 강화군 하점면 부근리 350-4
  인천광역시 강화군 하점면 강화대로 994-19
| 운영시간 | 09:00~18:00, 매주 월요일 휴관

▶ MINI DATA

| 입장료 | 있음　　주차 | 가능　　분류 | 역사, 문화유적

강화의 역사와 문화를 한눈에 알 수 있는 곳이다. 강화역사박물관은 상설전시실과 기획전시실로 구성되어 있으며 선사시대부터 근현대까지 강화지역 출토 유물을 중심으로 실물, 디오라마, 복제품, 영상 등 다양한 전시기법을 사용하여 전시하고 있다. 2층 상설전시실은 고인돌의 땅 강화, 신 나는 청동기시대 탐험, 강화의 열린 바닷길 이야기로 전시공간이 구성되어 있으며 1층 상설전시실은 고려시대의 강화, 조선시대·근대의 강화, 강화 민속으로 구성되어 있다. 기획전시실에서는 매년 1회 이상 특별전시가 개최될 예정이며 로비에는 강화동종과 수자기가 전시되어 있다. 한편 별도의 주말 교육프로그램도 운영되고 있는데, 전 연령층을 대상으로 해서 오후 1시부터 3시까지 연중 역사박물관 강당 및 광장에서 진행되고 있다. 수강료는 무료이며 재료비는 별도이다. 방문 접수나 전화예약(032- 934-4296)을 받고 있으니 주말에 방문하여 참가해 보는 것도 색다른 체험이 될 것이다.

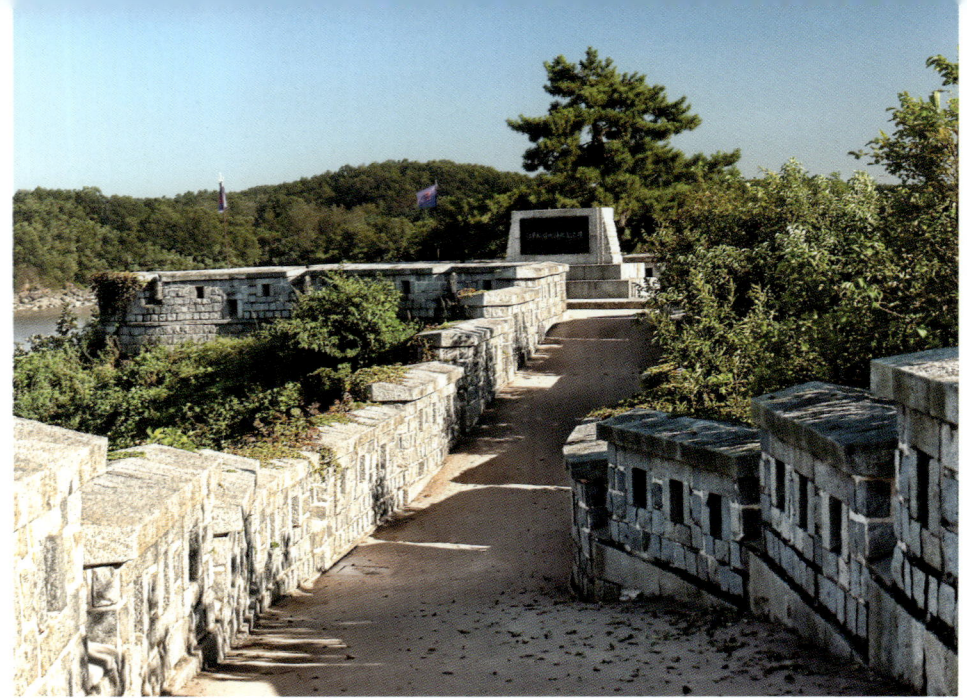

광성보와 용두돈대 신미양요 최대의 격전지

위치 | 인천광역시 강화군 불은면 덕성리 27
　　　인천광역시 강화군 불은면 해안동로466번길 27
운영시간 | 09:00~18:00, 연중무휴

▶ MINI DATA
입장료 | 있음　　주차 | 가능　　분류 | 역사, 문화유적

진·보·돈대란 강화도 해안을 지키던 군사기지를 말하는데 강화도는 수도인 한양으로 이어지는 물길인 한강 입구에 위치하고 있어 조선시대 내내 군사상 요충지로 중요하게 다스려지던 곳이었다. 특히 임진왜란과 병자호란을 거치면서 조선 후기에는 이곳을 더욱 든든히 방어하기 위하여 진·보·돈대를 많이 설치했는데, 개항을 둘러싼 열강들의 침입으로 이곳이 실제 전장이 되었다. 광성보는 신미양요 때 미국과의 격전지로 알려진 곳이다. 이곳을 지키던 어재연 장군을 비롯한 군사 1백여 명 모두 끝까지 싸우다 전사했으니, 미국 함대는 이를 보면서 그 기세에 더 이상 진격하지 못하고 물러났다고 한다. 전투에서는 패했지만 전쟁에서는 승리하였다 할 수 있다. 지금은 바다를 바라볼 수 있는 멋진 공원으로 꾸며져 있으며, 그때를 기억하는 기념비와 무덤 등이 있어 함께 둘러볼 수 있다. 정문인 안해루로 들어서면 광성보와 그때 사용되었던 복원된 대포를 볼 수 있다. 오른편으로 난 숲길을 따라 걷다 보면 '신미양요무명용사비'가 있어 당시 순국했던 용사들을 기리고 있으며, 아래 합장된 무덤이 있다. 안으로 계속 걸어들어가면 강화도의 돈대 중에서 가장 아름답다는 용두돈대를 만난다. 길게 굽어진 길이 용의 머리 같아 용두돈대라 이름 붙인 이곳은 바다를 바로 맞대고 있는 천혜의 기지이자 아름다운 경치를 자랑하는 곳이다. 용두돈대 앞으로 흐르는 거친 물살을 바라보면 이곳에서 오갔을 포탄과 전쟁의 함성이 들리는 듯하다.

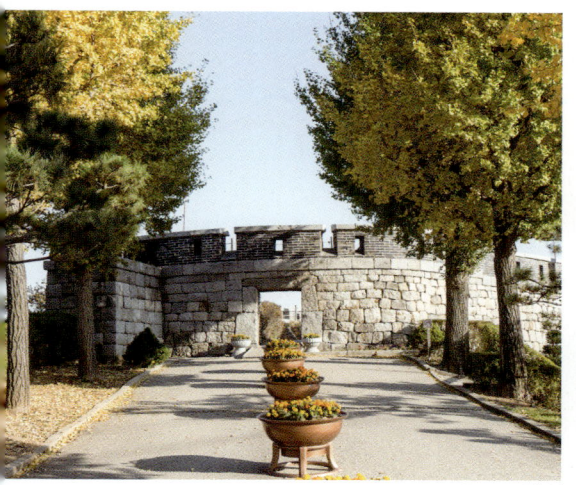
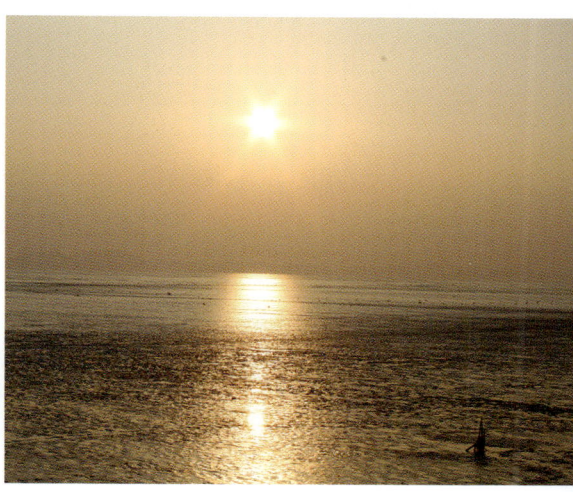

Photo by 김순식

초지진 역사의 상처를 간직한 곳

| 위치 | 인천광역시 강화군 길상면 초지리 1251-308
  인천광역시 강화군 길상면 해안동로 58
| 운영시간 | 11~2월 09:00~17:00, 3~4월/9~10월 09:00~
  18:00, 5~8월 09:00~19:00, 연중무휴

▶ MINI DATA

| 입장료 | 있음　주차 | 가능　　분류 | 역사, 문화유적

김포군 대명리와 초지대교를 사이에 두고 마주하는 초지진은 성곽의 둘레가 500m도 되지 않는 작은 규모의 방어시설이다. 조선 말기, 한양으로 향하는 적군의 침략을 저지하는 군사적 요충지였던 이곳은 병인양요(1866년)와 신미양요(1871년), 운양호사건(1875년)을 거치며 외적의 공격을 막아내는 관군의 붉은 피가 물들었던 역사의 아픔이 서려 있다. 당시 격렬한 전투의 흔적은 성곽 입구의 소나무의 포탄 흔적이 되어 아직도 남아 있다. 1679년 조선 숙종 때에 세워졌던 초지진은 수많은 전투로 완전히 소실되었고 1976년 현재의 모습으로 복원되었다. 성곽 안으로 위치하는 조선시대의 대포는 조선시대 후기 사용되었던 실물이다. 당시의 대포로서 가장 대형 규모인 2.5m 길이의 홍이포로 일제 관리 사택의 기둥으로 사용되었던 것을 제자리로 찾아 옮긴 것이다.

동막해변 세계 5대 갯벌 중 하나

| 위치 | 인천광역시 강화군 화도면 동막리 7번지 일대
| 운영시간 | 종일, 연중무휴

▶ MINI DATA

| 입장료 | 없음　주차 | 가능　　분류 | 바다, 섬

세계 5대 갯벌이라 일컬어지는 동막갯벌이 있는 해변으로 활처럼 길게 휘어진 백사장이 울창한 소나무 숲으로 둘러싸여 천혜의 자연 경관을 자랑하며 물이 빠지면 직선 거리로 4km까지 갯벌이 드러난다. 그 갯벌에 칠게, 가무락, 고둥, 갯지렁이 등 다양한 갯벌 생물들이 서식하고 있어 가족 단위 여행객들이 자녀들과의 체험을 위해 즐겨 찾는다. 그러나 갯벌 생태 보존을 위해 채취는 가급적 자제하기를 당부한다. 강화도 남단에서 동막 해안 인근 분오리돈대에 이르는 해안 도로를 달리며 바라보는 경관이 일품이다. 자연 지형을 그대로 살려 축조된 분오리돈대에 오르면 시야가 탁 트이며 강화 남단의 갯벌이 한눈에 들어오고 멀리 인천국제공항까지 조망할 수 있다. 일몰 시간을 전후로 아름다운 낙조를 감상할 수 있다.

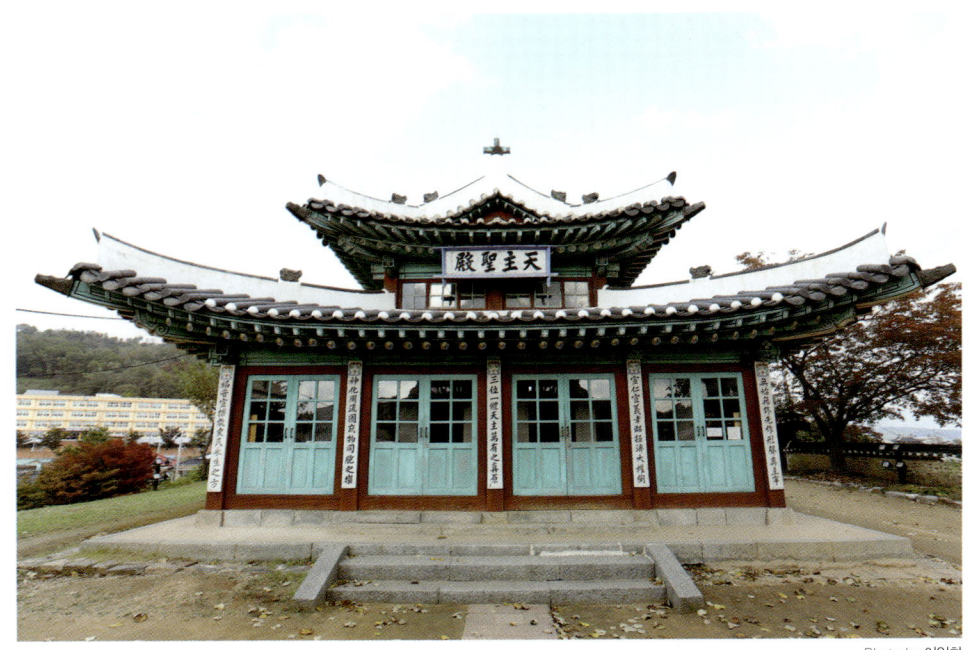

성공회 강화도성당 전통과 새로움의 만남

위치 | 인천광역시 강화군 강화읍 관청리 422
　　　인천광역시 강화군 강화읍 관청길27번길 10
운영시간 | 10:00~18:00, 연중무휴

▶ MINI DATA
| 입장료 | 없음　주차 | 가능　분류 | 종교시설

강화 남산 언덕의 성공회 강화도성당은 여느 곳에서 보기 힘든 건축양식으로 특별함을 보여주고 있다. 영국인 선교사의 노력으로 1900년 세워진 건물은 동양의 건축과 서양의 사상이 어우러지는 곳이다. 백두산의 목재로 지어졌다는 성당은 우리나라의 전통적 신앙사상인 불교 사찰의 건축양식을 차용하여 새로운 종교에 대한 이질감을 줄인다. 사찰의 일주문과 천왕문을 연상시키는 외삼문과 내삼문을 지나면 팔작지붕에 기와를 얹은 본당 건물이 나타난다. 지붕 꼭대기에 세워진 십자가가 아니었다면 성당 건물로 보이지 않는 건물 외관이지만 내부 공간은 높은 천장과 모서리의 날개장식이 특징인 바실리카 양식을 도입하였다. 로마 공공건물의 모습으로 기독교 건축의 전형이 되는 내부 모습은 이곳을 찾는 사람들에게 새로운 종교에 대한 호기심을 자극하였을 것이다. 내삼문에 위치하는 종루에는 불교사찰에서 익히 보았던 범종 그대로의 모습에 단지 종의 표면으로 영국국교회의 십자가를 새겨 외형과 형식에 치중하지 않는 성공회의 모습을 상징하고 있다. 개화기 한양을 중심으로 세워진 서구세력의 학교와 교회 등이 크고 웅장한 서양 방식의 새롭고 이질적인 건축물로 사람들에게 위엄과 경외감을 얻으려 하였다면, 현지 문화를 존중하며 사람들이 다가오기를 기다리는 선교활동을 진행한 성공회 성당의 모습이 친근하게 다가온다.

216

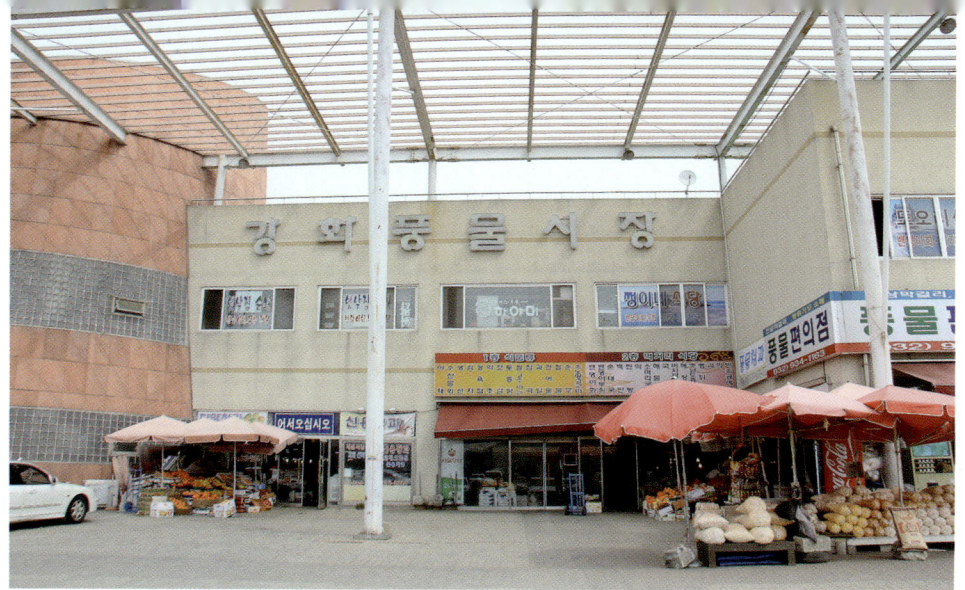

강화 풍물시장 강화도의 특산품들이 한자리에

| 위치 | 인천광역시 강화군 강화읍 갑곶리 849
        인천광역시 강화군 강화읍 중앙로 17-9
| 운영시간 | 종일, 매월 셋째 주 월요일 휴무

▶ MINI DATA
| 입장료 | 없음   주차 | 가능   분류 | 거리, 시장

최근 강화읍 외곽으로 최신식 건물을 새로 지어 옮겨
와 읍내에 있을 때 가졌던 시골 시장의 정취는 잃어버
렸지만, 그래도 시장으로 들어가 하나하나 구경하다
보면 재미있는 볼거리와 살거리가 가득해 흥이 난다.
자줏빛 동그란 순무를 듬성 듬성 썰어 양념을 버무리
는 모습은 이곳의 특별한 풍경이다. 직접 손으로 버무
려 만든 순무김치를 판매하는데, 플라스틱 통에 포장
된 것 말고 봉지에 담은 것은 저렴하면서도 훨씬 푸짐
하다. 시장 안쪽으로 들어가면 강화도 인근에서 잡은
여러 해산물을 판매하는데 그중에서 주부들에게 인기
품목은 바로 젓갈이다. 밴댕이젓갈, 새우젓, 게장 등
철마다 싱싱하고 맛깔스러운 젓갈을 구매할 수 있다.
표주박 국자, 짚으로 엮은 달걀 바구니, 수수 빗자루
까지 옛날 시골집에서 사용했던 물건들을 보며 엄
마·아빠와 나누는 이야기는 산 교육이다. 장날은 2
일과 7일이다. 강화도의 또 다른 특산품인 인삼과 화

문석 등은 풍물시장 인근의 인삼센터와 토산품판매장
에서 구매할 수 있다.

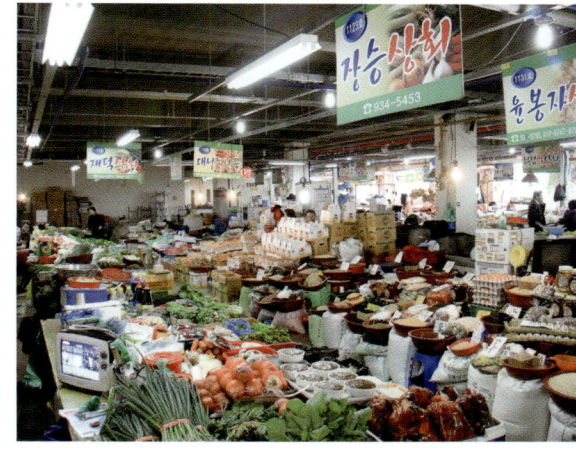

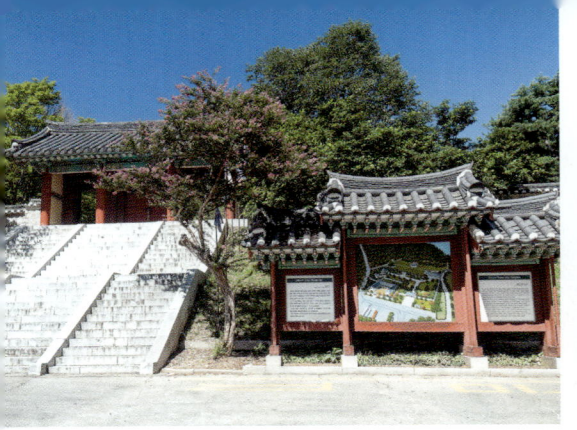
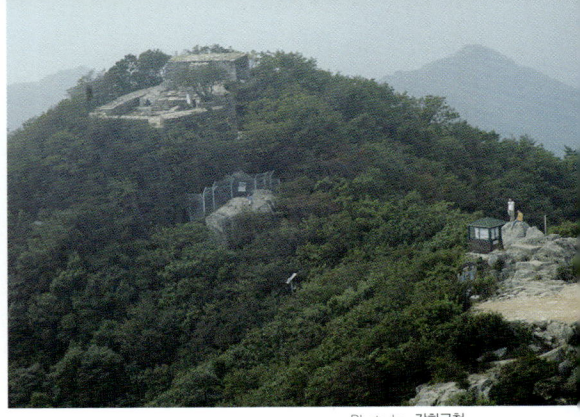

고려궁지
사라진 고려 궁궐의 흔적

| 위치 | 인천광역시 강화군 강화읍 관청리 743-1
　　　인천광역시 강화군 강화읍 북문길 42
| 운영시간 | 09:00~18:00, 연중무휴

▶ MINI DATA

| 입장료 | 있음　　주차 | 가능　　분류 | 역사, 문화유적

고려시대인 고종 19년, 대몽항쟁을 위해 도읍을 개성에서 강화로 옮기고, 개성의 궁궐 모양을 본떠 새 궁궐을 지었다. 궁궐 뒤의 야산에 개성의 그것처럼 송악산이라는 이름을 붙였다. 대몽항쟁의 의지를 담아 새겨진 팔만대장경도 이곳에서 지휘하여 만들어진 것이다. 3년여에 걸친 공사로 완성된 궁궐은 본궁인 연경궁을 비롯해 강안전, 경령궁, 건덕전 등 방대한 규모였으나 원종 11년인 1270년 몽고와 화의하고 다시 개성으로 천도한 뒤에는 무너지고 말았다. 조선시대에는 행궁과 강화 유수부 건물이 들어섰고 왕실 관련 서적을 보관했던 외규장각도 있었는데 병인양요 때 프랑스군의 방화로 소실되고 많은 서적들이 약탈되었다. 지금은 강화유수부의 동헌과 이방청이 남아 있고 일부는 복원되어 궁궐 터를 지키던 아름다운 고목들과 함께 고려궁지로 불리고 있다.

마니산과 참성단
단군의 이야기가 전해지는 곳

| 위치 | 인천광역시 강화군 화도면 일대
| 운영시간 | 11~2월 09:00~17:00, 3~5월/9~10월 09:00~
　　　18:00, 6~8월 08:30~18:30, 연중무휴

▶ MINI DATA

| 입장료 | 있음　　주차 | 가능　　분류 | 역사, 문화유적

강화도에서 가장 높은 산, 마니산이다. 산 정상에는 단군왕검이 하늘에 제사 지내기 위해 쌓았다는 참성단이 있다. 세종실록 지리지에 산의 이름이 마리산으로 기록되어 있는데 '거룩한 산'이라는 뜻으로, 후대에 마니산으로 이름이 바뀐 것으로 추정하고 있다. 해발 467m로, 정상까지 등산로를 따라 1시간 조금 더 걸린다. 정상에 오르면 강화도 사방 바다와 이웃한 김포와 영종도가 시원하게 내려다보인다. 정상에 만들어진 참성단은 단군 이야기가 전하는 유적으로 의미가 있다. 둥근 기단 위에 네모 낮게 제단을 만들어 놓아 '천원지방(天圓地方)', 하늘은 둥글고 땅은 네모났다는 우리 전통의 세계관을 보여주고 있다. 실제 단군이 이곳을 만들고 제사를 지냈는지에 대해서는 논쟁이 있으나, 삼국시대에 고구려, 백제, 신라의 왕들이 이곳에서 제사를 지냈다는 기록을 볼 때 예부터 신성스럽게 여겨지던 곳은 분명한 것 같다. 제사는 고려와 조선시대까지 이어지는데 지금은 1년에 한 번, 개천절에 지낸다.

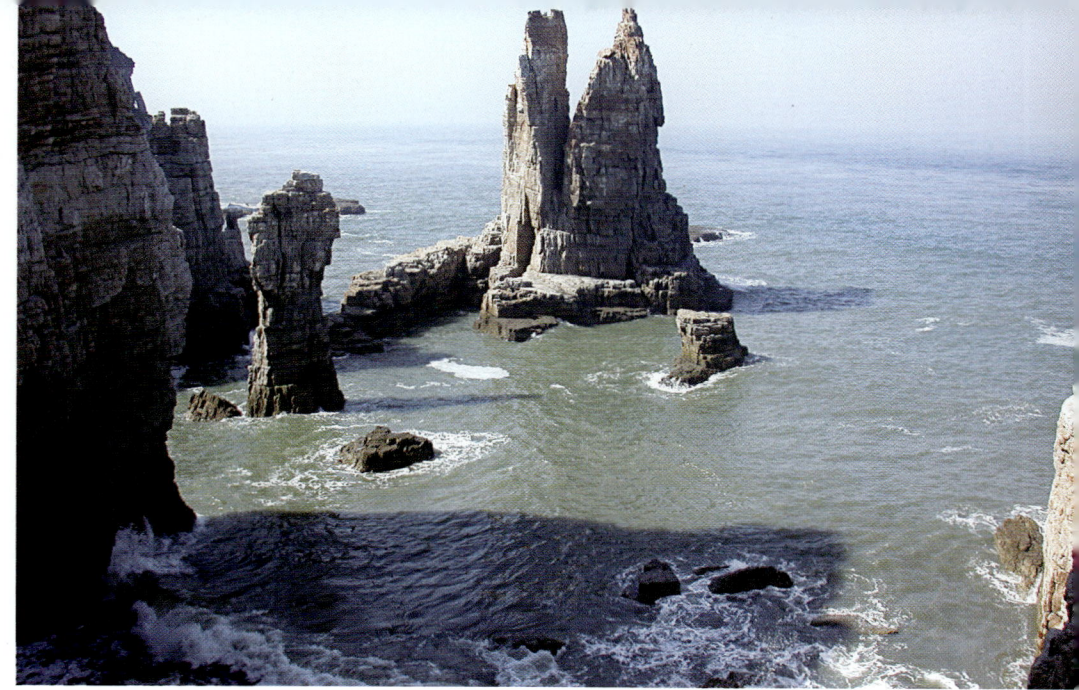

백령도 신이 빚은 작품

| 위치 | 인천광역시 옹진군 백령면
| 운영시간 | 종일, 연중무휴

▶ MINI DATA
| 입장료 | 없음　　주차 | 가능　　분류 | 바다, 섬

고려의 충신 이대기가 '늙은 신의 마지막 작품'이라 표현했을 정도로 절경을 자랑하는 백령도는 우리나라 서해의 최북단 섬으로 북한과 마주 보고 있으며, 때 묻지 않은 원시의 자연 경관을 그대로 간직하고 있는 섬이다. 따오기가 흰 날개를 펼치고 하늘을 나는 모습을 닮았다고 해서 백령도라는 이름이 붙었다. 인천여객선터미널에서 쾌속선을 타고 4시간 반가량을 달려야 만날 수 있다. 백령도의 용기포 선착장에 내리면 가장 먼저 만나게 되는 사곶해변은 나폴리해변과 더불어 세계적으로 단 2곳뿐인 천연 비행장이다. 규조토로 이루어진 3km의 백사장이 워낙 단단해 자동차나 오토바이가 달려도 바퀴가 빠지지 않고 비행기의 이착륙이 가능할 정도여서 실제로 한국전쟁 때 유엔군이 비행장으로 사용했다고 한다. 백령도의 남쪽 해

안을 따라가면 만나게 되는 콩돌해안은 백령도를 형성하고 있는 규암이 해안의 파식작용에 의해 콩과 같이 작은 모양으로 변한 것으로 그 길이가 약 1km에 걸쳐 펼쳐져 있는데 거제도의 몽돌해변이나 보길도의 예송리해변의 몽돌보다 작은 크기로 흰색, 갈색, 청색 등 형형색색의 콩돌이 푸른 바다와 어우러져 멋진 경관을 연출한다. 백령도의 북쪽 바다는 효녀 심청이 눈먼 아버지를 위해 공양미 삼백석에 팔려 몸을 던진 인당수라 전해지며 용궁에서 환생하여 나올 때 탔던 연꽃이라는 연봉바위도 볼거리이다. 유람선을 타면 두무진과 선대암 등의 해안 절경과 코끼리 바위, 물개 바위 등의 기암을 제대로 감상할 수 있고 운이 좋으면 천연기념물로 지정되어 보호받고 있는 물범들을 가까이서 만날 수도 있다.

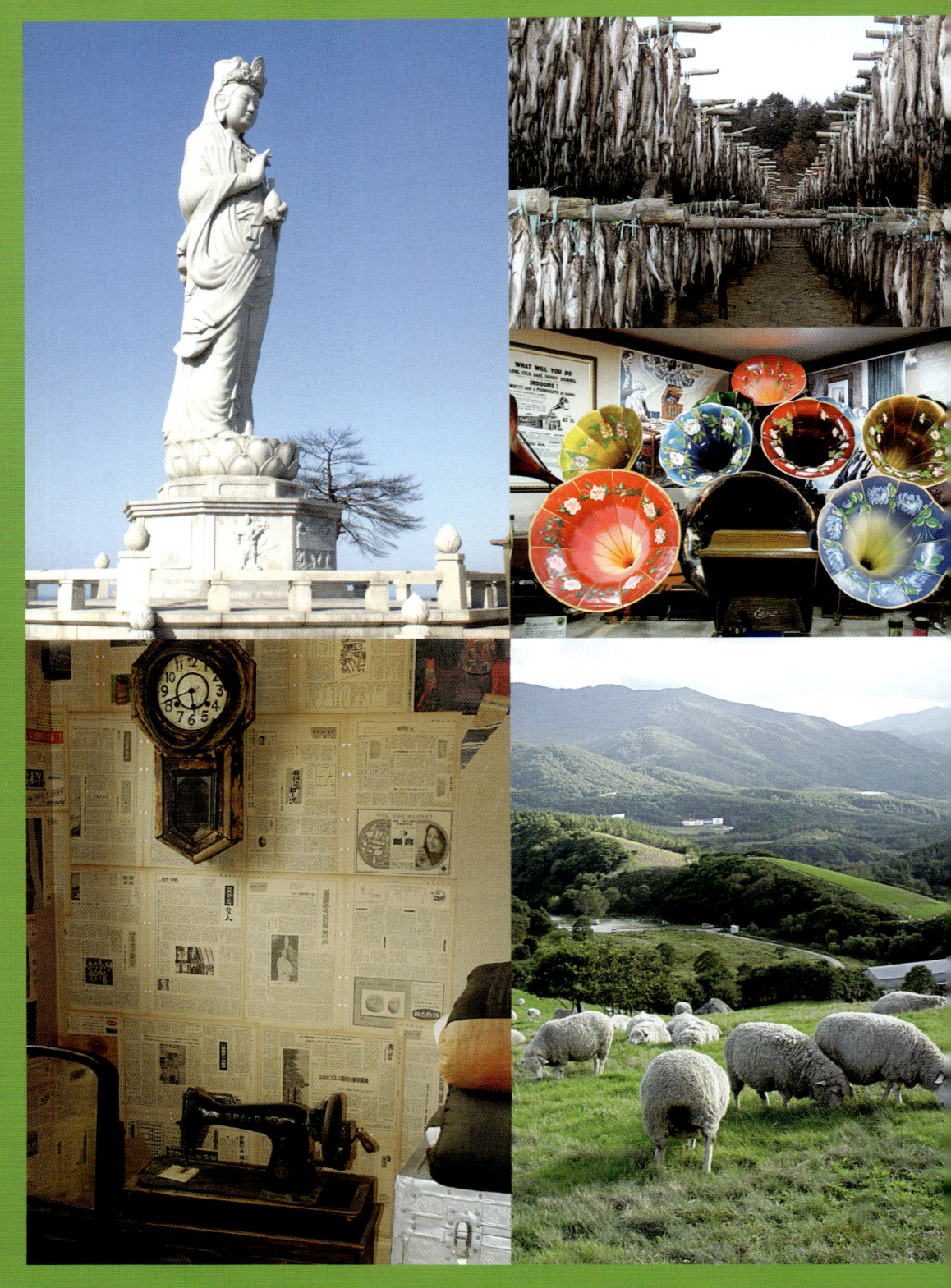

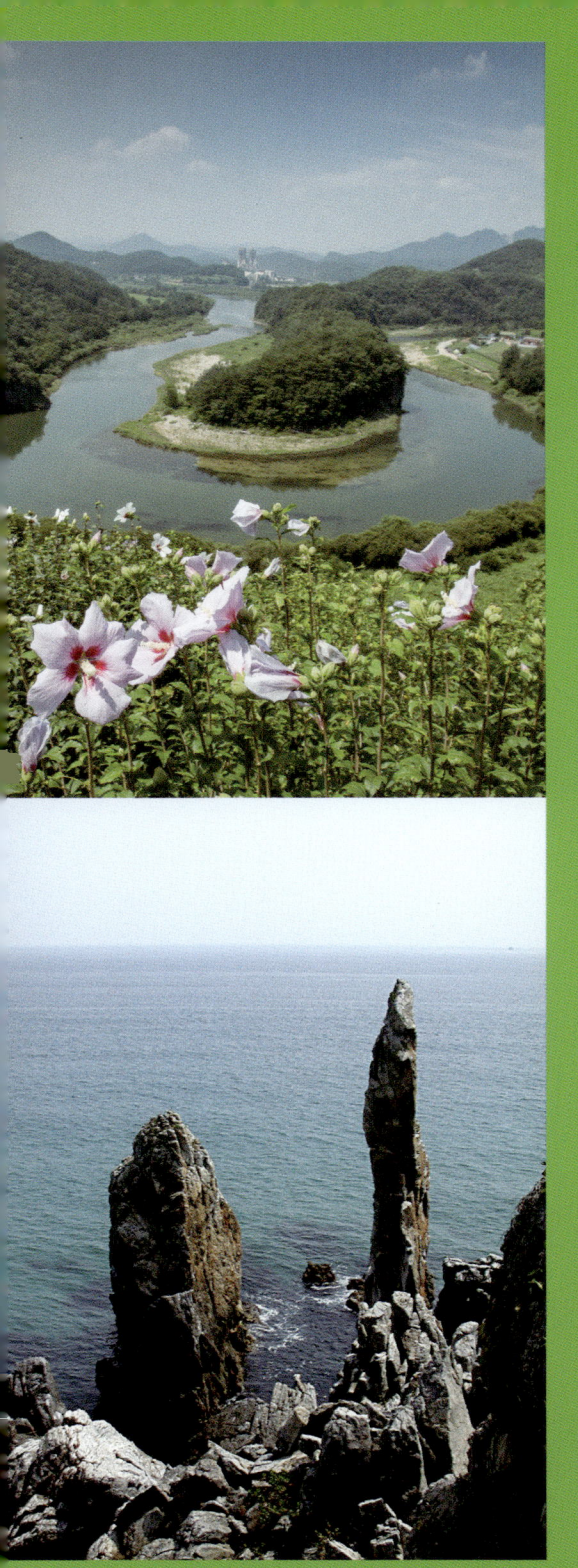

Part 3

· 강원권 ·

춘천시 · 원주시 · 강릉시 · 동해시 · 태백시 · 속초시
삼척시 · 홍천군 · 횡성군 · 영월군 · 평창군 · 정선군
철원군 · 양구군 · 인제군 · 고성군 · 양양군 · 양구군

🏛 행정구역 정보

행정구역	주소	대표번호	홈페이지
강원도	강원도 춘천시 중앙로 1	033-254-2011(033-120)	http://www.provin.gangwon.kr
춘천시	강원도 춘천시 시청길 11	033-253-3700	http://www.chuncheon.go.kr
원주시	강원도 원주시 시청로 1	033-660-2018	http://www.wonju.go.kr
강릉시	강원도 강릉시 강릉대로 33	033-640-4114	http://www.gangneung.go.kr
동해시	강원도 동해시 천곡로 77	033-530-2114	http://www.dh.go.kr
태백시	강원도 태백시 태붐로 2	033-552-1360	http://www.taebaek.go.kr
속초시	강원도 속초시 중앙로 183	033-639-2114	http://www.sokcho.gangwon.kr
삼척시	강원도 삼척시 중앙로 296	033-572-2011	http://www.samcheok.go.kr
홍천군	강원도 홍천군 홍천읍 석화로 93	033-432-7801~12	http://www.hongcheon.gangwon.kr
횡성군	강원도 횡성군 횡성읍 태기로 15	033-340-2114	http://www.hsg.go.kr
영월군	강원도 영월군 영월읍 하송로 64	033-1577-0545	http://www.yw.go.kr
평창군	강원도 평창군 평창읍 군청길 77	033-330-2000	http://www.happy700.or.kr
정선군	강원도 정선군 정선읍 봉양3길 21	033-562-3911	http://www.jeongseon.go.kr
철원군	강원도 철원군 갈말읍 삼부연로 51	033-450-5151	http://www.cwg.go.kr
화천군	강원도 화천군 화천읍 화천새싹길 45	033-442-1211	http://www.ihc.go.kr
양구군	강원도 양구군 양구읍 관공서로 38	033-481-2191	http://www.yanggu.go.kr
인제군	강원도 인제군 인제읍 인제로 187번길 8	033-1588-2201	http://www.inje.go.kr
고성군	강원도 고성군 간성읍 고성중앙길 9	033-680-3114	http://www.goseong.org
양양군	강원도 양양군 양양읍 군청길 1	033-670-2114	http://www.yangyang.go.kr

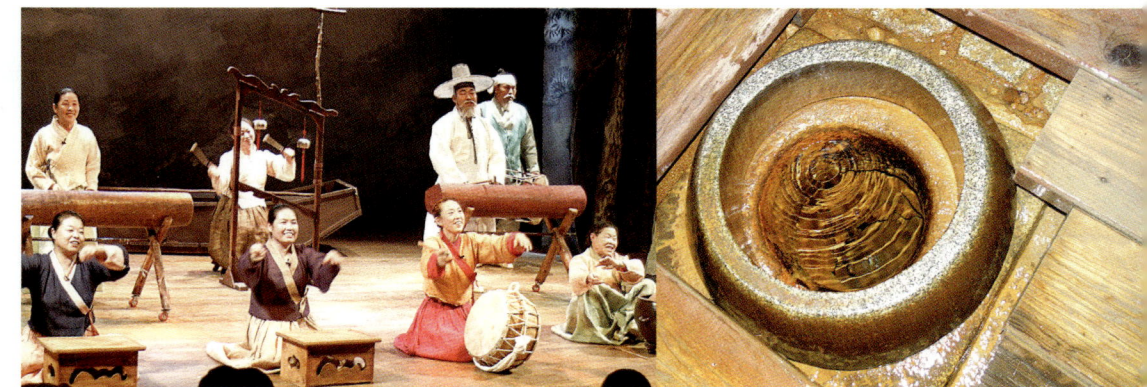

🚌 버스터미널

행정구역	버스터미널 1	전화번호	버스터미널 2	전화번호
춘천시	춘천시외버스터미널	033-241-0285	춘천고속버스터미널	033-256-1571
원주시	원주시외버스터미널	033-734-4114	원주고속버스터미널	033-747-4181
강릉시	강릉시외버스터미널	033-643-6092	강릉고속버스터미널	033-641-3184
동해시	동해공영버스터미널	033-532-3800	동해고속버스터미널	033-531-3400
태백시	태백시외터미널	033-1688-3166		
속초시	속초시외버스터미널	033-633-2328	속초고속버스터미널	033-631-3181
삼척시	삼척시외버스터미널	033-572-2085	임원종합버스터미널	033-572-5266
홍천군	홍천시외버스터미널	033-432-7893	서석시외버스터미널	033-433-4030
횡성군	횡성시외버스터미널	033-343-2450		
영월군	영월시외버스터미널	033-374-2450		
평창군	평창시외버스터미널	033-332-2407	장평시외버스터미널	033-332-4209
정선군	정선시외버스터미널	033-563-9265	고한·사북공용버스터미널	033-592-9951
철원군	신철원시외버스터미널	033-452-2551	동송시외버스터미널	033-455-1727
화천군	화천시외버스터미널	033-442-2902		
양구군	양구시외버스터미널	033-1688-0335		
인제군	인제시외버스터미널	033-463-2847		
고성군	간성시외버스터미널	033-681-2233	대진시외버스터미널	033-681-0404
양양군	양양시외종합버스터미널	033-671-4411		

🚢 여객선터미널 · 공항

행정구역	여객선터미널	전화번호	공항	전화번호
원주시			원주공항	033-1666-2626
동해시	묵호여객선터미널	033-1666-0980		
양양군			양양국제공항	033-1661-2626

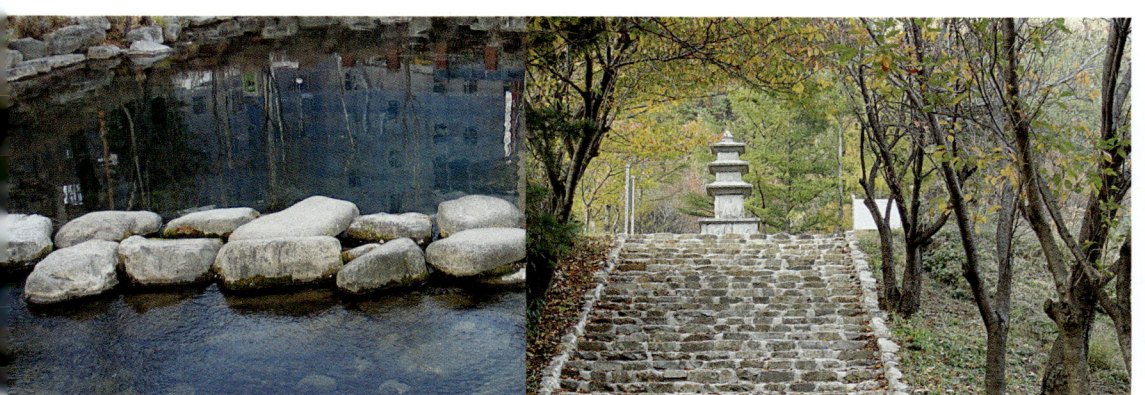

🚌 찾아가는 길

행정구역	찾아가는 길
춘천시	55번 중앙고속도로 춘천 I.C – 5번 국도, 46번 국도 – 춘천 100번 서울외곽순환고속도로 구리 I.C, 퇴계원 I.C – 46번 국도 – 가평군 – 춘천
원주시	50번 영동고속도로 원주 I.C – 5번 국도 – 원주 55번 중앙고속도로 남원주 I.C – 19번 국도 – 원주
강릉시	50번 영동고속도로 – 65번 동해고속도로 강릉 I.C – 7번 국도 – 강릉
동해시	65번 동해고속도로 동해 I.C, 옥계 I.C – 7번 국도 – 동해
태백시	55번 중앙고속도로 제천 I.C – 38번 국도 – 제천시 – 영월군 – 정선군 – 태백 55번 중앙고속도로 제천 I.C – 38번 국도 – 제천시 – 영월군 – 31번 국도 – 태백 50번 영동고속도로 진부 I.C – 59번 국도 – 정선군 – 38번 국도 – 태백
속초시	65번 동해고속도로 현남 I.C – 7번 국도 – 속초
삼척시	65번 동해고속도로 동해 I.C – 7번 국도, 38번 국도 – 삼척
홍천군	55번 중앙고속도로 홍천 I.C – 44번 국도, 56번 국도 – 홍천 50번 영동고속도로 횡성 I.C – 19번 국도 – 홍천
횡성군	55번 중앙고속도로 횡성 I.C – 6번 국도 – 횡성 50번 영동고속도로 원주 I.C – 5번 국도 – 횡성
영월군	55번 중앙고속도로 신림 I.C – 88번 국지도 – 영월 55번 중앙고속도로 제천 I.C – 38번 국도 – 영월 50번 영동고속도로 새말 I.C – 42번 국도 – 31번 국도 – 평창군 – 영월
평창군	50번 영동고속도로 장평 I.C – 6번 국도, 31번 국도 – 평창군
정선군	50번 영동고속도로 새말, 장평 I.C – 42번 국도 – 정선 50번 영동고속도로 진부 I.C – 59번 국도 – 정선
철원군	100번 서울외곽순환고속도로 퇴계원 I.C – 47번 국도 – 남양주시 – 포천시 – 철원군 100번 서울외곽순환고속도로 의정부 I.C – 43번 국도 – 의정부시 – 포천시 – 철원군
화천군	55번 중앙고속도로 춘천 I.C – 46번 국도 – 461번 지방도 – 화천군 55번 중앙고속도로 춘천 I.C – 5번 국도 – 407번 지방도 – 화천군 100번 서울외곽순환고속도로 퇴계원 I.C – 46번 국도 – 가평군 – 5번 국도 – 화천
양구군	55번 중앙고속도로 춘천 I.C – 46번 국도 – 춘천시 – 양구군
인제군	55번 중앙고속도로 홍천 I.C – 44번 국도 – 홍천군 – 인제군
고성군	65번 동해고속도로 현남 I.C – 7번 국도 – 속초시 – 고성군 55번 중앙고속도로 홍천 I.C – 44번 국도 – 홍천군 – 인제군 – 고성군
양양군	65번 동해고속도로 현남 I.C – 7번 국도 – 양양

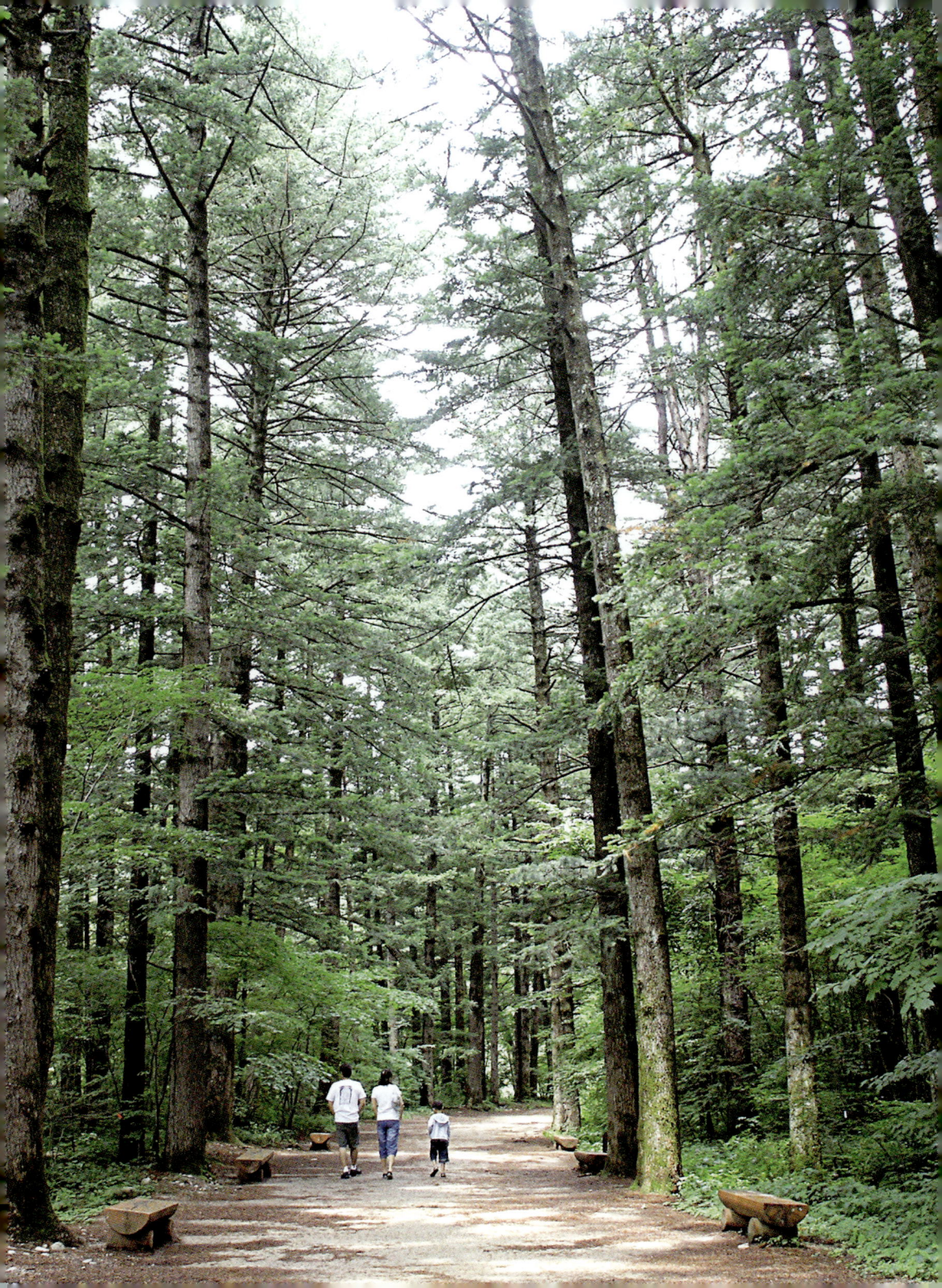

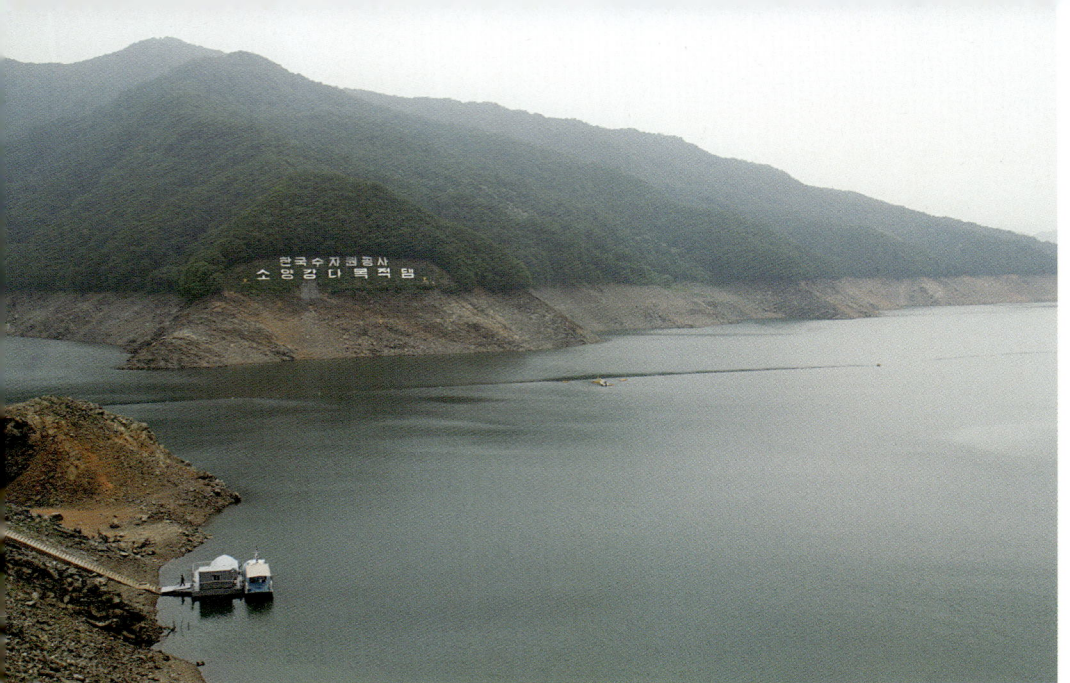

소양호 내륙 속의 바다

| 위치 | 강원도 춘천시 북산면, 양구군, 인제군 일대
| 운영시간 | 종일, 연중무휴

▶ MINI DATA
| 입장료 | 없음   주차 | 가능   분류 | 강, 유원지

1973년 소양강을 막아 만든 소양댐으로 생겨난 국내 최대의 호수로 '내륙의 바다'라 일컬어진다. 소양강은 강원도 인제군에서 시작되어 양구를 지나 북한강으로 이어지는 강이다. 춘천시와 양구군, 인제군에 걸쳐 있어 세 지역 어디에서든 접근이 가능하지만 소양댐을 볼 수 있는 춘천이 가장 많이 선택된다. 소양댐은 높이 123m, 길이 530m의 사력댐으로 27억t의 물을 저장하여 국내 최대의 저수량을 자랑한다. 북한강 주변의 모든 댐을 합친 것보다 2배 이상 많은 저수량이다. 소양댐에서 시작하여 이어지는 물길은 한 폭의 그림 같이 아름답다. 한강을 따라 서울로 목재를 실어 나르던 뗏목은 도로의 개발과 원목의 감소로 추억 속 옛 이야기가 되었지만, 구수한 노래 '소양강 처녀'를 들으며 양구까지 18km의 물길을 따라 한강 상류의 아름다움을 만끽하는 유람선은 소양호 선착장에서 타볼 수 있다. 한나절의 나들이라면 청평사 입구까지 연결되는 여객선을 타고 10여 분의 짧은 여행을 즐기는 것도 좋다. 소양호를 둘러보기 위해서는 유람선을 타는 것이 가장 좋은데 물길을 달리며 소양호에 대한 자세한 설명을 들을 수 있고 초록의 소양호에서 하얗게 일어나는 물살을 바라보는 것만으로도 가슴이 시원하게 뚫림을 느낄 수 있다. 단풍으로 붉게 물든 가을날이나 흰빛의 산들로 둘러싸인 겨울날 소양호의 모습도 놓치면 안 될 장관이다. 소양댐 정상에는 식당과 카페 등 편의시설이 갖추어져 있고 주차도 가능하지만 주말에는 차량 진입이 금지되므로 댐 아래에 주차한 후 무료로 운행하는 셔틀 버스를 타고 올라가야 한다.

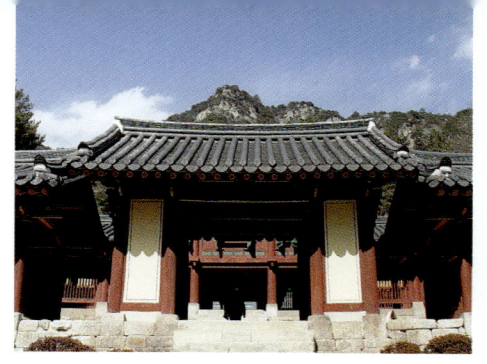

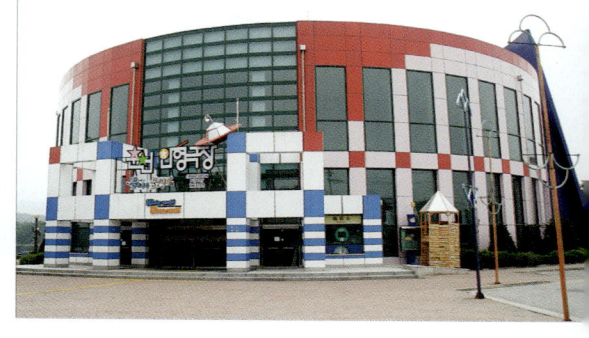

청평사

소양호의 보석 같은 사찰

| 위치 | 강원도 춘천시 북산면 청평리 673
강원도 춘천시 북산면 오봉산길 810
운영시간 | 종일, 연중무휴

▶ MINI DATA
| 입장료 | 있음　주차 | 가능　분류 | 불교유적

춘천 인형극장

인형극 박물관, 인형들이 벌이는 잔치

| 위치 | 강원도 춘천시 사농동 277-3
강원도 춘천시 영서로 3017
운영시간 | 10:00~18:00, 매주 월요일 휴관

▶ MINI DATA
| 입장료 | 있음　주차 | 가능　분류 | 전시, 체험시설

소양호 선착장에서 배를 타고 도착한 선착장에서 1km의 오롯한 산길을 이용해 찾아가는 청평사는 779m의 오봉산 자락에 안겨 있는 사찰로 고려 광종(973년)에 영현선사가 처음 세웠다. 이후 폐사되었던 절이 다시 세워진 것은 선종(1089년) 때이다. 이자현이 관직을 버리고 이곳에 들어와 문수원이라 이름 짓고 선(禪)을 즐겼는데 이때부터 주변 호랑이와 이리가 사라져 평화롭게 되었다 해서 청평사라 불린다. 보물 제164호인 회전문을 지나면 이자현이 사다리꼴 석축을 쌓고 넓은 정원을 만들면서 계곡물을 끌어와 연못을 만들어 오봉산이 비치게 한 고려정원 '영지'가 경내에 남아 있다. 우리나라에서 가장 오래된 정원으로 고려시대 정원 양식을 살펴볼 수 있는 곳이다. 회전문은 흙담을 만들지 않고 창살을 달아 만든 형태로 불교의 윤회사상을 상징한다. 상사뱀이 붙어 고생하던 원나라의 공주가 이곳에 와 기도한 후 나은 것에 감사하며 아버지인 순제가 만들었다는 공주탑도 볼 수 있다. 청평사를 오르는 중간에는 9가지 소리를 낸다는 구성폭포가 있으며 수려한 계곡을 감상하며 산책하듯 갈 수 있다.

국제적 인형극제인 춘천인형극제가 열리는 도시에 걸맞게 만들어진 인형극 전용극장이다. 1989년 처음 시작된 춘천인형극제는 국내외 인형극단이 모이는 국제적인 축제로 춘천을 문화의 도시로 만드는 데 크게 기여하고 있다. 춘천 인형극장은 총 7개의 극장 시설을 갖추고 어른과 어린이 모두를 동심의 세계로 이끌어 주는 인형극 공연뿐 아니라 다채로운 문화 행사를 열고 있으며 인형극 박물관은 인형극에 대해 한눈에 알 수 있도록 다양한 구성의 전시관으로 꾸며져 있다. 막대 인형극실, 손 인형극실, 줄 인형극실 등 테마별로 꾸며진 인형 전시실과 인형을 직접 조작해 볼 수 있는 체험관, 유명 인형극에 등장했던 인형들을 만날 수 있는 세계관&한국관 등 인형극을 좀 더 가깝게 느낄 수 있도록 해주는 곳이다. 부대 시설로는 각종 인형극 캐릭터를 구입할 수 있는 캐릭터 숍과 간단한 식음료를 먹을 수 있는 카페테리아가 있으며 야외극장이 있는 공원에서는 아름다운 의암호의 경치를 조망할 수 있다.

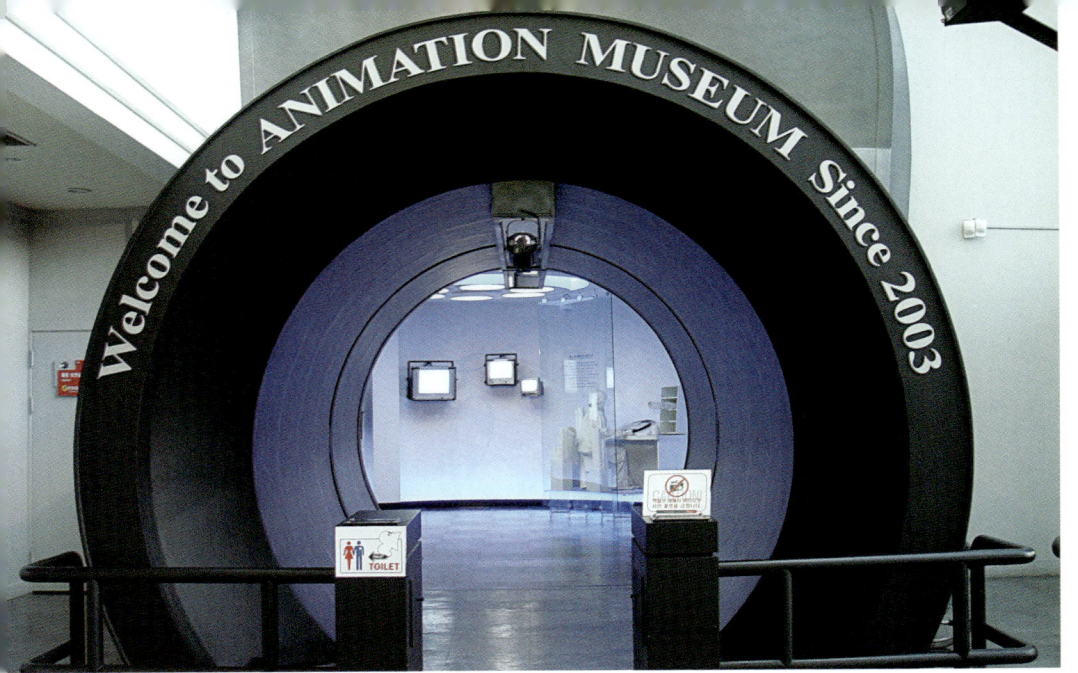

애니메이션박물관 상상력은 생명과도 같다

| 위치 | 강원도 춘천시 서면 현암리 367-3
　강원도 춘천시 서면 박사로 854
운영시간 | 10:00~18:00, 여름방학 10:00~19:00

▶ MINI DATA
| 입장료 | 있음　　주차 | 가능　　분류 | 박물관

애니메이션은 '생명을 불어넣다'라는 뜻의 라틴어 'animatus'에 기원을 두고 있다. 움직이는 만화인 애니메이션을 보면서 꿈과 상상력의 날개를 펼쳤던 경험을 떠올려보자. 춘천의 대표적인 박물관인 애니메이션박물관은 만화와 애니메이션 속에 담긴 과학적인 원리를 밝히고, 다양한 표현기법과 함께 우리 만화의 역사를 전시해놓고 있는 곳이다. 로비로 들어서면 우리나라 최초의 만화영화인 〈홍길동〉을 찍었던 카메라와 우리 만화의 가장 대표적인 캐릭터 중 하나라 할 수 있는 둘리가 관람객을 맞이한다. 안으로 들어서면 애니메이션의 시작에서부터 지금까지의 역사를 전시하며 애니메이션을 제작하는 기법들을 알려주는 전시관들이 차례로 나온다. 이러한 내용들이 다양한 장치들을 이용하여 비주얼하게 표현되어 있고 체험을 통하여 원리를 깨닫게 하기 때문에 애니메이션에 대하여 재미있게 알 수 있다. 2층에는 세계 각국의 애니메이션과 대표적인 캐릭터를 전시하고 있고 소리체험관이 있어 영상이 만들어지고 난 후에 필요한 음향효과들을 직접 입혀 보는 체험을 할 수 있다. 박물관 내에는 3D입체애니메이션 상영관이 있어 정해진 시간에 상영을 한다. 눈앞에서 생생하게 펼쳐지는 입체적인 그림들을 관람하는 재미있는 공간이다. 디즈니 애니메이션 같은 대작은 아니지만 각종 대회에서 상을 받은 작품성 있는 애니메이션을 상영한다. 애니메이션 상영관인 애니마떼끄는 전문적인 극장시설을 갖추고 상업 만화 영화를 상영하니 시간을 미리 알아보고 관람을 하면 되겠다. 아이부터 어른들까지 함께 관람하고 즐길 수 있는 재미있는 박물관이다.

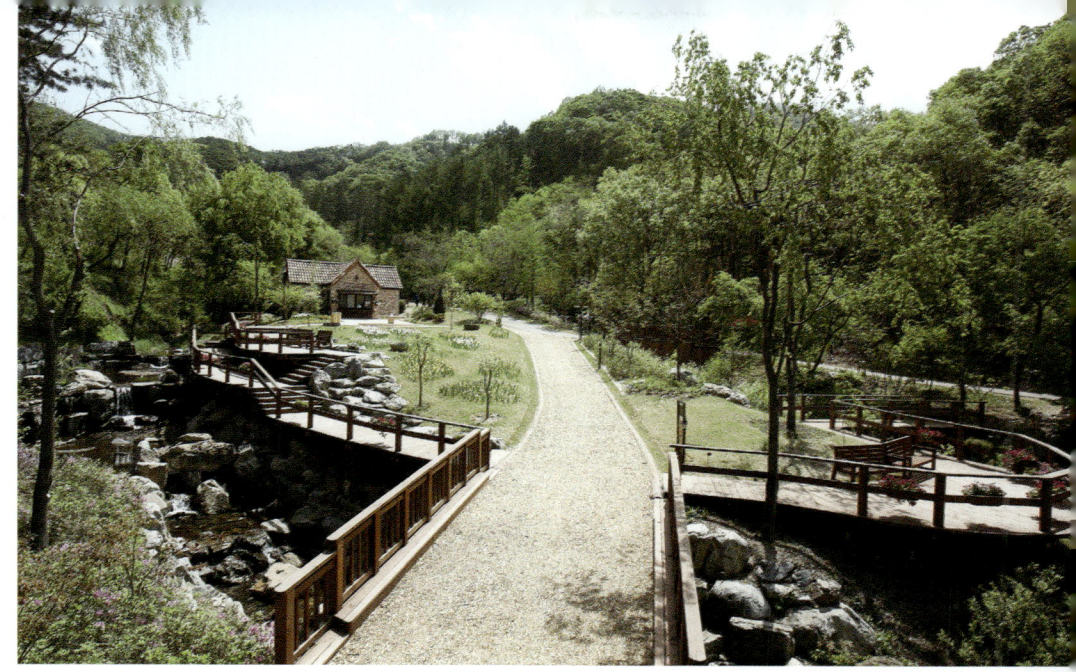

제이드가든 수목원 숲 속의 작은 유럽

위치 | 강원도 춘천시 남산면 서천리 412
강원도 춘천시 남산면 햇골길 80
운영시간 | 09:00~일몰, 연중무휴

▶ MINI DATA
| **입장료** | 있음   **주차** | 가능   **분류** | 숲, 자연휴양림

2011년 5월 춘천과 가까운 경춘선 굴봉산역 인근에 개장했다. 유럽 각국을 대표하는 정원에서 어떻게 쉬고, 어떻게 시간을 보내야 하는지, 무엇을 나누어야 하는지를 깨닫도록 하고 싶다는 제이드 가든(Jade Garden)은 웃고, 이야기하고, 추억을 만들기 위한 숲 속 정원이다. 어릴 적 즐겨 읽고 보던 신데렐라, 백설공주, 스머프의 배경인 유럽의 숲 속은 우리에게 동심의 향기를 기억하게 한다. 대표적인 숲길인 나무내음길(편도40분)은 낙엽송 우드칩이 두껍게 깔려 있어 걸을 때 푹신한 느낌을 주고, 걷는 내내 나무 냄새를 기분 좋게 느낄 수 있다. 약 5만평(163.528m²)규모의 정원은 총 3,904종류의 나무와 풀이 자생하고 있으며, 드라이가든, 웨딩가든, 이끼원, 로도덴드론가든, 블루베리원 등 총 24개 소원(小園)이 자리 잡고 있다.

또한 유리온실(고산온실: 30평, 재배온실: 19평)과 방문객센터(레스토랑, 카페, 기념품점)를 구비하고 있어 편리하다. 이곳에서 운영하는 상설 체험 프로그램은 다양한 종류의 아로마 재료를 넣어 만드는 '아로마향초 만들기', 풀잎을 면 손수건에 대고 고무망치로 치면서 염색하는 '풀잎 손수건 만들기', 목재로 만들어진 호루라기에 그림 그리는 체험인 '나무 호루라기 만들기' 등이 있다. 관람 시 유의할 점은 동식물 및 토석을 채집할 수 없으며, 금연은 물론 인화성 물질의 반입도 금지되어 있고 애완동물 반입, 취사행위 등도 금지되어 있다. 숲 속을 거닐지며 동화 속에 있는 느낌의 감성 정원에서 작은 유럽을 만나는 경험을 해보자.

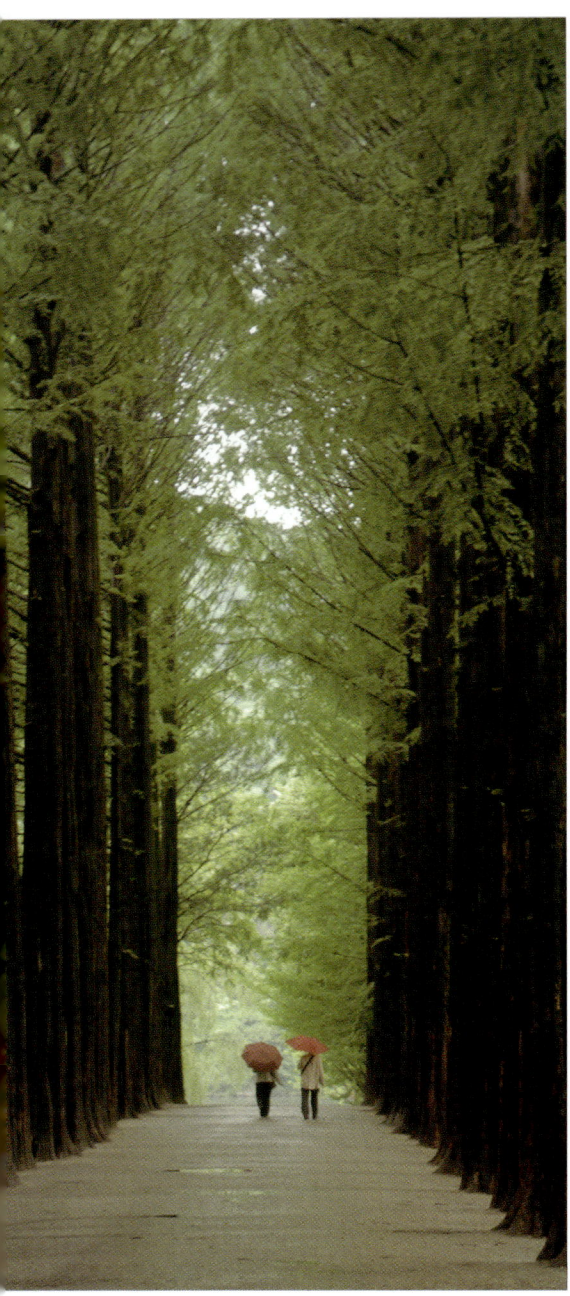
Photo by 고태환

남이섬 북한강 위에 떠 있는 나무들의 나라

위치 | 강원도 춘천시 남산면 방하리 197
강원도 춘천시 남산면 남이섬길 1
운영시간 | 선박 07:30~21:40 기구 09:00~18:00, 연중무휴

▶ MINI DATA
| **입장료** | 있음 **주차** | 가능 **분류** | 강, 유원지

북한강 위에 반달 모양으로 떠 있는 남이섬은 1944년 청평댐이 만들어지면서 생겨난 섬으로 배를 타고 들어가야 한다. 1970년대와 80년대 강변가요제가 열렸고 TV 드라마 〈겨울연가〉의 촬영지로 내·외국인에게 너무나도 잘 알려진 이 섬은 조선 세조 때 병조판서를 지내다 역적으로 몰려 요절한 남이 장군의 묘가 있어 남이섬이라고 불리게 되었다. 이미 고인이 된 수재 민병도 선생이 1965년 모래뿐인 불모지 남이섬을 매입해 나무를 심기 시작한 것이 관광지로서의 남이섬이 시작된 출발점으로, 남이섬은 나무들이 만들어준 천국이라 해도 과언이 아닐 만큼 아름다운 숲길이 섬 전체를 메우고 있다. 배에서 내려 섬으로 들어서면 양편으로 늘어선 잣나무들이 길을 안내하고, 〈겨울연가〉의 주인공들이 걸었던 메타세쿼이어 길은 이국적인 멋을 풍기며, 중앙광장의 은행나무 길은 가을이면 황금색 카페트를 깔아놓은 듯 환상적이다. 또한 강변을 따라 뻗어 있는 자작나무 길과 갈대 숲길은 사랑하는 이의 손을 잡고 걸으며 아름다운 추억을 만들고 싶게 한다. 문화의 향기를 느낄 수 있는 갤러리와 박물관, 작가들의 작품을 전시하고 관람객이 직접 체험할 수 있는 공방까지 다양한 볼거리와 즐길거리가 있어 남이섬으로의 여행은 지루할 틈이 없다. 1인용부터 6인용까지 다양한 형태의 자전거를 이용해 섬 전체를 둘러볼 수 있고 친환경 전기 자전거와 하늘 자전거, 유니세프 나눔열차를 타보는 것도 이색적인 체험이 되겠다. 섬 안에는 정관루라는 이름의 숙박시설이 있는데 호텔식, 콘도식, 방갈로식 등 취향에 맞게 선택해 하루를 묵어갈 수 있어 고즈넉한 밤과 신비로운 새벽 시간의 남이섬을 만나는 추억을 남길 수 있다.

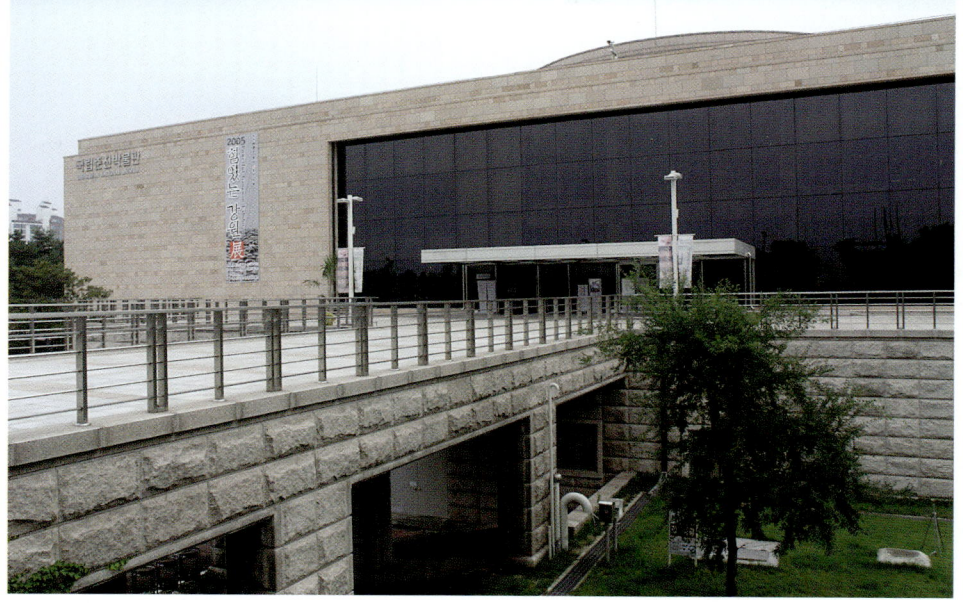

국립춘천박물관 강원도 유일의 국립박물관

위치 | 강원도 춘천시 석사동 95-3
강원도 춘천시 우석로 70
운영시간 | 평일 09:00~18:00, 주말 및 공휴일 09:00~19:00
(4~10월 토요일 21시까지), 매주 월요일 휴관

▶ MINI DATA
| 입장료 | 없음　　주차 | 가능　　분류 | 박물관

2002년, 국립박물관이 없었던 마지막 도(道)라는 불명예를 보상받듯 멋진 건물을 열었다. 강원 지역의 문화와 문화재를 전시하는 박물관은 상설전시관의 주제가 '선사시대의 강원, 고대의 강원, 고려의 강원, 조선 근현대의 강원'일 만큼 강원 지역 중심의 문화재를 전시한다. 그 밖에도 특별전시관, 연구 보존을 위한 사무기관과 도서관으로 구성되어 있는 강원도 유일의 국립박물관으로서 그 가치를 더한다. 단순한 나열식 전시가 아니라 햇살 따사로운 중앙 홀을 중심으로 눈으로 확인하고 느낄 수 있는 첨단시설이 준비되어 있으며 다양한 휴식공간은 강원도의 문화 사랑방 역할을 한다. 선사시대부터 근현대까지 시대별로 구분된 전시실은 강원도의 역사를 한눈에 정리하는 명쾌함이 있고 무엇보다 역사자료를 열람할 수 있는 도서관이 준비되어 강원도민들의 문화적 욕구를 채

운다. 현존하는 상여 중 가장 오래된 청풍 부원군 김우명의 상여는 눈여겨볼 유물이다. 조선시대 왕실 상여를 제작하는 귀후서에서 만든 것으로 조선 중기 상여의 모습을 살펴보는 귀중한 자료이다. 2003년 올해의 우수 건축물로 선정된 박물관 건물의 외관도 볼거리 중 하나로 건물의 부드러운 곡선과 계단 중간을 나누어 만든 카페와 아트숍 등 전체적인 비례감과 활용성이 무척이나 뛰어나다.

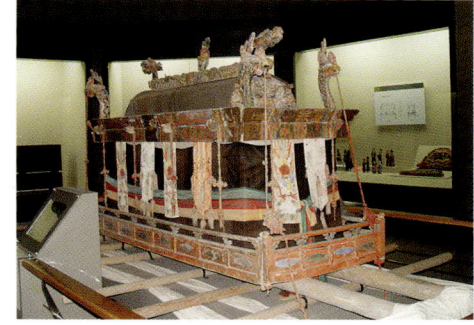

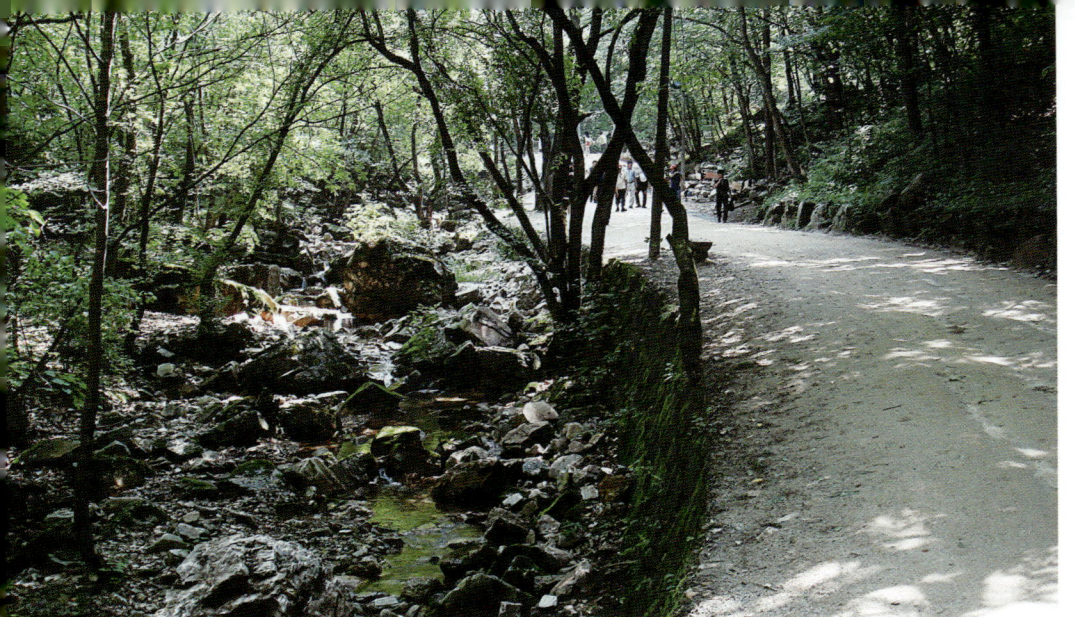

강촌 낭만 여행을 떠나자

| 위치 | 강원도 춘천시 남산면 강촌리
| 운영시간 | 종일, 연중무휴

▶ MINI DATA
| 입장료 | 없음   주차 | 가능   분류 | 산, 계곡, 동굴

춘천 가는 기차 타고 창밖으로 북한강의 경관을 즐기며 찾아가는 강촌역. 정겨운 옛 풍경은 도시만큼이나 화려한 불빛 속에 사라졌지만 잘 정비된 자전거 도로를 따라 호젓하게 즐기는 아름다운 경관은 아직도 사람들의 발길을 부른다. 경춘선 강촌역에서 검봉산 자락의 구곡폭포로 이어지는 10km의 도로 주변은 북한강의 경관을 따라 먹거리와 즐길 거리로 가득하다. 무엇보다 강촌의 하루를 즐겁게 만드는 것은 자전거 하이킹의 매력. 자전거를 타고 구곡폭포 입구까지의 언덕을 오르거나 전용도로를 따라 한가로운 강변을 따라가면 시원한 바람을 맞으며 자유로움을 느낄 수 있다. 검봉산의 아홉 굽이 물줄기가 폭포를 만든다는 구곡폭포는 강촌 안쪽의 가장 높은 곳에 있다. 산책로를 따라 1km 정도를 걷다보면 나타나는 50m 높이의 폭포는 여름철 외에는 수량이 많지 않으나, 고개를 꺾어야 폭포의 시작점을 가늠할 수 있을 정도로 높은 곳에서 떨어져 탄성을 자아내게 한다. 겨울철이면 폭포는 모습 그대로 얼음 기둥이 되고 빙벽등반을 즐기는 전문산악인들의 모습이 신선한 볼거리를 주기도 한다. 폭포 입구에서 오른편으로 이어지는 작은 오솔길은 검봉산의 언덕을 넘어 옛 화전민의 마을인 문배마을로 이어진다. 주민의 4륜구동 차량 외에는 자가용도 통제되는 마을은 분지 속으로 숨어 있는 오지이다. 산채비빔밥과 손두부도 좋고, 마을에서 담그는 동동주인 '문배주' 한잔도 좋은 먹거리가 된다. 강촌역 주변의 식당들은 한 집 사이로 이어지는 닭갈비와 막국수의 천국이다. 옛 맛을 찾는 여행객이라면 구곡폭포 방면 오르막길을 따라 매운탕과 닭백숙 식당들이 기다리고 있다. 싱싱한 붉은빛 감도는 송어 회도 입을 즐겁게 한다. 대학생들의 M.T. 등 단체여행으로도 유명하지만 호젓한 낭만의 여행지로도 빠트릴 수 없는 강촌이다.

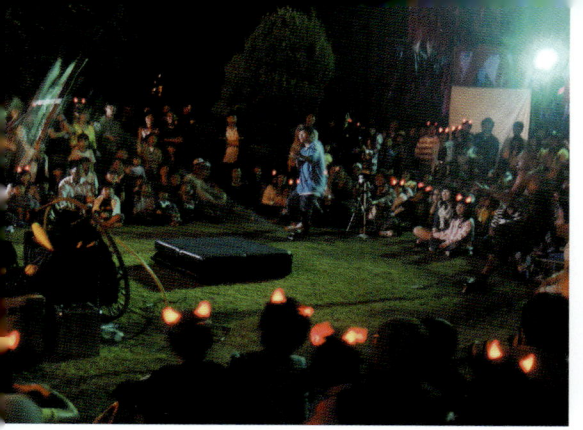

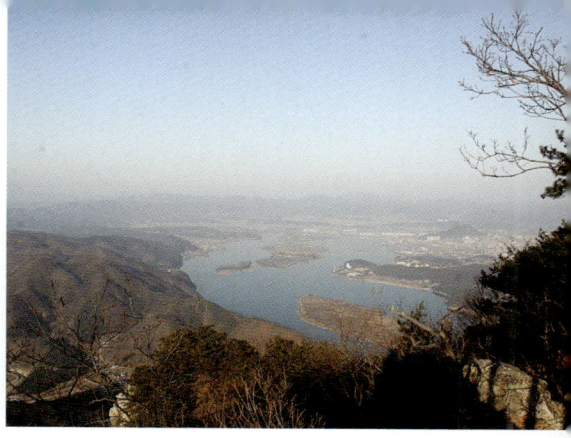

춘천마임축제

우리 다함께 마임에 미치리

| 위치 | 강원도 춘천시 효자동 531 축제극장몸짓
　　　강원도 춘천시 춘천로 112
| 운영시간 | 매년 5월 말(홈페이지 참조)

▶ MINI DATA

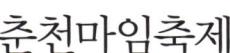

| 입장료 | 있음　　주차 | 가능　　분류 | 축제, 공연

'마임'이란, 언어를 사용하지 않고 표정과 몸짓만으로 연기하는 연극의 한 형식이다. 마임 연기로 국제적인 명성을 떨치던 연극인 유진규 씨가 춘천에 '마임의 집'을 열고 토요일마다 마임 공연을 펼친 것이 춘천 마임축제의 시작이다. 1989년 시작되어 2009년 21회를 맞이한 국제적인 마임축제로 해마다 5월이 되면 우리나라뿐만 아니라 세계 각국에서 활동하는 마임 공연단이 모여 그들의 예술 세계를 펼쳐 보인다. 난장 마을 '우리 다 함께 마임에 미치리', 우다마리는 원래 고슴도치섬 위도에 자리하고 있었으나 2009년부터는 공지천변으로 장소를 옮겼다. 우다마리는 화이트홀, 블랙홀, 빨간달, 파란달로 이루어져 있는데 각각의 난장에서 축제 기간 동안 공식 초청 공연을 비롯해 기획 공연, 거리극 퍼레이드 및 관람객이 참여하는 다양한 체험행사가 펼쳐진다. 마임 공연장 밖의 풍경이 더욱 흥거운 살아있는 축제로, 5월의 춘천은 그야말로 축제의 도가니가 된다. 춘천 곳곳에 '미치지 않으면 축제가 아니다'라 붙어 있는 표어가 인상적이다.

삼악산

계곡을 감상하며 오르는 즐거움

| 위치 | 강원도 춘천시 서면 덕두원리 일대
| 운영시간 | 종일, 연중무휴

▶ MINI DATA

| 입장료 | 있음　　주차 | 가능　　분류 | 산, 계곡, 동굴

의암호와 북한강이 한눈에 내려다보이는 해발 654m의 삼악산은 크고 작은 폭포와 기암으로 유명하다. 주봉인 용화봉(654m), 등선봉(632m), 청운봉(546m)을 합쳐 삼악산이라는 이름이 붙었다. 등반의 출발점이라 할 수 있는 등선계곡은 깊은 바위협곡으로 과거 빙하지역이었다고 전해지는데 한여름에도 서늘한 기운이 뿜겨 나오며 선녀와 나무꾼의 전설이 담긴 옥녀탕도 만날 수 있다. 정상을 향해 오르면 10여 미터의 쇠난간을 붙잡고 올라야 하는 폭포 길을 만나는데 이것이 바로 등선폭포다. 이 외에도 비선폭포, 승학폭포, 백련폭포 등 크고 작은 폭포를 만나며 오르막과 내리막을 반복하는 산행의 묘미를 느낄 수 있다. 산행 시간은 길지 않지만 등산로가 약간 험해 주의를 요한다. 3개의 봉우리를 오르내리며 수많은 고목과 기암을 감상하는 즐거움과 함께 의암호와 북한강을 조망하는 맛이 일품이다. 암봉으로 이루어진 험준한 산세를 이용해 삼국시대 이전부터 있었던 것으로 추정되는 성곽과 대궐 터가 지금도 남아 있다.

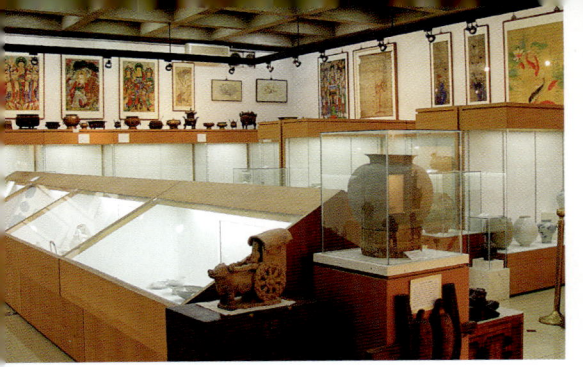
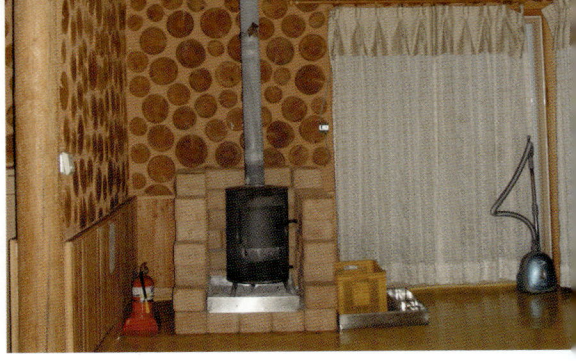

현암 민속박물관
멋진 풍경과 어우러진 알찬 박물관

| 위치 | 강원도 춘천시 서면 현암리 580-1
    강원도 춘천시 서면 박사로 740
| 운영시간 | 금~일요일 10:30~18:00

▶ MINI DATA
| 입장료 | 없음   주차 | 가능   분류 | 박물관

집다리골 자연휴양림
출렁다리를 건너 숲으로 들어가자

| 위치 | 강원도 춘천시 사북면 지암리 산5 집다리골자연휴양림
    강원도 춘천시 사북면 화악지암1길 129
| 운영시간 | 휴양림 종일, 시설 15:00~익일12:00, 연중무휴

▶ MINI DATA
| 입장료 | 있음   주차 | 가능   분류 | 숲, 자연휴양림

의암호 서쪽 한적한 곳에 위치한 박물관으로, 야외전시장 앞으로 펼쳐진 의암호의 풍경에 감탄사가 터진다. 주변의 조용한 분위기와 어우러지는 멋진 경치는 박물관을 찾는 또 하나의 이유 중 하나이다. 작은 규모의 박물관으로 우리 생활사와 관련한 여러 유물들을 갖추고 있다. 전시관 내의 불화와 민화가 볼거리이다. 중국에서 구해왔다는 고려시대 토기인 **구룡정병**은 북한에는 여럿 있지만 남쪽에는 하나밖에 없는 것이라 한다. 박물관 입장료가 없는데 이는 박물관을 춘천의 문화공간으로 꾸미길 원하는 원장 강전영 씨의 뜻이다. 30년간 수집한 물건들을 전시하기 위하여 건물을 세우고 박물관과 찻집으로 꾸며놓았으니 관람을 마치고 함께 있는 찻집으로 들어가 의암호와 멀리 춘천 시내를 바라보며 마시는 한 잔의 차는 멋진 기억이 될 것이다. 애니메이션 박물관과 인접하고 있어 함께 들르면 좋겠다.

집다리골 자연휴양림의 '집다리'라는 이름에는 재미난 사연이 전해진다. 화악산 자락 깊은 계곡을 사이에 두고 마주 보는 곳에 살던 남녀가 만나기를 소망하여 짚을 엮은 다리를 만들어 사랑을 이루었기에 이 지역을 집다리골이라 부르게 되었다고 한다. 해발 1,468m의 화악산 400m 지점에 자리 잡은 집다리골 자연휴양림은 사계절 맑고 풍부한 물이 흐르고 자생 침엽수가 원시림을 이루고 있는 청정 휴양림이다. 산막형, 방갈로형 등 숲 속의 느낌을 살린 숙박시설과 펜션형 숙소, 콘도형 숲 속의 집을 포함해 모두 31개나 되는 숙박동을 갖추고 있다. 2개의 출렁다리가 있는 산책로가 이색적이며 축구장과 배구장 등 체육시설과 취사시설을 갖춘 야영장도 있고 숲 체험학습 프로그램도 실시하고 있다.

> → 춘천수렵장
>
> 매년 10월부터 4월까지의 수렵기간에 직접 사냥을 할 수 있는 곳이다. 수렵장에는 멧돼지, 고라니 등의 야생 동물이 살고 있고 수렵면허증을 가지고 있는 사람에 한해서만 이용할 수 있지만 클레이사격장이 있어 일반인들도 사격연습을 할 수 있다.
> **문의** | 033-243-5340(강원도숲체험장)

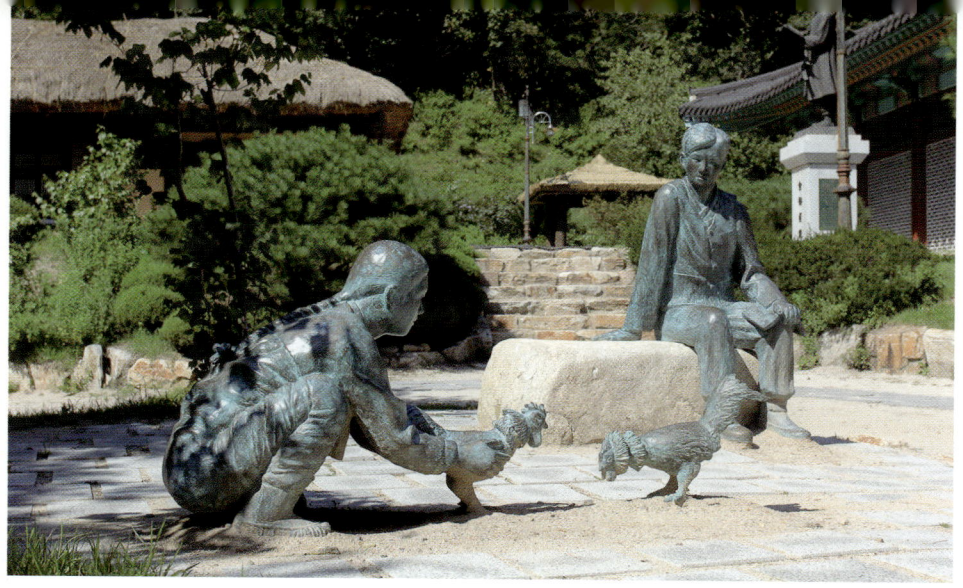

김유정 문학촌 소설 속으로 떠나는 여행

위치 | 강원도 춘천시 신동면 증리 868-1
강원도 춘천시 신동면 실레길 25
운영시간 | 동절기 09:30~17:00, 하절기 09:00~18:00,
매주 월요일 휴관

▶ MINI DATA
| **입장료** | 없음　　**주차** | 가능　　**분류** | 전통, 체험마을

춘천의 실레마을은 「봄봄」과 「동백꽃」의 작가 소설가 김유정의 고향이다. 이곳에 생가를 복원하고 전시관을 지어 1930년대 우리 문학의 꽃을 피웠던 그의 생애와 작품세계를 기념하고 있다. 이곳에서 태어난 김유정은 지금의 연세대학교인 연희전문에 다니다 자퇴를 하고 고향으로 내려와 금병의숙을 만들어 야학을 운영하였다. 농촌계몽운동을 펼치며 소설을 쓰는데, 바로 학창시절 교과서에서 누구나 한 번쯤 읽어보았을 「봄봄」 등이 그의 대표작이다. 「봄봄」은 일제 때 농촌의 삶과 말이 잔뜩 묻어나는 소설로, 최참봉댁 마름으로 나왔던 김봉필은 이곳 마을에서 욕필이라는 이름으로 통했던 실존 인물이라 한다. 딸만 여섯을 두고 데릴사위를 부리며 일을 시킨 실제 이야기를 가지고 소설을 썼다. 1인칭 주인공 시점으로 쓰인 소설로 주인공인 '나'는 점순이와 혼례를 시켜준다는 장인의 약속에 데릴사위로 들어가 일만 하다 하루

는 참다 못해 대들었는데, 내 편을 들어줄 것이라 알았던 점순이마저 자기 아버지 편을 들며 다시 일하러 나가라는 핀잔을 하게 되니 주인공의 입장에서는 억울할 일이나 독자에게는 그 갈등과 표현이 매우 해학적이라 웃음을 머금게 한다. 김유정 문학촌에는 그의 생가가 복원되어 있고 사후 57주기를 기념해 세운 동상이 있다. 김유정전시관 입구로 들어서면 대표작인 「봄봄」을 펼친 책이 조형물로 만들어져 있으며, 안에는 김유정의 생애와 문학, 1930년대의 우리 문학의 흐름에 관한 여러 자료들이 있다. 닥종이 인형으로 「봄봄」의 한 장면을 재현해놓고 있는데, 인물들의 표정이 재미 있다. 원래 경춘선 신남역이었으나 이름을 '김유정역'으로 바꾸었으며 청량리에서 하루에 9번 기차가 다닌다.

고판화박물관

치악산 보물창고

위치 | 강원도 원주시 신림면 황둔리 1706-6
강원도 원주시 신림면 물안길 62
운영시간 | 동절기 10:00~17:00, 하절기 10:00~19:00,
매주 월요일 휴관

▶ MINI DATA
| 입장료 | 있음　주차 | 가능　분류 | 박물관

목판화는 변변한 통신수단이 없었던 옛 시절 부처님의 말씀을 대량으로 사람들에게 전할 수 있는 가장 훌륭한 수단이었다. 부드럽지만 뒤틀림 없는 자작나무 등에 새겨진 불경은 지금까지 남아 무엇보다 소중한 국가의 보물이 되었다. 목판의 역사는 조선시대까지 끊임없이 이어지지만 '복사'라는 인식 때문인지 유물로서의 가치는 여느 것에 비하여 낮게 취급되고 있는 느낌이다. 사찰뿐 아니라 일반 민가의 편지지까지 다양한 형태로 사용된 판화 유물에 관심을 가지고 수집한 개인의 노력으로 만들어진 고판화 전문 박물관으로 여느 곳에서 보기 힘든 새로움과 유물의 방대함을

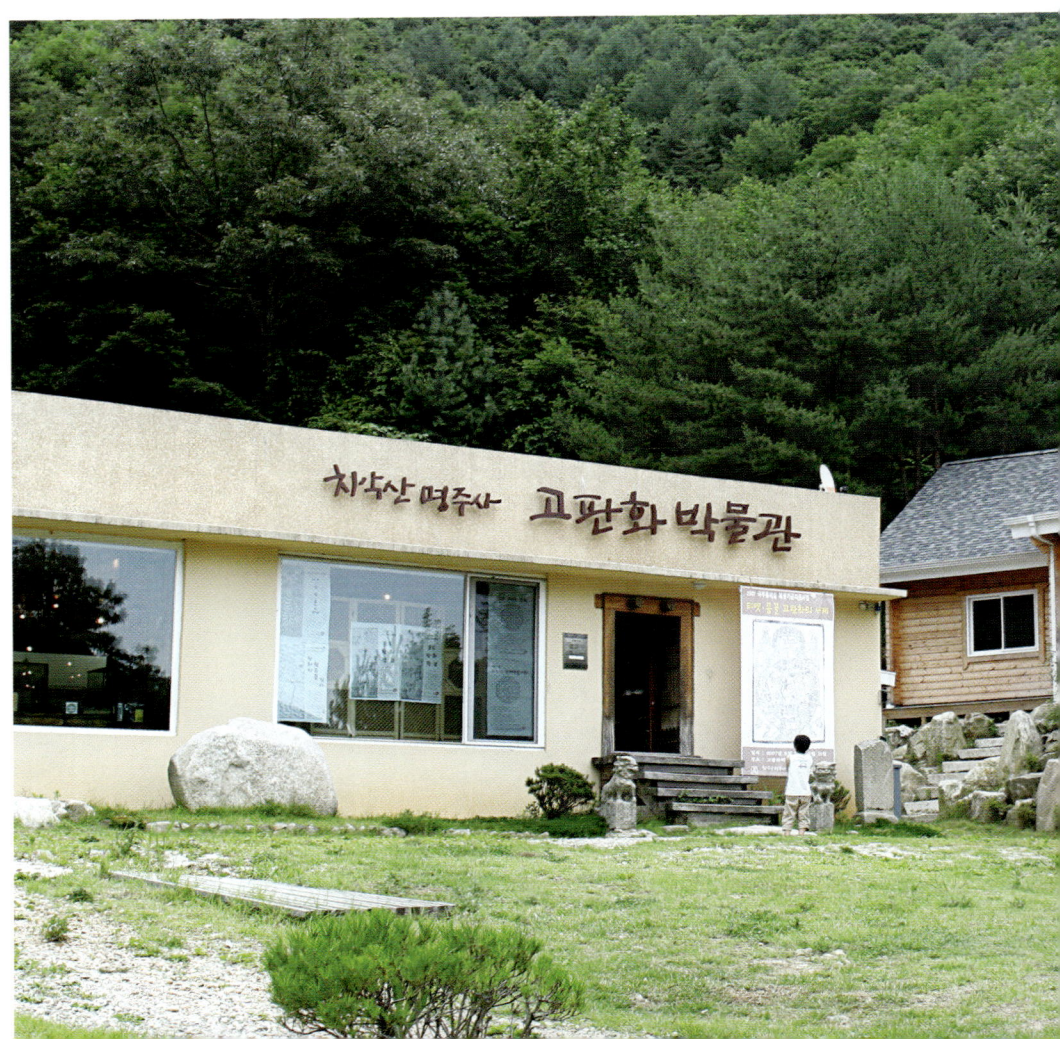

보여준다. 불교 태고종의 승려이자 명주사 주지인 관장의 개인 수집품이 전시되어 있는 고판화박물관은 치악산의 한적한 자락을 언덕 삼아 파란 잔디 위로 단정하게 지어진 황토빛 건물이다. 전시실에 보관되고 전시 중인 유물들은 모두 3,000여 점이 넘는다. 우리나라의 고판화에서 중국, 일본, 티베트, 몽골 등 아시아 전역에서 수집한 판화들은 하나같이 가치를 인정받는 유물들이고 불경 등 서책의 판화에서부터 매우 정밀하게 조각된 불상의 판화까지 무척이나 다양한 종류의 것들을 소장하고 있다. 중국에서 전해진 한 폭의 그림 같은 판화작품 중에는 현지에서도 구할 수 없

는 귀한 작품들이 많아 미술사학을 연구하는 외국의 학자들도 이곳을 찾는다고 한다. 탁본의 과정과 흡사한 판화제작 프로그램이 마련되어 있고 찾는 손님들에게 우려내는 따뜻한 차 한 잔의 맛과 정성을 느껴볼 수도 있다. 고판화 박물관에서 1박 2일의 체험 프로그램도 진행한다.

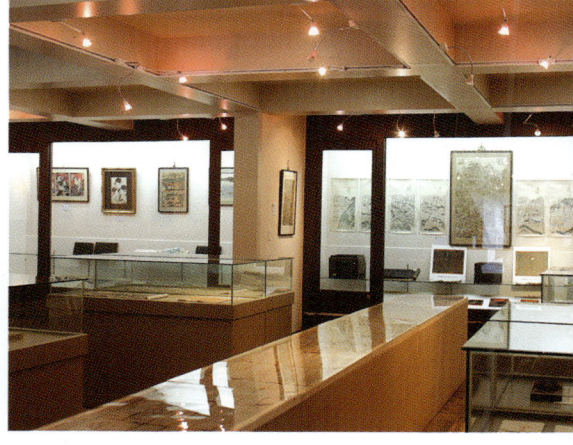

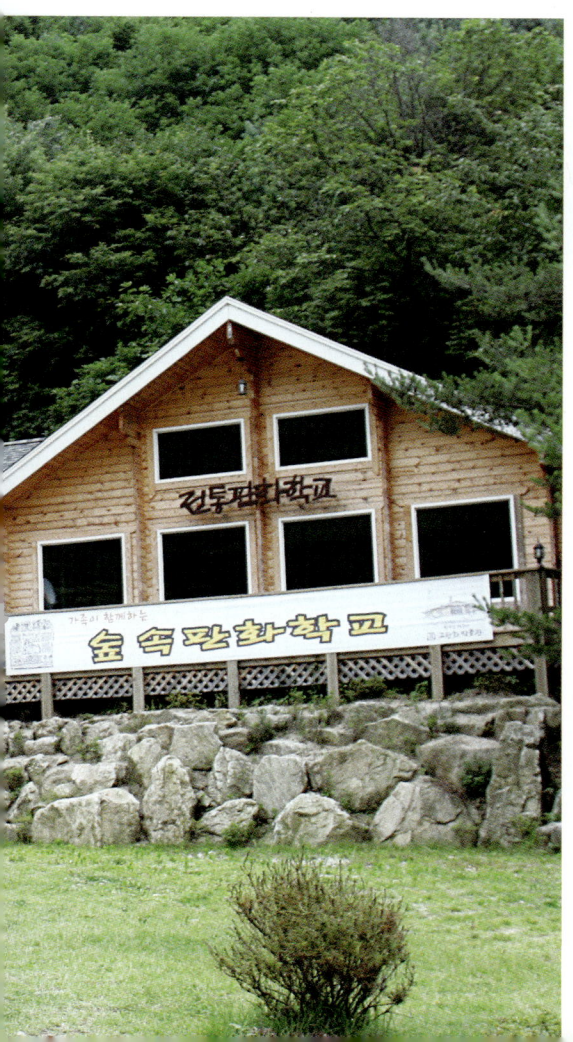

🟢 황둔 찐빵마을, 최고의 간식거리가 이곳에 있다

황둔은 이웃동네인 횡성 안흥과 함께 강원도의 소문난 찐빵마을이다. 밀가루와 쌀을 적당히 섞어 빵을 만들고 그 안에 팥으로 소를 채워 찐빵을 만드는데 쌀을 섞어 만들어 쫄깃한 식감이 좋고 소화에도 도움이 된다. 처음에는 다른 것을 첨가하지 않은 흰색의 찐빵만 만들었으나 이곳 찐빵이 인기를 끌면서 새로운 제품을 개발해 이제는 다양한 색이 나는 찐빵을 만들고 있다. 반죽을 할 때 쑥, 솔잎, 검은깨, 단호박, 옥수수, 흑미 등의 천연재료를 사용한다.

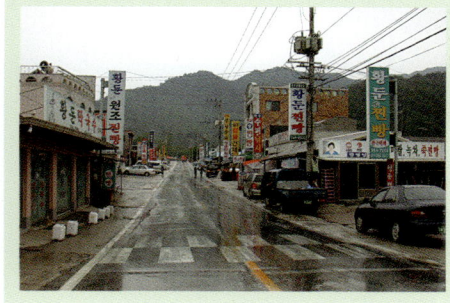

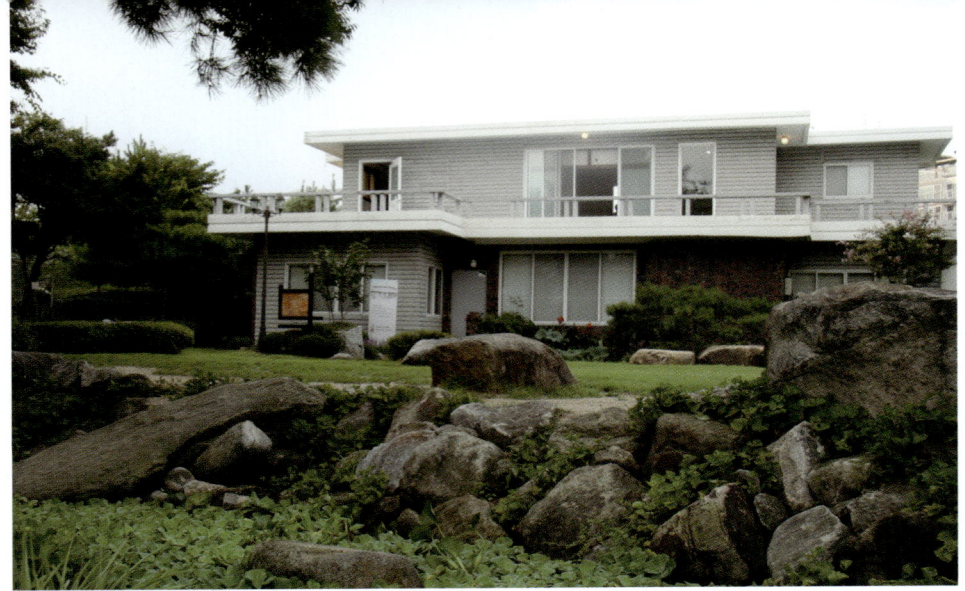

박경리문학공원 토지의 영원한 고향

| 위치 | 강원도 원주시 단구동 1620-5
　　　강원도 원주시 토지길 1
| 운영시간 | 10:00~17:00, 매월 넷째 주 월요일 휴관

▶ MINI DATA
| 입장료 | 없음　　주차 | 가능　　분류 | 공원

2008년 5월 5일, 한국 근대사를 수려한 필체로 그린 대하소설 『토지』를 통해 우리 문학사에 큰 획을 그은 소설가 박경리가 향년 82세의 나이로 세상을 떠났다. 원주는 1980년부터 박경리가 정착하여 『토지』 4, 5부를 집필한 박경리의 삶과 문학 혼이 깃든 고향이다. 박경리문학공원은 2008년 8월 15일부터 토지문학공원에서 명칭이 변경되었으며 『토지』 속의 주요 배경을 테마 공원으로 조성해 작가의 문학 세계를 탐방할 수 있도록 꾸며놓았다. 공원 내에는 단구동 옛집과 작가가 직접 가꾸었던 텃밭이 있으며 전시관으로 이용되는 2층 건물의 관리사무소 앞에는 경남 하동의 평사리 들녘을 연상할 수 있는 평사리 마당을 조성하였고, 옛집 위쪽으로는 홍이동산, 그 아래로 멀리 간도 용정의 벌판을 연상하게 하는 용두레벌을 조성하여 답사객들이 작품과 작가의 문학 세계를 이해하는 데 많은 도움을 주고 있다.

> ### → 토지문화관
>
> 1999년 강원도 원주시 흥업면 매지리에 개관하였다. 삶과 환경의 바탕이 되는 문화와 사상의 새로운 이념정립을 통해 우리 삶의 질을 고양하고 한국 문화 발전에 이바지하고자 설립되었으며 전도유망한 학자, 예술가의 창작과 저술을 위하여 창작실(귀례관)을 마련하여 지속적으로 후원하고 있다. 토지문화관 바로 옆에 있는 사택은 소설가 박경리가 1998년부터 2008년 5월 타계할 때까지 거주하였던 2층집이 있어 작가의 소탈하고 인간적인 면도 함께 볼 수 있다. **문의** | 033-766-5545

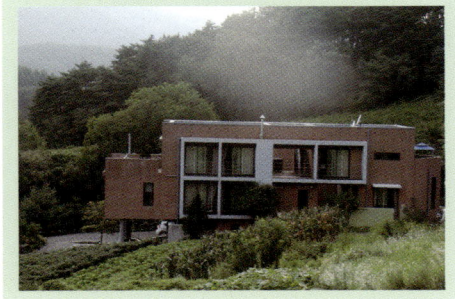

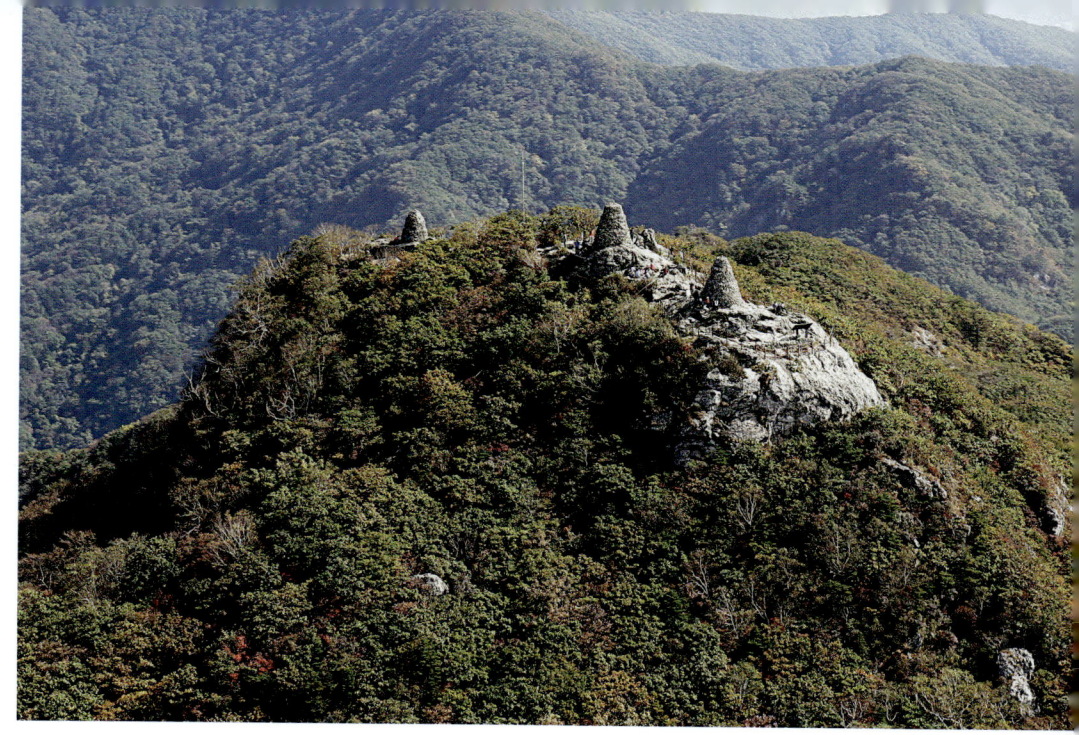

치악산국립공원 은혜 갚은 꿩의 전설이 깃든 차령산맥의 명산

| 위치 | 강원도 원주시 소초면 학곡리, 횡성군 강림면 일대
| 운영시간 | 종일, 연중무휴

▶ MINI DATA
| 입장료 | 없음　　주차 | 가능　　분류 | 산, 계곡, 동굴

치악산은 주봉인 비로봉(1,288m)을 중심으로 매화산 (1,084m), 향로봉(1,043m)과 남대봉(1,182m) 등 여러 봉우리로 연결되어 있는 차령산맥 줄기의 명산이다. 치악산국립공원은 주 능선이 비교적 완만한 경사를 이루는 횡성군 쪽의 동치악산 지구와 구룡사가 있는 원주 쪽의 서치악산 지구로 나뉘는데, 가을철이면 우뚝우뚝 솟은 기암괴석과 하얀 물줄기 사이사이로 형형색색의 단풍이 절경을 이룬다. 동치악산 아래에 맑은 계곡과 울창한 숲을 끼고 자리한 태종대는 스승을 찾는 제자의 마음과 신하라 하더라도 두 임금을 섬길 수 없는 충신의 절개가 서린 곳이다. 운곡의 은거지를 비롯해 노고소 등이 있는 동치악산은 유서 깊은 역사와 전설을 간직한 다양한 볼거리들이 산재해 행

락객들의 발길을 재촉한다. 아름다운 계곡과 기암, 폭포가 있고 구룡사와 상원사를 비롯해 석경사, 숙향사, 보문사, 입석사 등 오래된 사찰들이 곳곳에 있어 사시사철 관광객들이 즐겨 찾는다. 치악산에는 구렁이에게 먹힐 뻔한 꿩을 구해준 선비에 관한 전설이 전해지는데 선비 덕분에 목숨을 건진 꿩이 위험에 처한 선비를 살리기 위해 상원사의 종에 몸을 부딪혀 종을 울리게 하여 은혜를 갚았다 해서 '꿩 치(雉)' 자를 쓴다. 치악산 서쪽 자락에 위치한 구룡사는 신라 문무왕 8년인 서기 668년에 고승 의상대사가 창건한 사찰로 대웅전은 유형문화제 제24호로 지정되어 있으며 여러 불교 문화제를 보유하고 있다.

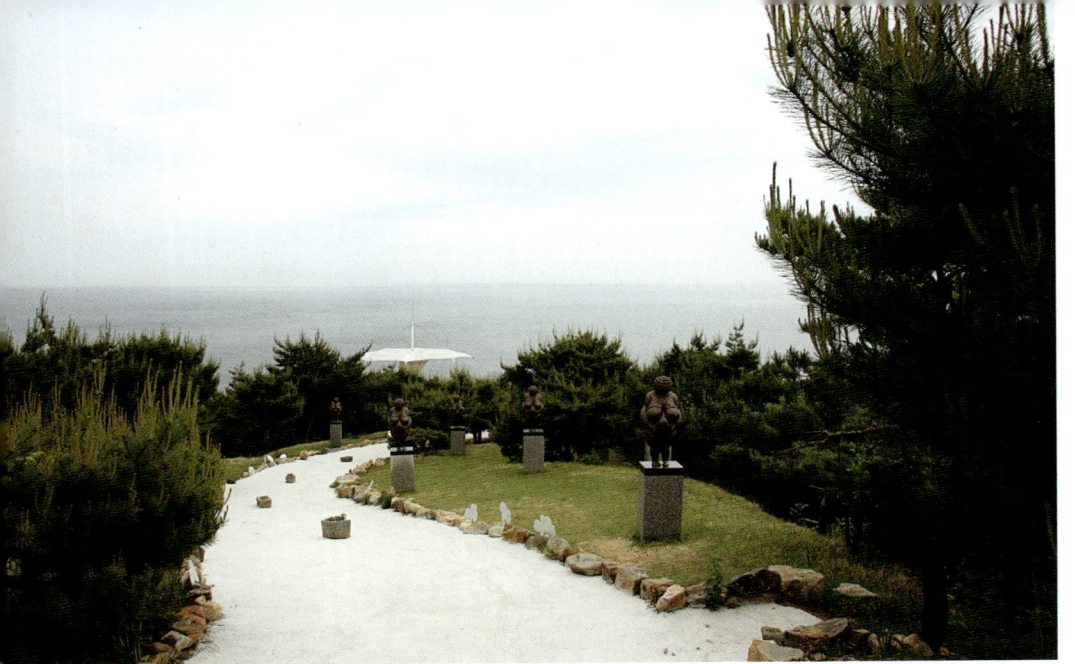

하슬라 아트월드 동해를 그리는 언덕

| 위치 | 강원도 강릉시 강동면 정동진리 524-25
　　　강원도 강릉시 강동면 율곡로 1441
| 운영시간 | 09:00~18:00, 성수기 09:00~19:00, 연중무휴

▶ MINI DATA
| 입장료 | 있음　　주차 | 가능　　분류 | 전시, 체험시설

강릉의 옛 지명인 '하슬라'로 이름 지은 25ha의 너른 언덕은 예술가들이 꾸미는 아름다운 정원이다. 눈앞으로 펼쳐지는 동해의 바다와 시원한 바람 그리고 따뜻하게 언덕을 감싸는 햇볕이 예술품을 더욱 아름답게 한다. 2003년 문을 연 공원의 작품들은 숨바꼭질 하듯 숨어 있다. 바다를 향하는 소나무의 사이로, 야생화 틈으로 작품들이 모습을 보인다. 언덕을 오르는 산책로는 경관을 가장 아름답게 바라보도록 다듬어져 있고 발걸음을 멈추는 곳에 작품이 서 있다. 10년을 바라보고 단장되는 언덕은 조금씩 자연을 닮아간다. 가장 높은 곳에서 바다를 바라보는 하늘전망대는 바람과 음악이 어우러지는 공간이다. 아이들과 함께라면 공원에서 준비하는 체험 프로그램도 즐겨보자. 아트숍에서 전시하고 판매하는 예술가들의 공예품들

도 특별하다. 주말에는 새벽개장을 하는데 동해에서 솟아오르는 태양을 맞이하는 등명(燈明)의 축제이다. 하슬라 아트월드와 괘방산 언덕을 같이하는 등명락가사는 바다와 맞닿는 임해사찰이다. '등명락가(燈明洛加)'라는 사찰의 명칭 또한 특이하다. 신라시대에 건립된 사찰은 동해의 일출을 감상하는 장소로 유명하며 일주문 인근의 톡 쏘는 탄산약수로도 이름 높다. 나한전에 모셔진 오백나한상은 고려청자 기법으로 흙을 빚어 구워 만든 작품으로 흔히 볼 수 없는 귀한 불상이다.

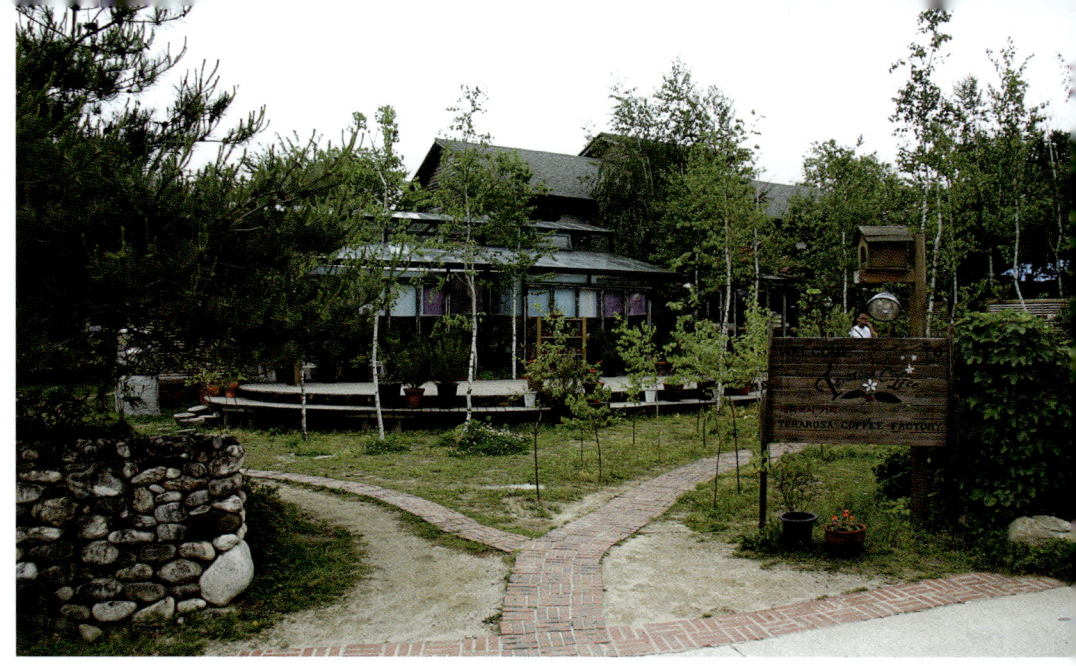

테라로사 커피공장에서 즐기는 맛있는 커피 한 잔

위치 | 강원도 강릉시 구정면 어단리 973-1
　　　강원도 강릉시 구정면 현천길 25
운영시간 | 09:00~21:00, 연중무휴

▶ MINI DATA
입장료 | 없음　　**주차** | 가능　　**분류** | 전시, 체험시설

한적한 시골에 자리한 커피공장으로 직접 로스팅한 커피를 핸드 드립으로 만들어 주는 카페를 함께 운영하고 있다. 이곳에서 로스팅된 커피는 전국의 유명 호텔과 커피전문점으로 납품하는데, 구매처에서 요구하는 까다로운 품질과 맛을 만족시키기 때문이다. 길가 작은 팻말을 따라 안으로 들어가면 그윽한 커피 향이 자동차 창 너머 들어오고, 그 향기에 취할 무렵 앞으로 예스럽게 생긴 멋진 건물의 테라로사가 나타난다. 안으로 들어가면 여러 나라에서 수입된 다양한 종류의 커피 포대가 차곡차곡 쌓여 있고 한쪽에 커피를 로스팅하는 대형 기계가 눈에 들어온다. 또한 커피를 만들고 마시는 데 필요한 다양한 도구도 곳곳에 전시되어 있다. 천천히 둘러본 후 햇빛 들어오는 창가 테이블에 앉아 갓 구운 원두로 내린 커피를 마셔

보자. 신선하면서 그윽한 커피의 맛과 향이 입과 코를 타고 온 몸으로 스며든다. 이곳의 특별한 메뉴인 '테스트 코스'를 주문해보자. 도시에서 커피 한 잔 마실 가격에 바리스타가 만들어주는 세 잔의 커피를 원하는 잔에다 마실 수 있다. 핸드 드립으로 커피를 만드는 방법, 맛있는 커피를 고르는 법 등 이야기를 나눌 수 있다. 여러 종류의 커피 중에서 자신이 직접 고르거나 바리스타의 추천을 받아 결정하면 된다. 이렇게 맛을 보고 마음에 든 커피가 있다면 나가는 길에 사 갈 수 있다. 원두 가격도 저렴한 편이다. 커피와 어울리는 먹거리로 빵과 케이크를 매일 만들며, 공장과 함께 있는 식당에서는 파스타류의 단품요리나 양식 코스요리를 차려내는데, 식사 시간이 되면 사람들로 붐빈다.

참소리축음기와
에디슨 과학박물관

꿈을 찾는 이야기

위치 | 강원도 강릉시 저동 35-1
　　　강원도 강릉시 경포로371번길 26
운영시간 | 09:00~17:00, 연중무휴

▶ MINI DATA
입장료 | 있음　　주차 | 가능　　분류 | 박물관

무려 4,000점이 넘는다는 전시물들은 모두 여느 곳에서 구경하기 힘든 소중한 물품들이다. 참소리박물관은 작은 축음기 하나에서 시작되었다. 아버지가 선사한 축음기를 한국전쟁과 1·4후퇴 때에도 간직하였다는 손성목 관장은 오랜 세월 동안 수집한 오디오로 이제는 세계 최고의 오디오 박물관을 만들었다. 세상에 남아 있는 에디슨 발명품의 30%를 소장하겠다는 그의 집념은 결실을 맺어 학교 교과서에도, 세계 유수의 언론에도 소개되었다. 1992년 문을 연 박물관은 비좁은 실내의 창고 같던 옛 보금자리를 떠나 경포호가 바라다보이는 자리에 최신 시설로 2007년 다시 문

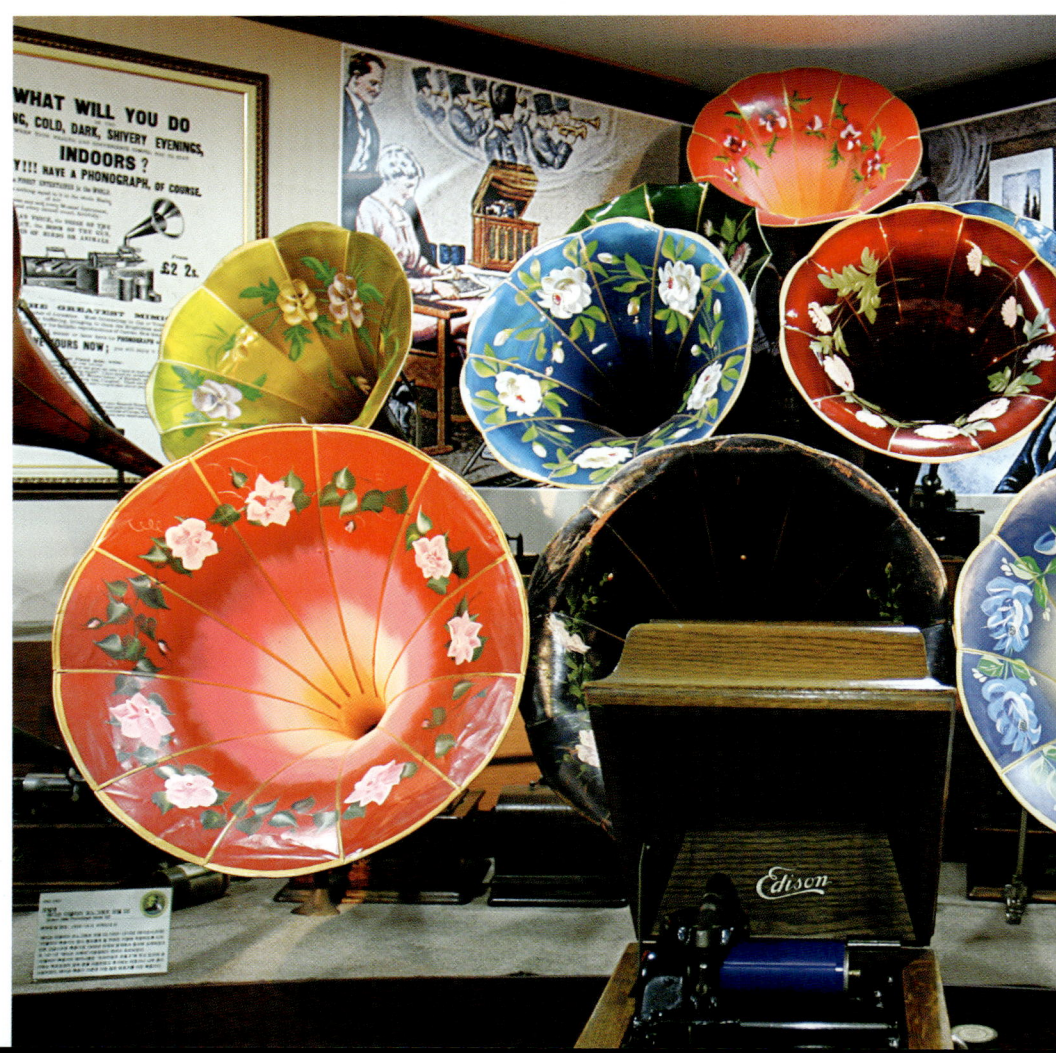

을 열었다. 세계에서 가장 오래된 나팔 모양의 스피커에서 울려 나오는 즐거운 멜로디는 시간을 거슬러 여행하는 느낌이고 진공관라디오의 엄청난 크기는 1세기를 거치는 동안 무서운 속도로 발전한 산업기술의 변천을 피부로 느낄 수 있게 한다. 오디오와 소리를 주제로 하는 참소리축음기박물관과 구름다리로 연결된 건물은 관장이 가장 존경한다는 에디슨의 수많은 발명품들로 가득한 에디슨 과학박물관이다. 축음기와 전구, 영사기기로 대표되는 에디슨의 발명품들이 꼼꼼하게 수집·전시되어 있다. 관람의 마지막은 최고 수준의 오디오 시스템이 완비된 음악감상실에서

귀에 익숙한 음악을 감상하며 화룡점정을 찍는데 소리의 아름다움이 온몸으로 다가온다. 친절하고 전문적인 박물관 직원들의 해설은 관람을 더욱 의미 있게 만들고 옥상에 마련된 휴식 공간에서 맞이하는 경포호의 바람은 감동의 열기를 식히는 청량제가 된다. 더욱 깊은 감동의 자극을 느끼고 싶은 사람이라면 정기적으로 열리는 음악 감상회를 챙겨보자.

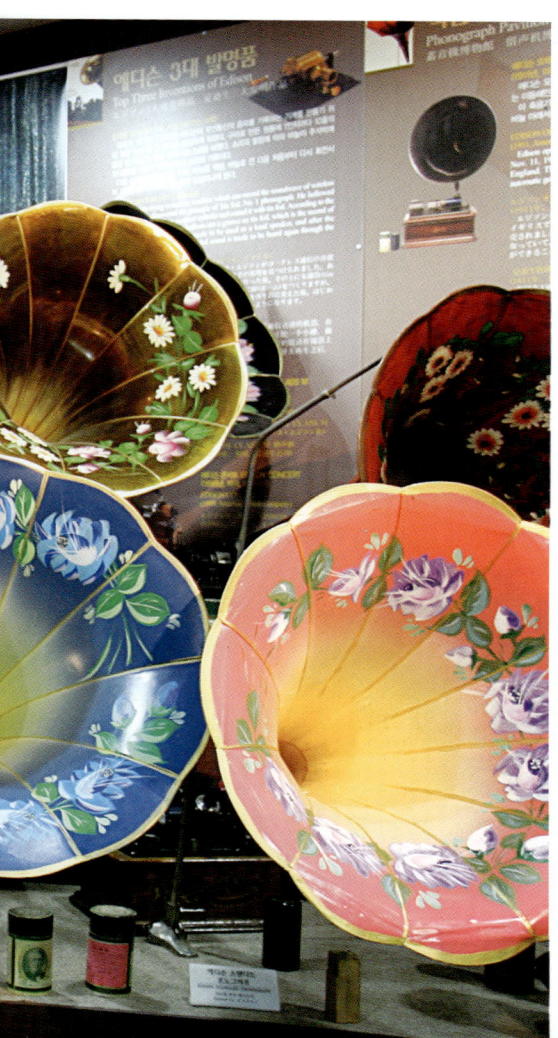

→ 초당두부, 동해의 푸른 맛

조선시대 『홍길동전』의 작가인 허균의 부친인 초당 허엽이 샘물로 콩을 가공하고 동해의 바닷물로 간을 해 두부를 만들었다는 설화에서 유래하는 초당두부는 강릉을 대표하는 먹거리가 되었다. 순백의 부드러운 두부에 밥을 말아 적당히 묵은 김치를 얹어먹는 맛은 생각만으로도 군침을 돌게 한다. 경포해수욕장 솔밭 사이로 모여 있는 식당들은 한결같이 '원조'를 내세우는 맛집이다.

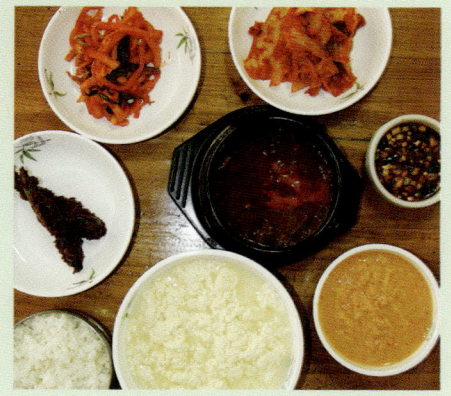

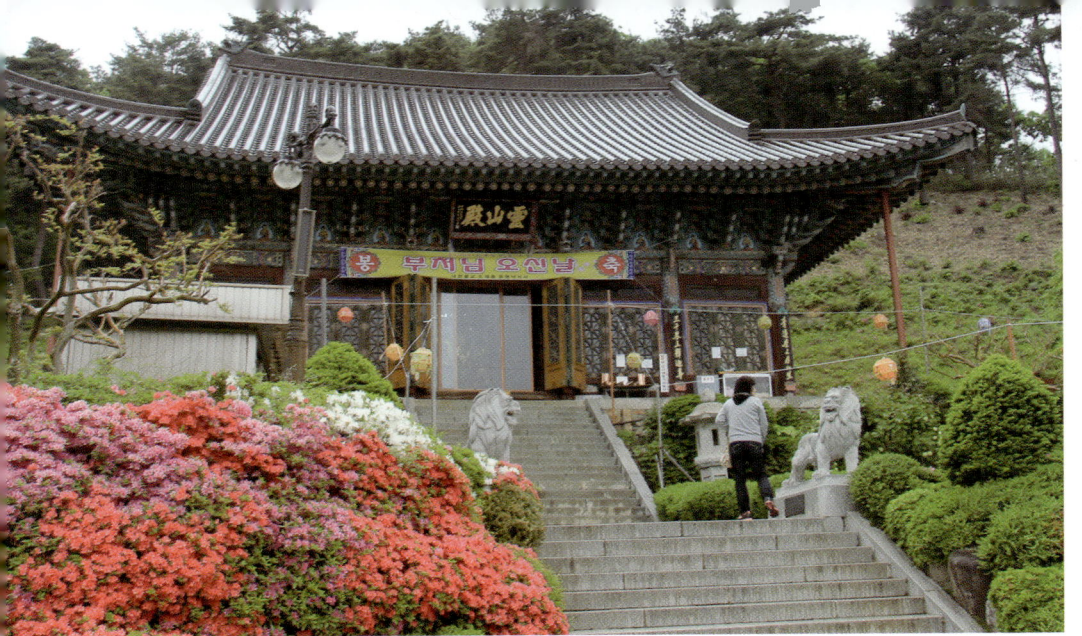

등명락가사 특별한 오백나한상을 찾아서

| 위치 | 강원도 강릉시 강동면 정동진리 산17
　　강원도 강릉시 강동면 율곡로 1505-16
운영시간 | 종일, 연중무휴

▶ MINI DATA
| 입장료 | 없음　　주차 | 가능　　분류 | 불교유적

강원도 바닷가에 있는 사찰 하면 낙산사가 가장 먼저 떠오를 것이다. 그리고 또 하나의 사찰을 기억하고 찾는다면 등명락가사가 있다. 강릉에서 7번 국도를 타고 남쪽으로 내려가다 보면 산 중턱에 우뚝 서 있는 이 사찰은 이름만큼 독특하고 아름다운 절이다. 신라 선덕여왕 때 자장율사가 창건하였다는 절로 서울의 정 동쪽에 있다. 긴 역사 동안 사연도 많아 등명사, 낙가사라는 이름을 거쳐 현재의 등명락가사가 되었다. 등명락가사 초입에는 유명한 약수터가 있다. 한 바가지 떠서 마셔보자. 새콤달콤하고 약간 떫은 맛인데 철분이 많이 함유되어 건강에 좋다. 특히 위장병과 부인병 치료에 탁월하며, 무좀 등 피부병에도 약효가 있다고 하여 소문을 듣고 많은 사람들이 찾아온다. 아무리 가물어도 메마른 적이 없이 솟아난다는 신비로운 약수다. 경내에 들어서면 딸랑딸랑 풍경 소

리가 멀리서 찾아온 연인을 반겨준다. 일주문을 지나 등명약수와 약사전 옆 작은 건물에 있는 달마도가 그려져 있다. 불법을 전하기 위해 인도에서 중국으로 건너온 선승의 기상이 살아 있는 그림이다. 그리고 영산전에는 등명락사를 유명하게 만든 오백나한상이 모셔져 있다. 인간문화재 유근형 선생이 5년에 걸쳐 만든 작품들이다. 오백 기의 청자나한상의 모습이 제각기 다른 점이 흥미롭다. 예술가의 정성과 노력이 대단하다. 약사전 앞에는 고려 초기에 세워졌을 것으로 추정되는 등명사지 5층 석탑이 서 있다. 잔잔하고 균형감 있는 탑이다. 단순히 등명락가사를 찾기보다는 이곳을 출발점으로 하여 해안도로를 따라가다 보면 일출의 명소인 정동진, 강릉통일공원, 함정전시관 등을 두루 살펴볼 수 있으니 여행에 참고하자.

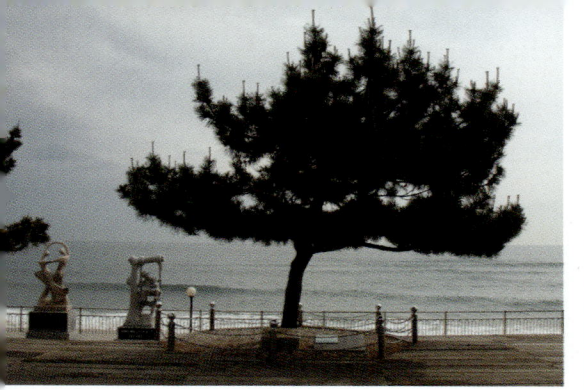

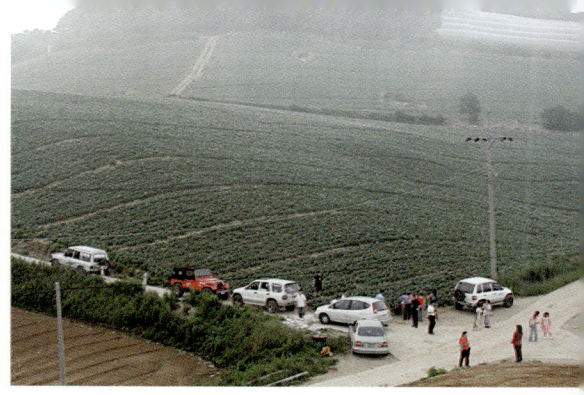

정동진

낭만을 담는 모래

| 위치 | 강원도 강릉시 강동면 정동진리
| 운영시간 | 종일, 연중무휴

▶ MINI DATA

| 입장료 | 없음　주차 | 가능　분류 | 바다, 섬

대기리 고랭지 채소밭

파도 치는 감자밭

| 위치 | 강원도 강릉시 왕산면 대기리 953
　　　　강원도 강릉시 왕산면 왕산로 1327
| 운영시간 | 종일, 연중무휴

▶ MINI DATA

| 입장료 | 없음　주차 | 불가능　분류 | 산, 계곡, 동굴

유명 드라마의 촬영 배경이 되었던 장소가 유명 관광지로 개발된 처음이 바로 정동진역이다. 드라마 〈모래시계〉의 여주인공이 긴 생머리를 바람에 날리며 서 있던 장소는 수많은 사람들의 방문으로 한동안 몸살을 앓았다. 모래시계의 유명세가 어느 정도 가라앉은 요즈음에야 정동진역과 그 주변의 잔잔한 아름다움은 제자리를 찾아가고 있다. 세계에서 바다와 가장 가까운 역이라는 이곳은 들려오는 파도 소리와 역으로 천천히 들어오는 기차, 해풍에 허리를 구부린 소나무가 아름다운 한 폭의 그림을 만든다. 역 벤치에 앉아 자판기 커피라도 한 잔 마시며 푸른 바다를 감상해 보자. 비록 영화 속 주인공이 아닐지라도 동해의 넉넉함은 마음의 휴식을 선사한다. 역 주변을 장식하는 원형의 거대한 모래시계는 1년 단위로 모래가 이동한다는 8t 무게의 위압감이 주변 경관과 조화를 이루지 못하지만, 새해 해맞이를 하는 수많은 관광객들에겐 기념사진을 남기는 가장 좋은 배경이 된다. 산을 뚫고 바다를 이어가는 영동선 열차를 타고 찾아가는 기차 여행지로 인기가 높다.

우리나라 최대의 고랭지 채소밭과 씨감자밭으로 유명한 대기리 마을은 닭목령과 고루포기 산으로 둘러싸인 오지였으나 고랭지 채소밭이 만든 초록의 물결이 장관으로 사람들에게 알려지면서 관광 명소가 되었다. 대기리의 중심에 있던 대기초등학교가 폐교되자 마을 주민들이 정비에 나서 농업과 관광을 연계한 고원 산촌체험장을 만들어냈다. 봄이면 야생화가 만발하고 여름이면 배추밭과 씨감자밭이 파도 치듯 펼쳐지며 가을에는 왕산면에서 오르는 길과 정선 구절리에서 올라오는 길, 용평에서 올라오는 길 모두 단풍으로 물들어 아름답게 변신한다. 단, 겨울에 눈이 쌓이면 차량 통행이 어려우니 주의가 필요하다. 폐교된 초등학교를 단장해서 운영하는 산촌체험학교는 숲 체험, 물 체험, 곤충 체험, 감자 캐기 체험, 설피 만들기 체험 등 다양한 체험 프로그램을 사계절 내내 운영하고 있어 대기리를 찾아온 여행객들에게 특별한 산촌 경험을 할 수 있도록 돕고 있다.

선교장

관동 문화의 백미

| 위치 | 강원도 강릉시 운정동 431
| | 강원도 강릉시 운정길 63
| 운영시간 | 동절기 09:00~17:00, 하절기 09:00~18:00,
| | 연중무휴

▶ MINI DATA
| 입장료 | 있음   주차 | 가능   분류 | 역사, 문화유적

한양에서 1천 리 길, 대관령을 경계 삼아 강릉 중심의 동해안 문화권을 '관동지방'이라 부른다. 고려시대 지방호족 세력의 부흥 이후 조선시대에 들어서 특별한 문화를 형성하지는 못하였지만 임진왜란 등의 외침에도 큰 피해를 받지 않아 지방 토호세력을 중심으로 상처 입지 않은 유교건축과 문화재를 남겼다. 수백 그루의 노송 사이로 자리하는 선교장은 강릉 지역의 옛 이름인 명주 땅 최대 부호였던 전주 이씨 문중의 호사스러운 저택이다. 당시 집 앞까지 연결되었다는 경포호의 물길을 따라 배가 드나들었다 하니, 생각만으로도 대단하였을 당시의 경관이 떠오르는 듯

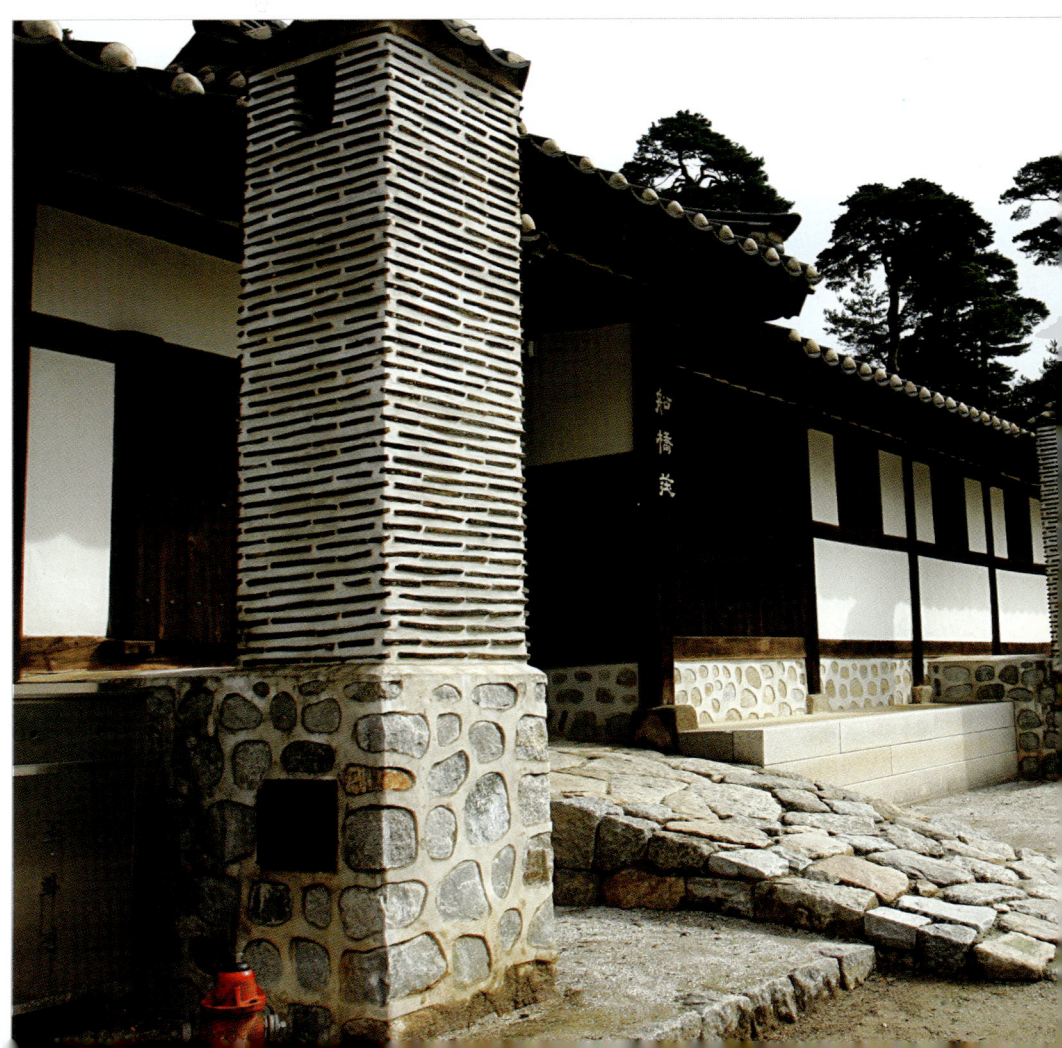

하다. 안채, 사랑채, 별당, 가묘와 집 앞의 정자까지 옛 모습 그대로를 보여주는 선교장은 개방적인 남방형 가옥과 추위를 막기 위하여 폐쇄적인 북방형 가옥의 특성을 고루 갖춘 특별한 모습으로 조선시대 민간 가옥의 연구에 매우 중요한 자료가 된다. 길게 이어지는 행랑채 중간으로 '선교유거'라는 현판을 두른 솟을대문이 시원스럽고 내부로 들어서 오른편으로 자리하는 안채는 별당 건물과 함께 그 모습을 단단히 감추듯 'ㅁ'자 형태로 지어졌다. 왼편으로 자리하는 열화당은 개화의 시기, 서양의 새로운 멋을 본받아 건물 앞으로 이색적인 차양을 두른 사랑채 건물이다.

높은 돌계단 위로 자리 잡은 모습이 흡사 궁궐 안의 건물을 보는 듯하다. 선교장 최고의 아름다움은 행랑 앞으로 위치하는 정원의 한쪽, 연못에 발을 담그고 장식하듯 서 있는 정자 활래정의 모습이다. 네 개의 기둥 중 두 발은 뭍으로 나머지 두 발은 연못에 드리운 모습은 여름날 연못을 가득 채우는 연꽃의 아름다움과 어울릴 때 한국 전통 건축의 멋을 한껏 보여주는 한 폭의 풍경화가 된다.

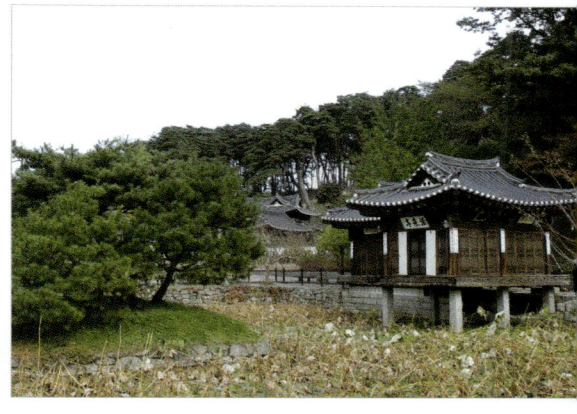

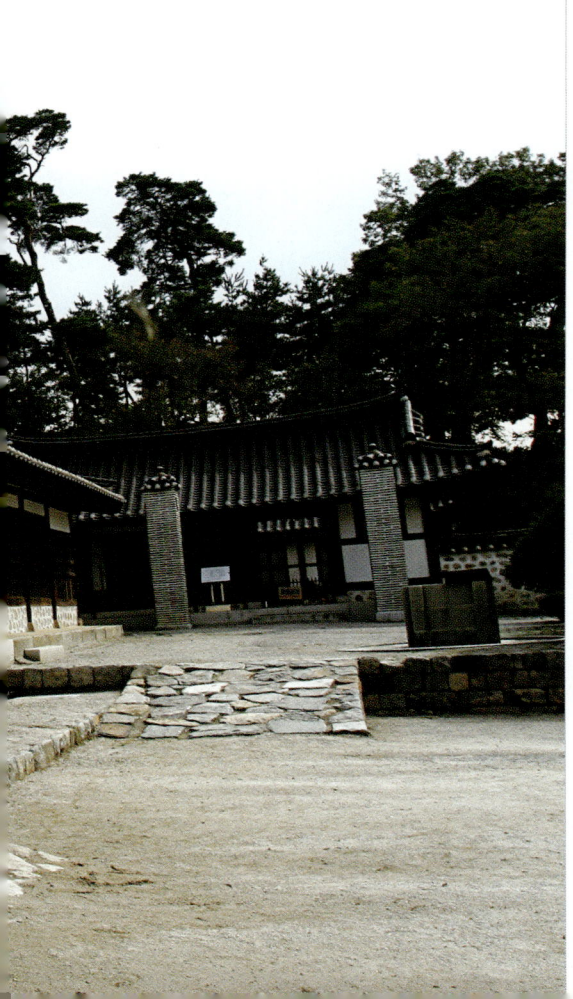

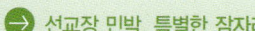

→ 선교장 민박, 특별한 잠자리

최근 마련된 선교장 한옥을 이용한 민박은 기와집인 홍예헌과 초가집을 이용하는 특별한 숙박 체험을 할 수 있는 곳이다. 흙과 나무로 지어진 한옥의 장점은 살리고 내부 공간은 최신 시설의 주방과 화장실 시설을 구비하여 불편함이 없다. 관람객이 퇴장하고 뉘엿거리는 노을을 배경으로 선교장의 마당을 거닐며 즐기는 여유는 잊을 수 없는 추억을 만들어준다. 문화해설사가 정기적으로 진행하는 해설 프로그램은 이곳에서 보내는 시간을 더욱 즐겁고 유익하게 만든다.

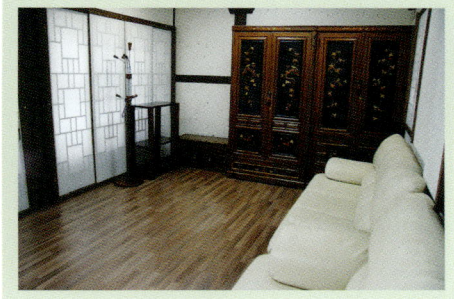

경포도립공원

바다만큼 넓은 호수, 하늘만큼 넓은 바다

| 위치 | 강원도 강릉시 운정동, 초당동, 강문동 일원
| 운영시간 | 종일, 연중무휴

▶ MINI DATA
| 입장료 | 없음   주차 | 가능   분류 | 바다, 섬

동해안을 대표하는 해수욕장 중 하나인 경포해수욕장이 있는 경포도립공원은 경포호와 경포대를 비롯해 많은 문화 유적과 경승지를 품고 있는 곳이다. 천연기념물인 고니와 청둥오리의 도래지인 경포호는 원래 둘레가 12km에 이르렀으나 하천에서 흘러드는 토사가 쌓여 그 둘레가 4km로 축소되었다. 울창한 소나무 숲과 아름다운 벚나무가 둘러싸고 있는 호숫가를 산책하거나 자전거로 돌아보면 드넓은 호수 위를 불어가는 바람과 탁 트인 하늘을 감상하는 멋을 느낄 수 있다. 특히 달이 뜬 밤 경포대에서 바라보는 경포호의 풍경은 관동팔경 중 하나로 꼽힐 만큼 아름

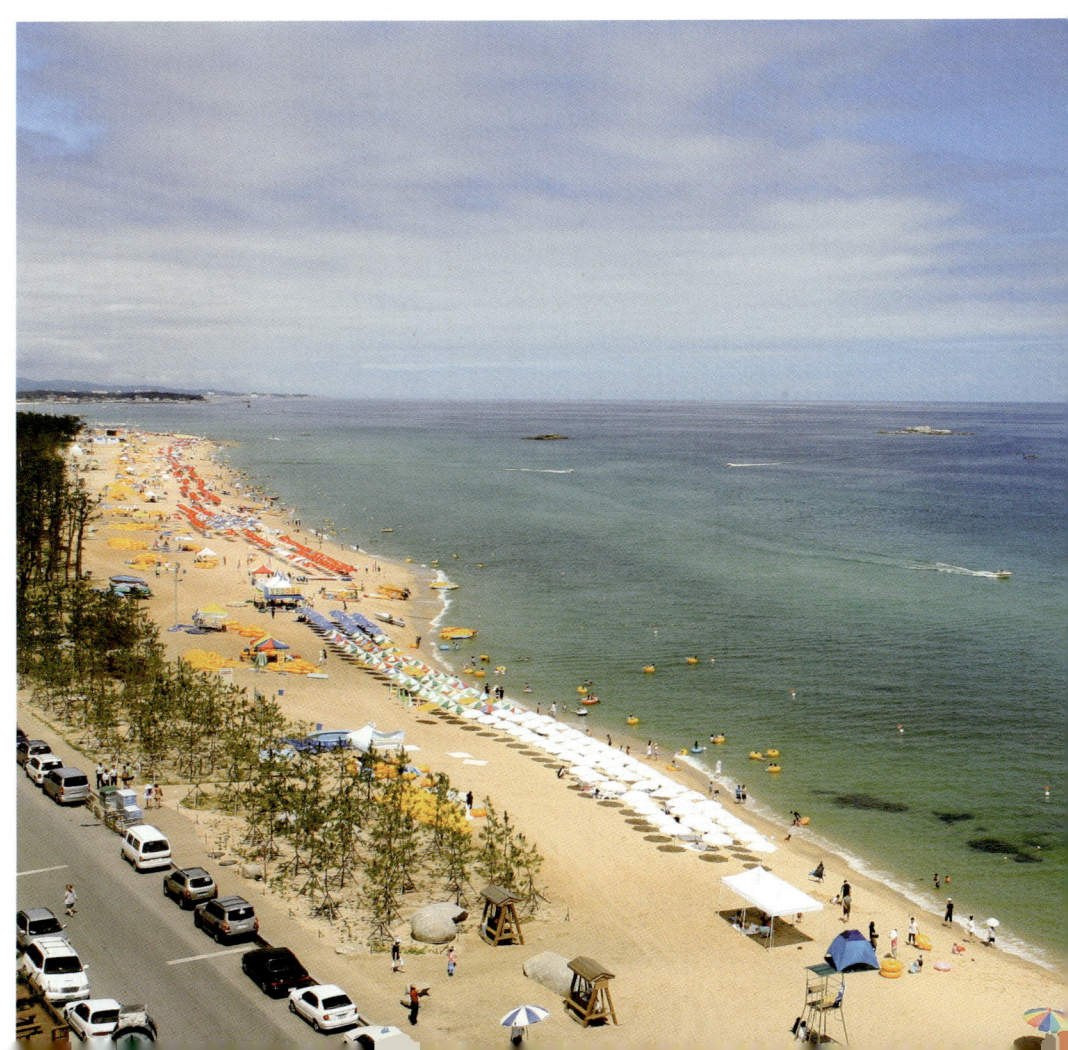

답다. 경포호의 북쪽에 위치한 경포대는 강원도 지방 유형문화재 제6호로 지정되어 있는데 충숙왕 13년(1326년)에 지어진 건축물로 정면 6칸, 측면 5칸의 팔작지붕 기와가 당당한 모습으로 경포호를 내려다보고 있다. 율곡이 10세 때에 오죽헌에 머물며 지었다고 전해지는 경포대부 판각이 걸려 있으며, 숙종의 어제시(御製詩)를 비롯해 여러 명사들의 기문(記文)과 시판(詩板)이 걸려 있다. 경포대에서는 해마다 음력 대보름이면 달맞이 행사가 열린다. 경포호 너머로 오리바위와 십리바위라 불리는 조그마한 2개의 바위섬과 거칠 것 없는 수평선을 가진 경포해수욕장이 있

다. 6km에 이르는 백사장과 시원한 파도가 동해를 대표하는 해수욕장 중 하나로 꼽힐 만한데 편의 시설 등이 깨끗하게 갖추어져 있으며 울창한 송림 안쪽으로는 숙박 시설과 다양한 음식점들이 모여 있다. 여름 피서철이면 여러 문화축제와 다양한 이벤트로 피서객들을 즐겁게 하고 매년 1월 1일에는 해맞이 행사가 열린다. 해수욕장 남쪽의 작은 포구인 강문항은 바다낚시나 회를 즐기는 사람들에게 인기를 끌고 있으며 이곳에서 북쪽 주문진항까지 해안도로가 있어 멋진 바다 풍광을 감상하며 드라이브를 즐기기에도 그만이다.

Photo by 김영훈

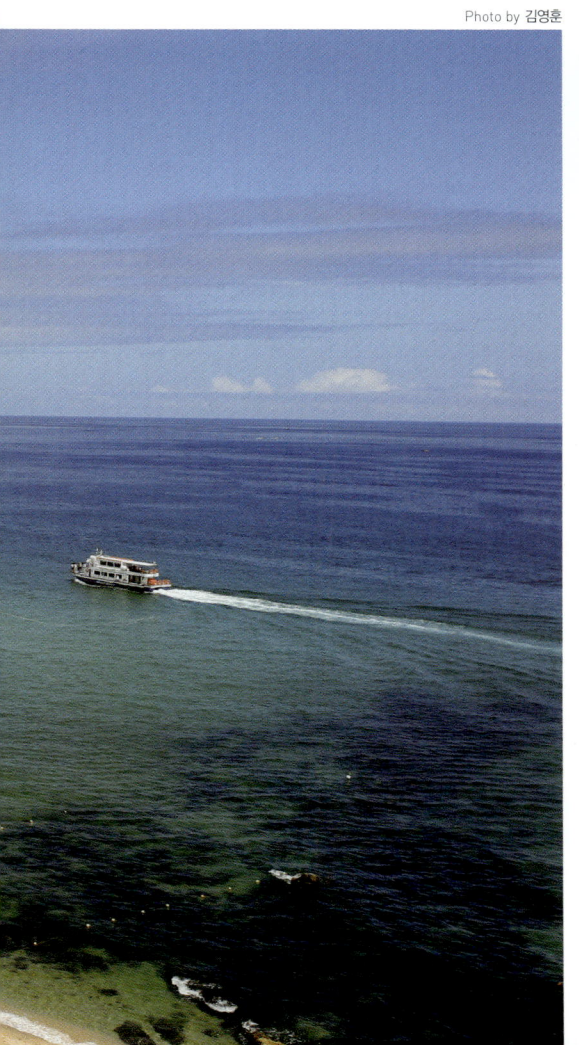

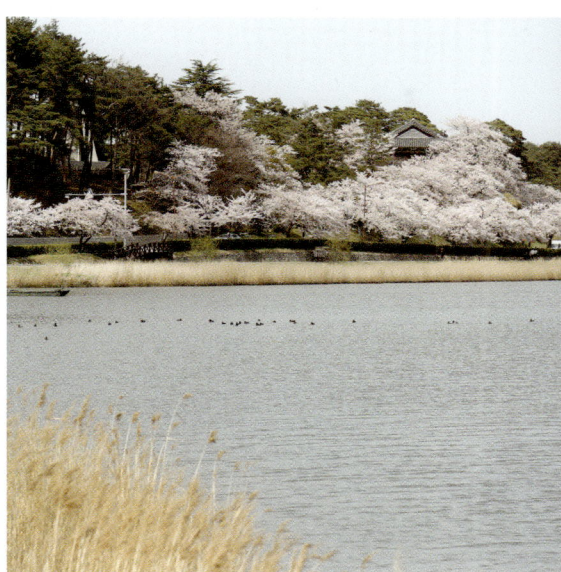

🡒 감자 옹심이, 강릉의 옛 맛을 찾아

서늘하고 통풍이 잘 되는 밭에서 자란 감자는 강원도를 대표하는 농작물이다. 논이 귀한 이곳에서 감자는 쌀을 대신하는 주식이었다. 감자를 이용하는 각종 요리들도 이곳 음식의 특징이다. 곱게 갈아내는 감자가루로 송편 모양의 떡을 만든 음식이 감자 옹심이. 사각거리는 감자의 거친 맛이 그대로 살아 있는 옹심이와 칼국수가 반씩 섞인 국을 먹으면 밀가루의 그것보다 감자의 찰기가 얼마나 강한지 느낄 수 있다.
문의 | 033-648-0340(강릉 감자 옹심이)

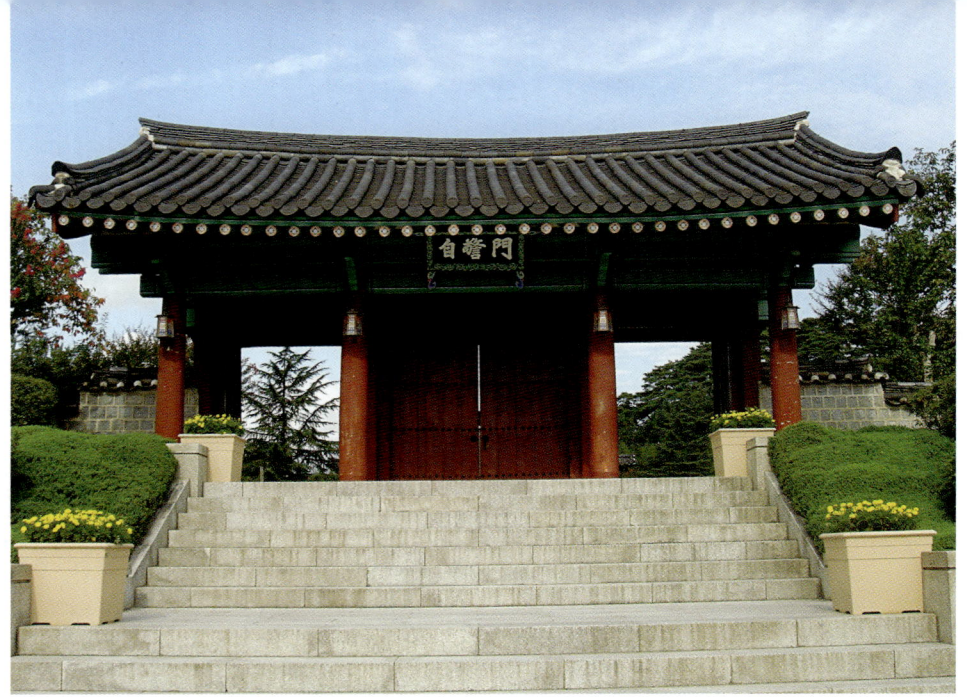

오죽헌 검은 대나무의 아름다움

위치 | 강원도 강릉시 죽헌동 177-4
강원도 강릉시 율곡로 3139번길 24
운영시간 | 동절기 08:00~17:30, 하절기 08:00~18:00

▶ MINI DATA
| 입장료 | 있음   주차 | 가능   분류 | 역사, 문화유적

한 국가의 사상과 철학은 경제활동의 단위인 화폐 속 인물의 모습에서 가장 명확하게 드러난다. 기존 화폐의 오천원권에 등장하는 율곡 이이의 어머니인 신사임당은 새로운 오만 원권 화폐의 주인공으로 선정되었다. 어머니와 아들이 나란히 화폐의 인물로 선정된 것은 세계적으로도 유래가 없는 일이다. 조선의 대학자인 율곡 선생을 낳고 교육시킨 어머니의 위치로만 신사임당이 우리나라 여성 인물을 대표하는 것은 아니다. 그의 시와 문장, 글씨와 그림은 남성 위주의 조선 시대에도 탁월하였다. 오죽헌은 신사임당의 친정 집이다. 신사임당의 외할아버지인 최응현의 집으로 본채는 소실되었다. 남아 있는 몽룡실은 사임당이 33세에 셋째 아들 이이 선생을 출산한 곳으로 중국 주

자학을 철학적 사상으로 발전시킨 조선 성리학의 탄생지이다. 몽룡실은 우리나라에 남아 있는 가장 오래된 민가 건축물로 알려져 있다. 남아 있는 안채와 함께 1975년 시작된 성역화 정비 사업을 거쳐 율곡의 영정을 모신 사당인 문성사, 자경문 등이 들어서 대규모 기념 공간이 되었다. 가옥 뒤편의 작은 정원을 빽빽하게 채우는 검은빛의 오죽으로 둘러싸인 율곡기념관에서 사임당의 그림과 율곡 선생의 편지와 상소문을 볼 수 있다. 함께 있는 강릉시립박물관은 굴산사지의 유물과 진전사지의 불상 등으로 꾸며져 이 지역의 역사와 문화를 살필 수 있게 한다.

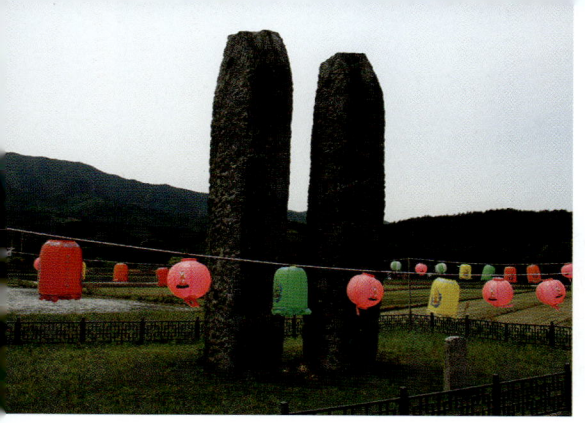

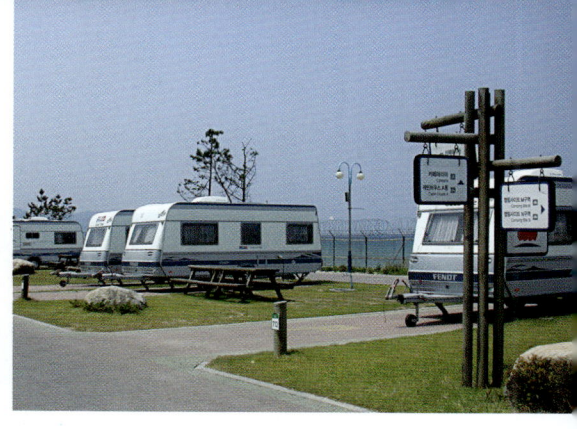

굴산사지 당간지주
국내 최대의 당간지주

위치 | 강원도 강릉시 구정면 학산리 1181
강원도 강릉시 구정면 금평로 인근
운영시간 | 종일, 연중무휴

▶ MINI DATA

입장료 | 없음   주차 | 가능   분류 | 불교유적

망상해수욕장과 오토캠핑장
바닷가에서의 오토캠핑

위치 | 강원도 동해시 망상동 393-16
강원도 동해시 동해대로 6270-10
운영시간 | 종일, 연중무휴

▶ MINI DATA

입장료 | 없음   주차 | 가능   분류 | 바다, 섬

강릉 굴산사지는 논 한가운데 당당하게 서 있는 당간 지주로 유명하다. 이곳의 당간지주는 크기가 5.4m에 이르는데 지금까지 남아 있는 당간지주 중에 가장 큰 크기이다. 크기를 미루어볼 때 가운데 세워졌을 당간 의 높이가 어떠했을지 상상이 가지 않을 정도이다. 원래 이곳은 신라 말 구산선문 중 하나인 사굴산파의 본산으로 범일국사에 의하여 크게 중창되었다고 전 하는 사찰 터이다. 강릉 인근에서 가장 큰 절이었다 하는데 당간지주의 크기를 고려했을 때 충분히 근거 가 있는 이야기이다. 당간지주를 둘러싸고 있는 논들 이 옛날 절터였다고 생각하니 둘러보는 기분이 묘하 다. 언제 절이 폐사되었는지 기록이 남아 있지 않으 나 이곳이 지방 호족 세력의 근거지였던 만큼 고려가 왕권을 강화하면서 이 절을 물리쳤을 것이라는 추측 이다. 논을 지나 당간지주 위쪽으로 올라가면 보호각 에 둘러싸인 석조비로자나불을 볼 수 있으며, 아래 마을로 내려가면 범일국사의 것이라 전해지는 부도 가 있으니 길가에 차를 세우고 걸어서 답사를 하자.

울창한 송림을 배경으로 2km에 이르는 백사장과 티 끌 하나 없이 시원스런 수평선이 펼쳐지는 망상해수 욕장은 동해안 최고의 해수욕장으로 손꼽는다. 해수 욕장의 구간은 2km지만 북쪽의 용바위에서부터 남 쪽의 대진까지 이어지는 백사장의 길이는 5km에 이 르니 피서철이 아니어도 시원한 바다 전망을 즐기려 는 사람들이 즐겨 찾는다. 경사가 급한 편이나 수질 이 좋고 백사장 모래가 고와 해수욕을 즐기기에 무리 가 없고 국민 관광지로 지정되어 있는 만큼 야영장과 샤워장, 급수대 등 잘 관리된 편의 시설을 갖추고 있 다. 20~30년 수령을 가진 송림 앞으로는 우리나라 최초의 자동차 전용 캠핑장이 들어서 있으며 오토 캠 핑장 이외에도 캠핑카, 캐빈하우스, 아메리칸 코테지 등 바다와 잘 어울리는 다양한 숙박시설이 함께 있어 이용해볼 만하다.

무릉계곡

무릉도원을 찾아가자

| 위치 | 강원도 동해시 삼화동 무릉계곡
강원도 동해시 삼화로 538 인근
| 운영시간 | 종일, 연중무휴

▶ MINI DATA
| 입장료 | 있음 주차 | 가능 분류 | 산, 계곡, 동굴

무릉(武陵)이란 이름은 중국 최고의 시인 도연명의 「도화원기」에 등장하는 무릉도원에서 연유한다. 세상의 삶이 행복한 이상향의 낙원으로 무릉도원 같음을 바랄 수는 없다. 아니, 그렇다면 너무 무료하고 삶이 무의미해질 것 같다. 최선을 다하는 삶에서 잠시 휴식시간을 가지려 한다면 동해가 자랑하는 무릉계곡을 찾아보자. 3시간의 산책 같은 산행길은 무릉도원을 걷는 기분을 느끼게 한다. 계곡 시작을 알리는 무릉바위는 1,000명이 앉을 수 있다는 거대한 암반이다. 표면을 적시듯 바위를 타고 흐르는 계곡물이 한 폭의 산수화를 그리는 듯하다. 무늬를 새기듯 바위를

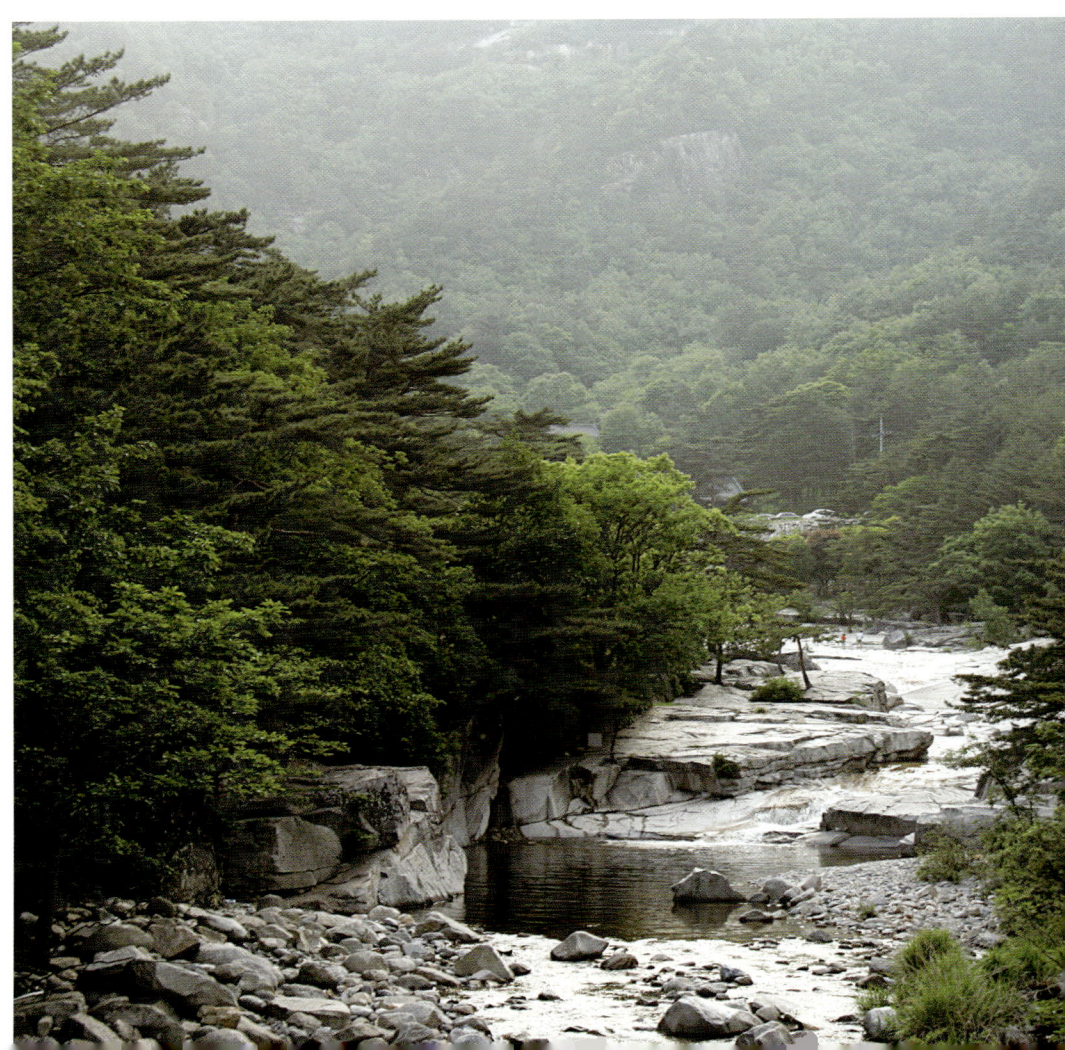

장식하는 수많은 글귀들은 긴 세월 속에 이곳을 찾았던 사람들의 기록이다. 가끔 조악한 글씨로 자신의 이름을 새겨놓은 안타까움도 있지만 양사언, 김시습 등 당대 최고의 문객들이 노래한 계곡미를 만날 수 있는 바위들이다. 동해의 명산인 두타산과 청옥산이 함께 만들어내는 계곡은 바다에 가까운 곳에 위치한 최고의 절경이다. 4km를 이어가는 완만한 산행길은 끊임없는 절경으로 이어져 있고 사람들은 자연의 아름다움에 감탄사로 화답한다. 무릉바위의 경관을 감상할 수 있는 금란정을 지나 계곡의 문을 열듯 자리 잡은 삼화사는 계곡 탐방의 마지막 쉼터가 된다. 이어지는 산행로는 학소대, 옥류동, 선녀탕, 쌍폭, 용추폭포 등의 비경을 하나씩 보여준다. 물과 바위가 만드는 경관은 쌍폭과 용추폭포에서 그 절정을 이룬다. 두타산 등반을 위한 발걸음이 아니라면 용추폭포까지의 산행이 좋다. 영동 이남 지역의 사람들이 옛 한양을 찾아가는 지름길로 이곳을 지나 두타산을 넘어 정선을 향해 갔다 한다. 힘들지만 아름다운 한양 길이 되었을 것 같다.

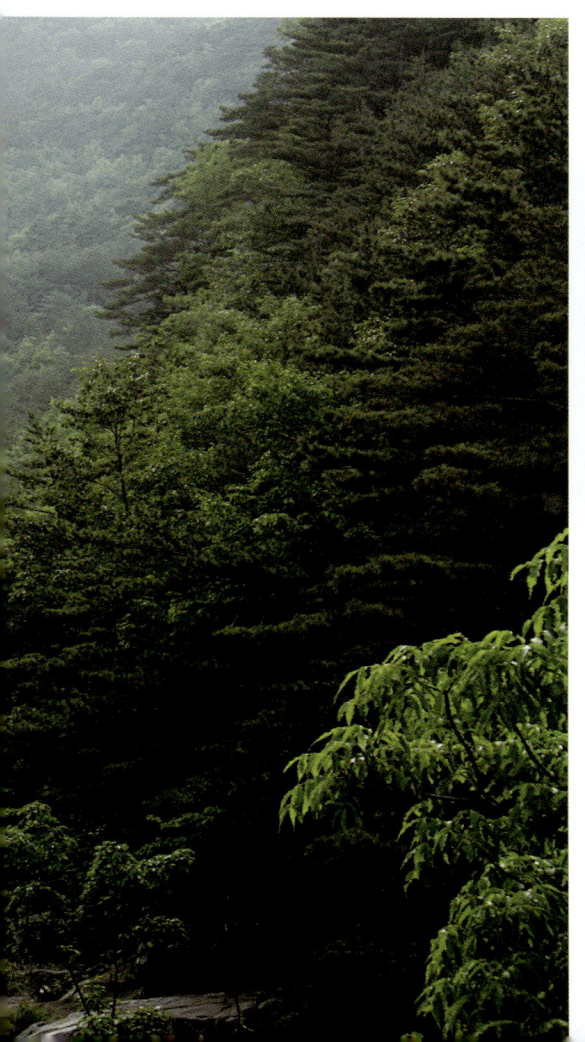

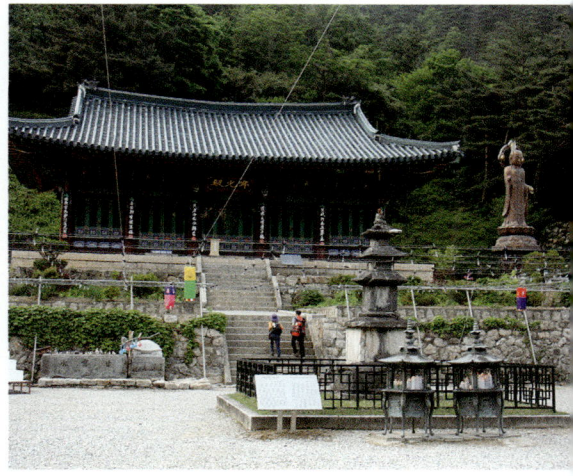

→ 뒤바뀐 이름, 두타산과 청옥산

출산 직후 병원의 업무착오로 뒤바뀐 아이들의 기막힌 사연을 방송을 통하여 가끔씩 보지만 대동여지도와 산경표 등 옛 고지도에 나타나는 두타산과 청옥산의 명칭은 지금의 반대이다. 일제 강점기 지도 제작 과정에서 발생한 실수라는 이야기와 영동지방을 대표하는 산신령의 산으로 추앙받던 두타산의 정기를 고의로 제거하려는 의도가 있는 행동이라는 이야기가 있다.

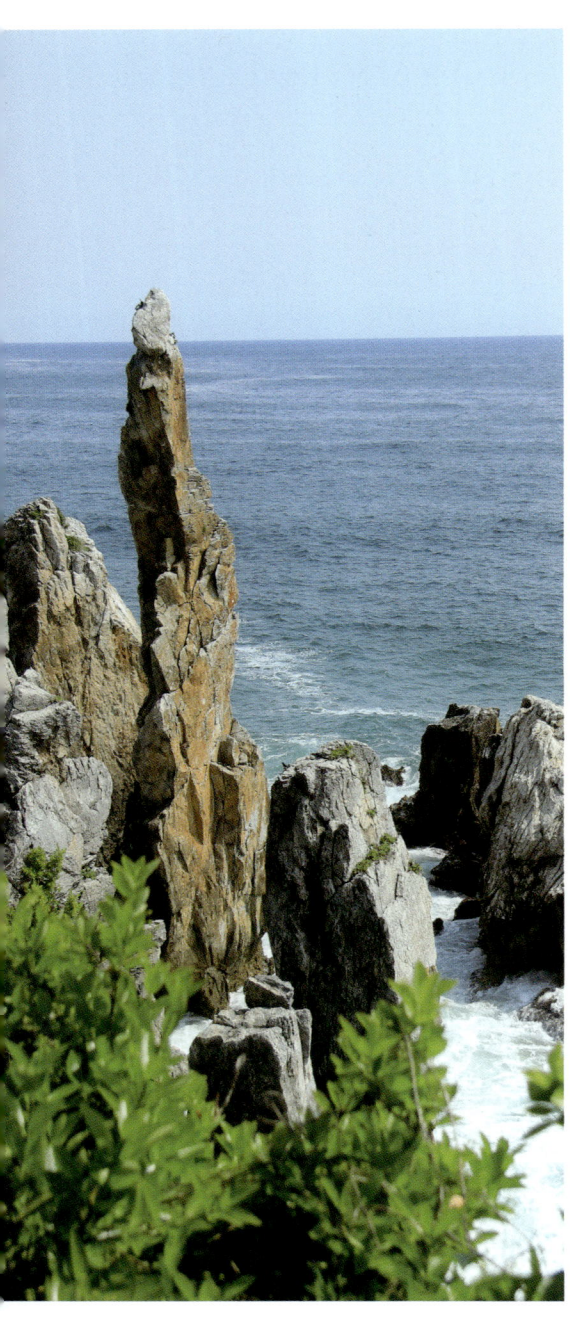

추암바위와 추암해변

멋진 기암괴석 해변 뒤로 떠오르는 일출

| 위치 | 강원도 동해시 추암동
운영시간 | 종일, 연중무휴

▶ MINI DATA
| 입장료 | 없음　　주차 | 가능　　분류 | 바다, 섬

추암해변의 해돋이는 특별하다. 신비한 모습으로 바다를 뚫고 나오는 듯한 추암바위의 모습과 드넓은 동해 바다에서 솟아오르는 태양이 어울리는 모습은 그야말로 장관이다. 방송의 시작을 알리는 애국가 화면에도 어김없이 등장하는 추암의 해돋이는 전국에서 몰려드는 사진작가와 동호회 회원들로 새벽을 분주하게 만든다. 추암바위와 해변의 모습만으로도 충분히 아름답지만 일출을 바라보는 해맞이 여행은 특별한 시간이다. 추암바위와 이어지는 마을은 동해를 터전으로 살아가는 사람들의 소박한 모습이 묻어난다. 작은 해수욕장으로 단장된 모래사장을 밟아보자. 야산 자락에 기대어 바다를 바라보는 드라마 〈겨울연가〉의 촬영 장소가 되었던 허름한 민박집도 한적한 운치가 있다. 기암괴석 옆으로 삼척 심씨의 시조 심동로가 고려 말기에 지었다는 해암정도 있으니 잊지 말고 둘러보자. 지금 건물은 조선 중기에 다시 중수하였지만 창문으로 바라보이는 바다의 모습은 여전히 장관이다. 우암 송시열이 유배 도중 이곳에 들러 아름다운 경관을 노래하는 글을 남겼다. 멋진 시 한 편 아니더라도 바닷바람 맞으며 귀에 익은 콧노래라도 불러 나만의 추억을 만들어보자. 마을에서 직접 말려 판매하는 반건조 오징어 등 먹거리를 구입할 수 있다.

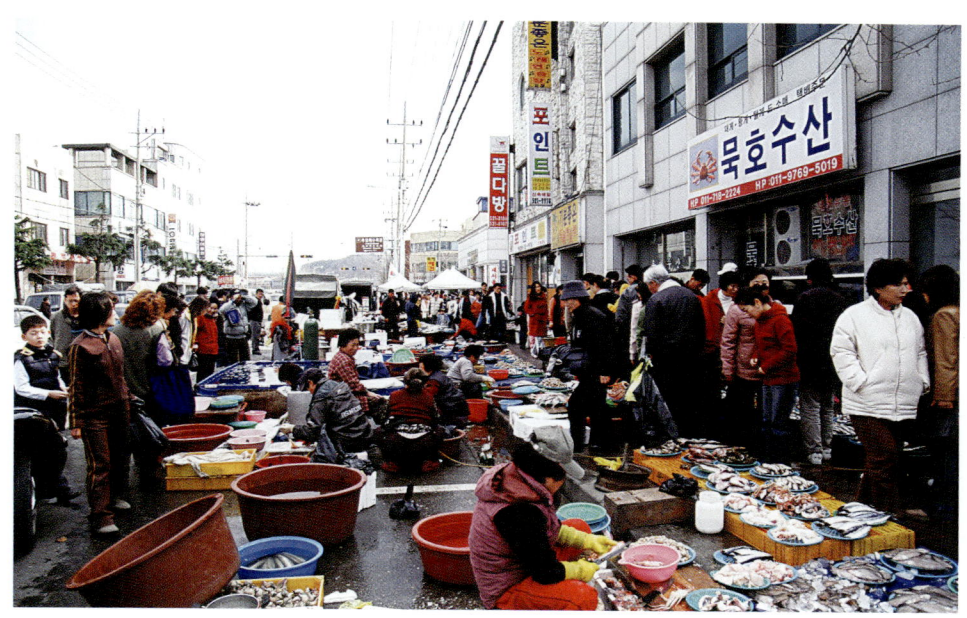

북평5일장 　정을 사고 파는 곳

| **위치** | 강원도 동해시 북평동 127-1 인근
　　　강원도 동해시 대동로 137 인근
운영시간 | 매월 3·8일장

▶ **MINI DATA**
| **입장료** | 없음　**주차** | 가능　**분류** | 거리, 시장

지금으로부터 200여 년 전, 조선 전기에 만들어졌다는 북평장은 공식적인 장터의 시작 이전부터 정선과 삼척의 물물이 모이는 곳이었다. 동해로 흘러가는 전천다리 일대에 위치하였다는 장터는 1932년 도로의 개통과 함께 교통이 편리한 현재의 위치에 자리 잡았다. 대형 할인마트가 산골마을까지 들어서는 요즈음 시골 장터는 옛 시절을 그리워하는 노인들의 만남의 장소가 되어가는 것이 현실이다. 그래서인지 나날이 더해가는 북평장터의 활기는 참으로 특이한 현상이다. 영동지방 최대의 장터로 예부터 그 규모를 자랑했지만 세월 따라 사고팔리는 물품의 종류만 새로워질 뿐, 사람들의 북적거림은 더욱 왕성해지는 느낌이다. 매월 3일과 8일 북평장을 상징하는 우시장을 시작으로 새벽을 연다. 뜨거운 우시장의 열기가 식으면

닭과 강아지 등 소보다 덩치가 작은 동물들의 거래로 다시 활기를 찾고 북평우체국 거리를 메우는 미전, 텃밭에서 재배한 야채에서 대형 트럭에서 쏟아지는 배추까지 가득한 채소전, 철 따라 바뀌는 싱싱한 바다 먹거리의 어물전, 잡화전과 안동, 울진의 것과 함께 우리나라 3대 삼베로 불리는 강포를 취급하는 포전까지 장터의 모습은 사람들의 흥거운 마당이 된다. 13km²의 장터를 둘러보다 허기가 느껴진다면 북평장터의 먹거리를 찾아보자. 소머리 국밥에서 감자전, 칼국수 등 노상의 좌판에 걸터앉아 맛보는 추억의 먹거리는 푸짐하고 묵은 손맛이 좋다. 한켠으로 몰려있는 포장마차에서 차려내는 음식은 메밀묵으로, 푸짐한 묵사발 한 그릇은 잊을 수 없는 추억을 남긴다.

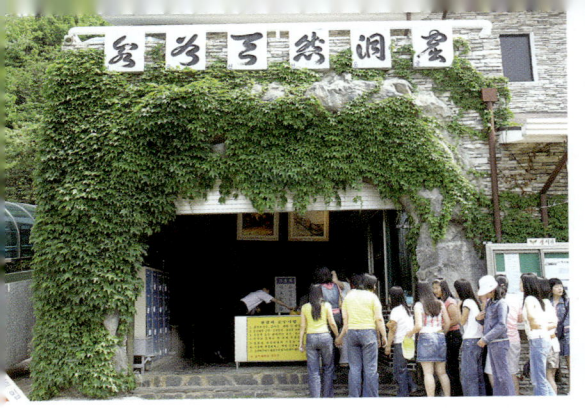
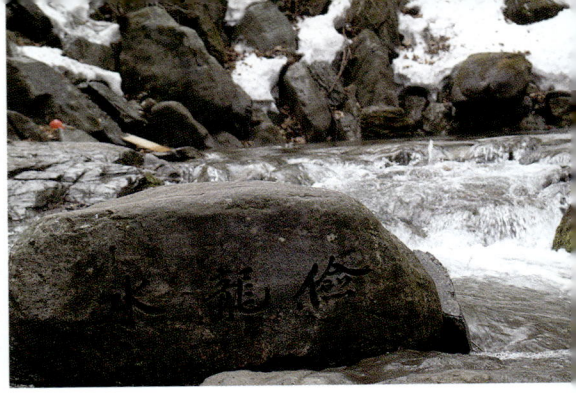

천곡황금박쥐동굴

도심 속 천연동굴

위치 | 강원도 동해시 천곡동 1003
      강원도 동해시 동굴로 50
운영시간 | 09:00~18:00(17시 30분까지 입장), 연중무휴

▶ MINI DATA

입장료 | 있음   주차 | 가능   분류 | 산, 계곡, 동굴

단양이나 삼척 대이리 지대의 거대한 동굴을 관찰하기에 시간이 부족하거나 오랜 시간 비좁은 동굴탐방을 하기 어려운 어린이, 노약자와 함께라면 동해 시내에 자리 잡은 천곡동굴을 찾아보자. 넓은 주차장에서 곧장 연결되는 데다 1시간 정도 둘러보는 1km의 탐방로가 비교적 수월하다. 구경거리 없는 밋밋한 모습이 아닐까 지레 짐작하지 말자. 5억 년의 상상하기도 힘든 오랜 시간이 만든 천연의 작품으로 자연의 신비를 느끼기에 충분한 지하 궁전이다. 지상 건물로 아이들의 자연학습에 좋은 동굴학습관이 있고 여름 피서기간에는 늦은 시간까지 개장하므로 저녁식사 후 산책 삼아 둘러보는 것도 좋다. 동해 시내 중심지에 위치하여 식사와 숙박 등도 편리하고 동굴입구 관광안내소에서 친절한 상담을 받을 수 있는 것도 장점이다.

검룡소

한강의 발원지

위치 | 강원도 태백시 창죽동 산 1–1
운영시간 | 종일, 연중무휴

▶ MINI DATA

입장료 | 없음   주차 | 가능   분류 | 산, 계곡, 동굴

태백시에는 우리나라 2대 강인 한강과 낙동강의 발원지가 있는데 낙동강의 발원지는 태백 시내에 있는 황지 연못이고 한강의 발원지가 바로 검룡소이다. 깊이를 알 수 없는 석회 암반 속에서 올라온 물이 약 20여 미터의 폭포를 이루며 흘러내려 가 한강의 시작이 된다. 주차장에서부터 검룡소까지 오르는 1.3km의 길은 평범하고 작은 계곡을 끼고 있어 한강 물줄기가 시작되는 곳이라 짐작조차 되지 않지만 나무 데크로 연결된 가파른 계단을 오르면 온통 이끼 투성이의 암반에서 용트림하듯 솟아나는 검룡소가 모습을 드러낸다. 약 20m 둘레의 암반으로 늘 9℃의 수온을 유지하는 물이 하루 2,000~3,000t씩 솟아오른다. 검룡소의 물은 임계를 지나 정선, 평창, 단양, 충주, 양평을 거쳐 서울에 이르는데 36개의 크고 작은 도시들을 지나며 12개의 하천과 만나 커다란 한강이 되니 검룡소 입구에 세워진 표지석 문구가 더욱 와 닿는다. '태백의 광명 정기 예 솟아 민족의 젖줄 한강을 발원하다.'

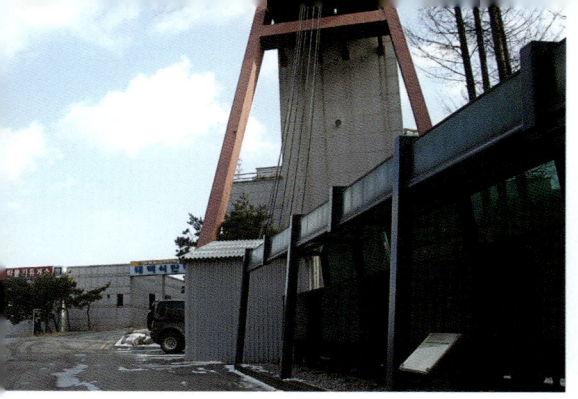
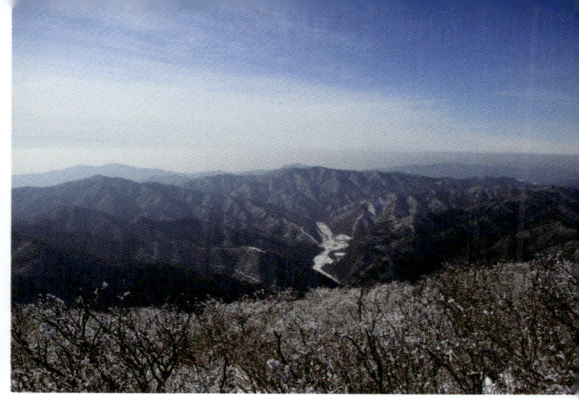

Photo by 박정병

태백 석탄박물관

태백을 캐는 곳

| 위치 | 강원도 태백시 소도동 166
  강원도 태백시 천제단길 195
| 운영시간 | 09:00~18:00, 연중무휴

▶ MINI DATA
| 입장료 | 있음   주차 | 가능   분류 | 박물관

태백산도립공원

민족의 영산

| 위치 | 강원도 태백시 소도동 산80
  강원도 태백시 태백산로 4834-31
| 운영시간 | 종일, 연중무휴

▶ MINI DATA
| 입장료 | 있음   주차 | 가능   분류 | 산, 계곡, 동굴

태백은 본디 전국 생산량의 30%에 이르렀던 석탄의 생산지로 유명한 곳이었다. 50여 곳에 달하였다는 광산은 광부의 거친 노동으로 물든 석탄을 쏟아내어 사람들의 겨울을 따뜻하게 만들었고, 기차를 움직였으며, 대한민국 근대화의 원천이 되었다. 80년대 들어 채산성이 악화되고 대체연료가 개발되면서 석탄은 더이상 쓸모없는 애물단지가 되어 광산은 하나둘 문을 닫았고 소규모 생산으로 그 명맥만을 유지하게 된다. 흉물이 되어가던 광산은 볼거리를 찾는 사람들의 눈높이에 맞추어 옛 모습을 살펴보는 석탄박물관으로 단장되었다. 1997년 개장한 박물관은 암석과 광물의 비교, 전시에서부터 석탄 채굴의 모습과 광부들의 생활사, 지하 탄광의 모습을 재현한 체험장과 탄광촌 마을의 생활모습 등으로 나누어 전시하고 있다. 탄광이 무너지는 사고를 기계적 장치로 재현하는 체험장은 아이들에게 인기이다. 미신처럼 도시락도 4번에 나누어 담지 않았다고 하는데 하루 종일 마음 졸였을 가족의 마음을 느끼게 하는 생활모습 전시관은 관람객의 마음을 아프게 한다.

민족의 영산이라 일컬어지는 태백산은 지리산, 한라산과 더불어 삼신산(三神山)으로 꼽힌다. 산 정상에 옛날부터 하늘에 제사를 올리던 천제단이 남아 있고 당골계곡에는 매년 개천절에 제를 올리는 단군 성전이 있다. 주봉인 장군봉(1,567m)과 문수봉(1,546m), 부쇠봉(1,546m)으로 이루어진 태백산은 경사가 완만해서 누구나 쉽게 오를 수 있다. 봄에는 진달래와 철쭉 군락지가, 여름에는 시원한 계곡과 울창한 수목이, 가을에는 단풍이, 겨울에는 설경이 등산객을 맞아준다. 특히 하얀 눈이 덮힌 산 정상의 주목 군락지와 상고대는 태백산의 영험함과 아름다움을 보여주는 대표적인 풍경으로 유명하다. 맑은 날 천제단에서 바라보는 동해의 일출과 태백산맥을 물들이는 일몰 또한 장관으로 새해 일출맞이를 할 수 있는 최고의 산행지로 꼽힌다. 해마다 눈조각전과 함께 열리는 '태백산눈축제'도 태백의 명물이다.

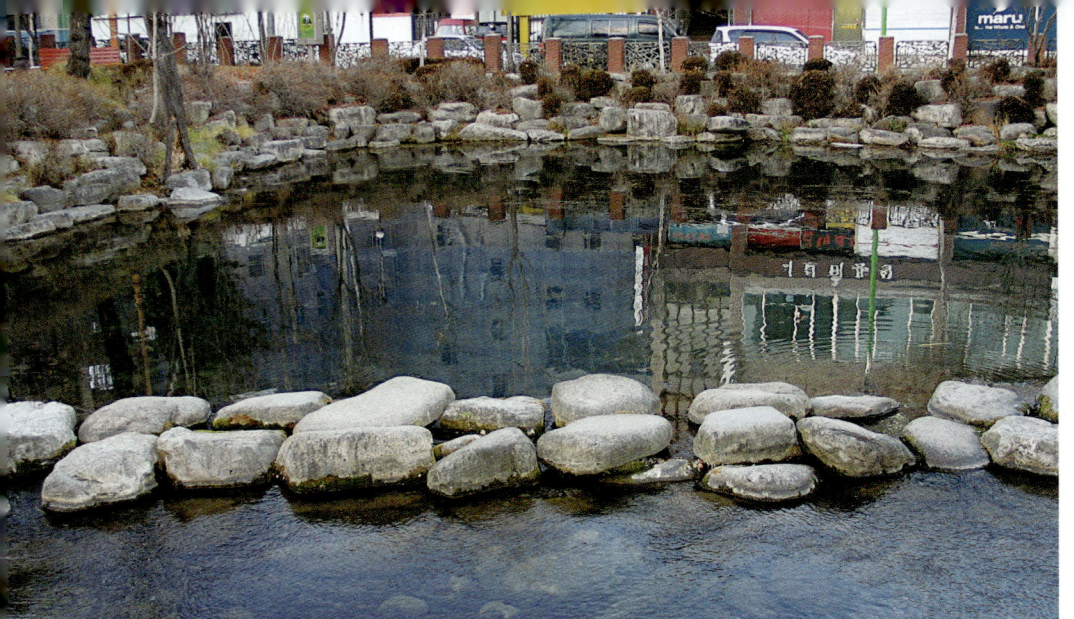

황지 낙동강의 시작

위치 | 강원도 태백시 황지동 623 황지연못공원 내
　　　강원도 태백시 황지연못길 인근
운영시간 | 종일, 연중무휴

▶ MINI DATA
| 입장료 | 없음　주차 | 가능　분류 | 강, 유원지

큰 강의 발원지에는 그 장소를 신성시하는 사람들이 만들었을 범상치 않은 전설을 간직하고 있다. 남한에서 가장 긴 물줄기 525km, 1,300리의 낙동강의 시작이 되는 황지는 전설로만이 아니라 15℃ 정도로 변함없이 유지되는 수온 때문에 새벽이나 겨울철이면 피어오르는 물안개로 찾는 사람들에게 영험한 기운과 신비감을 안겨준다. 태백 시내 중심부에 위치한 연못은 깊이를 알 수 없는 동굴에서 흘러나오는 상지, 중지, 하지의 세 연못으로 이루어져 있다. 하루 5,000여 톤의 물을 변함없이 뿜어내는 연못은 태백을 감싸는 태백산, 함백산, 백병산, 매봉산에서 만들어내는 작은 물길이 땅속으로 모여들어 만들어진 청정한 물이다. 하늘(天)의 기운이 땅(黃)으로 연결되는 첫 물이라는 의미로 '천황'으로 불리던 연못은 경상도로 내려가 부산의 을숙도 앞 남해로 흘러 바다와 만난다. 황지연못에 전해오는 이야기가 있는데 신비한 기운의 노스님이 이곳의 지독한 구두쇠였던 황씨를 찾아 시주를 권하며 선행을 베풀기를 빌었다. 그러나 황씨가 노승에게 시주 대신 던진 것은 쇠똥 한 덩어리였다. 아무 말 없이 돌아서는 노승의 뒤를 미안한 마음의 며느리가 시아버지 몰래 쫓아가 쌀 한 바가지의 시주를 하자 노승은 집안의 운명이 다했다며 며느리에게 지금 즉시 절대 뒤를 돌아 집을 보지 말고 도망가라고 일렀다. 노승의 예언을 믿은 며느리가 마을 언덕을 넘어가는 순간 황씨의 집은 땅으로 꺼지며 지금의 연못이 되었고 놀란 마음에 뒤를 돌아본 며느리는 그 자리에 굳어 돌장승이 되었다 한다. 황지를 신성시하였을 사람들이 연못을 소중히 여기길 원하는 마음으로 만들어낸 전설일 것이다.

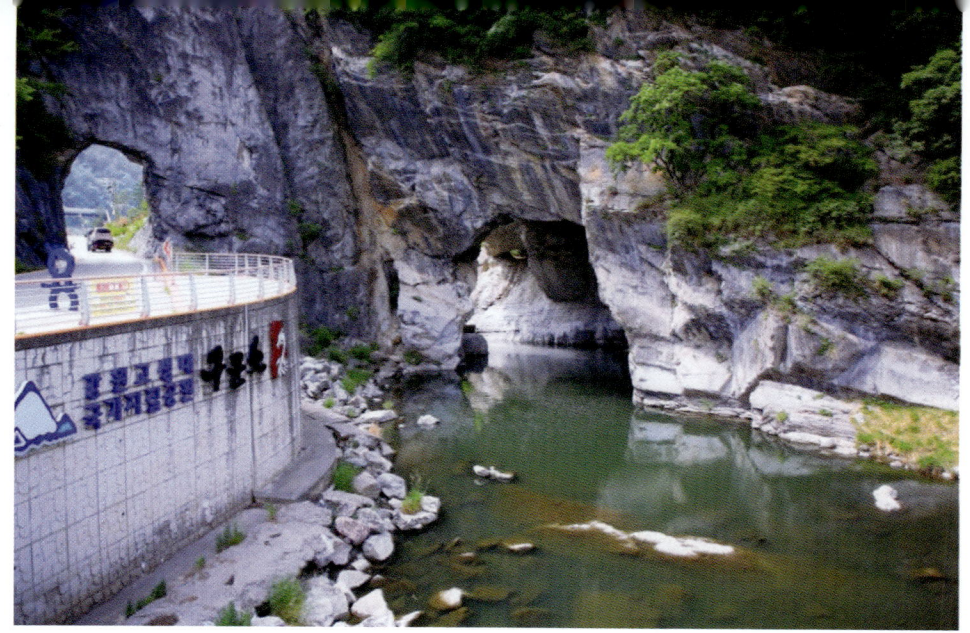

Photo by 대청봉

구문소 전설이 어울리는 곳

| 위치 | 강원도 태백시 동점동 산6-3
강원도 태백시 동태백로 11
운영시간 | 종일, 연중무휴

▶ MINI DATA
| 입장료 | 없음   주차 | 가능   분류 | 강, 유원지

20km 정도를 흘러온 황지연못의 물은 태백의 높은 계곡을 만나 연화산 끝자락 검은빛의 기암괴석을 가로지르는 커다란 물길을 만들었다. 도강산맥(渡江山脈), '강물이 산을 넘는다'는 전설 같은 이야기는 구문소에서 현실이 되어 나타난다. 1억 5,000년 전에 만들어졌다는 곳으로 우리나라에서 유일하게 산을 가로지르는 강이다. 사람의 힘으로 계산하기도 힘든 오랜 시간을 강물의 힘으로 석회암 암벽을 깎아 내린 자연현상이라고 하지만 오히려 청룡과 백룡이 힘을 겨루다 백룡이 산에 구멍을 내어 승리하였다는 전설의 이야기가 더욱 사실감 있게 다가온다. 이어가는 바위의 모습은 마치 강물을 헤엄치는 용의 비늘을 보는 것 같고 수량이 늘어나는 여름날, 좁은 구멍 사이를 터질 듯 쏟아내리는 하얀 포말의 물줄기는 영락없는 백룡의 힘찬 뒷모습이다. 조선시대 수많은 선비들에게 시적 영감을 주었고 낙락장송과 어우러지는 주위의 풍광은 신선 세계의 입구라는 또 다른 전설을 생생하게 만들어준다. 동굴을 통과하는 도로에서 잠시 내려 구문소의 경관만을 바라본다면 신기하게 생긴 바위 구멍만을 볼 수 있을 뿐, 별다른 감흥은 없다. 계곡을 따라 이어지는 약 4km의 자연탐방로를 걸어보자. 5억 년 전 고생대 화석의 흔적과 물결의 모습을 담는 퇴적지형을 관찰하는 살아 있는 지구과학교실이다. 마당소, 삼형제폭포, 닭벼슬바위 등 절경은 구문팔경에 들어간다. 계곡 위로 자리하는 정자는 구문소 주변을 한눈에 담는 장관을 보여준다. 아이들과 함께라면 태백시에서 운영하는 구문소문화해설프로그램을 놓치지 말자. 나들이를 더욱 알차게 만들어주는 추억이 된다. 늦은 밤, 형형색색의 조명은 구문소를 더욱 신비롭게 만든다.

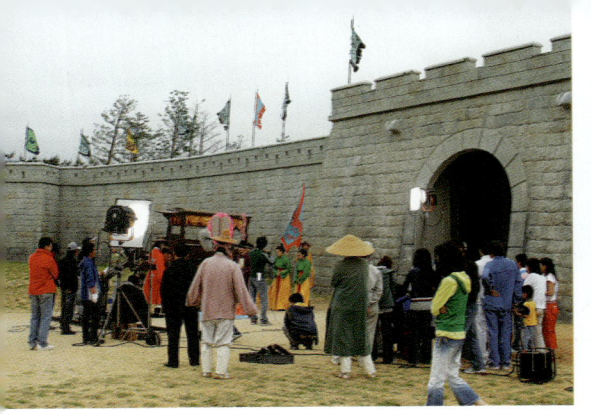
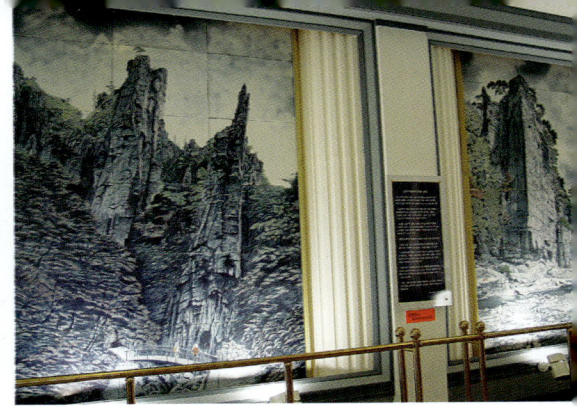

설악 씨네라마

1300년 전 고구려를 그대로 재현한 테마파크

| 위치 | 강원도 속초시 장사동 24-1
　　　 강원도 속초시 미시령로2983번길 111
| 운영시간 | 동절기 09:00~18:00, 하절기 09:00~18:30
　　　　　 (성수기 09:00~19:30), 연중무휴

▶ MINI DATA

| 입장료 | 있음　　주차 | 가능　　분류 | 전시, 체험시설

석봉 도자기미술관

아름다움을 담는 접시

| 위치 | 강원도 속초시 교동 668-57
　　　 강원도 속초시 엑스포로 156
| 운영시간 | 09:00~18:00, 매주 월요일 휴관(7, 8월 제외)

▶ MINI DATA

| 입장료 | 있음　　주차 | 가능　　분류 | 박물관

씨네라마(CINERAMA)는 씨네마(CINEMA)의 'CINE' 와 드라마(DRAMA)의 'RAMA'가 합쳐진 합성어이 다. 1년이 넘는 기간 동안 발해 건국과정을 그리며 큰 인기를 끌었던 KBS 드라마 〈대조영〉의 메인 촬영장 이기도 한 이곳은, 영화와 드라마의 오픈 세트장을 통해 새로운 레저문화를 이끌겠다는 의지 아래 만들 어진 곳이다. 각종 드라마 세트장이 만들어질 때마다 관광지의 명패를 달지만 후속관리의 부실로 흉물로 남는 경우가 다반사였다. 하지만 국내 최대 규모 세 트장인 설악 씨네라마는 고구려, 당나라 양식의 세트 와 당시 저잣거리 분위기를 그대로 재현한 장터국밥, 활 체험을 할 수 있는 국궁장, 승마놀이 등 다양한 체 험을 할 수 있도록 운영하고 있다. 더불어 고구려 민 가나 관아, 공성전투장, 당나라 저잣거리, 측천무후 의 후원(後園)을 한층 더 돋보이게 했던 폭포를 설치 하였고, 견고한 고구려의 성을 재현하기 위해 길이가 75m나 되는 콘크리트를 제작하여 관리하고 있다.

조선시대 우리나라의 도예 기술자들이 임진왜란의 인질로 끌려가 전수했다는 기술은 오늘날의 일본이 자랑하는 화려한 자기공예의 원류가 되었다. 묵은 장 맛 같은 깊은 느낌이야 어떠할지 몰라도 눈에 띄는 화려함은 일본의 그것이 조금 앞서는 것이 사실인 듯 하다. 일본 도자보다 더욱 화려하면서도 아름다운 우 리 도자를 보고 싶다면 속초항 바닷바람의 시원함을 담는 이곳을 찾아보자. 여느 곳에서 느낄 수 없었던 우리 도자기의 장중함과 고급스러움으로 자부심이 가득해진다. 경기도 여주, 이천의 판매를 겸한 어설 픈 전시관을 상상하지 말자. '미술관'이란 명칭이 정 확한 곳이다. 소성(燒成) 과정의 수축현상까지 고려 되어 세밀하게 이어붙인 벽화 모습의 도판화는 놀라 운 장대함이 있고 세계 최대 크기라는 도자기 접시는 화려함으로 더욱 빛난다. 석봉 조무호 선생의 평생을 바친 작품들을 구경하고 옛 유물들을 둘러보며 도자 기 체험을 즐겨보자. 제대로 만든 나만의 작품을 기 대해도 좋다.

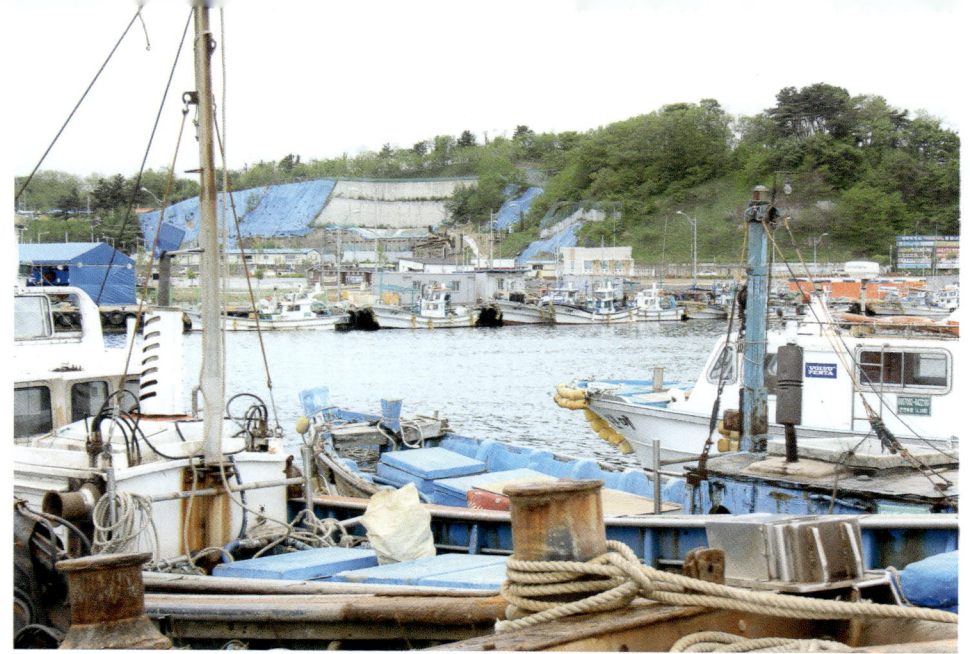

대포항 저렴한 회와 만나는 곳

| 위치 | 강원도 속초시 대포동
| 운영시간 | 종일, 연중무휴

▶ MINI DATA
| 입장료 | 없음   주차 | 가능   분류 | 바다, 섬

원래는 한적한 포구였지만 관광객들의 입소문을 타면서 규모가 커진 어항(漁港)이다. '속초 쪽으로 여행하면 꼭 들러서 회 한 접시는 먹고 와야 한다'고 할 만큼 유명한 곳이 되었다. 과거에는 대포항 입구에서부터 부둣가까지 500여 미터에 이르는 어판장을 걸으며 빨간 고무통에 싱싱한 횟감들을 담아 파는 난전을 구경하는 재미가 쏠쏠했다. 대포항은 특히 오징어가 저렴하기로 유명하여 광어, 숭어, 우럭 등에 오징어 회를 얹어주는 경우도 있다. 연간 200만 명 이상의 관광객이 찾는데, 관광객 수보다 어항이 좁아 2003년 말부터 속초시에서 종합 관광어항 개발사업을 추진하여 현재는 새로 단장하였다. 설악산과 척산온천, 동해, 청초호, 영랑호의 아름다운 자연이 조화를 이루며 최근에 와서는 관광지로서 더욱더 각광을 받고 있다.

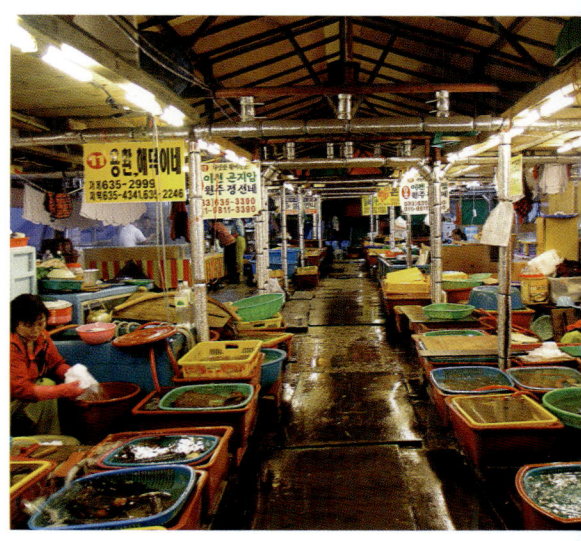

설악산국립공원

으뜸 명산

| 위치 | 강원도 양양군, 인제군, 속초시 일대
| 운영시간 | 종일, 연중무휴

▶ MINI DATA
| 입장료 | 없음   주차 | 가능   분류 | 산, 계곡, 동굴

남한의 최고봉 한라산의 다양함은 설악산에 이르지 못하고 내설악 계곡의 깊숙함과 동해 바다와 함께하는 외설악의 친근감이 하나의 산에 담기는 설악산의 오지랖을 지리산이 따라가지 못한다. 한국의 명산 중 가장 대중적이고 누구라도 한 번은 끝자락이라도 밟아보았을 친근함이 이 산을 더욱 빛나게 한다. 설악산은 1,708m로, 남한에서 3번째 높이를 자랑한다. 설악산에는 봄의 철쭉과 여름의 계곡, 가을의 단풍과 겨울의 설경까지 사계절 쉼 없이 빛나는 아름다움이 있다. 정점인 대청봉을 중심으로 강원도 북부를 감싸듯 자리하는 산의 서편을 이루는 내설악은 깊은 계곡과 맑은 물줄기로 사람들의 등산길을 여는 곳이다. 한계천과 북천을 곁으로 두고 내륙 깊숙이 이어지는 내설악은 대승폭포, 장수대, 12선녀탕, 가야동계곡 등 수많은 절경을 앞으로 두고 있으며 백담사를 시작으로 설악의 능선을 따라 봉정암과 오세암으로 연결되는 탐방로가 더할 나위 없이 아름답다. 동해 바다와 어우러지는 외설악은 기암절벽의 힘찬 모습으로 설악의 동쪽을 단장한다. 울산바위, 비선대, 흔들바위, 계조암, 귀면암, 비룡폭포 등 내설악 못지않은 자연의 아름다움은 설악동에서 신흥사를 거쳐 비선대와 대청봉을 올라 오색약수로 내려가는 등산로를 지나며 만끽할 수 있다. 속초 방면에서 바라보는 설악의 풍경으로 하늘을 찌르듯 솟아난 울산바위의 장관은 사람들의 감탄을 자아낸다. 금강산 일만 이천 봉우리를 채우기 위해 제주에서 올라온 바위가 설악의 경관에 반해서 자리 잡았다는 울산바위는 구름에 설악이 가린 날, 마치 큰 손으로 산을 감싸는 듯 자리하는 모습이 신비감마저 깃든 듯하다. 깊은 설악의 품 안에는 야생화와 침엽수림이 자리잡고 있으며 500여 종의 토종 동물들이 살아간다. 사람은 그저 산을 구경하는 나그네다. 산을 아끼는 마음을 발걸음에 담고 설악을 탐방하자.

→ 신흥사, 청동불의 소원

신라시대 자장율사가 창건하였다는 사찰로 순조가 시주하였다는 범종이 있을 정도로 중요한 사찰이었다. 사천왕문 앞의 보제루는 여느 곳과 다른 모습으로 안을 들여다보면 사명대사 등 여러 선승의 영정을 모시는 모습이 이채롭다. 사찰을 상징하듯 거대한 모습으로 만들어진 청동대불은 통일을 기원하는 설악산의 마음을 담는다.

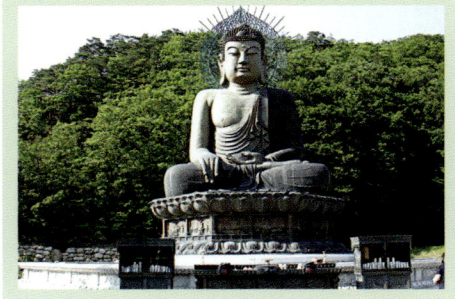

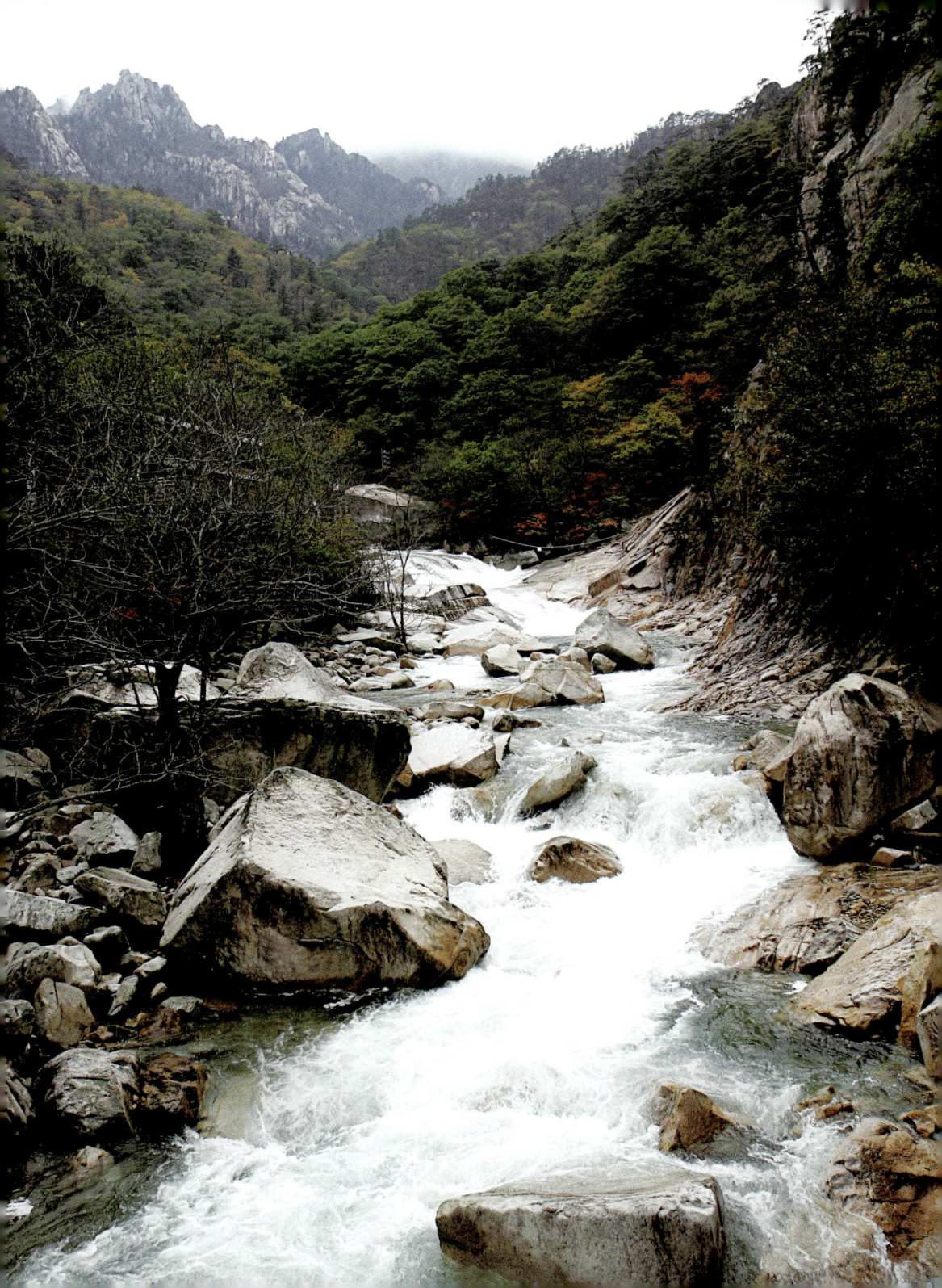

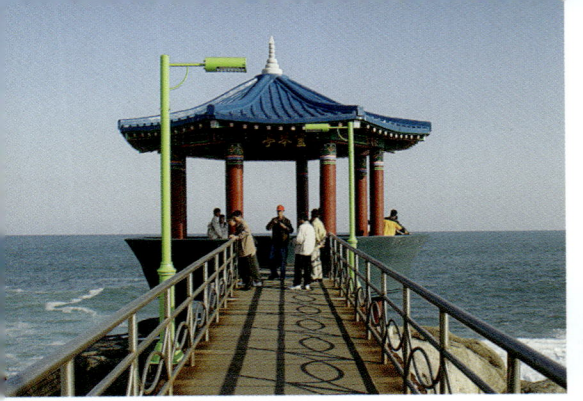
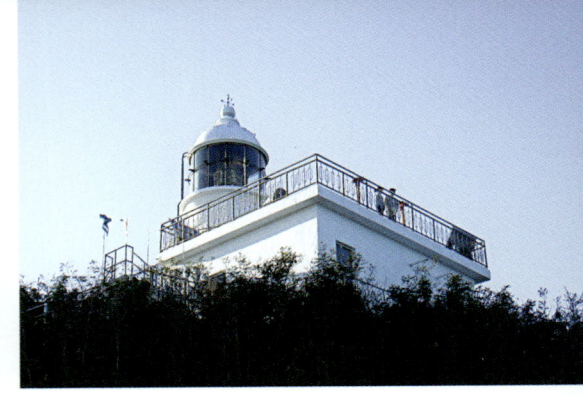

영금정

파도를 조율하는 소리

위치 | 강원도 속초시 동명동 1-185
　　　강원도 속초시 영금정로 43
운영시간 | 종일, 연중무휴

▶ MINI DATA
| 입장료 | 없음　주차 | 가능　분류 | 바다, 섬

동명항의 끝자락 영금정을 보러온 사람들은 대개 바다를 마주하는 암반 위 구름다리 끝에 세워진 정자를 찾는다. 실제로 작은 정자 위로 영금정이란 현판까지 있다. 속초의 절경으로 알려진 영금정은 존재하지 않는다. 아니, 정자를 향해가는 다리 아래 영금정의 자취가 남아 있다. 바다를 바라보는 커다란 바위산이 그곳이며 산꼭대기 정자를 닮은 바위를 영금정이라 불렀다. 바위산은 날카로운 암벽 사이로 파도가 몰아칠 때마다 신비한 거문고의 울음소리를 내었다 한다. 신선이 선녀를 부르는 듯한 자연의 소리는 일제 강점기 속초항 방파제를 짓는 골재 채취를 위해 폭파하였다고 전해진다. 지금의 정자는 옛 소리를 아쉬워하는 사람들의 마음을 담은 정자일 뿐이다. 신비한 바위의 흔적들은 오른편 동해를 향하여 길게 뻗은 방파제를 채운다. 신기한 소리는 사라졌지만 파도는 여전하고 동해의 아름다움은 변하지 않았다. 방파제 사이사이 옛 영금정의 조각들이 추억을 기억하며 아름다움을 불러오고 있다.

속초 등대전망대

동명항을 지키는 등대

위치 | 강원도 속초시 영랑동 1-7
　　　강원도 속초시 영금정로5길 8-28
운영시간 | 동절기 07:00~16:30, 하절기 06:00~17:30,
　　　연중무휴

▶ MINI DATA
| 입장료 | 없음　주차 | 가능　분류 | 바다, 섬

일제 시대 속초항 개발을 위해 영금정의 돌산을 깨뜨려 만든 등대로 푸른 바다를 향해 불을 비추는 하얀 등대의 모습이 멋스럽다. 전망대에 서면 죽도, 영금정 끝의 오리바위, 해돋이정자, 조도와 속초항까지 한눈에 들어온다. 뒤쪽으로는 설악산 대청봉과 달마봉, 울산바위까지 손에 잡힐 듯하다. 동명항 입구의 진입로로 올라갔다가 전망대를 둘러본 후 동명항 북쪽의 해안도로 산책로를 따라 내려오는 코스를 잡으면 바다 전망을 오래 감상할 수 있다. 등대가 있는 영금정은 돌산에 부딪히는 파도 소리가 마치 거문고의 울림을 닮았다 해서 이름 지어졌는데 등대 아래 영금정 끝에는 해맞이정자가 바다 위 다리로 연결되어 있어 등대전망대에서 보는 것과는 또 다른 느낌의 바다를 선물한다. 바다와 정자, 등대가 주는 이 선물을 제대로 받기 위해서는 일출 시간이나 해 질 무렵 등대의 불빛이 바다에 어리기 시작할 때 찾으면 더욱 좋다.

속초 시립박물관
고향을 그리는 땅

| 위치 | 강원도 속초시 노학동 736-1
강원도 속초시 신흥2길 16
| 운영시간 | 동절기 09:00~17:00, 하절기 09:00~18:00,
매주 월요일 휴무

▶ MINI DATA
| 입장료 | 있음　주차 | 가능　　분류 | 박물관

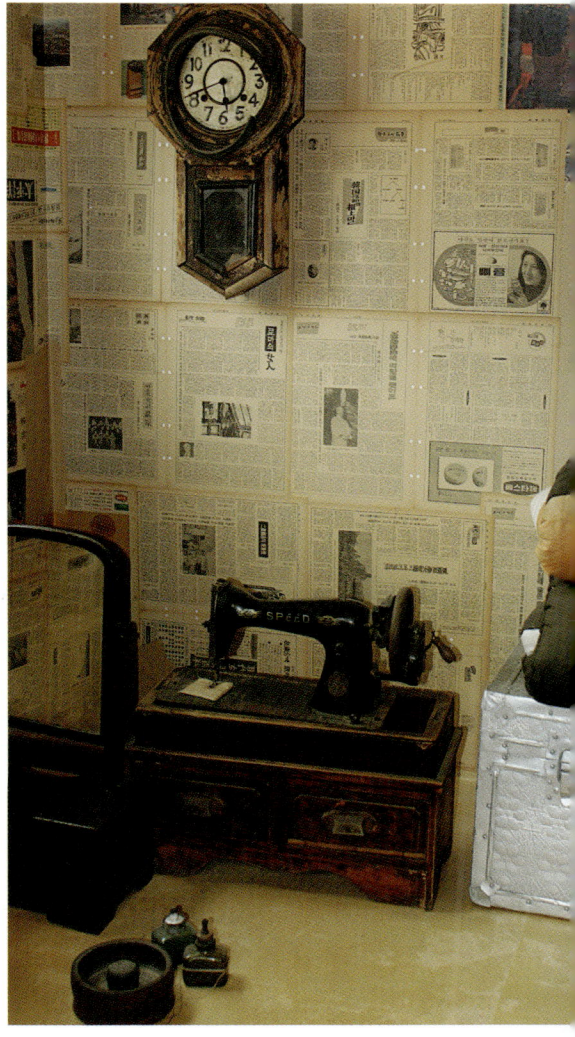

한국전쟁 당시, 남한으로 피난 내려온 북의 실향민들은 누구 하나 이렇게 오랜 세월 속초 모래사장에 머무를지 짐작하지 못했다. 그저 며칠이면 다시 만날 수 있을 것 같은 북녘 땅의 가족과 친구들을 50년 동안 기다리는 마음 아픈 사람들이다. 잊을 만하면 이루어지는 이산가족의 상봉도 이들에게는 허락되지 않는데 고향을 버리고 온 배신자 취급을 하는 북에서 신청조차 받아주지 않는다 하니 안타까움은 더욱 크다. 남한에서도 결코 곱지 않은 시선으로 이방인 취급을 당하였던 실향민들의 삶을 위로하듯 전시하고 이해할 수 있는 공간이 이제야 마련되었다. 관심과 배려에서 소외되었던 이들의 삶이 50년의 시간을 지나 조금씩 위로받는 듯하다. 새롭게 정돈된 모습으로 자리하는 속초 시립박물관은 속초 지방을 중심으로 관동이북 지방의 역사 자료와 생활상을 정리한 곳이다. 내륙지방과는 사뭇 다른 삶의 모습을 다양한 자료와 유물들을 통하여 편리하게 살펴 볼 수 있다. 하지만 무엇보다 박물관 전시의 주제는 실향민들의 삶이다. 박물관 건물과 이웃하는 야외전시관에는 이북식 전통가옥을 제대로 복원한 모습과 실향민 문화촌을 중심으로 한국전쟁 이후 모래밭에 움막 같은 집을 짓고 살았던 그들의 삶과 생활을 제대로 느낄 수 있게 준비하였다. 이제는 노인들의 옛이야기와 모래사장으로 흔적만을 느낄 수 있는 청초호 주변의 아바이 마을보다 더욱 사실적인 당시의 모습을 느낄 수 있다. 문화촌에 자리하는 이북식 전통가옥은 박물관 폐

장 이후 숙박 장소로 개방한다. 현대적인 세면시설까지 완비된 가옥들은 박물관 개장시간에 맞추어 자리를 비우는 부지런함만 있다면 여름 휴가철에도 시원한 한옥에서 머무르는 매력적인 기분을 느끼게 있는 시설이다. 가까운 거리의 이북식 음식점들과 함께하는 저녁이라면 특별한 체험의 기회가 될 것이다.

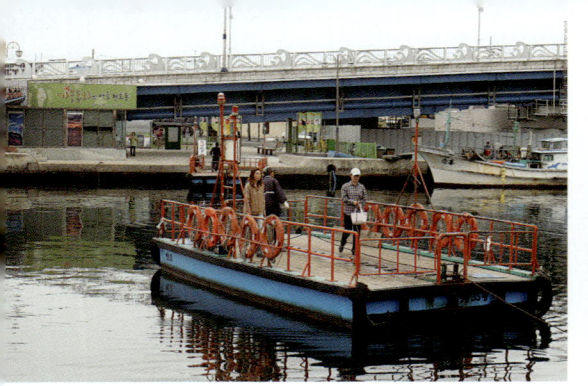
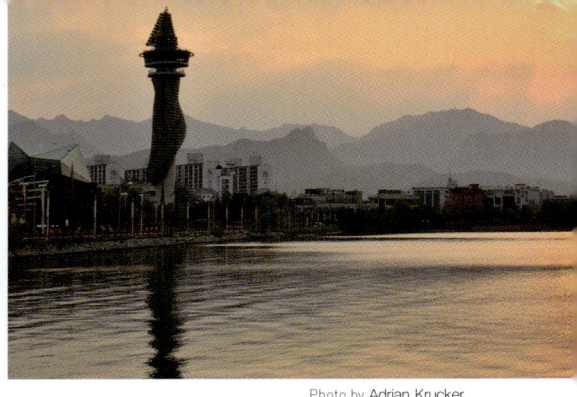

Photo by Adrian Krucker

아바이마을
줄배 타고 들어가는 마을

| 위치 | 강원도 속초시 청호동 1076
강원도 속초시 청호로 122
| 운영시간 | 종일, 연중무휴

▶ MINI DATA
| 입장료 | 없음   주차 | 가능   분류 | 전통, 체험마을

영랑호와 함께 속초의 상징이라 할 수 있는 청초호 끝에 있는 마을로 행정구역명은 청호동이다. 마을이 생긴 것은 6·25전쟁 이후로, 원래 속초는 동해안에서도 한적한 지역이었으나 1·4후퇴 때 국군을 따라 피난 온 사람들이 고향과 가까운 속초에 터를 잡기 시작했고, 그중에서도 함경도에서 내려온 나이 든 사람들이 청초호 끝에 모여 살아 아바이마을로 불리게 되었다. 현재 실향민 1세대들은 거의 세상을 떴고 2세대들이 마을을 꾸려가고 있다. 바다를 터전으로 고향에 대한 그리움을 달래며 살았던 실향민들의 애환이 서린 마을에는 '갯배'라 불리는, 동력을 쓰지 않는 줄배가 있어 속초 시내까지 먼 길을 돌아가는 수고를 덜어주었는데 지금도 마을 사람들은 이 줄배를 이용해 속초의 명동인 중앙동으로 나가고 있다. 인기 드라마 〈가을동화〉의 촬영지로 관광 명소가 되었으며 줄을 끌어당겨 배를 움직이는 이색 체험을 해볼 수 있다. 먹을 것이 귀하던 시절 고향에서 먹던 고기순대를 대신해 흔한 오징어로 만든 아바이순대가 이 지역의 별미로 꼽힌다.

청초호
바다를 담는 호수

| 위치 | 강원도 속초시 교동 청초호
강원도 속초시 엑스포로 140 인근
| 운영시간 | 종일, 연중무휴

▶ MINI DATA
| 입장료 | 있음(전망대)   주차 | 가능   분류 | 강, 유원지

1999년 개최되었던 국제관광엑스포의 상징탑인 타워와 아치형의 청호대교가 아름답게 조화를 이루는 청초호 주변은 점차 속초의 중심이 되어가는 느낌이다. 황소가 드러누운 모습으로 바다와 연결되는 호수는 설악의 맑은 물이 잠시 고였다 흘러 바다로 향하는 마지막 장소이다. 관동팔경의 하나라 칭송받을 정도로 맑고 깨끗한 아름다움을 간직하였던 호수는 속초 내항의 역할을 담당하며 원래의 청정함은 사라졌지만 아직도 속초시민과 관광객들의 수많은 발길을 끄는 명소다. 5km의 호수 둘레를 따라 산책과 운동을 즐길 수 있는 보행자도로가 잘 정비되어 있고 무엇보다 73.4m 높이의 전망대는 동해 바다를 향하여 타오르는 횃불의 모습으로 호수를 상징하고 있다. 저녁에는 속초 시내의 불빛들을 배경으로 이국적인 분위기를 보여주는 야간조명이 멋지게 장식되어 더욱 아름답다. 인근의 중앙시장과 함께 야시장과 노천카페, 야간레포츠 시설 등 더욱 단장된 모습으로 재정비된다고 하니 더욱 기대되는 장소다.

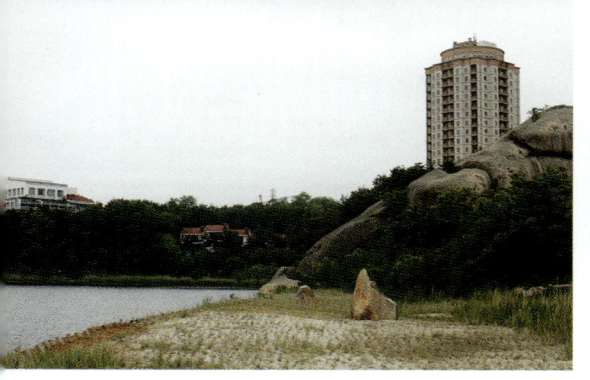
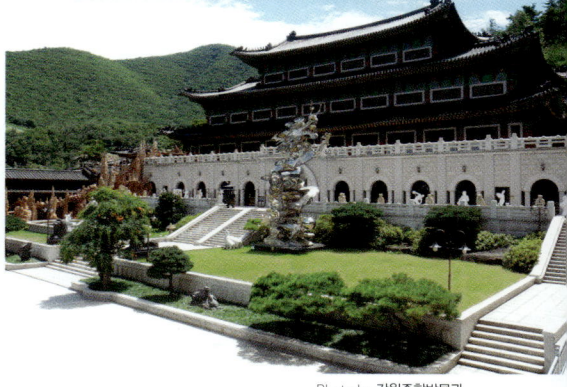

영랑호
화랑의 충혼이 깃든 호수

| 위치 | 강원도 속초시 장사동 산313-1
     강원도 속초시 영랑호반길 영랑호수공원 인근
| 운영시간 | 종일, 연중무휴

▶ MINI DATA
| 입장료 | 없음   주차 | 가능   분류 | 강, 유원지

강원종합박물관
국내 최대 규모의 박물관

| 위치 | 강원도 삼척시 신기면 신기리 375-4
| 운영시간 | 08:00~18:00, 연중무휴

▶ MINI DATA
| 입장료 | 있음   주차 | 가능   분류 | 박물관

삼국유사에 신라의 화랑인 영랑이 발견했다는 기록이 있어 이름 붙은 자연 호수로 속초의 장사동, 영랑동, 동명동, 금호동에 둘러싸여 그 길이가 8km에 이른다. 속초팔경 중 하나인 범바위가 있어 관광 명소로 꼽히며 철새 도래지로도 알려져 있다. 호랑이가 앉아 있는 형상의 범바위 외에도 이곳에서 수도를 하던 도사 앞에 관음보살이 나타나 득도를 도왔다 해서 이름 붙은 관음암을 비롯해 여러 개의 바위들이 호숫가에 서 있다. 신라시대 화랑들의 수련장으로도 이용되었다는 금장대와 충혼비가 그 뜻을 기리고 있으며 화랑도 체험관광단지도 조성되어 있다. 호숫가를 따라 산책로가 잘 만들어져 있어 속초시민들이 즐겨 찾고 겨울이면 천연기념물 제201호인 고니떼의 군무로 장관을 이룬다. 호숫가에는 레저 시설과 숙박 시설이 잘 갖추어진 리조트가 있고 드라이브 코스로도 좋아 속초를 여행하는 관광객들이 한 번쯤은 들르게 되는 곳이다.

2004년 12월 개관한 강원종합박물관은 동서양의 고건축 양식을 조합하여 웅장한 규모로 지어졌다. 국내 최대 규모의 박물관으로서 세계 각국의 유물 20,000여 점을 소장, 전시하고 있다. 방대한 양의 자연사 유물과 예술품을 통해 우리나라는 물론 세계의 다양한 문화와 유서 깊은 역사를 한눈에 배울 수 있으며, 각 시대의 생활상을 직접적으로 체험할 수 있다.
강원종합박물관에는 자연사전시실, 도자기전시실, 금속공예전시실, 공룡전시실, 세계민속전시실, 목공예전시실, 실내동굴/종유석전시장, 야외석공예전시장 등 총 8가지의 전시실이 있다. 특히 자연사전시실에 있는 울리매머드는 국내에 최초로 들여온 골격으로, 세계 최대 크기의 매머드 상아를 만나볼 수 있다. 또한 실내동굴/종유석전시장에는 인공으로 동굴과 생성물들을 리얼하고 웅장하게 만들어서 동굴 내부의 느낌을 생생하게 체험할 수 있다. 교육적 가치가 높은 유물들로 가득한 강원종합박물관은 모든 사람들에게 열린 교육의 장으로서 자리매김하고 있다.

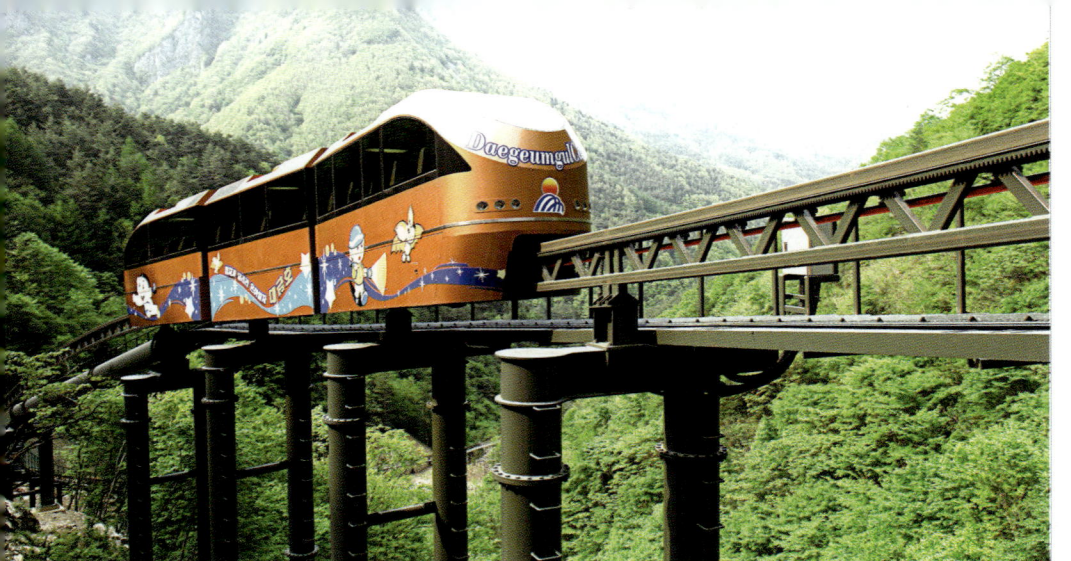

대금굴 시간이 빚은 작품

위치 | 강원도 삼척시 신기면 대이리 189
강원도 삼척시 신기면 환선로 800
운영시간 | 동절기 09:00~16:00, 하절기 08:30~17:00,
매월 18일/레일 점검일 휴무(사전예매 필수)

▶ MINI DATA
입장료 | 있음　　주차 | 가능　　분류 | 산, 계곡, 동굴

삼척 도심에서 10여 킬로미터 떨어진 두타산 인근 대이리 일대는 사람의 발길이 드문 오지 중의 오지였다. 10여 년 전, 환선굴이 관광지로 개발되면서 하나씩 드러나는 동굴의 모습은 수억 년의 세월을 간직한 동양 최대의 동굴지대로 높은 학술적 가치를 인정받고 있다. 대이리 동굴지대라고 불리는 이곳은 동양에서 가장 큰 굴이라는 환선굴과 영구 비개방 지역으로 보호받는 관음굴을 중심으로 제암풍혈, 양터목세굴, 큰재세굴, 덕발세굴 등 10여 개의 동굴이 어우러지는 석회암 동굴의 천국이다. 2006년 공개된 대금굴은 무려 7년의 세월을 준비하여 그 모습을 드러내었다. 대이리 동굴지대 최고의 아름다움을 보여주는 곳으로 '동굴의 여왕'이라 할 만하다. 삼척시청 홈페이지를 통해서 예약한 후 관람이 가능하며, 하루 18번, 1회에 40명씩 720명으로 제한된다. 불편한 관람 방법은 사람 중심의 관광지 탐방에 익숙하였던 우리에게 생소하지만 수억 년의 세월을 기다려온 자연을 맞이하는 조심스러움은 아무리 강조해도 부족할 듯하다. 계곡의 아름다움을 관찰하며 찾아가는 대금굴은 물의 궁전이다. 높이 8m의 폭포가 이곳이 동굴 내부라고 믿기지 않을 거대한 경관으로 사람들을 압도한다. 지하 호수를 이루는 물의 향연은 깊은 호수와 계곡을 만들며, 종유석과 석순의 화려함은 인공의 손길로는 흉내 낼 수 없는 황금빛으로 빛난다. 문득 금광에 들어온 것은 아닌지 착각마저 들게 하는 동굴의 빛은 그 깊이를 알 수 없는 곳에서 흘러나오는 지하수가 갈고 닦은 경관으로 신비하기 그지없다. 몇 개월을 기다려야 한다는 대금굴 탐방이 아득하게 느껴지더라도 놓치지 말고 신청해보자. 기다림을 보상하듯 시간이 만든 아름다운 작품을 보게 될 것이다.

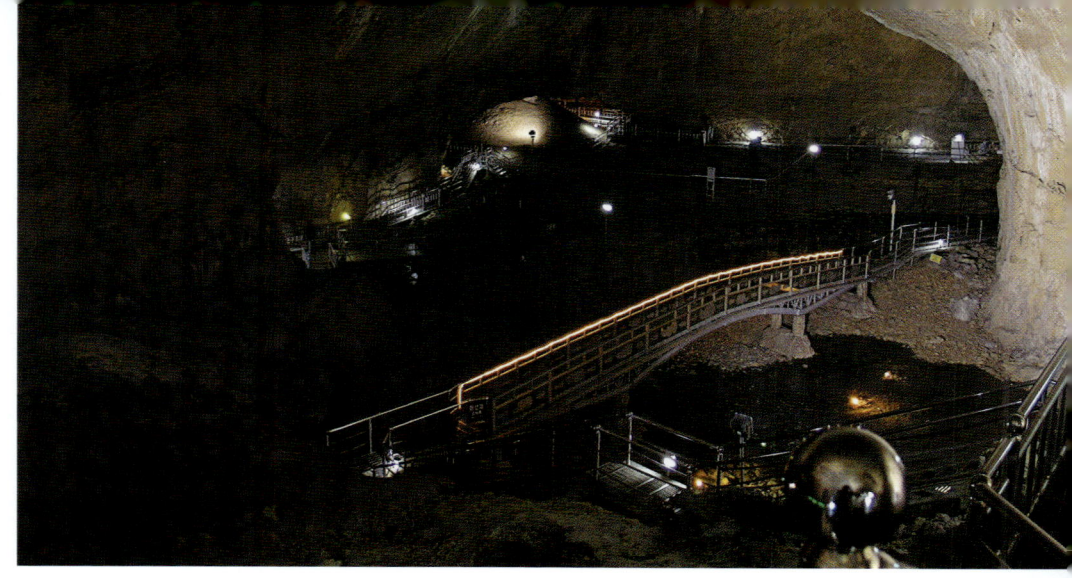

환선굴 거대한 지하 세계에 들어가다

| 위치 | 강원도 삼척시 신기면 대이리 189
강원도 삼척시 신기면 환선로 800
| 운영시간 | 동절기 09:00~16:00, 하절기 08:30~17:00,
매월 18일 휴무

▶ MINI DATA
| 입장료 | 있음　　주차 | 가능　　분류 | 산, 계곡, 동굴

환선굴이 있는 대이리는 거대한 석회동굴 지대로 대금굴, 관음굴, 양터목세굴, 덕밭세굴, 제암풍혈, 큰재세굴 등 현재(2008년)까지 7개의 동굴이 발견되었다. 총 길이는 6.2km로 1966년 천연기념물 제178호로 지정되었으며 이 중 1.6km 구간을 단장하여 1996년 일반에게 공개하였다. 환선굴이라는 이름에는 재미있는 전설이 전해지는데, 옛날 한 여인이 촛대바위 근처에서 목욕하는 모습이 자주 목격되어 사람들이 몰려가니 여인은 간데없이 사라지고 한 무더기의 바위만 굴러떨어졌고 그 후로 물은 말라버렸다고 한다. 놀란 사람들은 그 여인을 선녀라 믿고 제를 올리고 바위가 굴러 내려온 동굴을 환선(幻仙)굴이라 이름 붙였다. 해발 500m 지점에 위치해 있어 주차장에서부터 40여 분 산길을 올라야 입구에 도착하지만 덕항산, 촛대봉, 지극산 등 수려한 경관을 감상할 수 있으며 일반적인 동굴의 좁은 입구와 달리 높이 10m, 폭 14m의 거대한 입구는 마치 지하 세계로 들어가는 듯한 느낌을 준다. 기괴하면서도 화려한 종유석군과 동굴의 생성, 성장, 퇴화 과정을 관찰할 수 있는 2차 생성물들이 동굴 곳곳을 장식하고 있으며 10개의 크고 작은 동굴 호수와 6개의 폭포들이 통로마다 자리 잡고 있어 마치 계곡을 탐험하는 듯하다. 중앙 광장의 옥좌대와 동굴 입구의 만리장성, 도깨비 방망이, 마리아상, 종유폭포는 환선굴에서 빼놓을 수 없는 볼거리이다. 40m 지름의 중앙 광장 백사장도 자랑거리이며 관박쥐, 노래기, 곱등이 등 다양한 동굴 생물이 서식하고 있어 탐방 길을 즐겁게 한다. 환선굴로 가는 길에는 굴피집, 너와집 등 태백 지역의 전통 가옥을 볼 수 있으며 도를 닦으러 들어 갔던 스님이 끝내 나오지 않았는데 들어가는 길에 꽂아둔 지팡이가 변한 것이라 전해지는 엄나무도 독특한 볼거리이다.

죽서루

자연과 함께하는 건물

| 위치 | 강원도 삼척시 성내동 8-2
강원도 삼척시 죽서루길 37
| 운영시간 | 동절기 09:00~17:00, 하절기 09:00~18:00,
연중무휴

▶ MINI DATA

| 입장료 | 없음　　주차 | 가능　　분류 | 역사, 문화유적

자연과 어울리는 건축물을 짓고 자연에 동화되어 자연을 즐기는 모습은 옛 선비들의 이상적인 지향점이었다. 단순히 경관을 즐기는 것이 아니라 자연의 소중함을 깨닫고 사람 또한 자연의 일부가 되어가는 모습은 수많은 금은보화나 산천을 울리는 권세보다 더욱 중요한 삶의 목표인 것이다. 인공의 군더더기를 배제하고 단순하고도 간결한 아름다움을 풍기는 담백한 백자를 닮아가는 선비의 모습은 학문과 사상을 포괄하는 멋을 보여준다. 옛 건축의 아름다움 또한 거대한 크기나 강렬한 빛깔의 놀라움보다 보일 듯 말 듯 드러나지 않는 우아한 수줍음으로 오랜 세월 더욱 깊어지는 장맛처럼 익어간다. 관동팔경의 하나인 죽서루는 이러한 옛 사상을 가장 멋지게 보여주는 정자이다. 고려시대부터 이곳을 지켜온 정자는 오십천의 호젓함을 바라보는 최고의 장소에 위치한다. 두타산의 푸름을 절벽 끝으로 받으며 산과 물의 기운을 잇는다. 정자의 건축학적 가치는 누각을 받치는 17개 기둥에 있다. 절벽 위 일정하지 않은 바닥을 따라 일부는 주춧돌 위에 나머지는 그대로 바위 위에 맞닿는 기둥들은 17개 모두 그 길이가 다르다. 얼핏 보기에는 기술이 부족하여 이런 모습을 지닌 것이 아닌가 싶겠지만 목조 건축을 이해하는 전문가의 눈에는 깊숙이 구멍을 내고 기둥을 박아 세우는 기술은 일반 건축술보다 더 어려운 것이라 한다. 바위 위에 그대로 올려 진 기둥 위에 작지 않은 2층 누각이 서 있는 모습은 경이롭기까지 하다. '그랭이질' 이라 불리는

이러한 전통의 건축양식은 자연을 훼손하지 않으며 자연 그대로를 이용하는 우리 선조들의 지혜이다. 조선시대 삼척부 객사의 부속 건물로 공식 연회의 장소가 되었다는 정자는 그 아름다움을 칭송하는 숙종의 어제시와 율곡 이이의 시구가 새겨져 있어 가치를 더한다.

➡ 오십천, 오십 개의 이야기

대이리 동굴지대가 분포하는 삼척시 도계에서 시작하는 강물로 삼척 시내를 휘감고 동해로 흘러간다. 50개의 개천이 모여 강을 이룬다는 오십천(五十川)은 수많은 계곡을 찾아가듯 해마다 가을이면 연어가 찾아오는 곳이다. 동해안 다른 지역인 영덕에도 같은 이름의 하천이 있어 재미있다.

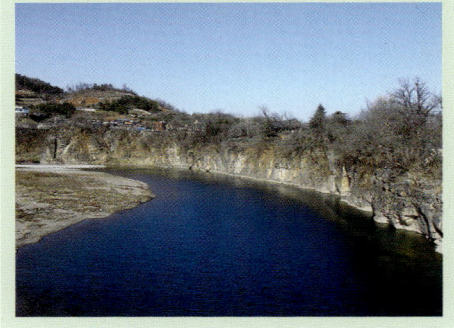

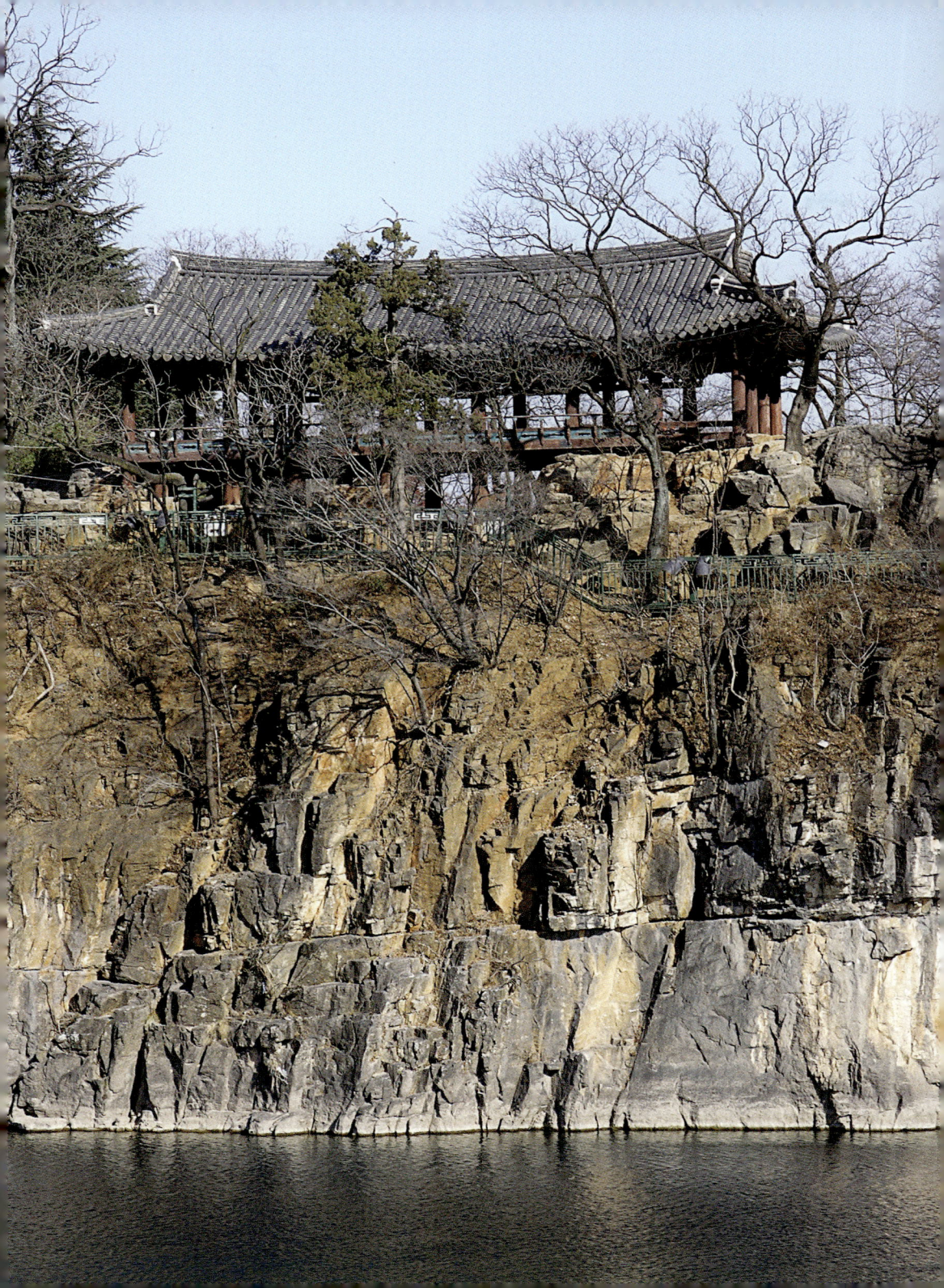

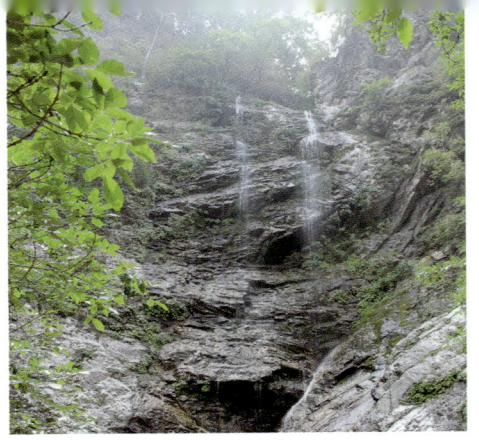
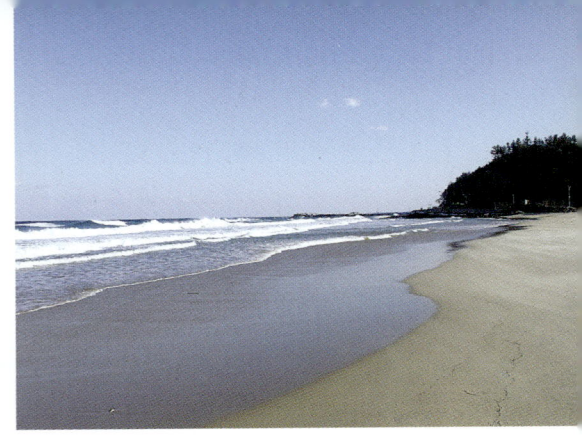

구곡폭포
아홉 굽이의 폭포길

| 위치 | 강원도 춘천시 남산면 강촌리 432-21
　　　 강원도 춘천시 남산면 강촌구곡길 314-1
| 운영시간 | 일출~일몰, 연중무휴

▶ MINI DATA
| 입장료 | 있음　주차 | 가능　분류 | 산, 계곡, 동굴

삼척해수욕장
환상의 해안선 열차가 서는 바다

| 위치 | 강원도 삼척시 교동
　　　 강원도 삼척시 테마타운길 인근
| 운영시간 | 종일, 연중무휴

▶ MINI DATA
| 입장료 | 없음　주차 | 가능　분류 | 바다, 섬

대학생들 MT의 명소로 알려진 강촌에 가면 아름다운 구곡폭포를 만날 수 있다. 물줄기가 아홉 굽이나 돌아 떨어져서 이런 이름을 갖게 되었다. 봉화산 중턱에 있는 이 폭포는 규모는 작지만 물이 맑고 주변의 경관이 아름다워 찾는 이들이 많다. 매표소를 지나 길을 따라 폭포로 향하는 길은 잘 닦여 있어 걷기에 편하다. 운동을 즐기는 이들을 위한 넓은 공터와 삼림욕장까지 갖춰져 있다. 천천히 산책하듯 올라, 높은 계단을 넘으면 푸른 신록을 배경으로 시원하게 쏟아지는 폭포의 물줄기와 시원한 계곡 바람이 등산객을 맞아준다. 5월의 구곡폭포도 아름답고 시원하지만, 겨울의 구곡폭포는 더 특별한 경관을 연출한다. 폭포가 꽁꽁 얼어붙어 온통 눈부신 은빛 커튼처럼 펼쳐지기 때문이다. 이 빙벽에서 등반을 즐기기 위해 등산 애호가들이 많이 찾아온다.

길이 1.2km, 폭 100m의 백사장이 펼쳐지는 삼척해수욕장은 삼척 시내에서 가깝지만 동해안의 다른 해수욕장에 비해 한적함을 즐길 수 있는 곳이다. 울창한 송림을 끼고 있으며 백사장의 모래가 곱고 수심도 얕아 안전한 해수욕이 가능하며 샤워장 및 각종 편의시설도 잘 갖추어진 국민 관광지이다. 해안도로변에는 횟집을 비롯한 식당들이 깔끔하게 들어서 있으며 숙박 시설도 많다. 숙소들은 해안선을 따라 바다를 바라보는 전망대가 되니 이른 아침 차가운 바닷바람이 부담스러운 여행자라면 잠자리에서 일출을 감상해보자. 주말에는 청량리에서 출발하는 환상의 해안선 열차가 서는 곳으로 붉은 가로등이 켜진 백사장의 밤바다 풍경은 독특한 매력을 풍긴다. 매년 여름이면 맨손으로 넙치잡기 대회가 열려 피서객을 즐겁게 해주며 인근 새천년 해안도로와 연결한 드라이브 코스로도 인기다.

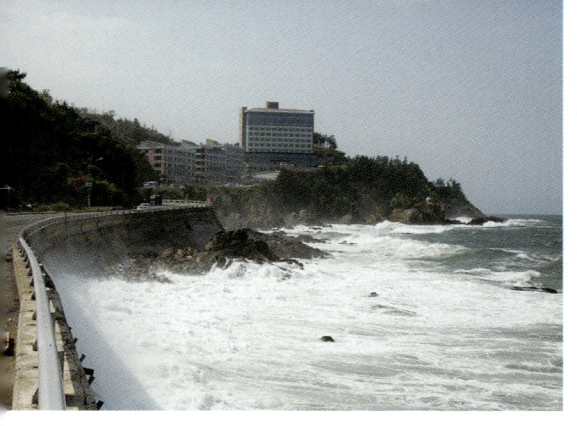
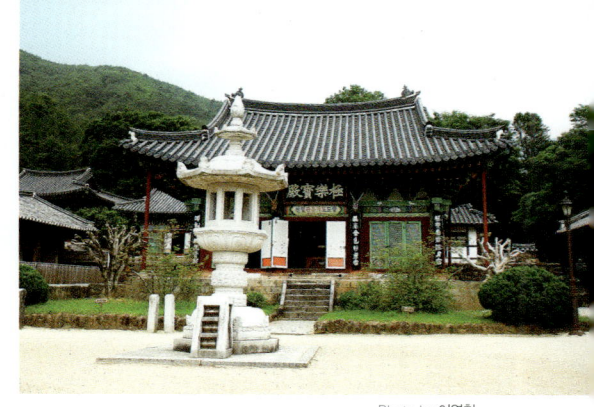

Photo by 이영철

새천년 해안도로

환상의 바닷가 드라이브

| **위치** | 강원도 삼척시 정라동~교동 일대
　　　　강원도 삼척시 새천년도로
| **운영시간** | 종일, 연중무휴

▶ **MINI DATA**

| **입장료** | 없음　**주차** | 가능　**분류** | 바다, 섬

동해안의 푸른 바다를 온몸으로 맞으며 달릴 수 있는 4.8km의 해안도로로 삼척해수욕장과 삼척항을 잇는 도로이다. 파도와 해풍이 깎고 다듬은 기암괴석과 초록의 송림이 어우러져 멋진 경관을 연출한다. 바람이 불어오는 날이면 도로 위로 솟구칠 듯 몰아치는 파도가 대단하다. 해안도로 중간에는 잠시 차를 주차하고 편안하게 해안 절경을 감상할 수 있는 쉼터가 마련되어 있다. 새 천 년 소망의 탑은 새천년을 맞아 삼척시에서 건립한 것으로 2000년 건립 당시 3만 3,000여 명의 이름을 새겼다. 소원을 담은 양 손을 형상화한 탑신과 1단은 신혼부부의 소망석, 2단은 청소년의 소망석, 3단은 어린이의 소망석으로 이루어져 있으며 맨 아래에는 타임캡슐을 묻었다. 비치조각공원은 조각품을 감상하며 쉬어갈 수 있는 또 하나의 명소로 10여 점의 조각 작품이 전시되어 있으며 야외무대에서는 음악회도 열린다. 매년 1월 1일 새벽은 일출을 감상하려는 관광객들로 새천년도로 전체가 주차장으로 변하기도 한다.

천은사

두타산의 새벽을 밝히는 곳

| **위치** | 강원도 삼척시 미로면 내미로리 785
　　　　강원도 삼척시 미로면 동안로 816
| **운영시간** | 종일, 연중무휴

▶ **MINI DATA**

| **입장료** | 없음　**주차** | 불가능　**분류** | 불교유적

두타산 자락에 자리하는 천은사는 대규모의 대웅전을 가지고 있거나 국보급 문화재를 가진 사찰이 아니다. 신라시대 범일국사가 창건하였다는 사찰은 사굴산문파의 중심사찰로 통일신라 말기 번창하였고 조선시대에는 태조의 4대 조상인 목조의 능을 지키는 사찰로 그 규모를 자랑하였지만 한국전쟁으로 전체가 소실되어 지금의 작은 법당만이 남아 옛 영화를 기억한다. 화려한 사찰의 아름다움을 기대한다면 깊은 산길을 따라 힘들게 걸음한 것이 실망으로 남는다. 하지만 새벽 예불시간이나 해 질 녘 어스름 질 때 이곳을 찾아보자. 사찰을 감싸고 있는 두타산의 맑은 기운과 함께 찾는 이의 마음을 평온하게 해주는 고요함을 느낄 수 있다. 멀리 동해의 푸른 바다바람이 경내로 전해지면 종교를 떠나 몸과 마음까지 씻겨지는 기분이다. 고려시대 중국과 우리나라의 역사를 다루는 대서사시 「제왕운기」를 천은사에서 지었다는 이승휴의 마음도 이러했을까?

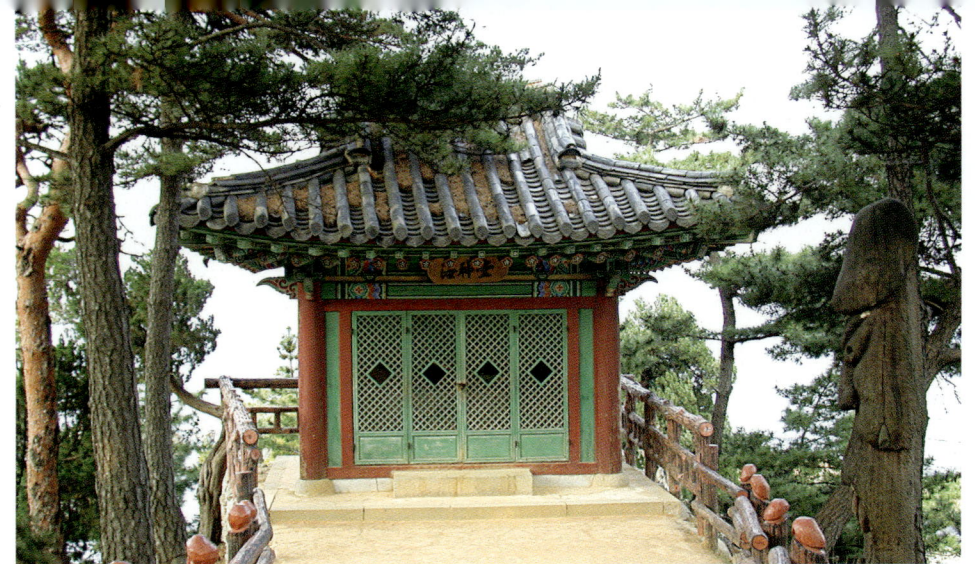

해신당공원 외설과 예술의 만남

| 위치 | 강원도 삼척시 원덕읍 갈남리 301
　　　강원도 삼척시 원덕읍 삼척로 1852-6
| 운영시간 | 동절기 09:00~17:00, 하절기 09:00~18:00,
　　　매월 18일 휴무

▶ MINI DATA
| 입장료 | 있음　　주차 | 가능　　분류 | 전시, 체험시설

거친 바다를 텃밭 삼아 살아가는 어촌의 삶은 농경의 그것보다 거칠고 위험하다. 그래서인지 마을의 안녕을 기원하는 민속신앙에 깃든 전설과 설화 또한 죽음과 성에 관련된 원초적인 내용들이 많다. 남녀유별을 근본으로 성에 관한 표현과 행위를 비밀스럽고 음탕한 것으로 여기는 것은 직계 위주의 전통의 유지가 무엇보다 중요한 농경 문화의 지배적인 사상이다. 거칠고 위험한 바다의 삶과 제례를 중심으로 하는 그들의 문화는 일면 거친 듯 보이지만 원초적이고 꾸밈이 없다. 삼척에서 동해를 바라보며 울진으로 향하는 7번 국도 신남마을에는 풍랑에 휩쓸려 안타깝게 목숨을 잃은 처녀를 위로하는 작은 사당인 해신당이 있다. 억울한 처녀의 영혼을 위로하기 위하여 남성의 성기를 본딴 나무 조각을 매년 정월대보름과 10월 첫 번째 오(午)일에 조각하여 바치며 정성스럽게 성황제를 지낸다. 오일은 12간지 중 성기가 가장 크다는 말(馬)

의 날이다. 사당 뒤편 벼랑 위 향나무로 만들어진 신목은 처녀의 영혼을 상징한다. 송림에 둘러싸인 거친 바위틈 바다를 바라보며 자리하는 신목 위에 건강한 마을의 장정이 방뇨를 하면 마을의 어선들이 만선으로 돌아왔다 하니 참으로 기이한 제례의식이었다. 마을의 특색을 살린 갖가지 성기 모양의 조각품들이 바다를 바라보며 조각되어 있는 성 민속공원이 꾸며져 있다. 아이들과 함께하는 해신당 탐방이라면 고대로부터 다산과 풍요를 상징한다는 남근 조각과 만국 공통의 성기 신앙에 관한 사전해설이 필요할 듯하다. 실제 마을을 찾아 성 민속공원을 둘러보며 시선 둘 자리를 찾기 힘들어 당황스러운 것은 사실이다.

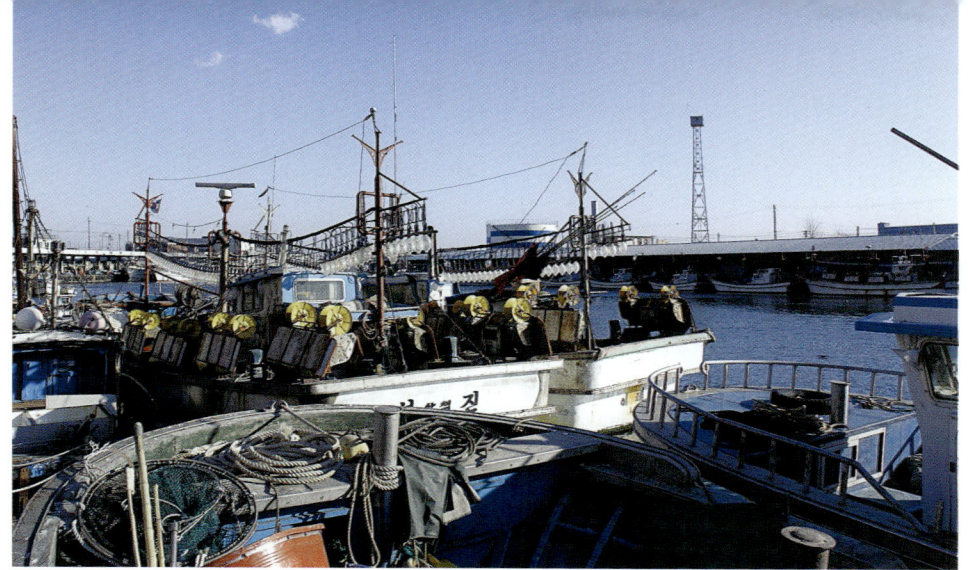

삼척항 추억을 지닌 항구

위치 | 강원도 삼척시 정상동
　　　 강원도 삼척시 삼척항길 152 인근
운영시간 | 종일, 연중무휴

▶ MINI DATA
| 입장료 | 없음　　주차 | 가능　　분류 | 바다, 섬

오십천의 맑은 물이 바다로 흘러가는 끝자락에 삼척항이 자리한다. 해안도로를 따라 멀리서 바라보이는 항구의 모습도 아름답고 옴폭하게 자리하는 선창의 모습도 포근하다. 선창 끝자락 자그마한 좌판과 함께 이어진 허름한 횟집에서는 신선함 가득한 바다의 먹거리들을 저렴하게 구입하여 초장에 찍어 먹을 수 있다. 한때는 동해의 최대 항구 중 하나로 수많은 어선들이 모여들었고 조선시대에서 일제강점기까지 군사기지로의 중요성도 가졌던 삼척항은 화려했던 모습들을 옛 영화로 간직한 채 강원 산간지방에서 생산하는 시멘트를 하역하는 항구로 기능하고 있다. 포구의 끝자락에 자리하는 육향산 아래 작은 비석을 놓치지 말자. 조선 중기 삼척부사로 재직하였던 미수 허목(1595~1682년)의 글씨가 새겨져 있는 '척주동해비'는 우리나라 최고의 전서(篆書)체 비석으로 일컬어진다. 일명 도장 글씨로 알려진 전서는 검은 비석 위에 문

양을 조각한 듯 음각되어 있다. 바다의 풍랑을 잠재우는 마음으로 동해 바다를 기리는 글이 적힌 비석은 탁본을 하면 화재를 막는다는 신기한 전설을 전한다. 조선 중기 서인의 대학자 우암 송시열과 예송논쟁을 주도했던 남인의 거두 허목은 조선중기를 대표하는 서예가로도 유명하다.

> ### ➜ 곰치국, 삼척의 해장국
>
> 삼척항 포구 주변을 채우는 음식점들은 하나같이 곰치국을 간판에 내건다. 과음이나 추위로 속이 답답하다면 시원한 곰치국 한 그릇 먹어보자. 기가 찰 정도로 못난 곰치를 구경한 사람이라면 먹을 수 있는 생선이라는 것이 믿어지지 않는다. 사실 곰치는 어선의 그물에 잡혀도 그냥 버려지던 못난 생선이었다. 포구 인근 주민들만이 김치 국물에 쉽게 끓여내는 국의 맛을 알았었는데 그 시원함이 입소문을 타면서 동해를 대표하는 음식 중 하나가 되었다.
> **문의** | 033-574-3543(바다횟집)

모둘자리관광농원

국내 최고의 관광농원이라 말한다

위치 | 강원도 홍천군 서석면 검산리 246
　　　 강원도 홍천군 서석면 검산길 147-19
운영시간 | 예약 후 방문

▶ MINI DATA
| 입장료 | 있음　주차 | 가능　분류 | 온천, 휴양

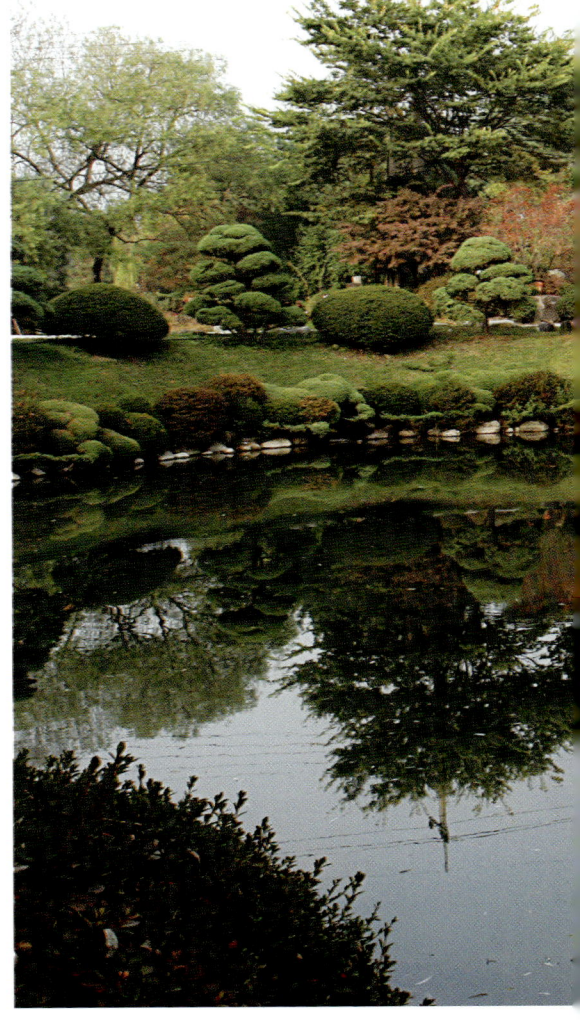

홍천 모둘자리농원은 매번 갈 때마다 하나씩 더하며 변화하는 모습을 보여준다. 이곳이 만들어진 지 십수년이 넘었음에도 계속해서 새로운 것을 더하려는 주인의 노력이 돋보인다. 숙박할 수 있는 방이 있고, 계절마다 즐길 수 있는 다양한 놀거리가 있으며, 다른 곳에서 맛보기 힘든 푸짐하고 맛있는 먹거리가 있으니 한곳에서 모든 것이 해결된다. 펜션이나 콘도 같은 시설은 아니지만 주인이 손수 만들고 수리하는 집들이라 불편함 없이 편하게 머물다 갈 수 있다. 그 중에서도 옛집의 정취를 느낄 수 있는 한옥을 추천하는데, 침대 없이 요를 깔고 자야 하고 겨울철에는 웃풍도 있지만 시골의 할머니, 할아버지가 따뜻하게 불을 지펴놓고 기다리는 것처럼 손님을 맞으니 기분 좋게 하루를 묵을 수 있다. 여름철에는 계곡을 막아 수영장을 만드는데 청정지역 1급수 물이라 소독약 냄새 맡지 않고 마음껏 물놀이를 즐길 수 있어 좋다. 겨울에는 스케이트장과 눈썰매장을 만드는데, 이것 역시 자연 그대로를 이용하는 것으로 연못이 얼면 그 자리를 스케이트장으로 이용하고, 언덕에 쌓인 눈을 그대로 두고 눈썰매장으로 이용한다. 도시 근처에 위치한 썰매장들과 달리 붐비지 않아서 마음껏 썰매를 탈 수 있다. 봄, 가을에는 계곡을 따라 오가는 MTB 체험이 가능하다. 식사로는 모듬요리를 추천하는데 내용에 따라 버섯생불고기, 송어회, 바비큐모듬, 토종약밥백숙 등 한 상 푸짐하게 요리가 차려진다. 특히 이곳의 송어회는 1급 계곡수로 농원에서 직접 키운 송어라 한

번 맛보면 다시 찾게 된다. 저녁에 사무실에 부탁하면 저렴한 가격에 갓 잡은 송어를 호일에 싸서 모닥불에 구워 먹을 수도 있는데 그 맛이 별미이다. 이용할 수 있는 시설로 전통찜질방과 전통찻집도 있다. 200년 된 집으로 아무도 살지 않아 방치하고 있다가 주인이 직접 주변의 좋은 황토를 구해 벽을 발라 찜질방으로 개조했다. 장작을 직접 때는 전통 방식의 찜질로 스팀으로 열을 내는 도시의 찜질방과 달라 땀을 흠뻑 흘려도 끈적이지 않고 개운하다. 직접 달인 영지차가 특색

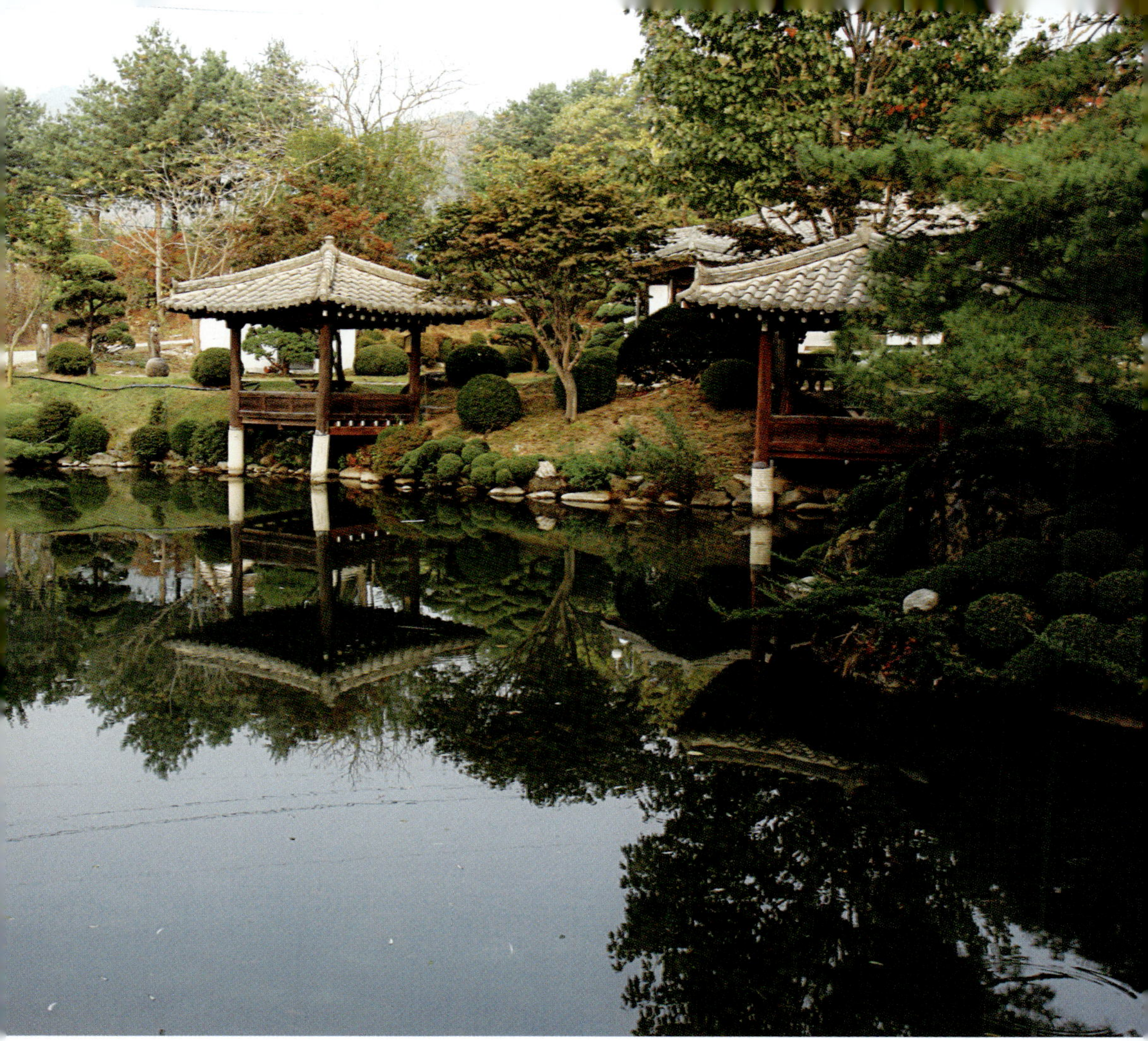

있는 전통찻집은 벽난로 주변에 둘러 앉아 모둘자리 여행을 마무리하며 함께한 사람들과 담소를 나누기 좋은 곳이다.

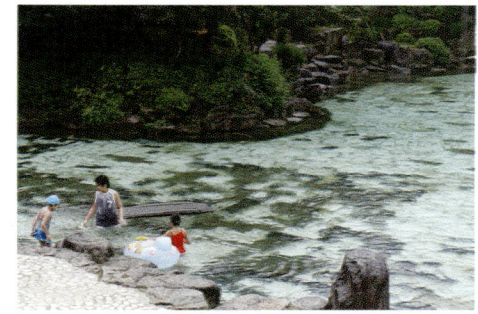

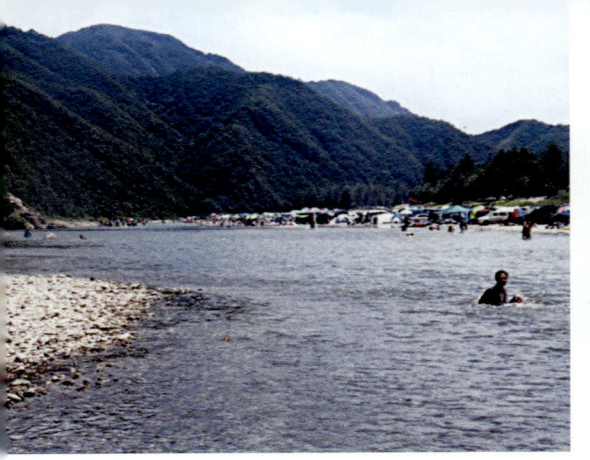

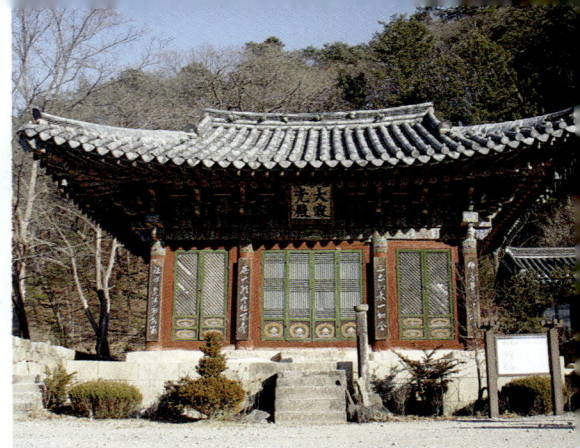

모곡유원지
명사십리 모래강변

| 위치 | 강원도 홍천군 서면 모곡리 523-4
   강원도 홍천군 서면 밤벌길 141
| 운영시간 | 종일, 연중무휴

▶ MINI DATA
| 입장료 | 있음   주차 | 가능   분류 | 강, 유원지

수타사
홍천에 숨은 천 년 고찰

| 위치 | 강원도 홍천군 동면 덕치리 9
   강원도 홍천군 동면 수타사로 473
| 운영시간 | 종일, 연중무휴

▶ MINI DATA
| 입장료 | 없음   주차 | 가능   분류 | 불교유적

홍천군 서석면 생곡리에서 발원한 홍천강 물줄기는 143km를 유장하게 흘러 청평댐에 안긴다. 상류에서 시작하여 서면의 팔봉리, 모곡리, 마곡리를 흐르는 동안 물길은 깊고 넓어지면서 크고 작은 모래밭과 자갈밭을 만드는데 그중 하나가 '모곡 명사십리'라고도 부르는 모곡유원지이다. 수심이 깊어 위험한 다른 지역과는 달리 수심이 얕고 넓게 펼쳐진 모래사장이 있어 오토캠핑장과 여름철 물놀이 장소로 사랑받는 곳이다. 작은 자갈이 섞인 모래밭이 1km 가까이 펼쳐져 있고 아름드리 밤나무와 미루나무 숲이 그늘을 만들어 주어 피서철에 찾는 여행객이 많으며 메기, 피라미 등 물고기가 많이 잡혀 낚시 마니아들이 견지 낚시를 즐기는 모습을 늘 볼 수 있다. 견지 낚시는 별다른 미끼가 필요하지 않고 기술을 요하는 것도 아니어서 어린이들도 함께 즐길 수 있다. 유원지 안에 식수대를 비롯해 매점, 민박 등 편의 시설이 갖추어져 있고 보트와 ATV를 타며 레포츠를 즐길 수도 있다.

한국의 100대 명산 중 하나로 꼽히는 공작산 자락에 자리 잡은 수타사는 신라 성덕왕 7년(708년)에 원효대사에 의해 창건된 것으로 전해지는 천 년 고찰이다. 원래 우적산에 있는 일월사였다가 세조 3년(1457년)에 현재의 자리로 옮기고 수타사라 부르기 시작했다. 임진왜란으로 소실되어 폐허로 남아 있다가 인조 14년(1636년)에 중창을 시작해 절의 면모를 새롭게 갖추고 오늘에 이르렀다. 경내에는 강원도 보호수 제166호로 지정된 500년 수령의 주목 한 그루가 서 있는데 사찰을 관장하던 노스님이 짚고 다니던 지팡이를 땅에 꽂아 자라난 것이라고 하며 스님의 얼이 깃들어 잡귀로부터 사찰을 보호해준다는 설화가 전해진다. 대적광전 팔작지붕과 동종, 삼층석탑이 유물로 남아 있고 보물 제745호로 지정된 월인석보를 비롯해 사천왕상, 후불 탱화, 홍우당 부도 등 많은 문화재를 보유하고 있다. 한편 수타사에서 동면 노천리까지 이어지는 계곡은 수려한 경관을 자랑한다.

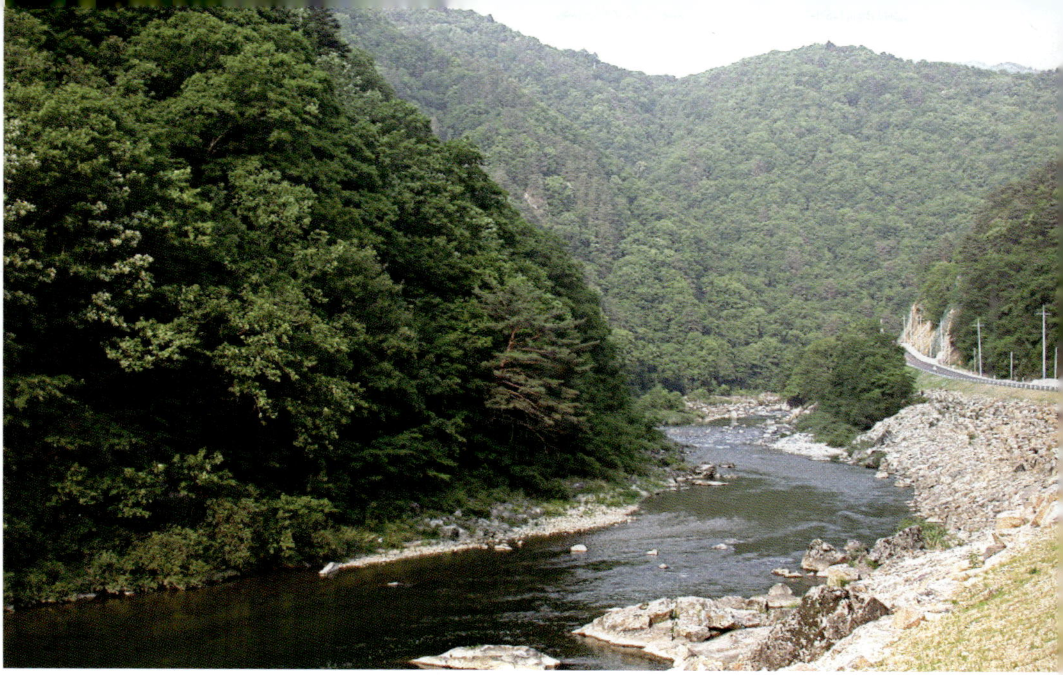

살둔마을   내린천에 기대어 자리잡은 마을

위치 | 강원도 홍천군 내면 율전리 183
    강원도 홍천군 내면 내린천로 638
운영시간 | 종일, 연중무휴

▶ MINI DATA
| 입장료 | 없음   주차 | 가능   분류 | 전통, 체험마을

'사람이 기대어 살 만한 둔덕'이라는 뜻의 살둔마을. 정감록에 3둔4가리라 하여 환란을 피할 수 있는 일곱 곳을 꼽았는데 3둔은 '월둔, 귀둔, 살둔'이고, 4가리는 '아침가리, 적가리, 명지가리, 연가리'다. 그중에서 마을의 형태를 간직하고 있는 유일한 곳이 살둔이다. 이제는 오지라는 설명이 무색할 정도로 많이 알려지고 펜션들이 들어서면서 개발이 되고 있으나 우리나라의 하천 중 깨끗하기로 유명한 내린천 상류지역에 있어 오염되지 않은 청정한 기운이 서려 있는 마을이다. 한국의 아름다운 집 100선에 소개되기도 한 전통 귀틀집 모양으로 지어진 살둔산장은 내린천의 맑은 물줄기가 내려다 보이는 위치에 있어 살둔마을을 대표하는 상징물이다. 2층으로 지어진 산장의 마루에 앉으면 울창한 노송 숲이 실어다 주는 생명의

기운과 내린천의 물소리가 빚어내는 하모니를 들을 수 있다. 여름철 호젓한 피서지로도 좋고 겨울날 하얗게 눈 덮인 산골마을의 풍취를 느끼는 여행지로도 제격이다.

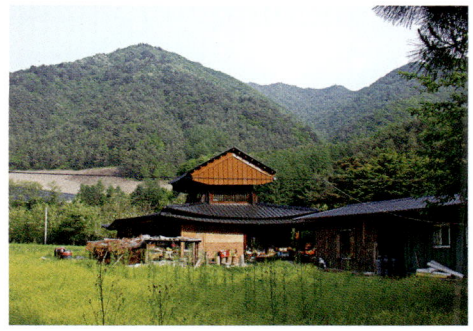

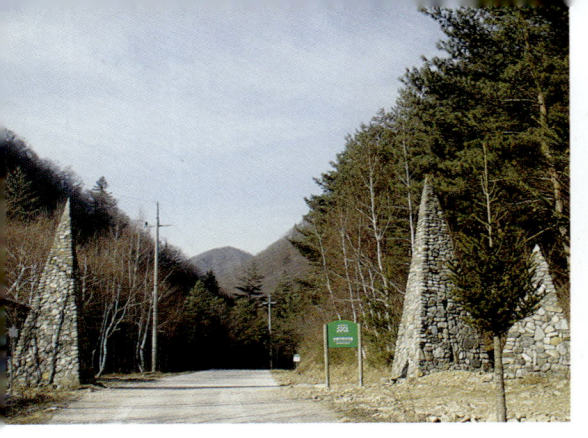
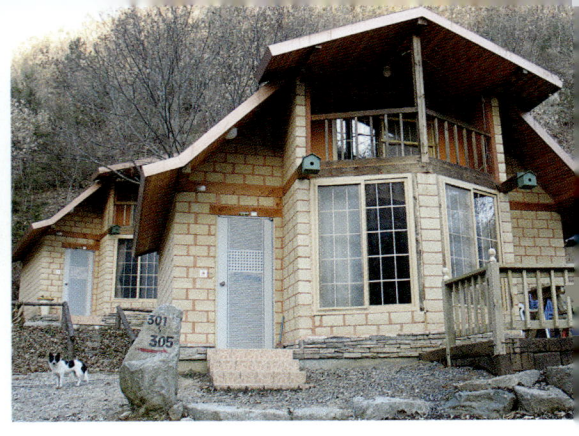

삼봉 자연휴양림

삼봉 약수로 유명한 휴양림

| 위치 | 강원도 홍천군 내면 광원리 산197-1
          강원도 홍천군 내면 삼봉휴양길 276
| 운영시간 | 휴양림 09:00~18:00, 숙박 15:00~익일12:00

▶ MINI DATA

| 입장료 | 있음   주차 | 가능   분류 | 숲, 자연휴양림

오대산국립공원 북서쪽의 가칠봉(1,240m)을 주봉으로 좌측의 응봉산(1,155m), 우측의 사삼봉(1,107m)의 3개 봉우리로 둘러싸여 있어 '삼봉'이라 불리는 휴양림이다. 아름드리 전나무와 분비나무, 주목 등의 침엽수와 활엽수가 조화를 이루어 숲이 울창하고 천연기념물 제74호로 지정된 열목어가 서식할 만큼 깊고 깨끗한 계곡이 자랑이다. 등산로와 산책로가 잘 갖추어져 있고 물놀이장, 체력 단련장, 족구장, 오토캠핑장 등의 시설이 있어 가족 단위 여행객이 이용하기에 좋으며 여러 동의 산장과 숲 속의 집, 산림휴양관을 운영하고 있어 숙박지도 여유롭다. 휴양림 입구에서 안으로 들어가는 단풍나무 길이 아름답기로 유명하고 봄이면 산나물이 지천이고 산목련, 개회나무 꽃으로 장식된다. 특히 겨울 설경이 압권이며 휴양림 안의 삼봉약수도 유명하다. 조선시대부터 이용되었던 것으로 전해지며 제일철, 탄산, 중탄산이온 등 15가지 성분이 함유되어 있어 당뇨, 빈혈, 위장병, 신경통 등에 효과가 있다고 한다.

횡성 자연휴양림

청정 자연 속에 자리한 휴양림

| 위치 | 강원도 횡성군 갑천면 포동리 산31-1
          강원도 횡성군 갑천면 정포로430번길 113
| 운영시간 | 숙박 15:00~익일11:00

▶ MINI DATA

| 입장료 | 있음   주차 | 가능   분류 | 숲, 자연휴양림

호랑이가 사람을 잡아먹고 저고리만 남겨 놓았다 해서 저고리골이라 불리는 곳에 자리한 자연휴양림이다. 그만큼 산세가 깊고 인적이 드문 청정지역이다. 신라시대에는 왕족들의 휴양지가 있었던 것으로 추정되기도 하며 신라 초기의 것으로 보이는 삼층석탑이 남아 있다. 2002년에 개장하여 시설이 깨끗하고 수도권에서 가까운 것이 장점이다. 1970년대 초까지 화전민들이 터를 잡고 살던 곳으로 산나물 단지, 두릅단지, 샘터 등이 그대로 남아 있으며 계곡을 끼고 있는 원시림 사이로 3개의 산책로가 조성되어 있어 도심에 찌든 몸과 마음의 피로를 씻어주기에 충분하다. 3평형의 작은 방갈로부터 다양한 크기의 통나무집, 황토 흙집 등 숙박 시설도 여유로우며 숙박동에 공급되는 물은 천연 암반수로서 식수로 그냥 사용해도 될 만큼 깨끗하고 몸에 좋은 성분을 많이 함유하고 있는 것으로 알려져 있다.

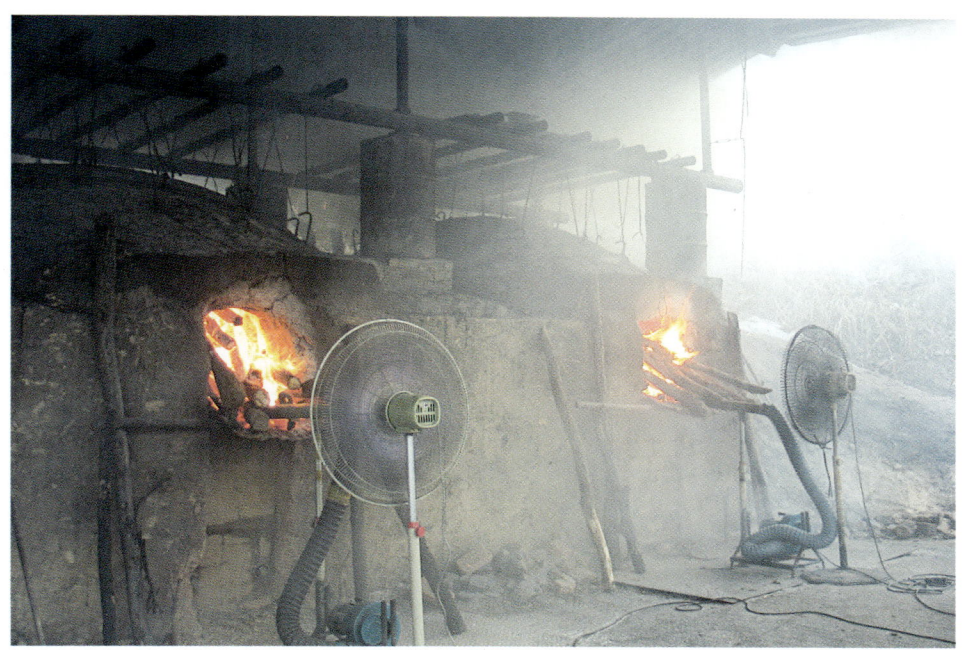

강원참숯 숯가마에서 즐기는 건강 찜질

| 위치 | 강원도 횡성군 갑천면 포동리 631
강원도 횡성군 갑천면 정포로 327
| 운영시간 | 동절기 09:00~17:00, 하절기 09:00~18:00,
야간운영 토요일 18:00~22:00, 연중무휴

▶ MINI DATA
| 입장료 | 있음　　주차 | 가능　　분류 | 온천, 휴양

강원참숯은 이제 우리나라에 얼마 남지 않은 전통방식의 숯가마 중 으뜸을 달리는 곳이다. 2,000℃가 넘는다는 고온에서 질 좋은 참나무를 일주일가량 구워 만들어내는데 이곳의 숯은 불을 붙이면 주변으로 흰빛을 내는 백탄이다. 낮은 온도의 전기나 가스 가마에서 속성으로 생산되는 흑탄과는 모습과 화력에서 차원을 달리한다. 20여 곳의 가마에서 대형 선풍기를 돌려가며 불을 내는 가마를 구경하는 것만으로도 특별한 경험이지만, 숯을 꺼내고 빈 공간에 그대로 두터운 거적을 깔고 앉아 온몸으로 즐기는 찜질 체험은 숯가마가 주는 최고의 선물이다. 일반 사우나에서 느낄 수 없는 쾌적한 뜨거움은 알맞은 습도를 유지하며

전신을 감싸듯 달군다. 숯가마는 몸속 깊숙한 곳의 노폐물을 배출시키고 살균작용을 겸하는 원적외선이 다량으로 방출되는 공간이다. 원적외선은 스트레스와 공해로 상처받은 몸의 원기를 북돋아주는 광선이다. 온몸을 샤워하듯 적시는 땀은 계곡 바람에 잠시 몸을 말리면 금방 날아가며 끈적임도 남지 않는다. 최고 품질의 참숯이나 목초액도 현장에서 구입할 수 있다. 고기와 채소를 준비하여 항상 비치되어 있는 바비큐 통에다 참숯으로 불을 피워 구이를 해보자. 그 맛은 말로 설명하기 힘들다. 고기를 미처 준비하지 못했다면 강원참숯에서 운영하는 식당을 이용해도 좋다.

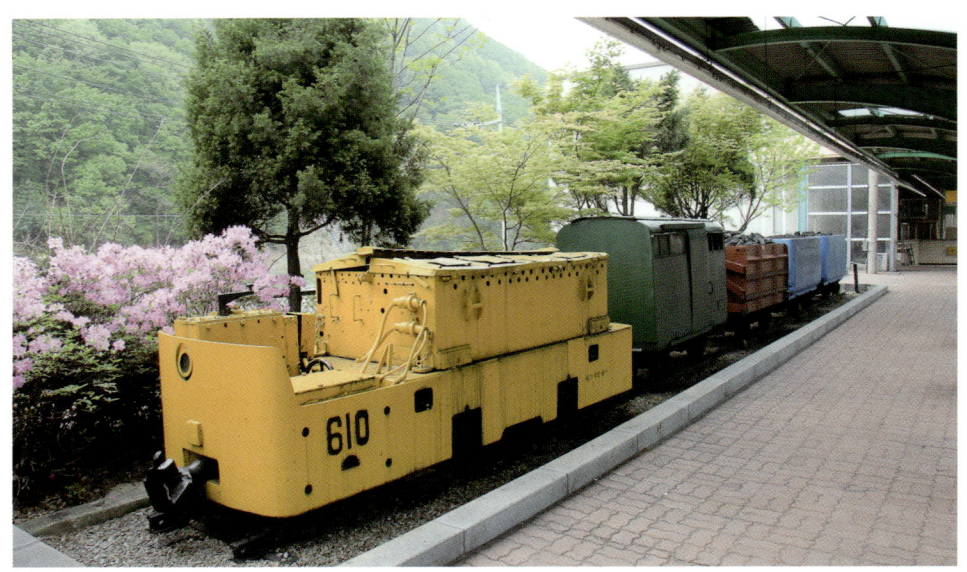

철암역 석탄을 나르던 역

| 위치 | 강원도 태백시 철암동 370-1
　　　 강원도 태백시 동태백로 389
| 운영시간 | 종일, 연중무휴

▶ MINI DATA
| 입장료 | 없음　　주차 | 가능　　분류 | 전통, 체험마을

강원도 태백은 예전에 광산이 많았던 지역으로 유명하다. 하지만 1990년대 이후 석탄 산업의 침체로 지역경제에 상당한 타격을 입었고, 지금은 카지노와 눈꽃축제 등의 관광산업으로 재기를 노리고 있다. 이런 가운데 과거 태백 지역의 영화를 간직한 기차역이 있으니 바로 철암역사다. 과거 철암역은 태백 지역에서 생산된 석탄을 전국으로 실어 나르던 창구였으나 지금은 태백선 무궁화호 한 대만이 외롭게 지나고 있다. 그러나 주변 경관이 뛰어나고, 역 주변이 박물관처럼 꾸며져 있어 둘러보기에 좋다. 석탄을 운반하던 때는 이곳에 상주하던 역 직원이 많아 역에 직원의 숙소와 식당 등이 있었지만, 지금은 텅 비었고 매표소도 문을 닫았다. 현재는 석탄을 비롯해 과거의 모습을 추억하는 조형물들이 눈에 띈다. 높이 쌓인 석탄 더미나 석탄을 나르던 열차를 만나볼 수 있다. 철암역 앞에는 철암천이라는 작은 하천이 흐르고 있는데 과거 석탄 산업이 활발할 때에는 개울물이 탄가루로 인해 새카맸다고 한다. 조용한 마을을 걷다 보면 석탄과 관련된 벽화를 발견할 수 있다. 마을 길을 걸으며 과거 번창했던 철암마을을 상상해 보는 것도 좋을 것이다. 철암은 1935년부터 2005년까지 70여 년간의 역사가 살아 숨 쉬는 현장이라고 해도 과언이 아니다. 우스갯소리로 예전 철암역에는 강아지들이 만 원짜리를 입에 물고 다닌다는 이야기가 있었다. 철암역장에서 날리던 석탄가루는 우리나라의 부흥기를 앞당긴 증거물이기도 했다. 지금의 철암역은 과거 역사는 그대로 보전하면서 백두대간 V트레인과 O트레인열차 등 새로운 관광자원개발과 함께 KBS드라마 〈최고다 이순신〉 등의 TV드라마나 영화 촬영지로도 각광받고 있다.

풍수원성당
100년 전 모습 그대로 세월을 전한다

| 위치 | 강원도 횡성군 서원면 유현리 1097
강원도 횡성군 서원면 경강로유현1길 30
| 운영시간 | 종일, 연중무휴

▶ MINI DATA
| 입장료 | 없음　주차 | 가능　분류 | 종교시설

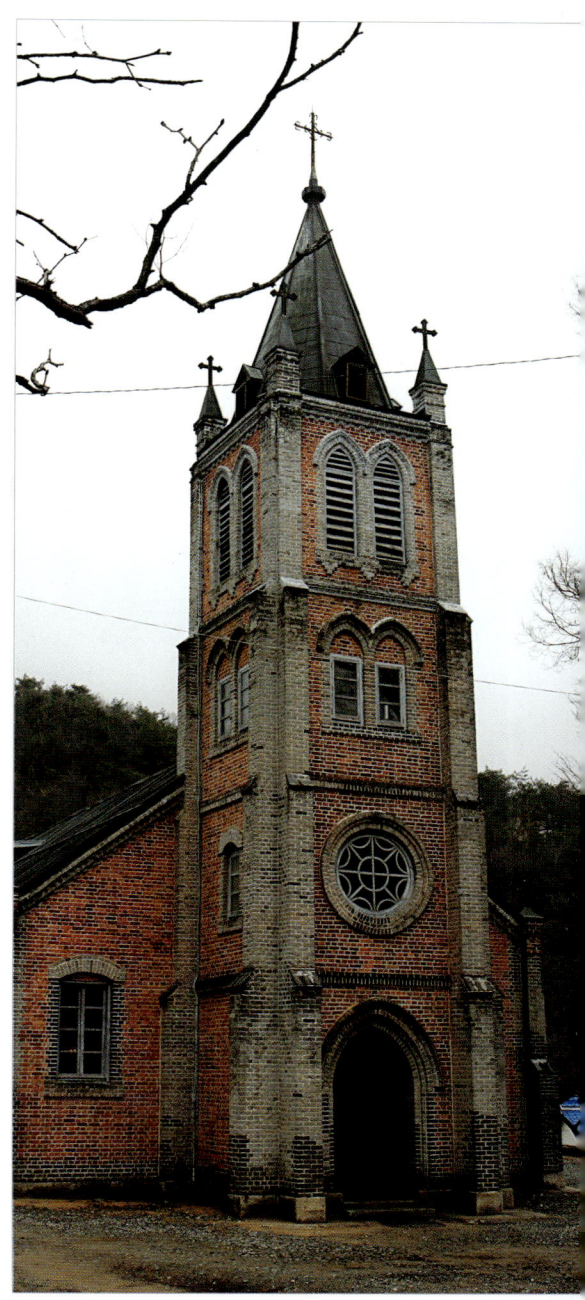

강원도에서 처음 지어진 성당으로, 옛 모습이 잘 보존된 성당이다. 1801년 신유박해 때 경기도 용인에 살던 40여 명의 신자들이 피할 곳을 찾다 정착한 곳이 풍수원으로, 그때부터 박해를 피해 이곳에 더욱 많은 천주교 신자들이 모이게 된다. 1896년 김대건, 최양업 신부에 이어 3번째 한국인 신부로 서품 받은 정규하 신부가 이곳으로 부임하면서 성당 건축이 시작되었다. 신자들이 직접 나무를 패고 벽돌을 만들어 지었다고 한다. 1907년에 완성된 성당으로 서울 중림동 약현성당(1892년), 전북 완주 되재성당(현 고산성당, 1896년), 서울 명동성당(1898년)에 이어 4번째로 지어진 성당 건물이자 강원도에 지어진 최초의 성당이다. 옛 모습 그대로 신발을 벗고 들어가야 한다. 성당이 처음 지어질 때만 해도 건물 안에 들어가기 위해서는 신발을 벗는 것이 당연했겠지만, 아직까지 그러한 모습이 남아 있다는 것이 신기하기도 하고 정겹기도 하다. 빨간 벽돌로 쌓은 벽과 뾰족한 4층 종탑의 모습이 그림과도 같아 영화나 드라마의 촬영지로 자주 이용되기도 한다. 성당 밖으로 나오면 언덕으로 예수 수난을 기억하며 기도하는 기도처인 십자가의 길이 나오는데, 그곳에 있는 14점의 그림은 판화가 이철수의 작품이다. 머무르는 데는 오랜 시간이 필요하지 않지만, 잠시 머문 기억이 두고두고 되새겨지는 여행지다.

봉명산과 고라데이마을

맑은 자연 속에서 보내는 알찬 체험과 멋진 트래킹

위치 | 강원도 횡성군 청일면 봉명리 61
　　　강원도 횡성군 청일면 봉명로 375-1
운영시간 | 문의 후 방문

▶ MINI DATA
입장료 | 없음　주차 | 가능　분류 | 산, 계곡, 동굴

굽이굽이 돌고 돌아 마을을 찾아간다. '고라데이'란 강원도 지방어로 '골짜기'라는 말로 마을이 위치하고 있는 곳을 표현하기에 딱이라는 생각이다. 찾아가는 길이 조금 수고스럽지만 일단 마을을 방문하면 그 조용하고 한적한 분위기에 찾아오길 잘했다는 생각을 하게 된다. 도시에 살면 사람 소리, 차 소리에 귀가 시달리는데, 이곳 마을은 사방이 산으로 둘러싸여 있어 바람 소리 말고는 아무 소리 들리지 않는 것이 어색할 정도지만 잠시 뒤면 그 고요함에 마음까지 평화로워진다. 고라데이마을은 농촌체험마을이기도 해서 몇 가지 체험이 가능한데, 이곳의 자연 환경을 잘 이용한 프로그램이라 특별하다. 주민들이 자랑하는 마을 뒤 봉명산을 오르는 것으로 체험을 시작한다. 봉명산 트래킹으로 봉명폭포까지 오르는데 아직까지 이런 곳이 널리 알려져 있지 않다는 것이 신기할 정도로 멋진 풍경과 맑은 물을 자랑하는 계곡이다. 봉명폭포는 30m 높이의 3단 폭포로 봉황이 우는 소리를 낸다고 하니 그 소리에 귀를 기울여보자. 이곳의 물은 바로 떠서 먹어도 될 만큼 깨끗하다고 하며 물이 깨끗해서인지 여름철에도 서늘한 기운으로 5분 이상 물속에 있기 힘들다. 내려오면서 보물찾기 하듯 심마니체험을 한다. 이 마을은 옛날 화전민들이 살던 곳으로 그때를 기억하며 만든 프로그램이라 한다. 장뇌삼을 곳곳에 심어 놓았으니 찾는 사람이 임자이다. 고라데이마을을 방문하기 가장 좋은 때는 7월 중순부터 8월 초까지로 마을 특산품인 복분자를 수확하는 계절이다. 방문 시기를 잘 맞추면 복분자 따기 등의 체험을 할 수 있으니 마을에 문의해보자. 이곳에서 식사를 하기 위해서는 예약은 필수이다. 그렇지 않으면 하루를 더 기다려야 식사가 가능하다. 주 메뉴가 한방산채비빔밥이라 예약을 하면 그때부터 재료를 준비하는데 필요한 재료들을 마을 산에 올라 채취하며, 또 오가피, 엄나무, 당귀, 느릅나무 등을 달인 물로 밥을 지어야 하니 시간이 걸리는 것이다. 민박도 가능하지만 마을에서 공동으로 운영하는 펜션이 있어 체험객들이 불편하지 않게 머물 수 있다.

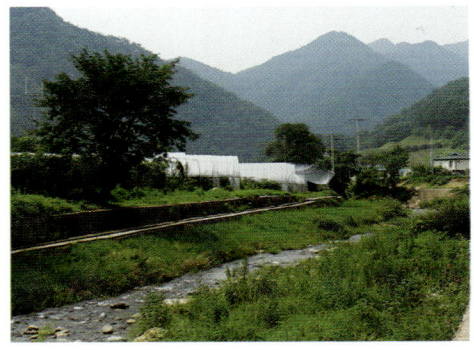

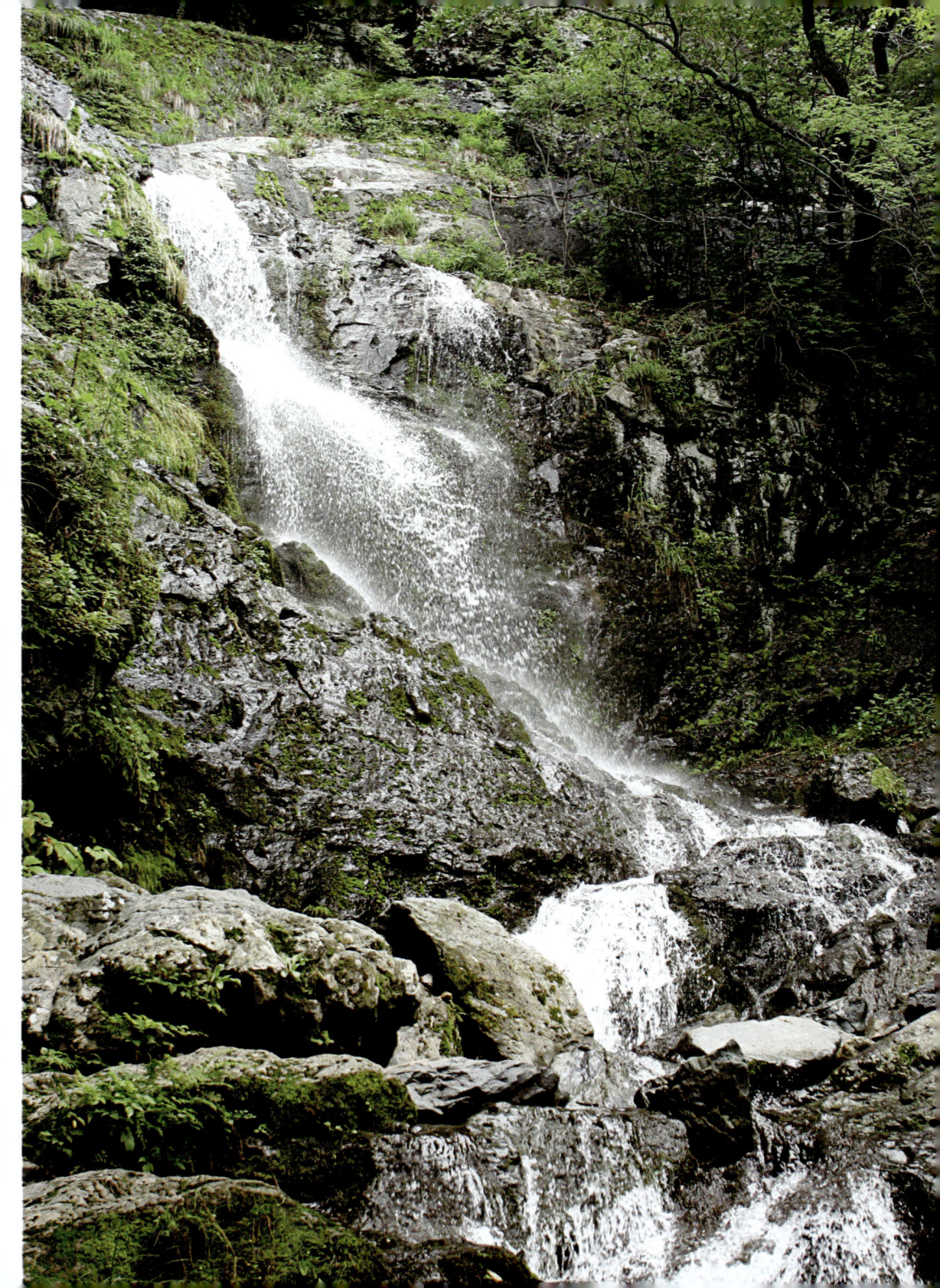

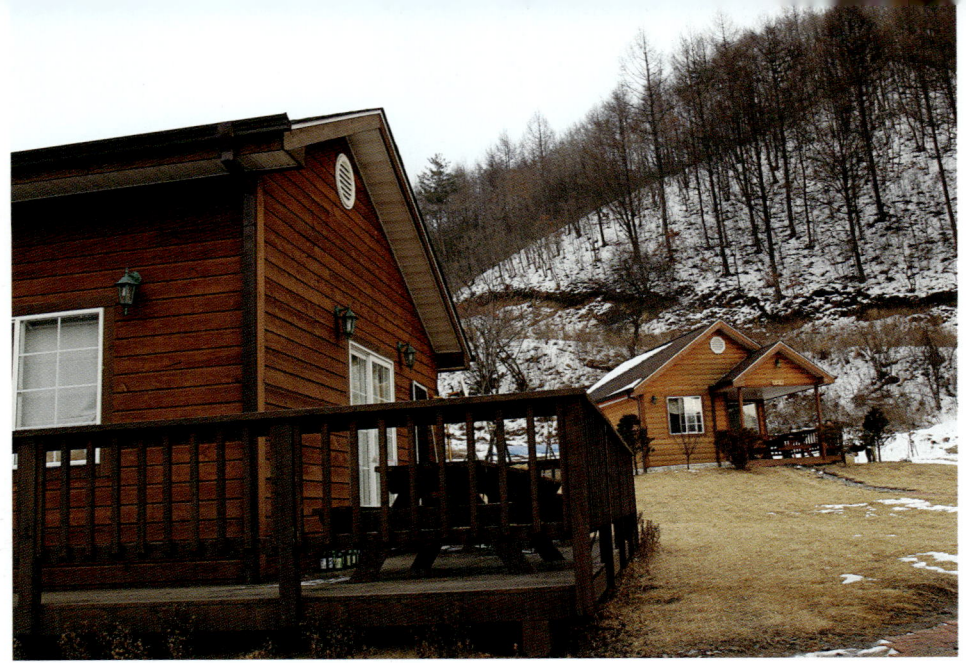

산채마을 특색 있는 프로그램을 체험하다

| 위치 | 강원도 횡성군 둔내면 삽교리 734-1
강원도 횡성군 둔내면 삽교로 386
| 운영시간 | 문의 후 방문

▶ MINI DATA
| 입장료 | 없음　주차 | 가능　분류 | 전통, 체험마을

강원도 깊은 산골에 자리한 농촌 체험 마을로, 마을 특성을 잘 살린 프로그램을 운영하고 있는 곳이다. 산채마을이라는 이름 그대로 이곳 마을 주민들은 산나물 채취와 가공을 주업으로 생활을 하는데, 이를 주제로 여행객들을 위한 체험프로그램을 만들었다. '산에서 놀자' 라는 프로그램으로 깊은 숲 속으로 들어가 해설을 들으며 숲이 우리에게 주는 혜택에 대하여 직접 체험할 수 있다. 산나물을 채취하고 직접 체험을 통하여 숲의 생태를 배울 수 있는 좋은 프로그램이다. 다른 프로그램으로는 '꽃과 나비 한 마리' 라는 체험이 있는데, '별무리 야생화 농장' 으로 가서 야생화들의 이름을 알아보고, 작은 화분을 만들어보는 체험이다. 또 하나의 특별한 체험은 '앵무새 친구 하기' 라는 프로그램이다. 마을에서 조금 더 안으로 들어

가면 '슈바르츠발트' 라는 펜션이 있는데, 이곳과 연계하여 진행한다. 사진이나 화면에서만 보아오던 앵무새를 직접 관찰하며 앵무새에 관하여 설명도 듣고 직접 만지며 말을 걸어볼 수 있어 어른 아이 할 것 없이 모두에게 인기이다. 체험을 위해서 보통 1박 2일 정도 마을에 머무르는데, 4끼 식사 중 2끼는 직접 만들어 먹게 된다. 곤드레밥 만들기가 한 끼 식사 체험으로, 준비된 곤드레나물을 쌀이 담긴 뚝배기에 넣고 밥을 짓는다. 또 다른 식사는 옛날 도시락볶음밥 만들기로 산에서 일했던 주민들이 오르내리기 힘들어 갖고 다니던 도시락을 체험객들이 직접 만들어본다. 펜션형의 멋진 숙소는 도시 사람들이 농촌체험에서 불편하게 여겼던 잠자리 문제를 해결해준다.

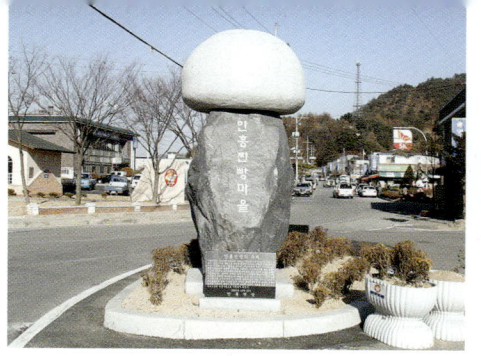
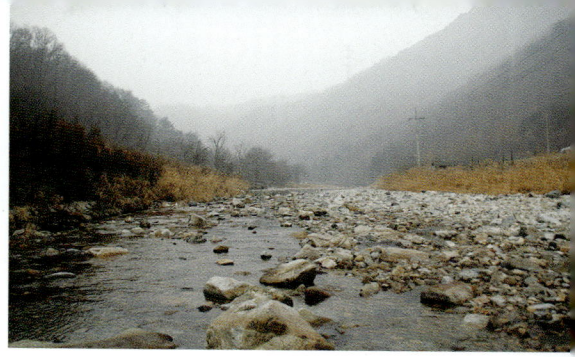

안흥 찐빵마을

찐빵 하나로 유명해졌어요

| 위치 | 강원도 횡성군 안흥면 안흥리
| 운영시간 | 매장별 상이

▶ MINI DATA

| 입장료 | 없음   주차 | 가능   분류 | 거리, 시장

병지방계곡

산골 마을 풍경이 남아 있는 계곡

| 위치 | 강원도 횡성군 갑천면 병지방리 485
        강원도 횡성군 갑천면 어답산로 인근
| 운영시간 | 종일, 연중무휴

▶ MINI DATA

| 입장료 | 없음   주차 | 가능   분류 | 산, 계곡, 동굴

횡성에서 나는 국산 팥을 무쇠솥에 넣어 4시간 동안 푹 찌고, 막걸리를 넣어 만든 반죽을 온돌방에서 1시간 동안 발효시킨 다음 20분간 쪄낸 것이 안흥 찐빵의 간략한 제조 방법이다. 인공 감미료를 전혀 넣지 않아 질리지 않는 단맛의 팥소와 쫄깃한 빵이 조화를 이루어 다른 어느 찐빵과도 비교할 수 없는 전통의 빵 맛을 자랑한다. TV에도 여러 번 소개되어 두 말이 필요 없는 안흥면소재지 일대는 17개 찐빵 집이 성업 중으로 횡성군에서는 안흥 찐빵을 모델로 캐릭터를 개발하고 간판도 정리하는 등 안흥 찐빵마을을 관광상품으로 만들어냈다. 찐빵을 사기 위해 길게 줄을 서는 진풍경을 보여주는 곳이 면사무소 바로 앞집으로 이 일대에서 가장 먼저 찐빵을 만들어 팔기 시작한 '심순녀 안흥 찐빵의 원조 집'이지만 현재는 면사무소에서 원주 새말 방향으로 1.5km 떨어진 곳에서 크게 확장해 운영하고 있다. 바로 먹을 것은 따뜻한 것으로 구입하고 집으로 가져갈 것은 냉동을 구입하는 것이 좋다. 최근에는 건강을 고려한 웰빙음식의 열풍으로 우리 밀을 원료로 한 안흥 찐빵집도 생겨서 인기를 얻고 있다.

진한의 태기왕을 쫓던 박혁거세가 들렀다 해서 이름 붙은 '어답산(789m)' 자락을 끼고 흐르는 계곡이다. 병지방이라는 지명도 박혁거세의 병졸들이 머문 곳이라는 의미다. 횡성군에서는 가장 오지에 속하는 곳으로 어답산 외에도 발교산(998m), 태기산(675m)에 병풍처럼 둘러싸여 있어 경관이 수려하며 계곡물이 맑고 아기자기하다. 가락골, 고든골, 샘골, 주춧골 등 작은 지류들이 있어 어디든 마음에 드는 곳을 골라 두 발 담그고 있기 좋다. 농촌 풍경을 그대로 간직하고 있는 병지방리는 횡성군에서 토종마을로 지정하고 있을 만큼 한적하며 계곡 주변 역시 다른 관광지와는 달리 인적이 드물고 여유로운 편이다. 오토캠핑장, 주차장, 음수대 등의 시설을 갖춘 종합캠핑장이 있어 가족 단위 여행객이 머물다 가기에 적당하여 여름철 피서지로 추천할 만하다.

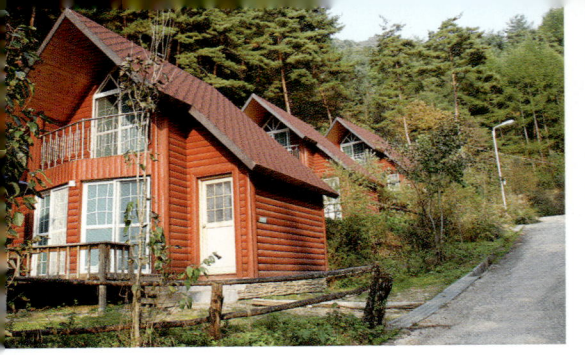

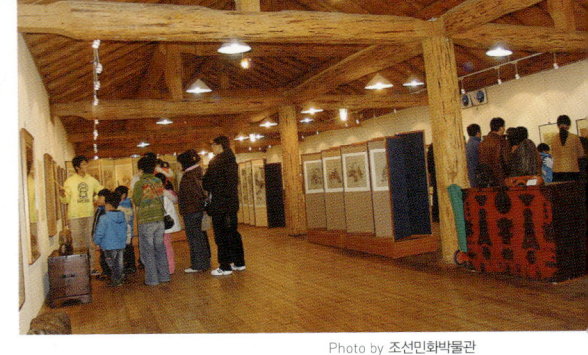

주천강변 자연휴양림

청정강변의 오두막집

| 위치 | 강원도 횡성군 둔내면 영랑리 산10-1
    강원도 횡성군 둔내면 강변로영랑6길 115
| 운영시간 | 휴양림 종일, 객실 비수기 14:00~익일11:00,
    성수기 15:00~익일11:00, 연중무휴

▶ MINI DATA
| 입장료 | 있음   주차 | 가능   분류 | 숲, 자연휴양림

조선민화박물관

민화의 모든 것

| 위치 | 강원도 영월군 김삿갓면 와석리 841-1
    강원도 영월군 김삿갓로 432-10
| 운영시간 | 동절기 10:00~17:00, 하절기 09:00~18:00,
    연중무휴

▶ MINI DATA
| 입장료 | 있음   주차 | 가능   분류 | 박물관

전국적으로 약 90여 곳이 있는 휴양림은 산림자원을 휴양의 목적으로 사용하는 시설이다. 산과 계곡을 따라 위치하는 휴양림은 산책과 등산을 겸하는 시설로 도시 사람들에게 인기있다. 1999년 개장한 주천강변 자연휴양림은 우리나라 최초로 강변에 위치하는 휴양림 시설이다. 횡성군 태기산에서 시작하여 영월과 동강을 지나 남한강으로 흘러가는 주천강 상류 지역에 자리하는 이곳은 231ha의 드넓은 공간에 자연 속에 묻히는 듯 자리하는 숲 속의 숙박동과 산책로, 휴양로 등이 여느 곳보다 아름다운 경관을 자랑한다. 700여 미터 높이의 봉우리에서 흘러나오는 계곡물은 주천강을 채우는 물줄기가 되고 울창한 침엽수림과 산약초로 가득한 숲은 푸른 자연의 생명력을 느낄 수 있는 특별한 곳이다. 여름철에 특히 인기가 높은 강변 정자의 호젓함도 좋고 허브카페의 향기도 휴양림을 채운다. 숲 속 고요함 속에서 명상을 즐길 수 있는 공간은 휴양림의 명소다.

왕실의 기록화 등 특별한 목적을 위한 그림을 제외한다면 궁중 그림에서 산골마을의 성황당까지 민화의 범위는 참으로 다양하다. 지나온 세월 속 우리 삶의 모습을 담은 모든 그림을 민화라고 표현하여도 크게 무리는 없을 것 같다. 조선시대 '방랑시인 김삿갓'이라 불리며 산천의 아름다움과 세상살이의 애환을 시조 가락에 표현한 김병연의 묘소 옆으로 민화박물관이 자리한다. 도로변에 있어 사람들의 눈에 잘 띄는 여느 박물관과 달리 이곳은 산기슭에 있어 자연 속에 안긴 듯 자리한다. 2000년 문을 열었는데 무려 3,000여 점의 귀중한 민화들을 빼곡하게 전시하고 있다. 찾는 사람들이 잠시 머물 수 있는 숙소까지 준비된 이곳은 마치 산장 같은 느낌을 준다. 문방도, 산수도, 화조도 등 익숙한 그림들과 그림으로 글씨를 표현한 문자도와 김만중의 구운몽을 그림으로 그린 구운몽도 등 여느 곳에서 구경하기 힘들었던 다양한 작품들을 친절한 해설과 함께 둘러볼 수 있다. 건물 뒤편으로 조성된 분재공원과 야생화공원은 한나절의 박물관 탐방을 더욱 풍성하게 만드는 편안한 휴식공간이다.

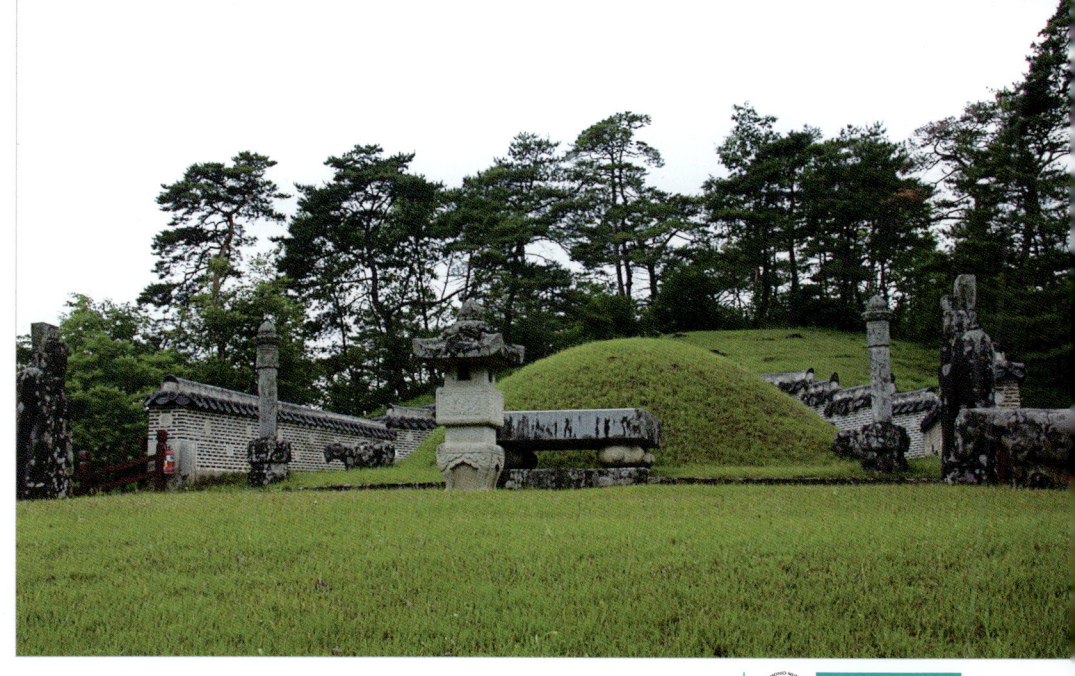

장릉 단종의 애환이 서려 있다

위치 | 강원도 영월군 영월읍 영흥리 1090-1
　　　강원도 영월군 영월읍 단종로 190
운영시간 | 동절기 09:00~18:00, 하절기 09:00~19:00,
　　　연중무휴

▶ MINI DATA
| 입장료 | 있음　　주차 | 가능　　분류 | 역사, 문화유적

단종의 무덤인 장릉이다. 삼촌인 수양대군에 의하여 왕의 자리에서 쫓겨나 한양에서도 한참을 떨어진 이곳 영월 청령포에 머무르다 끝내 사약을 받고 죽은 이야기는 잘 알려져 있다. 그 뒤의 이야기가 궁금한데, 단종이 죽고 아무도 시신을 거두어가는 사람이 없었다고 한다. 이를 안타깝게 여긴 영월 호장 엄홍도가 충절을 지켜 눈 내리는 밤에 몰래 시신을 거두는데 가다 보니 노루 앉은 자리에는 눈이 쌓이지 않는 것을 보고 기이하다 여겨 그 자리에 무덤을 만들어 단종을 뉘인 곳이 장릉이다. 원래 왕릉은 한양에서 100리 이상 떨어지지 않는 곳에 만드는 것이 예법으로 여주의 세종대왕 무덤인 영릉을 빼고 이곳 장릉이 가장 멀리 떨어진 능이다. 하지만 그 덕인지 장릉은 조선의 왕릉 중에서도 잘 보존되어온 무덤으로 손에 꼽히니 장릉을 찾아 옛 무덤의 아름다움과 격식을 살펴보자. 홍살문을 지나면 오른쪽으로 능을 관리하는 수복청이 있고, 정면으로 정자각이 있다. 위로 올라가서 가까이서 볼 수 있는데 주위를 두르고 있는 곡장 가운데 동그란 봉분이 자리하고 있으며, 주변으로는 무인상, 문인상, 장명들을 비롯한 여러 석물들이 놓여 있다. 다른 왕릉들과 달리 낮은 구릉이 아닌 제법 높은 곳에 자리하고 있는데, 아마도 장릉이 만들어진 이야기와 연관되어 있지 않을까 한다. 매년 4월 말이면 슬픈 사연을 가진 단종을 기리기 위한 단종문화제가 개최되는데 40회 넘게 이어오고 있는 영월의 큰 행사이다.

청령포

마음 저미는 아름다움

| 위치 | 강원도 영월군 남면 광천리 산 67-1
    강원도 영월군 영월읍 청령포로 133 인근
| 운영시간 | 09:00~18:00, 연중무휴

▶ MINI DATA
| 입장료 | 있음   주차 | 가능   분류 | 역사, 문화유적

왕권의 확립이나 역사적 의미 등의 어려운 이야기는 생각하지 말자. 어린 조카가 삼촌에게 죽임을 당하였다. 단지 그 하나로 세상 그 무엇보다 슬픈 이야기다. 힘없고 의지할 곳 없었던 어린 임금은 이후 세조가 되는 삼촌 수양대군에게 국왕에서 상왕으로 노산군에서 서인으로 차례로 강등당하더니 사약을 받고 세상을 떠났다. 그 기간이 겨우 2년이다. 20개월을 채우지 못하는 짧은 기간 왕 노릇을 하다 폐위된 단종은 영월의 오지 청령포로 유배를 왔다. 자그마한 쪽배를 타고 찾아드는 섬 아닌 섬, 청령포에서 어린 임금이 얼마나 외롭고 무서웠을까 생각하면 그 적막함

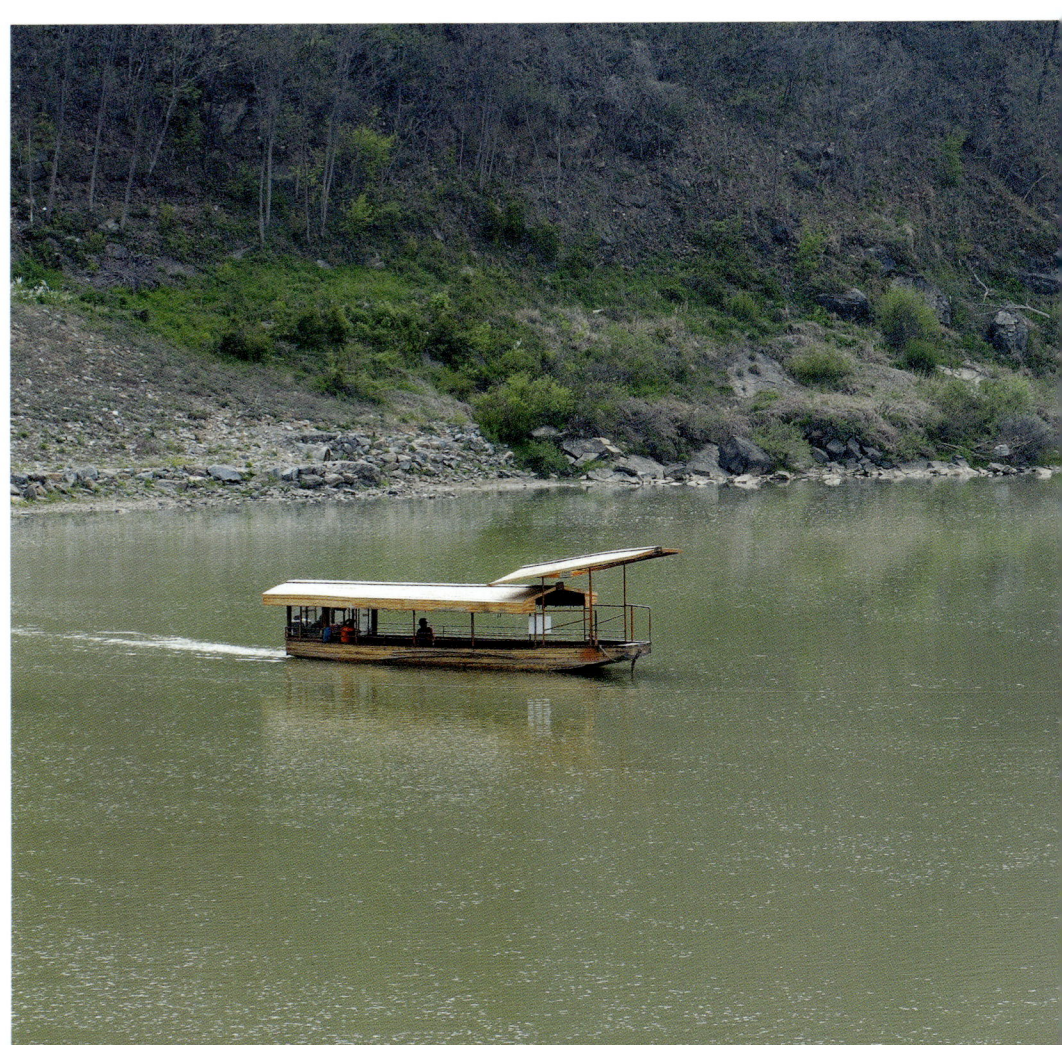

에 마음 한 켠이 쓸쓸해진다. 삼면이 깊은 물결 되어 휘감는 서강 뒤로는 도산(刀山)이란 별칭이 어울리게 깎아지른 절벽의 육육봉이 가로막고 있다. 배를 이용하지 않으면 누구도 오갈 수 없는 천혜의 유배지는 뿌리 깊은 소나무들이 깊은 속을 가리는 장막이 되듯 빽빽하게 서 있다. 숲 사이로 이어지는 작은 오솔길은 2000년 복원된 유배 당시 거처인 단종어가로 이어진다. 단출한 기와집 한 채와 호위하던 시종들이 사용하던 초가 건물이 복원되어 있다. 둘러싼 소나무들 중 으뜸이 되듯 넓은 땅을 홀로 차지하는 소나무는 관음송이다. 오열하는 울음소리를 밤마다 들었다는

나무는 세상이 보기 싫은 듯 고개를 숙이고 서 있다. 영월 땅을 향하는 작은 언덕은 세상을 그리워하는 단종의 눈물로 젖어 있고 작은 돌탑을 쌓아 놓은 망향탑이 서 있다. 잠시나마 이 땅의 국왕이었던 사람이 남긴 유일한 유물이다. 언덕에 올라 다시 한 번 소나무 사이로 보이는 작은 어가를 바라보자. 단종이 부인 정순왕후를 그리워하며 불렀다는 〈자규가〉가 들리는 듯하다.

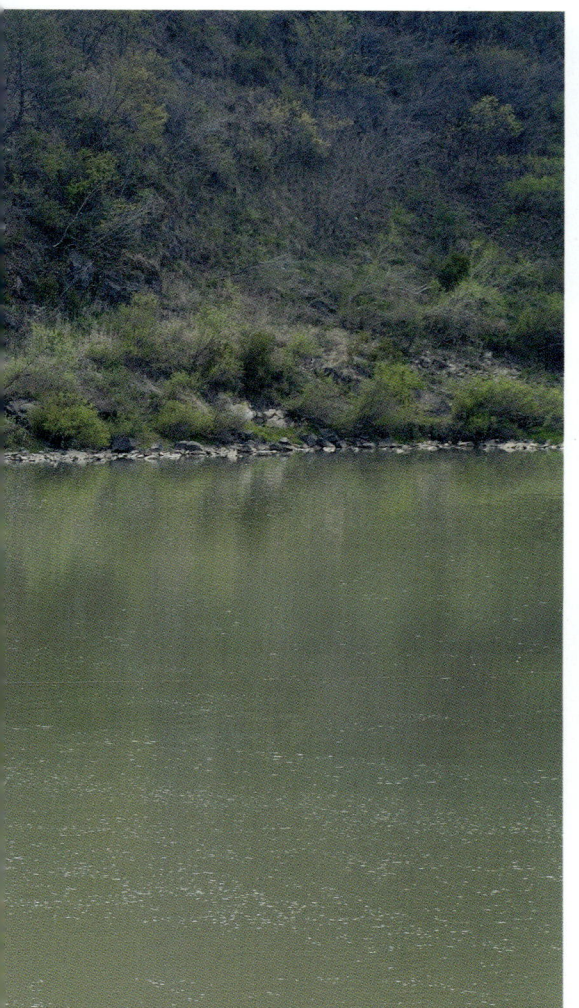

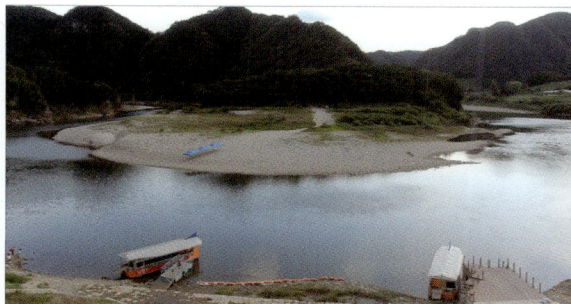

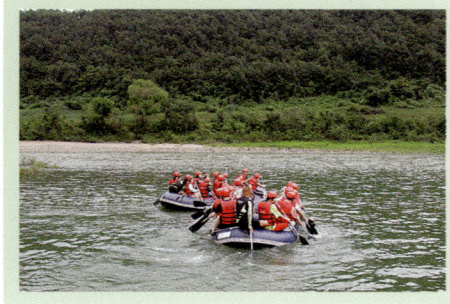

→ 래프팅, 영월의 또 다른 즐거움

청정 자연의 아름다움을 레포츠로 즐기는 영월의 동강 래프팅은 무난하고 다양한 코스로 인기 높다. 문산, 진탄 나루터에서 출발하는 3시간의 기본 코스에서 고성리에서 출발하여 어라연 계곡까지 1박 2일 동안 즐기는 최장 코스까지 선택할 수 있다. 여름 휴가철의 혼잡함을 피해 가을날 붉은 단풍을 바라보며 즐기는 래프팅은 더욱 특별한 추억이 된다.
문의 | 02-737-6646(영월관광 서울사무소)

법흥사

부처님을 기리는 맑은 터

위치 | 강원도 영월군 수주면 법흥리 422-1
　　　강원도 영월군 수주면 무릉법흥로 1352
운영시간 | 종일, 연중무휴

▶ MINI DATA

입장료 | 없음　주차 | 가능　분류 | 불교유적

사자산과 백덕산이 함께 만드는 법흥천 계곡은 맑고 푸름을 자랑한다. 아직 오염되지 않은 계곡을 따라 산을 오르면 나타나는 법흥사의 모습은 마치 감로수를 흘려 보내는 부처님의 미소를 보는 듯하다. 옻, 꿀, 삼, 먹을 수 있는 흰빛 흙인 백토의 사재(四財)가 산을 찾는 이들을 배고프지 않게 한다는 이곳은 신라 시대의 고승 자장율사가 사자를 타고 들어와 사자산 이란 이름이 붙었다 전해진다. 법흥사는 통일 신라 말기 계율을 중요시하는 귀족층의 불교 사상인 교종 에 대항하여 참선을 중요시하고 서민적인 선종 세력 중에서 가장 큰 세력이었던 사자산문파의 중심이었

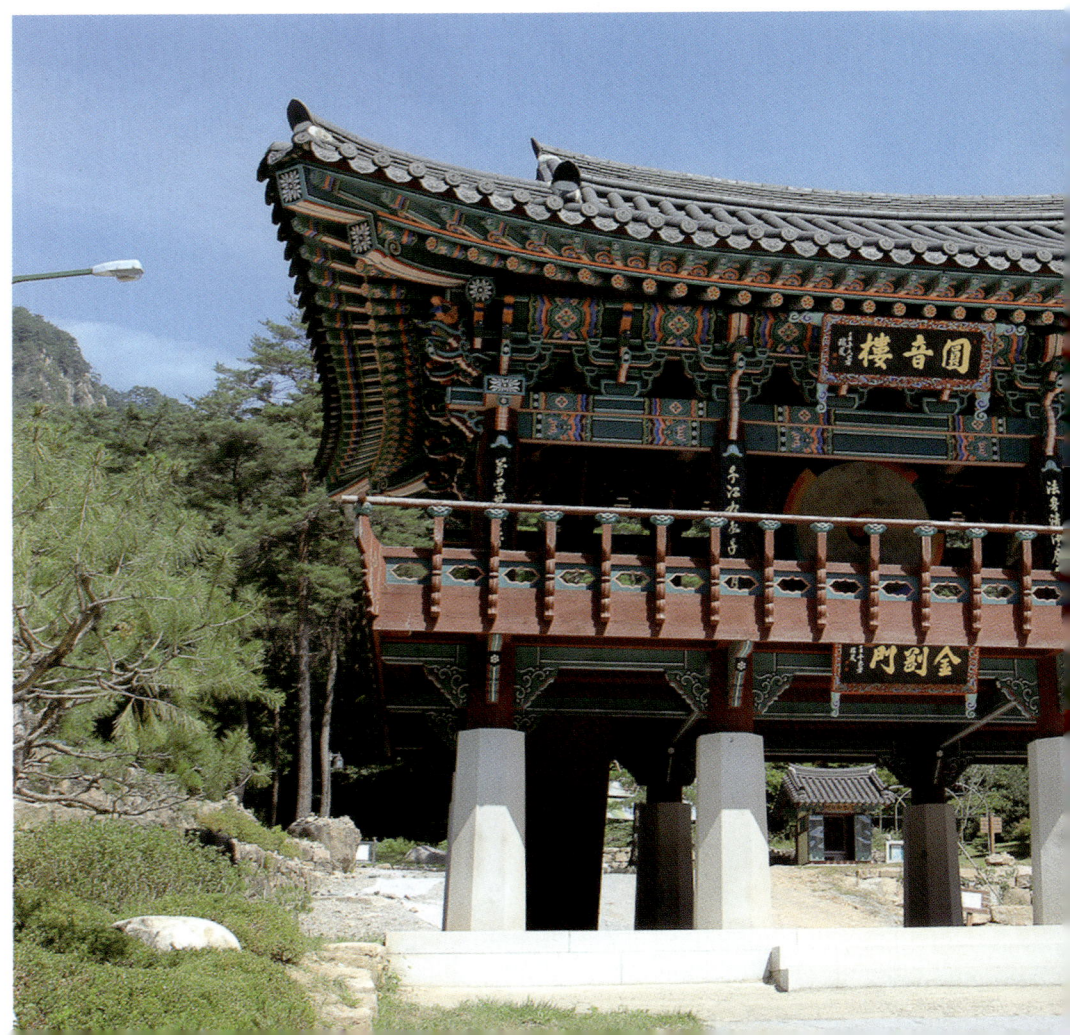

다. 법흥사에는 극락전 뒤편으로 자장율사가 홀로 토굴에 들어가 참선수도하였다는 장소가 있다. 그리고 토굴을 따라 이어지는 낮은 언덕은 백덕산 자락으로 부처님의 진신 사리를 모셨다는 적멸보궁이다. 문수보살이 고승의 모습으로 환생하여 중국 유학을 나선 자장율사에게 전했다는 진신 사리는 석가모니 부처님의 열반 당시 그 몸에서 나왔다는 여덟 말의 사리 중 일부였다. 부처님의 육체가 담긴 사리는 그의 말씀이 법문으로 남겨진 경전(법보, 法寶), 행동으로 사상을 실현하는 스님(승보, 僧寶)과 함께 불교 최고의 보물(불보, 佛寶)로 보살핌을 받는다. 자장율사가 모셔온 진신 사리는 5묶음으로 나뉘어져 통도사의 금강계단, 오대산의 중대암, 설악산 봉정암, 태백산 정암사 그리고 사자산 법흥사에 모셔졌다. 2분의 부처님을 모실 수 없기에 법흥사의 대웅전이 되는 극락전은 뒤편 언덕을 바라보는 창문을 만들었을 뿐 불상은 세우지 않았다. 창문 너머 바라보이는 백덕산 자락은 부드러운 미소를 보는 듯하다. 전나무 숲에 둘러싸인 경내는 그리 크지 않지만 모든 것을 함께 담아내는 듯 포근함으로 가득하다. 사찰 뒤편으로 이어지는 사자산 등산로는 계곡을 따라 이어지며 원시의 아름다움을 보여준다.

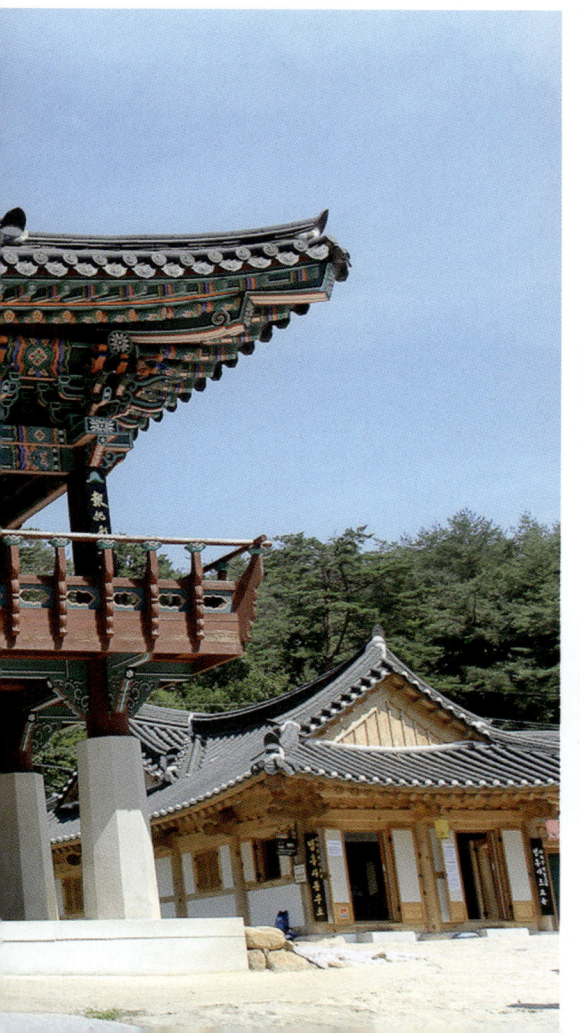

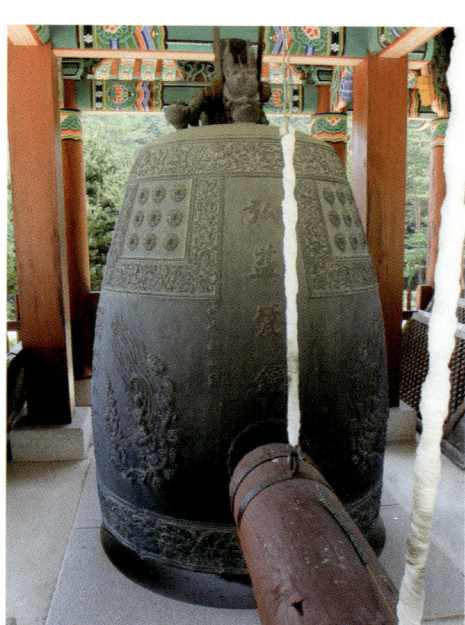

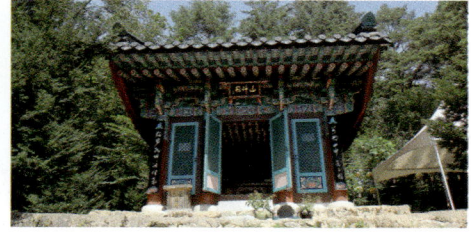

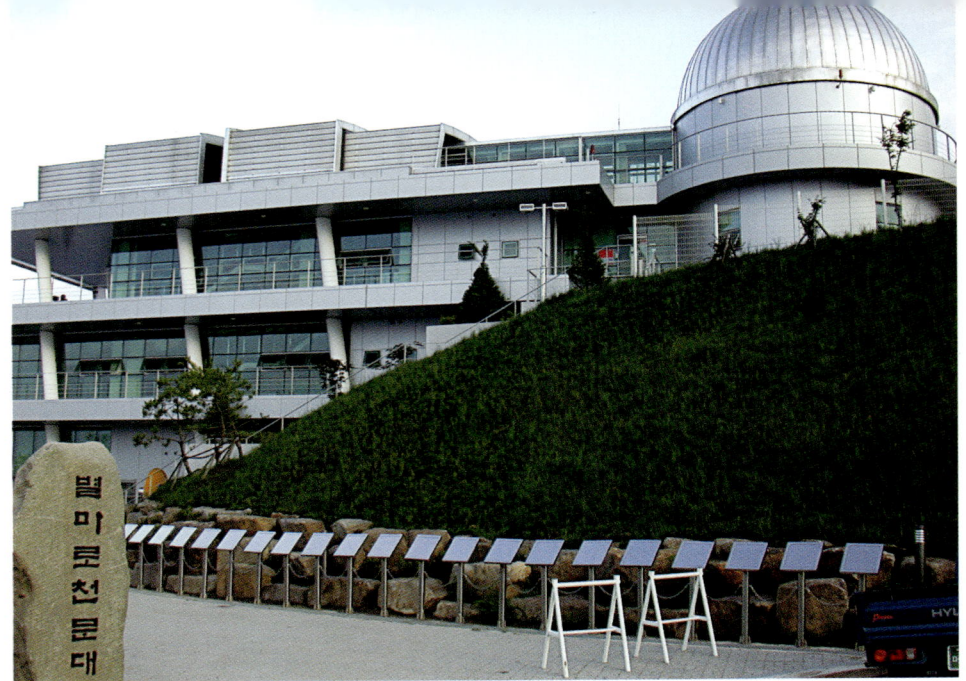

별마로천문대 어린왕자를 찾아

| 위치 | 강원도 영월군 영월읍 영흥리 154-7
강원도 영월군 영월읍 천문대길 397
운영시간 | 10~3월 14:00~22:00, 4~9월 15:00~23:00
(사전예약), 매주 월요일/공휴일 다음날 휴관

▶ MINI DATA
| 입장료 | 있음　주차 | 가능　분류 | 전시, 체험시설

영월을 한눈에 담는 800m 봉래산 정상. 차도 헐떡이는 가파른 언덕 위에 하늘색을 닮은 천문대가 자리한다. 전문적인 탐방과 더불어 일반인의 천체관측활동을 목적으로 하는 시민천문대의 모범이 되는 시설이다. 별(star)과 마루(정상)의 합성어로 '별을 보는 고요한 마루'라는 뜻을 지니고 있는 이름 또한 정답다. 태백산과 소백산, 백덕산 등을 주변으로 하는 봉래산 정상의 경관 또한 놓칠 수 없는 장관이다. 1시간 30분 정도 이어지는 천체 관측 프로그램은 천체투영실에서 시작된다. 지름 8m의 돔형 천장을 통해 보이는 밤하늘의 모습은 대단하다. 5.75등급까지의 3,500여 개 별을 표현한다는 투영기는 기상상황과 관측 장비로 관찰을 제한받는 일반인들에게 별들의 세계를 아낌없

이 보여준다. 천체 관찰법이나 별자리의 이야기 등 다양한 해설이 함께 한다. 태양계 모형이 전시된 1층을 지나 천문 다큐멘터리 프로그램을 시청하고, 3층에 위치한 지름 8m의 주망원경과 다양한 보조 망원경으로 진행되는 태양의 흑점 관측이나 별자리 관측 프로그램은 어느 놀이공원의 첨단 놀이기구보다 더욱 짜릿한 생생함이 느껴진다. 수억 원을 호가한다는 장비들을 마음대로 움직이진 못하여도 빛의 속도로 계산되는 우주의 한 귀퉁이에 어린왕자의 작은 별을 기대하는 것은 아름다운 밤하늘과 천문대의 색다른 경험이 안겨주는 즐거운 꿈일 것이다.

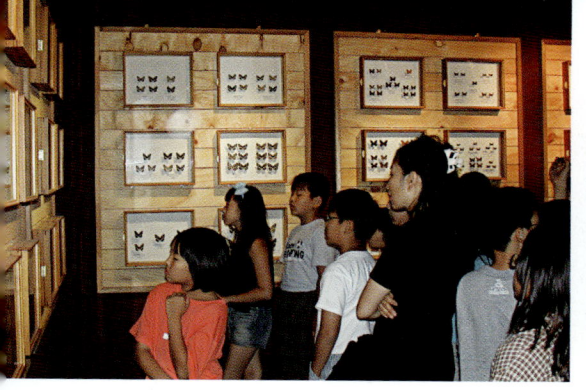

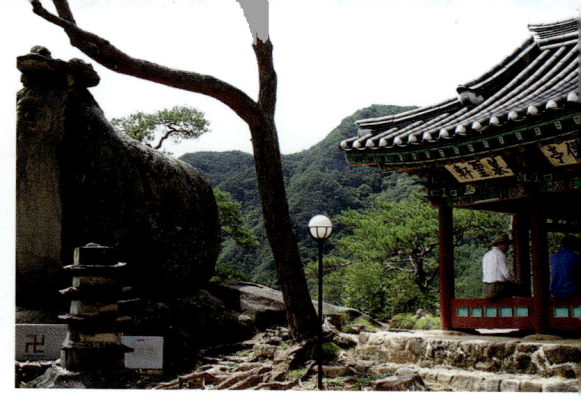

곤충박물관 동강에 사는 곤충들

| 위치 | 강원도 영월군 영월읍 삼옥리 896
　　　　강원도 영월군 영월읍 동강로 716
| 운영시간 | 09:00~18:00(여름방학기간 연장운영 가능),
　　　　매주 월요일 휴관

▶ MINI DATA

| 입장료 | 있음　　주차 | 가능　　분류 | 박물관

요선정 자연을 담는 장소

| 위치 | 강원도 영월군 수주면 무릉리 1057
　　　　강원도 영월군 수주면 도원운학로 13-39
| 운영시간 | 종일, 연중무휴

▶ MINI DATA

| 입장료 | 없음　　주차 | 가능　　분류 | 역사, 문화유적

폐교 건물을 예쁘게 단장하여 만들어진 곤충박물관이다. 이곳은 박물관장의 노력으로 오랫동안 하나씩 모아온 우리 자연의 곤충들을 살펴볼 수 있는 장소이다. 비록 잠자리채를 들고 채집해보는 자유로움은 없지만 외국의 커다란 곤충들로 채워진 여느 곳과 달리 우리 땅에서 볼 수 있는 것들로만 채워진 곳이기에 더욱 소중하다. 4개의 전시관으로 나누어진 내부 중 동강 지역의 곤충과 생물로만 준비된 전시관이 특별하다. 아름다운 나비의 빛깔은 사진기의 강렬한 빛으로 변질되기 쉬우니 여느 곳보다 주의가 필요하다. 함께 준비된 도록을 살펴보는 것도 진지한 자연학습에 도움이 될 듯하다.

법흥사에 부속된 작은 암자가 자리하였던 요선정에 오르면 서만이강과 법흥계곡의 푸른 경관을 한눈에 담을 수 있다. 깎아지른 절벽 아래 펼쳐진 모습은 강물과 바위, 숲이 어우러져 만드는 최고의 절경으로 동강으로 흘러가는 계곡의 아름다움을 가장 멋지게 바라볼 수 있는 장소가 된다. 조선 전기를 대표하는 문필가이자 학자인 양사언이 이곳의 경관에 반하여 신선이 유람하는 암자라는 글귀를 바위에 새긴 것이 요선정의 유래가 되었다. 숙종이 하사한 어제시가 편액되어 걸려 있고 암자의 흔적을 알리는 작은 오층석탑과 바위에 암각되어 있는 마애불상이 단정한 정자와 잘 어울린다. 정자에서 소나무 숲으로 연결되는 계곡의 얕지 않은 자리는 초파일을 맞아 자연으로 물고기를 돌려보내는 방생의 명소로 알려져 있다. 뜨거운 여름날의 법흥계곡 물놀이도 좋고 한가로운 정자에 몸을 기대고 노송 사이로 서늘하게 불어오는 바람을 즐기는 여유 또한 더위를 날리는 방법이다.

> **→ 영월, 박물관의 천국**
>
> 산 좋고 물 좋은 천혜의 경관을 간직한 영월 땅으로 하나 둘씩 모이듯 세워진 특색 있는 박물관이 무려 10여 곳으로 이제 영월은 전국적으로 유명한 박물관의 고장이 되었다. 동강사진박물관(033-375-4554), 호야지리박물관(033-372-8872), 단종역사관(033-370-2468), 묵산미술박물관(033-374-7249) 등이 있다.

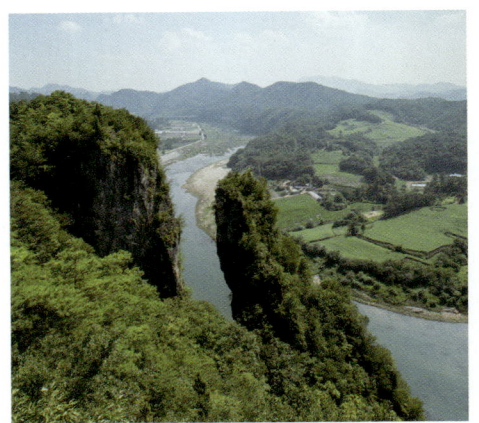

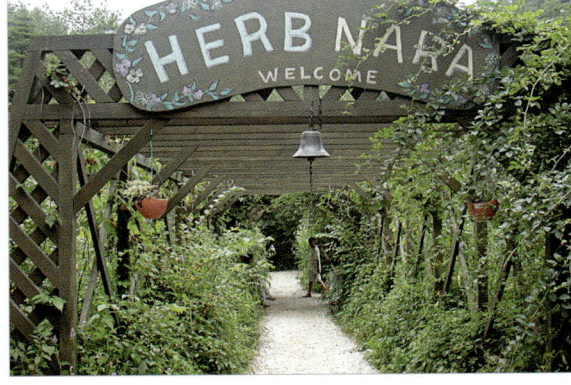

선돌
전설을 세우는 바위

| 위치 | 강원도 영월군 영월읍 방절리 산122
| 운영시간 | 종일, 연중무휴

▶ MINI DATA
| 입장료 | 없음　주차 | 가능　분류 | 산, 계곡, 동굴

흥정계곡과 허브나라
맑은 물과 기암이 어우러진 곳

| 위치 | 강원도 평창군 봉평면 흥정리 303-1 허브나라농원
　　　　강원도 평창군 봉평면 흥정계곡길 291-42
| 운영시간 | 계곡 종일, 허브나라 11~4월 09:00~18:00, 5~10월
　　　　　08:30~18:30, 연중무휴

▶ MINI DATA
| 입장료 | 있음　주차 | 가능　분류 | 산, 계곡, 동굴

자연경관이나 현상을 학술적으로 증명하고 설명하기보다 따뜻한 피가 흐르듯 생명력을 담은 전설 속의 이야기로 바라보는 것이 오히려 현실감 있게 다가오는 장소들이 있다. 영월의 입구에 상징처럼 자리하는 선돌은 절벽에서 분리되어 있지만 푸른 강물 사이로 불쑥 솟은 당당한 모습은 살아 있는 듯 선명하다. 단양의 전투에서 수세에 몰린 온달장군을 돕기 위해 달려온 고구려의 산신령이 장군의 전사 소식을 듣고 그 자리에 멈추어 바위가 되었다는 전설을 담고 있는 바위는 서강의 푸른 물과 어우러져 영월 최고의 경관을 만들어낸다. 이른 아침 서강에서 피어오르는 물안개와 어우러지는 모습은 살아 있는 산신령을 보는 듯하다. 선돌을 바라보며 소원을 기원하는 사람은 누구나 한 가지씩 이루어진다고 하니 경건하게 마음을 담아보자.

흥정산에서 발원하여 약 5km에 걸쳐 흘러내리는 흥정계곡은 기암과 사계절 맑은 물이 자랑으로 송어, 산천어 등의 서식지로도 알려져 있다. 계곡 주변으로 깨끗한 펜션형 민박들이 많이 들어서 있어 사랑하는 이들과 하룻밤 묵으며 아름다운 계곡의 정취를 느끼고자 하는 여행객들이 즐겨 찾는 명소다. 원래는 한적한 계곡이었으나 계곡물이 굽이치는 구유소 앞으로 자리한 허브 전문 식물원인 허브나라가 알려지면서 사계절 관광객들이 끊이지 않는다. 맑은 계곡을 바라보며 자리 잡은 허브나라 농원은 허브의 모든 것에 대해 알 수 있는 허브정원과 테마별로 꾸며진 어린이정원, 향기정원, 셰익스피어정원, 명상정원 등을 차례로 산책하며 허브의 향기에 흠뻑 취할 수 있는 공간이다. 다양한 허브 음식을 맛볼 수 있는 레스토랑과 허브 상품을 구입할 수 있는 매장도 있다.

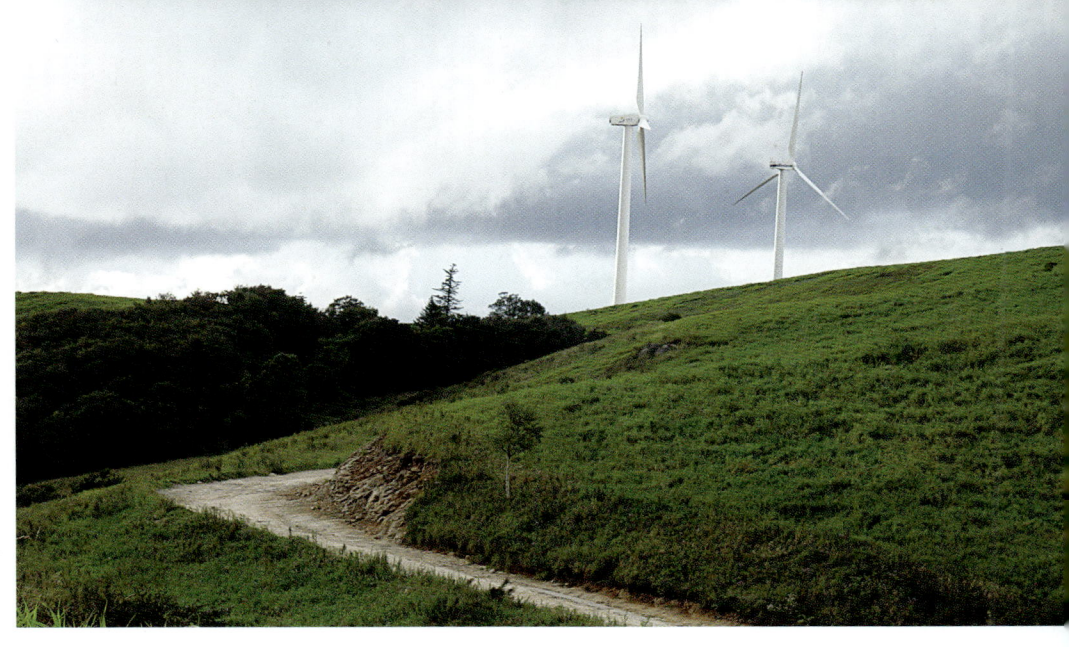

대관령 삼양목장 초록의 목장에서 하이디처럼

| 위치 | 강원도 평창군 대관령면 횡계리 704-5
　　　강원도 평창군 대관령면 꽃밭양지길 708-9
| 운영시간 | 11~1월 08:30~16:00, 2월/10월 08:30~16:30,
　　　3~4월/9월 08:30~17:00, 5~8월 08:30~17:30,
　　　연중무휴

▶ MINI DATA
| 입장료 | 있음　　주차 | 가능　　분류 | 숲, 자연휴양림

대관령에 위치한 동양 최대의 목장으로 푸른 초원 위를 무리 지어 다니는 소떼와 양떼들, 그리고 언덕 위에 우뚝 솟은 하얀 풍력 발전기가 이국적인 풍경을 만들어내는 관광 명소다. ㈜삼양축산이 운영하는 곳으로 원래는 개인의 출입이 금지되었던 곳이지만 각종 드라마와 영화 촬영지로 알려지면서 목장의 일부를 관광지로 개발해 운영하고 있다. 드라마 〈가을동화〉, 영화 「연애소설」, 「태극기 휘날리며」 등의 한 장면을 떠올릴 수 있도록 잘 꾸며진 촬영장과 양, 타조 방목장, 토끼 사육장 등 여행객들에게 볼거리를 제공하는 곳이 있어 목장을 돌아보는 시간이 즐겁다. 봄에는 초록의 초지 위에 들꽃들이 만발하고 여름이면 우거진 목초 위로 불어오는 시원한 고원의 바람을 맛

볼 수 있다. 목장 위쪽 소황병산에 단풍이 물드는 가을과 하얀 눈이 쌓인 설경을 감상할 수 있는 겨울까지, 계절마다 독특한 풍경을 만들어내어 여행객의 마음을 흔든다. 삼양목장의 정상 동해 전망대에서는 맑은 날이면 동해 바다와 강릉, 주문진까지 조망할 수 있지만 고지대의 특성상 기후가 고르지 않아 구름에 가려지는 날도 많다. 자가용을 이용해 정해진 코스를 돌아보는 것도 좋고 가벼운 차림으로 트래킹을 즐겨보는 것도 추천한다. 해발 850m에서 1,470m에 걸쳐 있는 만큼 목장 아래쪽과 위쪽의 기온 차가 심해서 여름에도 긴소매 옷을 준비하는 것이 좋다.

양떼목장

양떼가 노니는 대관령의 알프스

위치 | 강원도 평창군 대관령면 횡계리 14-104
　　　강원도 평창군 대관령면 대관령마루길 483-32
운영시간 | 11~2월 09:00~17:30, 3~4월/9~10월 09:00~
　　　18:00, 5~8월 09:00~18:30, 목장에서 관람이 불
　　　가하다고 판단한 날 휴무

▶ MINI DATA
| 입장료 | 있음　　주차 | 가능　　분류 | 숲, 자연휴양림

'대관령의 알프스'라는 홍보 문구가 결코 과장이 아
니다. 오히려 이곳만이 간직한 아름다움은 알프스보
다 친근하게 다가온다. 동고서저로 이어지는 동해안
의 아름다움을 하늘에서 내려다보듯 두 눈에 담을 수
있는 장소다. 옛 영동고속도로의 대관령휴게소에서
연결되는 산길을 따라 10여 분 정도 원시림을 오르면
숨겨진 비밀 장소처럼 양떼목장이 나온다. 탁 트인
초록 잔디 위로 자유롭게 무리지어 다니는 양떼의 모
습과 푸른 하늘은 찾아오는 사람들에게 여행에서 느
낄 수 있는 자유로움을 진하게 느끼게 해준다. 도시
의 공해와 업무의 스트레스에 지친 몸과 마음은 푸른

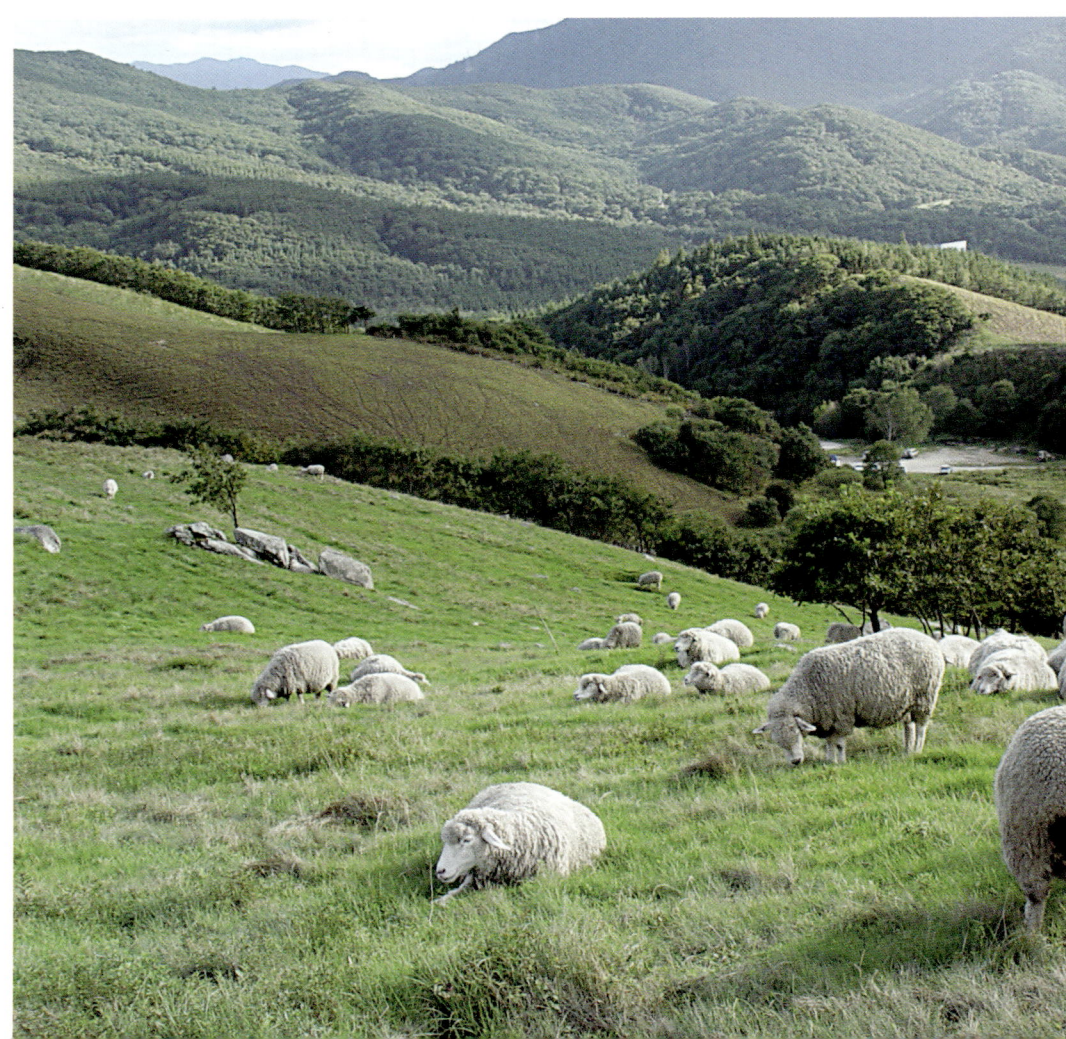

공간에서 목욕하듯 깨끗하고 상쾌해진다. 대관령고개에서도 가장 깊은 곳에 위치한 목장은 우리나라에서 드물게 양을 방목하는 공간이라는 특이함 외에는 찾기 힘든 오지에 불과하였다. 십수 년의 시간 동안 사람들이 찾고 싶은 공간으로 단장한 목장 주인의 노력과 그 결실이 놀랍다. 특별한 시설을 찾아볼 수는 없지만 한 시간 정도 여유로운 걸음으로 둘러보기에 알맞은 산책로와 너른 초원 위에 변화를 주듯 놓여 있는 벤치와 피아노, 영화 촬영 장소로 더욱 유명해진 다락 공간을 사진으로 담아보자. 순한 눈빛의 양들에게 바구니에 담긴 건초를 직접 먹이는 체험은 어른도 아이들도 신기함으로 웃음 짓게 만드는 이곳만의 프로그램이다. 겨울날 눈이 내린 목장의 모습은 우유빛깔의 설원과 쪽빛의 하늘이 만들어내는 장관이다. 강원도 산간지방 전통의 옛 신발인 설피를 신고 아무도 밟지 않은 눈길을 걷거나 사료포대를 이용한 눈썰매를 즐기는 것도 양떼목장을 즐기는 특별한 즐거움이 된다. 조금은 숨이 가쁘더라도 목장의 정상에서 바라보이는 경관을 놓치지 말자. 동해 바다와 강릉 시내가 시원스럽게 펼쳐져 있다.

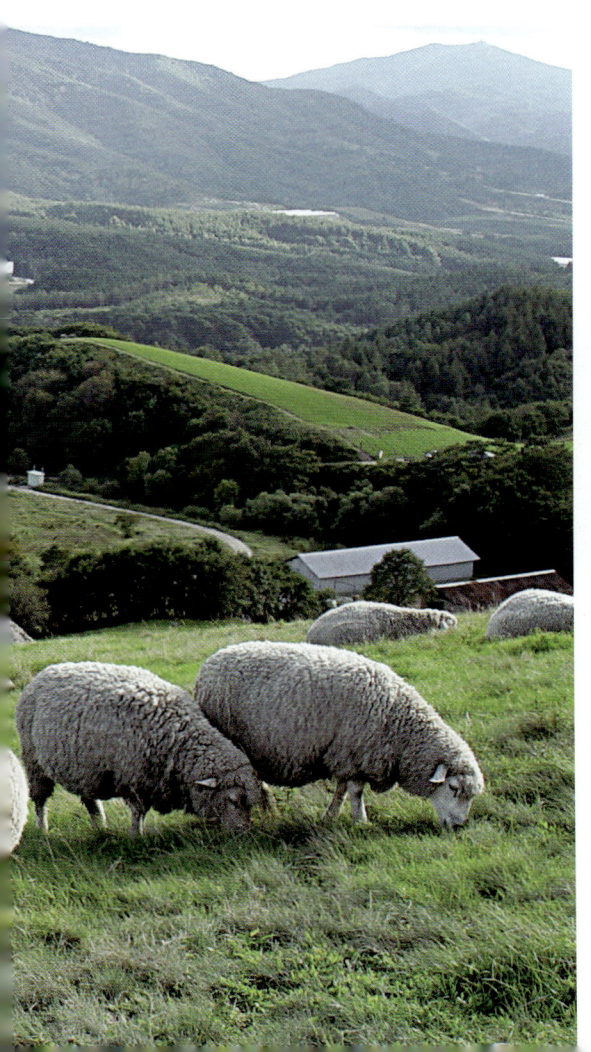

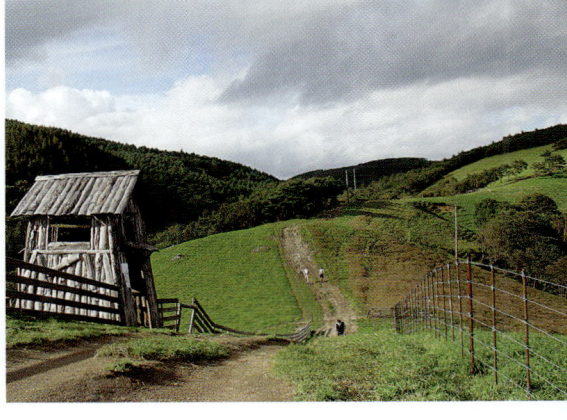

→ 국사성황당

강릉단오제의 시작과 끝을 알리는 장소가 양떼목장 인근 계곡 사이에 있다. '대관령국사성황지신위의성황의'라는 짧지 않은 이름을 가진 작은 사당은 깊은 원시림의 차양 속에 비밀스럽게 위치한다. 하얀색 말을 탄 노인의 형상을 한 산신령을 모시는 사당은 예부터 한반도의 맥을 잡는 혈 자리로 알려져 있다. 고려와 조선의 건설에도 그 중요성을 인정받은 이곳에서 매년 음력 4월 15일 강릉으로 위패를 옮겨 단오제를 지낸다.

월정사
산사를 찾아가는 길

위치 | 강원도 평창군 진부면 동산리 63-1
　　　강원도 평창군 진부면 오대산로 374-8
운영시간 | 일출 2시간 전~일몰, 연중무휴

▶ MINI DATA
| 입장료 | 있음　주차 | 가능　분류 | 불교유적

세월의 무게도 한 부분을 담당하겠지만 깊은 생각과
지극한 정성이 건물이나 조형물에 담겨 더욱 깊어지
는 모습은 장관이다. 다섯 봉우리가 연꽃 무늬를 만
든다는 오대산 깊은 곳에 자리 잡은 월정사를 찾아가
는 길은 하늘로 곧게 뻗은 전나무 숲이 원시의 아름
다움을 보여준다. 함께 자리하였던 소나무들이 그 아
름다운 기세에 눌려 자리를 피했다는 이야기가 단순
한 우스갯소리로만 들리지 않는 곳이다. 관동지방을
대표하는 월정사는 일주문에서 시작되는 1km의 전
나무 숲만으로도 반드시 찾아보아야 할 가치를 가진
다. 자비로운 부처님을 호위하듯 부드럽게 우거진 전
나무 숲의 터널을 지나고, 천왕문과 누각 아래를 지
나면 신라 선덕여왕 때 자장율사가 창건하였다는 천
년 고찰 월정사가 나타난다. 자연보다 못한 사람들의
다툼으로 수많은 화재와 파괴의 아픔을 겪은 사찰은
옛 모습을 완전히 잃어버렸다. 남은 건물은 모든 한
국전쟁 이후 재건된 것이지만 오대산의 푸른 기운을
한 곳으로 모으는 듯한 사찰의 모습은 예사롭지 않은
품위와 기개가 느껴진다. 조카를 살해하고 왕위를 이
어간 조선의 임금 세조는 하늘의 벌을 씻어내기 위함
인지 불교에 귀의하고 월정사를 수시로 찾아 몸과 마
음의 병을 치유하였다. 오대산의 자연과 사찰의 넉넉
함은 인륜을 넘어서는 넉넉함이 가득한 곳이었나 보
다. 팔각의 2층 기단 위로 세운 9층의 고려시대의 탑
은 그 앞으로 맨 바닥에 석조보살좌상을 두고 있다.
간절히 기원하는 모습으로 합장한 좌상은 불가의 도
를 깨우치려는 사람의 간절한 소망을 담는 듯 보인

다. 상원사로 이어지는 길고 깊은 길은 더 높은 경지
의 깨달음을 향하는 비밀의 통로인 듯 서늘한 모습이
다. 월정사의 수많은 보물들이 보관되어 있는 성보박
물관은 놓치지 말고 둘러보아야 하는 장소이다.

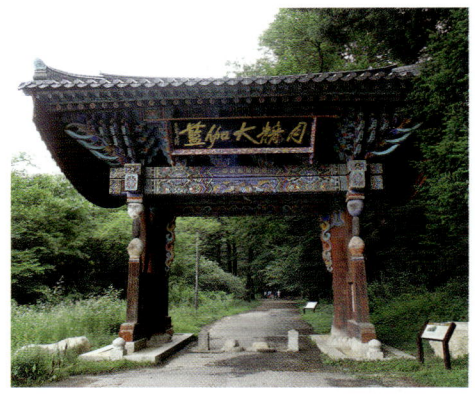

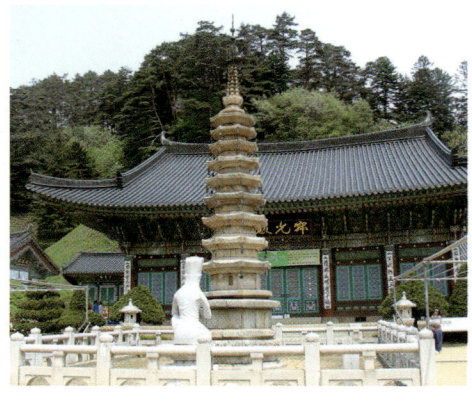

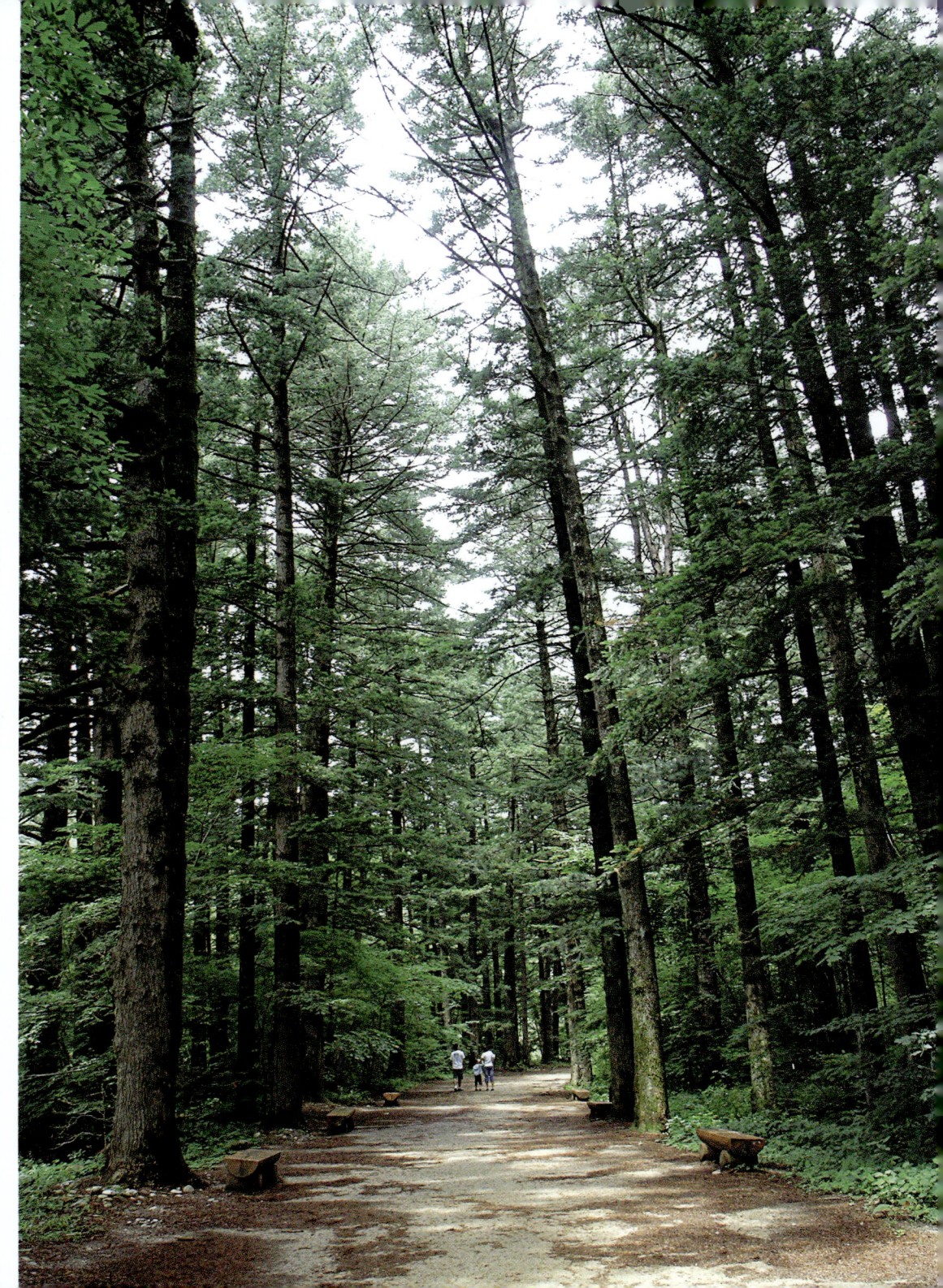

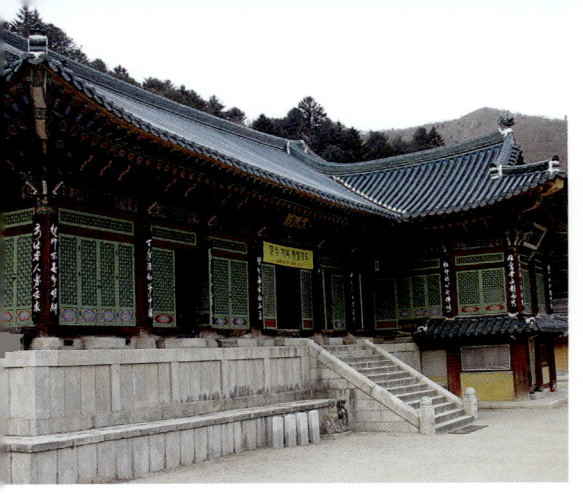
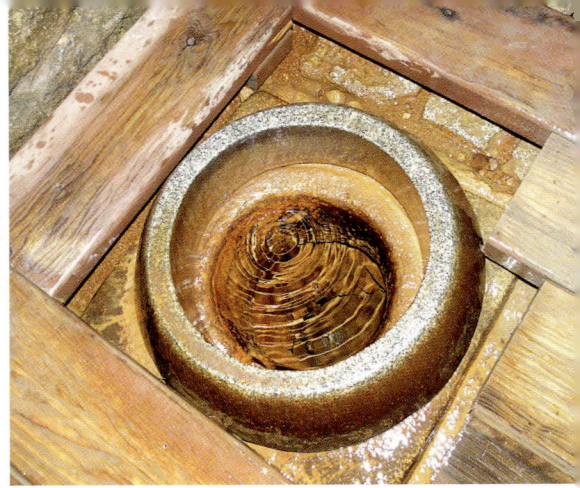

상원사
만보살이 상주하는 불교 성지 안의 선원

위치 | 강원도 평창군 진부면 동산리 산1
    강원도 평창군 진부면 오대산로 1215-89
운영시간 | 일출 2시간 전~일몰, 연중무휴

▶ MINI DATA

입장료 | 있음　주차 | 가능　분류 | 불교유적

신라 성덕여왕 4년(705년)에 자장율사가 월정사와 함께 창건한 사찰이다. 오대산은 5만 보살이 상주한다 하여 우리나라 불교에서 중요한 위치를 차지하는 성지로 상원사는 월정사에서 약 9km 위쪽에 위치하고 있다. 조선시대 세조와의 인연이 깊어 문수 보살을 친견하고 나서 등에 난 종기를 고친 후 조각하게 하였다는 문수 동자상과 문수 보살이 등을 밀어줄 때 옷을 벗어두었다는 관대걸이가 남아 있으며, 높이 1.67m, 지름 9.1m로 신라 성덕왕 때 만들어져 우리나라에서 가장 오래되었다는 동종이 국보 제36호로 지정되어 있다. 오대산 비로봉을 오르는 등산객이 거쳐가는 곳으로 사람들의 발길이 요란하지만 울창한 전나무 숲을 등지고 서서 깊은 산속에 있는 선원으로서의 기품과 불교 성지로서의 명망은 그대로 유지되고 있으며 여기에서 1.3km를 오르면 석가모니의 진신사리를 모신 적멸보궁이 있다.

방아다리약수
건강을 채우는 물

위치 | 강원도 평창군 진부면 척천리 산65
운영시간 | 종일, 연중무휴

▶ MINI DATA

입장료 | 없음　주차 | 가능　분류 | 산, 계곡, 동굴

자연이 제공하는 물이 플라스틱 용기에 담겨 판매되는 세상이 되었다. 조선 숙종 때부터 몸의 병을 치유하는 약효를 인정받아온 방아다리약수는 더욱 소중한 장소가 되고 있다. 오대산 계곡 한겨울의 매서운 추위에도 쉬지 않고 흘러내리는 약수를 마시면 진한 탄산의 향기가 코를 자극한다. 국내에서 가장 깊은 맛을 지닌 약수가 아닐까 싶다. 지형의 모습이 디딜방아를 닮아 이름 지어진 약수는 그 효능을 더욱 깊게 하듯 500m쯤 이어지는 전나무 산책로를 따라 자리한다. 월정사 일주문 주변의 전나무 길보다 그 길이는 짧지만 약수 맛을 보기 위한 가벼운 산책길로 좋다. 탄산성분이 가득한 약수는 위장병과 신경통 등 성인병에 효험이 좋아 오랜 시간 인근에서 머무르며 약효의 효험을 바라보는 사람들이 많다고 한다. 약수터와 함께하는 작은 신당은 민간 신앙의 장소이다.

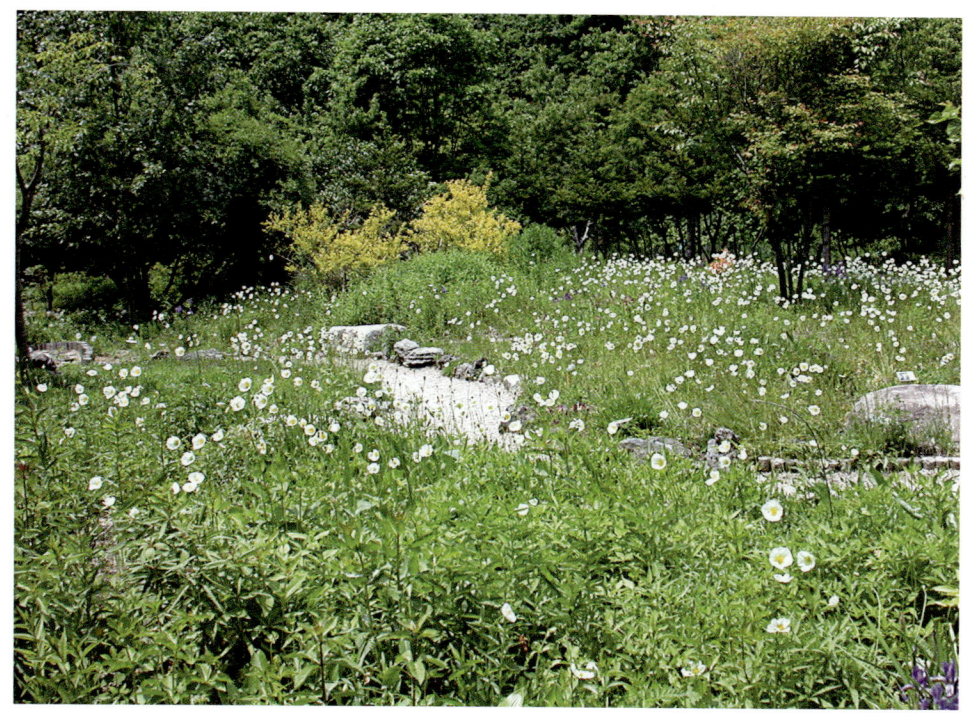

한국자생식물원 자연과 친해지는 곳

| 위치 | 강원도 평창군 대관령면 병내리 405-2
강원도 평창군 대관령면 비안길 159-4
| 운영시간 | 4~10월 09:00~18:00

▶ MINI DATA
| 입장료 | 있음   주차 | 가능   분류 | 숲, 자연휴양림

사랑하는 연인에게 야생화 한 아름 담아 선물하던 풋풋한 옛 추억을 기억할지 모른다. 우리 산 우리 들판에 피어나던 수많은 야생화들은 하나둘 자취를 감추고 어느새 식물도감에서 익숙하지 않은 우리 전통의 꽃 이름을 보며 신기해하고 있지는 않은지. 산을 좋아하고 자연을 사랑하는 사람이라면 반드시 한 번쯤 들러야 할 전시관이 오대산 자락에 자리한다. 우리 고유의 꽃과 나무를 전시하는 이곳은 2002년 우리나라 최초의 사립식물원으로 등록된 곳이다. 여느 공공기관의 전시관보다 더욱 체계적이고 아름다운 모습을 뽐내는 1,000여 종의 토종 자생식물들이 99km²의 넓은 공간을 가득 채운다. 실내전시관에서는 우리나라 정원의 모습을 담은 영상물을 볼 수 있고, 야외전시관에서는 참나리, 처녀치마, 며느리밥풀꽃, 동자꽃, 노루오줌 등 이름만으로 정겨운 우리 꽃과 나무가 완만한 언덕을 따라 자유롭게 피고 진다. 봄날의 붓꽃과 여름의 창포, 가을의 구절초가 피고 지는 동산은 사람이 아닌 꽃이 주인공이 되는 땅이다. 약으로 사용되는 독성식물원까지 산과 등산을 좋아하던 설립자의 20여 년의 노력이 만들어낸 결실이다. 방문객에게 꽃씨를 나누어주는 깊은 마음이 아름다운 기억으로 남는다.

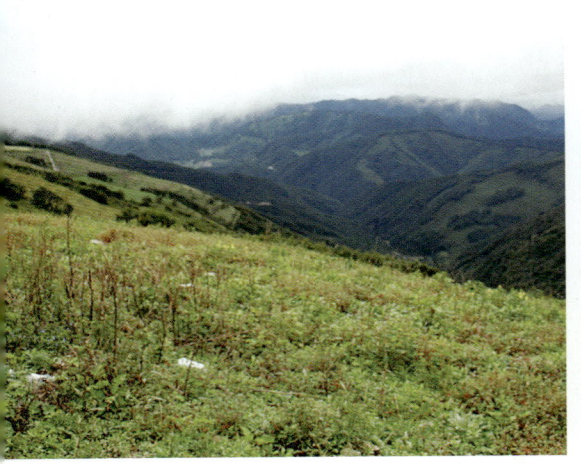
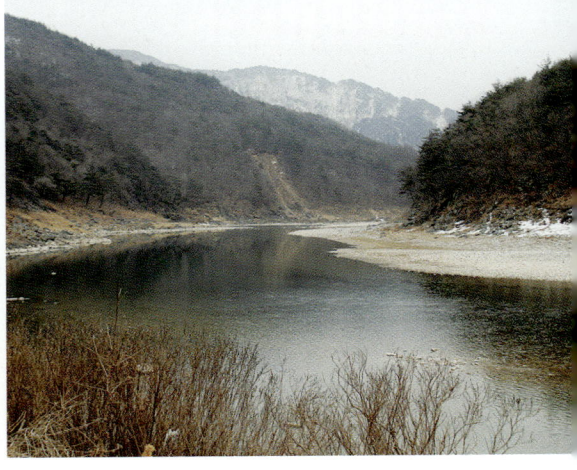

청옥산 육백마지기
해발 1,200미터에 펼쳐진 육백마지기 밭

위치 | 강원도 평창군 미탄면 회동리
운영시간 | 종일, 연중무휴

▶ MINI DATA

입장료 | 없음　　주차 | 가능　　분류 | 산, 계곡, 동굴

동강 문희마을
동강의 비경을 간직한 마을

위치 | 강원도 평창군 미탄면 마하리
운영시간 | 종일, 연중무휴

▶ MINI DATA

입장료 | 없음　　주차 | 가능　　분류 | 강, 유원지

평창 청옥산(1,256m)은 평창군 미탄면과 정선군 정선읍에 걸쳐 있는 산으로 곤드레나물과 함께 청옥이라는 산나물이 많이 자생한다 해서 이름 지어졌다. 원래 능선이 평탄해서 산행을 하기에도 부담이 없지만 4륜구동차를 이용해 정상까지 오를 수 있는 비포장길이 열려 있다. 굽이굽이 산길을 오르면 산 정상에 육백마지기라 불리는 평원이 펼쳐져 있다. 평지가 드문 강원도 산골에서 볍씨 육백 말을 뿌릴 수 있는 곳이라 해서 육백마지기라 불리는 곳이다. 우리나라 최초의 고랭지 채소밭으로 알려진 육백마지기는 대관령 고랭지 채소밭보다 해발 고도가 400m나 높아 여름에도 서늘한 바람이 불고 모기떼도 찾아볼 수 없는 청정지역이다. 이곳이 고랭지 채소밭으로 개간되기 시작한 것은 1960년대 초로 여기서 나는 배추는 농약을 쓰지 않기로 유명하고 무의 맛이 달기로도 손꼽힌다. 또한 꽃보다 예쁜 배추밭의 물결이 장관으로 카메라를 들고 애써 찾아오는 사람들도 많다.

동강의 문희마을은 인적 드문 오지 마을로 래프팅하는 사람들로 몸살을 앓는 동강의 여러 지역들과는 달리 동강의 아름다움을 있는 그대로 감상할 수 있다. 마을을 지키던 개의 이름이 문희여서 그대로 마을 이름이 되었을 정도로 사람들의 왕래가 적었던 이곳은 평창군 미탄면 마하리 마하본동에서 강변 오솔길을 따라 1시간 이상을 걸어가는 트래킹 코스로 유명하며 절벽을 깎아 도로를 내어 4륜구동차로도 접근할 수 있다. 마을 앞 강물은 2백리 동강에서도 유난히 물빛이 아름다운데 수심이 5~6m나 되지만 강바닥이 훤히 들여다보일 정도로 맑다. 수심이 얕은 여울에는 다슬기가 지천에 널려 있고 백사장과 자갈밭으로 이루어진 드넓은 강변은 야영하기에 적당해 여름철 피서지로도 입소문이 나 있으며 마을 뒤 백운산은 사행천인 동강의 비경을 감상할 수 있는 최적의 장소로 알려져 있다. 산행에 익숙지 않은 사람이라면 칠족령 코스를 이용해도 좋겠다.

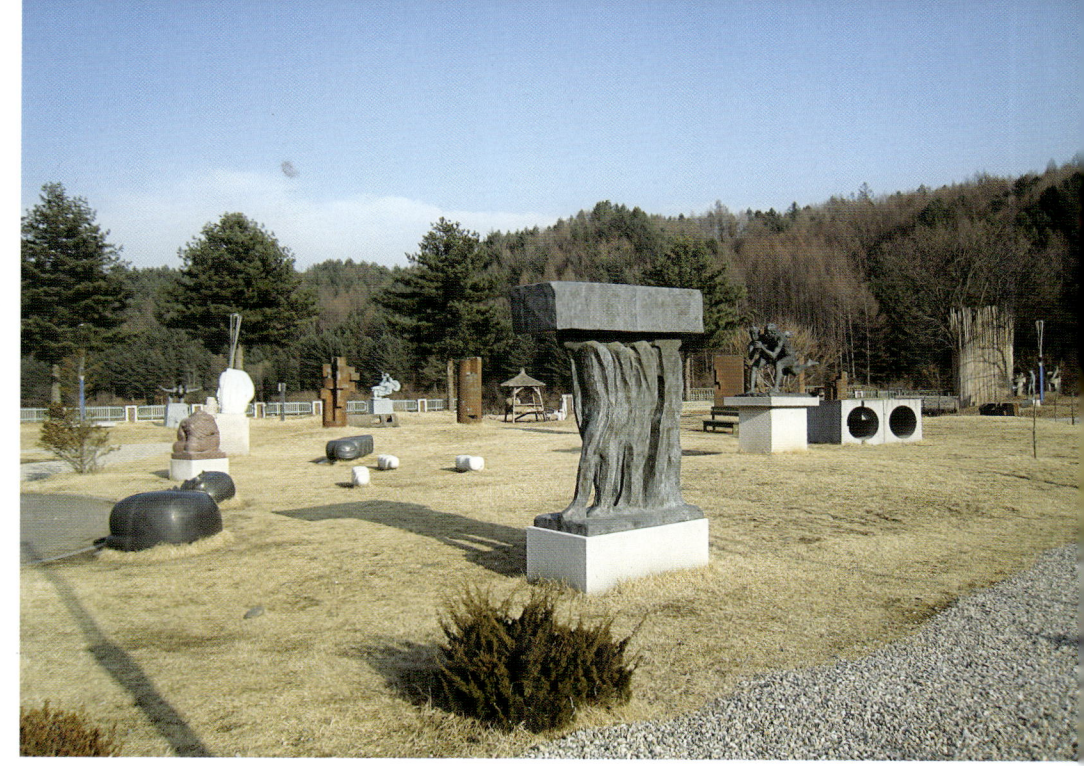

무이예술관 예술가의 사랑방

| 위치 | 강원도 평창군 봉평면 무이리 58
　　　강원도 평창군 봉평면 사리평길 233
| 운영시간 | 동절기 10:00~17:00, 하절기 09:00~19:00,
　　　매주 월요일/매년 1월 16일~3월 15일 휴관

▶ MINI DATA
| 입장료 | 있음　　주차 | 가능　　분류 | 전시, 체험시설

사람들이 떠나간 농촌 마을은 학생의 숫자가 줄어들고, 결국 문을 닫은 폐교들은 노령화된 농촌 마을의 현실을 대변하듯 흉물로 남아 있는 경우가 많다. 채워지지 않는 아쉬움으로 남아 있을 것 같았던 폐교 공간을 화가와 조각가, 도예가 등의 각기 다른 분야의 예술인들이 모여 아름다운 전시공간을 만들었다. 녹슨 놀이기구로 채워져 있었던 운동장은 야외 조각공원이 되고 흉물로 남아 있던 학교 뒤편은 전통 도자기를 구워내는 가마로 단장되었다. 아이들을 위한 흥미로운 체험 프로그램은 가족 단위의 나들이에 더없이 좋은 장소가 된다. 시원한 가을바람 타고 찾아오는 깨끗한 아름다움을 담은 하얀 메밀꽃처럼, 30년 시간의 작품을 전시하는 메밀꽃작화실과 무이도방, 소하서방 등 분야를 달리하는 작품들이 아름다운 봉평 언덕을 찾아오는 나비의 날갯짓처럼 예술관 곳곳을 빠짐없이 채운다. 인근 봉평읍내의 봉평장터와 함께 둘러보자. 소란스러우면서도 정겨운 시장의 어울림이 무이예술관의 작품들 속에 녹아 있는 듯하다. 가을날 효석문화재 기간에는 장터와 이효석 문화관, 무이예술관을 연결하는 셔틀버스를 이용할 수 있다.

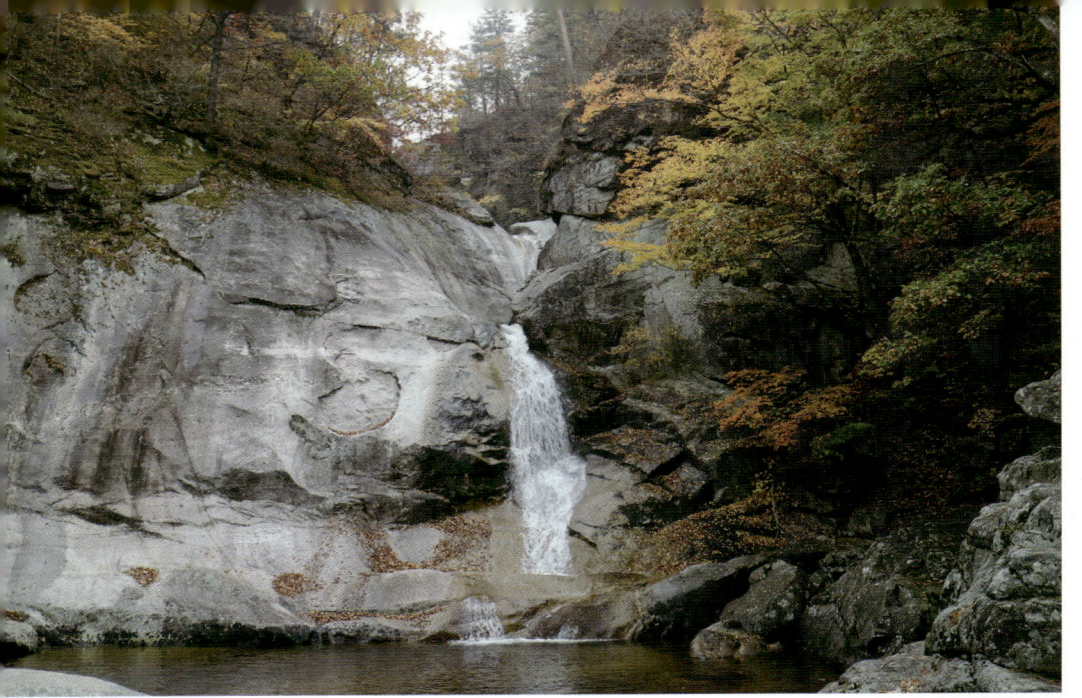

오대산국립공원 다섯 개의 봉우리 아래 오랜 절집들

| 위치 | 강원도 평창군 진부면 간평리 75-6
강원도 평창군 진부면 오대산로 2
운영시간 | 일출 2시간 전~일몰, 연중무휴

▶ MINI DATA
| 입장료 | 없음　주차 | 가능　분류 | 산, 계곡, 동굴

오대산은 강원도 평창군, 홍천군, 강릉시에 걸쳐 있는 산으로 백두대간과 차령산맥이 갈라져 나오는 지점을 차지하고 있는 산이다. 오대산이란 이름은 동·서·남·북 각 방위와 중앙에 동대산, 두로봉, 상왕봉, 비로봉, 호령봉이 병풍처럼 펼쳐져 있는데 신라 때 자장율사가 이 모습이 중국의 오대산과 비슷하다 하여 지었다고 한다. 주봉은 비로봉으로 해발 1,653m이며, 동쪽으로 뻗어져 나온 노인봉 아래에는 작은 금강산이라 불리는 소금강이 있어 계곡이 어우러지는 빼어난 산세를 자랑한다. 절을 찾아가는 길 양옆으로 쭉 뻗은 전나무 숲이 유명한 월정사가 있다. 월정사는 신라 때 자장율사에 의하여 지어진 절로 한국전쟁 때 불이나 옛 건물들은 모두 사라졌지

만, 팔각구층석탑이 남아 이곳의 역사를 전한다. 월정사 앞으로 난 길을 따라 더 올라가면 오대산의 진면목을 느낄 수 있는 상원사가 있다. 상원사 또한 월정사만큼 유명한데, 조카인 단종을 폐위시키고 피부병으로 고생을 하던 세조가 이곳에서 문수보살을 만났다는 이야기로 유명하다. 우리나라에서 가장 오래된 동종으로 알려진 상원사 종을 볼 수 있는 곳이기도 하다. 소금강지구는 강릉에서 접근하기가 쉬운데, 강릉을 외가로 두고 있던 율곡 이이가 이곳을 둘러보고 그 아름다움이 금강산과 같다고 해서 소금강이라 이름을 지었다고 한다. 또 이곳에는 캠핑장이 마련되어 있어 봄에서 가을까지 많은 사람들이 자연 속의 하룻밤을 위해 찾는다.

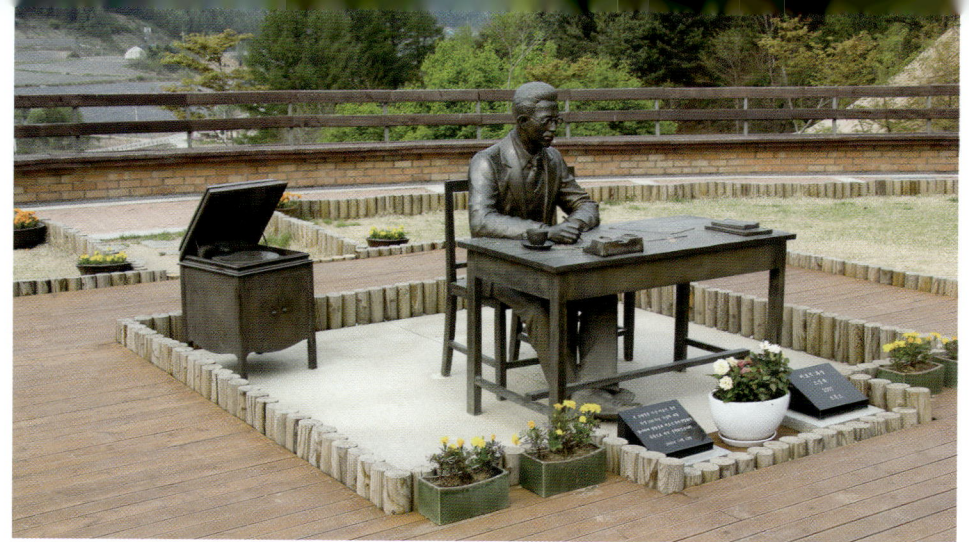

이효석 문학관과 생가 메밀꽃의 고향

위치 | 생가 강원도 평창군 봉평면 창동리 681(이효석길 33-11)
　　　문학관 강원도 평창군 봉평면 창동리 544-3
　　　(효석문학길 73-25)
운영시간 | 10~4월 09:00~17:30, 5~9월 09:00~18:30,
　　　매주 월요일 휴관

▶ MINI DATA
| 입장료 | 있음　　주차 | 가능　　분류 | 역사, 문화유적

가을날의 맑은 하늘과 함께 문학관을 찾아보자. 봉평 읍내의 전경이 한눈으로 들어오는 언덕 위에 자리하는 문학관 건물은 하얀 메밀꽃에 마치 떠 있는 듯 아름다운 경관을 보여준다. 소설 「메밀꽃 필 무렵」의 도입부처럼 '메밀 달빛에 소금을 뿌린 듯 흰빛으로 반짝이는…' 메밀꽃의 장관은 소설 속 등장하는 물레방아와 흥정천 등과 함께 문학관 주변을 채우고 있다. 봉평에서 나고 자라면서 많은 작품을 남긴 석산 이효석(1907~1942년) 선생을 기념하는 문학관은 서른여섯 해의 길지 않은 시간 동안 작가가 남긴 주옥 같은 작품들을 전시하고 있다. 풍족하지 못하였던 삶 속에서도 작가가 즐겼던 문학의 체취 가득한 작업실을 재현하는 등 작가와 작품을 이해하기 위한 상세하고 정교한 전시물들로 이루어져 있다. 섬세한 심리와 정경 묘사로 알려진 그의 작품처럼 전시관은 건물 자체의 모습으로도 예술성을 느끼게 한다. 초록이 우거진 오

솔길 사이 벤치에 앉아 작가의 대표작 「메밀꽃 필 무렵」을 다시 한 번 읽어보자. 아름다운 소설 속의 전경이 눈앞으로 이어지는 경험을 할 수 있다. 인근에 위치한 작가의 생가는 최근 재현된 모습이지만 노란빛 초가지붕에 두텁게 황토로 빚어져 옛 시간의 정겨움이 묻어난다. 메밀꽃이 읍내를 덮는 초가을에 열리는 효석문화제는 누구나 시인이 되고 작가가 되도록 한다.

➔ 봉평메밀축제, 메밀이 주인공인 시간

가산 이효석의 소설 「메밀꽃 필 무렵」의 배경지인 봉평면 일대는 8월 말에서 9월 초면 하얀 메밀꽃의 천국으로 변한다. 이효석 문학의 기반을 이루는 서정적이면서도 토속적인 아름다움을 메밀꽃의 고장 봉평에서 느낄 수 있는 축제가 바로 메밀꽃축제로 더 잘 알려진 평창효석문화제다. 33ha 넓이의 메밀밭을 중심으로 이효석 생가와 이효석 문학관, 행사장 주 무대를 아우르며 펼쳐지는 축제는 우리나라 지역 축제 중 으뜸으로 몸에 좋은 메밀전과 묵밥 등 먹거리 또한 풍성한 대표적인 가을의 잔치이다.
문의 | 033-335-2323(이효석문학선양회)

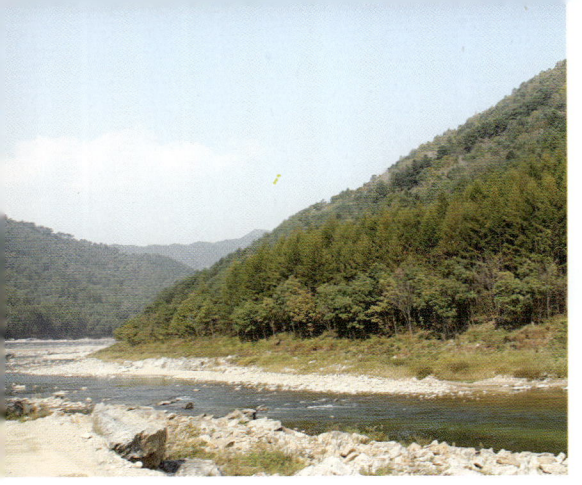

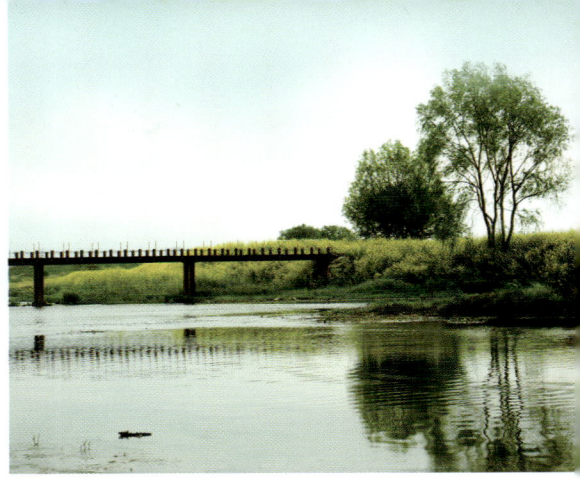

뇌운계곡

평창의 숨은 비경

| 위치 | 강원도 평창군 평창읍 뇌운리
| 운영시간 | 종일, 연중무휴

▶ MINI DATA
| 입장료 | 없음   주차 | 가능   분류 | 산, 계곡, 동굴

평창군 깊은 곳에 위치한 맑은 계곡이다. 강원도 오대산 서쪽에서 발원해 영월의 동강과 만나 남한강으로 흘러들어 가는 물줄기 중 평창 지역을 흐르는 부분을 평창강이라 하는데 그 일부분이 뇌운계곡이다. 평창강은 끝과 끝을 직선으로 이으면 60km이지만 물의 흐르는 거리를 따지면 220km에 이른다고 하니 굽이쳐 돌아가는 물길의 정도를 짐작할 수 있겠다. 뇌운계곡은 굽이굽이 돌아가는 물줄기가 아름다운 계곡으로 폭이 넓은 편이며 곳곳에 자갈밭과 모래톱이 있어 물놀이를 즐기기에 적당하다. 주변에 나무가 없어 그늘을 찾기가 어려운 것이 단점이다. 얼마 전까지만 해도 이곳은 숙박 등의 편의 시설이 부족하였으나 최근 여러 시설이 많이 들어서고 있다. 여름철에는 래프팅을 할 수 있다.

동강 가수리

아름다운 물길을 따라

| 위치 | 강원도 정선군 정선읍 가수리 일대
| 운영시간 | 종일, 연중무휴

▶ MINI DATA
| 입장료 | 있음(여름철)   주차 | 가능   분류 | 산, 계곡, 동굴

한강의 발원지인 태백의 검룡소를 출발한 물줄기가 임계를 거쳐 정선에 이르면 한결 부드러워지는데 그 시작이 가수리로, 여량에서 출발한 나무 실은 뗏목이 가수리에 도착하여 한숨 돌렸다고 전해진다. 동강의 지류인 지장천을 흐르는 물줄기와 기암절벽이 만들어낸 풍광이 아름답고 언덕을 개간한 농사를 짓고 사는 그림 같은 농촌 마을 풍경이 강을 따라 이어지는 곳으로 수매, 북대, 갈매, 가탄 등 자연 부락의 이름들 모두 아름다운 강물이라는 의미를 담고 있다. 특히 가탄과 수매 마을에서 바라보는 풍광이 아름답다 하여 마을의 앞 글자를 딴 가수리라는 이름이 붙었는데 정선초등학교의 분교인 가수초등학교에서 바라보면 햇살에 빛나는 강물과 건너편 마을로 이어지는 다리가 영화의 한 장면처럼 멋지다. 강물을 따라 드라이브 하는 것만으로도 기억에 남을 여행이 되기에 충분하며 물놀이를 하기에 나쁘지는 않으나 곳곳에 위험 지역이 있으니 안전에 유의해야 한다.

정암사
석가모니의 진신사리를 모신 사찰

위치 | 강원도 정선군 고한읍 고한리 2
　　　 강원도 정선군 고한읍 함백산로 1410
운영시간 | 종일, 연중무휴

▶ MINI DATA
입장료 | 없음　　주차 | 가능　　분류 | 불교유적

함백산 자락 폐광촌 사이로 숨은 듯 자리하는 정암사는 단정한 사찰이다. 신라 자장율사가 당나라 오대산에서 지성으로 기도한 후 문수보살로부터 석가모니의 진신사리를 받아 선덕여왕 12년에 창건한 사찰이다. 오대산 상원사, 양산 통도사, 영월 법흥사, 설악산 봉정암과 함께 우리나라 5대 적멸보궁 중 하나로 꼽히는 곳이다. 사찰 뒤편 높은 산비탈에 자리하는 수마노탑은 자장율사가 당나라에서 돌아올 때 가져온 마노석을 쌓아 만든 탑인데 용왕의 도움으로 이곳까지 마노석을 옮겼다 하여 수(水) 자를 덧붙인다. 국보 제332호로 지정되어 있는 이 탑은 높이 9m의 칠층 모전석탑으로 두께 5~7cm의 회색 마노석이 햇빛에 비칠 때의 음영이 신비롭기까지 하다. 본디 자장율사는 금탑, 은탑, 수마노탑의 세 탑을 쌓고 부처님의 보물들을 담았다고 한다. 탑의 훼손을 우려하여 금, 은탑은 깊은 산속으로 숨겨 수마노탑만이 전설을 전한다. 수마노탑에 부처님의 진신사리가 모셔져 있다 하여 대웅전을 대신해 불상이 없는 적멸보궁이 있다. 사찰의 규모가 크지도 않고 화려하지도 않아 마음이 정갈해짐을 느낄 수 있으며 정성으로 기도하면 소원을 들어주는 장소로 알려져 있어 신년이나 입시철에 찾는 이들이 많다. 사찰 경내를 흐르는 작은 계곡은 열목어의 서식지로도 유명하다. 나뭇잎이 햇살을 가리는 맑고 차가운 물에서만 관찰된다는 천연기념물 물고기들은 정암사가 깊은 산속 청정계곡의 한가운데임을 알려주는 상징이기도 하다.

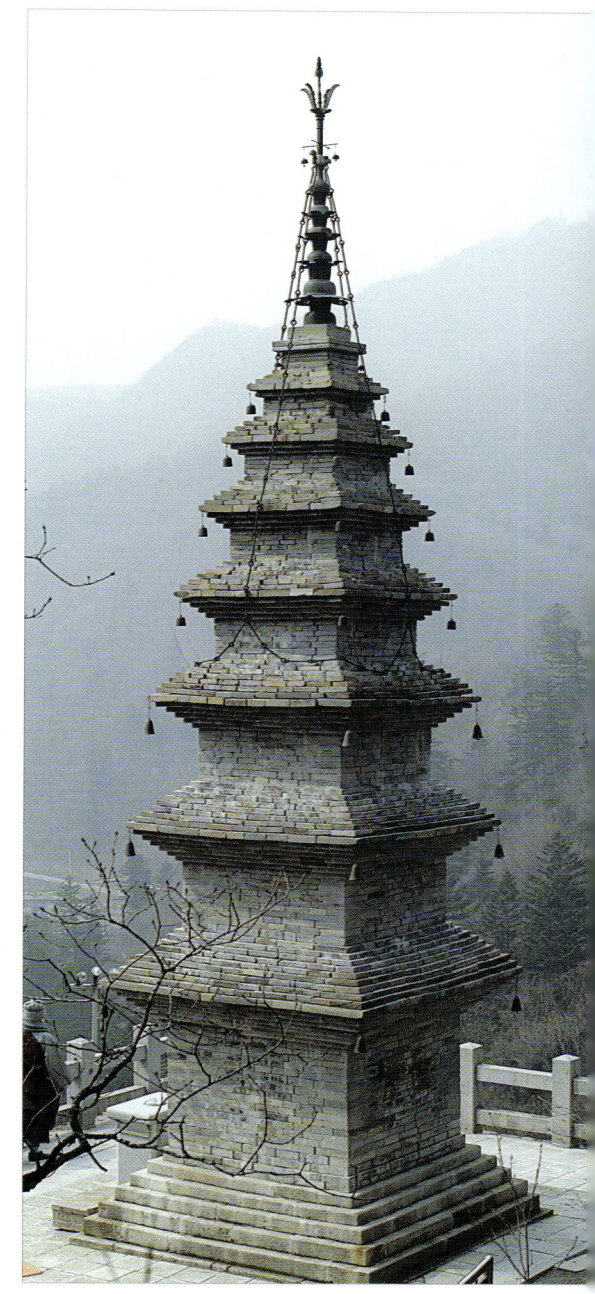

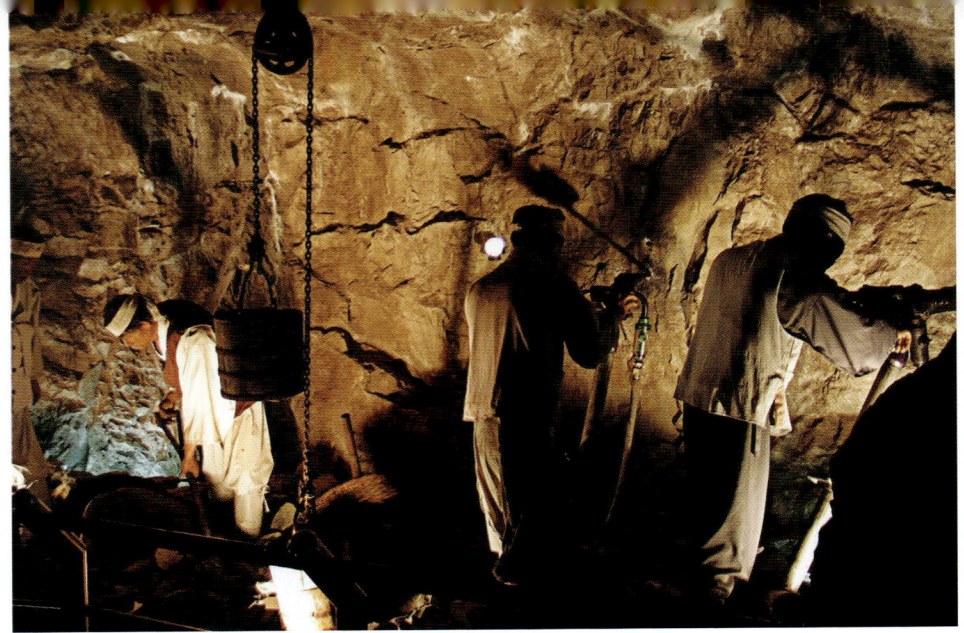

화암동굴과 천포금광촌   <small>금광이 있던 자리의 테마동굴</small>

위치 | 강원도 정선군 화암면 화암리 540
        강원도 정선군 화암면 화암동굴길 12
운영시간 | 09:00~17:00, 연중무휴

▶ **MINI DATA**

입장료 | 있음   **주차** | 가능   **분류** | 전시, 체험시설

화암동굴은 1920년대 중반부터 1945년까지 연간 약 2만 3,000g의 금을 캔 광산으로 광산의 옛 시설을 잘 활용하여 테마동굴로 꾸미고 관광객들을 맞이하고 있다. 사람이 직접 만든 인공동굴뿐 아니라 채광 작업 중 발견한 석회동굴까지 함께 관람할 수 있으니 일석이조인 셈이다. 입구로 들어서면서 옛 모습 그대로인 갱도를 보는데 실제 광산을 볼 수 있다는 기대에 설렌다. 상부갱도와 하부갱도가 있으며 바닥에는 블록을 깔아 오가기 편하게 만들어놓았다. 구역별로 예전 광산 그대로의 모습을 보존하고 있다. 채굴 순서에 따라 채광하는 모습을 재현해놓고 있으며, 굴진 작업을 하는 굴착기도 직접 만져볼 수 있다. 도깨비의 정선나들이라는 코너에는 금의 역사와 이용 등에 관하여 도깨비 인형이 설명을 하고 있는데 이곳이 동굴 안인지 잠시 잊을 정도로 아기자기하게 꾸며져 있

다. 금광에 이어지는 석회동굴은 큰 광장을 가지고 있어 웅장한 느낌이며 커다란 석주와 석순도 아름답게 만들어져 있다. 총 탐방 길이가 1.8km로 탐방은 1시간 반 정도 걸린다. 입구가 산 중턱에 있어 걸어 올라가기에는 조금 부담스러우니 이곳의 명물인 모노레일을 타고 오르도록 하자. 선로를 따라 올라가는데 동굴을 관람하는 기분을 들뜨게 한다. 화암동굴에서 금광을 보고 난 후에 이번에는 금광 채굴 인부들이 모여 살았던 천포 금광촌을 둘러보자. 광산이 폐광된 지 오래고 마을 사람들도 떠나고 없지만 그 자리에 옛날 광산 인부들이 살던 집들을 복원해 마을을 만들어놓았다. 다른 민속촌들에 비해 보기에는 허술해 보일지언정 금광에 다녀온 후라 당시 광부들의 삶을 간접적으로나마 체험할 수 있어 관람하는 의미가 특별하게 느껴진다.

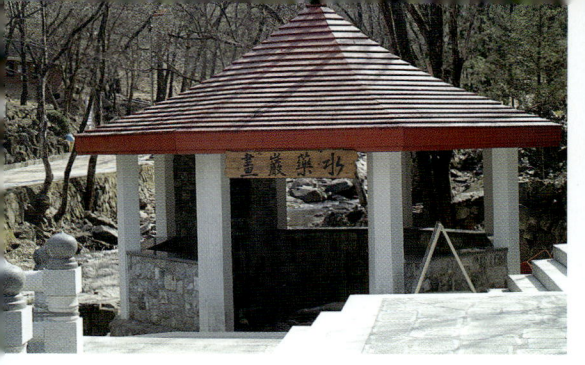

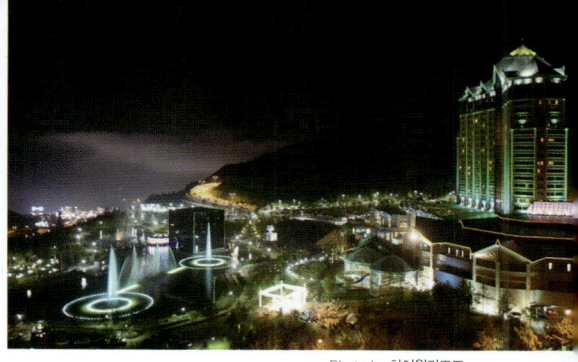

화암약수
물 맛 특별한 곳

위치 | 강원도 정선군 화암면 화암리 248
　　　 강원도 정선군 화암면 약수길 1300 일대
운영시간 | 종일, 연중무휴

▶ MINI DATA

| 입장료 | 없음　　주차 | 가능　　분류 | 산, 계곡, 동굴

화암팔경 중 하나로 꼽히는 화암약수이다. 국민관광
지로 조성되어 주차장 및 편의시설 등이 잘 갖추어져
있다. 그래서인지 옛 명성만큼의 풍경을 보여주고 있
지는 못하지만 안쪽 본 약수터로 오르면 깊은 계곡의
분위기가 제법 난다. 화암약수는 철분을 비롯해 칼
슘, 불소 등의 광물질이 많이 포함된 물로 김 빠진 사
이다 맛이 나는데 처음에는 조금 비리지만 몇 모금
마시다 보면 금방 익숙해지니 한 바가지 떠서 시원하
게 마셔보자. 매표소를 지나 계곡 오른편으로 건너가
면 쌍약수가 나오며 산책로를 따라 조금 더 들어가면
본 약수가 나온다. 두 약수가 맛이 다르다고 하는데,
실제로는 본 약수에 사람이 몰려 긴 줄을 서는 경우
가 많아 파이프를 통하여 쌍약수로 물을 가져왔다 하
니 어느 곳에서 마셔도 맛이나 효능은 같으니 줄이
짧은 곳에서 마시면 되겠다. 매표소를 지나면 바로
오른쪽으로 거북바위로 오르는 계단이 있는데 5분
정도밖에 걸리지 않으니 다녀오도록 하자. 거북바위
에 올라서 바라보는 풍경이 멋지다.

하이원리조트
카지노와 함께 다양한 즐길거리가 있는 곳

위치 | 강원도 정선군 고한읍 고한리 산1-239
　　　 강원도 정선군 고한읍 하이원길 424
운영시간 | 시설별 상이, 연중무휴

▶ MINI DATA

| 입장료 | 있음　　주차 | 가능　　분류 | 전시, 체험시설

해발 고도 883m의 백운산 자락에 국내에서 유일하
게 내국인 출입이 허용된 카지노가 있다. 폐광 지역
을 세계적인 수준의 종합 리조트로 만든다는 계획으
로 2003년 테마파크와 함께 호텔을 개장했다. 100개
의 테이블과 960대의 슬롯머신으로 국제적인 규모를
갖춘 카지노가 있으며 다양한 이벤트가 열리는 호텔
곳곳을 누구나 무료로 즐길 수 있다. 계절마다 테마
를 달리하는 공연과 영화 관람을 즐길 수 있으며 지
하에 마련된 테마파크인 어드벤쳐팰리스는 입장료를
내고 들어가면 우주를 테마로 한 각종 탑승 기구와
관람 시설을 즐길 수 있다. 야외 공원에서는 밤이면
화려한 불빛으로 물드는 레이저쇼가 매일 저녁 펼쳐
지고 겨울에는 얼음 조각으로 꾸며진 스케이트장도
개장한다. 스키장은 다양한 코스와 최고급 곤돌라 및
리프트 시스템을 갖추고 있어 스키 마니아들에게 큰
사랑을 받고 있다. 백운산 정상의 마운틴탑에 있는
회전식 전망대 레스토랑은 45분간 한 바퀴를 돌며 식
사를 하는 동안 태백산맥 자락을 조망할 수 있어 스
키를 즐기지 않는 사람이나 스키 시즌이 아니어도 한
번쯤 이용해볼 만하다.

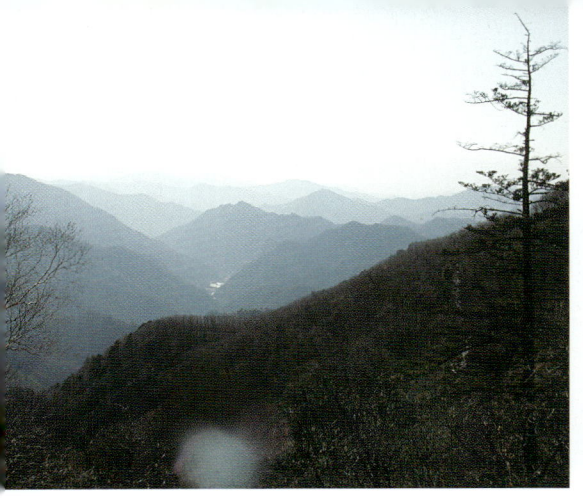
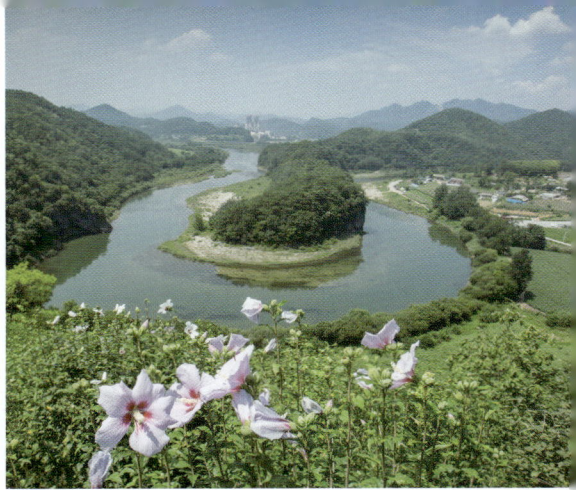

화절령

진달래 꺾어 들고 가는 운탄길

| 위치 | 강원도 정선군 사북읍 사북리
| 운영시간 | 종일, 연중무휴

▶ MINI DATA
| 입장료 | 없음   주차 | 불가능   분류 | 산, 계곡, 동굴

병방산 한반도지형 전망대

기차가 지나는 강변

| 위치 | 강원도 영월군 한반도면 옹정리 202
        강원도 영월군 한반도면 한반도로 555
| 운영시간 | 종일, 연중무휴

▶ MINI DATA
| 입장료 | 없음   주차 | 가능   분류 | 산, 계곡, 동굴

백운산(1,426m)의 산허리를 휘감아 돌며 함백산 새비재까지 이어지는 84km의 비포장 길이 있다. 과거 석탄 산업이 활발하던 때 석탄을 운반하던 운탄길이다. 그중에서도 영월 상동과 정선의 사북을 잇는 고개인 화절령은 봄날 산나물 뜯으러 나온 여인들이 지천으로 널린 진달래를 꺾었다 해서 '꽃꺾기재'라고도 불리는 길이다. 탄광이 문을 닫으며 석탄을 나르던 트럭은 사라졌지만 이름만큼이나 예쁜 길이 남아 트래킹 코스로 각광 받고 있으며 오프로드 드라이빙을 즐기는 마니아들과 산악자전거, ATV를 즐기는 마니아들에게는 국내에서 흔히 만날 수 없는 소중한 길로 사랑 받고 있다. 영화 「엽기적인 그녀」의 촬영지로, 일명 '엽기 소나무'가 서 있는 초입에 들어서면 울창한 숲과 천 길 낭떠러지가 함께 있는 화절령이 시작된다. 진달래가 피는 봄과 눈 내리는 겨울 설경을 으뜸으로 꼽는다.

영월의 선암마을과 함께 한반도 지형을 볼 수 있는 관광 명소로 알려진 정선의 북실리는 깎아지른 산 아래 강마을 굴암리 사람들이 정선읍을 오가기 위해 병방산을 넘어 거쳐 갔던 곳이다. 861m 높이의 병방산을 36번 굽이 돌아 북실리에 닿으면 시퍼런 조양강 줄기가 휘감아 드는 한반도 지형을 보며 땀을 식히고 무거운 다리를 쉬어 갔다. 1978년 좁은 도로가 생기기 전까지 이 길을 걸어다니며 생필품과 비료 등의 공산품을 운반했다고 하니 삶의 고됨이 어떠했을까. 천 길 낭떠러지 아래 물길은 가수리마을로 흘러가고 동대천과 만나면 비로소 동강으로 이름이 바뀐다. 정선 사람들에게조차 잘 알려지지 않았던 병방산에는 전망대가 만들어져 소문을 듣고 찾아온 여행객들이 좀 더 안전하게 감상할 수 있고 차량으로도 접근이 가능하다. 정선터미널 사잇길로 들어가 아리랑아파트로 길이 나 있다.

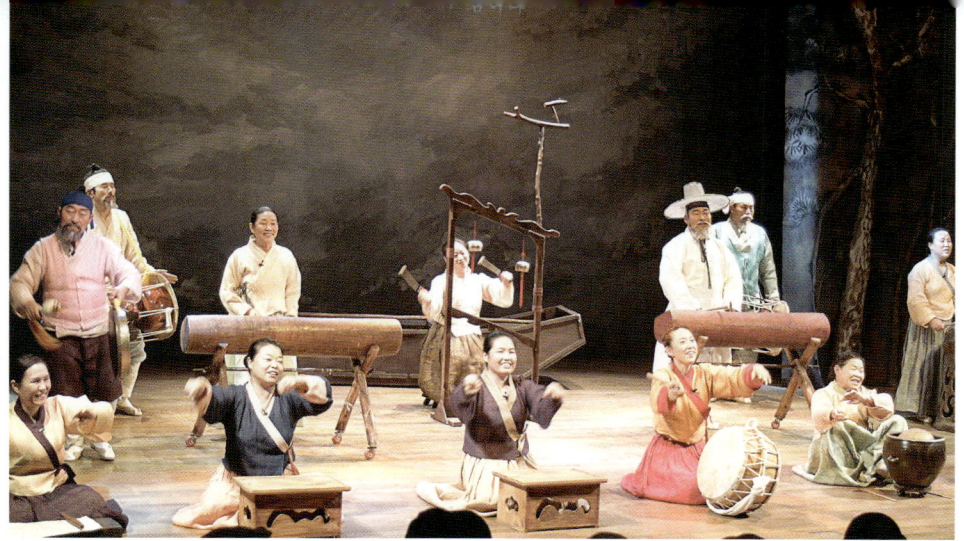

정선아리랑 공연 아리랑의 고향

| 위치 | 문화예술회관 강원도 정선군 봉양리 267(봉양3길 21)
전수관 강원도 정선군 여량면 여량리 186-1
(아우라지길 69)
| 운영시간 | 2, 7, 12, 17, 22, 27일/토요일 11:30~12:00,
13:00~13:30

▶ MINI DATA
| 입장료 | 없음　주차 | 가능　분류 | 축제, 공연

우리 민족의 가락으로 누구에게나 사랑 받는 '아리랑'의 고향은 정선이다. 전국적으로 60여 종 3,600여 가락의 아리랑이 전해지고 있지만 '정선아라리'라 불리는 메나리조 아리랑은 1,500여 수로 가사의 수가 가장 많고 옛 모습 그대로 보전이 잘 되어 있기에 아리랑의 으뜸으로 일컬어진다. 제주도에서 사할린까지 우리 민족이 살고 있는 곳이라면 어디에서든 들려오는 구성진 가락은 어머니 품속 갓난아이의 옹알이처럼 자연스럽게 흘러나오는 민족의 공통언어라 할 수 있다. 조선 초기 몰락한 고려 왕조를 잊지 못하고 은거 생활을 이어가던 사람들이 정선 땅으로 흘러들어 만들어진 정선아리랑의 가락은 일제강점기까지 역사 속 사건의 회한과 아픔을 차곡차곡 쌓아가며 가사를 늘려갔고 슬픈 사랑의 노랫말이 가사를 더욱 풍성하게 만들어나갔다. 아름답고 절절한 가락을 접해보지 못했다면 정선 장날의 흥겨움 속에 준비되는 창극 공연을 관람해보자. 정선 시내 문화예술회관에서 장날 오후 상설 공연되는 창극공연은 아리랑 가락을 주제로 하는 작은 뮤지컬 공연이다. 공연의 시작을 알리는 길놀이에서 고려 충신들의 한을 달래는 초혼이 이어지고 마지막 공연의 즐거움을 나누는 뒤풀이까지 전통의 장단과 노랫소리에 흠뻑 젖어보는 시간은 어떤 자연경관보다 오래 기억에 남는 특별한 추억이 될 것이다.

> ### 철로 자전거, 특별한 정선의 즐거움
> 정선 구절리역을 출발하여 아우라지를 둘러보는 철로 자전거는 '레일바이크'라는 명칭으로도 알려져 있다. 7.2km를 연결하는 구간은 전국에서 가장 길고 아름답다. 한강의 물길을 따라 목재를 운송하였던 아우라지의 장관은 가슴까지 시원하게 만드는 선물이다. 주말과 공휴일은 인터넷 예매를 해야 새벽부터 줄 서는 수고를 덜 수 있다.
> 문의 | 1544-9053

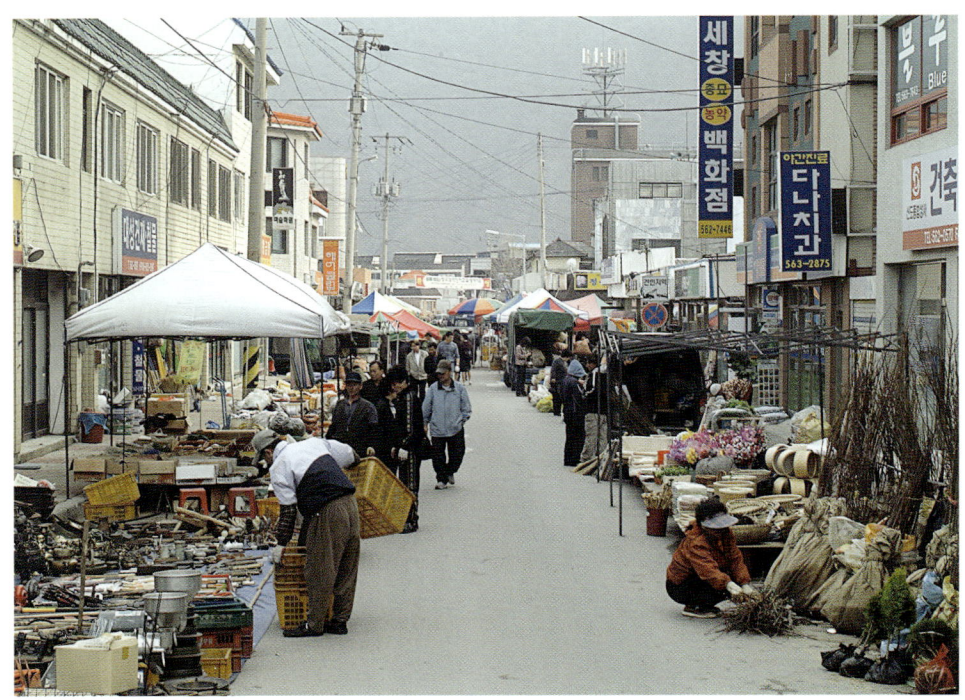

정선5일장 시골의 인심을 나누는 곳

| 위치 | 강원도 정선군 정선읍 봉양리
| 운영시간 | 매월 2·7일장 및 주말

▶ MINI DATA
| 입장료 | 없음   주차 | 가능   분류 | 거리, 시장

활기를 잃어가는 재래시장이나 5일 장터의 모습은 전국 어느 곳에서나 공통적인 현상이 되었다. 하루 종일 넓은 시장을 이리저리 돌아다니며 물건 가격을 흥정하고 무거워진 장바구니를 이고 지고 돌아가는 모습은 편리하게 정돈된 위생적인 대형 할인마트를 이용하는 현대인의 눈에는 비효율적인 시간 낭비로 보일지 모른다. 하지만 도시의 삭막함으로 마음까지 답답하다면 관광열차를 이용하거나 아리랑고갯길 따라 정선읍내 2, 7일의 5일장으로 열리는 정선장터로 찾아가보자. 자동차의 경적소리 못지않은 장터의 소란함이 소음으로 들리지 않고 구성진 노랫가락처럼 즐겁게 들린다면 사람과 사람 사이로 흐르는 정을 사고파

는 재래시장의 의미를 제대로 받아들이고 있는 것이다. 정선5일장은 여느 재래장터의 모습과는 달리 활기가 넘치는 특별한 장소다. 뒷산에서 틈틈이 캐어 말린 산나물을 파는 할머니도 만나고 기름판 가득히 구워내는 수수부꾸미나 김치밀전병의 구수함도 맛볼 수 있다. 여느 곳보다 질 좋고 저렴한 황기나 곤드레 나물을 푸짐하게 묶어내는 손에서 흥겨운 정선아리랑의 가락을 들을 수 있다. 재래 5일장의 멋과 흥겨움을 지역 관광 상품으로 특별하게 개발한 지역자치단체의 발상이 멋지게 느껴진다. 면이 얇지 않고 탄력이 좋아 면을 빨아들이면 콧등을 친다는 콧등치기 메밀국수 한 그릇은 허기를 달래준다.

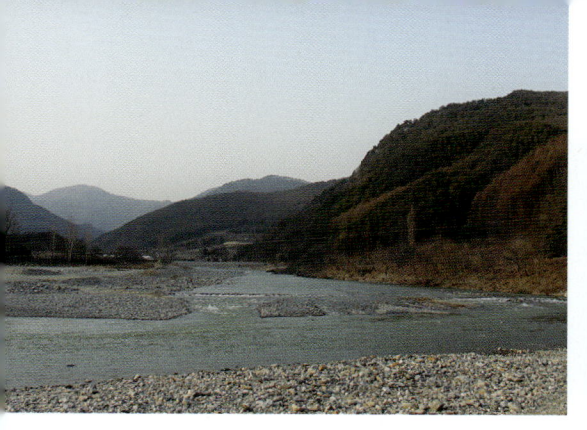
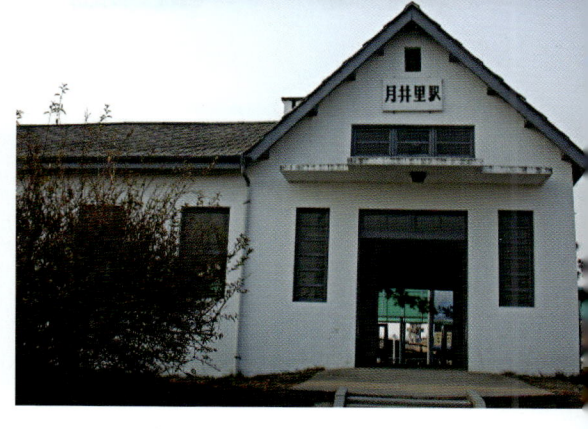

정선 아우라지
정선아리랑의 탄생지

| 위치 | 강원도 정선군 여량면 여량5리
| 운영시간 | 종일, 연중무휴

▶ MINI DATA
| 입장료 | 없음   주차 | 가능   분류 | 강, 유원지

대마리 민통선마을
철마가 멈춘 마을

| 위치 | 강원도 철원군 철원읍 대마리
| 운영시간 | 종일, 연중무휴

▶ MINI DATA
| 입장료 | 없음   주차 | 가능   분류 | 전통, 체험마을

평창군 도암면에서 발원하여 구절리를 따라 흘러내린 송천과 삼척의 하장면에서 발원하여 임계 쪽을 흘러 온 골지천이 합류하는 곳으로 두 물줄기가 어우러진다 해서 아우라지라 불린다. 여름 장마 때 풍수적으로 양수인 송천 쪽 물이 많으면 대홍수가 나고 음수인 골지천 쪽 물이 많으면 장마가 그친다는 얘기가 전해지는데, 무엇보다 강원도 무형문화재인 정선아리랑의 노랫가락으로 더욱 유명한 곳이다. 작은 조약돌이 깔린 아우라지 강변을 바라보고 서 있는 아우라지 처녀상에는 안타까운 이야기가 전해진다. 옛날 아우라지를 사이에 두고 여량과 가구미에 각각 떨어져 살던 처녀 총각이 동백을 따러 가기로 약속했으나 폭우로 물이 불어 나룻배를 띄울 수 없게 되었고 그 심정이 정선아리랑 애정편에 남아 불려지고 있다. '아우라지 뱃사공아 배 좀 건네주게 / 싸리골 올동백이 다 떨어진다 / 떨어진 동백은 낙엽에나 쌓이지 / 사시상철 임 그리워 나는 못 살겠네.'

북한과 맞닿은 남한의 첫 동네, 북으로 가는 경원선 열차가 멈추었던 월정리역이 있는 곳으로 많은 여행객들이 다녀가며 통일의 염원을 되새기는 곳이다. 남방 한계선이 시작되는 지점에 들어선 대마리는 1967년 대북심리전과 식량 증산을 목적으로 만들어진 마을로 군인 가족 150여 명을 모아 논과 경운기 등을 지원하고 군용천막에 살게 한 것이 시작이다. 주민들이 목숨을 담보로 지뢰밭을 개간해 일궈낸 땅에는 그들의 피와 땀이 서려 있으며 현재는 철원에서 제일가는 옥토가 되어 무농약 쌀 재배단지로도 유명해졌다. '철마는 달리고 싶다' 는 문구가 쓰인 낡은 팻말과 총탄 자국이 무수히 난 녹슨 열차의 잔해가 비감함을 느끼게 하는 월정리역은 분단된 한반도의 현실을 적나라하게 보여주고 있으며 바로 옆으로 남방 한계선이 세워져 있어 더욱 가슴 아프다. 2007년에는 통일의 염원을 가득 싣고 월정리를 출발한 열차가 북한에 다녀오기도 했는데 1번 오고 가는 것이 아니라 하루에도 몇 번씩 열차가 다니게 될 그날이 어서 오게 되기를 기원한다.

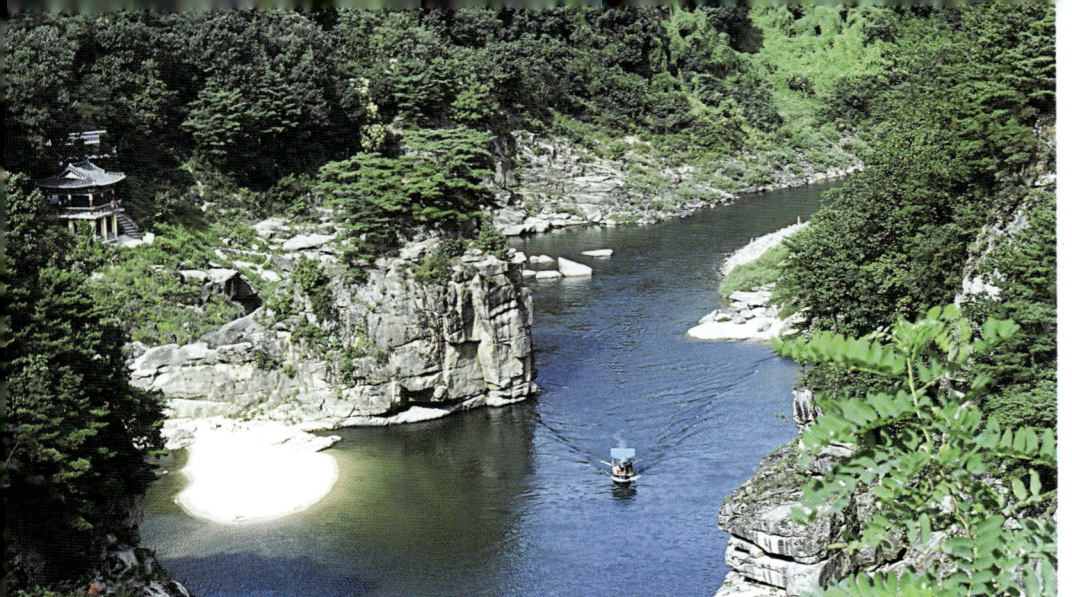

고석정 　아픔의 전설

| 위치 | 강원도 철원군 동송읍 장흥리 20-1
강원도 철원군 동송읍 태봉로 1825
| 운영시간 | 개인견학 09:30, 10:30, 13:00, 14:00,
단체견학 09:30~14:00, 매주 화요일/어린이날 휴무

▶ MINI DATA
| 입장료 | 있음　　주차 | 가능　　분류 | 역사, 문화유적

조선 중기 연산군 이후의 사회 혼란은 국가 기강의 해이함을 틈타 중앙과 지방을 가리지 않고 가중되었다. 사회조직의 가장 아래 부분을 형성하는 농민세력의 피해는 크고 광범위하였고 피해 받는 농민들의 불만은 농기구를 무기로 고쳐드는 저항세력으로 발전하였다. 민중봉기의 정점을 이루었던 임꺽정의 황해도 지역을 중심으로 하는 약 4년간의 무력시위는 서울의 중앙정부를 위협할 정도로 강력하였다. 관군 세력의 공격과 지도부의 분열로 임꺽정의 저항은 실패로 끝났지만 전국 각지에 그의 탁월한 힘과 지략을 전설로 삼는 이야기가 알려져 있다. 한탄강의 푸른 물줄기가 주변의 기암괴석과 어울리며 철원지역 최고의 경관을 만드는 고석정과 그 주변은 놀라운 힘의 장사로 알려진 임꺽정의 활동을 주제로 하는 전설로 가득하다. 고석정의 신비로운 모습이 예사롭지 않은 이야기와 어울린다. 고생대의 현무암 분출로 이루어진 용암지대는 지층의 단절을 보여주는 추가령구조대를 가장 정확하게 살펴볼 수 있는 곳이기도 하다. 약 20m 높이의 고석정과 강을 따라 이어지는 직탕폭포와 순담계곡의 아름다움을 살피는 래프팅 코스도 인기가 높다. 이곳은 한국전쟁 당시 유리한 고지를 확보하기 위한 치열할 전투로 수많은 사상자를 만든 철의 삼각지대의 정점이기도 하다. 계곡을 붉게 물들인 아픈 역사는 푸른 자연에 묻혀 더욱 선명하게 기억된다.

➔ 승일교, 분단의 아픔을 담은 다리

고석정을 찾아가는 길목에 위치하는 아치형 다리는 한국전쟁으로 남과 북이 한쪽씩 건설하여 연결한 특이한 모습이다. 이름 또한 이승만의 '승'자와 김일성의 '일'자를 따서 지었다가 훗날 한국전쟁 당시 전사한 박승일 연대장의 이름을 기념하여 한자만 다른 승일교로 변경하였다.

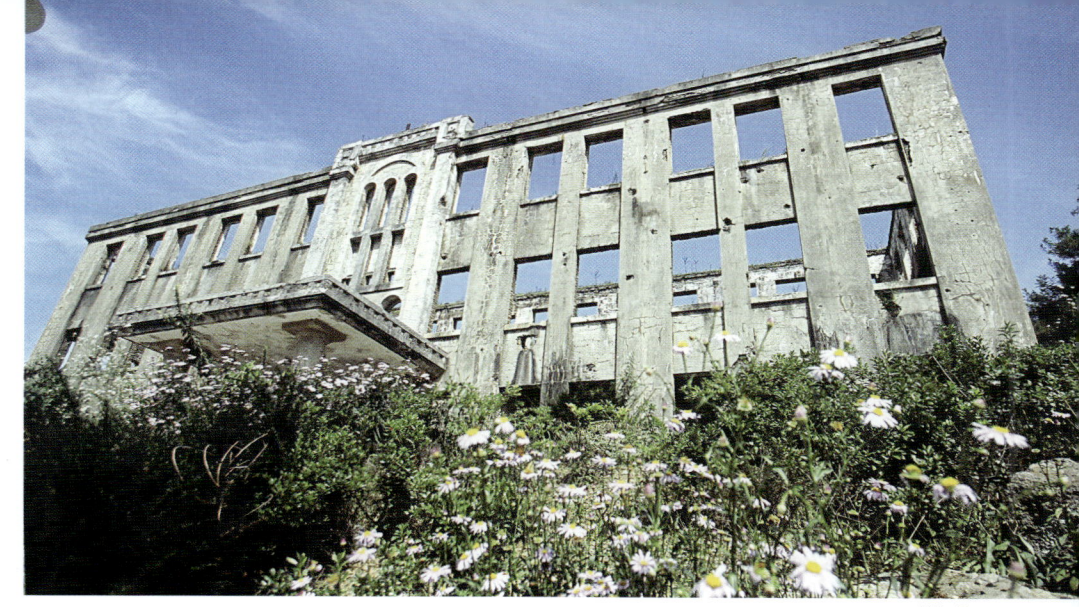

노동당사 분단된 남·북의 모습이 겹쳐 보인다

| **위치** | 강원도 철원군 철원읍 관전리 3-2
강원도 철원군 철원읍 금강산로 인근
| **운영시간** | 개인견학 09:30, 10:30, 13:00, 14:00,
단체견학 09:30~14:00, 매주 화요일/어린이날 휴무

▶ MINI DATA
| **입장료** | 없음   **주차** | 가능   **분류** | 역사, 문화유적

앙상하게 뼈대만 남은 건물에서 남과 북으로 분단된 현실의 모습이 겹쳐 보인다. 철원 지역은 해방 후 북한의 관할 하에 놓이게 되는데 그때 지어진 노동당 철원군 당사 건물이다. 한국전쟁을 거치며 파괴되고 지금은 건물 외벽만이 보존되고 있다. 외벽의 포탄흔적은 한국전쟁 때의 상처이다. 골조에 나 있는 창의 형태를 보면 이 건물은 원래 3층이었음을 알 수 있는데, 안으로 들어가면 1층만 방이 남아 있고, 2·3층은 무너져버려 그 형태를 알 수 없다. 1층의 방은 밖에서 볼 때와 달리 크기가 작은데 어떤 목적으로 사용되었는지 궁금하다. 해방 후 외국에서 활동하던 많은 독립운동가들이 귀국을 하면서 좌·우의 노선 경쟁이 치열해지고, 남쪽에는 미국이, 북쪽에는 소련이 진주하게 되니, 그 갈등은 하나로 모아지지 못하고 전쟁이라는 비극을 낳는다. 철원 노동당사가 사용된 기간은 해방 후에서 한국전쟁까지의 시기라 하겠다. 1개 리당 쌀 200가마씩을 거두어들여 이 건물을 만들었다는 이야기, 건물의 보안유지를 위하여 공산당원 이외에는 건축에 참가하지 못했다는 이야기, 공산주의에 반대하던 사람들이 이곳으로 끌려와 고문을 당했다는 이야기가 전해진다. 이곳이 대중들에게 널리 알려진 계기가 있었다. 바로 90년대 대중문화의 아이콘이었던 서태지와 아이들 때문인데 그들의 노래인 〈발해를 꿈꾸며〉의 뮤직비디오를 촬영한 곳이 바로 여기이다.

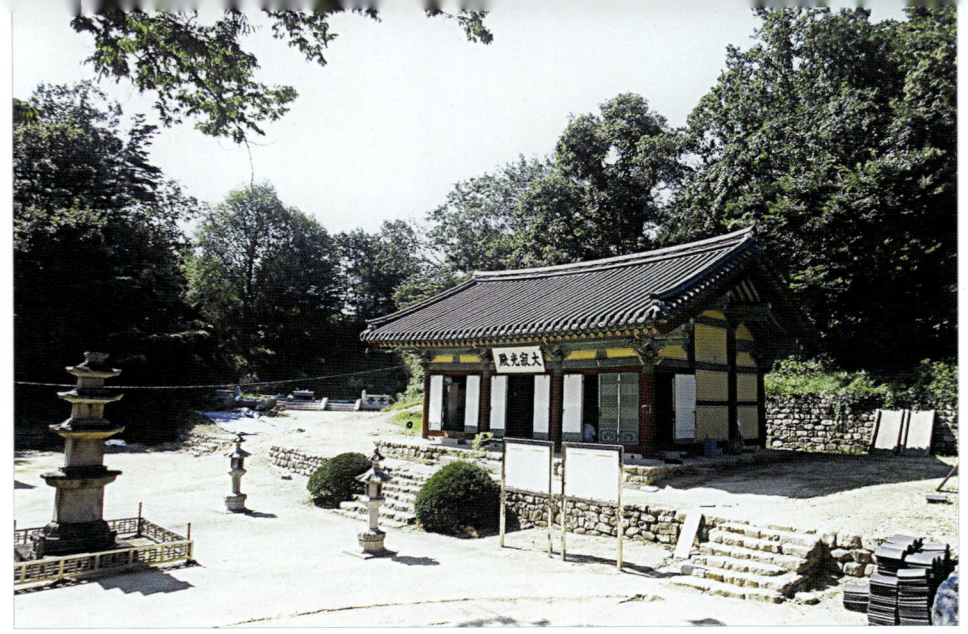

도피안사 땅속에서 발견된 천 년 철불

| 위치 | 강원도 철원군 동송읍 관우리 산74
　　　 강원도 철원군 동송읍 도피동길 23
| 운영시간 | 종일, 연중무휴

▶ MINI DATA
| 입장료 | 없음　　주차 | 가능　　분류 | 불교유적

이름만으로도 분위기가 느껴지는 절이다. 우거진 주변 숲이 병풍처럼 둘러진 차분한 분위기로 신라 말 도선국사가 1,500여 명의 향도들과 함께 철불을 조성하고 안치하기 위하여 만든 절이다. 철원은 한국전쟁 때 격전지로 도피안사도 그때 소실되었다. 이후 철불이 발견되고 절이 새로 지어지게 된 사연이 재미있다. 제15사단장인 이명재 장군의 꿈에 불상이 나타나 땅속에 묻혀 있어 답답하다 하였다고 한다. 다음날 전방시찰을 나갔다 꿈에 나왔던 사람을 보고는 안내를 받아 찾아간 곳이 도피안사로 장병들을 시켜 이곳을 수색하게 하니 땅속에 묻혀 있던 철불을 발견한 것이다. 본전인 대적광전 안에 모셔져 있는 철불은 손가락을 감싸 쥐고 있는 지권인을 하고 있으니 비로자나불이다. 장흥 보림사 철불과 함께 9세기에 만들어진 대표적인 불상으로 불상 뒤쪽에 100여 자

의 조성기가 새겨져 있어 만들어진 사연과 시기를 알 수 있는데 1,500여 명의 향도가 함께 조성했다는 기록과 함께 만들어진 연대를 신라 경문왕 5년인 865년으로 알리고 있다. 신라 말 선종이 일어나고 지방호족세력과 결합하면서 새로운 세력을 형성하고 있음을 알려주는 귀한 금석문이다. 가끔 철불이 어디 있는지 궁금해하는 관람객들이 있는데 철불에 개금을 하였으며 그 때문에 철이 가지는 고유한 질감이 감추어져서 아쉬운 마음이다. 대적광전 앞에 삼층석탑이 있는데 기단의 형태가 독특하니 눈여겨보자. 보통의 탑들이 사각의 기단을 2층으로 놓고 위에 탑신을 올리는 데 비하여 이 석탑은 불상을 받치고 있는 대좌처럼 연꽃무늬를 새긴 8각의 이중기단이 탑을 받치고 있다.

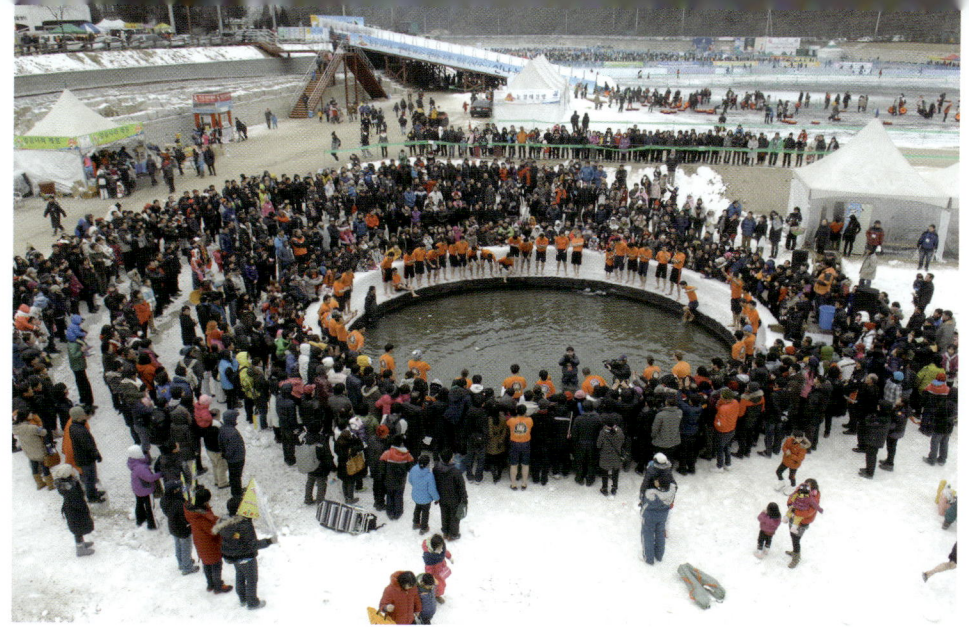

화천 산천어축제 얼음나라 자연의 잔치

| 위치 | 강원도 화천군 화천읍 중리 186-5 일대
        강원도 화천군 화천읍 산천어길 137 일대
| 운영시간 | 홈페이지 참조

▶ MINI DATA
| 입장료 | 있음   주차 | 가능   분류 | 축제, 공연

화천 산천어축제는 미국 CNN에서 '세계 7대 겨울축제 불가사의'에 선정되어 세계인을 놀라게 하기도 했다. 강원도의 작은 산골 마을, 화천에서 겨울에만 열리는 이 축제는 한 달 남짓한 기간 동안 방문객이 150여만 명에 이를 정도로 인기 있는 축제로 자리 잡았다. 축제의 중심은 '산천어 얼음낚시'이다. 이 낚시는 우리나라 제1의 청정천인 화천천에서 40cm가 넘는 얼음을 깨고 산천어를 잡는 것이다. 바닥까지 보이는 맑은 물속에서 노니는 산천어를 잡으며 손맛을 즐기는 것도 또 하나의 관광 포인트이다. 얼음낚시를 제외하고도 얼음물에 뛰어들어 맨손으로 산천어를 잡는 산천어 맨손잡기, 얼음썰매, 눈썰매, 눈조각, 얼음축구 등 30여 종의 다양한 프로그램과 볼거리가 가득하다. 축제의 주인공인 산천어는 수온이 연중 20℃를 넘지 않는 1급수 맑은 물에서만 서식하는 토종 민물

고기로 등 쪽 짙은 진녹색의 자태가 아름다워 '계곡의 여왕'이라 불린다. 이 물고기는 살이 쫀득해 식감이 좋고 영양도 풍부하여 많은 사람들이 좋아한다. 북한에서 김정일의 보양식으로도 알려진 산천어의 신선한 맛과 즐거운 얼음낚시를 체험할 수 있는 산천어축제는 겨울철, 소중하고 행복한 추억을 만들어줄 것이다.

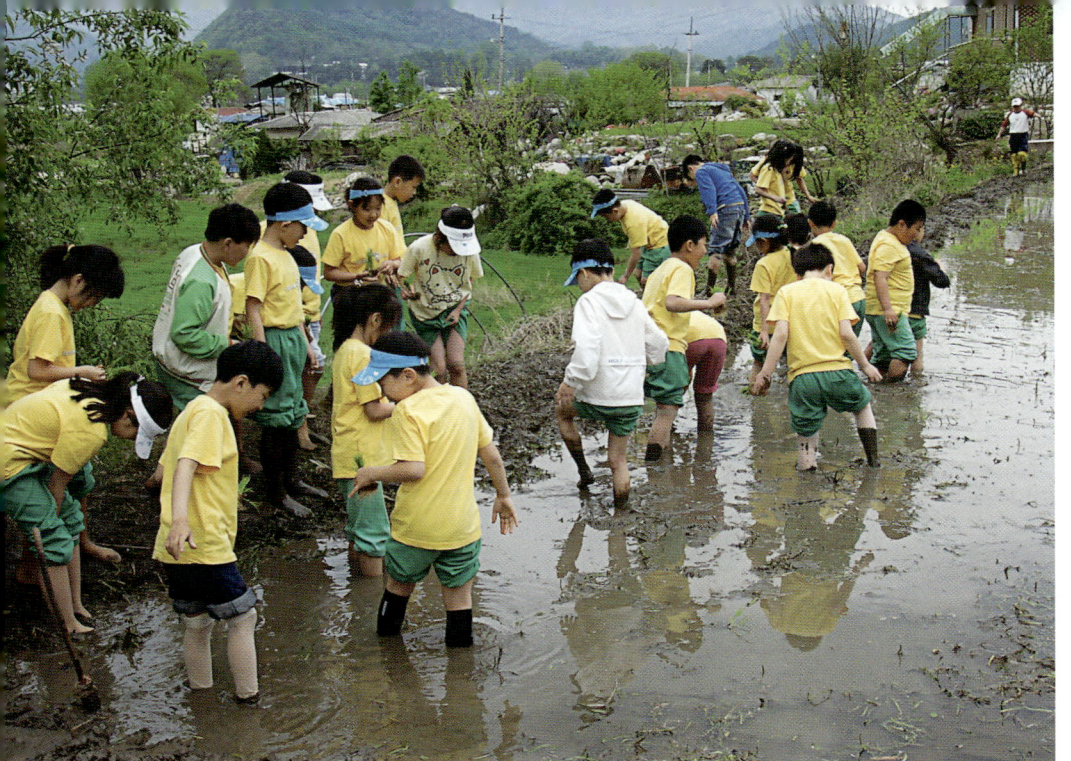

토고미마을 오리가 전하는 희망

| 위치 | 강원도 화천군 상서면 신대리 450
강원도 화천군 상서면 토고미길 22-8
| 운영시간 | 문의 후 방문

▶ MINI DATA
| 입장료 | 없음   주차 | 가능   분류 | 전통, 체험마을

300명 인구의 작은 마을이 매년 만 명이 넘는 도시 사람들이 찾아오는 놀이공원 못지않은 인기를 누린다. 생산자와 소비자 사이를 잇는 농산물직거래는 서로를 이롭게 하지만 단순히 유통체계의 확립으로만 이루어질 수 있는 것은 결코 아니다. 생산자와 소비자의 관계를 떠나 인간적인 신뢰와 믿음을 바탕으로 하는 연대감이 있어야 한다. 토고미환경작업반을 구성하고 무농약오리농법 쌀 재배를 시작하였는데 도시의 가족회원과 연계해 자연학교를 연 것이 체험마을의 시작이다. 매달 발행되는 영농일기라는 마을의 소식지를 받아보는 마을회원의 숫자는 1,200가구에 이른다. 따뜻한 봄날 마을주민들과 도시회원들이 함께 모여 한 해의 풍요를 기원하며 5,000여 마리의 청둥오리를 논바닥에 방사하는 오리입식대회는 마을의 가장 큰 행사이다. 매년 9월 셋째 주 토요일 수확의 기쁨을 함께 나누는 토고미오리쌀축제는 각종 놀이와 나물뷔페를 즐기는 한마음의 시간이 되고 늦은 밤까지 이어지는 논두렁재즈페스티벌은 모두 함께 일하고 즐거움을 같이 하였던 옛 두레의 추억을 떠올리게 한다. 여름날의 개울 물놀이와 겨울철의 얼음지치기, 전통 한과 만들기까지 계절마다 다른 즐거움을 함께 나눌 수 있다.

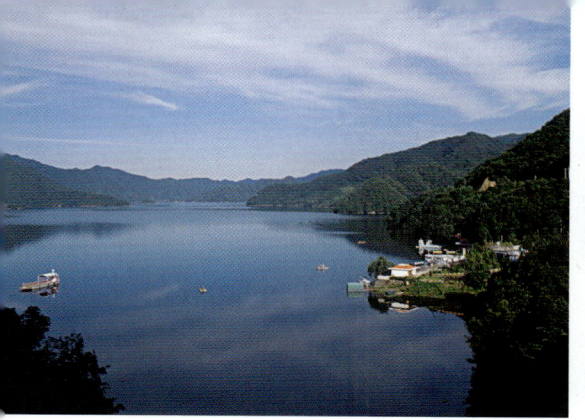

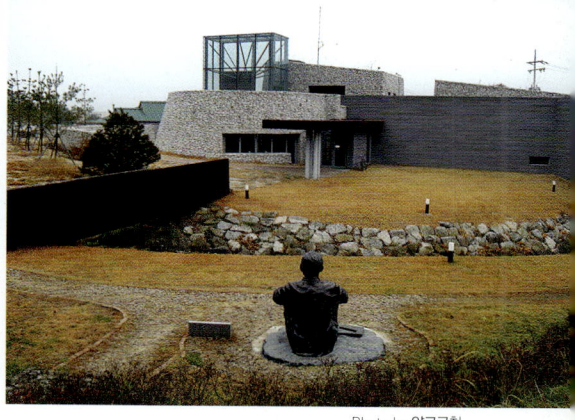

파로호 아픔과 아름다움이 함께하는 곳

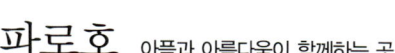

위치 | 강원도 화천군 간동면 구만리, 용호리 일대
　　　 강원도 화천군 간동면 배터길 36-8 인근
운영시간 | 종일, 연중무휴

▶ MINI DATA

입장료 | 없음　　주차 | 가능　　분류 | 강, 유원지

1943년 일제강점기 화천수력발전소의 건설로 만들어진 인공호수의 원래 이름은 화천호였다. 지역의 이름을 딴 자연스러운 이름은 한국전쟁 이후 이승만 대통령이 내린 현판으로 '파로호'로 바뀌었다. '오랑캐를 무찌른 호수'란 의미는 중국 공산군 3만 명을 이곳에 수장시킨 전투의 승리를 기념하는 이름으로 전쟁 속에 죽어간 수없이 많은 사람들의 아픔이 서려 있는 곳이다. 1980년대 북한의 수공을 막는다는 명분으로 세워진 평화의 댐 건설로 한때 그 바닥을 드러낸 파로호 아래로 수많은 고인돌과 선사 유물이 출토되었다. 한반도의 허리를 가르는 남·북 대립의 경계선에 놓여 있는 파로호는 그 아름다움 속에 전쟁의 아픔을 숙명처럼 간직하고 있다. 호수의 경관을 가장 멋지게 전망하는 지점 또한 전쟁을 기념하는 안보전시관이다. 사람과 물고기와 철새와 숲과 나무가 모두 함께 평화를 즐기는 자유의 호수가 되는 그날이 빨리 오기를 기대하여본다.

박수근미술관 서민을 그린 화가

위치 | 강원도 양구군 양구읍 정림리 131-1
　　　 강원도 양구군 양구읍 박수근로 265-15
운영시간 | 09:00~18:00, 매주 월요일 휴무

▶ MINI DATA

입장료 | 있음　　주차 | 가능　　분류 | 박물관

박수근 그림의 투박한 선과 원근법이 생략된 간결한 모습은 광목으로 지어 입은 한복을 입고 아이를 달래는 어머니의 모습이다. 꾸며지지 않은 삶의 모습을 담아내는 아름다움이 더욱 고급스럽고 정답게 다가오는 것은 우리 민족의 정서일 것이다. 뛰어난 작품성을 인정받는 그의 그림들은 어려운 생계로 초등학교밖에 마치지 못한 작가의 독학으로 이루어낸 것이라 하니 더욱 놀랍다. 높은 가격과 희소성으로 신문과 책에서나 구경할 수 있었던 작품들을 작가의 고향 집이 있었던 미술관에서 감상하는 느낌은 특별하다. 작품 속의 질감처럼 화강암을 사용하여 투박하게 지은 건물은 주변의 농촌 마을과 거부감 없이 어울리는 또 하나의 작품이다. 박수근의 다양한 작품들과 함께 한국 현대미술을 빛내는 김기창, 천경자, 김환기, 이중섭 등 이름만으로도 익숙한 작가들의 작품들이 함께 전시된다. 어린 시절 밀레의 〈만종〉을 바라보며 화가의 꿈을 키웠다는 박수근은 평생을 가난과 질병으로 고통 받았다. 어려웠던 작가의 삶이 고향 집에 자리한 아름다운 미술관으로 보상 받을 수 있을지 모르겠다.

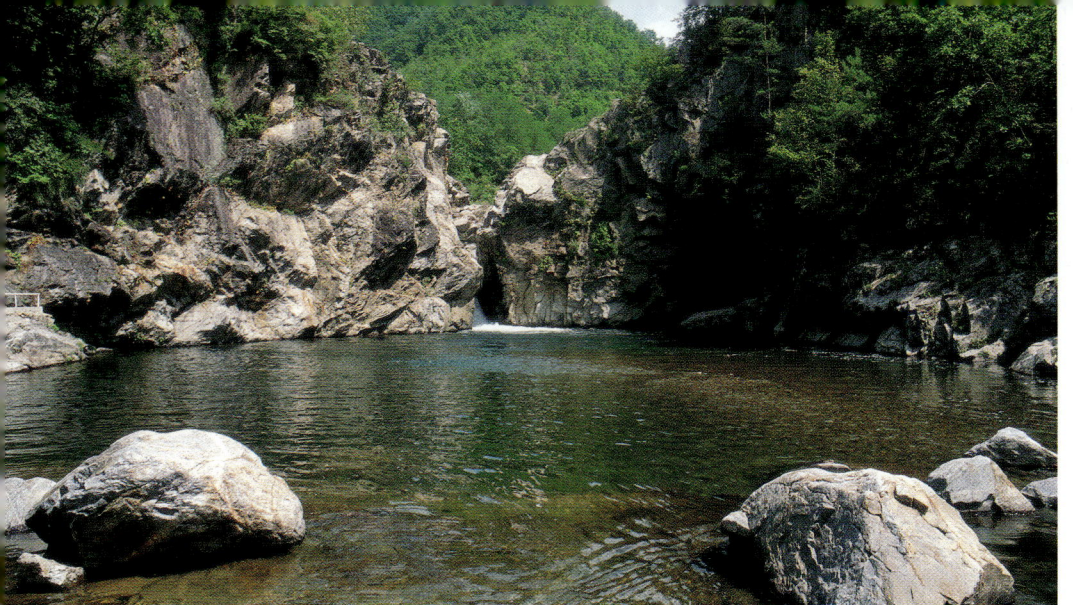

두타연계곡 분단의 비극이 보호해낸 아름다움

위치 │ 강원도 양구군 방산면 고방산리 두타연이목정안내소 인근
　　　강원도 양구군 방산면 두타연로 인근
운영시간 │ 동절기 09:00~16:00, 하절기 09:00~17:00
　　　(출입허가필요), 매주 월요일 휴무

▶ MINI DATA

입장료 │ 있음　　주차 │ 가능　　분류 │ 산, 계곡, 동굴

천 년의 역사를 가진 두타사라는 이름의 사찰이 있어 두타연계곡이라 불리는 곳이다. '두타'라는 뜻이 삶의 걱정을 떨치고 욕심을 버린다는 뜻을 가지니 자연 이외에는 아무것도 가지지 않는 이곳과 어울리는 이름이 아닐까 싶다. 흔히 양구 지역을 한반도의 정중앙이라 표현한다. 마라도와 독도 등 우리 땅의 꼭짓점을 연결하면 만나는 한 점이 이곳이다. 남북생태계와 동북생태계가 마주치는 계곡은 숨 막히도록 아름답다. 전국의 계곡과 명승지들이 사람의 흔적을 남기지 않은 곳이 없지만 인간이 남긴 전쟁의 상처가 역설적으로 그 아름다움을 보존할 수 있도록 만들기도 한다. 무려 50년 동안이나 철조망과 지뢰밭이 그곳을 보호해준 것이다. 제한적이지만 그 아름다움을 공개한 이곳은 원시의 자연 그대로를 우리에게 보여준다. 하루 1차례 열리는 출입문을 지나 오르는 계곡은 약 20m의 암석이 병풍을 두른 듯하고 수정같이 맑은 물살이 폭포를 만들며 흘러내린다. 신비함을 간직한 작은 동굴은 보살이 덕을 쌓는다는 보덕굴로, 이름 그대로 흰 돌로 이루어진 백석산이 아름다움에 아름다움을 더한다. 금강산에서 흘러내려오는 맑은 계곡을 따라 산책하듯 걸어가는 18km의 생태관광코스는 우리 꽃과 나무를 찬찬히 둘러보며 자연 속에 몸과 마음을 씻어내리는 훌륭한 삼림욕 코스가 된다. 두타연과 계곡의 아름다움을 살펴보기 위해서는 조금은 까다로운 절차가 필요하다. 최소 삼일 전까지 양구군청 경제관광과에 출입신청을 해야 한다. 최소 인원 4명 이상이 문화해설사의 안내에 따라 4시간여의 산행을 함께한다. 조심스러운 접근으로 더욱 신비로운 아름다움이 찾는 사람의 감탄을 자아낸다.

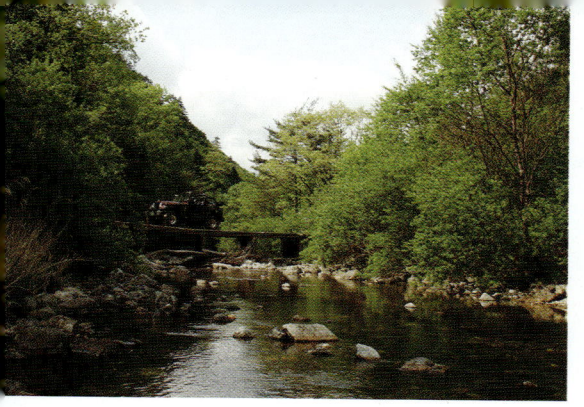

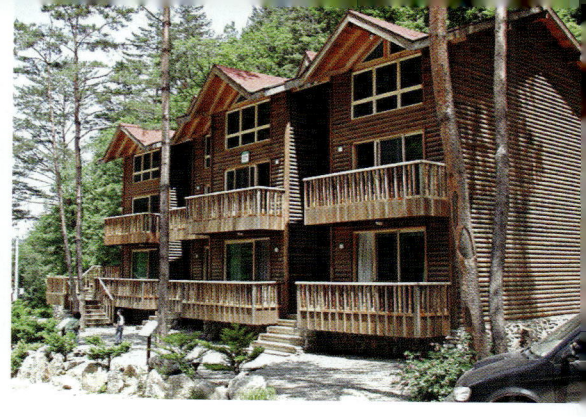

아침가리계곡
원시림에 둘러싸인 계곡

| 위치 | 강원도 인제군 기린면 진동리
         강원도 인제군 기린면 조침령로 인근
| 운영시간 | 종일, 연중무휴

▶ MINI DATA
| 입장료 | 없음   주차 | 불가능   분류 | 산, 계곡, 동굴

옛날 정감록에 '난을 피해 편히 살 만한 곳'으로 3둔 4가리를 꼽았는데 '둔'은 펑퍼짐한 둔덕, '가리'는 경작할 땅을 일컫는다. 3둔은 살둔, 월둔, 달둔이고 4가리는 아침가리, 연가리, 적가리, 명지가리를 말하는 것으로 실제로 이 지역들은 6·25전쟁 때도 군인들의 발길이 닿지 않았고 마을 사람들은 전쟁이 난 줄도 모르고 지냈다고 한다. 방태산 자락과 구룡덕봉 줄기 사이에 숨은 듯 자리 잡은 아침가리는 '아침에 밭을 갈고 나면 더 이상 경작할 밭이 없을 정도로 작다' 해서 이름 붙은 곳이다. 조경동이라고도 불리는 이곳은 손바닥으로 하늘을 가리면 하늘을 다 덮을 만큼 작은 마을이다. 지금은 폐교가 되었으나 방동초등학교 분교가 남아 있을 정도로 한때는 여러 가구가 살고 있었으나 지금은 모두 떠나고 사람이 살고 있는 집은 두어 채에 불과하다. 수많은 야생화들이 철 따라 피고 지며 단풍이 아름답기로도 유명하고 울창한 숲과 맑고 아름다운 계곡을 따라 걷는 15km의 트래킹 코스는 자연이 우리에게 주는 건강 선물이다.

방태산 자연휴양림
방태천 기암 절경을 끼고 있는 휴양림

| 위치 | 강원도 인제군 기린면 방동리 산282-1
         강원도 인제군 기린면 방태산길 241
| 운영시간 | 휴양림 09:00~18:00, 숙박 15:00~익일12:00,
           연중무휴

▶ MINI DATA
| 입장료 | 있음   주차 | 가능   분류 | 숲, 자연휴양림

한국판 '노아의 방주'라 할 수 있는 방태산(1,415.5m) 자락에 자리 잡은 자연휴양림으로 방태산의 절경을 간직하고 있어 사시사철 탐방객이 끊이지 않는다. 옛날에 큰 홍수가 나서 방태산 정상에 배가 떠내려가지 못하도록 밧줄로 매달아놓았다고 하는 전설이 전해지는데 실제로 방태산 정상 부근의 바위틈에서는 조개껍데기가 출토되기도 했다. 풍부한 수량을 자랑하는 방태천이 기암과 어우러져 절경을 이루고 있어 휴양림 곳곳에서 우렁찬 물소리를 들을 수 있으며 마당 바위와 2단 폭포가 휴양림의 명소로 꼽힌다. 피나무, 박달나무, 소나무, 참나무 등 수목이 다양하고 맑은 계곡물에는 열목어, 꺽지 등이 서식하고 있으며 산책로를 따라 친절한 설명을 곁들인 표지판이 있어 자연스럽게 숲의 이모저모에 대해 공부하게 해준다. 산림 문화휴양관의 숙박시설을 이용할 수도 있지만 잘 갖춰진 야외데크와 야영장에서 계곡물 소리를 벗 삼아 캠핑을 즐기는 것도 좋겠다.

점봉산

천상의 화원

| 위치 | 강원도 양양군, 인제군 일대
| 운영시간 | 종일, 연중무휴

▶ MINI DATA
| 입장료 | 없음 주차 | 가능 분류 | 산, 계곡, 동굴

설악산 대청봉과 점봉산은 한계령을 중심으로 마주보고 서 있다. 날카롭고 험한 대청봉의 모습이 남성미를 나타낸다면 점봉산은 어머니의 품처럼 곱다. 오래 전부터 산나물과 야생화 등 자생식물의 천국이었던 산은 고향 집을 찾은 자식들에게 음식을 나누어주듯 이곳을 찾는 사람들을 굶주리지 않게 하는 고운 마음이 있는 산이다. 강선계곡을 거슬러 곰배령을 향해 점봉산 산행 길은 시작된다. 곰배령 정산에서 작은 점봉산(1,295m), 큰 점봉산(1,424m)으로 이어지는 능선을 따라가는 산행 길은 부드러운 흙길을 따라 이웃하는 설악산 대청봉과 방태산을 시야에 담는 구름

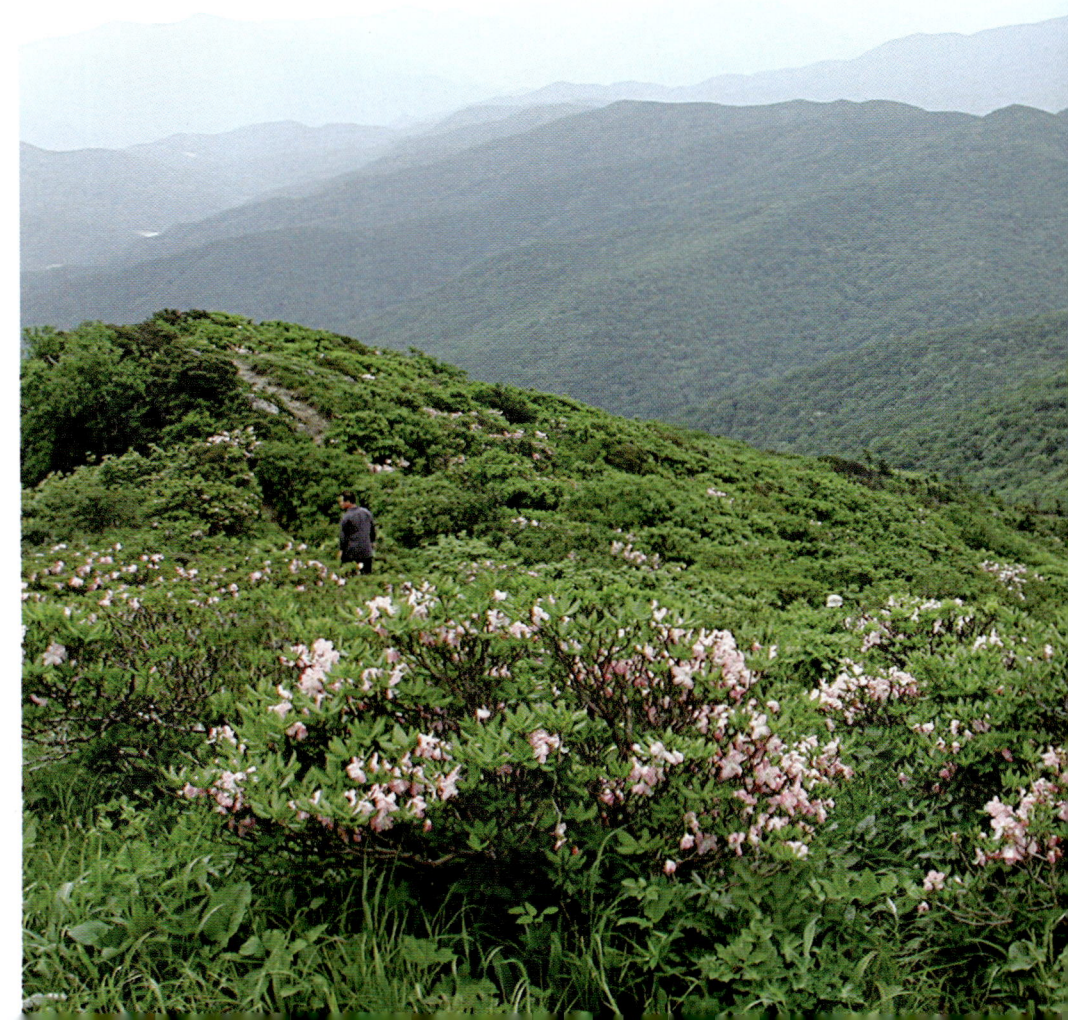

속의 산책이 된다. 점봉산은 곰배령에서 연결되는 남동 방면을 제외하고 삼면이 국립공원의 산림보호구역으로 입산이 금지되어 있다. 신선의 세계인 듯 아름다운 그곳은 무엇보다 우리 고유의 야생화를 관찰할 수 있는 그림 같은 화원을 이루는 곳이다. 사람들의 발걸음으로 원시의 모습을 잃어가는 여느 유명 산들과 달리 잘 보존된 자연의 모습은 무엇보다 아름답다. 하늘의 정원이라는 곰배령 정상은 소중하고 아름다운 우리 꽃과 풀들이 야생의 잔치를 하는 듯 언덕 전체를 덮는 장관을 보여준다. 동자꽃, 곰취, 노루오줌, 달맞이꽃 등 정겨운 우리 땅 고유의 수많은 생명

들에 대해 약간의 사전 지식을 가지고 둘러본다면 더욱 아름다운 곳이다. 백두대간 종주의 시작이 되는 점봉산은 한반도의 뿌리를 찾아가는 사람들의 발걸음이 적지 않다. 하지만 점봉산은 1993년 유네스코에 의해 생물보전핵심지역으로 지정된 생태환경의 보물창고로 일반적인 산행은 무려 2026년까지 제한되고 있다. 봄, 가을의 단체 여행은 더욱 통제되는 곳으로 특별히 산행이 필요하다면 국유림관리소의 허가를 받아야 한다. 단, 인제군 자치단체 차원의 주변 민박 지원 사업으로 점봉산행의 입구가 되는 진동리 설피마을 주변의 민박을 이용하는 사람에 한하여 민박 주인의 안내에 따라 산행이 허락된다.

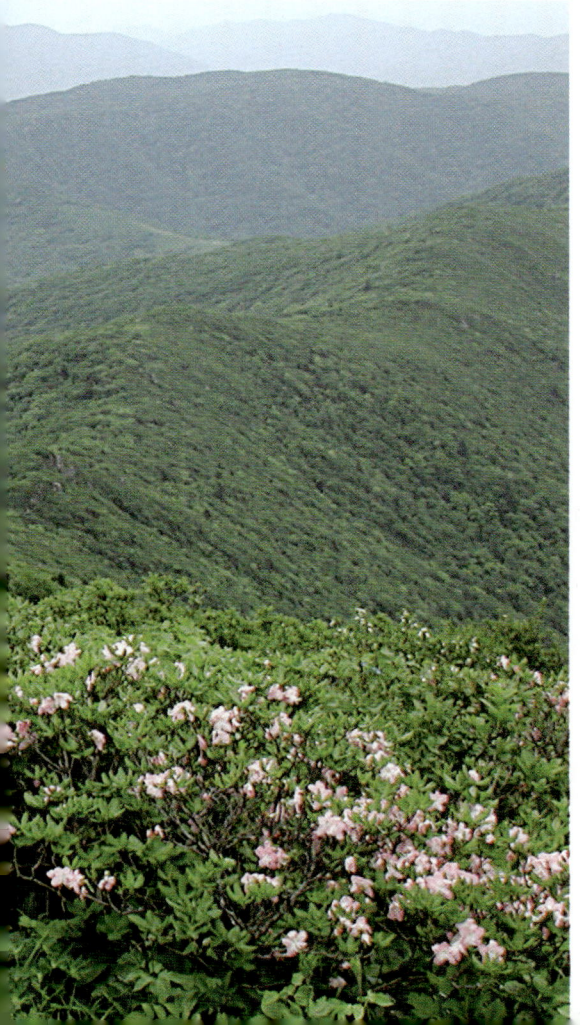

 점봉산 곰배령 예약하기

점봉산 정상에서 남동향 곰배령을 중심으로 1987년부터 산림유전자원보호구역으로 지정, 입산 통제하여 관리하고 있다. 다만, 등산객들의 탐방 요구가 높아짐에 따라 산림생태계가 훼손되지 않는 범위 내에서 생태안내프로그램을 운영하여 숲 체험 및 생태학습의 기회를 제공하고 있다. 이곳은 인터넷으로 사전 예약을 해야만 출입할 수 있는 곳이다. 참고로 생태관리센터 ↔ 강선마을 ↔ 곰배령(왕복 10km)을 오가는 시간은 3~4시간이 걸리며, 1일 탐방인원은 300명 이내로 제한된다. 입산 시 입산자의 식별을 용이하게 하기 위하여 식별조끼 또는 입산허가증을 배부하고 있다.

예약방법 | 산림청홈페이지(www.forest.go.kr) 휴양·문화(숲에ON) → 산림/산촌생태 → 산림생태탐방 → 점봉산 곰배령 예약하기(매주 수요일 9시부터 일주일 단위로 인터넷 사전예약)

입산시간 | 하절기 09:00/10:00/11:00, 동절기 10:00/11:00 (생태안내프로그램은 수~일요일 운영)

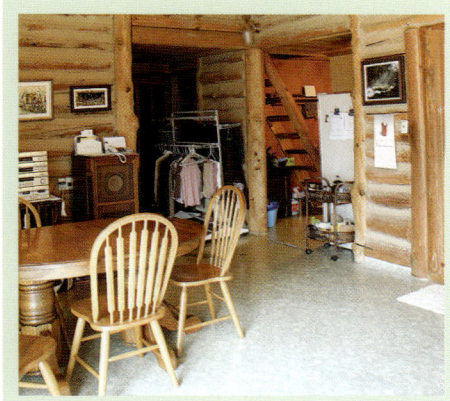

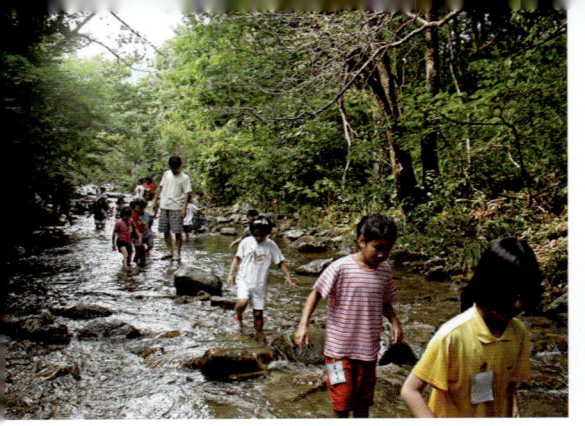
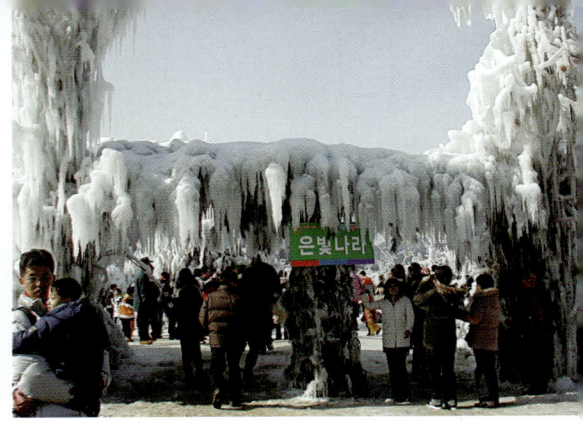

진동계곡
비밀스러운 계곡에서의 휴식

| 위치 | 강원도 인제군 기린면 진동리
| 운영시간 | 종일, 연중무휴

▶ MINI DATA

| 입장료 | 없음　　주차 | 불가능　　분류 | 산, 계곡, 동굴

점봉산 아래 설피마을에서부터 기린면 방동리까지 이어지는 20km의 계곡. 원시림을 끼고 흐르는 계곡이 사철 절경을 보여준다. 예전에는 계곡을 따라 가는 길이 비포장이어서 교통이 불편해 원시림이 잘 보존되어 있었지만 도로가 확장되고 포장되면서 훼손된 부분도 있다. 하지만 래프팅 등으로 인파가 몰리면서 오염된 인제의 많은 계곡들 중에서 진동계곡은 사람의 손이 덜 탄 지역이라 할 수 있다. 봄이면 진달래와 철쭉 등 야생화가 지천이고, 기암을 타고 흐르는 폭포와 소가 만들어내는 시원한 소리가 계곡을 울리는 여름을 지나, 가을이면 빛깔 고운 단풍에 감탄사가 절로 나온다. 겨울이면 하얀 눈이 쌓인 계곡이 최고의 절경을 이루니, 사계절 언제 찾아도 심신의 먼지를 다 털어버릴 수 있을 멋진 풍경이 기다리고 있다. 여름철에는 피서객이 많이 찾지만 다른 곳에 비해서는 한적함을 즐길 수 있는 곳이며 드라이브 코스로도 추천할 만하다.

인제 빙어축제
추위를 이기는 겨울 대축제

| 위치 | 강원도 춘천시 소양호 일대
| 운영시간 | 매년 1~2월(홈페이지 참조)

▶ MINI DATA

| 입장료 | 없음　　주차 | 가능　　분류 | 축제, 공연

한겨울 소양호의 끝없는 얼음 벌판 위에서 펼쳐지는 축제이다. 내설악의 지류와 내린천이 합수되는 인제군 남면 쪽의 소양호는 겨울이면 30cm 두께로 얼음이 얼고 봄철 산란을 준비하는 빙어들이 둥지를 틀기 위해 몰려드는 곳이다. 1997년 시작된 인제 빙어축제는 소양호의 얼음 벌판과 빙어를 소재로 겨울의 낭만을 즐기고 추억을 만들 수 있도록 다채로운 이벤트로 꾸며지는 대표적 겨울축제이다. 두꺼운 얼음을 깨고 작고 투명한 빙어를 낚아 올려 그 자리에서 먹는 맛은 직접 해보지 않고는 누릴 수 없는 재미다. 축제장에서는 얼음썰매 타기, 눈썰매 타기, 박달나무 공으로 하는 얼음 축구 관람을 할 수 있으며 얼음 동굴을 비롯한 다양한 얼음 조각품을 전시하고 어린이들을 위한 체험 행사들이 열린다. 축제기간 동안은 여행객들이 몰려 극심한 차량 정체를 빚기도 해 애써 나선 여행길이 짜증길로 변할 수도 있으니 축제가 시작되기 직전이나 직후에 찾아보는 것도 좋겠다. 광활한 얼음 벌판은 날씨가 허락하는 한 겨울 내내 그 자리에 있으니 말이다.

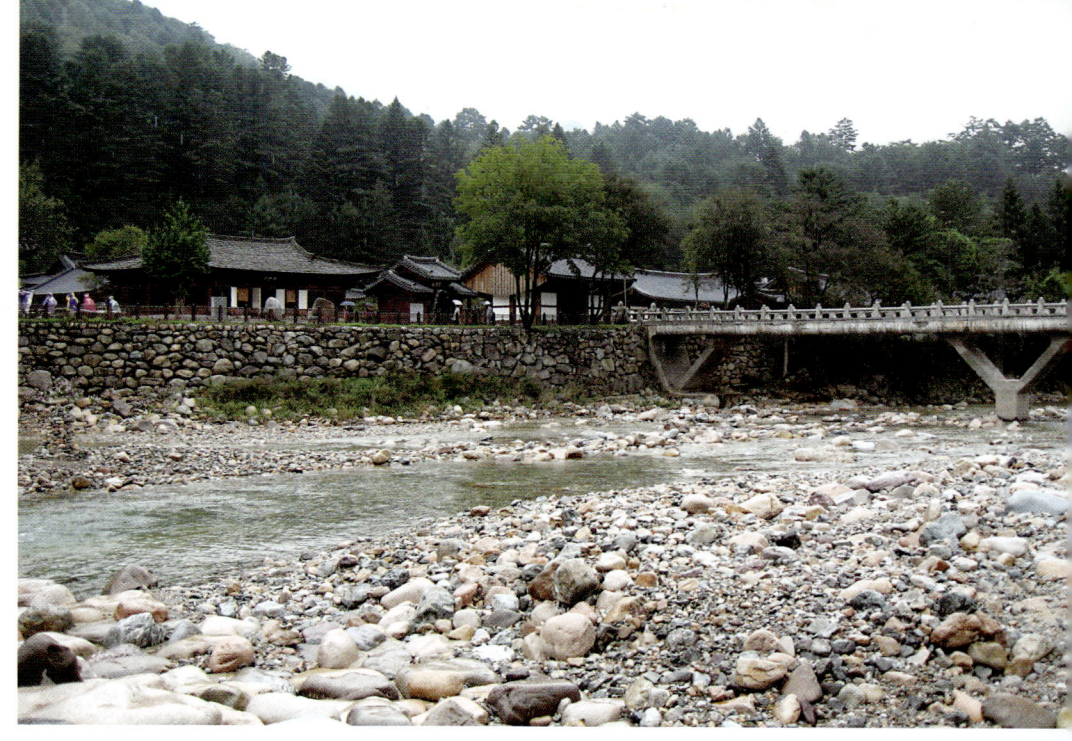

백담사 백 개의 연못이 흐르는 소리

위치 | 강원도 인제군 북면 용대리 산62
강원도 인제군 북면 백담로 746
운영시간 | 일출~일몰, 연중무휴

▶ MINI DATA
| **입장료** | 없음   **주차** | 가능   **분류** | 불교유적

설악산 자락에 묻혀 있는 듯 작은 사찰은 전직 대통령이 세상을 피해 머무르며 명소가 된 듯하다. 소수의 사람들만이 찾아들었던 백담사는 관광버스가 산길을 오가는 번잡스러움이 조금은 거슬린다. 백담휴게소에서 운행하는 셔틀버스도 다니지 않는 눈 쌓인 겨울날 1시간 정도의 눈길을 따라가는 산행으로 백담사를 찾는다면 한적하고 여유롭게 옛 느낌을 가질 수 있지 않을까 싶다. 설악산의 최고봉인 대청봉에서 시작되는 물길을 따라 백 번의 웅덩이를 지나면 나타나는 자리에 사찰은 지어졌다. 일제침략기 불교계를 대표하는 사상가이자 시인이고 독립운동가인 만해 한용운 선생의 〈님의 침묵〉이 만들어졌고 불교유신론을 제창하여 근본을 잃어가던 우리 불교를 민족불교로 발전시킨 만해의 사상이 백담사에서 시작되었다. 경내 한편으로 자리 잡은 화엄당에 남아 있는 한용운과 대통령의 모습은 찾는 이들에게 어떤 깨달음을 던지는지 궁금하다. 자가용은 들어갈 수 없고 셔틀버스를 타야 하는데 최근에 지어진 전각들로 옛 느낌은 덜하지만 내설악의 푸른 기운으로 아름답다. 뒤편으로 이어지는 등산로를 따라가면 다섯 살 동자 스님의 깨달음이 전해지는 오세암과 우리나라 5대 적멸보궁의 하나인 봉정암이 백담사의 부속사찰로 자리 잡고 있다.

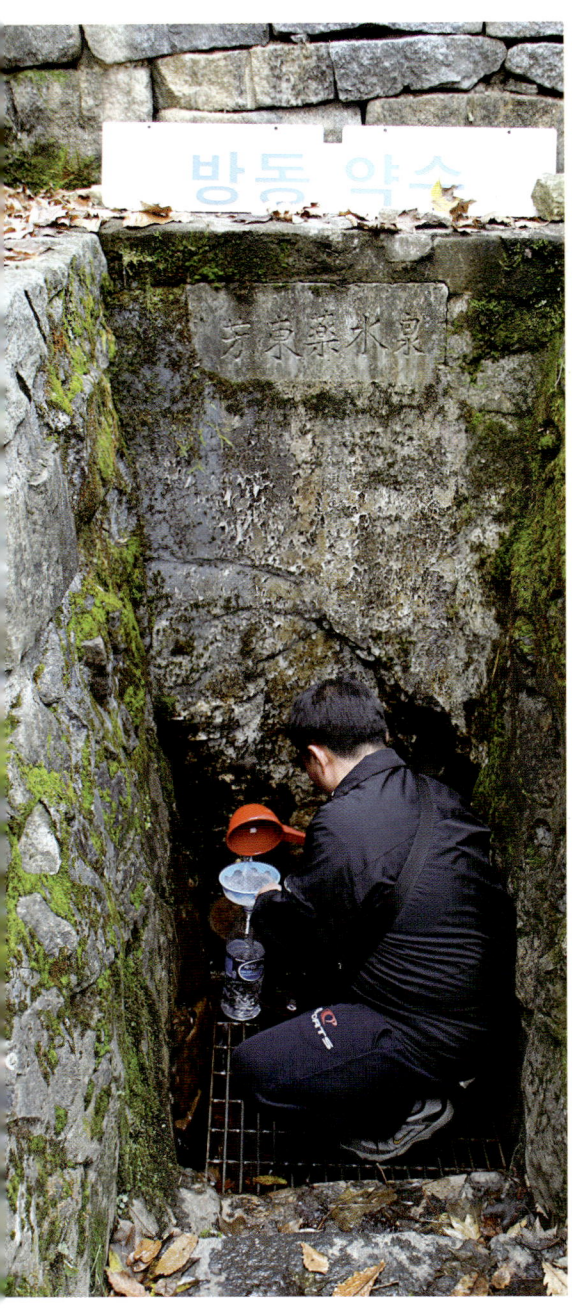

방동약수

계곡이 전하는 시원함

위치 | 강원도 인제군 기린면 방동리 34-5
　　　강원도 인제군 기린면 방동약수길 89-59
운영시간 | 종일, 연중무휴

▶ MINI DATA
| 입장료 | 없음　　주차 | 가능　　분류 | 산, 계곡, 동굴

조선 말기 나라가 혼란스러운 가운데 전국적으로 유명해진 「정감록」은 국가의 미래를 이야기한다는 예언서였다. 천 년 동안 이 땅을 이끌어간다는 정도령은 아직 출현하지 않았지만 풍수지리에 따르는 국토의 기운을 이야기하는 책 속의 예언들은 여러 곳으로 전설이 되어 전하여진다. 국가의 위기상황에서 많은 백성들이 은둔하여 난리를 온전하게 피할 수 있다는 첩첩산골 중의 평지와 사람들이 살아가기에 충분한 먹거리를 심을 수 있는 곳을 말하는 3둔4가리는 방태산을 타고 이어가는 우리나라 최고의 오지를 일컫는다. 무공해 청정자연을 따라 이어져 내려오는 물길은 작은 약수를 선사한다. 벚나무 아래 숨어 있듯 자리하던 굵은 산삼을 캐내자 산삼이 있던 빈자리를 채우듯 샘이 솟았다고 하는데, 이것이 바로 방동약수다. 바위틈을 따라 배어 나오는 물은 탄산이 포함된 톡 쏘는 맛이 누구에게나 약이 되는 물이다. 음식점과 숙소가 늘어서 있는 여느 약수와 달리 오염되지 않은 계곡의 끝자락 나무 아래 숨어 있듯 자리하는 약수는 그 신비로움이 더하다. 자연경관을 해치지 않도록 조심스럽게 다듬어진 약수 주변의 모습도 마음을 포근하게 만든다. 멀지 않은 방태산 자연휴양림과 방태산계곡을 여행할 때 꼭 들렀다 가야 할 명소다.

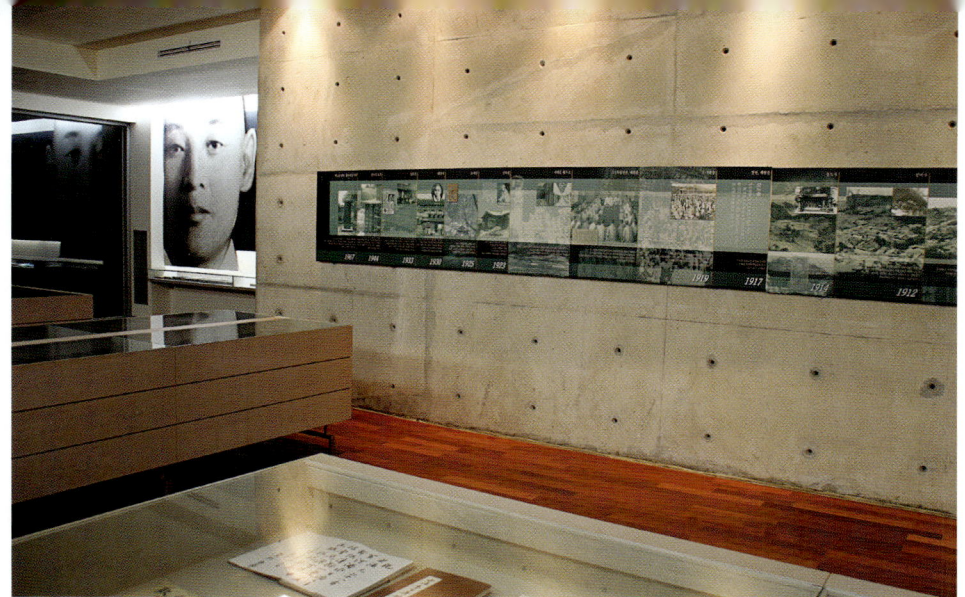

만해마을 문학의 고향

| 위치 | 강원도 인제군 북면 용대리 1830
　　　강원도 인제군 북면 만해로 91
| 운영시간 | 만해문학박물관 09:00~17:00, 매주 월요일 휴관

▶ MINI DATA
| 입장료 | 없음　　주차 | 가능　　분류 | 전통, 체험마을

백담사 입구 인근으로 자리하는 작지 않은 규모의 건물들은 만해마을이라는 이름만으로 쉽게 이해되지 않는다. 새로운 건축과 미술로 해석되는 사찰의 모습으로 보는 것이 좋을 듯하다. 그리고 그 중심에는 만해 한용운 문학의 뿌리가 담겨 있다. 만해사라는 이름의 사찰을 중심으로 만해문학박물관과 문인의 집으로 불리는 숙박동, 세미나동 등으로 이루어져 있다. 오래된 사찰의 요사채를 찾아 조용함 속에 창작 활동과 독서를 즐겼던 옛 문인들처럼 깨끗하게 갖추어진 숙소와 사찰음식으로 식사가 준비되는 문인의 집에서 창작에 몰두할 수 있다. 음주와 흡연이 금지되는 것은 이곳이 속세의 어느 숙소와는 다른 곳임을 알려준다. 문학을 직업으로 삼고 공부하는 사람들에게 더없이 좋은 장소다. 만해마을을 상징하는 박물관은 넓고 깨끗한 벽면을 따라 한용운의 삶과 「님의 침묵」을 비롯한 만해의 작품세계, 당시의 시대상을 쉽게 이해할 수 있도록 감각적인 인테리어로 전시하고 있다.

> ➔ **용대리 황태마을, 구수하고 부드러운 맛**
>
> 백담사를 찾아가는 국도는 3km가 넘도록 이어지는 황태요리 음식점들이 즐비하다. 모구 700여 곳이 넘는 식당은 전국 생산량의 90%에 가까운 용대리 황태가 주메뉴이다. 질 좋은 명태를 손끝이 아플 정도로 춥고 바람 많은 겨울철에 덕장에 걸어 말리면 햇볕에 녹고 다시 얼기를 약 3개월, 노랗게 속을 채운 황태는 시원한 속풀이 국으로도 좋고 고소한 구이로도 그만이다.
>
>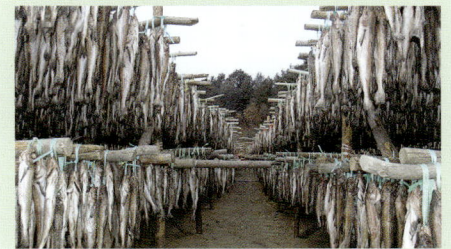

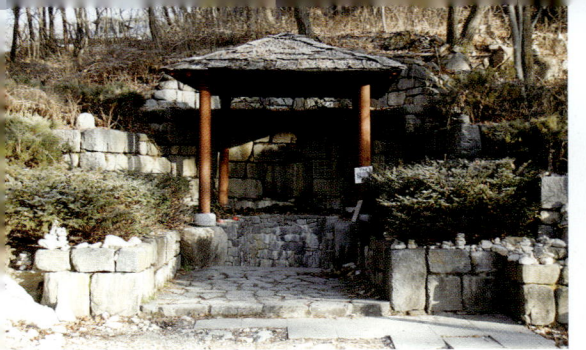

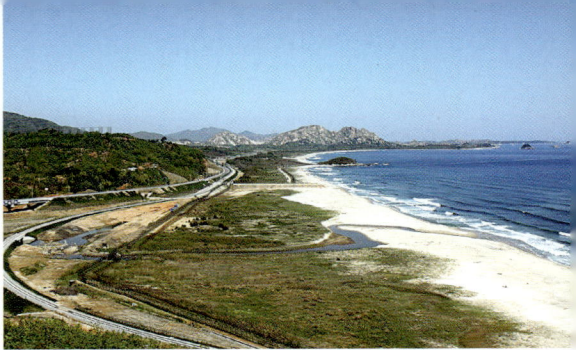

필례약수 베 짜는 여인을 닮은 약수터

위치 | 강원도 인제군 인제읍 귀둔리
운영시간 | 종일, 연중무휴

▶ MINI DATA
| **입장료** | 없음 **주차** | 가능 **분류** | 산, 계곡, 동굴

1930년경 발견된 탄산약수이다. 약수터가 있는 필례 계곡은 영화 「태백산맥」의 촬영지로 1994년 포장도 로가 나기 전까지는 설악산 끝자락의 오지였다. 오색 약수나 방동약수에 비해 덜 알려졌었지만 피부병과 위장병에 효과가 탁월한 것으로 알려지면서 멀리서 일부러 찾아오는 사람도 많아지고 있다. 약수로 밥을 지으면 노란빛을 띠며 윤기가 흐르는 밥이 된다. 약 수터 주변 지형이 베 짜는 여인을 닮았다 해서 '필례 (匹女)'라는 이름이 붙었으며 약수터 앞 개울가에 서 낭당이 있었다고 전해지지만 현재는 당목만이 남아 있다. 계곡이 약수터로 알려지기 이전에는 오지 여행 을 즐기는 사람들의 트래킹 코스로 사랑 받았으나 도 로 포장이 되면서 인제와 한계령을 오가는 우회도로 로 이용되고 있다. 대동여지도에도 영서와 영동을 잇 는 지름길로 '필노령'이라 나와 있는데 바위를 타고 완만하게 흐르는 계곡이 수려해 여름철 피서지로 찾 는 이가 많다.

> → **소설 『은비령』을 다시 만나는 곳**
> 이순원의 소설 『은비령』의 무대가 된 필례약수 가는 길에는 실
> 제로 은비령이라는 이름의 식당 겸 카페가 있다. 작가가 이곳에
> 왔다가 식당 이름을 보고 소설의 제목으로 삼은 것이다.

통일전망대 금강산이 바라다보이는 전망대

위치 | 강원도 고성군 현내면 마차진리 188
　　　　 강원도 고성군 현내면 금강산로 481
운영시간 | 봄/가을 09:00∼16:20, 여름 09:00∼17:30,
　　　　　　 겨울 09:00∼15:50, 연중무휴

▶ MINI DATA
| **입장료** | 있음 **주차** | 가능 **분류** | 전시, 체험시설

동해안 최북단에 위치한 고성 통일전망대는 비무장 지대와 휴전선 너머로 금강산이 바라다보이고 해안선 을 따라 해금강이 손에 잡힐 듯 가까이 보이는 곳이 다. 1983년 문을 연 이곳은 연간 150만 명이 다녀가는 동 해안의 관광명소이기도 하다. 통일 안보공원 내 출입 신고소에서 신고서를 작성하고 잠깐 동안 안보 교육 을 받은 후 1층과 2층엔 전시관, 그 위에 전망대가 있 는 통일전망대로 이동하게 된다. 6·25전쟁의 참상을 담은 영상물과 사진 자료, 유물 등을 둘러본 후 전망 대로 올라가면 가장 먼저 눈에 들어오는 것은 해금강 주변의 섬들과 만물상, 현종암, 사공암, 부처바위 등 이 아스라히 보이는 바다다. 중앙으로는 금강산 1만 2,000 봉우리 중 마지막 봉우리인 구선봉을 조망할 수 있다. 통일전망대 주변으로는 1.87m 높이의 통일 기원 범종과 37m 높이의 전진 철탑, 통일의 염원을 담은 통일 미륵불과 마리아상이 서 있고 351고지 전 투 전적지를 둘러볼 수 있다.

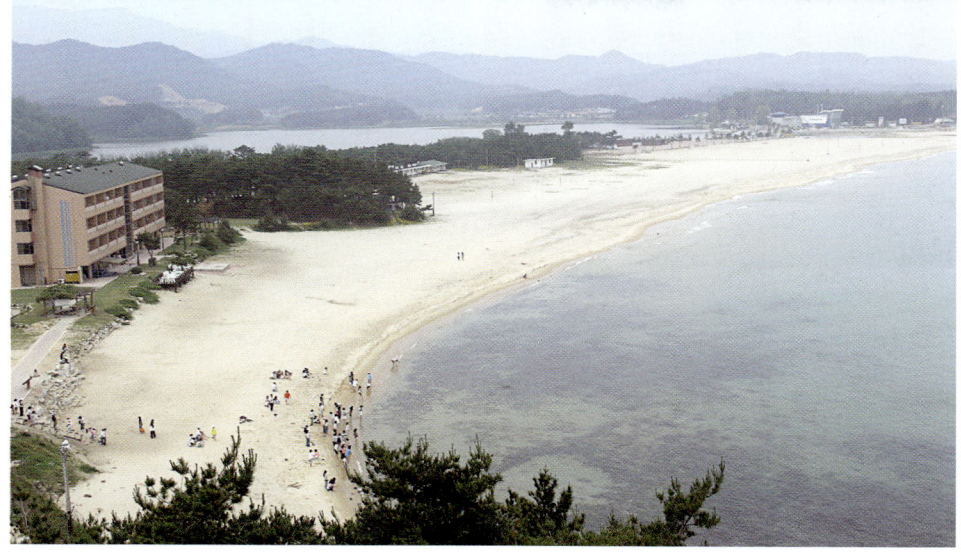

화진포해수욕장과 화진포의 성(김일성별장)
동해안 북쪽의 해수욕장을 찾아가자

| 위치 | 해변 강원도 고성군 현내면 초도리(화진포길) 일대
성 강원도 고성군 거진읍 화포리 606(화진포길 280)
| 운영시간 | 해수욕장 종일, 화진포의성 09:00~18:00, 연중무휴

▶ MINI DATA
| 입장료 | 없음　　주차 | 가능　　분류 | 바다, 섬

공식 해수욕장으로는 동해안에서 가장 북쪽에 자리 잡은 화진포해수욕장은 드라마 〈가을동화〉의 촬영지로 알려지면서 많은 여행객들이 찾는 명소가 되었다. 고성군에서 지정한 시범 해수욕장으로 편의시설이 잘 갖추어져 있고 오랜 기간 동안 조개껍데기와 바위가 부서져 이루어진 길이 1.7km의 하얀 백사장이 아름다우며 평균 수심은 1~1.5m 정도로 해수욕을 즐기기에도 그만이다. 해변에서 마주 보이는 바위섬 금구도는 거북이 모양을 닮았다 해서 이름 붙었는데 배를 타고 가 해초나 전복을 딸 수도 있어 특별한 해수욕을 즐길 수 있고 가을이면 섬에서 자라는 대나무들이 노랗게 변하면서 섬 전체가 황금빛으로 물든다. 해마다 여름 피서철에는 맥주 시음대회, 해변 노래자랑, 윈드서핑 대회 등이 열려 또 다른 즐거움을 맛볼 수 있다. 화진포호와 함께 풍광이 아름다운 이곳은 과거 김일성이 별장을 짓고 가족과 함께 여름 휴양지로 즐겨 찾았다는데, 해안가 기슭의 별장 터에 화진포의 성을 새로 지었다. 지하 1층, 지상 2층의 석조 건물로 다소 화려하게 지어진 이곳은 옛 별장의 모습을 담은 사진 자료를 비롯해 김일성 가족이 사용했던 응접세트 등 각종 유품이 모형물로 만들어져 전시되어 있으며 북한 관련 자료와 함께 김정일과 김경희가 어린 시절 이곳에서 찍은 사진도 볼 수 있다. 화진포의 성은 화진포해변에서 전망이 가장 좋은 곳이기에 추천할 만한 곳이다.

> **금강산 관광, 북녘의 아름다움을 찾아가자**
>
> 복잡한 보안 절차와 상대적으로 비용이 고가라는 것 등 아직 문제점이 많지만 철조망을 넘어 해금강과 만물상, 만폭동계곡을 찾아가는 금강산여행은 어떠한 여행보다 가슴 설레는 그리움이 있다. 최근 시작된 개성 시내 관광에 이어 평양 관광까지, 더욱 많은 사람들의 왕래가 통일의 시간을 앞당길 수 있기를 바란다.
> **문의** | 02-3669-3000(현대아산금강산관광투어)

화진포 해양박물관

바다와 호수를 담는 곳

위치 | 강원도 고성군 현내면 초도리 94-1
강원도 고성군 현내면 화진포길 412
운영시간 | 동절기 09:00~17:00, 하절기 09:00~18:00,
연중무휴

▶ MINI DATA

입장료 | 있음　주차 | 가능　분류 | 박물관

남한의 최북단 금강산을 바라보는 화진포는 육지 방향으로 깊숙이 밀려온 해안선이 파도에 밀려와 쌓이는 모래로 막혀 담수호로 변한 석호다. 화진포 모래사장을 걸어보자. 잔잔한 호수와 파도치는 해수욕장이 모래사장을 사이에 두고 친구 하듯 마주하며 이색적인 경관을 보여준다. 그 끝자락에 배 모양의 건물이 독특한 화진포 해양박물관이 있다. 화진포 해양박물관은 동해 바다를 담은 진기한 볼거리로 사람들을 부른다. 서울의 코엑스 아쿠아리움의 기술팀이 설계하였다는 수중박물관은 첨단시설이 놀랍고 아담한 박물관 내부를 채우는 전시물의 화려함이 대단하다.

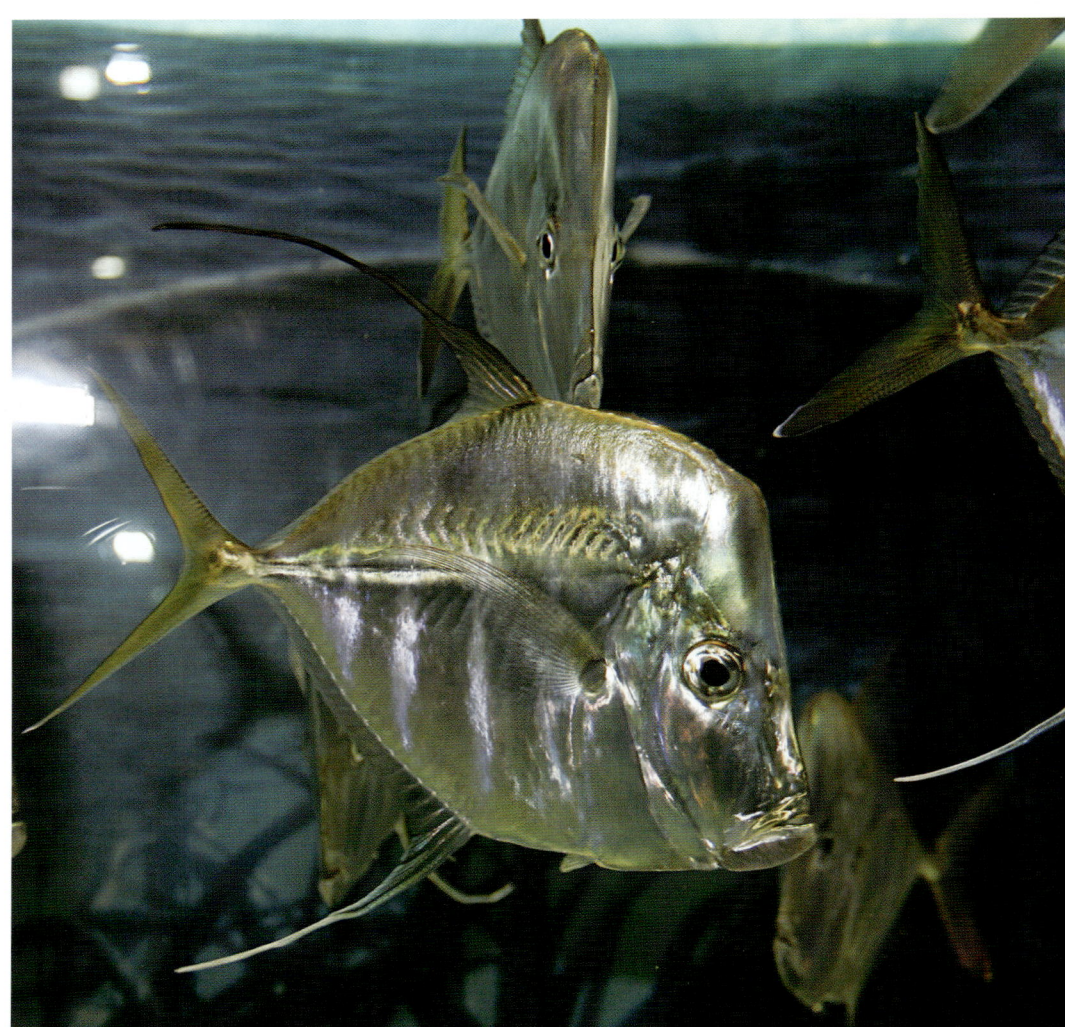

정부 기관의 건물이 아닌 관장 개인의 평생에 걸친 수집품이라 하니 절로 감탄을 일으킨다. 입구의 패류 전시관은 조개류를 중심으로 1,500여 종, 4만여 점이 전시되어 있다. 세상에 이렇게 많은 조개들이 있나 싶어 감탄사가 절로 나온다. 머리 위로 대형 가물치가 쓰다듬듯 지나가는 유리 터널을 지나 동해 바다의 생물들을 중심으로 전시하는 어류전시관은 자유로운 물고기의 유영에 따라 부드럽게 움직이는 산호섬으로 꾸며진 아름다운 해저세계를 보여준다. 전시관 옥상의 경관을 놓치지 말자. 잔잔하고 역동적인 호수와 바다의 어울림을 가장 멋지게 볼 수 있는 전망대다.

봄날 해당화가 필 때, 겨울날 철새들이 날아갈 때, 그 모습이 더욱 아름답다.

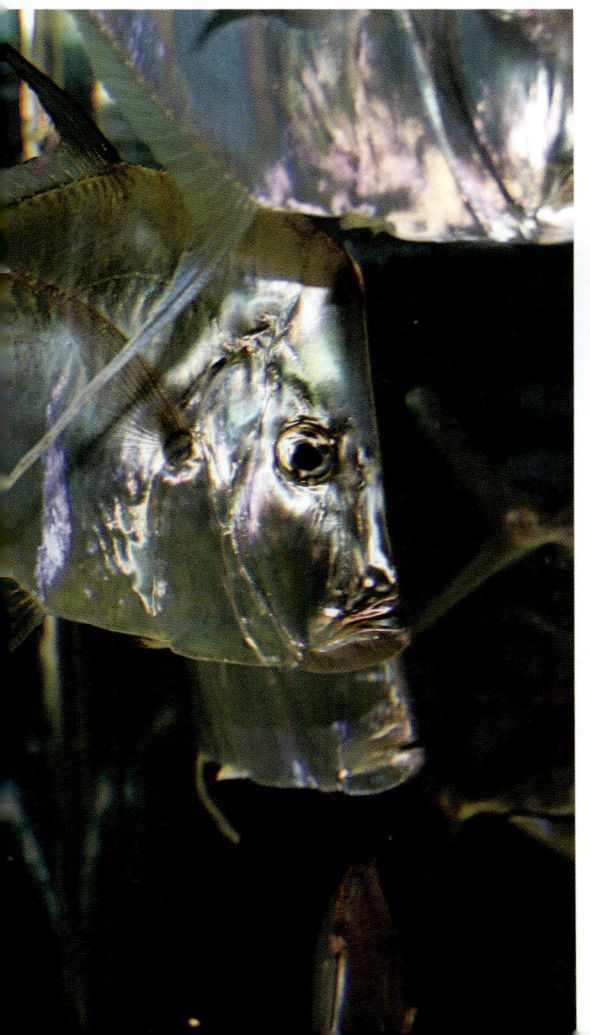

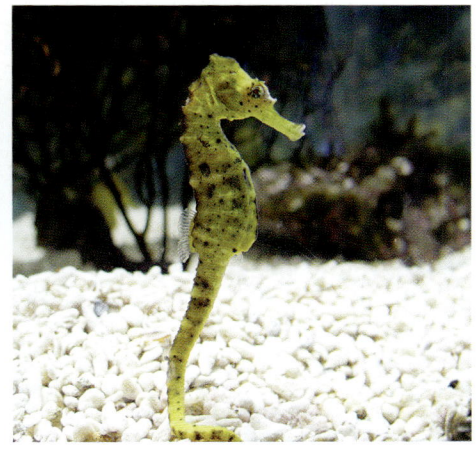

> ### → 송지호, 또 하나의 석호
> 화진포와 멀지 않은 곳에 위치한 송지호는 둘레 4km의 청정 호수다. 송지호해수욕장과 어우러진 또 하나의 석호인 이곳은 겨울이면 화진포가 바다와 어우러진 화려함을 보여준다면 송지호는 잔잔하고 고요한 정경을 지닌 곳이다. 따뜻한 햇살에 몸을 녹이는 철새들은 겨울 호수를 하얗게 장식하는 장관이다. 깔끔하게 단장된 철새관망대에서 눈 내리는 겨울 호수와 철새를 함께한다면 더할 나위 없는 추억 여행이 된다.

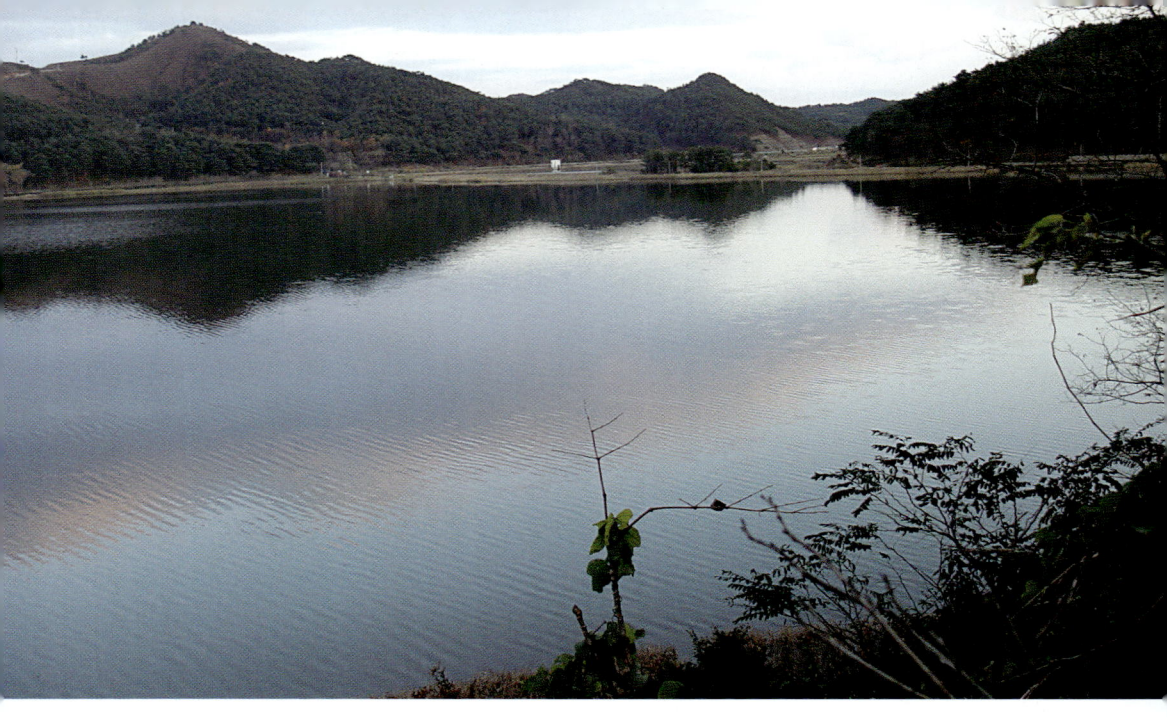

화진포 호수와 이승만 별장 노을이 아름다운 호수

위치 | 호수 강원도 고성군 거진읍, 현내면 일대
별장 강원도 고성군 현내면 죽정리 산1-3
(이승만별장길 33)
운영시간 | 호수 종일, 이승만 별장 09:00~18:00, 연중무휴

▶ MINI DATA
입장료 | 없음(별장 있음)　　주차 | 가능　　분류 | 강, 유원지

호숫가 주위 모래밭에 해당화가 많이 피어 화진포라 이름 붙은 동해안 최대 규모의 이 호수는 천연 호수로, 그 길이가 16km에 이른다. 호수를 둘러싸고 있는 울창한 소나무 숲과 갈대밭이 절경을 이루어 사계절 여행객의 발길을 붙들고 오리, 고니 등 철새 도래지로도 유명하며 겨울이면 천연기념물 201호인 백조도 날아든다. 호숫가의 모래밭 위에 지어진 모화정각은 조선시대의 풍류시인인 김삿갓이 화진포에 머물며 호수의 아름다움을 노래한 곳으로 알려져 있으며 낚시 마니아들에게는 연어, 숭어, 도미 등이 많이 서식하는 곳으로 인기가 많다. 소나무가 병풍처럼 둘러져 있고 아름다운 갈대들이 춤을 추는 호숫가는 해 질 녘

붉게 물든 하늘과 호수 너머로 보이는 바다 풍광을 즐길 수 있는 호젓한 산책로이자 드라이브 코스로 연인들이 즐겨 찾는 명소다. 한편 화진포해수욕장의 해안 언덕 위에 김일성 별장이 있다면 화진포호에는 이승만의 별장이 있다. 이승만 별장은 침실과 거실, 집무실, 평소에 끼던 안경과 여권, 편지 등 유품을 볼 수 있으며 그 뒤에 새로 지어진 기념관에는 이승만의 친필휘호와 의복, 소품, 관련도서 등이 전시되어 있다. 화진포해수욕장 옆에 있는 이기붕 별장은 1920년대 건축된 것으로, 외국인 선교사의 주거공간, 북한군 간부 휴양소 등으로 사용되다 육군사령부의 휴양소로도 이용되었으며 1999년에 전시관으로 바뀌었다.

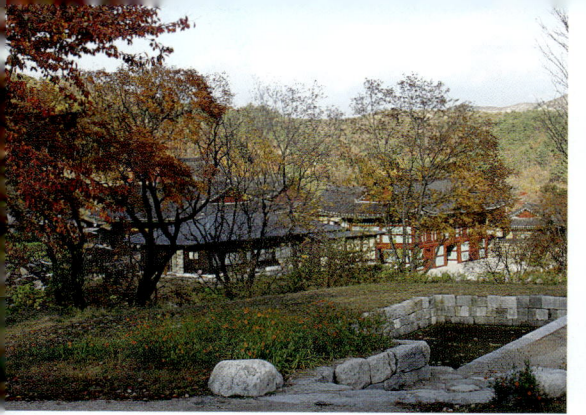
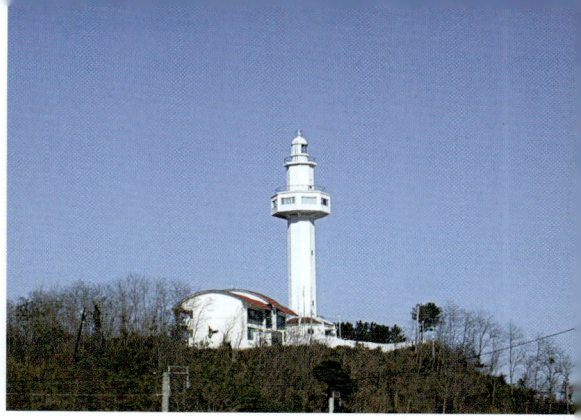

건봉사
금강산을 여는 곳

위치 | 강원도 고성군 거진읍 냉천리 36
　　　강원도 고성군 거진읍 건봉사로 723
운영시간 | 종일, 연중무휴

▶ MINI DATA
입장료 | 없음　　주차 | 가능　　분류 | 불교유적

한국전쟁의 참화로 완전히 소실되었던 사찰은 민간
통제선 내부에 위치하며 오염되지 않은 자연의 보살
핌을 받는다. 600칸이 넘었다는 건물은 모두 사라졌
지만 화재로 잿더미만 남은 산야에 파란 새싹이 돋
아나듯 단정한 모습의 사찰 건물이 하나씩 옛 자리
를 채운다. 건봉사는 설악산 신흥사, 백담사, 낙산사
를 말사로 거느린 거대 사찰이었다. 임진왜란 당시
사명대사가 건봉사에서 양성하였던 승병의 숫자가
6,000명이 넘었다고 하니 가히 그 규모를 짐작할 수
있다. 남아 있는 건축물은 4개의 기둥을 가진 특이한
모습의 일주문뿐이지만 사찰로 들어서는 능파교와
부도밭, 돌솟대 등이 과거의 모습을 상상할 수 있게
한다. 사찰로 가는 길은 통제되었다가 1988년 작은
출입로가 열렸다. 반세기 가까이 오염으로 부터 보호
된 자연과 그 속에 자리 잡은 옹달샘은 건봉사가 주
는 선물이다. 새로 들어선 사찰 건물들은 푸른 빛깔
의 자연 속에 피어나는 한 떨기 꽃의 모습으로 자리
한다.

대진항
평화의 빛을 따라서

위치 | 강원도 고성군 현내면 대진리
운영시간 | 종일, 연중무휴

▶ MINI DATA
입장료 | 없음　　주차 | 가능　　분류 | 바다, 섬

동해를 이어가는 해안도로를 따라 마지막으로 닿는
마을은 대진항 포구다. 조용한 항구의 모습과 깨끗한
백사장은 그 위쪽으로는 휴전선으로 가로막혀 더이상
볼 수 없다는 아쉬움 때문에 더욱 아름답게 보인다.
명태의 주산지로 알려진 이곳은 북녘 땅을 바라보는
아쉬움을 푸른 등대의 불빛에 담아 보낸다. 마을 끝
바다로 향하는 방파제에는 새하얀 모습으로 높게 솟
은 등대가 있다. 31m의 큰 키를 자랑하는 모습이 조
금이라도 더 멀리 보려고 까치발을 드는 안타까운 사
람의 뒷모습을 닮았다. 최북단의 유인등대이자 저진
도등대를 원격 관리하는 곳이다. 저진도등대는 북방
한계선을 따라 움직이는 어선들에게 보이지 않는 경
계선을 알리는 두 개의 표시등이다. 대진등대는 불을
밝히는 최상층의 조명실을 제외하고 일반인에게 개방
되어 있다. 나선형 계단을 올라 바라보는 경관은 평화
로운 동해 바다와 한눈에 들어오는 북녘의 땅. 당장이
라도 달려갈 수 있을 것 같은 언덕 저편은 50년을 다
가가지 못한 아름다운 우리 땅이다.

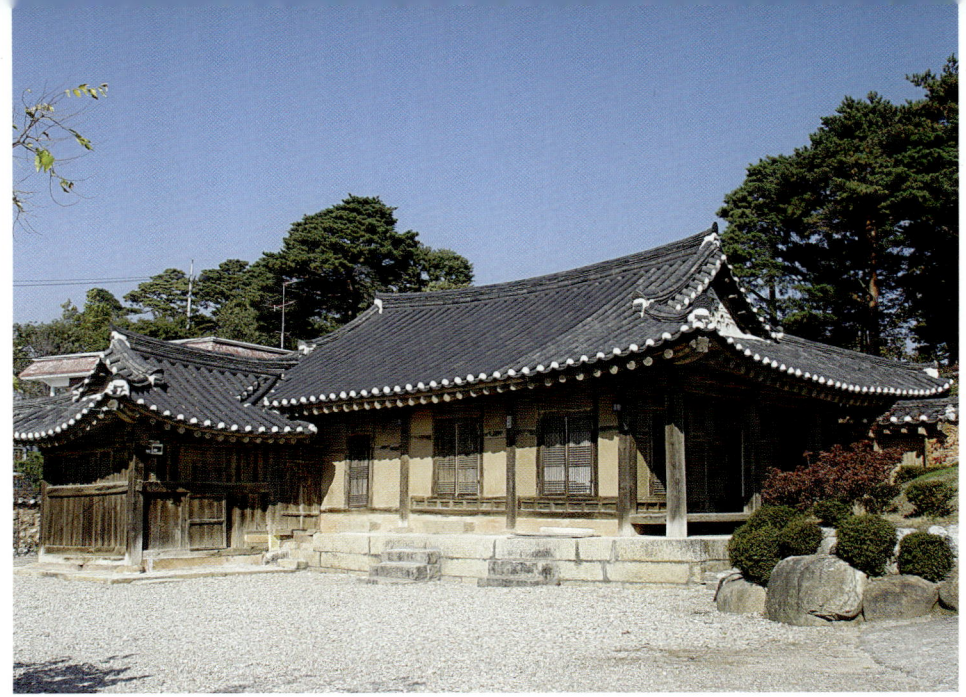

어명기 고택 숨은그림찾기

위치 | 강원도 고성군 죽왕면 삼포리 551-1
　　　강원도 고성군 죽왕면 봉수대길 131-7
운영시간 | 예약 후 방문

▶ MINI DATA
입장료 | 없음　　주차 | 가능　　분류 | 역사, 문화유적

남한의 최북단 고성의 끝자락에 위치하는 어명기 고택은 본채와 방앗간, 헛간채의 3동으로 구성되어 추위와 산짐승의 침입을 막아내기 위한 작은 요새다. 여느 곳의 개인 주택에서 상상하기 힘든 집의 기단은 잘 다듬은 바윗돌로 3단에 걸쳐 쌓아 올린 모습이 단단하고 야무지다. 트인 공간으로 장독대가 보일 듯 말듯 경계를 짓는 일반 가옥의 담장과 달리 이곳의 모습은 집을 방어하는 모습으로 주위를 둘렀다. 어명기 고택은 조선 중기에 처음 만들어져 1750년대에 소실된 것을 현재의 주인인 어명기 씨의 할아버지가 1860년 구입해 지금의 모습으로 지은 것이다. 추위를 막기 위한 함경도, 강원도 지방의 주택건축양식인 '田' 자 형태의 겹집은 여러 곳에 남아 있지만 이곳처럼 완전한 형태의 3칸 가옥은 유일하며 한국 전통 건축으로도 가치가 매우 높은 곳이다. 부엌과 마루, 외양간까지 하나의 건물 내부로 담겨 있는 본채는 여느 곳과는 다른 건축법으로 사람들에게 그 차이점을 찾아보는 '숨은그림찾기'의 장소가 된다. 천장과 지붕 사이를 종이로 바르는 일반적인 모습과 달리 보온을 위하여 두꺼운 나무를 대고 흙을 발라 완벽한 차단을 한 '더그매'라는 공간은 야무진 공간 구성으로 수납 공간으로의 구실도 함께하는 곳이다. 특별한 환기시설이 없는 부엌의 연기와 열기가 집안을 따뜻하게 덥힌 후 자연스럽게 빠져 나가도록 하는 지붕 기와 사이의 까치집은 강원도 산간 지역의 너와집의 환기 구멍이 발전된 형태이다.

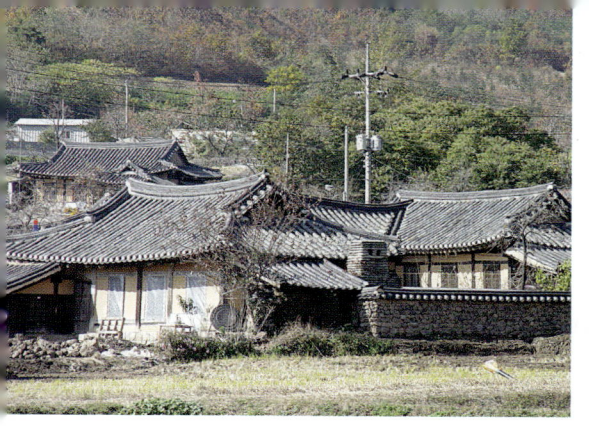
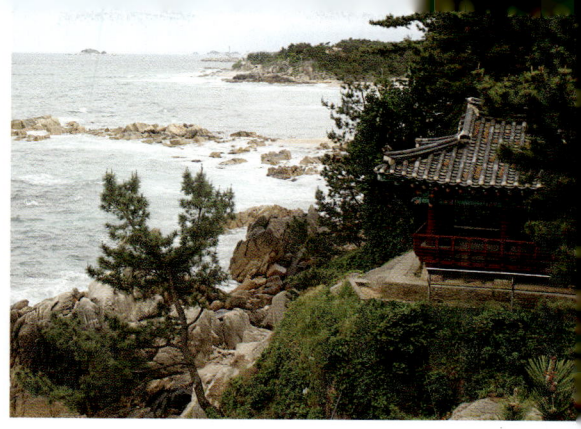

왕곡마을

조상이 보호하는 마을

| 위치 | 강원도 고성군 죽왕면 오봉리 일대
| 운영시간 | 09:00~18:00, 연중무휴

▶ MINI DATA
| 입장료 | 없음   주차 | 가능   분류 | 전통, 체험마을

한국전쟁의 참화에도, 1996년 고성 땅을 불길에 휩싸이게 만든 산불에도 온전하게 제 모습을 지킨 마을이다. 강릉 최씨, 강릉 함씨의 집성촌으로 20여 채의 관북지방 전통 한옥과 초가 등에서 약 50여 가구가 함께 살아가는 마을은 영동지방 부유층의 가옥인 북방식 「ㄱ」자 형 겹집이 온전히 보존되는 등 학술적 가치가 높은 강원도의 전통 마을이다. 문화재로서의 마을 가치 또한 이곳을 찾는 이유가 되겠지만 무엇보다 마을을 감싸는 포근함과 돌담 따라 이어지는 옛 모습은, 공동의 생활 단위로 함께 살아가는 농촌 마을의 아름다움이 남아 있다. 마을을 형제처럼 둘러싼 다섯 봉우리의 기운과 두 곳의 효자각을 통해 전통을 이어가는 주민들의 마음도 느낄 수 있다. 어머니의 제사를 둘째 아들이 모시는 풍습, 음력 1월 14일 오곡밥 9그릇을 먹고 나무 9묶음을 하는 풍습 등 그 유래를 마을 어른들의 구수한 이야기로 전해 듣는 재미도 좋다. 매년 10월 마을을 화려하게 만드는 전통 축제는 놓치기 아까운 볼거리다.

천학정

거울에 담기는 정자

| 위치 | 강원도 고성군 토성면 교암리 177-1 인근
        강원도 고성군 토성면 천학정길 인근
| 운영시간 | 종일, 연중무휴

▶ MINI DATA
| 입장료 | 없음   주차 | 가능   분류 | 역사, 문화유적

청간정의 명성에 가려져 있었으나 고성을 아름답게 하는 또 하나의 절경이다. 상하천광(上下天光), 동해의 푸른 바닷물을 거울 삼아 그 모습을 비춘다는 정자는 1931년에 세워졌다. 청간정의 경관이 부드럽고 편안함을 준다면 천학정은 기암절벽 사이로 곧게 자란 소나무를 벗 삼는 남성적인 모습이다. 벼랑 끝 바다를 향하는 듯 당당한 모습이 가슴을 시원하게 만든다. 왼편으로 이어지는 깨끗한 모래사장은 한적한 문암해수욕장과 문암포구로, 조용한 휴식을 즐기기에 알맞은 동해의 숨은 해수욕장이다. 문암해수욕장 주변의 깔끔한 숙소에서 잠을 청하고 이른 아침 천학정에 올라 일출을 맞이하여 보자. 소나무 가지 사이로 붉게 타오르는 태양의 모습은 잊을 수 없는 장관이다. 이어지는 산책로도 한적하고 여유롭다. 정자 주변을 둘러싸는 해안 경비초소의 철조망이 단 하나의 작은 아쉬움으로 남는다.

청간정

관동팔경의 으뜸

| 위치 | 강원도 고성군 토성면 청간리 93
  강원도 고성군 토성면 동해대로 5110
| 운영시간 | 종일, 연중무휴

▶ MINI DATA
| 입장료 | 없음   주차 | 가능   분류 | 역사, 문화유적

사극에 등장하는 조선시대의 정자와 누각은 양반 지주와 권문세가의 질펀한 잔치가 벌어지는 '유희의 장소'이다. 건물의 기둥을 장식하는 성현들의 글씨와 담긴 뜻이 마음 아파할 장면이다. 역사 속의 모습은 지역사회의 중요한 기념식과 연회를 준비하는 공식적인 장소다. 행사의 출입은 관직과 신분, 나이 등 참가자격이 엄격하게 제한되었으며 사대부의 학문적 재주를 겨루는 경연장이 되기도 하였다. 이러한 행사가 준비되는 정자와 누각의 위치는 사대부의 풍류를 가장 잘 표현하는 경관을 배경으로 하는 최고의 장소에 자리 잡았다. 경관을 함부로 훼손하거나 변형할

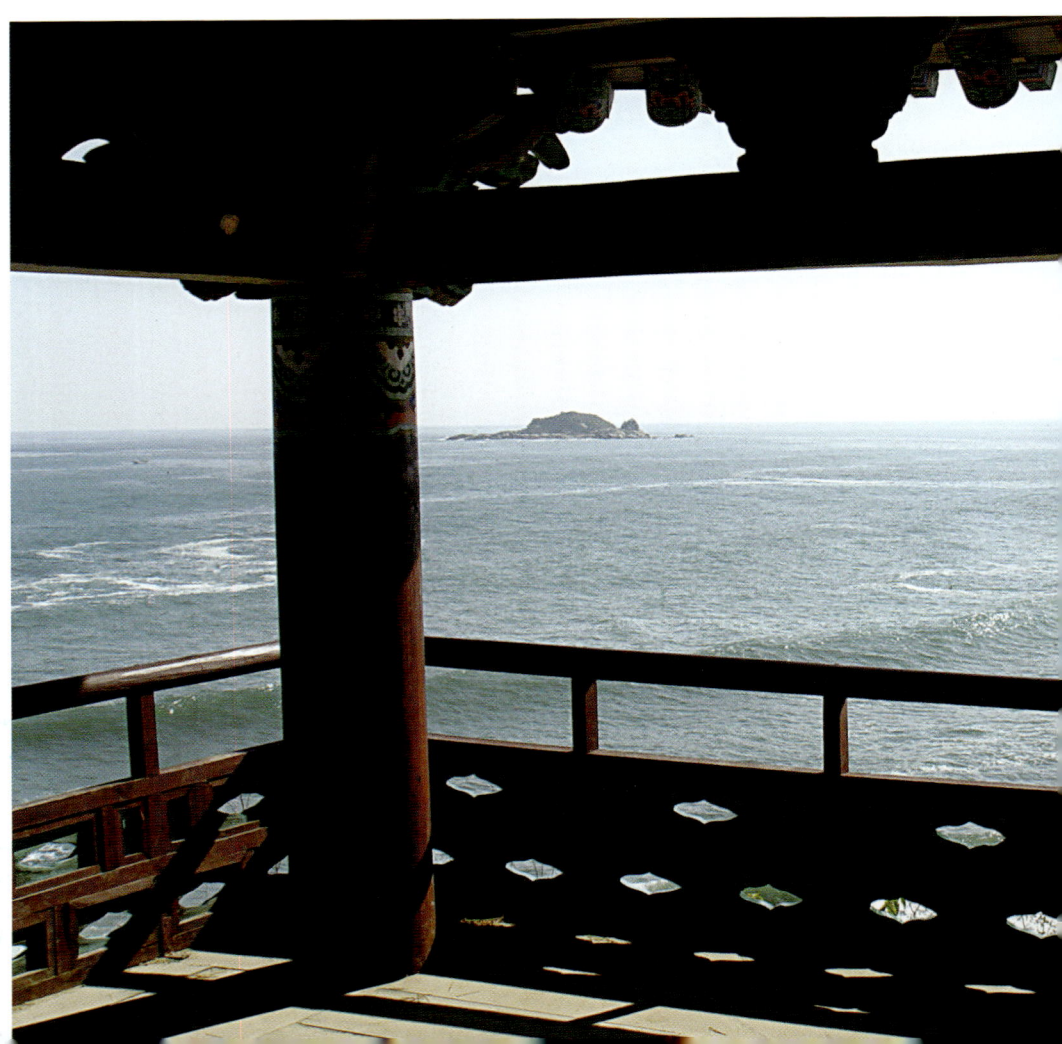

수 없는 것은 물론, 더욱 아름다운 자연의 모습을 간직하도록 지역사회는 노력하였다. 동해안을 따라 이어지는 관동팔경(關東八景)은 대관령의 동쪽, 관동지방에서 오래전부터 손꼽히는 8곳의 명승지를 일컫는다. 그리고 8곳의 경관 중 청간정을 많은 사람들이 최고로 손꼽는다. 관동 최고의 경관이다. 동해 바다를 따라 이어지는 국도변, 무엇인가를 감추고 있는 소복한 소나무 숲의 오솔길을 따라 절벽 위에 자리하는 누각에 올라서면 동해 바다의 끝없는 푸름과 병풍을 두른 듯 감싸오는 설악의 능선이 누구에게나 감탄과 자유로움을 느끼게 한다. 벚꽃이 화사하게 만개하는 봄날이나 바다를 포근하게 덮어주는 함박눈 내리는 겨울 청간정을 찾아보자. 누구라도 이곳에 앉아 자연을 노래하고 대지의 기운을 받는 깨끗한 마음을 가지고 싶어진다. 단정한 정자의 기둥 위쪽은 현란한 글씨로 빈자리를 찾기 힘들다. 조선 숙종과 당대 최고의 성현인 우암 송시열, 송강 정철에서 우리나라 전직 대통령들의 글씨까지 최고의 칭송으로 가득하다. 화려한 듯 잔잔한 듯, 역사 속 인물들의 글씨를 찬찬히 비교하여보는 것도 즐겁다.

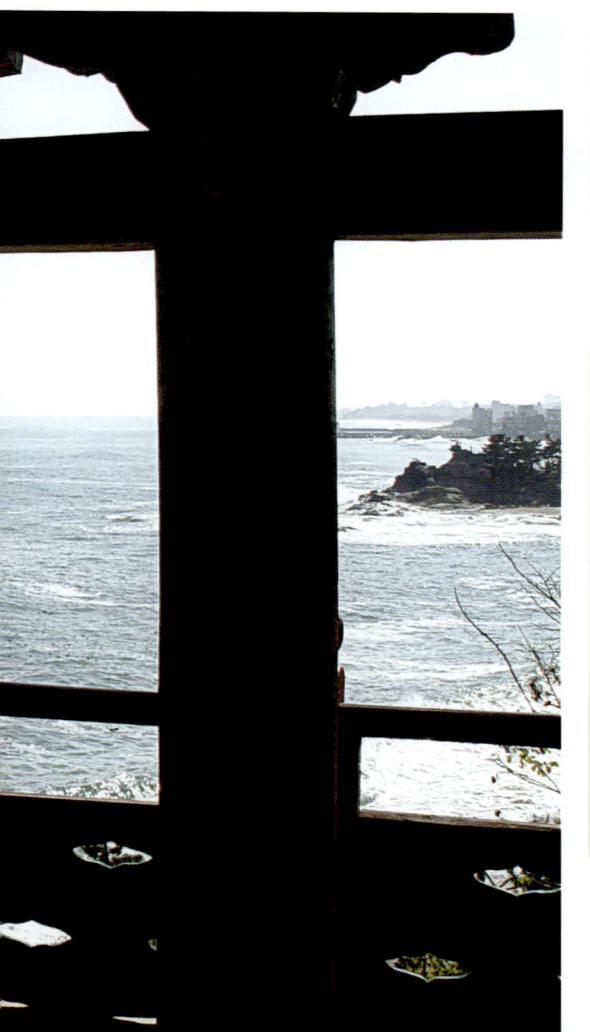

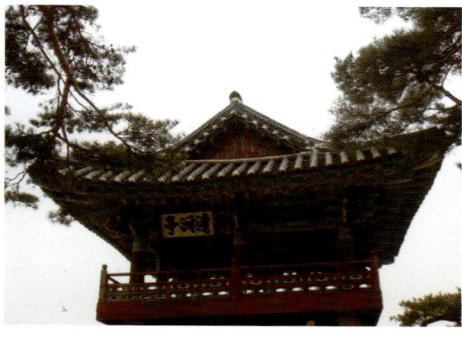

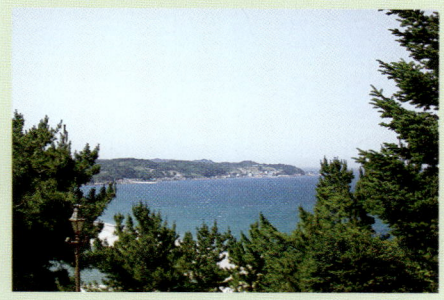

→ 관동팔경이란?

송강 정철 가사문학의 결정체로 일컬어지는 「관동별곡」에 등장하는 관동팔경은 고성의 삼일포, 통천의 총석정, 간성(고성)의 청간정, 양양의 낙산사, 강릉의 경포대, 삼척의 죽서루, 울진의 망양정, 평해(울진)의 월송정을 일컫는다. 이중 평해의 월송정 대신 흡곡(통천)의 시중대를 꼽기도 한다. 삼일포와 총석정은 북한에 있다. 하나씩 찾아보는 재미도 좋다.

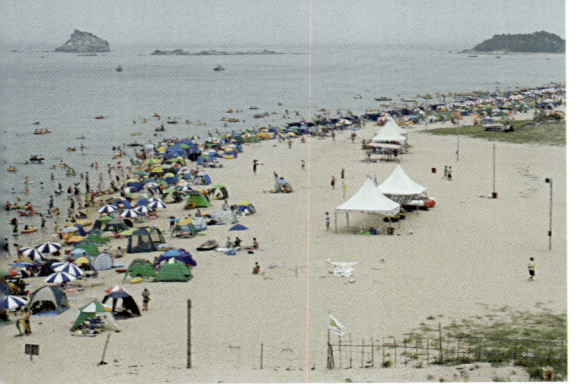
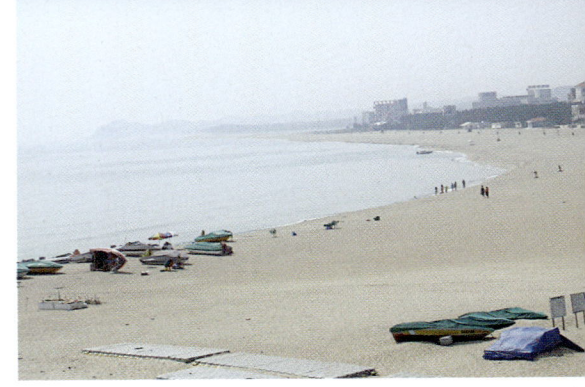

Photo by 고성군청

삼포해수욕장
맑은 바다, 편한 해수욕장

| 위치 | 강원도 고성군 죽왕면 삼포리 1
　　　강원도 고성군 죽왕면 삼포해변길 인근
| 운영시간 | 종일, 연중무휴

▶ MINI DATA
| 입장료 | 없음　　주차 | 가능　　분류 | 바다, 섬

낙산해수욕장
동해 대표 피서지

| 위치 | 강원도 양양군 강현면 주청리 1
　　　강원도 양양군 강현면 해맞이길 59
| 운영시간 | 개장 06:00~24:00, 수영 09:00~18:00, 연중무휴

▶ MINI DATA
| 입장료 | 없음　　주차 | 가능　　분류 | 바다, 섬

아침 물안개 올라오는 하얀 백사장을 울긋불긋하게 물들이는 해당화는 수많은 문인과 선비들의 사랑을 받는다. 척박한 모래 위에 꽃을 피우는 해당화의 당당함과 화려함에는 여느 것과 다른 신비함마저 깃든다. 삼포해수욕장은 해당화 꽃이 방문객을 반긴다. 강렬한 색과 조화를 이루는 유난히 하얀 모래사장은 모든 더러움을 걸러내듯 맑은 바다를 만든다. 삼포코레스코 콘도 앞으로 펼쳐지는 해수욕장은 푸른 동해에서도 가장 깨끗한 해수욕장 중 하나로 꼽힌다. 1km에 이르는 넓은 모래사장은 잘 갖춰진 편의시설과 깔끔한 민박단지로 가족 단위의 휴양객에게 편리한 장소로 소문 나 있다. 이른 아침 해수욕장의 모래사장을 거닐어보자. 울음소리 내는 모래라는 '명사'를 따라 차분하게 이어지는 바다의 음악 소리를 들을 수 있을 것이다.

4km에 이르는 너른 백사장은 수심이 깊지 않은 바다와 함께 물놀이하기 좋은 장소로 알려져 있다. 강릉의 경포대해수욕장과 함께 동해를 대표하는 해수욕장이다. 모래사장을 둘러싸는 소나무 숲이 아름답고 여느 곳보다 다양하고 편리한 숙박시설과 식당 등이 있어 피서철이면 많은 인파가 몰린다. 해수욕장 왼편으로 연결되는 낙산사와 인근의 대표항, 법수치계곡 등 다양한 볼거리와 즐길거리는 낙산해수욕장을 찾는 사람들을 더욱 즐겁게 한다. 횟집 등에서 바다가 제공하는 싱싱한 자연의 맛을 느껴보자. 깨끗한 바람은 뜨거운 여름의 더위를 식히고 눈 내리는 겨울은 낭만을 느끼게 한다. 해수욕장 입구 양양 관광안내소 건물 2층에 자리하는 곤충생태관은 영월 곤충생태관의 별관이다. 2,000여 종의 우리 곤충을 꼼꼼하게 둘러보기에 좋다. 해수욕장 남쪽으로 모인 담수는 설악산에서 흘러내린 물이다.

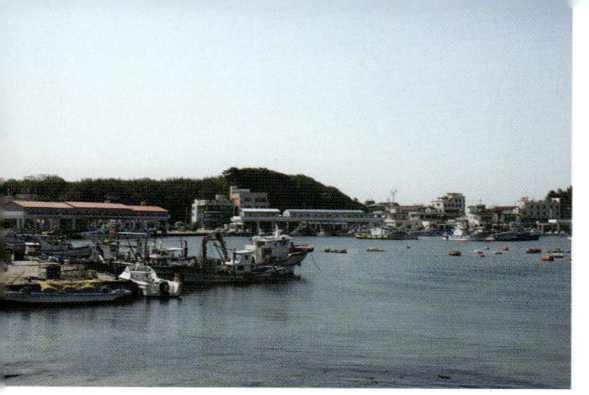

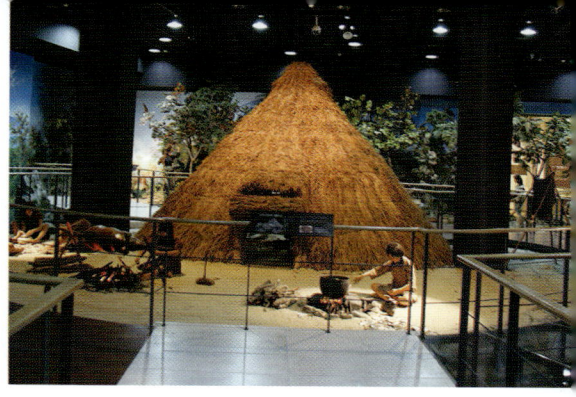

남애항과 남애해수욕장

동해안 최고의 미항과 가족 해수욕장

| 위치 | 항구 경기도 양양군 현남면 남애리(매바위길) 일대
　　　해변 경기도 양양군 현남면 광진리 78-1(매호길 14)
| 운영시간 | 종일, 연중무휴

▶ MINI DATA

| 입장료 | 없음　　주차 | 가능　　분류 | 바다, 섬

오산리 선사유적박물관

영동지역 대표적인 신석기 유적

| 위치 | 강원도 양양군 손양면 오산리 51
　　　강원도 양양군 손양면 학포길 33
| 운영시간 | 09:00~18:00, 연중무휴

▶ MINI DATA

| 입장료 | 있음　　주차 | 가능　　분류 | 역사, 문화유적

남애항을 설명할 때면 항상 따라다니는 표현이 '동해안의 3대 미항'이다. 양양의 남애항은 삼척의 초곡항, 강릉의 심곡항과 함께 동해안의 아름다운 항구로 손꼽히는데, 한가로운 분위기로 방파제 넘어 깊고 푸른 동해 바다가 한 폭의 그림을 그리고 있는 곳이다. 개발을 이유로 예전의 한적했던 분위기가 점차 사라져가고 있어 아쉽지만, 그래도 옛 명성은 아직 간직하고 있으니 모두 사라지기 전에 찾아가보자. 남애항을 이야기할 때면 또 하나 빠지지 않고 이야기되는 것이 있는데, 바로 80년대 중반 개봉해서 인기를 끌었던 영화 「고래사냥」의 마지막 촬영지로서이다. 방파제 끝으로 가면 그것을 기념하는 작은 표지가 서 있다. 동해안의 일출은 언제나 아름답지만 작은 항구를 붉게 물들이며 새날을 밝히는 남애항의 일출은 특히 유명하다. 남애항 인근에 있는 남애해수욕장은 동해안의 다른 해수욕장들에 비하여 수심이 완만해 어린아이가 있는 가족들이 많이 찾는다.

우리나라의 대표적인 신석기시대 유적으로 역사 교과서에서 한 번쯤 들어보았을 곳이다. 이곳에서 출토된 유물의 방사선탄소연대를 측정하면 기원전 6000년경으로 추정되는데, 우리나라 신석기시대 유적지들 가운데서도 전기에 속한다고 하겠다. 바닷가 주변에 위치한 신석기 유적으로 서해안과 내륙의 유적과는 또 다른 환경에서 신석기인들이 어떻게 살았는지 알 수 있고 출토된 유물들을 보면 깊은 바다에서 고기를 잡는 데 유용하게 사용하였음을 알 수 있다. 발굴 조사 후 오랫동안 방치되어오던 땅에 최근 박물관을 지었으니 강원 영동 지역 선사문화를 종합하는 박물관이 이제야 제대로 갖추어졌다고 하겠다. 전시된 유물의 종류와 수가 많지 않은 대신 신석기시대의 생활상을 다양한 모양으로 사실감 있게 만들어 놓아 그때를 더욱 생생하게 그릴 수 있게 하고 있다. 전시관 앞으로 보이는 너른 터는 80년대에 발굴이 이루어진 곳으로 수천 년 전 사람들이 움집을 짓고 모여 살았던 자리이며, 앞으로 이곳에 움집을 비롯한 다양한 체험 시설을 갖출 계획이라고 한다.

낙산사

동해를 담는 소망

위치 | 강원도 양양군 강현면 전진리 57-1
　　　강원도 양양군 강현면 낙산사로 100
운영시간 | 06:00~19:30, 연중무휴

▶ MINI DATA
| 입장료 | 있음　주차 | 가능　분류 | 불교유적

동해를 바라보며 기원의 빛을 보내는 해수 사찰이자 관음사찰로 명성 높은 낙산사는 2005년 고성과 양양 지역을 휩쓴 대화재로 천 년의 기록들이 재로 변하였다. 사찰 경내의 모든 목조건물을 한순간에 잿더미로 만들어버린 화마의 위력은 실로 대단한 것이어서 500년 역사의 낙산사 동종을 녹여낼 정도였다. 원통보전과 무설전 등 수많은 사람들의 기원을 담고 마음을 다독이던 장소들이 타오르는 불길 속에 무너지는 모습을 보며 모든 사람들의 마음 또한 무너지는 기분이었다. 1,300년 전 의상대사가 관세음보살의 진신사리를 모셔 만들었다는 사찰은 관동지방의 절경으로 이름난 오봉산 자락에 자리 잡고 푸른 동해를 바

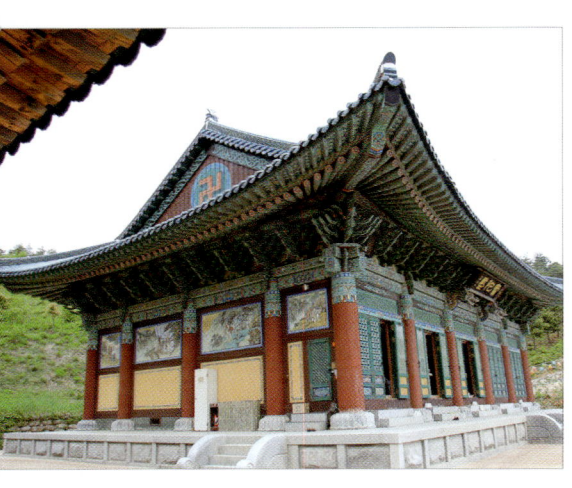

라보는 모습으로 유명하다. 진실한 사람들의 소망과 기원을 받아준다는 관세음보살의 신통함으로 우리나라 최고의 기원 사찰로도 이름 높다. 소나무의 숲으로 싸여 있던 사찰은 화재로 벌거벗고 나무들도 사라졌지만 검게 탄 그루터기만이 남은 자리에는 새록새록 푸른 생명들이 새로운 희망을 간직하며 그 자리를 채우고 있다. 거친 화마에도 자리를 지킨 해수관음상은 높이 16m의 화강암 재질로 낙산사의 가장 높은 곳에서 동해를 내려다보며 사람들의 마음을 달랜다. 동해 일출과 멋지게 어울리는 의상대는 여전히 아름답다. 바닷길 따라 절벽 위로 자리하는 건축물은 홍련암이다. 의상대사가 동굴에서 관세음보살을 친견하고 바다에서 솟아오르는 붉은 연꽃을 담았다는 암자는 바다로 뚫린 구멍으로 낭떠러지 아래 동해 바다를 볼 수 있는 신비함이 있다. 화마의 피해를 입지 않은 보타전을 중심으로 낙산사의 복원은 신중하게 진행되고 있다. 성급한 옛 모습 찾기가 아닌 조선 시대의 번창하였던 모습으로 새로운 사찰을 세우듯 진행된다고 하니 더욱 기대가 크다. 다급한 화재 속에서 원통보전 내부의 건칠관세음보살을 옮겨 보전하였던 깊은 불심으로 부처님과 사람들의 마음을 채우는 터전이 되기를 기원하는 마음이다.

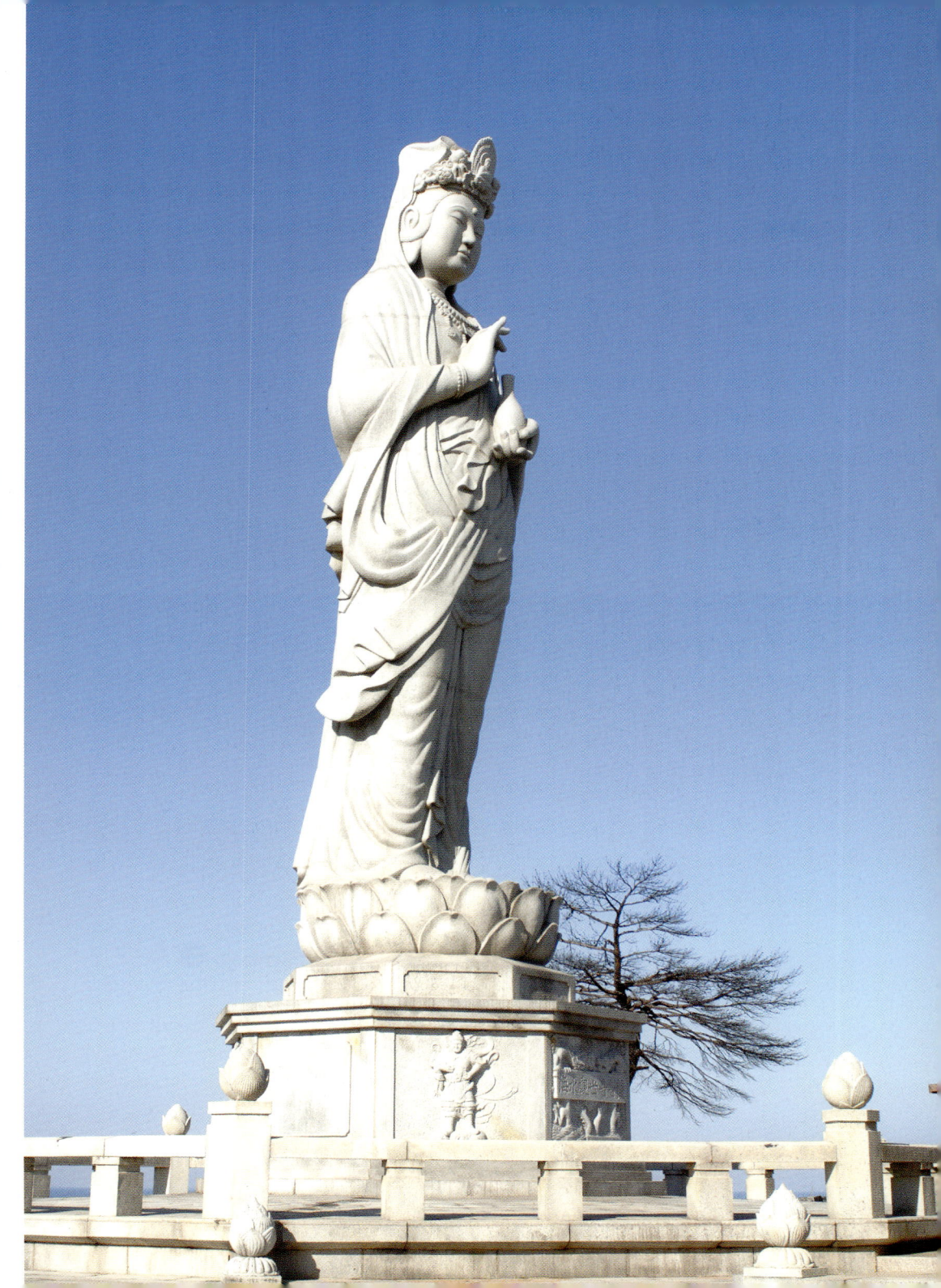

법수치계곡

부처님 말씀처럼 무량한 계곡

| 위치 | 강원도 양양군 현북면 법수치리
| 운영시간 | 종일, 연중무휴

▶ MINI DATA

| 입장료 | 없음　　주차 | 가능　　분류 | 산, 계곡, 동굴

계곡 물줄기가 마치 불가의 법수처럼 뿜어져 나와 양양 남대천의 본줄기가 되었다고 해서 법수치라는 이름이 붙은 이 계곡은 복잡한 마음을 정리할 때 찾으면 좋은 한적한 여행지다. 화전민들이 모여 살던 마을은 그 흔적조차 사라지고 다양한 외관의 펜션들이 계곡에 들어섰지만 법수치계곡의 맑은 물과 울창한 숲은 변하지 않고 제자리를 지키고 있다. 양양의 하조대에서 남대천을 따라 상류로 올라가면 '물고기가 많아 밭을 이룬다'는 어성전을 지나 법수치리로 들어가게 된다. 오지 중의 오지로 세간에 알려지기 전에는 버스조차 다닐 수 없을 정도로 험해 양양으로 나

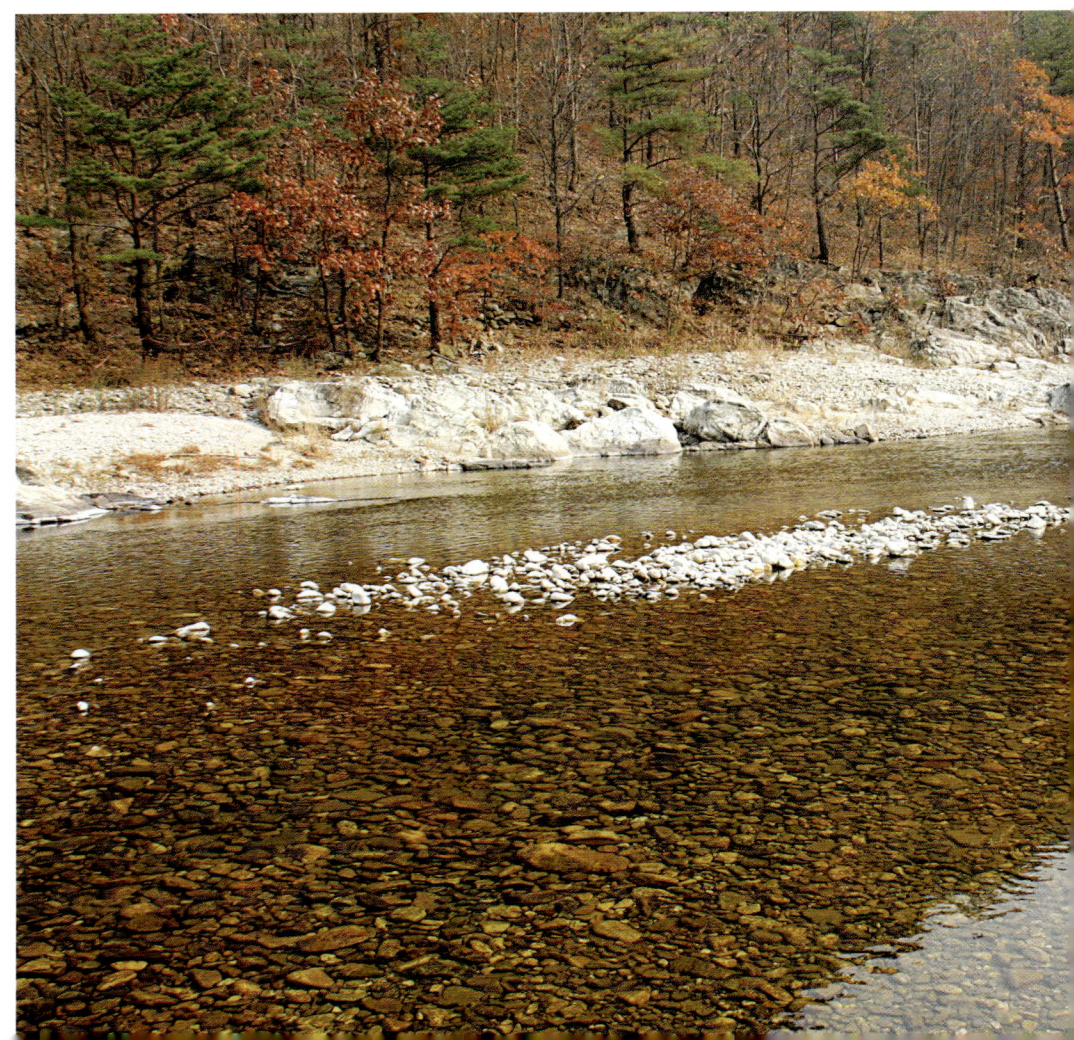

가려는 마을 사람들은 20리 길을 걸어야 했던 곳이지만 지금은 군데군데 포장이 되어 있다. 하류 쪽에서는 울창한 송림을 지나 커다란 호박돌밭과 어우러진 맑은 계곡을 만날 수 있고, 상류 쪽으로 올라가면 태고의 신비를 간직한 법수치의 진면목을 볼 수 있는데 남대천을 거슬러 연어가 올라오는 곳으로도 알려져 있다. 계곡 주변으로 철 따라 어여쁜 야생화가 흐드러지고, 한여름에도 발을 담그기 힘든 맑고 깨끗한 물이 마르지 않고 흐른다. 시간의 여유가 있다면 계곡을 거슬러 오르는 트래킹을 하는 것도 좋겠다. 따로 주차할 곳이 마땅치 않아 오토캠핑을 즐기려면 계곡 아래 쪽을 이용하는 것이 좋으며 계곡 가까이 펜션들도 있어 호젓한 여행지로 그만이다.

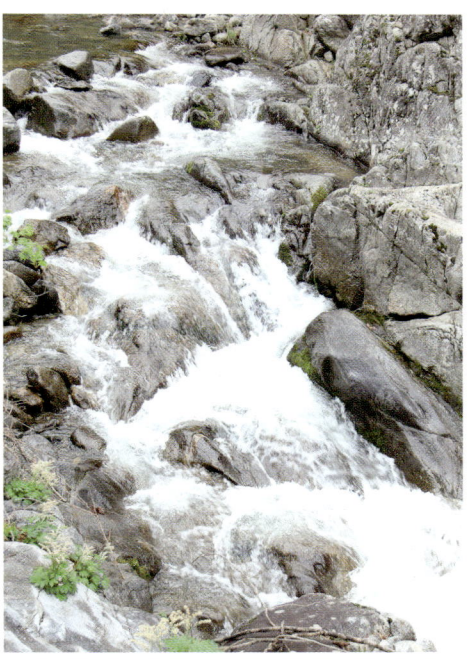

→ 남대천의 축제, 연어는 버섯을 사랑한다

10월의 양양 남대천 지역을 화려하게 만드는 연어와 송이 축제는 국제적인 행사가 되었다. 외국인을 대상으로 남대천의 푸른 계곡을 따라 송이를 직접 채취하는 행사는 높은 참가비에도 불구하고 일찌감치 예약이 마감된다. 남대천 잔잔한 물길을 따라 직접 연어를 잡아보는 행사는 대양의 맑은 기운을 두 손에 듬뿍 담는 느낌이다.
문의 | 033-670-2397~8

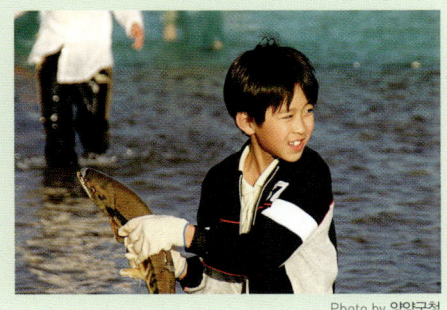

Photo by 양양군청

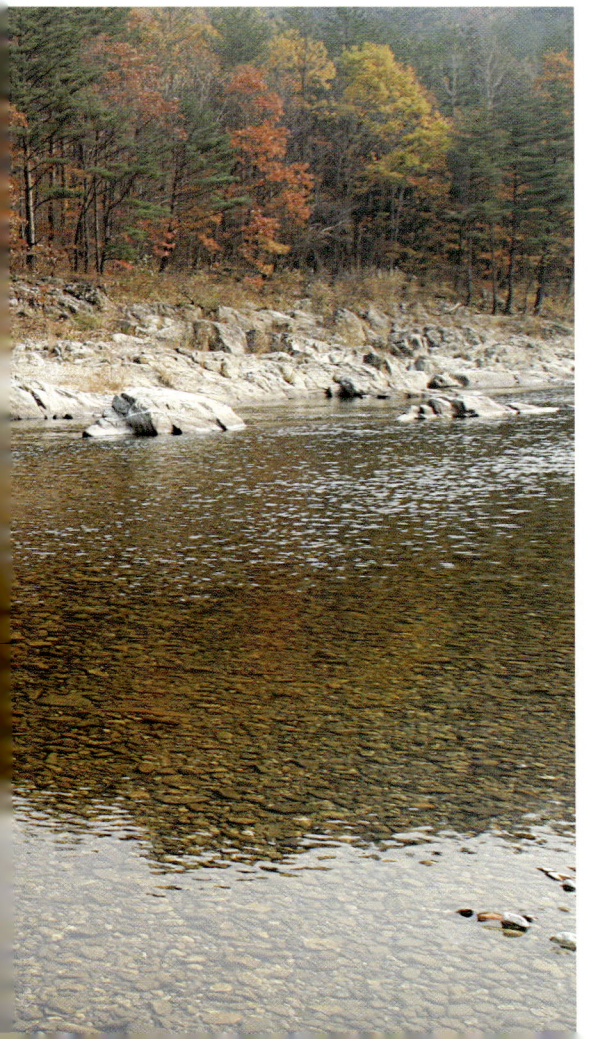

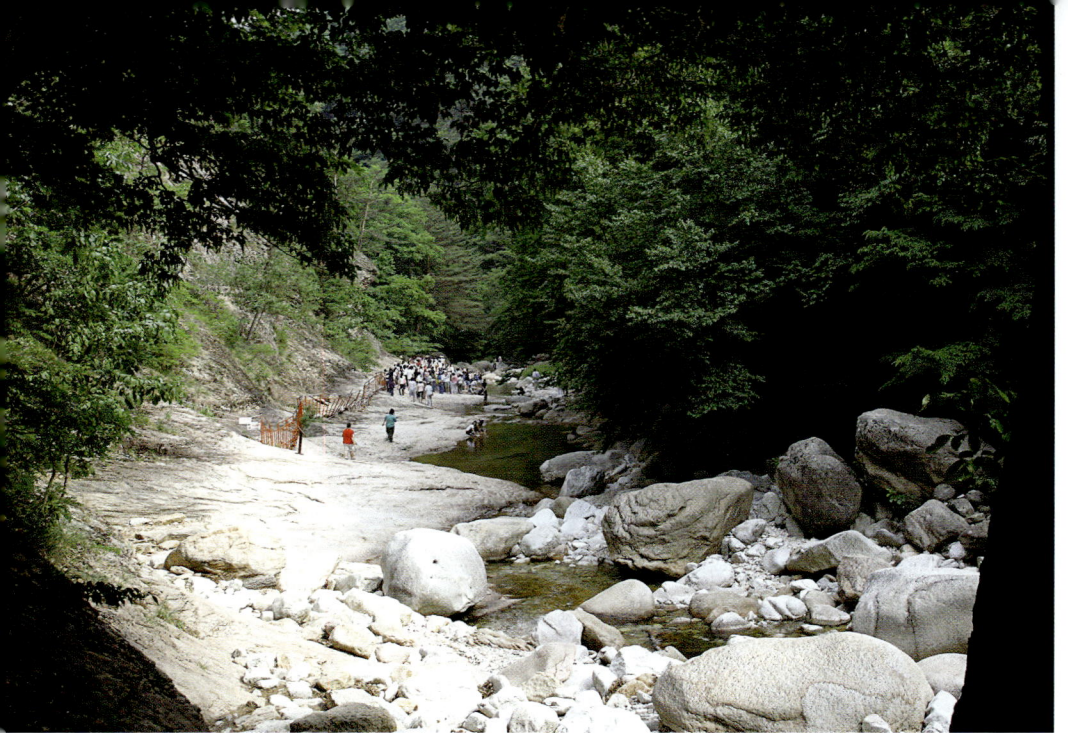

오색 주전골 설악의 깊이를 느끼는 골짜기

| 위치 | 강원도 양양군 서면 오색리 460 일대
　　　강원도 양양군 서면 대청봉길 58-52 일대
| 운영시간 | 종일, 연중무휴

▶ MINI DATA
| 입장료 | 없음　　주차 | 가능　　분류 | 산, 계곡, 동굴

자연의 섭리는 사람이 보기 좋은 경관을 만들기 위해 진행되는 것은 아니다. 원시의 숲과 기암계곡이 잔잔하게 흐르는 물과 어우러지는 아름다움을 자랑하였던 주전골 계곡은 2006년 여름철의 수해와 태풍으로 다른 모습이 되었다. 맑은 연못 같은 잔잔함으로 선녀들이 찾아온다는 선녀탕은 깨어져나간 바위와 쓰러진 나무들로 거친 모습이 되었고 계곡을 따라 놓여 있던 산책로는 험한 등산로가 되었다. 5가지 색깔의 꽃이 피는 나무가 있었다는 오색석사에서 유래하는 오색약수는 탄산과 철분이 다량 함유되어 맛 또한 5가지를 느낄 수 있다고 한다. 일반 사람에게는 비위가 상하는 첫 느낌일 수도 있지만 위장에 좋은

약수라고 하니 보약이라 생각하고 즐겨보자. 두 곳의 작은 약수터를 지나 주전골을 잠시 걸어보는 것도 좋다. 설악 대청봉까지의 최단코스가 되는 곳이고 설악에서 으뜸이라는 단풍의 모습이 유난히 붉고 선명하다. 약수의 좋은 성분이 나무까지 건강하게 만드는 것은 아닌가 한다. 용소폭포를 기준으로 본격적인 산행이 시작되는 주전골을 둘러보고, 하산 길에 오색약수로 밥을 지어 푸른빛이 신기한 약밥에 들기름으로 무친 산채와 된장찌개로 즐기는 약수정식 상차림을 푸짐하게 즐겨보는 것도 좋겠다. 맑은 자연 속 산행과 신선한 식사로 몸과 마음이 건강해진다.

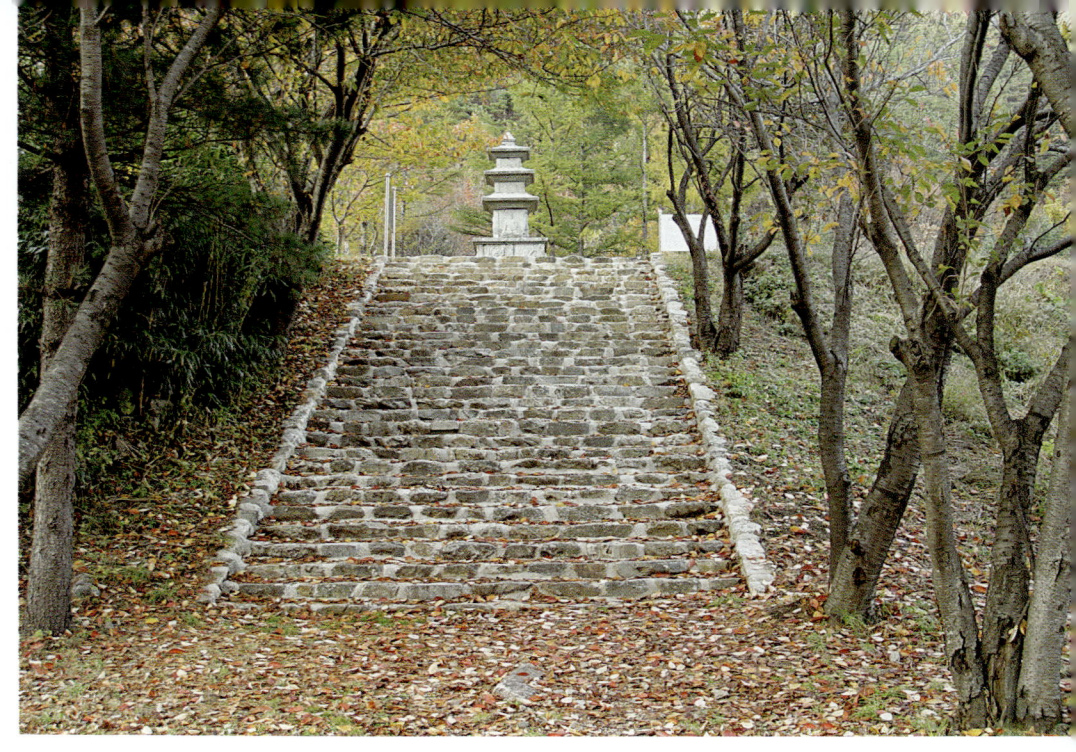

진전사지 불심이 남긴 흔적

| 위치 | 강원도 양양군 강현면 둔전리 100-2 일대
   강원도 양양군 강현면 화채봉길 313 인근
운영시간 | 종일, 연중무휴

▶ MINI DATA
| 입장료 | 없음   주차 | 가능   분류 | 불교유적

덩그러니 석탑과 부도만이 남아 있는 옛 사찰을 찾아가는 여행이지만 땅 깊숙이 담겨 있는 역사의 옛 이야기를 즐긴다면 따스함과 무엇보다 간섭받지 않는 편안함의 자유를 느낄 수 있다. 통일신라 후기 경전과 교리에 중심을 두는 교종이 왕실과 귀족을 중심으로 한 국가의 지배사상으로 널리 퍼져 있었다면 참선만으로 불가의 높은 뜻을 이해할 수 있다고 주장하는 선종은 글도 모르고 책도 없었던 일반 백성의 마음을 어루만져 주었다. 당나라에서 선종의 심학을 공부하고 돌아온 도의선사는 진전사를 세우고 참선과 수도의 모습을 백성들과 함께하며 새로운 불교사상을 노을에 대지가 물들 듯 부드럽게 쉬지 않고 전파한다.

어려운 불가의 경전을 읽을 줄 모르는 사람들은 진전사의 석탑을 향해 쉼 없는 기도를 하며 불심을 닦았을 것이다. 수많은 소원과 기원이 아담하고 깔끔한 석탑 아래 쌓여갔다. 이정표도 제대로 되어 있지 않은 터에 조용하게 자리 잡은 석탑과 부도는 그 역사적 가치와 유물의 아름다움을 이곳을 찾는 사람들에게만 허락한다. 설악산의 부드러운 능선과 둔전저수지의 잔잔한 호수가 그림같이 어울리는 진전사지는 마음을 나누는 친구와 함께 조용히 산책하듯 둘러보기에 더없이 좋은 장소가 될 듯하다. 현대 한국 불교의 중심이 되는 조계종을 창시한 도의선사의 마음이 담겨 있는 땅이다.

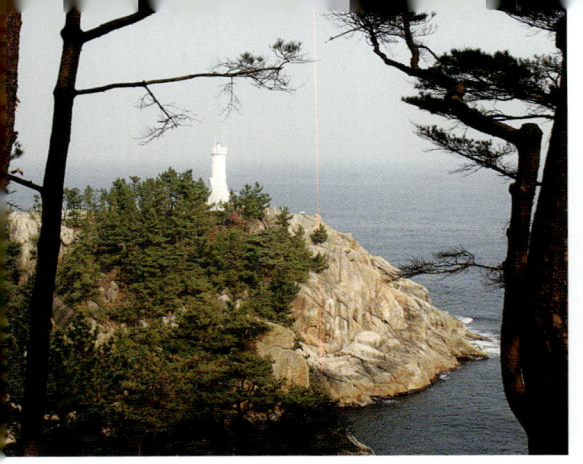

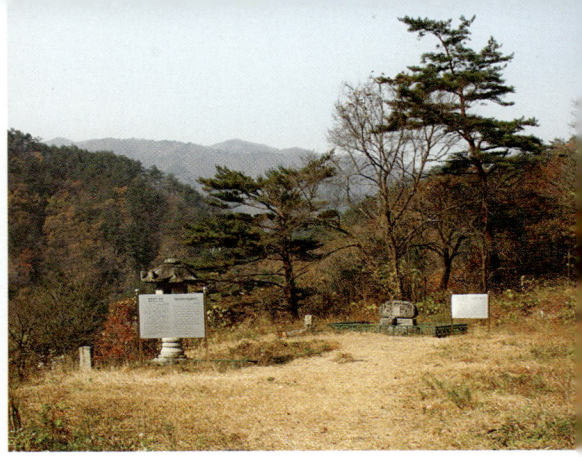

하조대와 하조대해수욕장
푸른바다를 품에 안은 전망대

| 위치 | 강원도 양양군 현북면 하광정리
　　　 강원도 양양군 현북면 조준길 99 인근
| 운영시간 | 종일, 연중무휴

▶ MINI DATA

| 입장료 | 없음　　주차 | 가능　　분류 | 바다, 섬

바다의 푸른색이 어느 곳보다 깊어 보이는 하조대. 하조대라는 이름은 조선 개국 공신인 하륜과 조준이 관직에서 물러나 이곳에서 은거를 하며 자연의 아름다움을 즐긴 곳이라 하여 그들의 이름을 한 자씩 따서 붙여진 이름이라고 한다. 해송으로 둘러싸인 바위 위에 정자가 있는데 이곳에 올라 내려다보는 바다 풍경이 절경이다. 반대쪽으로 등대가 보이는데 그곳까지 길이 나 있으니 내려가보도록 하자. 출렁이는 구름다리를 지나 등대에 다다르는데 하조대에서 바라보던 바다와는 또 다른 풍경이다. 하조대의 바다가 넓고 평화로운 분위기라면 등대에서 바라보는 바다는 그 움직임이 역동적이다. 하조대와 연결되어 있는 하조대해수욕장은 고운 모래 가득한 백사장이 길게 이어져 있는데 동해안의 다른 해수욕장들에 비해 수심이 완만해 가족 단위로 많이 찾는 곳이다. 위락시설이 별로 없어 주변이 부산하지 않은 것도 장점이다.

선림원지
흰빛의 개울을 따라

| 위치 | 강원도 양양군 서면 서림리 424
　　　 강원도 양양군 서면 미천골길 인근
| 운영시간 | 종일, 연중무휴

▶ MINI DATA

| 입장료 | 있음　　주차 | 가능　　분류 | 불교유적

통일신라시대의 선림원은 주변 지역을 아우르는 거대한 사찰이었다. 수많은 승려와 수도자가 찾아들었던 이곳은 공양미를 씻어 흘러내리는 쌀뜨물이 20리를 이어가며 흰빛의 계곡을 만들어 '미천골'이라는 이름이 붙었다고 한다. 지역 세력의 중심으로 교종 사찰이었던 선림원은 시대가 흘러 참선을 중심으로 하는 수도승이 가득한 선종 사찰로 변화하였다. 미천골 자연휴양림 제1지구를 지나 계곡을 흐르는 맑은 물을 거슬러 올라가면 낮은 언덕 사이로 작은 평지가 나오고 삼층석탑과 부도, 부도비와 석등이 사이좋게 자리하는 선림원지가 나타난다. 관동지역 최대의 사찰이었다는 장소로는 너무 협소한 것이 아닌가 느껴지기도 한다. 10세기 전후의 대홍수와 산사태로 사찰 대부분의 장소는 매몰되었다니 그 넓이를 마음으로만 상상해보자. 남아 있는 네 가지 유물은 모두 보물로 지정되어 그 가치를 인정받고 있다.

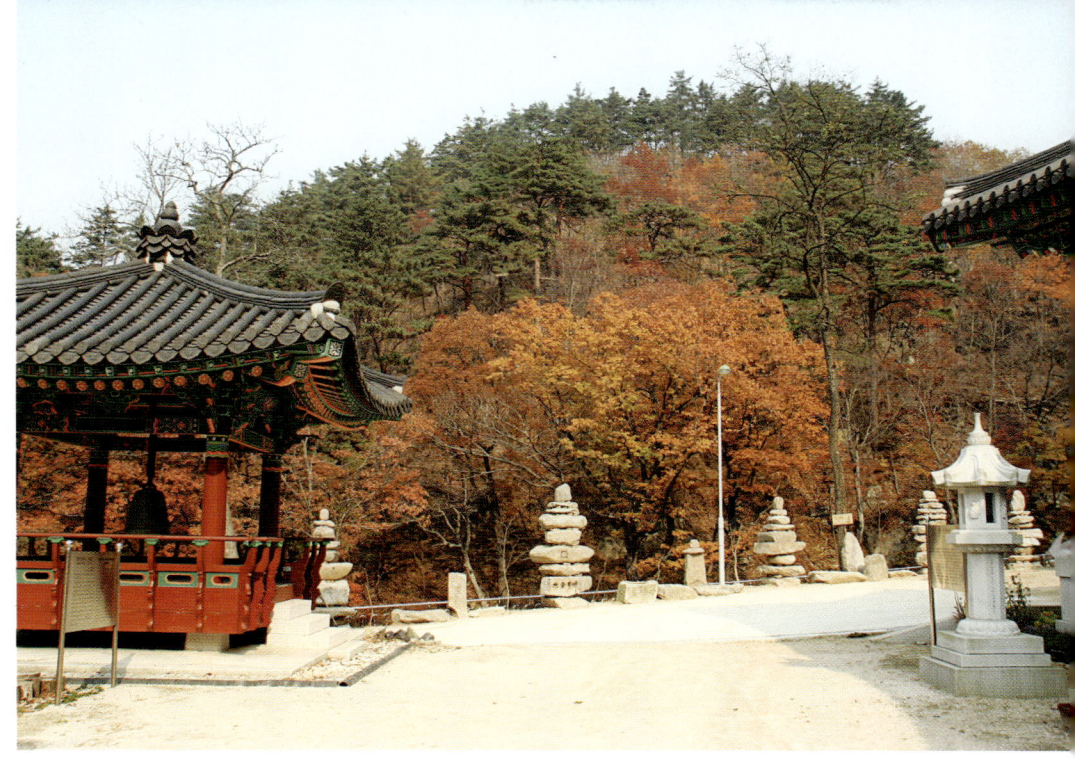

명주사 비단처럼 고운 사찰

위치 | 강원도 양양군 현북면 어성전리 산59
강원도 양양군 현북면 어성전길 93-229
운영시간 | 종일, 연중무휴

▶ MINI DATA
입장료 | 없음   주차 | 가능   분류 | 불교유적

남대천을 따라 법수치계곡을 거슬러 오르는 아름다운 길은 고운 사찰을 숨기듯 간직하고 있다. 고려시대 혜명대사와 대주대사의 이름에서 한 글자씩 가져왔다는 명주사의 뜻은 산과 계곡이 함께 만드는 아름다움과 잘 어울린다. 강원도에서 건봉사 다음가는 대사찰이었다는 옛 위용을 말해주듯 20여 기의 크고 작은 부도가 밭을 이루지만 지금은 선방의 느낌을 차분하게 간직하는 작은 사찰이다. 전나무에 둘러싸인 작은 오솔길을 따라가면 법당 건물을 중심으로 중각과 요사채가 아담하게 자리하고 있다. 사찰 옆을 흐르는 맑은 계곡과 10여 미터 높이의 명주폭포는 아담한 사찰과 조화를 이루고 있다. 18세기 조선 후기 간결한 멋을 간직한 동종은 그 맑은 소리를 만월산 가득 채운다. 어성팔경의 하나로 이름 높은 종소리로 마음을 닦아 책을 읽는 사람들을 불러 모으는 소리이다. 계곡의 작은 조약돌로 아담하게 쌓은 돌탑이 주변 경관을 꾸며주고 귀여운 아기동자와 부처님의 그림들은 주지스님이 만든 예쁜 작품들이다. 법당 기둥을 채우는 법문이 한글로 쓰여져 사찰을 찾는 이들에게 불교의 의미를 친절하게 알려주고 있다.

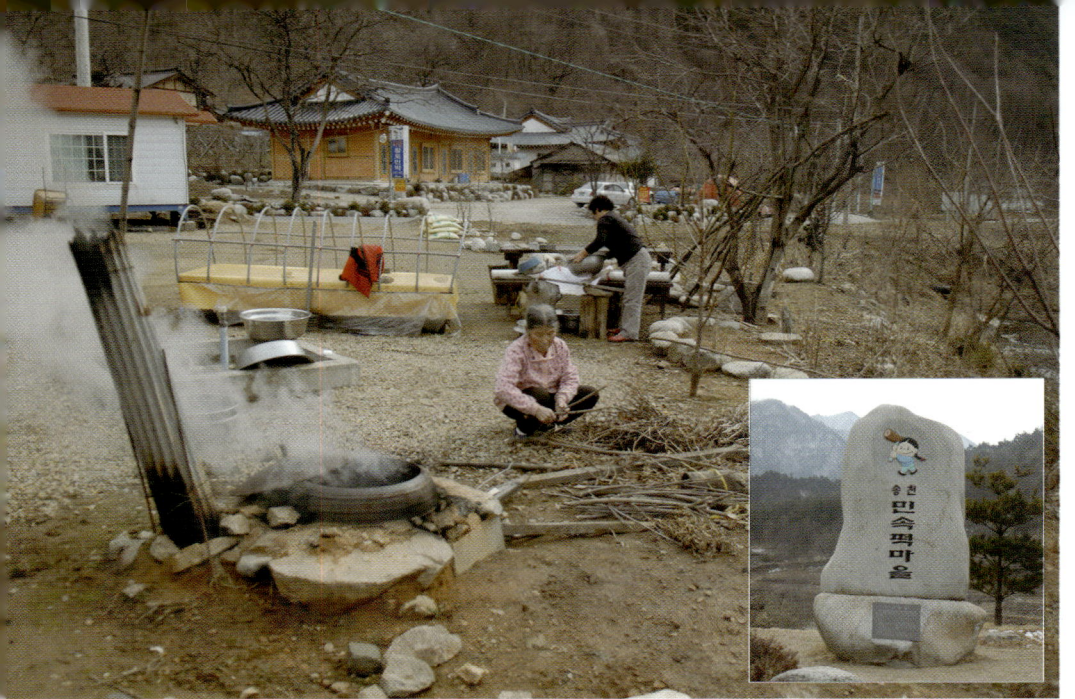

송천 떡마을 자연과 사람이 만드는 맛

| 위치 | 강원도 양양군 서면 송천리 178
　　　　강원도 양양군 서면 떡마을길 107
| 운영시간 | 08:00~18:00(체험 사전예약), 연중무휴

▶ MINI DATA

| 입장료 | 없음　　주차 | 가능　　분류 | 전통, 체험마을

남대천을 거슬러 설악산 오색 주전골로 향하는 국도를 따라가다 갈천계곡으로 갈라서는 길목에서 작은 산골마을인 송천 떡마을을 만날 수 있다. 특별한 맛과 모양을 자랑하며 전국으로 보내진다는 송천떡이 이곳에서 만들어진다. 드넓은 들판도 없고 특별한 특산물도 없던 마을의 삶은 가난하고 힘들었다. 어려운 살림을 건사하기 위해 힘든 농사일 가운데 주말이면 마을 아낙들은 오색 주전골 등 사람이 많이 찾는 관광지로 떡을 팔기 위한 행상을 나갔다. 여느 곳과 달리 맛이 좋아 인기가 많아진 마을의 떡은 점차 소문을 넓혀 이제는 여러 곳에서 들어오는 주문으로 마을 전체를 바쁘게 만드는 명물이 되었다. 특별한 맛의 비밀은 없다. 갈천계곡과 오색 주전골에서 흘러오는

맑고 맛 좋은 물과 오염되지 않은 주변의 청정자연에서 생산되는 산나물과 곡물이 비결이라면 비결이다. 여느 곳의 떡보다 찰지고 며칠을 보관하여도 딱딱하게 굳지 않는다. 30여 가구의 작은 마을은 떡의 판매에서 그치지 않고 즉석에서 직접 만든 갓 찧은 떡의 맛을 즐길 수 있는 체험장을 운영한다. 가족 단위의 소규모 인원도 체험 가능하도록 작은 절구로 찧어내는 체험 프로그램이 있다. 농약 없는 친환경 찹쌀과 쑥과 취나물을 섞어 찧어내는 떡은 싱그러운 향이 있는 한 끼 식사로도 부족함이 없다. 떡 체험과 함께 마을 주민들과 함께 즐기는 갖가지 민속놀이는 마을을 찾는 한나절을 더욱 즐거운 시간으로 만든다.

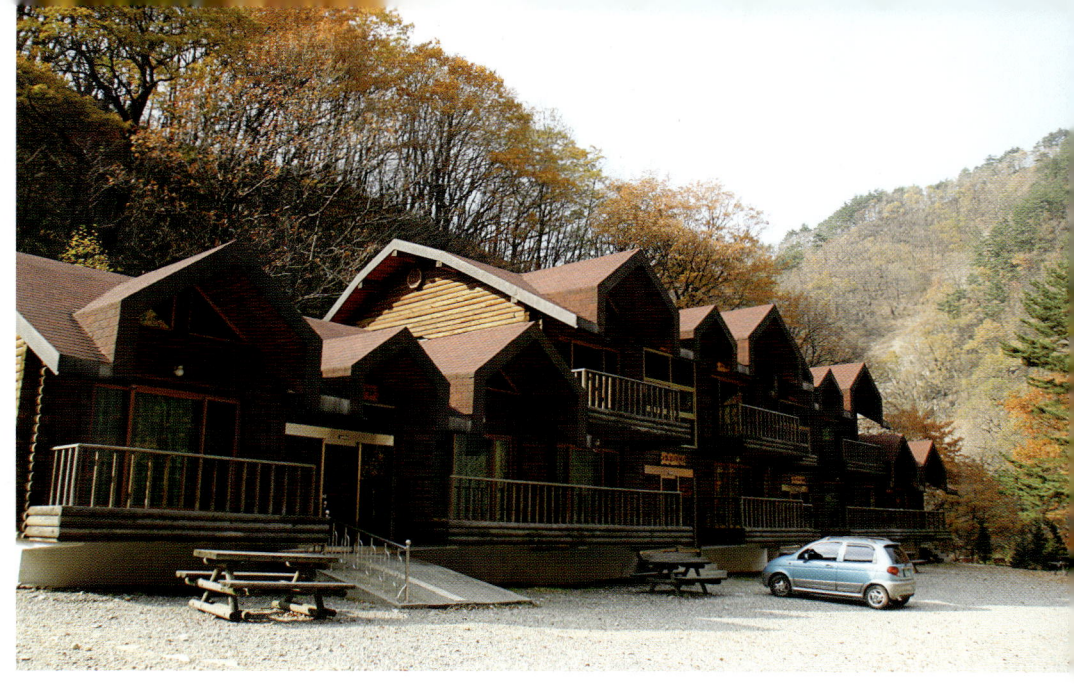

미천골 자연휴양림 별 헤는 밤

위치 | 강원도 양양군 서면 서림리 산89
　　　강원도 양양군 서면 미천골길 115
운영시간 | 휴양림 09:00~18:00, 숙박 15:00~익일12:00,
　　　　　연중무휴

▶ MINI DATA
| 입장료 | 있음　주차 | 가능　분류 | 숲, 자연휴양림

사륜구동 차량을 몰고 전나무 숲 가득한 숲길을 따라 오프로드 트래킹을 즐기고 밤이면 모닥불을 피워 따뜻한 저녁식사와 향기 좋은 커피를 즐기는 외국영화의 한 장면이 부러웠다면 좋은 사람들과 함께 미천골 자연휴양림을 찾아가자. 숲길을 따라 숙소 건물들이 모여 있는 여느 휴양림과는 조금 다르다. 무려 7km에 이르는 계곡을 따라 여유 있게 자리 잡은 숙소 건물은 자연을 더욱 가까이서 느낄 수 있게 해준다. 응봉산 계곡을 따라 넓고 길게 자리 잡은 미천골 자연휴양림은 숙박과 등산, 선림원지의 문화유적 탐방까지 즐길 수 있는 곳이다. 1·2·3지구로 나뉘어 있는 휴양림은 계곡도로를 따라 통나무로 지어진 숙박동과 야영장, 무엇보다 야영 데크에 차량을 주차하고 바비

큐를 즐기며 이용하는 오토캠핑장이 있어 쏟아지는 별을 덮고 잠을 청하는 잊을 수 없는 하룻밤의 추억을 만들어준다. 응봉산과 약수산으로 이어지는 대표적인 청정자연을 따라가는 산행길도 좋고 휴양림의 가장 깊은 곳에는 토종벌꿀단지도 있다. 무엇보다 한 시간가량의 원시림을 가르는 산행 길에 만나는 불바라기약수는 감추어진 비밀의 장소이다. 톡 쏘는 천연의 탄산수는 오염 없는 청정 자연의 감로수다. 숲 속의 카페도 분위기를 즐기기에 더할 나위 없이 좋은 장소가 된다.

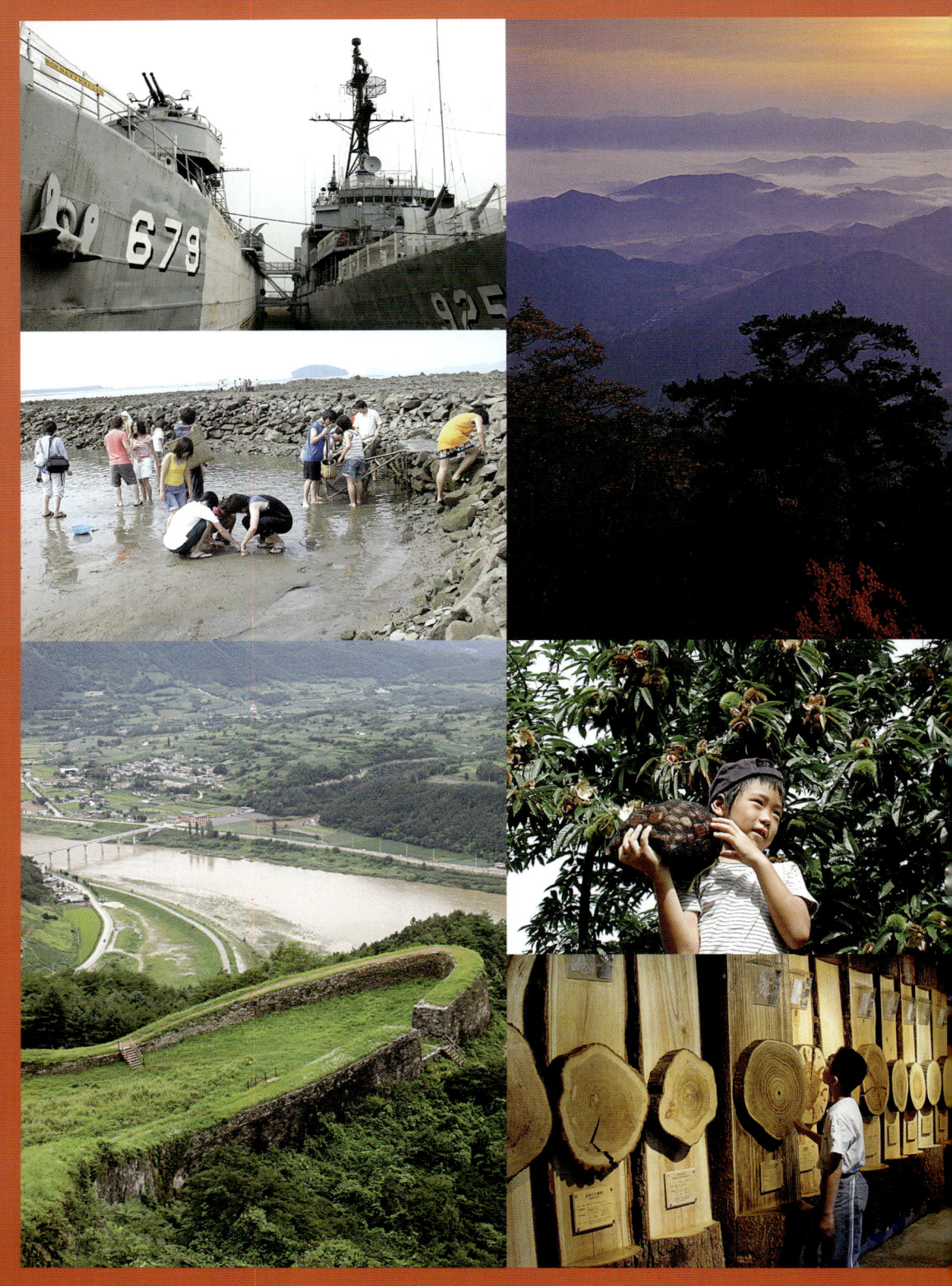

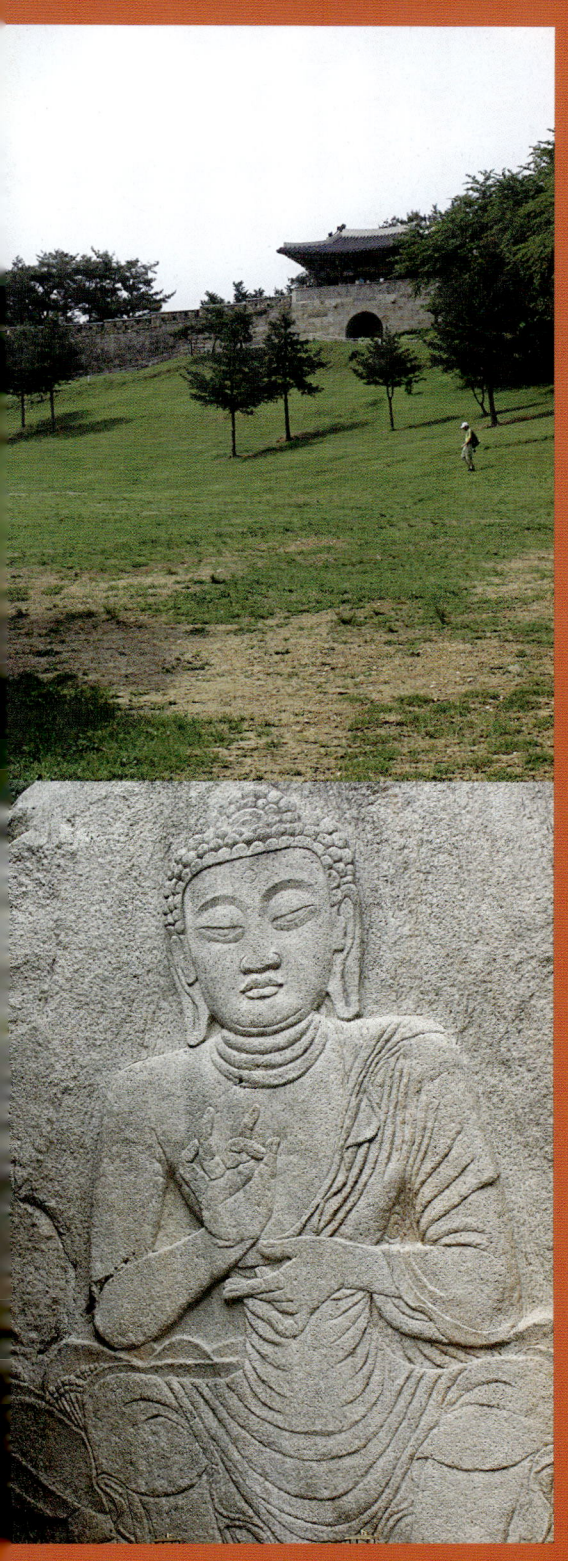

Part 4

• 충청권 •

충청북도
청주시 · 충주시 · 제천시 · 청원군 · 보은군 · 옥천군 · 영동군 ·
증평군 · 진천군 · 괴산군 · 음성군 · 단양군

충청남도
천안시 · 공주시 · 보령시 · 아산시 · 서산시 · 논산시 ·
금산군 · 부여군 · 서천군 · 청양군 · 홍성군 ·
예산군 · 태안군 · 당진군 · 계룡시

대전광역시

세종특별자치시

행정구역 정보

행정구역	주소	대표번호	홈페이지
충청북도	충청북도 청주시 상당구 상당로 82	043-220-2114	http://www.cb21.net
청주시	충청북도 청주시 상당구 상당로 155	043-201-2114	http://www.cheongju.go.kr
충주시	충청북도 충주시 으뜸로 21	043-120	http://www.cj100.net
제천시	충청북도 제천시 내토로 295	043-641-5114	http://www.okjc.net
청원군	충청북도 청주시 상당구 상당로 155	043-201-2114	http://www.puru.net
보은군	충청북도 보은군 보은읍 군청길 38	043-540-3000	http://www.boeun.go.kr
옥천군	충청북도 옥천군 옥천읍 중앙로 99	043-730-3114	http://www.oc.go.kr
영동군	충청북도 영동군 영동읍 동경로 1	043-740-3114	http://www.yd21.go.kr
증평군	충청북도 증평군 증평읍 광장로 88	043-835-3114	http://www.jp.go.kr
진천군	충청북도 진천군 진천읍 상산로 13	043-539-3114	http://www.jincheon.go.kr
괴산군	충청북도 괴산군 괴산읍 임꺽정로 90	043-830-3114	http://www.goesan.go.kr
음성군	충청북도 음성군 음성읍 중앙로 173	043-871-3114	http://www.eumseong.go.kr
단양군	충청북도 단양군 단양읍 중앙1로 10	043-420-3114	http://www.dy21.net
충청남도	충청남도 홍성군 홍북읍 충남대로 21	041-120	http://www.chungnam.net
천안시	충청남도 천안시 서북구 번영로 601	1577-3900	http://www.cheonan.go.kr
공주시	충청남도 공주시 봉황로 1	1899-0088	http://www.gongju.go.kr
보령시	충청남도 보령시 성주산로 77	041-930-3114	http://www.brcn.go.kr
아산시	충청남도 아산시 시민로 456	1577-6611	http://www.asan.go.kr
서산시	충청남도 서산시 관아문길 1	041-660-2114	http://www.seosan.go.kr
논산시	충청남도 논산시 시민로 210번길 9	041-746-5114	http://www.nonsan.go.kr
계룡시	충청남도 계룡시 장안로 46	042-840-2114	http://www.gyeryong.go.kr
금산군	충청남도 금산군 금산읍 군청길 13	041-750-2114	http://www.geumsan.go.kr
부여군	충청남도 부여군 부여읍 사비로 33	041-830-2114	http://www.buyeo.go.kr
서천군	충청남도 서천군 서천읍 군청로 57	041-950-4114	http://www.seocheon.go.kr
청양군	충청남도 청양군 청양읍 문화예술로 222	041-940-2114	http://www.cheongyang.go.kr
홍성군	충청남도 홍성군 홍성읍 아문길 27	041-630-1114	http://hongseong.go.kr
예산군	충청남도 예산군 예산읍 사직로 33	041-339-7114	http://www.yesan.go.kr
태안군	충청남도 태안군 태안읍 군청로 1	041-670-2114	http://www.taean.go.kr
당진시	충청남도 당진시 시청1로 1	041-350-3114	http://www.dangjin.go.kr
대전광역시	대전광역시 서구 둔산로 100	042-120	http://www.daejeon.go.kr
세종특별자치시	세종특별자치시 한누리대로 2130	044-120	http://www.sejong.go.kr

🚌 버스터미널

행정구역	버스터미널 1	전화번호	버스터미널 2	전화번호
청주시	청주시외버스터미널	043-1688-4321	청주고속버스터미널	043-238-8880
충주시	충주공용버스터미널	043-856-7000		
제천시	제천시외버스터미널	043-642-5146	제천고속버스터미널	043-648-3182
보은군	보은시외버스터미널	043-543-1580	속리산버스터미널	043-543-3613
옥천군	옥천시외버스터미널	043-731-5108		
영동군	영동시외버스터미널	043-744-1700	황간시외버스터미널	043-742-4015
증평군	증평시외버스터미널	043-836-2564		
진천군	진천시외버스터미널	043-533-2376		
괴산군	괴산시외버스터미널	043-833-3355		
음성군	음성시외버스터미널	043-872-2448		
단양군	단양시외버스터미널	043-421-8800		
천안시	천안종합버스터미널	041-640-6400	성환시외버스터미널	041-581-2263
공주시	공주종합버스터미널	1666-8401		
보령시	보령종합버스터미널	041-936-5757		
아산시	아산(온양)시외버스터미널	1688-9311		
서산시	서산시외버스터미널	041-665-4808		
논산시	논산시외버스터미널	041-735-2372	연무고속버스터미널	041-741-6670
금산군	금산시외버스터미널	041-754-4854		
부여군	부여시외버스터미널	041-835-3535		
서천군	서천시외버스터미널	041-953-0776		
청양군	청양시외버스터미널	041-943-7345		
홍성군	홍성종합터미널	1688-2115		
예산군	예산종합터미널	041-333-2921	광천시외버스터미널	041-641-2228
태안군	태안시외버스터미널	1688-2100		
당진군	당진시외버스터미널	1688-2616		
대전광역시	대전복합터미널	1577-2259	합덕공용버스터미널	041-363-0262
세종특별자치시	조치원공영버스터미널	041-862-1153		

🚢 여객선터미널 · 공항

행정구역	여객선터미널	전화번호	공항	전화번호
청주시			청주국제공항	1661-2626
보령시	대천연안여객선터미널	1666-0990		

🚌 찾아가는 길

행정구역	찾아가는 길
청주시	1번 경부고속도로 청주 I.C – 36번 국도 – 청주 35번 중부고속도로 서청주 I.C – 청주
충주시	45번 중부내륙고속도로 충주 I.C – 충주 45번 중부내륙고속도로 북충주 I.C – 82번 국도 – 충주
제천시	50번 중앙고속도로 제천 I.C 또는 남제천 I.C – 38번 국도 – 제천
청원군	1번 경부고속도로 청주 I.C – 36번 국도 1번 경부고속도로 청원 I.C – 17번 국도 – 청원
보은군	30번 당진상주고속도로 보은 I.C – 19번 국도, 37번 국도 – 보은 30번 당진상주고속도로 속리산 I.C – 25번 국도, 37번 국도 – 보은(속리산)
옥천군	1번 경부고속도로 옥천 I.C – 4번 국도 – 옥천
영동군	1번 경부고속도로 영동 I.C – 19번 국도 – 영동
증평군	35번 중부고속도로 증평 I.C – 34번 국도 – 증평
진천군	35번 중부고속도로 진천 I.C – 21번 국도 – 진천
괴산군	45번 중부내륙고속도로 괴산 I.C – 19번 국도 – 괴산 45번 중부내륙고속도로 연풍 I.C – 34번 국도 – 괴산 35번 중부고속도로 증평 I.C – 34번 국도 – 괴산
음성군	35번 중부고속도로 음성 I.C – 82번 국도 – 금왕 37번 국도 – 음성
단양군	55번 중앙고속도로 단양 I.C 또는 북단양 I.C – 5번 국도 – 단양
천안시	1번 경부고속도로 천안 I.C 또는 목천 I.C – 천안 25번 논산천안고속도로 남천안 I.C – 천안
공주시	25번 논산천안고속도로 남공주 I.C – 공주 25번 논산천안고속도로 탄천 I.C – 40번 국도 – 공주
보령시	15번 서해안고속도로 대천 I.C – 36번 국도 – 보령 15번 서해안고속도로 무창포 I.C – 21번 국도 – 보령
아산시	1번 경부고속도로 천안 I.C – 21번 국도 – 아산 15번 서해안고속도로 서평택 I.C – 38번 국도 – 아산 15번 서해안고속국도 송악 I.C – 32번 국도 – 아산
서산시	15번 서해안고속도로 서산 I.C – 32번 국도 – 서산 15번 서해안고속도로 해미 I.C – 29번 국도 – 서산
논산시	251번 호남고속도로지선 – 1번 국도 – 논산 25번 논산천안고속도로 서논산 I.C – 4번 국도, 23번 국도 – 논산
계룡시	251번 호남고속도로지선 계룡 I.C – 1번 국도, 4번 국도 – 계룡
금산군	35번 통영대전고속도로 금산 I.C 또는 추부 I.C – 37번 국도 – 금산
연기군	1번 경부고속도로 남천안 I.C – 1번 국도 – 연기
부여군	25번 논산천안고속도로 탄천 I.C – 40번 국도 – 부여 25번 논산천안고속도로 서논산 I.C – 4번 국도 – 부여
서천군	15번 서해안고속도로 서천 I.C – 4번 국도 – 서천 15 서해안고속도로 춘장대 I.C – 21번 국도 – 서천
청양군	25번 논산천안고속도로 정안 I.C – 23번 국도 – 공주 – 36번 국도 – 청양 15번 서해안고속도로 홍성 I.C – 29번 국도 – 청양
홍성군	15번 서해안고속도로 홍성 I.C – 29번 국도 – 홍성 1번 경부고속도로 천안 I.C – 아산 – 21번 국도 – 예산 – 홍성
예산군	15번 서해안고속도로 해미 I.C – 덕산 – 45번 국도 – 예산
태안군	15번 서해안고속도로 서산 I.C – 32번 국도 – 태안 15번 서해안고속도로 홍성 I.C – 96번 국도 – 태안(안면도)
당진군	15번 서해안고속도로 당진 I.C – 32번 국도 – 당진 15번 서해안고속도로 송악 I.C – 38번 국도 – 당진
대전광역시	1번 경부고속도로 대전 I.C – 대전, 25번 호남고속도로 대덕밸리 I.C 또는 유성 I.C – 대전 300번 대전남부순환고속도로 판암 I.C 또는 서대전 I.C – 대전

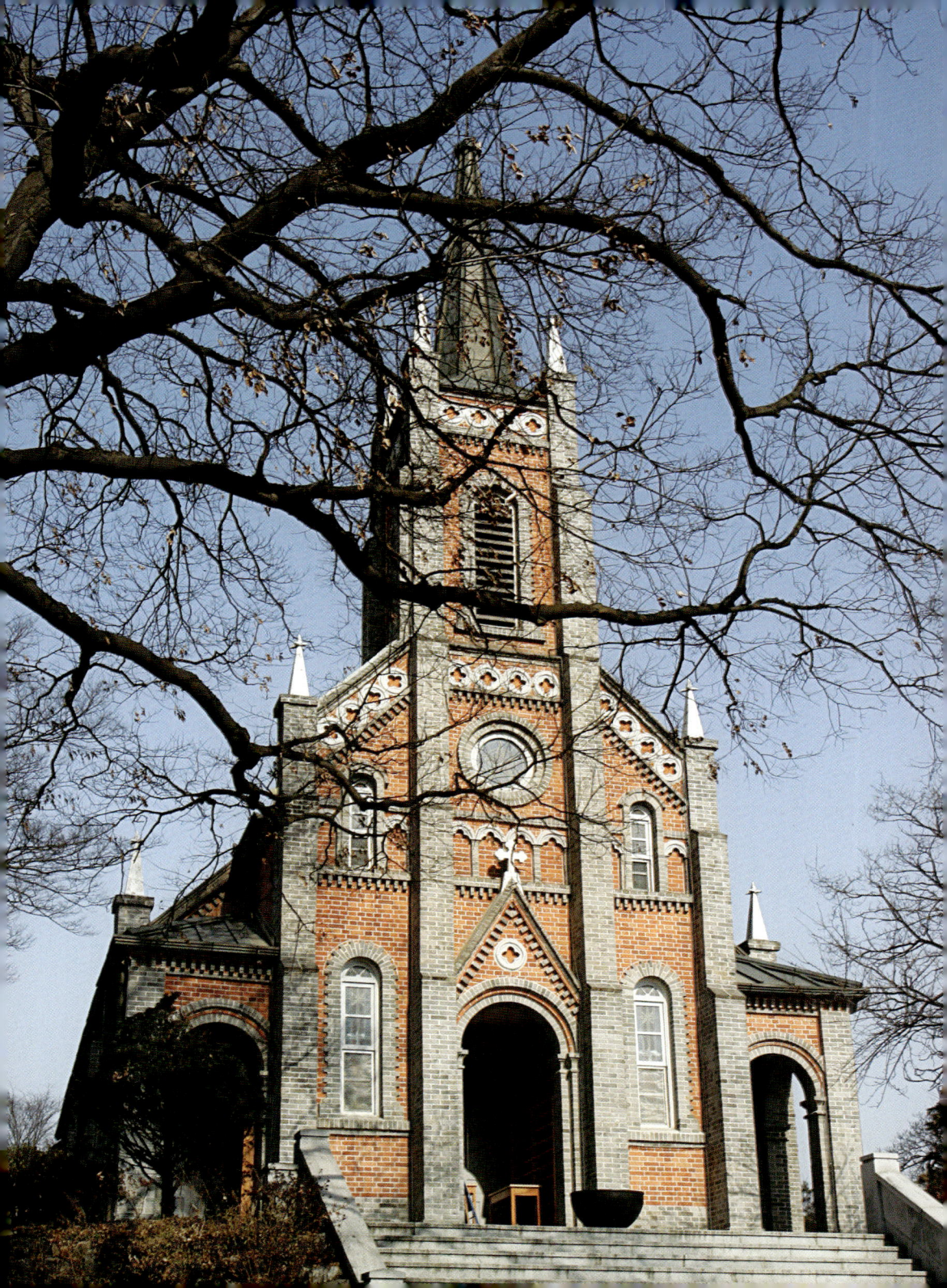

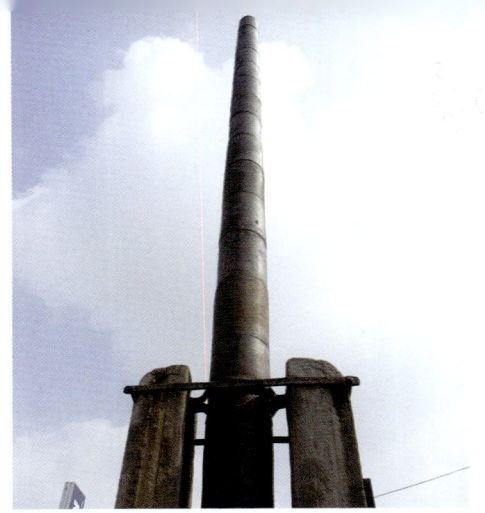

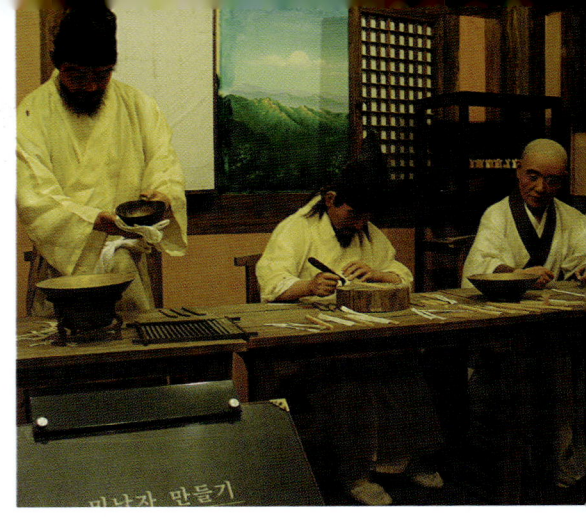

용두사지 철당간
당간의 원형을 볼 수 있는 곳

위치 | 충청북도 청주시 상당구 남문로2가 48-19
　　　충청북도 청주시 상당구 상당로55번길 인근
운영시간 | 종일, 연중무휴

▶ MINI DATA
| 입장료 | 없음　주차 | 가능　분류 | 역사, 문화유적

청주 고인쇄박물관
세계에서 가장 오래된 금속 활자본, 「직지심체요절」을 만나자

위치 | 충청북도 청주시 흥덕구 운천동 866
　　　충청북도 청주시 흥덕구 직지대로 713
운영시간 | 09:00∼18:00, 매주 월요일 휴관

▶ MINI DATA
| 입장료 | 없음　주차 | 가능　분류 | 박물관

당간이란 절에서 법회 등의 행사가 있을 때 '당'이라는 깃발을 달던 기둥으로 절의 규모에 따라 당간의 크기가 정해지곤 했다. 청주 시내 한가운데 커다란 철당간이 남아 있다. 이곳의 당간은 안성의 칠장사, 공주의 갑사와 함께 원형이 보존되어 있는 철당간 중 한 곳이다. 옛 절 또는 절터에서 당간은 없어지고 당간을 받치던 기둥만 남은 당간지주는 쉽게 볼 수 있지만 당간지주 사이에 당간이 서 있는 모습을 보기 어렵다. 그래서 이곳 당간은 특별한 의미를 지닌다. 철당간이 서 있는 이 자리는 고려시대 용주사라는 절이 있던 자리로, 이곳의 유래를 알려주는 명문이 당간에 새겨져 있다. 아래에서 3번째 철통에 새겨진 명문은 고려 광종 때 이 지방의 호족이었던 김예종이 유행병에 걸리자 철당간을 세워 절에 시주했다는 내용으로 이곳의 유래를 알려주는 귀한 금석문이다.

세계에서 가장 오래된 금속 활자본으로, 유네스코 세계기록유산으로 등재된 「백운화상초록불조직지심체요절」을 인쇄했던 흥덕사 터에 건립된 고인쇄 전문 박물관이다. 줄여서 「직지심경」 또는 「직지」라고 불리는데 고려 말인 1377년 경한 스님이 여러 부처와 고승들의 설법 중에서 불교 최고의 덕목으로 꼽는 '선'과 관련된 내용을 골라 편찬한 책이다. 이 책의 활자본은 세계 최초의 금속활자라고 알려졌던 독일의 「구텐베르그 성서」보다 70여 년 앞선 것이다. 고인쇄박물관은 금속활자를 만들어 책으로 인쇄하는 과정을 밀랍인형으로 재현한 직지 금속 활자 공방과 인쇄 문화실, 동서 인쇄 문화실, 인쇄 기기실, 고인쇄 도서관 등으로 구성되어 직지의 가치를 되새기고 우리문화의 우수성을 기리는 데 큰 역할을 하고 있다. 안타까운 사실은 현재 「직지」가 프랑스국립도서관에 보관되어 있다는 것이다.

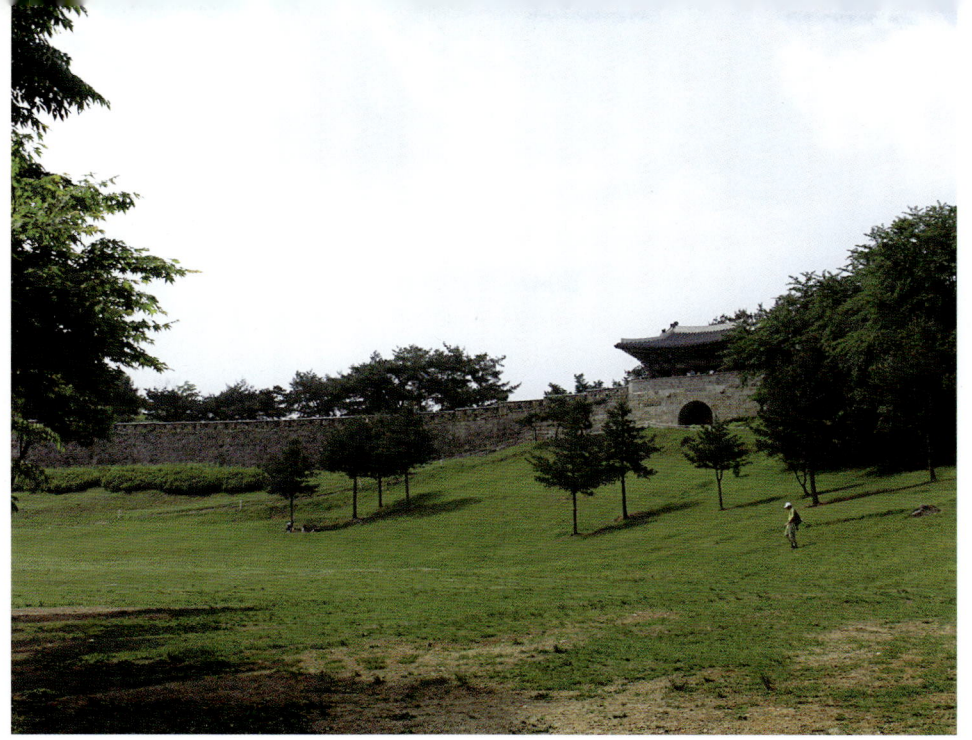

상당산성 조선시대 산성의 모습을 간직한 곳

| 위치 | 충청북도 청주시 상당구 산성동 산28-1
충청북도 청주시 상당구 성내로124번길 14
운영시간 | 종일, 연중무휴

▶ MINI DATA
| 입장료 | 없음   주차 | 가능   분류 | 역사, 문화유적

상당산 둘레를 따라 그림 같은 모습으로 연결되는 산성은 조선 중, 후기 석성의 모습을 제대로 볼 수 있는 문화유산이다. 동문, 서문, 남문 3개의 성문과 2개의 암문인 동암문, 남양문, 치성과 수구 등 산성의 모습은 현재도 굳건하고 다부진 모습을 보여준다. 삼국시대 백제가 세운 산성이 그 시작이 되었다는 상당산성은 통일신라 이후 군사적 가치를 인정받았고 조선 임진왜란 이후 한양 방어를 위한 석성으로 대대적으로 보수되었다. 둘레가 4.2km에 이르는 산성은 내부 면적이 73ha에 이른다. 산성 주위를 따라 이어지는 등산로는 청주 시내와 주변 경관을 한눈에 담는 멋진 모습으로 사람들의 발걸음이 끊이지 않는다. 청주 시내에서 산성을 찾아가는 도로는 봄날이면 양쪽으로 벚꽃이 아름답고 계절마다 산성 주변을 물들이는 야생화와 깊은 숲은 자연탐방지로도 가치가 높다. 드넓은 잔디 광장과 산성 내부 용수를 해결하였던 호수의 경관이 아름답고 수문장 교대 등 다양한 문화 행사로 학생들의 역사교육탐방으로도 좋은 곳이다. 옛 모습의 기와지붕으로 단장된 한옥마을은 찾아오는 사람들의 입맛을 사로잡는 먹거리로 가득하다. 전통 음식과 잘 어울리는 대추술은 산성을 더욱 유명하게 만드는 특산물이다. 옛 터만이 남아 있는 산성 내부 건축물까지 단계적으로 복원되면 조선시대 산성의 모습을 제대로 관찰할 수 있는 장소가 될 것이다.

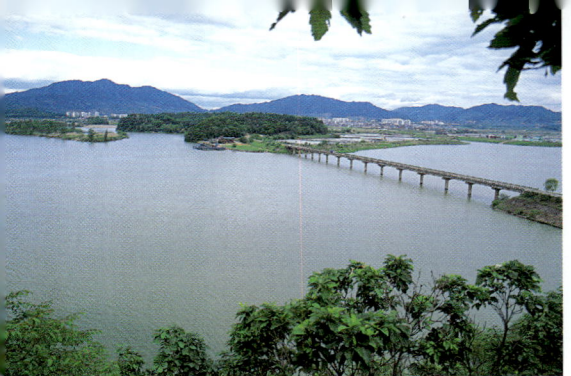
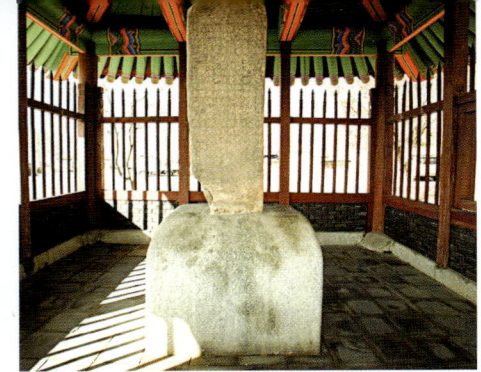

Photo by 충주시청   Photo by 충주시청

탄금대
우륵의 가야금 소리가 들려온다

| 위치 | 충청북도 충주시 칠금동 산1-1
　　　 충청북도 충주시 탄금대안길 105
| 운영시간 | 종일, 연중무휴

▶ MINI DATA
| 입장료 | 없음　　주차 | 가능　　분류 | 공원

충주고구려비 전시관
위대한 역사의 감동이 흐른다

| 위치 | 충청북도 충주시 중앙탑면 용전리 280-17
　　　 충청북도 충주시 중앙탑면 감노로 2319
| 운영시간 | 09:00~18:00, 매주 월요일 휴관

▶ MINI DATA
| 입장료 | 없음　　주차 | 가능　　분류 | 역사, 문화유적

'가야금을 타던 터', 탄금대라는 이름이 주는 운치만큼 전해지는 이야기도 재미있다. 진흥왕 때 가야 사람이었던 우륵이 신라로 귀화한 후 이곳에 자리를 잡고 가야금을 연주했는데 그 아름다운 소리에 사람들이 모이고, 모인 사람들 때문에 마을이 만들어졌다고 한다. 남한강이 속리산에서 내려오는 달천과 만나는 곳으로 대문산 자락에 자리한 탄금대는 아래로 바라보는 강의 풍경이 멋지다. 탄금대는 임진왜란 때 왜군과 배수진을 친 치열한 전투가 벌어졌던 곳이기도 하다. 왜군이 동래성을 차지하고 순식간에 경상도를 넘어 북쪽으로 올라오게 되는데, 이에 다급해진 조선 조정은 남아 있던 지방군을 경상도에서 충주로 넘어오는 중요한 길목인 문경새재에 모은다. 이를 지휘했던 장군이 신립으로, 신립은 길목이 갖는 지리적인 이점을 버리고 군사들을 뒤로 물려 이곳 탄금대에 배수진을 치게 한다. 하지만 왜군에게 패하게 되고 신립은 부장인 김여물과 함께 강에 투신 자결한다. 탄금정를 중심으로 아름다운 공원이 꾸며져 있어 한나절 나들이하기에 좋다.

중원고구려비는 우리나라에서 발견된 유일한 고구려비로 알려져 있다. 마을에 커다란 돌이 서 있어 입석마을이라 불리는 이곳에서 이 돌은 마을의 수호석으로 숭배를 받기도 했고, 대장간집 기둥으로 사용되기도 했다는데 돌기둥의 정체가 밝혀진 것은 지금으로부터 불과 30여 년 전이다. 높이 2m, 너비 0.5m의 돌기둥으로 사면에 글씨가 새겨져 있으며 심하게 마모된 뒷면을 빼고는 글씨를 대강 알아볼 수 있다. 처음 부분을 자세히 살펴보면 '고려대왕'이라 새겨져 있는 문구에서 이 비석이 고구려 때의 비임을 알 수 있다. 또한 뒤이어 나오는 제위, 사자 같은 고구려의 관직명이 고구려비임을 뒷받침한다. 비석이 만들어진 연대는 대략 5세기 후반으로 북으로 영토를 확장한 광개토대왕(391~413년) 다음 왕인 장수왕(413~491년) 시대의 비석으로 추정하고 있다. 장수왕 때 수도를 평양으로 천도하는 등의 남하정책을 펼치며 한강유역으로 고구려의 세력을 펼치게 되는데 그 개척 과정에서 세워진 비로 보는 것이다. 현재 국보로 지정되어 있다.

중앙탑과 충주박물관
하늘과 땅의 기운을 받는 곳

| 위치 | 충청북도 충주시 중앙탑면 탑평리 47-5 충주박물관
　　　　 충청북도 충주시 중앙탑면 중앙탑길 112-28
| 운영시간 | 09:00~18:00, 매주 월요일 휴관

▶ MINI DATA
| 입장료 | 없음　　주차 | 가능　　분류 | 박물관

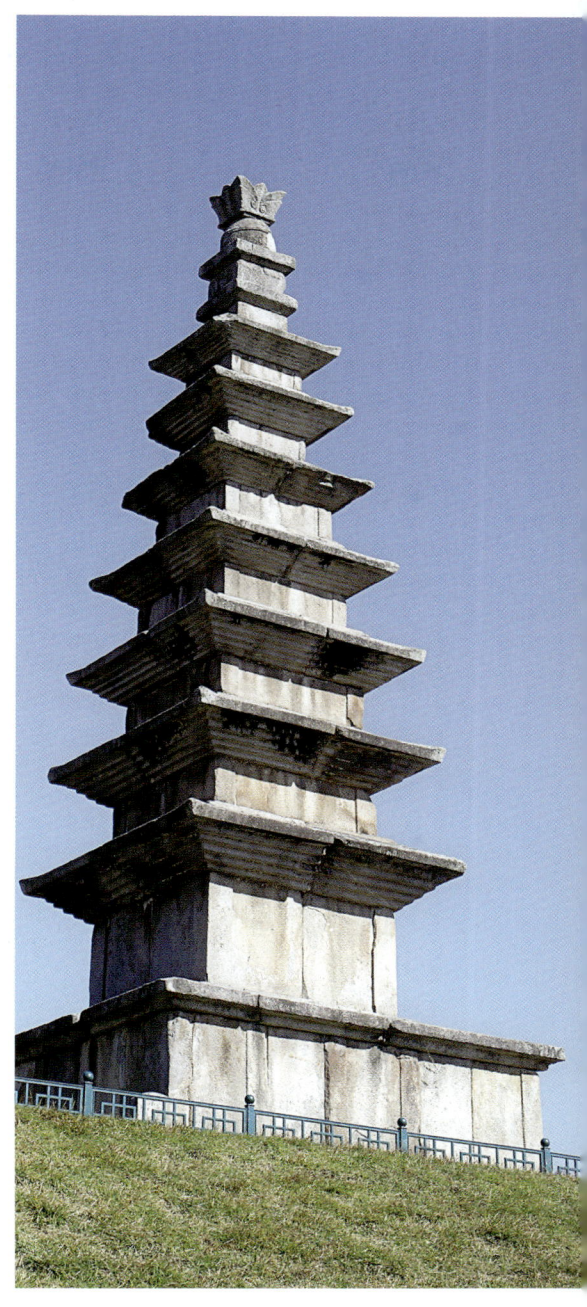

남한강의 중심이 되는 지리적 위치와 상징성에 더하여 당시 국력의 중요한 기준이 되었던 철의 생산이 많아 충주 지역은 한반도 중앙이 되는 장소로 '중원'이라고도 불렸다. 삼국의 문화가 혼재되는 모습을 보이는 중원문화권의 핵심 충주에서도 중앙을 가리키는 탑이 중원탑평리 칠층석탑이다. 간략하게 중앙탑으로 더욱 알려진 탑은 사찰의 부처님을 상징하는 여느 탑과는 달리 가파른 경사를 타고 좁고 높게 올라가는 모습이 위치를 알리는 이정표처럼 보인다. 실제 신라는 탑을 세운 진흥왕대 이후 많은 백성들을 충주지역으로 이주시켜 확고하게 자신들의 영토임을 알리려 하였다. 지금도 활발한 발굴 작업이 이루어지고 있는 인근의 누암리 고분군은 현재까지 230여 기의 귀족 봉분이 발견되었다. 중앙탑을 중심으로 푸른 남한강 물줄기를 따라 잔디밭과 현대 조각품으로 채워진 야외공원은 시민들의 소풍장소로 알려져 있다. 전시관은 중원지역의 민속자료를 전시하였던 향토사료관이 확대된 충주박물관이다. 삼국시대 불교문화를 중심으로 조선시대 민속자료와 지역 무속신앙, 민속놀이, 일반 가정의 생활용품이 전시된 박물관은 중원문화를 연구하고 이해하도록 도와주는 많은 자료들이 준비된 곳이다. 특히 삼국시대 전통 방식의 고분형태를 살펴볼 수 있는 누암리 고분군의 모형과 해설은 중앙탑이 건립될 당시 모습을 담고 있어 더욱 중요하다.

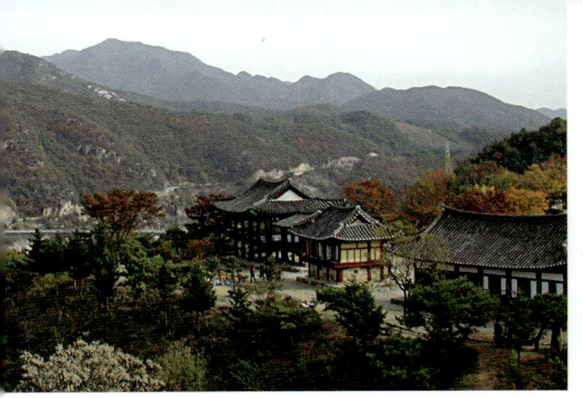
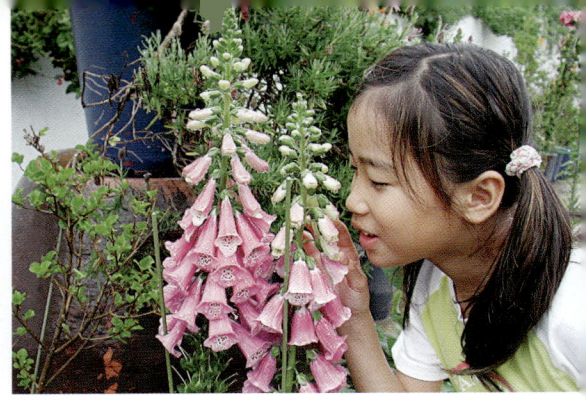

청풍 문화재단지
수몰 위기에서 구해 낸 문화재단지

| 위치 | 충청북도 제천시 청풍면 물태리 산6-20
충청북도 제천시 청풍면 청풍호로 2048
| 운영시간 | 동절기 09:00~17:00, 하절기 09:00~18:00, 연중무휴

▶ MINI DATA
| 입장료 | 있음　　주차 | 가능　　분류 | 전시, 체험시설

상수허브랜드
향긋한 허브의 모든 것

| 위치 | 충청북도 청주시 서원구 남이면 부용외천리 480
충청북도 청주시 서원구 남이면 부용외천길 18
| 운영시간 | 12~2월 09:30~17:30, 3~11월 09:00~19:00,
연중무휴

▶ MINI DATA
| 입장료 | 있음　　주차 | 가능　　분류 | 숲, 자연휴양림

충주댐의 건설로 만들어진 아름다운 충주호는 주변의 많은 마을들을 물에 잠기게 했다. 그중에서도 청풍면 후산리와 황석리, 수산면 지곡리는 많은 문화유적을 보유하고 있었는데 이 유적들을 모아 조성한 것이 청풍 문화재단지이다. 단지 안에는 향교, 관아, 민가, 석물군 등 43점의 문화재가 옮겨져 있고 4채의 민가에 생활 유품 1,600여 점이 전시되어 있다. 수몰되기 전의 풍경과 원래 자리를 지키던 유적들을 사진으로 전시해놓은 전시관도 함께 있다. 보물 제528호인 한벽루는 고려 충숙왕 4년인 1317년에 세운 관아의 부속 건물로 계단을 통해 2층으로 올라갈 수 있는데 이곳에서 바라보는 충주호의 전망이 시원스럽다. 이 밖에도 충청북도 유형문화재인 금남헌과 금남루, 청풍향교, 보물 제546호인 석조여래입상을 볼 수 있고, 두 그루의 나무가 오랜 세월을 거치는 동안 한 몸으로 자란다 해서 남녀의 지순한 사랑을 상징하는 연리지도 볼 수 있다. 단지 내의 길을 따라 망월산성에 오르면 시원스런 충주호의 전망에 가슴까지 탁 트인다.

83ha의 농원에서 허브가 자라고 있는 허브 전문 농원이다. 1,000여 종의 허브가 전시되어 있는 허브 전시장은 동양 최대의 최첨단 유리 온실로 1년 365일 허브 꽃을 피워내고 있어 상큼한 향기를 맡으며 허브의 쓰임에 대해서 알아보고 직접 만져볼 수 있다. 야외 산책로를 따라 의자바위, 허브카펫을 지나며 다양한 전시물들을 감상하고 다시 실내로 들어오면 예쁜 의자가 놓인 공간에서 아로마 테라피 체험을 할 수 있도록 꾸며진 허브정원을 만난다. 허브 상품을 만들어내는 기업에서 운영하는 곳답게 다양한 허브 관련 상품들을 구입할 수 있는 숍을 둘러보는 재미도 쏠쏠하며 허브 포푸리 만들기, 허브 비누 만들기, 향초 만들기, 허브 인절미 만들기 등 다양한 체험 프로그램을 진행하고 있어 인기다. 허브음식 전문 레스토랑인 허브의 성에서는 꽃밥을 비롯해 허브가 들어간 다양한 요리를 먹어볼 수 있다.

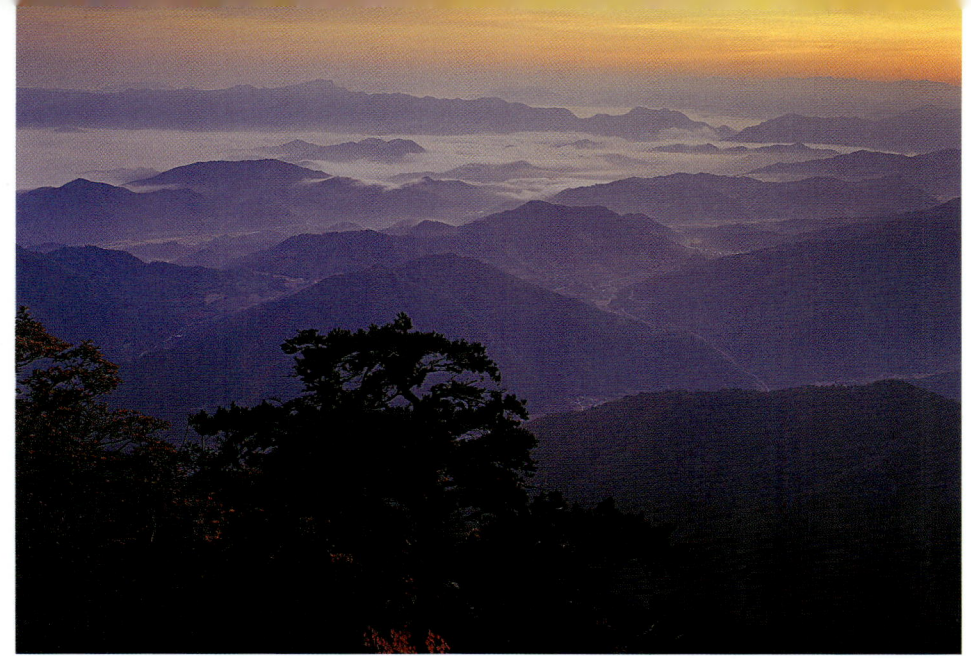

월악산국립공원 충주호를 품은 영산

| 위치 | 충청북도 제천시 한수면, 덕산면 일대
| 운영시간 | 종일, 연중무휴

▶ MINI DATA
| 입장료 | 없음   주차 | 가능   분류 | 산, 계곡, 동굴

백두대간이 소백산에서 속리산으로 뻗어내리는 중간 지점에 위치한 월악산은 해발 1,094m의 '영봉'을 중심으로 행정구역상 제천시, 충주시, 단양군, 문경시 등 4개 시와 군에 걸쳐 있는 험준한 산이다. 1984년 국립공원으로 지정되었으며 거대한 암반과 기암괴석, 깊은 계곡과 소가 어우러져 아름다운 경관을 자랑한다. 북으로는 충주호가 있고 남으로는 문경새재와 이어지며 동으로는 소백산국립공원과 맞닿아 있다. 여름에도 눈이 녹지 않는다는 하설산을 비롯해 문수봉, 만수봉 등 수려한 봉우리들이 한 폭의 동양화처럼 솟아 있고, 신령스러운 기운이 있어 예로부터 월악신사를 세우고 나라의 무사안녕을 바라는 제를 올리기도 해 국사봉이라고도 불리는 영봉 정상에 오르면 사방이 거침없이 시원하게 뚫려 있어 충주호와 청풍호의 아름다운 경관이 한눈에 들어온다. 8km에 이르는 송계계곡과 16km에 이르는 용하구곡, 선암계곡 등 수량이 풍부한 계곡을 많이 끼고 있어 여름철 무더위를 씻어주고 깨끗하게 단장된 민박촌과 캠핑을 할 수 있는 야영장이 곳곳에 마련되어 있으며 월광폭포, 자연대, 망폭대, 수경대 등 절경을 자랑하는 소와 함께 가을 단풍과 겨울 설경이 아름다워 제2의 금강산이라고도 불린다. 문경새재도립공원, 석회암 지대의 동굴, 단양팔경, 청풍 문화재단지 등 유명한 관광지를 끼고 있으며 수안보온천, 문경온천, 단양온천이 가깝고 문화유적도 많다. 또한 송계계곡의 597번 도로와 선암계곡의 59번 도로, 충주와 단양을 잇는 36번 국도 그리고 청풍에서 충주호로 이어지는 호반도로는 전국 최고의 드라이브 코스로 손꼽히며, 월악산에 달이 오르고 그 달빛이 어린 충주호는 특히 천하절경이라 할 만하다.

법주사

우리나라 유일의 전통 목탑을 볼 수 있다

| 위치 | 충청북도 보은군 속리산면 사내리 209
충청북도 보은군 속리산면 법주사로 405
| 운영시간 | 일출~일몰, 연중무휴

▶ MINI DATA
| 입장료 | 있음   주차 | 가능   분류 | 역사, 문화유적

법주사는 속리산 아래 자리한 유서 깊은 절로 신라 진흥왕 때 지어졌다고 전해지며 고려시대 법상종의 중심 사찰로 역할을 한 곳이다. 곳곳에 많은 문화재들이 있어 하나씩 찾아가는 재미가 있다. 이곳에서 가장 눈에 띄는 것은 1990년에 새로 만들어진 청동미륵대불이다. 기단까지 합친 전체 높이가 33m이며 사용된 청동이 100여 톤이 넘는 거대한 불상인데, 원래 법주사의 중심건물이었던 용화보전이 있던 곳으로 신라시대 진표율사가 세운 미륵장륙상이 1천 년간 서 있던 자리라고 한다. 정유재란을 겪으면서 미륵장륙상이 사라지고 다시 금동미륵장륙상을 만들게 되

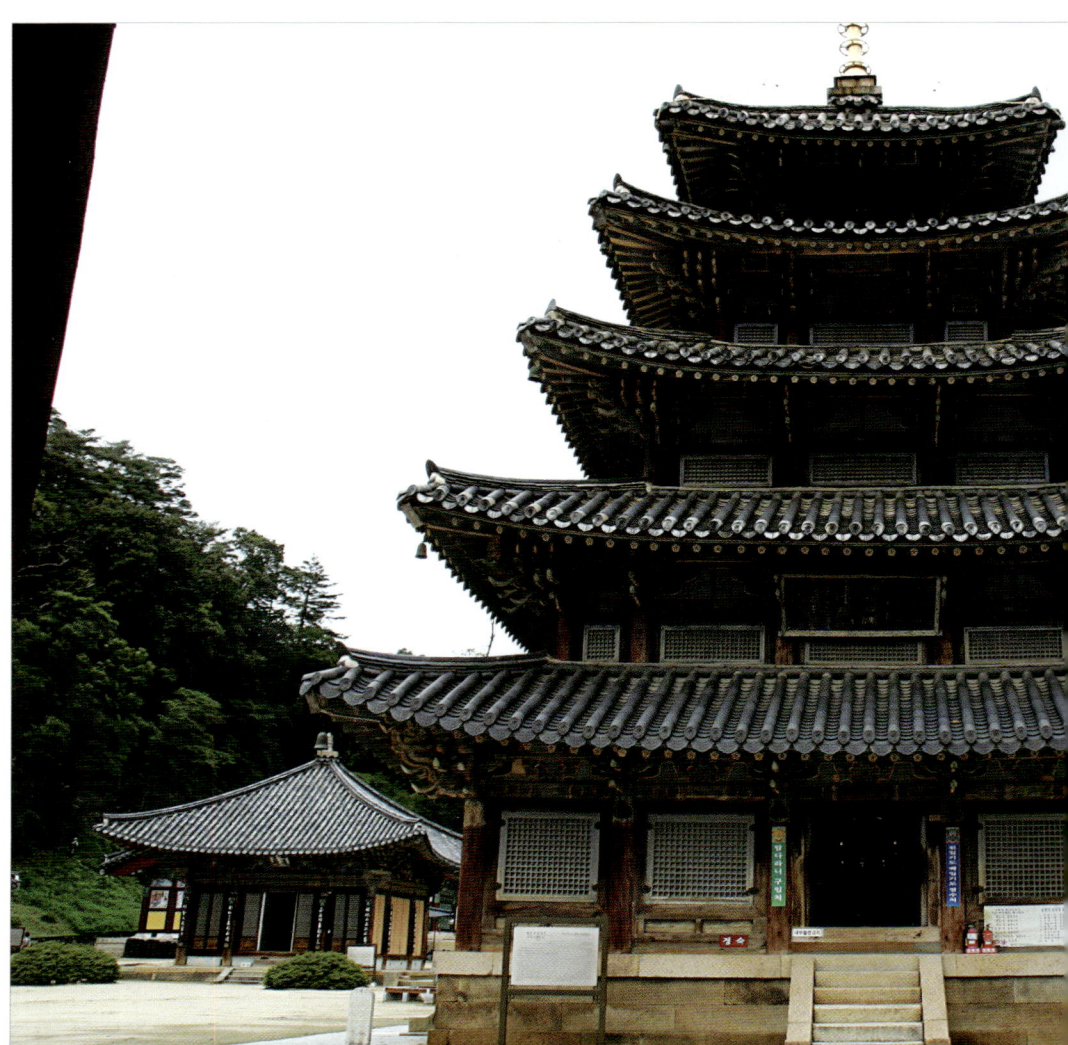

는데 흥선대원군이 경복궁 증건을 위한 당백전을 발행하면서 이것을 다시 헐었다. 해방 후에 무너진 용화보전 자리 위에다 시멘트로 미륵불상을 만들어 세워놓았는데 이를 헐고 다시 만든 것이 지금의 청동미륵대불이다. 청동미륵대불 맞은편에 있는 오층목탑 팔상전도 법주사를 상징하는 대표적인 유물이다. 법주사는 정유재란 때 왜군들에 의하여 화재를 입게 되고, 이후 사명대사 유정이 절을 다시 지으면서 팔상전을 복원하였다. 팔상전이란 이름은 안에 부처의 일생을 그린 팔상도가 그려져 있기 때문에 붙여졌다. 남아 있는 옛 건물 중에서 2층으로 지어진 집은 궁궐을 제외하고는 흔치 않은데 법주사의 대웅보전이 팔작지붕의 2층 집이다. 팔상전과 마찬가지로 임진왜란 이후 절을 중수하면서 새로 지었으며, 안에는 비로자나삼존불, 노나사불, 석가모니불이 함께 모셔져 있으며 5m에 이르는 불상의 크기가 인상적이다. 절의 입구에 놓여진 쇠솥과 석조는 각각 곡식 80가마와 40가마가 들어갈 크기라 하며, 팔상전에서 대웅보전으로 가는 길에 놓인 쌍사자석 등은 통일신라 때 만들어진 것으로 그 크기와 조각의 유려함에서 손꼽히는 작품으로 인정받고 있는 국보이다.

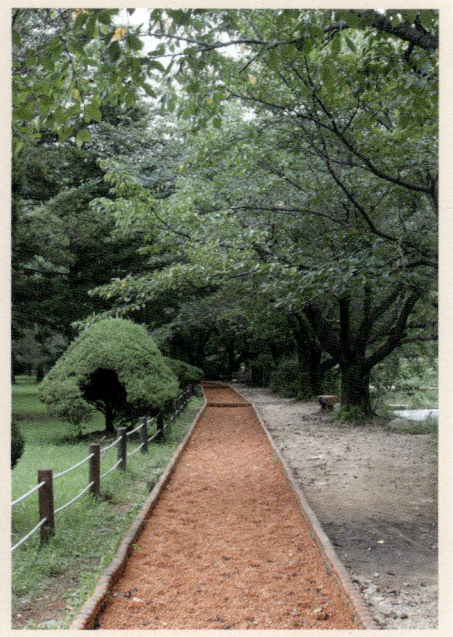

→ 오리숲과 황톳길, 둘리의 숲 속 여행

주차장에서 법주사까지 이르는 숲길은 5리쯤 된다고 해서 오리숲으로 불리는데 이 길은 전나무, 소나무 등이 하늘을 가릴 만큼 우거진 멋진 길이다. 길가로는 황톳길이 만들어져 맨발로 걸을 수 있게 해 놓았다. 법주사 입구 정이품송 근처에는 김수정 작가의 만화 『둘리』를 주제로 만들어진 둘리의 숲 속 여행이라는 테마공원이 있어 가족들과 함께 들렀다 가기에 좋다.

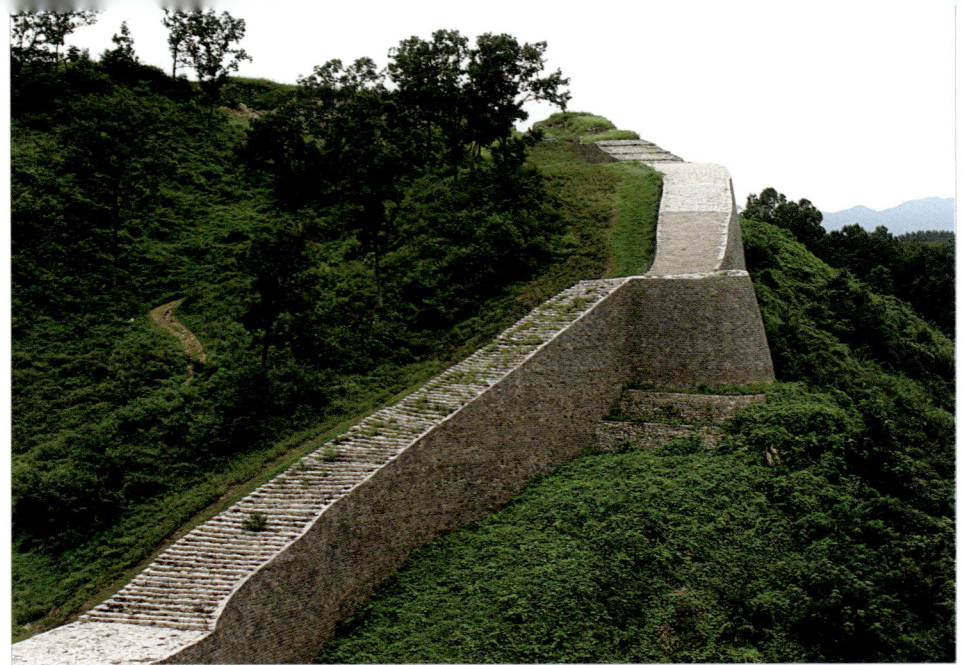

삼년산성 최고의 요새

위치 | 충청북도 보은군 보은읍 어암리 산 1-1
　　　충청북도 보은군 보은읍 성주1길 104 일대
운영시간 | 종일, 연중무휴

▶ MINI DATA
입장료 | 없음　　주차 | 가능　　분류 | 역사, 문화유적

보은 시내가 한눈에 들어오는 삼년산성에 올라보자. 흰색 벽돌 같은 화강암으로 현대의 건축물처럼 단단하게 쌓아올린 산성은 무려 1,500년 전 3년의 시간 동안 3,000명이 동원되어 쌓았다는 삼국시대의 산성이다. 신라가 중원지역의 거점을 확보하고 삼국 통일의 위업을 달성하는 과정에서 전략적으로 가장 중요한 위치를 차지하는 곳이 바로 이곳이다. 전체 길이 1.7km, 높이 13m에 이르는 산성은 가로와 세로로 혼용된 축성 방식으로 일반적으로 흙으로 내부를 채우는 다른 산성과 달리 내부까지 단단하게 돌로 채워진 철옹성이다. 실제 삼국통일에 결정적인 역할을 하는 수많은 전투가 산성을 중심으로 일어났으며 기록상으로는 한번도 함락된 적이 없는 성이다. 후삼국시대 대규모 군사를 이끌고 산성 공략을 도모하였던 훗날의 고려 태조 왕건도 전투에 패하여 물러갔다 하니 산성의 단단함은 더욱 빛난다. 성벽 내부의 연못 주변에 남아 있는 암벽에는 여러 글씨가 탁월한 모습으로 암각되어 있다. 신라 최고의 명필로 이름 높았던 김생의 글씨로 추정된다 하니 다시 한 번 눈길을 주게 되고 1천 년을 넘는 세월을 이어온 글씨는 춤을 추듯 화려하다. 유네스코에서 지정하는 세계문화유산으로 등재가 기대되는 우리나라의 잠정목록으로 삼년산성은 그 가치가 높다.

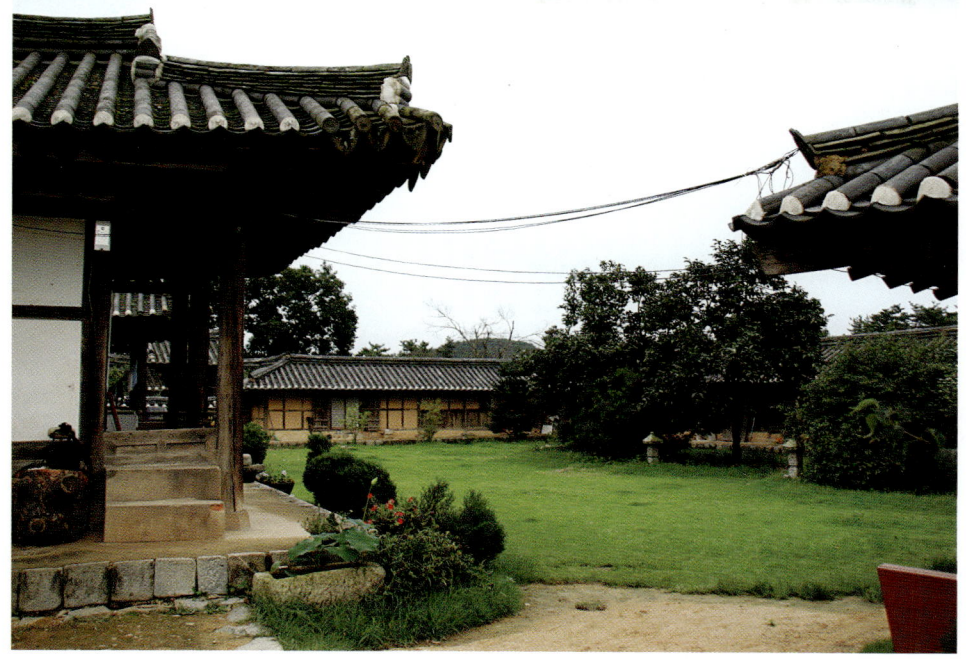

선병국 고가 기품 있는 고가옥에서 즐기는 차 한잔

위치 | 충청북도 보은군 장안면 개안리 154
충청북도 보은군 장안면 개안길 10-2
운영시간 | 10:00~18:00(소유주의 사정으로 관람제한 가능)

▶ MINI DATA
입장료 | 없음   주차 | 가능   분류 | 역사, 문화유적

1900년대 초반 세워진 선병국 가옥은 99칸의 고래 등 같은 집이라고 표현하기에 도 모자라다. 남아 있는 가옥의 칸 수만 138칸에 이르니 그 규모를 짐작할 수 있다. 사랑채와 안채, 사당채로 크게 나눠지는 가옥은 각기 높지 않은 담으로 구역을 나누어 쓰임새를 구분한다. 시대의 흐름에 따라 붉은 벽돌로 아래를 마감하였고 사이사이 콘크리트의 모습도 보인다. 전체적으로 화강암을 다듬어 쌓은 장대석 위에 올려진 가옥은 그 당당함이 흡사 왕실의 가옥을 보는 듯하다. 지금은 자리만 남은 행랑채를 제외하더라도 별도의 부엌과 우물이 있는 사랑채는 운동장만큼 넓은 앞마당을 가진 대단한 규모이다. 방의 크기나 툇마루 복도 등 모든 부분이 넓고 시원하다. 일제강점기 갈 곳을 잃은 예인들을 위해 항시 그 문을 열어 편히 지

낼 수 있게 하였다는 이야기가 전해지는데 그 모습이 그림으로 보듯 짐작된다. 사랑채는 '도솔천'이라는 전통 찻집으로 찾아오는 길손들을 맞이한다. 촉촉한 보슬비 내리는 봄날, 차 한 잔을 즐기며 마당을 단정하게 채우는 화초와 담장을 바라보는 기분은 어느 곳에서 느낄 수 없는 특별함이다. 안채 공간은 아직도 선씨 문중의 생활공간과 고시생들의 학습 공간으로 통제된다. 안채를 장식하는 현판은 '위선최락(僞善最樂: 선행을 행함을 최고의 즐거움으로 삼는다)'이라는 문구가 가문의 철학을 나타낸다. 솟을대문으로 사랑채와 나뉘는 행랑채는 선씨 문중의 사당 공간이다. 궂은 날씨에도 제례를 올리는 것에 불편함이 없도록 배려한 툇마루와 복도가 기품을 더한다.

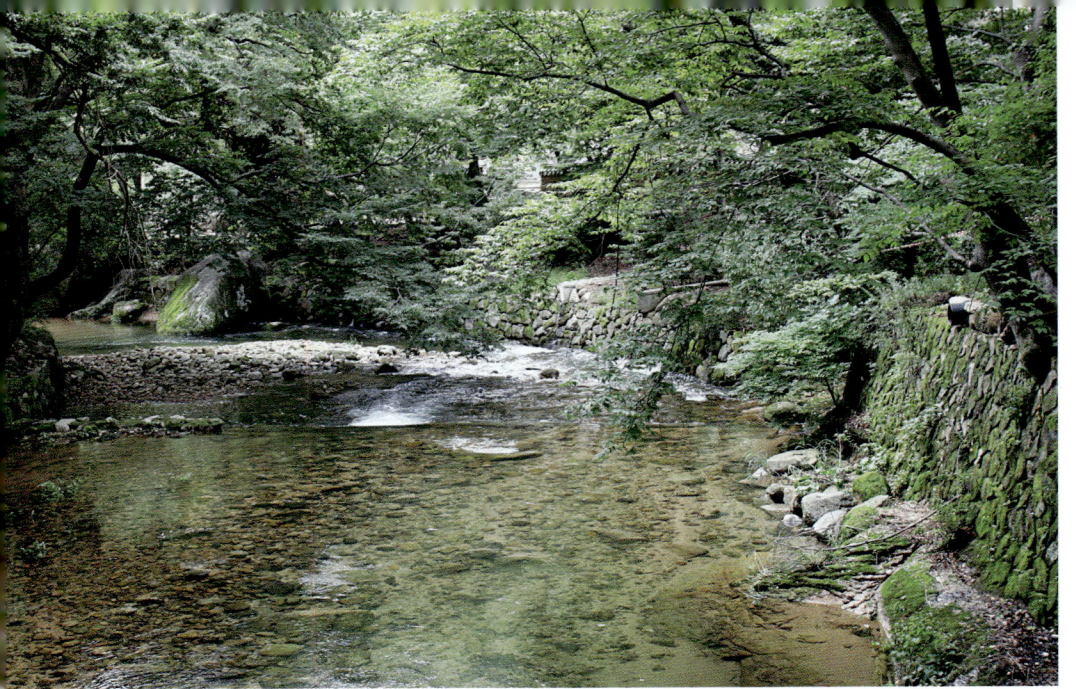

속리산국립공원 소백산맥의 중심

| 위치 | 충청북도 보은군/괴산군, 경상북도 문경시/상주시 일대
| 운영시간 | 종일, 연중무휴

▶ MINI DATA

| 입장료 | 없음　　주차 | 가능　　분류 | 산, 계곡, 동굴

예로부터 대한팔경 중 하나로 꼽히며 제2금강, 소금강이라고도 불렸던 속리산은 소백산맥의 중간에 위치해 있으며 해발 1,058m의 천왕봉을 주봉으로 관음봉, 문장대, 신선대, 입석대, 비로봉 등이 반원을 그리며 서 있고 그 중심에 고찰 법주사가 자리 잡고 있다. 신라시대 고운 최치원 선생이 속리산을 찾은 후 '바르고 참된 도는 사람을 멀리하지 않는데 사람이 그 도를 멀리하고, 산은 속과 떨어지지 않는데 속이 산과 떨어졌다'는 한시를 남긴 것으로도 유명하다. 봄에는 산벚꽃나무와 철쭉이, 가을에는 단풍이 아름다워 많은 사람들이 찾으며 여름이면 화양계곡, 선유계곡, 쌍곡 등의 계곡이 있어 무더위를 씻어주는데 이 계곡들이 모두 속리산국립공원으로 지정되어 있다. 쌍자사 석등, 팔상전 등의 국보와 정이품송, 망개나무 등의 천연기념물이 있는 법주사 외에도 화강암으로 이루어진 암봉과 울창한 산림 속에 수정암과 여적암, 탈골암, 복천암, 하환암, 상환암, 사자암 등의 여러 암자가 있다. 화양동계곡 야영장에서는 취사와 야영을 할 수 있는데 오토캠핑장은 아니지만 차를 대고 바로 옆에 텐트를 설치할 수 있어 오토캠핑 마니아들이 즐겨 찾고 있다. 그 외의 지역에서는 취사와 야영이 금지되어 있으니 산행을 즐기려면 학소대로 올라가 도명산에 오른 후 다시 학소대로 내려오는 반나절 코스를 계획하거나 인근의 숙박시설을 이용해 이른 아침부터 산행을 시작하는 종주 코스를 계획하는 것이 좋겠다.

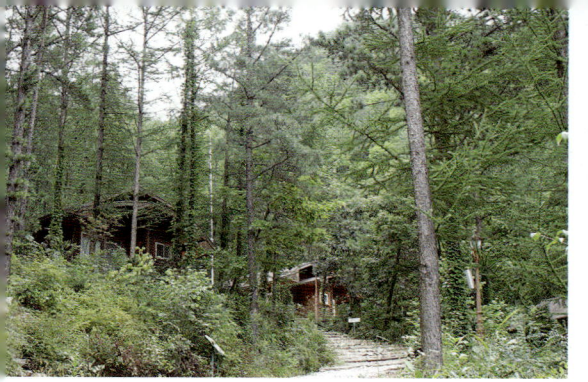
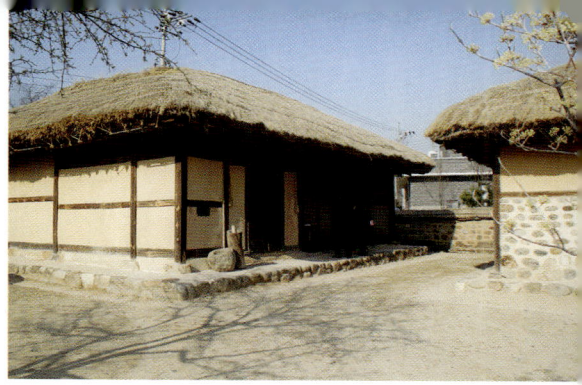

말티재 자연휴양림

속리산의 관문

위치 | 충청북도 보은군 장안면 장재리 산5-1
　　　충청북도 보은군 장안면 속리산로 256
운영시간 | 휴양림 09:00~18:00, 숙박 15:00~익일12:00,
　　　매주 화요일 휴무(성수기 제외)

▶ MINI DATA

입장료 | 있음　　주차 | 가능　　분류 | 숲, 자연휴양림

정지용 문학관과 생가

그 곳이 차마 꿈엔들 잊힐리야

위치 | 충청북도 옥천군 옥천읍 하계리 39
　　　충청북도 옥천군 옥천읍 향수길 56
운영시간 | 09:00~18:00, 매주 월요일 휴관

▶ MINI DATA

입장료 | 없음　　주차 | 가능　　분류 | 역사, 문화유적

속세와의 경계를 짓는다는 이름의 속리산은 말티재를 그 관문으로 둔다. 백두대간이 속리산으로 연결되는 한남금북정맥이 쉬어 간다는 이곳은 한강과 금강의 수계를 나누는 곳이기도 하다. 그리 높지 않은 고갯길이지만 봄날의 벚꽃과 침엽수림으로 이어지는 고개는 찾는 사람들에게 깊은 자연의 품으로 들어왔음을 느끼게 한다. 불교에 심취하였던 조선 세조가 속리산 법주사를 찾을 때 어가가 행차할 수 있도록 얇은 박석을 깔았다고 하여 '박석티'라고도 불린다. 속리산 등반을 준비하거나 법주사를 찾을때 잠시 숨을 고르듯 말티재 자연휴양림을 들러보자. 여느 휴양림보다 한적하고 여유로운 모습은 휴식을 목적으로 하는 휴양림의 존재를 가장 편안하게 느낄 수 있다. 휴양림 주변을 두르듯 울창하게 자리하는 침엽수림의 시원함이 좋고 휴양림 앞으로 자리하는 장재저수지는 호수처럼 잔잔함을 느낄 수 있기에 더욱 편안하다. 2002년 개방되어 주변시설이 많지 않은 것은 오히려 한적함을 즐기는 사람들에겐 조용한 휴식의 느낌을 준다.

'얼룩백이 황소가 / 해설피 금빛 울음을 우는 곳 / 그 곳이 참하 꿈엔들 잊힐리야', 고향의 서정을 노래한 시 「향수」로 유명한 시인 정지용의 삶과 문학 세계를 정리한 기념관이다. 시인은 1902년 이곳 옥천에서 태어났다. 입구에 들어서면 벤치에 앉아 있는 정지용의 밀랍 인형이 인상적으로, 시인이 살았던 시대적 상황과 문학사에 남긴 그의 발자취를 더듬어보는 「지용연보」와 문학세계에 대해 좀 더 심도 있게 알아보는 지용의 삶과 문학, 시인의 육필 원고와 시와 산문 초간본을 전시한 시·산문집 초간본 전시관 등 테마별로 나누어진 전시관을 둘러보고 문학 체험관에서는 음악과 영상이 함께하는 작가의 시를 감상하고 관람객이 직접 낭송한 테이프를 가져갈 수 있도록 꾸며져 있다. 또한 정지용 생가도 복원되어 여행객의 발길이 잦다. 「향수」에 나오는 '실개천이 휘돌아나가'는 모습은 시멘트가 발라진 탓에 곧게 뻗어 있어 운치가 덜하지만 초가집 툇마루에 앉아 시인이 노래한 「향수」를 음미해보는 낭만적인 시간을 가질 수 있다.

송호 국민관광단지

양산팔경을 둘러보자

위치 | 충청북도 영동군 양산면 송호리 249-8
충청북도 영동군 양산면 송호로 105
운영시간 | 4~11월 09:00~18:00

▶ MINI DATA
| 입장료 | 있음　주차 | 가능　분류 | 강, 유원지

소백산을 감싸듯 흐르는 금강의 중심에 자리하는 영동을 더욱 아름답게 하는 8절경을 양산팔경이라 한다. 양산팔경의 중심에는 송호국민관광단지가 있다. 입구를 지나 한눈에 들어오는 모습은 1백 년 넘는 세월을 보낸 수백 그루의 송림이다. 강변을 뒤덮는 소나무의 시원함은 편안하고 상쾌하게 여행객을 맞이한다. 본디 이곳은 삼국시대 신라와 백제가 금강을 중심으로 물러설 수 없는 전쟁을 치른 격전지였다. 수많은 사람이 죽어간 전쟁터는 기름진 땅이 되어 우거진 숲으로 사람들을 맞이한다. 여름철 물놀이에 좋은 강변은 방갈로 등 숙박시설과 야영장, 수영장과 운동장 등 편의시설을 갖추고 사람들을 부른다. 송림 안쪽으로 양산팔경 중 제6경인 여의정이 바위 사이로 자리하고 여의정에서 금강을 건너 바라보이는 산은 봉황이 하늘을 날아가는 모습을 닮는다는 제3경인 비봉산이다. 뚝방을 따라 걸어가면 오른편으로 제8경인 용암바위와 제2경 강선대를 바라볼 수 있다. 하늘나라 선녀들이 강선대에 앉아 맑고 푸른 금강에 몸을 씻자 이를 훔쳐보았던 용이 하늘의 노여움을 사 하늘로 오르지 못하고 바위로 굳었다 한다. 양산팔경을 한 곳에 모아 유람하듯 바라보며 즐기는 송호 국민관광단지에서 멀지 않은 곳에 위치하는 천태산에는 양산팔경의 으뜸으로 불리는 천 년의 고찰 영국사가 있다. 신라시대 건립된 사찰은 고려 공민왕이 홍건적의 난을 물리치기 위해 기원하였던 곳이다. 오랜 역사를 증명하듯 영국사 부도, 원각국사비, 통일신라 삼층석탑 등 많은 보물들을 간직한 사찰이지만 사람들의 마음을 사로잡는 것은 단연 영국사 입구에 서 있는 은행나무이다. 어른 서넛이 팔을 벌려야 그 둘레를 잡을 수 있는 크기의 나무는 무려 천 년이 넘는 나이를 자랑한다. 특히 나무의 작은 가지가 땅으로 닿아 또 다른 뿌리를 가지는 은행나무로 자라난 모습은 신비한 느낌마저 느끼게 하는 명물이다.

➔ 난계 박연, 우리 음악의 시작

왕산악, 우륵과 함께 우리나라 음악의 3대 악성으로 칭송받는 박연(1378~1458)은 조선 초기 세종 때에 우리 음악인 향악과 당악을 정리하여 궁중제례음악인 아악을 탄생시킨 음악가이자 학자이다. 박연의 고향인 영동에는 난계 생가와 묘소를 중심으로 난계국악기념관, 국악기 제작촌 등 박연과 연관된 곳이 많다. 기념관의 국악기체험장은 쉽게 접하기 어려운 가야금과 거문고를 짧게나마 배워볼 수 있는 소중한 체험장이다.

문의 | 043-740-3211(영동군청문화관광과)

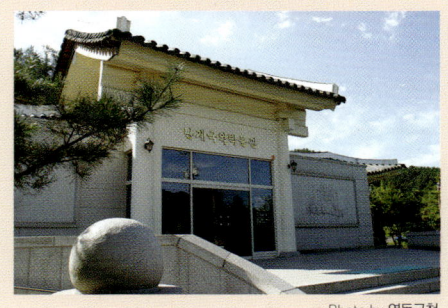

Photo by 영동군청

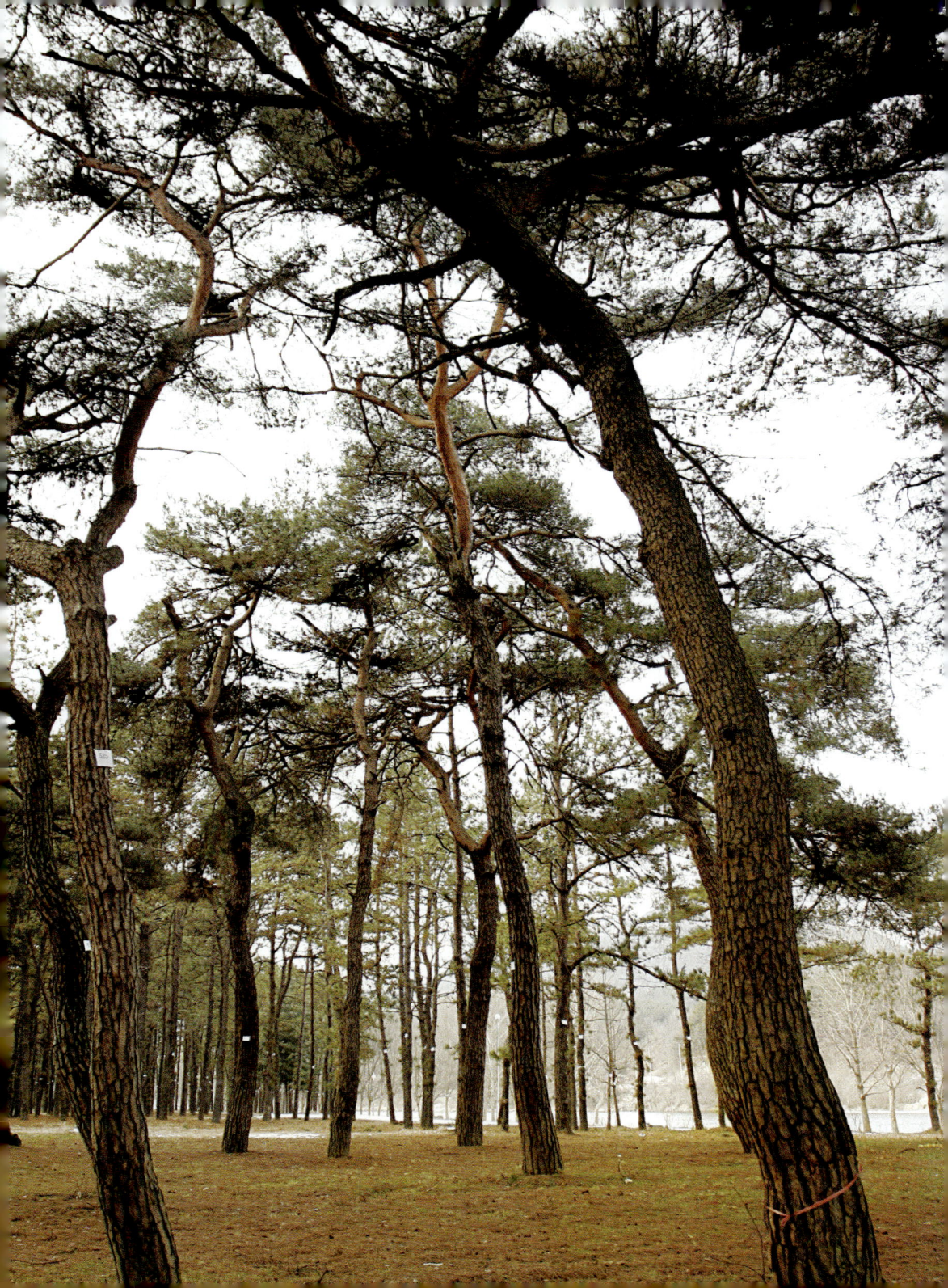

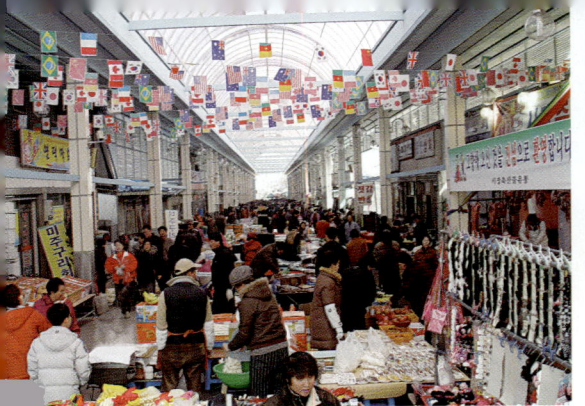
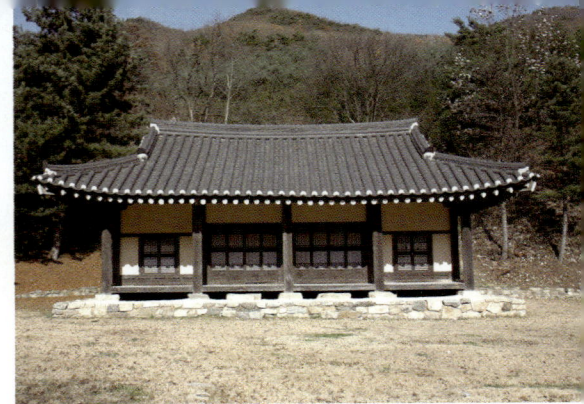

Photo by 증평군청   Photo by 문화재청

증평 장뜰시장과 대장간
잊혀져가는 장날 풍경이 살아 있는 곳

| 위치 | 시장 충청북도 증평군 증평읍 신동리 173(장뜰로 27)
| | 대장간 충청북도 증평군 증평읍 중동리 85-17
| | (중앙로8길 17-1)
| 운영시간 | 시장 1·6일장 09:00~22:00(점포별 상이)
| | 대장간 문의 후 방문

▶ MINI DATA

| 입장료 | 없음   주차 | 가능   분류 | 거리, 시장

'장뜰'이란 증평장이 서는 자리의 옛 지명이다. 인삼으로 유명한 고장답게 인삼을 비롯한 백삼, 홍삼과 태양초, 쌀, 대명한차 등 지역 특산물과 시골 할머니들이 들고 나온 콩나물, 오이, 호박, 산나물, 콩, 수수, 팥 등 장에서 흔히 보는 먹거리와 옷가지, 생활용품 등 없는 것 없이 다 있는 넉넉한 풍경을 만날 수 있다. 시장 길의 끝에는 증평장의 명물이 있으니 그것은 바로 대장간이다. 충청북도는 예로부터 철의 고장으로 유명해 철기문화가 융성했는데 지금은 사라져가는 대장간의 명맥을 잇고 있는 곳이다. 허름한 단층 건물에 '대장간-칼갈음'이란 간판이 걸려 있는 내부로 들어가면 삼국시대의 무기부터 각종 연장 200여 점과 농기구, 생활도구, 건축도구 등을 전시해 놓았고 불덩이가 이글거리는 화덕 앞에서 대장 기술 전승자인 주인이 연신 쇠를 다듬고 있다. 장날이면 대장간 앞은 오랜 단골 어르신들로 왁자해지며 옛 시골장의 풍경을 완벽하게 보여준다.

김유신 탄생지
삼국통일의 시작

| 위치 | 충청북도 진천군 진천읍 상계리 19-1
| | 충청북도 진천군 진천읍 김유신길 170-4
| 운영시간 | 종일, 연중무휴

▶ MINI DATA

| 입장료 | 없음   주차 | 가능   분류 | 역사, 문화유적

경주에 있는 김유신 장군의 묘를 보며 많은 사람들이 장군의 고향을 경주로 알고 있다. 하지만 김유신은 진천을 고향으로 성장하였던 가야국의 왕족 출신이다. 그의 아버지인 김서현은 진천의 옛 이름인 만노군의 태수였다. 훗날 흥무대왕으로 추서되기까지 한 김유신의 탄생지는 태령산 아래 그 전설을 담고 있다. 태수관저의 유물 터인 연보정, 무술 연습을 하였다는 투구바위와 말을 달렸다는 치마대 등 김유신 장군과 관련된 유적지는 다양하게 진천 지역 여러 곳으로 자리한다. 도당산 아래 만들어진 길상사에는 그의 사당과 생가가 복원되어 있으며 길상산이라고도 불리는 태령산 정상으로는 신라시대의 석축산성인 태령산성의 흔적이 치성과 문터 자리로 남아 있고 중심지에는 김유신의 태를 담았다는 태묘 자리가 남아 있다. 우리나라에서 가장 오래된 태묘로 역사적 가치가 매우 높은 곳이다.

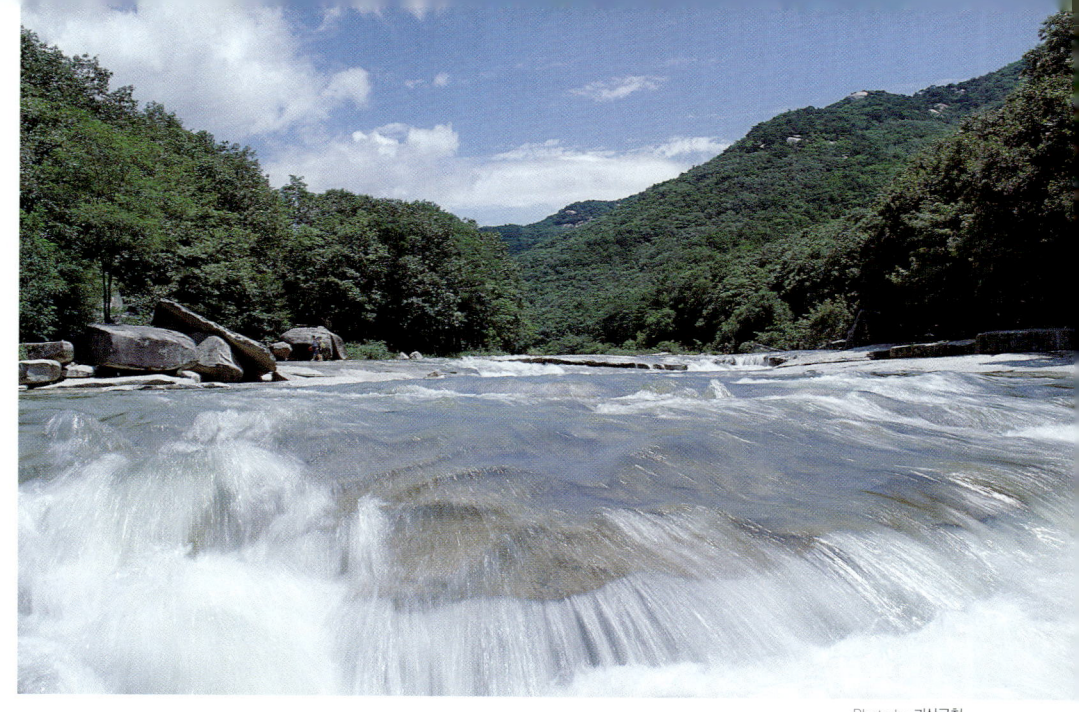

화양구곡 풍류를 담는 경관

위치 | 충청북도 괴산군 청천면 화양리 402-2 인근
　　　충청북도 괴산군 청천면 화양동길 202-1 인근
운영시간 | 종일, 연중무휴

▶ MINI DATA
| 입장료 | 없음　　주차 | 가능　　분류 | 산, 계곡, 동굴

속리산의 북쪽 화양동계곡은 효종 임금을 잃은 슬픈 마음을 간직한 채 계곡을 찾아 은거하며 세월을 보낸 조선 중기의 대학자 우암 송시열이 중국의 무이구곡을 흠모하며 이름 지었다는 9곳의 절경이 이어지는 곳이다. 가평산, 낙명산, 백악산이 둘러싸듯 어우러지는 계곡은 완만하게 다듬어진 산책로를 따라 약 5km의 길을 걸으며 그 아름다움을 바라볼 수 있다. 이곳저곳으로 흐트러짐 없는 아홉 경관이 순서대로 사람들을 기다린다. 기암이 가파르게 솟아나 있는 경관이 하늘을 떠받치듯 한다는 경천벽, 구름의 그림자가 맑게 비친다는 운영담, 송시열이 효종의 승하를 슬퍼하며 새벽마다 통곡하였다는 흰빛의 바위인 읍궁암, 맑고 깨끗한 물결 아래로 금싸라기 같은 모래

가 흐른다는 금사담을 지나 바위의 모습이 층을 쌓은 것 같은 첨성대에는 밤하늘의 별을 관찰하였다는 의종의 어필이 바위 아래 새겨져 있다. 이어지는 경관은 구름을 찌를 듯한 큰 바위의 능운대, 열길이나 된다는 너른 바위가 꿈틀거리는 용을 닮았다는 와룡암, 낙락장송이 모여 있는 언덕 아래로 백학이 모여들었다는 학소대다. 계곡의 끝을 장식하는 흰 바위는 티 없는 옥과 같다 하여 파천이라 불린다. 이름의 의미를 찾아 산책하듯 아홉 경관을 둘러보는 산행은 마음을 편하게 만들어주어 마치 옛 선비가 된 듯한 느낌을 받게 하는 선유동계곡과 함께 속리산의 북쪽을 아름답게 만드는 경관은 이른 아침 인적이 드문 한적함을 벗삼아 살펴본다면 더욱 깊이를 느낄 수 있다.

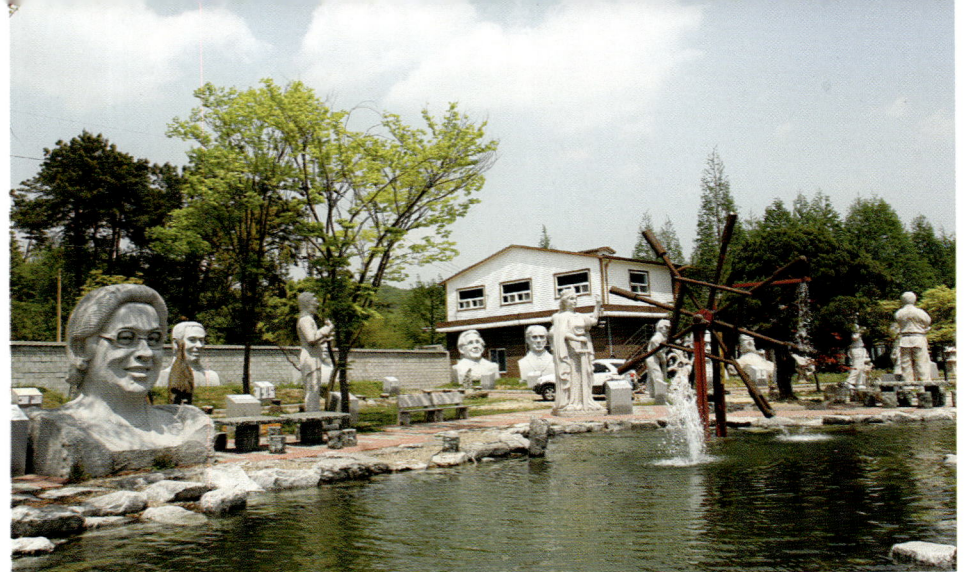

음성 큰바위얼굴 조각공원　세계 유명 인물들이 한자리에

| 위치 | 충청북도 음성군 생극면 관성리 9-1번지
충청북도 음성군 생극면 일생로 인근
| 운영시간 | 09:00~18:00, 주말/공휴일 08:00~18:00,
연중무휴

▶ MINI DATA
| 입장료 | 있음　주차 | 가능　분류 | 전시, 체험시설

미국의 사우스다코다주 러시모어 산에 미국 대통령의 얼굴이 새겨진 큰바위얼굴이 있다면 우리나라에는 충북 음성에 우리의 대통령을 비롯해 세계 위인들의 얼굴들이 새겨진 큰바위얼굴이 있다. 세계 4대 성인을 비롯하여 국내외 유명 인물들의 얼굴을 조각해서 전시하고 있다. 조각들마다 인물에 대한 간단한 설명이 있으며, 우리나라 대통령을 조각해놓은 곳에서 노무현 전 대통령의 얼굴을 볼 수 있어 눈길을 끈다. 유명 정치가에서부터 현재 활동하고 있는 스포츠 스타까지 다양한 분야의 인물들이 조각되어 있고, 그리스·로마 신화에 나오는 신 등 이야기나 상상 속의 얼굴들도 조각되어 있다. 너새니얼 호손의 미국 소설 『큰바위얼굴』에서 소년 어니스트가 큰바위얼굴을 바라보며 그의 얼굴과 마음이 성인의 모습을 닮아가듯, 우리도 이곳에서 평소 자신이 존경하는 위인의 모습을 찾아보자.

➔ 정크아트갤러리, 쓰레기가 예술로, 예술이 환경으로

쓰레기, 정크(junk)가 예술로 재생산되는 곳, 정크아트갤러리이다. 산업화가 진행되고 문명이 발달할 수록 발생하는 폐기물의 양은 늘어나는데, 이 점에 착안해 폐품을 재료로 이용하여 예술로 재활용하는 활동이 정크아트이다. 음성의 정크아트갤러리는 정크 아티스트인 오대호 선생의 작품을 전시하고 있는 곳으로 작은 곤충에서부터 10m가 넘는 대형 작품까지 300여 점이 넘는 다양한 작품을 전시하고 있다.
문의 | 043-872-0141
홈페이지 | http://www.junkart.co.kr

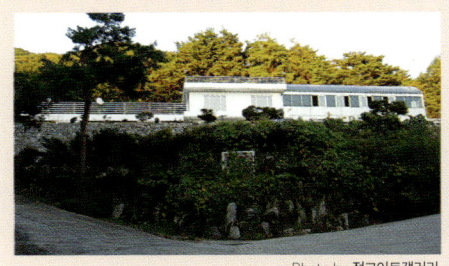

Photo by 정크아트갤러리

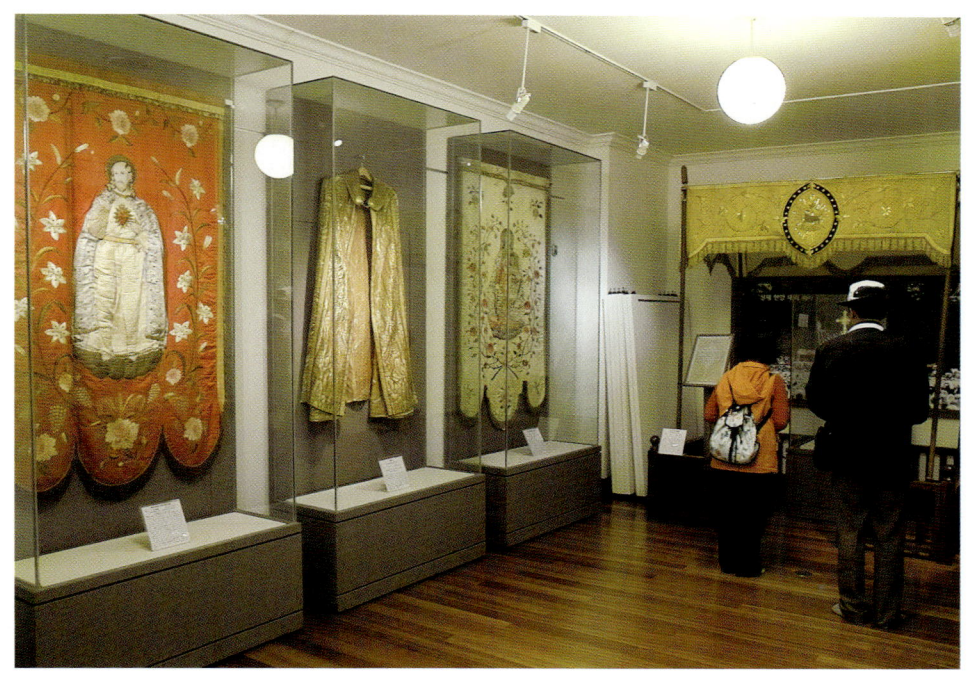

감곡성당과 매괴박물관 옛 성당에서 느끼는 고요함과 편안함

| 위치 | 충청북도 음성군 감곡면 왕장리 357-2
　　　충청북도 음성군 감곡면 성당길 10
| 운영시간 | 09:00~18:00, 연중무휴

▶ MINI DATA
| 입장료 | 없음　　주차 | 가능　　분류 | 종교시설

감곡성당은 백 년 넘는 역사를 가진 충청도 지방의 유서 깊은 성당이다. 성당이 지어지게 된 이야기가 흥미로운데 우리가 잘 아는 역사적 인물이 등장한다. 파리 외방선교회 소속의 외국인 신부인 임가밀로 신부가 1894년에 이웃 동네인 경기도 여주로 오게 되었다. 사목지를 오고 가다 지금 감곡성당 자리에 서 있는 대궐 같은 집을 보고 이 자리를 성당으로 만들어 달라고 기도했다고 한다. 이후, 얼마 지나지 않아 이 땅을 매입하게 되고 건물을 짓게 되었다. 임가밀로 신부가 보았던 큰 집은 명성황후의 친척 집이었고 임오군란 때 명성황후가 피신을 온 곳이다. 역사적인 사건을 간직한 땅에 지어 올린 성당이다. 오랜 역사를 가진 성당답게 기품 있는 모습을 간직하고 있으며, 30m가 넘는 커다란 종탑과 하늘로 끝이 모아져 있는 팔각의 첨탑은 멀리서 보아도 이곳이 기도처임을 알려준다. 건물 안은 십자형의 구성이며 성당 중앙 제대 뒤편의 성모상은 1930년에 프랑스에서 제작해서 가져온 것이라 한다. 성당과 함께 있는 매괴박물관은 원래 사제관으로 쓰이던 건물로 이곳의 초대 신부인 임가밀로 신부의 유품과 천주교 관련 유물을 전시하고 있는데, 전시물뿐만 아니라 중부지방 최초의 석조건물로 들어가 그 안의 분위기를 체험해보는 재미가 있다.

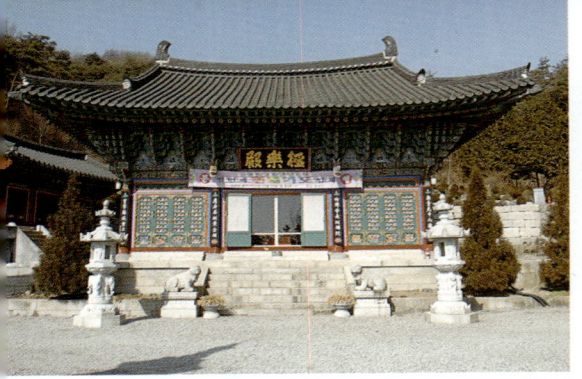
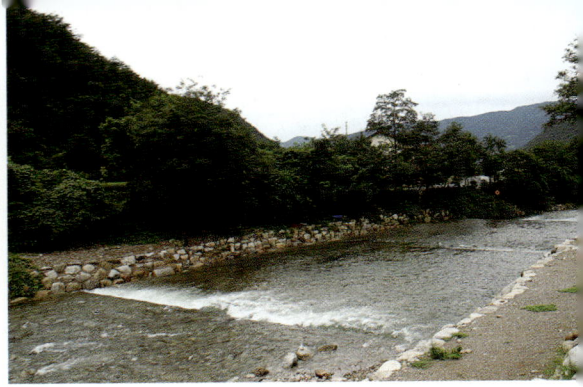

미타사 죽음의 의미를 생각하게 되는 곳

위치 | 충청북도 음성군 소이면 비산리 874-1
　　　충청북도 음성군 소이면 소이로61번길 164
운영시간 | 종일, 연중무휴

▶ MINI DATA
입장료 | 없음　주차 | 가능　분류 | 불교유적

미타사는 최근에 지어진 절이라 오랜 절이 주는 그런 분위기는 느낄 수 없지만 인간이 피할 수 없는 한 가지, 바로 죽음에 대한 문제를 대면할 수 있다는 점에서 의미 있는 곳이다. 신라시대 원효대사에 의해 지어졌으며 조선에 이르러 무학대사가 중창을 한 번 하고, 이후 사명대사가 머물렀다고 하나 실제 그러했는지는 의문이다. 미타사 오르는 길 한쪽에 있는 마애불의 오랜 흔적만이 옛날 이 주변에 절이 있었음을 전해주고 있을 따름이다. 미타사는 영조 때 불이 난 이후 그대로 방치되다 1960년대 이후 다시 지어져 지금 모습에 이르렀는데, 현재는 동양 최대 크기의 지장보살을 모시고 있는 절로 유명하다. 지장보살은 중생을 구제하기 위하여 자신의 성불을 포기한 보살로 이곳의 지장보살은 108척, 33m에 이르는 거대한 크기이다. 지장보살 앞으로 납골당이 줄지어 서 있는데 앞으로 넓게 펼쳐진 자리는 앞으로 납골묘가 세워질 자리라고 한다. 이곳에 서서 앞으로 맞이할 죽음과 그 이후를 대면해본다.

남천계곡 은빛 계곡의 아름다움

위치 | 충청북도 단양군 영춘면 남천리 산60-1
　　　충청북도 단양군 영춘면 남천계곡로 375
운영시간 | 종일, 연중무휴

▶ MINI DATA
입장료 | 있음　주차 | 가능　분류 | 산, 계곡, 동굴

소백산 서북 방면으로 자리하는 계곡은 '은옥의 땅'이라 불린다. 우윳빛 암반을 타고 흐르는 맑은 계곡의 풍부한 물이 은빛의 옥을 굴리는 것 같다 하여 불리는 이름이다. 소백산의 신선봉과 형제봉이 사이좋게 어울리며 만드는 계곡은 자연보호를 위해 계곡의 최상류를 입산금지구역으로 지정하여 그 맑은 기운이 하류까지 쉼 없이 이어진다. 온달동굴 관광단지 인근에서 작은 다리를 건너 시작되는 맑은 물과 깊은 숲의 통로는 산천어와 수달 등 천연기념물로 보호받는 야생동물의 천국이고 형형색색 야생화의 꽃밭이다. 알맞은 거리를 두고 자리하는 식당과 숙소는 계곡과 어울리는 나름의 멋을 자랑한다. 멋진 펜션을 이용하는 것도 좋지만 여름 기간 한 달 동안 문을 여는 두 곳의 야영장을 찾아보자. 푸른 밤의 별과 함께 잠이 들고 산새의 지저귐에 아침을 맞는 영화처럼 아름다운 세상을 만날 수 있다. 남천계곡을 지나가는 영월-단양 간 595번 지방도로는 남한강 상류를 이어가는 손꼽히는 드라이브 코스다. 소백산의 절경을 병풍처럼 두르는 장관이다. 또 다른 깊은 자연의 맛을 느낄 수 있는 새밭계곡도 인근에 있다.

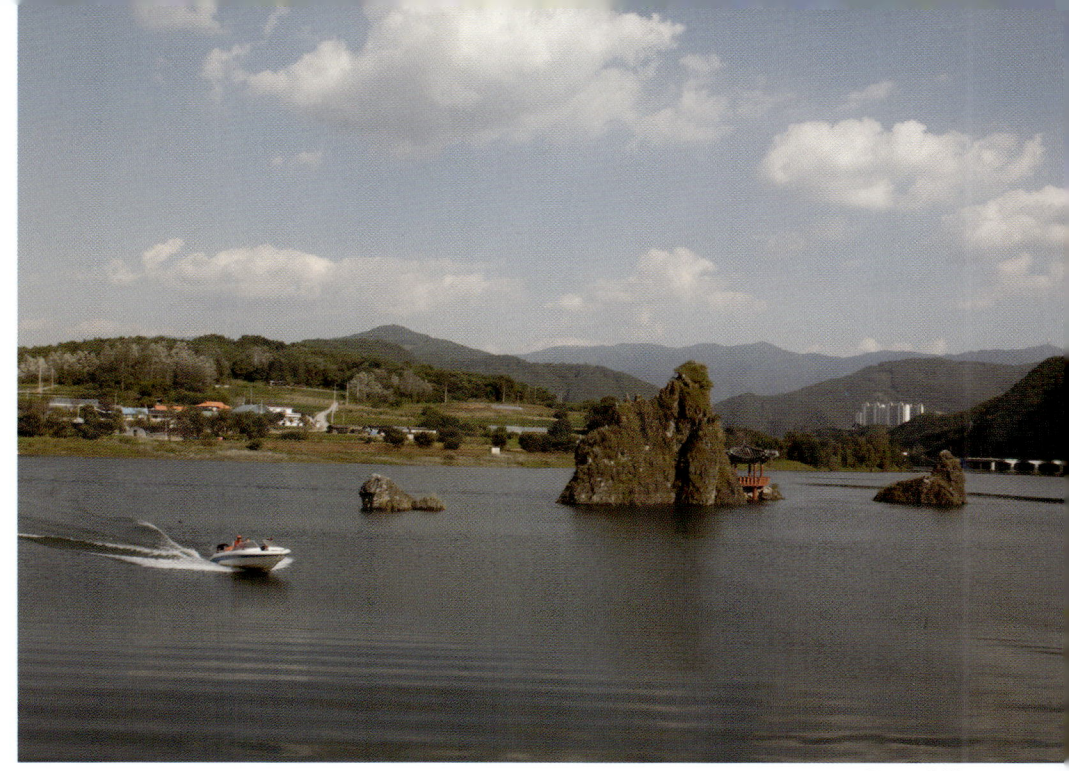

Photo by 이수만

도담삼봉 단양 제일의 보석

위치 | 충청북도 단양군 매포읍 하괴리 산20-12
　　　 충청북도 단양군 매포읍 도담삼봉2길 644
운영시간 | 09:00~18:00, 연중무휴

▶ MINI DATA
| 입장료 | 없음　주차 | 가능　분류 | 강, 유원지

단양을 상징하는 경관으로 알려진 도담삼봉이지만 남한강을 장식하는 그 모습을 직접 바라보는 아름다움은 특별하다. 조선의 개국공신 정도전이 그 경관을 사랑하여 자신의 호를 삼봉이라 이름 지었다는 이곳은 잔잔한 물결 위를 유유히 떠가는 돛단배가 그 정취를 더한다. 충주댐의 건설로 불어난 물은 세 봉우리의 아름다움을 수면 아래로 감추었지만 남아 있는 모습만으로도 수많은 사람들이 노래하였던 마음을 이해할 수 있다. 단양팔경 중 으뜸으로 자리하는 곳으로 강원도 정선의 삼봉산이 물길을 따라 흘러오다 단양에서 멈추었다는 전설이 전해진다. 야간에는 환상적인 조명이 불을 밝혀 아름답고 음악에 맞춰 모습과 조명을 달리하는 노래하는 음악분수가 도담삼봉을 찾는 관광객들의 마음까지 흥겹게 만든다. 남한강과 삼봉의 경관이 가장 멋지게 보이는 전망대를 지나 찾아가는 곳은 하늘 위로 무지개 다리를 놓는 석문이다. 약 30m의 높이로 남한강 위에 떠 있는 듯한 모습이 경이롭게 느껴진다. 단양팔경의 시작을 알리는 두 경관은 시내에서 가까운 곳에 있어 여덟 개의 경관 중 사람들에게 가장 많이 알려져 있다. 도담삼봉과 석문을 배를 타고 둘러보는 유람선을 타보는 것도 좋다.

온달동굴, 온달산성, 온달국민관광지

바보 온달의 이야기는 사실이다

위치 | 충청북도 단양군 영춘면 하리 147 일대
충청북도 단양군 영춘면 온달로 23 일대
운영시간 | 09:00~18:00, 연중무휴

▶ MINI DATA

| 입장료 | 있음　주차 | 가능　분류 | 역사, 문화유적

바보온달과 평강공주의 이야기는 실화를 바탕으로 전해지는 이야기이다. 온달은 고구려 25대 왕인 평원왕의 사위로 실제 공주와 결혼했으며 「삼국사기」 온달전에는 영양왕 당시 선왕 때 잃어버린 한강 유역을 되찾을 목적으로 군사를 끌고 갔다가 화살에 맞아 죽었다고 전하는데 바로 그 지역이 계립령, 지금의 충주시 일대로 추정되고 있다. 단양의 온달산성은 신라군과 싸우기 위해 온달이 쌓은 성으로 전해진다. 입구 아래에서부터 30분 정도 부지런히 오르면 온달산성 정상에 이른다. 이곳에 올라 주변 지세를 살피면 왜 이곳에 성을 쌓았는지 자연스럽게 그 이유를 알

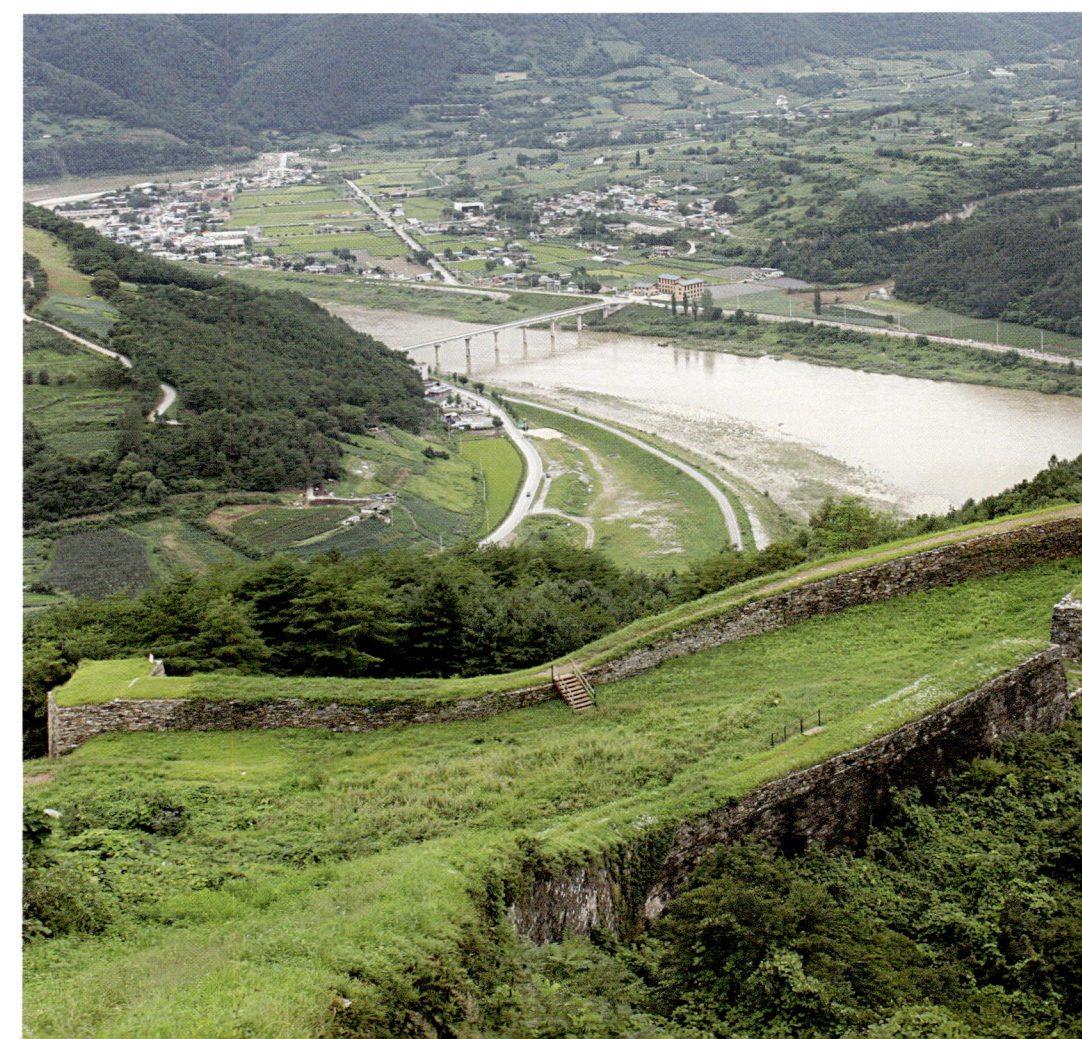

수 있다. 한쪽으로 남한강을 두고 가파른 절벽 위에 쌓은 천혜의 요새인 이곳은 지형의 잇점을 살림과 동시에 돌로 차곡차곡 쌓은 단단한 성임을 눈으로 확인할 수 있다. 온달산성에서 내려오면 온달이 들어가 수련을 했다고 전해지는 온달동굴로 들어가보자. 석회암 동굴로 길이는 700m 정도이며 5억 년 전에 형성된 동굴로 추정하고 있다. 동굴의 규모는 그리 크지 않으나 오가는 길의 높낮이 변화가 심해서 모험하는 기분을 느낄 수 있다. 단, 입구에 놓여 있는 안전모를 반드시 착용하고 들어가자. 동굴이 그렇듯 여름에는 시원하고 겨울에는 따뜻해 계절을 잠시 잊을 수

있다. 밖으로는 온달공원이 꾸며져 있으며 작은 전시관에는 고구려를 중심으로 삼국시대 이곳을 둘러싸고 벌어졌던 일들에 대하여 설명하고 있다. 조각 작품이 곳곳에 놓여 있는 넓은 잔디공원이 있어 여유로운 시간을 보낼 수 있다.

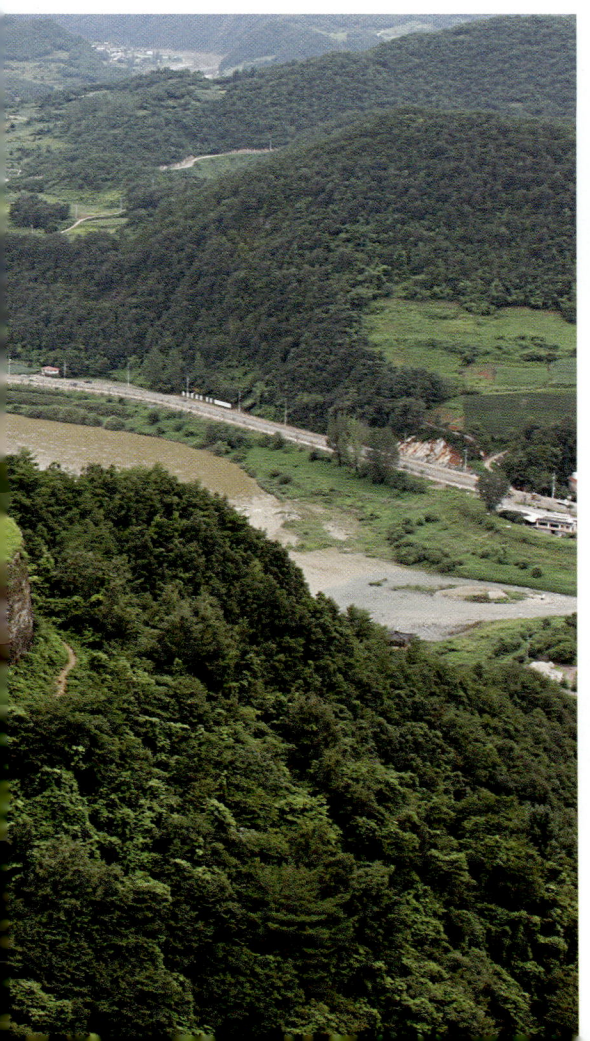

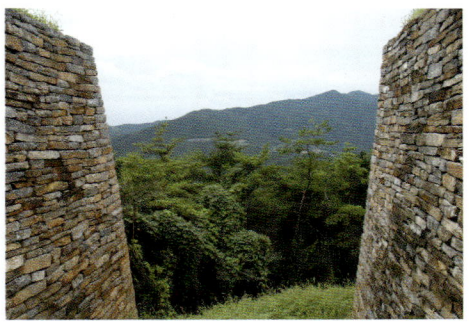

→ **KBS 드라마, 〈연개소문〉 촬영장**

온달국민관광지 내에는 드라마 〈연개소문〉 촬영장이 함께 있다. 오래 보존할 목적으로 지은 건물이라 꽤 규모가 있고 튼튼하게 지어졌으며, 문경 세트장이 고구려를 배경으로 했다면 이곳은 중국 수나라와 당나라를 촬영할 목적으로 지어 황궁, 저잣거리 등이 이색적이다.

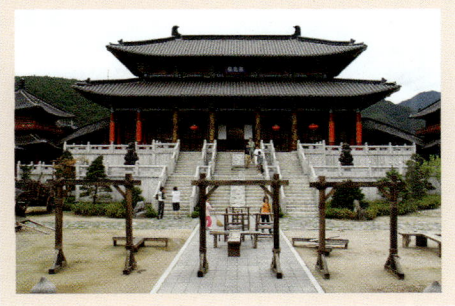

선암계곡
자연은 자란다

| 위치 | 충청북도 단양군 단성면 대잠리 295
| | 충청북도 단양군 단성면 선암계곡로 1337
| 운영시간 | 종일, 연중무휴

▶ MINI DATA
| 입장료 | 없음　주차 | 가능　분류 | 산, 계곡, 동굴

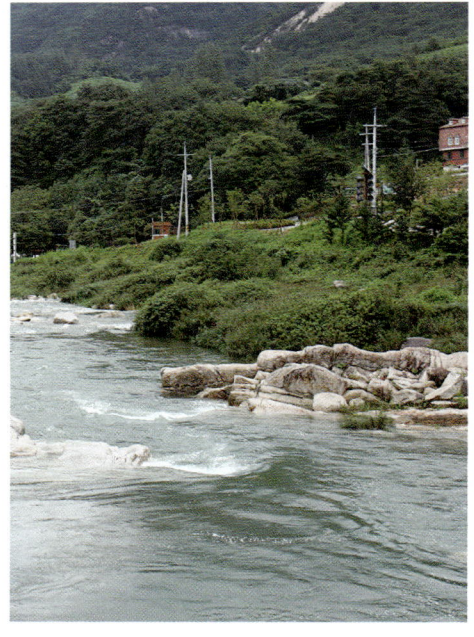

충주에서 단양으로 향하는 33번 국도를 따라가는 선암계곡은 월악산의 물줄기가 남한강으로 흐르는 장소다. 단양팔경 중 상선암, 중선암, 하선암 세 곳이 선암계곡에 자리한다. 세 바위를 묶어 삼선계곡으로 불리기도 한다. 팔경의 다른 곳들이 기암괴석으로 그 모습을 자랑하지만 사람들이 들어가서 즐길 수 있는 곳은 이 세 곳뿐이다. 단양 방면 국도를 따라 계곡 입구에서 처음 만나는 경관은 하선암으로 세 조각으로 덧붙인 듯한 바위는 백척 넓이를 자랑한다. 마치 너른 마당을 보는 듯 편안함이 있어 사람들에게 희망을 주는 미륵바위라고도 불린다. 가을날 단풍이 물들어 계곡을 붉게 만들면 흰빛의 바위는 더욱 선명한 아름다움을 뿜낸다. 조선 중기 문신이었던 김수증이 많은 글씨를 남긴 장소가 하선암에서 이어지는 중선암이다. 바위를 타고 넘는 물줄기가 작은 폭포를 보는 것 같은 아름다움이 있다. 삼선암 중 가장 깊은 계곡으로 자리하는 상선암은 크고 넓은 바위는 없지만 작은 바위들이 저마다의 멋을 자랑하며 모여 있다. 국도를 연결하는 아치형 다리와 어울리는 모습으로 인공과 자연이 부드럽게 조화를 이룬다. 옛 선인들은 학과 같이 맑고 깨끗한 사람이 유람하기에 좋은 곳이라 상선암을 노래하였다. 해마다 여름철이면 월악산의 물줄기는 불어나고 계곡을 꾸미는 바위들은 물길 따라 모습을 바꾼다. 세월이 지날수록 삼선암의 바위들은 옛 모습과 달라지고 사람들은 경관이 볼품없어졌다고 말하기도 한다. 하지만 자연의 변화는 새로운 아름다움을 만들기도 한다. 상선암 위편으로 옛 상선암의 모습과 흡사

한 계곡이 생겨나 특선암이라 불리며 사람들의 새로운 사랑을 받고 있다. 모두 자연 그대로의 모습일 뿐이다. 여름철의 계곡을 따라 야영을 하며 즐기는 물놀이가 좋고 도로를 따라 삼선암을 감상하며 달리는 드라이브도 멋지다.

➡ 마늘, 단양의 특산물
산과 계곡의 아름다움으로 가득한 단양은 기름진 토양에서 생산되는 마늘이 특산품이다. 여느 곳의 마늘보다 알이 굵고 그 맛이 진한 단양 육쪽 마늘은 몸에 도움이 되는 좋은 성분 또한 특별하다고 알려져 있다. 단양 마늘로 밥을 짓고 술을 담그며 여러 형태의 요리로 맛을 내는 음식점이 단양 시내에 자리한다. 터미널 인근 장다리식당은 건강과 더불어 맛을 채우는 집이다. 열두 가지 모습의 마늘 반찬으로 푸짐한 마늘 밥은 별미이다.
문의 | 043-423-3960(장다리식당)

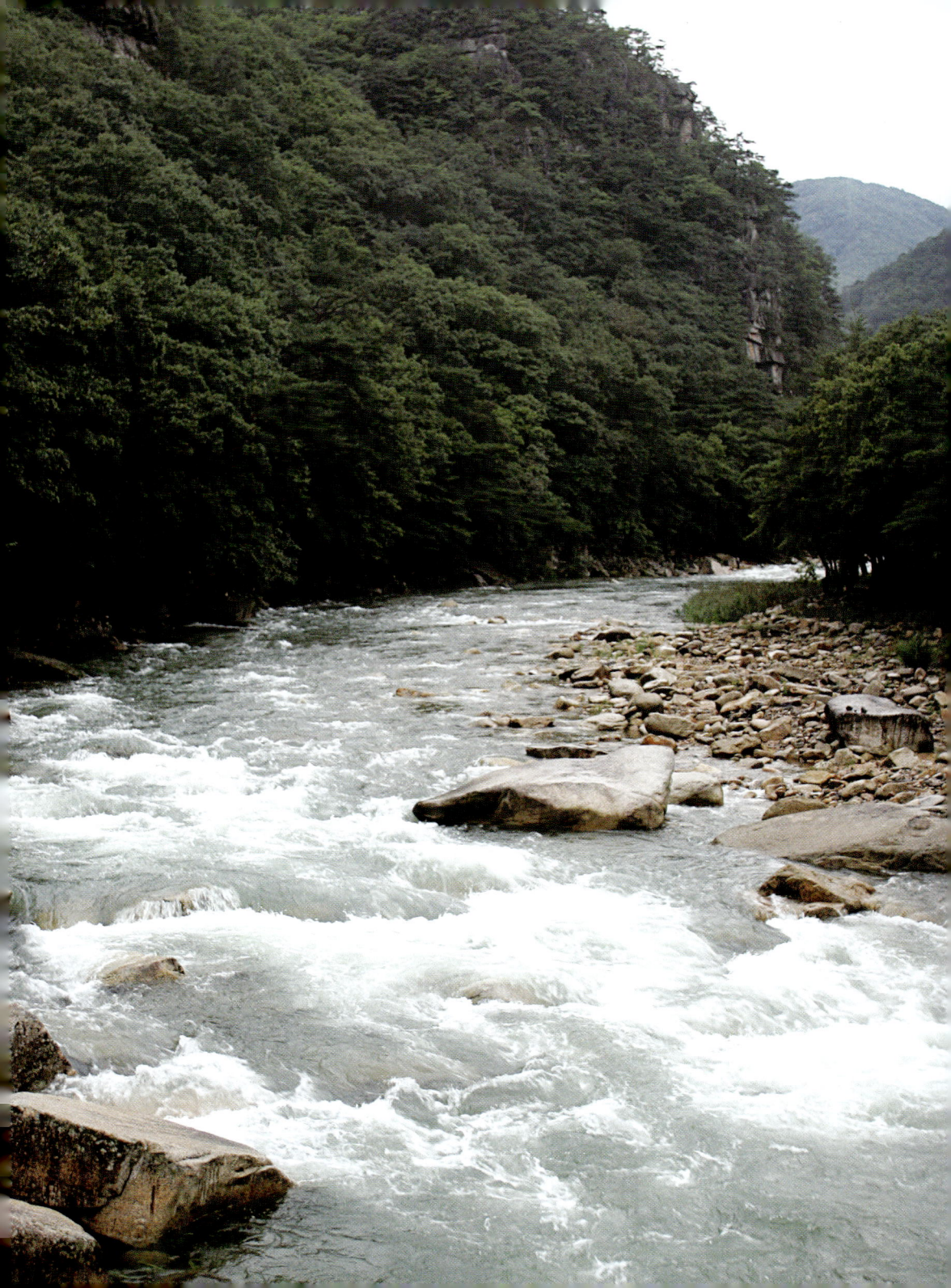

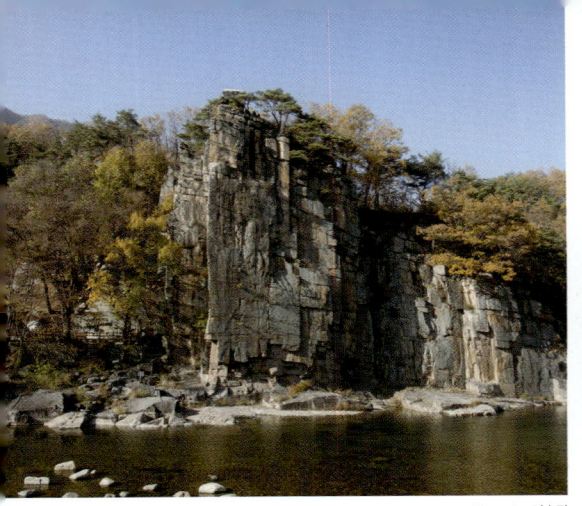
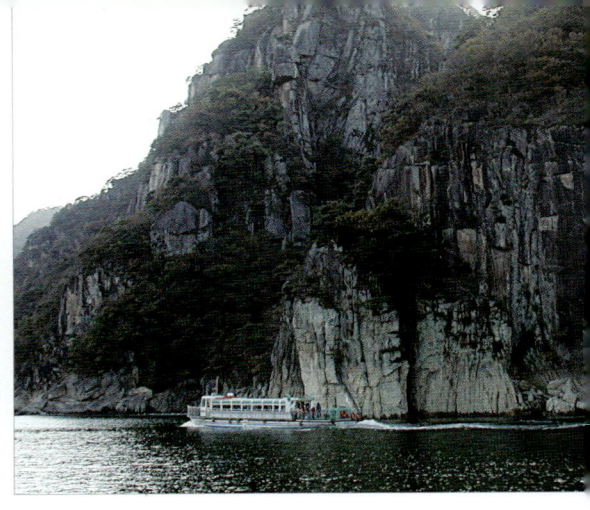

Photo by 이수만

사인암
고고한 선비의 풍류

위치 | 충청북도 단양군 대강면 사인암리 64
       충청북도 단양군 대강면 사인암2길 42
운영시간 | 종일, 연중무휴

▶ MINI DATA
| 입장료 | 없음   주차 | 가능   분류 | 강, 유원지

단양팔경 중 하나로 푸른 계곡을 끼고 있는 70m 높이의 기암절벽이다. 고려 말의 학자 우탁(1263~1343년) 선생이 정4품 '사인재관' 벼슬에 있을 때 휴양하던 곳이라 해서 사인암이라 불리게 되었다. 기암절벽 위에 서 있는 노송이 멋스러우며 우탁 선생이 직접 새긴 '뛰어난 것은 무리에 비유할 것이 없으며 확실하게 빼지 못한다. 혼자서도 두려운 것이 없으며 세상에 은둔해도 근심함이 없다'는 뜻의 글씨가 암벽에 남아 있다. 사인암 앞에는 긴 흔들다리가 있는데 이 다리가 놓인 계곡은 운선계곡으로 단양팔경의 계곡 중 빼어나기로 유명하다. 조선시대 최고의 화가 김홍도가 그린 단원화첩에도 빼다 박은 듯한 사인암과 계곡의 절경이 남아 있으며 실제로 사인암 아래 앉아 기암절벽을 싸고 흐르는 물줄기를 바라보면 옛날 선비들이 이 자리에 앉아 시 한 수 읊었을 듯한 분위기를 느끼게 된다.

충주호 유람선
유람선을 타고 충주호 한 바퀴

위치 | 충청북도 단양군 단성면 장회리 90-3
       충청북도 단양군 단성면 월악로 3811-19
운영시간 | 문의 후 방문

▶ MINI DATA
| 입장료 | 있음   주차 | 가능   분류 | 강, 유원지

충주호는 충주시 종민동과 동량면 사이의 계곡을 막아 만든 국내 최대의 인공 호수이다. 충주, 제천, 단양을 아우르며 월악산국립공원과 단양팔경 등 빼어난 자연 경관을 갖춘 관광지를 끼고 있다. 충주댐 나루터에서 배를 타면 옥순봉, 구담봉, 만학천봉, 설마봉, 제비봉, 두문산 등을 거쳐 신단양 나루터까지 뱃길 180리, 53km를 달리며 철 따라 색을 달리하는 호수 주변의 경관을 감상할 수 있다. 호수가 넓은 만큼 다양한 코스의 유람선이 운항되고 있으며 충주호의 절경을 제대로 즐기려는 여행객들이 사계절 끊이지 않고 찾는다. 월악-청풍-장회-신단양 코스, 장회-청풍 왕복 코스, 월악-충주 코스 등 3가지 코스가 인기 있으며 청풍나루 근처에는 동양에서 2번째로 높이 치솟는 고사분수가 시원한 물줄기를 내뿜는 장관이 펼쳐져 또 다른 즐거움을 맛볼 수 있다.

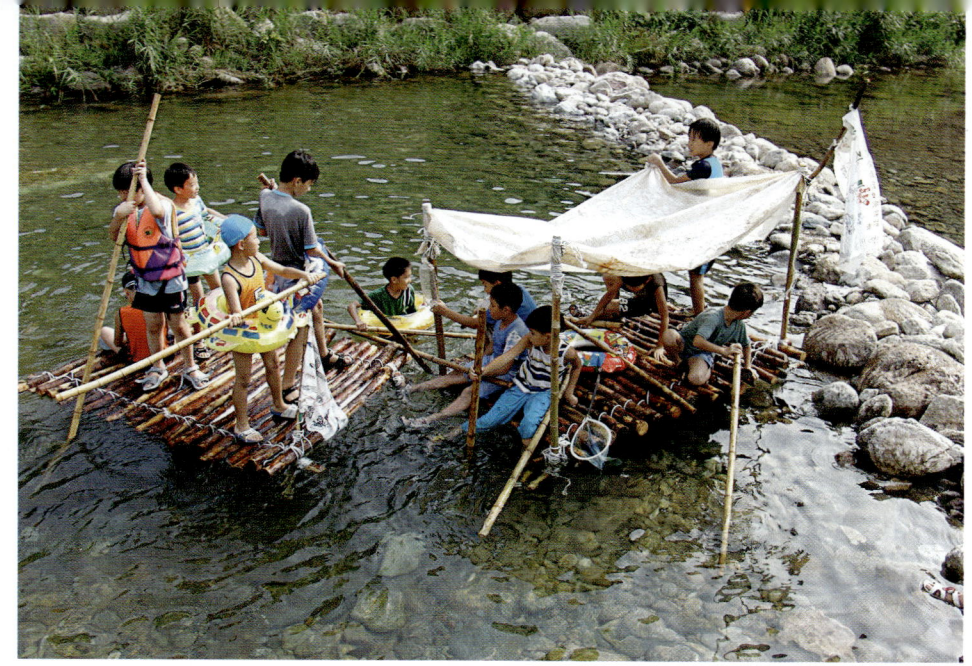

한드미마을과 새밭계곡 계곡의 터줏대감

| 위치 | 충청북도 단양군 가곡면 어의곡리 298-1 일대
충청북도 단양군 가곡면 한드미길 37 일대
| 운영시간 | 문의 후 방문

▶ MINI DATA

| 입장료 | 없음   주차 | 가능   분류 | 전통, 체험마을

단양의 또 다른 계곡인 새밭계곡은 일급수의 청정계곡이다. 20℃를 넘지 않는 차가운 수온, 산소량이 풍부한 일급수에만 자라는 산천어들의 서식지로 알려져 있다. 단양 시내와 떨어져 있고 찾아가는 도로 또한 협소하여 숨겨진 오지로 알려진 새밭계곡 깊숙하게 자리하는 마을을 찾아가자. 한드미마을, 정겨운 이름은 2000년 체험마을을 준비하며 만들어진 마을의 새로운 명칭이다. 전국 각지에 산재하는 여느 농촌마을과 같이 농사체험이 있고 자연과 먹거리체험이 있는 장소지만 마을 주민 대부분이 참여하는 체험의 시간들은 이곳을 찾는 사람들에게 놀이공원보다 더욱 흥미진진한 즐거움을 준다. 옥수수나 감자, 고구마 등을 큰 구덩이 속에 넣고 연결되는 작은 구덩이로 불을 놓아 흙을 덮어가며 높은 열기로 쪄내는

삼굿구이로 배를 채우고 수정처럼 맑은 계곡으로 직접 통나무를 엮어 즐기는 뗏목체험, 오랜 시간 마을의 식품저장 창고로도 사용된 마을 언덕 위 동굴을 따라 야생박쥐를 살펴보는 동굴탐방, 갖가지 채소를 이용하여 예쁜 색을 내는 오색수제비 만들기, 봄날이면 뒷산을 지천으로 채우는 산나물을 즉석에서 밥에 담아 도시락 만들어 먹기와 가마솥 밥 짓기 등 설명만으로도 즐거운 체험 프로그램이 이어진다. 개인별 참가로는 체험 프로그램들을 다양하게 즐기기 힘들지만 마을을 찾는 방문객들이 적지 않으므로 주말을 이용하는 단체 프로그램을 함께 즐길 수 있고 주변의 동료, 가족들과 무리를 지어 함께 찾는다면 더없이 좋은 시간을 보낼 수 있다.

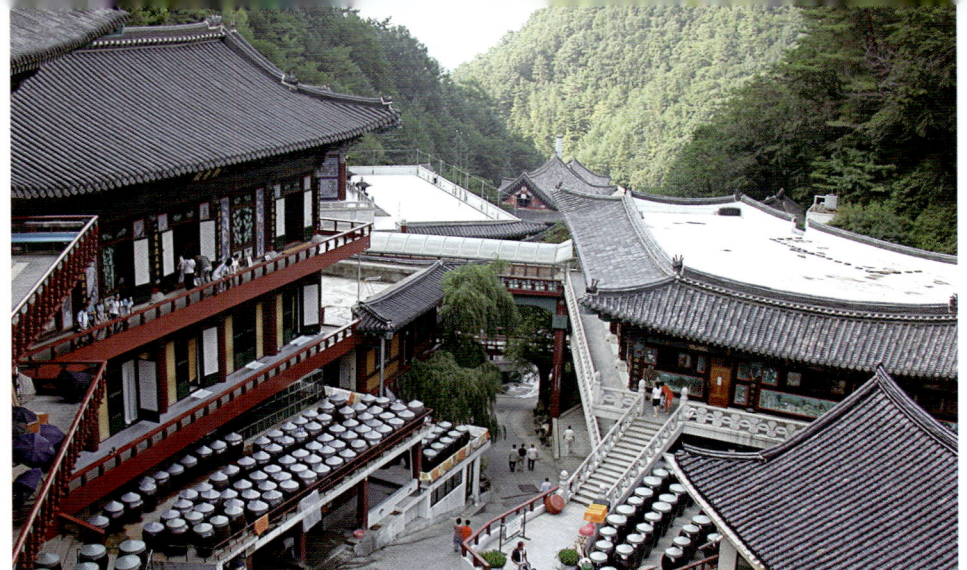

구인사 대한불교 천태종의 총본산

위치 | 충청북도 단양군 영춘면 백자리 132-1
충청북도 단양군 영춘면 구인사길 73
운영시간 | 종일, 연중무휴

▶ MINI DATA
| 입장료 | 없음   주차 | 가능   분류 | 불교유적

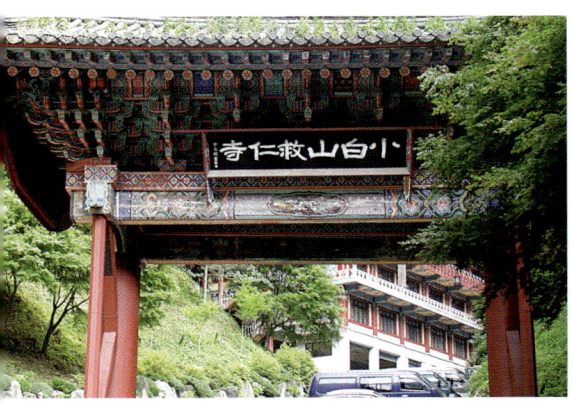

소백산 연화봉 아래 자리 잡은 구인사는 대한불교 천태종의 총 본산이다. 천태종은 594년 중국의 지자대사가 불교의 선(禪)과 교(敎)를 합하여 만든 종파로 지자대사가 머물던 천태산에서 이름을 따 천태종이라 부른다. 고려 숙종 2년에 대각국사 의천스님에 의해 우리나라의 천태종 역사가 시작되었다. 1945년 상월원각스님이 칡덩굴을 얹어 암자를 지은 것이 구인사의 시작으로 구인사가 터를 잡은 자리는 연화봉 아래로 연꽃이 핀 것 같다 해서 '연화지'라 불리는데, 좁고 신비로운 산세를 훼손하지 않고 가파른 언덕을 따라 가람을 배치한 것이 특이하며 사찰의 벽면에는 상징적이면서 교훈적인 이야기들이 벽화로 그려져 있어 경내를 둘러보며 불교문화를 이해하는 데 도움을 준다. 아래 주차장에서 일주문에 이르는 길은 길고 가파르지만, 힘겹게 경내로 들어서면 다른 사찰에서는 느낄 수 없는 경건한 사찰 분위기와 소백산 자락의 정취가 있어 불교 신도가 아니라도 애써 찾은 보람을 느낄 수 있다.

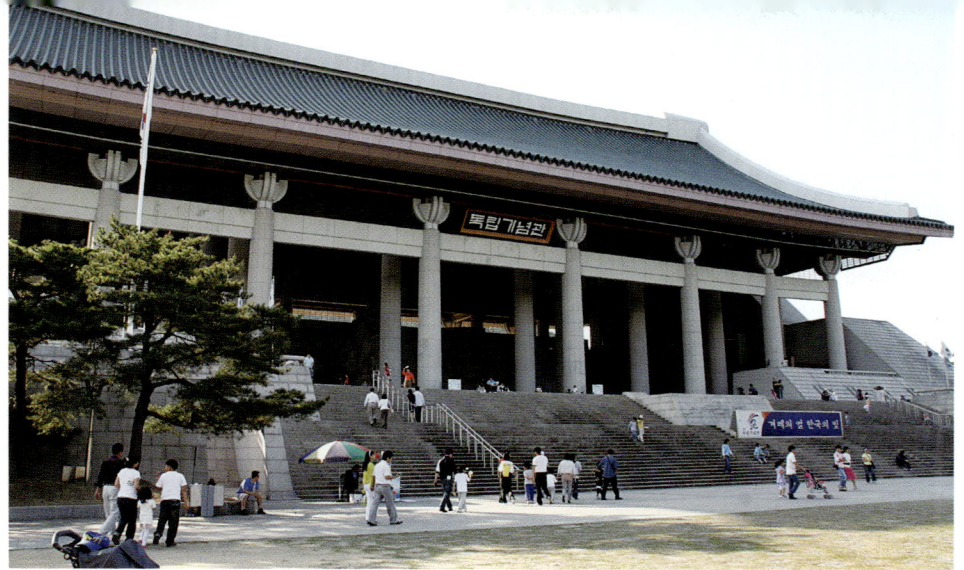

독립기념관 3·1운동의 만세 소리를 다시 듣는 곳

위치 | 충청남도 천안시 동남구 목천읍 남화리 230-1
충청남도 천안시 동남구 목천읍 삼방로 95
운영시간 | 동절기 09:30~17:00, 하절기 09:30~18:00,
매주 월요일 휴관

▶ MINI DATA
입장료 | 없음   주차 | 가능   분류 | 박물관

1987년 국민모금운동으로 건립한 독립기념관은 우리 민족의 국난 극복사와 국가 발전사에 관한 자료를 모아 전시한 곳이다. 민족의 전통문화와 국난 극복사를 모아 전시한 겨레의 뿌리관, 새로운 문물을 받아들이며 근대국가로 발전하려던 한국을 무력으로 짓밟은 일본 제국주의 침략상과 한국인의 고난의 역사가 전시되어 있는 겨레의 시련관, 의병전쟁과 애국계몽운동으로 대표되는 구한말의 국권회복운동을 다룬 나라 지키기관, 1910년대의 독립운동과 3·1운동을 자세히 설명하는 겨레의 함성관과 만주를 중심으로 연해주 각지에서 이루어진 독립군과 광복군의 무장 저항 운동을 다양한 전시물과 영상물을 통해 알아볼 수 있는 나라 되찾기관, 일제강점기 민족문화 수호운동과 민중의 항일운동, 대한민국임시정부의 활동을 주요 내용으로 다루고 있는 새나라 세우기관 그리고 일제강점기에 조국 광복을 위해 국내·외에서 전개

된 다양한 독립운동을 주제로 한 체험전시관인 함께하는 독립운동관 등 모두 7개의 전시관이 있다. 입체영상관에서는 4D 시스템을 통해 입체애니메이션 영상물을 감상할 수 있다. 야외 전시장에는 독립을 상징하는 조형물과 애국 선열들의 시와 어록을 새긴 어록비 그리고 평화통일을 기원하는 통일염원의 동산이 조성되어 있으며 철거한 조선총독부 건물을 옮겨와 전시한 공원도 있다. 2.6km의 규모의 연못과 솔숲 쉼터 등에서 쉬기 좋으며 야영장은 698명을 수용할 수 있다. 워낙 규모가 커서 이동 중에 태극열차를 이용할 수 있도록 해놓았다.

> ➡ **아우내장터와 병천순대**
>
> 유관순 열사가 3·1운동 당시 만세를 부른 곳으로 유명한 아우내 장터는 지금도 1일과 6일 장이 서고 있다. 이 장터를 더욱 유명하게 만든 것은 바로 병천순대. 독립기념관에 들렀다면 놓치지 말아야 할 명소다.

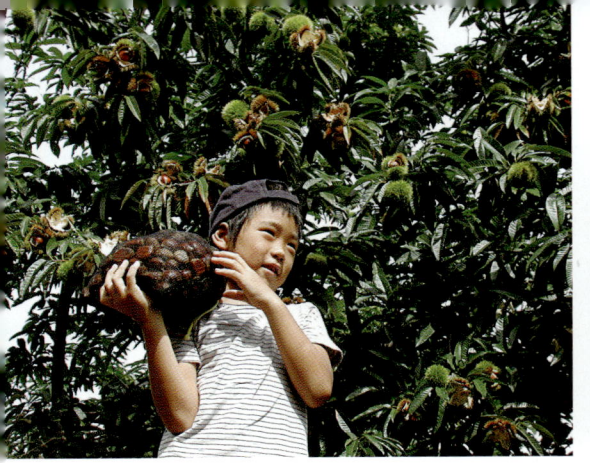
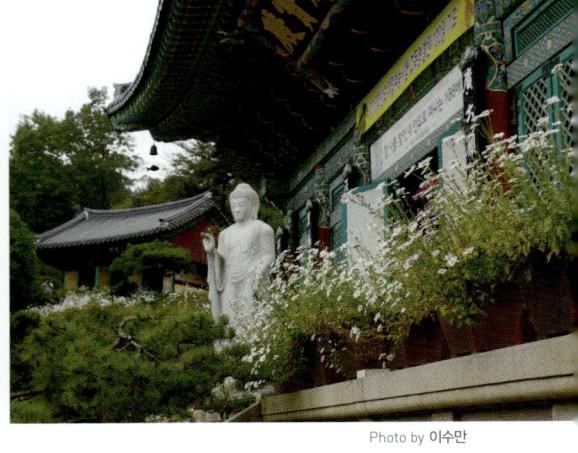

Photo by 이수만

유성 관광농원
가을이 밤처럼 익어가는 곳

| 위치 | 충청남도 천안시 동남구 북면 납안리 277-3
    충청남도 천안시 동남구 북면 납안5길 66
| 운영시간 | 문의 후 방문

▶ MINI DATA

| 입장료 | 있음   주차 | 가능   분류 | 숲, 자연휴양림

위례성 동남쪽 기슭에 자리 잡은 국내 최대 규모의
밤나무 농장이다. 165ha 규모의 농장에는 농장주가
1968년부터 심기 시작한 밤나무 20여 만 그루가 자
라고 있으며 살구, 매실, 은행, 모과, 호도 등의 유실
수와 버섯, 콩 등의 재배단지가 조성되어 있다. 깨끗
한 실개천을 따라 농장을 오르면 어마어마한 밤나무
농장의 규모에 입이 다물어지지 않는데 산길을 따라
열매를 맺기 위해 꽃을 피운 유실수들을 감상하고 언
덕의 야생화 군락을 찾아보는 재미도 쏠쏠하다. 농장
곳곳에 원두막과 나무 벤치, 놀이터 등이 있어 좋은
쉼터가 되어주며 바비큐장과 족구장 등을 갖춘 숙박
시설도 있다. 밤 줍기 체험이 이루어지는 초가을이면
농장 일대는 관광버스와 일반 차량으로 몸살을 앓을
정도로 체험객이 많이 찾아온다. 입장료를 내고 들어
가면 본인이 주운 밤을 바로 구워 먹을 수 있고 농장
에서 재배한 버섯도 함께 구워 먹을 수 있지만 집으
로 가져가는 밤은 따로 망을 구입해 담아 가야 한다.

영평사
흰빛으로 물드는 가을

| 위치 | 세종특별자치시 장군면 산학리 441
    세종특별자치시 장군면 영평사길 124
| 운영시간 | 종일, 연중무휴

▶ MINI DATA

| 입장료 | 없음   주차 | 가능   분류 | 종교시설

장군산 자락에 쌓인 석축 위로 자리하는 영평사는 오
랜 역사를 가진 사찰은 아니다. 특별히 내세울 만한
문화재를 간직하지도 않은 사찰이지만 가을날이면 어
떠한 보물보다도 아름다운 자연의 특별함을 보여준
다. 음력 9월이면 하얗게 꽃잎을 피우는 구절초는 활
짝 편 아이의 손바닥처럼 작고 앙증맞다. 장군산 자락
을 따라 일주문에서 경내 곳곳에 피어나는 하얀 빛 구
절초의 모습은 큰 스님의 설법만큼이나 깊은 감동을
준다. 여느 야산에서도 쉽게 보이는 구절초지만 무리
지어 피어난 모습과 은은한 꽃내음으로 더욱 편안하
게 사람들의 시선을 맞는다. 구절초가 만개한 영평사
는 작은 축제를 준비한다. 꽃의 흰빛으로 달빛을 받아
영롱한 밤의 축제는 누구에게나 잊을 수 없는 추억을
남긴다. 구절초로 만든 전통 차와 함께 영평사의 또
하나의 명물인 죽염된장과 상설프로그램인 템플스테
이를 직접 체험하는 것도 좋다.

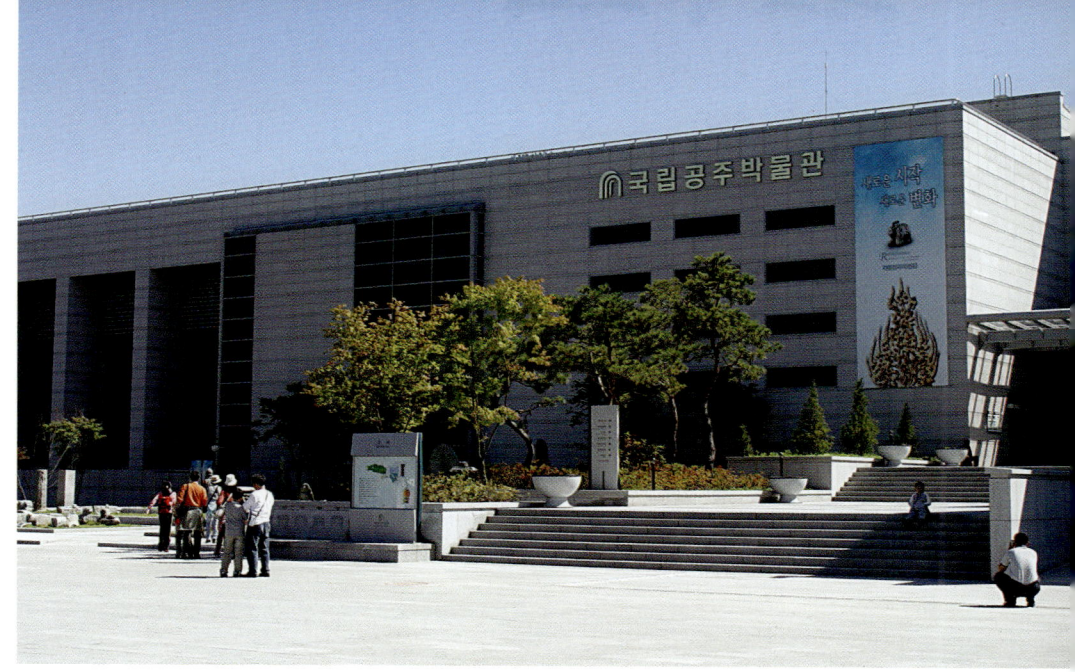

국립공주박물관 무령왕릉 출토 유물들을 한자리에

위치 | 충청남도 공주시 웅진동 360
　　　충청남도 공주시 관광단지길 34
운영시간 | 평일 09:00~18:00, 주말 및 공휴일 09:00~19:00,
　　　 4~10월 토요일 09:00~21:00, 매주 월요일 휴관

▶ MINI DATA
| 입장료 | 없음　　주차 | 가능　　분류 | 박물관

국립공주박물관은 무령왕릉과 함께 둘러보아야 할 곳이다. 무덤의 주인이 무령왕임을 밝혀주고 있는 귀한 유물인 묘지석을 비롯하여 입구를 지키던 상상의 동물 진묘수, 금동신발·팔찌·목걸이 등 왕과 왕비의 몸에 치장되었던 장신구 등 무령왕릉에서 출토된 대부분의 유물이 이곳 박물관에 전시되고 있기 때문이다. 오수전이라는 동전과 은동 그릇·접시 등에서 먼 길 떠나는 자를 배웅하는 산 사람들의 태도를 알 수 있다. 왕과 왕비의 베개와 발받침이 원형에 가깝게 보존되어 있는데 각각 검은색과 붉은색으로 색상이 비교된다. 그 밖에도 백제가 웅진, 공주를 도읍으로 삼았을 당시의 유물들이 전시되어 있는데, 백제 문화의 중심지가 한성에서 웅진으로 옮겨지면서 중

앙의 문화가 이곳의 토착문화와 어울려가는 과정을 보여준다. 불교미술실에는 백제 미술의 우화함을 잘 보여 주는 금동관음보살입상이 있다. 길이 25cm의 작은 작품이지만 섬세하게 새겨진 옷의 주름과 온화한 얼굴에서 영락없는 백제의 미술품임을 알게 한다. 계유명천불비상도 이곳 박물관이 소장하고 있는 유명한 소장품으로 비석에 새겨진 천불상이 발견된 경우가 많지 않아 귀한 유물이다. 실제로 비석에 새겨진 불상의 개수를 헤아려보면 900여 개가 넘는다고 하니 원래의 모양대로라면 1,000개였음을 짐작할 수 있다. 옛 공주박물관을 대신해 2004년에 새로운 박물관을 지어 옮겨 왔다.

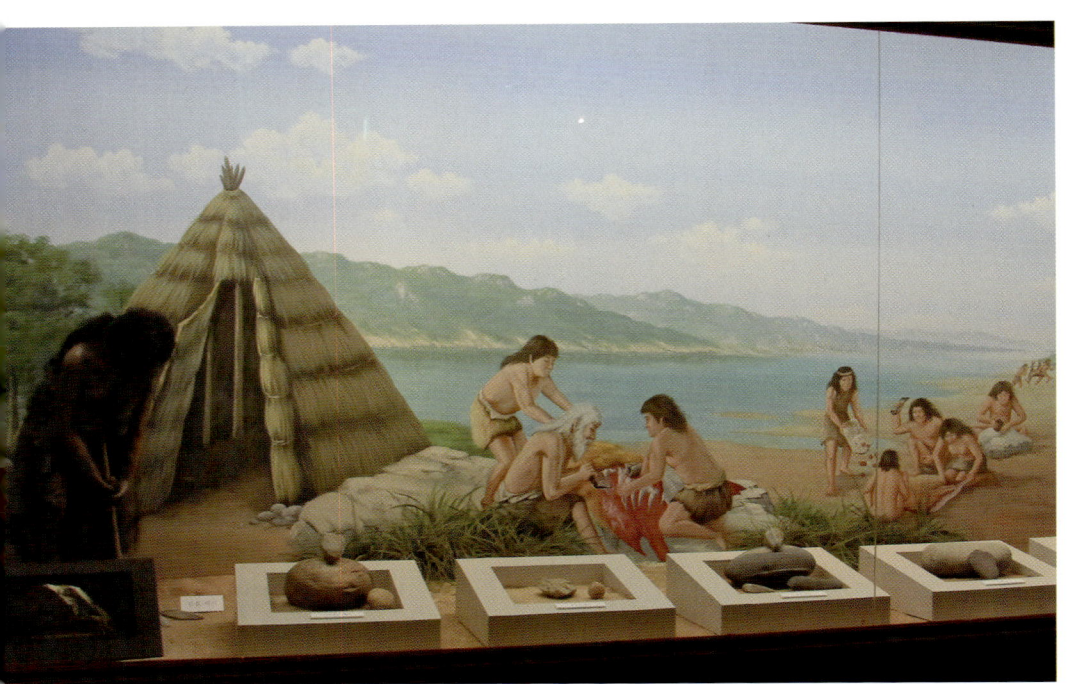

석장리박물관 선사시대의 문화를 찾아서

위치 | 충청남도 공주시 석장리동 118
충청남도 공주시 금벽로 990
운영시간 | 09:00~18:00, 박물관에서 정한 날 휴관

▶ MINI DATA
| 입장료 | 있음　주차 | 가능　분류 | 박물관

1999년 선사유적의 전시관으로 시작한 석장리박물관은 2006년 정식 박물관으로 새롭게 문을 열었다. 이는 우리나라에서 매우 드문 선사시대의 유물로만 구성된 박물관이다. 전시관 건물은 왼편으로 구석기인 동상과 석장리 출토 대표석기 5점의 모형, 오른쪽은 사냥하는 구석기인 동상과 반구대 암각화 모형, 그리고 중앙 기둥에는 석장리를 상징하는 주먹도끼 모형이 있다. 내부는 구석기에서 청동기에 이르는 선사문화를 자연, 인류, 생활, 문화, 발굴이라는 5가지 테마로 전시 연출한 상설전시실, 기획전시실, 영상실 등으로 구성되어 있다. 석장리의 구석기시대 집터는 구석기인들의 생활문화를 살펴볼 수 있는 공간이다.

기둥을 세우고 움막을 쳐서 비바람으로부터 보호하며 혈연관계의 8~10명 정도로 이루어진 사람들이 공동생활을 한 것으로 추정된다. 중앙에는 화덕이 설치되었다. 둥근 자갈돌 7개를 둘러 불을 피워 요리도 하고 추위를 피하였다. 움막집 주변으로 석기를 만들었던 터도 발견되었다. 땅바닥에 새겨진 고래로 추정되는 물고기의 그림은 예술 활동이 시작되는 구석기인들의 생활을 보여준다.

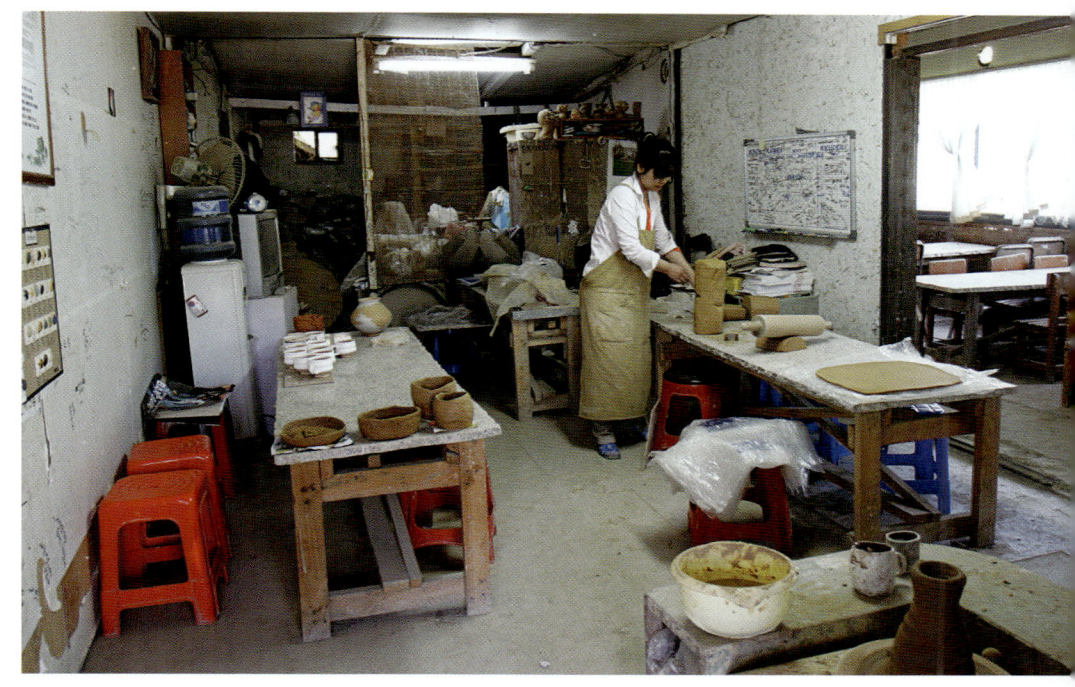

계룡산 도자예술촌 옛 빛을 찾아

| 위치 | 충청남도 공주시 반포면 상신리 571
　　　충청남도 공주시 반포면 도예촌길 69
운영시간 | 10:00~18:00(공방별 상이)

▶ MINI DATA
| 입장료 | 없음　　주차 | 가능　　분류 | 전시, 체험시설

일명 계룡산 분청으로 불리는 철화분청사기는 고려시대 청자에서 조선시대 백자로 연결되는 도자기의 형태다. 철분이 함유된 계룡산의 흙은 불기운을 받으면 검은빛으로 바뀌는데 그 위에 흰색의 염료를 칠해 만들어지는 분청사기는 자유분방한 무늬와 투박한 듯 세련된 모습으로 도자기의 걸작이라 칭송받는다. 상신리 도예촌은 옛 전통을 살리기 위한 사람들의 노력이 뜨거운 가마의 불길이 되어 달구어지는 곳이다. 도자기를 바라보고 이해하는 장소가 된다. 20여 곳 옹기종기 모인 공방과 마을 공동의 전시장은 건물마다 나름의 멋을 부렸다. 전시되거나 판매를 기다리는 작품들은 논밭이 어우러지는 주변의 자연환경과 조화로 감상하는 맛이 특별하다. 마을 사람들은 공동체 의식으로 마을의 일을 공동으로 나눈다. 작은 시골 마을은 도자기로 꾸며지는 예술의 공간이 된다. 매년 열리는 마을의 축제는 소박하고 즐겁다. 방문객들은 도자체험과 마을 탐방, 도자기에 관한 교육을 받을 수 있는 다양한 프로그램을 즐길 수 있다. 모든 작품은 소량으로 한정 생산되는 작품들이라 그 가치가 더욱 소중하게 느껴진다. 옛 전통을 살리려는 젊은 도예가들의 마음이 아름답고 새로움을 만들어가는 사람들의 노력을 느낄 수 있다. 마을을 둘러보다 지붕 위 하늘을 향해 날아가는 자전거를 찾아보자. 마을의 마음을 상징하는 듯하다.

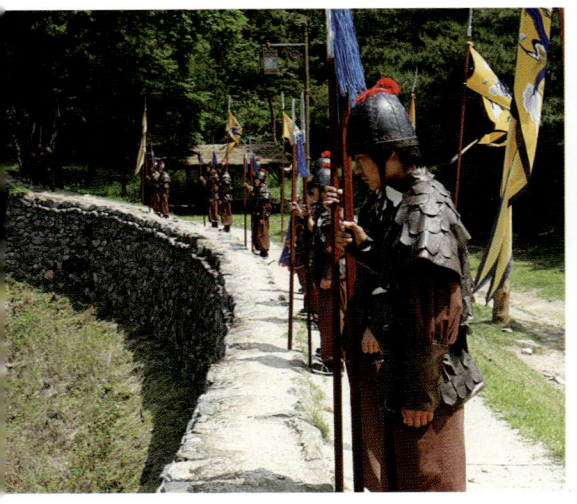

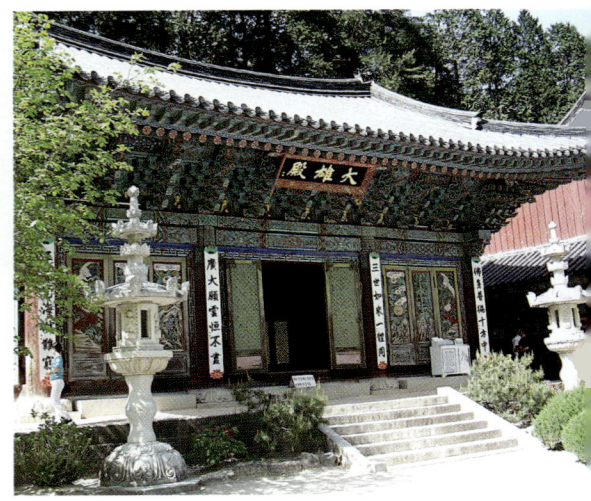

공산성　공주를 방어하라

| 위치 | 충청남도 공주시 금성동 65-3
　　　충청남도 공주시 웅진로 280
| 운영시간 | 09:00~18:00, 연중무휴

▶ MINI DATA
| 입장료 | 있음　　주차 | 가능　　분류 | 역사, 문화유적

동학사　우리나라 최초의 비구니 강원

| 위치 | 충청남도 공주시 반포면 학봉리 789
　　　충청남도 공주시 반포면 동학사1로 462
| 운영시간 | 종일, 연중무휴

▶ MINI DATA
| 입장료 | 있음　　주차 | 가능　　분류 | 불교유적

공주는 백제 문무왕 1년(475년)에 한산성에서 웅진으로 천도했다가 성왕 6년(538년)에 부여로 천도할 때까지 64년간 백제의 수도였다. 사적 제12호로 지정된 공산성은 도읍지인 공주를 방어하기 위해 만든 것으로 시대에 따라 웅진성, 쌍수산성, 공산산성, 공주산성 등으로 달리 불리었다. 해발 110m의 능선을 따라 총연장 2,260m에 걸쳐 축조되었으며 동서의 길이 800m, 남북의 길이 400m의 장방형으로 원래는 토성이었으나 조선시대에 석성으로 다시 축조되었다. 산성 안에는 백제의 궁터와 연못, 우물터 등이 남아 있고 임진왜란 때 승병을 일으킨 것으로 유명한 영은사와 문루인 진남루, 공북루, 고려시대 인조가 파천하면서 지은 쌍수정도 볼 수 있다. 산성을 따라 울창한 숲이 있어 산책로로 애용되고 있으며 유유히 흐르는 금강을 바라볼 수 있는 공주시의 상징적 장소이다.

계룡산 동쪽 기슭에 자리 잡은 동학사는 우리나라 최초의 비구니 강원(승가대학)이 있는 곳으로 유명한 천년 고찰이다. 신라 성덕왕 23년(724년)에 작은 암자로 시작된 절이 동학사라는 이름을 갖게 된 것은 고려시대 태조 20년(937년)으로, 소소한 증축이 진행되다가 6 · 25 전쟁으로 거의 소실되고 1975년에 개축해서 오늘에 이른다. 조선 초 태조 3년(1394년)에 야은 길재가 충신 정몽주를 위해 제사를 지낸 삼은각과 세조에 의해 단종이 폐위되었다는 소식을 들은 매월당 김시습이 머리를 깎고 승려가 되어 통곡했다는 숙모전이 동학사 경내에 함께 자리하고 있다. 동학사로 오르는 계곡은 맑고 수려해 짧은 산책을 즐기기에 좋고 산행을 한다면 슬픈 전설이 깃든 남매탑을 지나 갑사로 가보아도 좋겠다. 동학사로 가는 도로는 벚꽃 터널이 장관으로 해마다 동학사벚꽃축제가 열린다.

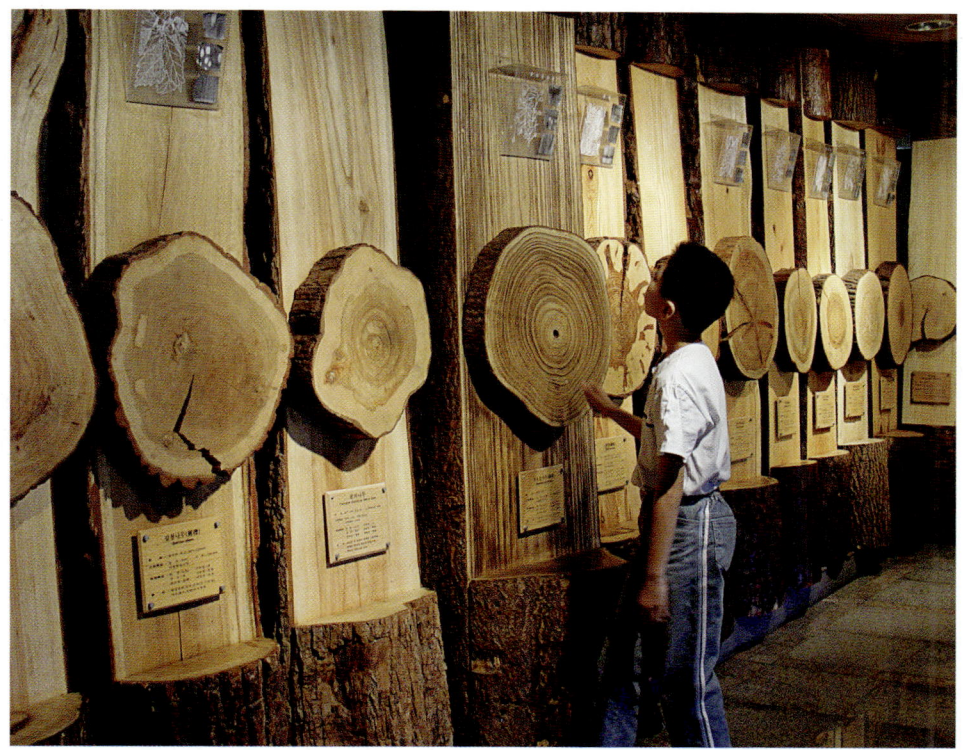

충남 산림박물관 산림의 다양한 정보를 알다

| 위치 | 세종특별자치시 금남면 도남리 2-2
　　　 세종특별자치시 금남면 산림박물관길 110
| 운영시간 | 동절기 09:00~17:00, 하절기 09:00~18:00

▶ MINI DATA
| 입장료 | 있음　　주차 | 가능　　분류 | 박물관

산을 알고 숲을 이해하고 싶다면 반드시 1번은 들러 보아야 할 규모와 시설을 갖춘 숲과 나무의 전시관이다. 아이들과 함께라면 더욱 좋은 자연학습의 공간이 된다. 계룡산 줄기의 하나인 마티산 자락에 자리하는 박물관은 기존의 금강자연휴양림 자리에 세워진 산림전시관 건물을 중심으로 수목원, 유리온실, 야생동물원, 연못, 통나무 숙소 등의 시설로 이루어져 있다. 백제 전통 건물양식으로 지어졌다는 산림전시관은 우리나라 산림에 관한 다양한 정보를 살펴볼 수 있다. 안면도의 소나무 군락, 우리나라 최대 크기의 은

행나무, 전국 명산의 사계절 실물과 흡사한 모형과 첨단 기법의 전시, 삼림 체험 공간을 돌아보면 깊은 숲 속을 거니는 듯 피톤치드의 향기를 느낄 수 있다. 전국을 여행하며 느낄 수 있는 자연의 아름다움을 한 눈에 담는 즐거움이 있다. 5구역의 전시관은 잘 보존된 산림의 아름다움과 산불 등의 피해를 입고 복원되어가는 모습 등을 상세히 보고 느낄 수 있다. 열대식물이 전시된 온실도 알차게 꾸며져 있으며 비단잉어가 유영하는 연못 또한 여유롭다. 옛 휴양림의 통나무 숙소 시설은 편한 자연 속의 쉼터다.

마곡사

극락과 사바를 상징하고 있는 사찰

| 위치 | 충청남도 공주시 사곡면 운암리 567
| | 충청남도 공주시 사곡면 마곡사로 966
| 운영시간 | 일출~일몰, 연중무휴

▶ MINI DATA

| 입장료 | 있음   주차 | 가능   분류 | 불교유적

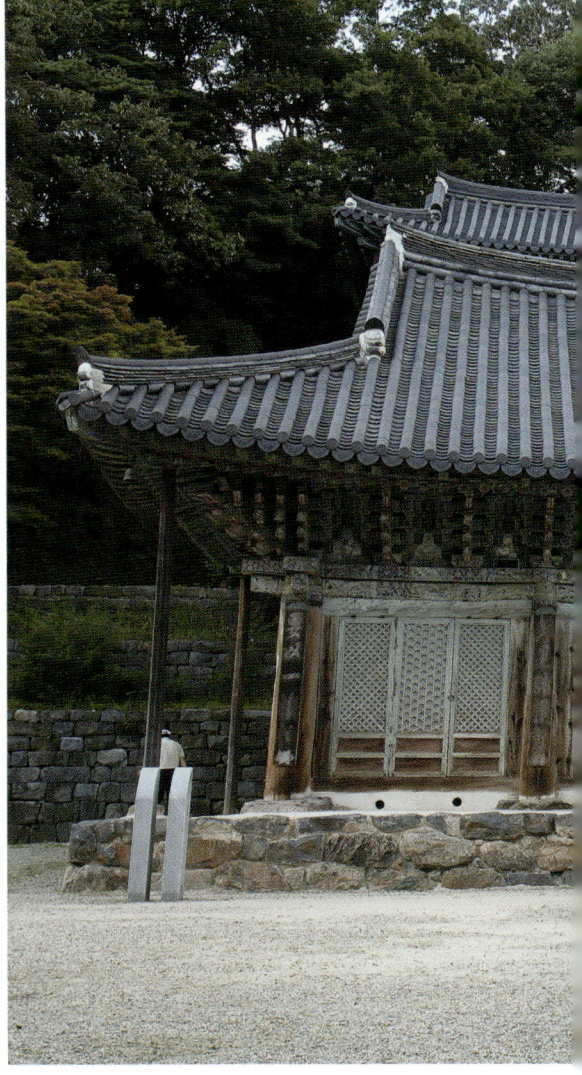

신라시대 보철 화상이 설법을 할 때 '절 앞에 모인 신
도들이 마치 삼(麻) 밭의 삼과 같다' 해서 이름 붙인 마
곡사는 그 창건 연대가 정확하게 알려져 있지는 않으
나 신라 선덕여왕 9년(640년) 자장율사에 의해 창건되
었다고 전해지며 임진왜란 때 소실되었다가 여러 차
례 중건을 거쳐 오늘에 이르고 있다. 마곡사가 자리
잡은 태화산이 태극형을 띠고 있어 「택리지」, 「정감
록」 등에서는 전란을 피할 수 있는 명당으로 꼽고 있
는데 사찰을 끼고 흘러가는 태화천 역시 태극의 형상
으로 휘어지며 흘러간다. 가람의 배치도 그 의미가 깊
어 사찰을 가로지르는 태화천의 북쪽은 극락세계를
상징하여 대웅보전과 대광보전이 자리 잡고 있으며
태화천 남쪽은 현세를 상징하여 스님들의 수행공간인
영산전, 수선사, 매화당 등이 자리 잡고 있다. 보물 제
800호인 영산전은 마곡사에서 가장 오래된 건물인데
조선시대(1651년) 각순대사가 중창하며 지은 것으로
석가모니불과 석가모니의 일대기를 담은 팔상도를 모
신 법당이다. 천불을 모시고 있어 천불전이라고도 불
리는 영산전은 조선시대의 건축양식을 잘 보여주는
자료가 된다. 해탈문과 천왕문, 수행 공간이 소박하게
자리 잡은 공간을 지나면 태화천을 가로지르는 극락
교를 만나는데 그 다리 위에 서서 고개를 들어 하늘을
보면 영험한 기운이 감도는 대광보전과 대웅보전이
눈에 들어온다. 진리를 상징하는 비로자나불을 모신
대광보전은 보물 제802호로 지정되어 있으며 조선 순
조 13년(1813년)에 다시 지은 것이다. 팔작지붕에 꽃

모양 문살과 정교한 용머리 조각이 아름답고 불상을
모신 내부도 정교하고 풍부한 장식으로 꾸며져 있다.
대광보전 위쪽으로 자리 잡은 대웅보전 역시 보물 제
801호로 지정되어 있는데 석가모니불을 중심으로 약
사여래불과 아미타불을 모시고 있으며 2층에 걸린 현
판은 신라시대의 명필 김생이 쓴 것이라 한다. 마곡사
로 들어가는 길은 봄이면 벚꽃이 만발하여 '춘마곡,
추갑사'라는 말이 생겨났을 정도로 봄철에 특히 아름

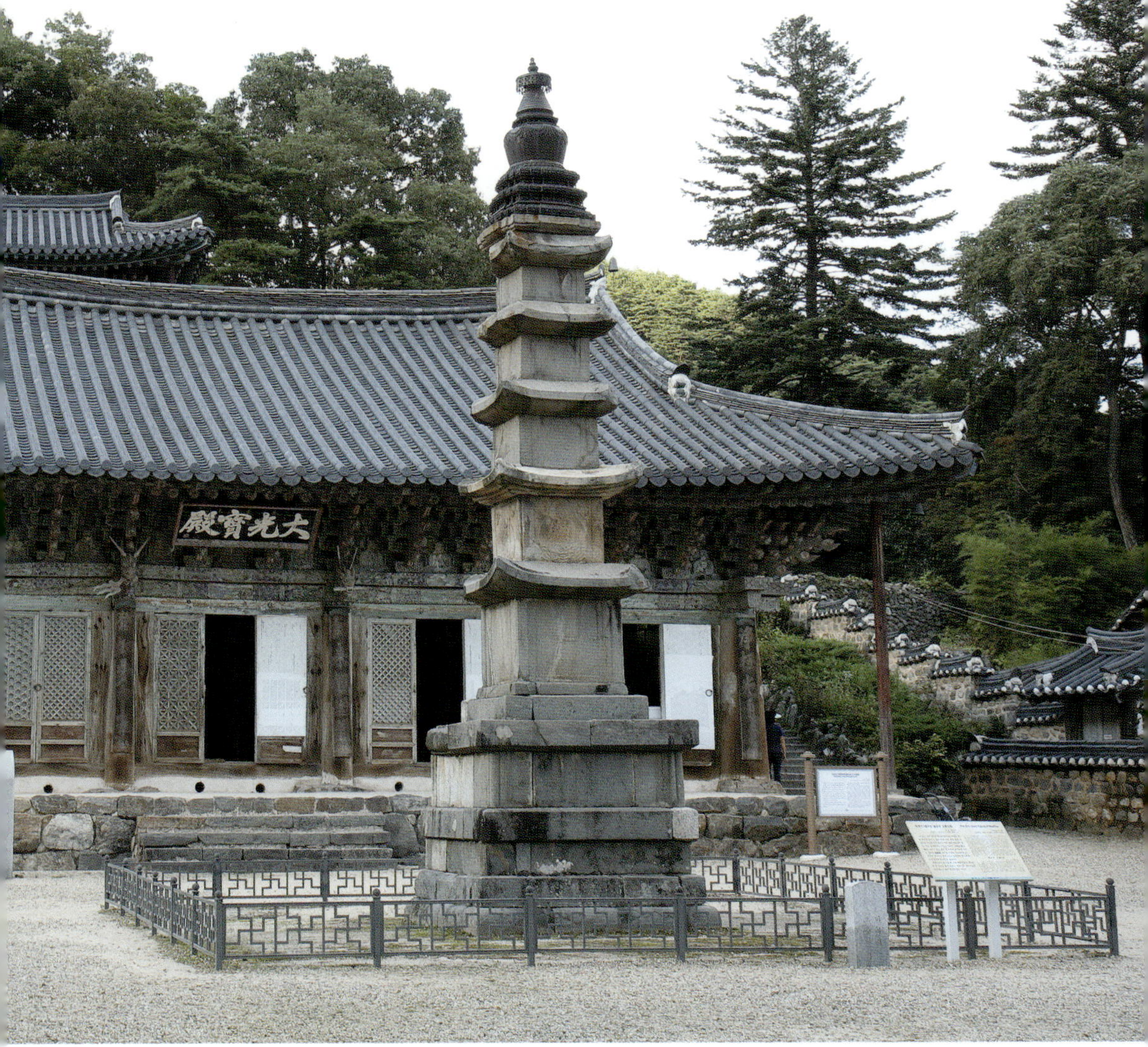

다우며, 외진 곳에 자리 잡고 있어 동학사나 갑사와
달리 여행객으로 붐비지 않아 산사 여행의 고즈넉함
을 즐기기에 그만이다.

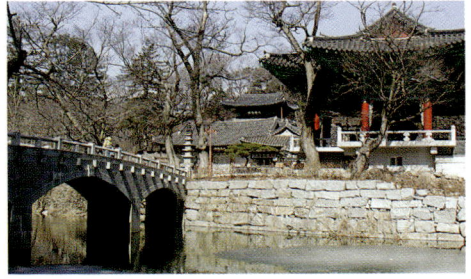

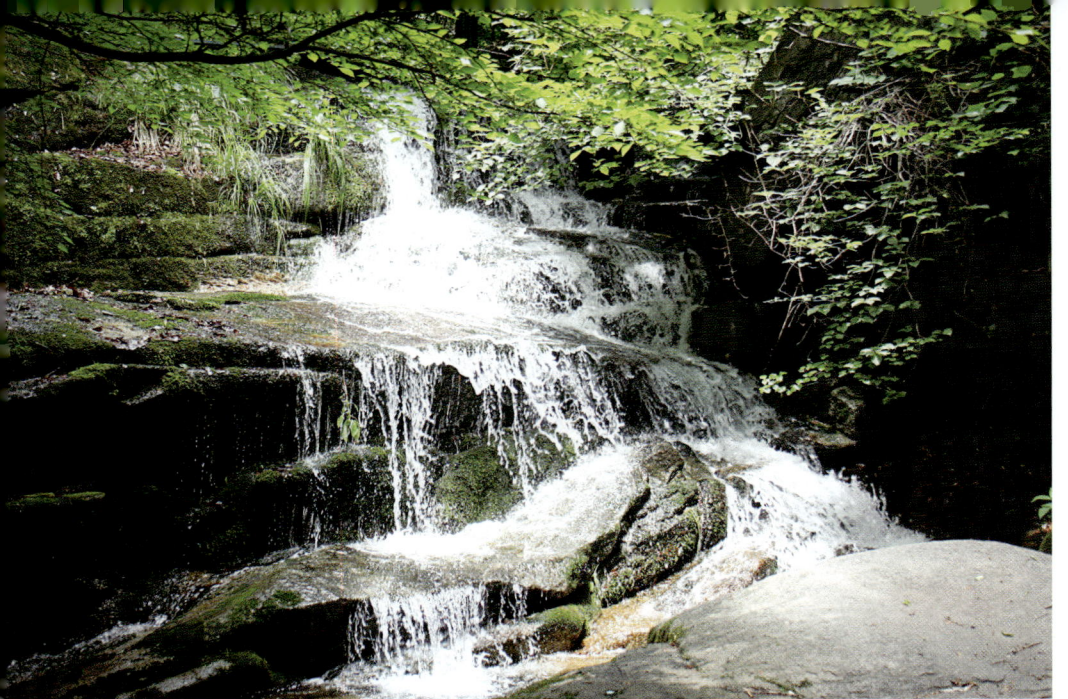

Photo by 공주시청

계룡산국립공원 닭의 볏을 쓴 용이 사는 곳

위치 | 충청남도 공주시 반포면 학봉리 산 18
　　　충청남도 공주시 반포면 동학사1로 401
운영시간 | 종일, 연중무휴

▶ MINI DATA
입장료 | 없음　　주차 | 가능　　분류 | 산, 계곡, 동굴

차령산맥과 노령산맥 사이에 위치해 있으며 대전광역시와 공주시, 논산시에 걸쳐 있는 계룡산은 845.1m의 천왕봉을 주봉으로 해서 삼불봉, 연천봉, 관음봉 등의 봉우리와 기암괴석으로 이루어진 명산이다. 산 능선의 모습이 닭의 볏을 뒤집어쓴 용을 닮았다 해서 계룡(鷄龍)이라는 이름이 붙었는데 무속신앙과 관계가 깊은 산으로도 알려져 있다. 지리산국립공원에 이어 2번째로 국립공원에 지정된 산이기도 하다. 봄이면 동학사로 이어지는 벚꽃 길과 가을이면 오색찬란한 갑사의 단풍으로도 유명해 전국의 여행객들을 불러 모으며 겨울의 설경도 진풍경을 자아낸다. 신라 경덕왕 때 창건된 동학사와 고구려의 승려 아도화상이 창건한 갑사 외에도 신원사와 용화사 등

다양한 유물을 보유한 유서 깊은 사찰이 사방에 자리 잡고 있다. 계곡이 수려하고 폭포와 소가 장관을 이루어 등산객의 발길을 붙드는데 그중에서 용문폭포와 은선폭포가 유명하다. 가장 많은 탐방객들이 즐겨 찾는 대표적인 산행코스 주봉인 관음봉과 삼불봉을 연결하는 대형 능선인데 곧고 길게 이어진 기암괴석 사이 좌측으로는 갑사 지구, 우측으로는 동학사 지구의 경관을 감상할 수 있으며, 관음봉에서 바라보는 경치가 계룡산의 최고 절경으로 꼽는다. 산행 준비를 미처 하지 못했어도 갑사와 동학사에서 시작되는 약 2km 구간의 자연관찰로가 있으니 어린이를 동반한 가족 단위 나들이객도 쉽게 탐방할 수 있다.

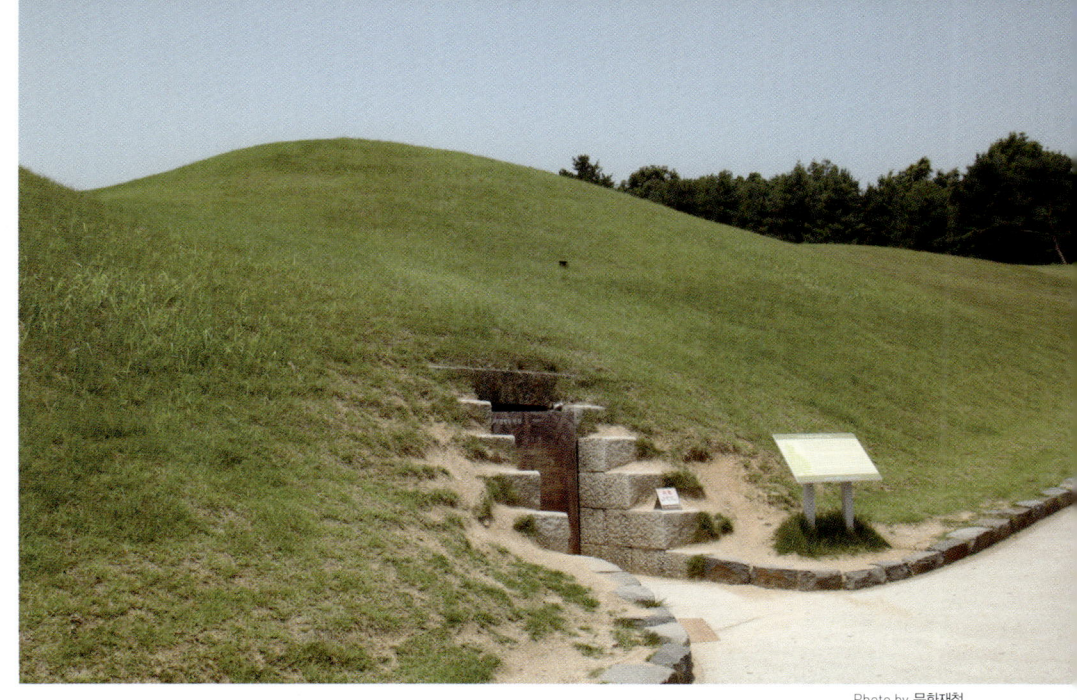

무령왕릉 세기의 발견, 최악의 발굴

| 위치 | 충청남도 공주시 웅진동 57-1
충청남도 공주시 왕릉로 37
운영시간 | 09:00~18:00, 연중무휴

▶ MINI DATA
| 입장료 | 있음   주차 | 가능   분류 | 역사, 문화유적

국내 고고학 역사상 최고의 발굴이자 최악의 발굴로 꼽히는 무령왕릉이다. 출토된 유물들의 내용과 더불어 고대 무덤의 주인을 최초로 밝혔다는 점에서 최고라 꼽히지만, 엄청난 발견에 지나친 관심이 쏠린 나머지 체계적인 발굴이 이루어지지 못하고 현장을 출입하는 기자들로 인하여 유물이 훼손되는 일이 발생해 최악으로 기록되고 있다. 무령왕릉이 발견되기까지 고대의 무덤 중에서 그 주인이 밝혀진 경우가 없었으니 이곳에서 '영동대장군백제사마왕'이라는 지석의 발견은 고대사를 연구하는 학자들에게는 흥분 그 자체였다. 고구려와의 전쟁에서 패하고 신라와의 협력마저 깨어지면서 한강유역을 잃어버린 백제는 수도를 웅진으로 옮긴다. 다시 나라의 기반을 세우고

화려한 문화를 꽃피우게 되는데 그 시기가 바로 백제 25대 왕인 무령왕 때이다. 무령왕릉은 벽돌로 만들어진 전축분이며 당시 중국 남조의 무덤양식을 받아들여 만든 무덤으로, 입구에서 방까지 긴 연도를 만들고 그 끝에 있는 방에 부부가 합장되어 있는 형태이다. 연꽃 모양을 새긴 벽돌은 당시 불교적 세계관에서 무덤이 만들어졌음을 알려준다. 이곳에서 발견된 유물은 100여 종 3,000여 점에 이르며 대부분 국립공주박물관에 전시되어 있다. 옛날에는 무령왕릉 내부를 공개하여 직접 들어가볼 수 있었으나 현재는 보호 차원에서 출입이 금지되어 있고, 대신 아래쪽에 전시관을 만들어 놓고 무덤 내부의 모습과 그 안에서 발굴된 유물들을 살피게 하고 있다.

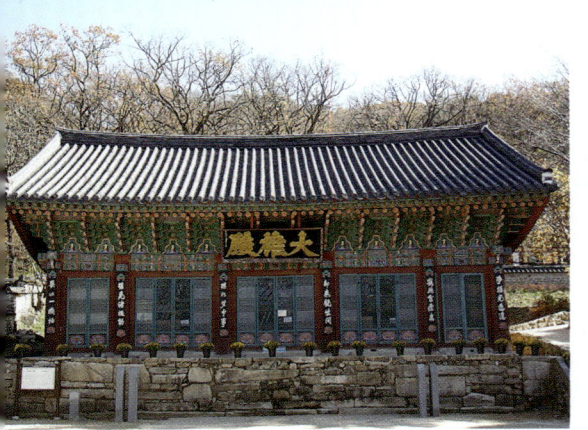
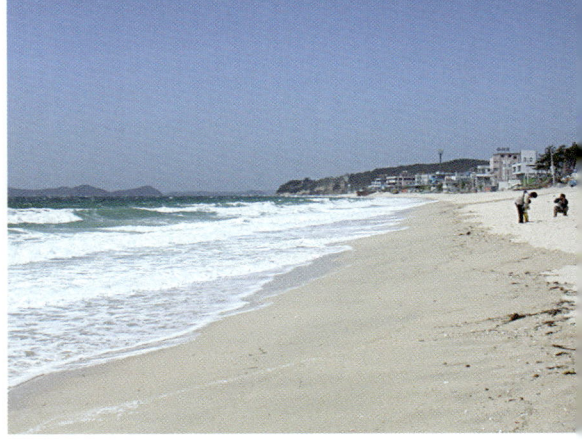

갑사 웅진의 으뜸 사찰

위치 | 충청남도 공주시 계룡면 중장리 52
　　　충청남도 공주시 계룡면 갑사로 567-3
운영시간 | 종일, 연중무휴

▶ MINI DATA
입장료 | 있음　　주차 | 가능　　분류 | 불교유적

마곡사와 함께 백제의 고도 공주를 대표하는 사찰이다. '갑(甲)' 자를 사용하여 당시 백제국의 으뜸 사찰임을 알린다. 계룡산의 서편으로 자리하는 사찰은 갑사구곡이라 불리는 아름다운 경치를 일주문에서 길게 늘어지는 오솔길을 따라 보여준다. 웅진시대를 상징하는 이곳은 백제 왕실의 중요한 사찰이었다. 통일신라시대를 거쳐 고려시대까지 사찰은 지리적 중요성과 함께 계룡산을 대표하는 터전으로 자리하였다. 작고 아담한 사찰이지만 오랜 역사만큼 수많은 보물을 간직한다. 우리나라에서 유일하게 남아 있는 철 당간은 당간지주의 외로운 모습만 익숙하였던 사람들에게 불가의 땅임을 알리는 당간의 제 모습을 당당하게 보여준다. 고려시대의 팔각부도는 화려한 기단부의 모습으로 사찰의 중요성을 상징하고 창건 설화를 간직한 천진보탑 또한 여느 곳보다 아름답다. 갑사의 또 다른 보물은 한글로 기록된 석가모니의 일대기인 월인석보의 판목으로 국문학의 소중한 자료가 된다.

대천해수욕장 서해안 최대의 해수욕장

위치 | 충청남도 보령시 신흑동 1029-3 인근
　　　충청남도 보령시 해수욕장4길 인근
운영시간 | 종일, 연중무휴

▶ MINI DATA
입장료 | 없음　　주차 | 가능　　분류 | 바다, 섬

1930년대부터 외국인 대상 휴양 단지였던 서해안 최대의 해수욕장으로 최근에는 보령시에서 주최하는 머드축제로 큰 사랑을 받고 있는 곳이다. 3.5km에 이르는 긴 해안선이 자랑으로 서해안의 다른 해수욕장과 달리 뻘이 없고 조개껍데기가 섞인 단단한 모래사장으로 이루어져 있다. 수심이 얕고 물이 따뜻해 해수욕을 즐기기에 알맞고 수도권에서 가까워 여름 피서철이면 수십만의 관광객이 몰려든다. 해안에서 4km 떨어진 바다에는 하얀 자갈이 깔린 해안과 기암절벽으로 이루어진 무인도인 다보도가 있어 수시로 왕복하는 유람선을 타고 들어갈 수 있다. 깨끗하게 정비된 숙박 시설과 편의 시설을 갖추고 있으며 크고 작은 축제와 이벤트가 열리는 해수욕장답게 해변에는 휴식 공간을 비롯해 공원들이 잘 만들어져 있고 약 17ha에 달하는 울창한 송림 속의 야영장과 머드팩장, 해수 사우나 시설 등이 있어 사계절 휴양지로도 각광 받고 있다. 여름에는 머드축제가, 12월 마지막 날에는 해넘이축제가 열린다.

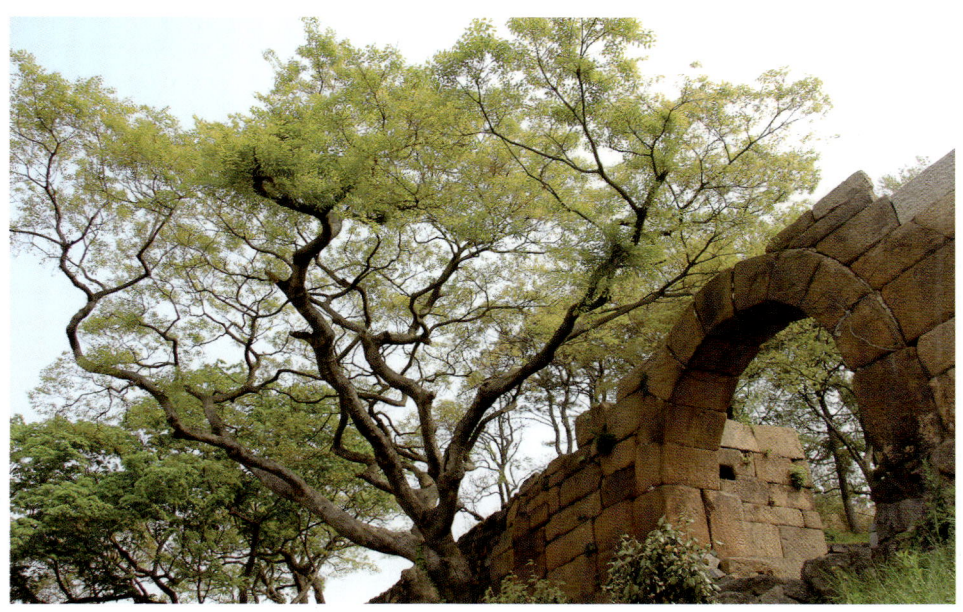

충청수영성 성터에서 만나는 역사

위치 | 충청남도 보령시 오천면 소성리 931 일원
충청남도 보령시 오천면 충청수영로 802-4 인근
운영시간 | 종일, 연중무휴

▶ MINI DATA
| 입장료 | 없음　　주차 | 가능　　분류 | 역사, 문화유적

충청수영성은 조선 시대에 서해로 침입하는 외적을 막기 위해 돌로 쌓아 만든 성이다. 해안 방어의 요충지로서 중요한 역할을 담당했다. 이곳은 4개의 성문과 연못 1개를 비롯해 영보정, 대변루, 관덕정, 능허각 등의 건물이 있었으나 현재는 모두 허물어져 성곽과 망화문터의 아치형 서문만이 남아 있다. 옛 성이라고는 하지만 주택가 골목과 함께 있다는 것이 조금은 낯설게 느껴진다. 주택가 사이로 나무와 담쟁이넝쿨에 뒤덮인 성벽이 보인다. 사람의 방문이 적은 듯 녹초로 뒤덮여 있지만, 옛 성벽의 위엄과 모습은 잃지 않은 채이다. 아치형으로 만들어진 서문은 아직도 그 모습이 잘 보전되어 있어 성의 예전 모습을 짐작할 수 있게 해 준다. 서문을 들어서면 성곽을 따라 길이 나타난다. 흉년이 들었을 때 백성을 구제하던 일을 맡아서 하던 진휼청이 나타난다. 진휼청은 그 모습이 깨끗하게 잘 보전이 되어 있다. 성곽을 돌며 만나는 오천성의 자연과 오천항이 내려다보이는 풍경은 이곳이 역사 속에서 어떠한 성이었는지를 짐작할 수 있게 해 준다. 성 근처에 있는 오천항은 백제 때부터 중국과 교류를 가졌던 항구이다. 현재 오천항은 조용한 항구로서 주꾸미나 갑오징어 등의 낚시를 즐기는 낚시꾼들이 즐겨 찾는 곳이 되었다.

→ 오천항 키조개축제

오천항 일원에서 매년 4~5월 중에 열리는 축제이다. 키조개를 주제로 닷새 동안 다양한 이벤트도 함께 열린다. 오천항 앞, 깊은 바다에서 직접 채취한 키조개로 샤부샤부, 꼬치, 구이, 무침, 회, 전 등 다양한 요리를 시식할 수 있으며, 주꾸미, 조개, 까나리, 멸치 액젓 등 각종 특산품 장터가 함께 열린다.

성주사지

거대했던 절의 흔적

| 위치 | 충청남도 보령시 성주면 성주리 73
          충청남도 보령시 성주면 심원계곡로 99 인근
| 운영시간 | 종일, 연중무휴

▶ MINI DATA
| 입장료 | 없음   주차 | 가능   분류 | 불교유적

성주사는 신라 말 구산선문 중 하나로 한때는 2,000여 명의 승려가 머물며 수도하던 전국 최고의 절로 손꼽히던 곳이다. 백제 때 오합사라는 절로 지어져 신라 말 낭혜화상에 의해 크게 중창되었다. 임진왜란 이후 서서히 쇠락해 지금은 절터와 그 위에 남은 몇 가지의 유물들만이 이곳이 절이었음을 알려주고 있다. 평지 가람 형태인 성주사에는 중요한 유물들이 많이 남아 있는데 그 중에서 낭혜화상부도비가 돋보인다. 이 절을 중창해 크게 일으킨 낭혜는 당시 현실과 유리된 교종을 비판하면서 이론이 아닌 경험 또는 직관에 의하여 선을 깨달을 수 있다는 선종을 내세워 새로운 시대

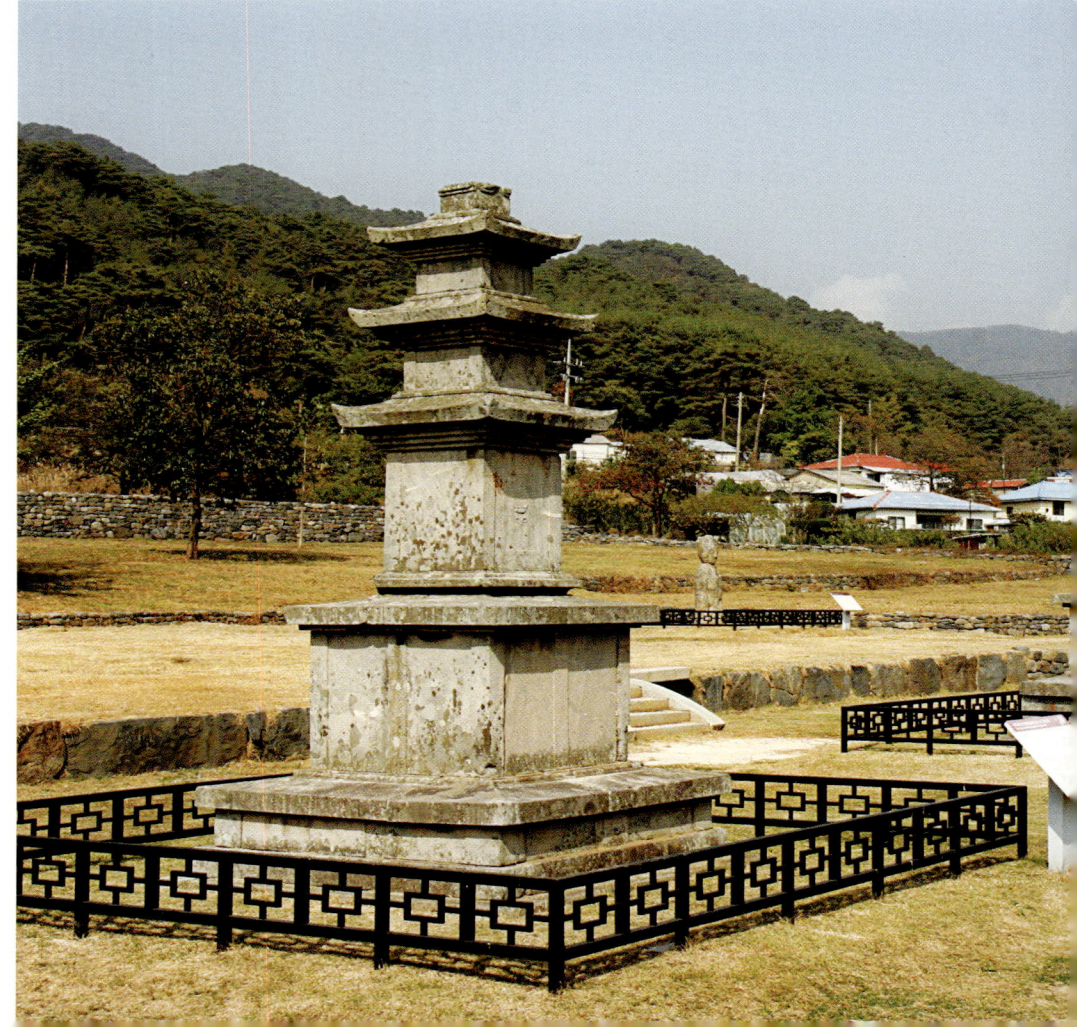

와 사상을 갈망했던 많은 이들을 이곳으로 불러들인 승려이다. 그중에는 우리가 잘 아는 신라 말의 학자인 최치원이 있으니, 최치원이 낭혜화상을 기념하며 쓴 비가 바로 낭혜화상부도비이다. 신라시대 부도비 중에서 가장 큰 것으로 알려진 이 부도비에는 최치원이 지은 5,000여 자의 글씨가 보령 지역 특산품인 남포오석으로 만들어진 몸체에 새겨져 있다. 5m에 이르는 큰 비석으로 조각의 아름다움이 특별하다. 비 머리에 새겨진 구름과 용은 마치 살아 움직이는 듯 섬세하면서도 깊게 패인 선 안에 힘이 담겨 있음을 느낄 수 있다. 아래쪽 부도비 귀부의 전면은 깨어져 원래의 모습을 상상할 수밖에 없지만 뒤돌아 가서 보면 거북의 등에 새겨진 육각무늬와 살랑살랑 흔들고 있는 귀여운 꼬리를 볼 수 있다. 절터 가운데에는 오층석탑이 서 있으며, 그 뒤로 세 기의 삼층석탑이 줄지어 서 있다. 보통 금당 앞에 1개 또는 2개의 탑이 서 있는 경우가 일반적이라 4개의 탑이 이렇게 세워져 있는 것은 특별한 배치이다.

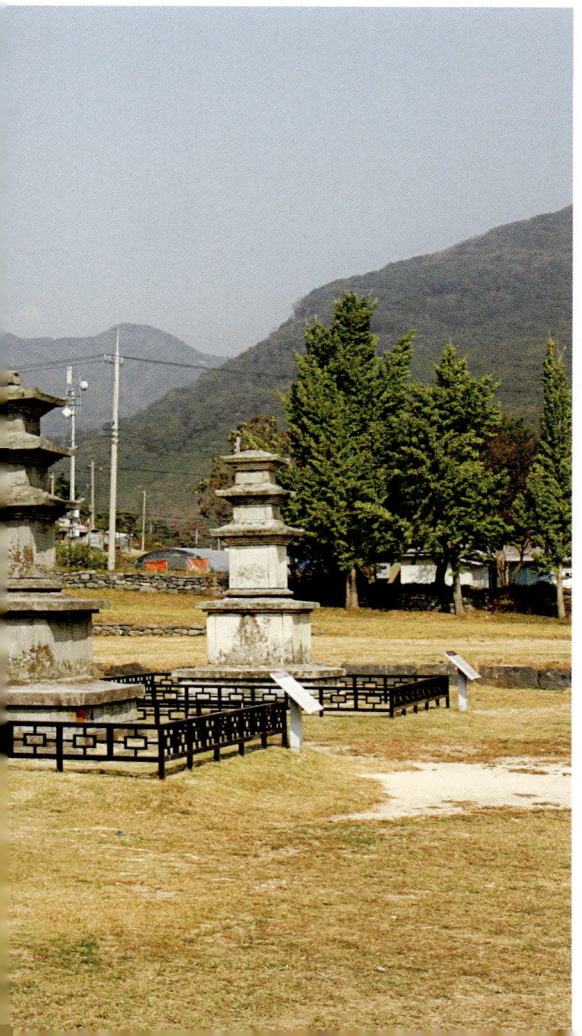

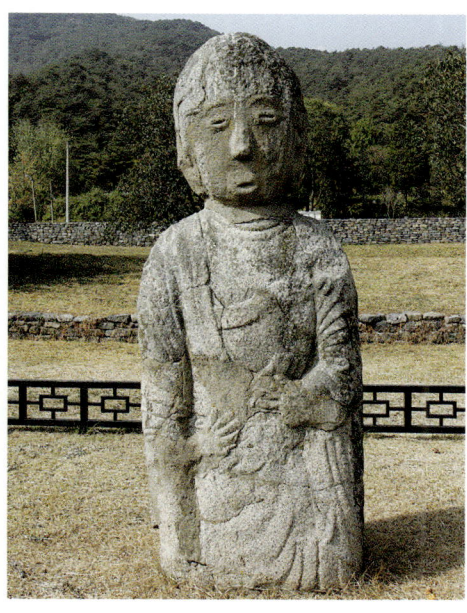

🔶 구산선문, 새로운 시대를 꿈꾸다

신라 중대에는 왕실과의 관계를 기반으로 하는 교종이 번성하였으나 신라 하대가 되면서 새로운 사상인 선종이 유입되고, 신분제도의 모순과 지방 차별로 푸대접을 받았던 육두품과 지방 호족 등이 후원해 아홉 개의 큰 절이 세력을 형성하게 된다. 이를 구산선문이라고 하는데, 새로운 시대와 사상을 꿈꾸었던 근거지로 역할을 하게 된다. 성주산문을 비롯해, 실상산문, 가지산문 등이 있다.

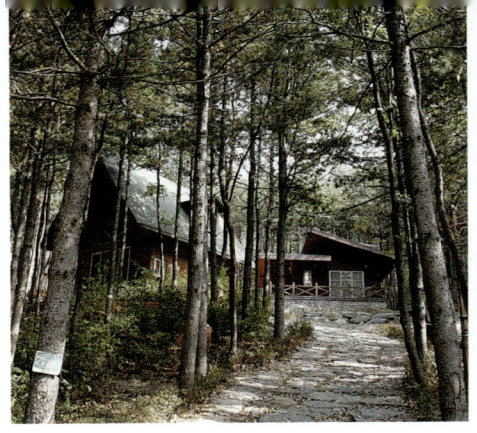

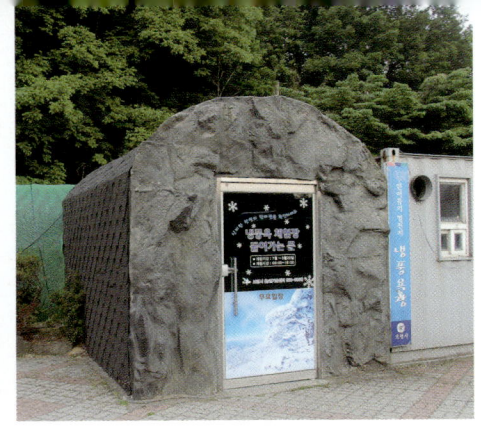

성주산 자연휴양림

맑은 계곡 따라 이어지는 등산로

| 위치 | 충청남도 보령시 성주면 성주리 산39
| | 충청남도 보령시 성주면 화장골길 57-228
| 운영시간 | 야영 12:00~익일11:00, 연중무휴

▶ MINI DATA

| 입장료 | 있음　주차 | 가능　분류 | 숲, 자연휴양림

보령시에서 운영하는 휴양림이다. 성주산 기슭에 자리하고 있으며 활엽수가 많아 봄부터 여름까지 시원한 그늘이 만들어지며, 가을에는 울긋불긋 멋진 단풍이 드는 곳이다. 등산로를 따라 한 시간 정도 오르면 성주산 정상 아래 전망대에 이르는데 이곳에서 바라보는 성주면 일대의 풍경이 장관이며 등산로를 따라 오르내리는 길에 심연동계곡이 함께 해서 시원한 계곡 소리에 발걸음이 경쾌해진다. 산책로를 따라 시비가 놓여 있어 한 편 한 편 시를 감상하며 산책을 할 수 있으며, 여름철에는 이동도서관이 설치되어 책 한 권 빌려 나무 그늘에 앉아 시원하게 책을 읽을 수 있다. 또 이곳의 자랑으로는 여름철에 운영하는 수영장이 있는데 계곡물을 가두어 만든 천연의 수영장이라 깨끗할 뿐더러 시원해 더위를 식히기에 그만이다. 보령의 유명한 해수욕장인 대천해수욕장과 멀지 않아 여름철 해수욕과 함께 삼림욕, 계곡 물놀이를 즐길 수 있으니 하루는 바다에서, 하루는 계곡에서의 피서를 계획해보자.

보령 냉풍욕장

천연의 찬 바람으로 더위를 물리치자

| 위치 | 충청남도 보령시 청라면 의평리 산13
| | 충청남도 보령시 청라면 냉풍욕장길 190
| 운영시간 | 7~8월 09:00~18:00

▶ MINI DATA

| 입장료 | 없음　주차 | 가능　분류 | 전시, 체험시설

보령시에서 내놓은 멋진 아이디어 상품이다. 폐광에서 불어오는 찬 바람을 이용해 냉풍욕장을 만들었는데 여름 피서철에는 줄을 서서 기다려야 할 만큼 많은 사람들이 찾는 인기 있는 곳이다. 광산이 폐광되고 난 후 이곳의 이용 방법을 찾다가 연중 불어오는 찬 바람을 이용해 양송이 재배를 시작했다고 한다. 그러다 관광객들을 위하여 입구를 잠깐 개방했는데 호응이 좋아서 시설을 갖추고 7, 8월 2달 동안 피서객들을 맞이하게 되었다고 한다. 냉풍욕장은 폐광의 입구에서부터 터널을 만들어놓은 형태로 여름철이면 12~14℃ 정도의 찬 바람이 시원하게 불어온다. 게다가 밖의 날이 더우면 더울수록 기온차로 인하여 풍속이 더 세어진다고 한다. 에어컨이 만들어내는 인공 바람과 자연에서 불어오는 바람의 신선한 느낌을 어떻게 비교할 수 있을까. 냉풍욕장 주변 양송이 재배장에서 양송이를 판매하는데 질 좋은 버섯을 저렴하게 구입할 수 있다.

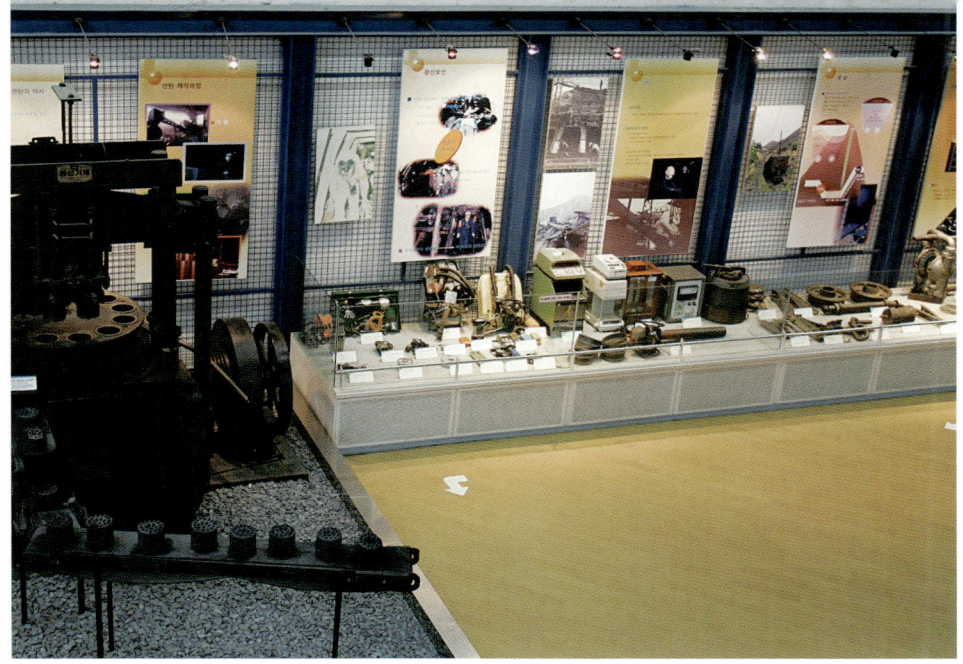

보령 석탄박물관 근대 산업의 원동력, 석탄 산업을 이해하자

| 위치 | 충청남도 보령시 성주면 개화리 114-4
　　　충청남도 보령시 성주면 성주산로 508
| 운영시간 | 동절기 09:00~17:00, 하절기 09:00~18:00,
　　　매주 월요일/공휴일 다음날 휴관

▶ MINI DATA
| 입장료 | 있음　　주차 | 가능　　분류 | 박물관

보령 석탄박물관이 위치하고 있는 주변을 오가며 산 중턱을 자세히 바라보면 곳곳에 구멍이 보이는데 그 것이 바로 갱도로 들어가는 입구이다. 보령은 석탄 산업이 부흥했던 곳이었으나 1989년 석탄산업합리 화조치 이후 전국의 탄광이 폐광되면서 이곳의 탄광 들도 문을 닫게 된다. 근대 산업을 이끌었던 에너지 인 석탄에 대하여 배우고 그곳에서 고된 일을 했던 광부들을 기념하기 위해 만들어진 석탄박물관이다. 1층 전시관에는 석탄이 만들어지는 과정과 근대 산 업에서 석탄이 어떻게 사용되었는지, 석탄 이후의 에 너지인 원자력 등에 관하여 전시되어 있다. 전시관 관람 후에는 엘리베이터를 타고 지하 400m로 내려 가(실제는 아니지만 꽤 실감나게 운행된다) 모의갱도

체험을 하게 된다. 모의갱도의 길이는 40m로 갱도에 구멍을 내고 발파를 한 후 길을 만들고 채굴을 해서 지상으로 실어나르는 실제 광산 작업을 모형으로 만 들어놓았다. 갱도는 100m가 넘는 냉풍터널로 이어 지는데 실제 폐갱에서 나오는 찬 바람을 이용한 시설 이라 한여름에도 에어컨만큼 시원한 바람이 분다. 벽 에는 당시 광산 사진을 전시해 그 시절 열심히 일했 던 산업역군으로서의 광부들의 노력과 애환을 보여 주고 있다. 밖으로 나가면 야외전시장으로 이어진다. 축전지기관차, 분전차, 권양기 등 꽤 크기가 있는 장 비들이 전시되어 있어 옛날 힘차게 움직였을 석탄 광 산의 풍경을 상상하게 한다. 위쪽으로는 희생자위령 탑이 있으니 함께 둘러보면 좋겠다.

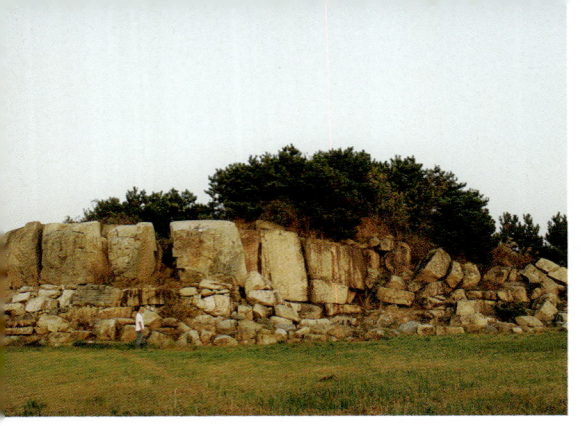

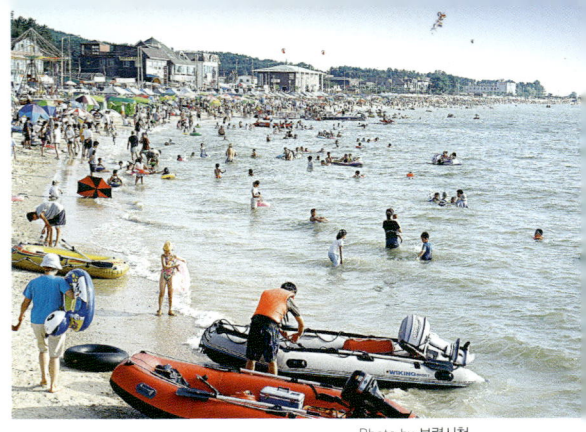

죽도 최치원 유적지

섬이 아닌 섬

| 위치 | 충청남도 보령시 남포면 월정리 813-8
　　　　충청남도 보령시 남포면 남포방조제로 인근
| 운영시간 | 종일, 연중무휴

▶ MINI DATA
| 입장료 | 없음　　주차 | 가능　　분류 | 역사, 문화유적

대천해수욕장에서 나와 용두ㆍ무창포해수욕장으로 이어지는 607번 지방도는 드라이브를 즐기기에 좋은 길로 주변의 여유로운 풍경도 좋을 뿐더러 길 중간에 놓여 있는 남포방조제를 지나는 재미가 있다. 남포방조제의 끝에 다다르면 왼쪽으로 표지판을 잘 살피면서 가자. 최치원 유적지가 바로 이곳에 있다. 방조제로 물길이 막히면서 섬 아닌 섬이 된 이곳은 최치원이 전국을 유람하다 멋진 풍경에 감탄해서 머물렀던 곳으로 알려져 있다. 배를 타고 들어가는 것이 아니라 시멘트로 만들어진 농로를 따라 들어가는데 길 끝에서 아담하고 멋진 섬을 만나게 된다. 안쪽 커다란 바위 평평한 곳에 최치원이 새겼다는 글씨가 있지만 지금은 거의 마모되어 알아보기 어렵다. 정말 이곳에 최치원이 왔을까 고개를 갸우뚱해보지만, 언덕에 올라 지금은 논이 된 주변을 바다라 생각하고 바라보면 최치원이 머물다 갈 만한 멋진 풍경이었으리라 짐작할 수 있다. 죽도 언덕에 올라 바라보는 남포방조제의 일몰은 놓치면 아쉬운 명장면이다.

무창포해수욕장

현대판 모세의 기적이 일어나는 바다

| 위치 | 충청남도 보령시 웅천읍 관당리 799-1
　　　　충청남도 보령시 웅천읍 열린바다1길 10
| 운영시간 | 종일, 연중무휴

▶ MINI DATA
| 입장료 | 없음　　주차 | 가능　　분류 | 바다, 섬

무창포해변에서 석대도까지 1.5km의 바닷길이 열리는 해수욕장으로 1928년 서해안에서 최초로 개장된 해수욕장이다. 1.5km에 달하는 백사장과 울창한 송림이 있어 해수욕과 산림욕을 동시에 즐길 수 있는 곳이다. 매월 음력 사리 때 일어나는 현대판 모세의 기적으로 바닷길을 걸으며 해삼, 낙지, 소라 등을 맨손으로 잡아 올리는 즐거움을 맛보기 위해 가족 단위 여행객들이 많이 찾는다. 빨간 등대가 서 있는 긴 방파제는 낚시 마니아들에게도 인기지만 두 손을 꼭 잡은 연인들의 산책로로도 애용되며 석양이 아름다워 보령팔경 중 으뜸으로 친다. 해수욕장의 백사장을 따라 그림같이 자리잡은 펜션들도 운치 있고 울창한 해송 사이로 보이는 바다와 섬의 풍광을 잡기 위해 화가와 사진 작가들의 발길이 1년 내내 끊이지 않는다.

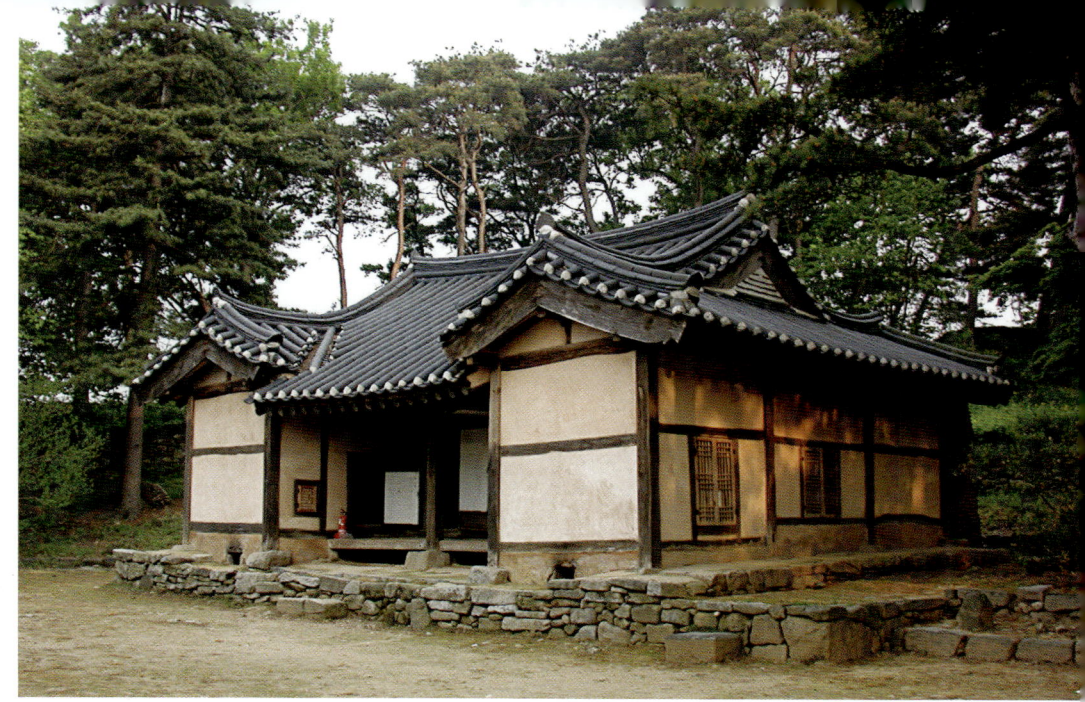

맹씨행단 학문의 터전, 그 상징인 은행나무

위치 | 충청남도 아산시 배방읍 중리 300
　　　충청남도 아산시 배방읍 행단길 25
운영시간 | 종일, 연중무휴

▶ MINI DATA
| 입장료 | 없음　　주차 | 가능　　분류 | 역사, 문화유적

알 듯 말 듯한 이름은 우리말로 쉽게 풀어 쓰면 '맹씨 집안이 사는 은행나무 집'이다. 조선 초기 세종 때 영의정으로 검소한 생활과 원칙에 철저한 학자로 명성을 높인 맹사성이 태어난 집이다. 본래 고려 말기 충절의 상징이 되는 최영 장군의 가옥으로 맹사성은 그의 손녀사위가 된다. 두 역사적 인물을 배출한 가옥은 풍수지리적으로도 최고의 명당으로 유명하다. 명성에 비하여 낮고 허름한 가옥이지만 낮은 산들로 둘러싸인 아늑함은 누구나 포근함을 느끼게 한다. 최영 장군이 살았던 집이라 하니 가옥의 역사는 최소 600년이 넘었다. 우리나라 민간 가옥 중 가장 역사가 깊다고 한다. 옛 모습을 간직한 가옥의 구조도 눈여겨볼 장소지만 찾는 사람들의 마음을 잡는 것은 낮은 돌담을

두른 마당을 가득 채우는 은행나무 2그루다. 맹사성이 학문을 닦는 곳임을 상징하며 직접 심었다는 나무는 건강한 모습으로 가을날 노란 빛으로 집을 물들인다. 본채와 사랑채로 구성된 가옥은 최근까지 이어진 보수공사로 처음의 모습은 찾기 힘들다. 행랑채와 부엌은 사라지고 가옥의 위치도 방향이 바뀌었다. 하지만 기둥에 대들보 나무를 가로 얹어 그 위로 지붕을 쌓은 모습이나 기와를 쌓아 본채 밖으로 자리를 만든 굴뚝 등의 모습은 조선시대 민가에서 찾아보기 힘든 고려 말기 가옥의 특징들이다. 낡고 허름하지만 당당함을 느낄 수 있는 옛집의 모습에 기품이 흐른다.

외암 민속마을

500년 전통이 살아 있는 마을

| 위치 | 충청남도 아산시 송악면 외암리 258-3
충청남도 아산시 송악면 외암민속길 5
운영시간 | 09:00~17:30, 연중무휴

▶ MINI DATA
| 입장료 | 있음   주차 | 가능   분류 | 전통, 체험마을

예안 이씨의 집성촌. 500여 년 전부터 형성된 전통 부락으로 현재 80여 호가 살고 있다. 중요 민속자료 제236호로 지정된 외암리 민속마을은 양반가의 고택과 초가집, 돌담이 어우러져 얼핏 한국민속촌을 연상시키지만 사람이 실제 기거하는 마을이며 참판댁, 병사댁, 감찰댁, 참봉댁, 영암댁, 종손댁 등 택호가 정해져 있다. 외암이라는 마을 이름에는 두 가지 이야기가 전해진다. 조선 숙종 때 학자인 이간(李柬)이 설화산의 우뚝 솟은 형상을 따서 호를 외암(巍巖)이라 지었는데, 그의 호를 따서 마을 이름도 외암이라고 불렀으며 한자만 외암(外巖)으로 바꾼 것. 또 하나는

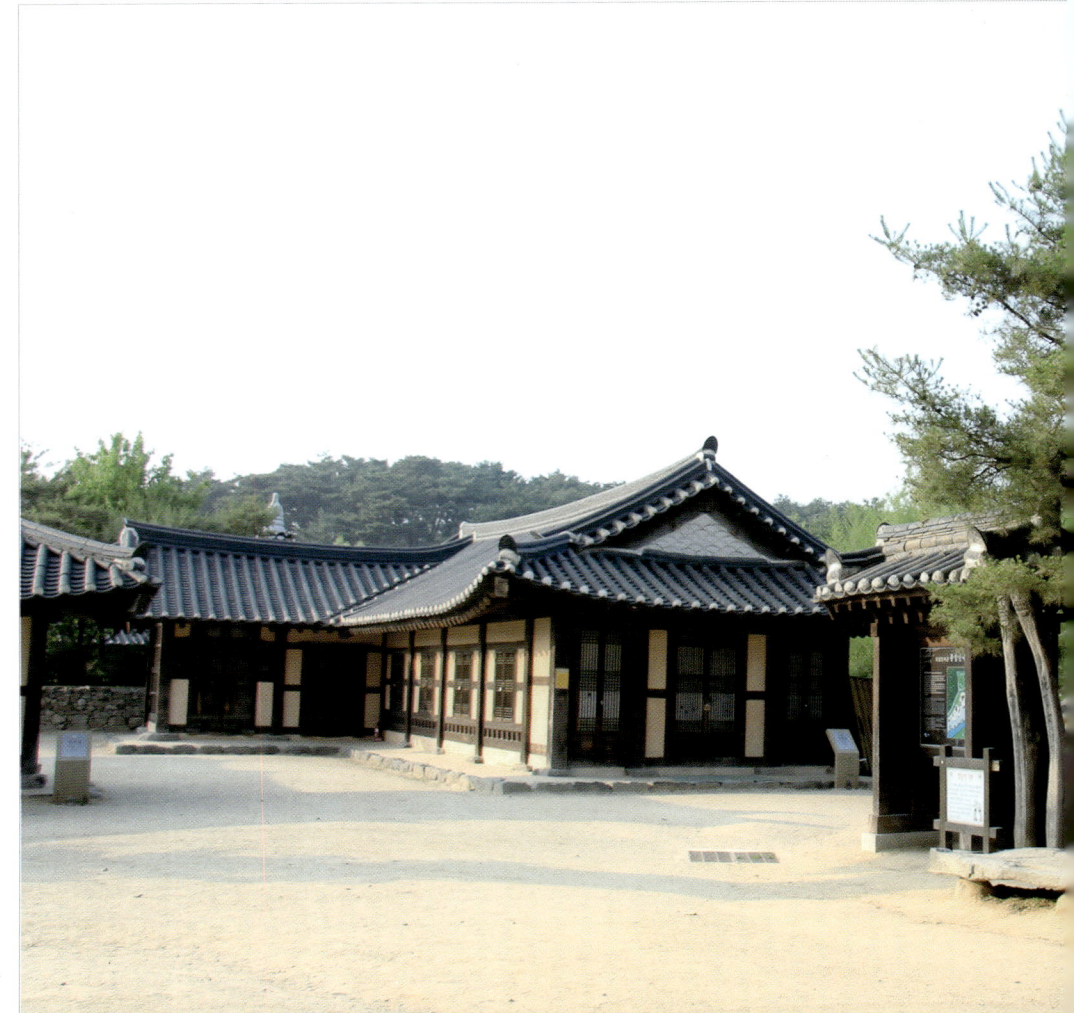

인근 시흥역의 말을 거둬 먹이던 곳이라 하여 오양골로 불리다가 변하여 외암이라 부르게 되었다는 것이다. 영암군수를 지낸 이상익이 살던 영암군수댁은 문화재로 지정되어 있으며 건재 고택이라고도 불린다. 참판댁은 이조참판을 지낸 퇴호 이정렬이 살던 집인데 고종황제가 이정렬에게 하사해 퇴호거사(退湖居士)라고 쓴 사호현판이 아직 남아 있다. 또 송화군수를 지낸 이장현이 살던 송화댁, 성균관 교수를 지낸 이용구가 살았던 교수댁, 홍경래 난을 진압한 이용현이 살았던 병사댁, 이중렬과 그의 아들 이용후 부자가 참봉 벼슬을 지내서 이름 붙은 참봉댁 등이 있다.

이 밖에도 외암 이간의 묘소와 신도비를 비롯해 외암동천(巍岩洞天)과 동화수석(東華水石)이라는 글을 새긴 반석과 석각도 볼 수 있다. 마을 뒷산인 설화산은 풍수지리상 불(火) 기운이 많아 설화산 계곡에서 흘러내리는 물을 인공적으로 끌어와 여러 집을 통과하게 만듦으로써 불의 기운을 누르는 역할을 하게 했으며 이 물을 생활용수로도 이용하고 정원을 꾸미는 연못을 만들기도 하는 지혜가 돋보인다. 마을 대대로 터를 지키고 있는 물레방아도 재미난 볼거리다. 나뭇가지에 새가 지저귀는 소리, 돌담 안쪽의 개가 짖는 소리를 들으며 돌담을 끼고 마을을 돌다가 대문 열린 집이 있으면 조심스럽게 들어가보자. 관광객이 함부로 들어가 구경할 수 없는 집이지만 주인의 양해를 얻어 둘러볼 수도 있다.

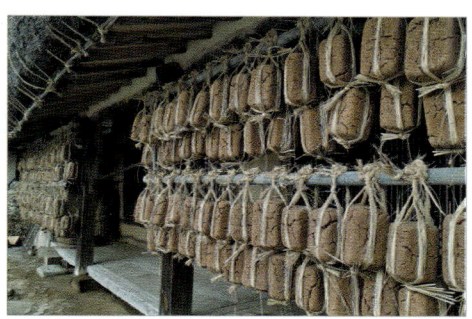

→ 외암리 민속마을 농촌체험

외암 민속마을에서는 민속관을 만들어 상류층 가옥, 중류층 가옥 등에서 다양한 전통 체험 프로그램을 운영하는데 부채 만들기, 아기 솟대 만들기, 조청과 한과 만들기 등과 전통 혼례 체험, 떡메 치기 체험 등이 좋은 반응을 얻고 있다.

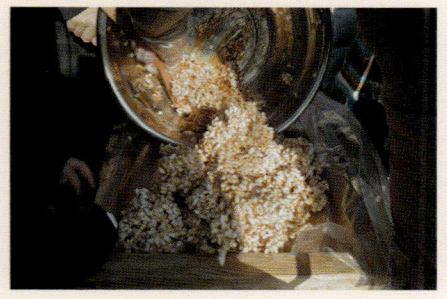

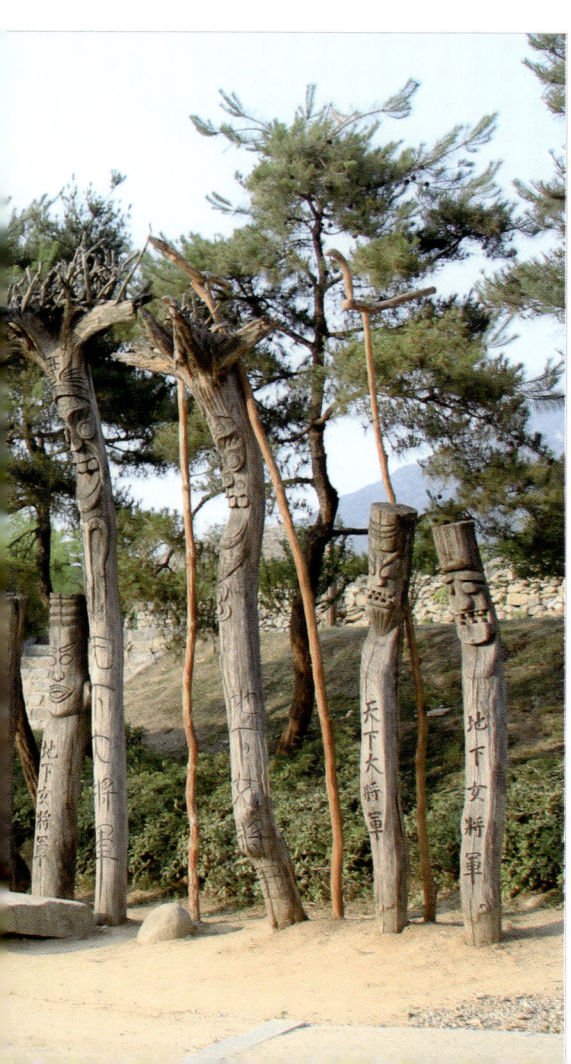

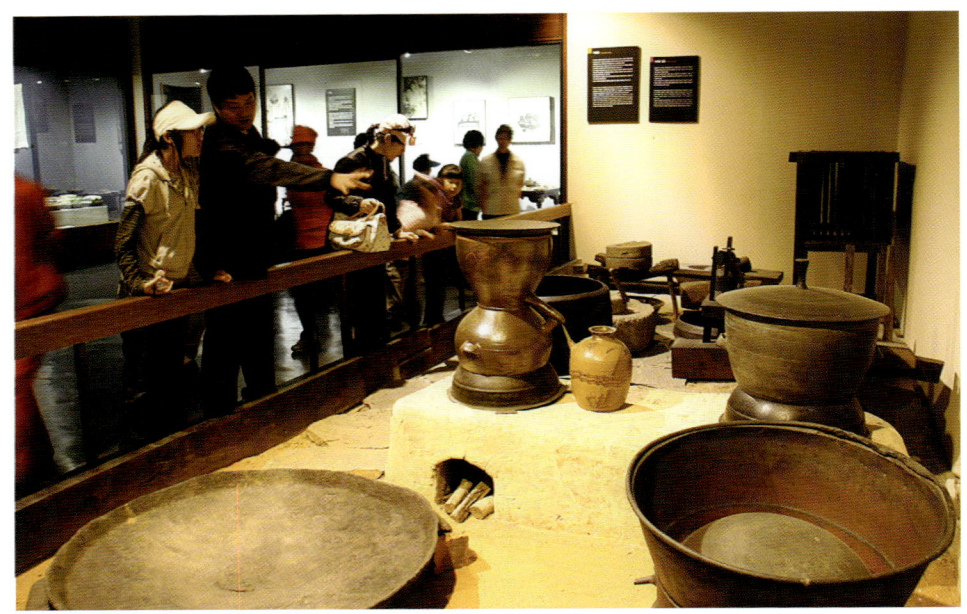

온양민속박물관 새롭게 태어난 민속박물관

| 위치 | 충청남도 아산시 권곡동 403-1
　　　충청남도 아산시 충무로 123
운영시간 | 09:30~17:30, 매주 월요일 휴관

▶ MINI DATA
| 입장료 | 있음　　주차 | 가능　　분류 | 박물관

민속이란 한 지역에 거주하고 있는 사람들이 환경과 영향을 주고받으며 오랜 시간 동안 형성한 삶의 방식과 태도에 걸친 모든 것을 말한다. 농경문화를 바탕으로 삶을 이루어왔고, 불교와 유교를 기반으로 정신세계를 형성해온 우리 민족이다. 서울 경복궁 내에 있는 국립민속박물관이 우리 전통의 민속 문화를 알리는 역할을 담당하고 있지만, 온양민속박물관 또한 국립민속박물관 못지않은 다양한 유물들을 체계적으로 전시해놓고 관람객들을 맞이한다. 1970년대 후반에 설립된 오랜 역사를 가진 박물관이지만, 최근 리모델링과 전시물 교체를 거쳐 새로 지어진 것과 다름없는 모습이 되었다. 전시실은 한국인의 삶, 한국인의 삶터, 한국인의 아름다움 등 3개의 상설 전시관과

야외전시관으로 이루어져 있다. 제1전시관에서는 유교적 의례로 관혼상제(冠婚喪祭)를 거치며 살아왔던 우리 조상들의 전통을 살피고, 삶의 가장 기본이 되는 의식주의 내용을 살핌으로써 우리 전통에 대하여 알아본다. 제2전시관인 한국인의 삶터 관은 우리 문화의 기반인 농경에 관하여 소개한다. 씨를 뿌리고 기르고 거두는 과정에서 서로 협력하며 공동체를 형성해온 우리 민족이다. 한국인의 아름다움을 주제로 전시하고 있는 제3전시관에는 금속, 도자, 목공예 등 다양한 방식으로 표현되어 온 우리 민족의 예술성을 살피고, 세시풍속과 민속놀이 등에 관하여 알아본다. 야외전시장은 온양민속박물관이 자랑하는 곳으로, 정자에 올라 바라보는 풍경이 평화롭다.

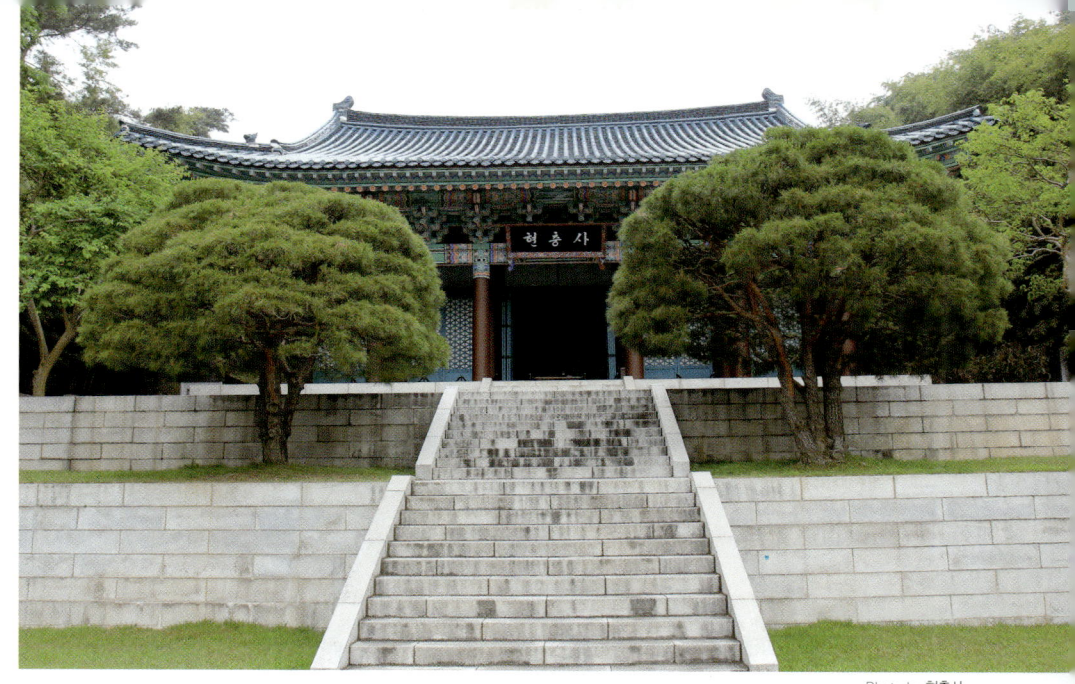

현충사 충무공 이순신을 모신 사당

| 위치 | 충청남도 아산시 염치읍 백암리 375
　　　충청남도 아산시 염치읍 현충사길 48
| 운영시간 | 동절기 09:00~17:00, 하절기 09:00~18:00,
　　　매주 화요일 휴무

▶ MINI DATA
| 입장료 | 없음　　주차 | 가능　　분류 | 역사, 문화유적

충무공 이순신이 전사한 지 100년 뒤인 숙종 32년(1706년)에 세워진 충무공의 사당으로 현충사란 이름도 숙종이 친히 내린 것이다. 일제 강점기에는 일제의 탄압으로 향불을 피워 올리지 못하다가 1932년 전 국민의 성금을 모아 현충사를 보수하고 영정을 다시 모셨다. 1966년부터 1974년까지 사당의 규모가 확장되어 국민의 성지로 가꾸어졌다. 현충사 부근에는 이순신 장군의 외가가 있는데 어린시절부터 무과에 급제할 때까지 이곳에서 자랐다고 한다. 붉은색 홍살문이 성역으로 들어서는 마음을 경건하게 하고 충의문을 지나 충무공의 영정을 모신 본전으로 들어서면 이순신 장군의 영정과 함께 일생을 기록한 십경도가 있다. 본래의 사당은 유물관 옆으로 옮겨져 있으며 현재의

사당은 1967년 새롭게 준공한 것이다. 유물관에는 국보 제76호로 지정된 「난중일기」와 「서간첩」, 「임진장초」를 비롯해 보물 제326호로 지정된 이순신 장군의 친필 검명이 새겨진 장검(長劍) 두 자루와 도배구대 한 쌍, 옥로, 요대, 무과급제 교지, 사부유서, 증시교지 등의 유품과 각종 무기, 거북선 모형 등이 전시되어 있다. 야외에는 충무공이 혼인하여 살았던 옛집과 임금이 있는 북쪽을 피해 늘 남쪽을 향해 활쏘기 연습을 했다는 활터 등도 복원되어 있다. 충무공의 묘소는 현충사에서 9km 떨어진 어라산에 모셔져 있으며 매년 충무공의 탄신기념일을 전후로 해서 아산성웅이순신축제가 열린다.

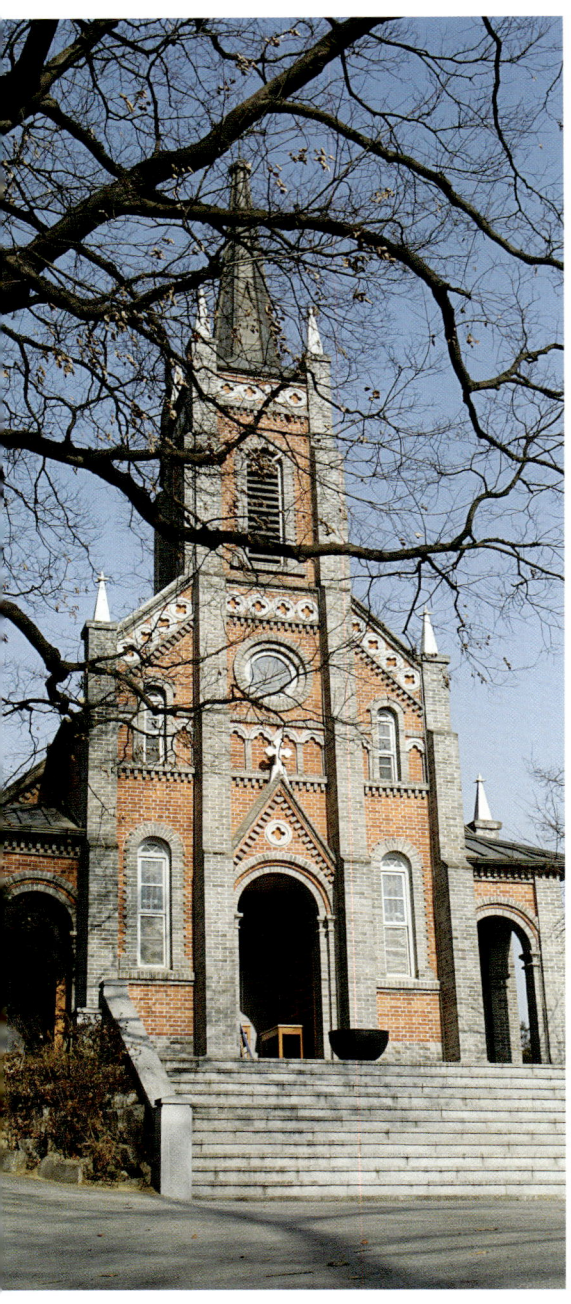

공세리성당

아름다운 추억

위치 | 충청남도 아산시 인주면 공세리 194-1
　　　충청남도 아산시 인주면 공세리성당길 10
운영시간 | 10:00~16:00, 매주 월요일 휴무

▶ MINI DATA
입장료 | 없음　　주차 | 가능　　분류 | 종교시설

드라마나 영화, CF 등에서 아름답고 한가로운 성당의
모습을 보았다면 대부분이 공세리성당의 모습일 것
이다. 푸른 숲과 고목, 고색창연한 성당 건물이 조화
롭게 어우러지는 모습은 한 폭의 풍경화를 감상하는
느낌을 준다. 각종 영화와 드라마의 촬영으로 눈에
익숙하다. 오랜 세월의 흔적을 담담한 모습으로 보여
주는 성당은 100여 년의 시간을 보내온 역사의 장소
이기도 하다. 바다에서 깊숙한 곳으로 자리하는 아산
지방은 조운선을 이용하여 전국에서 거두어들인 조
세미의 보관창고가 있었다. 사람들의 왕래가 빈번한
아산 지방에서 포교활동을 하였던 드비즈 신부는 마
을의 민가를 교회당으로 사용하다 1897년 옛 곡물창
고에 사제관을 세우고 1922년에는 자신이 직접 설계
한 본당을 완공하였다. 건축 당시의 성당 건물은 아
산 지역의 명물로 많은 전국적 구경꾼들이 몰려왔다
고 한다. 오랜 수령의 느티나무 사이를 길게 이어가
는 성당 입구의 산책로와 본당의 모습은 종교를 떠나
찾는 사람 누구에게나 차분한 마음의 안식을 준다.
행적에 대해 아무런 기록도 남아 있지 않은 박의서 3
형제의 순교자 묘역과 성당 주변 오솔길 따라 예수의
수난을 묵상하는 14처의 모습이 차분함을 더한다. 붉
은빛으로 더욱 아름다운 가을날 성당을 찾아 카메라
에 담아보자.

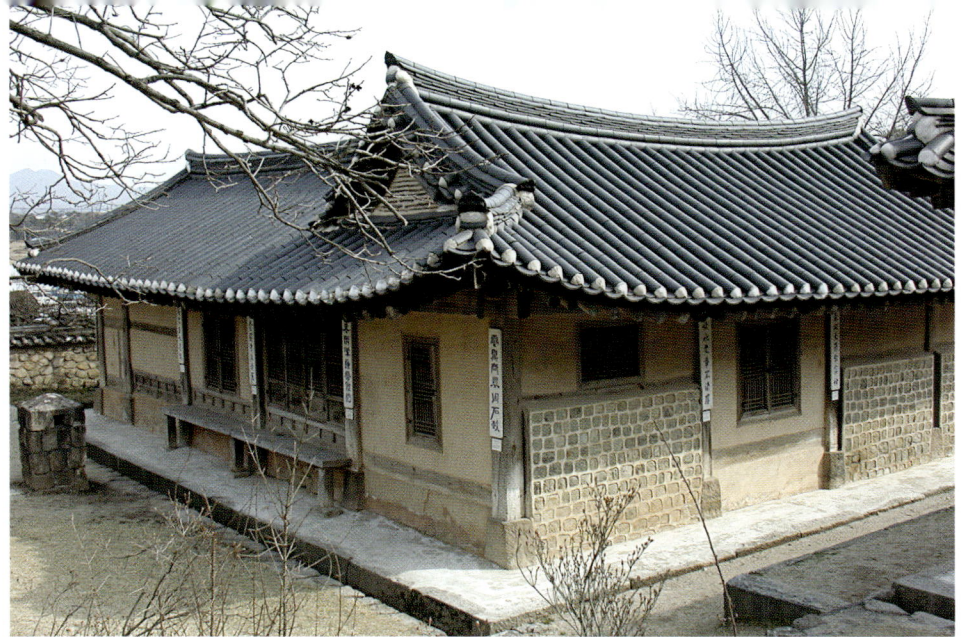

추사 고택 옛집의 단아한 아름다움

| 위치 | 충청남도 예산군 신암면 용궁리 799-2
　　　 충청남도 예산군 신암면 추사고택로 261
| 운영시간 | 동절기 09:00~17:00, 하절기 09:00~18:00,
　　　　　 연중무휴

▶ MINI DATA
| 입장료 | 있음　　주차 | 가능　　분류 | 역사, 문화유적

추사 고택은 추사체라는 서체로 이름을 날린 명필 김 정희가 태어나고 어린 시절을 보냈던 집이다. 양지 바른 곳에 고운 모습으로 앉아 있는 이 집은 사랑채와 안채가 분리되어 만들어진 전형적인 중부지방 반가의 모습이다. 추사의 후손이 끊기고 집이 다른 사람에게 매매되면서 원래 모습에서 많이 변하였다고 하나 다시 복원되면서 그 소박한 분위기는 남아 옛집의 운치를 즐길 수 있게 한다. 사랑채는 'ㄱ'자형으로 가운데로 난 문을 열면 방이 하나로 이어져 있다. 안채는 'ㅁ'자 구조로 안으로 들어서면 보이는 육간대청이 시원하다. 대청 양옆으로 안방과 부엌이 있고 반대편으로 안사랑과 작은 부엌이 있다. 이 집은 당시 한양에서 나라 건축을 하던 목수를 불러다 만든 집으로 실제 쓰임새에 맞게 문과 창을 낸 실용적인 구조의 건물

이다. 기둥에 붙어 있는 주련은 추사의 글씨를 붙여놓은 것이며, 방방마다 다양한 창살의 문양을 살펴보는 것도 이 집을 관람하는 또 다른 묘미이다. 이곳에서 조금 떨어진 곳에 추사 묘가 있는데 단출한 꾸밈이라 그냥 지나쳐 버릴 정도로 무덤 앞의 소나무 한 그루가 그림처럼 꾸미고 있다.

> ➔ **화암사, 추사가 새긴 글씨를 찾아서**
>
> 화암사는 추사가 어릴 때 공부하던 곳으로 알려진 곳으로, 그때 맺은 불교와의 인연으로 훗날 여러 승려들과 교분을 맺게 된다. 이곳에서 추사의 글씨를 볼 수 있는데, 그가 쓴 무량수각과 시경루현판은 절에서 보관하고 있어 보기 어렵지만 법당을 돌아가면 바위에 새겨놓은 '시경', '천축고선생택' 이라는 추사의 글씨를 볼 수 있다.

서산마애삼존불

백제의 미소를 만나다

위치 | 충청남도 서산시 운산면 용현리 산2-10
충청남도 서산시 운산면 마애삼존불길 65-13
운영시간 | 09:00~18:00, 연중무휴

▶ MINI DATA
입장료 | 없음　　주차 | 가능　　분류 | 역사, 문화유적

백제 최고의 걸작품, 백제의 미소라 불리는 서산 마애 삼존불이다. 삼존불은 바위에 새겨진 불상으로 표정이 때로는 엄해 보이기도, 때로는 자애롭기도 때로는 아름답기도 하는 등 보는 사람마다 그 마음가짐에 따라 다르게 보인다고 한다. 용현 계곡 다리를 건너 돌계단을 조금 오르면 관리소가 나오고 다시 왼쪽으로 불이문을 지나 더 오르면 커다란 바위 아래 전각이 보이는데 그 안에 삼존불이 있다. 이 불상은 「법화경」의 수기삼존불인 석가불, 미륵보살, 제화갈라보살을 말하는데, 가운데에 있는 불상이 본존불인 미륵불이며, 오른쪽이 제화갈라보살, 왼쪽이 미륵보살이다. 이 세 불상은 각각 현재, 과거, 미래를 뜻한다. 그중에서 제화갈라보살은 연등불이라고도 불리는데 「묘법연화경」에서 석가모니보다 훨씬 전에 출현하여 그가 성불할 것이라는 수기를 준 과거불이라 그렇게 불린다고 한다. 본존불인 석가불의 크기는 3m에 이르며 한 손은 올리고 한 손은 내리고 있는 시무여외인을 하고 있는데, 부처가 대중의 두려움은 없애주고 원하는 소원은 들어준다는 뜻을 가지고 있다. 두툼하게 새겨진 얼굴 모양은 아래에서 바라볼 때 더욱 입체감이 느껴지며 바라보는 방향과 시선에 따라 다른 분위기이다. 양옆의 두 보살은 실제 사람의 크기로 새겨져 있는데 어린아이와 같이 친근한 얼굴이다. 본존불 뒤편의 광배를 바라보면 안쪽에 새겨진 연꽃 모양 밖으로 불길이 타오르는데, 본존불을 더욱 생동감 있게 연출하고 있는 듯하다. 삼존불이 위치한 곳은 길에서도 꽤 떨어진 곳이라 이곳에 이러한 작품을 만들게 된 연유가 궁금해진다. 이곳을 지나 조금 더 들어가면 나오는 큰 절터인 보원사지를 함께 고려한다면 이곳은 옛날 중요한 길목이었음을 추측할 수 있다. 한강유역을 잃고 백제가 남쪽으로 옮겨온 이후 이곳이 웅진과 사비에서 서산을 거쳐 당진, 태안으로 이르는 중국과의 교통로로 사용되었을 것으로 추정된다. 오가는 사람들과 물자의 안녕을 바라며 절을 세우고 부처를 만들었으니 그것이 바로 보원사와 마애삼존불이다. 마애삼존불 지구로 들어가면 왼쪽 길가 돌무더기 위에 서 있는 미륵불이 있으니 함께 둘러보자.

➜ 2대째 내려오는 어죽집

마애삼존불 바로 앞에 2대째 내려오고 있는 어죽집이 있다. 어죽은 충청도 지방의 지역음식으로 민물 생선을 갈아 국수와 쌀을 넣어 얼큰하게 끓이는 죽이다. 담백하면서도 속이 편안한 식사를 할 수 있다.

문의 | 041-663-4090(용현집)

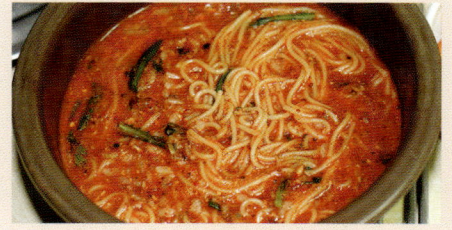

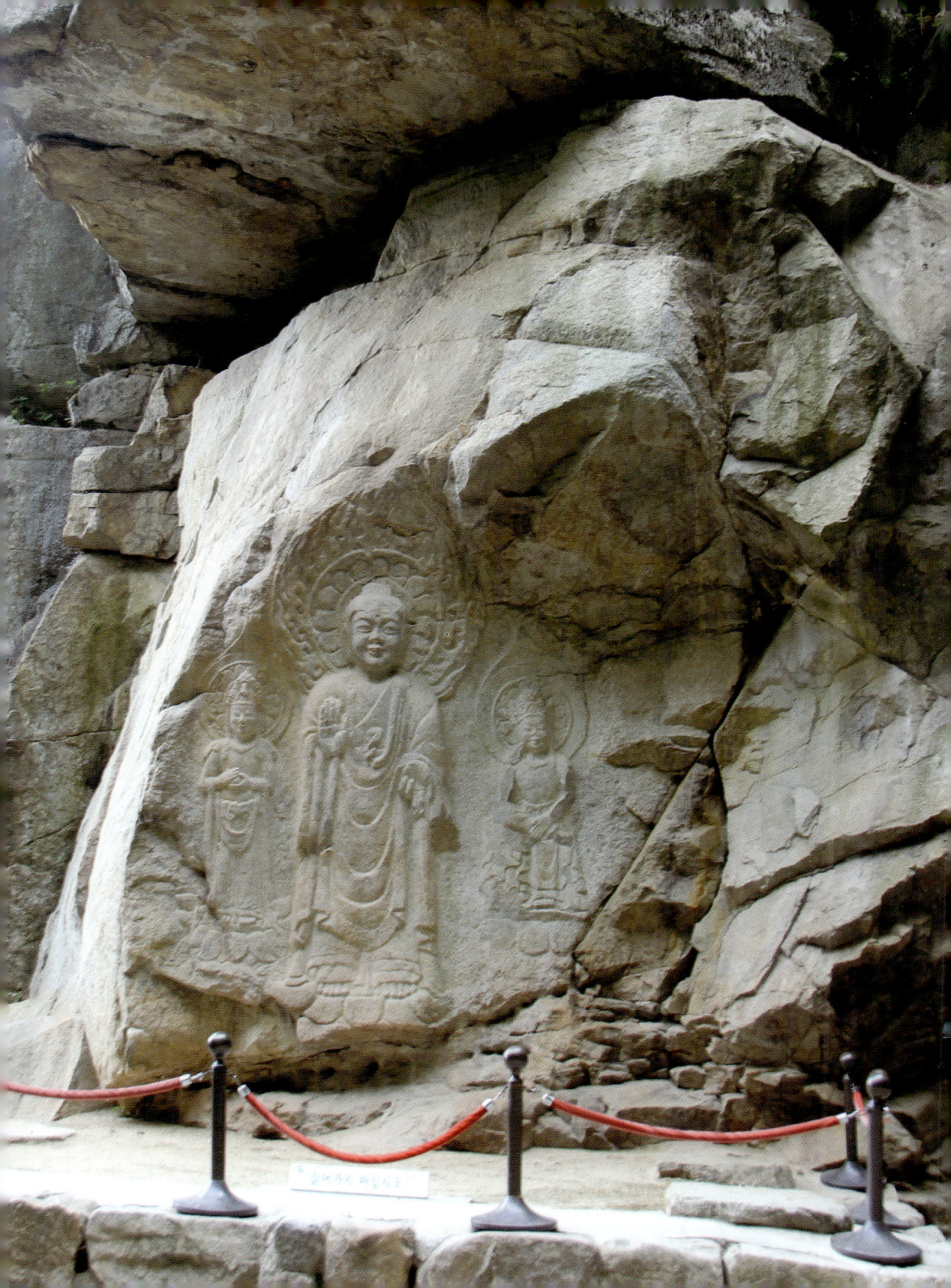

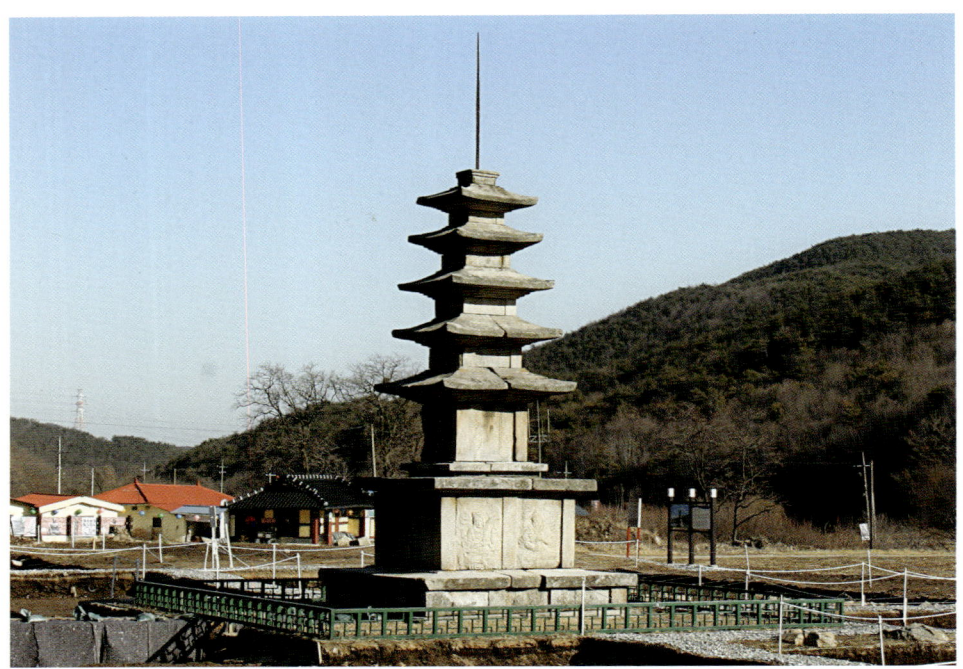

보원사지 불가의 땅

| 위치 | 충청남도 서산시 운산면 용현리 105
충청남도 서산시 운산면 마애삼존불길 인근
운영시간 | 종일, 연중무휴

▶ MINI DATA
| 입장료 | 없음   주차 | 가능   분류 | 불교유적

서산 마애삼존불, 안국사지, 영탑사, 개심사, 해미미륵불까지 서산 지역에 옹기종기 모여 있는 유물들은 모두 이곳이 삼국시대 이후 불교의 중심지였음을 알린다. 그리고 그 중앙의 자리를 보원사지가 지키고 있다. 깊은 산골 안에서 놀라울 만큼 넓은 평지로 자리하는 사찰의 옛 터는 이곳이 과거 1,000여 명의 승려가 수도하였다는 이야기를 사실로 느끼게 한다. 옛 영화를 상징하듯 자리하는 유물들도 그 크기와 풍채가 예사롭지 않다. 사찰의 규모를 알리는 당간지주를 시작으로 당당한 오층석탑, 사찰에 속한 수많은 가축의 물을 대었을 커다란 석조, 고려시대 초 사찰을 중창한 법인국사의 부도와 부도비까지 천 년의 유물들

이 세월의 흔적 속에서도 아름다움을 간직하고 있다. 사찰 터에서 발굴된 유물들은 백제시대에서 통일신라와 고려시대까지 이어져 그 깊이를 더한다. 본디 보원사에 모셔졌던 불상은 박물관으로 자리를 옮겼다. 두 구의 불상은 모두 철불로서 석굴암 본존불을 연상시키는 통일신라의 불상과 그 규모가 더욱 큰 고려의 철불이 있어 시대의 흐름에 따른 불상의 변화를 연구하는 데 좋은 참고자료가 된다하니 국립중앙박물관에 모셔진 철불과 비교하는 것도 재미있는 역사 탐방이 될 듯하다. 오층석탑에 새겨진 12마리의 사자상도 흥미롭다.

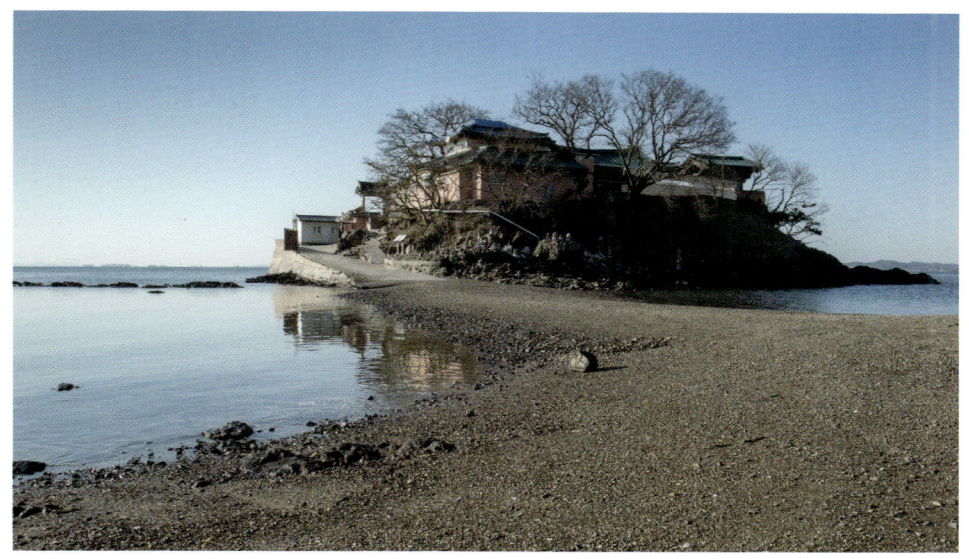

간월도 우리나라 '아름다운 바닷가 마을 100선' 중 한 곳

| 위치 | 충청남도 서산시 부석면 간월도리
| 운영시간 | 종일, 연중무휴

▶ MINI DATA
| 입장료 | 없음　주차 | 가능　분류 | 불교유적

서산 지역의 대규모 간척 사업으로 만들어진 서산 방조제 A지구의 가운데에 위치한 간월도는 더 이상 섬이 아니지만 드넓은 천수만과 간월호를 끼고 있어 그 아름다운 경관은 여전히 간직하고 있는 곳이다. 매년 50여 만 마리의 철새들이 이곳을 찾아 날아들어 철새 도래지로도 명성을 얻고 있다. 어리굴젓이 유명해 무학대사가 임금께 진상을 했을 정도라 전해지고 굴로 만든 영양굴밥과 어우러져 천하일미를 자랑하며, 간월도 입구에 세워진 어리굴젓기념탑은 우리나라에서는 최초로 세워진 음식물을 주제로 한 기념탑이다. 겨울에는 굴과 함께 새조개도 별미로 꼽는데 간월도 포구에 떠 있는 배들이 그대로 식당으로 운영되어 포구에서 먹는 새조개 샤브샤브가 유명하다. 매년 초겨울에는 서산바다음식축제가 열려 다양한 이벤트와 함께 싱싱한 굴을 맛보려는 관광객들로 붐빈다. 또한 간월도에는 무학대사가 암벽 굴 속에서 득도를

한 후 창건했다는 간월암이 있어 여행객의 발길이 끊이지 않는다. 하루 2번, 6시간마다 찾아오는 간조 시에 걸어 들어갈 수 있는 간월암은 커다란 바위 전체에 아담한 암자가 자리하고 있어 만조 시 물이 차면 마치 암자가 물 위에 떠 있는 듯 신비로운 경관을 만들어 내는데 일몰 풍경이 특히 아름다워 사진 작가들이 즐겨 찾는다. 노을이 내리는 시각, 암자를 등지고 서서 바라보는 천수만의 풍경은 아름다운 서정으로 물든다.

➔ 영양굴밥의 최고봉

간월도를 들리면서 이곳을 들리지 않을 수 없다. 수도권에도 소문이 자자하게 난 음식점으로 비리지 않은 깔끔한 맛으로 누구나 한 그릇 뚝딱 비우게 하는 영양굴밥이 이 집의 이름난 메뉴이다. 바로 앞에 보이는 천수만에서 채취한 싱싱한 굴과 호두, 밤, 콩 등 다양한 견과류를 함께 넣어 영양굴밥을 만들며, 함께 나오는 청국장이 굴밥과 잘 어울린다.
문의 | 041-669-1910(맛동산)

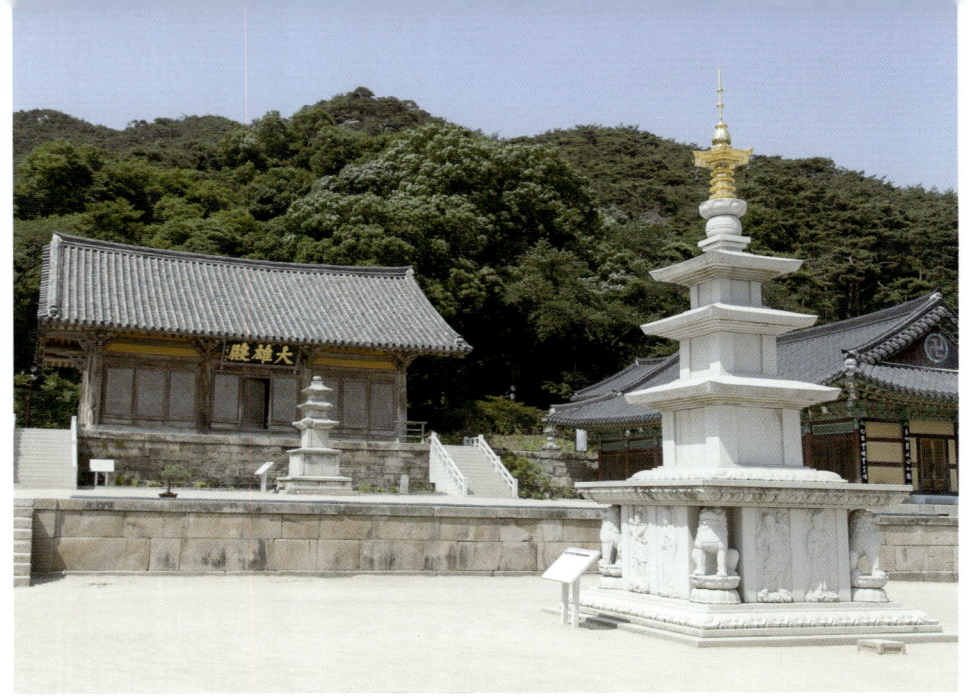

개심사 마음을 씻고 오르는 절

| 위치 | 충청남도 서산시 운산면 신창리 1
　　　 충청남도 서산시 운산면 개심사로 321-86
운영시간 | 종일, 연중무휴

▶ MINI DATA
| 입장료 | 없음　주차 | 가능　분류 | 불교유적

개심사를 오르는 입구에는 세심동이라 글귀가 새겨진 표지가 보인다. 마음을 씻으며 마음을 열면서 개심사로 올라보자. 표지가 있는 입구에서 개심사까지 오르는 길은 멋진 산길로 나무 그늘이 짙게 드리워진 돌계단을 따라 옆으로 계곡이 흘러 운치 있다. 개심사의 창건은 백제시대로 거슬러 올라가는데, 지금의 개심사로 모습을 갖추게 된 것은 조선시대에 이르러서이다. 천천히 걸어 절에 이르면 안양루를 만난다. 안양루에 걸린 '상왕산 개심사'라는 현판은 근대 명필로 알려진 해강 김규진의 글씨이다. 절의 강당인 이곳에 올라 바라보는 산세가 일품이니 잠시 머물렀다 가자. 절의 중심이라 할 수 있는 대웅보전과 요사채인 심검당은 조선 초에 지어진 건물로 당시의 건축문화를 알 수 있는 중요한 유물이다. 대웅보전은 맞배지붕 건물로 차분한 분위기를 내고 있는데 밖에서 보면 기둥 사이로 공포가 놓인 다포계 건물로 보이나 안쪽에는 기둥 위에만 공포가 놓인 주심포의 형태를 취하고 있는 형대로 고려에서 조선으로 넘어오는 과도기적 건축형태이다. 요사채로 쓰이는 심검당은 굽은 나무를 그대로 건물에 사용해 그 자연스러운 모습이 인상적인 건물로 수리를 하면서 발견된 상량문은 개심사에서 이곳이 가장 오래된 건물임을 알려주었다. 개심사에서 내려올 때는 오르는 길과 다른 방향으로 길을 잡아보자. 오른쪽으로 난 길을 따라 내려오면 되는데 굽이 도는 작은 길에서 시골 길을 걷는 재미를 느낄 수 있을 것이다.

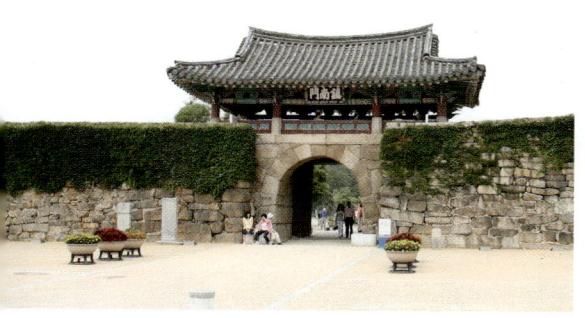

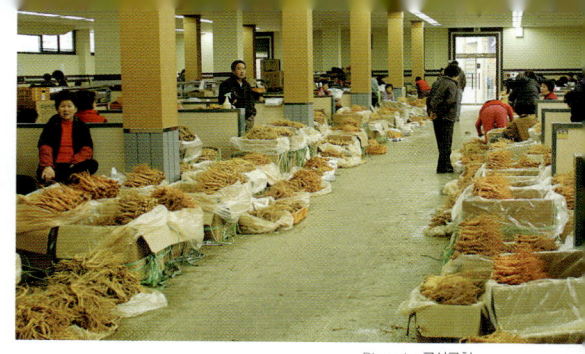

해미읍성
서해안을 지켰던 성곽

| 위치 | 충청남도 서산시 해미면 읍내리 491
　　　충청남도 서산시 해미면 남문2로 143
| 운영시간 | 동절기 06:00~19:00, 하절기 05:00~21:00,
　　　연중무휴

▶ MINI DATA

| 입장료 | 없음　　주차 | 가능　　분류 | 역사, 문화유적

고창읍성, 낙안읍성과 함께 남아 있는 조선시대의 대표적인 읍성이다. 해미는 서해안 방어에 중요한 위치를 차지하고 있어 조선 태종 14년에 왜구를 막기 위해 성을 쌓기 시작해 세종 3년(1421년)에 완성하였다고 알려져 있다. 높이 5m, 둘레 약 1.8km로, 동ㆍ남ㆍ서 세 방향에 문루가 있으며 원래는 2개의 옹성과 동헌, 객사 두 동, 총안, 수상각 등이 있는 매우 큰 규모였으나 현재는 동헌과 객사만 복원해놓았다. 성벽 주위에 탱자나무를 심어 적병을 막는 데 이용했다고 전해지지만 남아 있는 것은 거의 없다. 1886년 천주교 박해 때 관아가 있는 해미읍성으로 1,000여 명의 천주교 신도들이 잡혀와 고문당하고 처형당했는데 고문당했던 회화나무에는 지금도 그 흔적으로 철사 줄이 박혀 있고 태형으로 죽인 자리에는 자리개돌이 있어 천주교도들의 순례지가 되고 있다. 매년 서산 해미읍성 병영체험 축제가 열리는데 관아체험, 옥사체험, 군영체험 등 독특한 체험거리로 관광객에게 흥미를 준다.

금산 인삼시장
효심의 명약

| 위치 | 충청남도 금산군 금산읍 중도리 24
　　　충청남도 금산군 금산읍 인삼약초로 24
| 운영시간 | 08:00~18:00, 약초상가 10, 20, 30일 휴무

▶ MINI DATA

| 입장료 | 없음　　주차 | 가능　　분류 | 거리, 시장

전국 인삼 생산과 유통량의 80%를 차지한다는 금산 인삼시장은 단연 세계 인삼의 중심지이다. 실제 금산을 찾는 많은 외국인 관광객들을 거리 어디에서나 쉽게 만날 수 있다. 금산 인삼을 취급하는 장소는 금산 약령시장, 금산 인삼국제시장, 인삼쇼핑센터 등 다양하다. 금산의 인삼을 이야기하면 빼놓을 수 없는 곳은 인삼 구시장이라고 불리는 금산의 재래시장이다. 2, 7일장으로 열리는 이곳은 옛 장터의 풍경을 구경하며 사람이 살아가는 흥겨움과 함께 쇼핑을 즐길 수 있다. 말리지 않은 생물을 일컫는 수삼에서, 가공하지 않고 말린 백삼, 익히거나 쪄서 보관성을 높인 홍삼 등으로 크게 나뉘는 인삼은 다시 상품의 질과 재배시기에 따라 직삼ㆍ미삼ㆍ파삼 등으로 나뉜다. 다양한 인삼의 모습과 효능을 살펴보기 위해서는 인삼전시관을 찾아 미리 공부하는 것도 좋을 듯하다. 1천 5백 년 전, 병든 어머니를 위해 산삼을 캐서 약을 드리고 나머지를 밭에 심어 재배하여 오늘날 인삼을 있게 했다는 강처사의 전설은 그를 기념하는 남이면 성곡리의 개심각과 비석, 복원된 강처사의 집으로 남아 있다.

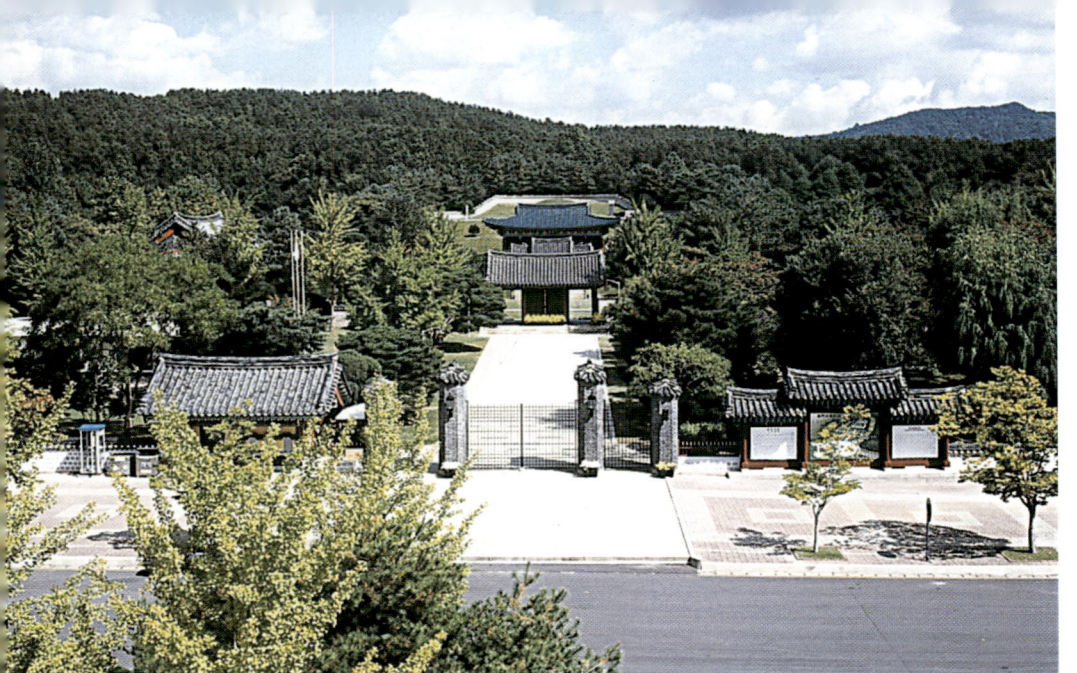

칠백의총 민족의 힘을 상징하는 곳

| 위치 | 충청남도 금산군 금성면 의총리 135-1
        충청남도 금산군 금성면 의총길 50
| 운영시간 | 동절기 09:00~17:00, 하절기 09:00~18:00,
          매주 월요일 휴무

▶ MINI DATA
| 입장료 | 없음   주차 | 가능   분류 | 역사, 문화유적

금성면 나즈막한 언덕으로 자리하는 칠백의총은 우리 민족정신을 상징한다. 임진왜란 당시 전문 훈련도 받지 않고 변변한 무기조차 가지지 않은 일반 백성들이 조직한 의병의 모습을 상상해본다. 수많은 외적의 침입과 전쟁 속에서 결코 물러서지 않는 불굴의 의지를 보여주었던 민족은 핏속에 특별한 힘을 간직하고 있는 것 같다. 전국적인 의병의 활동에서 마지막 순간까지 왜군에 맞서 싸우다 단 1명의 생존자도 없이 모두 전사한 금산 지역 의병활동과 그들이 함께 묻힌 칠백의총을 경건한 마음으로 찾아가자. 임진왜란 당시 조헌 선생의 선도에 따라 금산 지역 백성들로 구성된 의병은 청주성을 수복한 후 호남의 관군과 합동작전으로 충청 지방을 점령한 왜군의 주력부대를 공격하는 계획을 진행하였다. 연락 착오로 의병은 단 700명의 인원으로 1만 5천 왜군의 정예병력과 단독으로 전투를 벌이게 되었고 모두 전멸하였다. 이들의 시신을 합장한 묘소를 중심으로 임란 이후 사당이 건립되고 그들의 충절을 기리는 땅은 성지가 되었다. 일제강점기 일본인 경찰서장에 의해 700 의병의 행적을 담은 순의비는 폭파되었고 그 잔해를 모아 산에 묻은 주민들에 의해 조각을 모은 파비가 세워지고 사당 또한 다시 건립되었으니 의병의 정신은 다시 한 번 백성의 힘으로 세워졌다. 임진왜란 당시의 유물들을 보여주는 전시관도 둘러보고 사당에 들러 의롭게 살다간 백성들도 추모하자.

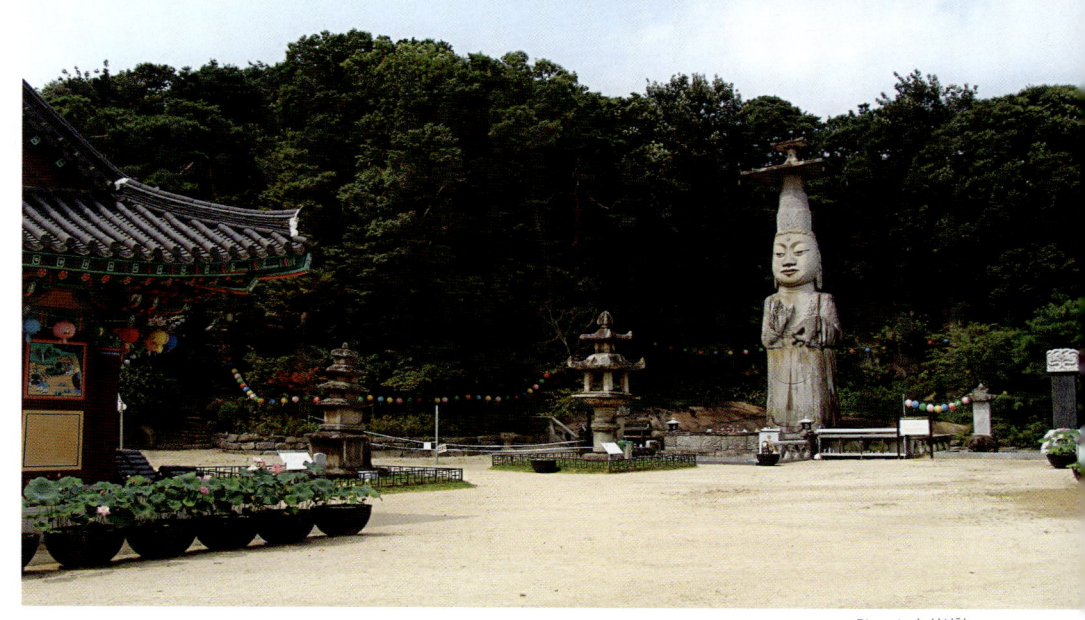

관촉사   은진미륵을 향한 민중의 열망

위치 | 충청남도 논산시 관촉동 254
　　　 충청남도 논산시 관촉로1번길 25
운영시간 | 06:00~20:00, 연중무휴

▶ MINI DATA
| 입장료 | 있음　　주차 | 가능　　분류 | 불교유적

관촉사라는 이름보다 은진미륵이 있는 절로 더 잘 알려진 곳이다. 은진미륵은 고려시대 세워진 거대한 불상으로 정식 명칭은 관음보살입상이다. 절에 남겨진 기록에 의하면 이 절은 고려 광종 때 혜명대사가 조성하기 시작해서 37년이 지난 고려 혜종 때 완공되었으며, 은진미륵 머리 위 갓에 놓인 화불이 워낙 밝아 송나라에서 지안대사가 찾아와 예배했다고 해서 관촉사라는 이름이 붙었다고 한다. 은진미륵은 높이 20m에 달하는 거대한 석조불상으로 얼굴 옆으로 늘어진 귀의 길이가 3m에 이를 만큼 큰 얼굴이다. 원래 이 불상은 광종의 명으로 만들어진 관음불상으로 관음보살은 현세에서 중생을 구제하는 역할을 하는데 세상의 모든 소리를 들을 듯 큰 귀를 가진 것도 이 때

문일 것이다. 은진미륵을 또 다르게 볼 수 있는 방법은 바로 앞 건물인 미륵전에서 보는 것이다. 보통의 다른 불전들과 달리 안에 불상을 모셔놓지 않은 대신 창을 내어 은진미륵을 볼 수 있도록 만들어 놓았다. 네모난 직사각형 속에 보이는 미륵의 모습은 마치 액자 속 그림 같다. 은진미륵 앞의 석등은 우리나라에서 화엄사 각황전 앞의 석등 다음으로 큰 석등으로 알려져 있는데 그 크기만큼이나 만들어진 모양새가 힘차다. 석등 앞으로는 오층석탑이 있는데 석탑 아래로 눈길을 돌리면 바닥에 연화무늬배례석이 보인다. 3송이 연꽃이 바닥에서 아름답게 피어 있다.

부소산성

백제의 마지막을 바라보다

| 위치 | 충청남도 부여군 부여읍 구아리 산4
       충청남도 부여군 부여읍 부소로 31
| 운영시간 | 동절기 09:00~17:00, 하절기 09:00~18:00,
          연중무휴

▶ MINI DATA
| 입장료 | 있음   주차 | 가능   분류 | 역사, 문화유적

백제의 마지막 도읍지 사비, 지금의 부여 낙화암의 전설을 간직하고 있는 부소산성이 있다. 산이라고 하지만 해발 100m 정도밖에 되지 않는 언덕으로 그 주변을 두르고 있는 산성은 백제의 마지막 보루가 되었던 곳이다. 천천히 걸으면서 백제의 마지막을 기억해 보자. 입구에서 올라 오른편으로 돌아가면 먼저 삼충사라는 사당이 나오는데 백제 말의 충신인 성충·흥수·계백의 위패를 봉안하고 있는 곳이다. 임금에게 직언을 하다 감옥에 갇혀서도 나라 걱정을 했던 성충·성충과 함께 임금께 고하다 유배를 당한 흥수·황산벌전투로 잘 알려진 계백 등 역사 속 인물들을

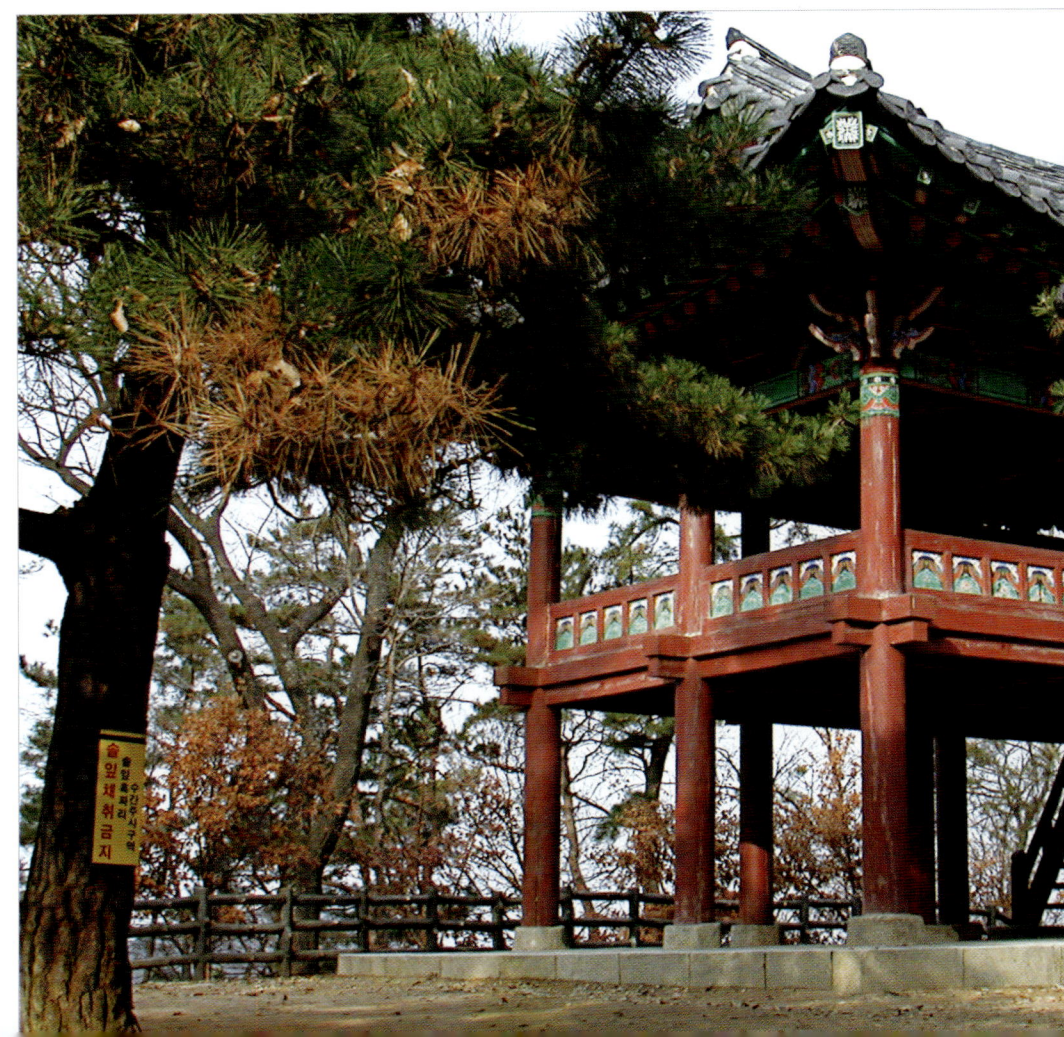

만나보자. 삼충사를 지나 조금 더 오르면 동쪽을 향하고 있어 해맞이를 할 수 있는 영일대가 나오며, 그 뒤편으로는 곡식창고 자리였던 군창 터가 있다. 낮은 울타리로 둘러놓아 들어가지는 못하지만 이곳에서 불탄 쌀이나 콩들이 발견되는데 바로 군량을 적에게 내어주지 않기 위해 불을 낸 흔적이다. 부소산성 가장 꼭대기의 사자루는 달을 바라보는 서편을 향하여 자리하고 있다. 여기까지 왔으면 이제 내려가는 길만 남았는데 내려가는 길에는 더욱 특별한 장소들이 기다리고 있다. 낙화암이 그곳으로, 3천 궁녀가 몸을 던졌다는 이야기가 전해지는 곳이다. 「삼국사기」에 기록된 바에 의하면 이곳의 원래 이름은 사람이 떨어져 죽은 바위라는 뜻의 타사암이라고 하니 백마강이 내려다보이는 시원한 풍경을 마냥 즐기기에는 슬픈 이야기이다. 낙화암 아래에는 한번 먹을 때마다 3년이 젊어진다는 약수로 유명한 고란사가 있으니 내려가서 고란사도 둘러보고 약수도 마셔보도록 하자.

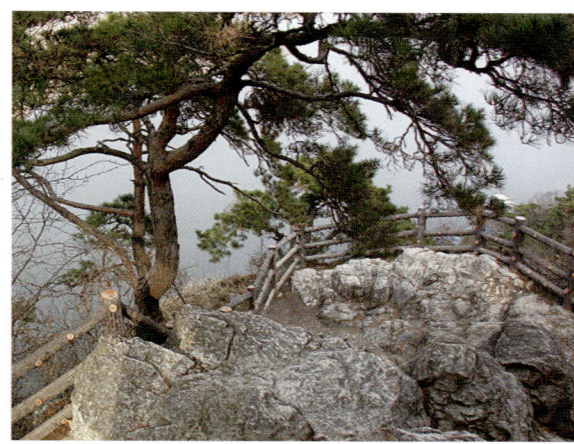

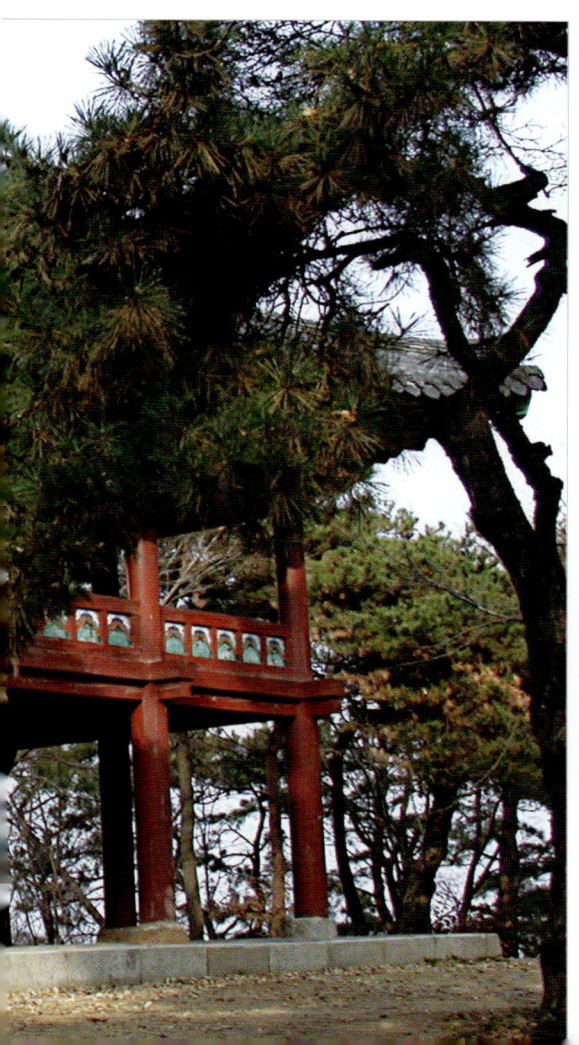

→ 백마강 유람선 타기

고란사에서 백마강 구드래나루까지 운행하는 유람선을 탈 수 있다. 강 아래에서 바라보는 낙화암이 또 다른 풍경을 보여주며 백마강의 용을 백마 머리를 미끼로 꾀어냈다는 전설이 전해지는 조룡대를 지난다. 운행 내내 〈꿈꾸는 백마강〉이 흘러온다.
문의 | 041-835-4690(고란사선착장)

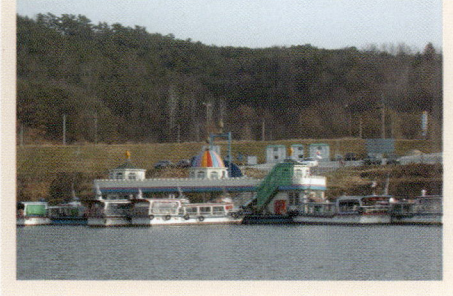

정림사지 오층석탑

백제 문화의 정수

| 위치 | 충청남도 부여군 부여읍 동남리 364
충청남도 부여군 부여읍 정림로 83
운영시간 | 동절기 09:00~17:00, 하절기 09:00~18:00,
연중무휴

▶ MINI DATA
| 입장료 | 있음　주차 | 가능　분류 | 불교유적

부여 시내의 중심부에 상징물처럼 남아 있는 정림사
지 오층석탑은 백제 당시의 건축물로는 부여에 유일
하게 남아 있는 유물이다. 하지만 단 하나의 석탑만
으로도 사비시대의 높은 문화를 상징하고도 남는다.
나무를 깎듯이 돌을 다듬어 알맞은 비율로 쌓은 탑은
세련됨과 조화미의 절정을 보여준다. 불국사의 석가
탑이 신라탑을 대표한다면 백제를 대표하는 탑은 정
림사지 오층석탑이다. 멋 부린 장식 하나 남아 있지
않지만 가까이 다가갈수록 탑은 그 장쾌한 모습을 자
랑하듯 당당하다. 한때 탑의 기단부에 새겨진 글씨로
당나라 소정방이 백제 정벌을 기념하여 쌓은 탑으로

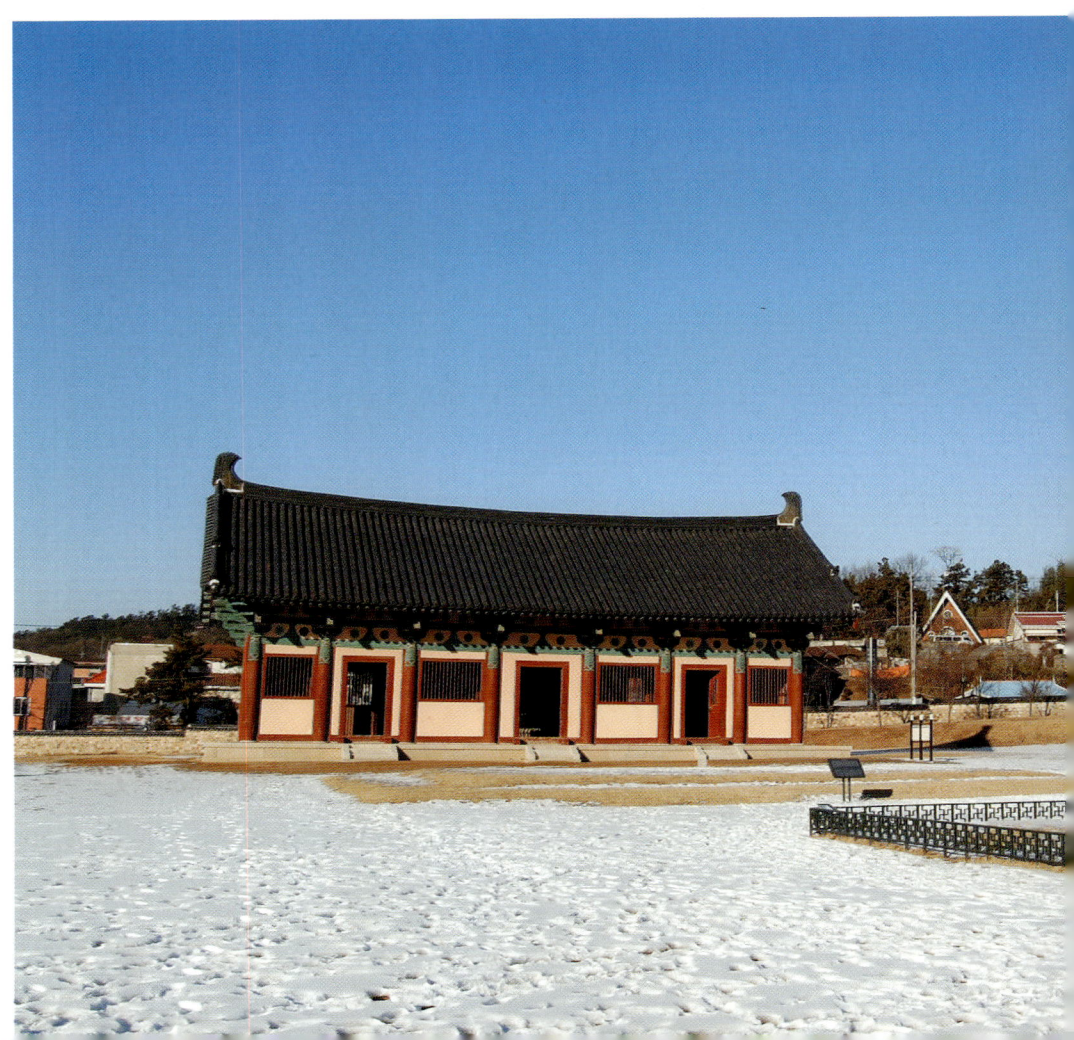

오해받았다. 이후 고려시대 정림사의 중건 때 만들어진 기와 조각에 새겨진 글귀를 발견함으로써 제 이름을 찾게 되었다. 정림사지는 오층석탑을 중심으로 고려시대 복원된 사찰의 형태를 남기고 있다. 사찰 입구를 채우던 연못 터는 복원되었고 건물 기단을 이루던 주춧돌은 자리를 찾고 있다. 석탑 뒤 전각 내부에 앉아 있는 소박한 모습의 불상은 고려시대의 작품이다. 정림사지박물관은 이곳에서 출토된 유물을 전시하며 첨단 전시 기법으로 백제의 문화를 소개하고 있다. 배흘림기둥으로 세련된 모습의 백제 건축양식을 복원한 중앙홀을 지나 백제불교문화관으로 들어가면 전돌의 제작과정, 금동불상의 모습 등을 이해하기 쉽게 모형으로 보여준다. 이어지는 정림사지관은 출토 유물과 1천 4백 년 전 석탑의 제작 모습을 생생하게 재현하고 있다.

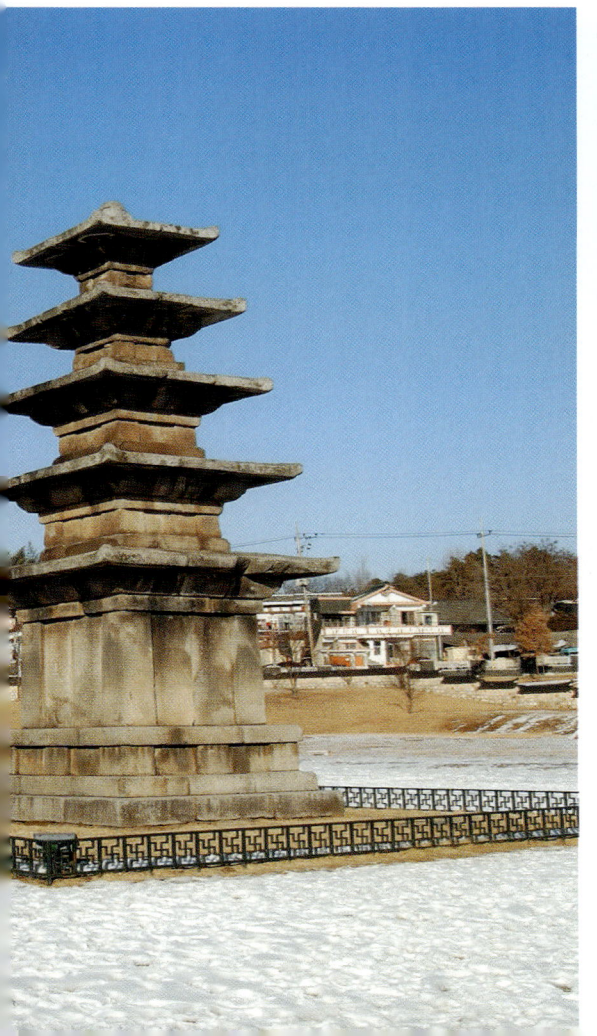

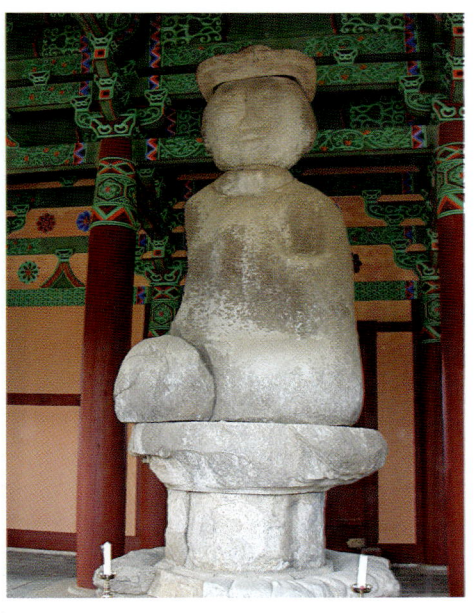

➔ 신동엽, 부여를 사랑한 시인

부여에서 태어난 시인 신동엽은 60년대 한국 문단을 상징하는 시인으로 많은 젊은이의 가슴속에 뜨거운 열정을 불어넣었다. 그의 시 「껍데기는 가라」로 상징되는 그의 열정은 민주화의 열기로 뜨거웠던 80년대 어지러운 세상의 기도문처럼 많은 사람들의 가슴을 울렸다. 그의 고향인 부여 시내 금강변의 작은 언덕으로 40년의 짧고 굵은 삶을 살아간 흔적들이 남아 있다.
문의 | 041-830-2244(부여군청 문화관광과)

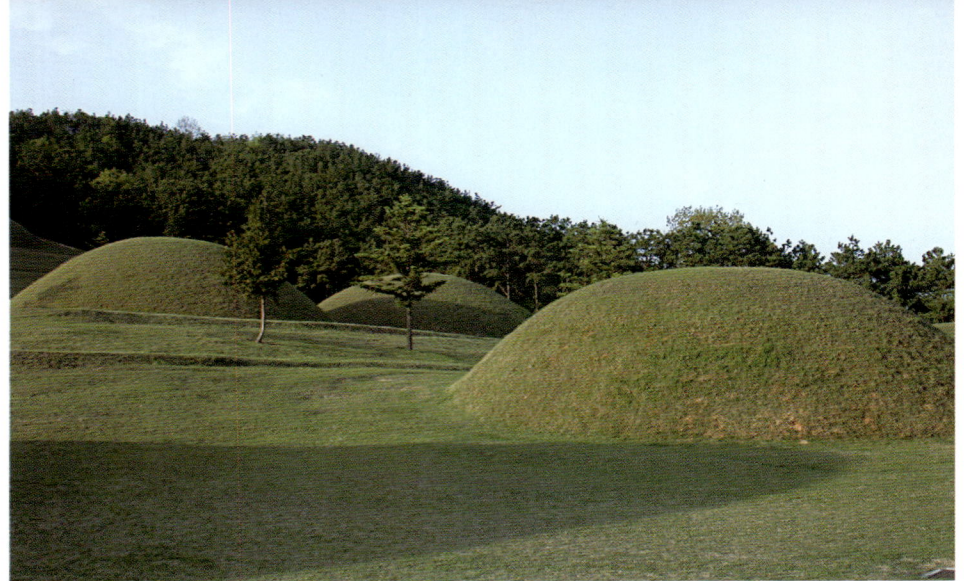

능산리 고분군 양지 바른 곳에 누인 백제 왕들의 무덤

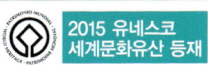
2015 유네스코
세계문화유산 등재

위치 | 충청남도 부여군 부여읍 능산리 산16-2
　　　충청남도 부여군 부여읍 왕릉로 61
운영시간 | 동절기 09:00~17:00, 하절기 09:00~18:00,
　　　　　연중무휴

▶ MINI DATA
입장료 | 있음　　주차 | 가능　　분류 | 역사, 문화유적

백제의 마지막 도읍지였던 부여로 들어가는 길가에 자리한 무덤 군이다. 현재 총 7기의 고분이 이곳에 있는데 부여 인근에 위치한 것으로 보아 백제 왕실의 무덤으로 추정하고 있다. 사비시대의 왕이 여섯이니 대강 그 수가 비슷하지만 무덤의 대부분이 도굴당하여 무덤의 주인이 누군지 알 수 없다. 처음 발굴을 시작한 1호분에서 고구려 무덤에서나 볼 수 있었던 사신도가 무덤 내부에 그려져 있는 것을 확인함으로써 백제와 고구려의 문화적 교류 및 당시 백제 문화에 도교가 수용되었음을 밝혀주고 있다. 백제 고분 양식의 변화는 백제의 천도과정과 함께 이해하면 되는데 초기 백제가 자리한 한강 유역에서의 백제 무덤들은 계단식 무덤인 적석총으로 서울의 풍납동 등에 그 형태가 남아 있다. 고구려 무덤인 장군총 등과 유사한 것으로 삼국사기 등의 기록에 나타나고 있는 고구려와 백제의 관계를 뒷받침해 준다. 고구려와의 전쟁에서 패한 백제는 수도를 지금의 공주, 웅진으로 옮기게 되는데 이 시기 백제 무덤의 대표는 무령왕릉이다. 벽돌로 쌓아 만든 전축분 형태로 중국 남조의 영향을 받아 만든 것으로 쉽게 바뀌지 않는 묘제문화가 영향을 받았다는 점에서 당시 백제와 중국과의 교류가 활발했음을 알려준다. 마지막으로 도읍을 정한 사비, 부여의 무덤 형태는 돌방무덤으로 내부에 방을 만들고 주변을 흙이나 돌 등을 이용해 봉토한 형태로 능산리 고분이 그런 형태이다.

⟶ **금동대향로, 공예사를 다시 쓰게 한 세기의 발견**

1993년 능산리고분군의 한쪽 진흙 수로에서 우연하게 발견되어 세상을 깜짝 놀라게 한 것이 있었으니, 바로 금동대향로이다. 이것이 발견되면서 백제뿐 아니라 우리 고대의 공예사를 다시 써야 할 정도라고 이야기되었으니 엄청난 발견이 아닐 수 없다.

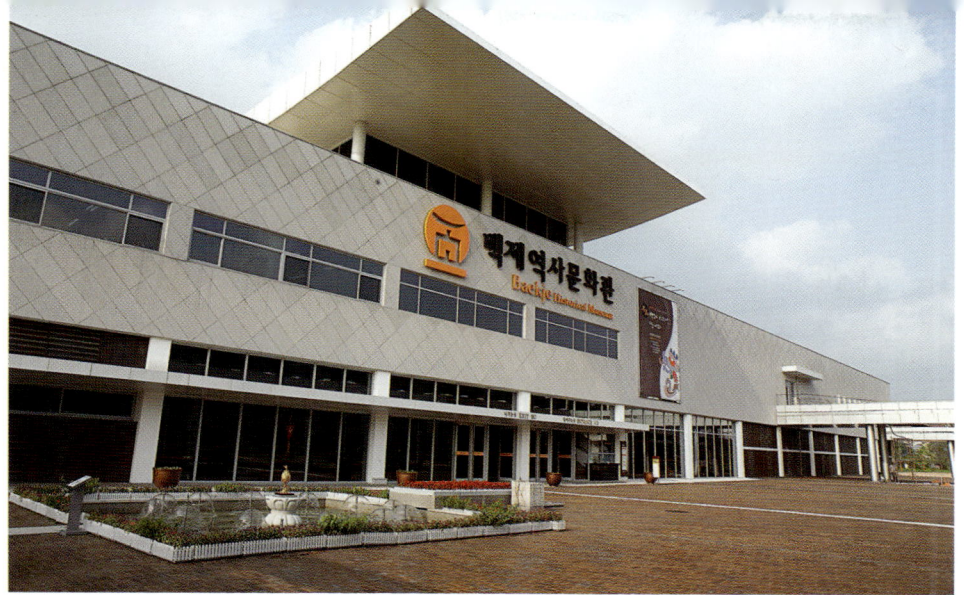

백제 역사문화관 백제의 역사 속으로

위치 | 충청남도 부여군 규암면 합정리 575
　　　충청남도 부여군 규암면 백제문로 374
운영시간 | 동절기 09:00~17:00, 하절기 09:00~18:00,
　　　매주 월요일 휴관

▶ MINI DATA

| 입장료 | 있음　　주차 | 가능　　분류 | 전시, 체험시설

700여 년 역사의 백제는 위례성, 웅진, 사비로 3번이나 수도를 이전하였다. 한강과 금강을 중심으로 수도를 이전한 백제는 천 년 역사를 경주에 집약시킨 신라에 비하여 장대한 역사를 한눈에 바라볼 수 없어 아쉬움이 많다. 백제 왕국의 마지막을 장식하는 낙화암 아래 백마강의 줄기를 따라 새로운 백제 왕국을 건설하듯 무려 20년에 걸쳐 대규모 공사가 진행 중이다. 2010년 개관 예정인 백제역사재현단지는 330만㎡의 거대한 넓이로 백제가 재현되는 곳이다. 백제 왕궁을 중심으로 미륵사지 등 대사찰, 민가 단지 등이 철저한 고증을 거쳐 최대한 옛 모습 그대로 재현된다니 백제국의 참 모습을 느낄 수 있을 듯하다. 역사재현단지의 중심건물 중 하나인 백제역사문화관은 이미 2006년 그 당당한 모습이 공개되었다. 출토 유물을 보전하고 전시하는 박물관의 기능과 달리 이곳은 모형과 그래픽 등 첨단기술을 통한 전시로 찾는 사람들에게 백제 700년 역사를 일목요연하게 보여준다. 백제의 역사를 공부하려는 학생들에게는 더없이 좋은 장소가 아닐까 싶다. 한성, 웅진, 사비시대와 백제 부흥 운동을 순서대로 전시하는 제1전시관을 지나 농경문화, 금속공예, 외국과의 해상교역 등을 설명하는 제2전시관 등 다섯 구역으로 나뉘는 전시관은 실로 백제의 모든 것을 보는 듯하다. 익산 미륵사지의 목탑과 무령왕릉 내부 등은 찬란했던 백제 문화를 눈으로 느낄 수 있다. 1층에 마련된 체험공간은 어른들도 즐거운 전돌 쌓기, 토기 만들기 등의 과정으로 흥미로운 역사공부를 마무리하는 곳이다.

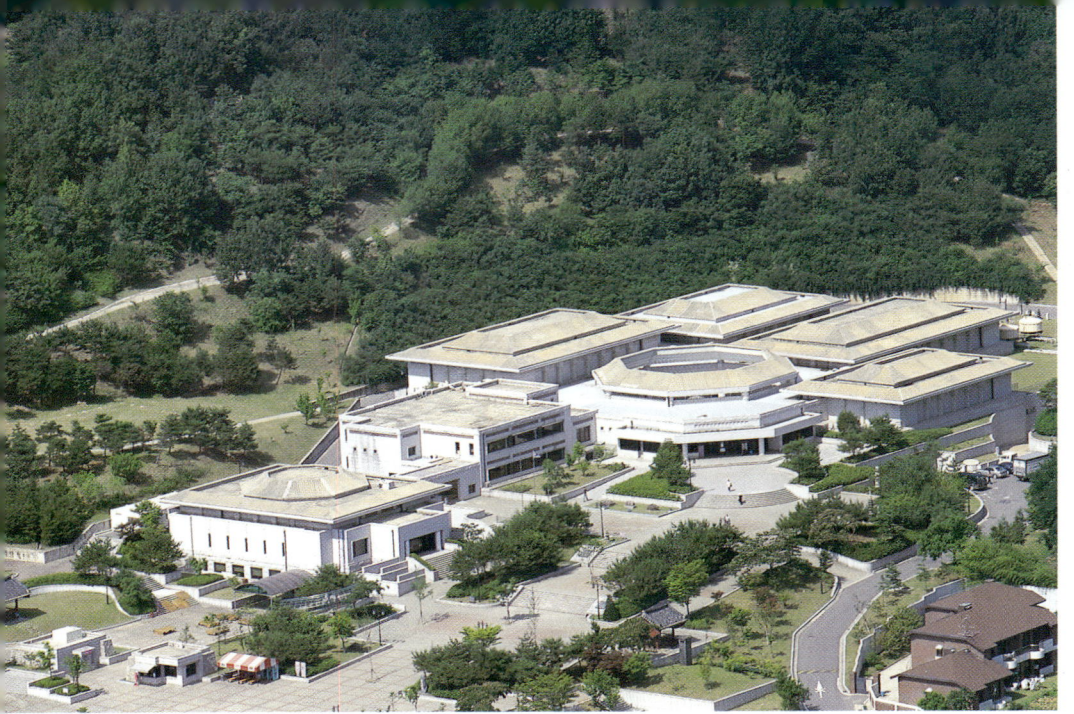

국립부여박물관 백제 역사여행

| 위치 | 충청남도 부여군 부여읍 동남리 산16-1
　　　충청남도 부여군 부여읍 금성로 5
| 운영시간 | 평일 09:00~18:00, 주말 및 공휴일 09:00~19:00,
　　　4~10월 토요일 09:00~ 21:00, 매주 월요일 휴관

▶ MINI DATA
| 입장료 | 없음　　주차 | 가능　　분류 | 박물관

부소산성과 정림사지의 출토 유물에서 최근 발견된 금동대향로까지 백제의 역사와 충청남도 지역의 역사까지 자세하게 살펴보고 싶다면 부여박물관을 찾아보자. 해방 이후 개장한 대부분의 지방 국립박물관들과 달리 부여박물관은 일제강점기인 1929년 문을 열었다. 자신들의 뿌리라고 여기는 백제의 유물들을 발굴하고 전시하기 위한 일제의 정책이었으니 역사의 아이러니라고도 하겠다. 백제의 옛 건물을 재현한 박물관 건물 내부는 중앙으로 조성한 작은 정원 안 석조를 중심으로 시대별, 주제별로 정리되어 있다. 화려한 신라 유물과 달리 차분하면서도 세련미를 갖춘 백제의 유물들을 감상할 수 있다. 금동미륵반가사유상 등 불교문화를 중심으로 전시되는 1,000여 점의 유물 중 단연 눈에 띄는 것은 제2전시관의 백제금동대향로이다. 60여 센티미터의 향로는 1993년 능산리왕릉 구역 내의 절터에서 발견되었다. 천 년의 세월을 보내면서도 신비하리만큼 완벽하게 제 모습을 갖춘 향로는 봉황과 용, 연꽃으로 표현되는 불교사상과 수미산을 형상화한 도교사상이 하나의 작품 속에서 조화를 이루는 동시대 최고의 걸작이다. 당시 동아시아 문화의 중심지로 자리 잡았던 백제와 그 수도 부여의 위상을 보여주는 상징적인 유물을 전시하고 있는 야외 전시장도 꼭 둘러보자.

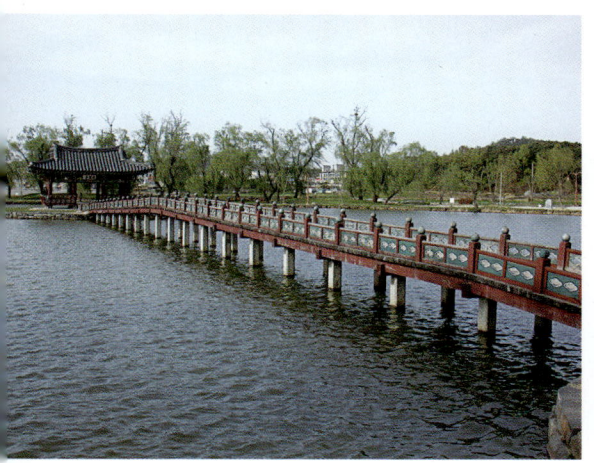

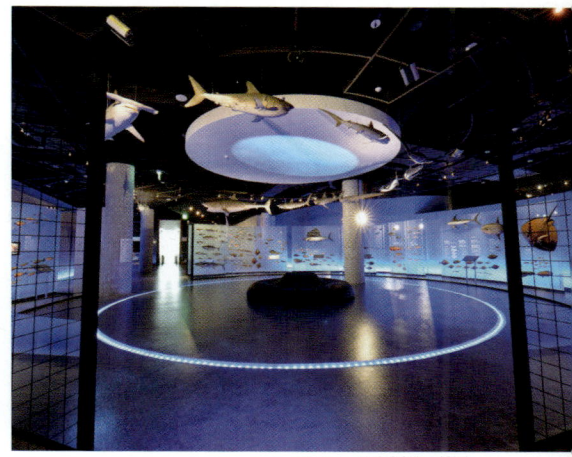

궁남지

최초의 인공 정원

| 위치 | 충청남도 부여군 부여읍 동남리 142-4
      충청남도 부여군 부여읍 궁남로 52
| 운영시간 | 종일, 연중무휴

▶ MINI DATA

| 입장료 | 없음　주차 | 가능　분류 | 역사, 문화유적

경주의 안압지가 통일신라 궁궐건축의 당당함을 보여준다면 궁남지의 차분한 아름다움은 백제의 단아한 옛 멋을 느끼게 한다. 우리나라 최초의 인공 연못이라 하여 사가의 작은 정원을 생각한다면 오산이다. 궁궐의 남쪽이라는 뜻의 궁남지는 수양버들이 하늘거리는 주변을 따라 산책하기에 좋다. 신선이 노니는 산을 형상화하였다는 연못 중심의 작은 산에는 정자가 세워져 있는데 연못을 가로지르는 다리와 어울려 그 모습이 한 폭의 동양화를 보는 듯하다. 신라 진평왕의 딸인 선화공주와의 아름다운 사랑으로 유명한 백제 무왕의 전설이 전해지는 곳이기도 하다. 부여 사비성의 이궁지로도 추측되는 궁남지는 넓은 주변으로 연꽃을 종류별로 재배하는 공원이 조성되어 여름철 연꽃이 필 때면 더욱 아름답다.

국립해양생물자원관

해양생물에 대해 알아갈 수 있는 공간

| 위치 | 충청남도 서천군 장항읍 송림리 510
      충청남도 서천군 장항읍 장산로101번길 75
| 운영시간 | 동절기 09:00~17:00, 하절기 09:30~18:00,
      매주 월요일 휴무

▶ MINI DATA

| 입장료 | 있음　주차 | 가능　분류 | 박물관

국립해양생물자원관은 미래를 이끌어 나갈 아이들에게 해양생명교육을 통해 생명에 해양생명에 대한 지식을 전달하며 인재를 양성하는 장소다. 로비 중앙에는 국립해양생물자원관의 상징 전시물인 우리나라 해양생물 액침표본 5,100여 점이 전시된 자원은행(Seed Bank)을 볼 수 있다. 총 4개의 전시실을 갖춘 전시동을 제대로 관람하기 위해서는 4층에서부터 내려오면서 관람하길 권장한다. 제1전시실은 해양생물의 다양성을 알아볼 수 있는 공간으로 국립해양생물자원관의 핵심 전시공간이라 할 수 있다. 1층에는 기획전시실과 기념품 등을 살 수 있는 뮤지엄 샵, 해양탐사선 누리호와 4D영상을 관람할 수 있는 영상실이 있다. 아이들에게 해양생물에 대한 지식과 호기심을 갖도록 해주는 이 공간은 서천을 여행한다면 꼭 찾아볼 만한 공간이다.

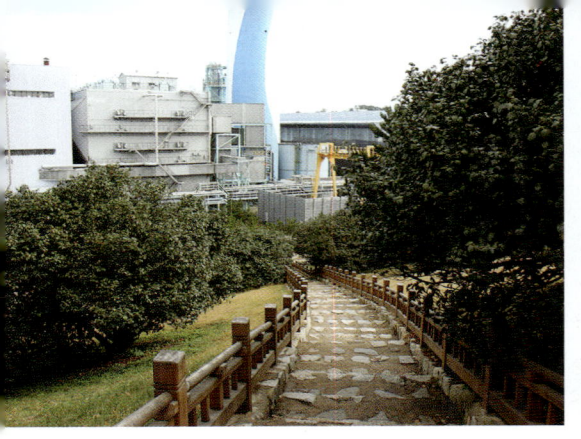
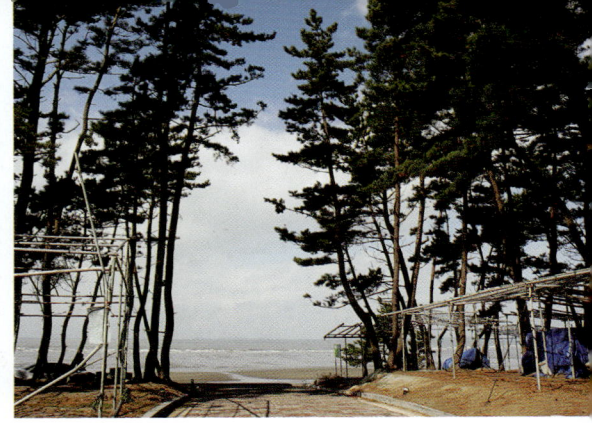

마량리 동백숲
선홍색 눈물이 뚝뚝, 동백과 노을의 마을

| 위치 | 충청남도 서천군 서면 마량리 313-4
  충청남도 서천군 서면 서인로235번길 103
| 운영시간 | 09:00~18:00, 연중무휴

▶ MINI DATA

| 입장료 | 있음   주차 | 가능   분류 | 바다, 섬

천연기념물 제169호로 지정된 마량리 동백숲은 아름다운 동백나무와 함께 숲 위에 자리한 동백정에서의 일몰이 장관인 곳이다. 동백나무가 자랄 수 있는 북방한계선상에 있어 식물학적 가치가 높고 잎이 무성하고 두꺼우며 진한 녹색의 광택이 나 붉은 동백과 어우러지는 아름다움이 한층 더한다. 허리를 굽혀야 들어갈 수 있는 동백나무 숲 속에 서면 발 밑으로 흩어져 있는 동백꽃의 처연함에 발걸음이 조심스럽다. 전설에 의하면 마량의 수군첨사가 꿈을 꾸었는데 바닷가에 있는 꽃 뭉치를 잘 번식시키면 마을이 번영할 것이라는 계시를 받고 실제로 바다에 나가보니 동백꽃이 있어 이를 심어 숲을 이루니 고기도 많이 잡히고 나쁜 일도 일어나지 않았다고 한다. 동백정에 오르면 눈앞에는 서해 바다와 함께 울창한 송림이 펼쳐져 있고 뒤로는 동백숲 전체를 조망할 수 있는데 정면의 동백정 기둥 사이로 보이는 작은 바위섬인 오력도 너머로 일몰 풍경이 아름답기로 유명하다.

춘장대해수욕장
울창한 해송과 깨끗한 바다의 풍광

| 위치 | 충청남도 서천군 서면 도둔리 1319
  충청남도 서천군 서면 춘장대길 20
| 운영시간 | 종일, 연중무휴

▶ MINI DATA

| 입장료 | 없음   주차 | 가능   분류 | 바다, 섬

한국관광공사가 선정한 전국 자연학습장 8선으로 꼽힌 춘장대해수욕장은 울창한 해송과 아카시아나무 숲이 해안을 따라 이어져 서해안에서는 보기 드물게 아름다운 풍광을 자랑하는 해수욕장이다. 길이 2km에 폭 200m의 넓은 백사장이 있고, 수심이 얕고 완만하며 파도가 잔잔해 해수욕을 즐기기에 적당하고 물이 빠지고 난 뒤 드러나는 모래 갯벌에서는 조개, 개불, 낙지, 넙치 등을 손으로 잡으며 생태 체험을 할 수 있는 천혜의 조건을 가진 곳이다. 백사장 뒤편 해송과 아카시아나무가 어우러진 울창한 숲에서는 야영과 오토캠핑을 즐길 수 있고 각종 편의 시설이 잘 갖추어져 있어 초봄부터 늦가을까지 여행객이 줄을 잇는다. 여름철에는 한시적으로 서울역에서 출발해 춘장대해수욕장까지 이어지는 춘장대 피서열차가 운행되는데 바다를 끼고 달리는 구간이 있어 피서객들에게 인기가 많다. 해질 무렵이면 깨끗한 백사장 앞으로 멋진 일몰이 펼쳐져 언제 찾아도 바닷가 여행의 매력을 느낄 수 있다.

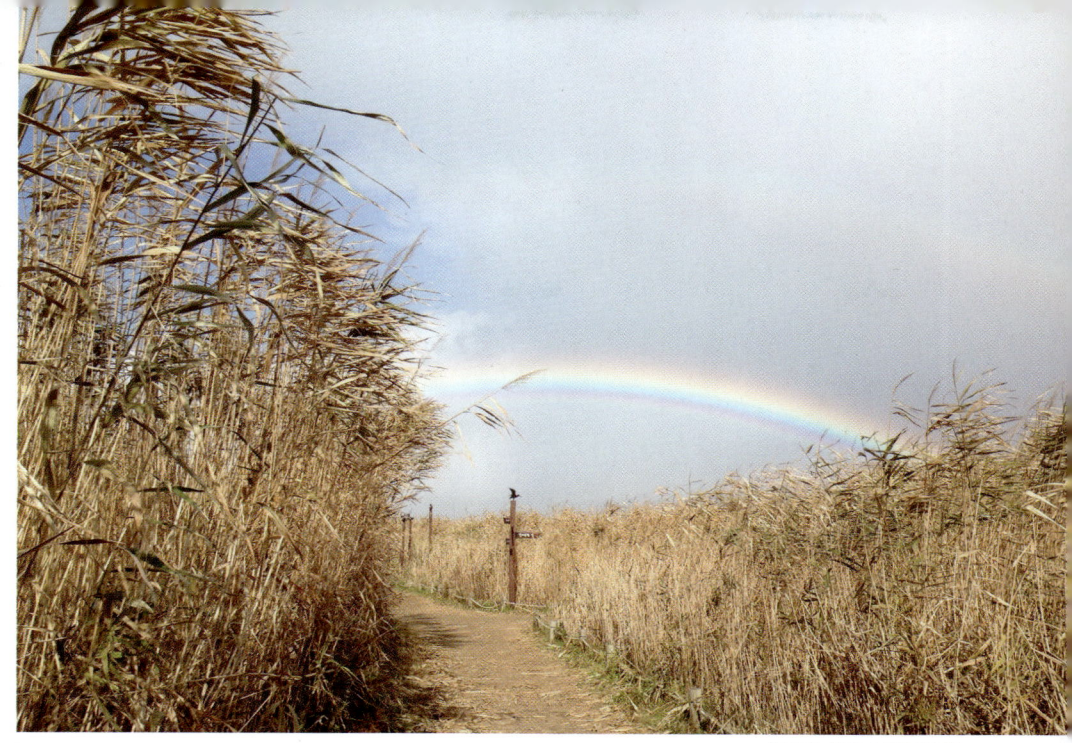

신성리 갈대밭 영화의 한 장면 속으로 들어가는 길

| 위치 | 충청남도 서천군 한산면 신성리 125-1
　　　충청남도 서천군 한산면 신성로 일대
| 운영시간 | 종일, 연중무휴

▶ MINI DATA
| 입장료 | 없음 　 주차 | 가능 　 분류 | 강, 유원지

영화 「공동경비구역 JSA」에서 비무장지대의 배경이 되었던 곳이 바로 금강변 신성리 갈대밭이다. 공동경비구역을 순찰하던 남한의 병사가 지뢰를 밟게 되고 마침 그곳을 지나는 북한 병사들이 이를 보게 되는데 처음에 기를 세우며 대립하던 남한군 병사가 뒤돌아가려는 북한군 병사를 향해 '살려주세요'라며 말했던 한마디가 기억에 남는다. 남북 병사들이 서로를 알아가게 되는 계기가 되는 장면이 촬영된 곳으로 영화 속에서는 스산한 풍경으로 그려졌지만, 11월 갈대꽃이 한창 필 때 은빛으로 채워지는 풍경은 장관이다. 20ha에 이르는 넓은 갈대밭 사이로 난 길을 따라 산책을 즐길 수 있다. 사람 키보다 큰 갈대라 흡사 미로

의 끝을 찾아가는 듯한 느낌이다. 바람이 불 때면 갈대 잎들이 서로를 부비며 한쪽으로 스러지는데 그 소리가 금강의 물소리와 어울리는데 보는 재미 못지않은 듣는 재미를 선사한다. 갈대숲 산책은 11월경, 늦가을 갈대꽃 필 때가 가장 아름답기는 하지만 봄을 제외하고는 언제든 찾아와도 운치 있다. 여름철 푸르른 갈대 사이로 바람이 지나며 나는 '스르륵' 소리는 더위를 시원하게 거둬 간다. 금강을 옆에 두고 있어 햇볕을 받아 반짝이는 물살이 갈대 사이로 언뜻언뜻 비치는 풍경이 멋있다. 금강으로 향하는 작은 다리가 있으며, 잘 만들어진 산책로도 있다.

한산모시관

최고의 품질과 오랜 역사를 간직한 한산 모시를 체험한다

위치 | 충청남도 서천군 한산면 지현리 60-1
　　　　충청남도 서천군 한산면 충절로 1089
운영시간 | 동절기 10:00~17:00, 하절기 10:00~18:00,
　　　　연중무휴

▶ MINI DATA

입장료 | 있음　　주차 | 가능　　분류 | 전시, 체험시설

여름철을 시원하게 보낼 수 있도록 도와주는 최고의 옷감 모시, 그중에서도 최고로 치는 한산 모시의 고장이 바로 서천 한산면이다. 서천이라는 지명보다 한산이라는 이름이 더 알려졌을 만큼 모시로 유명한 곳으로, 이곳에 한산 모시의 전통과 우수성을 알리기 위해 전시관이자 체험시설인 한산모시관을 지어 관람객들을 맞이하고 있다. 모시풀을 재배해 거두어 물에 적셨다 햇볕에 말리기를 반복한 후 손으로 찢어 올을 만드는데 이것이 바로 세모시라 불리는 모시가 만들어지기 위한 1번째 과정이다. 손으로 직접 해야 하는 작업이라 고되며 품이 많이 들어가는데 그래서

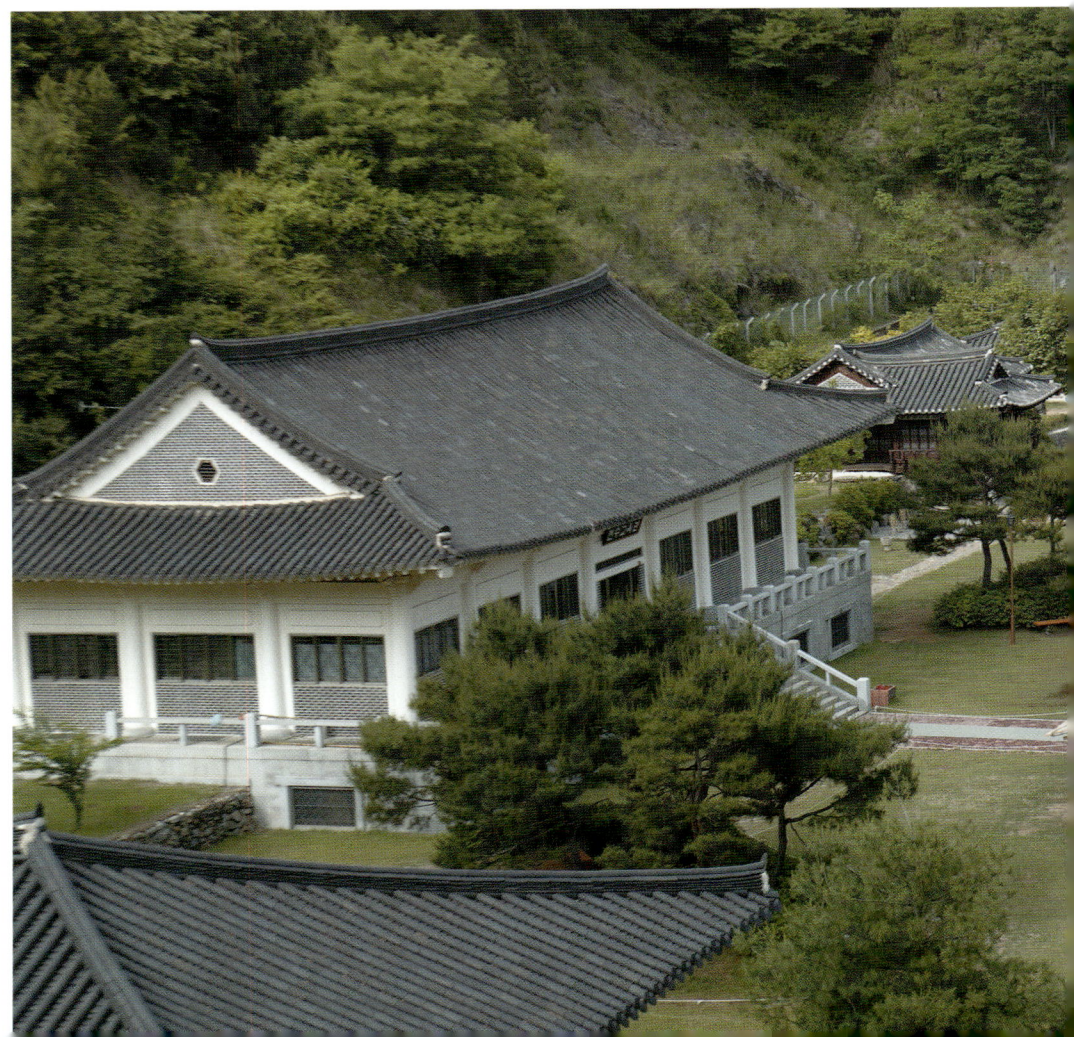

그런지 지금은 이곳 한산을 제외하고는 국내에 모시를 짜는 곳이 거의 없다고 한다. 한산모시전수관에서는 한산모시의 유래에서부터, 모시를 어떻게 만드는지 등의 방법을 비롯해 다양한 모시제품을 전시하고 있다. 특히 친환경적인 소재로 모시의 이용뿐만 아니라 장신구로서 모시의 사용까지 실물로 보여주고 있어 눈길을 끈다. 모시전수관 한쪽에는 직접 모시 짜기를 체험해볼 수 있는 체험관이 있다. 한산모시관을 꼭 둘러보아야 하는 이유 중 하나가 무형문화재로 지정된 장인들이 공방에서 작업을 하는 실제 모습을 볼 수 있기 때문이다. 작업에 방해가 되지만 않는다면

가까이 다가가 볼 수 있으며, 잠시 쉴 때를 이용해 궁금한 것들을 물어볼 수 있다. 그 밖에도 전통베틀로 모시를 짜던 움집을 재현해 놓은 토속관이 있으며, 비정기적으로 모시 메기가 이루어지는 모시공방도 있다. 매년 7월 말에서 8월 초에는 한산모시문화제(http://mosi.seocheon.go.kr)가 열리는데 이때 이곳을 방문하면 더욱 다양한 체험을 할 수 있으니 여행에 참고하자.

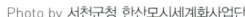
Photo by 서천군청 한산모시세계화사업단

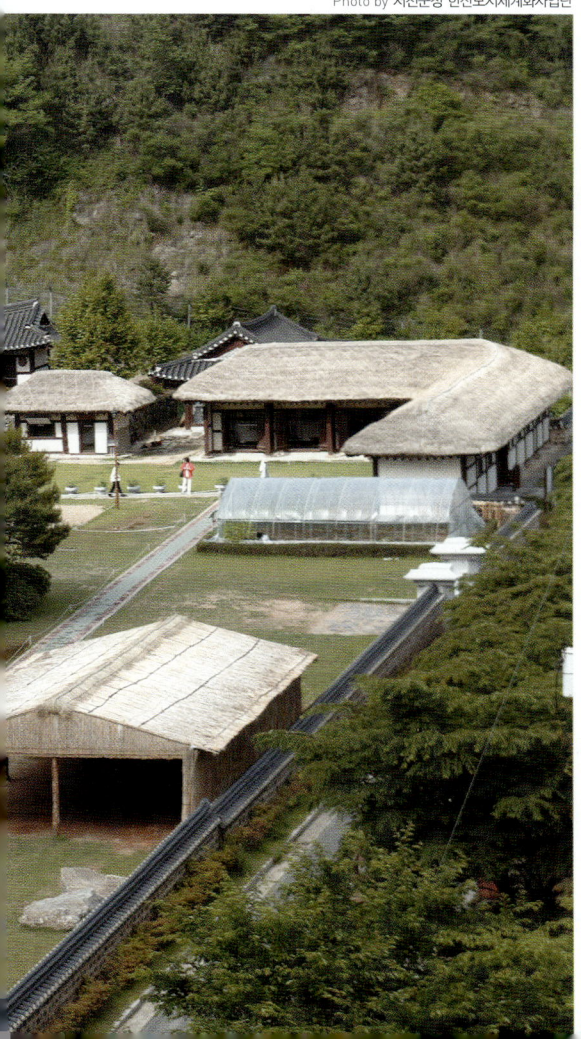

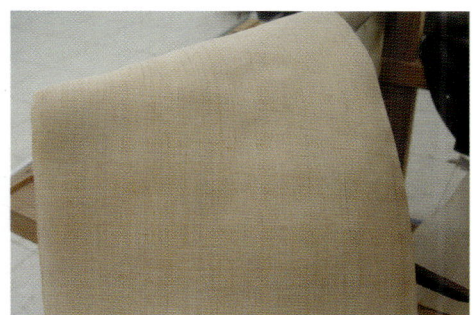

→ **한산소곡주, 며느리가 맛보다 취해버린 술**

한산소곡주는 찹쌀을 빚어 100일 동안 숙성시켜 만드는 술이다. 한산으로 시집온 며느리가 달짝지근한 그 맛에 한 모금씩 계속 마시다 취해서 서지도 못하고 엉금엉금 긴다고 해서 앉은뱅이술이라는 별명이 붙은 한산의 또 다른 특산품이다. 한산면 읍내에 한산소곡주를 저렴하게 구매할 수 있는 대리점이 있다.
문의 | 041-951-0657(한산소곡주 대리점)

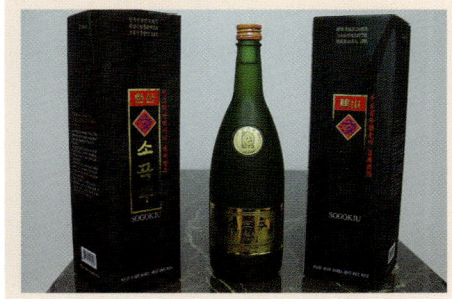

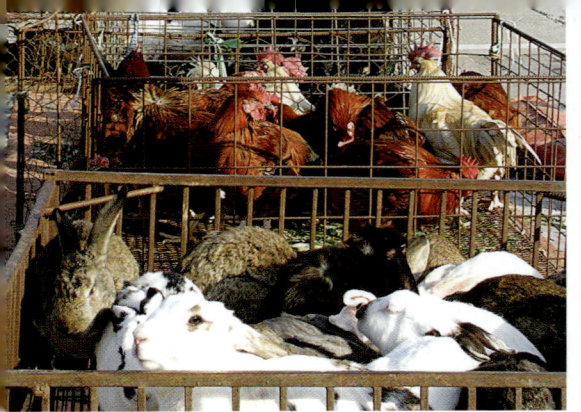

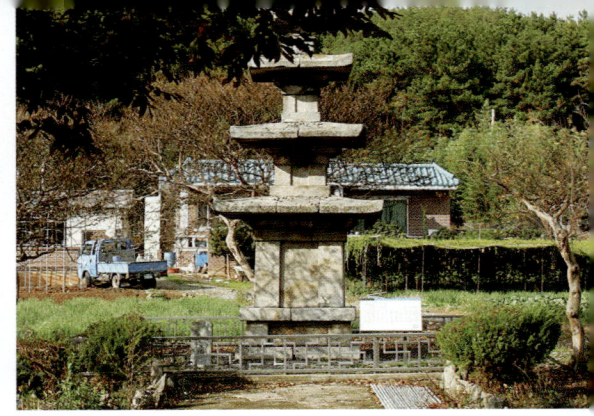

장항5일장
시골 장날 마을 사람들 모두 모인다

| 위치 | 충청남도 서천군 한산면 지현리 98-8
　　　 충청남도 서천군 한산면 충절로1173번길 21-1
| 운영시간 | 매월 3·8일장

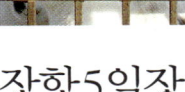 MINI DATA

| 입장료 | 없음 　주차 | 가능 　　분류 | 거리, 시장

천안에서 갈라진 기찻길은 온양과 대천을 거쳐 장항에 이르러 끝이 나는데, 이것이 바로 장항선이다. 기찻길의 종점 장항에는 3일과 8일에 큰 장이 펼쳐진다. 군산을 바로 마주하고 있는 바닷가 마을이라 장날이 되면 해산물이 많이 나오며 인근 지역에서 생산된 농산물들도 함께 장터에 펼쳐진다. 장날이면 손수 키우고 잡아 온 물건들을 가져오는데 서로의 얼굴을 볼 수 있어 좋고, 장을 보러 나오는 사람들에게 인심 쓸 수 있어 좋다. 장을 보면서 장항읍내도 함께 둘러보는데 장항의 옛 지명은 기벌포로 삼국시대 금강 하구에 위치한 백제의 군사적 요충지이다. 이곳을 통하면 당시 백제의 수도였던 사비로 바로 이어지기에 나당연합군이 처음 백제를 공격한 곳이 이곳이었고, 또 당나라의 도움을 받았던 신라가 당나라를 물리친 곳도 바로 이곳이었다.

비인 오층석탑
마을의 역사를 품고 있는 탑

| 위치 | 충청남도 서천군 비인면 성북리 183
　　　 충청남도 서천군 비인면 서인로 1243번길 인근
| 운영시간 | 종일, 연중무휴

▶ MINI DATA

| 입장료 | 없음 　주차 | 가능 　　분류 | 역사, 문화유적

춘장대해수욕장으로 가는 길가에 있는 작은 마을 안에 위치한 탑이다. 탑이 있던 자리라 주변에 절이 있었겠지만 지금 그 자리에는 작은 마을이 들어서 있어 언제 이렇게 변화했는지 궁금할 따름이다. 주변에서 고려 때의 기와가 발견된 것으로 보아 탑은 고려 때 만들어진 것으로 추정되며, 오층의 탑은 백제탑의 모델인 정림사지 오층석탑의 영향을 받은 것으로 생각된다. 1층 몸돌에 비해 2, 3층으로 오를수록 몸돌이 급격히 작아서 어딘가 비례가 맞지 않는 느낌이 들긴 하지만 한 층 전체를 깎아서 만든 것이 아니라 부재를 짜 맞춰 만들었다는 점에서 제작에 신경 쓴 흔적이 느껴진다. 탑 옆으로 커다란 나무가 있는데 여름철이면 시원한 그늘을 만들어 동네 사람들의 휴식처이자 놀이터가 된다. 마을 나무와 함께 수백 년 동안 마을 사람들의 이야기를 들어왔을 탑이 바로 이곳 마을의 역사이다.

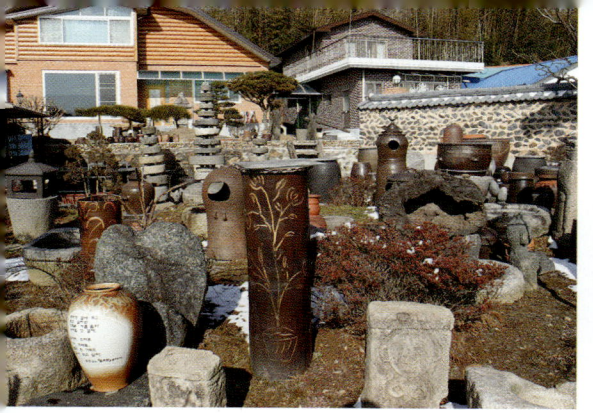
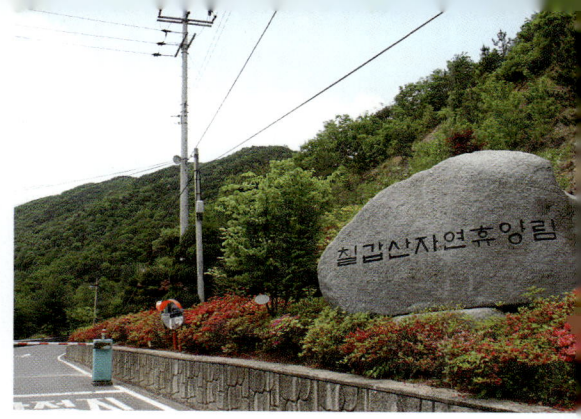

서천 식물예술원

이야기와 함께하는 아름다운 정원

위치 | 충청남도 서천군 기산면 화산리 171
　　　충청남도 서천군 기산면 화출길42번길 17
운영시간 | 09:00~18:00, 매주 월요일 휴무

▶ MINI DATA
| 입장료 | 없음　주차 | 가능　분류 | 전시, 체험시설

퇴직한 교장 선생님과 동시 작가인 부인이 가꾸는 곳
으로 손수 기른 분재를 전시하고 있는 분재전시장을
비롯해 수련이 가득 심겨 있는 연꽃정원, 야생화가
꽃을 피우는 미로공원, 이야기와 함께 하는 옹기전시
장 등이 있다. 이곳의 가장 큰 자랑거리는 바로 연꽃
정원으로 연꽃이 피는 7월 말에서 8월 중순이면 아름
다움이 절정에 달하는데, 사람들에게 덜 알려진 곳이
라 차분한 분위기에서 즐길 수 있어 좋다. 분재전시
관에는 남편인 교장 선생님이 평생 취미로 가꾸어온
분재들을 전시하고 있다. 종류도 다양할 뿐더러, 실
제 고가로 팔리는 작품이라고 한다. 시간이 되면 설
명을 해주는데 보는 재미에 알아가는 재미가 더해진
다. 분재전시장 아래쪽으로 옹기전시장이 있다. 지금
은 냉장고 때문에 사용을 거의 하지 않게 되었지만,
우리 음식을 보관하는 도구로서 옹기의 모양과 새겨
진 그림에서 우리 문화를 읽어본다. 오디술을 비롯하
여 연잎차, 연잎비누 등을 손수 만들어 판매하는데
시중에 비해 저렴한 가격에 구입할 수 있다.

칠갑산 자연휴양림

알프스의 산장 같은 휴양림

위치 | 충청남도 청양군 대치면 광대리 산69-8
　　　충청남도 청양군 대치면 칠갑산로 668-103
운영시간 | 휴양림 09:00~18:00, 숙박 15:00~익일12:00,
　　　　　연중무휴

▶ MINI DATA
| 입장료 | 있음　주차 | 가능　분류 | 숲, 자연휴양림

'충남의 알프스' 라 불리는 칠갑산 서쪽 자락에 위치
한 칠갑산 자연휴양림은 운치 있게 조성된 소나무 숲
길을 따라 다양한 형태의 산장이 늘어 서 있는 청정
휴식처다. 해발 561m의 칠갑산 정상까지 오르는 길
이 산책로처럼 이어져 있어 어린이를 동반한 가족 등
반객이 오르기에도 무리가 없고 특히 봄이면 산벚꽃
과 진달래가 온 산을 뒤덮어 절경을 이룬다. 99계곡,
냉천계곡, 강감찬계곡 등 시원한 계곡이 부채살 모양
으로 이어져 내려가 여름철 피서지로도 좋다. 각종
구기 운동을 즐길 수 있는 체육시설을 비롯해 물놀이
장, 어린이 놀이터 등이 있어 가족 단위 여행객에게
좋은 호응을 얻고 있는데 2개의 야영장까지 갖추고
있어 여름철 캠핑장으로도 인기 있다. 난방, 취사, 샤
워가 가능한 통나무집 10여 동과 원두막, 야영장 , 수
련원, 전망대 등이 있고 어린이를 위한 자연학습장
시설과 잔디 공원 등의 시설로 자연을 호흡하며 묵어
가는 여행지로 손색이 없다.

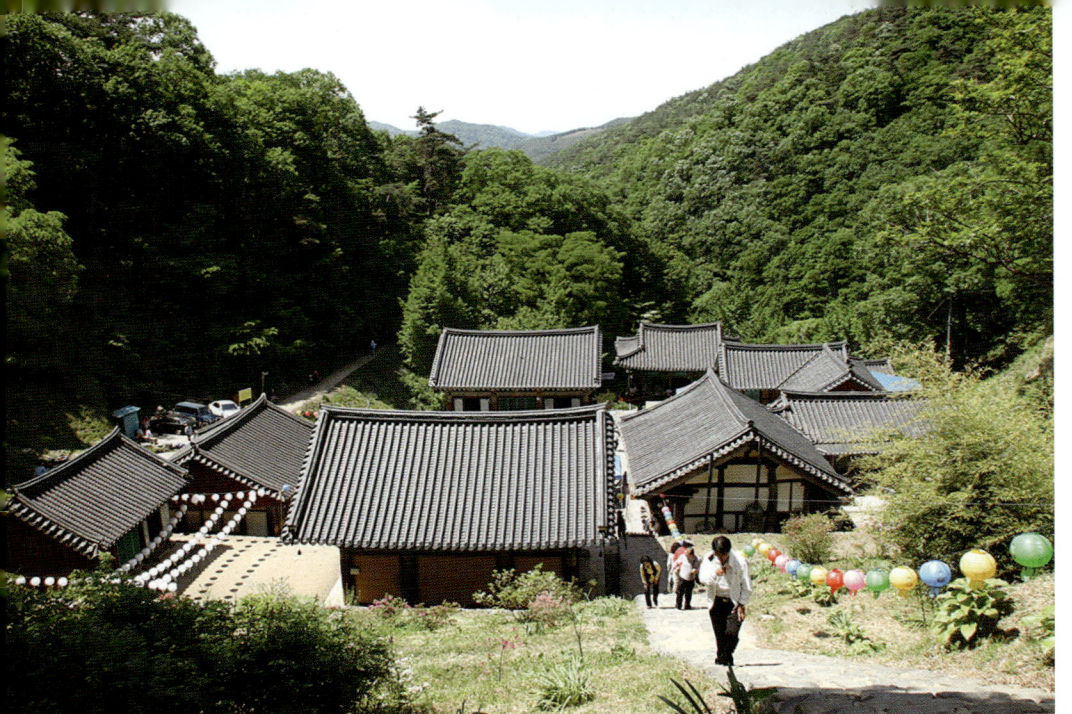

장곡사 불심으로 가득 찬 곳

| 위치 | 충청남도 청양군 대치면 장곡리 15
충청남도 청양군 대치면 장곡길 241
| 운영시간 | 종일, 연중무휴

▶ MINI DATA
| 입장료 | 없음　주차 | 가능　분류 | 불교유적

청양의 장곡사는 7개의 명당이 숨어 있다는 칠갑산과 금강으로 맑은 기운을 보내는 지천구곡이 감싸 안는 곳에 수줍은 연꽃처럼 자리한다. 작고 단정한 사찰은 아담한 품으로 알찬 보물들을 간직하고 있다. 2개의 국보, 4개의 보물을 간직한 사찰은 우리나라에서 유일하게 두 곳의 대웅전이 있는 특별한 가람 배치를 가진다. 상, 하 대웅전 건물은 두 사찰이 합쳐진 것인지, 전각이 이름이 바뀐 것인지 알 수 없다. 방향까지 달리하는 두 건물은 각기 소중한 불교 유물을 간직한 보물창고이며 고려시대에 만들어진 건물 또한 보물로 지정되었다. 하대웅전은 작은 전각 내부로 현대의 인물처럼 이목구비가 선명한 금동약사여래좌상을 모시

고 있으며 상대웅전은 전각이 비좁은 느낌이 들 정도로 3분의 부처님을 모시고 있다. 화려한 광배가 부처님을 더욱 빛나게 하는 좌상은 비로자나불과 약사불로 모두 고려시대의 철불이다. 고려 전통의 선명한 석조대좌 위에 자리하는 철조약사불은 국보로 지정받은 유물이다. 섬세한 조각으로 조선시대 불교미술의 정수를 보여주는 광배 또한 놓치지 말아야 할 볼거리이다. 장곡사에서 칠갑산 정상까지는 완만한 등산길로 이어져 있다. 정상에 서서 바라보는 서해 바다의 풍경이 멋지다. 봄날의 진달래와 함께라면 더욱 좋은 산행길이 된다.

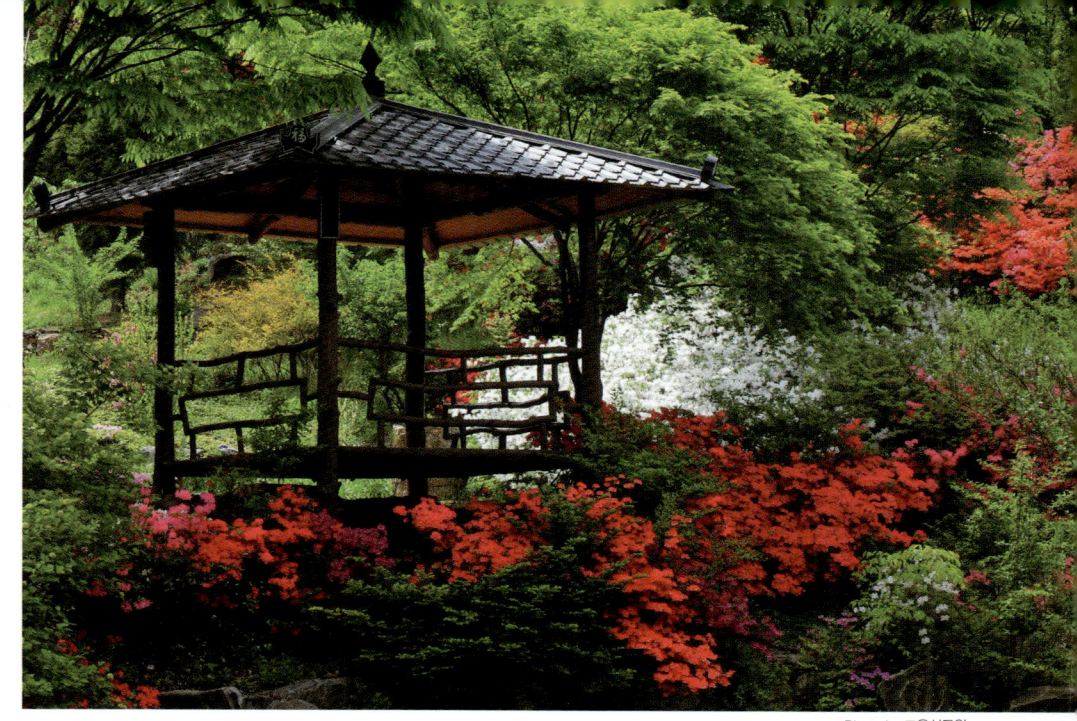

고운식물원 고운 마음의 사람들

| 위치 | 충청남도 청양군 청양읍 군량리 389-2
충청남도 청양군 청양읍 식물원길 398-23
| 운영시간 | 11~3월 09:00~17:00, 4~10월 08:00~18:00,
연중무휴

▶ MINI DATA
| 입장료 | 있음   주차 | 가능   분류 | 숲, 자연휴양림

고운식물원은 무려 14년의 준비기간을 거쳐 2003년 그 아름다운 모습을 사람들에게 선보였다. 36ha의 드넓은 식물원은 뒷산의 언덕을 따라 자연스럽게 이어진다. 섬세하면서도 아기자기한 손길이 느껴져 마치 커다란 정원을 걷는 듯한 느낌으로 자연의 모습을 더욱 아름답게 하는 손길이 식물원 곳곳에 배어 있다. 우리 전통의 정자와 전망대에 올라 여유로운 마음으로 식물원을 관찰하다 보면 세심하게 이곳을 가꾼 사람들의 고운 마음까지 느껴진다. 6,200여 종의 식물 유전자를 보존하고 있는 식물원은 일반인들의 자연학습장일 뿐만 아니라 15종의 희귀식물을 보관하는 장소가 되고 조경인을 위한 실무교육의 장소로도 활용된다. 전체를 둘러보는 데 2시간 이상의 시간이 소요된다. 식물원의 아름다움을 더욱 많이 느끼고 싶다면 통나무집 숙소를 이용하는 것도 좋다. 아침 이슬 머금고 있는 산책로를 따라 걸어보자. 아이들이 좋아하는 체험학습 프로그램을 이용하는 것도 자연을 이해하고 느끼는 의미 있는 시간이 된다.

홍주성 역사유적

홍성의 중심지, 그 속에서 만나는 과거와 현재의 어울림

| 위치 | 충청남도 홍성군 홍성읍 오관리 98 홍성군청 내
       충청남도 홍성군 홍성읍 아문길 27
| 운영시간 | 종일, 연중무휴

▶ MINI DATA
| 입장료 | 없음   주차 | 가능   분류 | 역사, 문화유적

홍성은 서해안 교통의 요지이자, 군사적 요충지로 옛부터 중요한 곳으로 다스려져 왔다. 지금 홍성군청 자리는 조선시대부터 이 지역을 다스리던 홍주 동헌이 있던 자리로 과거의 모습과 현재의 모습이 공존하고 있다. 홍성군청을 정면으로 바라보면 정문 옆으로 솟을대문이 난 홍주아문이 있는데 옛 홍주 동헌의 외삼문이다. 이곳 어른들의 이야기에 따르면 얼마 전까지만 해도 이 문으로 군청 출입을 했다고 한다. 이 문은 조선 후기에 홍주목사로 부임해 온 한응필이 1870년 홍주성을 보수하면서 세웠으며 '홍주아문'이라는 글씨는 흥선대원군이 썼다고 알려져 있다. 홍주아문을

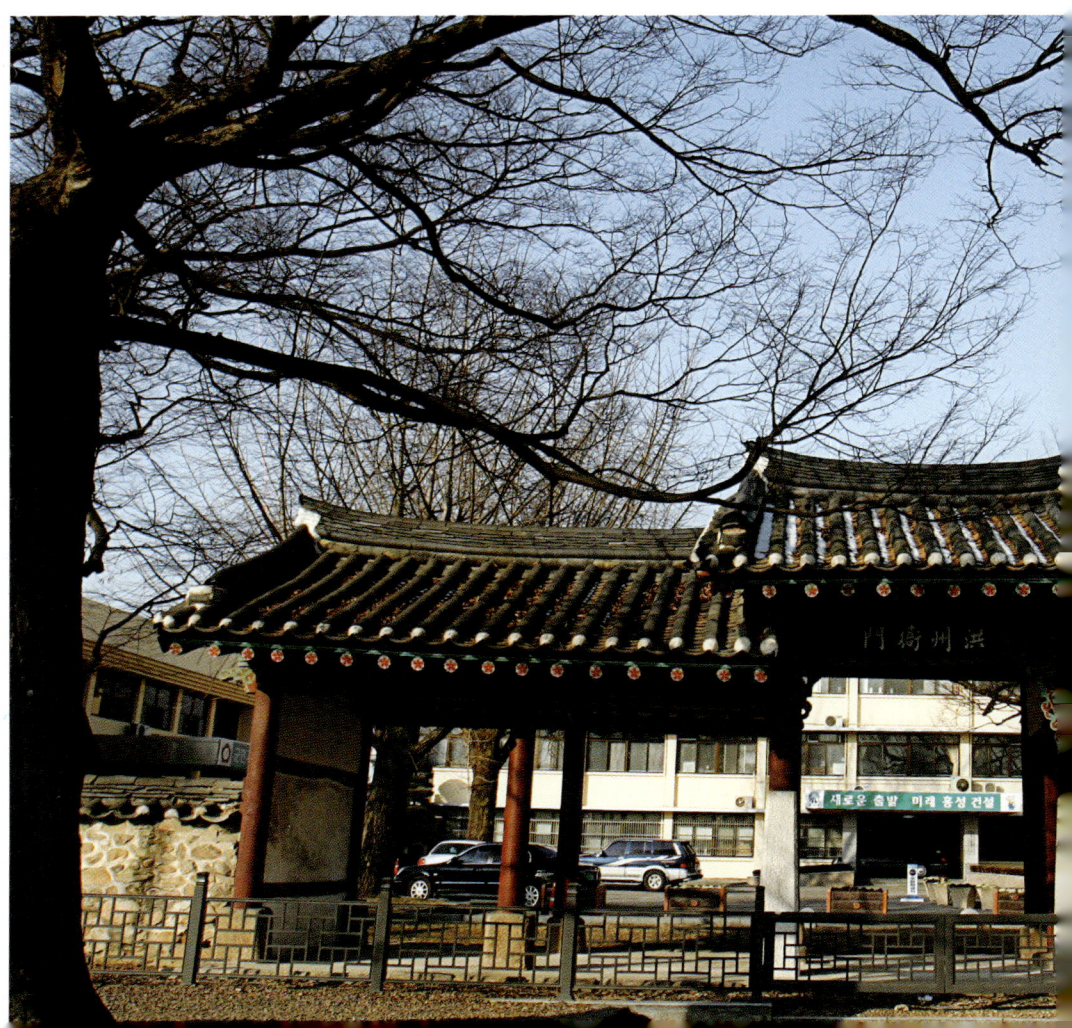

지나 홍성군청으로 들어서면 마당에는 수백 년 수령을 자랑하는 커다란 나무가 서 있다. 건물 뒷쪽에는 밖에서 보이지 않지만 홍주목의 동헌인 안회당과 휴식처인 여하정이 있어 이곳의 오랜 역사를 알려준다. 안회당 건물의 편액도 흥선대원군이 썼다고 전해지니 홍주아문의 글씨와 비교해보자. 작은 연못 가운데 서 있는 육모지붕의 정자, 여하정은 주변에 가지를 늘어뜨린 나무와 어울려 한 폭의 그림과 같은 모습이다. 물 위에 비치는 여하정에 새들이 날아와 앉을 만큼 그 모습이 생생하다. 홍주성이 홍성군청의 담장 역할을 하고 있는데 언제 지어졌는지에 대한 기록은 없지만 조선 초에 한 번 크게 보수되고 고종 때 한응필에 의해 다시 보수되었다고 하니 오랜 역사를 가진 성이라 하겠다. 일제 때 일본인들이 이 성을 헐어버리려고 하였으나 이곳 사람들이 강하게 반대하여 그러지 못하였다고 한다. 시내에는 홍주성의 주문인 조양문이 복원되어 있는데 그 위세가 당당한 것이 옛날 서해 제일의 도시라 불렸던 그 이름이 허명이 아니었음을 알게 한다.

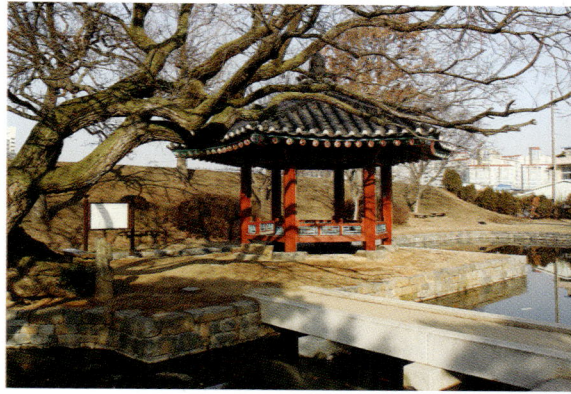

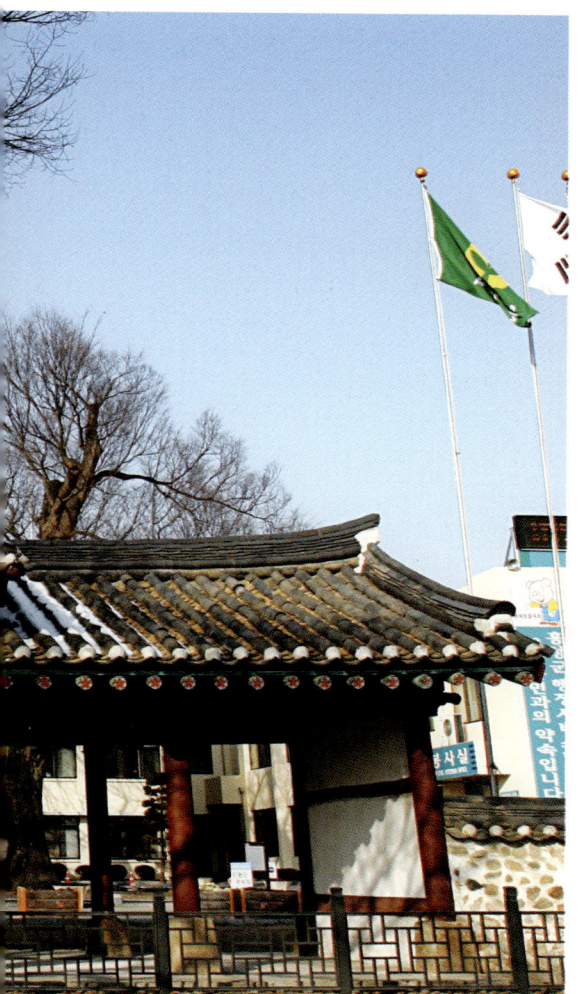

문당리마을, 대한민국 대표 농업마을

홍성 문당리마을은 공동체적 삶의 복원과 환경농업으로 전국 최고의 농촌마을로 손꼽힌다. 마을 주민 모두가 참여하는 친환경 농법은 마을의 100년 후를 약속하는 소중한 노력이다. 여느 곳과 다름없는 농촌체험이지만 우리 농촌의 대안과 미래를 바라보는 마음으로 마을을 둘러보자.
문의 | 041-631-3537

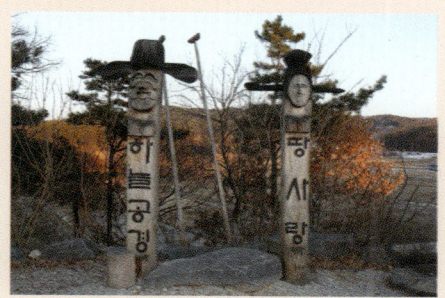

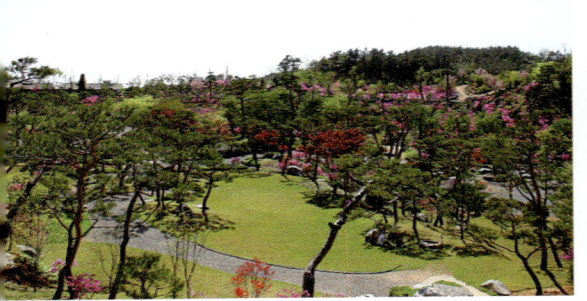

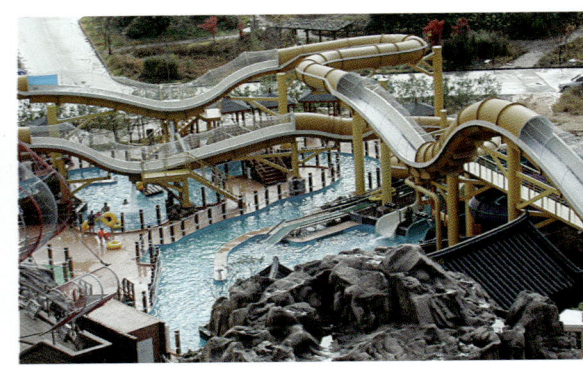

그림이 있는 정원

아버지의 사랑이 만들어낸 수목원

| 위치 | 충청남도 홍성군 광천읍 매현리 459-1
　　　　충청남도 홍성군 광천읍 충서로400번길 102-36
| 운영시간 | 09:00~일몰, 연중무휴

▶ MINI DATA
| 입장료 | 있음　　주차 | 가능　　분류 | 전시, 체험시설

약 99km²의 부지 위에 조성된 민간 수목원으로 460여 종의 목본류와 870여 종의 초본류가 가꿔지고 있으며 2005년 처음 문을 열었다. 20여 년 전 불의의 사고를 당해 목과 한쪽 손만을 겨우 움직일 수 있게 된 아들을 위해 아버지는 수목원을 가꾸기 시작했고 아버지가 심은 나무에서 영감을 얻은 아들은 붓을 입에 물고 그림을 그려냈다. 그림이 있는 정원이 탄생하게 된 감동적인 이야기이다. 이름에 어울리게 아들의 그림을 전시한 갤러리도 함께 관람할 수 있다. 심긴 나무 한 그루, 풀 한 포기마다에 뜨거운 부성애가 어려 있어 수목원을 돌아보는 내내 마음이 숙연해진다. 아들의 그림이 전시된 갤러리를 둘러본 후 아열대식물이 자라고 있는 온실 식물원과 수생식물이 자라고 있는 연꽃정원, 야생화원 등을 둘러보게 되는데 멋지게 자라난 소나무들과 어우러진 잘 가꾼 정원을 거니는 느낌이다. 수목원을 조망할 수 있는 전망대까지 돌아보며 수목의 아름다움에 빠져들게 되는 훌륭한 나들이 장소이다.

덕산 스파캐슬

전통 온천에 더해진 현대식 시설

| 위치 | 충청남도 예산군 덕산면 사동리 362
　　　　충청남도 예산군 덕산면 온천단지3로 45-7
| 운영시간 | 시즌별 상이(홈페이지 참조)

▶ MINI DATA
| 입장료 | 있음　　주차 | 가능　　분류 | 온천, 휴양

덕산 스파캐슬 리조트에서 운영하는 온천 테마 파크이다. 게르마늄 성분을 함유한 약알칼리성 중탄산나트륨천인 600년 전통의 덕산온천수를 공급받아 운영된다. 실내 스파시설과 야외 물놀이 파크, 노천탕 등으로 이루어진 천천향은 다소 비싼 입장료가 흠이긴 하나 온 가족이 즐길 수 있는 온천 물놀이 파크로 인기가 높다. 실내 스파는 성인 전용 바데풀과 다양한 이벤트탕, 테마 찜질방 등을 갖추고 있는데 파라원이라는 이름의 바데풀은 신체 부위에 따라 29가지 수압 마사지를 받을 수 있으며 산소방, 황토 숯방, 자수정 얼음방 등의 찜질방 시설과 키즈풀을 갖추고 있다. 실외로 가면 야외의 노천탕은 가야금탕, 클래식탕, 재즈탕, 로맨틱탕 등 테마별로 독특한 외관과 형태를 가진 탕에서 노천 스파를 즐길 수 있도록 꾸며져 있다. 다양한 종류의 워터슬라이드와 유수풀, 비치풀 등이 있어 물놀이와 스파를 함께 즐길 수 있으며 별도의 요금을 지불하면 대체의학을 적용한 웰루스센터와 바이오 테라피센터도 이용해 건강을 챙길 수 있다.

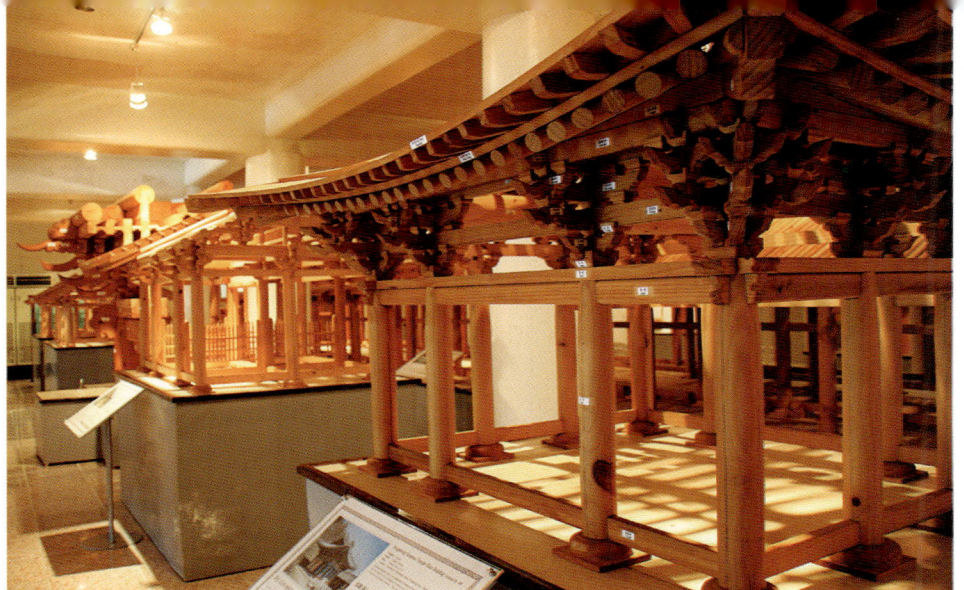

한국 고건축박물관 과학은 예술이 된다

| 위치 | 충청남도 예산군 덕산면 대동리 152-18
　　　충청남도 예산군 덕산면 홍덕서로 543
| 운영시간 | 동절기 09:30~17:00, 하절기 09:00~18:00,
　　　　　매주 월요일 휴관

▶ MINI DATA
| 입장료 | 있음　　주차 | 가능　　분류 | 박물관

나무를 단순히 접착제와 철골 등으로 붙이는 것이 아니라 단 하나의 못도 사용하지 않고 짜 맞추듯 쌓아 올리는 우리 전통 건축의 실제를 알고 나면 참으로 놀랍다. 처마 아래 화려한 장식으로만 보이는 공포는 나무기둥이 받는 무거운 기와지붕의 하중을 분산시키는 완충 역할을 담당하고 뾰족한 모습으로 지붕의 끝을 장식하는 치미는 건물 전체의 중심을 잡아주는 역할을 한다. 조립식 자재로 단기간에 지어지는 현대의 건축물과는 달리 고건축은 좋은 목재를 고르는 것에서 시작되는 길고 고통스러운 과정을 거쳐 지어진다. 수십 년 이상의 시간을 나무를 다듬고 건축물을 지으며 정성을 쏟은 전문인들은 이제 대목장으로 사회의 존경을 받는다. 우리나라 최고의 장인 중 한 명인 전흥수 대목장이 사재를 털어 1998년 완성한 한국 고건축박물관은 건축 장인들의 요람이다. 1/10 크기

로 정밀하게 복원한 우리나라 유일의 숭례문 모형을 비롯하여 20여 국보급 옛 건축물들을 크기만 작게 줄여놓았다. 기와가 얹혀진 지붕을 열어 놓고 단청도 입히지 않은 모형들은 건물 구조를 관찰하기에 오히려 편리하다. 우리 전통건축의 과학성과 아름다움을 보며 그것을 만들어 내는 장인의 솜씨에 감탄을 하게 된다.

> ● 한국 고건축박물관의 힘
>
> 2008년 2월 10일 대한민국 국보 1호, 숭례문이 어처구니없는 화재로 완전히 소실되었다. 600년 동안 이 땅에 자리 잡고 있던 문화재가 단 4시간 만에 사라졌다. 유일하게 우리나라에만 존재하는 한국 고건축박물관이 1/10로 축소된 숭례문 모형을 가지고 있었기에 숭례문의 복원을 위한 귀중한 자료로 이용되었다. 이 모형은 2월 17일, 숭례문 복구 정부 합동대책본부로 옮겨졌다가 임무를 마친 뒤, 같은 해 5월 17일에 다시 박물관으로 돌아왔다.

수덕사

맞배지붕 대웅전, 우리 건물의 아름다움을 보다

위치 | 충청남도 예산군 덕산면 사천리 19
　　　 충청남도 예산군 덕산면 수덕사안길 79
운영시간 | 일출~일몰, 연중무휴

▶ MINI DATA
| 입장료 | 있음　　주차 | 가능　　분류 | 불교유적

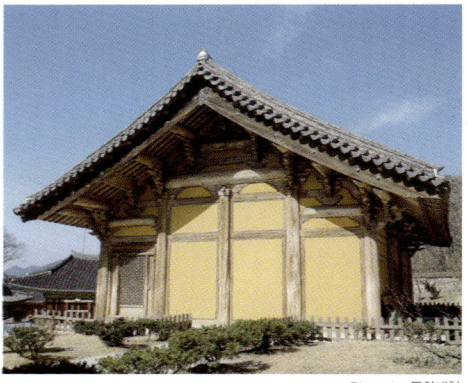

Photo by 문화재청

수덕사를 찾아가는 여행은 이곳의 대웅전을 찾아가는 여행이라 해도 과언이 아닐 것이다. 수덕사 대웅전은 안동 봉정사의 극락보전과 영주 부석사의 무량수전과 함께 고려시대 만들어진 우리나라에서 손꼽히는 옛 건물이다. 이곳을 수리할 때 1308년이라는 건물의 건립연대를 알게 하는 글씨가 발견되어 역사적 가치를 더한다. 이 건물을 기억에 새겨 놓고 여행 중에 자주 만나게 되는 우리 옛 건축물들에 대한 비교의 잣대로 사용해보자. 맞배지붕의 건물로 안정된 모습이 우리 건물의 아름다움을 잘 보여주며 기둥은 배흘림기둥으로 아래에서부터 점점 굵어지다가 사람 키 정도 높이에서부터 다시 가늘어지는 형태를 취하고 있다. 건물의 기둥과 지붕을 연결하는 공포의 구조가 주심포를 취하고 있다는 것도 이 건물이 단출한 아름다움을 보이는 중요한 요소이다. 주심포란 기둥 사이사이 공포가 놓이는 다포 구조와 달리 기둥 윗부분에만 공포가 놓이는 형태를 말하는데 부석사 무량수전 등에서와 같이 고려시대의 건물에서 찾아볼 수 있는 구조이다. 정면에서 바라보았다면 대웅전을 옆으로 돌아 측면도 함께 살펴보자. 기둥이 놓이고 그 위에 대들보와 종보가 차례로 놓여 있는데 기하학적인 구조가 마치 한 편의 그림과도 같아 정면에서 바라보는 것과 다른 느낌이다. 수덕사는 조계종 오대총림 중 한 곳으로 조선말 선풍을 일으킨 경허스님이 머물렀으며 일제 시대 만공스님에 의해 우리 불교를 지켜온 곳이라 불교사적으로 의미가 있는 곳이다.

→ 수덕여관, 이응로 선생 사적지

수덕사를 오르는 길에 수덕여관을 들러보자. 우리나라 근대 대표 화가인 고암 이응로가 1968년 동백림사건으로 옥에 갔다가 나와 머물렀던 곳이다. 옥바라지를 하고 이곳에서 남편을 요양시킨 사람은 그의 전 부인이다. 당시 이응로는 재혼해서 프랑스에 부인을 두고 있었다고 한다. 여관 앞 바위에는 이응로가 프랑스로 다시 돌아가기 전에 그렸다는 그림이 새겨져 있다.
문의 | 041-330-7700(수덕사)

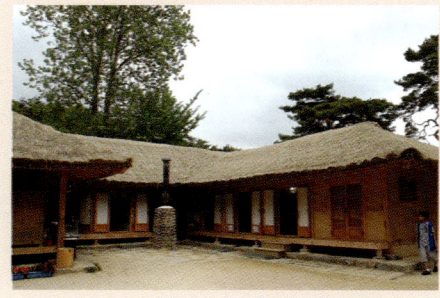

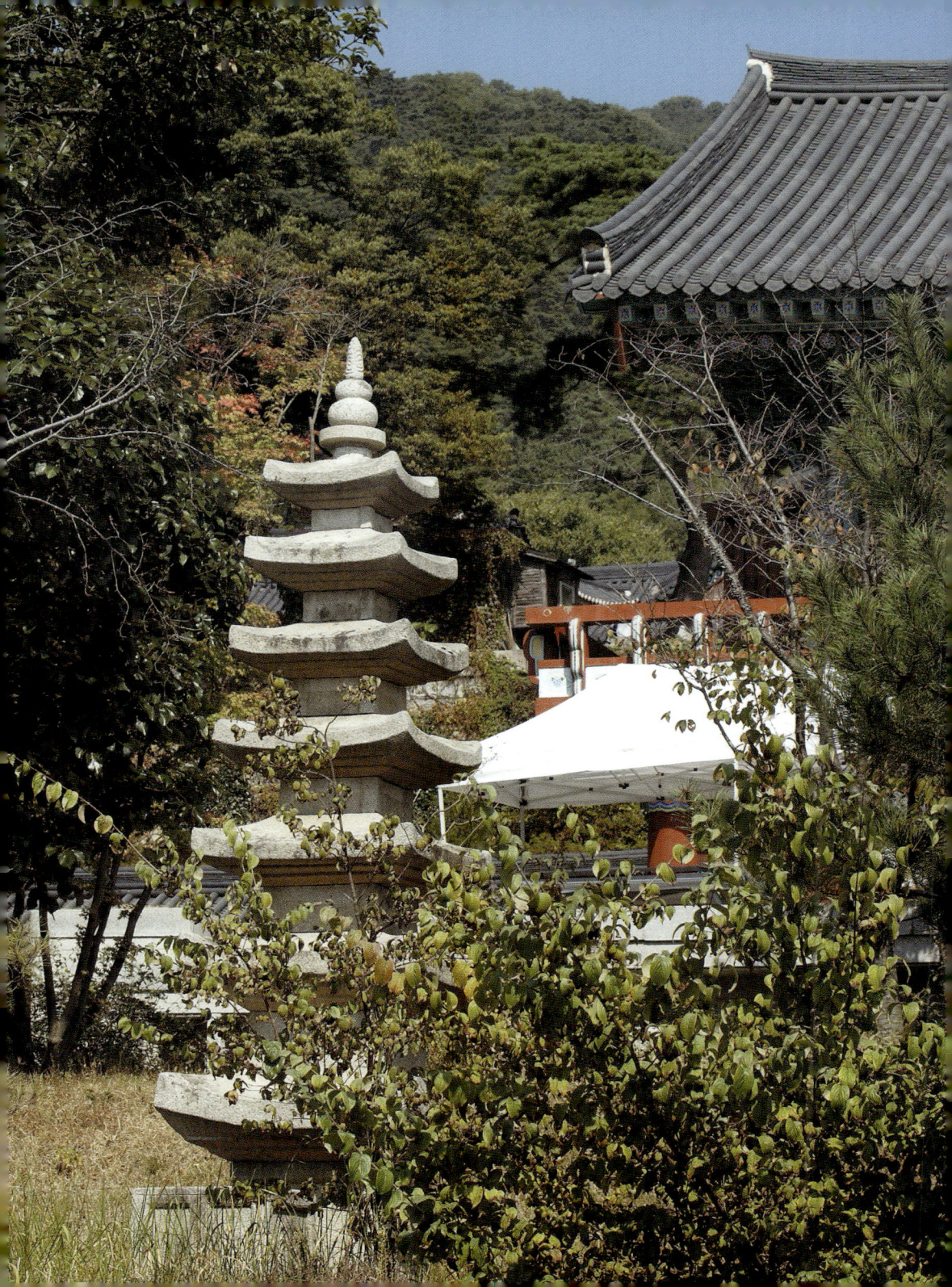

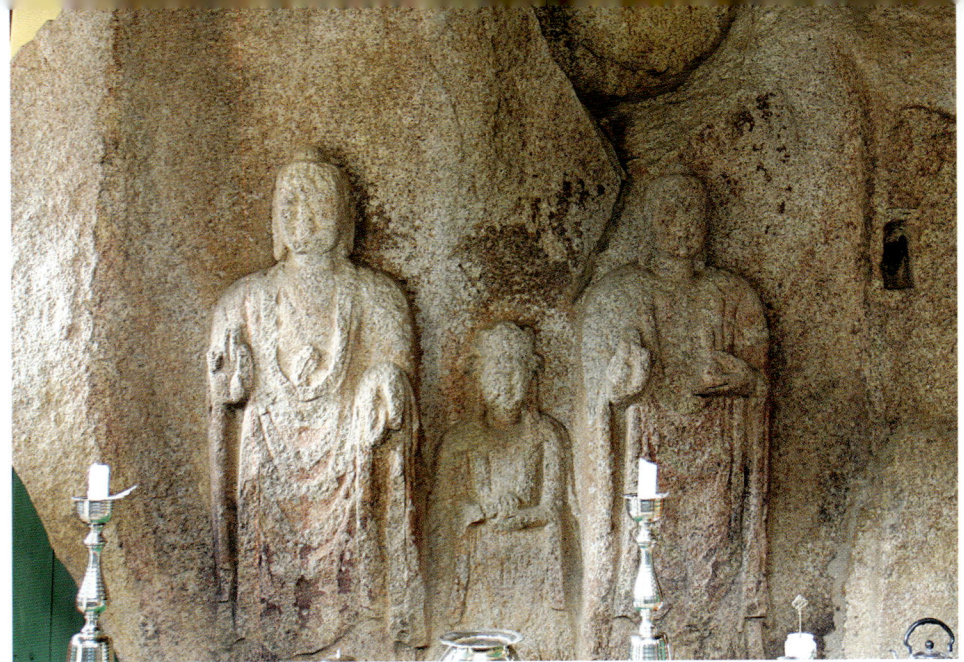

태안 마애삼존불 보고 나면 궁금함이 생겨요

위치 | 충청남도 태안군 태안읍 동문리 817-1
　　　충청남도 태안군 태안읍 원이로 78-132
운영시간 | 종일, 연중무휴

▶ MINI DATA
| 입장료 | 없음　주차 | 가능　분류 | 불교유적

태안 마애삼존불은 여러 모로 서산 마애삼존불과 비교된다. 만들어진 연대가 백제시대로, 둘 모두 비슷한 시기에 만들어졌으리라 생각되지만 조각의 섬세한 수법이나 모양새, 보존상태 등을 보아 태안의 것이 서산의 것보다 먼저 만들어졌을 것이라 추정된다. 태안읍 뒤로 둘러진 백화산 제법 높은 곳에 자리하고 있는데 국보로 지정된 마애삼존불을 답사하는 목적에 더하여 가까이로는 태안읍의 풍경과 멀리 시원하게 펼쳐진 서해를 바라볼 수 있다. 서해가 잘 내려다보이는 곳에 위치하지만 마애불이 바다를 향한 서쪽이 아닌 동향을 한 이유가 밝혀진 바 없어 궁금함을 불러일으킨다. 이곳의 삼존불은 그 배치가 독특한데 보통 중간에 본존불을 크게 모시고 양옆으로 협시보살을 작게 새기는 데 비하여 이곳 삼존불은 가운데

불상이 오히려 크기가 작은 형태이다. 이를 두고 각각이 어떤 부처인지에 대한 논쟁이 있지만, 아직 명확하게 밝혀진 바가 없다. 보존 상태가 좋지 않은데 이것은 부처의 코와 귀가 아들을 낳거나 병을 낫게 한다는 민간의 속설 때문에 그동안 많이 훼손되었기 때문이다.

→ 볏가리마을, 바다체험과 농촌체험을 동시에

태안반도에서도 가장 깊은 곳에 속하는 이원반도 제일 안쪽에는 농촌체험으로는 전국적으로 손꼽히는 볏가리마을이 있다. 농촌체험과 함께 바다체험을 동시에 할 수 있는 곳으로 겨울철 굴따기, 여름철 염전체험이 유명하다. 또 매년 정월대보름에 열리는 볏가릿대축제는 마을의 안녕과 풍년을 기원하는 전통행사로 많은 사람들이 찾는다.
문의 | 041-672-7296
홈페이지 | http://byutgari.invil.org

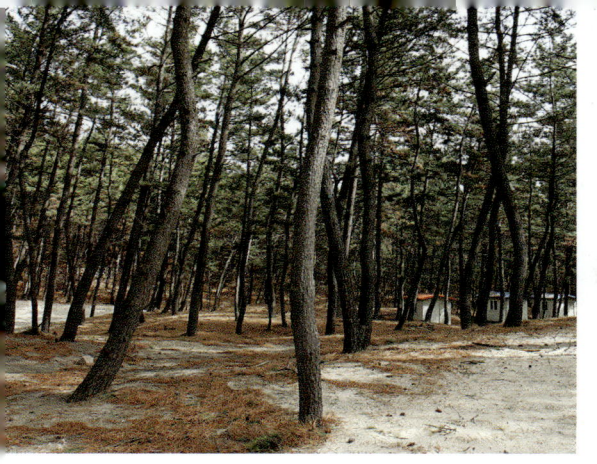
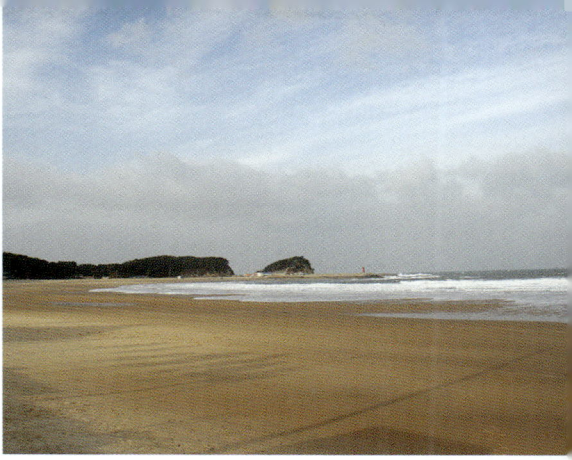

갈음이해수욕장

고운 모래사장에 발을 묻다

| 위치 | 충청남도 태안군 근흥면 정죽리 856-5
　　　충청남도 태안군 근흥면 갈음이길 38-30
| 운영시간 | 종일, 연중무휴

▶ MINI DATA

| 입장료 | 있음　　주차 | 가능　　분류 | 바다, 섬

만리포~십리포해수욕장

아름다운 바다를 따라가며 만나는 네 개의 해수욕장

| 위치 | 충청남도 태안군 소원면 모항리~의항리 일대
| 운영시간 | 종일, 연중무휴

▶ MINI DATA

| 입장료 | 없음　　주차 | 가능　　분류 | 바다, 섬

굽이굽이 이어지는 태안의 해안을 따라 수많은 해수욕장이 있지만, 그중에서도 가장 한적하고 분위기 좋은 해수욕장을 꼽으라면 단연 갈음이해수욕장을 들 수 있을 것이다. 갈음이해수욕장이 유명해지게 된 계기는 바로 영화 「번지점프를 하다」 때문이다. 극중 인우와 태희로 나온 이병헌과 이은주가 바닷가에서 왈츠를 추던 곳이 바로 이곳이다. 울창한 솔숲은 여름철 해수욕을 하다 잠시 쉴 수 있는 시원한 그늘을 만들어주는 고마운 곳이다. 솔숲 주변으로 해수욕장 개장 시기에 마을에서 방갈로와 야영장을 운영한다. 진흙 성분이 많이 포함되어 있는 서해안 다른 해수욕장과 달리 이곳은 체로 걸러도 하나도 남지 않을 고운 모래로 백사장이 이루어져 있는데 한 발 한 발 내딛을 때마다 푹푹 빠지는 부드러운 느낌이 인상적이다. 해변은 달 모양으로 굽어 있으며 양옆으로 갯바위가 있어 작지만 아기자기한 모습이 예쁘다.

태안팔경 중 제1경으로 꼽힐 만큼 경관이 아름답기로 유명한 만리포해수욕장은 해변이 넓고 소나무 숲이 울창하다. 수심이 완만하고 수온도 적당해 해수욕을 즐기기에 좋고 야영을 할 수 있는 송림이 있어 가족 단위 피서객들이 많이 찾는다. 만리포에서 북쪽으로 2km 가면 천리포해수욕장이 기다리고 있다. 이름 그대로 만리포에 비해 해안의 규모가 약간 작지만 두 개의 닭섬을 배경으로 저녁 일몰 풍경이 아름다워 여름뿐 아니라 사계절 여행객이 끊이지 않는 해수욕장이다. 여기에서 다시 2km를 가면 방주골해수욕장이라고도 불리는 백리포해수욕장이 나온다. 양쪽 해안이 송림으로 둘러져 있어 온화한 느낌이 드는 백리포해수욕장은 만리포나 천리포에 비해 규모가 작아 조용한 피서를 즐기려는 가족들이 아껴두고 찾는 곳이다. 위쪽의 의항해수욕장은 십리포해수욕장으로도 불리는데 반짝이는 조약돌이 깔린 둥근 해변이 포근하게 느껴지는 바닷가 마을이다.

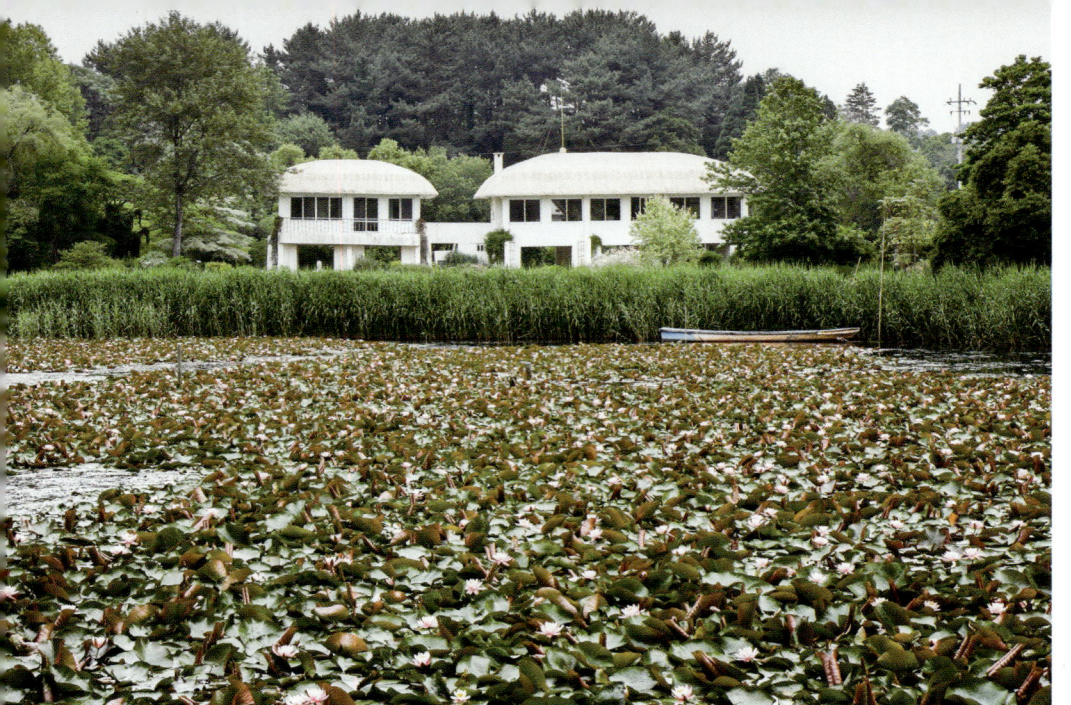

천리포수목원 세계적인 명성의 수목원

| 위치 | 충청남도 태안군 소원면 의항리 875
충청남도 태안군 소원면 천리포1길 187
운영시간 | 12~3월 09:00~17:00, 4~11월 09:00~18:00,
연중무휴

▶ MINI DATA
| 입장료 | 있음   주차 | 가능   분류 | 숲, 자연휴양림

아시아에서 최초, 세계에서 12번째로 세계수목원협회에서 인증하는 세계의 아름다운 수목원으로 지정받은 수목원이다. 만리포와 천리포해수욕장 사이에 위치하고 있다. 식물자원을 수집하여 계통을 분류하고 연구하는 식물원 본래의 학술 목적에 충실한 곳이다. 다양한 수종을 보유하고 있는데 그 종류가 1만 여 종이 넘는다고 한다. 특히, 400여 종에 이르는 호랑가시나무와 목련류는 천리포수목원이 세계적으로 자랑하는 것으로 4월 목련이 필 때면 수목원의 아름다움은 절정에 달하는데, 관광객이 둘러볼 수 있는 곳은 수목원의 반의 반도 안 된다고 하니 그 아름다움을 즐길 수 있는 이곳 사람들이 부럽기만 하다. 수목

원은 후에 미국인으로 귀화한 민병갈 이사장에 의하여 만들어졌는데 젊은 시절 우리 땅의 아름다움, 특히 천리포의 풍경에 반하여 당시 전기도 들어오지 않던 시골인 이곳의 땅을 매입하고 주변의 도움을 받아 나무를 하나둘씩 심어 수목원을 가꾸게 된 것이 지금에 이르렀다고 한다. 수목원은 일반관람 및 회원제로 운영된다. 수목원 회원이 되면 이곳에서 제공하는 다양한 식물종자를 받을 수 있고 여러 가지 의미 있는 행사에 참여할 기회가 주어지며 무엇보다 바다 풍경이 멋진 게스트하우스를 실비로 이용할 수 있으니 일석삼조이다.

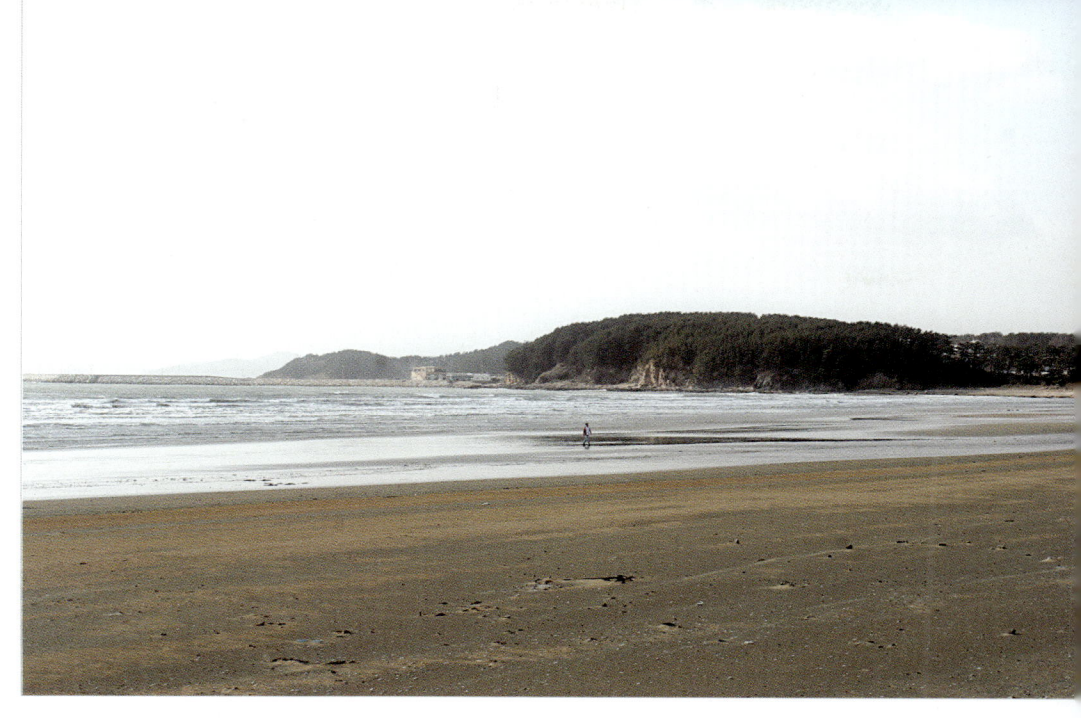

몽산포해수욕장 맑은 백사장의 상쾌함

위치 | 충청남도 태안군 남면 신장리 353-77 인근
　　　충청남도 태안군 남면 몽산포길 65-33 인근
운영시간 | 종일, 연중무휴

▶ MINI DATA
| 입장료 | 없음　　주차 | 가능　　분류 | 바다, 섬

전국에서 가장 긴 해안을 가진 해수욕장 중 한 곳인 몽산포해수욕장은 인근의 청포대해수욕장과 구분 없이 연결되어 여름 피서철이 아니더라도 찾는 사람들에게 가슴이 탁 트이는 청량감을 선물한다. 태안반도에서도 가장 곱고 넓은 백사장으로 알려진 곳이다. 백사장과 더불어 그 길이를 경쟁하듯 해안선을 따라 길게 늘어선 소나무 숲 또한 장관이다. 3.3ha 넓이의 주차장과 66ha에 이르는 각종 편의시설을 갖추고 있으며 잘 정비된 해수욕장 주변과 샤워시설 등은 깔끔한 기분을 느끼게 한다. 백사장을 따라 송림 숲으로 이어지는 산책로는 해안사구와 사구습지, 갯벌 등을 관찰할 수 있는 자연탐방로로 아이들의 현장체험으로 더욱 가치가 높다. 붕장어, 조개구이 등 먹거리 또한 풍부하고 박 속에 낙지를 넣고 통째로 데워 먹는 박속낙지는 맛 좋은 토속음식이다. 바닷가와 연결되는 몽대포구에서 갯바위 낚시를 즐길 수 있고, 즉석에서 잡아올려 차리는 회 등의 바다 음식 또한 특별하다. 2008년 하반기 서해안 기름유출사고로 몽산포해수욕장은 대표적인 피해지역이 되었고 바다의 경치나 해수욕을 즐기는 사람들이 아닌 전국에서 몰려든 자원봉사자들로 가득한 곳이 되었다. 이들과 마을 주민들의 헌신적인 노력으로 몽산포해수욕장은 조금씩 옛 모습을 되찾고 있다. 하루라도 빨리 시원한 옥빛 해안선을 바라볼 수 있기를 간절히 기원한다.

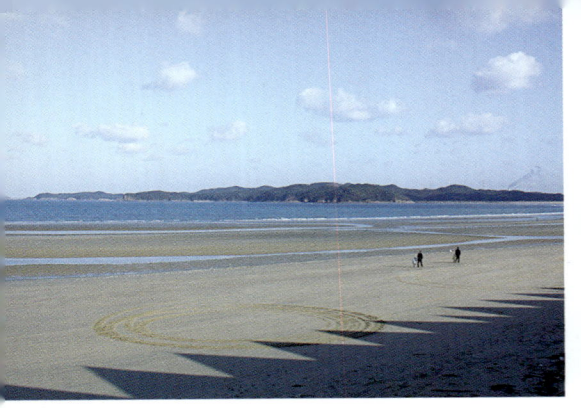
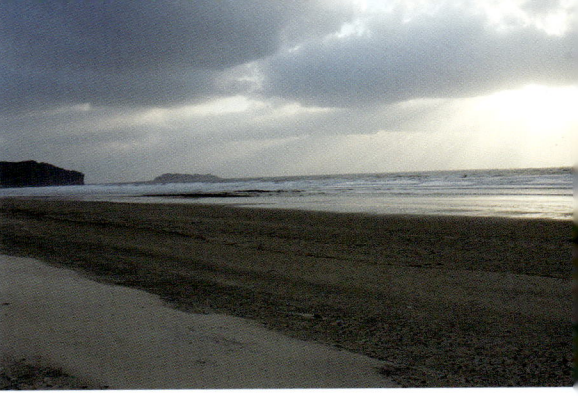

신두리해수욕장
동양 최대의 모래 언덕

위치 | 충청남도 태안군 원북면 신두리 1414-38 인근
　　　충청남도 태안군 원북면 신두해변길 139 인근
운영시간 | 종일, 연중무휴

▶ MINI DATA
| 입장료 | 없음　주차 | 가능　　분류 | 바다, 섬

꽃지해수욕장
승언과 미도의 애틋한 부부 사랑

위치 | 충청남도 태안군 안면읍 승언리 339-272 인근
　　　충청남도 태안군 안면읍 꽃지해안로 400 인근
운영시간 | 종일, 연중무휴

▶ MINI DATA
| 입장료 | 없음　주차 | 가능　　분류 | 바다, 섬

신두리해수욕장은 많이 알려지지는 않았으나 3km에 이르는 긴 백사장과 탁 트인 바다 전망이 마치 태평양을 연상시킨다. 경사가 완만하고 수온이 높은 서해안 어느 해수욕장처럼 해수욕을 즐기기에 적당하고 사계절 언제 찾아도 아름다운 바다 풍광을 볼 수 있는 멋진 곳이다. 썰물 때 드러나는 갯벌에서는 생태 체험도 할 수 있어 아이들과의 나들이 장소로도 사랑받고 있는데 갯벌의 무늬가 아름다워 때마침 일몰 시간과 겹쳐지면 환상적인 바다 풍경이 연출된다. 해수욕장 오른편으로는 빙하기 이후부터 형성된 동양 최대의 모래 언덕인 신두리 사구가 있다. 강한 북서풍에 의해 해안가로 운반된 모래가 언덕을 이루어 마치 외국의 어느 사막에 뚝 떨어진 듯한 착각마저 불러일으킨다. 길이 약 3.4km, 폭 0.5~1.3km에 이르는 거대한 사막 안에 사구 초지와 습지가 형성되어 있고 바람이 만든 부드러운 모래 언덕이 독특한 풍경을 만들어낸다. 해안사구를 연구하는 데 학술적 가치가 높아 천연기념물 제431호로 지정되어 있다.

할배바위와 할매바위를 배경으로 펼쳐지는 낙조가 아름답기로 유명한 꽃지해수욕장은 꽃지해안공원과 연결되어 사철 여행객들의 발길이 끊이지 않는 곳이다. 간척 사업으로 육지와 연결된 안면도 최고의 해수욕장으로 꼽히며, 오래전부터 주변에 해당화가 지천으로 피어 있어 꽃지라는 지명을 가진 것으로 전해지는 바닷가에는 할배바위, 할매바위의 슬픈 전설도 깃들어 있다. 신라 흥덕왕 때인 838년 해상왕 장보고는 안면도에도 기지를 두었는데 기지사령관이었던 승언과 아내 미도는 부부 금슬이 유난히 좋았다 한다. 출정을 나간 승언이 돌아오지 않자 남편을 기다리던 미도는 죽어서 할매바위가 되었고 옆에 있는 바위는 자연스레 할배바위로 불리게 되었다는 것이다. 2002년에 개최된 안면도 국제꽃박람회를 계기로 만들어진 꽃지해안공원은 따로 입장료를 내고 들어가는 것이 아쉬운 점이기는 하나 전체 면적 20ha 규모에 야생화 전시관과 꽃동산, 초화원, 장미원 등 야외 정원이 꾸며져 있고 체육 시설과 편의 시설을 갖추고 있다.

안면도 자연휴양림

수백 년 동안 잘 보존되어온 소나무 숲 산책

| 위치 | 충청남도 태안군 안면읍 승언리 135
　　　충청남도 태안군 안면읍 안면대로 3195-6
| 운영시간 | 휴양림 동절기 09:00~17:00, 하절기 09:00~18:00,
　　　숙소 15:00~익일12:00

▶ MINI DATA
| 입장료 | 있음　주차 | 가능　분류 | 숲, 자연휴양림

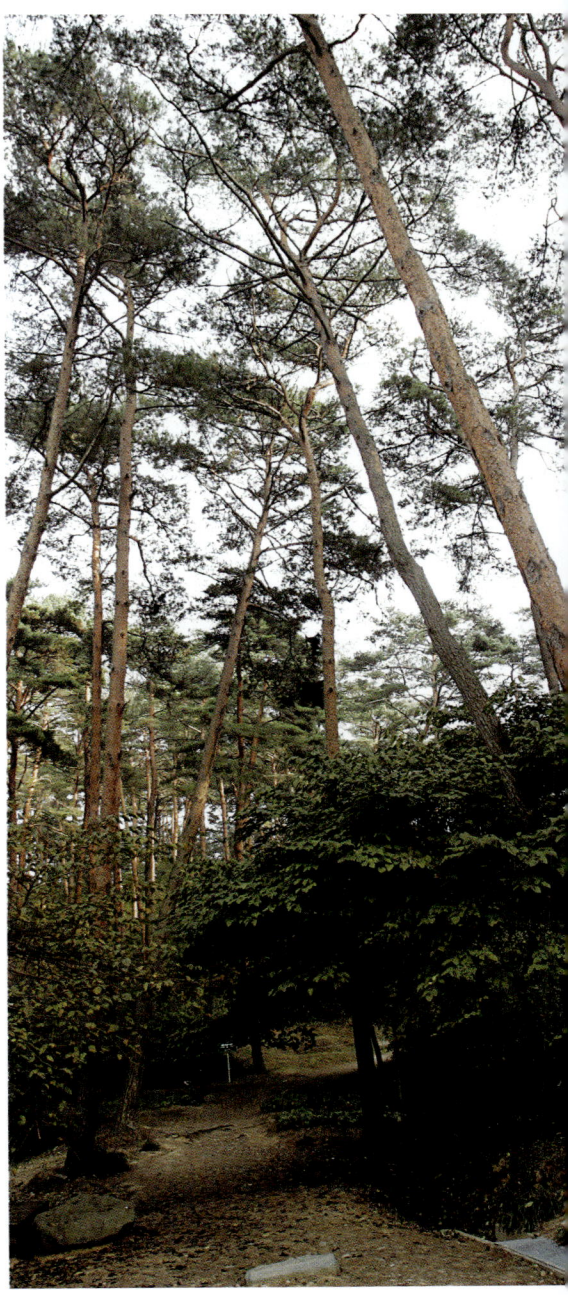

안면도는 원래 태안반도의 남쪽 끝으로 육지였으나 조선 인조 때 이곳을 가로지르는 물길을 만들면서 섬이 되어버린 곳이다. 그 덕에 안면도의 울창한 소나무 숲이 온전히 보전될 수 있었으니 지금 그 숲을 누리는 우리에게는 다행이라 할 수 있겠다. 고려시대부터 이곳은 소나무 군락지로 유명했으며 특히 조선시대에 이르면 황장봉산이라 하여 왕실에서 사용할 소나무를 빼고는 벌채를 엄격히 금하던 곳이다. 쭉쭉 높이 뻗은 홍송들이 잘 보존되어 지금은 휴양림으로 사용되며 많은 사람들에게 숲이 주는 여러 혜택을 선물하고 있다. 안면도를 가로지르는 77번 국도를 따라가다 보면 울창한 소나무 숲을 지나게 되는데 그곳이 바로 안면도 자연휴양림이다. 매표소가 있는 곳으로 들어가면 산림의 이모저모를 살필 수 있는 산림전시관을 둘러볼 수 있으며 안으로 울창한 소나무 숲 속에서 삼림욕을 즐길 수 있다. 길을 건너 반대편으로 가면 2002년에 안면도에서 국제꽃박람회를 개최하면서 조성한 한국정원 등의 여러 테마정원과 야생화 꽃길이 있어 또 다른 풍경과 느낌을 선사한다. 능선을 따라 오르면 만나는 전망대에서는 푸른 소나무 숲 뒤로 너른 서해 바다가 펼쳐지는 멋진 풍경을 볼 수 있다. 다른 휴양림들과 마찬가지로 숙박동을 운영하는데 예약하기가 쉽지 않다는 단점이 있지만, 소나무 숲 사이로 넘어오는 바닷바람을 맞이하는 하룻밤은 예약의 수고를 충분히 보상해줄 것이다.

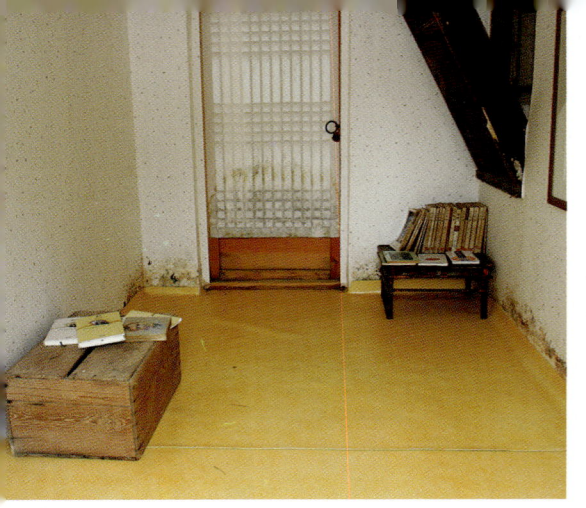
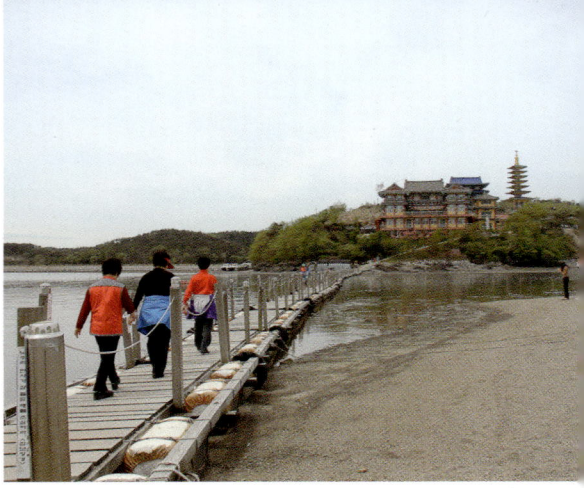

천상병 시인 고택
작은 방에서 꿈을 꾸다

위치 | 충청남도 태안군 안면읍 중장리 1524-19
　　　충청남도 태안군 안면읍 대야로 261-10 인근
운영시간 | 10:00~18:00, 연중무휴

▶ MINI DATA
| 입장료 | 없음　주차 | 가능　분류 | 역사, 문화유적

우리 인생을 '소풍'이라 표현한 천상병 시인의 시 「귀천」, 과연 우리는 소풍 끝내고 돌아가는 날 아름다웠노라고 말할 수 있을까 생각해본다. 안면도 깊은 곳 대야도 바다 갯벌을 내려다보는 언덕에 천상병 시인이 살던 집이 있다. 원래 이 집은 의정부 수락산 자락에 있었다고 하나 개발로 철거 위기에 처하자 천상병 시인의 지인이 이곳으로 옮겨 와 복원을 해놓았다고 한다. 이곳으로 옮겨진 2칸짜리 슬레이트 지붕을 얹은 집의 새로 칠하지 않은 옛날 그대로의 모습은 시인의 글에서 느낄 수 있는 소박함과 단출함, 그 안에 담긴 꿈을 생각하게 한다. 작은 방 안으로 신을 벗고 들어가 볼 수 있다. 아래쪽에는 작은 문학관이 만들어져 천상병 시인을 기념하고 있는데 특별한 행사 때 빼고는 개방되지 않는다. 아쉽지만 앞에 놓인 의자에 앉아 바다를 바라보며 시인의 시를 읊어보자.

안면암 부교
둥실둥실 물 위를 걸어보자

위치 | 충청남도 태안군 안면읍 정당리 178-7
　　　충청남도 태안군 안면읍 여수해길 198-160
운영시간 | 종일, 연중무휴

▶ MINI DATA
| 입장료 | 없음　주차 | 가능　분류 | 바다, 섬

큰길에서 안면암 표지판을 따라 한참을 들어가면 천수만을 바라보는 멋진 풍경을 가진 안면암에 도착하게 된다. 바로 이곳에 앞에 보이는 여우섬까지 이어지는 부교가 만들어져 있어 물 위를 걸어서 갔다 올수 있다. 오렌지색 부표 위에 다리를 이어 붙인 형태로 물이 들어오면 부표가 둥실 떠오르는데 흔들리며 건너는 재미가 있다. 사이사이 받침으로 받쳐진 널빤지가 깨어진 곳이 있으니 아이의 경우 어른들의 손을 잡고 주의해서 건너야겠다. 부교를 건너 반대편 여우섬 모래톱에 이르는데 위에서 바라보는 것뿐 아니라 아래에서 올려다보는 안면암의 풍경도 색다르다. 물이 많이 들어오면 다리의 끝이 바닷물에 잠겨 오가기가 어렵다. 물이 빠졌을 때는 다리를 건너는 재미는 줄어들지만 갯벌에 살고 있는 게, 조개, 망둥이 등의 살아 있는 생물들을 관찰할 수 있어 밀물 때와는 또 다른 재미를 느낄 수 있다.

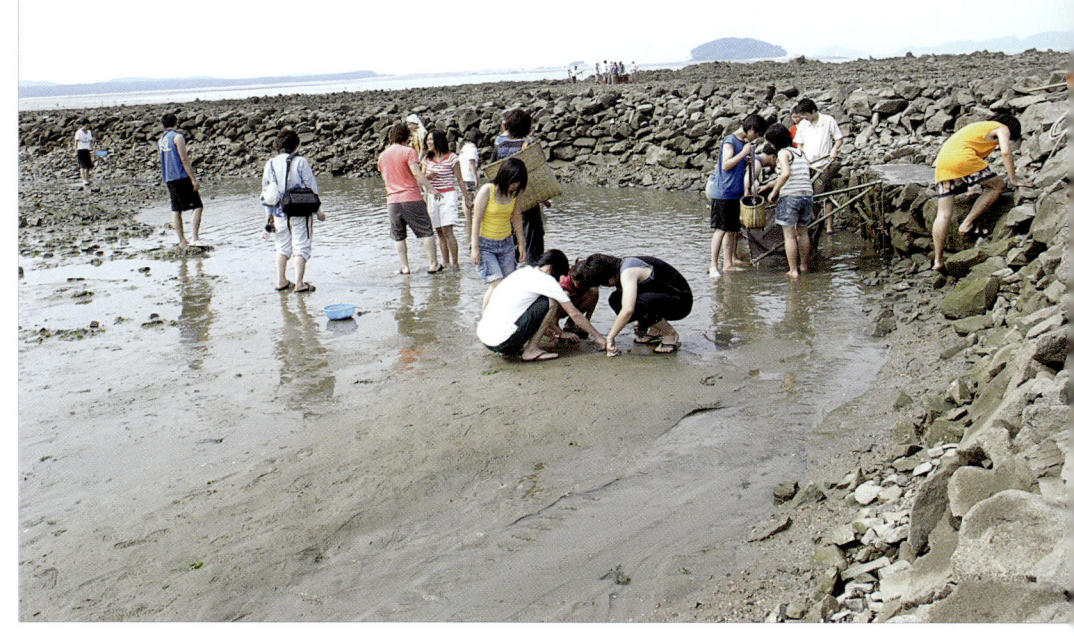

청포대해수욕장과 독살체험 전통 어업 체험, 맨손으로 고기 잡기

위치 | 충청남도 태안군 남면 원청리 512-3 일대
충청남도 태안군 남면 청포대길 인근
운영시간 | 체험 문의 후 방문

▶ MINI DATA
| 입장료 | 없음　주차 | 가능　분류 | 바다, 섬

몽산포해수욕장과 이어지는 해변이 청포대해수욕장
이다. 청포대해수욕장은 이웃하는 몽산포해수욕장의
번잡함을 피하기 좋은 곳으로 완만한 수심을 가진 해
수욕장이라 아이가 있는 가족들에게 인기 있다. 이곳
마을에서 특별한 체험이 가능한데 바로 독살체험이
다. 독살이란 남해의 죽방렴과 함께 우리 전통 어업
방식 중의 하나로 바닷가에 'V'자 모양으로 돌을 쌓
아놓은 후 물이 들어왔다 빠지면서 그 안에 갇힌 고
기를 손이나 그물을 이용해 잡는 방법을 말한다. 옛
날에 독살 하나 가지고 있으면 마을에서 부자 소리를
들었다고 하는데, 근대화 과정에서 집을 짓고 길을
놓으면서 필요한 돌을 이곳에서 가져다 써서 대부분

의 독살이 없어졌다고 한다. 독살 하나당 체험 비용
을 받아 개인이 이용하기에 어렵고, 여러 가족이나
단체가 함께 어울려 체험하기에 적당하다. 30~40여
명이 한 번에 독살에 들어가 고기를 잡는데 잡히는
생선은 계절에 따라 고등어, 오징어, 우럭 등 다양하
다. 한여름에는 고기가 뭍 가까이 올라오지 않아서,
겨울에는 물에 들어가기 어려워 체험이 어렵다. 또
물이 들어왔다 빠지는 시간을 이용해야 하기에 시간
을 맞춰야 한다는 점도 체험을 어렵게 하는 점이다.
하지만 우리 전통의 어업을 체험해 볼 수 있다는 점
에서 소중하며 손으로 고기를 잡는 재미를 느낄 수
있는 체험이다.

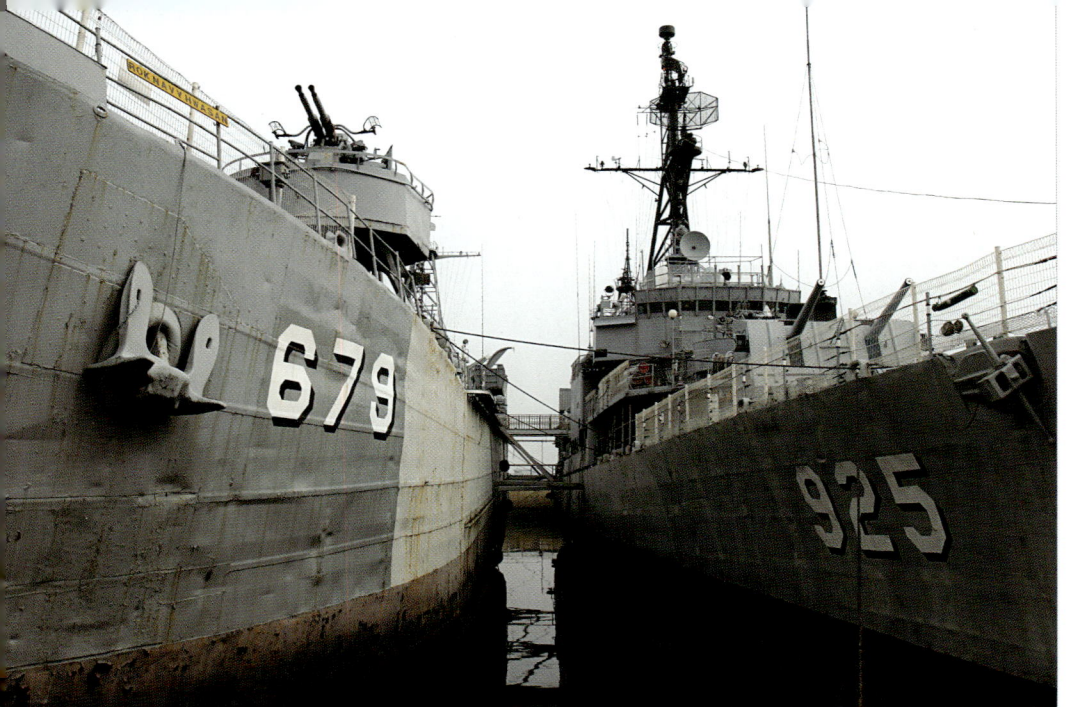

삽교 함상공원 바다의 파수꾼

| 위치 | 충청남도 당진시 신평면 운정리 197-3
　　　　충청남도 당진시 신평면 삽교천3길 79
| 운영시간 | 11~2월 09:00~18:00, 3~5월/9~10월 09:00~
　　　　18:30, 6~8월 09:00~19:00, 연중무휴

▶ MINI DATA
| 입장료 | 있음　　주차 | 가능　　분류 | 전시, 체험시설

역사상 가장 강력한 무기체계를 갖추었다는 이지스함을 세계에서 세 번째로 보유하고 있는 것이 우리나라 해군의 현재의 모습이다. 얼마 전까지 낡은 구축함으로 연안 방어에 주력하였던 해군은 대양해군으로 급속하게 발전하고 있다. 티끌 없이 하얀 제복을 입고 바다를 누비는 해군의 모습은 누구라도 한 번쯤 꿈꾸어 보았을 멋의 상징이었다. 육지에 위치하는 전쟁기념관에서 전시가 불가능하기에 해군 전투함의 모습을 살필 수 없어 아쉬웠다면 삽교함상공원을 찾아보자. 얼마 전까지 우리의 바다를 지키는 임무를 마치고 지금은 퇴역한 구축함과 상륙함이 전시되어 있다. 상륙함인 화산함과 전투구축함인 전주함에 직접 올라 고스란히 남아 있는 시설물도 살펴보고 해군과 해병대의 기념관으로 꾸며진 내부시설도 관람할 수 있다. 7km가 넘는 서해대교와 바다가 어우러지는 경관 또한 한나절의 나들이를 의미있게 한다. 상륙함에 실제 탑재되었던 수륙양용정 등의 모습도 실물로 볼 수 있고 모형 등으로 재현된 특수부대원들의 장비도 살펴볼 수 있다. 후미 쪽으로 마련된 휴식공간은 이색적인 함상 카페로 바다에서 마시는 차 한 잔이 더욱 좋은 곳이다. 추억 속의 군대 식사인 전투비상식량을 맛볼 수 있는데, 물을 넣고 잠깐이면 완성된다. 군대를 다녀온 이들에게는 추억거리로, 아이들에게는 체험거리로 먹어보는 것도 재미있겠다.

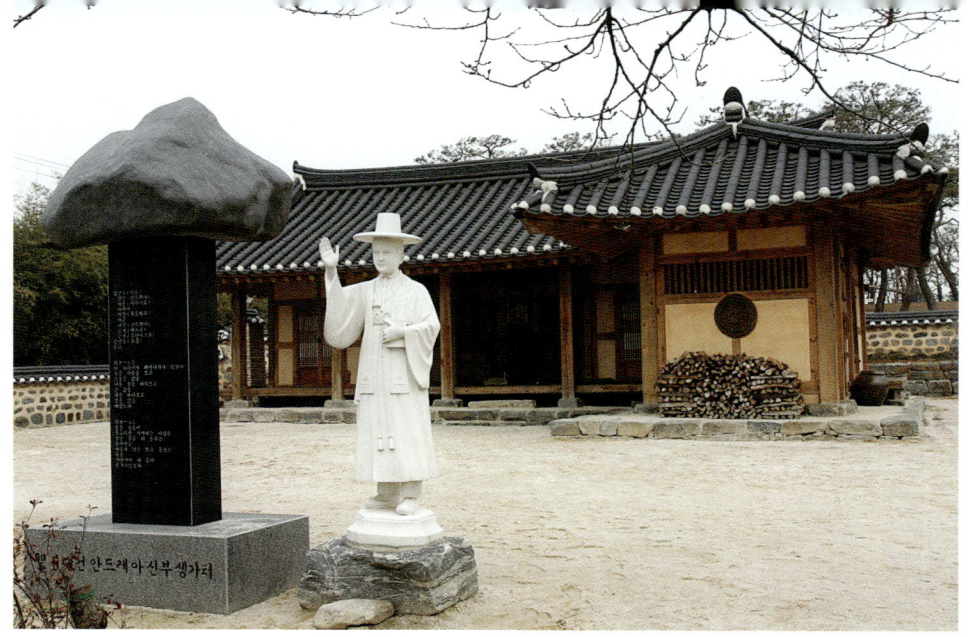

솔뫼성지 조용한 분위기에 마음이 편안해지는 곳

위치 | 충청남도 당진시 우강면 송산리 108
　　　충청남도 당진시 우강면 솔뫼로 132
운영시간 | 09:00~17:00(단체순례 예약 후 방문), 연중무휴

▶MINI DATA
| 입장료 | 없음　주차 | 가능　분류 | 종교시설

솔뫼는 '소나무가 우거진 언덕'이라는 뜻으로 이곳은
한국 최초의 가톨릭 사제인 김대건 신부가 태어난 곳
이다. 김대건 신부는 1821년 당진 우강면에서 태어났
는데 25세가 되는 1845년에 중국에서 사제로 서품을
받고 당시 천주교를 탄압하던 조선으로 돌아오게 된
다. 그의 능력을 높이 산 조정의 회유에도 불구하고
믿음을 지키다 이듬해인 1846년 서울 새남터에서 순
교한다. 태어난 자리인 솔뫼에 기념관을 지어 김대건
신부를 기념하고 있다. 입구에 들어서면 김대건 신부
가 살았던 옛집이 복원되어 있다. 왼편 언덕으로 오
르면 소나무 숲에 둘러싸인 김대건 신부의 동상을 만
날 수 있다. 소나무 숲 사이로 난 길을 따라 내려가면
붉은색 건물이 보이는데 기념관이자 성당인 곳이다.
전시관에는 충청도 지방의 가톨릭 역사를 비롯해 김
대건 신부의 유품과 유골을 전시하고 있다.

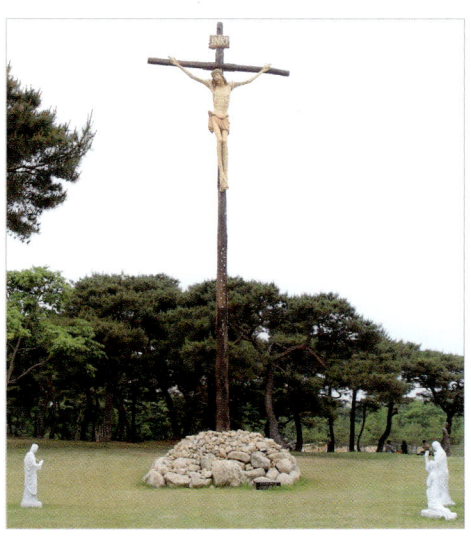

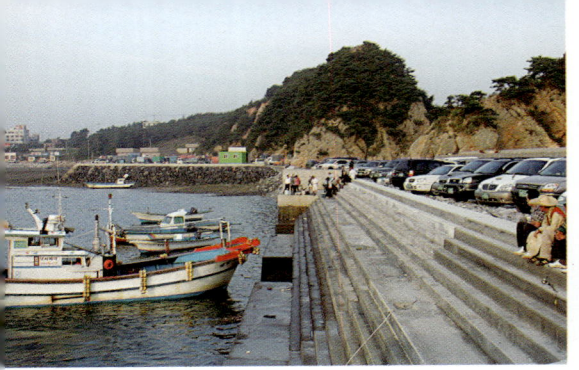
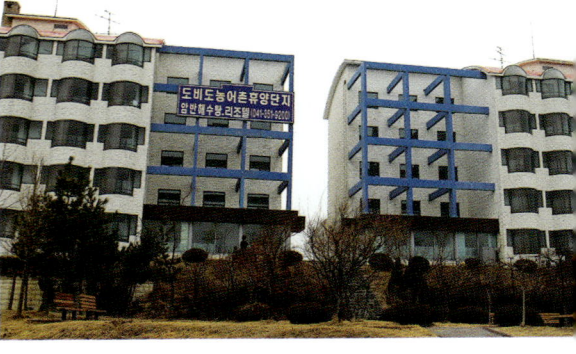

장고항

배낚시 좋아하세요?

| 위치 | 충청남도 당진시 석문면 장고항리
| 운영시간 | 종일, 연중무휴

▶ MINI DATA

| 입장료 | 없음　주차 | 가능　분류 | 바다, 섬

포구가 자리한 바닷가의 지형이 장고를 닮았다 해서 장고항이라 불리는 당진의 전형적인 어촌 마을이다. 일출과 일몰을 모두 감상할 수 있어 수도권 인근에서 찾아오는 나들이객이 많으며 낚시 마니아들 사이에선 배낚시를 즐길 수 있는 곳으로 유명하다. 대호방조제를 오른편에 두고 있어 물결이 잔잔하고 배를 빌려 바다로 나가면 우럭, 놀래미, 광어 등이 많이 잡힌다. 포구 입구에는 직접 잡거나 인근 포구에서 공수한 싱싱한 해산물과 횟감들을 저렴한 가격에 맛볼 수 있는 포장마차들이 성업 중인데 3, 4월에는 실치가 많이 잡혀 실치 회를 맛보려는 미식가들이 즐겨 찾고 전어가 많이 잡히는 가을에는 바다를 바라보며 전어회와 전어구이를 맛볼 수 있다. 배들이 정박 중인 방파제 반대편으로는 기암절벽과 소나무가 어우러진 작은 자갈밭이 있어 멋진 일몰 풍경을 감상할 수 있다.

도비도 휴양단지

섬 아닌 섬에서 즐기는 바다 체험

| 위치 | 충청남도 당진시 석문면 난지도리 545
　　　충청남도 당진시 석문면 대호만로 2888-19, 23
| 운영시간 | 종일, 연중무휴

▶ MINI DATA

| 입장료 | 없음　주차 | 가능　분류 | 바다, 섬

원래 작은 섬이었던 도비도는 대호방조제 공사로 육지와 연결되면서 휴양단지로 새롭게 태어났다. 대호농어민복지센터가 운영하는 숙박시설과 암반해수탕, 유람선 선착장, 전망대, 조각공원 등이 있어 여행객의 발길이 연중 끊이지 않는 곳이다. 농어민복지센터에서는 숙박시설 이외에도 환경농업 체험장, 갯벌 체험장 등을 갖추고 주로 학생 단체를 대상으로 자연체험학습 프로그램을 실시하고 있으며 갯벌을 따라 산책로가 있어 누구든 자유롭게 바다를 즐길 수 있다. 지하 185m의 암반에서 끌어올린 천연 암반 해수를 이용하는 도비도 암반해수탕은 각종 성인병과 피부병 등에 효과가 좋으며 여행의 피로를 풀기에도 그만이다. 전망대에 오르면 7.8km에 이르는 대호방조제와 국내 5대 철새 도래지로 알려진 대호만을 한눈에 조망할 수 있다. 또한 난지도로 들어가는 여객선과 유람선이 운행되는 선착장도 휴양단지 안에 있다. 휴양단지에서 나와 대호방조제를 달리는 멋진 드라이브 코스는 대호만 갈대밭과 어우러져 바다 여행의 즐거움을 더해준다.

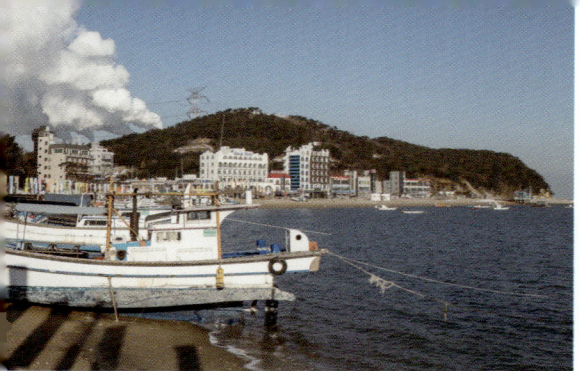

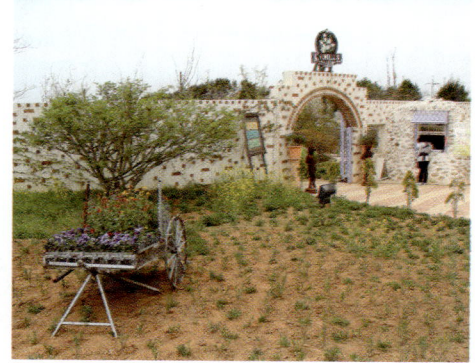

왜목마을

서해안의 일출 명소

| 위치 | 충청남도 당진시 석문면 교로리 844-4
    충청남도 당진시 석문면 왜목길 26 일대
| 운영시간 | 종일, 연중무휴

▶ MINI DATA

| 입장료 | 없음   주차 | 가능   분류 | 바다, 섬

왜목마을은 마을 양쪽이 바다여서 마치 왜가리 목같이 생겼다 해서 붙은 이름이다. 전국에서 유일하게 일출과 일몰, 월출까지 볼 수 있는 곳으로 유명해 매년 왜목마을 해돋이축제가 열린다. 지도를 보면 해안이 남쪽을 향해 길게 나 있어 충남의 서해안으로는 땅끝인 셈이다. 왜목마을의 일출과 일몰을 제대로 감상하려면 바닷가보다는 79m로 야트막한 석문산 정상이 좋은데 장고항과 국화도 사이로 일출과 월출을 볼 수 있고 대난지도와 소난지도 사이의 비경도와 함께 일몰을 볼 수 있다. 동해의 일출처럼 장엄하지는 않으나 소박하면서도 서정적인 느낌의 일출은 왜목마을에서만 느낄 수 있는 감상이다. 해안을 따라 늘어선 식당은 횟집 간판을 걸고는 있지만 바지락 칼국수, 조개구이를 비롯해 인근에서 채취한 굴로 만든 굴밥까지 다양한 메뉴를 준비하고 있으며 썰물 때는 조개와 낙지를 맨손으로 잡을 수 있을 만큼 넓고 풍요로운 갯벌이 드러난다.

팜카밀레 허브농원

국내 최대의 허브농원

| 위치 | 충청남도 태안군 남면 몽산리 967
    충청남도 태안군 남면 우운길 56-19
| 운영시간 | 동절기 09:00~18:00, 하절기 09:00~18:30,
    연중무휴

▶ MINI DATA

| 입장료 | 있음   주차 | 가능   분류 | 공원

태안은 볼거리나 즐길 거리가 많은 고장이다. 서해안의 해안선을 따라 해수욕장이 줄지어 있고 맛있는 해산물을 판매하는 음식점도 많다. 우리나라 최대의 허브농원, 팜카밀레 허브농원도 이곳에 있다. 태안 지역은 해양성 기후를 갖추고 있어 허브 재배에 적합하다. 팜카밀레는 1만2천 평 정도의 규모로서 우리나라에서 가장 큰 허브농원이다. 로즈가든, 라벤더가든, 카모마일가든, 보테니컬가든 등 테마가 있는 다양한 허브농원과 습지식물원, 토피어리가든, 미로가든, 풍차 등이 있는 아름답고 특별한 공간이다. 구석구석 정성스레 가꾸어져 있어 어디서 사진을 찍든 아름답고, 규모가 워낙 커서 방문객이 많아도 번잡하지 않아 여유롭게 즐기며 휴식을 취할 수 있다. 또한 이곳에는 허브공방이 있어 팜카밀레에서 직접 재배한 허브로 천연비누, 화장품, 압화공예 등 다양한 프로그램을 체험할 수 있다. 각종 허브제품을 판매하는 허브숍과 직접 빵을 구워 판매하는 제과점 또한 허브농원의 자랑이다.

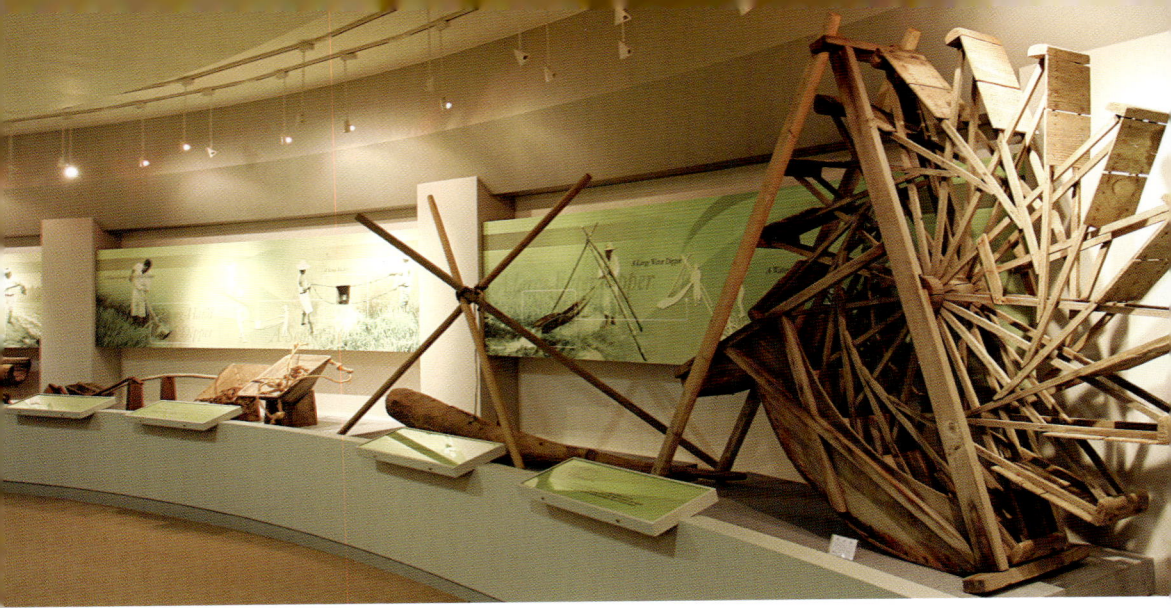

합덕 수리민속박물관 체험이 즐거운 수리박물관

| 위치 | 충청남도 당진시 합덕읍 합덕리 304-3
충청남도 당진시 합덕읍 덕평로 379-9
| 운영시간 | 09:00~18:00, 매주 월요일/공휴일 다음날 휴관

▶ MINI DATA
| 입장료 | 없음   주차 | 가능   분류 | 박물관

당진에는 옛날 김제의 벽골제, 제천의 의림지와 더불어 인공 저수지로 이름난 합덕제가 있었다. 백제시대에 만들어진 저수지로 조선시대에 이르면 그 크기가 바다라 불릴 만큼 컸다고 하는데 지금은 흔적만 남은 합덕제 앞으로 합덕 수리민속박물관을 만들어 옛 합덕제의 역사를 밝히고 있다. 농경문화를 기반으로 했던 우리 전통시대에 물을 다스리는 것이 왜 필요했는지, 어떤 점에서 중요했는지 옛 문헌을 통하여 보여주고 있다. 둑을 쌓고 제를 만드는 과정도 모형을 통하여 단계별로 보여주고 있어 흥미롭다. 또한 무자위, 수차 등 수리에 사용되었던 전통 기구들과 지금 사용되고 있는 경운기까지 다양한 기구들이 전시되어 있어 실제 수리가 어떻게 이루어지는지 이해를 돕고 있다. 입구에 위치한 영상관의 내용도 볼 만하니 전시관을 관람하기 전이나 후에 꼭 한 번 보도록 하자. 박물관 외부에 민속체험시설이 잘 만들어져 있는

데 수차를 직접 돌려보는 체험뿐만 아니라 물 한 바가지 넣고 펌프질을 해서 우물물 길어 보는 체험도 할 수 있다. 민속놀이, 전통악기, 농기구 등 각각의 코너마다 다양한 체험도구가 마련되어 있으며 위로 올라가면 전통 가옥이 복원되어 있는데 방바닥을 뜯어 우리 전통의 난방시설인 온돌의 구조를 제대로 볼 수 있게 해 놓아 눈길을 끈다. 당진군에서는 박물관 앞으로 옛날 합덕제를 복원할 계획을 가지고 있다고 한다.

➔ 합덕성당, 언덕 위의 우람한 종탑 두 개

합덕수리민속박물관 바로 옆으로 합덕성당이 있다. 1929년에 지어진 오래된 성당으로 두 개의 붉은 종탑이 우람하게 서 있는 그 모습이 인상적이다. 아산 공세리성당의 모습이 여성적이라면 이곳 성당은 남성적인 당당한 모습이다.
문의 | 041-363-1061

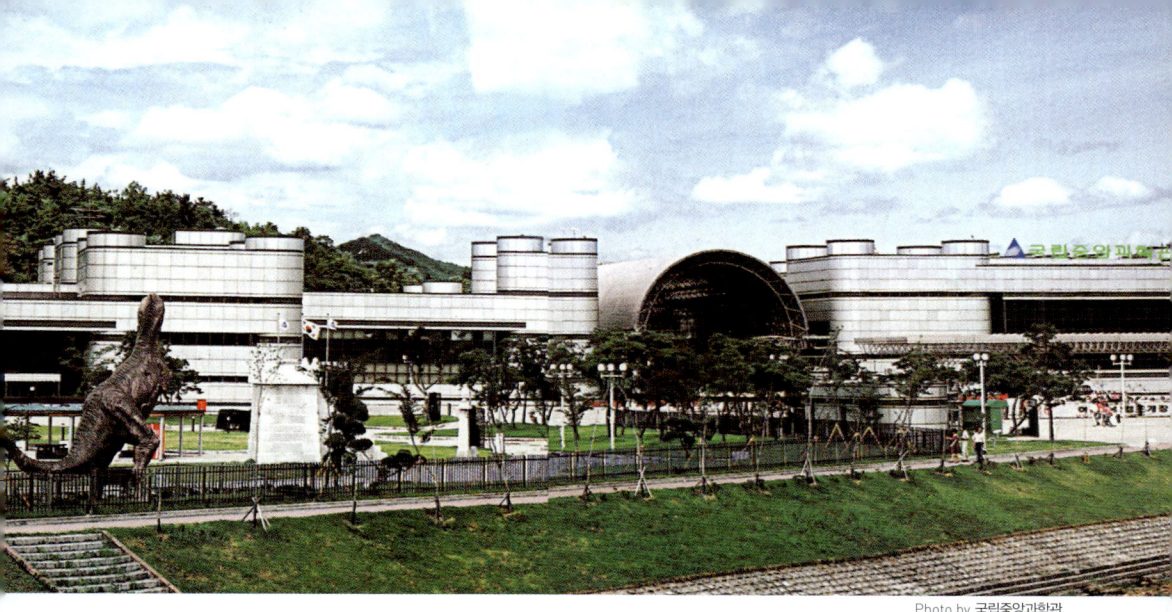

국립중앙과학관 어려운 과학도 친근감 있게

위치 | 대전광역시 유성구 구성동 32-2
　　　대전광역시 유성구 대덕대로 481
운영시간 | 09:30~17:50, 매주 월요일 휴관(1, 4, 8월 무휴)

▶ MINI DATA
입장료 | 있음(창의나래관, 자기부상열차, 천체관)
주차 | 가능　　분류 | 박물관

국내의 기초과학, 첨단과학과 기술사, 자연사 등을 수집하고 연구·전시하고 있는 국립과학관이다. 상설전시관, 탐구관, 천체관, 영화관, 야외전시관 등과 자연학습원, 아마추어무선국 등을 갖추고 일반인들이 과학을 친근하게 접할 수 있게 한다. 과학관으로 들어서면 첨성대와 측우기 모형 등 선조들의 전통과학기술품과 자기부상열차 등 현대의 과학기술품을 전시한 역사의 광장을 만나게 된다. 우주에서 지구까지, 한국의 자연사, 한국과학기술사, 기초과학, 산업기술 다양한 분야로 나뉘어 전시된 4천 2백여 점의 전시물을 볼 수 있는 상설전시관과 70mm의 대형 아스트로비전과 천체투영기인 프라네타리움을 갖추고 실감나는 천체관측을 할 수 있는 천체관이 기다리고 있다. 뒷편 야외전시장에는 비행기와 이동식 레이더, 프로펠러, 에어보트 등이 실물로 전시되어 있으며 약 11ha의 자연학습원에는 1.5km의 관찰로가 조성되어 있어 각종 동·식물을 관찰할 수 있다. 영화관에서는 다양한 가족 영화를 관람할 수도 있고 상설전시관 내의 탐구관은 유아나 초등학교 저학년생들이 과학을 재미있게 접할 수 있도록 다양한 체험 공간이 마련되어 있어 어린이와 동반한 가족 단위 관람객에게 인기이다.

➔ 대전 엑스포과학공원

1993년에 개최되었던 대전엑스포가 끝난 뒤 과학을 주제로 만들어진 테마공원이다. 초·중·고 학생들의 체험학습 공간이자 가족 나들이 장소로 사랑받는 곳이다. 39m 높이의 전망대인 한빛탑에 오르면 엑스포공원 전경과 대전 시가지를 한눈에 조망할 수 있으며 한빛광장은 약 20km² 규모로 조성된 화훼단지와 특수화염 효과와 함께 펼쳐지는 역동적인 음악분수로 유명하다.
문의 | 042-250-1115

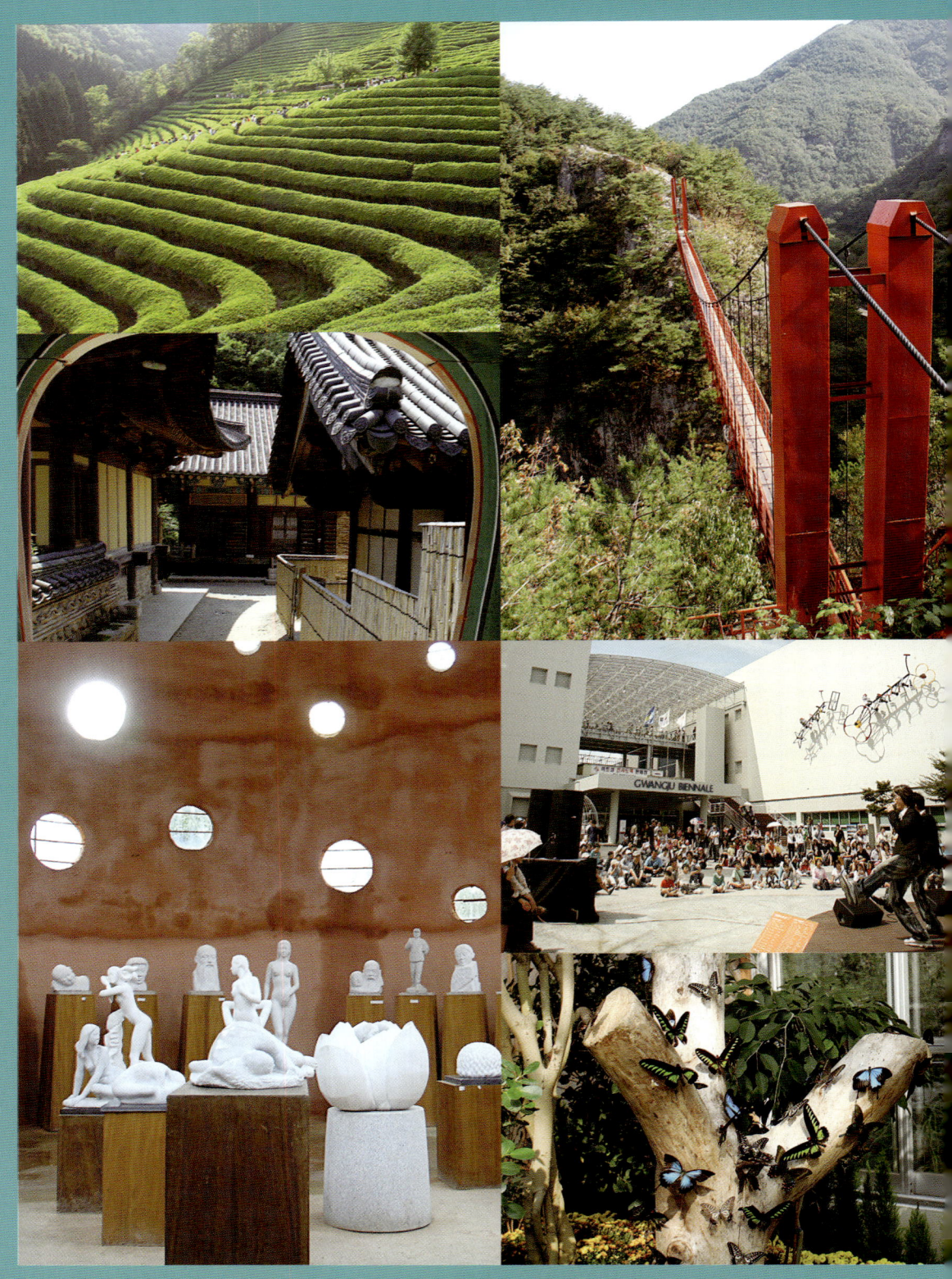

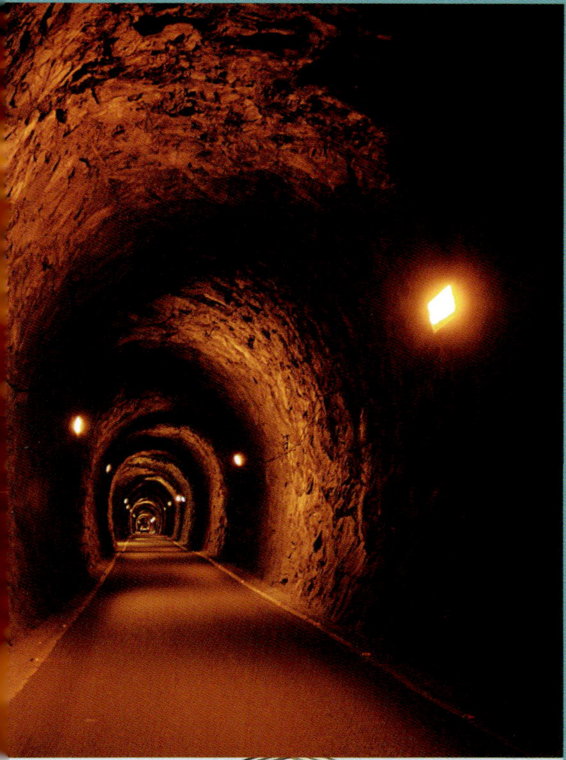

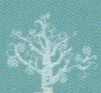

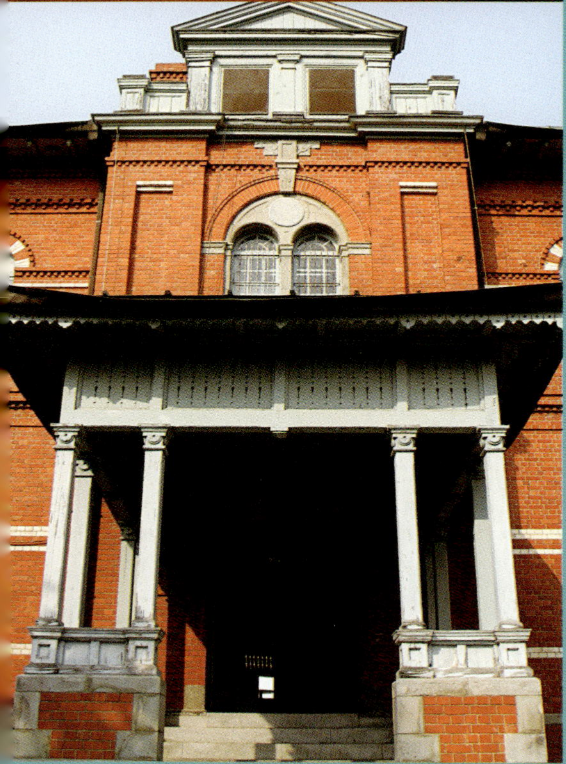

Part 5

· 전라권 ·

전라북도
전주시 · 군산시 · 익산시 · 정읍시 · 남원시 · 김제시 ·
완주군 · 진안군 · 무주군 · 장수군 · 임실군 ·
순창군 · 고창군 · 부안군

전라남도
목포시 · 여수시 · 순천시 · 나주시 · 광양시 · 담양군 ·
곡성군 · 구례군 · 고흥군 · 보성군 · 화순군 · 장흥군 ·
강진군 · 해남군 · 영암군 · 무안군 · 함평군 · 영광군 ·
장성군 · 완도군 · 진도군 · 신안군

광주광역시

행정구역 정보

행정구역	주소	대표번호	홈페이지
전라북도	전라북도 전주시 완산구 효자로 225	063-280-2114	http://www.jeonbuk.go.kr
전주시	전라북도 전주시 완산구 노송광장로 10	063-222-1000	http://www.jeonju.go.kr
군산시	전라북도 군산시 시청로 17	063-450-4000	http://www.gunsan.go.kr
익산시	전라북도 익산시 인북로32길 1	1577-0072	http://www.iksan.go.kr
정읍시	전라북도 정읍시 충정로 234	063-539-7114	http://www.jeongeup.go.kr
남원시	전라북도 남원시 시청로 60	063-620-6114	http://www.namwon.go.kr
김제시	전라북도 김제시 중앙로 40	063-540-3114	http://www.gimje.go.kr
완주군	전라북도 완주군 용진면 지암로 61	063-290-2114	http://www.wanju.go.kr
진안군	전라북도 진안군 진안읍 중앙로 67	063-430-2114	http://www.jinan.go.kr
무주군	전라북도 무주군 무주읍 주계로 97	063-320-2114	http://www.muju.go.kr
장수군	전라북도 장수군 장수읍 호비로 10	063-351-2141	http://www.jangsu.go.kr
임실군	전라북도 임실군 임실읍 수정로 30	063-640-2114	http://www.imsil.go.kr
순창군	전라북도 순창군 순창읍 경천로 33	063-650-1114	http://sunchang.go.kr
고창군	전라북도 고창군 고창읍 중앙로 245	063-564-2121	http://www.gochang.go.kr
부안군	전라북도 부안군 부안읍 당산로 91	063-580-4191	http://www.buan.go.kr
전라남도	전라남도 무안군 삼향면 오룡길 1	061-247-0011	http://jeonnam.go.kr
목포시	전라남도 목포시 양을로 203	061-272-2171	http://www.mokpo.go.kr
여수시	전라남도 여수시 시청로 1	1899-2012	http://yeosu.go.kr
순천시	전라남도 순천시 장명로 30	061-749-3114	http://www.suncheon.go.kr
나주시	전라남도 나주시 시청길 22	061-339-8114	http://www.naju.go.kr
광양시	전라남도 광양시 시청로 33	061-797-2114	http://www.gwangyang.go.kr
담양군	전라남도 담양군 담양읍 추성로 1371	061-380-3114	http://www.damyang.go.kr
곡성군	전라남도 곡성군 곡성읍 군청로 50	061-363-2011	http://www.gokseong.go.kr
구례군	전라남도 구례군 구례읍 봉성로 1	061-782-2014	http://www.gurye.go.kr
고흥군	전라남도 고흥군 고흥읍 흥양길 40	061-830-5114	http://www.goheung.go.kr
보성군	전라남도 보성군 보성읍 송재로 165	061-852-2181	http://www.boseong.go.kr
화순군	전라남도 화순군 화순읍 동헌길 23	061-374-0001	http://www.hwasun.go.kr
장흥군	전라남도 장흥군 장흥읍 장흥로 21	061-863-7071	http://www.jangheung.go.kr
강진군	전라남도 강진군 강진읍 탐진로 111	061-430-3114	http://www.gangjin.go.kr
해남군	전라남도 해남군 해남읍 군청길 4	061-530-5114	http://www.haenam.go.kr
영암군	전라남도 영암군 영암읍 군청로 1	061-470-2114	http://www.yeongam.go.kr
무안군	전라남도 무안군 무안읍 무안로 530	061-450-5114	http://www.muan.go.kr
함평군	전라남도 함평군 함평읍 중앙길 200	061-322-3114	http://www.hampyeong.go.kr
영광군	전라남도 영광군 영광읍 중앙로 203	061-350-5114	http://www.yeonggwang.go.kr
장성군	전라남도 장성군 장성읍 영천로 200	061-393-1989	http://www.jangseong.go.kr
완도군	전라남도 완도군 완도읍 청해진남로 51	061-550-5114	http://www.wando.go.kr
진도군	전라남도 진도군 진도읍 철마길 25	061-544-2181~2	http://www.jindo.go.kr
신안군	전라남도 신안군 압해읍 천사로 1004	061-271-1004	http://www.shinan.go.kr
광주광역시	광주광역시 서구 내방로 111	062-120	http://www.gwangju.go.kr

🚌 버스 · 여객선터미널 · 공항

행정구역	버스터미널 1	전화번호	버스터미널 2	전화번호
전주시	전주시외버스공용터미널	1688-1745	전주터미널	063-277-1572
군산시	군산시외버스터미널	1666-2747	군산고속버스터미널	063-445-3824
익산시	익산공용버스터미널	063-843-5100	익산고속버스터미널	063-855-0345
정읍시	정읍시외버스공용터미널	1688-6676		
남원시	남원시외버스터미널	063-633-0807	남원고속버스터미널	063-625-5391
김제시	김제공용버스터미널	1688-6341		
완주군	삼례공용버스터미널	063-291-1450	대둔산시외버스터미널	063-262-1260
진안군	진안시외버스공용정류장	063-433-2508		
무주군	무주공용버스터미널	063-322-2245		
장수군	장수공용버스터미널	063-351-8889	장계시외공용버스터미널	063-352-1514
임실군	임실시외버스터미널	063-642-2114		
순창군	순창공용버스터미널	063-653-2186		
고창군	고창공용버스터미널	063-563-3388		
부안군	부안시외버스터미널	1666-2429	격포터미널	063-582-8740
목포시	목포종합버스터미널	1544-6886		
여수시	여수종합버스터미널	1666-6977	여천고속직행버스정류장	1666-4664
순천시	순천종합버스터미널	1666-6563		
나주시	나주시외버스터미널	061-333-3227		
광양시	광양시외버스터미널	061-762-3030		
담양군	담양시외버스터미널	061-381-3233		
곡성군	곡성버스터미널	061-363-3919		
구례군	구례공영버스터미널	061-780-2731		
고흥군	고흥공용버스터미널	061-833-0009	녹동버스공용터미널	061-842-2706
보성군	보성시외버스터미널	070-7431-2879	벌교버스공용터미널	061-857-2149
화순군	화순시외버스공용정류장	061-374-2254		
장흥군	장흥시외버스터미널	061-863-9036		
강진군	강진버스여객터미널	061-432-9666		
해남군	해남종합버스터미널	1666-0884		
영암군	영암여객자동차터미널	061-473-3355		
무안군	무안공용버스터미널	061-453-2518		
함평군	함평공용터미널	061-322-0660		
영광군	영광종합버스터미널	1666-3360		
장성군	장성시외버스터미널	1666-6620		
완도군	완도공용버스터미널	061-552-1500		
진도군	진도공용터미널	061-544-2121		
광주광역시	광주종합버스터미널	062-360-8114		

행정구역	여객선터미널	전화번호	공항	전화번호
군산시	군산여객터미널	1666-0940	군산공항	1661-2626
목포시	목포연안여객터미널	1666-0910		
여수시	여수여객터미널	1666-0920	여수공항	1661-2626
고흥군	늑동신항여객선터미널	1666-7710		
무안군			무안국제공항	1661-2626
완도군	완도여객선터미널	1666-0950		
광주광역시			광주국제공항	1661-2626

🚌 찾아가는 길

행정구역	찾아가는 길
전주시	25번 호남고속도로 전주 I.C 또는 서전주 I.C - 전주
군산시	15번 서해안고속도로 군산 I.C - 27번 국도 - 군산, 전주 - 21번 국도, 26번 국도 - 군산
익산시	25번 호남고속도로 익산 I.C - 722번 지방도 - 익산
정읍시	25번 호남고속도로 정읍 I.C - 29번 국도 - 정읍 25번 호남고속도로 태인 I.C - 1번 국도 - 정읍 15번 서해안고속도로 줄포 I.C - 고부 - 29번 국도 - 정읍
남원시	12번 88올림픽고속도로 남원 I.C - 19번 국도 - 남원
김제시	15번 서해안고속도로 서김제 I.C - 29번 국도 - 김제 25번 호남고속도로 김제 I.C - 714번 지방도 - 김제 25번 호남고속도로 서전주 I.C - 716번 지방도 - 김제
완주군	25번 호남고속도로 전주 I.C - 26번 국도, 17번 국도 - 완주 25번 호남고속도로 익산 I.C - 799번 지방도 - 완주 251번 호남고속도로지선 논산 I.C - 643번 지방도 - 완주
진안군	20번 익산포항고속도로 진안 I.C - 진안 35번 대전통영고속도로 덕유산 I.C - 49번 국지도 - 진안
무주군	35번 통영대전고속도로 무주 I.C - 19번 국도 - 무주
장수군	20번 익산포항고속도로 장수 I.C - 19번 국도, 26번 국도 - 장수
임실군	25번 호남고속도로 전주 I.C - 17번 국도 - 임실
순창군	12번 88올림픽고속도로 순창 I.C - 순창 25번 호남고속도로 전주 I.C - 27번 국도 - 전주시 - 임실군 - 순창
고창군	15번 서해안고속도로 고창 I.C - 15번 국도 - 고창 15번 서해안고속도로 - 선운산 I.C - 22번 국도 - 고창(선운사)
부안군	15번 서해안고속도로 부안 I.C - 30번 국도 - 부안 15번 서해안고속도로 줄포 I.C - 23번 국도 - 부안
목포시	15번 서해안고속도로 목포 I.C - 1번 국도 - 목포
여수시	10번 남해고속도로 순천 I.C - 17번 국도 - 여수
순천시	10번 남해고속도로 순천 I.C - 17번 국도 - 순천 10번 남해고속도로 주암 I.C - 27번 국도 - 순천(송광사, 낙안읍성)
나주시	15번 서해안고속도로 무안 I.C - 1번 국도 - 나주 25번 호남고속도로 광산 I.C - 13번 국도 - 나주
광양시	10번 남해고속도로 광양 I.C 또는 동광양 I.C - 2번 국도 - 광양
담양군	12번 88올림픽고속도로 담양 I.C - 12번 국도 - 담양
곡성군	25번 호남고속도로 곡성 I.C - 60번 국도 - 곡성
구례군	25번 호남고속도로 석곡 I.C - 18번 국도 - 구례 12번 88올림픽고속도로 남원 I.C - 19번 국도 - 구례
고흥군	10번 남해고속도로 순천 I.C - 2번 국도 - 벌교 - 15번 국도 - 고흥
보성군	25번 호남고속도로 송광사(주암) I.C - 18번 국도 - 보성
화순군	25번 호남고속도로 동광주 I.C - 제2순환도로 소태 I.C - 22번 국도 - 화순
장흥군	15번 서해안고속도로 목포 I.C - 2번 국도 - 23번 국도 - 장흥

🚌 찾아가는 길

행정구역	찾아가는 길
강진군	15번 서해안고속도로 목포 I.C – 2번 국도 – 강진 25번 호남고속도로 광산 I.C –13번 국도 – 강진
해남군	15번 서해안고속도로 목포 I.C – 2번 국도 – 13번 국도 – 해남
영암군	25번 호남고속도로 광산 I.C – 13번 국도 – 영산포 – 영암 15번 서해안고속도로 목포 I.C – 2번 국도 – 영암
무안군	15번 서해안고속도로 무안 I.C – 1번 국도 – 무안
함평군	15번 서해안고속도로 함평 I.C – 23번 국도 – 함평
영광군	15번 서해안고속도로 영광 I.C – 23번 국도 – 영광
장성군	25번 호남고속도로 장성 I.C – 1번 국도, 24번 국도 – 장성
완도군	15번 서해안고속도로 목포 I.C – 2번 국도 – 강진 –13번 국도 – 완도
진도군	15번 서해안고속도로 목포 I.C – 77번 국도 – 18번 국도 – 진도
신안군	15번 서해안고속도로 목포 I.C – 1번 국도 – 신안
광주광역시	25번 호남고속도로 동광주 I.C 또는 서광주 I.C – 광주

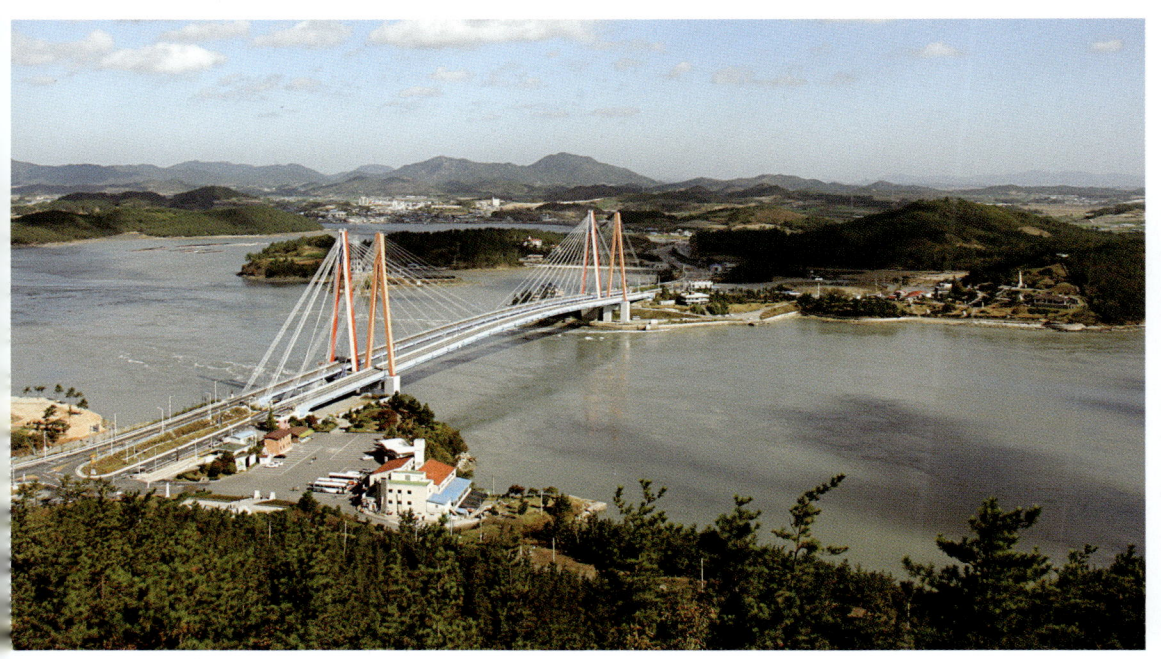

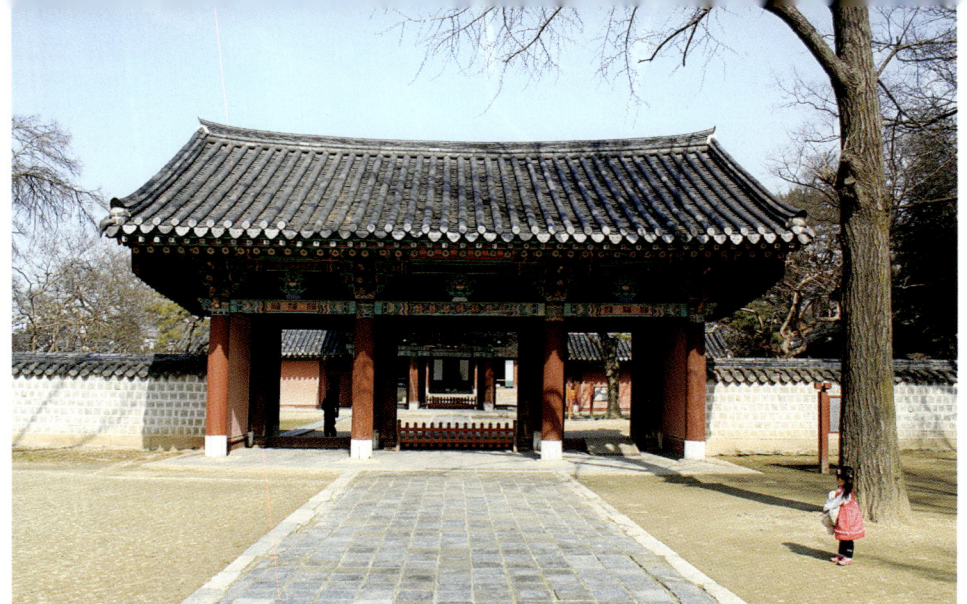

경기전 태조 이성계의 어진을 모신 곳

위치 | 전라북도 전주시 완산구 풍남동3가 91-5
전라북도 전주시 완산구 태조로 44
운영시간 | 11~2월 09:00~18:00, 3~5월/9~10월 09:00~
19:00, 6~8월 09:00~20:00, 연중무휴

▶ MINI DATA
| 입장료 | 있음   주차 | 가능   분류 | 역사, 문화유적

조선을 건국한 태조 이성계의 영정을 봉안한 곳으로 태종 10년인 1410년 창건되었다. 사적 제339호로 지정된 경내에는 보물 제931호인 이성계의 어진(왕의 초상화)을 모신 본전과 전주 이씨 시조인 이한공의 위패를 봉안한 조경묘, 조선의 여러 실록을 보관했던 전주사고, 예종의 탯줄을 묻은 태실등의 유적이 있다. 임진왜란과 정유재란, 병자호란이 일어났을 때는 아산, 묘향산, 적상산 등으로 옮겨졌던 어진은 1614년 경기전이 중건되면서 다시 돌아왔다가 동학혁명 때 위봉산성으로 옮겨져 화를 면했으며 현재 경기전에 모셔져 있는 어진은 1872년 서울 영희전의 영정을 모본으로 해서 새로 그린 것이다. 전주 한옥마을 입구에 있으며 한옥마을을 찾은 여행객이 제일 먼저 들르게 되는 곳으로, 원래의 규모는 훨씬 컸으나 일제시대에 경기전의 서쪽 부지와 부속 건물을 철거해서 일본인 소학교를 세우면서 절반 정도가 잘려 나간 것이다. 남아 있는 경기전 건물의 모습은 홍살문을 지나 외삼문과 내삼문을 연결하는 간결한 구조다. 모사본 대신 별도로 보관 중인 태조 어진을 제자리에 모시기를 희망하는 전주시민의 바람이 크다.

→ 전주사고

1439년 설치된 「조선왕조실록」의 보관 장소다. 한양, 충주, 성주의 사고와 함께 한 권씩 보관하였다. 임진왜란으로 다른 사고의 실록이 모두 소실되었지만 전주사고의 실록은 손홍록이 내장산으로 옮겨 보관함으로써 지켜낼 수 있었다. 유일한 실록은 14개월 만에 조정에 전달되어 다시 한양, 마니산, 태백산, 묘향산, 오대산의 사고에 보관되었다. 전주사고의 원본은 마니산에 보관되었다.

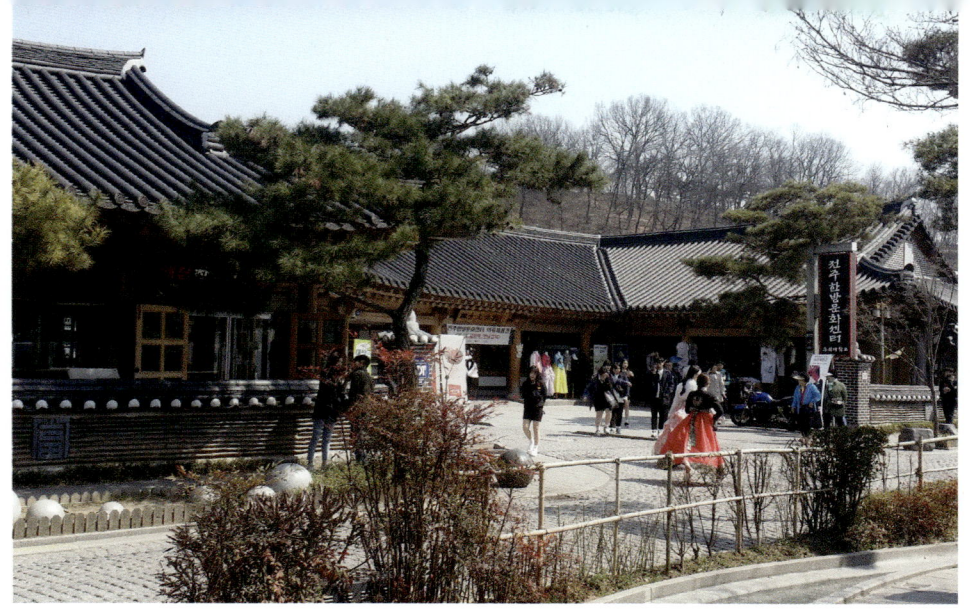

전주 한옥마을 항일정신이 깃든 전통 한옥마을

| 위치 | 전라북도 전주시 완산구 교동 전주한옥마을
　　　 전라북도 전주시 완산구 어진길 29 일대
운영시간 | 종일, 연중무휴(일부 시설 매주 월요일 휴무)

▶ MINI DATA
| 입장료 | 없음　주차 | 가능　분류 | 전통, 체험마을

전주시 풍남동과 교동 일대에 걸쳐 700여 채의 한옥으로 이루어진 전주 한옥마을은 1977년 한옥마을보존지구로 지정되어 우리 전통의 가옥 양식을 그대로 간직하고 있는 곳이다. 이곳에 한옥마을이 형성된 시기는 1930년대로, 양곡수송을 위해 전군가도가 생기면서 전주부성이 허물어지자 서문 밖 천민 거주지역에 모여 살던 일본인들이 성 안으로 들어와 상권을 형성하여 세력이 커지자 이에 대한 반발로 교동과 풍남동 일대에 한옥을 지어 살기 시작했다. 한옥마을에서 가장 높은 곳에 위치한 오목대에 올라 한옥마을 전경을 굽어보면 회색의 빌딩과 적산 가옥이 둘러싼 가운데에 팔작지붕에 검은 기와가 멋스러운 한옥마을의 전경이 한눈에 들어온다. 태조 이성계의 어진을 모신 경기전을 시작으로 우리나라에서 가장 아름다운 성당 중 한 곳으로 꼽히는 전동성당, 선조 때 지어

진 전주향교와 이성계가 왜적을 무찌른 후 승전 기념으로 지은 오목대, 상류층 가옥의 전형적인 예로 민속자료 제8호인 학인당 등 문화유적을 비롯해 전통술박물관, 전통한지원, 한방문화센터 등의 전시관이 있고 소설 『혼불』의 작가 고 최명희를 다시 만날 수 있는 최명희문학관, 전주전통문화센터도 꼭 들러야 할 한옥마을의 명소다. 한옥생활체험관에서는 하룻밤 묵으며 다양한 전통체험 프로그램에 참여할 수 있고, 전주 향교의 부속건물인 양사재와 조선의 마지막 황손이 머물고 있는 승광재가 같이 자리한 설예원, 전통 소리를 들을 수 있는 아세헌, 넓은 마당이 인상적인 동락원에서도 한옥 체험 숙박이 가능하다. 다양한 테마의 공방들이 있어 볼거리도 많고 전통 찻집에서 여유로운 시간을 갖는 것도 좋다.

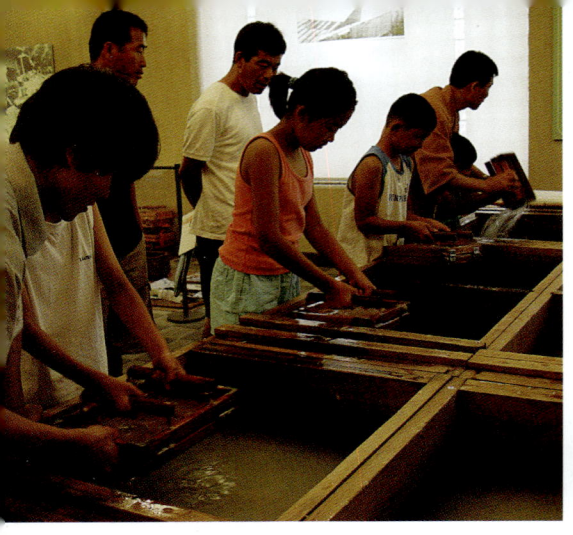
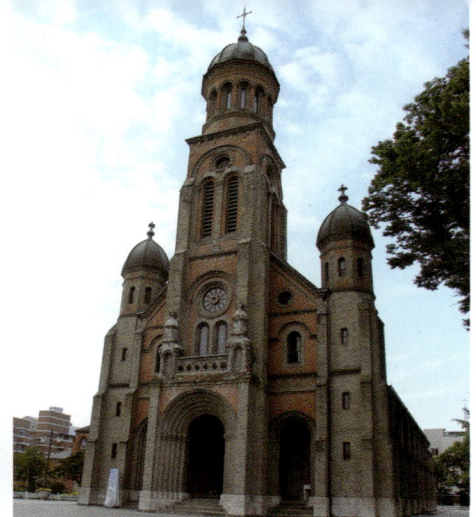

전주 한지박물관

종이의 모든 것을 알아보자

| 위치 | 전라북도 전주시 덕진구 팔복동2가 180
전라북도 전주시 덕진구 팔복로 59
| 운영시간 | 09:00~17:00, 매주 월요일 휴관

▶ MINI DATA

| 입장료 | 없음   주차 | 가능   분류 | 전시, 체험시설

한지로 유명한 전주에서 만나는, 종이와 관련된 모든 것을 보고 체험할 수 있는 독특한 박물관이다. 이곳에서는 종이의 탄생과 전파 과정을 비롯해 종이의 쓰임새와 종이가 인간의 문명에 끼친 영향 등을 각종 영상자료와 유물을 통해 알아볼 수 있다. 관람객이 종이접기를 해볼 수 있는 종이접기 코너와 안네 프랑크, 베토벤, 이중섭 등 역사적 인물과 관련된 종이 이야기와 이어령, 정명훈 등 현존하는 인물들의 종이에 얽힌 이야기를 살펴보며 종이의 미래를 알아보는 코너도 마련되어 있다. 애니메이션을 통해 종이의 가치를 되새겨볼 수 있는 영상실과 종이의 이색적인 쓰임새를 살펴볼 수 있는 전시실도 둘러볼 수 있다. 한지의 종류와 그 쓰임새를 비롯해 한지의 제조 과정 전체를 재현해서 보여주며, 관람객이 직접 제조 과정을 체험할 수 있도록 꾸며진 생생한 체험 공간이다.

전동성당

손꼽히는 아름다운 성당

| 위치 | 전라북도 전주시 완산구 전동 200-1
전라북도 전주시 완산구 태조로 51
| 운영시간 | 종일, 연중무휴

▶ MINI DATA

| 입장료 | 없음   주차 | 가능   분류 | 종교시설

우리나라에서 가장 아름다운 성당 중 하나로 꼽히며 로마네스크 양식의 웅장함을 보여주는 전동성당은 호남지역의 서양식 근대 건축물로는 가장 오래된 것으로 사적 제288호로 지정되어 있다. 성당이 세워진 자리는 원래 전라감영이 있던 자리로 우리나라 천주교 첫 순교자가 나온 곳이기도 하다. 프와넬 신부의 설계로 중국에서 벽돌 제조 기술자를 직접 데려 오는 등 많은 노력을 기울인 끝에 공사 시작 7년 만인 1914년 완성되었다. 성당 내부의 둥근 천장과 스테인드글라스가 아름다우며 화강암 기단 위에 붉은 벽돌로 이루어진 건물 외관과 중앙 종탑을 중심으로 작은 종탑들을 배치한 상부의 조화로 웅장함이 느껴진다. 성당 앞의 하얀 그리스도상이 성당의 아름다움을 더욱 돋보이게 하며 '한국 최초 순교터' 라고 새긴 기념비도 세워져 있다.

한벽당

음악이 흐르는 정자

| 위치 | 전라북도 전주시 완산구 교동 산7-3
         전라북도 전주시 완산구 기린대로 2
| 운영시간 | 종일, 연중무휴

▶ MINI DATA
| 입장료 | 없음   주차 | 가능   분류 | 역사, 문화유적

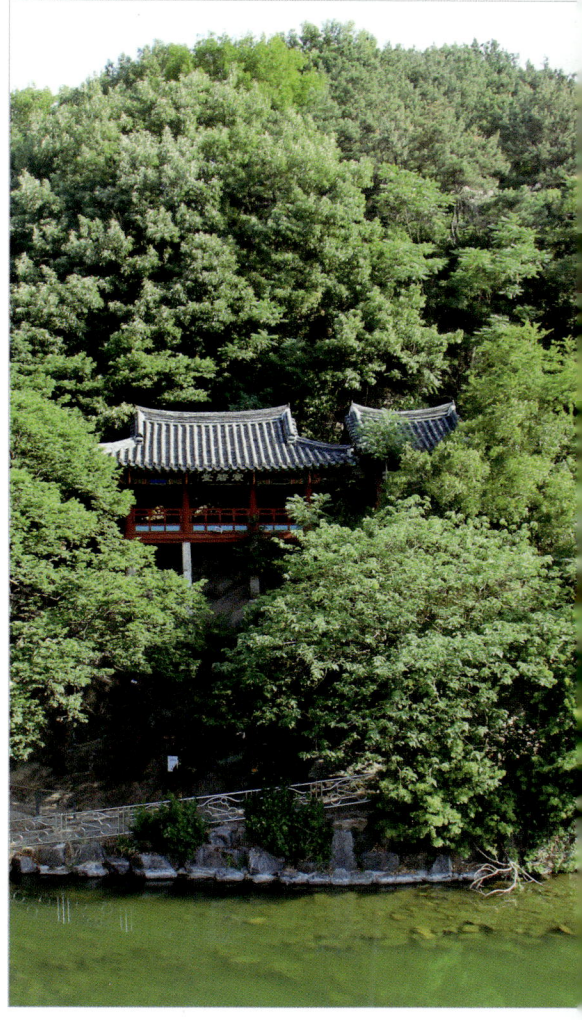

전주천을 따라 시내로 진입하는 한벽교 주변으로 자리하는 정자는 그 모습이 운치 있다. 발산이라 불리는 작은 언덕 위 절벽을 깎아 만든 자리에 기둥을 세우고 물결을 바라볼 수 있도록 세워진 정자는 남원의 광한루, 무주의 한풍루와 함께 호남삼한으로 불렸던 한벽당이다. 지금의 모습은 한벽교에 가려 옛 멋을 제대로 느끼기 힘들지만 정자에 앉아 마음의 눈으로 다리를 지우고 주변 경관을 살펴본다면 가히 천하의 절경이라는 감탄사가 절로 나온다. 조선 개국공신으로 집현전 직제학을 지낸 월당 최담이 자신의 집 근처에 지은 별장인 이곳은 한벽청연이란 멋진 별칭과 함께 전주팔경의 첫손에 꼽힌다. 한벽교 아래 어두운 터널을 지나 그 입구를 맞닿는 지금의 모습은 옛 모습을 잃은 안타까움이 더욱 크다. 월담 유허비를 지나 계단을 오르면 한벽당과 작은 별채처럼 자리하는 정자 요월대가 어우러지는 경관이 나타난다. 바위에 부서지는 하얀 물결의 포말을 보며 전국의 수많은 음유시인들이 이곳을 찾아 자연과 어울리며 시를 짓고 노래를 불렀다 한다. 콘크리트 어두운 빛의 다리와 줄어든 수량으로 개울이 되어버린 전주천의 모습이 못내 아쉽다. 저녁시간 색색의 조명이 주변의 어둠을 지우면 정자의 아름다움과 오래된 기둥 사이로 배어 있는 옛 풍류의 멋을 조금은 느낄 수 있다. 인근 전주 전통문화센터에서 열리는 전통공연과 함께 한다면 더욱 좋을 듯하다.

→ **비빔밥과 콩나물국밥, 전주의 특별한 음식들**

전주는 맛을 찾아가는 여행지로도 손색이 없다. 콩나물과 돌솥밥이 어우러지는 갖은 양념의 비빔밥에 육회를 넣어 익혀먹는 전주돌솥비빔밥도 특별하고 시원한 맛의 따뜻한 육수에 김과 날달걀을 함께 먹는 콩나물국밥은 전주를 대표하는 맛이다. 콩나물국밥 하나도 전통 전주식과 남부시장식의 두 가지로 나뉘고 비빔밥도 이름 있는 음식점마다 조금씩 그 맛을 달리하니 골라먹는 재미 또한 더한다.

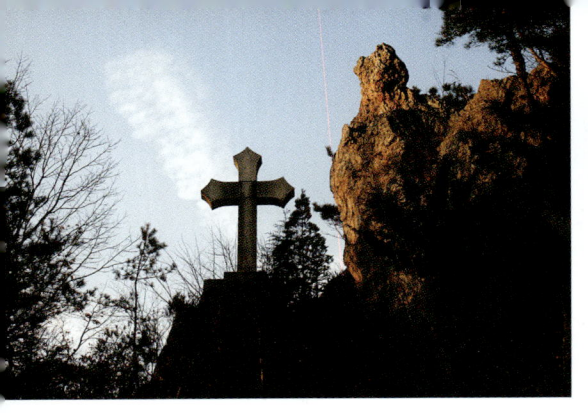

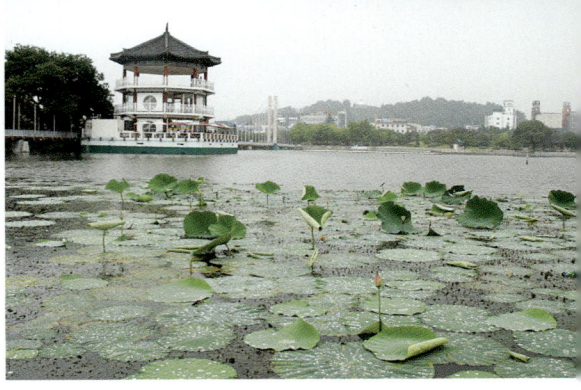

치명자산 성지

호남지역 천주교 순례 1번지

| 위치 | 전라북도 전주시 완산구 대성동 산11-1
　　　전라북도 전주시 완산구 낙수정2길 103-88
| 운영시간 | 종일, 연중무휴

▶ MINI DATA

| 입장료 | 없음　　주차 | 가능　　분류 | 종교시설

예전에는 승암산이라고 불렸던 치명자산은 산비탈을 따라 조성된 천주교 순례지로 명성을 얻고 있는 곳이다. 1784년 호남 지역에 처음으로 천주교를 전하고 국사범으로 처형된 유항검의 아들 유중철(요한)과 아내 이순이(루갈다)가 신유박해 때 순교하여 산 정상에 묻혀 있는데, 이들 부부는 독실한 신앙생활을 위해 4년 동안 동정을 지키다 순교한 것으로 유명하며 부인 이순이의 세례명을 따 루갈다산이라고도 불린다. 벼랑 끝 십자가를 세운 성지 아래로는 화강암으로 지은 산상성당이 있으며 산비탈을 따라 오르는 골고다 십자가의 길은 최고의 성지 순례길로 꼽는다. 순교자의 언덕이라는 의미의 파리 몽마르뜨 언덕처럼, 야외 음악회와 소풍지로도 사랑 받는 몽마르뜨 광장과 신도들이 손수 조성한 기도 꽃길은 조용히 명상하며 정상까지 오를 수 있어 천주교 신자가 아닌 이들도 즐겨 찾고 있다. 바위로 이루어진 산 정상에서는 전주 시내가 한눈에 들어오며 일몰 풍경을 담으려는 사진 작가들도 많이 찾고 있다.

덕진공원

연꽃의 화원

| 위치 | 전라북도 전주시 덕진구 덕진동1가 1316-2
　　　전라북도 전주시 덕진구 권삼득로 390
| 운영시간 | 공원 종일, 갤러리 10:00~20:00, 6~9월 10:00~
　　　22:00, 연중무휴

▶ MINI DATA

| 입장료 | 없음　　주차 | 가능　　분류 | 공원

덕진공원은 전주 시내에 위치하는 멋진 공원으로, 드넓은 호수를 안고 있다. 옛 전주 땅의 완산부에 도읍을 정한 후백제의 견훤이 풍수지리를 따라 땅을 파고 물을 끌어 연못을 만들었다고 하나 지금 형태는 고려 시대에 들어 이루어진 자연호수로 보인다. 무엇보다 공원을 상징하는 경관은 여름날 호수 위를 가득하게 채우는 연꽃의 장관이다. 중심을 가르는 현수교를 따라 호수의 절반을 채우는 넓고 푸른 연잎과 그 위로 하얗게 피어나는 하얀색 연꽃은 찾아오는 모두를 감탄하게 만드는 장관이다. 뜨거운 햇빛의 여름날보다 보슬비가 내리는 호수 주변을 우산 아래 좋은 사람과 함께한다면 잊을 수 없는 추억을 만드는 시간이 된다. 인근의 전북대학교 주변의 멋진 찻집과 함께하면 더욱 좋다.

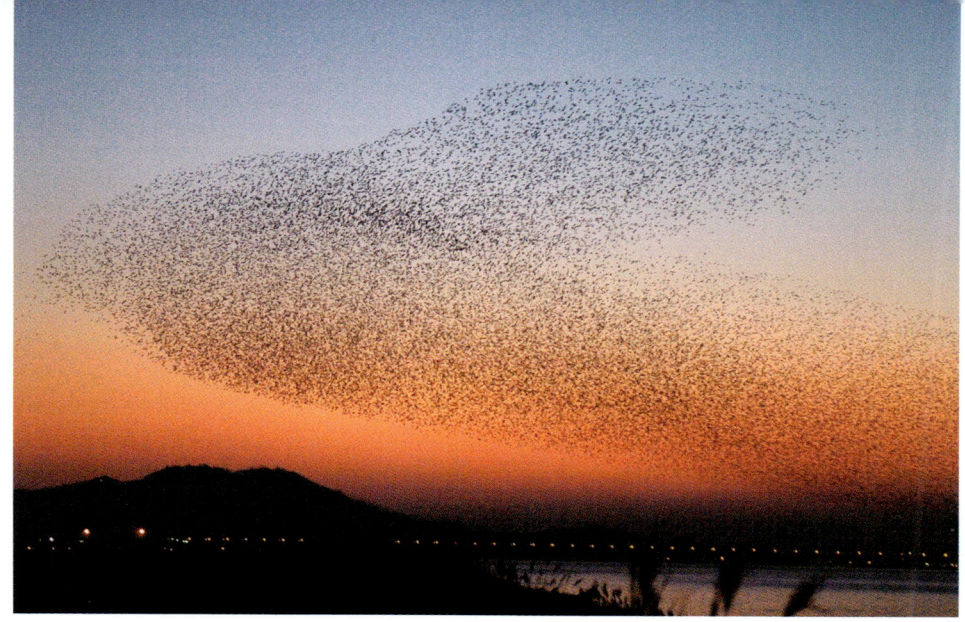

금강 철새조망대 자연의 축제

| 위치 | 전라북도 군산시 성산면 성덕리 411-1
　　　　전라북도 군산시 성산면 철새로 120
| 운영시간 | 조망대 10:00~17:00, 관람 10:00~18:00, 연중무휴

▶ MINI DATA

| 입장료 | 있음　　주차 | 가능　　분류 | 전시, 체험시설

서해 바다와 금강을 가르는 금강 하구 둑은 구릉지대를 이루고 강과 바다의 먹거리를 찾는 철새들은 너른 평야를 가득 채운다. 겨울을 나기 위해 서해안을 찾은 철새들은 이곳에 자리를 잡고 어울리며 번식을 한다. 서산천수만, 주남저수지와 함께 우리나라 3대 철새 도래지로 알려진 이곳은 철새의 모습을 가장 가까운 거리에서 관찰할 수 있는 장소다. 11층 높이의 철새조망대는 국내 최대 규모의 철새 관찰시설로 겨울철 자연학습의 명소로 알려져 있다. 360° 회전하는 전망시설에서 탐망경으로 고니, 물떼새, 말똥가리, 오리, 개리 등 세계적으로 희귀한 철새들의 모습을 관찰할 수 있다. 분위기 좋은 회전레스토랑에서 식사를 즐기며 철새를 관찰하는 것은 더욱 특별하다. 지상층의 전시관은 쉽게 배우기 힘든 철새들의 종류와 특징, 그 가치를 공부할 수 있는 훌륭한 자연학습장

이 되고 커다란 철새의 외형으로 만들어진 철새신체전시관은 여느 곳에서 보기 힘든 시설이다. 야외전시장에 자리잡은 부화장은 주변에서 쉽게 볼 수 있는 닭, 오리에서부터 꿩, 금계 등까지 알을 부화시키고 관찰하는 이색적인 곳으로 아이들에게 더욱 좋다. 겨울철 철새들의 방문과 함께 12월 준비되는 군산철새관광페스티벌은 군산의 겨울을 대표하는 축제로 지역의 멋진 자연경관과 유적지, 철새를 탐방하고 군산항 인근의 먹거리를 푸짐하게 즐기는 특별한 시간이다. 겨울철 당일 여행지로는 더할 수 없이 좋은 곳이 아닐까 싶다.

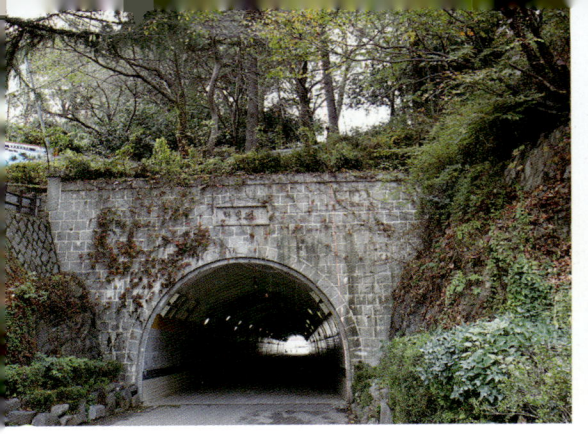
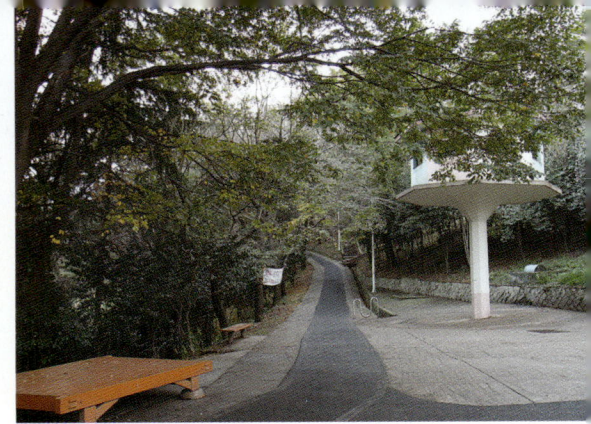

해망굴

일제 때 물자 반출을 쉽게 하기 위해 만든 굴

| 위치 | 전라북도 군산시 금동 20-3 인근
　　　　전라북도 군산시 중앙로 230 인근
| 운영시간 | 종일, 연중무휴

▶ MINI DATA
| 입장료 | 없음　주차 | 가능　　분류 | 역사, 문화유적

월명공원

벚꽃잎 비가 되어 날린다

| 위치 | 전라북도 군산시 신흥동/해망동 일대
| 운영시간 | 종일, 연중무휴

▶ MINI DATA
| 입장료 | 없음　주차 | 가능　　분류 | 공원

해망굴은 일제강점기 때인 1926년 군산 내항과 시내를 연결하기 위하여 만든 터널이다. 곡창지대인 호남에서 생산된 쌀이 기차나 도로를 통하여 군산으로 모이고 다시 항구에서 배에 실려 일본으로 가는 운송과정 속에서 해망굴은 시내의 물자를 보다 빠르고 편하게 항구로 나르기 위한 목적으로 만들어졌다. 반원형의 터널로 길이가 130m인데 최근까지 이곳으로 차량이 통행했다고 하나 지금은 사람들만 왕래할 뿐이다. 입구 주변으로 잘 살펴보면 총탄의 흔적을 찾을 수 있는데 한국전쟁 당시 이곳에 자리한 인민군 부대 지휘소에 연합군이 공격한 흔적이다. 굴 안으로 들어가면 서늘한 느낌이 '일제강점기 때 얼마나 많은 물자가 이 터널을 이용해서 반출되었을까' 하는 생각을 불러일으켜 그 안에 담긴 조선인들의 피와 땀에 대하여 생각하게 된다. 군산항 쪽으로 나가면 주변으로 60~70년대 분위기의 건물들이 줄지어 서 있는데 일제 때 지어진 건물에 자리잡은 미용실의 풍경에 시간이 멈춘 듯하다.

일본인이 많이 모여 살던 군산에는 벚나무가 많이 심겨 있는데 전주와 군산을 잇는 26번 국도인 전군가도의 가로변에는 봄이면 하얗게 피어난 벚꽃으로 유명한 월명공원이 있다. 산책로가 오르내림이 있어 많은 사람들이 운동하러 찾으며, 공원 안에는 해병대충혼탑과 개항기념탑, 채만식기념비, 삼일운동기념비 등 군산의 역사를 알려주는 기념비들이 곳곳에 서 있다. 산책로를 따라 위로 오르면 전망대에 이르는데 이곳에 올라 보는 군산 시가지와 군산항의 풍경은 장관이다. 시설은 동네공원이라 할 수 있는 곳이지만 멋진 바다 경치가 어우러지니 그 아름다움은 군산의 자랑이라 할 만하다. 월명공원으로 올라가는 길에는 일제 때 지어진 동국사라는 절이 있는데, 우리 전통 사찰이 아닌 일본식 사찰이라는 점이 특이하여 월명공원과 함께 둘러볼 만하다. 현재 우리나라에서 유일하게 남아 있는 일본식 사찰로 대웅전과 요사채 등을 둘러보면 절이라기보다 일본의 단정한 가정집 같다는 느낌을 받게 된다.

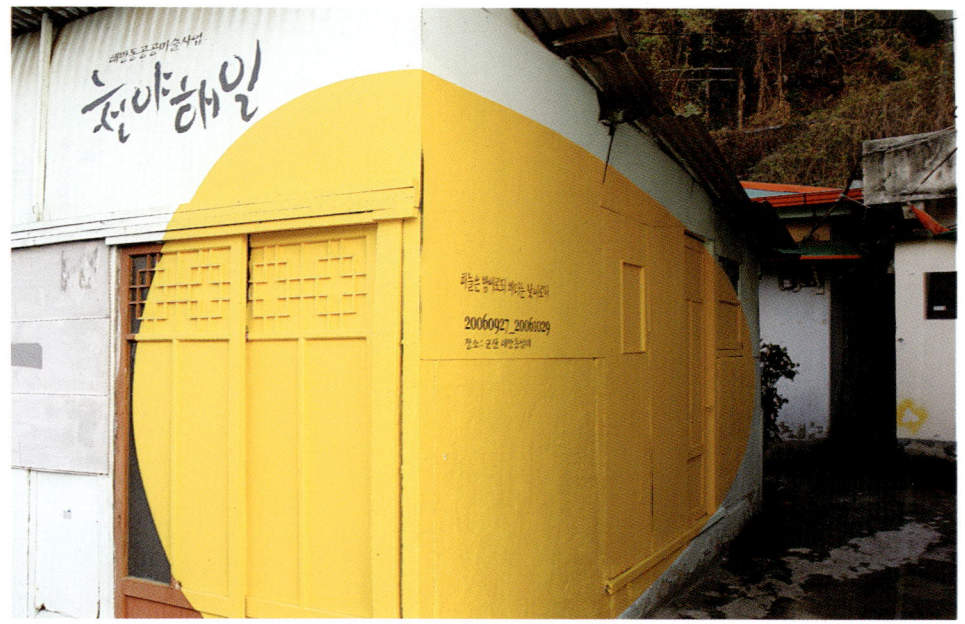

해망동과 공공미술프로젝트 '천야해일'

바다를 바라보는 동네, 그곳에 그려진 그림

| 위치 | 전라북도 군산시 해망동 일대
| 운영시간 | 종일, 연중무휴

▶ MINI DATA
| 입장료 | 없음　주차 | 가능　분류 | 거리, 시장

바다를 바라보는 마을, 해망동은 월명산 자락에 기대고 있는 동네이다. 가파른 언덕에 자리하고 있으니 쉽게 설명하면 '산동네' 쯤 되겠지만 이곳에서 내려다보는 군산항의 시원한 풍경은 60~70년대 분위기를 그대로 가지고 있어, 종종 영화나 드라마의 촬영지로 이용된다. 영화 「타짜」도 이곳에서 촬영했다고 한다. 골목골목 놓인 집들 사이사이로 마을 주민들과 예술인들이 한데 어울려 이곳을 거대한 미술관으로 꾸며냈으니 바로 2006년에 천야해일이란 제목으로 열린 공공미술프로젝트이다. '하늘은 밤이로되 바다는 낮이로다' 라는 의미로 동네 곳곳에 그림이 그려지고 설치미술 작품이 세워졌는데 마을 주민들의 삶과 이야기 그리고 희망을 담은 작품으로 젊은 작가들이 몇 달 동안 이곳에 머물며 주민과 소통한 결과라 한다. 지금은 그때의 작품들이 바람에 날아가고 눈비에 지워졌지만 아직 곳곳에 그 흔적이 남아 있다. 관광지가 아닌 사람 사는 동네인 만큼 돌아볼 때 마을 사람들에 대한 예의는 지켜야 하겠다.

> **→ 군산항의 먹거리**
>
> 군산항 주변의 금동횟집타운은 청정바다에서 갓 올라온 싱싱하고 푸짐한 회로 유명하다. 음식 인심이 좋다는 호남지방에 사는 사람들도 마음껏 회를 즐기기 위해서는 이곳을 찾을 정도, 20여 곳의 횟집들은 하나같이 기분 좋은 한 끼 만찬을 즐길 수 있다. 끊이지 않고 나오는 주변 반찬은 처음 찾는 사람이라면 음식이 잘못 나온 것이 아닌지 궁금해질 정도다. 마지막을 장식하는 매운탕까지 남김없이 즐긴다면 포만감에 배를 주체하기 힘들다.

선유도~장자도~
대장도~무녀도

신선이 노닐던 섬

| 위치 | 전라북도 군산시 옥도면 선유도리 일대
| 운영시간 | 종일, 연중무휴

▶ MINI DATA
| 입장료 | 없음　　주차 | 불가능　　분류 | 바다, 섬

10개의 유인도와 20개의 무인도로 이루어진 고군산 군도의 한 가운데에 위치한 선유도는 '신선이 머물며 즐길 정도로 아름답다' 해서 이름 붙은 섬이다. 서해안에서 가장 인기 있는 섬 여행지 중의 한 곳이지만 자동차가 들어갈 수 없어 한여름 피서철에도 여유 있는 여행을 즐길 수 있으며 가까이 있는 장자도, 대장도, 무녀도와 현수교로 연결되어 있어 섬 여행의 즐거움이 한층 더해진다. 선착장에 내려 오른쪽 포장도로를 따라 가면 선유도의 중심이 되는 명사십리해수욕장에 도착하게 된다. 실제로는 10리(약 4km)에 훨씬 못 미치는 1.5km 정도의 해안이지만 모래의 결

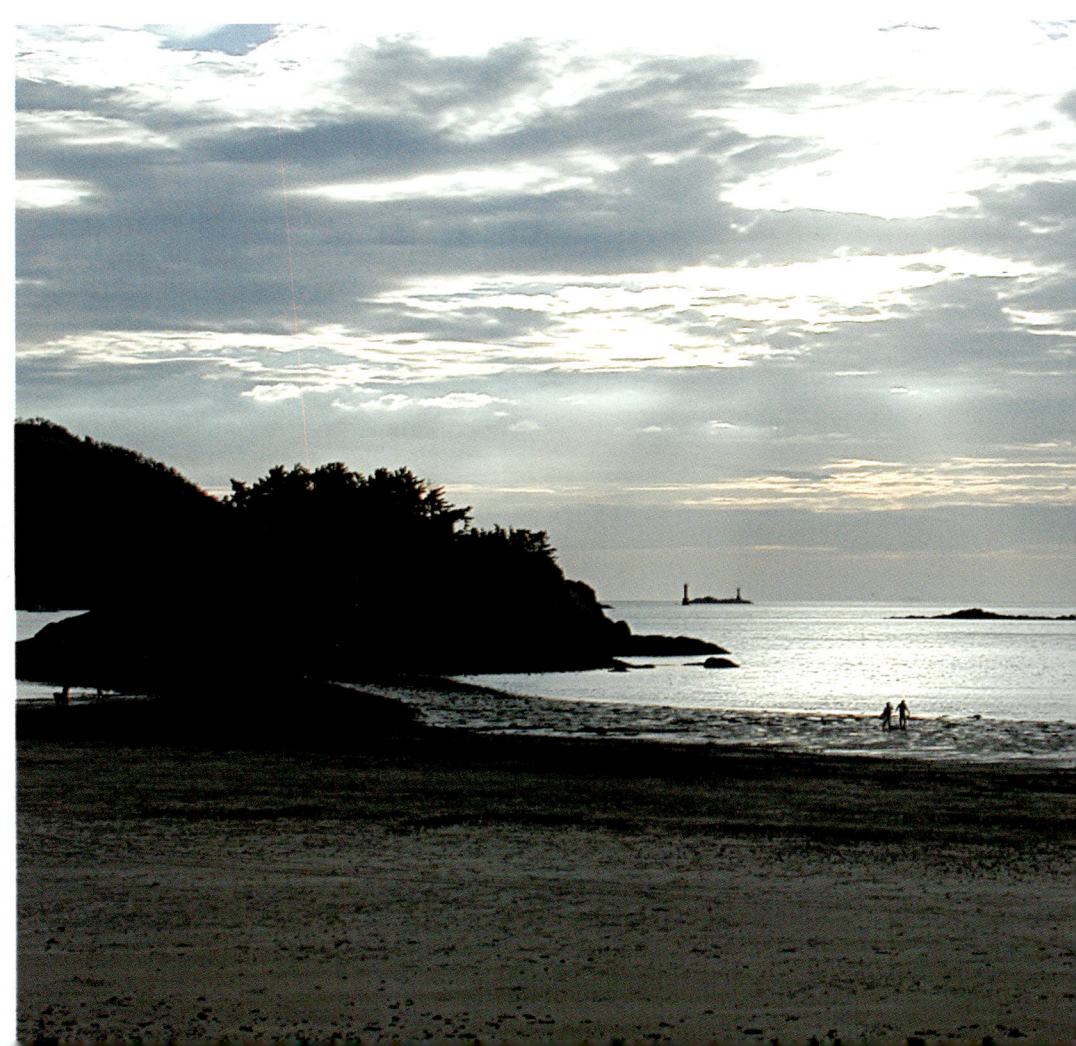

이 곱고 눈앞으로 장자도를 비롯한 고군산군도의 섬이 한 폭의 수채화처럼 떠 있어 이곳에서 바라보는 일몰은 선유팔경 중 하나로 꼽힐 만큼 환상적이다. 물이 빠지고 갯벌이 드러나면 호미 하나 들고 지천으로 널린 맛조개를 잡는 재미도 맛볼 수 있다. 이곳에 귀양 왔던 선비가 임금을 그리워하다 바위산으로 변했다는 전설이 깃든 명사십리의 끝에 있는 망주봉에 오르면 명사십리가 한눈에 들어오고 장마 뒤 물이 불었을 때 찾으면 역시 선유팔경으로 꼽히는 망주폭포를 감상할 수 있다. 선유도를 즐기는 가장 좋은 방법은 자전거 하이킹이다. 선착장이나 해수욕장 앞에서

자전거를 빌려 268m의 현수교로 연결된 장자교를 건너 한때 고군산열도의 중심 어장이었던 장자도와 할매바위가 있는 대장도까지 갈 수 있는데 장자도와 대장도 사이 다리 위에서 바라보는 일몰이 아름답기로 유명하다. 대장도까지 갔다가 다시 반대로 나와 선유도 뒤편의 몽돌해변으로 간다. 몽돌을 파고드는 독특한 파도소리와 작은 갈대밭의 풍경이 아름다우며, 조용하게 해수욕을 즐기려는 가족 단위 피서객에게 안성맞춤이다. 조용한 어촌 풍경을 그대로 간직한 무녀도는 무당이 춤을 추는 모습을 닮았다 해서 이름 붙여졌는데, 전체 해안선의 길이가 11.6km밖에 되지 않는 작은 섬이지만 고군산군도의 다른 섬들과는 달리 약 10ha의 논과 약 60ha의 염전이 있고 어족자원도 풍부하다고 알려져 있다. 숨은 그림을 찾듯 선유도 곳곳의 절경을 둘러보는 멋진 여행은 서너 시간으로도 가능하다.

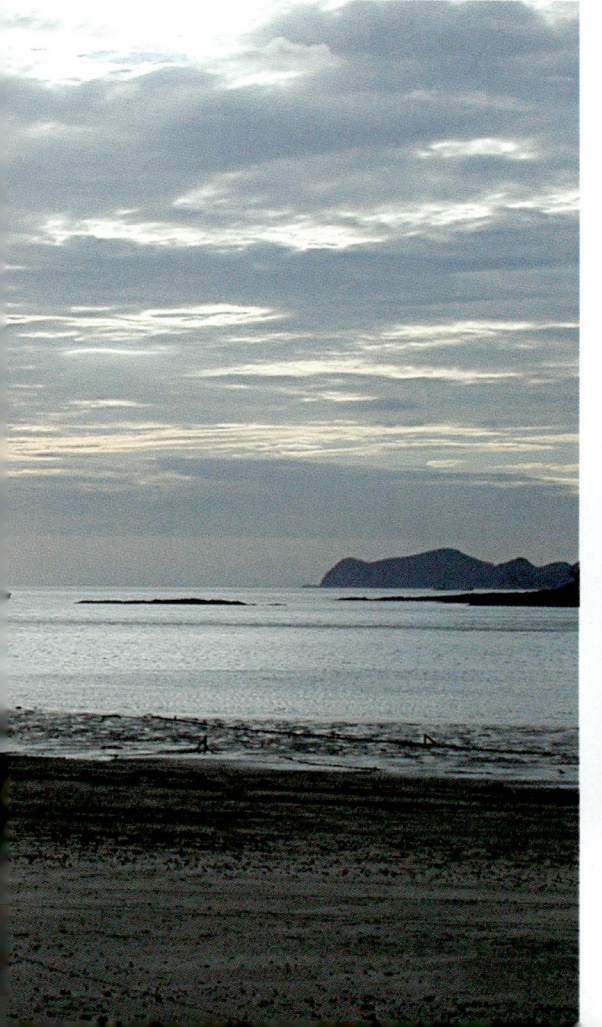

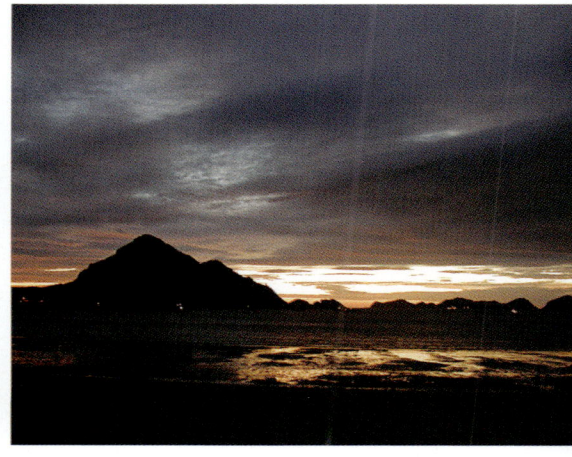

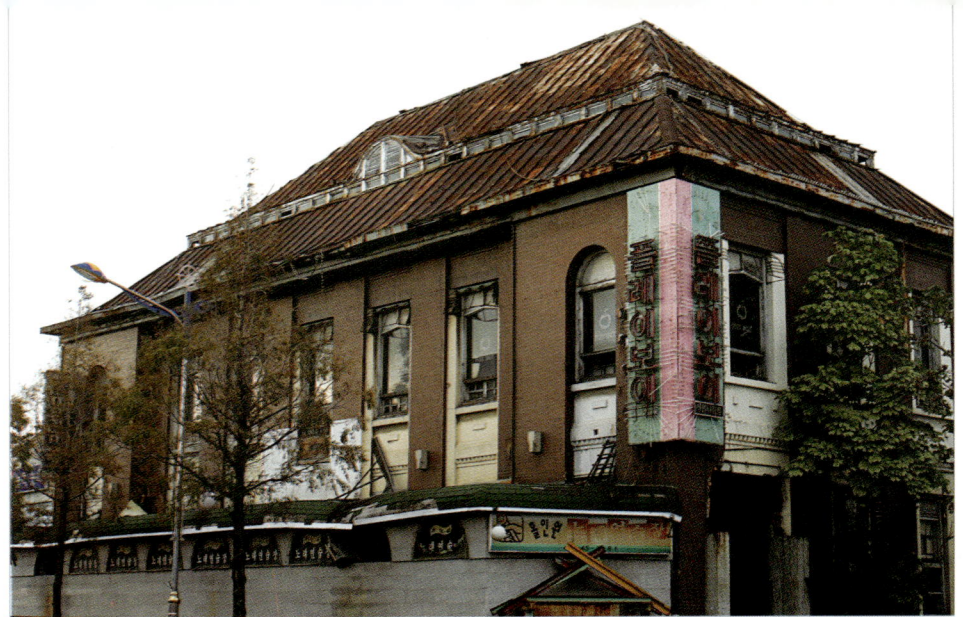

군산 시내 일제시대 건물 일제 때 만들어진 100년 된 건물과 일본 동네

| 위치 | 전라북도 군산시 내항 일대
| 운영시간 | 종일, 연중무휴

▶ MINI DATA
| 입장료 | 없음   주차 | 가능   분류 | 역사, 문화유적

군산 시내에는 일제 때 만들어진 건물들이 많이 남아 있다. 특히 내항 주변에 옛 건물들이 여럿 모여 있다. 군산 내항 표지판을 따라 들어가면 오른편으로 보이는 쓰러져 가는 건물이 조선은행 건물이다. 1923년에 독일인 기술자에 의해 설계되어 중국인들에 의해 지어졌다고 알려진 이 건물은 무도회장 간판을 붙인 채 폐허처럼 남아 있다. 주변에 차를 세우고 안쪽으로 걸어 들어가면 보이는 창고 등의 건물들이 일제 때 만들어진 것들이라 시간여행을 하는 기분이 든다. 큰 길가로 지금은 중고매매상의 사무실로 사용되고 있는 장기십팔은행 건물이 있는데 이 건물 역시 무도회장 간판을 붙이고 있어 눈길을 끈다. 조선은행과 장기십팔은행 건물이 제대로 보존되지 않고 있는 경우라면 옛 군산세관 건물은 지금까지 잘 보존된 건물로 1908년에 지어져 100년의 역사를 담고 있다. 뾰족한 첨탑에 둥근 아치형의 창,

현관 앞으로 난 처마 등 낯익은 모습은 바로 서울에서 볼 수 있는 서울역사와 남대문에 있는 한국은행 건물과 닮았다. 관리인이 있을 때 들어가서 관람할 수 있다. 군산 내항 쪽으로 상업시설이 자리하고 있다면 길 건너 영화동, 신흥동으로는 옛날 일본인들이 모여 살았던 집들을 볼 수 있다. 마치 일본의 주택가를 걷는 느낌을 받는데 일제 때 이곳에 일본인이 1만 명이나 거주했다고 한다. 일본 학자들조차 당시 일본 주택의 원형을 일본보다 더 잘 간직하고 있다고 평가할 만큼 잘 보존되어 있는 곳이지만, 현재 보존과 개발 사이에서 논쟁 중이다. 허물어 버리면 다시 그 시간을 되돌릴 수 없다는 점을 생각하면 이곳에 살고 있는 주민들과 보존을 책임을 지고 있는 행정당국이 서로 협의하여 만족할 수 있는 지혜로운 해결책이 나왔으면 하는 바람이다.

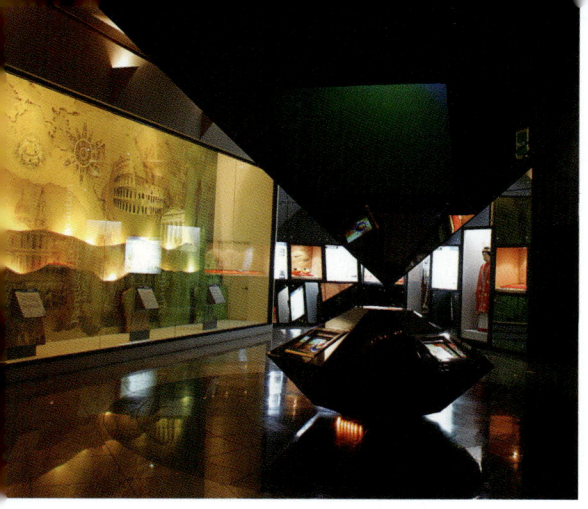

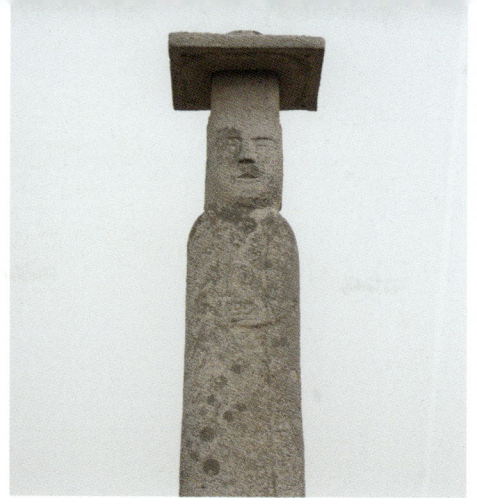

익산 보석박물관

빛나는 전시관

| 위치 | 전라북도 익산시 왕궁면 동용리 541-1
　　　전라북도 익산시 왕궁면 호반로 8
| 운영시간 | 10:00~18:00, 매주 월요일 휴관

▶ MINI DATA
| 입장료 | 있음　　주차 | 가능　　분류 | 박물관

국내 석재 생산의 70%를 차지하며 수준 높은 보석 가공 기술로 세계적인 명성을 누렸던 익산은 수많은 가공 공장들이 저비용의 외국으로 이전하면서 과거의 활기를 잇지 못하고 있다. 비교가 힘들 정도의 낮은 가격으로 생산되는 후발 국가들과의 가격 경쟁이 힘들지만 더욱 수준 높은 가공 기술의 개발로 경쟁력을 다시 갖추기 위한 노력의 일환으로 보석박물관이 개관되었다. 피라미드를 연상시키는 입구를 통해 박물관으로 들어가면 수억 원대에 이른다는 보석들이 찬란한 빛을 발하고 있다. 원석들이 세공 과정을 거쳐 영롱한 빛을 지니는 보석으로 탄생하는 과정을 모형으로 전시하고 있고 갱도를 재현한 동굴 전시관을 따라 다양한 보석의 활용에 대해 공부할 수도 있다. 찬란한 빛을 내는 고가의 보석들을 한곳에서 구경하는 전시관의 화려함은 뭐니 뭐니 해도 16억원에 이른다는 '보석의 꽃'이라는 작품에서 절정을 이룬다.

동·서고도리 석불

키다리 부처님

| 위치 | 동고도리 전라북도 익산시 금마면 동고도리 1086
　　　서고도리 전라북도 익산시 금마면 서고도리 400-2
| 운영시간 | 종일, 연중무휴

▶ MINI DATA
| 입장료 | 없음　　주차 | 가능　　분류 | 불교유적

왕궁리 유적지 인근 마주보고 서 있는 두 개의 석불상은 별난 모습이다. 작은 왕릉인 듯 봉긋한 흙무덤 위로 자리하는 석불상은 기다란 몸통과 갓을 쓴 얼굴, 현대 미술 작품인 듯 간략하게 마무리된 조각 등 여느 곳에서 볼 수 없는 특별함을 보여준다. 더구나 200여 미터의 짧지 않은 거리를 두고 똑같은 모습의 석불이 얼굴을 마주하고 있다. 얼핏 돌장승처럼 보이는 석불상은 고려시대의 작품으로 추정되지만 시기가 정확하지 않고 단지 조선시대의 기록으로 금마면 지역의 지세를 누르기 위한 수호물로 자리하였다는 이야기가 전해지고 있다. 화려함이나 근엄함과는 거리가 먼 키다리 아저씨의 모습이지만 개울을 사이에 두고 음력 12월 늦은 밤 서로가 만나 새벽닭이 울 때까지 아쉬운 만남의 시간을 보낸다는 전설은 민간신앙의 대상이 되었을 석불의 존재를 느끼게 만든다.

미륵사지

백제 최대의 사찰

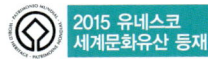

위치 | 전라북도 익산시 금마면 기양리 104-1
전라북도 익산시 금마면 미륵사지로 362
운영시간 | 09:00~18:00, 매주 월요일 휴관

▶ MINI DATA

입장료 | 없음   주차 | 가능   분류 | 불교유적

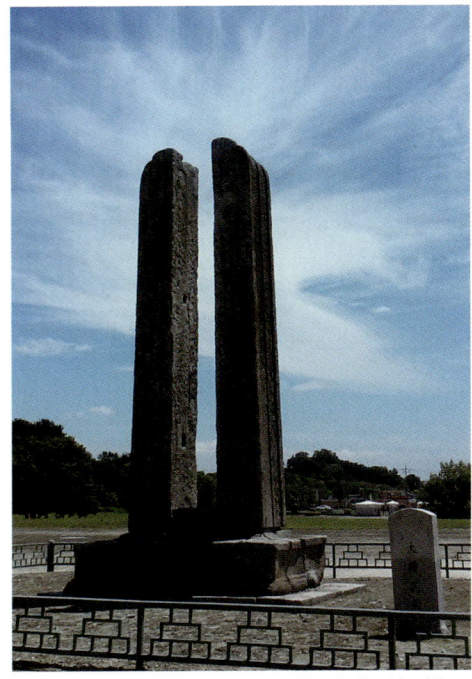

Photo by Republic of Korea

미륵산 자락 너른 터를 배경으로 자리하고 있는 미륵사지는 역사의 비밀을 간직하고 잇는 소중한보물 창고이다. 석탑과 당간지주, 그리고 석등 등은 훼손되어 지금은 아주 적은 부분만을 보여주지만 천 년을 굳건히 버틴 돌기둥 하나만으로도 찬란했던 백제의 전성기를 엿볼 수 있다. 남아 있는 공간만으로도 미륵사지가 우리나라 최대 규모의 사찰이었음을 짐작하기는 어렵지 않다. 「삼국유사」에는, 미륵사지가 7세기에 백제의 무왕(640-641)이 왕비와 함께 미륵산에 위치한 사자사로 향하던 중 미륵삼존불을 만난 것을 계기로 왕비의 청을 받아들여 축조된 절이라 전해진다. 이곳은 서동요로 알려진 선화공주와 무왕의 깊은 불심이 깃든 장소로, 더욱 강력해진 국력으로 신라의 문화까지도 융합하는 백제국의 모습이 담겨 있다. 3개의 탑과 3개의 금당이 위치했던 사찰은 유물 전시관에 복원되어 화려했던 백제의 영화를 느낄 수 있다. 전체 9층 높이였던 것으로 추정되는 서탑은 현재 6층까지만 남아 있다. 그러나 이마저도 일제강점기 당시 허술한 복원으로 인해 시멘트가 흉측한 모습으로 덧칠되어 있어 아쉬움을 자아내게 한다. 여러 기록에 따르면, 미륵사가 폐사된 시기는 임진왜란을 전후한 17세기경으로 추정된다. 미륵사지에 대한 조사는 1974-75년도에 동탑지를 시작으로 하여, 본격적인 조사는 1980년도에 착수했다. 발굴 결과, 미륵사지 초창기의 사찰은 백제시대에 완성되었으나 현재의 가람배치는 통일신라시대에 완성된 것으로 판명되었다. 한 변의 길이가 10m에 이르고, 추정 높이가 26m인 거대한 탑은 화려한 옛 모습을 다시 찾기 위해 대규모 해체, 복원작업을 진행하고 있다. 1992년 옛터에 복원된 동탑은 그 형식과 모양은 같을지언정 서탑에서 느낄 수 있었던 중후함은 찾을 수가 없다. 서탑과 동탑 사이에 서 있는 목탑은 매우 장대한 모습을 자랑한다. 앞으로 더욱 많은 시간이 소요되더라도 서탑의 복원이 제대로 이루어지기를 소망하는 바이다. 서탑 인근에 위치한 미륵사지 유물전시관은 미륵사지에서 발굴된 유물을 중심으로 백제 불교문화를 살펴볼 수 있는 장소이다. 아주 작은 조각들만이 남아 있는 미륵사지의 모습이지만, 이 조각들로 하여금 웅장한 옛 모습을 상상 속에서 퍼즐처럼 맞추어볼 수 있다. 전시관을 꼼꼼하게 둘러보고 서탑 복원현장을 관찰하는 탐방로를 따라 수많은 석재로 이루어진 탑의 내부를 둘러보자. 복원과정을 직접 확인하는 새로운 시간을 즐길 수 있을 것이다.

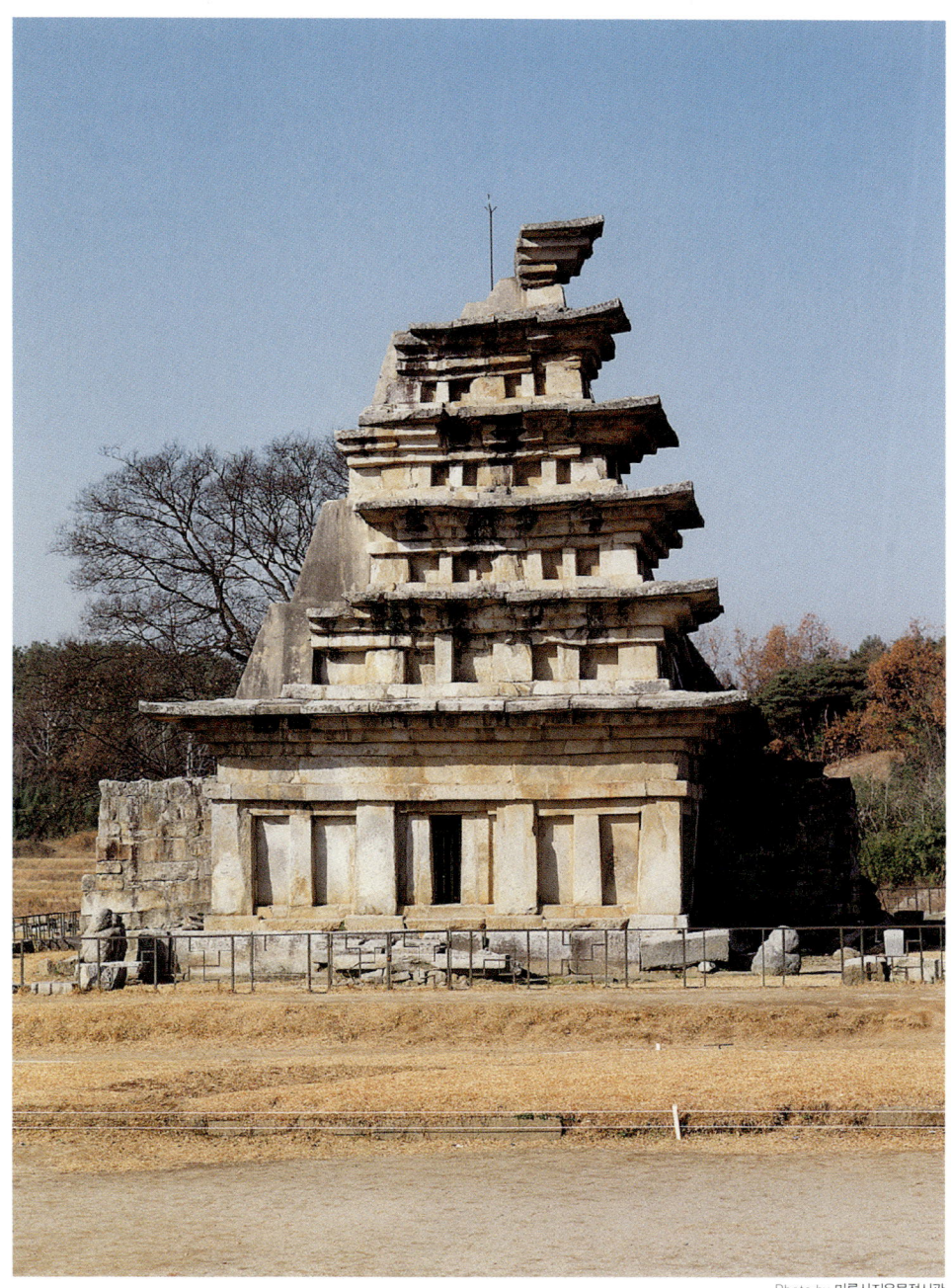

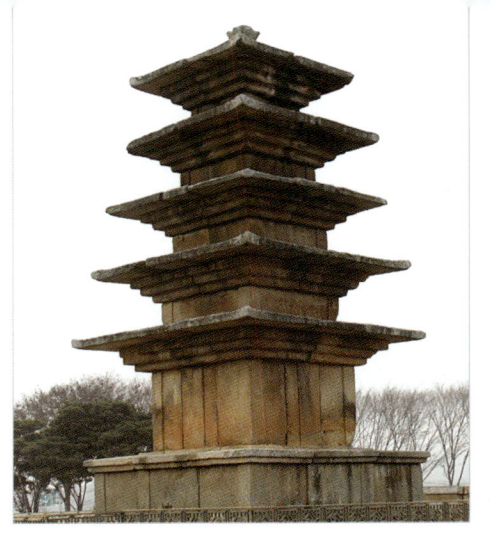

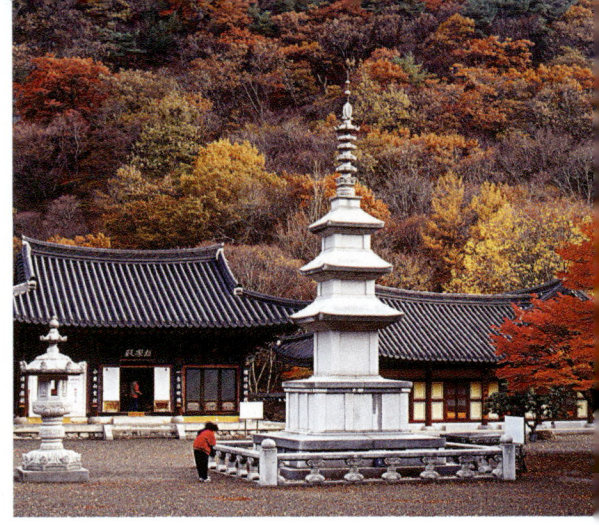

왕궁리 오층석탑
금마도읍설의 터전

| 위치 | 전라북도 익산시 왕궁면 왕궁리 산80-1
　　　　전라북도 익산시 왕궁면 궁성로 666 인근
| 운영시간 | 09:00~18:00, 매주 월요일 휴관

▶ MINI DATA
| 입장료 | 없음　주차 | 가능　분류 | 역사, 문화유적

내장사
사계절 예쁜 사찰

| 위치 | 전라북도 정읍시 내장동 588
　　　　전라북도 정읍시 내장산로 1253
| 운영시간 | 종일, 연중무휴

▶ MINI DATA
| 입장료 | 있음　주차 | 가능　분류 | 불교유적

미륵산 자락 기슭의 너른 터를 가진 왕궁리는 백제가 임시 도읍으로 금마 지역에 자리하였다는 금마도읍설의 중심이다. 마한시대 성터로 알려졌던 이곳은 최근의 발굴 조사로 백제의 관직과 사찰의 이름이 새겨진 와당이 출토되어 새로운 백제 문화유적으로 가치가 높다. 1965년 복원된 왕궁리 오층석탑의 듬직한 모습이 백일홍 우거진 숲 사이로 보이는 경관이 좋은 곳이었다. 발굴조사로 주변 땅을 미로처럼 파 놓아 한적함은 사라졌지만 세심한 조사로 왕궁리의 역사를 제대로 밝히기를 바라는 마음이다. 왕궁리 오층석탑의 모습은 정림사지 오층석탑과 형제인 듯 비슷한 느낌이다. 정확한 제작시기에 관한 논란이 있지만 해체 작업 중 사리함과 청동여래입상 등 국보급 유물이 발굴되어 석탑의 가치를 높였다. 대규모 유적관으로 복원되는 왕궁리의 미래가 기다려진다.

내장사는 사찰의 유래나 유물의 중요성보다 주변을 둘러싼 경관으로 더욱 알려진 듯싶다. 산천이 붉게 물드는 가을 단풍철이면 사찰은 자연의 색을 감상하려는 사람들로 북새통을 이룬다. 호남의 명산으로 알려진 내장산의 기운을 받은 내장사는 백제 무왕 때 창건된 역사적인 사찰이다. 한국전쟁의 아픔으로 완전히 전소되고 지금의 모습에서 옛 멋을 느낄 수 없지만 숲이 우거진 오솔길을 가로막듯 자리하는 일주문에서 사찰 뒤 서래봉까지의 풍광은 변함없이 아름답다. 중생의 번뇌와 성찰을 상징하는 108그루의 단풍나무 숲도 아름답지만 여름날의 푸르름과 겨울날의 흰 눈으로 뒤덮인 모습도 놓치지 말자. 부드러운 능선과 봉우리를 하얗게 단장한 겨울날 사찰을 찾으면 고요함 속에 또다른 풍경을 감상할 수 있다.

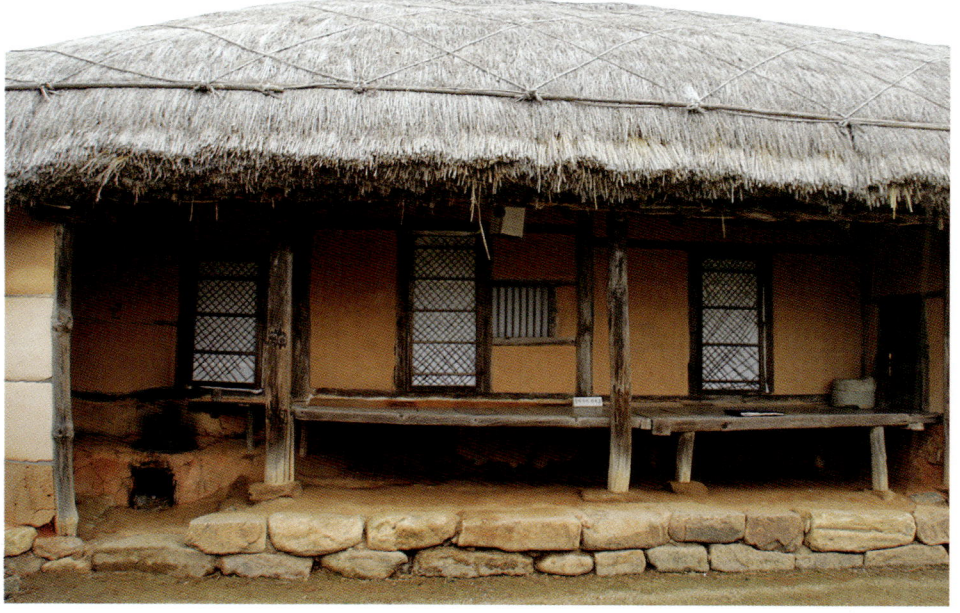

전봉준 장군 고택 녹두장군의 터

위치 | 전라북도 정읍시 이평면 장내리 458-1
　　　　전라북도 정읍시 이평면 조소1길 20
운영시간 | 종일, 연중무휴

▶ MINI DATA
| **입장료** | 없음　**주차** | 가능　**분류** | 역사, 문화유적

장내리 조소마을 큰 길에서도 제법 깊숙한 곳으로 들어가면 2년 여 동안 전 국토를 뒤흔든 동학운동의 중심이 되었던 전봉준의 생가를 만날 수 있다. 평범한 토담이 둘러진 초가집에서 마을 아이들에게 한학을 가르치는 훈장으로 조용하게 살아가던 전봉준은 동학운동 기간 동안 놀라운 지도력과 전략으로 조직적인 훈련을 받지 않은 농민군을 통솔하여 큰 성과를 거둔다. 전주성까지 점령하였던 농민군은 이후 외세의 개입으로 공주 우금치에서 일본군에게 패하고 전봉준은 삶을 마감하였지만 재판 과정에서 보여준 당당함과 논리는 농민군의 대단한 전과가 단순한 우연이 아니었음을, 그리고 이들의 혁명 운동이 당시의 사회를 변화시키려는 조직적인 활동이었음을 증명했다. 그의 죽음을 안타까워하는 당시 백성들의 마음은 전봉준을 아련한 파랑새에 비유하는 녹두가에 담겨 오랜 시간 동안 불려졌다. 1970년대 현재의 모습으로 복원된 전봉준의 생가는 동학운동 이후 관군에 의해 모두 불태워진 주변의 농가 중 유일하게 남아 있던 것이었다고 한다. 당시 농민군이 되었던 백성 모두가 전봉준이고 녹두장군이었다. 따뜻한 마음의 눈으로 생가를 둘러보자.

→ 백산, 높디높은 언덕

전봉준 생가 인근 용계리에 있는 백산은 그 높이가 47m이다. 언덕이라 말하기에도 낮은 곳이지만 정상에 서면 주변 경관을 한 눈으로 담을 수 있다. 동학농민운동은 이곳에서 시작되었다. 호남 창의소가 설치되었던 산은 당시 몰려든, 죽창과 낫을 손에 잡은 백성들의 무리로 산 전체가 하얗게 보였다고 한다. 정상에 자그마한 기념비가 그날을 기념한다.

동학 농민혁명 유적지

제폭구민 보국안민

위치 | 전라북도 정읍시 덕천면 하학리 산8
      전라북도 정읍시 덕천면 동학로 715
운영시간 | 동절기 09:00~18:00, 하절기 09:00~19:00,
         매주 월요일 휴관

▶ MINI DATA

입장료 | 없음   주차 | 가능   분류 | 역사, 문화유적

1894년 정읍 땅에서 시작된 농민들의 봉기는 우리나라 근대사 최대의 사건이었다. 고부 군수 조병갑의 폭정에 항거하기 위한 농민들의 움직임은 결과적으로 새로운 시대를 열어가는 신호탄이 되었다. 폭동, 농민운동, 갑오농민전쟁 등 시대에 따라 조금씩 다른 각도로 평가되었던 동학운동은 당시 조선 사회와 역사에 끼친 영향력, 운동의 규모에 걸맞게 '농민혁명'이라는 이름을 가지게 되었다. 역도들의 땅으로 취급되었던 정읍을 중심으로 하는 그들의 흔적은 100여 년이 지난 현재에 이르러서야 격식을 갖춘 기념관과 사당을 지어 그 뜻을 기리게 되었다. 옛 기념관과 사

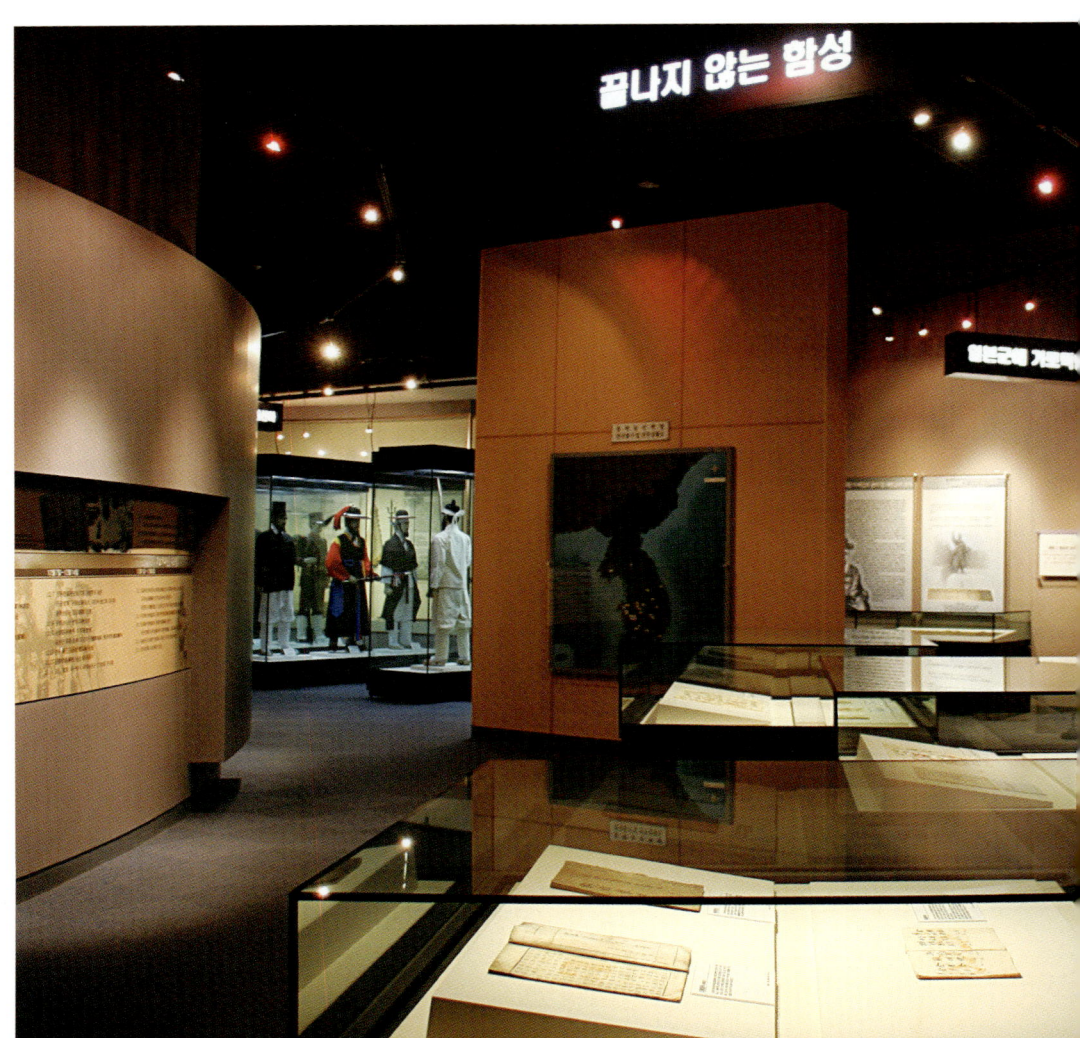

당, 기념탑과 새로 만들어진 전시관과 교육관으로 이루어진 동학운동 유적지는 황토현으로 불리던 너른 벌판이었다. 만석보를 만들기 위해 나라에서 터무니없는 세금을 거둬들이자 시작된 농민봉기는 백산봉기를 거쳐 1894년 4월 7일 지금의 기념관이 위치한 벌판에서 관군과 보부상으로 이루어진 1,300여 명의 정부군과 전투를 벌여 농민군이 대승을 거둠으로써 이후 2년여 동안 전 국토를 뒤흔들었던 동학운동의 신호탄이 되었다. 농민군의 영혼을 위로하는 사당인 구민사에 소박하게 전시되었던 당시의 유물들은 2004년 최신 시설을 갖춘 전시관으로 옮겨져 그 모습을 당당하게 보여준다. 관군과 일제군의 총칼에 몸을 숨기기 위해 닭 우리를 엮어 만든 둥그런 장태의 모습은 맨몸으로 맞서 싸운 농민군의 모습을 느끼게 하고 관군과 농민군의 복장의 전시물 뒤편에 서 있는 청군과 일본군의 모습이 당시의 시대상황을 상징적으로 보여준다. 심문받는 전봉준 장군의 재현 모습은 우리나라 사람이라면 누구에게나 가슴 뭉클한 아픔으로 다가온다. 혁명의 의미를 세계 역사 속에서 비교해 볼 수 있는 도표와 전시물들을 꼼꼼히 살펴본다면 동학농민혁명의 진정한 가치를 찾을 수 있으니 주의 깊게 둘러보자.

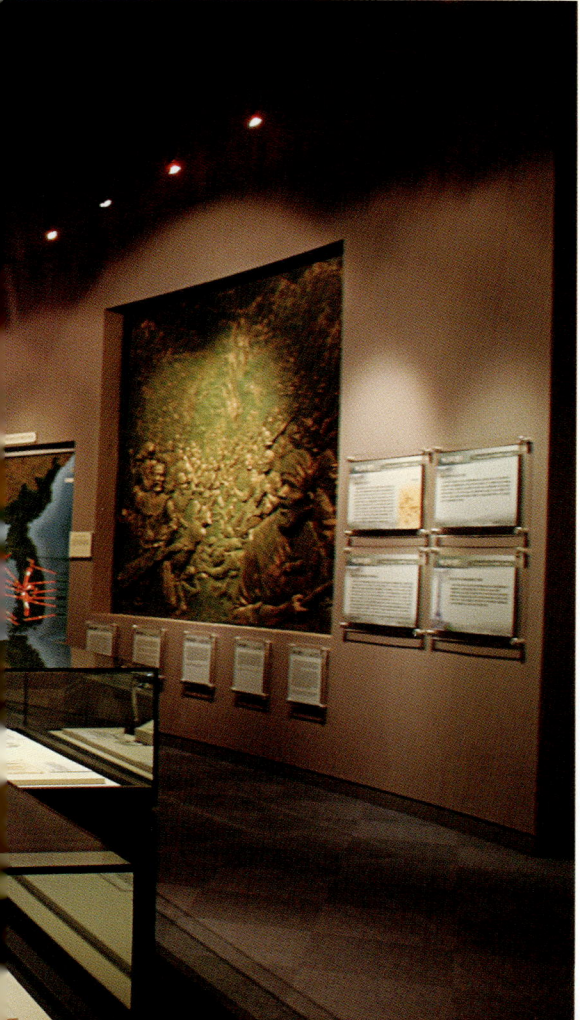

→ 혁명의 불씨를 당긴 고부 관아 터

지금은 정읍에 속하는 작은 면이지만 동학농민혁명 당시 고부는 쌀의 집산지로 주변을 아우르는 큰 고을이었다. 탐관오리의 상징이 되는 조병갑이 머물렀던 고부 관아는 지금의 고부초등학교 자리에 위치하였다. 관아의 모습은 전혀 남아 있지 않고 옛 향교와 읍성의 흔적이 운동장 끝으로 남아 있을 뿐이지만 가까운 전시관과 함께 잠시 들러보는 것도 좋을 듯하다.

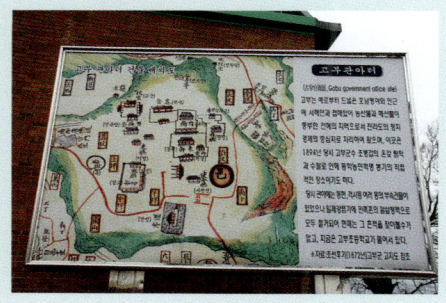

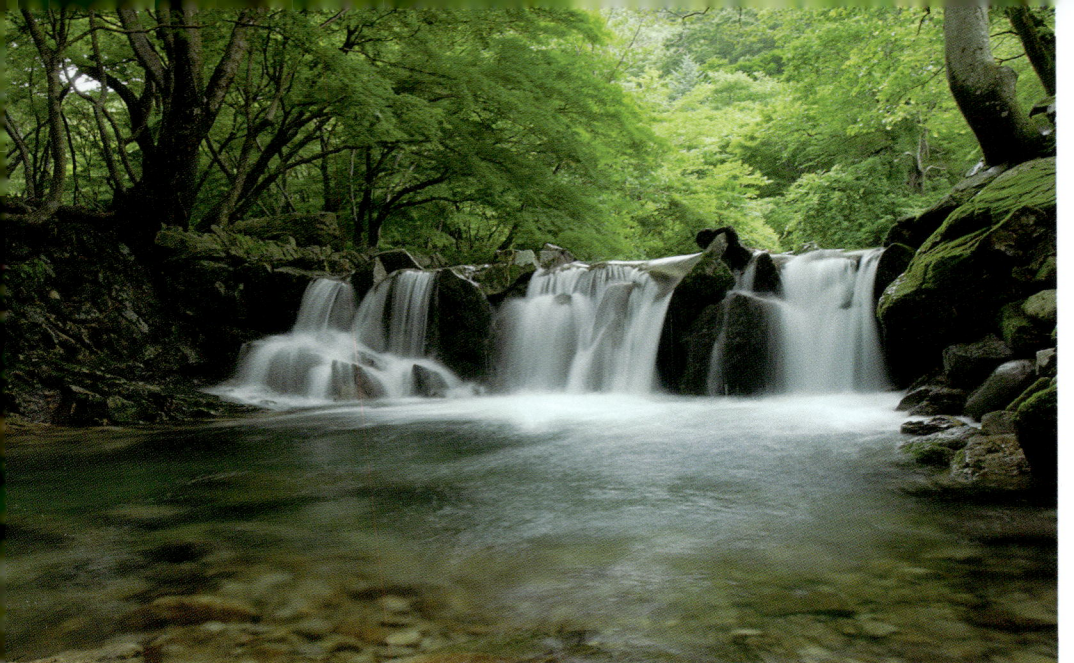

내장산국립공원 비밀의 화원

| 위치 | 전라북도 정읍시 내장동 59-10 일대
　　　　전라북도 정읍시 내장동 내장산로 936 일대
| 운영시간 | 종일, 연중무휴

▶ MINI DATA
| 입장료 | 없음　　주차 | 가능　　분류 | 산, 계곡, 동굴

'내장'이란 명칭처럼 산은 그 아름다움을 봉우리 속으로 가득 채워 간직하고 있다. 호남정맥의 허리를 연결하며 지리산, 월출산, 천관산, 능가산과 함께 호남의 5대 명산이라 불리는 내장산은 호남평야 너른 곡창지대에 기름진 양분을 제공하는 어머니의 모습이다. 어우러지는 백양산과 함께 우리나라 8번째 국립공원으로 지정되었다. 제1봉인 763m의 신선봉을 중심으로 월영봉, 서래봉, 불출봉, 망해봉, 연지봉, 까치봉, 신선봉, 연자봉, 장군봉의 아홉 봉우리가 사이좋은 친구들이 어깨동무하듯 둥그렇게 둘러치고 그 품안으로 도덕폭포, 원적계곡, 금선계곡, 몽계폭포의 절경을 간직하고 있다. 자연의 절경 사이로 사람들은 산을 장식하듯 성불암, 원적암, 벽련암, 도덕암과 백양사, 내장사를 만들었다. 흰빛의 양이 경내를 둘러간다는 백양사와 함께 내장산을 깊고 푸르게 만드는 내장사는 백제 무왕대 영은조사가 창건하였다는 유서 깊은 사찰이다. 호남 북방의 최대 사찰인 이곳은 인공의 건축물보다 자연이 꾸며 주는 사찰이다. 일주문에서 이어지는 가을날의 붉은 단풍은 만산홍엽이라는 내장산의 아름다움을 보여주는 최고의 절경이다. 백팔번뇌를 잊기 위해 108그루의 나무를 심었다지만 인간의 고민이 백팔 가지 뿐이겠는가. 단풍나무의 행렬은 금선폭포까지 이어지며 터널을 이루고 있다. 아홉 봉우리가 연잎처럼 둥글게 감싸는 중앙으로 꽃술처럼 자리하는 내장사는 산의 주인공이다. 내장사에서 금선폭포까지의 산책로를 따라가거나 월명봉에서 추령까지의 7시간가량의 완주산행을 하며 내장산의 아름다움을 즐겨보자.

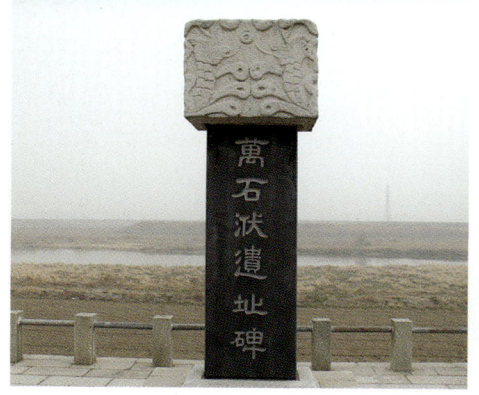

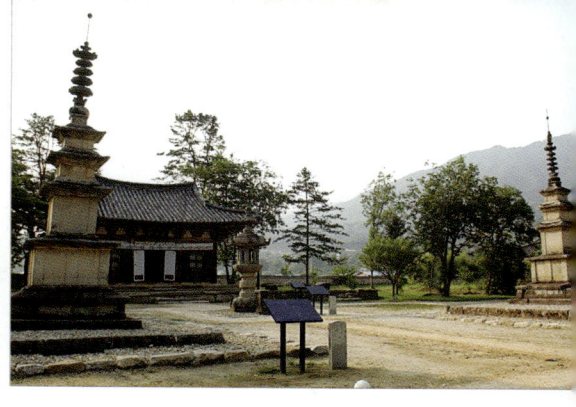

만석보 사적비

동학 농민혁명의 시작

| 위치 | 전라북도 정읍시 이평면 하송리 17-1
　　　　전라북도 정읍시 이평면 말목장터로 인근
운영시간 | 종일, 연중무휴

▶ MINI DATA
| 입장료 | 없음　　주차 | 가능　　분류 | 역사, 문화유적

실상사

지리산 아래 자리한 고찰

| 위치 | 전라북도 남원시 산내면 입석리 50-1
　　　　전라북도 남원시 산내면 입석길 94-129
운영시간 | 종일, 연중무휴

▶ MINI DATA
| 입장료 | 있음　　주차 | 가능　　분류 | 불교유적

평야에 물을 공급하기 위해 하천에 둑을 쌓아 만든 저수시설을 보(洑)라고 한다. 하천을 가로지르는 말뚝을 박고 그 사이에 돌과 흙을 쌓아 일정한 높이로 물을 가두는 보 시설은 현재까지도 사용되는 농경시설로 논농사를 위해서는 필수적인 치수시설이다. 배들평원에 풍부한 물을 공급해 주었던 정읍천의 보 시설을 만석보라고 하였다. 1892년 고부 관아의 군수로 부임한 조병갑은 기존의 보를 허물고 그 상류자리에 새로운 보를 쌓아 첫해부터 과도한 물세를 거두려 하였다. 세금 감면을 주장하던 농민 대표들이 오히려 몰매를 맞고 나오자 더 이상 참을 수 없었던 농민들이 만석보를 허물어버리고 고부 관아를 점령하며 동학농민운동은 시작되었다. 전국을 뒤흔든 거대한 사건은 동진강이 감싸는 한적한 경관의 작은 하천의 물길에서 시작되었다. 작은 사적비와 당시 모습을 보여주는 안내판이 거대한 역사의 시작을 담담하게 보여주는 장소다.

지리산 천왕봉을 마주 보고 자리 잡은 실상사는 통일신라 흥덕왕 3년(828년)에 홍척스님이 창건한 사찰로 참선을 중시하는 선불교를 전국에 전파하며 번창하였다. 조선시대에 들어와 원인 모를 화재와 정유재란으로 소실된 이후 숙종 5년에 침허대사가 상소를 올려 36동의 건축물을 들인 대가람으로 중건되었다. 고종 때 방화로 소실되어 다시 중건된 사찰은 6·25전쟁에서도 참화를 입지 않고 오늘에 이르고 있다. 국보 제10호로 지정된 백장암 삼층석탑을 비롯해 수철화상능가보월탑, 석등, 부도, 삼층쌍탑 등 보물급 문화유적 18점을 보유하고 있어 단일 사찰로는 가장 많은 문화재를 보유한 사찰로도 꼽힌다.

> ➡ **재미 있는 실화 한 가지!**
> 천 년의 세월을 거치며 호국사찰로 알려진 실상사에는 '일본이 망하면 실상사가 흥하고, 일본이 흥하면 실상사가 망한다'는 이야기가 전해지는데 이를 뒷받침하듯 보광전 안에 있는 범종에는 일본 열도의 지도가 그려져 있으며 스님들은 예불 시간마다 범종에 그려진 일본 열도를 두들기듯 쳐서 일본 지도 중 홋카이도와 규슈지방만 제 모양이 남아 있고 나머지는 희미해져가고 있다고 한다.

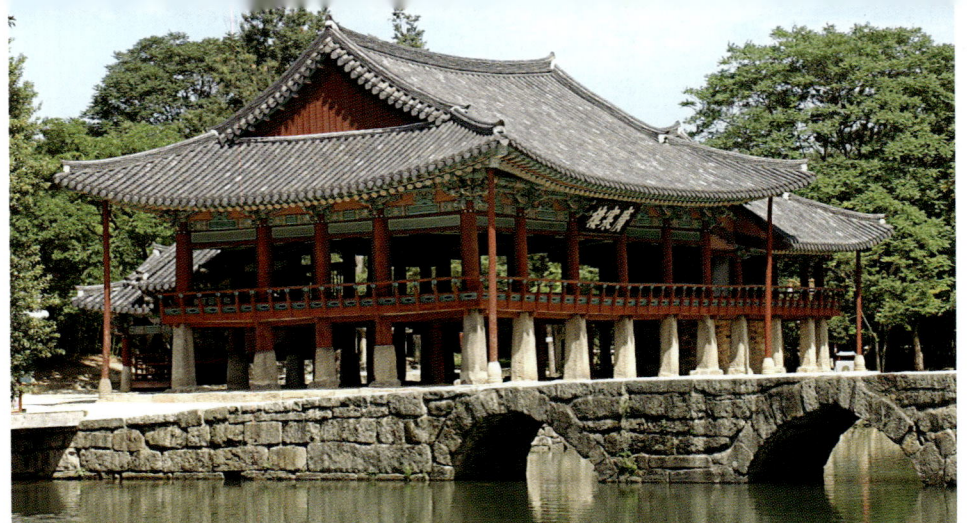

광한루원 성춘향과 이몽룡이 만난 정원

위치 | 전라북도 남원시 천거동 187-1
전라북도 남원시 요천로 1447
운영시간 | 08:00~20:00, 연중무휴

▶ MINI DATA
입장료 | 있음   주차 | 가능   분류 | 역사, 문화유적

남원의 대표적 관광지로서 「춘향전」에서 이도령과 성춘향이 인연을 맺은 곳으로 유명한 광한루가 있는 정원이다. 사적 제303호로 지정되어 있는 광한루는 조선 세종 때인 1419년 황희 정승이 건립한 것으로 원래는 광통루라 했으나 관찰사 정인지가 '월궁 속에 있는 광한청허부'와 같이 아름다운 경치를 가졌다고 감탄한 이후로 광한루라 부르게 되었다. 선조 때 남원부사가 광한루 앞을 흐르는 요천에서 물을 끌어와 연못을 만들었는데 못 안에 삼신도(三神島)라는 인공섬 3개를 만들어 한 곳에는 대나무를, 다른 한 곳에는 백일홍을 심고 나머지 한 섬에는 연정을 지었다. 이 연못은 은하수를 상징하는 것으로 견우와 직녀의 전설에 나오는 오작교도 함께 만들었다. 광한루를 중심으로 춘향사당과 춘향관, 월매집 등이 만들어져 있고 방장정, 영주각, 완월정 등 누각과 정자도 자리 잡고 있다. 매년 5월 5일 지조를 지킨 춘향을 기리는 춘향제가 이곳에서 열리며 봄, 여름, 가을에는 주말에 국악 공연이 펼쳐진다.

→ 남원춘향제, 오랜 역사를 지닌 전통 문화 축제

춘향골 남원에서 열리는 축제로 사랑과 절개의 상징인 춘향의 정신을 기리고 전통 문화예술의 고장으로서의 자긍심을 드높이기 위해 다양한 프로그램으로 진행되는, 전국의 축제 중 가장 오랜 연륜을 지닌 전통 문화 축제다. 1931년 남원의 유지들이 주축이 되어 권번의 기생들과 함께 기금을 조성하여 춘향의 넋을 기리는 제사를 지낸 것이 축제의 시작이 되었다. 현재는 창무극 춘향전 공연, 춘향국악대전, 전국판소리명창대회, 전통길놀이 등이 열리며 전통목기축제, 용마놀이, 남원농악 등 남원의 전통 민속을 경험할 수 있는 다채로운 행사들이 펼쳐진다.

문의 | 063-620-5771~5
홈페이지 | http://www.chunhyang.org

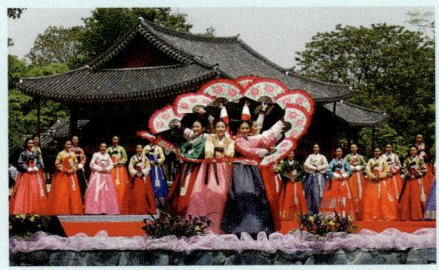

Photo by 남원시청

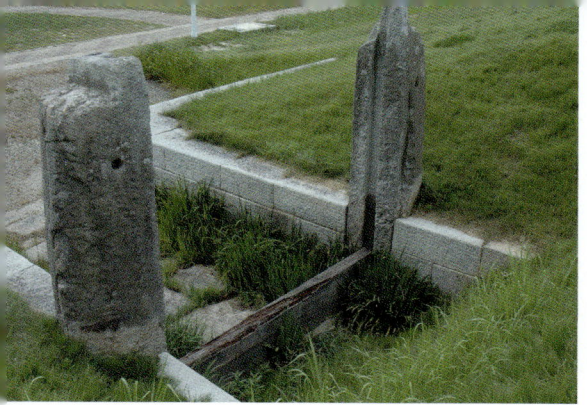
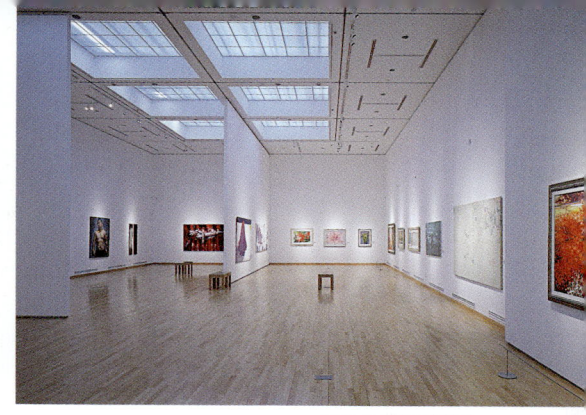

벽골제

여기 거대한 저수지가 있었다

| 위치 | 전라북도 김제시 부량면 신용리 242-1
　　　전라북도 김제시 부량면 벽골제로 442
| 운영시간 | 동절기 09:00~17:00, 하절기 09:00~18:00,
　　　　박물관 매주 월요일 휴관

▶ MINI DATA

| 입장료 | 없음　주차 | 가능　분류 | 역사, 문화유적

농경을 기반으로 하는 우리 문화에서 물을 다스리고 이용하는 것만큼 공동체에서 중요한 것은 없을 것이다. 최첨단 기술로 무장한 21세기인 지금도 물을 관리한다는 것은 쉬운 일이 아니다. 김제 벽골제는 삼국시대 이전 삼한시대에 만들어진 저수지로 제천 의림지, 밀양 수산제와 함께 가장 오래된 저수지 중 한 곳으로 꼽히는 곳이다. 삼국사기 기록에는 당시 벽골제 제방의 크기를 1,800보로 전하고 있는데 그때가 백제 비류왕 때라 추정하고 있다. 삼국시대와 고려시대를 거치면서 인근 김제평야에 물을 대어주는 저수지로 그 역할을 하였을 것이나 조선 세종 때 폭우로 한 번 유실이 되고 임진왜란을 겪으면서 서서히 헐리게 되는데 일제 때 농기개량사업을 벌이면서 대규모 훼손이 일어나게 되었다. 지금은 조선 태종 때 세워진 중수비와 수문자리에 세워진 돌기둥만이 이곳이 옛날 김제평야의 젖줄이었던 저수지임을 밝히고 있다. 현재 사적으로 지정되어 있으며 벽골제 농경문화박물관이 만들어져 이곳에 대한 이해를 돕고 있다.

전북 도립미술관

예술을 채우는 곳간

| 위치 | 전라북도 완주군 구이면 원기리 1068-7
　　　전라북도 완주군 구이면 모악산길 111-6
| 운영시간 | 10:00~18:00, 매주 월요일 휴관

▶ MINI DATA

| 입장료 | 없음　주차 | 가능　분류 | 박물관

우리나라 최대의 곡창지대인 전라도는 풍요로움에서 탄생되는 예술로 더욱 기름진 땅이 되었다. 판소리로 대표되는 수많은 문학 작품과 노래 소리를 사랑하고 아끼는 마음이 더해져 이곳을 예향이라는 멋진 애칭으로 부르기도 한다. 한 지역의 문화시설은 그 곳에서 살아가는 사람들의 삶의 질을 결정하기도 한다. 문화 예술에 관련된 시설이 풍부한 전주, 완주 지역을 대표하는 또 하나의 문화공간으로 2004년 만들어진 전북 도립미술관은 미술에 관련된 전시와 창작의 한마당이다. 구이저수지를 앞으로 두고 모악산 자락에 싸인 듯 자리하는 미술관은 세련되고 현대적인 건물 자체가 배산임수의 풍수지리에 따르는 멋진 곳이다. 자칫 딱딱해 보일 수 있는 건물은 한복의 여유로운 맵시를 담아내듯 고급스러운 면모를 보인다. 서화 작품 등 전통미술품과 현대미술품의 조화가 가득한 상설전시관과 파격적인 현대 미술 작품들까지 다양하게 전식되고 있으며 일반인을 위한 미술 교육 프로그램도 진행하고 있다.

금산사

미륵신앙의 성지

| 위치 | 전라북도 김제시 금산면 금산리 39
        전라북도 김제시 금산면 모악15길 1
| 운영시간 | 일출~일몰, 연중무휴

▶ MINI DATA
| 입장료 | 있음   주차 | 가능   분류 | 불교유적

금산사는 후백제의 견훤이 유폐되었던 절로 알려져 있으며, 원래는 백제시대에 지어지고 신라의 통일 이후 혜공왕 때 진표율사에 의해 중창되면서 절의 기틀이 갖추어졌다고 한다. 당시 신라 불교의 주류였던 교종 계통 법상종의 중심 사찰로 역할을 했는데, 법상종이 미륵신앙을 기반으로 이루어진 종파라 이곳 절에는 석가모니불을 모신 대웅전이 없는 대신 미륵불을 모신 미륵전이 절의 중심이다. 다시 견훤의 이야기로 돌아가면, 견훤은 후백제를 세우면서 스스로 세상을 구원할 미륵이라 자청하며 민중들의 민심을 얻고자 하지만 끝내는 그의 아들들에 의하여 미륵신앙의 요

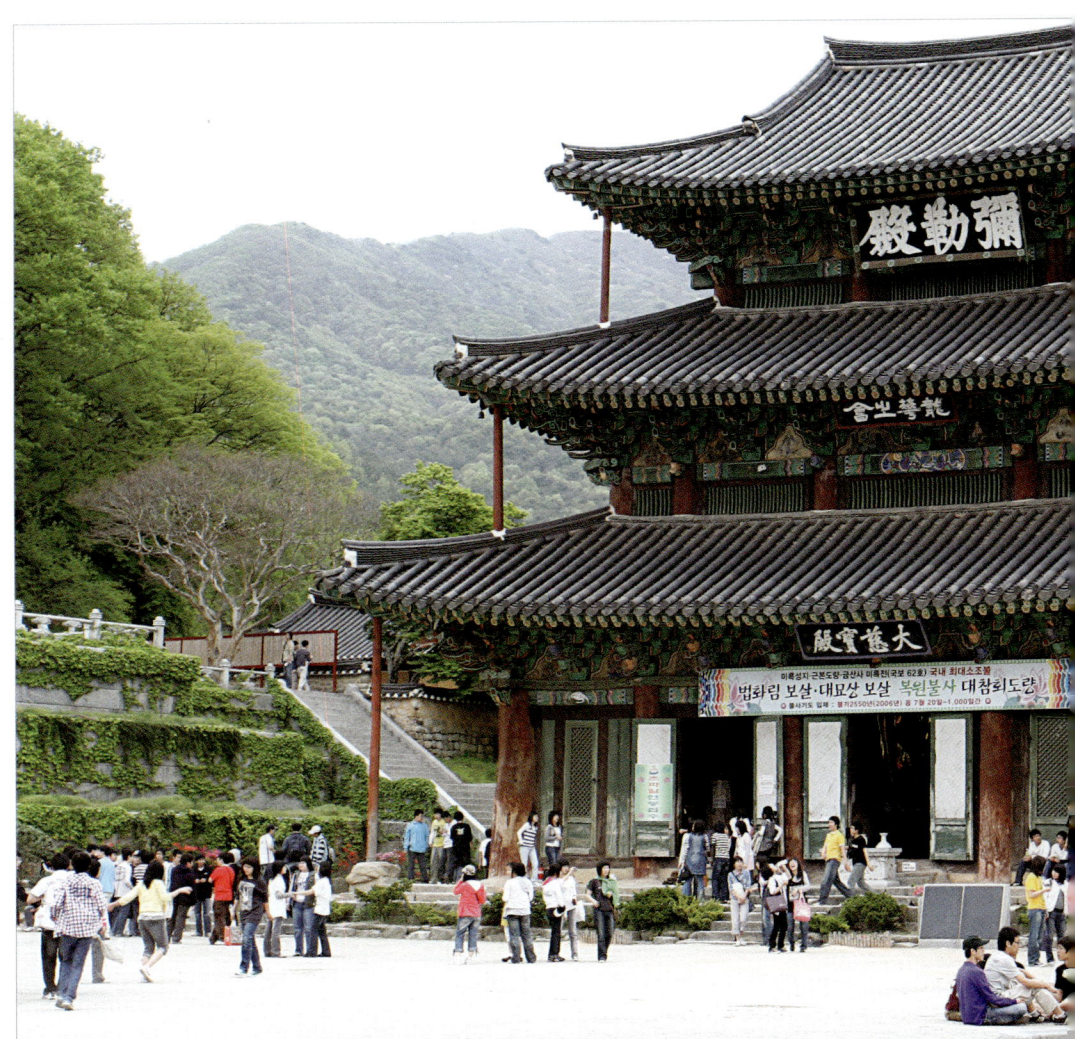

람인 이곳 금산사에 유폐되었으니 역사의 아이러니라 하겠다. 입구에서 매표소를 지나 홍예문 위로 반쯤 남아 있는 돌문을 지나게 되는데 견훤석성이다. 금산사는 건물의 수는 많지 않은 대신에 큰 건물들이 우람하게 서 있는 모습의 대가람이다. 절의 본당이라 할 수 있는 미륵전은 나무로 지어진 3층 건물로 각 층은, 대자보전, 용화지회, 미륵전이라는 현판이 붙어 있는데 모두 미륵불을 지칭하는 다른 표현들이다. 미륵전 안으로 들어가보면 밖에서 보는 것과는 달리 내부는 한 층으로 통해 있으며, 높이가 12m에 이르는 미륵입상이 서 있다. 원래는 진표율사가 절을 세울 때 철불로

미륵장륙상을 세웠다고 하나 임진왜란 때 왜군에 의해 절이 불타면서 철불은 없어졌다고 한다. 미륵전과 대적광전 사이 마당에는 둘레가 10m가 넘는 거대한 받침대인 석련대가 있는데 위쪽에 만들어진 네모난 구멍이 옛날 미륵장륙상을 받쳤던 것이 아니었을까 추정하고 있다. 그 옆으로 다른 곳에서 쉽게 볼 수 없는 특별한 형태의 탑을 볼 수 있다. 바로 육각다층석탑인데 보통의 탑이 화강암으로 네모나게 쌓은 것과 달리 이곳의 탑은 점판암이라는 석재를 다듬어 화려하게 꾸민 형태이다. 미륵전 뒤로 올라가면 방등계단이라는 곳을 찾을 수 있는데, 양산 통도사 금강계단 등과 비슷한 형태이다.

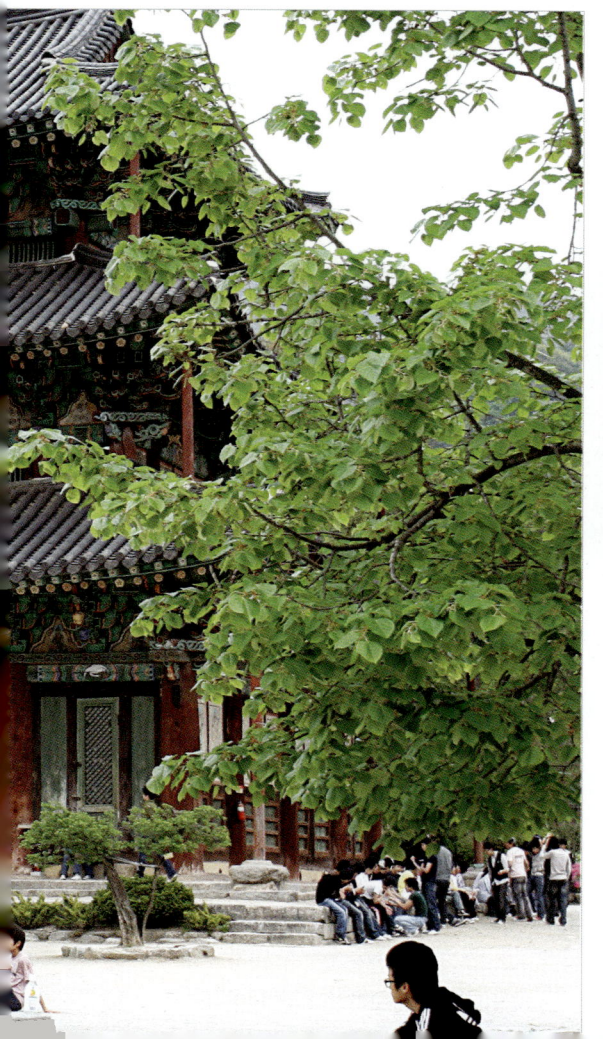

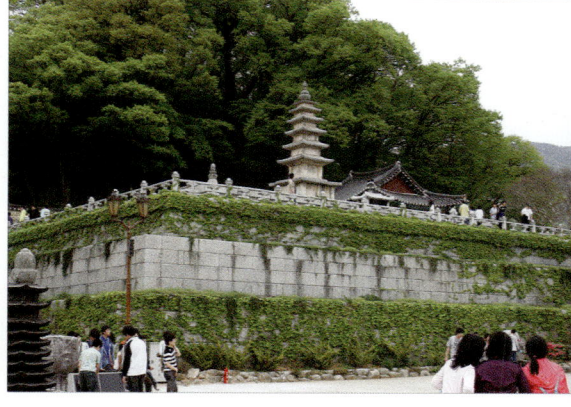

> ### 귀신사, 그 이름에 담긴 뜻은?
>
> 귀신사는 신라 문무왕 때 의상대사에 의하여 세워진 고찰이지만, 이웃한 금산사에 비하여 찾는 이가 드물어 한적하다. 이름만 들으면 귀신과 관련이 있을 것 같지만, '신으로 돌아간다' 라는 뜻의 '歸神' 자를 쓰고 있다. 본전인 대적광전이 보물로 지정되어 있으며, 삼층석탑 앞에 있는 석수가 남성의 성기 모양을 하고 있어 사람들의 호기심을 자극한다.
> **문의** | 063-548-0917
> **홈페이지** | http://www.guisinsa.org

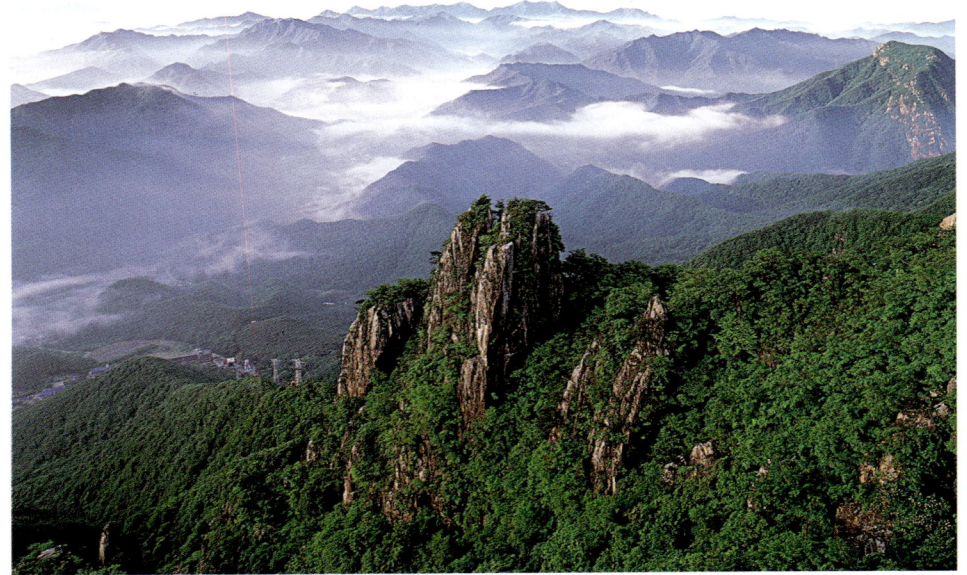

대둔산 두 얼굴의 산

위치 | 전라북도 완주군 운주면 산북리 611-34 일대
　　　전라북도 완주군 운주면 대둔산공원길 일대
운영시간 | 종일, 연중무휴

▶ MINI DATA
입장료 | 없음　　주차 | 가능　　분류 | 산, 계곡, 동굴

충청과 전라를 가르는 자리에 위치한 대둔산은 완주, 금산, 논산 지역에 걸쳐 있다. 그림같은 산의 절경은 단 하나의 바위도 놓치고 싶지 않게 한다. 우리나라 팔경 중 하나라고 전하는 이야기가 결코 과장으로 들리지 않는다. 스스로의 담력을 시험해보고 싶다면 완주 방면에서 시작하는 등반을 권하고 싶다. 대둔산 온천 지역에서 출발하는 케이블카를 타고 오르는 산은 계곡마다 절경을 보여준다. 해발 878m의 산 중턱까지 이어지는 케이블카에서 내린 다음에는 마음을 단단히 가지자. 1시간가량 정상까지의 산행은 심박수가 늘어날 정도로 높은 구름다리와 수직으로 솟은 듯한 철교를 지나야 한다. 임금바위에서 입석대를 연결하는 구름다리는 허공에 매달린 채 하늘을 날아가는 기분을 느끼게 하는 50여 미터 철제다리로 울렁거리는 가슴을 진정시키며 아래를 내려다보면 물결치듯 이어지는 산의 능선이 가히 장관이다. 곧바로 이어지는 직

각철교는 정상 마천대로 이어지는 127개의 철제계단으로 올라갈 수만 있고, 내려가는 것은 금지되어 있다. 자신 없는 사람들을 위한 우회로가 있지만 용기를 내서 계단을 오르고 중간에서 다시 한 번 큰 마음으로 뒤를 돌아본다면 세상이 모두 발 아래 놓이는 듯 황홀경이 펼쳐진다. 정상에 솟아 있는 탑은 26명의 동학교도가 단 1명의 어린아이만을 남긴 채 모두 전사하였다는 아픔이 깃든 승전탑이다. 금산 방면의 하산 길은 부드러운 능선과 계곡을 이어가다 천 년의 사찰 태고사를 찾아가는 길이다.

> ➔ 태고사, 원효대사가 춤을 추던 곳
>
> 대둔산을 둘러보며 사찰을 세울 자리를 찾던 원효대사는 지금의 자리를 찾고 춤을 추며 기뻐하였다 한다. 시원한 경관을 자랑하는 사찰의 입구에는 조선 후기의 영의정이자 대학자 우암 송시열이 남긴 '석문'이란 글씨가 남아 있다.
> 문의 | 041-752-4735

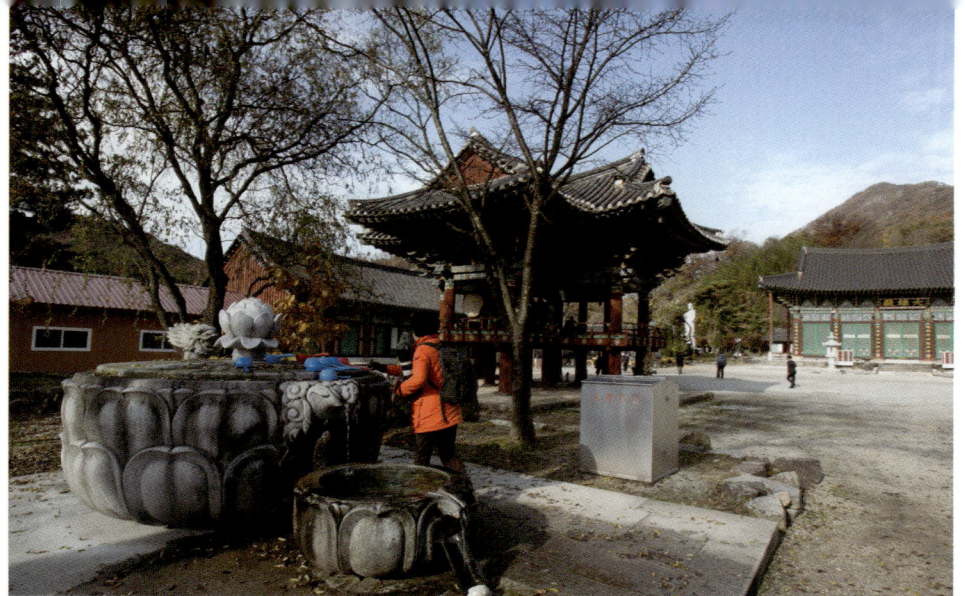

송광사 천 년의 고찰

| 위치 | 전라북도 완주군 소양면 대흥리 569-2
전라북도 완주군 소양면 송광수만로 255-16
운영시간 | 종일, 연중무휴

▶ MINI DATA
| 입장료 | 없음   주차 | 가능   분류 | 불교유적

송광사는 전라북도 완주군 소양면에 위치한 천 년 고찰이다. 대한불교 조계종 완주 송광사는 신라 경문왕 7년(867년)에 구산선문의 개산조인 보조체징선사가 개창하였다. 원래의 이름은 백련사였으며, 현재의 일주문이 3km 밖으로 서 있던 대찰이었으나 역사의 변천 속에 거의 폐찰이 된 것을 1600년대 순천 송광사의 보조국사 지눌스님이 발원하여 그의 법손들이 대대적인 불사를 추진한 것이다. 병자호란으로 소현세자와 봉림대군 두 왕세자를 청나라에 볼모로 보낸 인조대왕이 두 왕세자의 무사환국과 국란의 아픔을 부처님의 가호로서 치유하고자 대대적으로 중창한 호국원찰이 되었다. 이렇듯 역사의 아픔을 치유하기 위한 호국원찰이어서인지 나라에 큰 일이 있을 때면 대웅전, 나한전, 지장전의 불상이 많은 땀과 눈물을 흘린다고 한다. 특히 대웅전의 불상은 KAL기 폭파사건, 12 · 12사건, 군산 훼리호 침몰사건, 강릉 잠수함

출몰 때 그러했으며 1997년 12월 2일부터 13일까지 엄청난 양의 땀과 눈물을 흘려 IMF 한파를 예견하였다고 한다. 전국 4대 지장 기도 도량답게 최대 크기의 지장전에 봉안되어 있는 지장보살상과 시왕상, 나한전의 석가여래와 500의 나한상은 대웅전과 함께 많은 이들의 참배처가 되고 있으며 평지 가람으로 노약자도 편히 찾을 수 있다. 대형주차장과 식당이 준비되어 있고, 봄철 벚꽃 터널의 아름다움은 탄성을 자아내게 한다. 대웅전, 삼세불상, '아(亞)' 자형 종각, 사천왕상 등 4점의 보물 문화재와 8점의 유형 문화재 등 역사의 숨결을 느낄 수 있는 사찰이다.

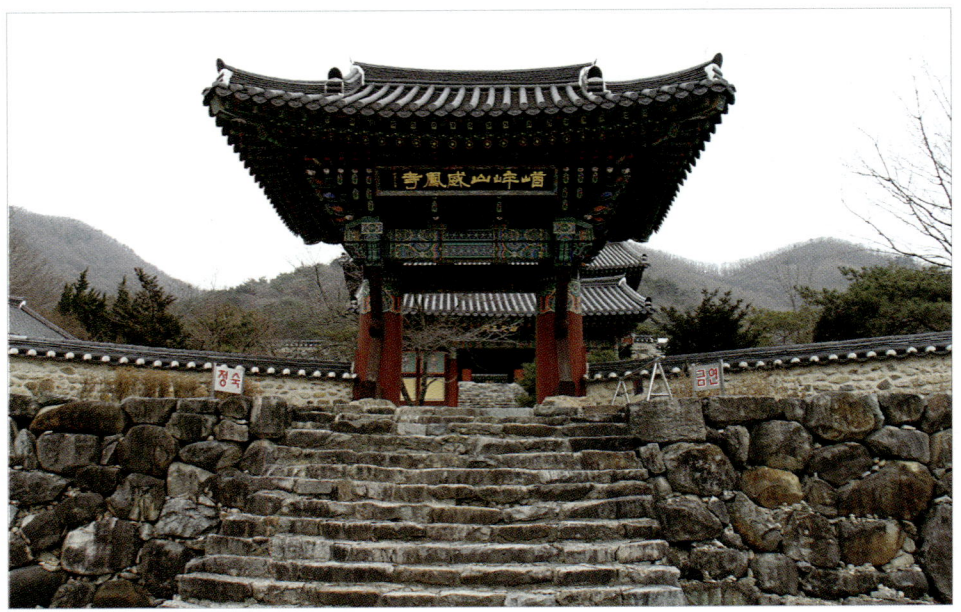

위봉사와 위봉산성 나라를 모시는 산

위치 | 위봉사 전라북도 완주군 소양면 대흥리 21(위봉길 53)
　　　위봉산성 전라북도 완주군 소양면 대흥리 산1
　　　(송고아수만로 472-2)
운영시간 | 종일, 연중무휴

▶ MINI DATA
입장료 | 없음　　주차 | 가능　　분류 | 불교유적

완주 송광사에서 위봉산으로 향하는 산간도로는 봄날이면 여느 곳보다 선명한 색으로 오래 피어난다는 벚꽃의 아름다움이 사람들의 마음을 설레게 한다. 탁 트인 전경의 첫 모습은 산허리를 굵게 감아가는 위봉산성으로 16km에 이르는 대단한 규모의 산성이다. 남아 있는 부분은 전주 지역을 바라보는 서문과 그 주변의 성곽이지만 단단하게 쌓아진 산성의 모습이 굳게 산허리를 지키는 듯하다. 산성은 전주 경기전에 모셔진 태조의 영정과 위패를 전쟁 등의 위급상황시에 옮겨 보호하는 시설이었다. 영정과 위패를 안전하게 보호하는 일은 매우 중요한 일이었고 실제 동학농민운동 당시, 농민군에 함락된 전주성을 떠나 영정과 위패는 산성 안으로 모셔졌다. 산성은 위패를 모시던

작은 행궁 등 내부시설이 모두 사라진 모습이다. 산성을 지나 나타나는 작은 마을에 위봉사가 자리한다. 백제시대 축조되었다는 사찰은 지역을 아우르는 큰 사찰이었지만 옛 전각들은 모두 사라지고 비구니 스님의 수도 도량으로 새롭게 단장되었으며 유일하게 조선 중기의 전각모습을 간직한 보광명전만이 단정한 모습으로 남아 있다. 대웅전 앞을 넉넉한 모습으로 자리하는 소나무와 그 그늘에 작은 석탑이 여유롭게 쉬고 있다. 작은 고개 넘어 도로 오른편 절벽 아래로 흐르는 물줄기는 전주팔경의 하나인 위봉폭포로 60m 높이의 쉼 없이 곧은 물줄기는 위봉산의 깊은 품으로 들어왔음을 알리는 상징으로 아름다운 드라이브의 정점을 알린다.

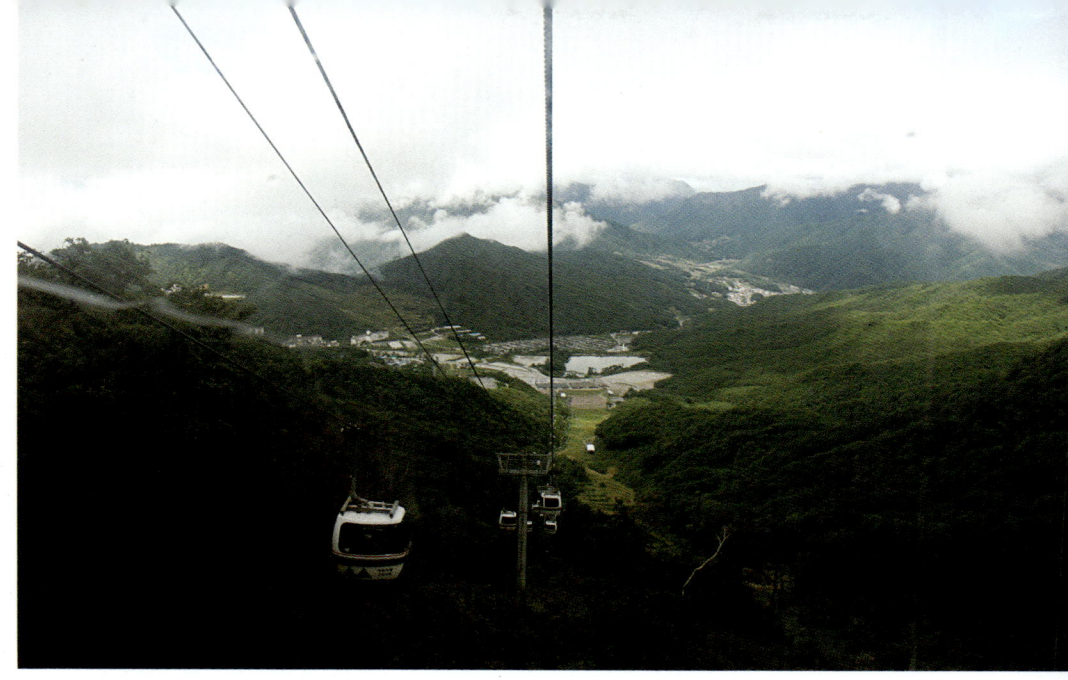

무주리조트와 향적봉 겨울 설산을 즐기자

위치 | 리조트 전라북도 무주군 설천면 심곡리 산43-15
      (만선로 185)
      향적봉 전라북도 무주군 설천면 삼공리 411-8 인근
운영시간 | 시설별 운영시간 상이, 연중무휴

▶ MINI DATA
| 입장료 | 있음   주차 | 가능   분류 | 산, 계곡, 동굴

덕유산 국립공원 안에 자리 잡은 무주리조트는 겨울철 스키장으로 명성을 얻고 있지만 사계절 종합 휴양지로서도 손색이 없을 만큼 훌륭한 시설을 자랑한다. 스위스 알프스를 연상시키는 특급호텔 '티롤'을 비롯해 가족호텔, 국민호텔 등의 숙박시설을 갖추고 있으며 MTB와 승마를 즐길 수 있는 레져시설과 노천 광천탕이 있다. 여름에는 시원한 물보라를 맞으며 초록의 언덕을 미끄러져 내려오는 '물보라 썰매'도 인기다.

무주리조트를 전국적인 명소로 만든 것은 남녀노소 누구나 쉽게 덕유산에 오를 수 있도록 해주는 관광곤돌라이다. 사계절 모두 좋지만 특히 겨울이면 하얀 눈이 쌓인 설천봉과 향적봉의 절경을 감상하기 위해 스키를 타지 않아도 일부러 찾는 여행객이 많다. 약 2.7km를 오르는 관광 곤돌라를 타면 무주리조트의 시원한 경관과 덕유산 자락을 감상할 수 있으며 덕유산 정상인 향적봉까지 20분이면 올라 가벼운 산행으로 멋진 주목 군락과 적상산, 마이산, 가야산, 지리산 등을 한 눈에 조망할 수 있다. 무주리조트에는 강력 추천할만한 좋은 탐방지가 한 곳 숨어있다. 리조트의 입구에 위치한 설천호수가 바로 그곳이다. 고원지대 호수인 설천호수 주변으로는 명산들이 병풍처럼 두르고 있고 아름다운 호수를 한바퀴 돌 수 있는 산책로가 있는데 호수풍경이 자아내는 분위기가 국내 어느 곳과도 견줄 수 없는 최고의 장소이다. 특히 해 질 녘 풍경이 아름다우며 연인들의 데이트코스로도 손색없다.

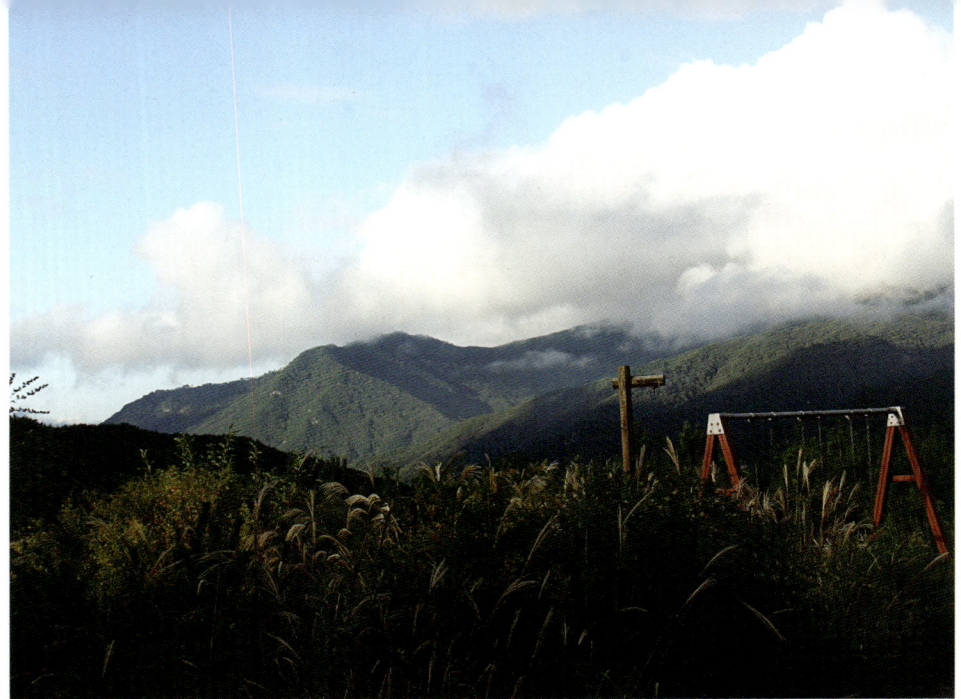

덕유산국립공원 백두대간 30km를 달려나가는 명산

위치 | 전라북도 무주군 설천면/장수면, 경상남도 거창군/함양
　　　군 일대
운영시간 | 종일, 연중무휴

▶ MINI DATA
입장료 | 없음　　주차 | 가능　　분류 | 산, 계곡, 동굴

소백산맥에서 뻗어나와 지리산을 연결하는 중간 지점에 위치한 덕유산은 1,614m의 향적봉을 주봉으로 1,300여 미터에 이르는 장엄한 능선이 30km를 달려나가며 전라북도 무주와 장수, 경상남도 거창과 함양 등 2개 도, 4개 군에 걸쳐 백두대간의 한 줄기를 이루는 명산이다. 1975년 국립공원으로 지정된 덕유산국립공원 안에는 제1경인 나제통문에서 제32경인 백련담에 이르기까지 28km의 빼어난 계곡미를 자랑하는 구천동 32경을 비롯해, 33경인 향적봉 정상에 오르면 중봉, 삿갓봉, 무룡산, 남덕유산 등의 덕유산 준봉들과 멀리 지리산, 가야산, 기백산, 적상산, 수도산 등 백두대간 줄기가 그림처럼 펼쳐진다. 조선시대 실록을 보관한 5대 사고 중 하나인 적상산성, 고려시대 충

렬왕 3년(1277년)에 월인화상이 지었다고 전해지는 안국사와 안불사 괘불 등 많은 문화유적이 있으며 다양한 식물 분포로 장관을 이룬다. 봄의 철쭉과 주목 군락은 아름답기로 유명하고 무주구천동 계곡을 비롯한 맑은 계곡은 여름철 피서지로 사랑받고 있으며 가을의 단풍 또한 절경이다. 특히 겨울 설경은 우리나라에서 으뜸으로 꼽히는데, 상고대와 '살아서 천년, 죽어서 천년'이라는 흰 눈 쌓인 주목이 만들어내는 풍경은 한 폭의 그림을 보는 듯 감탄이 절로 나온다. 경남 거창군에 속하는 덕유 삼봉산(1,254m)에서 남덕유산(1,508m)에 이르는 구간 역시 월성계곡, 마학동계곡, 송계사계곡 등 아름다운 계곡을 품고 있으며 깊은 골짜기에는 숨은 비경을 간직하고 있다.

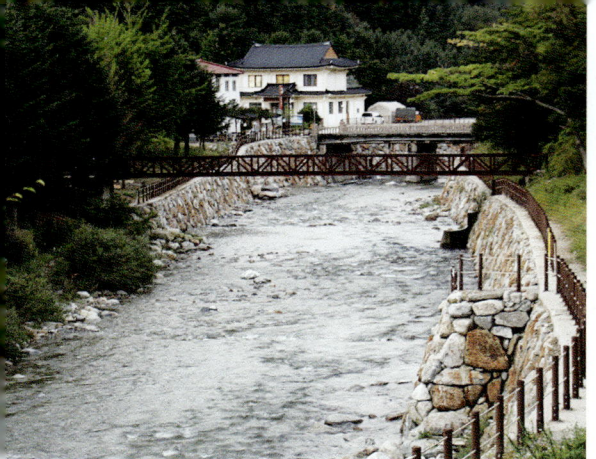

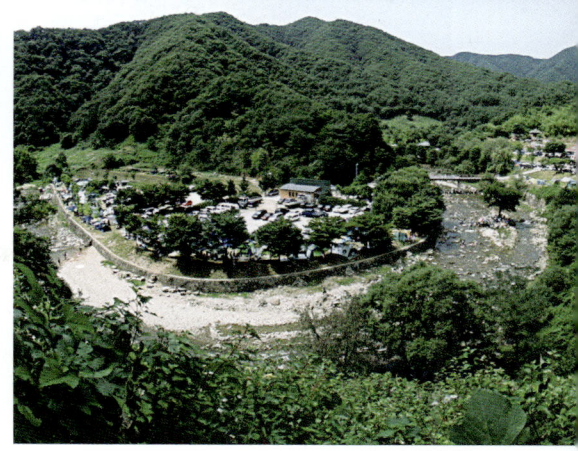

무주 구천동계곡

구천 번을 굽이치는 계곡

| 위치 | 전라북도 무주군 설천면 일대
| 운영시간 | 종일, 연중무휴

▶ MINI DATA

| 입장료 | 없음   주차 | 가능   분류 | 산, 계곡, 동굴

덕유산 북쪽 사면에서 발원하는 계곡의 굽이굽이가 9,000번을 헤아린다 해서 이름 붙은 구천동계곡은 덕유산 북쪽 사면에서 발원하여 학소대, 추월담, 수심대, 수경대, 구천폭포 등 33개의 절경을 만들어 내며 굽이치는 아름다운 계곡이다. 구천동계곡의 시작이라 할 수 있는 나제통문은 삼국시대 백제와 신라의 경계가 되었던 곳으로 암벽 가운데에 커다란 구멍이 있어 문의 역할을 하며 길이 이어지는데 지금도 이 통문을 경계로 두 마을의 언어와 풍습이 조금씩 다르다고 한다. 총 연장 24km에 이르는 계곡 길은 이 나제통문을 시작으로 신풍령 정상을 지나 경남의 거창까지 이어지는데 빼어난 경관을 감상하며 달리는 길로 국도 37호선과 맞물리는 멋진 드라이브 코스이며 한국도로교통협회가 선정한 한국의 아름다운 길 100선 중 하나로 선정되었다. 일명 '빼재'라고 불리는 신풍령 정상에 서면 무주와 거창의 경계를 눈으로 확인하며 시원한 조망을 즐길 수 있다.

방화동 가족휴양촌

오토캠핑을 제대로 즐길 수 있는 곳

| 위치 | 전라북도 장수군 번암면 사암리 625
| | 전라북도 장수군 번암면 방화동로 778
| 운영시간 | 숙박 15:00~익일13:00(예약 후 방문), 연중무휴

▶ MINI DATA

| 입장료 | 있음   주차 | 가능   분류 | 숲, 자연휴양림

장안산 아래 울창한 숲과 완만하게 'S'자를 그리며 흐르는 물줄기를 따라 방화동계곡에 조성된 국내 최초의 오토 캠핑 전용 가족휴양촌이다. 오토캠핑장 두 곳과 모험놀이장, 수변 피크닉장과 3개 동의 취사장이 있고 수도시설과 전기시설이 잘 갖추어져 있어 완벽한 오토캠핑을 즐길 수 있다. 둥글게 만들어진 캠핑장 가운데에 잔디밭이 있어 아이들이 뛰어놀기에도 안전하며 화장실과 샤워장 시설도 최신식으로 갖추어져 있다. 휴양촌 위쪽으로는 장안산에서 흘러내린 덕산계곡이 울창한 원시림과 기암괴석을 품고 절경을 이루고 있어 또 다른 맛의 휴가를 즐길 수 있다. 가족휴양촌과 함께 자리 잡은 자연휴양림에는 산림문화휴양관, 산막 형태의 숲 속의 집이 있어 혹여 캠핑 장비를 갖추지 못한 가족들도 시원한 계곡과 숲 속에서 쉬어갈 수 있다. 조성된 지 20년 가까이 되었으나 교통이 불편해 숨겨져 있다가 대전·진주간 고속도로가 개통되면서 많은 사람들이 찾고 있다.

논개사당 의암사

우리가 논개에 대하여 잘못 알고 있는 것은?

| 위치 | 전라북도 장수군 장수읍 두산리 산3-1
전라북도 장수군 장수읍 논개사당길 41
| 운영시간 | 동절기 09:00~18:00, 하절기 09:00~19:00,
연중무휴

▶ MINI DATA

| 입장료 | 없음   주차 | 가능   분류 | 역사, 문화유적

임진왜란 중에 진주성에서 적장을 끌어안고 남강에 투신한 논개를 모르는 사람은 없을 것이다. 논개라는 인물에 대해 기생으로 아는 경우가 대부분인데 실제로는 그렇지 않다는 사실이 밝혀지고 있다. 전북 장수 출신으로 서당 훈장의 딸로 태어났으며 성은 주씨이다. 어려서 아버지가 죽자 작은아버지가 부잣집의 민며느리로 팔아버리는데 어머니가 논개를 데리고 도망을 치지만 곧 잡혀 재판을 받게 된다. 그때 판결을 맡았던 사람이 장수 수령 최경회로 사정을 안타깝게 여겨 이 모녀를 거두어 관에서 일을 하게 한다. 곧 어머니도 죽고 고아가 된 논개는 이후 최경회가 옮기

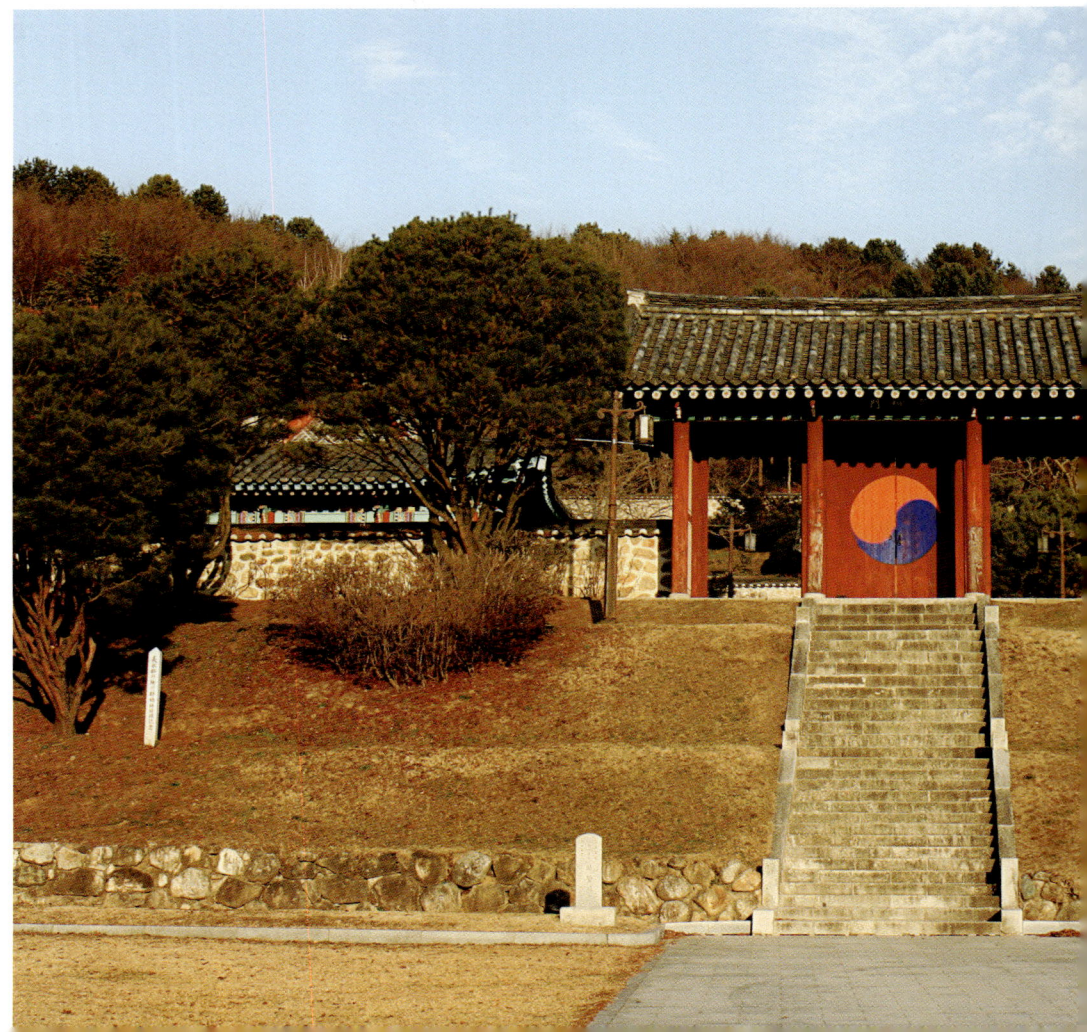

는 곳마다 따라다니다 나이가 들어 그의 소실이 된다. 임진왜란 때 최경회가 경상우병사로 진주성전투에 참가하게 되면서 논개도 진주로 왔다. 첫 번째 진주성전투는 조선군이 승리를 하지만, 이듬해에 다시 일본군이 쳐들어 온 2차 진주성전투에서는 왜군이 승리한다. 이때 논개가 진주성에서 벌이던 왜장들의 축하연에 기생으로 가장해 적장을 껴안고 남강으로 투신하여 순절했다는 이야기이다. 진주성에도 논개의 사당이 있지만 논개가 태어난 장수에도 논개 사당인 의암사가 있다. 작은 사당과 함께 논개의 일생을 알려 주는 전시관이 있으며 정자가 있어 앞으로 펼쳐

진 시원한 호수 풍경을 감상할 수 있다. 진주성 의기사와 이곳의 논개 영정은 이당 김은호 화백이 그린 것으로 그의 친일 행적이 논개의 의기로움을 헤친다 하여 의기사의 영정을 떼어내는 일이 벌어졌는데 최근에 논개의 영정이 다시 그려져 논개의 정신을 제대로 담아낼 수 있게 되었다.

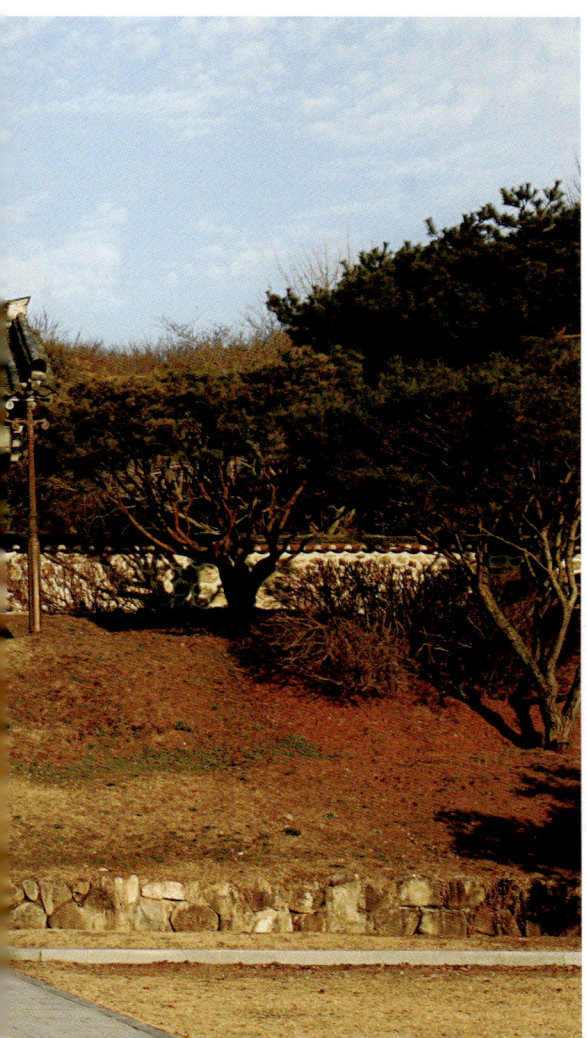

→ 하늘내들꽃마을, 즐거운 산골 체험

20여 가구 50여 명 밖에 살지 않는 작은 동네지만 2006년 농림부에서 주관한 제5회 농촌마을경진대회에서 최우수마을로 선정된 곳이다. 마을 할아버지, 할머니들이 옛날 어릴 때 놀던 그대로를 체험프로그램으로 만들어 놓아 산과 들을 체험하는 자연스러움이 특징이다. 매년 5월 어버이날 즈음 열리는 산골음악회는 마을의 특별한 축제이며, 봄·가을 한 차례씩 열리는 상여체험도 우리 문화를 체험할 수 있는 소중한 기회이다.
문의 | 063-353-5185

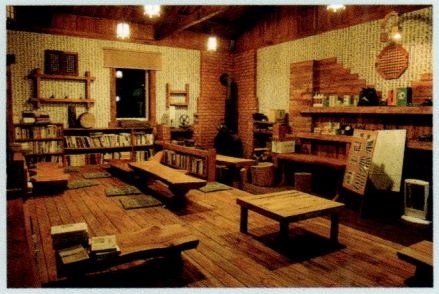

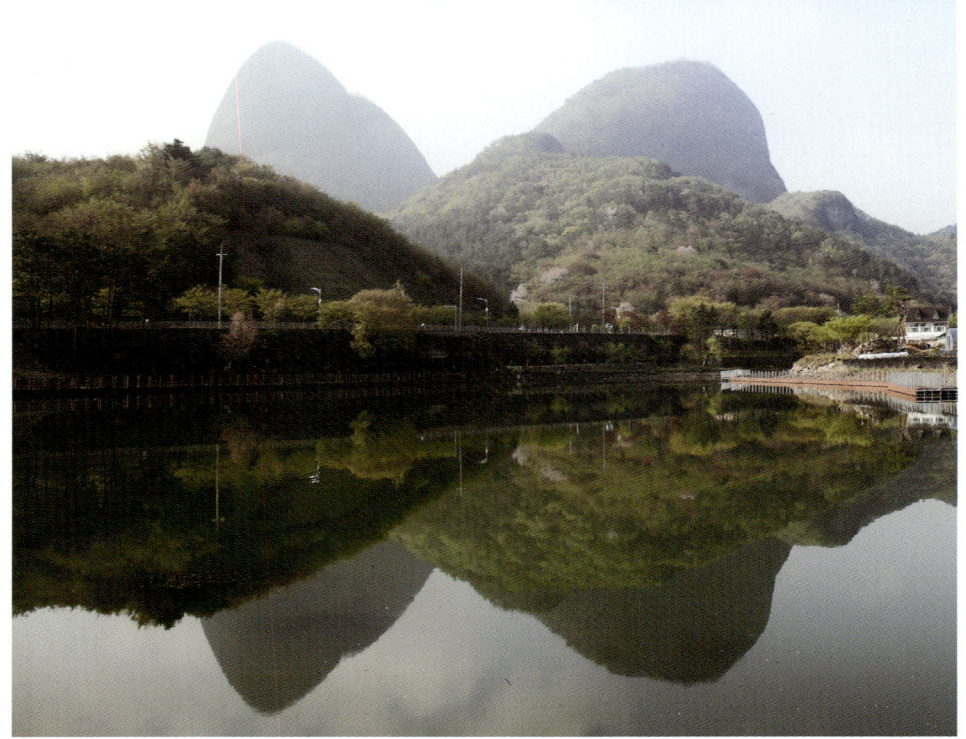

마이산도립공원

탑사의 신비를 간직한 산

| 위치 | 전라북도 진안군 진안읍 단양리 288-2 일대
　　　전라북도 진안군 진안읍 마이산로 255 일대
| 운영시간 | 종일, 연중무휴

▶ MINI DATA
| 입장료 | 없음　　주차 | 가능　　분류 | 산, 계곡, 동굴

두 개의 봉우리가 말의 귀를 닮았다 해서 이름 붙은 마이산(馬耳山)은 1979년 도립공원으로 지정되었으며 2003년에는 국가지정명승 제12호로 지정된 명산이다. 소백산맥과 노령산맥에 걸쳐 있으며 남쪽 사면으로는 섬진강이 시작되고 북쪽 사면으로는 금강이 발원하는 곳이기도 하다. 두 개의 봉우리 중 약간 낮고 둥근 모양의 서쪽 봉우리를 암마이산(687.4m), 좀 더 뾰족한 모양의 동쪽 봉우리를 수마이산(681.1m)으로 부르는데 암마이산과 수마이산 사이에 448개의 층계가 있어 등산을 할 수 있고 수마이산 중턱의 화

암굴에서는 약수가 솟아 검은 암봉이 습기에 젖어 물방울이 떨어지고 있는 것을 볼 수 있다. 마이산 아래로는 80여 개의 돌탑으로 이루어진 탑사가 있어 그 신비한 장관을 보기 위해 많은 관광객들이 찾고 있다. 100여 년 전 이갑룡 처사가 하늘의 계시를 받아 쌓기 시작한 것이라 전해지는데 인근 30리 밖에서 날라 온 돌로 기단을 쌓고 각 처의 명산에서 가져 온 돌로 탑을 쌓았는데 비바람에도 무너지지 않고 견디며, 혼자의 힘으로 쌓았다고는 믿기지 않을 만큼 갯수가 많아 놀라움을 금할 수 없다.

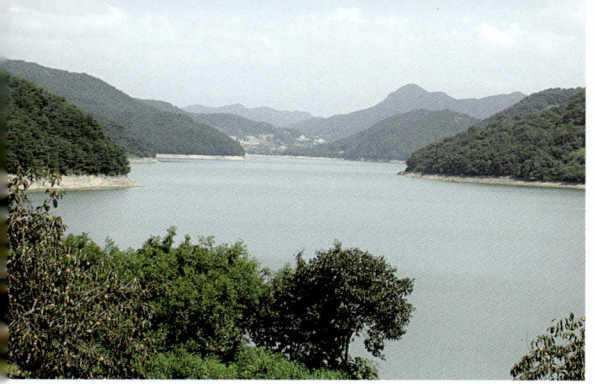

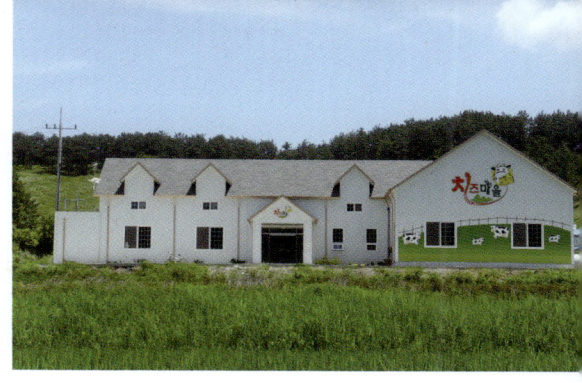

옥정호
호수를 따라 달리는 아름다운 길

│ **위치** │ 전라북도 임실군 입석리, 마암리 인근
│ **운영시간** │ 일몰 전후 2시간 제외하고 상시 가능, 연중무휴

▶ MINI DATA
│ **입장료** │ 없음 **주차** │ 가능 **분류** │ 강, 유원지

반짝이는 아침 햇살과 물안개로 아름다운 옥정호는 섬진강 다목적 댐의 건설로 생긴 거대한 인공호수다. 섬진강 다목적 댐은 일제치하인 1926년부터 만들기 시작해 1965년에 완공된 우리나라 최초의 다목적 댐으로, 임실군으로 흘러가는 섬진강 상류를 막아 정읍으로 흘려보내 드넓은 호남평야를 적셔주도록 건설되었다. 일교차가 커서 물안개가 많이 발생하는 봄, 가을에는 아름다운 풍경이 절정에 달해 전국의 사진작가들이 몰려든다. 보는 이를 압도하는 다른 인공호수와는 달리 완만한 구릉을 따라 마을이 앉아 있고 포근한 느낌의 숲이 호수를 감싸고 있다. 아름다운 옥정호를 바라보는 포인트 중 유명한 곳은 두 군데로, 하나는 옥정호를 가로지르는 운암대교인데 물안개가 피어오르는 교각이 마치 천상의 다리처럼 보이며, 또 다른 하나는 국사봉 전망대로 물안개 낀 호수 전체를 조망하는 곳이다. 옥정호를 따라 순환도로를 달리는 것도 멋진 코스인데, 이 길은 건설교통부에서 선정한 전국의 아름다운 길 100선으로 선정되기도 했다.

임실 치즈마을
치즈가 쭉쭉, 어디까지 늘어날까요?

│ **위치** │ 전라북도 임실군 임실읍 금성리 610-1
│   전라북도 임실군 임실읍 치즈마을1길 4
│ **운영시간** │ 예약 후 방문, 매주 월요일 휴무

▶ MINI DATA
│ **입장료** │ 있음 **주차** │ 가능 **분류** │ 전통, 체험마을

임실에서 치즈체험을 처음으로 시작해 전국에 알린 마을이다. 치즈 중에서도 피자에 들어가는 모차렐라 치즈를 이용해 길게 늘어뜨려 보는 스트레칭을 해보는데, 누가 누가 길게 하나 모두들 열심이다. 식사로는 마을에서 준비하는 치즈돈가스가 제공된다. 이곳에는 아이들이 좋아하는 프로그램이 두 가지 있는데 바로 풀썰매타기와 송아지 우유먹이기이다. 풀썰매타기는 어릴적 동네 언덕에서 했던 놀이로 도시에 사는 지금의 아이들은 할 수 있는 기회가 없어 처음에는 어떻게 하는지, 해도 되는지 망설이는 표정이 보이지만, 누가 한 명 시작하기만 하면 언제 그랬냐는 듯 모두들 줄을 지어 신 나게 썰매를 탄다. 송아지 우유먹이기는 아이들에게 최고 인기 프로그램으로 송아지 가까이 다가가 우유를 담은 젖병을 입에 물려주는데, 쭉쭉 우유를 마시는 모습을 보면서 아이들은 송아지가 자기 동생인 듯 귀여워한다.

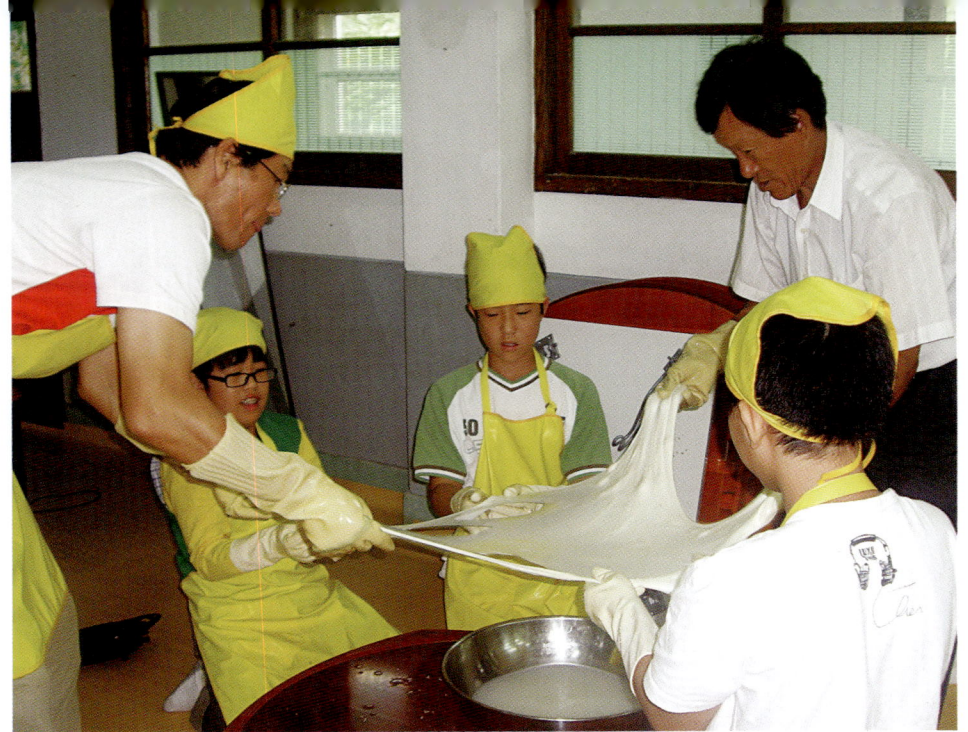

임실 치즈요리체험학교 옥정호를 바라보며 만드는 맛있는 피자

위치 | 전라북도 임실군 강진면 옥정리 235
　　　전라북도 임실군 강진면 문방2길 25
운영시간 | 예약 후 방문

▶ MINI DATA
| 입장료 | 있음　　주차 | 가능　　분류 | 전시, 체험시설

옥정호 옆 폐교가 된 학교에 위치해 빼어난 경관을 자랑하며 체험하기에 좋은 시설을 가지고 있다는 것이 이곳의 장점이다. 오전에 도착하면 먼저 퀴즈를 통하여 치즈에 대하여 배우고 우유에서 치즈가 만들어지는 과정을 실험을 통하여 확인해본다. 다음으로는 체험객별로 나누어주는 재료를 가지고 직접 치즈를 만들어보고 생치즈를 늘어뜨려본다. 다음으로 피자 만들기 체험을 시작하는데 쌀로 된 반죽 위에 여러 가지 토핑과 생치즈를 듬뿍 얹어 만든다. 잠시 있으면 피자가 구워져 나오는데 자기 손으로 직접 주물러서 만든 피자를 보면 처음에는 아까워서 이것을 어떻게 먹을까 하지만 한 입 베어 물고는 그 맛에 게 눈 감추듯 먹게 된다. 도

시에서 주문해 먹는 피자와 별다를 것이 없어 보이지만 자기 손으로 만들었고 이곳에서 사용되는 치즈가 신선하기 때문에 그 맛은 확연히 다르다. 때에 따라 피자와 함께 마을 할머니표 스파게티가 제공되기도 한다. 식사를 마치고 운동장으로 나가 신 나게 놀아보자. 섬진강 다목적 댐을 앞에 두고 있는 아름다운 풍경에 어른들은 감탄하지만, 아이들은 이 풍경에 아랑곳하지 않고 여기 저기 마련되어 있는 전통 놀이기구를 가지고 신나게 논다. 잠시 후 '탈탈탈탈' 소리를 내면서 경운기의 시동이 켜지면 체험의 하이라이트라 할 수 있는 경운기를 타고 옥정호 드라이브 하기를 끝으로 하루를 마감한다.

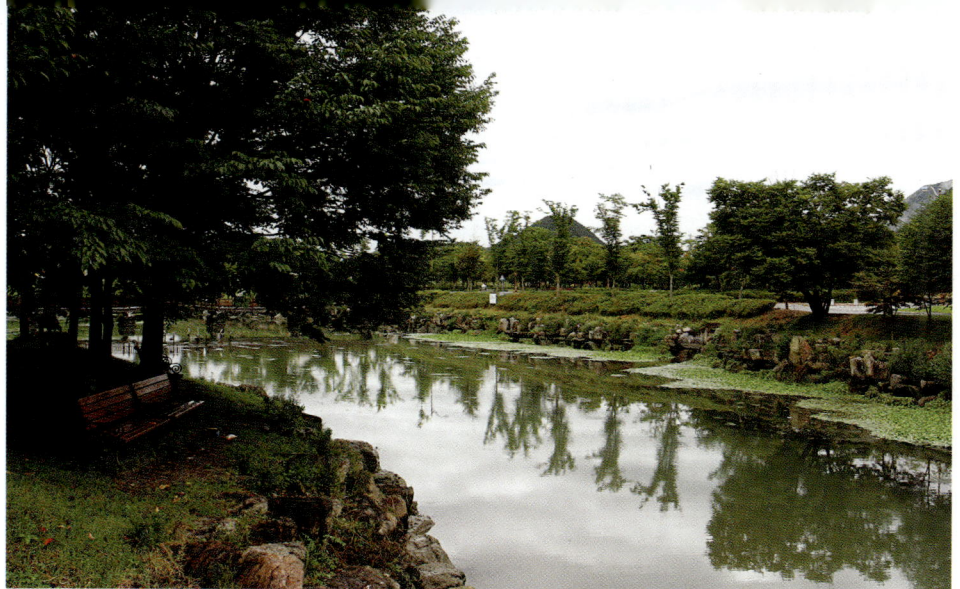

사선대 아름다운 경치에 옆 동네 신선이 놀러왔다

위치 | 전라북도 임실군 관촌면 관촌리 222
　　　전라북도 임실군 관촌면 사선2길 68-7
운영시간 | 종일, 연중무휴

▶ MINI DATA
| 입장료 | 없음　　주차 | 가능　　분류 | 강, 유원지

사선대는 전주에서 임실로 들어가는 17번 국도변에 위치하여 찾기 쉽다. 인근 주민들에게 좋은 휴식처가 되어 주는 곳으로 1985년에 국민관광지로 지정되었다. 진안에서 발원한 오원천이 사선대 앞을 흐르며 시원한 풍경을 만들어 내는데, 사선대라는 이름은 네 명의 신선이 놀던 곳이라는 뜻으로 전해지는 이야기가 있다. 지금으로부터 2,000년 전 진안 마이산에 살던 두 신선과 임실 운수산의 두 신선이 이곳 풍경이 좋다는 이야기를 듣고는 모이게 된다. 강가를 거닐기도 하고 목욕도 하면서 경치를 즐기고 있었는데 갑자기 하늘에서 네 선녀가 내려와 이곳의 아름다움을 즐기던 네 명의 신선을 데리고 하늘로 올라갔다고 한다. 네 명의 선남선녀가 놀았다 하여 붙여진 이름이 사선대이다. 강변을 따라 나무 그늘진 산책로와 조각 공원이 있으며 겨울에는 공원 사이로 흐르는 오원천이 얼어 스케이트장이 만들어지니 또 다른 놀거리가 된다. 사선대 위쪽 언덕으로 보이는 정자는 운서정이다. 조선시대에 지어진 정자로 일제 때 이곳에서 나라 잃은 망국의 한을 함께 모여 달랬다는 이야기가 전해지는 곳이다. 사선대에서 난 길을 따라 10여 분쯤 오르면 된다. 지금은 절로 변하여 예전 의미가 퇴색된 것 같아 아쉬운 마음이지만, 그래도 이곳에서 바라보는 강과 숲의 풍경은 멋지다.

➜ 성수산 자연휴양림

숙박시설이 잘 갖추어져 있는 자연휴양림이다. 사설휴양림이라 국공립 휴양림들에 비하여 예약하기가 수월하다. 삼림욕장을 가로질러 계곡이 흐르고 있으며, 천연 버섯재배장이 있어 버섯이 자라는 모습을 가까이에서 볼 수 있다. 또 물과 눈을 이용하는 썰매장과 어린이 수영장이 있어 아이들이 재미있고 안전하게 놀이를 즐길 수 있다.
문의 | 063-642-9456~7
홈페이지 | http://www.sungsusan.co.kr

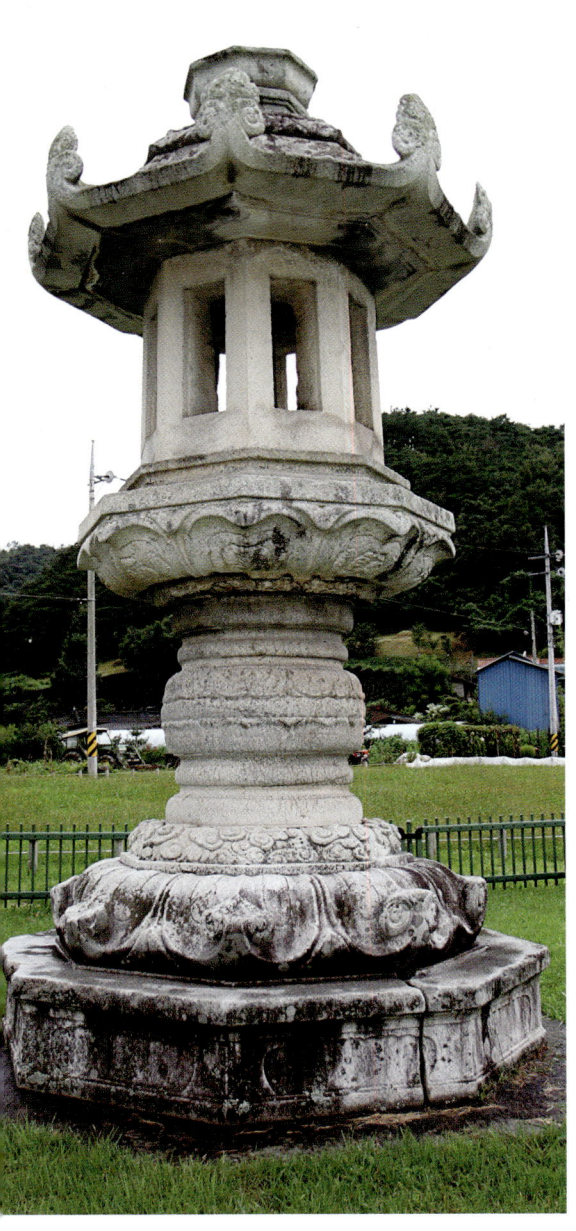

임실 진구사지 석등과 석불연화좌대

마을 안에 숨은 아름다운 보물들

위치 | 전라북도 임실군 신평면 용암리 188-1
　　　전라북도 임실군 신평면 용암2길 인근
운영시간 | 종일, 연중무휴

▶ MINI DATA

| 입장료 | 없음　　주차 | 가능　　분류 | 역사, 문화유적

마을 안쪽에 위치해 큰길에서는 보이지 않으니 신경 써서 찾아가야 하는 곳이다. 중기사라는 절이 있었다고 전해지지만 문헌으로 확인되지 않아서 실제 존재했는지는 의문이다. 하지만 이곳에 남아 있는 석등 등의 유물들을 볼 때 꽤 큰 절이 있었음을 알 수 있다. 이 석등은 알려진 석등 중에서도 그 크기가 손에 꼽힐 만큼 큰 유물이다. 크기만 큰 것이 아니라 조각된 모양이라든지 전체적인 비례가 뛰어나 보는 사람의 감탄을 자아낸다. 보물로 지정된 유물이지만, 만약 이곳 절에 대한 기록이 자세히 남아 있었더라면 국보로 지정되어도 손색없을 아름다운 석등이라는 생각이다. 석등과 관련해 마을에 전하는 이야기가 있는데, 이 석등에 불을 켜면 그 밝고 환한 빛이 수도인 경주까지 전해진다는 이야기 하나와, 일제 때 일본인이 석등을 가져가려고 하였으나 손을 대자마자 석등 주변에 검은 구름이 몰려와 번개와 천둥이 치면서 비가 내려 포기하고 도망간 이후 이 석등에 손을 대는 사람이 없다는 이야기이다. 주변을 돌아보면 한쪽으로 작은 건물이 있고 그 안에 부처상이 만들어져 있는데, 주목해 보아야 할 것은 최근에 새로 만들어진 불상이 아니라 그 불상이 앉아 있는 석불연화좌대이다. 만들어진 수법으로 보아서는 석등과 비슷한 시기에 만들어진 것으로 추정하고 있으며 연꽃 무늬가 한 잎 한 잎 매우 섬세하게 새겨져 있다. 절터에는 축대와 계단 다리들, 탑의 상층에 사용되었던 부재들이 곳곳에 남아 있다.

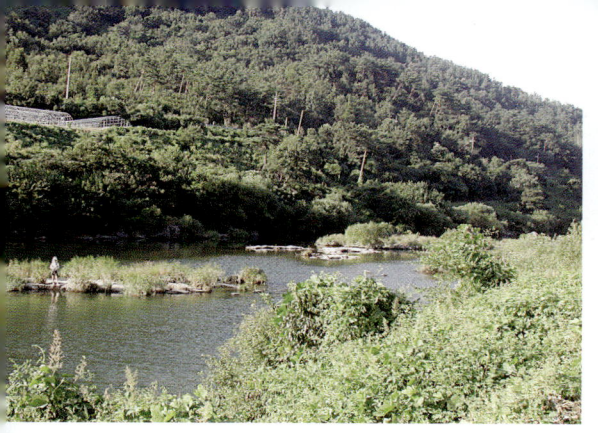
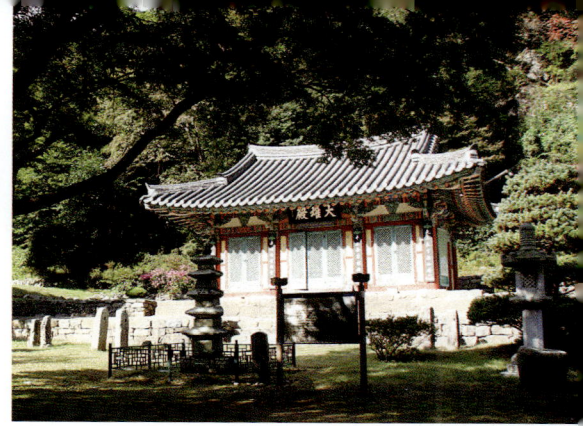

섬진강 구담마을~진메마을

섬진강 물줄기를 굽어보는 마을

| 위치 | 전라북도 임실군 덕치면 천담리~장암리 일대
| 운영시간 | 종일, 연중무휴

▶ MINI DATA

| 입장료 | 없음　　주차 | 불가능　　분류 | 전통, 체험마을

섬진강 시인 김용택은 섬진강 500리 물길 중에서 가장 아름다운 곳으로 천담마을에서 구담마을을 거쳐 장구목으로 흐르드는 물굽이를 꼽았다. 시인이 사는 진메마을에서부터 그 아름다운 물길을 따라가보자. 겨우 차 한 대가 지나갈 수 있는 비포장 길을 걸으면 왼쪽으로는 부드러운 섬진강이 흐른다. 구례나 하동의 드넓은 섬진강만을 보았던 이들이라면 작은 개울처럼 보이는 강줄기가 시들할 수도 있겠으나 강둑을 따라 아기자기한 밭이 이어지고 강바닥이 훤히 들여다보이는 섬진강 물줄기를 따라 천담마을을 지나면 더 이상 차가 들어갈 수 없는 산길이 시작되는데 여기부터가 구담마을이다. 영화 「아름다운 시절」의 촬영지로 알려진 구담마을은 차가 들어 갈 수 없는 오지 중의 오지로 옛 시골 마을의 풍경을 그대로 간직하고 있다. 구담마을에서 내려다보이는 강줄기가 바로 장구목으로 여기서부터는 순창 땅인데, 강 양편으로 징검다리가 놓여 있는 풍경이 아름답기 그지없으며 도보 여행지로도 사랑받고 있다.

강천사

강천산의 주인 되는 곳

| 위치 | 전라북도 순창군 팔덕면 청계리 996
|　　　전라북도 순창군 팔덕면 강천산길 270
| 운영시간 | 종일, 연중무휴

▶ MINI DATA

| 입장료 | 있음　　주차 | 가능　　분류 | 불교유적

본래 옥천산으로 불렸던 강천산은 신라 도선국사가 강천사를 만들어 지금의 이름이 붙여졌다. 강천산 입구에서 약 2km 지점에 위치한 사찰은 특별한 유물도 없는 작고 아담한 사찰이다. 산과 계곡을 병풍 삼는 사찰은 변변한 담장조차 갖추지 않고 산과 어우러지는 자연경관의 일부인 듯 포근한 모습으로 서 있다. 석축을 여러 겹 둘러 쌓아 지대를 평탄하게 만들고 대웅전과 염화실, 세심당 등의 부속 건물이 옹기종기 어우러져 있다. 순창 시내에서 시작되는 메타세쿼이어 가로수 길의 시원스러운 경관이 산의 입구에서 붉은 단풍나무의 터널로 이어진다. 도열한 듯 서 있는 단풍나무의 모습이 마치 강천사를 알리는 자연의 안내판 같다. 사찰 입구에는 석조에 담겨 나오는 달고 시원한 석간수가 있으니 목을 축이고 주변을 둘러보는 여유를 가지자.

강천산

애기단풍 손 내미는 곳

| 위치 | 전라북도 순창군 팔덕면 청계리 일대
| 운영시간 | 종일, 연중무휴

▶ MINI DATA
| 입장료 | 있음　주차 | 가능　분류 | 산, 계곡, 동굴

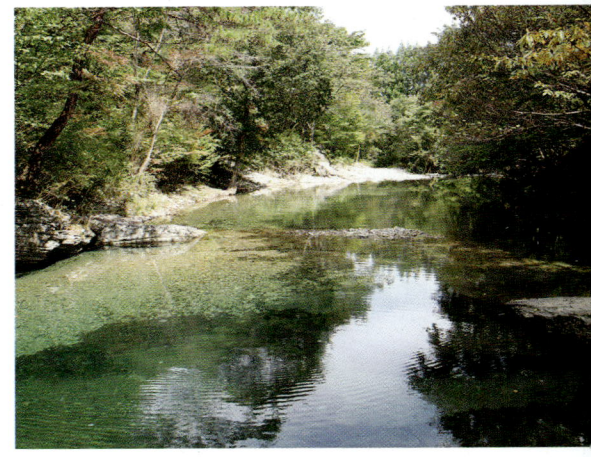

비교적 덜 알려진 관광지나 자연경관을 찾아보고 그 아름다움에 무척 놀라게 되는 경우가 있다. 숨겨진 나만의 비밀 장소를 찾은 것 같은 즐거움으로 더욱 소중한 장소가 된다. 순창의 명산 강천산의 느낌은 작은 금강산을 찾아가는 기분이다. 전국 여느 곳의 명산에 견주어 모자라지 않는 비경을 간직하고 있다. 차분한 오솔길을 따라가는 산행은 숨겨진 비밀 장소를 찾아가는 느낌이다. 신라 도선국사가 지었다는 산의 이름은 풍수지리상 옥을 굴리는 아름다움을 지닌 계곡이란 뜻을 가진다. 산에서 흘러내리는 두 곳의 물줄기는 섬진강과 영산강을 만드는 뿌리가 되는 곳이다. 산행의 입구에서 만나는 병풍폭포의 모습은 예사롭지 않은 강천산의 아름다움을 알려주듯 기암절벽에 병풍을 치듯 넓은 물살을 흩날리며 떨어진다. 40여 미터 높이에서 떨어지는 두 갈래의 시원한 물줄기는 이곳에 몸을 씻는 사람의 지나온 잘못을 씻어준다는 전설이 있는 곳이다. 여분의 옷을 준비하였다면 하산 길에 물줄기에 몸을 맡기고 산행의 피로를 풀어주면 더욱 좋다. 용소에서 시작해 580m 높이의 강천산 정상까지 1km 남짓의 산행을 하면 계곡을 가로지르는 현수교를 건너게 된다. 50m 높이로 하늘을 가르듯 놓여 있는 구름다리는 눈 아래로 강천산 전체를 담는 아찔하고 아름다운 경관이 펼쳐지며 무서움을 잊게 만든다. 가파른 산행길 끝에 나타나는 정상의 전망대는 산성산과 광덕산이 어우러지는 주변 경관을 시원하게 한눈으로 담는 곳이다. 강천산 깊은 곳으로 호수처럼 맑은 물을 담는 저수지를 지나 돌아오

는 길에 삼한시대 이 땅을 지킨 아홉 장군의 영혼이 서려 있다는 구장군폭포의 장관을 만난다. 여느 곳의 단풍보다 진한 빛을 오래 간직한다는 애기단풍의 붉은 빛이 어우러지는 가을 산행이라면 폭포의 아름다움은 더욱 빛난다. 구장군폭포에서 입구까지는 건강에 좋다는 맨발산행이 가능한 고운 모래 길이다. 매표소 근처에 마련된 작은 주머니에 신발을 담고 자연을 느끼며 부드럽고 여유로운 산행을 즐기기에 좋다.

> **징게미매운탕, 강천산의 맛**
>
> 맑은 물이 흐르는 냇가에 다리를 담그고 잡아내었던 검은빛 민물새우를 기억하는가? 냇가 바닥에서 자라는 새우의 맛은 이제 찾아보기 힘든 별미 음식이 되어간다. 청정한 강천산 계곡에서 잡아내는 민물새우를 듬뿍 담아 버섯과 호박으로 담백한 맛을 내는 징게미탕은 놓치면 아쉬운 별미다. 강천산공원 주차장 입구 산호가든농원에서 질 좋은 순창고추장으로 맛을 낸 매운탕을 맛보자.
> **문의** | 063-652-4035(산호가든농원)

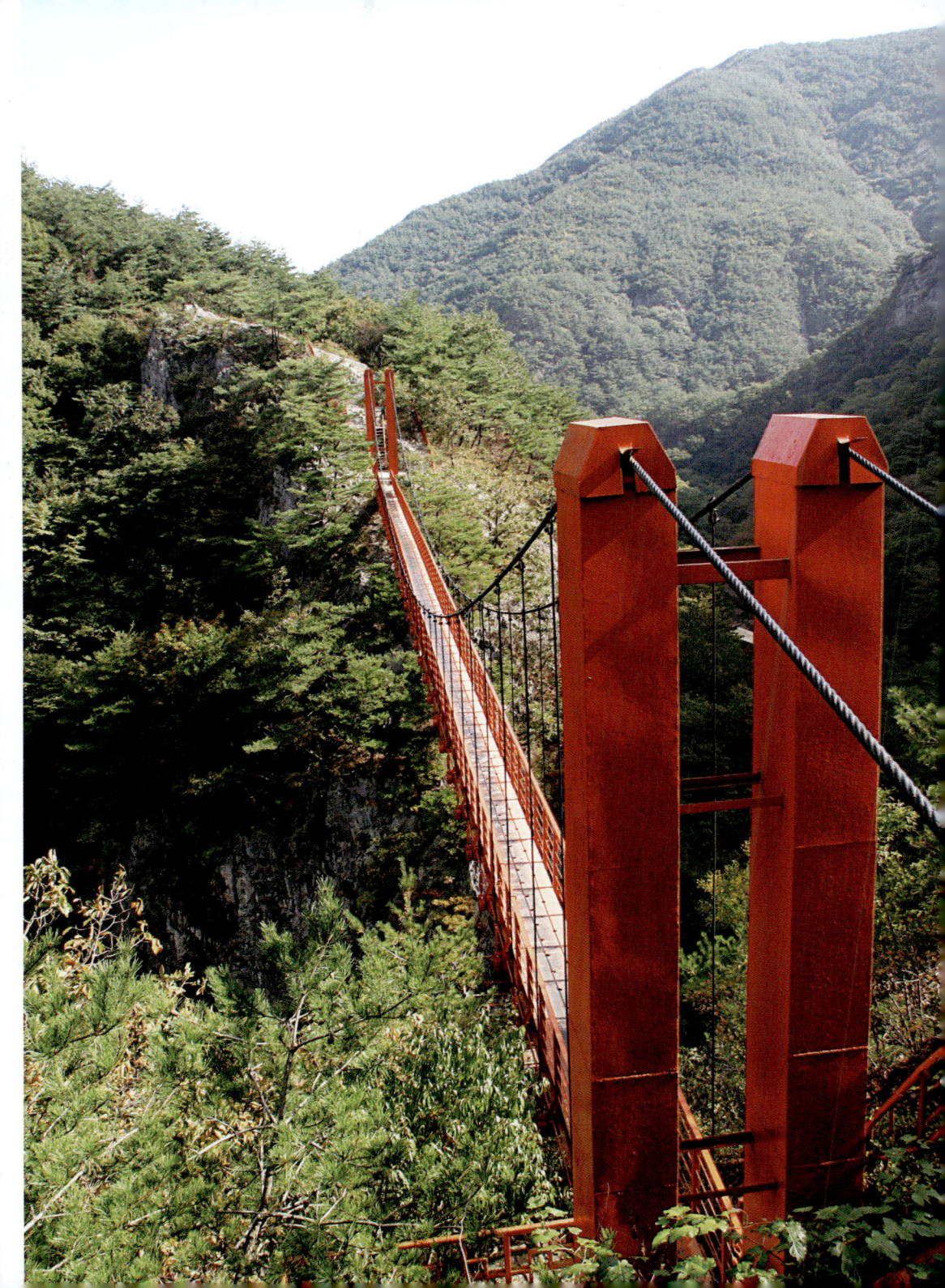

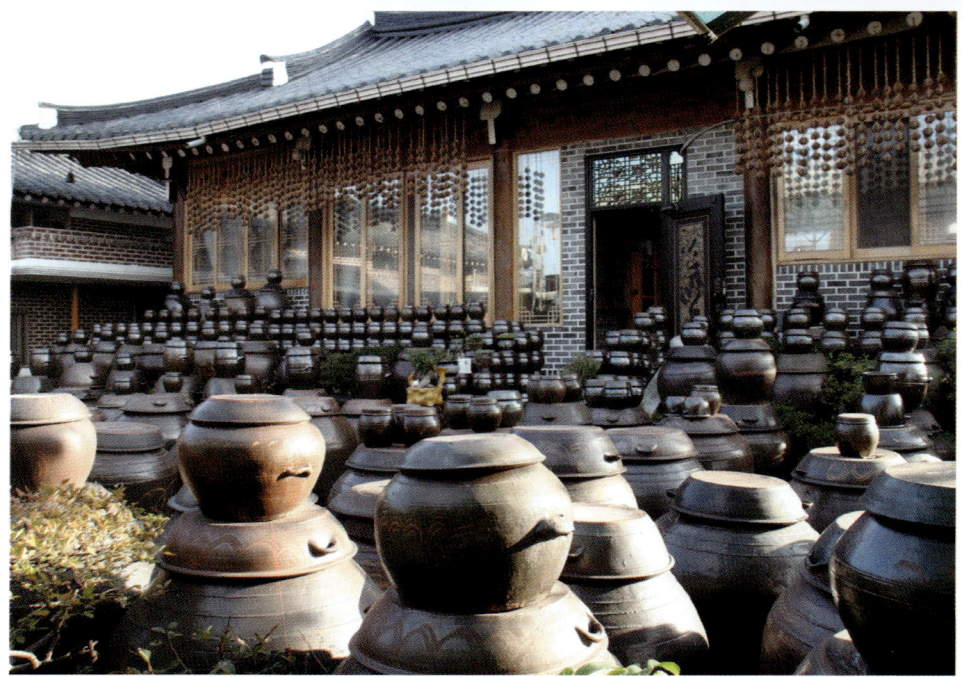

고추장마을 붉게 익어가는 마을

| 위치 | 전라북도 순창군 순창읍 백산리 918-7 일대
　　　　전라북도 순창군 순창읍 백야길 29 일대
| 운영시간 | 09:00~18:00, 연중무휴

▶ MINI DATA
| 입장료 | 없음　　주차 | 가능　　분류 | 전통, 체험마을

고추장을 대표하는 고유명사로 인식되는 순창고추장은 품질 좋은 콩과 고추만으로 만들어지는 것은 아니다. 우리나라에서 가장 맑은 하천으로 알려진 섬진강의 맑은 기운과 기름진 토양, 거기에 장맛을 좌우하는 가장 중요한 요소인 효소 번식에 가장 알맞은 기후는 콩의 단백질과 구수한 맛, 찹쌀의 단맛, 고추의 매운맛이 조화를 이루어 최고의 맛을 탄생시킨다. 모든 전통음식의 맛을 더하는 고추장은 속을 풀어주고 오장육부의 기운을 북돋아주는 건강음식으로도 더욱 유용하다. 순창 각지의 마을마다 특색 있는 고유의 맛으로 소문난 고추장의 장인들이 아미산의 푸근한 산자락을 터전으로 모여 있다. 순창군에서 20년 이상 고추장 제조 경력을 가진 장인들이 모여 만든 마을이다. 한옥으로 멋을 낸 마을의 모습도 특색있다. 70여

곳의 상점 중 어느 곳이라도 들러 맛을 본다면 감미롭고 신선한 고추장의 맛이 특별함을 쉽게 느낄 수 있다. 오이, 감, 죽순, 굴비 등 다양한 재료들과 고추장이 어우러지는 장아찌 제품들도 놓치기 아까운 맛이다. 그 맛을 직접 체험하며 느끼고 싶다면 마을의 가장 안쪽에 위치한 순창장류체험관을 찾아보자. 깔끔한 외관의 체험관은 고추장의 효능과 역사를 배우는 자그마한 전시관과 순창군청에서 운영하는 이색 체험공간인 고추장체험장이 운영된다. 직접 장도 담그고 고추장을 이용한 다양한 먹거리를 만들어 즐길 수도 있다. 개인 참가가 어려운 프로그램이니 체험객이 많은 주말 시간을 사전에 확인한 후 이용하는 것이 좋다.

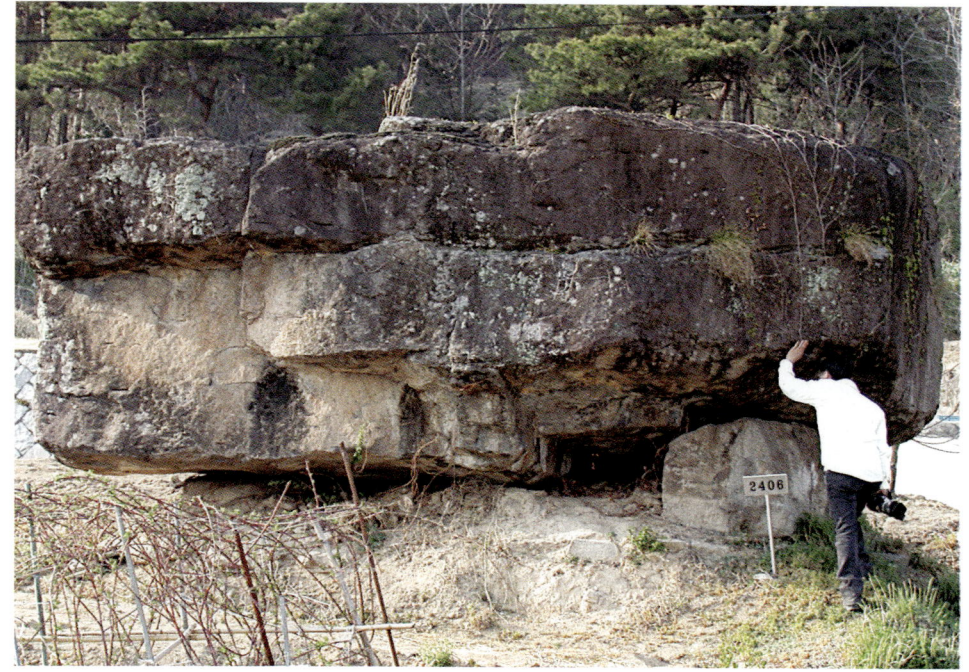

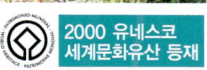

고창 고인돌 세계적으로 유명한 고인돌 무리

| 위치 | 유적지 전라북도 고창군 고창읍 죽림리(송암길) 일대
박물관 전라북도 고창군 고창읍 도산리 676
(고인돌공원길 74)
| 운영시간 | 유적 종일, 박물관 동절기 09:00~17:00, 하절기
09:00~18:00, 매주 월요일 휴관

▶ MINI DATA
| 입장료 | 있음   주차 | 가능   분류 | 역사, 문화유적

전북 고창은 인근 화순과 경기도 강화와 더불어 이름난 고인돌 분포지역이다. 우리나라에서만 이름난 것이 아니라 전 세계적으로 유명한 고인돌 산지로 이곳은 유네스코가 지정한 세계문화유산이기도 하다. 옛날 청동기시대로 시간여행을 떠나 보자. 고인돌은 청동기시대 지배자의 무덤으로 알려져 있다. 농경을 시작하고 보다 정교한 도구를 사용하면서 집단 내 권력관계가 형성되기 시작하는데 그 산물이 바로 고인돌이라는 것이다. 고창의 고인돌은 매산 기슭을 따라 곳곳에 놓여 있으며 그 개수는 500여 기에 이른다. 이곳 고인돌의 모양은 남부 지방에서 많이 발견되는 형태로 굄돌이 땅속에 들어가 있는, 즉 지하에 돌방

이 만들어진 바둑판식 또는 개석식 형태가 많다. 하지만 도산리에는 북부지방의 대표적인 형태인 탁자형 고인돌도 볼 수 있다. 고인돌 사이로 만들어진 길을 따라 하나하나 살피면서 관람을 하는데 그 크기와 모양이 제각각이라 누구의 무덤일까, 누가 만들었을까 생각하면서 돌아보면 재미있다. 길 건너편에는 최근 고인돌박물관이 문을 열어 고창의 고인돌과 선사문화에 관한 이해를 도와준다. 전 세계 고인돌의 70% 이상이 한반도에 모여 있어 우리나라가 가진 세계적인 유산이라 할 수 있는 고인돌, 특히 고창의 고인돌 무리는 학술적으로 단연 의미 있는 곳이니 한 번쯤 답사를 해볼 곳이다.

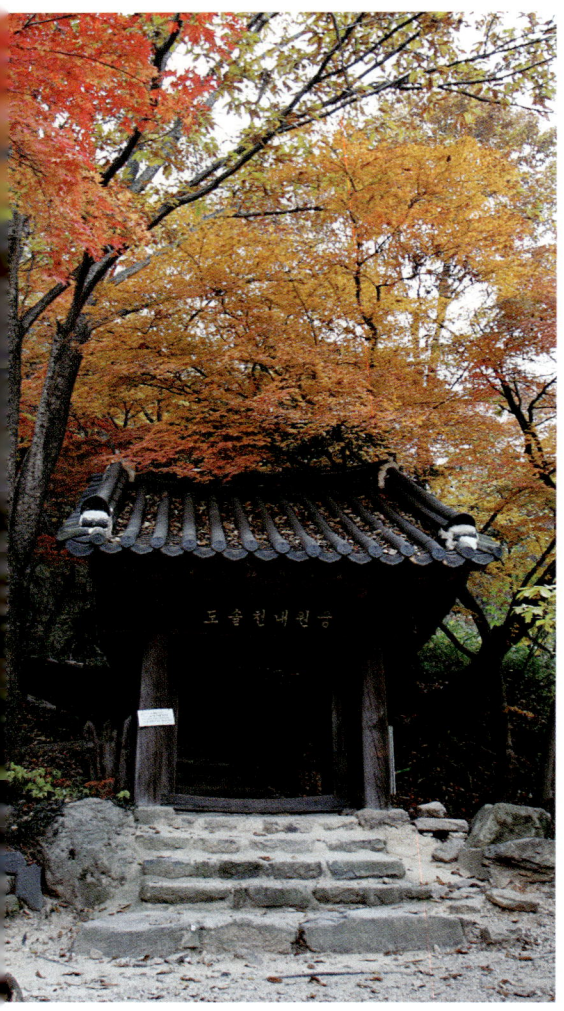

선운사
동백나무 숲이 병풍처럼 감싸 안은 천 년 고찰

| 위치 | 전라북도 고창군 아산면 삼인리 500
전라북도 고창군 아산면 선운사로 250
| 운영시간 | 종일, 연중무휴

▶ MINI DATA
| 입장료 | 있음   주차 | 가능   분류 | 불교유적

아름다운 동백 숲으로 유명한 선운사는 백제 위덕왕 24년(577년)에 검단선사에 의해 창건된 천 년 고찰이다. 우람한 느티나무와 아름드리 단풍나무가 호위하는 숲 길을 지나 경내로 들어서면 대웅전을 병풍처럼 감싸며 군락을 이룬 동백나무 숲을 볼 수 있는데 500년 수령에 높이 6m인 동백나무들은 천연기념물 제184호로 지정되어 있다. 대웅보전은 보물 제290호로 지정되어 있으며 이 밖에도 보물 제279호인 금동보살좌상, 제280호인 지장보살좌상 등 19점의 유물을 가지고 있다. 선운사 주변은 잎이 지고 난 뒤 꽃이 피어 일명 '상사화'라 불리는 석산의 군락지로도 유명하며 계곡과 산비탈을 수놓는 가을 단풍도 아름답기로 손꼽힌다. 선운사가 자리한 도솔산은 기암괴석이 많아 호남의 내금강이라고 불리는데, 선운사 창건 당시 89개의 암자에서 3,000여 명의 승려들이 수도했다고 전해진다. 지금은 모두 없어지고 도솔암, 참당암, 동운암, 석상암만이 남아 있으며, 그 중 가장 유명한 도솔암으로 가는 길에는 진흥왕이 왕위를 버리고 수도했다는 진흥굴이 남아 있다.

→ 풍천장어, 샘솟는 힘

장어의 힘찬 움직임은 스태미너의 상징으로 알려져 있다. 민물과 바닷물이 만나는 지점에서 나오는 장어는 깊은 맛을 지닌 최상의 음식으로 인정받는다. 주진천과 서해가 만나는 고창 선운사 입구는 풍천장어로 유명하다. 비록 대부분의 음식점이 양식장어를 사용하지만 여느 곳보다 깊은 맛과 알맞은 밑반찬으로 50여 곳이 성업 중이다. 복분자술 한 잔과 어울리는 고소한 장어의 맛이 그만이다.

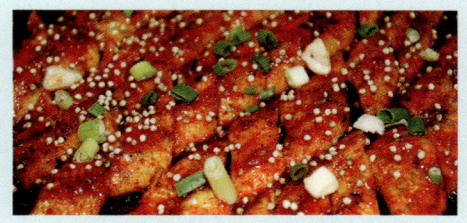

502

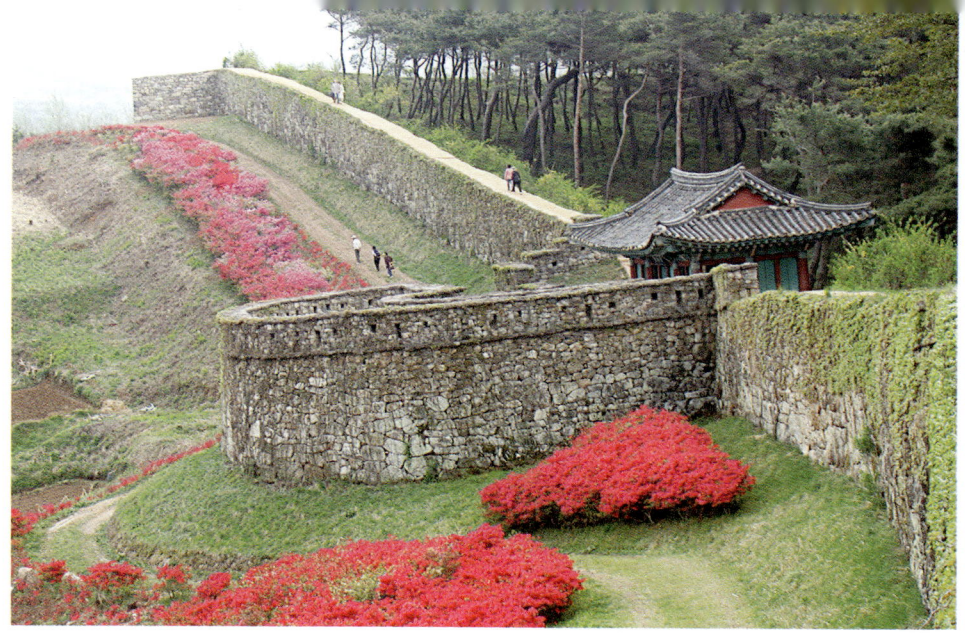

고창읍성 무병장수를 기원하며 성을 돌아보자

위치 | 전라북도 고창군 고창읍 읍내리 127
　　　전라북도 고창군 고창읍 모양성로 1
운영시간 | 04:00~22:00, 연중무휴

▶ MINI DATA
| 입장료 | 있음　　주차 | 가능　　분류 | 역사, 문화유적

고창읍성이라는 원래의 이름보다 모양성이라는 이름으로 더 잘 알려진 성이다. 모양성이라는 이름은 백제시대 이 지방의 이름이 모량부리로 불렸다는 데서 유래하였다는데 확실하지 않다. 조선시대 만들어져 지금껏 원형이 잘 보존된 성으로 「동국여지승람」에 기록이 나와 있는 것으로 보아 그 책이 만들어진 성종 이전에 이곳이 만들어졌을 것이라는 추측이다. 현재 고창읍을 두르고 서 있는데 그 길이가 1,700m에 성벽의 높이는 4~6m이다. 고창지역은 호남 내륙의 군사적 요충지로 조선 초만 해도 서해안을 통한 왜구의 침범이 심했기에 성을 만들어 백성들의 집과 재산을 보호하고자 만든 성이다. 임진왜란을 겪으면서 성곽을 제외한 성 안 시설들이 불타고 무너졌는데 동헌, 객사 등의 옛 건물들이 지금은 어느 정도 복원이 이루어져 있다. 고창읍성에는 성밟기와 관련한 이야

기가 전하는데 '머리에 돌을 이고 성을 한 바퀴 돌면 다릿병이 낫고, 두 바퀴 돌면 무병장수하고, 세 바퀴 돌면 극락에 간다' 는 재미있는 이야기이다. 생각해보면 그도 그럴 것이 1,700m에 이르는 길을 따라 오르락내리락하다 보면 다릿병도 낫고 자연히 건강해지고 그래서 극락에 가지 않을까 하는 생각이다. 고창읍성에 들렀다면 세 바퀴는 아니더라도 시간을 내어 한 바퀴쯤은 돌아보도록 하자. 성 위로 난 흙길을 따라 걸으며 곳곳에서 만나는 옛 건물들에서 잠시 쉬어 가기도 하고 위로 오르면 시원하게 보이는 고창읍을 바라보며 크게 심호흡도 해보자. 음력 9월 9일 중양절 전후로 모양성제가 열리는데 그중 핵심 행사는 바로 성밟기이다. 고창의 여자들이 모여 한복을 곱게 차려입고 성밟기를 하는데 이 장관을 구경하러 많은 사람들이 이곳을 찾는다.

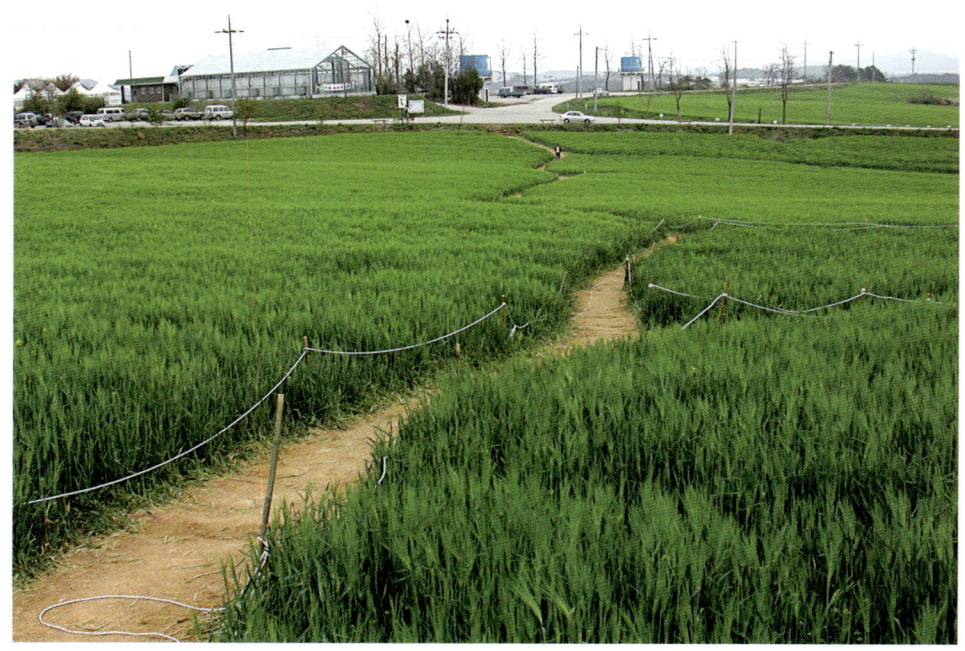

보리나라 학원농장 봄에는 푸른 보리밭으로, 가을에는 하얀 메밀밭으로

위치 | 전라북도 고창군 공음면 선동리 산119-1
　　　전라북도 고창군 공음면 학원농장길 158-6
운영시간 | 일출~일몰, 연중무휴

▶ MINI DATA
입장료 | 없음　　주차 | 가능　　분류 | 숲, 자연휴양림

추수가 끝나고 보리를 파종하면 한겨울 내 땅속에 숨어 있던 생명이 봄의 기운과 함께 흙을 비집고 나와 푸른 잎을 틔우는데 이 푸르름은 4월 말에서 5월 초가 되면 절정을 이룬다. 고창의 학원농장은 33ha의 광활한 넓은 땅에 보리를 심어 가꾸는 곳으로 원래는 식량생산의 목적으로 뽕나무를 기르기도 하고, 초원에 소를 기르기도 하는 등 1960년대부터 농장으로 운영되던 곳이었으나 1990년대부터 보리를 심기 시작하였다. 해가 가면서 매년 봄 보리가 만들어 내는 푸른 아름다움이 소문나면서 이제는 봄을 맞이하는 청보리밭축제가 열리는 유명한 곳이 되었다. 전국 최대 규모를 자랑하는 청보리밭 사이 길을 따라 산책을 즐기며, 축제 기간 중에는 곳곳에 다양한 체험이 마련된다. 보리를 거두고 난 후에는 메밀을 심는데 늦여름에서 초가을, 8월 말에서 10월 초까지 이곳은 하얀 메밀꽃 세상으로 변한다. 보리축제가 끝나고 농장을 놀리는 것이 아까워 메밀을 심는 아이디어를 냈다고 하며 청보리밭 못지 않은 아름다운 풍경이 많은 사람들을 이곳으로 초대한다. 특히 메밀꽃은 꿀을 많이 가지고 있는 꽃이라 그 향기가 대단한데 꽃이 활짝 필 때 그 사이로 난 길을 따라 걸으면 하얀 메밀꽃 빛에 눈이 아른거리고 꿀 냄새에 코가 취하는 멋진 경험을 하게 된다. 메밀꽃축제는 9월에 개최된다. 또 보리 추수가 끝나고 메밀 파종 전까지는 노오란 해바라기가 활짝 피니 봄에서 가을까지 언제 찾아도 넓게 펼쳐진 농장에서 자연의 변화가 만들어내는 아름다움을 즐길 수 있다.

오거리 당산

고창의 사방은 내가 지킨다

| 위치 | 전라북도 고창군 고창읍 읍내리 69-1
| | 전라북도 고창군 고창읍 남정4길 19 인근
| 운영시간 | 종일, 연중무휴

▶ MINI DATA
| 입장료 | 없음   주차 | 가능   분류 | 역사, 문화유적

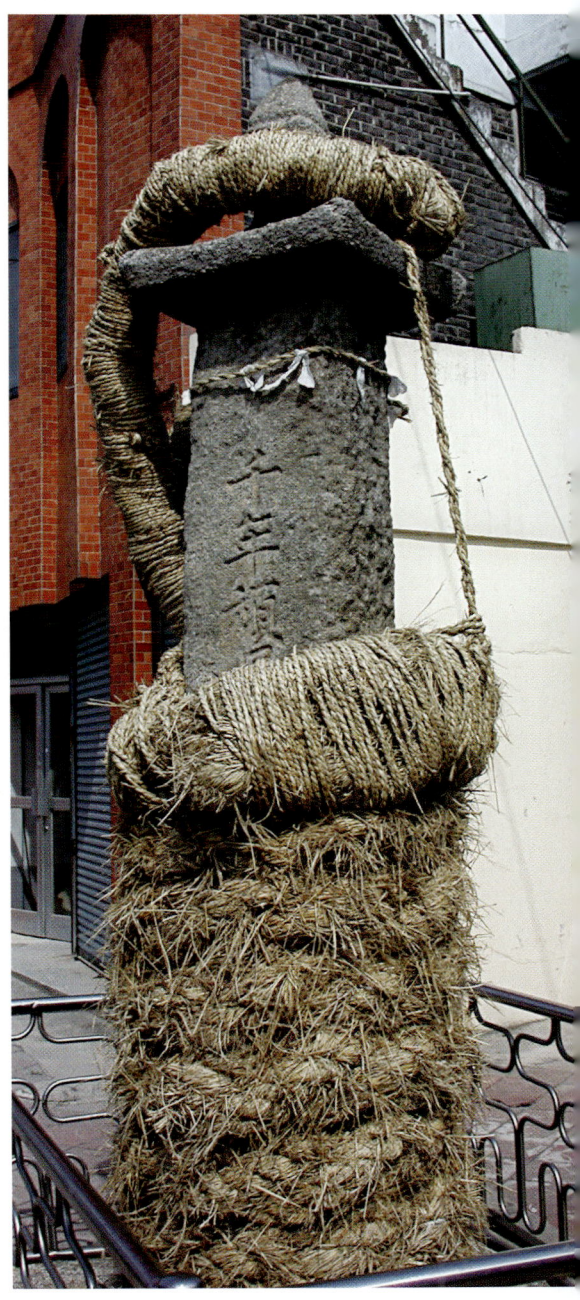

당산은 마을의 안녕을 비는 민간 신앙의 대상을 뜻하는데 커다란 나무나 서 있는 돌 또는 사당 등 지역마다 그 형태는 각각이다. 고창의 경우 돌기둥 형태의 당산이 남아 있는데, 고창읍내에 있는 오거리 당산이 바로 그것이다. 동서남북 중, 다섯 방위를 지키는 당산으로 돌기둥 모양인데 옛날에는 각각 할아버지와 할머니 당산이 짝을 이루고 있었다고 하나 지금 남아 있는 것은 그러지 못하고 홀로 서 있다. 옛날 고창 지역에는 다섯 마을이 있어 각 마을마다 당산을 만들었다는 이야기와 풍수지리상 각 방위를 보호하기 위해 세웠다는 설이 있다. 시내에 있는 당산이라 차를 시내에 세워두고 동네 사람들에게 물어물어 찾아가는 것이 편한데 거리가 그리 떨어져 있지 않으니 충분히 걸어서 다닐 만하다. 당산이 있으면 당산제가 열리는 법. 옛날에는 다섯 당산 각각 제를 올리고 그때 사용된 동아줄을 중앙 당산으로 가져와 연합줄다리기를 했다고 하나 지금은 일 년에 한 번 정월 대보름에 제를 지내는 것으로 명맥만 유지하고 있다. 지금은 당산제 때 사용된 줄을 감아 놓는 중거리 당산, 수구비가 옆에 있어 수구막이 당산이라 불리는 하거리 당산, 미륵과 같이 생겼다 하여 미륵당산이라고도 불리는 중앙동 당산, 이 세 당산만이 남아 있다. 특히 중거리 당산에는 고창읍의 남쪽을 지키는 당산이라는 명문이 새겨져 있어 역사적 가치를 지닌다.

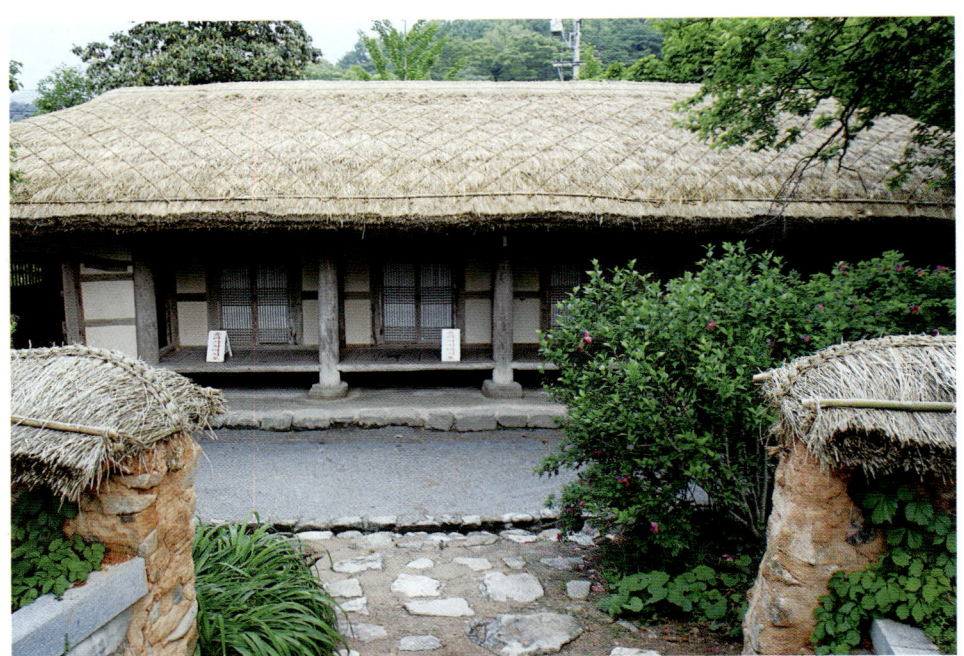

판소리박물관 우리의 소리를 찾아서

| 위치 | 전라북도 고창군 고창읍 읍내리 241-1
　　　전라북도 고창군 고창읍 동리로 100
운영시간 | 동절기 09:00~17:00, 하절기 09:00~19:00,
　　　　매주 월요일 휴관

▶ MINI DATA
| 입장료 | 있음　　주차 | 가능　　분류 | 박물관

우리 전통의 소리라는 이름만 거창할 뿐 판소리 한 구절을 흥얼거릴 수 있는 사람은 몇이나 될까. 전통의 소리와 장단은 누구에게나 흥겹지만 가사에 담긴 뜻과 유래를 이해하는 사람은 드물다. 고창은 수많은 판소리의 명창을 배출한 지역이다. 판소리 여섯마당의 현대적인 체계를 세웠으며 판소리 사설을 집대성한 동리 신재효의 옛 집이 있는 곳이기도 하다. 현재까지 이어지는 판소리 마당은 모두 신재효의 업적을 근거로 한다. 고창은 작은 초가삼간의 신재효 고택만으로도 판소리의 고향이라 칭할만하다. 동리 고택 인근에는 고창소리박물관과 동리국악당이 자리하고 있다. 고창을 소리의 고향으로 자리매김 하는 시설이다. 멋 마당, 소리 마당, 아니리 마당 등 이름만으로 흥겨운 전시관들은 판소리를 이해할 수 있도록 도와주고 있다. 구전심수(口傳心授), 소리로 전달하고 마음으로 받는다는 의미로, 문자로 나타낼 수 없는 판소리는 오랜 시간과 노력을 거쳐 마음으로 받아야 한다는 깊은 뜻이 담긴 판소리의 전수방법이다. 이해하기 어려운 판소리 가락을 동굴 같은 분위기의 구전체험관에서 화면 속 명창을 따라 북을 치며 흉내라도 내어보자. 신재효 선생의 초가집에 모여 기나긴 세월을 득음하기 위해 노력하였을 제자들의 모습이 떠오른다.

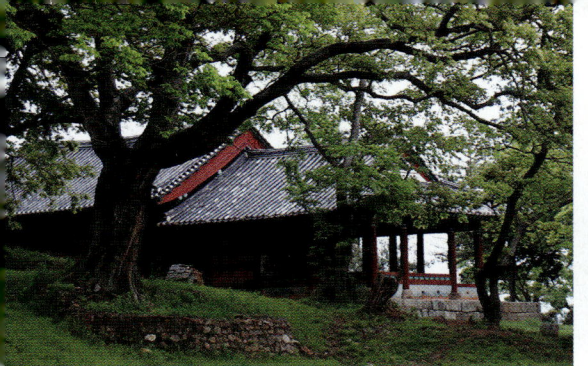

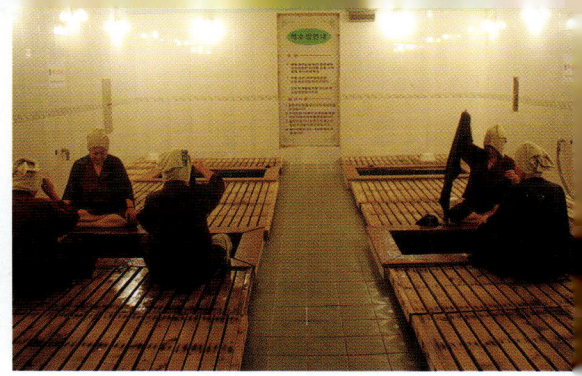

무장읍성
백성들의 울타리

| 위치 | 전라북도 고창군 무장면 성내리 156
         전라북도 고창군 무장면 무장읍성길 45
| 운영시간 | 종일, 연중무휴

▶ MINI DATA

| 입장료 | 없음   주차 | 가능   분류 | 역사, 문화유적

높고 험한 산기슭을 따라 이어지는 산성이나 국왕의 권위를 상징하듯 하늘 높이 시야를 가리는 궁성들은 사람의 접근을 막는 '단절'에 목적을 둔다. 하지만 나지막한 평지로 아담한 담을 둘러가는 읍성을 바라본다면 날카롭고 매서운 군사적 용도의 시설물이라기보다 그 안에 사는 사람들에게 '우리'라는 공동체의 식을 가지게 하는 울타리라는 느낌을 받는다. 우리나라의 읍성 중 제작연대가 정확하게 알려진 유일한 읍성인 무장읍성은 조선 태조 때에 빈번하게 침입하는 왜구를 방어하기 위하여 만들어졌다. 1.4km의 둘레를 가진 읍성은 진무루 주변의 석축 성곽을 제외하면 대부분 흙으로 다져진 토성이다. 아직도 조선시대 당시의 객사, 동헌 등의 시설물이 무장초등학교 주변에 남아 있다. 건축 당시에는 2만여 명의 인력이 동원되어 여장과 옹성, 성 밖으로 해자까지 두른 견고한 모습이었다. 동학농민운동 당시 고부 봉기로 군수 조병갑을 몰아내고 해산한 후 보복하듯 관군들의 횡포가 이어지자 정읍, 부안, 고창일대의 농민군과 동학세력이 모여 나라를 바로 세우기 위한 거사를 시작한 역사의 장소이기도 하다.

구시포해수욕장과 해수월드
반나절은 해수욕, 반나절은 해수찜

| 위치 | 전라북도 고창군 상하면 자룡리 524-2
         전라북도 고창군 상하면 진암구시포로 540
| 운영시간 | 07:00~24:00, 연중무휴

▶ MINI DATA

| 입장료 | 있음   주차 | 가능   분류 | 바다, 섬

구시포해수욕장은 고창군 최고이자 최대의 해수욕장으로 고우면서도 단단한 모래 백사장을 자랑하는 해수욕장이다. 1.7km에 달하는 해안선을 따라 이루어진 해수욕장으로 백사장 뒤로 자리한 울창한 송림이 유명하며, 수심이 완만해 가족해수욕장으로 적격인 곳이다. 백사장 남쪽으로 내려가면 동굴이 하나 있는데 이곳은 정유재란 때 왜군의 침입을 피해 이곳 주민 수십 명이 비둘기 수백 마리와 함께 반년 동안 피난을 한 곳으로 알려진 곳이다. 구시포해수욕장에서 해수욕을 했다면 다음으로는 해수탕과 해수찜을 이용해 보자. 구시포해수월드는 규모가 크고 깔끔한 시설이라 여름뿐만 아니라 사계절 찾는 사람이 많은 곳이다. 여러가지 한약재가 담긴 바닷물을 뜨겁게 달군 후, 탕 안으로 들어가는 것이 아니라 수건에 물을 묻여 몸에 갖다 대기를 반복한다. 뜨거운 기운으로 몸을 편안히 하고 바닷물에 녹은 좋은 성분들을 흡수하는 체험인 것이다. 그 밖에도 지하에서 퍼올린 암반수로 탕을 채운 해수탕을 비롯하여 다양한 찜질 시설이 마련되어 있어 한나절 머물면 몸의 피로가 사라진다.

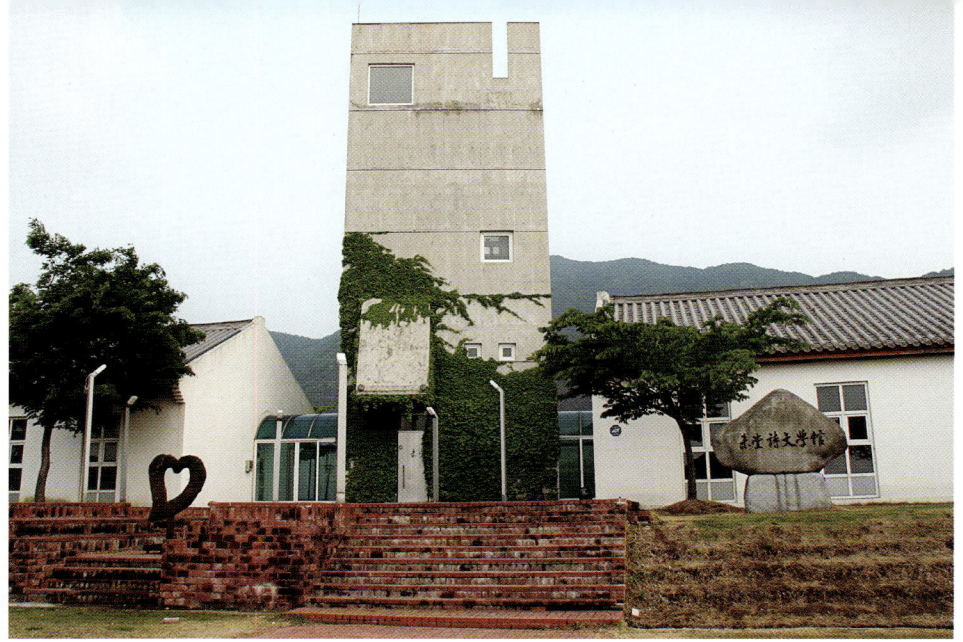

미당 시문학관 「국화 옆에서」를 기억하며

위치 | 전라북도 고창군 부안면 선운리 231
전라북도 고창군 부안면 질마재로 2-8
운영시간 | 동절기 09:00~17:00, 하절기 09:00~18:00,
매주 월요일 휴관

▶ MINI DATA
| 입장료 | 없음   주차 | 가능   분류 | 박물관

누구도 부정할 수 없는 20세기 우리나라의 최고 시인 중 한 사람인 미당 서정주. 일제강점기 그의 행적이 의심을 받았든, 사회의 갈등이 문학으로 표출되었던 시대에 사람과 자연의 아름다움을 노래한 그의 시가 마땅치 않았든, 미당 서정주가 우리시대 최고의 시인이었음을 누구도 부정하지 못한다. 미당이 떠난 한국 문학의 빈자리는 가슴 시리도록 크다. 그의 서정시는 우리 문학을 한 단계 끌어 올렸고 우리말의 아름다움은 미당의 노래가 있었기에 더욱 빛났다. 선운사의 푸른 향기가 흘러내리는 땅, 변산반도의 갯내음이 느껴지는 포근한 선운리 질마재마을은 시인을 낳은 위대한 땅이다. 어머니의 품같이 따뜻한 대지 위에 폐교된 봉암분교를 단장하여 문을 연 미당 시문학관이 있다. 시인이 세상을 떠난 다음해인 2001년 개관한 문학관은 첨단 시설도, 눈을 놀라게 하는 신기함도 없지만 미당의 아름다운 시세계를 접할 수 있는 것만으로도 의미있는 곳이다. 문학관에 전시되는 기념품과 유품들을 둘러보기 위해서는 어느 때라도 좋지만 10월 하순, 문학관과 그의 생가, 묘소를 가득 채우는 국화꽃의 향기를 부디 놓치지 않기를 바란다. 밤하늘을 가득 채우는 별처럼 대지를 노랗게 물들이는 국화꽃 화원이 되는 땅은 찾는 사람들에게 특별한 추억을 선물한다. 미당문학제와 고창 미당 국화축제로 시작되는 행사는 12월 23일 시인의 기일을 기념하며 국화꽃대를 꺾어 소중히 간직하는 아름다운 추모제로 다음해의 더욱 아름다운 국화꽃의 향기를 기원한다. 시집 한 권을 챙겨 가을날 시인의 마을을 찾아보자.

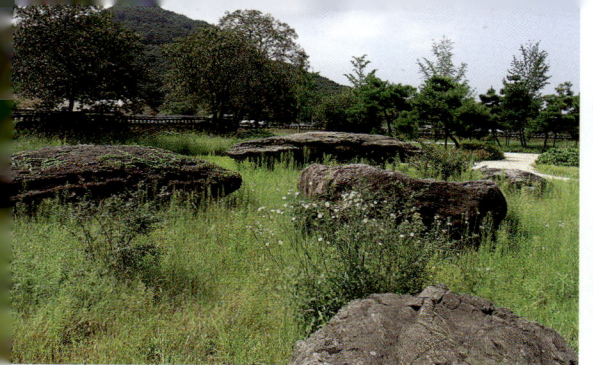
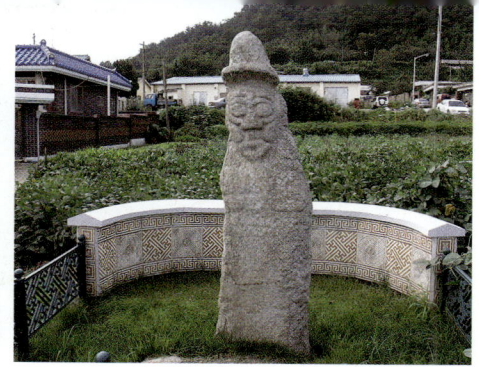

구암리 지석묘 무리

옛 마을의 추억

| 위치 | 전라북도 부안군 하서면 석상리 707-1
         전라북도 부안군 하서면 구암길 347 인근
| 운영시간 | 종일, 연중무휴

▶ MINI DATA
| 입장료 | 없음　주차 | 가능　분류 | 역사, 문화유적

유물과 유적지를 보호하고 쾌적한 관람을 위한 정비로 인해 옛 맛을 잃어버리는 경우가 있다. 구암리 고인돌군은 아무리 생각해도 구암동 마을 사이 나지막한 시골집을 따라 이어지는 돌담길과 그 사이마다 세월의 이야기를 전하는 노오란 은행나무 빛으로 물들어가던 고인돌 군락의 아름다움이 사라져 아쉽고 그리워진다. 현재 10여 기의 고인돌 군락은 정비된 탐방로를 따라 무리 짓듯 자리하고 있다. 수천 년 전의 고인돌과 현재의 마을이 사이좋은 이웃처럼 어우러져 있다. 청동기 시대의 대표적인 유물인 고인돌은 전국적으로 산재하지만 이곳의 고인돌은 작은 키의 받침돌이 납작하고 불룩한 덮개돌을 떠받치는 남방식 고인돌의 군락이다. 그 크기도 여느 곳과 비교되지 않을 만큼 크고 부드러운 곡선을 그리는 덮개돌은 마치 거북이 등 같아 구암리라는 마을의 이름을 짓게 하였다. 인적 드문 이른 아침, 산책하듯 고인돌 사이를 걸어보자. 변산반도 해안을 따라 삶을 이어갔을 선사시대 사람들의 모습이 떠오른다.

동·서문안 당산

최고(最古)의 지킴이

| 위치 | 동문안 전라북도 부안군 부안읍 동중리 387-2
         (석정로 116 인근)
         서문안 전라북도 부안군 부안읍 서외리 203
         (당산로 72-1 인근)
| 운영시간 | 종일, 연중무휴

▶ MINI DATA
| 입장료 | 없음　주차 | 가능　분류 | 역사, 문화유적

옛 부안읍성의 동문과 서문으로 자리하며 마을을 수호하였던 당산은 돌솟대와 돌장승으로 꾸며진 전통신앙의 공간이다. 변산반도 앞바다와 내소산 계곡을 삶의 터전으로 살아온 부안의 사람들은 당산을 모시고 당산제를 지내며 마을의 안녕과 평화를 기원하고 사람들의 마음을 하나로 모았다. 찻길을 사이로 두고 마주하는 동문안 당산의 남녀 장승은 옛 고향의 할아버지와 할머니의 모습을 빼닮은 느낌이다. 사나운 모습으로 호위하듯 서 있는 위엄있는 모습이 아닌 타이르듯 옅은 미소를 짓는 해학적인 얼굴이 정겹다. 돌솟대는 가장 높은 곳에 돌 오리를 한 마리 얹은 당산의 주신이다. 해마다 정월이면 당산제를 지내는 마을 사람들은 용줄을 기둥으로 감아 한 해의 풍년과 안녕을 기원하였다. 부안군청 인근의 서문안 당산은 도로의 정비로 돌솟대와 장승이 한곳으로 모여 있다. 자연석을 이용한 남녀 장승의 모습은 살이 올라 부풀어오른 볼이 귀여워 가만히 바라보면 웃음 짓게 된다. 우리나라에 현존하는 가장 오래된 장승들이다.

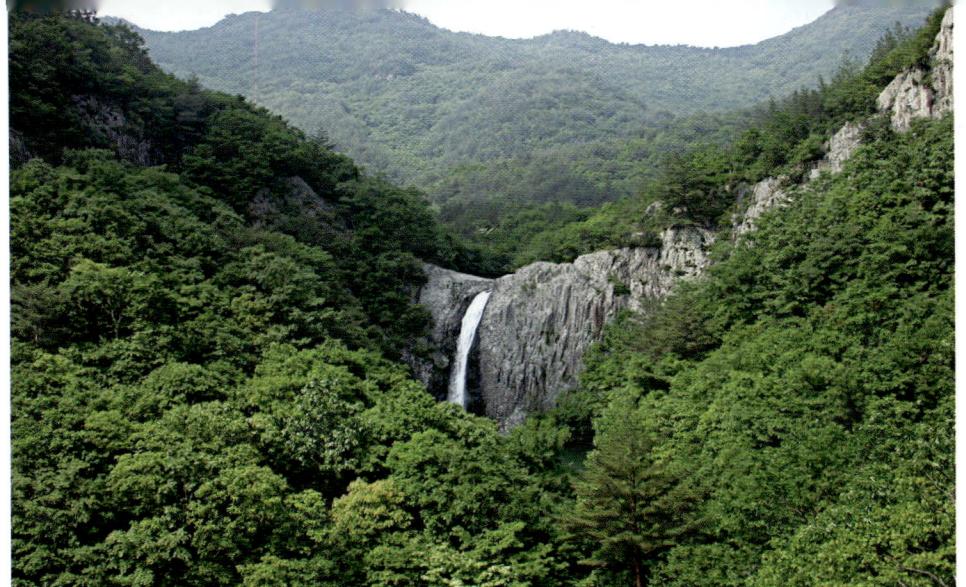

내변산 직소폭포의 정원

위치 | 전라북도 부안군 변산면, 진선면, 상서면, 하서면 일대
운영시간 | 종일, 연중무휴

▶ MINI DATA
입장료 | 없음　주차 | 가능　분류 | 산, 계곡, 동굴

변산반도를 찾는 대부분의 사람들은 해안을 따라 이어지는 바다의 경관을 즐긴다. 내변산을 지나친다면 무엇인가 하나를 잃어버리는 아쉬움이 남는 여행이 될 것이다. 변산반도국립공원은 내변산, 외변산의 두 구역으로 이루어져 있다. 산과 바다가 어우러지는 유일의 국립공원이다. 내륙 남서 방면의 내변산은 최고봉인 의상봉을 중심으로 엇비슷한 높이의 산과 계곡이 만들어내는 일품 경관을 자랑한다. 잘 정비된 산책로 같은 등산로는 봉래구곡의 아름다운 계곡을 감상하며 상수원지가 만들어내는 물길을 따라 직소폭포를 관찰하는 트래킹으로 누구나 부담 없이 즐기는 아름다운 길이다. 산중에 어찌 이런 경관이 자리하였나 싶은 직소폭포의 모습은 깊은 원시림 사이로 하얀 포말을 만드는 물줄기가 절벽을 타고 쏟아지는 모습이 장관이다. 가까이 다가가서 보는 폭포의 모습도 좋지만 분옥담에 있는 전망대로 올라 주변 경관과 어우러지는 폭포의 모습을 바라본다면 여느 곳에서 느낄 수 없었던 자연의 아름다움을 즐길 수 있다.

→ 130년 고가의 당산마루 한정식

생활에 편리하도록 개조한 부분은 있지만 집의 기본은 130년 된 고가다. 분위기만으로 편안함을 느낄 수 있는 장소다. 뒷마당의 운치 있는 장독대가 이 집의 맛을 말해준다. 공연히 반찬 가짓수만 늘어난 한정식과는 차원을 달리하는 부안 특유의 상차림을 살펴보자. 고추장에 호박을 담근 동애 등 쉽게 접하기 힘든 지역 음식으로 가득하다. 산, 들, 바다가 어우러지는 고장답게 음식 하나하나가 조화롭다.
문의 | 063-581-1661

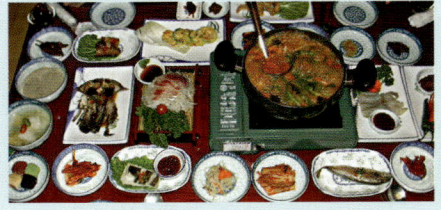

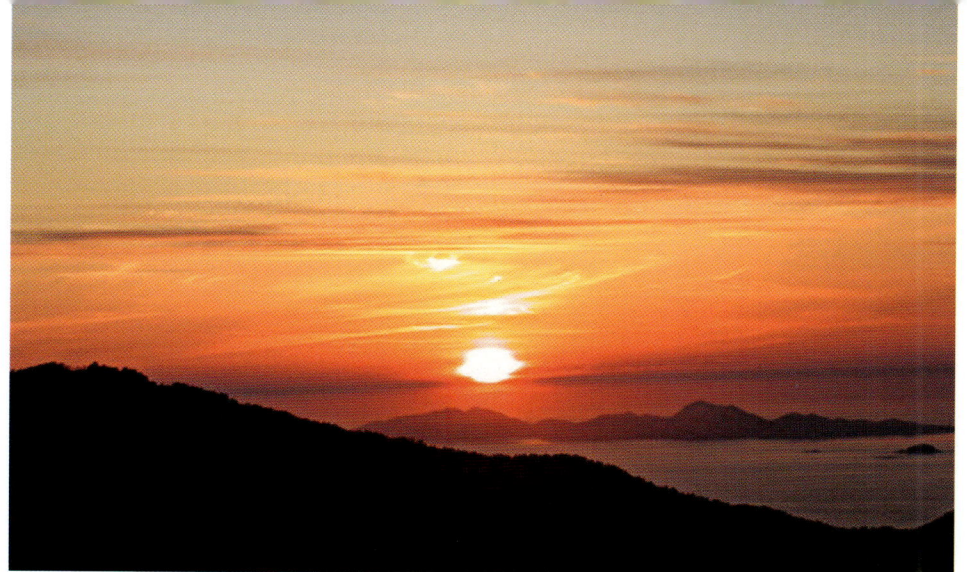

월명암 낙조대 명품 낙조

위치 | 전라북도 부안군 변산면 중계리 산96-1 인근
　　　전라북도 부안군 변산면 내변산로 236-180 인근
운영시간 | 종일, 연중무휴

▶ MINI DATA
| 입장료 | 없음　　주차 | 가능　　분류 | 산, 계곡, 동굴

산, 들, 바다가 어울리는 변산반도는 그 하나하나가 나름의 아름다움을 지닌 천혜의 경관이다. 그 모두를 한눈으로 담을 수 있다면 그 아름다움은 실로 말할 수 없을 것이다. 더하여 부드러운 가을 들녘의 낙조는 잊지 못할 추억이 될 것이다. 우리나라에서 가장 아름다운 낙조 감상의 명당은 월명암 인근 낙조대가 아닐까 싶다. 최고봉의 높이가 불과 509m로 낮은 산이지만, 산의 어울림이 첩첩산중이란 표현에 꼭 들어맞는 내변산과 사람들이 옹기종기 모여 사는 들녘의 모습, 변산반도 서쪽 바다의 길게 뻗어가는 푸르름이 마치 일부러 연출된 듯 어우러지는 사이로 서서히 그 모습을 감추는 태양은 자연이 사람에게 보여주는 참으로 대단한 경관이다. 내변산 남여치 코스를 따라 가파르게 올라가는 한 시간의 산행으로 자연의 아름다움을 만끽할 수 있다. 낙조대와 어우러지는 월명암은 크기는 작으나 널리 알려진 기도도량이다. 수많은 고승들의 수행지로도 이름 높은 사찰은 스님이 아닌 부설거사가 가족과 함께 세운 사찰인 점이 특이하다. 내변산의 푸근함과 잘 어우러지는 곳이다. 월명암 낙조대는 그 아름다움에 취해 어두워지는 줄 모르고 머물게 된다. 등산화와 작은 랜턴을 반드시 챙겨 찾아가자.

> ➜ **바지락죽과 백합죽, 서해의 참맛**
>
> 끓일수록 진하고 시원한 국물이 우러난다는 바지락과 백합 조개 육수로 만든 죽은 변산반도의 대표적인 먹거리다. 좋은 재료와 함께 끓여낸 죽의 맛도 일품이지만 푸짐한 반찬과 죽의 양으로 한 끼 식사로도 전혀 부족함이 없다. 변산온천 인근의 변산온천산장은 이름만으론 숙소로 들리지만 변산 바지락죽의 원조가 되는 귀한 맛집이다. 새콤한 바지락 무침도 별미다.
> **문의** | 063-584-4874(변산온천산장)

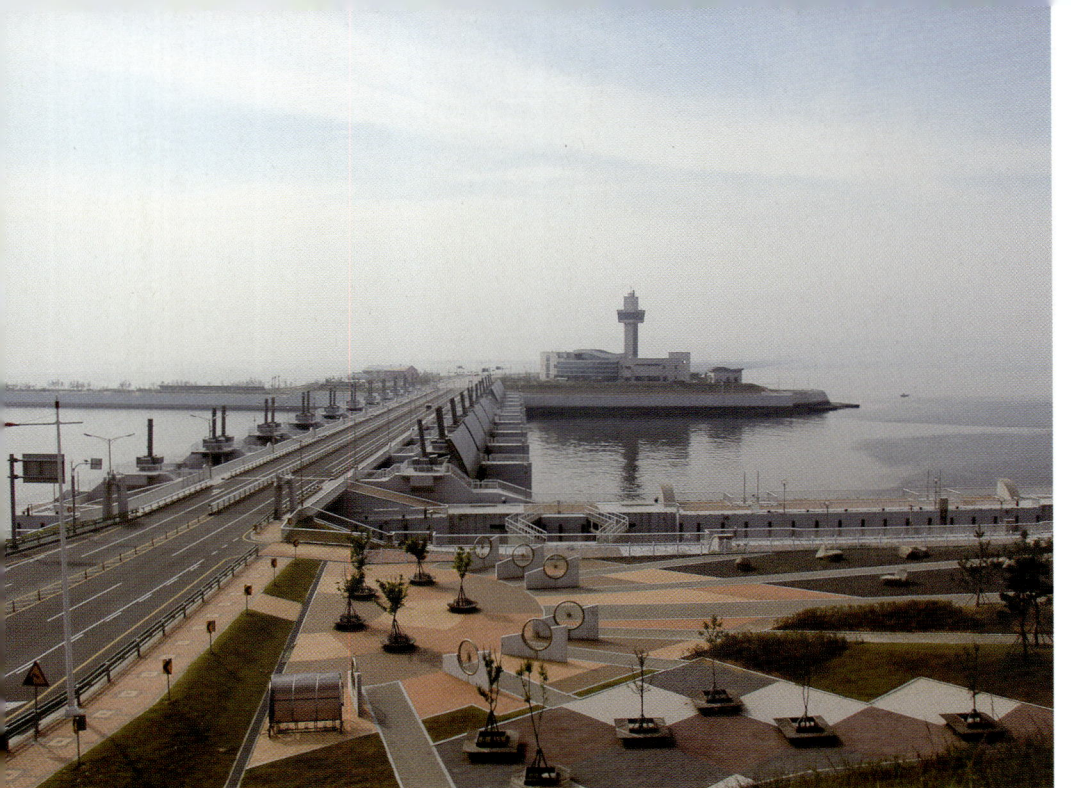

새만금 방조제 바다를 가르는 길

| 위치 | 전라북도 부안군 대항리~군산시 비응도
| 운영시간 | 종일, 연중무휴

▶ MINI DATA
| 입장료 | 없음   주차 | 가능   분류 | 바다, 섬

단군 이래 최대의 건설이라는 새만금간척사업은 총 공사 비용이 6조 원에 달한다는 세계 최대의 방조제 건설 사업이다. 4만 100ha로 여의도 면적의 140배가 넘는 바다가 국토로 바뀌는 것으로 우리나라 지도를 다시 만들어야 하는 어마어마한 규모다. 군산과 부안을 잇는 방조제를 따라 김제, 만경평야를 일컫던 금만평야를 새롭게 만든다는 의미로 새만금이란 이름을 가지게 되었다. 1980년대 시작된 사업은 자연과 환경을 보호하려는 시민단체 중심의 사회 반대여론으로 수없는 사업의 중단과 진행을 반복해오다 2006년 대법원의 확정 판결로 물막이 공사를 마감하고 본

격적인 공사에 착수하였다. 농업경쟁력이 갈수록 약화되고 주요 곡물의 대부분이 수입으로 유지되는 지금, 쌀 생산량을 늘린다는 간조 사업이 어떤 의미를 가지는지, 아시아 대륙에서 바람을 타고 오는 수없는 유해물질을 걸러내는 자연의 공기청정기인 세계적인 서해안 갯벌의 운명은 어찌되는지 궁금한 점도 두려운 점도 많다. 이 모든 걱정과 우려가 말 그대로 괜한 걱정이 되기를 간절히 바라는 마음뿐이다. 방조제 전시관도 둘러보고 자연을 지키는 소박한 마음을 담고 있는 해창 갯벌의 장승들도 함께 둘러보자.

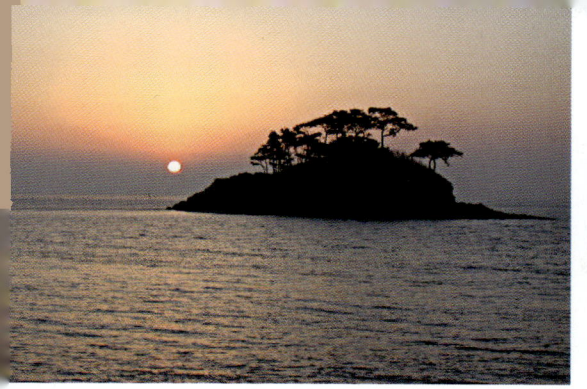

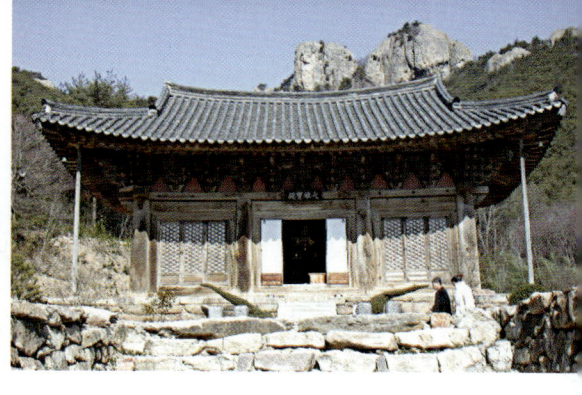

솔섬 아름다운 일몰이 보고 싶다

| 위치 | 전라북도 부안군 변산면 도청리
| 운영시간 | 종일, 연중무휴

▶ MINI DATA

| 입장료 | 없음　주차 | 가능　분류 | 바다, 섬

아무런 즐길거리도 없는 손바닥만한 무인도가 그 자체만으로도 훌륭한 관광 명소가 되었다. 해 지는 변산의 바다는 어디에서 바라보아도 아름답지만 특히 도청리의 솔섬은 붉은 노을과 바위섬의 실루엣이 만들어내는 조화로 숨이 막힐 듯하다. 아름다운 서해의 일몰을 보기 위한 여러 포인트 중에서 외변산의 솔섬은 외로운 바위섬과 그 위에 자라난 소나무가 조화를 이루어 마치 영화 속의 한 장면과 같은 광경을 연출한다. 전북 학생해양수련원으로 들어서면 작은 자갈들이 깔린 해변 너머로 보이는 섬이 바로 솔섬이다. 사진 동호인들의 출사지로도 유명해 삼각대에 카메라를 올려놓고 기다림의 시간을 감내하는 사진작가들의 모습 또한 한 폭의 그림 같다. 썰물 때면 바닷길이 열려 걸어서 솔섬에 들어갈 수 있으나 역시 솔섬의 매력은 저무는 바닷가에서 바라보았을 때 가장 강렬하다.

개암사 변산이 품은 또 하나의 절

| 위치 | 전라북도 부안군 상서면 감교리 714
|　　　전라북도 부안군 상서면 개암로 248
| 운영시간 | 일출~일몰, 연중무휴

▶ MINI DATA

| 입장료 | 없음　주차 | 가능　분류 | 불교유적

내소사와 함께 변산의 아름다운 절로 이름난 개암사는 변한의 문왕이 진한과 마한의 공격을 피해 이곳에 성을 쌓으며 왕궁의 전각을 짓고 동쪽을 묘암, 서쪽을 개암이라고 했는데 백제무왕 35년(634년)에 묘련대사가 궁전에 절을 지으며 동쪽의 궁전을 묘암사, 서쪽의 궁전을 개암사라 한 데서 이름 붙었다. 통일신라 문무왕 16년(676년)에 원효대사와 의상대사가 중수하여 고려시대에는 건물이 30여 채에 이르는 대가람이었으나 현재는 보물 제292호인 대웅보전과 응진전, 월성대, 요사채로 단아한 정취를 자아내는 소박한 사찰이다. 길이 14m, 폭 9m의 영산회괘불탱은 조선 영조 25년(1749년) 승려화가 의겸 등이 영축산에서 설법하는 석가모니의 모습을 그린 것으로 보물 제1269호로 지정되어 있다. 개암사 대웅보전 뒤 울금바위는 나당연합군의 공격에 맞서 끝까지 항전한 백제군의 지휘본부가 있던 곳이며 울금바위를 중심으로 뻗은 울금산성에서 백제 유민들이 항전을 했다고 전해진다. 내소사로 들어가는 길에 아름드리 전나무가 있다면 개암사로 들어가는 길은 단풍나무가 지키고 있어 가을에 찾으면 더욱 좋겠다.

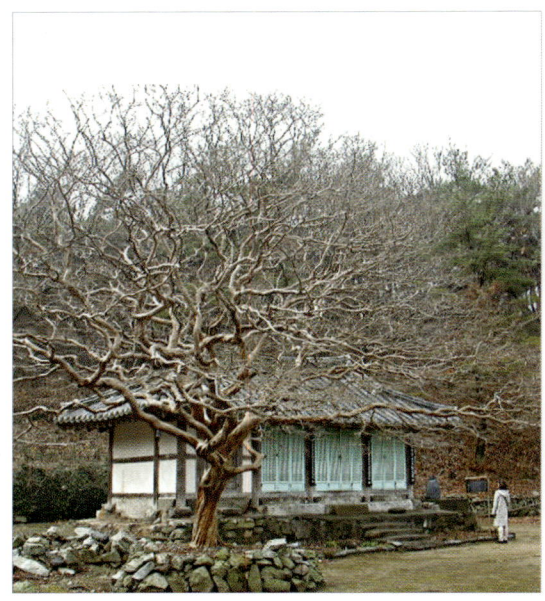
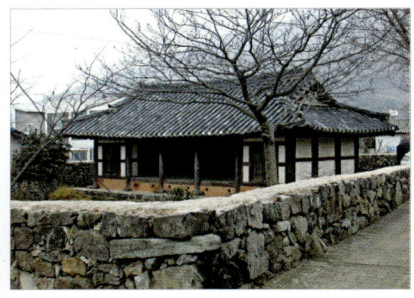
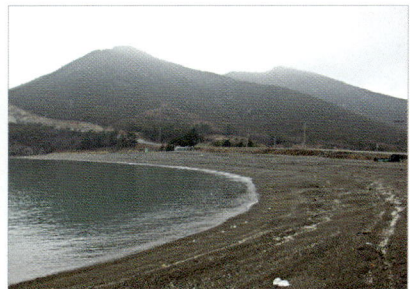

위도 홍길동이 꿈꾸던 이상향

| 위치 | 전라북도 부안군 위도면
| 운영시간 | 종일, 연중무휴

▶ MINI DATA
| 입장료 | 없음   주차 | 가능   분류 | 바다, 섬

허균의 「홍길동전」에서 이상세계로 그려진 율도국의 실제 모델로 알려진 부안군 위도는 춘천의 위도와 같이 섬의 모양이 고슴도치를 닮았다 해서 이름 붙은 섬이다. 변산반도의 서쪽 해상으로부터 약 15km 떨어진 곳에 위치해 있으며 식도, 정금도, 상왕등도, 하왕등도 등 6개의 유인도와 24개의 무인도로 이루어져 있다. 서해의 고기떼가 집결하는 황금어장으로 4월에서 5월 사이 서해안의 배들이 집결하는 파시(波市)가 서며 서해안 3대 조기 산란장으로도 유명하다. 낚시를 즐기는 천혜의 조건을 갖추어 사계절 낚시 마니아들이 즐겨 찾으며 섬 곳곳에 자리한 비경을 즐기기 위해 여름철이면 수많은 여행객이 찾는다. 벌금리의 산들이 아늑하게 감싸주는 위도해수욕장은 1km에 걸쳐 고운 백사장이 펼쳐져 있고 수심이 얕아 해수욕을 즐기기에도 좋고 바닷가에서 바라다보이는

위도 풍광의 아름다움을 감상하기에도 좋은 장소이다. 위도해수욕장 외에도 논금, 미영금 등 숨은 해안 절경이 있어 해안을 따라 이어진 일주도로를 달리면서 푸른 바다 풍광을 즐길 수 있다. 고려 말에서 조선시대까지 수군의 전략적 요지 역할을 했던 섬으로 옛 관아가 지금도 남아 있으며, 위도에서 유일한 사찰인 내원암은 조선 숙종 때 자장율사에 의해 지어진 곳으로 이곳에서 기도를 하면 득남한다는 이야기가 전해지고 있다.

> ➔ 위도 띠뱃놀이
>
> 매년 음력 정월 초사흗날 위도의 대리마을에서 마을의 안녕과 풍어를 기원하며 지내는 풍어제는 중요무형문화제 제82호로 지정되어 있다. 용왕제가 끝나고 띠배를 바다로 떠나보내 위도 띠뱃놀이라 이름 붙었다.

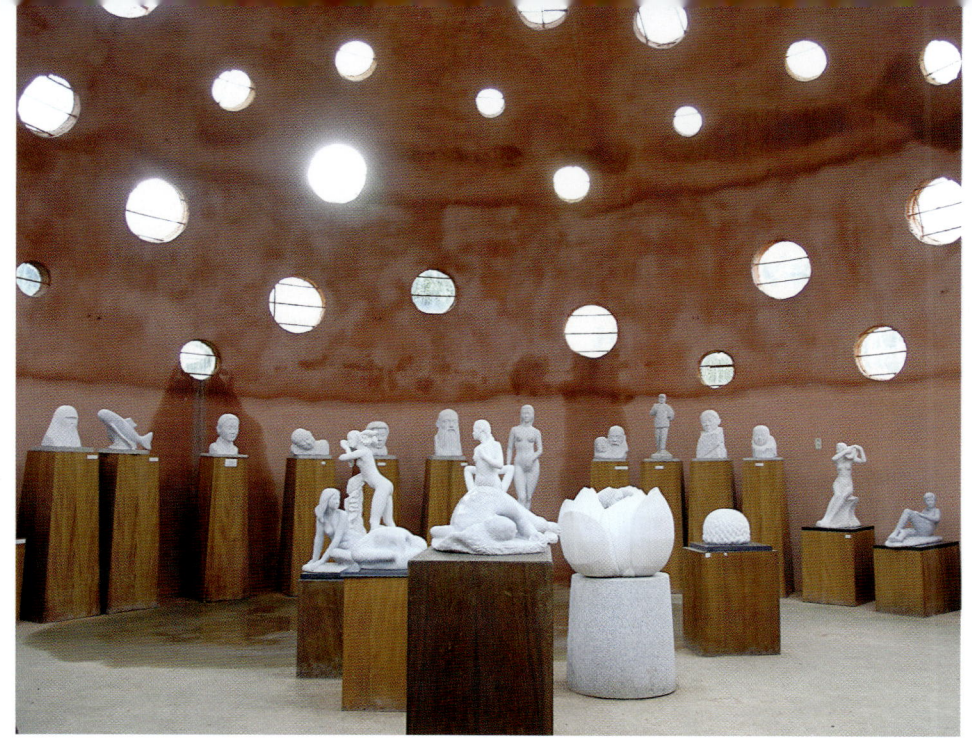

금구원조각공원 나무와 조각, 그리고 별

| 위치 | 전라북도 부안군 변산면 도청리 861-22
　　　전라북도 부안군 변산면 조각공원길 31
운영시간 | 일출~일몰 전 1시간, 연중무휴

▶ MINI DATA
| 입장료 | 있음　　주차 | 가능　　분류 | 공원

변산반도국립공원에서 빼놓을 수 없는 관광 명소인 금구원조각공원은 조각가 김오성 씨가 1966년에 만든 한국 최초의 조각공원이다. 야외전시공간과 소품 전시실, 야외소극장, 천문대 등으로 이루어진 공원 곳곳에 김오성 씨의 부친이 가꾸기 시작한 호랑가시나무, 동백나무, 편백나무 등이 우거져 있다. 하얀 화강암과 대리석으로 조각된 여체가 주를 이루는 1m에서 6m에 이르는 김오성 씨의 개인작품 100여 점이 우거진 수목 사이사이에 난 길을 따라 전시되어 있다. 벗은 여인의 몸을 조각한 것이지만 성적인 느낌보다는 건강한 여체의 아름다움이 자연스럽게 느껴진다. 그 외에도 〈변산반도 연작〉, 〈농부의 손〉, 〈서쪽하늘〉,

〈봄하늘의 별자리〉, 〈분수령〉 등의 작품이 자연과 어우러져 조각 예술 세계를 좀 더 편안하게 접할 수 있도록 해 주며 조각공원 내의 원형 전시실에서도 크고 작은 조각품을 만날 수 있다. 또한 1991년에 세워진 국내 최초의 사설천문대인 금구원천문대는 화강암 건물에 반원형의 돔으로 이루어진 작은 규모지만 유효경 206mm인 굴절망원경이 있어 천체에 관심이 있는 학생·일반인 등 관광객들의 체험관광지로도 각광을 받고 있다. 인적 드문 오지의 야트막한 언덕 위에 위치한 공원은 작은 호수, 연못, 등나무 그늘과 벤치 등이 어우러져 산책 삼아 걸으며 조각 작품을 감상하고 휴식을 취하기에 좋다.

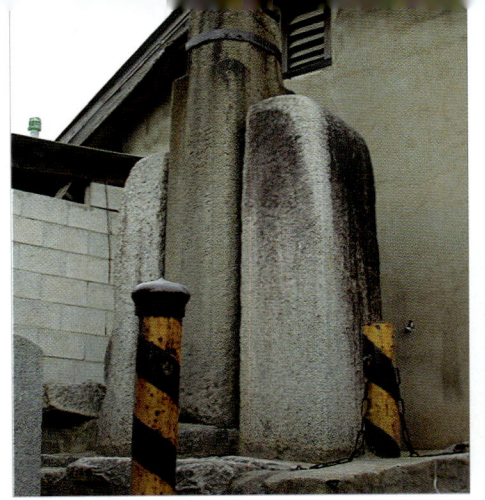

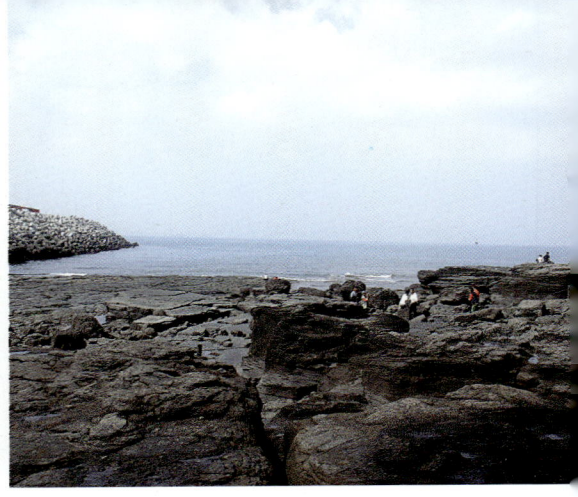

서외리 돌당간
당간지주의 참모습

| 위치 | 전라북도 부안군 부안읍 서외리 287-1
전라북도 부안군 부안읍 서문로 2-1
| 운영시간 | 종일, 연중무휴

▶ MINI DATA
| 입장료 | 없음　　주차 | 가능　　분류 | 역사, 문화유적

채석강
바다의 조각

| 위치 | 전라북도 부안군 변산면 격포리 301-1 일원
전라북도 부안군 변산면 닭이봉길 32 인근
| 운영시간 | 종일, 연중무휴

▶ MINI DATA
| 입장료 | 없음　　주차 | 가능　　분류 | 바다, 섬

사찰 입구에 자리하는 당간지주는 당간을 세우기 위한 지지대이다. 산 이외에는 나즈막한 초가지붕만이 하늘과 맞닿는 시절, 찌를 듯이 서 있는 당간의 모습은 이곳이 부처님의 땅임을 표시하는 훌륭한 알림판의 구실을 하였다. 철과 나무, 석재 등으로 만들어진 당간은 세월을 따라 그 모습을 찾기 어렵게 되었다. 부안 시내 서문안 당산 인근의 주택가에 서 있는 돌당간은 쉽게 보기 힘든 당간의 온전한 모습뿐 아니라 화강석을 철골로 엮은 특이한 모습으로 지나쳐서는 안될 유물이다. 동·서문안 당산과 함께 남아 있는 당간은 이름마저 당간로인 도로 위에 서 있다. 이곳의 당간은 절 집을 알리는 역할에서 마을의 안녕을 기원하는 수호신으로 그 역할이 변화되었다. 인근 부안향교의 모습은 어느 지역의 향교와는 다른 높은 위치로 대숲에 둘러싸여 신비감을 준다. 감추어진 듯 숨은 유물을 찾아가보자.

채석강의 이름은 중국 당나라의 시선 이태백이 달빛 아름다운 밤, 뱃놀이를 하며 술을 즐기다 강물에 비추어진 달을 잡으러 푸른 물에 뛰어들어 그 삶을 마감하였다는 장소에서 기인하는 이름이다. 중국의 그곳이 얼마나 아름다운 장소인지 모르지만 격포해수욕장 인근 닭이봉의 한쪽을 장식하는 채석강의 모습은 수많은 책이 높다랗게 쌓여 있는 듯한 특이한 퇴적암의 아름다움으로 사람들의 감탄을 자아낸다. 격포항 방면으로 자리하는 해식동굴은 그 안쪽에서 바다와 기암, 하늘이 어우러지는 아름다움을 감상하는 것이 가장 좋다. 채석강 탐방은 물때를 확인하고 찾아야 멋진 경관을 자세히 즐길 수 있다. 만조 시기의 채석강은 단순한 해안의 부드러운 모습뿐이다.

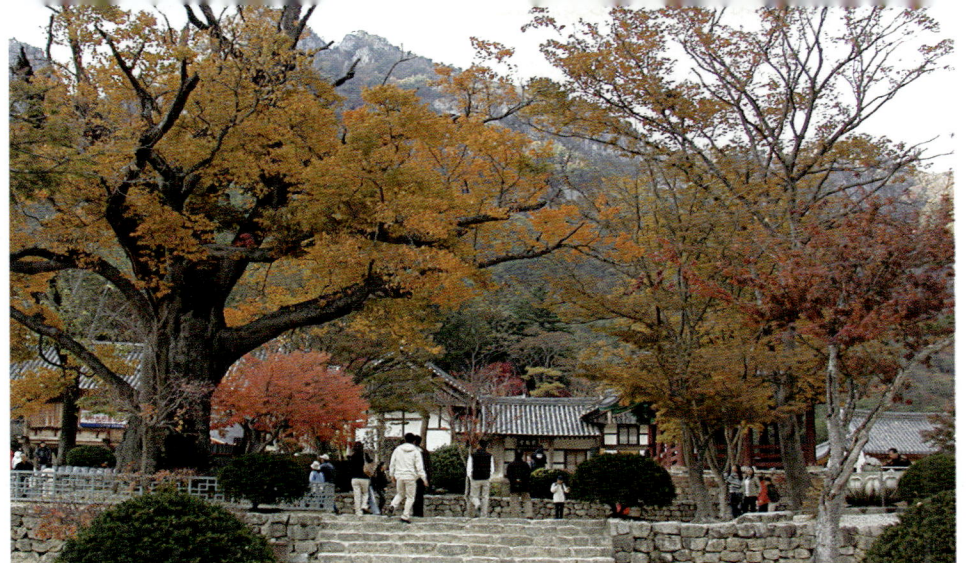

내소사 전나무 숲길 끝에서 만나는 아름다운 사찰

위치 | 전라북도 부안군 진서면 석포리 268
전라북도 부안군 진서면 내소사로 243
운영시간 | 동절기 08:30~17:30, 하절기 08:00~18:00,
연중무휴

▶ MINI DATA
입장료 | 있음   주차 | 가능   분류 | 불교유적

백제 무왕 34년(633년) 두타스님에 의해 창건된 내소사는 경내로 들어가는 전나무 숲길이 아름답기로 유명한 사찰이다. 능가산을 병풍처럼 등지고 자리한 대웅전은 알록달록한 단청이 없어 나무 느낌과 색 그대로의 아름다움을 간직하고 있으며 정교한 꽃살 무늬가 새겨진 문짝으로도 유명하다. 연꽃과 국화꽃이 가득 새겨진 창살은 못 하나 없이 짜맞추어진 대웅전 건물의 아름다움을 더욱 깊이 있게 만드는 장식이 된다. 우리나라에 남아 있는 후불벽화 중 가장 큰 백의관음보살좌상도와 고려 동종, 삼층석탑 등의 문화유적을 가지고 있으며 범종각, 선원, 회승당 등이 조화롭게 배치되어 기품을 더한다. 봉래루의 그랭이질 기둥이나 옛 모습 그대로의 해우소, 특이한 'ㅁ'자 모습의 이층집인 설선당 등도 특별하다. 일주문 앞과 사찰 경내에 살고 있는 노거수는 할아버지 당산과 할머니 당산으로 그 수령이 각각 500년과 1,000년에 달하는 것으로 추정된다. 봉래루 앞마당의 보리수 또한 300년 수령을 가졌다고 전해지니 천 년 고찰의 면모를 두루 갖춘 절이라 할 수 있다. 절 입구에서 시작되는 전나무 숲길은 너무나 유명하고 전나무 숲길이 끝나는 곳에서 이어지는 단풍나무 터널 또한 내소사의 자랑거리다.

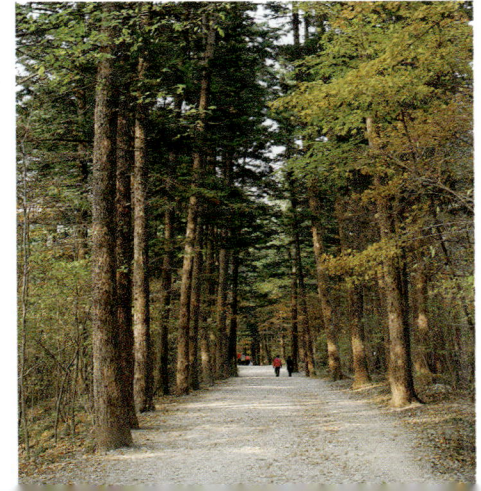

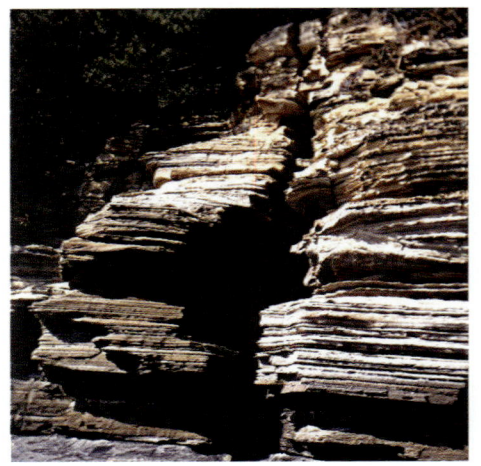
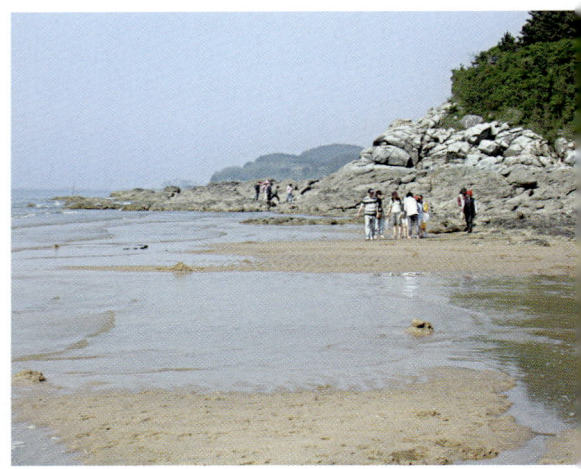

적벽강
한적함이 좋은 절벽

위치 | 전라북도 부안군 변산면 격포리 252-20 일대
　　　 전라북도 부안군 변산면 적벽강길 인근
운영시간 | 종일, 연중무휴

▶ MINI DATA
입장료 | 없음　주차 | 가능　분류 | 바다, 섬

고사포해수욕장
넓은 백사장과 울창한 송림의 조화

위치 | 전라북도 부안군 변산면 운산리 441-7 일대
　　　 전라북도 부안군 변산면 노루목길 일대
운영시간 | 해수욕장 종일, 야영장 7~8월만 개방, 연중무휴

▶ MINI DATA
입장료 | 없음　주차 | 가능　분류 | 바다, 섬

유명 관광지로 번잡한 채석강의 모습이 아쉬움을 준다면 가까운 거리의 적벽강을 찾아보자. 격포해수욕장을 중심으로 채석강 반대편으로 자리하는 적벽강은 또한 중국의 소동파가 시를 지었던 적벽강과 흡사하다 하여 붙여진 이름이다. 붉은 바위가 깔린 듯한 해안은 퇴적암 절벽과 어우러지는 모습이 또다른 자연의 아름다움을 느끼게 한다. 후박나무의 군락을 따라 이어지는 바위 조각들은 하나하나 특별한 이름을 가지는 듯 그 모습이 기묘하고 사자바위라 불리는 적벽강 최고의 경관은 붉은 노을이 바위를 더욱 진한 빛으로 물들이는 일몰과 함께라면 더없는 아름다움을 보여준다. 적벽강의 절벽 위로는 서해 바다의 수호신인 개양할미의 사당인 수성당이 자리한다. 바다의 안녕과 풍요를 기원한다는 사당은 격포 앞 바다의 아름다움을 즐기기에 가장 좋은 장소다.

변산해수욕장에서 3km 남서쪽에 위치한 고사포해수욕장은 넓은 백사장과 연결된 울창한 송림이 있어 야영을 하기에 좋으며, 변산해수욕장이나 격포해수욕장에 비해 덜 알려져 있어 조용한 것 또한 장점으로 가족 단위 여행객에게 사랑받고 있다. 매월 음력 보름과 그믐에는 새우 모양을 닮았다 해서 인근 주민들로부터 새우섬이라고도 불리는 하도까지 2km에 걸쳐 폭 20여 미터의 바닷길이 열려 현대판 모세의 기적을 경험할 수 있으며 갯벌에서 조개, 낙지 등을 직접 손으로 잡는 체험을 할 수 있다. 하도는 송림이 울창하고 다양한 식물과 기암괴석으로 아름다운 경관을 자랑하며 섬 중앙에서는 지하 60m 아래에서 석간수가 솟아난다. 원불교 재단의 소유로 해상수련원이 있어 일반인들은 사전에 허가를 받아야 섬에 들어갈 수 있다.

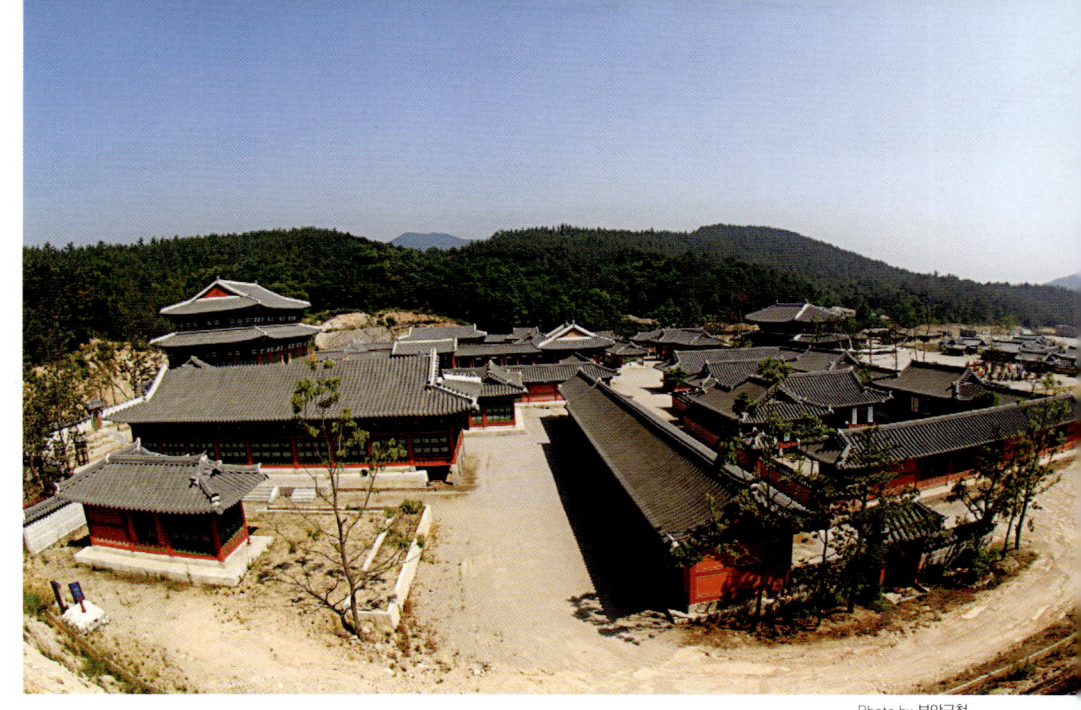

Photo by 부안군청

부안 영상테마파크 사극 촬영의 요람

| 위치 | 전라북도 부안군 변산면 격포리 375
　　　전라북도 부안군 변산면 격포로 309-64
| 운영시간 | 11~2월 09:00~17:00, 3~6월 09:00~18:00,
　　　7~10월 09:00~19:00, 연중무휴

▶ MINI DATA
| 입장료 | 있음　　주차 | 가능　　분류 | 전시, 체험시설

몇 해 전부터 역사극이나 영화를 촬영하는 세트 시설이 지방의 주요 관광지가 되어가고 있다. 화려한 화면 속의 모습을 기대하고 찾은 관람객들은 촬영을 위한 필요 부분만을 강조하여 만드는 촬영 세트의 특징과 생각보다 조악한 시설이나 인적이 드문 황량함으로 실망감을 느끼는 경우가 많다. KBS와 부안군이 공동으로 출자하고 별도의 회사가 운영, 관리하는 부안 영상테마파크는 16.5ha에 이르는 그 규모도 대단하지만 반영구적인 시설 활용을 위한 세트장의 사실적 고증과 웅장함이 놀랍다. 경복궁과 창덕궁의 주요 전각들이 복원된 왕궁 시설을 중심으로 양반가와 서원, 일반 백성의 가옥과 장터, 성터 등 다양한 건축물들이 성곽으로 둘러싸인 넓은 터를 따라 자리하는 모습은 마치 조선시대의 한양에 타임머신을 타고 찾아온 느낌이다. 수많은 영화와 드라마 촬영이 쉴 새 없이 이어지는 시설들과 자연경관까지 어우러져 실제 사람들이 살아가는 공간으로 느껴지게 한다. 상설무대와 전시관, 문화체험장과 음식체험장, 관람을 위한 일반 편의 시설까지 알차게 준비되어 있다. 실내 스튜디오까지 세워 역사 촬영물의 중심지가 되겠다는 이곳의 장기적인 계획이 실제로 이루어지면 우리나라를 대표하는 촬영장으로 자리매김하게 되지 않을까 싶다. 서해 낙조의 붉은 빛을 담는 촬영장의 모습은 사진 애호가의 촬영지로도 인기다.

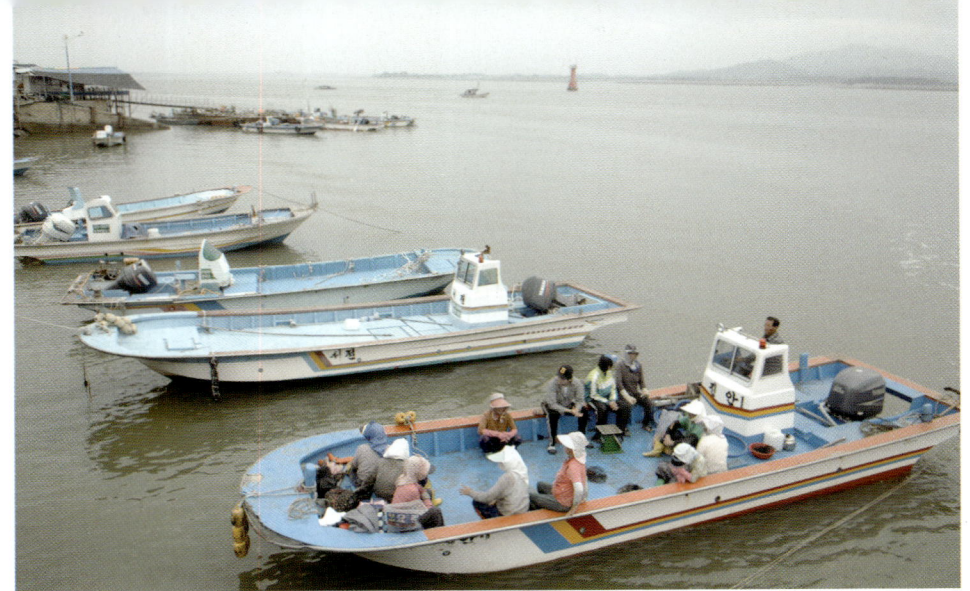

Photo by 고태환

곰소항 어시장의 갯내음

위치 | 전라북도 부안군 진서면 진서리
운영시간 | 종일, 연중무휴

▶ MINI DATA
입장료 | 없음   주차 | 가능   분류 | 거리, 시장

북적이는 사람들로 더욱 푸근한 곳이 5일장 등의 옛 시장이라면 바다 냄새 물씬 풍기고 간간히 들려오는 뱃고동 소리, 갈매기의 노랫소리가 멀리서 잔잔하게 들려오는 포구 주변의 어시장은 사람들의 놀이터다. 일제강점기 줄포항으로 토사가 유입되어 항구의 기능이 약해지자 항만을 구축하고 도로와 제방을 쌓아 만들어진 곰소항구는 당시 이 지역의 생산물을 강제로 송출하기 위한 중심 거점으로 활용된 아픔이 남아 있는 곳이다. 제방을 따라 길게 형성된 어시장은 각종 생선과 건어물, 곰소가 자랑하는 젓갈 등 수많은 물품의 거래가 활발하게 이어지는 살아 있는 항구다. 싱싱한 횟감을 구입하는 것도 좋지만 무엇보다 곰소항을 대표하는 것은 대규모의 젓갈 시장이다. 우리나라에서 가장 많은 젓갈 가게가 밀집되어 있다는 이곳은 여느 곳의 생산물보다 깊은 맛이 있고 쓴맛이 덜하다는 곰소염전의 천일염을 사용하여 만들어진 것이다. 여러 가지 젓갈들을 직접 맛보고 어느 곳보다 저렴하게 구입할 수 있다. 겨울날의 어리굴젓을 시작으로 토하젓, 낙지젓, 명란젓, 밴댕이젓 등 십수 가지의 젓갈들이 나름의 맛을 뽐내며 준비되어 있는 곰소항의 풍경은 수많은 사람들의 발걸음으로 활기가 넘치는 장소이다. 맛보기로 즐기는 젓갈의 맛이 여느 곳보다 싱싱하고 깊은 맛이 배어 있음을 느낀다면 그 젓갈 맛을 만들어 준 일등공신인 질 좋은 소금도 구입하자. 하얀 바닥을 써레로 긁어내는 천일염의 모습은 항구의 북쪽 도로를 이어가면 왼편으로 펼쳐진다.

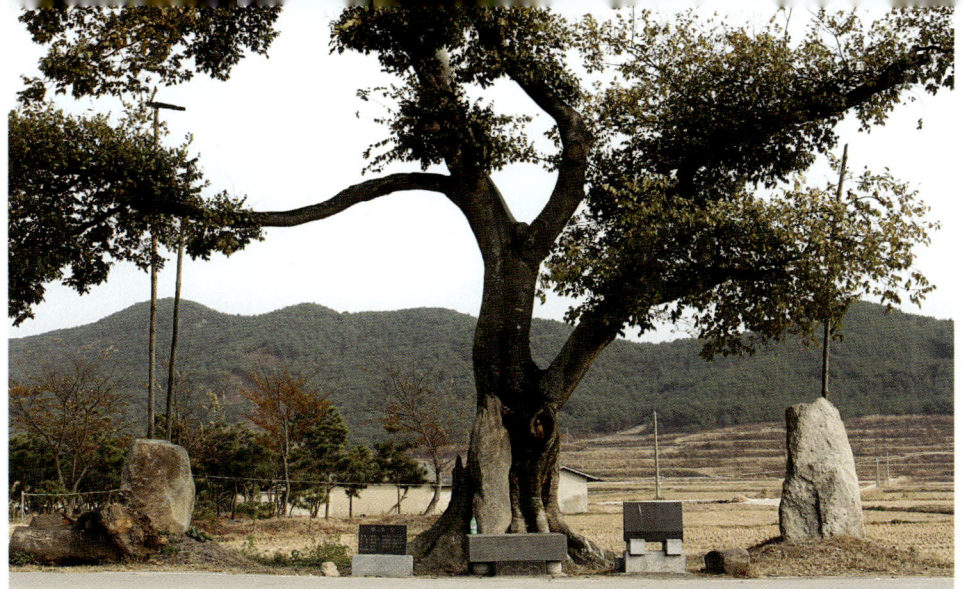

우동리 당산 당산제의 현장을 살피다

| 위치 | 전라북도 부안군 보안면 우동리 366-1 일대
전라북도 부안군 보안면 우동길 41 일대
| 운영시간 | 종일, 연중무휴

▶ MINI DATA
| 입장료 | 없음   주차 | 가능   분류 | 역사, 문화유적

곰소에서 부안으로 가다 보면 길가에 '반계선생 유적지'라는 간판이 보이는데 그 길을 따라 들어가면 나오는 마을에는 지금껏 잘 보존되고 있는 당산이 있다. 우동리 당산은 나무의 형태로 노거수가 '내가 마을을 지키는 나무이다'라고 말하고 있는 듯 위엄이 느껴져 한눈에도 마을 당산임을 알아볼 수 있다. 당산나무 옆으로 돌무더기가 만들어져 있고 그 중간에 솟대를 세워놓았다. 이곳의 당산이 의미 있는 이유는 매년 지내는 당산제(근래에는 마을에 젊은 사람이 줄어들어 2년마다, 홀수 해에 지낸다고 한다)의 원형이 잘 보존되고 있기 때문이다. 정월대보름이면 당산제가 열리는데 그 전에 마을 각 집에서 모아온 짚을 이용해 암줄과 수줄을 꼰다. 그리고는 보름날 아침에 이 줄을 이고 마을을 한 바퀴 돈 후 오후에 마을 사람들을 남자와 여자로 나누어 당산나무 앞에서 줄다리기를 벌인다. 수줄과 암줄을 대었다 놓았다를 반복하며

신명 나는 놀이가 벌어지는데 힘이 센 남자 편이 이겨야 마땅하나 이 줄다리기는 항상 여자 편의 승리로 끝이 난다. 여성이 가지는 생산의 능력과 풍요로운 마음으로 한 해 마을의 풍년과 안녕을 기원하는 의미일 것이다. 그러고는 이 줄을 당산나무에 칭칭 동여맴으로써 당산제는 끝난다. 당산제를 보기는 쉽지 않겠지만 당산제의 흔적을 살필 수 있으니 지나는 길에 들러보자.

→ 유천리 도요지, 푸른 보물이 담긴 땅

고려청자의 고향으로 일컬어지는 전남 강진의 가마들과 비교하여 전혀 떨어지지 않는 수준의 작품들과 많은 가마 터를 보여주는 장소가 유천리 도요지이다. 이곳에 청자 제작 분야에서는 우리나라 유일의 무형문화재로 옛 빛을 찾기 위한 작품 활동을 이어가는 유천 이은규 선생의 공방과 작은 전시관이 있다. 화려한 고려청자를 다시 보는 듯한 작품에서 생활자기까지 다양한 작품이 전시되어 있으며, 마음에 드는 작품을 구매할 수 있다.
문의 | 063-583-1905

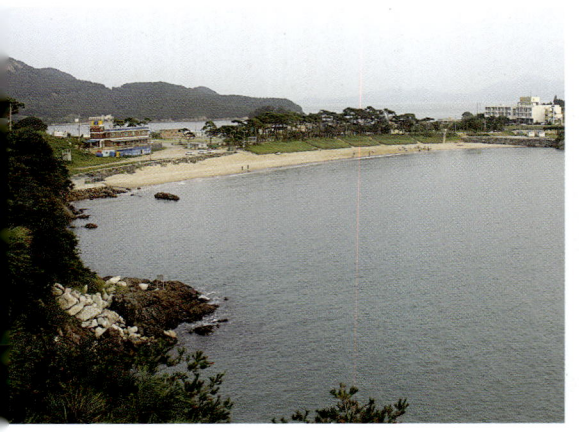

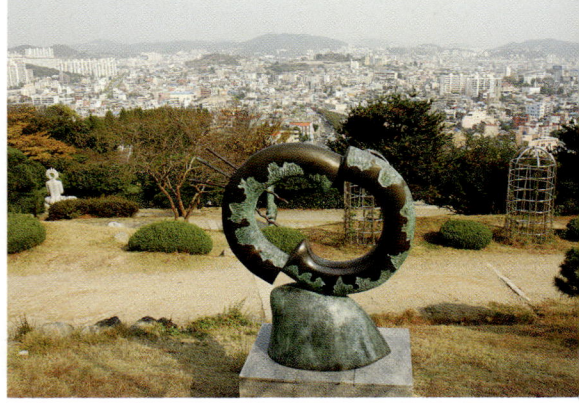

모항해수욕장

아름다운 해안 경관을 가진 해수욕장

| 위치 | 전라북도 부안군 변산면 도청리 모항
　　　전라북도 부안군 변산면 모항해변길 인근
| 운영시간 | 7월 초~8월 중순 개장

▶ MINI DATA

| 입장료 | 없음　　주차 | 가능　　분류 | 바다, 섬

유달산조각공원

다도해와 조각작품의 어울림

| 위치 | 전라남도 목포시 죽교동 187-4
　　　전라남도 목포시 유달로 221
| 운영시간 | 09:00~18:00, 연중무휴

▶ MINI DATA

| 입장료 | 없음　　주차 | 가능　　분류 | 공원

모항해수욕장은 숙박시설과 편의시설을 갖춘 종합관광휴양지로 내변산과 외변산이 만나는 지점에 있어 산악경관과 해양경관이 어우러진 아름다운 곳이다. 작고 아담한 백사장과 울창한 송림이 있고 서해안의 다른 해수욕장과 달리 썰물 때 물이 빠져도 하얀 모래가 끝없이 펼쳐져 여름철 피서지로도 사랑받는다. 또한 해수욕장 주변 갯바위에서 즐기는 바다 낚시와 배를 타고 나가서 즐기는 선상 낚시를 할 수 있어 낚시 마니아들도 즐겨 찾는 곳이다. 내변산 쪽의 멋진 해송 숲 위로 오르는 일출을 감상할 수 있고 일몰 또한 장관이다. 변산해수욕장 쪽에서 모항 쪽으로 달리는 해안 드라이브 코스는 왼쪽으로 내변산의 산세를 감상하며 오른쪽으로는 시원하게 펼쳐지는 바다를 볼 수 있어 변산반도국립공원 안에서 가장 아름다운 바닷길로 꼽힌다.

목포시와 영산호, 고하도가 한눈에 내려다보이는 유달산 기슭에 자리잡은 유달산조각공원은 현대 조각가 모임인 한국조각연구회 회원 65명과 기증작가 3명의 조각작품 78점이 46km²의 산자락을 따라 전시되어 있는 곳이다. 유달산 일주도로를 따라 오르면 이등바위 아래 자리 잡은 조각공원을 만날 수 있는데 은행나무와 벚나무를 비롯해 각종 관상수와 철 따라 피고 지는 꽃들이 함께 어우러진 조각 작품을 감상할 수 있고 분수대와 휴게소 등 편의 시설이 잘 갖추어져 있다. 목포 시민들에게 사랑받는 나들이 명소로 자리 잡은 이곳은 조각작품을 배경으로 사진 촬영을 하기에도 좋다. 공원에서 바라보는 목포시가지와 다도해의 풍광 또한 한 폭의 그림을 연상시킨다. 원래 이곳에는 초가집들이 자리 잡고 있었으나 공원조성 사업으로 한 채만 남기고 모두 철거되었으며 공원 안에는 관음사가 남아 있다.

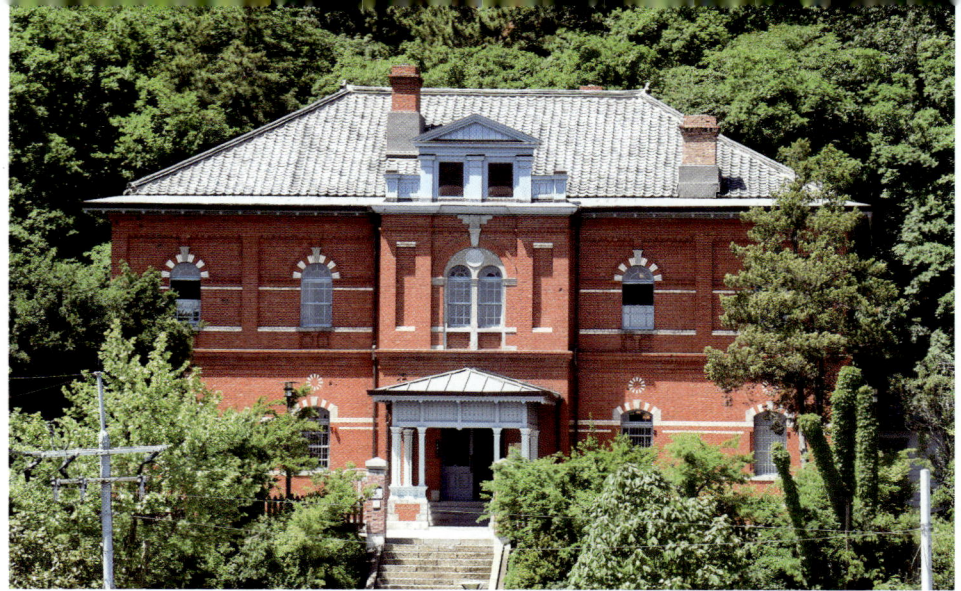

Photo by 목포시청

목포 근대역사관(1관) 목포의 역사를 지켜보았다

| 위치 | 전라남도 목포시 상락동1가 10-2
전라남도 목포시 해안로249번길 34
| 운영시간 | 09:00~18:00, 주말/공휴일 휴관

▶ MINI DATA
| 입장료 | 없음　　주차 | 가능　　분류 | 전시, 체험시설

1900년에 완공된 (구)호남은행 건물은 한 세기를 넘는 역사를 가지고 있는 목포 최초의 서양식 건물이다. 일찍 개항을 한 곳이라 당시 일본인 거주자들이 많았는데 목포에 거주하는 일본인들을 보호하기 위하여 일본이 지어 영사관으로 사용한 건물이다. 해방후에 목포시청으로 잠시 사용되었다가 목포시립도서관을 거쳐 목포문화원으로 사용되었다. 오랜 세월을 거치면서 건물의 용도가 여러 번 바뀌었지만 내·외관은 옛 모습 그대로 보존되어 있는데, 곳곳에 남아있는 장식이나 문양들을 자세히 들여다보면 벽돌에 새겨진 일본어의 흔적이라든지, 국화, 벚꽃 등 일본을 상징하는 문양들을 곳곳에서 찾을 수 있다. 현재목포문화원과 2층에 있던 박화성 문학기념관은 이전하였고, 건물은 공사 중에 있는데 내부를 새로 꾸며백년 역사와 어울리는 목포근대역사문화전시관으로 사용할 예정이라고 한다.

→ 도로원표, 국도 1, 2호선의 시작

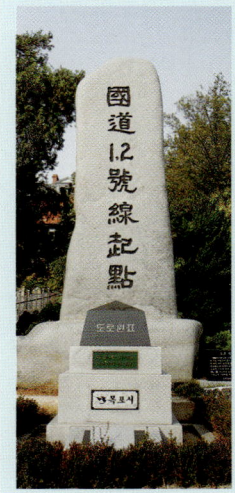

목포문화원에서 아래로 내려오면 길가에 커다랗게 서 있는 비를 하나 볼 수 있는데 바로 국도 1, 2호선의 기점을 알리는 도로원표이다. 국도 1호선은 목포에서 북쪽으로 대전을 거쳐 서울을 지나 신의주로 이어지는 길이며, 국도 2호선은 종점인 부산으로 향하는 길이다. 도로원표에는 국도 1호선의 종점으로 신의주를 기재하고 있는데 판문점까지는 여기서 498km, 신의주까지는 939km라고 한다. 하루빨리 통일이 되어서길의 끝까지 달리게 되기를 기원한다.

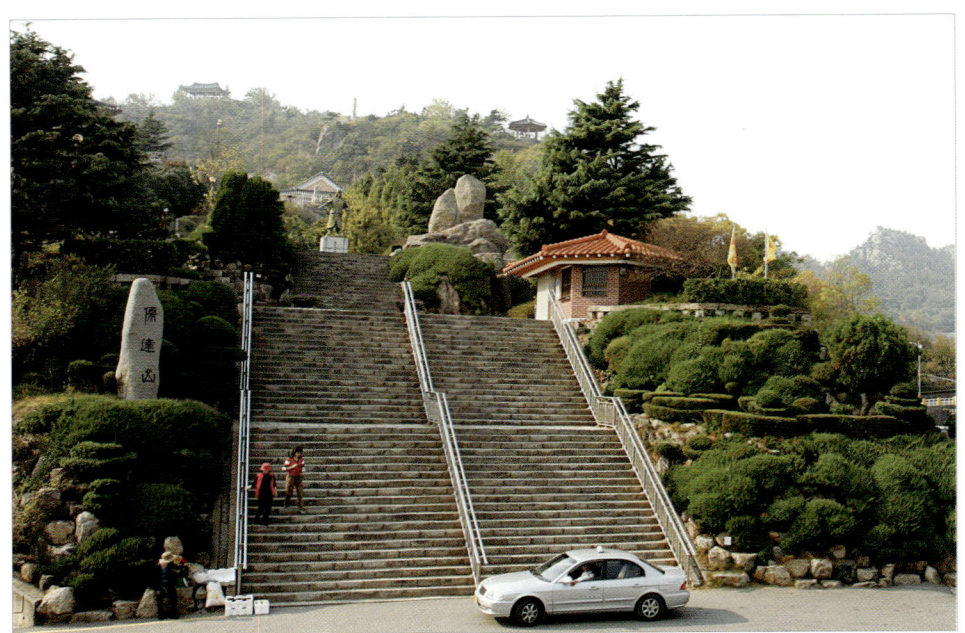

유달산 목포시민이 사랑하는 산

| 위치 | 전라남도 목포시 죽교동 산42-2 일대
| 운영시간 | 종일, 연중무휴

▶ MINI DATA
| 입장료 | 없음   주차 | 가능   분류 | 산, 계곡, 동굴

목포 사람들이 사랑하는 산, 유달산이다. 해발 228m로 높지 않은 산이지만 유달산에 대한 목포 사람들의 자부심은 수천 미터의 산보다 더 높다고 해도 과언이 아닌데, '유달산에 오르지 않고는 목포에 다녀왔다 말하지 말'고 하니 목포를 방문하였다면 꼭 한 번 들러야 할 곳이다. 가벼운 등산이라 생각하고 부담 없이 다녀올 수 있다. 유달산으로 오르는 길은 여러 갈래가 있지만 노적봉에서 시작하는 것이 가장 일반적이다. 노적봉은 임진왜란 때 이순신 장군이 돌 위로 거적을 쌓아 군량미처럼 보이게 해 왜군들의 사기를 꺾었다는 이야기가 전해지는 곳이다. 맞은편으로 난 길을 따라 오르는데 일제 때 정오에 포를 쏘아 시간을 알리던 오포대를 지난다. 다음으로는 이난영이

노래한 목포의 눈물 노래비가 서 있는데, 노래비에서 노랫가락이 흘러나오니 잠시 앉아 들어보자. 노래비를 지나 조금 더 오르면 유선각이라는 정자가 나오는데 일제 때 목포 개항 35주년을 기념하여 만든 곳으로 이곳에 오르면 목포 시내를 시원하게 내려다볼 수 있다. 유선각에서 마지막으로 쉬었다 다시 오르면 유달산의 정상인 일등바위다. 많은 사람들이 오가는 길이라 잘 정돈되어 있고 1시간 반 정도면 여유 있게 다녀올 수 있다. 언제 올라도 아름다운 풍경을 가진 유달산이지만 유달산 스스로 아름다움을 뽐낼 때가 있으니 바로 이른 봄에 산을 노랗게 물들이는 개나리가 필 때이다. 이때면 개나리 축제가 열려 많은 사람들이 찾는다.

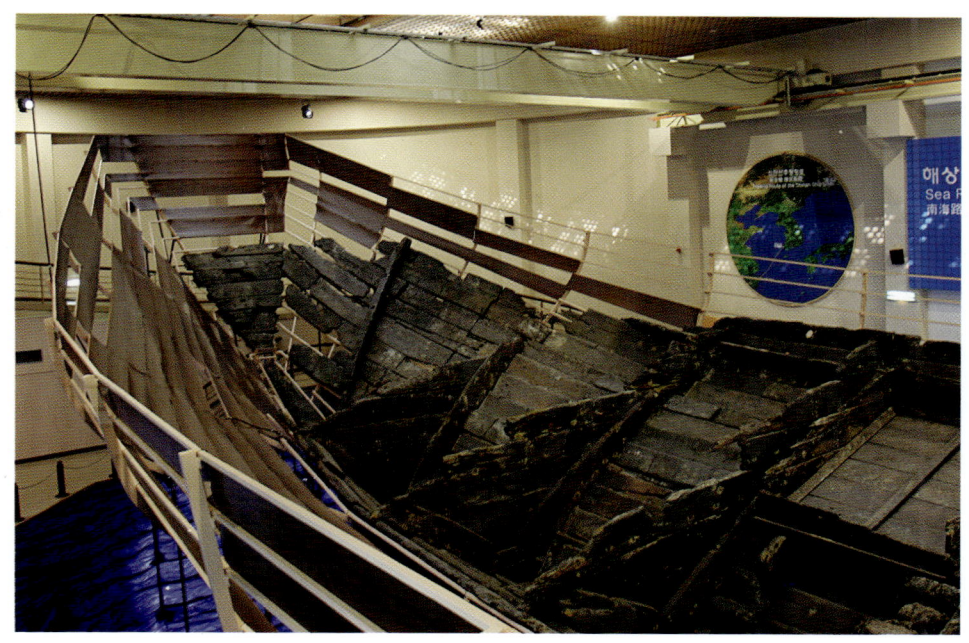

국립해양유물전시관 국내 최고의 해양 유물 전문 전시관

| 위치 | 전라남도 목포시 용해동 8
　　　 전라남도 목포시 남농로 136
| 운영시간 | 09:00~18:00, 매주 월요일 휴관

▶ MINI DATA
| 입장료 | 없음　　주차 | 가능　　분류 | 박물관

우리나라 최대의 수중 발굴인 신안 해저선을 비롯하여 수중문화재 발굴과 관련한 유물들을 모아 놓고 있는 국내 최고의 해양유물전시관이다. 신안 해저선 발굴은 1970년대 중반부터 10년간 진행되었는데 실제로 해저선에서 발굴된 유물은 그 보존 상태나 양에서 우리에게는 보물선이나 다름없는 배이다. 이 신안 해저선 발굴을 시작으로 완도 해저 발굴, 진도 통나무 배 발굴 등 수중문화재 발굴이 이어지니 그 성과들을 이곳 박물관에서 볼 수 있다. 신안 앞바다에서 찾았다 해서 신안선이란 이름을 붙였는데, 이 배는 중국 배로 당시 고려와 중국 원나라 사이를 오가던 상선이다. 배 안에는 고려청자를 비롯한 고려의 공예품들과 중국, 일본의 다양한 물건들이 실려 있어 14세기의

동아시아 해상무역에 관한 실물자료가 된다는 점에서 귀중한 유산이다. 박물관 관람의 하이라이트는 복원된 신안선이다. 원래 길이가 35m, 너비가 11m로 추정되는 배로 남아 있는 부분들을 이어 옛 모습 거의 그대로 만들어놓았으니 물속에 잠겨 있던 수백 년 시간을 다시 물 위로 끌어올린 듯하다. 신안선과 관련한 유물 이외에서 고려시대 배인 완도선이 복원되어 있으며 어촌 민속과 관련한 자료들, 우리나라 선박의 역사와 구조 등도 자세히 전시되어 있어 다른 박물관에서 접하기 힘든 특별한 내용을 만날 수 있다.

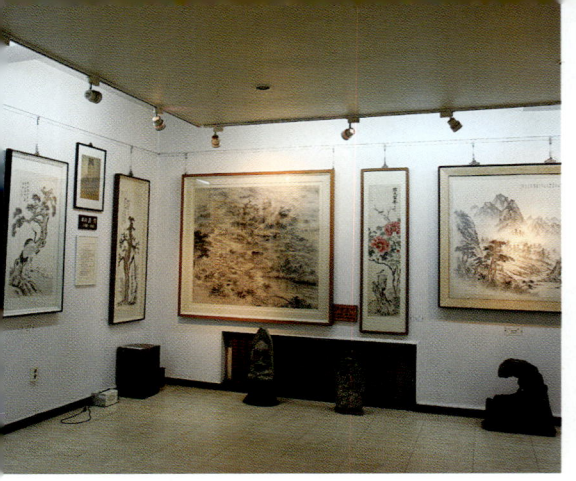
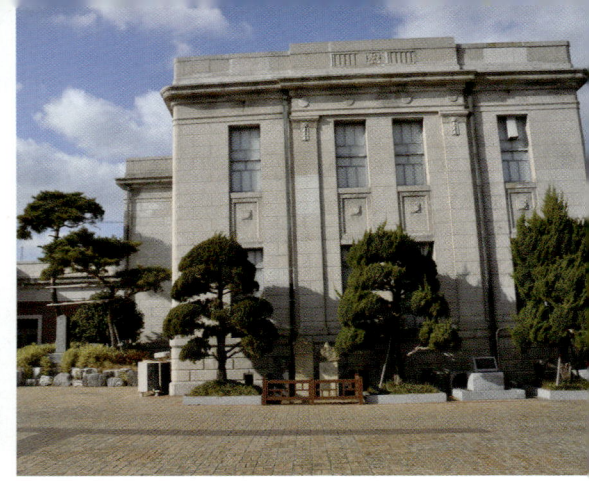

남농기념관

남농 허건 선생의 작품을 볼 수 있는 곳

| 위치 | 전라남도 목포시 용해동 9-36
　　　 전라남도 목포시 남농로 119
| 운영시간 | 동절기 10:00~17:00, 하절기 10:00~18:00,
　　　 매주 월요일 휴관

▶ MINI DATA

| 입장료 | 있음　　주차 | 가능　　분류 | 박물관

목포 근대역사관(2관)

동양척식회사 목포 지점

| 위치 | 전라남도 목포시 중앙동2가 6
　　　 전라남도 목포시 번화로 18
| 운영시간 | 09:00~18:00, 매주 월요일 휴관

▶ MINI DATA

| 입장료 | 있음　　주차 | 가능　　분류 | 박물관

운림산방의 주인인 소치 허련에서부터 이어지는 남종화의 작품 세계를 근대화시킨 남농 허건 선생이 세운 미술관이다. 자신의 작품을 비롯해 살았을 때 교류하던 김은호, 김동리 화백의 그림 등 수준 높은 근대 미술 작품을 소장하고 있다. 또한 우리가 잘 아는 조선시대 유명한 문인들의 글과 그림들도 이곳에서 만날 수 있는데 난 그림으로 유명했던 흥선대원군과 민영익 선생의 그림이 있으며, 추사의 글도 이곳에서 볼 수 있다. 하나하나 살펴보면 작품을 그린 역사 속 유명한 인물들을 만나는 재미가 있다. 또한 작품의 내용이나 수준도 정말 보물 같은 소중한 그림이 아닐 수 없다. 이곳을 관리하며 안내를 해주는 어르신에게 설명을 청해보자. 그림에 대한 해박한 지식과 함께 전시 작품에 대한 설명을 자세히 들을 수 있다.

유달산 자락에는 일제 때 지어진 건물들이 많이 남아 있다. 그중 하나가 목포 근대역사관으로, 이 건물은 원래 동양척식회사 목포 지점으로 사용되던 곳이다. 조선의 토지를 근대적으로 측량한다는 명목 하에 토지를 탈취해 간 곳이 바로 동양척식회사로 일제 수탈의 기지라 하겠다. 전국 9개의 지점 건물 중 목포의 이곳이 가장 잘 보존되어 있다. 지금은 이 건물 내부를 단장하여 목포 근대역사관으로 운영하고 있는데, 역사적 현장이 보존되어 근대 역사 교육의 장으로 활용되고 있는 좋은 경우이다. 개항을 시작으로 일제 때 물자 반출의 기지였던 목포의 역사를 알게 하는 많은 사진 자료를 전시하고 있어 글로 된 설명보다 더욱 실감나게 와 닿는다. 당시에 쓰던 금고도 건물 내부에 그대로 남아 있어 볼 수 있는데, 해방 후에는 이 건물이 경찰서로도 사용되면서 금고가 유치장으로도 이용된 적이 있다고 한다.

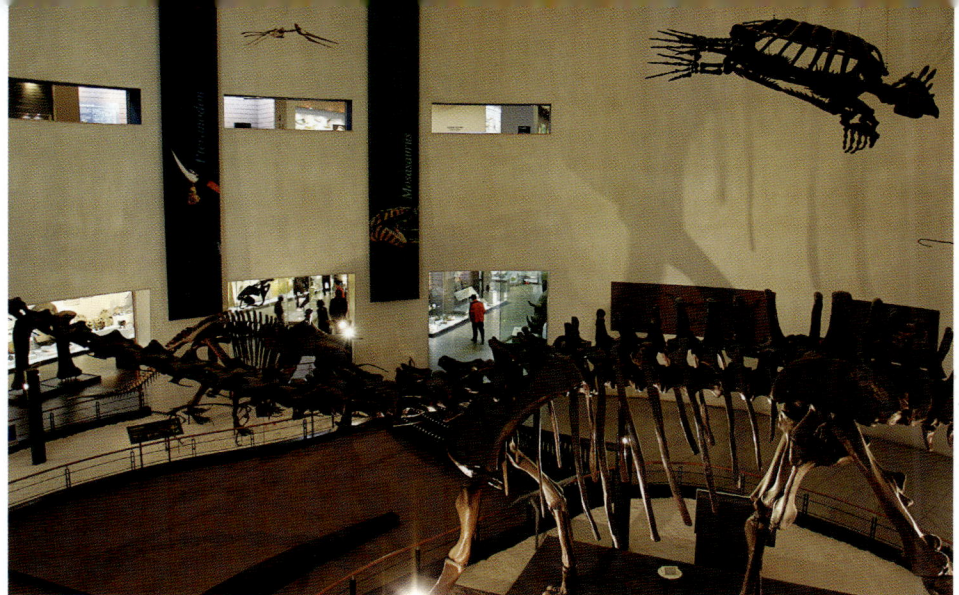

목포 자연사박물관 지구 50억 년의 역사를 밝힌다

위치 | 전라남도 목포시 용해동 9-28
　　　전라남도 목포시 남농로 135
운영시간 | 09:00~18:00(6~8월 주말 및 공휴일 1시간 연장),
　　　매주 월요일 휴관

▶ MINI DATA
| 입장료 | 있음　　주차 | 가능　　분류 | 박물관

목포시에서 운영하고 있는 목포 자연사박물관은 전국의 자연사박물관 중에서도 규모와 전시내용에서 최고라 할 수 있다. 자연사박물관은 50억 년 지구의 역사를 밝히고 각 지질시대별로 살았던 생물들에 관하여 전시하는 곳으로, 그중에서도 우리에게는 중생대에 번성했던 공룡이 가장 시각적으로 다가온다. 중앙홀로 들어서면 초식공룡인 디플로도쿠스를 공격하는 알로사우루스가 전시되어 있는데, 뼈대뿐인 모습지만 위협적인 그 형태가 살을 입은 것처럼 그 느낌이 생생하다. 1번째 전시관으로 들어가면 지구의 형성과 구조, 우주에서 날아온 암석, 지각의 구성 물질인 광물에 대하여 설명되어 있으며, 다음으로 생명의 탄생과 출현을 다루면서 관련된 여러 종류의 화석들을 전시하고 있다. 전시관은 육상생명관과 수중생명관으로 이어지는데 포유류, 양서류, 파충류 등 현존

하는 생물들의 종을 구분하고 설명을 하고 있으며 각각의 대표적인 종류가 박제되어 있다. 지구의 80%를 덮고 있는 바닷속 생태도 중요한 주제로 그 중에서도 물속에 사는 포유류인 고래와 바다의 포식자인 상어에 대한 설명과 박제가 눈길을 끈다. 목포 자연사박물관은 목포 문화의 거리의 중심이라고 해도 과언이 아닌 곳으로 우리가 살고 있는 지구와 지구에서 생명을 얻어 살아가는 우리와 환경에 관한 다양한 내용을 배우게 한다.

→ 목포 문예역사관, 목포의 문화와 예술을 담다

자연사박물관 옆으로 목포 문예역사관이 함께 있어 목포의 역사와 문화, 예술세계를 엿볼 수 있다. 문예역사관 또한 따로 떼어 놓고 보아도 전혀 손색 없을 곳으로, 특히 운림산방 4대의 작품을 전시하고 있는 전시실은 남종화의 맥을 짚게 하는 중요한 곳으로, 이곳과 이웃해 있는 남농미술관과 함께 둘러보기를 추천한다.

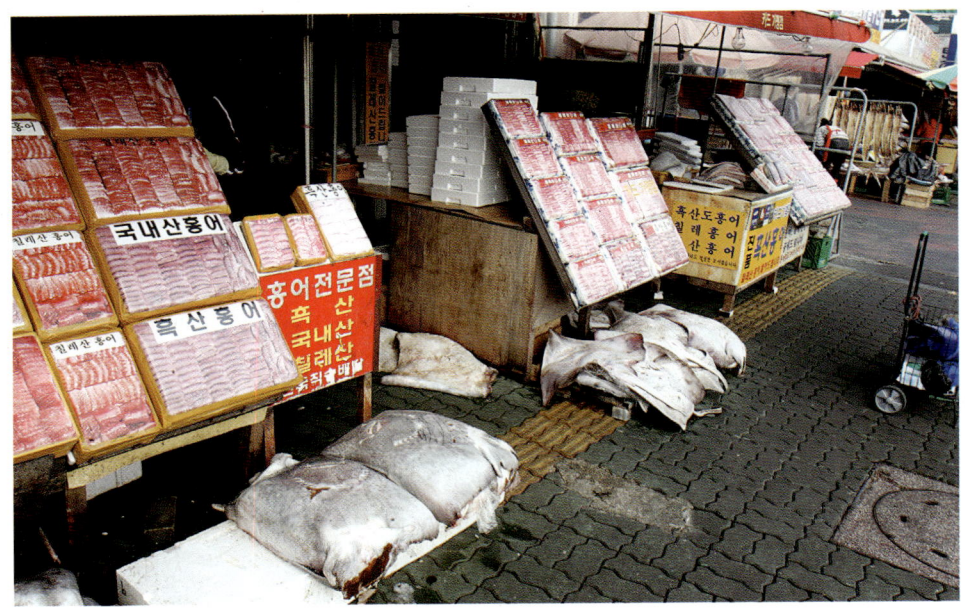

목포 종합수산시장 서해안 최대의 어시장

위치 | 전라남도 목포시 광동1가 4-12
　　　 전라남도 목포시 해안로 267번길 6
운영시간 | 10:00~22:00(매월 첫째주 일요일 휴무)

▶ MINI DATA
| **입장료** | 없음　**주차** | 가능　**분류** | 거리, 시장

　목포시 광동에 자리한 목포 종합수산시장은 없는 것 없는 해산물의 천국이다. 싱싱한 활어에서부터 잘 말린 건어물, 또 고기를 잡는 도구들까지 다양한 가게들이 한곳에 모여 있다. 재래시장이지만 아케이드 형식으로 시설을 단장하여 쇼핑하는 데 전혀 불편함이 없으며 각 구역별로 판매하는 생선과 물건의 종류가 달라 골목골목 찾아다니며 구경하는 재미가 있다. 바다로 나갔던 배들이 돌아오는 새벽이면 시장이 활기를 띠기 시작하는데, 시간이 된다면 이른 새벽(5시경)에 수협어판장으로 나가 경매가 벌어지는 현장을 구경해보는 것도 괜찮다. 이곳 시장에 들렀다면 반드시 맛보고 가야 할 것이 있는데, 바로 홍어이다. 예전에는 나주 영산포가 홍어 거래의 중심지였으나 하구둑이 만들어지면서 목포가 홍어의 중심지가

되었다. 흑산도에서 잡은 홍어에서부터 칠레, 아르헨티나에서 수입한 홍어까지 우리나라의 모든 홍어는 일단 이곳으로 와서 삭힌 후에 전국 각지로 나간다고 하니 홍어의 메카라 하겠다. 길가에 홍어를 파는 가게들이 늘어서 있는데 잔치에 쓰는 큰 홍어뿐만 아니라 작은 팩에 담아 초장과 함께 포장을 해서 판매한다.

> **→ 담백한 손맛이 담긴 밥상**
>
> 수산시장의 상인들이 추천하는 집이다. 식사 시간이면 줄을 서서 기다리는데 여행 중이라면 그 시간을 조금 피해 가는 편이 낫겠다. 시장 안쪽에 있어 찾기가 쉽지 않지만, 어렵게 찾아간 수고를 음식의 맛이 보상해 준다. 백반집으로, 차려주는 반찬들 하나하나 정갈하며 담백한 손맛이 매력적이다.
> **문의** | 061-244-2343(조광음식점)

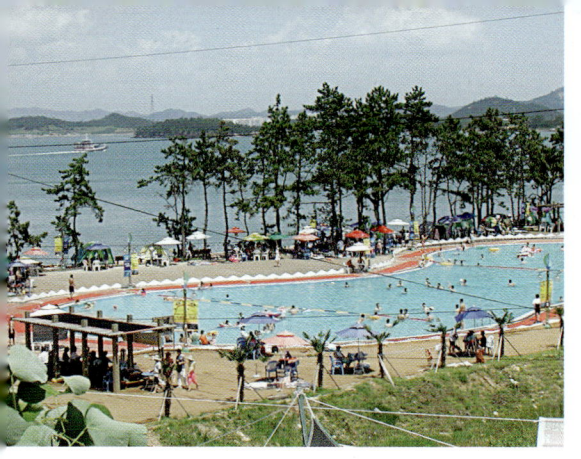

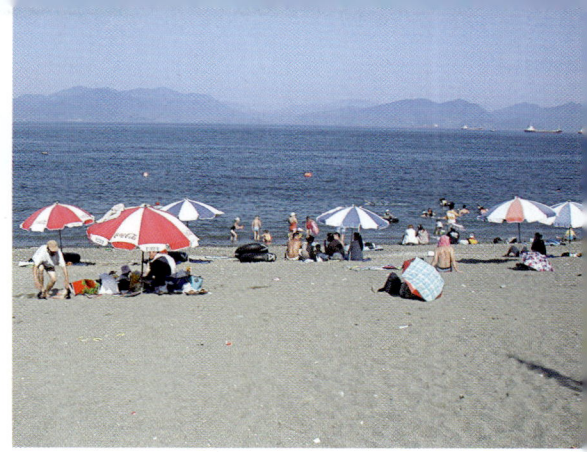

외달도 월드
바다 한가운데 해수풀장

| 위치 | 전라남도 목포시 달동 외달도
| 운영시간 | 수영장 7월 초~8월 말 09:00~19:00

▶ MINI DATA
| 입장료 | 없음　주차 | 가능　분류 | 바다, 섬

목포시에서 6km 떨어진 섬으로 전체 해안선의 길이가 4.1km에 불과해 걸어서도 섬 전체를 둘러볼 수 있는 작은 섬이다. 해안선도 단조롭고 야트막한 언덕이 농경지의 전부로 외달도라는 이름이 꼭 어울리게 바다 한가운데 외로이 떠 있는 섬이다. 그러나 선착장을 중심으로 오른편과 왼편으로 백사장과 갯벌이 펼쳐져 여름철 피서객들이 즐겨 찾는 섬이다. 청정 바다 앞으로 물드는 낙조가 아름답기로 유명하며 숙박시설도 잘 갖추어져 있다. 물이 빠진 갯벌에서 조개, 소라 등을 잡을 수 있어 갯벌 체험의 즐거움을 더한다. 무엇보다 외달도의 자랑은 해수를 끌어와 만든 해수풀장이라는 점이다. 커다란 2개의 풀장은 해수를 이용해 바다 냄새를 맡으며 수영을 즐길 수 있고 그늘막, 텐트촌이 준비되어 있어 가족 단위 여행객에게 안성맞춤이다. 섬 전체가 하나의 휴양지로 조성되어 섬 안에 들어가면 취향에 맞게 휴식을 취할 수 있는 섬이다.

만성리 검은모래해수욕장
검은 모래 덮고 즐기는 모래찜질

| 위치 | 전라남도 여수시 만흥동 만성리
|　　　전라남도 여수시 만성리길 15-1 인근
| 운영시간 | 종일, 연중무휴

▶ MINI DATA
| 입장료 | 없음　주차 | 가능　분류 | 바다, 섬

검은 모래로 유명한 여수의 만성리해수욕장. 모래가 검은빛을 띠는 이유는 철 성분을 많이 함유하고 있기 때문인데, 실제로 자석을 모래 위로 가져가보면 모래가 자석에 달라붙는 모습을 볼 수 있으니 자석을 하나 챙겨서 가도록 하자. 이곳의 모래 찜질은 신경통에 좋기로 유명한데 햇볕에 달구어진 모래에 다리와 온몸을 파묻고 있으면 시원하다고 표현하는 우리말에 담긴 그 느낌을 제대로 느낄 수 있다. 철 성분이 많이 함유된 모래라 다른 곳들보다 모래가 더욱 뜨겁게 달구어지니 찜질의 효과가 확실하다. 동네 사람들은 매년 음력 4월 중순이 되면 '검은 모래가 눈뜨는 날'이라 해서 이때부터 찜질을 즐긴다고 한다. 5월 중순부터 9월 말까지가 모래찜질을 즐기는 적기로 백사장의 길이가 500m 조금 넘는 작은 해수욕장이지만 수심이 완만하고 물의 온도가 따뜻해서 가족 단위의 피서객이 해수욕을 즐기기에도 적당한 조건을 갖추고 있다.

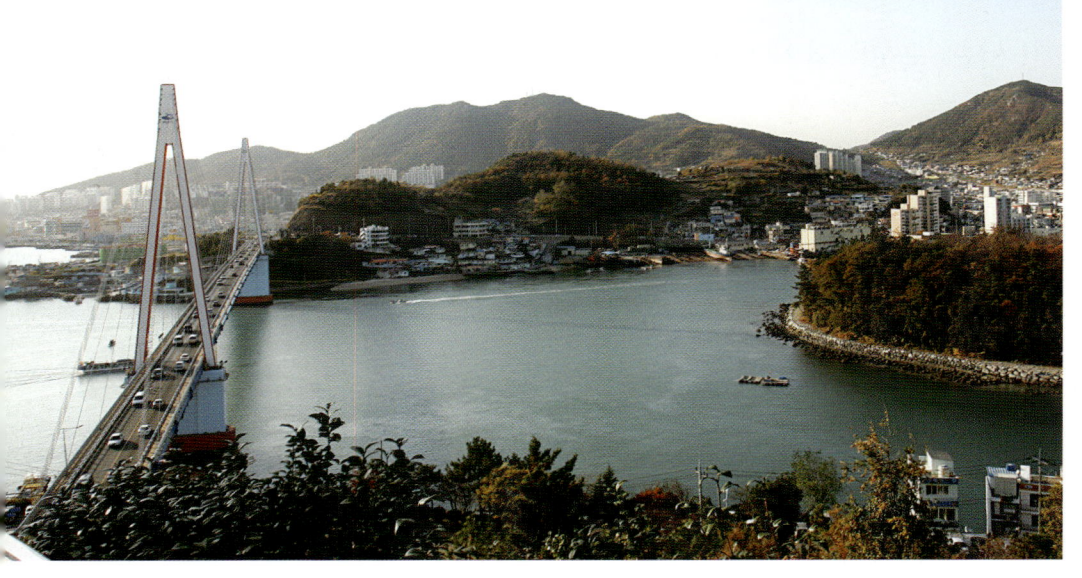

돌산대교와 돌산공원 여수를 아름답게 만들어주는 다리

| 위치 | 전라남도 여수시 돌산읍 우두리 산
      전라남도 여수시 돌산읍 돌산로 인근
운영시간 | 종일, 연중무휴

▶ MINI DATA
| 입장료 | 없음   주차 | 가능   분류 | 공원

우리나라에서 7번째로 큰 섬인 돌산도를 육지와 잇는 돌산대교는 1984년에 완공되었으며 길이 450m, 폭 11.7m, 높이 62m로 규모는 크지 않지만 여수를 상징하는 관광명소이다. 특히 야간에 다리의 조명이 밝혀지면 주변 여수항의 야경과 어우러져 더욱 환상적인 경관을 연출한다. 다리를 바라보면 까만 밤바다 위에 50여 가지의 색상으로 연출되는 조명이 너무나 아름답다. 여수시에서 돌산도로 들어가기 전 다리 앞에는 팔각정이 있어 돌산도와 함께 다리의 경관을 감상할 수 있고 돌산대교를 건너 돌산도로 들어가는 초입에 있는 돌산공원은 돌산대교를 한눈에 관망할 수 있는 산 위에 있어 돌산도를 여행하는 여행객이 꼭 들르게 되는 곳이다. 공원 주위로 산책로가 있어 시원한 바닷바람을 맞으며 여수시 일대를 굽어볼 수 있

으며, 돌산공원 아래에는 거북선 모형과 유람선 선착장이 있다.

> ### ➔ 자산공원, 여수 시내 풍경을 제대로 볼 수 있는 곳
>
> 올라가는 길을 찾기가 쉽지 않아 일반 여행객들은 잘 찾아가지 않는 곳이긴 하나 조금 수고를 해서라도 이곳에 오른다면 실망하지 않을 것이다. 여수에서 가장 오래된 공원으로 아침, 저녁 햇빛이 자색으로 물든다 하여 자산공원이라는 이름이 붙여졌다. 편의시설이 잘 갖추어진 편이며, 국내에서 제일 크다는 이순신 장군의 동상이 공원 가운데 서 있다. 자산공원 한쪽으로는 오동도가 내려다보이며, 반대쪽으로는 여수항의 풍경이 내려다보인다. 여수역을 지나 오동도 입구 사거리에서 우회전하면 언덕이 나오고 언덕을 넘어갈 때쯤 고가가 보인다. 고가 아래에서 유턴을 해서 다시 여수역 방향으로 길을 잡으면 바로 오른편으로 오르는 길이 있다.
> **위치 |** 여수시 자산공원길 90(종화동 3)
> **문의 |** 061-690-8338(자산공원관리사무소)

만성리굴과 형제무덤
여순 사건, 아픈 역사의 흔적

| 위치 | 전라남도 여수시 만흥동 만성리굴 일대
전라남도 여수시 망양로 일대
| 운영시간 | 종일, 연중무휴

▶ MINI DATA
| 입장료 | 없음 　 주차 | 가능 　 분류 | 역사, 문화유적

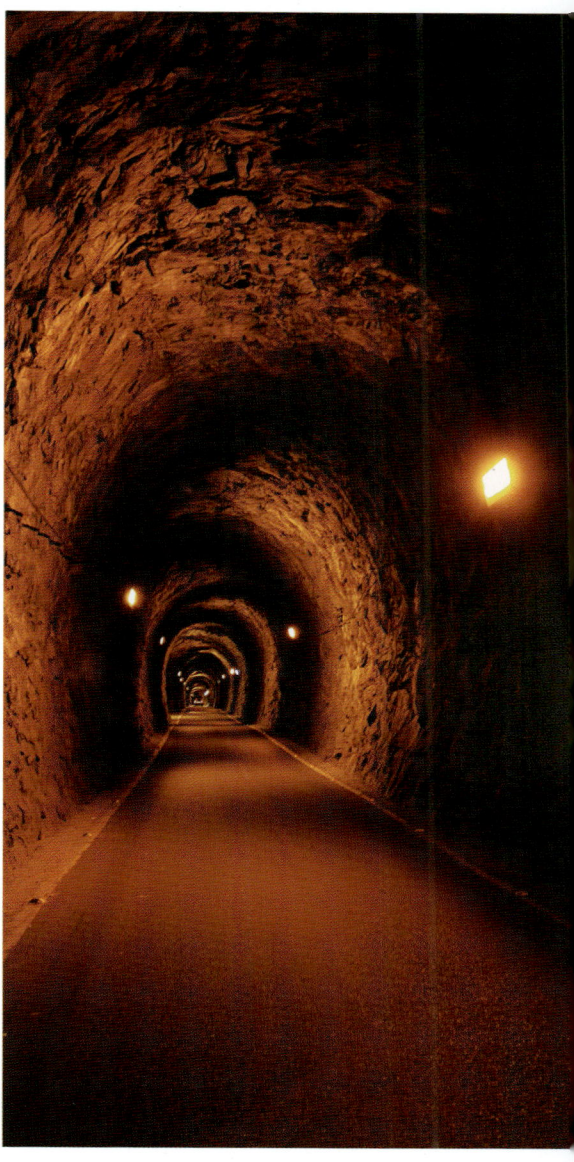

마래터널 또는 만성리굴이라 불리는 터널이다. 만성리해수욕장과 여수 시내를 이어주는 역할을 하는 곳으로 터널 내부의 모양이 예사롭지 않다. 자연 암반을 파서 만든 굴로 일제 때 이 지역 사람들이 동원되어 특별한 도구 없이 맨손과 정으로 팠다고 한다. 얼마나 이곳 땅이 단단했던지 수십 년이 지난 지금도 어디 손볼 것이 없다고 하니 일제에 의해 동원되어 이 터널을 손으로 파야 했을 당시 사람들의 고생을 생각하면 마음이 무거워진다. 차 1대가 다닐 만한 폭으로 100m 정도마다 교행할 수 있는 공간이 마련되어 있다. 만성리해수욕장에서 이 터널까지 이르는 길 왼편으로 보이는 바다 풍경도 좋지만 오른쪽으로 시선을 두고 가다 보면 만성리학살지와 형제무덤이 나오니 주의해서 살펴보도록 하자. 해방 후 일어났던 여순반란사건의 비극의 현장으로 우리 현대사의 아픔을 묻고 있는 곳이다. 1948년 제주에서 일어난 항쟁을 진압할 것을 명령 받은 여수 14연대는 명령을 따르지 않고 반란을 일으키게 되는데, 곧 진압을 당한다. 그때 잡힌 좌익 가담자들이 만성굴 너머 이곳으로 끌려와 총살을 당하였으며, 죽은 시체를 장작 위에 쌓아 화장을 했다고 하는데 그 불길이 3일 동안이나 타올랐다고 한다. 그 현장인 만성리학살지 옆으로 이곳에서 죽은 사람들을 수습해 만든 무덤인 형제무덤이 있으니 둘러보면서 우리 현대사의 아픔을 곱씹어보자. 여순반란사건은 제주항쟁과 맞물려 우리 민족끼리 총부리를 겨누었던 복잡한 성격의 사건이다. 앞으로 더욱 많은 연구를 통하여 그 내용과 사건의 성격이 올바르게 정리되었으면 하는 바람이다.

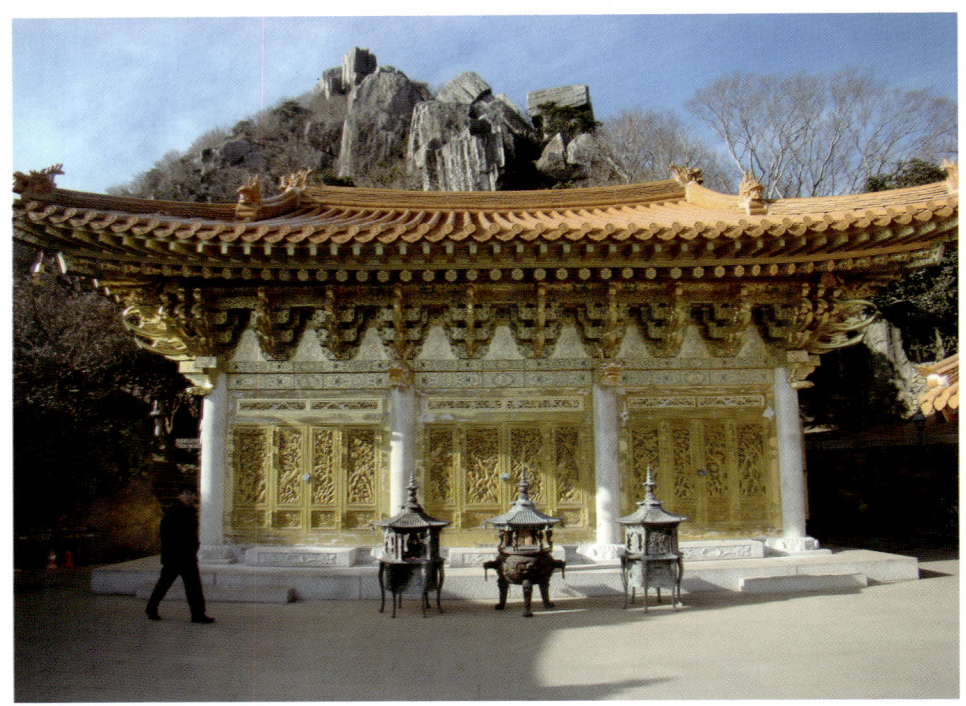

향일암 온몸으로 해를 맞이하는 암자

| 위치 | 전라남도 여수시 돌산읍 율림리 산7
전라남도 여수시 돌산읍 향일암로 60
| 운영시간 | 종일, 연중무휴

▶ MINI DATA
| 입장료 | 있음   주차 | 가능   분류 | 불교유적

남도의 바다 위로 촛불을 켠 듯 어둠을 밝히는 향일암의 일출은 그야말로 장관이다. 기암절벽을 올라 거침없이 탁 트인 남도의 바다를 눈 아래로 바라보는 일출은 일상적인 아침과는 다른 하루를 열어준다. 여수 시내에서도 바다를 향해 한참을 달려가 만나는 향일암은 삼국시대 원효대사가 창건하였다고 전해지며 관음 기도의 도량으로도 유명하다. 신라의 고승이 백제의 영토였을 남도의 끝자락에 사찰을 세우게 된 연유는 알 수 없다. 절묘하게 이어지는 통로를 따라가는 길은 가슴이 툭 터지듯 절벽 사이 넓은 자리에 대웅전이 자리잡고 있다. 관음보살과 하늘에 소원을 기원하는 사람들은 대웅전 주변 바위 위에 작은 돌이나 동전을 올려놓기도 한다. 대웅전 뒤편으로 숨은 듯 작은 바위 길을 따라가면 동백꽃의 보드라운 아름다움이 마음까지 편하게 만드는 곳으로 바다를 바라보고 자리한 관음전이 있다. 종교를 떠나 바라는 모든 일들을 소망하고 너른 바다처럼 넉넉한 마음을 담아보자. 2009년 전소한 향일암은 보수공사를 끝내고 2012년 낙성식을 가졌다. 향일암 입구 임포마을에서는 바다를 터전으로 살아가는 사람들의 일상을 엿볼 수 있다. 붉은 햇살 아래 홍합을 말리는 모습은 여느 곳에서는 볼 수 없는 다른 진풍경이다.

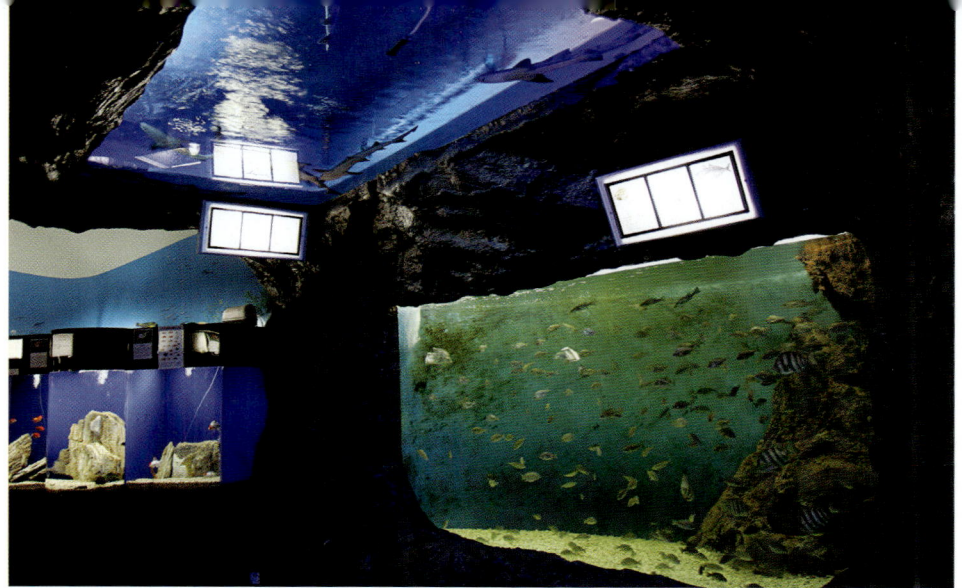

전라남도 해양수산과학관

서울 유명 수족관 못지않은 수족관 시설

| 위치 | 전라남도 여수시 돌산읍 평사리 1271-3
전라남도 여수시 돌산읍 돌산로 2876
| 운영시간 | 09:00~18:00, 매주 월요일 휴관

▶ MINI DATA
| 입장료 | 있음   주차 | 가능   분류 | 박물관

전라남도에서 운영하는 해양수산과학관이다. 과학관이 자리한 곳은 무술목으로 임진왜란 때 이순신 장군이 이곳의 지형을 이용해 배를 숨기고 있다 지나가던 왜군을 공격하여 큰 승리를 이끈 곳이다. 지금은 시원하게 그늘진 솔숲에 앉아 몽돌 해수욕장의 독특한 파도 소리를 들을 수 있어 잠시 쉬었다 가기에 좋다. 해양수산과학관은 그리 크지 않은 규모이지만, 1층의 대부분을 차지하고 있는 수족관은 이곳의 특별한 볼거리이다. 서울의 유명수족관에 견주어도 그 수준이 떨어지지 않을 만큼 다양한 종류의 어류를 볼 수 있다. 2층에는 전라남도 남해안 바닷가의 대표적인 어업활동인 바다의 농장, 양식 산업에 대하여 살필 수 있게 하고 있다. 바다 위에 떠 있는 하얀 부표 아래는 어떤 시설이 되어 있는지, 또 무엇을 양식하고, 어떻게 기르는지 등을 모형을 통하여 보여준다.

➜ 푸짐한 인심에 놀란다

죽포 삼거리에서 왼쪽으로 가면 향일암인데, 방향을 반대로 잡아 오른쪽으로 가면 바로 길가 오른편으로 죽포식당이 나온다. 죽포식당은 갓김치로 유명한 곳이지만 푸짐하게 한 상 차려주는 백반상은 꼭 한 번 들러 식사를 하라고 권하고 싶은 곳이다. 제철 해산물을 재료로 식단을 구성하는데, 식사가격을 생각한다면 정말 어디에서 이렇게 먹을 수 있을까 싶다. 음식 하나하나 맛깔나다. **문의** | 061-644-3017(죽포식당)

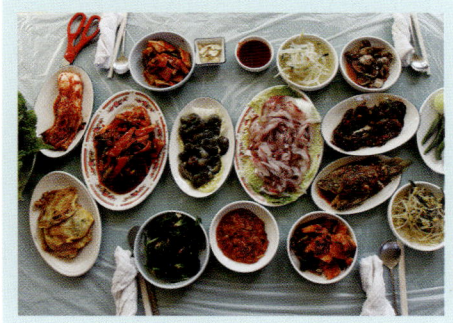

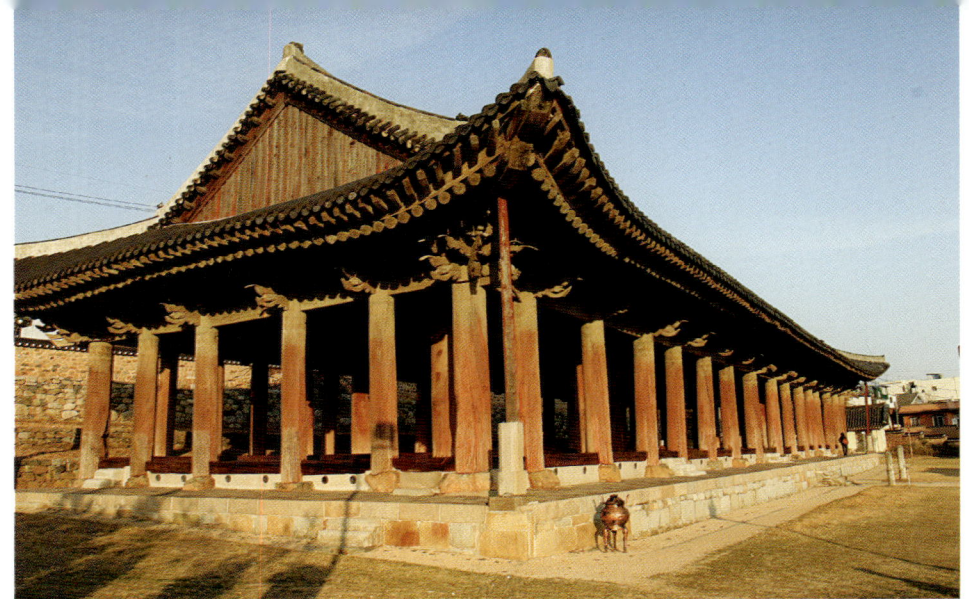

진남관 여수 어디서든 보이는 여수의 중심

| 위치 | 전라남도 여수시 군자동 472
　　　전라남도 여수시 동문로 11
| 운영시간 | 동절기 09:00~17:00, 하절기 09:00~18:00,
　　　연중무휴

▶ MINI DATA
| 입장료 | 없음　　주차 | 가능　　분류 | 역사, 문화유적

조선의 수도인 서울을 벗어나 이렇게 크게 건물이 지어진 경우는 진남관 말고는 찾기가 어렵다. 종묘, 경회루와 함께 단일 건축으로는 우리나라 최대 크기의 목조 건축물로 꼽히는 곳으로 임진왜란 때 전라 좌수영의 본영이 있었으며 충무공이 머물렀던 곳이다. 하지만, 이후 정유재란 때 이곳 건물들이 불에 타버려 선조 때 바로 다시 지었으나, 숙종 때 불이 한 번 더 나고 새로 지었다. 지금 보는 진남관 건물은 이때 지은 것으로 조선 후기 18세기에 지어진 목조 건축물이라 보면 되겠다. 바다를 바라보는 망루인 망해루를 지나 계단을 오르면 진남관을 만나는데 그 이름이 왜구를 진압해 평안한 남해 바다를 만들기를 소망한다는 뜻이다. 입구에 서서 진남관을 바라보면 한눈에 모두 들어오지 않을 만큼 건물의 규모가 대단한데 멀리서 이 건물이 다 나오게 사진을 찍으면 사람의 크기와 비

교되어 이곳이 얼마나 큰지 가늠할 수 있다. 보물로 지정되었다 가치를 인정받아 다시 국보로 지정된 특이한 이력을 가지고 있으며, 일제 때부터 해방 이후까지도 이곳은 여수공립보통학교와 여수중학교의 교실로 사용되었으니 여수의 어르신 중에는 이곳에서 수업을 받았던 것을 기억하시는 분이 있다고 한다. 진남관 아래로 내려오면 임진왜란을 주제로 한 전시관이 있다. 임진왜란 때 조선 수군이 이용했던 여러 전법을 소개하고 있는데 학익진 등 이름만 들어 아는 전법들로 실제 어떻게 활용되었는지 모형과 그림을 통하여 알 수 있다. 눈길을 끄는 유물로 갑옷이 있는데, 이순신 장순이 입던 옷은 아니지만 그의 5대 후손인 이봉상 장군이 입던 옷을 전시해 놓고 있어 장군복을 입고 늠름하게 서서 이곳에서 왜적을 호령했던 충무공을 상상하게 한다.

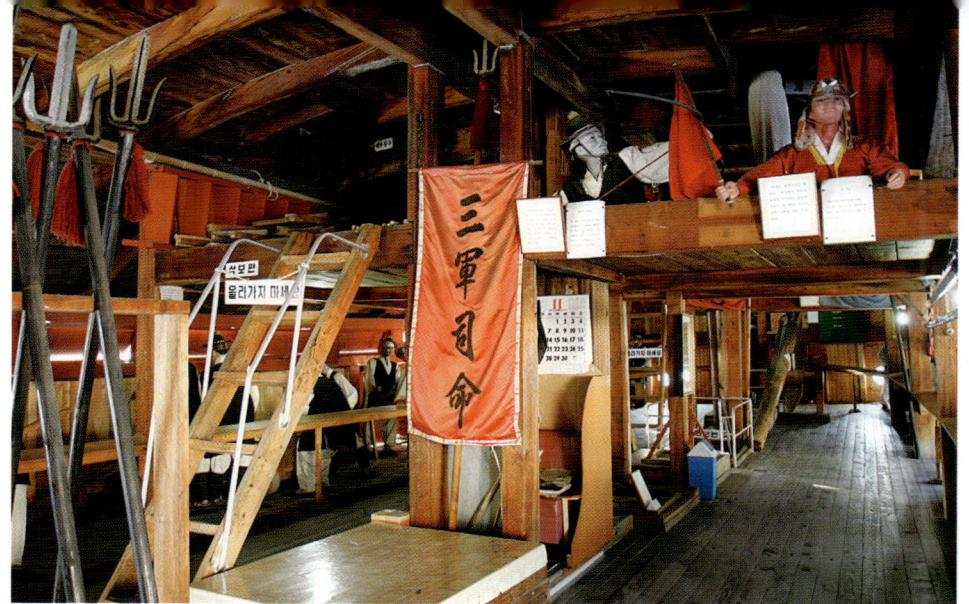

거북선 모형관 거북선을 구경하자

| 위치 | 전라남도 여수시 돌산읍 우두리 810-3
전라남도 여수시 돌산읍 돌산로 3617-38
| 운영시간 | 동절기 09:00~17:00, 하절기 09:00~19:00
(관람객에 따라 변동가능), 연중무휴

▶ MINI DATA
| 입장료 | 있음　주차 | 가능　분류 | 전시, 체험시설

여수 돌산대교를 넘으면 오른쪽 아래로 내려가는 길이 나오는데, 길을 따라 내려가면 유람선 선착장의 흥겨운 음악소리가 들리고 그 옆으로 바다 위에 떠 있는 거북선을 볼 수 있다. 임진왜란을 생각하면 가장 먼저 떠오르는 것이 거북선으로 전라 좌수영이 있던 여수에 실제와 흡사하게 거북선을 만들어놓아 내부로 들어가 구경을 할 수 있다. 거북선은 그 특이한 생김새와 전투에서의 효용 때문에 유명해진 배로 전쟁 당시 왜군에게는 두려움의 대상이었다고 한다. 임진왜란 때 큰 활약을 한 배이기에 거북선이 많이 만들어졌을 거라 생각하지만 실제로 전쟁 당시에는 2~3척의 거북선만 있었다고 한다. 판옥선 위로 지붕을 덮고 앞머리에 용두를 달아 개조한 배가 바로 거북선인데, 임진왜란 때 효용을 인정받아 조선 후기에 수십 척 건조되었다고 한다. 거북선은 선두에서 치고

들어가 적의 대형을 흩트러 미리 계획한 작전을 사용하지 못하고 우왕좌왕하게 만드는 돌격선의 역할을 했다. 전시되어 있는 거북선 안으로 들어가면 앞뒤로 배의 선장이 머물렀던 곳과 선원들의 휴식 공간, 1층의 노 젓는 곳과 2층의 대포 쏘는 곳 모두 오르내리며 둘러볼 수 있다.

→ 갯장어, 여수의 별미

여수는 항구도시라 해산물을 재료로 하는 음식이 유명한데, 그 중에서도 갯장어는 여수의 명물이다. 1년 내내 잡히는 붕장어와 달리 여수의 갯장어는 5~8월이 제철이다. 갯장어라는 이름은 개처럼 이빨이 세고 잘 물기 때문에 붙여진 이름이다. 정약전의 「자산어보」에도 '견아려'라고 말하고 있다. 여수에서는 하모란 이름으로 더 많이 쓰이는데, 이 말은 문다는 '하무(食む)'에서 유래됐다는 설이 유력하다. 껍질을 발라내 살을 잘게 썰어 낸 갯장어 회와 함께 속살을 발라내고 남은 껍질과 뼈를 고아낸 후 갈아서 체를 친 갯장어탕이 미식가들의 탄성을 자아내게 한다.

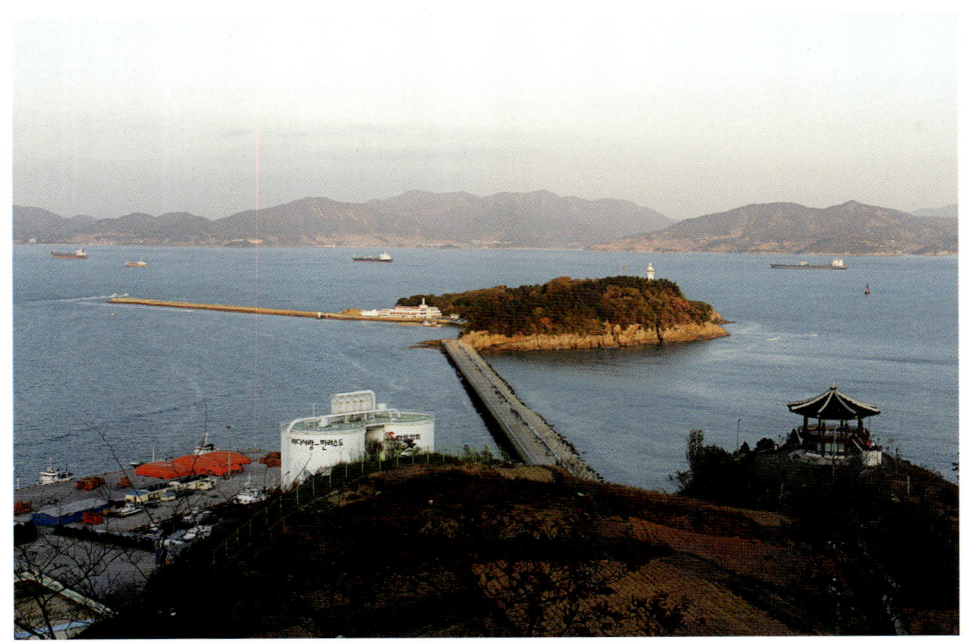

오동도 동백꽃, 그것이 전부가 아니다

위치 | 전라남도 여수시 수정동 산1-11
　　　전라남도 여수시 오동도로 242 일대
운영시간 | 07:00~23:00, 연중무휴

▶ MINI DATA
입장료 | 있음　주차 | 가능　분류 | 바다, 섬

동백꽃으로 유명한 오동도는 여수 여행의 첫 번째라고 해도 좋을 만큼 여행객들에게 인기 있는 곳으로, 여수역과 얼마 떨어지지 않아서 기차여행을 하는 사람들에게 특별히 인기 있는 방문지이다. 오동도라는 이름은 섬의 생긴 모양이 오동잎 모양인데다 섬 안에 오동나무가 많다고 해서 붙여졌다고 한다. 긴 방파제와 연결이 되어 섬 아닌 섬이 되었지만, 오동도로 들어가면 섬의 분위기가 온전히 느껴진다. 오동도를 다녀간 사람들이 가장 먼저 기억하는 것은 바로 동백열차이다. 방파제를 가로질러 가는 동백열차를 타고 들어가는데 시원한 바닷바람에 마음까지 설렌다. 오동도는 나무가 많아 울창한데 그 중에서도 동백은 유명하다. 다른 지역의 동백꽃이 주로 이른 봄에 피는 것

에 비하여 이곳의 오동은 10월부터 피기 시작해 다음해 4월까지 만개하는데 겨울 내내 붉은색 커다란 동백꽃이 섬 전체를 수놓는 풍경은 장관이다. 숲 속으로 산책로가 잘 가꾸어져 있으며, 맨발산책로가 있어 신발을 벗어 두 손에 쥐고 걷는 사람들을 볼 수 있다. 오동도의 또다른 볼거리는 바로 등대로 아래쪽에서는 잘 보이지 않지만 산책로를 따라 올라가다 보면 나무숲 사이로 하얀색 등대가 보인다. 멀리서 보는 것만으로도 마음을 설레게 하는데, 등대 위에 전망대를 만들어 놓아 직접 올라가볼 수 있다. 25m 높이의 등대로 전망대에 오르면 가까이로는 여수 돌산도가 보이고 다도해 위에 떠 있는 크고 작은 섬들을 한눈에 조망할 수 있다.

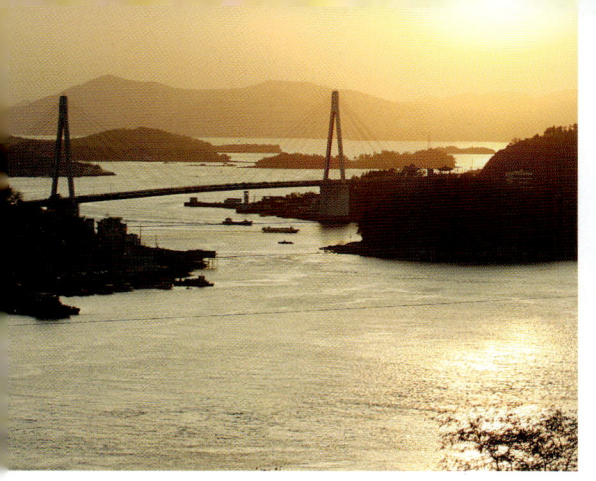

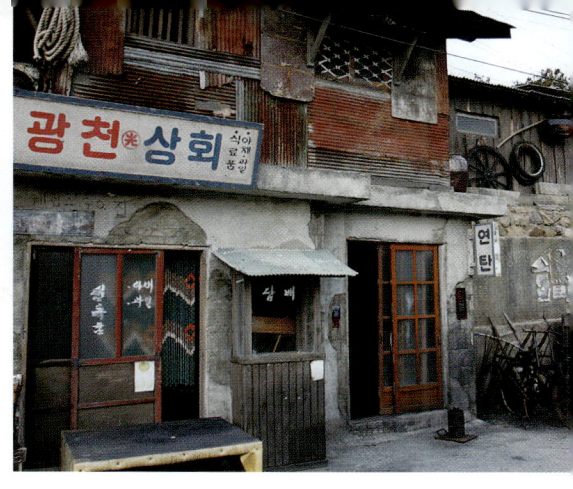

장군도

여수 여행을 더욱 특별하게 하는 곳

| 위치 | 전라남도 여수시 중앙동 1
　　　　전라남도 여수시 고소1길 58
| 운영시간 | 종일, 연중무휴

▶ MINI DATA

| 입장료 | 없음　　주차 | 가능　　분류 | 바다, 섬

여수항을 바라보면 그 가운데 울창한 숲을 이룬 섬이 있는데 장군도이다. 여수에서의 특별한 여행을 원한다면 이곳에 다녀오는 것을 추천한다. 주말에 여수 중앙동 동사무소 앞 선착장으로 가면 연락선이 수시로 운행되며 비용도 저렴한 편이다. 여수시 중앙동 1번지라는 당당한 주소를 가지고 있는 장군도는 이름에서 이순신 장군과 관련이 있을 것이라 추측하게 되지만 그보다 앞선 시대인 연산군 때 전라좌수사 이량 장군이 왜구의 침입에 대항하기 위하여 이곳 주변으로 해저석성을 쌓았다 해서 장군도라는 이름이 붙여졌다 한다. 낚시꾼들이 많이 찾으며 섬의 둘레를 따라 공원처럼 산책로를 만들어놓아 한 바퀴 돌아볼 수 있다. 여수항이나 자산공원 또는 돌산공원에서 바라보는 섬의 풍경도 아름답지만 거꾸로 이곳에서 바라보는 여수항의 풍경은 기억에 남는 특별한 장면이 될 것이다.

〈사랑과 야망〉, 순천 오픈세트장　　리바이벌! 〈사랑과 야망〉

| 위치 | 전라남도 순천시 조례동 22
　　　　전라남도 순천시 비례골길 24
| 운영시간 | 09:00~18:00, 연중무휴

▶ MINI DATA

| 입장료 | 있음　　주차 | 가능　　분류 | 전시, 체험시설

1980년대 만들어져 큰 인기를 끌었던 드라마 〈사랑과 야망〉이 2000년대에 새로 만들어져 많은 사람들을 다시 텔레비전 앞으로 불러 모았다. 드라마 〈사랑과 야망〉은 1960년 1월을 시작으로 1990년대 중반까지 한 집안의 가족사를 통해 우리 현대사를 돌아보게 하는데, 드라마가 촬영된 세트장이 전남 순천에 마련되어 있다. 태준, 태수, 미자가 어렸을 때 살았던 동네, 나중에 그 가족이 서울로 올라가 살게 되는 달동네, 옛날 종로 거리 등이 이곳에 만들어져 있는데 돌아보다 보면 드라마에 나왔던 장면이 생각날 뿐더러, 우리 옛날 살았던 모습을 기억하게 한다. 특히 세트장 위쪽에 만들어진 달동네 세트는 철저한 고증을 거쳐 만든 곳으로 나무를 대어 만든 것이 아니라 콘크리트를 사용해 실제 건물을 짓는 것과 같은 방법으로 만들었다고 한다. 드라마 〈에덴의 동쪽〉의 촬영지로도 이용되면서, 다시 한 번 찾는 사람들의 발길이 늘어나고 있다.

낙안읍성
시간이 멈춘 마을

| 위치 | 전라남도 순천시 낙안면 동내리 437-1 일대
| | 전라남도 순천시 낙안면 충민길 30
| 운영시간 | 09:00~18:30, 연중무휴

▶ MINI DATA

| 입장료 | 있음   주차 | 가능   분류 | 역사, 문화유적

야트막한 산들이 감싸안아 분지를 만드는 자리에 돌담이 아름다운 마을이 있다. 역사 드라마의 촬영장을 찾은 것은 아닌지 잠시 착각하지만 이곳은 분명 밥을 짓고 빨래를 하고 이야기를 나누는 마을이다. 수백 년을 거스르는 시간여행을 한다면 조상들은 이런 모습으로 살고 있지 않을까. 낙안읍성민속마을은 과거의 모습으로 살아가는 현재의 마을이다. 조선 중기 만들어진 석성 내부로 행정구역상 3개의 마을 100여 가구의 사람들이 거주하는 곳이다. 마한시대부터 이곳은 삶의 터전이었다. 토성으로 담장을 둘렀던 마을은 조선 중기 북벌운동으로 유명한 임경업이 군수로

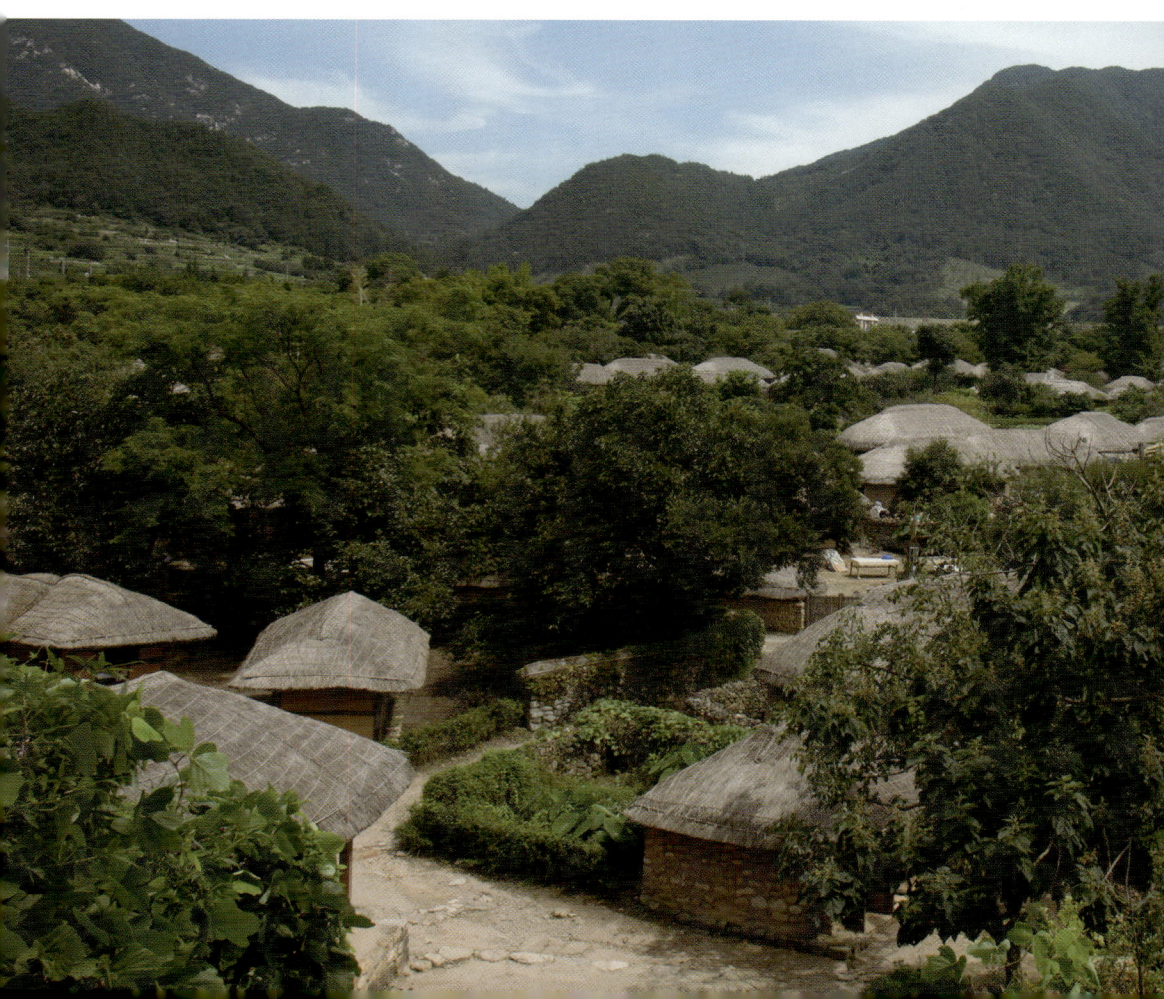

부임하여 석성으로 개축하였다. 현재까지도 허술한 담장 하나 보이지 않는 석성은 1.4km를 이어가며 마을을 감싸고 있다. 인위적으로 옛 모습을 갖춘 민속촌이나 명망 있는 양반들의 기와 가옥이 남아 있는 경우는 전국적으로 여러 곳이지만 초가집 노란 지붕으로 마을을 이룬 일반 백성들 삶의 터전이 지금까지 유지되는 곳은 유일하다. 동, 서, 남 3곳으로 자리하는 문을 통하여 들어가는 마을은 물레방아가 마을 공동의 물길을 따라 움직이고 장독보다 더 낮은 돌담만이 남방식 초가집 사이로 경계를 짓고 있다. 민속장터와 기념품점, 짚풀 공예와 길쌈, 대장간 등 옛 모습

을 추억하는 체험코스 등이 찾는 사람들을 더욱 즐겁게 한다. 동헌, 객사 등 성 안의 옛 행정기관들이 제 모습을 그대로 유지하고 초가집들은 남방 특유의 툇마루가 발달한 형태를 그대로 유지하고 있어 민속학 자료로 매우 중요한 가치를 지닌다. 읍성의 모습을 갖춘 임경업 장군을 추모하는 비석은 마을을 지키는 수호신처럼 자리한다. 400년 이상의 세월이 깃든 마을은 유네스코의 세계문화유산으로 인정받기 위한 논의가 진행 중이다. 마을 주민들의 생활에 피해를 주지 않는 방향으로 옛 모습 그대로 가치를 보존하는 장소로 자리하기를 바란다.

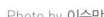
Photo by 이수만

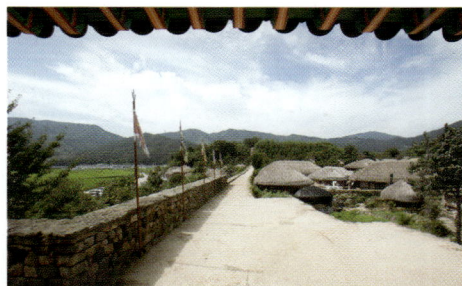

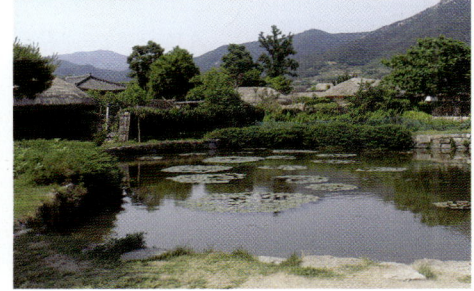

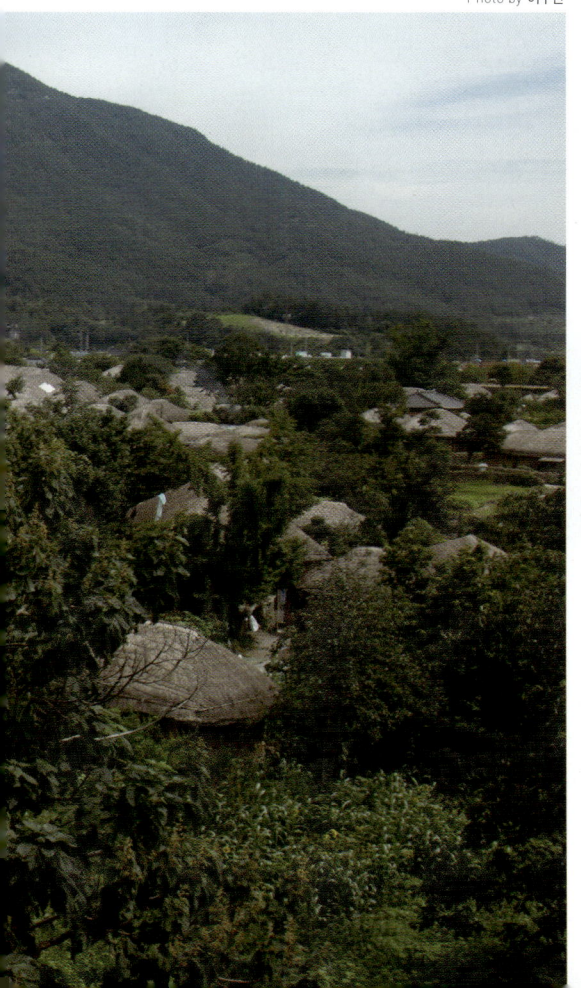

→ 팔진미, 읍성의 별미

낙안 땅에서 나오는 여덟 가지의 귀한 재료인 석이버섯, 고사리, 도라지, 더덕, 미나리, 무, 녹두묵, 붕어 등 여덟 가지 재료로 만들어지는 백반 음식이 팔진미다. 읍성을 찾은 이순신 장군을 대접했다고 전해진다. 상차림은 계절에 따라 여덟 재료가 달라진다. 옛 재료가 빠진다고 섭섭할 필요는 없을 듯하다. 추가되는 반찬의 개수는 여덟 가지를 넘는다. 읍성 내 장터와 주변 식당에서 가격에 비해 놀랍도록 푸짐한 백반을 즐겨보자.

선암사

차 향기 가득한 사찰

위치 | 전라남도 순천시 승주읍 죽학리 802
　　　전라남도 순천시 승주읍 선암사길 450
운영시간 | 종일, 연중무휴

▶ MINI DATA
| 입장료 | 있음　주차 | 가능　분류 | 불교유적

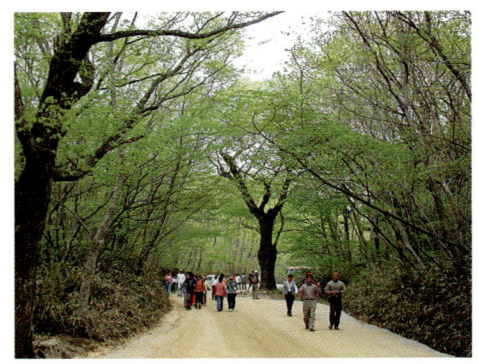

현대 건축의 걸작들은 저마다 자연과 어울리는 아름다움으로 찬사를 받는다. 미국 현대건축의 아버지로 불리는 프랭크 라이트의 낙수장은 계곡 위로 세워진 콘크리트 건물이 자연을 거스르지 않는 모습으로 유명하다. 라이트가 생전에 조계산 기슭 선암사를 찾았다면 무엇이라 이야기할지 정말 궁금해진다. 선암사는 작지 않은 사찰이다. 대웅전을 중심으로 40여 곳의 전각들이 자유로운 듯 넓게 자리한다. 하지만 누구도 선암사를 대사찰이라 느끼지 않는 이유는 계곡을 따라 그 속으로 터를 잡은 사찰의 모습이 너무도 자연스러워 마치 계곡의 일부인 듯 착각하게 되기 때문이다. 쏟아지는 계곡 물줄기를 따라 선암사를 찾아가는 길은 환상적이다. 불가의 땅이 시작됨을 알리듯 계곡을 가로지르는 승선교는 계곡의 바위와 조화를 이루는 아치형의 다리로, 조선중기 세워져 300년 가까운 세월을 보낸 건축물이란 사실이 믿기 힘들다. 즐거운 모습의 목장승은 사찰과 어울리지 않는 물건이지만 거부감 없이 자연의 한 부분으로 다가오고 봄날이면 주변의 고로쇠나무들이 달콤한 수액을 선물한다. 강선루 아래를 지나 나타나는 법고의 크기가 대단하고 대웅전 앞 삼층석탑은 진정한 부처님의 세상을 알리는 듯 단정하게 서 있다. 대웅전, 원통전, 응진전, 각황전 등이 자리한 경내는 오랜 세월의 아름다움이 전해지는 듯하다. 경내를 지나 조계산을 오르는 등반로는 800년을 이어온 야생의 차밭이다. 부드러운 차향기가 마음까지 편하게 해준다. 선암사와 송광사를 연결하는 산행로는 원시림인데 뒤편으로

불쑥 나타나는 거대한 크기의 마애불은 계곡과 사찰을 돌보는 부처님의 모습을 보는 것 같다. 자연을 흠뻑 느낄 수 있는 사찰이다.

→ 선암사 해우소, 시인이 노래하는 화장실

정호승 시인의 「선암사」는 사찰의 해우소를 노래하는 이야기이다. 아마도 화장실을 이토록 아름답게 이야기하는 문학작품은 세상 어디에도 없지 않을까 싶다. 선암사의 해우소는 400년 역사의 하나의 문화재이다.

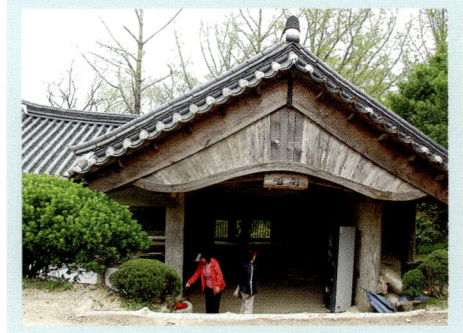

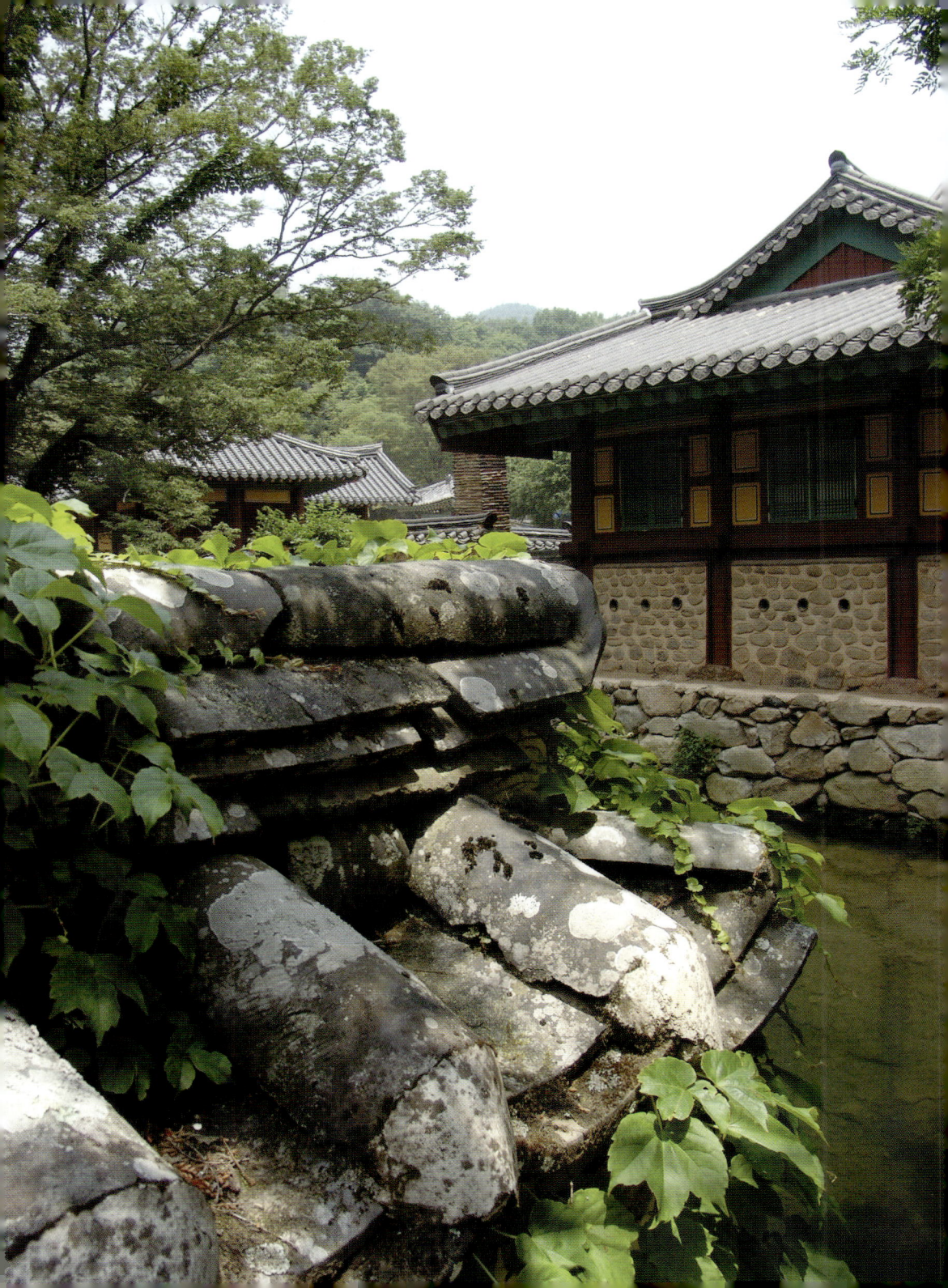

송광사

승보(僧寶) 사찰

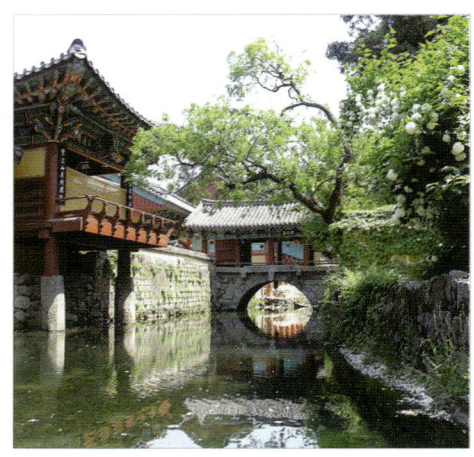

위치 | 전라남도 순천시 송광면 신평리 12
　　　전라남도 순천시 송광면 송광사안길 100
운영시간 | 동절기 07:00~18:00, 하절기 06:00~19:00,
　　　　연중무휴

▶ MINI DATA
입장료 | 있음　주차 | 가능　분류 | 불교유적

우리나라 3대 사찰 중 하나인 송광사의 모습은 대웅전을 중심으로 50여 개의 전각들이 서로를 감싸안듯 포개지는 모습을 갖고 있다. 일주문을 시작으로 중심축을 따라 일렬 배치되는 여느 사찰과는 확연하게 차이가 있는 구조로 전각의 처마로 서로를 연결하여 비를 맞지 않으며 경내를 둘러볼 수 있다 하니 이곳은 사찰에 머무는 사람들을 위한 구조다. 한국 불교를 대표하는 삼보사찰 중 부처님의 분신인 승려가 있는 승보사찰이니 보물을 궂은 날씨로부터 보호하기 위한 배려가 아닐까 싶다. 조계산의 북쪽, 푸른 기운의 사찰은 그 아름다움이야 더할 나위 없고 국보 3점, 보물 13점, 지정문화재 8점의 보물들을 간직한 곳으로 그 귀중함은 실로 대단하다. 선사상을 중심으로 교종과 선종을 통합하는 조계종을 창시한 보조국사 지눌 이후 모두 16분의, 불교를 벗어나 국가의 중심이 된다는 국사를 배출한 사찰이니 그 권위의 높은 경지는 한 국가의 왕실에 버금가는 장소가 된다. 송광(松廣)이란 이름도 '열(十)여덟(八) 국사(公)가=松, 세상을 넓힌다=廣'라는 뜻이니 아직 세상을 이롭게 할 2분의 현인을 기다리는 미래의 땅이기도 하다. 16국사를 모시는 부도는 사찰을 둘러싸는 16곳의 풍수지리상 혈의 자리에 위치하며 산의 지세를 잡아 사찰을 보호하고 있다. 일주문을 지나 문을 열듯 활짝 펼쳐지는 송광사 경내로는 16국사의 영정을 모시는 성보박물관 이외에 사람의 눈을 놀라게 하는 세 가지 숨은 보물을 간직하고 있다. 조선 중기 남원의 싸리나무를 가져와 만들었다는 일종의 밥을 담는 기구인 비사리구

시는 모두 7가마, 4,000명의 밥을 담을 수 있다고 하여 사찰의 옛 규모를 짐작하게 하고, 두 그루의 곱향나무가 엿을 꼬아 놓은 듯 몸을 틀어 모든 가지를 땅으로 향하고 있는 쌍향수는 그 나이가 무려 800년으로 사찰의 역사를 말해준다. 성보박물관에 모셔진 능견난사는 위아래로 포개지는 모습의 찬합으로 그 모양이 한결같아 신비함을 더하는 물건으로 숙종이 그 귀함을 부러워하였다 전해진다.

> ⟶ **삼보사찰, 한국 불교의 뿌리**
>
> 진신사리와 가사를 봉안하는 양산 통도사는 부처님을 모신다 하여 불보(佛寶)사찰, 팔만 개의 경전을 모시는 합천 해인사는 법보(法寶)사찰, 보조국사 이래로 수많은 고승과 국사를 배출한 순천 송광사를 승보(僧寶)사찰이라 칭한다.

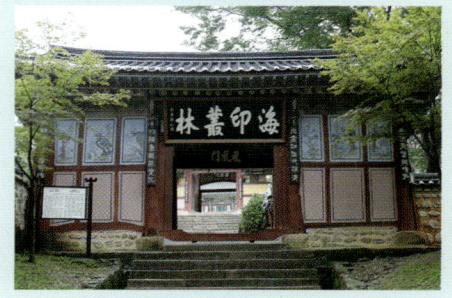

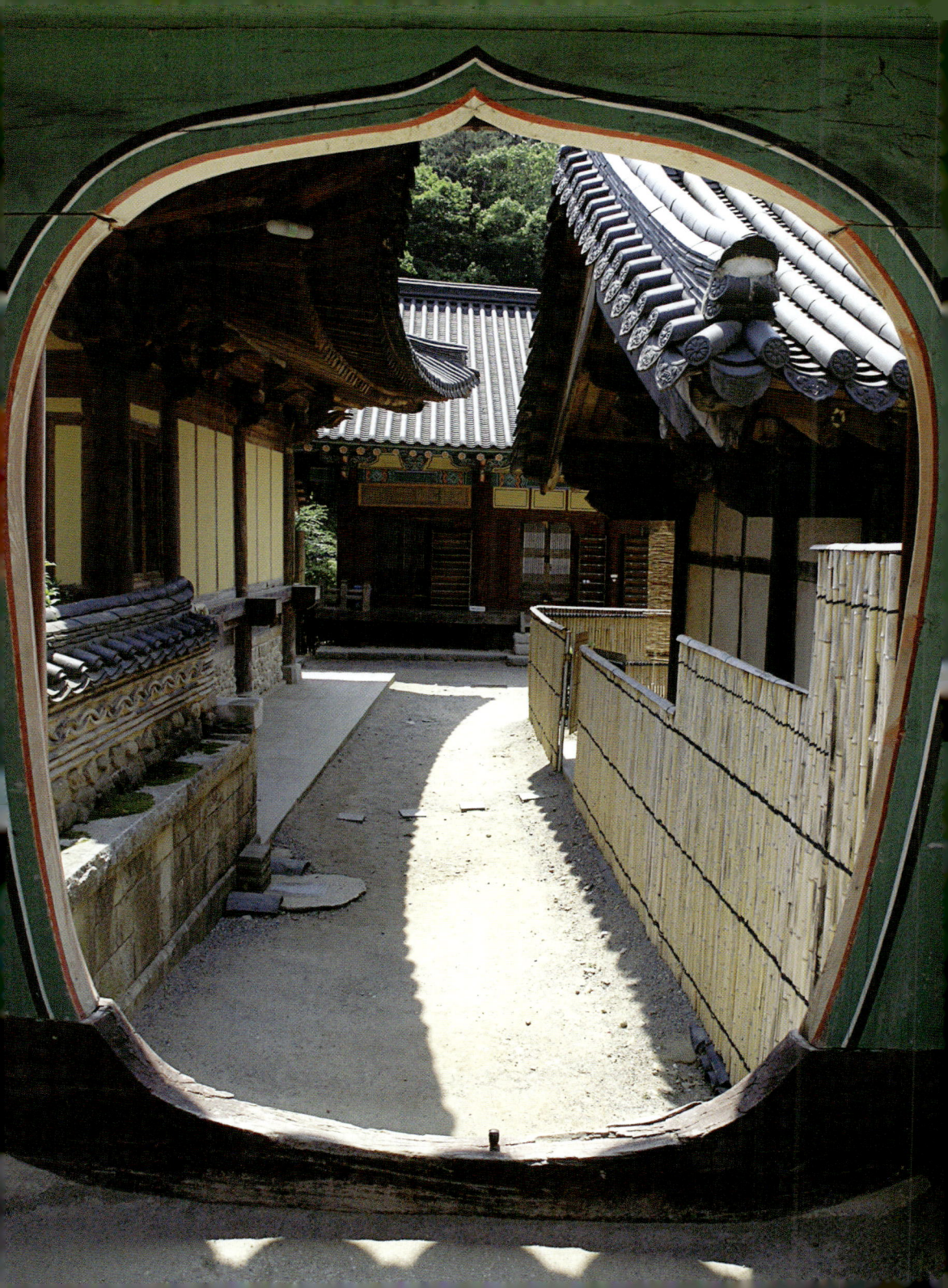

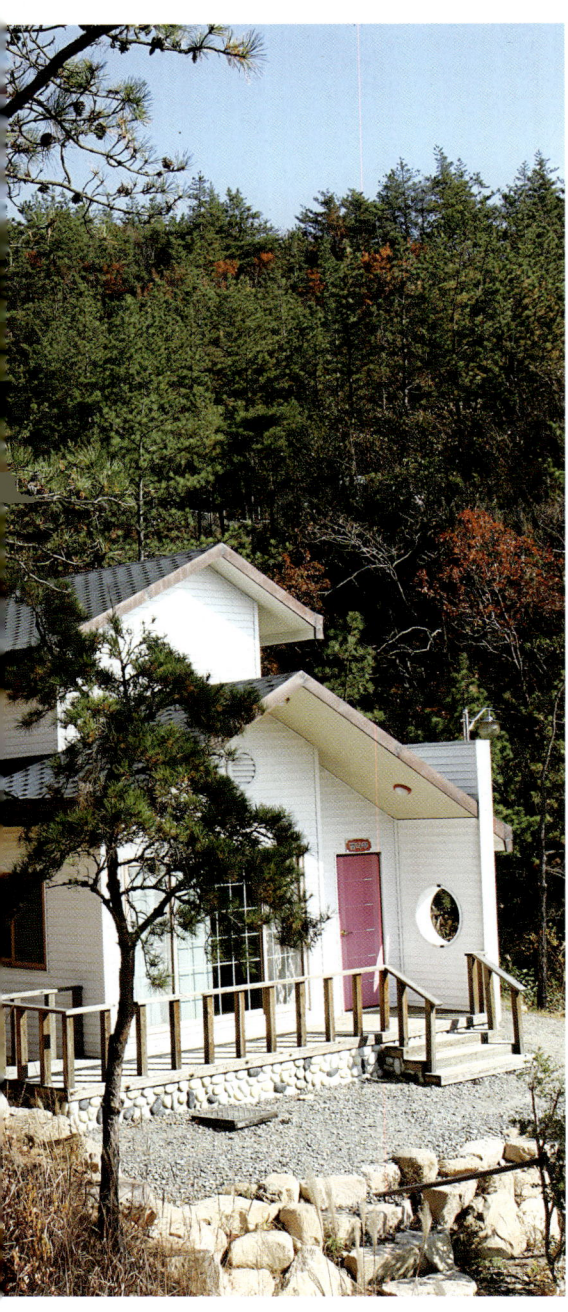

낙안 민속자연휴양림
펜션 같은 숙박시설의 휴양림

위치 | 전라남도 순천시 낙안면 동내리 산3-1
　　　전라남도 순천시 낙안면 민속마을길 1600
운영시간 | 휴양림 09:00~18:00, 숙박 15:00~익일12:00,
　　　　매주 화요일 휴무(7~8월 제외)

▶ **MINI DATA**

입장료 | 있음　　주차 | 가능　　분류 | 숲, 자연휴양림

낙안을 여행하면서 하루 묵을 곳을 찾는다면 이곳을
추천한다. 물론 숙박을 위한 방문이 아니더라도 숲 속
에서 맑은 하루를 편안하게 보내는 데 휴양림만 한 곳
이 없을 곳이다. 등산도 산을 즐기는 좋은 방법이긴
하지만 등산을 목적으로 하는 여행이 아닌 이상 산을
오르는 것은 쉽지 않기에 지나는 길에 휴양림이 있다
면 방문해 산책을 하며 삼림욕을 즐기는 것도 괜찮은
방법이다. 낙안읍성 인근에 위치하고 있으며 만들어
진 지 얼마 되지 않아 시설이 깨끗하다는 것이 장점이
다. 숙소로 이용되는 산림휴양관의 경우 원룸 형태로
다른 휴양림들과 별 차이가 없지만 숲 속의 집은 스틸
구조로 지어진 독채. 지금까지 휴양림에서는 주변
환경을 고려해 통나무집을 지었는데 유지, 관리가 힘
들고 보수가 어렵다는 문제가 있었다고 한다. 그래서
전국에서 처음으로 낙안 민속휴양림에 스틸 공법으로
숲 속의 집을 지어 시범 운영하고 있다고 한다. 하얀
외관이 펜션과 흡사하며 복층 구조로 만들어져 아이
가 있는 가족이 이용하기에도 좋다. 숲 속 양지 바른
곳에 위치하고 있어 햇볕도 따사롭다. 숙박을 할 셈이
라면 이왕이면 비용을 조금 더 들여서 숲 속의 집을
예약하고 이용하는 편이 낫겠다.

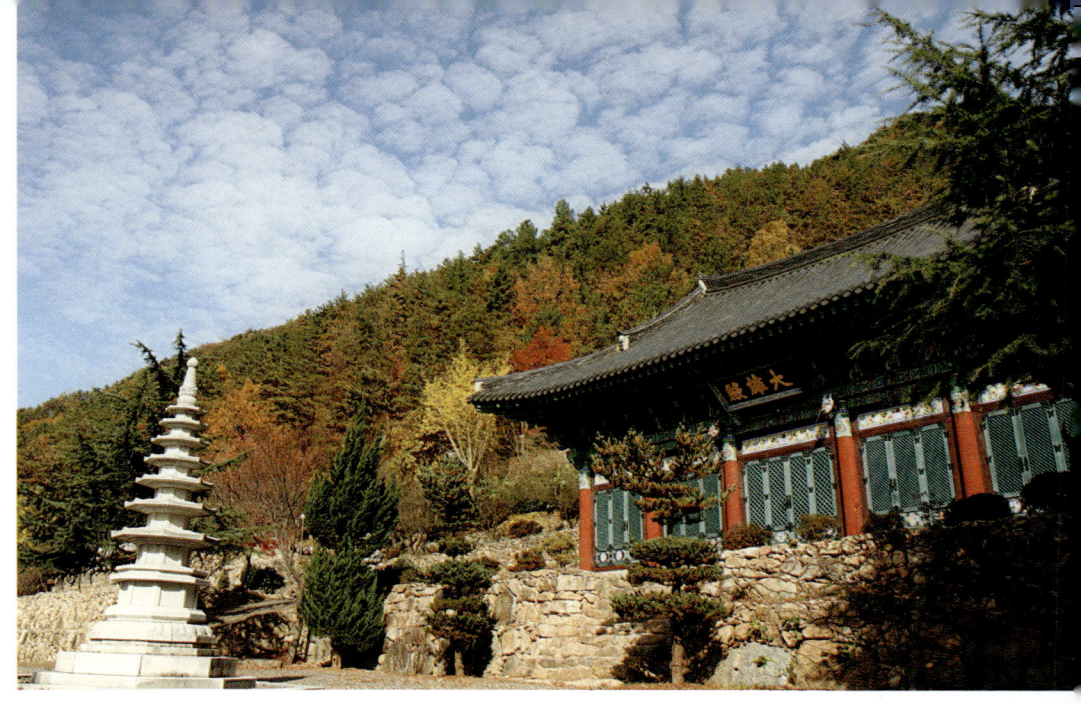

금둔사 붉은 매화가 이른 봄맞이를 하는 작고 아름다운 절

위치 | 전라남도 순천시 낙안면 상송리 1
전라남도 순천시 낙안면 조정래길 1000
운영시간 | 종일, 연중무휴

▶ MINI DATA
입장료 | 없음   주차 | 가능   분류 | 불교유적

순천에는 송광사와 선암사 등 이름난 절들이 있다. 워낙 유명한 절들이라 순천의 다른 사찰인 금둔사를 아는 사람들이 그리 많지 많다. 금둔사는 낙안읍성 근처 금전산 자락에 기대어 있는 절로 낙안온천 표지판을 따라 찾아가면 온천 맞은편에 위치하고 있다. 규모는 그리 크지 않은 절이지만 오르는 길에 만나는 돌다리는 크기만 작을 뿐 선암사의 승선교의 아름다움 못지 않은 조형미를 뽐낸다. 조선대의 기록인 「동국여지승람」 낙안조의 기록에 이곳이 나와 있는데 절이 세워진 연대가 통일신라 때라 하며, 최근 발굴을 통해 이곳이 9세기경에 만들어진 것으로 밝혀졌으니 절의 역사는 1천 년에 이른다고 할 수 있다. 절 내에는 문화재가 2개 있는데 가파른 계단을 올라가면 볼 수 있는 삼층석탑으로, 신라 탑의 형식을 따르고 있는 비례가 잘 갖추어진 탑이다. 다른 하나는 석불비상으로 탑과 마찬가지로 9세기경에 만들어진 것으로 추정하고 있는 문화재이다. 통일신라에서 고려시대로 넘어오면 불상 조각의 수법이 추상화되는 형태를 보이는데, 이곳의 석불은 추상화되기 이전의 신라의 사실적인 조각 수법을 잘 보여주고 있는 수작이다. 얼굴 모습과 옷의 조각에서 실제 사람의 모습을 그려 볼 수 있다. 금둔사의 홍매화는 다른 곳들보다 일찍 봄을 알려주는 것으로 유명한데, 뒤로는 금전산이 북쪽에서 불어오는 바람을 막아주고 앞으로는 가리는 것 없어 햇볕이 잘 들기 때문이다. 남도의 봄, 특히 이른 봄맞이를 하고 싶다면 금둔사를 찾아보자.

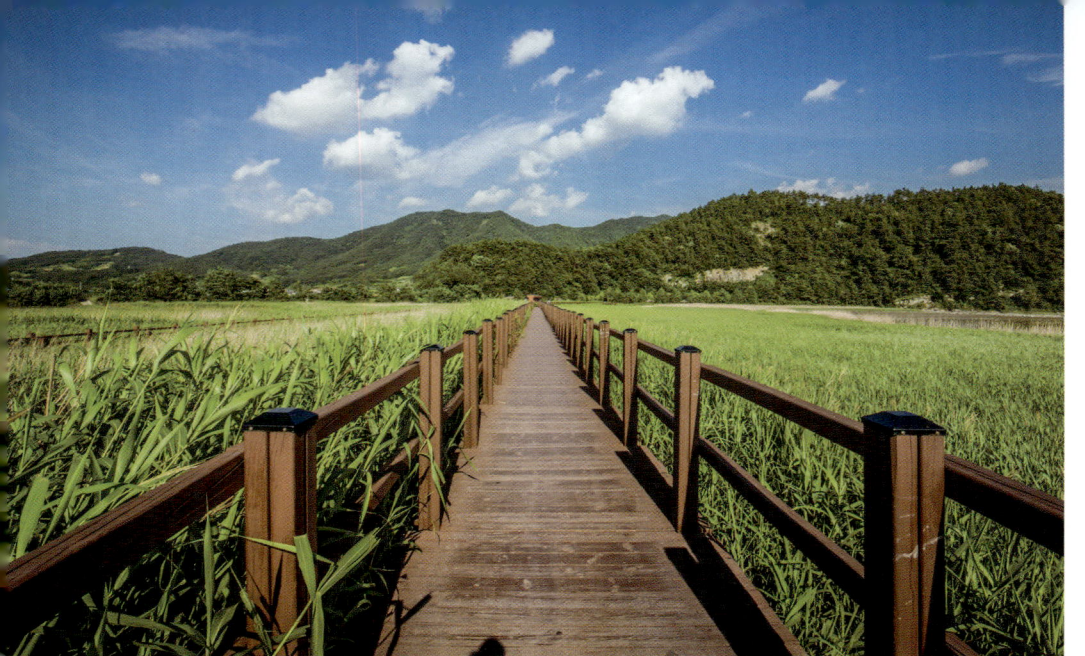

순천만 갈대밭

드넓은 갈대밭이 들려주는 이야기

위치 | 전라남도 순천시 대대동 162-2
　　　전라남도 순천시 순천만길 513-25
운영시간 | 08:00~일몰, 매주 월요일 휴무

▶ MINI DATA

| 입장료 | 있음　　주차 | 가능　　분류 | 바다, 섬

우리나라 최대의 갈대 군락지이자 세계적인 희귀조류 서식지인 순천만 갈대밭은 순천 시내를 흐르는 동천과 상내면에서 흘러온 이사천이 만나 바다로 흘러들기까지 약 3km에 이르는 물길 양편으로 빽빽한 갈대 군락이 50ha에 걸쳐 펼쳐진 곳이다. 대대동선착장을 중심으로 가장 넓은 갈대 군락이 펼쳐져 있으며, 해룡면의 와온마을에서는 갈대밭을 물들이는 아름다운 낙조를 감상할 수 있다. 생태 공원이 조성된 멋진 갈대밭 산책로가 만들어져 있어 물길과 닿는 지점까지 걸으며 갈대밭의 속살을 들여다볼 수 있고, 생태공원과 순천만을 왕복하는 탐사선을 타면 사람의 발길이 닿지 않는 지역까지 감상하며 그 안에 서식하고 있는 생물을 관찰할 수도 있다. 갈대밭에는 물억새, 쑥부쟁이가 무리지어 피어 있고 붉은 칠면초 군락지도 보인다. 국제적인 희귀조류와 천연기념물 등 약 140종의 새들이 순천만을 찾는다. 갈대밭 어디에서 보아도 아름다운 풍경을 만나지만 특히 용산전망대에서 바라보는 해 질 녘의 풍경은 전국의 사진작가들을 불러모으기에 충분하다. 갈대밭 산책로를 따라 걷다 야트막한 용산을 20분 정도 오르면 울창한 송림과 순천만을 굽어볼 수 있는 산길 끝 탁 트인 공간에 용산전망대가 자리 잡고 있다. 'S' 자 곡선을 그리며 흘러가는 물줄기와 갈대밭 그리고 낙조가 어우러진 풍경은 감탄이 절로 나오며 때마침 탐사선이 물길을 가르며 지나가면 길게 퍼지는 물결 위로 노을이 비치며 또 다른 그림을 만들어낸다.

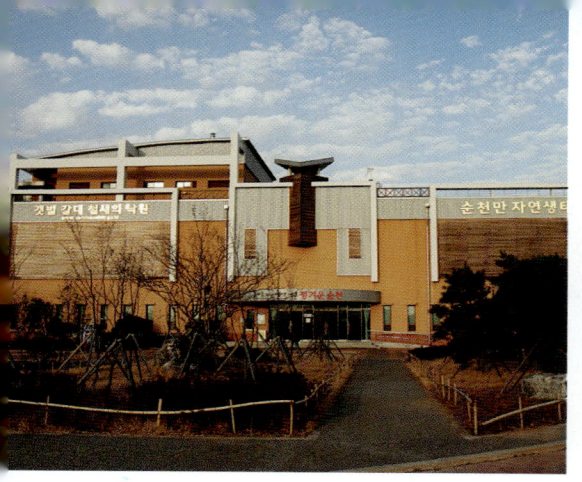

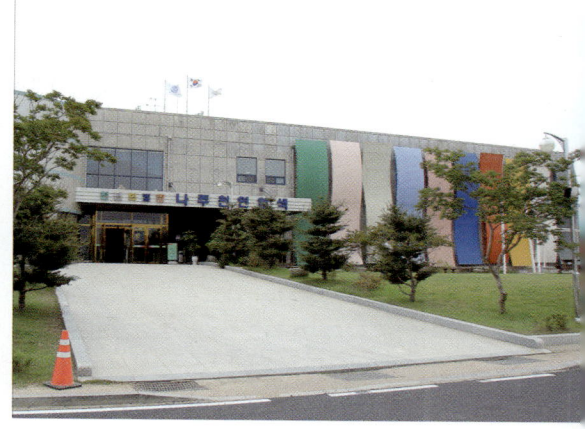

순천만 자연생태관

순천만의 모든 것

| 위치 | 전라남도 순천시 대대동 162-2
　　　전라남도 순천시 순천만길 513-25
| 운영시간 | 08:00~18:00, 매주 월요일 휴관

▶ MINI DATA

| 입장료 | 있음　　주차 | 가능　　분류 | 박물관

한국천연염색문화관

내 손으로 하는 염색

| 위치 | 전라남도 나주시 다시면 회진리 163
　　　전라남도 나주시 다시면 백호로 379
| 운영시간 | 09:00~18:00

▶ MINI DATA

| 입장료 | 있음　　주차 | 가능　　분류 | 전시, 체험

순천만 갈대밭 입구에 자리 잡은 순천만자연생태관은 갯벌의 생성과정과 진화과정을 보여주고 순천만에 서식하고 있는 조류와 철새들을 만날 수 있는 전시실과 탐조관, 영상관으로 이루어져 있다. 흑두루미 가족을 주인공으로 CCTV를 통해 순천만의 풍경을 실시간으로 보여주고 갯벌의 생성 과정과 진화 과정을 보여주는 전시실에서는 순천만 갯벌의 특징과 세계적으로 유명한 갯벌을 비교해볼 수 있는 코너, 순천만의 생태와 그곳에서 살아가는 사람들의 모습을 알려주는 코너, 순천만 갯벌의 생물들을 보여주는 코너 등이 다양한 전시물로 꾸며져 있다. 또한 흑두루미의 친구들이라는 제목의 전시실에는 순천만에서 살아가는 텃새들과 철따라 찾아오는 철새들의 모습을 살펴볼 수 있으며 순천만에서 할 수 있는 탐사 활동을 소개하는 코너와 순천만의 아름다움을 담은 영상물도 볼 수 있어 순천만 갯벌을 직접 돌아보기 전미리 둘러보면 좋겠다.

나주는 예로부터 뽕나무가 많아 누에를 많이 쳤고, 질 좋은 비단이 많이 생산되었다. 그래서 비단을 아름답게 물들이는 천연염색이 발달했고, 국내에서 유일하게 무형문화재 염색장 기능을 보유한 장인도 나주에 살고 있다. 기회가 된다면 천연염색문화관에 들러 형형색색 염색의 아름다움도 구경하고, 내 손으로 직접 천연염색 체험도 해보자.

박물관은 총 네 개의 관으로 구성되어 있다. 염색의 역사, 염색하는 과정, 자연의 색 소개, 천연염색의 미래까지 설명하고 있다. 특히 천연염색이 각각 어떠한 재료를 사용해서 다양한 색깔을 내는지를 알게 되는 알찬 관람이 될 것이다. 문화관에서는 방문자를 위한 게스트하우스를 제공하고 있다. 이곳에서 하루 동안 머물며 염색 체험을 즐길 수도 있으니 꼭 참가해 보자.

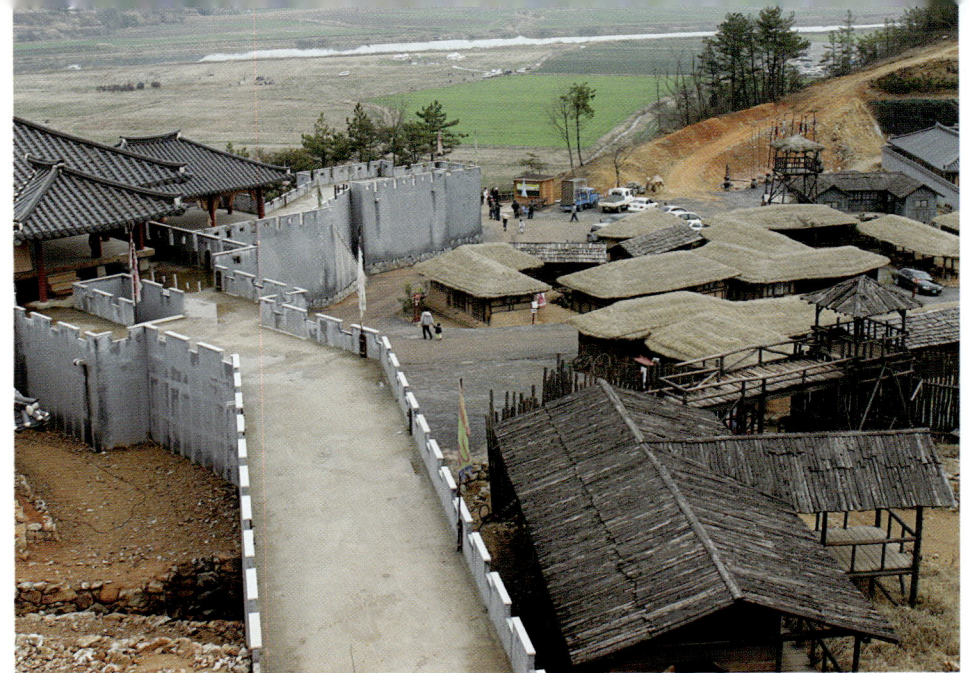

나주 영상테마파크 드라마 〈주몽〉 촬영장

| 위치 | 전라남도 나주시 공산면 신곡리 산2
　　　　전라남도 나주시 공산면 덕음로 450
운영시간 | 11~3월 09:00~17:00, 4~10월 09:00~18:00,
　　　　매주 월요일 휴무

▶ MINI DATA
| 입장료 | 있음　　주차 | 가능　　분류 | 전시, 체험시설

이전까지 왕비와 후궁들의 투기와 모략을 주로 다루
었던 사극 드라마가 요 몇 년 사이 놀라울 만큼 그 범
위가 넓어지고, 고리타분한 단색으로 채워지던 화면
은 실제 화려하였을 당시의 모습을 멋지게 재현하고
있다. 한반도 역사의 신화와 현실의 경계가 되는 부
분이 고구려의 건국 시기가 아닐까 싶다. 2,000여 년
전 고구려 건국의 상황을 다루었던 드라마 〈주몽〉은
전설처럼 느껴졌던 옛 이야기를 박진감 넘치는 생생
한 모습으로 그려내 높은 인기를 누렸다. 촬영이 이
루어졌던 주 무대는 영산강을 두르는 넉넉한 평야 위
에 자리 잡고 있다. 고구려의 탄생을 알리는 드라마
는 그 이전 시기의 부여와 졸본부여의 왕궁을 중국
황궁의 모습에 뒤떨어지지 않을 만큼 웅장하게 재현

하여 촬영했다. 권력의 중심을 담당하였던 제사장이
활동하였던 신단과 당시 최고의 힘과 권력을 상징하
였을 철기무기의 제작소 등 신기한 구경거리가 드라
마의 줄거리를 알고 찾아오는 사람들에게 즐거움을
준다. 역사의 유물이 전무한 고구려 건국 시기의 모
습을 아이들과 함께 둘러보면 좋겠다. 특히 성벽 아
래로 수로를 만들어 적의 침입을 더욱 어렵게 만들었
던 해자의 모습 등 작은 부분까지 꼼꼼하고 사실적으
로 복원해놓아 궁금하였던 역사책을 구경하는 느낌
이다. 드라마 속 인물 모형과 함께 기념사진을 찍는
등 다양한 체험시설은 아이들에게 더욱 인기가 좋다.
전망대에 올라보자. 영산강과 나주평야의 전경을 멋
지게 바라볼 수 있는 장소다.

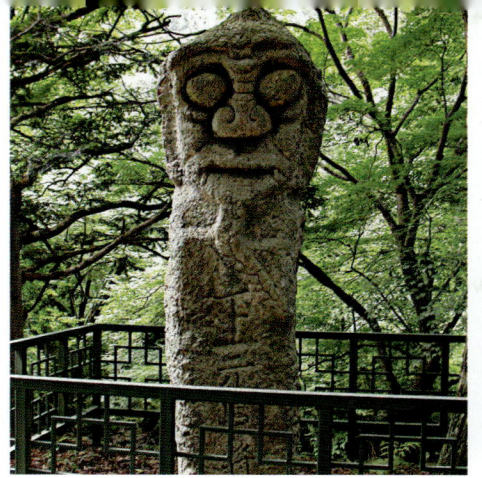
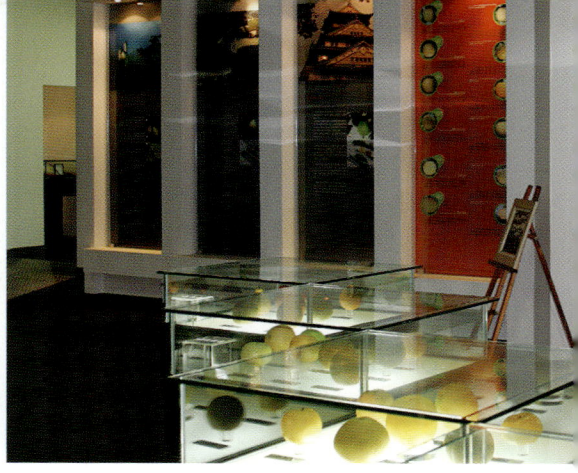

불회사
부처들이 모이는 사찰

위치 | 전라남도 나주시 다도면 마산리 999
　　　전라남도 나주시 다도면 다도로 1224-142
운영시간 | 종일, 연중무휴

▶ MINI DATA
입장료 | 없음　　주차 | 가능　　분류 | 불교유적

366년 인도 승려인 마라난타에 의해 창건된 불회사
는 덕룡산(468m) 중턱 동백나무 숲을 두르고 호젓하
게 자리 잡은 사찰이다. 원래는 불호로 불리었으며
조선 정조 22년(1798년)에 화재로 건물 대부분이 소
실되었다가 1800년 중건하면서 '부처가 모인다'는 뜻
의 불회사로 바꿔 부르게 되었다. 화려하지는 않으나
보물 제1310호로 지정된 대웅전을 비롯해 명부전, 나
한전, 삼성각, 요사채가 어우러져 아늑한 숲 속에 온
듯 편안한 느낌을 준다. 절 주위의 전나무, 삼나무,
비자나무 숲이 아름답고 가을이면 인근에서 가장 늦
게 단풍이 드는 것으로 알려져 단풍 여행객도 즐겨
찾는다. 절 입구를 지키는 커다란 석장승 한 쌍도 유
명한데 남도 특유의 해학이 깃든 재미난 표정의 할아
버지, 할머니 장승으로 민속자료 제 11호로 지정되어
있다.

나주 배마을과 배박물관
은은한 배꽃의 매력에 빠지다

위치 | 마을 전라남도 나주시 금천면 일대
　　　박물관 전라남도 나주시 금천면 석전리 381-11
　　　（영산로 5838）
운영시간 | 박물관 동절기 09:00~17:00, 하절기 09:00~
　　　18:00, 매주 월요일 휴관

▶ MINI DATA
입장료 | 없음　　주차 | 가능　　분류 | 전시, 체험시설

나주 하면 가장 먼저 떠오르는 것이 달고 시원한 배이
다. 배의 고장 나주는 4월 중순에서 말까지 온통 하얀
배꽃으로 덮인다. 3,000여 호가 넘는 농가가 배 농사
를 짓고 있으며 야트막한 구릉마다 과수원이 자리 잡
고 있어 하얀 배꽃으로 덮이는데, 매화나 벚꽃처럼 화
려하지는 않으나 은은한 기품으로 봄 언덕을 수놓는
배꽃을 보기 위해 전국에서 여행객들이 모여든다. 배
꽃촬영대회도 이 시기에 열린다. 나주 배박물관은 나
주배의 우수성을 알리기 위해 만든 전시관으로 배에
관한 사진자료와 재배 역사, 민속자료 등을 전시하는
배 전문 박물관이다. 세계 여러 나라 다양한 품종의
배와 배나무 모형을 비롯해 배와 관련된 고서, 풍속
화, 배를 이용한 음식 등 배에 관한 모든 것을 살펴볼
수 있는 공간이다.

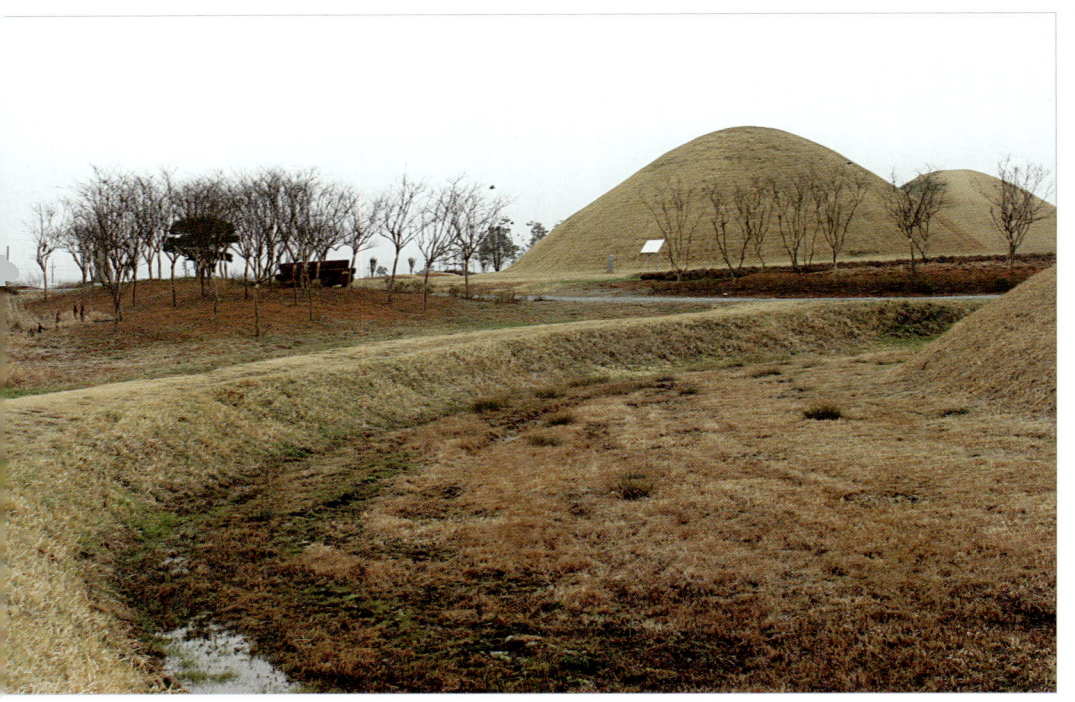

반남 고분군 <small>잃어버린 왕국</small>

| 위치 | 전라남도 나주시 반남면 대안리 일대
| 운영시간 | 종일, 연중무휴

▶ MINI DATA
| 입장료 | 없음 　주차 | 가능 　분류 | 역사, 문화유적

영산강을 끼고 주변으로 자리하는 너른 평야는 사람들에게 풍부한 먹거리를 제공하고 고유의 문화를 만들었다. 나주 반남면 일대 너른 지역과 인접한 영암까지 이어지는 구릉지대로 이집트의 작은 피라미드를 닮은 고분군락이 자리한다. 전체 40여 기의 고분군은 2개의 커다란 옹기 모양의 독널을 이어붙인 독무덤으로 가족이 함께 합장된 특이한 형태를 보여준다. 백제의 왕릉으로 판단되기 쉬운 장소지만 고분에서 출토되어 국립광주박물관 등에 전시된 수많은 유물들은 백제와 신라의 유물과는 확연한 차이를 보이는 독창성을 갖고 있다. 삼국시대 이전 마한국 지배층의 물품으로 추정되는 유물들은 금동 관, 봉황무늬의 칼 등

그 수준이 높고 화려하다. 우리가 알지 못하는 잃어버린 역사 속 왕국의 모습은 아니었을까. 최소한 국가 형태에 가까운 세력을 형성하였던 것으로 보이는 이 지배집단은 그 문화를 영산강을 통하여 일본으로 전달하였던 것으로 추정된다. 실제 독무덤의 형태와 고분 건축의 모습은 일본 고대 문화의 형태와 많은 연관성을 보인다. 고분 발굴로 출토된 대부분의 유물들은 일제강점기 일본을 비롯한 해외로 유출되었다. 밝혀지지 않은 고대사 연구의 소중한 자료들이 무엇보다 아쉽게 느껴진다. 옛 모습을 떠올리며 너른 평야 위 봉긋하게 솟아 있는 고분군 사이를 산책하듯 걸어보자. 상상 속 시간여행을 즐길 수 있다.

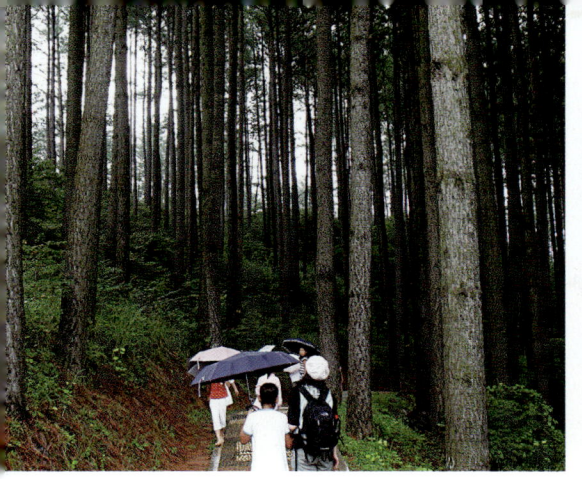

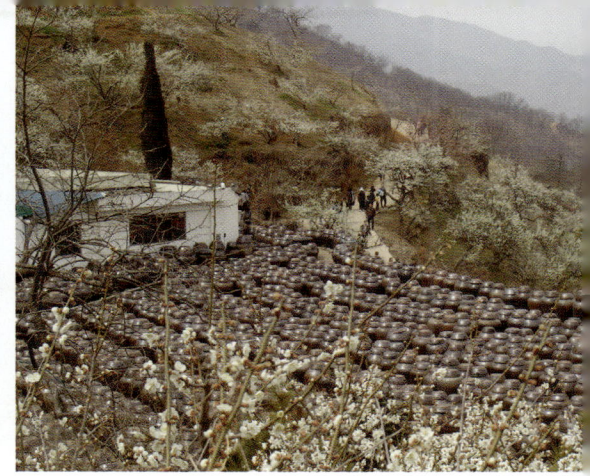

백운산 자연휴양림

지리산을 마주 보고 선 영산

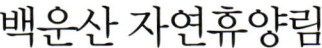

위치 | 전라남도 광양시 옥룡면 추산리 산114
전라남도 광양시 옥룡면 백계로 337
운영시간 | 휴양림 동절기 08:00~18:00, 하절기 08:00~
19:00, 숙박 15:00~익일12:00, 연중무휴

▶ MINI DATA

입장료 | 있음　주차 | 가능　분류 | 숲, 자연휴양림

해발 1,218m의 백운산 아래 위치한 백운산 자연휴양림은 아름드리 소나무가 울창한 숲을 이루고 삼나무와 편백나무가 계곡을 호위하듯 늘어선 천혜의 숲을 가지고 있는 자연휴양림이다. 인근에 고려시대 도선국사가 수도했던 옥룡사지와 동백나무 숲이 있고, 울창한 숲 속에 황톳길을 조성해 숲체험과 황토체험을 함께 즐길 수 있으며 숲 속의 집, 종합숙박동 등의 숙박시설과 다양한 체육 시설, 편의 시설을 갖추고 있어 탐방객으로부터 좋은 반응을 얻고 있다. 전라남도에서 지리산 노고단 다음으로 높은 산세를 가진 백운산은 섬진강을 사이에 두고 지리산을 마주하고 있으며 광양시의 다압면, 진상면, 옥룡면과 구례의 간전면을 아우르는 영산이다. 봄이면 고로쇠나무 수액을 맛볼 수 있으며 남한에서 한라산 다음으로 다양한 식물 분포를 보여 온대에서 한대에 이르는 1,080여 종의 식물이 서식하고 있다.

청매실농원

봄 소식을 전하는 매화 마을

위치 | 전라남도 광양시 다압면 도사리 403
전라남도 광양시 다압면 지막길 55
운영시간 | 체험 매실수확기간 6월 중 운영, 예약 후 방문

▶ MINI DATA

입장료 | 없음　주차 | 가능　분류 | 전통, 체험마을

청매실농원은 남도에서 가장 먼저 봄 소식을 알리는 매화로 유명한 곳이다. 3월 초에 피기 시작해 중순이면 절정을 이루고 4월 초까지 청매화, 홍매화, 금매화가 번갈아 피어 섬진강변을 매화 세상으로 만든다. 농원에 처음 들어서면 가장 먼저 눈에 띄는 것은 1,800여 개의 항아리들로, 매실을 원료로 한 고추장과 장아찌들이 익어가는 항아리들이다. 잘 가꿔진 산책로를 따라 산비탈을 오르며 매화나무를 감상할 수 있다. 섬진강을 바라보며 매화나무 아래 서면 하얗다 못해 눈부시기까지 한 매화가 꿈속에 와 있는 듯 아스라하다. 시아버지가 밤나무와 매화나무를 일본에서 들여와 심기 시작한 것을 며느리인 홍쌍리 씨가 오늘날의 농원으로 가꾸었다. 매실을 이용한 전통 음식 개발로 정부지정 명인 제14호로 지정되기도 하였다. 매화가 피는 봄을 지나 6월에는 매실수확체험도 할 수 있다.

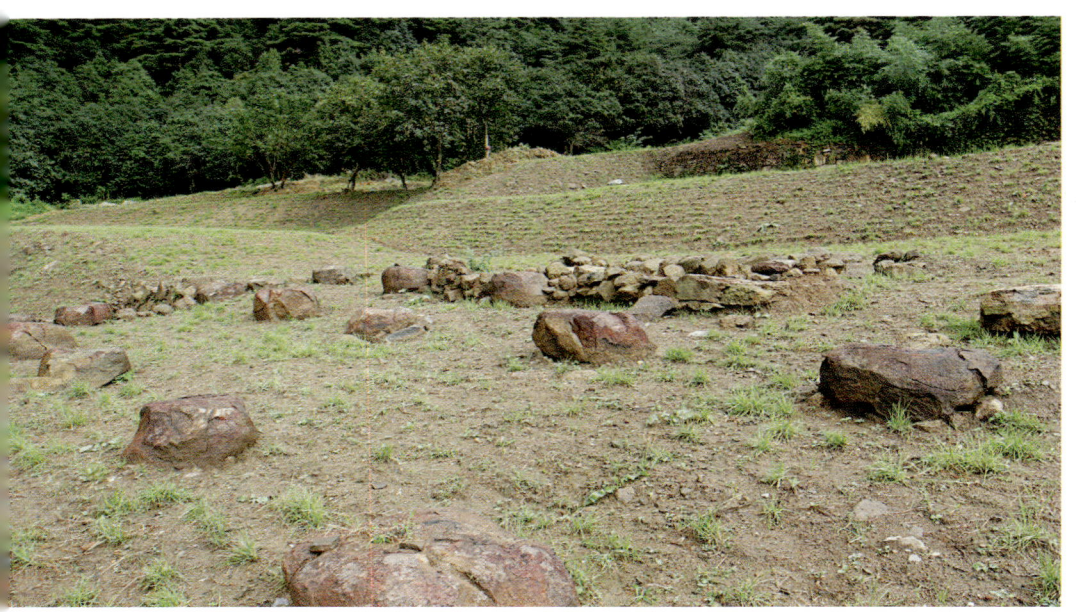

옥룡사지 동백꽃 붉은 숲

위치 | 전라남도 광양시 옥룡면 추산리 303
　　　전라남도 광양시 옥룡면 백계1길 71
운영시간 | 종일, 연중무휴

▶ MINI DATA
| 입장료 | 없음　　주차 | 가능　　분류 | 불교유적

이른 봄, 어디론가 떠나고 싶을 때 광양 깊은 곳 백운산 자락에 있는 이곳 옥룡사지로 가보자. 수백 송이 붉은 동백꽃이 입구에서부터 가득한 옥룡사지 동백림은 최근 생태적 가치와 규모를 인정받아 천연기념물로 지정되었다. 백운산은 도선국사와 관련한 이야기들이 많이 남아 전해지는 곳인데, 옥룡사 또한 도선이 머물던 절로 알려져 있다. 원래 이곳에 연못이 있었는데 연못에 살던 9마리의 용이 마을로 자주 내려와 사람들을 괴롭혔다고 한다. 도선국사가 이 용들이 사람들을 못살게 구는 것을 보고 쫓아내려 했는데 그중 백룡이 말을 듣지 않았다고 한다. 그래서 가지고 있던 지팡이로 용의 눈을 멀게 하고 연못의 물을 끓여 쫓아낸 후 그 연못을 메운 곳에 세운 절이 옥룡사로, 절을 세우면서 주변의 지세를 비보하기 위하여

동백나무 수백 그루를 심었다는 이야기가 전해진다. 최근 발굴을 통해 석관을 찾았고 그 안에서 발견된 유골이 도선국사라는 주장이 제기되었으나 옛 문헌을 살펴보면 이곳이 옥룡사가 아닌 다른 절이었다는 반대의 근거도 제기되어 논쟁 중이다. 즉, 도선국사가 머물렀던 옥룡사가 이곳이 맞는지에 대한 논쟁인데 사실은 아직 밝혀지지 않았지만 이른 봄 이곳에서 만날 수 있는 붉은 동백꽃은 섬진강 매화와 함께 남도의 봄을 아름답게 수놓는 멋진 풍경이다.

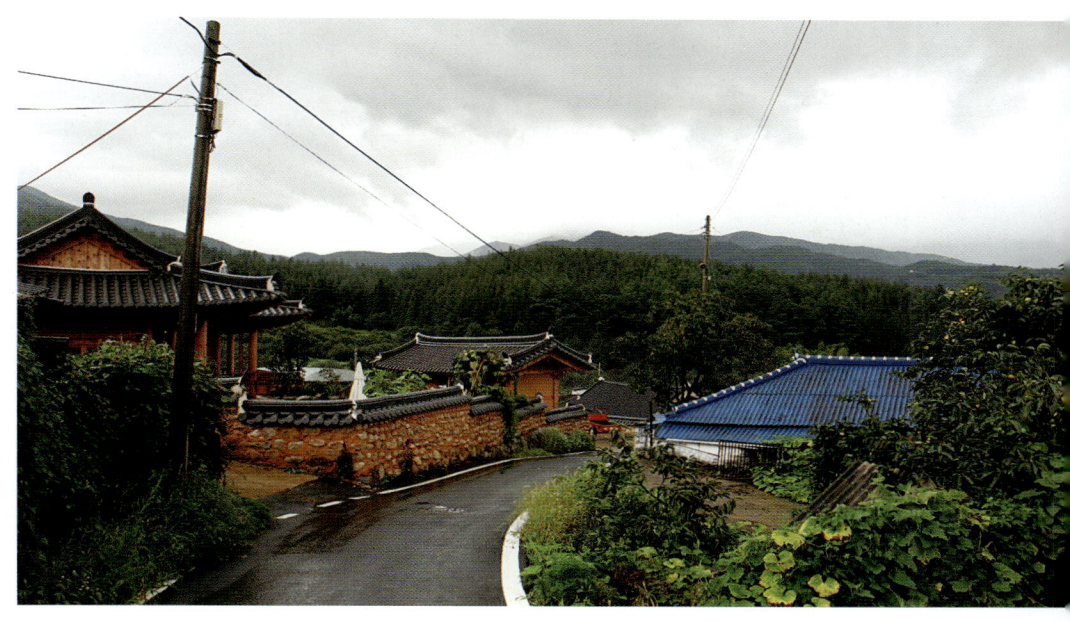

도선국사마을   재미있는 농촌 체험 가능한 옛 마을

| 위치 | 전라남도 광양시 옥룡면 추산리 1152-1
전라남도 광양시 옥룡면 추산리 상산길 55 일대
운영시간 | 문의 후 방문

▶ **MINI DATA**
| 입장료 | 없음   주차 | 가능   분류 | 전통, 체험마을

마을 입구의 커다란 나무가 이 마을이 오래된 마을임을 알려준다. 도선국사마을이란 이름은 마을에 남겨진 도선국사의 이야기를 따서 지은 이름이다. 백운산을 마주 보고 있으며 앞으로 산세가 펼쳐지는 곳에 위치해 풍수지리를 모르는 사람이 보아도 마을이 위치한 곳이 좋은 지형임을 느낄 수 있다. 마을로 들어서면 집들 사이로 돌담길 놓인 마을 풍경이 옛날 시골 모습 그대로이다. 소문난 체험마을로 여러 가지의 체험을 진행하지만, 그중 특별한 체험으로는 선차체험이 있다. '선을 알고 차를 안다'고 하여 선차라 부르는데 백운산 야생차밭으로 가 찻잎을 따서 직접 덖어보고 그것으로 차를 우려내어 마셔보는 체험이다. 이 체험을 할 수 있는 때가 4월 중순에서 5월 중순까지 한 달 정도이니 체험이 가능한지 미리 문의하고 이때 맞춰 찾아가면 좋겠다. 이 시기 외에는 마을에서 생산된 차로 다도체험이 가능하다. 또 염색 체험, 손두부 만들기 체험, 우리밀로 빚는 수제비 만들기 체험 등이 가능하다. 마을 위로 올라가면 약수터가 있으니 올라가 물 한 모금 들이켜보자. 물맛이 좋아 옛날부터 고을 원님의 전용 식수로 이용되었으며 지금도 광양뿐 아니라 인근 여수와 순천에서 물을 뜨러 많은 사람들이 찾아온다고 한다.

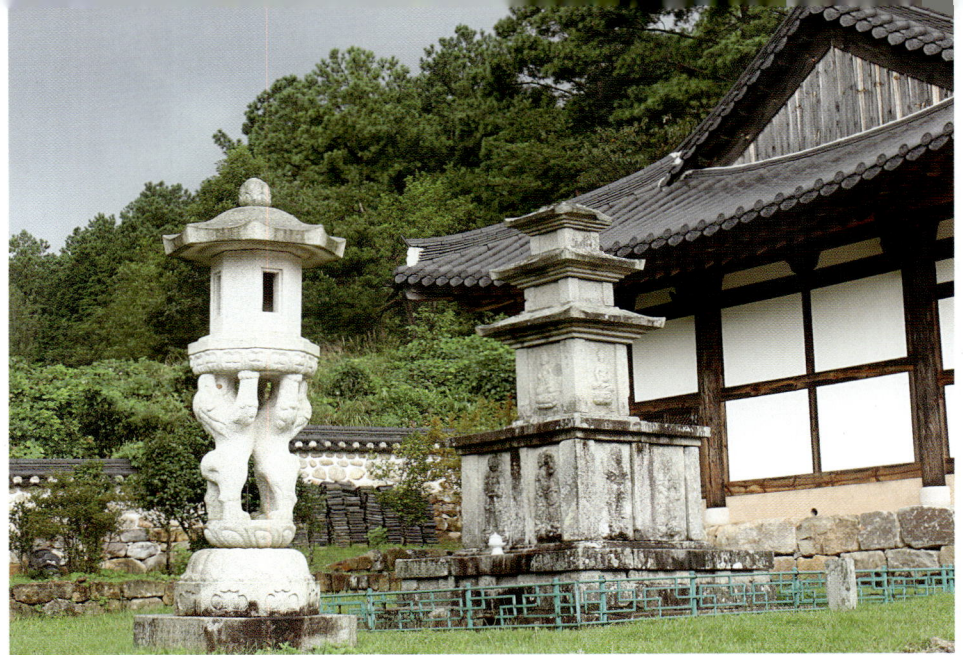

중흥사 의병들이 모인 절

| 위치 | 전라남도 광양시 옥룡면 운평리 90-1
　　　　전라남도 광양시 옥룡면 중흥로 263-100
운영시간 | 종일, 연중무휴

▶ MINI DATA
| 입장료 | 없음　　주차 | 가능　　분류 | 불교유적

중흥사는 신라 때 지어진 것으로 알려진 유서 깊은 사찰이다. 오랜 역사가 담긴 곳이긴 하지만 실제 절을 찾아 둘러보면 건물들이 새로 지어진 듯 낯선 모습인데 임진왜란을 지나며 폐사되었다가 최근 다시 지어졌기 때문이다. 그래도 이곳 절 앞마당에는 국보로 지정된 석등과 보물로 지정된 탑이 있어 오랜 세월을 증명하고 있다. 임진왜란 때 정규군을 대신해 승병들이 큰 역할을 한 것은 잘 알려진 사실이다. 중흥사는 임진왜란 때 승병 기지의 역할을 했던 절로, 많을 때는 1,000명가량이 이곳에 머물렀다고 한다. 절을 두르는 봉우리 사이로 만들어진 중흥산성은 승병들의 훈련장이자 왜군과의 전투지였다고 한다. 전쟁에서 패하면서 절도 폐사되었다가 1960년대에 새로 불사를 해 지금의 모습을 갖추게 된다. 절 앞마당에는 삼층석탑과 쌍사자석 등이 있어 중흥사가 신라 때 만들어졌음을 알게 하는데, 주변의 옥룡사지 등을 통하여 살펴볼 때 신라 말기 경덕왕 때 도선국사에 의하여 지어졌을 것이라 추측하기도 한다. 삼층석탑과 석등이 어울려야 당연하지만, 한눈에 보기에도 어색한 어울림은 석등이 최근에 만들어져 세월의 옷을 입지 못했기 때문이다. 원래 이 자리에 놓여 있던 석등은 일제 때 여러 번 반출 위기를 거치면서 경복궁 앞마당으로 옮겨지게 되고 지금은 국립광주박물관에서 보관하고 있다. 함께 있었더라면 어울리는 모습이 멋졌을 것이지만 삼층석탑도 비례미를 갖추고 있는 데다 기단에 새겨진 인왕상과 사천왕상 등, 탑신 사면에 섬세하게 조각된 여래상을 보면서 아쉬운 마음을 달래본다.

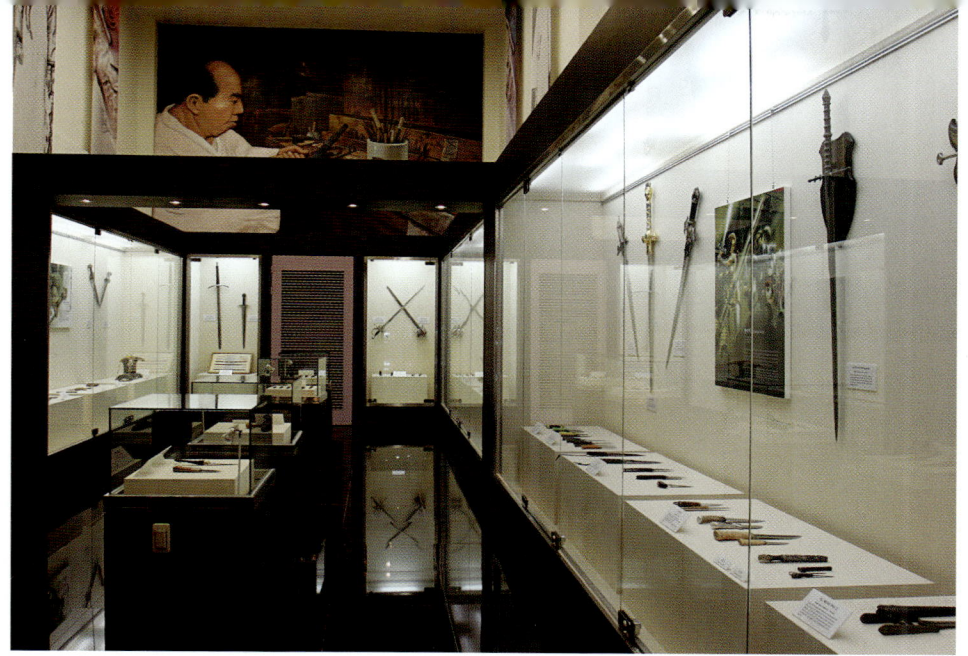

광양 장도박물관 우리 장도의 아름다움을 감상한다

| 위치 | 전라남도 광양시 광양읍 칠성리 1009-3
　　　　전라남도 광양시 광양읍 매천로 771
| 운영시간 | 09:30~18:30, 연중무휴

▶ MINI DATA
| 입장료 | 없음　　주차 | 가능　　분류 | 박물관

'장도'란 단어를 사전에서 찾아보면 '칼집에 넣어 다니는 작은 칼'로 정의하고 있는데, 장도박물관을 방문하고 나면 이곳을 세운 박용기 옹의 설명에 따라 '몸을 치장하는 도구'로도 이해할 수 있을 것 같다. 장도박물관에 전시된 장도를 보면 작은 칼이라는 단어로는 그 아름다움을 제대로 담아내지 못하기 때문이다. 이곳은 무형문화재로 지정된 장도장 박용기 옹이 설립한 박물관이자 전수관으로 1층에는 세계 여러 나라의 칼이 전시되어 있고, 2층에는 우리 칼, 그중에서도 다양한 모양의 장도를 볼 수 있다. 박달나무, 대나무, 옥 등 장도를 만드는 재료는 다양하며 또 다양한 계층이 다양한 목적으로 사용하는 여러 가지의 장도를 볼 수 있다. 칼집에는 우리 전통의 문양이 아름답게 새겨져 있어 도구로서의 칼이 아닌 예술품

으로서 그 섬세한 아름다움에 절로 감탄이 나온다. 은장도라 불리는, 여성이 소지하고 있는 칼은 단순히 스스로를 지키는 호신용 도구의 역할을 넘어 자신의 정절을 소중하게 지키려는 의지를 상징한다고 하니 그 안에 담긴 의미를 생각해본다. 전시뿐만 아니라 교육의 장으로 역할을 담당하는 전수관이 있는데, 단체뿐만 아니라 개별 관람객들도 상설체험이 가능하다. 장승 만들기, 부채 만들기 등의 만들기 체험은 아이들에게 좋으며, 어른들은 금속에 칠을 하고 구워내는 전 과정을 손수 해보는 칠보공예를 추천한다. 1층에는 작은 기념품점이 있어 장인들이 만든 생활소품들을 구매할 수 있으며 옆으로 작은 찻집이 있어 차 한잔 마시며 쉬어 갈 수 있다.

메타세콰이어 가로수길과 관방제림

전국 최고의 가로수길과 산책로

위치 | 전라남도 담양군 담양읍 객사리 1, 2~6 일대
　　　 전라남도 담양군 담양읍 관방제림길 일대
운영시간 | 종일, 연중무휴

▶ **MINI DATA**

입장료 | 없음　　주차 | 가능　　분류 | 숲, 자연휴양림

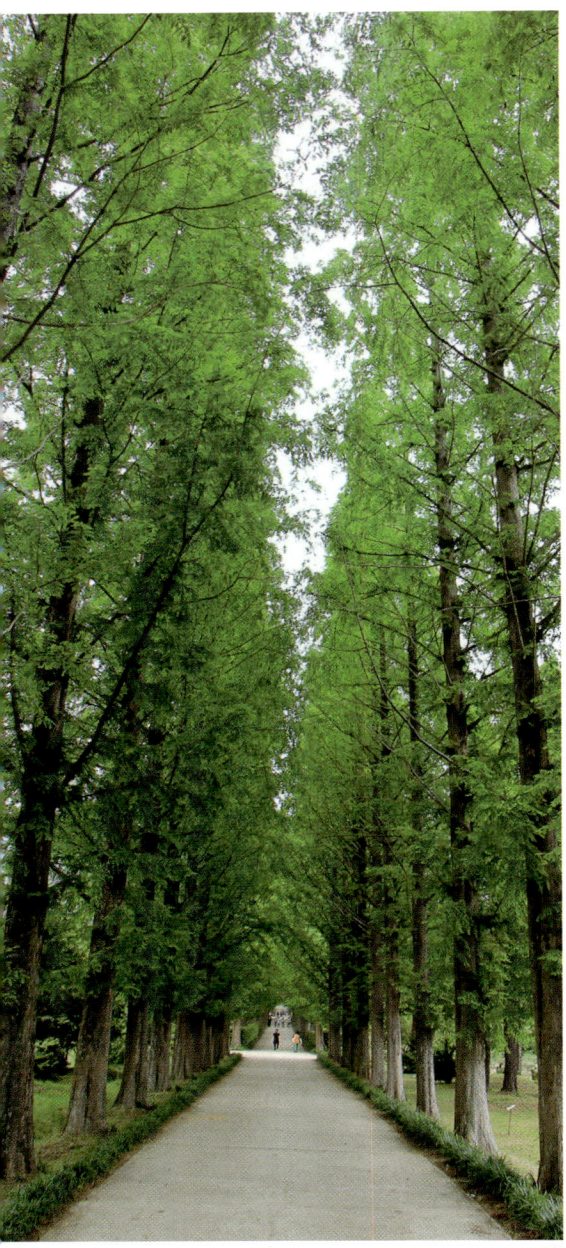

Photo by 고태환

담양에서 순창으로 이어지는 24번 국도는 메타세콰이어가 높이 늘어선 전국 최고의 가로수길이다. 지금은 옆으로 넓은 새 길이 만들어져 차들이 쌩쌩 달리게 되었지만, 길이 만들어지기 이전까지 이 길은 잠시 차의 속도를 늦추고 여유를 부려도 뒤에서 뭐라 하는 사람 없는 그런 길이었다. 지금은 이 길 끝 부분을 차들이 못 들어오게 막아 관람객들이 걸을 수 있게 만들어놓고 있다. 500m 남짓한 짧은 길이지만 쭉쭉 뻗은 메타세콰이어 길 산책을 즐겨보자. 메타세콰이어는 화석나무라는 별명이 있는데, 은행, 소철 등과 함께 화석으로 발견되는 나무다. 1940년대 중국의 사천성 지역에서 발견되어 그동안 화석으로만 존재가 확인되었던 나무의 실체가 밝혀졌다고 한다. 이곳의 메타세콰이어는 1970년대 초반에 정부에서 펼친 가로수조성사업 때 심어졌는데, 3~4년생의 작은 묘목이 30년이 지난 지금은 10m가 훌쩍 넘는 키로 자랐다. 메타세콰이어 길과 이웃해 멋진 산책로가 있으니 그것이 바로 관방제림이다. 담양읍을 흐르는 관방천 옆으로 만들어진 제방으로 수해를 방지하기 위하여 둑을 쌓고 견고하게 하기 위해 그 위에다 나무를 심은 곳이다. 조선 인조 때 처음 만들어진 것으로 철종 때 다시 한 번 나무를 정비하고 심었으니 지금은 그 제방을 따라 멋진 숲이 이루어져 있다. 다양한 수종의 나무가 아름드리 펼쳐져 있으며 세월의 무게를 담고 있는 이 나무들은 천연기념물로 지정되어 있다.

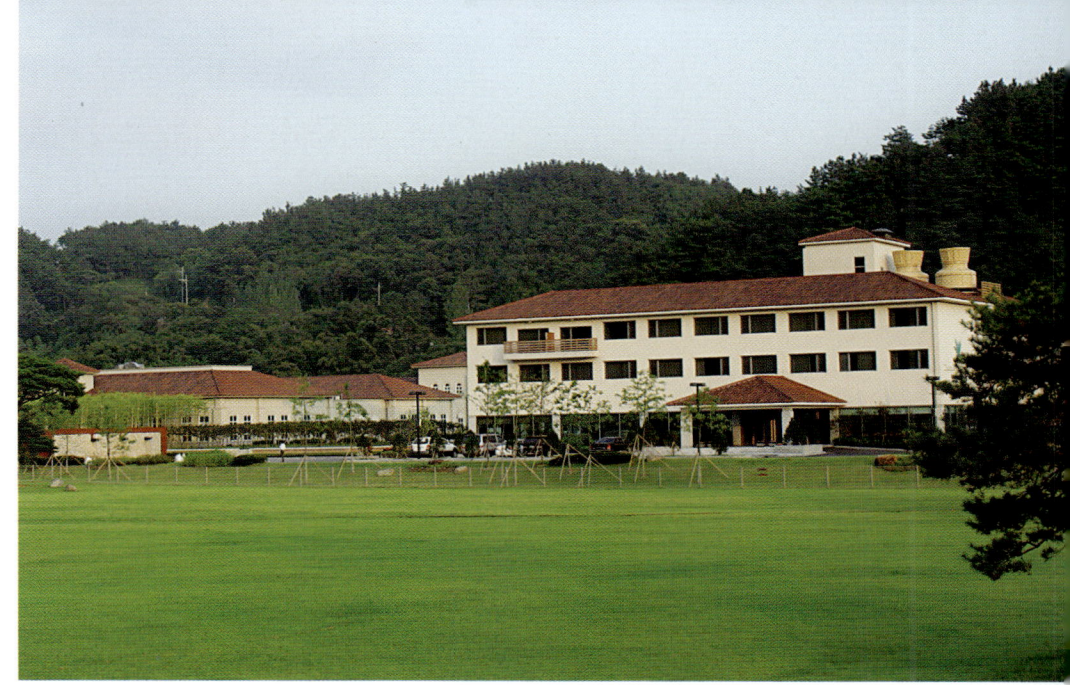

담양온천 음양의 조화를 느끼자

| 위치 | 전라남도 담양군 금성면 원율리 392-5
전라남도 담양군 금성면 금성산성길 202
| 운영시간 | 10:00~14:00/16:00~20:00, 연중무휴

▶ MINI DATA
| 입장료 | 있음　　주차 | 가능　　분류 | 온천, 휴양

지하에서 자연적으로 데워진 온수가 솟아나는 온천수는 그 속에 녹아 있는 광물질 성분이 몸에 좋아 치료를 겸하는 약천수로도 알려져 있다. 전국 유명 관광지마다 하나쯤이 자리하는 온천탕이나 대형 사우나 건물들이 나름의 최신 시설을 자랑하지만 비슷한 시설과 분위기로 특색을 찾기 어렵다면 담양리조트에 자리한 온천탕을 찾아보길 권한다. 담양호의 시원한 경관이 어우러진 넓은 대지 위에 자리잡은 담양온천은 온천탕과 노천탕, 찜질방, 수영장 시설이 있는 물의 공원이다. 온천탕의 시설도 바가지탕, 녹차탕, 침탕, 폭포탕 등 다양하고 이색적이며 무엇보다 대나무 숯을 만들 때 생성되는 죽초액을 첨가한 죽초액탕은 대나무의 고장 담양에서만 즐길 수 있는 시설이 아닐까 싶다. 특이한 점은 일주일 단위로 남녀 온천탕의 자리를 서로 바꾼다는 점이다. 음양의 알맞은 조화를 위한 방법이라고 하니 더욱 재미있다. 가족 단위의 여행이라면 작은 휴게실과 온천탕을 단독으로 사용하는 가족탕 시설을 이용해보자. 죽초액과 솔잎, 녹차 등 다양한 원액 중 하나를 선택하여 첨가하는 이벤트탕을 즐길 수 있다. 몸에 이롭다는 광물성분을 다량 함유한 온천의 효능을 제대로 즐길 수 있다. 여행 중 피로를 씻어내기 위한 잠깐의 목욕이라면 담양 시내의 대중탕 시설인 대나무건강랜드를 이용하는 것도 좋다. 대나무숯탕, 죽엽죽로탕 등 대나무를 주제로 하는 다양한 실내 시설이 목욕의 즐거움을 더한다.

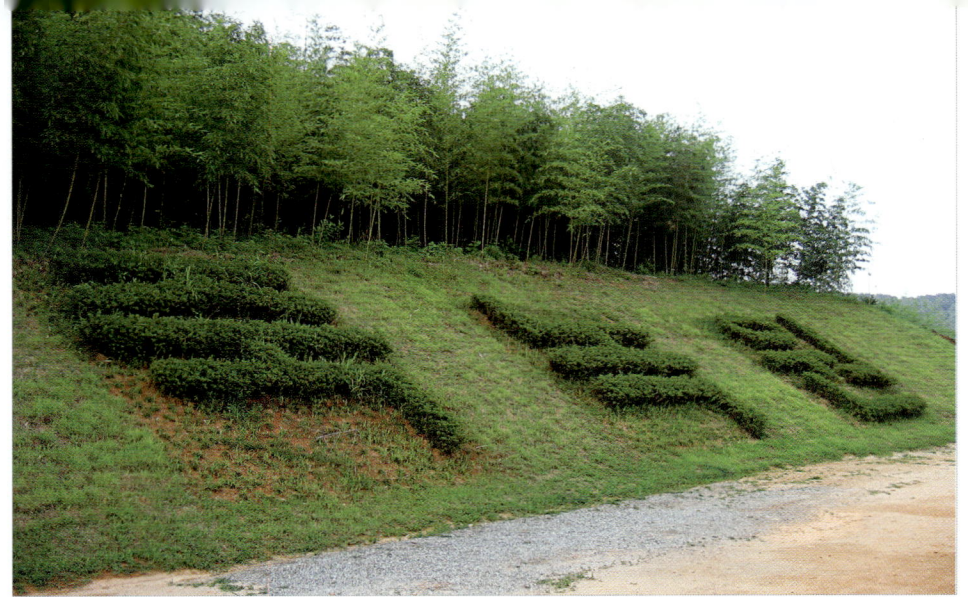

죽녹원 여기는 죽림욕장

| 위치 | 전라남도 담양군 담양읍 향교리 282
전라남도 담양군 담양읍 죽녹원로 119
운영시간 | 09:00~18:00, 연중무휴

▶ MINI DATA
| 입장료 | 있음　주차 | 가능　분류 | 숲, 자연휴양림

담양 시내 담양천변에 있는 죽녹원은 대나무의 천국이다. 담양군청에서 조성한 대나무밭은 담양 시내 중앙에 있어 담양의 다른 관광지들과 함께 둘러보기에 좋다. 아직은 가지들이 여려 보이지만 단정하게 정돈된 탐방로를 걸어가면 깔끔한 정원을 산책하는 기분이다. 목책과 고운 흙을 사용한 탐방로는 부드러워서 맨발로 산책하기에 좋다. 산책로 사이 알맞은 간격으로 휴게실과 전망대가 있어 기관지에 좋다는 죽로차 한잔을 즐기고 전망대에 올라 푸른 숲과 담양천의 관방제림이 어우러지는 멋진 경관을 바라볼 수 있다. 옛 모습을 제대로 간직한 담양향교의 모습도 함께 둘러보기에 좋은 장소이다.

➔ 담양 떡갈비, 남도 양반 식사를 즐기자

담양 지역은 남도 특유의 푸짐하고 맛깔스러운 밑반찬과 함께 죽순 요리가 대표적이지만, 언젠가부터 남도 특유의 떡갈비 맛으로도 유명하게 되었다. 떡갈비는 전라남도 담양, 해남, 장흥, 강진 등지에서 시작된 요리로, 예로부터 전해 내려오는 고유 요리는 아니다. 인절미 치듯이 다진 고기 등을 치대어 만들었다고 해서 떡갈비라 부르게 되었고, 다른 갈비요리와는 달리 갈빗살을 곱게 다져서 만들었기 때문에 연하고 부드러운 고기 맛을 느낄 수 있다. 죽녹원 근처에 4~5군데의 집들이 영업 중이며 호불호가 많이 엇갈리는 편이다.

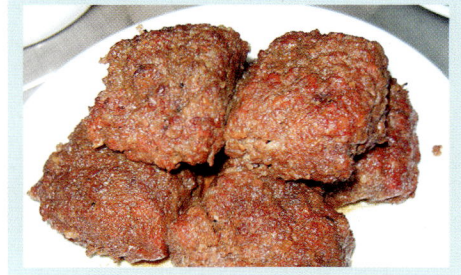

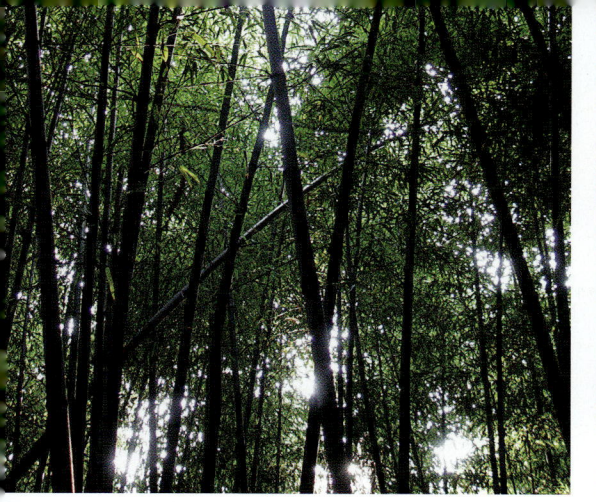

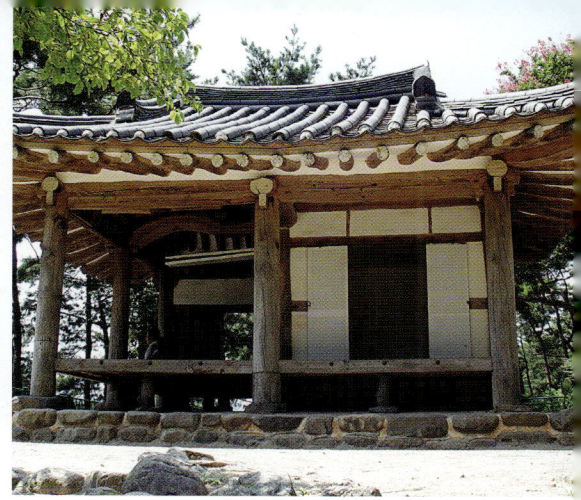

대나무골 테마공원
대나무는 주연 배우!

위치 | 전라남도 담양군 금성면 봉서리 산51-1
전라남도 담양군 금성면 비내동길 148
운영시간 | 09:00~18:00, 매주 월요일 휴무

▶ MINI DATA

입장료 | 있음 　주차 | 가능 　분류 | 숲, 자연휴양림

대나무 사이를 흐르는 바람이 낮은 환호성 같은 자연의 소리를 들려주는 곳이다. 여느 소리와 다른 대나무의 공명음은 묘한 이질감과 새로운 느낌으로 사람들을 유혹한다. 담양 시내에서 추월산을 찾아가는 깊은 가로수 길을 지나면 비밀의 화원인 듯 깊숙한 곳에 감추어진 대나무숲 테마공원을 만날 수 있다. 국내 최대의 대나무 집단 군락지이다. 자연적으로 생긴 공간이 아니라 자연의 풍광을 사랑하였던 한 사진작가의 20여 년 노력의 결과물이다. 오랜 시간 가꾸어진 대나무 숲은 특별하고 아름다운 모습을 보여준다. 잠시 동안의 보슬비가 숲을 더욱 푸르게 만드는 봄날, 햇살 받은 대나무 숲을 찾아보자. 축축한 땅을 비집고 올라오는 죽순의 파랗고 신비로운 모습을 볼 수 있다. 수많은 영화, 드라마 속 장면의 배경으로 등장하는 대나무 숲 사이로 캠핑을 즐기면 여느 곳에서 즐길 수 없는 추억이 된다.

식영정
송강 정철의 「성산별곡」이 탄생된 곳

위치 | 전라남도 담양군 남면 지곡리 333
전라남도 담양군 남면 가사문학로 859
운영시간 | 종일, 연중무휴

▶ MINI DATA

입장료 | 없음 　주차 | 가능 　분류 | 역사, 문화유적

환벽당, 송강정과 함께 송강 정철 유적으로 불리는 식영정은 정철이 성산 일대의 수려한 경관을 즐기며 「성산별곡」을 지어낸 곳이다. 성산은 식영정이 있는 산이며, 식영정은 16세기 중엽 서하당 김성원이 자신의 스승이자 장인인 임억령을 위해 지은 정자로 임억령이 직접 '그림자가 쉬고 있는 정자'라는 뜻의 식영정이라 이름 붙였다. 임억령, 김성원, 송강 정철, 고경명을 일컬어 당대 사람들은 식영정 사선이라 불렀는데, 이들은 성산의 좋은 경치 20곳을 택해서 각각 20수씩 모두 80수로 이루어진 「식영정 이십영」을 지었으며 이것이 밑바탕이 되어 송강의 「성산별곡」이 만들어진 것이다. 가운데에 방을 배치하는 다른 정자와 달리 한쪽 귀퉁이로 방을 배치하고 앞쪽과 옆쪽에 마루를 깐 구조가 특이하며 식영정 옆에는 「송강집」의 목판을 보관하는 장서각과 부용당이 있으며 입구에는 「성산별곡」 시비가 세워져 있다.

소쇄원

자연과 어우러지는 아름다운 우리 정원

| 위치 | 전라남도 담양군 남면 지곡리 123
         전라남도 담양군 남면 소쇄원길 17
| 운영시간 | 09:00~18:00, 연중무휴

▶ MINI DATA

| 입장료 | 있음   주차 | 가능   분류 | 역사, 문화유적

소쇄원의 주인은 조선 중종 때 사람인 양산보이다. 그는 죽을 때 유언을 남겼는데, 그것은 소쇄원을 남에게 팔지 말며, 원래 그대로의 모습으로 보존할 것이며, 어리석은 후손에게는 물려주지 말라는 것이었다. 그의 뜻대로 지금껏 보존되어온 것은 다행이다. 소쇄원은 조선 중엽 1520년대 후반에 만들어진 정원으로 자연과 어우러진 우리 정원의 아름다움을 잘 보여주는 곳이다. 이곳에 만들어진 건물 하나하나, 심어진 꽃 한 송이, 나무 한 그루 모두 선비의 마음과 추구하던 이상을 담은 것이라 하니 급하게 다녀가며 외관만을 볼 것이 아니라 천천히 즐기며 그 안에 담

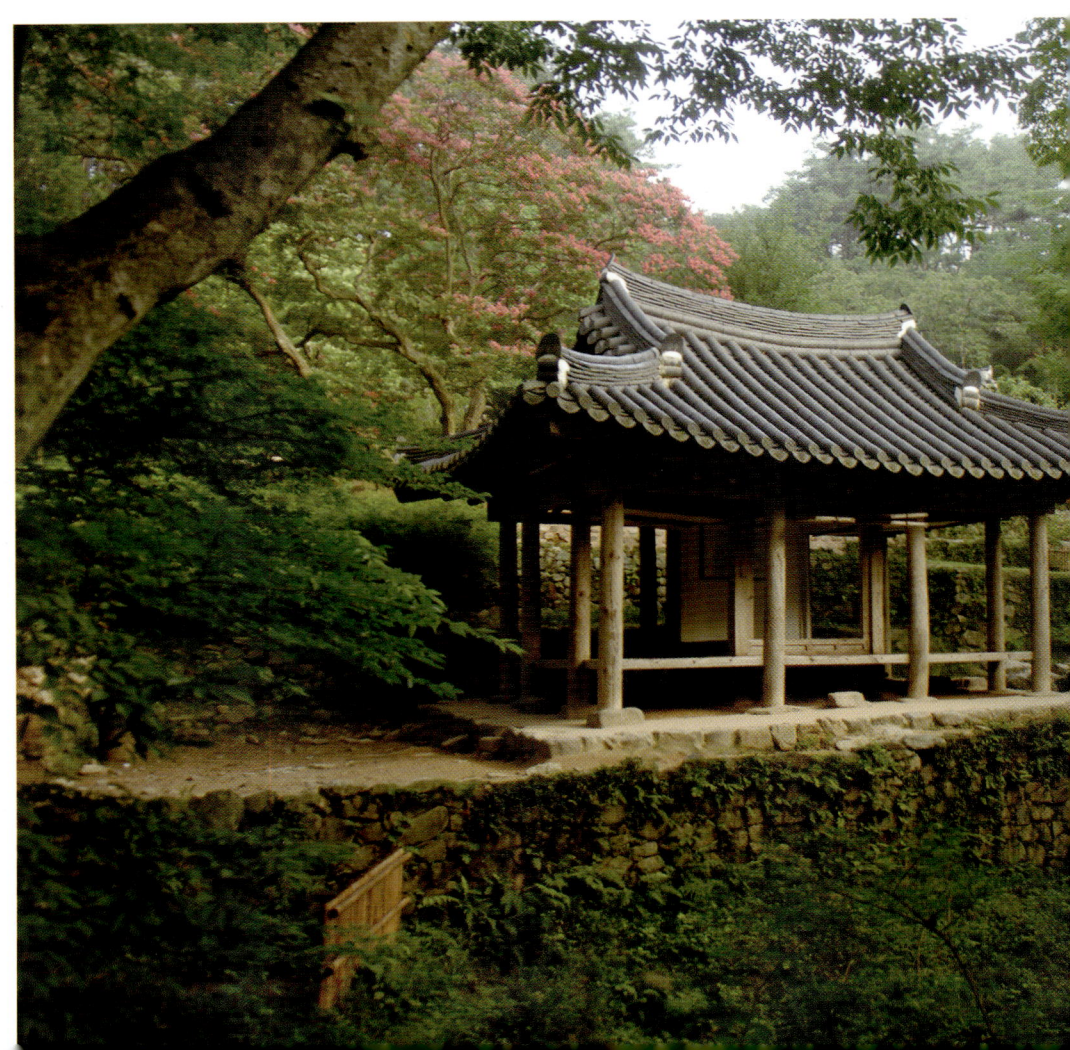

긴 정신을 느껴보도록 하자. 조선 중종 때 개혁 정치를 펼치던 조광조의 급진적인 정책이 반발을 사는데, 조광조는 화순 능주로 귀향을 가게 되고 그의 제자였던 양산보는 이곳으로 낙향하여 더이상 현실 정치에 관여하지 않고 10여 년에 걸쳐 소쇄원을 꾸미는데 이곳에 머물며 자연을 감상하고 사람 만나기를 즐겼다고 한다. 이곳을 드나든 사람은 송순, 정철, 송시열 등 이름만 들으면 알 만한 조선 중기 문인들로 가사 문학의 대가들이다. 입구에 들어서면 대숲이 시원하게 우거져 있으며, 소쇄원을 가로지르고 있는 작은 천을 지나 안으로 들어가면, 제월당, 광풍각 등의 건물이 있다. 계곡 옆 정자인 광풍각은 '침계문방'이라 하여 머리맡에서 계곡 물소리를 들을 수 있는 선비의 방이라 이름 붙은 곳으로 소쇄원 48영 중에서 제2영에 해당한다. 소쇄원 가장 높은 곳에 있어 한눈에 내려다볼 수 있는 제월당은 '비 갠 뒤 하늘의 맑은 달'을 뜻하는 이름을 가지고 있는 건물로 주인이 거처하며 조용히 독서를 즐기던 곳이다. 한눈에 돋보이는 아름다움이 없어 이름만 듣고 찾아왔다면 실망할 수 있겠으나, 잠시 머물며 건물 마루에 앉아 주변을 바라보며 계류의 물소리를 들어보자. 자연 위에 편안하게 놓인 건물들과 조경에서 마음의 평안을 얻을 수 있을 것이다.

Photo by 고태환

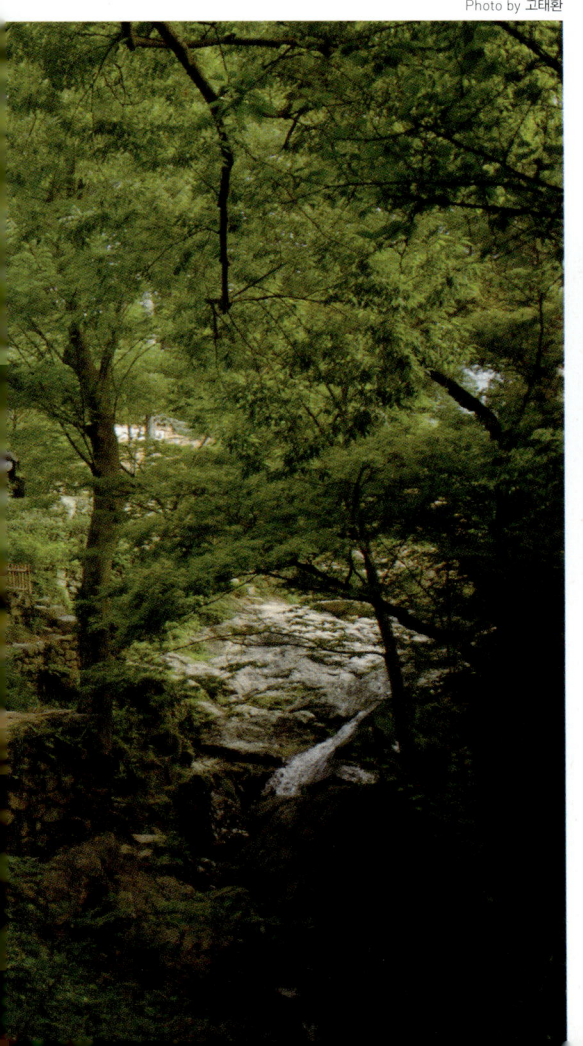

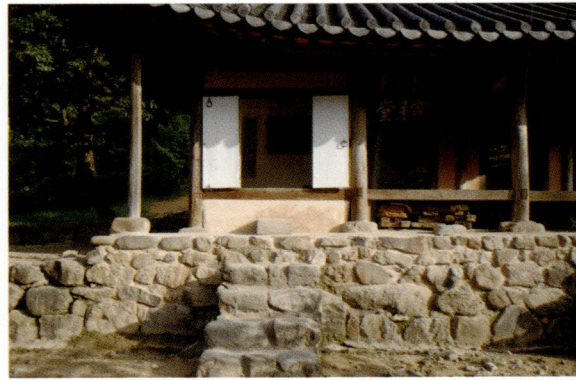

→ 한국의 정원, 우리 전통 정원의 종류

우리 전통 정원은 누가 만들었느냐에 따라 궁원과 향원, 민간정원으로 나눌 수 있으며, 정원의 성격에 따라 별서정원, 산수정원 등으로 분류할 수 있다. 창덕궁의 후원이 대표적인 궁원이라면 남원 광한루는 지방관리들이 조성한 향원에 해당한다. 별서정원은 선비가 낙향을 하여 꾸민 정원을 의미하는데 보길도 윤선도의 부용동, 이곳 소쇄원 등이 대표적이다. 산수정원은 자연을 감상하기 위하여 만든 정자로 관동팔경의 정자를 생각하면 되겠다.

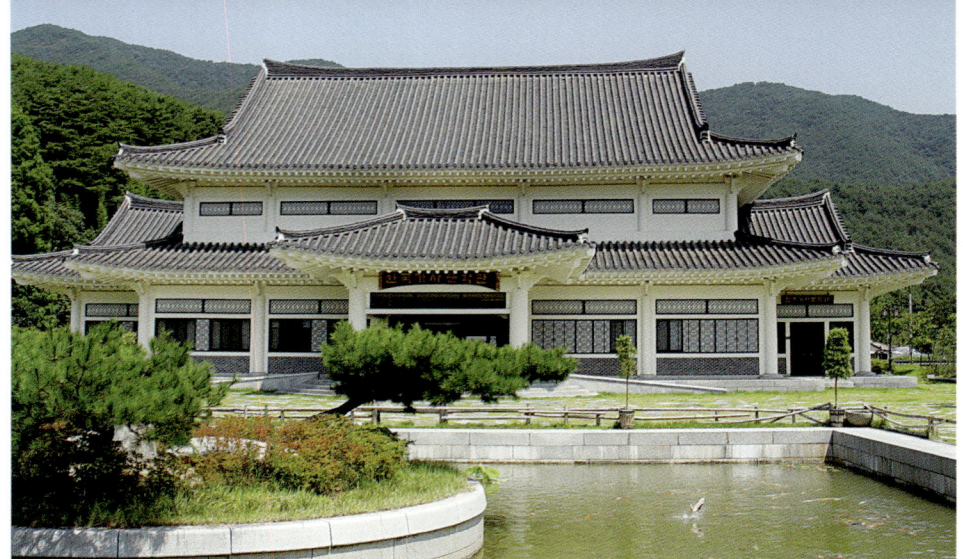

한국 가사문학관 가사문학의 고향

위치 | 전라남도 담양군 남면 지곡리 319
　　　전라남도 담양군 남면 가사문학로 877
운영시간 | 동절기 09:00~17:00, 하절기 09:00~18:00,
　　　연중무휴

▶ MINI DATA
| 입장료 | 있음　주차 | 가능　분류 | 박물관

조선시대 시조와 함께 고전문학의 백미로 불리는 가사문학은 3·4조 또는 4·4조의 율격을 가진 일종의 노래 악보다. 녹음 기술이 전무했던 시대이니만큼 남겨진 기록이 없어 그 노래가 어떤 음율로 불렸는지는 알 길 없지만 풍류를 즐기는 선비들이 불렀을 노래는 자연과 어우러지는 아름다운 곡조였을 것이다. 담양 지역을 일명 한국 가사문학의 고향이라고 말한다. 경치 좋은 자연이 우리 국토 방방곡곡에 자리하였고 멋을 아는 선비가 담양으로만 모여 있지는 않았겠지만, 소쇄원, 식영정, 송강정, 면앙정, 환벽당, 창계천, 자미탄 등 남아 있는 누각과 정자 건물만도 수없이 많고, 끝없이 펼쳐지는 호남의 비옥한 땅을 이루는 계곡과 산천의 아름다움은 권력과 재물의 욕심보다 초야에 묻혀 학문을 연구하고 청정한 삶을 영위하는 것을 가장 큰 소명으로 삼았던 선비들의 은신처로 오랜 시간 사랑받았다. 학문 연마의 사이마다 음율을 가진

노래를 자연을 벗 삼아 불렀을 재야 선비들의 모습을 상상해보자. 2000년 세워진 가사문학관은 선비정신을 상징하듯 정자와 연못을 함께 잇는 건물로 이서의 「낙지가」, 송순의 「면앙정가」, 정철의 「성산별곡」·「관동별곡」·「사미인곡」·「속미인곡」, 정식의 「축산별곡」, 남극엽의 「향음주례가」·「충효가」, 유도관의 「경술가」·「사미인곡」, 남석하의 「백발가」·「초당춘수곡」·「사친곡」·「원유가」, 정해정의 「석촌별곡」·「민농가」 및 작자 미상의 「효자가」 등 이 고장이 전하는 18편의 가사문학을 중심으로 관련 유물들을 전시하는 멋진 공간이다. 어려운 한문으로 쓰인 자료들을 읽으려 애쓰기보다는 입구에 마련된 무인안내기를 사용한 자세한 해설을 듣는 것이 좋다. 상주하는 문화해설사에게 안내를 부탁하면 전시관을 함께 둘러보며 가사문학의 아름다움에 대한 설명을 들을 수 있다.

가마골과 용추계곡

영산강을 만드는 계곡

위치 | 전라남도 담양군 용면 용연리 874 일대
전라남도 담양군 용면 용소길 261 일대
운영시간 | 생태공원 09:00~18:00,
계곡 일출~일몰, 연중무휴

▶ MINI DATA
입장료 | 있음   주차 | 가능   분류 | 산, 계곡, 동굴

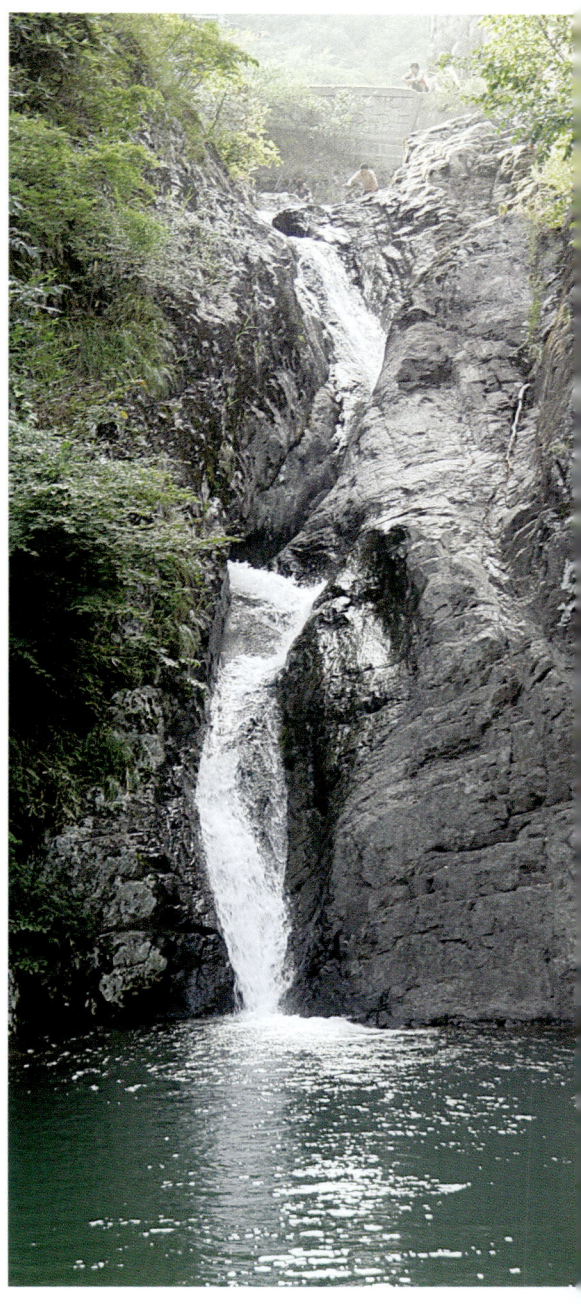

조선시대 도자기를 굽는 가마가 많이 자리 잡고 있어 이름 붙은 가마골계곡은 523m의 용추산에 위치해 있다. 기암괴석의 수려한 경관을 맑게 채우는 계곡의 푸른 물은 나주평야와 서석평야 등 호남의 곡창지대를 만드는 젖줄 같은 곳이다. 영산강의 시작을 알리는 곳은 용소라는 이름을 지닌 깊고 맑은 계곡으로, 하늘로 올라가야 할 용이 파놓은 듯 굽이치는 암반 계곡 아래로 깊은 소를 만들고 있다. 그 위로 산과 산을 연결하는 구름다리는 출렁다리로 흔들리는 다리 위에서 바라보는 계곡의 경관이 아찔하다. 용소 주변을 관찰하는 전망대가 되는 정자를 지나 나타나는 단정한 폭포는 2단으로 이루어진 용연폭포다. 여름날 뜨거운 햇볕을 피해 계곡을 찾는 사람들에게 더없는 시원함을 선사한다. 30여 분의 짧은 산행으로 아름다운 계곡의 경관을 모두 볼 수 있는 가마골계곡은 한국전쟁 당시 낙오한 인민군이 노령지구사령부를 만들어 1955년까지 5년 동안 국군과 경찰에 맞서 치열한 무장투쟁을 하다 약 1,000명의 사망자를 내고 최후를 맞은 한국 현대사의 아픔을 간직한 장소다. 당시의 치열한 전투는 계곡 상류의 용추사 등 수많은 암자와 자연을 폐허로 만들었다. 4시간의 용추산 산행에서부터 30여 분의 산행로까지 다양한 코스를 가지고 있지만 용소와 출렁다리, 용연폭포를 잇는 가벼운 산행으로 계곡의 아름다움을 즐기기에 부족함이 없다.

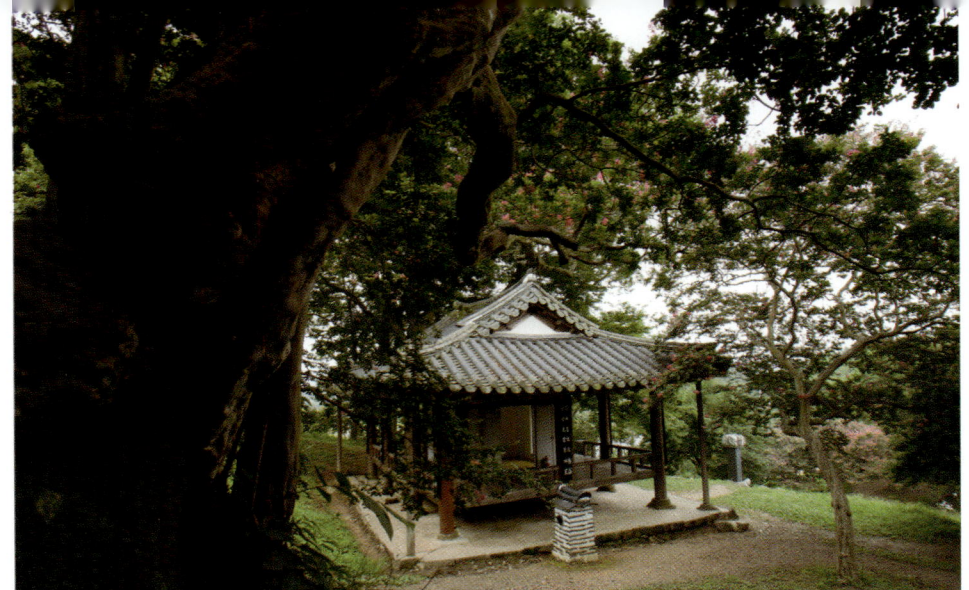

명옥헌 원림 배롱꽃 만발한 아름다운 정자

| 위치 | 전라남도 담양군 고서면 산덕리 513
전라남도 담양군 고서면 후산길 103
| 운영시간 | 09:00~18:00, 연중무휴

▶ MINI DATA
| 입장료 | 없음 주차 | 가능 분류 | 역사, 문화유적

담양은 볼거리와 먹을거리가 많은 고장이다. 울창한 대나무숲과 곳곳에 숨은 듯이 자리한 정자, 메타세콰이아 가로수 길도 멋지다. 대나무통에 밥을 지은 대통밥과 맛난 떡갈비 또한 유명하다. 그중 조선사대부가의 멋을 느낄 수 있는 명옥헌 원림을 빠뜨리지 말자. 이곳은 조선중기의 학자 오희도가 자연을 벗 삼아 살던 곳이다. 명옥헌은 그의 아들 오이정이 아버지를 위해 만든 것으로 오희도는 광해군 시대의 어지러운 세상을 피해 이곳에서 쉬어 가곤 했다고 한다. 명옥헌이란 이름은 정자 왼쪽의 계곡에서 흐르는 물소리가 구슬이 바위를 부딪쳐 나는 소리(鳴玉) 같다 하여 지어진 이름이다. 이곳은 이름처럼 자연 그대로를 느낄 수 있는 곳이다. 계곡의 물을 받아 정자의 앞뒤에 연못을 만들고, 정자와 연못 주위에는 배롱나무를 가득 심었다. 주변 경관이 연못에 비쳐 더욱 아름답다. 자연을 해치지 않고 조화를 강조한 우리의 조경 양식을 만나는 순간이다. 명옥헌 원림을 찾아가는 길목에 후산리라는 마을이 있다. 이 마을에는 특별한 은행나무 한 그루가 자리해 있다. 수령 300년이 넘은 이 은행나무에는 조선 인조와 얽힌 이야기가 전한다. 인조가 왕위에 오르기 전(인조반정) 담양 지방을 돌아보며 인재를 찾다가 오희도를 찾아간 적이 있다. 인조는 타고 온 말을 이 은행나무에 매어놓고 친히 걸어서 오희도를 방문했다고 한다. 그래서 이 후산리 은행나무를 '인조대왕 계마행'이라 부른다.

→ **직접 만든 암뽕 순대, 창평장터국밥**
암뽕은 돼지의 내장 중 암퇘지의 아기주머니를 일컫는다. 찹쌀을 넣어 만들기 때문에 냄새가 나지 않고 고소하며 담백하다. 이 집은 진한 국물 맛에 아낌없이 들어간 곱창과 머리고기가 푸짐하다.
위치 | 전라남도 담양군 창평면 사동길 14-13(창평리 252-8)

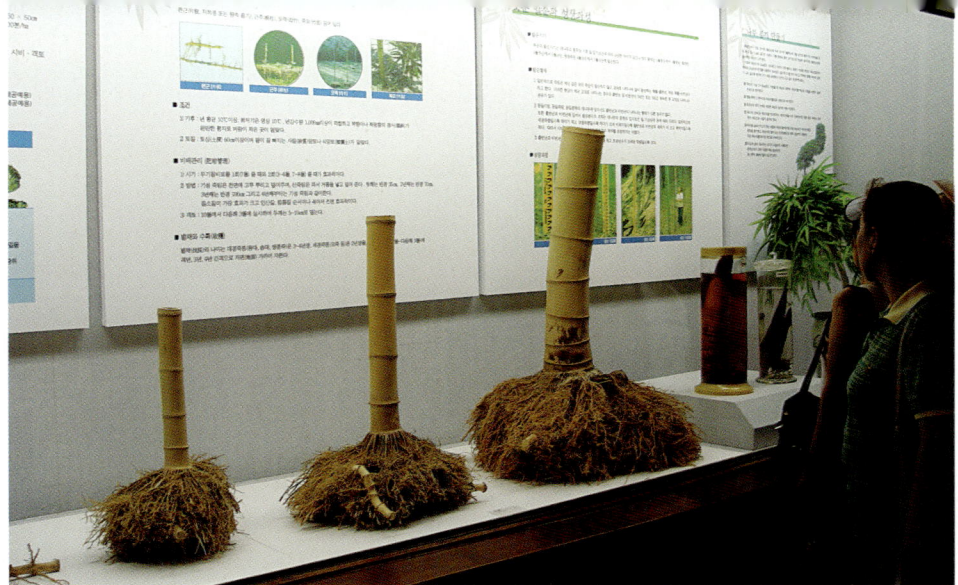

한국 대나무박물관 대나무의 모든 것을 알려준다

| 위치 | 전라남도 담양군 담양읍 천변리 401-1
　　　전라남도 담양군 담양읍 죽향문화로 35
| 운영시간 | 09:00~18:00, 연중무휴

▶ MINI DATA
| 입장료 | 있음　　주차 | 가능　　분류 | 박물관

대나무의 고장 담양에서 대나무를 주제로 전시하고 있는 전문박물관이다. 원래 있던 죽물박물관을 확장하여 옮겨왔는데 대나무에 관한 한 최고의 전시관이라고 해도 과언이 아니다. 제1전시실인 자료전시실에는 대나무의 종류와 담양지역의 대나무 분포 현황, 대나무의 이용 등에 관한 다양한 자료가 전시되어 있으며, 제2전시실인 죽물전시실에서는 옛날 대나무로 만든 생활용품들과 밀랍인형을 통하여 대나무 제품이 어떻게 만들어지는지 보여준다. 또한 이곳에는 담양지역 명인들의 작품을 엄선해서 전시하고 있어 함께 둘러볼 수 있다. 제3전시실인 죽물생활실 또한 흥미로운데 우리가 생활 속에서 흔히 볼 수 있는 죽제품뿐만 아니라 대나무로 만든 악세사리 등 현대화된 다양한 대나무 제품을 구경할 수 있는 곳이다. 요즘 시중에서 파는 중국산 죽제품과의 비교 코너를 한쪽에 마련해 우리 대나무 제품의 우수성을 보여주니 그 차이를 눈으로 확인할 수 있다. 요즘 웰빙 바람과 함께 대나무가 새롭게 주목을 받고 있는데 음식에서부터 공예재료에 이르기까지 대나무가 다양하게 사용되고 있음을 이곳 박물관에서 알게 된다. 전시관 뒤로 가면 대나무체험관이 있어 인기이다. 체험관에서 선생님들의 도움을 받아 상시체험이 가능한데 아이들은 바람개비, 학생들은 연이나 부채 같은 실용적인 작품을, 어른들은 단소 등을 만들 수 있으니 원하는 것을 정하여 하나 만들어 보도록 하자. 또 긴 대나무를 잘라 대나무통을 만들어 주는데 집으로 가져와 대나무통밥을 지어 먹을 수도 있고 술통으로 대통주도 만들 수 있다.

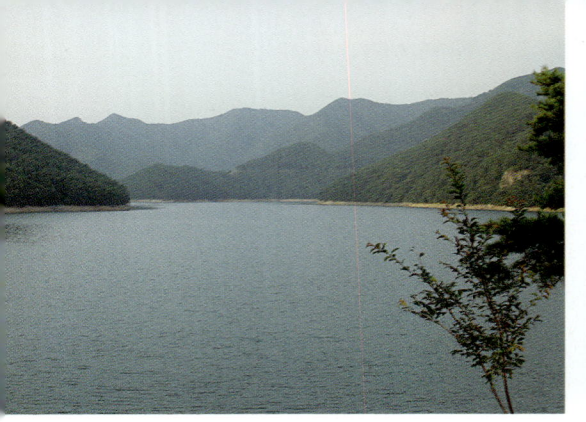
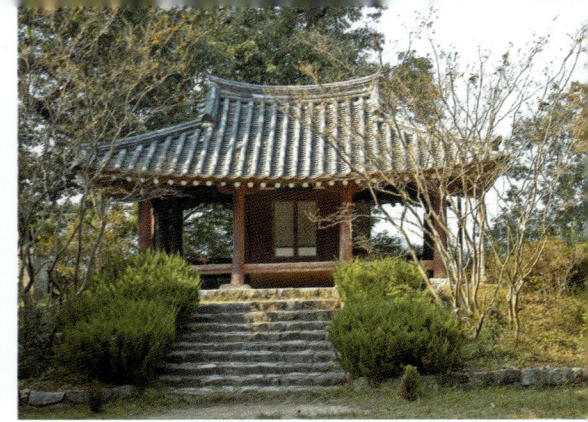

담양호
아름다운 호수를 따라

| 위치 | 전라남도 담양군 금성면, 용면 일대
| 운영시간 | 종일, 연중무휴

▶ MINI DATA
| 입장료 | 없음　　주차 | 가능　　분류 | 강, 유원지

담양의 추월산과 용추봉을 흘러내린 물이 만든 담양
호는 1976년에 완공된 거대한 인공호수이다. 추월산
관광단지와 금성산성, 가마골 등 아름다운 경관을 함
께 볼 수 있어 여행객의 발길이 잦다. 담양호를 감싸
고 있는 추월산은 해발 고도 731m의 낮은 산이지만
경치가 아름답고 귀한 약초가 많이 나기로 이름난 명
산이며 정상에 오르면 넓게 펼쳐진 담양호의 절경을
감상할 수 있다. 용추봉을 중심으로 사방 4km에 걸
쳐 형성된 가마골 계곡은 서호남 지역의 젖줄인 영산
강의 발원지이기도 하며 울창한 숲과 기암괴석으로
수려한 경관을 자랑한다. 6·25전쟁 때는 빨치산이
최후까지 항거하던 격전지로 지금도 계곡에는 그 흔
적이 남아 있다. 담양호를 오른편에 두고 가마골로
들어가는 길은 아름다운 담양호의 풍광을 즐길 수 있
는 드라이브 코스로 사랑받고 있다. 겨울에는 시원하
고 맑은 물로 인제 소양호처럼 빙어 낚시를 할 수 있
는데 수박향 나는 빙어를 맛보려는 미식가들이 즐겨
찾는다.

면앙정
담담한 경관

| 위치 | 전라남도 담양군 봉산면 제월리 402
　　　　전라남도 담양군 봉산면 면앙정로 382-11
| 운영시간 | 종일, 연중무휴

▶ MINI DATA
| 입장료 | 없음　　주차 | 가능　　분류 | 역사, 문화유적

자연을 벗 삼는 자그마한 정자 아래 학문을 연구하고
풍류를 즐기며 유유자적 살아가는 모습은 누구나 꿈
꿔봄직한 이상향이 아닐까. 조선 중기의 문신으로 높
은 관직 생활을 마치고 77세로 은퇴하여 91세로 세상
을 떠날 때까지 면앙정을 지어 노학자들과 학문을 이
야기 나누며 살아간 송순의 모습은 상상만으로도 행
복하고 여유 넘치는 모습이다. 너른 벌판 한쪽으로
나지막한 언덕 위에 자리한 정자는 멀리 보이는 산이
병풍처럼 둘러 친 곳에 자리 잡고 있다. 너르고 담담
한 마음을 이야기하는 면앙이라는 정자의 이름은 송
순의 호이기도 하다. 팔작지붕 아래 작은 방이 가운
데에 있는 정자는 가사문학의 최고 걸작 중 하나로
일컬어지는 「면앙정가」의 탄생지가 되기도 한다. 초
가삼간을 지어 자신과 달, 바람에 한 칸씩을 나누어
주겠다는 송순의 노래는 이미 정자 속으로 주변의 맑
은 자연이 들어왔으니 그 뜻을 이룬 듯하다. 정자 안
으로는 이황과 기대승의 현판들이 함께하여 그 품위
를 더욱 높인다.

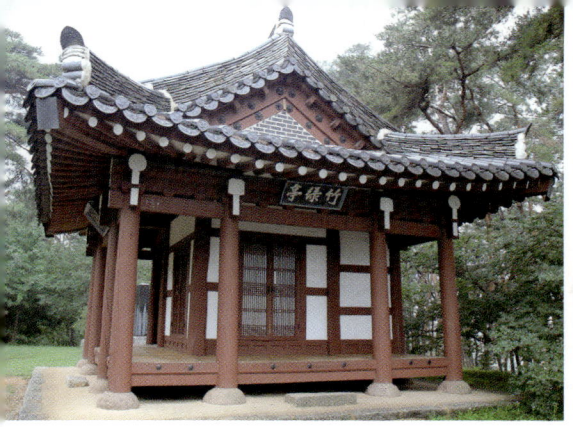

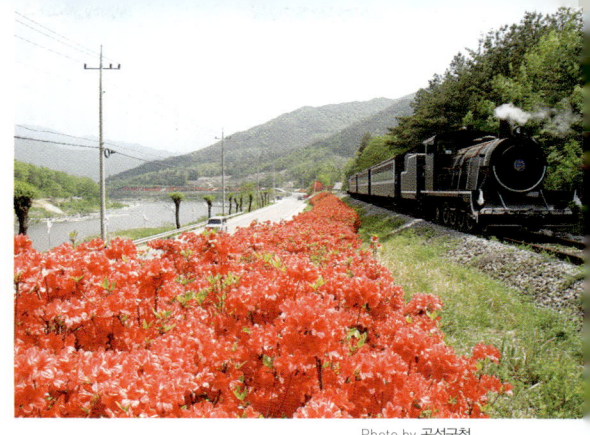

송강정
뜨거운 삶을 담는 정자

| 위치 | 전라남도 담양군 고서면 원강리 274
전라남도 담양군 고서면 송강정로 232
운영시간 | 종일, 연중무휴

▶ MINI DATA

| 입장료 | 없음   주차 | 가능   분류 | 역사, 문화유적

섬진강 기차마을
증기기관차를 타고 섬진강을 따라 가자

| 위치 | 전라남도 곡성군 오곡면 오지리 770-5
전라남도 곡성군 오곡면 기차마을로 232
운영시간 | 시설별 이용시간 상이, 연중무휴

▶ MINI DATA

| 입장료 | 있음   주차 | 가능   분류 | 전통, 체험마을

면앙정과 함께 대나무 숲에 싸여 있는 단정한 모습의 정자는 가사문학의 대가로 알려진 송강 정철이 4년 간의 낙향 생활을 보낸 송강정이다. 정철의 호인 송강에서 이름을 따왔으며 죽록정이란 또 다른 이름으로도 불린다. 「사미인곡」, 「속미인곡」 등 자연과 풍류를 노래한 정철의 가사문학이 이곳에서 탄생하였고, 또 다른 가사문학의 상징 면앙 송순을 스승으로 삼았다. 여러 차례 무너져 다시 세워진 정자는 첫 모습을 알 길 없으나 세 칸으로 지어진 정자와 주변 경관은 선비의 마음을 보여주는 듯하다. 정철은 4년 뒤 다시 중앙 정계로 진출하여 서인의 중심 인물로 자리 잡았으며, 58세로 강화도에서 쓸쓸하게 삶을 마감하는 날까지 우의정 등 높은 관직과 유배생활을 반복하는 험난한 인생을 살아갔다. 반대 세력을 철저하게 추방하는 매서운 세도가의 모습과 자연을 벗 삼아 노래를 부르는 풍류가의 삶을 오갔던 그의 모습이 역설적으로 느껴진다.

옛 곡성역에서 가정역까지 섬진강 물길을 따라 10km 구간을 달리는 증기기관차가 있다. 1998년 전라선 철도가 복선화되면서 철거될 위기에 놓였던 구간으로 곡성군이 철도청으로부터 이 구간을 매입해 기차마을을 조성하고 관광용 증기열차를 운행하고 있다. 비록 10km를 왕복하는 짧은 거리지만 증기를 내뿜고 기적을 울리는 멋진 열차를 타고 섬진강 물줄기를 감상하는 한 시간은 사랑하는 가족, 친구와 옛이야기를 나누며 향수에 젖는 추억의 시간이 된다. 옛 곡성역을 출발해 가정리역에서 잠시 쉬었다가 다시 돌아오는 코스와 편도 코스가 있는데 가정리역에서 섬진강을 따라 산책로가 잘 만들어져 있어 여유 있게 시간을 잡아 걸어보는 것도 좋다. 기차마을에서는 증기기관차 이외에도 510m 구간의 철길을 철로자전거를 타고 달려볼 수 있고, 자전거 페달을 밟아 하늘로 올라가는 탑승기구인 하늘 자전거도 탈 수 있다. 일곱 종의 놀이기구를 갖춘 놀이랜드는 어린이에게 인기가 많아 가족 단위 여행객이 즐겨 이용한다.

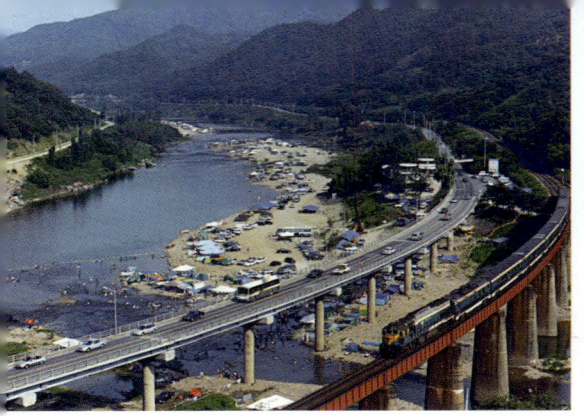
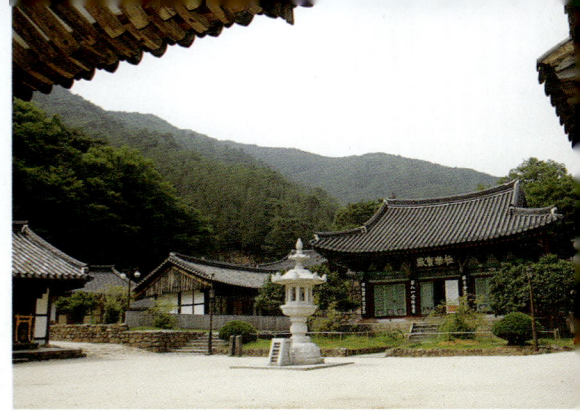

압록유원지 아름다운 강변 유원지

위치 | 전라남도 곡성군 오곡면 압록리 81
　　　　전라남도 곡성군 오곡면 섬진강로 1010 인근
운영시간 | 종일, 연중무휴

▶ **MINI DATA**
입장료 | 없음　　**주차** | 가능　　**분류** | 강, 유원지

전라선 기차를 타고 순천으로 가다보면 곡성을 지나면 곧 긴 터널을 만난다. 어두운 터널은 지루할 때쯤 끝이 나는데, 끝나는 곳에서부터 구례구역까지는 섬진강변을 따라가는 우리나라에서 가장 아름다운 기찻길 중 한 곳으로 꼽히는 곳이다. 그 기찻길 가운데 압록역이 있다. 압록역 앞은 보성강과 섬진강이 합쳐지는 곳으로, 하얀 모래 빛나는 넓은 백사장이 아름다운 압록유원지가 있다. 옛날에는 2개의 푸른 물이 합쳐진다 해서 합록이라 불렸다고 하나, 지금은 철새들이 날아오는 곳이라는 뜻의 압록이다. 넓은 백사장과 맑은 물로 여름철 피서지로 유명하며, 콘크리트교와 철교가 강을 가로지르는 풍경이 운치 있어 봄, 가을에도 찾아오는 사람들이 많다. 이곳에는 모기가 없다고 하는데 전해지는 이야기가 있다. 고려 때 강감찬 장군과 관련한 내용으로 어머니를 모시고 여행을 하던 중 이곳에 노숙을 하게 되었고, 밤에 모기가 많아서 어머니가 잠을 못 이루자 강감찬이 고함을 질러 모기의 입을 꽁꽁 묶었는데 그때부터 모기가 없어졌다고 하는 재미 있는 내용이다.

천은사 솟지 않는 샘을 숨긴 천 년 고찰

위치 | 전라남도 구례군 광의면 방광리 70
　　　　전라남도 구례군 광의면 노고단로 209
운영시간 | 07:00~19:30, 연중무휴

▶ **MINI DATA**
입장료 | 있음　　**주차** | 가능　　**분류** | 불교유적

화엄사, 쌍계사와 함께 지리산 3대 사찰로 꼽히는 천은사는 신라 흥덕왕 3년(828년)에 인도에서 온 덕운스님에 의해 창건된 천 년 고찰이다. 구례에서 성삼재로 가는 일주도로 입구에 있으나 화엄사나 쌍계사의 명성에 가려 많이 알려지지 않았다. 천은사의 본래 이름은 경내에 이슬처럼 맑은 샘이 있어 감로사였는데 임진왜란으로 소실되어 다시 중건할 당시 이 샘에 이무기가 나타나 잡아 죽였더니 샘이 솟아나지 않았다는 이야기가 전한다. '샘(泉)이 숨었다(隱)' 해서 숙종 4년 때부터 천은사라 불렸는데 이때부터는 절에 화재가 끊이지 않고 재앙이 거듭되어 절의 수기를 지켜주던 이무기를 죽인 탓이라며 걱정이 많았다고 한다. 이 소식을 들은 조선 시대 명필 중 한 사람인 원교 이광사가 일주문 현판에 물 흐르는 듯한 글씨체로 '지리산 천은사'라 써서 걸었더니 화재가 일어나지 않았다고 한다. 천은사를 찾게 되면 일주문의 현판 글씨부터 확인해보자. 일주문을 지나 경내로 들어가는 계곡은 수홍루로 연결되어 있는데 물 위에 비친 다리와 정자의 모습이 아름답기로 유명하다.

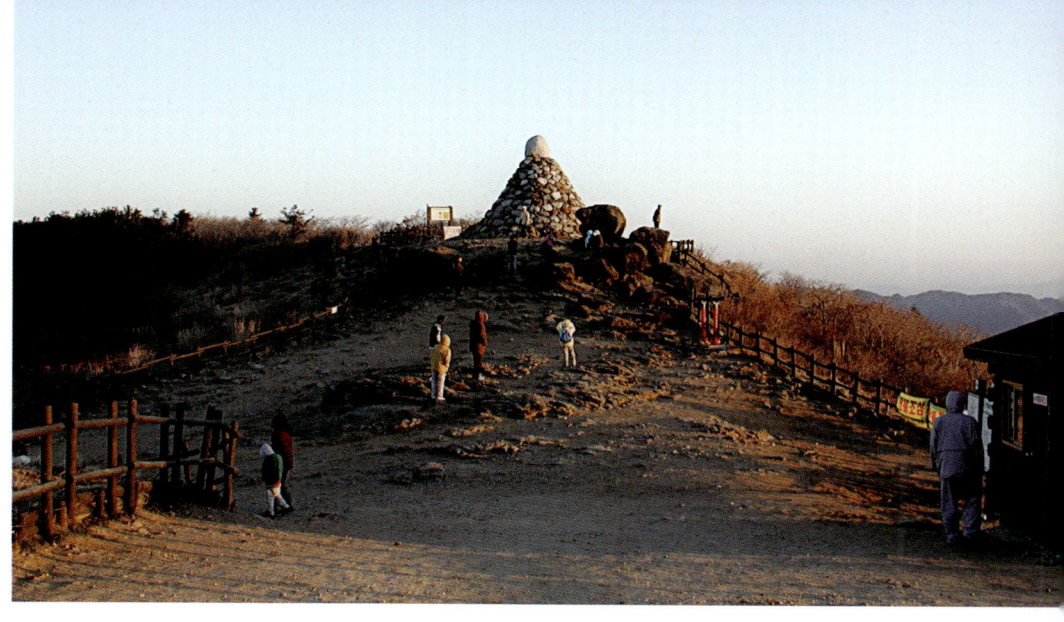

노고단 발아래 구름바다, 지리산의 영봉

위치 | 전라남도 구례군 산동면 좌사리 산110-2 인근
　　　전라남도 구례군 산동면 노고단로 1068-321 인근
운영시간 | 일출 2시간 전~일몰, 연중무휴

▶ MINI DATA
| 입장료 | 없음　　주차 | 가능　　분류 | 산, 계곡, 동굴

지리산 서쪽의 노고단(1,507m)은 천왕봉(1,915m), 반야봉(1,734m)과 함께 지리산 3대 봉우리 중 하나이며 민족의 영산이라 일컬어지는 지리산 중에서도 영봉으로 꼽힌다. 노고단이라는 이름에서 '노고(老姑)'란 '할미', 곧 국모신인 서술성모를 의미한다. 신라시대부터 현재까지 노고단은 제사를 지내며 국운을 기원하는 신성한 장소로 추앙받는 곳이다. 노고단 정상에는 제사의 중심지가 되는 돌로 쌓은 제단이 있다. 이곳에서 바라보는 노고단 운해는 지리산 십경 중 제2경이라 꼽히는데 발아래 펼쳐지는 구름바다는 가히 절경이다. 드라이브코스로 유명한 성삼재 정상의 휴게소 옆으로 노고단으로 올라가는 길이 있다. 산책로처럼 꾸며진 길을 따라 1시간 정도 오르면 노고단 정상 바로 아래의 노고단 산장에 도착할 수 있다. 여기에서 다시 돌계단을 오르면 제단이 있는 정상에 도착하게 되는데 봄이면 철쭉이 장관을 이루고 가을에는 단풍으로 붉게 물드는 산세를 감상할 수 있다. 지리산을 종주하는 출발점이기도 하다. 노고단에서 시작된 종주길은 임걸령-반야봉-토끼봉-벽소령-세석평전-천왕봉으로 이어간다.

→ 노고단산장에서 하룻밤 보내기

세계 2차대전 때 군 휴양소로 쓰였던 역사를 가진 노고단산장은 현대식 시설을 갖춘 산장으로 지리산 등반을 하지 않더라도 노고단의 일출과 일몰을 보고자 한다면 하룻밤 묵어보기를 권한다. 침낭과 담요는 대여할 수 있으며 간단한 요깃거리도 판매하고 있으니 약간의 불편만 감수한다면 등산을 좋아하지 않아도 독특한 추억거리가 되겠다. 예약은 필수!
문의 | 061-783-1507(노고단산장, 공식 명칭은 노고단대피소)

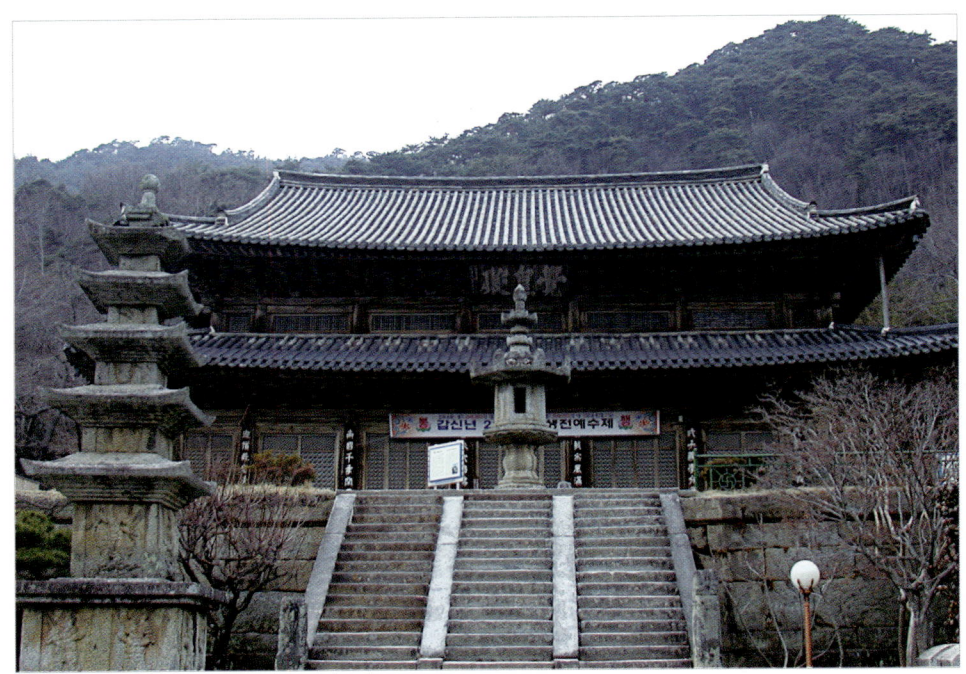

화엄사 화엄의 근본 도량

위치 | 전라남도 구례군 마산면 황전리 12
전라남도 구례군 마산면 화엄사로 539
운영시간 | 종일, 연중무휴

▶ MINI DATA
| 입장료 | 있음   주차 | 가능   분류 | 불교유적

민족의 영산 지리산 자락에 위치한 화엄사는 백제 성왕 22년(544년)에 인도에서 온 연기대사에 의해 창건되었다. 자장율사와 도선국사에 의한 중건 과정을 거치며 번성하다 임진왜란 때 모두 소실되고 인조 14년(1636년)에 중건되었다. 화엄경의 '화엄' 두 글자를 따서 화엄사라 명명되었으며 현존하는 목조건물로는 최대의 규모를 자랑하는 각황전과 세련된 조각이 아름다운 사사자 삼층석탑, 우리나라에서 가장 크기가 큰 각황전 앞 석등, 각황전 안의 영산회괘불탱 등 4점의 국보와 대웅전, 화엄석경, 동·서 오층석탑 등 4점의 보물을 비롯해 천연기념물 제1040호로 지정된 올벚나무까지, 빛나는 문화유산을 간직한 천 년 고찰이다. 가람의 배치가 영주의 부석사 만큼이나 독특한데 일주문을 지나 약 30° 꺾어서 북동쪽으로 들어가면 금강역사, 문수, 보현의 상을 안치한 천왕문에 다다르는데 이 문은 금강문과는 서쪽 방향으로 빗겨 배치한 것이다. 이 천왕문을 지나 다시 올라가면 보제루에 이르고, 보제루는 다른 절에서 그 밑을 통과하여 대웅전에 이르는 방법과는 다르게 누의 옆을 돌아가게 되어 있는 구조다. 일출과 일몰 전의 지리산 자락을 울리는 타종 소리가 아름답기로 유명하며 하동에서 화엄사에 이르는 길은 쌍계사 십리벚꽃길과 더불어 벚꽃으로 장관을 이루어 해마다 4월 중순이면 여행객이 끊이지 않는다.

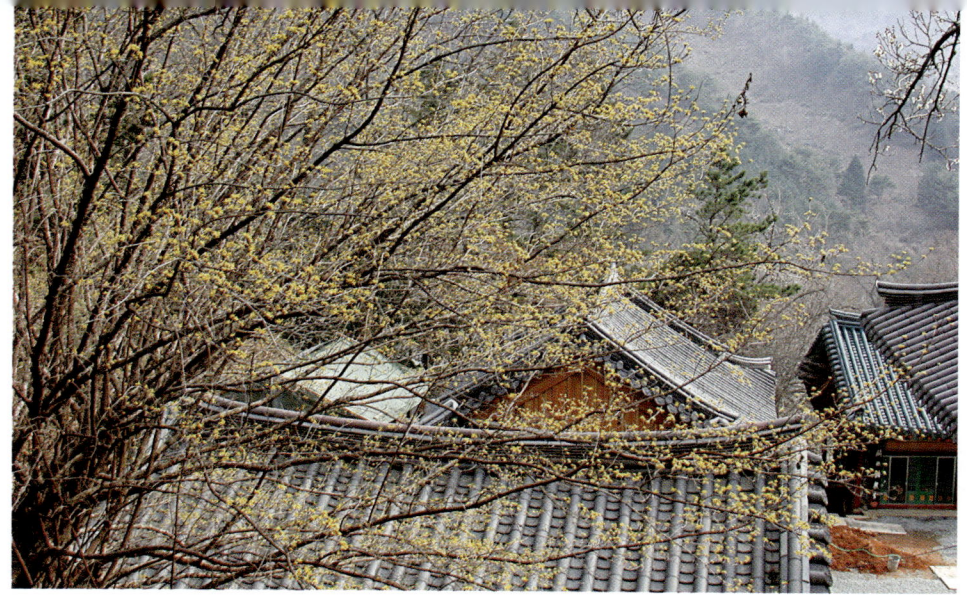

지리산 산수유마을 노란 파스텔화 속의 주인공이 되자

위치 | 전라남도 구례군 산동면 위안리 산수유마을
전라남도 구례군 산동면 위안리 월계길 일대
운영시간 | 10:00~16:00, 연중무휴

▶ MINI DATA
| 입장료 | 없음   주차 | 가능   분류 | 전통, 체험마을

구례군 산동면 일대는 해마다 3월 중순에서 하순 사이 노란빛으로 채색된다. 마을 어디를 둘러보아도 노란색 천지다. 산수유나무에서 피어난 산수유꽃 때문이다. 산수유마을로 잘 알려진 산동면은 우리나라 산수유 열매 생산량의 67%를 차지할 만큼 산수유나무가 많은 곳이다. 남도 봄꽃 여행 1번지로, 섬진강변의 벚꽃보다 1달 정도 빨리 매화와 비슷한 시기에 피는 산수유꽃은 가까이서 보면 작은 꽃송이가 평범한 듯하지만 몇 그루의 산수유나무가 무리 지어 일제히 꽃망울을 터뜨리면 봄 햇살과 어우러져 아스라한 아름다움을 보여준다. 지리산을 병풍처럼 두르고 자리한 마을에는 돌담길을 따라 마당 안에 수십 년에서 수백 년 수령을 가진 산수유나무들이 자라고 있으며 매년 산수유꽃이 피는 시기에 맞춰 지리산 산수유축제가 열리고 전국의 화가와 사진작가들이 노란 봄의 기운을 작품에 담기 위해 이곳을 찾는다. 산수유꽃은 노

란색이지만 그 열매는 붉은색으로 신장과 골수를 튼튼하게 하고 신경통에도 효과가 있다고 한다.

→ 지리산온천

산수유마을 아랫동네에 따뜻하게 피로를 풀어주는 지리산온천이 자리한다. 가장 최근에 개발된 온천지구 중 하나로 수량이 많고 깨끗하다. 대규모 온천 수영장 시설을 갖춘 지리산온천랜드나 대형 리조트 시설 이외에도 작은 규모의 숙박시설에도 온천수는 공급되니 지리산 등반이나 남도 여행 이후 지친 몸을 쉬어가기에 그만이다. **문의** | 061-780-7800(지리산온천랜드)

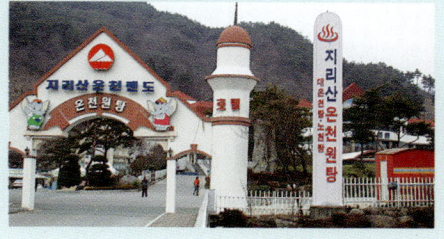

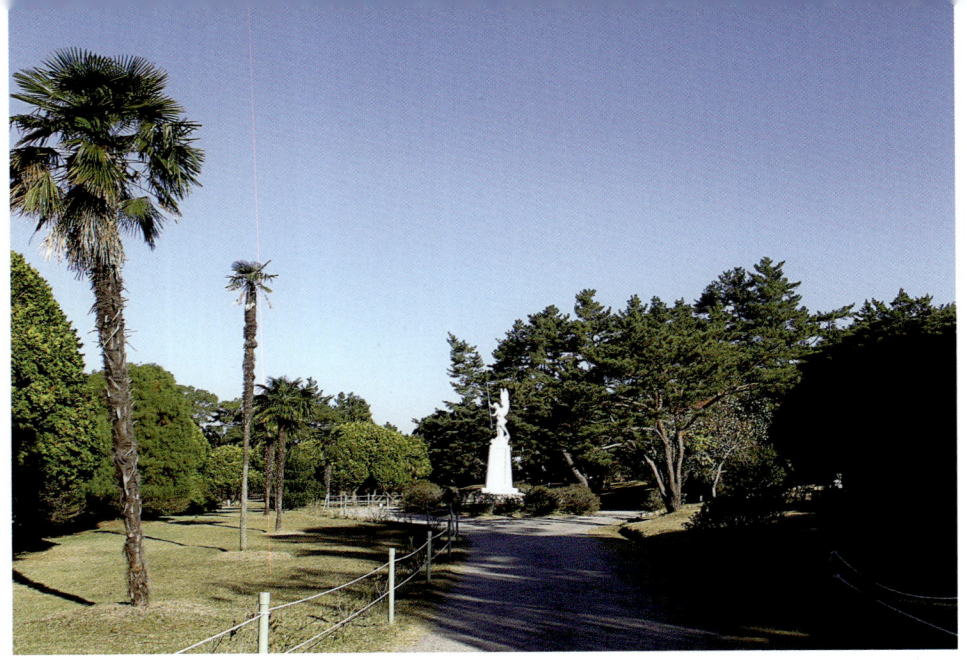

소록도 한센병 환우의 아픔이 서린 작고 아름다운 섬

| 위치 | 전라남도 고흥군 도양읍 소록리
| 운영시간 | 종일, 연중무휴

▶ MINI DATA
| 입장료 | 없음   주차 | 가능   분류 | 바다, 섬

섬의 모양이 어린 사슴과 비슷하다 해서 소록도라 불리는 이 섬은 한센병 환자를 위한 국립소록도병원이 있는 곳으로 유명하다. 아직도 약 700여 명의 한센병 환자들과 의료진, 자원봉사자들이 살아가는 생활공간이라 여느 관광지의 흥겨움이나 소란스러움은 어울리지 않는다. 녹동항에서 바라보면 마치 손에 잡힐 듯 가까운 1km 거리에 있다. 4.4km²의 작은 섬이지만 울창한 송림과 깨끗한 백사장이 아름다운 소록도 해수욕장과 일제 시대 강제수용되었던 한센병 환자들이 손수 가꾼 것으로 알려진 중앙공원 등 볼거리가 많은 섬이다. 녹동항에서 배를 타고 10여 분을 달려 소록도 선착장에 내리면 지정된 도로를 따라 섬 반대편의 소록도 해수욕장까지 갈 수 있다. 해변을 감싸 안으며 시원스레 하늘을 바라보는 소나무 숲과 갯바위들이 멋진 경관을 연출하는 곳이다. 소록도병원이 있는 곳으로 가면 한센병 환자들의 생활 모습을 엿볼 수 있는 생활자료관과 한센병 환자였던 한하운 시인의 시비, 소록도의 슈바이처라 일컬어지는 하나이젠키치 원장의 창덕비 등 소록도의 아픈 역사를 접할 수 있다. 제2안내소 앞에는 소록도에서 가장 아름다운 길이자 가슴 아픈 사연을 간직하고 있는 수탄장이 있다. 한센병 환자의 자녀를 강제로 격리해놓고 병사 지대와 직원 지대에 있는 이 도로에서 1달에 1번 만날 수 있게 했는데 그것도 전염병을 우려해 서로 손 한 번 잡아보지 못하고 길가에 마주 서서 눈만 마주칠 수 있었다 한다. 실제 한센병 환자들이 살고 있는 마을에는 관광객이 들어갈 수 없다. 최근 소록대교가 개통되어 찾기가 더욱 쉬워졌다. 단, 일몰 후 출입은 통제된다.

금탑사 비자림
깊은 숲 속에서 만나는 비자나무

| 위치 | 전라남도 고흥군 포두면 봉림리 699
전라남도 고흥군 포두면 금탑로 842
| 운영시간 | 종일, 연중무휴

▶ MINI DATA
| 입장료 | 없음 　 주차 | 가능 　 분류 | 숲, 자연휴양림

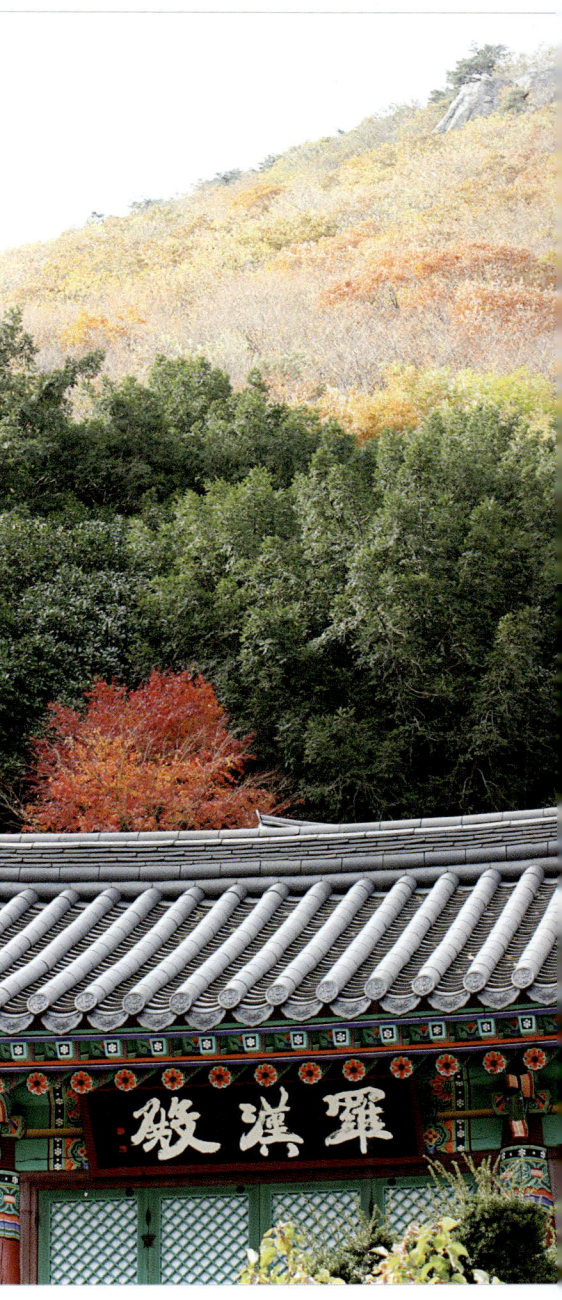

절을 세울 때 금탑을 함께 세웠다고 해서 이름을 금탑사라 하며, 신라 선덕여왕 때 원효대사가 세웠다고 하니 그때부터 헤아린다면 약 1,400여 년의 역사를 가지고 있는 오래된 절이다. 금탑사는 고흥 읍내에서도 한참을 들어가야 찾을 수 있는 절로 산중 사찰의 고즈넉한 분위기를 그대로 간직하고 있다. 절의 입구를 알리는 일주문도 없이 주차장에 오르면 바로 위가 절이다. 여러 건물들이 있지만 본전이라 할 수 있는 극락전만이 역사를 가지고 있는 건축물로, 정유재란 때 불이 나서 건물들을 다시 지었는데 그로부터 다시 1백 년 뒤인 조선 숙종 때 다시 한 번 불이 나 대부분의 건물들이 다 타버렸지만 극락전만이 남았다고 한다. 금탑사에 오르는 또 다른 중요한 이유가 바로 절 주변으로 펼쳐진 비자림 때문이다. 「세종실록지리지」 등 옛 기록을 보면 옛날에는 남쪽 지역에서 쉽게 비자나무를 볼 수 있었다고 하지만 지금은 장성 백양사와 제주도 등지에서만 비자림을 볼 수 있다. 금탑사 비자림은 천연기념물로 지정된 숲이다. 바둑을 즐기는 사람이라면 비자나무로 만든 바둑판 하나 가지는 게 소원이라 할 만큼 바둑알을 놓을 때 살짝 튕겨져 나오는 느낌이 좋다고 하며, 「동의보감」에는 비자나무 열매를 하루에 7개씩 7일간 복용하면 촌충이 없어진다고 하여 약재로 쓰이는 나무이기도 하다. 이곳 비자나무 숲은 제주도의 비자림과 달리 인공으로 만들어진 숲으로 절이 화재로 소실된 후 다시 창건되면서 심었을 거라 추정하는데 울창한 숲을 이루고 있어 사계절 푸른 비자나무의 아름다움을 감상할 수 있다.

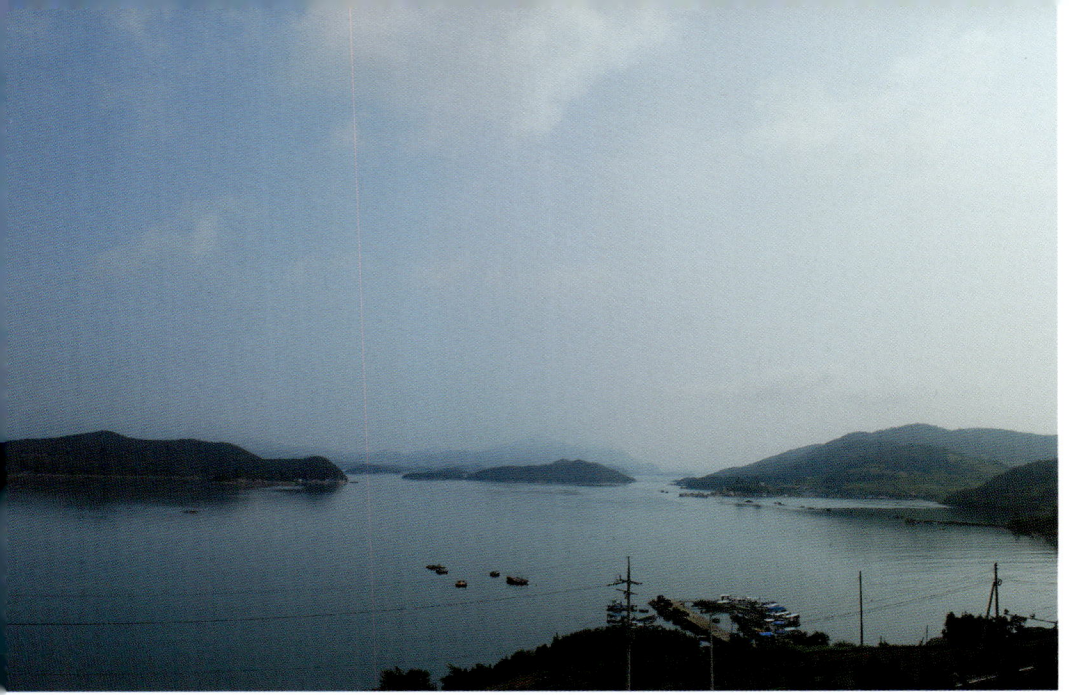

나로도(내나로도와 외나로도) 섬 아닌 2개의 섬

| 위치 | 전라남도 고흥군 봉래면 신금리~덕흥리
| 운영시간 | 종일, 연중무휴

▶ MINI DATA

| 입장료 | 없음   주차 | 가능   분류 | 바다, 섬

다도해상국립공원에 속하는 내나로도와 외나로도는 1994년 고흥과 내나로도를 잇는 380m 길이의 나로1대교가 건설되고, 1995년 내나로도와 외나로도를 잇는 450m 길이의 나로2대교가 건설되면서 육지와 연결되었다. 고흥에서 외나로도까지 가는 길은 드라이브 코스로도 좋으며 2개 섬 곳곳에 아름다운 해안 풍경을 간직하고 있다. 내나로도는 상산, 구룡산, 삼암산 등 산지가 발달했으며 남쪽 해안은 일부가 다도해상국립공원에 속해 있는 만큼 기복이 심한 해안선과 암벽으로 아름다운 경관을 자랑한다. 외나로도는 섬 전체가 다도해상국립공원에 속해 있으며 천연기념물 제362호로 지정된 상록수림을 끼고 있는 나로도해수욕장과 염포해수욕장이 있어 여름철 피서지로 인기다. 우리나라에서 최초로 발사되는 우주선

이 있는 우주센터도 외나로도에 있다. 축정항에서 커다란 물고기 모양이 독특한 나로도 유람선을 타면 내나로도와 외나로도를 모두 둘러보며 서답바위, 부채바위, 곡두녀, 카멜레온바위, 사자바위, 용굴, 부처바위, 남근바위 등 기암절경을 감상할 수 있다.

> **나로우주센터, 우주를 향한 꿈이 현실이 되는 곳**
>
> 나로우주센터의 준공으로 우리나라는 세계에서 13번째로 로켓발사장을 보유한 나라가 되었다. 지금껏 발사장이 없어 다른 나라의 발사장과 발사체를 빌려서 보내야 했는데, 드디어 우리 땅에서 우리 손으로 만든 발사체에 실어 우주로 보낼 수 있게 되었다. 센터 가장 깊은 곳에 위치한 발사대와 더불어 발사통제동, 레이더동, 시험동 등 로켓을 조립하고, 발사하고, 추적 및 통제를 할 수 있는 시설들이 있다. 일반인들을 위한 우주과학관이 있어 로켓과 인공위성, 우주에 대한 교육과 체험의 장으로 이용된다.
> **문의** | 061-830-8700
> **홈페이지** | http://www.narospacecenter.kr

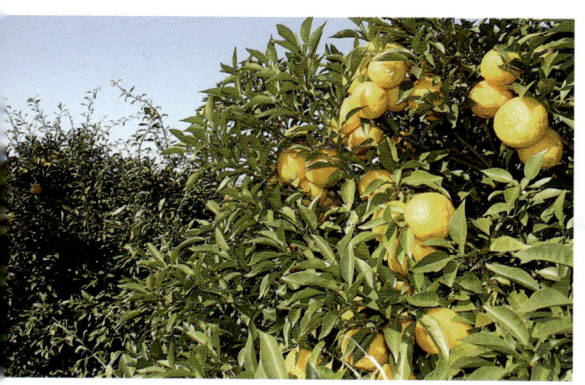

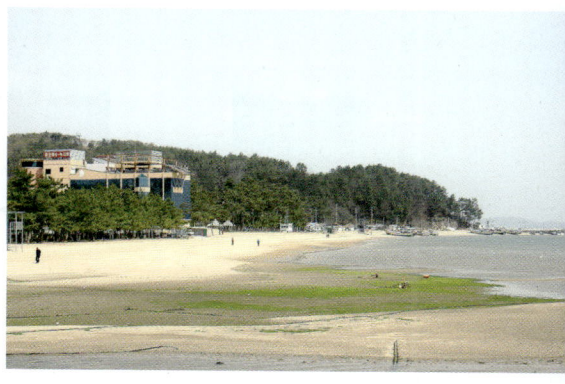

유자공원

남도의 향기

| 위치 | 전라남도 고흥군 풍양면 한동리 39-2
　　　 전라남도 고흥군 풍양면 대청길 33-11
| 운영시간 | 종일, 연중무휴

▶ MINI DATA

| 입장료 | 없음　주차 | 가능　분류 | 숲, 자연휴양림

한려해상국립공원의 경관을 가장 아름답게 바라볼 수 있는 고흥의 끝자락, 녹동항을 찾아가는 아름다운 도로변으로 해마다 늦가을이면 달콤한 향기를 진하게 발산하는 유자의 잔치가 열린다. 우리나라 유자의 대부분을 생산한다는 고흥은 유자가 익는 가을이면 샛노란 물결로 아름답게 변신한다. 나무 한 그루에서 생산되는 유자로 자식을 대학까지 보낸다 하여 대학나무로 불렸던 유자의 명성은 옛 이야기가 되었지만 바다로 가는 길을 알려주는 이정표인 듯 사람의 마음을 싱그럽게 만든다. 레몬의 3배에 달한다는 유자의 비타민은 유자차와 음식 등으로 피로를 씻어주는 고마운 자연의 선물이다. 우리나라와 중국, 일본에서만 생산되는 특이한 열매는 동양의 향기라 말하기에 부족함이 없다. 유자나무 사이로 산책도 즐기고 전시장에서 유자의 효능을 알아보며 향기로운 유자차 한 잔을 즐기자. 온몸을 깨우는 맑은 기운을 얻은 후 녹동항의 푸른 바다를 만난다면 무엇보다 상쾌한 기분을 느낄 수 있다.

율포해수욕장과 해수녹차탕

녹차 향 가득한 해수 온천을 즐기자

| 위치 | 전라남도 보성군 회천면 동율리 678
　　　 전라남도 보성군 회천면 우암길 24
| 운영시간 | 종일, 연중무휴

▶ MINI DATA

| 입장료 | 없음　주차 | 가능　분류 | 바다, 섬

공해 없이 청정하기로 유명한 득량만 바다를 끼고 있는 율포해수욕장은 작은 어촌 마을에 위치해 있으나 100년 수령을 자랑하는 울창한 송림과 1.2km에 이르는 백사장이 바다 풍광과 어우러진 멋진 곳이다. 각종 편의 시설을 갖추고 있어 송림에서 캠핑을 즐길 수 있다. 조수간만의 차가 심해 해수욕을 제대로 즐길 수 없는 단점을 보완하기 위해 지하 120m에서 솟는 심해수를 끌어와 만든 9.9km² 규모의 해수풀장에 유수풀, 파도풀, 워터슬라이더 등이 있어 인기를 얻고 있다. 특히 율포해수욕장의 자랑거리인 녹차해수탕은 보성에서 나는 녹차와 심해수를 결합시킨 해수탕으로 녹차 향이 그윽한 탕에 앉아 바다를 감상하는 행복한 체험을 할 수 있다. 몸속의 중금속을 밖으로 배출시키며 땀의 분비를 도와 다이어트에도 효과가 좋은 것으로 알려지면서 인근 보성차밭을 여행한 후 꼭 들르는 필수 코스로 자리 잡았다.

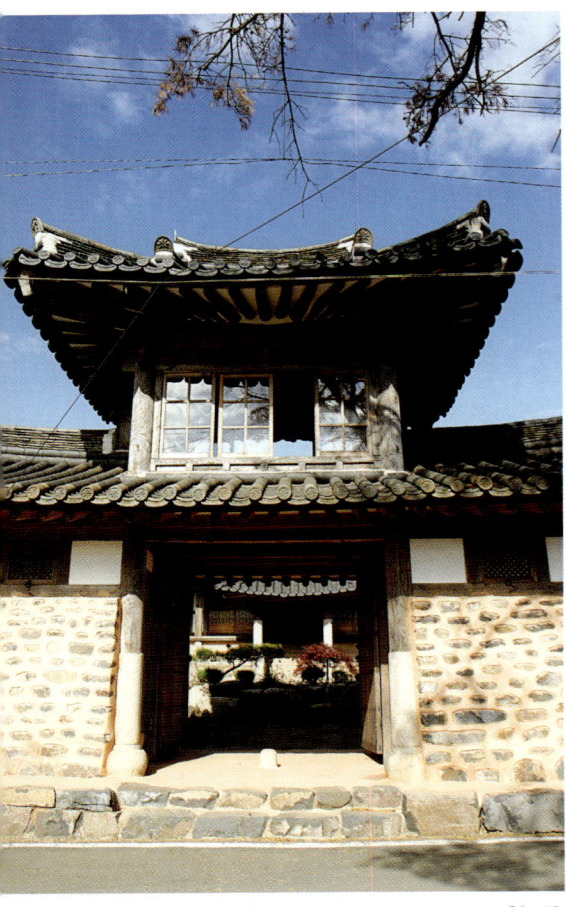

소설 『태백산맥』 문학기행

소설의 감동을 이곳에서 다시 한 번

| 위치 | 전라남도 보성군 벌교읍 일대
| 운영시간 | 종일, 연중무휴

▶ MINI DATA
| 입장료 | 없음　　주차 | 가능　　분류 | 역사, 문화유적

조정래 선생의 대하소설 『태백산맥』은 벌교를 배경으로 여순사건에서부터 한국전쟁이 마무리되는 시점까지 생생하게 그려내고 있는 대작이다. 소설이지만 소설이 아닌 이야기로 그 안에서 벌어지는 사건들, 인물들 간의 갈등이 우리 역사의 실제이기에 소설 그 이상의 의미가 있는 작품이라 큰 감동을 준다.

벌교 읍내 곳곳에 남아 있는 소설 속 흔적을 찾을 수 있는데, 먼저 벌교 읍내로 들어가다 보면 홍교 옆으로 김범우의 집을 찾을 수 있다. 소설 속에서 빨갱이로 몰려 순천경찰서에 갇힌 김범우를 구하기 위해 김사용 영감이 문중회의를 열었던 곳이다. 김범우의 집을 나서 벌교천을 따라 내려가면 소화다리를 볼 수 있다. 부용교라는 원래 이름 대신 일제의 연호인 소화라는 이름으로 불린 다리로 원래는 광주에서 순천을 잇는 국도 2호선의 다리였으나 지금은 인도교로 이용되고 있다. 다리를 지나 왼쪽 골목으로 들어가면 현부자집과 소화의 집이 나오는데 소화의 집은 그 터만 남아 있다. 현부자집인 이곳에서 소설이 시작하는데 정하섭이 소화의 도움을 받아 이 집 제각에 몸을 숨기는 내용이다.

이곳까지 관람한 다음에는 다리를 건너 벌교 읍내로 들어가 보자. 소설에서 자애병원으로 묘사된 옛 후생병원 건물이 있으며 금융조합 건물도 일제 때 모습 그대로 남아 있다. 안으로 더 들어가면 지금은 벌교여자중학교로 사용되고 있는 북초등학교를 찾을 수 있는데 반란사건이 진압된 후 인민재판을 벌이던 곳이다. 이 밖에도 벌교 읍내에는 소설 속에 배경으로 등장하던 곳들이 곳곳에 남아 있다.

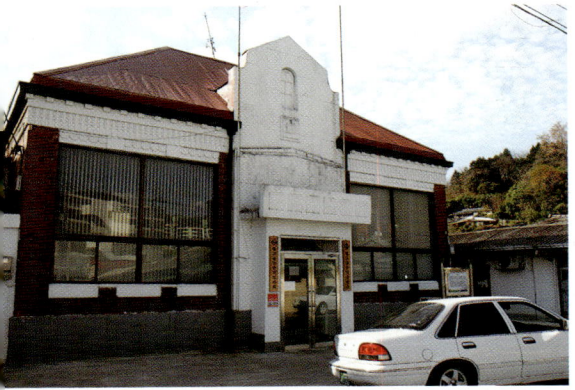

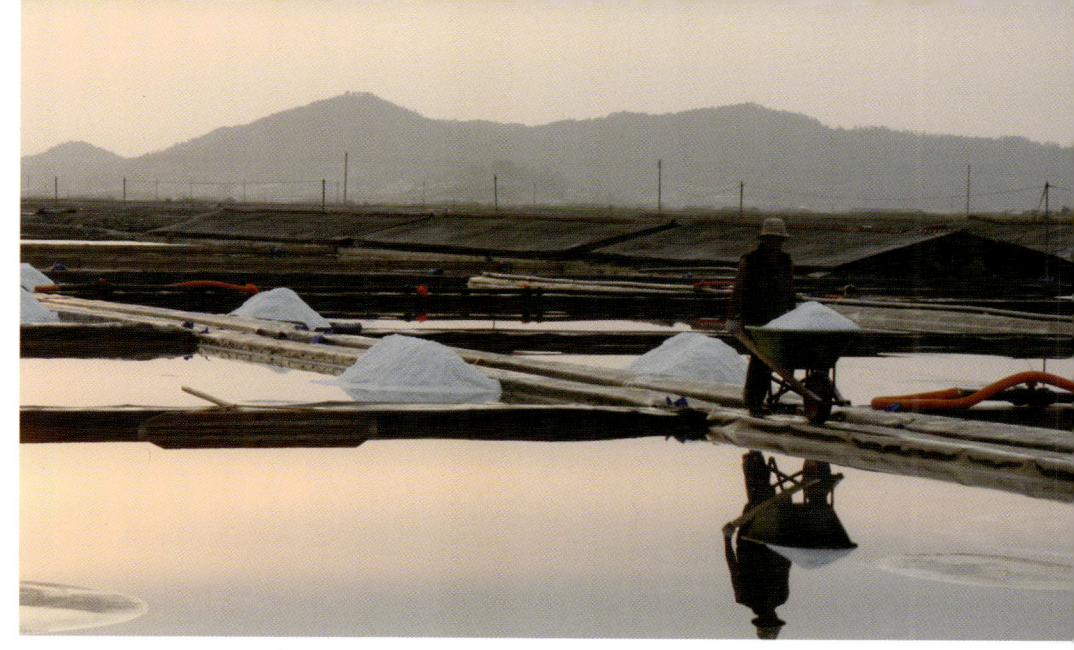

증도 태평염전과 소금박물관 자연이 준 식탁의 보물 소금

위치 | 염전 전라남도 신안군 증도면 증동리 1930
박물관 전라남도 신안군 증도면 대초리 1648
(지도증도로 1058)
운영시간 | 염전 3~10월 11:00/15:00,
박물관 09:00~18:00, 연중무휴

▶ MINI DATA
입장료 | 있음 주차 | 가능 분류 | 바다, 섬

140만 평 규모(여의도 면적의 2배)의 국내 최대 염전인 신안 증도 태평염전은 1953년 전증도와 후증도를 막아 형성되었으며 아시아 최초로 이탈리아 국제 연맹으로부터 슬로시티로 지정되었다. 뿐만 아니라 신안군은 세계 유네스코 생물권보전구역이기도 하다. 이런 연유로 질 좋은 갯벌과 청정 바다에서 만들어지는 태평염전 천일염은 미네랄도 풍부하여 건강까지 챙길 수 있는 소금이다. 천연 국내 단일 염전으로는 1만 5천 톤까지 생산해낸다고 한다. 천일염은 순수 자연의 힘으로 만들어진다고 볼 수 있는데 갯벌에 있는 염전에서 소금이 만들어지면 햇빛과 바람으로 증발시키기 때문이다. 태평염전에 가면 소금창고와 소금박물관도 볼 수 있는데 염전으로서는 최초로 근대

문화유산에 등록된 소금박물관은 1945년에 건축된 석조 소금창고를 리모델링해 2007년도에 개관하였다. 이곳에서 소금이 시작되는 곳 바다, 소금의 역사와 문화, 미네랄 소금, 지구촌 소금여행 등 상설전시를 관람할 수 있다. 소금에 대한 유익한 정보를 얻을 수 있는 소금박물관은 30분 정도면 관람이 가능하니 꼭 한번 들러보길 권한다. 볼거리 말고도 직접 체험학습도 가능하다. 우리소금 지키기 체험단을 통해 태평염전 현장에서 자연 그대로의 천일염에 대해 배우고 직접 만들어보는 체험학습을 경험할 수 있다. 이는 먹거리의 중요성에 대해서 다시 한번 배우고 생각할 수 있는 유익한 프로그램이다.

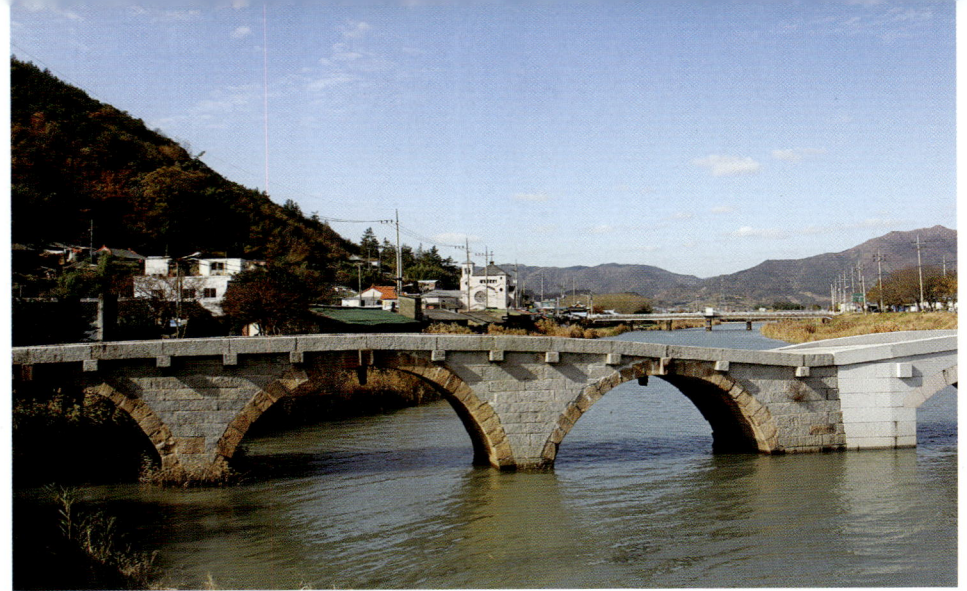

벌교 홍교 <small>아치가 아름다운 옛 다리</small>

위치 | 전라남도 보성군 벌교읍 벌교리 895-3
　　　 전라남도 보성군 벌교읍 벌교천1길 75-1
운영시간 | 종일, 연중무휴

▶ MINI DATA
입장료 | 없음　　주차 | 가능　　분류 | 역사, 문화유적

반원형의 아치가 다리를 받치고 있는 벌교 홍교는 남아 있는 홍교 중에서 가장 규모가 크며, 지금도 주민들이 내를 건널 때 이용한다고 하니 제 역할을 충실히 하고 있는 다리이다. 다리 아래로는 물때에 따라 바닷물이 드나드는데 원래 이 자리에는 나무 뗏목을 이어 만든 다리가 있었다고 한다. 그 연유로 이곳의 지명이 벌교라 지어졌다 하는데 조선 영조 때 홍수가 나면서 다리가 떠내려갔다고 한다. 이후 다시 다리를 놓았는데 그때 만든 다리가 홍교로 선암사의 스님이 이곳에 와서 감독하였다고 하며 그 기록이 지금 선암사 승선교의 역사를 기록하고 있는 홍교비에 함께 새겨져 있다. 소설『태백산맥』의 주요한 배경이 되었던 곳으로 1980년대 초에 보수공사를 하여 옛 다리의 모습과 새로 고친 흔적이 대비되니 살펴보면 되겠다. 아치 아래쪽 중간에는 용이 머리를 내밀고 있는데, 건축학적으로 이 자리는 아치를 만들 때 마지막 돌을 넣어 전체를 고정시키는 중요한 자리라고 한다. 여기에 물을 다스리는 동물로 용을 형상화함으로써 물난리를 예방하고자 하는 뜻을 담은 것이다. 옛날에는 용의 코끝에 방울을 달아놓아 바람이 불면 딸랑딸랑 소리가 났다고 하는데 지금 종은 간데없으니 소리도 들을 수 없어 마음속으로 상상을 해볼 뿐이다.

> ➔ **벌교우렁집, 우렁이로 끓여 낸 시원한 국물 맛**
>
> 꼬막으로 유명한 벌교이지만, 이 지역 사람들은 이곳의 우렁이탕을 더 즐겨 찾을 정도로 소문난 맛집이다. 우렁이를 넣고 된장, 죽순, 감자를 함께 넣어 우렁탕의 시원한 국물 맛이 일품이다. 우렁이와 죽순, 미나리와 오이 등을 함께 넣어 버무린 우렁이회도 이 집의 특별한 음식이다. 뒷마당으로 나가면 고무 대야에 가득 담겨 있는 살아 있는 우렁이를 볼 수 있다. 홍교 바로 앞에 있어 찾기 쉽다.
> **문의** | 061-857-7613

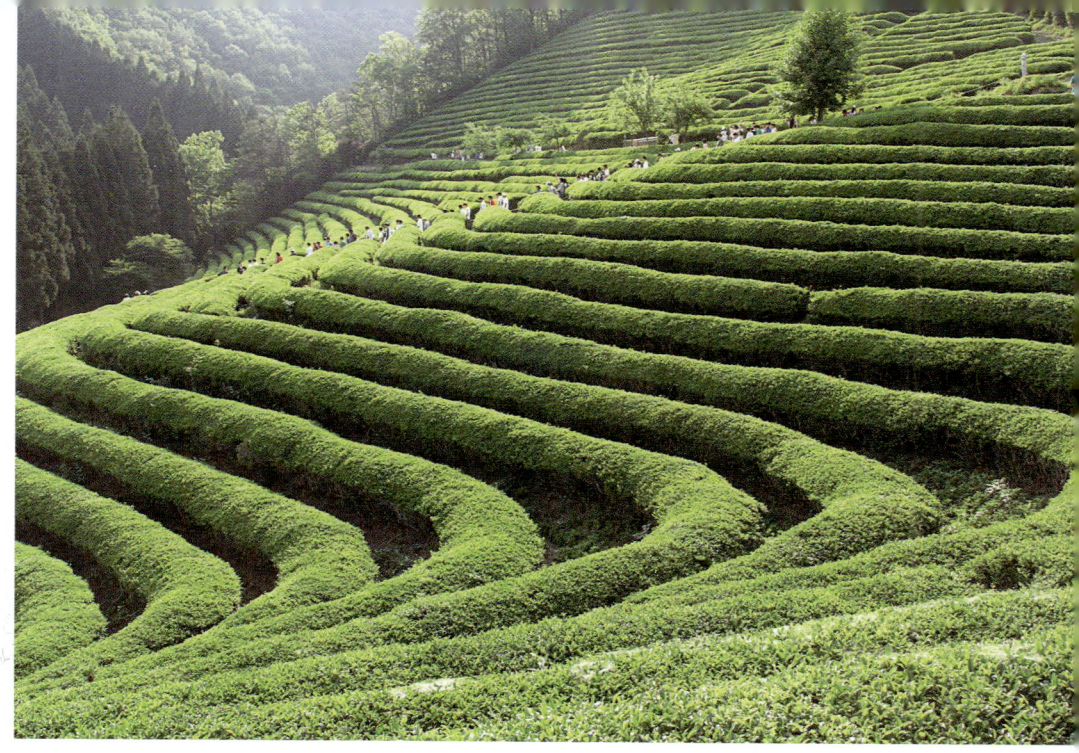

대한다원 이국적인 풍경에 몸과 마음까지 푸르게

위치 | 전라남도 보성군 보성읍 봉산리 1287-1
전라남도 보성군 보성읍 녹차로 763-43
운영시간 | 09:00~19:00, 5~8월 09:00~20:00, 연중무휴

▶ MINI DATA
입장료 | 있음   주차 | 가능   분류 | 숲, 자연휴양림

보성은 우리나라 차의 80% 이상을 생산하는 대표적인 차 산지이다. 보성 지역에 대규모로 차가 재배되기 시작한 것은 일제 때로 거슬러 올라간다. 일본인들이 차의 재배지로 선택한 곳이 보성으로 기후가 온화하고 강수량이 충분하며 산 사면이 잘 가꾸어져 있어 차 재배지로 최적이었던 것이다. 물론 이전 조선시대 책에서도 이곳에서 차를 재배했다는 기록을 찾을 수 있지만 지금과 같은 모습으로 만들어진 것은 일제 때라고 하겠다. 보성에는 여러 차밭이 있는데 그중 일반에게 가장 잘 알려진 곳이 바로 대한다원이다. 한 통신사의 광고로 처음 대중에게 소개되었고, 이후에 광고나 영화 등에서 배경으로 사용되면서 널리 알려졌다. 입구에서 걸어 들어가는 삼나무 숲이 매력 포인트인 이곳은 안으로 들어가면 입구에서 보이지 않던 넓은 차밭이 푸르게 펼쳐져 있다. 여러 편의 시설이 잘 마련되어 있으며, 곳곳에 그늘과 쉴 수 있는 휴식처가 마련되어 있다는 것이 다른 다원과 구별되는 특징이다. 처음 일반에게 개방할 때는 입장료가 없었으나 관람객이 많아지면서 녹차잎의 훼손이 심해 입장료를 받는다고 하는데 관람객들이 이곳 다원에서 소비하는 다른 요소들을 생각해본다면 조금 아쉬운 부분이다. 이왕이면 이른 아침에 이곳을 방문해보자. 안개 내린 차밭 사이로 햇살이 비칠 때의 그 푸른빛이 참으로 황홀하다.

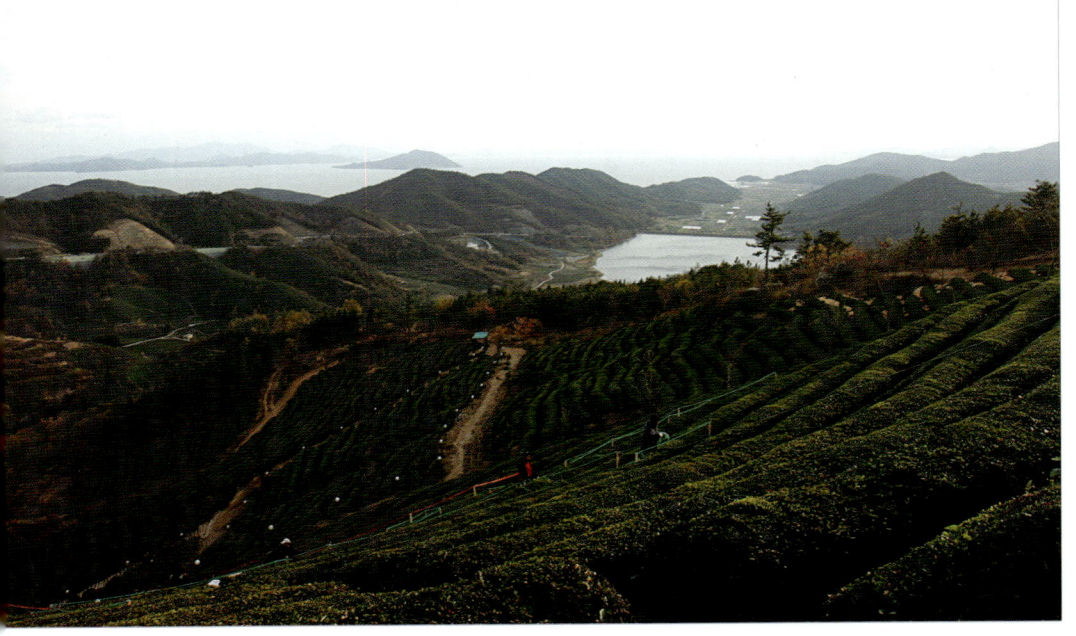

봇재다원　시원한 눈맛을 자랑하는 차 산의 정상

위치 | 전라남도 보성군 회천면 영천리 1-4
　　　전라남도 보성군 회천면 녹차로 745-8
운영시간 | 종일, 연중무휴

▶ MINI DATA
| 입장료 | 없음　　주차 | 가능　　분류 | 숲, 자연휴양림

보성지역의 차밭 중에는 대한다원이 관광지로 유명하지만, 대한다원과는 또 다른 풍경을 선사하는 봇재다원도 함께 들러보자. 대한다원이 산을 감싸고 있다면, 봇재다원은 산을 펼치고 있는 풍경인데, 산비탈을 푸르게 색칠하고 있는 녹차밭의 시원한 풍경이 장관이다. 보성에서 율포로 가는 18번 국도의 언덕 길 정상에 다원이 자리하고 있고, 차밭 사이로 난 길을 따라 정상에 오르면 율포해수욕장과 남해의 바다가 멀리 아른거린다. 그늘이 없다는 것과 대한다원에 비하여 편의시설이 부족하다는 것이 단점이기는 하지만 다원 그대로의 아름다움과 넓은 다원의 시원한 풍경을 내려다보기에는 보성 지역 다원 중의 최고라 할 만하다. 무료 시음장이 있어 무료로 차를 내어주는

데, 인스턴트식이 아니라 다기를 제대로 갖추어 차려주니 부담 갖지 말고 들러 차 한잔하면서 여행의 여유를 즐겨보자. 원래 작은 황토방 몇 개를 숙소로 운영했는데, 찾는 사람이 많아지자 숙소를 더욱 확장하였다. 황토와 녹차, 나무 등의 천연의 재료를 사용해 집을 지었으며, 간단한 취사 시설이 갖추어져 있다. 가격도 인근의 다른 펜션들에 비하여 저렴한 편이라 녹차밭에서의 하룻밤을 꿈꾸는 사람들에게 추천할 만하다. 밤에는 조명이 밝혀져 낮과는 또 다른 풍경이 펼쳐진다. 2007년에는 보성군의 첫날을 알리는 대형 트리가 이곳 차밭 전체를 이용해 꾸며져 멋진 장관을 연출하기도 하였다.

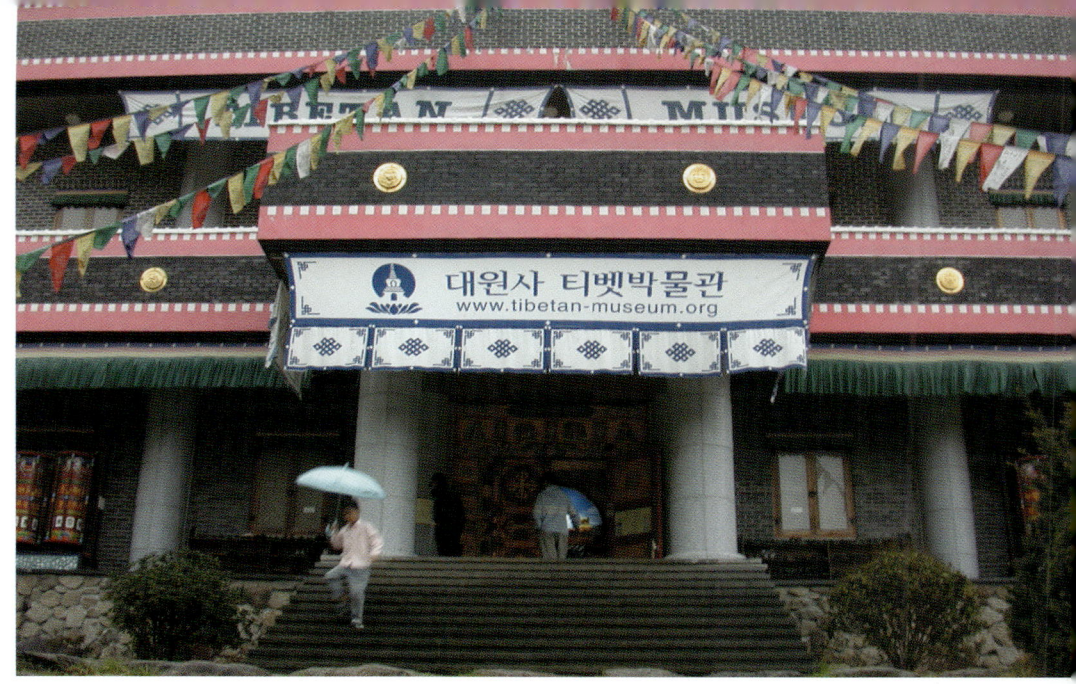

대원사와 티베트박물관 이국적인 문화를 만난다

위치 | 전라남도 보성군 문덕면 죽산리 831
　　　전라남도 보성군 문덕면 죽산길 506-8
운영시간 | 박물관 동절기 10:00~17:00, 하절기 10:00~
　　　18:00, 연중무휴

▶ MINI DATA
| 입장료 | 있음　　주차 | 가능　　분류 | 불교유적

대원사는 백제 때 아도화상이 지었다고 전하는 오랜 절이지만, 그것보다는 우리나라에서 가장 먼저 티베트 문화를 소개한 곳이자 티베트 불교에 관한 다양한 유물을 갖추고 있는 티베트박물관이 있어 조명을 받고 있는 곳이다. 이곳에 주지스님이 십수 년간 티베트 불교에 관심을 가지고 모아온 유물들로 박물관을 꾸며 놓았는데, 우리나라에서는 좀처럼 보기 힘든 것들이라 한 번쯤 찾아볼 만하다. 티베트 불교라는 말보다 라마불교가 더 익숙한데 티베트불교의 지도자인 달라이라마의 이름은 한 번쯤 들어 보았을 것이다. 우리나라의 불교가 중국 불교와 교류하면서 깊이를 더하였다면, 티베트 불교는 인도 불교의 영향을 받으며 형성되었으며 우리와는 다른 문화와 그를 바

탕으로 한 예술 세계를 형성하고 있다. 전시관에는 티베트의 예술품 600여 점이 상설전시되고 있는데 불교미술품들뿐만 아니라 티베트의 민속도구들도 전시되어 있다. 또 티베트를 소개하는 영상이 상영되며 달라이라마를 기념하는 공간도 마련되어 있다. 지하에는 죽음체험관이 있어 특별한 체험이 가능한데 인간이라면 어느 누구도 피할 수 없는 죽음과 불교에서 가르치는 깨달음에 대하여 생각하는 시간을 가지게 한다. 대원사는 한국전쟁 전까지만 해도 10여 채의 건물을 거느린 큰 절이었으나, 지금은 극락전 등만 남아 있으며, 절의 초입인 죽산교에서 티베트박물관까지 올라가는 길은 봄이면 벚꽃비 내리는 이름난 벚꽃길이다.

운주사

천불천탑의 영롱함

위치 | 전라남도 화순군 도암면 대초리 20-1
　　　전라남도 화순군 도암면 천태로 91-44
운영시간 | 동절기 08:00~17:00, 하절기 08:00~18:00,
　　　　연중무휴

▶ MINI DATA
| 입장료 | 있음　주차 | 가능　분류 | 불교유적

영구산 자락 너른 공간을 따라 길게 이어지는 운주사는 우리나라 여느 사찰과는 다른 특이함을 보여준다. 무질서하게 이곳저곳을 채우듯 자리하는 탑과 불상은 단 하룻밤에 세워진 모습이라는 전설이 어색하지 않다. 1천 개의 불상과 탑이 있었다는 운주사는 세월의 흐름에 따라 그 숫자가 줄어 현재 석탑 17기, 석불 80여 기가 남아 있다. 마음의 눈으로 사라진 석탑과 석불들을 채워보자. 일주문을 지나 웅장한 모습의 구층석탑을 시작으로 하나같이 나름의 특색을 가진 석탑들은 동그란 도넛을 얹은 모습으로, 또는 다듬지 않은 바위를 쌓은 모습으로 서 있다. 바위 처마 아래 비를 피하는 가족의 모습으로 무리지어 있는 불상들의 모습은 차라리 시골 장터에 모여 있는 고향 사람들의 정겨움을 보여주는 것 같다. 운주사는 통일신라 말기 혼란한 시대 상황을 구원하려는 도선국사의 손길로 만들어졌다는 전설이 전해지고 있다. 남아 있는 유물은 그 제작 시기가 고려시대부터 조선 후기까지 다양하다. 세월 따라 이 땅을 살아갔던 사람들의 소망이 지금의 모습을 만들었을 것이다. 조선시대의 기록으로 1천 개의 불상과 석탑을 확인할 수 있다. 운주사를 대표하는 거대한 와불은 언덕을 따라 하늘을 바라보며 사이좋은 오누이의 모습처럼 2기가 나란히 자리한다. 불상이 자리를 박차고 일어서는 날 새로운 세상이 열린다는 이야기를 간직한 와불이다. 별자리의 모습을 땅으로 옮겼다는 운주사의 또 다른 전설을 뒷받침하듯, 놓인 자리와 크기가 북두칠성의 방위와 별들의 밝기와도 일치한다는 칠성바위의 모습도 예사롭지 않은 운주사를 더욱 신비하게 만든다. 여유있게 운주사의 석탑과 불상을 둘러보는 것도 좋지만 대웅전 뒤편 언덕을 따라 공사바위 언덕에 올라 운주사를 한눈에 담아보자. 자연과 어우러지는 석탑의 모습들이 너무도 아름답다.

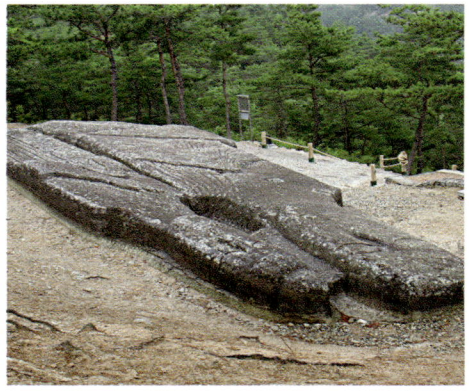

→ 『장길산』, 문학 속의 운주사

한국 현대문학을 대표하는 작가 황석영의 『장길산』은 거대한 소설의 끝을 운주사에서 마감 짓는다. 조선 중기 민초들의 세상을 꿈꾸었던 장길산과 반란군은 관군의 추격을 피해 운주사로 모여들고 새벽 첫닭이 울기 전 1,000개의 탑을 세우면 세상을 바꾼다는 전설에 따라 정성을 다하지만 마지막 와불을 세우기 전 때 이른 닭의 울음소리로 그 염원은 실패한다. 소설적 상상이 가미된 허구의 모습이지만 사실보다 더 아름다운 문학의 모습이다.

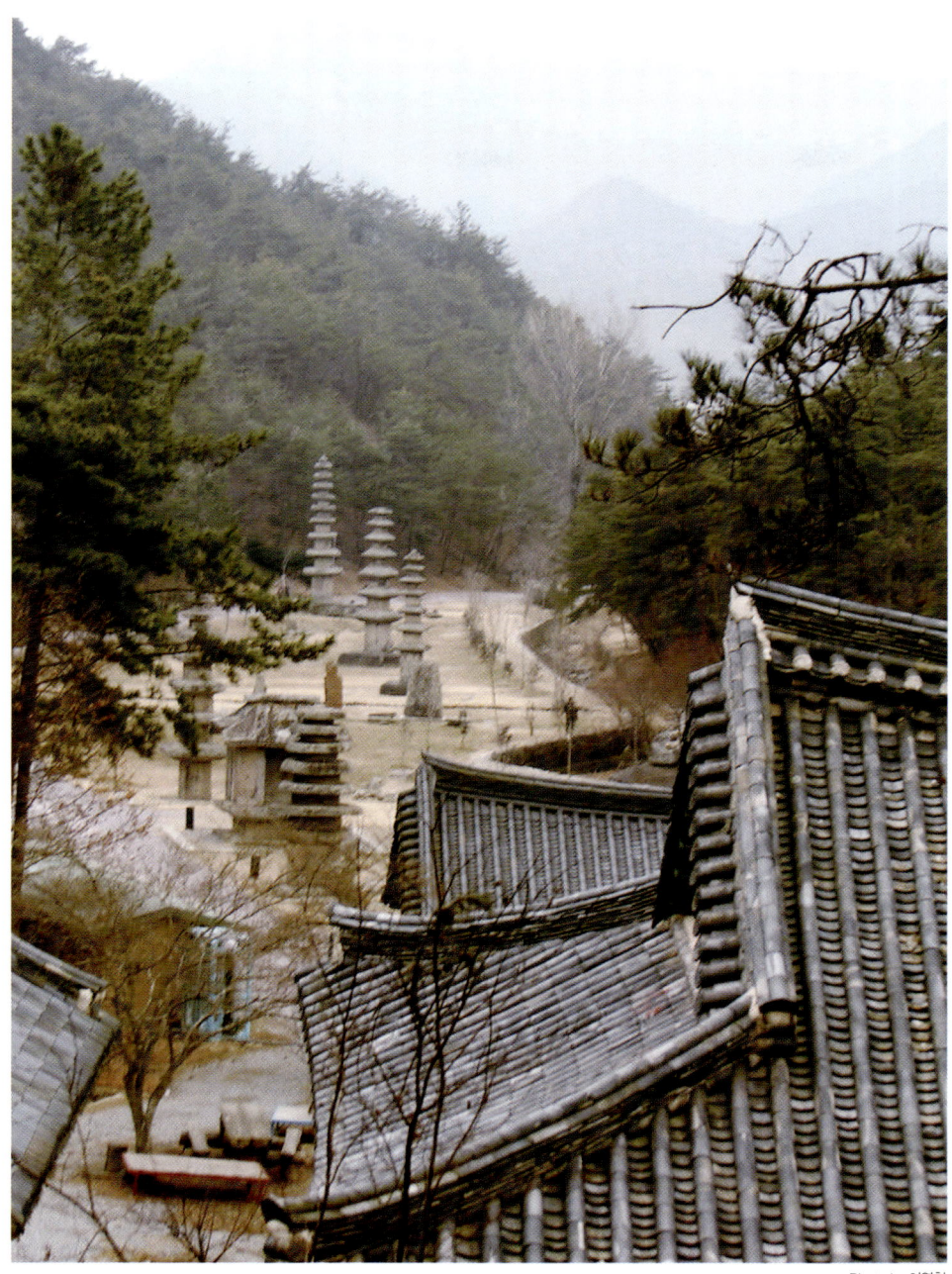

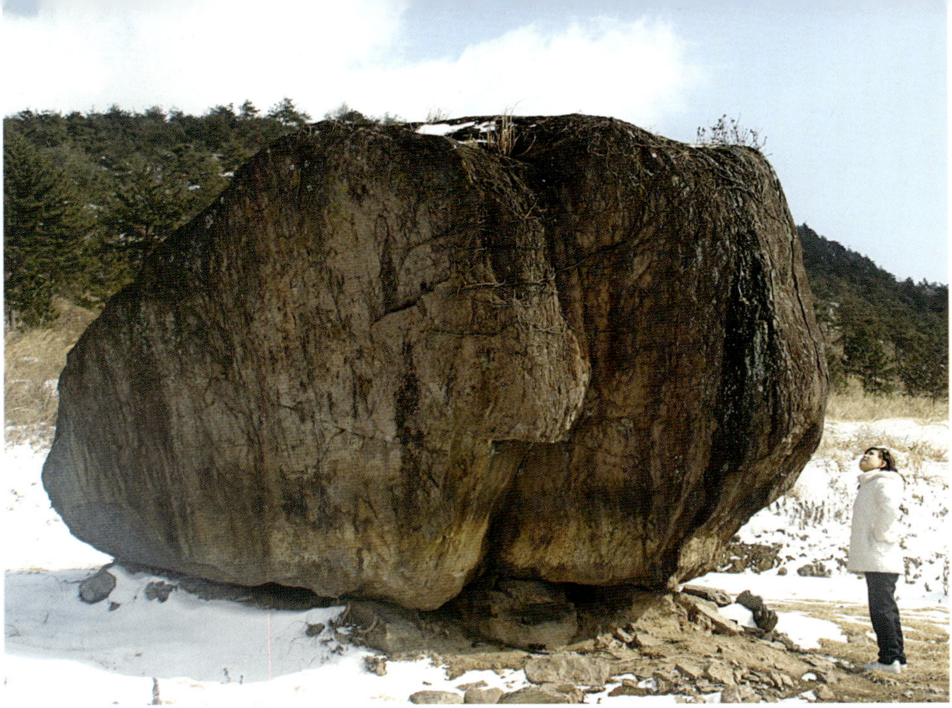

화순 고인돌 군락 　이 땅은 고인돌의 천국

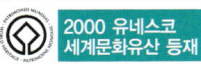

2000 유네스코
세계문화유산 등재

| 위치 | 전라남도 화순군 도곡면/춘양면 일대
| 운영시간 | 종일, 연중무휴

▶ MINI DATA

| 입장료 | 없음　　주차 | 가능　　분류 | 역사, 문화유적

우리나라는 전라북도 고창, 인천 강화도 등에 분포된 고인돌 유적으로 세계적인 고인돌유적의 집산지이다. 사계절이 분명하고 기름진 땅을 찾았던 선사시대의 사람들은 알맞은 자연환경을 간직한 한반도로 삶의 근거를 두었나 보다. 화순군의 도곡면과 춘양면을 연결하는 너른 지역은 고창과 강화도 지역보다 훨씬 규모가 큰 고인돌의 최대 밀집지역이니 이곳은 세계 최고의 고인돌 유적지라 하여도 무방할 듯싶다. 화순군 전체에 분포된 고인돌은 모두 1,300여 개로 변변한 기구가 없었던 선사시대에 이렇게 많은 갯수의 고인돌이 만들어진 것으로 보아 고창을 중심으로 많은 세력들이 터전을 이루고 살았음을 짐작할 수 있다. 크기가 280여 톤에 이른다는 우리나라 최대 크기의 고인돌은 과연 얼마나 많은 사람들의 노력이 쌓인 결과인지 궁금하다. 1996년까지 방치되었던 고인돌 군락은 마치 최근에 만들어진 조형물인 듯 보존 상태도 놀랍고 인근 야산에서 발견된 덮개돌의 채굴장 모습으로 고인돌 제작과정에 관한 연구에도 중요한 단서를 제공하였다. 함께 발견된 목탄의 연대측정으로 기원전 3,000년에 이르는 제작시기까지 측정되어 세계적으로 그 중요성을 인정받아 2000년 세계문화유산으로 등록되었다. 너른 벌판 위에 따스한 햇볕을 받으며 자리하는 화순 고인돌 군락은 고인돌공원으로 꾸며져 선사시대를 상상하는 흥미로운 산책을 할 수 있다.

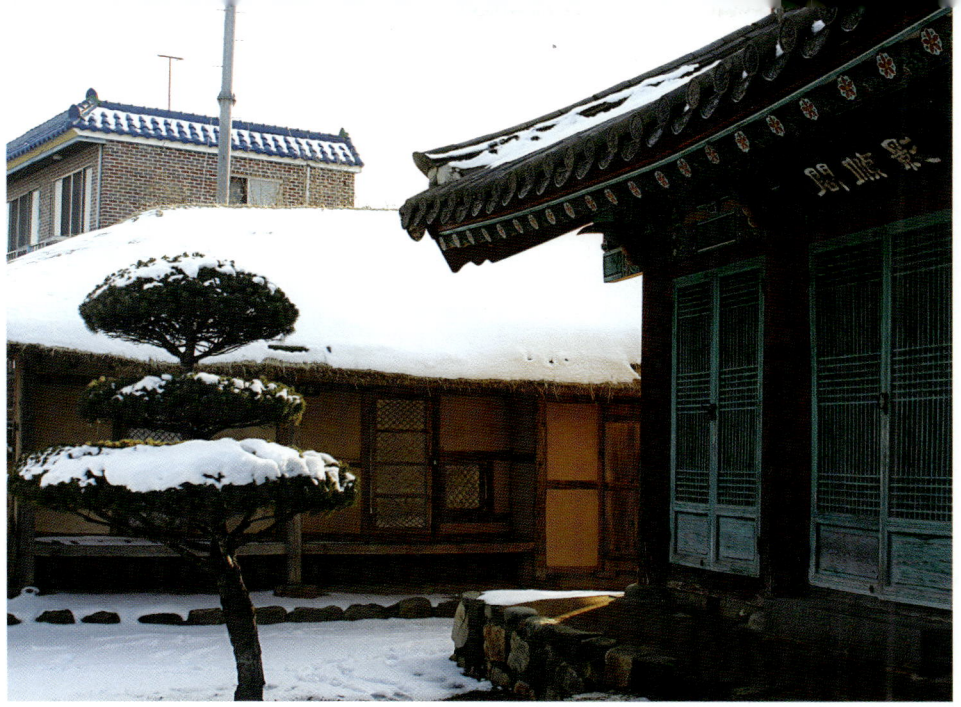

조광조 유배지 피우지 못한 꿈

위치 | 전라남도 화순군 능주면 남정리 173-2
전라남도 화순군 능주면 정암길 30
운영시간 | 종일, 연중무휴

▶ MINI DATA
| 입장료 | 없음   주차 | 가능   분류 | 역사, 문화유적

작은 비각과 전각, 복원된 초가집이 전부인 유적지이지만 조선 중기 이상적인 개혁정치를 꿈꾸었던 젊은 정치인의 노력과 37세 짧은 생의 마지막을 담고 있는 뜻 깊은 땅이다. 조선 중종대의 개혁공신 정암 조광조의 유배지와 그의 죽음을 안타깝게 여긴 사람들의 마음을 담은 붉은빛 글씨가 선명한 비석에는 '정암 조선생 적려 유허 추모비'라는 글씨가 새겨져 있다. '적려'는 귀양을 일컫는다. 중종반정으로 연산군을 폐하고 왕위에 오른 중종을 도와 유교 정치의 이상향을 실현하는 과감한 개혁 정치를 실시한 조광조는 도교 사당인 소격서의 철폐, 향약 실시, 토비와 노비 하사의 특권을 인정받았던 훈구공신의 명부인 훈적 삭제 등 왕도정치의 이상 세계 구현을 위한 다양한 정책을 실시하였다. 하지만 약 2년여 동안의 무리한 급진정책은 기존 세력의 강력한 반발을 불러일으켰고 무엇보다 그의 강력한 정치적 후견인이 되어야 할 중종이 중국의 요, 순 임금에 버금가는 성군을 만들려는 조광조의 열정을 부담스러워하였다. 결국 역성 혁명을 꾀한다는 억울한 누명을 쓰고 유배를 떠나게 되었다. 개혁 세력 모두 축출된 당시의 사건은 기묘사화로 불린다. 화순으로의 유배 한 달 만에 사약을 받아 그 생을 마감한 조광조의 억울함을 달래는 비석과 사당은 우암 송시열의 비문을 새긴 비석과 사당이 남아 있어 그 시대의 이야기를 사람들에 전하고 있다.

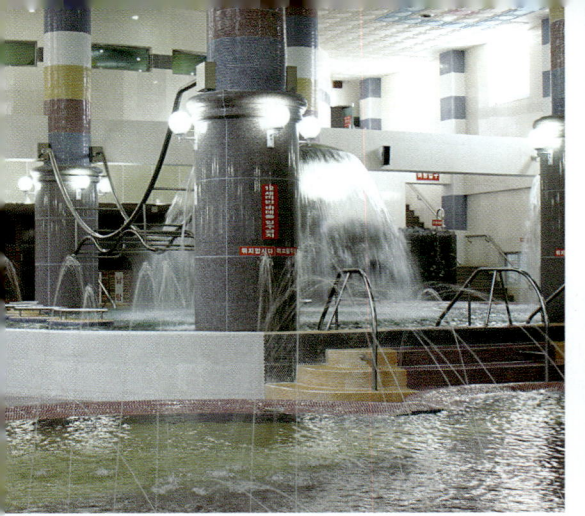

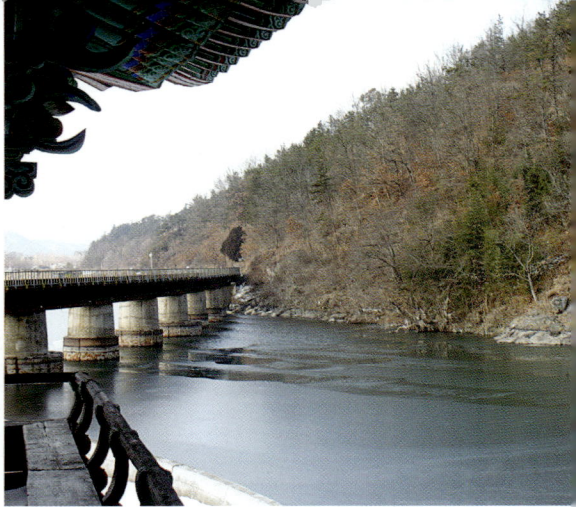

도곡온천
뜨거운 물놀이터

| 위치 | 전라남도 화순군 도곡면 천암리 788
전라남도 화순군 도곡면 온천1길 45
| 운영시간 | 실내풀장 전화문의, 사우나 06:00~20:00,
연중무휴

▶ MINI DATA
| 입장료 | 있음　주차 | 가능　분류 | 온천, 휴양

옛 모습을 새롭게 단장하고 다양한 시설을 갖추었다. 10여 개의 온천탕 시설과 호텔, 스파랜드 등 다양한 온천 관련 시설과 음식점, 기타 편의 시설들이 하루 나절의 편안한 온천욕과 휴식을 즐기기에 알맞다. 우리나라 온천수 중 가장 많은 양의 유황성분을 함유하고 있는 곳 중의 하나로 꼽히는 도곡온천의 물은 특히 피부 미용에 효과가 좋기로 유명하고 풍부한 수량과 그리 높지 않은 온천수의 온도는 몸을 깊숙이 담그고 여행의 피로를 풀기에 더할 나위 없이 좋다. 광주 등 대도시에서 30여 분 거리로 가깝고 운주사, 고인돌공원이 인근에 있어 화순 지역 문화탐방과 온천욕, 숙박을 즐기기에 가장 알맞은 장소라 할 수 있다. 첨단의 물놀이 시설을 갖춘 온천수 수영장과 대규모 사우나 시설은 남녀노소를 가리지 않고 즐기기에 좋은 곳이다.

영벽정
강을 담는 정자

| 위치 | 전라남도 화순군 능주면 관영리 1
전라남도 화순군 능주면 학포로 1922-53
| 운영시간 | 종일, 연중무휴

▶ MINI DATA
| 입장료 | 없음　주차 | 가능　분류 | 역사, 문화유적

계절 따라 그 아름다움을 달리한다는 연주산의 경치가 지석강의 푸른 물결 위로 비춘다. 옛 사람들은 산과 강이 만드는 절경 위에 정자를 만들어 사람들을 불러 모은다. 영벽정은 강변의 정자이지만 2층으로 지어진 작지 않은 크기는 누각이라 불리는 것이 맞겠다. 팔작지붕을 3겹으로 지어 특별한 아름다움을 간직한 정자는 조선 전기 화순 관아에서 지은 정자가 세월의 무게로 소실되자 1920년대 현재의 모습으로 다시 지은 것이다. 정면 3칸, 측면 2칸의 정자 내부를 병풍 두르듯 가득 채우는 현판들은 모두 정자의 아름다움과 이곳을 찾는 사람들의 선한 마음을 노래하는 오랜 글귀들이다. 뜨거운 여름날 정자에 앉아 더위를 이겨낸 옛 선비들의 풍류를 즐겨보자.

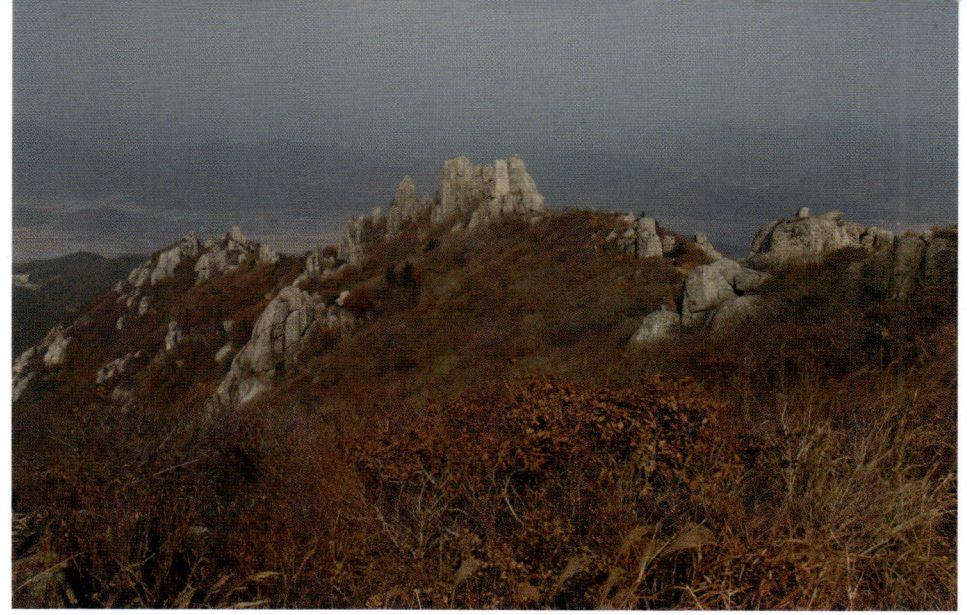

천관산 다도해를 배경으로 춤추는 억새의 장관

| 위치 | 전라남도 장흥군 관산읍/대덕읍 일대
| 운영시간 | 종일, 연중무휴

▶ MINI DATA
| 입장료 | 없음   주차 | 가능   분류 | 산, 계곡, 동굴

지리산, 내장산, 월출산, 변산과 함께 호남 5대 명산으로 일컬어지는 천관산은 해발 고도 723m로 온 산이 바위로 이루어져 기암괴석의 전시장을 방불케 하는 아름다운 산이다. 기바위, 사자바위, 부처바위 등 모양에 따라 이름을 가진 정상 부근의 수많은 바위들이 하늘을 향해 삐죽삐죽 솟은 모양이 마치 천자의 면류관을 닮았다 해서 천관산이라 이름 붙었으며, 신라시대 김유신과 사랑한 천관녀가 숨어 살았다는 전설도 전해 내려온다. 정상에 오르면 다도해의 풍광이 한눈에 들어오며, 가을이면 온통 억새 평원을 이루어 바람에 흔들리는 억새 너머로 다도해의 섬들이 동양화처럼 아름답게 펼쳐진다. 울창한 삼림 속에 89개의 암자와 천관사, 보현사 등의 사찰이 있었지만 남아 있는 절집은 신라 애장왕 때 영통화상이 창건한 천관사로 법당과 요사채, 칠성각뿐이며 삼층석탑과 석등, 오층석탑이 문화유적으로 남아 있다.

천관산문학공원

아름다움의 고장 장흥에서도 천관산은 신성함을 담는 장소로 여겨져왔다. 기암괴석의 기운으로 가득한 산의 천연암석에 고장을 빛낸 수많은 문학가들의 비문을 새겼다. 구상, 이청준, 한승원, 안병욱, 박범신 등 한국문학의 주옥같은 작가들은 모두 장흥을 고향으로 삼는다. 1백여 개의 비문에 새겨진 작품은 자연을 더욱 아름답게 만드는 장식품이다.
문의 | 061-860-0224

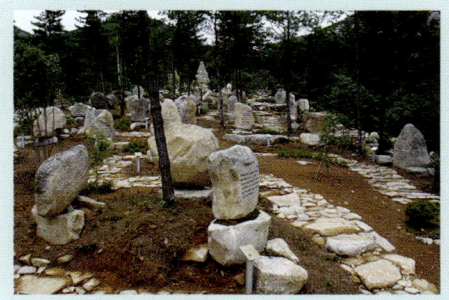

Photo by 장흥군청

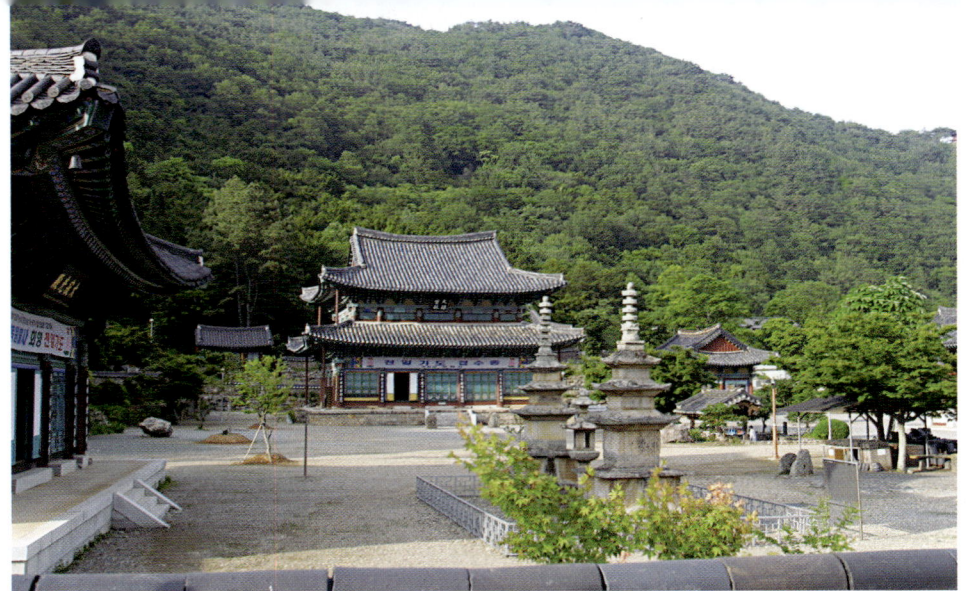

보림사 온전한 모양을 갖추고 있는 2개의 탑

위치 | 전라남도 장흥군 유치면 봉덕리 45
　　　전라남도 장흥군 유치면 보림사로 224
운영시간 | 종일, 연중무휴

▶ MINI DATA
| 입장료 | 없음　　주차 | 가능　　분류 | 불교유적

일주문인 외호문 안에는 '선종대가람'이라는 현판이 걸려 있어 보림사의 역사적인 의의를 알려주고 있다. 신라 말 구산선문인 가지산문의 종찰로 당대의 새로운 사상인 선종을 받아들였으며 수많은 수행자들이 몰려 큰 절을 이루었다고 한다. 원래 이 절을 지은 이는 원표대덕이나, 신라 말 헌안왕 때 보조국사 체징이 이곳에 머물면서 가지산문의 종찰로 역할을 하게 된다. 큰 절이었으나 한국전쟁 때 빨치산의 기지로 잠시 쓰이면서 다음으로 이곳을 차지한 토벌대에 의하여 불타게 된다. 그때 남은 것이 일주문과 천왕문뿐이며, 지금은 대적광정과 대웅전 등을 새로 지어 대강의 절의 모습을 갖추어 놓고 있다. 대적광전 앞의 두 기의 삼층석탑과 석등은 국보로 지정된 유물이다. 신라 말에 만들어진 탑으로 탑의 상륜부까지 온전히 갖추고 있다는 점에서 미술사적 의의를 찾을 수 있으며, 도굴꾼들로 인하여 벌어진 틈에서 발견된 탑

지에 탑을 만든 유래가 자세히 기록되어 있어 역사적인 의의를 더한다. 경문왕 10년(870년)에 만들어진 탑으로 연대를 정확히 알 수 있어 탑을 연구하는 데 중요한 지표가 된다. 탑 가운데 있는 석등 또한 신라 석등의 모습을 잘 나타내고 있는데, 섬세한 조각이 인상적이다. 대적광전 안에는 철조비로자나불상이 있는데, 신라 말에 만들어진 대표적인 철불로 불상에 명문으로 조성 경위가 새겨져 있어 9세기경 선종 관련 불상을 연구하는 데 중요한 역할을 한다. 대웅전을 지나 안으로 들어서면 보조선사 체징의 부도탑과 부도비가 있다. 부도탑과 부도비에 아래쪽에는 구름무늬를 뭉실뭉실하게 만들어 놓았으며, 특히 부도의 몸돌에는 화려한 옷으로 치장한 사천왕상이 새겨져 있어 눈길을 끈다. 부도비는 비석머리까지 온전히 남아 있는데 보조선사와 절의 유래에 관한 기록이 새겨져 있다.

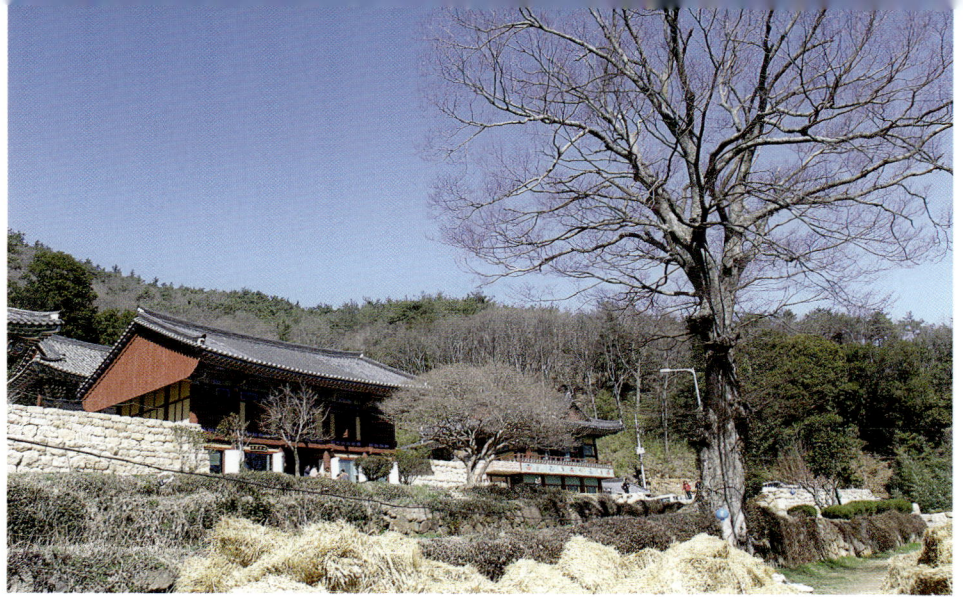

백련사 다산과 혜장선사의 만남

| 위치 | 전라남도 강진군 도암면 만덕리 246
　　　전라남도 강진군 도암면 백련사길 145
| 운영시간 | 종일, 연중무휴

▶ MINI DATA
| 입장료 | 없음　　주차 | 가능　　분류 | 불교유적

다산초당의 정자, 천일각에서 백련사로 넘어가는 산길은 만덕산의 푸근한 품속을 거닐듯 부드러운 흙길이다. 2사람이 이야기를 나누며 함께 걸어가기에 알맞은 길은 최근 단장되어 예전의 푸근한 맛은 덜하다. 하지만 많은 사람들이 남도의 아름다움을 만끽하는 최고의 오솔길로 손꼽는 이유는 스치듯 나타나는 만덕산과 구강포의 아름다움 때문일 것이다. 30여 분의 한적한 산책 끝에 만나는 백련사의 모습은 예상보다 크고 장중하다. 돌로 마무리한 축대 위에 커다란 만경루와 대웅전이 넉넉하게 자리 잡고 있다. 신라시대 세워진 사찰로 고려시대 보조국사 지눌에 버금가는 이름을 알린 천태종의 거목 요새스님의 수행 장소로 알려져 있다. 지눌의 제자로 불력을 쌓아가던 요새는 정토구생의 염불선을 중요시하여 천태종을 열어갔다. 이후 백련사는 여덟 명의 국사를 배출하는 남도의 중심사찰이었다. 조선시대에 들어 지금의 모습으로 이어진 백련사는 다산 정약용과 교류하며 차와 학문을 논하였던 혜장선사에 의해 다시 한 번 알려졌다. 실학 사상의 대가와 불가의 고승이 사상을 뛰어넘는 토론을 이어가며 따뜻한 차 한 잔에 깊은 우정을 나누던 모습은 상상만으로도 아름답다. 백련사의 또 다른 주인공은 겨울을 나고 갓 피어나는 동백의 붉은빛이다. 여느 곳보다 굵은 가지에서 탐스럽게 피어나는 동백은 남도의 따뜻한 햇살 아래 더욱 아름답다.

다산초당

차 향기 우러나는 계곡

위치 | 전라남도 강진군 도암면 만덕리 339-1
　　　전라남도 강진군 도암면 다산초당길 68-35
운영시간 | 09:00~18:00, 연중무휴

▶ MINI DATA
입장료 | 있음　　주차 | 가능　　분류 | 역사, 문화유적

강진 땅은 파릇한 차 향기와 함께 다산 정약용을 기억하게 만드는 곳이다. 다산초당에서 백련사로 넘어가는 차분한 오솔길에 자리하는 정자 천일각에서 바라보는 구강포 앞바다의 모습은 우리 땅의 아름다움을 확연하게 느낄 수 있는 장소라 할 수 있다. 조선 후기 실사구시 학문의 꽃을 피운 다산 선생의 유배지인 이곳은 「목민심서」와 「흠흠신서」를 비롯한 그의 학문적 완결을 보여주는 수많은 저서의 탄생지가 되었다. 흔히 실학이라 일컬어지는 조선 후기 학문 흐름의 성지가 되는 땅이다. 다산초당은 학문적 완성지로만 그 가치를 가지는 것은 아니다. 본디 초가집이

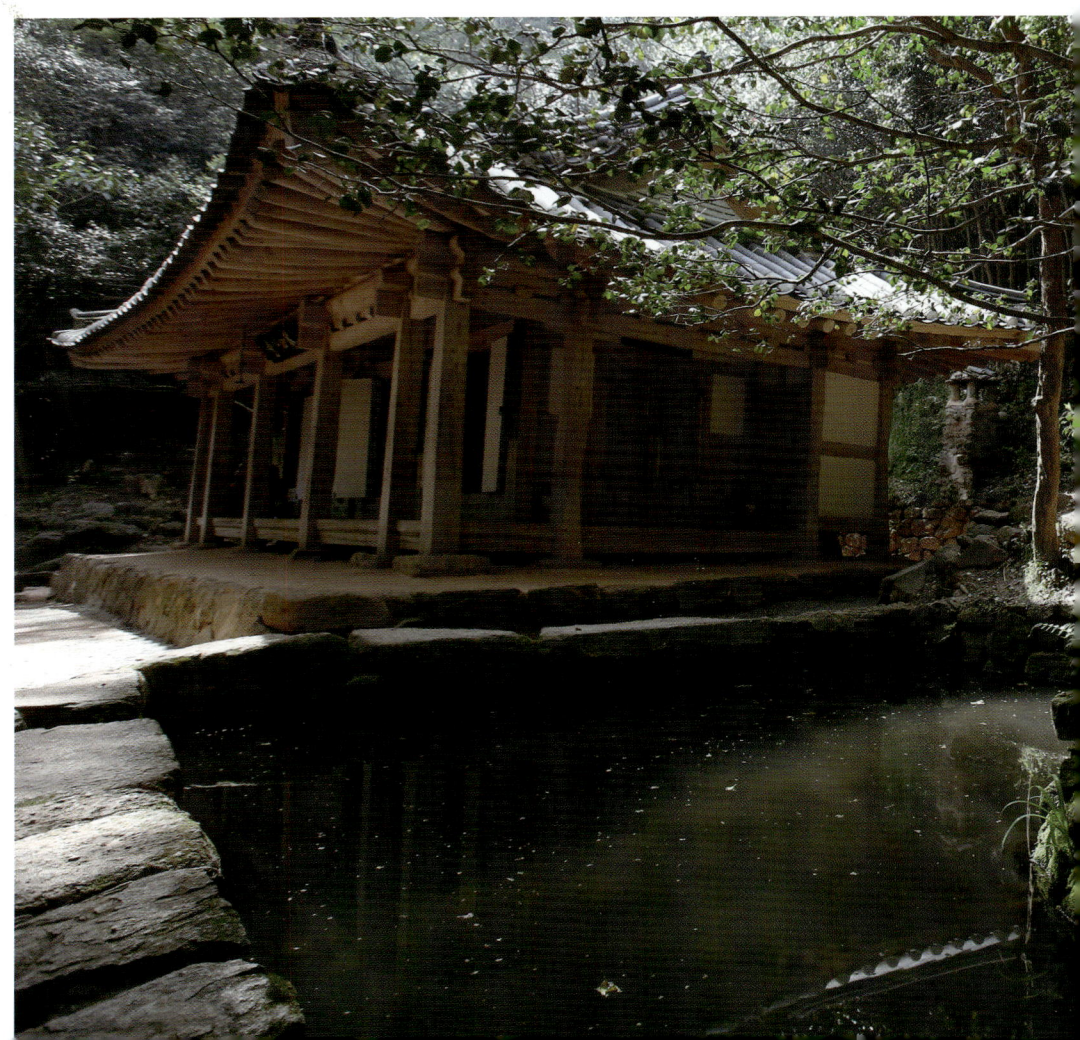

었을 건물은 다산의 사상을 흠모하는 후세 사람들에 의해 다부진 기와집으로 다시 지어졌지만 60년을 지 낸 건물의 모습은 여유로운 세월의 흐름을 담고 단아 하게 자리잡고 있다. 당시 이단의 사상으로 배척되었 던 천주교에 물든 죄인으로 몰려 무려 18년의 유배생 활을 하였던 다산은 그중 10년의 기간을 이곳에 머무 르며 조선 후기, 문화의 오지였을 국토의 끝자락에 학문의 꽃을 피웠다. 그의 학문을 흠모하여 모여든 제자들과 당대의 사상가, 고승들과 쉼 없는 토론과 학문적 교류를 나누며 백성의 삶을 위한 정치와 제도 를 뒷받침하는 사상을 완성하였다. 훗날 베트남의 혁

명가 호치민은 자신의 관 속에 「목민심서」를 함께 담 기를 원했다고 하니 다산의 학문은 시대와 지역을 포 용하는 사상이었음을 알 수 있다. 학문을 연마하며 다산이 즐겼던 유일한 즐거움은 유난히 차나무가 많 았던 만덕산의 향기로움을 다기에 담아내는 것이었 다. 자신의 호마저 차의 언덕[茶山]이라 칭할 정도로 차를 사랑하였던 그는 솔잎을 태워 찻물을 끓였던 마 당바위와 만덕산의 맑은 기운을 담는 물 웅덩이를 만 들고 정석(丁石)이라 새겨 넣었다. 백련사의 해장선사 와 차를 나누며 깊은 학문의 경지를 토론하였을 그림 같은 모습을 다산초당의 아름다움 속에 비추어본다.

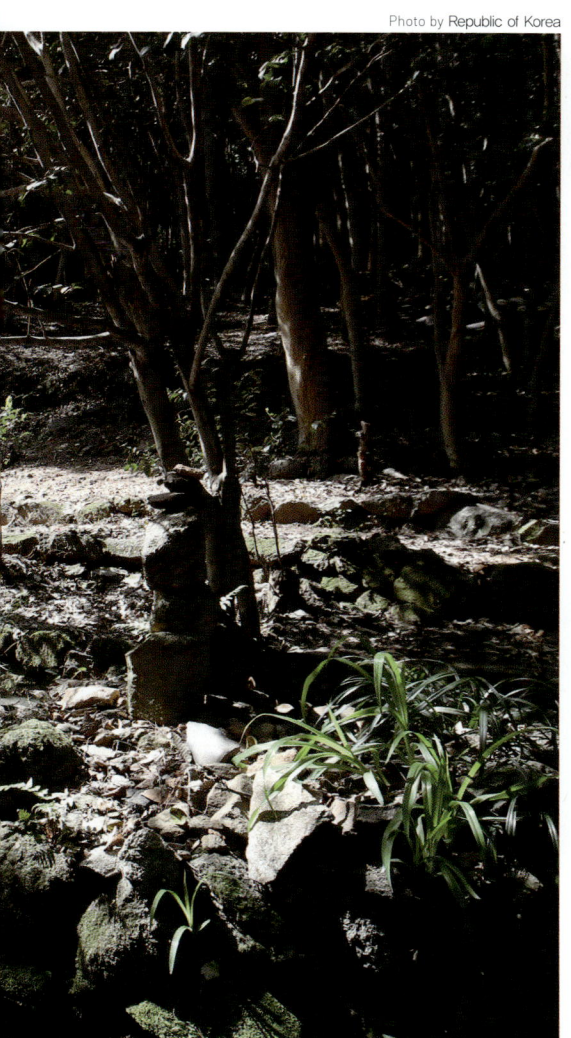

Photo by Republic of Korea

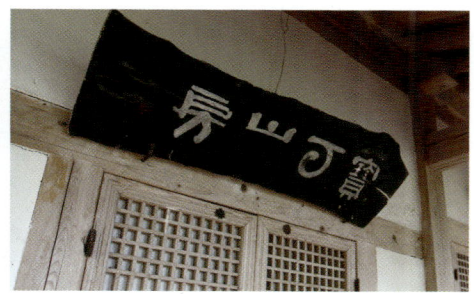

→ 천일각, 형제를 그리는 마음

다산과 함께 천주교 신자로 몰려 유배를 떠난 형 정약전은 16년 의 흑산도 유배생활에 그곳에서 병들어 생을 마감하였다. 다시 만나지 못한 형제의 모습을 다산은 천일각에 앉아 남도의 바다 를 바라보며 그리워하였을 것이다. 정약전 또한 유배생활 중 남 도의 어류를 분석한 「수산어보」를 저술하여 실사구시의 학문을 삶으로 실현하였다. 어둠 속 한 줄기 섬광처럼 빛나는 옛 선현 들의 모습이다.

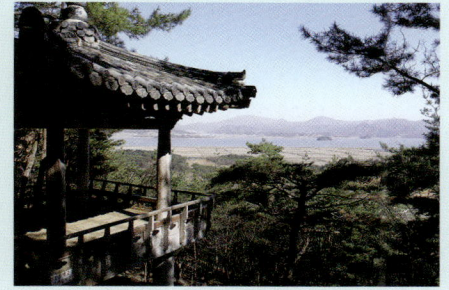

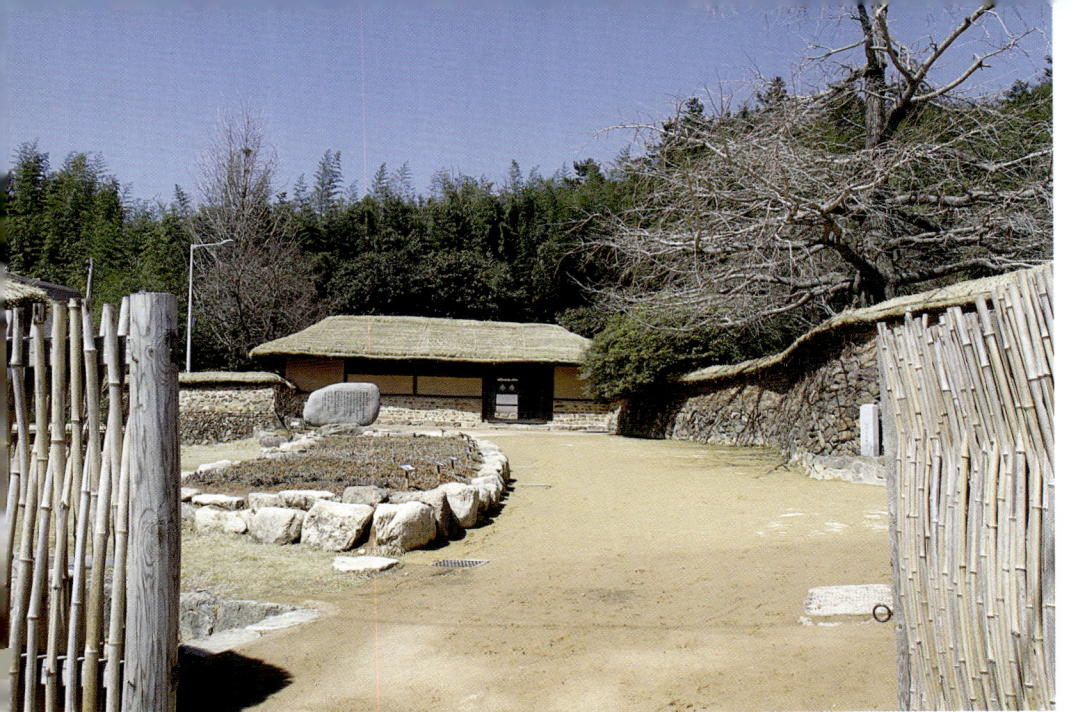

영랑 생가 시인의 집을 찾아서

위치 | 전라남도 강진군 강진읍 남성리 211-1
전라남도 강진군 강진읍 영랑생가길 15
운영시간 | 09:00~18:00, 연중무휴

▶ MINI DATA
입장료 | 없음　주차 | 가능　분류 | 역사, 문화유적

북에 소월, 남에 영랑이라 했던가. 일제 때 소월 김정식과 함께 우리말과 글의 아름다움을 시로 그려냈던 영랑 김윤식의 생가가 강진읍내에 있다. 학창 시절 교과서에서 한 번쯤 읊어보았을 영랑 시의 배경이 되는 곳이 바로 이곳이다. 영랑이 태어나고 어린 시절을 보낸 곳으로, 주인이 여러 번 바뀌는 우여곡절을 겪었지만 지금은 강진군청에서 매입하여 옛 모습으로 복원한 후 관리하고 있다. 영랑은 강진보통학교를 졸업하고 서울 휘문의숙으로 유학을 가는데 3학년 때 3·1운동이 일어나자 고향으로 내려와 강진 장날에 만세운동을 벌이려다 체포되어 형무소에 갇히게 된다. 나와서 일본으로 유학 갔다가 관동대지진 때 귀국한다. 일본에서 돌아온 이후 순수문학의 길을 걷

는데 그때가 1930년대이다. 이때 쓰인 작품들이 「동백잎에 빛나는 마음」, 「모란이 피기까지」 등의 시이다. 해방 후에 대한청년회라는 극우단체의 회장이 되어 활동을 하기도 하고 제헌 국회의원 선거에 출마하기도 하였는데, 순수문학을 지향했던 그의 작품세계와 어울리지 않는 행동이라 의아한 생각이 든다. 사립대문을 지나 들어가면 짚으로 지붕을 얹은 안채와 사랑채가 있으며 곳곳에 시비가 놓여 있다. 툇마루에 앉아 문학소년, 소녀였던 때로 돌아가 시라도 한 편 읊어보자. 사랑채에는 영랑이 앉아 글을 쓰고 있는 모습을 모형으로 만들어놓았다.

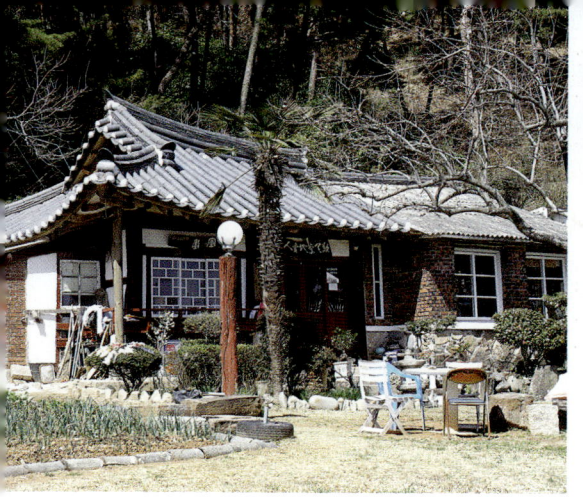

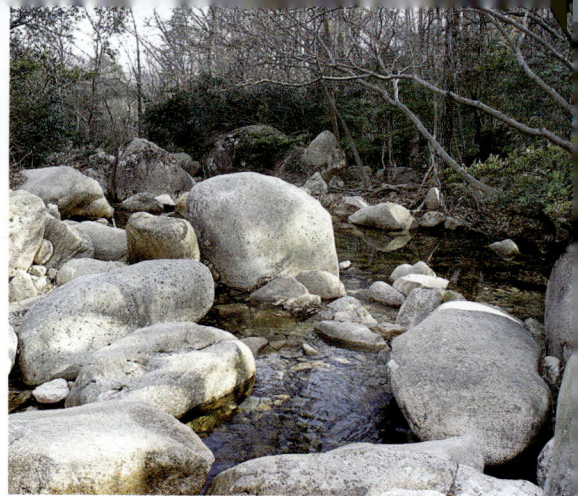

금서당
화가의 집을 찾아서

| 위치 | 전라남도 강진군 강진읍 남성리 225-1
전라남도 강진군 강진읍 영랑생가길 20-1
| 운영시간 | 문의 후 방문

▶ MINI DATA

| 입장료 | 없음　주차 | 가능　　분류 | 역사, 문화유적

영랑 생가와 이웃하고 있는 금서당은 영랑과도 관련이 깊을 뿐더러 고 김영렬 화백의 작품을 감상할 수있는 유서 깊은 옛집이다. 금서당은 이름 그대로 옛날서당으로, 일제 때는 보통학교로 사용되었는데 영랑또한 이곳에서 수학한 후 서울로 유학을 갔다고 한다.또한 3·1운동 때에는 이곳 학생들이 만세운동을 주도하였으니 강진 신학문의 요람이라 하겠다. 해방 이후 김영렬 화백이 무너진 집을 수리하고 이곳에 머물면서 작품 활동을 하였는데 안으로 들어가면 벽면 가득 빼곡히 걸린 선생의 작품을 감상할 수 있다. 지금은 화백의 미망인인 박영숙 여사가 관리하고 있으며,화백의 호를 따 이름 지은 완향찻집을 운영하고 있다.직접 만든 솔잎차가 향기롭다. 강진읍내가 한눈에 내려다보이는 곳에 위치하여 경치가 좋은 곳으로 영랑생가와 함께 들러보도록 하자.

금릉 경포대
거울같이 물 맑은 계곡

| 위치 | 전라남도 강진군 성전면 월남리 산116-2 일대
전라남도 강진군 성전면 백운로 146-1 일대
| 운영시간 | 종일, 연중무휴

▶ MINI DATA

| 입장료 | 없음　주차 | 가능　　분류 | 산, 계곡, 동굴

빼어난 산세 때문에 '호남의 소금강'으로 불리는 월출산. 그 산 남쪽 자락으로 맑은 물 흐르는 계곡이 금릉 경포대인데, 강릉의 경포대와 이름이 같다. 금릉은 강진의 옛 이름이며, 경포대는 계곡에 달그림자아름답게 비친다 해서 붙은 이름이다. 이곳을 시작으로 월출산 정상인 천황봉까지 등산로가 이어지지만굳이 등산 계획이 없더라도 잠시 걸어 들어가면 바위사이로 맑은 물 흐르는 시원한 계곡을 볼 수 있으니여행 중에 잠시 올라갔다 오면 되겠다. 입구에서 조금만 올라가도 깊은 산속에 들어온 것처럼 느껴지는데 월출산의 산세가 험하기 때문이다. 그래도 계곡초입까지 이르는 길은 가파르지 않고 편안히 다녀올수 있으니 부담을 가지지 않아도 된다. 계곡이 깊고물이 차 여름철 피서지로 인기이며 주변 월남사지,그리고 강진차밭과 어우러져 강진 땅 깊은 곳의 아름다움을 보여주는 절경이라 하겠다.

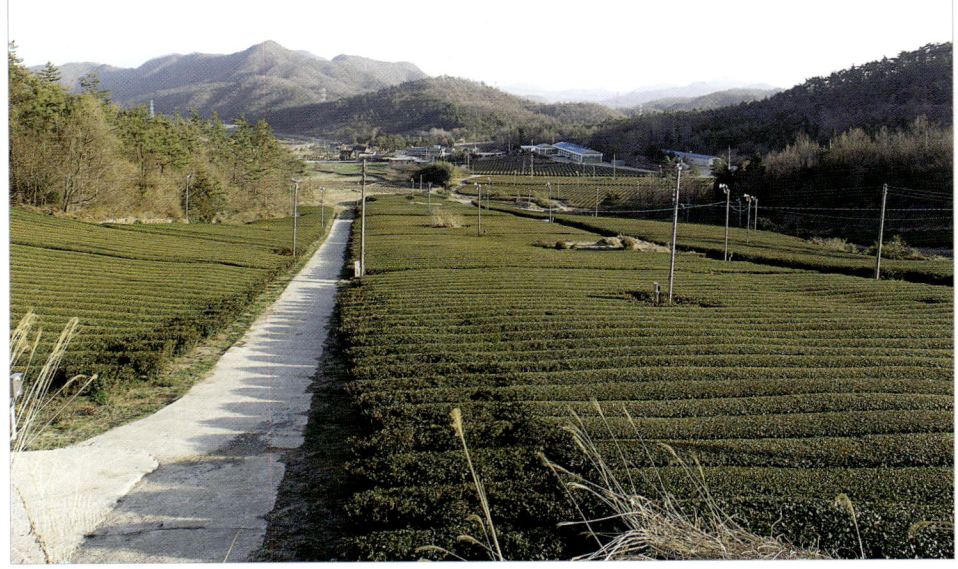

설록차 강진다원 차밭 사이로 드라이브를 즐겨보자

| 위치 | 전라남도 강진군 성전면 월남리 733
　　　전라남도 강진군 성전면 백운로 93-25
| 운영시간 | 일출~일몰, 연중무휴

▶ MINI DATA
| 입장료 | 없음　　주차 | 가능　　분류 | 숲, 자연휴양림

일찍이 정약용이 월출산에서 나는 차가 우리나라에서 2번째로 좋은 차라고 할 만큼 이곳은 차 재배지로 좋은 조건을 갖추고 있는 곳이다. 월출산 제법 높은 곳에 위치하고 있어 낮과 밤의 기온차가 크며 안개가 많이 생겨 이곳에서 생산된 차는 떫은 맛이 덜하다고 한다. 설록차로 유명한 (주)태평양에서 가꾸고 있는 4개의 차 재배지 중에서 가장 먼저 만들어진 곳으로 면적이 33ha에 달하는데 단일 다원으로는 제주다원 다음가는 규모라고 한다. 보성의 대한다원 등이 많이 알려져 관광지화된 반면 이곳은 아직 잘 알려지지 않아 오가는 사람이 적어 한적하다. 특히 차밭 사이로 길게 난 길을 따라 차를 달리는 드라이브가 이곳에서 누리는 제일의 즐거움인데, 양옆으로 넓게 펼쳐진 푸른 차밭 풍경이 정말 시원하다. 천천히 달려도 뒤에서 누가 재촉하는 사람이 없어 좋은 길이다.

→ 다도(茶道)

다도란 차를 마시는 일과 관련된 행위를 통해 심신을 닦는 것을 말한다. 초기에 차는 약용으로 사용되었으나 차차 일상생활에 보급돼서 편한 기호식품이 되었고, 다시 끽다(喫茶)와 관련하여 차도로 발전하게 되었다.

고려 시대에는 귀족층을 중심으로 다도가 유행하여 국가적 행사에 음차(飮茶)가 바탕이 되었고, 이에 따라 백성들도 자연스럽게 차를 마시게 되었다. 하지만 조선시대에는 억불숭유정책으로 다도문화 또한 다소 쇠퇴하였으나 사원을 중심으로 그 전통이 이어졌다. 19세기 초에 이르러 우리나라의 다도는 다시 한 번 중흥기를 맞았다. 초의(草衣)는 「동다송(東茶頌)」을 지어 차를 재배, 법제하는 방법 등 다도의 이론적인 면과 실제적인 면을 크게 정리하고 발전시켰다.

차의 명칭은 채다(採茶) 시기에 따라서 우전(곡우 전에 딴 차), 세작(곡우에서 4월 말경, 늦게는 입하까지 딴 차), 중작(세작 수확 후 5월 중순까지 딴 차), 대작(중작을 딴 후 6월 초까지 수확한 차) 등으로 나뉘기도 한다.

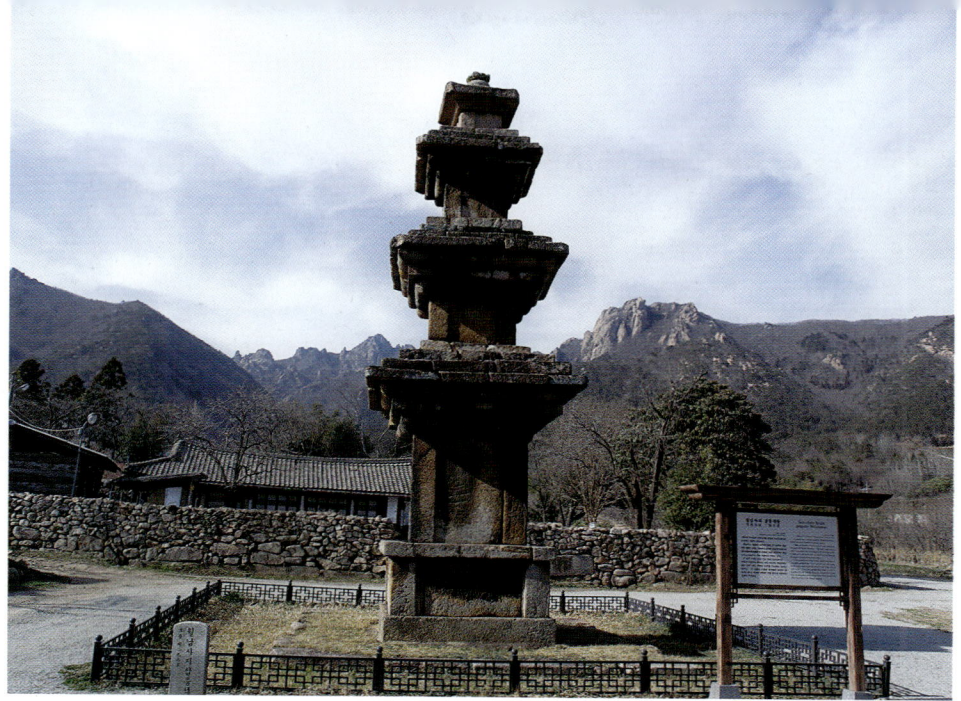

월남사지 삼층석탑과 비석

서로를 의지하고 있는 탑과 비석

위치 | 전라남도 강진군 성전면 원남리 853
　　　전라남도 강진군 성전면 월남1길 100
운영시간 | 종일, 연중무휴

▶ MINI DATA
| 입장료 | 없음　　주차 | 가능　　분류 | 역사, 문화유적

탑 하나에 비석 하나만이 남아 있는 절터이다. 고려 때 진각국사 혜심이 창건한 절로 알려져 있는데 돌거북이 받치고 있는 비석에서 그 내용을 확인할 수 있다. 비석에는 진각국사의 일대기를 비롯하여 그를 따랐던 제자들의 이름, 비석을 세운 경위 등이 새겨져 있으나 오랜 세월을 거치며 마모되어 눈으로 직접 살펴보기는 어렵지만, 고려의 문장가인 이규보가 비문을 썼는데 그의 글을 모은 책인 「동국이상국집」에 그 내용이 담겨 있다. 진각국사는 보조국사 지눌의 뒤를 이어 수선사의 2대 사주가 된 승려로 당시 고려에서 존경받던 인물로 절을 처음 세웠을 때 이곳은 큰 절이었을 것이다. 언제 이렇게 절이 쓰러지게 되었는지 기록에 없지만 조선을 거치며 폐사되었을 것이라

추정된다. 진각국사의 탑비를 보고 난 후 안으로 조금 더 들어가면 삼층석탑을 볼 수 있다. 형식은 신라 삼층탑의 전형을 따르고 있으나 비례라든지 다듬어진 수법은 백제 정림사지 탑을 닮아 날씬한 모습을 하고 있다. 탑의 중심인 몸돌과 그 위로 얹은 지붕을 보면 꽤 정성 들여 만들어진 탑임을 알 수 있는데 하나의 돌을 통째로 깎아 만든 것이 아니라 석재들을 짜 맞추어 만든 구조로, 지붕돌의 경우 아주 정교하게 맞추어져 있으니 눈여겨보도록 하자. 탑 뒤로는 월출산이 병풍처럼 둘러져 있어 멋진 배경이 된다. 탑 하나 비석 하나뿐인 곳이지만 동백꽃 피는 봄이면 주변이 붉은색으로 수놓아져 생기를 더한다. 이때 이곳을 찾으면 좋다.

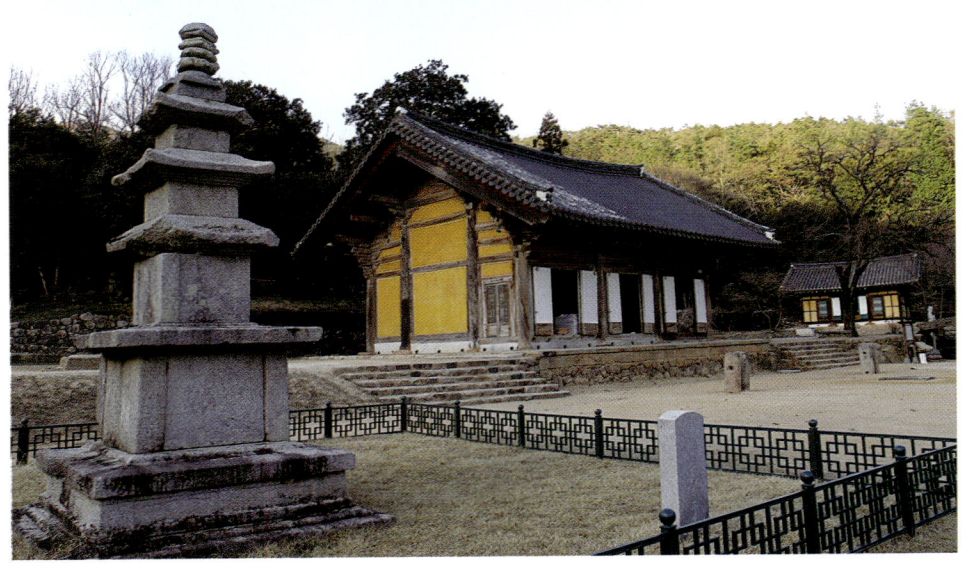

무위사 마음에 평화를 얻는 곳

| 위치 | 전라남도 강진군 성전면 월하리 1174
　　　전라남도 강진군 성전면 무위사로 308
| 운영시간 | 일출~일몰, 연중무휴

▶ MINI DATA
| 입장료 | 없음　　주차 | 가능　　분류 | 불교유적

강진 차밭을 가로질러 찾아가는 무위사는 일주문 안으로 들여다보이는 절의 풍경이 평화롭기 그지없다. 해 질 녘이면 붉은 햇살이 길게 누워 안으로 들어오는데 이때 절의 분위기는 마음에 절로 선심을 일으킨다. 일주문을 지나 돌길을 밟으며 천천히 걸어 들어가 계단을 따라 오르면 절의 본전인 극락보전에 이른다. 극락보전은 아미타부처를 모신 법당으로 주심포 구조의 건물로 맞배지붕이 단아하게 올려져 있다. 건물을 수리할 때 발견된 명문에 따르면 세종 때 만들어졌다고 하니 조선 초에 세워진 목조 건물이다. 주심포 형식으로 만들어진 맞배지붕 건물은 봉정사 극락전이나, 수덕사의 대웅전에서 볼 수 있는데 두 건물은 고려 때의 건물이다. 조선 중기를 지나면 주로 다포계 건물들이 만들어지는데 그런 점에서 무위사의 극락보전은 고려에서 이어져 내려오는 목조건축 양식의 완성형이라고 보면 된다. 법당 안 아미타불 뒤로 아미타삼존도가 그

려져 있는데 조선 초기 불화의 대표작으로 꼽히는 작품이다. 법당 뒷벽에 그려져 있는 수월관음도도 유명한 그림으로, 수월관음이 구름을 타고 옷깃을 날리며 선재동자를 내려다보고 있는데, 특이한 점은 어린아이가 아닌 노비구가 동자로 그려져 있다는 것이다. 이들 불화 외에도 아미타여래내영도 등의 조선 최고의 불화로 꼽히는 작품들이 법당 안에 그려져 있었으나 보관상의 문제로 지금은 절 안 성보박물관으로 옮겨놓았다. 마당에는 선각대사 부도비와 삼층석탑이 있다. 부도비는 왕건을 지지한다는 이유로 궁예에게 죽임을 당한 선각대사의 이야기가 기록되어 있으며 받침돌인 귀부에서부터 비석, 이수까지 온전하게 모양을 갖추고 있는 몇 안 되는 부도비이다. 삼층석탑은 고려 때 만들어진 것으로 아담한 크기에 단정한 모양새를 갖추고 있다.

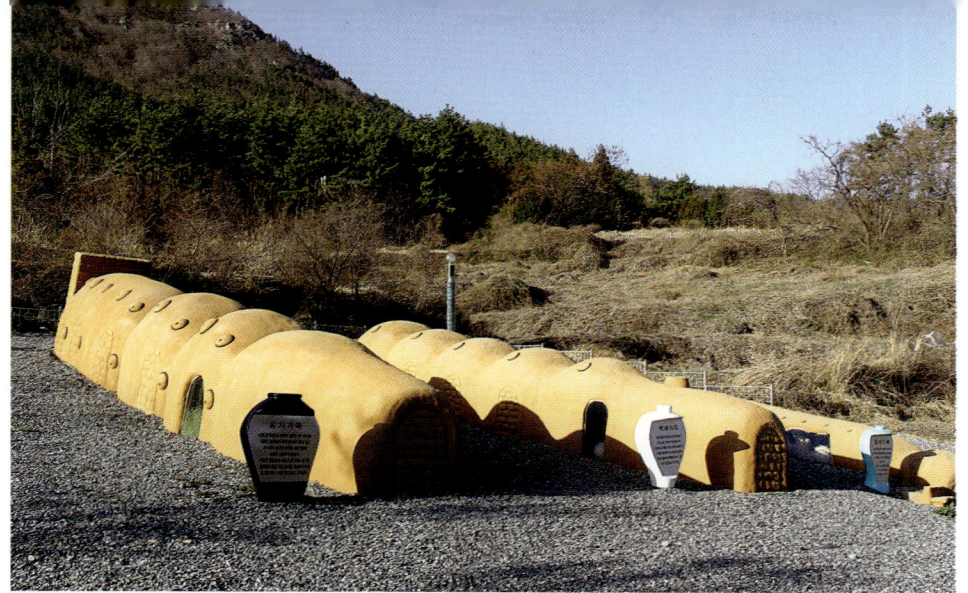

강진 청자박물관 고려청자의 아름다움을 살피다

위치 | 전라남도 강진군 대구면 사당리 127
　　　전라남도 강진군 대구면 청자촌길 33
운영시간 | 09:00~18:00, 매주 월요일 휴관

▶ MINI DATA
| 입장료 | 있음　주차 | 가능　분류 | 박물관

고려시대 강진 대구면은 고려청자 제작의 중심지였다. 대구면 곳곳에서 발굴된 가마터만 해도 약 200여 기에 이르는데 전국에서 발견된 가마터가 400여 기라 하니 그중 절반이 이곳에 있었던 셈이다. 고려청자의 메카인 강진 대구면에는 청자의 역사와 자료를 전시하고 있는 박물관과 청자를 제작하는 사업소가 함께 있다. 청자자료박물관은 9세기에서 14세기까지 만들어졌던 고려청자에 관한 다양한 내용을 전시하고 있는데, 청자의 시작과 발전, 제작방법, 종류 등을 체계적으로 설명하고 있어 함께 전시된 청자의 아름다움을 마음으로 감상함과 동시에 그 아름다움의 내용을 머리로 이해할 수 있게 한다. 옛날 청자를 직접 만들었을 실제 가마가 발굴된 모습 그대로 보호되어 있으며, 이를 원형으로 하여 만든 실제 가마가 청자작업장 옆에 있다. 고려청자를 완벽하게 재현하기는 불가능하다고 하지만 그래도 장인들에 의하여 원형

에 가깝게 만들어지고 있으니 그 제작현장을 둘러볼 수 있다. 강진군에서 운영하는 강진청자사업소는 다른 도요지들의 경우 실제 제작 과정을 보기 위해 한참을 기다려야 한다든지, 작업시간에 맞춰 찾아가야 하는 불편함이 있으나 이곳은 상설로 작업이 이루어지는 곳이라 언제 가도 청자가 만들어지는 과정을 살펴볼 수 있다. 또 도예교실을 운영하는데 박물관을 관람하고 청자 빚는 모습을 견학한 후에 하는 청자 빚기 체험이라 더욱 특별하다. 코일링이나 물레 성형을 할 수 있으며, 손수 만든 작품은 유약을 발라 구운 후 택배로 보내주는데 청자도요지에서의 체험답게 멋진 청자가 만들어져 배달된다.

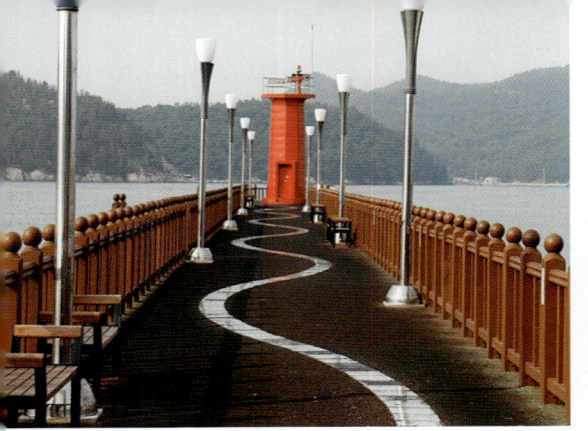

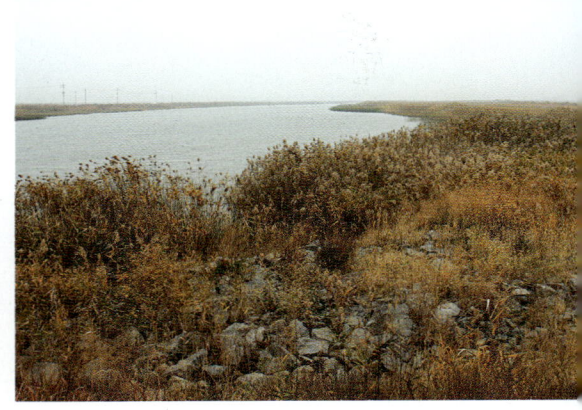

마량항
공원처럼 꾸며진 아름다운 포구

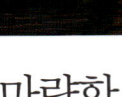

| 위치 | 전라남도 강진군 마량면 마량리 987
　　　전라남도 강진군 마량면 미항로 42 일대
| 운영시간 | 종일, 연중무휴

▶ MINI DATA
| 입장료 | 없음　주차 | 가능　분류 | 바다, 섬

우리나라 서남부 해안 최남단에 위치한 마량항은 최근 들어 새롭게 부각되고 있는 미항(美港)이다. 시인 김영랑의 생가와 소설가 이청준의 생가가 있는 강진에서 바닷길을 따라가면 보물처럼 숨어 있는 마량항을 만난다. 제일 먼저 눈에 들어오는 것은 방파제를 따라 멋스럽게 가꿔진 산책로이다. 아름다운 등대와 조화를 이루어 이른 아침과 해 질 녘 풍경이 아름답기 그지없다. 특히 야간에는 LED 램프를 이용한 조명 시설이 환상적인 분위기를 자아낸다. 마량항 바로 앞의 천연기념물 제172호로 지정된 까막섬의 상록수림은 강진만의 바다 풍경과 어우러져 한 폭의 그림을 보는 듯하다. 사철 싱싱한 해산물이 모이는 마량항 끝 수산물 직판장에서는 이른 아침 경매하는 어민들의 신바람 난 모습을 볼 수 있고 항구를 따라 늘어선 횟집에서는 저렴한 가격으로 해산물을 즐길 수 있다. 가을에는 전어축제가 열려 미식가를 부르고 바다낚시가 잘 되기로 이름난 섬으로의 여행도 마량항에서 출발할 수 있다.

고천암 철새도래지
각본 없는 가창오리의 군무

| 위치 | 전라남도 해남군 황산면 복평리, 송호리 일대
　　　전라남도 해남군 황산면 호교길 일대
| 운영시간 | 종일, 연중무휴

▶ MINI DATA
| 입장료 | 없음　주차 | 가능　분류 | 강, 유원지

1981년 고천암방조제가 만들어지면서 생겨난 갈대밭에는 매년 1월에서 2월 초 사이 전세계 가창오리의 95%가 찾아온다. 호수를 따라 둘레 14km에 이르는 갈대밭은 주변 논과 갯벌이 오염되지 않았으며 기온이 따뜻하고 먹이가 풍부해 철새들의 낙원이 되기에 최적의 장소라 할 수 있다. 시베리아와 뉴질랜드를 오가는 긴 여행의 중간 기착지로 이곳을 찾는 것이다. 이른 아침과 해질 무렵 각본 없는 군무를 펼치는 가창오리떼를 카메라에 담기 위해 전국의 사진작가와 관광객이 몰려드는데 고천암 갈대밭은 다른 지역과 달리 전신주가 없어 새들의 움직임을 깔끔하게 사진으로 담을 수 있으며 일반인들도 쉽게 접근할 수 있는 곳에 관찰 포인트를 마련해 놓아 더욱 인기 있다. 가창오리 외에도 황새, 저어새 등 천연기념물과 기러기 등이 천혜의 생존 여건을 갖춘 고천암에서 겨울을 난다.

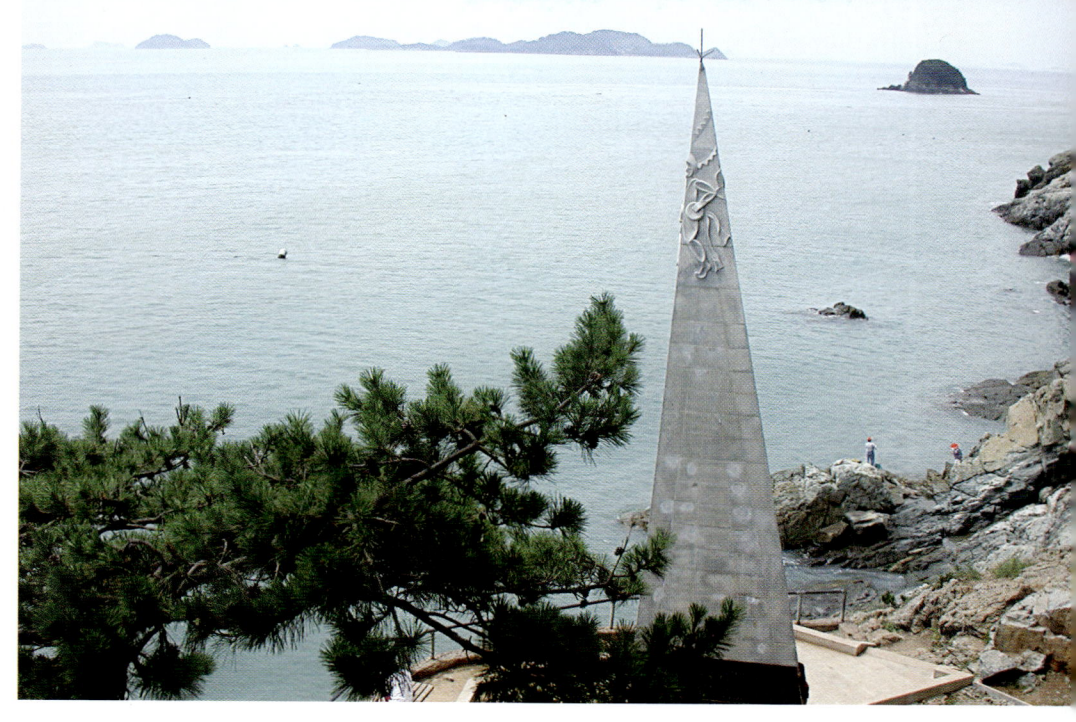

땅끝마을 한반도의 끝, 그러나 또 다른 시작

위치 | 전라남도 해남군 송지면 송호리 일대
　　　전라남도 해남군 송지면 땅끝마을길 일대
운영시간 | 종일, 연중무휴

▶ MINI DATA
입장료 | 없음　　주차 | 가능　　분류 | 바다, 섬

북위 34도 17분 21초의 전라남도 해남군 송지면 갈두산 사자봉 끝은 한반도 최남단 땅끝이다. 육당 최남선이 『조선상식문답』에서 해남 땅끝에서 서울까지 천리, 서울에서 함경북도 온성까지를 2천 리라 보고 우리나라를 삼천리 금수강산이라 했으니 우리 땅을 가늠하는 중요한 기준이라 할 수 있다. 우리나라 지도를 보면 태백산맥에서 갈라져 나온 노령산맥이 이곳에 와서 사자봉을 솟게 하고 바닷속으로 사라지는 형세다. 사자봉 아래 갈두마을은 땅끝마을로 더 잘 알려져 있으며 해발 156.2m의 사자봉 정상에 세워진 땅끝마을 전망대와 땅끝에 관련된 시들을 모아 다양한 시비를 만들어 놓은 공간이 있어 들러볼 만하다.

역동적으로 타오르는 횃불의 이미지를 형상화한 40m 높이의 땅끝 전망대에 오르면 흑일도, 백일도, 보길도, 노화도 등 섬과 바다가 조화된 아름다운 다도해의 풍광이 한눈에 들어오고 날씨가 좋으면 제주도 한라산까지 볼 수 있다. 일출과 일몰을 모두 볼 수 있어 매년 해넘이, 해맞이축제가 열리기도 하는 곳이다. 전망대에서 나와 조선시대 초에 만들어진 것으로 알려진 갈두산 봉수대를 둘러보고 500여 미터를 내려가면 바다를 바라보고 서 있는 삼각형의 땅끝탑을 만날 수 있는데 여기에 새겨진 시가 한반도 땅끝에 서서 바다를 바라보는 감동적인 심경을 대변해준다.

대흥사

교종과 선종을 아우르는 두륜산 자락의 대도량

위치 | 전라남도 해남군 삼산면 구림리 799
　　　전라남도 해남군 삼산면 대흥사길 400
운영시간 | 종일, 연중무휴

▶ MINI DATA

| 입장료 | 있음　주차 | 가능　분류 | 불교유적

두륜산의 절경을 배경으로 자리 잡고 있는 대흥사의 창건된 시기에 대해서는 여러 설이 있지만 대흥사에서는 신라 진흥왕 5년(544년)에 아도화상이 창건한 기록을 따르고 있다. 여러 고승들에 의해 중건을 거듭하며 교종과 선종을 모두 아우르는 대도량이 되었으며 특히 임진왜란의 승병장이었던 서산대사 이후로 사찰의 규모가 확장되었다. 절 입구에서 경내로 들어가는 울창하고 긴 숲길과 계곡이 아름답기로 유명하며 절이 번창하는 데 큰 공덕을 세운 서산대사를 비롯한 여러 고승들의 부도와 부도비가 있는 부도밭도 자랑거리다. 두륜산 골짜기에서 흘러내리는 금당

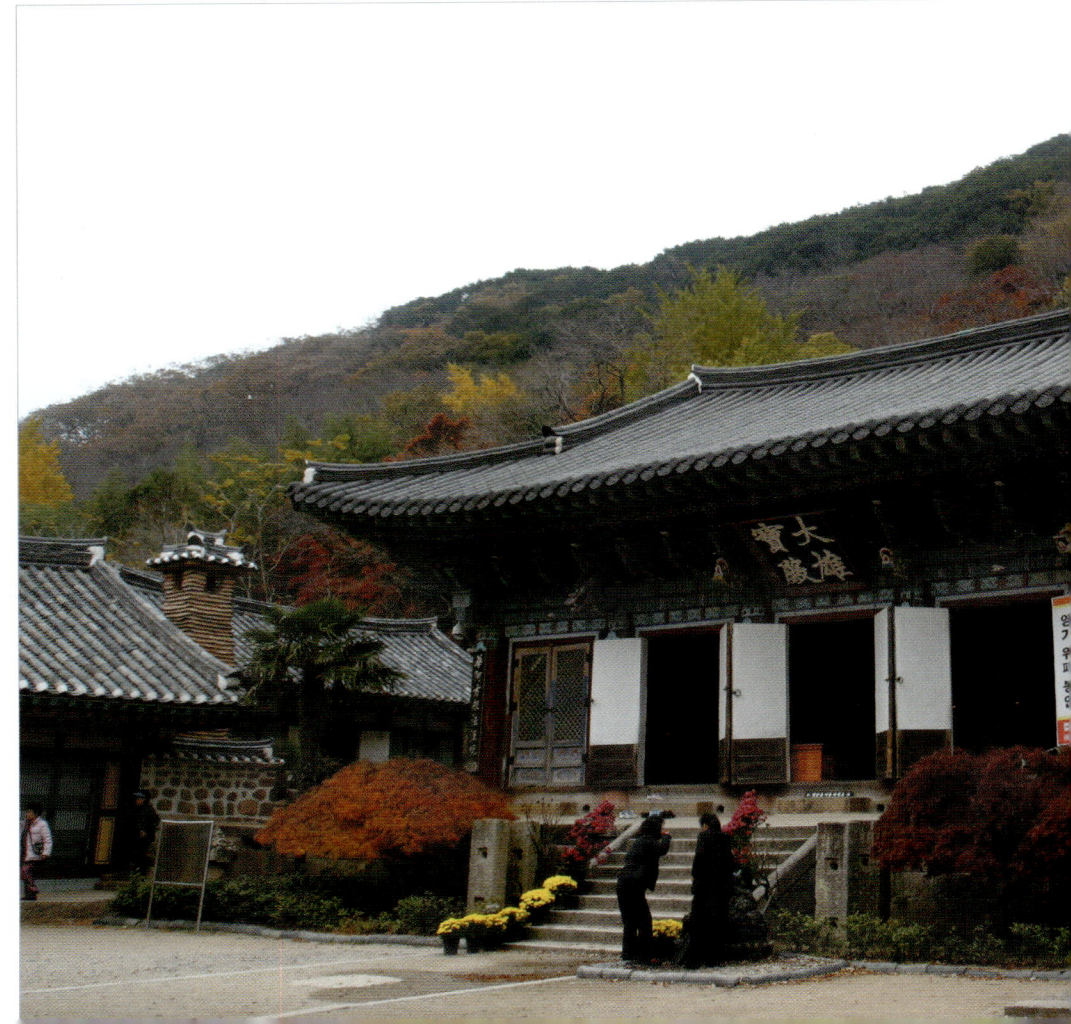

천을 경계로 남원 구역과 북원 구역으로 나뉘고 다시 남원 뒤편으로는 표충사 구역과 대광명전 구역으로 나뉘어 있는 것 또한 대흥사만의 특징으로 대가람으로서의 면모를 짐작하게 한다. 북원 구역에는 대웅보전과 명부전, 범종각 등이 있으며, 남원 구역에는 천불전, 동국선원, 용화당 등의 강원과 승방이 있다. 표충사 구역에는 서산대사의 사당이 있으며, 대광명전 구역에는 선원으로 사용되는 대광명전과 요사채 등이 있다. 경내에 걸려 있는 현판 글씨는 조선시대의 명필가들이 직접 쓴 것으로 조선시대 서예의 진면목을 엿볼 수 있는데, 특히 대웅보전의 현판 글씨는 추

사 김정희와 원교 이광사의 일화로 유명하다. 제주도로 귀양 가던 추사가 대흥사에 들러 원교가 쓴 글씨체가 마음에 들지 않는다며 내리게 하였는데 제주도 귀양에서 돌아오며 다시 걸게 하고 자신이 쓴 '무량수전' 현판은 내리게 하였다. 제주도 귀양에서 겸손의 미덕을 쌓은 것이다. 구름다리를 지나 두륜산 정상에 오르면 바람에 흔들리는 억새밭 너머로 다도해의 풍광이 한눈에 들어오기에 대흥사와 함께 꼭 들러볼 만하다.

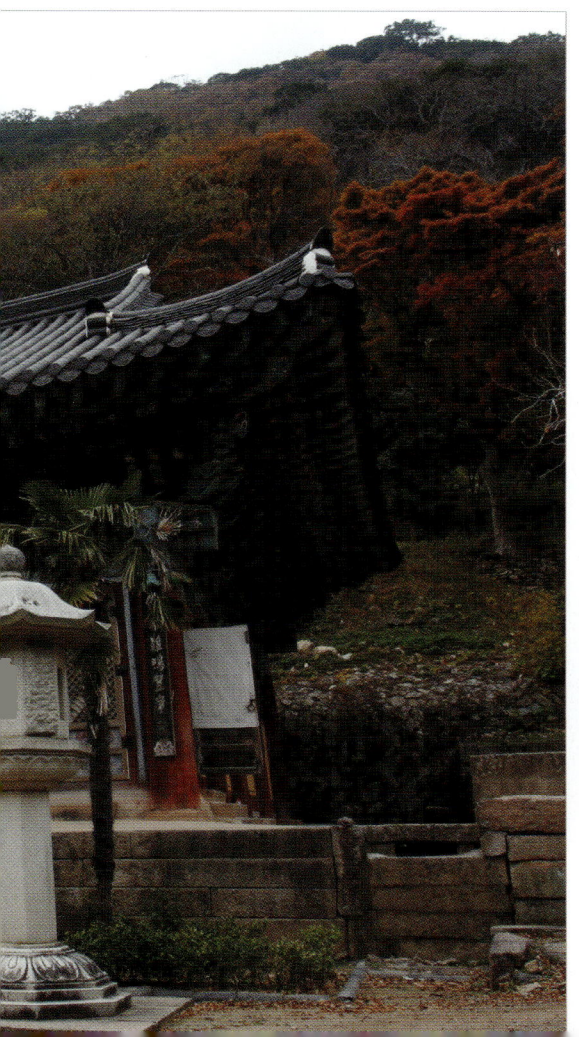

→ 유선여관

대흥사 가는 계곡 길에 위치한 유선여관은 전통 한옥으로 여관과 식당을 겸하고 있는 곳이다. 대흥사에서 제일 가까운 숙박지이며 전통 한옥의 미를 볼 수 있는 곳으로 영화 「서편제」의 촬영지로도 알려져 있다.
문의 | 061-534-2959

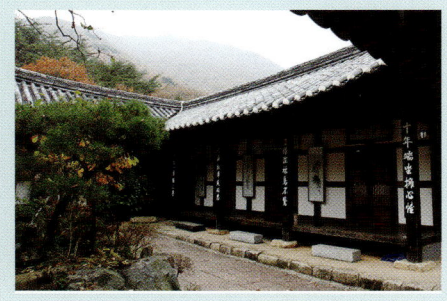

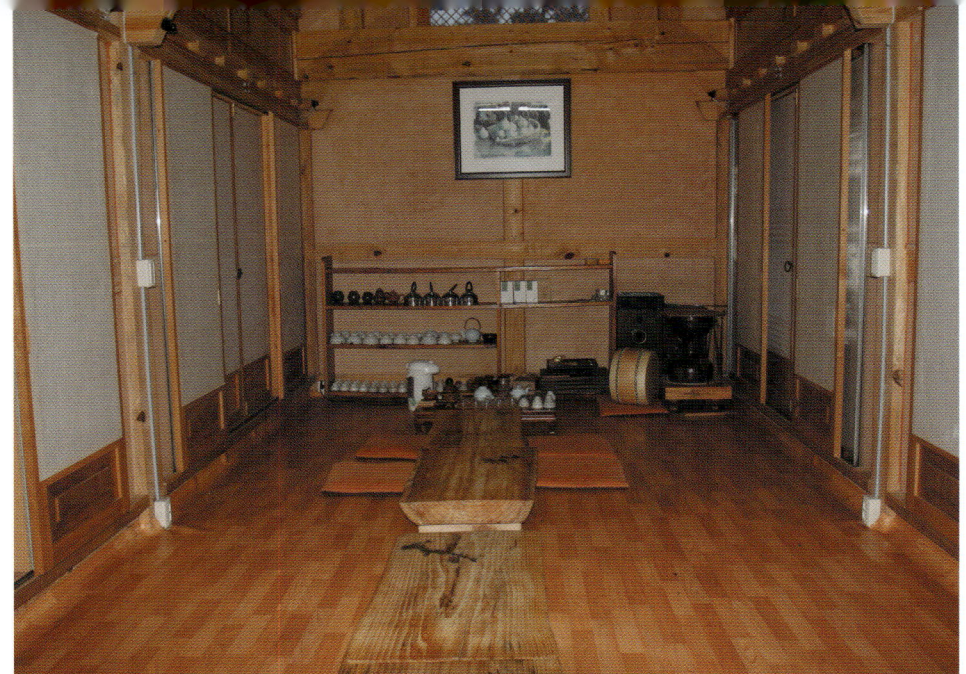

설아다원 해남의 숨은 진주

| 위치 | 전라남도 해남군 북일면 흥촌리 1256-7
　　　　전라남도 해남군 북일면 삼성길 153-21
| 운영시간 | 체험 예약 후 방문, 숙박 15:00~익일11:00

▶ MINI DATA
| 입장료 | 없음　　주차 | 가능　　분류 | 숲, 자연휴양림

보성과 강진의 차밭이 유명하지만 조선 후기 다성이라 불렸던 초의선사가 머물던 '대흥사 일지암'은 해남 땅이다. 설아다원은 해남에 위치한 작은 다원으로 해남 차의 명맥을 잇고 있는 곳이다. 부부가 운영하는데 차나무를 심는 것에서부터 차를 생산하기까지 7년 넘게 걸렸다고 하니 그동안 차밭을 가꾸어온 노력이 대단하다는 생각이다. 차밭을 유기농으로 재배하는데 곳곳에 풀들이 쑥쑥 솟아나 있다. 주인의 말로는 사람과 마찬가지로 이렇게 어울려 자라야 차가 제 맛을 낸다고 하니 줄을 세워 잘 가꾸어진 다른 차밭과는 모습에서부터 차이가 난다. 때에 따라 4~5번씩 수확하는 다른 차밭과 달리 이곳은 1년에 1번 차를 수확하는데 이것은 차나무를 보호하기 위함이라 한다. 그렇게 생산된 차인 만큼 가격은 조금 비싼 편이지만 맛과 향은 최고라 할 만하다. 설아다원을 방문해 주인에게 허락을 구하고 차밭을 둘러보는데 오는 손님 그냥 보내지 못하고 안으로 초대해 차 한잔 내어주는 것은 사람 좋아하는 주인의 성품이다. 설아다원을 제대로 즐기는 방법은 차를 수확한 후 이어서 진행하는 제다체험에 참가하는 것이다. 손수 녹차를 만드는 체험으로 내용에 비하면 비용도 저렴한 편이며 잎을 따는 것에서부터 차를 마시는 것까지 차의 모든 것을 제대로 체험할 수 있다. 그 밖에도 다도와 사물놀이, 소리 배우기 등의 체험이 가능하니 문의해보자. 또 이곳에서 숙박이 가능한데 황토로 지은 전통집에서 군불을 때며 하룻밤을 보내면 피로가 싹 가신다.

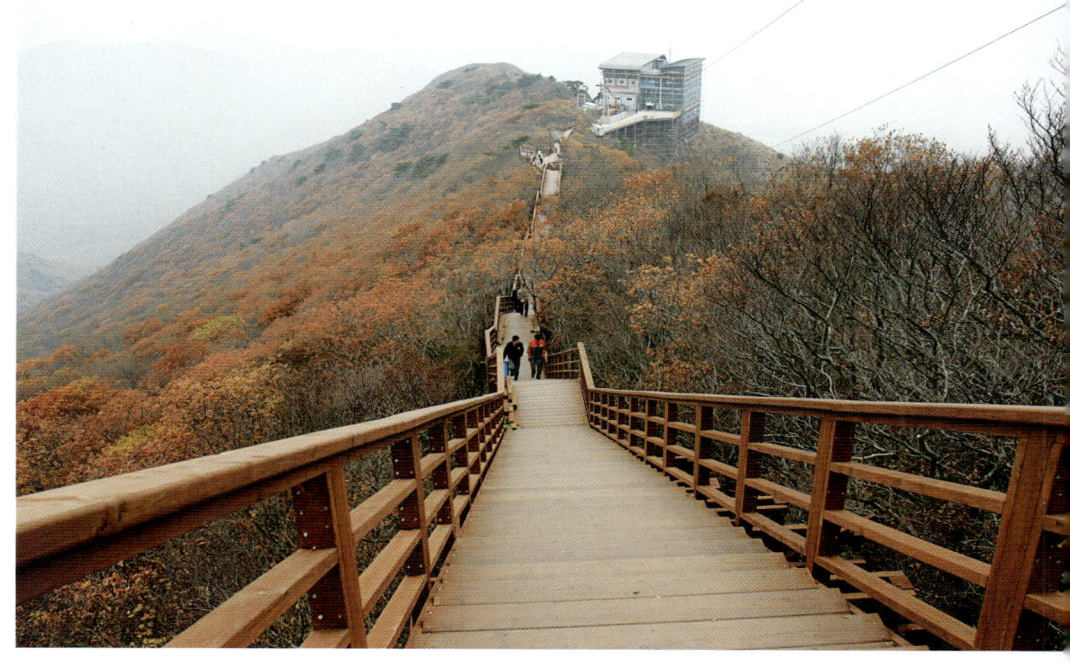

두륜산 케이블카 전국에서 2번째로 긴 케이블카

위치 | 전라남도 해남군 삼산면 구림리 138-6
　　　 전라남도 해남군 삼산면 대흥사길 88-45
운영시간 | 12~3월 08:00~17:00, 4~11월 08:00~18:00,
　　　 정기점검시 휴무

▶ MINI DATA
| 입장료 | 있음　주차 | 가능　분류 | 전시, 체험시설

두륜산 케이블카는 국내에서 2번째로 긴 케이블카로 아래에서 상부 역사까지 이어지는 케이블의 길이가 1,600m이다. 다른 곳에 있는 케이블카들은 타고 올라가다 재미를 느낄 때쯤 내려야 하는 데 비하여 이곳 케이블카는 시간으로 재면 10여 분 정도를 올라가니 케이블카의 재미를 충분히 느낄 수 있다. 상부 역사에 도착하면 286개의 계단으로 이루어진 산책로를 따라 두륜산 봉우리 중 하나인 고계봉으로 올라가는 데 만들어진 길이 근사하다. 아래에서 보면 먼 듯 보이지만 계단과 경사로가 다니기 편하게 되어 있어 그리 힘들이지 않고 오를 수 있다. 위로 오르면 일출과 일몰을 한곳에서 볼 수 있는 전망대에 닿는데, 이웃한 강진, 완도, 진도가 손에 잡힐 듯 가깝게 내려다보이며 멀리 광주의 무등산까지 남도 땅의 아름다운 산세를 한눈에 아우르며, 푸른 다도해 위로 띄엄띄엄 놓여 있는 섬들의 풍경도 감상할 수 있다. 「신증동국여지승람」에 따르면 두륜산에 오르면 한라산이 보인다고 기록되어 있는데 실제 날씨가 맑은 날이면 이곳에서 제주 한라산을 맨눈으로 볼 수 있다고 한다. 또 전망대에서 왼쪽으로 내려다보면 한반도를 닮은 모양의 땅이 만들어져 있다. 가을 단풍철에는 줄을 서서 기다려야 하니 그때 방문할 계획이라면 이른 아침에 찾아가는 것이 줄 서서 기다리는 수고를 덜 수 있으며, 날씨가 맑은 날을 택하여 가야 이곳 전망을 제대로 즐길 수 있다.

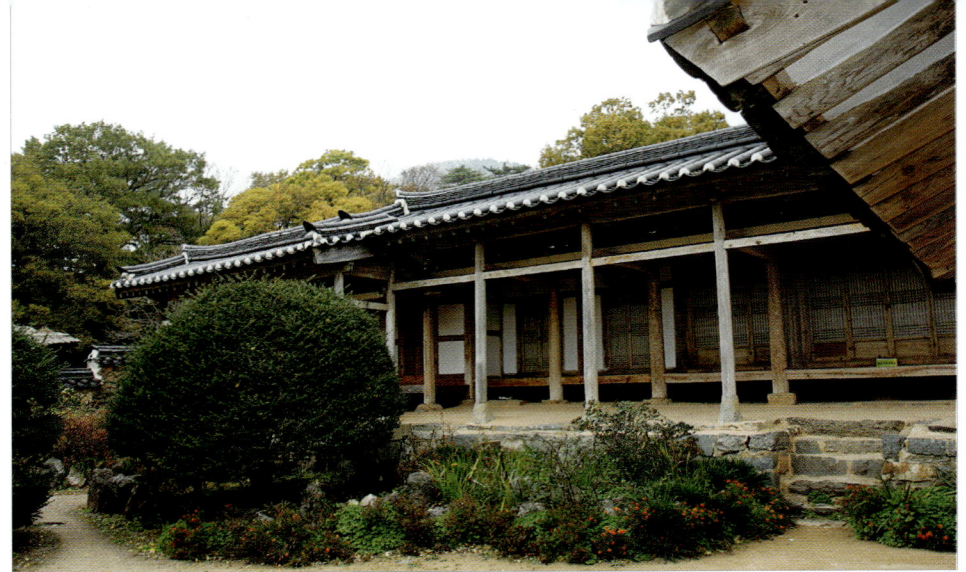

녹우당 초록 비가 내리는 해남 윤씨의 종가

| 위치 | 전라남도 해남군 해남읍 연동리 82
　　　　전라남도 해남군 해남읍 녹우당길 135
| 운영시간 | 09:00~18:00, 매주 월요일 휴무

▶ MINI DATA
| 입장료 | 있음　　주차 | 가능　　분류 | 역사, 문화유적

집 뒤 비자나무 숲이 바람에 흔들릴 때마다 '쏴~아' 하는 소리가 비가 내리는 듯하여 녹우당이란 이름이 붙은 고산 윤선도의 고택이자 해남 윤씨의 종가다. 전라남도에 있는 민가 중에서 가장 규모가 크고 오래된 것으로, 효종 임금이 사부였던 고산 윤선도를 위해 수원에 지어준 집의 일부를 뜯어 옮겨 와 사랑채로 만들고 녹우당이란 이름을 붙였다. 안채와 사랑채, 문간채로 이루어진 해남 윤씨의 종가 전체를 녹우당이라 부르기도 한다. 집을 뜯어 왔다는 것이 언뜻 이해가 되지 않을 수 있지만, 임금이 하사한 집을 다른 사람에게 준다거나 비워둘 수는 없었기에 그러할 수밖에 없었다고 생각하면 된다. 대단한 명예이기도 하였을 테고. 녹우당 옆 유물관에는 고산 윤선도와 그의 증손인 공재 윤두서와 관련된 여러 유물이 전시되어 있으며 유물관과 녹우당 사이로 난 길을 오르면 해남 윤씨 중시조인 어초은공 윤효정과 윤선도를 모

신 사당이 있다. 유물 전시관 안에는 자화상으로 유명한 공재 윤두서의 그림이 있어 눈길을 끈다. 옛날 이곳에 도난 사건이 있어 진품은 금고에 보관하고 있다고 하니 조금은 아쉬운 마음이다. 천연기념물 제241호인 비자나무 숲과 대나무 숲이 있어 바람이 불면 고산이 들었던 녹색의 빗소리를 들을 수 있으며 해남군에서는 이곳 전체를 '고산 윤선도 유적지'로 묶어 관리하고 있다.

→ 오소재약수, 해남의 물맛 보기

차의 성지, 일지암이 있는 해남이다. 일찍이 차 문화가 부흥했던 이유는 차를 재배하기 위한 조건이 뛰어나기도 하였겠지만, 차의 대부분을 이루는 물맛도 한 몫 했을 것이다. 해남읍에서 녹우당을 지나 827번 지방도를 따라가다 언덕을 넘으면 오른편에 약수터가 나오는데, 물맛이 좋아 목포, 강진 사람들도 이곳까지 와서 물을 받아 간다고 한다.

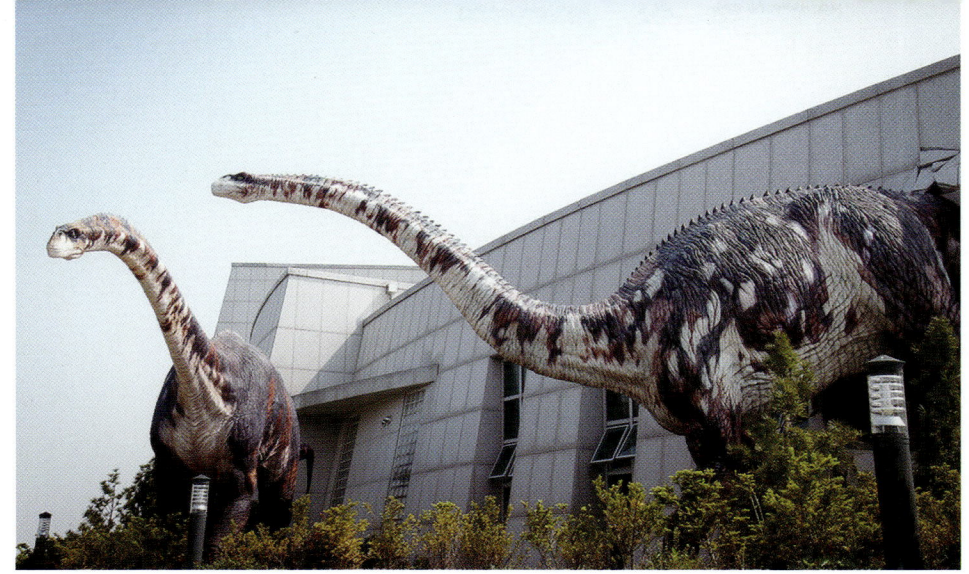

해남 공룡박물관 세계적으로 유명한 공룡 화석지

| 위치 | 전라남도 해남군 황산면 우항리 191
　　　전라남도 해남군 황산면 공룡박물관길 234
| 운영시간 | 09:00~18:00, 매주 월요일 휴관,
　　　7~8월 주말 및 공휴일 09:00~19:00, 연중무휴

▶ MINI DATA
| 입장료 | 있음　　주차 | 가능　　분류 | 박물관

해남 우항리는 일반인에게보다 공룡을 연구하는 학자들에게 더 잘 알려진 공룡 화석 산지이다. 남해안 해안을 따라 있는 공룡 화석지로 고성과 함께 대표적인 곳이 해남인데 고성이 일찍부터 이를 관광상품화했다면 해남은 조금 늦게 시작한 편이다. 이곳의 특징은 화석을 잘 모르는 일반인이 보아도 저것이 공룡 발자국이구나 하고 한눈에 알아볼 수 있을 만큼 선명하게 남아 있는 공룡 발자국 화석이 있다는 것이다. 해안가 바위 위에 새겨져 있는 여러 종류의 공룡 발자국들은 보호각 안으로 들어가면 볼 수 있는데 그 중에서도 별 모양의 발가락이 선명하게 새겨진 대형 공룡 발자국은 이곳을 지나다녔을 공룡의 크기와 무게를 짐작하게 한다. 또 세계에서 발견된 익룡 발자국 중 가장 큰 화석이 이곳에 있는데 그 새겨진 걸음새가 마치 비상하려는 듯 뛰면서 생긴 모양이다. 아시아에서 최초로 발견된 익룡 발자국 화석으로 이곳

의 지명을 따서 해남이시엔스라 이름 붙여졌다. 공룡박물관은 국내의 공룡 관련 박물관 중 가장 최근에 만들어진 곳으로 중생대 쥐라기 육식공룡으로 아시아에서 최초로 공개되는 알로사우루스의 화석을 비롯하여 포악한 공룡으로 유명한 티라노사우루스 화석 등 귀한 유물들이 전시되어 있다. 전시관은 공룡과학실, 공룡실, 중생대재현실, 해양파충류실, 익룡실 등으로 구성되어 있는데 공룡 화석과 모형이 적절하게 배치되어 있으며 곳곳에 영상을 통하여 공룡의 생태를 설명해 주는 모니터가 있어 관람에 도움이 된다. 발견된 화석에 황산이페스, 우항리쿠스 등 이곳의 지명을 따 명명하였을 만큼 우항리는 세계적인 화석 산지로 멋진 박물관이 있어 더 좋은 공룡 나라로의 여행이다.

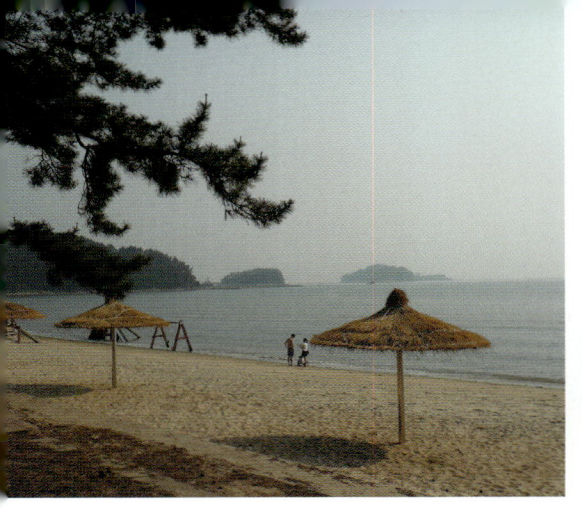
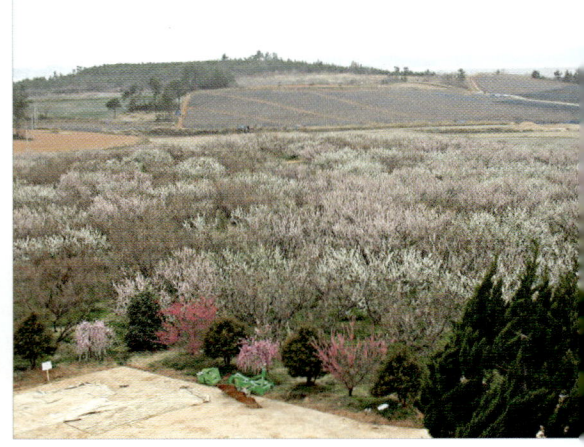

송호해수욕장
호수같이 잔잔한 수면과 울창한 송림

| 위치 | 전라남도 해남군 송지면 송호리 1034-6 일대
| | 전라남도 해남군 송지면 땅끝해안로 1827 일대
| 운영시간 | 종일, 연중무휴

▶ MINI DATA
| 입장료 | 없음　주차 | 가능　분류 | 바다, 섬

보해 매실농원
봄날의 정원

| 위치 | 전라남도 해남군 산이면 예정리 56-10
| | 전라남도 해남군 산이면 예덕길 125-89
| 운영시간 | 3월~4월 초

▶ MINI DATA
| 입장료 | 없음　주차 | 가능　분류 | 숲, 자연휴양림

해남은 바다를 접하고 있기는 하지만 해수욕장은 몇 군데 없는데 그중에서 땅끝마을 가까이 있는 해수욕장이 송호해수욕장이다. 하얀 모래사장과 울창한 송림이 펼쳐진 해수욕장으로 수심이 완만하고 파도가 잔잔해 가족 단위로 많이 찾는 곳이다. 송호라는 해수욕장의 이름은 소나무가 많다는 것에 더하여 바다가 호수같이 잔잔하기 때문에 지어진 이름이라 한다. 백사장의 길이가 2km, 너비는 200m로 꽤 규모가 있는 해변이고 백사장 뒤의 송림은 전라남도기념물로 지정되었는데 수령 100년이 넘는 소나무 약 600여 그루가 들어서 있어 시원한 나무 그늘을 만들어준다. 여름철 해수욕장 개장 때가 아니더라도 나무 그늘에 앉아 바다를 바라보면 손에 잡힐 듯 가까이 보이는 섬에서부터 멀리 그 윤곽이 희미하게 보이는 섬까지 아기자기한 바다 풍경이 멋지다.

우리나라의 최남단 땅 끝 해남은 봄날이면 꽃으로 하얗게 물든다. 주류 전문회사인 ㈜보해가 운영하는 매실농원은 흰빛과 분홍빛의 매화꽃으로 별천지가 되는 곳이다. 1978년 조성된 매화농장은 약 46ha의 드넓은 언덕을 가득 채우는 1만 4,000여 그루의 매화나무와 야생화의 아름다움으로 찾아오는 사람들의 눈을 황홀하게 만든다. 봄날의 또 다른 주인공인 벚꽃보다 더 깊고 진한 빛깔의 매화나무의 축제는 '사군자'의 하나인 매화의 아름다움을 노래한 수많은 옛 성현들의 마음을 백 번 이해하게 만든다. 찰나의 아름다움만을 간직한 벚꽃과 달리 매화나무는 초록의 열매인 매실을 사람들에게 선사하는 고마운 나무다. 수많은 사람들의 수작업으로 수확하는 농원은 아쉽게도 이 시기에는 개방되지 않는다. 사계절의 시작을 알리는 매화꽃의 장관을 보여주는 봄날의 개방 시기를 놓치지 말자.

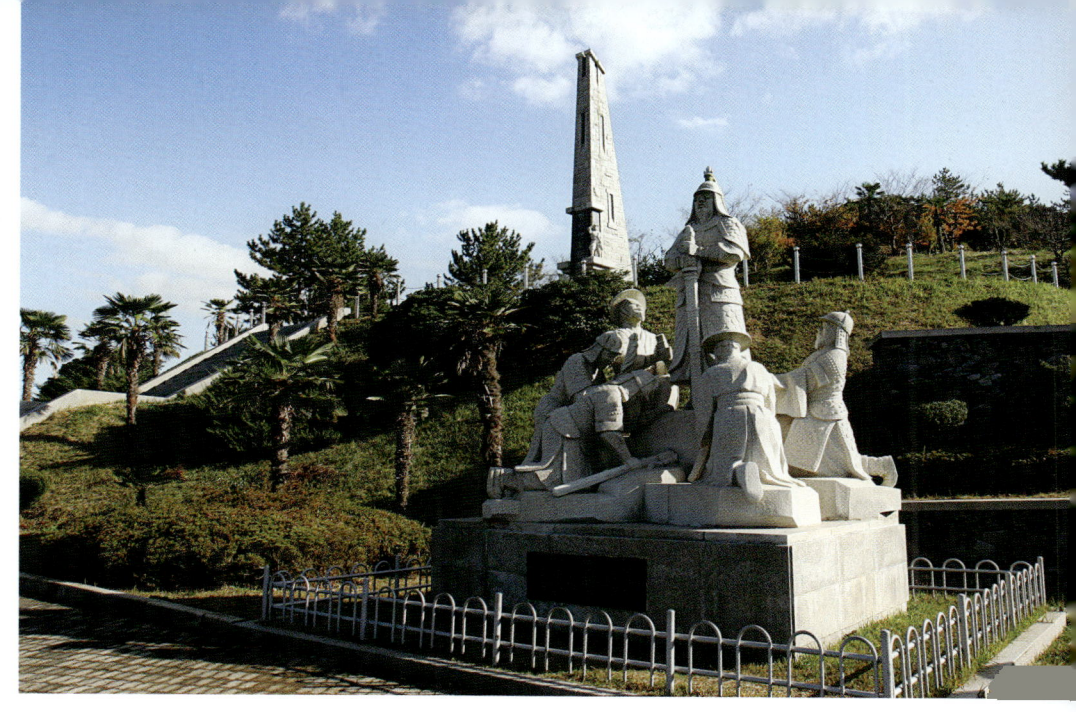

우수영 국민관광지 명량대첩의 승전보를 다시 듣자

위치 | 전라남도 해남군 문내면 학동리 1021
　　　전라남도 해남군 문내면 관광레저로 12
운영시간 | 09:00~18:00

▶ MINI DATA
| 입장료 | 있음 　 주차 | 가능 　 분류 | 역사, 문화유적

임진왜란 당시 우수영이 있었던 해남은 임진왜란 최대의 전과를 올린 명량대첩이 벌어졌던 곳으로, 명량해협은 승전을 기념하는 국민관광지로 지정되어 있다. 전라 우수영 명량대첩공원 안에는 이민서가 짓고 김만중이 쓴 명량대첩탑이 서 있는데 충무공이 바다의 급류를 이용하여 왜적을 물리친 상황을 기록해 놓았다. 1대 11의 전력차이를 극복하고 대승을 올린 명량대첩은 세계 해전사에서 그 유례를 찾아볼 수 없을만큼 대승을 올린 전투라 한다. 공원 안에는 충무공의 어록비와 사당을 비롯한 각종 기념 조형물이 세워져 있으며 충무공 유물전시관에는 명량대첩 해전도와 거북선 실제모형, 거북선 절개모형, 판옥선 모형, 여러가지 무기 등이 전시되어 있고 당시의 전투상황

을 설명하는 슬라이드도 상영되고 있다. 명량대첩비탑본이 보물 제503호로 지정되어 있으며 명량대첩당시 작전에 공을 세운 강강수월래는 무형문화재 제8호로 지정되어 있다. 공원 안의 전망대에 올라서면 해남과 진도를 연결하는 진도대교와 소용돌이치는 울돌목의 거친 물살을 조망할 수 있으며, 객사, 토성, 전적지 등 당시의 전투 상황을 알 수 있는 상징물들이 한눈에 들어온다. 청소년 수련관을 비롯해 잔디광장과 다목적 운동장, 취사장과 야영장을 갖추고 있어 나라를 지키기 위해 목숨을 바친 선조들의 정신과 기상을 마음에 담으려는 청소년 단체의 수련 활동장으로도 이용되고 있다.

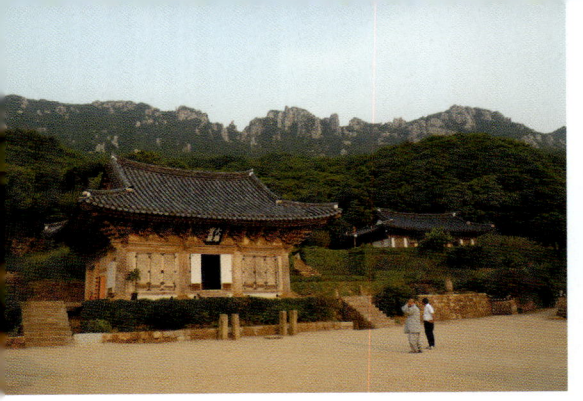

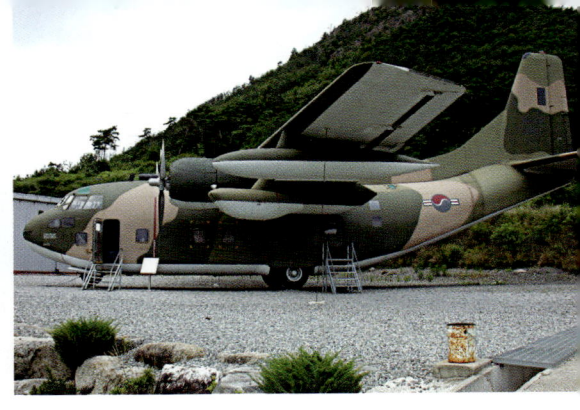

미황사
황금법당은 어디?

위치 | 전라남도 해남군 송지면 서정리 1
　　　 전라남도 해남군 송지면 미황사길 164
운영시간 | 종일, 연중무휴

▶ MINI DATA
| 입장료 | 없음　　주차 | 가능　　분류 | 불교유적

한반도의 끝자락 땅끝마을에서 황금법당을 찾아보자. 백두대간의 끝에 자리한다는 달마산은 480m의 높지 않은 산이지만 기암괴석이 수많은 조각처럼 둘러져 있다. 달마산의 중턱 석축 위에 자리하는 미황사는 마치 암석들의 호위를 받는 꽃봉오리처럼 아름답다. 대웅보전과 응진전으로 구성된 사찰의 모습과 주변 경관이 유명하다. 사찰에서 멀리 바라보이는 바다는 서해안의 끝자락이다. 석양이 비치는 시간이면 대웅보전과 주변 전각들은 황금빛으로 물들고 부드러운 노란색으로 색을 갈아입는 모습은 아름답기 그지없다. 사찰 경내에서 오른편으로 이어지는 약 500m의 오르막길을 천천히 올라보자. 남도의 태양을 받은 동백나무 숲과 옹기종기 모여 앉은 부도밭을 만날 수 있다.

호담 항공우주전시관
실제 전투기를 볼 수 있는 곳

위치 | 전라남도 무안군 몽탄면 사창리 720-1
　　　 전라남도 무안군 몽탄면 우명길 21
운영시간 | 동절기 09:00~17:00, 하절기 09:00~18:00,
　　　　　 매주 월요일 휴관

▶ MINI DATA
| 입장료 | 있음　　주차 | 가능　　분류 | 박물관

실물 전투기를 직접 볼 수 있는 국내의 몇 안 되는 전시장이다. 무안 출신으로 공군참모총장을 지낸 옥만호 장군이 설립한 박물관으로 지금은 기부채납을 받아 무안군에서 운영하고 있다. 항공의 역사와 우리 공군의 역할과 임무 등을 알리는 다양한 자료들을 전시해놓고 있는 실내 전시장의 볼거리도 다양하지만 무엇보다 이곳을 찾는 이유는 야외 전시장의 비행기 때문이다. 설립된 지 꽤 시간이 지나서인지 외부에 전시된 비행기들이 오래되었다는 느낌을 받을 수도 있지만 이 비행기들은 실제 우리 하늘을 지켰던 비행기들로 하나하나 역사를 가지고 있는 것들이다. 1973년에 미국에서 도입되어 대간첩작전과 병력수송 등에 사용되다 1994년 퇴역한 C-123K 수송기, 미국 맥도널드더글라스사 제작으로 1965년에 도입된 F4D 전투기 등 제법 오래된 비행기들이 전시되어 있다. 또한 북한에서 귀순한 조종사가 몰고 온 MIG-15가 전시되어 있어 어릴 때 전쟁 났다며 사이렌 요란하게 울려 놀랐던 기억을 떠오르게 한다.

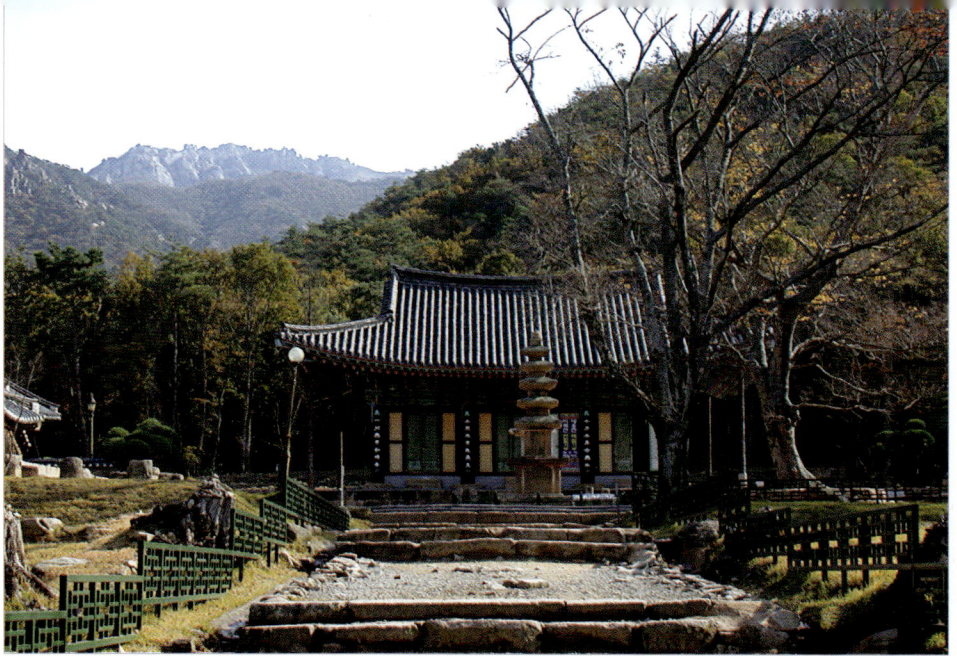

도갑사 월출산의 포근함을 담은 곳

위치 | 전라남도 영암군 군서면 도갑리 8
　　　전라남도 영암군 군서면 도갑사로 306
운영시간 | 종일, 연중무휴

▶ MINI DATA
| 입장료 | 있음　　주차 | 가능　　분류 | 불교유적

월출산을 찾아가는 구림천계곡은 봄날의 벚꽃과 가을의 붉은 단풍으로 색의 향연을 펼친다. 도선국사의 법력으로 창건되었다는 도갑사는 966칸의 드넓은 사찰로 1,000여 명의 승려가 수도생활을 하고 부속 암자의 숫자만도 12곳에 이르는 대사찰이었다. 숭유억불 정책으로 대부분의 사찰이 승려 없는 빈 터만을 남기고 있었던 조선 초기의 상황이니 당시 이곳의 규모와 그 영향력을 실감하게 만드는 이야기다. 과거의 화려함은 빈자리를 지키는 주춧돌과 커다란 석조의 모습에서 느낄 수 있을 뿐이고 한국전쟁의 화염으로 대부분의 모습을 잃어버린 지금의 도갑사는 크지 않은 전각들이 아담한 터로 단정하게 자리하고 있다. 숲길을 따라 왼편으로 첫 모습을 드러내는 전각은 다 부진 기단 위로 자리하는 해탈문이다. 무심코 통과하기 쉬운 소박한 전각이지만 600년에 가까운 시간 동안 제자리를 지켜온 건축물로, 우리나라 산문건축의 귀중한 자료가 되는 가치를 인정받아 국보로 지정되었다. 1999년 화재로 전소되었던 대웅전은 고려시대의 오층석탑과 새롭게 만들어진 석등이 알맞은 조화를 이루는 사찰의 중심이다. 대웅전 뒤편 산길을 따라 월출산 언덕에 자리하는 아담한 크기의 미륵전은 하나의 석재를 다듬어 완성한 불상을 모시고 있다. 마치 마주 보며 이야기하는 마을의 어르신처럼 다정한 모습이 여느 불상과는 다른 느낌을 준다. 조선시대 도갑사 중창의 중심인물인 수미왕사의 행적을 담은 비석과 도선수미비 등도 눈여겨보아야 할 도갑사의 보물들이다.

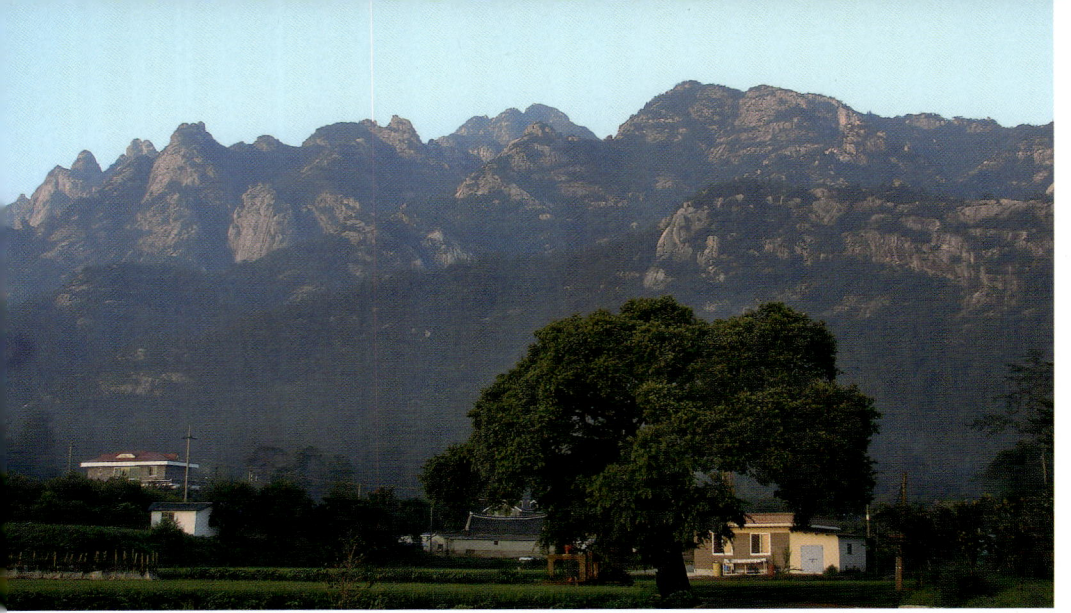

월출산국립공원 달이 뜨는 산

| **위치** | 전라남도 영암군 영암읍, 강진군 성전면 일대
| **운영시간** | 일출 2시간 전~일몰, 연중무휴

▶ **MINI DATA**
| **입장료** | 없음 **주차** | 가능 **분류** | 산, 계곡, 동굴

조선 초기의 시인 김시습은 월출산을 비추는 달의 모습을 '달이 산을 오른다' 라고 표현하였다. 월출산의 모습은 김시습이 남긴 말처럼 아름답다. 유유히 서해로 흘러가는 영산강이 비옥한 양분을 주는 나주평야의 지평선을 따라가다 불쑥 솟아오른 듯 거대한 월출산은 자연의 신비를 느끼게 한다. 뾰족하게 솟아오른 산은 호남의 금강이라는 표현처럼 최고봉인 천왕봉(809m)을 중심으로 구정봉 등 수많은 기암괴석의 신비한 모습을 보여준다. 우리나라 최고 높이와 길이를 자랑하는 구름다리는 절벽을 연결하는 그 아찔함과 다리 위에서 바라보이는 남도의 푸른 경관으로 잊을 수 없는 추억을 남긴다. 천왕봉 정상의 300명이 앉을 수 있다는 너른 바위의 모습도 대단하고 아홉 개의 바위 연못이 있어 용이 목을 축인다는 구정봉의 모습도 놓치기 아깝지만, 구정봉 정사 아래 거대한 암반을 깎아 만든 마애여래좌상은 높이가 9m에 이르는 크기와

절벽과 조화를 이루는 불상의 아름다움이 찾는 사람으로 하여금 감탄사를 연발하게 만든다. 험준한 산을 타고 작은 연장으로 한 조각씩 바위를 다듬었을 석공의 마음이 천 년을 지나도 그대로 전해지는 듯하다. 풍수지리 사상을 구현하였던 도선선사의 탄생지이기도 한 영암의 월출산은 1988년, 우리나라의 열아홉 번째 국립공원으로 지정되었다. 산행 후 피로를 말끔히 씻어주는 월출산온천 또한 월출산을 더욱 기분 좋게 만드는 장소가 된다.

→ 풍수지리사상, 세상을 아우르는 사상

영암에서 탄생한 도선선사가 당나라에서 수학하여 우리나라에 전파하였던 풍수지리사상은 통일신라 말기 지방호족의 발현과 후삼국의 성립, 고려국의 탄생에 이르기까지 백성들의 마음에 자리잡은 중요한 사상이었다. 전국 500여 사찰을 짓고 고려 태조 왕건의 출현을 세상에 알리면서 더욱 굳건히 자리 잡은 풍수지리사상은 지금까지도 사람들에게 그 중요성을 인정받는다.

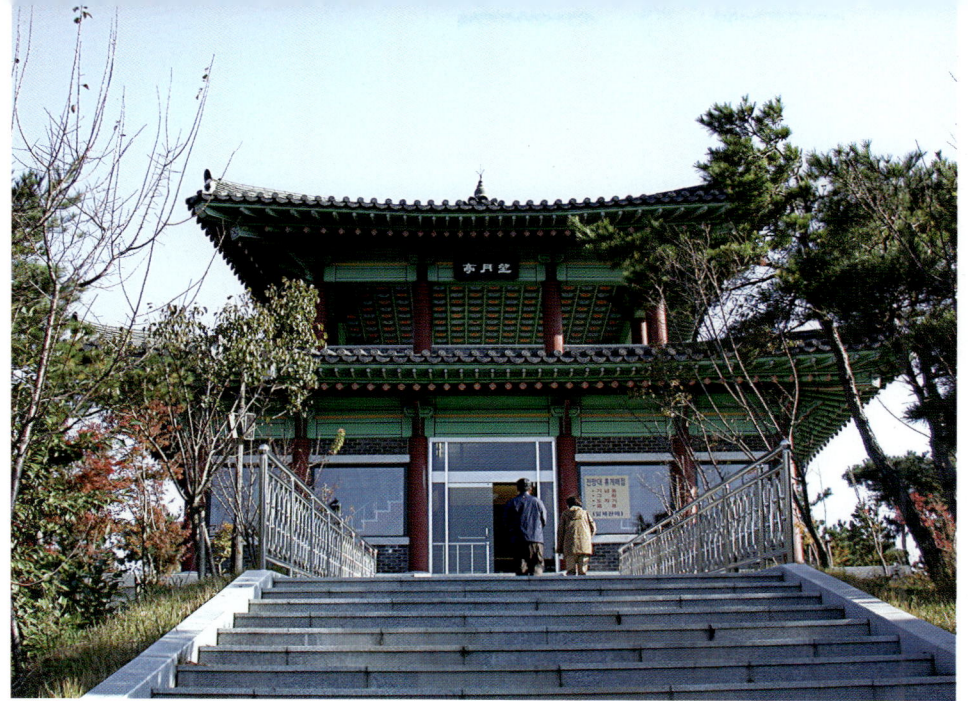

왕인박사 유적지 아스카문화의 씨앗

위치 | 전라남도 영암군 군서면 동구림리 산17
　　　전라남도 영암군 군서면 왕인로 440
운영시간 | 09:00~18:00, 연중무휴

▶ MINI DATA
| 입장료 | 있음　　주차 | 가능　　분류 | 역사, 문화유적

영산강을 따라 서해로 흘러가는 영암의 바닷길은 해류를 따라 일본으로 이어진다. 삼국시대부터 고려시대까지 이곳은 일본과의 무역을 위한 중요한 무역항으로 당시 우리나라의 선진 문물을 전파하는 문화의 통로가 되었다. 백제 전성기에 일본왕의 요청으로 일본으로 건너간 오경박사 왕인은 오로지 일본의 사료로만 그 실체가 전해지는 특이한 인물이다. 논어와 천자문 등 선진 유교문화와 기술을 전파하였으며 일본 왕실의 고문이면서 태자의 스승이 되어 일본 고대 문화의 원류가 되는 아스카문화의 꽃을 피웠다. 왕인의 실체는 일본의 사료에서 확인될 뿐 우리나라에 기록이 남아 있지 않았다. 성기동 일대 탄생지로 알려지는 자리에 유적지가 만들어졌다. 일본에서 더욱 추앙받는 왕인을 기리기 위해 가묘를 꾸미고 사당과 기념관을 만드는 데 많은 일본 지식인들의 힘이 보태어졌고, 전해오는 이야기를 따라 그가 학문을 연마하였다는 책굴과 석상, 제실 등이 성역화되었다. 벚꽃이 만발하는 4월이면 우리나라와 일본이 함께 주관하는 왕인문화축제가 성대하게 진행되니 국가와 이념을 떠나 아름답게 피어나는 벚꽃처럼 문화를 공유하였던 고대 백제와 일본의 모습이 되살아나는 듯하다. 백제 시대에 국제 항구였던 상대포는 물길이 끊어져 작은 정자가 자리하는 연못으로 그 흔적만 남아 있지만 사당을 중심으로 많은 기념물이 자리하는 왕인 유적지는 1,600년 전 영암의 옛 모습을 상상할 수 있게 도와준다.

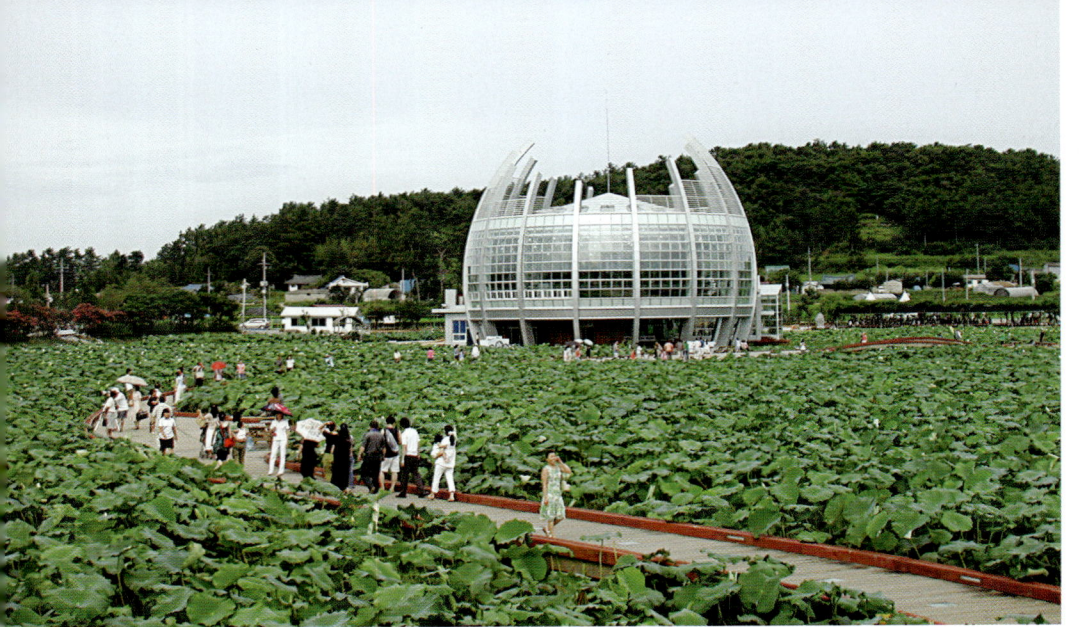

회산 백련지 동양 최대의 백련 자생지

| 위치 | 전라남도 무안군 일로읍 복용리 176
　　　전라남도 무안군 일로읍 백련로 339-20
| 운영시간 | 09:00~17:00, 매주 월요일/국경일 휴무,
　　　　7~9월 09:00~18:00, 연중무휴

▶ MINI DATA
| 입장료 | 있음　　주차 | 가능　　분류 | 강, 유원지

전체 면적 33ha에 달하는 동양 최대의 백련 자생지이다. 일제시대 농업용수 확보를 위해 만들어진 평범한 저수지가 아름다운 연꽃으로 가득한 공원이 된 것은 한 농부의 꿈에서 시작되었다. 이제는 고인이 된 정수동 씨는 1955년 여름 무렵 하늘에서 12마리의 학이 저수지에 내려앉는 꿈을 꾸었다. 다음 날 동네 아이들이 주워 온 연뿌리 12주를 저수지 가장자리에 심고 정성껏 가꾸었다고 한다. 이후 영산강종합개발로 저수지가 무용지물이 되자 저수지의 수위가 점점 낮아져 연꽃 자생에 적절한 환경으로 바뀌어 백련이 급속도로 번져나갔고 1997년에 연꽃축제를 시작하면서 거대한 백련지로 가꿔지게 된 것이다. 280m 길이의 백련교가 넓은 백련지를 가로지르며 놓여 있고 연못을 따라 산책로와 쉼터가 깔끔하게 갖춰져 있다.

연못 안에는 수련, 가시연꽃, 홍련, 애기수련, 노랑어리연 등 30여 종의 연꽃과 50여 종의 수생식물이 서식하고 있으며 자연학습장과 수생식물생태관이 있어 연꽃의 식생에 대해 자세히 공부할 수도 있다. 해마다 8월 중순에 무안백련대축제가 열린다.

→ 짚으로 구워내는 삼겹살

짚으로 순식간에 구워내는 삼겹살은 무안에서 맛볼 수 있는 별미다. 주문을 하면 석쇠에 삼겹살을 올리고 마당 한쪽에서 짚불로 삼겹살을 구워서 가져다 준다. 순식간에 타오르는 짚불의 화력에 삼겹살의 표면이 구워지고, 그 안에 육즙이 배는데 겉은 바삭하고 속은 촉촉한 맛있는 삼겹살 구이가 완성된다. 삼겹살에 밴 짚의 독특한 향기에다 무안의 특산품인 양파를 이용한 김치, 이 집의 특제 소스인 게장양념은 삼겹살을 배로 맛있게 만들어 준다.
문의 | 061-452-3775(두암식당)

함평 전통해수찜

바닷가 전통 건강 체험

| 위치 | 전라남도 함평군 손불면 궁산리 118-49~118-45
전라남도 함평군 손불면 석산로 61~79
| 운영시간 | 08:00~17:00(문의 후 방문)

▶ MINI DATA
| 입장료 | 있음　　주차 | 가능　　분류 | 온천, 휴양

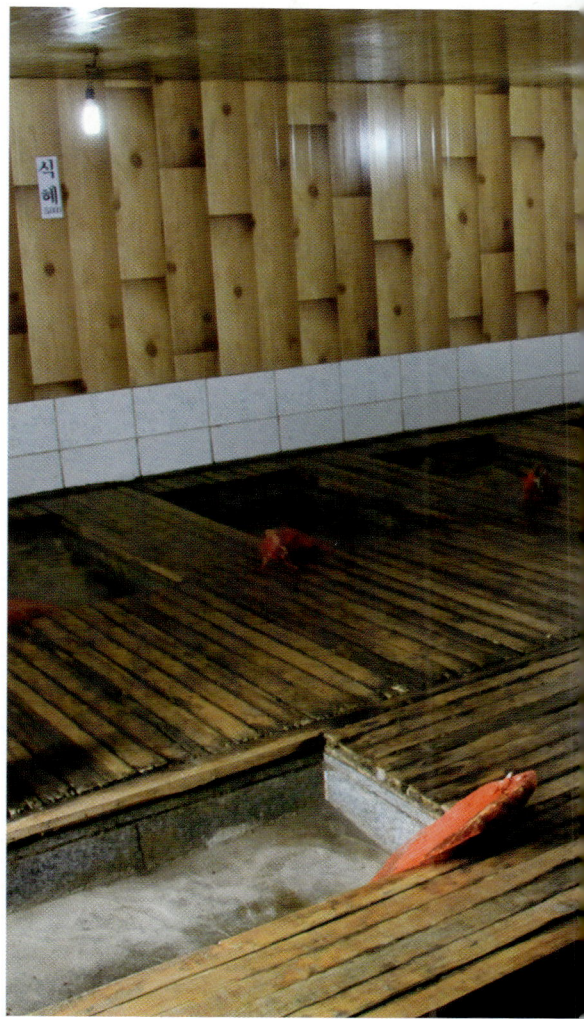

해수탕은 바닷가 곳곳에 있어 즐기는 사람도 많고 아는 사람들도 많지만 해수찜은 생소하다. 해수찜은 서해안 남부 지역의 독특한 건강요법으로, 데워진 탕에다 몸을 담그는 일반적인 목욕 방법과는 달리 데워진 해수로 수건을 적신 후 몸에 얹어 그 효과를 체험하는 것이다.

먼저 바닷물을 끌어들여 탕을 채운다. 그 후 장작으로 시뻘겋게 달군 유황 약돌을 탕에 넣어 물을 데우는데 이때 약돌뿐만 아니라 쑥 한 다발, 숯 한 삽을 같이 넣고 가마니로 그 위를 덮어 준다. 잠시 지나면 물이 뜨겁게 데워지는데 그 물에다 수건을 담궈 적신 후 몸에 얹기를 반복하면 된다.

돌머리해수욕장에서 멀지 않은 신흥리, 궁산리 일대에는 해수찜을 할 수 있는 곳이 여러 군데 있다. 이곳 어른들 이야기를 들어보면 50년 전에도 지금처럼 시설을 갖추진 못했어도 이런 방식으로 해수찜을 즐겼다 하니 이는 전통 그대로의 방식이라 할 수 있다. 해수찜의 효능은 직접 체험해보지 않고는 설명하기가 어려운데 유황 약돌로 달구어진 물에 쑥과 숯의 좋은 성분이 물에 용해되고, 가마니의 짚이 가지는 계면 작용이 어우러져 피부미용에 좋을 뿐만 아니라 뜨거운 수건을 얹었다 내렸다를 반복하면서 뭉쳤던 근육이 풀어지고 피로가 말끔히 풀린다. 함께하는 가족이나 친구가 있다면 얹은 수건 위로 서로 안마를 해주자. 해수찜의 효과가 배가 될 뿐더러 마음도 서로 나눌 수 있으니 일석이조이다.

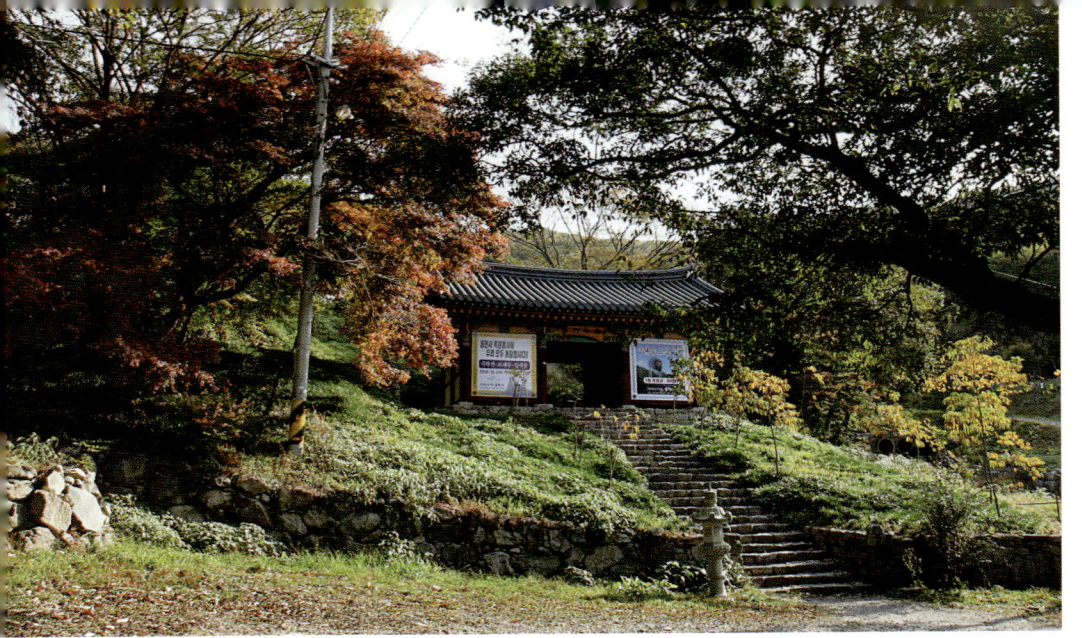

용천사와 꽃무릇공원 꽃무릇으로 붉게 물드는 가을

| 위치 | 전라남도 함평군 해보면 광암리 415
전라남도 함평군 해보면 용천사길 209
| 운영시간 | 상사화 개화기 8월 말~9월

▶ MINI DATA
| 입장료 | 없음　주차 | 가능　분류 | 불교유적

꽃무릇은 일명 상사화라고도 하는데, 이와 관련해 전해지는 이야기가 있다. 한 스님이 여인을 사랑하였으나 신분 때문에 이루어질 수 없는지라 그 마음을 안타까워하며 꽃을 심었다. 잎이 시든 후 꽃이 피기 때문에 잎과 꽃이 서로를 보지 못하는 것에 비유된 이야기이다. 이 이야기 말고도 꽃무릇에 전하는 이야기는 여러 가지인데 아마도 꽃과 잎이 함께하지 않는 데서 생긴 이야기일 것이다. 용천사는 작은 사찰이지만 9월이면 꽃무릇축제가 열려 사람들로 붐빈다. 절 주변으로 온통 꽃무릇으로 붉게 물드는데 그 모습이 장관이다. 용천사는 삼국시대 인도에서 건너와 불교를 처음으로 전파한 마라난타에 의하여 만들어진 절로 알려져 있는데 영광이라는 지역이 불교가 일찍 전해진 만큼 오래된 절이었음은 분명할 것이다. 고려와 조선에 이르면서 건물이 30여 채에 이르는 큰 규모의 사찰이었다고 하나 여러 번의 전쟁을 겪으면서 석등과 돌계단 등의 흔적만이 옛 모습으로 남아 전해진다. 지금은 작고 아담한 규모의 절다운 분위기를 온전히 간직하고 있어 이곳을 방문하는 탐방객들의 마음을 평안하게 만들어준다. 절을 둘러보면 같은 모양의 석등 2개가 놓여 있는데 원래의 것은 숙종 때 만들어져 지금 대웅전 옆 언덕에 놓여 있고, 대웅전 앞에는 그 모양을 본떠 최근 새로 만들어진 석등이 자리하고 있다. 모양은 같은데 그 만듦새는 차이가 난다. 비단 세월의 흔적뿐만이 아니라 그 정성에서 최근 것이 옛것을 따라가지 못하는 것이 아닐까 싶다.

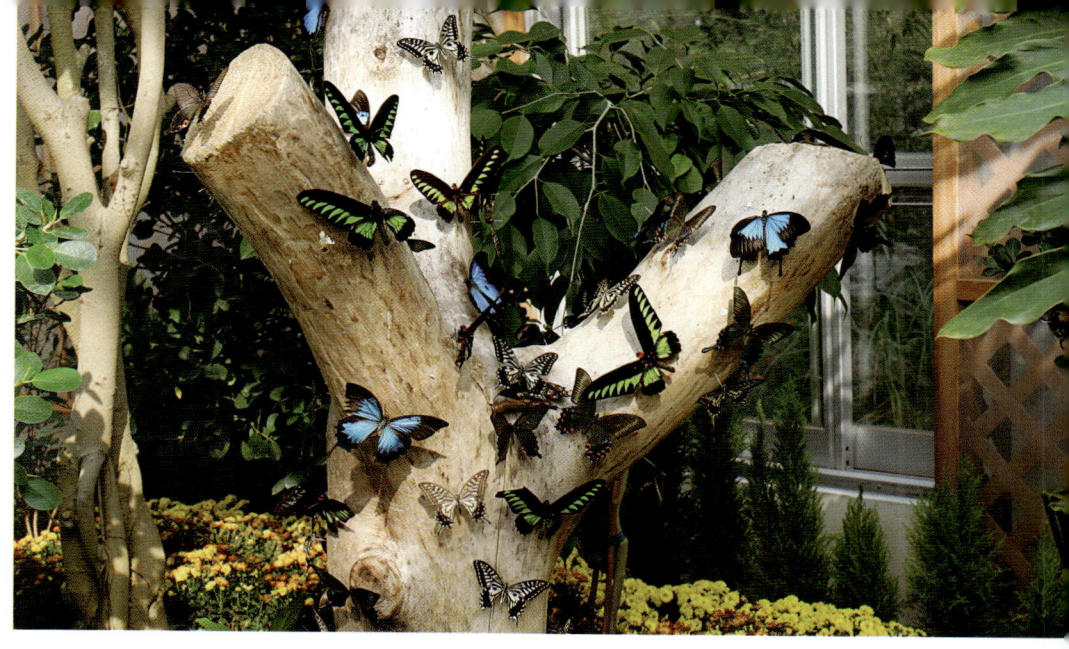

함평 나비축제와 함평 자연생태공원 우리나라의 대표적인 생태 축제

위치 | 전라남도 함평군 대동면 운교리 500-1
　　　전라남도 함평군 대동면 학동로 1398-77
운영시간 | 11~3월 09:00~17:00, 4~10월 09:00~18:00

▶ MINI DATA
| 입장료 | 있음　　주차 | 가능　　분류 | 공원

지역 축제를 넘어 우리나라의 대표 축제로 자리 잡은 함평 나비축제는 매년 봄 함평을 축제의 도시로 만든다. 특히 2008년에는 매년 개최하던 나비축제와 함께 '미래를 만드는 작은 세계'라는 주제로 2008 함평 세계나비·곤충엑스포를 개최하였는데 이를 통하여 명실상부한 생태도시로 거듭났다. 예전에는 나비를 쉽게 볼 수 있었는데 근래 도시에서는 나비를 보기란 정말 어려운 일이 되어버렸다. 함평은 천혜의 청정 지역으로 이 지역이 가지고 있던 깨끗한 환경이라는 자원을 잘 활용해 멋진 축제로 발전시켰다. 축제 때가 되면 함평 곳곳에서 나비가 날갯짓하며 날아다니는데 살아 있는 나비를 처음 본다는 아이들도 있으니 그동안 개발과 발전이라는 구호 아래 잃어버린 것들에 대하여 생각하게 된다. 축제 때만 나비를 볼 수 있다는 아쉬움이 많아 함평군은 자연생태공원을 만들고 1년 내내 나비를 볼 수 있게 꾸며놓았다. 공원 안 자연생태과학관에는 나비의 일생과 종류에 관하여 300여 점의 표본과 함께 입체 영상 등의 자료가 잘 정리되어 있어 나비를 보러 가기 전에 들르면 좋겠다. 나비생태관에서는 나비를 1년 내내 볼 수 있도록 사육하고 있다. 나비뿐만 아니라 잎에 붙어 있는 애벌레도 볼 수 있어 살아 있는 교육이 된다. 그 밖에도 난전시관, 꽃학습장 등이 있으며 반달가슴곰을 직접 볼 수 있는 관찰원도 마련되어 있다. 연못 주변으로는 수변관찰 데크와 산책로가 조성되어 있어 산책을 즐기기에도 좋다. 가을에는 공원 앞 광장에서 국화꽃 축제가 열린다. 봄에 나비축제를 놓쳤어도 함평자연생태공원에서 훨훨 날아다니는 나비의 모습을 볼 수 있으니 언제든 들러보자.

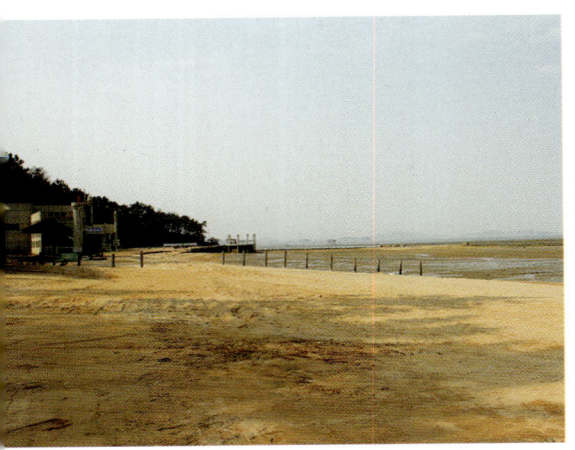

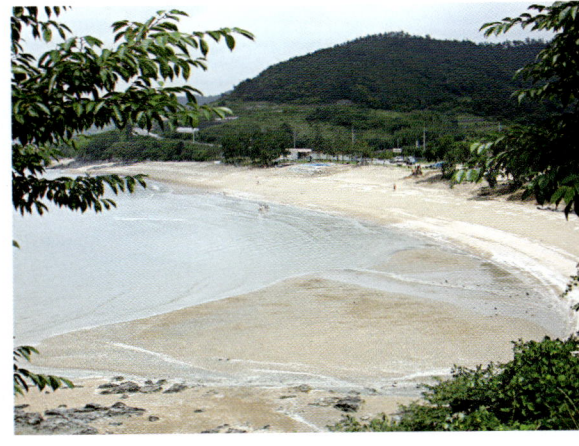

돌머리해수욕장
해수욕장과 인공풀이 만났다

| 위치 | 전라남도 함평군 함평읍 석성리 523
전라남도 함평군 함평읍 주포로 600-25 인근
운영시간 | 종일, 연중무휴

▶ MINI DATA
| 입장료 | 없음   주차 | 가능   분류 | 바다, 섬

돌머리해수욕장은 인근 석두마을에서 이름을 가져온 해수욕장으로 자연과 인공이 결합된 해수욕장이다. 서해안의 다른 해수욕장들도 마찬가지이지만 이곳은 특히 조수간만의 차가 심하다. 물이 빠질 때면 아무리 걸어 들어가도 무릎 높이 그 이상 물이 차지 않는데, 이러한 단점을 극복하기 위하여 해수욕장 앞으로 인공풀장을 만들어 밀물 때 들어온 물을 가두어 언제든 해수욕을 즐길 수 있게 해놓았다. 8km²의 꽤 넓은 규모라 바닷물로 즐기는 수영장으로, 바다 같으면서도 수영장 같은 기분을 느낄 수 있다. 또 물을 가두어 둔 곳이라 안전하니 아이들이 함께한 가족에게는 최적의 조건이다. 해수욕장 뒤로는 솔숲이 우거져 있으며 여름철 해수욕장 개장 기간에는 갯벌 위로 다리를 놓아 갯벌 생태학습장도 운영하는데 게, 조개 등을 가까이에서 살펴볼 수 있어 해수욕 외에도 놀거리가 하나 더 있는 셈이다.

모래미해수욕장
이름처럼 아름다운 바닷가

| 위치 | 전라남도 영광군 백수읍 구수리 458-1 인근
전라남도 영광군 백수읍 해안로 1389 인근
운영시간 | 종일, 연중무휴

▶ MINI DATA
| 입장료 | 없음   주차 | 가능   분류 | 바다, 섬

영광에는 가마미해수욕장이라는 크고 이름난 해수욕장이 있으나 그 위로 원자력 발전소가 생기면서 찾는 사람이 줄어들고 있다. 가마미해수욕장 대신 영광에서 해수욕을 여유롭게 즐길 수 있는 곳이 모래미해수욕장이다. 이름도 예쁜 모래미해수욕장은 하얗고 고운 모래를 가지고 있어 여름철이면 이곳에 해수욕 말고도 모래찜질을 즐기러 오는 사람들이 많다. 백수해안도로의 시작에 위치하고 있으며 주변에 민박집과 식당이 몇 군데 있을 뿐 다른 위락시설이 없어 한적한 편이다. 모래미라는 이름은 이곳 한시마을의 옛날 지명이라고 한다. 그늘이 없어 아쉬운 점은 있지만 평화로운 해변의 분위기를 즐기기에는 제격이며, 백수해안도로를 지나 이곳에 잠시 들러 바다 풍경을 감상해보는 것도 좋겠다.

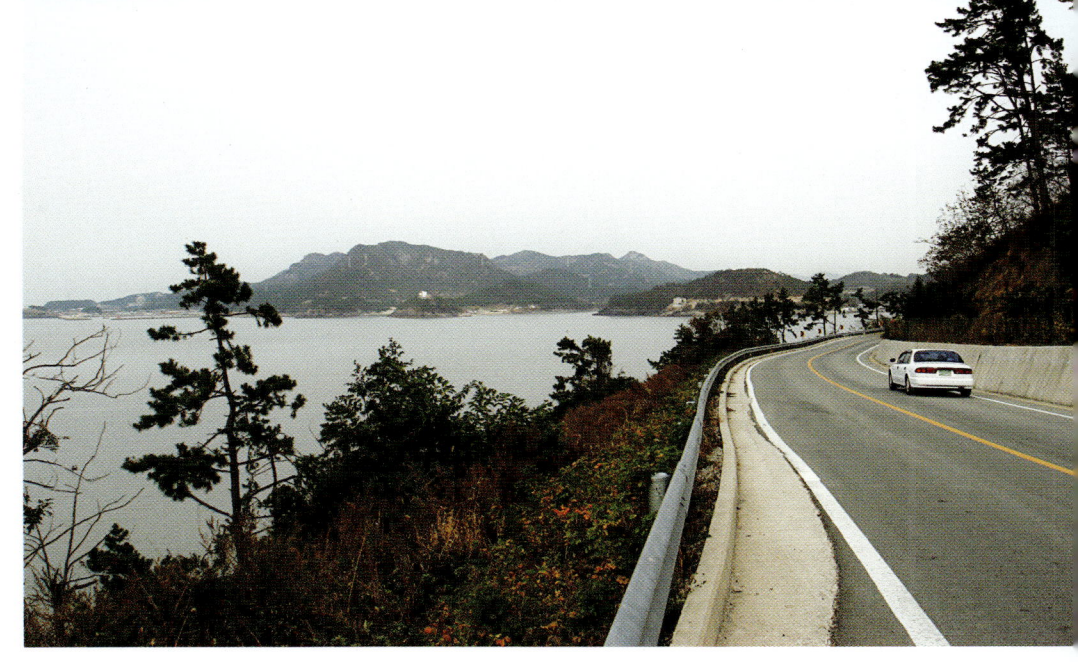

백수 해안일주도로 운전하는 재미가 있는 길

위치 | 전라남도 영광군 백수읍 백암리~대신리
　　　전라남도 영광군 백수읍 해안로
운영시간 | 종일, 연중무휴

▶ MINI DATA
| **입장료** | 없음　　**주차** | 가능　　**분류** | 바다, 섬

백수해안일주도로는 영광 칠산 앞바다를 굽이굽이 돌아가는 멋진 길이다. 길이가 17km에 달하는 서해안 최고의 드라이브 길로 다른 서해안 해안도로들이 바다를 바로 접하고 있는 데 비하여 이 길은 산언덕을 따라 만들어져 있어 제법 높은 곳에서 바다를 바라보게 되는데, 그 시원한 풍경이 동해안의 바닷가를 달리는 듯한 착각을 하게 만든다. 굽이굽이 도는 길이 오르락내리락 하니 바다가 가까워지다가 멀어지기를 반복한다. 해안도로 중간쯤에는 전망대가 설치되어 있으며 전망대까지 오르는 계단이 또 365개라 이름하여 건강계단이다. 푸른 바다를 바라보며 달리는 드라이브도 좋지만, 이곳이 가장 아름다운 때는 해 질 때의 풍경이니 길 끝까지 갔다가 해넘이 시간에 맞춰 전망대로 돌아와 칠산 앞바다를 붉게 물들이는 노을을 감

상해보자. 전망대 근처에는 영화 「마파도」의 촬영지로 잘 알려진 동백마을이 있다. 바닷가 쪽으로 자리한 마을인데 입구에 차를 세우고 걸어 내려가면 작고 아담한 마을이 나온다. 영화가 개봉된 지 꽤 오래 지났지만 영화의 내용이 재미있어 그런지 아직도 이 마을을 찾는 사람이 많다고 한다. 동백마을 외에도 길 아래 바닷가 쪽으로 답동마을이 있는데 내려가는 길이 가파르긴 하지만 마을로 내려가면 200년 역사를 지니고 있다는 석구미 해수찜이 있어 예약을 하고 해수찜을 즐길 수 있다. 함평의 해수찜이 대중적으로 쉽게 즐길 수 있게 만들었다면 이곳의 해수찜은 바닷가에 있는 암반을 깎아서 만든 탕으로 찰랑거리는 파도를 앞에 두고 자연 속에서 즐기는 해수찜이다.

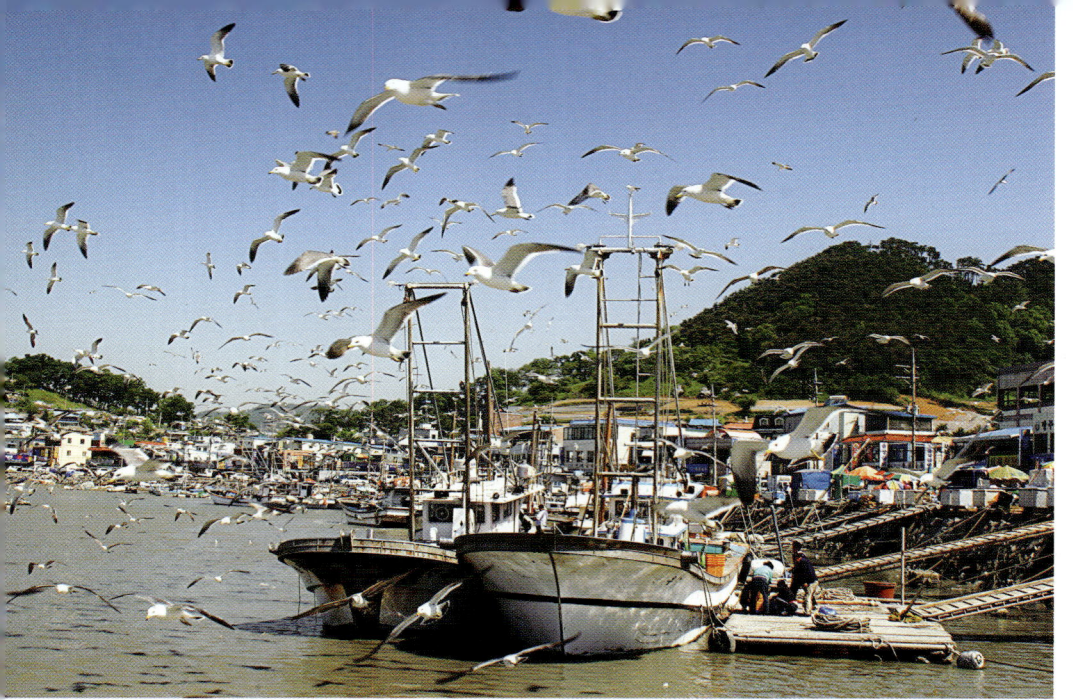

Photo by 영광군청

법성포구 굴비의 고향

위치 | 전라남도 영광군 백수읍 법성리
　　　전라남도 영광군 백수읍 굴비로 일대
운영시간 | 종일, 연중무휴

▶ MINI DATA
| 입장료 | 없음　주차 | 가능　분류 | 바다, 섬

그물이 바다 위로 떠오를 정도로 많은 어획량을 자랑하였던 법성포구의 활기는 사라졌지만 여느 곳과 다른 영광굴비 맛을 내는 질 좋은 천일염과 알맞은 해풍은 여전하여 영광 굴비의 명성을 이어가고 있다. 법성포구는 조선시대 조세미를 보관하던 조창으로 보호받았던 전남 해안의 중심 포구였다. 백제시대 인도의 스님 마라난타가 한반도에 처음으로 불교 경전을 들여와 부처님의 자비를 전한 성스러운 장소이기도 하다. 법성(法城)이란 이름 또한 불교의 전파로 붙여진 이름이다. 고려시대 이자겸이 이곳으로 유배를 내려와 그 맛에 감탄하여 국왕에게 진상하면서도 자신의 소신은 굽히지 않겠다고 하여 굴비라는 이름을 얻었다고 전해진다. 포구를 따라 늘어선 100여 개의 식당들은 어김없이 굴비를 중심으로 밥상을 준비한다. 고소한 맛으로 밥도둑이 되는 굴비 한 마리와 상을 가득 채우는 남도의 푸짐한 밥상은 양과 맛이 모두 특별하다. 포구의 끝자락을 푸르게 장식하고 있는 법성진 숲쟁이를 찾아보자. 20여 미터가 넘는 느티나무가 한낮에도 태양 가릴 정도로 밀림의 터널을 만들고 있는데 해풍의 피해를 막기 위한 조선시대의 인공 방제림이다. 아직도 영광굴비의 특별한 맛을 만드는 역할을 담당하는 숲에서는 해마다 단오절이면 남도 최대 규모의 단오제가 열린다. 조선시대에도 국제무역항으로 자리하였던 법성포구에 찾아든 몰려온 보부상들을 중심으로 성대하게 치러졌다는 단오제의 모습을 재현하는 행사다.

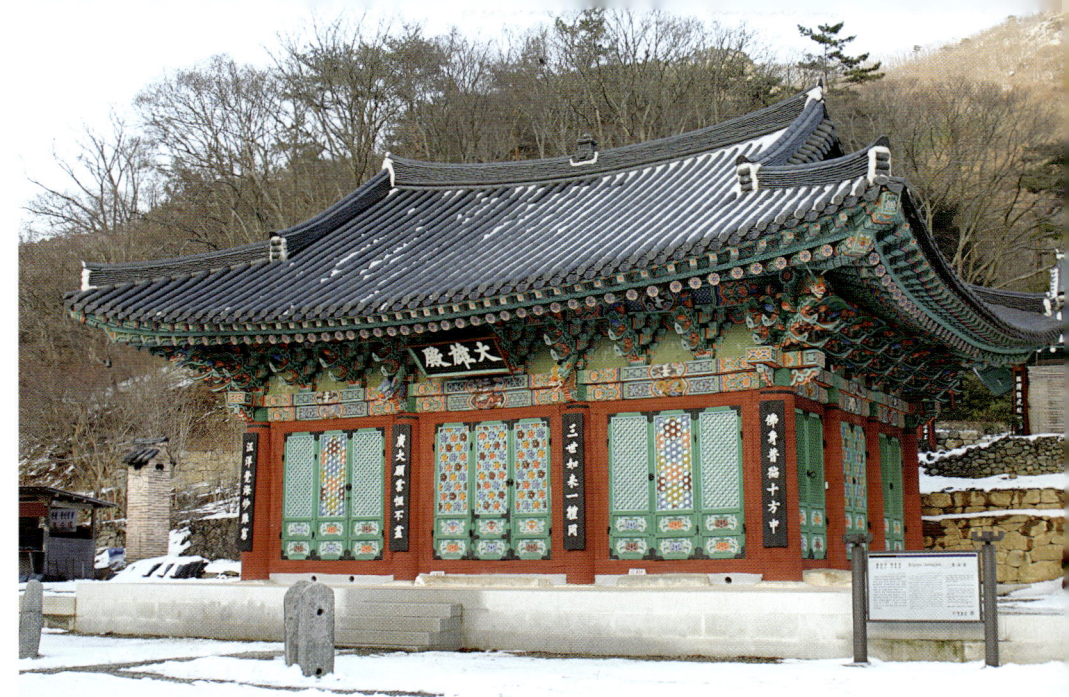

불갑사 우리나라 불교의 시작

| 위치 | 전라남도 영광군 불갑면 모악리 8
　　　전라남도 영광군 불갑면 불갑사로 450
| 운영시간 | 종일, 연중무휴

▶ MINI DATA
| 입장료 | 없음　　주차 | 가능　　분류 | 불교유적

법성포구를 통하여 백제에 도착한 인도의 승려 마라난타는 이 땅에 최초의 사찰을 세웠다. 바로 불갑사다. 당시 백제의 국왕은 마라난타를 영접하기 위해 법성포구를 직접 방문하였다 하니 그 위세는 대단하였을 것이고 그가 세운 사찰 또한 대단한 규모였을 것이다. 세월이 흐르면서 사찰의 규모는 작아졌지만 불교(佛)를 이 땅에 전한 최초(甲)의 사찰이라는 자부심이 작은 건물 하나에도 깃들어 있는 느낌이다. 일주문을 중심으로 상록수가 호위하는 오솔길을 올라 만나는 불갑사의 대웅전은 화려한 색으로 새롭게 단장되었지만 창살을 가득 채우는 연꽃 무늬들이 여느 곳보다 아름답다. 처마 하나에도 사찰 건물에 어울리는 단정한 아름다움이 담겨 있다. 따스한 햇살이 경

내를 비추면 동백꽃을 중심으로 각양각색의 야생화들이 사찰 주변을 특히 사람의 손으로 만들어낸 듯 신비한 모습의 꽃무릇은 가을날의 산과 사찰을 붉게 물들인다. 불갑사를 지나 산책로가 아름다운 불갑저수지를 둘러보고 동백골과 해불암으로 이어지는 불갑산 산행을 즐겨보자. 정상의 연실봉에 오르면 남도의 평야와 멀리 작은 섬들이 떠 있는 듯 아름다운 바다의 풍경으로 한 폭의 동양화를 감상하는 듯하다. 정상에서 바라보는 불갑사의 모습은 계곡 사이로 연꽃에 안긴 듯하며, 머나먼 인도에서 불교의 가르침을 전하기 위해 이 땅을 찾아 온 승려 마라난타의 마음이 느껴진다.

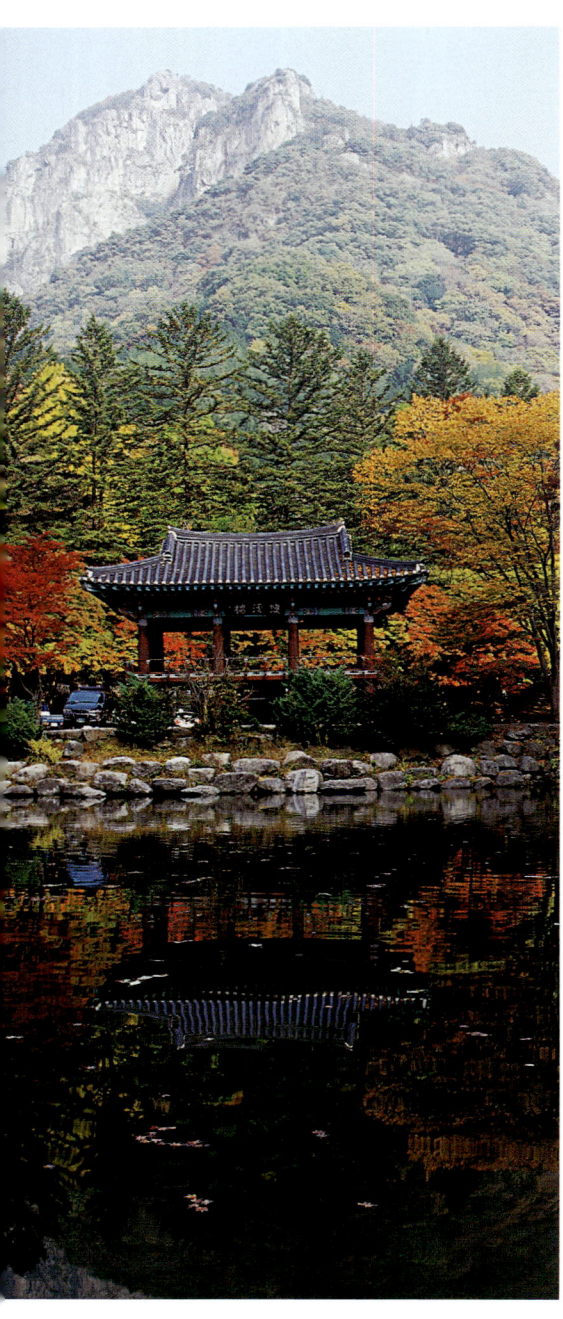

백양사

흰빛으로 밝아오는 사찰

위치 | 전라남도 장성군 북하면 약수리 26
　　　 전라남도 장성군 북하면 백양로 1239
운영시간 | 종일, 연중무휴

▶ MINI DATA
| 입장료 | 있음　　주차 | 가능　　분류 | 불교유적

조선시대의 어느 날 흰 양이 정토사라 불리는 사찰에 찾아와 주지스님에게 자신이 천상에서 죄를 지은 승려임을 이야기하고 경전을 외우고 눈물을 흘리며 절을 하였다. 마음을 다하는 짐승의 모습에 감명 받은 사람들은 이후 사찰을 백양사라 부르게 되었다. 백양사 입구에 자리 잡은 이층 누각 쌍계루를 중심으로 백양산의 옥빛 바위와 연못이 어우러지는 아름다움은 전설 속의 아름다운 천상 세계를 보는 듯하다. 내장산 국립공원으로 포함되는 백양산과 백양사는 함께 어우러지는 자연의 조각품 같다. 백제시대 창건된 사찰로 많은 전각들이 자리하고 있다. 조선 후기 건물인 극락보전을 제외하고 모두 20세기에 들어와 다시 지어졌지만 백양산 학바위의 흰빛으로 화사하면서도 아기자기한 경내는 찾는 이들의 마음까지 편안하게 만든다. 백양사를 빛나게 한 고승들의 영정을 모신 진영각에는 친근한 달마선사의 모습도 보여 절을 더욱 정겹게 느끼게 한다. 성보박물관을 채우는 보물들도 눈여겨볼 만하고 조선시대 전형적인 부도 형태라 할 수 있는 석종형으로 용에서 개구리까지 각종 동물들이 아기자기하게 조각되어 있는 소요대사의 부도도 놓치기 아깝다. 여유를 가지고 백양사 뒤편 울창한 숲길을 따라 운문암과 백학봉으로 이어지는 부드러운 산행을 이어가자. 정상에서 바라보는 호수와 평야의 경관은 내장산과는 또 다른 넉넉함을 보여준다. 내장산국립공원 남창지구를 이어가는 계곡의 아름다움도 백양산이 숨겨놓은 비경이다.

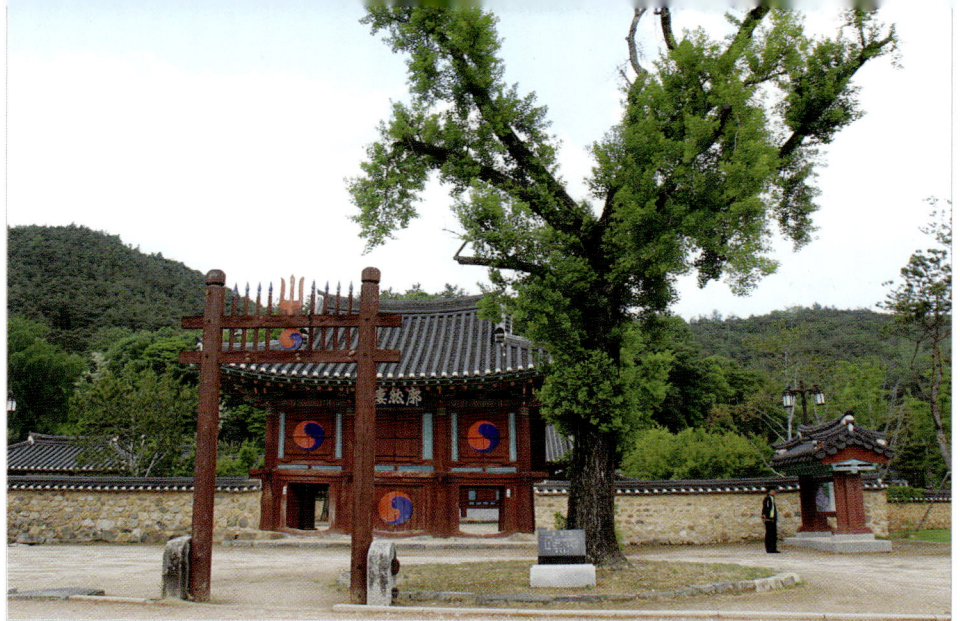

필암서원 지방의 사립학교

위치 | 전라남도 장성군 황룡면 필암리 377
　　　　전라남도 장성군 황룡면 필암서원로 184
운영시간 | 동절기 09:00~17:00, 하절기 09:00~18:00

▶ MINI DATA
| 입장료 | 없음　　주차 | 가능　　분류 | 역사, 문화유적

서원이란 지금으로 말하면 사립학교와 같은 곳으로 지방의 국립교육기관인 향교와 비교되는 곳이다. 지방의 교육을 담당하기도 했고 유생들이 모여 지방 정치에 관여하며 질서를 형성해온 곳이 서원으로, 서원에는 각각의 배향된 인물이 있어 그를 기리고 학풍을 이어가는 역할을 담당했다. 장성의 필암서원은 임진왜란 바로 전인 선조 때 하서 김인후를 기리기 위하여 세워졌다. 김인후는 퇴계 이황과 함께 성균관에서 공부를 하였으며, 과거에 급제하여 인종의 세자 시절 스승으로 명성을 얻는다. 하지만 인종이 죽고 나자 고향으로 내려와 다시 벼슬길에 오르지 않고 배우기 위해서 찾아오는 사람들과 교류하며 평생을 지냈다고 한다. 임진왜란 이후 정유재란 때 소실되었으나 인조 때 다시 지어졌으며 이후 현종에게서 필암서원이라 사액받았다. 필암서원은 교육과 배향이

라는 서원의 기능에 따라 지은 곳으로 공부하는 곳을 앞에 놓고, 제사 지내는 곳을 뒤에 자리하게 한 '전학후묘'의 형식을 충실하게 따르고 있다. 입구에 있는 건물 안내도를 참고하여, 각각의 건물이 어떤 역할을 했는지 하나하나 살펴보자. 또 우암 송시열, 정조 등 역사 속 유명한 인물들의 글씨가 쓰인 현판도 좋은 볼거리이다.

→ 홍길동 생가

필암서원에서 가까운 곳에 홍길동 생가가 있다. 장성군에서 최근 관심을 가지고 주목하는 인물이 홍길동으로, 우리나라 최초의 한글소설인 허균의 『홍길동전』에서 홍길동의 고향이 장성이라는 것이다. 『홍길동전』의 시대적 배경인 15세기 생활상을 엿볼 수 있는 유물들이 전시되어 있으며, 홍길동 이야기와 관련한 다양한 자료를 갖추어놓았다.
문의 | 061-390-7527(홍길동테마파크)

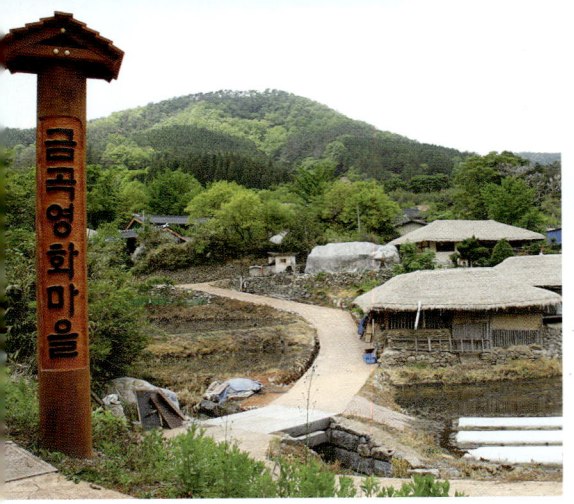

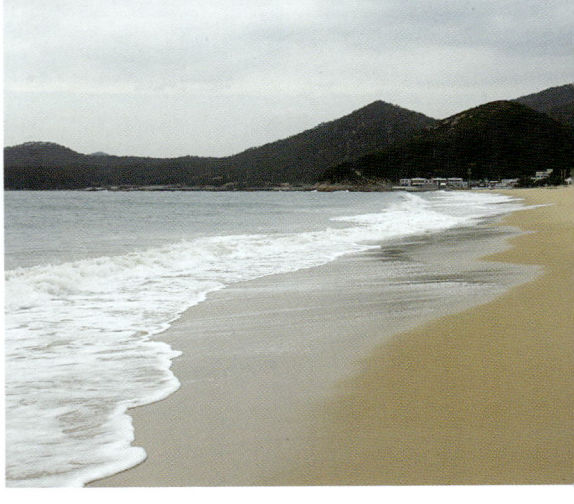

금곡 영화촌
시골 마을의 정겨움

| 위치 | 전라남도 장성군 북일면 문암리 657-3 일대
　　　전라남도 장성군 북일면 영화마을길 234 일대
| 운영시간 | 종일, 연중무휴

▶ MINI DATA
| 입장료 | 없음　　주차 | 가능　　분류 | 전통, 체험마을

장성군 축령산 자락의 오지 마을은 영화 촬영으로 유명한 장소다. 임권택 감독의 영화 「태백산맥」의 주요 무대로 사용되면서 시작된 촬영은 옛 농촌 풍경을 담는 영화에서 드라마까지 쉼 없이 계속되고 있다. 태양광이 좋고 소음이 차단되는 최적의 촬영조건을 갖추어 마치 야외 세트장처럼 보일지도 모르지만 분명이곳은 농사를 짓고 나무를 하는 주민들이 살아가는 마을이다. 백발의 어르신들과 함께 마을을 지키는 것은 동네 이곳저곳에 자리하는 고인돌과 당산나무 등옛 모습의 유물들이다. 이제는 찾아보기 힘든 농촌의 모습까지 영화 촬영의 소품으로 활용되면서 그 가치가 더욱 높아졌다. 마을 입구에서 울창한 숲이 있는 뒷동산까지 산책하듯 거닐기에도 좋고 주민들이 준비하는 체험 프로그램을 경험하는 것도 즐겁다.

신지 명사십리해수욕장
파도가 노래하는 백사장

| 위치 | 전라남도 완도군 신지면 신리 807-5
　　　전라남도 완도군 신지면 명사십리길 71-3 인근
| 운영시간 | 종일, 연중무휴

▶ MINI DATA
| 입장료 | 없음　　주차 | 가능　　분류 | 바다, 섬

우리나라에는 명사십리라는 이름의 해수욕장이 여럿 있는데 신지 명사십리해수욕장은 '고운 모래'라는 뜻의 명사(明沙)를 쓰지 않고 '우는 모래'라는 의미로 명사(鳴沙)를 쓴다. 반짝이는 모래가 파도에 쓸리면서 내는 소리가 10리 밖까지 퍼진다 해서 명사십리라 부른다. 해안선의 길이가 4km에 달해 그 끝에서 끝이 아득하고 너비는 100m에 이르러 남해안 최고의 해수욕장 중 한 곳으로 꼽힌다. 결 고운 모래사장에는 형형색색의 조개껍데기가 보석처럼 박혀 있으며 시원한 파도 소리는 마치 일부러 틀어놓은 효과 음향을 듣는 듯하다. 수심이 완만해 해수욕을 즐기기 알맞고 완도에서 이어진 연륙교를 통해 섬으로 들어갈 수 있어 해마다 피서철이면 수많은 피서 인파가 몰린다. 일출 또한 장관으로 연중 어느 때 찾아도 탁 트인 바다 전망과 아름다운 파도 소리를 들으며 낭만적인 추억을 만들 수 있는 곳이다.

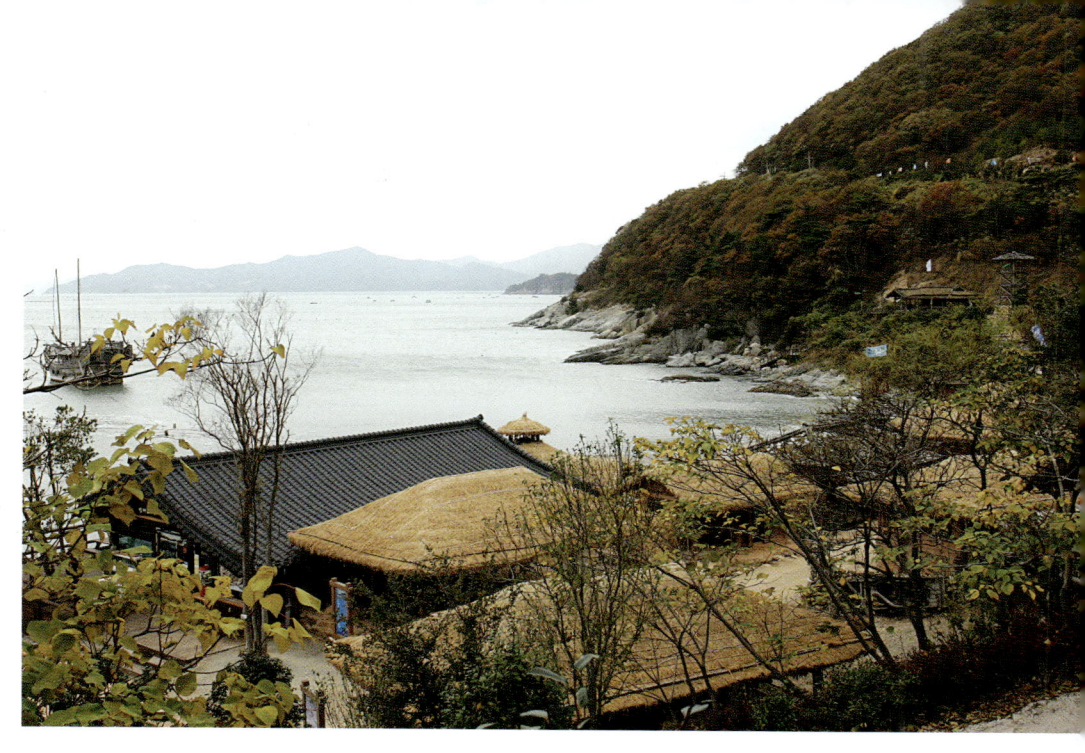

드라마 〈해신〉 촬영지 드라마를 기억하고, 장보고를 생각한다

| 위치 | 전라남도 완도군 완도읍 대신리 1089-3
　　　　전라남도 완도군 완도읍 청해진서로 1161-8
| 운영시간 | 08:00~18:00, 5~8월 07:30~19:30, 연중무휴

▶ MINI DATA
| 입장료 | 있음　　주차 | 가능　　분류 | 전시, 체험시설

드라마 〈해신〉의 주 촬영지가 완도에 있다. 세트가 2곳인데 완도로 들어가 오른편으로 돌아가면 소세포 청해진 포구마을이 있으며, 완도를 돌아나오는 길에는 신라방 세트장이 있다. 드라마가 끝난 지 오래되었지만 바닷가를 접하고 있는 오픈 세트장이어서 찾는 이들이 많다. 소세포 세트는 항구와 배가 갖추어진 곳으로 장보고가 어릴 때 활약했던 장면을 주로 촬영했던 곳이다. 각 장소에서 어떤 촬영이 이루어졌는지 사진을 붙여놓고 있어 드라마의 장면들을 기억하게 한다. 반대쪽에 있는 신라방 세트는 장보고가 중국 양주 땅에서 활약하던 장면을 촬영한 곳인데, 거대한 수로를 가운데 두고 주변에 들어선 여러 건물들이 당시 신라방의 모습을 상상할 수 있게 한다. 특히 당나라 거리를 사실적으로 만들어 놓고 있어 흥미로우며, 드라마에 나와 서로 경쟁했던 설평 상단과 이도형 상단 건물이 있는 곳이기도 해 볼거리가 많다. 이전에 방영된 정통 사극들보다 이야기 전개가 빨라 이후 사극의 패러다임을 바꾸었다고 해도 될 만큼 드라마 〈해신〉은 새로운 시도였으며, 배우들의 화려한 의상은 드라마를 보는 또 하나의 재미였다. 지금은 모두 주연급이 되어버린 신인 배우들의 열연도 잊혀지지 않는 멋진 드라마로 그때 느꼈던 재미와 감동을 이곳에서 다시 찾아보자.

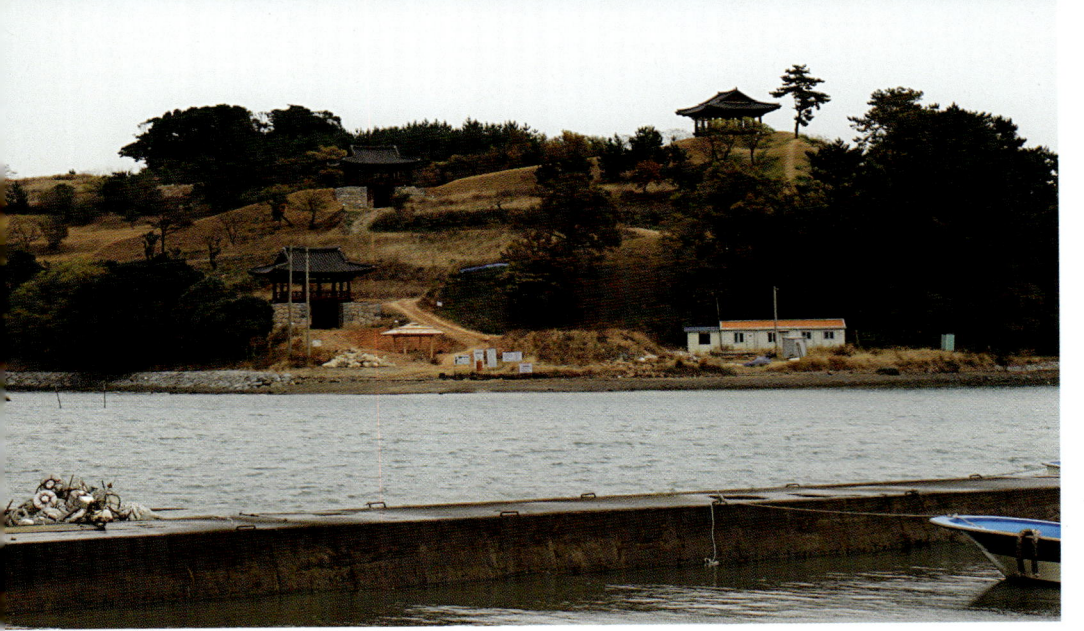

장도 청해진 유적지와 장보고 기념관   장보고 해상왕국의 본거지

| 위치 | 전라남도 완도군 완도읍 장좌리 186
      전라남도 완도군 완도읍 청해진로 1455
운영시간 | 동절기 09:00~17:00, 하절기 09:00~18:00,
      매주 월요일 휴관

▶ MINI DATA
| 입장료 | 있음   주차 | 가능   분류 | 역사, 문화유적

청해진은 지금으로부터 1,000년 전 동아시아의 제해권을 장악하고 해상왕국을 만들었던 장보고의 본거지다. 완도 동쪽의 장좌리 앞바다에 있는 장도가 그곳인데 1991년부터 발굴을 시작해 섬 주변으로 둘러진 목책을 비롯해, 통일신라시대의 문양이 새겨진 기와, 동아시아 해상교류를 알려주는 중국의 자기 등의 유물들이 발견되었다. 장도는 장좌리에서 약 200m 정도 떨어져 있는데 물 때에 상관없이 오고 갈 수 있게 시설을 갖추어놓았다. 장도 내부는 어느 정도 발굴이 마무리되어 곳곳에 건물들을 복원해놓고 있다. 섬으로 들어가보면 왜 이곳에 청해진을 설치했는지 고개가 끄덕여지는데 안에는 우물이 있어 생활이 가능하며, 육지는 아니지만 썰물 때면 오가기가 용이하며, 또 섬의 지형 자체가 성을 쌓기에 좋았기 때문일 것이다. 섬 주변 갯벌 위로 솟아 따개비들이 다닥다닥 붙어 있는 목책을 볼 수 있는데 원래는 그 높이가 더 높았을 것이나 지금은 아래 기둥만 남아서 옛 흔적을 보여주고 있다. 장보고는 이곳에 청해진을 설치하고 주변의 해적들을 소탕함으로써 동아시아 해상교통을 다스렸는데 지금 바다를 둘러싸고 벌어지고 있는 우리나라–일본, 일본–중국 간의 분쟁을 생각한다면 우리 시대에 장보고와 같은 인물이 있어야 하는 것이 아닐까 생각해본다. 장좌리마을에 최근 장보고 기념관이 완공되어 청해진과 장보고에 대한 이해를 돕는다. 먼저 기념관을 관광하고 장도로 들어가 청해진의 구석구석을 살펴보자.

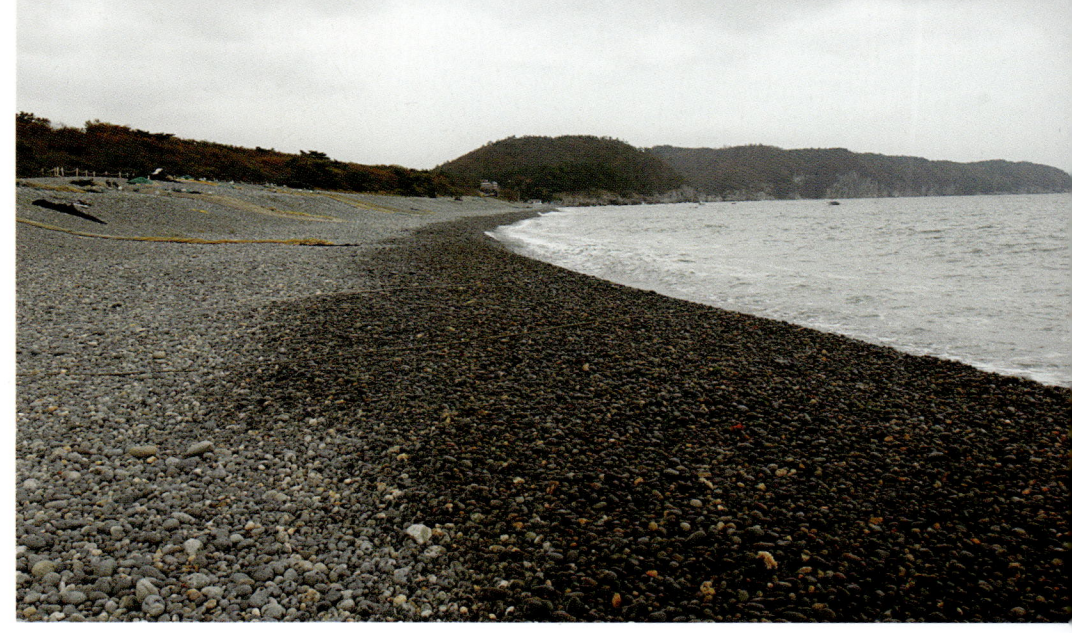

정도리 구계등 아홉 굽이진 해안 절경

위치 | 전라남도 완도군 완도읍 정도리 86
　　　전라남도 완도군 완도읍 구계등길 47-1
운영시간 | 종일, 연중무휴

▶ MINI DATA
| 입장료 | 없음　주차 | 가능　분류 | 바다, 섬

바다로 내려가는 자갈해안이 9층의 계단으로 이루어져 있어 구계등이라 부른다. 일찍이 국가 명승으로 지정될 만큼 그 모양이 독특한 곳인데 파도가 자연스럽게 만들어놓은 9개의 계단이 근사하다. 돌의 크기에 따라, 모양에 따라 수만 년 파도를 맞으며 돌들이 지금의 자리에 놓였을 것이라 생각하니 자연이 손수 만든 아름다움에 감탄을 하게 된다. 아홉 개의 계단이라고 하지만 실제 아홉 계단 모두를 보기는 어렵다. 밀물 때 그 모양이 제대로 드러나지 않는 것은 당연한 것이겠지만 썰물 때에도 대여섯 계단 정도 밖에 볼 수 없는데, 아홉 계단을 모두 볼 수 있는 때는 조수 간만의 차가 가장 심하다는 사리 때다. 그래도 파도에 부딪혀 자갈 자갈 내는 소리에 귀가 신나고 햇살 받아 반짝이는 돌들의 빛에 눈이 즐거워지는 곳이라 햇볕 좋은 날 찾아가면 좋겠다. 해안가 뒤로 방풍림이 있는데 탐방로와 안내판이 잘 갖추어져 있다. 특히 다른 곳의 해안가 숲이 일반적으로 소나무 등의 상록수들로 조성된 데 반하여 이곳의 숲은 참나무, 떡갈나무 등의 잎 넓은 단풍나무들로 우거져 있어 돌아보는 재미가 있다. 다도해해상국립공원에서 관리하고 있으며, 매일 낮 한 차례씩 갯돌 소리를 들으며 숲과 이곳의 생태를 관찰하는 자연해설 프로그램을 운영하고 있으니 미리 예약을 하고 시간 맞추어 방문해보자.

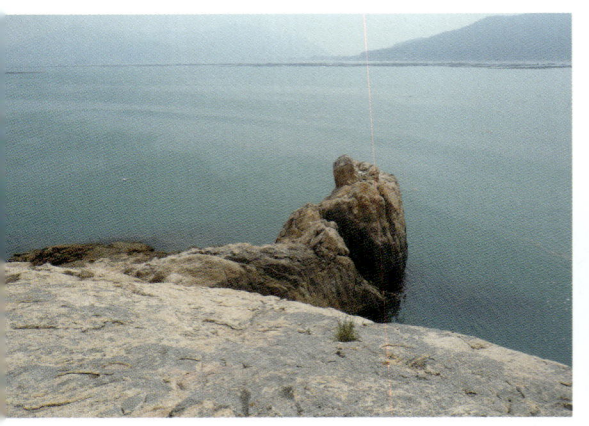
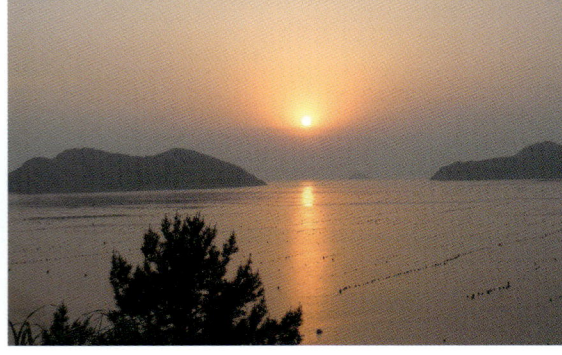

보길도 송시열 글쓴바위

역사의 아이러니를 담은 바위

| 위치 | 전라남도 완도군 보길면 백도리 산 1-1 인근
| 운영시간 | 종일, 연중무휴

▶ MINI DATA
| 입장료 | 없음　주차 | 가능　분류 | 역사, 문화유적

보길도 망끝전망대

최고의 낙조

| 위치 | 전라남도 완도군 보길면 정자리 산 148-46
| 운영시간 | 종일, 연중무휴

▶ MINI DATA
| 입장료 | 없음　주차 | 가능　분류 | 바다, 섬

보길도는 윤선도의 유적으로 가득 채워진 장소다. 보길도의 동쪽 끝자락 백도리의 해안 절벽으로 윤선도와 동시대를 살아간 송시열의 글씨가 남겨져 있다. 우암 송시열은 서인, 윤선도는 남인을 대표하며 조선 중기 치열한 당쟁의 격론 속에서 송시열의 탄핵으로 윤선도가 유배를 떠났을 정도로 화합할 수 없는 정적이었다. 대단한 역사의 아이러니다. 은둔생활을 자처하여 제주도로 가던 중 윤선도가 풍랑으로 잠시 머무른 보길도의 모습에 매료되어 세연정을 중심으로 자리를 잡은 반면, 유배길에 이곳에 들른 송시열은 해안 절벽에 자신의 신세를 한탄하며 시구를 남겼다. 얼마 지나지 않아 다시 한양으로 압송되던 도중 사약을 받고 생을 마감한 송시열이 자신의 운명을 예감한 것이었을까. 바위에 새겨진 시구는 탁본 등으로 훼손되어 착잡하지만, 보길도와 소안도 사이 해협에 위치한 글쓴바위는 아름다운 남해의 풍경을 자랑하고 주변에는 해조류가 풍부하고 해식애가 발달한 천혜의 바다 낚시터다.

보길도는 한 곳 한 곳이 자연의 깊은 맛을 느끼게 하는 매력으로 가득하다. 남해의 끝자락을 장식하는 작은 섬들이 포개지듯 자리한 바다의 경관이 한 폭의 동양화를 보는 듯하다. 섬 곳곳을 둘러보는 하루가 끝나간다면 해가 지기 전 서둘러 망끝전망대를 찾아보자. 망끝전망대는 보길도의 가장 서쪽인 보옥리 인근 망월봉 끝자락 돌출부에 자리한다. 대양과 맞닿은 보길도지만 한려수도의 수많은 섬으로 드넓은 바다의 경관이 펼쳐지는 곳이다. 아무런 시설 하나 없이 안내판만 덩그러니 놓여 있는 전망대는 남해 바다의 광활함을 제대로 보여준다. 보옥리 공룡알해변 끝 뾰족한 보족산의 모습을 곁에 두고 바라보는 시원한 바다는 가슴이 트이는 청량제다. 노을이 붉게 물들어 사람과 자동차, 깎아지른 절벽의 전망대를 적시는 시간이 되면 보길도 최고의 아름다움을 만나게 된다.

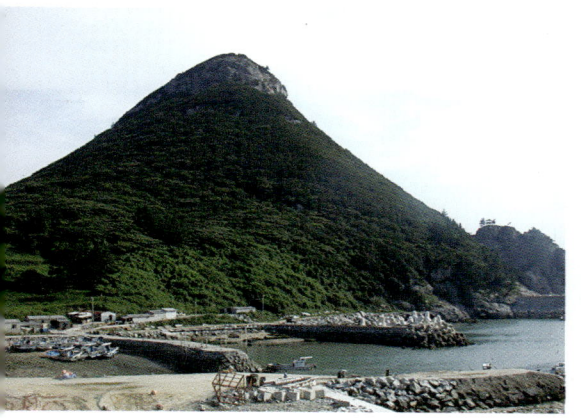

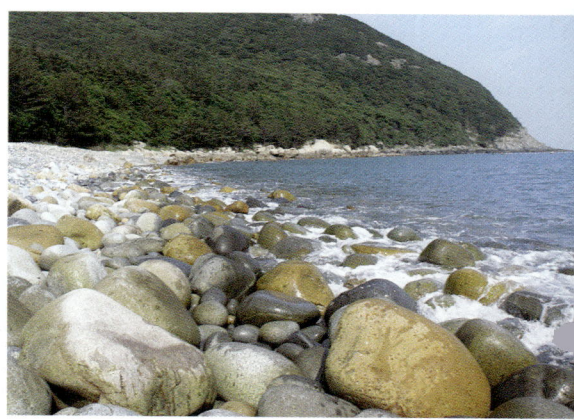

보길도 보족산
보는 각도에 따라 모습을 달리하는 신비함

| 위치 | 전라남도 완도군 보길면 부황리 산112-1
| 운영시간 | 종일, 연중무휴

▶ MINI DATA

| 입장료 | 없음　주차 | 가능　분류 | 바다, 섬

보길도 공룡알해변
공룡이 낳은 알?

| 위치 | 전라남도 완도군 보길면 부황리 483-3 인근
| 운영시간 | 종일, 연중무휴

▶ MINI DATA

| 입장료 | 없음　주차 | 가능　분류 | 바다, 섬

보길도의 서쪽 해안을 달려 남쪽으로 내려가면 바닷가에 뾰족하게 솟아오른 산을 만나는데 그것이 바로 보족산(195m)이다. 마을 사람들은 마치 소뿔을 잘라 놓은 것 같다 해서 뾰족산이라 부르는데 산의 형세를 제대로 보려면 보옥리로 들어서기 전 망끝전망대에서 바라보아야 한다. 보는 위치에 따라 다르게 보이는 신비함을 가진 산으로 보길십경 중 '보옥 첨괴암'이라 일컬어진다. 보족산 등산로를 따라 울창한 나무 터널을 지나 30분 정도 가파른 길을 오르면 정상에 도착하는데 북쪽으로 몇 걸음 옮기면 너럭바위 반석지대가 나온다. 이곳에서 바라보는 보길도의 전망은 최고라 할 만하지만 너럭바위 바로 아래는 천길 낭떠러지이므로 주의해야 한다. 너럭바위 반석지대에서는 완도의 여러 섬을 한눈에 조망할 수 있고 맑은 날이면 멀리 추자도까지 바라다 보인다. 바위 봉우리인 망월봉(364m), 보길도 최고봉인 적자봉(430m)과 함께 감상하는 보길도의 해안마을 풍경도 놓칠 수 없다.

공룡알해변은 보옥리 마을 안쪽을 감싸고 있는 보족산 아래에 있는 해안이다. 사람 머리 크기만 한 돌이 해변에 깔린 곳으로, 옹기종기 모여 있는 돌이 마치 공룡알 같아 해서 이름 붙여졌는데, 인근 주민들은 '뽀래리 깻돌밭'이라 부르기도 한다. 이 돌들은 청명석이라고 불리는 깻돌로, 예송리의 몽돌과 마찬가지로 함부로 가져갈 수 없도록 하고 있으며 실제로 무거워 양손으로 들 수 없는 것들도 많다. 큰 돌들로 인해 산책을 하기에는 불편하고 자칫 넘어지면 다칠 위험도 있지만 돌 위에 앉아 파도가 씻어주어 맑은 얼굴을 드러낸 깻돌이 햇빛에 반짝이는 모습을 바라보는 것만으로도 충분한 휴식을 맛볼 수 있겠다. 해수욕을 하기에는 적절치 않지만 깻돌에 앉아 파도를 맞는 재미는 이색적이다. 천혜의 낚시터로도 알려져 있어 낚시 마니아들이 즐겨 찾는다.

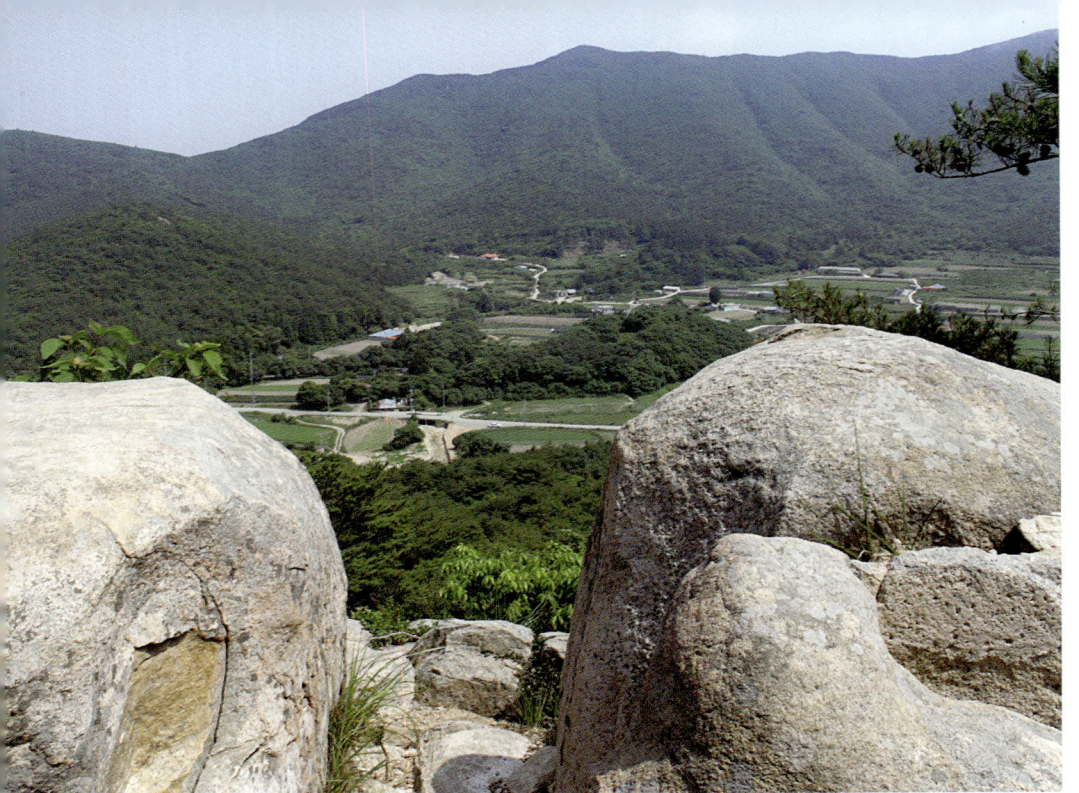

보길도 동천석실 구름 위의 독서

| 위치 | 전라남도 완도군 보길면 부황리 산60-5
| 운영시간 | 종일, 연중무휴

▶ MINI DATA

| 입장료 | 있음　　주차 | 불가능　　분류 | 역사, 문화유적

윤선도의 이상세계인 부용동을 바라볼 수 있는 낙서재 앞산 중턱으로 자리하는 동천석실은 보길도 최고의 경관을 보여주는 하늘의 정원이다. 넉넉한 산속 우거진 숲 사이를 걸어가면 하늘이 툭 열리듯 보길도와 부용동을 한눈으로 담는 자리에 한 칸으로 만들어진 정자가 자리한다. 윤선도 스스로가 신선이 머무는 곳이라 칭하며 가장 사랑하는 공간이었다는 이곳은 작은 봉우리들이 부용동을 감싸듯 자리하고 있다. 한 칸으로 지어진 정자는 선비의 소박함보다 홀로 아름다움을 즐기고 싶어하였던 윤선도의 욕심이 느껴지는 것 같다. 절벽 위로 계단과 석축을 쌓아 층마다 화원을 꾸미고 작은 다리와 연못을 만들었으니 신선의 놀이터가 이보다 더욱 아름다울까 싶다. 넓고 편평한 바위 위로 작은 홈을 내어 찻상다리를 고정하게 만들어 차를 즐기고 두 갈래로 갈라진 바위틈으로 나무로 만든 도르래를 달아 필요한 물품들을 날랐다고 하니 놀라울 뿐이다. 윤선도는 부용동 너른 터를 닦아 자신의 살림집을 만들고 낙서재라 이름 지었다. 비록 낙서재는 흔적만 남아 있지만 푸른 숲에 둘러싸인 낙서재와 하늘을 바라보는 동천석실을 오가며 독서를 하고 차를 마시며 경관을 즐겼을 윤선도의 삶은 상상만으로도 부럽다.

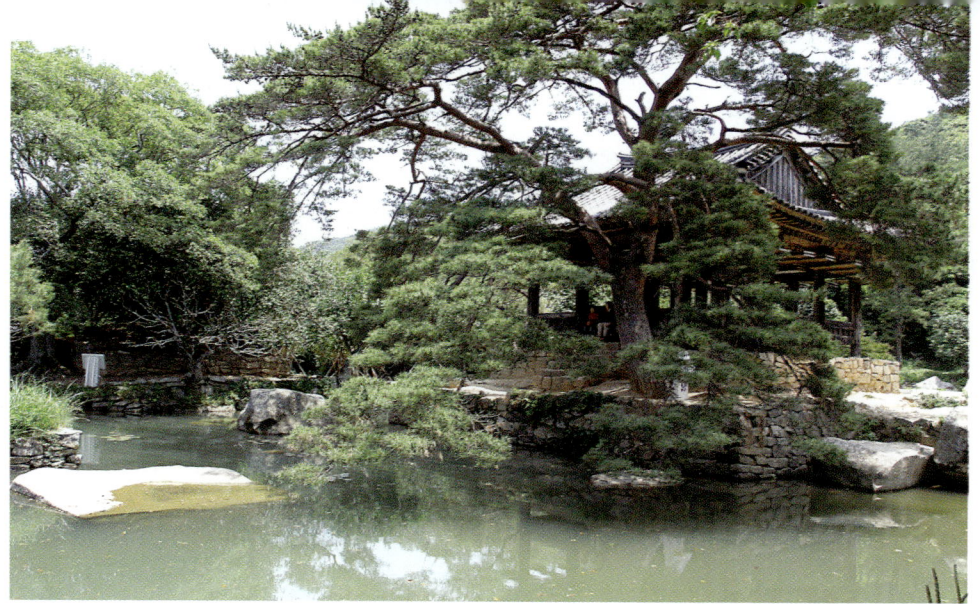

보길도 세연정 보길도의 보석

위치 | 전라남도 완도군 보길면 부황리 572-2
　　　전라남도 완도군 보길면 부황길 57
운영시간 | 동절기 09:00~17:00, 하절기 09:00~18:00,
　　　　　연중무휴

▶ MINI DATA
| 입장료 | 있음　　주차 | 가능　　분류 | 역사, 문화유적

우리말의 아름다움은 고산 윤선도가 보길도에서 지은 「어부사시사」를 통하여 찬란하게 빛난다. 그리고 아름다운 노래 가사를 탄생시킨 보길도와 그 중심으로 자리하는 세연정은 단순한 아름다움을 넘어 안빈낙도의 이상세계를 구현하려 하였던 윤선도 사상의 정점을 구현하는 곳이다. 세연정은 「어부사시사」만큼이나 아름답다. 그가 보길도에서 지은 20여 곳의 건축물 중 세연정은 유희의 공간이었다. 닭 울음 소리를 들으며 잠에서 깬 윤선도는 독서를 하고 후학들을 가르치다가 오후가 되면 가마에 술과 음식을 담아 무희와 함께 세연정으로 향했다. 악공들의 연주 소리에 인공의 연못 사이로 작은 배를 띄워 무희들의 노래를 들으며 술과 음식을 즐겼다고 한다. 신선들의 놀이터 같았을 세연정의 풍경은 현재 남아 있는 모습만으로도 상상할 수 있다. 낚시를 즐기던 칠암바위,

인공폭포와 구름다리의 구실을 겸한 판석보, 악공들의 연주를 위하여 석축으로 쌓은 단상인 동대, 서대 등이 자리 잡았고 산 중턱의 옥소암으로 악공과 무희를 보내 악기를 연주하거나 춤을 추는 모습이 연못에 비추는 모습도 즐겼다 하니 생각만으로도 대단하다. 판석보를 건너 숲길을 따라 옥소암으로 올라보자. 세연정의 경관을 한눈에 담으며 멀리 남해 바다가 어우러지는 경관은 정원 감상의 백미다.

→ 윤선도 문학체험공원

보길도의 곳곳에 자리하는 고산 윤선도의 흔적은 그의 대표작 「어부사시사」를 되새겨보면 더욱 생생하게 느낄 수 있다. 다시 한 번 작품을 감상하고 싶다면 세연정과 부용동 사이 문학체험공원을 찾아보자. 아름다운 동백꽃의 산책로를 따라 자연을 노래한 「어부사시사」가 알맞은 곳에 새겨져 있어 보길도 여행의 즐거움을 느끼게 한다.

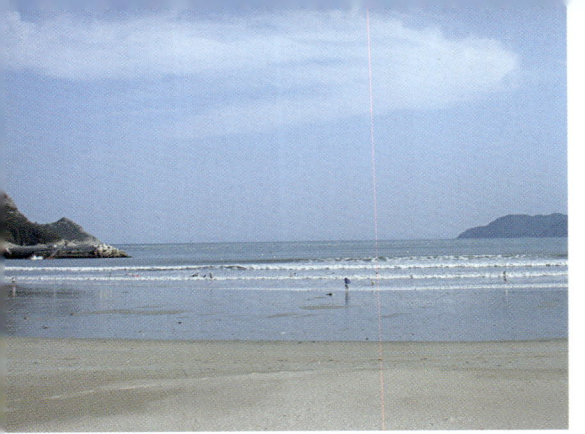

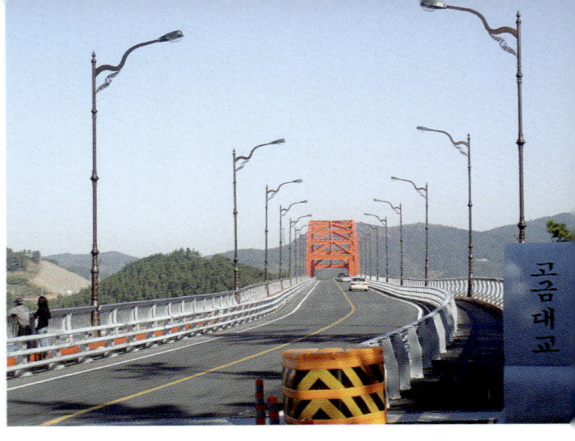

고금대교

보길도 중리해수욕장

걸어서 수평선까지

| 위치 | 전라남도 완도군 보길면 중통리 379-1
　　　전라남도 완도군 보길면 보길동로392번길 6-18 인근
운영시간 | 종일, 연중무휴

▶ MINI DATA
| 입장료 | 없음　　주차 | 가능　　분류 | 바다, 섬

송림으로 둘러싸여 있어 그 아름다움을 더하는 중리 해수욕장은 백사장 길이 약 1km, 너비 약 130m로 바다를 향해 한참을 걸어 들어가도 허리를 넘지 않는 얕은 수심과 맑은 바닷물이 있어 어린이를 동반한 가족 피서지로 좋다. 고운 모래가 깔린 백사장을 따라 늘어선 300여 그루의 노송이 자라고 있는 송림에서는 뜨거운 태양을 피해 휴식을 취할 수 있도록 나무 데크가 조성되어 있고 야영을 즐길 수 있도록 급수대 등의 편의 시설도 잘 갖추어져 있다. 눈 앞으로는 목섬, 기섬, 갈마섬 등의 작은 섬들과 동쪽으로는 소안도가 자리하고 있어 바다에 안겨 있는 듯 편안한 바다 풍광을 감상할 수 있다. 물이 빠지면 코앞의 목섬까지 걸어 들어가 볼 수 있으며 식당과 민박집들이 잘 갖추어져 있어 보길도에서 해수욕을 즐긴다면 중리해수욕장을 추천한다.

고금도~조약도

다리로 연결된 2개의 섬

| 위치 | 전라남도 완도군 고금면~약산면 일대
운영시간 | 종일, 연중무휴

▶ MINI DATA
| 입장료 | 없음　　주차 | 가능　　분류 | 바다, 섬

고금도는 완도군에 속하지만 강진군 마량항과 연륙교가 놓여져 육지와 연결되었다. 마량 앞바다에서 다리로 건너 들어가는 고금도는 조선시대 군사적 요충지인데 섬 곳곳에 임진왜란과 충무공 이순신에 관한 이야기들이 남아 있으며 노량해전에서 전사한 후 80일간 안치했던 가묘와 사당이 있다. 해안으로는 김의 원료인 해태와 미역 양식장이 펼쳐져 있으며 섬의 특산품인 유자밭도 많이 볼 수 있다. 아치형의 아담한 연륙교를 건너 조약도로 들어가면 억새와 야생화로 가득한 약산에 올라 다도해의 풍광을 즐길 수 있는데 약재로 쓰이는 삼지구엽초가 흔한 섬이라 약산도라고도 불린다. 섬 곳곳에 바다낚시 포인트가 있으며 귀한 참돔과 감성돔이 많이 잡히는 것으로 알려져 있다. 조약도의 유일한 해수욕장인 가사해수욕장은 리아스식 해안의 절경과 동백나무, 해송이 어우러져 작지만 아름다운 풍광을 간직하고 있으며 깔끔한 민박집이 많아 여름철 피서지로 사랑받고 있다.

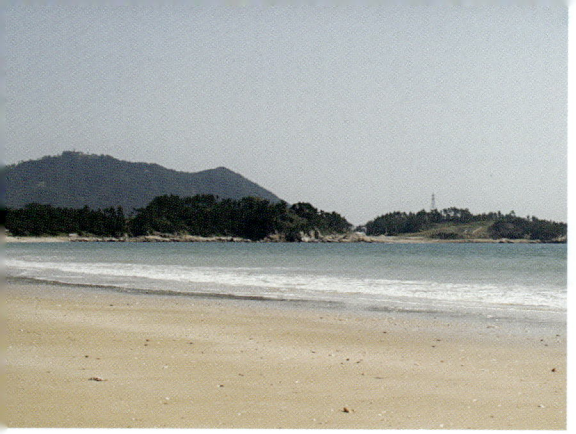

금일도
파도조차 고요하게 밀려오는 섬

| 위치 | 전라남도 완도군 금일읍 일대
| 운영시간 | 종일, 연중무휴

▶ MINI DATA
| 입장료 | 없음   주차 | 가능   분류 | 바다, 섬

조용하고 평화롭다 해서 평일도라고도 불리는 금일도는 완도에서도 17km나 떨어져 있어 사람들에게 많이 알려진 섬은 아니다. 강진군 마량항에서 배를 타고 한 시간이면 도착할 수 있다. 국내 최대의 다시마 산지로도 유명해 우리나라 다시마 생산량의 50%를 차지하고 있다. 금일도의 또 다른 자랑으로 2,500여 그루의 해송이 멋진 숲을 이루고 있는 금일해수욕장이 있다. '금일 명사십리'라 불리는 이 해수욕장은 길이 3.6km, 너비 150여 미터에 달하는 백사장으로 끊임없이 밀려오는 파도가 장관인데 수심이 깊지 않아 파도타기를 즐기기에 좋다. 형형색색의 아름다운 조개껍데기가 깨끗한 백사장에 깔려 있는데 쉴새 없이 밀려오는 파도에 실려 오는 조개의 양이 풍부해 8월 중순이면 소라, 진주조개, 홍합을 캐는 마을 아낙들의 손길이 분주하다. 해송 위로 떠오르는 달이 아름다워 월송리라 불리는 숲에서는 야영을 즐기기에 좋고 시원한 나무그늘에서 독서나 낮잠을 즐기는 것도 훌륭한 피서가 될 수 있다.

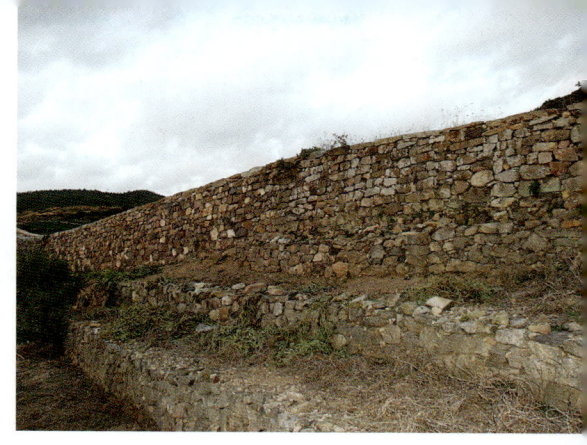

남도석성
사람이 살고 있는 옛 성

| 위치 | 전라남도 진도군 임회면 남동리 149
| 전라남도 진도군 임회면 남도길 5-1~20-1 일대
| 운영시간 | 종일, 연중무휴

▶ MINI DATA
| 입장료 | 없음   주차 | 가능   분류 | 역사, 문화유적

진도는 남해안에서 서해안으로 올라오는 중요한 길목에 위치하고 있는 섬으로 왜구의 침입이 잦았다고 한다. 남도석성은 고려시대 삼별초가 이 섬에 들어오면서 쌓았다고 전해지나 기록상으로는 왜구의 침입이 심했던 조선 세종 때 지금의 모습으로 성을 쌓았음을 알 수 있다. 서문으로 올라 성곽 위로 난 길을 따라 한 바퀴 돌아보는데 성벽의 높이가 4m로 꽤 높으며 성의 둘레는 500m 정도이다. 지금도 성 안에는 마을이 남아 있어 위에서 바라보는 마을 풍경이 정겹다. 성을 한 바퀴 돌 때쯤 마을로 내려가는데 주민들이 사는 곳이라 실례되지 않게 그 안을 둘러보도록 하자. 성 안에서 옛날 집터를 찾을 수 있으며 관아가 복원되어 있다. 남문 앞 개울에는 두 개의 작은 홍교가 놓여 있다. 선암사의 승선교 등 유명한 홍교들과 그 모양이 닮았으나 자연 석재를 그대로 사용해 운치 있다.

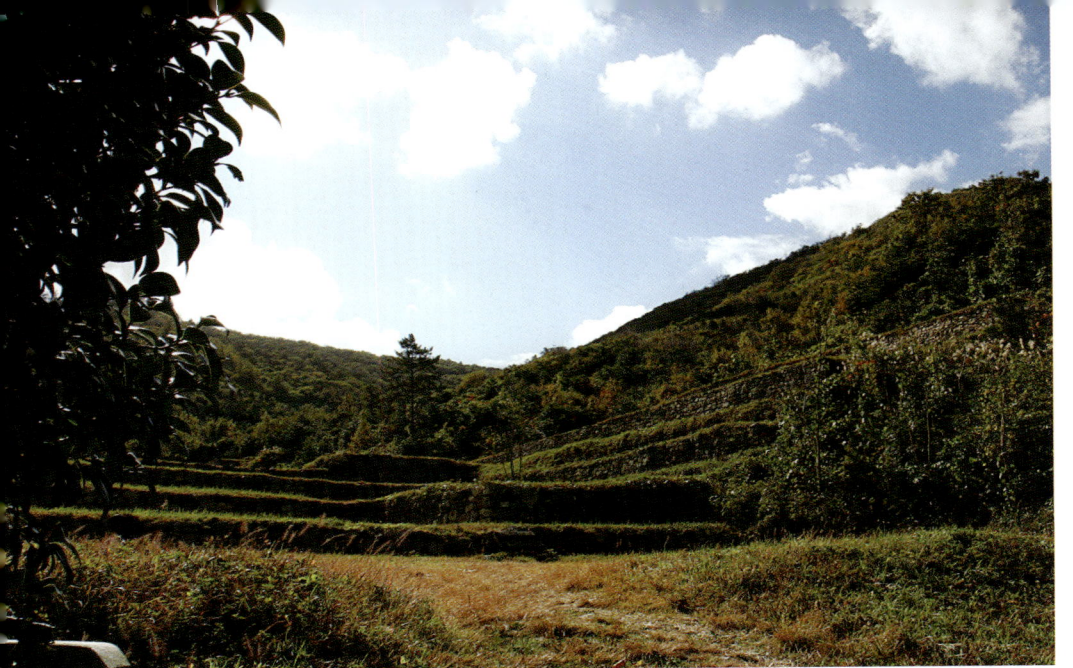

용장산성 삼별초의 항몽기지

위치 | 전라남도 진도군 군내면 용장리 106번지
전라남도 진도군 군내면 용장산성길 94 인근
운영시간 | 종일, 연중무휴

▶ MINI DATA
| 입장료 | 없음   주차 | 가능   분류 | 역사, 문화유적

용장산성은 고려시대에 만들어진 곳으로 몽고군에 항복한 고려정부군에 반기를 든 삼별초의 기지가 있던 곳이다. 삼별초는 정규군이 아닌 고려 최씨 정권의 사병과 같은 역할을 하던 부대로 무신정권 기간 권력유지의 핵심 기반이었다. 강화도로 천도를 해 30년 동안 몽고에 맞섰던 고려는 몽고에 대하여 강경 입장을 가지고 있던 최씨 정권이 무너지면서 결국 항복을 하고 개경으로 돌아가는데, 이때 삼별초는 끝까지 남아 몽고군에 대항하기를 주장한다. 해산 명령을 받은 삼별초는 이에 저항하며 근거지를 옮기는데 바로 진도의 용장산성이다. 배중손을 지도자로 하고 왕족인 승화후온을 왕으로 추대한 삼별초는 이곳에서 성과 건물을 새로 짓고 진도 인근의 해상권을 장악하며 고려 정부와 몽고군에 대항한다.

하지만 이곳에 자리 잡은 지 9달이 지나지 않아 여몽연합군의 공격을 받아 패하게 되고 다시 제주도로 옮겨 가니 용장산성에 머문 시간은 잠시이다. 지금은 행궁 터와 석축만 남아 있는데 그때 지어진 규모가 제법 컸음을 눈으로 확인할 수 있다. 계단을 따라 석축의 제일 위로 올라가면 이곳을 한눈에 내려다볼 수 있다. 용장산성 옆으로 용장사와 용장산성전시관이 있다. 용장사는 삼별초가 이곳으로 오기 전부터 있었다고 전해지나, 옛 흔적은 찾을 수 없고 새로 지은 건물만 볼 수 있으며 고려 때 만들어진 것이라 추정하는 석불좌상만이 남아 이곳의 역사를 전한다. 전시관에는 삼별초와 용장산성에 관한 모형과 자료를 전시하고 있다.

632

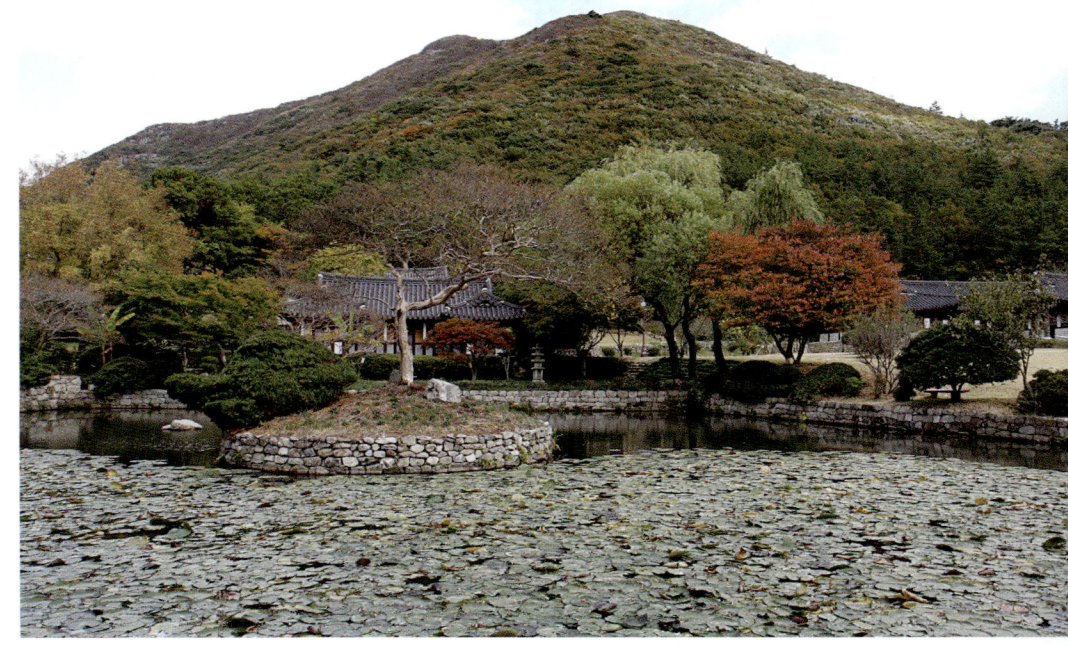

운림산방 한국 남화의 고향

위치 | 전라남도 진도군 의신면 사천리 61
　　　전라남도 진도군 의신면 운림산방로 315
운영시간 | 동절기 09:00~17:00, 하절기 09:00~18:00,
　　　매주 월요일 휴무

▶ MINI DATA
| 입장료 | 있음　　주차 | 가능　　분류 | 역사, 문화유적

진도 여행의 일번지, 운림산방이다. 진도 그림의 뿌리이자 한국 남화의 고향이 바로 운림산방이다. 운림산방은 조선 후기 남화의 대가인 소치 허련이 살면서 그림을 그리던 곳으로, 이후 그의 후손들이 이곳에서 나고 자라며 남화의 맥을 잇는다. 허련은 진도 태생으로 이웃 땅인 해남 녹우당의 화첩을 보며 그림을 익혔는데, 대둔사에 머물던 초의선사의 소개로 서울로 올라가 김정희에게 그림을 배우게 되면서 그만의 화풍을 만들어간다. 스승인 김정희가 죽은 후 허련은 고향으로 내려와 작품활동을 펼치며 한국 남화의 맥을 형성한다. 남화 또는 남종화라고 불리는 화풍은 전문 화원들이 그리던 북종화와는 대비되는 그림으로 수묵을 가지고 담대하면서도 자유로운 형식으로 선비의 마음을 담아 그리는 산수화를 말한다. 종종

영화나 드라마가 촬영되기도 해 눈에 익은 연못이 보이고 뒤로 허련이 살았던 운림산방이 보존되어 있다. 전시관에서는 허련의 작품을 비롯해 그의 손자인 허건의 작품까지 남화를 대표하고 흐름을 살필 수 있는 작품들을 만날 수 있다. 전시관과 함께 있는 진도역사관에서는 진도의 옛 모습에서 지금까지 그 역사를 살펴볼 수 있다.

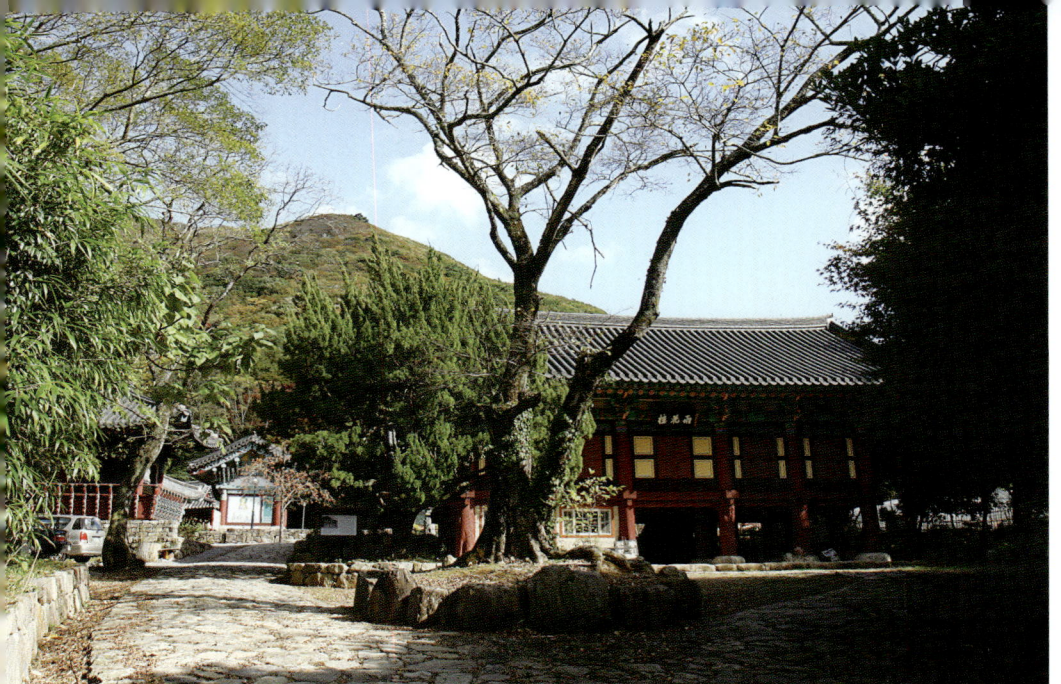

쌍계사 　진도 제일의 고찰

| 위치 | 전라남도 진도군 의신면 사천리 76
　　　전라남도 진도군 의신면 운림산방로 299-30
운영시간 | 종일, 연중무휴

▶ MINI DATA
| 입장료 | 있음　　주차 | 가능　　분류 | 불교유적

쌍계사라 하면 대부분은 하동의 쌍계사를 떠올리지만, 진도에도 쌍계사가 있다. 운림산방 바로 옆에 있지만 절이 있는지도 모르고 그냥 돌아가는 경우가 많은데 지나치기에는 아쉬운 곳이다. 첨찰산 쌍계사는 신라 말 도선국사에 의하여 창건된 절로 전하는데 지금도 옛 절의 분위기를 오롯이 간직하고 있다. 절의 양옆으로 개울이 흘러 쌍계사라 이름이 지어졌다고 한다. 입구에서부터 바닥에 돌이 놓여 있는데 그 길은 대웅전으로 이어진다. 돌길을 걸으면 만나게 되는 대웅전은 맞배지붕의 건물로 보수공사를 할 때 발견된 상량문에서 조선 숙종 때 지어진 건물로 확인되었으며 안에는 목조삼존불상이 모셔져 조선시대 목조건축과 공예를 연구하는 중요한 자료가 된다. 대웅전

은 진도에서 가장 오래된 건물이다. 절 뒤쪽으로는 천연기념물로 지정된 상록수림이 우거져 있는데 동백나무, 참가시나무, 졸참나무 등 다양한 식생이 분포해 학술적으로도 중요한 가치를 지닌다. 초겨울에 꽃망울을 피우기 시작하는 동백은 이른 봄 절정을 맞이하는데 계곡으로 이어지는 등산로를 따라 걸으면 붉은 동백의 아름다움을 제대로 감상할 수 있다. 절만 둘러보지 말고 옆으로 난 길을 따라 상록수림과 동백림도 함께 돌아보도록 하자.

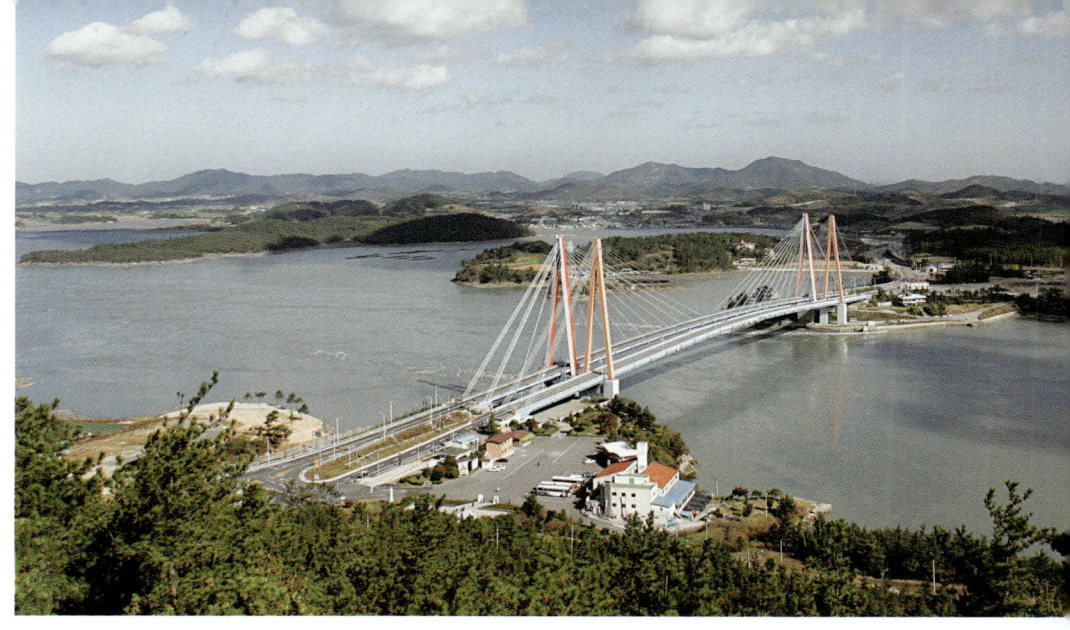

진도타워와 진도대교 다도해 최고의 아름다움을 감상한다

위치 | 타워 전라남도 진도군 군내면 녹진리 산2-80
　　　　(만금길 112-41)
　　　다리 전라남도 진도군 군내면 녹진리 1-27
　　　　(진도대로 8479)
운영시간 | 동절기 09:00~17:00, 하절기 09:00~18:00,
　　　　　매주 월요일 휴관

▶ MINI DATA
| 입장료 | 있음　　주차 | 가능　　분류 | 바다, 섬

가까이는 진도대교와 해남 땅을, 멀리로 남해 위 곳곳에 떠 있는 섬까지 한 폭의 그림과도 같은 풍경을 감상할 수 있는 전망대다. 이곳의 풍경은 날씨에 따라 시각각 변하니 언제 올라도 매번 다른 감동을 느끼게 된다. 진도대교를 넘어 우회전하자마자 다시 좌측으로 올라가는 길이 있으니 잘 찾아야 한다. 위로 오르면 작은 공원이 꾸며져 있고 가장 높은 곳에 진도타워가 만들어져 있다. 전망대에서 보이는 진도대교 아래 물살이 참으로 거친데 바로 이곳이 임진왜란 때 이순신 장군이 대승을 거두었던 명량대첩의 현장인 울돌목으로 거친 물살이 내는 소리가 전망대까지 들린다. 시선을 멀리 하면 파란 바다 위로 녹색의 섬들이 곳곳에 보이는데 다도해 최고의 전망을

가진 곳이라 불러도 손색없을 아름다움이다. 밤에 이곳을 찾으면 불빛으로 치장된 진도대교의 멋진 모습을 볼 수 있다.

> **한려해상국립공원과 다도해해상국립공원,
> 우리나라에서 가장 아름다운 바다**
>
> 우리나라의 20여 곳의 국립공원 중 바다가 국립공원으로 지정된 곳은 서해안의 태안반도와 변산반도국립공원, 남해안의 한려해상국립공원과 다도해해상국립공원이다. 그중에서도 바다의 아름다움을 온전히 찾을 수 있는 곳이 남해안의 두 곳인데 한려해상국립공원은 거제, 통영, 사천, 하동, 남해, 여수 오동도의 6개 지구로 구성되어 있으며, 다도해국립공원은 여수 돌산면에서부터 전라남도 신안군에 이르는 구역으로 일곱 개 지구로 나뉘어져 있다. 우리나라에서 가장 면적이 넓은 국립공원이다. 진도타워에서는 다도해해상국립공원의 풍경을 감상할 수 있다.

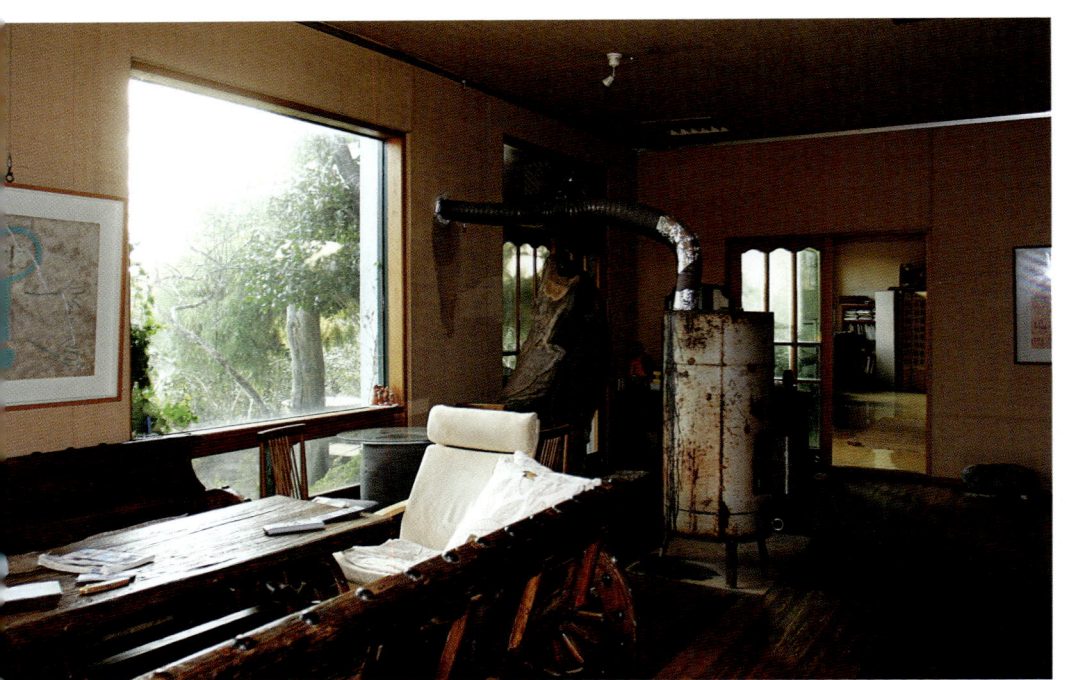

나절로미술관 멋진 미술관으로 탈바꿈한 폐교

| **위치** | 전라남도 진도군 임회면 상만리 403
　　　　전라남도 진도군 임회면 진도대로 3886
운영시간 | 10:00~18:00, 매주 월요일 휴관

▶ MINI DATA
| **입장료** | 있음　　**주차** | 가능　　**분류** | 박물관

운림산방이 있는 진도 출신의 화가들이 많지만 대부분은 한국화나 동양화를 그리는 화가들이다. 나절로미술관은 진도 출신으로는 드물게 서양화를 그리는 화가의 작업실이자 전시관으로 10년 전 폐교된 학교를 매입하여 작가의 손길을 담아 아름답게 꾸며놓은 곳이다. 국립남도국악원에서 얼마 떨어지지 않은 길가에 위치하고 있으니 지나는 길에 들러 작품도 구경하고 작가와 이야기 나누는 시간을 가져보자. 주로 돌가루에 채색을 해서 그것으로 그리는 석화인데, 구상에서 추상까지 다양한 형식으로 그림을 그린다. 전시관은 학교 건물을 개조해서 만들었으며 안에는 작가의 작품들을 상설 전시하고 있다. 나절로는 이곳

주인인 화가 이상은 씨의 호인데 '스스로 흥에 겨워 산다'는 뜻이다. 20대 때 걸레스님으로 잘 알려진 중광스님 등과 어울렸는데, 소설가 이병주 선생이 문학모임에서 화가가 쓴 시인 「나절로」를 듣고는 그게 좋겠다면서 이름을 지어주었다고 한다. 이름 그대로 마음 가는대로의 삶을 살면서 학교를 꾸며놓았는데 뒤편에 손수 만든 연못과 황토방은 이곳을 찾는 사람들에게 좋은 휴식공간이 된다. 민박도 운영하는데 학교 관사로 쓰던 건물을 현대식으로 고쳐놓았으며, 사람이 많을 경우 주인방도 내어준다. 하지만 작품 활동에 매진할 때는 손님들을 사양하는 경우가 있으니 방문 전에 미리 문의하여야 한다.

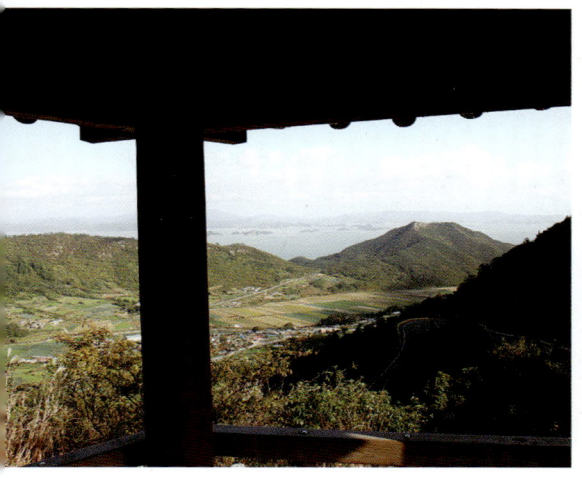

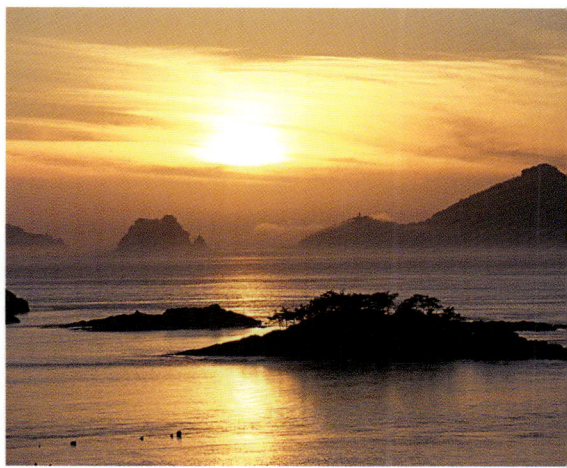

진도기상대
진도에서 가장 높은 곳

| 위치 | 전라남도 진도군 의신면 사천리 산1-6
　　　전라남도 진도군 의신면 운림산방로 527-209
| 운영시간 | 문의 후 방문

▶ MINI DATA
| 입장료 | 없음　주차 | 가능　분류 | 전시, 체험시설

축구공 모양의 커다란 원형 레이더를 가지고 있는 기상대로 2001년에 세워져 호남 지방의 기상을 관측하는 중요한 역할을 하고 있는 곳이다. 실제로 레이더를 보고 궁금해서 찾아오는 경우가 종종 있다고 하니 그것이 표지판 역할을 하는 셈이다. 기상대가 자리하고 있는 산이 첨찰산인데 진도에서 가장 높은 산으로 운림산방과 쌍계사를 품고 있는 산이기도 한 곳이다. 길을 따라 산을 넘다 보면 기상대로 난 표지판이 있는데 날씨 맑은 날이면 올라가보도록 하자. 전망대에 오르면 진도를 사방으로 둘러볼 수 있으며, 날씨가 맑으면 멀리 제주도까지 보인다고 한다. 워낙 외진 곳이라 찾는 사람들이 많지 않아 이곳에 근무하는 직원들에게 인사를 건네면 반갑게 맞이해주며, 부탁을 하면 잠깐이나마 기상대 내부를 견학할 수 있게 허락해준다.

세방낙조전망대
전국 최고의 일몰

| 위치 | 전라남도 진도군 지산면 가학리 산27-3
　　　전라남도 진도군 지산면 세방낙조로 152 인근
| 운영시간 | 종일, 연중무휴

▶ MINI DATA
| 입장료 | 없음　주차 | 가능　분류 | 바다, 섬

해안도로를 따라 중간쯤에 만들어진 세방낙조전망대로 해 질 무렵이면 사람들이 하나둘씩 모여든다. 다도해의 푸른 바다가 순식간에 붉은색으로 물드는데, 앞으로 띄엄띄엄 놓여 있는 장도, 양덕도, 주지도, 가사도 섬들 사이로 넘어가는 일몰이 장관이다. 섬이 많다 하여 이름 붙여진 다도해 섬 사이로 넘어가는 풍경은 너무나 서정적으로 서해안 최고의 낙조라는 명성이 괜히 붙여진 것은 아닌 듯하다. 지산면 가치리에서 세방리로 이르는 오밀조밀 모여 있는 다도해의 풍경을 감상하기에 좋으며 진도 곳곳에 세방낙조전망대를 알리는 표지판이 있어 찾아가는 것이 그리 어렵지 않다. 해가 기울기 시작하면 넘어가는 것은 금방이라 충분히 여유를 가지고 찾아가도록 하자.

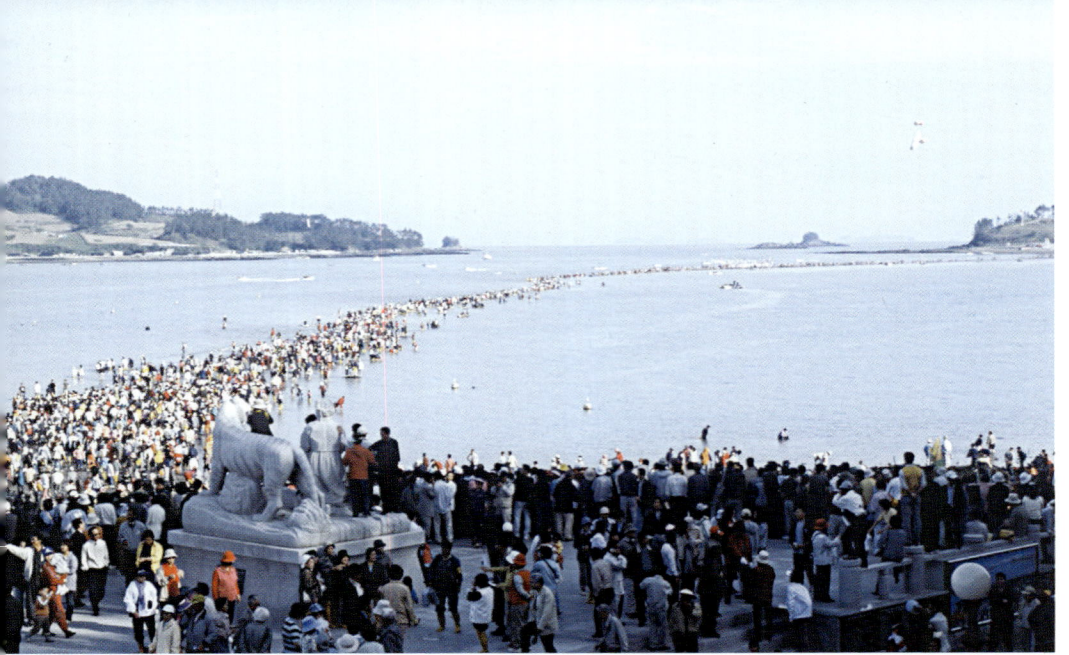

진도 신비의 바닷길 열려라, 바닷길이여

위치 | 전라남도 진도군 고군면 회동리 일원
운영시간 | 매년 3~5월 중(홈페이지 참조)

▶ MINI DATA
입장료 | 없음　주차 | 가능　분류 | 바다, 섬

바다 갈라짐을 볼 수 있는 신비의 현장으로 그 규모와 크기가 세계적인 곳이다. 매년 바닷길이 가장 크게 열리는 음력 4월 중 한 날을 정해 축제를 개최하는데 이 모습을 보러 10여 만 명의 사람이 운집한다고 하니 단일행사로 최대 규모라 할 만하다. 진도 본섬인 회동에서 맞은편 작은 섬인 모도까지 3km 바닷길이 열리는데, 30~40m에 이르는 큰 폭으로 길이 갈라진다. 눈으로 바닷물이 갈라지는 것을 확연하게 구별할 수 있을 정도로 빠른 속도로 물이 빠지며 땅이 드러난다. 이곳이 알려지게 된 계기는 1975년에 우리나라에 프랑스 대사로 와 있던 피에르 랑디가 진도로 관광을 왔다 마침 이 현상을 목격하고 프랑스 신문에 알리면서부터다. 최근에는 일본에서 이 바닷길을 주제로 노래가 만들어져 히트하는 등 유명해지는 바람에 일본 사람들이 많이 찾는다고 한다. 바닷물이 갈라지기 전에 축제가 펼쳐지는데 소리로 유명한 진도라 공연 하나하나 짜임새 있다. 축제는 영등제에서 가져온 것으로 바닷가 마을 대부분이 그렇듯 이곳도 해마다 바닷가 사람들의 안녕과 풍어를 기원한다. 음력 3~5월이 바닷길이 크게 열리는 기간이라 해 질 무렵에 오면 굳이 축제 때가 아니더라도 바다 갈라지는 현상을 볼 수 있다. 다른 시기에는 밤이나 새벽에 바다가 열려 시간을 맞추기가 힘들다. 혹 다른 철에 이곳을 찾았다면 가계 해수욕장과 함께 있는 진도해양생태관에서 영상을 통하여 바다 갈라짐을 볼 수 있다. 가계해수욕장은 진도 최고, 최대의 해수욕장으로 백사장 길이가 3km에 달하며 앞으로 보이는 섬과 육지가 운치를 더하는 곳이다.

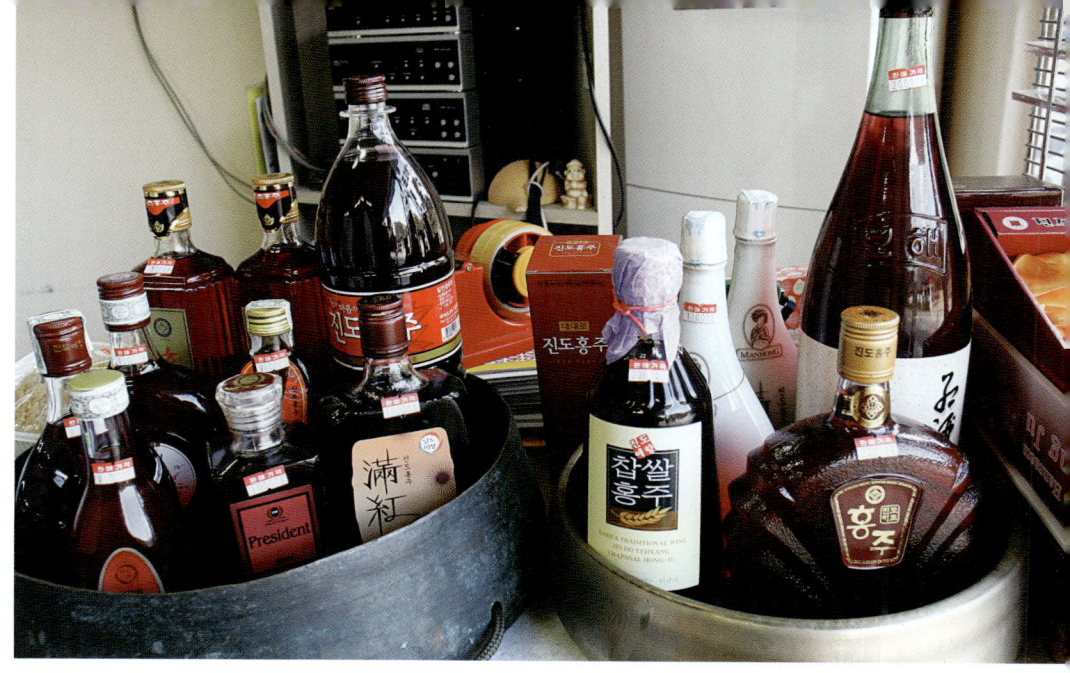

진도 홍주 공장 이것이 진도의 맛이다

| 위치 | 전라남도 진도군 군내면 송산리 747-4
　　　전라남도 진도군 군내면 가흥로 691
| 운영시간 | 문의 후 방문

▶ MINI DATA
| 입장료 | 없음　　주차 | 가능　　분류 | 전시, 체험시설

술이 붉은색을 띤다 하여 홍주라 하는데 맛은 그 이름처럼 화끈하다. 홍주는 진도의 특산품으로 예전 집집마다 가양주로 빚어지던 술이었으나 주류단속이 시작된 이후에는 몰래 만들어 마셨다고 한다. 다른 지역의 전통주가 이러한 과정 속에서 맥이 끊긴 경우가 많지만, 진도 홍주는 그 맥이 이어지고 있으니 다행이라 하겠다. 진도군 내에는 홍주를 만드는 공장이 몇 군데 있는데 그중에서 전통 방법으로 만들어 판매하는 곳이 운림산방 인근에 있다. 홍주는 소주의 일종으로, 소주는 고려 때 원나라 사람들에 의하여 들여온 것으로 알려져 있으나 진도 지역에 홍주가 어떻게 만들어졌는지에 대하여는 기록이 남아 있지 않아 알 수 없다. 단, 삼별초와 관련해 당시 고려의 중앙 문화가 이곳에 유입되었음을 생각한다면 그때부터 이 지역에서

만들어지지 않았을까 추정한다. 조선시대에 지초주라 하여 왕에게 진상하던 품질 좋은 술로 알려지면서 명성을 얻게 되었다. 쌀과 보리를 섞어 고두밥을 짓고 누룩을 섞어 따뜻한 온돌방에서 보름 정도 발효를 시킨다. 다음으로 소줏고리에 넣고 끓여 증류시켜 소주를 만든 후 지초를 삼베 주머니에 넣고 그 위로 통과시키면 붉은색의 홍주가 완성된다. 홍주 붉은색의 비밀은 지초에 있는데 오래 묵은 지초는 산삼에 버금갈 만큼 좋은 약초라 한다. 진도 시내 가게에서 홍주를 사는 것보다 다소 저렴하게 구입할 수 있으며 때만 맞으면 밥을 짓고 술을 내리는 과정을 직접 볼 수 있으니 운림산방과 함께 방문해보자.

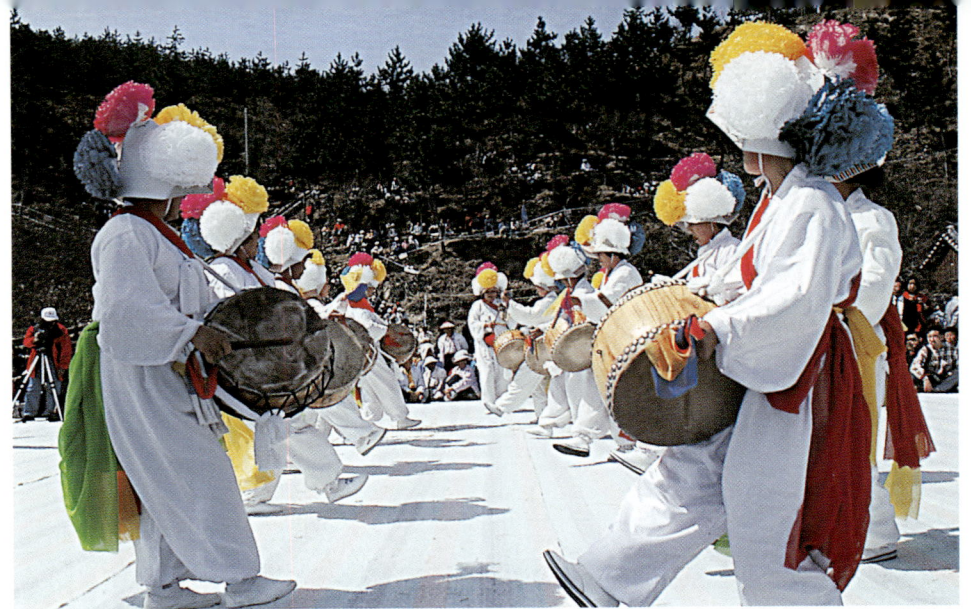

진도 토요민속여행과
남도국악원 금요상설국악공연 <small>진도 소리 여행의 백미</small>

위치 | 전라남도 진도군 임회면 상만리 373
　　　　전라남도 진도군 임회면 진도대로 3818
운영시간 | 토요민속여행 4~11월 토요일 14:00~16:00,
　　　　　　남도국악원상설공연 3~12월 매주 금요일 19:00

▶ MINI DATA
입장료 | 없음　　**주차** | 가능　　**분류** | 축제, 공연

소리의 고장 진도여행에서 빠뜨려서는 안 되는 여행의 백미이다. 4월에서 11월까지 매주 토요일 오후 2시 진토향토문화회관에서는 토요민속여행이라는 이름으로 소리 공연이자 체험의 장이 펼쳐진다. 노래 한 가락 못하면 진도 사람 아니라고 할 만큼 옛부터 삶의 애환을 담아내는 소리로 유명한 곳이 진도니 여행 일정을 계획할 때 진도 사람들의 생생한 소리를 직접 들을 수 있는 이 공연을 볼 수 있게 고려하여야 하겠다. 진도에는 씻김굿, 강강술래, 남도들노래, 다시래기 등의 4가지가 무형문화재로 지정되어 있으며, 진도북놀이, 진도만가, 남도잡가 등 도지정무형문화재로 지정된 것도 3종류가 있다. 공연은 때로는 구슬프게, 때로는 흥겹게 남도의 진짜 소리를 들려준다. 토요민속여행이

진도 민속의 소리를 들려준다면 남도국악원(061-540-4031)에서 열리는 금요상설국악공연은 우리 전통 국악을 소개한다. '전통예술의 향기'라는 제목으로 매주 금요일 저녁에 공연이 펼쳐지는데 내용이 미리 사이트에 공지되니 참고하면 되겠다. 또 국립국악원에서는 주말 문화체험이라 하여 소리를 배울 수 있는 알찬 가족체험 프로그램을 운영한다. 금요일 오후부터 시작되는 프로그램으로 금요상설공연도 관람하고 달빛 아래에서 강강술래를 배워본다. 다음 날 오전에는 진도의 대표적 노래인 진도아리랑 소리 한 가락을 배우며, 식사를 하고 난 오후에는 토요민속공연을 보러 떠나는 일정으로 우리 음악을 깊이 있게 체험할 수 있는 프로그램이다.

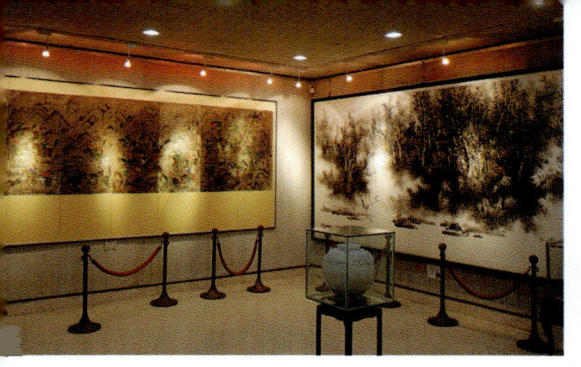

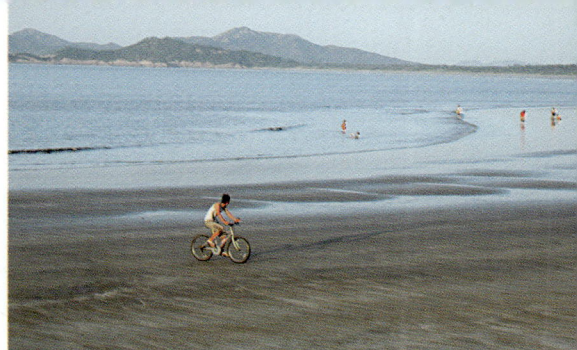

장전미술관
진도 깊은 곳에서 만나는 귀한 작품들

| 위치 | 전라남도 진도군 임회면 삼막리 477
　　　전라남도 진도군 임회면 하미길 39
| 운영시간 | 동절기 10:00~17:00, 하절기 09:00~18:00,
　　　매주 월요일 휴관

▶ MINI DATA
| 입장료 | 있음　　주차 | 가능　　분류 | 박물관

이곳은 서예가 장전 하남호 선생이 수집한 글과 그림을 전시하고 있는 곳으로, 사설미술관이지만 규모 있는 어느 전시관 못지않은 소장품을 자랑한다. 특히 조선에서 근대에 이르는 주요 작가들의 작품들을 한자리에서 만날 수 있다. 우암 송시열의 글, 다산 정약용의 그림, 흥선대원군의 글과 난 그림, 김옥균의 글뿐만 아니라 추사 김정희의 글씨가 전시되어 있으며, 장전 선생과 교류했던 운보 김기창 등의 그림도 볼 수 있으니 다양하고 귀한 소장품을 한자리에서 감상할 수 있는 곳이다. 남진미술관의 최고의 아름다움은 바로 양서제 등 선생과 부인이 살면서 손수 가꾼 집으로 주인의 손때가 곱게 묻어 있는 아름다운 한옥이다. 툇마루에 걸터앉아 진도의 따사로운 햇볕과 바람을 맞으며 마당에 놓인 석조 작품들을 둘러보자.

비금도
일몰이 아름다운 섬

| 위치 | 전라남도 신안군 비금면 덕산리 87-2
　　　전라남도 신안군 비금면 읍동길 29-4
| 운영시간 | 종일, 연중무휴

▶ MINI DATA
| 입장료 | 없음　　주차 | 가능　　분류 | 바다, 섬

목포에서 약 54km 떨어진 곳에 위치한 비금도는 우리나라에서 최초로 천일염을 만든 곳으로 전국 천일염 생산량의 5%를 차지하고 있다. 그만큼 청정해역으로 일조량이 많다. 해안 절경과 그에 못지않게 내륙의 기암으로 이루어진 산들이 장관인 섬에서 가장 유명한 곳은 일몰이 아름다운 원평해수욕장이다. 백사장 길이가 4.3km, 너비 40m로 명사십리해수욕장이라 불리기도 하는데, 간조 시에는 해안으로부터 100여 미터나 드러나는 백사장이 아름답게 펼쳐진다. 모래의 질이 고우면서 단단해 웬만해서는 발자국이 생기지 않을 정도여서 산책을 하기에도 그만이다. 해안 양편으로 해당화 군락이 있고 해수욕장 뒤편에는 저수지가 있으며 갈대와 어우러진 아카시아나무 사이에서는 야영도 가능하다. 특히 일몰 풍경이 장관으로 긴 백사장까지 붉은빛이 퍼지는 모습은 황홀하기까지 하다. 원평해수욕장 옆의 하누넘해수욕장은 하트 모양의 해변으로도 유명한데 노을이 지면 분홍빛으로 변해 연인들의 데이트 코스로 사랑받는 곳이다.

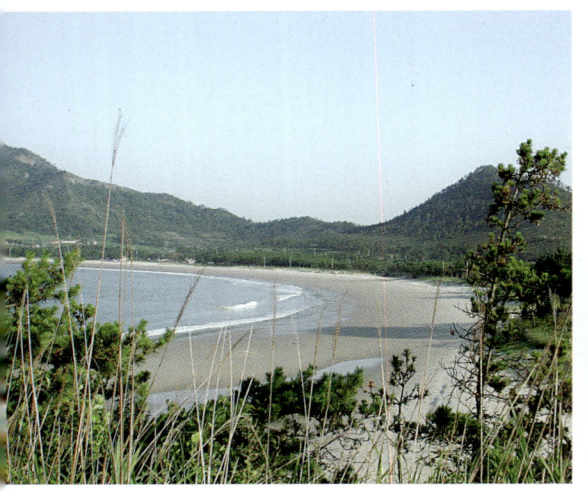

도초도   조용한 바다가 그리울 때

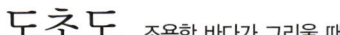

| 위치 | 전라남도 신안군 도초면
| 운영시간 | 종일, 연중무휴

▶ MINI DATA
| 입장료 | 없음   주차 | 가능   분류 | 바다, 섬

830여 개의 크고 작은 섬으로 이루어진 신안군에 속한 도초도는 우리나라에서 13번째로 큰 섬이다. 신안군에서 가장 넓은 평야인 고란평야가 있어 도초도를 여행하면 섬이라는 느낌보다는 뭍이라는 느낌이 강하게 든다. 바로 옆의 비금도와 다리로 연결되어 있어 여름철 피서지로 함께 여행하는 이들이 많다. 시목해수욕장은 해안가에 감나무가 많아서 이름 붙은 곳으로 둥글게 반원을 그리는 길이 2.5km의 긴 백사장과 파란 빛깔을 자랑하는 바다로 사랑받는 해수욕장이다. 소나무 숲이 넓게 펼쳐져 있어 야영을 하기에 좋으며 해안 양쪽의 바위에서는 바다낚시를 즐길 수 있다. 해수욕장 앞에는 농간암이라는 바위가 있는데 날씨가 흐리면 마치 움직이는 듯 보여 이름 그대로 농간하는 바위가 된다. 깨끗한 편의시설을 갖추고 있으며 아직 덜 알려져 조용한 피서를 즐길 수 있는 섬이다.

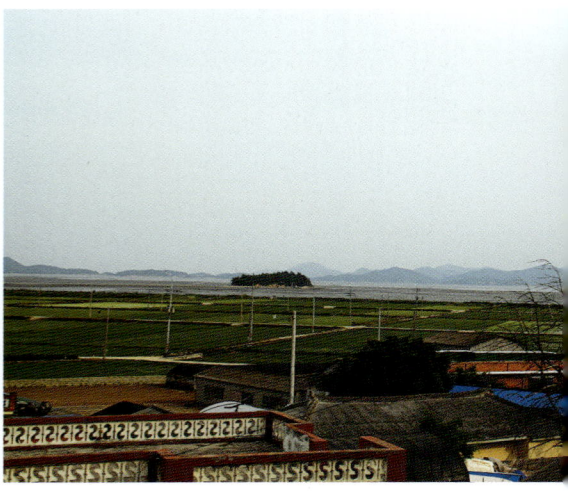

압해도   한 발 물러서서 바라보는 섬

| 위치 | 전라남도 신안군 압해읍
| 운영시간 | 종일, 연중무휴

▶ MINI DATA
| 입장료 | 없음   주차 | 가능   분류 | 바다, 섬

섬의 지세가 삼면으로 퍼져 바다를 누를 듯하여 이름 붙은 압해도는 신안군에 속해 있지만 목포에서 손에 잡힐 듯 가까우며 목포와 다리로 연결되어 더이상 섬이라 할 수 없다. 원래는 만과 곶이 많아 해안의 굴곡이 심한 편인데 대부분 간척공사를 실시해 논과 염전이 만들어졌다. 해안선의 길이가 총연장 217km에 이르는 큰 섬으로 압해도의 아름다움은 섬 안에 들어갔을 때보다 한 발 물러나 섬 밖에서 바라보았을 때 확연히 느낄 수 있다. 목포 쪽 고지대에서 바라보면 압해도를 중심으로 7개의 유인도와 71개의 크고 작은 무인도를 아우르고 있어 서남해안 섬의 풍광을 그대로 전해주며 일몰 시의 아름다움은 말로 표현할 수 없을 정도이다. 섬 안에는 동서리 도창마을의 높이 4m짜리 선돌과 삼국시대에 축조된 것으로 전해지는 왕산성지, 송공산성지와 전통 사찰 제50호로 지정된 가룡리의 금산사 등 역사적 유물도 많이 있다.

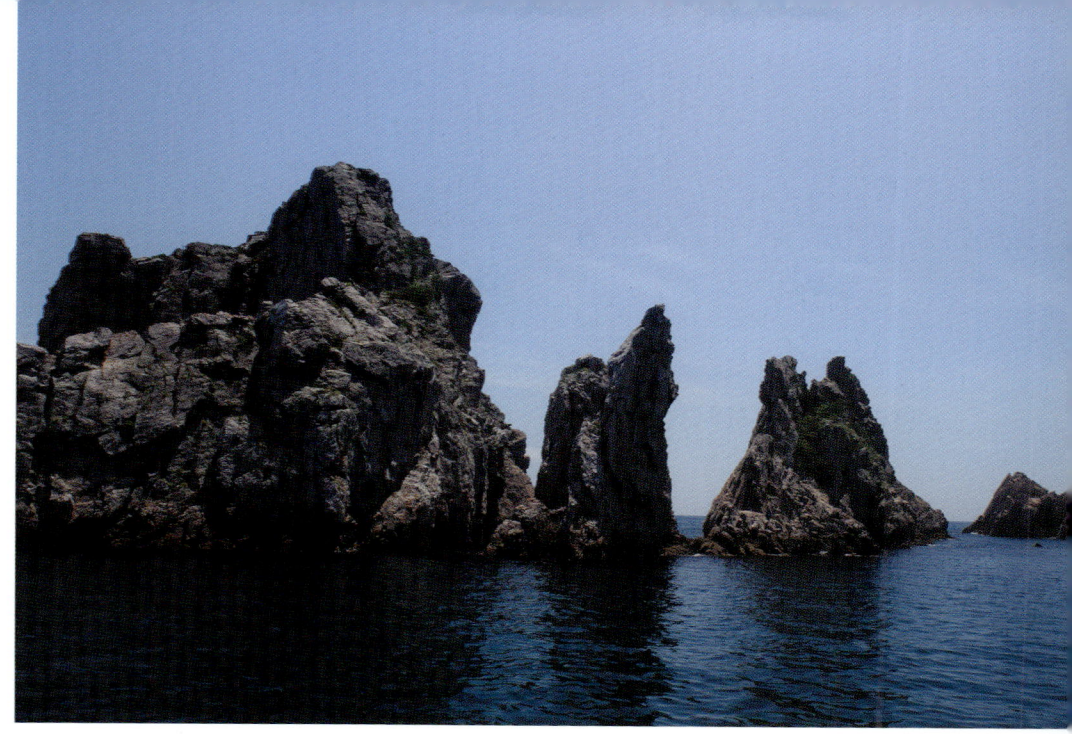

홍도 한 폭의 동양화를 그대로 옮겨놓은 섬

위치 | 전라남도 신안군 흑산면 홍도리
운영시간 | 종일, 연중무휴

▶ MINI DATA
입장료 | 있음   주차 | 가능   분류 | 바다, 섬

목포항에서 서남쪽으로 115km 떨어진 곳에 위치한 홍도는 해 질 녘이면 전체가 붉게 물들어 홍도라는 이름이 붙었다. 이 섬에는 270여 종의 상록수와 170여 종의 동물이 서식하고 있어 자연 그대로의 모습을 보존하기 위해 섬 전체가 천연기념물 제 170호로 지정되어 있다. 섬 전체가 기복이 큰 산지로 이루어져 있고 섬의 2/3를 차지하는 북쪽과 1/3을 차지하는 남쪽이 대목이라는 좁은 바다로 이어져 있어 섬에서 두 개뿐인 마을도 배로 왕래를 해야 할 정도이다. 해안 지형이 발달하여 뛰어난 경관을 이루고 있어 연중 많은 관광객이 이 섬을 찾는다. 홍도 33경으로 일컬어지는 홍도의 진면목은 유람선을 타고 섬 주위를 돌아보아야 알 수 있다. 남문바위, 시루떡바위, 물개굴,

석화굴, 기둥바위, 탑바위, 원숭이바위, 전자바위, 독립문바위, 홍어굴, 병풍바위, 남문바위, 실금리굴, 석화굴, 탑섬, 만물상, 슬픈여, 일곱남매바위, 수중자연부부탑 등 다양한 전설과 기묘한 형상을 간직한 기암, 그리고 섬 주위에 펼쳐진 크고 작은 20여 개의 무인도와 깎아지른 절벽들이 절경을 이루고 있으며 푸른 바다와 울창한 숲의 조화가 한 폭의 그림을 보는 듯하다. 사계절 물이 맑고 투명하여 바람이 없는 날에는 10m 깊이의 바다 속까지 들여다볼 수 있다. 홍도는 두 개의 마을 중 1구에는 길이 1,200m, 너비 100m의 해수욕장이 있고, 2구에는 아름다운 등대가 있어 섬의 아름다움을 더해준다.

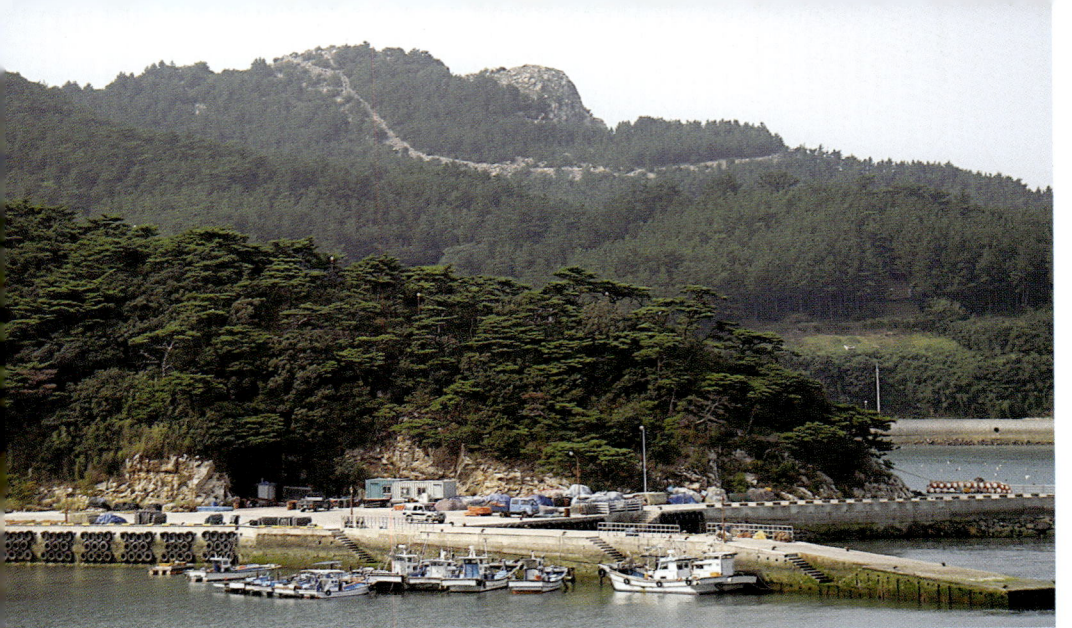

Photo by 신안군청

흑산도 「자산어보」의 고향

| 위치 | 전라남도 신안군 흑산면
| 운영시간 | 종일, 연중무휴

▶ MINI DATA
| 입장료 | 없음   주차 | 가능   분류 | 바다, 섬

산과 바다가 푸르다 못해 검게 보인다 해서 이름 붙은 흑산도는 목포항으로부터 92.7km 떨어진 곳에 위치한 우리나라 최서남단의 섬이다. 다도해해상국립공원에 속한 흑산도는 오래전부터 섬 자체의 빼어난 경관과 아름다운 바다풍경으로 사랑받아온 섬 여행지다. 섬 전체를 한 바퀴 돌아볼 수 있는 24km의 일주도로가 있어 예리공원 앞에서 버스를 타거나 택시를 이용해 섬의 아름다운 경관과 문화유적들을 찾아볼 수 있다. 육지로부터 멀리 떨어진 섬이라 예로부터 많은 인물들이 유배 생활을 했는데 다산 정약용의 둘째 형인 정약전이 이곳에서 유배 생활을 했다. 그가 집필한 「자산어보」는 15년의 긴 유배 생활 중 흑산도 근해에서 채집한 물고기와 해산물 155종에 대한 기록물이다. 또한 그는 자신의 유배지에 복성재라는 흑산도 최초의 서당을 열기도 했다. 학자이며 의

병장이기도 했던 면암 최익현 선생이 손바닥 바위 위에 새긴 '기봉강산 홍무일월'이라는 친필도 유명한데 지장암 앞에는 그의 문하생들이 세운 면암 최익현 유허비가 있다. 청동기 시대의 지석묘군도 일주도로를 달리며 만날 수 있다. 일주도로 중 상라봉 구간은 뱀이 똬리를 튼 듯 구불구불 이어진 도로로 흑산도의 명소다. 해상관광 유람선을 타면 흑산도의 진가를 만날 수 있다. 흑산항을 출발하는 다물도 코스는 대둔도 홍어마을과 촛대바위 등 푸른 바다 위의 기암들을 돌아보는 코스이고, 예리항에서 출발하는 영산도 코스는 영산도의 등대를 감상하고 여러 무인도의 절경을 감상할 수 있는 코스이다.

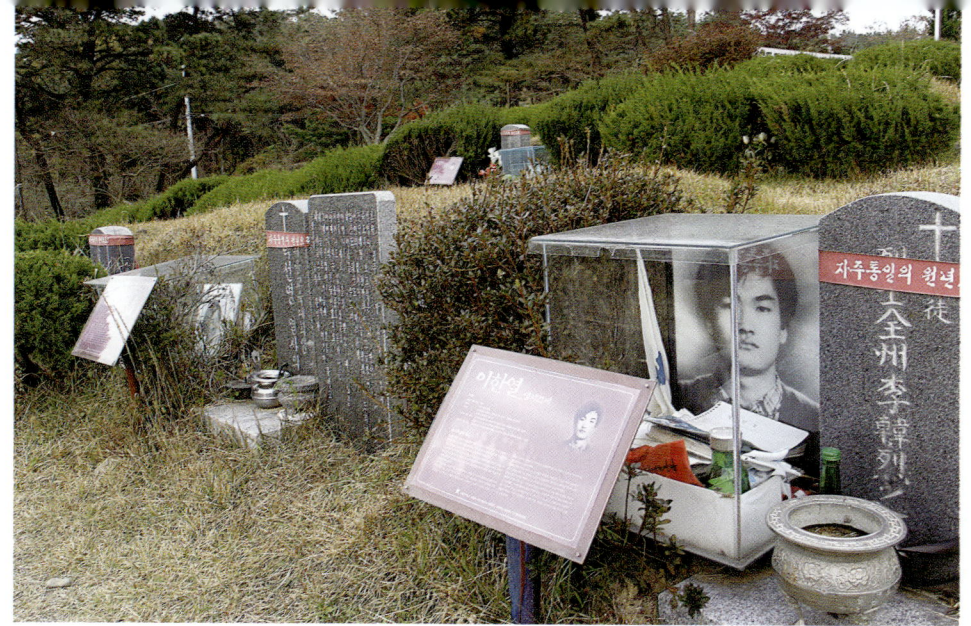

국립 5·18 민주묘지 우리 현대사의 아픈 상처

위치 | 광주광역시 북구 운정동 563
　　　광주광역시 북구 민주로 200
운영시간 | 09:00~18:00, 연중무휴

▶ MINI DATA
입장료 | 없음　　주차 | 가능　　분류 | 역사, 문화유적

1980년 5월 18일 광주에서 일어난 5·18 민주화운동은 1979년 10월 박정희 대통령이 시해되면서 무너진 유신정권을 대신해 다시 신군부가 등장하여 권력을 잡게 된 것에 반발하며 일어난 민주화운동이다. 시민들의 자발적인 봉기에 신군부는 총칼을 쥔 공수여단을 앞세워 무자비한 탄압으로 대응하면서 많은 인명을 희생시킨 우리 현대사의 깊은 상처로 남은 사건으로, 90년대 중반까지만 해도 '5·18'이라는 단어는 금기시되어 그것을 기억하고 추모하는 일마저 쉽지 않았다. 2002년 광주민주유공자에 관한 법률이 만들어지면서 그동안 이름 위에 덧씌워졌던 붉은색 줄은 지워졌지만 5·18 민주화운동의 의미를 찾아 새기기에는 좀더 시간이 필요한 것 같다. 국립 5·18 민주묘지는 1997년에 묘역이 완공되었으며 2002년에 국립묘지로 지정되었다. 입구인 민주의 문으로 들어가면 민주광장과 참배광장이 나오고, 5·18 민중항쟁추모탑 뒤로는 800여 분의 유공자가 안치된 묘역이 있다. 추모, 기록, 상징, 교육의 역할을 담당하는 추모관에서는 신문 스크랩 등과 영상을 통하여 당시의 생생한 기록들을 보여주고, 광주항쟁의 의의를 알게 한다. 국립묘지로 단장된 신 묘역에서 다리를 건너 광주항쟁 당시 만들어졌던 망월동묘지를 찾아보자. 망월동 묘지는 광주민중항쟁 당시 희생당한 시신을 묻은 곳으로, 5월 27일 전남도청이 함락되던 날에는 학살된 시신들이 얼마나 많던지 청소차에 싣고 와서 묻었다고 한다. 이곳에는 광주항쟁 당시 희생된 분들뿐만 아니라 1980년대 저항시인인 김남주 묘지를 비롯해 경찰의 최루탄에 맞아 목숨을 잃으며 1986년 6월 항쟁에 불을 붙였던 이한열의 묘지 등이 있어 광주항쟁과 이후 민주화 운동에서 산화한 넋을 기리고 있다.

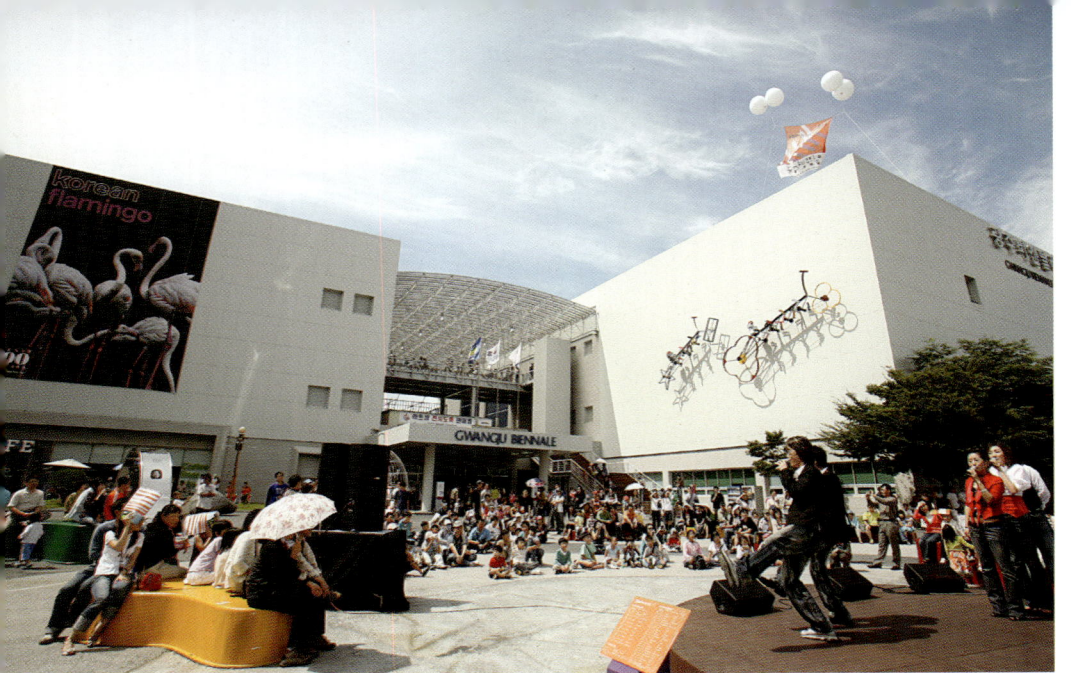

Photo by 광주광역시청

광주 비엔날레   아시아를 넘어 세계로

| 위치 | 광주광역시 북구 용봉동 산149-2
       광주광역시 북구 비엔날레로 111
운영시간 | 홀수해 9∼10월(홈페이지 참조)

▶ **MINI DATA**
| 입장료 | 있음   주차 | 가능   분류 | 전시, 체험시설

광주 비엔날레는 1995년 제1회를 시작으로 2년마다 개최되는 국제 미술 전람회다. '경계를 넘어서'라는 주제로 열린 제1회 광주 비엔날레는 50여 개국의 작가 300여 명이 참가해 이념과 국가의 경계를 뛰어넘고 종교와 인종에 대한 편견을 극복하는 21세기의 장을 여는 내용을 담았으며, '지구의 여백'이라는 주제로 열린 제2회 광주비엔날레는 동양적 주제 의식을 드러내며 한국의 미술문화를 세계에 알리는 역할을 했다고 평가받고 있다. 제3회는 '인+간'이라는 주제로 인간에 대한 성찰과 아시아의 정신문화를 소개하는 복합 문화행사 형식으로 열렸으며, 제4회는 '멈춤'이라는 주제로 다양한 이벤트를 통해 작가와 관람객이 소통하는 장이 되었다. '먼지 한 톨, 물 한 방울', '열풍변주곡'이라는 주제로 열린 제5회와 제6회 대회까지 광주라는 지역적 한계를 극복하고 아시아와 현대의 미술과 문화를 접목시키는 세계적인 비엔날레로 자리 잡았다. 전시관에서 열리는 미술품 전시뿐 아니라 광주시 일원에서 펼쳐지는 각종 민속공연, 무용공연, 음악회, 연극 공연 등의 부대 행사들도 큰 볼거리로 광주를 찾은 여행객을 즐겁게 해준다. 비엔날레가 열리지 않는 기간에도 광주 비엔날레 전시관 내의 1층 홍보관에서 역대 비엔날레 수상작을 감상할 수 있으며 전시관이 위치한 중외공원은 광주를 대표하는 휴식 공간으로 시립미술관, 민속박물관, 놀이시설 등이 있다.

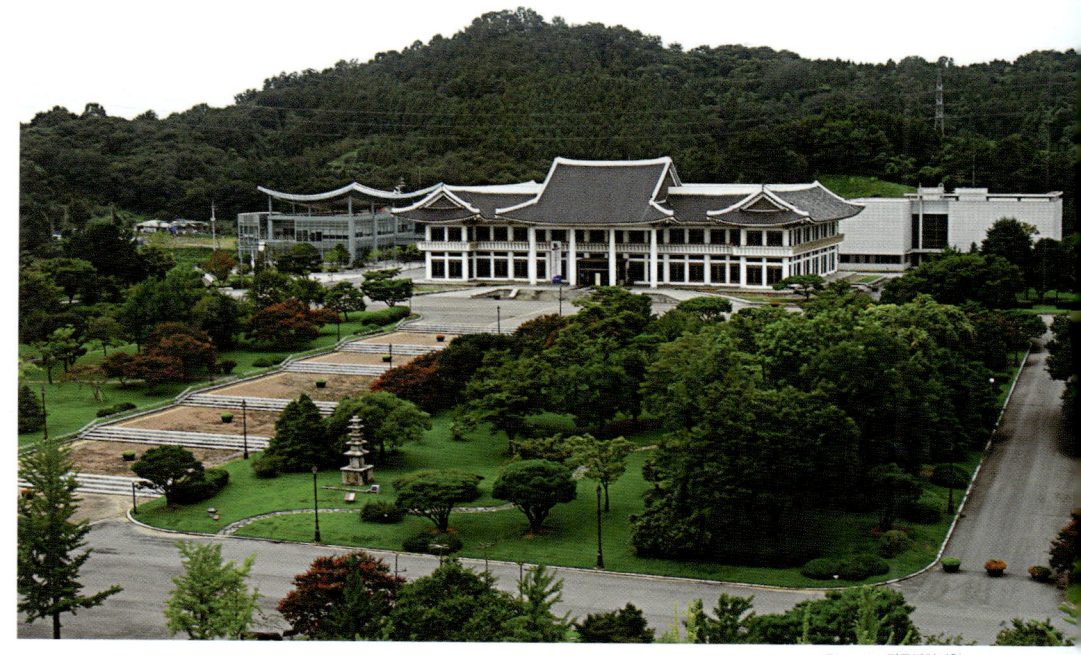

국립광주박물관   광주, 전남의 유물을 한자리에서

| 위치 | 광주광역시 북구 매곡동 산83-3
       광주광역시 북구 하서로 110
| 운영시간 | 평일 09:00~18:00, 주말 및 공휴일 09:00~21:00,
       매주 월요일 휴관

▶ MINI DATA
| 입장료 | 없음   주차 | 가능   분류 | 박물관

1978년 개관한 국립광주박물관은 전남 지역의 대표적인 유물들을 전시하고 있는 공간이다. 상설 전시실로는 전남 지역에서 출토된 구석기시대부터 철기시대의 유물들을 전시한 선사실, 금동관과 금동신발, 장식칼 등 백제의 유물을 전시한 고대실, 고려시대의 청자와 조선시대의 분청사기, 백자 등을 전시한 고려도자실, 조선 도자실 등이 있다. 특히 신안 앞바다에서 600여 년간 묻혀 있다 인양된 무역선에서 나온 유물들을 전시한 신안해저유물실은 세계고고학 사상 유례가 없는 대발견품들을 볼 수 있는 공간이다. 그 밖에 통일신라시대 선불교가 융성했던 전남 지역의 불교 미술품들을 한자리에 모아 놓은 불교미술실과 호남 지역 서화의 흐름을 알 수 있는 서화실이 있다.

보존의 어려움이 있는 유물들을 원래의 자리에서 옮겨와 박물관의 정원에 모아 놓았는데 광주 전남 지역의 고인돌군, 강진의 청자가마, 흥법사지석탑 등을 볼 수 있다. 매주 토요일마다 각기 다른 테마로 진행되는 '광박토요문화마당' 은 큐레이터의 자세한 강의로 우리 문화와 역사에 대해 설명을 들을 수 있고, 어린이를 위한 공연, 유명인의 특강으로 꾸며지는 프로그램이다. 박물관을 더욱 친근하게 관람할 수 있도록 하고 광주, 전남지역 시민의 문화적 갈증을 해소하는 데 도움을 주고 있다.

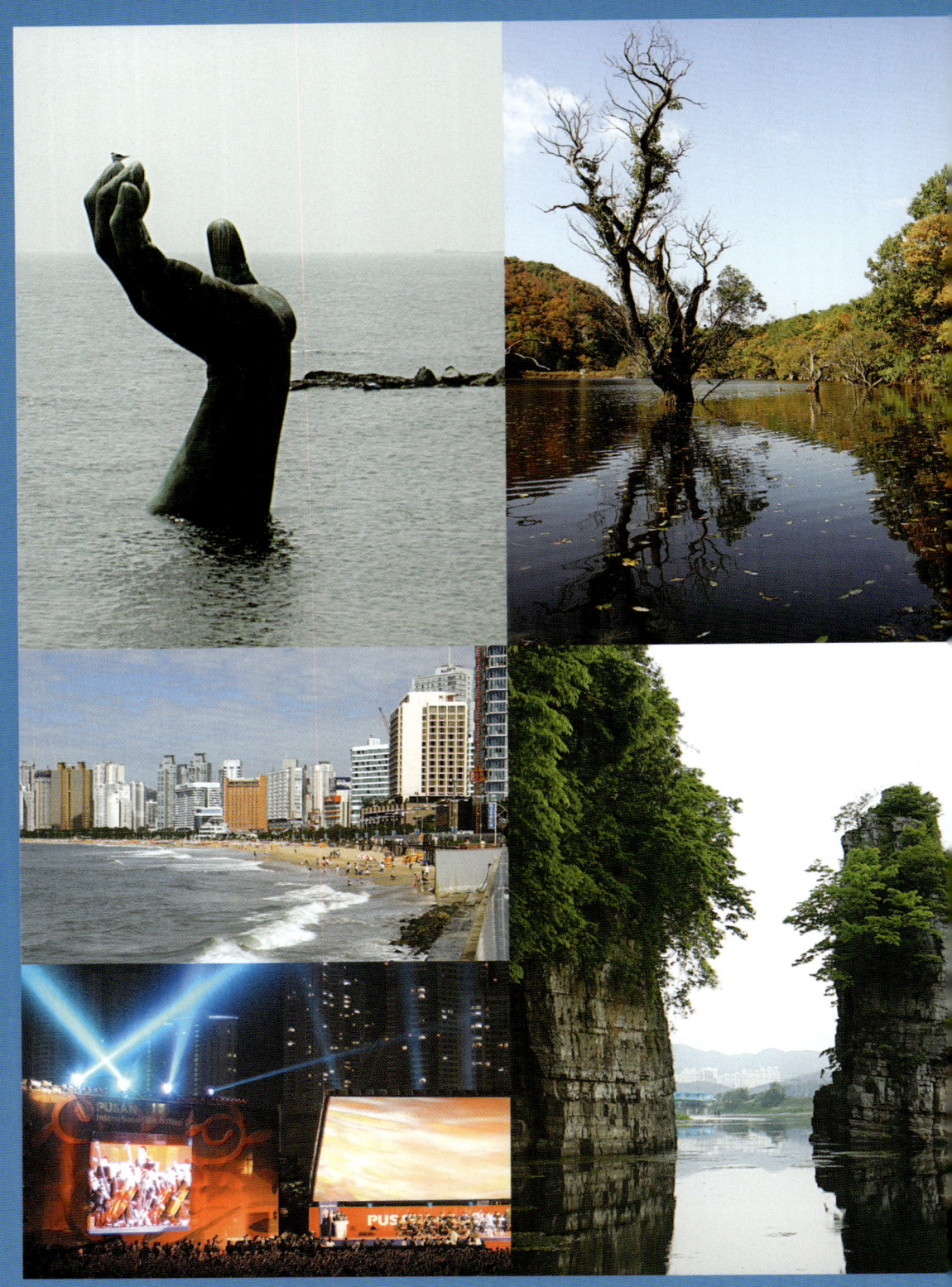

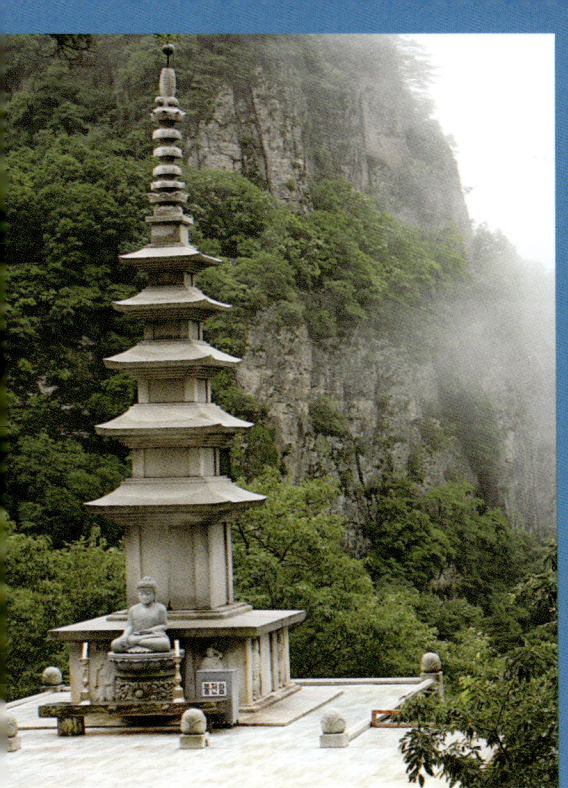

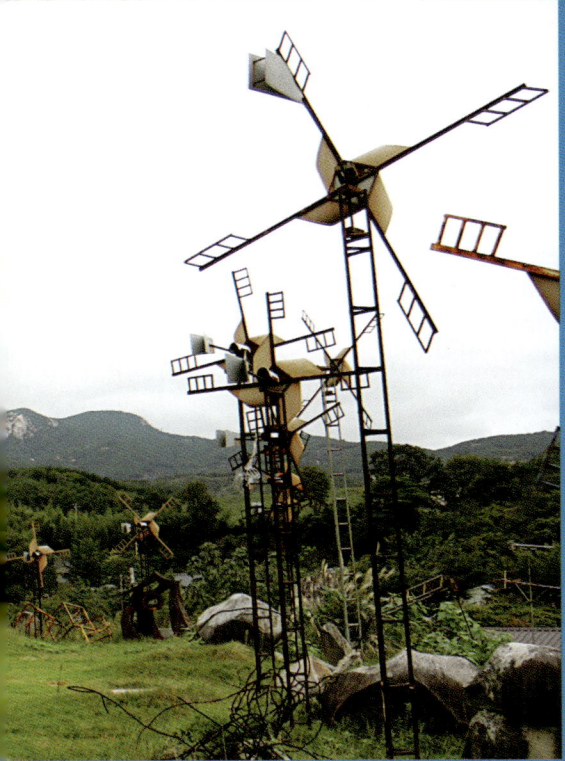

Part 6

• 경상권 •

경상북도
포항시 · 경주시 · 김천시 · 안동시 · 구미시 · 영주시 ·
영천시 · 상주시 · 문경시 · 경산시 · 군위군 · 의성군 ·
청송군 · 영양군 · 영덕군 · 청도군 · 고령군 · 성주군 ·
칠곡군 · 예천군 · 봉화군 · 울진군 · 울릉군

경상남도
창원시 · 경산시 · 진주시 · 진해군 · 통영시 · 사천시 ·
김해시 · 밀양시 · 거제시 · 양산시 · 마산합포구 · 함안군 ·
창녕군 · 고성군 · 남해군 · 하동군 · 산청군 · 함양군 ·
거창군 · 합천군 · 의령군

부산광역시

울산광역시

대구광역시

🏛 행정구역 정보

행정구역	주소	대표번호	홈페이지
경상북도	대구광역시 북구 연암로 40	053-959-0114	http://www.gb.go.kr
포항시	경상북도 포항시 남구 시청로 1	054-270-8282	http://www.ipohang.org
경주시	경상북도 경주시 양정로 260	054-779-8585	http://www.gyeongju.go.kr
김천시	경상북도 김천시 시청길 1	054-840-6114	http://www.gimcheon.go.kr
안동시	경상북도 안동시 퇴계로 115	054-856-5701	http://www.andong.go.kr
구미시	경상북도 구미시 송정대로 55	054-480-6114	http://www.gumi.go.kr
영주시	경상북도 영주시 시청로 1	054-634-3100	http://www.yeongju.go.kr
영천시	경상북도 영천시 시청로 16	054-330-6000	http://www.yc.go.kr
상주시	경상북도 상주시 상산로 223	054-533-2001	http://www.sangju.go.kr
문경시	경상북도 문경시 당교로 225	054-552-3210	http://www.gbmg.go.kr
경산시	경상북도 경산시 남매로 159	053-811-2231	http://www.gbgs.go.kr
군위군	경상북도 군위군 군귀읍 군청로 200	054-383-2181	http://www.gunwi.go.kr
의성군	경상북도 의성군 의성읍 군청길 31	054-830-6114	http://www.usc.go.kr
청송군	경상북도 청송군 청송읍 군청로 51	1577-7997	http://www.cs.go.kr
영양군	경상북도 영양군 영양읍 군청길 37	054-682-2241	http://www.yyg.go.kr
영덕군	경상북도 영덕군 영덕읍 군청길 116	054-730-6114	http://www.yd.go.kr
청도군	경상북도 청도군 화양읍 청화로 70	054-370-6114	http://www.cd.go.kr
고령군	경상북도 고령군 대가야읍 왕릉로 55	054-954-2201~8	http://www.goryeong.go.kr
성주군	경상북도 성주군 성주읍 성주로 3200	054-933-0021	http://www.sj.go.kr
칠곡군	경상북도 칠곡군 왜관읍 군청1길 80	054-973-3321	http://www.chilgok.go.kr
예천군	경상북도 예천군 예천읍 군청길 33	054-654-3801	http://www.ycg.kr
봉화군	경상북도 봉화군 봉화읍 봉화로 1111	054-679-6114	http://www.bonghwa.go.kr
울진군	경상북도 울진군 울진읍 울진중앙로 121	054-782-1501	http://www.uljin.go.kr
울릉군	경상북도 울릉군 울릉읍 도동2길 66	054-791-2191	http://www.ulleung.go.kr
경상남도	경상남도 창원시 의창구 중앙대로 300	055-211-2114	http://www.gsnd.net
창원시	경상남도 창원시 의창구 중앙대로 151	1899-1111	http://www.changwon.go.kr
마산합포구	경상남도 창원시 마산합포구3·15대로 210	055-220-2114	http://masanhp.changwon.go.kr
진해군	경상남도 창원시 진해구 진해대로 1101	055-548-2114	http://jinhae.changwon.go.kr
진주시	경상남도 진주시 동진로 155	055-749-2114	http://www.jinju.go.kr
통영시	경상남도 통영시 통영해안로 515	1577-0557	http://www.tongyeong.go.kr
사천시	경상남도 사천시 용현면 시청로 77	055-831-2114	http://www.sacheon.go.kr
김해시	경상남도 김해시 김해대로 2401	1577-9400	http://gimhae.go.kr
밀양시	경상남도 밀양시 밀양대로 2047	055-359-5114	http://miryang.go.kr
거제시	경상남도 거제시 계룡로 125	055-639-3000	http://www.geoje.go.kr
양산시	경상남도 양산시 중앙로 39	055-392-2114	http://www.yangsan.go.kr
의령군	경상남도 의령군 의령읍 충익로 63	055-570-2114	http://www.uiryeong.go.kr
함안군	경상남도 함안군 가야읍 말산로 1	055-580-2114	http://www.haman.go.kr
창녕군	경상남도 창녕군 창녕읍 군청길 1	055-530-1000	http://www.cng.go.kr
고성군	경상남도 고성군 고성읍 성내로 130	055-670-2114	http://www.goseong.go.kr
남해군	경상남도 남해군 남해읍 망운로9번길 12	055-860-3114	http://www.namhae.go.kr
하동군	경상남도 하동군 하동읍 군청로 23	055-880-2114	http://www.hadong.go.kr
산청군	경상남도 산청군 산청읍 상엔청로 1	055-970-6000	http://www.sancheong.go.kr
함양군	경상남도 함양군 함양읍 고운로 35	055-960-5114	http://www.hygn.go.kr
거창군	경상남도 거창군 거창읍 중앙로 103	055-940-3114	http://www.geochang.go.kr
합천군	경상남도 합천군 합천읍 동서로 119	055-930-3114	http://www.hc.go.kr
부산광역시	부산광역시 연제구 중앙대로 1001	051-120	http://www.busan.go.kr
대구광역시	대구광역시 중구 공평로 88	053-120	http://www.daegu.go.kr
울산광역시	울산광역시 남구 중앙로 201	052-120	http://www.ulsan.go.kr

🚌 버스터미널

행정구역	버스터미널 1	전화번호	버스터미널 2	전화번호
포항시	포항시외버스터미널	1666-2313		
경주시	경주시외버스터미널	1666-5599	경주고속버스터미널	054-741-4000
김천시	김천공용버스터미널	1688-7954		
안동시	안동터미널	1688-8228		
구미시	구미종합버스터미널	1688-5655	선산시외버스터미널	054-482-2075
영주시	영주버스공용터미널	054-631-1006		
영천시	영천시외버스터미널	1666-0016		
상주시	상주종합버스터미널	054-534-9002		
문경시	문경공용버스정류장	054-571-0343	점촌시외고속버스터미널	054-553-7741
경산시	경산시외버스터미널	1688-0248	하양시외버스터미널	053-852-4081
군위군	군위시외버스공용터미널	054-383-2158		
의성군	의성시외버스터미널	054-832-0180		
청송군	청송시외버스터미널	054-873-2036	주왕산시외버스터미널	054-873-2907
영양군	영양버스정류장	054-683-2213		
영덕군	영덕터미널	054-732-7673		
청도군	청도공용버스정류장	054-372-1565		
고령군	고령시외버스터미널	054-954-4455		
성주군	성주버스정류장	054-933-1208		
칠곡군	왜관북부버스터미널	054-975-2333		
예천군	예천시외버스정류장	054-654-3798		
봉화군	봉화공용버스터미널	054-673-4400	춘양시외버스터미널	054-672-3477
울진군	울진종합버스터미널	054-782-2971		
창원시	창원종합버스터미널	1688-0882		
마산합포구	마산시외버스터미널	055-256-1621	마산남부시외터미널	055-247-6396
진해군	진해시외버스터미널	055-547-8424		
진주시	진주시외버스터미널	1688-1841	진주고속버스터미널	1688-0091
통영시	통영종합버스터미널	1688-0017		
사천시	사천시외버스터미널	1688-4003	삼천포시외버스터미널	1688-3006
김해시	김해여객터미널	1688-0117		
밀양시	밀양시외버스터미널	1688-6007		
거제시	고현버스터미널	1688-5003	장승포시외버스터미널	1688-0073
양산시	양산시외버스터미널	1688-0243		
의령군	의령버스터미널	055-573-2112		
함안군	함안시외버스터미널	055-583-2812		
창녕군	창녕시외버스터미널	055-533-4000	부곡버스터미널	055-536-5007
고성군	고성여객자동차터미널	055-674-0081		
남해군	남해시외버스터미널	055-863-5056		
하동군	하동시외공용정류장	055-883-2663	화개시외버스공용터미널	055-883-2793
산청군	산청시외버스터미널	055-972-1616		
함양군	함양시외버스정류장	1688-7494		
거창군	거창시외버스터미널	055-942-3601		
합천군	합천시외버스정류장	055-931-4456	해인사시외버스터미널	055-932-7362
부산광역시	부산종합버스터미널	1577-9956	부산서부버스터미널	1577-8301
대구광역시	동양고속버스터미널	053-743-3950	대구북부시외정류장	1666-1851
울산광역시	울산시외버스터미널	1688-7797		

🏫 여객선터미널 · 공항

행정구역	여객선터미널	전화번호	공항	전화번호
포항시	포항여객터미널	1666-0970	포항공항	1661-2626
울릉군	저동여객선터미널	054-791-6886		
마산합포구	창원연안크루즈터미널	055-221-2111		
통영시	통영여객선터미널	1666-0960		
사천시			사천공항	1661-2626
거제시	거제여객선터미널	055-682-0116		

🚌 찾아가는 길

행정구역	찾아가는길
포항시	20번 익산포항고속도로 대련 I.C – 7번 국도, 31번 국도 – 포항
경주시	1번 경부고속도로 경주 I.C – 7번 국도 – 경주
김천시	1번 경부고속도로 김천 I.C – 4번 국도 – 김천
안동시	55번 중앙고속도로 서안동 I.C – 34번 국도 – 안동 / 55번 중앙고속도로 남안동 I.C – 5번 국도 – 안동
구미시	1번 경부고속도로 구미 I.C – 33번 국도 – 구미
영주시	55번 중앙고속도로 영주 I.C – 5번 국도, 28번 국도 – 영주
영천시	1번 경부고속도로 영천 I.C – 4번 국도, 28번 국도 / 20번 익산포항고속도로 북영천 I.C – 35번 국도 – 영천
상주시	45번 중부내륙고속도로 상주 I.C – 25번 국도 – 상주 / 30번 청원상주고속도로 남상주 I.C – 3번 국도 – 상주
문경시	45번 중부내륙고속도로 문경새재 I.C – 3번 국도 – 문경
경산시	1번 경부고속도로 경산 I.C – 919번 지방도 – 경산 / 55번 대구부산고속도로 수성 I.C – 25번 국도 – 경산
군위군	55번 중앙고속도로 군위 I.C – 5번 국도 – 군위
의성군	55번 중앙고속도로 의성 I.C – 5번 국도, 28번 국도 – 의성
청송군	55번 중앙고속도로 서안동 I.C – 34번 국도, 31번 국도 – 청송
영양군	55번 중앙고속도로 서안동 I.C – 34번 국도, 31번 국도 – 영양
영덕군	안동 – 34번 국도 – 영덕, 포항 – 7번 국도 – 영덕
청도군	55번 대구부산고속도로 청도 I.C – 20번 국도 – 청도
고령군	12번 88올림픽고속도로 고령 I.C – 33번 국도 – 고령
성주군	45번 중부내륙고속도로 성주 I.C – 5번 국도 – 성주 / 1번 경부고속도로 왜관 I.C – 33번 국도 – 성주
칠곡군	1번 경부고속도로 왜관 I.C – 4번 국도 – 칠곡
예천군	55번 중앙고속도로 예천 I.C – 34번 국도, 28번 국도 – 예천
봉화군	55번 중앙고속도로 풍기 I.C 또는 영주 I.C – 36번 국도 – 봉화
울진군	포항, 영덕, 삼척 – 7번 국도 – 울진, 봉화 – 36번 국도 – 울진
울릉군	포항여객선터미널과 묵호여객선터미널 이용
창원시	10번 남해고속도로 동창원 I.C – 25번 국도 – 창원 / 102번 마산외곽고속도로 북창원 I.C – 79번 국도 – 창원
마산시	10번 남해고속도로 서마산 I.C 또는 동마산 I.C – 5번 국도, 79번 국도 – 마산
진주시	10번 남해고속도로 진주 I.C 또는 35 통영대전고속도로 서진주 I.C – 3번 국도 – 진주
진해시	10번 남해고속도로 서마산 I.C – 2번 국도 – 진해
통영시	35번 통영대전고속도로 통영 I.C – 14번 국도 – 통영
사천시	10번 남해고속도로 사천 I.C – 3번 국도 – 사천
김해시	10번 남해고속도로 동김해 I.C 또는 서김해 I.C – 14번 국도 – 김해
밀양시	55번 대구부산고속도로 밀양 I.C – 24번 국도, 25번 국도 – 밀양
거제시	35번 통영대전고속도로 통영 I.C – 14번 국도 – 거제
양산시	1번 경부고속도로 양산 I.C 또는 통도사 I.C – 35번 국도 – 양산
의령군	10번 남해고속도로 군북 I.C – 79번 국도 – 20번 국도 – 의령
함안군	10번 남해고속도로 함안 I.C – 79번 국도 – 함안
창녕군	45번 중부내륙고속도로 창녕 I.C – 5번 국도 – 창녕
고성군	35번 통영대전고속도로 고성 I.C – 14번 국도 – 고성

🚌 찾아가는 길

행정구역	찾아가는길
남해군	10번 남해고속도로 하동 I.C – 19번 국도 – 남해(남해대교) 10번 남해고속도로 사천 I.C – 3번 국도, 77번 국도 – 남해(창선–삼천포 대교)
하동군	10번 남해고속도로 하동 I.C – 19번 국도 – 하동
산청군	35번 통영대전고속도로 산청 I.C – 3번 국도 – 산청
함양군	10번 남해고속도로 함양 I.C – 24번 국도 – 함양
거창군	12번 88올림픽고속도로 거창 I.C – 24번 국도 – 거창
합천군	35번 통영대전고속도로 단성 I.C 또는 12번 88올림픽고속도로 고령 I.C – 33번 국도 – 합천 10번 남해고속도로 군북 I.C – 20번 국도 – 의령 – 33번 국도 – 합천
부산광역시	1번 경부고속도로 구서 I.C – 7번 국도 – 부산 / 10번 남해고속도로 덕천 I.C – 14번 국도 – 부산 104번 남해고속도로 제2지선 – 서부산 I.C – 7번 국도 – 부산
대구광역시	1번 경부고속도로 북대구 I.C – 5번 국도, 25번 국도 – 대구 / 55번 중앙고속도로 동대구 I.C – 4번 국도 – 대구 55번 중앙고속도로 서대구 I.C – 4번 국도 – 대구
울산광역시	16번 울산고속도로 울산 I.C – 7번 국도 – 울산 / 부산 – 14번 국도, 31번 국도 – 울산

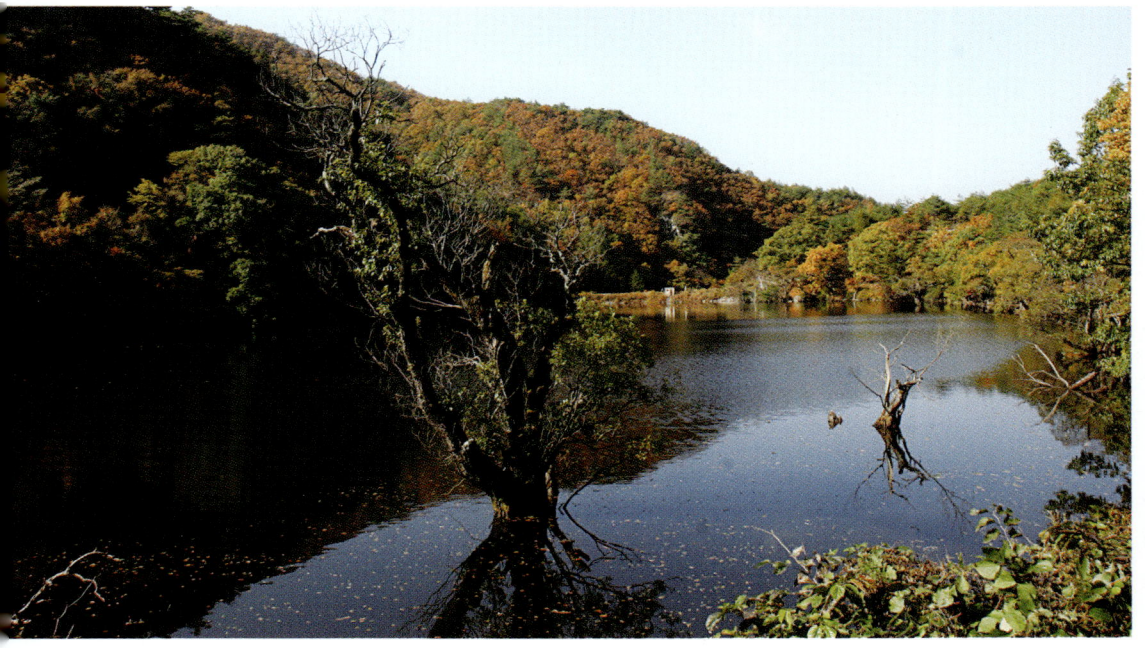

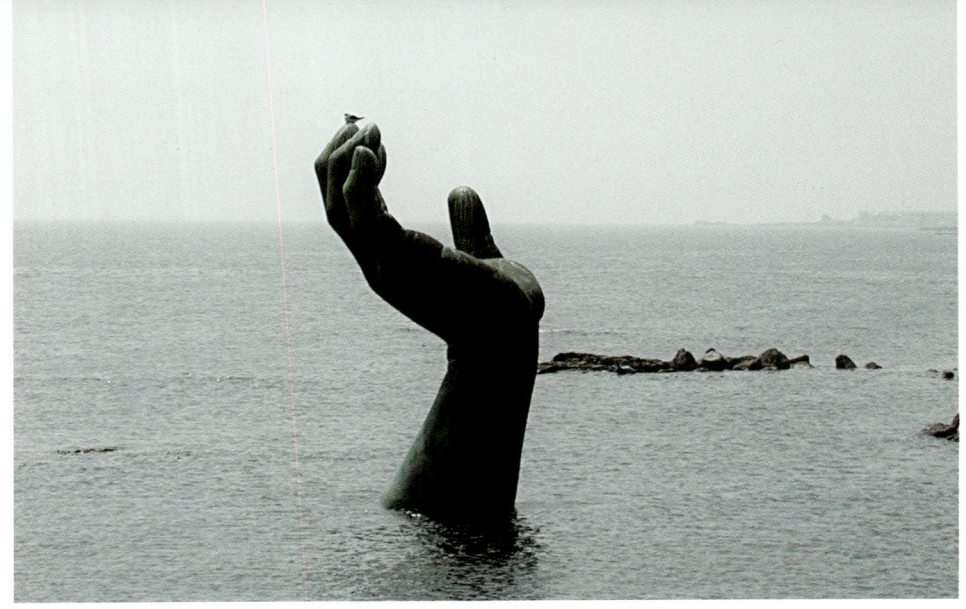

호미곶 해맞이광장과 등대박물관   호랑이 꼬리 끝에서 바라보는 일출

| 위치 | 광장 경상북도 포항시 남구 호미곶면 대보리 228
| | 박물관 경상북도 포항시 남구 호미곶면 대보리 221
| | (해맞이로150번길 20)
| 운영시간 | 09:00~18:00, 매주 월요일 휴관

▶ MINI DATA
| 입장료 | 없음   주차 | 가능   분류 | 바다, 섬

한반도 동쪽 제일 끝 쪽에 돌출한 호미곶은 호랑이의 꼬리를 닮아 호미곶이라 부른다. 조선 명종 때 풍수지리학자인 남사고가 '백두산은 호랑이의 코, 호미곶은 호랑이의 꼬리'에 해당한다고 산수비경에 기록하였고 대동여지도를 그린 김정호는 영일만을 7번이나 답사한 후 호미곶이 가장 동쪽임을 확인하고 '호랑이 꼬리 부분'이라 기록했다. 한반도 육지에서 가장 먼저 해가 뜨는 곳으로 어느 곳보다 크고 선명한 일출을 볼 수 있다. 육당 최남선은 '우리나라에서 가장 아름다운 일출이며, 조선을 새롭게 하는 일출'이라 극찬하고 조선 십경 중 하나로 꼽았다. 호미곶의 해맞이광장은 바다 속 조형물인 '상생의 손'을 비롯해 연오랑, 세오녀의 전설이 깃든 연오랑세오녀상 등의 조형물과 넓은 광장, 공연장 등으로 이루어져 있는데 신년 해맞이뿐 아니라 평상시에도 찾는 여행객이 많

다. 특히 바다 속에서 떠오르는 해를 담으려는 듯 힘차게 솟아오른 모습의 '상생의 손'은 이곳을 상징하는 대표적 조형물로 자리 잡았다. 또한 광장에는 1908년 최초로 불을 밝힌 호미곶등대가 서 있는데 그것은 철근을 사용하지 않고 벽돌로만 지어진 높이 26.4m의 등대로 그 밝기가 35km 전방까지 도달한다. 이를 기념하기 위해 우리나라 유일의 국립등대박물관이 세워졌는데 전시관에는 영일만의 역사와 문화, 우리나라의 등대들, 세계 각국의 등대와 역사를 살펴보고, 등대의 역할과 종류, 항로 표지 등 항해와 관련된 지식들을 살펴볼 수 있도록 꾸며져 있으며 등대유물관에는 100년 전 등대의 불을 밝힐 때 사용했었던 석유 등을 비롯해 각종 렌즈와 좌표 표지, 음파 표지 등이 전시되어 있다.

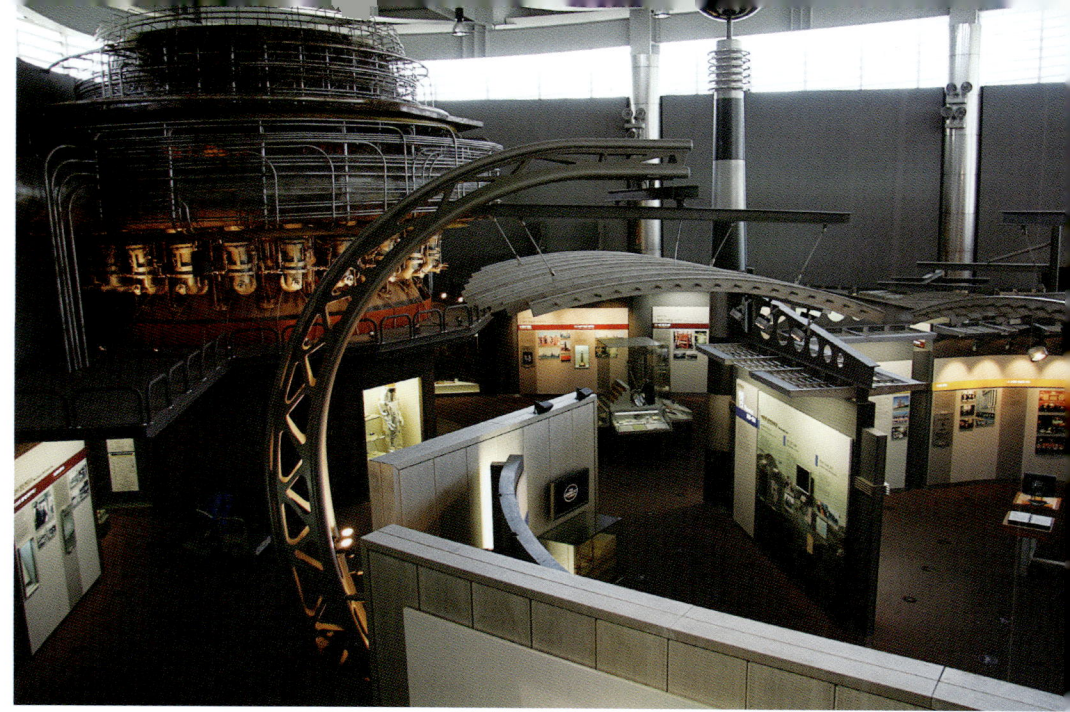

포스코역사관 대한민국 산업의 상징

위치 | 경상북도 포항시 남구 괴동동 1-7
경상북도 포항시 남구 동해안로 6213번길 14
운영시간 | 평일 09:00~18:00, 토요일 10:00~17:00,
매주 일요일/공휴일 휴관

▶ MINI DATA
입장료 | 없음   주차 | 가능   분류 | 전시, 체험시설

1968년 포항제철공업소의 건설은 대한민국의 초고속 성장을 이끌어나가고 세계 철강 산업의 판도를 바꾸는 역사의 시작이 되었다. 포스코홍보관을 찾아 제철소의 역사를 살펴보자. 산뜻한 디자인으로 구성된 홍보관 내부는 세계 최대 규모와 최고의 시설에서 생산되는 철강의 모습과 더욱 약진하는 미래를 보여주는 전시물들이 흥미롭다. 무엇보다 사람들의 시선을 끄는 것은 공장 건설 초기 지휘본부로 사용되었던 판잣집에 가까운 건물로, 건물을 원형 그대로 이전하여 설치해 놓았다. 모래바람 가득한 영일만 앞바다를 메우고 기둥을 세웠던 당시 건설 현장의 모습이 마치 전장과도 같아 제2차 세계대전 독일군의 전설적인 전차부대 지휘관의 이름을 따 롬멜하우스로 작명했다. 작고 초라한 이곳에서 지금의 제철공장이 탄생하였다는 사실이 믿어지지 않는다. 이외에도 제철기기의 모형과 건설 주역들의 밀랍인형 등 생생한 전시물들이 전시되어 있으며 사전예약을 통해 안내직원들의 해설과 함께 둘러보는 것이 좋다. 국가 기간 산업시설로 철저한 보안이 유지되는 제철소 시설은 일반인의 출입이 제한된다. 사전에 준비된 동선을 따라 제철소의 여러 곳을 둘러보고 타오르는 붉은 강물이 되어 흘러가는 철강의 모습을 살펴보려면 주말에 진행되는 견학 신청을 하는 것이 좋다. 방문일자 최소 3일 전까지 신청이 필요하다.

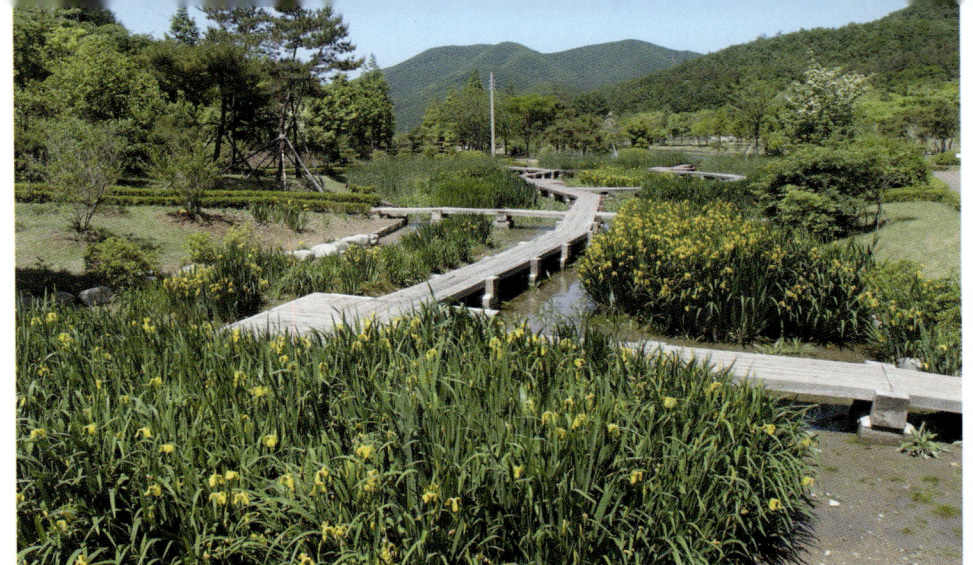

경상북도수목원 대한민국에서 가장 큰 자연 속 사랑방

위치 | 경상북도 포항시 북구 죽장면 상옥리 1-1
경상북도 포항시 북구 죽장면 수목원로 647
운영시간 | 동절기 10:00~17:00, 하절기 10:00~18:00,
연중무휴

▶ MINI DATA
입장료 | 없음   **주차** | 가능   **분류** | 숲, 자연휴양림

경상북도수목원은 '산림자원의 보존과 연구'인 수목원의 1번째 설립 목적과 더불어 야생화와 나무들이 우거진 숲 속에서 자연과 하나 되고 싶어 하는 사람들이 즐기고 쉬었다 갈 수 있는 생태체험장, 자연 속 사랑방의 역할을 톡톡히 담당한다. 3,222ha의 면적은 국내 최대 규모로, 수목원이 개장한 때인 1996년의 55ha규모와 비교하면 지금은 무려 약 60배나 커진 셈이다. 내연산자락 고랭지채소밭을 시작으로 단장된 수목원은 침엽수원, 활엽수원, 야생초원 등 총 22개의 전문수목원으로 나뉘어져 학술연구 및 관찰, 휴식공간으로 이용된다. 평균해발 630m로 고산 지대에 위치한 수목원답게 고산식물원이 꾸며져 있어 다른 수목원에서 찾아보기 힘든 고산식물 70여 종을 관찰할 수 있으며, 울릉도의 식생을 살펴 볼 수 있는 울릉도식물원이 있어 잠시 울릉도로 여행을 떠날 수 있게 해준다. 높이 12m, 무게 20t에 달하는 거대한

장승이 인사하는 입구를 지나 연못 주변에서 생태 관찰을 포함한 피크닉을 즐겨도 괜찮지만, 나무 계단 하나하나 밟고 오르는 전망대에서 경북수목원 관람의 화룡점정을 찍어보자. 경상북도 최고의 일출 감상지로 소문난 곳으로 향로봉, 매봉, 삿갓봉 등 내연산 자락을 품고 있을뿐더러, 시야가 맑은 날이면 가까이로는 포항 호미곶, 멀리로는 경주 토함산까지 바라볼 수 있다. 시간과 체력이 허락한다면 수목원에서부터 반대편 산자락 보경사까지 이어지는 내연산 트래킹을 해보자. 산을 좋아하는 등산객들에게는 꽤 알려진 길로 내연산 깊은 숲 속, 계곡 곳곳에서 만나는 크고 시원한 폭포들이 산행에 즐거움과 휴식을 선사한다.

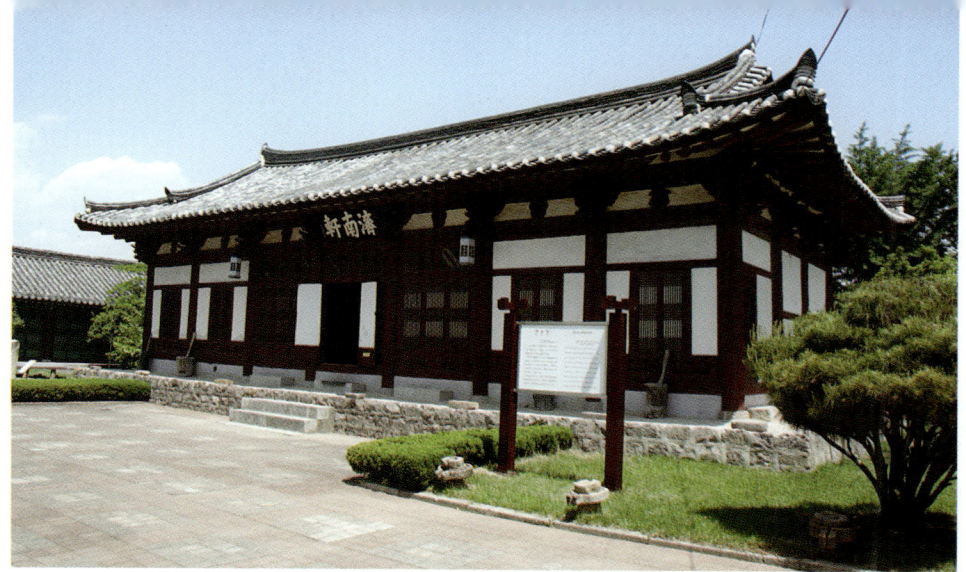

영일 민속박물관 마을의 역사와 문화를 담고 있는 곳

| 위치 | 경상북도 포항시 북구 흥해읍 성내리 39-8
　　　　경상북도 포항시 북구 흥해읍 한동로 51
운영시간 | 동절기 09:00~17:00, 하절기 09:00~18:00,
　　　　매주 월요일/공휴일 다음날 휴관

▶ MINI DATA
| 입장료 | 없음　　주차 | 가능　　분류 | 박물관

영일 민속박물관은 조선시대 흥해군이라 불렸던 이 지역을 다스리던 관아 건물인 제남헌을 그대로 보존하여 전시실로 사용하고 있다. 1835년 지어진 건물로 건물 자체가 문화재로 지정되어 있다. 제남헌 전시실 안에는 옛 농기구를 비롯해, 고서적, 토기류 등이 전시되어 과거 백성들의 생활을 살펴볼 수 있다. 제2전시관에는 관혼상제와 관련한 여러 유물을 전시하고 있는데 그중에서도 특히 옛날 상여가 눈길을 끈다. 낡은 듯하지만 여전히 제 모습을 갖추고 있는 사인교도 꼼꼼하게 둘러보자. 야외 전시장에는 이 지역에서 발견된 여러 석조물들을 한곳에 모아놓았는데, 부도에서부터 생활도구들까지 그 종류가 다양하다. 제남헌 앞에서 신경을 써서 보아야 할 비석이 바로 척화비이다. 척화비는 고종 때 대원군의 명으로 세워진 비석으로 한양에서 수백 리 떨어진 이곳에까지 세워졌음을 확인할 수 있다. 전국 곳곳에 몇 개의 실물이 남아 있지만, 이곳의 척화비는 보존상태가 좋은 편이다. 얼마 전 이곳 박물관이 신문과 방송에 소개된 적이 있었는데 바로 박물관 입구에서 시원한 그늘을 만들어주고 있는 600년 수령의 회나무 때문이다. 회나무가 힘을 잃고 고사 위기에 처하자 영양제로 막걸리를 주는 행사를 가졌는데, 그 후로 회나무가 다시 싱싱하게 녹색 잎을 틔웠다고 한다.

> → **정성으로 만든 개운한 맛**
>
> 흥해읍 흥해장터 골목으로 자리하는 할매추어탕 식당은 30년 동안 추어탕 하나만을 준비하는 식당이다. 맑고 부드러운 국물의 담백한 추어탕은 할머니의 손맛으로 마음까지 푸근하게 녹인다. 뒷마당에서 가꾼 갖은 채소로 준비하는 밑반찬도 고향집 밥상의 정겨움이 있다.
> **문의** | 054-261-0894(할매추어탕)

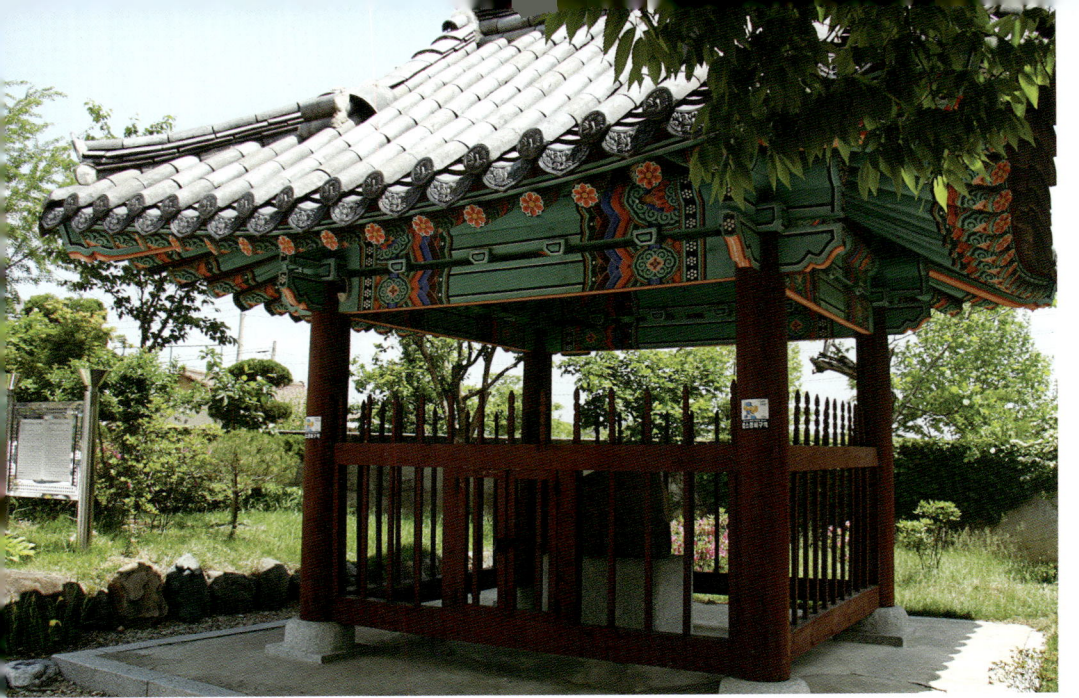

영일 냉수리 신라비 가장 오래된 신라의 비석

위치 | 경상북도 포항시 북구 신광면 토성리 342-1
    경상북도 포항시 북구 신광면 토성길37번길 13
운영시간 | 종일, 연중무휴

▶ MINI DATA
입장료 | 없음   주차 | 가능   분류 | 역사, 문화유적

영일 냉수리 신라비는 삼국사기나 삼국유사에 기록되어 있지 않은 당시의 생활상을 알려주고 있는 귀한 유물이다. 밭을 갈던 농부가 괭이 끝에 걸린 돌의 모양이 예뻐 자기 집에 가져다 놓았는데, 글이 쓰인 것을 발견하고는 그것을 전문가에게 가져갔다. 이것을 보고 놀란 전문가가 어디에서 가져왔는지를 물으니 그냥 도망을 갔다고 한다. 이에 어렵게 수소문을 하여 결국 찾게 되었는데 그 과정이 한편의 첩보영화와 같았다고 관계자들이 증언한다. 지금은 신광면사무소 앞마당 보호각 안에 비석을 세워놓았다. 잘 다듬어진 돌이 아닌 자연석의 비석으로 3면에 총 230여 자의 글자가 새겨져 있는데, 그 내용은 다음과 같다. 신라 진이마촌의 절거리라는 사람이 재산을 상속하였고 그의 사후 재산이 상속되는 과정에서 자손들과 관련한 사람들 사이에 분쟁이 일어났다. 이에 관하여 재산의 소유에 관해 두 왕이 내린 교서를 신라 육부의 대표들이 확인하였으니 다른 이들은 다시 분쟁을 일으키지 말 것을 기록하고 있다. 재산권의 소유와 상속에 관한 분쟁을 왕들과 부족장들 간의 합의로 결정하고 있는 신라 초기의 상황을 알려주는 우리 고대사의 중요한 자료이다.

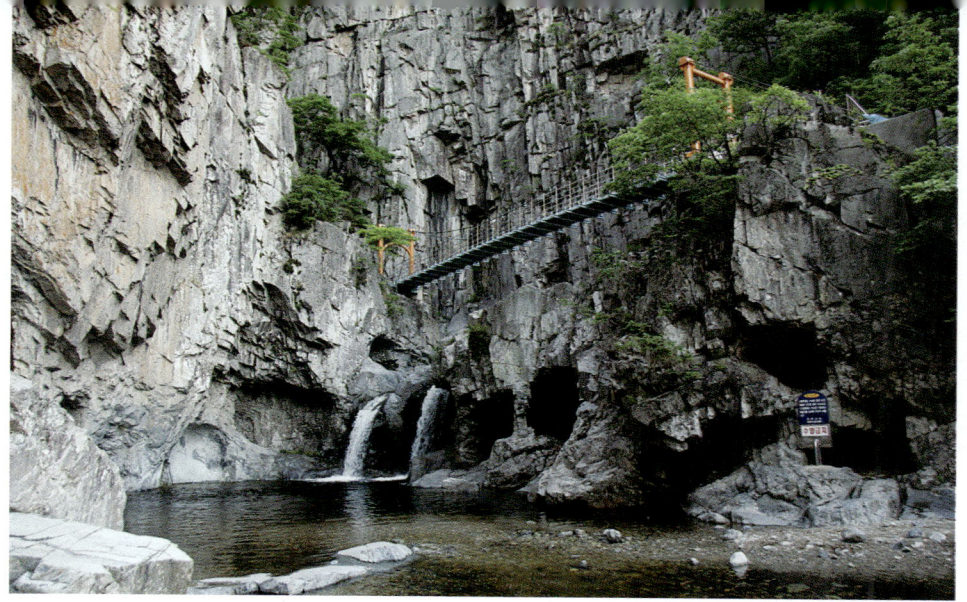

내연산과 보경사 포항을 푸르게 하는 산

위치 | 경상북도 포항시 북구 송라면 중산리 622
경상북도 포항시 북구 송라면 보경로 523
운영시간 | 일출~일몰, 연중무휴

▶ MINI DATA
입장료 | 있음　　주차 | 가능　　분류 | 산, 계곡, 동굴

조선 후기 우리 산수의 아름다움을 화폭에 담았던 겸재 정선은 내연산을 찾은 후 내연산이 금강산보다 더욱 아름다운 경관이라 말하였다. 최고의 화가에게서 받을 수 있는 가장 큰 칭송이 아니었을까 싶다. 내연산 산행의 관문이 되는 보경사에서 시작되는 깊은 계곡의 아름다움은 사람들을 황홀하게 만든다. 흔히 내연산 12폭포라고 불리는 계곡의 물길은 기암괴석 사이로 나름의 특징을 간직하는 12곳의 절경이 잊지 못할 감동을 준다. 2갈래로 나뉘어 흐르는 상생폭포를 시작으로 보연폭포, 잠룡폭포, 무풍폭포, 시명폭포 등 크고 작은 물줄기가 각기 다른 전설을 간직한 채 자리한다. 수많은 시인과 묵객들이 칭송하고 글을 남기고 노래를 불렀던 계곡은 층을 나뉘어 쌓인 듯 기괴한 절벽 위로 물줄기를 쏟아내는 관음폭포와 너른 학수대 바위벽을 따라 마치 내리꽂듯 쏟아지는 연산폭포의 아름다움에서 절정을 이룬다. 연산폭포를 가로지르는

현수교에서 바라보는 경관은 보는 이의 마음까지 시원하게 만든다. 이어지는 산행길은 오솔길로 바뀌며 본격적인 내연산 등반을 알리고 외따로 떨어진 곳으로 자리하는 일복호, 이복호, 삼복호폭포는 원시의 아름다움을 느끼는 감추어진 비경이다. 해발 930m의 내연산 정상 향로봉으로 향하는 산행길은 울창한 자연의 아름다움을 가득 담고 있다. 내연산 등산로 입구에 위치하는 보경사는 신라시대 호국의 염원을 담아 세워진 유서 깊은 곳이다. 지명법사가 도인에게 전수받은 8면의 거울을 땅에 봉안하고 그 위에 세웠다는 전설이 전해진다. 우거진 소나무의 터널을 따라 들어가면 대웅전과 대적광전이 보이는데 다른 절과 달리 두 곳의 본당이 함께 있는 특이한 구조이다. 부속 전각들도 본당 뒤편으로 일렬 지어 나란한 모습이 여느 곳과 차이를 보인다.

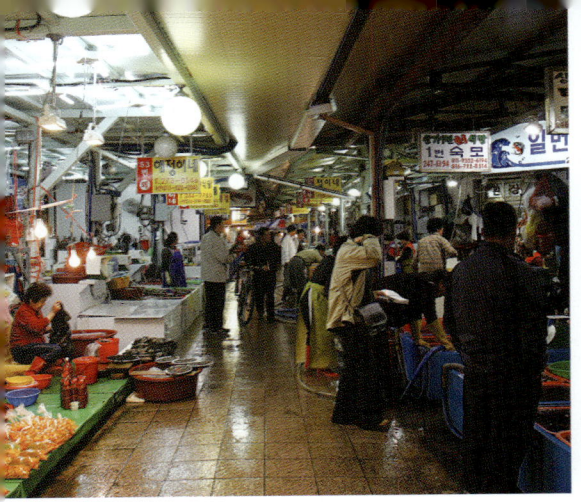
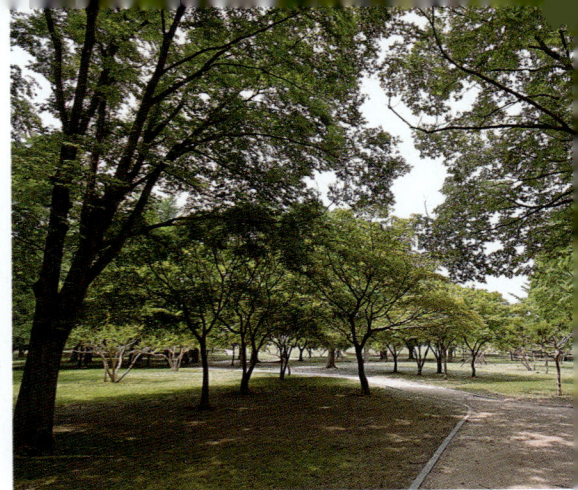

죽도어시장

동해안 최대의 상설시장

위치 | 경상북도 포항시 북구 죽도동 2-4
경상북도 포항시 북구 죽도시장13길 13-1
운영시간 | 08:00~22:00, 매월 첫째, 셋째 주 일요일 휴무

▶ MINI DATA
입장료 | 없음   주차 | 가능   분류 | 거리, 시장

꽁치를 바닷바람에 말린 과메기를 취급하는 포구의 작은 시장을 예상한다면 오판이다. 동해안 최대 규모라는 죽도어시장의 모습은 사고파는 사람들의 넘치는 활기로는 전국 제일의 시장이 아닐까 싶다. 포구까지 어지럽게 이어지며 번잡스럽던 옛 시장의 모습은 정리된 구역 안으로 깔끔하게 단장되었지만 유난히 크게 들리는 경상도 사투리와 상인들의 활기찬 모습 사이로 아직도 살아 펄떡이는 싱싱한 수산물들이 자리하는 죽도어시장은 대구 등 경상북도의 도시로 수산물을 공급하는 통로가 된다. 포항 앞바다와 인접한 어시장은 횟집만 무려 200여 곳에 달하는 먹거리의 천국이기도 하다. 여느 곳에서 구경하기 힘든 고래고기와 과메기의 고소한 내음, 신선한 활어를 국수 가락처럼 얇게 썰어 갖은 야채와 참기름, 고추장과 함께 비벼 먹는 물회는 바다의 신선함이 한 그릇 가득 담긴 그 맛이 일품이다.

계림

전설의 숲

위치 | 경상북도 경주시 교동 1
경상북도 경주시 첨성로 140-25 일대
운영시간 | 종일, 연중무휴

▶ MINI DATA
입장료 | 없음   주차 | 가능   분류 | 역사, 문화유적

반월성 옛 터를 따라 산책하듯 따라가면 느티나무 우거진 작은 숲을 만나게 된다. 무엇인가를 감추듯 자리하는 숲은 신라 탄생의 역사를 간직하는 비밀스러운 장소다. 신라의 시조로 알려진 박·석·김의 세 성(姓) 중 김알지의 탄생 설화가 담겨 있는 이곳은 계림이다. 흰빛 닭 울음 소리로 찾아간 숲 속에서 발견한 금궤 안에서 태어났다는 아이는 경주 김씨의 시조가 되어 그의 후손이 신라의 13대 미추왕이 되었다. 신라 지역으로 새롭게 유입된 신진 세력의 모습을 상징적으로 표현하는 설화로 언덕 위를 가득 채우는 울창한 숲과 사당은 천 년의 전설을 실제인 듯 느끼게 한다. 저녁 어스름이 내리는 늦은 시간 신비한 조명으로 더욱 생동감 있는 계림을 찾아 옛이야기를 상상해 보자. 화사한 낮보다 더욱 이색적인 숲의 아름다움을 느낄 수 있다.

괘릉

신라의 여유를 찾아보자

위치 | 경상북도 경주시 외동읍 괘릉리 산17-1
　　　경상북도 경주시 외동읍 신계입실길 139
운영시간 | 종일, 연중무휴

▶ MINI DATA
| 입장료 | 없음　　주차 | 가능　　분류 | 역사, 문화유적

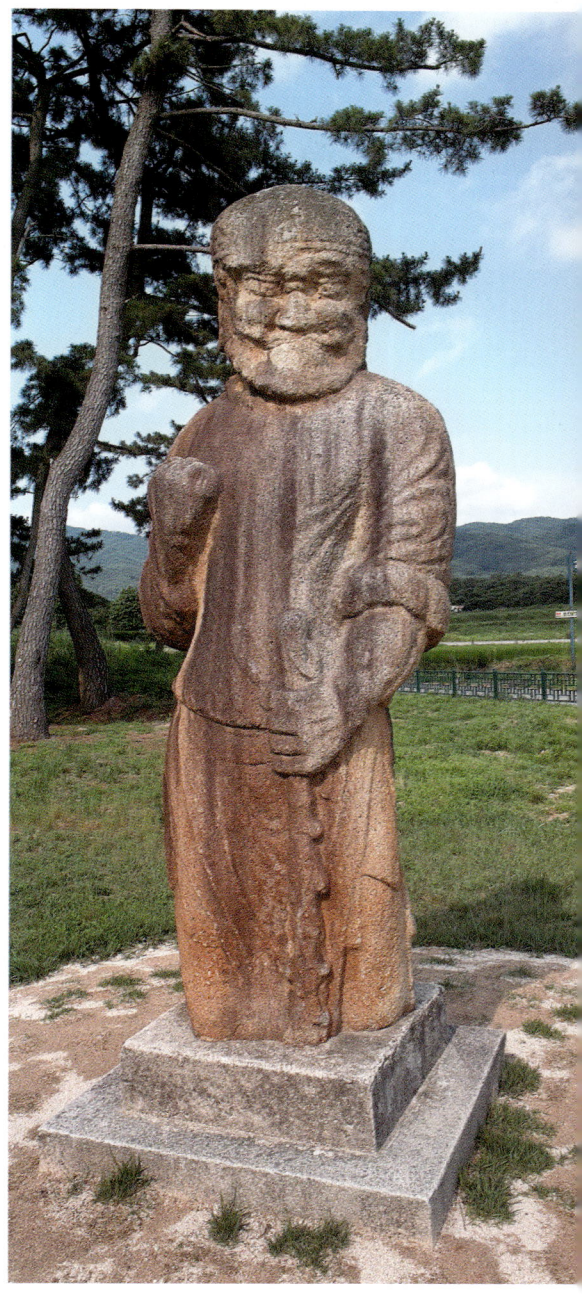

신라 중기 원성왕의 무덤으로 알려진 괘릉은 언덕 모양의 봉분만이 자리하는 여느 경주의 능과는 다른 모습을 보인다. 십이지신상이 야무진 모습으로 조각된 호석이 봉분을 두르고 돌난간으로 장식된 모습은 마치 왕관을 쓴 듯 위엄을 갖추었다. 양옆으로 봉분을 호위하듯 울창한 소나무 숲을 지나 나타나는 문인석과 무인석, 돌사자의 모습은 곧 움직일 듯 생생하다. 긴 수염에 실눈을 뜨고 위엄을 갖추는 문인상의 모습은 관모에서 옷의 주름까지 사실적으로 표현되어 신라 석공들의 대단한 솜씨를 느끼게 한다. 걷어 올린 윗옷 아래로 굵은 팔뚝의 근육까지 생생한 무인의 모습은 깊숙하게 골이 파인 눈자위와 커다란 코, 곱실거리는 수염의 모습이 여느 동양인과는 다른 서역인의 모습이다. 당나라 등 당시 중국과의 교역에서 벗어나 아라비아반도의 서역인과의 활발한 교류를 가졌던 신라 왕실에서 중요한 역할을 담당하였을 이방인의 모습으로 국제사회의 중심지로 자리하였을 신라와 경주의 위상을 느끼게 한다. 봉분의 사방을 지키는 돌사자들의 두 눈 부릅뜬 당당한 모습과 웃음 가득한 얼굴은 신라의 여유를 느끼게 한다.

감은사지

신라 절의 전형을 갖추어가다

위치 | 경상북도 경주시 양북면 용당리 55-1
경상북도 경주시 양북면 감은로 655-40 인근
운영시간 | 종일, 연중무휴

▶ MINI DATA
입장료 | 없음   주차 | 가능   분류 | 불교유적

신라를 통일하고 동해의 용이 된 문무왕을 위하여 만들었다는 설화가 전해지는 사찰 터이다. 이곳은 동해에서 신라의 수도인 서라벌로 들어가는 길목에 자리하고 있는데, 이 길을 통해 왜구의 침입이 잦아지자 부처님의 힘으로 물리치기 위하여 문무왕이 짓기 시작하였고 아들인 신문왕 때 완성하였다. 2개의 커다란 삼층석탑이 우람한 모습으로 서 있는 절터로 삼국 통일 이후 형식을 갖추어가는 신라 사찰의 전형적인 쌍탑 일금당 형식을 보여주고 있다. 감은사지 삼층석탑은 통일시기 신라인의 기상을 나타내는 큰 탑으로, 이후 만들어지는 신라 삼층석탑의 원형이 된다는 점에서 중요하다. 멀리서부터 잘 보이는 두 개의 삼층석탑은 금당 앞으로 동과 서에 하나씩 놓여 있다. 통일신라 때 만들어진 가장 큰 석탑으로 신문왕 2년(682년)에 만들어졌다. 2단의 기단 위에 3층의 몸돌이 놓여 있는데 하나의 큰 돌을 다듬어 만든 것이 아닌 여러 돌을 짜 맞춰 만든 형식이다. 탑의 윗부분에는 찰주라고 하는 상륜부를 꾸미는 장식이 아직 남아 있는데 다른 오래된 탑에서는 그 모습을 보기가 어려워 눈길을 끈다. 1960년에 서삼층석탑을 해체하여 수리할 때 안에서 정교한 모양새에 감탄을 자아내는 사리장치가 발견되었다. 1990년대에 보수를 위해 해체한 동탑에서도 서탑에서 발견된 것과 마찬가지로 사천왕상이 그려진 외함과 내함, 사리기, 사리병 등을 갖춘 사리장엄구가 온전한 모습으로 발견되었다. 눈에 먼저 들어오는 것이 2개의 탑이라면 이야기로 남아 오랫동안 기억되는 것은 금당 자리의 석축이다. 금당 아래 석축 사이로 제법 큰 공간이 비어 있음을 볼 수 있는데, 그 공간은 동해의 물이 드나드는 길로 동해의 용이 된 문무왕이 오가던 길이라고 한다. 문무왕이 죽어서 묻혔다는 수중릉도 가까이 있어 그 이야기가 정말일까 고개를 갸웃거려본다. 곳곳에 놓인 석재에는 보통 절에서 사용하지 않는 문양인 태극 무늬가 새겨져 있어 이색적이다.

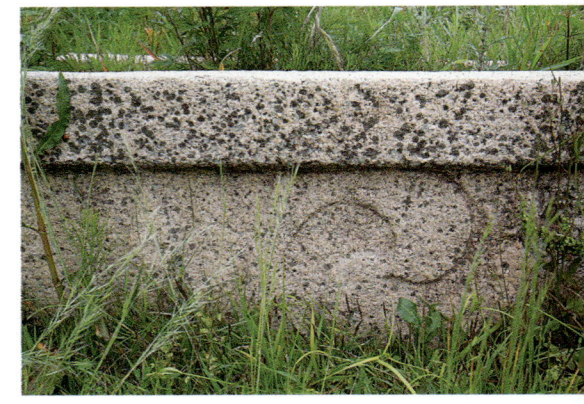

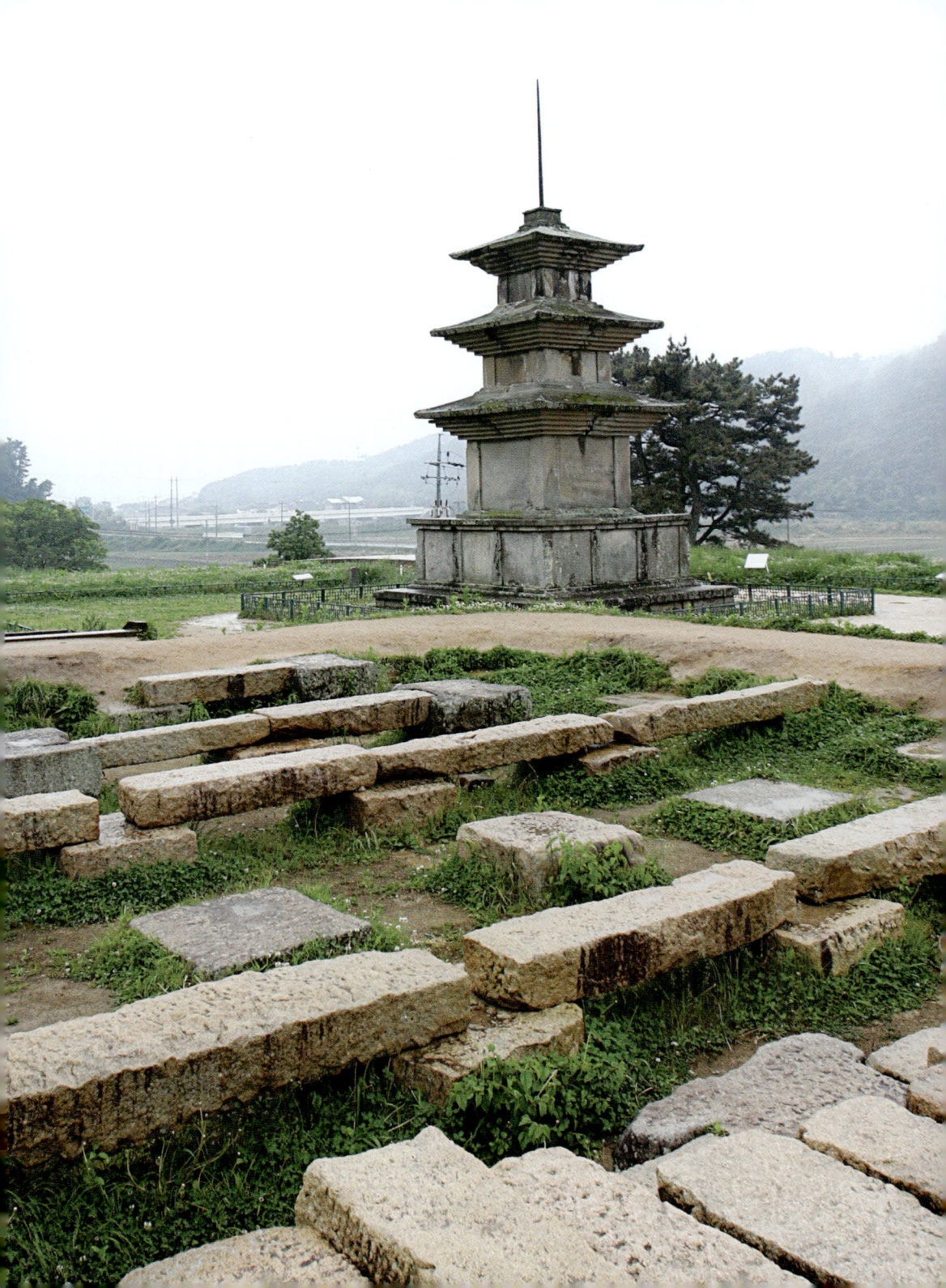

국립경주박물관

신라 여행의 백미

| 위치 | 경상북도 경주시 인왕동 76
        경상북도 경주시 일정로 186
| 운영시간 | 평일 09:00~18:00, 주말 및 공휴일 09:00~19:00,
        매주 월요일 휴관

▶ MINI DATA

| 입장료 | 없음   주차 | 가능   분류 | 박물관

국립경주박물관이 소장하고 있는 방대한 유물의 아름다움과 그 안에 담겨진 의미를 찾고자 하는 노력을 조금만 기울인다면 이곳은 경주 여행의 백미가 될 것이다. 고고관, 미술관, 안압지관 등 3개의 상설전시관을 운영하고 있으며, 야외전시관에도 빠뜨리지 말고 보아야 할 귀한 유물들이 전시되어 있다. 고고관은 선사시대에서부터 신라시대까지 경주와 인근 지역에서 발견된 여러 유물들을 전시하는데, 고분에서 발견된 많은 유물들은 황금의 나라라고 불렸던 신라를 느끼게 한다. 특히 천마총에서 발견된 금관과 장신구는 박물관의 대표적인 유물로 신라 조형예술의

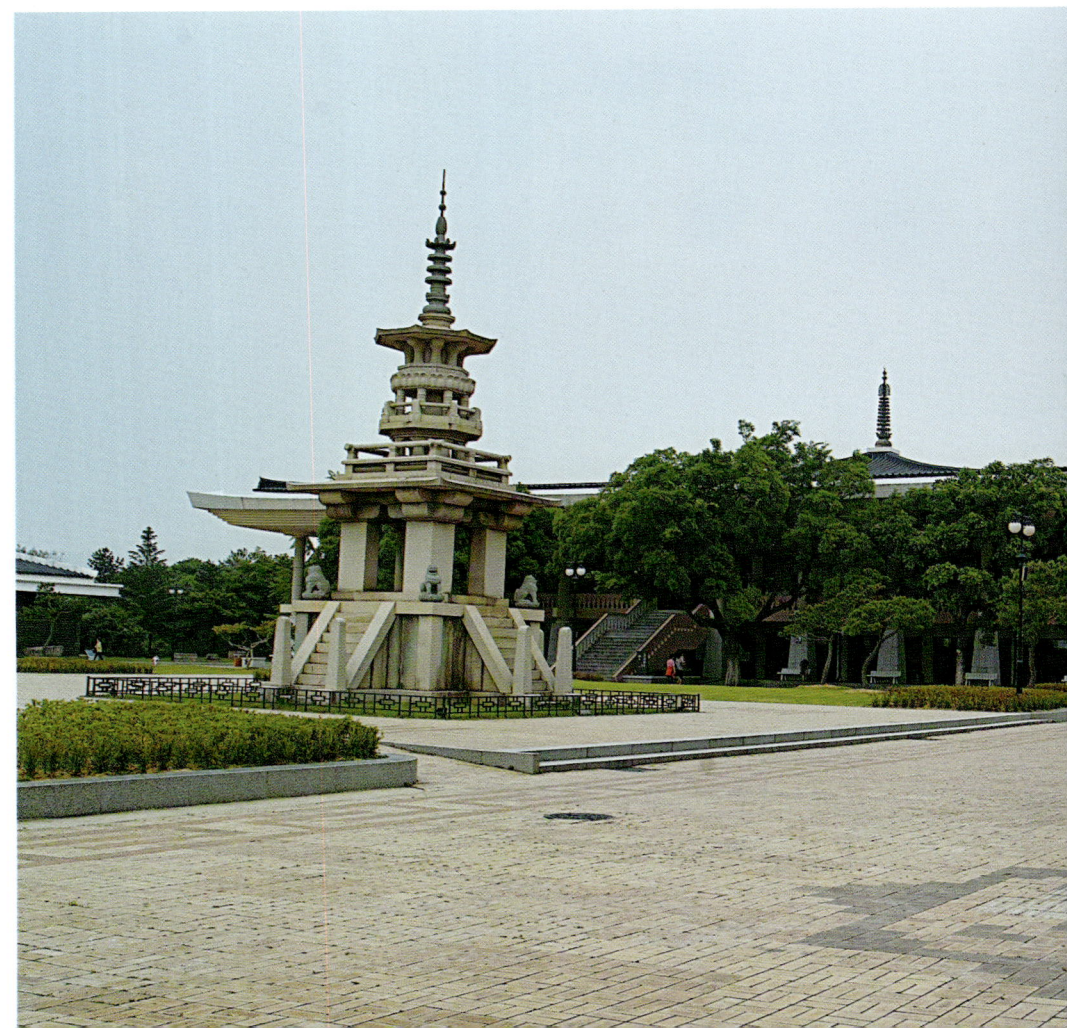

아름다움을 제대로 보여준다. 안압지관은 안압지에서 발굴된 다양한 유물들을 전시하고 있는 곳으로 그곳에서 발굴된 3만여 점의 유물 중 통일신라시대 귀족들의 생활상을 잘 보여주는 7,000여 점을 골라 전시하고 있다. 미술관에서는 역사책에서 한 번쯤 보았을 그런 유물들을 만날 수 있는데 임신서기석이 그중 하나다. 임신서기석은 임신년에 두 친구가 학문에 힘쓰고 나라를 위해 출도하기를 다짐하는 내용을 기록하고 있는 비석이다. 또 살짝 감은 두 눈에 포근한 인상이 아름다워 신라의 미소로 잘 알려진 얼굴무늬수막새도 전시되어 있으니 감상해보도록 하자. 박물관

입구로 들어서면서 보이는 에밀레종 성덕대왕신종은 워낙 유명한 데다 잘 보이는 곳에 있어 모두들 둘러보지만, 박물관 뒤편에 있는 고선사지 삼층석탑은 국보로 지정된 유물임에도 불구하고 찾아보는 사람이 그리 많지 않다. 오히려 복제된 불국사 다보탑과 석가탑 앞에서 기념사진을 찍고 나오는 사람들을 종종 보게 된다. 고선사지 삼층석탑은 원효대사가 주지로 있던 고선사에 세워져 있던 탑으로 댐 건설로 물에 잠기게 되면서 이리로 옮겨 왔다. 감은사지 석탑에서 불국사의 석가탑으로 옮겨 가는 중간 시기에 만들어진 탑으로 신라 탑의 변화를 알려주는 중요한 유물이다.

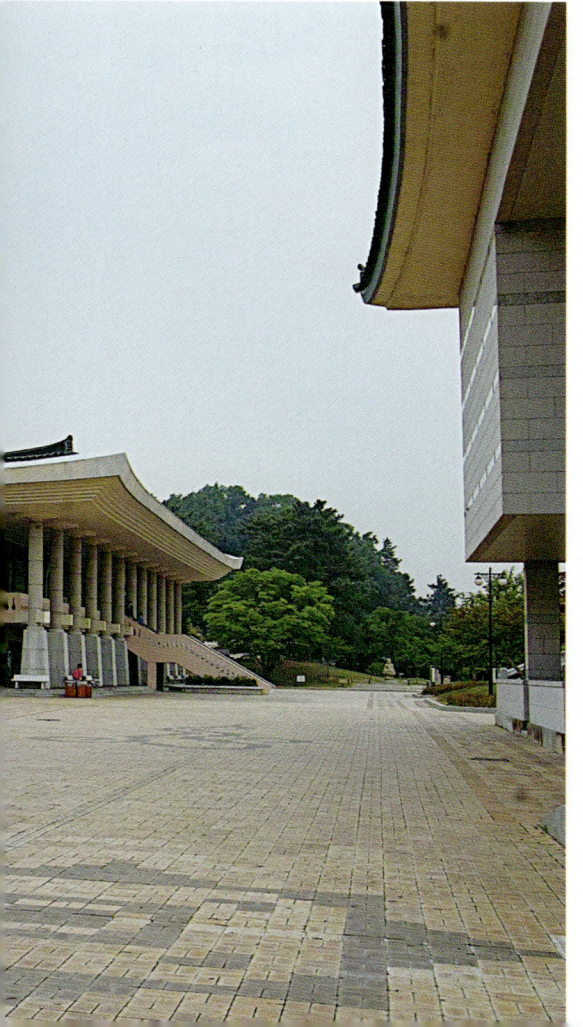

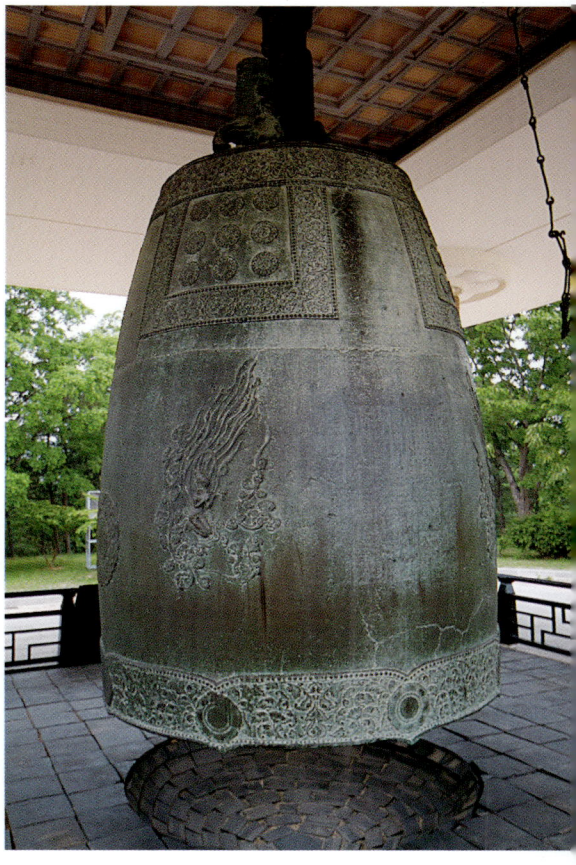

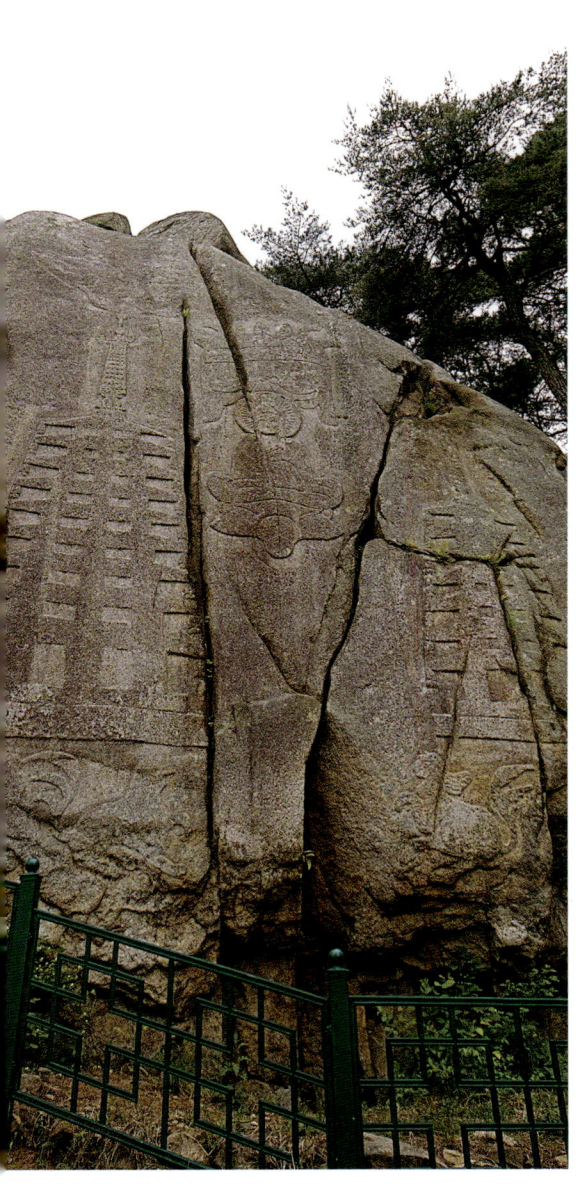

남산 탑골 · 불골 · 절골
부처바위의 화려함을 찾아

위치 | 경상북도 경주시 탑동, 배동 일대
운영시간 | 종일, 연중무휴

▶ MINI DATA
| 입장료 | 없음 주차 | 가능 분류 | 불교유적

경주 남산의 동쪽은 해목령 정상 부근의 남산신성을 중심으로 미륵골, 탑골, 불골, 절골, 식혜골 등 다양한 계곡이 이어져 천 년의 유물들을 간직하고 있다. 무엇보다 동남산을 대표하는 유물은 탑골계곡 불무사 뒤편의 마애조상군으로, 일명 부처바위라고 불린다. 높이 9m, 둘레 30m의 거대한 바위는 사면을 가득 채우는 다양한 조각들이 마치 한 폭의 벽화를 보는 듯하다. 무려 35개의 바위 그림들은 그 내용도 불상과 마애탑, 사자 등 다양하고 그 조각의 수준도 놀랍다. 바위의 중심이 되는 북쪽 면은 석가모니 부처가 제자들에게 설법하는 모습을 새겨놓았는데 그 중심에는 탑과 사자가 자리하고 머리 위로는 비천상이 새겨져 있다. 특히 거대한 구층탑의 모습은 지금은 사라진 황룡사 목조구층탑을 추정해볼 수 있도록 도와주는 소중한 자료다. 마애여래불과 수도승의 모습이 각기 서쪽과 동쪽면으로 자리하고 남쪽으로는 작은 감실 속 여래상이 흐트러진 바위 사이로 모습을 보이고 있다. 바로 앞으로 마치 사람이 서 있는 듯한 모습의 여래입상이 입체적으로 조각되어 있다. 부드러운 어깨선과 길게 이어지는 옷 주름이 더욱 사실감을 더하는데 얼굴 부분이 파괴되어 안타까운 모습이다. 이외에도 불골에는 잠든 사람의 모습인 감실석불좌상 등을 계곡을 따라 올라가며 찾을 수 있다.

보리사

남산을 상징하는 부처님

위치 | 경상북도 경주시 배반동 산67
　　　경상북도 경주시 갯마을길 41-30
운영시간 | 종일, 연중무휴

▶ MINI DATA
입장료 | 없음　　주차 | 가능　　분류 | 불교유적

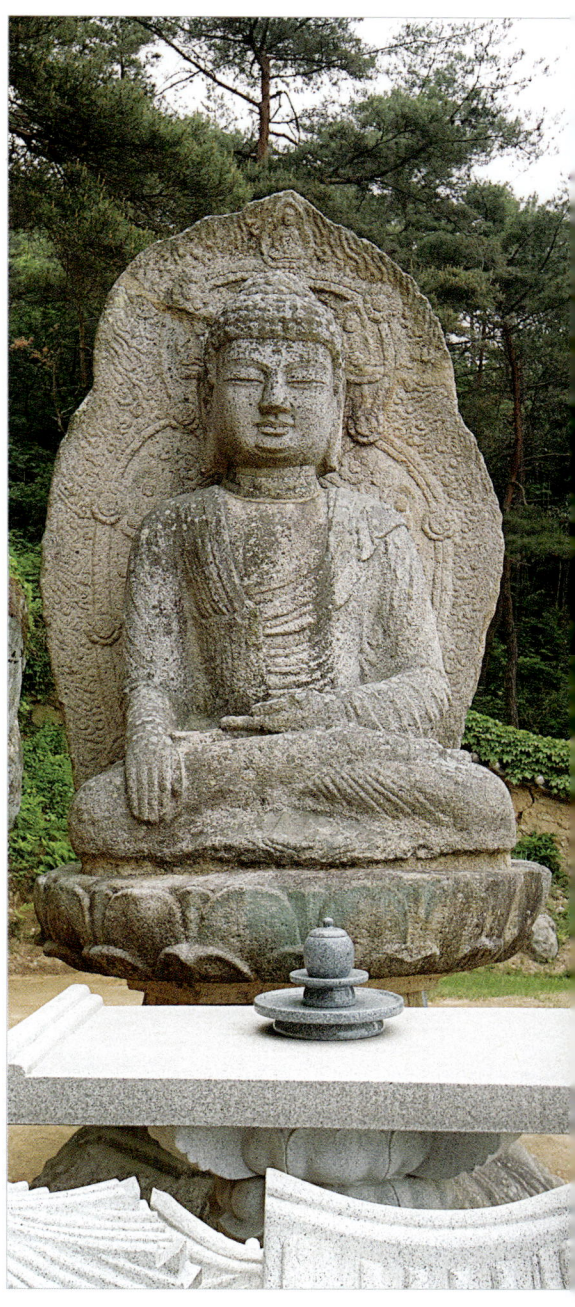

경주 임업시험장에서 이어지는 남산 자락은 동남산이라 불리며 많은 부처님을 모시는 장소다. 동남산은 탑골과 미륵골이라 불리는 곳으로 수많은 불상과 석탑을 간직하고 있으며 남산에서 가장 규모가 크다는 사찰 보리사가 자리한다. 비구니들의 수련도장인 보리사는 당시의 모습을 기록한 삼국사기에 이곳을 기준으로 헌강왕과 정강왕의 능의 위치를 알리는 것으로 보아 사찰의 역사와 규모가 예사롭지 않았음을 알 수 있다. 신라 당시의 모습은 세월의 흐름으로 사라지고 새롭게 단장된 사찰은 대웅전과 전각들이 옹기종기 모여 있는 단출한 모습이지만 잔디 위에 자리하는 석불좌상을 만나면 신라의 아름다움을 느낄 수 있다. 마치 방금 조각된 듯 단정한 연화대좌 위로 자리 잡은 석불은 광배까지 완전하게 남아 있는 걸작이다. 두툼한 입술을 중심으로 옅은 미소를 머금은 모습은 마치 석굴암 본존불을 축소시킨 듯하지만 엄숙미로 가득한 석굴암의 부처님보다 정답고 부드러운 모습이라 사찰을 찾는 사람들에게 마음의 평화를 느끼게 한다. 몸통 부위의 당당한 어깨선을 따라 흘러내리는 옷자락이 금방이라도 바람에 흔들릴 것 같다. 특이한 것은 광배의 뒷면에 새겨진 약사여래로 본래 다른 전각에 모셔야 할 부처님이 한 몸으로 만나고 있다.

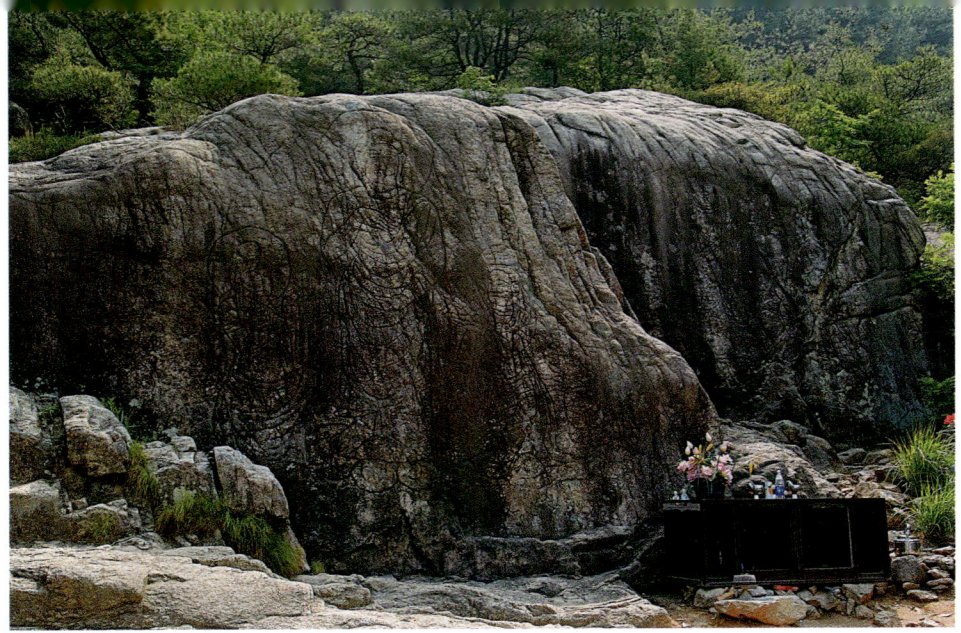

남산 삼릉계곡 남산을 여는 길

| 위치 | 경상북도 경주시 배동 산73-1
    경상북도 경주시 포석로 647 인근
운영시간 | 종일, 연중무휴

▶ MINI DATA
| 입장료 | 없음   주차 | 가능   분류 | 불교유적

소나무 숲으로 가리워진 신덕왕, 아달라왕, 경명왕의 세 무덤에서 시작되는 삼릉계곡은 금오산 정상으로 향하는 등산로를 따라가며 산을 즐기고 수많은 부처님의 모습을 만날 수 있는 신비로운 길이다. 불과 몇 걸음마다 만나게 되는 불상과 문화유적들은 마치 부처님의 마을에 들어온 느낌을 준다. 계곡과 울창한 숲으로 이루어진 길은 몸과 마음까지 상쾌하게 만든다. 차디찬 계곡물이 흐른다는 냉골을 따라 처음으로 만나는 불상은 아쉽게도 얼굴과 손 부분이 훼손된 좌불이다. 인위적인 힘으로 파괴된 불상의 모습이 안타깝지만 단정하고 사실적으로 표현된 옷고름과 하늘거리는 주름은 신라 석공들의 신비한 손놀림을 1천 년이 흐른 지금에도 사실적으로 느끼게 한다. 뒤편의 마애불은 약사불로 호리병을 손에 쥐고 미소를 담은 얼굴이 마음까지 편안하게 해준다. 암석 자체의 붉은

빛이 입술 부위에 선명하게 새겨져 더욱 생동감이 넘친다. 계곡물을 건너 조금 더 위로 오르면 길을 가로막는 병풍 같은 암반 위에 마치 그림처럼 미세한 선으로 선각된 삼존불을 만날 수 있다. 시원스럽게 이어지는 선의 예술은 여느 곳에서 접할 수 없는 아름다움을 보여준다. 산행길의 또 다른 선각불상과 비교한다면 더욱 세련된 솜씨를 느낄 수 있다. 금오산 정상 부근 상선암에 자리한 석가여래대불은 몸통 부분은 선각으로 미세하게 그려져 있지만 머리 부분은 입체적으로 새겨진 독특함이 감탄을 자아낸다. 마치 바위에서 방금이라도 일어설 듯한 모습으로 두 볼의 도톰한 모습까지 사실적으로 표현된 얼굴에는 미소를 담고 있어 더욱 생동감 있게 느껴진다.

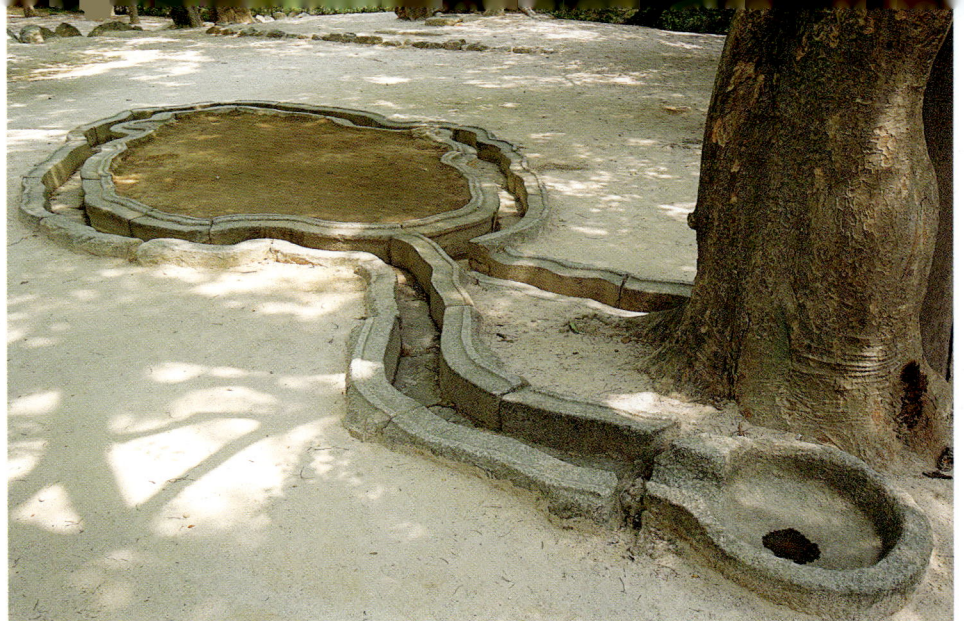

나정과 포석정 신라의 시작과 끝을 찾아서

| 위치 | 경상북도 경주시 배동 454
　　　경상북도 경주시 남산순환로 816
| 운영시간 | 09:00~18:00, 연중무휴

▶ MINI DATA
| 입장료 | 있음　주차 | 가능　분류 | 역사, 문화유적

경주 남산의 서편 남산 횡단도로가 시작되는 지점은 신라와 경주의 시작과 끝을 알리는 곳이다. 흔히 경주는 신라의 유적만이 발굴되는 지역으로 알고 있지만 주변으로 너른 평지를 가지는 장창계곡 일대는 많은 신석기시대의 유물이 발굴되는 지역이기도 하다. 선사시대부터 이곳을 터전으로 살아온 사람들이 훗날 신라인의 선조가 되었을 것이다. 서라벌 지역에 자리 잡았던 6부족의 시조를 모시고 제사 지내는 양산재 아래는 전설 속 박혁거세의 이야기가 있는 나정이다. 백마가 품은 커다란 알에서 탄생해 신라의 첫 임금이 되었다는 박혁거세는 지금은 삼층석탑이 위치만을 알리는 나정 인근 창림사지에 첫 궁궐을 쌓았다고 한다. 궁궐의 흔적은 아무것도 남아 있지 않지만 남산에서 가장 큰 규모를 자랑하는 삼층석탑의 당당한 모습과 사찰 터에 남아 있는 석재들은 예사롭지

않은 느낌을 준다. 나정과 양산재, 창림사지가 신라 역사의 탄생을 알린다면 포석정은 천 년 신라 역사의 마지막을 상징한다. 후백제 견훤의 침입을 받은 신라 55대 경애왕은 포석정에서 무희들과 유흥을 즐기다 죽임을 당하였다. 단순하게 임금의 놀이터로 알려진 포석정이지만 본래 경주의 여러 이궁 중 가장 아름다운 궁궐이 있었던 자리였다. 굴곡진 홈을 따라 술잔을 띄우고 흘러가는 잔을 받게된 사람이 노래와 시를 불렀다는 포석정의 이야기는 훼손된 일부의 모습으로 남아 있는 돌 홈인 곡수거를 일제가 왜곡해 만들어 낸 것일 가능성이 높다고 한다. 유희의 장소로도 사용되었겠지만 궁궐의 일부 시설이었을 이곳은 신라 왕실의 후원 역할을 담당하였던 곳으로 추정된다.

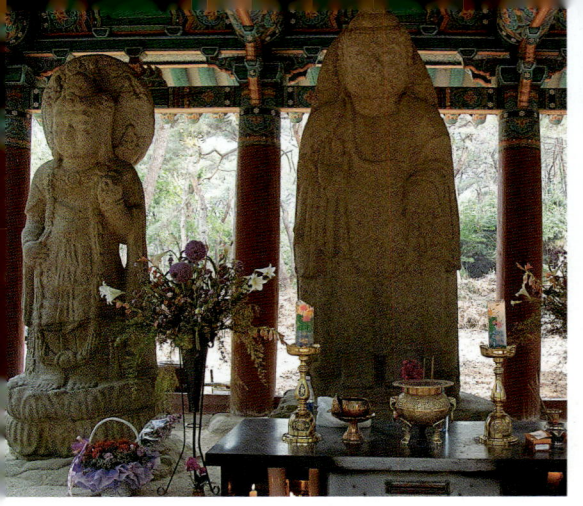

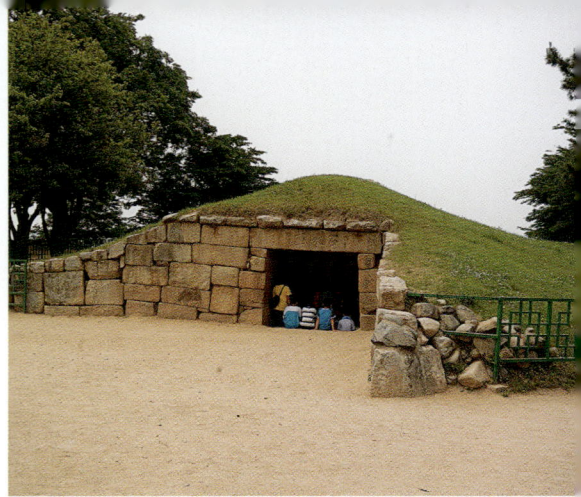

남산 배리 삼존석불입상
그늘 속에 감춰진 귀여움

| 위치 | 경상북도 경주시 배동 산65-1
경상북도 경주시 포석로 692-25 인근
| 운영시간 | 종일, 연중무휴

▶ MINI DATA

| 입장료 | 없음　주차 | 가능　분류 | 불교유적

반월성과 석빙고
반달의 궁터

| 위치 | 반월성 경상북도 경주시 인왕동 387-1(원화로 일대)
석빙고 경상북도 경주시 인왕동 449-1(원화로 일대)
| 운영시간 | 종일, 연중무휴

▶ MINI DATA

| 입장료 | 없음　주차 | 가능　분류 | 역사, 문화유적

폭은 넓고 높이는 지나치게 낮은 전각 안에 모셔져 있어 마치 챙 넓은 어른의 모자를 쓴 어린아이와 같은 모습의 배리 삼존석불입상은 보는 이로 하여금 안타까움마저 느끼게 한다. 그러나 동그란 형태의 석불은 삐죽거리듯 입술을 약간 내밀고 웃음 지으며 손을 활짝 펼친 아기동자를 닮은 듯하다. 주변에 흩어져 있던 불상들을 일제강점기에 한 곳으로 모아 세워졌다. 오른편의 보살상은 나머지 두 분의 부처님과 사뭇 다르다. 왼편의 부처님은 얼굴에서 다리까지 늘어지는 구슬 목걸이를 여유 있게 늘어뜨린 모습이 너무도 섬세하여 천 년의 세월을 보낸 작품이라고 믿기 힘들 정도이다. 얼굴 주위를 감싸는 광배 속으로도 다섯의 좌불상이 조각되어 있는데 그 얼굴로도 동그란 광배가 있어 현대적 감각의 디자인을 보는 것 같다.

지금은 길게 이어지는 잔디밭으로 아무 유물 하나 남아 있지 않지만 구릉지대를 이어가는 석축은 삼국사기에 그 위치와 규모가 정확하게 남아 있는 궁궐 터의 흔적이다. 신라 건국 설화의 주인공 중 한 명인 석탈해가 이곳을 탐내어 계략으로 땅을 얻어냈다는 전설이 전해지는 것으로 보아 신라 건국 초기부터 이곳은 중요하게 여겨진 장소였음을 알 수 있다. 작은 하천인 남천을 따라 이어지는 언덕은 조용한 숲길을 따라 편안한 산책을 즐기기에 좋고 봄, 가을이면 화사한 들꽃들이 예쁘게 피어나는 곳이다. 이름 그대로 반달 모습의 반월성지 중간지점에 견고한 석빙고가 자리한다. 조선시대의 유물로 반월성과의 연관성은 없지만 우리나라에 남아 있는 석빙고 중 가장 완전한 형태로 보존되어 얼음을 보관하였던 당시 모습을 연구하는 데 중요한 자료가 된다. 작은 입구 안쪽으로 서늘한 창고 시설이 이채롭다.

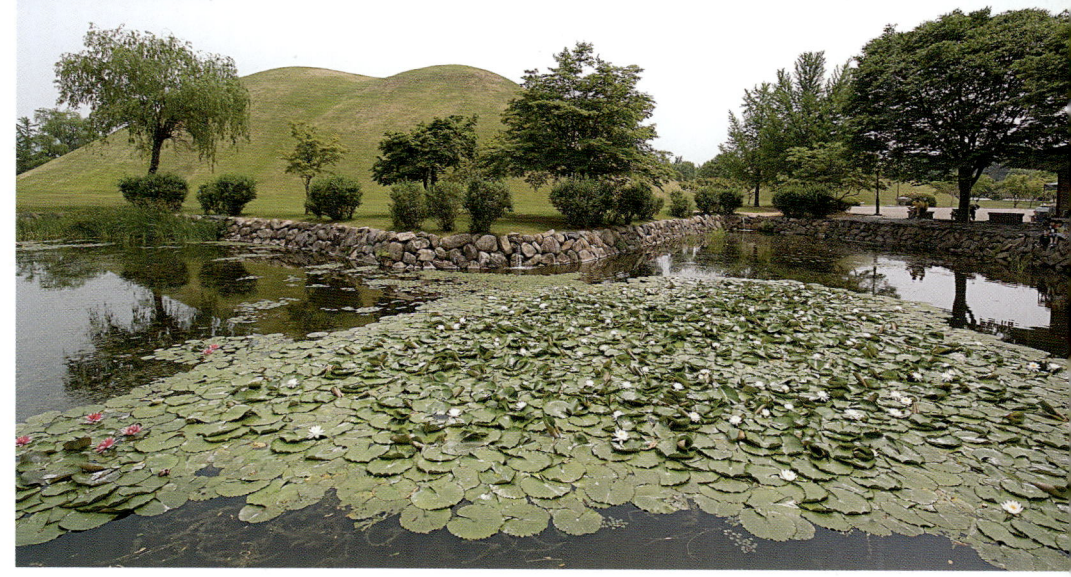

대릉원 천마의 영혼을 담는 언덕

위치 | 경상북도 경주시 황남동 268-10
　　　경상북도 경주시 계림로 9
운영시간 | 09:00~22:00, 연중무휴

▶ MINI DATA
| 입장료 | 있음　　주차 | 가능　　분류 | 역사, 문화유적

40ha의 넓이에 아담하게 솟아오른 23기의 봉분들은 푸른 잔디로 뒤덮여 부드러운 곡선을 그린다. 너무 크지도 작지도 않은 모습이 무덤이라기보다 마을 뒷동산을 찾는 포근함이 있다. 천 년 신라의 봉분은 그 모습만으로 또 하나의 작품이다. 황홀한 조명이 신비로움을 주는 야간의 모습도 아름답지만 소나무 숲길과 어우러져 너른 터를 산책 삼아 거닐며 아침에 찾아보는 대릉원은 더욱 상쾌하다. 2겹의 능선이 마치 낙타의 등처럼 보이는 가장 대규모인 황남대총과 「삼국사기」에 '대릉원'이란 이름으로 기록된 미추왕릉의 모습도 둘러보기에 좋지만 무엇보다 이곳의 백미는 유일하게 내부를 공개하는 천마총에 있다. 황남대총을 연구하기 위한 발굴에서 엄청난 양의 유물이 쏟아져 나와 세상을 놀라게 만들었다. 신라 고유의 봉분 축조방식인 적석목곽분의 완전한 형태를 보여주며, 지금까지 발견된 신라의 금관 중 최고의 작품으로 평가받는 출(出)자형 금관과 더불어 허리장식과 금반지 등 황금 유물들이 그 모습을 드러내었다. 천마도는 말에 올라탈 때 종아리를 보호하는 가리개로 자작나무 껍질에 백마를 새겨 놓았는데 구름 위를 날아가는 상상 속 말의 모습이 현대적인 아름다움을 느끼게 하며 무르익은 완숙미를 보여주는 고대 미술의 백미이다.

→ 황남빵, 경주의 달콤함을 맛보다

일명 경주빵으로도 불리는 황남빵. 3대에 걸쳐 60여 년 동안 오로지 황남빵만을 만들어온 곳이 대릉원 인근에 있다. 얇은 겉옷을 입힌 달콤한 팥소가 자꾸 손이 가게 만든다. 즉석에서 만들어진 갓 구운 빵을 한입에 넣어보자.
문의 | 054-749-7000

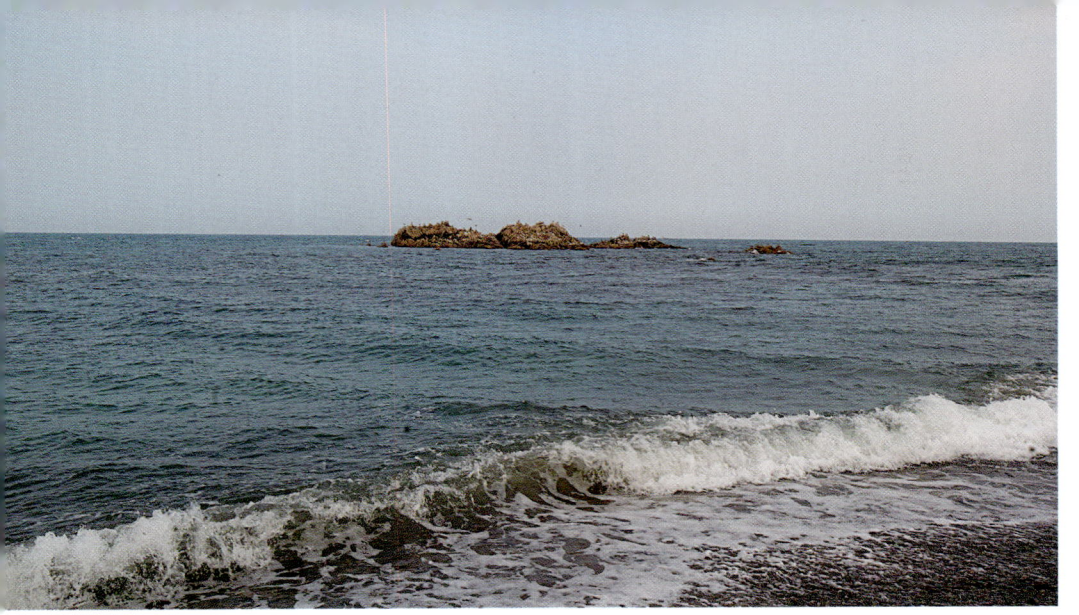

문무대왕릉과 이견대 동해 바다의 용이 된 문무왕의 전설을 찾아서

| 위치 | 대왕릉 경상북도 경주시 양북면 봉길리 30-1
이견대 경상북도 경주시 감포읍 대본리 661
(동해안로 1480-12)
| 운영시간 | 종일, 연중무휴

▶ MINI DATA
| 입장료 | 없음　　주차 | 가능　　분류 | 역사, 문화유적

봉길해수욕장에서 바다를 바라보면 200m밖에 떨어지지 않은 가까운 거리에 돌로 이루어진 작은 섬을 볼 수 있다. 문무왕 수중릉 또는 대왕암이라 불리는 곳인데, 신라 30대 왕인 문무왕이 사후 매장된 곳으로 알려져 있다. 신라 무열왕에 이어 왕위에 오른 문무왕은 삼국통일을 이룬 왕으로 평소 바라던 유언이 「삼국사기」에 다음과 같이 기록되어 있다. '다투던 세 나라는 이제 하나가 되었으나 동해 바다로 침입해 노략질을 하는 왜구들이 걱정이다. 내가 죽은 후 화장을 해 동해에 장사지내라. 용이 되어서 동해 바다를 지킬 것이다.' 이러한 내용을 근거로 이곳을 문무왕의 유골이 묻혀 있는 수중릉이라 오랫동안 여겨왔다. 바위 사이로 십자 모양의 길이 있고 그 가운데 조그만 웅덩이가 만들어져 있는데, 밖에서 파도가 아무리 세게 쳐도 안으로 드나드는 물길은 잔잔하여 늘 평온하다고 한다. 사람이 인공적으로 손을 댄 흔적으로 문무왕의 무덤이라 주장하는 근거로 사용되었지만, 최근 여러 장비를 동원하여 조사를 해본 결과 이곳에서 부장품이라든지 유골함이라든지 하는 것들은 발견되지 않았다고 한다. 세계 최초의 수중릉이라는 것은 과장 섞인 이야기이겠지만, 문무왕을 화장하고 바다에 뿌렸다는 기록으로 볼 때 이곳은 문무왕의 영령이 깃든 곳이라 생각하면 되겠다. 바다에서 얼마 떨어지지 않은 언덕에 이견대가 세워져 있는데, 문무왕의 아들인 신문왕이 만파식적을 얻었다고 전해지는 곳에 세워진 정자이다. 만파식적은 한 번 불면 세상의 풍파를 잠재우고 평안하게 만들어준다는 전설의 피리로 용으로 변한 문무왕이 전해준 것이라고 「삼국유사」에 기록되어 있다. 이견대에 오르면 정자 기둥 사이로 액자 속 그림처럼 문무대왕릉이 보인다.

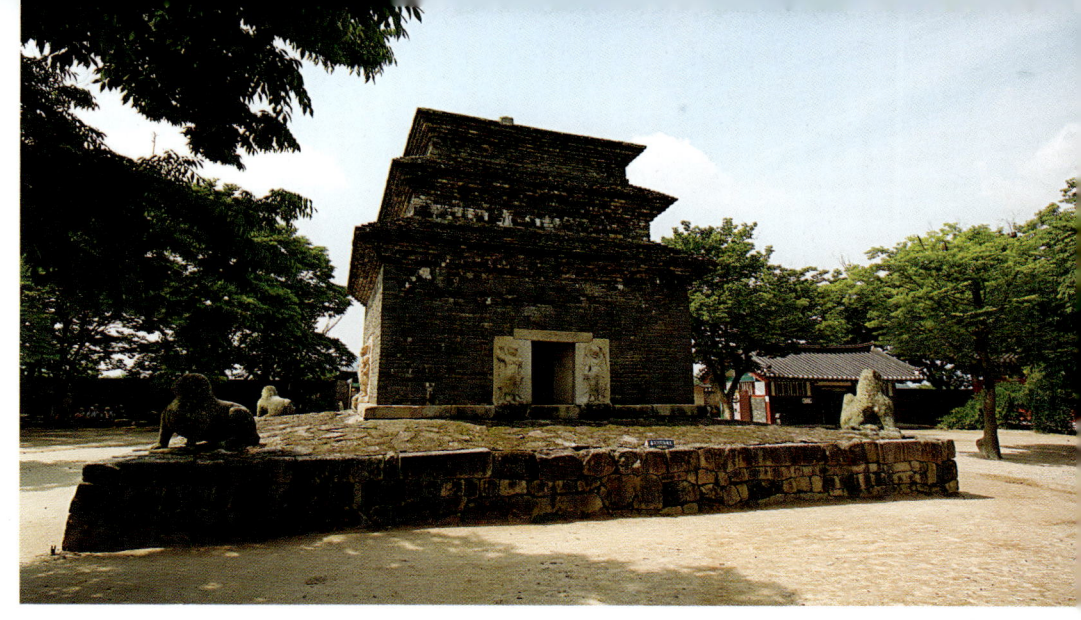

분황사 　원효대사가 머물렀던 절

위치 | 경상북도 경주시 구황동 303
　　　경상북도 경주시 분황로 94-11
운영시간 | 09:00~18:00, 연중무휴

▶ MINI DATA
| 입장료 | 있음　주차 | 가능　분류 | 불교유적

분황사는 신라의 고승인 원효대사가 머물렀던 절이다. 또 앞마당에는 다른 절에서는 보기 어려운 모전석탑이 있어 경주 시내 답사에서 빠지지 않고 찾게 되는 곳이다. 원효대사는 한국 불교에서 가장 많이 회자되는 인물 중 한 사람이다. 의상과 함께 당나라 유학길에 올랐다 잠든 어느 날 저녁 목이 말라 해골에 든 물을 마신 것을 계기로 모든 진리는 자신에게 있음을 깨닫고 다시 돌아온 이야기로 유명하다. 이후 신라로 돌아온 원효는 요석공주와의 사이에서 아들 설총을 낳기도 하였으며 시대의 위대한 설법가요 이론가로 이름을 떨치게 되는데, 무엇보다 그의 가장 큰 업적은 당시 귀족 중심의 불교를 대중화시켰다는 것과 교조적인 해석으로 나뉘어 있던 불교의 통합을 위한 이론인 화쟁사상을 제시한 데에 있다. 원효를 기리기 위해 고려 숙종이 '대성화쟁국사'라는 시호를 내리며 비석

을 세웠는데, 지금은 우물가에 받침대만 남아 있다. 이후 방치되었던 것을 조선 후기에 추사 김정희가 찾아서 '차신라화쟁국사비적'이라 새겨놓았으니 찾아보도록 하자. 벽돌을 쌓아 만든 모전석탑은 3층까지만 남아 있으나 원래는 7층 또는 9층이었을 것이라 추정되며 1층에는 각 방향으로 문을 만들고 안으로 감실을 만들어 놓았다. 감실을 지키고 있는 인왕상은 모두 모양이 다른데 7세기경 신라 조각의 진수를 보여준다. 또한 석탑을 지키며 당당하게 서 있는 돌사자도 세월의 흔적은 피하지 못했지만, 그 생김새는 여전히 당당하다.

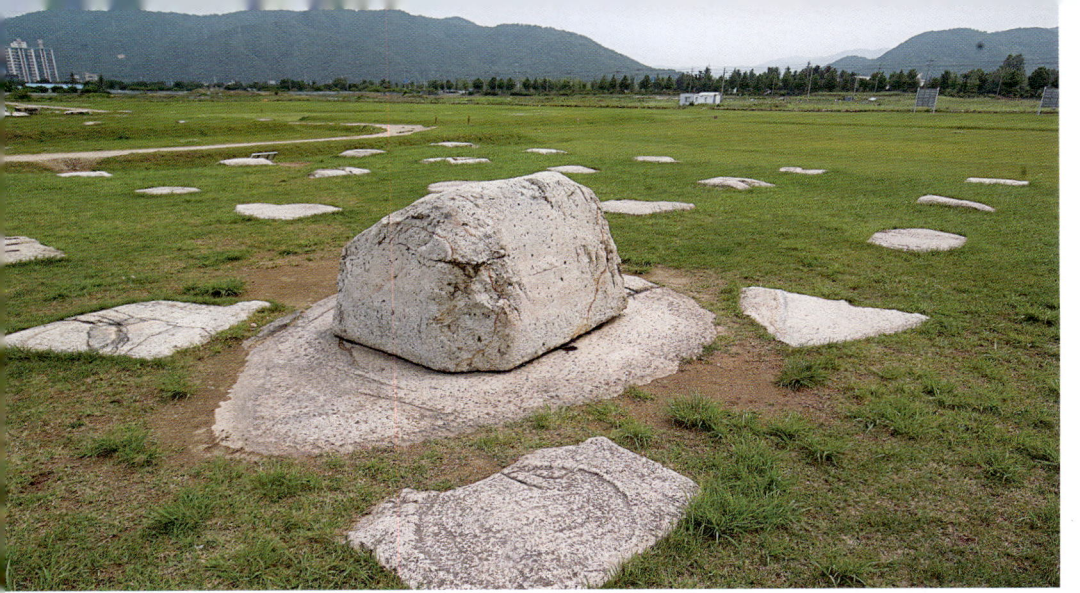

황룡사지 상상으로 둘러보는 사찰

| 위치 | 경상북도 경주시 구황동 320-1
　　　경상북도 경주시 분황로 일대
| 운영시간 | 종일, 연중무휴

▶ MINI DATA
| 입장료 | 없음　　주차 | 가능　　분류 | 종교유적

진흥왕에서 선덕여왕까지 신라의 최전성기 약 100년의 시간 동안 만들어진 사찰로 옛 영화로운 모습이 이제는 이야기로만 남아 전해진다. 높이가 80m에 이르렀다는 황룡사 구층목탑은 주변 아홉 오랑캐의 침입으로부터 신라를 수호하기 위한 염원을 담은 탑으로 남아 있는 바닥의 면적만도 한 면의 길이가 22m에 이른다. 우뚝 솟아 경주 시내를 내려보았을 목탑은 고려시대 몽고군의 침입으로 전소되기까지 여러 나라의 스님들이 그 모습을 보기 위하여 신라를 찾았을 정도로 세계적인 보물이었다. 현재 남아 있는 최대 크기의 범종인 성덕대왕신종의 4배에 이르렀다는 황룡사 범종이나 솔거가 그렸다는 살아 움직이는 듯한 벽화의 모습도 상상해보자. 인도에서 보내온 구리와 황금으로 완성하였다는 금동삼존장륙상은 조선시대까지 남아 있었다 하지만 지금은 무게를 지탱하는 받침대만 남아 있어 그 거대한 크기를 짐작할 뿐이다.

황룡사의 크기와 아름다움을 보여주는 유일한 유물은 황룡사지에서 발견된 치미로 기와 건축물의 지붕 용마루 끝을 장식하였던 것인데 1m가 넘는 세계 최대의 크기와 화려한 장식으로 찬란하였던 황룡사의 옛 모습을 상상하게 한다. 지금은 국립경주박물관에서 볼 수 있다. 갈대로 무성한 빈터를 찾아가는 황룡사지 탐방은 마음의 눈으로 건물과 목탑을 하나씩 세우며 둘러보아야 한다. 경주국립박물관에 마련된 옛 기록과 주춧돌을 근거로 복원된 황룡사의 모형을 보며 아쉬운 마음을 위안 삼는 것도 좋겠다.

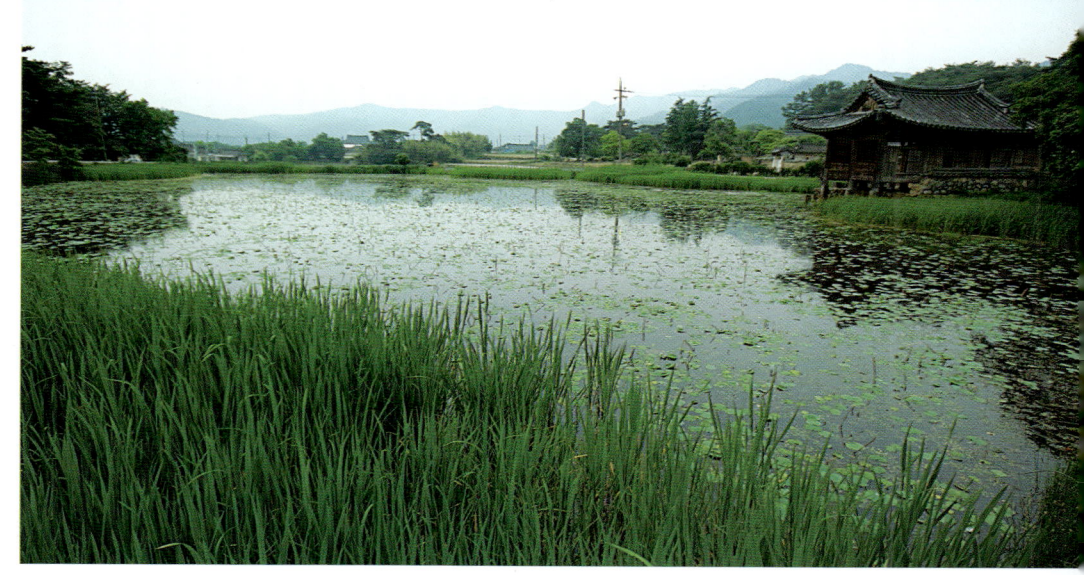

서출지 임금님을 구한 편지 한 통

| 위치 | 경상북도 경주시 남산동 973 인근
      경상북도 경주시 남산1길 17 인근
운영시간 | 종일, 연중무휴

▶ MINI DATA
| 입장료 | 없음   주차 | 가능   분류 | 역사, 문화유적

남산 자락 통일전에 가려 한적한 멋은 사라졌지만 연꽃이 가득하고 정자가 어우러지는 모습은 천 년의 고도 경주의 또 다른 아름다움이다. 쥐의 안내로 까마귀를 따라간 신라의 무사가 연못에서 출현한 노인에게 받은 편지는 신라 21대 왕인 소지왕의 암살을 방지하는 계책을 알려주는 내용이었고, 때문에 왕을 시해하려던 시종과 궁녀를 붙잡을 수 있었다는 설화가 전해진다. 다소 황당한 이야기지만 새롭게 신라의 왕을 도와 신진세력을 형성한 부족의 이야기를 우화로 표현한 것이 아닐까 싶다. 국가를 이롭게 한 글이 나왔다는 의미의 서출지는 서라벌의 성스러운 땅으로 보호받았을 것이다. 당시의 유물은 아무것도 남지 않았고 조선시대에 만들어진 이요당이란 정자가 연못 가장 자리에 세워져 있다.

→ 남산리 동·서 삼층석탑, 비슷한 듯 다른 모양

서출지에서 안으로 조금 더 들어가면 2개의 멋진 탑을 찾을 수 있다. 감은사지에서 보듯 신라 통일 이후 금당 앞에 2개의 탑을 놓는 형식을 갖추게 된다. 그러한 모습의 완성형이 불국사의 석가탑과 다보탑으로 다른 모양의 두 탑이 내용에서, 미학적인 면에서 서로를 보완해준다. 남산리의 동·서 삼층석탑도 얼핏 보면 같은 모양의 탑으로 보이나, 가까이 가서 보면 다른 모습이다. 동탑은 모전석탑의 양식을 계승한 형태이며, 서탑은 신라의 전형적인 삼층석탑이다.

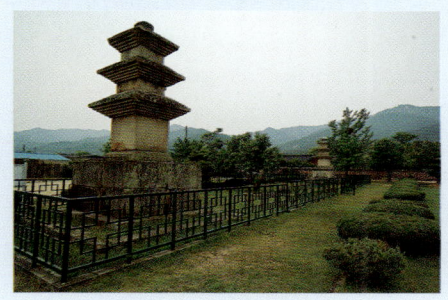

석굴암

동해를 바라보며 미소 짓는 본존불

위치 | 경상북도 경주시 진현동 999
경상북도 경주시 불국로 873-243
운영시간 | 11~1월 07:00~17:00, 2~3월/10월 07:00~17:30,
3~9월 06:30~18:00, 연중무휴

▶ MINI DATA

입장료 | 있음   주차 | 가능   분류 | 불교유적

1995 유네스코 세계문화유산 등재

유네스코 지정 세계문화유산이자 국보 제24호인 석굴암 석굴은 신라 경덕왕 10년 당시 재상이었던 김대성에 의해 창건된 석굴암자로 당시에는 석불사라 불렸다. 불국사에서 3km 위쪽 토함산 기슭에 위치한 석굴암은 석불인 본존불을 제외한 나머지 천부상, 보살상, 나한상, 사천왕상 등이 화강암 벽면에 부조로 조각된 것이 특징이다. 신라 불교 예술의 전성기에 만들어진 작품으로 건축, 수리학, 기하학과 종교, 예술이 결합된 최고의 걸작으로 평가받는다. 직사각형의 전실과 원형의 주실로 나누어진 구조로 사천왕상이 조각되어 있는 전실을 지나면 왼편으로 본존불이 모셔진 원형 주실이 있는데, 천부상, 보살상, 나한상이 호위하는 가운데 정교하게 조각된 십일면관음보살상을 뒤로 하고 온화하고 부드러운 미소를 띤 본존불이 모셔져 있다. 동해를 바라보고 앉아 있는 본존불은 총 높이 326cm, 대좌 높이 160cm, 기단 상대석 폭 272cm의 거대한 불상으로 본존불의 고요하고 자연스러운 모습은 석굴 전체에서 풍기는 은밀한 분위기 속에서 신비로움의 깊이를 더해주며 그 미소는 자비로움을 전해준다. 전실 입구의 사천왕상은 모두 악귀를 짓밟고 있는 모습으로 서 있는데 왼쪽으로는 앞쪽에 남방 증장천왕, 뒤쪽에 서방 광목천왕이 배치되어 있으며, 오른쪽에는 앞쪽에 북방 다문천왕과 뒤쪽에 동방 지국천왕이 배치되어 있다. 주실에 들어서면 좌우에 천부상과 보살입상이 배치되어 있으며 유리로 보호되고 있는 원형의 주실에 본존불을 중심으로 후벽 중앙에 십일면관음상을 안치하고 그 좌우에 나한입상과 십대제자상을 모셨다. 석굴암에서 나오면 또 하나의 보물을 만나게 된다. 보물 제911호로 지정된 석굴암 삼층석탑은 8세기 말 통일신라시대에 만들어진 것으로 추정되는데 2층을 이루는 기단은 원형 모양의 지대석과 8각의 면석이 조화를 이루고 있는 독특한 모습이고 탑신에는 우주의 형상을 조각했다. 4각의 탑신(塔身)을 3층으로 쌓아 올린 세부 기법이 아름다움을 자아낸다. 그 유래에 대해서는 알려진 바가 없으나 독특한 아름다움과 경쾌한 선의 미학을 보여주는 탑이다.

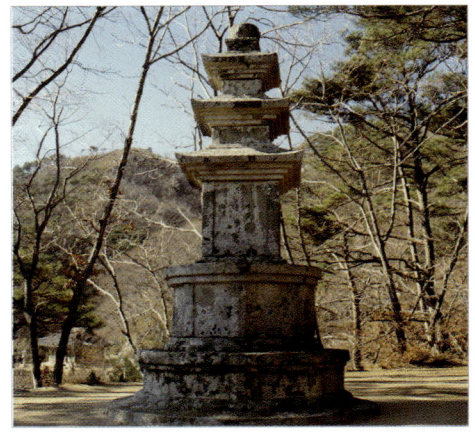

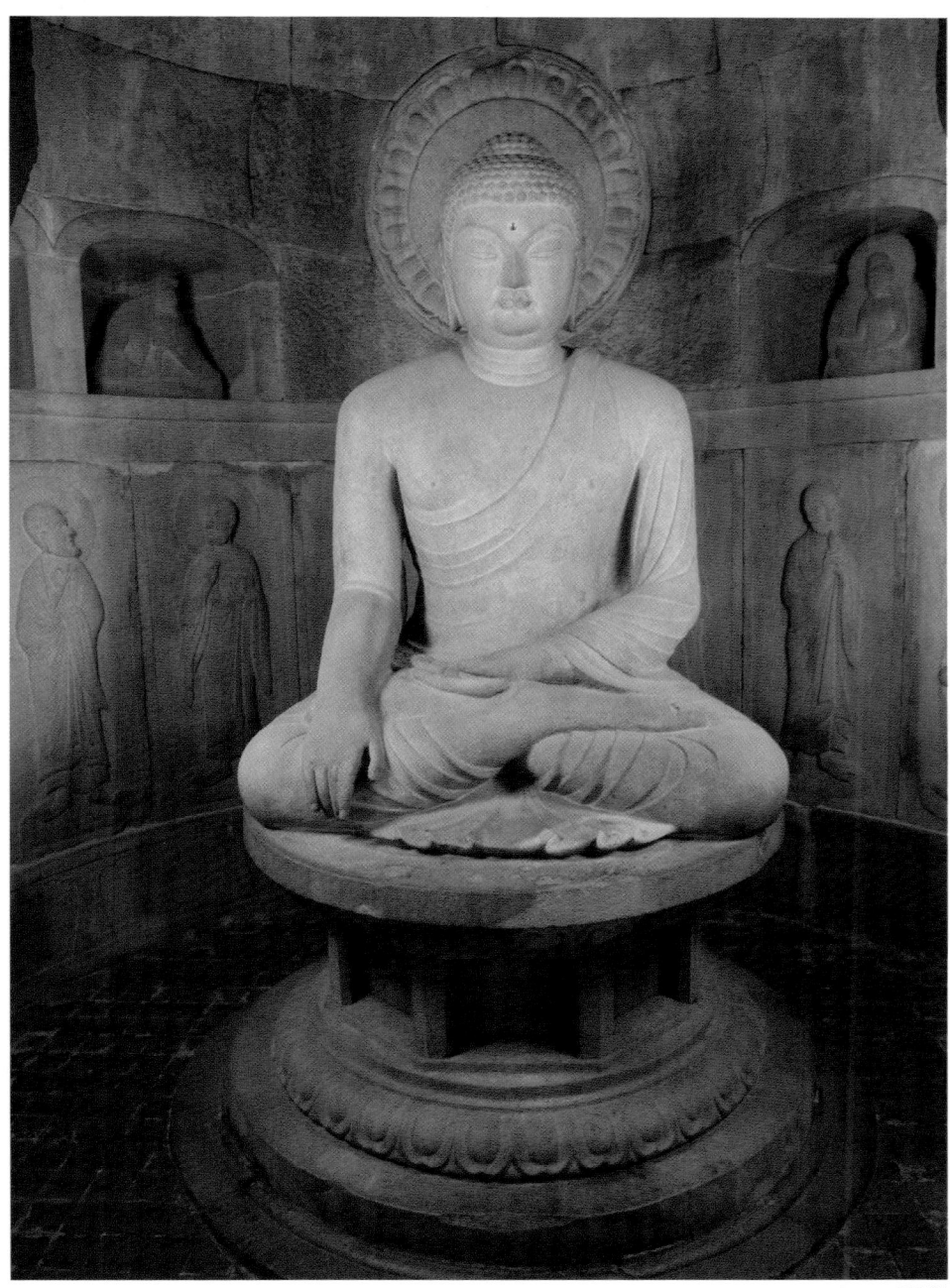

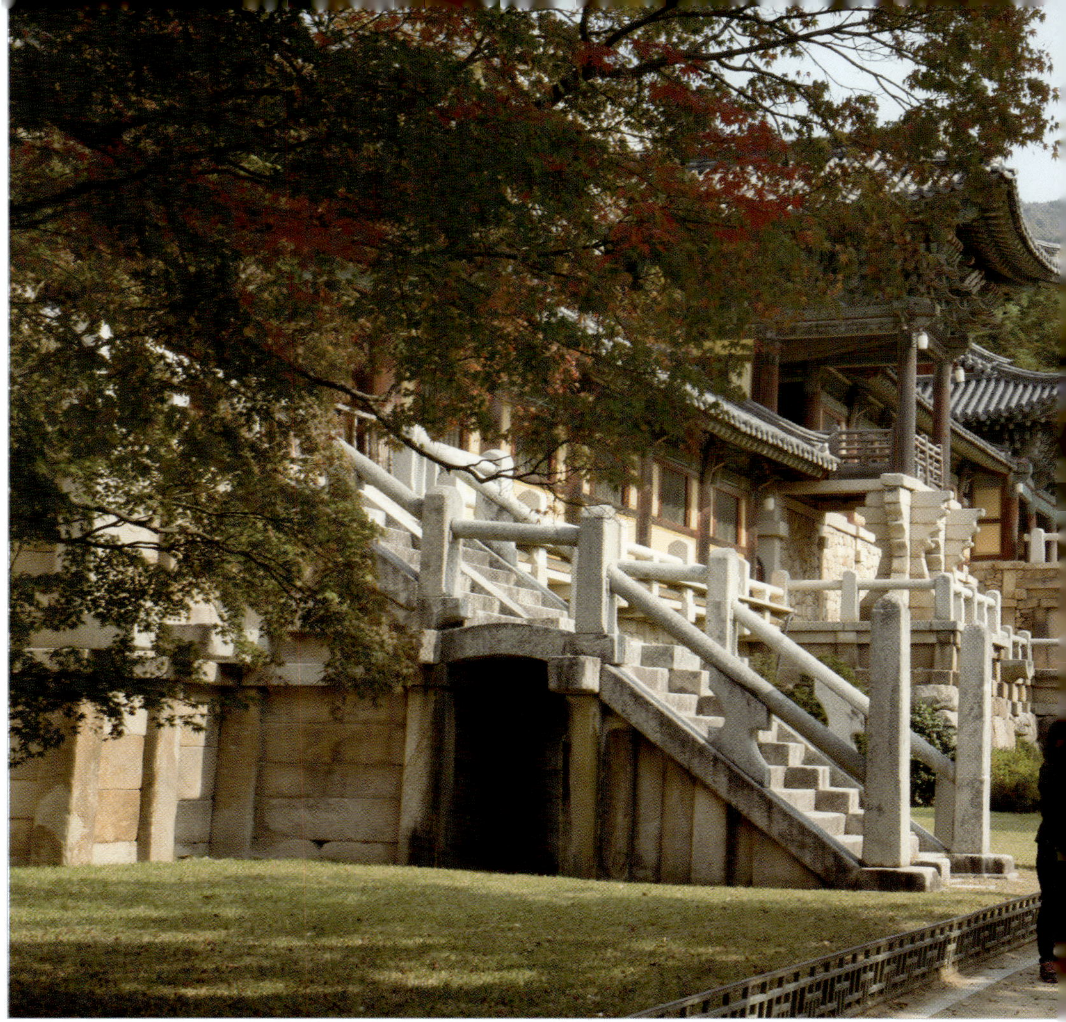

불국사

불교 예술의 극치를 보여주는 우리나라의 대표 사찰

| 위치 | 경상북도 경주시 진현동 15-1
경상북도 경주시 불국로 385
| 운영시간 | 07:00~18:00, 연중무휴

▶ MINI DATA
| 입장료 | 있음　주차 | 가능　분류 | 불교유적

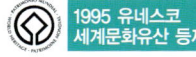

1995 유네스코
세계문화유산 등재

신라의 고도 경주에서 가장 중요한 자리를 차지하는 불교 유적인 불국사는 석굴암과 함께 유네스코 지정 세계문화유산이다. 불국사의 창건 연대에 대한 기록은 여러 가지가 있으나 그중 가장 유력한 것은 2가지로 하나는 신라 법흥왕 15년(528년)에 법흥왕의 어머니인 영제부인의 발원으로 창건되었다는 것과 이보다 앞선 눌지왕 때 아도화상이 창건했다는 것인데, 작은 규모로 창건되었던 사찰이 경덕왕 때의 재상인 김대성에 의해 크게 확장된 것만은 확실하다고 전해진다.

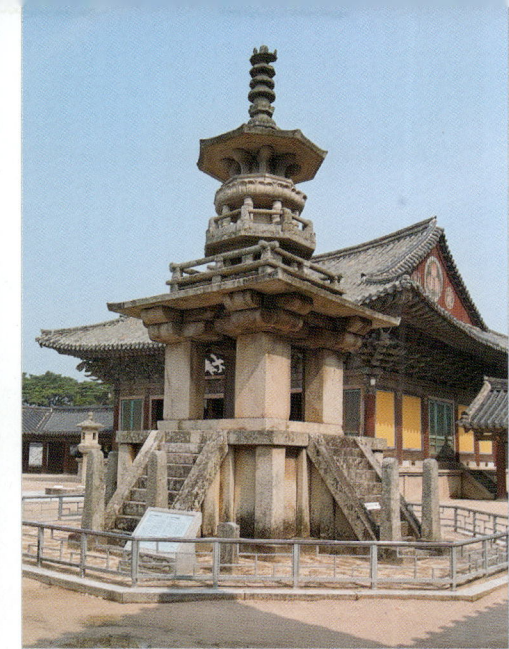

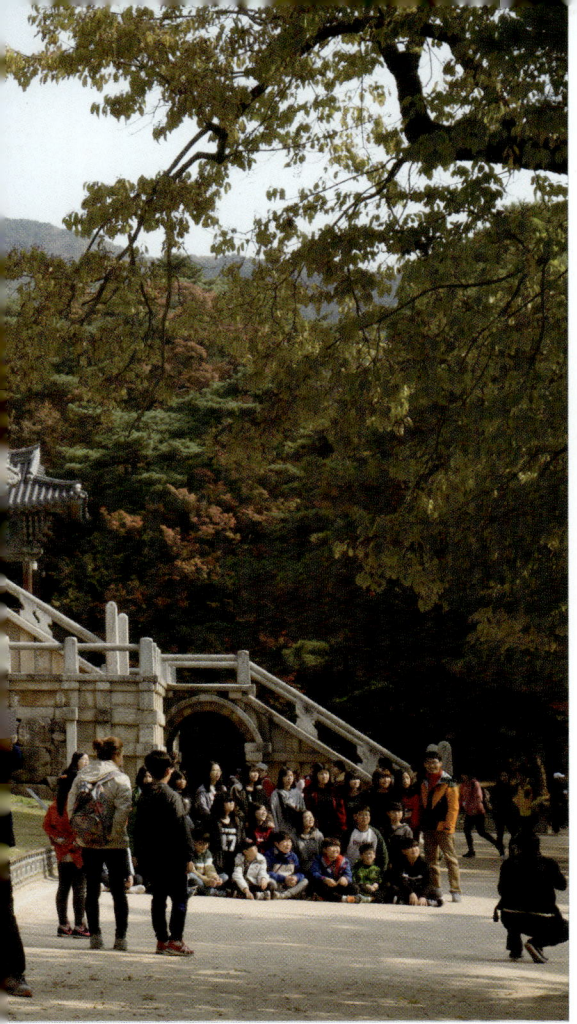

행스럽게도 금동비로자나불좌상, 금동아미타여래좌상 등의 국보급 문화재와 연화교, 칠보교를 비롯해 너무나 유명한 다보탑과 불국사 삼층석탑이 불국사를 지키고 있으며 교과서에 늘 등장하는 청운교와 백운교도 고색창연한 자태로 남아 있다. 일주문을 지나 경내로 들어가는 길은 아름다운 조경으로 가꾸어져 있으며 청운교, 백운교를 올라 자하문을 지나면 대웅전 앞뜰로 들어서게 된다. 아래로는 17단의 청운교가 있고 위로는 16단의 백운교가 있는데 청운교를 푸른 청년의 모습으로, 백운교를 흰머리 노인의 모습으로 빗대어 놓아 인생을 상징하며 이 두 계단을 합쳐 중생들을 부처의 세계로 인도한다는 의미를 담고 있다. 청운교와 백운교는 국보 제23호이다. 국보 제20호인 다보탑과 제21호인 석가탑은 대웅전 앞뜰에 나란히 서있는데, 현세의 부처를 상징하는 석가탑이 중생에게 설법을 전할 때 과거의 부처를 상징하는 다보탑이 옳다고 증명한다는 법화경의 내용을 탑으로 보여주기 위한 것이라고 한다. 문화유산 해설사들이 항시 대기하고 있어 불국사에 대한 자세한 설명을 들으면서 경내를 돌아볼 수 있다.

김대성이 전생의 부모를 위해서는 석굴암을 창건하고, 현생의 부모를 위해서는 불국사를 중창하였는데 불국사가 완성되기 전에 김대성이 죽자 국가가 대신 완공을 보았으니 총 공사 기간만 30년에 이르는 대장정이었다. 당시의 건물들은 무려 2,000칸에 달하는 대가람이었다고 하는데 임진왜란 때 소실된 후 중수되었고 일제강점기를 거치면서는 건물이 해체되었다 보수되기를 반복하는 수난을 당했으나 현재도 대가람의 면모는 변하지 않았다. 도난당한 보물도 많으나 다

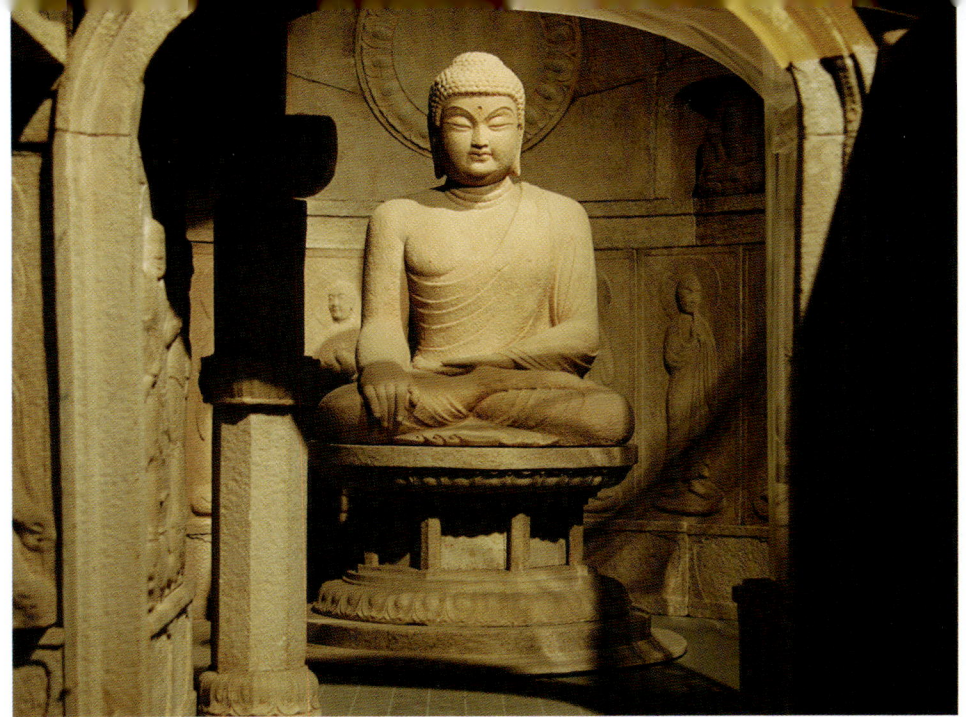

신라역사과학관 신라과학 기술의 위대함을 느껴보자

위치 | 경상북도 경주시 하동 201-1
경상북도 경주시 하동공예촌길 33
운영시간 | 동절기 09:00~17:30, 하절기 09:00~18:30

▶ MINI DATA
| 입장료 | 있음   주차 | 가능   분류 | 박물관

토함산의 정상, 동해를 바라보는 석굴암은 현대의 기술로도 재현하기 힘든 과학적인 구조를 가지고 있다. 일제강점기 무리한 복원 수리 공사로 원형을 잃어버리고 유리벽에 가리어진 석굴암의 모습은 그 내부를 찬찬히 둘러보고 싶은 호기심을 일으킨다. 사전 지식 없이 석굴암을 찾는다면 석굴 속에 자리하는 커다란 부처님의 모습으로만 기억되기 십상이다. 일반인들도 내부를 살펴볼 수 있는 제2석굴암의 건립에 관한 논의가 오랜 시간 진행되고 있지만 얼마나 많은 시간이 소요될지, 우리나라 석조 예술의 최정점으로 자리하는 문화재를 제대로 재현할 수 있을지 의문이다. 피상적으로 석굴암을 찾기보다는 신라역사과학관을 찾아 석굴암에 담겨진 과학과 예술의 높은 가치를 꼼꼼히 공부하고 토함산에 오르길 권하고 싶다. 제작과정을 단계별로 재현한 정교한 복제품과 일반인들도 이해하기 쉽게 구성된 해설판은 역사과학관의 가치를 높인다. 석굴암에 담겨 있는 놀라운 건축기술과 조화로운 아름다움이 참으로 놀랍다. 석굴암뿐 아니라 첨성대와 물시계 등 우리나라의 시대별 과학기술을 대표하는 문화재들의 정교한 재현과 해설은 문화재를 더욱 진지하게 이해하게 도와준다.

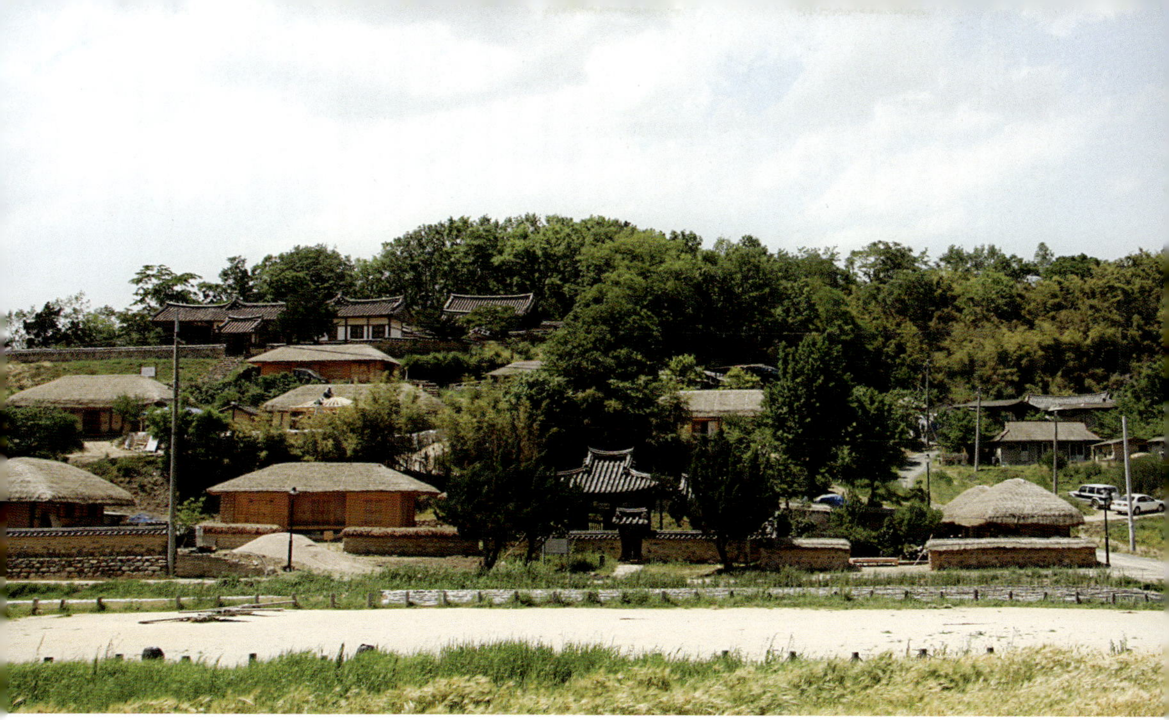

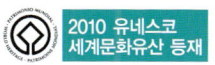

양동마을 <small>포근한 민속 마을</small>

| 위치 | 경상북도 경주시 강동면 양동리 94 일대
경상북도 경주시 강동면 양동마을길 134 일대
| 운영시간 | 11~3월 09:00~18:00, 4~10월 09:00~19:00,
연중무휴

▶ MINI DATA
| 입장료 | 있음   주차 | 가능   분류 | 전통, 체험마을

전국적으로 많은 숫자의 민속마을이 있지만 양동마을처럼 다양한 가옥의 구성을 보여주는 곳은 드물다. 무엇보다 옛 모습 그대로를 담고 살아가는 마을의 모습은 관광지라 불리는 다른 민속마을과는 다른 느낌을 준다. 월성 손씨와 회재 이언적 선생으로 대표되는 여강 이씨의 집성촌으로 청동시대의 석관묘가 마을에서 출토되었을 정도로 오랜 시간 이 땅에 뿌리를 두고 살았던 삶의 흔적들이 곳곳에 남아 있다. 따뜻한 봄날이면 마을 가득히 비추는 햇살의 따스함과 주변을 감싸는 평야지대는 이 땅을 사람들이 살기 좋은 곳으로 가꾸어주었다. 전체 150여 채에 달하는 마을의 전통가옥 중 50여 채가 기와집이다. 양반가옥이 주를 이루는

언덕의 윗부분에서 점차 아래로 내려오며 일반 백성의 가옥으로 채워지는 전형적인 옛 모습을 보여준다. 월성 손씨의 종가인 관가정은 대문이 사랑채와 연결되는 특이한 구조로 조선 중기 남부 지방 가옥연구의 중요한 자료가 되는 곳이고, 이언적 가옥의 사랑채인 무첨당은 흥선대원군이 남겼다는 편액이 건물의 가치를 더한다. 그 외에도 강학당 등이 남아 있으니 여유를 가지고 꼼꼼하게 둘러보자. 마을 안 두 곳의 식당에서는 안강평야와 동해에서 가져온 먹거리들을 맛볼수 있다. '7첩 반상'의 옛 격식을 차리지는 못하지만 특별한 향으로 유명한 양동청주의 진하고 달콤한 맛과 함께할 수 있다.

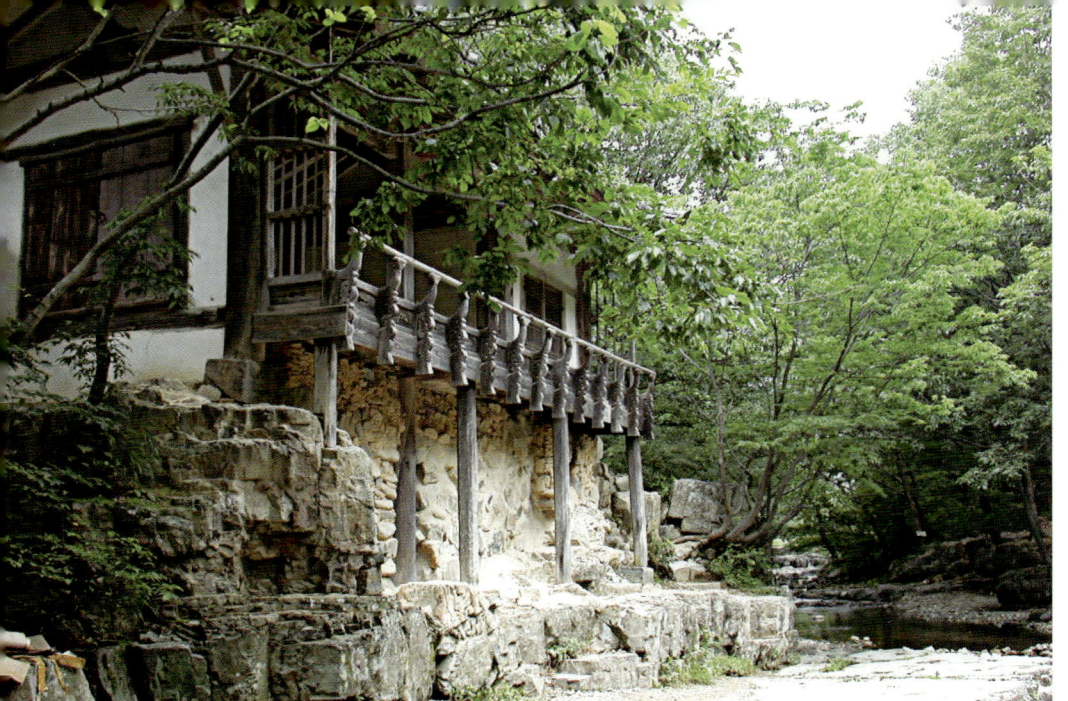

독락당 창살 사이로 들어오는 햇살

위치 | 경상북도 경주시 안강읍 옥산리 1600-1
　　　경상북도 경주시 안강읍 옥산서원길 300
운영시간 | 종일, 연중무휴

▶ MINI DATA
입장료 | 없음　　주차 | 가능　　분류 | 역사, 문화유적

조선 중기 퇴계 이황의 스승으로 동방오현 중 한 분이라 일컬어지는 회재 이언적의 은신처로 만들어진 독락당은 자연과 어울리는 멋진 모습을 보여준다. 계정과 함께 가옥의 한 공간을 차지하는 사랑채를 독락당이라 칭하지만 특별한 구분이 없이 안채와 사랑채, 별채를 함께 독락당이라 부르기도 한다. 유달리 뾰죽한 솟을대문을 지나 만나게 되는 것은 나즈막한 담장이다. 안채와 사랑채를 가로지르는 담장은 부녀자의 생활공간인 안채를 분리시키고 찾아오는 이방인들을 자연스럽게 사랑채 공간으로 안내한다. 미로를 걷는 듯 복잡한 낮은 담장 길은 양편을 막는 사잇길을 지나 가옥 옆을 흐르는 시냇물로 연결된다. 회재 선생이 학문을 연마하고 문학과 예술을 즐겼을 독락당 창살을 열어젖히면 계곡과의 경계를 짓는 담장 사이로 시냇물을 살펴보는 열린 공간이 펼쳐진다. 마루에 앉아 바라보는 계곡의 모습은 한 폭의 그림이다. 별도의 정자인 계정에서 나누는 자연과의 소통은 더욱 운치 있다. 마루 한 면을 절벽에 걸쳐놓아 그 위에 앉은 사람은 깊숙이 자연 속으로 몸을 담그는 형상이 된다. 단순하게 보이지만 세밀하게 계산된 정자의 모습이 시원한 수묵화를 계곡 위로 그려 놓은 모습이다. 차분하게 이어지는 담장을 따라 안채의 포근함까지 놓치지 말고 살펴보자.

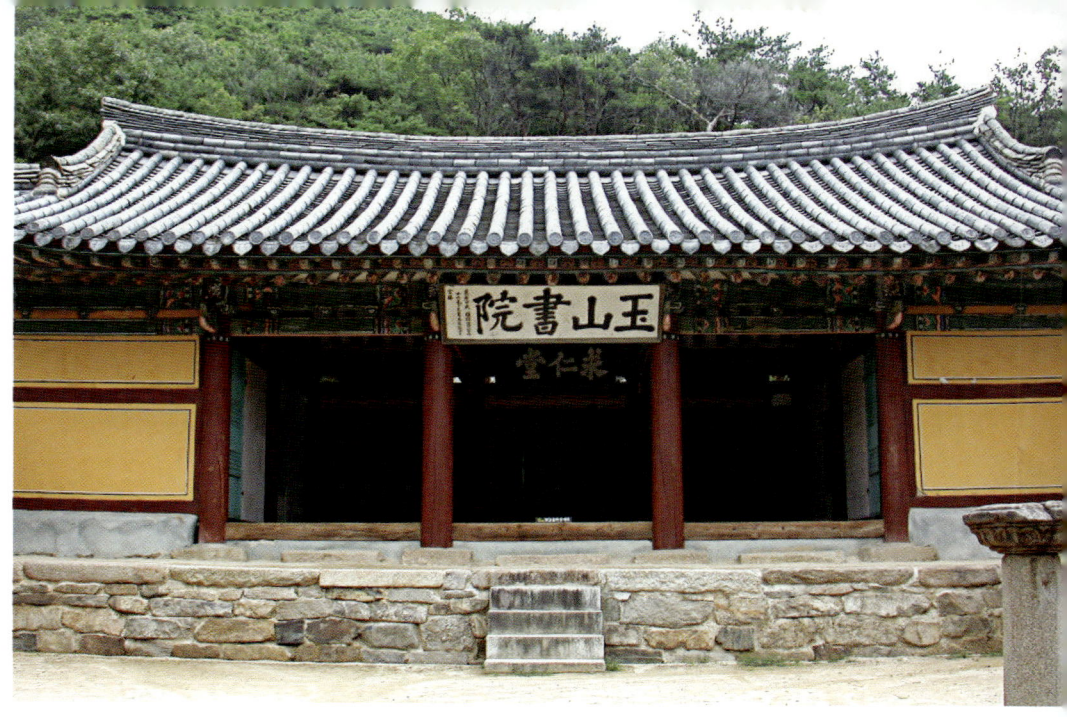

옥산서원 4산5대의 명당

위치 | 경상북도 경주시 안강읍 옥산리 7
　　　경상북도 경주시 안강읍 옥산서원길 216-27
운영시간 | 종일, 연중무휴

▶ MINI DATA
입장료 | 없음　　주차 | 가능　　분류 | 역사, 문화유적

회재 이언적의 학문과 뜻을 기리는 옥산서원은 4산 5대의 명당으로 이름 높다. 자옥산, 무학산, 도덕산, 화개산, 4개의 산이 둘러싸고 탁영대, 관어대, 영귀대, 세심대, 징심대의 5개 반석돌이 계곡을 따라 자리하며 서원을 보호한다는 이야기는 높은 수준의 학문과 사상의 깊음을 자연 또한 흠모하고 아낀다는 뜻을 지닌다. 실제 이언적의 사상과 학문의 깊이는 조선 중기 성리학의 주리론을 중심으로 지금의 경상도 지역을 대표하는 영남학파의 선구적인 역할을 담당하였다. 퇴계 이황의 주리학파는 거슬러 오르면 그의 스승인 이언적에서 시작되었다 하여도 과언은 아니다. 김굉필, 정여창, 조광조, 이황과 함께 조선의 5현 중 한 분으로 추앙받는 그의 학문은 제자들이 위패를 모셔 와 사당을 짓고 옥산(玉山)이란 이름과 편액을 당시 선조로부터 하사받아 서원을 짓게 되었다. 전면의 강학공간과 후면의 사당으로 이어지는 전형적인 서원의 구조를 갖춘 이곳은 명성에 어울리는 당대 최고 서예가들이 남긴 현판을 감상하는 것으로도 의미가 깊다. 추사 김정희가 남긴 옥산서원 현판을 시작으로 한석봉, 노수신 등 명필가의 솜씨가 담겨 있다. 정문인 역락문 앞으로 서원을 찾아가기 위해 계곡을 가로지르는 외나무다리를 두었다. 몸과 마음을 가다듬어 서원을 찾으라는 깊은 뜻을 담는 다리는 자연과 선계를 나누는 경계처럼 느껴진다. 외나무 다리에서 이언적의 신도비까지 학문을 이어가는 유생의 마음가짐으로 살펴보자.

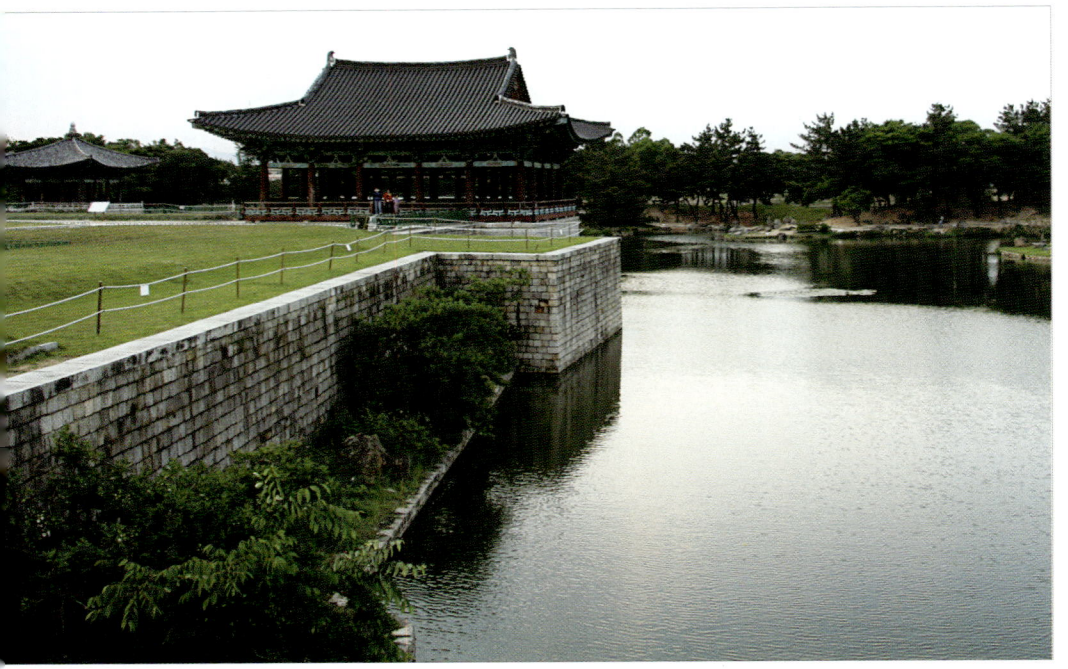

임해전지 　신라 귀족의 마음으로 둘러보는 정원

| 위치 | 경상북도 경주시 인왕동 517
　　　경상북도 경주시 원화로 102
| 운영시간 | 09:00~22:00, 연중무휴

▶ MINI DATA
| 입장료 | 없음　　주차 | 가능　　　분류 | 역사, 문화유적

안압지로도 불리는 임해전지는 전각 주위에 연못을 파고 그 내부로 물을 끌어들여 연못을 조성한 것이다. 안압지라는 또 다른 이름은 물 위를 유영하는 오리와 기러기 떼를 보고 조선시대의 선비들이 붙인 이름이다. 16.5km²의 넓이를 자랑하는 연못은 당시 동북아 최고의 선진 문명국이었던 신라를 찾아오는 수많은 외국 사신을 맞이하는 접견장과 연회장으로 추정된다. 조선시대 이후 석축과 전각들이 모두 사라지고 한적한 연못의 모습으로 남아 있던 이곳은 일제강점기 일본인 관리들을 위한 사교장으로도 사용되었다. 경주 시내의 유적지 중 가장 늦은 시간까지 방치되어오다 1975년 연못의 물을 빼고 시작된 발굴 작업에서 화려한 신라의 모습을 느끼게 하는 유물들이 연못 바닥의 부드러운 흙에서 건져 올려졌다. 금동삼존판불, 보상무늬 기와, 나무배, 금동가위 등 수많은 유물들이 발굴되어 국립경주박물관에 안압지관이라는 별도의 장소를 만들어 전시하고 있다. 복원된 세 곳의 전각을 따라 석축을 두르고 깨끗한 물을 담아 단장된 임해전지는 수많은 경주의 유적지 중 가장 호젓한 장소가 되었다. 크고 작은 세 개의 인공 섬을 바라보며 연못 주변을 산책하듯 거닐어보면 이곳을 거닐었던 신라 귀족의 마음이 느껴진다.

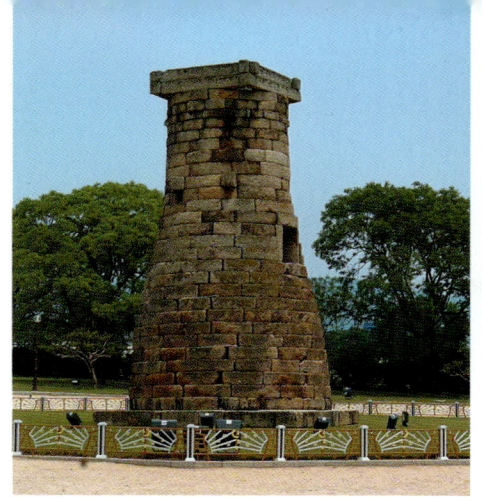

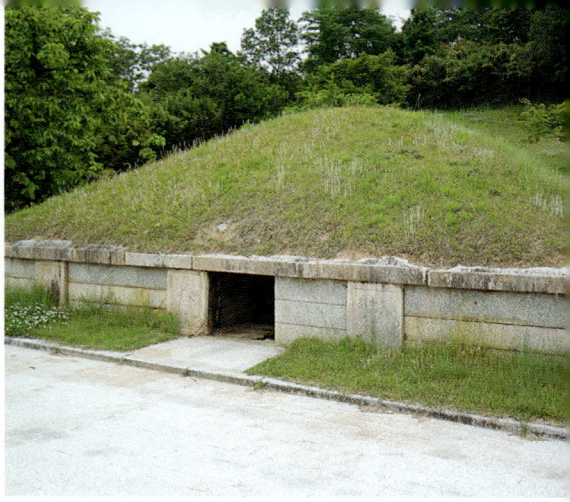

첨성대 동양에서 가장 오래된 천문대

| 위치 | 경상북도 경주시 인왕동 809-11
경상북도 경주시 첨성로 169-5
| 운영시간 | 동절기 09:00~21:00, 하절기 09:00~22:00,
연중무휴

▶ MINI DATA

| 입장료 | 없음　주차 | 가능　분류 | 역사, 문화유적

신라 선덕여왕(재위 632~647년) 때 세워진 첨성대는 동양에서 가장 오래된 천문대이며 당시의 과학 수준을 엿볼 수 있는 문화재로 국보 31호로 지정되어 있다. 화강석 기단 위에 1년 365일을 나타내는 부채꼴 모양의 돌 365개를 쌓아 만든 것으로 밑부분은 원통형이고 위로 올라갈수록 좁아지며 사각형을 이루는 독특한 조형물이다. 맨 윗부분은 우물 '정(井)' 자 모양의 2단으로 이루어진 기단이 있는데 여기에 관측기를 올려놓았으리라 추측되며 동서남북 방위의 기준이 되었다. 농경사회에서 천문학은 농사 시기를 알려주는 역할을 담당했을 뿐만 아니라 국가의 길흉화복을 점치는 점성술과도 연관이 깊었으니 첨성대는 국가에서 중요한 위치를 차지하며 관리되었으리라 짐작할 수 있는데 현대에 와서는 빼어난 조형미를 갖춘 건축물로도 인정받고 있다. 동북쪽으로 약간 기울어져 있으나 원형은 잘 보존되어 있다.

구정리방형분 네모 무덤의 특이함

| 위치 | 경상북도 경주시 구정동 산41
경상북도 경주시 불국로 15-5 인근
| 운영시간 | 종일, 연중무휴

▶ MINI DATA

| 입장료 | 없음　주차 | 가능　분류 | 역사, 문화유적

통일신라 말기의 무덤으로 신라 전성기의 원형 무덤과는 여러 모로 다른 모습이 특이하다. 무엇보다 신라 봉분의 형태 중 유일하게 사각의 방형으로 구성되어 있는 점이 독특하다. 주변으로 둘레돌을 두르고 그 표면으로 십이지신상을 양각한 모습은 고대 삼국 시대의 형태를 계승하고 있다. 그 내부를 둘러볼 수 있도록 개방되어 있어 이곳을 찾는 사람들에게 고분의 내부를 살펴볼 수 있는 특별한 경험을 가능하게 한다. 석실로 만들어진 내부에 별다른 시설은 남아 있지 않지만 교과서로만 피상적으로 전해 들었던 횡혈식 석실 고분의 모습을 생생하게 확인할 수 있다. 이미 완전한 발굴을 마친 고분은 금동장신구 등 출토된 유물을 국립경주박물관에서 전시하고 있다. 사각형의 무덤은 경상도 남부지방에서 발견되는 고려시대 봉분의 대표적인 형태이기도 하다.

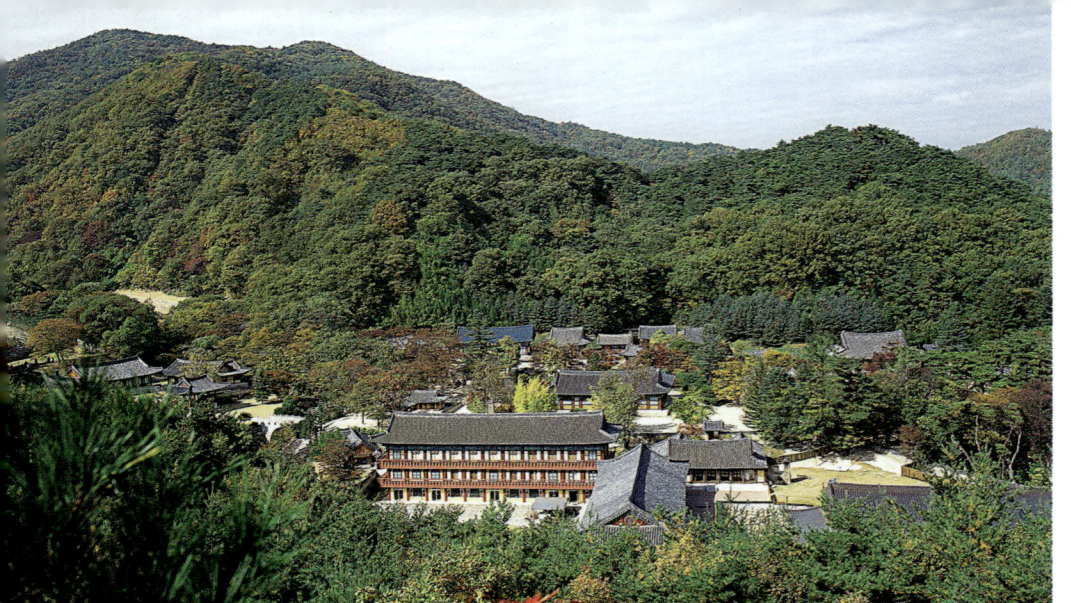

직지사 손가락으로 가리키는 불심

위치 | 경상북도 김천시 대항면 운수리 216
경상북도 김천시 대항면 직지사길 95
운영시간 | 종일, 연중무휴

▶ MINI DATA
| 입장료 | 있음   주차 | 가능   분류 | 불교유적

직지사를 찾아가는 길은 아름다움을 만나기 위해 숲속의 오솔길을 걸어가는 호젓함이 있다. 백두대간을 이어가는 황악산의 수려한 계곡을 따라가는 맑은 물과 짙은 숲의 터널은 1,600년의 역사를 가진 고찰로 사람들을 안내한다. 신라 초기 눌지왕 때 신라에 불법의 가르침을 전하러 온 고구려의 승려 아도화상이 황악산의 깊은 계곡을 가리키며 거대한 사찰이 자리잡을 곳이라 예언하였다. 손가락이 가리키는 곳이라 하여 직지(直旨)라는 명칭을 지닌 사찰은 아도화상의 영험한 예언대로 동국 제일의 가람이라는 칭송을 받는 사찰이 되었다. 천 년 묵은 칡나무와 싸리나무로 한 기둥씩 만들었다는 일주문을 지나 나타나는 사찰의 경내는 약 10ha에 이르는 넓은 터를 보여준다. 조선시대 임진왜란 당시 일주문을 제외하고 모두 전소되었던 사찰은 삼국시대의 본래 모습은 찾기 힘들지

만 대웅전 삼존불의 뒤에 걸린 삼존불탱화와 약사전의 석조약불좌상 등 수많은 보물과 성보박물관을 갖추고 있다. 사람들의 가장 많은 시선을 받는 전각은 천 개의 불상이 모셔져 있는 비로전이다. 현세의 고통을 신도들과 함께 고민하고 해결한다는 수많은 부처님으로 모두 조금씩 다른 모습이라 더욱 신비하고 한 분 한 분의 부처님을 살펴보는 특별함이 있다. 천 분의 부처님 중 단 한 분은 부처님의 탄생을 상징하는 탄생불이다. 숨은그림찾기를 하듯 탄생불을 찾아보자. 직지사 탐방은 정상의 비로봉에서 경상, 전라, 충청의 3도를 한눈으로 살펴볼 수 있다는 황악산 산행과 함께한다면 더욱 특별하다. 사찰 뒤편으로 이어지는 호젓한 산길을 따라 왕복 5시간 정도 소요된다.

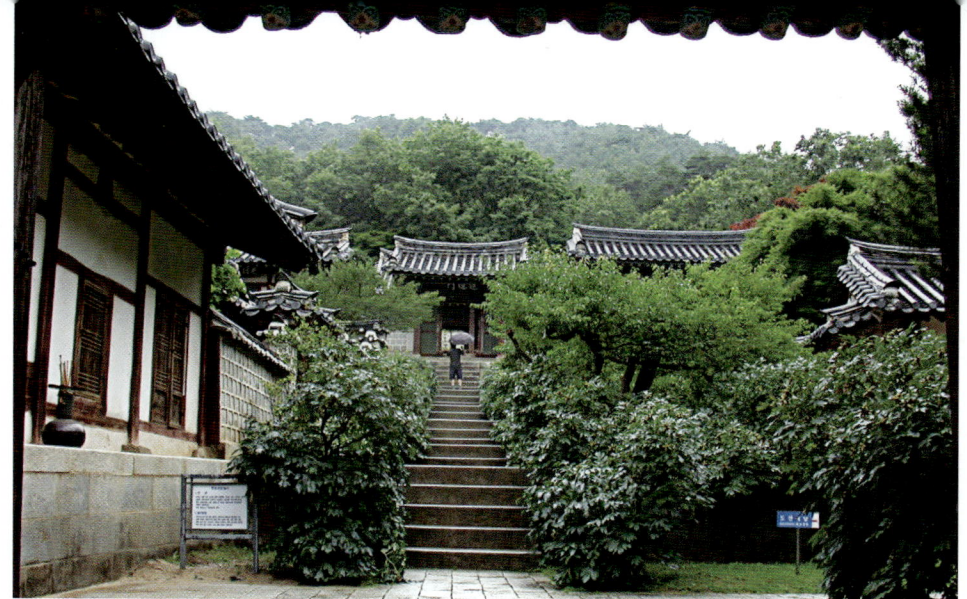

도산서원 학문의 요람

위치 | 경상북도 안동시 도산면 토계리 679-2
　　　경상북도 안동시 도산면 도산서원길 154
운영시간 | 동절기 09:00~17:00, 하절기 09:00~18:00,
　　　　　연중무휴

▶ MINI DATA
| 입장료 | 있음　　주차 | 가능　　분류 | 역사, 문화유적

조선의 위대한 유학자 퇴계 이황 선생이 세운 도산서원은 지방의 사립교육기관이자 사당 공간인 서원 중 가장 널리 알려진 장소다. 양반과 학문의 고장으로 알려진 안동 지방을 하회마을과 함께 대표한다. 퇴계 이황 선생을 모시는 의미도 크지만 낮은 언덕을 따라 솟아나듯 자리하는 서원의 모습과 격식 또한 단연 으뜸이다. 퇴계 선생이 말년의 시간을 후학양성을 위해 보낸 도산서당이 그의 사후 사당의 기능이 강조되면서 지금의 모습으로 완성되었다. 조선시대 국왕의 추천을 받는 사액서원으로 흥선대원군의 서원철폐정책에도 변함없이 지켜온 원형 그대로의 모습이다. 가장 먼저 자리하는 도산서당은 조선성리학의 완성을 이룬 대학자의 후진양성기관으로는 매우 검소한 모습을 보여준다. 퇴계 선생의 선비정신과 함께 화려하지 않은 모습으로 단정한 아름다움을 느끼게 한다. 서당

뒤편으로 '공(工)' 자 모습의 건물은 학생들의 기숙사 역할을 담당하였던 농운정사이다. 건물의 모습을 보아도 오로지 학문의 연마를 위해 혼신의 힘을 다하라는 퇴계 선생의 깊은 뜻이 담겨 있다. 서원의 행정을 담당하는 건물을 지나 중심공간인 동재, 서재와 가운데로 전교당 역시 단정한 운치가 넘친다. 서원의 주인 되는 사람이 자리 잡았을 전교당은 여느 곳과 다른 높은 축대 위로 경사를 따라 서원의 사당을 제외한 모든 공간과 멀리 주변 경관을 한눈에 담을 수 있는 곳이다. 상덕사로 이름 붙여진 퇴계 선생의 사당은 제사를 준비하는 공간인 전사청까지 완전한 모습으로 보존되어 있다. 전교당 옆의 유물전시관은 퇴계 선생의 생전 유품들과 후학들이 남긴 자료들이 전시되고 있다.

하회마을

전통의 고향

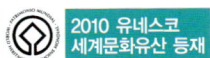

2010 유네스코 세계문화유산 등재

| **위치** | 경상북도 안동시 풍천면 하회리 749-1 일대
경상북도 안동시 하회종가길 40 일대
| **운영시간** | 동절기 09:00~18:00, 하절기 09:00~19:00,
연중무휴

▶ MINI DATA
| **입장료** | 있음　**주차** | 가능　**분류** | 전통, 체험마을

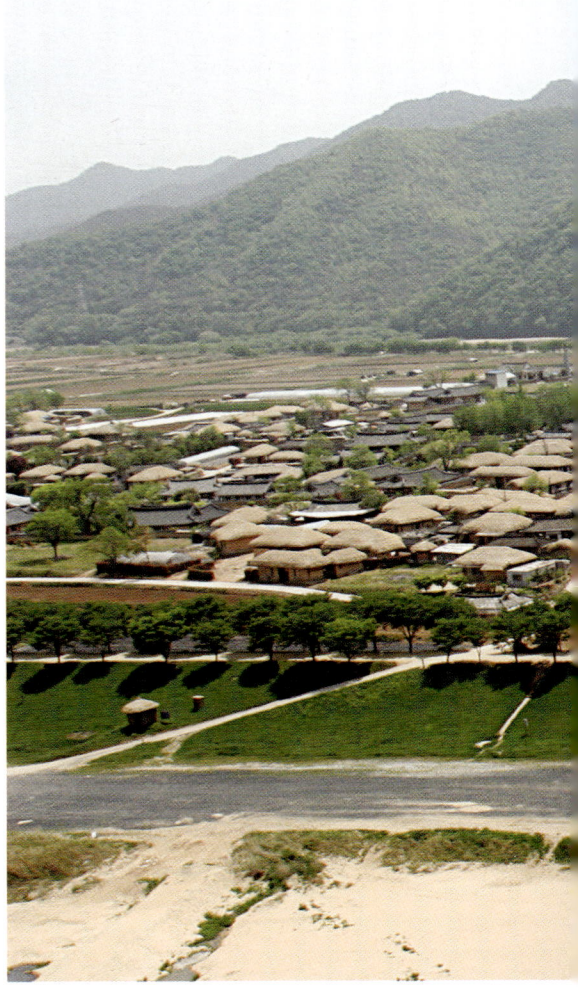

낙동강의 작은 지류인 화천이 마을 전체를 감싸며 돌아가고 화산이 배경처럼 자리잡은 마을은 강 건너 절벽 위 부용대에서 바라보는 경관이 일품이다. 마을은 물이 돌아나간다는 의미의 물돌이동이라는 우리말과 하회(河回)라는 한자 이름을 함께 가진다. 풍수지리의 원리를 이해하지 못하는 일반인의 눈에도 마을은 자연과 하나로 어우러지는 명당으로 풍산평야의 기름진 땅을 기반으로 삼았던 풍산 유씨의 동족 마을로 알려져 있다. 영국 여왕이 한국 방문 시 우리 문화를 이해하기 위하여 마을을 찾았을 정도로 하회마을은 우리 전통 마을을 대표한다. 문화마을로 지정된 이후 한 집 건너 하나씩 생기다시피 한 기념품점과 전통 민박, 음식점들이 약간은 거슬리지만 120여 가구에 전통을 그대로 이어가는 사람들이 살아가는 이곳은 놓칠 수 없는 탐방지이다.

조선 중기의 학자이자 임진왜란이라는 국가의 위기를 극복한 명재상으로 이름 높은 서애 류성룡으로 대표되는 가문의 선조들은 충효당, 양진당, 북촌, 남촌댁 등 당당함을 한껏 자랑하는 대저택들의 주인이다. 그 흔적만을 남기는 집도 있지만 대부분은 아직도 후손들이 전통을 지키며 살아가고 있다. 하회마을을 더욱 아름답게 만드는 높지도 낮지도 않은 흙담길을 따라 세월의 무게를 느껴보자. 숨은 듯 자리하는 삼신당의 느티나무는 마을을 한마음으로 묶는 상징으로 자리한다. 화회마을은 수많은 정자와 학문 연마의 정사를 가진 수양의 공간이기도 하다. 화천서당, 옥연정사, 겸암정사 등 단정한 옛 건물들은 선비의 정신을 이어가는 이곳의 상징이 된다. 대저택의 사이 사이로 초가지붕을 얹은 일반 백성들의 가옥은 정겨움을 전하는 들꽃 같은 모습이다. 화천을 따라가는 너른 모래사장을 넉넉한 모습으로 채우고 있는 노송들의 편안한 경관도 놓치지 말자. 하회기념관을 찾아 마을 역사를 담고 있는 유물들을 둘러보는 것도 좋다. 안동 헛제사밥과 식혜 등 전통 음식을 내는 마을의 먹거리도 특별하다.

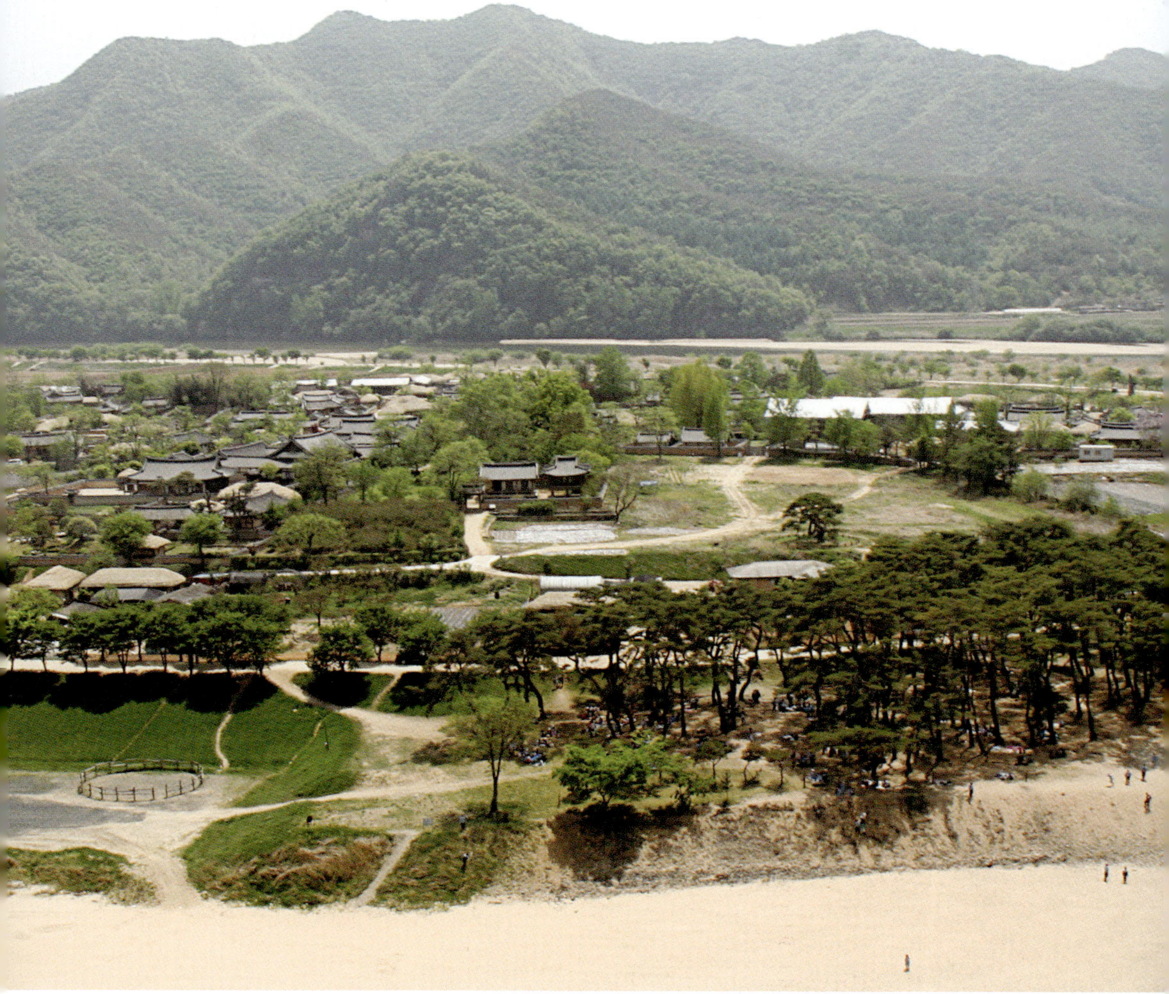

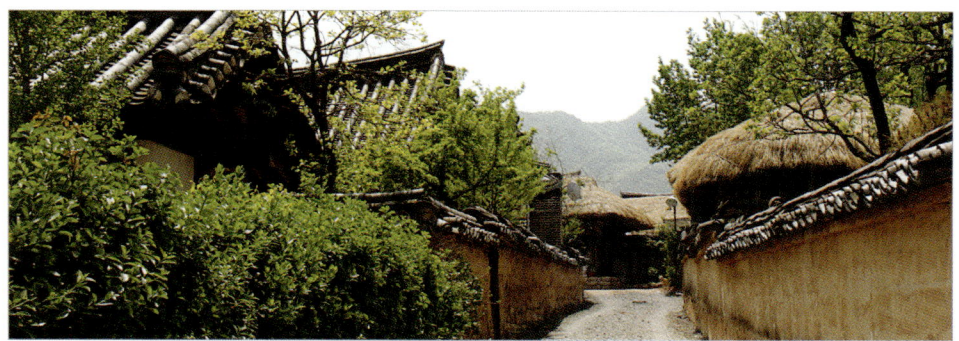

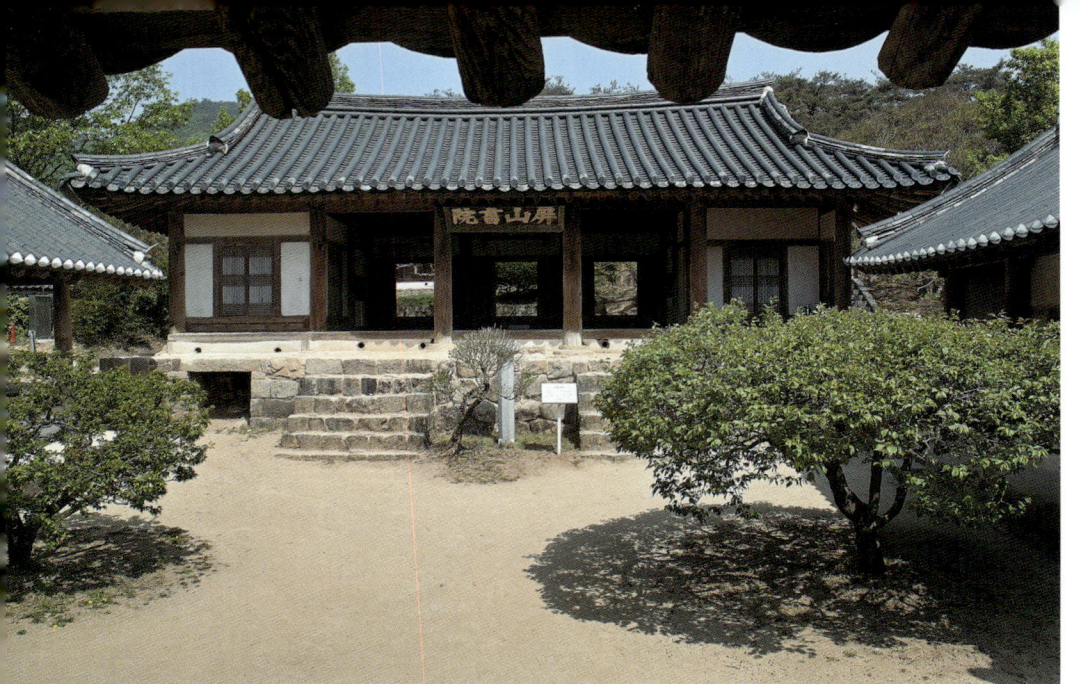

병산서원 낙동강을 굽어보는 서원

위치 | 경상북도 안동시 풍천면 병산리 30
    경상북도 안동시 풍천면 병산길 386
운영시간 | 종일, 연중무휴

▶ MINI DATA
입장료 | 없음   주차 | 가능   분류 | 역사, 문화유적

임진왜란 때 영의정을 지낸 서애 류성룡(1542~1607년)과 그의 셋째 아들 류진을 배향한 사당인 병산서원은 대원군의 사원철폐령에도 사라지지 않고 남은 47개 서원 중 하나로, 조선시대의 대표적인 유교 건축물로 꼽는다. 고려 말 풍산현에 있던 풍산 유씨의 사학(私學)을 류성룡이 이곳으로 옮겨와 제자들을 길러냈고 그의 사후에 제자들이 존덕사를 세우고 류성룡의 위패를 모셨다. 1863년(철종 14년) 병산이라는 사액을 받아 사액서원으로 승격되었으며 많은 학자를 배출해내었다. 서원 앞쪽의 화산이 마치 병풍을 두른 듯하여 병산이라는 이름이 붙었는데 복례문을 지나 서원 안으로 들어서면 높은 계단 위에 자리 잡은 만대루가 보이고 류성룡과 류진의 위패를 모신 사당인 존덕사, 서원의 중심으로 학생들이 강의를 듣던 입교당과 책을 인쇄하던 장판각이 있고 제사를 준비하는 전사청과 학생들의 기숙사로 쓰였던 동재와 서재 등이 빼어난 건축미를 자랑하며 들어서 있다. 서원의 앞쪽에 위치한 만대루는 병산서원에서 가장 유명한 건물로 대강당 역할을 하던 곳이다. 2층으로 넓게 지어진 만대루에서는 서원 앞에 펼쳐진 낙동강과 너른 백사장, 병풍과 같은 산들을 한눈에 조망할 수 있다. 서원의 규모는 크지 않으나 정갈하게 자리 잡은 각 건물들의 조형미가 빼어나 안동 여행에서 빼놓을 수 없는 여행지라 할 수 있다. 류성룡의 문집을 비롯한 각종 문헌 3,000여 점이 보관되어 있으며 해마다 봄, 가을에는 제향을 올리고 있다.

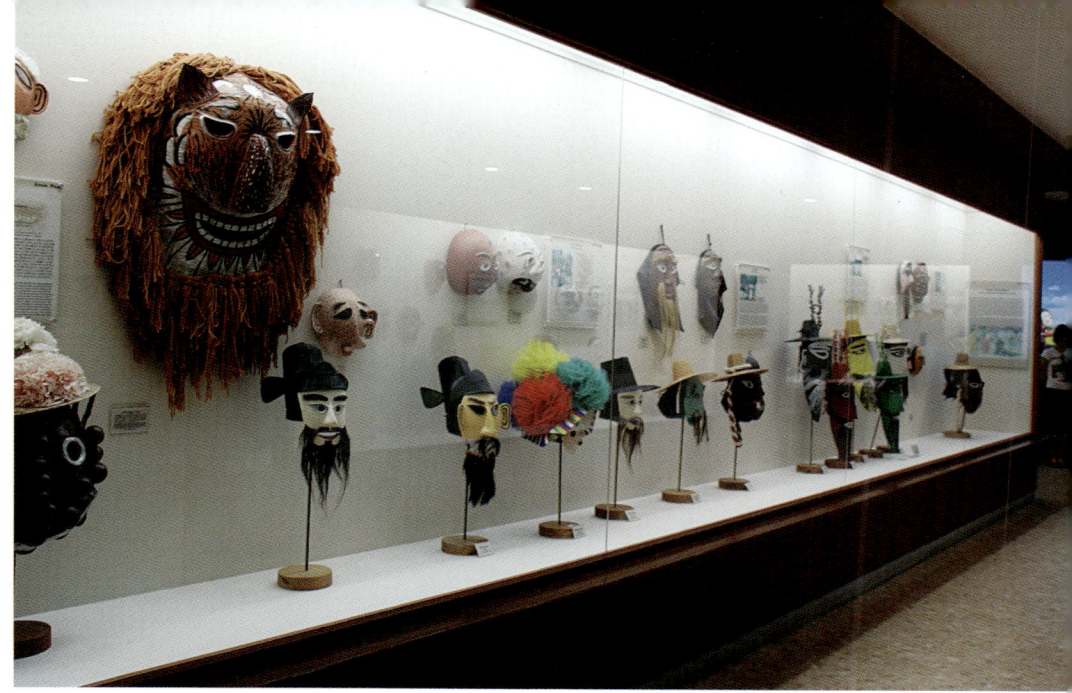

탈박물관 전통의 고향

위치 | 경상북도 안동시 풍천면 하회리 287
　　　경상북도 안동시 풍천면 전서로 206
운영시간 | 09:30~18:00, 연중무휴

▶ MINI DATA
| 입장료 | 있음　주차 | 가능　분류 | 박물관

하회마을은 하회탈의 고장으로도 유명하다. 12종에 이르렀다는 하회탈은 일제강점기 우리 전통의 놀이를 금지한 정책의 영향으로 맥이 끊겨 지금은 9종류만이 그 모습을 전한다. 음력 정월에 펼쳐지는 하회별신굿은 전국적으로 유명한 마을의 축제였다. 한 해 동안의 마을의 안녕과 풍요를 기원하는 축제는 탈을 쓴 광대들이 양반과 지주에 대한 불안을 거친 노랫가락으로 해소하는 특별한 시간이었다. 실제 그 가사를 들으면 걸쭉한 욕설과 음담패설로 가득한 이야기가 놀랍게 느껴진다. 엄격한 신분제 사회였던 조선시대지만 1년에 1번 마음껏 스트레스를 풀어내는 한마당의 잔치를 통하여 서로의 불만을 해소하는 포용력을 느낄 수 있다. 각시탈, 양반탈 등 하회탈의 실제 모습

과 별신굿을 보고 싶다면 하회마을 입구의 하회동 탈박물관을 찾아보자. 안동의 탈뿐 아니라 전국의 수많은 탈과 탈놀이를 살펴볼 수 있고 아프리카와 중국 등 세계의 탈을 전시하는 박물관이다. 다양한 세계의 탈들은 각기 다른 기후와 풍토, 나름의 역사를 담는다. 각종 제례 등 의식과 행사에 사용되는 다양한 탈의 모습과 그 용도를 공부할 수 있는 박물관은 정기적으로 공연되는 탈놀이를 감상할 수 있는 곳이기도 하다.

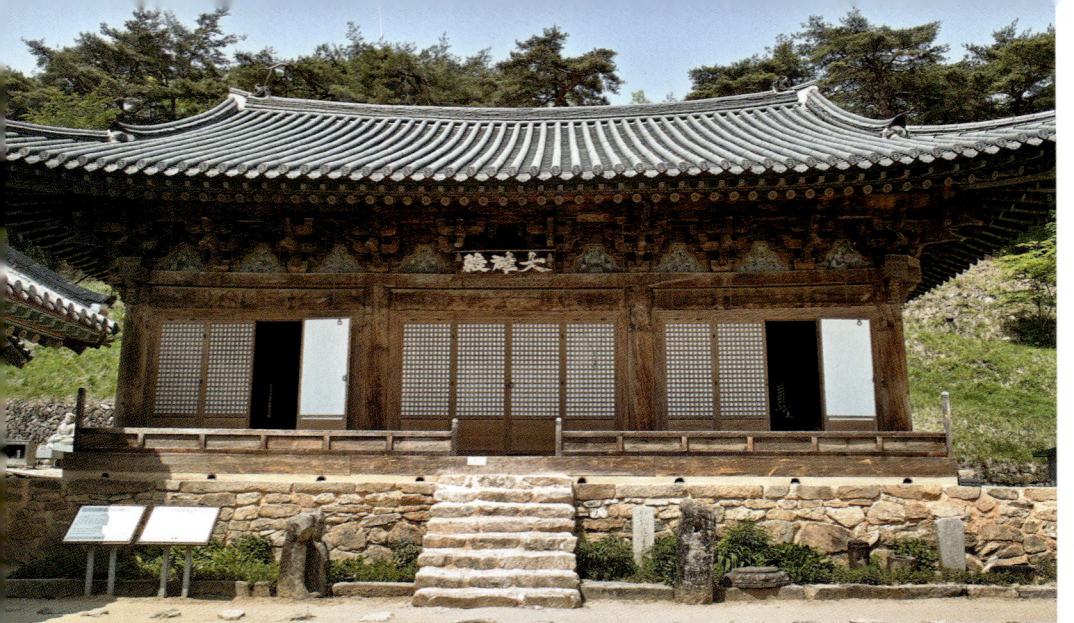

봉정사 봉황이 정한 자리

위치 | 경상북도 안동시 서후면 태장리 901
경상북도 안동시 서후면 봉정사길 222
운영시간 | 종일, 연중무휴

▶ MINI DATA
입장료 | 있음   주차 | 가능   분류 | 불교유적

봉정사의 창건 설화는 한 편의 시처럼 아름답다. 통일신라 때 의상대사가 부석사에서 종이를 접어 만든 봉황을 바람에 날려 보내 사뿐히 앉은 자리에 세운 절이다. 의상의 불심을 담은 종이 봉황은 포근한 산자락에 자신의 둥지를 틀었다. 화려함보다 고풍스러움 가득한 사찰은 봉황의 자태처럼 품위 있다. 사찰의 정문을 대신하는 덕휘루에서 시작되는 경내 공간은 부처님의 말씀을 어렵사리 찾아가듯 가파른 계단을 올라야 만날 수 있다. 대웅전과 극락전, 몇 채의 요사채가 어우러지는 사찰은 스쳐지나가기 쉬운 보물을 감추고 있다. 투박한 벽면과 맞배지붕의 극락전은 우리나라 현존 목조건물 중 가장 오래된 목조 건물이다. 1972년 보수공사 중 발견된 상량문의 기록을 근거로 최소 1363년, 많게는 고구려시대까지 그 연원을 보는 학설도 있으니 부석사 무량수전보다 오래된 것이다. 검은 전돌이 바닥에 깔린 내부에도 사이마다 깊은 역사의 시간들을 담고 있다. 조선 초기의 건물인 대웅전은 특이하게 회랑을 두르고 있다. 벗겨진 단청의 나뭇결과 어우러져 흡사 양반 가옥의 사랑채를 보는 느낌을 준다. 내부에 모셔진 불상 뒤편으로 빛 바랜 후불탱화는 최근의 보수 중 발견된 우리나라에서 가장 오래된 사찰 벽화다. 고려시대 건물로 추정되는 극락전과 조선 초기의 대웅전, 후기에 만들어진 고금당과 화엄강당까지 봉정사의 모습은 700년이 넘는 시간 동안 변화해온 사찰 건축양식을 한곳에서 살펴보는 특별함이 있다.

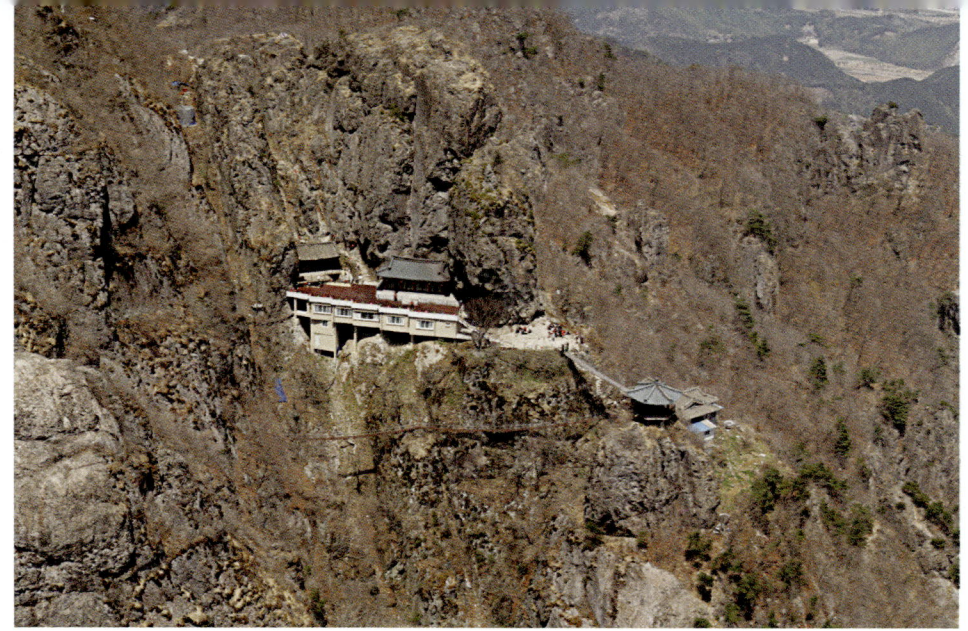

금오산 　경상북도의 소금강

| 위치 | 경상북도 구미시 남통동 일대
| 운영시간 | 종일, 연중무휴

▶ MINI DATA
| 입장료 | 없음 　　주차 | 가능 　　분류 | 산, 계곡, 동굴

금오산은 우리나라에서 최초로 지정된 도립공원이다. 평지 가운데 우뚝 솟은 산(976m)이지만 안으로 들어가면 산세가 제법 깊어 사계절 내내 등산객들이 많이 찾는다. 등산로를 따라 다양한 문화재가 있을 뿐만 아니라 케이블카가 있어 중턱까지 쉽게 오를 수 있기에 찾는 사람이 더욱 많다. 금오산 매표소를 지나 건너게 되는 대혜교에서 산 중턱의 해운사까지 케이블카가 운행되는데 약 800m의 길이이다. 케이블카가 끝나는 곳에 있는 해운사는 근래에 세워진 절로, 옛날 이곳에는 도선이 세운 대현사라는 절이 있었으나 임진왜란 때 소실되었다고 한다. 여기서 조금 더 오르면 금오산에서 가장 크고 시원하다는 대혜폭포가 있다. 높이가 28m로 물이 부서지면서 내는 소리가 금오산을 울릴 만큼 크다. 금오산을 경상북도의 소금강이라 부르는 이유이다. 또 하나 금오산에서 찾

아볼 만한 곳이 도선이 수도하면서 깨달음을 얻었다고 전해지는 도선굴인데, 대혜폭포와 갈라지는 길에서 반대쪽으로 올라가면 된다. 찾아가는 길이 벼랑으로 난간을 둘러놓았는데 조심해야 한다. 임진왜란 때 인근 주민들이 칡덩굴에 몸을 의지해 이곳 굴에 피난을 왔다고 전해지며 많을 때는 500여 명이 모였다고 한다. 굴 안에는 불상이 있으며 기도를 하기 위하여 찾는 사람들이 많다. 정상까지는 2시간 정도 소요되니 한나절 산행으로 적당하며, 케이블카를 타고 대혜폭포까지 올랐다 하산하는 코스도 가벼운 나들이를 하려는 사람들이 많이 이용한다. 취사가 가능한 야영장이 있으며, 몇 가지 놀이기구가 갖추어진 작은 놀이공원인 금오랜드도 공원구역 내 위치하고 있다. 또 오리배와 보트를 이용할 수 있는 유선장이 주변에 있다.

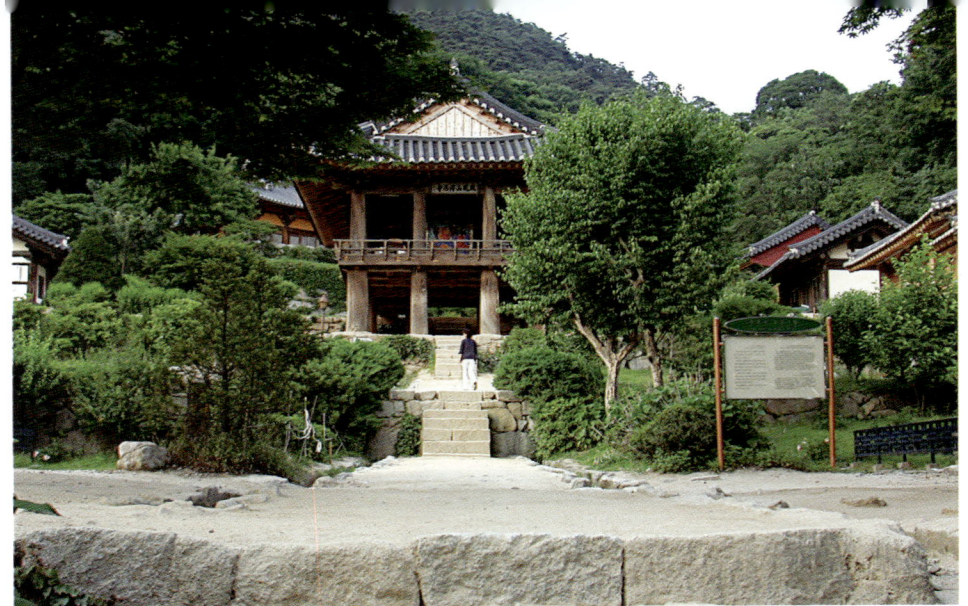

부석사 우리나라 최고의 목조 건축물

위치 | 경상북도 영주시 부석면 북지리 148
　　　경상북도 영주시 부석면 부석사로 345
운영시간 | 종일, 연중무휴

▶ MINI DATA
입장료 | 있음　　주차 | 가능　　분류 | 불교유적

신라 문무왕 16년(676년)의 왕명에 의해 의상대사가 창건한 사찰로 한국 화엄종의 근본 도량이다. 봉정암 극락전과 함께 우리나라 최고의 목조 건물로 꼽히는 무량수전과 조사당이 있는 사찰로 '부석(浮石)'이란 이름에는 창건 설화가 담겨 있다. 의상대사가 당나라로 유학 갔을 때 선묘라는 이름의 중국 여인이 의상을 사모하다가 의상이 신라로 돌아가자 바다에 뛰어들었다. 신라로 돌아온 의상대사가 부석사를 지으려고 할 때 도적이 끓어 공사를 방해하니 선묘의 영혼이 나타나 큰 돌을 번쩍 들어올려 도적이 도망가 무사히 부석사를 지을 수 있었다고 한다. 지금도 무량수전 서쪽의 큰 바위는 위아래가 붙지 않고 떠 있는데 부석이라 새긴 글씨가 선명하게 남아 있다. 일주문을 지나면 아름드리 은행나무가 호위하는 언덕을 지나 철당간을 만나고 안양루를 오르면 유명한 배흘

림기둥이 당당한 무량수전이 단아한 석등을 앞에 두고 서 있다. 무량수전 안에는 소조여래좌상이 모셔져 있으며 동쪽으로는 삼층석탑이 서 있다. 안양루를 비롯해 무량수전, 조사당 등의 절집들이 겹겹이 굽이치는 소백산맥 자락을 바라보며 자리를 잡았는데 한 가지 특이한 것은 측면으로 앉아 있는 범종각이다. 정면은 팔작지붕, 후면은 맞배지붕으로 모양을 달리하고 있으며, 측면으로 앉은 이유는 부석사 건물 전체의 분위기가 소백산을 향해 비상하는 듯하여 그것과 조화를 이루기 위함이라고 한다. 무량수전 위쪽으로 산책로를 따라가면 응진전과 자인암을 둘러볼 수 있고 의상대사가 꽂아 놓은 지팡이에서 꽃이 피어난 것으로 전해지는 선비화도 볼 수 있다. 저녁 타종 시각 일몰을 바라보며 무량수전 앞에 서 보는 시간을 가져보자.

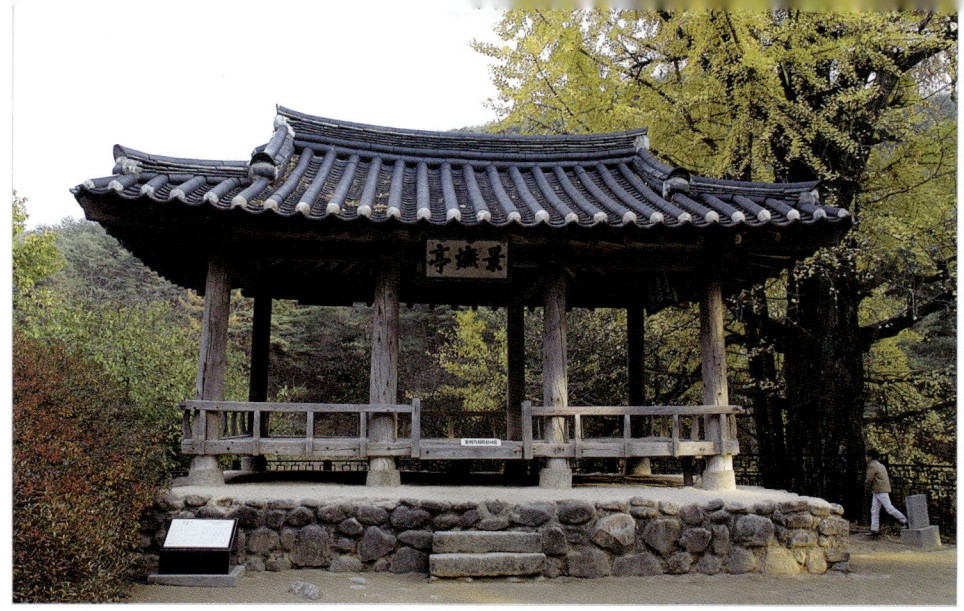

소수서원 사학의 시작

위치 | 경상북도 영주시 순흥면 내죽리 151-2
　　　 경상북도 영주시 순흥면 소백로 2740
운영시간 | 11~2월 09:00~17:00, 3~5월/9~10월 09:00~
　　　 18:00, 6~8월 09:00~19:00, 연중무휴

▶ MINI DATA
입장료 | 있음　주차 | 가능　분류 | 역사, 문화유적

소수서원은 우리나라 최초의 서원이다. 최초의 주자학자로 알려진 문성공 안향 선생이 유배 시절 머물렀던 자리에 세워진 서원은 마을의 이름을 딴 백운동서원으로 불리었다가, 퇴계 이황 선생이 명종에게 현판을 하사받아 지금의 소수서원으로 이름을 바꾸었다. 고려 말 원나라에 사신으로 건너간 안향이 우리땅에 처음으로 알린 주자학은 국가 경영의 원리로 새롭게 해석되어 훗날 조선 건국의 기본사상이 되었다. 조선 중기 풍기군수로 부임한 주세붕은 중국의 백록동 서원을 흠모하여 서원을 세우고 안향 선생을 배향하였다. 서원은 기존의 지방 관립 교육기관인 향교를 뛰어넘는 높은 수준의 학문을 전수하는 지방사립대학이었다. 관직에서 물러난 유학자들이 대개 자신의 고향으로 낙향하여 건립한 서원은 후학을 교육하고 사당을 통하여 선학을 배향하는 지방의 사상 중심지로 흥선대원군의 서원철폐정책이 있기까지 그 영향력은 실로 막강한 것이었다. 처음 만들어진 서원이라 소수서원은 그 형식과 건물배치가 자유롭다. 앞으로 교육시설을 두고 뒤편으로 사당을 세우는 전학후묘의 배치는 이후 만들어진 서원건립의 형식이었고, 소수서원은 강학 장소인 명륜당을 중심으로 직방재, 학구재, 지락재 등이 자유롭게 자연경관에 따라 어우러진다. 그 규모 또한 큼직한 모습이 당시의 위세를 느끼게 하며 하천을 따라 취한대 등 아름다운 정자가 자리하고 있다. 한적한 서원 내부를 둘러보고 안향 선생과 설립자인 주세붕의 영정이 보관되어 있는 전시관도 둘러보자. 옛 사찰 터임을 알리는 입구의 당간지주도 이채롭다.

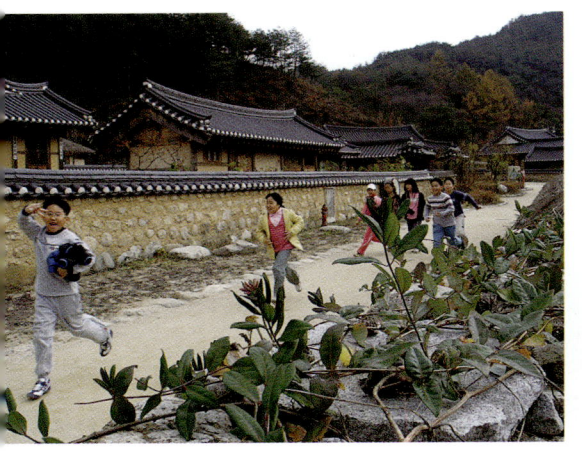

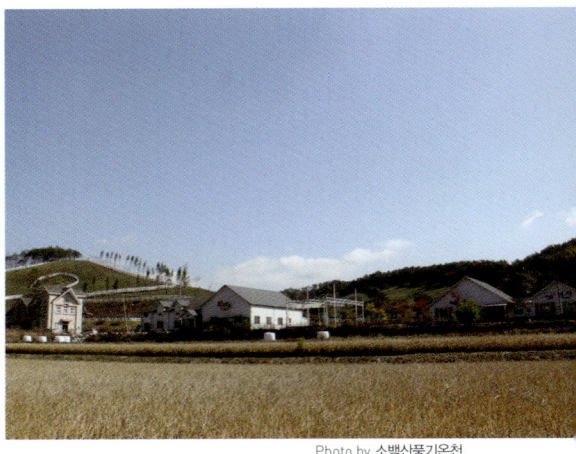

Photo by 소백산풍기온천

선비촌
학문의 마을

| 위치 | 경상북도 영주시 순흥면 청구리 357
    경상북도 영주시 순흥면 소백로 2796
| 운영시간 | 11~2월 09:00~17:00, 3~5월/9~10월 09:00~
    18:00, 6~8월 09:00~19:00, 연중무휴

▶ MINI DATA

| 입장료 | 있음   주차 | 가능   분류 | 전시, 체험시설

소백산 풍기온천
수질 좋은 유황온천

| 위치 | 경상북도 영주시 풍기읍 창락리 430
    경상북도 영주시 풍기읍 죽령로 1400
| 운영시간 | 06:00~20:00, 연중무휴

▶ MINI DATA

| 입장료 | 있음   주차 | 가능   분류 | 온천, 휴양

경상북도 북부 영주 지방은 공자와 맹자의 근원이라는 '추로지향'의 자부심이 대단하다. 우리나라 최초로 주자성리학을 도입한 안향의 유적과 최초의 서원인 소수서원이 자리하는 등 유교 교육기관이 여느 곳보다 밀집되어 있는 이곳은 학문의 요람이자 조선 양반 문화의 중심지이기도 하다. 소수서원과 함께 자리한 선비촌은 주변의 고택 등 유서 깊은 가옥을 한자리에 모은 마을이다. 하회마을처럼 사람이 살아가는 모습은 남아 있지 않지만 잘 정돈된 산책로를 따라 옛 가옥들을 둘러보고 다양한 전통체험과 음식을 즐길 수 있는 시설은 단순한 관광지와는 다른 고풍스러움을 갖추었다. 무엇보다 흥미로운 것은 전통가옥에서 옛 방식 그대로의 하룻밤을 즐기는 숙박체험이다. 오래된 목조 가옥에서 한적하게 하루를 묵으며 전통의 먹거리를 즐기는 이색체험을 할 수 있다.

풍기온천은 전국 최고의 수질을 자랑하는 유황 온천 중 하나로 지하 800m에서 분출되는 100% 천연 원수를 탕에 공급하는 것으로 유명하다. 유황, 불소, 중탄산 등이 함유된 온천수는 관절염, 신경통, 당뇨병, 만성기관지염에 탁월한 효과를 보인다고 알려져 있다. 탕의 규모가 크지는 않으나 온천의 수질이 좋아 즐겨 찾는 이들이 많으며, 인삼으로 유명한 고장답게 풍기 인삼, 천궁, 계피 등을 넣은 한방 사우나 시설이 인기다. 유황온천은 가급적 비누를 사용하지 않는 것이 좋으며 탕에서 나온 후 타월을 사용하지 않고 그대로 말리는 것이 피부 미용에 좋다고 한다. 풍기온천 주변으로는 부석사, 희방사, 소수서원, 옥녀봉 자연휴양림 등 관광지가 많으며, 풍기인삼축제, 봉화송이축제, 소백산철쭉제, 안동탈춤페스티벌 등 축제도 많이 열리니 여행길에 들려볼 만한 온천이다.

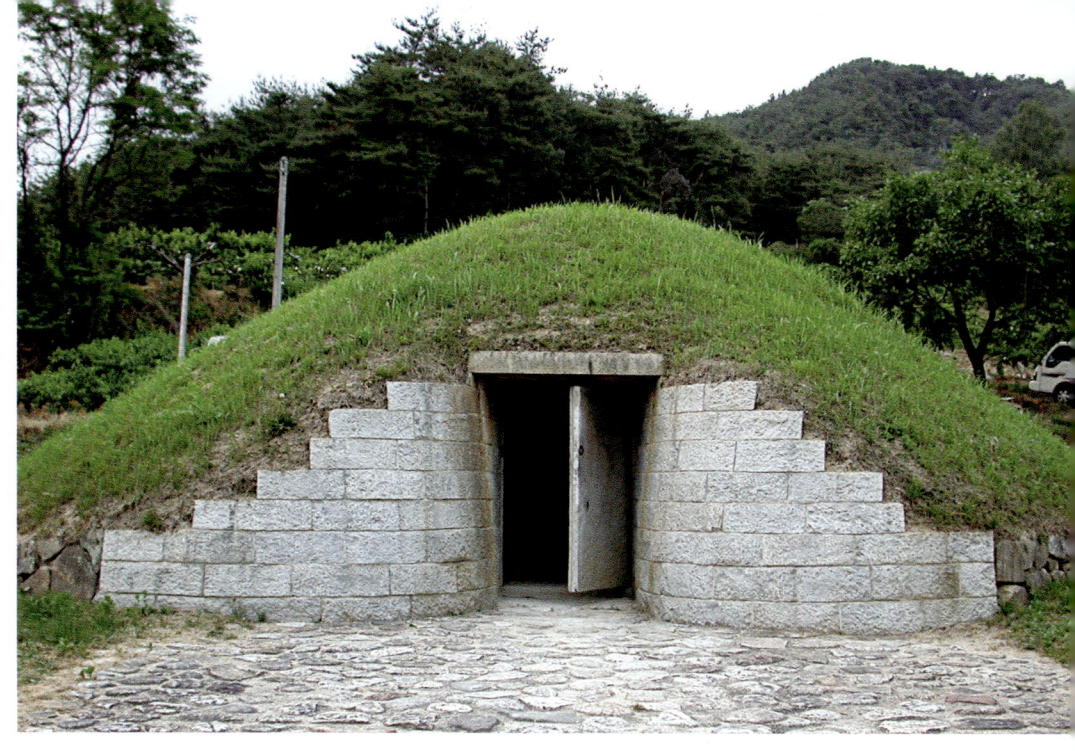

순흥 읍내리 벽화고분 무덤 안에 그려진 그림을 볼 수 있다

| 위치 | 경상북도 영주시 순흥면 읍내리 산29-1
　　　 경상북도 영주시 순흥면 소백로 2547-14 인근
| 운영시간 | 종일, 연중무휴

▶ MINI DATA
| 입장료 | 없음　　주차 | 가능　　분류 | 역사, 문화유적

신라 최초의 고분벽화인 순흥어숙묘 다음으로 발견된 읍내리 벽화고분은 내부 벽화가 앞서의 것보다 잘 보존되어 있어 학술적으로 가치를 가지는 곳이다. 실제 무덤은 아니지만 이웃하는 곳에 같은 크기의 모형을 만들어놓아 일반 관람객들도 무덤 안으로 들어가 그 안에 그려진 그림을 볼 수 있다. 석실분으로 벽면 사방에 회칠을 하고 그 위에 묵선을 그은 후 그림을 그렸는데 들어가는 널길 동벽에 삼지창을 든 역사상이 무덤을 지키고 있다. 안으로 들어가면 동쪽으로 산악도가 그려져 있고 다른 쪽으로 서조도라고 하는 봉황 또는 주작으로 추정되는 그림을 볼 수 있다. 이 무덤이 어느 시대에 만들어진 것인가를 두고 논쟁이 벌어졌었는데, 무덤의 형식으로 보면 돌방을 갖추고 있는 고구려 고분으로 신라의 돌무지무덤과는 다른 형태로 볼 수 있으나, 안에 그려진 그림의 형식으로 보면 역사상에 그려진 귀고리 등에서 신라 그림의 특성이 나타난다는 점에서 선뜻 결론을 내리기 어려웠다고 한다. 게다가 이곳 순흥 지역은 원래 신라 땅이었으나 잠시 고구려의 통치를 받은 적이 있다는 점에서 더욱 그러했다. 현재는 신라 지역에서 만들어졌지만 고구려의 영향을 강하게 받은 무덤으로 해석을 하고 있다. 남한에서는 쉽게 볼 수 없는 벽화고분으로 손전등을 가지고 가면 내부를 살펴볼 수 있다.

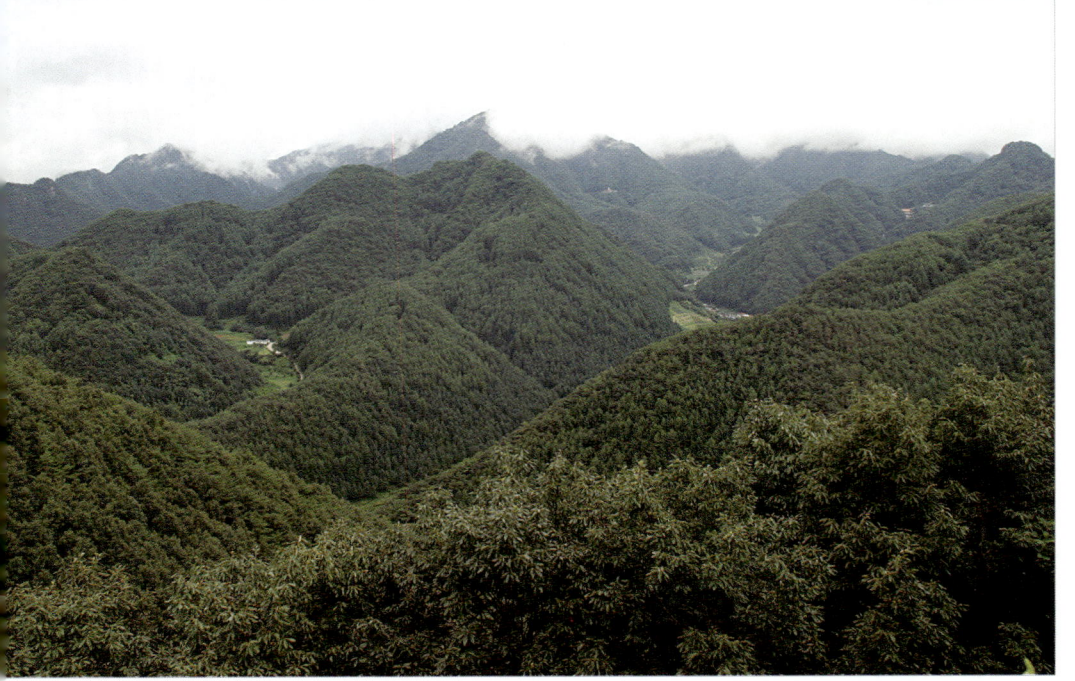

소백산국립공원 들꽃의 고향

| 위치 | 경상북도 영주시, 충청북도 단양군 일대
| 운영시간 | 종일, 연중무휴

▶ MINI DATA
| 입장료 | 없음   주차 | 가능   분류 | 산, 계곡, 동굴

부드러운 흙길로 이어지는 소백산 산행은 흙으로 뒤덮인 육산이 주는 편안함과 행복감을 가장 멋지게 느낄 수 있는 산행이 되지 않나 싶다. 충북 단양과 경북 영주를 잇는 소백산은 한반도의 중심에 서 있는 국립공원이다. 상월봉, 국망봉, 비로봉, 연화봉으로 이어지는 능선에서 한복의 치맛자락처럼 펼쳐지는 부드러움과 세련됨을 느낄 수 있다. 봄의 철쭉, 여름의 들꽃, 가을의 붉은 단풍, 겨울의 하얀 눈꽃으로 이어지는 산의 모습은 천상의 화원이라는 소백산의 별칭에 어울린다. 소백산은 부처님의 산이기도 하다. 봉우리의 이름에서 말하듯 불가의 뜻을 따르고 부처님의 말씀을 전하는 크고 작은 사찰과 암자가 자리한다. 소백산 산행을 즐기는 코스는 다양하다. 치마의 주름살마다 깊고 깨끗한 계곡을 숨기고 있으며 계곡을 따라 산행을 이어가는 길은 어느 곳이나 멋진 산행길이 되지만 그 중심으로는 연화봉과 비로봉을 잇는 능선 탐방 길이 특히 아름답다. 우리나라 천문 관측의 중심이 되는 소백산천문대가 위치하는 연화봉에서 시작되는 부드러운 흙길은 2시간여의 걸음으로 철쭉축제가 열리고 토종 에델바이스인 솜다리가 물결치는 소백산 최고봉인 비로봉에 다다른다. 해마다 늦은 봄날이면 철쭉제가 열리는 비로봉에서 이어지는 천동계곡, 죽계구곡, 어의계곡은 야생화의 맑은 향기를 온몸으로 두르며 지친 발걸음을 계곡의 맑은 개울물에 식힐 수 있는 곳이다. 흰 눈 내리는 겨울이라면 단단하게 옷을 챙겨 입고 눈꽃 핀 주목의 향연을 즐겨보자.

698

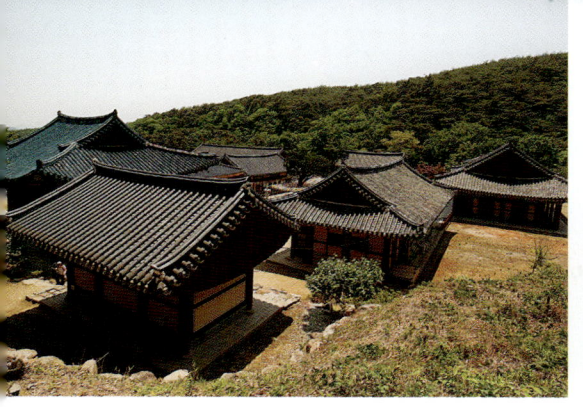

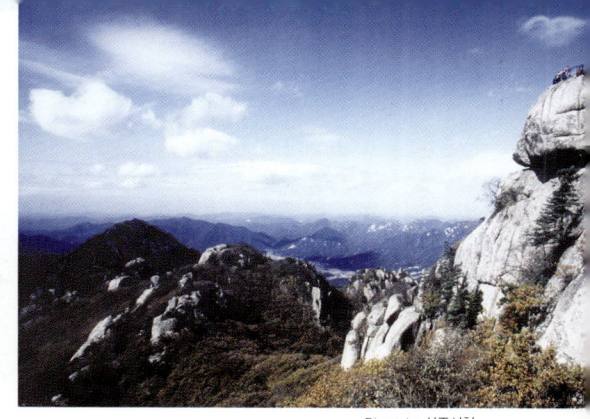

Photo by 상주시청

은해사
은빛 바닷속에 자리한 사찰

| 위치 | 경상북도 영천시 청통면 치일리 479
  경상북도 영천시 청통면 청통로 951
| 운영시간 | 박물관 동절기 10:00~16:00, 하절기 10:00~17:00,
  매주 월요일 휴관

▶ MINI DATA

| 입장료 | 있음　주차 | 가능　분류 | 불교유적

문장대
속리산 최고의 인기 지역

| 위치 | 경상북도 상주시 화북면 장암리
| 운영시간 | 종일, 연중무휴

▶ MINI DATA

| 입장료 | 없음　주차 | 가능　분류 | 산, 계곡, 동굴

영천의 팔공산 자락에 자리 잡은 은해사는 사찰 주변에 안개가 끼고 구름이 피어날 때의 풍광이 마치 '은빛 바다가 물결치는 듯하다' 해서 이름 붙은 사찰이다. 신라 헌덕왕 1년(809년)에 혜철국사가 창건한 사찰로 신라의 원효대사와 의상대사, 고려의 보조국사 지눌과 「삼국유사」를 저술한 일연 등 많은 고승을 배출한 고찰이나 현존하는 건물들은 대부분 현대에 와서 지어진 것이라 안타깝다. 대신 은해사가 거느린 많은 암자들은 여러 보물을 간직하고 있는데 국보 제14호인 거조암의 영산전은 부석사 무량수전과 조사당, 봉정사 극락전, 예산 수덕사 대웅전 등과 함께 고려시대를 대표하는 귀중한 문화재로 꼽는다. 보물 제790호인 백흥암 극락전과 보물 제486호인 극락전수미단, 보물 제514호인 운부암 청동보살좌상을 비롯해 60여 점의 문화재를 간직하고 있다. 그 외에도 기기암, 묘봉암, 백련암 등 팔공산 자락을 은빛 바다로 일렁이게 하는 것은 바로 은해사가 거느린 암자들이라 할 수 있다.

속리산에서 가장 높은 봉우리는 천황봉(1,058m)이지만 등산객들이 많이 찾는 봉우리는 문장대(1,054m)이다. 경치 좋은 곳에 자리한 너른 바위를 '대'라고 표현하는데, 문장대는 산 정상에 위치한 넓은 바위 봉우리로 그 위에 오르면 속리산의 아홉 봉우리를 한눈에 담을 수 있으며 주변 기암괴석들의 멋진 모습에 감탄을 자아내게 된다. 원래 이름은 운장대로, '구름 쌓인 봉우리' 라는 뜻이었으나, 조선 세조가 이곳에 올라 시를 읊은 후 이름이 문장대로 바뀌었다고 한다. 문장대에 3번 오르면 극락에 간다는 전설이 전해진다. 천황봉이 아닌 문장대를 많은 사람들이 찾는 이유는 문장대에서 바라보는 경치가 좋은 이유도 있겠지만, 속리산 자락에서 가장 유명한 절인 법주사를 돌아보면서 등산을 시작할 수 있기 때문이다. 시원한 나무 그늘로 유명한 오리숲과 법주사를 지나면 본격적인 등산이 시작되는데 세심정을 거쳐 문장대까지는 약 7km로 2시간 반에서 3시간 정도 소요된다.

경천대

낙동강 천삼백 리 최고의 절경

위치 | 경상북도 상주시 사벌면 삼덕리 1-13
경상북도 상주시 사벌면 경천로 652
운영시간 | 종일, 연중무휴

▶ MINI DATA
입장료 | 없음   주차 | 가능   분류 | 강, 유원지

경천대는 낙동강 1천 3백 리 물길 중 아름답기로 첫 번째 꼽힌다. 하늘 높이 솟구쳐 오른 바위 위로 푸른 하늘과 햇살을 담은 송림이 우거져 있고, 아래로는 굽이도는 물길에 금빛 모래사장이 햇빛을 받아 반짝이는 멋진 모습을 경천대에서 볼 수 있다. 태백 황지에서 발원한 낙동강은 아래로 내려가 도시를 하나씩 만날 때마다 자연의 순수한 아름다움을 잃어가는데 상주 경천대 만큼은 본래 가지고 있는 모습 그대로 잘 보존되어 있다. 경천대의 옛 이름은 자천대로 '하늘이 스스로 만든 아름다운 곳'이라는 뜻이다. 지금의 이름은 병자호란 이후 소현세자와 봉림대군이 청

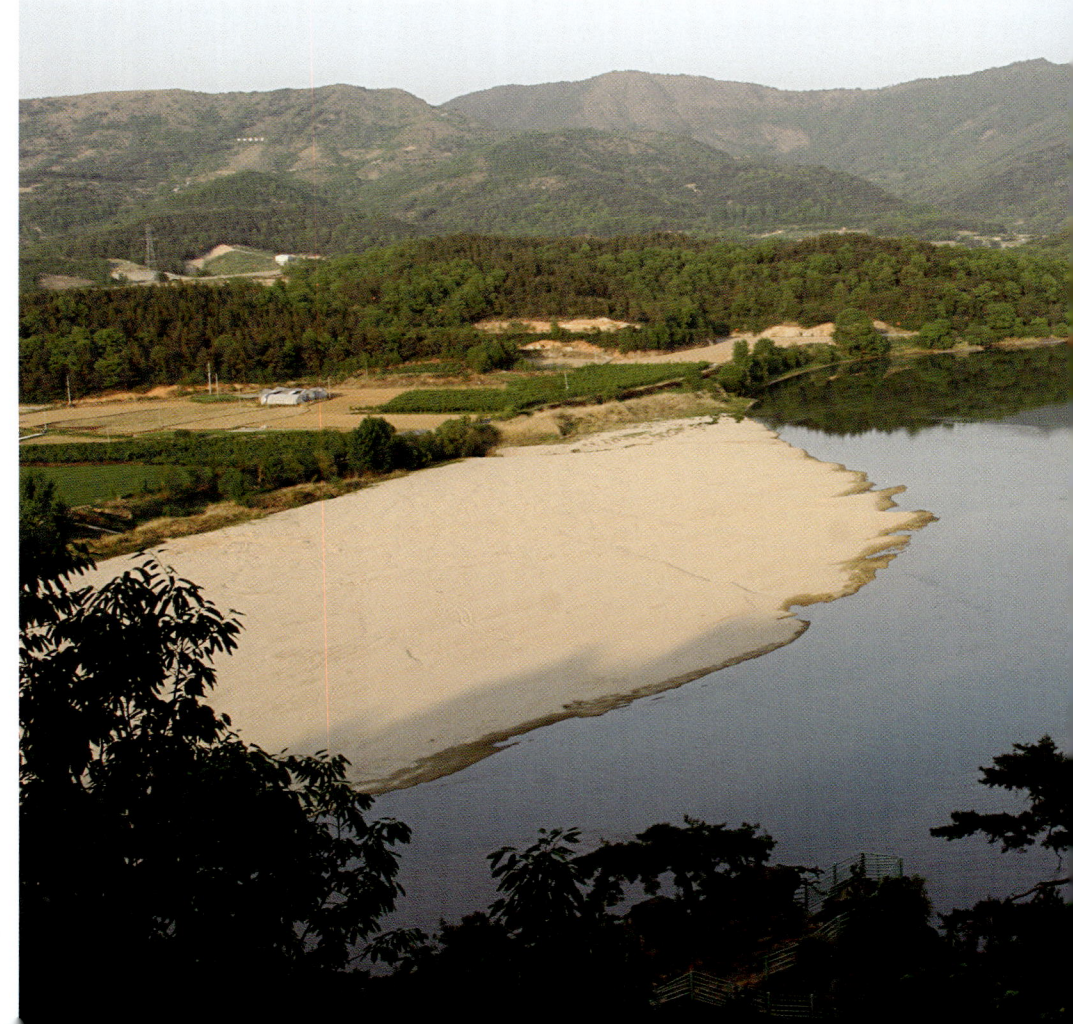

나라의 볼모가 되어 심양으로 갈 때 수행했던 인물인 우담 채득기가 고향으로 낙향한 뒤 이곳의 풍경에 반하여 작은 정자를 짓고 머물면서 경천대라 지었다고 한다. 임진왜란 당시 명장 정기룡 장군이 무예를 닦고 말을 훈련시켰다는 전설을 담은 흔적들도 경천대 바위 위에 남아 있다. 경천대를 중심으로 잘 꾸며진 공원 시설은 한나절의 가족나들이에 부족함이 없다. 산악자전거 등 레포츠를 즐기기에 알맞은 산책로가 있어 아름다운 풍경을 감상하면서 즐기기에 좋다. 낙동강과 경천대가 어우러지는 풍경을 제대로 바라보려면 제법 가파른 전망대를 찾아가야 한다. 굽어 흐르는 낙동강의 모습과 주변 경관이 어우러지는 모습이 아름답다. 정상까지 오르는 오솔길은 세라믹 황토자갈이 깔린 산책로다. 맨발로 흙을 밟으면서 시원한 발마사지를 즐기며 바라보는 경관이 더욱 상쾌하다. 전망대에서 내려오는 길에 만나는 출렁다리와 구름다리도 이색적이다. 그 밖에도 여름이면 수영장을, 겨울에는 눈썰매장을 운영한다. 드라마 〈상도〉의 촬영장은 낙동강의 푸른 물결과 함께 어우러지는 경관이 일품이다. 촬영 이후 소홀하게 관리되는 대부분의 장소와 달리 깔끔하게 단장되어 있다.

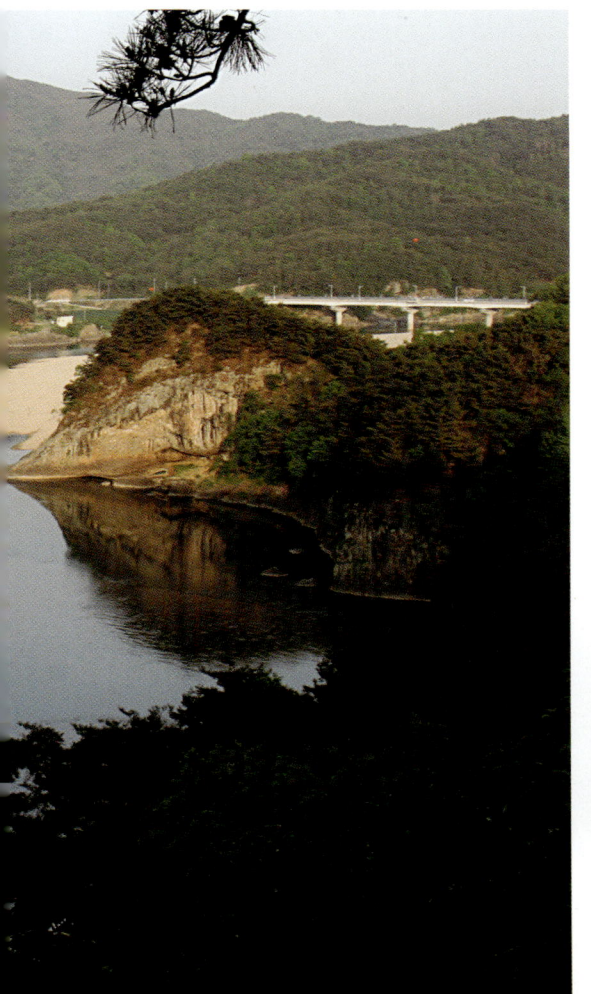

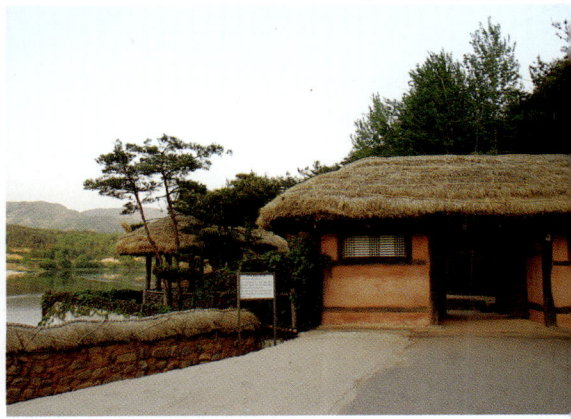

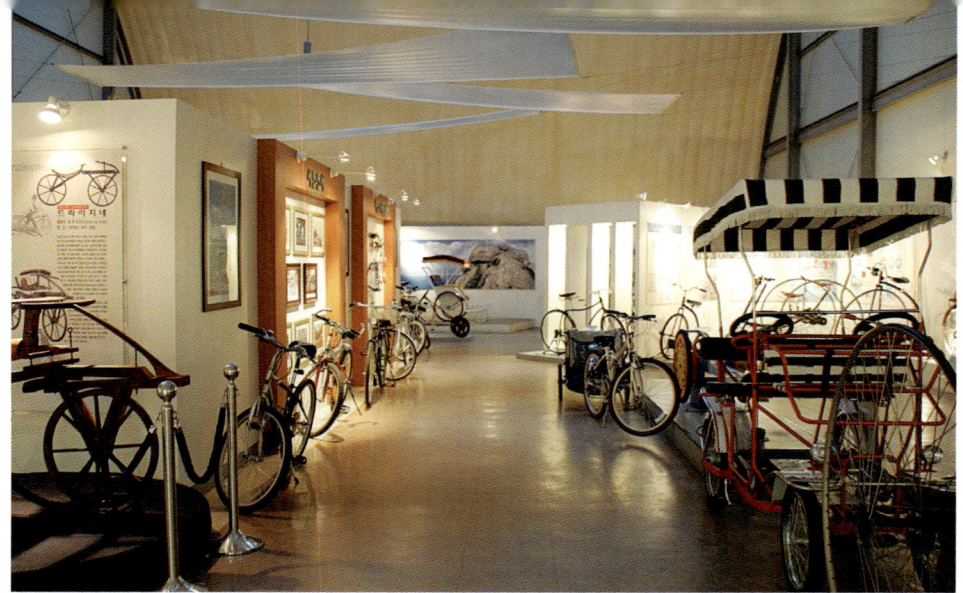

상주 자전거박물관 자전거의 도시, 상주의 박물관

위치 | 경상북도 상주시 도남동 산3-4
경상북도 상주시 용마로 415
운영시간 | 09:00~18:00, 매주 월요일 휴관

▶ MINI DATA
| 입장료 | 없음   주차 | 가능   분류 | 박물관

자동차보다 자전거가 더 많은 도시 상주다. 상주 인구가 10만 명인데 자전거 대수가 6만 대가 넘는다고 하니, 한 집에 적어도 두 대 이상의 자전거를 가지고 있는 셈이다. 친환경 이동 수단인 자전거의 모든 것을 알려주는 자전거박물관이 상주에 있는 것은 당연한 일이라 하겠다. 이곳에는 다양한 자전거가 전시되어 있는데 바퀴까지 나무로 만들어진 옛날 자전거에서부터 지금 사용되고 있는 자전거들까지 시대별로 자전거의 모양과 구조가 어떻게 바뀌었는지 살펴볼 수 있게 하고 있다. 특히 초기에 만들어진 외국 자전거들이 눈에 띄는데 1813년 독일 사람인 드라이스가 만든 드라이스지네라는 이름의 자전거는 페달이 없는 자전거로 왼발, 오른발 번갈아 가며 땅을 박차 움직이는 것이다. 그래도 최고 시속이 15km로 사람보다 빨라 당시 인기를 끌었다고 한다. TV 광고에 등장하기도 했던 앞바퀴가 큰 자전거의 원형도 이곳 박물관에 전시

되어 있는 등 귀하고 특이한 600여 점의 다양한 자전거를 한자리에서 볼 수 있다. 또한 자전거를 무료로 대여해주는데 잠깐이지만 자전거를 타고 한적한 박물관 주변을 돌아보는 시간을 가져보자.

> ➜ **남장동 곶감마을, 빠알간 곶감이 주렁주렁**
> 상주를 삼백의 도시라 하는데, 쌀, 누에와 곶감을 말한다. 상주 자전거박물관과 남장사 사이 동네인 남장동은 상주에서도 곶감으로 유명한 곳이다. 가을 햇살과 바람을 받으며 익어가는 곶감들이 주렁주렁 매달려 있는 풍경은 깊어가는 가을에 놓치기 아까운 정취이다.

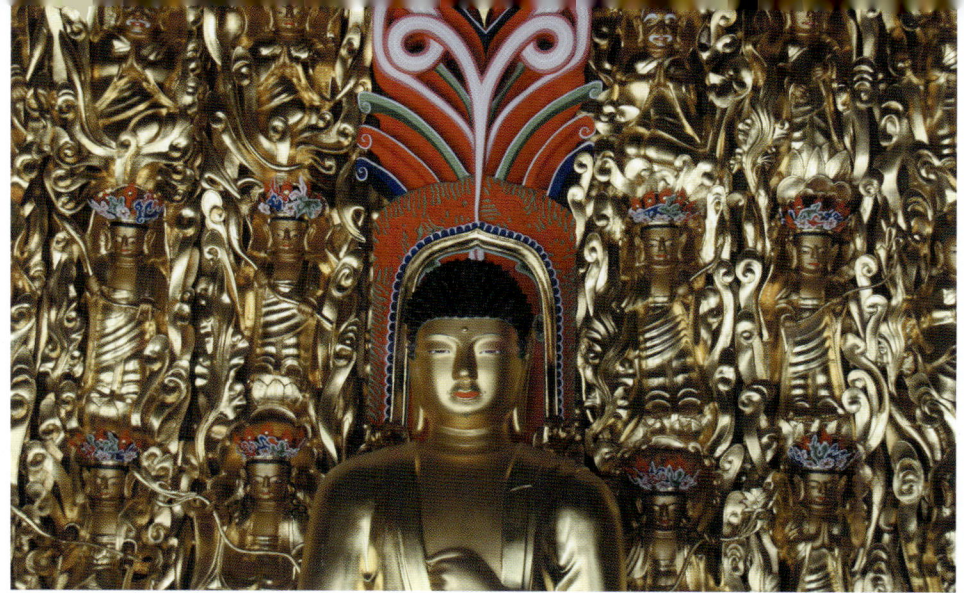

남장사 소담스러운 사찰에 담긴 수준 높은 불교미술을 찾아

위치 | 경상북도 상주시 남장동 502
　　　경상북도 상주시 남장1길 259-22
운영시간 | 종일, 연중무휴

▶ MINI DATA
| 입장료 | 없음　　주차 | 가능　　분류 | 불교유적

남장사는 신라 흥덕왕(830년) 때 당나라에 머물다 돌아온 진감국사에 의하여 만들어진 곳으로 절의 유래와 관련한 기록이 최치원이 쓴 사산비문 중 하나인 하동 쌍계사 진감선사비문에 새겨져 있다. 처음 세워질 때의 이름은 장백사였으나 고려시대 각원국사에 의하여 지금의 이름인 남장사로 개칭되었다고 한다. 남장사로 오르는 길에 작은 돌장승을 하나 만나게 되는데 생긴 모양이 제멋대로라 더욱 정감이 간다. 이 장승과 인사를 나누고 잠시 더 오르면 절의 입구에 다다른다. 일주문으로 들어가면 바로 극락보전이 나오는데 원래 절의 본전은 보광전이었으나 임진왜란이 끝나고 새로 지으면서 이곳이 본전의 자리를 차지하게 되었다고 한다. 극락보전의 꽃창살 조각이 아름다우며 안으로 들어가면 조선 후기에 그려진 멋진 불화들을 볼 수 있다. 보광전에는 보물로 지정된 유물이 두 가지 있는데 철불좌상과 목각탱이다. 신라 말에서 고려시대를 거쳐 조선 초까지 금동불이 아닌 철불이 많이 만들어졌는데 그중 하나를 이곳에서 볼 수 있다. 철불 뒤로 목각탱도 귀한 유물로, 관세음, 대세지, 나한 등 24구가 새겨져 있다. 보광전의 목각탱도 아름답지만 절에서 뒤로 난 길을 따라 잠시 오르면 만나는 관음전에서 볼 수 있는 목각탱은 용문사의 그것과 함께 우리나라에서 수작으로 꼽히는 작품이다. 관음전 목각탱은 보광전에 비하여 그 새겨진 모습이 더욱 입체적이고 사실적이며 화려하다. 가운데 본존불이 있고 주변으로 네 명의 보살과 석가의 제자인 아난과 가섭이 있으며 바깥에는 사천왕상이 부처를 지키고 있는 하나의 완결된 작품이다.

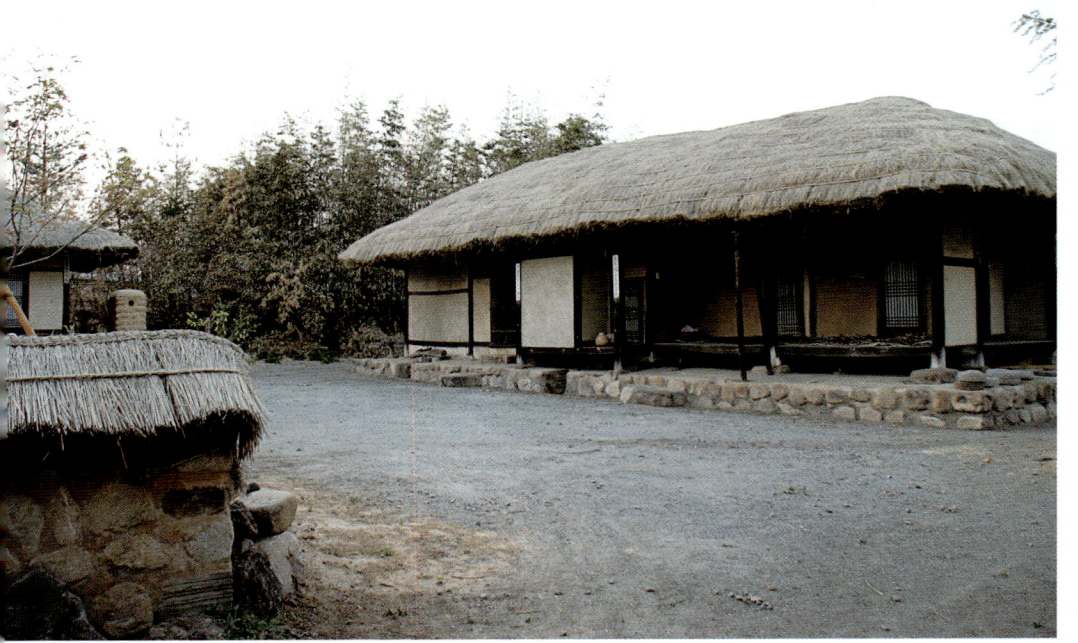

동학교당 동학의 역사를 담은 집

| 위치 | 경상북도 상주시 은척면 우기리 730
경상북도 상주시 은척면 우기1길 64
운영시간 | 종일, 연중무휴

▶ MINI DATA
| 입장료 | 없음　주차 | 가능　분류 | 종교시설

동학은 조선 후기 최제우에 의하여 세워진 민족종교로, '사람이 곧 하늘이다'라는 인내천, 인간 평등 사상을 기반으로 한다. 1894년에는 전라도 고부 지역에서 전봉준에 의하여 동학농민운동이 시작되었으며, 많은 민중이 이에 동참하면서 보국안민과 제세구민의 구호를 외쳤다. 승승장구하던 동학군은 외세의 개입으로 패하게 되고 이후 사회운동이 아닌 민족종교로서 맥을 형성한다. 2대 교주인 최시형에서 3대 교주인 손병희로 오면서 천도교가 창시되는데, 이념과 정치적인 성향에 따라 다양한 교단으로 분파를 하게 된다. 상주 동학교당은 납접주인 김주희에 의하여 1924년에 세워진 곳으로 상주와 문경지역을 중심으로 멀리 충청도와 강원도까지 포교한 내륙 지방 동학교당의 중심지로, 동학경전인 동학가사를 간행하는 등 출판 활동에 많은 노력을 기울인 곳이기도 하다. 동학교 본부 건물로 건물 구조와 배치가 특별한데 동서남북으로 네 동의 건물이 배치되어 있다. 중심 건물은 북재로 성화실이며, 동재는 사랑채이자 접주실로 이용되었고, 서재는 남녀교도가 반씩 사용하였으며, 남재는 행랑채로 남자교도가 사용하였다고 한다. 특이한 점은 각 건물을 둘로 나누어 정면을 다르게 하고 있는데 동학의 원리 중의 하나인 태극 또는 음양의 원리를 적용한 것이라 한다. 유물전시관에는 동학경전을 비롯하여 생활사 관련 유물이 전시되어 있어 동학교에 대한 이해를 돕는다.

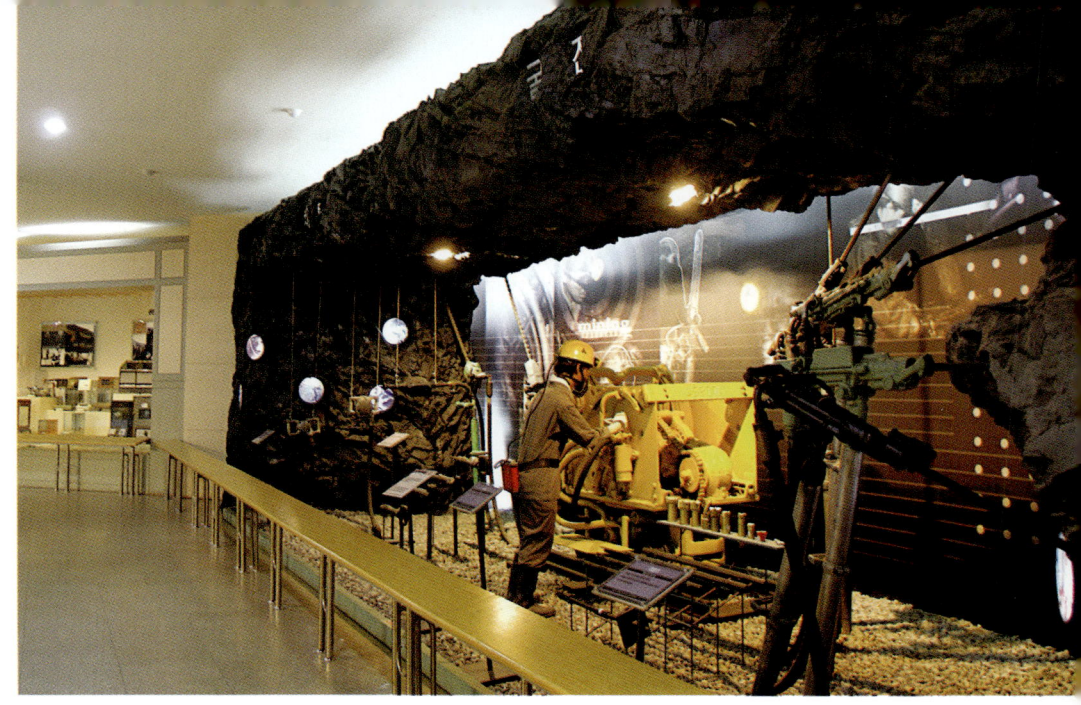

석탄박물관 생생한 탄광의 추억

| 위치 | 경상북도 문경시 가은읍 왕능리 432-5
경상북도 문경시 가은읍 왕능길 112
| 운영시간 | 동절기 09:00~17:00, 하절기 09:00~18:00

▶ MINI DATA
| 입장료 | 있음 　주차 | 가능 　분류 | 박물관

주흘산과 조령산이 병풍처럼 둘러선 문경지역은 질 좋은 토양과 계곡으로 사람들을 부른다. 후백제 견훤 임금의 탄생지로도 알려진 가은 땅은 오랜 시간 무연 탄을 채굴하는 탄광 지역으로 이름 높았다. 채산성이 떨어진 이곳의 탄광은 폐광이 되었고 간간이 남아 있는 도예공방과 숯가마가 깊은 산에 의지하여 살았던 사람들의 흔적을 보여준다. 폐촌으로 황폐화되었던 탄광 지역에 석탄박물관을 지어 관광객들을 불러 모으고 있다. 얼마 전까지 따뜻한 아랫목을 만드는 가정 난방의 대명사였던 구공탄을 그대로 옮겨놓은 듯한 외관을 가진 전시관은 석탄의 생성과 암석들을 재미 있게 살펴볼 수 있는 훌륭한 학습장이다. 문경 탄광 의 역사와 각종 자료들도 흥미 있는 볼거리가 된다.

탄광의 전성기였던 60년대 회사원의 봉급보다 높았던 광산 노동자의 월급명세서는 화려했던 지난날의 추억을 떠올리게 한다. 실제 광부들이 작업을 하였던 폐광을 그대로 살려 지은 전시관은 짧은 거리의 인공 동굴 탐방이지만 모형과 특수효과로 재현된 광산의 모습이 실제처럼 생생하고, 관람에 편리하도록 깔끔하게 단장되었어도 채광작업의 고단함을 생생하게 보여준다. 채굴에 사용되었던 각종 장비의 전시와 갱도를 달리던 꼬마열차의 모습까지 원형 그대로 전시되어 있으며 탄광촌의 생활모습까지 찬찬히 둘러볼 수 있는 전시관은 어른도 아이도 흥미를 느낄 수 있는 볼거리를 제공한다.

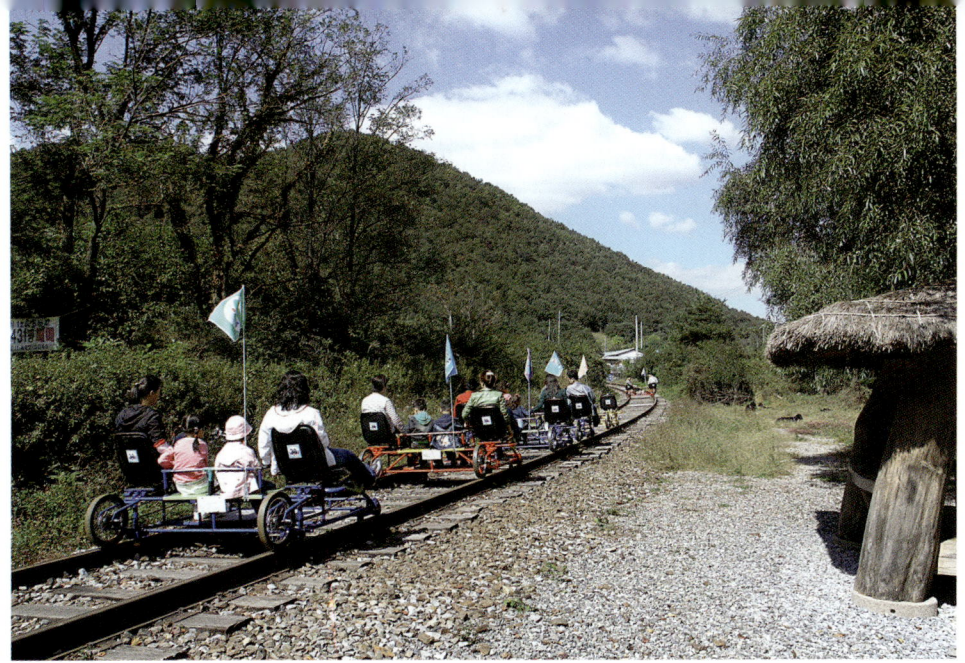

문경 철로 자전거 기찻길을 달리는 자전거

위치 | 경상북도 문경시 불정동 418
　　　경상북도 문경시 불정강변길 187
운영시간 | 09:00~17:00, 설/추석 당일 13:00~17:00

▶ MINI DATA
| 입장료 | 있음　　주차 | 가능　　분류 | 전시, 체험시설

전국에서 레일 바이크(철로 자전거)가 제일 처음 등장한 곳이 문경이다. 석탄 산업이 사양화되면서 문경의 탄광지대를 오가던 석탄열차가 사라지고 철길도 외로이 남겨졌지만 지역 경제를 되살리려는 문경시의 노력 중 하나로 관광객 유치를 위해 아이디어를 낸 것이 철로 자전거의 시작이다. 지금은 정선 구절리나 곡성 등 폐구간인 철길이 있는 몇몇 곳에서 철로 자전거를 운영하고 있다. 철로 자전거를 타는 구간은 옛 가은선인데 점촌에서 무연탄 탄광이 있던 가은까지 잇는 구간이다. 철로 자전거 길로 사용하는 가은선은 경북선과 이어지고 다시 김천에서 경부선과 만나는 구간으로, 1990년대 들어 석탄 산업이 사향되기 이전까지 가은선 열차의 90% 이상을 무연탄 수송에 사용했다고 한다. 사연이 담긴 철길이라 페달을 밟으

며 오가는 길이 예사롭게 느껴지지 않는다. 영화의 촬영지로 쓰여도 좋을 만큼 예쁜 진남역을 출발해 진남교반의 절경을 감상하며 불정역까지 갔다가 돌아오는 코스와 진남역을 출발해 야생화를 감상하며 달리다 어두운 터널을 통과하는 독특한 체험을 할 수 있는 구랑리역 코스, 그리고 석탄박물관에서 가까운 가은역에서 출발해 구랑리역까지 갔다가 돌아오는 3가지 코스가 있는데 어떤 코스를 이용하건 아름다운 문경의 물길을 따라 철길을 달리는 즐거움을 누릴 수 있다. 주말에는 이용객으로 붐벼 오래 기다려야 한다. 사전 예매는 하지 않지만 당일에 한해 예약이 가능한데 오전 일찍 예약을 하고 문경의 다른 지역을 방문한 후 다시 와서 타는 것도 하나의 방법이다.

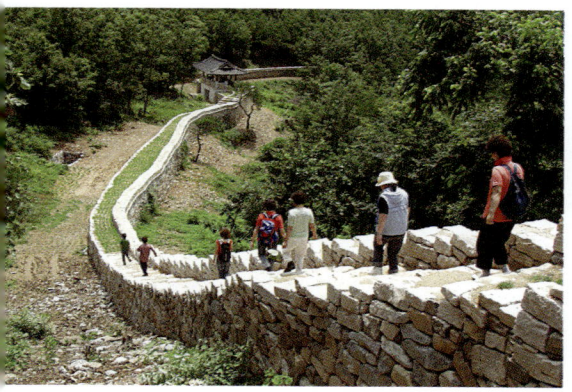
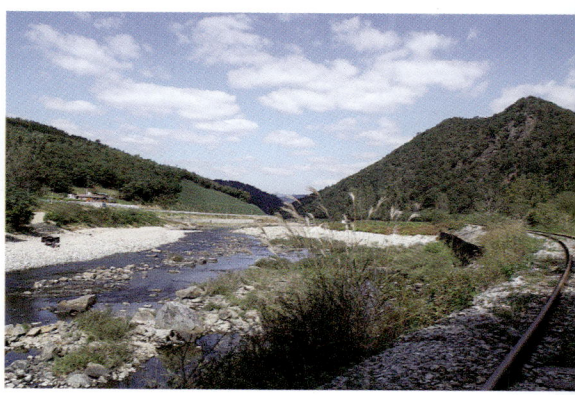

Photo by 문경시청

고모산성 2세기 말 축조된 군사 요충지

위치 | 경상북도 문경시 마성면 신현리 151 일대
　　　경상북도 문경시 마성면 고모산성길 일대
운영시간 | 종일, 연중무휴

▶ MINI DATA
| 입장료 | 없음　주차 | 가능　분류 | 역사, 문화유적

진남교반 토끼가 알려준 길

위치 | 경상북도 문경시 마성면 신현리 132-10(진남휴게소) 인근
　　　경상북도 문경시 마성면 문경대로 1356 인근
운영시간 | 종일, 연중무휴

▶ MINI DATA
| 입장료 | 없음　주차 | 가능　분류 | 역사, 문화유적

2세기 말 축조된 것으로 추정되는 고모산성은 삼국 시대에는 삼국의 세력이 팽팽히 맞서던 곳이었고, 임진왜란 때 산성의 규모를 보고 놀란 왜군이 성이 텅 빈 줄도 모르고 진군을 주저했다는 일화가 전해지며 6·25전쟁의 격전지로도 알려져 있다. 총 1,646m에 이르는 길이로 주변 산세를 이용해 사방에서 침입하는 적을 방어할 수 있도록 만들어졌으며 산성 아랫길은 영남에서 한양으로 넘어갈 때 험하다는 토끼비리를 지나 꼭 거쳐가야 했던 길로, 과거 보러 나섰던 선비들에 얽힌 일화도 많다. 2007년에는 성 안쪽으로 저수지와 우물, 수로가 발굴되었고 청동 장신구와 철제 농기구 등이 출토되어 학계의 관심을 모았다. 지하에서 발견된 용도를 알 수 없는 목조건물은 공주 공산성, 금산 백령산성 등 이미 발견된 백제의 유적에 비해 2배 이상 큰 규모라 한다. 새로 보수를 거친 산성 정상에 오르면 아래로는 절경을 뽐내는 진남교반이 한눈에 들어오고 영남으로 이어지는 준령을 굽어볼 수 있다.

문경 시내로 향하는 3번 국도 진남휴게소에 차를 세우고 영강 아랫길로 들어서보자. 조령천이 흘러 낙동강의 지류 영강을 만나 어룡산과 오정산 사이를 춤을 추듯 흐른다. 그 위로 가로놓인 철길과 국도는 뻗어가는 모습이 아름답다. 1933년 경북팔경 선발대회에서 당당히 1등을 하였다는 진남교반의 경치는 인공과 자연이 어우러지는 아름다움이 있다. 다리 주변이란 뜻의 교반은 문경선 철교를 의미하고 토천 또는 관갑천이라 불리는 진남역 위편 오솔길은 옛 한양을 향하는 도보 길인 영남대로의 가장 어려운 난코스로 알려진 곳이다. 후삼국의 경쟁이 치열하였던 이곳에서 고려 태조 왕건은 홀로 길을 잃었고 홀연히 나온 토끼의 안내로 간신히 후백제군의 추격을 면할 수 있었다 한다. 고모산성과 고부산성의 두 지역을 가르듯 위치하는 진남교반은 충주, 한양으로 향하는 옛 교통의 중심지였다. 양 산성으로 자리하며 세력을 다투었을 후삼국 당시의 모습을 상상해보자.

문경새재

영남의 첫 관문

| 위치 | 경상북도 문경시 문경읍 상초리 288-1 일대
| | 경상북도 문경시 문경읍 새재로 932 일대
| 운영시간 | 종일, 연중무휴

▶ MINI DATA

| 입장료 | 없음   주차 | 가능   분류 | 역사, 문화유적

조선시대 영남 지역에서 한양을 향하는 중요한 관문이었던 문경새재의 역사는 삼국시대까지 거슬러 올라간다. 신라시대 초기 새재 길을 사용하였다는 기록이나 후삼국 역사의 주인공들이 등장하는 설화들이 남겨진 이곳은 우리 땅에 국가가 형성된 이후부터 중요한 교통로였고 중요한 전략적 요충지였다. 문경과 괴산, 충주를 연결하는 국도가 개통된 지금은 교통로로서의 중요성은 사라졌지만 오랜 시간의 이야기를 담고 있는 옛 길은 자연의 아름다움과 문화유적을 찾는 사람들로 붐빈다. 조령산과 주흘산을 넘어가는 길은 임진왜란 이후 만들어진 주흘관, 조곡관, 조령관

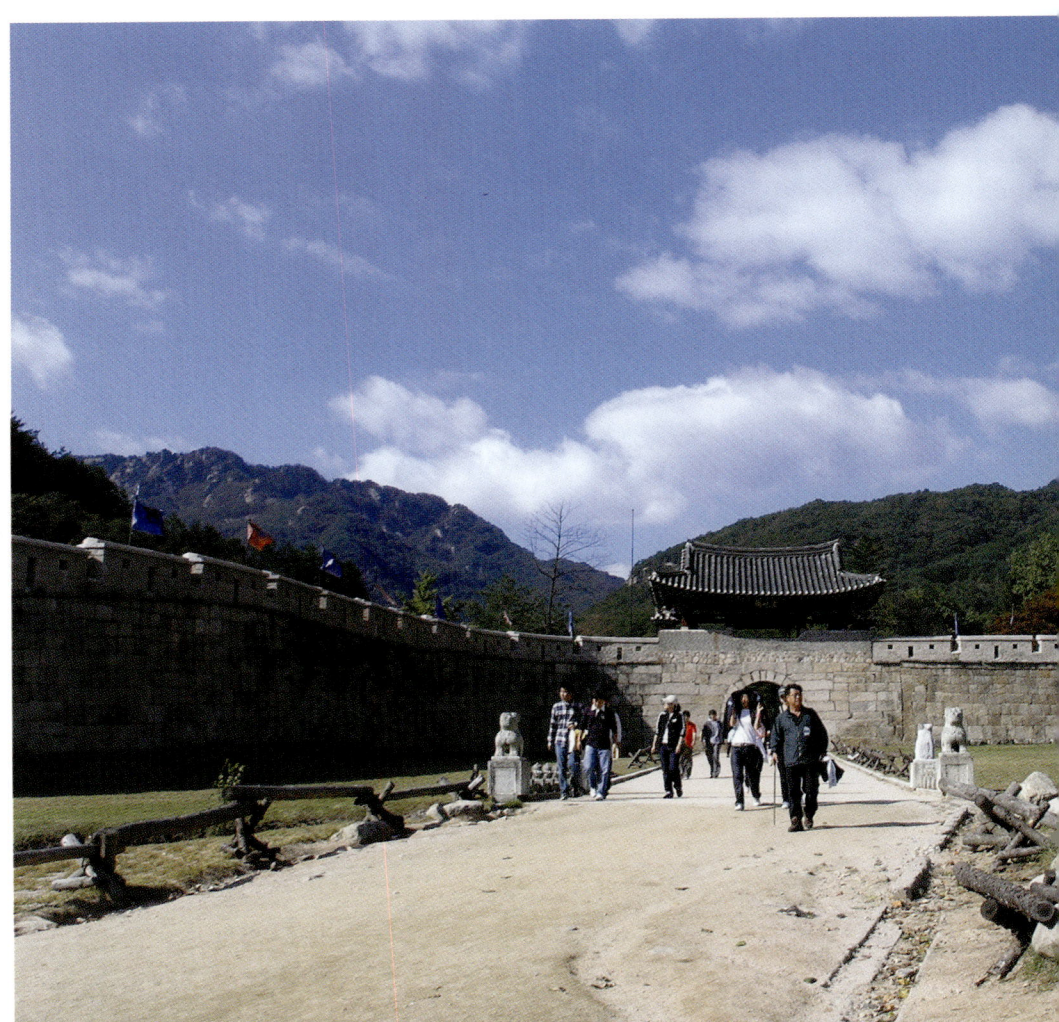

의 세 관문으로 가로막혔다. 임진왜란 당시 관문 하나 없이 무방비로 충주까지 왜군을 통과시켜 한양을 적의 손아귀에 넘어가게 했던 새재 길은 이후 군건한 성벽을 쌓아 방비하였으나 다시 이곳을 통과하려 했던 외적은 한 번도 없었다고 하니 사후약방문이 되고 말았다. 경상도의 선비들이 과거시험을 보기 위해 한양으로 향하던 중요한 통로였고 영남과 충남을 연결하는 관문이었던 제1관문인 주흘관에서 제3관문인 조령관까지의 6.5km 길은 산책을 즐기듯 걷기에 그만이다. 조선 후기 한글 비석인 '산불됴심비'와 조령원터, 교구정터 등 옛 모습과 높고 험하였던 고갯길

에서 안녕을 기원하는 성황당의 모습이 자연 속의 산책을 더욱 즐겁게 한다. 새재의 옛 모습을 전시하는 새재박물관도 놓치면 아쉽고, 조령관에서 이어지는 조령산 등반도 자연 속으로 더욱 깊이 다가가는 탐방길이 된다. 〈태조 왕건〉 촬영 이후 역사 드라마의 촬영장으로 관광객을 불러들이는 계기가 되었던 야외 세트장은 새로운 사극의 촬영을 위한 개선작업으로 점차 그 넓이를 확장하고 있다. 새재 길 탐방 이후 피로를 풀기 위해 수질 좋은 문경온천을 찾는 것도 좋다.

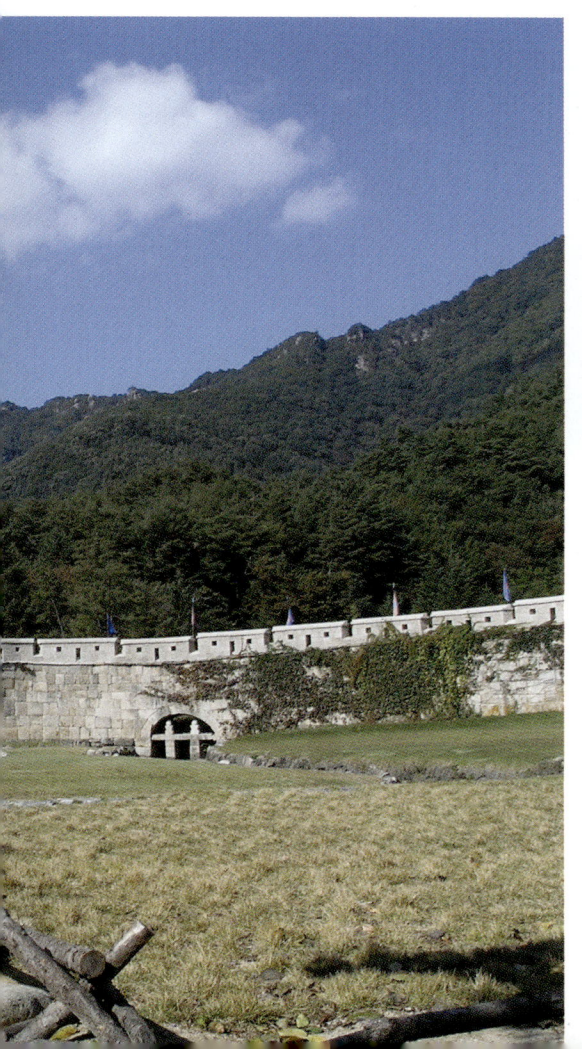

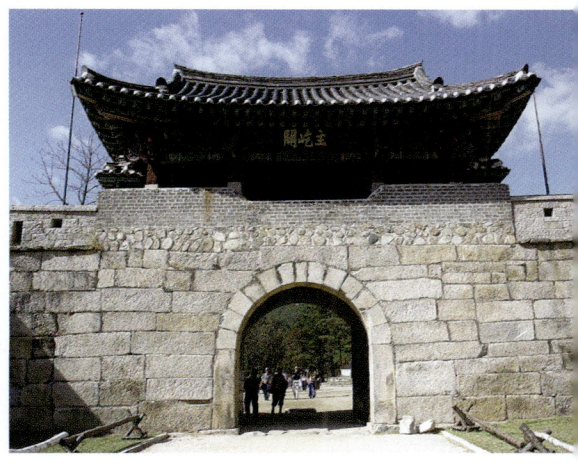

→ 대통령의 한 마디가 새재를 지켰다

70년대 근대화의 물결 속에 국토의 중심을 연결하는 새재 길은 충주로 이어지는 국도의 중심지로 예정되어 있었다. 일제강점기 문경초등학교에서 교직생활을 하였던 박정희 대통령은 우연히 국도 건설 계획을 확인하고 옛 추억의 새재 길을 훼손하지 않는 방향으로 도로 건설을 지시하였다고 전한다. 긴급하게 건설계획은 재검토되었고 이화령을 관통하는 우회도로가 충주와 문경을 잇게 되었다.

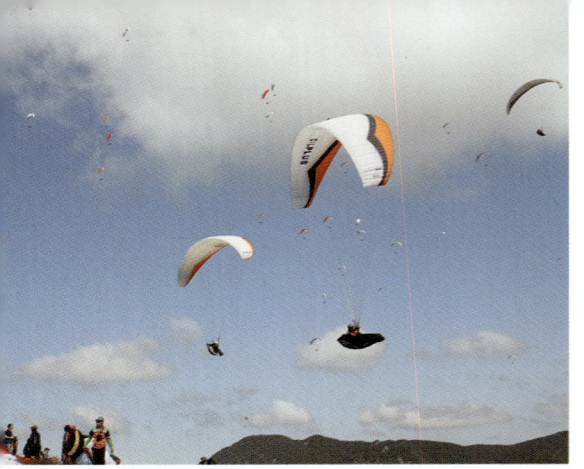

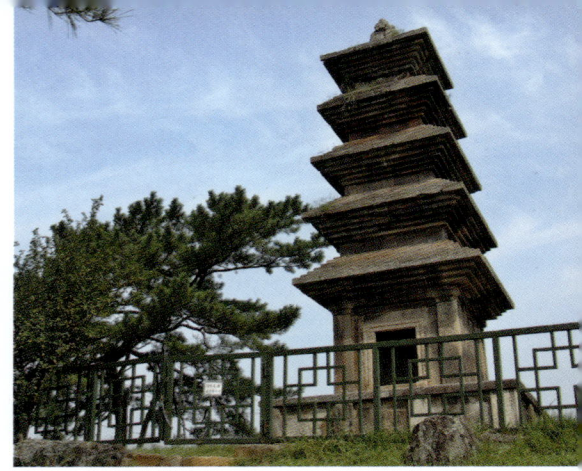

문경 활공랜드

하늘을 나는 짜릿함

위치 | 경상북도 문경시 문경읍 고요리 437-3
　　　경상북도 문경시 문경읍 활공장길 80
운영시간 | 예약 후 방문

▶ MINI DATA

입장료 | 있음　　주차 | 가능　　분류 | 전시, 체험시설

탑리 오층석탑

마을 이름이 탑리이다

위치 | 경상북도 의성군 금성면 탑리리 1383-1
　　　경상북도 의성군 금성면 오층석탑길 5-3
운영시간 | 종일, 연중무휴

▶ MINI DATA

입장료 | 없음　　주차 | 가능　　분류 | 불교유적

패러글라이딩은 체중을 이용해 사람의 힘으로 움직이는 인력 활공기로 모험적인 레저스포츠를 즐기는 마니아들 사이에 인기가 높다. 지형적인 조건으로 전국 최고의 활공장 중 한 곳으로 꼽히는 문경 활공랜드는 패러글라이딩을 처음 접하는 일반인이라도 숙련된 비행사와 함께 하늘을 나는 체험을 해볼 수 있는 곳이다. 아늑한 분지로 이루어진 문경은 상승기류가 잘 형성되어 특별한 기상 이변이 없는 한 패러글라이딩을 즐길 수 있고 계절별로 방향을 달리해 불어오는 바람을 이용해 안정적이라는 장점 이외에도 주변에 고압선이 없어 시원한 전망을 즐기며 하늘을 날 수 있어 패러글라이더들의 천국으로 불린다. 특히 주흘산, 조령산, 성주봉 등 백두대간의 명산을 감상하며 하늘을 나는 것은 전국 어느 활공장에서도 느낄 수 없는 경험이다. 2개의 이륙장과 1개의 착륙장을 갖추고 있으며 체계적으로 패러글라이딩을 배우려는 사람들을 위한 패러글라이딩 스쿨을 운영하고 있다.

탑리라는 마을 이름을 들으면 과연 그곳에 어떤 모양의 탑이 있을까 궁금해진다. 탑리 오층석탑은 마을 언덕 한가운데 서 있어 어디서든 눈에 띄는 탑이다. 얼마 전까지 탑이 있는 자리는 학교 운동장의 가운데로 쉬는 시간이면 학생들이 주변에서 뛰어 놀았다고 한다. 특이한 모양새의 탑으로 돌로 만든 것이지만, 만든 수법은 벽돌을 쌓아 만든 전탑의 형식이다. 전탑을 본떠 만든 석탑이란 뜻에서 모전석탑으로 부른다. 이러한 탑의 형태는 경주 분황사탑에서도 볼 수 있다. 또 형태적으로 재미있는 것은 목조 건축에서 사용되던 배흘림양식의 기둥이 석탑에서 표현되고 있다는 것이다. 1층 몸돌에 새겨진 네 기둥을 자세히 들여다보면 가운데가 넓고 위아래가 좁은 배흘림기둥의 모습이다. 전탑과 목탑의 형식을 차용해 만든 석탑으로 우리나라 탑의 변화 과정을 연구하는 데 중요한 자료가 된다. 탑이 만들어진 연대는 신라 삼국 통일을 전후한 시기로 추정하고 있다.

사촌마을과 사촌리 가로숲

양반마을과 마을을 보호하는 멋진 숲

위치 | 경상북도 의성군 점곡면 사촌리 184-1 일대
　　　경상북도 의성군 점곡면 점곡길 17-1 일대
운영시간 | 종일, 연중무휴

▶ MINI DATA

입장료 | 없음　　주차 | 가능　　분류 | 전통, 체험마을

사촌마을은 오랜 내력을 가지고 있는 옛 마을로 이곳에서는 만취당이라 하는 조선 중기에 만들어진 집과 함께 500년 수령의 향나무, 천연기념물로 지정된 가로숲 등을 둘러볼 수 있다. 사촌마을 숲은 마을 서쪽의 비어 있는 지세를 보완하고자 만든 인공림이다. '서쪽이 허하면 마을에 인물이 나지 않는다'는 풍수지리설에 따라 숲을 만들었다고 하나 보다 과학적인 원리를 찾아보자면, 우리나라의 경우 겨울철에 북서풍이 불어오기 때문에 그 바람을 막아 마을을 보호하고자 했던 이유를 들 수 있다. 겨울철에 숲의 바깥쪽과 마을 안쪽의 온도 차가 꽤 난다고 하니 방풍림으로 역할을 충분히 하고 있다고 하겠다. 나무의 높이가 20~30m에 이르며 숲의 길이가 약 800m로 울창하게 가꾸어져 있다. 사촌마을은 양반마을로 유명한데 서애 류성룡이 태어난 곳이라는 이야기가 전한다. 류성룡을 생각하면 안동의 하회마을이 떠오르지만, 이곳 사촌마을은 어머니의 친가, 즉 류성룡의 외가가 자리였다. 마을로 들어가면 조선 중기에 만들어진 옛집인 만취당을 살펴볼 수 있다. 퇴계 이황의 제자인 김사원이 낙향하여 지은 집으로 임진왜란 이전에 지어진 집인데 사가의 건물 중에 오래되기로 손꼽히는 곳이다. 만취당이라고 쓴 현판은 동문수학한 석봉 한호가 썼다고 한다. 조선시대 옛 선비집의 정취를 느껴볼 수 있다. 마을을 다니다 보면 어디서든 오래된 나무를 한 그루 볼 수 있는데 조선 연산군 시대에 심은 향나무로 수령이 500년이나 되었다고 한다.

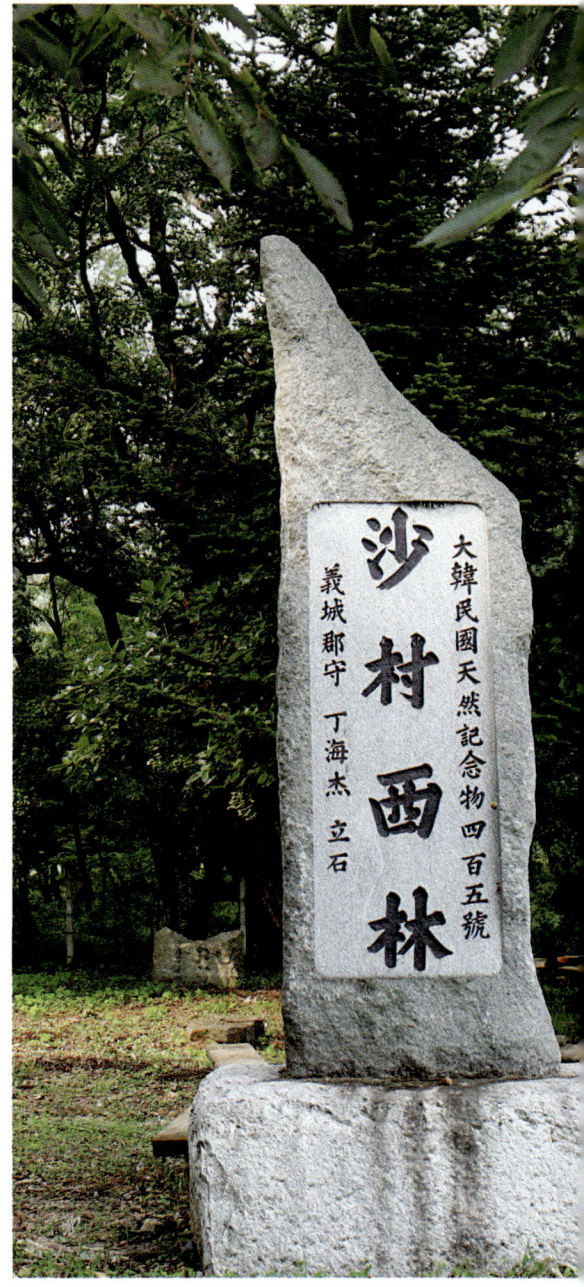

고운사
절다움을 간직한 절

위치 | 경상북도 의성군 단촌면 구계리 116
경상북도 의성군 단촌면 고운사길 415
운영시간 | 종일, 연중무휴

▶ MINI DATA
입장료 | 없음   주차 | 가능   분류 | 불교유적

고운사는 신라 의상대사가 창건한 사찰로, 지금은 조계종 16교구의 본사의 역할을 하고 있다. 의성을 비롯하여 인근 안동, 영주 등의 지역으로 관장하고 있는 절들이 60여 개에 이르는 중요한 사찰이지만, 큰 사찰들에서 흔히 볼 수 있는 입구에서의 소란함이 없다. '높이 뜬 구름'이라는 뜻의 고운사였으나 최치원이 이곳에 머물면서 건물을 세웠는데 그의 호를 따 고운사로 이름을 사용하기도 했다. 현재는 옛날의 원래 이름을 사용하고 있다. 임진왜란 때는 승병을 이끌었고 사명대사가 이곳에 머물기도 했으나 조선 후기 헌종 때 불이 크게 나면서 화려했던 절의 모습을 잃어버렸다고 한다. 일주문 밖에 차를 세우고 숲길을 걸어 올라가보자. 차를 타고 절 바로 앞까지 올라갈 수 있으나, 걸으면서 절을 찾아가는 마음가짐을 다잡아보는 것이 어떨까 하는 생각이다. 천왕문을 지나 계곡 위에 놓인 2층 집인 가운루를 보게 된다. 바로 이 건물이 최치원이 만든 건물이다. 계곡에 놓인 돌로 주춧돌을 삼고 그 위에 나무기둥을 올려 만든 집으로 계곡 위에 떠 있는 형태이다. 물이 흘러 부딪히며 생기는 물안개가 꼭 구름 같다 해서 '구름 위에 떠 있는 집'이라 이름 지었다고 하는데, 지금은 물이 줄어 예전의 모습을 상상할 수밖에 없다. 계곡을 건너면서 본격적인 탐방이 시작된다. 최치원이 지었다 전해지는 또 하나의 건물이 우화루 벽면에 그려진 호랑이의 눈이 마치 사람을 바라보는 듯 살아 있는 느낌을 준다. 대웅전으로 가기 전 옆으로 자리한 연수전도 오래된 건물로 영조 때 나라의 원로들을 위해 만든 기로소이며, 고종 때 새로

지었다. 절에서 보기 힘든 구조인 만세문과 벽에 그려진 오래된 벽화가 볼거리이다. 약사전 안의 석조석가여래좌상도 보물로 지정된 유물이며, 대웅전 맞은편 언덕으로 오르면 볼 수 있는 삼층석탑도 아담한 모양새로 찾아볼 만한 유물이다. 절을 나오면서 그냥 나오지 말고 우화루 건물 안에 마련된 다실에 앉아 창 너머 바깥 경치를 감상하며 차를 즐겨보자. 여러 종류의 차들이 준비되어 있으며 책장에는 좋은 책들이 가지런히 꽂혀 있다.

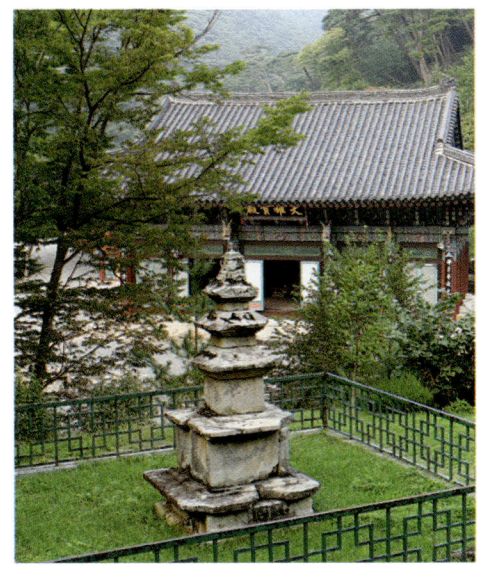

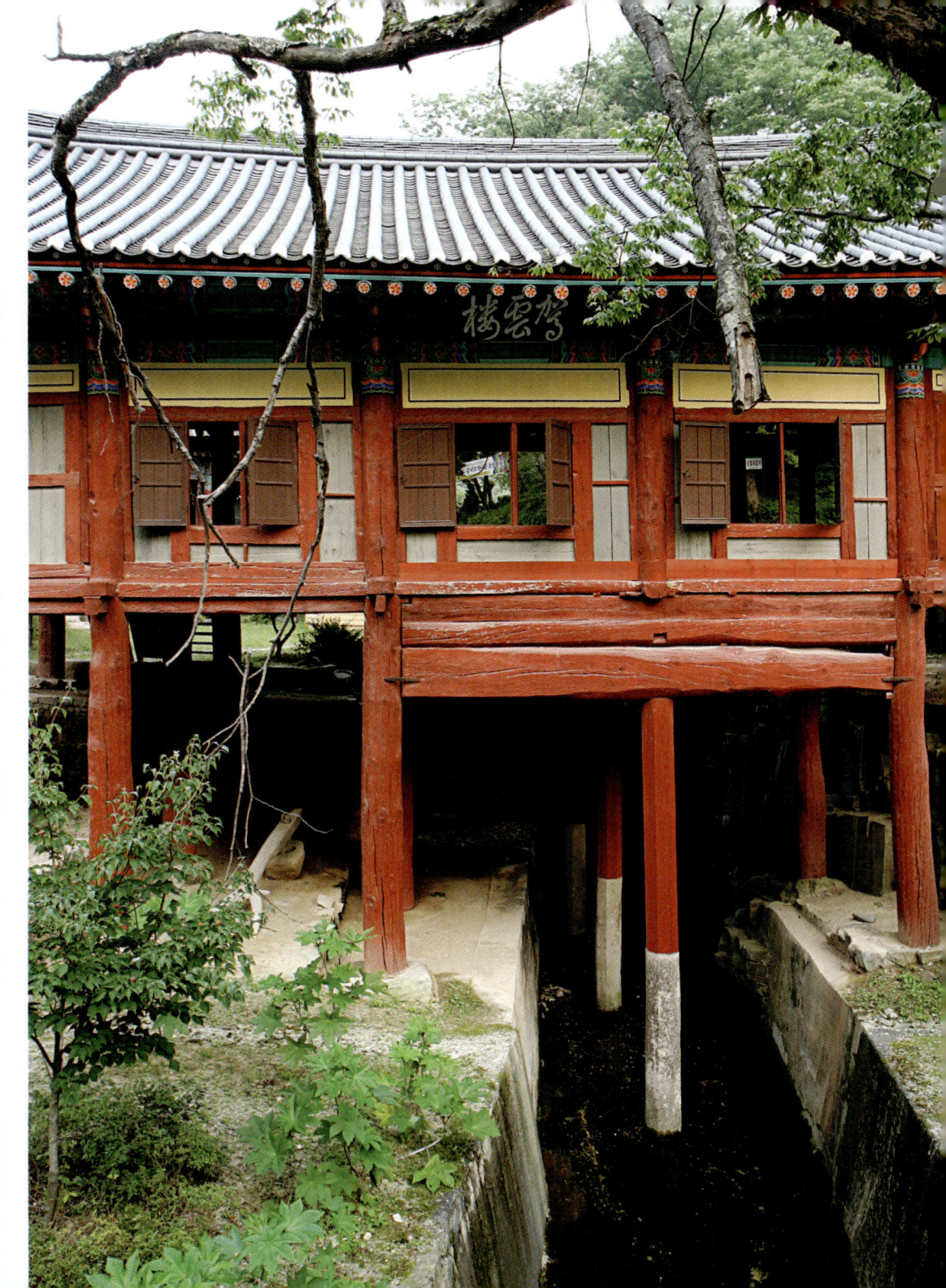

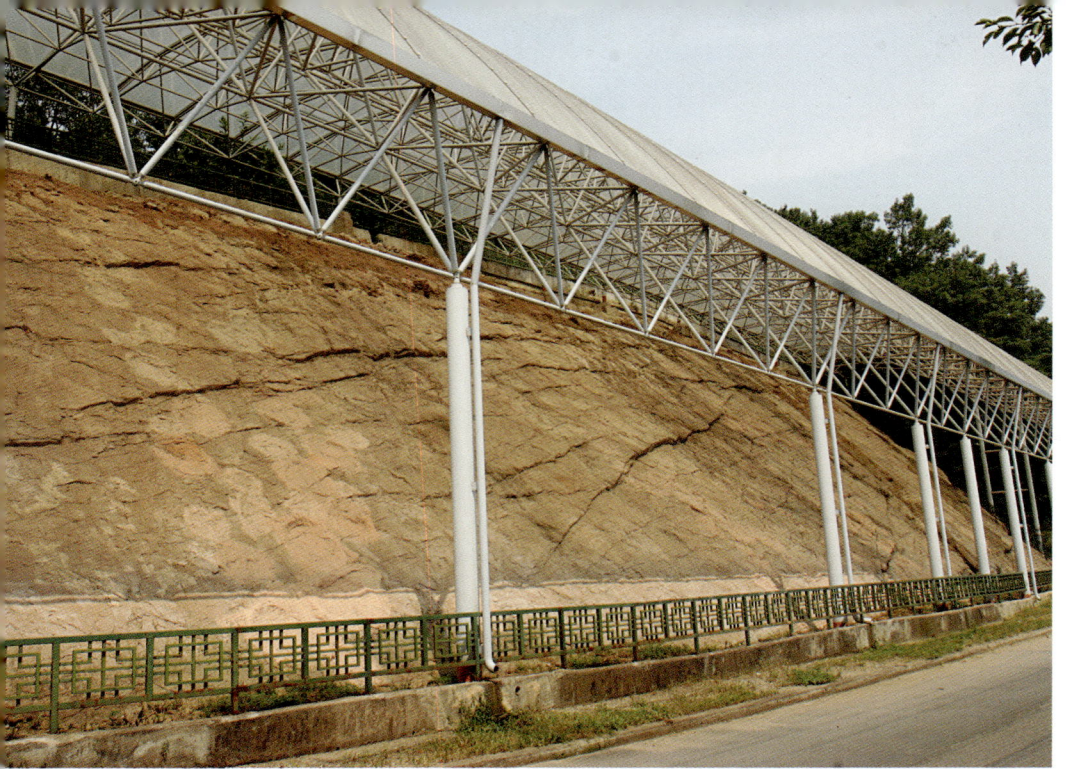

제오리 공룡 발자국 화석 경북 내륙의 공룡 화석지

| 위치 | 경상북도 의성군 금성면 제오리 산111 일대
경상북도 의성군 금성면 공룡로 198 인근
| 운영시간 | 종일, 연중무휴

▶ MINI DATA
| 입장료 | 없음　　주차 | 가능　　분류 | 역사, 문화유적

우리나라 공룡 발자국 화석의 대부분이 남해안을 따라 발견되는데, 내륙 지방의 대표적인 공룡 발자국 화석지가 의성에 있다. 공룡 발자국으로 화석 중에서는 처음으로 천연기념물로 지정된 곳으로 기울어진 바위에 새겨진 화석의 개수가 300여 개나 되어 단일 면적에 분포하는 발자국 중에는 우리나라에서 가장 높은 밀도를 가지고 있다고 한다. 1억 년 전 중생대 백악기에 만들어졌으며, 초식공룡 3종류, 육식공룡 1종류의 발자국 흔적이 남아 있다. 오랫동안 땅속에 묻혀 있던 지층이 도로 공사를 위해 산허리를 파내는 중에 발견되어 이후 발굴을 거쳐 보존되고 있다. 공룡은 중생대

쥐라기에서 백악기 시대에 번성했는데 우리나라에서 발견되는 대부분의 공룡 화석은 백악기 시대의 것들이라 한다. 만화영화 〈둘리〉의 노래에 나오는 '1억 년 전 옛날'이 바로 그때인 셈이다. 공룡 발자국 화석이 공룡 연구에 중요한 이유는 공룡의 흔적을 찾기 어렵다는 점도 있겠지만, 발자국의 크기와 패임을 통하여 공룡의 크기와 무게, 보폭과 공룡의 골격 등을 추정할 수 있기 때문이라고 한다. 그래서 의성의 제오리처럼 밀집된 공룡 발자국 화석은 학술적으로 큰 가치를 지니는 것이다. 보호각에 씌어 있으며 길가에 위치하고 있어 찾기가 쉽다.

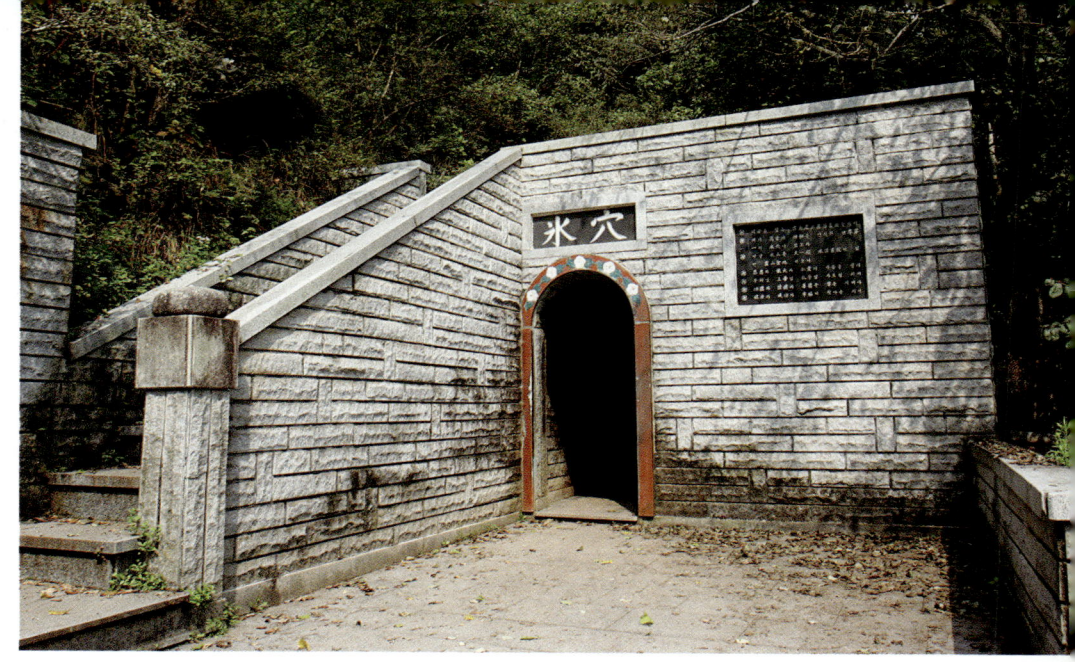

빙계계곡 시원한 바람에 더위야 물렀거라

| 위치 | 경상북도 의성군 춘산면 빙계리 896 일대
경상북도 의성군 춘산면 빙계계곡길 일대
| 운영시간 | 종일, 연중무휴

▶ MINI DATA
| 입장료 | 없음　　주차 | 가능　　분류 | 산, 계곡, 동굴

한여름 무더울 때도 얼음이 얼 만큼 찬 기운을 뿜어 내는다는 빙혈과 풍혈로 유명한 빙계계곡이다. 얼음 구멍과 바람 구멍에서 불어오는 바람은 한여름에는 차갑고 겨울이 되면 따뜻해진다고 하니 그 원리가 궁금하다. 계곡이 위치하고 있는 산의 이름도 빙산으로 한여름이면 찬 바람으로 무더위를 식히려는 사람들이 이곳에 줄을 선다. 계곡은 중생대 화산 활동에 의하여 만들어졌는데 깊은 산세가 그때의 모습을 실감나게 보여준다. 빙혈과 풍혈로 오르는 길에 마을 위로 돌아 들어가면 오층석탑을 볼 수 있는데 탑리 오층석탑과 그 모양과 구조가 유사하다. 석축 등의 흔적으로 이곳에 절이 있었음을 알 수 있다. 조선 태종 때 폐사되었다고 하며, 지금 남아 있는 탑은 탑리의 탑이 만들어진 이후에 만들어졌을 것이다. 절터를 잠시 둘러보고 빙혈로 오르는데 1명 정도 들어갈 수 있는 입구를 통해 들어가면 안에는 사람 4~5명이 함께 있을 정도의 작은 방이 나온다. 구멍 안쪽으로 손을 넣어보면 찬 기운에 금방 으스스해진다. 방 안에는 미수 허목이 지은 글귀가 새겨져 있는데, '이곳을 찾은 선남선녀들이여, 여기에 만고의 신비를 간직한 제일의 풍혈이 있다'는 내용이다. 빙혈에서 나와 위로 조금 더 올라가면 풍혈이 있는데 빙혈보다 좁아 그 느낌을 제대로 체험하기는 어렵지만 그래도 그곳에서는 한여름 무더위를 날려버릴 시원한 바람이 계속해서 쌩쌩 불어 나온다. 빙계계곡은 경북팔경 중의 하나이고, 빙계계곡 또한 팔경을 가지고 있는데 풍혈과 빙혈, 석탑 등을 비롯해 계곡입구의 용추 등이다.

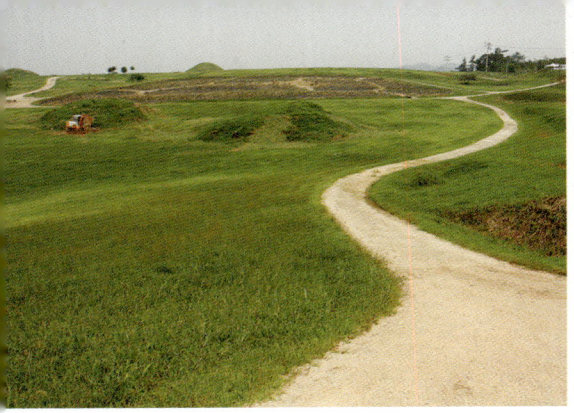

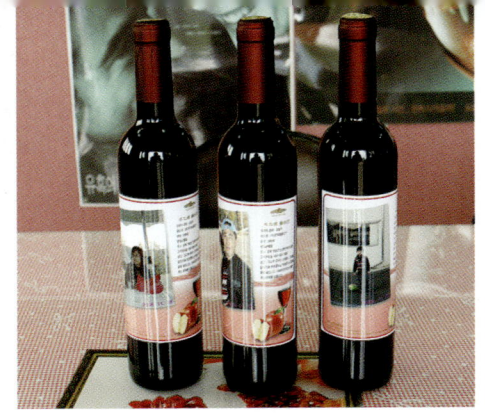

금성산 고분군

옛 무덤 사이로 난 길을 따라 걸어보자

| 위치 | 경상북도 의성군 금성면 대리리, 학미리, 탑리리 일대
| 운영시간 | 종일, 연중무휴

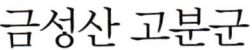

▶ MINI DATA
| 입장료 | 없음　주차 | 가능　분류 | 역사, 문화유적

의성 금성면 일대에는 옛 무덤 200여 기가 곳곳에 산재해 있는데, 그중 경덕왕릉 일대를 잘 정비하여 산책하기 좋게 만들어 놓았다. 경덕왕릉은 신라 경덕왕이 아니라 삼한시대 조문국의 왕인 경덕왕의 무덤이다. 삼한시대 소국 중 하나인 조문국은 신라 초 벌휴왕 때에 신라에 편입되었다는 기록이 「삼국사기」에 짧게 기록되어 있다. 토기를 비롯하여 금동관, 장신구, 철제 무기류 등이 이곳에서 발굴되어 부족한 기록을 보충해주고 있으며, 삼한시대 이 지역에서 형성된 문화에 대하여 알 수 있게 한다. 경덕왕릉 주변으로 몇 기의 고분이 함께 있으며 잔디가 푸르게 깔려 있고 그 가운데로 산책로가 잘 정비되어 있다. 위로 전망대에 올라 바라보는 전망이 시원하다. 전망대 옆으로는 문익점면작기념비가 있으며 작은 밭에서 목화를 기르고 있다. 문익점이 면화를 가져와 처음 심은 곳은 산청이지만, 문익점의 손자가 조선 태종 때 이곳에 현감으로 부임하면서 면화를 가져다 심은 것을 기념하기 위해 세운 것이라 한다.

한국 애플리즈

사과 와인 만들기 체험

| 위치 | 경상북도 의성군 단촌면 후평리 69
　　　 경상북도 의성군 단촌면 일직점곡로 755
| 운영시간 | 09:00~18:00, 매주 일요일/공휴일 휴무
　　　 (체험 예약 필수)

▶ MINI DATA
| 입장료 | 있음　주차 | 가능　분류 | 전시, 체험시설

한국 애플리즈는 의성의 사과를 이용해 한 해 수만 명이 다녀가는 사과 와인 만들기 체험을 진행한다. 세상에서 하나밖에 없는 자신만의 와인을 만들어보는 체험으로, 사과밭에 가서 사과를 따는 것에서부터 와인을 병에 넣은 후 라벨을 붙이는 것까지 제대로 된 체험을 할 수 있다. 사과 와인 만들기 체험은 언제나 가능한데, 사과가 수확되는 철이면 밭으로 나가 사과를 따보는 프로그램이 추가된다. 체험장이 공장 내부에 마련되어 있어 사과즙을 만드는 것에서부터 발효가 되는 과정에 대하여 단계별로 해당 도구들을 보면서 설명을 들을 수 있다. 설명을 듣고 난 후 만들어진 와인을 병에 담고 코르크 마개로 닫은 후 밀봉하는 작업을 해본다. 이후 개인별로 만들어진 라벨을 붙이면 체험은 마무리된다. 보통 단체 단위로 체험이 이루어지나, 주말의 경우 미리 문의하면 단체 체험 시간에 맞추어 개별 가족들도 참여할 수 있다.

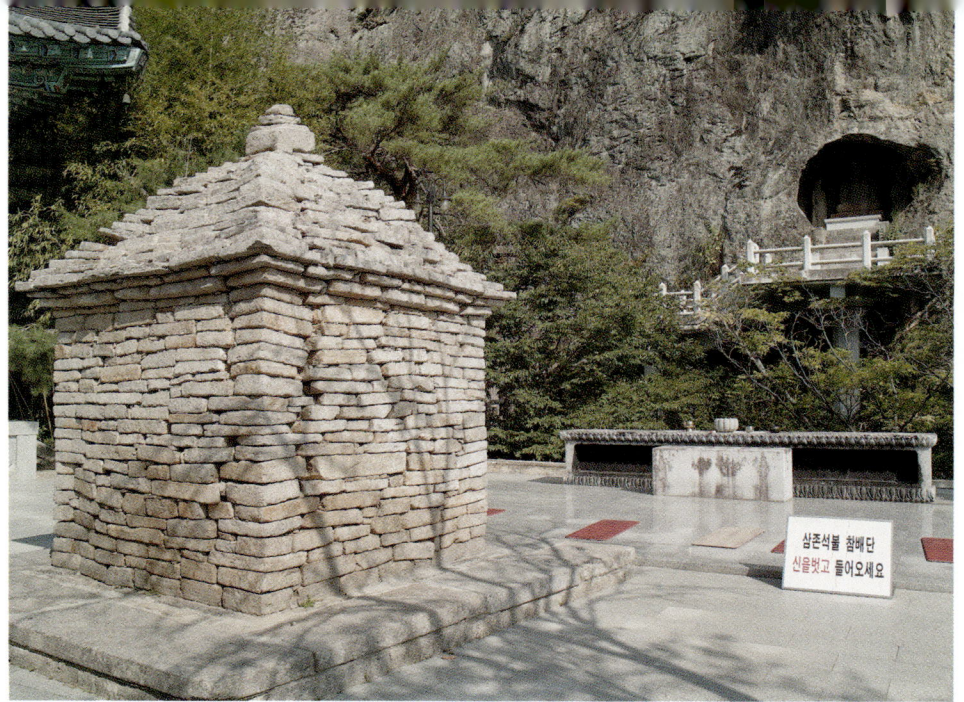

군위 삼존석굴 토함산 석굴암의 원형

| 위치 | 경상북도 군위군 부계면 남산리 297
경상북도 군위군 부계면 남산4길 24
| 운영시간 | 종일, 연중무휴

▶ MINI DATA
| 입장료 | 없음   주차 | 가능   분류 | 불교유적

인근 사람들은 군위의 삼존석굴을 제2석굴암이라고 부르는데, 경주 토함산 석굴암의 모태가 된 곳으로 경주의 것보다 이른 시기에 만들어진 문화재이다. 경주의 석굴암이 인공으로 석굴을 만들고 그 안에 부처를 모셨다면, 이곳은 자연석굴을 그대로 이용해 사원으로 꾸민 것이 특징이다. 석굴은 아파트 한 동 크기만한 바위 아래쪽에 만들어져 있는데 그 안에는 2m가 넘는 크기의 본존불이 있고 좌우로 사람 키만 한 협시보살이 자리하고 있다. 본존은 손가락으로 땅을 짚고 있는 항마촉지인을 하고 있는데, 이는 석가여래 전통의 지권인으로 우리나라 불상들에서 발견되는 최초의 모습이라고 한다. 아무래도 이곳은 경주 석굴암과 비교하게 되는데 조각의 수법이나 석굴의 구조를 볼 때 정교함이나 아름다움에서 경주의 것보다 떨어진다. 하지만 군위 삼존석굴은 삼국시대에서 통일신라로 넘어가는 과정에 만들어진 과도기적 작품으로 바위에다 그대로 새기는 마애불에서 인공석굴을 만들어 부처의 조각상을 앉히는 과정의 중간 형태로 의미를 가진다. 경주와 마찬가지로 예전에는 자유롭게 드나들 수 있었으나, 지금은 앞에 마련된 조망대에서만 바라볼 수 있다. 삼존석굴 앞마당에는 모전석탑이 있는데, 탑이라고 하기에는 단층의 그 모양이 특이하다. 돌을 쌓아 만든 삼층탑이었으나 한 번 무너진 것을 1949년에 지금의 모양으로 만들어놓았다고 한다.

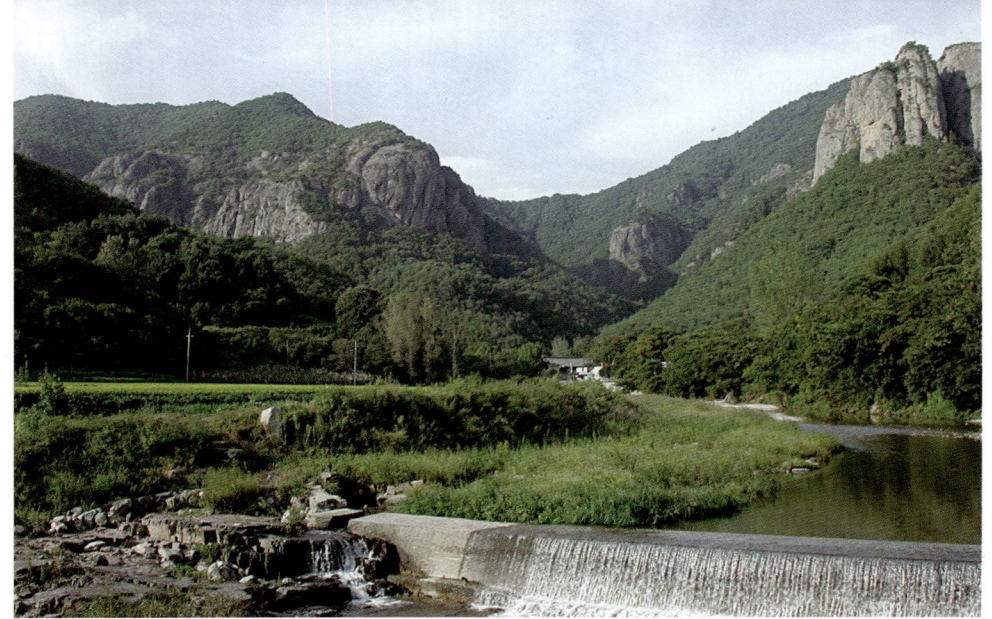

주왕산국립공원 주왕의 전설이 깃든 산

| 위치 | 경상북도 청송군 부동면 상의리 406
　　　경상북도 청송군 부동면 공원길 169-7
| 운영시간 | 06:00~21:00, 연중무휴

▶ MINI DATA
| 입장료 | 없음　　주차 | 가능　　분류 | 산, 계곡, 동굴

주왕산국립공원은 10개의 봉우리로 이루어진 바위산이다. 주왕산이라는 이름은 신라 무열왕 16대 손인 김주원이 왕에 추대되었지만 왕위에 오르지 못하고 이 산에 은거하며 전투를 벌였던 것에서 유래했다는 설과 당나라의 주도라는 사람이 스스로 후주천왕이라 칭하고 당나라로 쳐들어갔다가 패하여 이 산에서 숨어 지냈다는 설로 전해진다. 밖에서 보면 산세가 단조롭고 부드러워 보이나 설악산, 월출산과 함께 우리나라 3대 암산이라 일컬어질 정도로 기암괴석과 거침없는 폭포의 절경이 이어지는 산이다. 산이 깊어 나라에 큰 난리가 있을 때마다 백성들의 피난처가 되었으며, 임진왜란 때 피난 와 마을을 이루어 2000년 초까지 9가구가 거주했던 주방계곡 위쪽의 내원마을과 내원분교는 '하늘 아래 첫 동네', '전기 없는 달빛 마을'로 불리며 탐방객들에게 사랑을 받았으나 2007년 사라지고 말았다. 망개나무, 노랑무늬붓꽃, 솔나리 등 희귀 식물과 800여 종에 이르는 자생식물이 탐방객을 맞아주며 신라 문무왕 때 창건된 대전사와 주왕암, 백련사 등 고찰과 암자가 곳곳에 자리하고 있다. 일반적으로 쉽게 갈 수 있는 코스는 제1폭포와 제2, 제3폭포를 지나 내원마을까지 갔다가 돌아오는 주방계곡 코스로 기암과 폭포가 어우러진 절경을 감상하면서 산책하듯 다녀올 수 있다. 자하교-주왕암-망월대-학소대로 이어지는 코스는 자연관찰로가 조성되어 아이들과 함께 다녀오기 좋다. 가메봉과 장군봉을 등반하는 코스와 월외계곡에서 절골계곡을 횡단하는 코스도 등산객에게 사랑받고 있으며, 주변에는 위장병과 신경통에 효과가 있다는 달기약수와 아름다운 주산지가 있다.

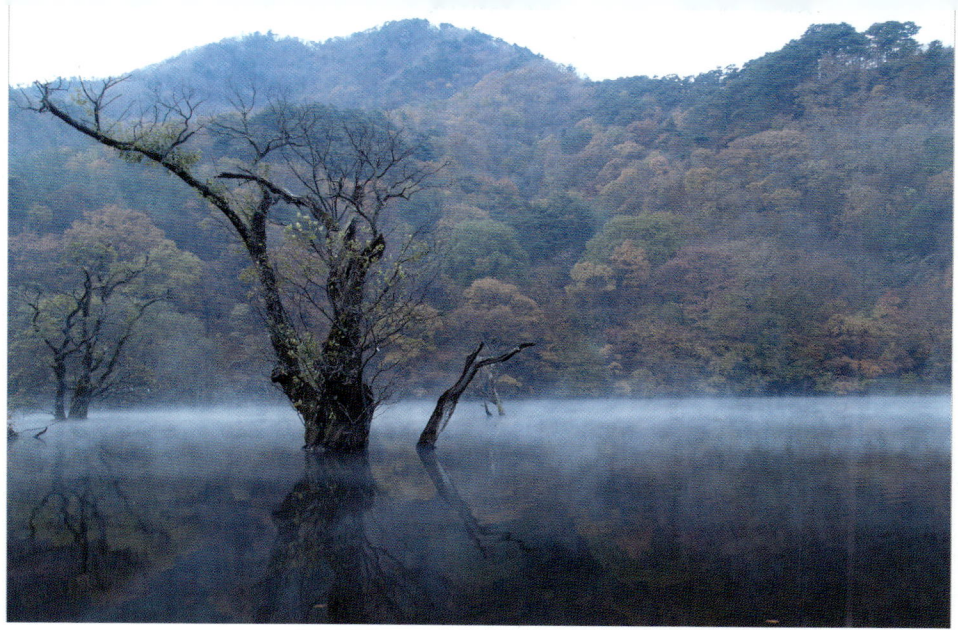

주산지 영화 「봄, 여름, 가을, 겨울 그리고 봄」의 촬영지

| 위치 | 경상북도 청송군 부동면 이전리 87-1 인근
경상북도 청송군 부동면 주산지길 163 인근
운영시간 | 종일, 연중무휴

▶ MINI DATA
| 입장료 | 없음　주차 | 가능　분류 | 산, 계곡, 동굴

김기덕 감독의 영화 「봄, 여름, 가을, 겨울 그리고 봄」으로 한층 더 유명해진 주산지는 예전부터 사진작가들에게 빼어난 촬영지로 알려진 명소다. 저수지에 자생하는 150년 수령의 왕버들과 능수버들이 물 위에 떠 있는 듯 몽환적인 분위기를 만들어내는 곳으로 사계절 독특한 풍광을 보여주며 여행객을 유혹한다. 이 저수지는 농업용수를 댈 목적으로 조선 경종 원년인 1720년 공사를 시작해 이듬해인 1721년에 완공하였다. 저수지를 만든 이후 한 번도 바닥을 드러낸 적이 없고 마을 사람들은 해마다 주산지에서 동제를 지낸다. 이전리 사과밭을 지나 관광지가 있을 것 같지 않은 조용한 도로를 따라가면 보석처럼 숨어 있는 주산지를 만나게 된다. 잘 가꿔진 산책로를 따라 굴참나무, 굴피나무, 망개나무들이 서 있고 100여 미터의 제방을 지나면 드디어 주산지가 나타난다. 물 위에 비친 왕버들 그림자가 마치 물속에 또 한 그루의 나무가 자라고 있는 듯 보여 초록의 물속으로 들어가면 다른 세상을 만날 것 같은 착각에 빠진다. 산책로 끝에 만들어진 수변 데크에서 주산지의 전체 풍경이 눈에 들어오는데 200년 전에 저수지가 만들어졌다면 이 왕버들의 수령은 얼마일까 상상할 수도 없다. 왕버들의 당당하면서도 고풍스런 모습과 초록의 물빛이 마음을 사로잡아 이곳에 오래 머물게 된다. 영화의 세트장으로 주산지 위에 신비로운 모습으로 떠 있던 사찰은 철거되어 볼 수 없으나 주산지의 아름다움은 그대로 보존되어 있다.

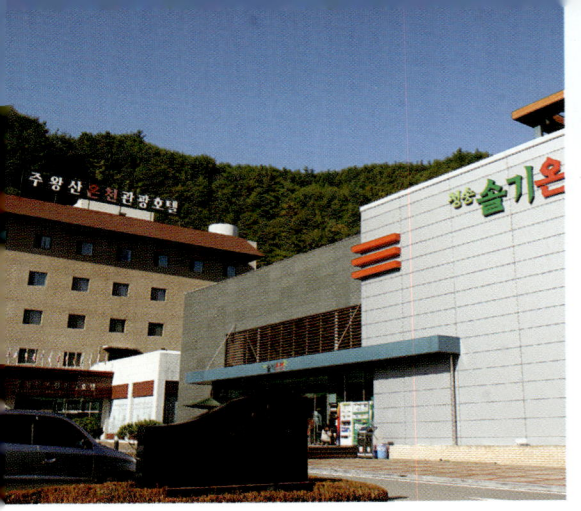
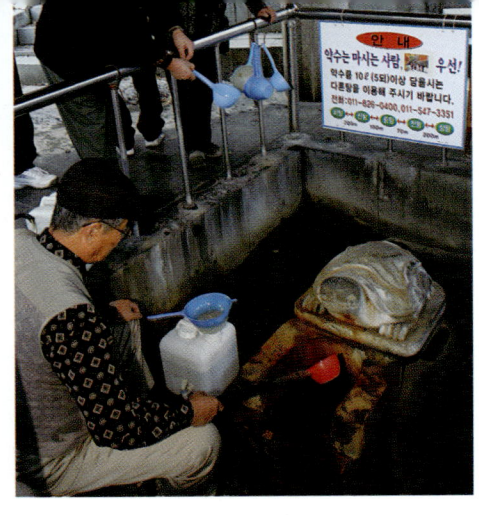

청송 솔기온천
소나무의 기운이 녹아든 온천

| 위치 | 경상북도 청송군 청송읍 월막리 69-2
| | 경상북도 청송군 청송읍 중앙로 315
| 운영시간 | 06:00~20:00, 연중무휴

▶ MINI DATA
| 입장료 | 있음　　주차 | 가능　　분류 | 온천, 휴양

청송이란 지명이 말해주듯 이 지역은 소나무 숲이 울창하기로 이름난 곳이다. 소나무의 기운이 땅속으로 스며들어 온천수와 섞이니 몸에 좋은 것은 말로 설명할 필요가 없을 듯하다. 알칼리성 중탄산 나트륨천으로 한국자원연구소로부터 전국 최고급의 수질임을 입증받았다고 하는데 물이 매끄러워 몸에 닿으면 다른 온천수에 비해 훨씬 부드러움을 느낄 수 있으며 신경통, 근육통, 피부질환, 노화방지 등에 효과가 탁월하다고 한다. 각종 약초탕, 허브탕, 쑥탕, 레몬탕, 녹차탕 등 온탕과 사우나 시설이 잘 갖추어져 있으며 이용객의 피로를 풀어주기 위해 수중 안마탕도 설치되어 있다. 인근 주왕산을 찾은 여행객들이 탐방을 마치고 자주 찾는 온천으로 생긴 지 얼마 되지 않아 깨끗한 시설 또한 자랑이다. 바로 옆에 위치한 주왕산관광호텔에 묵으면 온천수를 공급하는 가족탕을 이용할 수 있다.

달기약수
닭 울음소리를 내는 약수

| 위치 | 경상북도 청송군 청송읍 부곡리 300-6
| | 경상북도 청송군 청송읍 약수길 16
| 운영시간 | 종일, 연중무휴

▶ MINI DATA
| 입장료 | 없음　　주차 | 가능　　분류 | 산, 계곡, 동굴

조선 철종 때 수로 공사를 하던 중 발견된 약수로 이곳의 옛 지명이 '달이 뜨는 곳'이라 해서 '달기약수'라고 불린다. 약수가 솟을 때의 소리가 '닭이 우는 소리' 같다 하여 달기약수라 부른다는 설도 있다. 약수의 오묘함을 기리기 위해 마을 사람들은 해마다 달기약수 영천제를 올리는데 제일 밑에 있는 약수를 시작으로 하탕, 중탕, 상탕, 신탕 등 모두 10여 개의 약수탕이 개발되었다. 사계절 약수의 양이 일정하고 겨울에도 얼지 않는 것으로 유명하며 이 약수에는 색깔과 냄새가 없고 철분이 다량 함유되어 있다. 신경통과 위장병에 특히 효험이 있는 것으로 알려져 있으나 그냥 마시기에는 약간 역해서 꿀이나 설탕을 타서 마시기도 하는데 그 맛이 사이다와 흡사하다. 이 물로 밥을 지으면 밥에서 푸른색이 돌고, 백숙을 하면 비린 맛이 없어지며 고기 맛도 부드러워진다. 그래서 약수터 주변으로는 닭백숙 집들이 즐비하다.

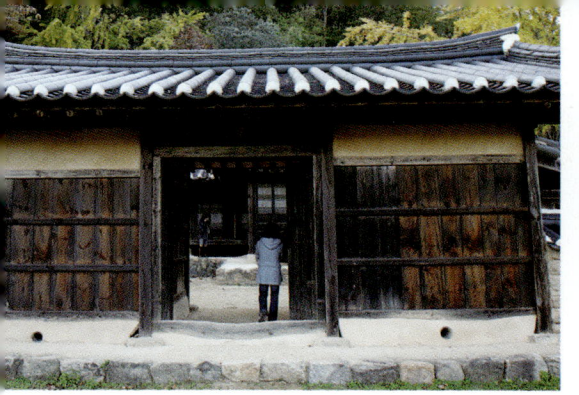
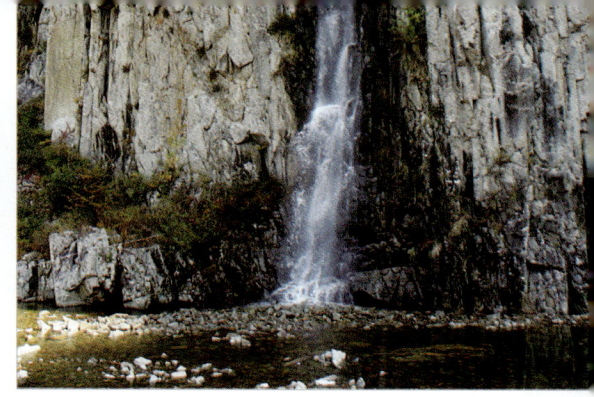

송소 고택
전통 한옥의 하룻밤

| 위치 | 경상북도 청송군 파천면 덕천리 176
　　　경상북도 청송군 파천면 송소고택길 15-2
| 운영시간 | 숙박 예약 후 방문

▶ MINI DATA
| 입장료 | 없음　주차 | 가능　분류 | 역사, 문화유적

만석꾼이란 표현은 단순히 많은 토지와 재물로만 붙여지는 것이 아니다. 부에 어울리는 위세와 학식, 그리고 무엇보다 사람들의 존경을 받는 행실로 인정받는 가문의 특권이다. 청송 심씨는 조선시대를 통해 13명의 정승과 4명의 왕비, 4명의 부마를 배출한 가문이다. 한 해 생산하는 양식이 2만 석에 이르렀다는 가문의 재력은 전국 모든 지역에 가문 소유의 땅이 있었다는 믿기 힘든 이야기로도 전해진다. 19세기 후반 지금의 청송 지역으로 이사 오면서 큰 도둑을 맞아 모든 재물을 빼앗기고 남은 돈으로 지금의 고택을 지었다고 하니 그 엄청난 재력을 짐작하고 남는다. 청송 심씨 동족마을의 중심에 자리하는 99칸의 고택은 영남 지방 상류 가문의 특징을 제대로 보여주는 집이다. 건축학적인 특색을 알지 못하여도 솟을대문을 통과하여 너른 마당으로 펼쳐지는 가옥의 위용이 한눈에 들어온다. 현재 고택은 전통한옥체험을 위한 숙박 장소로 개방되어 있다. 편의시설이 조금은 불편하더라도 한옥의 멋진 정취를 제대로 즐길 수 있다.

청송 얼음골
인공과 자연의 조화

| 위치 | 경상북도 청송군 부동면 내룡리 1-5 인근
　　　경상북도 청송군 부동면 팔각산로 228 인근
| 운영시간 | 종일, 연중무휴

▶ MINI DATA
| 입장료 | 없음　주차 | 가능　분류 | 산, 계곡, 동굴

주왕산의 신선한 기운이 옥계계곡을 따라 흘러나오는 얼음골은 이름처럼 호흡까지 차가워질 정도로 한여름에도 서늘한 곳이다. 여름철 계곡은 어디를 가도 시원하지만 얼음골의 시원함은 여느 계곡의 그것과는 또 다르다. 한여름에도 얼음이 언다는 계곡은 긴 상의를 준비하지 않는다면 한기를 느낄 정도이니 피서 장소로는 최고의 장소라 할 수 있다. 계곡을 지키듯 우뚝하게 솟아 있는 절벽을 따라 흐르는 62m 높이의 물줄기는 인공폭포이다. 인위적인 모습이지만 햇살 아래 무지개를 만들며 수직낙하하는 물줄기는 실로 장관이다. 몸에 이로운 음이온이 가장 많이 발생한다는 폭포 아래 어깨를 맡기고 더위를 물리치는 폭포욕을 즐기는 사람들의 모습을 보는 것만으로도 시원하다. 폭포 옆의 얼음골 약수도 얼음을 띄운 듯 차갑고 달콤한데, 약수로 끓이는 닭백숙의 맛도 특별하고 약수막걸리도 시원하다. 폭포수가 그대로 얼어붙는 겨울철이면 청송군이 개최하는 빙벽등반대회도 열린다.

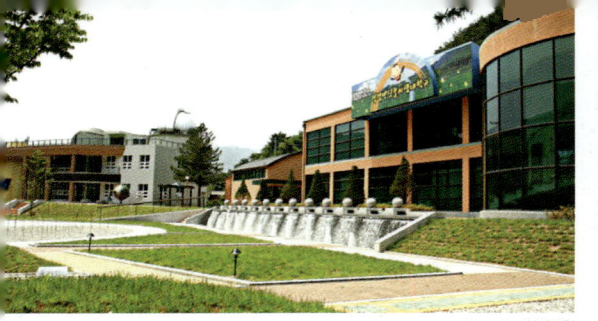
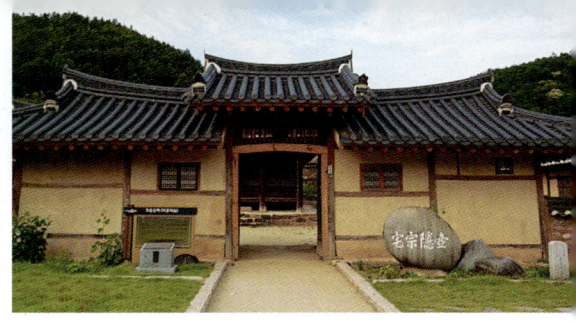

Photo by 영양군청

수하계곡과
반딧불이생태공원
국내 최대의 반딧불이 서식지

| 위치 | 경상북도 영양군 수비면 수하리 255-1
          경상북도 영양군 수비면 반딧불이로 129
| 운영시간 | 종일, 연중무휴

▶ MINI DATA
| 입장료 | 없음   주차 | 가능   분류 | 산, 계곡, 동굴

국내 최대의 반딧불이 서식지로 알려진 수하계곡은 일월산, 울련산, 금장산 등 높은 산들에 둘러싸인 채 20여 킬로미터에 걸쳐 있으며, 동해로 흘러가는 왕피천의 원류가 된다. 울창한 숲을 끼고 흐르며 화강암으로 이루어진 크고 작은 소를 만들어내고, 계곡의 바닥까지 훤히 비치는 맑은 물과 기암이 반짝이는 모래밭이 어우러져 마치 신선 세계에 온 듯하다. 동해에서 왕피천을 거슬러 온 은어들이 뛰놀고 특히 해가 지면 반딧불이의 축제가 열린다. 폐교된 수하 분교는 반딧불이 생태공원으로 조성되어 생태학습장으로 운영되는데, 반딧불이의 모든 것을 전시한 생태 전시관과 나비, 잠자리, 애반딧불이, 늦반딧불이, 파파리 등의 반딧불이 사육장이 있으며 야생식물원, 자연정화연못, 잠자리공원, 수백 종의 곤충을 관찰할 수 있는 곤충관찰장 등도 갖추고 있다.

조지훈 문학관과
주실마을
시인의 마을을 찾아서

| 위치 | 경상북도 영양군 일월면 주실길 55 일대
          경상북도 영양군 일월면 주곡리 222 일대
| 운영시간 | 동절기 09:00~17:00, 하절기 09:00~18:00,
            매주 월요일 휴관

▶ MINI DATA
| 입장료 | 없음   주차 | 가능   분류 | 전시, 체험시설

'얇은 사(紗) 하이얀 고깔은 / 고이 접어서 나빌레라.' 조지훈의 시 「승무(僧舞)」의 첫 구절이다. 박두진, 박목월과 함께 청록파를 대표하는 시인으로, 일제에 저항하고 불의에 항거한 지사로서 삶을 살았던 조지훈이다. 경북 영양의 주실마을은 조지훈이 태어나고 어린 시절을 보냈던 마을이다. 마을에는 조지훈의 생애와 저작활동을 정리하고 있는 조지훈문학관이 있어 둘러볼 수 있다. 전시관에는 시인의 육필원고를 비롯하여, 청록파 시인들이 주로 활동하였던 문학잡지인 「문장지」 등이 전시되어 있다. 고려대학교 교수 재직 시절, 3·15 부정선거에 항거했던 제자들에게 남긴 글인 '늬들 마음을 우리가 안다'와 50년대 말기 자유당 시절 혼란했던 상황과 일제의 잔재를 비판하며 쓴 글인 '지조론'은 시대를 비판한 지성인으로서의 그를 알 수 있게 하는 기록이다. 전시관 외에도 그가 태어난 생가와 어릴 때 공부하였던 월록서당 등을 돌아볼 수 있다. 또한 전시관 옆으로 언덕을 따라 지훈 시 공원이 만들어져 있어 산책을 하면서 시인의 시를 감상해본다.

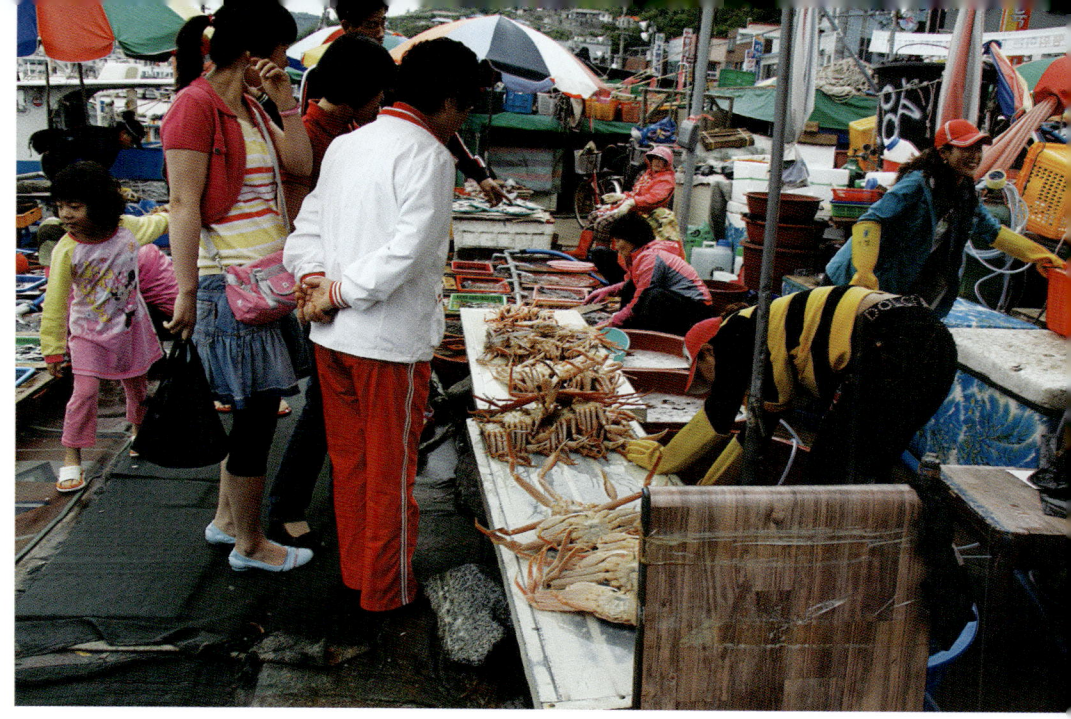

강구항과 대게 딱딱한 껍질 속에 감춰 둔 하얀 속살

| 위치 | 경상북도 영덕군 강구면 강구리 일대
　　　 경상북도 영덕군 강구면 영덕대게로 일대
| 운영시간 | 종일, 연중무휴

▶ MINI DATA
| 입장료 | 없음　　주차 | 가능　　분류 | 바다, 섬

주왕산에서 흘러나오는 오십천계곡의 맑은 물은 동해 바다로 흘러가기 전 작은 포구를 만난다. 하천을 가로지르는 강구대교의 양편으로 강구항이 자리한다. 어선들이 늘어선 모습 사이로 다리를 건너는 느낌은 마치 커다란 배 위에서 바다를 바라보는 기분이다. 작고 조용한 항구였던 강구항은 대게의 최대 집산지가 되면서 전국에서 가장 번잡한 항구 중 하나가 되었다. 200여 곳이 늘어선 대게 요릿집과 경매가 이루어지는 공판장은 그야말로 대게의 천국이라 할 만하다. 몸집이 커서 대게인 것으로 대부분의 알고 있지만 몸통에서 뻗어나간 8개의 다리가 대나무와 같아서 붙여진 이름이다. 속이 박달나무의 속처럼 야무지다 하여 박달게라는 별칭이 있는 강구항의 대게는

일제강점기부터 최고의 상품성을 인정받았다. 영덕, 울진 지역의 바다는 수온이 낮고 깨끗한 모래가 있어 그 속에서 자라난 대게는 가장 품질이 좋고 최고의 맛을 지닌 것으로 알려졌다. 3, 4월의 봄철이 살이 많아 가장 맛이 좋으며 6월부터 11월까지의 기간에는 어종 보호를 위해 국내산 대게의 포획이 금지된다. 강구항 주변에서 맛보는 대게는 신선하고 가격 또한 저렴하다. 매년 4월에 열리는 영덕대게축제는 대게 맛에 빠진 사람들을 위한 특별한 잔치다. 대게잡기대회나 대게요리경연대회도 즐겁지만 한정된 시간에 열리는 깜짝경매 프로그램은 대게를 놀랄만한 가격에 구매할 수 있는 절호의 찬스다.

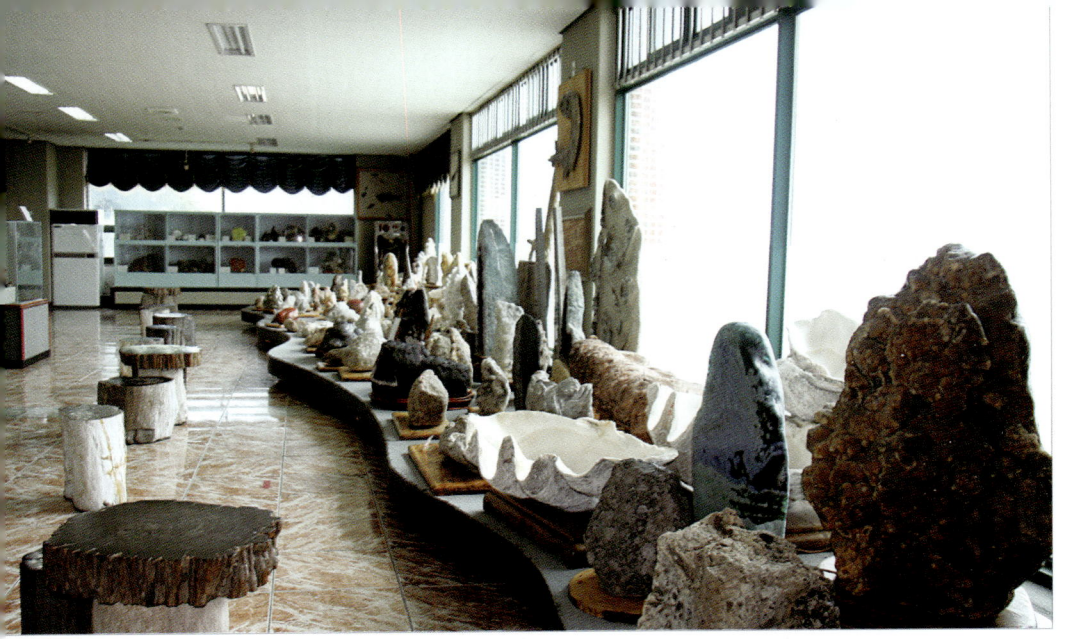

경보 화석박물관 작지만 알찬 화석 박물관

위치 | 경상북도 영덕군 남정면 원척리 267-9
경상북도 영덕군 남정면 동해대로 3763
운영시간 | 08:00~18:00, 연중무휴

▶ MINI DATA
입장료 | 있음　　**주차** | 가능　　**분류** | 박물관

화석이란 동·식물의 유해나 살았을 때 남긴 배설물 등의 흔적이 땅속에 묻혀 썩지 않고 모양과 형태가 보존된 것을 말하는데, 짧게는 몇 만 년에서 길게는 수십억 년 전까지 땅속 지층에 묻혀 있다가 풍화나 침식 작용 또는 공사 중에 발견된다. 포항에서 영덕으로 이어지는 7번 국도에 자리하고 있는 경보화석박물관은 고생대에서 중생대, 신생대에 이르는 시기의 다양한 종류의 화석 2,500여 점을 보유하고 있는 전문 박물관이다. 각 지질시대를 대표하는 화석을 전시하고 있는데 지금부터 약 6억 년에서 2억 5,000만 년 전에 해당하는 고생대 캄브리아기의 삼엽충, 2억 5,000만 년 전에서부터 4,600만 년 전 시기로 공룡이 번성했던 중생대의 대표화석인 암모나이트 및 공룡 화석, 가장 최근의 지질시대로 신생대의 매머드 화석 등이 그것이다. 2층의 제1전시관을 둘러보고 1층의

제2전시관으로 내려오면 또 다른 재미있는 구경거리가 있다. 바로 규화목과 다양한 식물화석이다. 제1전시관이 동물화석 중심으로 전시를 해 놓았다면 이곳은 식물의 표준 화석 및 시상 화석들을 전시하고 있다. 보통 다른 박물관들에서는 눈으로만 관람할 수 있게 하고 있지만 이곳은 다양한 종류의 규화목을 직접 만져보고 그 위에 앉아볼 수 있어서 재미있다. 규화목이란 나무의 줄기나 기둥이 땅속에 묻혀 여러 이유로 썩지 않고 화석화되어 보존된 것을 말하는데, 원래 나무의 성분은 없어지고 이산화규소 등의 광물질이 물에 녹아 스며들어 만들어진다고 한다. 3층 야외전시장에도 다양한 모양의 규화목들이 전시되어 있으며, 덤으로 동해 바다의 멋진 바다풍경도 시원하게 내려다볼 수 있다.

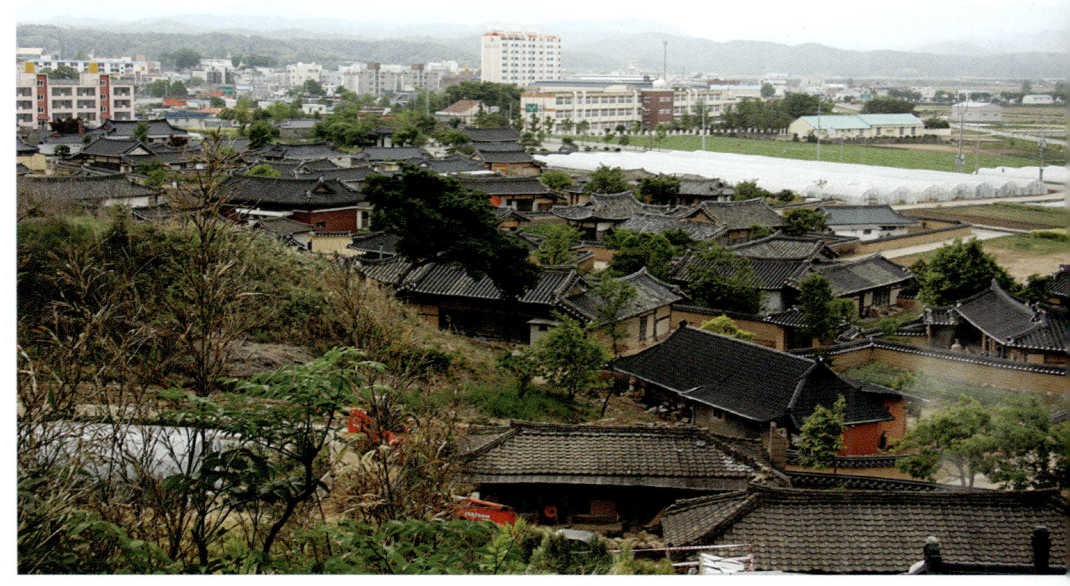

괴시마을   전통을 이어가는 마을

| 위치 | 경상북도 영덕군 영해면 괴시리 일대
　　　　경상북도 영덕군 영해면 호지마을1길 일대
| 운영시간 | 종일, 연중무휴

▶ MINI DATA
| 입장료 | 없음　　주차 | 가능　　분류 | 전통, 체험마을

성은 이색은 고려 말의 대학자로서 포은 정몽주, 야
은 길재와 함께 '삼은선생'으로 알려져 있다. 그의 탄
생지로 알려진 괴시마을은 조선 후기 만들어진 양반
가옥이 많이 남아 있는 전통마을이다. 마을의 가장
높고 아늑한 땅을 잡아 이색의 동상과 기념관을 만들
었다. 괴시마을은 한옥과 부드러운 논밭이 아름답게
어우러지는 전통 마을이다. 특별한 볼거리 없는 마을
이라 가볍게 지나칠 수 있지만 마을 뒷동산을 따라
산책을 즐겨보자. 부드러운 능선으로 감싸 안긴 마을
은 저녁 식사를 준비하는 아궁이의 하얀 연기가 솟아
오르는 그림 같은 풍경이다. 조금 더 욕심을 낸다면
마을에서 하룻밤을 지내는 민박을 이용하는 것도 좋
다. 도시 생활에서와 같은 편리함은 찾아볼 수 없지
만 사람의 향기가 배어 있는 마루에서 묵은 김치와
고추장 밥상에 질 좋은 쌀밥을 즐길 수 있다. 괴시마

을의 푸근함이 좋다면 비슷한 규모의 이웃 동네인 인
량리마을도 놓치지 말자. 새로움의 물결에 무너져가
는 전통의 마을과 정신을 지켜내는 소박한 아낙의
일생을 담담하게 적어낸 소설가 이문열의 작품 『선
택』의 실제 무대가 되는 마을이다. 200년이 넘은 고
가를 둘러보는 느낌이 또 다른 잔잔한 즐거움을 준
다. 농촌 전통 테마마을로 운영되는 인량리마을은
전통을 잠시나마 맛볼 수 있는 체험프로그램도 운영
한다.

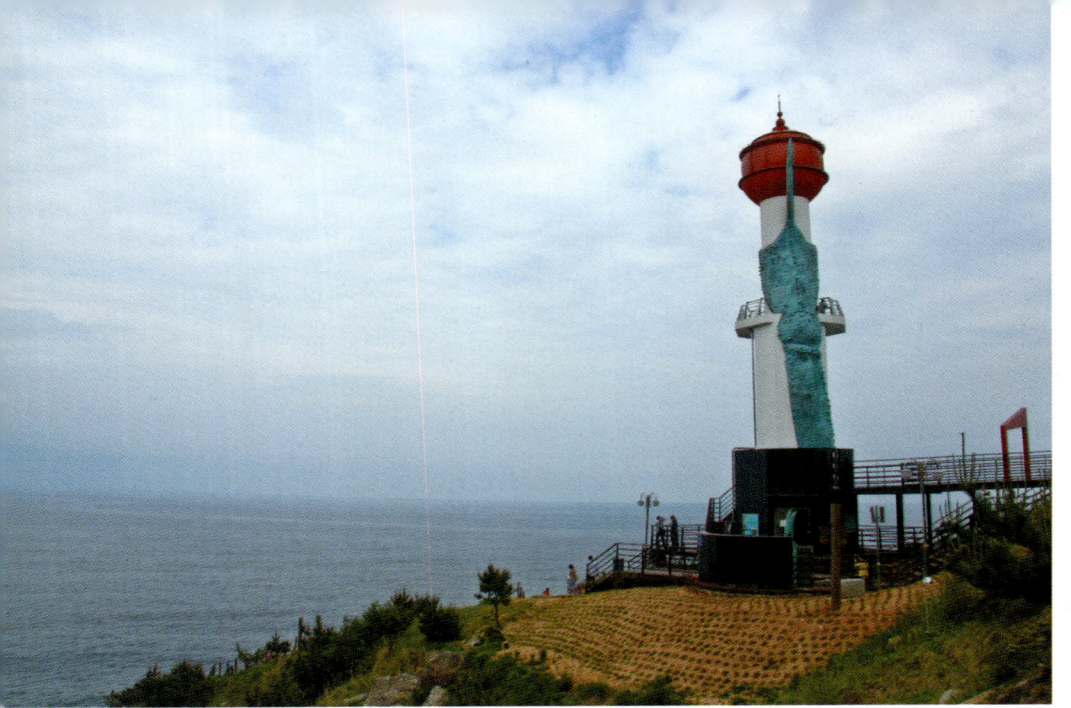

해맞이공원과 풍력발전소 바람의 선물

위치 | 공원 경상북도 영덕군 영덕읍 창포리 산5-5번지
(영덕대게로 일대)
발전소 경상북도 영덕군 영덕읍 창포리 산70
(해맞이길 일대)
운영시간 | 종일, 연중무휴

▶ MINI DATA
| 입장료 | 없음   주차 | 가능   분류 | 공원

강구항과 축산항을 잇는 해안도로는 바다를 즐기는 아름다운 드라이브의 명소로 손꼽힌다. 아기자기한 어촌 마을과 깔끔한 모래사장이 파도와 어우러지는 경관을 즐길 수 있으며 가파른 길을 올라 수십 개의 거대한 날개가 하늘을 가르며 느릿하게 돌아가는 장관을 볼 수 있다. 영덕의 상징으로 새롭게 자리 잡은 풍력발전기들은 특별한 동력의 사용 없이 무공해 전력을 공급하는 기계로 능선을 따라 하얀 날개를 활짝 핀 모습은 영덕을 시원함으로 추억하게 만든다. 수많은 풍력발전기들이 바다로 향하는 선두에 해맞이공원이 자리 잡고 있으며 흰색의 창포말등대는 영덕의 상징 대게가 감싸는 형상으로 단장되어 있다. 등대를 더욱 돋보이게 만드는 잔디 언덕은 산불로 그 모습을 잃어버린 민둥산을 다듬어 바다를 향하는 산책로를 만들었다. 1달에 1번, 마지막 주 토요일에 개최되는 달맞이 산행이 유명하다. 영덕군청에서 준비하는 야간산행은 해맞이공원과 풍력발전소가 자리하는 삿갓봉을 따라 2시간 정도 진행된다. 달빛을 흠뻑 머금고 물결 따라 반짝거리는 바다와 여느 곳보다 더욱 밝고 커다란 달빛을 따라 산행도 즐기고 푸른 밤을 더욱 흥겹게 하는 공연과 군청에서 준비한 먹거리를 맛보는 특별한 시간이다.

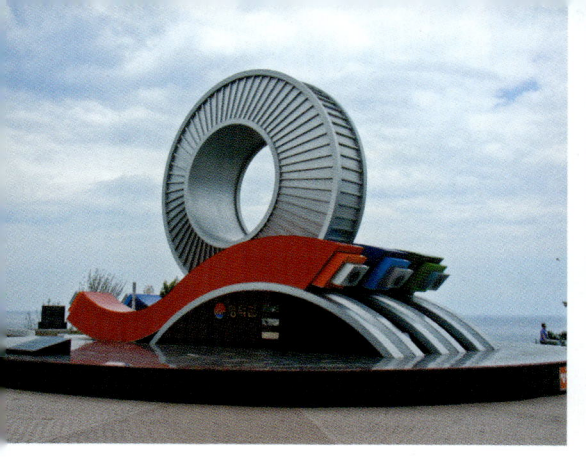
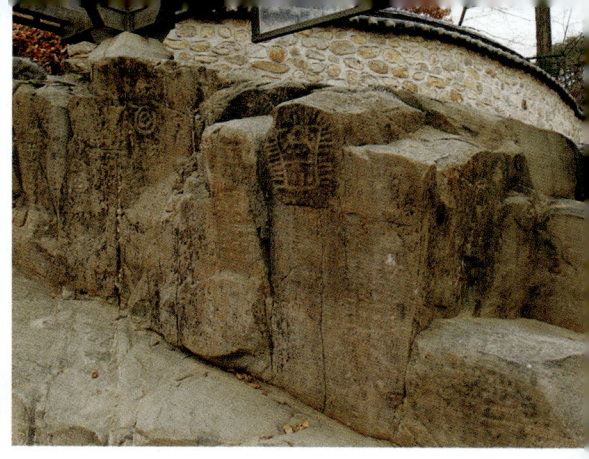

삼사 해상공원

천 년을 기다리는 땅

| 위치 | 경상북도 영덕군 강구면 삼사리 8-2 일대
　　　　경상북도 영덕군 강구면 해상공원길 120-7 일대
| 운영시간 | 종일, 연중무휴

▶ MINI DATA

| 입장료 | 없음　　주차 | 가능　　분류 | 공원

강구항을 한눈에 담는 언덕에 숙박시설과 음식점, 편의 시설이 밀집하고 있다. 동해의 첫날을 깨우는 경북대종이 있는 삼사 해상공원은 매년 새해맞이 일출을 바라보며 한해의 소망과 결심을 담는 장소로 경상북도의 새로운 명소가 되었다. 해안 도로를 따라 동해의 푸른 경관을 눈에 담는 즐거움도 좋고, 바다 냄새 가득 담은 먹거리를 즐기는 것도 좋지만, 공원의 가장 끝에 자리하는 어촌민속전시관을 놓치지 말고 찾아보자. 영덕 지역 어촌의 삶과 민속을 담은 전시관이다. 영덕대게를 옛 그물에 담은 모습과 사이사이 전시된 강구항의 풍경을 담은 사진들이 추억을 느끼게 하고 아이들에게 인기 높은 각종 체험기구도 즐기기에 좋다. 전시관 옥상에 마련된 야외공간은 강구항과 동해를 또 다른 시선으로 바라볼 수 있는, 숨어 있는 명소다.

고령 장기리 암각화

기하학적 무늬가 전하는 뜻은?

| 위치 | 경상북도 고령군 대가야읍 장기리 532
　　　　경상북도 고령군 대가야읍 아래알터길 15-5
| 운영시간 | 종일, 연중무휴

▶ MINI DATA

| 입장료 | 없음　　주차 | 가능　　분류 | 역사, 문화유적

고령은 울산의 대곡리, 천천리와 함께 암각화로 유명한 지역이다. 고령 장기리에는 커다란 바위에 그림이 새겨져 있는데, 새겨진 모양이 제법 선명하며 가까이 다가가 볼 수 있어 탁본 등을 통하지 않고서도 눈으로 확인할 수 있다. 가로 6m, 세로 3m의 바위에는 동그라미, 동심원, 십자 모양 등의 기하학적인 무늬가 새겨져 있으며, 방패모양 안에 사람 얼굴을 그려놓은 듯 보이는 문양 등 30여 점의 그림이 그려져 있다. 동심원으로 그려진 원형의 무늬는 태양을 상징하는 것으로 해석된다. 새겨진 그림들을 가만히 보고 있으면 옛 사람들이 남겨 놓은 이야기가 들리는 것 같다. 대곡리 반구대의 암각화가 사람, 물고기 등 사물의 형태를 구체적으로 그려놓았다면 이곳 암각화는 조금 더 추상화된 형태이다. 태양을 숭배하고 자연을 경외하던 당시 사람들의 마음을 읽을 수 있다. 장기리에서 그리 멀리 떨어지지 않은 안화리에도 암각화가 있으니 함께 찾아보자.

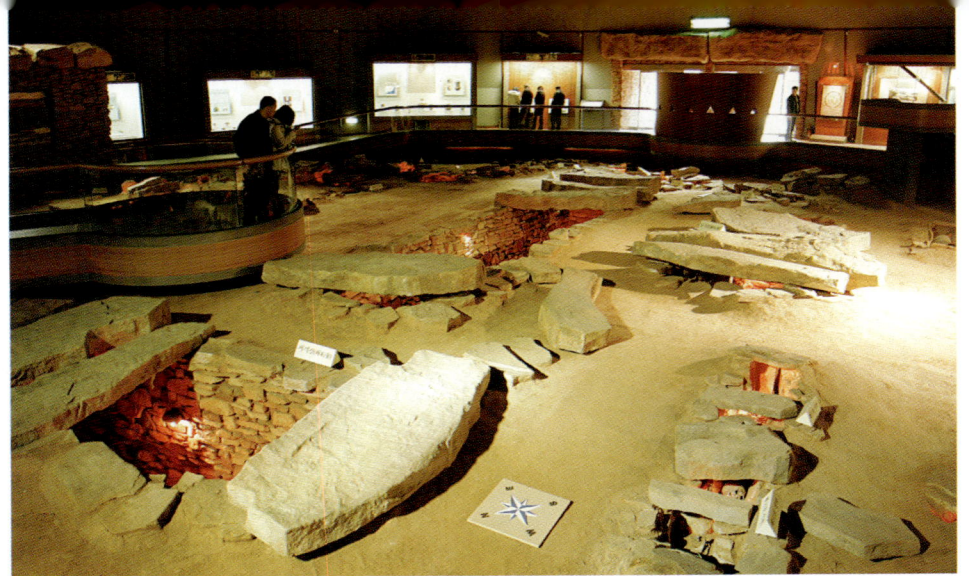

지산동 고분군과 대가야박물관 미지의 왕국을 살펴보자

위치 | 고분군 경상북도 고령군 대가야읍 지산리 산23-1
　　　 박물관 경상북도 고령군 대가야읍 지산리 460
　　　 (대가야로 1203)
운영시간 | 동절기 09:00~17:00, 하절기 09:00~18:00,
　　　　　 매주 월요일 휴관

▶ MINI DATA
입장료 | 있음　　주차 | 가능　　분류 | 역사, 문화유적

삼국과 함께 고대국가 체제를 완성하며 낙동강 중심으로 강력한 세력을 형성하였던 가야국은 고구려의 한강 이남 지역으로의 이동과 신라의 국가체제 완성 이후 급격하게 몰락하였다. 잃어버린 왕국 가야국은 지산동 고분군의 본격적인 발굴로 고령을 중심으로 한 대가야의 실체가 드러나면서 역사 속에 그 모습을 드러냈다. 김해의 금관가야에 이어 가야국 연맹의 종주국으로 자리하였던 대가야는 6세기 신라의 공격으로 멸망하기까지 고대 일본에 그 문화를 전하는 등 당당한 국가의 모습을 보여주었다. 발굴된 것만 200여 기가 넘고 전체 숫자는 수백 기에 달한다는 지산동 고분군은 금동관을 비롯한 유물들이 출토되어 당시 삼국의 세력에 못지않았던 대가야의 실체를 알 수 있게 한다. 주된 무덤 형식은 돌방무덤으로 돌널을 사용한 관을 만들고 그 안에 무덤의 주인과 유물들을

담은 형태다. 무엇보다 지산동고분군에 나타난 가야 양식의 특징은 순장제도에 있다. 국왕 등 무덤의 주인을 사후 세계에서도 보좌하고자 신하와 시종 등이 함께 묻히는 제도 때문에 보통 3~4명이 순장되는 모습을 보였으나 지산동44호분의 발굴에서 무려 32명 이상의 순장자가 발굴되어 많게는 100명을 함께 순장하였다는 고대의 기록을 사실로 입증하였다. 일면 잔인하게 느껴지는 순장제도는 사후세계의 존재를 굳게 믿었던 당시의 사람들에겐 지금과는 다른 시각으로 받아들여졌을 것이다. 대가야박물관은 가야의 모습을 이해하고 살펴볼 수 있는 소중한 시설이다. 박물관의 핵심인 왕릉전시관은 44호분의 모습을 그대로 재현해놓았다.

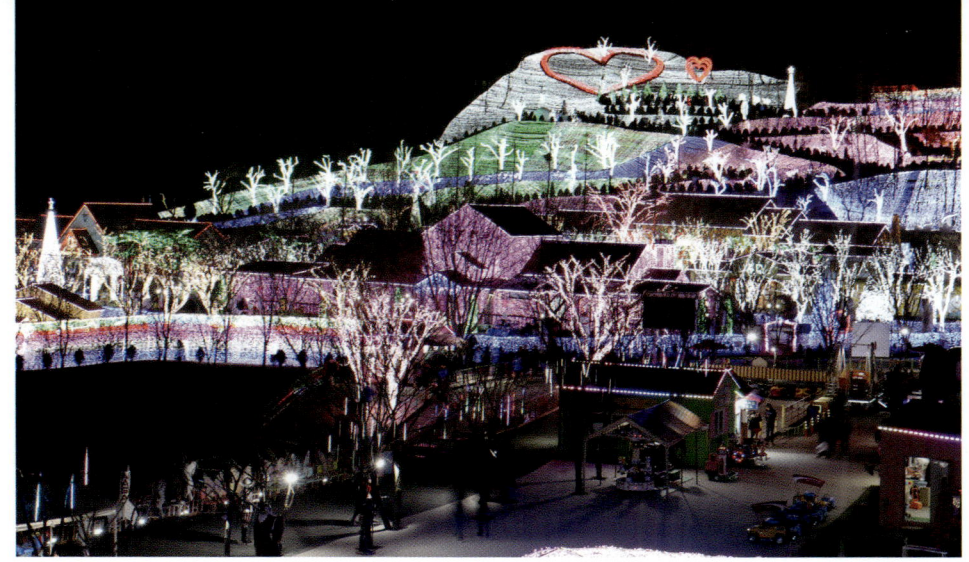

청도 프로방스 포토랜드 경상도에서 프랑스의 향기를 느끼다

| 위치 | 경상북도 청도군 화양읍 삼신리 877
경상북도 청도군 화양읍 이슬미로 272-23
| 운영시간 | 10:00~23:00, 토요일 10:00~23:30, 7~8월
금/일요일 10:00~23:30, 토요일 10:00~24:00

▶ MINI DATA
| 입장료 | 있음   주차 | 가능   분류 | 전시, 체험

청도에 자리한 국내 유일의 포토랜드라고 할 수 있는 곳이다. 1996년 청도테마랜드로 개장한 후 2012년에 청도 프로방스 포토랜드로 새롭게 개장하였다. 프랑스의 정감있는 프로방스 마을을 재현하고자 조성된 마을로, 프로방스 마을을 중심으로 100여 가지의 다양한 포토존과 아기자기한 소품, 예쁜 집들이 조성되어 있으며 어둠이 내리면(일몰~22:00) 화려한 전등을 밝혀 빛 축제를 경험할 수 있는 공간이다. 이 포토랜드는 낮과 밤이 다른 형태로 구성되어 있다. 먼저 낮에는 프랑스를 대표하는 화가인 에두아르 마네, 폴 고갱, 폴 세잔의 명화가 여기저기서 반겨줄 뿐만 아니라 숲 속의 기찻길, 100여 가지의 테마로 구성된 포토존 등이 조성되어 있다. 밤에는 공원 전역에 천만 개의 LED 조명이 은하수처럼 펼쳐지는 '러브러브 빛축제'가 펼쳐진다. 빛 축제는 화려한 숲길인 러브 로드와 연인들을 위한 큐피드 로드, 프러포즈 로드, 하늘 정원에서 펼쳐지는 일루미네이션 쇼를 중심으로 한다. 깜깜한 밤, 포토랜드의 가장 인기 있는 공간은 뭐니뭐니해도 프러포즈 로드와 큐피드 로드다. 특히 프러포즈 로드는 70여m에 이르는 은하수 조명 터널로서 곳곳에 하트 조명이 설치되어 길을 지나가는 연인들을 사로잡으며 고백을 부추긴다. 이 밖에도 포토랜드 곳곳에는 방문객들을 위해 프로방스 타입의 레스토랑과 베이커리, 커피숍, 캐쥬얼 일식당, 허브&리빙 소품점, 기념품점 등 다양한 시설과 음식점을 갖추고 있다. 더불어 아이들을 위한 놀이 시설 등 다양한 편의 시설도 갖춰져 있어 연인뿐만 아니라 가족 나들이 손님들도 많이 찾고 있다.

운문사

소나무가 감싸는 잔잔함

| 위치 | 경상북도 청도군 운문면 신원리 1789
경상북도 청도군 운문면 운문사길 264
운영시간 | 새벽기도~예불 1시간 전, 연중무휴

▶ MINI DATA
| 입장료 | 있음   주차 | 가능   분류 | 불교유적

운문산 기슭에 자리하는 운문사는 여성 스님들이 수도하는 비구니 사찰이다. 250여 명의 비구니가 수행의 삶을 이어가는 사찰은 여느 곳보다 차분한 아름다움을 지니고 있다. 운문사는 소나무로 시작된다. 일주문으로 향하는 오솔길의 아름다움이 명망 높은 사찰마다 빼 놓을 수 없는 자랑이 되지만 운문사의 솔향기 가득한 길은 찾는 사람의 눈높이를 맞추듯 아담한 소나무들이 가지런히 이어진다. 1km의 오솔길을 걸어가면 산기슭의 평탄한 자리로 담장의 높이마저 가지런한 사찰이 나타난다. 신라 진평왕 때 창건된 고찰로 삼국의 옛이야기를 전한다. 고려시대 일연스님이 삼

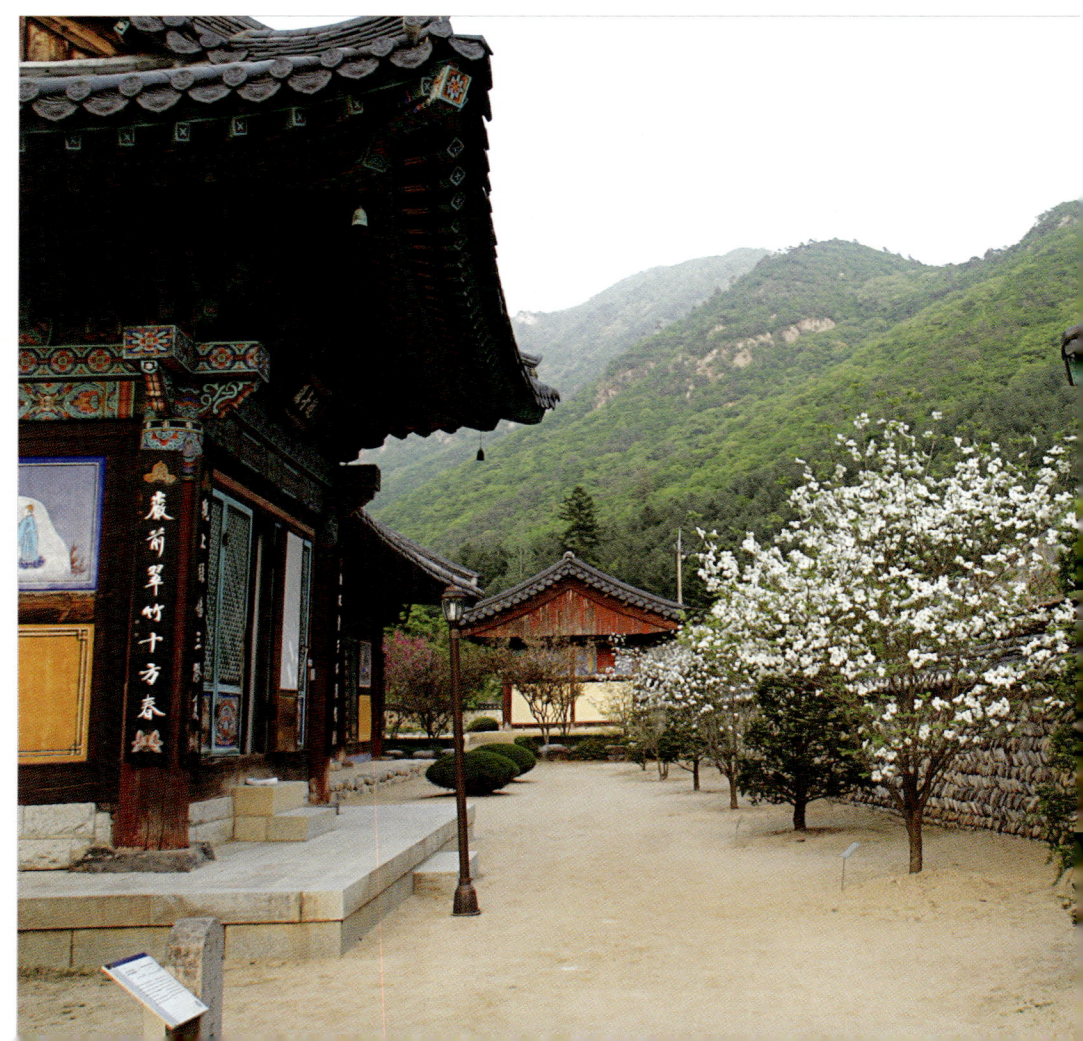

국유사를 집필한 장소로도 알려져 있다. 신라의 원광법사가 화랑들에게 세속오계를 전수한 장소로 오랜 역사를 가진 사찰이다. 만세루를 지나 펼쳐지는 경내의 모습은 불쑥 눈에 들어오는 아름다움보다 잔잔한 평온함으로 찾는 사람의 마음을 편하게 만든다. 우리나라에서 가장 크고 오랜 수령을 자랑하는 처진소나무는 소나무의 여왕인 듯 너른 가지를 땅으로 향하며 경내를 가득 채운다. 본래 제대로 자라지 못한 소나무의 한 종류인 처진소나무지만 이곳의 나무는 아래로 가지를 뻗은 모습이 풍성하고 부드러운 어머니의 품 같다. 매년 봄이면 12말의 막걸리를 부어 기름진 양분

을 공급하는 등 귀하게 모셔지는 소나무다. 새롭게 만들어진 석가모니불을 모신 대웅보전과 함께 비로자나불을 모신 또 다른 대웅보전은 창살마다 다른 무늬가 화려하다. 너른 강당인 만세루를 지나 얼핏 지나가기 쉬운 작은 전각인 잡갑전 내부로 사천왕석주 4기와 석조여래좌상을 모셔놓았다. 석주는 석탑의 일부였을 듯하고 생동감이 넘치는 불상도 그 모습이 아름답다. 운문사의 새벽과 저녁을 이어가는 예불은 사고의 소리와 어우러지는 비구니 스님의 낭랑한 독경으로 이름 높다. 새벽 어스름을 가르는 소리도 좋지만 고단함을 잠재우듯 세상으로 울려 퍼지는 저녁 예불의 공명음은 듣는 사람의 마음을 씻어주는 청정한 울림이 담겨 있다.

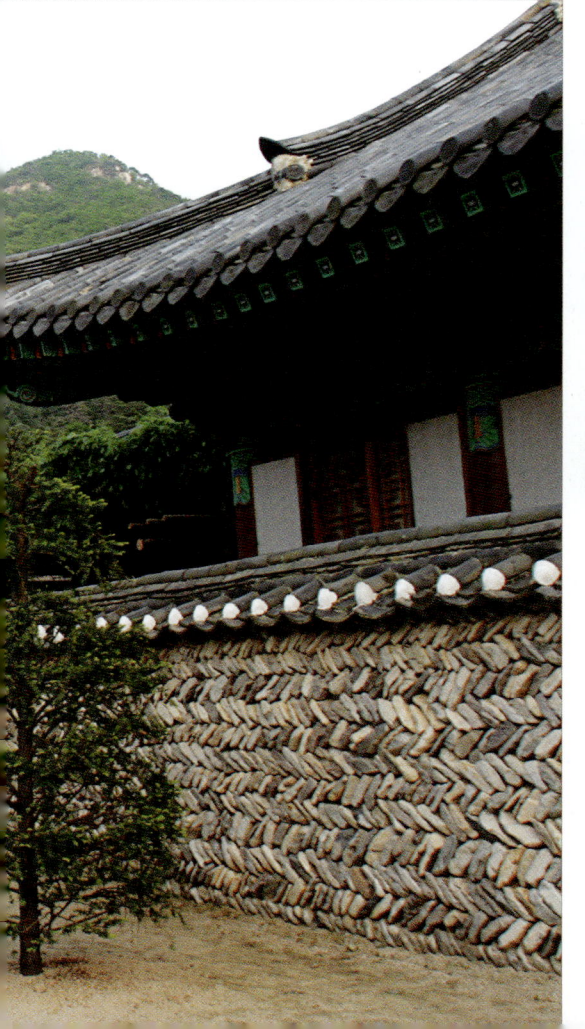

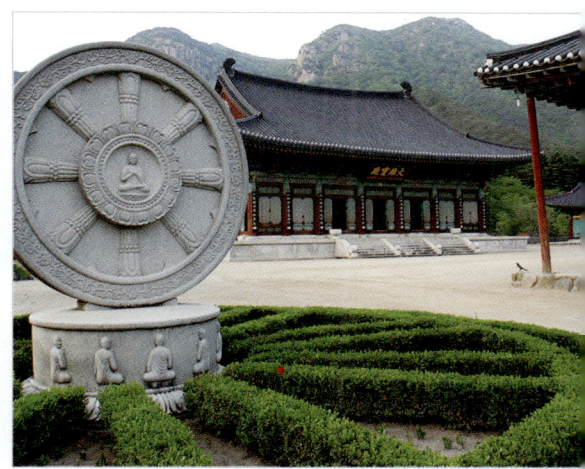

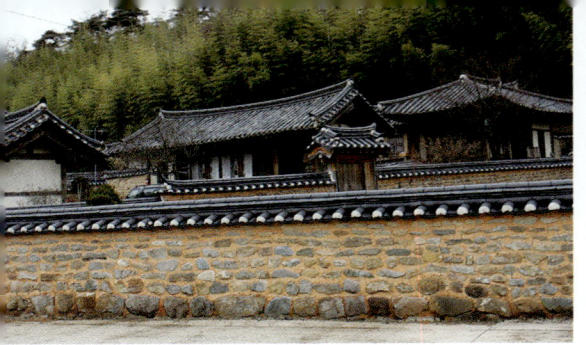

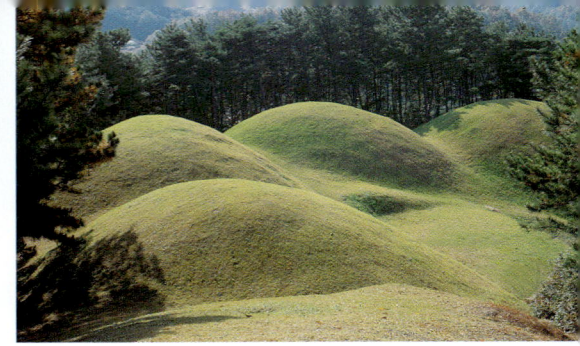

개실마을

5대에 걸쳐 효를 행한 효자 마을

| 위치 | 경상북도 고령군 쌍림면 합가리 243
  경상북도 고령군 쌍림면 개실1길 29
| 운영시간 | 동절기 10:00~16:00, 하절기 10:00~17:00,
  연중무휴

▶ MINI DATA

| 입장료 | 없음   주차 | 가능   분류 | 전통, 체험마을

개실마을은 성리학에 의한 정치 개혁을 주장했던 점
필재 김종직의 후손인 일신 김씨의 집성촌이다. 무오
사화의 화를 입은 김종직의 5대 후손이 17세기 중반
은거하기 시작해 현재 62가구가 모여 살고 있으며,
'꽃이 피는 아름다운 골'이라는 뜻의 개화실(開化室)이
었다가 음이 변해 개실이라 불리고 있다. 이 마을의
선조들은 5대에 걸쳐 효를 행한 것으로도 유명한데,
설화로 전해지는 효자에 관한 이야기는 모두 개실마
을에서 나온 듯하다. 가장 유명한 이야기로는 '모친
이 병환 중에 꿩고기 산적이 먹고 싶다 하니 부엌으
로 꿩이 날아들고, 잉어회가 먹고 싶다 하니 연못에
서 잉어가 튀어나왔다'는 전설이다. 연못은 이줄지라
하여 마을에 남아 있다. 김종직의 종택이 유적으로
남아 있으며 김종직의 불천위신주를 모신 사당, 그리
고 효를 행한 다섯 선조를 모신 화산재도 있다. 효와
예절을 테마로 한 농촌체험 마을로 다양한 전통 체험
프로그램과 예절교육 프로그램, 친환경 농업체험 프
로그램, 고택체험 프로그램을 잘 운영하고 있는 마을
이기도 하다.

성산동 고분군

옛 무덤 위에 서서 읍내를 내려다보다

| 위치 | 경상북도 성주군 성주읍 성산리 산61 일원
  경상북도 성주군 성주읍 성산4길 인근
| 운영시간 | 종일, 연중무휴

▶ MINI DATA

| 입장료 | 없음   주차 | 가능   분류 | 역사, 문화유적

가야의 옛 무덤인 성산동 고분군은 성산가야의 지배
층의 무덤으로 추정되는 곳이다. 야트막한 언덕인 성
산 자락을 따라 130여 기의 무덤이 자리하고 있는데
위로 오르면 성주 읍내가 한눈에 내려다보인다. 아마
도 이곳에서 내려다보는 지금의 성주가 옛날에도 이
지역의 중심지였을 것으로, 무덤들이 자리하는 연유
를 추론할 수 있다. 일제 때 큰 무덤 몇 기가 일본인
에 의하여 발굴된 적이 있으나, 본격적인 발굴은
1980년대 중반 대구 계명대학교 발굴팀에 의해 이루
어졌다. 무덤 개수가 많아 모든 곳을 발굴하지는 못
했지만 발굴 당시 엄청난 양의 유물이 나와서 트럭으
로 여러 대를 실어 나르고 그것을 보존 처리하고 정
리해 발굴 보고서를 내기까지 20년이 걸렸다고 한다.
발굴을 통하여 순장의 흔적을 찾았는데 주실 옆으로
부장품이나 순장을 하기 위한 공간이 따로 마련되어
있다고 한다. 무덤 사이로 난 길을 따라 정상에 올라
보자. 그곳에 서서 바라보는 무덤의 곡선들은 굴곡진
인생의 끝에 다가오는 삶과 죽음에 대한 경계로 느껴
진다.

732

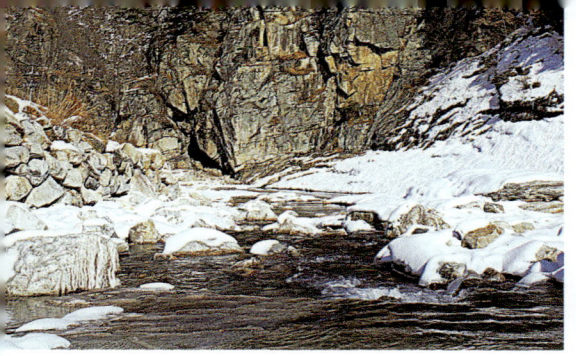

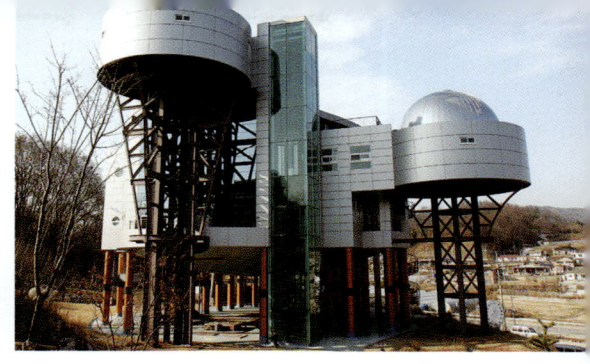

무흘구곡

한 편의 시에 담긴 아름다운 계곡

| 위치 | 경상북도 성주군 수륜면, 금수면 일대
| 운영시간 | 종일, 연중무휴

▶ MINI DATA
| 입장료 | 없음　주차 | 가능　분류 | 산, 계곡, 동굴

성주 출신으로 선비의 풍류를 담아 무흘구곡의 이름을 붙인 이가 바로 한강 정구이다. 한강은 퇴계 이황과 남명 조식에게서 학문을 배웠으며, 젊은 날 과거를 보러 한양에 갔다 명종의 외척인 윤원형이 득세하는 것을 보고 시험을 치지 않고 바로 돌아올 만큼 강직하면서도 청빈한 성품의 소유자였다고 한다. 한강이 김천에서 발원해 성주를 지나 흐르는 강이 대가천으로 곳곳의 기암절벽과 멋진 풍경을 칠언 절구의 시로 담았다. 성리학을 이룬 대학자인 중국 남송시대 주희가 지은 무이구곡을 본떠 만든 시로 제1곡인 봉비암에서 거슬러 올라가는데 제9곡인 수도리의 용소까지 그 아름다움이 한 편의 시에 담겨 있다. 행정구역상으로는 성산에 제1곡에서 제5곡까지 있고 나머지는 김천에 자리하고 있다. 바위 절벽 아래 깊은 소가 패여 있는 봉비암, 긴 물길 아래 깊은 소를 만들고 있는 한강대, 대가천을 오르내리는 배를 묶어 두었다는 배바위, 꼿꼿이 서 있는 바위가 위태로워 보이는 선바위, 이곳을 찾는 사람마다 인연을 맺는다고 전해지는 사인암이 성주에 있는 다섯 곳으로 30번 국도를 따라가면서 하나씩 찾을 수 있다.

예천 별천문대

맑은 하늘에 빛나는 별을 찾아서

| 위치 | 경상북도 예천군 감천면 덕율리 91
|　　　경상북도 예천군 감천면 충효로 1078
| 운영시간 | 10:00~18:00, 야간 19:00~종료(예약필수),
|　　　매주 월요일 휴관

▶ MINI DATA
| 입장료 | 있음　주차 | 가능　분류 | 전시, 체험시설

지하 1층, 지상 4층 규모로 세워진 예천 천문과학문화센터는, 낮에는 태양 흑점과 뜨겁게 치솟는 태양 불기둥을 관측하고 밤에는 천체 망원경을 통해 토성, 목성 등의 행성과 성운, 성단 등을 관측할 수 있는 천문대다. 돔형 스크린으로 별자리와 우주에 관한 영상물을 볼 수 있는 천체 투영실과 태양 및 별자리를 관측할 수 있는 주 관측실 및 보조 관측실로 구성되어 있으며, 천문학 관련 자료 전시실과 강당을 비롯해 1박 2일 동안 천문대에 머물며 천체 관측 프로그램에 참여할 수 있도록 관측자 숙소도 마련되어 있다. 천문과 우주를 주제로 만들어진 천문학사 소공원은 첨성대, 앙부일구, 측우기 등 역사 속에 등장하는 다양한 천문학 관련 전시물과 별자리 모형들로 구성되어 있어 사진으로만 보았거나 쓰임에 대해 잘 몰랐던 천문학 관련 기구들에 대한 이해를 돕고 있다. 맑고 청정한 예천의 하늘을 통해 우주의 신비를 체험하는 시간을 가져보자.

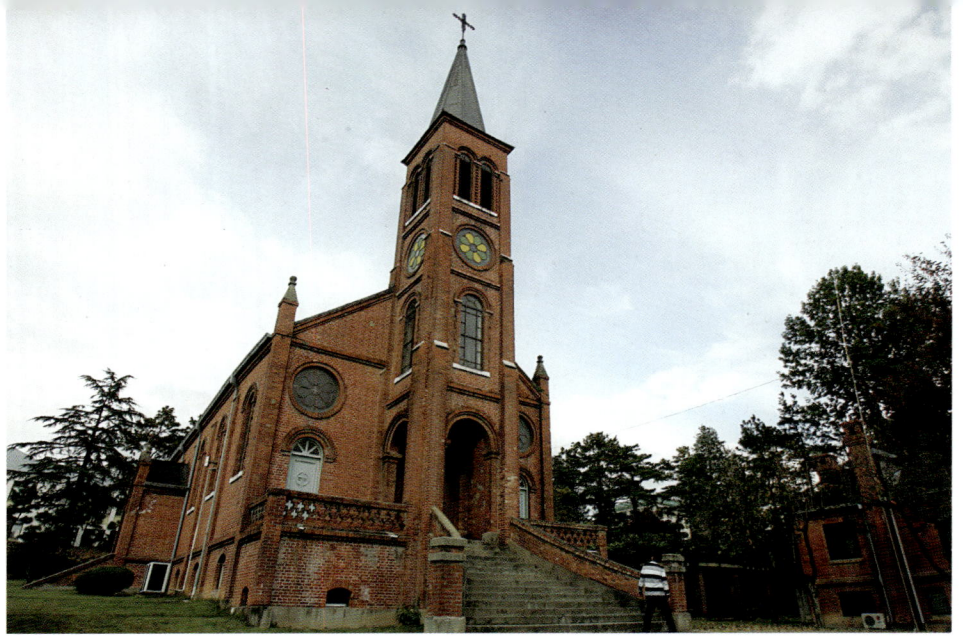

가실성당 예수의 일생이 그려진 아름다운 스테인드글라스

위치 | 경상북도 칠곡군 왜관읍 낙산리 615
　　　경상북도 칠곡군 왜관읍 가실1길 1
운영시간 | 종일, 연중무휴

▶ MINI DATA
| 입장료 | 없음　　주차 | 가능　　분류 | 종교시설

낙동강을 굽어보는 낙산 언덕에 자리하고 있는 옛 성당이다. 우리나라에서 열한 번째로, 대구 지역에서는 계산성당에 이어 2번째로 만들어진 오랜 신앙의 요람이다. 성당이 지어진 해가 1895년이니 120년이 넘는 역사를 가지고 있는 것이다. 한국전쟁 후에 행정구역상의 이름을 따 낙산성당이라 부르다 얼마 전 정감 넘치는 옛 이름인 가실성당으로 개칭하였다. 지금 이곳에서 볼 수 있는 성당 건물은 1923년에 지어진 것으로 로마네스크양식과 고딕양식이 결합된 형태로 프랑스인 신부가 설계를 하고 중국인 기술자들이 지었다고 한다. 당시 이곳 주임을 맡고 있던 프랑스인 여동선 신부가 벽돌 하나하나 일일이 망치로 두드리면서 확인한 후에 제일 좋은 벽돌은 성당에, 그 다음 것은 사제관에 사용하고 나머지 것들은 내다 버렸다는 이야기가 전해진다. 밖에서 볼 때보다 안으로 들어가면 더 볼거리 많은 곳이 가실성당이다. 성당 안 기둥 사이 열 개의 창문에는 스테인드글라스가 만들어져 있는데 예수의 탄생에서부터 십자가에서의 죽음, 그리고 부활하여 제자들에게 나타난 장면까지, 예수의 삶을 차례로 보여준다. 섬세한 선들과 빛을 이용해 색을 내고 있는 그 모습이 신비로우면서도 그 안에 담긴 이야기를 하나씩 알아보는 재미가 있다. 제대 뒤편에 놓여 있는 감실은 칠보로 그림을 새겨 놓았다. 본당의 주보성인은 성안나로 마리아의 어머니이자 예수의 외할머니인데 제대 옆에 있는 성안나 상은 프랑스에서 들여온 것으로 우리나라에 하나뿐이라 한다. 안나가 어린 마리아에게 책을 읽어주고 있는 모습인데 앞으로 예수를 잉태하게 될 마리아의 어린 모습을 볼 수 있다.

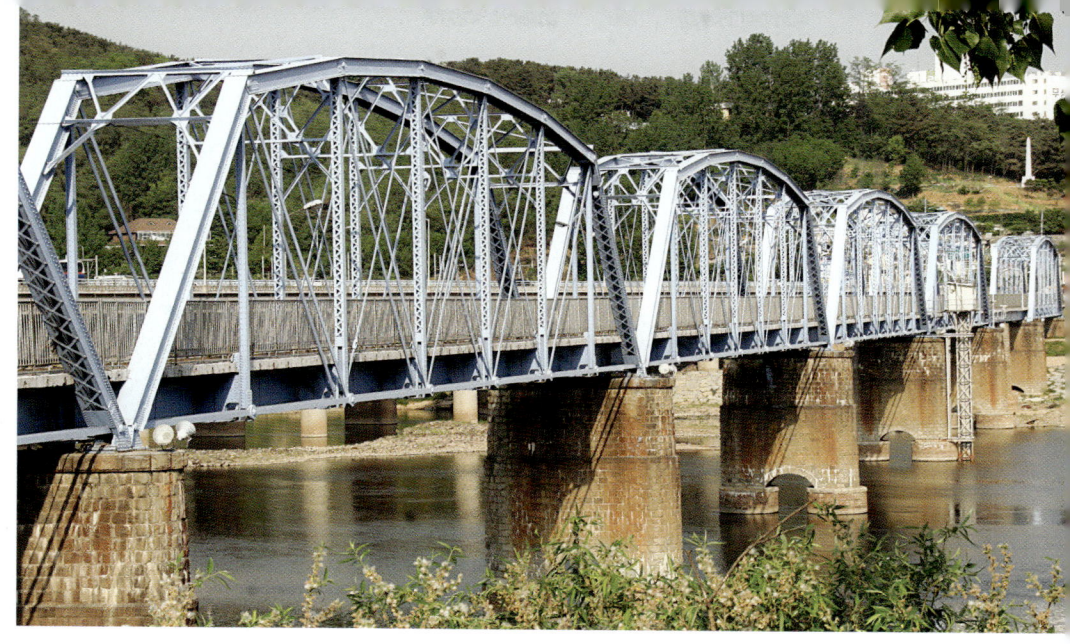

낙동강 옛 철교 한국전쟁의 상처를 찾아서

위치 | 경상북도 칠곡군 왜관읍 석전리 872
경상북도 칠곡군 왜관읍 석적로 39
운영시간 | 종일, 연중무휴

▶ MINI DATA
| 입장료 | 없음   주차 | 가능   분류 | 역사, 문화유적

경부선 기차를 타고 부산으로 가다 구미를 지나 잠시 뒤면 덜컹거리며 낙동강을 가로지르게 된다. 옆으로 보면 옛 다리가 하나 놓여 있는데 한국전쟁 당시 수많은 피난민이 건넜던 낙동강 옛 철교이다. 일제 때 만들어진 다리로 처음에 기찻길로 이용되었으나 경부선을 복선화하면서 1941년 그 옆으로 새 다리를 놓았다. 이후 원래 다리는 김천과 대구를 잇는 국도로 이용된다. 왜관은 한국전쟁 때 낙동강을 중심으로 남한군과 연합군이 설정한 최종 방어선인 소위 워커라인의 최전방으로 이곳을 두고 치열한 전투가 벌어졌다. 하루에도 수천 명씩 옛철교를 통하여 피난민이 내려오는 상황에서 인민군이 바로 앞으로 당도하자 철교를 폭파시킬 수밖에 없었는데, 그때가 1950년 8월 3일이다. 다리가 끊어지자 강으로 물길을 헤치며 사람들이 건너오는데 그 과정에서 목숨을 잃은 사람이

부지기수라 한다. 이후 인천상륙작전으로 기세를 다시 잡은 연합군이 진격을 위해 임시로 다리를 이어서 진격작전에 사용하였다. 휴전을 하면서 다리를 정비하고 인도교로 사용해오다 오래되어 안전상에 문제가 생기자 1979년에 통행을 중지하고 철거를 하기로 하였으나, 한국전쟁의 상처가 새겨진 역사성을 인정받아 보수를 거쳐 보존하고 있다. 지금은 사람이 오가는 인도교로 사용되고 있다.

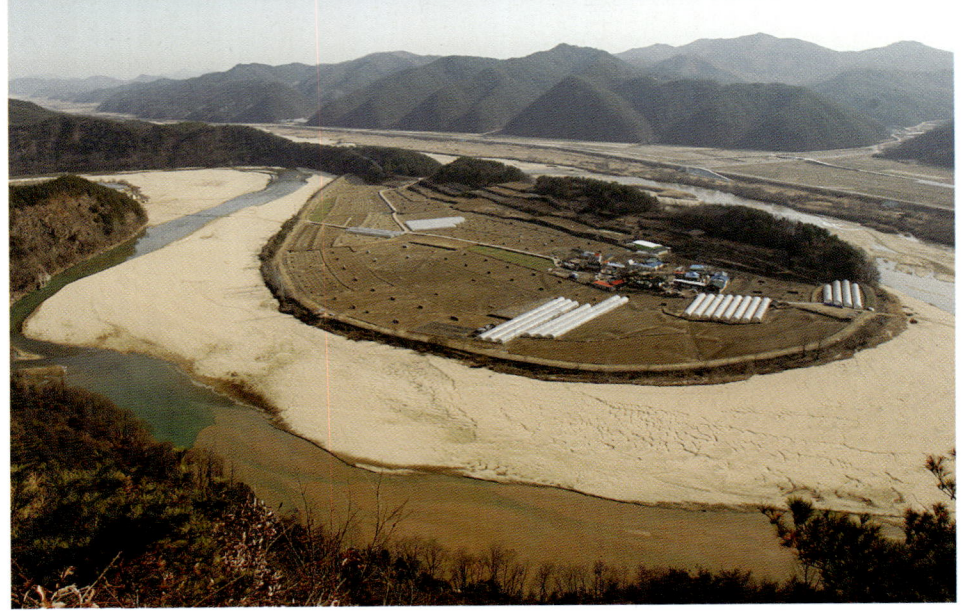

회룡포 굽이 돌아가는 물길이 한 폭의 그림이다

위치 │ 경상북도 예천군 용궁면 대은리 950 일대
　　　경상북도 예천군 용궁면 회룡길 92-16 일대
운영시간 │ 09:00~18:00, 연중무휴

▶ MINI DATA
│ 입장료 │ 없음　　주차 │ 가능　　분류 │ 강, 유원지

낙동강으로 합류되는 물길인 내성천이 휘감아 만들고 있는 육지 속의 섬, 회룡포이다. 멋진 풍경으로 반짝이는 하얀 모래 백사장을 감싸며 돌아가는 옥빛 물길의 아름다운 모습이 인상적인 곳이다. 우리나라의 대표적인 감입곡류하천으로 영월의 청령포와 함께 유명한 곳이 회룡포이다. 회룡포에서 육지로 이어지는 길목은 폭이 80m에 수면에서 15m 정도 높이로 비가 많이 와서 물이 넘치면 정말 섬 아닌 섬이 되어 오갈 수가 없었다고 한다. 회룡포로 바로 들어가 보는 것도 좋지만 먼저 전망대에 올라보도록 하자. 전망대로 오르는 길은 여러 갈래가 있지만 보통 장안사를 거쳐 회룡대로 오르는 길을 택하는데 주차장에서 멀지 않은 거리이다. 내려와서 회룡포 안으로 들어가 보는데 멀리 돌아가는 목으로 난 차도를 이용해 들어가는 방법도 있지만 그것보다는 회룡마을 끝에 놓인 다리를 건너 다녀오는 것을 추천한다. 동네 사람들이 아르방다리로 부르는 간이 다리인데 구멍이 숭숭 뚫려 있어 걸을 때마다 덜컹거린다 해서 '뿅뿅다리'라고도 부른다. 회룡포 안 의성포마을은 열 가구 정도가 사는 작은 마을로 앞으로는 강이 돌아가고 뒤로는 야트막한 언덕이 놓인 깨끗하고 아름다운 곳이다. 드라마 〈가을동화〉의 촬영지로 준서와 은서가 어린 시절을 보내던 곳이 바로 이곳이다.

> ### ➔ 장안사, 노래를 만드는 경관
>
> 장안사는 삼국통일을 이룬 신라 왕실이 국토 3곳의 명산에 장안사란 동일한 이름을 내려 세운 세 곳의 사찰 중 하나이다. 고려시대 문학가이자 사상가로 우리 역사의 자랑스러움을 노래한 『동국이상국집』을 남긴 이규보가 오랜 시간 머무르며 작품 활동을 하였으며, 노년에 불교에 귀의한 장소로도 알려져 있다.
> 문의 │ 054-654-3801

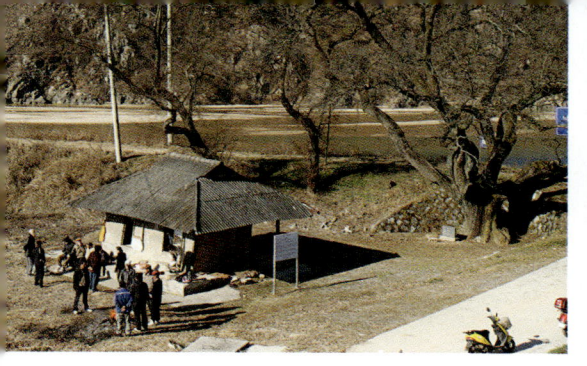

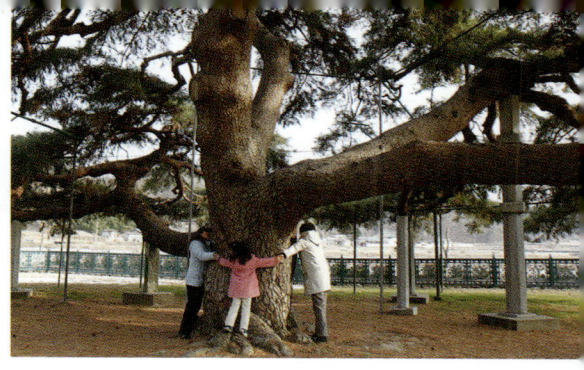

삼강주막

낙동강변에 남은 마지막 주막

위치 | 경상북도 예천군 풍양면 삼강리 166-1
　　　경상북도 예천군 풍양면 삼강리길 27
운영시간 | 10:00~20:00, 연중무휴

▶ MINI DATA

| 입장료 | 없음　　주차 | 가능　　분류 | 역사, 문화유적

경북 예천의 내성천과 금천, 낙동강이 만나는 곳을 삼강(三江)이라 부르는데, 삼강나루터가 있는 강변엔 영남에서 한양으로 올라갈 때 문경새재를 넘기 전 한숨 돌리고 갈 수 있는 주막이 자리 잡고 있었다. 바로 삼강주막이다. 낙동강을 거점으로 장사를 하던 보부상과 배들로 활기 넘쳤던 주막은 시대가 변하면서 설 자리가 좁아지다가 낙동강 위로 삼강교가 놓이면서 1,300리 낙동강 물길에서 마지막 남은 주막이라 하여 관광지로서의 역할만 하게 되었다. 1900년경에 지어진 것으로 알려진 삼강주막은 방 2칸, 부엌 1칸으로 뒤편 대청마루에 앉으면 200년 수령의 회나무가 있는 마당으로 낙동강이 보였으나 강둑을 높이면서 낙동강은 보이지 않게 되었다. 부엌 안쪽과 바깥쪽 벽에는 주모의 외상 장부가 칼금으로 그어져 남아 있는데 마지막 주모는 2006년 세상을 떠났고 허물어져가던 주막을 예천시에서 복원해 삼강리 부녀회에서 운영하고 있다. 장작 지피는 아궁이와 연기 빠지는 구멍까지 그대로 남아 있는 주막에서는 직접 빚은 막걸리에 배추전, 두부, 묵 등을 안주 삼아 옛 주막의 정취를 맛볼 수 있다.

석송령

재산세를 납부하는 소나무

위치 | 경상북도 예천군 감천면 천향리 804
　　　경상북도 예천군 감천면 석송로 인근
운영시간 | 종일, 연중무휴

▶ MINI DATA

| 입장료 | 없음　　주차 | 가능　　분류 | 역사, 문화유적

예천에는 재산세를 납부하는 부자 나무가 있다. 천향리 마을의 안녕과 평화를 지켜주는 동신목으로 높이는 10m, 둘레 4.2m로 소나무가 만들어내는 그늘의 면적이 1,071㎡에 이르는 거대한 소나무 석송령(石松靈)이다. 나무의 키에 비해 가지의 길이가 무려 3배에 이르는 기이한 모양으로 신비스럽기까지 한 나무는 자기 소유의 토지가 있어 재산세를 내는 것이다. 석송령에는 사연이 있다. 600여 년 전 풍기 지방에 큰 홍수가 나 석간천을 떠내려오던 소나무를 건져 심어서 살려냈다. 그 뒤로 마을을 지키는 동신목으로 마을 사람들이 정성껏 가꾸었는데 1927년 아들이 없었던 마을 주민이 이 나무에게 자신의 토지를 상속등기한 것이다. 그때부터 마을사람들이 이 토지를 공동으로 경작해 소작료로 장학금도 주고 소나무가 내야 할 재산세를 대신 내고 있다. 마을 사람들은 석송령계를 만들어 긴 나뭇가지를 지탱하기 위해 돌기둥을 받치고 가꾸는 한편 해마다 나무를 위해 제를 지내고 있다.

예천 권씨 종택과 초간정

예천에서 가장 유명한 집

| 위치 | 종택 경상북도 예천군 용문면 죽림리 166-3(죽림길 43)
초간정 경상북도 예천군 용문면 죽림길 350
(용문경천로 874)
| 운영시간 | 종일, 연중무휴

▶ MINI DATA
| 입장료 | 없음   주차 | 가능   분류 | 역사, 문화유적

예천 권씨 종택은 조선 시대 문인인 초간 권문해가 지은 집으로 임진왜란 이전에 지어진 것 중에서 남아 있는 몇 안 되는 오랜 살림집 중 하나이다. 권문해는 대동운부군옥이라는 우리나라 최초의 백과사전의 지은이이자, 선조 때인 1580년에서 1591년인 11년간의 일기로 당시 사대부의 생활을 자세히 알 수 있는 귀한 자료인 「초간일기」의 저자이기도 하다. 이러한 책판과 책들은 보물로 지정되어 있으며 종택의 서고에 보관되어 있다. 종택은 언덕에 기대어 자리하고 있는데, 지세의 높아짐을 그대로 살려 집을 지었다. 이 집은 사랑채가 유명한데 따로 떨어져 있는 그 구

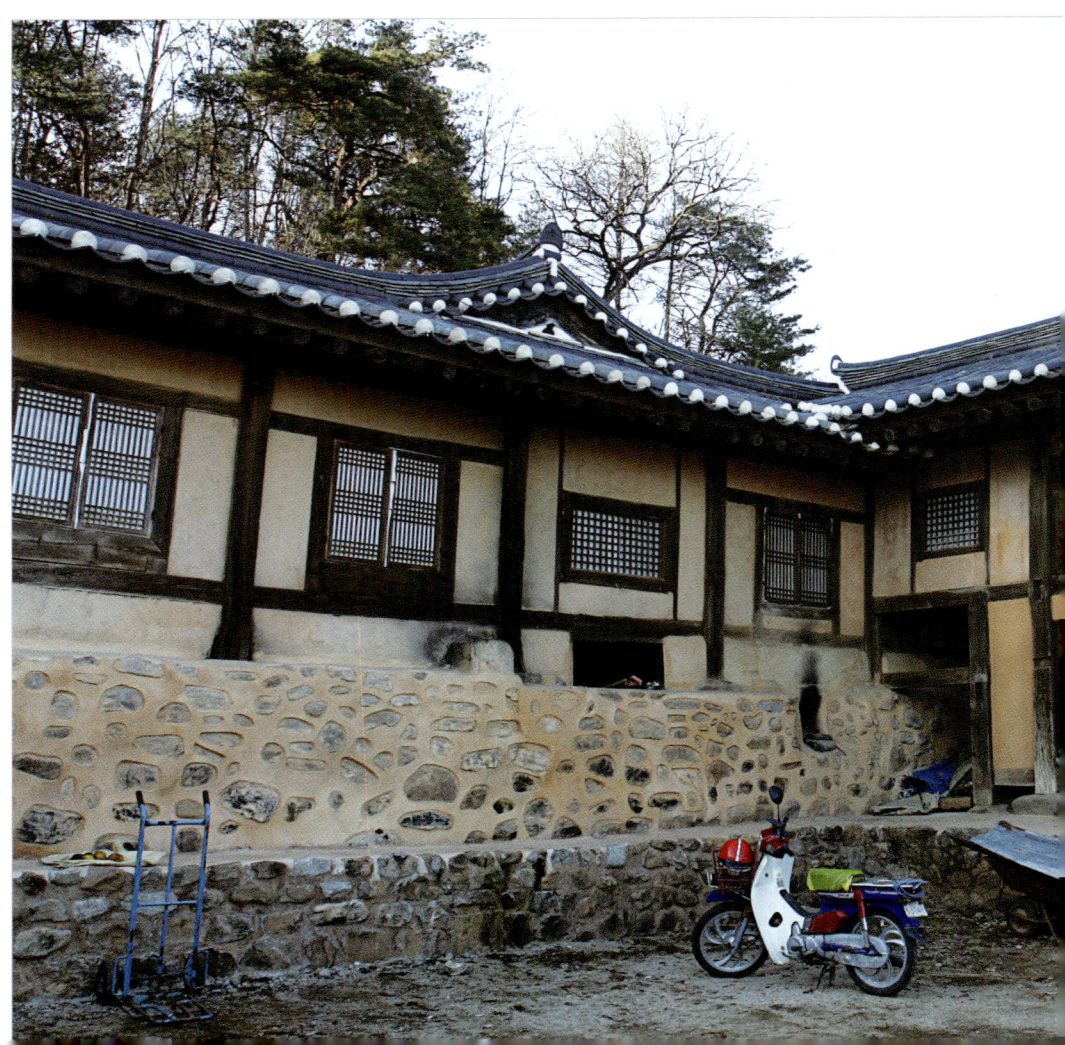

조가 특별해서 별당이라고도 부른다. 초간의 조부 권오상이 지었으며 15세기 말엽에 지어진 주택 건물이라 보물로 지정되어 있다. 팔작지붕으로 앞면 4칸, 옆면 2칸의 건물이며 안으로는 넓은 대청과 옆으로 온돌방이 두 개로 나뉘어져 있는 구조다. 특히 안채와 마찬가지로 사랑채 또한 언덕에 기대어 만든 건물이라 앞에서 바라보면 아래에서 받치고 있는 석축의 높이가 상당함을 확인할 수 있고, 대청마루 안에서 밖을 바라보면 마치 전망대처럼 마을을 훤히 내려다볼 수 있다. 내부의 장식을 화려하게 한 것도 이 집의 특징인데 고개를 들어 천장을 바라보면 종보 위로 연잎

으로 조각한 받침을 올려 종도리를 받치고 있다. 사랑채 뒤편 서고에는 앞서 소개한 책들을 비롯해 권씨 집안에서 소장하고 있는 많은 문집들이 보관되어 있다. 집에서 조금 떨어진 초간정도 원래 이 집에 부속해 있는 건물로 옛날에는 집 뒤로 이곳까지 이르는 산길이 있었다고 하나 지금은 차를 타고 이동해야 한다. 초간정은 병암정과 함께 예천의 유명한 정자로 앞으로 논을 두고 뒤로 들판을 두었으니 따로 정원을 꾸밀 필요가 없는 천혜의 자리에 위치하고 있다. 권문해는 이곳에 작은 초가집을 지었지만, 임진왜란 등을 거치며 불이 나 무너지면서 지금의 모양으로 새로 지었다고 한다.

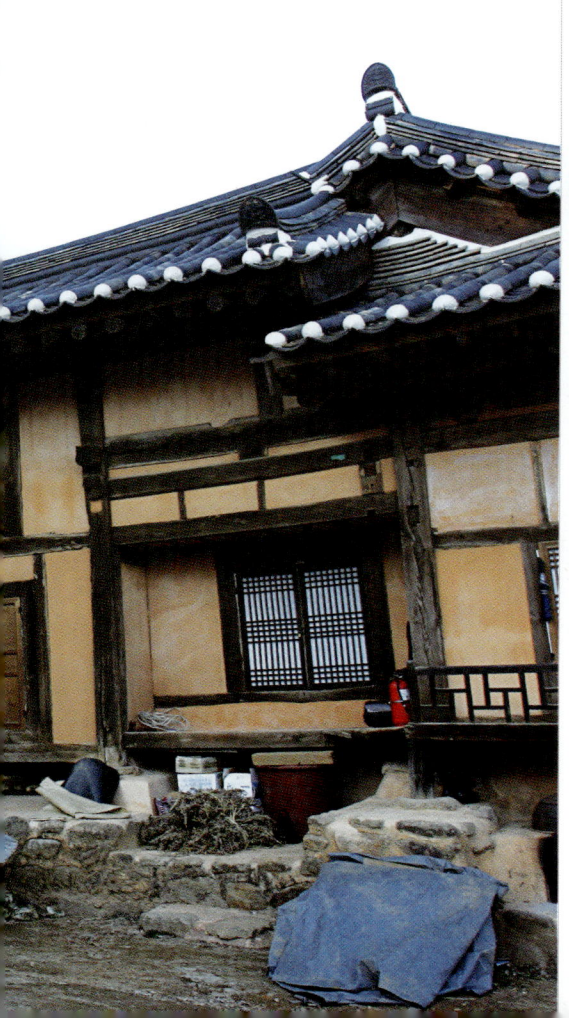

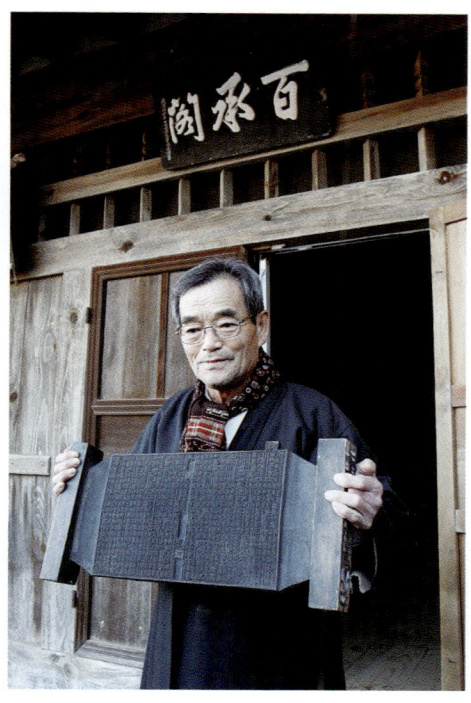

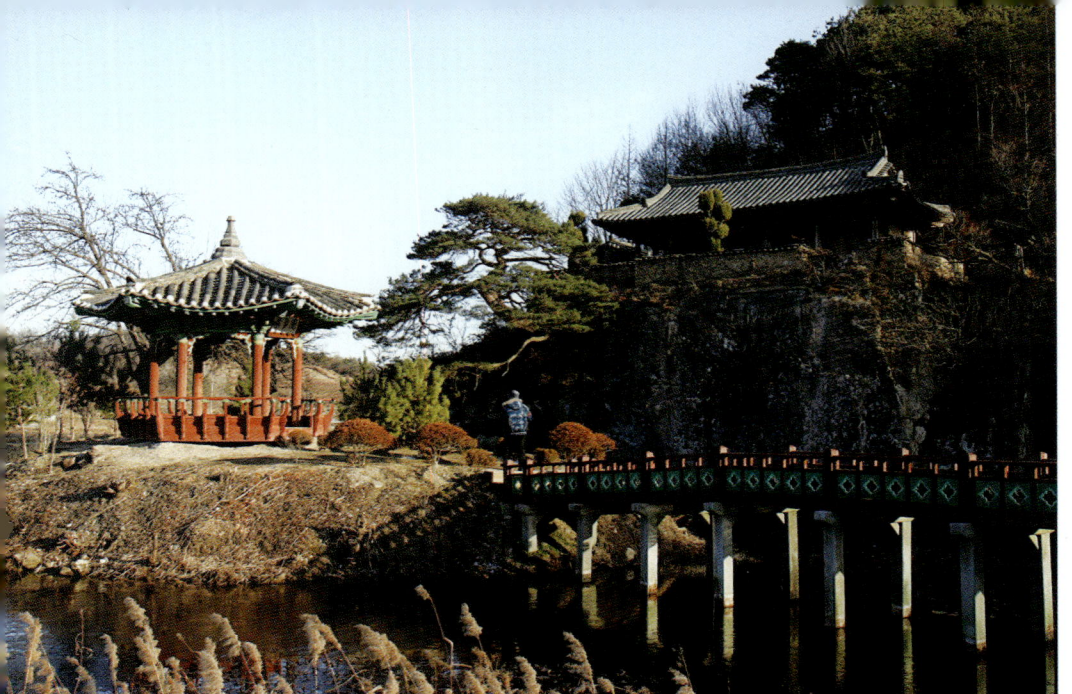

병암정 <small>명당의 모습</small>

위치 | 경상북도 예천군 용문면 성현리 93
　　　경상북도 예천군 용문면 성현길 22-39
운영시간 | 종일, 연중무휴

▶ MINI DATA
입장료 | 없음　　주차 | 가능　　분류 | 역사, 문화유적

예천을 대표하는 용문사를 찾아가는 용문면 일대 지역은 조선 말기 전국적으로 유행하였던 비서 「정감록」에서 전국의 명당으로 뽑은 십승지 중 하나로 유명한 곳이다. 산과 계곡과 들판이 절묘하게 어우러지는 땅은 일반인의 눈으로도 아름답고 소중한 장소다. 또한 이곳은 우리나라 최초의 백과사전인 「대동운부군옥」을 편찬한 조선 중기 권문해를 조상으로 하는 예천 권씨 일가의 종택과 정자가 자리하고 있다. 대표적인 정자인 초간정의 모습이 권씨 종가의 웅장함과 어울리는 품격을 보여준다면 병암정의 모습은 신선의 영역을 보는 느낌이다. 휴식과 학문 수양의 목적을 가지는 곳이지만 경관의 아름다움으로 책은 눈에 들어오지 않을 듯 싶다. 정자의 용도가 그 내부에서 담장 밖의 경관을 감상하며 휴식을 취하고 학문을 연마하는 장소지만 연못가 병풍바위 위로 자리하는 정자의 모습을 올려다보는 맛이 더욱 일품이다. 오히려 정자 내부에서는 담장과 나무들이 시야를 가려 연꽃이 만발하는 연못의 모습은 보이지 않는다. 정자 우측으로는 옛 인산서원의 사당이었던 작은 건물이 권씨 문중의 별묘로 사용된다. 가문의 이름을 모시는 장소로도 사용되었던 정자는 더욱 엄격한 모습이었을 듯하다. 앞으로 연못이 있으며 가지를 펼친 노송과 미류나무의 모습 또한 예사롭지 않다. 드라마 〈황진이〉의 배경이 되었던 장소로 최근 찾는 사람이 많아지고 있다.

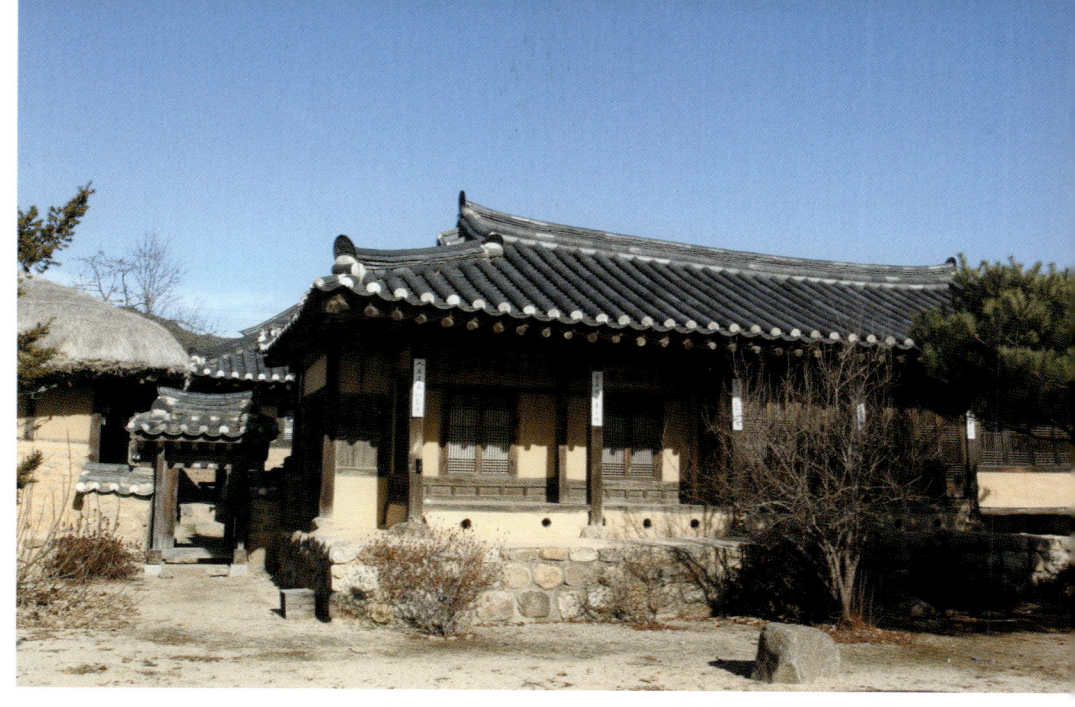

금당실마을 전통이 살아 숨 쉬는 마을

위치 | 경상북도 예천군 용문면 상금곡리 385-1 일대
경상북도 예천군 용문면 금당실길 118-32 일대
운영시간 | 문의 후 방문

▶ MINI DATA

입장료 | 없음　주차 | 가능　분류 | 전통, 체험마을

금당고 혹은 금곡으로도 불리는 금당실마을은 감천 문씨가 개척을 시작해 그의 사위 박종인과 변응영이 정착하여 지형을 보니 산으로 둘러싸여 있고 마을 옆으로는 작은 개천이 흐르는 연화정수형으로 연못 속에 핀 연꽃과 같다 해서 붙인 이름이라 한다. 마을의 돌담들은 일부 허물어지기도 했지만 초록의 이끼가 끼어 더욱 멋스럽고 각종 드라마와 영화의 촬영 장소로도 애용되고 있다. 서울 나들이가 잦고 맛질 권경하의 집에 놀러갈 때에도 그 행렬이 한양 왕가의 것과 같았다 해서 '금당맛질 반서울'이라는 전설을 남겼던 세도가 이유인이 살았던 99칸 저택은 모두 없어졌지만 그 터와 돌담만은 남아 있을 정도로 금당실마을의 자랑은 세월의 흔적을 간직한 돌담이다. 예천 권

씨 고택을 비롯해 반송재 고택, 사괴당 고택 등의 고가옥과 금곡서원 등의 전통 건축물도 만날 수 있다. 보물 제878호로 지정되어 있는 「대동운부군옥」은 초간 권문해가 지은 우리나라 최초의 백과사전으로 인근에는 유적인 초간 종택과 맑은 계곡 옆의 바위에 지어져 마치 물 위에 떠 있는 듯 느껴지는 초간정, 보물 제879호인 「초간일기」 등 문화유적과 사료 등이 남아 있다. 전통의 모습을 잘 간직한 금당실 마을을 직접 체험해볼 수 있는 프로그램도 운영되고 있어 소달구지 타기, 각종 농사체험, 전통 먹거리 체험, 서예교실 등에 참여할 수 있고 주말농장도 운영하고 있다.

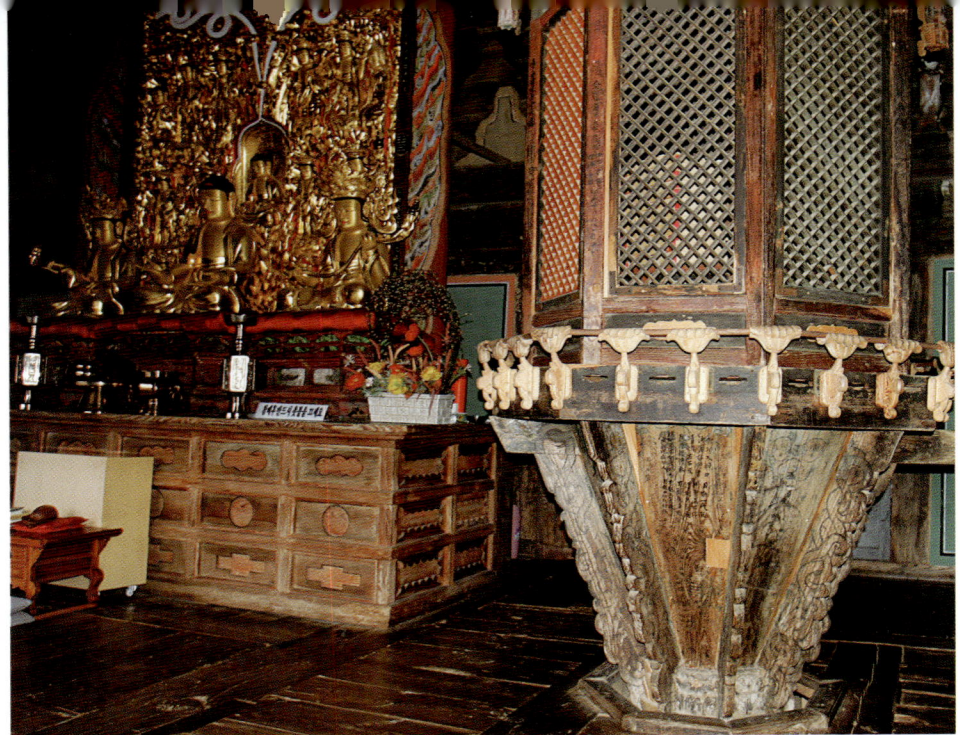

용문사 백성을 살피는 사찰

위치 | 경상북도 예천군 용문면 내지리 391
경상북도 예천군 용문면 용문사길 285-30
운영시간 | 종일, 연중무휴

▶ MINI DATA
| 입장료 | 없음   주차 | 가능   분류 | 불교유적

소백산 자락 용문산은 고찰 용문사를 어머니의 품처럼 감싸안고 있다. 용문사는 고려 태조의 건국신화를 담고 있는 고찰이다. 견훤과 궁예의 예천 길을 방해하였던 용문산의 수호신인 용은 왕건의 방문에는 순순히 자리를 내어주었다 한다. 그 뜻을 감사히 여긴 왕건은 그 자리에 사찰을 짓고 용의 뜻을 기렸다. 고려 건국의 지지 세력으로 자리한 이곳은 조선시대까지 특별한 대접을 받았다. 오랜 세월을 지나 고색창연하였을 용문사는 최근 다시 세워진 보광명전 오른편으로 단출한 모습의 대장전만이 수많은 세월을 지내온 역사를 담는다. 맞배지붕의 단순함과 다포의 화려함이 묘한 조화를 이루는 대장전 내부에는 용문사

의 진정한 보물이 자리한다. 중앙의 불상 양옆으로 마치 기둥처럼 서 있는 것은 윤장대다. 바닥에 구멍을 뚫고 회전축을 따라 화려하게 장식된 윤장대는 손잡이를 돌리며 예불을 드리는 장치다. 윤장대를 돌리며 불공을 드리면 불경을 읽는 것과 같은 깨달음을 얻게 된다고 한다. 생전에 윤장대를 돌리지 않으면 사후세계의 염라대왕이 화를 낸다고 하니 그 엄포에 누구라도 한 번은 윤장대를 돌려보게 된다. 우리나라에서 유일하게 완전한 옛 모습으로 남아 있는 윤장대 사이로 화려함이 여느 곳과 다른 목각삼존불이 자리한다. 불상 뒤에 걸린 목가후불탱은 극락세상을 표현한 불가의 아름다움으로 가득하다.

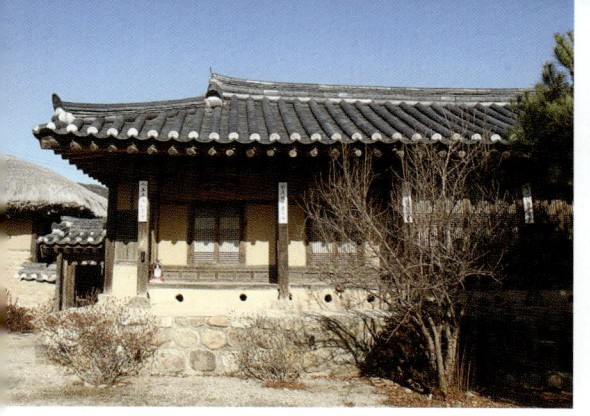

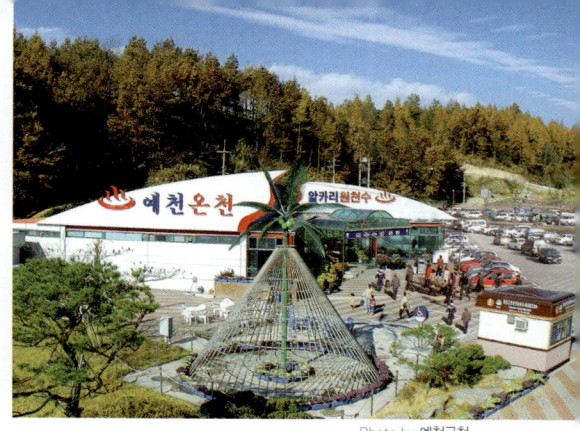

Photo by 예천군청

반송재
영남 지역 사대부가 건축의 전형

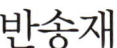 위치 | 경상북도 예천군 용문면 상금곡리 462-1
　　　경상북도 예천군 용문면 금당실길 78-10
운영시간 | 종일, 연중무휴

▶ MINI DATA
| 입장료 | 없음　　주차 | 가능　　분류 | 역사, 문화유적

예천온천
피로 회복과 각질 제거에 뛰어난 효과

위치 | 경상북도 예천군 감천면 관현리 126
　　　경상북도 예천군 감천면 온천길 27
운영시간 | 06:00~20:00, 연중무휴

▶ MINI DATA
| 입장료 | 있음　　주차 | 가능　　분류 | 온천, 휴양

경상북도 문화재 자료 제262호로 지정되어 있는 고택 반송재는 조선 후기 양반가의 건축 양식을 엿볼 수 있는 귀중한 유적이다. 마당 안에 반송이라는 소나무가 있어 반송재라 이름 지어졌는데, 반송재가 자리한 금당실 마을의 여러 고가(古家)들은 거의 대대적인 보수 공사를 한 것이지만 반송재는 부분 수리 외에는 손을 대지 않았다. 조선 숙종 때 도승지와 예조참판을 지냈던 갈천 김빈의 동생 김정이 지은 집으로 김빈은 낙향한 후 말년을 이 집에서 보냈다고 하는데 구한말 가세가 기울어 팔려고 내놓은 집을 당시 법무대신이었던 이유인이 1898년 매입하여 지금의 자리로 옮겨왔다고 한다. 영남지역 사대부가의 전형적인 건축 양식과 구성을 보여주는 반송재는 안채와 사랑채를 남향으로 배치하고 곳간채는 동향으로 배치하였고 대문 옆에 따로 대문채를 둔 것이 특이하며 벽면과 기와의 조화가 단아한 멋을 풍기는 옛집이다. 개방 후 방문객들에 의한 문화재 손상으로 더이상 개방하지 않고 있다.

산성도를 가늠하는 척도인 pH를 기준으로 할 때 중성의 물이 pH 7이라면 예천온천의 온천수는 pH 10에 이르는 강알칼리성이다. 따뜻한 온천탕에 몸을 담그는 것만으로도 피로로 산성화된 몸을 중화시키는 회복 효과가 뛰어나다고 한다. 또 온천수의 양이 풍부하여 열탕, 냉탕뿐만 아니라 샤워기의 물까지도 지하 800m에서 뽑아 올리는 온천 원수를 사용한다. 물에 포함된 주성분은 중탄산나트륨으로 우리가 흔히 알고 있는 베이킹소다를 생각하면 된다. 중탄산나트륨은 물에 잘 녹는데 요철모양으로 결정이 만들어져 피부의 각질을 벗기는 데 큰 효과가 있다. 온천탕에 들어갔다 나오면 피부에 겹겹이 쌓인 체내의 노폐물, 젖산, 땀 등이 잘 씻겨지며 이렇게 씻고 나면 피지선에서 지방이 분출되어 신진대사를 왕성하게 하고 다이어트에도 도움이 된다고 한다. 또 이곳의 물은 부드럽기로 유명한데 중탄산나트륨이 물에 녹아 칼슘, 마그네슘 등의 미네랄을 잘 흡수해 연수 작용을 하기 때문이다.

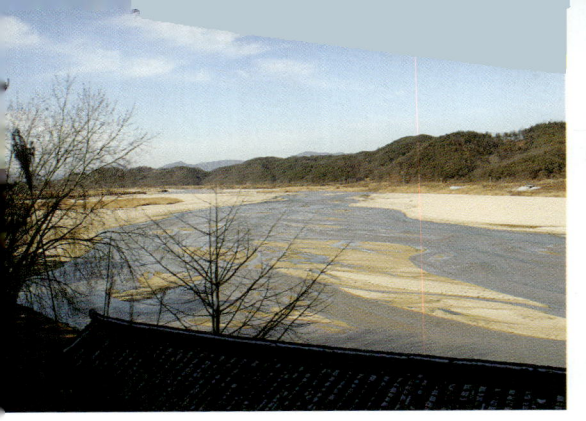

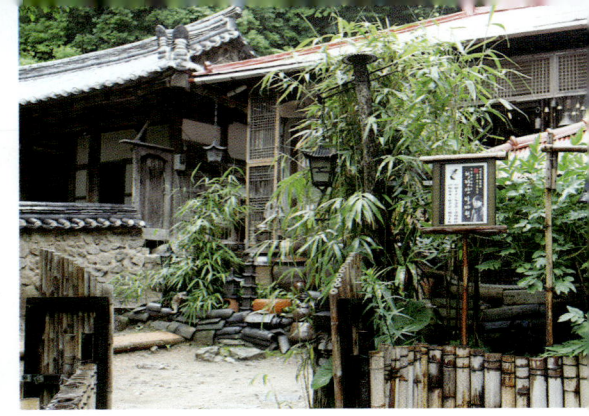

선몽대
퇴계가 꿈에서 보았던 전경

위치 | 경상북도 예천군 호명면 백송리 74 일대
경상북도 예천군 호명면 선몽대길 74 일대
운영시간 | 종일, 연중무휴

▶ MINI DATA
입장료 | 없음　주차 | 가능　분류 | 강, 유원지

선몽대는 퇴계 이황의 종손인 우암 이열도가 하늘에서 신선이 내려와 노니는 꿈을 꾸고 난 후 1563년 지은 정자로, 울창한 노송 숲과 낙동강 지류인 내성천이 한눈에 굽어보이는 절경을 함께 감상할 수 있는 곳이다. 퇴계 이황이 직접 쓴 선몽대 현판이 걸려 있고 당대의 문인들을 비롯해 많은 조선시대의 유명 문인들이 이곳을 찾아 절경을 노래한 한시를 남겼다. 퇴계 이황을 비롯해 약포 정탁, 서애 류성룡, 청음 김상헌, 한운 이덕형, 학봉 김성일 등의 친필시가 목판에 새겨져 지금까지 전하여오고 있으나 도난 방지를 위해 원본은 국학진흥원에 보관 중이고 현재 선몽대에서 볼 수 있는 편액들은 복제본이다. 관리가 제대로 이루어지지 않아 정자의 모습은 훼손된 부분이 많지만 선몽대를 감싸고 있는 기암절벽과 내성천변 명사십리의 빼어난 경치를 감상할 수 있고 아름다운 숲이 큰 자랑거리다. 옛 성현들이 노래한 선몽대의 감상이 현재에도 그러한지 비교해보자.

청량정사와 산꾼의 집
청량산의 쉼터

위치 | 경상북도 봉화군 명호면 북곡리 245
경상북도 봉화군 명호면 청량산길 199-134
운영시간 | 종일, 연중무휴

▶ MINI DATA
입장료 | 없음　주차 | 불가능　분류 | 산, 계곡, 동굴

퇴계 이황은 도산서원을 건립하기 위해 안동과 봉화의 청량산 두 곳을 염두에 두었다고 전해질 정도로 청량산을 아꼈다. 그의 후학들이 퇴계가 수학하던 곳에 청량정사를 지어 퇴계의 학문을 기렸다. 건물은 정면 5칸, 측면 1칸 반의 규모로 좌측 툇간은 온돌방이고 나머지 4칸은 툇간 마루와 마루방으로 만들었고 사분합 들문을 달아 개방할 수 있도록 하였다. 청량정사와 담 하나를 사이에 두고 있는 산꾼의 집은 달마도를 그리는 것으로 유명한 산장지기가 청량산을 찾은 등산객들에게 쉼터로 개방해주고 있다. 입구의 재미난 석상들과 솟대 조각, 내부의 갖가지 골동품들이 방문객의 호기심을 자극하는데 자유인으로 살아가는 산장지기의 인생살이가 그대로 담겨 있는 물건들이다. 시원한 물 한 잔으로 목을 축이고 따뜻한 차 한 잔으로 마음을 녹이며 산행으로 지친 다리를 쉬어갈 수 있도록 누구에게나 문을 열어둔다. 무료로 운영되고 있으니 청량산을 찾을 때 꼭 한 번 들러볼 만하다.

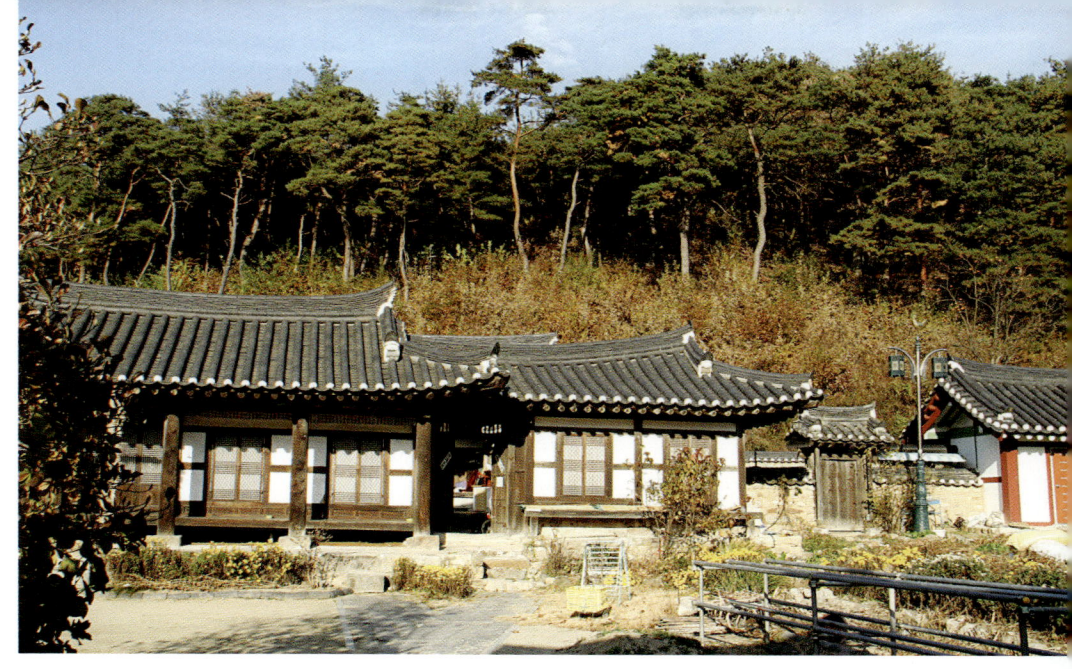

달실(닭실)마을 황금알의 마을

위치 | 경상북도 봉화군 봉화읍 유곡리 963 일대
　　　경상북도 봉화군 봉화읍 충재길 44 일대
운영시간 | 문의 후 방문

▶ MINI DATA
| 입장료 | 없음　　주차 | 가능　　분류 | 전통, 체험마을

조선 중기의 실학자 이중환이 그의 저서 「택리지」에서 4대 길지 중 하나라고 칭송한 유곡리는 알을 품은 암탉과 날갯짓하는 수탉이 포개지는 형국을 하고 있는 '금계포란'의 명당이다. 안동 권씨 가문에서 독립적인 세력을 만들었던 유곡 권씨의 종가를 이루는 조선 중기 문신 충재 권벌의 고택을 중심으로 이루어진 유곡리를 우리말로 풀이한 닭실마을은 사람과 자연의 어울림이 보기 좋은 곳이다. 영남 사림으로 중종대 개혁정치의 중심인물이었던 권벌은 기묘사화로 파직당하자 어머니의 산소 자리에 종가를 짓고 이곳에 집을 지었다. 닭실마을을 중심으로 춘양면까지 이어지는 권씨 가문의 흔적들이 산재한다. 마을의 중심이 되는 충재 종가는 전형적인 영남 양반가옥의 모습을 보여주고, 주변으로 물길을 돌려 인공 연못을 만들고 그 위 거북바위에 지은 정자인 청암정은 주변 환경을 거스르지 않는 품위가 넘친다. 휴식공간인 청암정의 아름다움도 좋고, 연못을 등지고 단정하게 자리하는 서재인 충재는 군더더기 없는 시원함이 선비의 기품을 느끼게 해주는 곳이다. 충재전시관은 보물로 지정된 「충재일기」와 중종에게 하사 받아 항상 몸에 지니고 다녔다는 「근사록」 등 진귀한 가문의 유물들을 전시하고 있는 박물관이다. 유곡 권씨 가문의 후손들이 살아가는 닭실마을은 오랜 시간을 이어온 한과로도 유명하다. 찹쌀 반죽에 조청을 입혀 만드는 한과의 달콤하고 부드러운 맛을 느껴보자. 좋은 재료와 전통의 기술과 주민 모두가 함께 만드는 마음이 더해지는 한과의 맛은 전국적으로 알려져 마을은 늘 활기가 넘친다.

청량산과 청량사

6.6봉 절경과 천 년 고찰

위치 | 경상북도 봉화군 명호면 북곡리 247
　　　 경상북도 봉화군 명호면 청량산길 199-152
운영시간 | 종일, 연중무휴

▶ MINI DATA
| 입장료 | 없음　　주차 | 가능　　분류 | 산, 계곡, 동굴

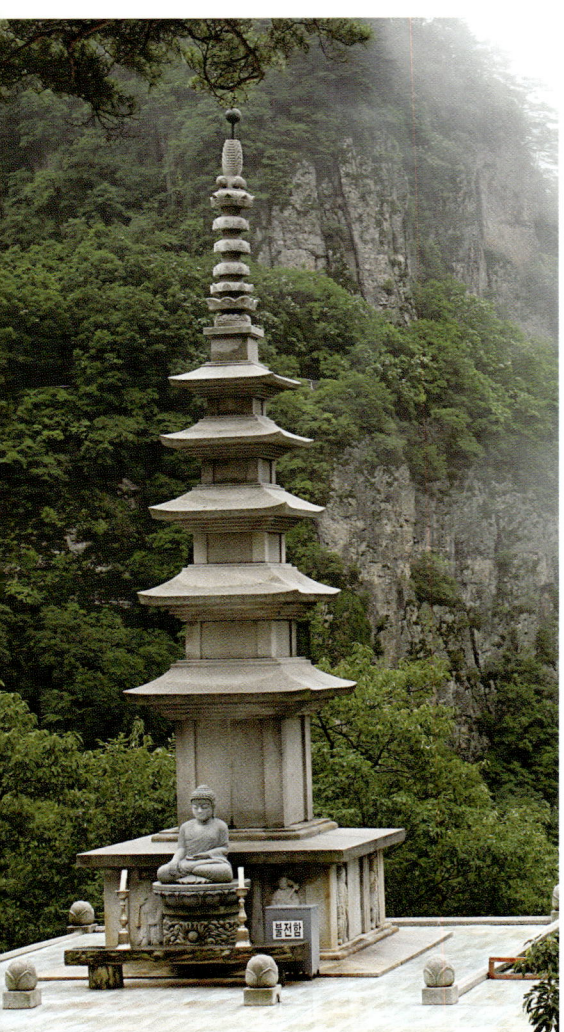

봉화군과 안동시에 걸쳐 있는 청량산은 태백산에서 발원한 낙동강 줄기를 바라보고 앉은 명산이다. 퇴계 이황이 도산서원을 지을 때 청량산과 지금의 도산서원 자리인 안동의 도산면을 놓고 끝까지 고심했다고 알려져 있을 만큼 절경이다. 최고봉인 장인봉을 비롯해 12봉(일명 6.6봉)이 마치 연꽃처럼 자리를 잡았고 그 안에 청량사가 고즈넉하게 앉아 있다. 원효대사, 의상대사, 김생, 최치원 등 당대의 명사들이 청량사에서 글을 읽고 수도를 했으며 봉우리마다 그들의 행적이 담긴 대(臺)가 있다. 최치원이 글을 읽었던 독서당, 김생이 수도한 김생굴, 원효대사가 창건한 상청량사, 공민왕이 홍건적의 난을 피해 이곳에 와 쌓았다는 청량산성 등 많은 유적들이 남아 있으며 기암으로 이루어진 봉우리는 소나무와 활엽수가 어우러져 절경을 만들어낸다. 탁필봉 아래에는 천 년 고찰 청량사가 자리한다. 신라 문무왕 3년(663년) 창건하고 조선시대 고봉선사에 의해 중창되어 오늘에 이르는데 한때 청량산 봉우리마다 부속 암자가 있어 승려들의 경 읽는 소리가 산을 가득 메웠다고 한다. 당시의 번성하던 모습은 찾아볼 수 없지만 연꽃의 지세를 가진 청량산 절경과 어우러진 아름다운 사찰로 알려져 연중 여행객의 발길이 끊이지 않는다. 약사여래를 모신 유리보전이 지방유형문화재 제47호로 지정되어 있으며 공민왕이 친필로 남긴 유리보전 현판이 남아 있다. 청량사 위로는 원효대사가 머물렀던 응진전이 있다.

→ 청량산박물관, 공부하고 즐기는 등산

한 곳의 산을 주제로 만들어진 우리나라 최초의 박물관이다. 여러 역사 속 인물들이 그 흔적을 남긴 다양한 청량산의 모습이 박물관을 가득 채운다. 특히 '우리 가문의 산'이란 뜻의 오가산(吾家山)으로 청량산을 부르며 사랑했다는 퇴계의 기록과 발자취는 사람들에게 호기심을 불러 일으킨다.
문의 | 054-672-6193

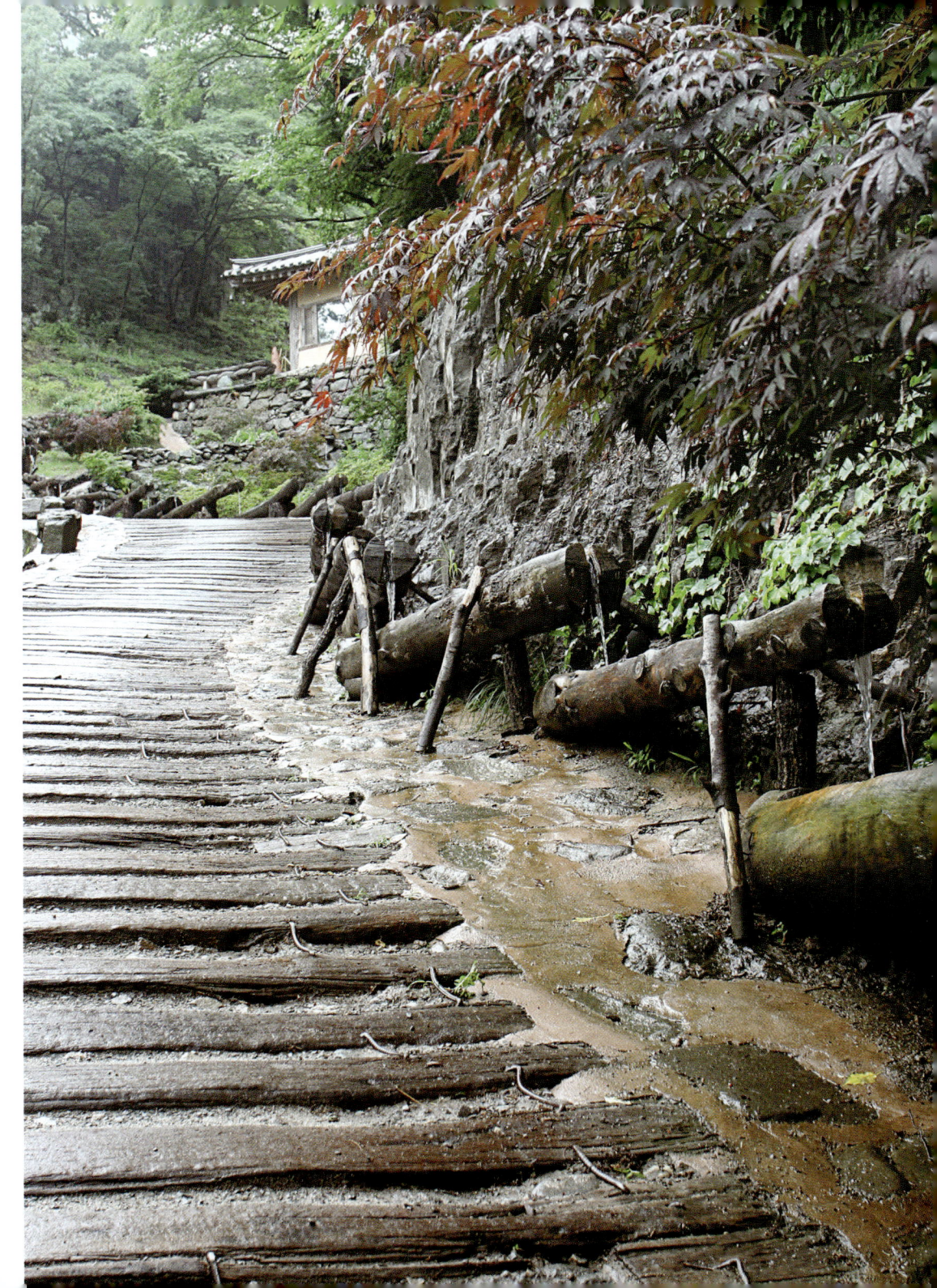

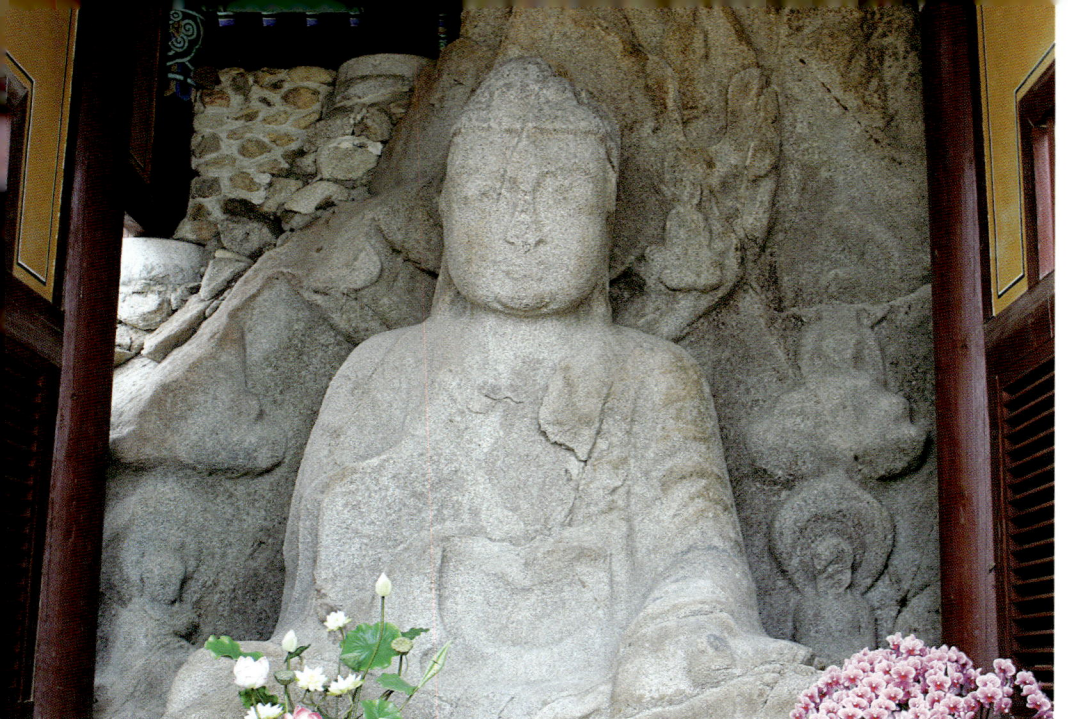

북지리마애불 불국토를 상징하는 거대함

위치 | 경상북도 봉화군 물야면 북지리 657-3
경상북도 봉화군 물야면 문수로 449-66
운영시간 | 종일, 연중무휴

▶ MINI DATA
입장료 | 없음 주차 | 가능 분류 | 불교유적

영주에서 봉화를 연결하는 북지리는 한적한 지방도로가 굽이치듯 이어지는 평범한 산골마을이다. 가계천과 북지초등학교가 어우러지는 언덕 끝으로 지붕에 가려진 바위가 눈길을 끄는데 바로 북지리마애불이다. 가까이서 보면 지붕 아래 마애불의 시선을 압도하는 모습이 장관이다. 국도가 삼각으로 감싸듯 자리하는 봉화군 일대는 삼국시대 영주와 봉화, 죽령고개를 통해 고구려와 신라가 교류하고 경계를 긋는 중요한 교통의 중심이었다. 삼국 통일 이후로도 영주 부석사와 함께 십승지의 한 곳으로 중요시되었다. 마애불은 바위에 깊게 홈을 파 만들어진 좌상이다. 심하게 훼손되어 전체 모습은 알 수 없지만 당당한 체구가 사실적으로 마치 자리를 박차고 일어설 것 같다. 뭉툭한 콧날과 두툼한 얼굴이 커다란 광배의 영향으로 더욱 후덕하게 느껴진다. 자칫 놓치기 쉬운 마애불의 뒷면으로 삼층탑이 양각되어 있고 광배 주변으로도 작은 좌불이 새겨져 있어 한눈에 보아도 많은 정성을 기울였음을 알 수 있다. 보호를 위하여 설치한 전각이 부처님의 넉넉함을 그늘 속으로 숨기는 것 같아 아쉽다. 반가사유상 등 주변에서 출토된 많은 불교 유적들은 경주박물관에 옮겨놓았다.

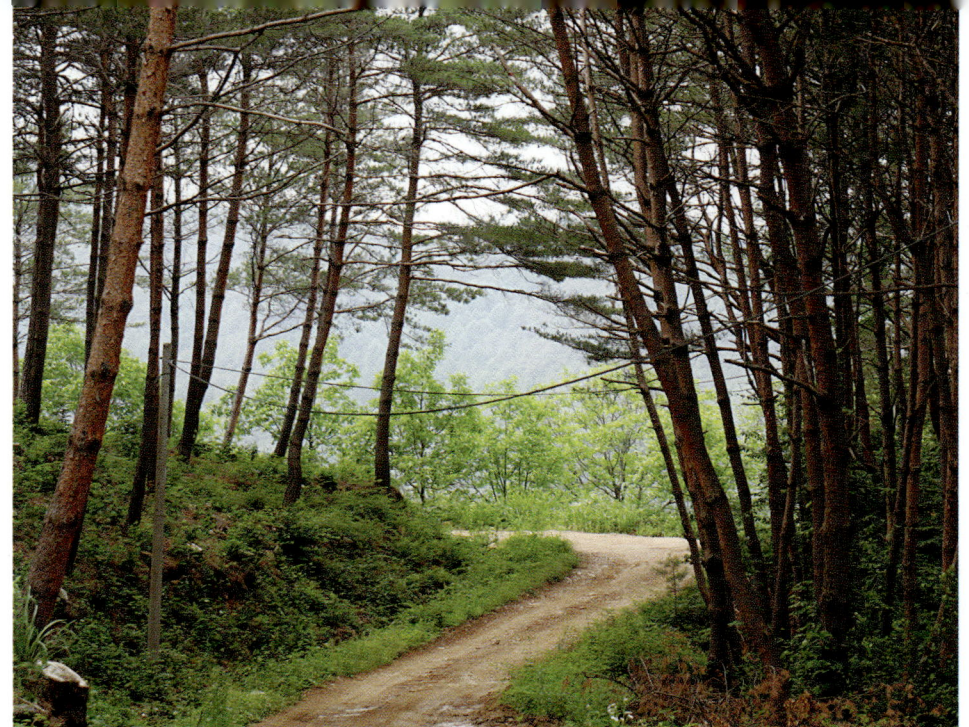

서벽 금강송림 춘양목을 찾아

| 위치 | 경상북도 봉화군 춘양면 서벽리 일대
| 운영시간 | 종일, 연중무휴

▶ MINI DATA
| 입장료 | 없음   주차 | 가능   분류 | 숲, 자연휴양림

여느 소나무보다 마디가 굵고 반듯하게 솟아오르며 붉은색을 띠는 금강송은 예로부터 국가의 관리를 받는 중요한 건축 재료가 되었다. 재질이 단단하고 뒤틀림이 없어 궁궐 등 주요 건물의 기둥들은 모두 금강송을 사용하였다. 황장목, 적송, 미인송 등 다양한 이름으로 불리는 나무는 대표적 산지인 춘양면의 지명을 따서 춘양목으로도 불린다. 일제강점기 전국적인 목재 채취 행위에도 불구하고 교통의 오지인 이곳의 금강송은 옛 모습을 지켜냈지만 해방 이후 영주와 봉화를 잇는 경북 내륙 철로가 완공되면서 춘양역을 통하여 많은 목재들이 반출되었다. 사라져가는 춘양목은 2001년 문화재목재생산단지로 지정되어 문화

재관리를 위한 벌채 이외에는 엄격하게 관리되면서 제모습을 찾아가고 있다. 노란 번호표를 달아 관리되는 1,500여 그루의 춘양목은 활엽수 사이로 당당히 가지들을 하늘로 뻗어올리며 으뜸 나무임을 자랑한다. 전국 최대의 금강송 군락지인 울진 소광리처럼 끝없는 밀림의 모습은 아니지만 여러 종류의 토종 수목이 자연스럽게 어우러지는 산책로는 포근함을 느끼게 한다. 봉화에서도 서벽이라 부르는 오지 주실령고개에서 시작되는 1.5km의 금강소나무 숲은 두내약수터와 연결되는 산책로이자 삼림욕장이다. 온 몸의 독소를 땀방울로 배출하고 두내약수의 청량감으로 새롭게 채우면 소중한 자연의 선물을 받은 기분이다.

봉화의 약수,
오전 · 두내 · 다덕약수
탄산수의 깊은 맛

| 위치 | 오전 경상북도 봉화군 물야면 오전리(오전약수탕길) 인근
| | 두내 경상북도 봉화군 춘양면 서벽리(문수로) 인근
| | 다덕 경상북도 봉화군 봉성면 우곡리(진의실길) 인근
| 운영시간 | 종일, 연중무휴

▶ MINI DATA
| 입장료 | 없음　주차 | 가능　분류 | 산, 계곡, 동굴

봉화는 산으로 둘러싸인 고장이다. 태백산과 문수산을 중심으로 각화산, 청량산이 마치 차양을 치듯 봉화 땅을 감싸고 있다. 산의 주름을 따라 샘솟듯 차오르는 수많은 물길은 산골 읍락의 삶을 풍부하게 만들었다. 금광은 모두 폐쇄되었고 금강송 또한 더욱 보호되어야 할 푸르름만을 사람들에게 보여주지만 물줄기를 따라 여러 곳에 자리하는 맑은 약수는 여전히 봉화의 삶을 윤택하게 해준다. 오전약수, 두내약수, 다덕약수의 삼총사는 모두 짜릿한 맛의 탄산수다. 약수의 탄산성분 속에는 철분 등 사람에게 이로운 성분을 가득 담고 있어 위장병에 특별한 효험을 보인다고 한다. 봉화읍내에서 영주와 울진을 잇는 36번 국도변 다덕약수는 우곡약수라고 불리기도 했었다. 철분 성분으로 붉게 물든 거북 모양의 약수터로 들어가는 길은 여행객들에게 피로를 씻어내는 짜릿함을 선사한다. 봉화에서 주실령을 찾아가는 북쪽 지방도로 옆의 계곡 사이로 여러 곳의 약수터를 아우르고 있는 오전약수는 찾아오는 사람들과 식당으로 번잡한 곳이다. 상 · 중 · 하탕 등의 이름으로 불리는 이곳은 약수로 끓여내는 백숙요리로 유명하다. 갖은 약재를 넣어 탄산약수로 끓이는 닭백숙은 푸른빛을 띄는데 색도 맛도 특별하다. 어느 곳의 닭백숙보다 그 맛이 쫄깃하고 곁들여지는 무공해 산채들로도 더욱 푸짐하다. 주실령 계곡 금강송림 군락지 인근으로 자리하는 두내약수는 깊은 계곡 사이에 자리

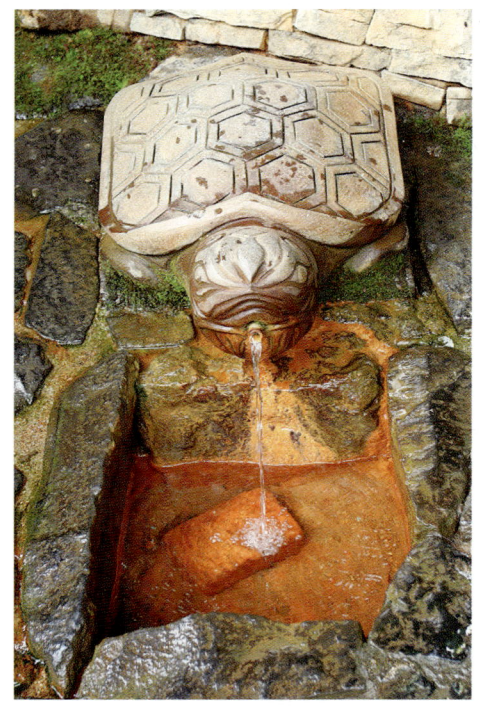

해 아늑하고 그 물맛 또한 신선하다. 봉화의 약수로 짓는 밥은 찰기가 넘치고 푸른빛이 먹음직스럽다. 순서를 기다리기 힘들다면 인근 가게에서 판매하는 물통을 구입하면 약수가 들어 있다.

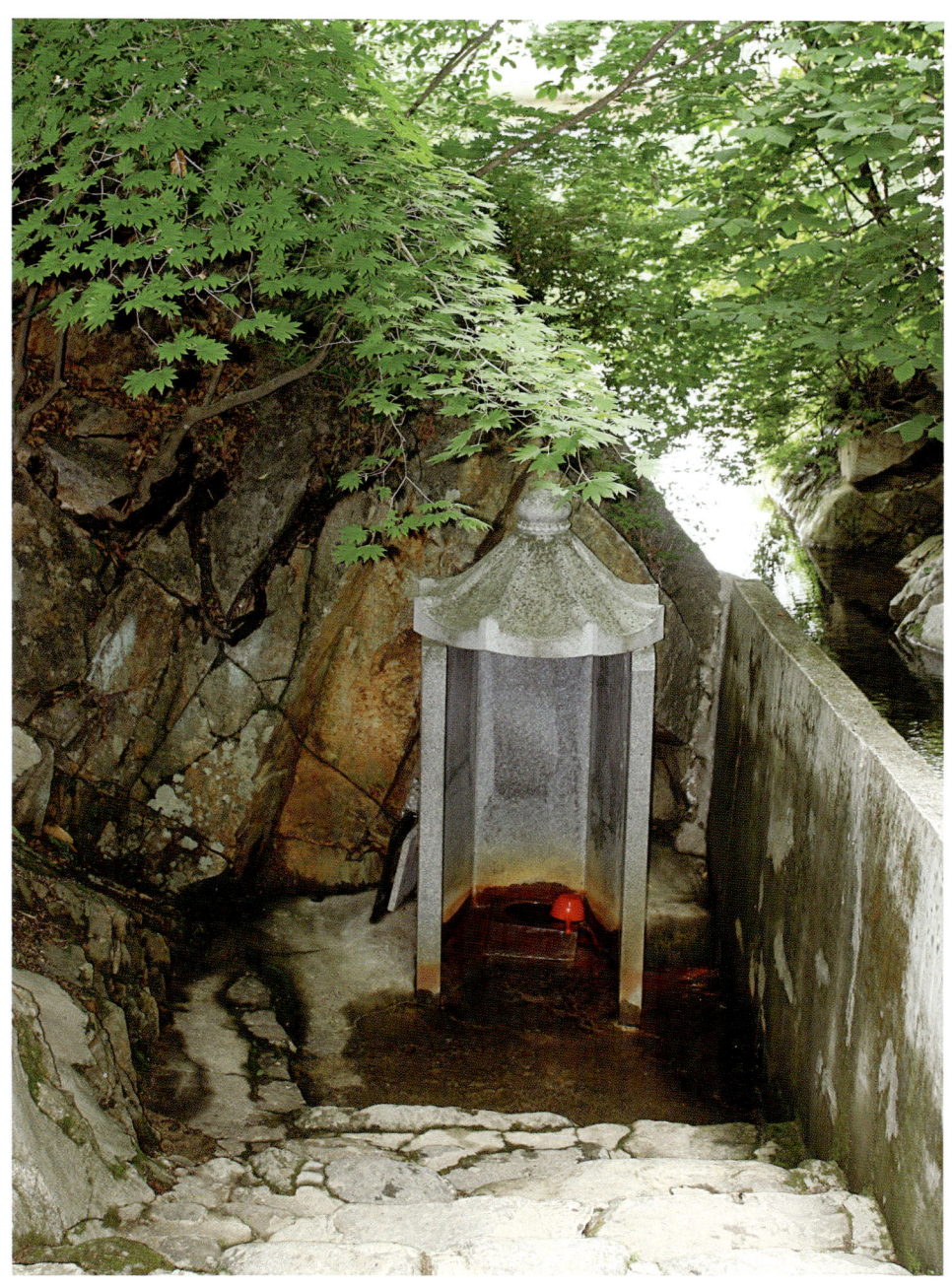

만산 고택

봉화의 전통을 찾아

위치 | 경상북도 봉화군 춘양면 의양리 288
경상북도 봉화군 춘양면 서동길 21-19
운영시간 | 종일(체험 사전예약), 연중무휴

▶ MINI DATA

입장료 | 없음   주차 | 가능   분류 | 역사, 문화유적

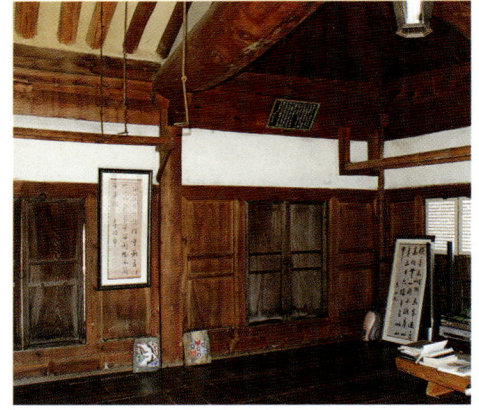

여느 민간 가옥에서 사용할 수 없었던 춘양목으로 만들어진 고택을 찾아가자. 과거 봉화군의 중심지였던 춘양면의 언덕에 자리하는 만산 고택은 조선 말기 문신이었던 만산 강용이 1874년 세운 전통 가옥이다. 100년이 넘는 세월을 견뎌온 가옥은 뒤틀림 하나 없어 금강송 춘양목의 가치를 제대로 느끼게 한다. 긴 행랑과 솟아오른 대문채를 지나 만나게 되는 화초 가득한 고택의 마당을 중심으로 검은빛 사랑채와 안채, 서재와 별채가 자리한다. 사랑채 오른편 작은 온돌방과 마루로 구성된 건물은 서실이다. 정면에 보이는 현판은 학문 정진의 뜻을 기리는 영친왕의 글씨다. 문화유산의 보존을 위해 진품 글씨는 박물관에 보관되어 있다. 서툰 솜씨의 복제품을 본다는 것이 못내 아쉽지만 흥선대원군, 추사 김정희 등 유명한 인물들이 쓴 편액과 현판들을 볼 수 있어 당시의 위용을 증명하는 자료가 된다. 사랑채 뒤편으로 숨어 있듯 자리하는 안채는 'ㅁ'자 형 구조로 사랑채와 연결되는 뒷마루까지 정성스럽게 만들어져 아름답다. 사랑채 왼편으로 별도의 낮은 담장을 두른 건물은 칠류헌이라 불리는 별채로 근대 최고의 서예가이자 우리나라 최초 사진관을 운영했던 해강 김규진이 쓴 현판이 원본으로 걸려 있다. 안채와 사랑채가 주인의 생활공간으로 쓰이는 것과 달리 독립적인 공간인 별채는 일반인들을 위한 고가체험장으로 이용되고 있다. 더위와 해충의 피해도 없다는 춘양목 가옥의 하룻밤이 특별하다. 봉화군 문화유산해설사로 활동하고 있는 주인의 해설은 덤이자 선물이며 가마솥으로 지어내는 아

침식사는 구수한 전통의 맛이다. 인근에 자리하는 성암 권철연의 고택인 권진사댁도 함께 둘러보자.

> **송이버섯, 또 다른 봉화의 자랑**
>
> 깊은 자연의 송림 사이로 귀하게 자라나는 송이버섯은 또 다른 봉화의 자랑거리다. 양식도 불가능하고 오로지 정성 담은 손길로만 채취되는 버섯의 참맛을 담는 송이버섯밥을 춘양읍내 장터골목의 동궁회관에서 즐겨보자. 제철 산나물은 상차림을 더욱 풍성하게 만든다.
> **문의 | 054-672-2702(동궁회관)**

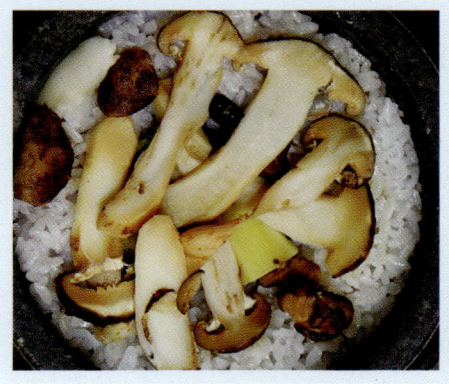

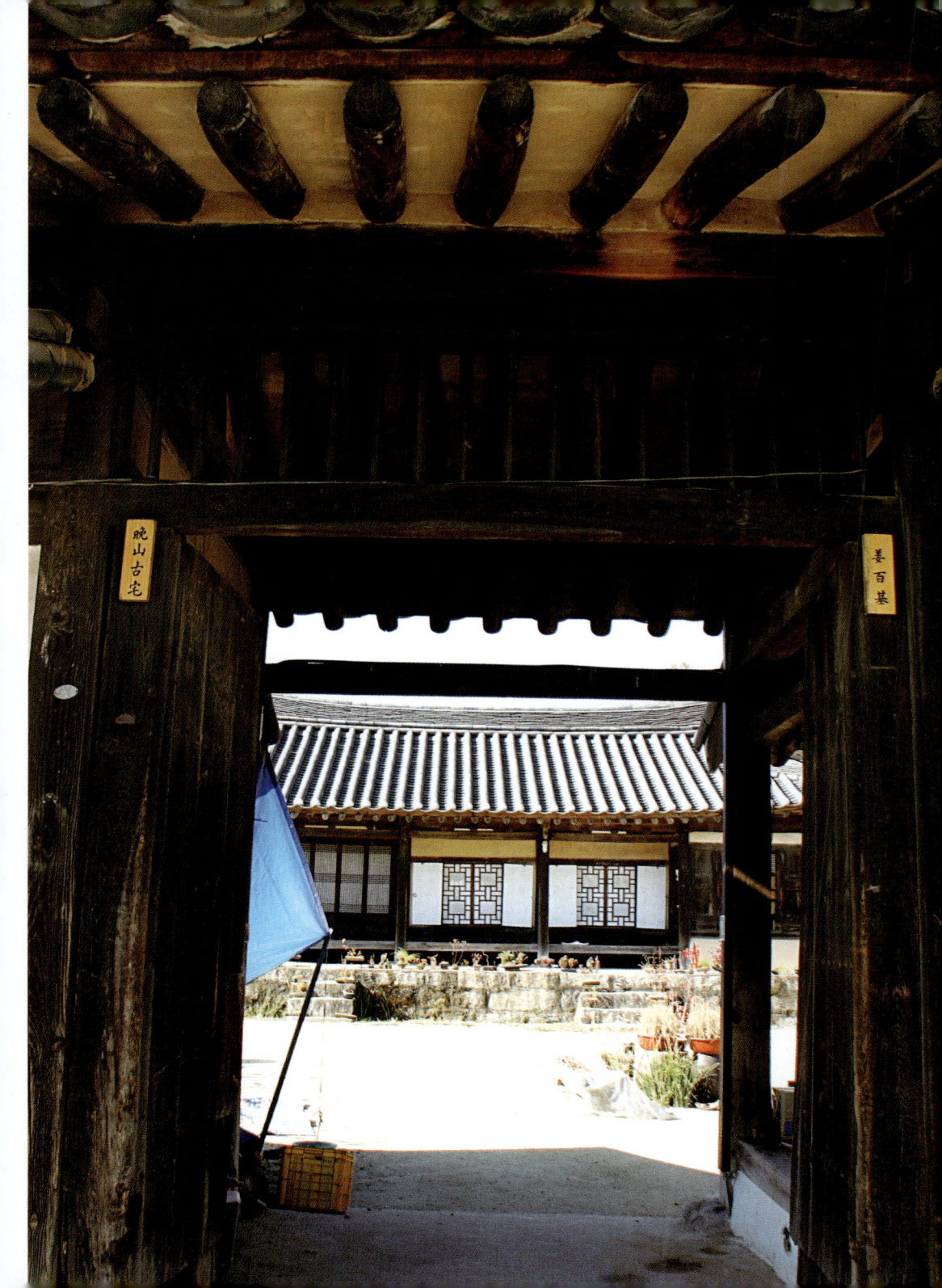

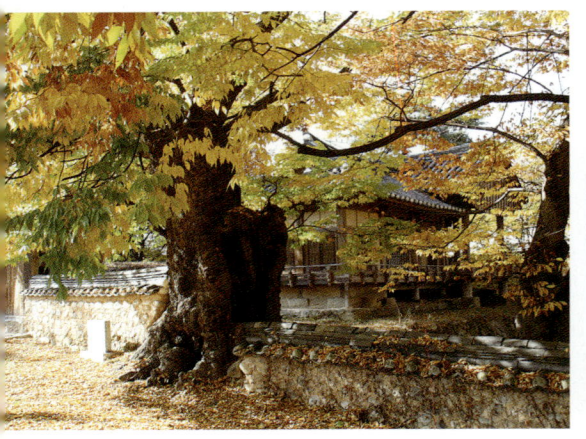
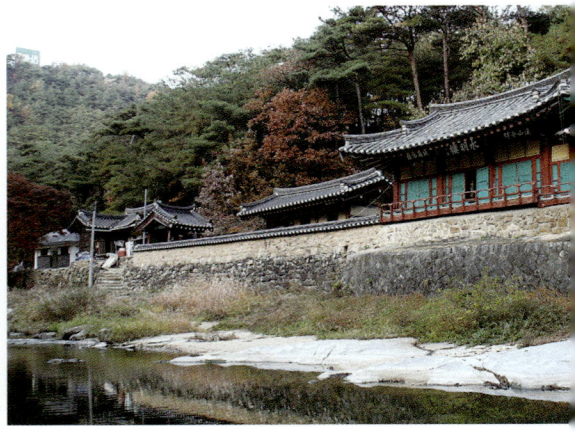

한수정 담장 너머의 아름다움

| 위치 | 경상북도 봉화군 춘양면 의양리 134
　　　　경상북도 봉화군 춘양면 의양로 17 인근
| 운영시간 | 종일, 연중무휴

▶ MINI DATA

| 입장료 | 없음　　주차 | 가능　　분류 | 역사, 문화유적

석천정사 계곡을 담는 거울

| 위치 | 경상북도 봉화군 봉화읍 삼계리 179-2
　　　　경상북도 봉화군 봉화읍 문수로 38-17
| 운영시간 | 종일, 연중무휴

▶ MINI DATA

| 입장료 | 없음　　주차 | 가능　　분류 | 산, 계곡, 동굴

봉화 지역의 아름다운 자연을 따라 수많은 정자 건물이 자리한다. 달실마을의 청암정과 도암정을 시작으로 장암정, 창애정 등 여러 곳의 정자를 찾아가는 여행도 새로운 주제이다. 여유로운 휴식의 장소인 정자는 학문과 사상을 토론하고 전수하는 격식을 갖춘 사교장으로도 역할을 하였다. 관직을 버리고 봉화 지역을 찾은 유곡 권씨를 중심으로 수많은 유학자들의 학문 토론장이 되었을 당시의 모습을 상상만으로 느껴본다. 춘양면 끝자락의 한수정은 충재 권벌의 손자인 권래가 지은 정자다. 본래 이 자리는 거연헌이란 건물이 있었으나 화재로 소실되자 그 자리에 차가운 맑은 정신으로 학문을 수양한다는 정자를 세웠다. 이름처럼 맑은 물의 연못 가운데로 자리하는 한수정은 소나무와 느티나무의 숲 사이로 푸른 모습을 감추고 있다. 봉화 여느 곳의 정자보다 뛰어난 건축미를 자랑하는 곳이다. 낮은 담장 너머로 살짝 비추는 정자의 멋스러움은 또 다른 매력을 가진다.

달실마을에서 봉화 읍내 방면으로 흘러가는 내성천 물길을 따라 좁은 농로를 따라가다 짙은 숲의 터널을 지나 툭 터지듯 나타나는 계곡의 아름다움은 숨겨진 신선의 세상을 찾는 느낌을 준다. 기암괴석을 따라 물길은 흘러가고 수려한 아름다움의 정자는 주변 계곡의 경관과 자연스럽게 어우러진다. 권벌의 큰아들 권동보가 지었다는 석천정사는 여느 곳보다 큰 모습으로 독립된 가옥의 느낌을 준다. 암석 위로 석축을 쌓고 팔작지붕의 화사함으로 지은 건물로 마루 구조에 달린 창살을 열면 그대로 계곡의 모습을 한눈에 담을 수 있다. 창살을 내려 외부 경관을 차단하면 은은한 자연의 소리에 독서를 즐기는 공간이 되니 그 효용성이 참으로 놀랍다. 수정 같은 계곡 사이로 정자가 비추는 모습은 한 폭의 동양화를 보는 듯하다.

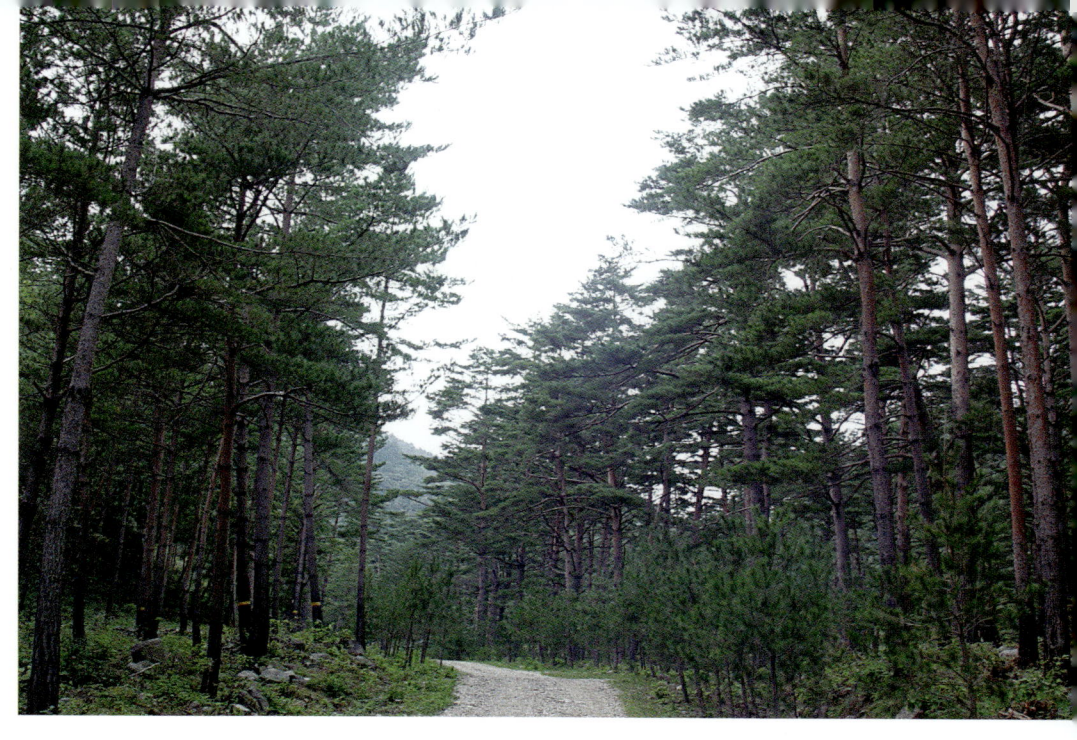

울진 소광리 금강송 군락지 <small>금강 소나무 원시림</small>

위치 | 경상북도 울진군 서면 소광리 일대
운영시간 | 종일, 연중무휴

▶ MINI DATA
입장료 | 없음　주차 | 가능　분류 | 숲, 자연휴양림

금강송 군락지 입구에는 조선 숙종시대 바위에 새겨진 입산금지 표지석이 독특한 모습으로 자리한다. 나라의 허락 없이 입산을 금지한다는 왕명을 담은 표지석은 조선시대부터 그 중요성을 인정받은 황장봉산임을 알려준다. 금강송 군락지는 우리 전통 소나무의 원형을 가장 완전하게 보전함으로써 그 가치를 인정받는다. 1,600ha의 광활한 숲은 무려 500년이 넘는 할아버지 소나무를 비롯하여 평균 수령 150년의 금강송 군락으로 이루어져 있다. 한국전쟁의 피해도 벗어난 숲은 1959년 육종보호림으로 지정된 이후 47년이 지난 2006년 일반인의 출입이 허용되었다. 계곡을 따라가는 탐방로는 모두 3곳으로 나뉘지만 전체를 꼼꼼히 둘러보는 데 2시간 정도가 소요되므로 여

유를 두고 곧고 붉은 숲을 둘러보기를 권한다. 어떠한 보물보다 소중한 우리 자연의 유산이다. 호젓한 탐방을 즐기는 것도 좋지만 산림청에서 실시하는 에코투어를 참가하는 것도 좋다. 숲 해설가의 안내를 따라 진행되는 탐방은 금강송 군락지를 더욱 아끼고 사랑하게 만드는 특별함이 있다. 520년 수령의 최고령 금강송 인근에 자리하는 금강송 전시실은 자연학습을 위한 작은 박물관이다. 금강송은 붉은빛 감도는 모습으로 하늘로 곧게 뻗은 소나무의 제왕이다. 왕궁과 종묘 등 국가의 중요한 건축에만 사용된 금강송 목재는 그 가치가 예나 지금이나 대단하다. 일반 소나무와 확연히 구분되는 금강송 절단면의 붉은빛을 제대로 관찰할 수 있다.

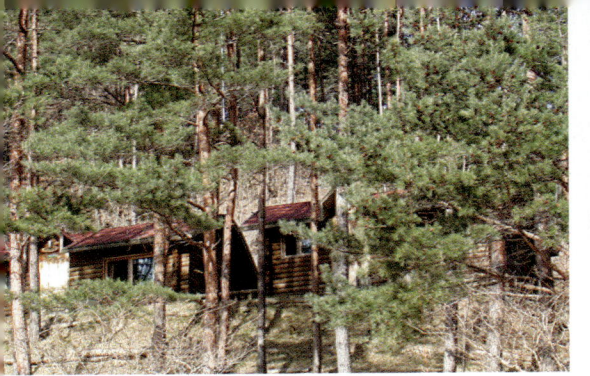

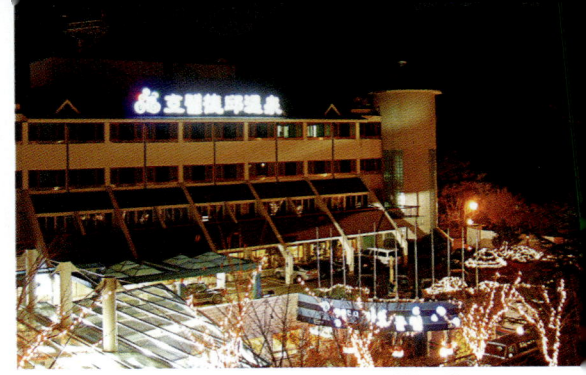

구수곡 자연휴양림

자연에 몸을 씻자

| 위치 | 경상북도 울진군 북면 상당리 325
　　　　경상북도 울진군 북면 십이령로 2721
| 운영시간 | 숙박 14:00~익일12:00, 성수기 15:00~익일12:00,
　　　　　연중무휴

▶ MINI DATA

| 입장료 | 있음　　주차 | 가능　　분류 | 숲, 자연휴양림

덕구온천 스파월드

울진 최고의 온천지역

| 위치 | 경상북도 울진군 북면 덕구리 575
　　　　경상북도 울진군 북면 덕구온천로 924
| 운영시간 | 온천 06:00~22:00, 스파 10:00~19:00,
　　　　　주말 09:00~20:00, 연중무휴

▶ MINI DATA

| 입장료 | 있음　　주차 | 가능　　분류 | 온천, 휴양

울진과 삼척을 가르는 응봉산 자락 맑은 계곡 사이로 자리하는 구수곡 자연휴양림은 특별함이 있는 휴식 공간이다. 전국 여러 곳으로 맑은 자연의 아름다움을 자랑하는 휴양림이 많지만 휴양림의 삼림욕과 인근 덕구온천의 온천욕, 울진 앞바다의 해수욕을 함께 즐길 수 있어 특별하다. 물이 많아 9개의 물길을 담는다는 계곡은 18곳의 폭포와 소가 어우러지는 청정수의 고향이고 맑은 기운으로 자라나는 금강송의 푸르름은 휴양림을 더욱 돋보이게 만든다. 2001년 개장한 시설은 깔끔하고 자연과 그대로 어울리는 여유가 있는 장소다. 숙박시설인 숲 속의 집을 이용하는 것도 좋지만 다듬어진 야영장에서 하룻밤을 보내는 낭만도 추억이 된다. 야생화단지를 지나 구수곡계곡을 이어가는 탐방로는 청정자연을 찾아가는 등산로이다.

덕구온천은 자연 용출 온천으로 41℃의 온천수를 데우지 않고 그대로 사용한다. 중탄산나트륨의 약알칼리성의 온천으로 피로회복, 신경통, 피부질환 등에 좋다고 전해진다. 덕구온천은 넓고 깨끗한 대온천장과 함께 온천물로 즐길 수 있는 스파월드를 마련하고 있어 온천 휴양에 재미를 더하고 있는 것이 특징이다. 스파월드에는 기포욕, 플로링, 바디마사지탕 등 물의 압력을 이용해 만성피로 회복과 근육을 시원하게 풀어주는 테라쿠아시설, 편히 앉아 즐기는 수치료 시스템인 액션스파, 1m 수심의 수영장 등이 있다. 야외에는 히노키탕, 레몬탕, 자스민탕, 황옥원두막 등이 있으며 선탠을 즐길 수 있는 시설이 마련되어 있다. 온천을 하기 전이나 마치고 난 후에 응봉산 덕구계곡으로 가볍게 트래킹을 다녀오는 것도 추천한다. 왕복 약 4km 정도의 거리로 2시간 정도 소요된다. 세계 유명 다리들이 실제 모습 그대로 축소되어 계곡에 놓여 있으며, 덕구온천의 원탕에서 물이 솟구치는 모습도 직접 볼 수도 있다. 숙박시설을 함께 운영한다.

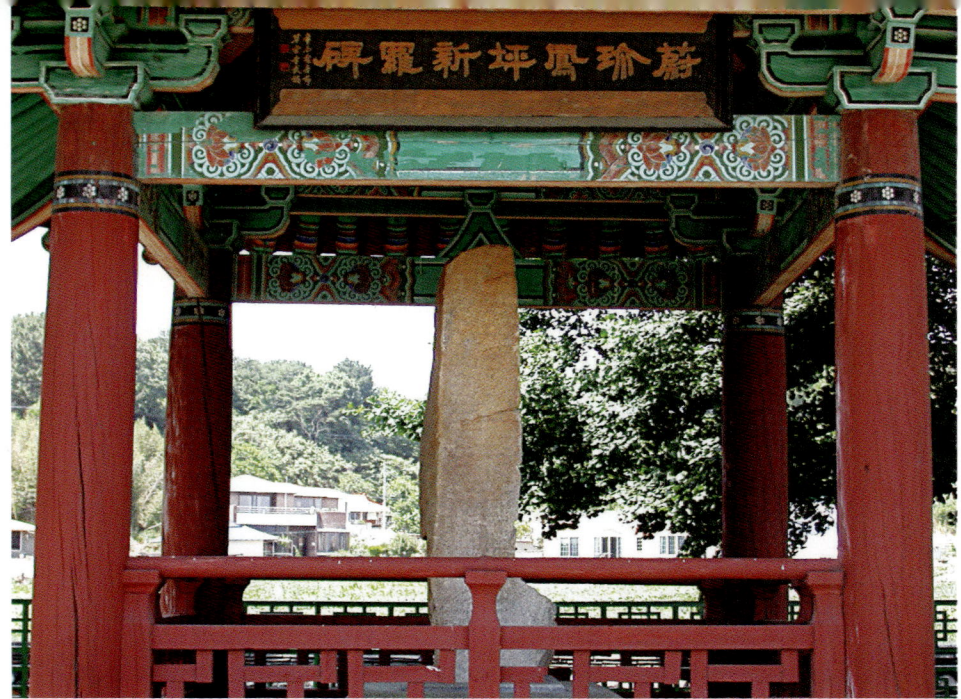

울진 봉평신라비 우리 고대사의 획기적인 발견

| 위치 | 경상북도 울진군 죽변면 봉평리 91
　　　　경상북도 울진군 죽변면 봉평길 9
| 운영시간 | 종일, 연중무휴

▶ MINI DATA
| 입장료 | 없음　　주차 | 가능　　분류 | 역사, 문화유적

신라 법흥왕 11년(524년)에 만들어진 오랜 비석으로 국보로 지정된 유물이다. 밭을 갈던 농부가 돌을 발견하고는 다른 곳에 버려두었는데, 나중에 보니 돌에 글자가 새겨져 있어 군청에 연락했다고 한다. 많은 사람들이 조사한 끝에 신라의 비석임을 밝혔는데 그때가 1988년의 일이니 불과 20년 밖에 되지 않은 일이다. 자연석을 그대로 사용한 이 비석은 높이가 2m에 달하며 한 면에만 약 400여 자의 글씨가 새겨져 있다. 고대사의 경우 글로 남겨진 기록이 제한적이라 이러한 금석문에 크게 의지할 수밖에 없는데, 그런 점에서 봉평신라비는 고대사의 획기적인 발견 중에 하나로 손꼽힌다. 그 안에 담긴 내용은 다음과 같다. 봉평 지역이 신라의 땅으로 편입되는 과정에서

항쟁이 일어나자 신라가 중앙군을 보내어서 평정하는데, 그 후 신라 왕인 법흥왕이 6부 회의를 열어 정해진 율령에 의거하여 이 지역을 다스리던 지방관들을 벌하고 제사를 지냈다는 내용이다. 이러한 내용을 통해 당시 고대국가 형성과정에서 율령의 반포와 적용의 실제를 살필 수 있으며, 신라의 왕과 6부의 관계 등에 관하여서도 살펴볼 수 있다. 고대국가를 배경으로 하는 사극을 보다 보면 부족들 간의 다툼 아래 어렵게 즉위한 왕이 나라의 체계를 갖추어가는 과정에서 법과 제도를 만들어 반포하는 장면이 나오는데 바로 그러한 사실을 이곳에서 확인할 수 있는 것이다.

망양정과 망양해수욕장

관동제일경의 아름다움

| 위치 | 경상북도 울진군 근남면 산포리
| 운영시간 | 종일, 연중무휴

▶ MINI DATA

| 입장료 | 없음　　주차 | 가능　　분류 | 바다, 섬

멋진 경관을 자랑하는 조선시대의 정자는 선비 정신의 상징이었다. 청정한 자연 속 정자의 모습은 사람들이 선망하는 경외감의 대상이 되었다. 조선 숙종은 관동팔경으로 이름난 동해안의 절경 8곳의 그림을 감상하고 그중 망양정과 주변의 경관을 제일이라 칭하였다. 바다를 바라보는 작은 정자는 관동제일경의 영광을 담았다. 수백 년의 시간이 지난 현재의 사람에게도 망양정의 경관은 절묘한 아름다움을 보여준다. 수나무 숲 울창한 길 따라 계단을 오르면 하늘이 열리는 듯 드넓은 바다와 굽이치는 해안선은 햇살 담아 더욱 벅찬 감동을 준다. 현재 정자의 위치는 19세

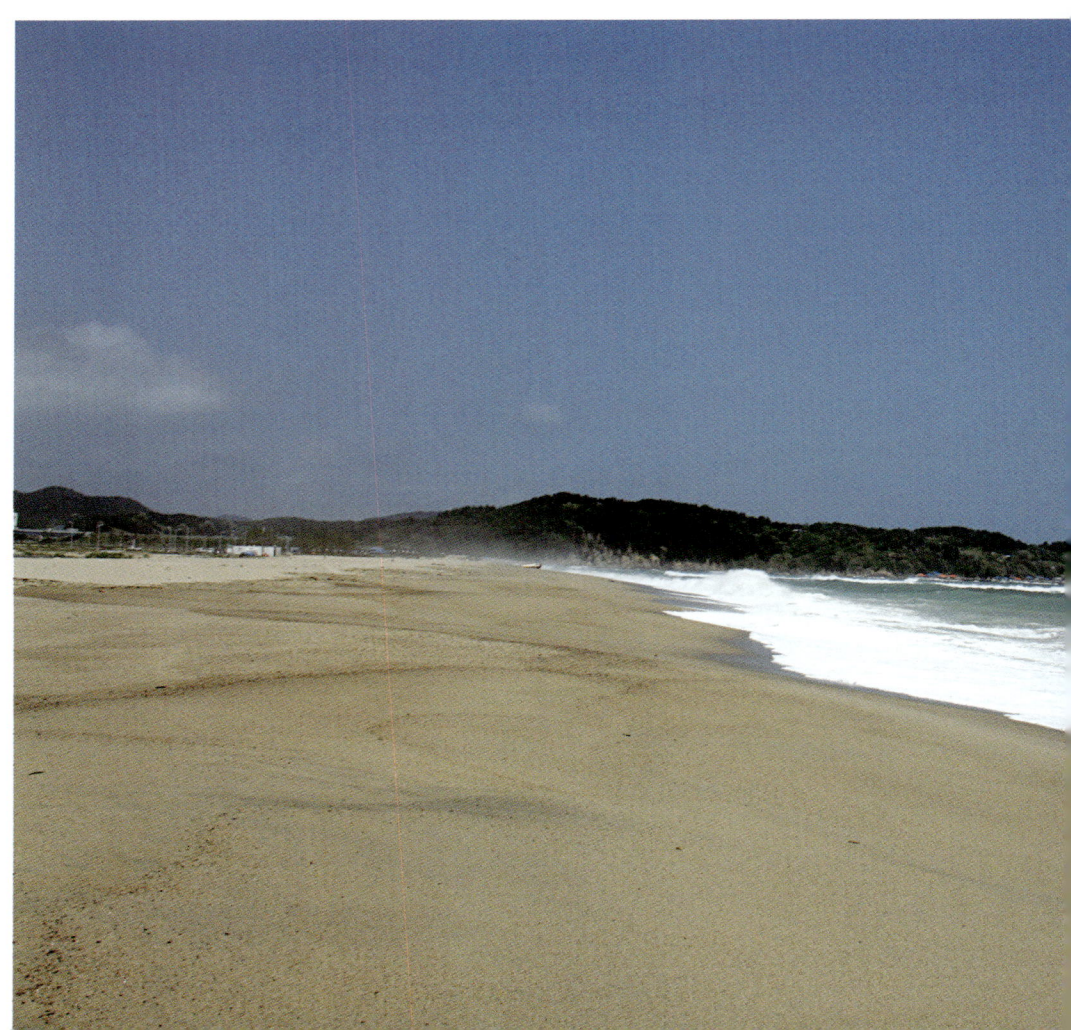

기 다시 세워진 자리지만 더 좋은 경관을 어느 곳으로 찾을 수 있을까 싶다. 인근 언덕으로 새롭게 조성된 해맞이공원은 망양정과 어우러지는 새로운 아름다움을 보여준다. 깔끔하게 단장된 도로 정상으로 동해의 첫날을 알리는 울진대종이 듬직하게 자리하고 있다. 망양정과 해맞이공원의 아름다움을 감상하고 숲길을 내려오면 민물과 바닷물이 만나는 망양해수욕장이 펼쳐진다. 왕피천의 깨끗함을 바다에 담은 이곳은 여느 곳보다 경사가 완만하고 수온이 높아 아이들의 물놀이에도 좋은 곳이다. 길게 뻗은 모래사장을 중심으로 민물과 해수가 갈라서는 모습도 이채롭다.

울집읍내에서 망양해수욕장을 지나 영덕 방면 7번 국도와 닿는 920번 지방도로는 10km 남짓한 구간이지만 바다와 사람이 어우러지는 동해의 모습을 가장 아름답게 보여준다. 한적한 어촌과 모래사장, 바다의 파도 소리가 어울리는 멋진 길이다. 이른 아침 동해의 일출을 망양정에서 감상하고 느린 속도로 운전하며 바다의 경관을 감상해보자. 작은 포구에 들러 싱싱한 해산물을 구경하고 맛보는 것도 특별한 추억이 된다.

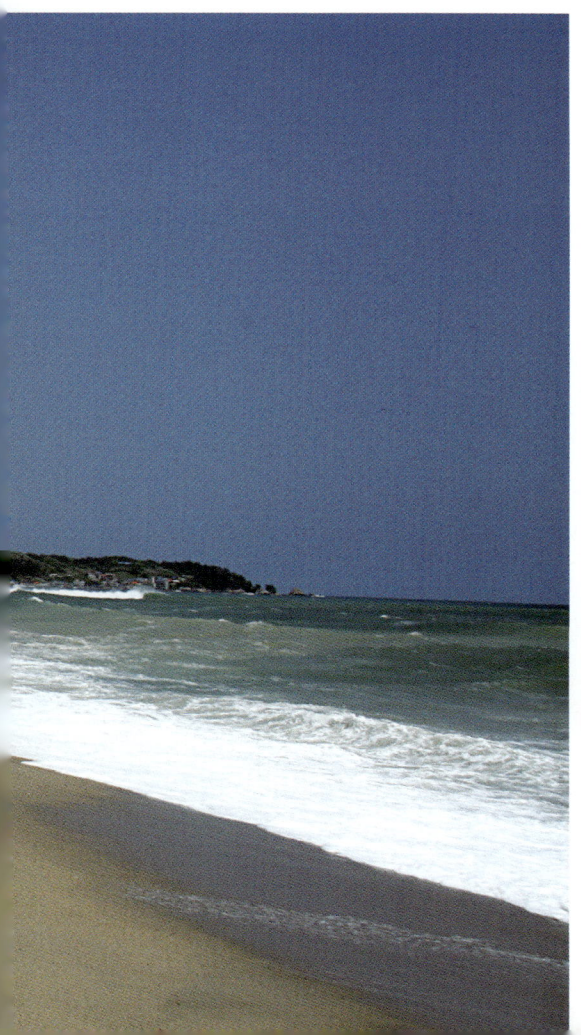

→ 월송정, 또 하나의 관동팔경

영덕을 향하는 7번 국도를 따라가면 평해교를 지나기 전 낮은 언덕 위 울창한 송림 사이로 모습을 보이는 월송정을 만날 수 있다. 신라 화랑이 소나무 숲 사이로 달을 즐겼다는 정자는 고려시대 군사용 망루로 사용되기도 하였다. 또 하나의 관동팔경으로 조선 말기 외세에 저항하였던 평민 의병장 신돌석이 나라 잃은 서러움을 달래는 시를 남긴 곳으로도 유명하다.

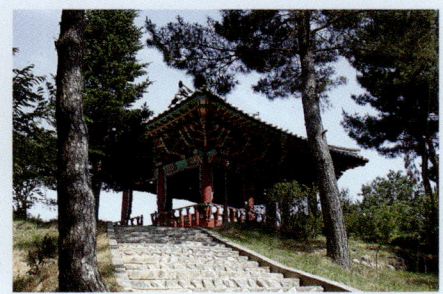

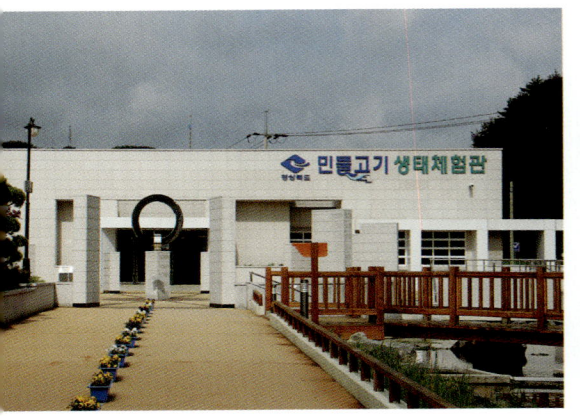

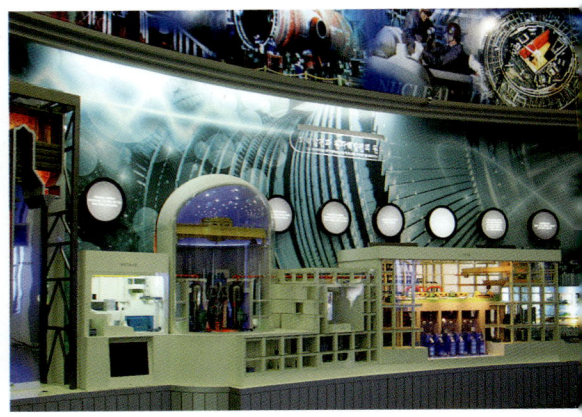

울진 민물고기생태체험관
연어의 고향

위치 | 경상북도 울진군 근남면 행곡리 228
　　　경상북도 울진군 근남면 불영계곡로 3532
운영시간 | 동절기 09:00~17:00, 하절기 09:00~18:00,
　　　　　매주 월요일 휴관

▶ MINI DATA

| 입장료 | 있음　주차 | 가능　분류 | 박물관

전설 속 실직국의 왕이 피난을 떠났다는 왕피천은 흔히 남한 땅 마지막 오지라는 찬사를 듣는다. 오염되지 않은 하천의 상류는 천연기념물로 보호받는 동식물의 천국이다. 은어와 수달, 수많은 야생화는 소중히 보호받아야 할 우리 생태의 보물이다. 왕피천 또 하나의 주인공인 연어는 가을날이면 산란을 위해 이곳을 찾는 자연의 장관을 보여준다. 불영계곡 입구 민물고기전시관은 연어를 포획하여 알을 얻고 부화시켜 봄이면 치어를 방류하는 곳이다. 2006년 개관한 연구센터 한쪽의 전시관은 우리나라에서 서식하는 50여 종의 민물고기를 전시한다. 토종 물고기의 종류와 특징을 한눈에 살펴볼 수 있는 특별한 자연공부 시간이다. 특히 매년 이곳을 찾는 연어를 주제로 만들어진 연어고향관은 여유로운 움직임으로 유영하는 연어의 모습을 시원한 대형 수족관에서 관찰할 수 있다.

울진 원자력홍보전시관
원자력을 제대로 공부하기

위치 | 경상북도 울진군 북면 부구리 1
　　　경상북도 울진군 북면 울진북로 2040
운영시간 | 09:00~17:00, 매월 마지막 주 월요일 휴관

▶ MINI DATA

| 입장료 | 없음　주차 | 가능　분류 | 박물관

고리, 영광, 월성에 이어 가장 마지막으로 세워진 울진 원자력발전소는 6기의 발전로가 590만 킬로와트를 생산하는 엄청난 규모를 가지고 있다. 네 곳의 발전소 중에서 발전율, 발전량 등 최고를 기록하는 발전소는 우리나라 기간산업의 중심이다. 원자력 발전에 관한 논쟁은 아직 끝나지 않았다. 지진 등의 자연재해 시 방사능 유출의 불안감과 환경오염 등 원자력 발전에 대한 반대의견 또한 여전하다. 방사능이라는 단어에 거부감을 가지는 사람이라면 접근하기에 불편함을 느낄 수 있지만 발전소의 외형은 거대한 공원을 연상시킨다. 아이들과 함께라면 첨단 시설로 단장된 원자력홍보관을 찾아보자. 비록 발전의 효율성을 알리기 위한 장소이지만 원자력의 사용과 효용성, 현재의 시설에 관한 많은 정보를 얻을 수 있다. 정기적으로 운용되는 탐방 프로그램을 이용한다면 더욱 좋을 듯하다.

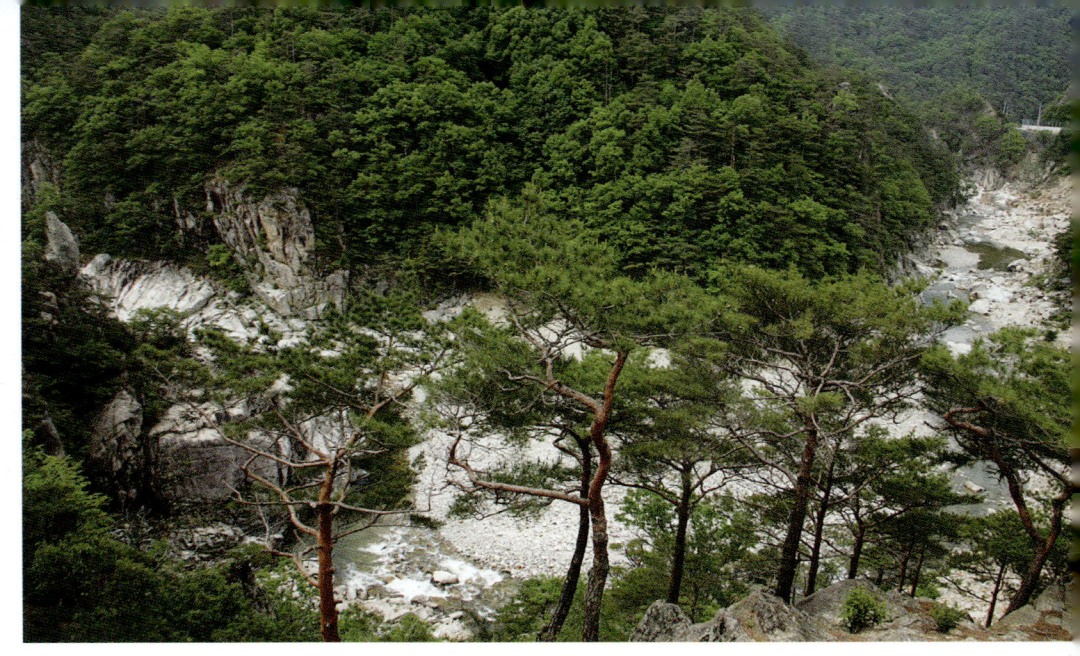

불영사와 불영계곡 부처님을 비추는 계곡

위치 | 불영사 경상북도 울진군 금강송면 하원리 122
       (불영사길 48)
       계곡 경상북도 울진군 울진읍 대흥리 75
       (불영계곡로 2758) 인근
운영시간 | 종일, 연중무휴

▶ MINI DATA
| 입장료 | 있음   주차 | 가능   분류 | 산, 계곡, 동굴

봉화와 울진을 잇는 36번 국도는 국토의 내륙을 관통한다. 15km를 이어가는 불영계곡 도로의 아름다움을 단순한 표현으로 나타내기에는 불가능하다. 계절마다 색을 달리하는 화려함과 한국의 그랜드캐니언으로 불리는 계곡의 원시성, 보드라운 연꽃처럼 잔잔한 아름다움이 있는 불영사의 모습은 누구에게나 잊기 힘든 추억을 남긴다. 한반도 환경의 남방과 북방한계선이 겹쳐지는 이곳은 학술적으로도 중요한 가치를 지닌다. 계곡으로 내려가지 않는 드라이브 길이라면 잠시 주차를 하고 두 곳의 전망대를 둘러보자. 계곡의 경관을 한눈에 담을 수 있다. 계곡의 가장 깊은 곳으로 자리하는 불영사는 비구니 스님의 수행사찰이다. 깎아지른 산으로 둘러싸인 경내는 넓은 자리를 보여준다. 사찰 중앙의 연못을 따라 활짝 피어나

는 연잎처럼 전각들이 자리한다. 신라시대 의상대사가 창건하였다는 고찰은 연못으로 비추는 부처님의 그림자를 따라 9마리 용의 도움으로 세워졌다고 한다. 화재로 대부분 새롭게 지어진 전각 사이로 단아하게 자리하는 응진전은 붉은 빛의 흙벽을 두른 가장 오랜 전각이다. 조선 초기 그대로의 모습으로 사찰건축 역사의 소중한 자료가 된다. 작은 삼층석탑을 앞으로 두는 대웅보전은 푸른 소나무를 두르는 사찰의 중심건물이다. 전각 자체의 역사는 오래되지 않았지만 석축을 다진 기단부 아래 작은 모습으로 건물을 받치는 듯 자리하는 돌거북을 살펴보자. 경내를 살피는 듯 퉁명스런 눈망울을 담은 거북의 모습은 엄숙한 경내를 친근하게 만든다.

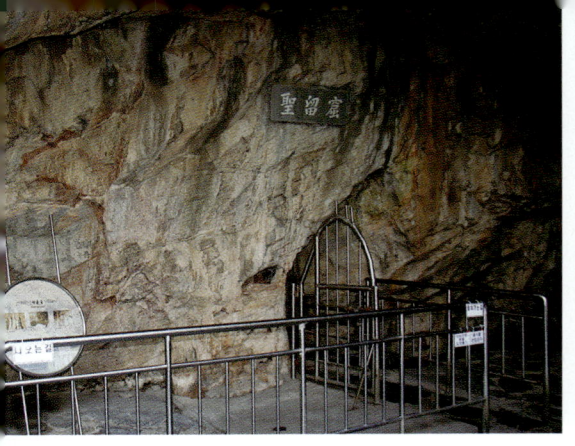

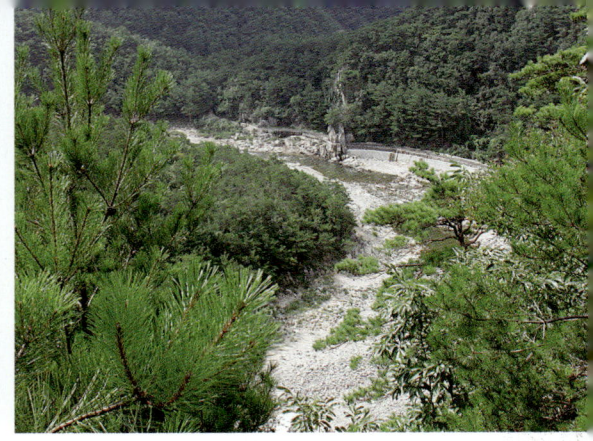

성류굴
관광동굴 1호

| 위치 | 경상북도 울진군 근남면 구산리 404-4
  경상북도 울진군 근남면 성류굴로 225
| 운영시간 | 동절기 09:00~17:00, 하절기 09:00~18:00,
  연중무휴

▶ MINI DATA

| 입장료 | 있음 주차 | 가능 분류 | 산, 계곡, 동굴

전국적으로 수많은 동굴들이 신비한 모습을 보여주지만 왕피천의 푸른 물결을 그대로 담은 성류굴의 모습은 특별한 아름다움이 있다. 임진왜란 당시 굴 앞 사찰의 불상을 보호하기 위해 이곳으로 옮겨 성불이 흐르는 장소라는 이름을 가지게 되었다. 왕피천의 맑은 기운이 울진 땅을 떠나 바다로 나가기 위한 준비를 하듯 성류굴은 왕피천과 통하는 연못을 가진다. 2억 5천만 년의 시간을 지내온 동굴은 허리를 굽히고 들어가는 작은 입구를 지나 470여 미터를 이어가며 아기자기한 아름다움을 보여준다. 삼척 대이리 동굴지대와 같은 거대함은 없지만 12광장이라 불리는 동굴 속 명소 이곳저곳을 찬찬히 둘러보는 재미가 좋다. 임진왜란 당시 전란을 피해 동굴로 숨어들었던 백성 500명이 왜군들이 입구를 막아버려 모두 굶어 죽었다는 기막힌 이야기가 전해온다.

왕피천
영원히 숨겨두어야 할 마지막 원시 계곡

| 위치 | 경상북도 울진군 근남면 구산리~서면 왕피리 일대
| 운영시간 | 종일, 연중무휴(탐방로체험 매주 월요일 휴무)

▶ MINI DATA

| 입장료 | 없음 주차 | 불가능 분류 | 산, 계곡, 동굴

우리나라 곳곳의 자연이 훼손되고 생태계가 파괴되어가고 있다는 우려는 어제 오늘의 이야기가 아니다. 모든 국토개발의 기본이 되어야 하는 것이 자연보호, 생태계 보존이지만 인간의 손이 자연만큼 완벽할 수는 없다. 경북 영양군 수하계곡에서 발원하여 울진군 왕피리를 굽이쳐 흐르다 동해로 빠져나가는 총연장 60km의 왕피천은 우리나라에서 가장 접근하기 어려우며 그래서 더욱 은밀한 원시의 모습 그대로 보존되어 있다. 상류에서 출발하거나, 하류에서 거슬러 가더라도 차량도 접근할 수 없고 사람도 접근이 쉽지 않은 구간이 있으니, 왕피천 상류 쪽의 한천 마을과 하류 쪽의 속사 마을 사이 6km정도 되는 구간이다. 이 지역에는 천연기념물로 지정된 산양과 수달, 하늘다람쥐, 삵, 담비를 비롯해 14종의 포유류와 원앙, 딱따구리 등 60여 종의 조류, 23종의 양서류 및 파충류, 350여 종의 곤충류가 서식하고 있는 것으로 밝혀졌고 이에 '생태계 보존지역'으로 지정되었다.

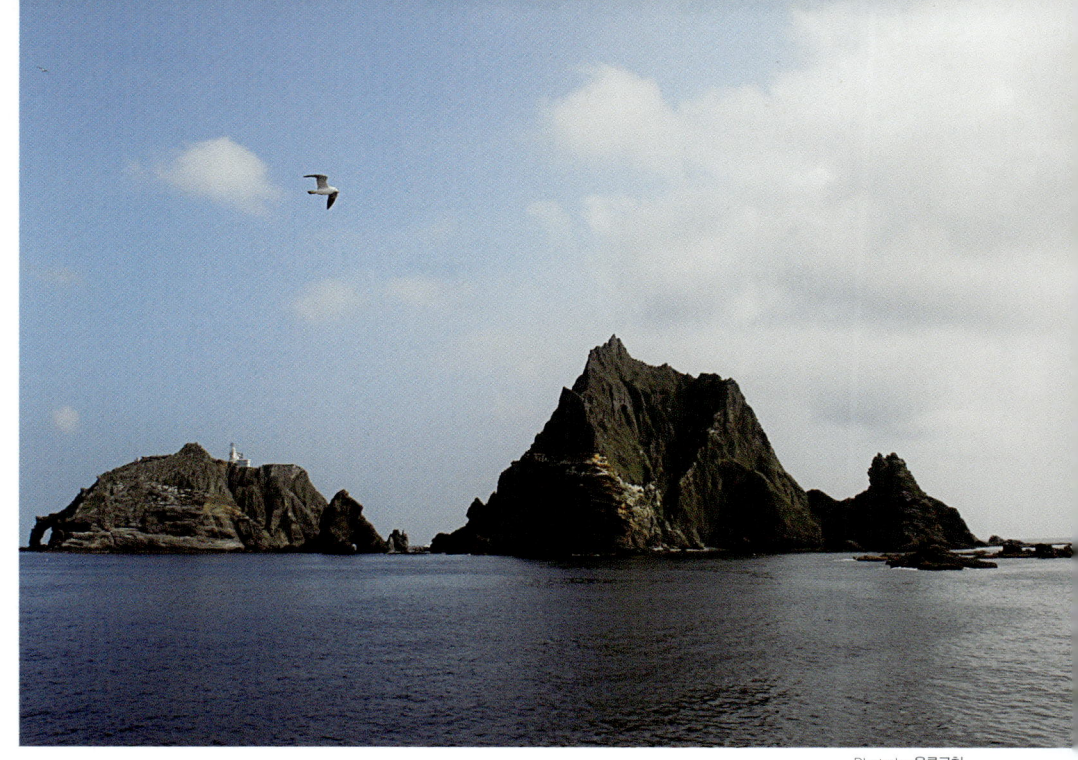

독도 우리 땅, 민족 자긍심의 상징

| 위치 | 경상북도 울릉군 울릉읍 독도리
| 운영시간 | 종일, 연중무휴

▶ MINI DATA
| 입장료 | 없음   주차 | 불가능   분류 | 바다, 섬

설명이 필요 없는 여행지. 울릉도와 마찬가지로 해저 2,000m에서 솟아오른 용암의 작용에 의해 생성된 독도는 우리나라 동쪽 제일 끝에 위치한 섬으로 2개의 바위섬과 중간의 작은 바위들로 이루어져 있으며 섬 자체가 천연기념물 제336호로 지정되어 있다. 울릉도와는 87.4km 떨어진 곳에 위치해 있어 맑은 날에는 망원경이 없이도 울릉도에서 관측이 가능할 정도이며 울릉도의 독도전망대에 오르면 그 위치를 가늠할 수 있는데 도동항에서 배를 타고 들어가거나 묵호항에서 울릉도로 들어오는 길에 둘러볼 수도 있다. 동남쪽에 위치한 동도와 서북쪽에 위치한 서도로 나뉘는데 동도에는 등대와 선착장이 있어 일반인이 들어갈 수 있고 험준한 원추형의 서도는 위급 시 어민들이 사용하는 대피소가 있다. 독도 유람선을 타면 독도 주변을 돌며 가재바위, 독립문바위, 촛대바위, 얼굴바위 등 각양 각색의 기암 절경을 감상할 수 있고, 한류와 난류가 만나는 천혜의 어장에서는 어민들의 조업이 활발히 이루어지고 있어 독도가 엄연한 우리 땅, 우리 삶의 터전임을 실감할 수 있다.

울릉도

원시의 아름다움을 간직한 보물섬

| 위치 | 경상북도 울릉군
| 운영시간 | 종일, 연중무휴

▶ MINI DATA
| 입장료 | 없음   주차 | 가능   분류 | 바다, 섬

섬 전체가 화산 작용에 의해 이루어진 종상 화산으로
성인봉(984m) 정상에서 해안을 향해 달려가는 깎아
지른 절벽으로 이루어져 있다. 울릉도를 향한 배가
도착한 도동항은 울릉도 여행의 출발점이 된다. 택시
나 버스를 이용해 섬 일주를 하거나 유람선을 타고
해안 일주를 하거나 울릉도에서 87.4km 떨어진 독도
로 가는 것 모두 도동항에서 출발한다. 섬 전체를 둘
러싼 일주도로는 단조로운 해안과 대조적으로 공암,
거북바위, 사자바위 등 짙푸른 바다를 배경으로 서
있는 기암괴석을 감상할 수 있고, 푸른 바다를 가장
가까이서 감상하며 걸을 수 있는 도동항에서 행남까

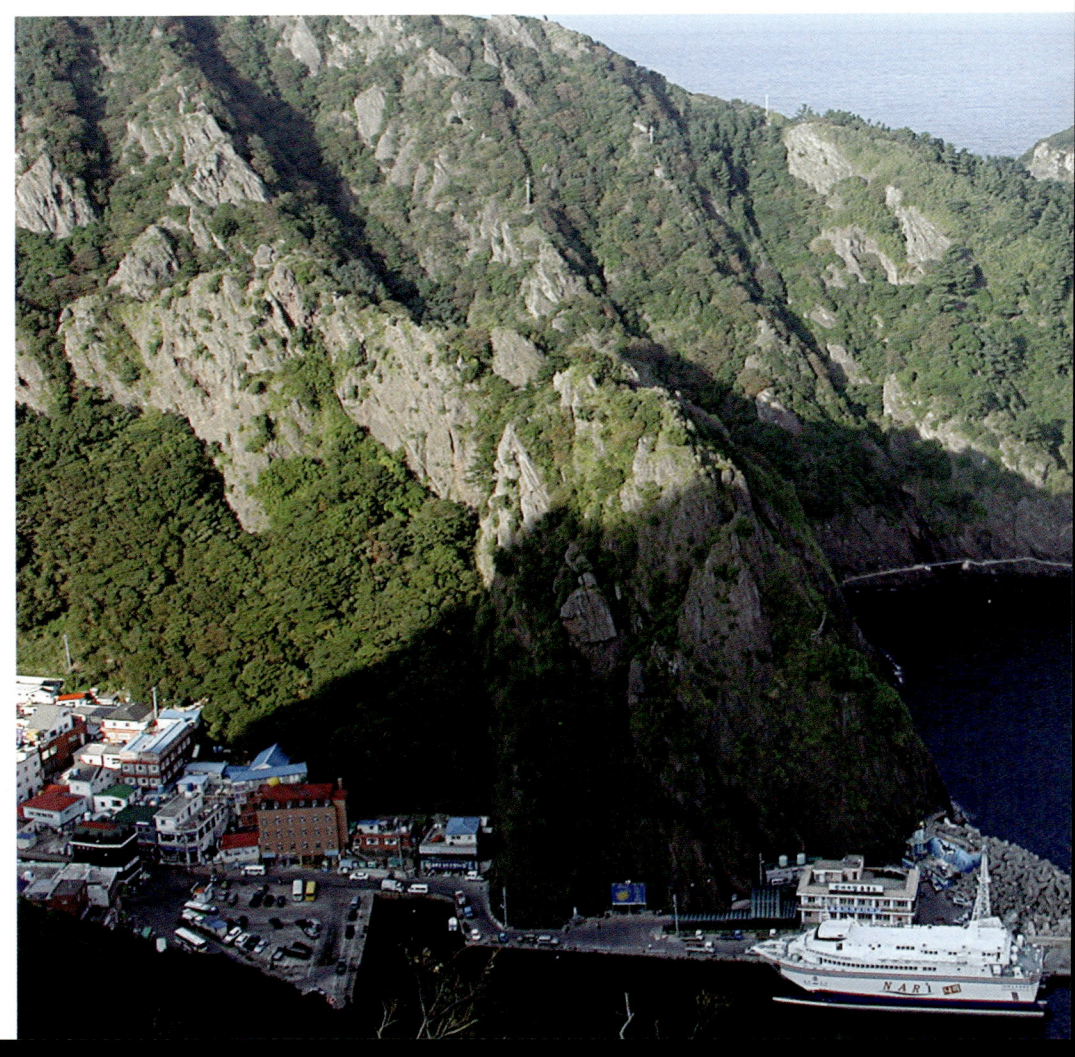

지 이어진 해안 산책로는 바위로 이루어진 해안 절경에 감탄사를 연발하는 곳이다. 도동항에서 왼쪽 해안을 따라 행남 등대까지 갔다 돌아오는 코스를 따라 자연 동굴을 지나고 암벽을 연결하는 다리를 건너며 푸른 바다를 만끽하다 보면 어느새 작아서 더 아름다운 행남등대가 보이는데 이곳에서 바라보는 일출 또한 아름답기로 유명하다. 화산 폭발에 의해 생성된 울릉도는 섬 전체가 하나의 산으로 이루어져 있다고 할 수 있다. 그 정상이 성인봉이다. 오르내리는 산행 시간이 5시간 넘게 소요되지만 성인봉을 오르지 않고는 울릉도를 여행했다고 말할 수 없을 정도로 울창한 원시림을 헤치고 트래킹을 즐기는 맛과 정상에서 바라보는 바다 풍광이 일품이다. 평지를 찾아볼 수 없는 울릉도의 유일한 분지인 나리분지는 동서 길이 1.5km, 남북 길이 1.2km 면적 약 2km로 섬말나리가 많이 피어 그 뿌리를 먹고 연명했다 해서 나리골이라 불리다가 나리분지로 이름이 바뀌었다. 울릉도 전통 가옥인 투막집이 남아 있으며 천연기념물 제52호로 지정된 섬백리향과 울릉국화 군락지가 있다. 묵호항이나 포항의 북항에서 배를 타고 3시간을 가야 만날 수 있어 제주도보다 찾기 어려운 섬이기도 하지만 힘겹게 찾아가는 만큼 섬에서 만나는 아름다움은 말로 다 표현할 수 없다.

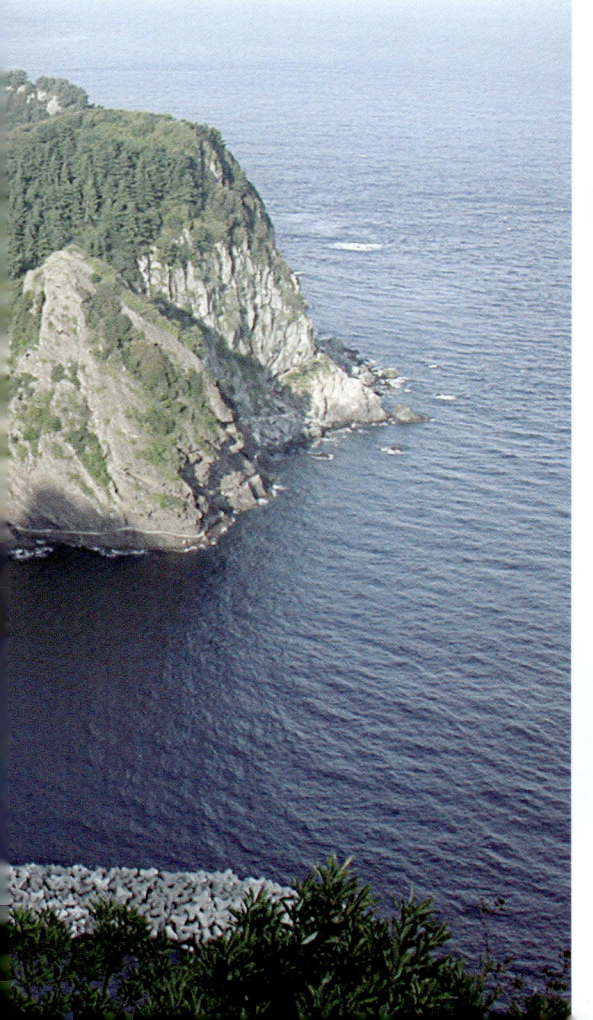

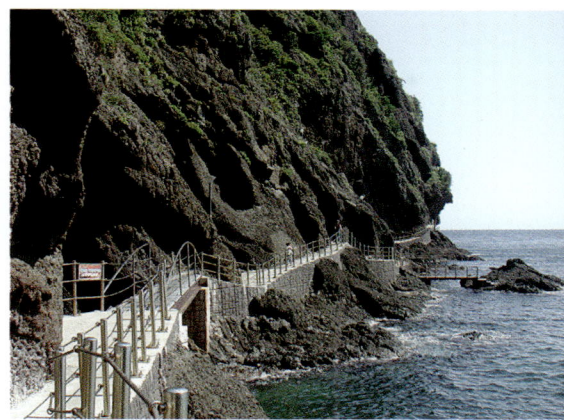

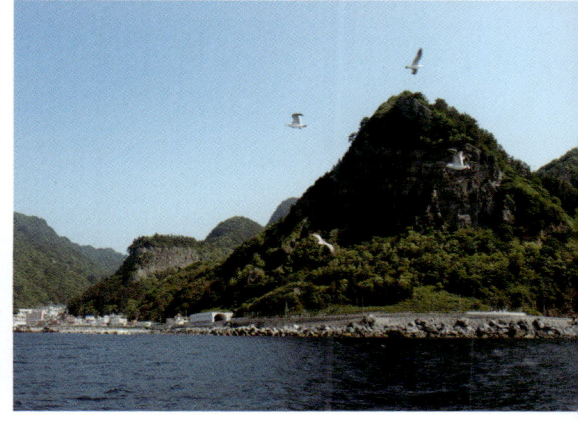

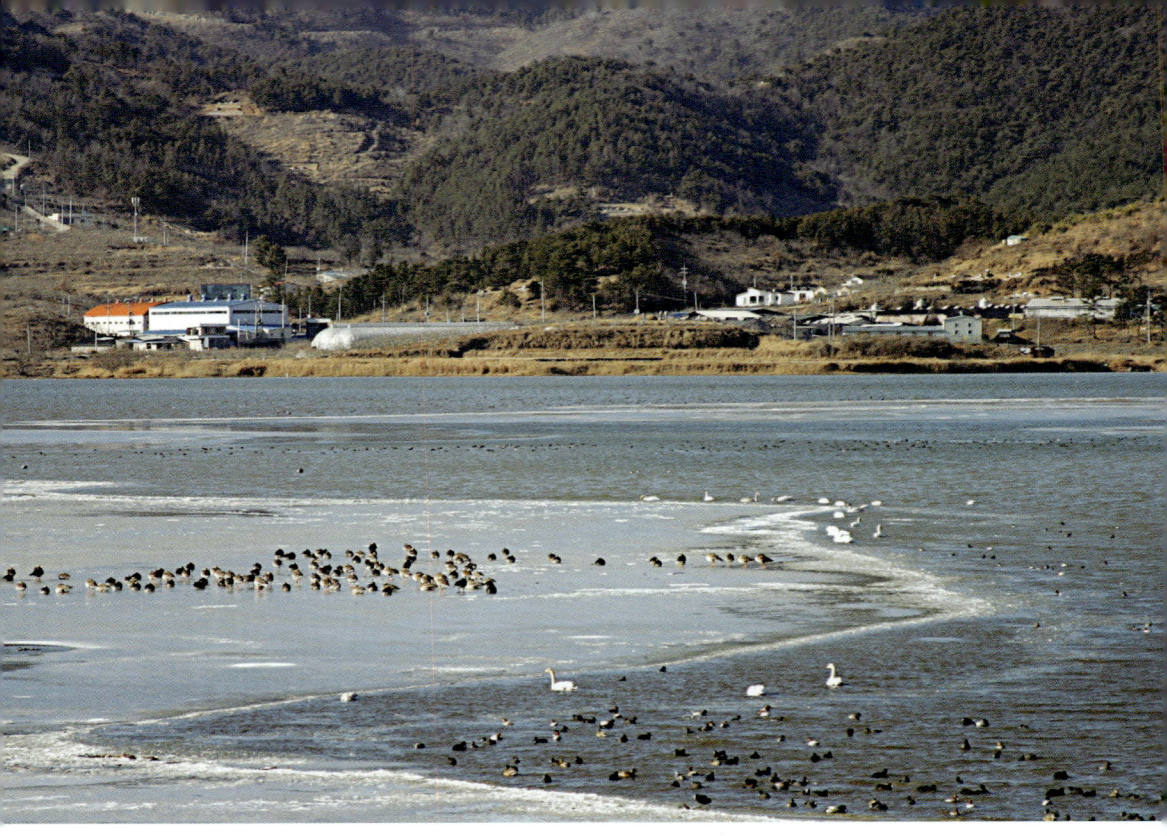

주남저수지 철새들의 낙원

| 위치 | 경상남도 창원시 의창구 동읍 대산면 일원
| 운영시간 | 종일, 연중무휴

▶ MINI DATA
| 입장료 | 없음   주차 | 가능   분류 | 강, 유원지

산남, 주남, 동판 저수지 3곳을 하나로 묶어 부르는 주남저수지는 1920년대 농업용수의 공급을 위해 만들어졌다. 낙동강으로 흘러 들어가는 수량의 조절기능까지 담당하는 저수지는 마치 호수처럼 느껴진다. 무엇보다 주남저수지를 유명하게 만드는 것은 겨울철 머나먼 시베리아의 추위를 피하여 이곳을 찾는 100여 종, 20만 마리에 이른다는 철새들이다. 저수지 중앙으로 자리하는 갈대숲을 터전으로 겨울을 보내는 철새들은 고니, 재두루미, 노랑부리저어새, 청둥오리, 가창오리 등 다양함과 개체 수에서 아시아 최

고를 자랑한다. 특히 국제보존기구의 개체보존 종으로 유명한 가창오리가 매년 1~2만 마리 모여든다. 저수지의 푸른 자연을 배경으로 한 수생식물과 들꽃 등 식물들의 향연도 이곳을 더욱 아름답게 만든다. 강원 대왕산 용늪, 경남 창녕의 우포늪, 전남 신안의 장도습지, 전남 순천만갯벌, 제주 물향아리오름과 함께 국제 습지협약인 람사르조약으로 보존지구로 지정되었다. 1971년 이란의 람사르국제회의에서 채택된 람사르조약은 습지의 중요성을 알리고 보존하는 역할을 담당하는 세계적인 기구이다.

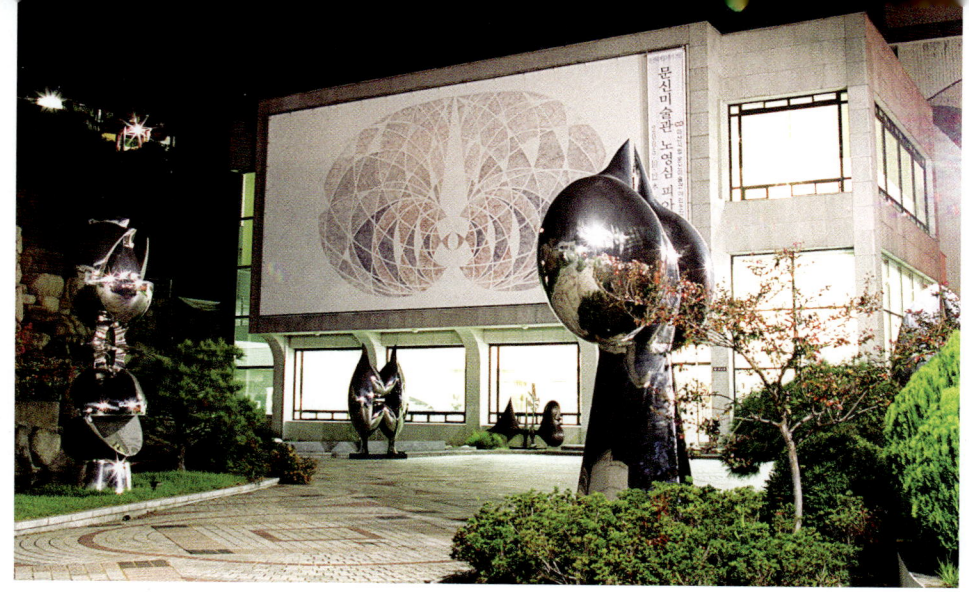

Photo by 마산시청

문신미술관   세계적인 조각가 문신이 직접 만든 미술관

| 위치 | 경상남도 창원시 마산합포구 추산동 51-1
경상남도 창원시 마산합포구 문신길 147
| 운영시간 | 09:00~18:00, 매주 월요일 휴관

▶ MINI DATA
| 입장료 | 있음   주차 | 가능   분류 | 박물관

세계적인 조각가 문신(文信: 본명은 安信, 1923~1995
년)의 작품 세계를 만날 수 있는 미술관이다. 프랑스
에서 활동하던 작가가 1980년에 자신이 태어난 마산
으로 돌아와 바다가 보이는 언덕에 미술관을 만들기
시작해 1994년 개관했으며 미술관 건립이 평생을 간
직하고 있던 자신과의 약속이라 말했던 작가는 이듬
해인 1995년 세상을 떠났다. 그러나 그의 예술혼과
민족애를 느낄 수 있는 전시관과 작품들은 그의 미망
인 최성숙 여사에 의해 훌륭하게 관리되었다. 마치 조
각을 하듯 15년 세월에 걸쳐 깎고 다듬어진 미술관에
는 문신이 즐겨 사용하던 재료인 흑단, 쇠나무 작품과
브론즈, 스틸 작품들이 회화 작품과 함께 전시되어 있
으며 야외전시장에는 브론즈 위주의 대형 작품들이
전시되어 있고 문신의 예술 세계를 정리한 자료와 유
품들을 전시한 자료실도 있다. 바로 옆의 마산시립박
물관과 함께 돌아보아도 좋겠다.

> ### 국립 3·15 민주묘지

4·19혁명의 도화선이 되었던 1960년 이승만 정부의 3·15부정
선거에 항거하며 싸우다 희생된 영령들을 모신 곳이다. 1967년
구암동 야산에 조그맣게 조성되었다가 1998년 성역화가 추진
되어 2002년 국립 3·15묘지로 승격되었다. 민주의 문을 지나
면 참배단이 있고 그 위쪽으로 잘 관리된 묘역과 유영보관소가
있으며 기념관에는 3·15의거 당시와 4·19혁명에 관련된 여러
자료와 사진들이 전시되어 있다. 3·15의거와 4·19혁명의 정신
은 부마민주화운동, 6월 항쟁, 5·18민주화운동으로 이어졌으며
우리나라 민주이념의 발판이 되었다.
문의 | 055-253-9315

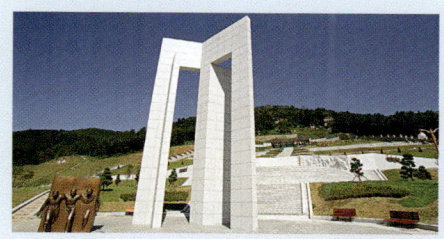

Photo by 마산시청

진주성과 국립진주박물관

임진왜란 3대 대첩의 현장

위치 | 진주성 경상남도 진주시 본성동 415(남강로 626)
　　　박물관 경상남도 진주시 남성동 169-17
　　　(남강로 626-35)
운영시간 | 진주성 09:00~18:00, 연중무휴
　　　　　박물관 09:00~18:00, 주말 09:00~19:00,
　　　　　매주 월요일 휴관

▶ MINI DATA
| 입장료 | 있음　주차 | 가능　분류 | 역사, 문화유적

이순신 장군이 활약했던 한산도대첩, 권율 장군이 지휘했던 행주대첩과 함께 진주목사 김시민과 진주성민이 함께 왜군에 맞서 치열하게 싸운 진주대첩은 임진왜란 3대 대첩으로 꼽힌다. 바로 진주성은 진주대첩의 현장이다. 또한 우리나라 사람이라면 모르는 이 없는 이야기, 왜장을 끌어안고 남강에 투신한 논개 이야기의 배경이 되는 장소도 진주성이다. 진주성은 백제시대부터 있었다고 전해지며, 고려시대에는 왜구의 침입에 대항하는 중요한 기지로 역할을 하였다 한다. 조선시대부터 진양성 또는 진주성이라 불렸는데 원래 진주성은 내성 밖으로 외성이 있었으나 현재

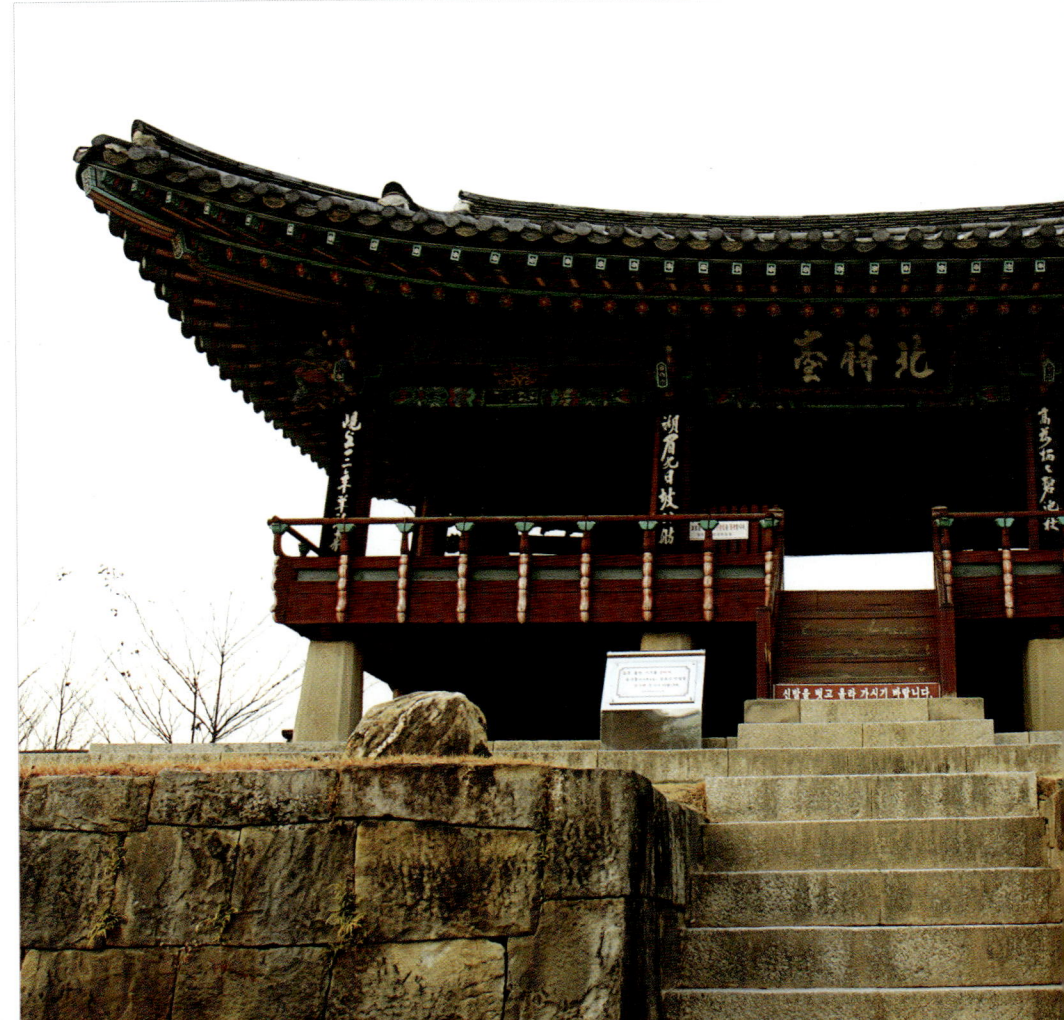

남아서 둘러볼 수 있는 부분은 촉석루를 중심으로 만들어져 있는 내성으로 둘레가 1.7km에 성의 높이는 4~6m로 제법 크고 높다. 진주성 전투는 1차와 2차에 나뉘어 전개되었는데, 진주대첩이라 불리는 전쟁은 1차 전투로 진주성민이 합심해서 싸워 왜군을 크게 물리쳤으나 2차 전투에서는 다시 진열을 가다듬고 공격한 왜군에게 무참히 패하게 된다. 논개의 남강 투신은 바로 2차 전투 후에 일어난 사건이다. 진주성의 정문인 공북문을 통하여 들어가면 진주 목사 김시민 장군의 동상이 나온다. 오른편으로 돌아가면 나라와 지방의 중요한 일을 선포하던 자리인 영남포정사를 지나 서장대가 나온다. 서장대는 진주성에서 가장 높은 곳에 있는 지휘본부로 앞으로는 남강이, 뒤로는 진주 시내가 한눈에 보이는 멋진 풍경을 가지고 있다. 진주성의 상징이라 할 수 있는 촉석루는 밀양의 영남루, 평양의 북벽루와 함께 조선의 3대 누각으로 꼽혔던 곳으로 고려 때 지어졌고 임진왜란 때 불탄 것을 광해군 때 다시 지었으나 한국전쟁 때 다시 불타버린 사연을 가지고 있다. 새로 지어지기를 여러 번 반복했지만 이곳에 올라 바라보는 남강의 아름다운 물길은 옛 모습 그대로라 조선의 3대 누각이라는 명성이 괜히 붙은 것은 아니었음을 알 수 있다. 촉석루 옆으로 난 작은 문으로 들어가면 논개를 기리는 사당인 의기사가 있고 촉석루 아래로 내려가면 논개가 몸을 던졌다는 의암이 있다. 진주성을 둘러보면서 빠뜨리지 말아야 할 곳이 바로 성 안에 함께 있는 국립진주박물관으로 임진왜란과 진주성에 관한 기록들, 그때 사용된 무기 등을 전시하고 있다.

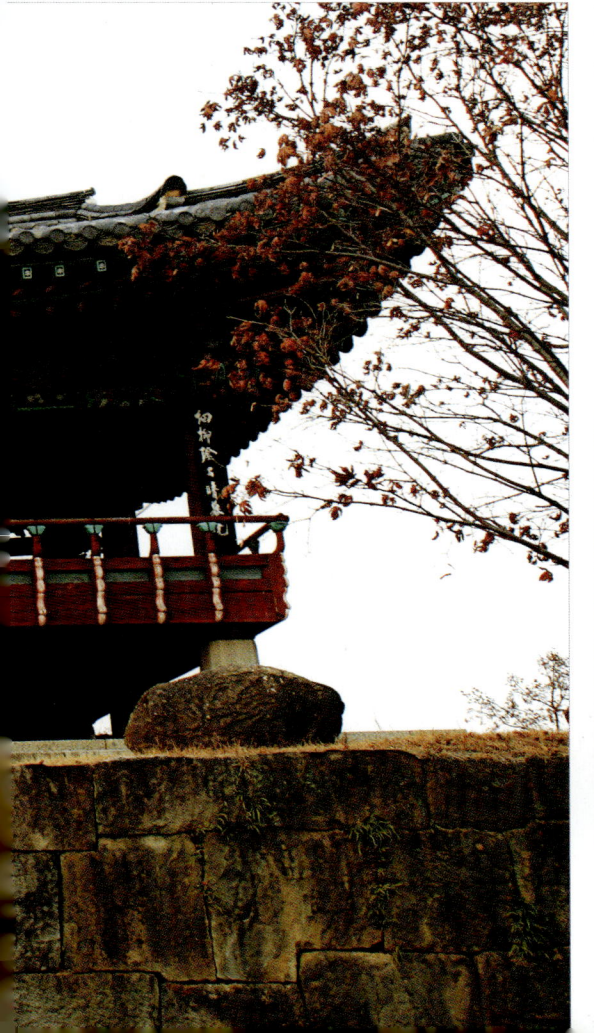

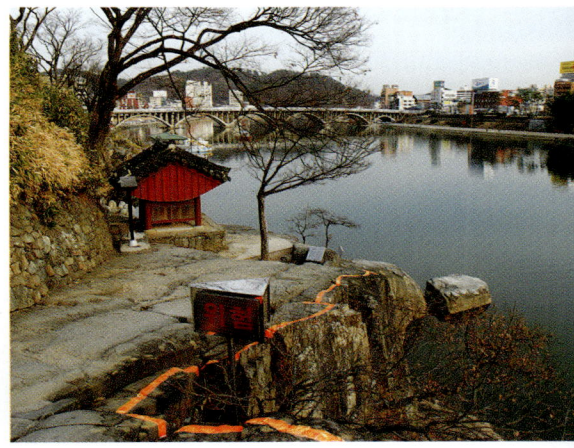

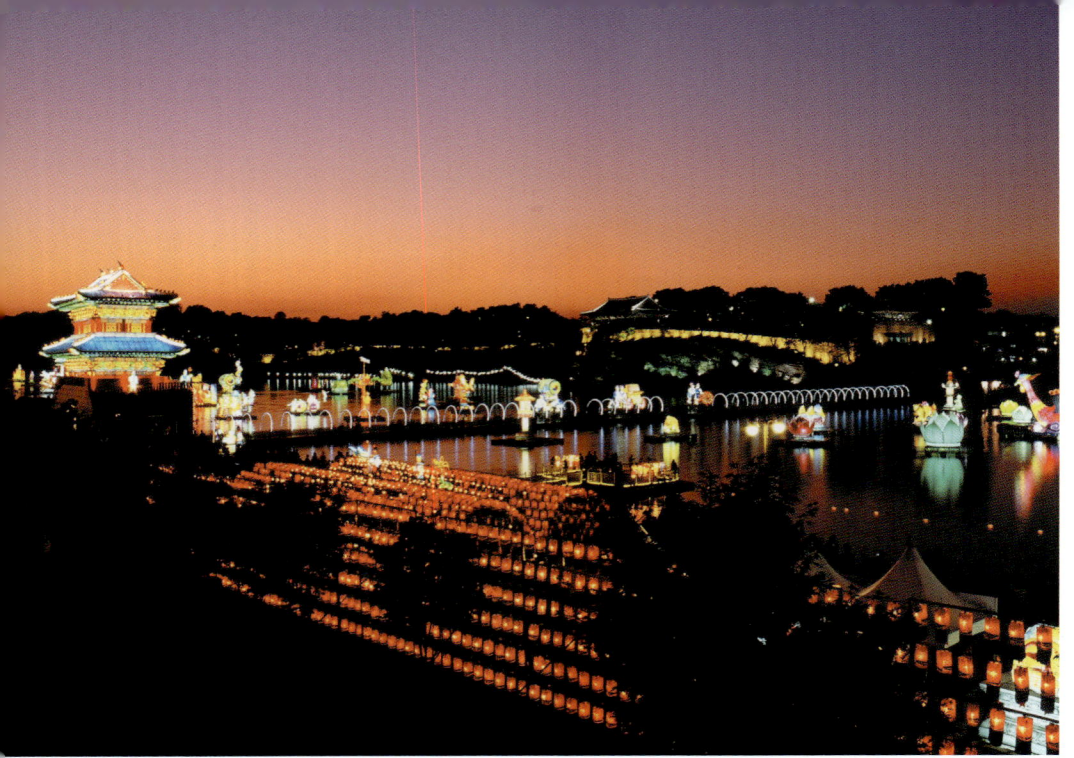

남강 유등축제 별빛이 흐르는 강

| 위치 | 경상남도 진주시 망경동 일대
| 운영시간 | 매년 10월(홈페이지 참조)

▶ MINI DATA
| 입장료 | 없음　　주차 | 가능　　분류 | 축제, 공연

매년 가을 진주 시내를 유유히 흘러가는 남강을 따라 진주성 인근에서 펼쳐지는 남강 유등축제를 찾아보자. 전국 최우수상의 경력이 아니어도 그 화려한 아름다움은 잊지 못할 추억을 남기기에 충분하다. 유등축제의 기원은 임진왜란으로 거슬러 올라간다. 3대 대첩 중 하나로 불리는 진주대첩의 무대인 진주성을 사수하였던 진주 목사 김시민 장군과 관군, 그리고 백성들은 외부 지역 의병과의 연락을 위해 풍등을 하늘로 띄우고 남강으로 등불을 흘려보내 강을 건너는 왜군을 저지하였다. 전쟁의 혼란 속에 생사를 확인할 길 없는 가족을 찾는 사람들의 유등 또한 남강을 가득 메웠다고 한다. 당시의 모습을 기억하기 위한 유등축제는 시대에 따라 규모를 달리하며 남강을 수백 년 동안 밝혀왔다. 사람들을 모으는 대규모 지역 축제로 새롭게 단장한 축제는 남강을 연결하는 부교를 중심으로 화려한 조명으로 빛나는 진주성의 모습과 함께 주변을 빛의 향연으로 장식한다. 다양한 주제를 표현한 유등이 강을 수놓으며 일본, 중국 등 외국 등불의 모습도 축제를 더욱 풍성하게 만든다. 나름의 소망을 담은 손바닥 크기의 불빛이 강물을 가득 메우는 장면은 축제의 정점을 장식한다. 쓰레기통까지 불빛으로 꾸며놓은 정성은 유등축제와 진주를 더욱 아름다운 고장으로 기억하게 만든다. 가을밤의 아름다움을 담는 사진기를 잊지 말자.

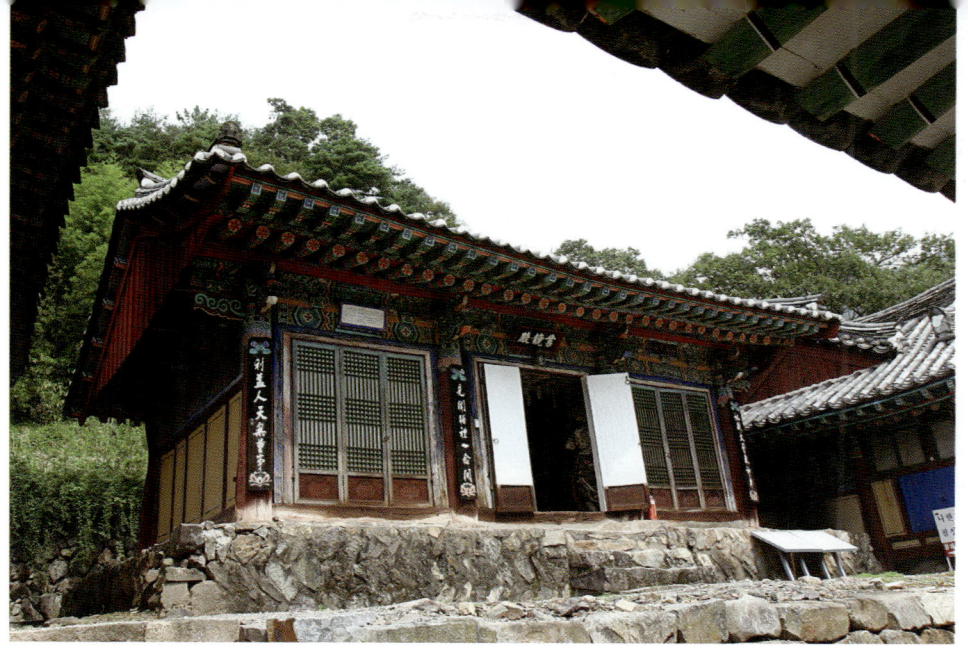

청곡사 오솔길 따라 찾아가는 분위기 있는 옛 절

| 위치 | 경상남도 진주시 금산면 갈전리 18
경상남도 진주시 금산면 월아산로1440번길 138
운영시간 | 종일, 연중무휴

▶ MINI DATA
| 입장료 | 없음   주차 | 가능   분류 | 불교유적

청곡사가 자리한 곳의 이름이 갈전리로 조선을 개국한 태조 이성계와 그의 2번째 부인인 신덕왕후가 만나게 된 재미있는 이야기가 전해진다. 고려 말 이성계는 남해안의 왜구를 토벌하고는 무학대사와 함께 월아산 청곡사를 찾는다. 절에 오르기 전 말에게 물을 먹이고 자신도 물을 마시기 위해 잠시 멈추었다. 우물가에 한 여인이 있어 물을 청하였더니 바가지에 버드나무 가지 하나를 띄워 물을 담아주었다고 한다. 이유가 궁금해 물으니 여인은 급히 먹다 체할 것이 걱정된다 하였고 그 마음씨와 미모에 반한 이성계가 훗날 왕비로 삼은 사람이 바로 이때 만난 신덕왕후라고 한다. 청곡사는 신라 말 도선국사에 의하여 창건되었다고 알려져 있으며, 임진왜란 때 불이 난 후 광해군 때에 다시 지어졌다. 절에는 국보로 지정된 영산회괘불탱이 전시되어 있다. 석가모니가 설법을 하

던 장면을 담은 그림으로 길이 10m, 폭 6.5m 정도의 큰 불화로 절에 큰 행사가 있을 때 내다 건 그림이다. 가운데 부처가 서 있고 양옆으로 문수와 보현이, 그 위로는 석가의 제자인 아난, 가섭 등이 화면을 꽉 채우고 있는 화려한 그림이다. 조선 경종 때(1722년)의 유명한 승려 화가인 의겸의 작품으로 당시 불교 회화를 연구하는 중요한 자료이다. 또 제석천왕과 대범천상도 광해군 때 만들어진 조선 중기의 조각 작품으로 보물로 지정되어 있다. 지장전 또는 명부전으로도 불리는 업경전 안에는 지장보살을 비롯하여 염라대왕 등 10대왕이 조각되어 있는데 다른 절의 무섭고 엄숙한 모양과 달리 해학적인 모습에 친근함을 느낄 수 있다. 주차장에서 절까지 이르는 길은 멋진 숲길로 우거진 나무 그늘 사이로 걷는 기분이 상쾌하다.

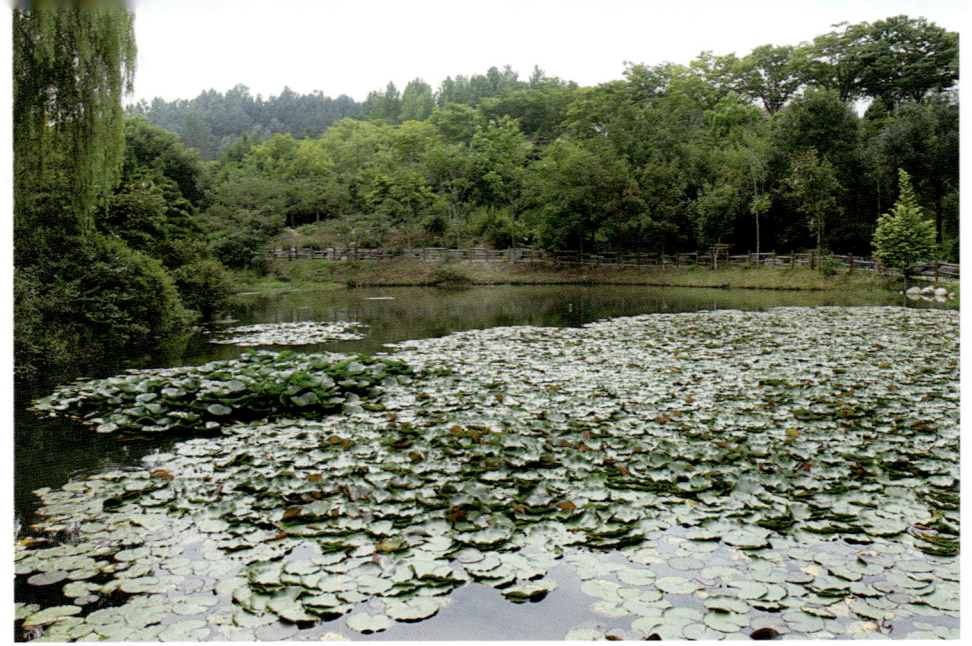

경상남도수목원 경상남도 최대 규모의 수목원

위치 | 경상남도 진주시 이반성면 대천리 482-1
　　　경상남도 진주시 이반성면 수목원로 386
운영시간 | 동절기 09:00~17:00, 하절기 09:00~18:00,
　　　　매주 월요일 휴무

▶ MINI DATA
| 입장료 | 있음　　주차 | 가능　　분류 | 숲, 자연휴양림

경상남도수목원은 경상남도에서 운영하는 산림 관련 연구시설로 다양한 수종을 가꾸고 있는 수목원이자 알찬 내용의 전시관, 멋진 산책로를 가지고 있는 경상 남도 최대 규모의 수목원이다. 수목원은 다양한 주제로 구성되어 있는데 침엽수원, 활엽수원, 수생식물원 등으로 꾸며져 있다. 특히 동물원에 인접해 있는 허브·토피어리원의 다양한 동물 모양의 모양목들은 아이들에게 인기이다. 장미·철쭉원과 3,000여 종의 꽃 나무가 자라고 있는 화목원도 사계절 내내 꽃이 피고 지는 아름답고 화려한 모습에 많은 사람들이 찾는다. 침엽수원과 활엽수원에서 삼림욕을 하면서 즐기는 산책은 수목원의 가장 기본이 되는 부분으로 산책로가 꽤 길어 충분히 즐기며 나무가 우리에게 주는 풍성한 혜택을 느껴볼 수 있다. 길을 따라 위로 오르면 수목

원 전체를 조망할 수 있는 전망대가 있다. 열대식물원 과 생태온실, 선인장원은 온대 기후인 우리나라에서 쉽게 볼 수 없는 식물들을 한곳에 모아두고 있다. 수목원 안에 작은 동물원이 있는데 원숭이, 노루, 사슴, 여우 등 50여 종의 동물이 있다. 수목원은 삼림연구시설이자 교육시설로 역할을 하고 있는데 그 중심에 산림박물관이 있다. 산림박물관은 산림의 기원과 분포, 생태와 자원, 산림의 혜택과 이용 등에 관하여 다양한 전시물을 통하여 체계적으로 보여주는 곳으로 우리나라의 산림박물관 중 규모와 전시내용에서 최고라 할 만하다. 또 전시뿐만 아니라 체험을 통하여 자연스럽게 산림에 대한 정보를 얻을 수 있게 해주는데 나무퍼즐맞추기, 칠교, 침엽수와 활엽수 판재의 구분 등 다양한 체험 도구가 마련되어 있다.

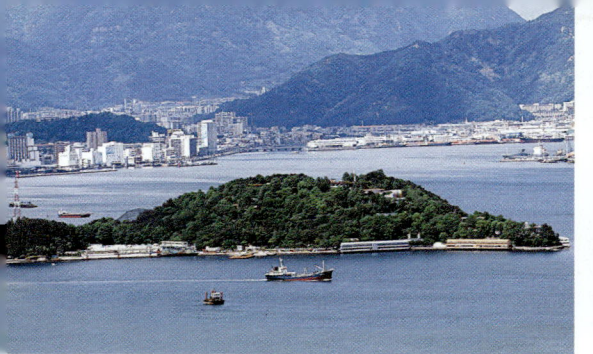

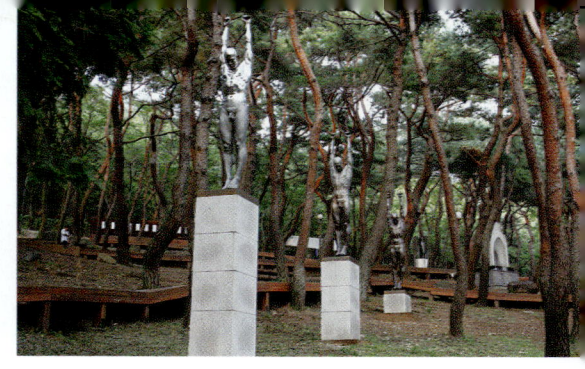

돝섬 해상유원지

섬 전체가 해상유원지

| 위치 | 경상남도 창원시 마산합포구 월영동 625
경상남도 창원시 마산합포구 돝섬2길 130
| 운영시간 | 09:00~18:00, 연중무휴

▶ **MINI DATA**
| 입장료 | 있음 주차 | 가능 분류 | 강, 유원지

마산항에서 1.5km 떨어진 곳에 위치한 돝섬은 합포만 가운데 낮고 부드럽게 누운 섬으로 섬 전체가 해상유원지로 조성되어 있다. 가락국의 왕이 총애하던 미희라는 후궁이 사라지자 신하들이 찾아 나섰는데 무학산 바위틈에 숨어 있어 환궁하기를 청하자 한 줄기 빛이 되어 섬으로 날아가니 섬의 모양이 돼지 누운 모습으로 변했다고 한다. 그때부터 사람들은 이 섬을 돼지의 옛말인 돝을 따와 돝섬이라 불렀다는 전설이 전해지며 마산항에서 유람선을 타고 섬으로 들어가면 입구에 서있는 황금돼지상을 볼 수 있다. 따로 이용료를 내고 타는 놀이기구와 동물농장, 체육시설 등이 있고, 조경이 잘 되어 있는 쉼터와 울창한 숲이 있어 마산시민들이 즐겨 찾는다. 바다를 따라 산책로가 잘 꾸며져 있고 산책로와 이어진 섬 정상에 오르면 마산시와 합포만의 전경이 한눈에 들어온다.

여좌천 길과 장복산공원

진해 벚꽃의 새로운 명소

| 위치 | 경상남도 창원시 진해구 태백동 산84-3 일대
경상남도 창원시 진해구 장복산길 일대
| 운영시간 | 종일, 연중무휴

▶ **MINI DATA**
| 입장료 | 없음 주차 | 가능 분류 | 공원

진해의 새로운 벚꽃 명소인 여좌천 길과 로망스다리이다. 진해 파크랜드에서 진해여고까지 1.5km에 이르는 길로, 가운데로 흐르는 여좌천 양옆으로 벚나무가 줄을 지어 서 있는데 벚꽃 피는 4월 초가 되면 눈이 내려 쌓인 듯 하얀 나무 터널이 만들어진다. 2002년에 방영된 드라마 〈로망스〉의 촬영지로 널리 알려지기 시작했는데 지금은 길을 따라 나무 데크를 만들어 산책로를 잘 가꾸어 놓았으며, 최근에는 조명을 설치하여 오히려 낮보다 더 아름다운 밤을 연출하고 있다. 길 가운데 있는 로망스다리는 드라마에서 두 연인이 사랑을 확인하던 곳으로 그곳에 서서 다정한 모습을 연출하며 사진을 찍는 연인들로 북적인다. 진해의 또 다른 벚꽃 명소로 장복산을 꼽을 수 있는데 입구에 있는 조각공원에서 옛 마진터널로 이르는 산책로는 오래된 길이라 길을 따라 심어진 벚나무 또한 우람한 크기를 자랑한다. 커다란 나무 가득 하얀 벚꽃 필 때의 그 아름다움은 황홀하다. 여좌천 길과 장복산공원은 진해 시내의 다른 곳들에 비해 조금은 한적한 편이라 여유로운 벚꽃놀이를 즐기고 싶은 사람들에게 추천한다.

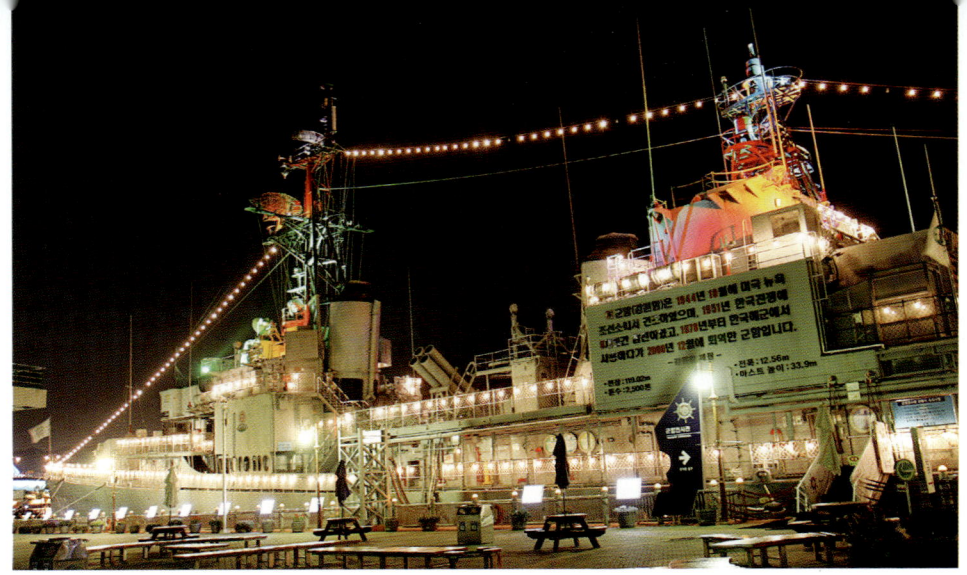

창원 해양공원 다양한 볼거리를 갖춘 멋진 해양공원

위치 | 경상남도 창원시 진해구 명동 656
　　　경상남도 창원시 진해구 명동로 62
운영시간 | 동절기 09:00~18:00, 하절기 09:00~20:00,
　　　　야외공원 09:00~22:00, 연중무휴

▶ MINI DATA
입장료 | 있음　　주차 | 가능　　분류 | 공원

진해 해양공원은 진해 앞바다의 작은 섬, 음지도에 만들어진 멋진 바다공원이다. 들어가는 입구에서부터 보이는 작은 포구의 풍경에 마음이 살짝 들뜨게 되는 곳으로, 밤이면 아름다운 불빛으로 치장하는 음지교를 건너 해양공원으로 들어간다. 해양공원은 해양생물테마파크, 해전사전시관, 군함전시관 등의 전시관시설과 바닷가 주변으로 만들어진 공원으로 이루어져 있다. 입구에 전복을 붙여 원뿔 모양으로 만든 커다란 조형물이 인상적인 해양생물테마파크에는 살아 있는 화석인 실러캔스를 비롯하여 다양한 종류의 물고기, 포유류에 속하는 고래, 극피동물과 연체동물 등 다양한 해양생물들의 모습과 생태를 모형으로 전시해놓았다. 해전사체험관은 군항의 도시, 진해에 대하여 알게 해주는 곳이다. 전시관의 규모는 해양생물테마파크보다는 작지만 전시되어 있는 내용은 다른 곳에서 보기 힘든 특별한 주제이다. 고대로부터

현대에 이르기까지 우리나라 바다에서 벌어졌던 해전사를 알려주고 있으며, 그때 사용된 배들을 모형으로 보여준다. 또한 지금 우리 영해를 지키는 해군의 전력체계와 실제 운용되는 무기들을 보여줌으로써 더욱 실감나는 정보를 제공한다. 전시관 중 가장 재미 있는 곳을 꼽으라면 단연 군함전시관을 꼽을 수 있다. 우리 해군에서 활약하다 2000년에 퇴역한 구축함인 강원함이 전시되어 있는데 함장대기실과 지휘본부에 해당하는 함교, 레이더실, 취사장, 침실 등 실제 군함의 곳곳을 제한 없이 둘러볼 수 있다. 또한 갑판으로 나가면 5인치 포와 하푼미사일 발사대 등도 직접 볼 수 있다. 전시관들은 오후 마감시간에 문을 닫으나 야외 공원은 늦은 밤까지 이용가능하다. 일몰 후에 조명이 밝혀지는데 오후 늦게 방문해 전시관을 관람하고 야외공원에서 멋진 야경을 즐겨보자.

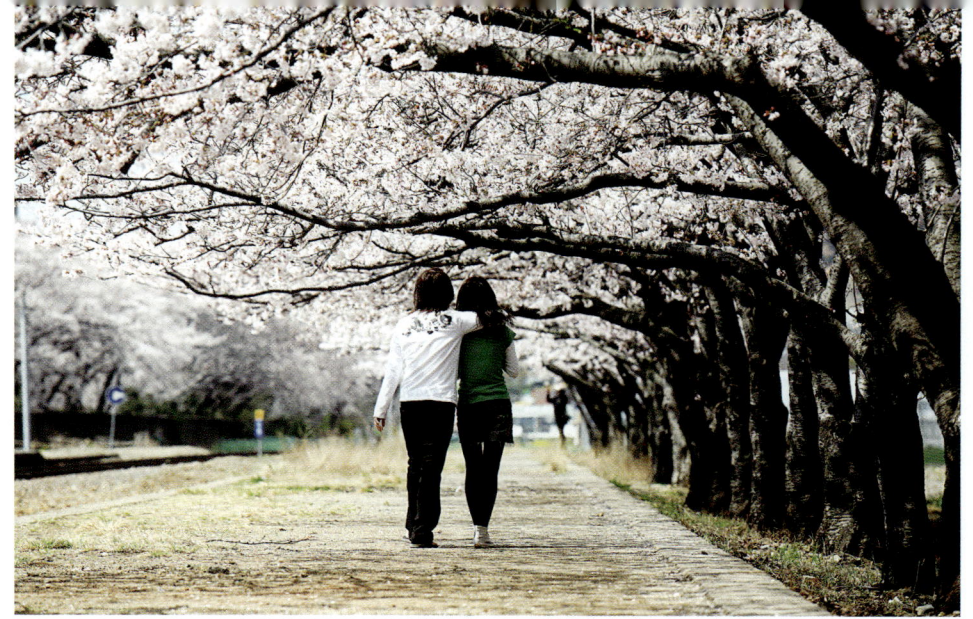

진해 군항제 국내 최고, 최대의 벚꽃 축제

| 위치 | 경상남도 창원시 진해구 일대
| 운영시간 | 매년 4월(홈페이지 참조)

▶ MINI DATA
| 입장료 | 없음　　주차 | 가능　　분류 | 축제, 공연

매년 4월 초가 되면 진해에는 국내 최대의 벚꽃축제가 벌어진다. 봄을 즐기는 상춘객들로 진해의 거리는 사람들로 넘쳐나고 푸른 하늘을 가릴 만큼 만개한 하얀 벚꽃은 바람에 흩날려 그림 같은 풍경을 만든다. 일제 때 군항을 짓고 일본인이 많이 모여 살면서 벚꽃을 심은 것이 진해 벚꽃의 시초라 하는데, 해방 후에 일제의 잔재를 청산한다면서 시내 곳곳의 벚나무들을 뽑았다. 한때 논쟁이 된 왕벚나무가 한라산을 고향으로 하는 우리 고유의 수종으로 확인되면서 진해에 다시 벚나무를 심기 시작했는데 60년대 심어진 나무들이 반세기를 지나 지금의 모습을 만들었다. 진해 벚꽃축제를 군항제라 부르는 이유는 충무공 이순신을 기리는 추모제에서 유래했기 때문이다. 북원로타리에 가면 볼 수 있는 충무공동상은 우리나라에서 최초로 만들어진 것이다. 진해 시내 어딜 가도 벚꽃이 아름답지만, 그중에서도 시내 가운데 있는 제황산

공원과 여좌천, 경화역과 안민도로, 장복산공원 등이 벚꽃 명소로 유명하다. 또 군항제 기간에는 해군사관학교와 해군기지사령부를 개방하는데 평소에 쉽게 찾을 수 없어 특별하며 그 안에 숨겨 놓은 아름다운 벚꽃길은 군항제 최고의 명소로 꼽힌다.

→ **진해우체국**

진해 시내 중원로타리 한쪽에 고풍스러운 건물이 진해우체국으로 1912년 완공되어 우편업무를 시작한 100년의 역사를 간직하고 있는 곳이다. 러시아풍의 건물로 지붕을 동판으로 덮은 형태가 독특하다. 사적으로 지정되어 있으며 영화 《클래식》에서 극중 인물인 지혜(손예진)가 편지를 부치기 위해 찾아갔던 수원우체국으로 나왔던 곳이 이곳이다. 입구의 빨갛게 붙은 우체국 표지가 인상적이다.

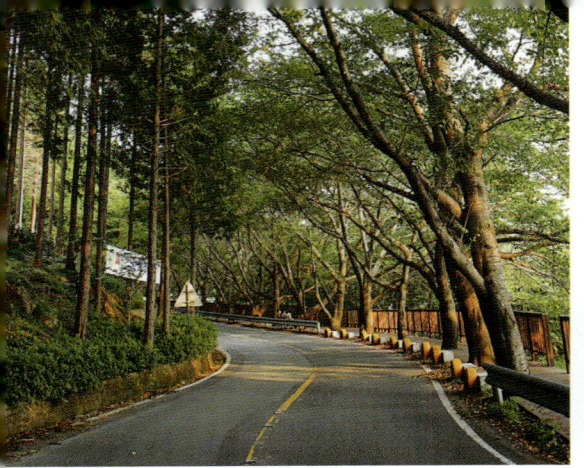

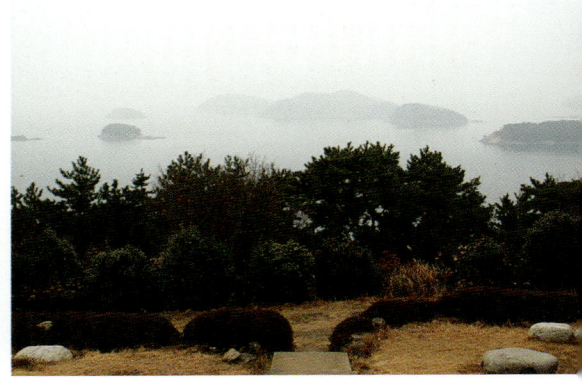

안민도로

진해 시내 풍경이 한눈에 내려다보이는 벚꽃길

│ 위치 │ 경상남도 창원시 성산구 안민동/태백동 일대
│   경상남도 창원시 성산구 안민고개길 일대
│ 운영시간 │ 종일, 연중무휴

▶ MINI DATA
│ 입장료 │ 없음   주차 │ 가능   분류 │ 숲, 자연휴양림

안민도로는 창원의 태백동과 안민동을 연결하는 고 갯길이다. 아래로 안민터널이 생기면서 차들의 왕래 가 뜸해지자 진해 쪽에서 오르는 길 아래에서부터 양 옆으로 나무 데크를 설치해 걷기 좋은 길로 만들었 다. 벚꽃 피어 하얀 터널을 만드는 봄뿐만 아니라 단 풍 드는 가을도 멋지고, 울창한 나무가 만드는 그늘 이 시원한 여름도 좋다. 언제 진해를 여행하든 꼭 한 번 들러보자. 정상 부근에 오르면 전망대가 나오는 데 이곳에 서서 바라보는 진해의 모습과 함께 뒤로 펼쳐진 바다 풍경은 장관이다. 도로의 길이만 4km 정도로 평소에는 차를 타고 올라도 괜찮지만 벚꽃축 제 기간에는 구 진해에서 창원시청 방향으로 일방통 행만 가능하니 주의하자. 이왕이면 아래에 차를 주차 시키고 고갯마루에 있는 생태다리까지 걸어보자. 아 스팔트 깔린 길 대신 낙엽송으로 만든 나무 길을 오 르내리며 땀 흘리는 기분이 상쾌하다. 왕복 2시간 정 도 소요된다.

달아공원

이름보다 더 아름다운 풍경이 눈앞에 펼쳐진다

│ 위치 │ 경상남도 통영시 산양읍 연화리 114-1
│   경상남도 통영시 산양읍 산양일주로 1115
│ 운영시간 │ 종일, 연중무휴

▶ MINI DATA
│ 입장료 │ 없음   주차 │ 가능   분류 │ 바다, 섬

달아라는 이름은 이곳의 지형이 코끼리의 어금니 모 양처럼 생겼다고 해서 붙었다고 하지만, '달이 아름다 운 곳'이라는 우리말 그대로 해석하는 편이 이곳을 더욱 잘 설명해주는 것 같다. 달이 뜨기 전 이곳에서 바라보는 해넘이 풍경은 장관이다. 작은 공원이지만 이곳에 서서 바라보는 풍경은 마음으로 다 담을 수 없는 황홀한 모습으로, 앞으로 펼쳐진 크고 작은 녹 색의 섬들은 푸른 도화지 위에 그려진 한 폭의 그림 과 다름없다. 송도, 학림도, 연대도 등 이름도 들어보 지 못한 섬에서부터 매물도, 거제도까지 한려해상의 아름다움을 오롯이 감상해보자. 섬들 사이로 바다를 붉게 물들이며 넘어가는 해넘이가 특히 아름다운데 이웃해 있는 통영 수산과학관에서 오후 시간을 보내 다 해넘이 시간에 맞추어 이곳을 찾는 것도 하나의 방법이다.

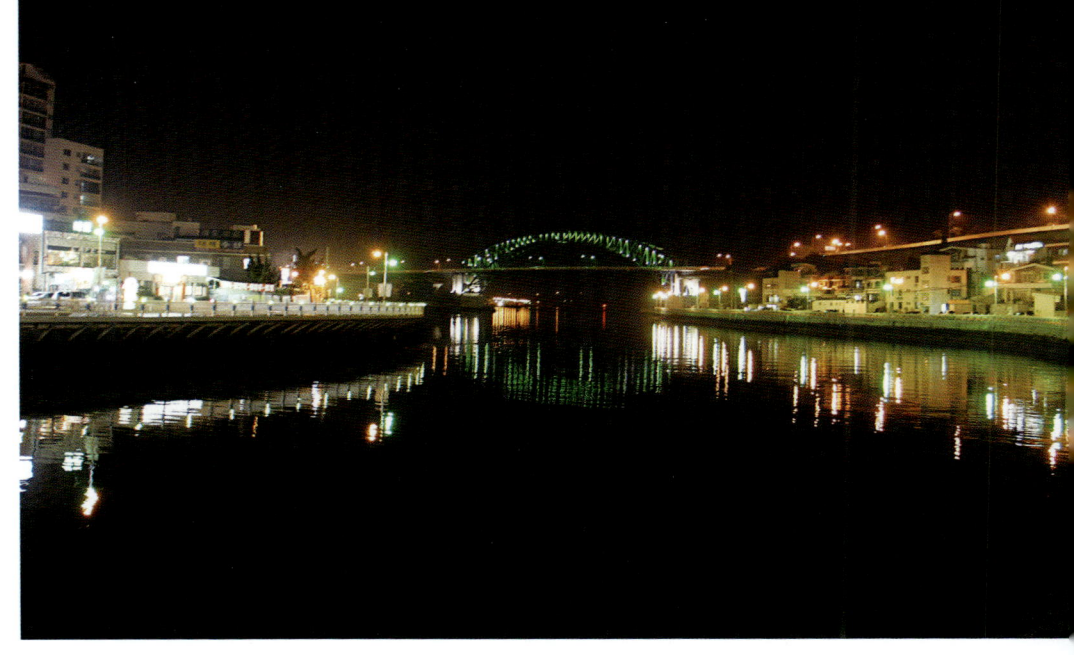

통영운하와 해저터널 특별한 지하도로

위치 | 운하 경상남도 통영시 마수동~당동(마수로) 일대
　　　터널 경상남도 통영시 당동 1-3(도천1길 1)
운영시간 | 종일, 연중무휴

▶ MINI DATA
| 입장료 | 없음　　주차 | 가능　　분류 | 역사, 문화유적

통영은 그 끝자락으로 특별한 볼거리를 가지고 있다. 500여 미터의 길이로 바다 아래를 지나가는 해저터널은 통영의 특별한 볼거리다. 통영반도와 미륵도를 연결하는 동양 최초의 지하 통로로 만들어졌다. 판데목이란 지명으로 알려진 이곳은 모래가 쌓인 얕은 바다를 안전하게 배가 드나들 수 있도록 만들어진 충무운하가 해저터널의 위를 가로지른다. 하늘로는 통영대교가 연결되어 있으니 지하와 바다, 하늘로 길이 연결되는 독특한 모습니다. 판데목은 송장나루라는 섬뜩한 이름으로도 불리는데 임진왜란 당시 충무공 이순신의 한산도대첩으로 대패한 왜군의 군선이 이곳의 얕은 모래 바다에 걸려 수없이 죽었다 하여 붙여진 이름이다. 해저터널의 건설도 조상의 원혼이 담긴 바다 위를 식민지의 조선인들이 밟고 지나가지 못

하도록 일제강점기의 일본인들이 만들었다고 전해진다. 바닷물이 스며들었던 터널은 최근 새로운 단장을 마치고 사람들의 발걸음을 허락하고 있다. 아름다운 통영의 바다를 구경하고 바다 아랫길을 건너보는 즐거움이 특별하다.

> ### ➜ 한려수도 조망 케이블카
>
> 선로 길이가 1,975m로 국내 최장의 길이로 다도해의 멋진 경치가 기억에 오래 남는 케이블카이다. 원래 미륵산은 통영에서도 한려수도의 멋진 경치를 볼 수 있는 곳으로 유명한데 케이블카가 만들어지면서 더욱 편히 그 모습을 즐길 수 있게 되었다. 상부 역사에서 나무 데크를 따라 10분쯤 오르면 미륵산 정상에 도착하며, 가까이 통영항과 통영 시내의 풍경을 비롯해 한산도와 매물도 등 통영 앞바다의 섬들 그리고 날씨가 맑은 날에는 대마도까지 볼 수 있다.
> 문의 | 055-649-3804~5
> 홈페이지 | http://cablecar.ttdc.kr

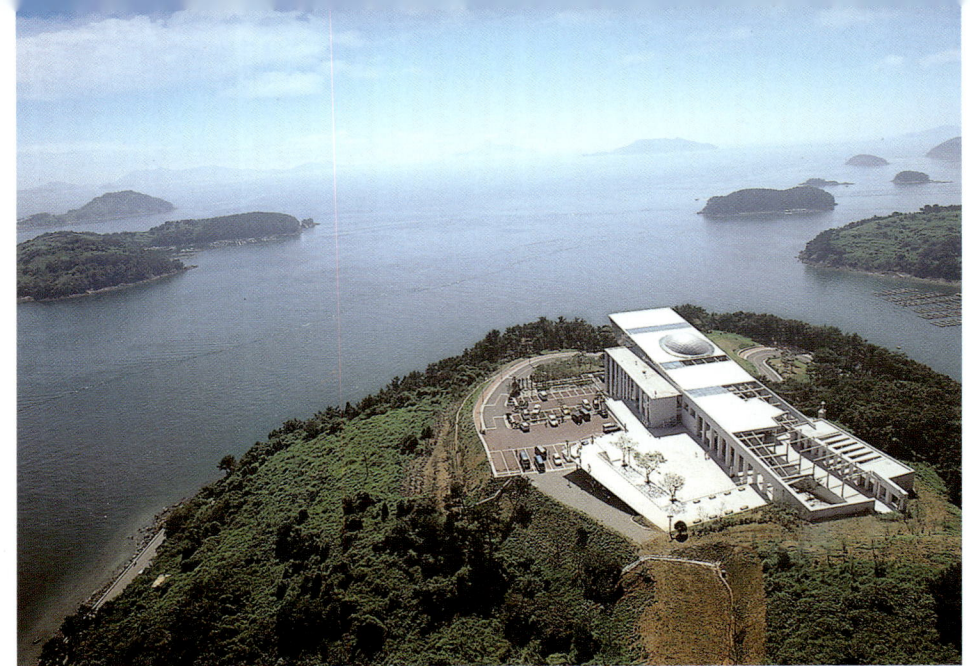

통영 수산과학관 인류의 새로운 개척지, 바다로 향하는 21세기

위치 | 경상남도 통영시 산양읍 미남리 682-1
　　　 경상남도 통영시 산양읍 척포길 628-111
운영시간 | 09:00~18:00

▶ MINI DATA
| 입장료 | 있음　　주차 | 가능　　분류 | 박물관

　통영 수산과학관은 바다를 바라보는 풍경 좋은 언덕에 자리하고 있다. 언덕 위에 듬직하게 서 있는 건물의 모습은 거친 바다를 향해 출항하는 배의 모습과도 같은데, 안으로 들어가면 넓은 창 앞으로 펼쳐진 큰바다를 온몸으로 맞이한다. 수산도시 통영의 과거와 현재, 미래를 밝히며, 인류의 미개척지이자 새로운보고라 할 수 있는 해양에 관한 다양한 내용을 전시하고 있다. 입구로 들어서면 먼저 바닷속 생물을 관찰할 수 있는 수족관이 있는데 머리를 안으로 넣고 들여다볼 수 있어 바닷속에 들어와 있는 듯한 느낌을 받게 한다. 옆으로 통영 지역의 전통 어선인 통구밍이가 복원되어 있다. 지구와 바다의 탄생 과정을 알려주는 지구사시계를 보는 것으로부터 본격적인 관람이 시작된다. 대륙과 해양, 바닷물의 성질, 해양자

원 등에 관한 전시 내용을 보았다면, 다음은 인간이 바다를 이용한 역사와 바다에서 사용하는 도구들을 관람한다. 수산업에 관한 내용도 소개하고 있는데 바다의 목장이라 불리는 양식에 관하여 자세히 알려주고 있어 통영 앞바다 곳곳에 떠 있는 흰색 부표 아래 어떤 것들을, 어떤 방법으로 양식하는지 알 수 있게한다. 체험관이 있어 흥미로운데 해양생물을 직접 만져볼 수 있는 터치풀이 있으며 조력 · 파력 발전 시설을 직접 작동하면서 체험해볼 수 있는 시설이 있어 원리를 이해하는 데 도움을 준다. 관람을 마쳤다면 야외전시장에 마련된 전망대로 가보자. 다도해의 푸른 바다가 그림처럼 펼쳐지는 아름다운 풍경이 기다리고 있다.

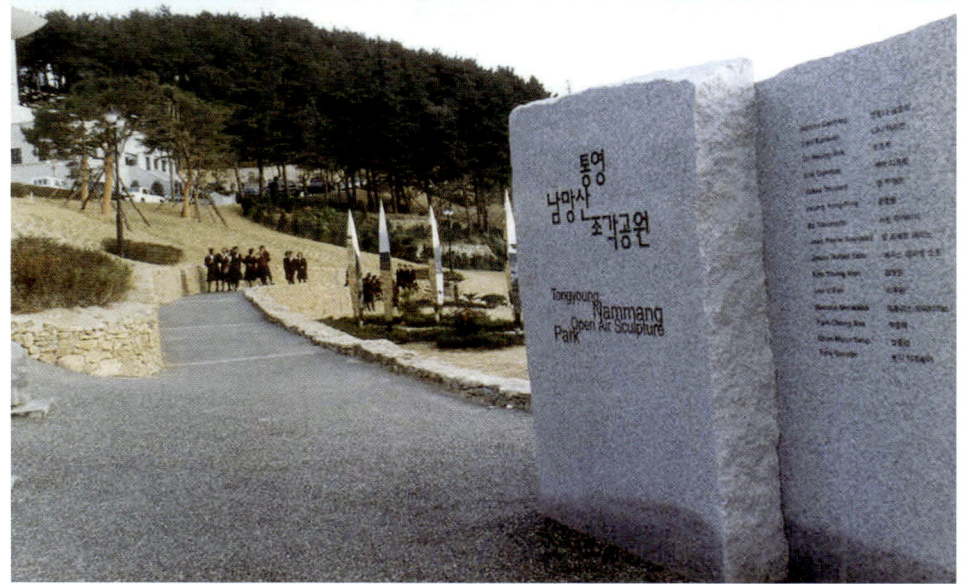

통영 남망산국제조각공원 통영 운하의 아름다운 풍경을 볼 수 있는 곳

| 위치 | 경상남도 통영시 동호동 230-1
　　　경상남도 통영시 남망공원길 29
운영시간 | 종일, 연중무휴

▶ MINI DATA
| 입장료 | 없음　　주차 | 가능　　분류 | 공원

바다의 빛을 곱게 담고 있는 아름다운 통영의 모습을 한눈에 조망할 수 있는 곳이자 국내 작가들을 비롯하여 세계 유명 작가들의 조각 작품 15점을 전시하고 있는 조각공원이다. 길을 따라 올라가면 일본작가인 이토 다카미치의 〈4개의 움직이는 풍경〉을 비롯하여, 스웨덴 조각가인 에릭 디트망의 〈최고의 순간을 위해 멈춰진 기계〉와 우리나라 작가인 심문섭의 〈은유-출항지〉 등의 작품을 볼 수 있는데 작품 하나하나에 담긴 의미가 산책 중 생각의 시간을 만들어준다. 여러 작품 중 프랑스 작가인 장 피에르 레이노의 〈분재〉는 직관적이면서도 재미있는 아이디어라 한눈에 주제를 알아볼 수 있으며, 또 동양적 세계관과도 통하는 면이 있어 지나는 사람들 모두 한 번씩 바라보는 작품이다. 공원 중간 소나무 한 그루 뒤로 통영의 바다가 시원하게 펼쳐지는 풍경에 절로 탄성을 자아내게 된다.

→ 충무김밥, 바다 사람들의 도시락

냉장시설이 요즘 같지 않았던 옛날에 먹을거리가 쉽게 상하기 마련이라 김에다 밥만 말고 노동으로 흘린 염분을 보충할 수 있는 짭짤한 먹거리인 꼴뚜기 무침과 깍두기를 담아서 만든 것이 충무김밥이다. 지금은 꼴뚜기 대신 오징어무침이 나온다. 남망산공원 주변에 충무김밥집들이 줄지어 늘어서 있는데, 그중의 원조는 뚱보할매김밥집(055-645-2619)이다. 굳이 원조집을 고집하지 않아도 김밥집들마다 고유한 맛이 있으니 몇 군데 들러 1인분씩 포장해도 괜찮겠다.

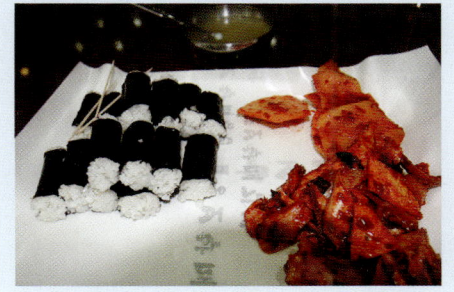

세병관

평화를 기원하는 마음을 담았다

| 위치 | 경상남도 통영시 문화동 62
| | 경상남도 통영시 세병로 27
| 운영시간 | 동절기 09:00~17:00, 하절기 09:00~18:00,
| | 연중무휴

▶ MINI DATA
| 입장료 | 있음   주차 | 가능   분류 | 역사, 문화유적

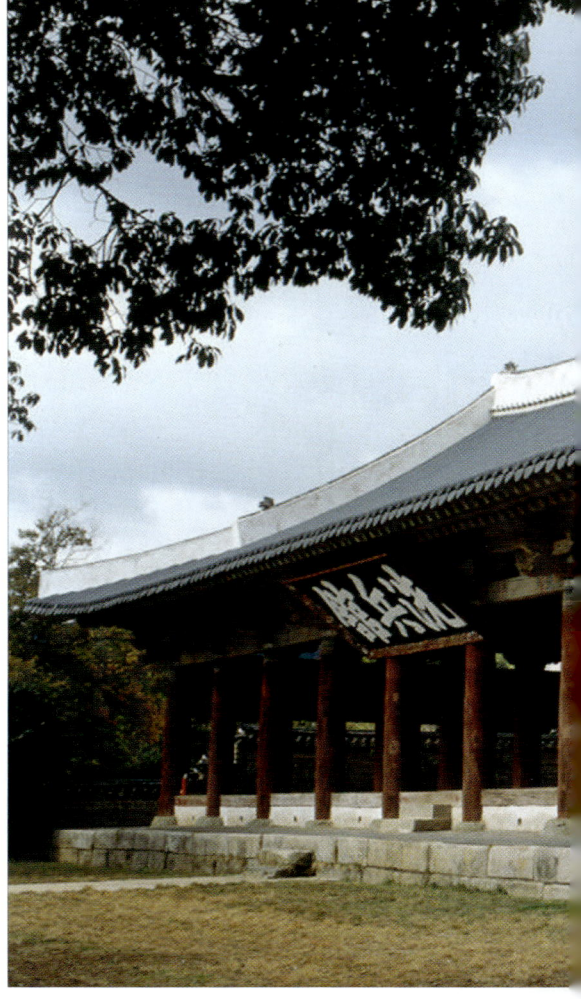

'하늘의 은하수를 가져다 피 묻은 병장기를 닦아낸다'라는 뜻의 이름을 가진 세병관은 임진왜란이 끝나고 한산도에 있던 삼도수군통제영이 육지인 통영으로 옮겨오면서 지어진 객사 건물이다. 세병관이란 이름은 당나라 시인인 두보의 시 「세병마」에서 가져온 것으로, 성인 남자의 키보다도 더 큰 현판의 글씨를 보고 있자면 더이상 전쟁이 일어나지 않기를 바라는 당시 사람들의 마음을 느끼게 된다. 임진왜란 이전에는 경상, 전라, 충청도에 각각 수군절도사를 두어 지휘하게 하였으나, 전쟁이 일어나고 지휘체계를 일원화하기 위해 삼도수군통제영을 설치하고 삼도수군통제사로 하여금 조선의 수군을 담당하게 하는데 처음으로 임명된 이가 바로 충무공 이순신이다. 전쟁 후에 여러 곳으로 옮겨 다니던 통제영이 통영에 자리잡은 것은 선조 36년(1603년)으로, 6대 통제사인 이경준에 의하여 세병관을 비롯한 건물들이 지어졌다. 그 이후 통영은 삼도수군의 중심지로 통제영의 시대를 열어가는데 지금도 통영하면 떠오르는 유명한 나전칠기는 그때 통제영에 물건을 댈 요량으로 만들어졌던 12공방 중 한 곳에서 만들어진 것이다. 망일루를 거쳐 삼문인 지과문을 지나면 세병관이 나온다. 여수의 진남관보다는 규모가 작지만, 그래도 목조 건물로 작지 않은 크기를 자랑한다. 바깥으로 통로가 만들어져 있고 안으로는 분합문이 들려져 있다. 들여다보면 내부에 한층 더 높이 만들어진 작은 방을 볼 수 있는데, 임금의 궐패를 모시고 있는 곳으로 이곳

에서 매달 초하루와 보름에 대궐을 향하여 예를 올렸다고 한다. 지과문 옆의 2층 정자인 수항루는 통영 시내에 있던 것이었으나 근래에 이곳으로 옮겨 온 건물로 이름 그대로 왜장에게 항복문서를 받은 곳으로 알려져 있다. 세병관 앞으로 이경준의 치적을 담은 두룡포기사비를 비롯해 이곳을 거쳐간 통제사들의 공덕비가 세워져 있다. 현재 세병관 주위로 옛 통제영지를 복원하기 위한 공사가 한창이다. 세병관을 둘러본 후에는 바로 앞에 있는 통영 향토역사관을 관람해보자. 통제영 시기의 통영에 관한 내용과 함께 일제

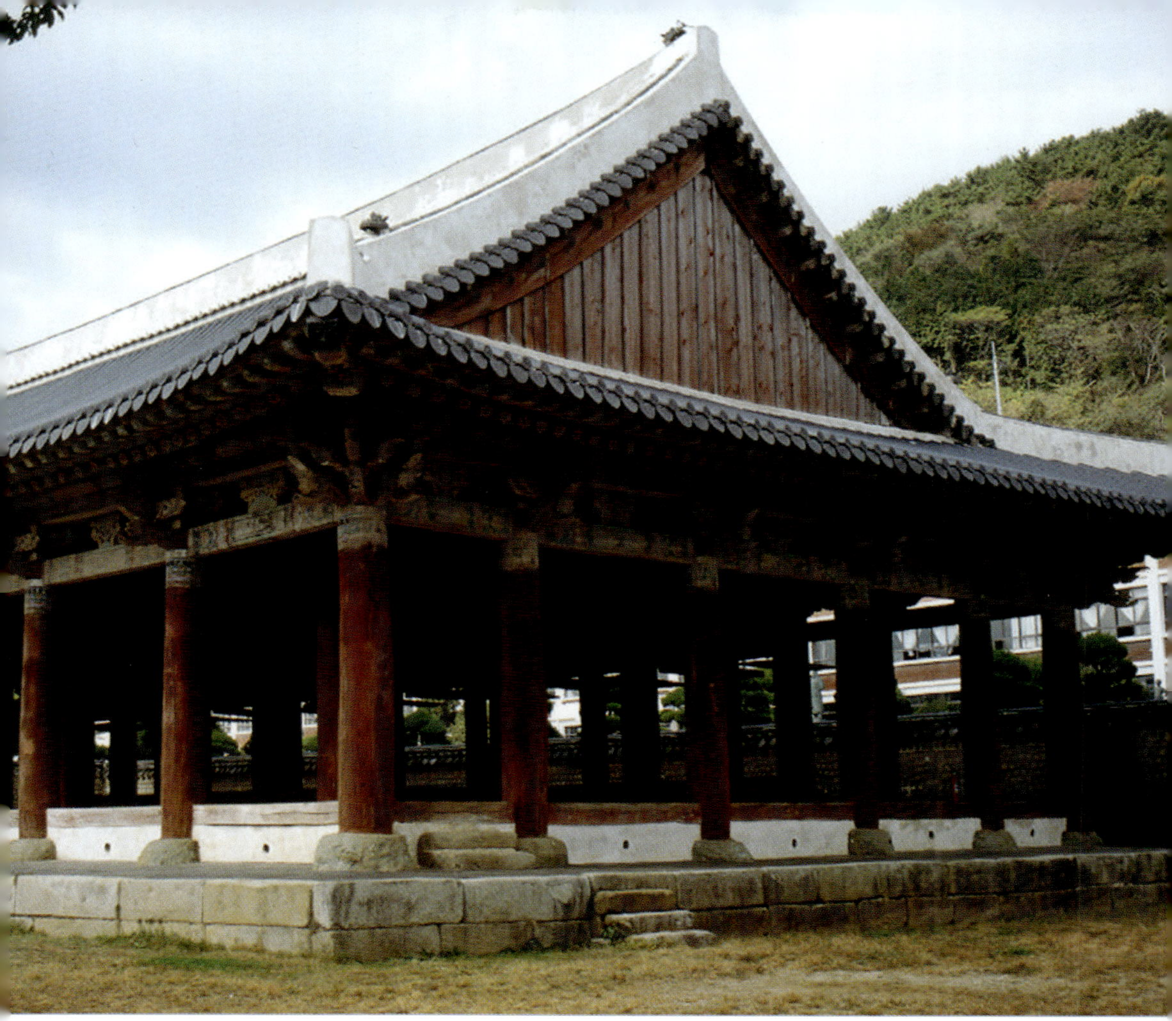

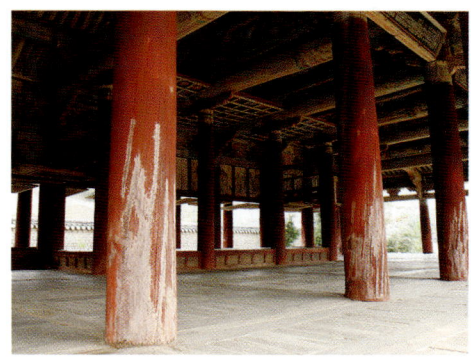

Photo by 통영시청

때 통영해저터널을 만든 내용들이 전시되어 있어 통
영의 역사를 이해하는 데 도움이 된다.

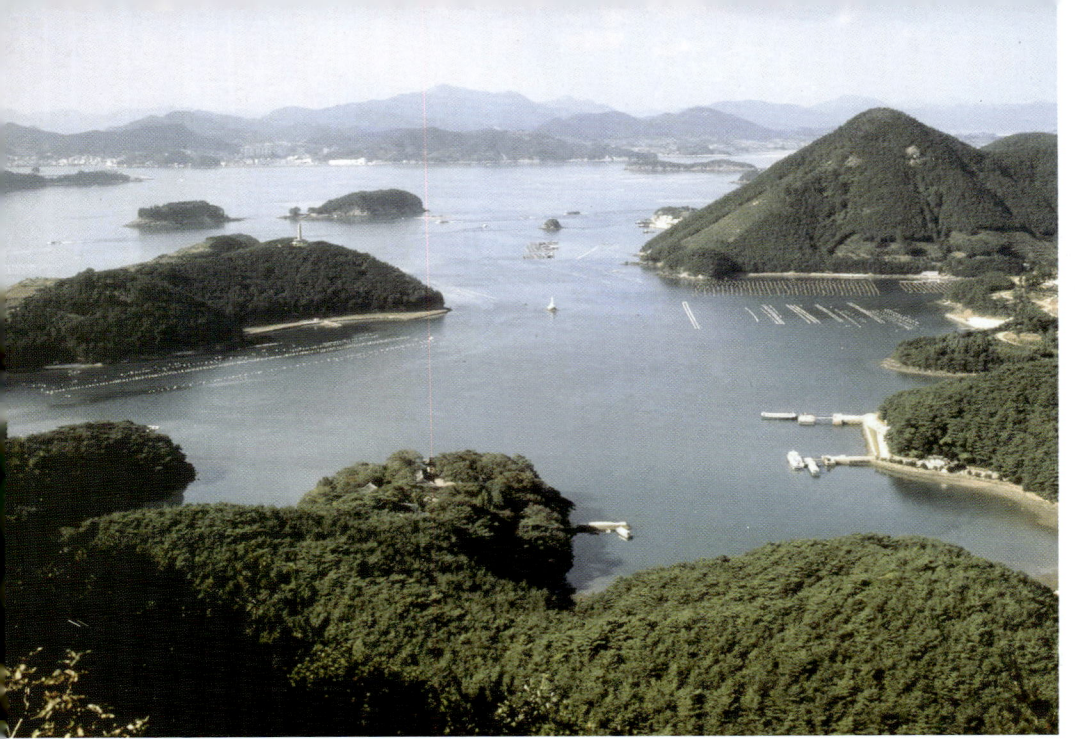

한산도 한려수도의 아름다움

| 위치 | 경상남도 통영시 한산면
| 운영시간 | 종일, 연중무휴

▶ MINI DATA
| 입장료 | 있음   주차 | 가능   분류 | 바다, 섬

통영에서 여객선으로 한산도를 찾아가는 30여 분의 시간은 한려해상국립공원의 아름다움을 마음껏 즐기는 시간이다. 잔잔한 바다 위에 크고 작은 모습으로 자리하는 섬들은 마을 잔치에 함께 모인 사람들처럼 친근하게 보인다. 크지도 낮지도 않은 섬의 풍경은 그야말로 그림 같은 아름다움을 보여준다. 한산도는 절벽 해안으로 구성된 바위섬이다. 육지의 관군이 모두 패배한 것과는 달리 이순신 장군을 중심으로 하는 수군은 거듭되는 승전고를 울리고 있었고 군수물품의 보급에 커다란 차질을 빚은 왜군은 총력전으로 승기를 잡기 위하여 대규모 함대를 구성하여 조선 수군을 공격하였다. 절대 열세의 병력과 함선으로 적을 맞은 이순신과 조선 수군은 한산도 인근 바다로 적을 유인하여 적선 70척 중 66척을 격파하는 대승을 거두었다. 한산대첩의 중심지였던 한산도는 수군의 본영 자리였던 제승당을 중심으로 충무공 이순신의 유적지로 단장되어 있다. 제승당의 수루에 앉아 장군의 시조를 읊어보고 부드러운 산책길을 따라 섬에서 가장 높은 망산을 올라보자. 290m의 작은 산이지만 정상에서 바라보는 수많은 섬과 바다는 여객선에서 느꼈던 아름다움과는 또 다른 감동을 준다.

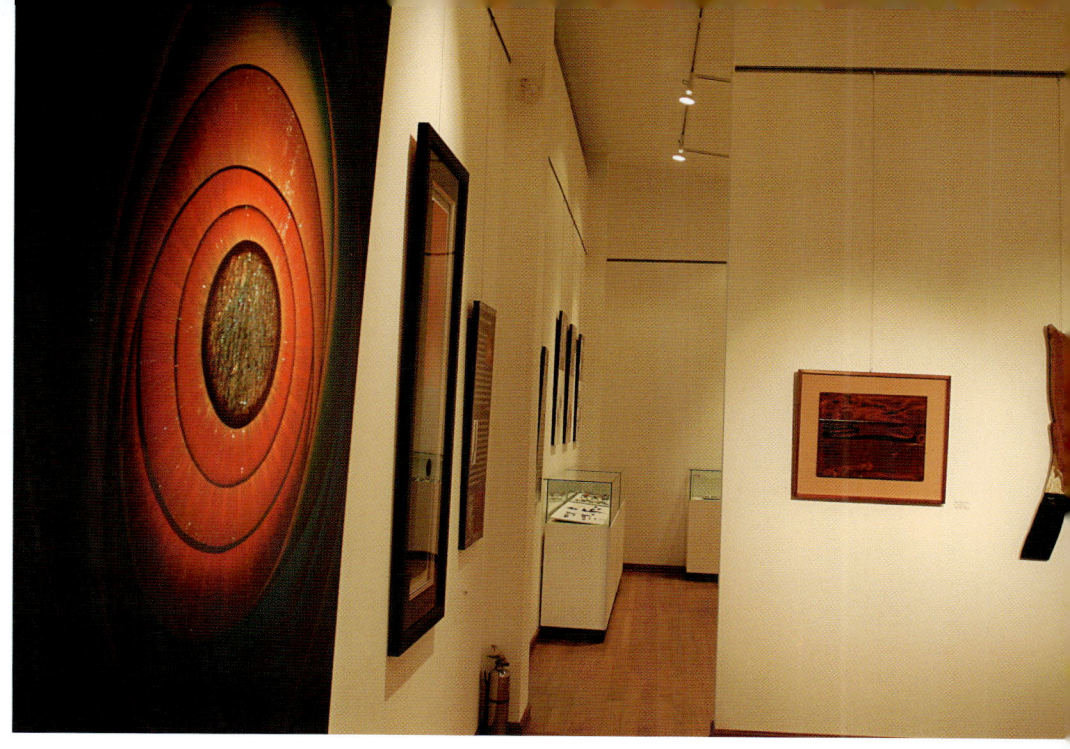

통영 옻칠미술관   나전칠기의 고향, 통영에서 개척하는 새로운 예술 장르

| 위치 | 경상남도 통영시 용남면 화삼리 658
       경상남도 통영시 용남면 용남해안로 36
| 운영시간 | 동절기 10:00~17:00, 하절기 10:00~18:00,
      매주 월요일 휴관

▶ MINI DATA
| 입장료 | 있음   주차 | 가능   분류 | 박물관

나전칠기의 고향, 통영에서 우리 전통을 현대적으로 새롭게 창조하고 있는 수준 높은 미술작품들을 만나보자. 통영 옻칠미술관은 우리 전통의 칠기, 칠화를 현대화시킨 칠예 작품들을 전시하고 있는 곳으로 추상미술에서부터 생활도구까지 다양한 작품들을 볼 수 있다. 옻나무에서 채취한 수액을 옻칠이라 하는데, 전통 안료를 배합해 색을 만들고 그것을 가지고 칠을 해서 만든 작품을 칠예라 한다. 전시관은 3곳으로 나뉘어 있다. 제1전시관에서는 우리 전통의 나전칠기를 비롯하여 현대 칠예 작가들의 다양한 작품을 감상할 수 있다. 제2전시관은 아이들이나 여성들이 좋아하는 곳으로 옻칠장신구들을 전시하고 있다. 제3전시관이 이곳에서 가장 흥미로운데 우리 칠화를 현대적으로 창조하고 있는 새로운 장르인 한국 옻칠화 작품으로 구상미술에서 추상미술까지 젊은 작가들의 새로운 시도를 볼 수 있다. 화려하면서도 깊은 색에서 뿜어져 나오는 반짝이는 빛이 기존의 수채화나 유화에 익숙해왔던 우리의 눈을 매혹시킨다. 아트숍도 빠뜨리지 말고 둘러보아야 할 곳으로, 여기서는 전통 나전칠기에서부터 옻칠장신구까지 이곳 미술관이 추천하는 작가들의 작품을 전시하고 있다. 가격대가 다양하니 방문 기념으로 작은 소품 하나 구입하는 것도 좋겠다.

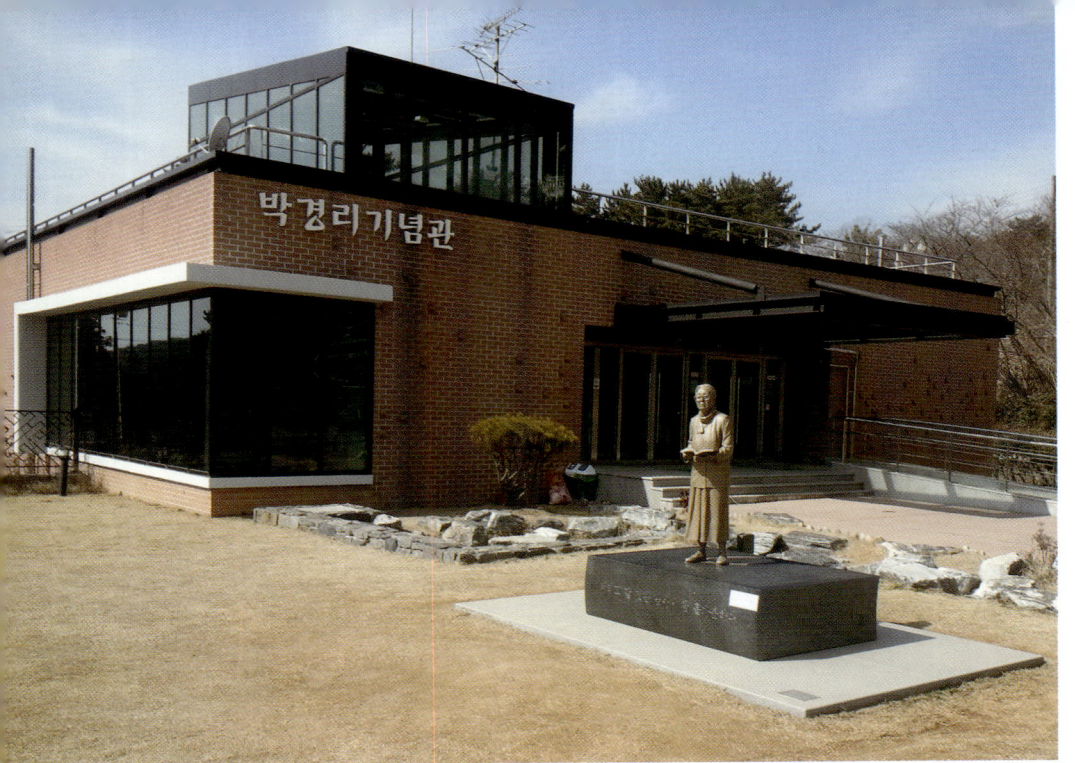

박경리기념관 박경리 문학의 원천을 만나보자

| 위치 | 경상남도 통영시 산양읍 남평리 1429-9
　　　　경상남도 통영시 산양읍 산양중앙로 173
| 운영시간 | 09:00~18:00, 매주 월요일 휴무

▶ MINI DATA
| 입장료 | 없음　　주차 | 가능　　분류 | 박물관

박경리기념관은 통영의 주산인 미륵산을 끼고 멀리 한산대첩의 격전지가 훤히 내려다보이는 곳에 있다. 2010년 5월에 완공된 이곳은 대하소설 『토지』를 통해 한국 문학사에 큰 획을 그은 작가 박경리를 기념하기 위한 곳으로, 통영의 문화예술 인프라를 구축하기 위해 설립되었다. 기념관에는 작가 및 작품 연보, 박경리의 유품과 작품, 박경리 어록 등이 전시되어 있다. 또한 소설 『김약국의 딸들』의 배경인 통영 미니어처가 있는데, 통영시가 『김약국의 딸들』에 나오는 간창골, 서문고개, 북문안, 갯문가 등의 지명을 그대로 남겨둬 실제 여행지와 미니어처를 비교해보는 재미도 있다. 홈페이지에서 단체 방문을 신청하여 문화해설사의 안내를 받는 것도 좋다. 기념관을 다 보고 기념관 뒤편에 있는 박경리 공원을 둘러보는 것도 의미 있다. 박경리 공원은 산책로 곳곳에서 박경리 작가가 쓴 시비들을 만날 수 있는데, 그 비석들을 따라 걷다 보면 어느새 박경리 작가의 묘소에 도착하게 된다. 통영 시내와 통영 바다가 내려다보이는 묘소에서 탁 트인 시원함과 편안함을 느낄 수 있다.

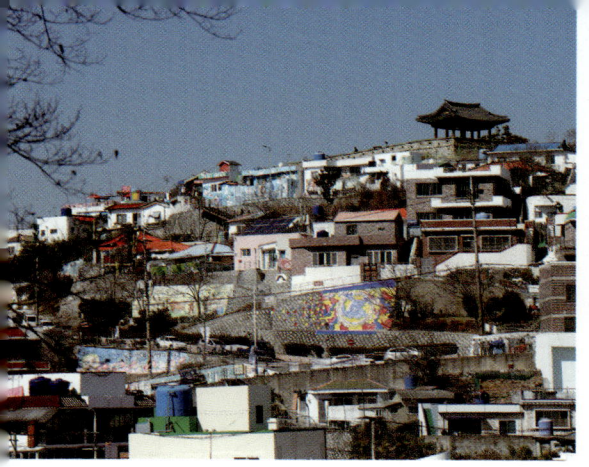

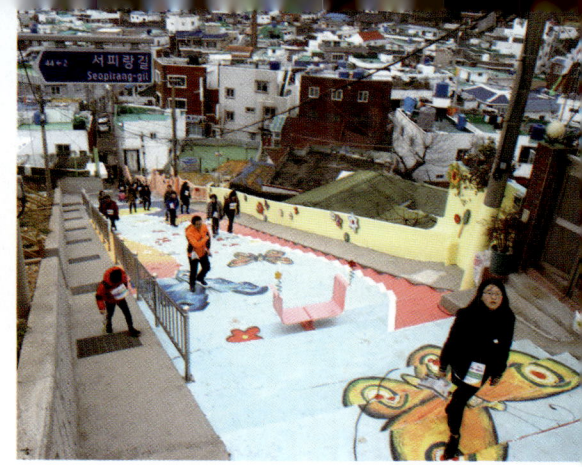

동피랑 마을
꿈이 살고 있는 마을

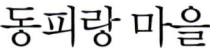

| 위치 | 경상남도 통영시 태평동 477-12 일대
      경상남도 통영시 동피랑길 100 일대
| 운영시간 | 종일, 연중무휴

▶ MINI DATA
| 입장료 | 없음   주차 | 가능   분류 | 거리, 시장

동피랑 마을은 통영시 정량동, 태평동 일대의 산비탈 마을로 서민들의 오랜 삶터이다. '동쪽' 과 '비랑' 이라는 말이 합쳐져 생긴 말로, '비랑' 이란 비탈의 통영 사투리이다. 즉 '동쪽의 비탈' 이란 뜻에서 이곳을 동피랑이라고 부른다. 이곳은 시민단체인 푸른통영21 추진위원회가 지역의 역사와 서민의 삶이 녹아 있는 독특한 골목 문화를 살리려는 취지에서 마을주민 자치위원회, 통영시 등과 함께 재탄생시킨 공간이다. 푸른통영21 추진위원회는 2007년 10월 전국적으로 동피랑길에 그림을 그릴 사람들을 모았고 이렇게 모인 사람들이 마을 담과 벽, 길 등에 그림을 그려 현재의 동피랑 벽화마을을 완성하였다. 또한 이곳은 마을 사람들이 조합을 만들어 2~3년에 한 번씩 벽화를 손보는 등 꾸준한 관리를 하고 있어 세심하게 관리하는 살뜰함이 느껴진다. 해안 도시 특유의 아름다운 정경을 감상할 수 있는 이곳은 다양한 볼거리와 휴식거리가 있어 통영의 명물이 되었다.

서피랑
박경리 문학의 발자취를 따라 걷는 99계단

| 위치 | 경상남도 통영시 서호동 일대
      경상남도 통영시 충렬로 일대
| 운영시간 | 종일, 연중무휴

▶ MINI DATA
| 입장료 | 없음   주차 | 가능   분류 | 거리, 시장

서피랑은 일제강점기 수산업의 번창으로 외부 사람들이 늘어나 생긴 달동네이다. 동피랑 마을처럼 곳곳을 꾸미지는 않았지만, 문화예술과의 연계를 통해 지역을 아름답게 단장했다. 서피랑을 가는 방법은 두 가지다. 첫 번째는 공영주차장 쪽 계단을 통해 서포루로 올라가서 통영의 경치를 구경하며 99계단을 내려가는 방법이고, 두 번째는 서호 전통시장을 가로질러 서포루 방향으로 가다가 미화 이용원에서 안내판을 따라 99계단을 올라가는 방법이다. 서피랑의 99계단에는 벽화뿐만 아니라 유쾌한 조형물들도 있어 동피랑과는 또 다른 매력을 발산한다. 계단을 올라가다 보면 박경리의 글이 구석구석에 쓰여 있는데 이를 발견하고 음미하는 것도 서피랑을 즐기는 방법이다. 박경리 소설 『김약국의 딸들』의 주 배경지로 나오는 하동댁, 서문고개, 대밭골, 명정샘, 충렬사 등이 이곳에 있다.

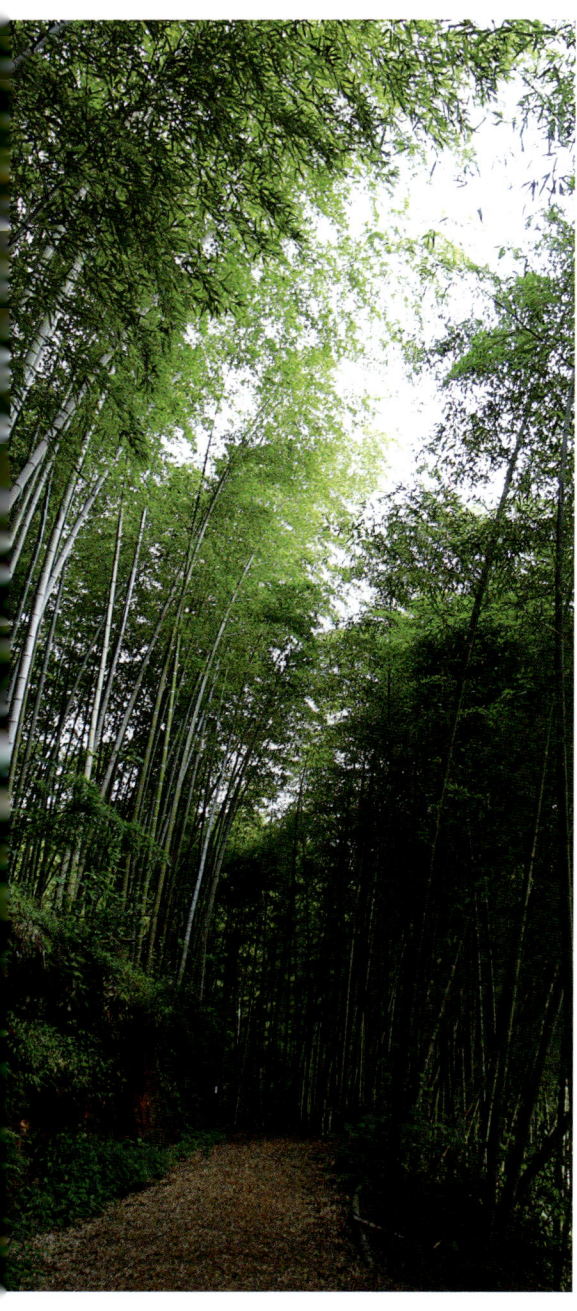

비봉내마을
가족과 함께하는 농촌체험

위치 | 경상남도 사천시 곤양면 서정리 233-2
경상남도 사천시 곤양면 상정마을길 139 일대
운영시간 | 문의 후 방문

▶ MINI DATA
| 입장료 | 있음   주차 | 가능   분류 | 전통, 체험마을

비봉내마을은 대나무를 테마로 사계절 다양하고 알찬 체험을 진행하는 농촌 체험 마을이다. 한 지역에서 1박 2일 이상의 여행을 계획하고 있거나, 자녀가 함께 하는 여행이라면 농촌 체험 마을에서의 하루를 추천할 만한데 비봉내마을은 개별 가족 단위로도 언제든 체험 참가가 가능하다. 마을에 도착하면 간단하게 하루 일정에 대한 설명을 듣고, 대나무밭으로 자리를 옮겨 본격적인 체험을 시작한다. 대나무숲 사이로 난 산책로를 따라가면서 삼림욕도 즐기고, 대나무의 생태에 관한 재미있는 이야기를 듣는다. 산책을 마치고는 아이들과 어른들을 나누어 만들기 체험을 진행하는데, 아이들은 대나무피리를, 어른들은 대잎 차만들기 체험을 해본다. 보통 다른 체험 마을들이 어른들이 아이들의 보조 역할을 하는 데 비하여 이곳에서는 아이와 어른을 나누어 체험을 진행해 어른들도 아이들처럼 신나게 웃고 떠들며 즐거운 시간을 보낼 수 있다. 체험을 마친 후에는 죽순을 넣어 끓인 된장찌개로 점심식사를 한다. 오후에는 계절별로 가능한 체험을 하는데 봄에는 죽순 따기, 매실 따기, 여름에는 옥수수 따기, 뗏목타고 갈대숲 탐험하기, 가을에는 벼 베기, 고구마 캐기, 겨울에는 딸기 따기 등 사계절 다양한 체험이 준비되어 있다. 1박 2일의 일정도 가능하며, 단체의 경우 개별적인 프로그램 진행이 가능하다. 프로그램의 내용과 자세한 일정은 홈페이지의 공고를 참조하면 된다.

항공우주박물관
다양한 실물 비행기가 한자리에

| 위치 | 경상남도 사천시 사남면 유천리 802
| 경상남도 사천시 사남면 공단1로 78
| 운영시간 | 동절기 09:00~17:00, 하절기 09:00~18:00

▶ MINI DATA
| 입장료 | 있음   주차 | 가능   분류 | 박물관

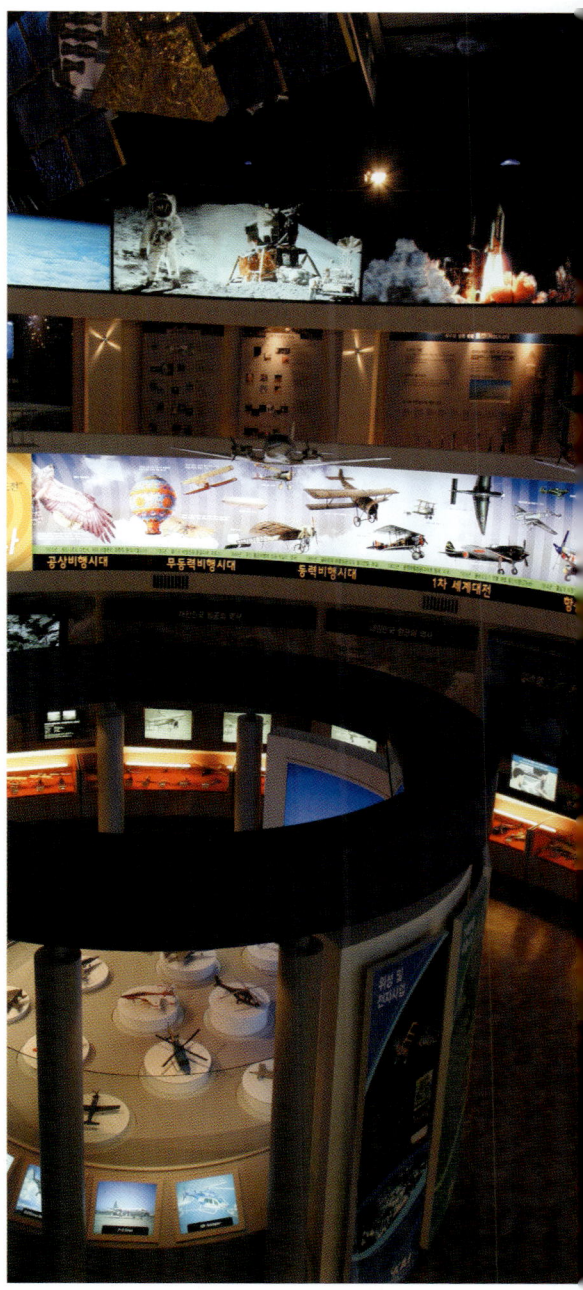

사천의 항공우주박물관은 ㈜한국항공우주산업이 운영하고 있는 항공·우주 전문 박물관이다. 전시관은 실내전시장과 야외전시장으로 구성되어 있는데, 실내전시장의 1층은 항공을, 2층은 우주를 주제로 전시를 하고 있다. 1층은 항공발달사를 시작으로 항공기의 종류 등을 알려주고 있으며, 실제 비행기에 들어가는 부속들을 축소해서 전시하고 있다. 또한 항공기가 하늘을 날게 되는 원리 등을 설명해주는 등 평소 비행기에 대하여 가지고 있던 의문들을 풀어준다. 2층은 우주탐험을 주제로 하는데 우주복을 비롯해 우주에서 사용하는 여러 물건들이 전시되어 있다. 우주김치, 우주라면 등 2008년 우리나라 최초의 우주인이 비행할 때 가지고 가서 사용했던 한국형 우주음식이 전시되어 눈길을 끈다. 이곳 관람의 진수는 다양한 비행기들을 한곳에서 둘러볼 수 있는 야외전시장에 있다. 커다란 수송기에서부터 전투기와 장갑차, 헬기까지 약 30여 점이 전시되어 있다. C54-스카이마스터 수송기는 한때 우리나라 대통령 전용기로 이용되었던 비행기로 지금은 내부를 전시장으로 꾸며 놓고 있으며, C-123K 프로바이더 수송기는 영화 「웰컴 투 동막골」에서 연합군이 스미스를 구하러 갈 때 타고 갔던 장면을 촬영했던 비행기이다. 그 밖에도 현재 우리 공군에서 운용 중인 F-16 파이팅 팔콘 전투기를 비롯하여 한국형 고등훈련기인 T-50의 실물이 전시되어 있어 우리 항공기술의 현재를 보여준다.

다솔사

절을 지키는 소나무 군사들

위치 | 경상남도 사천시 곤명면 용산리 86
　　　경상남도 사천시 곤명면 다솔사길 417
운영시간 | 종일, 연중무휴

▶ MINI DATA
| 입장료 | 없음　　주차 | 가능　　분류 | 불교유적

'많은 군사를 거느린다'는 그 이름처럼 다솔사로 오르는 길 양옆으로는 군사들이 사열하는 것과 같이 하늘 높이 뻗은 소나무들로 빽빽하다. 사철 푸른 그 모습이 보기 좋으며, 시원한 그늘을 만들어주는 좋은 휴식처다. 다솔사는 신라 지증왕 때 만들어진 사찰로 경남 지역에서 가장 오래된 절 중 하나로 꼽는다. 신라 때 의상대사가 이곳의 이름을 영봉사라 했다가 신라 말 도선국사가 지금의 다솔사로 이름을 바꾸었다고 한다. 오랜 시간을 지나는 동안 큰 불이 아홉 차례나 났으며, 임진왜란 때 소실되었던 절을 숙종 때 다시 지었으나 또 화재가 나 지금의 건물들은 1910년대에 새로 지은 것이다. 절로 오르는 계단 끝에서 만나게 되는 건물인 대양루만이 조선 후기 영조 때인 1748년

에 지어진 건물로 절에서 가장 오랜 역사를 담고 있다. 대양루는 36개의 큰 기둥이 받치고 있는 건물로 커다랗게 올려진 맞배지붕이 인상적이다. 대양루 맞은편으로 절의 본전인 적멸보궁이 있는데 원래는 대웅전이었으나 1979년 오른편에 있는 응진전을 수리하다가 탱화 뒤쪽 벽에서 사리가 발견되어 대웅전을 적멸보궁으로 개축하고 부처님의 사리를 모시게 된 사연을 가지고 있다. 다른 적멸보궁들에 보통 불상들이 없는 데 반하여 이곳에는 잠든 듯 기대어 있는 와불이 모셔져 있다. 건물 뒤로는 사리탑이 있어 소원을 빌며 참배하는 사람들을 볼 수 있다. 다솔사는 일제 때 항일기지의 역할을 하기도 했는데, 잘 알려진 인물로 만해 한용운이 응진전에서 머물렀으며, 김동리도 이곳에 머물며 야학을 세워 농촌계몽운동을 펼쳤다고 한다. 다솔암에서 뒤로 난 길로 2km 정도 오르면 부속 암자인 보안암이 있는데, 이곳에는 고려시대에 만들어진 석굴이 있어 유명하다. 한 사람 정도 겨우 비집고 들어갈 수 있는 석굴 내부로 들어가 불상과 나한을 볼 수 있는데 경주 토함산의 석굴암과 비교하며 둘러보자. 다솔사는 차가 유명한데, 독립 운동가로 나중에 출가를 해 스님이 된 최범술이 절 뒤에 차밭을 가꾼 것이 시초이다. 대나무통에 넣어 숙성시킨 차로 절 앞의 전통다원에서 그 맛을 볼 수 있다.

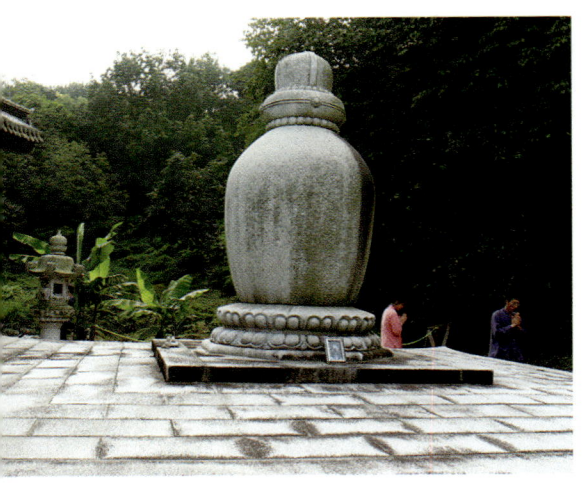

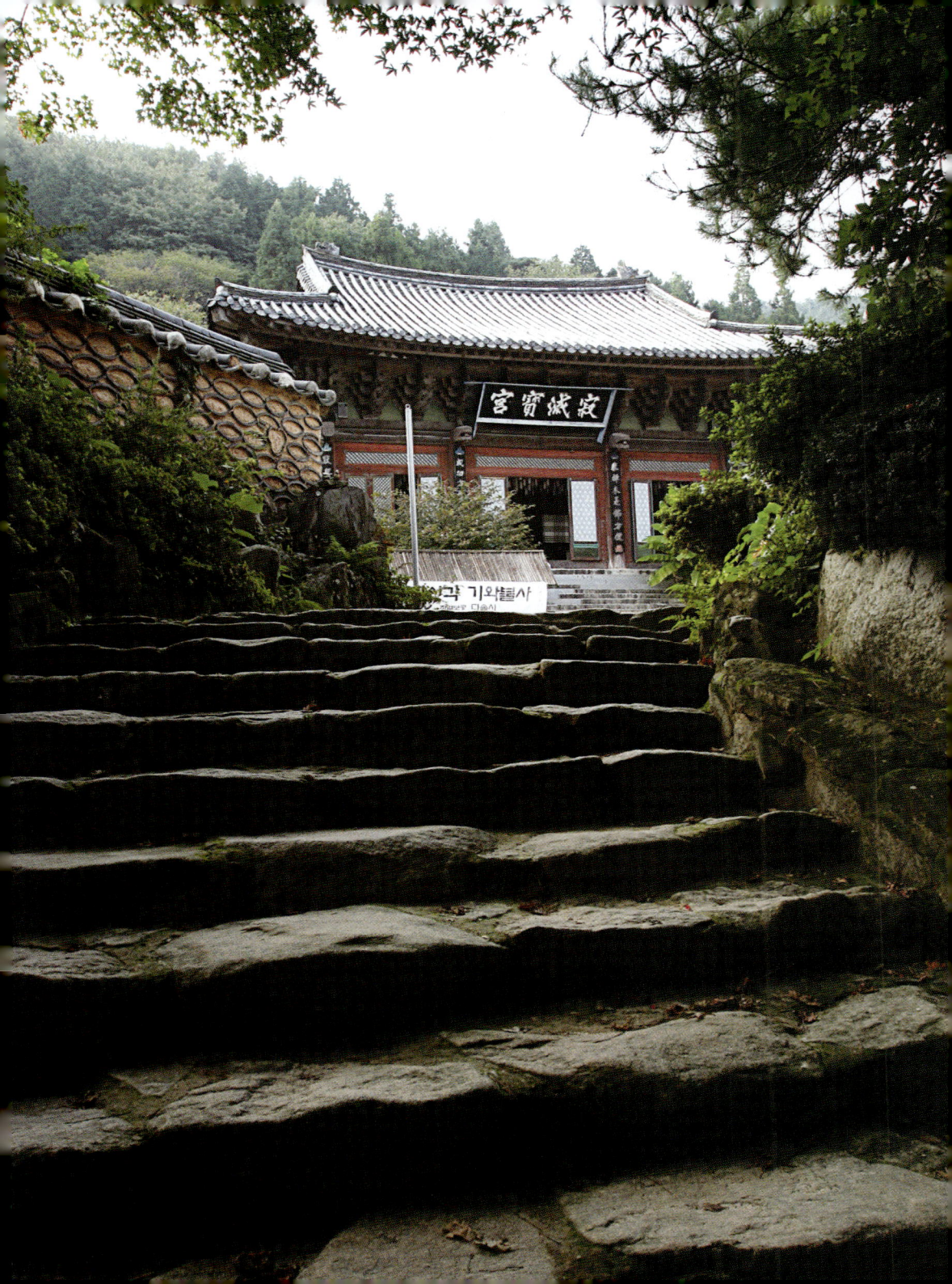

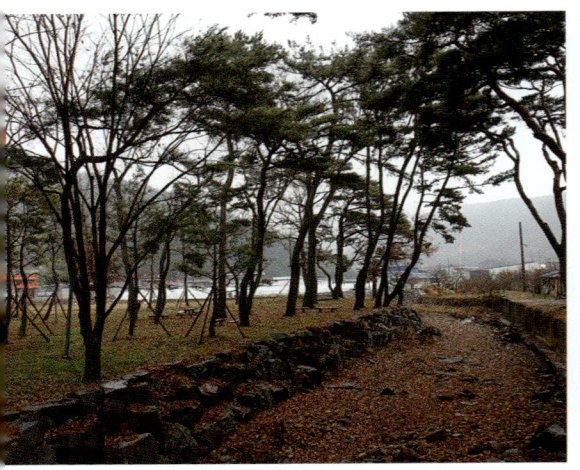

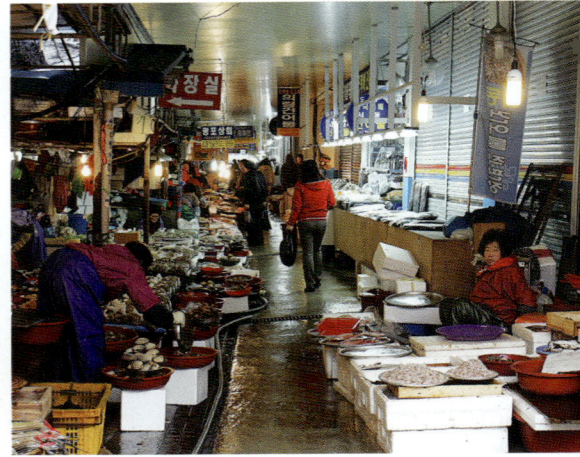

대곡마을 숲
마을을 지키는 아름다운 숲

| 위치 | 경상남도 사천시 정동면 대곡리 487-2
경상남도 사천시 정동면 한실안길 인근
운영시간 | 종일, 연중무휴

▶ MINI DATA
| 입장료 | 없음　　주차 | 가능　　분류 | 숲, 자연휴양림

삼천포어시장
생생함이 살아 있는 시장

| 위치 | 경상남도 사천시 동동 485-2
경상남도 사천시 어시장길 64
운영시간 | 점포별 상이

▶ MINI DATA
| 입장료 | 없음　　주차 | 가능　　분류 | 거리, 시장

소나무 150여 그루가 한 폭의 그림처럼 서 있는 사천의 대곡마을 숲은 전국숲경연대회에서 대상을 차지했을 정도로 그 가치를 인정받은 곳이다. 마을의 쉼터 역할을 하는 소나무 숲은 마을의 복이 밖으로 나가지 못하게 하고 밖의 나쁜 기운이 안으로 들어오지 못하게 막아주는 비보림으로 조성된 것으로 대곡마을의 지세가 곡식을 걸러내는 농기구인 키와 같아 복이 아래로 빠져나가는 형세라 그것을 비보하기 위한 것이다. 200여 년 전 마을에는 질병이 심해 소나무 숲을 조성하자 질병이 사라지고 마을이 번성했다고 한다. 원래 숲의 넓이는 약 6.5km²에 길이가 1km에 이르렀으나 일제시대 때 숲의 형상이 용이 승천하는 모습과 닮았다 해서 숲 가운데에 학교를 짓고, 송진을 채취하기 위해 나무를 훼손하기도 했다. 한국전쟁 당시 격전지로 지금도 총탄의 흔적이 남아 있다.

정확한 이름은 삼천포서부시장으로 삼천포항의 서쪽편에 있는 시장을 말한다. 아침부터 저녁까지 싱싱한 생선들이 거래되는데 저렴하게 회를 먹을 수 있고, 다양한 해산물을 값싸게 구입할 수 있다. 시장 구경하는 재미가 있는 곳으로 이곳 상인들의 차진 경상도 사투리에 말을 건네며 흥정해보자. 말만 잘하면 인심 좋게 하나씩 더 얹어주는데 대형 마트에서 바코드로 찍고 카드로 결제하는 것과는 다른 사람 살아 있는 시장의 분위기를 느끼게 된다. 어시장이 대체로 저렴한 편이지만, 그중에서도 더욱 저렴한 곳은 항구 바로 앞에 노점형식으로 운영하는 곳이라고 이 지역 사람들이 귀띔해 주는데 굳이 깎아달라고 하지 않아도 가격이 충분히 저렴하다. 저녁에는 항구 주변으로 포장마차가 펼쳐지는데 저렴한 가격에 만들어주는 푸짐한 해산물 안주가 술을 즐기는 사람들에게 인기이다.

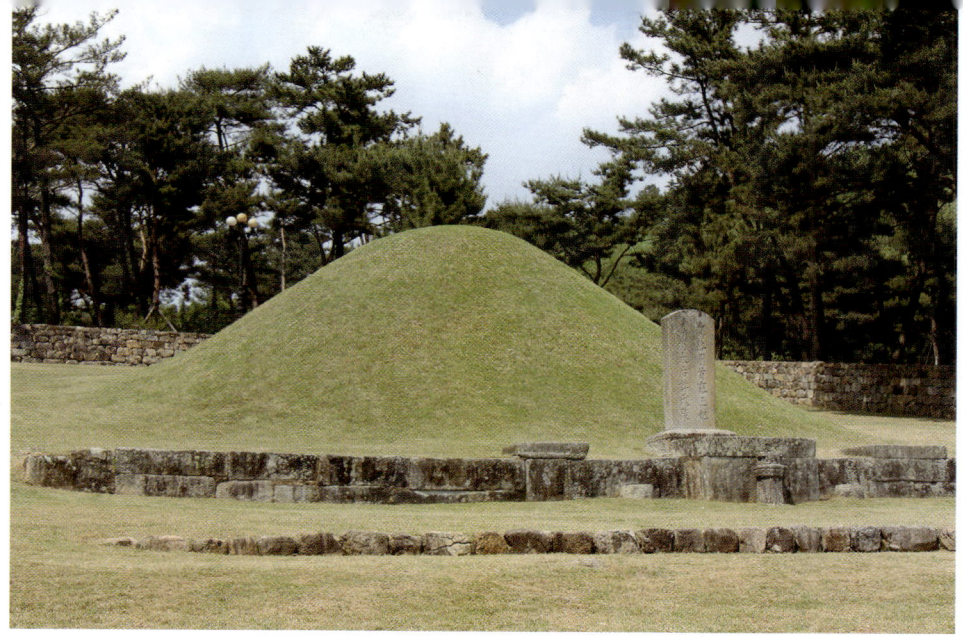

수로왕비릉과 구지봉 가야의 옛 이야기가 담긴 곳

| 위치 | 왕비릉 경상남도 김해시 구산동 산80-1(가락로190번길 1)
　　　　구지봉 경상남도 김해시 구산동 산81-2(가야의길 190 인근)
| 운영시간 | 09:00~18:00, 연중무휴

▶ MINI DATA
| 입장료 | 없음　　주차 | 가능　　분류 | 역사, 문화유적

수로왕의 부인인 수로왕비의 무덤과 수로왕 탄생의 전설이 깃든 구지봉이다. 수로왕비와 관련해서는 삼국사기에 그 내용이 기록되어 있다. 수로왕이 즉위하고 몇 년 지나지 않은 서기 48년 신하들이 수로왕에게 혼인을 권한다. 이에 수로왕은 하늘의 뜻으로 혼인을 맺게 될 것을 신하들에게 알리며, 명을 내려 바닷가 망산도로 사람을 보내어 그곳에서 손님을 맞으라고 이야기한다. 배가 한 척 오고 그 안에 사람들이 있었는데 아유타국에서 온 공주가 있었다. 공주는 부모가 꿈을 꾸기를 '동방에 가락국이 있어 나라를 세운 수로왕의 배필로 딸을 보내어라' 는 하늘의 말을 듣고 자신을 보내었다고 이야기하였다. 아유타국에서 온 공주는 수로왕과 혼인을 하는데 바로 허황후이다. 아유타국에서 가지고 온 돌로 만들었다는 파사석탑의 이야기가 흥미롭다. 연구 결과 석탑에 사용된 돌은 실제 우리나라에서 나지 않는 것이라고 한다. 수로왕비릉 바로 앞에 세워져 있다. 능은 별 꾸밈 없는 봉분이다. 원래 수로왕릉과 한길로 이어져 있었으나 일제 때 거북 모양의 목에 해당하는 곳에 길을 만들어 그 왕래를 끊어버렸다. 수로왕비릉에서 가까운 곳에 구지봉이 있으니 함께 돌아보자. 구지봉은 학창시절 한 번쯤 들어 보았을 「구지가」의 전설이 어린 곳이다. '거북아 거북아 머리를 내어 놓지 않으면 구워 먹겠다' 라는 주술적인 내용을 담은 노래로 하늘에서 알이 내려와 수로왕이 탄생한 곳으로 전해지는 곳이다. 원래 그 내용을 상징하는 조형물이 있었으나 지금은 수로왕릉으로 옮겨 놓았다. 구지봉에서 조금 아래로 내려가면 작은 고인돌이 하나 있는데 위에 '구지봉석' 이란 글씨가 새겨져 있다.

수로왕릉

가야국의 시조를 찾아서

위치 | 경상남도 김해시 서상동 312
     경상남도 김해시 가락로93번길 26
운영시간 | 동절기 09:00~17:00, 하절기 09:00~18:00,
     연중무휴

▶ MINI DATA

입장료 | 없음　주차 | 가능　분류 | 역사, 문화유적

가야의 여러 나라 중 초기에 세력을 형성했던 가락국, 금관가야의 시조가 바로 김수로이며, 수로왕릉은 그의 무덤이다. 삼국유사 가락국기 편에서 수로왕의 탄생과 가야 건국에 관한 이야기를 전한다. 구간이라 불리는 아홉 부족장이 있던 시절, 하늘에서 소리가 들리고 황금알이 담긴 금합이 내려왔고, 알에서 태어난 아이가 십수일 만에 자라 어른이 되어 왕위에 올랐다고 전하는데 그 인물이 바로 수로왕이다. 사실 그대로 받아들인다면 황당한 이야기이일 수 있겠지만 설화로서 그 안에 담긴 뜻을 찾아보면 다음과 같다. 하늘에서 내려왔다는 것은 토착세력이 아닌 외부

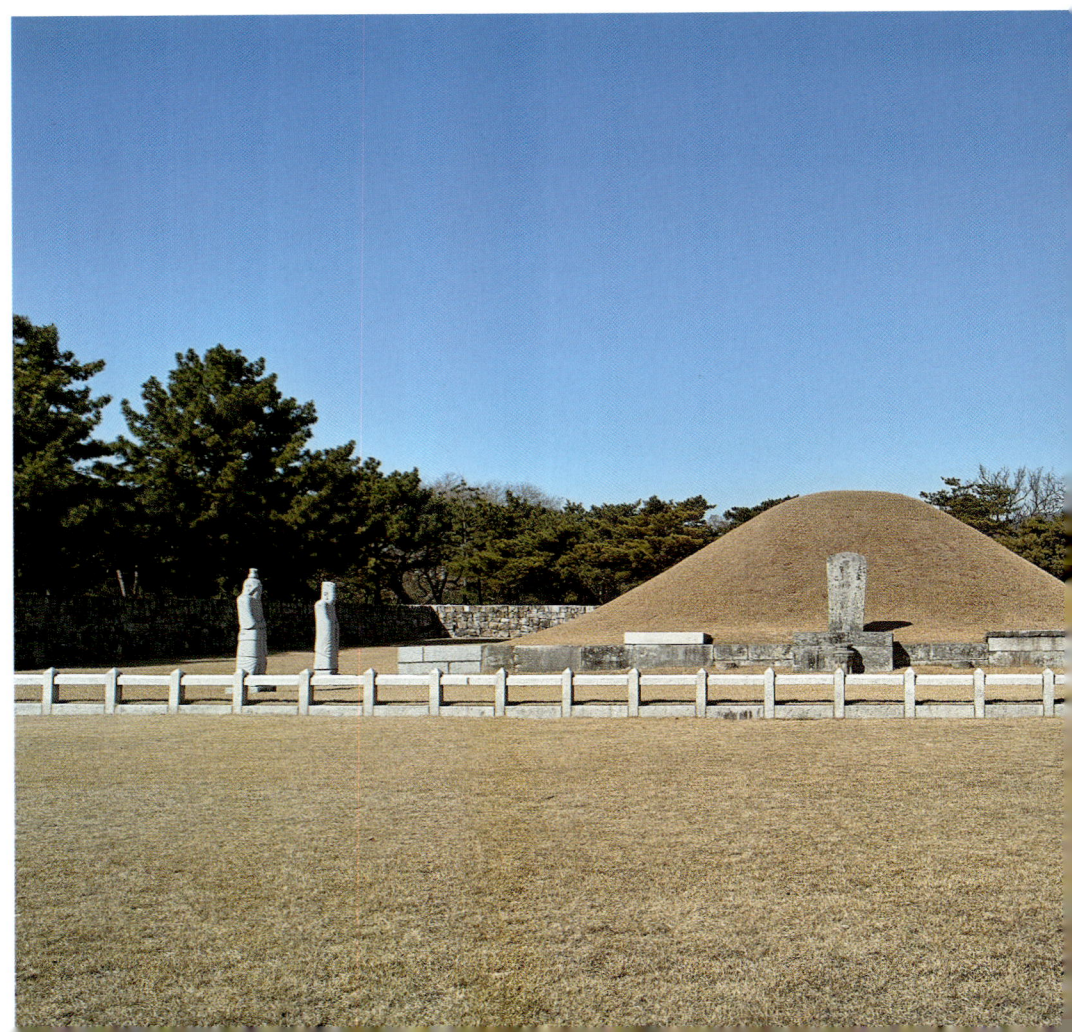

이주민이 새로운 문명을 전파하며 들어왔다는 뜻이며, 아홉 부족장들에 의하여 추대되어 왕위에 오르는 것에서는 외부에서 들어온 세력이 독자적으로 나라를 건국할 만큼의 힘을 갖추지 못하고 연맹형식으로 나라를 운영했음을 뜻한다고 보면 되겠다. 김해 김씨의 시조로 서기 42년에 즉위한 수로왕은 서기 199년에 죽은 것으로 삼국유사에 기록되어 있는데 그때 이 자리에 무덤을 만들었다. 이후 가야는 신라에 병합되었고, 신라 문무왕 때 이곳을 한 번 정비했으며 조선 선조 때도 한 번 개축했으나 임진왜란 때 도굴을 당하였다고 한다. 이후 인조와 고종 때 비석을 세우고

묘를 새로 하면서 지금의 모습을 갖추었다. 홍살문을 지나면 수로왕릉을 볼 수 있는데 별 다른 꾸밈 없는 단출한 모습이다. 왕릉 옆으로 여러 건물들이 있는데 그중 숭선전이 수로왕과 수로왕비의 신위를 모시고 있는 곳으로 봄, 가을 이곳에서 대제가 개최된다. 가야의 연표, 고문서, 제향 지낼 때 쓰는 도구 등을 전시하고 있는 작은 유물관이 있으며, 수로왕의 탄생을 상징하는 조형물을 구지봉에서 이곳으로 옮겨왔다.

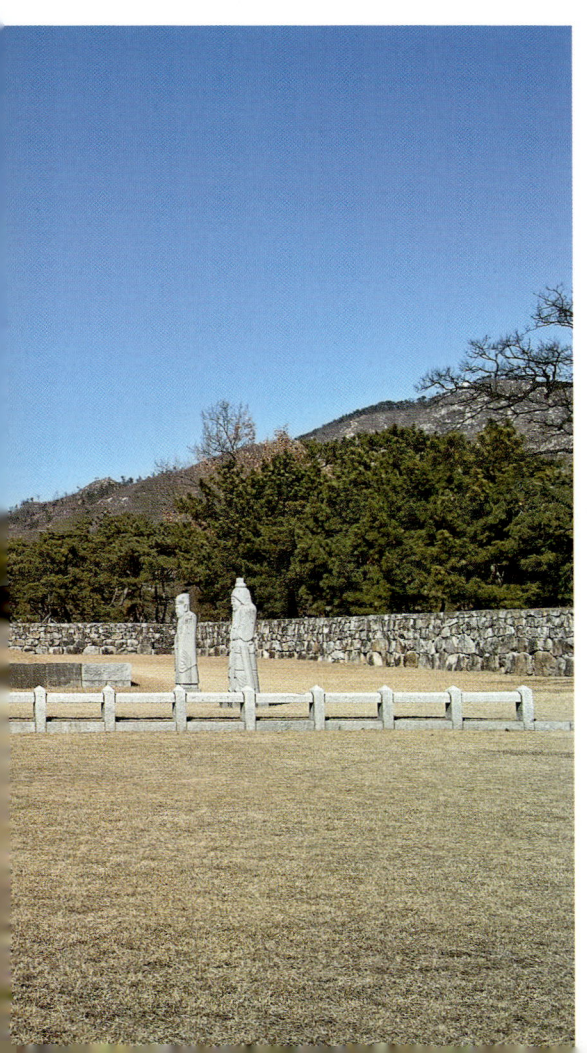

김해 한옥체험관

품격 높은 하룻밤을 보내고 싶다면 김해 한옥체험관을 추천한다. 김해시에서 만들고 김해문화재단에서 운영하는 시설로, 제대로 만든 한옥인데다 내부는 불편함 없는 현대식으로 시설을 갖추어 놓았다. 수로왕릉과 담장을 사이에 두고 있다.
문의 | 055-322-4735~6
홈페이지 | http://www.ghhanok.or.kr

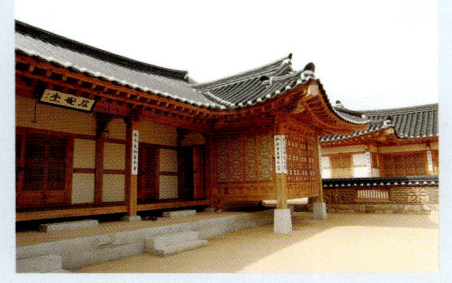

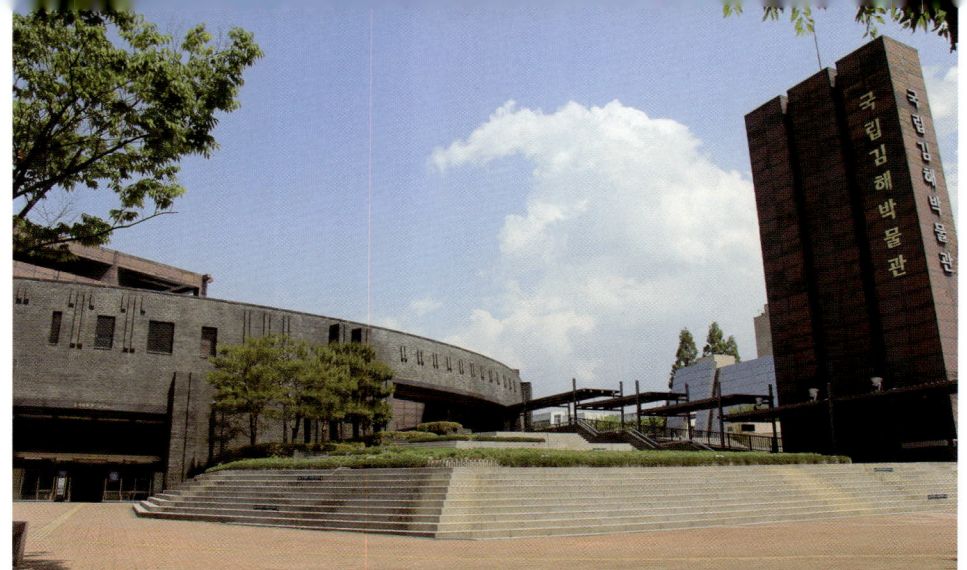

국립김해박물관 가야국의 전당

위치 | 경상남도 김해시 구산동 232
　　　경상남도 김해시 가야의길 190
운영시간 | 평일 09:00~18:00, 주말 및 공휴일 09:00~19:00,
　　　매주 월요일 휴관

▶ MINI DATA
입장료 | 없음　　주차 | 가능　　분류 | 박물관

가야국 전기를 대표하는 금관가야의 중심지였던 구지봉 언덕에 위치한 전시관은 영남 지방에 산재한 가야의 역사를 집대성해 놓은 소중한 장소다. 김해 대성동 고분군의 출토 유물을 중심으로 하는 전시관은 판갑옷을 비롯하여 당시 철기문화의 높은 수준을 살펴볼 수 있다. 낙동강 하류를 중심으로 강력한 세력을 형성하였던 금관가야는 고령지방을 중심으로 하는 후기의 대가야와 함께 삼국과 어깨를 나란히 하는 초기국가 형태를 완성하였다. 당시의 모습을 제대로 살펴볼 수 있는 기록이 남아 있지 않은 가야의 문화는 고고학적 발굴을 중심으로 그 모습을 전한다. 박물관에서는 금관가야 이외에도 소가야, 아라가야 등 소규모 국가의 모습과 대가야의 발전도 살펴볼 수 있다. 가야 문화를 직접 체험할 수 있는 어린이박물관은 옛 집과 철기생산을 쉽게 이해하도록 꾸며져 있다. 어린이박물관은 사전 예약이 필요하다.

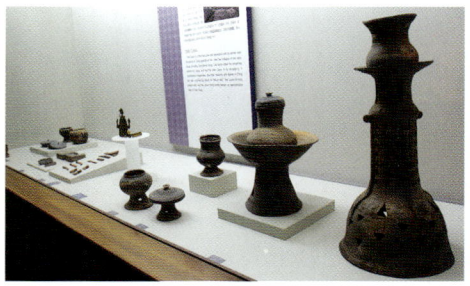

→ 뒷고기, 김해에서만 먹을 수 있는 음식

다른 지역뿐만 아니라 옆 동네인 부산에서도 쉽게 찾기 힘든 것이 김해의 뒷고기이다. 이름이 이상하긴 하지만, 그 고소함과 쫀득쫀득함에 삼겹살이 울고 갈 맛으로 김해 사람들이 즐겨 찾는 음식이다. 김해에 도축장이 있던 시절, 인부들이 자투리 고기를 몰래 가지고 나와 구워 먹던 것이라 하며, 지금은 주로 돼지 머릿고기를 발라서 구워 먹는다. 가격이 저렴한 데다 고기를 다 먹은 다음 그 위에다 볶아먹는 볶음밥은 한 끼 식사로 충분하다. 김해 시내 곳곳에 뒷고깃집들이 있다.

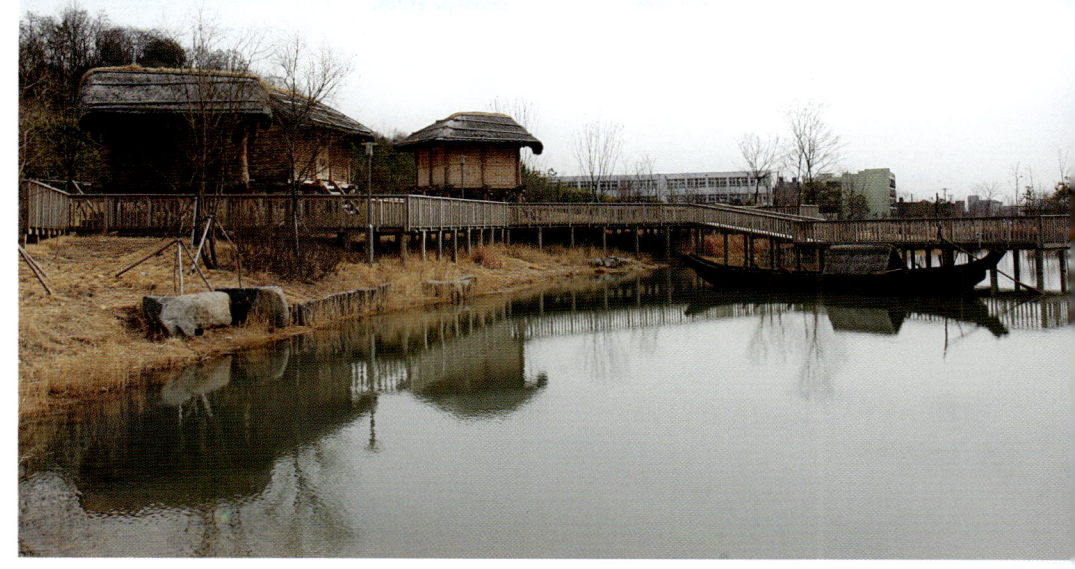

대성동 고분박물관과 봉황동유적 국립김해박물관과 함께 돌아보면 좋은 곳

| 위치 | 박물관 경상남도 김해시 대성동 434(가야의길 126)
　　　 유적 경상남도 김해시 봉황동 253
　　　　　(김해대로2273번길 인근)
| 운영시간 | 박물관 09:00~18:00, 매주 월요일 휴관

▶ MINI DATA
| 입장료 | 없음　　주차 | 가능　　분류 | 박물관

대성동 고분전시관은 다양한 모형과 디오라마를 통하여 흥미롭고 생생한 가야의 모습을 보여준다. 국립 김해박물관이 유물 위주의 정적인 전시를 하고 있다면, 이곳은 디오라마를 통하여 보다 입체적이고 살아 있는 모습의 전시를 하고 있어 좋은 짝이 된다. 모형 등을 통하여 가야의 다양한 모습을 알려주는데, 입구에 선 기마 인물에서 가야의 발달된 철기문화를 보는 것으로 관람을 시작한다. 안으로 들어가면 고대 사회를 연구하는 가장 중요한 유구 중의 하나인 묘제에 대하여 설명하고 있다. 무덤을 만드는 방법, 무덤의 구조 등을 모형을 통하여 보여주는데, 목관묘와 목곽묘가 1:1의 실물 크기로 재현되어 있어 이해를 돕는다. 철의 나라 가야에서 철을 제작하고 사용한 방법 등도 중요한 전시 내용 중 하나이며 고분에서 출토된 인골을 이용해 복원한 가야인의 얼굴도 기억에 남는 볼거리이다. 박물관 밖에 위치하고 있는 노출전시관

도 함께 둘러보는데 실제 대성동 고분을 직접 볼 수 있게 만들어 놓았다. 29호분과 39호 목곽묘 위로 보호각을 만들어 놓고 발굴될 당시의 모습을 재현하고 있다. 해반천을 따라 아래로 조금만 내려가면 봉황동 유적이 있다. 금관가야 최대의 생활유적으로 조개무지와 함께 김해토기라고 명명된 단단한 토기 파편 등이 다량으로 발견된 곳이다. 원래 이 지역은 해반천의 물길이 바다로 이어지던 곳으로 가야의 배와 항구의 모습을 복원해놓고 있다.

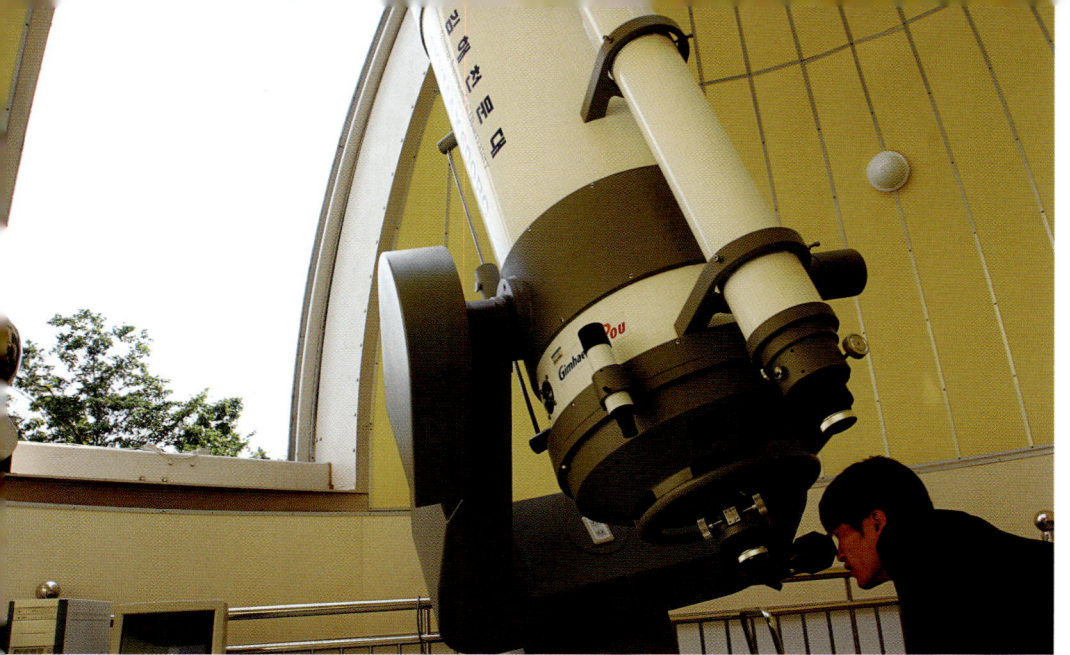

김해천문대 경상남도 지역 유일의 천문대

위치 | 경상남도 김해시 어방동 산2-80
경상남도 김해시 가야테마길 254
운영시간 | 전시실 14:00~22:00, 매주 월요일 휴무

▶ MINI DATA
입장료 | 있음   주차 | 가능   분류 | 전시, 체험시설

김해 분성산 정상에 자리한 김해천문대에 오르면 김해 시내를 한눈에 담을 수 있다. 밤하늘의 별들만큼이나 아름다운 야경은 천문대에서 볼 수 있는 멋진 풍경이다. 김해천문대는 부산, 경남 지역에 만들어진 유일한 천문대로 2002년에 개장하였다. 전시동과 관측동으로 구성되어 있으며, 최근 관람과 관측을 더욱 편리하게 하기 위하여 시설을 새로 단장하였다. 전시실은 무료로 개방하고 있는데 지구의 자전과 공전, 일식과 월식, 중력 등 지구과학과 관련한 기본적인 내용들을 설명하고 있으며 그 원리를 알 수 있게 하는 몇 가지 체험시설이 마련되어 있다. 다년간의 운영 경험을 바탕으로 최근 새로운 프로그램을 만들었다. 천체관측실에서 진행하는 실내별자리관측, 관측동에서 천체망원경으로 하늘을 관측하는 프로그램 등이 있는데 여러 프로그램 중에서 천체망원경체험 프로그램을 추천한다. 대개 천문대에서 진행하는 관측이라 하면 망원경에 잠깐 눈을 대어보는 정도에 그쳐 아쉬움이 컸지만, 이 프로그램은 3~4명을 한 팀 단위로 한 대의 망원경을 배정하여 별자리 해설사들의 안내에 따라 충분한 조작과 관측이 가능한 소수정예프로그램이다. 이 지역에 다른 천문대가 없는 탓에, 주말이나 휴가철에는 예약을 하지 않으면 이용하기가 어려우니 참고하도록 하자.

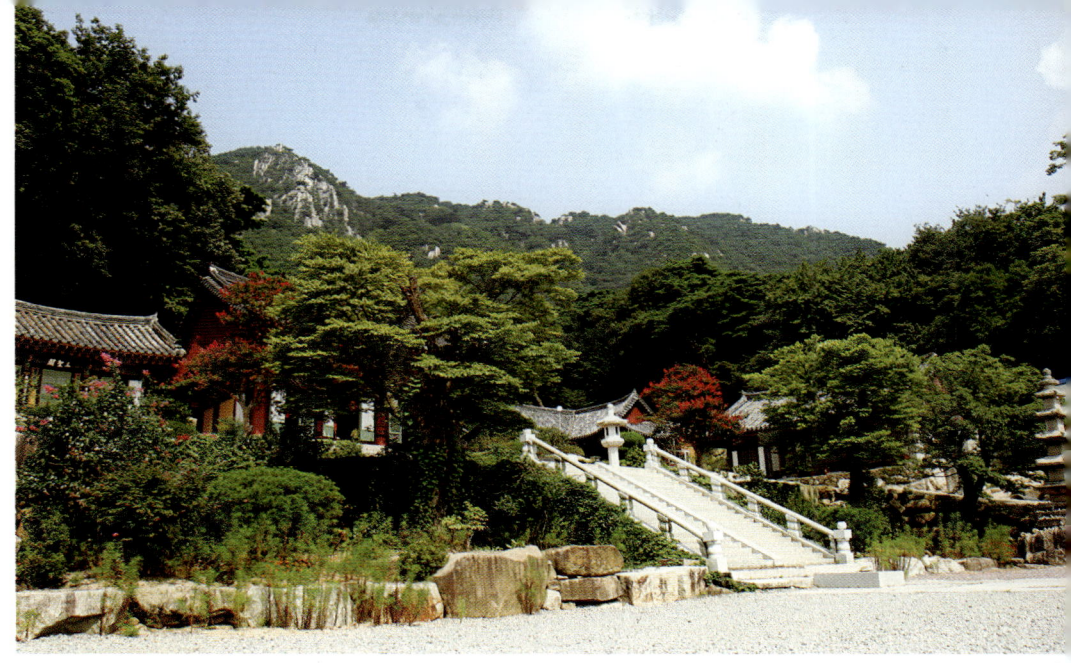

은하사 영화 「달마야 놀자」의 촬영지

위치 | 경상남도 김해시 삼방동 882
　　　　 경상남도 김해시 신어산길 167
운영시간 | 종일, 연중무휴

▶ MINI DATA
| **입장료** | 없음　**주차** | 가능　**분류** | 불교유적

김해 은하사는 영화 「달마야 놀자」의 촬영지로 널리 알려진 절이다. 영화로 유명해지기 이전부터 김해 시민들이 즐겨 찾는 한적한 산사로 절 뒤로 병풍같이 두르고 있는 신어산의 풍경이 멋진 곳이다. 차를 가지고 절 바로 앞까지 갈 수 있지만, 아래 주차장에 세우고 아래쪽 돌계단에서부터 걸어 올라가자. 가파르긴 하지만 한 칸 한 칸 큼직하게 만들어진 계단을 밟고 오르다 잠시 쉬어 갈 요량으로 등을 돌려 바위에 걸터앉으면 푸른 나뭇가지 너머 김해 시내의 모습이 시원하게 펼쳐진다. 은하사는 가야 수로왕 때 만들어진 사찰이라 안내판에 설명되어 있으나 기록상으로 그 당시는 한반도에 불교가 들어오기 전이라 그 내용이 확실하지 않다. 들어서면서 보게 되는 범종루가 인상적인데 나무를 다듬지 않고 원래 모양 그대로 기

둥으로 사용하고 있다. 올라가서 보면 입구 난간을 비롯한 곳곳에 용이 조각되어 있으며, 목어의 꼬리쯤에는 불·법·승 삼보를 뜻하는 머리 셋 달린 거북이 특이한 모양으로 조각되어 있다. 대웅전에는 석가모니불을 모시는 것이 대부분이지만 이곳에는 관음보살을 모시고 있다는 것이 특이하며, 뒤편 응진전에 나한과 제자들이 흰색으로 채색되어 있는 것도 흥미로운 모습이다. 응진전 옆의 정현당은 스님이 기거하는 공간으로 여러 개의 현판이 걸려 있다. 그중 서림사라는 현판이 눈에 들어오는데, 은하사의 임진왜란 전 절 이름이 서림사였다고 한다. 스님과 건달들이 물속에 들어가 오래 버티기를 하던 연못 등 영화 속 배경을 곳곳에서 찾을 수 있다.

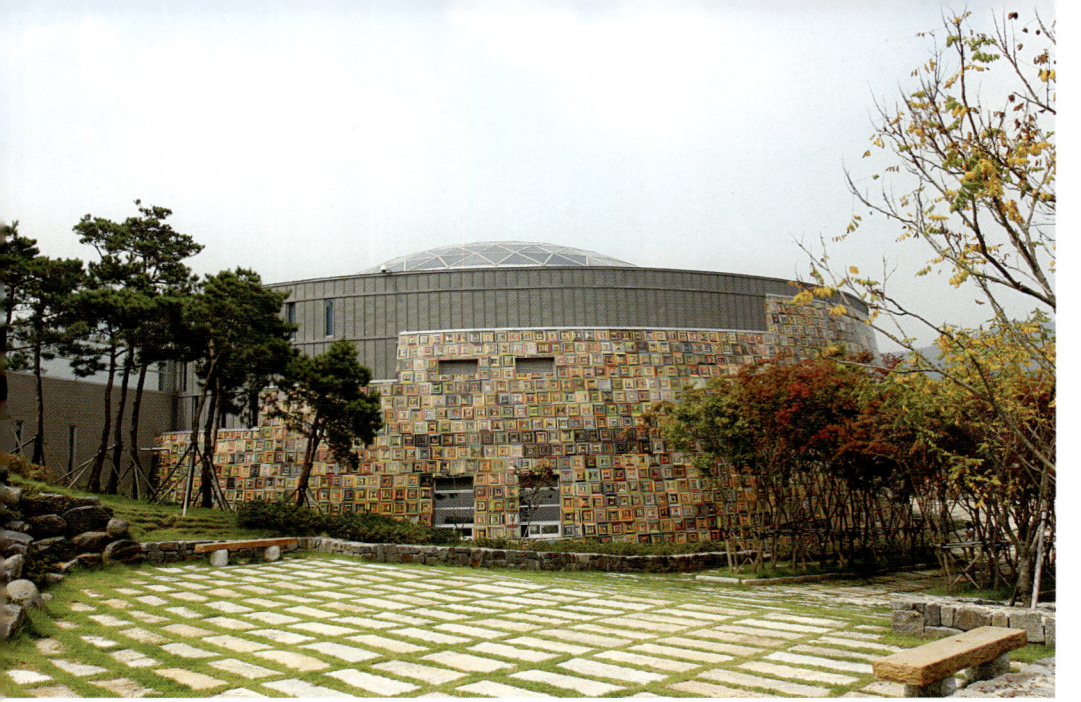

클레이아크 김해미술관   '도자건축'의 미래를 탐험한다

위치 | 경상남도 김해시 송정리 358
경상남도 김해시 진례면 진례로 275-51
운영시간 | 10:00~18:00, 매주 월요일 휴관

▶ MINI DATA
입장료 | 있음   **주차** | 가능   **분류** | 박물관

클레이아크란 흙(Clay)과 건축(Architecture)을 합친 말로 흙을 재료로 하는 건축, '건축도자'로 의미가 전달된다. 김해 클레이아크미술관은 과학기술의 진보와 다양한 재료의 개발을 바탕으로 변화하고 발전하는 건축기술에 도자가 어떻게 접목될 수 있는지 보여준다. 클레이아크미술관은 건물 자체가 거대한 작품으로 손으로 하나하나 그려 만든 채색타일을 둥근 벽을 따라가며 붙였는데 그 모습이 장관이다. 전시관은 도넛 모양으로 생겼으며, 1바퀴 돌면서 관람을 마치면 제자리로 오게 된다. 미국, 일본, 이탈리아 등 세계 각국 여러 작가의 도자 작품들을 비롯해 우리나라의 젊은 작가들의 실험적인 작품을 전시하고 있다. 매번 주제를 바꾸어가며 열리는 특별전도 함께 관람

할 수 있다. 멀리서도 잘 보여 이곳의 표지와도 같은 역할을 하는 클레이아크타워도 전시관외벽과 마찬가지로 타일을 붙여 꾸몄는데, 타일의 개수가 1,000장에 이른다고 한다. 타워 주변에는 나무 데크로 휴식 공간을 꾸며놓았으며, 길은 산책로와 피크닉공원으로 이어져 박물관 관람을 마친 후 여유로운 산책과 휴식의 시간을 가질 수 있다. 흙을 직접 만져보고 모양을 만들어 보는 체험프로그램을 운영한다. 만들어진 작품을 바로 가지고 갈 수도 있고 소성 과정을 거친 후 나중에 택배로 받을 수도 있으니 아이와 함께 하는 가족이라면 체험에 참여해보는 것도 괜찮겠다. 체험은 하루 5번 정해진 시간에 이루어지며 매표소에서 티켓을 구매해야 한다.

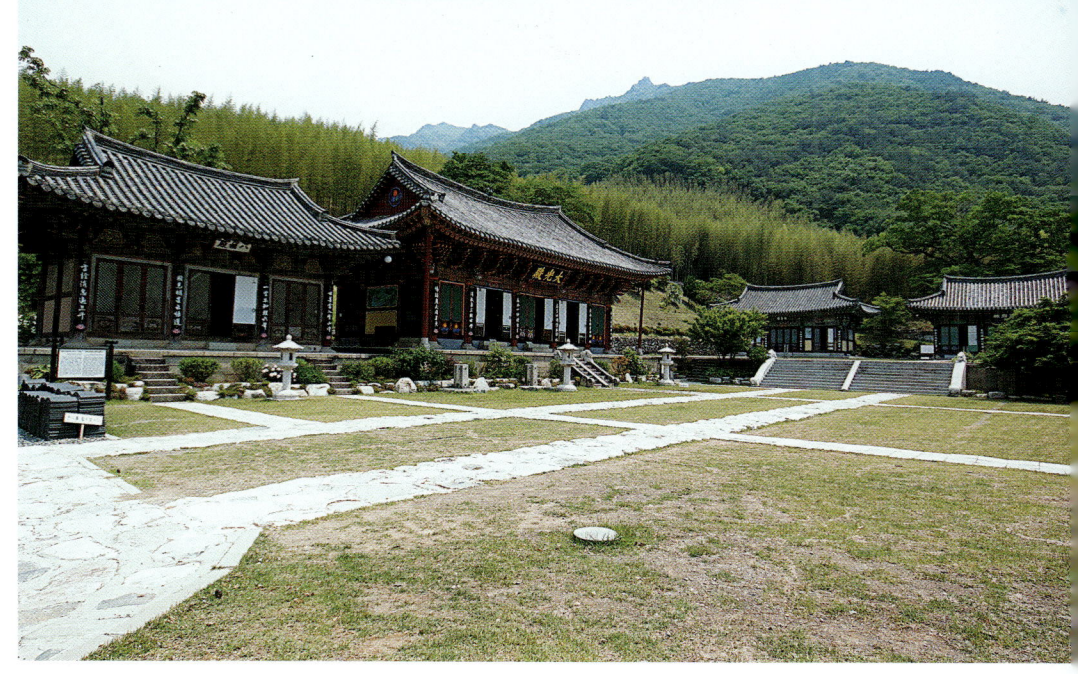

표충사 호국의 한마음으로 이어지는 종교

| 위치 | 경상남도 밀양시 단장면 구천리 23
경상남도 밀양시 단장면 표충로 1338
| 운영시간 | 종일, 연중무휴

▶ MINI DATA
| 입장료 | 있음   주차 | 가능   분류 | 불교유적

낙동정맥을 따라 이어가는 크고 깊은 산의 능선은 거칠지 않고 부드러워 영남의 알프스로 불린다. 10여 개의 산으로 연결되는 중간 지점에 자리하는 재약산 자락에 표충사가 자리한다. 신라 원효대사가 창건하였다는 사찰은 여느 곳에서 볼 수 없는 특별한 구조를 가진다. 영정사로 불리던 사찰이 쇠락한 터에 조선 후기 천유대사가 무안에 있던 표충서원을 옮겨 표충사로 이름을 바꾸어 중창하였다. 서원의 기능을 옮겨온 사찰은 유교와 불교가 혼재된 형태를 보여준다. 그 전통은 표충사(寺) 내부로 표충사(祠)가 자리하는 희귀한 모습을 보여준다. 유교문화가 중심이었던 조선 후기에 사찰을 재건하기 위한 천유대사의 고육지책이 아니었을까 싶다. 서원의 교육기관으로서의 모습은 사라지고 배향기능만 남아 있는 사당은 사찰의 입구에 남아있다. 임진왜란 때 공적을 남긴 사명대사, 서산대사, 기허대사의 영정과 위패를 모셔 사찰로서의 가치를 배려하는 듯하다. 유교와 불교를 떠나 한마음이 되었던 사람들의 마음을 담고 있다. 사당 공간 뒤편으로 자리하는 사찰은 산기슭의 넓은 터를 지키고 있다. 사천왕문을 지나 나타나는 경내로 통일신라의 삼층석탑이 사찰의 오랜 역사를 증명한다. 사찰의 중심을 이루는 대웅전은 단정하게 쌓아 올린 돌계단과 석축으로 다듬어져 있다.

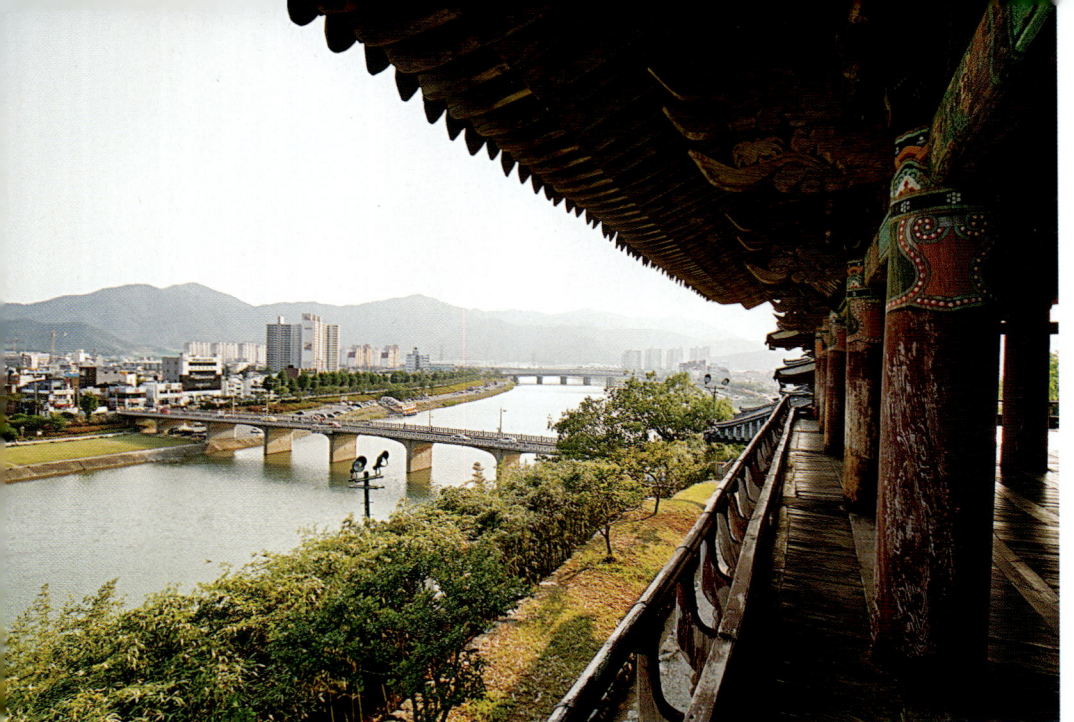

영남루 최고의 누각

| 위치 | 경상남도 밀양시 내일동 40
경상남도 밀양시 중앙로 324
운영시간 | 종일, 연중무휴

▶ MINI DATA
| 입장료 | 없음　　주차 | 가능　　분류 | 역사, 문화유적

우리나라 최고의 누각 중 하나로 칭송 받는 영남루는 강물 위 높은 절벽으로 자리한다. 좌우로 길게 능파당과 침류각을 이어가는 누각의 모습은 우리 건축의 아름다움을 멋지게 보여준다. 신라시대 영남사라는 사찰이 있던 자리에 누각이 만들어진 것은 고려시대로, 화재로 소실되었다가 19세기 중반에 지금의 모습으로 다시 지어졌다. 고려시대 이후 시대를 대표하는 문인들의 글과 글씨가 누각 내부에 가득하다. 시원스런 기둥 사이로 걸려 있는 편액은 '영남제일루'로 당시 10세인 이증석의 글씨라 하니 어린 소년이 넘치는 힘으로 써내려간 모습이 대단하다. 영남루는 남아 있는 건물의 보존 상태로도 우리나라의 으뜸이다. 현재 영남루를 찾는 많은 사람들이 누각 마루에 앉아 밀양강의 시원한 경관을 감상할 수 있다. 영남루와 부속건물인 침류각은 월랑으로 연결되어 있다. 층을 구분하여 계단식으로 만들어진 월랑은 그 위에 지붕을 얹은 화려한 모습이다. 그와 마주 보며 자리하는 천진궁은 과거 객사건물의 일부로 지금은 단군의 영정과 역대 여덟 왕조의 시조 위패를 모시고 있다. 이어지는 산책로를 따라 밀양시립박물관까지 둘러보는 한나절의 나들이는 밀양 최고의 경관을 감상할 수 있는 코스다. 영남루 앞 마당에 마치 새겨놓은 것처럼 바위를 장식하는 꽃무늬는 자연이 남긴 석화다. 산책길에 유심히 살펴보자.

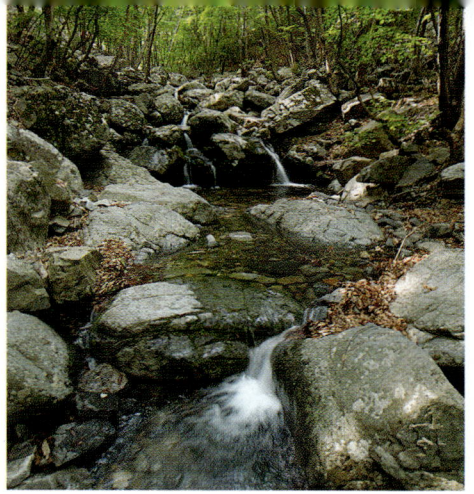

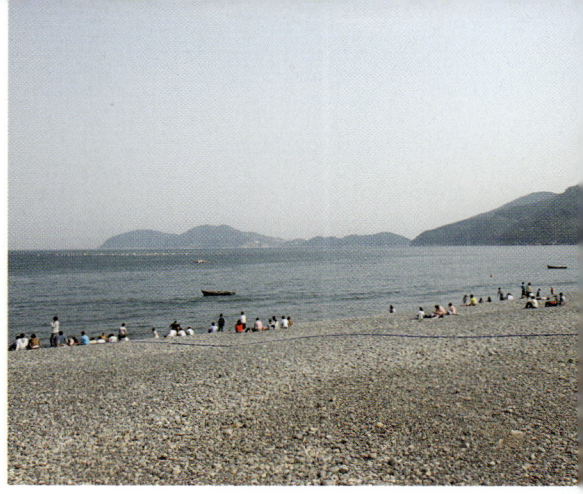

밀양 얼음골

천연 냉장고

| 위치 | 경상남도 밀양시 산내면 삼양리 산95-1 일대
경상남도 밀양시 산내면 얼음골로 160 일대
| 운영시간 | 종일, 연중무휴

▶ MINI DATA
| 입장료 | 있음   주차 | 가능   분류 | 산, 계곡, 동굴

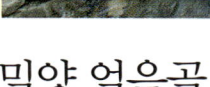

전국적으로 얼음골이라 불리는 곳은 많다. 한여름의 무더위를 식히는 계곡이 시원해 얼음골이라 부르지만 밀양 천황산 기슭의 얼음골은 그 느낌이 여느 곳과 다르다. 한여름에는 얼음이 얼고, 눈보라 치는 겨울에는 뜨거운 기운이 뿜어져 나오니 신비한 기운이 느껴진다. 땀을 흘린다는 사명당의 비석과 한겨울에도 화려한 날갯짓을 한다는 태극나비, 겨울날 솟아오르는 부봉암 죽순과 함께 밀양의 4대 기적으로 불린다. 해발 600m의 산기슭에서 나타나는 자연의 신비로운 현상은 뜨거운 외부 공기가 바위 표면으로 유입되면서 찬 지하수를 냉각시키며 나타난다고 한다. 하지만 석류 속 같은 얼음 알갱이가 계곡 사이로 알알이 매달려 있는 한여름의 풍경은 기적이라 표현할 수밖에 없을 만큼 신비하다. 오랜 시간 마을 주민들의 더위를 달래고 음식을 상하지 않도록 하였던 자연의 냉장고다.

학동 몽돌해수욕장

우리나라 최대 면적을 자랑하는 몽돌밭

| 위치 | 경상남도 밀양시 산내면 삼양리 185-1
경상남도 거제시 동부면 학동6길 18-1 인근
| 운영시간 | 종일, 연중무휴

▶ MINI DATA
| 입장료 | 없음   주차 | 가능   분류 | 바다, 섬

해안의 지형이 마치 한 마리 학이 비상하는 듯하여 이름 붙여진 학동은 흑진주 빛의 몽돌이 약 1.2km에 걸쳐 펼쳐져 있는 우리나라 최대 규모의 몽돌 해변으로 그 면적이 30,000m²에 이른다. 천연기념물 제233호인 동백나무 군락지가 해안을 따라 자리 잡고 있어 동백꽃이 피는 2월 중순부터 관광객으로 붐비고, 화사함을 자랑하는 팔색조가 6월에 이곳에 왔다가 9월에 돌아가는 이곳은 세계적인 팔색조 번식지로도 알려져 있다. 수심이 깊고 파도가 거칠어 해수욕을 즐기기에는 적당하지 않으나 바나나 보트 등 다양한 해양스포츠를 즐길 수 있으며 민박과 식당 등의 시설도 잘 갖추어져 있다. 무엇보다 몽돌밭을 쓰다듬는 파도소리가 아름다워 몽돌밭에 앉아 그 소리를 감상하는 것도 좋다.

거제 포로수용소
유적공원
한국 현대사의 가슴 아픈 상처

| 위치 | 경상남도 거제시 고현동 362
| | 경상남도 거제시 계룡로 61
| 운영시간 | 동절기 09:00~17:00, 하절기 09:00~18:00,
| | 1~3월/6월/9~12월 넷째 주 월요일 휴무

▶ MINI DATA
| 입장료 | 있음   주차 | 가능   분류 | 역사, 문화유적

해금강의 아름다움과 한국 경제 발전을 상징하는 조선소의 장관으로 기억되는 거제도에는 가슴 아픈 한국 현대사의 상처가 남아 있다. 한국전쟁 당시 엄청난 숫자의 피난민과 전쟁포로가 수용되었던 거제포로수용소는 부끄러운 듯 옛 터만을 간직해오다 이제는 유적공원으로 새롭게 단장되어 역사의 평가를 기다리고 있다. 현재 거제도 주민의 숫자가 20만 명, 당시 피난민과 포로의 숫자가 37만 명이었으니 상상만으로도 당시의 혼란스러움이 느껴진다. 한국전쟁 당시의 거제도는 고립된 천연의 수용소로 1,190ha의 넓이에 40만 명에 가까운 수용인원과 이를 감시, 감

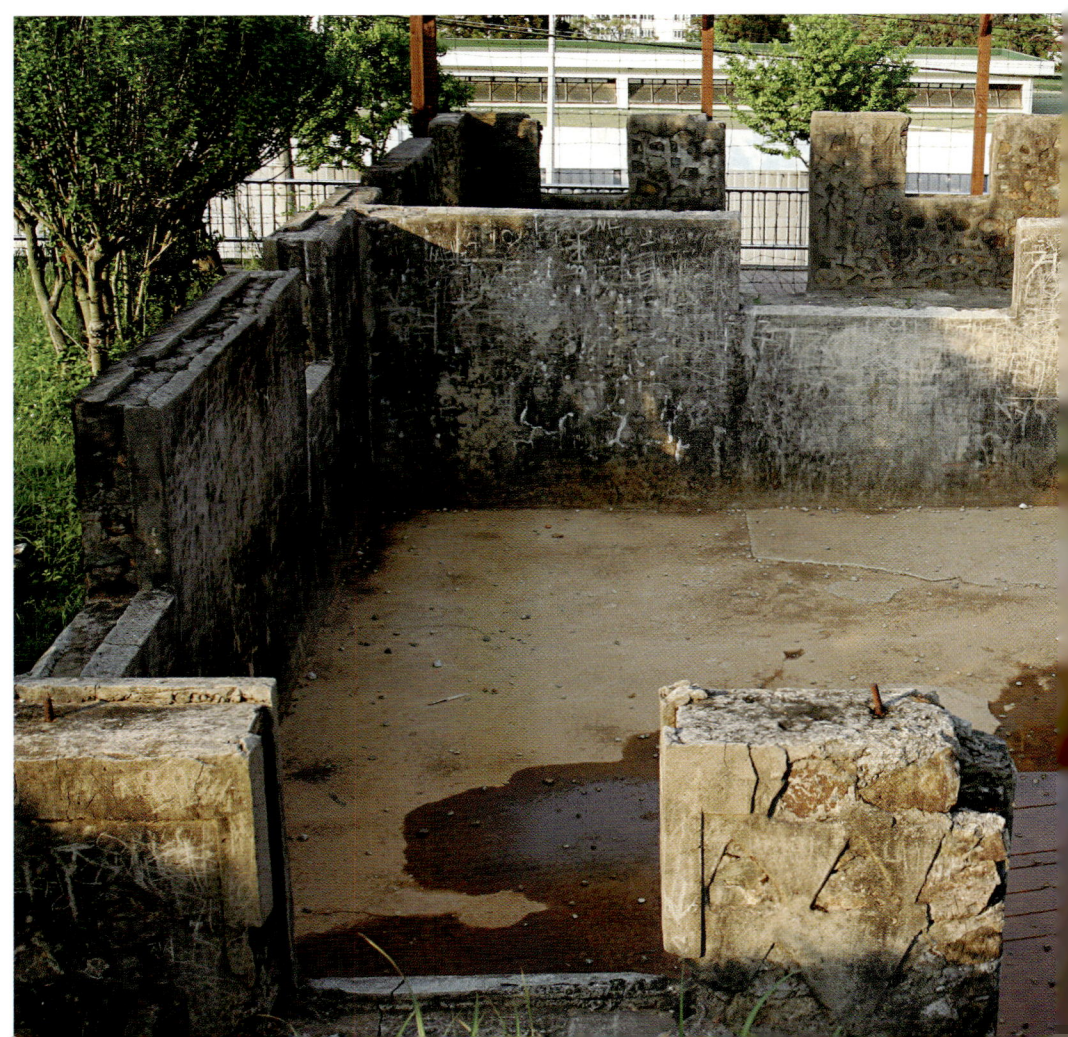

독하는 미군 중심의 UN군까지 2차 세계대전 이후 세계 최대 규모의 단일 수용소였다. 반공포로와 공산포로로 나뉘어져 스스로의 지휘조직까지 갖추며 서로를 공격하였는데 공산포로의 인민재판으로 반공포로 100여 명이 살해당하고 수용소의 소장이었던 미군 토드 준장이 납치당하는 등의 사건이 일어나기도 하였다. 공산포로의 조기송환을 추진하는 UN군과 이를 반대하는 한국정부의 대립까지 이어지던 포로수용소의 역사는 결국 1953년 판문점을 통한 희망 포로의 송환으로 아픈 시간을 마감하였다. 3년 동안의 수용소 시절은 경비소 집무실과 보급창고의 일부 건물만 남아 당시의 모습을 전한다. 현재 유적공원의 시설들은 거의 모두 공원 건립과 함께 재현된 시설들이다. 옛 수용소의 경비도로를 따라 자리하는 전시관들은 당시의 상황을 담담하게 보여준다. 희미한 사진 속 수많은 천막으로 채워진 수용소의 모습과 당시 사용된 빛바랜 물품들은 혼란스러운 당시의 모습을 상상할 수 있게 한다. 시각적으로 구성된 유적공원을 둘러보면 어느새 가슴이 갑갑해지며 이념과 동족전쟁의 아픔을 생각하게 된다.

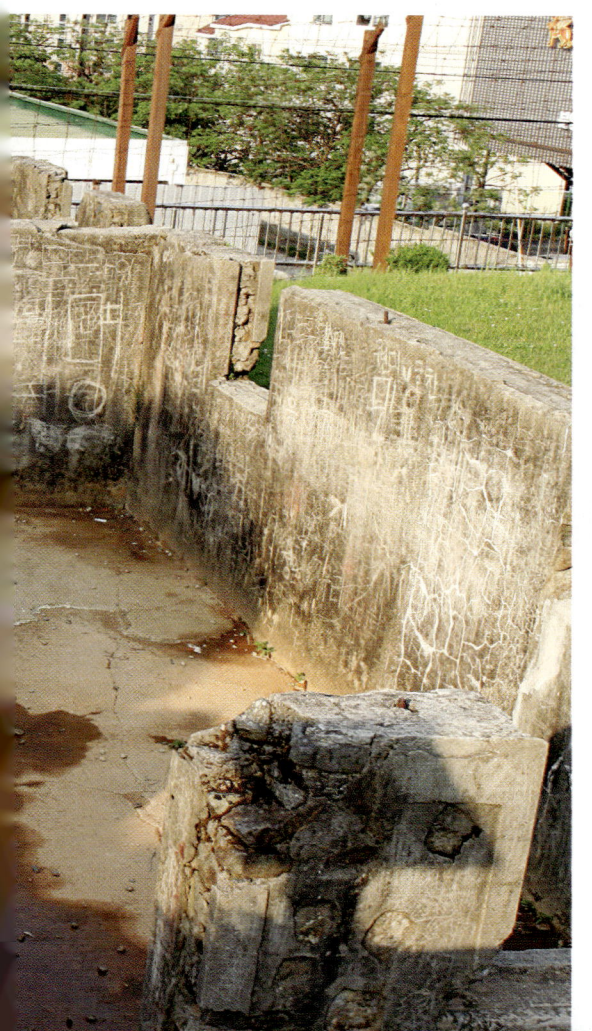

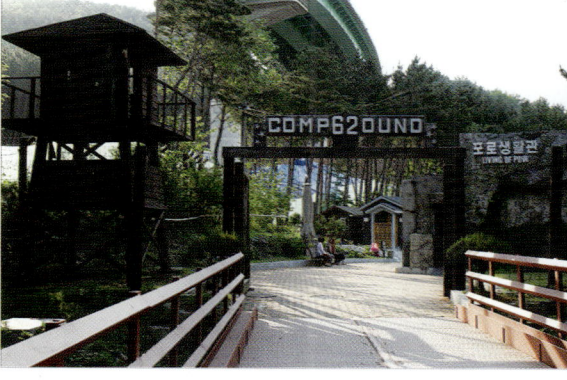

→ 거제온천, 바다를 바라보는 따뜻함

거제 시내 외곽에 자리하는 온천은 바닷물을 끌어들여 사용하는 해수탕이 아니다. 암반 깊은 곳에서 솟아오르는 알칼리성의 따뜻한 물로 수질 좋기로 유명하다. 여느 대도시의 시설보다 화려한 내부시설도 좋지만 깔깔한 바닷바람에 끈적이는 몸을 시원하게 씻어내고 즐기는 거제도의 야경은 여행의 여유를 느끼게 한다.

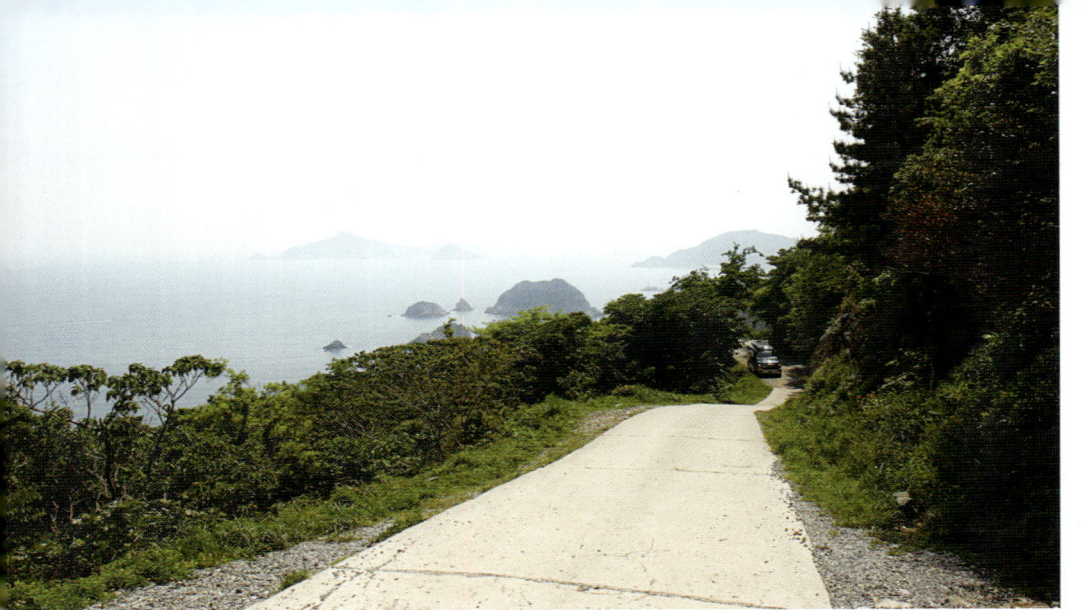

여차 몽돌해변과 해안도로 영화 「은행나무 침대」의 배경 속으로

| 위치 | 해변 경상남도 거제시 남부면 다포리 56-7
      (여차길 22-1) 인근
      도로 경상남도 거제시 남부면 거제남서로
| 운영시간 | 종일, 연중무휴

▶ MINI DATA
| 입장료 | 없음   주차 | 가능   분류 | 바다, 섬

바다 앞의 점점이 떠 있는 여덟 개의 섬이 바라보고 지킨다 해서 '여차'라는 이름이 붙은 해변으로, 모래가 아닌 작은 몽돌로 덮여 있는 해변이다. 일명 몽돌해수욕장이라 부른다. 일반인들은 잘 모르는 곳이었으나 거제도의 천장산 허리를 지나는 도로 공사로 차츰 알려지게 되어 전국적으로 유명한 해변이 되었다. 해변의 길이는 700m, 폭 30m로 규모는 크지 않으나 검은 몽돌밭이 파도에 씻겨 반짝이는 풍경이 너무나 멋지다. 또한 여덟 개의 섬이 병풍처럼 해안을 감싸며 떠 있어 한 폭의 동양화를 보는 듯하다. 천장산 자락에 안겨 있는 해안 마을은 기암절벽으로 이루어져 거제도 최고의 경관을 자랑하는데, 특히 밤에 듣는 이 해변의 파도소리는 작은 몽돌들이 서로 몸을 부딪혀 내는 소리가 해안을 가득 채워 잠을 설치게 만들며 보름달이 뜨는 밤이면 달빛이 어린 바다와

해안을 보호하듯 서 있는 여덟 섬의 그림자가 어우러져 환상적이다. 영화 「은행나무 침대」에서 궁중 악사(한석규)가 황 장군(신현준)에 의해 죽음을 맞는 장면이 촬영되기도 했다. 여차 몽돌해변에서 나와 명사해수욕장으로 가는 3.5km 구간은 거제도 해안도로 중 단연 아름다운 구간으로 작은 섬들로 이루어진 한려해상국립공원의 절경을 압축해서 보는 듯하다. 특히 일출과 일몰의 광경이 장관으로 꼽힌다. 해안으로 가는 오솔길이 아름다운 명사해수욕장은 이름처럼 깨끗하고 질 좋은 모래와 맑은 바닷물이 돋보이는 곳이다. 백사장의 길이는 약 500여 미터로 해안의 규모가 작아 조용한 피서를 즐길 수 있으며 천 년 노송이 우거진 숲 속에 앉아 유리알처럼 반짝이는 해변을 바라보면 도심에 찌들었던 마음이 깨끗이 씻기는 듯하다.

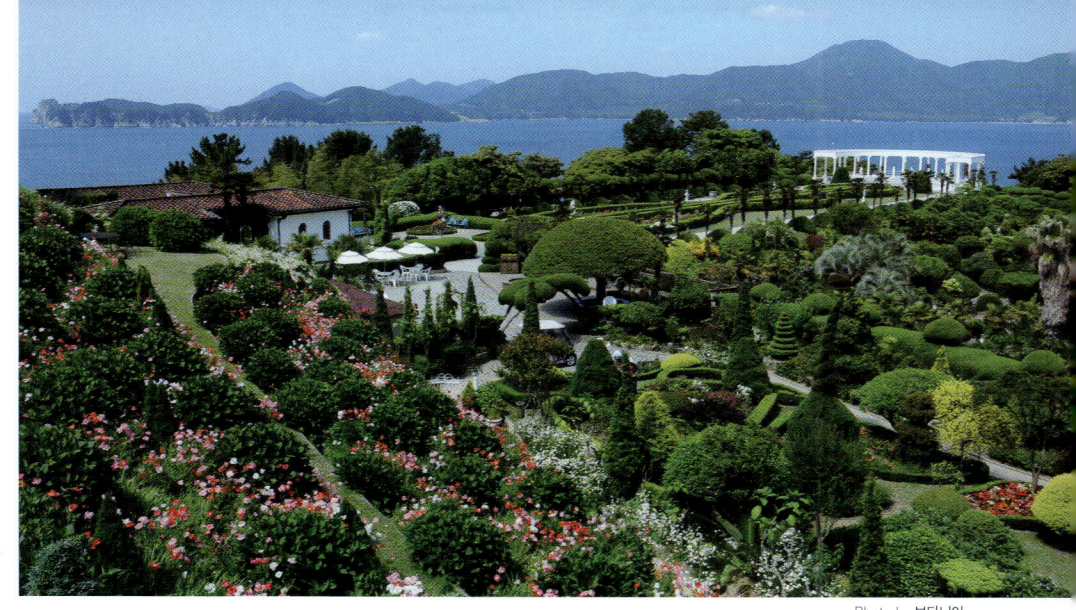

외도 보타니아 다도해 위에 떠 있는 초록빛 천국

위치 | 경상남도 거제시 일운면 와현리 산109
　　　경상남도 거제시 일운면 외도길 17
운영시간 | 일출~일몰(당일 영업여부 홈페이지 참조)

▶ MINI DATA
| 입장료 | 있음　　주차 | 불가능　　분류 | 바다, 섬

섬 전체가 이국적인 정원으로 꾸며진 해상공원이다. 거제시에서 약 4km 떨어진 곳에 위치한 외도는 겉으로 보기에는 하나의 섬 같지만 실제로는 동도와 서도, 두 개로 이루어진 섬이며 이 중 33km²의 서도가 공원으로 꾸며져 있으며 동도는 자연 상태 그대로 동백숲이 섬 전체를 덮고 있다. 사계절 풍부한 수량을 가진 후박나무 약수터가 있는 우물을 중심으로 일고여덟 가구가 모여 살았던 외도는 척박한 바위투성이의 섬으로 전기도 들어오지 않는 곳이었다. 1960년대 말 이 섬을 사들인 개인이 30년에 걸쳐 가꾸어 세계적인 관광지가 된 것이다. 거제도에서 유람선을 타면 해금강의 절경을 감상한 후 외도로 들어가게 되는데 외도선착장에서 안내 표지판을 따라 언덕을 올라가면 한겨울에도 초록의 잎사귀를 자랑하는 야자수가 푸른 바다와 선명한 대조를 이루는 식물의 천국을 만나게 된다. 선샤인, 야자수, 선인장 등 아열대 식물이 가득하여 이국적인 분위기가 물씬 풍기는 1.3km의 산책로를 따라가면 주제별로 꾸며진 스파리티움, 마호니아 등의 희귀식물을 볼 수 있으며, 편백나무 숲으로 만든 천국의 계단과 다양한 크기와 형상의 비너스 조각이 인상적인 비너스공원은 명물로 꼽힌다. 봄부터 늦가을까지 약 200여 종의 꽃들이 피고 초겨울인 11월에서부터 다음해 3, 4월까지도 동백꽃을 감상할 수 있다. 섬에 자생하는 동백, 대나무, 후박나무들이 숲을 이루고 있고 동박새, 물총새가 그 안에 둥지를 튼다. 전망대에 서면 푸른 바다 위에 그림처럼 펼쳐진 해금강의 절경을 감상할 수 있고 여유 있게 차 한 잔을 마실 수 있는 카페도 운영하고 있다. 사계절 초록을 감상할 수 있는 것으로 알려져 한겨울 남도 여행지로 특히 각광받고 있다.

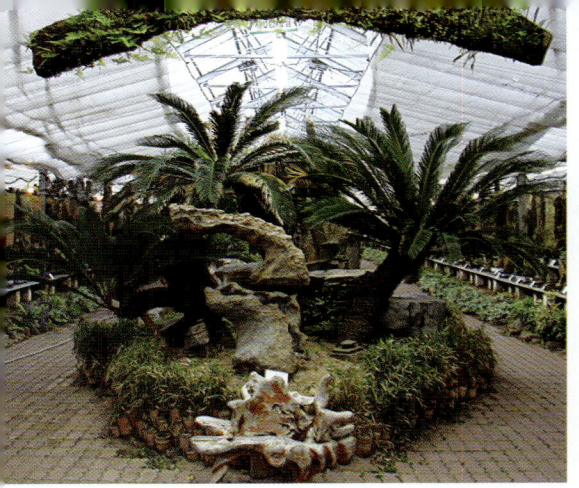

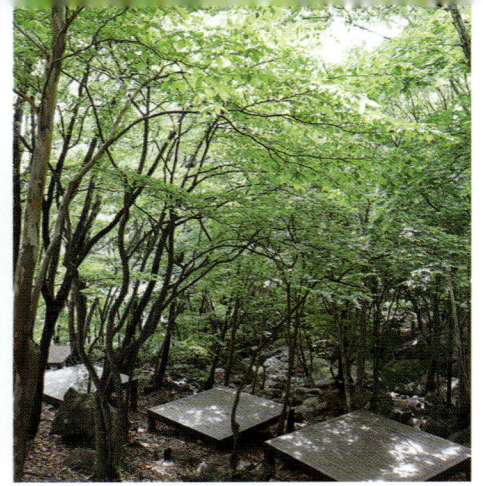

거제 자연예술랜드
석부작과 목부작을 감상한다

| 위치 | 경상남도 거제시 동부면 구천리 424
경상남도 거제시 동부면 동부로 207
| 운영시간 | 11~3월 09:00~18:00, 4~10월 08:00~20:00,
연중무휴

▶ MINI DATA
| 입장료 | 있음   주차 | 가능   분류 | 공원

수석과 운치 있는 고목에 풍란을 얹고 뿌리를 내리도록 정성스레 가꾸어낸 작품을 석부작 또는 목부작이라 부른다. 자연을 소재로 예술을 만들어내는 정성과 미학이 사람들에게 인정 받고 있다. 관장이 30여 년 동안 수집한 특별한 작품들을 고향으로 옮겨 1995년 개관한 자연예술랜드는 작은 자연을 실내로 옮겨놓은 곳이다. 한 개인의 노력이 만들어낸 화원은 수석과 정원석, 풍란을 비롯한 야생화의 천국이다. 만만치 않은 입장요금이 결코 아깝지 않을 것 같다. 석림지실이라 이름 붙은 공간을 놓치지 말자. 사람 키만한 높이의 수석들이 나름의 이름을 가지고 무려 600여 점이 함께한다. 기다란 수석을 특별한 방법으로 이어 붙이고 특색을 가진 식물을 안착시킨 놀라운 예술작품이다. 실생산수화라 불리는 작품들이 마치 살아 있는 동양화를 보는 기분이다.

거제 자연휴양림
바닷바람 가득한 숲

| 위치 | 경상남도 거제시 동부면 구천시 산103
경상남도 거제시 동부면 거제중앙로 325
| 운영시간 | 휴양림 09:00~18:00, 숙박 15:00~익일12:00,
연중무휴

▶ MINI DATA
| 입장료 | 있음   주차 | 가능   분류 | 숲, 자연휴양림

거제 자연휴양림은 바다와 산을 함께 즐길 수 있다. 거제도에서 가장 높은 노자산 자락으로 펼쳐지듯 자리 잡은 휴양림은 울창한 계곡 사이로 여유롭게 간격을 두고 숙소들을 배치하였다. 최근 다시 지어진 콘도형 숙소와 둘만의 오붓한 쉼터로 더없이 좋은 산막형 숙소가 있지만 이곳이 자랑하는 최고의 경관은 휴양림 뒤편으로 이어지는 노자산 정상의 전망대에서 바라보는 남해 바다. 해발 565m의 그리 높지 않은 산이지만 주변 최고의 높이에서 바라보는 바다는 한려해상국립공원의 아름다움을 가장 멋지게 보여주는 장소 중 한 곳으로 이름 높다. 숙면을 취하고 이른 아침 산책하듯 산을 올라 경관을 바라보자. 수많은 작은 섬들의 모습은 구름 위로 머리를 내민 산맥을 바라보는 느낌이다. 날씨가 좋은 날이면 현해탄과 대마도까지 가깝게 다가온다.

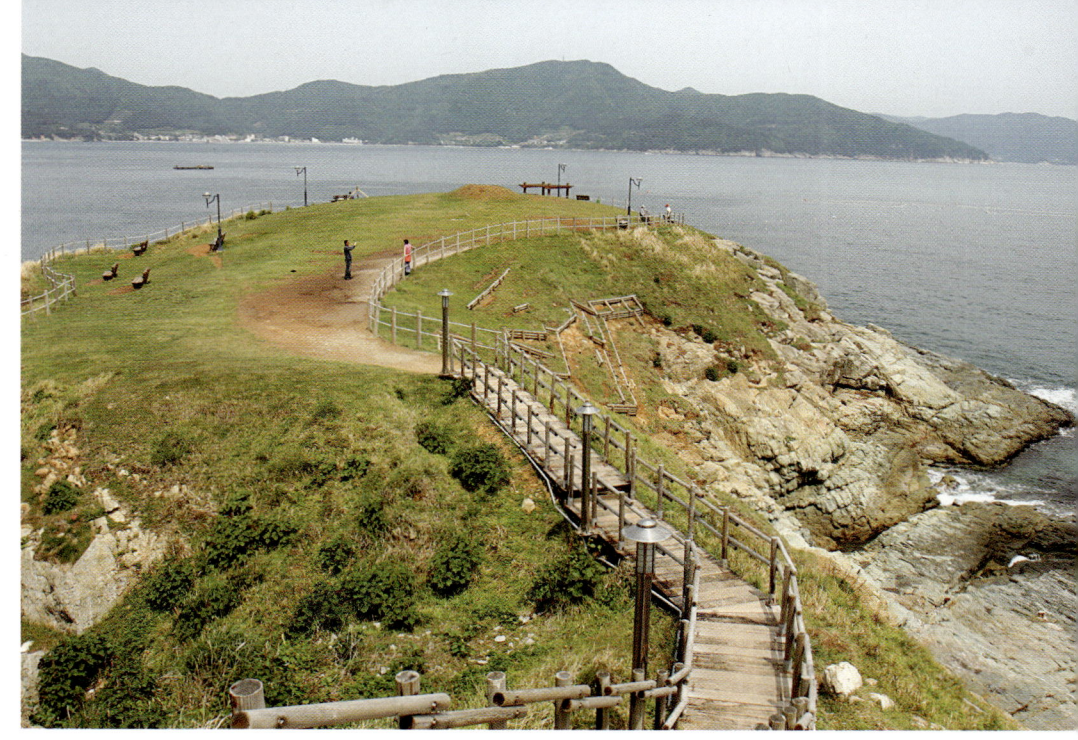

바람의 언덕 　이름처럼 아름다운 곳

| 위치 | 경상남도 거제시 남부면 도장포마을
| 운영시간 | 종일, 연중무휴

▶ MINI DATA
| 입장료 | 없음 　　주차 | 가능 　　분류 | 바다, 섬

거제도 곳곳이 자연이 빚은 아름다움으로 가득하지만 이름보다 더욱 아름다운 바람의 언덕을 놓치지 말자. 마치 영화의 제목처럼 불리는 언덕은 실제 많은 드라마 속 배경으로 유명해졌다. 해금강 유람선 선착장이 자리하는 도장포 작은 항구 오른편으로 자연 방파제처럼 낮게 누워 있는 언덕은 파란 잔디로 뒤덮여 그림처럼 아름답다. 나무 계단으로 연결된 산책로를 따라 언덕을 오르면 몸을 가누기 힘들 정도의 바람이 마치 힘겨루기라도 하듯 불어온다. 이름대로 바람이 주인 되는 장소임을 대번에 느낄 수 있다. 정상 부근 벤치에 앉으면 지중해의 경치가 부럽지 않은 우리 국토의 또 다른 아름다움이 눈앞으로 펼쳐진다. 사진기에 담을 수 없는 바람의 노래 소리는 한적한 포구와 바다 위에 떠 있는 듯 작은 섬들의 조화로운 모습을 칭송하는 자연의 울림이다. 바람결 따라 누워 자라는 동백꽃의 인사까지 남도의 포근함을 느낄 수 있다. 바람의 언덕과 연결되는 도장포항구는 작고 아담한 남도의 아름다움을 가득 간직한다. 주변에는 세찬 바람에 가지를 단련시킨 듯 굵은 동백나무가 지천이다. 해금강을 돌아보는 유람선 관광이나 외도를 찾아가는 여객선의 출발점이기도 하다. 선착장 주변으로 거제 바다의 향기를 듬뿍 담은 신선한 해산물들을 맛보거나 구입할 수 있다.

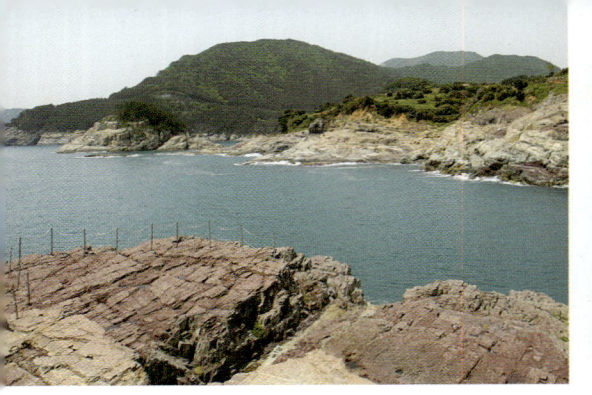
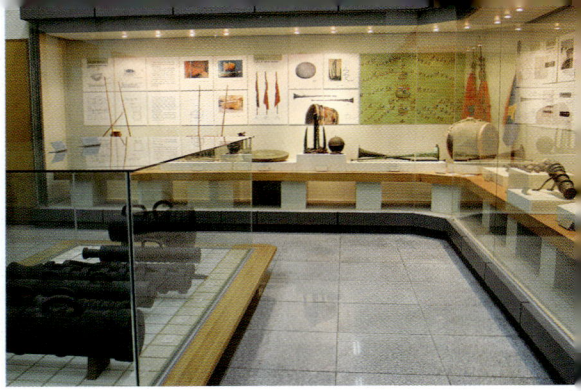

신선대

신선도 쉬어 가는 곳

위치 | 경상남도 거제시 남부면 갈곶리 산21-19
　　　경상남도 거제시 남부면 해금강로 인근
운영시간 | 종일, 연중무휴

▶ MINI DATA
| 입장료 | 없음　주차 | 가능　분류 | 바다, 섬

남해의 아름다움이 가득한 거제도의 풍경 중에서도 가장 뛰어난 8곳을 거제팔경이라 부른다. 거제팔경은 하나하나가 자연이 선사하는 최고의 모습을 보여주지만 신선대의 경관은 그중에서도 으뜸이 아닐까 싶다. 폐교를 예쁘게 단장한 해금강테마박물관에서 시작되는 작은 산책로를 따라 바다를 향해 걸으면 바다와 어우러지는 바위의 장관은 해금강의 절경을 하나로 모은 듯 아기자기하다. 바다를 향해 절벽을 이루고 있는 기암괴석 위에 전망대가 있으며 함목해수욕장과 작은 섬의 모습이 그림처럼 어우러지는 바다의 장관을 볼 수 있다. 드라마, 광고의 촬영지로 눈에 익은 선명한 붉은빛의 주유소마저 바다를 배경으로 해서 그런지 아름답게 느껴진다. 1시간 정도의 여유를 가지고 찬찬히 전망대와 주변 경관을 둘러보자. 마음을 편하게 다독이는 바다의 노랫소리가 들릴 것 같다.

옥포대첩기념공원

전설의 시작

위치 | 경상남도 거제시 옥포동 산1-1
　　　경상남도 거제시 팔랑포2길 87
운영시간 | 09:00~18:00, 연중무휴

▶ MINI DATA
| 입장료 | 있음　주차 | 가능　분류 | 공원

국가의 운명이 풍전등화 같았던 임진왜란의 첫 승리이자 파죽지세이던 적의 기세를 한칼에 꺾은 옥포전투의 소식은 마른 대지를 흠뻑 적시는 빗물과도 같은 기쁨이었을 것이다. 1592년 5월 7일, 경상우수사 원균의 구원 요청을 받고 출동한 전라좌수사 이순신의 전투선은 후방보급을 위해 옥포 앞바다에 집결하였던 왜군의 전투선 50여 척 중 30척을 격파하는 대승을 거두었다. '크게 구제한다'는 뜻을 지닌 거제(巨濟)라는 이름처럼, 승리는 전세를 반전시키는 결정적인 계기가 되었다. 당시의 승리를 기념하고 충무공의 정신을 기리는 기념관은 옥포를 바라보는 언덕에 자리한다. 높이 30m의 거대한 기념탑과 사당, 전시관과 2층 누각이 옥포루로 구성되는 언덕은 아름다운 경관 또한 자랑이다. 전시관은 충무공과 임진왜란의 기록을 상세하게 알려준다. 당시 옥포전투는 판옥선만으로 구성된 전투였지만 이순신 장군을 상징하는 거북선의 단면도를 볼 수 있다. 대포와 철환 등 당시의 생생한 무기들은 치열했을 전투의 상황을 생동감 있게 느끼게 한다.

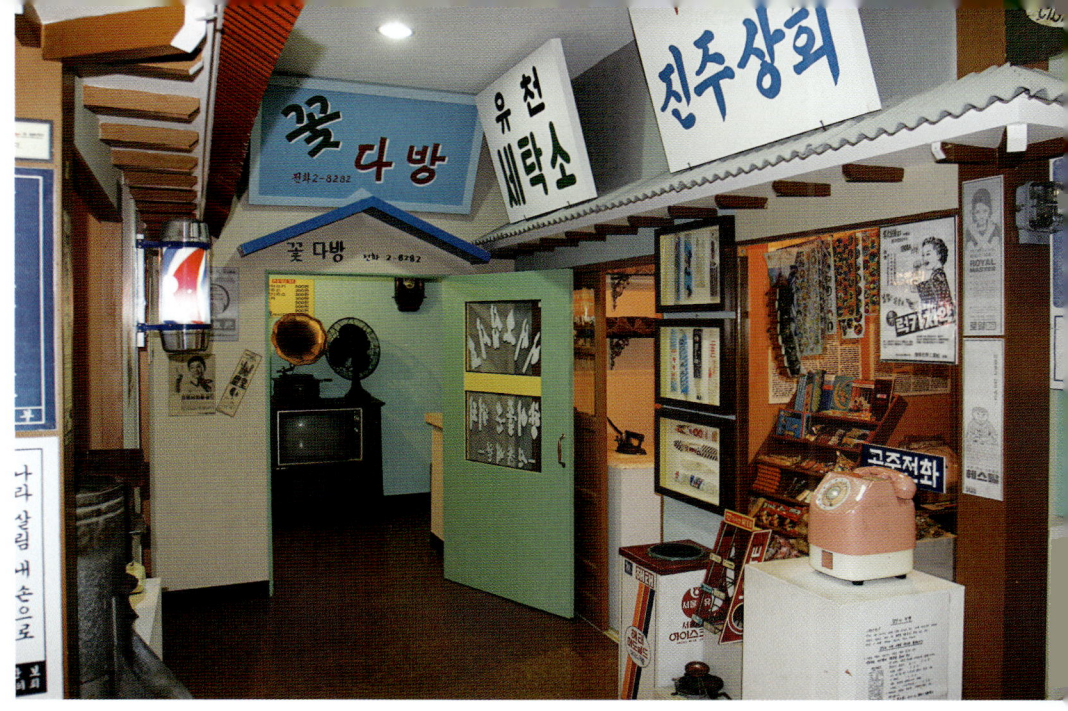

해금강 테마박물관 추억을 느끼는 곳

위치 | 경상남도 거제시 남부면 갈곶리 262-5
경상남도 거제시 남부면 해금강로 120
운영시간 | 09:00~18:00

▶ MINI DATA
| 입장료 | 있음   주차 | 가능   분류 | 박물관

지나간 시간의 자료들이나 특정한 주제를 한곳에서 바라보는 전시관의 목적은 찾는 사람들에게 즐거움을 준다는 의미도 함께 한다. 박물관을 찾아 재미를 얻고 싶다면 거제도의 끝자락 작은 박물관을 찾아보자. 도장포와 신선대의 경관이 시작되는 자리에 추억을 떠올리게 하고 이국의 신비로움을 간직한 전시관이 있다. 폐교로 방치되었던 건물을 단장한 박물관은 내부 가득히 우리의 지나온 세월 속 물건들을 모아두었다. 단순한 진열이 아니라 영화 세트를 보듯 주제를 가지고 추억의 물건들을 전시하고 있어 과거의 거리를 걸어가는 기분을 느끼게 한다. 모두 한 개인의 노력으로 수집된 5만 여 점의 옛 물건들이라니 더욱 놀라운데 전시공간이 협소해 소장품의 일부만을 보여주고 있다고 한다. 2층에 전시되어 있는 중세유럽 범선의 정교한 모형은 어느 곳에서 보기 힘든 귀한 모습이다. 비록 모형이지만 정밀하게 재현된 각 나라의 대표적 범선과 역사가 기록되어 꼼꼼하게 살펴보는 것이 좋다. 이탈리아 베네치아의 연극 가면, 화려한 프랑스의 도자기 인형, 밀랍 인형에서 칸영화제의 포스터까지 소장자의 이색 수집품들이 모두 예사롭지 않다. 도자기 인형, 영화 속 주인공들의 모습까지 하나하나가 신기하다. 1층 복도를 채우는 광주민주화운동의 사진들은 끔찍하고 가슴 아프지만 잊지 말아야 할 지난날의 기록이다. 범선 모습으로 꾸며진 옥상 공간에서는 차 한 잔과 함께 해금강의 멋진 경관을 감상할 수 있다.

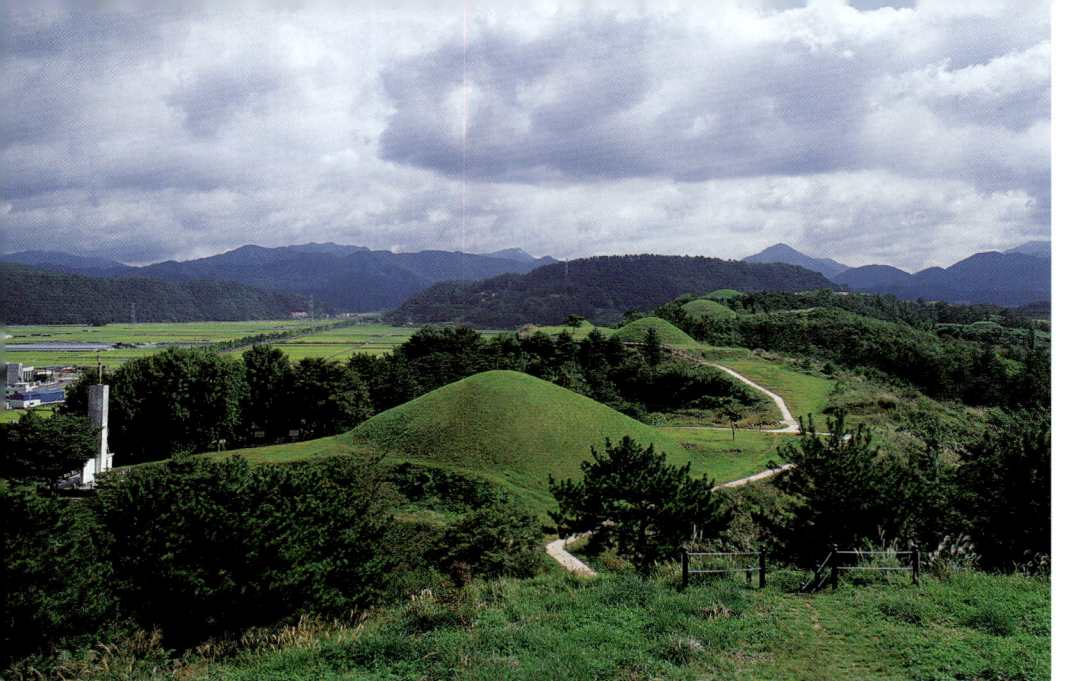

함안 고분군과 함안박물관 아라가야를 찾아서

| 위치 | 경상남도 함안군 가야읍 도항리 581-1
     경상남도 함안군 가야읍 고분길 153-31
| 운영시간 | 동절기 09:00~17:00, 하절기 09:00~18:00,
     매주 월요일 휴관

▶ MINI DATA
| 입장료 | 없음   주차 | 가능   분류 | 역사, 문화유적

가야를 말할 때면 빠지지 않고 등장하는 이름이 바로 아라가야이다. 한 번 들으면 쉽게 잊혀지지 않는 '아라'라는 예쁜 이름의 고향이 바로 함안이다. 6개 나라의 연맹체로 이루어졌으며 우수한 철기문화를 가지고 있었으나 하나로 통일되지 못하여 나중에 신라와 백제에 병합되게 된다는 것이 가야에 대한 일반적인 설명이다. 삼국유사 가락국기에는 아라가야, 고령가야, 대가야, 성산가야, 소가야, 금관가야, 비화가야 등 7개의 나라가 나오는데, 가야토기 등의 발굴을 통하여 살펴볼 때 이보다 더 많은 나라들이 있었을 것이라는 것이 최근의 주장이다. 김해를 중심으로 하는 금관가야가 가야의 성립기라면, 아라가야는 4세기경 전기 가야연맹의 중심지 역할을 했던 곳이다. 가야읍

함안군청 뒤편으로 아라가야의 고분들이 모여 있다. 정식 명칭은 이곳의 지명을 딴 '함안 말이산 고분군'으로 100여 기에 달하는 고분들이 함께 모여 봉긋하게 솟은 그 모습이 장관을 이룬다. 굽을 가진 그릇에 불꽃문양이 새겨진 토기가 발견됨으로써 독자적인 문화를 이루고 있음이 확인되었다. 고분군과 이웃해 있는 함안박물관은 함께 들러야 할 필수코스이다. 입구의 불꽃문양이 이곳이 아라가야의 박물관임을 알리고 있다. 안에는 복제품이기는 하지만 이곳에서 발굴된 수레바퀴 모양 토기와 불꽃문양 토기를 전시하고 있으며, 마갑총에서 발굴된 말갑옷을 복원해 놓고 있어 아라가야의 우수한 철기문화를 살펴 볼 수 있다.

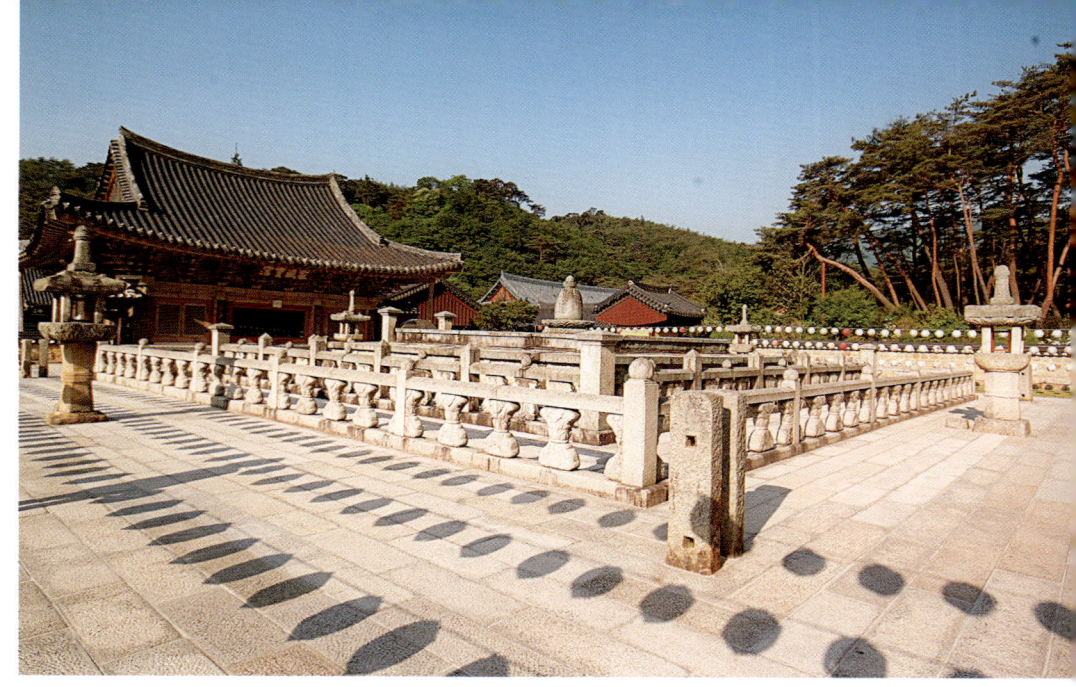

통도사 석가모니의 진신사리를 모신 불보사찰

| 위치 | 경상남도 양산시 하북면 지산리 583
경상남도 양산시 하북면 통도사로 108
| 운영시간 | 종일, 연중무휴

▶ MINI DATA
| 입장료 | 있음   주차 | 가능   분류 | 불교유적

해인사, 송광사와 더불어 우리나라 삼보사찰로 꼽히는 통도사는 신라 선덕여왕 때 자장율사에 의해 창건된 절이라고 「삼국유사」에 기록되어 있다. 팔만대장경이 있는 해인사는 법보사찰, 보조국사 이래로 열여섯 명의 국사를 배출한 송광사는 승보사찰, 그리고 석가모니의 진신사리를 모시고 있는 통도사는 불보사찰이다. 절이 위치한 영축산의 모습이 석가모니가 설법을 한 인도의 영취산의 산세를 닮았다 해서 통도사(通度寺)라고 하며, 승려가 되려는 사람은 금강계단에서 계를 받아야 한다고 해서 통도사라고 한다. 자장율사가 당나라로부터 모셔온 전골진신사리와 치아사리 그리고 가사를 적멸보궁에 보관하고 그 앞에 금강계단을 쌓았는데 승려가 되고자 하는 사람들은 이 금강계단 앞에서 계를 받았다. 그래서 통도사 대웅전에는 다른 불보사찰과 마찬가지로 불상이 없다. 대웅전 뒤쪽 금강계단이 불상을 대신하는 것이다. 국보 제290호로 지정된 대웅전을 비롯해 고려 말 건물인 대광명전, 영산전, 극락보전 등 12개의 법당과 보광전, 감로당과 비각, 천왕문, 불이문, 일주문, 범종각 등 65동 580여 칸에 달하는 대가람이다. 그 밖에도 보물 제334호인 은입사동제향로, 보물 제471호인 봉발탑 등이 있고 보물전시관에는 병풍·경책·불구(佛具) 및 고려대장경 등의 유물을 보관하고 있다. 영축산에서 흘러내린 계곡물 소리를 들으며 울창한 소나무 숲을 지나 경내로 들어가는 길도 아름답다.

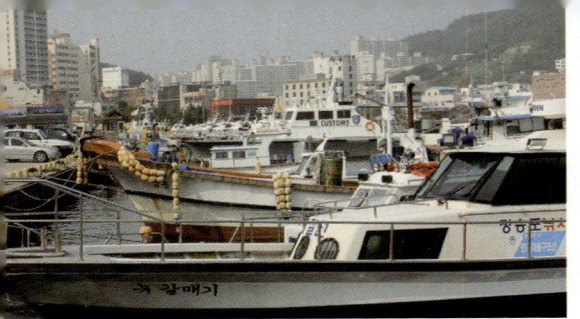

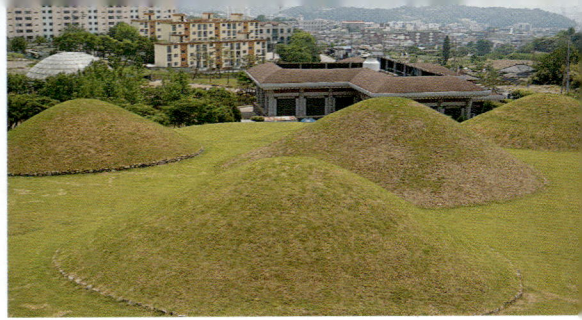

장승포항

거제를 품에 안은 포근한 항구

| 위치 | 경상남도 거제시 장승포동 687 일대
경상남도 거제시 장승로 98 일대
| 운영시간 | 종일, 연중무휴

▶ MINI DATA

| 입장료 | 없음　　주차 | 가능　　분류 | 바다, 섬

장승포항은 아기자기하고 포근하다. 사람과 해물과 갈매기의 놀이터가 되는 감성의 아름다움을 가진다. 거제에서 뻗어 나가는 깨알처럼 작은 섬들과의 항로는 수십 가닥의 탯줄처럼 장승포항에서 바다로 연결된다. 예로부터 거제도는 깊은 바다와 차가운 해수로 바다생물이 다양하고 맛이 뛰어난 것으로 유명하다. 이런 풍부한 거제의 수산물은 장승포항을 중심으로 모여들었고 사람들의 입맛을 사로잡았다. 지금도 장승포항의 먹을거리는 풍성하고 그 맛이 뛰어나다. 바다생물로 한 상 가득 차려낸 먹을거리에서 단출한 백반까지 전국 어느 곳의 포구마을 먹을거리가 이리 풍성하고 맛깔스러울 수 있을까 생각을 하게 만든다. 활회회, 해물뚝배기, 해물찜, 간장게장, 성게비빔밥, 굴국밥 등 아무 식당을 찾아가도 수준 이상의 맛과 양을 만날 수 있다. 만일 11월에 장승포항을 찾았다면 굴국밥과 감성돔회를 추천한다. 그렇게 해물뚝배기나 굴국밥 한 그릇 비워낸 다음이라면 외도, 지심도, 해금강, 홍도, 매물도 등 크고 작은 섬으로 떠나는 유람선에 몸을 맡기자.

교동 고분군과 창녕박물관

가야의 무덤 속을 들여다보자

| 위치 | 경상남도 창녕군 창녕읍 교리 86
경상남도 창녕군 창녕읍 창밀로 34
| 운영시간 | 09:00~18:00, 매주 월요일 휴관

▶ MINI DATA

| 입장료 | 없음　　주차 | 가능　　분류 | 역사, 문화유적

창녕에서 밀양으로 이어지는 24번 국도를 지나다 읍내 외곽 길 양쪽으로 무리를 짓고 있는 무덤을 볼 수 있다. 비화가야의 지배층의 무덤으로 알려진 고분군이다. 이 일대에 약 100여 기가 넘는 무덤이 모여 있는데, 그 가운데 박물관이 있어 자세한 내용을 알려준다. 창녕의 역사를 담고 있는 박물관으로 고분 축조 과정을 디오라마로 볼 수 있고, 고분에서 출토된 여러 유물들을 전시하고 있다. 특히 눈길을 끄는 것은 계성 고분 이전 복원관이다. 이곳과 조금 떨어져 있는 계성 고분군의 무덤 하나를 그대로 옮겨와 내부를 볼 수 있게 만들어 놓았다. 돌방을 만들고 그 위로 흙을 덮은 구조인데 무덤 안을 들여다 볼 수 있다는 점에서 흥미롭기도 하거니와 교육적으로 큰 효과가 있다. 박물관 뒤로 고분군 정상에 오르면 박물관과 창녕읍내가 한눈에 들어온다.

→ **만옥정공원, 창녕의 야외박물관**

창녕 여행에서 빠트리지 말고 꼭 들러야 하는 곳이다. 신라 진흥왕이 가야 땅이었던 이곳을 신라로 편입한 후에 세운 비석인 창녕신라진흥왕척경비가 공원 내 제일 높은 곳에 자리하고 있는데 국보로 지정된 유물이다. 이 밖에도 조선 때의 건물인 창녕객사와 창녕척화비 등 창녕 일대의 유물들을 공원에서 볼 수 있다. 공원에서 바라보는 화왕산의 풍경도 멋지다.

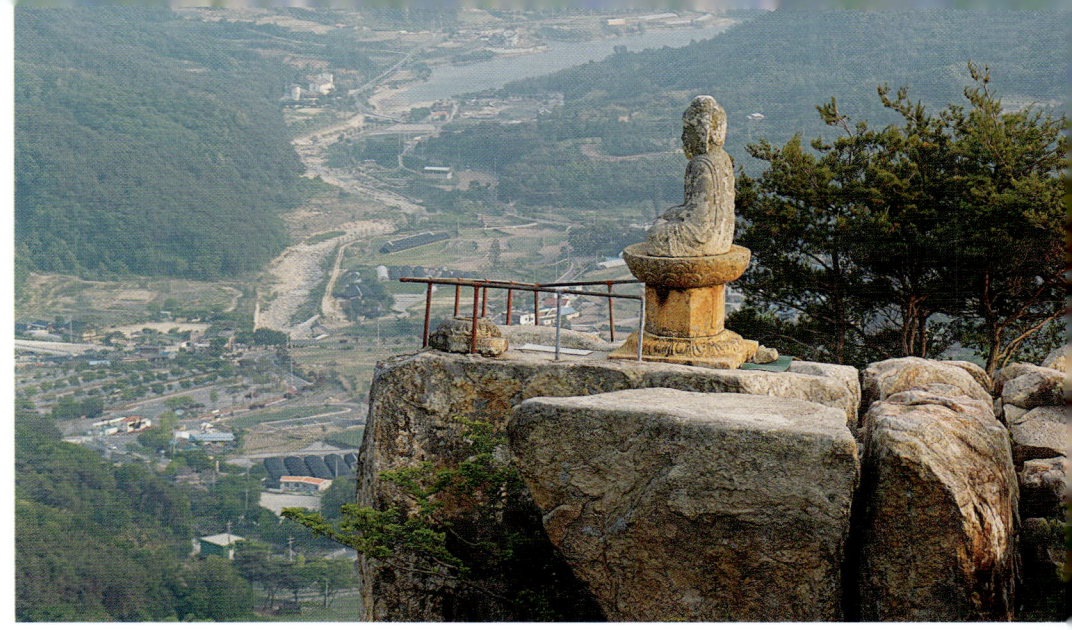

관룡사 원효대사의 화엄경 설법이 울려퍼진 곳

위치 | 경상남도 창녕군 창녕읍 옥천리 292
     경상남도 창녕군 창녕읍 화왕산관룡사길 171
운영시간 | 일출~일몰, 연중무휴

▶ MINI DATA
| 입장료 | 있음   주차 | 가능   분류 | 불교유적

철쭉과 억새로 유명한 화왕산군립공원 내 관룡산 병풍바위 아래에 위치한 관룡사는 신라 8대 사찰의 하나로 내물왕 39년(394년)에 창건되었다고 전해지며 원효대사가 중국 승려 1,000여 명을 모아놓고 화엄경을 설법한 곳으로 유명하다. 창건 당시 화왕산에 자리하는 연못에서 9마리의 용이 승천했다는 전설에서 사찰의 이름을 가져왔다. 일주문을 대신하는 돌담장 위의 산문을 지나 천왕문과 원음각이 산세를 따라 부드럽게 이어진다. 보물로 등록되어 소중한 가치를 인정 받는 대웅전과 약사전을 비롯하여 석조석가여래좌상 등 5점의 지정 유물이 있어 사찰의 가치가 더욱 높다. 특히 산 중턱 용선대 위에 올라앉아 있는 석조석가여래좌상은 우리나라에서 가장 좋은 위치에 자리 잡은 불상이 아닐까 싶다. 관룡사 뒤편 가파른 산길을 올라 용선대 방향이 아닌 오른편 화왕산성 방향

을 먼저 찾아보자. 산과 들판이 절묘하게 어우러진 경관을 배경으로 불쑥 솟아오른 용선대와 그 위에 자리하는 좌불상은 용선대를 출항하는 배의 모습으로 비유한 반야용선이란 별칭과 너무도 잘 어울린다. 다시 용선대를 올라 단정한 불상의 모습도 놓치지 말자. 부처님의 밝은 빛을 세상으로 비추는 모습이다. 사찰을 찾아가는 옛길에는 숨은 보물이 자리한다. 만화 속 주인공들이 새겨진 듯 뭉툭한 코와 과장된 눈망울을 가진 한 쌍의 석장승은 토속신앙이 공존하였던 사찰의 또 다른 주인공이다. 고려 공민왕 때 개혁정치를 주장한 신돈과 관련된 유적도 있는데 신돈이 출가한 곳으로 알려진 옥천사지와 신돈이 태어난 일미사지가 인근에 있으며, 절 아래 옥천계곡은 여름철 피서지로 인기가 많다.

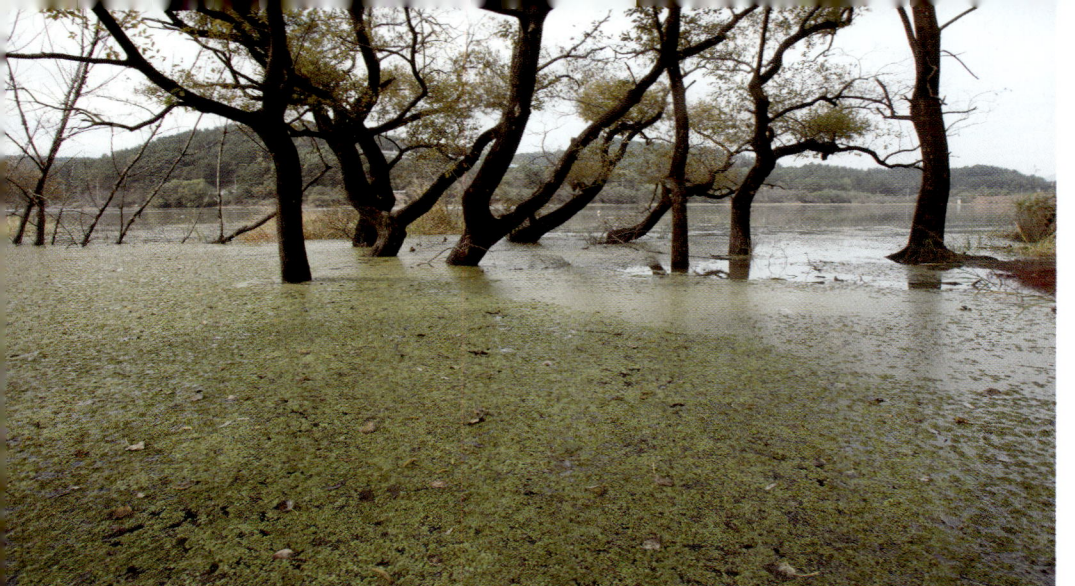

우포늪 살아 있는 자연사 박물관

위치 | 경상남도 창녕군 유어면 대대리 일대
　　　경상남도 창녕군 유어면 우포늪길 220 인근
운영시간 | 종일, 연중무휴

▶ MINI DATA
입장료 | 없음　　주차 | 가능　　분류 | 강, 유원지

'생태계의 고문서', '살아 있는 자연사 박물관'이라 불리는 우포늪은 우리나라 최대의 자연 늪지다. 1억 4,000만 년 전 공룡이 살았던 중생대 백악기에 해수면이 급격히 상승하고 낙동강 유역의 지반이 내려앉으면서 강물이 흘러들어 늪지와 자연호수들이 생겨나면서 우포늪이 생성되기 시작했다. 당시의 것으로 추정되는 공룡 발자국 화석이 우포늪 인근 유어면 세진리에서 발견되기도 했다. 옛날부터 인근 주민들이 소를 풀어 키우던 곳이라 해서 우포(牛浦)라 불리기 시작했으며 무분별한 개발과 농경지 확장으로 인해 가항늪, 팔랑늪, 학암벌 등 10여 개의 늪이 사라졌고 1960년대까지만 해도 백조 도래지로 유명하였으나 지금은 더이상 날아오지 않는다. 현재 가로 길이 2.5km, 세로 길이 1.6km로 담수 면적 2.3km²를 유지하고 있으며 1997년 생태계보존지역으로 지정되고 1998년 람사르조약에 의해 국제보호습지로 지정되어 보호·관리되고 있는데, 우리나라 전체 식물 종류의 약 10%인 430여 종의 식물이 서식하고 있으며, 그중 수생식물이 차지하는 비율은 50~60%나 된다. 늪임에도 불구하고 우포늪이 맑은 물빛을 가질 수 있는 이유가 바로 수생식물들이 우포늪의 수질을 자연 정화시켜주고 있기 때문이다. 천연기념물인 노랑부리저어새를 비롯해 쇠물닭, 논병아리 등 텃새와 청둥오리, 쇠오리, 기러기 등 겨울 철새들이 이곳을 찾고 있으며 28종의 어류가 서식하고 있다. 늪의 바닥은 수천만 년 전부터 숱한 생명체들이 나고 죽기를 거듭해 쌓인 부식층으로 단단하며 수면의 높이는 평상시 1~2m를 유지하고 있다. 우포늪자연생태관에서는 습지에 서식하는 조류, 어류, 양서류, 포유류 등 야생동물에 관한 자료와 습지에 대한 이해를 도와주는 다양한 전시물을 볼 수 있으며 현장감 넘치는 영상물도 관람할 수 있다.

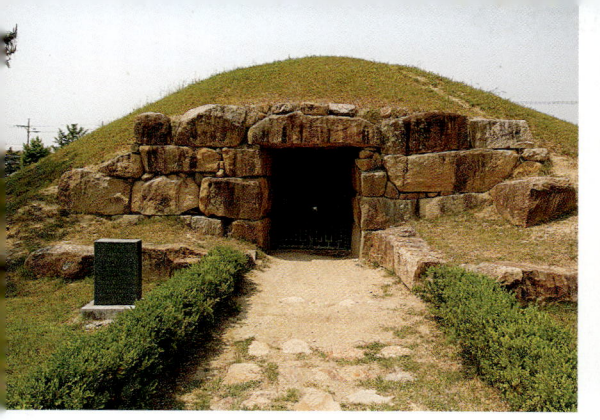

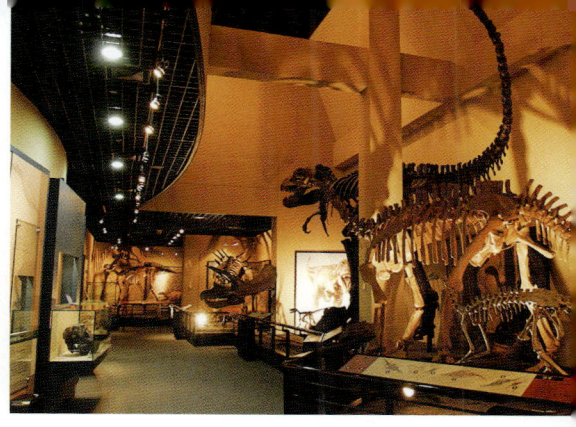

창녕 석빙고

조상의 슬기가 돋보이는 천연 냉장고

| 위치 | 경상남도 창녕군 창녕읍 송현리 288
　　　경상남도 창녕군 창녕읍 창녕대동길 7 인근
| 운영시간 | 종일, 연중무휴

▶ MINI DATA
| 입장료 | 없음　　주차 | 가능　　분류 | 역사, 문화유적

석빙고는 얼음을 저장해두기 위해 돌을 쌓아 만든 창고로 추운 겨울에 얼음을 보관해 두었다가 여름에 꺼내어 쓰는 옛날식 냉장고인 셈이다. 서울의 서빙고와 동빙고는 목재로 만들어져 현재는 남아 있지 않고 화강암으로 만들어진 석빙고가 경상북도 지방에 남아 있는데 주로 강이나 개울 주변에 만들어져 있다. 보물 제310호인 창녕의 석빙고는 우리나라에 남아 있는 6개의 석빙고 중 하나로 조선시대 영조 18년(1742년)에 만들어진 것이다. 서쪽으로 흐르는 개울과 직각이 되도록 남북으로 길게 위치하고 있으며, 입구를 남쪽으로 내어 얼음을 쉽게 옮길 수 있도록 하였다. 화강암으로 만들어진 빙실 위에 봉토를 덮어 마치 고분처럼 둥근 모양을 한 석빙고는 빙실의 길이가 약 13m, 너비 4.65m로 경사진 바닥에 물이 빠지도록 배수구멍을 만들었으며 환기구멍도 보이는데 경주나 안동의 석빙고와 같은 구조이나 크기가 약간 작다. 한여름에도 0℃의 기온을 유지하는 석빙고를 고안해 낸 선조들의 지혜를 만나보자.

고성 공룡박물관

지구 역사 여행

| 위치 | 경상남도 고성군 하이면 덕명리 85
　　　경상남도 고성군 하이면 자란만로 618
| 운영시간 | 동절기 09:00~17:00, 하절기 09:00~18:00,
　　　매주 월요일 휴관

▶ MINI DATA
| 입장료 | 있음　　주차 | 가능　　분류 | 박물관

고성의 해안 지역은 공룡의 흔적을 간직하고 있다. 언덕 위로 자리하는 박물관은 상족암과 한려수도의 아름다움을 한눈에 담는 경관이 일품이다. 높이 24m의 공룡 모형 탑은 중생대의 초식공룡인 브라키오사우루스를 형상화한 것이다. 마주 보는 전시관은 새끼 공룡이 알을 깨고 나오는 형태로 꾸며져 있다. 실제 공룡 화석은 몇 점에 불과하지만 살아 있는 듯 생생한 공룡 모형과 상족암에서 발견된 공룡 발자국, 골격의 모형들이 생생한 지구 역사의 주인공들을 보여준다. 말로만 전해듣던 공룡이야기를 상세한 해설과 뼈 맞추기 등 각종 체험시설로 쉽게 이해할 수 있다. 아이들의 지구과학 교육장으로 훌륭한 시설이고 바다를 조망하는 경관으로도 더없이 아름답다. 해마다 봄에 개최되는 고성공룡축제의 중심이 되는 장소이기도 하다.

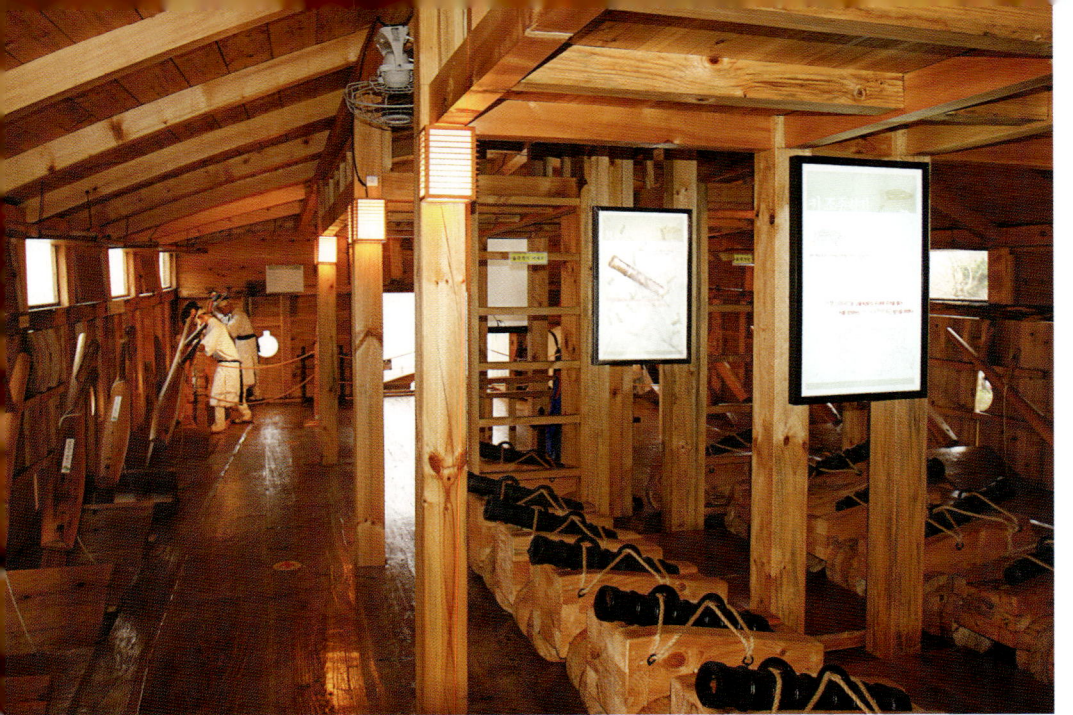

당항포 관광지 여러 볼거리가 갖추어진 아름다운 해변 관광지

위치 | 경상남도 고성군 회화면 당항리 112-2
　　　경상남도 고성군 회화면 당항만로 1116
운영시간 | 동절기 09:00~17:00, 하절기 09:00~18:00,
　　　매주 월요일 휴관

▶ MINI DATA
| 입장료 | 있음　　주차 | 가능　　분류 | 역사, 문화유적

당항포 관광지는 임진왜란 때 이순신이 이곳 앞바다에서 전승한 것을 기념해 만든 공원이다. 충무공 사당, 거북선 등 충무공과 관련한 유적뿐만 아니라 자연사박물관, 수석전시관 등의 여러 관람 시설이 있어 산책하며 둘러보면 된다. 호수같이 잔잔하고 맑은 당항만을 따라가는 바다 산책로가 멋지다. 시원한 바닷바람 맞으며 바다로 난 산책로를 따라 바다 쪽으로 당항포 전승기념탑이 있고 반대편 언덕에 당항포해전관이 있어 옛날 이곳 앞바다에서 일어난 전투의 이모저모를 알 수 있다. 조금 더 들어가면 거북선체험관과 투구 모양으로 만들어진 충무공 디오라마관이 있어 이순신의 일대기를 재미있게 살펴볼 수 있다. 충무공을 기리는 사당인 송충사에 올라 바라보는 당항만 풍경은 당항포 제1경으로 꼽힌다. 동물, 식물, 바닷속 생태의 역사를 밝히고 있는 자연사박물관과 수석전시관이 있으며, 그 뒤로는 야생화들 사이로 백두산 천지 등 다양한 모양의 정원석으로 꾸며 놓은 자연예술원이 자리하고 있다. 언덕을 올라 제일 안쪽에 있는 건물은 2006년 경남·고성 공룡 세계엑스포를 할 때 만들어진 주제관인 다이노피아관이다. 공룡 화석 발굴현장을 모형으로 만들어 놓았으며, 다양한 체험기구들을 통해 공룡의 크기, 무게, 소리 등을 알 수 있게 해놓아 흥미롭다. 2층으로 올라가면 첨단 기술을 이용해 가상의 세계에서 살아 움직이는 공룡을 볼 수 있다.

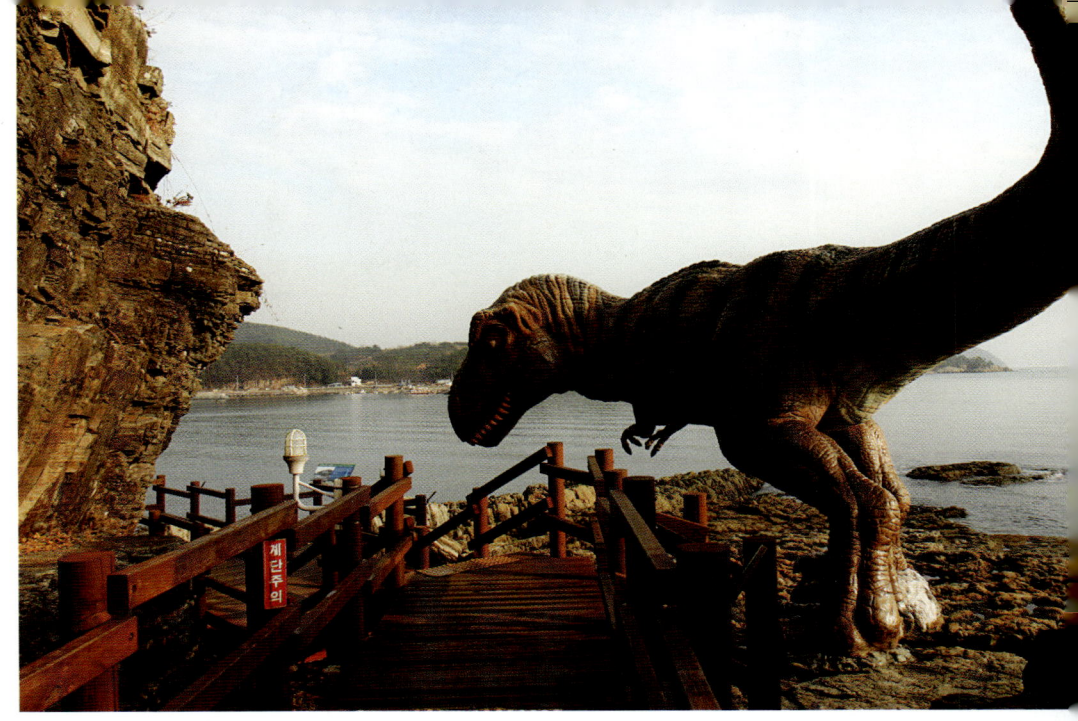

상족암군립공원 공룡은 발자국을 남긴다

| 위치 | 경상남도 고성군 하이면 덕명리 산19
　　　경상남도 고성군 하이면 자란만로 인근
| 운영시간 | 종일, 연중무휴

▶ MINI DATA
| 입장료 | 없음　　주차 | 가능　　분류 | 역사, 문화유적

고성의 끝자락 상족암군립공원에서 바라보는 남해 바다는 푸르고 정결하다. 바다와 마주하는 상족암 바위는 해식작용으로 숭숭 뚫린 바위구멍이 밥상다리를 닮아 신비하다. 변산반도의 채석강보다 오히려 그 범위가 넓고 다양한 모습이 자연이 빚은 조각품 같다. 바다를 향하는 장막을 두른 듯한 병풍바위와 파도에 깎인 부드러운 조약돌로 채워진 상족암해수욕장의 모습도 아름답고 층진 바위의 좁은 틈 사이로 뿌리를 내린 작은 나무들의 모습도 한려수도의 푸른 바다와 어우러지는 경관이다. 이곳은 1982년의 학술 조사로 무려 2,000여 개가 넘는 세계 최대의 공룡 발자국이 발견되어 세계적인 관심을 받았다. 공룡들의 모습은 간간히 화석으로 발견되지만 상족암 암반 위로 남겨진 크고 작은 수많은 발자국처럼 집단으로 생활하였던 공룡의 무리를 보여주는 유적은 매우 드물다. 미국 콜로라도주, 아르헨티나 서부 해안과 함께 세계 3대 공룡 유적지로 인정받았다. 파도가 바위를 적시는 암반 위에 새겨진 커다란 공룡의 발자국은 보전을 위하여 바로 앞으로 갈 수는 없지만 해안 절벽을 이어가는 탐방로를 따라가며 위에서 내려다 볼 수는 있다. 해안과 연결되는 언덕에 자리하는 공룡박물관과 함께 고성을 공룡의 고장으로 인식시키는 곳이다.

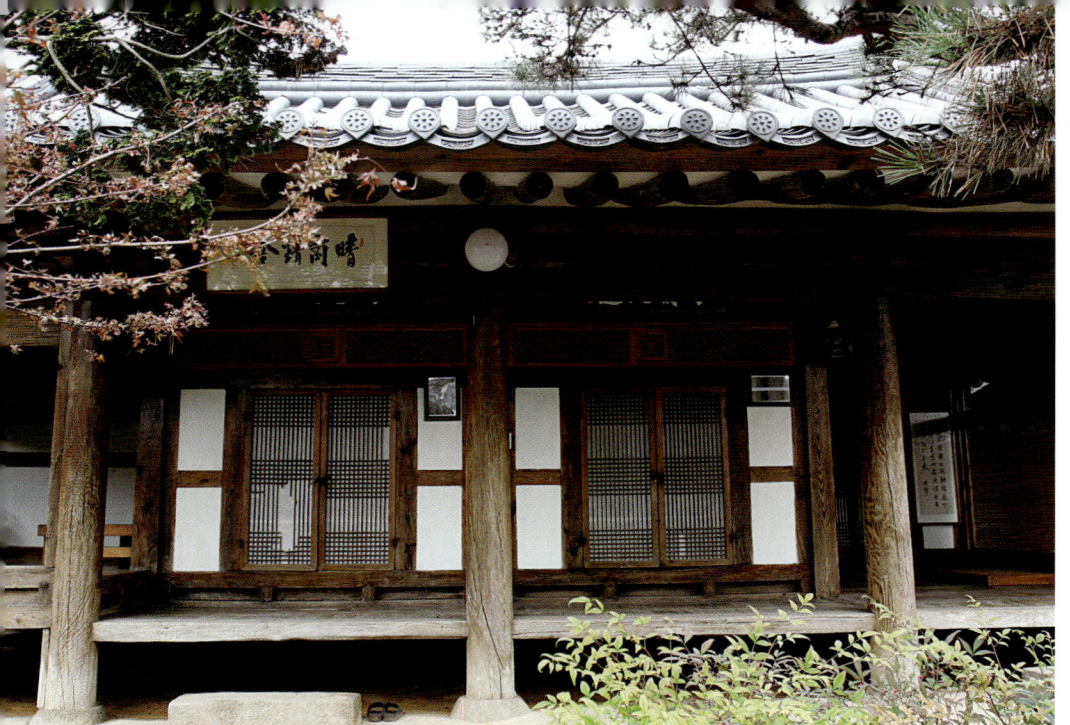

박진사 고가 옛집에서 하룻밤, 고가 체험

위치 | 경상남도 고성군 개천면 청광리 292-3
　　　경상남도 고성군 개천면 청광6길 25-12
운영시간 | 문의 후 방문

▶ MINI DATA
입장료 | 없음　주차 | 가능　분류 | 역사, 문화유적

박진사 고가는 조선 후기에 지어져 일제 때 개축을 거쳐 지금까지 9대째 후손이 거주하며 집을 가꾸고 있다. 하룻밤 편히 머물려면 현대식 시설이 잘 갖추어진 다른 장소를 이용하면 되겠지만, 불편함을 감수하고서라도 옛집에서 하룻밤 묵어 가는 것은 하나의 체험이다. 흙과 돌로 쌓아 올린 멋진 담장을 두르고 있으며, 안으로 들어서면 안채와 사랑채로 구역이 나누어져 있다. 옛날 남녀가 내외하던 시절 지어진 집이라 안채와 사랑채 사이에 담장을 세워 구별을 확실하게 해놓고 있다. 사랑채 앞으로는 작은 연못과 소나무가 멋들어지게 우거진 정원이 조성되어 있으며 안채 앞으로는 잔디가 깔려 있어 편안한 느낌이다.

건물 안으로 신발을 벗고 들어가면 작은 방들이 문을 통하여 계속 이어지는 것이 옛날 시골집을 생각나게 한다. 방은 좁은 편이지만 화장실과 주방시설은 현대식으로 깔끔하게 만들어 놓아 도시사람들도 불편함 없이 이용할 수 있다. 옛집에서 보내는 하룻밤도 특별하지만, 무엇보다 이 집이 특별한 이유는 옛집에 담긴 이야기를 들을 수 있다는 것이다. 주인에게 청하면 대대로 전해지는 기록과 사진 등을 보면서 집안의 내력을 들을 수 있다. 안주인은 다도 선생님으로 미리 신청을 하면 다도체험이 가능하다. 숙박이 아니더라도 집을 둘러보는 것이 가능한데 미리 연락을 해서 허락을 구해야 한다.

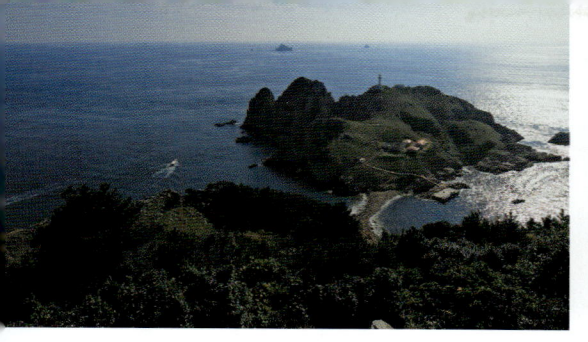
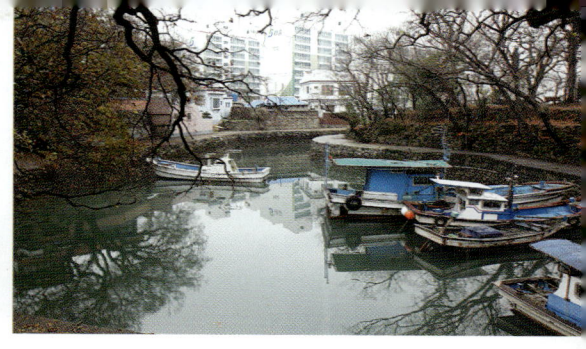

소매물도

하얀 등대가 만들어 준 풍광

| 위치 | 경상남도 통영시 한산면 매죽리 184 일대
　　　경상남도 통영시 한산면 소매물도길 65 일대
| 운영시간 | 종일, 연중무휴

▶ MINI DATA
| 입장료 | 없음　　주차 | 불가능　　분류 | 바다, 섬

한려해상국립공원 안에 드는 소매물도는 통영항에서 남동쪽으로 26km 해상에 위치해 있으며 통영항에서 배를 타고 비진도를 거쳐 1시간 40분의 바닷길을 달리면 바다 가운데 우뚝 솟은 산과 같은 소매물도에 도착한다. 옛날 중국 진나라 시황제의 신하가 불로초를 구하러 가던 중 그 아름다움에 반해 '서불과차(徐市過此)'라고 새겨놓은 글씨이굴이 있으며, 형제바위, 용바위, 부처바위, 촛대바위 등이 기암절벽과 어우러져 절경을 빚어낸다. 차가 들어갈 수 없어 두 다리로 걸어야만 섬 곳곳을 돌아볼 수 있는데 섬의 유일한 평지인 소매물도 분교는 1996년에 폐교가 되어 아이들의 웃음소리는 들을 수 없으나 그곳에서 바라보는 바다 풍광과 바로 옆 등대섬의 전경은 말로 표현할 수 없는 아름다움을 간직하고 있다. 썰물 때는 소매물도의 몽돌밭으로 모세의 바닷길이 열려 등대섬까지 걸어서 들어갈 수 있는데 하얀 등대가 서 있는 등대섬의 전경을 바라보는 것은 소매물도 여행의 백미라고 할 수 있다. 1870년경 김해김씨가 소매물도에 가면 해산물이 많아 굶지 않는다는 말을 듣고 거제도에서 이주하여 한때는 총 30여 가구가 살기도 했지만 현재는 10여 가구만이 남아 있다.

대방진 굴항

잔잔한 수면에 그려진 한 폭의 그림

| 위치 | 경상남도 사천시 대방동 250
　　　경상남도 사천시 굴항길 인근
| 운영시간 | 종일, 연중무휴

▶ MINI DATA
| 입장료 | 없음　　주차 | 가능　　분류 | 역사, 문화유적

대방진 굴항은 고려시대에 만들어진 인공항구로 외부에서 볼 때 안이 들여다보이지 않는 구조로 설계된 군사기지이다. 전하는 이야기로는 임진왜란 때 이순신이 이곳에 거북선을 숨겨 두었다고 하는데, 실제로 이곳을 방문해보면 굴항의 모습에서 과연 그랬을 수 있겠다 생각하게 된다. 지금의 모습을 갖춘 것은 조선 후기로 당시 수천 명의 군사들을 동원해서 만들었다고 한다. 굴항의 짙은 옥색 고인물 위로 드리우는 백 년 넘는 팽나무 고목들의 그림자는 고운 비단 위에 그려놓은 산수화 같은 모습이다. 굴항 주위로는 바로 일반 주택의 담장이며, 지금도 마을 사람들의 작은 배들을 정박하는 항구로 사용하고 있다. 굴항을 한 바퀴 돌아 위로 올라가면 작은 공원이 꾸며져 있고 곳곳에 의자가 마련되어 있다. 옆으로 바다 위를 가로지르는 창선 · 삼천포대교의 우람한 모습과 삼천포의 바다 풍경을 볼 수 있다.

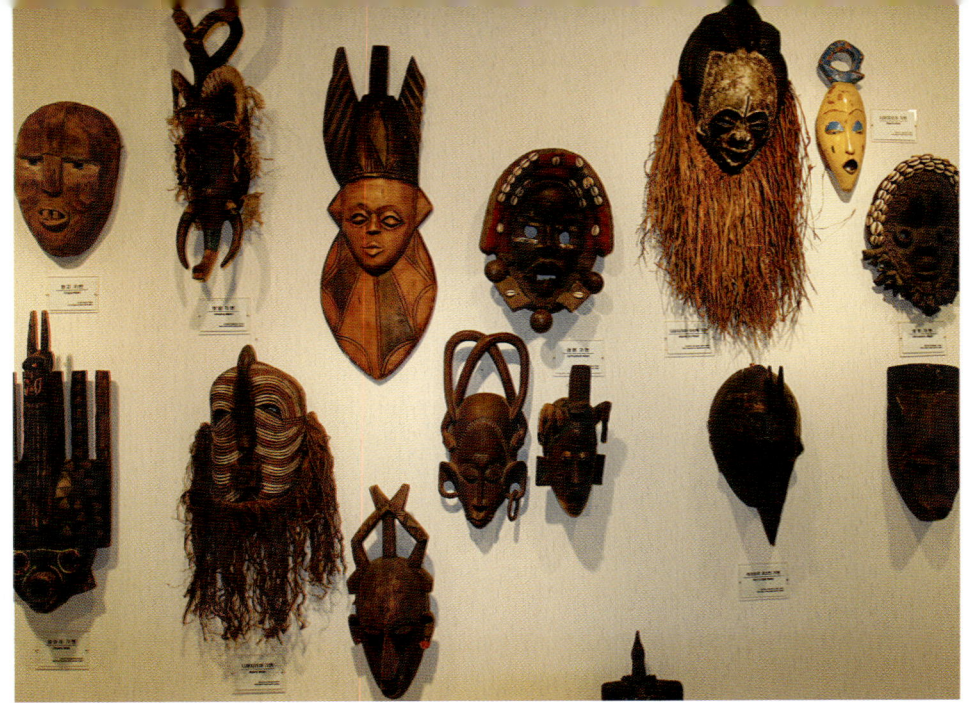

고성 탈박물관 탈 문화의 모든 것을 알아보자

| 위치 | 경상남도 고성군 고성읍 율대리 666-19
경상남도 고성군 고성읍 율대2길 23
| 운영시간 | 09:00~18:00, 매주 월요일/공휴일 다음날 휴관

▶ MINI DATA
| 입장료 | 있음   주차 | 가능   분류 | 박물관

고성은 중요무형문화재로 지정된 고성오광대놀이로 유명한 고장이다. 오광대놀이는 5마당으로 이루어진 탈놀이로 문둥이, 말뚝이, 각시 등이 등장해 양반과 파계승을 조롱하고 비판하는 내용으로 하는 민중놀이이다. 오광대놀이는 전국 각지에서 펼쳐졌다고 하나 거의 사라지고, 지금까지 원형을 제대로 보존하고 있는 몇 안 되는 곳 중 한 곳이 고성이다. 고성 탈박물관에는 오광대놀이에서 사용하는 탈을 비롯하여 탈의 기원과 역사를 알게 하고, 다양한 지역의 탈을 볼 수 있게 전시하고 있다. 사립박물관인 갈촌 탈박물관을 고성군에서 지원해서 건물을 새로 짓고 전시물을 더욱 다양하게 갖추어 놓았다. 탈을 한자로 쓰면 '가면'이고, 뜻을 풀이하면 '가짜 얼굴'이다. 원래

의 얼굴을 감추고 새로운 사람으로 변신하기 위해 필요한 도구가 탈인데 후대의 탈이 주로 놀이의 도구로 쓰였다면 그 시작은 옛날 신석기시대 얼굴무늬 조개 조각 등에서 보듯 신앙이나 주술적 목적에서 출발한다. 탈의 기원과 목적, 내용 등 탈에 대하여 제대로 배우는 좋은 기회이다. 마산오광대탈, 하회별신굿탈, 북청사자놀음탈, 수영야류탈, 봉산탈, 영주별산대놀이탈 등 전국의 유명한 탈도 함께 전시되어 있다. 또한 티베트, 몽골, 네팔, 일본, 중국 등 우리나라와 가까운 여러 나라의 탈들도 볼 수 있어 우리나라 탈과 비교를 할 수 있다. 둘째, 넷째 토요일 오후에는 종이죽으로 탈 만들기 등 가족 모두 함께할 수 있는 체험 프로그램을 운영하니 미리 계획을 세워보자.

지족리 죽방렴   자연의 원리를 이용한 고기잡이

| 위치 | 경상남도 남해군 창선면 지족리
| 운영시간 | 종일, 연중무휴

▶ MINI DATA

| 입장료 | 있음   주차 | 가능   분류 | 전통, 체험마을

남해 지족리 죽방렴은 서해안 태안 지역의 독살과 함께 자연의 원리를 이용하는 우리 전통 어업방식이다. 남해 본섬인 삼동면과 맞은편인 창선면 사이의 바다가 지족해협인데 이곳에 죽방렴이 20여 개가 있어 물때에 따라 고기잡이하는 모습을 볼 수 있다. 죽방렴은 밀물과 썰물의 조석 차이를 이용해서 고기를 잡는 방식으로 대나무로 삼각형 모양의 길을 만들고 그 앞에 동그랗게 물고기들이 모으는 어항을 만들어 놓는다. 완도나 진도 등 남해 바다 대부분의 해안가에서 양식을 주로 하는데 비하여 이곳에서는 죽방렴을 만들어 고기를 잡는데, 그 이유는 바로 지족해협의 거친 물살이 양식을 하기에는 적당하지 않기 때문이라고 한다. 남해는 멸치가 유명하지만 그중에서도 최고로 치는 것이 죽방렴에서 잡은 멸치로 없어서 못 팔 정도로 인기이며 가격도 비싸다. 죽방렴에서 잡은 멸치가 좋은 이유는 지족해협의 거친 물살을 헤치면서 멸치에 힘이 붙기 때문이고, 낚을 때 그물을 쓰지 않아 손상이 없기 때문이란다. 창선대교를 지나면서도 멀리 죽방렴이 보이지만 보다 가까이에서 제대로 보기 위해서는 마을로 들어가 전망대에 오르면 된다. 죽방렴 하나하나마다 주인이 있으며 가끔 거래가 되기도 하는데 그 가격이 높아 죽방렴 하나 가지고 있으면 동네에서 부자 소리를 듣는다고 한다. 지족해협의 죽방렴을 붉게 물들이며 넘어가는 일몰은 남해의 빼어난 경치 중 하나이다.

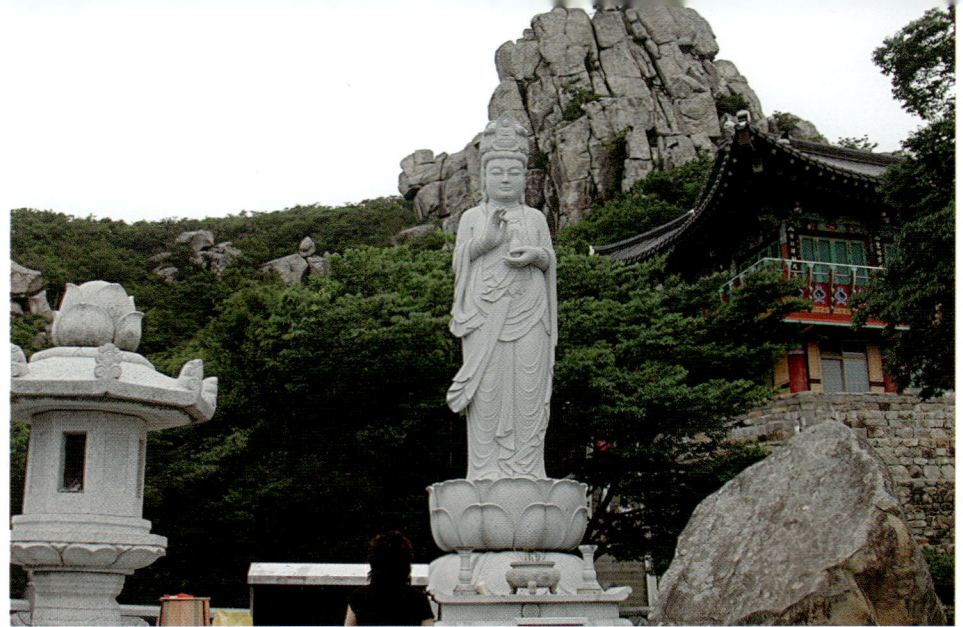

금산 보리암 비단 두른 바위 위에 고즈넉한 암자

| 위치 | 경상남도 남해군 상주면 상주리 2065
　　　경상남도 남해군 상주면 보리암로 665
| 운영시간 | 종일, 연중무휴

▶ MINI DATA
| 입장료 | 있음　　주차 | 가능　　분류 | 불교유적

장봉, 형리암, 화어몽, 삼불암 등 기암절경으로 이루어진 금산 정상 바로 아래 자리 잡은 보리암은, 638년 원효대사가 초당을 짓고 수행하다 관음보살을 친견한 후 초당의 이름을 보광사라 칭한 것에서 시작되었다. 양양의 낙산사, 강화 석모도의 보문사와 함께 우리나라 3대 관음성지로 알려져 있는데, 관음보살에게 기도를 하면 1가지 소원은 꼭 들어준다는 얘기가 전해진다. 태조 이성계가 조선을 건국하기 전 이곳에서 백일기도를 한 후, 소원이 이루어지면 온 산을 비단으로 둘러주겠노라 약속을 했기에 산 이름에 '비단 금(錦)'자를 써서 금산이라 부르게 되었다. 산 중턱에 있는 주차장에 차를 대고 다시 1km 정도 급경사로를 걸어 올라가면 만나는 보리암은 바다를 향해 서 있는 관음보살이 영험함을 느끼게 하며 기암 위에 세워진 절의 분위기는 고즈넉하다. 보광전, 간성각, 산신각, 범종

각, 요사채가 절벽을 따라 아담하게 자리 잡고 있으며 김수로왕의 왕비인 허태후가 인도 월지국에서 가지고 온 돌로 만들었다는 삼층석탑도 볼 수 있다. 보리암 위로 산길을 올라가면 기암절경을 만나게 되는데 바위에서 바라보는 바다 풍광이 아름답기로 유명해 이 절경을 감상하기 위해 찾는 관광객도 많다. 점점이 떠 있는 섬들과 아스라한 바다는 답답한 가슴을 시원하게 틔워주며 금산의 기암괴석을 배경으로 바라보는 일출 또한 장관이다.

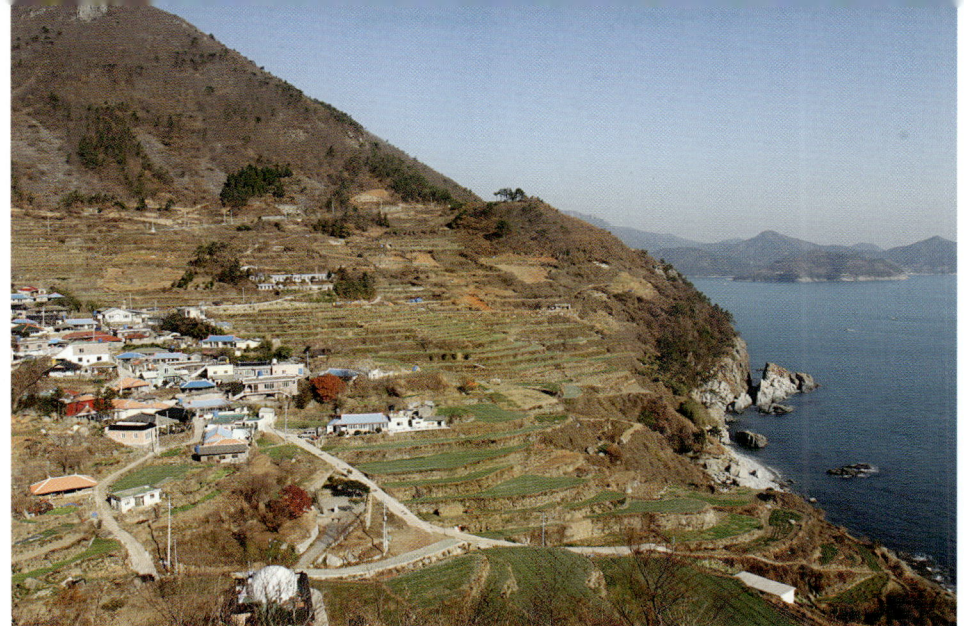

다랭이마을 바닷가 언덕을 살찌우는 초록 물결

| 위치 | 경상남도 남해군 남면 홍현리 898-5 일대
　　　 경상남도 남해군 남면 남면로679번길 21 일대
| 운영시간 | 문의 후 방문

▶ MINI DATA
| 입장료 | 없음　　주차 | 가능　　분류 | 전통, 체험마을

바닷가 언덕 따라 물결무늬를 그리며 만들어진 다랭이논으로 유명한 가천 다랭이마을은 아이를 안고 있는 어머니의 형상을 한 남해도에서 여자의 자궁 부위에 해당하는 곳으로 5.9m의 수바위와 4.9m의 암바위가 생명의 탄생을 의미하고 있는 마을이다. 자투리 땅을 층층계단 모양으로 다듬어 먹거리를 가꿔낸 주민들의 근면성에 숙연해지기까지 한다. 따뜻한 남녘 바람이 언덕을 쓸어주듯 불어오면 손바닥만한 다랭이논에서는 초록의 생명이 쑥쑥 자라난다. 다랭이 마을의 풍광을 잘 볼 수 있도록 전망대가 만들어져 있으며 봉수대가 남아 있는 마을 뒤 설흘산(488m)에 오르면 남해도의 바다와 서포 김만중의 유배지였던 늑도가 수평선 위로 아득하게 보인다. 다랭이 마을은 주차할 공간이 적당치 않으니 마을 위 도로 쪽 주차장을 이용한 후 천천히 걸어내려가며 마을 풍경을 감상하는 것이 좋겠다. 다랭이마을의 더욱 깊은 속을 느껴보고 싶다면 마을에서 운영하는 체험프로그램에 참여해보자. 특히 여름철 물놀이와 어우러진 체험이 유명한데, 뗏목을 띄워 타보기도 하고 고기를 잡아보기도 하며 바다에서 라면도 끓여 먹는 등 자연 속에서의 신나는 체험이다. 봄과 가을에는 농사체험이 이루어지는데 다랭이논 만들어보기와 여러 수확체험을 하게 된다. 마을 안에는 암수바위 외에도 돌로 된 조형물이 있는데 마을 사람들은 이를 밥무덤이라 부른다. 매년 음력 10월 보름날에 제사를 지내는데 제삿밥을 얻어먹지 못하는 혼령들에게 밥을 주면서 한 해의 안녕과 평안을 기원한다고 한다. 마을을 빈손으로 나오기 아쉽다면 시큼한 맛이 일품인 초막걸리를 사서 나오자. 마을 다섯 집에서 막걸리를 만든다.

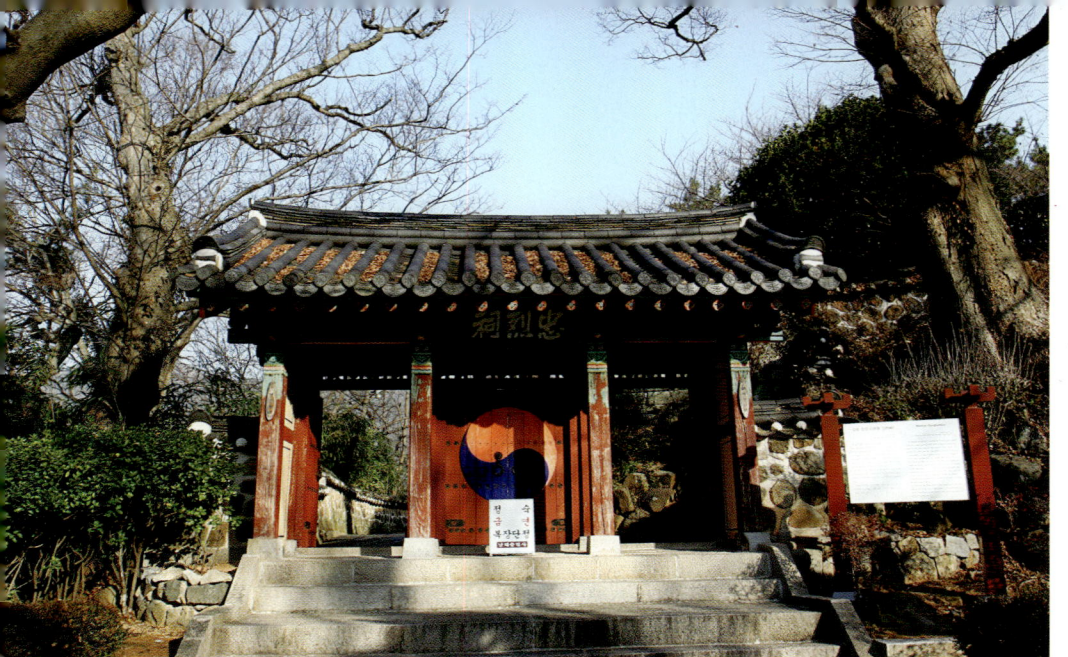

충렬사 이순신 최후의 전투, 노량해전을 기억하다

| 위치 | 경상남도 남해군 설천면 노량리 353
　　　　경상남도 남해군 설천면 노량로183번길 27
운영시간 | 종일, 연중무휴

▶ MINI DATA
| 입장료 | 없음　　주차 | 가능　　분류 | 역사, 문화유적

충무공 이순신이 전사한 마지막 전투가 노량해전이란 것은 잘 알고 있지만, 그 장소인 노량바다가 어디인지는 모르는 경우가 많다. 남해대교를 넘어가면서 보이는 바다가 바로 노량으로 통영에서 여수로 이어지는 중요한 길목이다. 이곳이 바로 적의 총탄에 맞아 숨을 거두며 '나의 죽음을 적에게 알리지 말라'며 끝까지 전쟁을 승리로 이끌고자 했던 장수의 마음이 담긴 곳이다. 남해대교를 건너가자마자 왼편으로 충무공의 사당인 충렬사가 있는데 남해안 곳곳에 충무공을 기리는 사당이 여럿 있지만 충무공이 전사한 이곳에 세워진 사당은 그 의미가 남다르다. 원래 작은 초가로 지어진 사당으로 조선 효종 때 정식으로 건물이 세워졌으며 현종 때 충렬사로 사액을 받았다. 충렬사 안에는 충무공의 영정과 전투 모습을 그린 그림

이 걸려 있으며, 옆으로 가묘가 만들어져 있는데 고향인 아산으로 돌아가기 전에 몇 달간 묻혀 있던 장소이다. 사당에 오르기 전에 커다란 비석이 하나 보이는데 눈여겨보도록 하자. 충렬사비로 전라좌수사로 부임한 이순신이 전쟁을 승리로 이끌며 삼도수군통제사가 되었다가, 원균의 모함으로 백의종군을 하게 된 과정, 다시 복직해서 노량해전에서 전사하기까지의 행적을 기록하고 있는 비석인데 조선 후기의 대학자인 우암 송시열이 쓴 글이다. 옆에는 한학의 대가인 청명 임창순 선생이 편역을 한 우리글이 새겨져 있는데 위인전기보다 훨씬 맛깔난 글로 재미있게, 시간가는 줄 모르고 읽게 된다. 충렬사 앞 노량나루에는 복원된 거북선이 바다 위에 전시되어 있으며 들어가 내부를 살펴볼 수 있다.

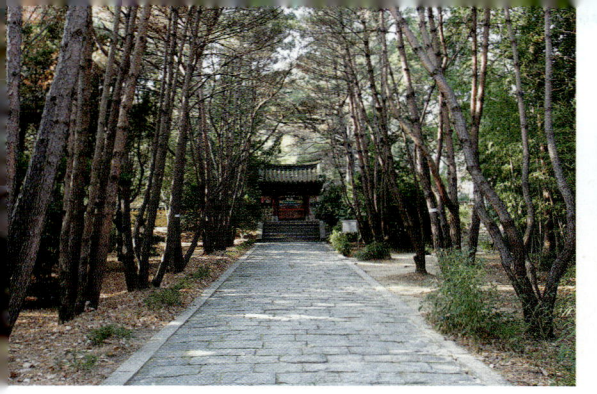
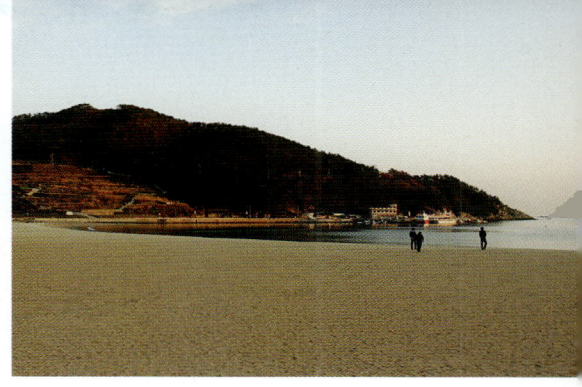

관음포 이충무공 전몰유허

이락사, 충무공의 목숨이 떨어지다

| 위치 | 경상남도 남해군 고현면 차면리 산125
　　　경상남도 남해군 고현면 남해대로 3829 일대
| 운영시간 | 영상관 10:30~16:30, 주말 10:00~17:00

▶ MINI DATA

| 입장료 | 없음　　주차 | 가능　　분류 | 역사, 문화유적

상주해수욕장

남해군 최고의 해수욕장

| 위치 | 경상남도 남해군 상주면 상주리 1136-1 일대
　　　경상남도 남해군 상주면 상주로 10-3 일대
| 운영시간 | 종일, 연중무휴

▶ MINI DATA

| 입장료 | 없음　　주차 | 가능　　분류 | 바다, 섬

'관음포 이충무공 전몰유허' 라는 공식명칭보다 지역 주민들이 이곳을 부르는 '이락사' 라는 이름이 마음에 더욱 와 닿는다. '충무공의 목숨이 떨어진 곳' 이라는 뜻을 가진 이락사는 노량해전에서 전사한 이순신의 유해를 가장 먼저 모신 곳이다. 남해 지역 주민들이 충무공을 기리며 만든 곳으로 입구에 충무공의 죽음을 기리는 비석이 서 있다. 보호각 안에 유허비가 서 있는데 그 위로 걸린 '대성운해' 라는 글씨는 박정희 전 대통령이 쓴 것이라 한다. 충무공 등 역사적 인물을 내세워 정권의 정당성을 말하고자 했던 정치적, 학문적 상황에 씁쓸한 기분이다. 이곳만을 보고 돌아간다면 너무나 아쉬운 일이다. 남해 바다를 시원하게 내려다볼 수 있는 전망대인 첨망대까지 멋진 길이 이어진다. 사철 소나무가 푸르른 길로 흙길이라 발걸음을 내딛는 느낌이 부드러우며, 봄이면 동백꽃이 붉게 피는 운치가 있어 오붓하게 데이트를 즐기기에 좋다. 500m 정도 되는 길 끝에 첨망대가 있는데 바로 앞으로 보이는 바다가 노량바다로 이순신이 왜군의 총탄에 숨을 거둔 곳이다.

남해군 최고의 해수욕장으로 꼽히는 상주해수욕장은 뒤로는 금산이 병풍처럼 둘러져 있고 앞으로는 크고 작은 섬들이 떠 있는 부채꼴 모양의 해수욕장이다. 2km에 걸쳐 둥그렇게 이어진 백사장은 유난히 하얗고 고우며 울창한 송림이 있어 야영을 하기에도 그만이다. 100여 미터를 걸어 들어가도 어른 허리밖에 오지 않을 정도로 수심이 완만하고 수온이 따뜻해서 아이들을 동반한 가족 단위 여행객이 즐겨 찾으며 부드러운 백사장에서는 모래찜질을 즐겨도 좋다. 주변에 숙박 시설이 잘 갖추어져 있고 샤워장과 취사장 시설도 많아 청소년 단체나 운동선수들의 훈련장으로도 애용되고 있다. 송림 사이 그늘에 앉아 바다를 바라보면 수면이 잔잔해 마치 둥근 호수를 바라보는 듯하고 삼서도, 목도 등 점점이 떠 있는 섬들이 아늑하게 안겨 있는 듯하다.

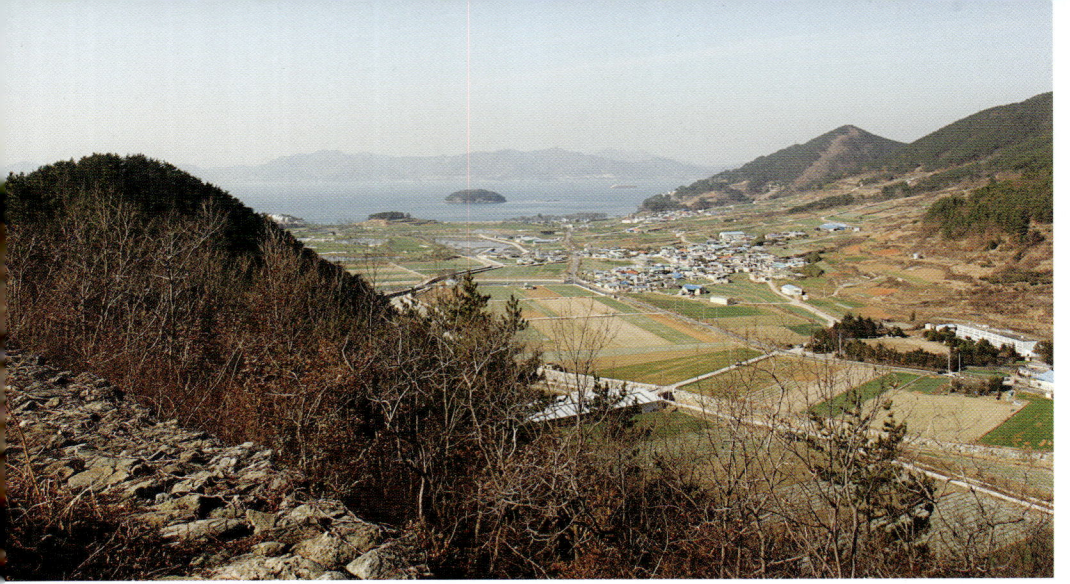

임진성 남해에서 가장 잘 보존된 성

위치 | 경상남도 남해군 남면 상가리 291
경상남도 남해군 남면 남서대로 일대
운영시간 | 종일, 연중무휴

▶ MINI DATA
| **입장료** | 없음   **주차** | 가능   **분류** | 역사, 문화유적

임진성은 임진왜란 때 왜적의 침입에 대비해 민과 관군이 함께 쌓아 만든 성이다. 이전에도 이곳에 성이 있었다고 하나 기록이 전하지 않아 정확히는 알 수 없다. 임진왜란 때 급하게 쌓았다고 하는데 그 이유가 재미 있다. 이순신이 거제 옥포에서 큰 승리를 거두자, 왜군이 반격을 하기 위해 옥포로 다시 쳐들어온다는 소문이 돌았다. 그 소문을 들은 남해군민이 거제 옥포를 남해 옥포로 착각하고 서둘러 성을 쌓았는데 그곳이 바로 임진성이라는 이야기이다. 이야기가 사실이든 아니든 이 지역은 옛날부터 왜구의 노략질이 심하던 곳이라 고려시대 이전부터 이러한 성이 필요했을 듯싶다. 성은 둘레 300m, 높이 6m의 크지 않은 규모로 제법 큰 돌을 가져다 쌓았으며, 안에는 우물과 여러 집터들이 발견되었다. 언덕 꼭대기에 만들어져 입구를 제외하면 사방이 낭떠러지로 천혜의 요새이다. 스포츠파크를 나와 길을 따라가다 보면 멀리 언덕 꼭대기에 보이는 것이 바로 임진성이다. 알려진 여행지가 아니라 찾는 사람이 거의 없지만, 남해에 잘 보존된 옛 성을 둘러봄과 동시에 올라가 아래로 내려다보는 마을의 모습이 아름답다. 성 바로 아래 차를 주차하고 돌릴 공간이 있으나 오르는 길이 협소한 편이라 길 아래 차를 세워두고 걸어 다녀오는 편이 좋다.

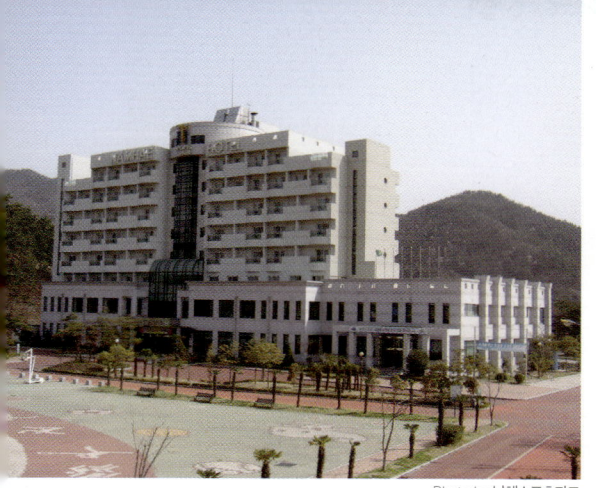

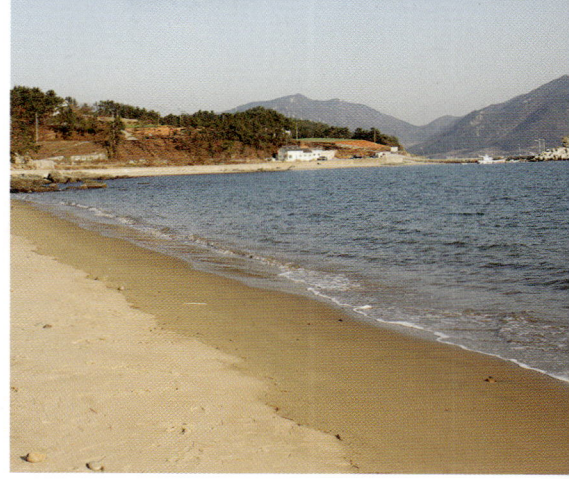

Photo by 남해스포츠파크

남해 스포츠파크
운동선수들의 열정이 넘치는 곳

| 위치 | 경상남도 남해군 서면 서상리 1182-8 일대
　　　경상남도 남해군 서면 스포츠파크길 74
운영시간 | 종일, 연중무휴

▶ MINI DATA

| 입장료 | 없음　　주차 | 가능　　분류 | 공원

월포 · 두곡해수욕장
남해의 또 다른 해수욕장

| 위치 | 경상남도 남해군 남면 당항리 535-16 일대
　　　경상남도 남해군 남면 남면로111번길 77 일대
운영시간 | 종일, 연중무휴

▶ MINI DATA

| 입장료 | 없음　　주차 | 가능　　분류 | 바다, 섬

사계절 온화한 남해의 기후 조건을 잘 살려 만든 스포츠시설이다. 일반인들이 이용하는 것은 제한적이지만 사계절 푸른 잔디 운동장 위에서 땀 흘리며 운동하는 젊은 체육인들의 열정적인 모습을 보는 것만으로도 힘을 얻게 되는 곳이다. 남해와 마주하고 있는 광양에 제철소를 만들면서 그곳에서 파낸 흙을 가져와 메우고 그 위에 사계절잔디구장, 인조잔디야구장, 수영장, 테니스장 등을 만들어놓았다. 일반인들이 이용할 수 있는 시설로는 25m 레인이 있는 수영장이 있으며, 주변으로 도로를 잘 만들어 놓아 인라인스케이트 등을 타기에 좋다. 바다를 접하고 있는 해안 산책로가 절경이며 아이들에게는 다양한 놀이기구가 있는 놀이터가 인기이다. 사계절 운동하는 사람들로 붐비지만, 겨울에는 프로야구나 축구 구단이 시즌을 마치고 마무리 훈련을 오기도 하니 좋아하는 선수를 가까이에서 볼 수 있는 기회가 된다.

남해에는 전국적으로 소문난 상주해수욕장과 송정해수욕장이 있다. 워낙 유명하다 보니 여름 휴가철이면 붐비는데, 이러한 분위기를 피해 보다 한적한 분위기에서 깨끗한 남해에 몸을 담그고 싶다면 월포 · 두곡해수욕장을 찾아보자. 백사장의 길이가 1km에 달하는 제법 큰 해수욕장으로 몽돌과 모래가 반씩 해안을 이루고 있다. 뒤로는 울창한 솔숲이 시원한 그늘을 만들어 주고 있어 해수욕을 즐기기에 좋은 조건이다. 한적한 분위기로 주변에 유흥시설은 없으나 최근 지어진 깨끗한 모텔형의 숙소들이 있다. 남해 사람들은 이곳을 두고 상주, 송정해수욕장 다음을 위해 숨겨둔 곳이라 하니 꼭 한 번 찾아 남해 바다의 여유를 즐겨보도록 하자.

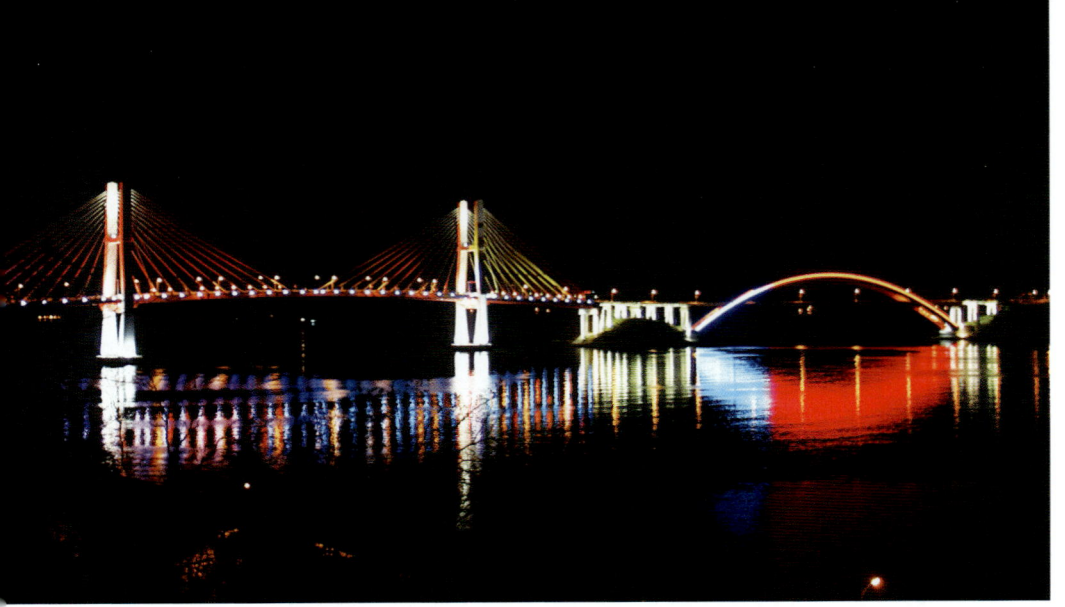

창선-삼천포대교 섬과 섬을 잇는 5개의 다리

| 위치 | 경상남도 사천시 대방동~남해군 창선면 대벽리 일대
경상남도 사천시 삼천포대교로
운영시간 | 종일, 연중무휴

▶ MINI DATA
| 입장료 | 없음　　주차 | 가능　　분류 | 거리, 시장

남해의 창선도와 사천시를 연결하는 창선-삼천포대교는 우리나라에서 유일한 해상국도(국도 3호선)로 사천과 창선도 사이 3개의 섬을 연결하는 5개의 다리로 총 연장 3.4km에 이른다. 사천에서 남해로 들어가는 육상교량인 단항교, 창선도와 늑도를 잇는 창선대교(340m), 늑도와 초양을 잇는 늑도대교(340m), 초양과 모양섬을 연결하는 초양대교(202m), 모개섬과 사천시를 연결하는 삼천포대교(436m)로 항공사진을 보면 작은 섬들 사이를 연결하고 있는 다리의 모습이 장관이다. 1995년 공사를 시작해 2003년 완성되었으며 우리나라 최초의 섬과 섬을 잇는 다리로 직접 걸으며 다리를 감상하는 관광객들이 많다. 삼천포대교에서 바라보면 삼천포항과 사천시의 전경이 더욱 가까이 보이고 남해군의 단항에서 바라보면 섬과 섬을 연결하는 다리의 모양을 조금 더 실감 나게 바라볼 수 있

다. 조명시설이 설치되어 있어 밤이면 검은 바다를 물들이는 다리의 불빛이 축제를 벌이는 듯하다. 이 다리들이 생기기 전 남해도로 들어가는 유일한 다리였던 하동 쪽의 남해대교를 건너면 남해도 끝에서 사천을 코앞에 두고 다시 하동 쪽으로 돌아나와야 했었다. 그러나 창선-삼천포대교가 놓이면서 하동에서 남해도를 지나 사천으로 나갈 수 있게 되었고 교통이 좋아지면서 남해도와 사천 모두 관광지로서의 혜택을 보게 되었으며 창선-삼천포대교 자체만으로도 많은 관광객을 불러들이는 관광지로 도약하고 있다. 건설교통부가 선정한 한국의 아름다운 길 100선에서 대상으로 뽑혔다.

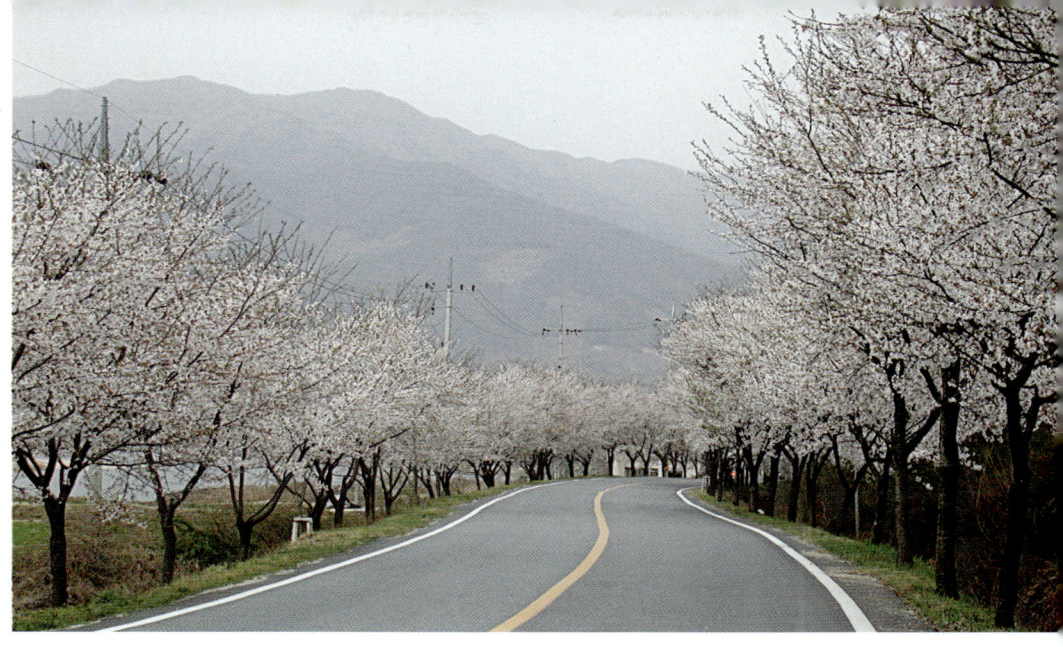

하동 벚꽃길 마음을 빼앗기는 벚꽃 길 1백 리

| 위치 | 경상남도 하동군 화개면~하동읍 일대
| 운영시간 | 종일, 연중무휴

▶ MINI DATA
| 입장료 | 없음   주차 | 불가능   분류 | 거리, 시장

겨울이 끝나고 꽃샘추위도 모두 물러간 4월이면 섬진강변엔 다시 한 번 하얀 눈이 내린다. 구례에서 하동으로 이어지는 25km 도로가 하얀 벚꽃으로 뒤덮이는 것이다. 청매실농원의 매화가 지고 산수유도 노란 빛깔을 거둬들일 즈음, 기다렸다는 듯이 일제히 꽃망울을 터뜨리는 벚나무 아래 서면 바람이라도 난 듯 마음이 설렌다. 햇살에 반짝이는 섬진강 물결이 눈부시고 하얗게 피어난 벚꽃에 마음을 빼앗기니 봄바람이 나지 않을 수 없다. 차량이 너무 많아 산책을 하는 것이 거의 불가능하니 해가 뜨기 직전의 새벽이나 이른 아침에 찾아가자. 자동차와 관광객으로 짜증나는 길이 아닌 나만의 꿈길을 걸을 수 있다. 섬진강 벚꽃길 백리 중에서도 아름답기로 유명한 십리벚꽃길도 있다. 이 길은 화개장터에서 쌍계사로 들어가는 6km의 구간으로, 섬진강과 합류하는 화개동천을 따라 50~70년 수령을 자랑하는 1,200여 그루의 벚나무가 도로 양편에서 자라 하얀 벚꽃터널을 이루고 있다. 1930년대부터 조성된 것으로 알려진 이 길에는 복숭아나무 200여 그루도 심겨 있다. 사랑하는 남녀가 함께 걸으면 부부로 맺어져 백년해로 한다 해서 일명 '혼례길'이라고도 하는데 이 길을 걸으며 데이트를 즐기는 젊은이들 못지않게, 어린아이를 안고 걷는 젊은 부부와 중년의 부부도 많다. 마음의 골이 깊었던 부부라도 천상의 꽃길을 걸으며 화해하지 않을 수 없겠다. 해마다 벚꽃이 피는 시기에 맞춰 화개장터에서는 화개장터 벚꽃축제가 열리는데 주민들이 재배한 각종 농산물과 향기로운 봄나물, 섬진강의 대표 음식인 은어회, 재첩국, 참게탕 등 먹거리와 함께 다양한 볼거리와 다채로운 행사들이 가득하다.

쌍계사

벚꽃보다 아름다운 사찰

| 위치 | 경상남도 하동군 화개면 운수리 208
        경상남도 하동군 화개면 쌍계사길 59
| 운영시간 | 종일, 연중무휴

▶ MINI DATA

| 입장료 | 있음   주차 | 가능   분류 | 불교유적

영남과 호남이 어울린다는 화개장터에서 이어지는 십리벚꽃길을 따라 쌍계사를 찾아간다. 사찰은 지리산의 푸르름이 흘러내리는 불일계곡이 감싸고 있다. 일주문에서 대웅전으로 이어지는 사찰의 전경은 산세를 거스르지 않고 자연스럽게 앉은 모습이다. 신라 성덕왕 때 의상대사의 수제자인 삼법선사가 당나라 육조혜능의 머리를 모셔다가 계곡 깊숙한 장소에 봉안하고 옥천사라는 이름으로 사찰의 문을 열었다. 선덕여왕 때 당나라에서 김대렴이 들여온 차나무 씨앗을 주변에 심었고 이후 사찰을 중창한 진감선사가 차밭을 조성하여 우리나라 차 문화의 시초를 이루었다.

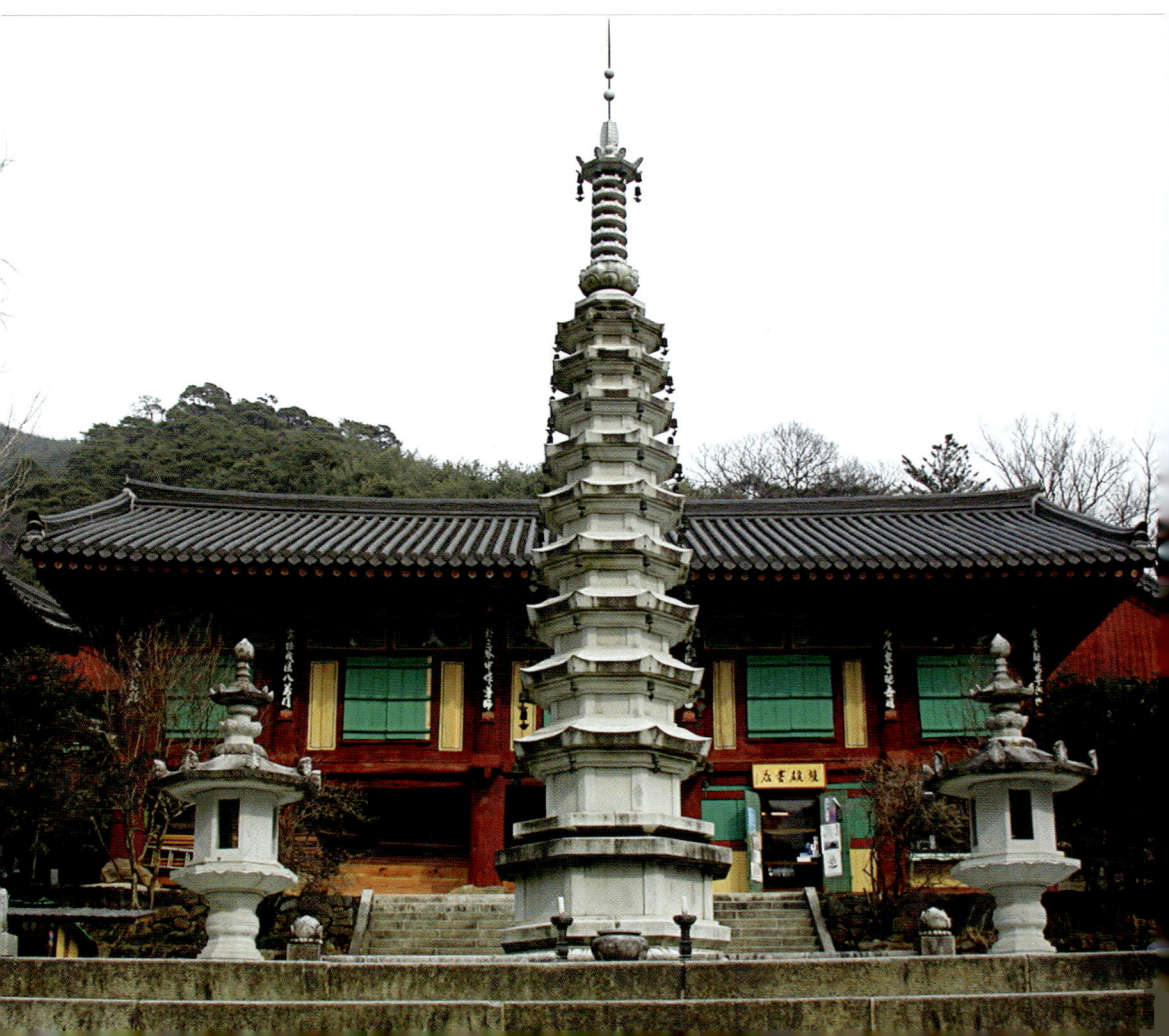

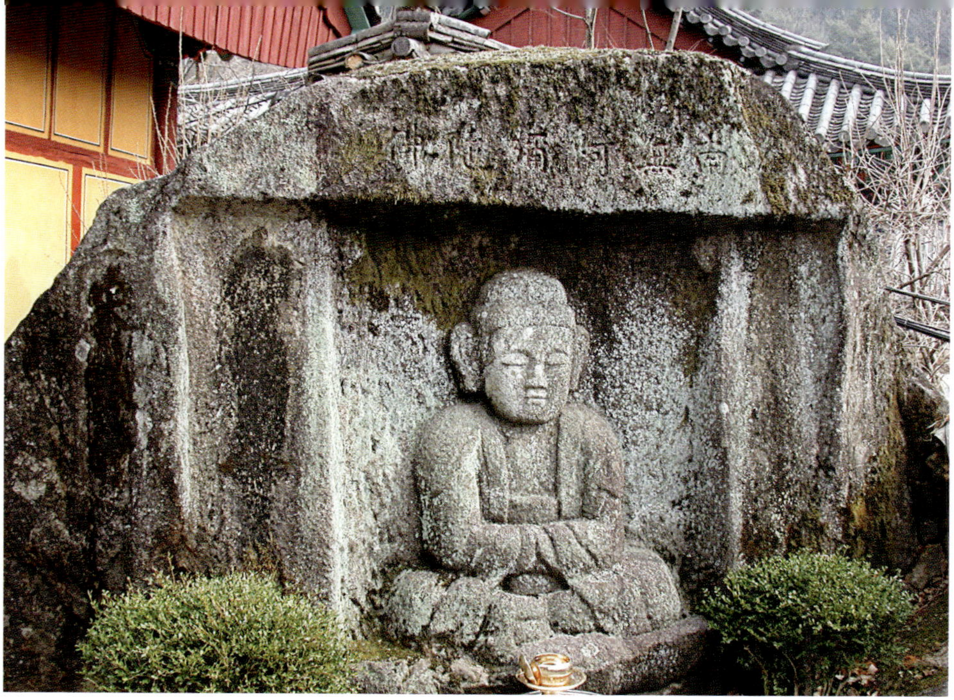

벚꽃으로 유명한 사찰이지만 수많은 문화재를 간직하는 이곳의 가치는 더욱 깊다. 일주문과 금강문을 지나 만나는 2층 누각인 팔영루는 진감선사가 중국에서 들여온 불교음악을 우리 사찰에 어울리는 사찰음악인 범패로 발전시킨 장소로 알려져 있고 대웅전과 팔상전의 불화 또한 화려함의 정점을 보여주는 보물이다. 대웅전 앞 국보로 지정된 진감선사부도비는 최치원의 글씨로 명문이 깨알 같은 모습으로 새겨진 우리나라 금석문의 최고 유물이다. 세월의 마모로 자세한 모습은 살필 수 없지만 일반인의 눈에도 질서정연한 비석문의 모습이 대단하다. 화려한 부도비 맞은편으로 소박한 아름다움을 간직한 마애불은 커다란 바위의 한 면을 깎아내고 아로새긴 좌불의 모습이 다정하면서도 다정한 느낌을 주는데 부처님을 바라보며 불공을 올리는 수행자의 모습을 닮았다. 대웅전과 명부전의 영역을 구분하듯 낮게 이어지는 흙 담장 위에 기와 조각으로 새겨놓은 꽃과 풀잎의 무늬는 자연이 메마르는 겨울날에도 항상 사찰을 화사하게 만들어준다. 대웅전 경내와 분리되는 금당지역은 육조혜능의 정상탑 등 사찰 초기의 모습을 간직하지만 일반인의 출입이 제한되는 지역이다.

→ 화개장터

대중가요로 더욱 유명해진 화개장터는 섬진강의 물줄기를 따라 모여드는 사람들의 5일장이었다. 영남과 호남을 가르지 않고 지리산과 섬진강의 혜택을 받고 살아가는 사람들의 모습은 허물없이 어울리는 화합의 상징이 되기도 하였다. 노래비와 초가집으로 재현된 장터의 모습으로 관광지화 되어버렸지만 따뜻한 국밥 한 그릇 먹을 수 있어 쌍계사 탐방길을 더욱 즐겁게 한다.

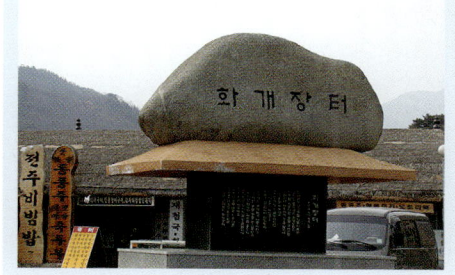

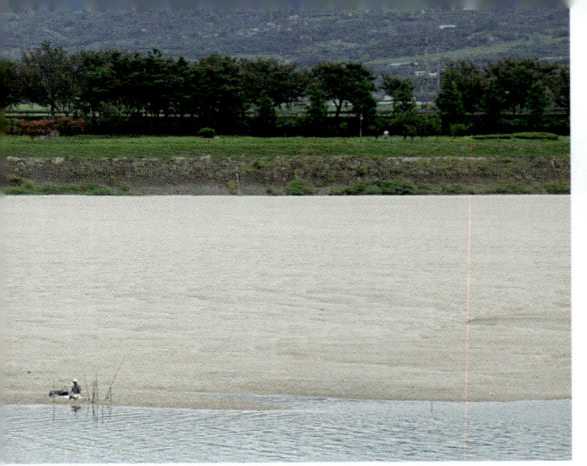
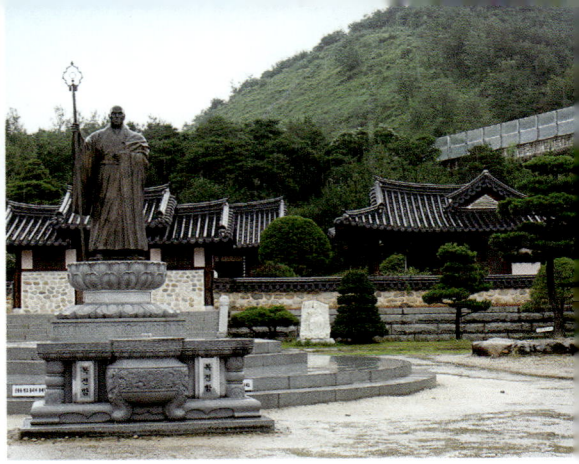

하동 송림
섬진강변의 울창한 송림

| 위치 | 경상남도 하동군 하동읍 광평리 443-10
　　　경상남도 하동군 하동읍 섬진강대로2107-8
| 운영시간 | 종일, 연중무휴

▶ MINI DATA
| 입장료 | 있음　　주차 | 가능　　분류 | 숲, 자연휴양림

겁외사
큰스님의 고향

| 위치 | 경상남도 산청군 단성면 묵곡리 200-4
　　　경상남도 산청군 단성면 성철로 125
| 운영시간 | 09:00~18:00, 연중무휴

▶ MINI DATA
| 입장료 | 없음　　주차 | 가능　　분류 | 불교유적

구례에서 섬진강 물길을 따라 하동 화개장터를 지나면 갈대밭으로 이어지는 섬진강변에 초록의 섬이 나타나는데 바로 하동 송림이다. 섬진강이 실어 나른 모래 둔덕이던 곳에 영조 21년(1745년) 도호부사 전천상이 소나무를 심어 모래바람과 강바람의 피해를 막을 수 있게 한 것으로 길이 2km, 26km²의 면적에 750여 그루의 노송이 울창한 숲을 이루고 있다. 천연기념물 제455호로 지정되어 있는 하동 송림은 그림 같은 풍경을 만들어내던 섬진강 줄기가 바다로 나가기 전 조금은 밋밋한 듯 평범해 보이려는 순간 마지막 붓 터치를 날려 초록의 점을 찍은 것처럼 시선을 붙든다. 거북이 등처럼 갈라진 소나무 껍데기가 마치 장군의 갑옷 같은데, 마침 송림 안에는 궁도장인 하송정이 자리 잡고 있어 고즈넉한 노송숲과 기를 모아 쏘는 궁도가 너무나 잘 어울린다. 체육시설과 휴양시설이 있어 하동을 찾은 여행객이 쉬어가기 좋으며 강가의 백사장에서는 물놀이를 즐길 수 있다.

'산은 산이요 물은 물이다' 라는 성철스님의 대표적인 법문은 알 듯 말 듯 일반인들에게 다가온다. 1912년 산청군 묵상마을에서 태어난 스님은 25세인 1936년 해인사에서 승려의 계를 받은 이후 한국 불교를 대표하는 상징이 되었다. 참선과 묵상으로 이어진 스님의 삶은 해방 이후 왜색으로 물들었던 불교와 사찰의 모습을 선풍운동으로 바로잡았고, 조계종의 종정으로 돈오돈수 사상을 내세워 불교계 논쟁의 중심이 되었다. 한국불교와 세상의 변화를 이끌었던 개혁가였고 사상가였으며 해방 이후 혼란스러운 한국사회의 등대와도 같은 존재였다. 스님의 탄생지인 묵상마을에 위치한 겁외사는 스님을 추모하고 뜻을 기리는 사찰이다. 수없이 손질하여 누더기를 보는 듯한 승복 두루마기나 이면지를 모아 만든 메모장은 스님의 검소한 생활을 느끼게 하고 속명인 '이영주' 라는 이름으로 묶인 젊은 날의 도서목록은 치열하게 고민하고 노력하였던 한 인간의 뜨거운 젊은 시절을 상상하게 한다.

832

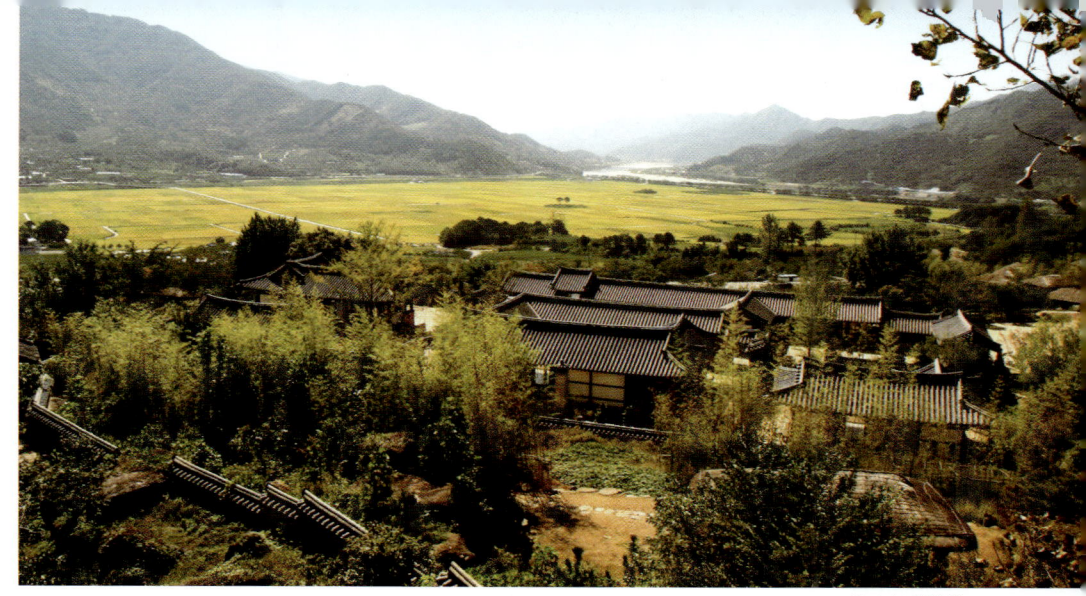

소설 『토지』 촬영장(최참판댁) 섬진강을 눈에 담는 드라마 〈토지〉촬영지

| 위치 | 경상남도 하동군 악양면 평사리 497
경상남도 하동군 악양면 평사리길 76-23
| 운영시간 | 09:00~18:00, 연중무휴

▶ MINI DATA
| 입장료 | 있음　주차 | 가능　분류 | 역사, 문화유적

작가 박경리는 소설 『토지』로 한국 근현대사의 대서사시를 남겼다. 작가가 1969년부터 집필한 소설은 무려 26년에 걸쳐 완성되었다. 1897년 추석에 시작되어 1945년 광복까지의 시간을 이어가는 작품은 한반도를 벗어나 일본과 러시아를 넘나드는 지역을 배경으로 삼는다. 주인공 서희와 길상의 어린 시절의 배경이 되는 영남의 대지주 최참판댁은 섬진강이 감싸는 하동 평사리의 전형적인 농촌마을이다. 드라마의 촬영장으로 만들어진 최참판댁과 주변 마을은 2002년 완성되었다. 지리산 능선의 완만한 자락 위에 자리하는 마을은 섬진강 물줄기를 따라 넓은 평야를 앞마당 삼는 넉넉함이 아름다운 곳이다. 관광을 목적으로 만들어진 마을이지만 그림처럼 아름답고 눈에 익숙한 모습은 기억 속에 남아 있는 소설의 느낌을 사진으로 담아내는 듯 살아 있는 작품 세계를 보여준다.

→ 박경리 문학관

박경리 문학관은 소설 『토지』가 드라마로 제작되면서 조성된 하동 평사리 촬영장(최참판댁)의 내부에 위치한다. 『토지』 애독자와 드라마 〈토지〉 시청자, 하동 관람객 등 많은 탐방객이 촬영장을 방문할 때마다 박경리 작가에 대한 소개가 제대로 이뤄지지 않아 아쉬운 점을 해소하기 위해 설립되었다. 촬영장 내에 있던 하동농업전통문화 전시관을 리모델링해 새롭게 개관했으며, 『토지』의 육필원고, 박경리 작가의 사진과 유품, 후배 예술인들이 그린 박경리 작가의 모습을 만날 수 있다.

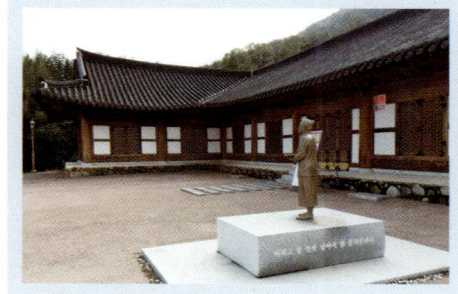

남명 유적지

경의의 전당

| 위치 | 경상남도 산청군 시천면 사리 384외 92필지
| 운영시간 | 09:00~18:00, 매주 월요일 휴무

▶ **MINI DATA**

| 입장료 | 없음   주차 | 가능   분류 | 역사, 문화유적

지리산의 푸른 기운을 담은 덕산은 영남 사림의 감추어진 대학자인 남명 조식의 발자취로 가득하다. 조선 중기 퇴계 이황의 학문적 성과에 버금가는 업적을 이루었던 남명은 평생 관직에 나가지 않았고 자신의 세력을 만들지 않았으며 스스로 저술한 한 권의 책도 남기지 않았다. 자신의 고향 인근의 지리산 자락에 터전을 잡고 폭넓은 학문 연마와 후진양성에만 정성을 다하였다. 자신의 허리에 방울을 달아 그 소리마다 마음을 추스르며 살아가는 도인에 가까웠던 그의 삶과 사상은 이후 수제자인 정인홍이 반역의 죄인으로 참형당하며 북인세력이 몰락해 참다운 평가조차

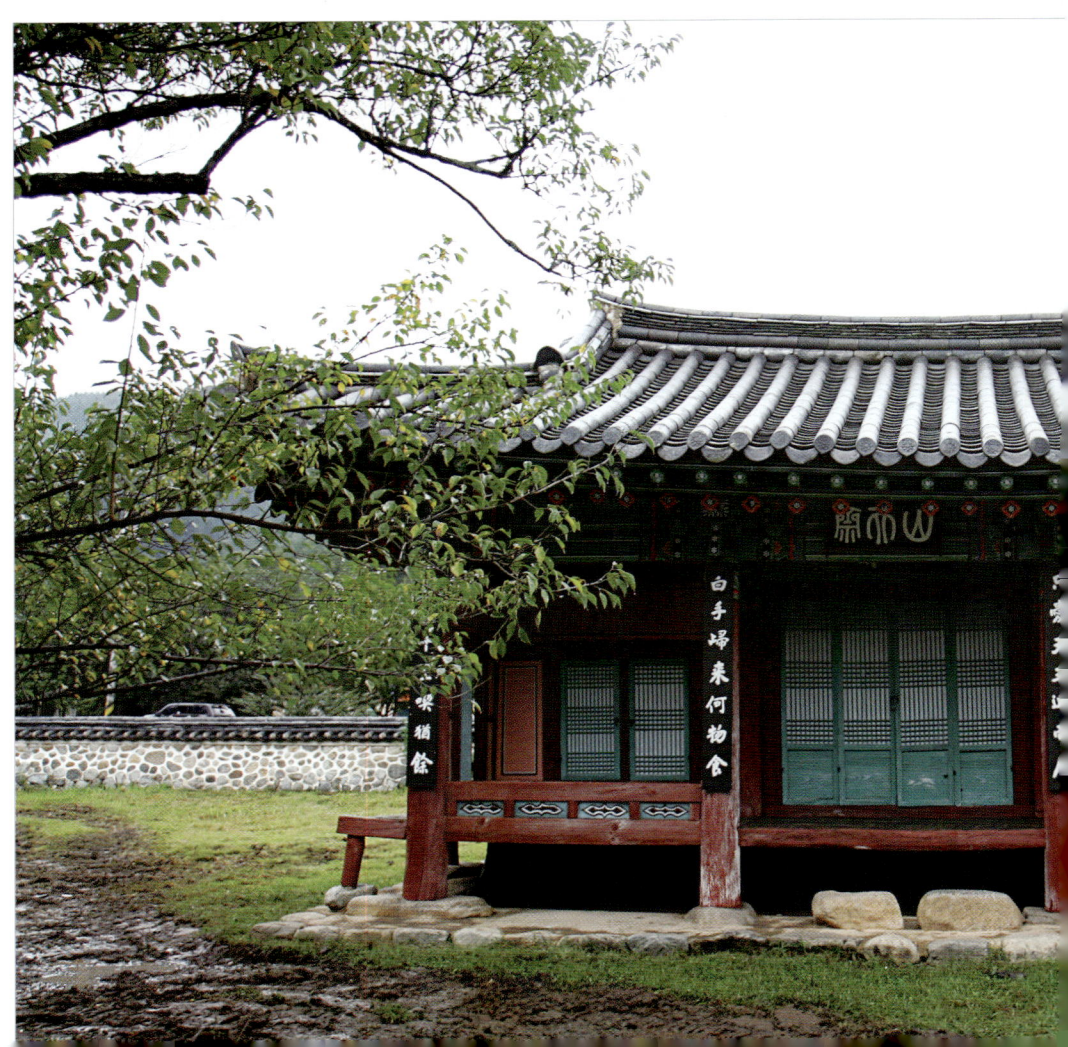

받지 못하였다. 최근에 이르러서야 남명학연구소를 중심으로 재평가되는 그의 모습은 참다운 학자의 자세와 실천하는 생활로 경(敬)과 의(義)를 근본으로 하는 조선 성리학의 찬란한 꽃을 피운다. 실제 그의 제자들은 이후 임진왜란과 병자호란의 국난 속에서 의병장의 모습으로 국가의 위기를 온몸으로 맞선 곽재우, 정인홍, 김효원 등이 주축을 이룬다. 후세의 대학자이자 재상이었던 우암 송시열의 남명조식신도비를 시작으로 지리산 자락을 따라 이어지는 유적들은 서재이자 강학의 장소였던 산천재와 그의 묘소, 그리고 남명의 사상을 잇고 제사를 지냈던 덕천서원 등이다.

덕천강변 절벽 위에 자리한 산천재의 작고 단정한 건물 앞으로 학문과 강학 이외에 그가 유일하게 즐기고 아꼈다는 매화나무가 주인의 뜻을 따르듯 단정하고 화사하게 자라고 있으며, 건너편 남명의 묘소는 지리산 정상의 천왕봉으로 이어지는 줄기로 덕천강을 바라보고 있다. 미수 허목과 송시열, 정인홍의 신도비가 함께 있는 묘소는 그의 사상을 흠모하였던 후학들의 뜻을 담는 듯하다. 아담한 규모의 덕천서원은 흥선대원군의 서원철폐정책으로 사라진 이후 1930년대 다시 세워진 건물이지만 서원 앞 강가에 자리하는 정자인 세심정은 남명이 앉아 마음을 바로잡았던 옛 모습 그대로이다.

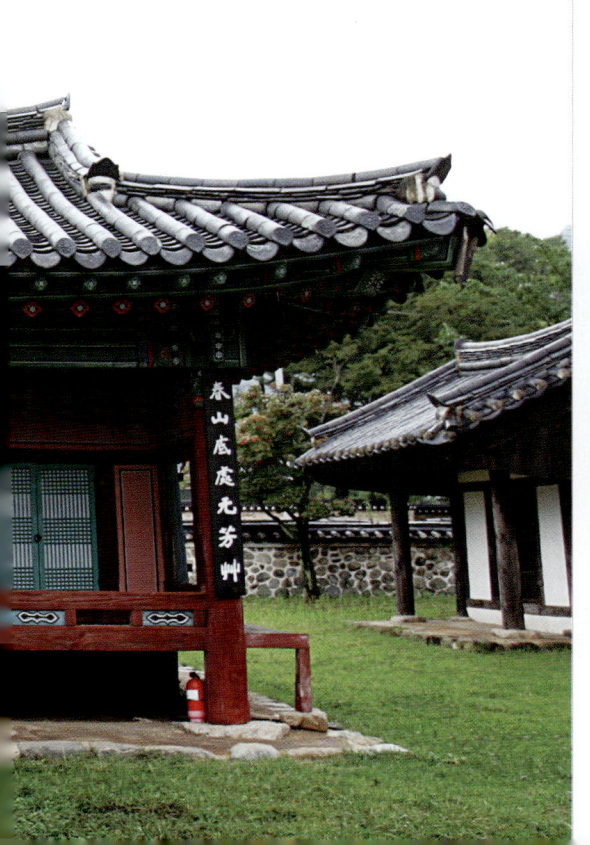

◀ 산천재
▼ 덕천서원

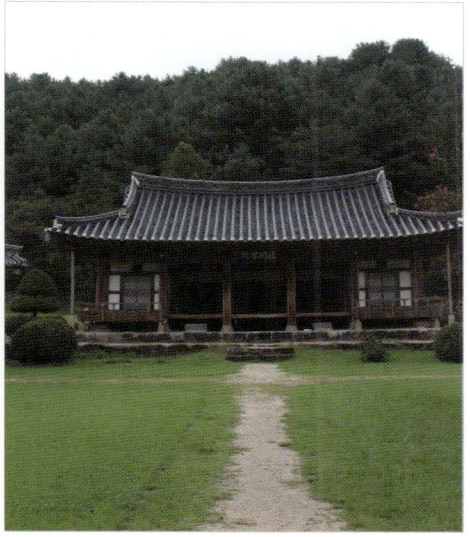

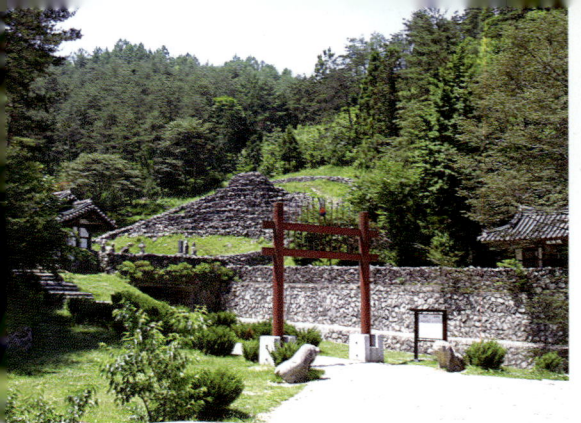
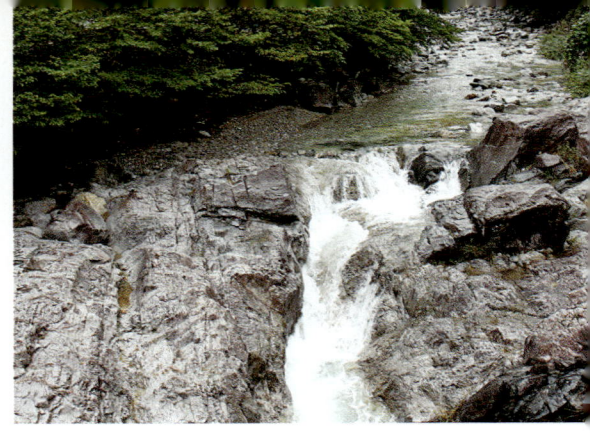

Photo by 산청군청

구형왕릉 신비한 돌무덤

위치 | 경상남도 산청군 금서면 화계리 57
　　　경상남도 산청군 금서면 구형왕릉로 92-12
운영시간 | 종일, 연중무휴

▶ MINI DATA
| 입장료 | 없음　주차 | 가능　분류 | 역사, 문화유적

백운동계곡 흰 구름 쉬어 가는 곳

위치 | 경상남도 산청군 단성면 백운리 400-1 인근
　　　경상남도 산청군 단성면 백운로51번길 일대
운영시간 | 종일, 연중무휴

▶ MINI DATA
| 입장료 | 없음　주차 | 가능　분류 | 산, 계곡, 동굴

화려한 철기문화의 꽃을 피우고 고대일본과 백제, 신라의 중계무역으로 낙동강 유역의 최대 세력으로 자리하였던 가야국의 마지막 왕으로 알려진 구형왕의 무덤이 왕산 자락에 자리한다. 확실한 근거를 찾기 힘들고 무덤의 형태도 여느 곳과 다른 이곳은 아직도 그 이름을 확정짓지 못하고 '전(傳) 구형왕릉이라 이름 불리는 전설 속의 유적이다. 그 실체를 확인하지는 못하였지만 당시 이 지역이 가야 연맹의 대표성을 가졌던 금관가야의 세력권이 확실하다. 여러 고증으로도 가야 왕실의 무덤으로 확인되었다. 왕릉의 모습은 마치 작은 피라미드처럼 수많은 천연바위를 단단하게 맞물리게 쌓아 만들었고, 중앙으로 용도를 알길 없는 작은 감실이 이채롭다. 순장제도와 돌널무덤으로 대표되는 가야 양식과도 어울리지 않고 장군총 등 고구려 초기 돌무지무덤과도 차이가 난다. 가야 고분군과 가야국 패망 이후 구형왕이 거처하였던 수정궁에 세워졌다는 덕양전이 인근 생초면에 자리하고 있으며 구형왕의 증손자였던 김유신이 무예를 연습하였다는 자리가 남아 있다.

지리산 자락 진주와 산청지역은 남명 조식을 기억하는 유적지들로 가득하다. 덕천서원을 중심으로 덕산지역이 남명의 학문과 삶을 대표하는 장소라면 백운동계곡은 자연을 즐기는 남명의 모습으로 상징된다. 지리산이 간직하고 있는 수많은 계곡 중에서도 물 맑기로 알려진 이곳은 단성면과 시천면의 경계에 자리한다. 남명이 칭송하고 즐겨 찾았다는 계곡에는 그가 남긴 백운동, 용문동천, 영남제일천석, 남명선생장지소 등의 문구가 마치 숨은그림찾기를 하듯 새겨져 있다. 백운동마을로 알려진 점촌마을에서 시작되는 계곡은 약 2km를 이어가면서 맑고 푸른 자연의 장관을 보여준다. 기암절벽 아래 크게 자리 잡은 웅덩이는 이곳에서 목욕을 하면 저절로 아는 것이 생긴다는 '다지소'라는 이름이다. 남명의 뜻을 좇는 후학들이 스승의 높고 넓은 학문을 그리며 남긴 이름이 아닐까 싶다. 수량 많은 백운폭포까지 계곡은 지리산의 부드러운 아름다움을 마음껏 보여준다.

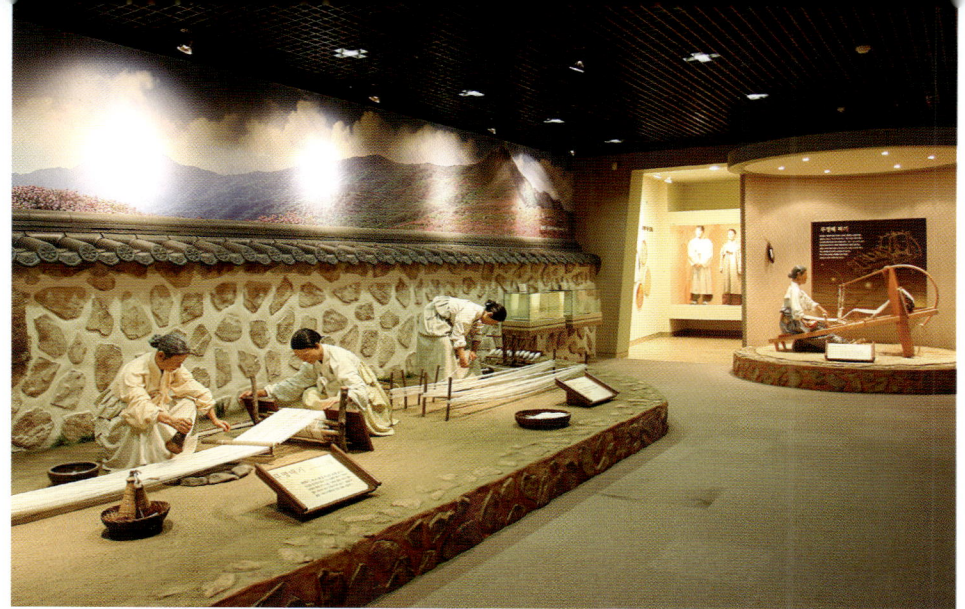

목면시배유지 따뜻함의 씨앗

위치 | 경상남도 산청군 단성면 사월리 105-1
　　　경상남도 산청군 단성면 목화로 887
운영시간 | 동절기 09:00~17:00, 하절기 09:00~18:00,
　　　매주 월요일 휴관

▶ MINI DATA
| 입장료 | 있음　　주차 | 가능　　분류 | 역사, 문화유적

영남의 대학자 남명 조식은 문익점의 면화 도입을 중국 땅에 농작법을 최초로 알린 '후직'의 공로에 비유하며 칭송하였다. 고려 말까지 우리 선조들은 해마다 겨울이면 참으로 힘든 추위를 견뎌야 했다. 일부 귀족 등의 상류층은 비단이나 동물의 가죽옷으로 추위를 견뎌냈지만 일반 백성들에겐 올이 성겨 여름 더위에 알맞은 삼베옷뿐이었으니, 온돌의 온기나 장작불에 의지해 겨울을 나야 했다. 문익점은 고려 사신으로 원나라를 찾은 길에 당시 반출이 엄격하게 금지되었던 목화 씨앗을 붓뚜껑에 넣어 은밀히 들여 왔다. 낙향한 그는 목화 재배에 성공하여 조선시대에 들어 전국적인 재배를 가능하게 만들었다. 문익점의 공로는 단순한 면화 재배로 끝나지 않고 무명천을 만드는 물레를 개발하기도 하였으니 그의 공로는 실로 대단하다. 그는 학문으로도 결코 작지 않은 명성을 쌓아

스스로 삼우당이란 호를 짓고 후학을 양성하였으며 그의 묘소 곁으로 사액서원인 도천서원을 세우게 하였다. 해마다 여름철이면 따뜻한 겨울을 기다리듯 부드러운 솜털의 하얀 꽃을 피우는 목화의 모습은 전시관 주변을 아름답게 장식하고, 경호강을 바라보는 언덕으로 자리하는 도천서원과 묘소의 모습 또한 놓치기 아쉬운 경관이다.

→ 단성향교, 진주민란의 시발지

19세기 당시 조세의 기본이 되었던 전정, 군정, 환곡제도는 삼정의 문란으로 일컬어질 만큼 혼란이 극에 달하였다. 수확량 보다 조세량이 많아지는 상황에서 백성뿐 아니라 국가체제의 문제로 이의를 제기한 양반들이 1862년 단성향교에 함께 모여 지역 수령을 배척하는 항쟁을 시작하였다. 이들의 항쟁은 진주민란을 거쳐 전국적인 농민항쟁의 시발점이 되었다.

대원사와 대원계곡

높은 스님의 처소

위치 | 경상남도 산청군 삼장면 유평리 1
경상남도 산청군 삼장면 평촌유평로 453
운영시간 | 종일, 연중무휴

▶ MINI DATA

입장료 | 없음 주차 | 가능 분류 | 불교유적

대원사와 대원계곡이 자리하는 지리산은 '이치를 깨닫는 산'이라는 뜻을 지닌다. 거대한 산의 품속에서 사람들은 인간보다 위대한 자연의 섭리를 조금씩 이해하는 것 같다. 지리산의 최고봉인 천왕봉의 기운을 가장 가까이 받는 계곡으로 대원사의 스님들은 방장산이라 불렀다. 높은 스님의 처소라는 의미는 사찰을 더욱 의미 있게 만든다. 단정한 석축 위로 자리하는 대원사는 비구니 스님의 참선도량이다. 단정한 사찰의 경내에는 맑은 모습으로 수양하는 스님들이 계신다. 크고 작은 모습으로 가지런하게 늘어선 전각들 뒤편으로 사찰의 보물을 감추고 있다. 뒤편 축대를

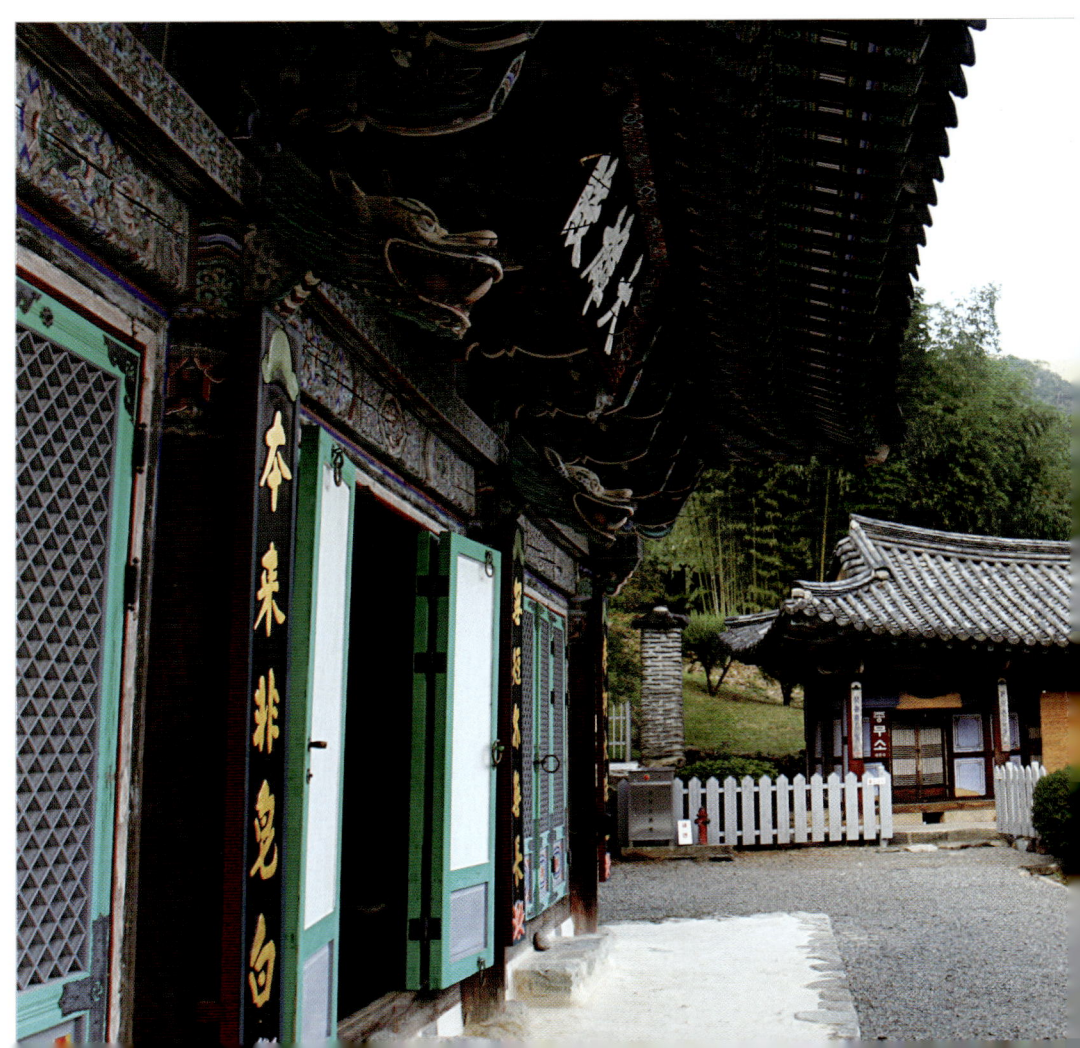

따라 가지런히 놓인 장독들은 하나마다 깊은 정성으로 빚은 장을 담고 있다. 독특하게 부풀어 오른 장독의 모양은 경상도의 투박하고 깊은 정을 느끼게 한다. 이중 기단의 구층석탑은 담담한 표면으로 석재에서 흘러나온 철분의 붉은빛이 물든 특이한 모습이다. 탑을 받치고 있는 기단부 네 기둥은 제주도의 돌하르방 모습을 닮아 작은 미소를 짓게 한다. 대원사 앞쪽으로 이어지는 계곡은 하늘 아래 첫 동네인 유평리와 치밭목 산장, 중봉과 천왕봉으로 이어지는 등산로이자 여름날의 더위를 잊게 하는 천혜의 물놀이장이다. 수많은 지리산의 계곡 중에서도 가장 깊고 청정함을 보여주는 대원계곡은 천왕봉에서 시작된 맑은 물길이 30리를 이어온다. 용이 승천한다는 용소, 가락국왕의 전설을 담은 소막골, 선녀탕, 옥석탕 등 이름만으로도 아름답다. 따가운 햇살을 가려주는 숲의 그늘 아래 시원한 물소리를 즐기며 더위를 씻어내는 기분은 아무런 대가 없이 자연이 선사하는 축복이다. 천왕봉까지 약 6시간이 소요되는 등산로는 지리산 종주로 대원사─화엄사 코스의 시작점이 되기도 한다.

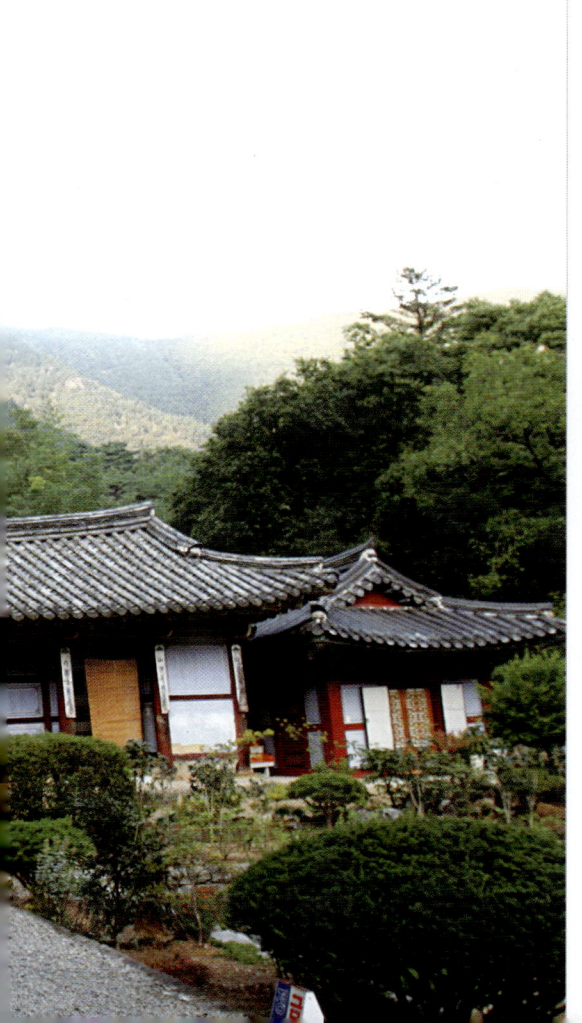

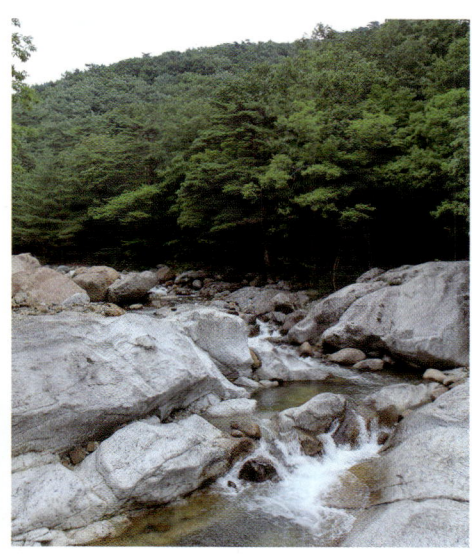

→ 산청한방약초축제

지리산과 「동의보감」의 고장 산청은 민족의 의성 허준 선생이 살신성인의 정신으로 의술을 펼친 곳이며, 민족의 영산 지리산을 중심으로 산청에서 자생하는 한약재의 뛰어난 품질과 효험이 널리 알려져 있는 곳이기도 하다. 산청한방약초축제는 이런 전통을 기반으로 지리산의 자생약초와 한의학의 신비한 효능을 체험할 수 있고, 약초를 이용한 먹거리, 살거리, 볼거리 제공과 한방무료진료 체험 및 한방음식을 직접 맛볼 수 있는 한방관련 축제이다.

문의 | 055-970-7701~5
홈페이지 | http://scherb.or.kr

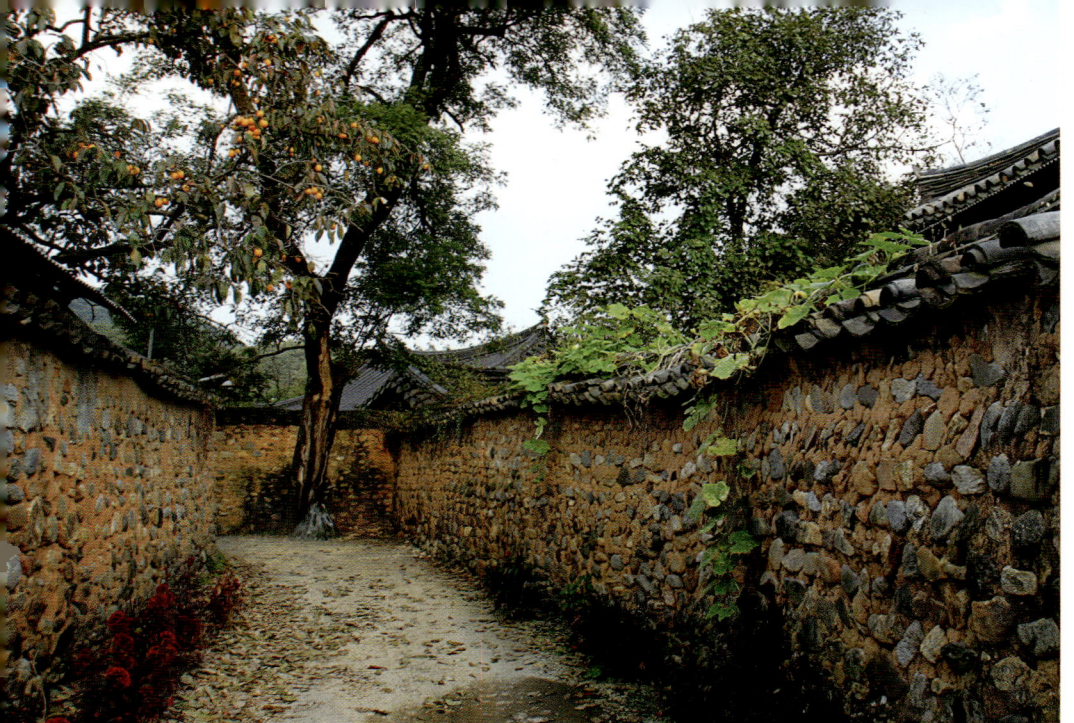

남사 예담촌 지리산의 명가 마을

| 위치 | 경상남도 산청군 단성면 남사리 281-1 일대
경상남도 산청군 단성면 지리산대로2897번길 10 일대
| 운영시간 | 문의 후 방문

▶ MINI DATA
| 입장료 | 없음　　주차 | 가능　　분류 | 전통, 체험마을

'경북의 안동 하회, 경남의 산청 남사'라는 말이 있다. 지리산 자락 산골에는 어울리지 않는 기와집 가득한 남사마을의 모습은 고풍스러움으로 가득하다. 쌍룡이 서로 맞물려 원을 그린다는 쌍룡교구의 명당자리인 이곳은 20세기 초반 세워진 40여 채의 기와집들이 흙담길을 따라 미로처럼 이어진다. 성주 이씨, 밀양 박씨, 진양 하씨가 주류를 이루는 마을은 수백 년 동안 많은 과거급제자를 배출하였다. 최재기 가옥을 중심으로 성주 이씨의 종가인 이상택 가옥, 대단한 규모의 사랑채인 사양정사가 자리하는 연일 정씨 가옥 등이 있다. 적당한 예스러움과 깔끔한 모습으로 더욱 친근하게 느껴진다. 특히 이상택 가옥은 18세기에 만들어진 안채와 20세기 초 만들어진 사랑채가 200여 년의 간격을 두고 함께하고 있어 소중한 문화적 가치가 있다. 남사마을의 가옥들은 현재에도 주민들이 살아가는 살림집인 경우가 대부분이다. 마을은 남사 예담촌이란 이름으로 전통체험 프로그램을 운영하고 있다. 체험프로그램의 숙박시설로 이용하는 전통가옥에서 멋진 잠자리도 경험하고 전통예절교육을 시작으로 다도교육, 서당체험 등의 교육 프로그램을 이용하는 것 또한 좋다. 삼굿놀이, 회화나무 염색 체험, 벌꿀 따기 등 계절별 다양한 농촌체험도 경험하며 마을 지도자의 구수한 해설과 함께 전통가옥을 둘러보는 것은 이색적인 추억이 된다.

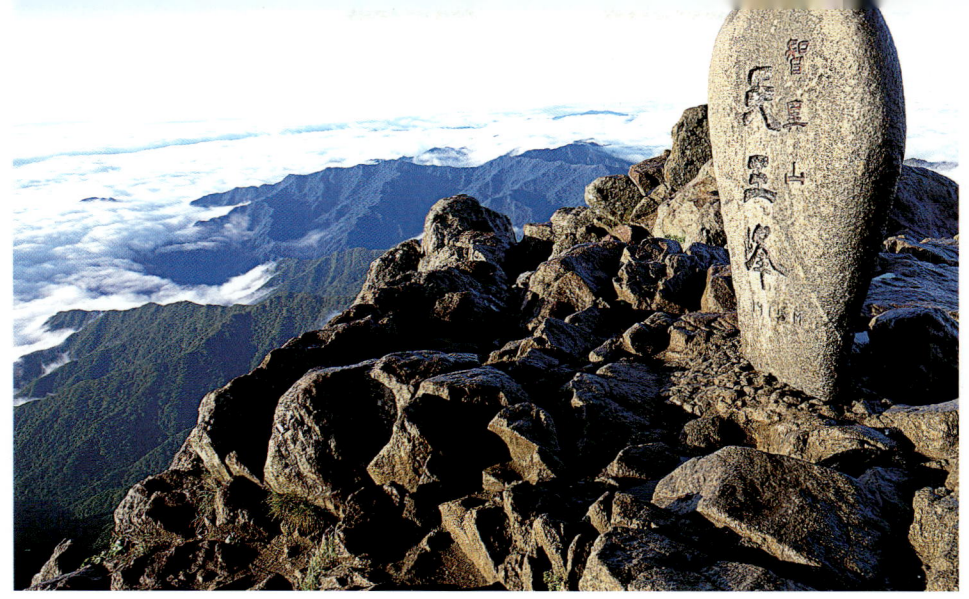

지리산국립공원 민족의 영산

위치 | 경상남도 산청군/하동군/함양군, 전라남도 구례군, 전라
　　　 북도 남원시 일대
운영시간 | 종일, 연중무휴

▶ MINI DATA

입장료 | 없음　　주차 | 가능　　분류 | 산, 계곡, 동굴

전라남도, 전라북도, 경상남도 3개 도에 속해 있는 지리산국립공원은 우리나라 20개 국립공원 중 가장 넓은 면적을 가졌으며 1967년 제1호로 지정된 국립공원이다. 금강산, 한라산과 더불어 삼신산(三神山)의 하나로 웅장하면서도 아늑한 산세는 '민족의 영산'이라 일컬어질 만하다. 천왕봉을 주봉으로 노고단에 이르는 주능선의 길이가 42km에 이르고 산 전체의 둘레는 320km에 달하니 그 품의 크기를 상상하기조차 힘들다. 해발고도 1,500m를 넘는 고봉이 20여 개를 헤아리고 그 사이 골짜기마다 아름다운 계곡을 품고 있어 지리산을 찾는 탐방객에게 휴식처가 되고 있으며 수많은 동식물이 서식하고 있다. 화엄사, 쌍계사를 비롯해 실상사, 천은사 등 신라 때 창건된 천 년 고찰이 자리 잡고 있으며 지리산 자락에 기대어 살아가는 많은 마을이 형성되어 있다. 전라북도의 남원, 구례, 경상남도의 하동, 산청, 함양 등에 걸쳐 있는

국립공원 지구마다 자연을 훼손하지 않으면서 수려한 경관을 지키려는 노력이 계속되고 있다. 산 전체가 하나의 보석처럼 아름답지만 그중에서 지리산 십경이라 해서 그 비경을 설명하고 있는데 제1경은 '천왕일출'로 고사목이 장관인 천왕봉 정상에서 일출을 보려면 3대가 선행을 쌓아야 한다는 얘기가 있을 정도로 귀한 광경이고, 제2경은 '노고운해'로 능선을 휘감아 돌며 파도치는 구름바다가 환상적이며, 해발 1,732m의 반야봉에서 바라보는 '반야낙조'가 제3경, 밀림과 고사목 위로 떠오르는 '벽소명월'이 제4경이다. 제5경은 세석평전과 장터목 사이 연하봉의 운무를 말하는 '연하선경', 제6경은 청학봉과 백학봉 사이를 떨어져 내리는 '불일폭포', 제7경은 '피아골의 단풍'이다. '세석평전의 철쭉'과 '칠선계곡'이 제8경과 9경이고, 마지막 10경은 지리산의 그림자를 담고 흐르는 '섬진강'이다.

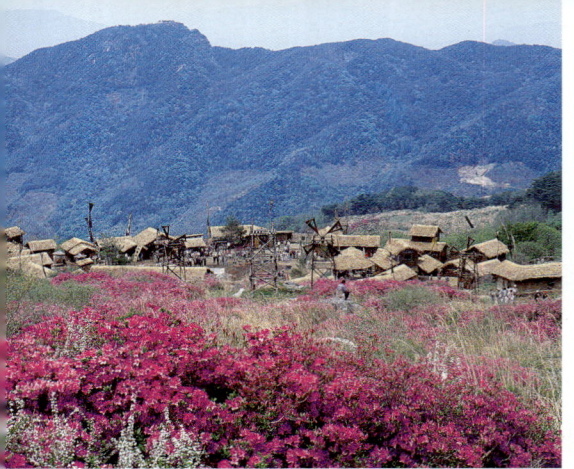
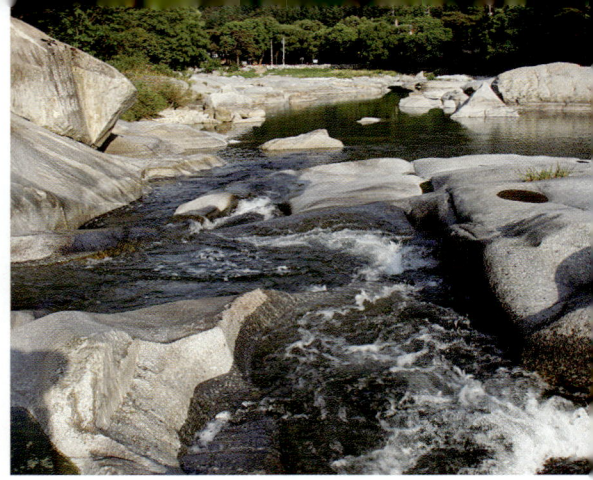

황매산과 미리내파크

영남의 작은 소금강

위치 | 황매산 경상남도 산청군 차황면 법평리 산1
　　　미리내파크 경상남도 산청군 차황면 법평리 1-1
　　　(황매산로 1202번길 217)
운영시간 | 종일, 연중무휴

▶ MINI DATA

| 입장료 | 없음　　주차 | 가능　　분류 | 전시, 체험시설

산청과 합천의 경계에 자리하는 황매산은 산청의 숨은 보석 같은 곳이다. 해발 1,108m의 낮지 않은 산은 정상 부근의 거대한 암석이 하늘을 가리는 듯 당당하다. 정상에서 바라보는 경관은 지리산, 덕유산을 이웃하고 합천호의 푸른 아름다움을 앞으로 두고 있다. 특이한 모습의 기암괴석들은 '영남의 소금강'이란 황매산의 별명을 누구에게나 공감하게 만든다. 거대한 바위로 위엄 넘치는 산은 그 품으로 부드러운 초원을 간직하고 있다. 해마다 봄이면 지천으로 피어나는 붉은 철쭉이 야단법석인 산은 황매산 미리내파크로 새롭게 만들어졌다. 꽃길 데크길, 별빛 터널, 캠핑장, 구름다리 등을 조성하여 여유롭게 산의 아름다운 경관을 즐길 수 있는 명소로 자리 잡았다.

화림동계곡

정자의 계곡

위치 | 경상남도 함양군 서하면~안의면
운영시간 | 종일, 연중무휴

▶ MINI DATA

| 입장료 | 없음　　주차 | 가능　　분류 | 산, 계곡, 동굴

남계천의 경관을 따라 8곳의 굽이마다 정자를 두었다는 화림동 계곡은 함양지역을 정자의 고장으로 알려지게 했다. 덕유산 자락에서 흘러내리는 물길을 따라 길게 이어지는 화림동 계곡의 명소마다 장식하듯 자리 잡았던 여덟 정자 중에서 거연정, 군자정, 동호정, 농월정의 4곳밖에 남지 않았다. 더구나 최근의 화재로 가장 큰 규모의 농월정마저 자취만을 남기고 있어 아쉬움이 더하다. 남아 있는 가장 큰 정자인 동호정은 소나무에 둘러싸인 2층 누각으로 굵은 나무를 그대로 사용한 듯한 기둥과 커다란 통나무의 한 면을 각을 파 자연스럽게 만든 계단의 모습이 특이하다. 단정한 모습으로 물가에 자리하는 군자정을 지나 계곡과 바위가 그림처럼 어우러지는 경관의 거연정은 화림동계곡 정자의 백미다. 구름다리를 건너 다가가는 정자의 2층 누각 위에서 바라보는 모습이 아름답다.

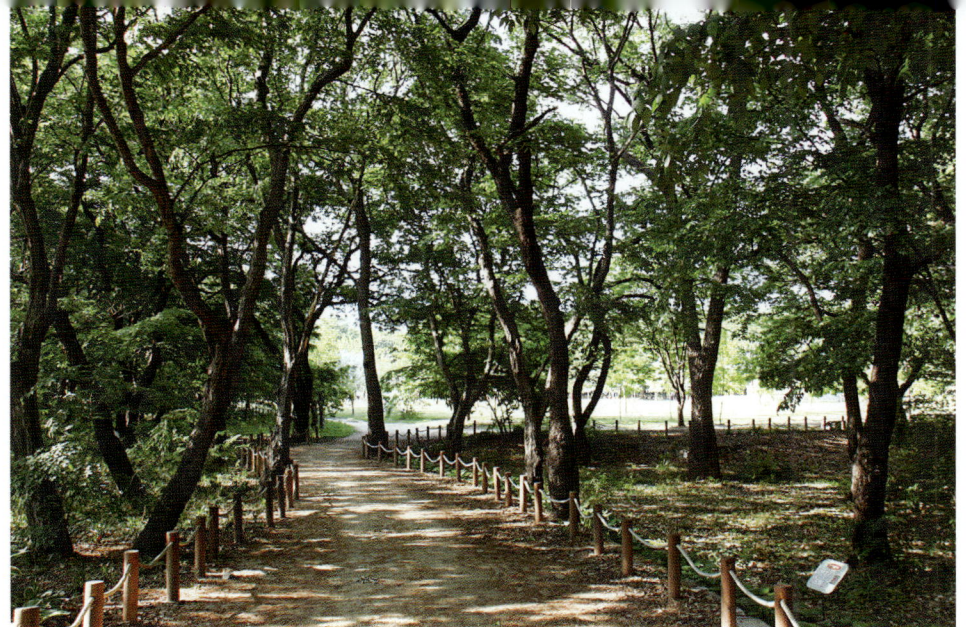

상림 사람이 만든 자연

위치 | 경상남도 함양군 함양읍 교산리 1069-4
　　　경상남도 함양군 함양읍 필봉산길 49
운영시간 | 종일, 연중무휴

▶ MINI DATA
| 입장료 | 없음　　주차 | 가능　　분류 | 숲, 자연휴양림

상림은 함양읍내를 가로지르는 둑을 따라 초록빛의 푸르름을 한껏 자랑하며 천 년의 시간을 보냈다. 13ha에 이른다는 깊은 숲은 이곳을 찾는 사람들에게 편안한 휴식의 즐거움을 준다. 2만여 종의 식물들이 어우러지는 숲은 자연적으로 발생한 원시의 모습이 아니라 무려 1,100년 전 사람의 힘으로 만들어진 우리 역사 최초의 인공림이다. 우리나라에서 천연기념물로 보호받는 장소 중 유일하게 낙엽활엽수 군락지로 알려진 상림은 신라 말 해동공자로 그 덕망과 학식을 당나라에까지 알렸던 최치원이 조성한 것으로 알려져 있다. 함양을 흐르는 하천의 범람과 주민들의 수해를 막기 위한 둑을 쌓고 물길을 돌려 나무를 심었다. 상림과 하림으로 나뉘었던 숲 중에서 하림은 오랜 세월 속에 사라지고 지금은 본래 모습의 절반만을 보여준다고 하니 당시의 규모를 상상하는 것만으로도 놀랍다. 깊고 푸른 숲을 따라 조성된 산책로를 걸으며 즐기는 삼림욕이 좋고 각종 체육시설과 함화루, 최치원신도비 등 문화유적을 둘러볼 수도 있다. 당시 함양의 태수였던 최치원은 상림을 거닐다 뱀을 보고 마음이 상한 어머니를 위하여 숲의 신령에게 해충을 들이지 말라고 명령하였다 한다. 훗날 신선이 된 것으로 알려진 그의 공력 때문인지 상림은 드넓은 숲 사이로 아직도 사람을 괴롭히는 해충이 살지 않아 신비롭다.

→ **정여창 고택, 고택의 아름다움**

당당한 풍채를 자랑하는 옛 가옥으로 함양 개평마을의 중심에 조선 중기의 대학자로 이름 높은 정여창의 고택이 자리한다. 솟을대문 앞으로 하마비가 자리하여 주인의 명망을 알리는 이곳은 안채와 사랑채, 가묘와 별당 등 양반가옥의 완전한 구조를 보여준다. 높은 축대 위로 굵은 목재를 사용하여 듬직하게 자리하는 사랑채는 기품이 넘친다.

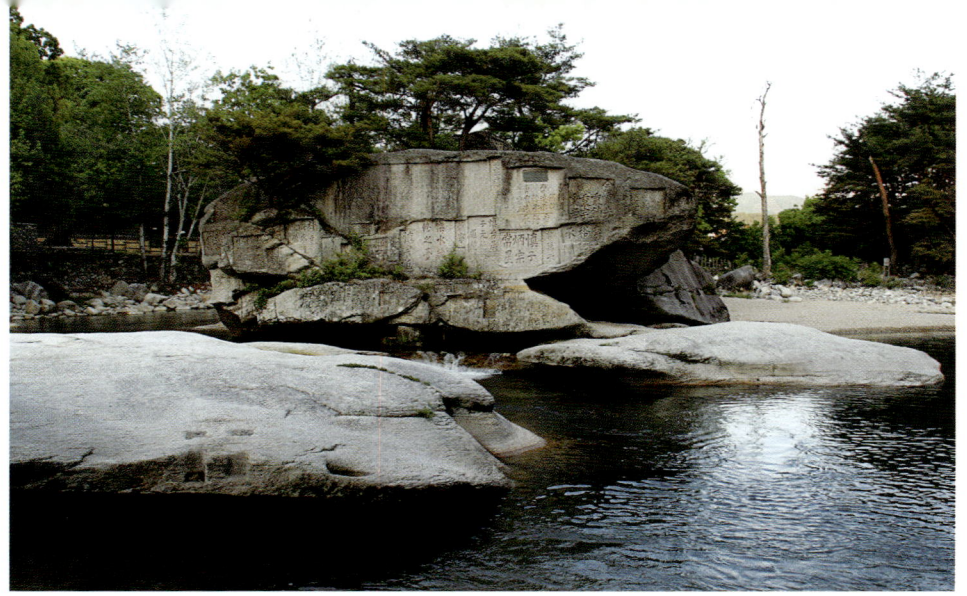

수승대 옛이야기가 담긴 계곡에 꾸며진 현대식 시설

위치 | 경상남도 거창군 위천면 황산리 758
경상남도 거창군 위천면 은하리길 98-11 일대
운영시간 | 09:00~18:00, 연중무휴

▶ **MINI DATA**
입장료 | 없음　　**주차** | 가능　　**분류** | 산, 계곡, 동굴

수승대의 원래 이름은 '수송대'로 백제의 사신이 신라로 갈 때 마지막 배웅지였던 곳이다. 지금의 이름은 퇴계 이황이 옆 동네인 안의현에 왔다가 이곳의 이야기를 전해 듣고 이름에 담긴 '근심 어린 송별'이란 뜻이 좋지 않다 하여 '수승대'라 바꿔 지은 것이다. 이곳에 낙향하여 구연서원을 세우고 제자들을 가르치던 요수 신권에게 편지를 써서 보냈더니 편지를 받은 신권이 커다란 바위에다 수승대라 새겨 그때부터 지금의 이름을 가지게 되었다. 구연서원과 여러 문인들이 바위에 글을 새겨 놓은 거북모양의 바위인 암구대, 신권의 호인 요수를 따서 지은 풍경 좋은 요수정 등은 옛 흔적이다. 여름철이면 수영장으로, 봄, 가을이면 오리배와 보트를 탈 수 있는 유선장으로 운영하는 넓은 계곡이 있으며, 사계절 썰매장이 있어 저렴한 가격으로 신나게 썰매를 탈 수 있다.

→ **거창국제연극제, 한여름 밤의 연극**

매년 7월 말에서 8월 중순까지 휴가철이면 거창에서 연극 한마당이 펼쳐진다. '자연, 인간, 연극의 어울림'이라는 주제를 가지고 우리나라의 우수 연극 작품들뿐만 아니라 세계 각국에서 초청된 다양한 극단의 작품을 공연한다. 제법 오랜 연륜을 가지고 있는 연극제로, 열린 공간에서 자연의 생명력을 연극에 담아내고자 하는 다양한 실험은 앞으로도 계속된다.
홈페이지 | http://www.kift.or.kr

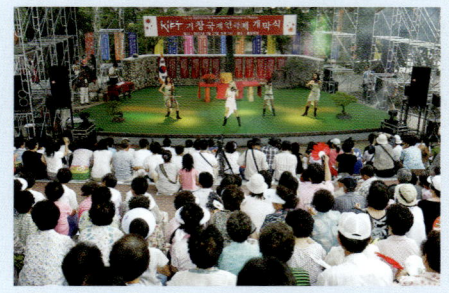

Photo by 거창군청

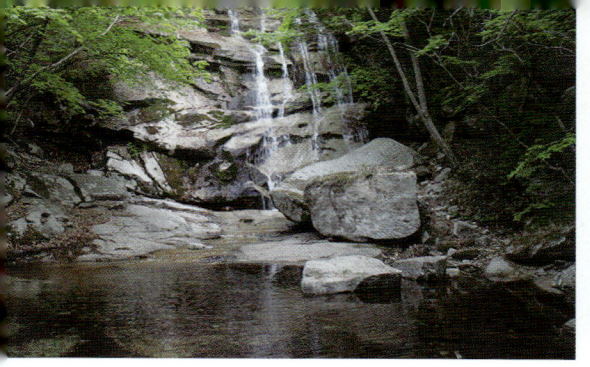
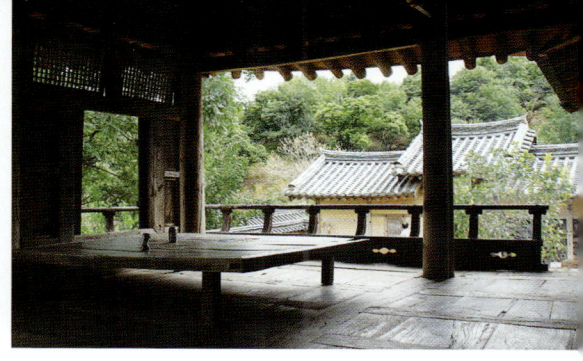

금원산 자연휴양림

비경을 간직하고 있는 휴양림

| 위치 | 경상남도 거창군 위천면 상천리 산61-1 일대
       경상남도 거창군 위천면 금원산길 412 일대
| 운영시간 | 숙박 14:00~익일12:00, 연중무휴

▶ MINI DATA
| 입장료 | 있음   주차 | 가능   분류 | 숲, 자연휴양림

전국의 휴양림 중 아름다운 계곡미를 간직한 곳을 꼽으라면 단연 이곳을 추천하고 싶다. 사람이 쉬어 가는 산막 숙소 시설들은 자연 속에 그 모습을 숨기고 가파른 경사를 따라가는 휴양림의 모습은 원시림의 비경을 보여준다. 거창과 함양을 연결하는 금원산은 덕유산 자락의 크지 않은 산이지만 지리산과 덕유산의 품속에 포근히 담긴 듯 그 모습이 예사롭지 않다. 예상보다 깊고 넓은 계곡과 봉우리는 사이마다 신비한 전설을 담고 있다. 매표소와 주차장을 지나 한낮에도 나무의 그늘로 어두운 도로를 따라 오르면 지장암에서 시작하는 지재미골과 성인골 유안청계곡의 갈림길을 만나게 된다. 어느 곳을 둘러보아도 좋지만 황금 원숭이를 가두었다는 전설이 깃든 금원산의 모습을 둘러보고 싶다면 2개의 폭포가 있는 오른편 유안청계곡을 따라가자. 거창 지역의 선비들이 한문을 연마하던 유안청이 있었다는 계곡의 너른 암반 위를 흐르는 유안청 2폭포를 지나 1폭포의 절경을 찾아가는 길이 환상적이다. 휴양림은 여름철 물놀이 장소로도 더할 나위 없이 좋다. 여유롭게 자리 잡은 산막시설도 폭포소리에 잠을 청할 수 있는 자연 속 쉼터다.

묵와 고택

조선 중기 사대부가 건축 양식의 전형

| 위치 | 경상남도 합천군 묘산면 화양리 485
       경상남도 합천군 묘산면 화양안성길 150-6
| 운영시간 | 숙박 문의 후 방문

▶ MINI DATA
| 입장료 | 없음   주차 | 가능   분류 | 역사, 문화유적

중요민속자료 제206호로, 조선 중기 사대부가의 건축 양식을 보여주는 묵와 고택은 조선 선조 때 선전관을 지냈던 윤사성이 지은 것으로 지금도 그의 자손이 살고 있다. 처음 지어질 당시의 집터가 2km²였고 집안이 번성했을 때는 모두 8채, 100여 칸이 들어섰을 정도로 규모가 컸다고 한다. 현재는 안채, 사랑채, 행랑채, 문간채와 사당, 헛간만이 남아 있다. 높은 솟을대문으로 들어서면 왼편의 'ㄱ'자 형 사랑채가 먼저 눈에 들어오는데 마당보다 높은 곳에 위치한 4칸 구조로, 누각형태로 된 마루가 돌출되어 있으며, 기와를 얹은 홑처마 아래 묵와 고택이라 쓴 편액이 걸려 있다. 사랑채의 동쪽으로는 행랑채가 이어지며, 반듯한 마당으로 들어서면 안채가 있는데 'ㄴ'자 형으로 방 2칸과 부엌이 전면으로 보인다. 돌출된 부분에는 방과 대청이 자리 잡고 있는데 6칸의 대청이 넓고 시원하다. 안채 뒷쪽의 높은 곳에는 돌담으로 둘러진 사당이 있다. 고택을 감싸고 있는 긴 돌담이 인상적이다. 미리 전화 후 방문하면 해설을 들을 수 있다.

해인사

팔만대장경을 봉안하고 있는 법보사찰

위치 | 경상남도 합천군 가야면 치인리 10
　　　 경상남도 합천군 가야면 해인사길 122
운영시간 | 동절기 08:30~17:00, 하절기 08:30~18:00,
　　　　 연중무휴

▶ MINI DATA
| 입장료 | 있음　　주차 | 가능　　분류 | 불교유적

불(佛), 법(法), 승(僧) 불교의 삼보 가운데, 부처님의 가르침인 '법'을 담고 있는 법보사찰 해인사이다. 불보사찰 통도사, 승보사찰 송광사와 함께 우리나라의 3대 사찰로 꼽히는 곳으로, 고려 때 만들어진 우리의 소중한 문화재인 팔만대장경을 봉안하고 있다. 신라 때 지어진 절로 의상의 맥을 잇는 제자인 순응과 이정 스님에 의하여 창건된 화엄종 사찰이다. 해인사가 법보종찰로 역할을 하게 된 것은 조선 태조 때로 강화도에 보관하던 대장경을 지금의 서울시청 부근에 있던 지천사로 옮겼다 다시 해인사로 옮기면서부터이다. 이후 세조와 성종 대를 거치면서 건물을 새로 짓는 등 지금의 모습을 갖추게 된다. 주차장에서부터

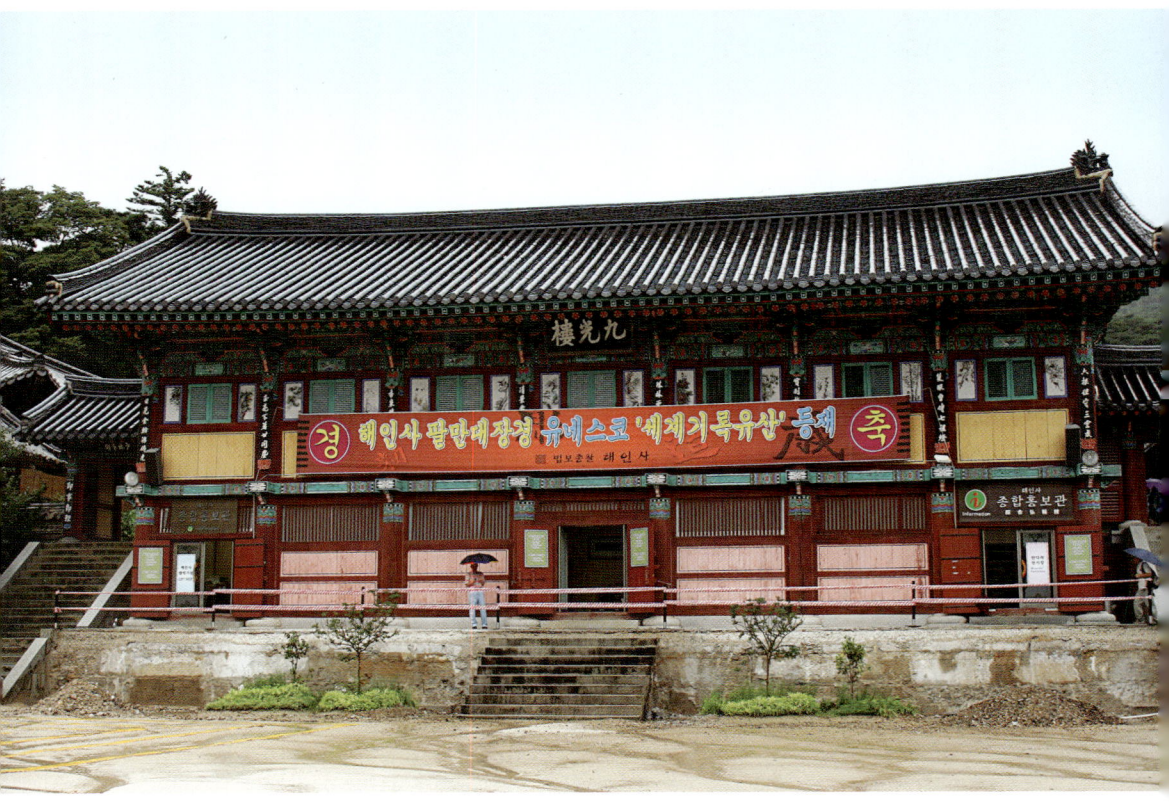

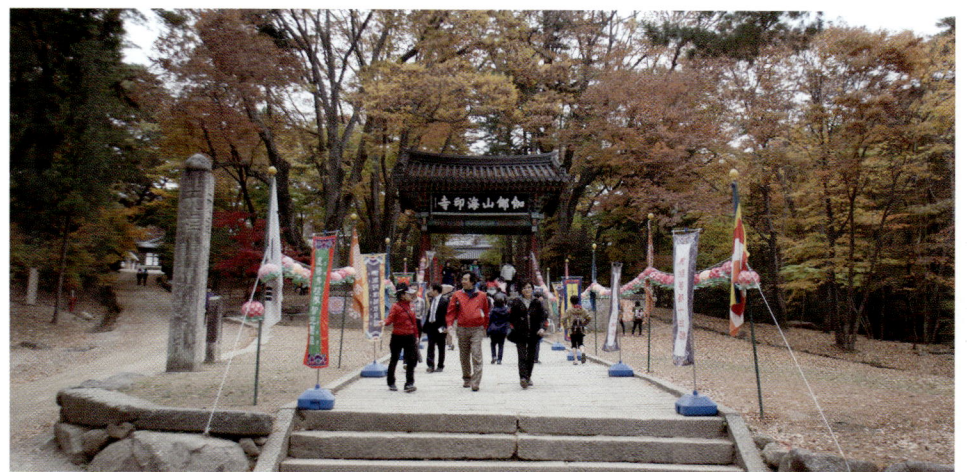

일주문까지는 제법 올라가야 하는데, 그 길에 성보박물관이 있으니 꼭 둘러보도록 하자. 해인사의 귀한 유물들이 전시되어 있으며 특히 팔만대장경을 비롯해 다양한 목판을 전시해 우리 전통의 우수한 목판인쇄기술을 알게 한다. 또한 불교조각실의 앉은 채 입적한 듯 사실적인 조각 수법이 돋보이는 목조희랑조사상과 팔만대장경을 소재로 한 백남준의 비디오아트가 특별한 볼거리이다. 해인사의 본전은 화엄종의 주불인 비로자나불을 모시고 있는 대적광전이다. 대적광전 뒤가 바로 장경판전으로 팔만대장경을 보관하고 있는 해인사의 중심이다. 팔만대장경은 원나라의 침입을 받은 고려가 불력으로 물리칠 수 있기를 기원하기 위해 만든 대장경으로, 이전에 만든 대장경이 불타버린 후 만들었다 해서 재조대장경으로도 불린다. 나란히 선 수다라장과 법보전에 대장경이 보관되어 있는데 자연의 원리를 이용해 햇빛, 온도, 습도, 환기 등을 조절하는 최고의 보관소로 유네스코 세계문화유산으로 지정되어 있다.

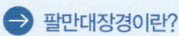 팔만대장경이란?

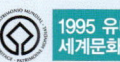 1995 유네스코 세계문화유산 등재

대장경이란 범어로 '3개의 광주리'라는 뜻으로, 부처님의 말씀을 담고 있는 경(經), 부처를 따르는 사람들이 지켜야 알 도리를 밝히고 있는 율(律), 부처의 가르침을 해석하고 있는 론(論)으로 구성된다. 세계적으로 여러 종류의 대장경이 있지만 그 완성도 면에서 가장 높은 평가를 받고 있는 것이 바로 팔만대장경이다. 경판의 개수가 팔만 개라 해서 이름 붙였으며, 경판의 크기는 가로 70cm, 세로 25cm, 두께 3.5cm로 양면에 한 자 1.5cm 크기로 450여 자의 글자가 새겨져 있다.

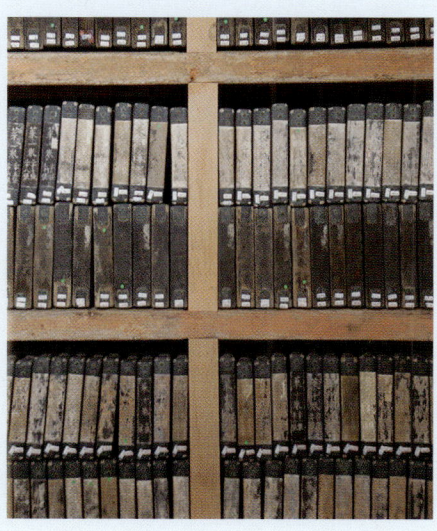

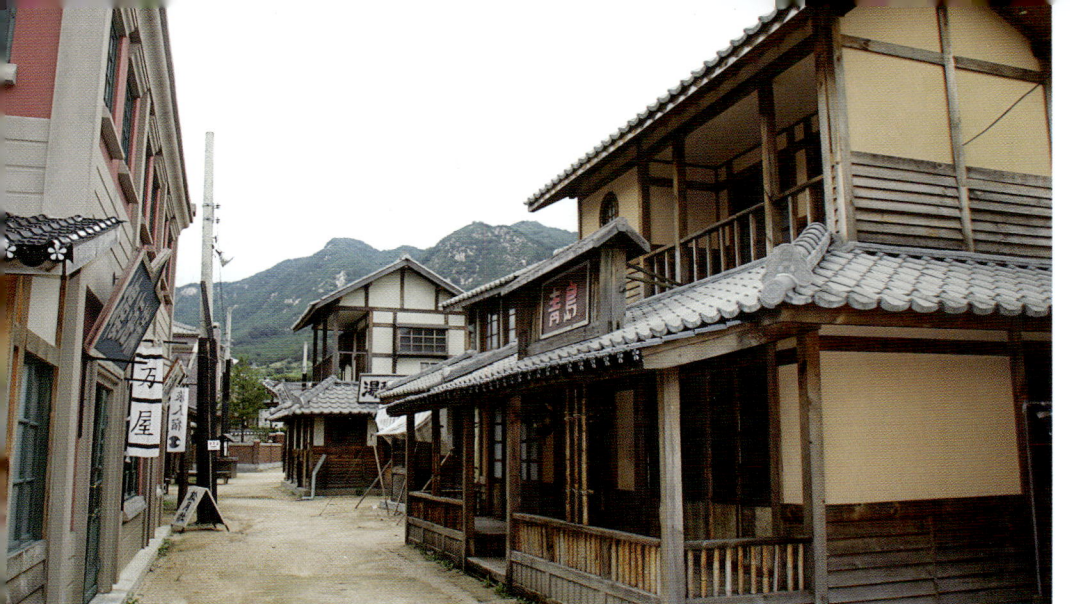

합천 영상테마파크 반세기 전으로 돌아가자

위치 | 경상남도 합천군 가호리 256-5
　　　경상남도 합천군 용주면 합천호수로 757
운영시간 | 동절기 09:00~17:00, 하절기 09:00~18:00,
　　　연중무휴

▶ **MINI DATA**
| **입장료** | 있음　**주차** | 가능　**분류** | 전시, 체험시설

드라마 〈서울 1945〉, 〈경성스캔들〉, 〈영웅시대〉, 〈패션 70's〉 등과 영화 「태극기 휘날리며」, 「만남의 광장」, 「바람의 파이터」, 「모던보이」 등의 공통점을 찾는다면? 근현대사를 배경으로 하는 시대물로 이 작품들 모두 합천 영상테마파크에서 촬영되었다는 것이 공통점이다. 드라마나 영화에서 시대물이 인기를 끌면서 합천 영상테마파크도 함께 주가를 올리고 있는데, 옛 건물들과 거리를 당시의 모습과 가깝게 만들어놓고 촬영뿐만 아니라 일반관람객들에게 개방하고 있다. 장동건, 원빈 주연의 영화 「태극기 휘날리며」를 촬영하기 위한 세트로 처음 만들어졌으며 드라마 〈서울 1945〉를 촬영하기 위해 대대적인 공사를 거쳤다. 일제 때부터 한국전쟁까지 서울의 모습이 재현되어 있는 거대한 세트장으로 우리 근현대를 배경으로 하는 장면을 촬영하기에 최적의 조건을 갖추고 있다. 특히 복원해 놓은 서울의 옛 모습이 인상적인데, 지금도 남아 있어 비교가 되는 서울역과 경교장을 비롯하여, 지금은 없어져 버린 조선총독부 건물과 사교클럽으로 유명했던 반도호텔이 만들어져 있어 눈길을 끈다. 드라마 촬영장을 찾는 이유는 무엇보다 화면을 통해서 보았던 장면들의 배경을 직접 보면서 그때의 감동을 되살리기 위해서일 것이다. 앞으로도 다양한 작품들의 촬영이 예정되어 있다고 하니 배경을 먼저 봐두고 나중에 화면을 통해 확인하는 재미를 즐겨보자.

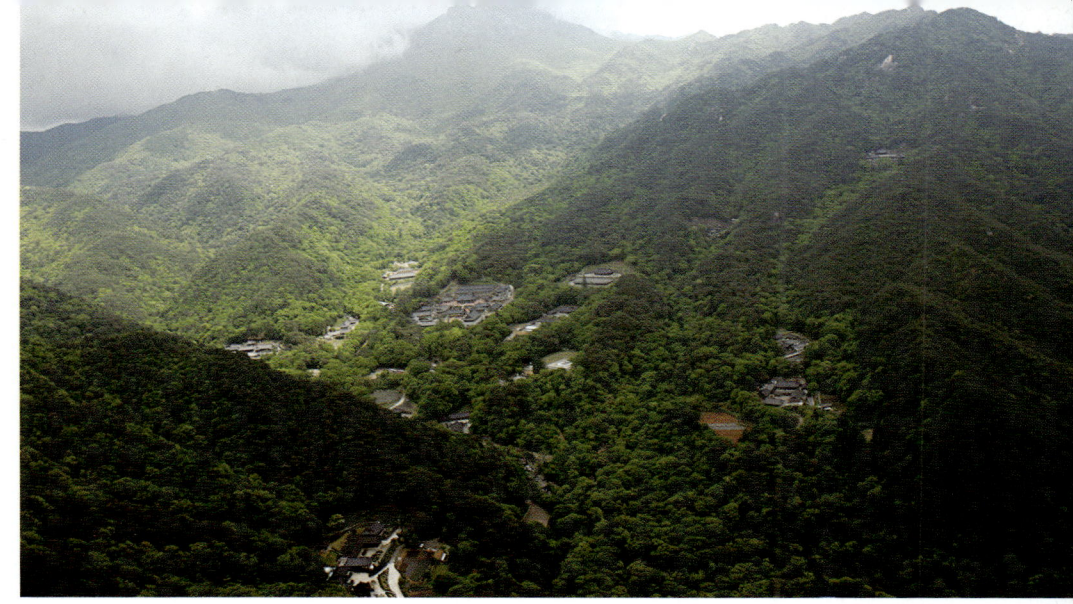

Photo by 합천군청

가야산국립공원 <small>소백산맥의 수려한 명산</small>

| 위치 | 경상남도 합천군/거창군, 경상북도 성주군 일대
| 운영시간 | 동절기 09:00~17:00, 하절기 09:00~18:00, 연중무휴

▶ MINI DATA
| 입장료 | 없음   주차 | 가능   분류 | 산, 계곡, 동굴

소백산맥 자락에 있는 가야산은 우리나라 3보 사찰 중 법보사찰인 해인사가 있는 산으로 유명하며 1972년 국립공원으로 지정되었다. 상왕봉(1,430m)을 주봉으로 두리봉과 남산, 비계산, 북두산 등 해발고도 1,000m가 넘는 높은 산들이 이어져 있으며 합천으로 이어지는 남쪽은 산세가 부드러운 편이나 경상북도로 이어지는 북쪽은 가파르고 험해서 성주군 수륜면으로 가는 순환도로는 기암절벽이 하늘을 찌르는 듯하다. 가야산이 자리한 곳은 옛날 가야국이 있던 지역으로 '가야의 산'이라 해서 가야산이라 이름 지어졌다. 소백산맥의 산 중에서도 수려한 경치를 자랑하는 명산으로 예전부터 이름난 사찰이 곳곳에 자리 잡았는데 지금은 절터로만 남은 법수사지와 팔만대장경이 있는 해인사를 비롯해 많은 암자들이 있다. 해인사 입구에서 해인사에 이르는 4km의 홍류동 계

곡은 가을단풍이 붉기로 유명해 이름 붙었으며, 조산팔경 가운데 으뜸이라 꼽히는데 기암괴석과 노송이 어우러져 한 폭의 동양화를 보는 듯 감탄사가 절로 나온다. 신라시대 고찰인 청량사가 자리 잡고 있는 남산 제일봉(1,010m)은 천불산이라고도 불리는데, 기암으로 이루어진 산의 형세가 1,000개의 불상이 능선을 뒤덮고 있는 듯하다 해서 이름 붙었다. 신라 말 대학자 최치원이 난세를 비관해 불교에 귀의하고 이 산에 들어와 수도했던 농산정, 학사대 등의 유적이 남아 있으며 사명대사도 말년을 가야산에서 보냈다고 한다. 오대산, 소백산과 더불어 임진왜란 때 전쟁의 피해를 입지 않아 삼재(화재, 수재, 풍재)를 입지 않는 지역이라 알려져 있는데, '산형은 천하절승'이라 했던 옛 기록처럼 곳곳에 절경을 간직한 명산임에 틀림없다.

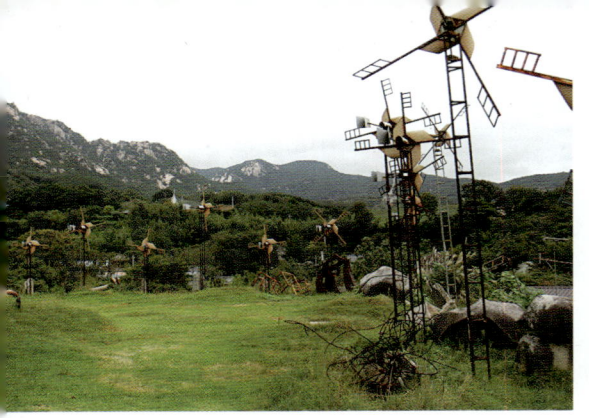
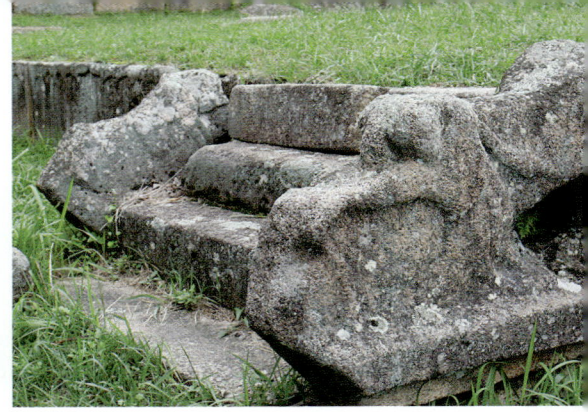

바람흔적미술관

바람이 만들어주는 모든 것

| 위치 | 경상남도 남해군 삼동면 봉화리 1993-1
  경상남도 남해군 삼동면 금암로 519-4
| 운영시간 | 동절기 10:00~17:00, 하절기 10:00~18:00,
  매주 화요일 휴관

▶ MINI DATA

| 입장료 | 없음 　 주차 | 가능 　 분류 | 박물관

1996년에 개관한 바람흔적미술관은 이름 그대로 바람과 흔적을 테마로 만든 미술관으로 수많은 바람개비들이 서 있는 모습이 인상적인 곳이다. 설치 미술가인 최영호 씨가 지은 것으로 바람개비 설치 작품 역시 그의 작품이다. 22개의 바람개비가 바람에 몸을 맡긴 채 돌아가고 있는 곳은 '바람흔적 마당', 범종이 서 있는 곳은 '바람소리 마당' 등의 이름이 붙어 있다. 빨간색 프레임이 독특한 전시관은 누구나 자유롭게 미술작품을 전시할 수 있는 1층 전시장과 '미친차'라는 이름의 한방차를 마실 수 있는 2층 공간으로 이루어져 있다. 미친차는 '아름다울 미(美), 친할 친(親)' 자를 써서 아름다움과 친해지는 차라는 뜻이다. 철쭉으로 유명한 황매산의 전경을 가장 잘 감상할 수 있는 위치에 자리 잡아 초록의 잔디 위에 서서 바람의 흔적을 몸으로 보여주는 바람개비와 미술관을 둘러보며 황매산 모산재의 풍광을 감상하기 위해 많은 여행객들이 찾는 곳이다.

영암사지

비어 있어 더욱 영험한 절터

| 위치 | 경상남도 합천군 가회면 둔내리 1659
  경상남도 합천군 가회면 황매산로 637-97
| 운영시간 | 종일, 연중무휴

▶ MINI DATA

| 입장료 | 없음 　 주차 | 가능 　 분류 | 불교유적

매의 머리를 닮은 회색 바위가 멋진 황매산 자락에는 법당도 남아 있지 않고 불상도 없지만 신비함과 영험함이 깃들어 절로 마음이 숙연해지는 절터가 있다. 절터 답사의 1순위로 꼽히는 영암사지는 통일신라시대부터 고려시대의 것으로 추정되는 다수의 기와가 출토되어 적어도 9세기 이전에 지어진 것으로 추정된다. 금당지, 서금당지와 중문지, 회랑지 등의 건물터와 삼층석탑, 쌍자사석등, 귀부 2기, 석조, 기단, 계단이 남아 있으며 금동여래입상이 출토되었다. 정교하게 깎은 화강암을 조화롭게 쌓아 만든 석축이 남아 있는 금당지는 아치형의 가파른 계단이 독특하며, 기단 위에 두 마리 사자가 하늘에 띄워 놓은 듯한 석등이 중생들에게 구원의 빛을 켜고 있는 듯 아름답다. 황매산 자락을 배경으로 서 있는 삼층석탑은 위압적이지 않고 온화하다. 통일신라시대 가람배치의 전형이라 해서 불교건축 연구에 중요한 자료가 되며 사적 제131호로 지정되어 있다.

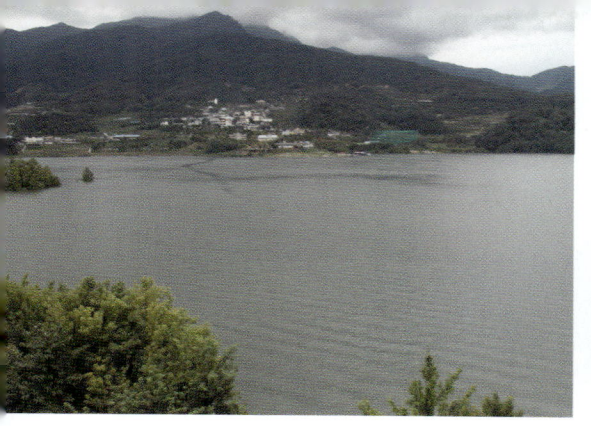

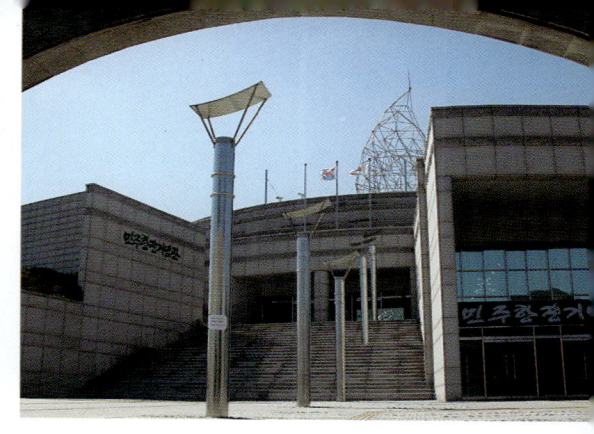

합천호

소백산맥 가운데의 인공 호수

| 위치 | 경상남도 합천군 대병면 일대
| 운영시간 | 종일, 연중무휴

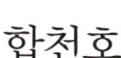 MINI DATA

| 입장료 | 없음　주차 | 가능　분류 | 강, 유원지

합천호는 1988년 낙동강 지류인 황강을 막아 만든 합천댐으로 인해 생겨난 인공 호수다. 황강은 소백산맥의 대덕산에서 발원하여 63km를 흐르다 합천댐을 만들고 다시 낙동강과 합류하는데, 합천댐은 7억 9,000만 톤의 물을 담수하고 있으며 면적 925km²에 연간 220만 킬로와트의 전력을 생산하고 있다. 물이 맑고 깨끗해 붕어, 메기, 잉어를 비롯해 일급수에만 사는 민물고기 등이 서식하고 있어 천혜의 낚시터로 꼽히며 편의시설을 갖춘 종합관광단지가 있어 가족 단위 여행객이 즐겨 찾는다. 조정지댐 아래쪽에는 고운 모래사장을 가진 유원지가 있어 여름철 물놀이 장소로도 인기가 많으며 합천댐에서 거창으로 이어지는 40여 킬로미터의 호반도로는 '백리벚꽃길'이라 하여 드라이브 코스로 유명하다. 해마다 벚꽃 개화시기에 맞춰 벚꽃마라톤대회가 열린다. 합천호문화관은 물과 사람을 주제로 합천호 수몰지구의 역사와 주변 경관을 설명하는 전시관이며 전망대에 오르면 호수의 아름다움을 가깝게 볼 수 있다.

민주공원

부산시민의 힘으로 만든 공원

| 위치 | 부산광역시 중구 영주동 산10-7
|　　　부산광역시 중구 민주공원길 19
| 운영시간 | 외부 종일, 연중무휴,
|　　　내부 09:00~18:00, 매주 월요일 휴관

▶ MINI DATA

| 입장료 | 없음　주차 | 가능　분류 | 공원

부마민주항쟁의 중심이었던 부산시민들이 주체가 되어 만든 공원으로 우리나라 민주운동의 역사를 한눈에 볼 수 있는 민주항쟁기념관과 각종 문화 공연이 펼쳐지는 야외 공연장, 기타 휴식 공간이 갖추어져 있다. 부산시민의 민주 항쟁 발자취를 되짚어볼 수 있는 상설 전시실인 2층의 늘펼쳐보임방과 다양한 기획 전시실이 3층의 작은펼쳐보임방 그리고 각종 공연이 열리는 1층의 '큰방', '작은방'까지 그 이름이 소박하면서도 강인한 시민들의 정서를 담은 듯하다. 민주항쟁기념관 위의 조형물인 민주의 횃불은 민주주의의 염원을 담은 상징으로 안과 밖이 하나로 드러나 보이는 독특한 형태로 저녁이면 조명이 들어와 실제 횃불이 타오르는 것처럼 보인다. 그 밖에도 민주화 운동에 헌신한 열사들을 추모하는 의미로 '민주의 이름'이라는 제목의 조형물이 있으며 야외 공원에는 휴식할 수 있는 편의 시설을 마련해 놓았다. 공원에서 내려다보는 부산항 일대의 전망이 시원해 오래 머물게 되는 곳이다.

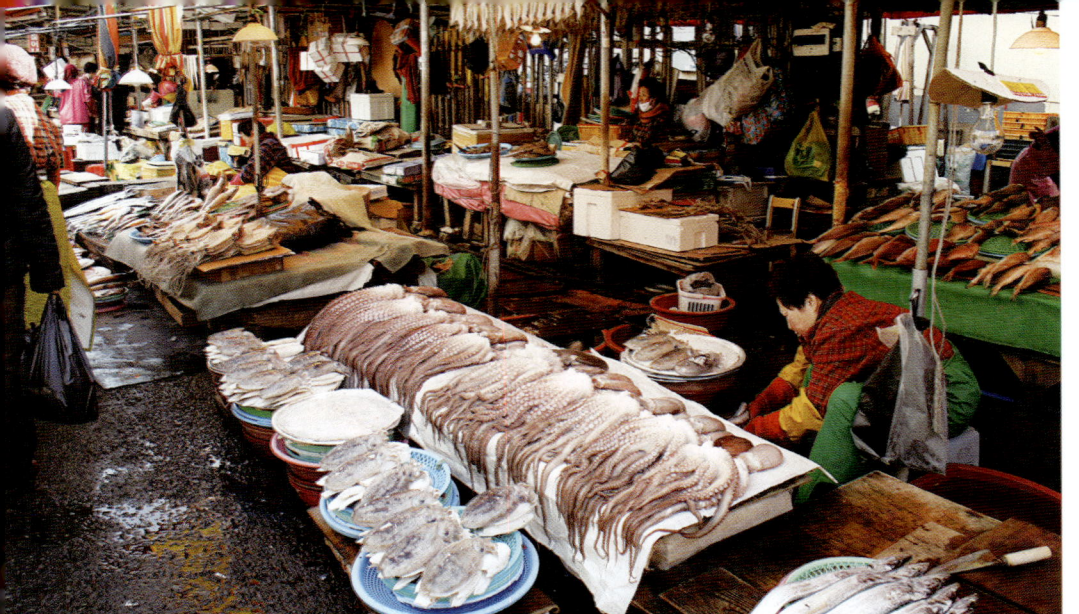

자갈치시장 오이소, 보이소, 사이소

| 위치 | 부산광역시 중구 남포동4가 37-1
　　　　부산광역시 중구 자갈치해안로 52
| 운영시간 | 06:00~22:00, 매월 1, 3주 화요일 휴무

▶ MINI DATA
| 입장료 | 없음　　주차 | 가능　　분류 | 거리, 시장

'오이소, 보이소, 사이소'라는 캐치 프레이즈로 유명한 부산의 상징이자, 우리나라 최대의 수산물 시장이다. 영도대교 바로 옆의 건어물시장에서부터 충무동 공동 어시장까지를 통틀어 자갈치시장이라 부르는데 자갈치시장이라는 명칭은 일대에 자갈이 많아 자갈치라고 부른다는 설과 생선 이름인 갈치에서 유래하였다는 두 가지 설이 전해진다. 6·25전쟁으로 생활 전선에 뛰어든 여성들이 자갈치시장에 모여 장사를 하기 시작해 '자갈치 아지매'라는 이름도 생겨났다. 자갈치 아지매들의 무뚝뚝하면서도 정겨운 사투리를 들으며 살아서 펄떡이는 물고기들, 싱싱한 해산물들을 구경하며 생생하게 살아 움직이는 시장통을 걷는 것이 자갈치시장의 매력 포인트다. 일제시대의 건축물이 그대로 남아 있는 건어물시장과 부두, 그리고 멋지게 단장한 자갈치 시장 건물 뒤편의 수변공원은 장을 보러 나온 사람보다 관광객들로 붐빈다. 아기자기한 조형물과 나무 데크가 인상적인 수변공원에서는 유명한 영도다리가 왼쪽으로 보이고 코앞에는 영도가 우뚝 서 있다. 선착장에서 통통배를 타면 영도로 뱃길 여행을 해볼 수도 있다. 주머니 사정에 따라 다양한 가격으로 즐길 수 있는 싱싱한 해산물이 자갈치시장의 자랑이고 생선구이도 유명해 그날 잡힌 싱싱한 생선을 구워 내는 식당도 만날 수 있다. 부산시민들이 즐기는 곰장어 구이와 곱창 구이도 빼 놓을 수 없는 명물 먹거리. 바다와 먹거리와 사람들을 만날 수 있는 삶의 여행지가 바로 여기다.

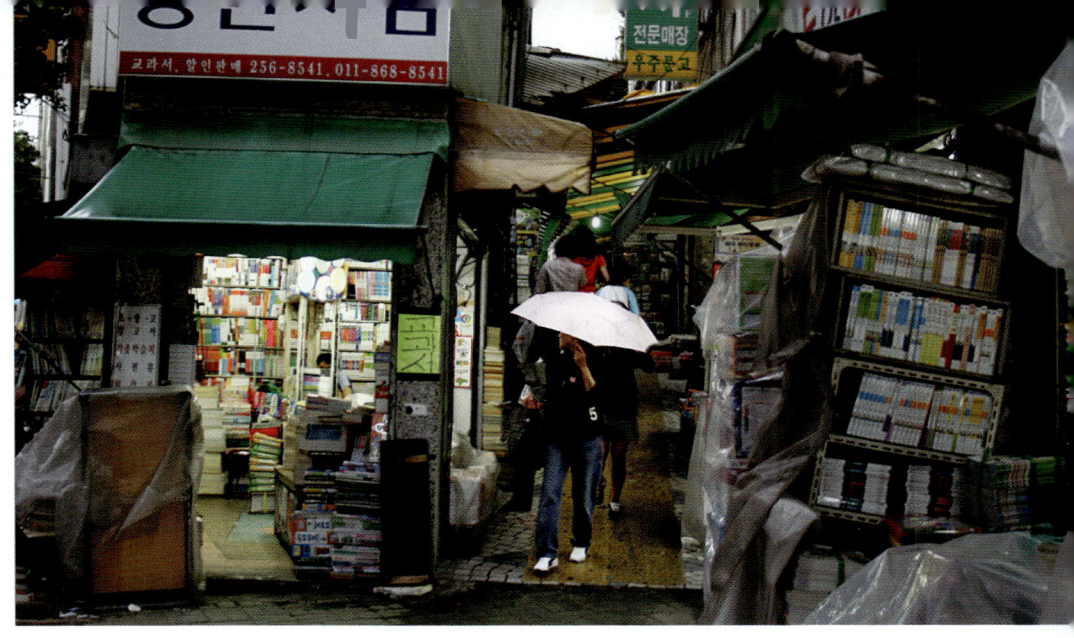

보수동 책방 골목 헌 책에 담아내는 새 마음

| 위치 | 부산광역시 중구 보수동1가 124-15 일대
　　　 부산광역시 중구 대청로 57-1 일대
| 운영시간 | 매월 1, 3주 일요일 휴무

▶ MINI DATA
| 입장료 | 없음　　주차 | 불가능　　분류 | 거리, 시장

6·25전쟁으로 피난온 사람들이 많이 모여 살았던 부산 중구 일대의 영주산, 보수산 자락에는 천막 학교들이 하나 둘 생기기 시작했고 이 골목은 통학하는 학생들로 늘 붐볐다고 한다. 그래서 책이 귀하던 시절, 자신이 읽은 책은 팔고 필요한 헌 책을 구입할 수 있는 노점은 가난한 학생이 책을 구해 볼 수 있는 소중한 곳이었다. 이런 노점들이 하나 둘 모여 책방 골목이 만들어졌고 신학기가 되면 골목에 늘어선 책 보따리가 장관을 이루었다고 한다. 목조 건물 처마 밑을 서성이며 미군 부대에서 흘러나온 헌 잡지를 구입할 수 있었고 고물상이 수집한 만화책을 구입할 수 있었던 곳도 바로 책방 골목이었다. 젊은 청춘들이 만남을 약속하는 장소이자 데이트 장소로도 인기가 많았던 이곳은 물질의 풍요로움에 길들여진 현대에 와서는 어울릴 것 같지 않으나 새 책과 헌 책이 같이 유통되고 있어 저렴한 가격에 책을 구입하려는 이들이 많이 찾고, 또한 독특한 풍경을 만나보려는 나들이객도 즐겨 찾고 있다. 특히 만화를 전문으로 하는 서점이 많아 청소년과 젊은이들의 발길이 끊이지 않는다. 해마다 보수동문화축제가 열려 책표지 만들기, 나만의 책 만들기 등 다양한 이벤트를 즐기는 문화공간으로 바뀐다.

> **→ 보수동 깡통시장의 명물 먹거리, 유부 주머니**
>
> 보수동 책방 골목 건너편으로는 일명 깡통시장이 있다. 6·25전쟁 이후 미군 부대에서 흘러나온 각종 통조림 제품들을 많이 팔아서 깡통시장이라 이름 붙었는데 이 시장 안에 명물로 꼽히는 음식이 있으니 바로 유부 주머니다. 어묵과 함께 야채가 들어간 유부 주머니 두 개가 한 그릇이다.
> **문의** | 055-970-7701~5
> **홈페이지** | http://sherb.or.kr

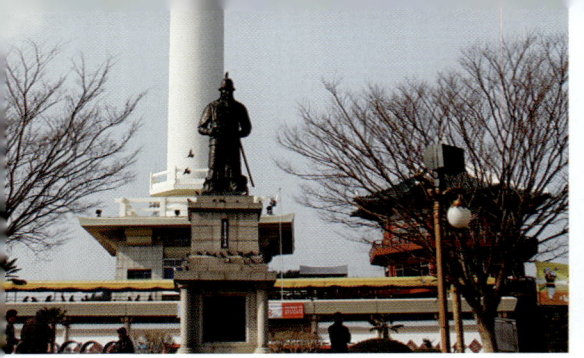

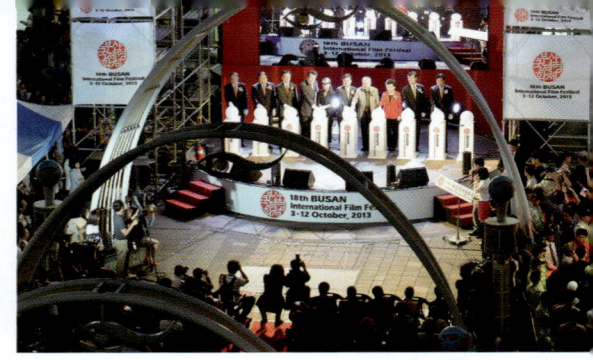

용두산공원과 부산타워

부산시내를 한눈에

| 위치 | 부산광역시 중구 광복동2가 1-2
　　　　부산광역시 중구 용두산길 37-55
| 운영시간 | 공원 종일, 타워 09:00~22:00, 연중무휴

▶ MINI DATA

| 입장료 | 없음　　주차 | 가능　　분류 | 공원

남포동 BIFF의 거리

부산국제영화제의 뿌리

| 위치 | 부산광역시 중구 부평동 2가 일대
　　　　부산광역시 중구 비프광장로 일대
| 운영시간 | 종일, 연중무휴

▶ MINI DATA

| 입장료 | 없음　　주차 | 가능　　분류 | 축제, 공연

부산의 광복동은 서울의 명동과 비슷한 면이 많다. 유명 의류 브랜드 매장이 들어서 있는 것도 그렇고 근처에 큰 시장이 있는 것도 그렇다. 부산의 광복동 옆에는 국제시장이 있고 서울의 명동 옆에는 남대문시장이 있다. 또 한 가지 서울의 명동에서 고개를 들면 남산의 서울타워가 보이고 부산 광복동에는 용두산과 부산타워가 있다. 광복동에서 용두산으로 올라가는 길은 케이블카는 없지만 친절하게도 에스컬레이터가 있으니 이용해보자. 끝이 보이지 않는 에스컬레이터를 타고 올라가면 야트막한 산 위에 우뚝 솟은 부산타워와 팔각정을 만난다. 공원을 빙 두른 동백나무 숲길이 아름답고 멀리 부산항이 내려다보이는 시원한 전망도 좋다. 부산타워는 용두산 정상에 있는 전망대로 별도로 입장료를 낸 후 엘리베이터를 타고 올라가면 부산항을 비롯해 영도, 남포동, 국제시장을 조망할 수 있다. 규모는 작지만 바로 코앞에 와 닿을 듯 가까이 내려다볼 수 있다는 것이 장점이다. 일몰 한 시간 전쯤 부산타워에 오르면 땅거미 내리는 부산항에 하나둘 불이 켜지는 장관과 국제시장, 광복동의 환상적인 야경을 볼 수 있고 카메라에 담아도 멋지다.

해방 직후 20여 개의 크고 작은 극장이 밀집해 있던 남포동은 복합 상영관들이 생기기 전까지만 해도 부산 사람들이 '영화 한 편 본다' 하면 으레 찾는 곳이었다. 1996년 제1회 부산국제영화제(BIFF)가 남포동에서 열리면서 이곳은 BIFF의 뿌리로 사람들에게 인식되고 있다. 이제 BIFF는 해운대에서 열리지만, 지금도 남포동하면 자연스럽게 BIFF를 떠올린다. 영화제의 공식 행사들이 열렸던 부산극장과 대영극장 사이 BIFF 광장은 영화제의 거리로 화강암과 동판으로 만든 별모양 조형물과 대리석이 깔려 있고, 부산 극장과 CGV 사이 스타의 거리엔 매년 수상자의 핸드 프린팅과 참가 작품, 유명 감독들과 영화인들의 핸드 프린팅 동판이 바닥에 깔려 있다. 광장의 노점들이 세워 놓은 파라솔에도 BIFF 로고가 쓰여 있어 거리의 분위기를 밝게 해준다.

태종대

기암절벽 위에서 바라보는 태평양

| 위치 | 부산광역시 영도구 동삼동 산29-1
부산광역시 영도구 전망로 316
운영시간 | 04:00~24:00, 연중무휴

▶ MINI DATA

| 입장료 | 없음 주차 | 가능 분류 | 바다, 섬

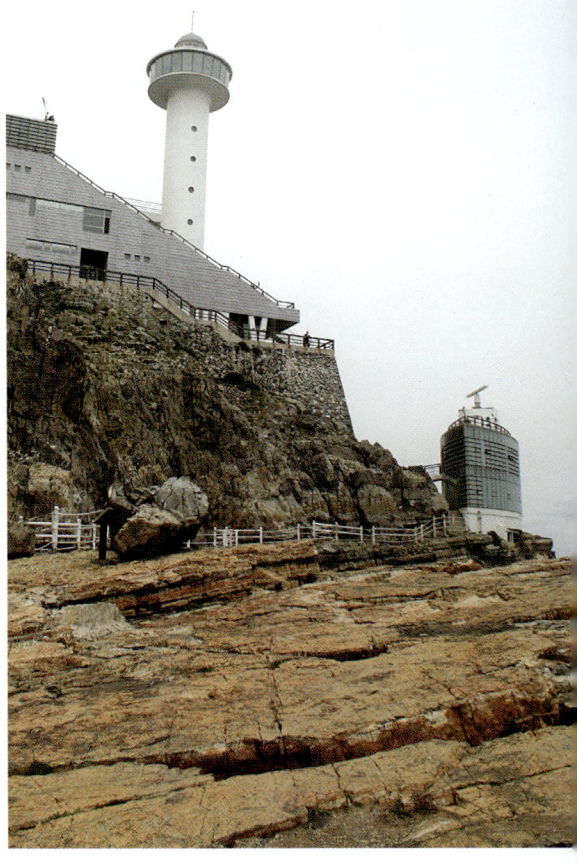

부산 영도 남쪽에 위치한 해안의 넓은 언덕이다. 1969년까지 군사시설로 민간인의 출입이 통제되었던 이곳은 4.3km의 순환도로를 따라 유원지로 개발되었다. 신라 태종 무열왕이 활쏘기를 즐겼던 곳이라 해서 태종대라는 이름이 붙었다고 전해진다. 일본에 사신으로 다녀오는 신하들을 위한 연회를 베풀었던 장소였으며 신라 이후 조선시대까지는 동래 지역에 가뭄이 들면 비를 기원하는 기우제를 지내는 제단으로 이용되었다. 울창한 숲과 기암절벽, 탁 트인 바다가 어우러져 아름다운 풍광을 만들어내는 태종대는 한 시간여의 산책길을 따라 탁트인 남해의 경관을 즐길 수 있는 곳이다. 한때 '자살바위'로 유명했던 신선암은 태종대의 대표적 명소로 깎아지른 절벽 위에 우뚝 솟은 바위의 형상이 인상적이다. 승용차의 진입이 금지된 잘 가꿔진 산책로를 따라 걷는 것도 좋지만 관람열차인 '다누비열차'를 이용해 각 정류장마다 자유롭게 타고 내리며 태종대의 명소들을 돌아보는 것도 좋다. 전망대 정류장에서 내려 태종대 앞바다를 조망한 후 등대로 이어지는 아기자기한 산책로를 따라 가는 것이 일반적인 코스다. 태종대를 돌아본 후 태종 무열왕의 팔준마가 물을 마셨다는 연못의 전설을 지닌 해변의 절경 감지자갈마당을 둘러보거나 지하 600m에서 끌어올린 식염온천인 태종대 온천에서 여행의 피로를 풀 수도 있다.

→ 태종대온천

잠자리를 걱정하는 여행자라면 태종대온천으로 가자. 시내나 다른 관광지의 찜질방과는 달리 편안하게 온천을 즐기며 잠자리도 해결할 수 있다. 온천의 규모가 크고 시설도 최신식으로 갖추어져 있으며 무엇보다 수질이 좋기로 입소문이 나 있다. 찜질방도 넓은 편이어서 하룻밤 숙소로 이용하기에 불편함은 없고 가격도 저렴하다. **문의** | 051-404-9001

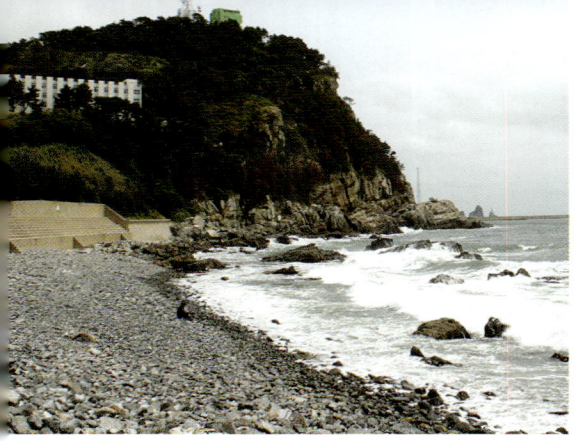

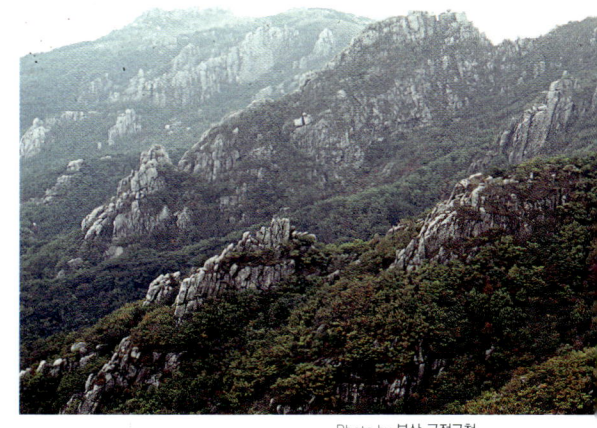

한국해양대학교 자갈마당

바다가 품어주는 아름다운 캠퍼스

| 위치 | 부산광역시 영도구 동삼동 1
　　　부산광역시 영도구 태종로 727
| 운영시간 | 종일, 연중무휴

▶ MINI DATA

| 입장료 | 없음　　주차 | 가능　　분류 | 바다, 섬

섬 전체가 학교인 한국해양대학교는 1991년 종합대학교로 변신하기 전까지만 해도 하얀 제복을 입은 바다 사나이들의 학교로 일반인들이 접근하기 어려웠으나 현재는 누구에게나 개방되어 있는 캠퍼스로 학교 안 자갈 마당에서 바라보는 바다 풍광이 너무나 멋지다. 자가용을 이용할 수 없다면 버스를 이용해 학교 안까지 들어갈 수 있다. 버스 정류장에서 내리면 영도 동삼리의 이국적인 풍경과 태종대 끄트머리의 꿈틀대는 듯한 능선을 조망할 수 있다. 학생회관 옆길을 따라 올라가면 어디선가 바람 소리가 들린다. 자갈 마당의 파도소리다. 야외 스탠드가 멋지게 갖추어진 자갈마당에서는 여느 관광지의 바다가 아닌 날 것 그대로의 바다 풍경을 감상할 수 있다. 왼편으로는 오륙도가 가깝고 광안대교와 해운대가 아스라이 보인다. 해사대학관 1층에 자리 잡은 해양박물관은 규모가 크지는 않지만 선사시대 유물인 패총과 각종 선박 모형들 그리고 각종 역사 자료들을 관람 하며 부산 바다의 역사를 훑어볼 수 있다.

금정산

부산을 지키는 명산

| 위치 | 부산광역시 금정구/양산시 일대
| 운영시간 | 종일, 연중무휴

▶ MINI DATA

| 입장료 | 없음　　주차 | 가능　　분류 | 산, 계곡, 동굴

해발 801.5m의 고당봉을 주봉으로 장군봉(727m)과 상계봉(638m), 백양산(642m)까지 길게 이어진 부산의 명산으로 산세가 크지는 않으나 숲이 울창하고 맑은 물이 흐르고 있어 다양한 동식물이 서식하고 있는 풍요로운 산이다. 정상에 가뭄에도 마르지 않는 금빛 샘이 있어 금정(金井)산이라 불리는데 옛날 금색 물고기가 오색구름을 타고 내려와 이 샘에서 놀았다는 전설이 전해진다. 비바람에 깎인 바위들이 절경을 이루고 산중에 14개의 약수터가 있어 등산객이 즐겨 찾으며 산기슭에는 금강공원, 성지곡공원이 조성되어 있어 여행객과 부산시민들에게 훌륭한 휴식처가 되어 주고 있다. 또한 삼국시대에 축조된 것으로 알려진 금정산성은 총 길이 1만 7,336m로 남북으로 'ㄷ'자 모양을 하고 동래와 양산, 기장을 잇는 우리나라 최대의 산성이며 우리나라의 대표적인 호국 사찰로 꼽히는 범어사가 금정산 기슭에 있다.

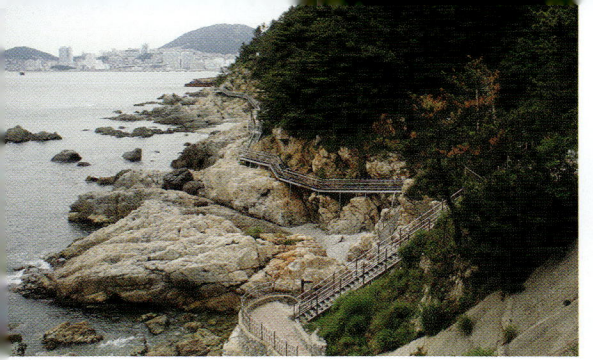

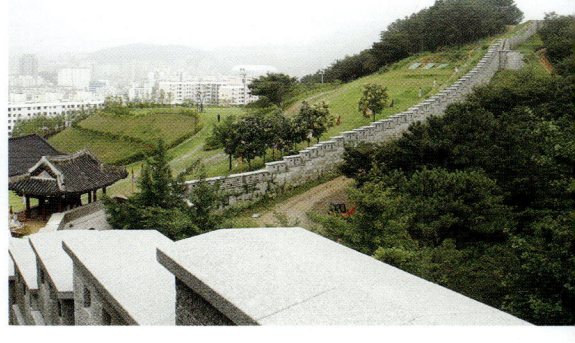

절영산책로
부산 최고의 바다 산책로

| 위치 | 부산광역시 영도구 영선동~동삼동 일대
| 부산광역시 영도구 해안산책길~절영로 일대
| 운영시간 | 종일, 연중무휴

▶ MINI DATA

| 입장료 | 없음　주차 | 가능　분류 | 바다, 섬

바다 여행에서 해수욕장 등 관광지로 꾸며진 바다만 보았다면 절영산책로를 걸으며 완전히 다른 바다를 만나보자. 부산대교와 영도대교로 뭍과 이어져 있는 섬 영도에는 총 연장 3km의 해안 산책로가 기다리고 있다. 기암절벽을 출렁다리로 지나고 아기자기하게 꾸며진 쉼터에 앉아 마음을 비우고 바다를 바라볼 수 있는 절영산책로는 원래 해안이 가파르고 군사 지역으로 묶여 있어 접근이 어려웠으나 이제는 여행객들에게 최고의 바다를 선물하는 명소로 탈바꿈했다. 산책로 입구에서 바라보면 산책로의 끝이 어디인지 보이지 않을 정도로 아득한 길이지만 장승과 돌탑, 출렁다리와 장미터널을 지나며 자갈밭을 구르는 파도 소리를 듣고, 구비를 돌 때마다 풍광을 달리하는 해안 절경을 감상하다 보면 어느새 절영 산책로의 끝 지점인 75광장 소나무 숲길에 와 있음을 깨닫게 된다. 천천히 걸으면 두 시간 정도 소요되며 중간에 마실거리나 먹거리를 파는 곳이 없으므로 미리 준비해 가야 한다. 아쉬움이 남는다면 중리해변에서 해산물 한 접시 맛보고 다시 태종대까지 이어진 산책로를 걸어보자.

동래읍성
부산의 역사를 생생하게 느껴보자

| 위치 | 부산광역시 동래구 복천동 1-2 일대
| 부산광역시 동래구 동래역사관길 18 일대
| 운영시간 | 종일, 연중무휴

▶ MINI DATA

| 입장료 | 없음　주차 | 가능　분류 | 역사, 문화유적

임진왜란 당시 왜구의 1차 목표물이 되어 치열한 전투가 벌어졌던 동래읍성은 부산의 역사를 온 몸으로 보여주는 유적이다. 총 둘레 1.9km에 이르는 성곽은 충렬사 뒷산에서부터 동래구의 중심을 아우르고 있다. 삼한시대에 처음 축조되기 시작해 고려 말에서 조선 초기 중건되었으며 임진왜란 이후 방치되었다가 1731년 동래부사 정언섭에 의해 현재의 규모로 커졌다. 동문, 서문, 남문, 암문 등 4개의 문이 있고 그 위에는 루를 두었으며 동, 서, 북쪽 높은 곳에는 장대를 두어 적의 침입에 대비하였다. 임진왜란이 일어나기 전 동래부는 남쪽에 있는 변방으로 인식되었으나 임진왜란 이후 군사적 요충지로 인식되면서 성곽의 규모도 커지고 성내의 모습도 크게 바뀌었다. 객사를 중심으로 동헌, 누정, 향청, 무청 등 성을 관리하고 백성을 다스리는 기관들이 있었고 여섯 개의 우물이 있어 물이 풍부해 성 안에는 많은 사람들이 거주했다. 성곽을 따라 길이 만들어져 있어 모두 돌아볼 수 있고 해마다 동래읍성 역사축제가 열린다.

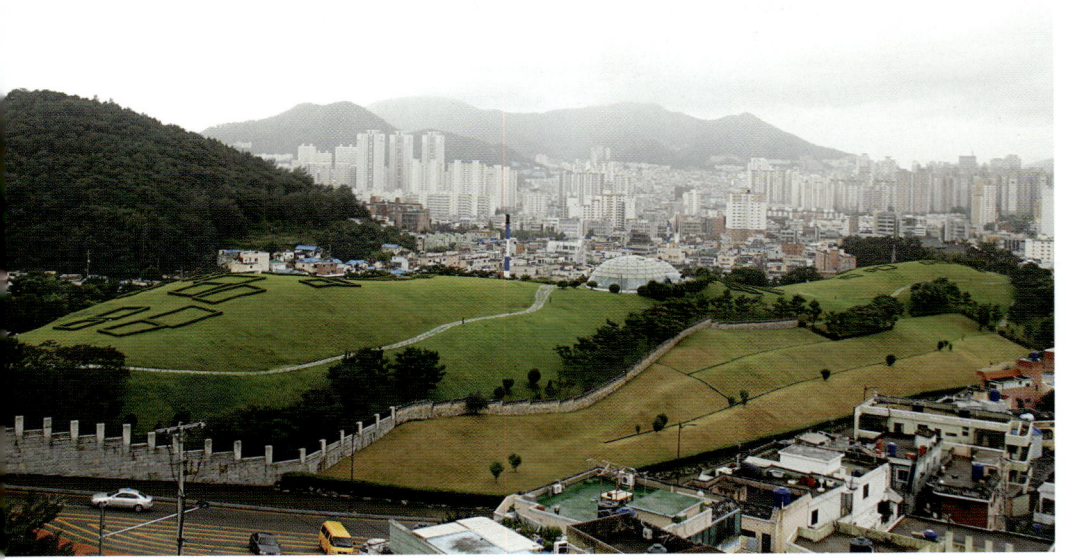

복천동 고분군과 복천박물관 고분 전문 박물관

위치 | 고분군 부산광역시 동래구 복천동 50(복천로 66)
　　　박물관 부산광역시 동래구 복천동 16-5(복천로 63)
운영시간 | 09:00~20:00, 매주 월요일 휴관

▶ MINI DATA
입장료 | 없음　　주차 | 가능　　분류 | 박물관

1969년 처음으로 조사가 시작되어 2008년에 발굴이 마무리 된 복천동 고분군은 6세기 이전 지배층의 무덤으로 번성했던 가야문화와 가야가 신라로 편입되는 과정을 생생하게 보여주는 유적이다. 동래 마안산 중심부에서 서남쪽으로 길게 뻗은 구릉 위에 집중해서 분포되어 있으며 80~100m 폭에, 길이는 약 700여 미터에 이른다. 목관묘 5기, 목곽묘 92기, 옹관묘 4기, 수혈식 석곽묘 63기 등 모두 169기의 무덤이 발굴되었으며 그 안에서 2,500여 점의 토기와 철제 갑옷을 비롯한 금속기류 2,700여 점, 금동관을 비롯한 장신구류 4,000여 점 등 모두 6,900여 점의 유물이 출토되었다. 복천동 고분군의 발굴을 바탕으로 1996년 고분 전문 박물관으로 개관한 복천박물관은 삼한시대부터 삼국시대까지의 역사를 생생하게 보여주고 있다. 지하 2층, 지상 3층 규모의 박물관에는 복천동 고분군에서 발굴된 유물 중 1,900여 점이 전시되어

있다. 제1전시실에는 삼한시대의 역사와 문화를 보여주는 유물과 삼국시대의 토기 문화를 알 수 있는 여러 항아리와 토기들이 전시되어 있으며 가야 멸망 이후 부산의 상황을 설명해주는 유물과 목곽묘, 수혈식 석곽묘의 축소 모형을 전시해 놓았다. 제2전시실은 장신구와 농기구, 외래계 유물, 일본의 가야계 유물이 전시되어 있는데 인접 지역의 출토물과 비교하며 대외교류 상황을 알 수 있도록 꾸며져 있다. 복천동 고분군 안에 있는 야외 전시실에는 나무덧널무덤 54호와 구덩식 덧널무덤 53호의 내부 모습을 발굴 당시 그대로 전시하고 있으며 다른 무덤들은 발굴된 형태대로 회양목을 심어 그 위치를 식별할 수 있도록 했는데 복천박물관 위쪽의 동래읍성에 올라가면 고분군 전체가 한눈에 들어오고 회양목이 심어진 고분의 위치도 쉽게 파악할 수 있다.

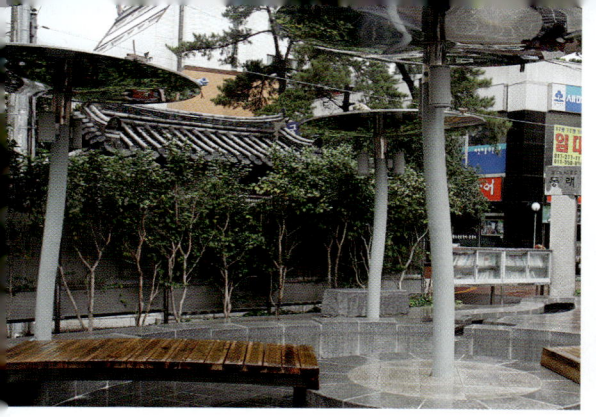
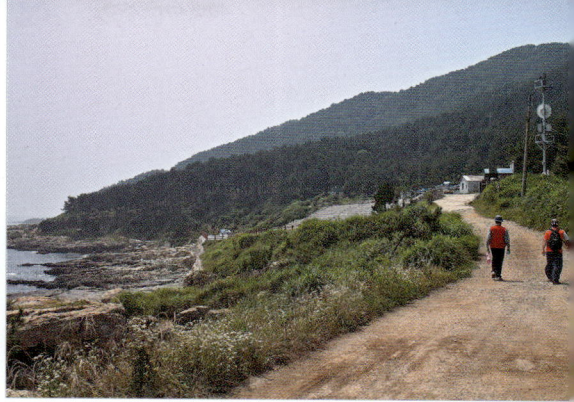

동래온천
백학의 전설이 깃든 온천

| 위치 | 부산광역시 동래구 온천동 135-5
부산광역시 동래구 금강공원로26번길 21
| 운영시간 | 동절기 10:00~16:00, 하절기 10:00~17:00,
매주 수, 금요일/우천시 휴무

▶ MINI DATA

| 입장료 | 있음   주차 | 가능   분류 | 온천, 휴양

나이 지긋한 어르신들이라면 동래온천장에서 하룻밤 묵었던 추억을 갖고 계시리라. 예전 신혼 여행지로 각광받았던 곳이 바로 동래온천이었으니까. 숙박지가 많았던 탓이기도 했지만 1,500년 전부터 솟기 시작했다는 온천물이 좋기로도 유명하다. 전국 6대 온천으로 꼽히는 동래온천은, 옛날 상처 입은 학이 몸을 담갔다가 몸이 나아 날아가는 모습을 본 노인이 자신의 아픈 다리를 온천물에 씻어 두 발로 걷게 되었다는 '백학의 전설'이 전해진다. 약알칼리 온천수로 피부병과 관절염, 부인병 등에 효과가 있다고 한다. 굳이 온천에 들어가지 않아도 노천 족욕탕이 마련되어 있어 온천에 발을 담가보는 무료체험을 할 수 있다. 1,000원이면 수건도 빌릴 수 있고 한편에는 몇 권 안 되지만 도서대여 코너도 있어 인근 주민뿐 아니라 동래를 찾은 여행객의 지친 발을 쉬게 할 수 있는 훌륭한 쉼터가 되어 주고 있다. 호텔 농심에서 운영하는 허심청은 가장 규모가 크고 휴게시설이 잘 갖추어져 있는 온천탕이다.

이기대
관광지가 아닌 진짜 바다

| 위치 | 부산광역시 남구 용호동 15-15
부산광역시 남구 이기대공원로 68
| 운영시간 | 종일, 연중무휴

▶ MINI DATA

| 입장료 | 없음   주차 | 가능   분류 | 바다, 섬

부산의 관광 지도를 보면 광안리해수욕장을 중심으로 오른쪽으로는 해운대가 있고 왼쪽으로는 이기대가 있다. 이기대(二妓臺)에는 임진왜란 당시 수영의 권번에 있던 두 명의 기생에 얽힌 일화가 전해진다. 수영성을 함락시킨 왜장이 벌인 잔치에 불려갔던 두 명의 기생이 왜장에게 술을 잔뜩 먹여 취하게 한 후 함께 바다로 뛰어들었다는 이야기인데 정확하게 밝혀진 바는 없다. 바위에 부딪히는 파도소리를 따라 해안으로 내려가면 기암절경 사이로 바다가 나타난다. 조금 다른 각도에서 광안대교와 해운대를 감상할 수 있고, 다른 관광지와 달리 상업적인 시설물이 없어 진짜 바다를 만나고 있다는 실감이 드는 곳이다. 일출과 일몰, 월출 모두 장관으로 사진작가들의 출사지로 유명하며 산책로와 체육시설이 갖추어져 있어 인근 용호동 주민들의 쉼터가 되어주고 있다.

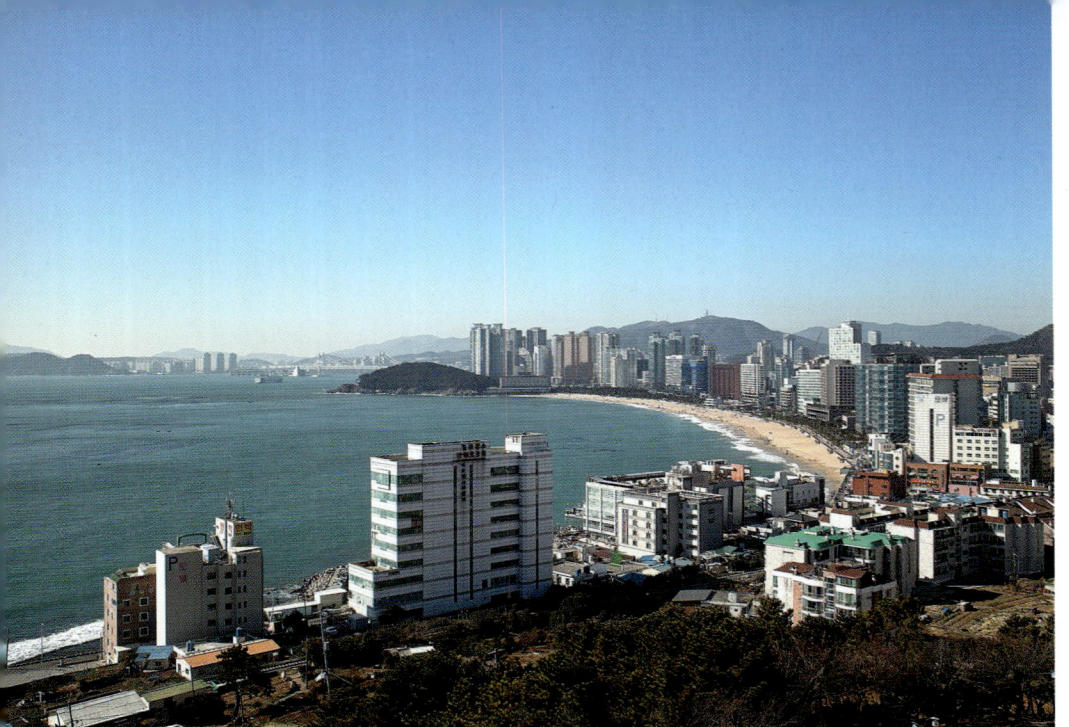

해운대 우리나라 대표 해수욕장

위치 | 부산광역시 해운대구 우동 620-3 일대
    부산광역시 해운대구 해운대해변로 264 일대
운영시간 | 종일, 연중무휴

▶ MINI DATA
| 입장료 | 없음   주차 | 가능   분류 | 바다, 섬

신라시대 학자 고운 최치원이 벼슬을 버리고 가야산으로 향하던 중 이곳에 들렀다가 아름다운 풍광에 매료되어 오랫동안 머물렀다 자신의 자(字)인 해운(海雲)을 바위에 새겨 넣은 후 해운대라 불리게 되었다. 해운대를 품은 동백섬은 원래는 섬이었으나 장산에서 흘러내린 물이 해운대 백사장의 모래를 실어와 쌓여서 현재는 육지와 연결되어 있기에 걸어서 돌아볼 수 있다. 동백나무와 소나무가 어우러진 길을 따라 걸으면 2005 APEC 정상회담이 열렸던 누리마루와 인어나라에서 시집온 황옥공주의 전설이 깃든 인어상을 만날 수 있다. 총 길이 1.5km에 58km²의 백사장을 자랑하는 해운대해수욕장은 수심이 얕고 모래의 질이 좋아 많은 피서객들이 찾는 국내 최대의 해수욕장이다. 부산하면 제일 먼저 떠올리는 곳이 해운대해수욕장이라고 할 만큼 부산을 대표하는 명소이며, 해마다 여름철 피서객을 가늠하는 척도로 이용될 만큼 국내 최대 인파가 몰리는 곳이기도 하다. 호텔을 비롯한 숙박시설과 부대시설 등이 잘 갖추어져 있어 일 년 내내 여행객들의 발길이 끊이지 않으며 매년 정월 대보름날의 달맞이축제를 비롯해 북극곰 수영대회, 모래 작품전, 부산바다축제 등 다양한 축제들로 즐거움을 준다. 특히 부산국제영화제가 열리는 10월이면 영화 마니아들의 시선이 집중되는 곳이다.

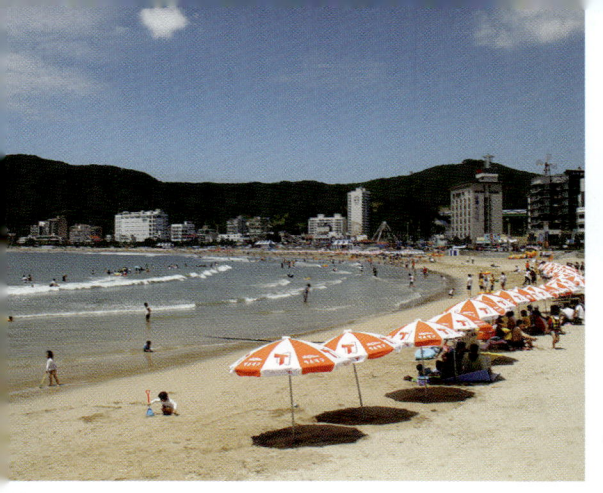

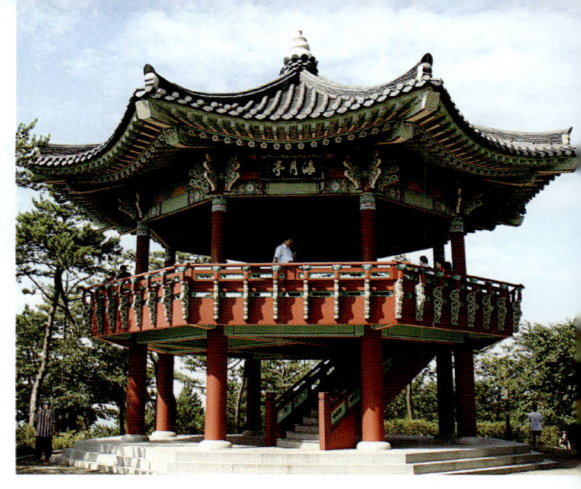

송정해수욕장
부산 젊은이들이 사랑하는 바다

| 위치 | 부산광역시 해운대구 송정동 712-1 일대
      부산광역시 해운대구 송정해변로 62 일대
| 운영시간 | 종일, 연중무휴

▶ MINI DATA

| 입장료 | 없음   주차 | 가능   분류 | 바다, 섬

해운대 달맞이길
바다를 따라 오르는 아름다운 언덕길

| 위치 | 부산광역시 해운대구 중동 1490-12 일대
      부산광역시 해운대구 달맞이길 189 일대
| 운영시간 | 종일, 연중무휴

▶ MINI DATA

| 입장료 | 없음   주차 | 가능   분류 | 바다, 섬

많은 인파로 붐비는 해운대나 광안리를 피하고 싶다면 송정해수욕장이 제격이다. 길이 2km, 너비 50m의 넓은 백사장에 수심이 얕고 경사도 완만해 수영을 즐기기 좋다. 데이트를 즐기는 젊은이들이 즐겨 찾는 고급스런 카페와 레스토랑, 트럭을 개조해 만든 로드카페들이 해안도로를 따라 줄지어 있어 여름 피서철이 아니라도 바다의 낭만을 만끽할 수 있는 곳이다. 해수욕장 입구의 죽도공원 정상은 '송일정'이라는 이름의 암자가 지키고 있는데 이곳에서 바라보는 송정의 바다 전망은 소나무 숲과 푸른 바다가 어우러진 절경으로 사진 동호회의 출사지로도 각광받고 있다. 백사장에서 바라보면 빨간색과 하얀색의 두 등대가 바다를 더욱 돋보이게 하는데 백사장을 따라 주차장이 만들어져 있어 그곳에 차를 대고 데이트를 즐기는 연인들도 많으며 해마다 피서철이면 젊은이들을 대상으로 한 각종 이벤트가 열리는 곳이기도 하다.

해운대 미포에서 시작해 송정해수욕장으로 가는 약 8km의 길로 정월대보름날 이곳에서 바라보는 환상적인 풍경은 대한팔경 중 하나로 꼽힌다. 길 양쪽으로 벚나무가 늘어서 있어 봄이면 꽃길이 되고 바닷가 쪽으로는 송림이 울창한 트레킹 코스가 이어져 있다. 특색 있는 카페와 레스토랑이 도로를 따라 늘어서 있어 바다를 바라보며 차 한 잔을 마셔도 좋고 달맞이길 중간에는 '해월정'이라 이름 붙인 정자와 함께 공원이 있어 탁 트인 바다의 시원함을 즐길 수 있다. 드라이브 코스로도 유명해 바다를 끼고 15번 이상 굽어진다해서 15곡도(曲道)라고도 불렸다. 달맞이길이 끝나는 곳에서 송정 쪽으로 조금 더 가면 해마루공원이 있는데 송림 사이로 난 나무 계단을 오르면 해운대와 송정의 바다가 하나로 펼쳐지며 달맞이언덕이 한눈에 들어와 또 다른 풍경을 즐길 수 있다.

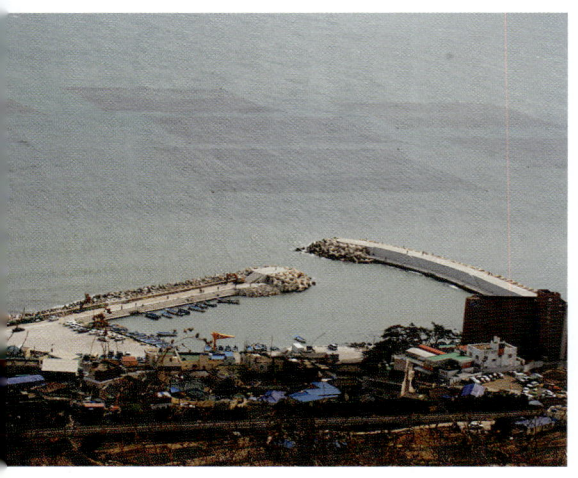

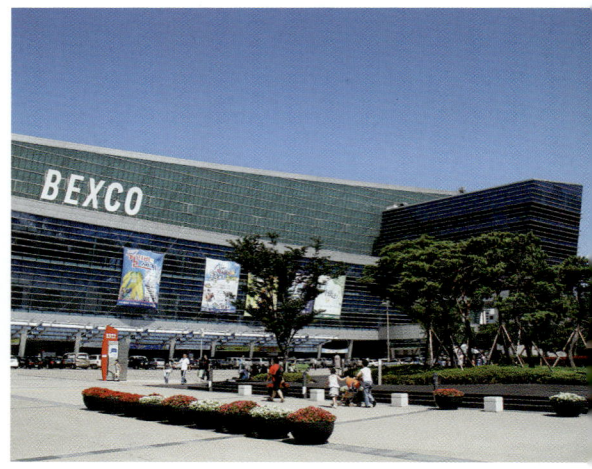

청사포

애절한 망부가의 전설

| 위치 | 부산광역시 해운대구 중1동
  부산광역시 해운대구 청사포로128번길 인근
| 운영시간 | 종일, 연중무휴

▶ MINI DATA

| 입장료 | 없음　주차 | 가능　분류 | 바다, 섬

부산국제컨벤션센터

365일 이벤트가 풍성한 부산시민의 나들이 명소

| 위치 | 부산광역시 해운대구 우동 1500
  부산광역시 해운대구 APEC로 55
| 운영시간 | 행사일정 홈페이지 참조

▶ MINI DATA

| 입장료 | 없음　주차 | 가능　분류 | 전시, 체험시설

해운대 달맞이길과 송정해수욕장 중간에 위치한 포구이다. 고기잡이 떠난 남편을 기다리다 남편이 죽자 매일같이 바다를 바라보며 남편을 그리워했는데 이를 가엽게 여긴 용왕이 푸른 뱀을 보내어 여인을 데려와 남편을 만나게 했다는 전설이 깃들어 청사(靑巳)포라 했으나 현재는 뱀이라는 뜻의 '사(巳)' 자를 모래 '사(沙)' 자로 바꾸어 부르고 있다. 해안을 따라 동해 남부선이 지나는 해변 철길이 이국적인 풍경을 만들어내는 곳. 영화 속 한 장면 같은 조용한 바닷가 마을로 청사포에서 바라보는 저녁달이 운치 있다 하여 부산팔경으로 꼽힌다. 횟집에서는 인근에서 잡은 싱싱한 해산물을 맛볼 수 있는데 특히 조개구이와 붕장어구이가 유명하다. 바다를 향해 난 방파제와 갯바위에서는 낚시를 즐길 수도 있으며 영화 「파랑주의보」의 촬영지이기도 하다.

축구장 세 배 크기의 전문 전시장과 다목적 홀, 야외전시장, 상설전시장을 갖춘 부산국제컨벤션센터(BEXCO, 벡스코)는 2002년 한일월드컵 본선 조 추첨이 이루어졌던 곳이며 2005년 APEC 정상회담이 열렸던 역사적인 장소이다. 겉에서 보기에는 기와집을 연상시키는 대형 단층 건물로 보이지만 지하 1층, 지상 7층 규모로 구성되어 있으며 전시 및 회의 시설 이외에도 대형공연과 이벤트, 스포츠 행사장으로 이용되고 있다. 부산의 역사, 문화, 관광, 산업 등을 한눈에 볼 수 있는 홍보관과 다양한 식당, 기념품점, 공예품점, 선물 코너 등 편의 시설을 갖추고 있어 전시를 관람하지 않더라도 볼거리가 다양해 부산 시민들이 즐겨 찾는 나들이 명소다. 야외전시장과 광장에서는 다양한 이벤트가 끊이지 않아 늘 건강한 축제 분위기를 느낄 수 있다.

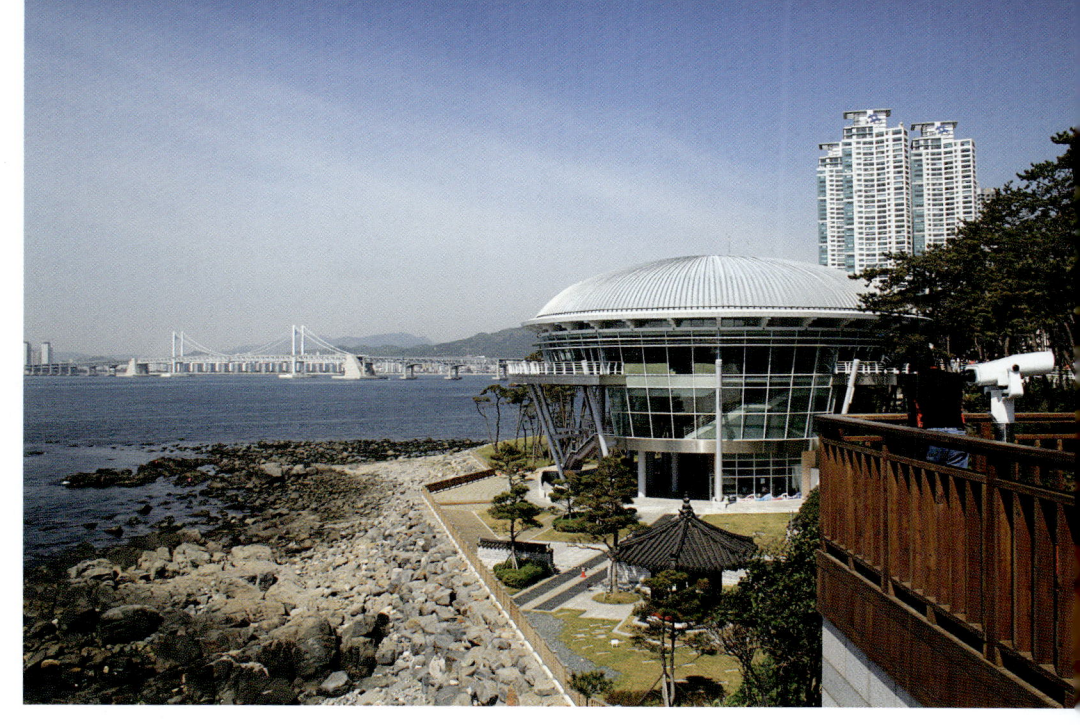

누리마루 APEC 하우스 2005년 APEC 정상회담이 열렸던 곳

위치 | 부산광역시 해운대구 우동 714-1
부산광역시 해운대구 동백로 116
운영시간 | 09:00~18:00, 매월 첫째 주 일요일

▶ MINI DATA
| 입장료 | 없음 　주차 | 가능 　분류 | 공원

2005년 11월에 열린 APEC 정상회담 회의장으로 사용하기 위해 아름다운 풍광을 자랑하는 해운대 동백섬 안에 지은 건물이다. 우리나라의 전통 건축인 정자를 현대식으로 표현한 유리 건물이 초록의 동백섬과 푸른 해운대 바다와 함께 멋진 조화를 이루고 있으며 회담이 끝난 후 시민들의 요청에 의해 일반인도 들어가볼 수 있게 되었다. 누리는 순 우리말로 세상을 뜻하고 마루는 꼭대기, 정상을 뜻하니 세계의 정상이 모인 회담장의 이름으로 썩 잘 어울린다. 동백섬의 능선을 형상화한 둥근 지붕과 통유리를 통해 푸른 바다를 내다볼 수 있도록 설계되었고 12개의 외부 기둥이 받치고 있는 모습이 매우 역동적으로 보이며

바다 쪽에서 보면 높이 24m의 3층 구조로 동백섬의 언덕에 있는 입구를 통해 3층에서 1층으로 내려가도록 되어 있다. 우리나라의 전통 문화를 시각적으로 표현한 내부 장식이 아름다우며, 단청과 대청마루를 연상시키는 천장과 바닥이 화려하면서도 단아한 분위기를 만들어내고 있는 로비와 석굴암의 내부 구조를 모티브로 한 회의장 등 어디를 둘러보아도 우리나라의 전통미가 물씬 풍긴다. 역대 APEC 회의장 중 가장 빼어난 풍광을 가진 곳으로 극찬을 받았으며 특히 누리마루 안에서 바라보는 해운대 바다와 멀리 광안대교의 풍광은 감탄사가 절로 나온다.

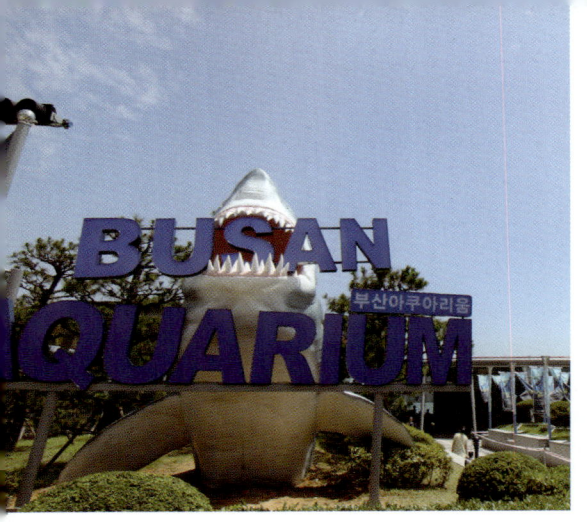

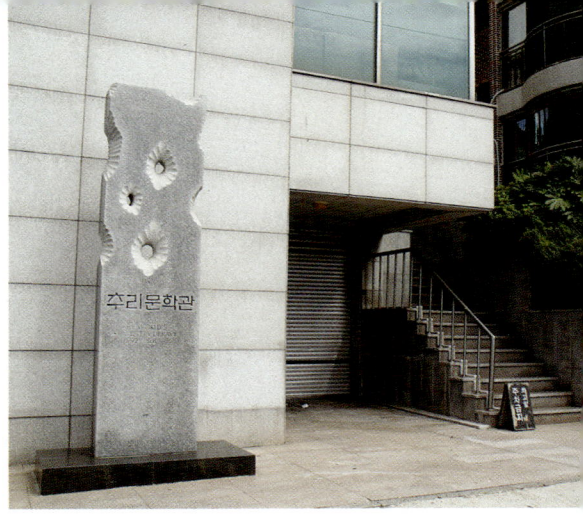

부산 아쿠아리움

여기는 바다세상

| 위치 | 부산광역시 해운대구 중동 1411-4
　　　　부산광역시 해운대구 해운대해변로 266
| 운영시간 | 월~목요일 10:00~20:00, 금~일요일 및 공휴일
　　　　　09:00~22:00, 연중무휴

▶ MINI DATA

| 입장료 | 있음　　주차 | 가능　　분류 | 전시, 체험

서울 코엑스 아쿠아리움이나 여의도 63빌딩의 테마
수족관을 보았다고 해도 부산을 찾았다면 부산 아쿠
아리움을 빠뜨리지 말자. 부산 아쿠아리움은 지하 1
층에서 지하 3층까지 전체면적 4,000여 평의 규모를
자랑한다. 지하 1층은 시뮬레이터관, 테마식당, 휴게
실, 기념품점 등이 자리하고, 지하 2층과 3층에는 수
족관이 있다. 수족관에는 길이가 3m나 되는 초대형
상어들이 헤엄치고, 알록달록 다양한 물고기와 잠수
부가 수영을 즐기는 모습이 자유롭다. 바다 생물들을
직접 만져볼 수 있는 터치풀이 있고, 350여 종 50,000
여 마리의 심해어류가 바다 그대로인 듯 착각 속에
빠지게 한다. 또한, 열대우림 생태관, 수달 전시관, 펭
귄 전시관, 해파리 전시관, 심해 생물관 등의 소단위
별로 구성되어 있어 둘러보기에 편리하다.

김성종 추리문학관

우리나라 최초의 추리문학 전문 도서관

| 위치 | 부산광역시 해운대구 중동 1483-6
　　　　부산광역시 해운대구 달맞이길117번나길 111
| 운영시간 | 1층 09:00~19:00, 2~3층 09:00~18:00

▶ MINI DATA

| 입장료 | 있음　　주차 | 가능　　분류 | 전시, 체험시설

『여명의 눈동자』로 유명한 소설가 김성종이 1992년
사재로 마련한 추리문학관으로 우리나라 최초의 추리
문학 전문 도서관이다. 1969년 조선일보 신춘문예에
당선한 것을 계기로 등단한 작가는 1986년 추리문학
대상을 수상하고 한국추리작가협회 회장으로 활동하
는 등 우리나라 추리문학계에 커다란 발자취를 남겼
다. 지하 1층, 지상 5층의 건물 중 1층부터 4층까지 모
두 4개의 열람실이 있으며 1층 셜록 홈즈의 집과 2층
여명의 눈동자는 커다란 소파가 놓인 카페 형태로 꾸
며져 동행과 이야기도 나누며 편안하게 책을 읽을 수
있다. 추리소설 1만 3,000여 권, 일반문학 1만 3,000
여 권, 아동문학류 3,000권, 외국원서 3,000권 등 모
두 3만 5,000여 권의 책을 열람할 수 있으며 해운대
달맞이길과 청사포가 한눈에 들어오는 바다 전망이
좋아 책을 읽지 않아도 오래 머물고 싶은 곳이다.

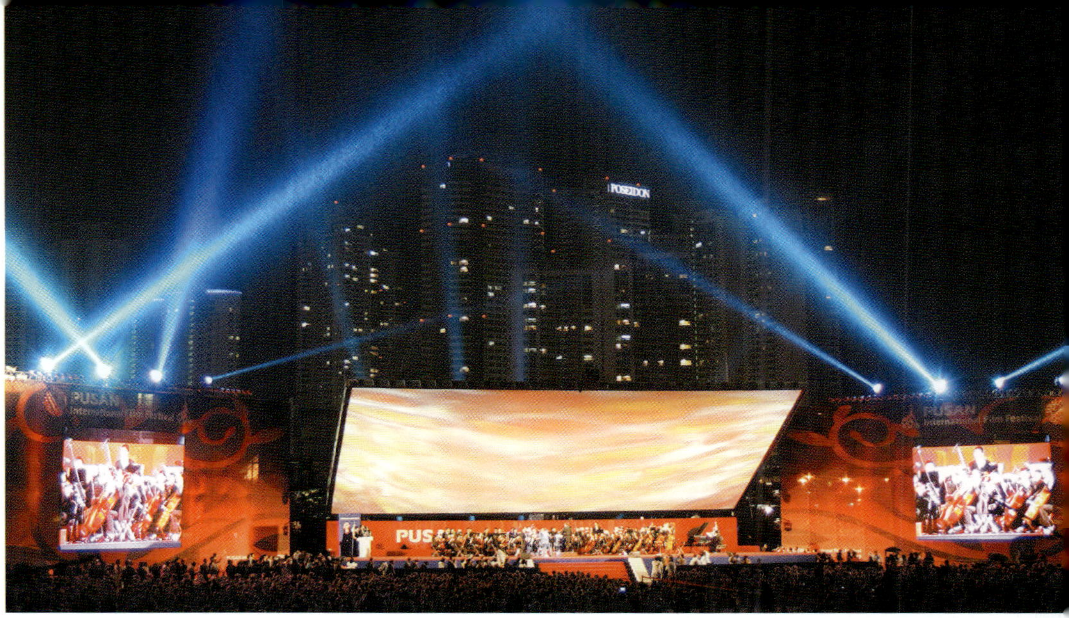

Photo by 부산국제영화제

부산국제영화제 아시아 최고의 국제 영화제

| 위치 | 부산광역시 해운대구 우동/중동 일대
| 운영시간 | 매년 9~10월 중(홈페이지 참조)

▶ MINI DATA
| 입장료 | 있음   주차 | 가능   분류 | 축제, 공연

1996년 1회를 시작으로 아시아를 중심으로 한 세계 영화의 새로운 장을 펼치기 위해 해마다 개최되는 비경쟁영화제이다. 아시아 영화감독들의 최신작과 화제작을 볼 수 있는 '아시아의 창', 아시아 신인감독들의 작품을 모은 '새로운 물결', 단편영화와 애니메이션, 실험 영화들을 모은 '와이드 앵글', 세계 영화의 흐름을 파악할 수 있도록 유명 감독들의 작품을 모은 '월드시네마' 등 총 9개의 섹션으로 구성된 영화제는 '새로운 물결 부분'을 제외하고는 비경쟁 형식으로 진행되어 아시아 영화를 하나로 묶자는 취지에 부합하고 있다. 영화제가 열리는 해운대는 해마다 10월이면 전세계 영화인의 시선이 집중되고 있으며 명실상부한 아시아 최고의 영화제로 자리 잡았다.

→ 시네마테크 부산,
영화 마니아들을 위한 열린 공간

국내외 영화 관련 서적과 부산국제영화제 상영작 및 다양한 DVD를 볼 수 있는 자료실과 상영관이 있는 곳이다. 3,000여 종의 각종 영화 관련 서적과 논문 자료 등이 비치되어 있고 원하는 DVD를 골라 편안하게 PC로 감상할 수 있는 자료실은 누구나 이용 가능하다. 부산국제영화제의 프로그래머가 선정하는 작품을 상영하는데, 수준 높은 작품을 만날 수 있는 좋은 기회이다.
문의 | 051-742-5377
홈페이지 | http://cinema.piff.org

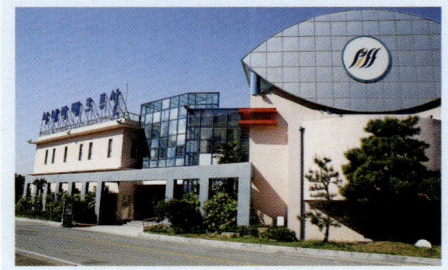

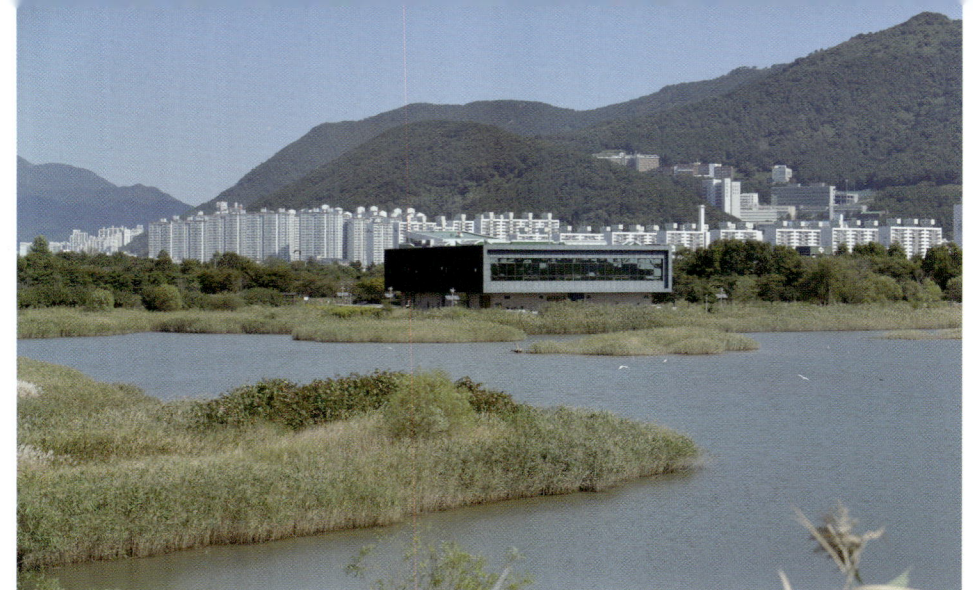

을숙도와 낙동강하구에코센터 낙동강변 철새들의 낙원

| 위치 | 부산광역시 사하구 하단동 1207-2
　　　　부산광역시 사하구 낙동남로 1240
| 운영시간 | 09:00~18:00, 매주 월요일 휴관

▶ MINI DATA
| 입장료 | 없음　　주차 | 가능　　분류 | 강, 유원지

낙동강의 토사가 쌓여 만들어진 강 속의 섬으로 철새 도래지다. 천연기념물 제179호로 지정된 낙동강 하구의 을숙도는 1987년 낙동강 하구 둑이 완공되면서 갈대밭의 절반이 물 속에 가라앉게 되어 국내 최대의 철새 도래지로서의 명성은 사라졌지만 아직도 세계적 희귀조류인 재두루미, 저어새, 흰꼬리수리 등 50여 종, 10만 마리 철새들의 쉼터가 되고 있다. 갈대밭으로의 접근은 배를 타야 가능하지만 낙동강하구에코센터에서 섬의 생태와 철새들의 모습을 관찰할 수 있다. 낙동강하구에코센터는 을숙도철새공원 보전을 위한 관리, 낙동강하구의 자연생태에 대한 전시, 연구, 조사 및 국내외 습지, 철새 네트워크 구축 및 교류 등을 주요 업무로 하고 있다. 이곳에서는 을숙도를 찾아오는 철새들의 모형을 비롯해 생태에 대해 알 수 있는 다양한 전시물과 영상물을 볼 수 있으며 망원경을 통해 철새들의 움직임과 갈대밭을 조망할 수

있도록 꾸며져 있다. 그 외에도 자연생태공원과 산책로 등이 잘 꾸며져 있으며 을숙도문화센터에서는 다양한 문화 공연이 열리고 인라인스케이트장과 잔디광장, 간이 축구장 등의 체육시설이 있어 부산시민들이 즐겨 찾는다.

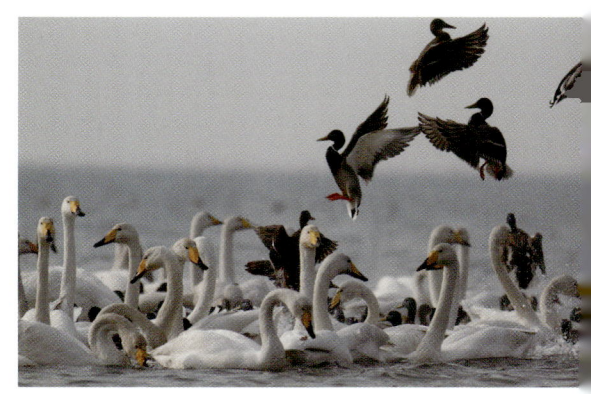

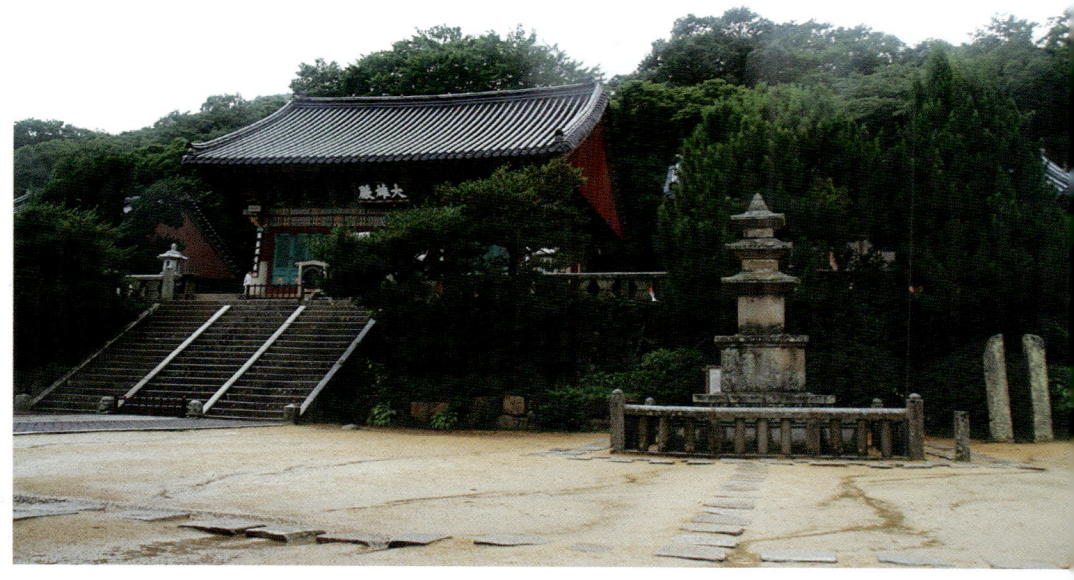

범어사 금정산을 빛나게 하는 물고기

| 위치 | 부산광역시 금정구 청룡동 546
　　　 부산광역시 금정구 범어사로 250
| 운영시간 | 종일, 연중무휴

▶ MINI DATA
| 입장료 | 없음　　주차 | 가능　　분류 | 불교유적

해인사, 통도사와 함께 영남 3대 사찰로 꼽히는 범어사는 신라 문무왕 18년(678년) 의상대사가 창건한 절이다. 금빛 나는 오색물고기가 오색구름을 타고 하늘에서 내려와 놀았다는 금샘의 전설이 깃든 금정산 기슭에 위치해 있어 '하늘의 물고기'라는 뜻으로 범어사(梵漁寺)라 이름 붙었다. 미륵전, 대장전, 비로전, 천주신전, 유성전 등이 늘어 서 있고 360여 채에 달하는 요사채가 양쪽 계곡에 꽉 찼으며, 사원에 딸린 토지가 360결(結)이고 소속된 노비(奴婢)가 100여 호에 이르렀다고 하는데, 임진왜란으로 전체가 소실되기 전까지는 국가의 대찰로 그 규모가 매우 컸었다고 전해진다. 광해군 5년(1613년)에 대웅전과 요사채를 중건한 이후로 크고 작은 중건과 보수 과정을 거쳐 오늘의 모습을 이루었다. 현재는 보물 제434호인 대웅전과 보물 제250호인 삼층석탑을 비롯해 지방유형문화재로 지정된 석등, 일주문, 당간지주, 동서 삼층

석탑 등 많은 문화유적을 보유하고 있으며 이 밖에도 많은 전각과 요사, 암자와 누각 등이 경내를 채우고 있다. 옛 의상대사의 제자로 신라 십성(十聖)에 들어가는 표훈스님과 동산큰스님 등 고승을 배출해낸 명찰이다. 범어사 아래 산성마을에서 절까지 이르는 울창한 숲이 빼어난 경관을 자랑하며 범어사로 오르는 계곡에 무리지어 자라난 등나무 군락지는 천연기념물 제176호로 지정되어 있는데 그 사이로 소나무, 팽나무가 함께 자라고 있어 금정산의 절경으로 꼽히기도 한다.

> ⊙ **산성마을 오리요리**
>
> 범어사 아래의 산성마을은 오리요리가 유명하다. 특히 30년 넘게 영업하며 많은 단골이 찾는 진주집은 시원한 평상에 앉아 먹는 오리 맛이 좋아 가족 단위 손님이 즐겨 찾는다.
> **문의** | 051-508-4542(진주집)

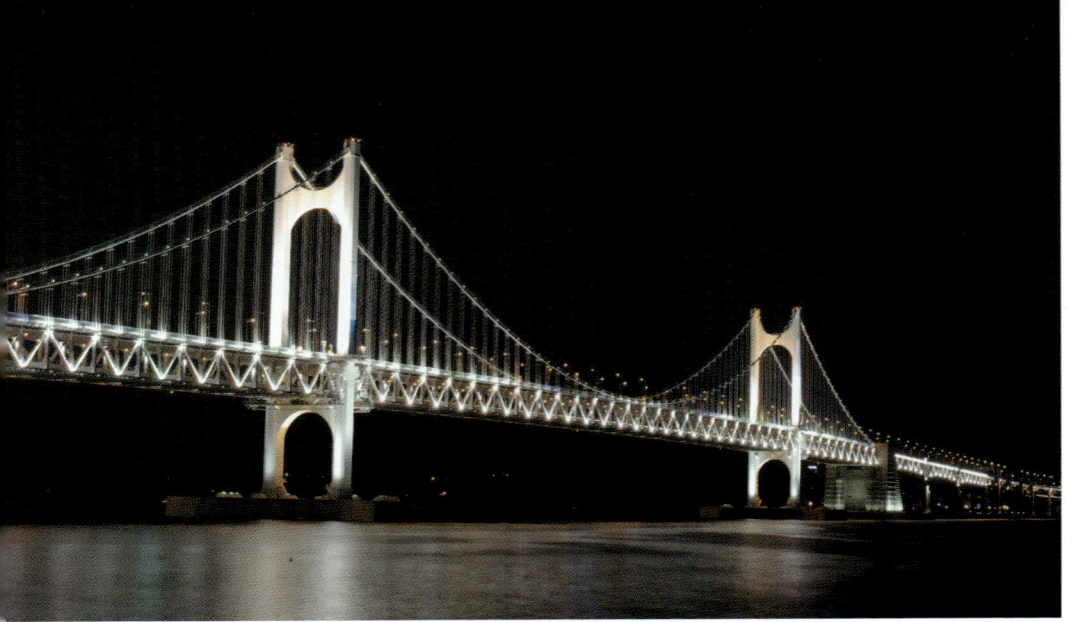

광안리와 광안대교 부산을 상징하는 바다

| 위치 | 부산광역시 수영구 광안2동 192-20 일대
　　　　부산광역시 수영구 광안해변로 219 일대
| 운영시간 | 종일, 연중무휴

▶ MINI DATA
| 입장료 | 없음　　주차 | 가능　　분류 | 바다, 섬

모든 세대가 함께 즐길 수 있는 최고의 바닷가로 백사장 길이 1.4km 총 면적 82km²에 달한다. 광안리로 흘러드는 수영강의 수질 관리를 꾸준히 한 이후 바다의 수질도 함께 좋아져 부산 최고의 해수욕장이라는 명성을 되찾아가고 있다. 완만한 해안을 따라 조성된 테마거리는 바다를 바라보며 쉴 수 있는 휴식공간이 되어주며 야외 공연을 할 수 있는 무대도 있어 바다를 배경으로 각종 공연을 즐길 수 있다. 백사장 끝으로는 횟집과 레스토랑, 카페들이 다양한 모습으로 늘어서 있고 광안리 동쪽 끝에 자리 잡은 회 센터들은 24시간 불을 밝히고 손님을 맞는다. 윈드서핑, 스킨스쿠버 등의 수상 레포츠를 즐길 수 있고 백사장에서 펼쳐지는 각종 축제와 이벤트들이 끊이지 않아 1년 내내 활기 넘치는 곳이다. 예로부터 어업활동이 활발했던 광안리 지역의 어업공동체를 일컫는 어방(漁坊)의 전통을 이어가는 의미로 작은 축제들을 하나로 통합해서 열리는 광안리어방축제는 매년 4월 벚꽃 개화시기에 맞춰 여행객을 부른다. 해가 지면 광안리는 낮과는 완전히 다른 모습으로 변신한다. 낮 동안 웅장한 모습으로 바다를 가로지르던 광안대교가 멋진 조명으로 옷을 갈아입기 때문이다. 수영구 남천동에서 시작해 해운대를 잇는 총연장 7.4km의 광안대교는 교량으로서의 역할뿐 아니라 부산을 상징하는 관광 명소로 사랑받고 있다. 차를 타고 해운대 쪽에서 광안리로 이어지는 다리 상부를 달리면 금련산 자락 끝에 가지런히 자리 잡은 광안리의 전경을 시원스레 감상할 수 있고 밤이 되면 최첨단 조명 장치가 갖춰진 광안대교가 밤바다 위에 멋진 그림을 그려내어 바다의 낭만을 느끼기 위해 찾아온 사람들은 그 자리에서 날을 지새기도 한다.

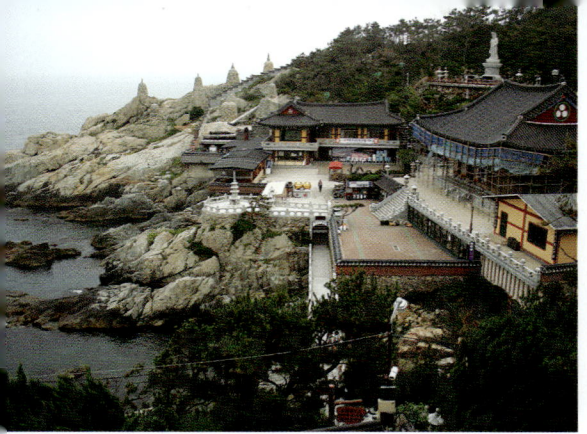

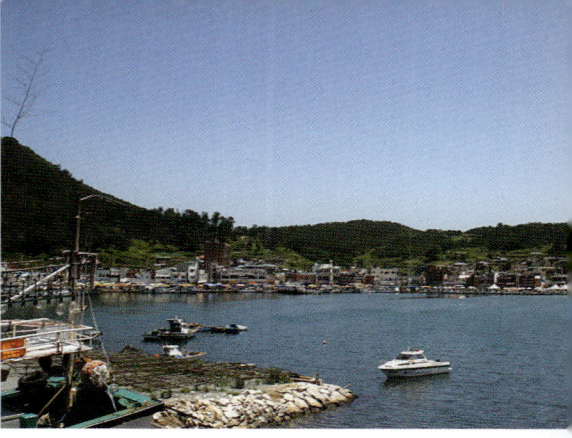

해동 용궁사
바다와 가장 가까운 사찰

| 위치 | 부산광역시 기장군 기장읍 시랑리 416-3
　　　　부산광역시 기장군 기장읍 용궁길 86
| 운영시간 | 04:00~일몰, 연중무휴

▶ MINI DATA

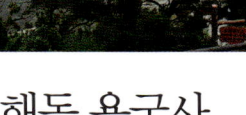

| 입장료 | 없음　주차 | 가능　분류 | 불교유적

1376년 나옹화상이 창건한 사찰이다. 원래 이름은 보문사로 임진왜란 때 소실되었다가 통도사 문창화상이 중창하였다. 1976년 부임한 정암스님이 용을 타고 승천하는 관음보살의 꿈을 꾼 후에 절 이름을 해동 용궁사로 바꾸었다. 십이지신상이 늘어선 숲길을 지나면 108계단 입구에 포대화상이 서 있는데 배를 만지면 아들을 낳는다 하여 배 부위에 까만 손때가 묻어 있다. 마음을 닦아주는 듯 단아한 108돌계단을 내려가면 마치 용궁으로 들어서는 듯한 느낌과 함께 바다를 마주하고 자리 잡은 용궁사를 만나게 된다. 해가 제일 먼저 뜬다는 일출암 위에는 지장보살이 앉아 있고 해수관음대불이 바다를 향해 서 있다. 대웅전을 등지고 서서 바다를 바라보면 바로 발 아래에서 파도가 치는 듯하고 진심으로 기도를 하면 한 가지 소원은 꼭 이루어지는 곳으로 알려져 있으며 바다와 절이 어우러진 멋진 풍광에 여행자들의 발길이 끊이지 않는다.

대변항
멸치 터는 어부들의 노래

| 위치 | 부산광역시 기장군 기장읍 대변리 444-72 일대
　　　　부산광역시 기장군 기장읍 기장해안로 600
| 운영시간 | 종일, 연중무휴

▶ MINI DATA

| 입장료 | 없음　주차 | 가능　분류 | 바다, 섬

해양수산부가 선정한 아름다운 어촌 100곳 중 하나로 선정되기도 한 대변항은 기장의 자랑인 멸치축제가 열리는 항구로 미역 맛이 좋기로도 유명하다. 물살 센 동해 바다이지만 바로 앞의 죽도가 방파제 역할을 해주어 천혜의 조건을 가진 어항으로 꼽는다. 고기잡이 어선들이 만선의 기쁨을 알리는 고동을 울리면 잔잔하던 물결이 일렁이며 포구가 분주해지기 시작한다. 싱싱한 회와 해산물을 준비한 식당들이 손님을 부르고 있으며 멸치철인 3, 4월엔 싱싱한 멸치 맛을 보려는 사람들과 멸치를 터는 모습을 카메라에 담으려는 사람들로 작은 항구가 들썩인다. 파도는 잔잔한데 사람들이 더욱 분주한 모습이 삶의 활기를 정겨운 풍경으로 전해준다. 멸치철이 아니어도 기장의 유일한 섬인 죽도와 아름다운 등대를 바라보며 포구를 따라 걸으면 마음까지 잔잔해짐을 느낄 수 있는 독특한 바닷가 마을이다.

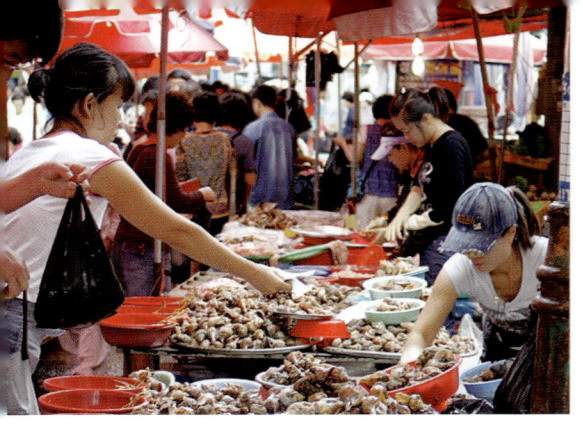
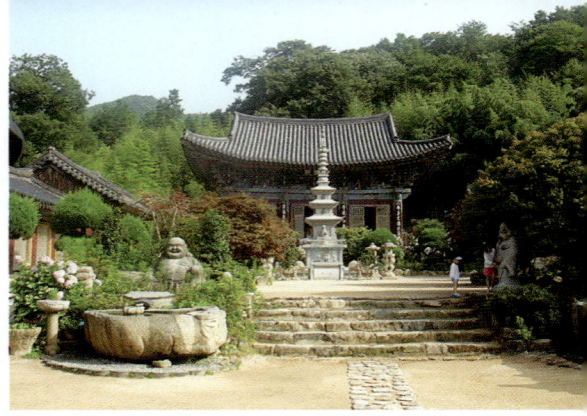

기장시장

시골장의 인심이 살아 있는 시장

| 위치 | 부산광역시 기장군 기장읍 대라리 72-1
부산광역시 기장군 기장읍 읍내로104번길 16
| 운영시간 | 06:00~21:00, 매월 마지막 주 화요일 휴무

▶ MINI DATA
| 입장료 | 없음　　주차 | 가능　　분류 | 거리, 시장

부산 인근에서 가장 싱싱한 해산물을 구입할 수 있는
곳으로 손꼽히는 재래시장이다. 원래는 5일장이었으
나 싸고 싱싱한 먹거리를 찾아 부산에서부터 찾아오
는 손님이 많아지면서 상설시장으로 바뀌었다. 인근
해녀들이 직접 잡은 해산물이 빨간 고무통에 가득하
고 집에서 재배한 채소를 들고 나온 할머니들의 모습
도 정겹다. 특히 대게로 유명한데 대게 철에는 인근
의 서생이나 영덕에서 잡히는 것을 맛볼 수 있지만
그 외에는 러시아나 북한산 대게로 가격이 저렴해서
많은 이들이 찾는다. 식당에서 바로 먹는 사람들도
많고 바로 쪄낸 게를 스티로폼 상자에 담아 포장해
가져갈 수도 있다. 게의 내장을 밥과 함께 볶아 등껍
질에 담아 먹는 볶음밥 맛이 게살만큼이나 맛있다.
구경하고 흥정하는 재미를 느낄 수 있는 재래시장 중
에서도 시장 사람들의 각별한 인정을 만날 수 있는
곳이 기장시장이다.

장안사

원효대사가 창건한 고찰

| 위치 | 부산광역시 기장군 장안읍 장안리 598
부산광역시 기장군 장안읍 장안로 482
| 운영시간 | 일출~일몰, 연중무휴

▶ MINI DATA
| 입장료 | 없음　　주차 | 가능　　분류 | 불교유적

장안사는 신라 문무왕 13년(673년)에 원효대사가 척
반암과 함께 창건한 천 년 고찰이다. 처음엔 쌍계사
로 부르다가 809년 애장왕이 다녀간 후 장안사라 바
꿔 불리게 되었다. 선조 25년(1592년) 임진왜란으로
모두 소실되었다가 중창을 거듭하여 오늘에 이른다.
효종 5년(1654년)에 중건된 대웅전(부산광역시 기념물
제37호)을 비롯해 명부전, 응진전, 산신각이 불광산
자락에 고즈넉이 자리 잡고 있다. 장안사 오른쪽 산
길을 오르면 원효대사의 혜안에 관한 전설이 전해지
는 척반암이 나온다. 원효대사가 척반암에서 수도하
던 중 천리를 볼 수 있다는 천안통으로 중국 종남산
운제사의 대웅전이 무너지는 것을 보고 '해동원효 구
중척반'이라 쓰인 현판을 날려 대웅전에 있던 1,000
명의 승려가 이를 보고 뛰어나와 목숨을 건졌고, 원
효대사를 만나기 위해 우리나라를 찾아 와 대사의 화
엄경 설법을 들었다는 전설이다. 이 척반암의 약수
맛이 좋기로 유명하고 장안사를 오르는 계곡도 아름
다워 인근 부산과 울산의 시민들이 즐겨 찾고 있다.

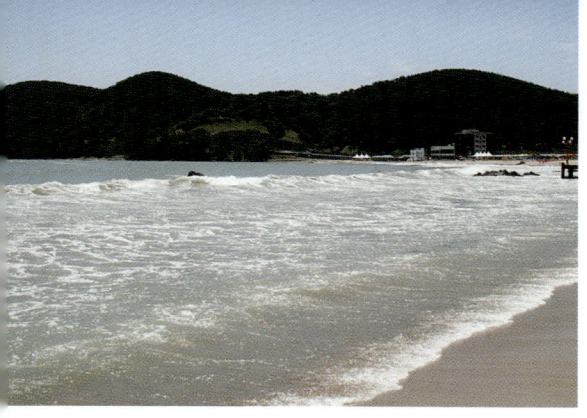
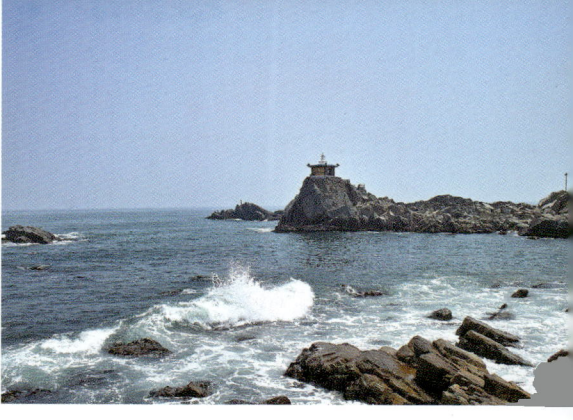

일광해수욕장

영화 「갯마을」의 고향

| 위치 | 부산광역시 기장군 일광면 삼성리 41 일대
　　　 부산광역시 기장군 일광면 삼성3길 17 일대
| 운영시간 | 종일, 연중무휴

▶ MINI DATA

| 입장료 | 없음　주차 | 가능　분류 | 바다, 섬

1.8km의 백사장이 둥글게 반원을 그리며 만들어내는 해안이 아늑함을 주는 해수욕장으로 수심이 얕고 민박촌이 잘 형성되어 있어 아이들을 동반한 가족 단위 피서객들이 많이 찾으며 젊은이들의 MT 장소로도 인기가 많다. 소나무 숲 사이 바다를 관망할 수 있는 강송정이 있고 백사장 가운데에는 고려시대 정몽주와 이색, 이숭인 세 사람이 유람했다는 삼성대가 솟아 있다. 일광해수욕장이 있는 학리는 바닷가 마을 사람들의 토속적 정서와 삶의 애환을 담은 오영수의 단편소설 「갯마을」의 배경지이기도 하며 1965년 소설을 영화한 김수용 감독의 「갯마을」이 촬영되었다. 해마다 8월 초에는 「갯마을」의 배경지가 된 이곳에서 갯마을마당극축제가 열리는데 길놀이, 당산제, 국악공연을 비롯해 마당극, 마임공연, 연극 등 다양한 무대 공연이 바다를 배경으로 펼쳐진다.

오랑대

사진작가들에게 사랑받는 일출 명소

| 위치 | 부산광역시 기장군 기장읍 연화리 473-1 인근
　　　 부산광역시 기장군 기장읍 기장해안로 340 인근
| 운영시간 | 종일, 연중무휴

▶ MINI DATA

| 입장료 | 있음　주차 | 가능　분류 | 바다, 섬

오랑대는 일출 명소로 알려져 있어 사진 동호인들 사이에서는 너무나 유명한 곳이다. 기암절벽을 부딪는 파도와 떠오르는 해가 장관을 이루고 4월에는 바다를 바라보는 언덕에 유채꽃이 만발한다. 오랑대라는 이름은 기장에 유배온 친구를 만나러 왔던 다섯 명의 친구들이 모여 술을 마시고 즐겼다는 설화에서 유래한 것으로 기암절벽에 앉아 파도소리를 안주 삼아 술잔을 기울였던 남자들의 모습을 상상하는 것이 어렵지 않을 만큼 바다 풍광이 절경이다. 오랑대 끝에는 인근의 사찰 해광사에서 지은 용왕단이 서 있어 그 멋을 더한다. 해동 용궁사를 지나 해광사 이정표를 보고 오른쪽으로 들어가면 되는데 입장료가 없는 대신 주차요금을 내야 하는 것이 흠이다. 해동 용궁사에서 시랑대로 가는 암반 산책로를 따라가면 오랑대와 연결되니 산책 삼아 해동 용궁사를 거쳐 둘러보는 것도 좋겠다.

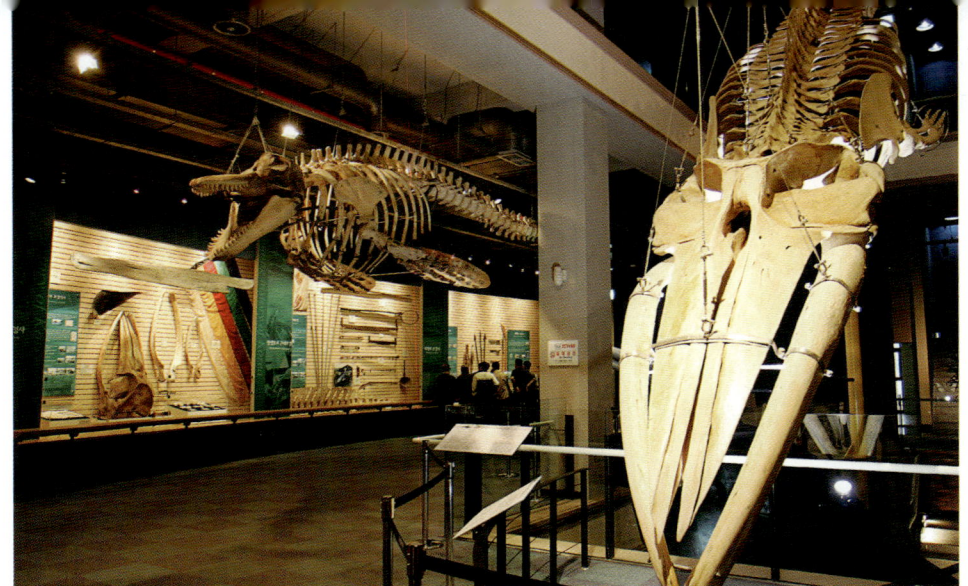

장생포 고래박물관 친구를 기다리는 마음

| 위치 | 울산광역시 남구 매암동 139-29
　　　울산광역시 남구 장생포고래로 244
운영시간 | 09:30~18:00, 매주 월요일/공휴일 다음날 휴관

▶ MINI DATA
| 입장료 | 있음　　주차 | 가능　　분류 | 박물관

울산지역과 고래는 오랜 시간을 함께하였다. 반구대 암각화 속의 고래는 사람들에게 수렵의 대상이자 신성의 대상이었다. 울산 앞바다 장생포항을 가득 채웠을 고래잡이 포경선의 모습은 추억 속 경관이 되었다. 세계적인 희귀동물로 보호받는 고래의 어획은 원칙적으로 금지되었고 항구 가까운 해안까지 커다란 몸짓으로 다가오던 고래의 모습 또한 이들의 귀환을 기다리는 작은 기념탑으로 남아 있을 뿐이다. 고래의 벌어진 입속으로 들어가는 형상의 전시관은 고래의 모든 것을 둘러볼 수 있는 소중한 장소다. 입구에서 가장 먼저 그 위용을 자랑하는 고래의 골격은 범고래와 브라이드고래의 모습이다. 비록 울산 연안을 찾았던 귀신고래의 모습은 아니지만 어린아이만한 길이의 수염만으로도 대양을 누비는 고래의 모습을 상상하게 만든다. 귀신같이 나타났다 사라진다고 하여 귀신고래라 불리는 울산 앞바다 주인공의 모습은 비록 모형이지

만 친근한 눈빛으로 사람들을 바라본다. 고래는 단순히 그 고기를 제공하는 것으로 그치지 않았다. 고래 기름은 석유에 앞서 최고급 윤활유와 조명용 기름, 비누, 마가린, 화장품으로 사용되었고 그 뼈까지도 특효가 있는 약으로 여겨졌다. 야외전시장에는 바다를 향해 포경선 진양호가 있는데 1985년 포경금지법으로 제 수명을 다하지 못하고 방치되었던 마지막 포경선을 복원한 것이다. 선상에 올라 장생포항의 푸른 바다를 바라보면 꿈을 싣고 대양을 누볐을 사람들의 마음을 조금이나마 이해할 수 있게 된다. 늦은 밤의 산책으로도 아름다운 장소가 된다.

➔ 고래 요리집, 고래 고기의 진미를 맛본다

고래박물관 주변으로 자리하는 고래 고기 식당은 모두 짧지 않은 시간을 이어온 곳들이다. 사고나 자연사로 포획되는 고래 고기를 요리하는 음식들은 처음 대하는 사람들에게 생소한 맛으로 다가오지만 한 번 그 맛에 빠지면 결코 잊지 못한다고 한다.

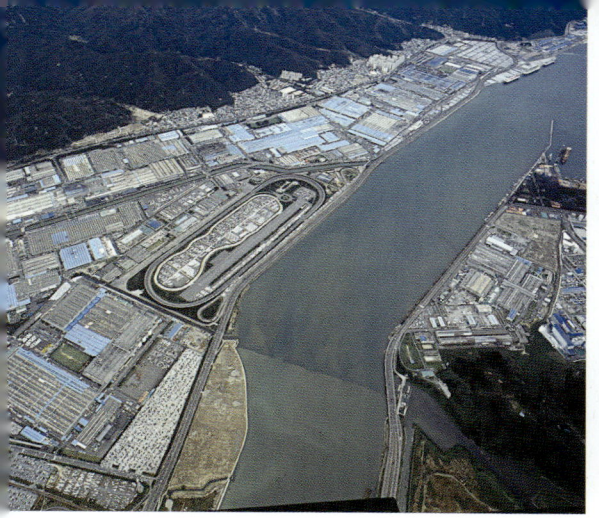

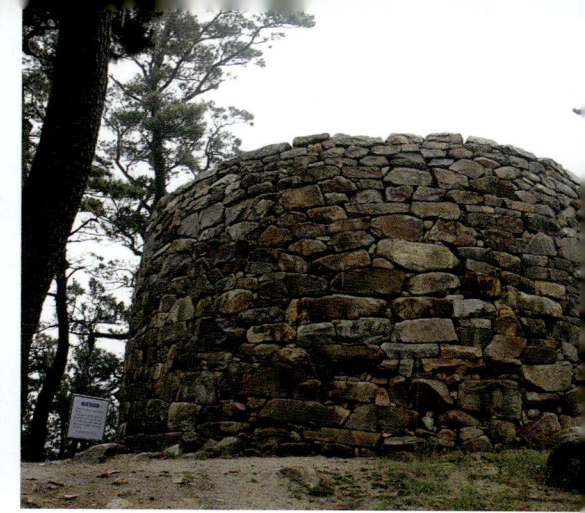

울산 현대자동차

세계 최고를 꿈꾸는 자동차 공장

| 위치 | 울산광역시 북구 양정동 700
　　　울산광역시 북구 염포 700
| 운영시간 | 09:00~16:00(예약 후 방문), 주말/공휴일 휴무

▶ MINI DATA

| 입장료 | 없음　　주차 | 가능　　분류 | 전시, 체험시설

현대자동차의 세 공장 중 핵심기지이자 단일 공장으로 세계 최대의 규모를 자랑하고 있는 곳이 울산공장이다. 공장부지는 500ha로 서울 여의도 면적의 2.5배에 이른다. 5개의 독립된 공장을 운영하고 있으며, 하루 평균 5,000대가 넘는 자동차를 생산한다고 하니 대강 20초에 한 대꼴로 자동차가 생산되는 셈이다. 이곳에서 근무하는 노동자가 3만 명이 넘으며 공장 안에는 배가 접안할 수 있는 부두가 갖추어져 있다. 식당을 비롯하여 은행, 축구경기장 등 사람이 모이는 곳에 필요한 모든 시설이 다 있다고 해도 과언이 아니다. 울산공장은 월요일에서 금요일까지 오후 1시 30분에 견학이 시작되는데 공장에서 마련한 버스를 타고 함께 이동하며 설명을 듣게 된다. 차례로 공장과 부두를 견학하면 약 1시간에서 1시간 30분 정도의 시간이 소요된다. 방문 전 예약은 필수이다.

주전 몽돌해안과 봉수대

몽돌의 노래 소리

| 위치 | 해변 울산광역시 동구 주전동(동해안로) 일대
　　　봉수대 울산광역시 동구 주전동 746(동해안로 230) 인근
| 운영시간 | 종일, 연중무휴

▶ MINI DATA

| 입장료 | 없음　　주차 | 가능　　분류 | 바다, 섬

울산시내에서 가까운 주전동은 몽돌해안으로 여름 물놀이와 시원한 휴식처로 사랑받는다. 1km가 넘는 해안을 따라 산책하는 경관도 좋고 주전동까지의 해안도로를 따라 바다와 함께하는 환상의 드라이브 코스로 이름 높다. 주전동 해안과 어우러지는 봉대산으로 조선 초기 세조 대 만들어진 주전봉수대가 원형 그대로의 모습으로 자리한다. 영남 해안지역 외적의 침입을 한양으로 알리는 중요한 역할을 담당하는 이곳은 높이 5m의 단일형 봉수대이다. 화덕을 보듯 원통형으로 만들어진 봉수대는 울산 앞바다의 푸르름을 그대로 조망하는 시원함을 간직한다. 망망대해와 해안도로의 어울림도 그만이지만 산업도시 울산을 상징하는 초대형 공업소의 장관이 한눈으로 담긴다.

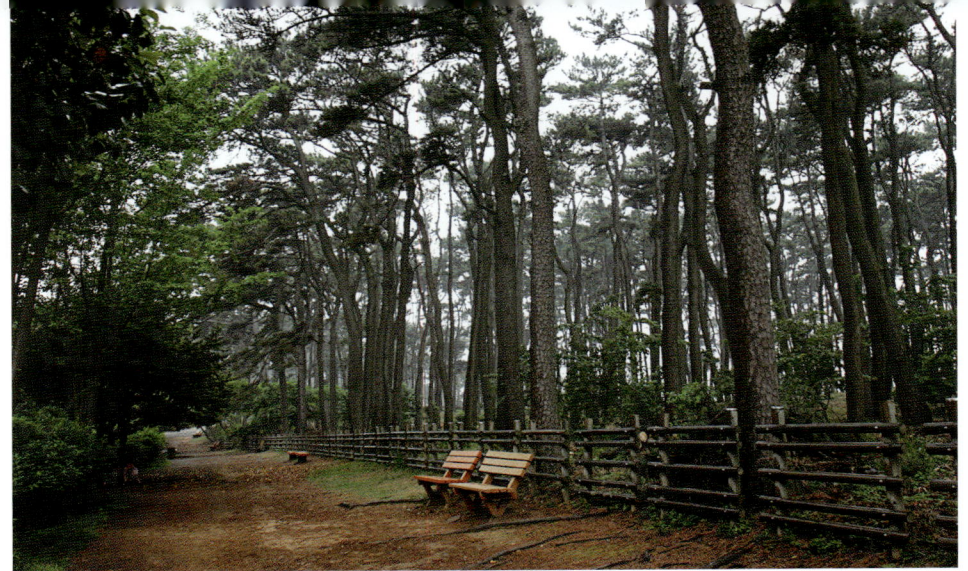

울기시민공원과 대왕암 울산시민의 쉼터

| 위치 | 울산광역시 동구 일산동 905 일대
　　울산광역시 동구 등대로 140 일대
| 운영시간 | 종일, 연중무휴

▶ MINI DATA
| 입장료 | 없음　　주차 | 가능　　분류 | 공원

자동차로 상징되는 대표적인 공업도시 울산은 해안으로 자연의 절경을 간직한다. 울산시민의 산책로이자 데이트 명소로도 알려진 울기시민공원은 푸른 바다와 어울리는 송림, 등대와 대왕암으로 아기자기한 재미를 선사한다. 남쪽바다를 상징하는 동백꽃 사이를 지나 약 1km를 이어가는 소나무의 짙은 숲은 산사를 찾아가는 오솔길의 느낌이다. 해풍의 피해를 피하기 위해 가꾸었다는 나무들은 거친 바닷바람에 견뎌낸 모습이 여느 곳보다 건강하고 품위 넘친다. 소나무 오솔길을 지나 해안으로 펼쳐지는 장관은 바다 가운데 기암괴석으로 장식된 대왕암이다. 감포대왕암의 전설과 어울려 왕비의 수중 능으로 알려져 있지만 역사적 사실보다 자연의 멋진 경관으로 감상하기에 좋다. 대왕암까지 연결되는 구름다리를 따라가는 모습도 아름답지만 건강한 소나무의 경관과 어우러지는 하얀빛 등대의 모습도 장관이다. 두 개의 크고

작은 등대가 오누이처럼 이웃하는 울기등대의 특별한 모습은 100년 넘게 바다를 비추었던 낡은 등대를 그대로 보존한 채 새롭게 만들어진 등대가 어우러진다. 바다를 비추는 선명한 빛으로 더욱 아름다운 야경의 모습은 울산이 바다의 도시임을 다시 한 번 느끼게 한다.

> → 울산의 오랜 맛집
>
> 대를 이어가는 맛집도 대단한 일이지만 울산시내에 자리하는 함양집은 무려 4대 80년의 세월을 동일한 음식으로 자리하는 지역의 명소다. 묵직한 놋그릇으로 알맞은 푸짐함의 비빔밥은 부드럽고 입에 달라붙는 특별함이 있다. 부드러운 묵과 양념의 조화가 좋은 묵채의 맛도 잊기 힘든 유혹이다.
> 문의 | 052-275-6947(함양집)

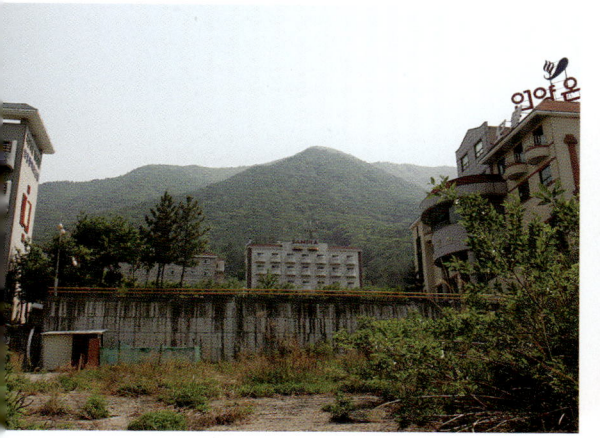
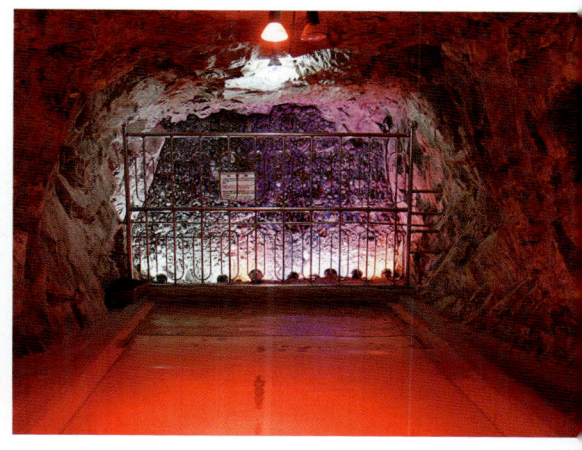

등억 온천지구

경남지역의 대규모 온천지구

| 위치 | 울산광역시 울주군 상북면 등억알프스리 일대
| 운영시간 | 06:00~20:00, 연중무휴

▶ MINI DATA

| 입장료 | 있음　　주차 | 가능　　분류 | 온천, 휴양

자수정 동굴나라

보랏빛 궁전

| 위치 | 울산광역시 울주군 삼남면 가천리 산4
　　　　울산광역시 울주군 삼남면 자수정로 112
| 운영시간 | 09:00~18:00, 연중무휴

▶ MINI DATA

| 입장료 | 있음　　주차 | 가능　　분류 | 전시, 체험시설

1987년에 개발된 등억 온천은 온천으로서의 역사는 짧지만 73ha에 달하는 면적을 가진, 온천 단지이다. 영남의 알프스라 불리는 신불산 자락에 위치해 있으며 가지산, 간월산 등 1,000m가 넘는 산들과도 가까워 산행을 마친 등산객이 즐겨 찾는 곳이기도 하다. 지하 600m에서 분출되는 35℃의 중탄산 알칼리수 온천으로 피부염과 신경통, 위장병, 고혈압에 효과가 있는 것으로 알려져 있으며 음용수로도 이용된다. 등억온천으로 가는 진입로 80m 구간은 일명 '도깨비도로'로 착시 현상에 의해 내리막길이 오르막길로 보이는 도로다. 자동차의 기어를 중립에 놓고 주차를 하면 차가 위로 올라가는데 실제로는 80cm 표고 차이가 나는 내리막길이다. 이 길이 알려지면서 재미있는 도깨비도로를 보기 위해 등억온천을 찾아오는 여행객들도 많다.

영롱한 보라색으로 순수함을 상징하는 자수정은 우리나라에서 생산되는 세계적인 보석이었다. 뛰어난 품질과 풍부한 생산량으로 그 가치를 인정받았던 보석은 일제강점기와 해방 이후 외국으로 고가에 수출되었다. 이제는 경제성이 없는 폐광으로 방치되었던 작쾌천 계곡 인근의 자수정 광산은 새롭게 단장된 이색적인 관광지로 다시금 사람들의 관심을 받는다. 채광 당시의 광산 모습 그대로 개발된 관광지는 마치 지하궁전처럼 느껴진다. 총연장 2.5km에 이르는 내부는 영롱한 조명과 인공분수 등 다양한 시설로 찾는 사람들을 즐겁게 만들었다. 중간 지점의 지하광장은 각종 공연이 진행되는 무대가 되고 남아 있는 자수정의 기운을 체험하는 공간 등 참으로 특별한 관광지로 구성되었다. 수영장과 놀이공원으로 구성된 야외공간과 약 500m의 구간을 고무보트로 둘러보는 지하호수도 이색적이다.

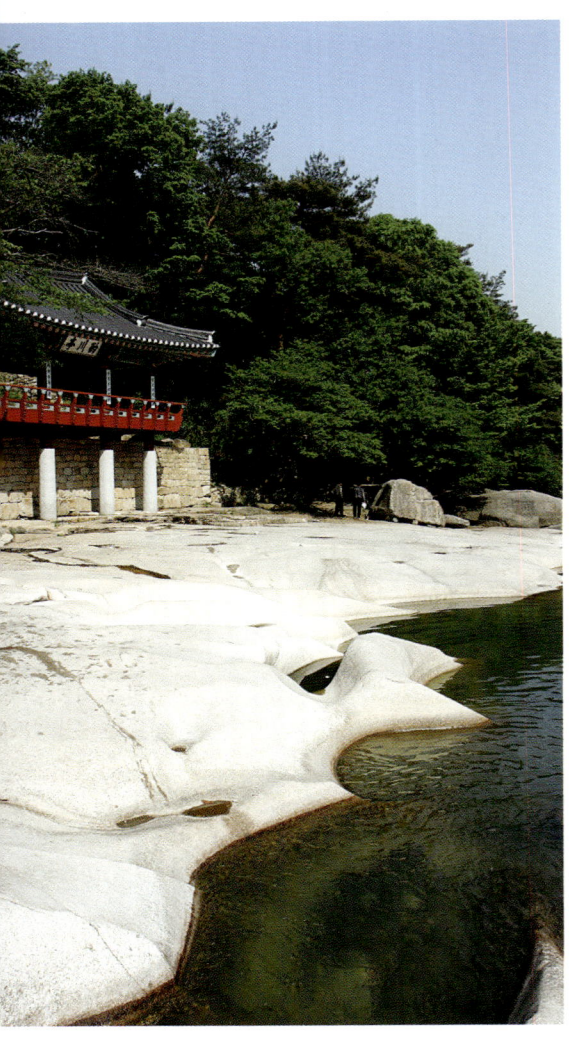

작괘천

세월의 술잔

위치 | 울산광역시 울주군 삼남면 교동리 1551-1 일대
　　　울산광역시 울주군 삼남면 등억알프스로 133 일대
운영시간 | 종일, 연중무휴

▶ MINI DATA
| 입장료 | 없음　　주차 | 가능　　분류 | 산, 계곡, 동굴

백두대간의 남동정맥을 연결하는 열 곳의 산을 합쳐 '영남의 알프스'라고 부른다. 울주군에 이르러 마무리되는 산과 계곡의 어울림은 간월산 자락을 따라 흐르는 맑은 물길로 마지막을 장식한다. 옥빛의 바위를 따라 흘러내리는 모습은 오랜 시간 동안 사람들의 사랑을 받았다. 영남 12경의 하나로 일컬어지는 작괘천은 수백 명이 앉을 듯한 너른 바위마당을 부드럽게 스치듯이 흐르는 물과 이곳저곳 움푹하게 파인 형상들이 마치 술잔을 걸어 놓은 것처럼 보인다는 재미있는 이름의 유래를 가진다. 고려 말의 충신 정몽주가 이곳의 경치를 따라 수학하였고 일제 강점기에는 언양지방 3·1운동의 중심지로도 유명하다. 옴폭하게 파인 바위가 달밤의 빛을 받아 반짝이는 모습 또한 마치 계곡 사이를 떠다니는 반딧불이의 불빛처럼 아름답다. 작괘천을 가장 아름답게 바라보는 자리에 넉넉한 모습으로 고려시대부터 위치하였다는 정자는 자연과의 조화가 아름다운 작천정이다. 작괘천과 작천정을 더욱 멋지게 꾸미는 봄날의 벚꽃은 주변으로 1km를 이어가는 장관이다. 벚꽃의 하얀빛과 계곡의 옥빛 바위는 푸른빛의 물살과 어울려 누구에게나 잊을 수 없는 아름다움을 선사한다. 인근 등억온천지구와 함께하는 여름날의 가족 휴양지로도 더없이 즐거운 곳이다.

→ 불고기, 언양의 별미

작괘천 계곡 인근으로 자리하는 언양은 언양불고기라는 상호의 음식점이 무려 100여 곳 넘게 자리한다. 싱싱하고 질 좋은 생고기를 구워 맛보는 것도 일품이지만 무엇보다 갖은 양념으로 다진 소고기를 백탄의 향이 배어나는 석쇠구이로 내어놓는 불고기가 일품이다. 백반으로 준비되는 정식은 푸짐한 언양의 상차림이다.
문의 | 052-254-4040(언양원조불고기)

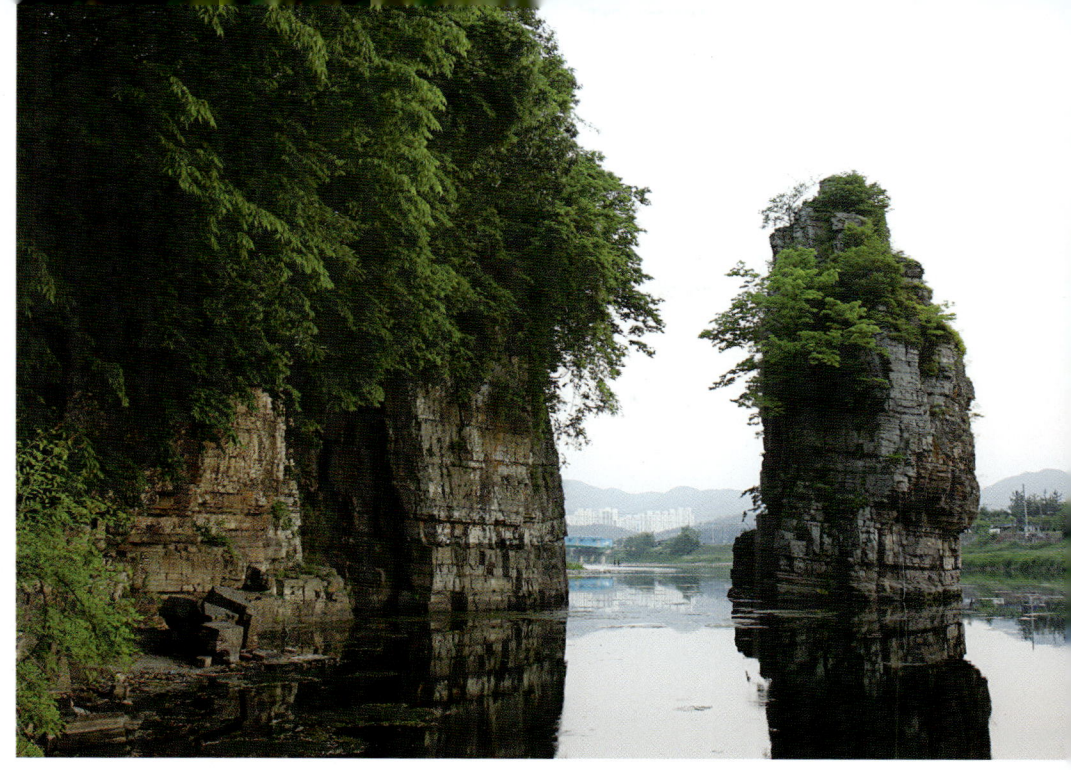

태화강 선바위와 십리대밭 울산의 비경

| 위치 | 울산광역시 울주군~중구 일대
| 운영시간 | 종일, 연중무휴

▶ MINI DATA
| 입장료 | 없음   주차 | 가능   분류 | 강, 유원지

울산 도심을 가로지르는 태화강은 절경을 간직한다. 뚝 떨어진 절벽 하나가 강물 위로 우뚝 솟은 선바위와 이어지는 대나무밭은 태화강의 대표적인 아름다움이다. 손꼽히는 울산의 8경 중에서도 으뜸이다. 우뚝 솟아오른 30여 미터의 선바위는 강물이 한 바퀴 돌아나간다는 백룡담 위로 신비하게 서 있다. 기묘한 형상의 바위는 주변 바위들과 전혀 다른 재질이어서 더욱 신비감을 준다. 선바위의 기운을 누르는 듯 바위를 마주보는 절벽 위 작은 암자는 용암정이다. 조선 중기 만들어진 정자는 제법 높은 담을 둘러 선바위의 경관을 가린다. 불가의 도리를 깨닫기 위해 용맹정진하는 스님들의 마음을 선바위가 설레게 만든다 하여 만들

어진 담장이라 한다. 선바위의 모습이야 가리겠지만 멀리 뻗어나가는 태화강과 모래사장 강변의 경관은 미처 가릴 수 없는 듯 아름답게 보여준다. 제모습이 태화강 중류까지 이어지는 대나무밭은 사이마다 끊어졌지만 남아 있는 모습만으로 강물과 어울리는 모습이 시원하다. 일제강점기 죽공예품의 가격이 오르자 주변 지역을 소유하였던 일본인 지주가 대나무를 심어 만들어진 인공림이다. 잘 다듬어진 산책로를 따라 조밀하게 들어선 대나무 숲은 태화강 최고의 경관으로 시민들의 사랑을 받는다. 선바위 주변 태화강은 대나무 숲과 어우러지는 봄날의 유채꽃, 여름날 시원한 물놀이의 유원지로도 알려진 곳이다.

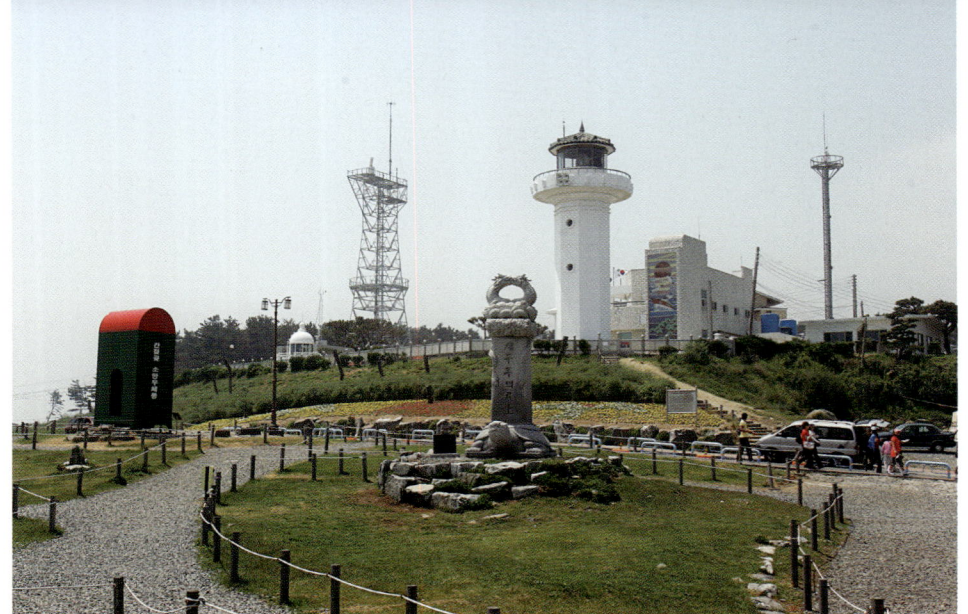

간절곶 간절한 소망은 이루어진다

| 위치 | 울산광역시 울주군 서생면 대송리 28-1 일대
　　　　울산광역시 울주군 서생면 간절곶1길 39-2 일대
| 운영시간 | 종일, 연중무휴

▶ MINI DATA
| 입장료 | 없음　　주차 | 가능　　분류 | 바다, 섬

정동진, 호미곶과 함께 동해안 최고의 일출 여행지로 꼽히는 간절곶은 동해안에서 가장 먼저 해가 뜨는 곳으로, 정동진보다는 5분 먼저, 호미곶보다는 1분 먼저 일출의 장관이 연출된다. 고기잡이 나간 어부들이 먼 바다에서 이곳을 바라보면 긴 간짓대처럼 보인다 해서 간절곶이란 이름이 붙여졌는데, '마음속으로 절실히 바란다'는 뜻의 간절과 발음이 같으니 무엇인가를 향한 간절한 마음을 담은 곳으로 받아들여도 좋겠다. 군더더기 없이 시원하게 열린 바다와 해안의 바위에 부서지는 파도가 장관으로, 가만히 바라보고 있으면 드넓은 바다가 어떤 마음이든 받아줄 것만 같다. 바다로 나간 배들의 무사함을 바라며 언덕 꼭대기에 서 있는 하얀 등대와 그보다 더욱 인상적인 커다란 우체통이 바다를 향해 서 있는데 소망 우체통이란 이름이 써 있는 우체통 안으로 들어가면 엽서를

쓸 수 있도록 준비되어 있다. 고기잡이 나간 가장을 기다리는 모자상이 애절한 눈빛으로 서 있고 언덕 끝에 조성된 작은 쉼터에는 멋진 벤치가 놓여 있어 분위기 있게 일출을 감상하며 아름다운 바다 풍광을 즐길 수 있다. 입구에서 언덕길을 따라 다양한 차와 음료를 파는 포장마차 형식의 로드카페들이 서 있어 이국적인 분위기를 물씬 풍기며 반대편으로는 횟집들이 모여 있어 싱싱한 해산물을 맛볼 수 있다. 1920년 3월 26일 처음으로 불을 밝힌 간절곶등대는 간절곶이 해맞이 명소로 각광을 받으면서 등대 홍보관을 마련해 탁 트인 바다를 바라볼 수 있는 전망대를 만들고 등대에 사용되는 장비, 등대의 역할을 설명해주는 자료와 아름다운 등대 사진을 전시해 놓았다. 간절곶에서 남쪽으로 이어지는 해안도로는 멋진 드라이브 코스가 된다.

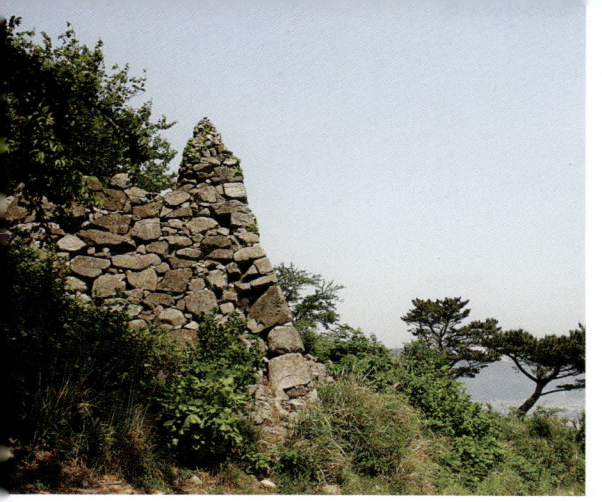

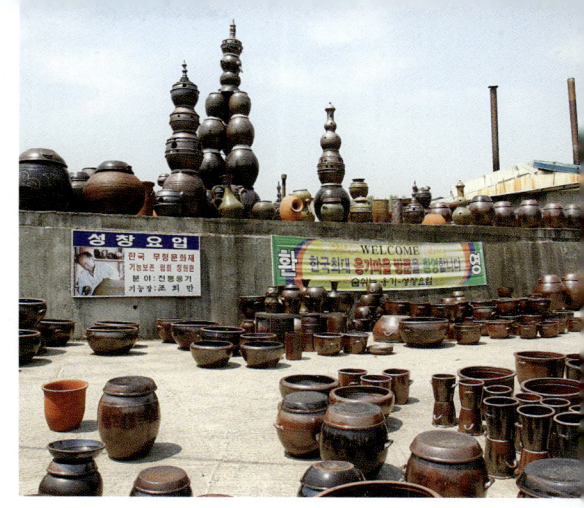

서생포 왜성

역사는 흐른다

| 위치 | 울산광역시 울주군 서생면 서생리 산54 일대
　　　 울산광역시 울주군 서생면 서생3길 일대
| 운영시간 | 종일, 연중무휴

▶ MINI DATA

| 입장료 | 없음　　주차 | 가능　　분류 | 역사, 문화유적

마치 바다를 유영하는 고래처럼 보이는 명선도의 모습으로 유명한 진하해수욕장은 울산뿐 아니라 여유로운 바다여행을 즐기는 주변 대도시의 사람들로 쉼 없이 붐비는 곳이다. 해수욕장 뒷편 마을에서 시작되는 산길을 따라가면 석축 등 옛 성곽의 모습이 나타난다. 누구에게나 군사적 요충지임을 느끼게 하는 이곳의 유적들은 임진왜란 당시 일본군이 주변 백성들을 동원하여 쌓은 특이한 양식의 왜성이다. 자연환경을 절묘하게 이용하여 쌓은 내성과 외성으로 나뉘는 성의 규모도 대단하지만 1년여의 짧은 시간에 수 없는 희생을 치루며 적군의 석성을 쌓아올렸을 당시 사람들의 노력과 희생이 가슴 아프게 느껴진다. 주변 지역을 관광하는 일본인들에게 빠지지 않는 코스로 포함된다니 그들은 이곳에서 어떤 감정을 가지게 될지 무척이나 궁금하다. 석성을 따라 전문적인 해설을 진행하는 문화해설사의 설명도 들어보자.

외고산 옹기마을

마을 전체가 커다란 장독대

| 위치 | 울산광역시 울주군 온양읍 고산리 501-18 일대
　　　 울산광역시 울주군 온양읍 외고산3길 36 일대
| 운영시간 | 09:00~18:00, 매주 월요일/공휴일 다음날 휴무

▶ MINI DATA

| 입장료 | 없음　　주차 | 가능　　분류 | 전시, 체험시설

해안도시 울산에서 언양군으로 향하는 국도변으로 늘어선 질그릇과 장독의 모습은 시골 장날의 모습처럼 보인다. 궁금증을 해소하듯 거대한 옹기로 만들어진 마을 입구 안내판은 이곳이 전국 최고의 옹기 집산지임을 상징한다. 마을 뒤로 이어지는 외고산은 우리나라에서 가장 질 좋은 백토가 생산된다는 장소다. 오랜 시간을 이어가는 마을의 옹기제작은 담장에서 밥공기까지 모두 옹기의 천국을 만들었다. 대부분의 주민들이 옹기와 관련된 생업에 종사하는 마을은 정보화회관을 중심으로 함께 전시하고 판매하는 공동의 모습이 부드러운 질그릇처럼 다정하게 느껴진다. 똑같은 재료를 사용하는 옹기지만 나름의 개성과 방법으로 조금씩 차이 나는 독특함을 느끼는 맛도 좋다. 부드러운 흙으로 직접 나만의 옹기를 만들어보는 체험프로그램도 있고 저렴하게 구입도 할 수 있다.

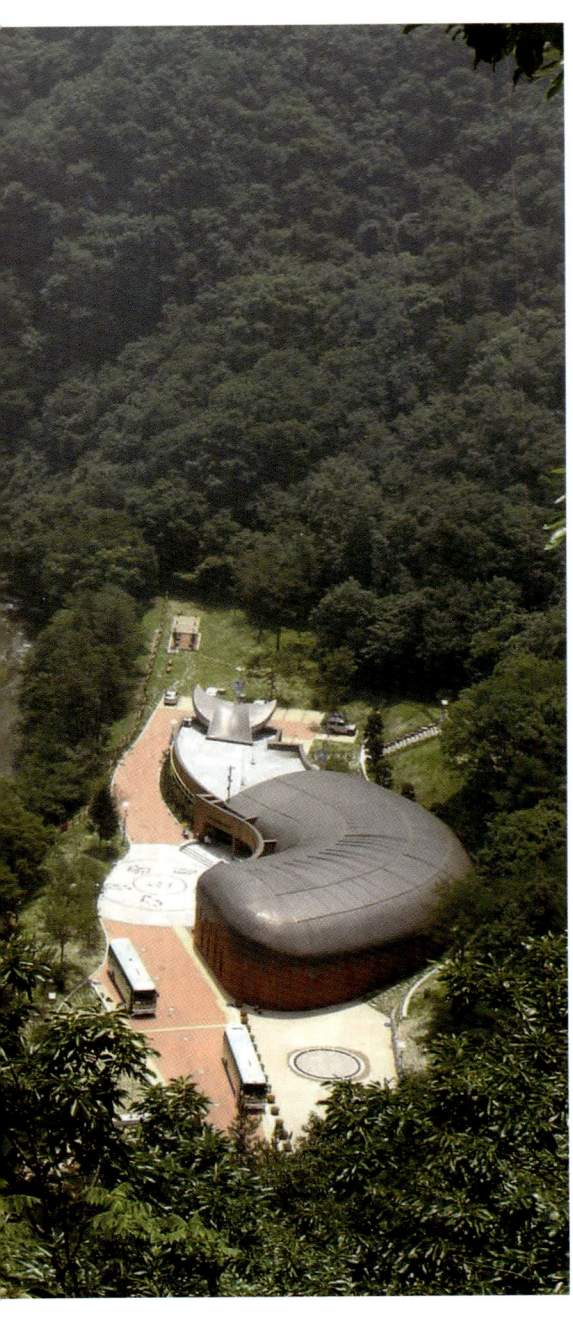

울산 암각화박물관

고래가 춤추는 박물관

위치 | 울산광역시 울주군 두동면 천전리 333-1
　　　 울산광역시 울주군 두동면 반구대안길 254
운영시간 | 09:00~18:00, 매주 월요일 휴관

▶ MINI DATA

입장료 | 무료　　주차 | 가능　　분류 | 박물관

울산 암각화박물관은 대곡천변 반구교 입구에 고래를 형상화하여 만든 목조건축물이다. 박물관은 지구상에서 존재하는 가장 오래된 고래사냥 그림이자 북태평양 연안의 독특한 선사시대 해양어로문화를 담은 반구대암각화(국보 제285호)와 우리나라 청동기시대 농경문화를 반영하고 신라시대 명문들과 선각그림들이 함께 새겨진 천전리 각석(국보 제147호)을 중심으로 한국 암각화의 의미를 소개하고, 이를 체계적으로 연구하기 위해 2008년 5월 30일 국내 유일의 암각화 전문박물관으로 개관하였다. 주요 전시물로는 반구대암각화와 천전리 각석을 비롯한 국내외 암각화 실물모형, 암각화 유적을 소개하는 입체적인 영상시설, 선사시대 사람들의 예술과 생활을 이해할 수 있는 각종 유물과 전시자료와 어린이전시관 등 울산의 자연사 관련 자료들이 있다. 그리고 전시시설과는 별도로 다양한 체험활동을 즐길 수 있는 체험실, 기획전시와 문화강좌, 암각화 야외 소공원 등이 마련되어 있어 여유 있는 발걸음이 가능하게 한다. 이밖에도 박물관이 위치하는 대곡천변에는 반구대암각화, 천전리 각석 등 우리나라 대표 암각화 유적과 백악기말 공룡발자국, 반구대, 반구서원유허비, 연로개수기 등 다양한 역사문화자원이 산재하고 있으니 편하게 둘러볼 수 있는 곳이다.

울주 천전리 각석

시대를 이어가면서 새겨 놓은 기록

위치 | 울산광역시 울주군 두동면 천전리 269-3 인근
　　　 울산광역시 울주군 두동면 천전각석길 70-52 인근
운영시간 | 종일, 연중무휴

▶ MINI DATA
입장료 | 없음　　주차 | 가능　　분류 | 역사, 문화유적

선사시대 사람들을 만나는 방법이 여럿 있지만 그중에서도 가장 흥미로운 것은 그들이 남긴 그림을 찾아보는 것이 아닐까. 인간의 예술 활동으로 예전부터 지금까지, 또 앞으로도 계속 이어질 그림이라는 주제로 선사시대 사람들을 만나보는데 그 대표적인 형태가 바로 바위에 새겨진 암각화다. 천전리 암각화를 찾아가는 계곡에 움푹 패여 물 웅덩이처럼 보이는 모습 등 암각화 건너편 계곡으로 200여 개의 공룡 발자국이 남아 있다. 천전리 각석은 너비 10m, 높이 3m 정도의 약간 경사진 커다란 바위에 그림이 새겨져 있는데 사슴, 물고기 등의 동물에서부터 동심원, 마름모 등 기하학적인 문양까지 그 종류가 다양하다. 한 번에 그려진 것이 아니라 시간을 두고 그려졌을 것이라 추정된다. 마지막은 역사시대로 이어져 신라 화랑이 새겼다는 글과 그림이다. 그림을 해석해보면 동심원은 태양 또는 강물 등의 자연을, 마름모는 생명을 상징하는 의미로 사슴과 물고기 그림은 당시 주요한 생활방식이었던 수렵, 어로에서의 많은 획득을 기원하며 그렸다 할 수 있겠다. 또 후대 신라 화랑에 의하여 그려진 것으로 귀족의 행렬, 사람의 모습, 글씨 등은 당시의 생활상을 구성해 볼 수 있는 좋은 자료이다.

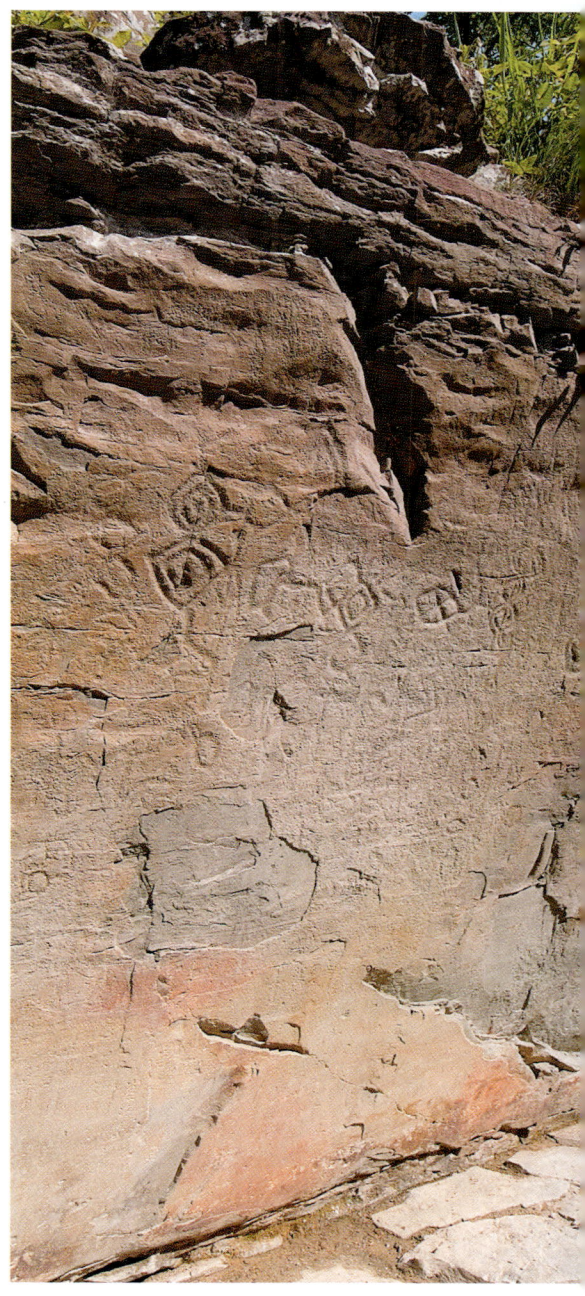

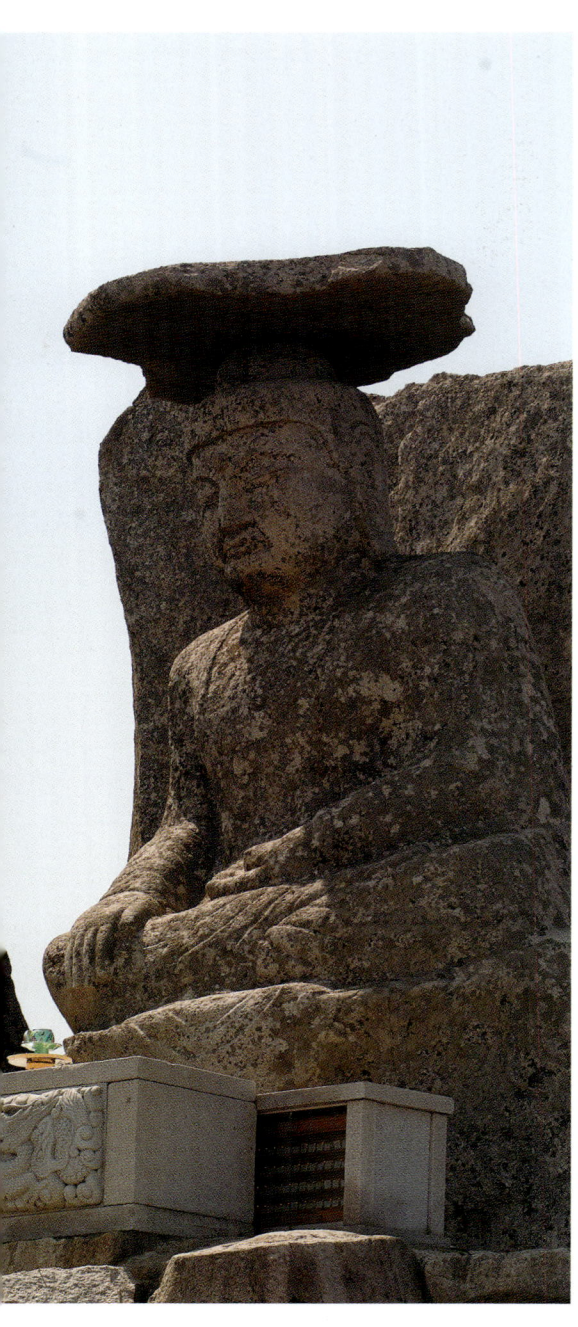

팔공산

갓바위로 유명한 산

| 위치 | 대구광역시, 경상북도 군위군/칠곡군/영천군/경산군
일대
| 운영시간 | 종일, 연중무휴

▶ MINI DATA
| 입장료 | 없음   주차 | 가능   분류 | 산, 계곡, 동굴

대구를 비롯해 군위, 칠곡, 영천, 경산 등 4개의 시·
군에 걸쳐 있는 큰 산으로 크기만큼이나 많은 문화재
와 이야기를 담고 있다. 정상은 비로봉(1,193m)이며,
비로봉을 중심으로 동서로 봉우리들이 솟아 능선을
이루고 있다. 동화사지구에서부터 시작해 비로봉으
로 오르는 등산로를 비롯해 파계사지구, 갓바위지구
등에서 시작하는 다양한 등산로가 있다. 팔공산은 몰
라도 갓바위하면 아는 사람들이 더 많을 정도로 유명
한 곳으로 정확한 명칭은 관봉석조여래좌상이다. 좌
대의 크기를 포함해서 5m가 넘는 거대한 여래상이
머리 위로 갓을 쓴 듯 판석을 얹고 있는데 이 모양에
서 이름이 유래했다. 불상이 만들어진 것은 신라 후
대이지만 그 위에 갓이 씌워진 것은 고려 때일 것이
라 추정하고 있다. 정성 들여 기도하면 한 사람에 하
나씩 소원을 들어준다는 이야기에 많은 사람들이 찾
는데, 매년 입시철이면 수험을 앞둔 부모들이 와서
치성을 드리는 장면이 신문, 방송에 빠뜨리지 않고
소개되기도 한다. 대구 쪽에서도 오를 수 있지만, 경
산 쪽에서 오르는 길이 더욱 잘 놓여 있다. 갓바위 외
에도 팔공산 자락에는 조계종 제9교구 본사인 동화
사를 비롯해, 조계종 10교구 본사인 은해사, 조선 왕
실과 인연을 맺으며 보호를 받았던 파계사 등의 큰
절들이 있으며 조선시대 산성인 가산산성과 천주교
신자들의 피난처 한티성지 등 여러 문화유산들이 팔
공산 자락에 산재해 있다.

계산성당

대구·경북지역 신앙의 요람

| 위치 | 대구광역시 중구 계산동2가 71-1
| 대구광역시 중구 서성로 10
| 운영시간 | 종일, 연중무휴

▶ MINI DATA
| 입장료 | 없음　주차 | 가능　분류 | 종교시설

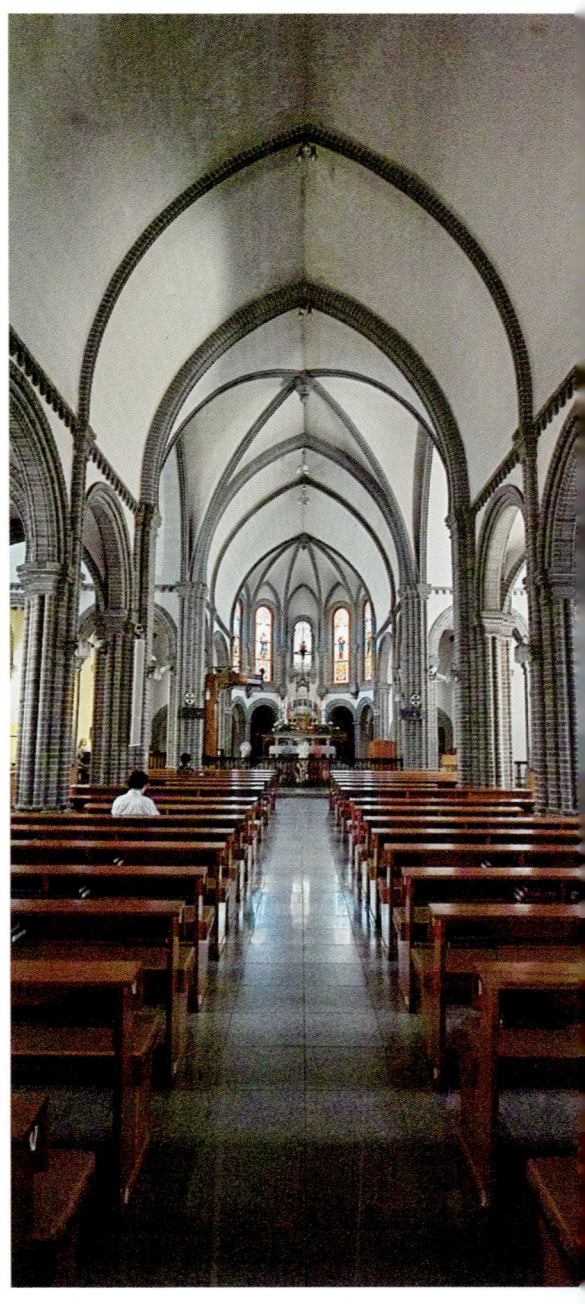

조선시대에 대구는 수도인 한양과 제법 떨어져 있어 박해를 피해 충청도 내륙 산중이나 대구 인근의 오지로 모여든 천주교 신자들이 모이면서 일찍이 큰 교세를 형성한 곳이다. 그중에서도 중심이 바로 계산성당으로, 백 년이 넘는 역사를 지니고 있는 이곳은 현재 주교좌성당으로 대구와 경북지역 가톨릭의 중심지로 역할을 하고 있다. 전주의 전동성당과 함께 우뚝 솟은 쌍탑이 아름다운 성당으로 유명한데, 원래는 1899년에 지금의 강화도 성공회성당과 유사하게 십자가 형태의 2층 구조에 기와를 올린 한식 건물로 지었으나 지은 지 얼마 되지 않아 불이 나서 무너지고 그 자리에 지금의 모습으로 새로 지었다고 한다. 이곳 성당의 주임이자 대구대교구의 주교로 임명된 파리외방선교회 소속의 로베르 신부가 설계하고 공사를 지휘하였다. 고딕형식의 건물로 붉은 벽돌과 회색 벽돌로 쌓아올린 성당 외벽은 백 년의 시간을 담은 듯 느낌이 장중하다. 안으로 들어서면 양옆으로 기둥이 줄지어 서 있으며, 기둥 곳곳에는 십자가 문양이 새겨져 있는데 로베르 신부가 성당을 지을 때 함께 만들어 붙인 것이라 한다. 성당 밖 등나무 벤치 옆으로 이인성나무라 이름 붙은 감나무가 있어 사람들을 궁금하게 한다. 이인성은 일제 때 활동했던 화가로 자신의 작업실에서 바라보이는 풍경을 그렸다. 계산성당과 함께 그림 안에 나무를 크게 그려 놓았는데, 그것이 바로 이인성나무다.

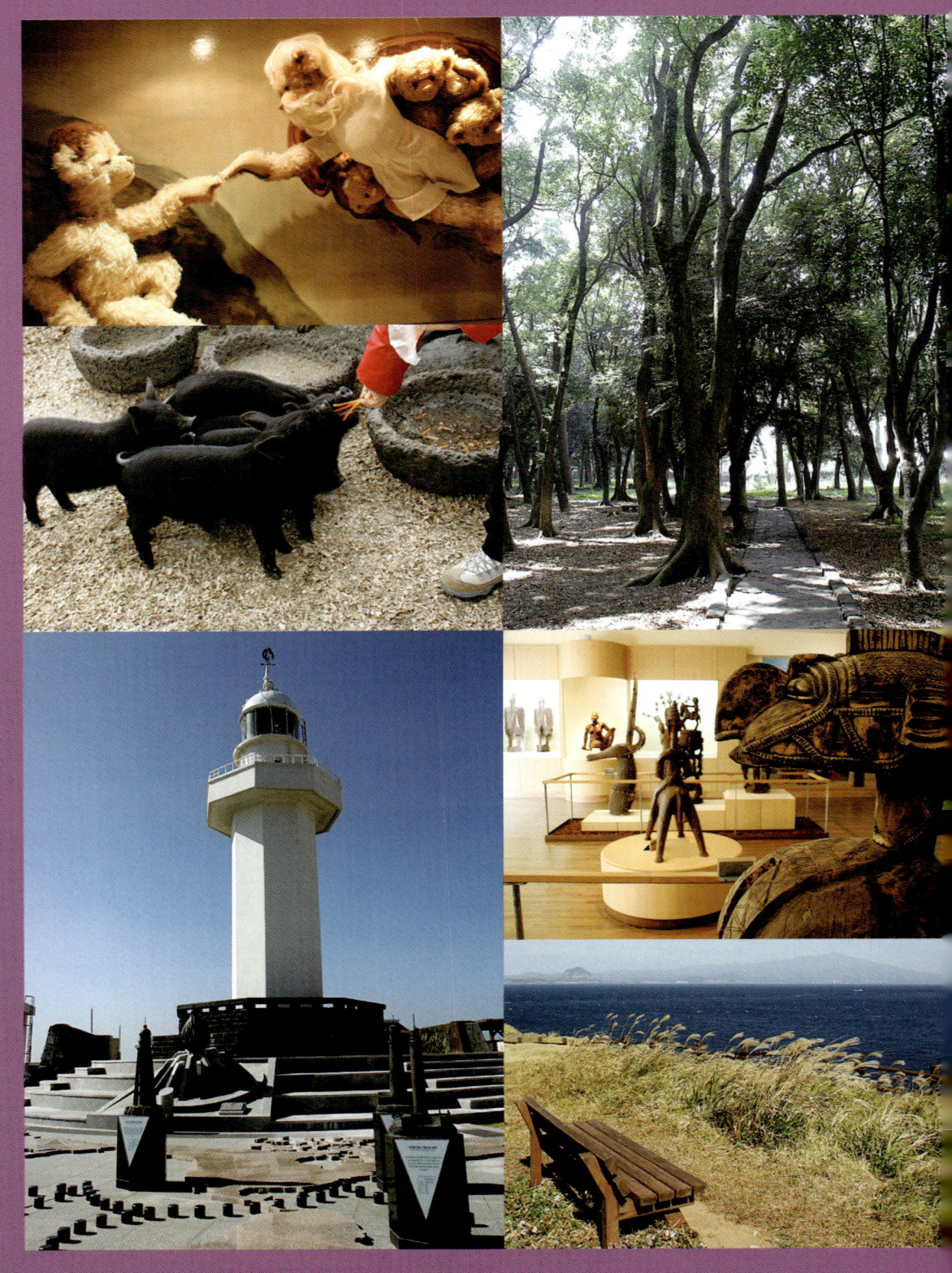

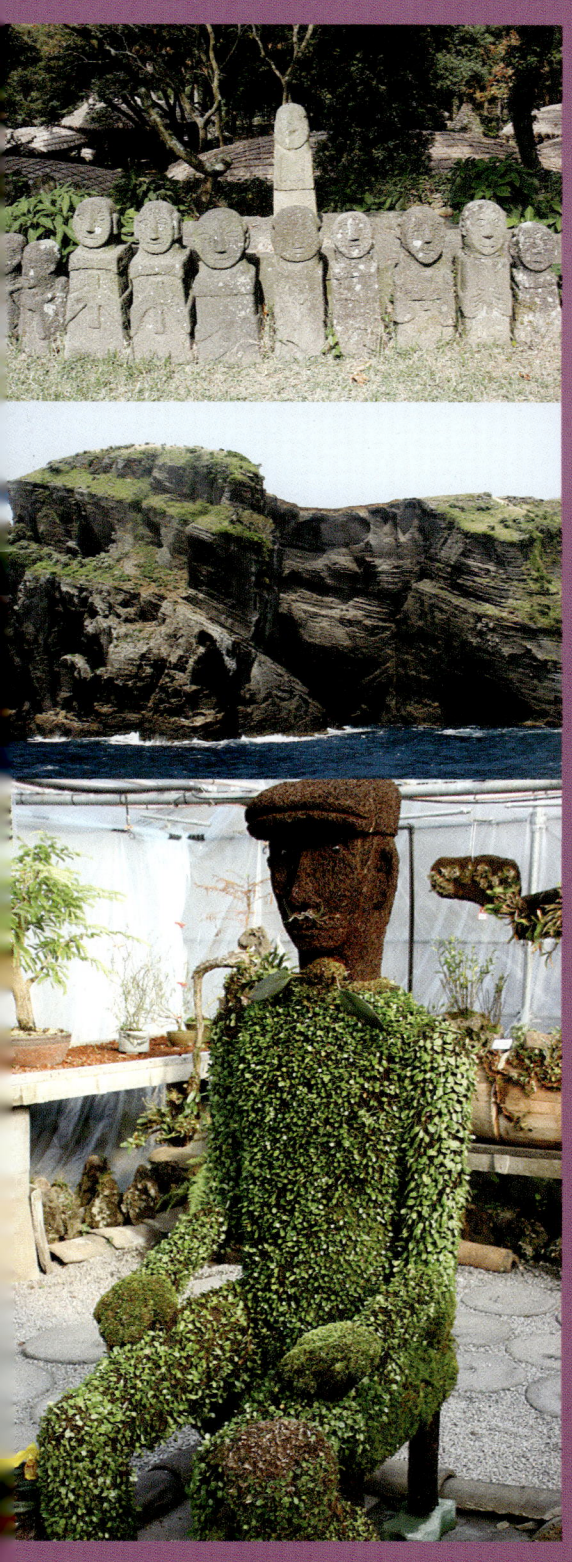

Part 7

• 제주권 •

제주특별자치도
제주시 · 서귀포시

🔲 행정구역 정보

행정구역	주소	대표번호	홈페이지
제주특별자치도	제주특별자치도 제주시 문연로 6	064-120	http://www.jeju.go.kr
제주시	제주특별자치도 제주시 광양9길 10	064-120	http://www.jejusi.go.kr
서귀포시	제주특별자치도 서귀포시 중앙로 105	064-120	http://www.seogwipo.go.kr

🔲 버스터미널

행정구역	버스터미널 1	전화번호
제주시	제주종합시외버스터미널	064-753-1153~4
서귀포시	서귀포시외버스터미널	064-739-4645

🔲 여객선터미널 · 공항

행정구역	여객선터미널	전화번호	공항	전화번호
제주시	제주여객선터미널	1666-0930	제주국제공항	1661-2626

🚌 찾아가는 길

행정구역	찾아가는 길
제주특별자치도	항공 또는 여객선(부산, 인천, 목포, 완도 등) 이용
제주시	제주국제공항 – 1132번 해안도로 – 제주 제주국제공항 – 1136번 도로 – 제주 제주국제공항 – 1131번 5.16도로 – 제주 제주국제공항 – 1139번 1100도로 – 제주 제주국제공항 – 97번 번영로 – 제주 제주국제공항 – 1135번 평화로 – 제주 제주국제공항 – 1118번 남조로 – 제주
서귀포시	제주국제공항 – 1132번 해안도로 – 서귀포 제주국제공항 – 1136번 도로 – 서귀포 제주국제공항 – 1131번 5·16도로 – 서귀포 제주국제공항 – 1139번 1100도로 – 서귀포 제주국제공항 – 97번 번영로 – 서귀포 제주국제공항 – 1135번 평화로 – 서귀포 제주국제공항 – 1118번 남조로 – 서귀포

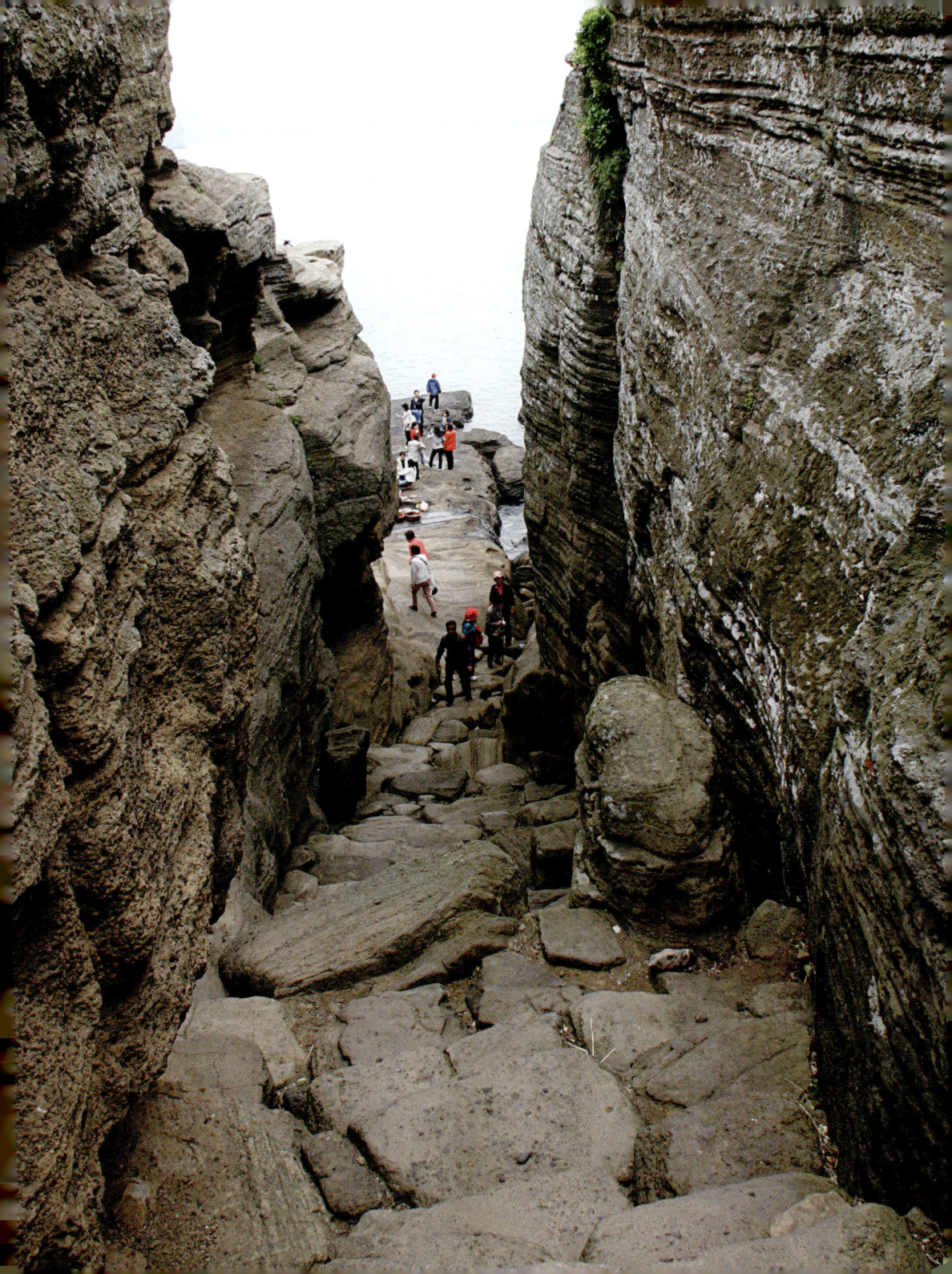

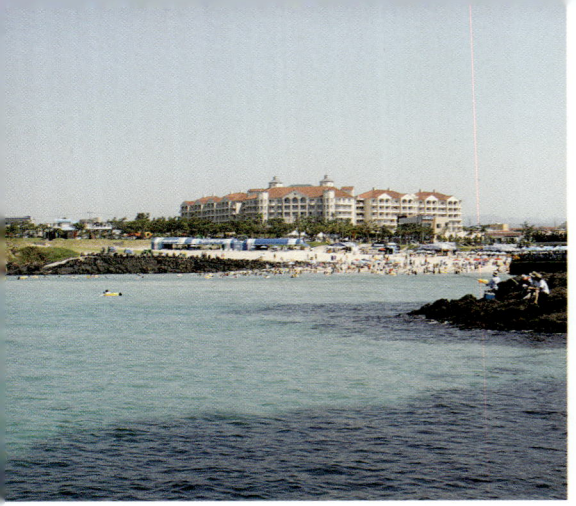

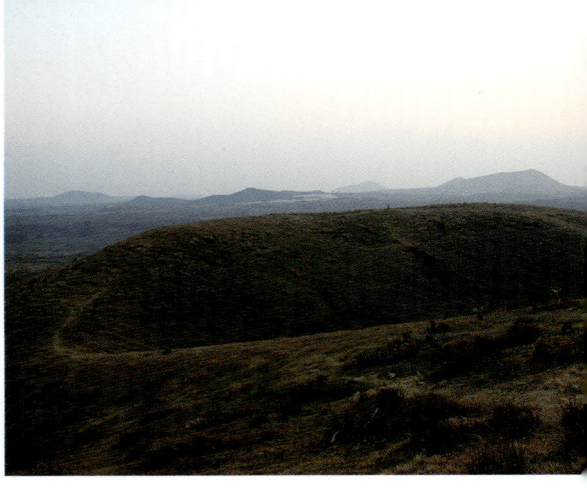

함덕 서우봉 해변

푸른 잉크 속으로 풍덩

| 위치 | 제주특별자치도 제주시 조천읍 함덕리 산14-1
　　　　제주특별자치도 제주시 조천읍 조함해안로 525
| 운영시간 | 종일, 연중무휴

▶ MINI DATA

| 입장료 | 없음　　주차 | 가능　　분류 | 바다, 섬

고운 백사장과 얕은 바닷속 패사층이 만들어내는 푸른빛 바다가 아름다운 해수욕장이다. 제주시에서 14km 동쪽에 위치해 있고 시내버스도 자주 운행되어 관광객뿐 아니라 제주도민도 즐겨 찾는다. 경사도가 5° 정도로 아무리 걸어 들어가도 어른 허리에도 미치지 않을 만큼 수심이 얕아 가족 단위 피서객이 즐기기에 적당하고 검은 현무암과 아치형 다리, 바다로 이어지는 산책 데크까지 갖추어져 있어 제주의 푸른 바다를 관망하기에도 그만이다. 특히 커다란 현무암 바위를 중심으로 백사장이 하트 모양을 이루고 있어 바람을 막아주니 늘 바다가 잔잔하여 국내에서는 유일하게 카약을 즐길 수 있다. 인근 함덕리에는 국내 최대라 일컬어지는 수박 재배 단지가 있고 주차장과 민박 단지, 샤워 시설 및 야영장이 잘 갖추어져 있어 국민관광단지로 지정되어 있다.

용눈이오름

의 좋은 세 친구

| 위치 | 제주특별자치도 제주시 구좌읍 종달리 산38 일대
| 운영시간 | 종일, 연중무휴

▶ MINI DATA

| 입장료 | 없음　　주차 | 가능　　분류 | 산, 계곡, 동굴

숨을 헐떡이게 만드는 여느 오름과 달리 용눈이오름을 오르는 길은 평탄하고 부드럽다. 동산을 걸어가듯 천천히 오르면 어우러지는 3개의 능선이 말 발자국처럼 둘러선 정상에 도착하게 된다. 368개에 이른다는 제주 오름들 중 유일하게 3개의 분화구를 함께 가지는 특별한 모습이다. 제주도 동쪽 가장 끝에 자리하고 있어 성산일출봉과 바다가 어우러지는 장관을 한눈에 담을 수 있다. 구불거리는 부드러운 능선의 어울림과 바다를 조화롭게 담는 모습으로 사진작가들이 가장 선호하는 오름이기도 하다. 용이 누워 있다는 의미의 용와악(龍臥岳)이란 거창한 이름으로도 불리지만 용눈이란 이름의 정겨움만 못하다. 작은 새끼 오름들이 주변으로 함께하는 이곳은 제주도의 손꼽히는 명당으로도 알려진다. 능선으로 수없이 자리하는 검은빛 산소들이 더없이 편안한 쉼터처럼 보인다.

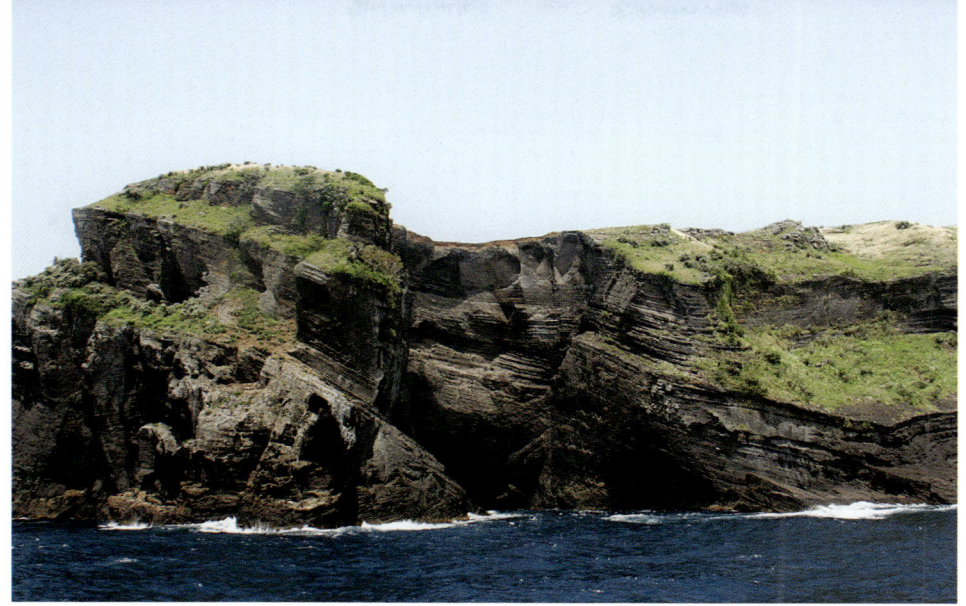

우도 제주가 품고 있는 섬 속의 섬

| 위치 | 제주특별자치도 제주시 우도면
| 운영시간 | 종일, 연중무휴

▶ MINI DATA
| 입장료 | 없음   주차 | 가능   분류 | 바다, 섬

종달리 해안가에서 바라보면 마치 소 한 마리가 누워 있는 형상을 한 섬이 보인다. 종달리에서 약 2.8km 떨어진 곳에 위치한 섬 속의 섬 우도(牛島)다. 매년 340만 명의 관광객이 찾을 정도로 유명한 섬이지만 불과 150여 년 전만 해도 사람이 살지 않는 무인도였다. 숙종 23년인 1697년 국유 목장이 설치되면서 사람이 살기 시작해 현재는 600여 가구가 농업과 어업에 종사하며 살고 있다. 우도는 아름다운 해안 절경과 해녀들 그리고 제주 전통 밭 구조와 돌담, 돌무덤 등이 남아 있어 제주를 찾는 여행객들에게 가장 제주다운 모습을 선사하는 곳으로 알려져 있다. 소의 허리처럼 완만한 경사로를 따라 섬에서 가장 높은 132m의 우도봉에 오르면 아기자기한 우도의 풍경이 한눈에 내려다보이고 성산일출봉과 제주도 본섬의 모습이 또렷이 들어온다. 순환버스나 자전거 또는 스쿠터를 이용해 돌아볼 수 있다.

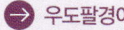 우도팔경이란?

제1경 주간명월—낮에 동굴 속 바닷물에 비친 태양광이 달처럼 보이는 현상
제2경 야항어범—밤바다에 뜬 고기잡이배를 바라보는 것
제3경 천진관산—천진리의 동천진동항에서 바라보는 한라산
제4경 지두청사—우도봉 정상에서 내려다본 우도
제5경 전포망도—종달리에서 바라본 우도
제6경 후해석벽—검멀레해안에서 바라본 절벽
제7경 동안경굴—고래가 살았다는 해안가 검멀레동굴
제8경 서빈백사—홍조사해수욕장

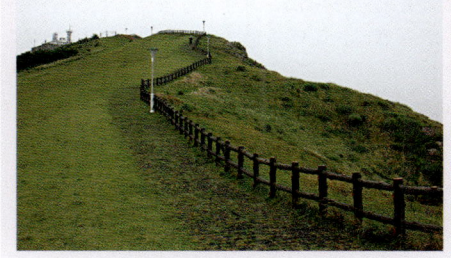

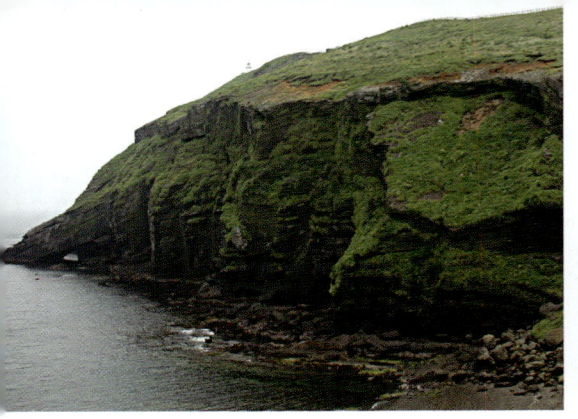

우도 검멀레동굴

고래들이 살았던 동굴

| 위치 | 제주특별자치도 제주시 우도면 연평리 검멀레해변 인근
제주특별자치도 제주시 우도면 우도해안길 1132 인근
| 운영시간 | 종일, 연중무휴

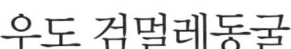

| 입장료 | 없음   주차 | 가능   분류 | 산, 계곡, 동굴

우도팔경 중 동안경굴(東岸鯨窟)이라 하여 제7경에 속하는 곳으로 검멀레동굴이란 이름은 현무암이 부서져 해안의 모래가 검정색이라는 제주 말 '검몰레(검은 모래)'에서 유래한 것이고 '동안경굴'은 '고래가 살 만한 동굴'이라는 의미로 우도 사람들은 '고래 콧구멍'이라 부르기도 한다. 밀물 때는 입구를 찾을 수 없고 썰물 때 물이 빠지고 난 후 모습을 드러낸다. 굴속에 또 다른 굴이 있는 이중 구조로 좁은 입구를 지나면 이끼로 뒤덮인 또 다른 넓은 동굴이 나타나는데 고래는 살지 않지만 동굴음악회가 열렸을 정도의 큰 규모다. 검멀레해변에서 동굴로 이어지는 습곡은 우도봉 정상과 연결되는 깎아지른 절벽으로, 후해석벽(後海石壁)이라 하여 이 역시 우도팔경에 속하며 검은 모래의 해변에서는 해수욕도 즐길 수 있다.

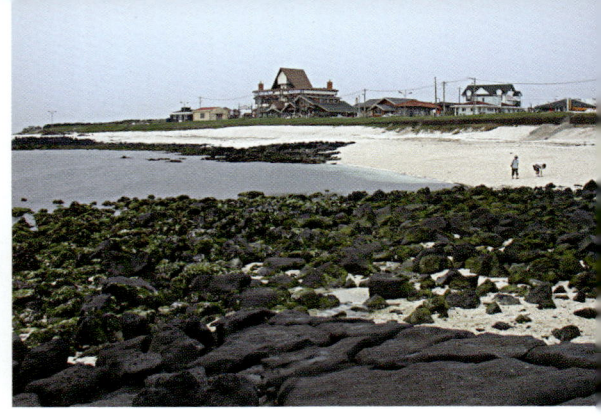

홍조사해수욕장

에메랄드빛 바다와 하얀 백사장의 조화

| 위치 | 제주특별자치도 제주시 우도면 연평리 2565 인근
제주특별자치도 제주시 우도면 우도해안길 246-2 인근
| 운영시간 | 종일, 연중무휴

▶ MINI DATA

| 입장료 | 없음   주차 | 가능   분류 | 바다, 섬

홍조사해수욕장은 우도 서광리에 있는 해수욕장이다. 수심에 따라 빛깔을 달리하는 바다색과 하얀 백사장이 아름다워 영화 「시월애」의 촬영 장소가 되기도 했다. 산호가 부서져서 만들어졌다고 하여 산호사해수욕장이라는 이름으로 예전부터 불려왔지만 실제로는 산호가 아닌 홍조 단괴가 부서져 이루어진 것이다. 홍조 단괴란 김이나 우뭇가사리 등의 홍조류가 딱딱하게 굳어진 것을 말하는데 홍조사해수욕장이 동양에서 유일한 곳이다. 산호가 부서진 것이든 홍조 단괴가 부서진 것이든 백사장과 바다 빛이 만들어내는 환상적인 풍경이 달라지는 것은 아니니 우도를 방문한다면 절대 놓치지 말고 찾아보자. 백사장을 따라 예쁘고 깨끗한 펜션들이 늘어서 있고 에메랄드빛 바다를 바라보며 차 한잔 마실 수 있는 카페들도 기다리고 있다. 서빈백사라 하여 우도팔경에 속하는 곳이다.

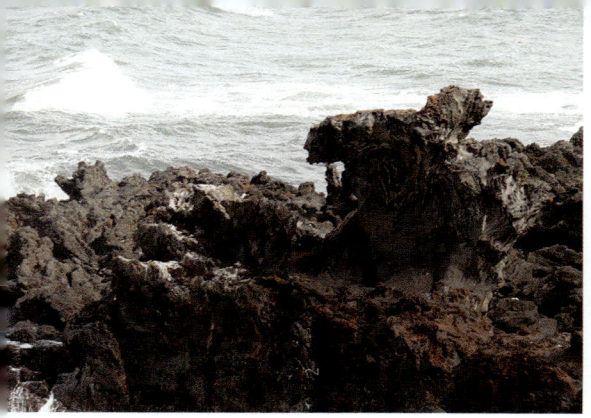

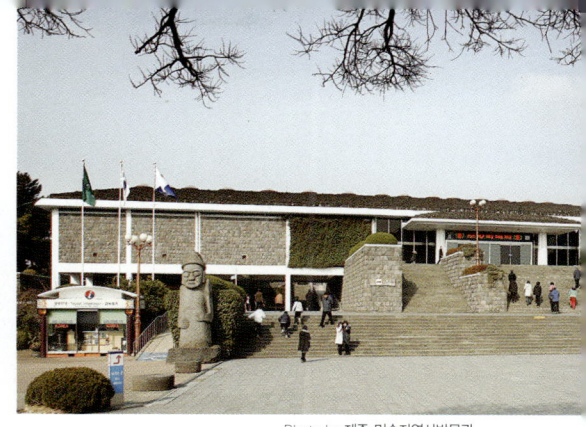

용두암
파도를 두려워하지 않는 용의 머리

| 위치 | 제주특별자치도 제주시 용담2동 488-9 인근
| | 제주특별자치도 제주시 서해안로 687-8 인근
| 운영시간 | 종일, 연중무휴

▶ MINI DATA

| 입장료 | 없음 　주차 | 가능 　분류 | 바다, 섬

제주 시내 북쪽 해안가에 10m 높이로 솟아 있는 용
머리 모양의 화산암으로 바다 속에 잠겨 있는 바위의
나머지 부분은 30m가 넘는 것으로 알려져 있다. 한
라산 신령의 옥구슬을 훔쳐 하늘로 승천하려던 용이
신령이 쏜 화살에 맞아 돌로 굳어졌다는 전설이 전해
진다. 용머리 모양을 한 화산암을 잘 관찰하려면 맑
은 날보다는 파도가 심한 날이나 석양이 질 무렵 서
쪽으로 100m 정도 비껴난 위치가 좋다고 한다. 용두
암이 있는 해안도로 주변으로는 횟집과 카페들이 많
아 제주 젊은이들의 데이트 장소로 애용되고 있으며
밤바다 위를 밝힌 어선들의 불빛이 아름다워 해안도
로를 따라 이호해수욕장과 애월읍으로 이어지는 드
라이브 코스로도 손색이 없다. 제주공항과 가까워 수
학여행을 온 학생들이 제주도 첫 방문지로 많이 찾아
평일에는 붐비는 편이다. 오르내리는 계단에 주의하
여야 한다.

제주 민속자연사박물관
제주도의 민속과 문화가 궁금하다면 이곳으로

| 위치 | 제주특별자치도 제주시 일도이동 996-1
| | 제주특별자치도 제주시 삼성로 40
| 운영시간 | 08:30~18:30, 6~8월 08:30~19:00,
| 5월 24일/훈증 소독기간 휴관

▶ MINI DATA

| 입장료 | 있음 　주차 | 가능 　분류 | 박물관

한 지역의 문화와 생태에 관한 일반적인 내용을 알려
면 그 지역을 대표하는 박물관을 둘러보면 된다. 제주
도에는 다양한 주제의 박물관과 전시관들이 있지만,
제주의 민속과 문화를 포괄하는 박물관으로는 제주민
속촌박물관과 함께 제주 민속자연사박물관을 꼽을 수
있을 것이다. 특히, 제주 민속자연사박물관은 제주 시
내에 있어 공항을 오가는 길에 잠시 시간을 내어 둘러
보기 용이하다. 박물관은 크게 자연사전시실과 민속
전시실로 나누어져 있다. 섬이라는, 육지와는 다른 제
주의 자연 환경은 제주만의 독특한 민속 문화를 만들
어 낸 외적 조건이다. 자연사전시실에서 눈여겨보아
야 할 것은 다름 아닌 제주의 형성과정과 관련한 내용
으로, 화산분출을 통해 만들어진 제주의 지질학적 역
사 등을 알 수 있다. 민속전시실은 두 개의 관으로 나
누어져 있는데, 제주 사람의 일생과 제주 사람의 생업
에 관한 내용으로 나누어놓고 있다. 둘러보면서 바다
를 이용하며 또 의지하며 살아온 제주 사람들의 전통
과 문화를 알아보자.

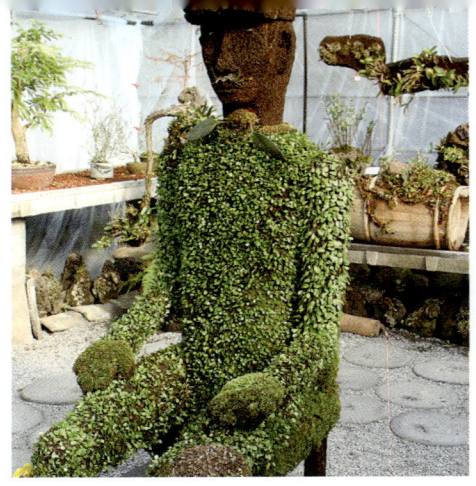

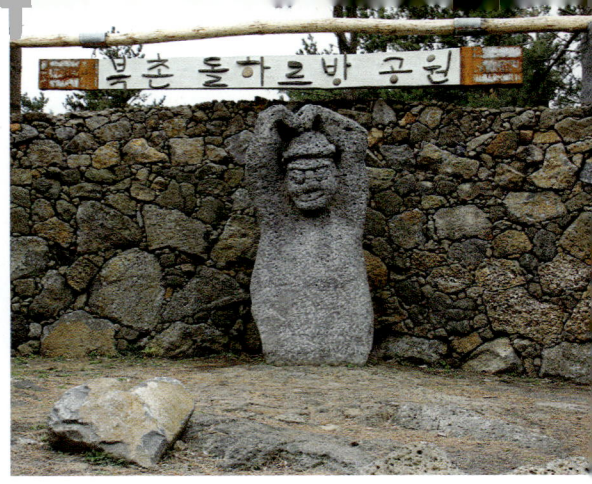

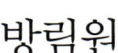

방림원

제주에서 만나는 야생화 박물관

| 위치 | 제주특별자치도 제주시 한경면 저지리 2120-91
제주특별자치도 제주시 한경면 용금로 864
| 운영시간 | 11~3월 08:30~17:00, 4~10월 08:00~18:00,
연중무휴

▶ MINI DATA

| 입장료 | 있음　주차 | 가능　분류 | 숲, 자연휴양림

방림원은 우리나라를 비롯해 유럽, 아프리카, 아메리카 대륙 등 세계 각국에서 수집한 야생화 3,000여 종이 전시되어 있는 야생화 박물관이다. 660m²의 유리 온실에는 200여 종의 들꽃들이 자라고 있으며 우리나라 지도 모양을 따라 각종 식물들이 식재된 팔도 식물지도, 국내 자생식물과 귀화식물 100여 가지가 자라고 있는 백화동산 등이 아기자기하게 꾸며져 있다. 양치류 식물관에서는 세계 각국의 양치식물과 희귀식물들이 자라고 있으며 제주의 야생식물을 볼 수 있는 방림동산은 용암이 흘러내리는 듯한 모양으로 인공적인 손길을 배제한 자연미가 잘 살아 있는 공간이다. 방림원을 조성하면서 발견된 방림굴에는 천장과 벽에 양치식물류를 식재해 신비로움을 더해주며 한라산의 계곡을 형상화해 만든 연못 등이 초록의 싱그러움을 느끼게 해준다.

북촌 돌하르방공원

색다른 돌하르방이 있는 곳

| 위치 | 제주특별자치도 제주시 조천읍 북촌리 976
제주특별자치도 제주시 조천읍 북촌서1길 70
| 운영시간 | 11~3월 09:00~17:00, 4~10월 09:00~18:00,
연중무휴

▶ MINI DATA

| 입장료 | 있음　주차 | 가능　분류 | 공원

제주도를 상징하는 조형물인 돌하르방을 한자리에서 살펴볼 수 있는 공원이다. 자식을 바라는 여인이 몰래 돌하르방의 코를 쪼아서 물에 타 마시면 자식을 갖게 된다는 속설이 있어 제주의 하르방들은 코의 형태가 망가져 있는 모습이다. 또한 마을에 나쁜 기운이 들어오는 것을 막아내는 기능도 했었다고 하니 제주의 민속에서 빼놓을 수 없는 존재인 것이다. 북촌 돌하르방공원은 제주의 예술가들이 모여 하르방의 의미를 되새기고 재해석하며 돌하르방을 제작하고 전시하는 공간이다. 딱딱하게 서 있는 돌하르방이 아니라 만남, 포옹, 사랑의 표현, 꽃을 건네는 하르방 등 소박한 주제를 담고 있는 작품들이다. 다양한 자세와 얼굴 표정으로 조각된 돌하르방을 감상하며 때로는 피식 웃음 짓고 때로는 골똘히 생각에 잠기게 된다. 자연스럽게 만들어진 숲길을 따라가며 돌하르방을 감상하고 조용한 휴식을 즐겨보자.

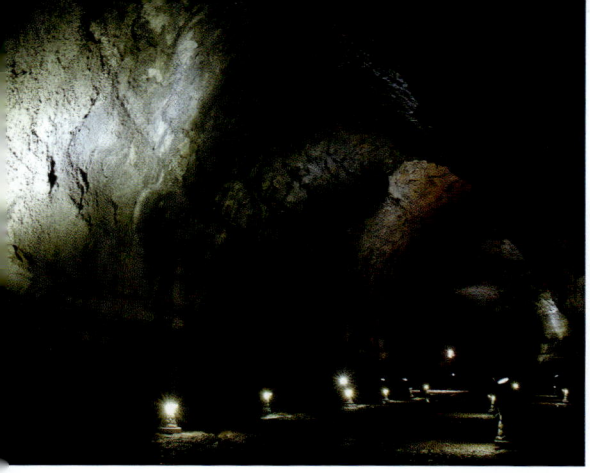

만장굴
세계자연유산 용암동굴

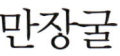
2007 유네스코
세계자연유산 등재

| 위치 | 제주특별자치도 제주시 구좌읍 월정리 산41-5
제주특별자치도 제주시 구좌읍 만장굴길 182
| 운영시간 | 09:00~18:00, 매월 첫째 주 수요일 휴무

▶ MINI DATA

| 입장료 | 있음   주차 | 가능   분류 | 산, 계곡, 동굴

제주도를 대표하는 세계 최장 길이의 용암동굴이다. 총연장 13,422km에 달하며 유네스코 지정 세계자연유산으로 등록되어 있다. 250만 년 전 제주도가 폭발할 때 한라산 분화구에서 흘러내린 용암이 바다로 나아가면서 형성된 것이라고 한다. 가로 폭 5m, 높이 5~10m에 달하는 동굴 내부는 웅장한 궁전의 복도를 걷는 듯한 느낌인데 입구에서부터 1km 지점까지만 공개되어 있고 나머지 구간은 접근이 통제되고 있다. 그 지점을 지키고 있는 것은 커다란 거북 모양의 종유석으로 그 정교함이 마치 조각품을 보는 듯하며 관람객들은 마치 제주도를 닮은 듯 하다며 신기해한다. 개방구간에서 쉽게 눈에 띄지는 않지만 박쥐가 살고 있으며 땅지네, 농발거미, 가제벌레 등 다양한 동굴 생물이 서식하고 있다. 내부 온도는 연중 11~21℃를 유지하고 있어 서늘하니 한여름이라도 긴 소매 옷을 챙겨서 입장하기를 권한다.

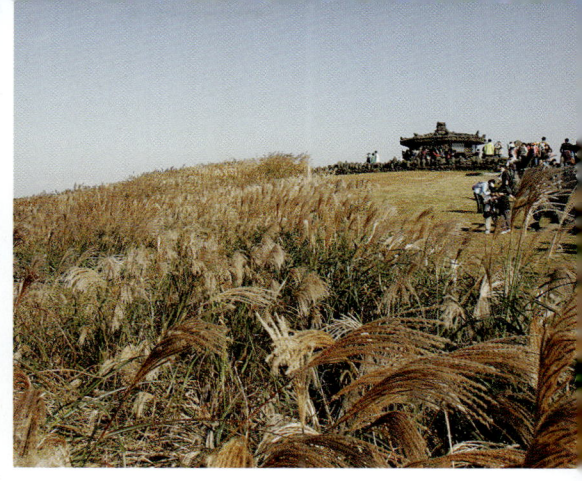

산굼부리
태고의 신비를 간직한 오름

| 위치 | 제주특별자치도 제주시 조천읍 교래리 342-2
제주특별자치도 제주시 조천읍 비자림로 768
| 운영시간 | 동절기 09:00~17:00, 하절기 09:00~18:00,
연중무휴

▶ MINI DATA

| 입장료 | 있음   주차 | 가능   분류 | 산, 계곡, 동굴

굼부리는 화산체의 분화구를 가리키는 제주 말이다. 제주의 풍광을 아름답게 담아낸 것으로 유명한 영화 「연풍연가」의 촬영지이며 태고의 신비를 느낄 수 있는 오름이다. 천연기념물 제263호로 지정되어 있으며 그 둘레가 2km가 넘고 깊이는 한라산의 백록담보다 17m나 더 깊어 132m에 이른다. 분화구에 틈이 많아 물이 모두 스며드는 특성 때문에 내부 높이에 따라 서식하는 식물군이 달라지고 북쪽 사면과 남쪽 사면의 일조량 차이로 전혀 다른 식물 분포를 보인다. 일명 분화구식물원이라고도 불리는 산굼부리는 분화구 안으로 내려가보기는 어렵지만 주변으로 산책로가 잘 꾸며져 있어 가벼운 차림의 여행객들이라도 부담 없이 찾아 그 신비로운 전경을 감상할 수 있다.

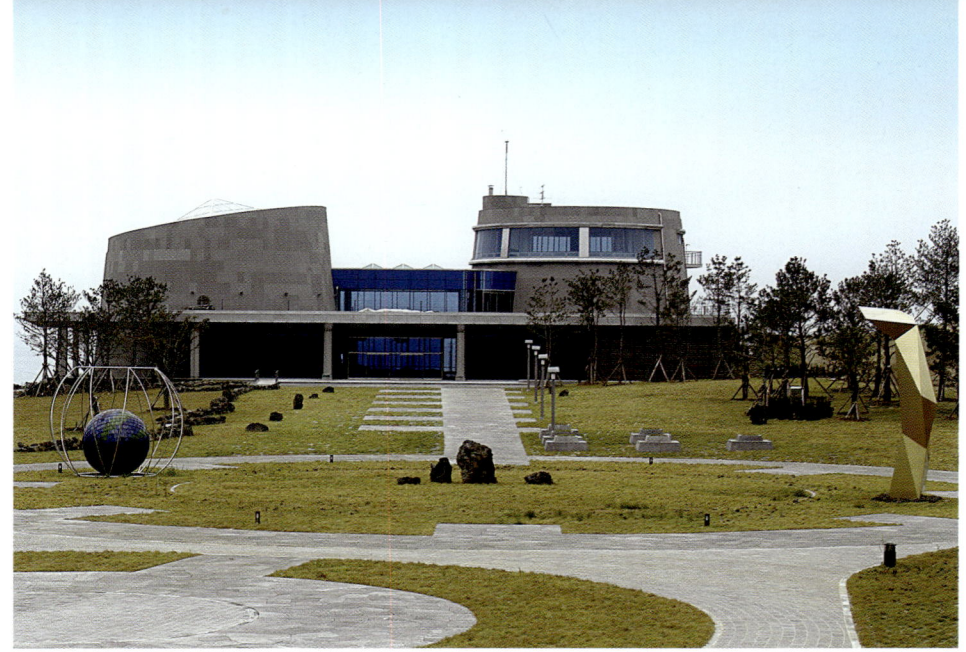

해녀박물관 국내 유일의 해녀박물관

위치 | 제주특별자치도 제주시 구좌읍 상도리 3204-1
　　　제주특별자치도 제주시 구좌읍 해녀박물관길 26
운영시간 | 09:00~18:00, 매월 1, 3주 월요일 휴관

▶ MINI DATA
| 입장료 | 있음　　주차 | 가능　　분류 | 박물관

해녀박물관은 제주를 지켰으며 제주를 길렀고 제주를 사랑한 해녀에 관한 이야기를 담고 있는 곳이다. 해녀는 잠수, 잠녀라고도 불리는데 전 세계에서도 우리나라 해안과 일본에만 존재한다고 한다. 제주도의 3대 항일운동 중 하나인 제주해녀 항일운동의 발상지인 구좌읍 하도리에 해녀박물관이 세워져 그 의미가 더 뜻깊다. 거센 바람에 지붕을 짚으로 동여맨 해녀의 집을 살펴보는 것에서부터 관람을 시작한다. 바다를 사방으로 접하고 있는 곳으로 영등 할망의 민속신앙이 아직까지 제주 곳곳에 배어 있는데 그와 관련한 내용도 함께 살펴본다. 해녀의 삶을 주제로 꾸민 제1전시실 다음으로는 해녀의 일터를 주제로 하고 있는 제2전시실이다. 박물관의 중심이라고도 할 수 있는 곳으로 제주 해녀들이 물에 들어갈 때 입었던

옷과 도구들, 옷을 갈아입으며 곁불 쬐며 몸을 녹였던 불턱 등을 볼 수 있고, 한 번 들어가면 2분, 깊이 10~20m까지 잠수한다는 제주 해녀의 잠수기술에 대한 내용도 설명되어 있다. 제3전시실은 제주도의 가장 중요한 산업이자 생활 터전인 바다에 관한 내용을 담고 있는데 제주도 전통 배인 테우가 전시되어 있다. 어린이 해녀체험관은 아이들과 함께한 가족이라면 꼭 들러보아야 할 곳으로 해녀의 집으로 들어가 제주음식의 특징도 알아보고 해녀말도 익혀본다. 또 용감한 해녀의 이야기인 산호해녀전설을 귀여운 모형으로 보여주고 있는데 내용이 재미 있다. 우리나라에서 해녀를 주제로 하는 유일한 박물관으로 제주도의 삶과 문화를 더욱 깊이 알고 느낄 수 있는 곳이다.

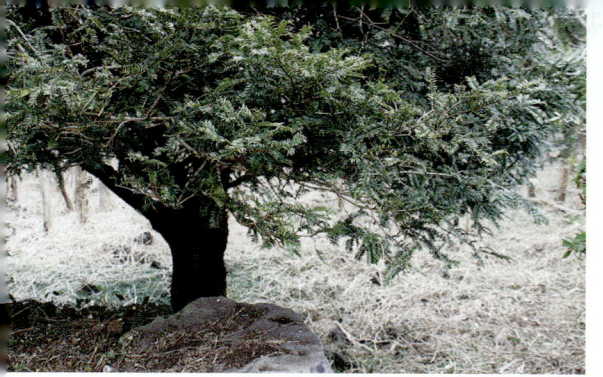

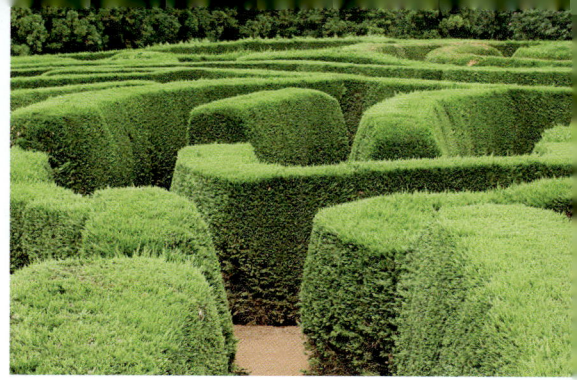

비자림 국내 최대의 비자나무 숲

| 위치 | 제주특별자치도 제주시 구좌읍 평대리 3164-1
제주특별자치도 제주시 구좌읍 비자숲길 62
| 운영시간 | 09:00~18:00

▶ MINI DATA

| 입장료 | 있음　주차 | 가능　분류 | 숲, 자연휴양림

천연기념물 제374호로 지정된 국내 최대의 비자나무 군락지이다. 448km²의 면적에 500년에서 800년의 수령을 가진 비자나무 2,800여 그루가 자라고 있어 단일 품종 군락으로는 그 규모가 세계 최대로 꼽힌다. 비자나무의 열매는 한약제나 제사 음식으로 쓰였으며 나무는 재질이 좋아 가구나 바둑판을 만드는 데에 사용한다. 제주의 비자림은 옛날 마을 제사에 쓰이던 비자나무 열매가 사방으로 흩어져 군락이 만들어진 것으로 추정되는데 숲 한가운데에는 비자나무들 가운데 최고령을 자랑하는 800년 수령의 조상목이 자리 잡고 있다. 잘 가꿔진 산책로를 따라 비자나무 숲을 걸으면 심신의 피로가 풀리고 활기를 되찾을 수 있다.

→ 도깨비도로, 오르막을 저절로 올라가는 차

'신혼부부 사진을 찍어주려 차에서 내렸더니 택시가 오르막을 저절로 올라가더라'라고 택시기사가 발견해 알린 후 유명해진 신비의 도로, 일명 도깨비도로로 부른다. 눈의 착시현상 때문에 벌어지는 일이라고 과학적으로 설명하지만, 체험을 해보면 신기할 따름이다. 1100도로를 비롯해 제주의 실제 몇몇 곳에 도깨비도로가 있다.

김녕 미로공원 숨바꼭질 정원

| 위치 | 제주특별자치도 제주시 구좌읍 김녕리 산16
제주특별자치도 제주시 구좌읍 만장굴길 122
| 운영시간 | 12~2월 08:30~17:30, 3~6월/9~11월 08:30~
18:00, 7~8월 08:30~19:00, 연중무휴

▶ MINI DATA

| 입장료 | 있음　주차 | 가능　분류 | 전시, 체험시설

김녕 미로공원을 처음 찾는 사람이라면 아담한 규모의 공원에 웃을지 모른다. 전망대에서 쉽사리 보이는 길을 미로라고 부르기엔 부족하지 않나 생각할 수도 있다. 내려가 미로로 들어가 보자. 쉽게 찾을 수 없는 출구에 무척 당황할지도 모른다. 미로공원의 시작에서 단 한 번의 실수도 없이 출구를 찾아나가는 거리가 190m이다. 총연장이 무려 1km가 넘는다니 1시간이 넘게 그 작은 숲 속에서 길을 잃고 방황할 수도 있다. 보기보다 깊은 공원은 커튼처럼 조밀하게 자라나는 랠란디 나무만큼 그 사연도 깊다. 제주에서만 30여 년 동안 살아온 미국인 더스틴 교수가 세계적인 미로공원 제작자인 에드린 피셔에게 설계를 부탁해 자신의 사비로 만든 공원이다. 타원형으로 제주도를 상징하는 공원 내부는 제주 조랑말과 뱀, 하멜 상선, 고인돌 등 제주도를 상징하는 조형물로 꾸며져 있다. 1987부터 10년 동안 가꾼 공원은 영국산 조경수가 3m 넘는 높이로 자라나 미로탐방을 즐기는 사람들에게 짙은 자연의 향기를 제공한다. 수많은 광고와 드라마에서 모습을 보이는 눈에 익숙한 장소이기도 하다.

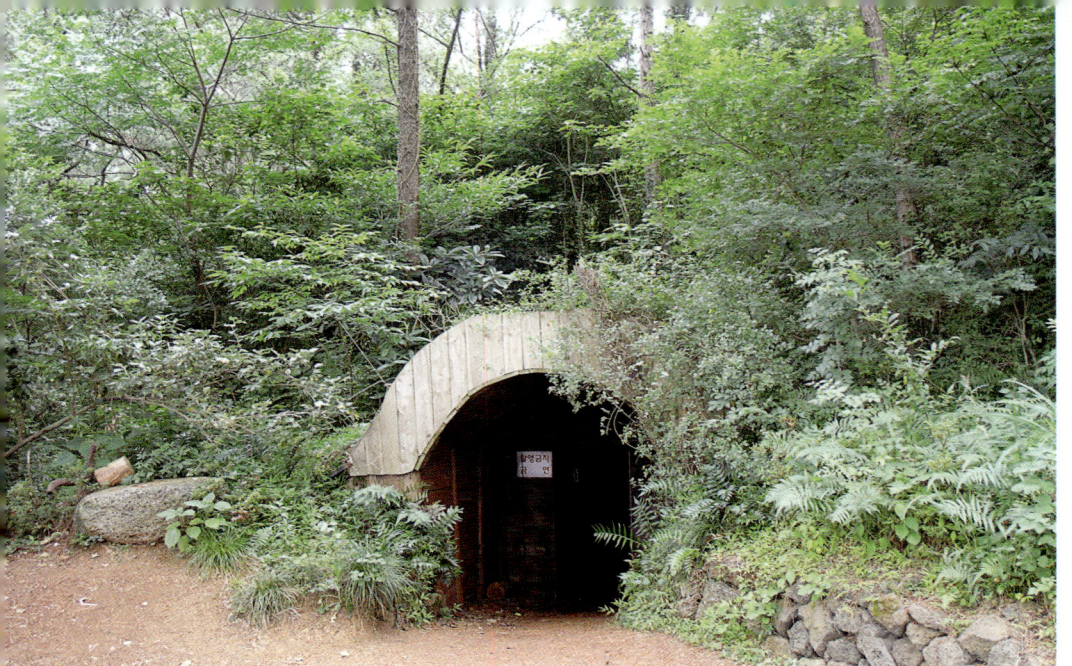

평화박물관   <small>일제가 남긴 땅굴을 답사하며 평화에 대하여 생각한다</small>

위치 | 제주특별자치도 제주시 한경면 청수리 1166
제주특별자치도 제주시 한경면 청수서5길 63
운영시간 | 동절기 08:30~18:00, 하절기 08:30~19:00,
연중무휴

▶ MINI DATA
입장료 | 있음   **주차** | 가능   **분류** | 박물관

평화박물관에는 제국주의 일본이 제주 땅에 남겨놓은 상처가 새겨져 있다. 바로 금악, 가마오름에다 미로처럼 파서 만든 땅굴이 그것으로 안으로 들어가 일본군이 만들어놓은 기지의 모습을 직접 볼 수 있다. 가마오름에 만들어진 땅굴은 총연장이 2km나 되는 거대한 규모로, 수직으로 파 2층으로 만든 땅굴이다. 지금은 그 중 일부인 300m 구간을 개방하고 있다. 동굴의 높이는 1.5~2m로 구간에 따라 어른의 경우 몸을 굽혀 지나야 하며, 2명이 겨우 지나갈 정도의 폭으로 만들어져 있다. 곳곳에 만들어진 방들은 군사들이 머무르며 회의하던 곳으로 추정된다. 들어가면 방향을 구분하기 힘들 정도로 복잡하게 만들어져 있는데, 2km에 달하는 길이와 규모에서 볼 때 제주도 내 최고 지휘부가 머무르던 곳이 아닐까 추정한다. 관람 가능한 내부는 나무로 벽과 천장을 대어 놓아 안전하게 만들어 놓았으며, 정해진 길을 따라가며 관람하면 된다. 300m도 짧지 않은 구간이라 내부를 관람하다 보면 무엇 때문에 땅속에 이런 동굴을 만들어야 했나, 전쟁과 일본제국주의에 관하여 다시 한 번 생각하게 된다. 평화박물관을 방문하면 땅굴에 오르기 전에 먼저 전시실을 돌아보게 되는데, 옛 전쟁도구나 생활용품들 말고도 1920년대에서 1940년대까지 조선총독부가 발간했던 주보를 비롯해, 당시 상황을 기록하고 있는 각국의 신문 등 다양한 기록 자료를 전시하고 있어 당시 시대 상황을 이해하는 데 도움을 준다.

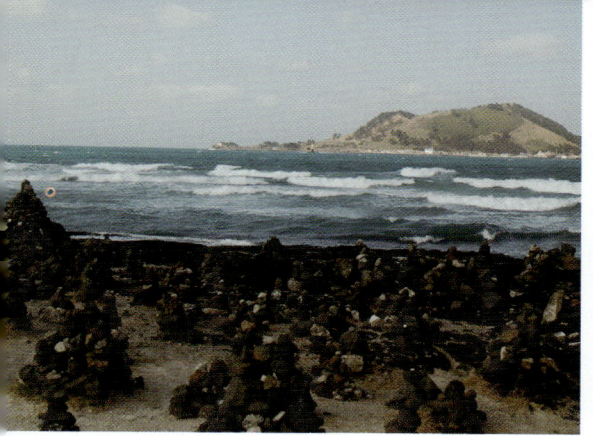
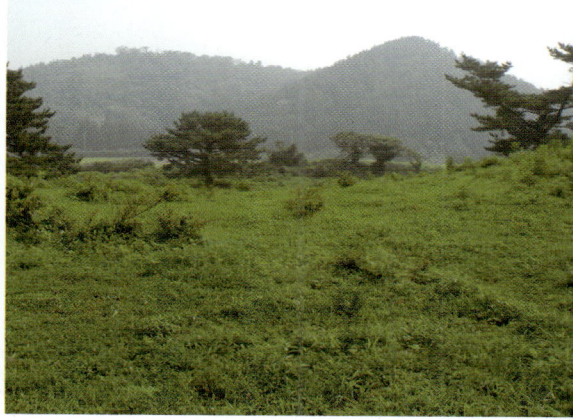

Photo by daumdna

협재·금능해수욕장

걸어서 수평선까지

| 위치 | 협재 제주특별자치도 제주시 한림읍 협재리 2447
　　　(한림로 329-10) 인근
　　　금능 제주특별자치도 제주시 한림읍 금능리 2036-1
　　　(금능길 119-10) 인근
| 운영시간 | 종일, 연중무휴

▶ MINI DATA
| 입장료 | 없음　　주차 | 가능　　분류 | 바다, 섬

비양도를 코앞에 두고 에메랄드빛 바다가 펼쳐지는 협재해수욕장. 조개 가루가 섞인 백사장의 길이는 200여 미터에 불과하고 폭도 넓지 않지만 수심이 얕아 아무리 멀리까지 걸어 들어가도 어른 허벅지에도 차지 않아 가족 단위 휴양객들이 즐겨 찾는다. 편의시설도 잘 갖추어져 있고 소나무 숲 속의 야영장도 제법 넓게 조성되어 있다. 소라와 전복 등 해산물이 많이 잡혀 체험거리를 더해주며 비양도를 배경으로 한 일몰이 장관이라 여름 피서철뿐 아니라 사계절 관광객이 들르는 곳이다. 협재해수욕장과 바로 연결되어 있는 금능해수욕장은 협재해수욕장보다는 긴 백사장을 갖고 있으며 물도 다소 깊다. 제주 사람들은 협재와 금능을 합쳐서 협재해수욕장이라 부르기도 하는데 백사장을 따라 걸으며 초록의 바다를 감상하기에는 금능해수욕장을, 가족이나 친구들과 해수욕을 즐기기에는 협재해수욕장을 추천한다.

열안지 오름

기러기, 날아가는 오름에 오르다

| 위치 | 제주특별자치도 제주시 봉개동 847-1
　　　제주특별자치도 제주시 명림로 226-42
| 운영시간 | 종일, 연중무휴

▶ MINI DATA
| 입장료 | 없음　　주차 | 가능　　분류 | 산, 계곡, 동굴

제주시 봉개동 명도암 마을 북쪽에 있는 측화산(고도: 328m)으로 화구는 침식되어 원래의 형태를 구분하기 힘들지만, 전체적인 형태로 보아 북쪽으로 벌어진 말굽형 화구였던 것으로 추정된다. 열안지오름, 열안악(列雁岳), 열안지악, 열안산 등은 오름의 형상이 기러기가 열을 지어 날아가는 모습과 닮은 데서 유래한 것이고, 연난지(燕卵地)는 제비가 알을 품은 모습과 닮은 데서 유래한 지명이다. 높이 328.7m, 둘레 969m, 총면적 5만 5701㎡ 규모의 기생 화산으로 북쪽 비탈면은 인공적으로 심은 해송 숲으로 덮여 있고, 남쪽 비탈면은 경작지의 경계에서부터 띠(새)가 덮인 풀밭 오름을 이루며, 등성이에는 삼나무와 측백나무가 조림되어 있다. 동부산업도로의 명도암 입구에서 남쪽으로 약 1.5km 지점에 있는 오름으로 정상에 오르면 제주시가 한눈에 시원스럽게 들어온다.

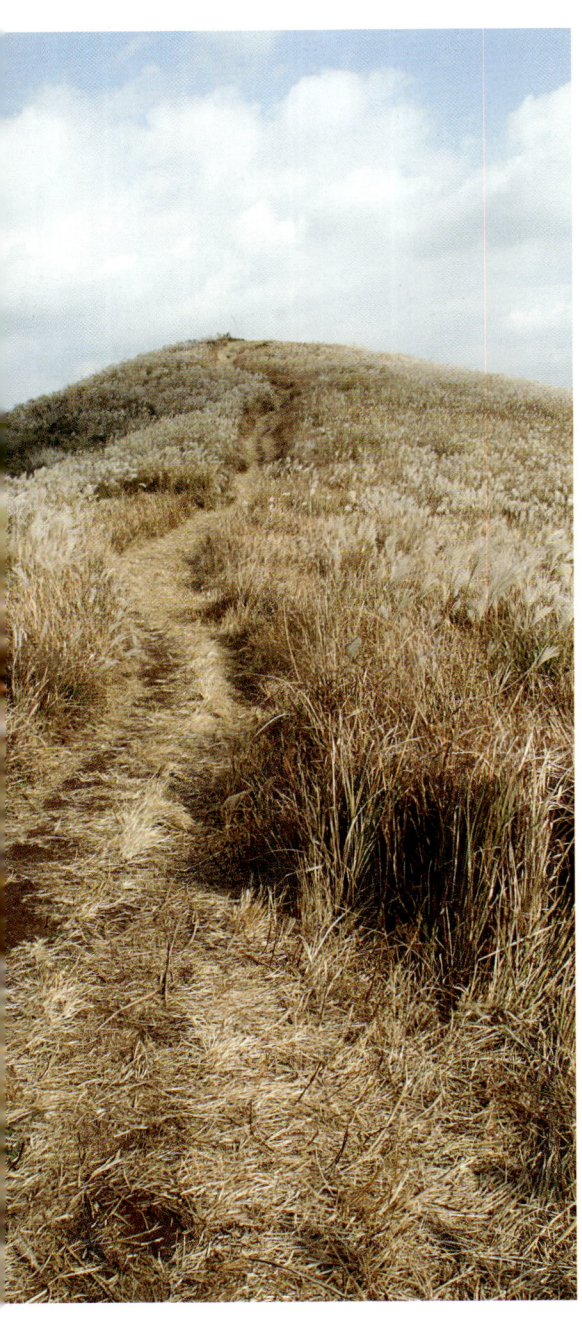

새별오름
온 몸을 불살라 별이 되는 오름

| 위치 | 제주특별자치도 제주시 애월읍 봉성리 산59-8
운영시간 | 종일, 연중무휴

▶ **MINI DATA**
| 입장료 | 없음　　주차 | 불가능　　분류 | 산, 계곡, 동굴

'초저녁에 외롭게 떠 있는 샛별 같다' 해서 '새별'이라
는 예쁜 이름이 붙은 오름으로 제주시에서 서부산업
도로를 따라 달리다 보면 허허 벌판에 동그랗게 솟아
있는 519.3m의 새별오름을 발견할 수 있다. 멀리서
보기에는 동그랗지만 실제로 오름을 오르면 크고 작
은 봉우리들이 모여 이루어진 것임을 알 수 있는데
바로 옆의 이달봉에서 바라보면 새별오름의 형세가
제대로 드러난다. 새별이라는 이름과 딱 들어맞게 실
제로 새별오름과 함께 5개의 둥그런 봉우리들이 별
모양을 이루고 있다. 오르는 길의 경사도가 만만치
않지만 힘겹게 정상에 오르면 감탄사가 절로 터진다.
동쪽으로는 멀리 한라산이 영험한 자태로 서 있고 북
쪽에서부터 서쪽으로는 과거 몽골군과 최영 장군이
격전을 치렀던 곳으로 알려진 넓은 들판이 펼쳐져 있
다. 서남쪽으로는 초원 너머로 짙푸른 바다를 사이에
둔 비양도가 바라다보이는데 제주의 서남쪽을 조망
할 수 있는 최고의 자리로 해질 무렵 오르면 감동적
인 일몰도 경험할 수 있다. 오름 정상에는 '새별오름
묘'라 하여 공동묘지가 있는데 전형적인 제주의 묘지
형태로 무덤 주위에 사각으로 현무암 돌담을 두르고
죽은 자의 영혼이 드나들 수 있도록 문을 만들어 두
었다. 가을이면 오름 전체가 억새로 은빛 바다를 이
루며 음력 정월대보름 전날인 2월 14일과 15일 사이
에 들불을 놓아 오름 전체를 태우는 들불축제가 열리
는데 달집을 만들어 태우는 여느 대보름 행사와 달리
오름 전체가 타올라 마치 화산이 폭발하는 듯한 장관
을 만들어낸다.

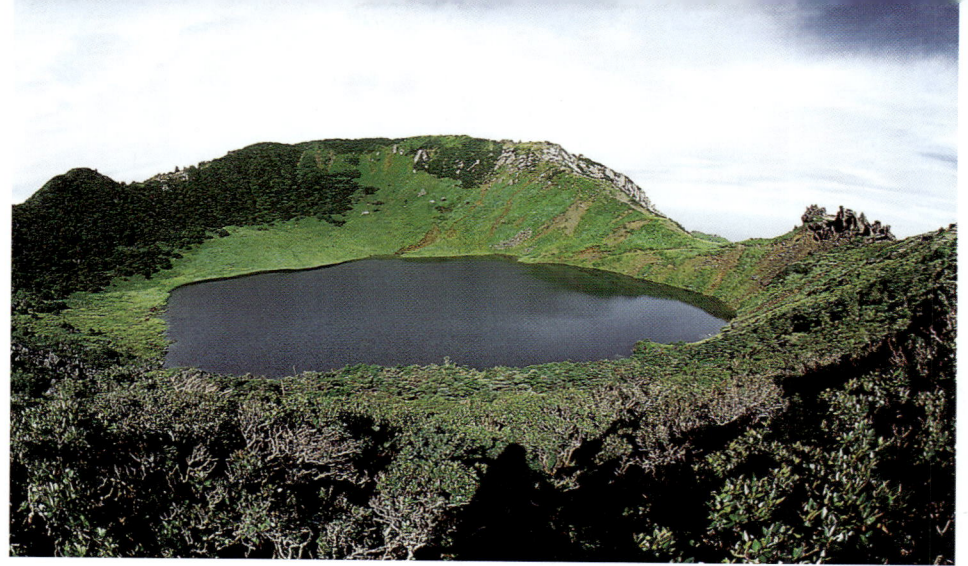

한라산국립공원 신비로움의 극치를 보여주는 산

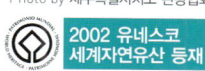
2002 유네스코
세계자연유산 등재

위치 | 제주특별자치도 제주시 해안동 산220-13 일대
제주특별자치도 제주시 1100로 2070-61 일대
운영시간 | 일출~일몰, 연중무휴

▶ MINI DATA
입장료 | 없음 주차 | 가능 분류 | 산, 계곡, 동굴

남한에서 가장 높은 해발 1,950m의 산이다. 금강산, 지리산과 더불어 삼신산(三神山)으로 꼽히며 영주산, 두모악이라는 다른 이름도 갖고 있다. 화산 폭발에 의해 만들어져 동서로는 산세가 완만하고 남쪽으로는 급격한 경사를 이루는 아르피테형 화산이다. 한라산을 중심으로 제주도 전역에 분포되어 있는 360여 개의 오름들이 모두 한라산에서 시작된 화산 폭발로 생겨났으니 한라산이 곧 제주라고 표현해도 지나치지 않다. 산 정상 분화구에 지름 500m의 호수인 백록담이 있는데 옛날 신선들이 흰 노루로 술을 담가 먹었다는 전설이 전해지며 영실과 병풍바위, 오백나한, 왕관바위, 선녀폭포, 탐라계곡 등의 절경을 함께 품고 있다. 한라산은 해발고도에 따라 식물의 분포도가 달라지는데 저지대의 난대성식물에서부터 고지대의 한대성식물, 고산식물까지 명확하게 구분된다. 각 사면으로 향하는 등산로를 따라 정상을 향해 오르는 동안 그 다양함을 직접 눈으로 관찰할 수 있을 정도이

다. 등산코스는 약 10km 이내로 짧아 당일 산행이 가능하지만 한라산 전체가 현무암 지대로 길이 미끄럽고 기후 상태가 시시각각 변하므로 준비를 단단히 해야 한다. 동쪽의 성판악 코스와 서쪽의 영실, 어리목 코스, 북쪽의 관음사 코스가 개방되어 있고 남쪽의 돈내코 코스는 자연휴식년제로 2008년 현재 등반이 통제되고 있다. 영실과 어리목 코스 역시 통제로 인하여 정상까지 오르지는 못하므로 백록담 정상까지 오르고자 한다면 관음사 코스나 성판악 코스를 이용해야 한다. 또한 한라산 전 지역은 야영과 취사가 불가능해 원칙적으로 당일 등반했다가 하산해야 하고 입산 시각과 하산 시작 시각이 정해져 있으므로 반드시 확인해야 한다. 해마다 1월 말에는 상고대와 눈꽃으로 황홀한 설경을 즐길 수 있는 한라산눈꽃축제가 열리고, 5월이면 윗세오름에서 진분홍 불꽃이 터지는 화려한 색을 뽐내는 한라산 철쭉제가 열린다.

비양도

제주도 서쪽, 작고 아름다운 섬

| 위치 | 제주특별자치도 제주시 한림읍 협재리
| 운영시간 | 09:00~15:00, 연중무휴

▶ MINI DATA
| 입장료 | 없음   주차 | 가능   분류 | 바다, 섬

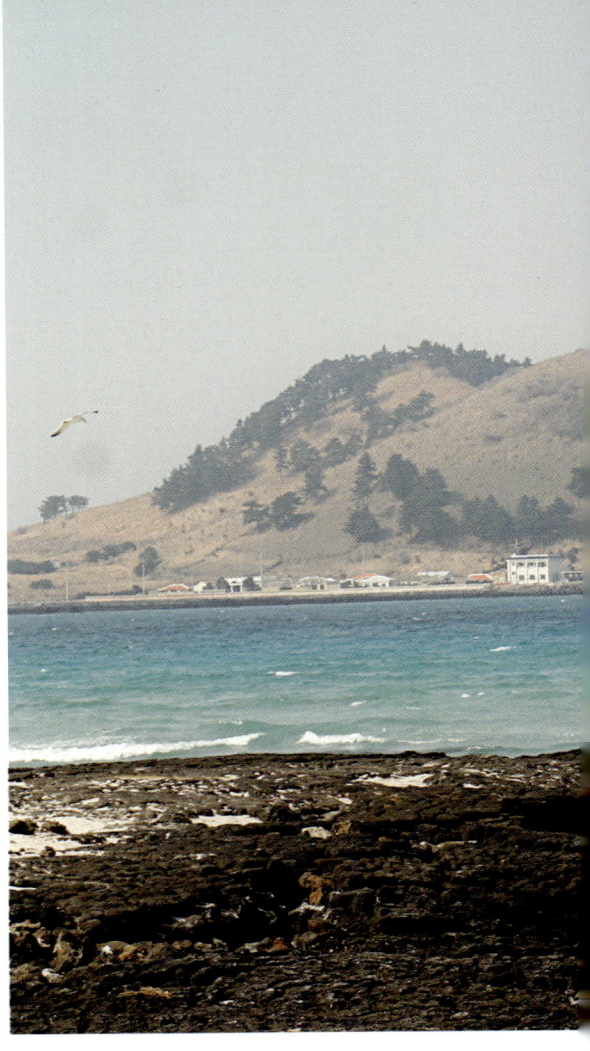

협재해수욕장에서 바로 앞으로 보이는 작은 섬이 비양도이다. 배편은 하루에 2번 있다. 아침 9시에 한림항에서 비양도로 들어가는 배를 타면 오후 3시에 육지로 나오는 배를 탈 수 있는데 배를 타는 시간은 15분 남짓이다. 아침에 들어가 오후에 다시 나오기까지는 6시간으로 비양도를 여유롭게 돌아보는 데 적당한 시간이다. 제주에서도 가장 늦게 만들어진 곳으로 지금부터 천 년 전인 고려 시대에 화산분출로 인하여 만들어진 섬이다. 비양도라는 이름과 관련해 재미 있는 이야기가 전해진다. 어느 날 중국 쪽에서부터 커다란 봉우리 하나가 큰 소리를 내면서 날아오고 있었다고 한다. 그 소리에 놀란 한 여인이 그 장면을 보고는 '산이 날아온다'라고 소리쳤는데 그 말이 끝나자마자 한림 앞바다에 뚝 떨어져 섬이 되었다고 하는 내용으로 화산 폭발과 관련해 만들어진 이야기이다. 비양도에는 없는 것이 하나 있는데 바로 자동차이다. 섬의 둘레가 3km 정도밖에 되지 않고 또 마을이 제주를 바라보는 작은 항구 주변으로 옹기종기 자리하고 있기 때문에 필요가 없다 한다. 비양도가 알려지기 시작한 것은 고현정, 조인성, 지진희 주연의 드라마 〈봄날〉이 촬영되면서부터로 항구에 그것을 기념하는 조형물이 세워져 있다. 배에서 내려 오른쪽으로 가면 비양분교가 있는데 드라마에서 보건소로 나왔던 건물이다. 운동장이 검은색 흙으로 깔린 것이 이곳이 화산섬임을 실감하게 한다. 항구에서 왼편으로 대부분의 집들이 모여 있으며, 마을을 벗어날 쯤에 비양봉으로 오르는

길이 있다. 비양봉은 화산 봉우리로 정상까지 금방 오르는데, 이곳에 오르면 멋진 바다 경치와 함께 제주도 안에서는 한눈에 담기 힘든 한라산의 모습을 제대로 볼 수 있다. 한라산이 모두 나오는 제주의 전경 사진을 찍기 위해 사진가들이 자주 찾아온다고 한다. 비양봉에서 내려와 해안을 따라 걸으면 화산활동으로 형성된 기암괴석들이 있으며 그 중에서 애기업은돌이라 불리는 바위가 해안에서 조금 떨어진 곳에서 특이한 모양으로 서 있다. 시간이 충분하니 서두르지 말고 아

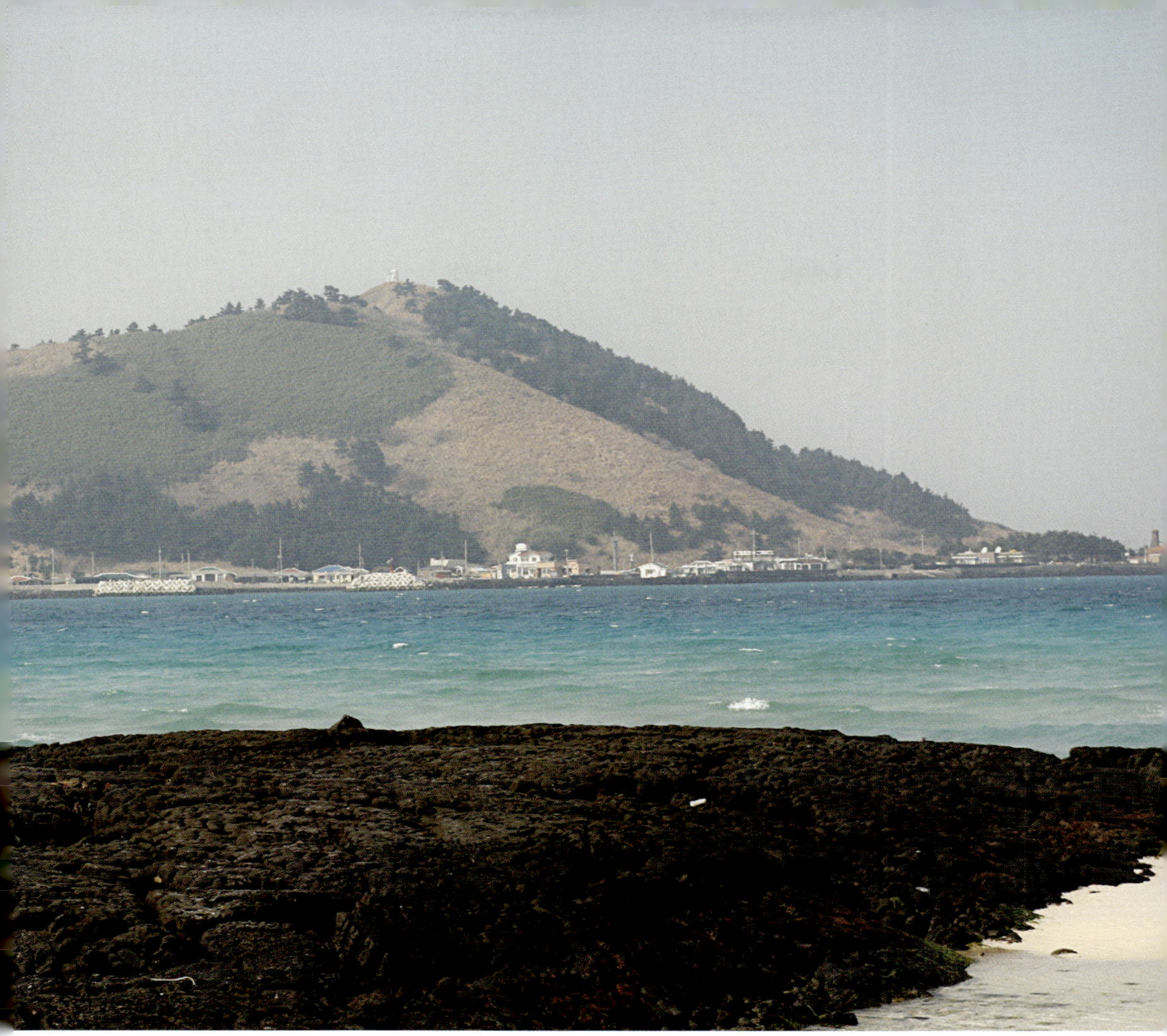

름다운 섬, 비양도를 충분히 즐겨보도록 하자. 차가 아닌 두 발로 직접 걸으며 섬의 곳곳을 둘러보는 경험은 특별한 기억으로 남을 것이다.

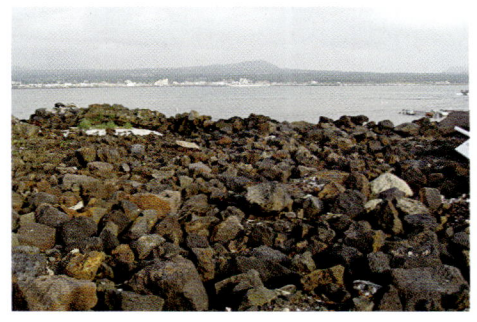

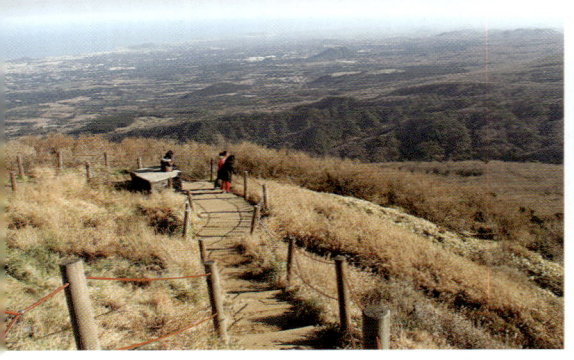

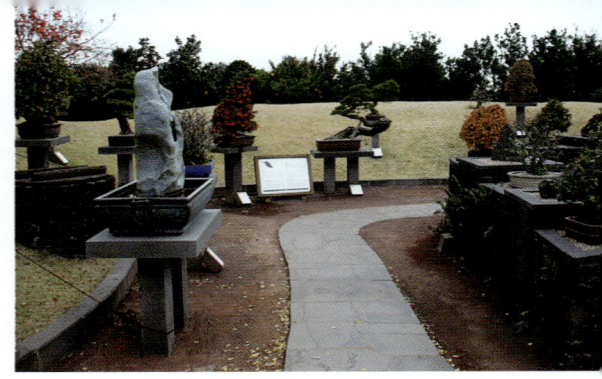

어승생오름 꼬마 한라산

| 위치 | 제주특별자치도 제주시 해안동 산220-12
| 운영시간 | 일출~일몰, 연중무휴

▶ MINI DATA
| 입장료 | 없음   주차 | 가능   분류 | 산, 계곡, 동굴

한라산 등산로 중 가장 완만한 산행길로 가족 단위의 나들이에 좋은 어리목 입구에서 연결되는 오름이다. 한라산의 능선으로 착각하기 쉬우나 높이 1,176m로 단일 분화구를 가지는 오름 중에서 가장 높다. 날씨의 영향으로 등반이 제한되는 경우가 많은 한라산을 대신하여 제주의 전경을 즐기기 위한 한 시간가량의 가벼운 등산코스로 인기가 높다. 특히 북서쪽으로 제주의 식수를 공급하는 수원지가 넓게 자리하고 있다. 제주의 특산물로 조선시대 이름 높았던 말 중 가장 뛰어난 명마가 탄생하여 '임금님에게 바치는 말'이란 의미의 '어승생'이란 이름을 가지게 되었다. 진입로에서 정상까지 나무계단으로 이어져 누구나 쉽게 오를 수 있고 정상에서 바라보는 경관은 한라산을 병풍 삼아 제주 해안의 광활한 모습을 한눈에 담는 장관이다. 99개의 기암괴석이 자리한다는 구구곡과 경관이 아름다운 천황사에 흉물스러운 콘크리트 시설물이 있어 마음을 아프게 하는데, 오름 정상 부근에 2차 세계 대전 말기 제주도를 본토 수호의 마지막 결전지로 삼고 일제가 설치한 군사시설인 토치카를 철거하지 않고 남겨놓았다.

생각하는 정원 분재로 꾸며진 넓은 정원

| 위치 | 제주특별자치도 제주시 한경면 저지리 1534
          제주특별자치도 제주시 한경면 녹차분재로 675
| 운영시간 | 동절기 08:30~18:00, 하절기 08:30~19:30,
          연중무휴

▶ MINI DATA
| 입장료 | 있음   주차 | 가능   분류 | 전시, 체험시설

아름다운 분재들로 꾸며진 분재예술원이 생각하는 정원이라는 의미있는 이름으로 바뀌었다. 잘 가꾸어진 아름다운 정원에는 작은 화분을 집으로 삼고 있는 분재에서부터, 땅에 뿌리내리고 있는 커다란 분재까지 다양한 모양의 분재 작품이 전시되어 있다. 자연미, 공간미, 곡선미, 고태미 등을 고루 갖추어야 좋은 분재라 꼽는데 이곳에서 볼 수 있는 분재들은 그 아름다움들이 잘 갖추어진 것들이라 소개하고 있다. 분재는 자연적인 것과 인위적인 것을 바라보는 관점에 따라 호불호가 분명하게 나뉘는 것이니 만큼 분재를 좋아하는 사람들은 이곳을 좋아하는 반면, 분재에 대하여 부정적인 인식을 가지고 있는 사람들은 이곳에서 불편함을 느낄 수도 있을 것이다. 자유롭게 둘러볼 수도 있지만 전시 안내를 받으며 돌아볼 것을 권하는데 분재에 관한 기본적인 내용에서부터 분재를 보는 방법까지 분재에 관한 유용한 이야기들을 들을 수 있기 때문이다.

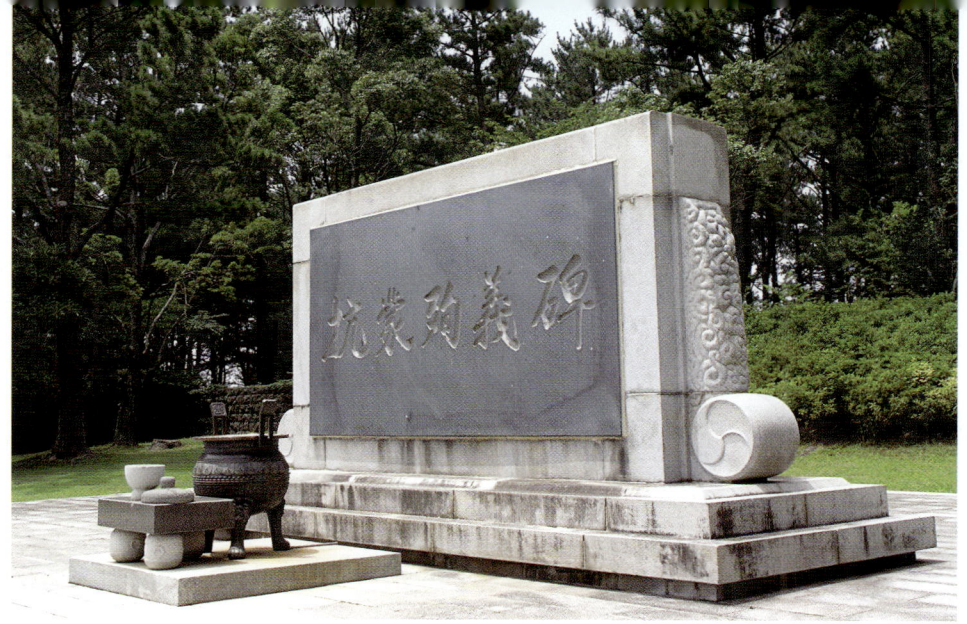

항파두리 항몽유적지 삼별초 최후의 항쟁지

위치 | 제주특별자치도 제주시 애월읍 상귀리 1012
　　　제주특별자치도 제주시 애월읍 항파두리로 50
운영시간 | 09:00~18:00, 연중무휴

▶ MINI DATA
| 입장료 | 없음　　주차 | 가능　　분류 | 역사, 문화유적

항파두리성은 강화도에서 진도로, 다시 제주도로 건너와 몽고에 저항한 삼별초가 머물던 군사기지이다. 1231년 몽고가 쳐들어오자 고려 왕조는 해도입보의 전략에 따라 강화도로 천도를 하게 된다. 이후 40년 동안 원나라에 저항했으나 결국은 강화조약을 맺고 개경으로 돌아오게 되는데 삼별초는 이에 반대하고 계속 싸울 것을 주장하며 진도로 기지를 옮긴다. 진도에서 용장산성을 만들고 대항하던 삼별초는 얼마 되지 않아 여몽연합군에 의하여 패하게 되고 다시 한 번 근거지를 옮기게 되면서 선택한 곳이 제주도이다. 이를 미리 간파한 고려 조정은 제주도에 먼저 군대를 파견하였으나 삼별초의 선봉대가 이를 격파하고 내성을 비롯해 외성과 건물들을 세운 곳이 바로 항파두리성이다. 이곳에 머물며 일본을 정벌하려는 원나라의 계획을 방해하는 등 남해안의 해상권을 장악하며

항쟁을 계속하였으나 곧이어 대규모의 여몽연합군의 공격을 받아 패하며 삼별초는 역사 속으로 사라지게 된다. 삼별초가 여몽연합군에 맞서 최후의 일전을 벌이던 곳인 항파두리성에 기념비를 세우고 돌로 쌓은 내성과 흙으로 만든 외성을 복원해 놓았다. 전시관이 있어 삼별초의 역사와 이곳에서의 생활상을 보여주고 있다. 안에는 삼별초 대장 김통정 장군이 밟은 자리에서 솟아났다는 우물인 장수물이 있는데, 이야기대로 사람이 밟아서 만들어진 듯한 모양새가 눈길을 끈다. 이 우물을 마시면 장수한다는 이야기가 이 지역에 전해지고 있으나 지금은 마시지 못한다. 그 밖에도 장교들이 마셨다는 옹성물과 병사들이 마셨다는 구시물, 화살 연습할 때 표적으로 사용했다고 하는 살 맞은 돌, 건물의 주춧돌로 사용되었을 돌쩌귀 등을 볼 수 있다.

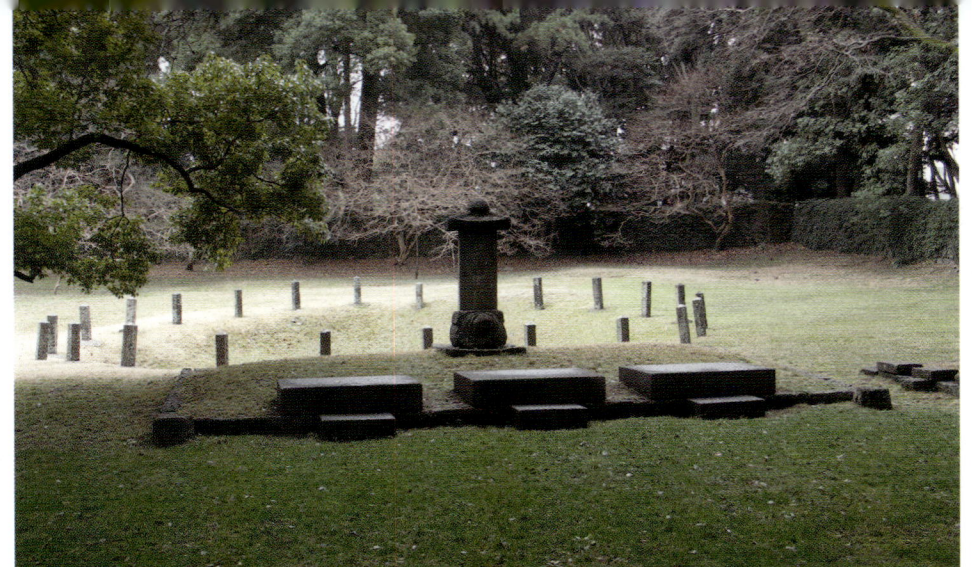

삼성혈 항제주도의 신화를 전하는 곳

위치 | 제주특별자치도 제주시 이도일동 1313
　　　제주특별자치도 제주시 삼성로 22
운영시간 | 동절기 08:00~17:30, 하절기 08:00~18:00
　　　(공휴일 11:00 개장), 연중무휴

▶ MINI DATA
| 입장료 | 있음　　주차 | 가능　　분류 | 역사, 문화유적

삼성혈은 제주도 역사의 시작을 알리는 신화가 전해지는 곳이다. 시조인 고씨, 양씨, 부씨 세 선인이 땅에서 솟아난 이야기의 흔적으로 세 개의 구멍이 '품(品)'자 모양으로 나 있는 것을 볼 수 있다. 땅에서 솟아난 세 선인은 수렵생활을 하며 지내는데 얼마 있어 벽랑국에서 우마와 오곡 씨앗을 가지고 온 세 공주를 맞이하여 혼인을 하면서 나라의 기틀을 갖추어갔다는 것이 신화의 줄거리이다. 신화의 내용을 풀이해보면 다음과 같다. 세 선인의 등장은 권력을 가진 세력이 등장하였음을 의미하며, 그들에게 신성성을 부여하기 위하여 땅에서 솟았다는 이야기가 덧붙여졌을 것이다. 또 세 공주의 등장은 농경문화를 가진 외부 세력의 등장을 알리는 것으로 그 세력과의 결합을 통하여 본격적으로 탐라를 지배하는 세력이 형성되었음을 설명하고 있다. 수백 년 세월을 거치며 만들어진 삼성혈의 우거진 숲이 이곳이 옛날부터 신성하게

여겨져 보호되어 왔음을 알려준다. 삼성혈의 세 구멍 주위로 울타리를 둘러놓아 가까이 다가가서 볼 수 없는데, 대신 전시관이 있어 삼성혈 신화와 함께 고대 제주에서의 국가형성과 관련한 내용들을 알려주고 있다. 또한 신화의 내용을 애니메이션으로 만들어 상영하고 있으니 함께 관람하도록 하자. 공항과 가까운 제주 시내에 위치하고 있어 제주도 여행을 시작하면서 혹은 마치면서 제주도의 신화가 서린 숲을 산책하며 그 안에 담긴 옛이야기에 귀 기울여보면 좋겠다.

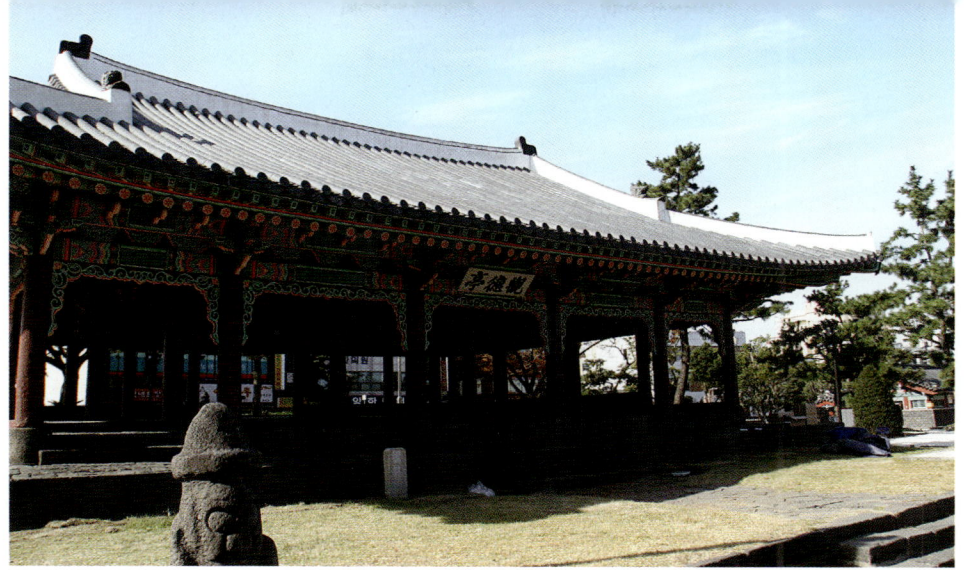

관덕정과 제주목관아지 항일정신이 깃든 제주목의 중심지

| 위치 | 관덕정 제주특별자치도 제주시 삼도이동 983-1(관덕로 19)
관아지 제주특별자치도 제주시 삼도이동 1045-1(관덕로 25)
운영시간 | 09:00~18:00, 연중무휴

▶ MINI DATA
| 입장료 | 있음　　주차 | 가능　　분류 | 역사, 문화유적

관덕정은 제주목의 관아로 쓰이던 건물로 제주에서 가장 오래된 건물이다. 세종 때 제주 목사 신숙정이 만들었는데 병사를 훈련시킬 목적으로 지었다 한다. 이후 성종 때 중수되는 등 여러 번 개축을 거쳤으나, 일제 때 보수를 하면서 15척에 이르는 긴 처마의 일부를 잘라버려 건물의 인상이 변했다. 원래대로라면 장중한 분위기였을 것이나 짧아진 처마 때문에 가벼워진 느낌이다. 관덕정 뒤로는 제주목의 관아 터로 발굴과 고증을 거쳐 새로 건물들을 지어놓아 제법 옛스러운 분위기가 난다. 육지의 건물들과 다를 것 없는 외형이지만 바닥에 깔린 돌과, 특히 건물 기둥 아래 주춧돌로 사용된 돌이 화강암이 아닌 검은색 현무암이라는 것이 이색적이다. 제주가 역사에 처음 등장하는 것은 삼국시대로, 삼국사기에 백제 문주왕(5세기 말) 때 탐라국이 백제에 조공을 바쳤다는 기록이 있다. 백제가 무너지고 탐라국은 신라 문무왕 때 신라의 땅으로 흡수된다. 이후 고려시대에는 탐라군으로 편제되었다가 삼별초의 항쟁 이후 원나라가 직할령인 탐라총관부를 설치하였는데 고려 말 최영에 의해 원나라 세력이 물러나기까지 100여 년의 시간이 걸린다. 조선시대에는 제주를 제주목, 대정현, 정의현의 세 읍으로 나누어 다스리는데 그중 중심 지역이 제주목이었다. 관덕정은 20세기 이후 대중이 모이는 광장의 역할을 하는데 1901년 신축농민항쟁을 비롯해, 해방 후 제주 4·3항쟁의 도화선이 된 3·1운동 기념식장에서의 발포 사건 등이 이곳에서 벌어졌다. 관덕정을 밖에서 보면 보통의 건물과 다를 바 없지만 안으로 들어가 기둥과 기둥 사이에 만들어진 창방을 올려다보면 적벽대전을 비롯해, 공명탄금도 등 그림이 그려져 있어 눈길을 끌며, 제주에 40여 기 밖에 남지 않은 돌하르방도 관덕정 곳곳에 있으니 그 모양새를 살펴보도록 하자.

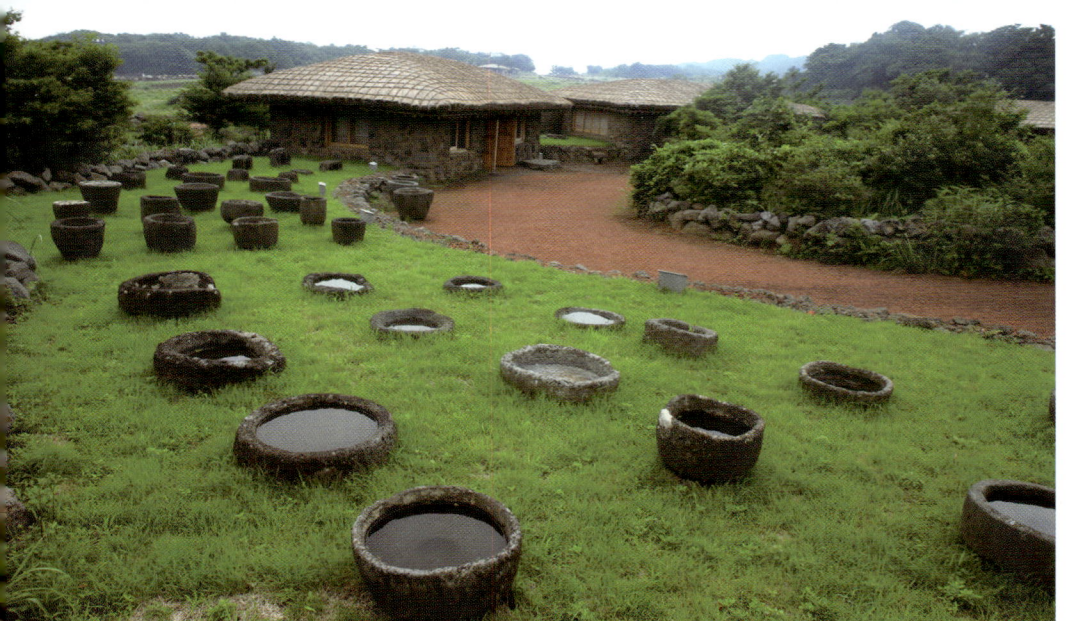

제주돌문화공원 제주 향토 문화를 상징하는 곳

| 위치 | 제주특별자치도 제주시 조천읍 교래리 산95
제주특별자치도 제주시 조천읍 남조로 2023
운영시간 | 09:00~18:00, 매월 첫째 주 월요일 휴무

▶ MINI DATA
| 입장료 | 있음   주차 | 가능   분류 | 공원

볼거리, 즐길거리가 많은 제주도에서 놓치지 말아야 할 탐방지로 추천하는 장소 중 한 곳이다. 제주의 돌문화를 대표하였던 탐라 목석원과 북제주군이 한 마음을 모아 조성한 100만 여 평의 광활한 공원 공간은 민·관 협력의 대표적인 성공 사례로 기록될 듯하다. 현재 조성된 15만평 규모의 제1차 조성 지역도 더없이 훌륭하지만, 2020년에 예정된 전체 공정이 완료된다면 전시 공간과 창작 공간 및 관련 연구소, 위락시설이 조화롭게 어울리는 세계적인 문화생태공원으로 제주도를 대표하게 될 것이다. 공원의 전체 지역을 상징하는 주제는 제주 탄생설화의 주인공인 '설문대할망'과 그녀의 아들 '500장군'이다. 공간 예술로 승화된 전설의 재발견은 탐라 문화의 새로운 원동력으로 자리매김 하였다. 세 곳의 구역으로 구분된 관람 지역은 돌문화박물관과 제주문화전시관으로 구성되었다. 대부분

지하시설로 조성된 박물관은 최소한의 지상 건축 부분도 제주의 현무암으로 마무리하여 인공과 자연의 조화를 이루도록 노력한 모습이 아름답다. 화산 활동 등 섬의 형성기부터 현대의 돌 조각품까지 '돌'이라는 자연의 요소는 제주 문화와 주민 생활의 핵심 요소가 되었다. 야외 시설로 구성된 전시관은 용암동 무덤 유적을 시작으로 제주 유일의 불교 관련 문화재인 원당사지 5층 석탑, 왕자묘, 동자석, 48기의 돌하루방 등이 관람 동선을 따라 인사하듯 친근한 모습으로 배치되었다. 토속 공예품의 현대적 해석으로 특별한 가치를 느낄 수 있는 기념품도 놓치기 아쉬운 볼거리가 된다. 관람 시간의 여유가 없다면 5만여 평의 숲으로 조성된 주차공간에서 시작되는 성곽 길을 따라 전망대를 올라보자. 제주의 아름다운 자연과 어우러지는 전시관의 모습 또한 놓치기 아쉬운 제주의 아름다움이다.

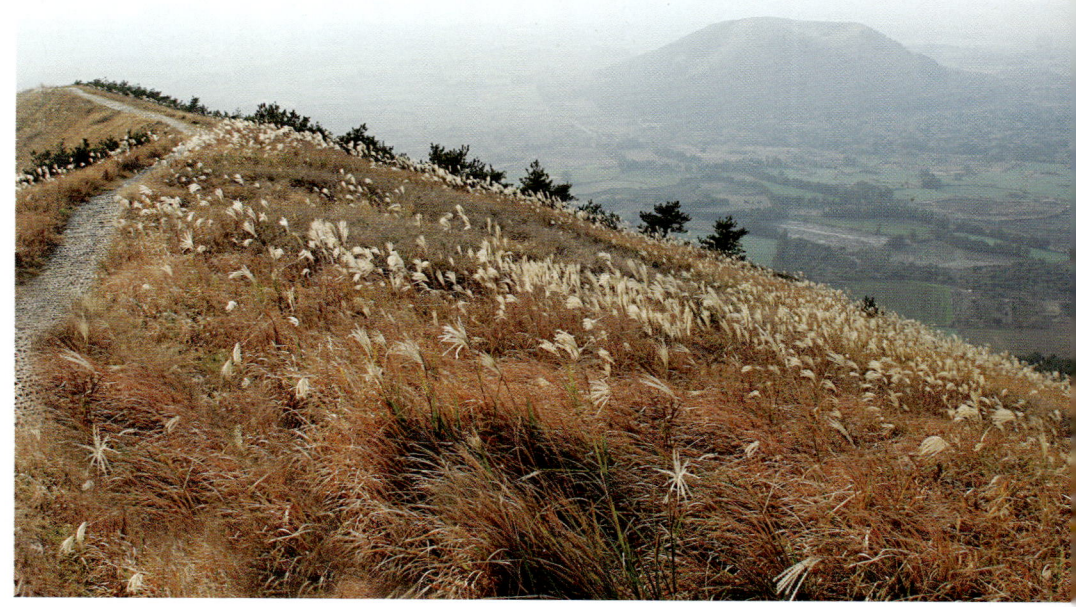

다랑쉬오름 제주 오름의 여왕

| 위치 | 제주특별자치도 제주시 구좌읍 세화리 산6
| 운영시간 | 종일, 연중무휴

▶ MINI DATA
| 입장료 | 없음　주차 | 가능　분류 | 산, 계곡, 동굴

제대로 몸을 가누기 힘들 정도로 가파른 경사를 숨이 턱에 차도록 올라 382m의 정상에서 바라보는 전망은 감탄사가 절로 나오는 아름다움이 있다. 다랑쉬오름을 작게 축소한 듯한 '아끈다랑쉬'를 시작으로 성산일출봉을 지나 우도까지 거침없이 펼쳐지는 제주의 경관도 그만이지만 깎아지른 듯 가파르게 떨어지는 분화구의 모습은 능선에 오르기 전까지 결코 그 모습을 보여주지 않는 비경이다. 100m가 넘는다는 분화구는 제주 설화 속 설문대할망이 큰 손으로 한줌씩 흙을 쥐어 오름을 만들어가다 여느 곳에 비해 너무 높은 다랑쉬오름을 한 번 파내어 만들어졌다고 한다. '월랑봉'으로도 불리며, 전설만큼 도도한 자태와 높이의 다랑쉬오름은 '제주 오름의 여왕'으로 일컬어진다. 돌담으로 싸인 무덤뿐, 사람의 흔적이 남아 있지 않지만 그 속에는 가슴 아픈 한국 현대사의 비극을 담고 있다. 해방 직후 제주 땅을 붉은 피로 물들였던 4·3사건으로 오름에 기대어 20여 가구가 평화롭게 살아가던 다랑쉬마을은 폐허가 되었다. 목숨을 건진 사람들은 오름 주변의 자연 토굴에 숨어 있다 토벌대가 지른 불길에 모두 죽임을 당한다. 시신들은 50여 년 만에 발굴되어 제주의 푸른 바다로 돌아갔다. 갈대밭 무성한 마을 옛 터는 무너진 돌담으로 그 흔적만을 보여주고 있다. 제주의 귀한 들꽃을 관찰할 수 있는 언덕과 하늘을 가르는 패러글라이딩으로 역사의 아픔은 가려졌지만 비극적인 사건으로 희생당한 무고한 이들의 원혼을 추모해야 할 곳이다.

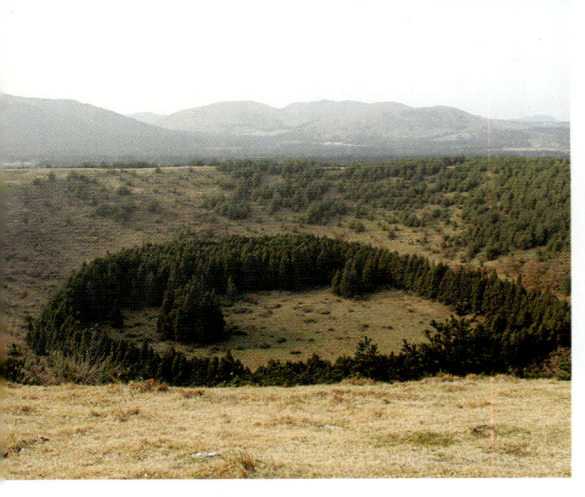

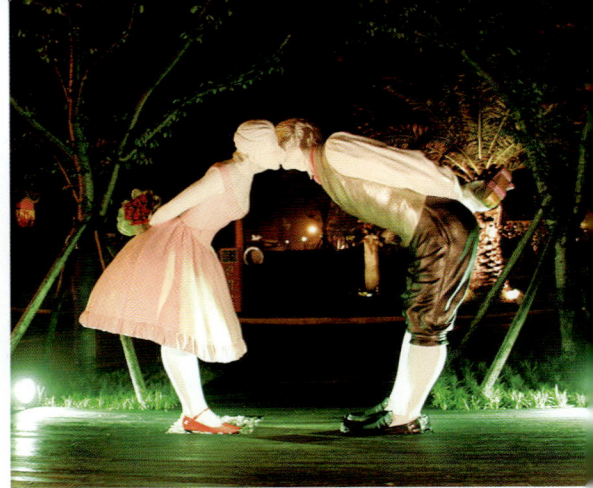

아부오름

영화의 명소

| 위치 | 제주특별자치도 제주시 구좌읍 송당리 산164-1
| 운영시간 | 종일, 연중무휴

▶ MINI DATA
| 입장료 | 없음 주차 | 가능 분류 | 산, 계곡, 동굴

목장지대를 지나 오르는 아부오름의 높이는 300m로 낮은 언덕을 오르는 기분이다. 10여 분의 가벼운 걸음으로 둘러보는 경관은 여느 곳에서 바라볼 수 없는 특별한 제주를 보여준다. 분화구의 경계를 따라 원을 그리며 자라는 삼나무의 모습은 동화 속 마을을 옮겨 놓은 것 같다. 영화 「이재수의 난」을 촬영하며 심은 나무들은 제주의 청정자연과 동화되어 아름답게 자라났다. 근대 제주민란을 소재로 하는 영화는 제주 사람들의 아픔을 다루었지만 넉넉한 오름의 모습은 모든 것을 포용하듯 넉넉하다. 완만한 언덕을 보여주는 아부오름의 능선으로 목장의 소와 말이 자유롭게 목초를 먹는 모습과 그 안에 펼쳐진 삼나무 숲의 풍경은 너무도 멋지게 어우러져 한 폭의 풍경화를 보는 듯 하다. 제주를 찾은 연인들의 사랑을 다루었던 영화 「연풍연가」와 CF, 드라마의 촬영지로도 유명하다.

제주 러브랜드

어른들의 놀이터

| 위치 | 제주특별자치도 제주시 연동 6880-26
        제주특별자치도 제주시 1100로 2894-72
| 운영시간 | 09:00~24:00, 연중무휴

▶ MINI DATA
| 입장료 | 있음 주차 | 가능 분류 | 전시, 체험시설

18세 미만 관람불가. 밤늦은 시간까지 개장을 해서 해가 지고 찾아오는 관람객들이 많다. '성(性)'을 주제로 한 박물관이라 낮에 오는 것보다 오히려 밤에 오는 것이 덜 민망할 수 있겠다. 상징이나 은유로서의 성을 생각했다면 오산이다. 이곳은 적나라하게 그 모습을 보여준다. 야외 전시장에 놓여있는 작품들은 성행위의 모습들 그대로이다. 처음에는 시선을 어디에 둘지 고민하며 이리저리 둘러보지만 어느 순간 이곳의 분위기에 적응하고 즐기게 된다. 이곳이 단순히 적나라한 표현으로 인기를 모은 곳이 아니라, 그 적나라한 표현들을 기발한 예술적 상상력과 웃음이 터져나오는 유머로 포장한 곳이기 때문이다. 놀이터가 있어 아이들은 그곳에서 놀 수 있다. 아이들을 놀이터에 남겨두고, 둘이서 손을 잡고 은밀한 세계로 들어가보자.

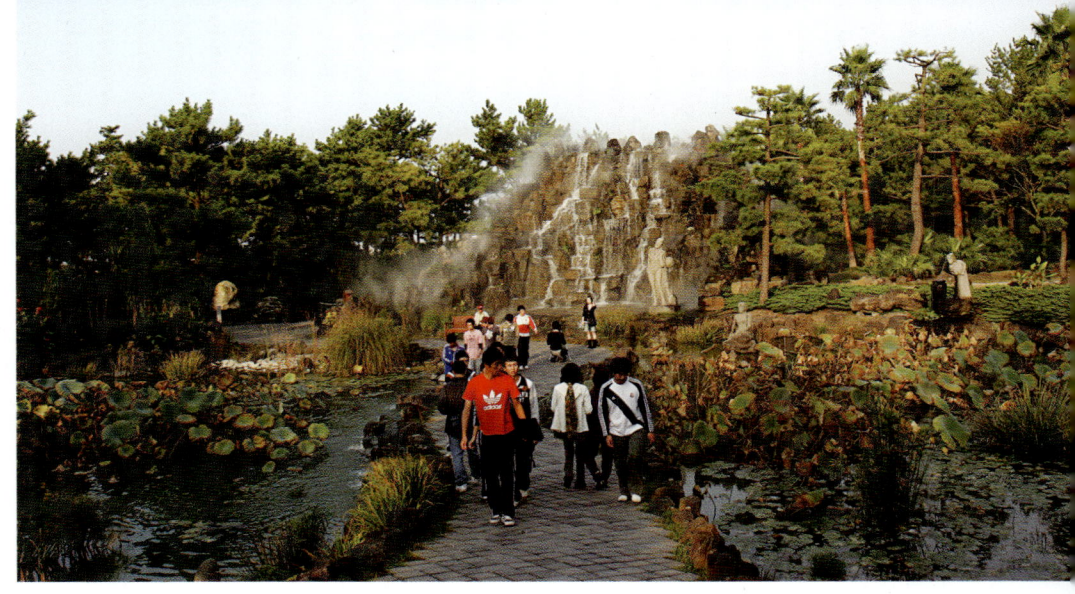

한림공원 제주의 종합선물세트

| 위치 | 제주특별자치도 제주시 한림읍 협재리 2487
　　　제주특별자치도 제주시 한림읍 한림로 300
| 운영시간 | 10~2월 08:30~18:00, 3~6월/9월 08:30~19:00,
　　　7~8월 08:30~19:30, 연중무휴

▶ MINI DATA
| 입장료 | 있음　　주차 | 가능　　분류 | 공원

제주를 찾은 여행객이라면 한 번쯤은 들르게 되는 관광 명소다. 1971년 협재해수욕장 인근의 모래밭 위에 야자수와 관상식물을 심으면서 조금씩 규모가 커져 8개의 테마를 담은 대규모 공원이 되었다. 이국적인 풍취가 물씬 풍기는 야자수 길을 따라가면 천연기념물로 지정된 협재·쌍용동굴과 제주 석·분재원을 지나 재암민속마을, 사파리 조류원, 재암수석관, 연못 정원, 아열대식물원까지 순서대로 관람하도록 만들어져 있다. 아열대식물원은 거대한 식물나라라고 불러도 좋을 만큼 다양한 제주 자생식물과 각종 아열대 식물이 자라고 있으며 꽃과 나무가 어우러진 야외 휴식 공간은 사계절 관광객을 불러 모으기에 부족함이 없다. 석·분재원에서는 다양한 분재 작품과 기암괴석, 정원석을 만날 수 있고 재암민속마을은 사라져 가는 제주 전통 초가와 함께 생활상을 엿볼 수 있도록 꾸며져 있다. 협재굴과 쌍용굴은 소천굴, 만장굴과 더불어 제주도의 대표적인 용암동굴로서 용암동굴과 석회동굴의 특징을 모두 보여주는 독특한 형태의 동굴이다. 원래 용암동굴은 석회질이 없어 종유석이나 석순이 만들어지지 않지만 특이하게도 협재굴과 쌍용굴에서는 종유석과 석순을 볼 수 있다. 쌍용굴은 입구가 두 개로 나뉘어져 있어 마치 2마리의 용이 빠져나간 자리 같다 하여 이름 붙여졌는데 그 중 하나의 끝부분과 협재굴 입구가 가까이 있는 것으로 보아 원래는 하나의 동굴이었다가 내부 함몰로 인해 두 개의 동굴로 나눠진 것으로 추정되고 있다. 이 두 동굴은 페루의 돌소금동굴, 유고의 해중석회동굴과 더불어 세계 3대 불가사의 동굴로 불리기도 한다. 하나의 공원 안에서 제주의 식생과 지형적 특징까지 모두 알아볼 수 있는 곳이다.

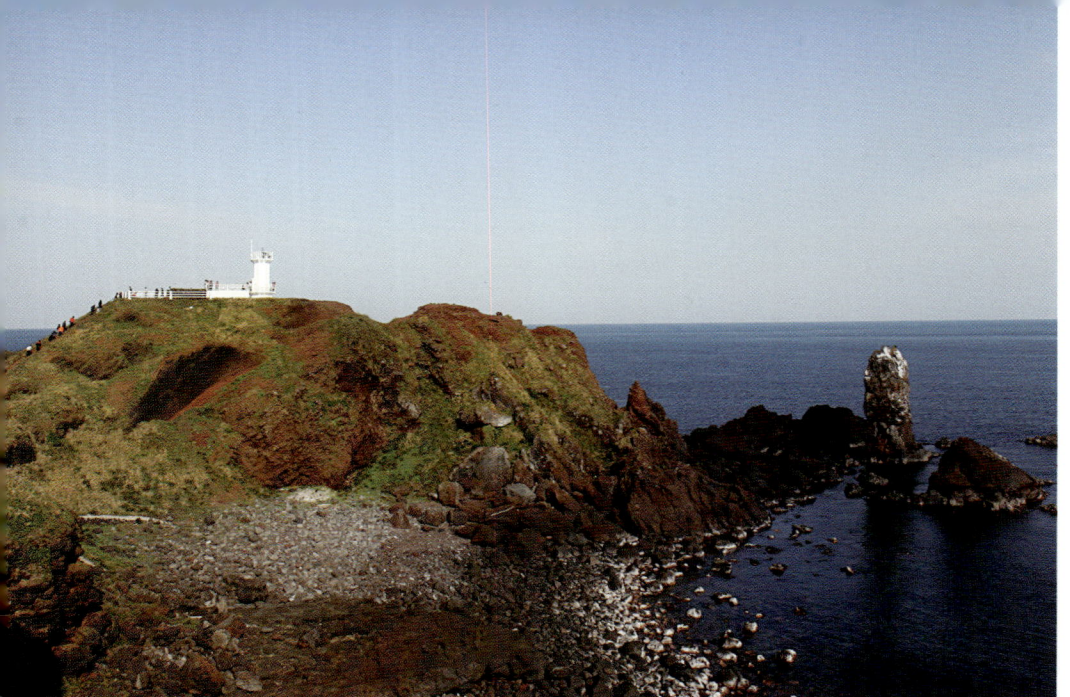

섭지코지   바닷바람을 맞으며 오르는 언덕

위치 | 제주특별자치도 서귀포시 성산읍 고성리 62-6
　　　제주특별자치도 서귀포시 성산읍 섭지코지로 262
운영시간 | 종일, 연중무휴

▶ MINI DATA
입장료 | 없음　　주차 | 가능　　분류 | 바다, 섬

섭지코지의 코지는 바다로 돌출되어 나온 지형을 뜻하는 곳의 제주 방언이다. 섭지코지가 시작되는 지점인 신양해수욕장에서부터 바다로 뻗어나간 길이가 약 2km에 이른다. 너무나 유명한 성산일출봉이 지척에 있어 섭지코지를 스쳐 지나기 쉬우나 해안절경을 즐기기로는 제주에서 첫손에 꼽을 만하다. 섭지코지 끝 등대 위에 서서 바다의 푸른빛과 어우러진 해안 절경을 감상하는 것이 포인트로, 넘실대는 파도 너머로 성산일출봉을 바라보는 것 또한 놓칠 수 없는 즐거움이다. 과거 왜적의 침입이 빈번했던 탓에 성산일출봉과 함께 섭지코지에도 봉수대가 세워졌는데 제주말로 송이라 불리는 붉은 화산재로 덮인 언덕 위에 높이 4m, 가로·세로의 길이 약 9m의 봉수대가

비교적 원형에 가깝게 보존되어 있다. 해안 절벽에서 내려다보이는 기둥 모양의 바위는 선녀바위라 불리는데, 옛날 용왕의 아들이 이곳에 왔다가 하늘에서 내려온 선녀를 보고 반해서 선녀를 따라 승천하려다 용왕의 노여움을 사 바위로 굳어버렸다는 전설이 내려온다. 그림 같은 언덕과 푸른 바다의 조화가 빼어나 제주도에서 영화나 드라마 배경으로 가장 많이 등장한 곳이기도 한데, 영화「단적비연수」,「이재수의 난」, 드라마 〈올인〉 등이 섭지코지에서 촬영되었다. 특히 드라마 〈올인〉에서 여주인공이 생활했던 수녀원 세트장과 드라마 기념관인 올인하우스가 관광객들에게 색다른 볼거리를 제공해주고 있다.

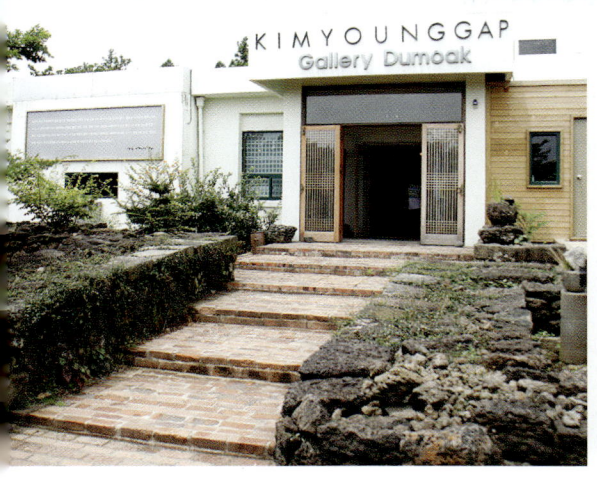

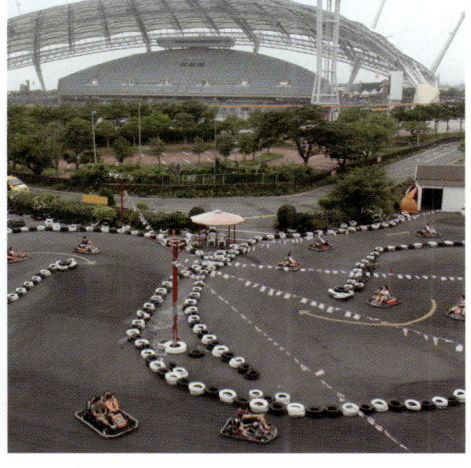

김영갑 갤러리, 두모악

한 남자가 목숨을 바쳐 사랑한 제주의 참모습

| 위치 | 제주특별자치도 서귀포시 성산읍 삼달리 437-5
　　　제주특별자치도 서귀포시 성산읍 삼달로 137
| 운영시간 | 11~2월 09:30~17:00, 3~6월/9~10월 09:30~18:00,
　　　7~8월 09:30~19:00, 매주 수요일 휴관

▶ MINI DATA

| 입장료 | 있음　　주차 | 가능　　분류 | 전시, 체험시설

제주의 바람과 돌과 자연을 자신의 몸보다 사랑했던 사진작가 고 김영갑 씨의 사진을 만날 수 있는 곳으로 두모악은 한라산의 옛 이름이다. 고인이 손수 실어 나른 돌과 나무들로 꾸며진 정원을 지나면 단층짜리 폐교를 개조해서 만든 아담한 갤러리가 나온다. 지금은 잊혀진 제주의 옛 모습과 해녀들의 모습, 제주의 중산간 지대와 오름을 담은 사진들이 전시되어 있는 공간 역시 작가의 숨결이 고스란히 남아 있는 곳이다. 유품실은 작가가 사용하던 카메라와 유품 등이 남아 있으나 잠긴 문의 유리창을 통해서만 볼 수 있다. 루게릭병으로 2005년 5월 세상을 떠나기 전까지 그의 몸은 고통스러웠으나 그가 카메라에 담은 제주는 고요하고 아름다워 갤러리를 둘러본 후엔 새로운 제주를 발견한 듯한 느낌을 받을 것이다. 입장료를 내면 작품 사진 인쇄물 한 장을 받을 수 있고, 고인의 사진집과 수필집, 포스터 등을 구입할 수도 있다.

세리월드

상상 이상의 재미를 느낄 수 있는 공간

| 위치 | 제주특별자치도 서귀포시 법환동 877-3
　　　제주특별자치도 서귀포시 법환상로2번길 97-17
| 운영시간 | 09:00~일몰, 연중무휴

▶ MINI DATA

| 입장료 | 있음　　주차 | 가능　　분류 | 공원

2006년 7월 서귀포 월드컵 경기장 주위에서 계절마다 새로움이 가득한 제주도를 맘껏 관람할 수 있도록 열기구를 개장한 세리월드는 현재 체험관광 테마파크로 조성하여 '관광+체험'의 두 가지 만족도를 동시에 제공하는 제주도 유일의 관광지로 자리매김하고 있다. 세리월드의 관광공간은 최고의 속도감을 자랑하는 카트레이싱 체험과 한라산과 제주월드컵경기장을 바라보며 서귀포시 도심 속에서 즐기는 승마, 동화 속 미로 공원과 동백나무 길, 그리고 삼나무 숲길을 도심 속 자연공간에서 즐길 수 있다. 겨울이면 동백꽃이 활짝 피어나는 동백꽃 숲길을 말을 타고 산책해 보는 것도 특별한 체험의 하나가 될 것이다.

여기에 독일에서 개발된, 몸에 고무줄을 묶고 바닥에 설치된 트램펄린의 반발력을 이용하여 10m 내외에서 허공을 나는 놀이형 레포츠 기구인 유로번지는 스트레스 해소에 제격이다.

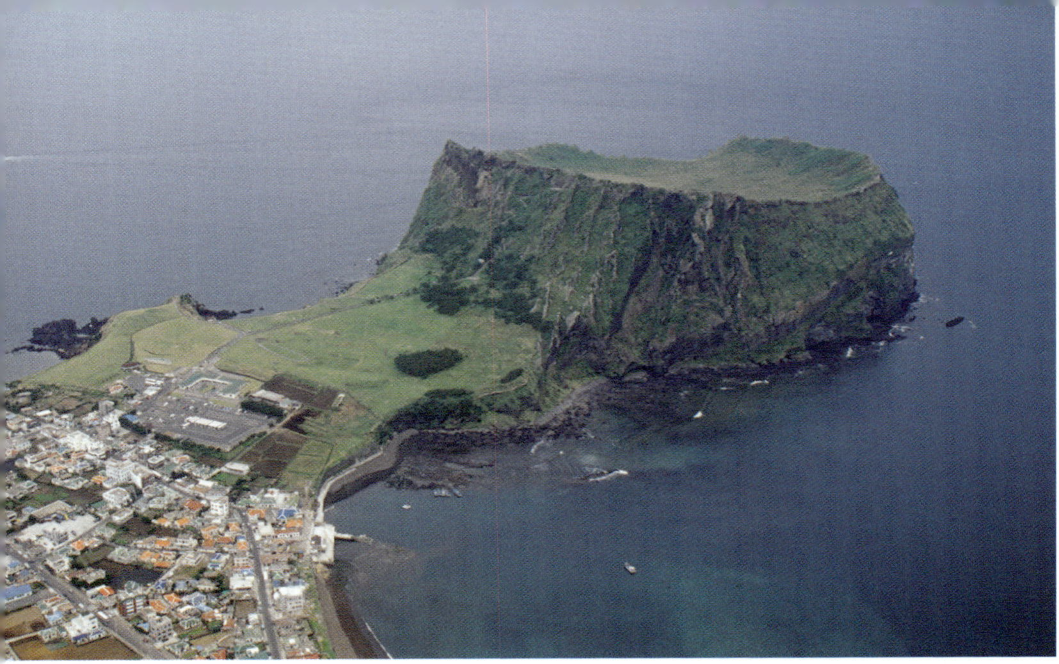

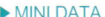

Photo by 제주특별자치도 관광협회

2007 유네스코
세계자연유산 등재

성산일출봉 거대한 성과 같은 봉우리

위치 | 제주특별자치도 서귀포시 성산읍 성산리 114
제주특별자치도 서귀포시 성산읍 일출로 284-12
운영시간 | 일출 1시간 전~일몰, 연중무휴

▶ MINI DATA
| 입장료 | 있음   주차 | 가능   분류 | 바다, 섬

제주도 동쪽 바닷가에 솟아 있는 높이 180m의 수중 화산체로 약 5,000년 전 제주에서 생겨난 수많은 분화구 중 유일하게 바다 속에서 폭발해 만들어졌다. 원래는 섬이었으나 신양해수욕장 쪽의 모래와 자갈이 밀려와 육지로 연결되어 있다. 뜨거운 용암이 바닷물과 섞이며 일으킨 폭발로 180m 높이의 봉우리가 뾰족하게 솟아 있으며 가운데는 214,400m² 규모의 분화구가 자리 잡고 있다. 원래 농사도 짓고 방목을 하기도 했으나 현재는 억새밭이 장관을 이루고 있다. '우뚝 솟은 봉우리의 모습이 마치 성(城)과 같다' 하여 성산(城山)이라는 이름이 붙었고 정상에서 바라본 일출은 영주십경(제주도의 10대 절경) 중에서도 으뜸으로 꼽혀 성산일출봉이라 불린다. 바다 쪽은 깎아지른 절벽으로 사람들의 접근이 불가능하지만 각종

야생화가 서식하고 있는 것으로 알려져 있으며, 길이 가파르기에 오르기가 수월하지는 않으나 잘 가꾸어진 산행로를 따라 정상에 서면 장엄한 모습의 아흔아홉 봉우리가 코앞에 다가서며 드넓은 억새밭이 장관을 이루고 있고 우도가 손에 잡힐 듯 바라다보인다. 한편 성산일출봉으로 가는 길은 갈대밭과 유채꽃밭으로도 유명하여 제주 여행객들의 단골 사진촬영 장소이기도 하다. 1976년에 제주도 기념물 제36호로 지정되어 보호를 받다가 2000년부터는 천연기념물로 지정되었으며 한라산, 거문오름용암동굴계와 더불어 유네스코 지정 세계자연유산으로 등록되어 있다. 매년 12월 31일과 다음날인 신년 1월 1일에 걸쳐 성산일출제라는 이름으로 축제가 열려 성산의 일출과 함께 다양한 이벤트도 즐길 수 있다.

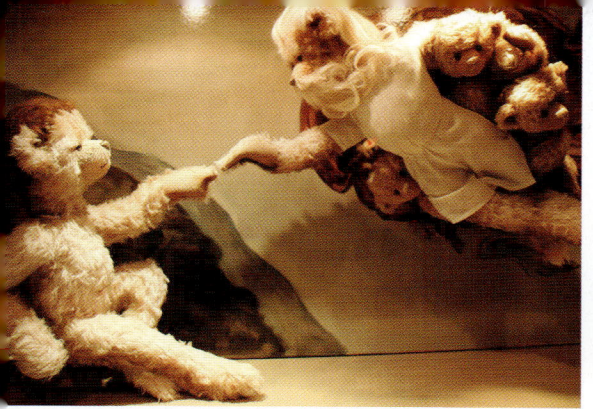

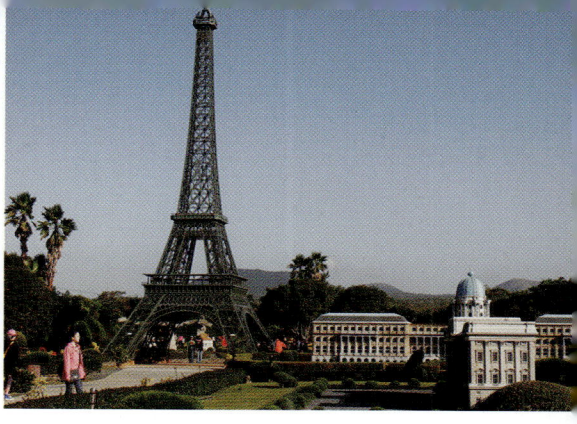

테디베어뮤지엄

테디베어와 사랑에 빠지다

| 위치 | 제주특별자치도 서귀포시 색달동 2889
| | 제주특별자치도 서귀포시 중문관광로110번길 31
| 운영시간 | 09:00~20:00, 성수기 09:00~22:00,
| | 연중무휴

▶ MINI DATA

| 입장료 | 있음　주차 | 가능　분류 | 박물관

손으로 만든 봉제 곰인형을 뜻하는 테디베어는 세계적으로 사랑받는 아이템이다. 중문관광단지에 있는 테디베어박물관은 세계 최대 규모를 자랑하는 곳으로 테디베어와 관련된 모든 것을 만날 수 있다. 역사관, 예술관, 기획 전시실 그리고 베어즈웨딩으로 나누어진 공간에 100여년 전 테디베어가 탄생하게 된 배경에서부터 현재에 이르기까지의 발전사를 귀여운 테디베어 인형 전시물을 통해 알아볼 수 있고, 살아 움직이는 듯한 테디베어들이 새롭게 꾸며낸 역사의 현장을 관람하게 된다. 세계 유명 디자이너들이 만든 테디베어 작품은 예술의 경지라고 할 수 있을 만큼 감탄사가 절로 터진다. 전시실 끝에 있는 테디베어 기념품점에서는 테디베어와 관련된 상품을 구입할 수도 있다. 아이들을 위한 박물관이라고 생각할지 모르나 정작 박물관을 탐방하면서 즐거워하는 이들은 어른들이다.

소인국 테마파크

걸리버가 되어봅시다

| 위치 | 제주특별자치도 서귀포시 안덕면 서광리 725
| | 제주특별자치도 서귀포시 안덕면 중산간서로 1878
| 운영시간 | 08:30~일몰 1시간 전, 연중무휴

▶ MINI DATA

| 입장료 | 있음　주차 | 가능　분류 | 전시, 체험시설

세계 각국의 대표 건축물들을 미니어처로 제작하여 전시해놓은 테마파크이다. 미니어처란 건축물과 인간 등의 크기를 일정한 비율로 축소해서 만든 모형을 말하는데 전시된 모형을 바라보는 각도에 따라 실제 건축물보다 더욱 사실적으로 느낄 수 있다. 설계도를 그리는 것에서부터 미니어처 만들기가 시작되는데, 실제 건물 짓는 것 못지않게 정교하면서도 복잡한 작업을 거친다고 한다. 공원을 걸으며 프랑스의 에펠탑, 미국의 자유의 여신상, 중국의 자금성을 비롯해 세계적으로 유명한 건축물들과 불국사, 제주공항 등 우리나라 건축에 이르기까지 100여 점의 미니어처 건축물을 만날 수 있다. 마치 소인국에 온 걸리버가 된 기분으로 건축물을 관찰하는 재미를 느낄 수 있으며 밤이면 형형색색 조명을 밝힌 건축물들이 더욱 사실적으로 느껴진다. 그 외에도 제주도의 문화와 생활상들을 알 수 있는 전시물들과 체험학습장이 있고 미니 RC카 경기장이 있어 가족 단위 여행객들이 즐겨 찾는다.

천지연폭포와 난대림지대

하늘과 땅을 잇는 곳

| 위치 | 제주특별자치도 서귀포시 천지동 666-1 일대
| | 제주특별자치도 서귀포시 남성중로 2-15 일대
| 운영시간 | 일출~22:00, 연중무휴

▶ MINI DATA
| 입장료 | 있음   주차 | 가능   분류 | 강, 유원지

천지연이라는 이름 그대로 하늘과 땅이 물줄기로 만나 이어지는 곳이다. 물이 귀한 제주지만 이곳의 물은 마르지 않는데, 그 덕에 사계절 시원하게 떨어지는 폭포를 볼 수 있다. 천제연, 정방 폭포와 함께 제주도의 3대 폭포 중 하나로 제주 여행에서 빠지지 않고 방문하게 되는 곳이다. 입구에서부터 천지연폭포까지 흐르는 물길을 거슬러 오르는 산책로는 시원한 나무 그늘이 있는 좋은 길이다. 높이 20m의 폭포가 만든 호수는 그 깊이도 20m에 이를 정도로 깊다. 천지연 일대는 천연기념물로 지정되어 있는데 2가지 이유가 있다. 1번째 이유로 이곳은 아열대·난대림 지역으로 다

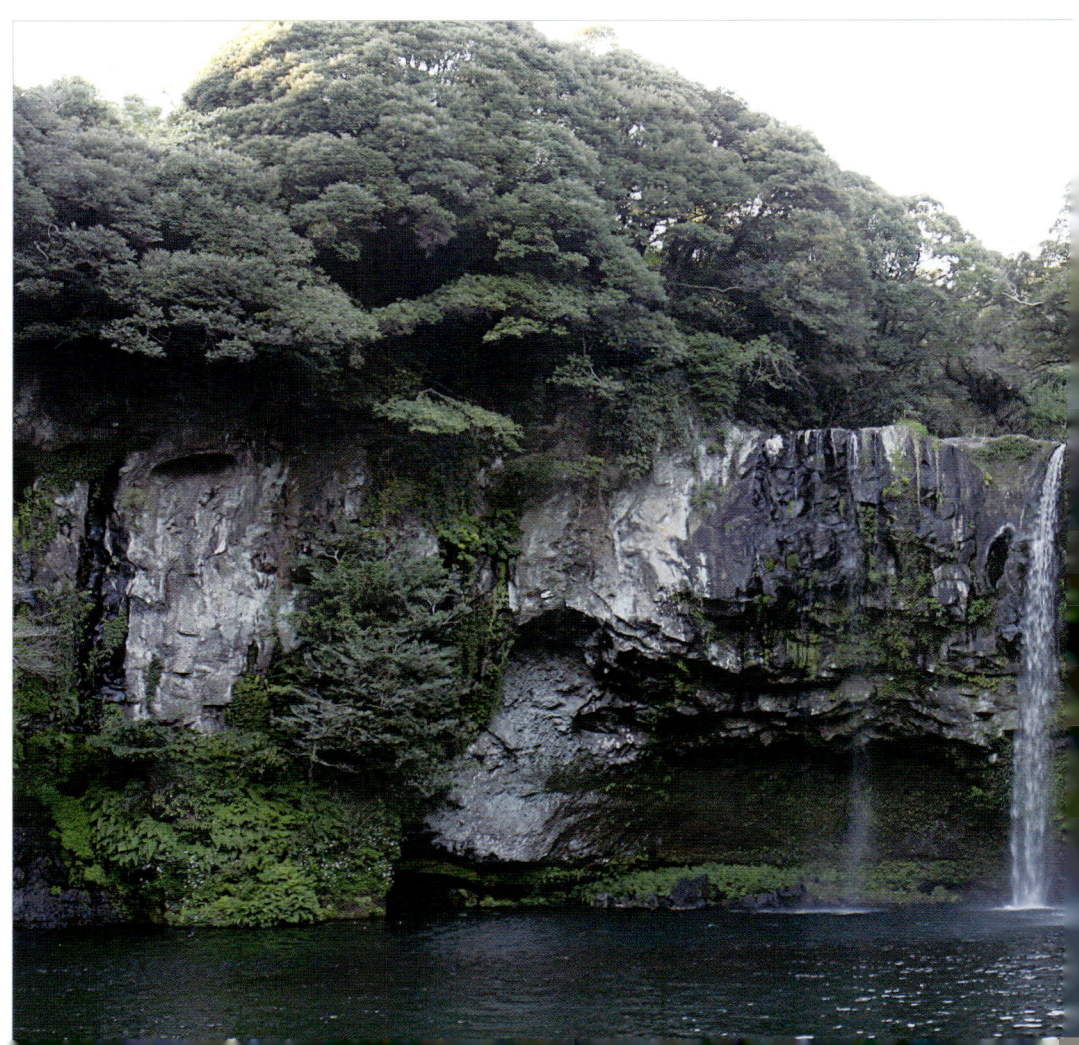

양한 식생의 식물들이 분포하는 곳이다. 그중에서도 아열대성 나무인 담팔수 같은 나무는 천지연 일대가 북방한계인지라 학술적으로 중요하게 취급되며 송엽란 등의 희귀식물들도 호수 주변에서 자라고 있기 때문이다. 또 하나의 이유는 희귀종인 천연기념물 무태장어의 서식지이기 때문이다. 뱀장어과로 열대어종이기 때문에 우리나라에서는 찾아보기 힘든데 천지연 일대가 무태장어의 북방한계선이라 한다. 작은 반점이 몸에 새겨져 있으며 주로 밤에 활동을 해서 낮에는 찾아보기 어렵다. 개발로 인하여 생태 환경이 변하면서 점점 개체수가 줄어들고 있다고 하니 언제까지 이

곳에서 무태장어를 볼 수 있을지는 의문이다. 조명이 켜지는 밤은 낮과는 또 다른 낭만 넘치는 풍경을 만드니 저녁 시간을 이용해서 이곳을 방문하는 것도 괜찮겠다. 천지연에서 나오는 물길은 서귀포항으로 이어지는데 관람을 마친 후 바다 쪽으로 걸어가 방파제 위로 올라서면 아담한 서귀포항의 풍경이 한눈에 들어온다.

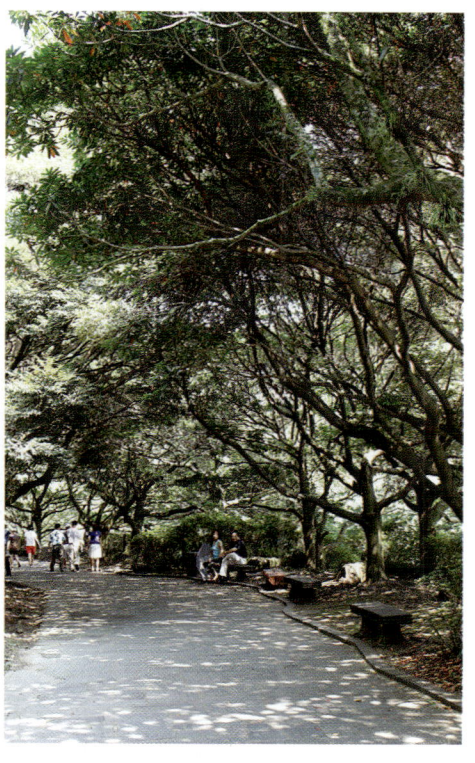

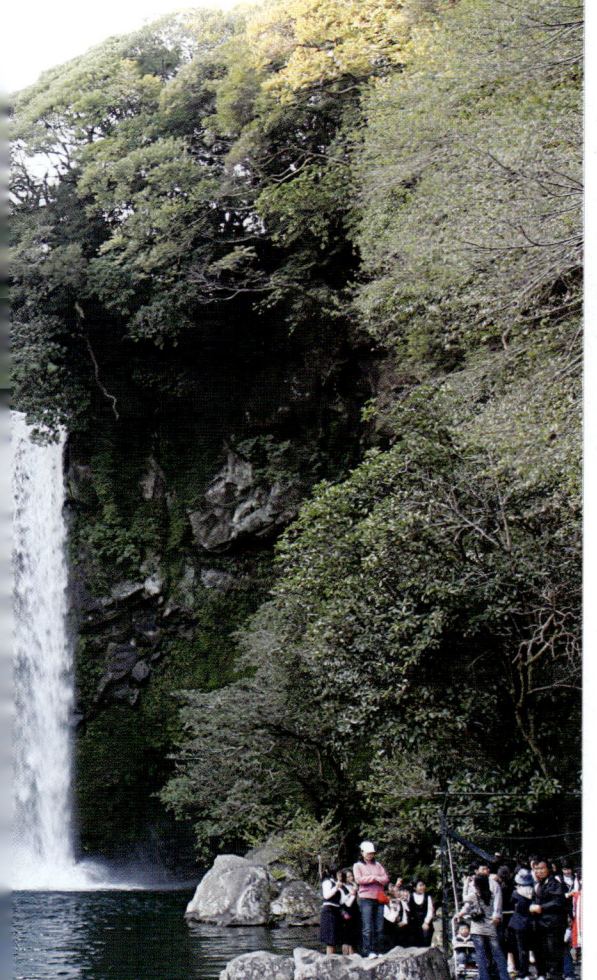

→ 오분자기뚝배기, 제주의 특별한 맛

얼핏 전복과 그 모습을 구분하기 힘든 오분자기는 제주 바다의 특산물 중 하나이다. 전복보다 크기는 작지만 그 맛은 고소하고 진하다. 오분자기와 갖은 해산물을 뚝배기에 끓여내는 오분자기뚝배기는 영양 만점의 보양음식이다. 진한 바다 냄새를 담는 뚝배기에 성게알을 듬뿍 풀어 맛을 더한 한 끼 식사는 몸을 따뜻하게 데우는 느낌이다.
문의 | 064-762-5158(진주식당)

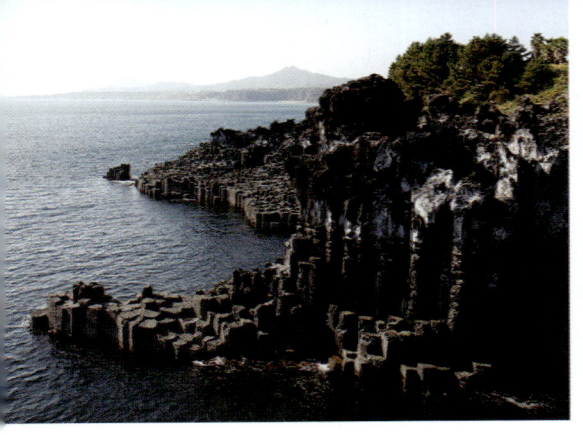

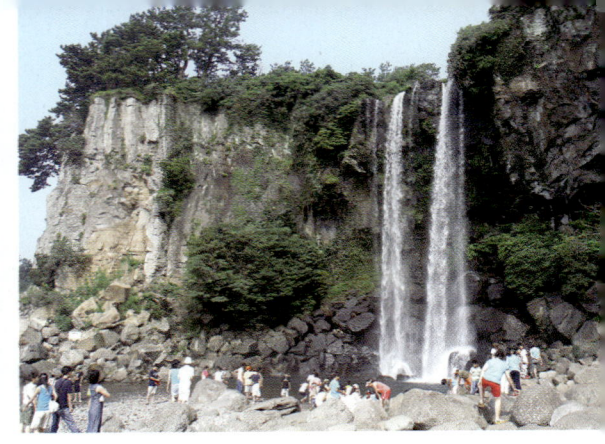

대포 주상절리

검은 주상절리를 칠하는 파도의 하얀 포말

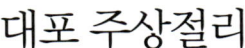

위치 | 제주특별자치도 서귀포시 중문동 2768-1 일대
　　　 제주특별자치도 서귀포시 이어도로 36-30 일대
운영시간 | 일출~일몰, 연중무휴

▶ MINI DATA
| 입장료 | 있음　　주차 | 가능　　분류 | 바다, 섬

주상절리는 화산 폭발에 의하여 분출된 용암이 바닷가로 흘러와 물과 만나 급격하게 수축하면서 만들어진 육각형 또는 사각형 형태의 기둥을 말한다. 화산섬인 제주에는 곳곳에 주상절리가 있지만 제주 중문단지 안에 있는 주상절리는 그중 가장 규모가 큰 곳으로 가까이에 다가가 볼 수 있도록 이동 통로와 전망대를 만들어놓았다. 해안가에 각진 기둥이 겹겹이 쌓인 웅장한 모습으로, 검은 기둥에 파도가 부딪혀 생기는 하얀 포말이 검은색의 주상절리와 어우러지는 멋진 색의 조화를 보여준다. 기둥 하나의 높이가 30~40m에 이르며, 그 기둥들이 만든 해안의 길이가 1km에 이른다고 하니 뜨겁고 붉은 용암이 이곳까지 흘러와 차가운 물과 만나 갑자기 식으면서 하얀 연기를 뿜었을 장면을 상상해보자. 주상절리 관람을 마치고 올라가면 작은 규모이지만 둘레로 야자수가 심겨 있는 공원이 나오는데 그곳에 앉아 시원한 바닷바람을 맞으며 잠시 쉴 수 있다.

정방폭포

바다로 향하는 햇살

위치 | 제주특별자치도 서귀포시 동홍동 278
　　　 제주특별자치도 서귀포시 칠십리로214번길 37
운영시간 | 08:00~18:00, 연중무휴

▶ MINI DATA
| 입장료 | 있음　　주차 | 가능　　분류 | 바다, 섬

제주의 3대 폭포로 천제연, 천지연, 정방폭포를 이야기하지만 해안선과 어우러지는 정방폭포의 아름다움은 그중 특별하다. 동양에서 유일하게 바다로 직접 떨어지는 폭포인 정방폭포는 외국의 초대형 폭포에 그 규모를 비교할 수 없겠지만 단정한 폭포수와 푸른 자연이 어울리는 모습은 수묵화를 감상하는 느낌을 준다. 진시황의 불로초를 찾기 위해 선남선녀 500쌍을 데리고 제주 땅을 찾은 사신 '서불'이 비록 불로초는 찾지 못하였지만 정방폭포의 아름다움에 반해 절벽 아래에 마애불을 세웠다 한다. 서귀포의 지명 또한 '서불이 돌아간 포구'라는 뜻을 가진다 하니 머나먼 이국땅을 찾은 서불의 이야기와 정방폭포를 사랑한 그의 모습이 현실감 있게 다가온다. 멀리서만 바라보는 다른 폭포와 달리 정방폭포는 직접 그 시원한 물살에 몸을 담을 수 있다. 여름이 시작될 때 정방폭포의 푸른 기운을 받는 사람은 더위를 몰아내고 한 해의 건강을 지킬 수 있다고 한다. 햇살을 받아 보석처럼 빛나는 폭포 아래 건강을 위한 폭포욕을 즐겨보자.

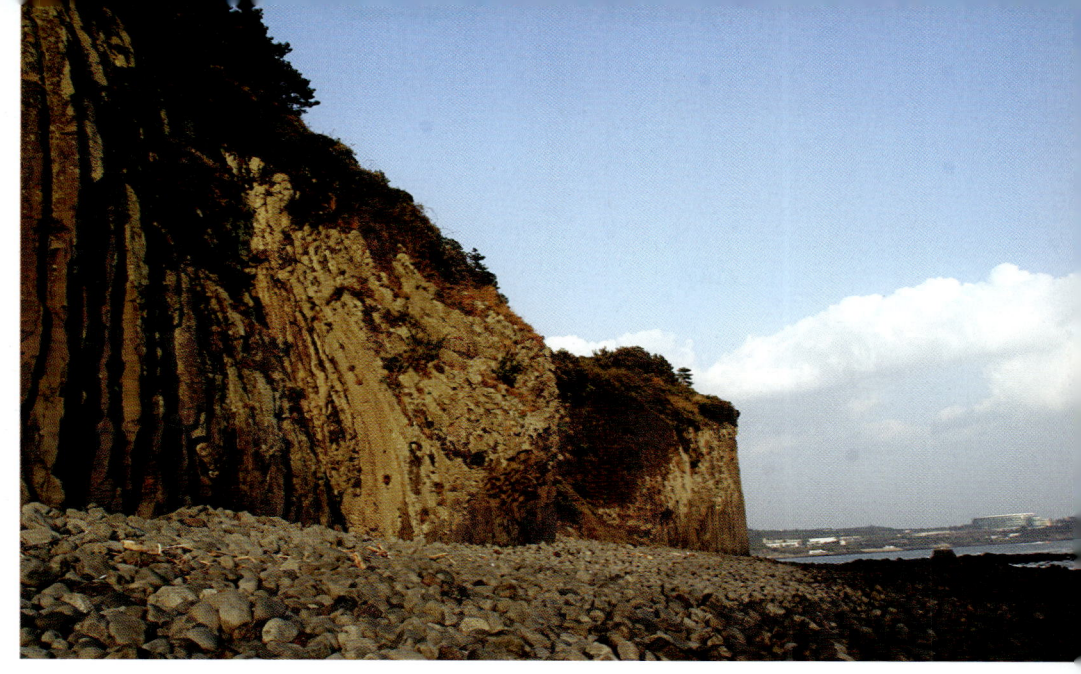

갯깍 주상절리 제주의 숨겨진 아름다움

위치 | 제주특별자치도 서귀포시 상예동 975-3 인근
　　　제주특별자치도 서귀포시 예래해안로 357 인근
운영시간 | 종일, 연중무휴

▶ MINI DATA
| 입장료 | 없음　　주차 | 가능　　분류 | 바다, 섬

대포해안의 주상절리가 탐방로를 따라 멀리서 바라보는 아쉬움을 남긴다면 몽돌 가득한 해안을 따라 제주 남단의 푸른 바다를 감상하며 가까이 다가갈 수 있는 갯깍 주상절리를 찾아보자. 40여 미터 높이의 깎아지르는 절벽처럼 길게 솟은 주상절리 위로 푸른 숲을 얹은 모습이다. 서귀포시에서 흘러오는 예래천을 따라 청정함을 자랑하는 반딧불이 보호구역과 연결되는 해안 주상절리는 1km에 이르는 숨은 장관이다. 조근모살해수욕장과 어우러지는 주상절리는 그 품 안으로 숨은 아름다움을 간직하고 있다. 다람쥐굴이라 불리는 작은 해식동굴 입구는 신비로운 모양의 적벽으로 이루어져 있고 동굴 내부를 조각하듯 새겨놓은 주상절리의 단면은 자연의 신비를 눈앞에 펼쳐 보인다. 이곳은 토기 조각이 출토된 제주 남부 해안의 보기 드문 유적지다. 가을날 갯깍 주상절리를 찾아보자. 검은빛의 기암절벽 아래로 더욱 짙은 색으로 만개하는 노란 국화의 화사함은 이곳의 경관을 무엇보다 아름답게 만든다. 예래동 해안을 더욱 기억하게 만드는 논짓물해수욕장은 바닷물과 민물이 어울리는 해안으로 검은 돌담을 쌓아 만든 천연해수욕장이다. 간만조의 흐름을 따라 자연스럽게 교차되는 해수와 간수는 가뭄에도 결코 마르지 않는 마을의 생명수다. 식수로도 사용되는 간수는 한여름에도 오랫동안 몸을 담그기 힘들만큼 차갑다. 밀물에 밀려왔다 출구를 찾지 못하는 물고기를 맨손으로 잡는 특별한 체험도 할 수 있고 주변으로 자리하는 천연 민물 샤워장에 몸을 적신 후 시원한 바닷바람에 말려보자. 세상에서 가장 시원한 여름 피서법이 된다.

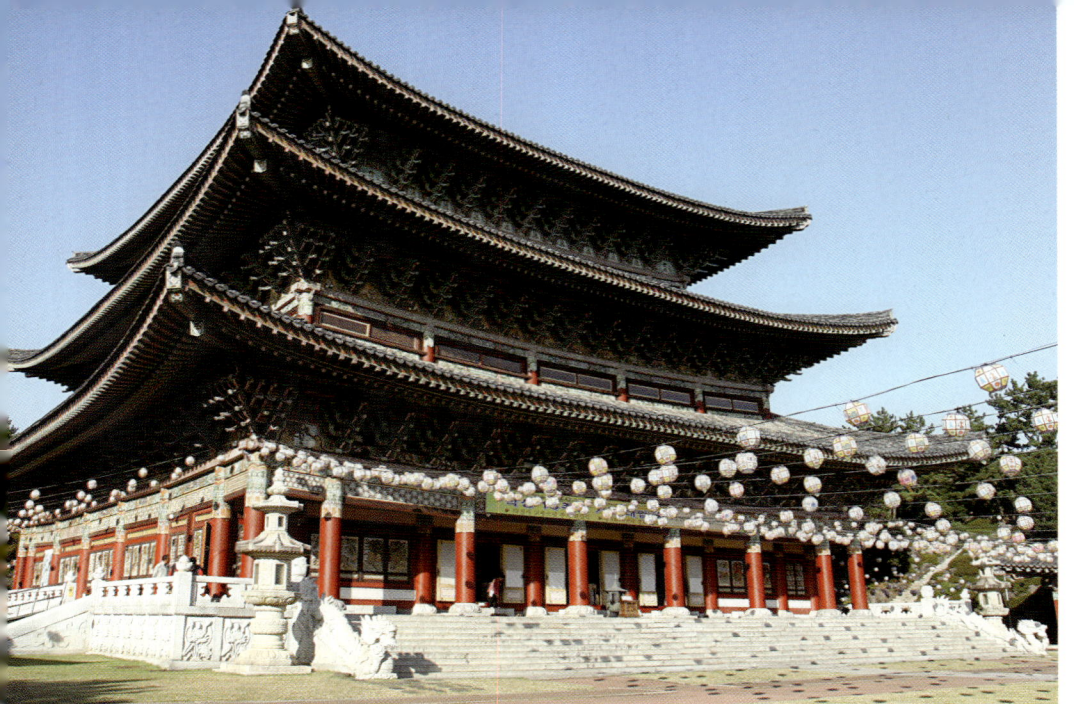

약천사 동양 최대 규모의 법당

| 위치 | 제주특별자치도 서귀포시 대포동 1161
  제주특별자치도 서귀포시 이어도로 293-28
| 운영시간 | 종일, 연중무휴

▶ MINI DATA
| 입장료 | 없음　주차 | 가능　분류 | 불교유적

약천사는 동양 최대 크기의 법당을 자랑하는 절로 마당에 올라 제주 해안을 내려다보는 전망이 멋진 곳이다. 법당의 웅장함 때문에 상대적으로 작게 느껴지는 마당에 서서 법당의 크기만 가늠하고 돌아간다면 이곳을 제대로 둘러보지 못하는 셈이 되니 신발을 벗고 법당 안으로 들어가 보도록 하자. 들어가서 고개를 들고 천장을 올려다보면 내부 높이 25m에 3층으로 이루어진 구조이다. 비로자나불을 모시고 있는 대적광전 좌우로 약사여래불과 아미타여래불이 함께 있으며, 뒤로 후불목탱화가 있는데 이는 만들기가 까다로워 흔히 볼 수 없는 작품이다. 경북 문경 대승사의 후불목탱화를 본떠서 만들었다고 한다. 새긴 솜씨와

정성에서 또 하나의 보물이 우리 시대에 만들어졌던 것이다. 법당을 제대로 보기 위해서는 좌우에 있는 계단을 통하여 위로 올라가야 하는데 2층 또는 3층에 올라 내려다보면 법당의 웅장한 분위기를 제대로 느낄 수 있다. 법당을 받치고 있는 4개의 기둥에는 여의주를 물고 승천하는 황룡과 청룡의 모습이 조각되어 있으며, 2층에는 절을 만들 때 시주했던 불자들이 동참하여 만든 8만 개의 보살이 전시되어 있다. 3층에는 다섯 개의 윤장대가 있는데 불자들이 그것을 돌리면서 공덕을 쌓고 있다. 오르는 길과 반대방향으로 내려오면 오백나한이 모셔져 있는 나한전이 있으니 빠뜨리지 말고 둘러보자.

918

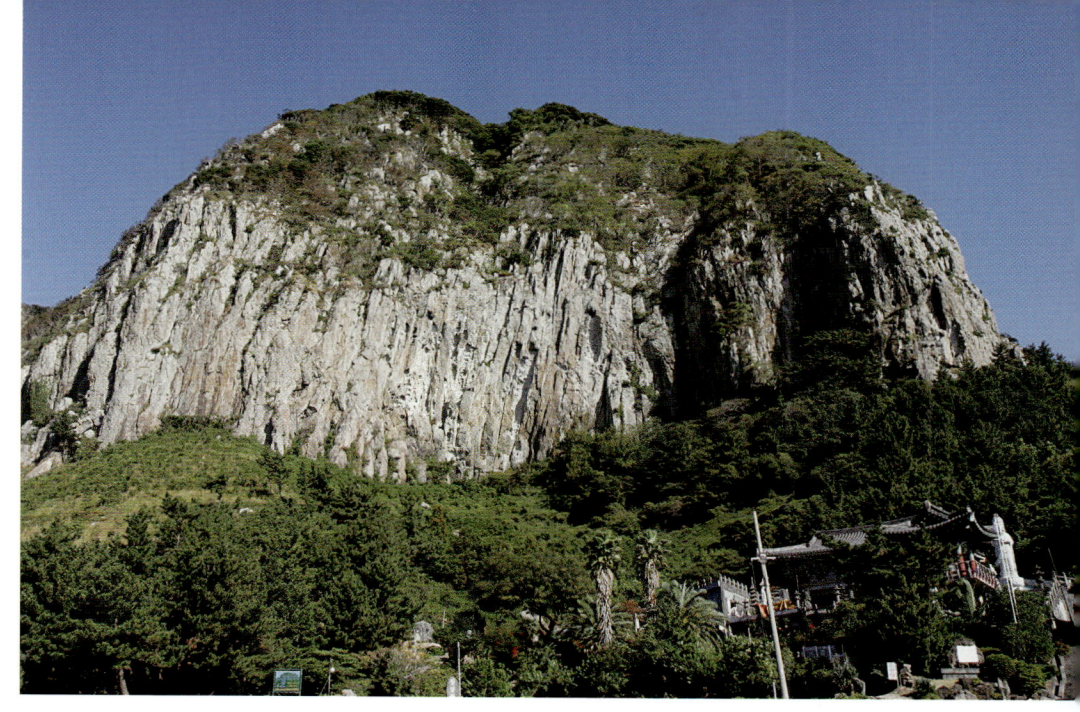

산방산과 산방굴사 한라산 꼭대기가 여기에?

위치 | 산방산 제주특별자치도 서귀포시 안덕면 사계리 산 16
산방굴사 제주특별자치도 서귀포시 안덕면 사계리
186-1(산방로 218-13)
운영시간 | 일출~일몰, 연중무휴

▶ MINI DATA
| 입장료 | 있음　주차 | 가능　분류 | 불교유적

산방산은 제주 서남쪽의 드넓은 평야지대에 우뚝 솟아 있는 종 모양의 화산이다. 한라산이었던 것의 맨 윗부분이 빠져나와 산방산이 되고 그 빠져나온 자리가 백록담이 되었다는 전설이 전해지는데 실제로 다른 오름과는 달리 산방산에는 분화구가 없어 이야기를 그럴싸하게 만든다. 해발 395m 높이로 해안 가까이 있어 바다로부터 몰려온 구름이 산방산을 넘지 못하고 휘몰아치는 특이한 광경을 자주 목격할 수 있다. 이러한 기후 특성은 산방산의 식생에도 영향을 주어 산 정상은 상록수림이 울창하고 그 아래 암벽에는 지네발란, 섬회양목 등 천연기념물로 지정된 식물군이 자생하고 있다. 산방사와 보문사 적멸보궁 사이

로 난 길을 따라 오르면 산 중턱에 천연 동굴인 산방굴이 나오는데 이 동굴 안에 불상을 모시니 이름 그대로 산방굴사라 불린다. 자연이 만든 동굴에 암벽을 배경으로 모셔진 불상은 불심을 더욱 깊게 하여 예로부터 수도승들의 수도 도량으로 이용되었다. 10m 길이에 높이 5m의 동굴 천장 한가운데에서 떨어지는 맑은 물은 산방산을 지키는 여신 산방덕이 흘리는 눈물이라 전해온다. 산방굴사 입구에 서면 멋진 노송 사이로 형제섬과 가파도, 멀리 마라도까지 바라다보이고 푸른 바다를 끼고 이어진 용머리해안이 아름다운 경관을 만들어내어 영주십경 중 하나로 꼽는다.

용머리해안

수천만 년 시간이 만들어낸 자연의 아름다움

위치 | 제주특별자치도 서귀포시 안덕면 사계리 112-3
　　　제주특별자치도 서귀포시 안덕면 사계남로216번길
　　　24-30 인근
운영시간 | 문의 후 방문, 연중무휴

▶ MINI DATA
입장료 | 있음　　주차 | 가능　　분류 | 바다, 섬

제주 북쪽의 용두암이 고개를 들고 하늘을 바라보고 있는 모양이라면, 제주 남쪽의 용머리해안은 용이 바다로 들어가는 형상을 하고 있다. 또 용두암이 화산활동으로 인하며 만들어진 바위라면 용머리해안은 수만 년 쌓여 만들어진 사암바위가 다시 수만 년 동안 파도의 끊이지 않는 부딪힘에 닳아 만들어졌다는 것이 다른 점이다. 용머리해안은 해식절벽으로 한국의 그랜드캐니언이라 불러도 손색없다. 바닷물이 옆으로 찰랑대는 바위 위를 걸으면서 돌아보는데 층층이 색을 달리하고 있는 바위의 모습과 그 사이사이 파도에 의해 파여진 멋진 모습에 절로 감탄이 나온

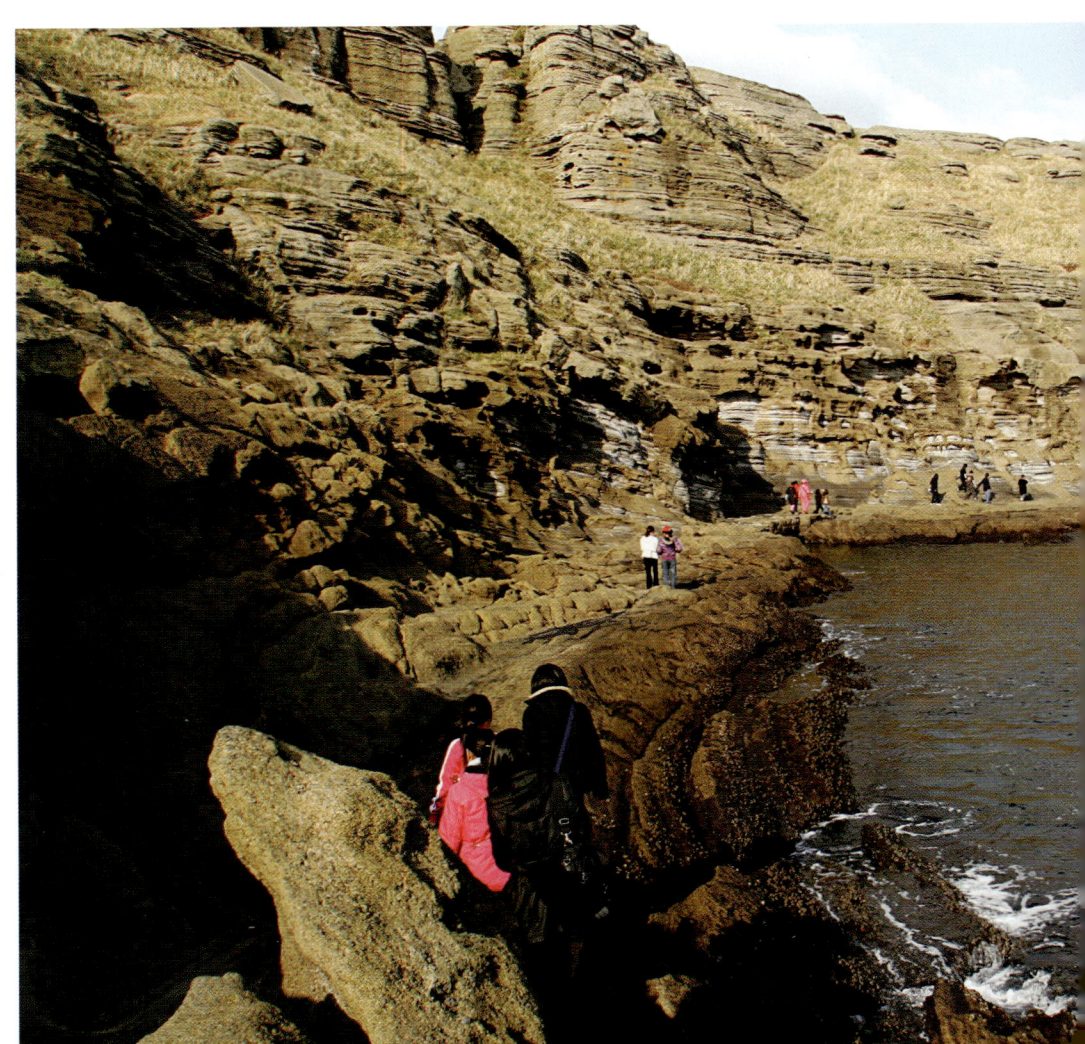

다. 해안을 한 바퀴 돌고 나와 산방산에 올라 내려다
보면 바위는 영락없는 용의 모습이긴 한데 머리와 등
부분 곳곳이 잘려나간 듯 보인다. 전해지는 이야기로
는 중국 진시황이 이곳에서 왕이 날 것이란 이야기를
듣고는 사람을 보내서 칼로 곳곳을 갈라놓았고 그때
칼 맞은 바위에서 피가 흘렀으며 비명이 울려 퍼졌다
고 한다. 바다를 바로 접하고 있는 길이라 물때를 맞
춰 찾아가야 관람할 수 있으며, 바람이 많이 불거나
파도가 거친 날은 입장이 제한되니 미리 확인하고 방
문해야 한다.

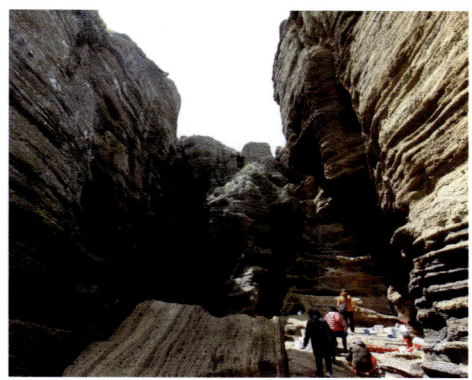

Photo by 한햇님

→ 하멜상선전시관과 기념비

용머리해안으로 들어가는 길에 놓여 있는 한 척의 배는 하멜을
기념해 만든 배이며 위로 오르면 기념비도 세워져 있다. 히딩크
감독 이전에 우리나라에서 가장 유명한 네덜란드 사람을 꼽자면
바로 하멜이다. 하멜은 네덜란드 동인도회사 소속 선원으로 조
선 효종 때인 1653년 풍랑을 만나 원래의 목적지인 일본으로
가지 못하고 제주도 산방산 부근인 대정현 모슬포에 도착하게
된다. 제주도에서 사람들에게 잡힌 하멜 일행은 서울로 갔다가
전라도 곳곳으로 흩어지게 되는데 하멜의 경우는 여수에서 동료
들과 생활을 하게 된다. 13년간 억류생활을 하다 탈출을 하여
다시 고향 네덜란드로 돌아가서 조선에서 보고 듣고 경험했던
조선의 이야기를 적은 책이 바로 우리가 잘 아는 『하멜표류기』
이다. 이러한 내용을 기념하기 위하여 상선을 세우고 그 안에
전시시설을 갖추어 놓았다. 네덜란드 대사관에 협조해 기념비
도 세워 놓았다. 용머리해안을 돌아보면서 함께 관람하면 된다.
문의 | 064-794-2940

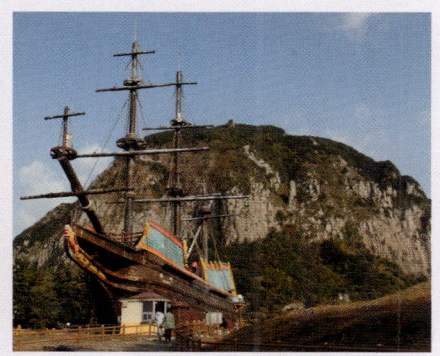

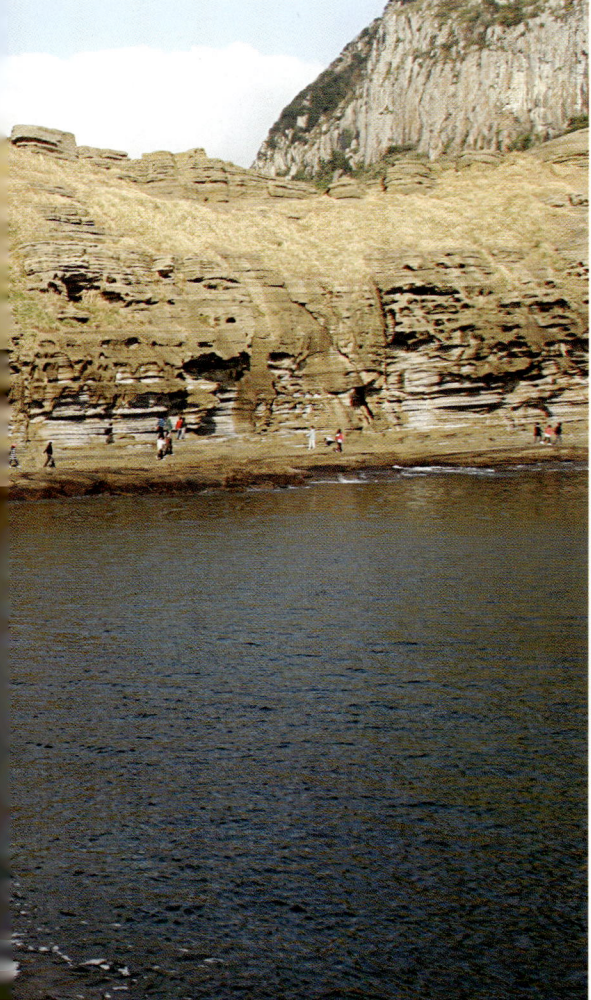

마라도

우리 땅의 마침표

| 위치 | 제주특별자치도 서귀포시 대정읍 마라리
| 운영시간 | 종일, 연중무휴

▶ MINI DATA
| 입장료 | 없음   주차 | 불가능   분류 | 바다, 섬

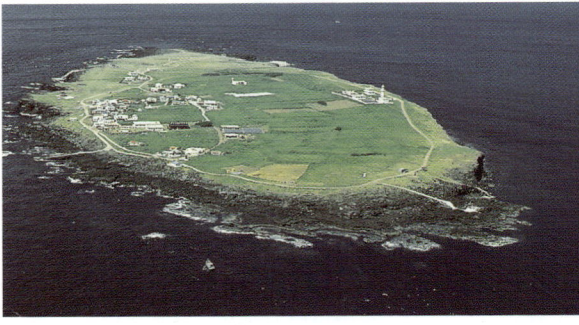

우리 땅의 가장 남쪽에서 마침표를 찍고 있는 마라도는 북위 33도 06분, 동경 126도 11분에 위치해 있으며 해발 39m, 동서 길이 500m, 남북 길이 1,250m, 둘레 4.5km가 마라도의 지형적 조건이다. 작은 섬이지만 섬을 여행하며 느끼는 감동은 크다. 한반도의 최남단을 알리는 비석 앞에 서서 한 점 장애물 없는 태평양을 바라보며 푸른 바다 위를 내달리는 마음의 자유를 누려보자. 2곳의 선착장에서 마라도행 배를 운행하는데, 송악산 아래 선착장(유양해상관광 064-794-6661)과 모슬포항(삼영해운 064-794-5490)이 있으니 일정과 장소에 따라 편하게 이용하면 되겠다. 배를 타고 마라도로 들어가는 데 30~40분 정도 소요되며, 보통 다음 배가 오기까지 1시간 반 정도 체류하면서 마라도를 돌아보게 된다. 마라도에 도착해 선착장에 오르면 입구에서 전기자동차를 대여할 수 있다. 섬 전체를 돌아보는 데 도보로 약 1시간 정도 소요되니 이왕이면 마라도를 두 발로 걸어 살피는 것이 더 나을 듯하다. 마라도에 있는 것들은 모두 최남단이라는 수식어가 붙게 되는데, 절도 하나 있고 성당도, 교회도 하나씩 있다. 그리고 잘 알려진 마라분교가 있으며 마라도 어디에서나 배달되는 해물자장면으로 유명한 자장면 집도 최근 한 집이 새로 생겨 3곳이 되었다. 섬의 둘레를 따라 해안절벽이 멋지게 펼쳐져 있으며, 백년초가 해안에 군락을 이루고 있는 모습도 아름답다. 박물관도 하나 있는데 이름만 들어도 달콤한 느낌을 주는 초콜릿박물관이다. 한반도 최남단 표지석 옆으로 기념사진을 찍으려는 사람들이 줄을 서

는데 이곳에서 바라보는 바다는 망망대해이다. 마라도의 가장 높은 곳에는 전 세계 해도에 꼭 기재된다는 마라도등대가 놓여 있으며 옆으로는 태양광발전을 위한 설비가 설치되어 있다. 마라도등대 앞으로 전 세계의 유명 등대들을 모형으로 만들어 놓는데 재미난 볼거리 중 하나이다. 1시간 반은 그리 길지 않은 시간이므로 서두르지 말고 다음 배를 이용할 계획으로 이왕이면 3시간 정도 머물며 마라도의 아름다움을 충분히 즐겨보는 것이 좋겠다.

➔ 마라도 애기업개당

살래덕선착장 옆에 만들어진 돌무더기가 바로 애기업개당으로 본향당, 할망당, 처녀당 등으로도 불린다. 모슬포에 살고 있던 이씨 부인이 물을 길러 가다 애기 울음소리를 듣고는 그 아기를 데려다 키웠다. 몇 년이 지나고 그 아기가 컸을 때쯤 이씨 부인은 아기를 낳게 되고 먼저 자란 아이가 애기업개로 아기를 보살피게 된다. 하루는 마라도로 물질을 하러 갔는데 갑자기 물이 거칠어지면서 며칠 동안 마라도에 갇혔다. 어느 해녀가 '사람 하나를 두고 가지 않으면 아무도 나가지 못한다'라는 꿈을 꾸고는 애기업개를 두고가기로 몰래 결정하였다. 몇 년이 지나 들어가 보니 모슬포가 바라다 보이는 언덕에 유골만이 남아 있었다고 한다. 유골을 추려 장사를 지내주고 당을 만들어 매년 제사를 지내는데 그 곳이 바로 애기업개당이다.

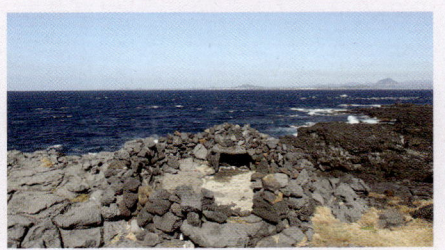

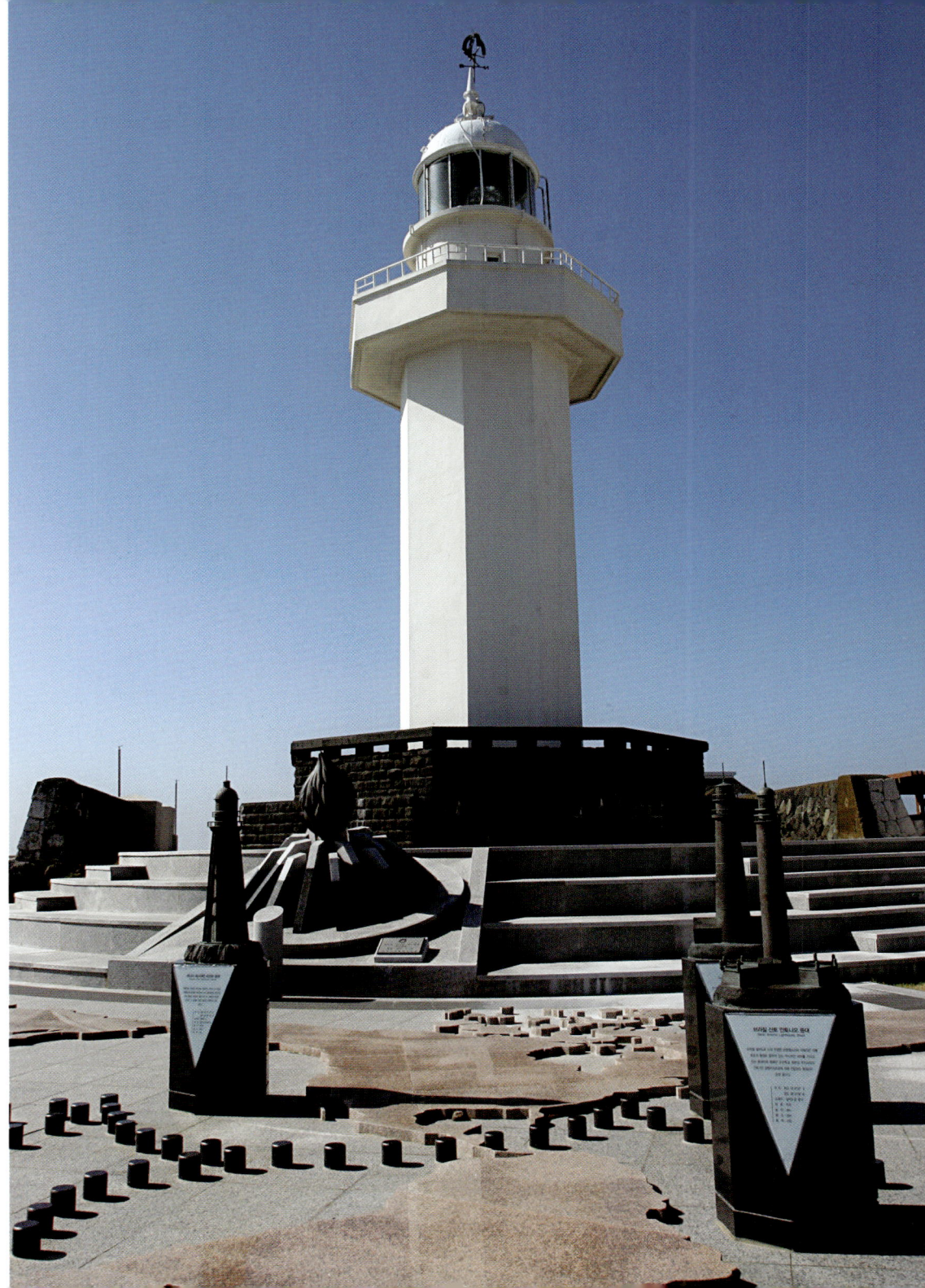

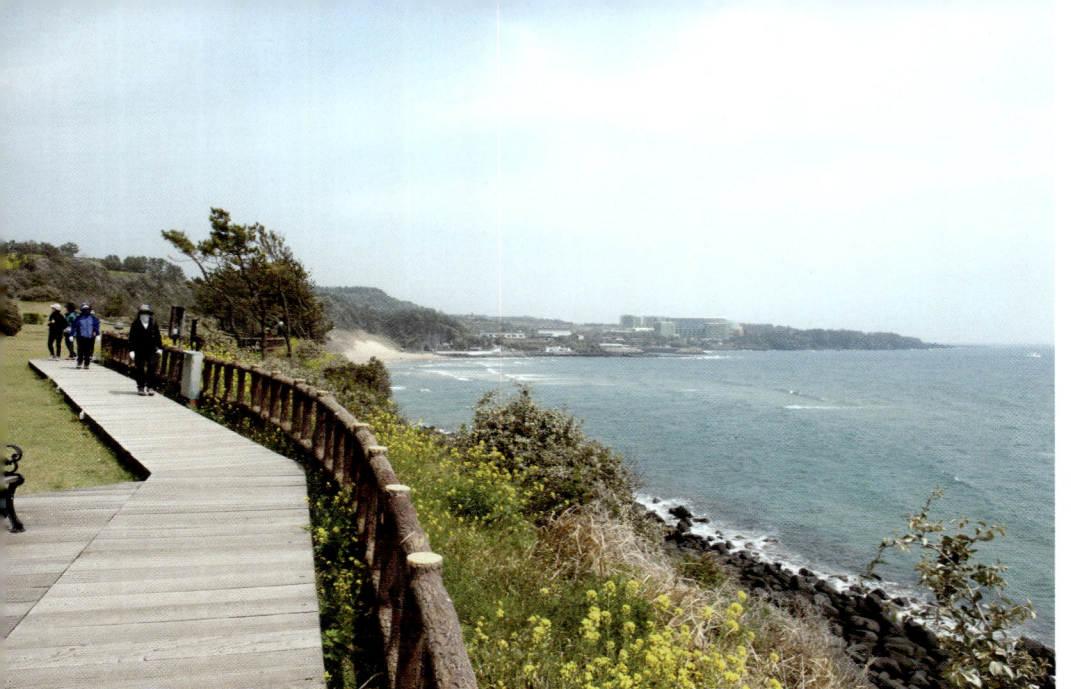

제주 올레 　대한민국 걷기열풍의 시작점

| 위치 | 제주특별자치도 제주시/서귀포시 일대
| 운영시간 | 종일, 연중무휴

▶ MINI DATA
| 입장료 | 없음　　주차 | 가능　　분류 | 거리, 시장

바야흐로 대한민국 전체가, 아니 전 세계적으로 걷기여행의 인기가 높아지고 있다. 건강에 도움이 많이 될 뿐 아니라 친환경적이고 여행에 쓰이는 비용도 적다는 것이 걷기여행의 장점이다. 대한민국 걷기여행의 열풍을 처음 일으킨 곳은 제주이다. 제주도 걷기여행길을 '올레'라고 부르는데, 올레란 '집에서 거리까지 나가는 작은 길'을 뜻하는 제주 방언이다. 한국에서 가장 큰 관광도시이자 섬 전체가 관광자원과 위락시설로 가득한 제주에서 정작 잘 가꿔진 관광지를 배제한 걷기여행의 열풍이 일어난 것은 참으로 역설적인 일이 아닐 수 없다. 여행경비를 잔뜩 들여 간 제주에서 누가 걷기여행을 하겠는가 싶겠지만 정작 제주 올레를 걸어본 여행객들은 하나같이 제주여행의 새 지평을 열었다고 극찬을 한다. 제주에는 2009년 6월 현재, 12개의 걷기여행 코스가 개발되어 있다. 제주도 동쪽 해안에서 남쪽을 거쳐 서쪽 해안까지 제주의 해안길과 산길(오름)이 적절히 배합된 각 15km 정도의 코스이다. 각 코스는 바다전망이 좋은 곳, 목장을 지나가는 곳, 오름을 오르는 등산기분을 낼 수 있는 곳, 계곡을 볼 수 있는 곳 등등 그 코스만의 특징과 장점을 가지고 있다. 사단법인 제주올레의 홈페이지에서 각 코스에 따른 충분한 정보와 지도를 준비하고 출발하는 것이 좋다. 각 올레에는 바다나 나무, 돌 등에 파란색 화살표가 끊임없이 표시되어 있어 초행자라도 크게 걱정할 필요는 없다.

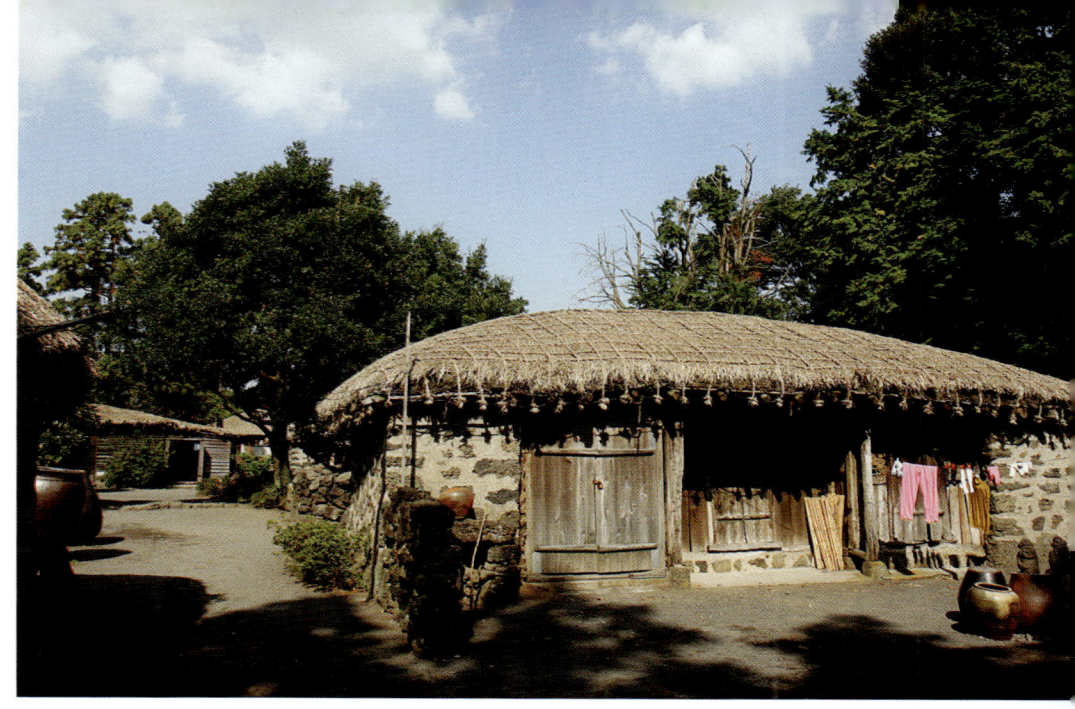

제주 성읍마을 살아 있는 제주의 민속을 만나는 곳

| 위치 | 제주특별자치도 서귀포시 표선면 성읍리 1620 일대
제주특별자치도 서귀포시 표선면 성읍정의현로 104 일대
운영시간 | 종일, 연중무휴

▶ MINI DATA
| 입장료 | 없음   주차 | 가능   분류 | 전통, 체험마을

한라산 중산간 지대에 위치해 있는 제주 성읍마을은 제주가 3개의 행정구역으로 나뉘어 있을 때 정의현이라 불렸던 곳의 도읍지로 1400년대 초부터 구한말까지 약 500여 년의 세월 동안 묵혀진 제주의 모습을 고스란히 담고 있으며 제주를 대표할 만한 민속 유물과 유적들이 모여 있는 곳이다. 순천의 낙안민속마을과 같이 실제 주민들이 거주하고 있어 생동감을 더한다. 마을을 둘러싼 성곽을 비롯해 동헌, 관아와 향교 등이 보이고 안거리와 밖거리 2채로 이루어진 전형적인 제주의 가옥들이 돌담을 두르고 초가를 얹은 아름다운 모습으로 남아 있다. 천연기념물 제161호로 지정된 느티나무와 팽나무가 500년에 걸쳐 내려오는 마을의 역사와 전통을 보여주고 있으며 제주의 전통

농기구인 연자마와 제주의 상징인 돌하르방들이 성문 앞을 지키고 있다. 또한 마을에서 부르는 제주민요 오돌또기, 맷돌노래, 봉지가, 산천초목 등 4곡은 국가지정 중요무형문화재로 지정되었고 마당질, 달구질, 출베기 등 민속놀이 등도 전해지고 있어 매년 가을 열리는 정의골 민속한마당축제에서 재현 행사를 연다. 민간신앙도 다양하여 안할망당, 산신당, 상궁알당 등이 남아 있다. 영화 「이재수의 난」 촬영지로도 알려져 있는데 다른 세트를 짓지 않고 민속마을의 전경 그대로를 이용한 것으로도 유명하다. 그만큼 인공의 손길이 가미되지 않은 원형 그대로의 모습을 간직하고 있는 마을로 제주 여행에서 빼놓을 수 없는 탐방 코스이다.

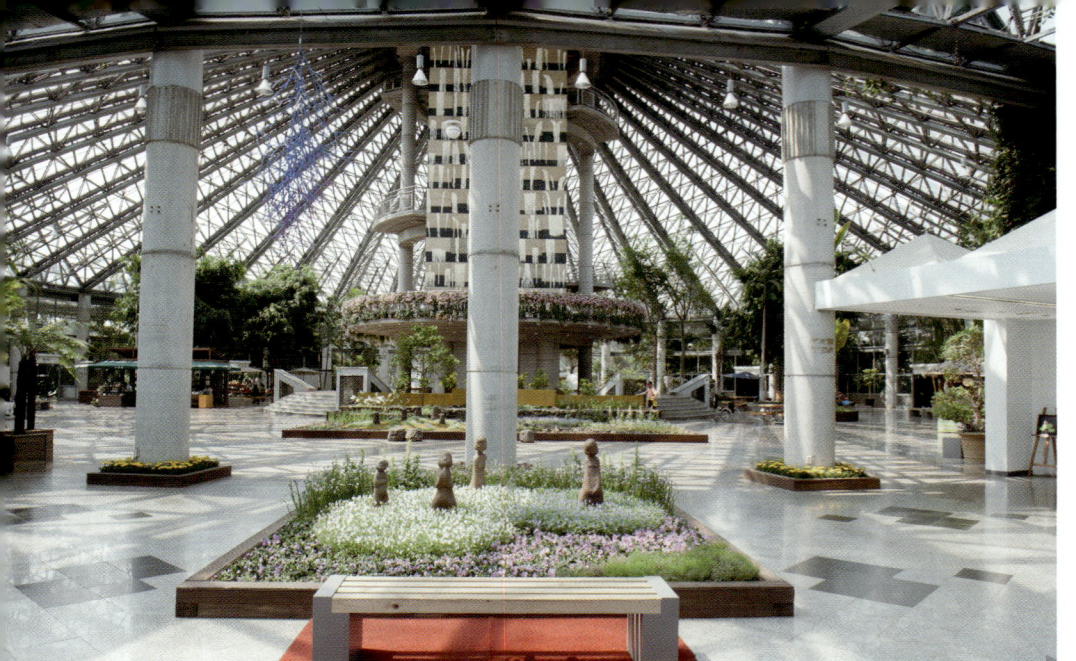

여미지식물원 아름다운 땅, 아름다운 식물원

위치 | 제주특별자치도 서귀포시 색달동 2484-1
　　　제주특별자치도 서귀포시 중문관광로 93
운영시간 | 09:00~18:00, 옥외식물원 09:00~일몰, 연중무휴

▶ MINI DATA
| 입장료 | 있음　　주차 | 가능　　분류 | 숲, 자연휴양림

'아름다운 땅'이란 뜻을 담은 여미지식물원은 제주도를 찾는 사람이면 누구나 한 번쯤은 둘러보는 명소로 커다랗고 특이하게 생긴 온실식물원이 이곳의 상징이다. 온실식물원으로 들어가면 안에는 화접원, 수생식물원, 다육식물원, 열대식물원 등 여섯 가지의 주제를 가지고 식물을 전시하고 있다. 화접원에서는 꽃의 여왕이라 불리는 구근베고니아를 볼 수 있으며 수생식물원에서는 다 자라면 잎의 크기가 2m에 달한다는 빅토리아 수련이 눈길을 끈다. 또 열대과수원에는 우리가 잘 알고 있는 바나나, 망고 등을 비롯해 최근 인기를 끌고 있는 카카오까지 다양한 과수들이 자라고 있다. 온실 가운데는 전망탑이 있으니 엘리베이터를 타고 올라가자. 위에 오르면 여미지의 아름다운 모습을 한눈에 담을 수 있으며, 고개를 들어 멀리 바라보면 넓게 펼쳐진 제주 중문 앞바다의 시원한 풍경이 창 너머 펼쳐진다. 맑은 날이면 마라도까지 조망할 수 있다. 하나하나 주제를 가지며 한데 모여 어울리는 온실식물원이 실내악이라면 야외식물원의 다양하며 웅장한 그 느낌은 교향악에 비유할 수 있을 것이다. 한국정원, 일본정원을 비롯해 프랑스정원과 이탈리아정원이 만들어져 있어 동, 서양의 정원을 감상할 수 있으며, 침상원과 소철원에서는 형형색색의 꽃들과 사계절 푸르른 야자수들이 열대의 분위기를 만들고 있다. 온실 뒤로는 넓은 잔디광장 주변으로 놓인 의자에 앉아 한가로이 쉬는 사람들이 많다. 관람 전이나 또는 관람을 마치고 나오면서 입구에서 대기하고 있는 관람차를 타고 식물원 전체를 한 바퀴 돌아보는 것도 여미지를 즐기는 방법이다.

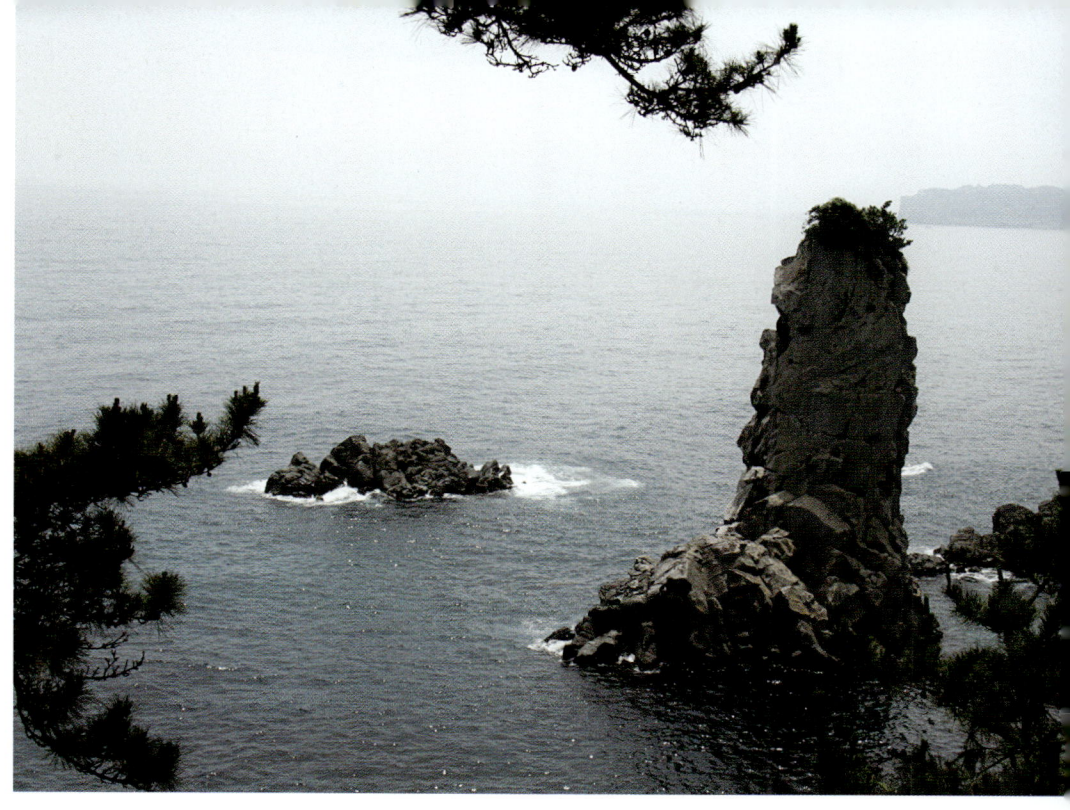

외돌개   외롭게 홀로 서 있는 바위에 전하는 이야기

| 위치 | 제주특별자치도 서귀포시 서홍동 791 인근
| 운영시간 | 종일, 연중무휴

▶ MINI DATA
| 입장료 | 없음   주차 | 가능   분류 | 바다, 섬

외돌개는 제주의 바다 가운데서 화산활동으로 인하여 분출된 용암이 식어 만들어진 바위이다. 100만 년 전 바다 속에서 폭발하며 붉은 용암과 푸른 바다가 만나 하얀 연기를 만들었을 장면을 상상해보자. 외돌개는 이름에서 알 수 있듯 혼자 따로 바다를 뚫고 불쑥 솟아나 있는데 높이가 20m에 달한다. 특이한 모양의 바위들이 그렇듯 외돌개도 옛날 이야기를 전하고 있는데, 그것은 고려 말 최영 장군에 얽힌 내용이다. 최영 장군이 제주의 원나라 세력을 물리치면서 마지막으로 외돌개 앞으로 보이는 밤섬을 토벌하게 되는데, 그때 외돌개를 장수로 치장시켜 원나라 세력의 기를 꺾었다고 하는 이야기로 이때부터 '장군석'이라는 또 다른 이름이 붙었다. 또 고기잡이 나간 할아버지를 기다리다 못해 할머니가 외돌개바위로 변했는데 나중에 할아버지의 시신이 바위로 변한 할머니를 찾아와 옆으로 보이는 작은 바위섬으로 변했다는 다른 내용의 이야기도 전한다. 남편과 아들을 바다로 보내고 노심초사하며 기다려야 했던 제주도 어멍의 마음이 담겨 있다 생각하니 흘러듣지 못할 이야기이다. 외돌개와 밤섬 뒤로 넘어가는 일몰의 풍경이 멋지고, 산책로를 따라 해안가로 내려가면 일제 때 군사기지로 파놓은 동굴을 볼 수 있다.

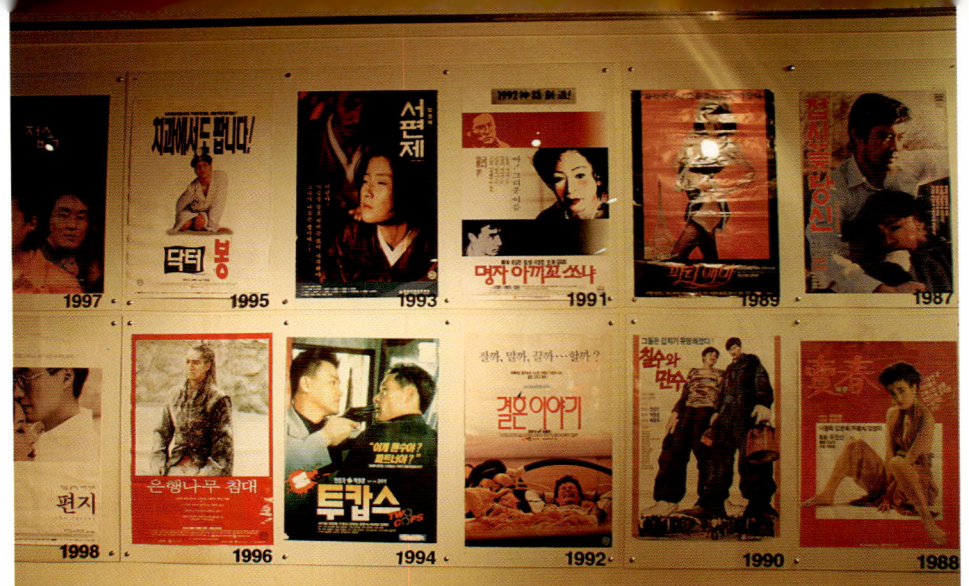

신영 영화박물관   우리나라 최초의 영화박물관

위치 | 제주특별자치도 서귀포시 남원읍 남원리 2380
　　　제주특별자치도 서귀포시 남원읍 태위로 536
운영시간 | 10:00~18:00, 7~8월 10:00~19:00, 연중무휴

▶ MINI DATA
입장료 | 있음 　 주차 | 가능 　 분류 | 박물관

영화배우 신영균이 세운 한국 최초의 영화박물관인 신영 영화박물관은 남원 해안 경승지인 '큰엉'에 자리 잡은 하얀색 건물 외관부터 눈길을 사로잡는다. 로미오와 줄리엣의 사랑 이야기를 모티브로 지어졌다는 지하 1층, 지상 2층의 박물관은 단순한 자료 전시 공간이 아니라 관람객이 각각의 공간을 돌아보며 직접 체험하며 즐길 수 있도록 꾸며져 있다. 한국 영화 발전에 기여한 배우와 영화인들을 기리는 명예의 전당을 돌아보고 한국 영화사와 국내 영화제의 수상 연보를 살펴볼 수 있다. 영화의 역사관에서는 영화가 탄생하게 된 배경과 영화 제작 원리를 비롯해 세계 영화사를 담은 영상물을 관람할 수 있고, 영화 「왕의 남자」, 「태극기 휘날리며」, 「실미도」에 쓰여진 소품들도 전시되어 있다. 특히 키스의 미학이라는 이름이 붙은 코너는 연인이나 부부가 영화 속 키스 신을 따라해 보며 즉석에서 사진을 찍어 받아볼 수 있어 인기가 많고 애

니메이션의 촬영기법과 제작과정을 보여주는 코너는 어린이 관람객에게 인기다. 2층으로 올라가면 각종 영상 촬영기법을 직접 체험해볼 수 있는 체험관이 있고 지하의 영상관은 관람객이 궁중복이나 평민복을 입고 기념 촬영을 할 수 있도록 꾸며져 있다. 야외 공간에는 유명 영화배우들을 실제 크기의 모형으로 만들어 전시해 놓았고 아름다운 큰엉 해안선을 따라 산책로가 잘 꾸며져 있어 박물관을 찾는 여행객에게 또 다른 즐거움을 선물한다.

> ### → 큰엉, 제주도 해안의 멋진 경치
> 큰엉은 제주도 해안절경 중 한 곳이다. 섭지코지 등 다른 유명한 해안들과 달리 큰엉은 언제 찾아도 여유로워 좋다. 또 하나, 큰엉의 특징을 찾자면 해안을 따라 만들어진 보호대를 제외하고는 사람의 손을 거의 타지 않았다는 것으로 자연 그대로의 아름다움을 즐길 수 있는 곳이다.

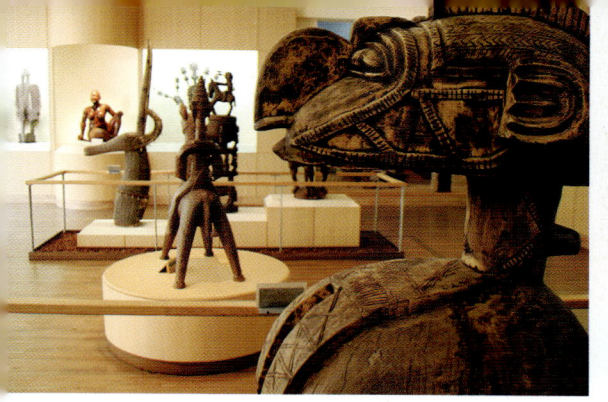

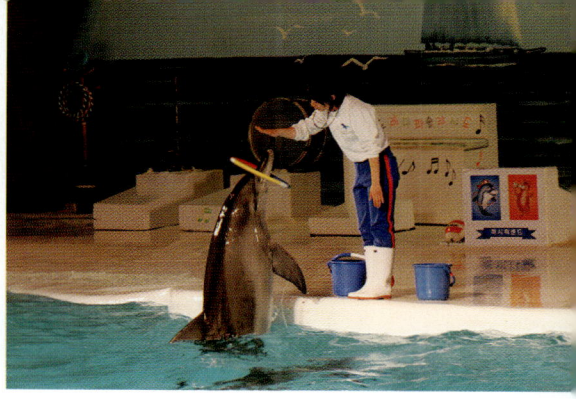

아프리카박물관
국내 최고의 아프리카 전문 박물관

| 위치 | 제주특별자치도 서귀포시 대포동 1833
제주특별자치도 서귀포시 이어도로 49
| 운영시간 | 09:00~19:00, 연중무휴

▶ MINI DATA
| 입장료 | 있음　주차 | 가능　분류 | 박물관

18세기부터 20세기까지의 아프리카 미술품을 전시하고 있는 아프리카 전문 박물관이다. 1998년 서울 대학로에 문을 열었던 아프리카박물관이 2005년 제주도로 옮겨왔다. 유네스코 지정 세계문화유산인 아프리카 말리공화국의 젠네 대사원을 본떠 만든 건물 외관이 독특하다. 1층과 2층 전시실은 아프리카만의 독특한 생명력을 느낄 수 있는 작품들로 꾸며져 있다. 가면 등의 다양한 조형물을 비롯해 자연에 순응하며 살아가는 아프리카의 삶의 모습을 보여준다. 서양인의 시각에 의해 왜곡된 아프리카의 문화와 예술 세계를 새로운 시각에서 바라볼 수 있게 해주는 공간으로 전시물에 대한 자세한 설명도 들을 수 있다. 월요일을 제외하고 매일 세 차례에 걸쳐 열리는 세네갈에서 온 아프리카민속공연단의 공연을 관람하는 것도 독특한 즐거움이니 놓치지 말자. 저렴한 가격으로 아프리카 공예품을 구입할 수도 있다. 먼 나라, 미지의 문명이라 여겨왔던 아프리카가 이곳 제주에서 더욱 가까워진 느낌이다.

퍼시픽랜드(마린스테이지)
3가지 쇼를 한자리에서

| 위치 | 제주특별자치도 서귀포시 색달동 2950-4
제주특별자치도 서귀포시 중문관광로 154-17
| 운영시간 | 11:00/13:00/15:00/16:30,
성수기 10:30/12:00/13:30/17:00, 연중무휴

▶ MINI DATA
| 입장료 | 있음　주차 | 가능　분류 | 축제, 공연

퍼시픽랜드(마린스테이지)는 바다사자 쇼와 원숭이 쇼 그리고 돌고래 쇼까지 한 번에 3가지 공연을 볼 수 있는 공연장이다. 공연장에 들어가면 앞으로 커다란 수조가 있고 그 뒤로 무대가 펼쳐진다. 가장 먼저 시작되는 공연은 원숭이 쇼로, 원숭이는 조련사의 말에 따라 다양한 묘기를 펼치는데 철봉에 매달리기도 하고 자전거를 타기도 하는 등 사람처럼 여러 가지 활동을 자유자재로 펼치는 모습이 귀엽다. 가끔 실수하면서 멋쩍어하는 모습과 조련사의 말을 듣지 않고 제멋대로 행동하는 장면이 관람객들에게 큰 웃음을 선사하기도 한다. 2부 순서는 바다사자 쇼이다. 육중한 몸이 둔해 보이지만 물에 들어가면 날렵하게 움직이는 모습이 놀랍다. 무대로 올라가 공을 가지고 재롱을 부리며 함께 악기를 연주하는데 음이 제법 맞는 것이 신기하다. 이곳 쇼의 백미는 돌고래 쇼로 여러 마리가 함께 나와 군무를 펼치는데 물속을 시원하게 헤엄치다 힘차게 날아오르는가 하면 공을 골대에 넣는 등의 다양한 모습을 보여준다.

제주 민속촌박물관

제주의 모든 생활사를 한자리에

위치 | 제주특별자치도 제주시 삼양삼동 2505
　　　 제주특별자치도 제주시 일주동로 293-1
운영시간 | 08:00~18:00, 연중무휴

▶ MINI DATA
| 입장료 | 있음　　주차 | 가능　　분류 | 박물관

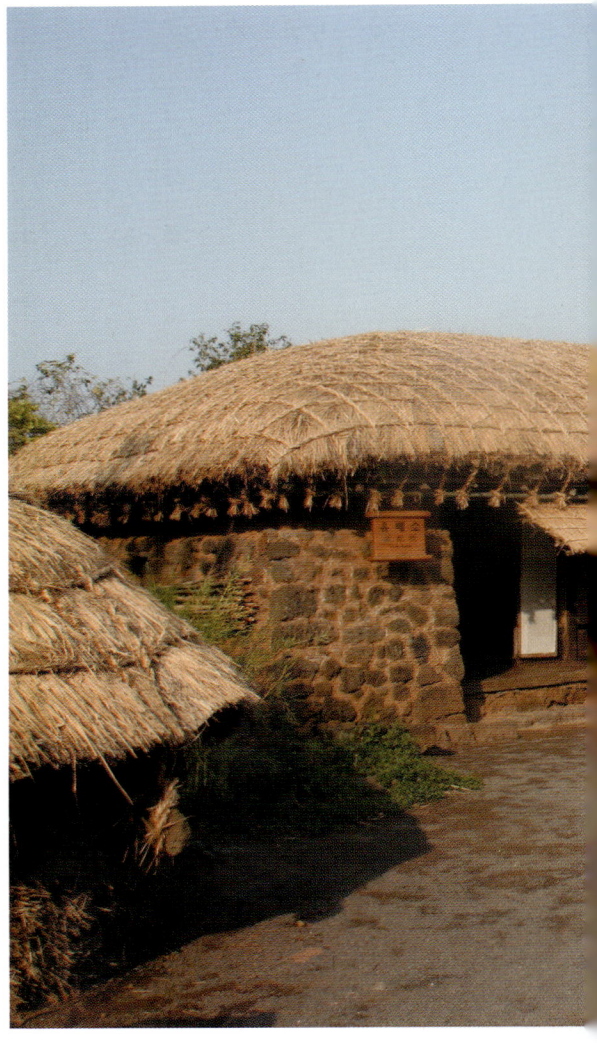

제주의 전통 생활 풍속을 그대로 재현해놓은 공간이
다. 100여 채에 이르는 제주의 전통 가옥이 그대로
옮겨져 있다. 산촌, 중산간촌, 어촌, 무속신앙촌 등으
로 나누어 제주도 특유의 민속 문화를 한눈에 둘러볼
수 있으며 그 안에는 생활용품, 농기구와 어구들을
비롯해 가구와 석물까지 약 8,000여 점의 자료들이
함께 전시되어 있다. 가옥 내에서는 민속 공예품을
만드는 장인들의 솜씨를 지켜볼 수도 있다. 산촌마을
에서는 막살이집, 외기둥집, 사냥꾼의 집, 목축업의
집 등 한라산 일대의 산촌 가옥 형태를 알 수 있으며
각 가옥 안에 정주석과 정낭, 허벅, 나막신, 갈옷, 가
죽감태, 족덫 등의 생활용구와 사냥도구 등이 전시되
어 있다. 해발 100~300m에 이르는 구릉 지대의 가
옥 형태를 보여주는 중산간촌에는 종갓집, 유배소,
서당, 대장간, 나무 농가 등과 그 안에 숯굴, 애기구
덕, 멍석, 남절구, 씨앗틀 등의 농기구가 전시되어 있
다. 자연용출수가 있는 곳을 중심으로 형성된 제주의
어촌 마을을 보여주는 어촌에는 어부의 집, 해녀의
집과 어구 전시관 등이 있으며 광령물통, 갈치술, 테
우, 빗창, 테왁 등의 어구가 전시되어 있다. 무속신앙
이 발달한 제주의 모습을 보여주는 무속신앙촌에는
심방집, 포제단, 해신당, 미륵당 등의 건물에 동자석,
방사탑과 무구 등이 전시되어 있다. 제주 관아를 재
현해놓은 제주영문에는 향청, 영리청, 연희각, 옥사
등이 있고 형틀과 동돌, 투호 등이 전시되어 있다. 이
밖에도 제주의 전통 공예품을 전시한 공예방과 민구

류 전시관, 제주의 전래작물 100여 종을 재배하고 있
는 향토재배 작물밭도 둘러볼 수 있다. 시끌벅적 장
터를 재현해놓은 민속장터에서는 다양한 제주 먹거
리를 즐길 수 있으며 놀이마당에서는 씨름, 투호, 널
뛰기, 팽이치기 등 전래 놀이를 체험해볼 수 있고 승
마체험과 전통혼례체험도 할 수 있다. 무형문화의 집

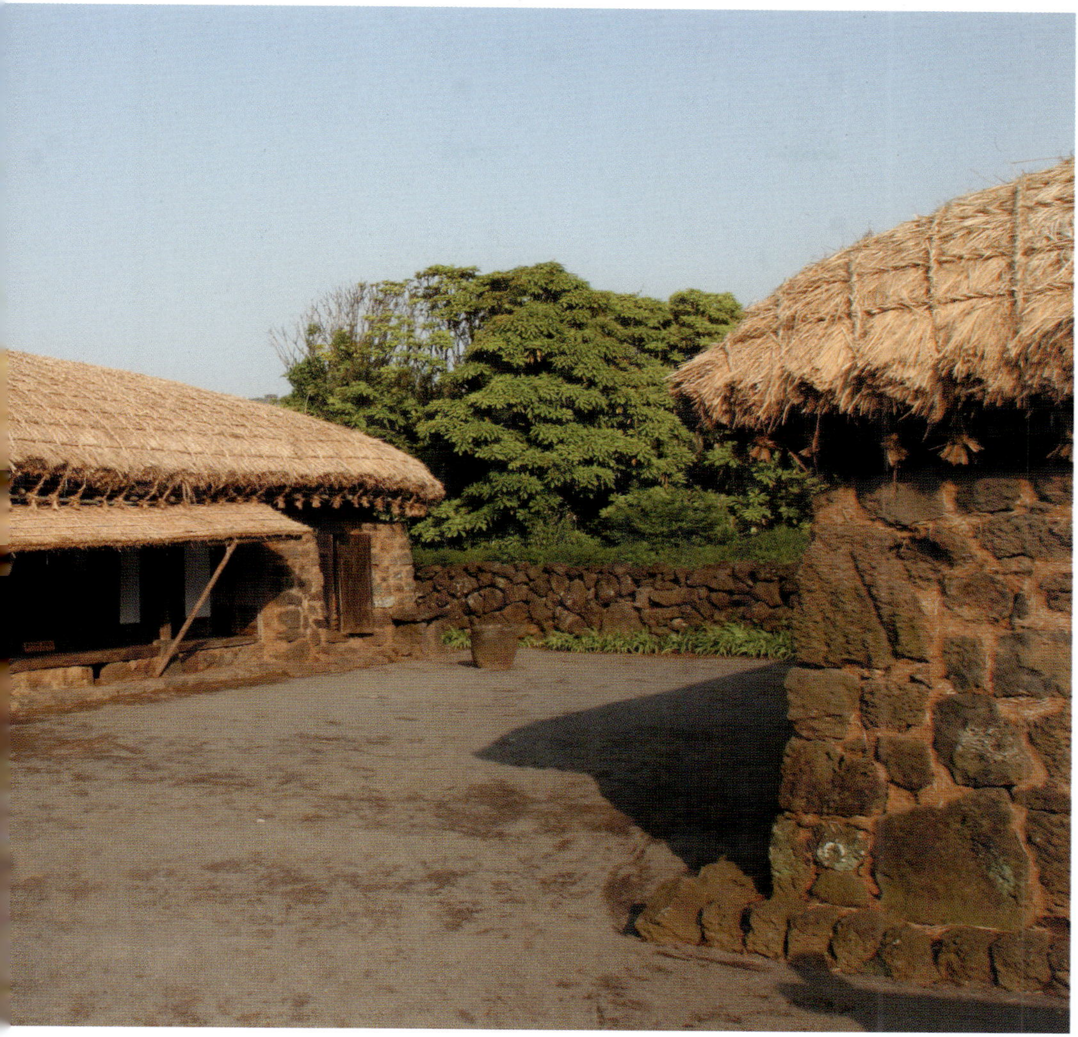

에서 영상자료와 녹음자료를 통해 사라져가는 제주
의 모습을 만나보는 것도 특별한 시간이 된다.

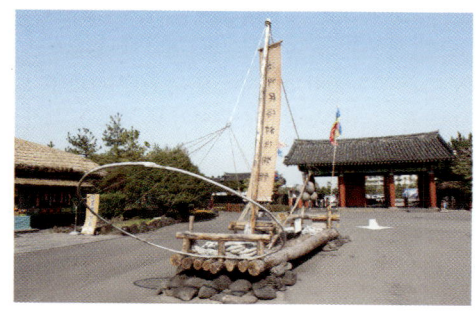

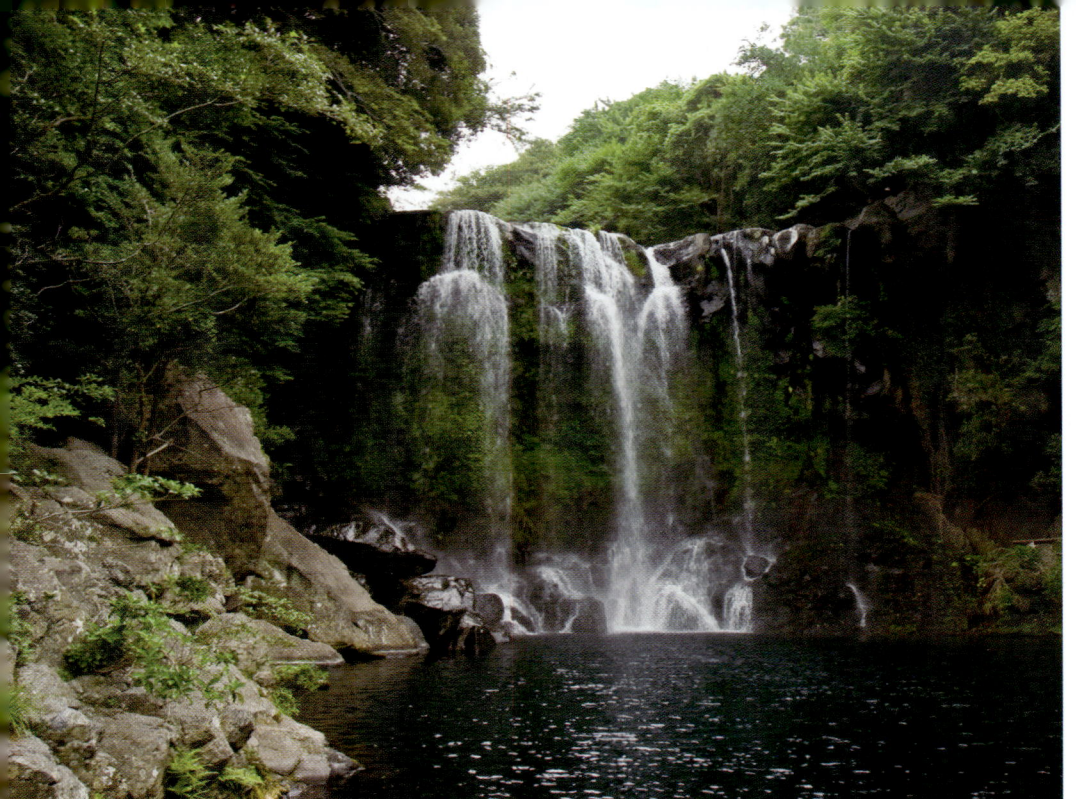

천제연폭포 칠선녀가 내려와 목욕하는 곳

위치 | 제주특별자치도 서귀포시 중문동 2232 인근
　　　제주특별자치도 서귀포시 천제연로 132 인근
운영시간 | 08:00~일몰, 연중무휴

▶ MINI DATA
| 입장료 | 있음　주차 | 가능　분류 | 강, 유원지

중문관광단지에 있는 천제연폭포는 옥황상제의 못이라는 의미를 담고 있는데 여기에는 밤마다 옥황상제를 모시는 칠선녀가 폭포에 와서 목욕을 하고 놀다간다는 전설이 전해지고 있다. 천제연폭포로 올라가는 계곡에는 칠선녀를 조각한 선임교가 놓여 있다. 3단으로 이루어진 폭포로 중문동 위쪽 산기슭에서 발원한 물줄기가 바다를 향해 내려오며 22m 높이에서 떨어져 제1폭포를 만들고 그 폭포는 다시 수심 21m의 소를 이루고 제2폭포, 제3폭포를 만들며 바다로 흘러간다. 제1폭포의 양쪽은 우거진 상록수와 덩굴식물,

관목류가 무성하게 자라고 희귀식물인 송엽란, 담팔수 등이 자생하는 난대림 지역으로 천연기념물 제378호로 지정되어 있다. 폭포와 더불어 또 하나의 장관을 보여주는 20여 그루의 담팔수는 지방기념물 제14호로 지정되어 있다. 백중, 처서 때 제1폭포 동쪽의 동굴에서 쏟아지는 물을 맞으면 모든 병이 사라진다고 해서 많은 사람들이 찾았으나 현재는 출입이 금지되어 있다. 하지만 기암절벽에서 쏟아지는 하얀 물기둥을 보는 것만으로도 답답했던 마음이 시원하게 뚫리는 곳이다.

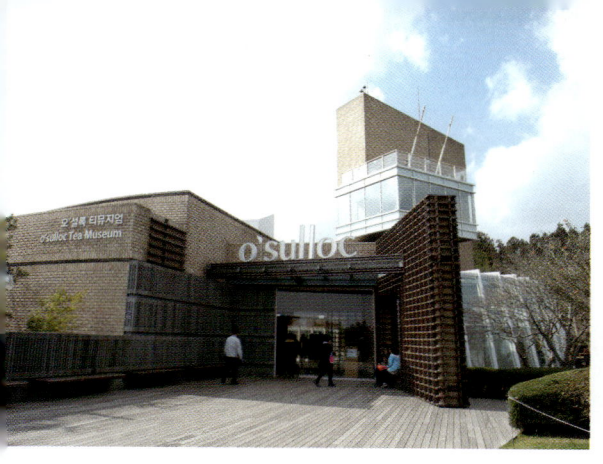

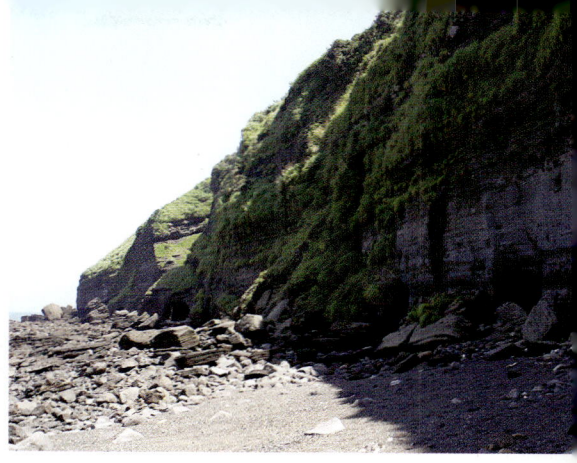

오설록뮤지엄
광활한 녹차밭을 달리자

| 위치 | 제주특별자치도 서귀포시 안덕면 서광리 1235-1
제주특별자치도 서귀포시 안덕면 신화역사로 15
운영시간 | 10~3월 09:00~17:00, 4~9월 09:00~18:00,
연중무휴

▶ MINI DATA

| 입장료 | 없음　주차 | 가능　분류 | 전시, 체험시설

녹차를 생산하는 회사, ㈜태평양에서 만든 국내 최초의 차 전문 박물관이다. 100만 여 그루의 차나무가 지평선을 이루는 곳으로 드라마 〈아일랜드〉에서 주인공이 입양된 나라인 아일랜드가 배경이 되는 부분을 이곳에서 촬영했을 정도로 이국적인 분위기를 물씬 풍기는 곳이다. 녹차밭 한쪽 언덕에 세워진 박물관 안으로 들어가면 우리 고유의 향기에 흠뻑 취할 수 있는 녹차와 전통 다기들을 만날 수 있다. 상설전시관, 선물코너, 전망대로 이루어진 공간 곳곳에 녹차 향이 가득하며 가야시대에서부터 조선시대까지 쓰였던 찻잔 140여 점이 전시되어 있다. 녹차의 역사, 차를 만드는 과정 등을 담은 영상물도 상영된다. 느긋하게 녹차를 마실 수 있는 찻집도 운영 중이다. 전망대에서는 멀리 한라산과 넓게 펼쳐진 푸른 다원의 풍경을 감상할 수 있으며 잘 가꿔진 산책로와 초록의 녹차밭 사이로 난 드라이브 코스도 여행객에게 사랑받는 길이다.

송악산과 일제 인공동굴
바다와 오름이 전해주는 노래

| 위치 | 제주특별차지도 서귀포시 대정읍 상모리 산2
제주특별자치도 서귀포시 대정읍 형제해안로 일대
운영시간 | 종일, 연중무휴

▶ MINI DATA

| 입장료 | 없음　주차 | 가능　분류 | 역사, 문화유적

제주도 서남쪽에 위치한 송악산은 산세가 웅장하거나 아름답다고는 할 수 없지만 부드러운 봉우리의 능선을 따라 정상에 올라 바라보는 바다의 경관이 빼어나다. 정상에 오르면 가까이로는 우리나라 최남단 가파도와 마라도가 바라다보이고, 멀리 웅장한 한라산이 버티고 있다. 태평양을 바라보고 귀를 기울이면 해안 절벽을 때리는 파도 소리가 가슴을 울리는 듯한데 송악산 분화구를 파고드는 파도 소리로 '절울이오름'이라는 또 다른 이름도 갖고 있다. 제주의 다른 오름들과는 달리 여러 개의 봉우리로 이루어진 것이 특징이다. 해발 104m의 주봉을 중심으로 서너 개의 봉우리들이 솟아 있다. 해안가 절벽에는 인기 드라마 〈대장금〉의 마지막 촬영지였던 진지동굴을 비롯해 일제가 자살폭격용 소형 선박을 숨겨두기 위해 뚫어놓은 인공 동굴 15개가 가슴 아픈 역사의 상처로 남아 있다.

추사 거적지

학문과 예술 세계를 꽃피운 추사의 마음이 서린 곳

| 위치 | 제주특별자치도 서귀포시 대정읍 안성리 1661-1 일대
        제주특별자치도 서귀포시 대정읍 추사로 44 일대
| 운영시간 | 09:00~18:00, 연중무휴

▶ MINI DATA
| 입장료 | 있음   주차 | 가능   분류 | 역사, 문화유적

대정현은 추사 김정희가 유배를 와 9년 동안 머물렀던 곳이다. 조선시대 형벌에는 태·장·도·유형과 함께 사형이 있었는데, 유배에 해당하는 유형은 사형을 면한 형벌로 죄가 무거울수록 임금과 멀리 떨어진 곳으로 보냈다고 한다. 제주도로 유배를 오면 제주관아가 있던 제주목에 머무르는 것이 대부분이나, 추사는 제주목에서도 한참 떨어진 대정까지 유배를 왔으니 정쟁이 극심했던 당시의 상황을 짐작해볼 수 있겠다. 경주 김씨 집안에서 태어나 북학의 대가이던 박제가를 스승으로 두었으며 문과에 급제한 후 규장각을 거쳤고 성균관 대사성, 형조참판을 지내며 소위 '잘 나

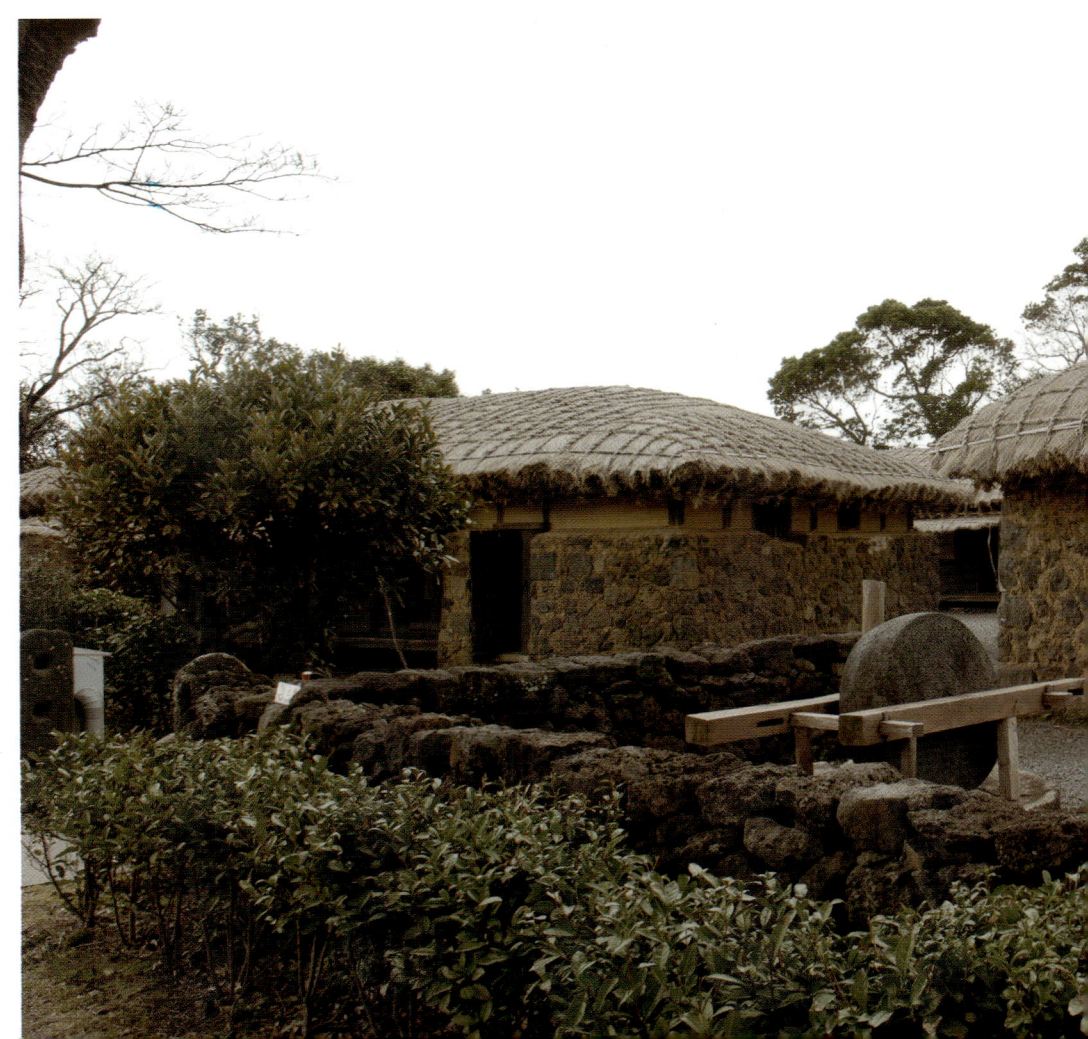

가던' 시절을 보냈으나 55세 되던 해 안동 김씨 세력과 벌이던 정쟁에서 밀려나 제주도로 유배 오게 된다. 유배 중에서도 집 밖으로 나가지 못하는 '위리안치' 형을 받는데 이는 지금도 담장을 두르고 있는 가시 달린 탱자나무를 통해 알 수 있다. 하지만, 지식인이 귀했던 제주이기에 당대 최고의 석학이자 청나라에까지 이름을 알리던 인물인 추사에게 학문을 배우려는 사람이 줄을 이었다고 한다. 추사가 머물렀던 원래 집은 제주 4·3항쟁 때 불타버려 후에 복원을 했는데 그 집은 제주도 민가의 원형을 잘 보여준다. 추사는 이곳에서 오랜 유배생활을 하면서 마음자세

가 변하게 되는데 그와 관련한 유명한 일화가 전해진다. 제주도로 유배를 오면서 벗이었던 초의선사를 만나기 위해 해남 대흥사를 찾았다고 한다. 그때 대흥사에 걸려 있던 원교 이광사의 '대웅보전' 글씨를 보고는 마음에 들지 않는다며 떼버리라고 했다 한다. 하지만 유배를 마치고 돌아오는 길에 다시 이곳에 들러 예전에 자신이 잘못 보았다며 다시 걸어달라고 하고 자신의 글씨는 뒷방에 걸어달라 부탁을 하였으니 거적지에서의 생활이 겸손한 마음을 만들었으며, 그로 인하여 독특한 예술성을 가진 추사체와 글과 그림이 어우러진 그림인 세한도를 제주에서 완성할 수 있었던 것이다.

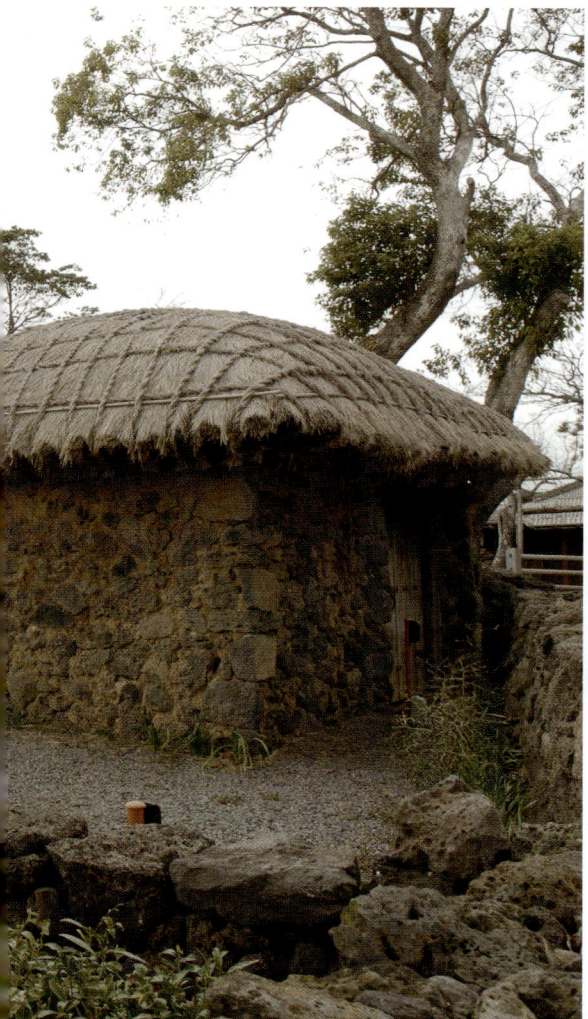

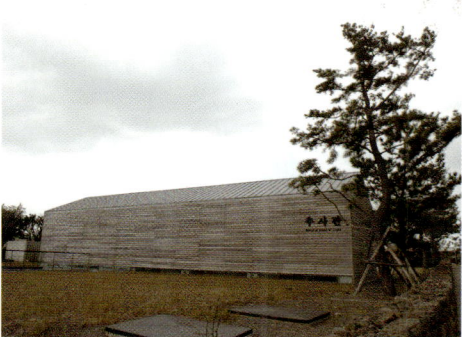

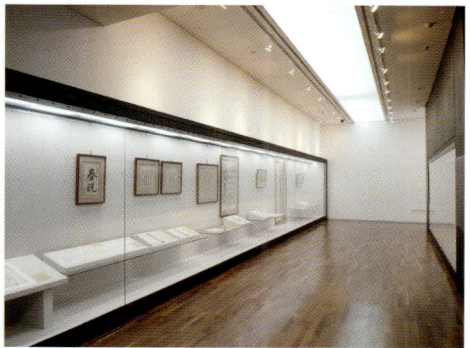

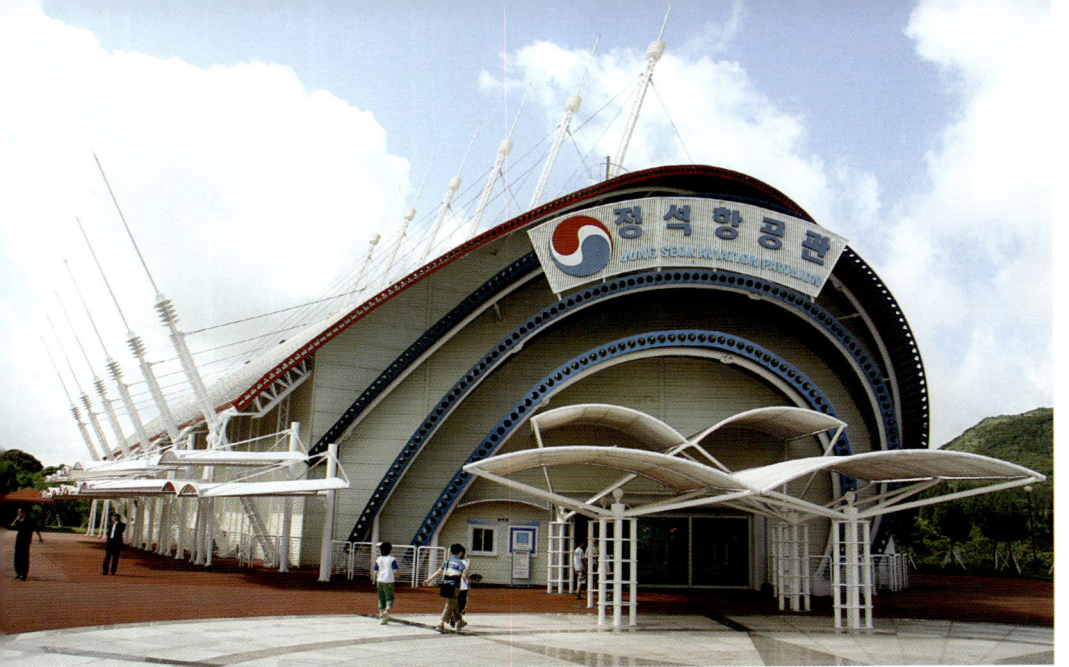

정석항공관 대한항공에서 운영하는 항공전시관

위치 | 제주특별자치도 서귀포시 표선면 가시리 3795-2
　　　제주특별자치도 서귀포시 표선면 녹산로 554
운영시간 | 09:00~17:00, 월요일 휴관

▶ MINI DATA
| 입장료 | 없음　　주차 | 가능　　분류 | 전시, 체험시설

정석항공관은 대한항공에서 운영하는 항공박물관이다. 항공관이 있는 표선면에는 대한항공에서 운영하는 제주비행훈련원이 함께 있어 활주로를 오가는 비행기들을 멀리서나마 함께 볼 수 있다. 전시관은 그리 크지 않은 규모이지만 항공의 역사를 비롯하여 항공기의 비행 원리 등을 설명하고 있으며, 현재 운영하고 있는 항공기의 모형과 블랙박스, 항공기 부품 등이 알차게 전시되어 있다. 또한 대한항공의 역사를 비롯해 그동안 변화해온 승무원복을 전시하고 있어 눈길을 끈다. 최근 만들어진 것으로 하늘에서 바라본 제주의 모습을 담고 있는 탑다운시티코너도 인기이다. 야외에도 몇 가지 전시물이 있는데 그중에서는 현재 운용 중인 에어버스사의 A-300의 실제 랜딩기어를 가져다놓아 그 크기와 구조를 가까이에서 확인

할 수 있게 해놓은 것이 인상적이다. 전시관 한쪽에 A-300 비행기 조종 콕핏이 마련되어 있어 일반인도 직접 자리에 앉아 비행기를 조종해보는 기분을 낼 수 있다. 무엇보다 이곳을 찾는 이유는 360° 상영관인 서클비전 때문인데, 한 소녀가 세계의 친구들과 펜팔을 통해 세계여행을 하는 내용으로 사방을 비추는 화면을 보면서 여러 나라의 멋진 풍경을 감상할 수 있다. 정석항공관에서 조천읍에 이르는 길은 봄이면 유채가 만발하는 아름다운 길이라, 관람 후에 아름다운 꽃길을 따라 드라이브를 즐겨보는 것도 좋겠다.

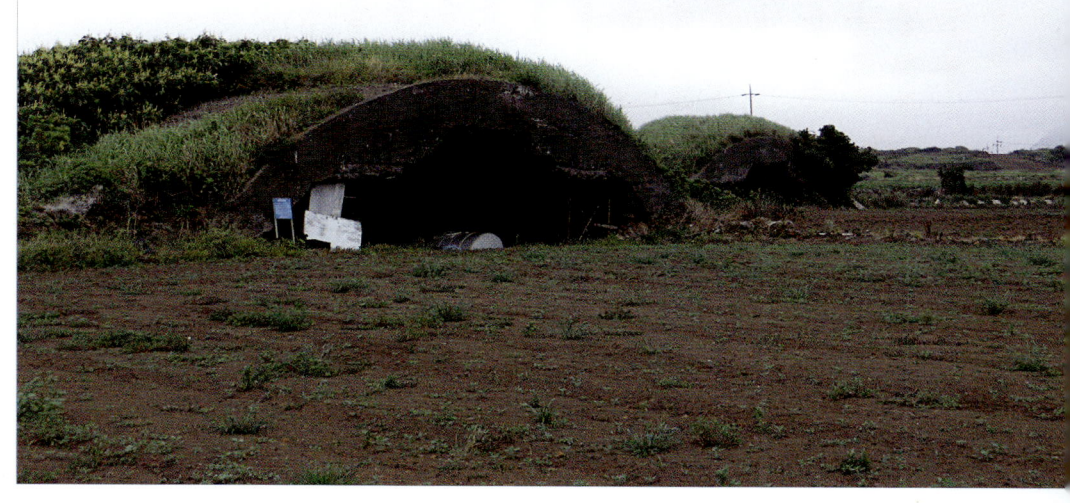

알뜨르비행장 일제가 남긴 흉물스러운 격납고

위치 | 제주특별자치도 서귀포시 대정읍 상모리 1489, 1542
　　　 제주특별자치도 서귀포시 대정읍 송악관광로 일대
운영시간 | 종일, 연중무휴

▶ MINI DATA
| 입장료 | 없음　　주차 | 가능　　분류 | 역사, 문화유적

알뜨르는 '아래쪽 벌판'이라는 뜻을 가진 예쁜 이름이지만 알뜨르 곳곳에 입을 벌린 채 듬성듬성 놓여 있는 콘크리트 건축물은 흉물스럽다. 알뜨르의 너른 벌판은 일제 때 비행장이 있던 자리로 제주도 북쪽, 지금 제주국제공항으로 쓰이는 정뜨르 비행장과 함께 대표적인 일제의 군사시설이다. 1920년대 중반부터 모슬포 지역의 주민들을 동원하여 활주로를 비롯한 비행기 격납고와 탄약고 등을 10년에 걸쳐 세웠는데, 후에 다시 한 번 더 확장을 하게 된다. 중일전쟁을 벌였던 일본은 알뜨르를 전쟁의 전초 기지로 삼았고, 일본에서 이곳으로 날아온 비행기가 주유를 하면 상하이, 베이징, 난징까지 공습 가능하였다고 한다. 전선을 남쪽으로 확대해나가던 일본은 진주만공습으로 시작된 미국과의 전쟁을 위하여 남부 해안을 군사기지화하면서 원래 66ha였던 알뜨르비행장을 264ha의 규모로 확장했다. 패색이 짙어진 일본이 극단적으로 내세운 전술인 가미카제를 위한 조종 훈련을 이곳에서 했다고 하니 섬뜩하면서도 가슴 아픈 역사가 아닐 수 없다. 격납고는 폭격에 견디기 위해 얼마나 단단하게 만들었는지 지금도 웬만한 중장비로는 끄떡도 않는다고 한다. 배추밭, 감자밭 군데군데 20여 기의 격납고가 놓여 있으며 안으로 들어가볼 수 있다. 인근 송악산 해안진지, 가마오름 평화박물관과 함께 제주에 남은 일제의 군사유적으로, 일제와 전쟁의 광기를 기억하며 평화의 섬으로 다시 태어난 제주와 우리 땅에 다시는 이러한 일이 일어나지 않기를 소망한다.

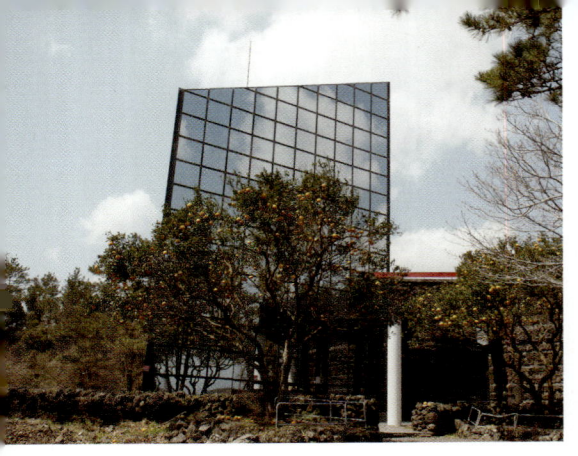

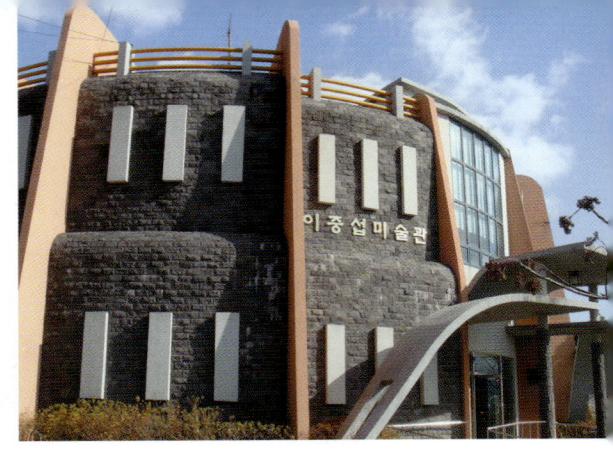

제주 조각공원
제주의 하늘 아래서 만나는 야외 조각 공원

위치 | 제주특별자치도 서귀포시 안덕면 덕수리 산27
　　　제주특별자치도 서귀포시 안덕면 일주서로 1836
운영시간 | 08:30~19:30, 연중무휴

▶ MINI DATA
| 입장료 | 있음　　주차 | 가능　　분류 | 전시, 체험시설

이중섭 미술관과 생가
제주에서 만나는 화가 이중섭

위치 | 미술관 제주특별자치도 서귀포시 서귀동 532-1
　　　(이중섭로 27-3)
　　　생가 제주특별자치도 서귀포시 서귀동 512-1
　　　(이중섭로 29)
운영시간 | 미술관 09:00~18:00, 매주 월요일 휴관

▶ MINI DATA
| 입장료 | 있음　　주차 | 가능　　분류 | 박물관

1987년 제주의 원시림 사이에 개관한 제주 조각공원은 자연과 인간, 예술의 만남을 주제로 국내 유명 작가들의 조각품을 전시하고 있다. 정문으로 들어서면 입구에 서 있는 70년 수령의 하귤나무와 공원을 상징하는 삼각타워가 눈길을 끌며 42ha 넓이의 공원 안에 조각가 109명이 만든 190여 점의 조각품들이 주변 경관과 멋진 조화를 이루고 있고 야외광장에서는 음악, 무용 등의 공연도 볼 수 있다. 야영장과 어린이 놀이시설도 갖추고 있으며 누구나 작품활동을 하고 전시도 할 수 있는 작가의 집도 이색적이다. 사랑의 숲, 곶자왓길 등 산책로도 잘 가꾸어져 있으며 공원 내의 전망대에 오르면 산방산과 형제섬이 바라다보이고 한라산, 마라도까지 조망할 수 있다. 천혜의 자연 환경을 가진 제주에서 작품성 있는 조각품을 감상하며 산책할 수 있는 풍요로운 시간을 주는 곳이다.

강한 필치의 소 그림으로 유명한 화가 이중섭을 기념하기 위해 만든 곳으로 6·25전쟁 중 피난민으로 제주에 내려와 일본인 아내, 두 아들과 함께 기거했던 집을 서귀포시에서 인수해 기념관으로 단장하고 그 뒤편에 미술관을 세웠다. 궁핍한 피난민의 생활이었지만 가족과 함께였기에 제주에서 그려낸 이중섭의 그림들은 더욱 뛰어나다는 평가를 받는다. 기념관은 초가지붕의 제주 전통 가옥으로 그나마도 이중섭이 기거했던 곳은 달랑 방 한 칸이었다고 한다. 그래도 이중섭의 가족은 서귀포에서 가장 행복한 시간을 보냈고 작가는 그 짧은 시기를 지상 낙원으로 표현해냈다. 툇마루에 앉아 굴곡진 작가의 삶을 되짚어보는 것도 의미 있는 일이겠다. 돌담을 따라 야트막한 언덕 위의 이중섭미술관으로 들어가면 상설전시실에서는 그의 작품들을 감상할 수 있고 기획전시실에는 이중섭과 가깝게 지냈던 벗들의 작품이 전시되어 있다.

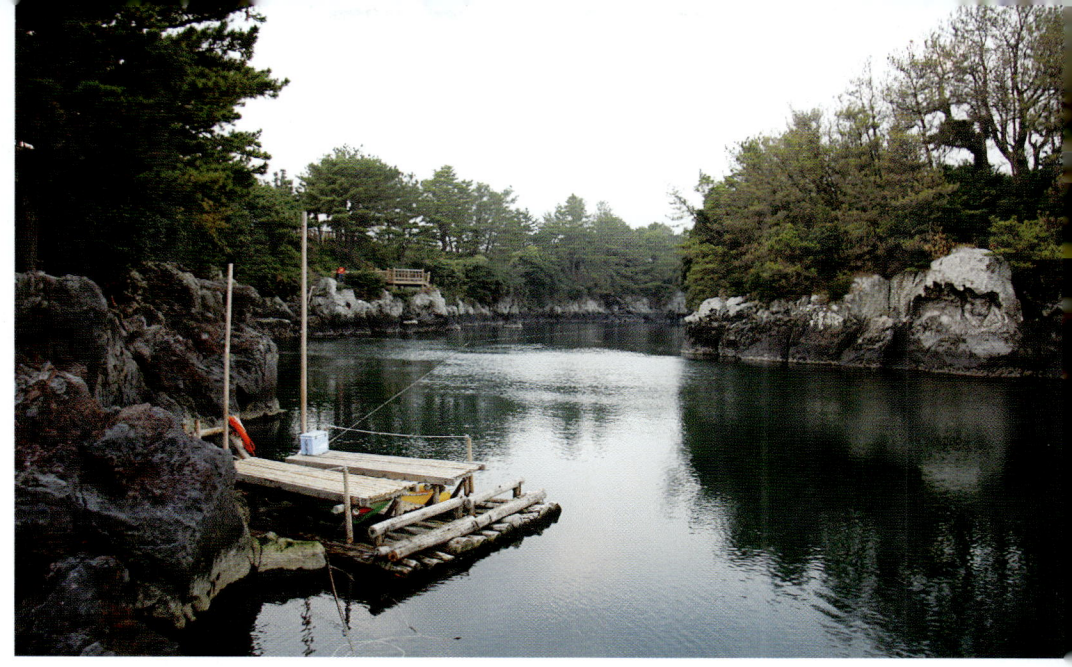

쇠소깍 숨겨진 제주의 비경과 테우 체험

위치 | 제주특별자치도 서귀포시 하효동 995 인근
　　　제주특별자치도 서귀포시 쇠소깍로 128 인근
운영시간 | 종일(체험 문의 후 방문), 연중무휴

▶ MINI DATA
입장료 | 없음　　주차 | 가능　　분류 | 바다, 섬

쇠소깍이란 발음하기도 힘든 이름은 '소가 누워 있는 모습의 연못'이라는 뜻의 '쇠소'에 마지막을 의미하는 '깍'이 더해진 제주 방언이다. 한라산에서 흘러내려 온 물줄기가 제주도 남쪽으로 흐른다는 효돈천의 마지막 자락은 최근까지 제대로 알려지지 않은 숨은 비경이었다. 민물과 바닷물이 합쳐지는 계곡은 그 입구를 막아 천일염을 얻어내는 염전으로도 사용되었다. 미국의 그랜드캐니언을 축소한 듯한 메마른 계곡을 따라 바다로 향하면 끝자락으로 기암괴석과 우거진 숲이 어우러지는 절경이 나타난다. 바위에 비추어지는 민물과 바닷물이 어울리는 빛깔은 유난히 푸르고 맑다. 깊은 속을 그대로 비추는 계곡 바위틈으로 썰물 때면 솟아오르는 지하수의 신기한 경관도 바라볼 수 있다. 이곳은 가뭄을 해소하는 기우제를 지냈던 신성한 땅으로 함부로 돌을 던지거나 물놀이를 하지 못하였다. 계곡 주변을 이어가는 정돈된 산책로를 따라 경관을 관찰하는 것도 좋지만 무엇보다 이곳을 특별하게 만드는 것은 제주 전통 목선 '테우'를 직접 타보는 것이다. 효돈리마을 청년회에서 운영하는 테우는 물에 절인 나무를 이어 만든 뗏목처럼 생긴 조각배다. 별도의 동력도 없이 사람의 힘과 바람으로 항해하는 배가 위태로워 보이지만 바람과 해류에 익숙한 현지인들에겐 제주도와 외부를 잇는 무역선이기도 하였다. 비록 밧줄에 묶인 배를 타는 30여 분의 짧은 승선이지만 쇠소깍의 전설을 들으며 경관을 감상하는 느낌은 여느 곳에서 즐길 수 없는 특별함이 있다.

백조일손지묘

우리 현대사의 비극, 4·3항쟁을 기억하라

| 위치 | 제주특별자치도 서귀포시 대정읍 상모리 586-4
| 운영시간 | 종일, 연중무휴

▶ MINI DATA
| 입장료 | 없음   주차 | 가능   분류 | 역사, 문화유적

백조일손지묘가 만들어지게 된 사연을 알기 위해서는 먼저 1948년 제주에서 일어난 4·3항쟁에 대하여 이해해야 한다. 해방 후 좌우 이념의 경쟁 속에 외세가 개입하면서 남북한 분단정부가 추진되는데 일제 잔재 청산과 자주통일정부를 결의하는 대회가 1947년 3·1절에 제주 시내 관덕정에서 열렸다. 열화와 같은 성원 속에서 집회가 이루어졌으나 대치하고 있던 경찰이 발포를 하게 되고, 이를 항의하며 학생들은 동맹휴업을, 민관은 파업을 하는 등 경찰의 사과를 요구하면서 투쟁을 시작하였다. 미군정과 극우 청년단체인 서북청년단이 나서 제주도민을 강경하게

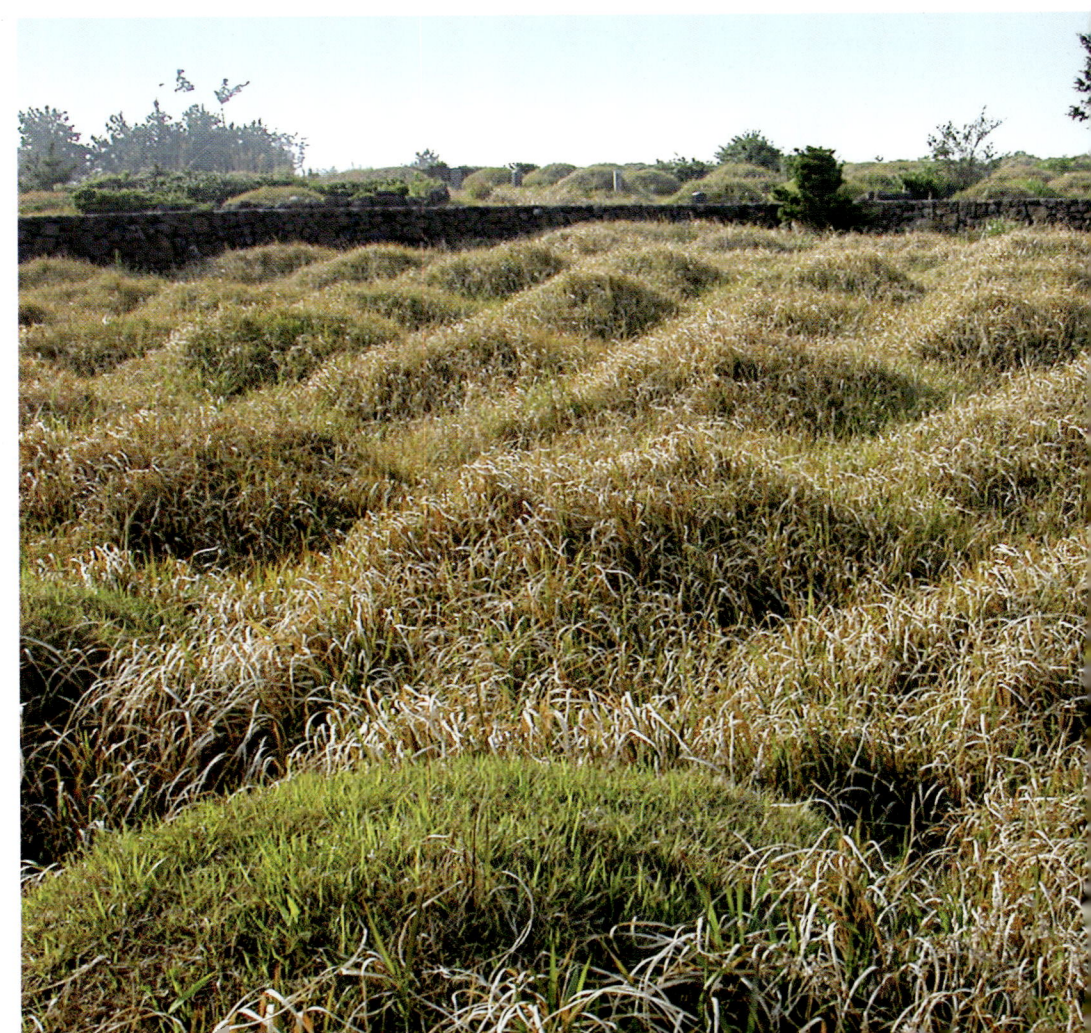

탄압하는데 이때 2,500명이 넘는 사람을 구금한다. 이에 맞서 1948년 4월 3일에 사회주의세력과 도민들이 저항하며 무장봉기를 일으킨 것이 바로 제주 4·3 항쟁이다. 항쟁 발생 직후 군부대의 연대장과 봉기군 사령관 사이의 평화협상이 합의되어 진정될 기미가 보였으나, 우익 세력인 서북청년단이 오라리마을에 불을 지르고 이것을 봉기군의 소행으로 누명을 씌우면서 협상은 깨졌고, 평화협상을 추진했던 연대장이 해임되고 제주도 출신이 아닌 외부 출신으로 강경 진압을 주장하는 연대장이 임명된 후 빨갱이들을 소탕한다는 명목 하에 제주도 전역에서 학살이 자행된다.

1년이 지난 1949년 초에 사태가 진정되며 학살의 광기가 끝나는 듯했으나, 곧이어 한국전쟁이 일어나면서 보도연맹에 가입했던 사람들, 4·3항쟁 때 체포되었던 사람들을 예비검속이라는 명분으로 다시 잡아들여 집단학살을 벌이는데 알뜨르비행장 옆 섯알오름이 그 현장 중 한 곳이다. 인근 대정과 한림의 주민 200여 명을 끌어다 놓고 학살을 벌인 장소이기도 하다. 전쟁이 끝나고도 유족들이 유골을 수습하지 못하다 7년이 지난 1957년에야 현장을 찾았는데 서로 엉킨 유골을 구분할 수 없어서 함께 모아 묘를 만들어 그 억울한 죽음을 추모할 수 있도록 만든 곳이 백조일손지묘이다. 제주의 비극이자 우리 현대사의 상처를 담고 있는 현장인 이곳에 들러 이데올로기에 희생당한 제주도민들의 영령을 생각하며 우리 현대사를 되돌아보는 시간을 가져보자.

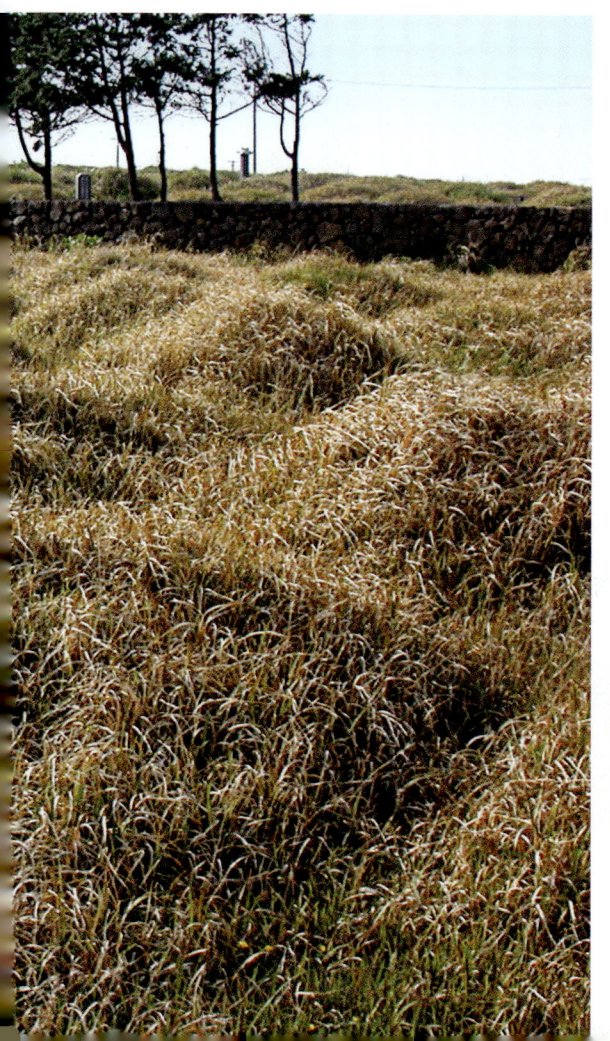

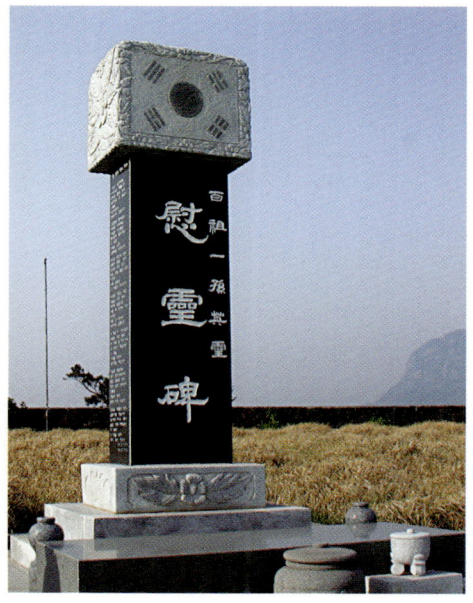

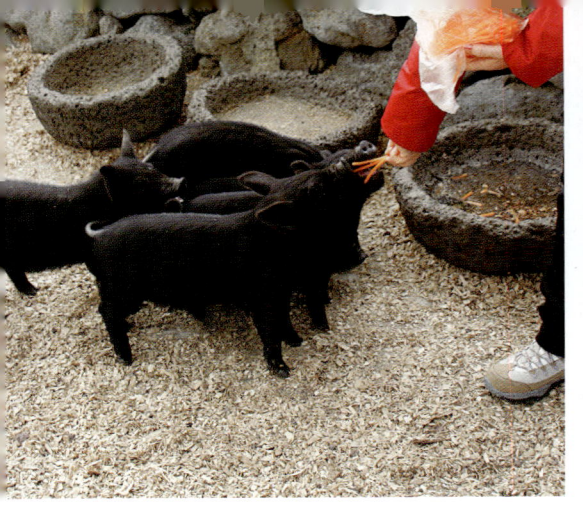
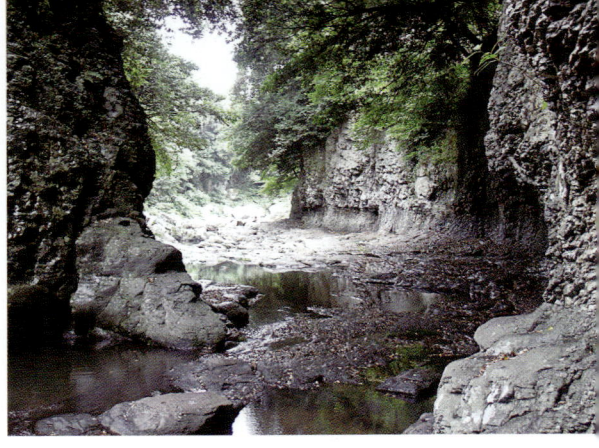

휴애리 자연생활공원

온 몸으로 느끼는 제주의 자연

| 위치 | 제주특별자치도 서귀포시 남원읍 신례리 2081
            제주특별자치도 서귀포시 남원읍 신례동로 256
운영시간 | 09:00~18:00, 연중무휴

▶ MINI DATA

| 입장료 | 있음   주차 | 가능   분류 | 공원

어린이를 동반해서 제주도를 찾은 여행객이라면 꼭 한 번 찾아볼 만한 곳이다. 제주도의 자연을 온몸으로 느낄 수 있도록 다양하게 꾸며진 공원 곳곳을 돌아보며 관광하느라 지친 몸과 마음을 쉬어 가면 좋겠다. 제주의 자연을 형상화한 공간에 전통 가옥과 갤러리, 각종 체험장이 꾸며져 있으며 다람쥐, 토끼, 아기돼지, 염소 등을 키우는 동물농장에서는 동물들에게 직접 먹이를 줄 수 있도록 해 많은 인기를 얻고 있다. 물허벅 체험, 감귤 따기 체험, 소달구지 타기 체험 등 제주의 전통 생활 체험을 할 수 있으며 화산암으로 이루어진 공원을 맨발로 걸어볼 수 있도록 만들어져 있고 걷기가 끝나면 한라산에서 흘러내린 계곡 물에 시원하게 발을 씻을 수 있다. 계절마다 형형색색의 꽃들이 흐드러지는 꽃 광장도 큰 볼거리이다. 기존의 요란한 제주 여행지와는 다른 느낌으로 다가오는 신선한 공간이다.

안덕계곡

숲과 함께 즐기는 계곡 물놀이

| 위치 | 제주특별자치도 서귀포시 안덕면 감산리 359 일대
            제주특별자치도 서귀포시 안덕면 일주서로 1524 일대
운영시간 | 종일, 연중무휴

▶ MINI DATA

| 입장료 | 없음   주차 | 가능   분류 | 산, 계곡, 동굴

제주도에서 가장 아름다운 곳으로 이름난 계곡이 안덕계곡이다. 안덕계곡과 가까운 대정에서 유배살이를 했던 추사 김정희도 이곳의 아름다움에 반하여 자주 찾았다고 전해진다. 봄, 가을철에는 입구에서 폭포까지 이어지는 계곡 길을 따라 가벼운 트래킹을 즐길 수 있으며, 여름철이면 울창한 숲이 만들어주는 그늘 아래 시원하고 깨끗한 물에 몸을 담글 수 있다. 화산섬인 제주의 계곡이라, 육지의 계곡과는 다른 풍경도 이색적이다. 안덕계곡 일대는 난대림 식생으로 300여 종에 달하는 다양한 난대림들과 양치식물들이 계곡을 푸르게 만들고 있다. 천연기념물로 지정된 곳으로, 식생의 훼손에 주의하여야 한다. 숲과 함께 즐기는 계곡으로, 제주도의 여러 바다도 아름답지만 산에 기대어 물길을 내고 있는 이곳도 함께 찾아보자.

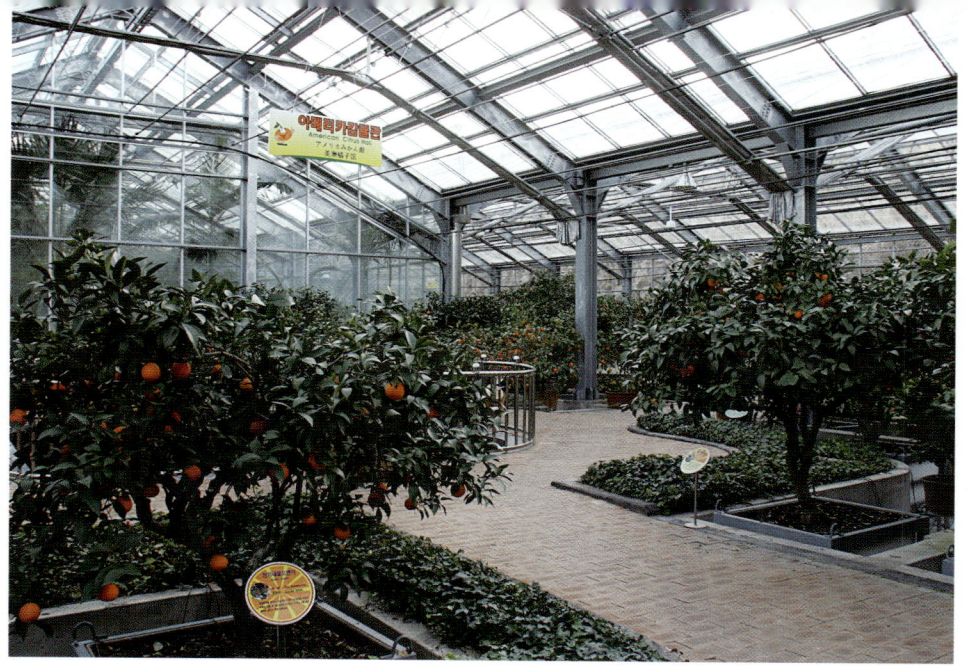

제주 감귤박물관 감귤의 모든 것을 알아보자

| 위치 | 제주특별자치도 서귀포시 신효동 산4
　　　　제주특별자치도 서귀포시 효돈순환로 441
| 운영시간 | 09:00~18:00, 7~9월 09:00~19:00

▶ MINI DATA
| 입장료 | 있음　　주차 | 가능　　분류 | 박물관

제주의 특산물인 제주 감귤의 이모저모를 알아보는 것도 제주 여행의 특별한 재미가 아닐까. 서귀포시 월라봉 오름 한자락에 위치한 제주 감귤박물관은 감귤에 관한 모든 것을 알아보고 직접 체험해보는 테마 박물관이다. 제주의 전통 민속유물을 전시한 테마전시실, 세계의 감귤을 비롯해 아열대 식물군을 식재한 대형 온실로 이루어진 감귤박물관을 돌아보며 제주 사람들과 밀접하게 연관된 감귤과 더욱 가까워지게 된다. 테마전시실에서는 감귤의 역사와 종류, 재배법, 제주 감귤의 역사와 옛 품종 등을 다양한 전시물과 영상물을 통해 알아볼 수 있고, 세계 감귤의 원생지와 그 모양도 관찰할 수 있다. 또한 감귤나무 관찰일기, 감귤향 맡기 체험, 감귤 브랜드 알아보기 등 다양한 체험과 관찰도 해볼 수 있다. 민속유물전시실도

있어 제주도민들이 실제 쓰던 농기구 및 전통 민속유물을 관람할 수 있고 기획전시실에서는 매달 테마를 달리해 전시회가 열려 색다른 볼거리를 제공하기도 한다. 감귤박물관의 가장 큰 볼거리는 대형 유리 온실인 세계감귤원이다. 우리나라를 비롯해 일본과 유럽, 아메리카 등 세계 여러 나라의 감귤 80여 종이 자라고 있어 상큼한 감귤향을 맡으며 탐스럽게 익어가는 감귤을 관찰할 수 있고 대만고무나무, 고무나무, 바나나, 소시지나무, 망고, 커피나무, 구아바, 빵나무 등 이국적 정취가 물씬 풍기는 아열대 식물군도 만날 수 있다. 부대시설로 인공폭포, 감귤체험학습장, 산책로가 잘 꾸며져 있어 박물관을 둘러보고 난 후 잠시 여유시간을 가져도 좋겠다.

ㅈ

951

| 분류 Index

🏞 강, 유원지

🪧 거리, 시장

박물관

🛕 불교유적

산, 계곡, 동굴

숲, 자연휴양림

역사, 문화유적